水利行政执法案例指导及疑难问题解析

（上卷）

刘朝军　主编

黄河水利出版社

·郑州·

图书在版编目(CIP)数据

水利行政执法案例指导及疑难问题解析:全3册/刘朝军主编.—郑州:黄河水利出版社,2017.12
ISBN 978-7-5509-1837-5

Ⅰ.①水… Ⅱ.①刘… Ⅲ.①水利系统-行政执法-研究-中国 Ⅳ.①D922.664

中国版本图书馆CIP数据核字(2017)第219361号

策划编辑:贾会珍 电话:0371-66028027 E-mail:110885539@qq.com

出 版 社:黄河水利出版社
地址:河南省郑州市顺河路黄委会综合楼14层 邮政编码:450003
发行单位:黄河水利出版社
发行部电话:0371-66026940、66020550、66028024、66022620(传真)
E-mail:hhslcbs@126.com
承印单位:河南省金狮印务有限公司
开本:787 mm×1 092 mm 1/16
印张:112.25
字数:2594千字 印数:1—3 000
版次:2018年1月第1版 印次:2018年1月第1次印刷

定价:450.00元

《水利行政执法案例指导及疑难问题解析》

编 委 会

审　　定：郑国宏

主　　编：刘朝军

编写人员：

张少伟　贺　娟　任国峰　徐明立　贾守喜

侯俊山　尹中洲　邵保献　刘　兵　关治华

韩智力　朱志刚　李霄鹏　郭学士　郝艳军

统　　稿：

王利仁　赵保旺

序

水利行政执法是依法行政、建设法治政府的必然要求和主要内容。水利行政执法主要是指各级水行政执法机关依照《中华人民共和国水法》《中华人民共和国水土保持法》《中华人民共和国防洪法》等有关水法律法规的规定，对公民、法人或者其他组织遵守、执行水法规的情况进行监督检查，对违反水法规的行为依法实施行政处罚、采取其他行政措施等行政执法活动。在实践中，水利行政执法主要涉及水源资管理、水工程保护、河湖管理、河道采砂管理、水土保持监督、农村水电开发管理等方面的工作。

近年来，我省各级水行政主管部门认真贯彻落实党中央、国务院和河南省委、省政府的决策部署，持续加强水利法治建设，深入推进水利行政执法工作，不断提高水利依法行政水平，为水利改革发展提供了良好的法治环境和有力的法治保障。但随着经济社会快速发展，特别是随着水资源日益短缺、用水需求日益增强、涉水利益格局深刻调整，水利行政管理的难度不断加大，水利行政执法面临诸多新情况、新问题。一方面，水利法治建设仍然存在薄弱环节，一些急需的水利领域还存在立法空白，部分已有的立法操作性不强、权威性不够。另一方面，由于水利行政执法人员大多来自水利系统各职能部门，部分执法人员虽然水利业务知识较为丰富，但法律法规专业知识相对较弱，在水行政执法过程中，时常出现证据不够确凿、适用依据不够准确、执法程序不够严谨、法律文书不够规范等问题，甚至办一些错案。

履行法律法规赋予的职责使命，全面提高水利依法行政水平，需要从事水利行政执法的人员切实把握好法定依据、执法程序、法律文书等关键环节。要把握这些关键环节，首先，需要了解法。即知道享用哪些法定权利，以及这些权利受哪些具体法律规范的保护。其次，需要理解法。我国对权利的保障，体现在具体法律条文之中。有时虽然对具体条文有所了解，但仍然无法正确理解和运用。再次，需要运用法。法律是个实践性很强的领域，权利保障只有在实践中才能得以实现。了解法、理解法、运用法是法律赋予各项权利最终得以实现的必要路径。

刘朝军同志长期在基层从事水利行政执法工作，积累了较为丰富的实践经验，对于如何规范执法、如何提高执法水平勤于思考和探索。为适应新形势下水行政管理工作需要，帮助水行政执法人员提高专业素质和办案质量，刘朝军同志结合多年实践，选择一些典型案例，编写了《水利行政执法案例指导及疑难问题解析》一书。该书具体阐述了有关水事违法案件从立案到结案法律文书的要求与注意事项，为水利行政执法人员提供了一些值得借鉴的范例。同时，该书很好地将了解法、理解法、运用法有机结合起来，通俗易懂，具有较强的理论性、针对性和实用性。

作为分管全省防汛抗旱、水政水资源、水政监察与执法、水文等工作的一名水利人，对于加强水利法治建设、提升执法水平的紧迫性和重要性深有感触。我衷心感谢刘朝军同志能够把多年的实践经验编辑成书与人共享，也希望《水利行政执法案例指导及疑难问题解析》一书能对提高水利行政执法人员的业务素质和执法水平起到积极作用。

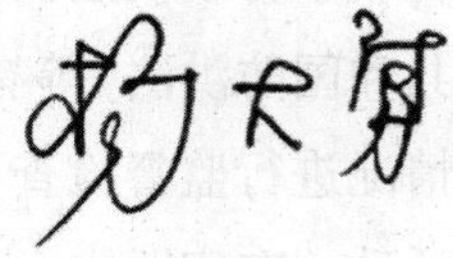

前　言

为了满足广大水利行政管理及执法人员学习和掌握水利行政执法理论与实践的需要，进一步规范执法程序，正确使用法律文书，提高执法水平，真正做到依法行政，维护公民、法人及其他组织的合法权益和水利机构自身的合法权益，作者结合水利执法实践，编著了《水利行政执法案例指导及疑难问题解析》一书。

本书分五篇：基础篇、指导篇、程序篇、裁判篇、提高篇。基础篇有通用和专业的法律知识构成，以简短的问答题、案例、选择等形式，使水行政管理及执法人员在最短的时间内掌握必备的通用和专业的法律知识。指导篇是结合水行政指导工作实际，整理出一些常用的水行政指导案例，旨在统一水行政指导工作规范，介绍水行政指导工作流程，提高水行政指导的水平和能力。程序篇选编 26 例不同性质的水事案卷，分为水资源案卷 7 例、水工程案卷 4 例、河道案卷 9 例、水土保持案卷 1 例、其他案卷 5 例。旨在解决文书制作不规范和执法程序错误的问题。有个别案卷是实践中发生的真实案卷，在编辑时做了修改，目的是让同仁们找出错误和不足，以便举一反三，更好地指导水行政执法实践。裁判篇是学习水行政等裁判文书，可以帮助水行政管理及执法人员进行有效的行为预期，取得良好的水利管理、执法等效果，也能更好地规避法律风险，保护自己。提高篇是依据本人的执法经验与实践，对水行政管理执法一线中存在的复杂、疑难问题进行的法律思考以便更好地解决实际问题，同时是综合素质更高的水政执法人员学习交流的平台。

该书在编写过程中得到了河南省水利厅水政水资源处郭贵明处长、王利仁副处长，河南省水利厅水政监察总队李建法总队长、张嘉俊书记、王学顺副总队长及河南省豫北水利工程管理局师现营局长的大力支持。安阳市水利局局长郑国宏、副局长马荣洲、副局长赵宝旺同志对本书的设定和部分内容修改提出了指导意见，在此一并表示衷心的感谢。

本书在编写过程中，参考了国内同行的一些文章。由于编者的法律知识和对法律理解能力所限，书中难免出现一些不足之处，有些问题还需不断地探索和研究，恳请有关专家、学者和广大水行政管理执法人员批评指正。

刘朝军

2017 年 10 月

目录

基 础 篇

导 读

自古以来，治国在政，为政在人，人是行政之本。建设社会主义法治国家，执法是关键；落实科学发展观，建设社会主义和谐社会，实现人水和谐，水行政执法是保障。水政监察队伍是水行政执法的专职队伍，在保障水利工程正常运行、维护水事秩序、促进经济社会发展中的作用越来越重要。加强水行政管理执法工作，水政监察队伍建设是基础。水行政管理执法人员要提高管理执法水平，必须具备“四种能力”。一是学习能力。二是话语能力。三是思维能力。四是适应能力。水行政管理执法人员具备上述“四种能力”，对做好水行政执法工作来说，显得非常重要。“四种能力”中，学习能力是基础，话语能力是途径，思维能力是关键，适应能力是保障。“四种能力”环环相扣，缺一不可。只有加强对这些能力的培养和提高，才能不断提高水行政管理执法人员的素质，也才能确保水行政管理执法工作的落实。卢梭曾经说过，“法律既不是铭刻在大理石上，也不是铭刻在铜表上，而是铭刻在公民的内心里”。

以职权法定为原则，充分发挥法治正义的力量。法治思维的养成不仅依赖于有法可依，更多地取决于法治理念、法治精神和法治环境。法不授权，则政府无权，水行政机关作为法定的公权部门，必须清楚认识到执法权力来自法律具体而明确的授予，水行政执法活动必须在法治轨道上运行。

以尊重和保障人权为准则，彰显法治公平。科学发展观的核心是以人为本，以人为本的实质就是通过全面发展，全面保障人权、全面保护人民权利。

以依法行政为基点，努力促进法治思维与法律手段良性互动。法治思维支配法律手段。水行政执法者具有法治思维，必然会主动、自觉运用法律手段来执法。法治思维也需要通过法律手段来表现。法治思维虽然是一种思想认识活动和过程，但它必然要外化为法治行为，即通过法律手段来实现。水行政机关一方面要牢固树立社会主义法治理念，善于运用法治思维处理各种复杂水事问题，另一方面要树立依法行政理念，努力把各种水事矛盾和问题的解决纳入法治化轨道，促进法治思维与法律手段良性互动。

无疑，法治的任务不是消灭，也无法消灭社会纷争，而是在于面对纷争提供一个合理有效的解决机制，法治的根本目标就是要在均衡的基础上构建稳定的社会秩序。因此，水行政管理、执法机关要转变过去那种工作思路，学会用动态的稳定观来解决水事矛盾。要通过法治思维、法治方式来化解水事纠纷、水事矛盾。要将群众工作方法与法治理性有机结合，融法、理、情于一体，理顺水事矛盾，化解社会情绪。

至于办案，一些水行政执法人员感到“发憷”，不知道怎么去做。实际上，目前复杂的水事违法案件行为很多，案源几乎到处都是。

随着市场经济的发展，经济体制改革推动行政管理体制改革，水行政管理体制也在进行改革，执法重心下移。因此，进行办案的基础培训，提高办案水平就成了当务之急。我们不能观望、等待，错失良机。

水行政处罚、征收、许可等都是通过办案来实现的。作为水行政执法人员，不懂得办案，就像警察不懂得刑侦一样，是一个遗憾。会办案是职业的荣耀。

今后，水行政执法系统的基层人员要分成两大部分，一部分人是进行一般性的管理工作，另一部分精英将走入专业办案队伍。当前我们特别需要培养一大批高素质的办案专家。

办理水行政处罚案件，调查取证最辛苦，分析案情最困难，做出决定最关键：案件调查需要机敏，案情分析需要智慧，做出决定需要水平。

水行政执法要懂法。具体说，懂法至少需要包括以下方面：

1. 了解法理学、行政法，例如：什么是法；为什么要实行法治；法的主要概念;法和道德、国家、政策、经济的关系等。深入的学习还应当了解法的演进过程。

2. 熟悉水行政管理的有关法律、法规、规章，知道相关的规范性文件、行政解释和司法解释。其中，特别是要全面掌握、深刻理解与本职职能有关的那一部分。

3. 熟练掌握有关执法程序的规定。例如水行政处罚程序、水行政许可程序等。对此的学习可能有一些困难，因为直到目前行政执法中尚没有一部程序法，行政执法的程序散见于有关法律、法规和规章。

4. 了解相关的法律。例如民法，它对大部分水行政管理机关的业务是一个基础性的法律，例如民法关于法人财产权、法人资格的规定等;行政诉讼法，该法关系到行政机关具体行政行为的诉讼审查标准和方法等;民事诉讼法，其中一些内容是我们处理行政当事人有关问题的基本原则，例如关于处罚决定书送达时限的规定;刑法，该法关系到司法管辖与行政管辖的分工界限，例如关于经济犯罪的规定，涉及行政办案中的犯罪移交问题等。

我们说过，办理水行政处罚案件对执法人员有较高的职业要求，例如法律素质、技能素质、程序素质、知识素质、语言素质、写作素质等，应当比违法嫌疑人更聪明，比法官更懂法。此外，水行政执法是行政管理，行政管理要符合经济发展规律，水行政处罚的最高标准是有利于发展。

那么，如何尽快地成为一个合格的水行政执法人员呢?也就是说有没有规律可循？一般来讲，学习理论和努力实践是必需的。

就水行政处罚案件的办理来说，办理行政案件是一项实践性很强的业务，这有点像游泳。如果你不下水，则永远不可能学会游泳。所以：

第一，就是你必须去实践。也就是说你必须去办理案件，在办理案件中掌握办案技巧，在社会生活中也要有法律的思维。如：我们在火车站站前广场上，不小心扔了一张纸。这个时候会有一个带红袖标的老大娘走上来，要你交10元罚款。一个没学法律的人要么迅速但无奈地交钱，要么大声嚷嚷想不交。那么一个学法律的人应该怎么做呢？

首先，我们要弄清楚老大娘要你交罚款是什么行为，性质是什么。我们说，这是一种行政处罚行为。行政处罚行为应该遵守《中华人民共和国行政处罚法》的规定。那就让我们严格地按照《行政处罚法》的程序来操作吧。

其次，不能因为一个人带着红袖标你就交纳罚款，带红袖标不能证明该人的身份，你要先要求老大娘出示合法的工作证件，在拿到工作证件后，你要仔细审核。

然后，你应该要求老大娘告知你作出罚款决定的事实是什么。你再要求她告知你，她是凭什么规定来作出处罚的，具体是哪个文件的哪一条。

最后，你再要求她告知你，你现在享有什么权利（这些权利包括了行政处罚法上的陈述申辩权。所谓陈述，是陈述客观事实。所谓申辩，是说出该处罚决定不当的理由。而行政机关有充分听取你的意见的义务。你应该陈述你是否扔纸了，你是以什么物理动作扔纸的，你为什么扔纸，你扔纸是否具有一些阻却违法的原因，譬如正当防卫、自力救济、紧急避险等。你应该申辩你是否是未满14周岁，可以不予处罚，或者未满18周岁，可以从轻或减轻处罚。申辩你在违法后已经采取了主动消除或者减轻违法行为危害后果的行为，或者受他人胁迫可以减轻处罚。申辩你违法行为轻微并及时纠正，没有造成危害后果，应该不予处罚等。当然老大娘还要告诉你，你有监督权，申请行政复议、行政诉讼权等）。以上任意一环节老大娘不能告知的话，你就严肃的告诉她：您如果不能告知我的话，那么就违反了行政处罚法的法定程序，而根据《行政处罚法》第五十五条的规定，可以对您这个直接责任人员进行行政处分。罚款人反而会被罚。

当然，你有可能遇到了一个绝世老大娘。她耐心安静地听取了你的所有意见，直到你再也说不动了为止，并仍然要求你交纳罚款。这时你可以以自己经济困难为由，要求暂缓或者分期缴纳这10元罚款。

最后，你的一切权利救济手段都穷尽了，在法律上说，你已无回旋余地了，你已经充分展现了一个法律人对法律的驾御能力了，你可以交罚款了。但在交纳之后，你要认真审核老大娘出具的单据。核对处罚单位的公章、单据的格式等，以便尽到一个光荣的合法公民的义务，保障这笔罚款流入国库。如果发现有违法（例如没有公章等）的地方，你要当场翻脸，威胁予以检举，绝地反击！

总之，一个法律人要充分享受并争取到法律赋予你的权利。当然，大家不会为了10元钱耗费上大半天的时间，但你要知道怎么样实践法律，要知道怎么做才叫依法办事。但是，办案往往涉及行政相对人的权益。你是合理地纠正和惩处违法行为还是侵害行政相对人的合法权益？法制国家，行政相对人的权益主要靠法律规定来保障。也就是要有一个规矩，确定一个标准。这个规矩就是行政处罚的程序；这个标准就是行政处罚的法律依据。知道规矩、懂得标准就需要学习理论。

第二，就是你必须学习，也就是知道法律确定的规矩和标准。如：关于行政处罚法律适用的基本原则是什么？

1. 法律适用应当坚持上位法优于下位法的原则，法律、行政法规另有规定的除外。法律的效力高于行政法规，地方性法规、规章；行政法规的效力高于地方性法规、规章；地方性法规的效力高于本级和下级人民政府的规章。

2. 地方性法规与部门规章之间对同一事项的规定不一致的，一般按照下列情形适用：①法律或者行政法规授权部门规章作出实施性规定的，其规定优先适用；②尚未制定法律、行政法规的，部门规章对于国务院决定、命令授权的事项，或者对于中央宏观调控的事项、需要全国统一的市场活动规则及对外贸易和外商投资等事项作出的规定，应当优先适用；③地方性法规根据法律或者行政法规的授权，根据本行政区域的实际情况作出的具体规定，应当优先适用；④地方性法规对属于地方性事务的事项作出的规定，应当优先适用；⑤尚未制定法律、行政法规的，地方性法规根据本行政区域的具体情况，对需要全国统一规定以外的事项作出的规定，应当优先适用。

3. 部门规章之间、部门规章与地方政府规章之间具有同等效力，在各自的权限范围内施行。部门规章与地方政府规章之间对相同事项的规定不一致的，一般按照下列情形适用：①法律或者行政法规授权部门规章作出实施性规定的，其规定优先适用；②尚未制定法律、行政法规的，部门规章对于国务院决定、命令授权的事项，或者对于中央宏观调控的事项、需要全国统一的市场活动规则及对外贸易和外商投资等事项作出的规定，应当优先适用；③地方政府规章根据法律或者行政法规的授权，根据本行政区域的实际情况作出的具体规定，应当优先适用；④地方政府规章对属于本行政区域的具体行政管理事项作出的规定，应当优先适用。

4. 法律适用应当坚持特别法优于一般法的原则。同一机关制定的法律、行政法规、地方性法规、自治条例和单行条例、规章，特别规定与一般规定不一致的，应当适用特别规定。但是一般规定进行了修订或修改，新的一般规定废止旧的特别规定的，适用新的一般规定。

5. 法律适用应当坚持新法优于旧法的原则。同一机关制定的法律、行政法规、地方性法规、自治条例和单行条例、规章，新的规定与旧的规定不一致的，应当适用新的规定。

6. 法律适用应当坚持从旧兼从轻的原则。法律、行政法规、地方性法规、自治条例和单行条例、规章不溯及既往，但为了更好地保护公民、法人和其他组织的权利和利益而作的特别规定除外。

7. 行政相对人的违法行为在新法律、法规、规章施行以前已经终了，具体行政行为拟在新法律、法规、规章施行以后作出的，执法程序方面适用新的规定，实体方面适用旧的规定，但新的规定减轻或者免除行政相对人行政法律责任的除外。行政相对人的行为跨越新旧规定实施时间，有连续或者继续状态的，一般情形下适用新的规定作出处理。

那么，学习哪些理论呢？至少有三块：

一是实体法。主要是涉及水行政管理的法律、法规和规章，例如《中华人民共和国水法》（法律）、《取水许可和水资源费征收管理条例》（法规）、《水行政处罚实施办法》（规章）。学习实体法的目的是明确什么是违法，以及是否能处罚，如何量罚。

二是办案程序。知道了程序就知道了办案的规矩，这就要学习有关法律，具体来说就是学习《行政处罚法》以及部门规章《水行政处罚实施办法》。

三是法理和行政解释、司法解释等。学习的目的是能够分析案件，判断案件性质，正确适用法律，提高办案效率，减少办案成本。

那么水行政执法基层办案人员常见错误问题有那些呢?

一、步骤缺失

1. 向行政相对人表明身份。突出表现在执法人员在对有关场所进行检查、询问当事人、询问证人之前不向当事人表明身份出示执法证件，直接进行现场检查或询问当事人、证人，这样做直接影响到所制作的现场检查笔录、询问笔录的证明能力。此类问题在多个案卷中发生。

2. 复制证据的核对、确认。水行政执法人员在复制证据材料的当场对复制件进行核对，在复制件上标注“经核对与原件无误”等字样。特别注意的是水行政处罚决定书上不得加有“经核对与原件无误”签章；各种证据材料的复制件必须有提供人的亲笔签名、盖章。

3. 陈述、申辩的复核程序。水行政执法人员对案件不得先入为主，主观认为当事人陈述、申辩只是形式上的东西，不能认为当事人的陈述与申辩是“不老实”、“狡辩”，而在实际操作中对当事人的陈述不理睬、不受理，同时也不允许简单地把陈述材料归入案卷而不进行认真复核。

二、顺序颠倒

1. 先调查后立案。水行政执法人员不得在发现案件后即对案件进行调查取证，待案件事实查清、取证结束后才填写立案审批表、行政处罚决定审批表报领导审批。这就导致虽然案件有立案，但此时的立案是在案件调查取证之后进行的，使“立案”失去了原有的法律意义，是不符合法律程序要求的。

2. 先核准后审核。办案机构应当在案件调查终结后写出调查终结报告，并草拟行政处罚决定书，连同案卷交由核审机构进行书面核审。核审机构核审后，由办案机构将整个案卷及核审机构的核审意见报局长批准。基层执法办案突出的问题是：办案机构在办案过程中针对所有具体问题及处罚建议都事先请示局长，经过局长认可后才向核审机构审核，此行为违反法定的程序要求，应当予以禁止。

3. 先签发后告知。在对当事人进行行政处罚告知后，应在法定期限届满后才能签发行政处罚决定书，不得在局长签发行政处罚决定审批表的同时连同处罚决定书一起签发，这将严重违反法律程序。

三、送达方式错误

较为突出的是在送达方式方面错误。法律文书的送达有直接送达、邮寄送达、委托送达、公告送达等几种方式。选择哪种送达方式是有法定条件的，特别是采取公告送达更有严格规定，执法送达时不可有随意性，任意减化程序。

四、期限违法

禁止对当事人的陈述、申辩期限无届满就作出行政处罚决定。应当严格遵守以下几点：

1. 水行政执法人员不得对期间的起止时间计算错误。不允许将期间开始之日（告知书送达、交邮或公告发布之日）计算在期间内；期间届满的最后一日为法定节假日的，应当给以顺延一天。

2. 针对当事人主动要求尽早作出处罚决定，执法人员也不准违反规定作出处罚决定，同时必须在卷宗材料中附相关当事人主动放弃申辩权的书面材料作为证据。

3. 执法人员不得只为加强办案效率，而忽视执法程序的有关规定。

五、有形无实

1. 水行政处罚告知内容错误、不完整。应当严格执行以下几点：

（1）事实部分告知完整。事实应当包括五要素，即何人、何时、何地、何种违法行为、何种危害后果。告知当事人违法事实时应当详细写清上述几个要素。同时要求注意水行政处罚的具体内容必须少于或等于处罚告知书的具体告知内容，如切实需要增加处罚内容，必须重新下达处罚告知书，以防止告知不全现象的发生，有效地保障行政处罚相对方应享有的权利。

（2）适用的法律法规依据必须正确。主要是：法律法规名称应当规范，如不得以《水保法》、《防洪法》等简称书写形式代替法律法规全称。适用的条款要求具体，不得只以“有关规定”等笼统的表述代替；行政处罚决定适用多部法律、多个法律条款规定时，告知时不得仅就其中的部分法律规范、部分条款进行告知，应当就所有处罚依据完整告知。

2. 案件讨论形式化。在案件中突出表现的是对案件的集体讨论记录笼统记录成为“经全体讨论同意”等主要结果，而不详细记录讨论的整个过程和各案件研究人员的具体意见。

3. 调查人员与核审人员合一。个别案卷中出现执法人员与案件核审人员合一，有些案卷从头至尾是一个人签字，明显地存在案卷造假现象。

4. 诉权告知错误。

（1）告知当事人行使诉权途径错误。如：对属复议选择的，只告知向上级机关申请复议而不告知也可向法院起诉；对属复议前置的，却告知也可向法院起诉。

（2）告知当事人申请复议的期限错误。如：执法人员习惯性地按照《行政复议法》出台前的写法把期限写成15日；使用《行政复议法》施行前的法律文书没有及时将文书中的15日更正过来。

（3）告知起诉的期限错误。主要是在单行法对起诉期限有特殊规定时应当适用特殊法的规定得适用《行政诉讼法》六个月的规定；而且不得把六个月写成180天。

（4）当事人存在多个违法行为。在一份处罚决定中分别依据多部法律法规作出处罚，所依据的不同法律法规对当事人诉权的规定不同时应当分别告知。

六、证据不全

1. 依法向当事人送达行政处罚告知书，应当要求当事人在送达回证上签章，并注明送达时间；对重大复杂案件经过集体讨论后作出的处罚决定，应当有讨论记录作为证据；执法人员进行现场检查前向当事人出示执法证件，表明身份，应当在《现场检查笔录》中体现。

2. 证据是行政处罚作出的主要依据。行政主体在作出行政处罚决定前各类涉案证据必须做到相互印证，以形成完整、充分的证据链条，保证行政处罚的准确性。

3. 案件证据应充分，取证应完整。突出表现在不得把当事人的陈述或询问笔录作为唯一处罚证据，应当收集其他相关证据与此互相支持。

七、依据不准

案评中发生的常见情况是：

1. 效力层次区别。在作出处罚决定时应严格遵守上位法优于下位法、特别法优于普通法、新法优于旧法的原则，同时严格遵守文件的运用范围，严守红头文件不能作为处罚依据的规定，但应注意可以转致于法律法规上加以运用。

2. 法律、法规更替。办案人员应密切注意新法运用，禁止以已废止的法律、法规、规章作为行政处罚依据，以有效地保障行政执法的正确性。

八、案卷不规范

制卷应当注意的主要问题是：

1. 案卷装订必须三孔一线。案件装订要求三孔一线，线绳距离长达18cm，要求卷宗前部三孔一线不得粘贴而卷宗底部绳结必须粘贴，并在两头加盖公章或骑缝章。

2. 文书格式要求规范。多是指各种执法文书用纸要求用国际标准A4型（210mm × 297mm）；题、字体用二号小标宋体，其余部分用三号仿宋字。

3. 处罚决定书不要求设立案件类型标题，当事人基本情况部分的打印排列要注意美观、整齐、分清层次，落款必须加县（市）水利局公章。

4. 案件卷宗材料应规范。案卷应按照规定的材料顺序整理装订，法律文书禁止用圆珠笔或铅笔书写，应放入副卷的材料不得装进正卷，纸张大小应统一等。

九、其他问题

水利行政执法过程中还有一些重要的事项务必严格遵守：

1. 一事不再罚原则。指在行政处罚中对同一当事人的同一违法行为不能给予两次以上罚款的处罚。

2. 执行罚缴分离不到位。按规定案卷中应有省财政厅统一印制的代收款收据复印件，并且应由代收银行出具，加盖银行业务公章和收款员章。但在不少案卷中或者没有代收款收据（复印件），或者没有银行、收款员盖章。

3. 行政职权的划分。各个行政执法机关有各自职能，对其他执法机关的工作进行支持，但要注意不能超越职能权限进行执法。

4. 主体确认。对公司的分支机构能否成为处罚主体存在不同意见。在办案中应当客观地看待，主要看它是否独立经营、自负盈亏、自我管理，并依法定程序取得营业执照，否则不能作为行政处罚主体。同时注意没有行政执法资格的非公务员不得作为案件调查人员，在案卷材料中签字。

5. 行政强制措施的运用。必须在具备一定的外部条件下才可以进行，例如：应有一定的证据支持；有明确的法律依据；同时要考虑对其行为制裁的适度。行政执法过程中还应特别注意不能收取保证金。

6. 案件调查终结报告包括事项：①案件调查取证情况。②当事人基本情况。③违法事实。④适用法律规定。⑤处罚建议意见。同时注意案件终结报告与处罚决定书在内容形式等方面有严格的区别，不能简单雷同，相互成为一种翻版。

7.《行政处罚法》规定的责令当事人改正违法行为不能作为行政处罚的种类实施。

以上是基层水行政执法容易出现的错误，那么如何说话呢？

在水行政执法办案过程中，与当事人交谈是必不可少的环节。恰当运用语言技巧，将有利于相关证据材料的搜集，顺利打破执法过程中的僵局，取得当事人的配合，使执法办案顺利进行下去。我认为，执法人员应注意以下几点。

1. 巧妙运用语言，营造宽松和谐的氛围。加强沟通，营造轻松愉快的气氛和互相信任的环境，将有利于执法办案顺利进行，现场检查时更是如此。比如，执法人员可以对当事人这样说：“你好，我们是水利局行政执法人员，这是我们的执法证件，今天到您这儿进行检查，请您予以配合。”并告知检查的内容、方法和步骤等，同时要求无关人员回避，以维护当事人形象。言谈举止文明、谦和、稳健，使其真切地感受到执法人员在按程序办事，从而愿意配合执法工作。

2. 刚柔并济。执法办案是一个严肃的过程，水行政执法人员在必要时必须敢于动真碰硬，维护法律权威；同时也要适当说理，争取当事人的配合，做到教育与处罚并进，以理服人。

3. 区别对待，有的放矢。对不同身份、不同性格的当事人应采取不同的谈话方式和策略。对态度冷漠、以“不知道”等言语搪塞者，应多用启发式语言，并适时向其出示一些证据；对沉默不语者，要从其愿意谈的话题入手，使其对水行政执法人员产生信任感；对脾气暴躁者，要琢磨其发火的原因，适时发问，使其无意中泄露违法事实；对盛气凌人、无理取闹者，要义正辞严，使其感受到法律的威严；对于能言善辩者，可让其尽情陈述，趁机抓住其中的漏洞反问之，使其不能自圆其说；对撒谎欺骗者，可多用反驳性语言

4. 引导当事人换位思考。水行政执法人员与当事人所处的位置不同，对同一问题的认识肯定存在差异。对此，执法人员首先要进行换位思考，通过言语和实际行动让当事人感受到水政执法人员是晓之以理、动之以情的，同时可引导当事人站在水政执法人员的角度考虑问题，这样做往往会收到意想不到的效果。

5. 声东击西，欲擒故纵。在办案过程中，水行政执法人员往往会碰到这样一些案例，对一些相当关键的已知物证、书证，在询问时不注意方法，当事人不仅不承认与已有关，反而被其摸到底之后，往往容易被对方反戈一击，实施“反控制”，而使已方陷入被动困窘的局面。这类事例，往往在擅自取水、河道采砂个案中容易碰到。明知道是当事人自己干的，他就是不承认。但若改变问话策略，很可能变被动为主动，使当事人束手无策。具体来讲，对案情做出分析之后，制造假象，引导当事人做出错误判断，使其丧失警惕，思想松懈，然后抓住要害做文章，引出其违法事实。有些个案，办案人员仅在现场即时掌握了违法取水活动的一些证据，这种情况则宜采取以虚掩实、 迂回包抄的问话策略。办案人员有意识地先不涉及主要问题，而是隐蔽主攻方向，询问一些似乎与案情无关或关系不大的问题，以分散其防御的注意力，使其无意中说出某些与主要问题有关的细节，或者暴露出矛盾和破绽，使其陷入不得不讲实话的处境。比如：在办案过程中，河道采砂案件中通常对当事人的非法所得感到头痛。因为这是一个敏感问题。若在制作询问笔录时，先避开非法所得这个敏感话题，而是询问他的成本，主要是厂房、设备、水电、人员工资等与经营活动有关的成本支出;再询问当事人的收入，从已知证据入手，主要是日生产、月积累、年收入的情况。待其认可之后，再来一次“回头问”，确定他的经营收入、支出固定值，再除去税费及其他合理支出，就可以得出当事人非法经营的所得情况。这样算出来的结果，当事人一般无话可讲。打开缺口之后，对当事人的抵触心理可以起到瓦解作用。

6. 开门见山，直接问话。这是在办案实践中，对一些违法行为明显、证据充分齐全、定案把握大的简单个案，所采取的通用做法。其特点是抓住个案的关键性违法节点及问题，开门见山，直接向当事人提出，问清是否，并且穷追不舍，直至当事人完全交代。

说话之中又如何办理水事违法案件呢？执法办案是一项严谨且需要谋略的工作。针对当前执法工作中容易出现的一些问题，我认为要想提高水行政执法办案质量，以下8点值得注意：

1. 忌先入为主。在执法办案中，一些常犯的毛病就是先给行政相对人扣上某个违法违章的帽子，然后再按此固定模式去办案，这不仅容易损害当事人的合法权益，也严重违背了行政处罚程序。

2. 忌盲目出击。违法分子既然敢从事违法行为，大多做好了一些对付查处的准备，尤其是一些案情重大的案件，这个特点表现得更为明显。很多事例证明，如果仓促出击、草率行事，不仅难有收获，而且很有可能打草惊蛇，影响案件的后续查处工作。因此，基层水利部门在执法办案时，应尽量做好充足的准备，不打无准备之仗。

3. 忌粗枝大叶。执法办案是一项严谨的工作，政策性极强，任何一个小环节的疏漏，都有可能给执法机关、执法人员乃至当事人带来不应有的损失。因此，基层水利执法人员在执法办案过程中必须深入细致，切忌粗枝大叶。调查取证时必须追根溯源，不放过任何一个与案件有关的证据与线索;在行使查封、扣留权时，不能遗漏法定程序，在制作询问笔录时，应文字清楚、书面整洁、简明扼要，尽量避免增、删、涂、改，甚至像标点符号这样的细节也不能忽视，以免节外生枝。

4. 忌久拖不决。很多法律法规对水利行政管理机关执法办案的诸多环节都规定了严格的时效。因此，基层执法人员在执法办案过程中必须树立严格的时效观念，在确保办案质量的前提下尽量缩短办案周期，提高办案效率。要严格遵循立案、查封、扣押、先行登记保存、告知、送达等各个环节的时效规定，避免因时效问题使自己陷于被动。

5. 要让当事人充分辩解，在其辩解过程中找漏洞。我们不能简单地认为当事人在接受询问中的辩解就是不配合调查，就是态度不好。辩解并不可怕，反而一味沉默才难以对付。其实，辩解也是一个发现证据线索的好机会，同时也是一个掌握当事人的思路以及他所依据的证据的好机会。所以，要尽量让当事人辩解并予以记载。如果当事人回答模糊的时候，尽量要让他予以明确。模糊的回答往往是应付意义的，并不能作为证据使用，甚至还可能产生破坏其他证据证明力的反作用。

6. 要封锁当事人在可能发生的行政诉讼中提供证据的机会。根据《最高人民法院关于行政诉讼证据若干问题的规定》第五十九条的规定，“被告在行政程序中依照法定程序要求原告提供证据，原告依法应当提供而拒不提供，在诉讼程序中提供的证据，人民法院一般不予采纳”。可见，在提问过程，执法人员应该依照法定程序要求当事人提供与其违法行为相关的证据，如果当事人拒不提供，他就可能在诉讼中承担举证不能的责任。但如果执法人员没有提出上述要求，就等于敞开了当事人出示证据的大门，这样极易把水利机关置于不利的地位。

7. 要尽量把分散的相关证据在询问中串联。我们在办案过程中，除了询问笔录还有其他大量的证据。其他的证据并不是取得就算完成任务了，应当在询问笔录中都加以落实。如果说其他证据是一颗颗珠子，那么询问笔录就是把这些珠子串起来的线，从而使分散的证据形成证据链。

8. 要记录影响处罚的相关因素。在办案过程中，在掌握当事人的违法事实后，也有必要通过询问了解可能影响处罚额度的其他相关因素。如当事人的基本经济情况，是否是残疾人、下岗人员等弱势群体，这些因素可能对最终的处罚（别是罚款）起到一定的影响。

细节决定成败，办案也是如此。在办案中，大原则、大方向往往容易引起执法人员重视，而一些细节往往容易被忽略。有时，正是由于一个小细节出现差错，造成程序违法，而导致整个案件被推翻。以下一些细节，希望引起大家重视：

1. 及时立案，做到两个必须。案源实时报告，时间必须在立案审批时间之前；接到投诉、申诉、举报、移送、交办材料的时间必须与案源实时报告的时间相一致，并从此时间起的7日内予以立案。

2. 严谨签字，做到两个必须。凡是涉及执法人员签字的办案文书，必须由执法人员亲自签写，不得由他人代签；凡是涉及办案机构签字的办案文书，"办案机构意见"栏必须由办案机构负责人签写，不得由他人代签。

3. 依法采取强制措施，做到五个必须。采取行政强制措施，必须坚持先审批、后实施的原则；对违法行为采取强制措施，如不能当场交付决定书，必须在实施后24小时内补办决定书并送达当事人；凡是法律、法规规定采取、解除行政强制措施由主要负责人审批的，必须由办案单位法定代表人审批，不得由分管领导代批；被解除行政强制措施的财物返还当事人，即使当事人不领取财物，也必须向当事人下达领取财物通知书；对被解除行政强制措施的财物，必须证明财物的流向。

4. 合法告知，做到五个必须。对拟作出行政处罚的告知，必须告知当事人所依据的法律、法规条文的内容，不能只简单告知某条某款某项；对当事人的陈述和申辩，必须有当事人确认的文字记载；对救济途径的告知，没有复议前置规定的，必须同时告知复议权和诉讼权；告知复议权时，必须告知当事人有权向上一级主管部门或同级人民政府申请复议；对复议期限的告知，必须严格按照法律规定，复议期限为《行政复议法》规定的60日，诉讼期限为相应法律、法规规定的期限，无特别规定的，适用《行政诉讼法》规定的6个月。

5. 规范取证，做到四个必须。所有证据必须由当事人或出证人签字确认；执法人员用文字形成的证据如需改动，必须有当事人或出证人在场并确认；复印、抄录证据时，必须注明出处、制作方法及过程；照片、影像等证据必须附注说明。

6. 合理送达，做到两个必须。公告送达不得滥用，必须在所有送达方式无法实现时，才能采取公告送达方式；填写当事人接收文书的时间必须精确到小时。

凡是执法文书的对象是当事人的，都必须填写《送达回证》。在下达执法文书时都必须有《送达回证》。收件人是单位的，单位的办公室人员及其他工作人员都可以签收，但必须加盖公章或收发章。原因一是证明当事人是单位，二是避免以后扯皮。如不加盖公章，违法单位会说没有收到执法文书，当执法人员质证说贵单位有人签收时，违法单位会说这个人不是我们单位的，或者说这个人是临时工等，所以要加盖公章或收发章；收件人是自然人的由本人签收，本人不在，填写"外出"、留置。代收人据实填写。

注：水行政案件受理人必须全面准确地理解立案的条件。《水行政处罚实施办法》（水利部8号令）第二十四条规定："除依法可以当场作出行政处罚决定的以外，公民、法人或者其他组织有符合下列条件的违法行为的，水行政主管部门应当立案查处：（一）具有违反水法规事实的；（二）依照法律、法规、规章的规定应当给予水行政处罚的；（三）属于行政处罚机关管辖的；（四）违法行为未超过追究失效的。"符合上述4个条件方可立案；不符合上述4个条件则不予立案。受理人可以是填表人，也可以不是填表人，但无论是谁都必须签上姓名及年月日。《中华人民共和国行政处罚法》第二十九条规定，"违法行为在二年内未被发现的，不再给予行政处罚。法律另有规定的除外"，《水法》、《水土保持法》、《防洪法》没有另行规定，因此水行政处罚追究时效为二年。应注意以下两点：一是什么时候

下达《责令改正通知书》。下达《责令改正通知书》是行政机关的一种具体行政行为，下达它的前提是当事人确实存在违法事实，在调查取证前，甚至在立案前或者在水行政执法巡查时，必须是当事人违法事实清楚，如不及时下达，当事人的违法行为不改正将会对水利工程、防汛等造成更大危害，当事人自身也会造成更大损失。否则当事人认为这一行政行为侵犯了自身利益，引发行政诉讼，水行政主管部门极有可能败诉并赔偿损失。二是下达《责令改正通知书》不受"一般程序"的限制。行政机关在执法巡查中或接到他人举报，只要发现当事人的违法事实存在必须改正的，就可下达。当事人违法事实存在，下达《责令改正通知书》与否，是关乎行政机关作为不作为的一个法律凭证。如不及时下达，行政机关可能承担不利的后果。下达《责令改正通知书》可于下达《责令停止违法行为通知书》后进行，也可与其同时下达。

某人经常到一些地方宣讲水法律法规，其实说来说去都是那些东西。一方面是个人的能力不会在短期内显著性地、质变地提高，另一方面也是最重要的，就是法律需要普及，需要时时讲、日日讲、月月讲、年年讲。

某人曾经不止一次接到水行政管理及执法人员的电话，询问某某法律问题的解决方案，很是无奈，因为前几天刚刚在该单位专门就该问题进行了强调和讲解。对方往往说，"我当时刚好去洗手间了，没听到"。可是我明明看到他就坐在前排，而且边听边记，样子很是认真。后来，我很好地理解了这一点，因为法律需要普及。如果你讲一次，人家就都会了，你以为你是毛主席啊？你一句顶一万句？再说，正因为你讲了，人家仍然要听你讲，这才有你的价值所在。

尽管很多时候法律人都为此感到无奈，但中国的现实就是这样，多少年的老问题可谓年年讲，但如果要解决，我看尚需时日。

我们现在从事任何工作，都有一种急躁冒进情绪，"一万年太久，只争朝夕"。追求GDP、追求高速发展、追求"高大全"式的英雄。在法治建设上是如此，在普法教育上亦是如此。我们已经进行了五五普法、六五普法。普法30多年了，我们当然有一些进步，但众所周知，与我们的希冀还很远。

有人为此很悲哀，有人认为普法路径不妥，有人质疑普法的价值，就我看来，我们还没有理解法治。

在美国建国之初，杰斐逊曾问过华盛顿，为什么要同意国会成立一个第二议院，也就是说参议院？当时华盛顿没有直接回答他的问题，而是反问："你为什么把咖啡倒进碟子里？""使它凉下来。"杰斐逊回答。"同样，我们把立法倒入参议院的碟子里，让它凉下来。"这正是问题的精妙所在。换句话说，美国的开国者就是让两院形成议案"冷却机制"，同时也给了国会冷却政府主张的机会。这种"冷却机制"作用不仅保护端"咖啡"的人不被烫伤，也使得喝"咖啡"的人变得从容。

在水行政执法办案中，细节问题决定着办案质量，隐患细节将导致执法责任事故出现，正所谓"千里之堤，溃于蚁穴"。水行政管理机关查出水事违法案件能否件件办成铁案，影响到水行政管理机关的执法权威和执法形象。因此，在执法办案过程中，水行政执法人员必须审时度势，将执法办案从细节做起，不断规范办案全程，确保案件终结"坚如磐石"。笔者分析办案实践中发现的隐患细节，据不完全概括，带有共性的列举如下九个方面：

一、随意减免或从轻处罚的现象较为普遍

主要表现在处罚告知和处罚决定作出的处罚金额不一致，甚至处罚决定书作出的处罚金额与实际入国库的处罚金额不一致。不一致并不一定违法，但没有经分管领导批准和没有任何理由说明不一致的原因，这就是违法。从轻、减轻或者免予处罚必须具备法定的条件，从轻处罚是指行政机关对违法行为人在法定的幅度内选择较轻的处罚方式；减轻处罚是指行政机关在法定的处罚方式和处罚幅度最低限以下对违法行为人的处罚；免予处罚是指行政机关考虑到某些法定情形，对应受行政处罚的当事人不予处罚的情况。根据《行政处罚法》第二十七条规定，从轻或减轻处罚应具备下列情况之一：一是主动消除或减轻违法行为危害后果的；二是受他人胁迫有违法行为的；三是配合行政机关查处违法行为且有立功表现的（包括检举揭发他人违法行为，主动向行政机关提供材料和线索，积极做有关当事人的工作，使行政机关查处工作进展顺利、效果明显的）；四是其他依法从轻或者减轻行政处罚的。以上情况必须有证据显示和说明，并经核审机构审查，分管领导签字认可方予实施（重大案件由局长办公会研究决定）。根据《行政处罚法》第二十七条规定，免予处罚必须同时具备三个条件：第一，违法行为轻微；第二，行为人有及时纠正违法行为的事实；第三，没有造成危害后果。三者缺一不可。提请注意一点，当事人经济困难不是从轻、减轻或免予处罚的法定条件，《行政处罚法》第五十二条明确规定了当事人的经济困难，只能作为延期或者分期缴纳罚款的条件，执行前还必须经行政执法机关批准。

二、行政处罚决定书无证据记载

根据《行政处罚法》第三十九条第（二）款规定，行政处罚决定书应当载明：违反法律、法规或者规章的事实和证据。可见，证据记载是行政处罚决定书内容必不可少的组成部分，但在操作中，处罚决定书往往忽略了证据记载。不在处罚决定书中载明证据，很容易造成人为增减证据，破坏执法的准确性和公正性。可以定论，处罚决定书不载明证据属于违反法定程序行为，因此所作出的行政处罚无效。

三、执法人员代签姓名

查办案件“不得少于两人”是法定程序规定，这一规定落实到文书中的表现形式就是执法人员的签名。一个人代签两名，笔迹显示为一人所为，不能佐证查案人员为两人以上。在司法庭审中，原告很容易抓住这一点要求法庭撤销以此作出的具体行政行为。查办案件中执法人员签名确实是很小的问题，但这种小问题却是执法程序中不容忽视的大问题。

四、证据没有查实

调查取证概括分为两个步骤：收集证据和查实证据。在实际的执法办案中，有不少办案人员只注重收集证据而没有用证据查实证据，这就很容易造成证据之间存在矛盾。证据必须具有关联性、合法性、真实性，证据与证据之间必须能够相互佐证，形成证据链后才能达到“证据确凿”的要求。值得一提的是，基层执法办案还存在依据一个询问笔录或现场检查笔录定案的现象，对如何佐证笔录内容属实的证据却没有，如果原告在司法庭审中翻供或称是执法人员伪造、胁迫签字而成的笔录时，那作为被告如何质证？主要看有无其他证据证明笔录属实。因此，单独的证据是没有查实的证据，用没有查实的证据认定事实，处罚就不能成立。

五、现场检查笔录草率马虎

现场检查是水行政执法办案的法定程序，是固定事实、抓取证据的必要手段，而现场检查笔录是水行政机关实施行政处罚的重要证据和优势证据，是对涉嫌违法现场整体情况的客观描述和实录。但在实际检查中许多办案人员制作笔录草率马虎，表述不准，记录不全，最终造成现场检查笔录内容与处罚决定内容不相关，笔录也就成为“废纸”，失去了证据效力。因此，现场检查笔录必须符合证据形式要件规定，应做到精确、全面、客观，内容要言简意赅、详略得当，应含有现场检查的事项、方法、过程、结果和现场概貌及当事人的行为，包括当事人拒绝检查或笔录拒绝签名的事实和原因等。此外，现场检查笔录切忌使用“大概”、“大约”、“估计”、“左右”等模糊不定用语和 “擅自”、“违法”、“非法”等主观判断用语。

六、办案保密不严

水事违法案件的查处敏感性很强。我们有些执法人员刚发现或正在查办一件所谓大案要案，就激动不已，急功近利，到处宣扬，致使案件查处重重受阻，不能顺利终结，就是保密不严所致。

七、文书缺乏校对

行政处罚文书具有法律效力，一定程度上代表了水行政执法形象和执法威信，必须要求咬文嚼字、认真校对，不但要求语句通顺，用语专业，段落分明，每个字、每个标点符号都不能错，因为一旦有错别字或标点符号有错，整个文书的意思都可能发生变化。迄今，全民法律水平在不断提升，且当事人大都聘有法律顾问，加之内部“害群之马”的出谋划策，抓住文字的错词错句，然后申请复议或者起诉，后果不言而喻。如：**法律常用词语规范不熟悉？下面这些水行政执法人员必须掌握熟悉。**

★作出，做出

“作出”多与决定、解释等词语搭配使用。

示例1：农村土地承包仲裁委员会对回避申请应当及时作出决定，以口头或者书面方式通知当事人，并说明理由。（《农村土地承包经营纠纷调解仲裁法》第二十九条）

示例2：最高人民法院、最高人民检察院作出的属于审判、检察工作中具体应用法律的解释，应当自公布之日起三十日内报全国人民代表大会常务委员会备案。（监督法第二十一条）

“做出”多与成绩等名词词语搭配使用。

示例1：对在社会主义建设中做出显著成绩的残疾人，对维护残疾人合法权益、发展残疾人事业、为残疾人服务做出显著成绩的单位和个人，各级人民政府和有关部门给予表彰和奖励。（《残疾人保障法》第十三条）

示例2：国务院和沿海地方各级人民政府应当加强对海岛保护的宣传教育工作，增强公民的海岛保护意识，并对在海岛保护以及有关科学研究工作中做出显著成绩的单位和个人予以奖励。（《海岛保护法》第七条 ）

★公布，发布，公告

“公布”用于公布法律、行政法规、结果、标准等。

示例1：本法自公布之日起施行。（《村民委员会组织法》第四十一条）

示例2：统计调查项目的审批机关应当对调查项目的必要性、可行性、科学性进行审查，对符合法定条件的，作出予以批准的书面决定，并公布；对不符合法定条件的，作出不予批准的书面决定，并说明理由。（《统计法》第十三条）

示例3：食品安全国家标准由国务院卫生行政部门负责制定、公布，国务院标准化行政

部门提供国家标准编号。(《食品安全法》第二十一条)

“发布”用于公开发出新闻、信息、命令、指示等。

示例1:履行统一领导职责或者组织处置突发事件的人民政府,应当按照有关规定统一、准确、及时发布有关突发事件事态发展和应急处置工作的信息。(《突发事件应对法》第五十三条)

示例2:突发事件发生地的其他单位应当服从人民政府发布的决定、命令,配合人民政府采取的应急处置措施,做好本单位的应急救援工作,并积极组织人员参加所在地的应急救援和处置工作。(《突发事件应对法》第五十六条第二款)

“公告”用于向公众发出告知事项。

示例1:遇有大型群众性活动、大范围施工等情况,需要采取限制交通的措施,或者作出与公众的道路交通活动直接有关的决定,应当提前向社会公告。(《道路交通安全法》第二十九条)

示例2:专利复审委员会对宣告专利权无效的请求应当及时审查和作出决定,并通知请求人和专利权人。宣告专利权无效的决定,由国务院专利行政部门登记和公告。(《专利法》第四十六条)

★违法,非法

“违法”一般用于违反法律强制性规范的行为。

示例1:被检查单位或者个人拒不停止违法行为,造成严重水土流失的,报经水行政主管部门批准,可以查封、扣押实施违法行为的工具及施工机械、设备等。(《水土保持法》第四十三条)

示例2:村民委员会不及时公布应当公布的事项或者公布的事项不真实的,村民有权向乡、民族乡、镇的人民政府或者县级人民政府及其有关主管部门反映,有关人民政府或者主管部门应当负责调查核实,责令依法公布;经查证确有违法行为的,有关人员应当依法承担责任。(《村民委员会组织法》第三十一条)

“非法”通常情况下也是违法,但主要强调缺乏法律依据的行为。

示例1:任何组织和个人不得侵占、挪用义务教育经费,不得向学校非法收取或者摊派费用。(《义务教育法》第四十九条)

示例2:非法占有高度危险物造成他人损害的,由非法占有人承担侵权责任。所有人、管理人不能证明对防止他人非法占有尽到高度注意义务的,与非法占有人承担连带责任。(《侵权责任法》第七十五条)

★设定,设立

“设定”和“设立”都可以用于权利、义务、条件等的设置。“设立”还可以用于成立或者开办组织、机构、项目等。

示例1:行政机关和法律、法规授权的具有管理公共事务职能的组织不得滥用行政权力,以设定歧视性资质要求、评审标准或者不依法发布信息等方式,排斥或者限制外地经营者参加本地的招标投标活动。(《反垄断法》第三十四条)

示例2:不动产物权的设立、变更、转让和消灭,应当依照法律规定登记。动产物权的设立和转让,应当依照法律规定交付。(《物权法》第六条)

示例3:国务院设立食品安全委员会,其工作职责由国务院规定。(《食品安全法》第四

条）

示例4：国务院和县级以上地方人民政府根据实际需要，设立专项资金，扶持农村地区、民族地区实施义务教育。（《义务教育法》第四十七条）

★执业人员，从业人员

“执业人员”用于表述符合法律规定的条件，依法取得相应执业证书，并从事为社会公众提供服务的人员。

示例1：本法所称律师，是指依法取得律师执业证书，接受委托或者指定，为当事人提供法律服务的执业人员。（《律师法》第二条）

示例2：注册会计师是依法取得注册会计师证书并接受委托从事审计和会计咨询、会计服务业务的执业人员。（《注册会计师法》第二条）

“从业人员”用于表述在一般性行业就业的人员。

示例1：无雇工的个体工商户、未在用人单位参加基本养老保险的非全日制从业人员以及其他灵活就业人员可以参加基本养老保险，由个人缴纳基本养老保险费。（《社会保险法》第十条第二款）

示例2：从业人员有依法接受职业培训和继续教育的权利和义务。（《教育法》第四十条第一款）

★批准，核准

“批准”用于有权机关依据法定权限和法定条件，.对当事人提出的申请、呈报的事项等进行审查，并决定是否予以准许。

示例1：进行下列施工作业，施工单位应当向管道所在地县级人民政府主管管道保护工作的部门提出申请：……

县级人民政府主管管道保护工作的部门接到申请后，应当组织施工单位与管道企业协商确定施工作业方案，并签订安全防护协议；协商不成的，主管管道保护工作的部门应当组织进行安全评审，作出是否批准作业的决定。（《石油天然气管道保护法》第三十五条）

示例2：从事考古发掘的单位，为了科学研究进行考古发掘，应当提出发掘计划，报国务院文物行政部门批准；对全国重点文物保护单位的考古发掘计划，应当经国务院文物行政部门审核后报国务院批准。（《文物保护法》第二十八条）

“核准”用于有权机关依据法定权限和法定条件进行审核，对符合法定条件的予以准许。

示例1：公开发行证券，必须符合法律、行政法规规定的条件，并依法报经国务院证券监督管理机构或者国务院授权的部门核准;未经依法核准，任何单位和个人不得公开发行证券。（《证券法》第十条）

示例2：公证机构的负责人应当在有三年以上执业经历的公证员中推选产生，由所在地的司法行政部门核准，报省、自治区、直辖市人民政府司法行政部门备案。（《公证法》第十条）

★注销，吊销，撤销

“注销”用于因一些法定事实出现而导致的取消登记在册的事项或者已经批准的行政许可等。

示例1：建设用地使用权消灭的，出让人应当及时办理注销登记。（《物权法》第一百五

十条）

示例2：有下列情形之一的，行政机关应当依法办理有关行政许可的注销手续：

（一）行政许可有效期届满未延续的；

（二）赋予公民特定资格的行政许可，该公民死亡或者丧失行为能力的；

（三）法人或者其他组织依法终止的；

（四）行政许可依法被撤销、撤回，或者行政许可证件依法被吊销的；

（五）因不可抗力导致行政许可事项无法实施的；

（六）法律、法规规定的应当注销行政许可的其他情形。（《行政许可法》第七十条）

“吊销”作为一种行政处罚，用于有权机关针对违法行为，通过注销证件或者公开废止证件效力的方式，取消违法者先前已经取得的许可证件。

示例1：邮政企业、快递企业不建立或者不执行收件验视制度，或者违反法律、行政法规以及国务院和国务院有关部门关于禁止寄递或者限制寄递物品的规定收寄邮件、快件的，对邮政企业直接负责的主管人员和其他直接责任人员给予处分；对快递企业，邮政管理部门可以责令停业整顿直至吊销其快递业务经营许可证。（《邮政法》第七十五条）

示例2：城乡规划编制单位取得资质证书后，不再符合相应的资质条件的，由原发证机关责令限期改正；逾期不改正的，降低资质等级或者吊销资质证书。（《城乡规划法》第六十三条）

“撤销”用于有权机关取消依法不应颁发的行政许可或者发出的文件、设立的组织机构，也可以用于取消资质、资格等。

示例1：城乡规划主管部门违反本法规定作出行政许可的，上级人民政府城乡规划主管部门有权责令其撤销或者直接撤销该行政许可。（《城乡规划法》第五十七条）

示例2：违反本法规定，食品检验机构、食品检验人员出具虚假检验报告的，由授予其资质的主管部门或者机构撤销该检验机构的检验资格；依法对检验机构直接负责的主管人员和食品检验人员给予撤职或者开除的处分。（《食品安全法》第九十三条第一款）

★根据，依据

引用宪法、法律作为立法依据时，用“根据”。

示例1：为了加强国防建设，完善国防动员制度，保障国防动员工作的顺利进行，维护国家的主权、统一、领土完整和安全，根据宪法，制定本法。（《国防动员法》第一条）

示例2：省、自治区、直辖市的人民代表大会常务委员会根据本法，结合本行政区域的实际情况，制定实施办法。（《村民委员会组织法》第四十条）

适用其他法律或者本法的其他条款时，用“依据”。

示例1：提供的统计资料不能满足需要时，国防动员委员会办事机构可以依据《中华人民共和国统计法》和国家有关规定组织开展国防动员潜力专项统计调查。（《国防动员法》第十九条）

示例2：对反垄断执法机构依据本法第二十八条、第二十九条作出的决定不服的，可以先依法申请行政复议；对行政复议决定不服的，可以依法提起行政诉讼。（《反垄断法》第五十三条）

★谋取，牟取

“谋取”是中性词，可以谋取合法利益，也可以谋取非法利益。“牟取”是贬义词，

表示通过违法行为追求利益。

示例1：学校以向学生推销或者变相推销商品、服务等方式谋取利益的，由县级人民政府教育行政部门给予通报批评；有违法所得的，没收违法所得；对直接负责的主管人员和其他直接责任人员依法给予处分。（《义务教育法》第五十六条第二款）

示例2：采购代理机构不得以向采购人行贿或者采取其他不正当手段谋取非法利益。（《政府采购法》第二十五条第三款）

示例3：人民调解员在调解工作中有下列行为之一的，由其所在的人民调解委员会给予批评教育、责令改正，情节严重的，由推选或者聘任单位予以罢免或者解聘：……（三）索取、收受财物或者牟取其他不正当利益的……（《人民调解法》第十五条）

示例 4：国务院证券监督管理机构工作人员应当忠于职守，依法办事，公正廉洁，接受监督，不得利用职务牟取私利。（《证券投资基金法》第七十九条）

八、启动处罚决定程序之前缺少当事人陈述、申辩笔录

《行政处罚法》第四十一条规定："行政机关及其执法人员在作出行政处罚决定之前不依照本法第三十一条、第三十二条的规定向当事人告知给予行政处罚的事实、理由和依据，或者拒绝听取当事人的陈述、申辩，行政处罚决定不能成立。"因此，在下达处罚决定前，应当听取当事人的书面或口头陈述。当事人作口头陈述及申辩的，应将陈述或申辩情况作笔录，当事人签字后备入案卷。当事人放弃陈述和申辩权利的，也要将情况制作笔录并让其签字确认后备入案卷。这样，如果进入司法庭审程序，可防当事人辩称其从未享受陈述、申辩权，届时，笔录就是证据。

九、文书送达对象不明确

当事人履行行政处罚决定确定的义务，必须以行政处罚决定文书的送达为前提。因此，处罚文书的送达对象必须明确。法律法规规定应当遵循下列原则："应当直接送达当事人的，由当事人在送达回证上注明收到日期，并签名或者盖章，当事人在送达回证上的签收日期即为送达日期。当事人是法人、经营单位或者其他组织的，交其收发部门签收；当事人是公民或者个体工商户的，交其本人签收，本人不在的，交其同住的成年家属或所在单位签收；当事人指定代收人的，交代收人签收。"这个问题，也应引起注意。

上述细节看似"小事"，但导致败诉就是大事，类似这样的"小事"还有很多，有待执法人员在具体查办案件实践中善于捕捉并加以规范。

水利行政管理及执法人员
法律知识应知应会

1. 听证后作出的行政处罚达到法定听证的条件，是否需要再次告知当事人听证的权利？

答：目前，《行政处罚法》以及其他法律没有规定是否举行二次听证，实践中，根据具体情况而定：一是如果听证后发回重新取证，办案机构根据新的事实和证据作出了新的处罚决定，并达到听证的标准的，应当告知当事人有听证的权利；二是如果听证后根据原有的事实和证据作出从轻或减轻的处罚决定，并达到听证的标准的，不必再告知当事人听证的权利；三是如果听证前违反了法定程序，听证会后走法定程序的，原事实和证据不变，不必再告知当事人听证的权利。

2.《行政处罚法》第四十二条规定的听证范围中的“等”以及法规条文中规定的“其他”等用语，是否属于不完全列举的例示性规定？

答：是。参照最高人民法院《关于审理行政案件适用法律规范问题的座谈会纪要》的规定，以“等”或“其他”等概括性用语表示的事项，均为明文列举的事项以外的事项，且其所概括的情形应为与列举事项类似的事项。

3. 行政相对人的行为发生在新法实施前，具体行政行为作出在新法实施后，适用旧法还是新法？

答：参照最高人民法院《关于审理行政案件适用法律规范问题的座谈会纪要》的规定，行政相对人的行为发生在新法实施前，具体行政行为的作出在新法实施后的法律适用原则是：程序问题适用新法规定，实体问题适用旧法规定。但有下列情形除外：一是法定原则，即法律、法规或规章另有规定的；二是从新兼从轻原则，即适用新法对保护行政相对人的合法权益更为有利的；三是从新原则，即按照具体行政为的性质应当适用新法的实体规定。

4. 责令改正是否是行政处罚的种类？是否所有对当事人作出行政处罚时都应当一并责令当事人改正或者限期改正违法行为？

答：第一个问题，否。《行政处罚法》第八条未将责令改正列为行政处罚的种类，且在第二十三条将其规定为行政处罚的配套处理行为。

第二个问题，是。实施行政处罚时，如果具体的法律、法规和规章有责令改正的规定的，直接引用其规定；如没有，则引用《行政处罚法》第二十三条的规定。

5. “责令停产停业”的性质是什么？

答：“责令停产停业”是《行政处罚法》第八条规定的一项行政处罚种类，其内涵是指具有合法的经营资格（已取得营业执照）的当事人实施了严重的违法行为后，被行政机关处以的一项较严厉的行政处罚。当事人被“责令停产停业”后，被剥夺一切经营活动，包括违法经营和合法的经营活动。因此，实施这种行政处罚之前，必须根据《行政处罚法》第四十二条的规定告知当事人有申请举行听证的权利。

6. 如何理解行政处罚法中的减轻处罚、从轻处罚和不予处罚？ 适用时应当注意什么内容？

答：从轻处罚，是指行政机关在法定的处罚种类和处罚幅度内，对违法行为人在几种可能的处罚种类中选择较轻的处罚种类或者在一种处罚种类的法定幅度内选择较低限进行处罚；减轻处罚，是指行政机关在法定的处罚种类以下和处罚幅度的最低限以下，对违法行为人适用行政处罚；不予处罚，是指行政机关依照法律、法规的规定，因为有法定事由存在，对本应给予处罚的违法行为人免除对其适用行政处罚。适用时，应当将从轻、减轻或不予处罚的情节在处罚决定书中的事实部分表述，并将《行政处罚法》第二十七条作为处罚的法律依据。

7. 在调查取证过程中，当事人拒绝到场、签名，或者无法找到当事人的，如何固定笔录或者其他材料的证据效力？

答：根据《最高人民法院关于行政诉讼证据若干问题的规定》第十五条的规定，在调查取证过程中，当事人拒绝到场、签名，或者无法找到当事人的，办案人员应当在笔录或者其他材料上注明原因，有当事人的高级管理人员或员工等其他人在现场的，可由其他人签名见证。

8. 水利执法风险主要有几类？

答：水利执法风险主要有四类：一是人身安全风险；二是渎职犯罪风险；三是贪污受贿犯罪风险；四是利用职权实施侵犯公民人身权利、财产权利犯罪风险。

9. 按照《行政许可法》的规定，公司登记机关可以撤销登记，但在实践中撤销登记如何操作？

答：根据《行政许可法》第六十九条和《公司法》、《公司登记管理条例》的有关规定，公司登记机关可以撤销公司登记，包括撤销设立登记和撤销变更登记两种情况，前者的法律后果是企业的经营主体资格归于消灭；后者的法律后果是恢复到变更登记以前的登记状态。在实际操作中，撤销登记的性质有三种，针对不同的性质应当适用不同的行政程序。第一种是根据《行政许可法》第六十九条第二款、《公司法》第一百一十九条及《公司登记管理条例》第六十八、六十九条之规定，因申请人采取欺骗手段等过错导致行政许可违法或不当，需要撤销的，其性质属于行政处罚，按照行政处罚的一般程序办理，且在作出撤销登记前，应当告知当事人有要求举行听证的权利；第二种是根据《行政许可法》第六十九条第一款之规定，因行政许可工作人员的过错导致许可违法或不当，需要撤销的，其性质属于执法监督中的纠错行为，应当按执法监督程序办理，且在作出撤销登记前，应当听取当事人的意见，决定撤销登记的，应当作出书面决定，并说明理由和告知当事人救济途径；第三种是根据《公司法》第二十二条规定，公司股东会或者股东大会、董事会的决议内容违反法律、行政法规，股东会或者股东大会、董事会的会议召集程序、表决方式违反法律、行政法规或者公司章程，或者决议内容违反公司章程，被人民法院宣告该决议无效或者撤销决议，而公司根据上述决议已办理变更登记的，公司向登记机关申请撤销变更登记，属于行政许可，应当适用行政许可程序。

执法实际中还要注意的是：按照《行政许可法》第八条规定的“信赖保护原则”和第六十九条第三款、第四款的规定，撤销登记应当妥善处理公共利益和被许可人利益。

10. 某县人民政府在行政复议时，违法撤销了县水利局的行政处罚决定书，县水利局如何行使救济权利？

答：《行政复议法》第一条明确规定其立法宗旨在于“……保护公民、法人和其他组织的合法权益，保障和监督行政机关依法行使职权……”，即行政复议就是国家建立的对行政权进行监督和对公民合法权益予以救济的机制，因此《行政复议法》未赋予行政机关的救济途径。如果被申请人有证据证明行政复议机关工作人员在行政复议活动中徇私舞弊，或者有其他渎职、失职行为的，可依据《行政复议法》第三十五条和行政执法责任追究办法的相关规定请求对复议机关有监督权的监察、人教、法制机构予以处理。

11、《行政复议法实施条例》第四十条规定了“和解制度”，第五十条规定了“调解制度”，如果行政相对人和行政机关达成了和解协议，事后，行政相对人又不履行和解协议，问：（1）行政机关在申请人民法院强制执行时，是按照原处罚决定书确定的金额，还是按和解协议金额申请强制执行？（2）如果行政相对人按照和解协议履行了，又如何理解行政处罚决定书的法律效力（行政处罚决定书的确定力、执行力、公定力等法律效力）？是否需要再完善有关法律手续（如填写有关事项审批表等）？（3）如何理解“行政复议调解书的法律效力”？行政复议调解书何时生效？（4）和解、调解的时间是否计算在60日的行政复议决定时间内？即如果和解、调解时间过长，是否会导致复议机关无法审理复议案件？

答：如果复议申请人在复议期间与被申请人依据《行政复议法实施条例》第四十条的规定达成和解协议，并经复议机关审查同意终止行政复议后，申请人又不履行和解协议的，被申请人在申请人民法院执行原行政处罚决定时，执行的额度应以和解协议的额度为基数。理由：一是和解协议书是申请人与被申请人在平等、自愿、合法的原则下达成的协议，在申请人和被申请人之间具有法律效力，任何一方都应当执行；二是和解是行政复议的一种结案方式，如果申请人不履行，可以参照《行政复议法》第三十三条不履行行政复议决定的规定来处理，由被申请人依法强制执行，或者申请人民法院强制执行；三是和解协议只涉及原处罚决定的部分内容，不能单独作为强制执行的依据。所谓行政处罚决定书的确定力、公定力、执行力等是以处罚决定书的合法性为前提的，并不意味着行政处罚决定的不可撤销、不可变更。《行政处罚法》在规范行政机关处罚程序的同时，赋予了行政相对人的复议、诉讼权，也规定了行政机关发现行政处罚有错误的应当主动纠正。行政复议和解制度是建立在双方自愿基础上的，被申请人愿意与申请人达成和解，就说明其原行政处罚决定的自由裁量存在问题，与申请人的和解协议是对原处罚决定书的自由裁量部分内容的变更，意味着原处罚决定书中该部分不再具有法律效力。另外，行政复议和解制度规定，可以和解应当是裁量性具体行政行为，不包括羁束性具体行政行为，目的就在于维护原行政处罚决定的公信力。行政相对人履行和解协议，实施行政处罚的行政机关无须再办理其他审批手续。内部审批手续应当在达成和解协议之前即已完成。和解、调解的时间都应当计算在行政复议审理期限内，行政复议期限一般是60日，特殊情况下可以延长1个月。因此，行政复议审理期限内当事人之间达不成和解协议的，或者行政复议机关居中调解不成的，行政复议机关应当及时作出行政复议决定。

12. 按现行行政和解制度的立法精神，水利部门下达行政处罚决定书后，行政复议前，若当事人提出减少罚款数额的和解请求，水利部门能否就罚款数额的减少与当事人达成和解协议？

答：依据《行政复议法实施条例》第四十条的规定，和解制度仅适用于行政复议阶段（复议机关受理后，作出复议决定前），并不适用于“行政复议前”。根据《行政处罚法》第五十二条的规定，当事人在行政处罚决定书下达后行政复议前可以提出延期或者分期缴纳罚款的申请，但不能直接申请减少罚款数额。行政机关经审查发现的确处罚过重，与违法行为的事实、性质、情节、社会危害程度不相适应的，可通过执法监督程序自我纠正。

13. 法院认为撤销行政许可会给公共利益带来损失，故法院判决未予撤销，而是确认行政许可违法，但对此水行政机关该如何操作？

答：如果法院作出的是一审判决，行政机关不服，可以在收到判决书之日起 15 日内向上级人民法院提起上诉；如果法院作出的是终审判决，或者虽是一审判决但行政机关认为判决正确，不需要上诉的，行政机关应当严格执行法院的生效判决。法院作出确认具体行政行为违法的判决时，责令被诉行政机关采取相应的补救措施，或者判决行政机关承担赔偿责任的，行政机关应当采取相应的补救措施或者承担赔偿责任；承担赔偿责任后，可以依法向有关责任人员追偿；即使法院只判决确认具体行政行为违法，行政机关也应当按照执法监督程序追究相关责任人员的执法责任。

14. 水利部门在实施行政强制措施时，向当事人送达了查封、扣押通知书，后发现适用法律错误，应如何纠正？可否自行纠正错误？

答：行政强制措施是水行政机关的一种具体行政行为，属于自我监督、主动纠正的范围。水行政机关在已送达的强制措施尚未引起复议、诉讼之前，发现查封、扣押通知书存在适用法律错误的，无论行政相对人是否提出质疑，都应通过下发补正通知等方式及时依法予以纠正；水行政机关在已送达的强制措施引起复议、诉讼后才发现法律适用错误的，应当主动予以撤销。水行政机关撤销强制措施后，当事人不撤回复议申请，或者不撤诉的，复议机关或者法院则仍以原通知书所载内容为审查对象，作出确认违法的行政复议决定或者行政判决。

15. 案件移送分别在案件调查、审核、决定阶段提到，执法实践中，究竟应在何阶段移交？能否在处罚后移送？

答：根据《行政处罚法》第七条第二款、第二十二条、第三十八条第一款第（四）项等规定，水行政机关一旦发现案件涉嫌犯罪的，应当立即移送司法机关，原则上不能先处罚后移送。从行政处罚和刑罚的关系看，二者都是国家强制权的行使，且行政责任通常可以被刑事责任吸收，区别仅在于针对的违法程度不同，从节约行政成本的角度讲，不应当有两个机关同时对一个违法行为展开调查。从行政调查手段和刑事侦查手段的关系看，后者能够更加及时、有效地查明案件事实，防止犯罪嫌疑人转移、隐匿、销毁证据，确保有效地追究其刑事责任。之所以在案件调查、核审、决定等阶段均提到案件移送，是考虑到有些违法行为罪与非罪的标准不太明确，而且对案件性质的判断是建立在调查取证的基础上，有一个认识的过程，其本意就是在哪个环节发现涉嫌犯罪，就应当在该环节作出移送的决定。如果水行政机关在调查、核审、决定阶段都没有发现案件涉嫌犯罪，作出行政处罚决定后又通过其他途径发现的，水行政执法机关应当依相关规定及时移送司法机关。

16. "负责人"是否包括分管法制工作的副局长？"主要负责人"如何理解？

答：严格地讲，这个问题属于规章解释的范畴。结合我省的实际情况，"负责人"应当包括正职负责人和副职负责人，其中副职负责人主要是指分管行政处罚案件的局领导，也包括经行政首长授权，履行立案审批、强制措施审批或者案件审批职责的其他局领导（含分管法制的局领导）。

17. "留置送达"，实务中能否适用该送达方式？

答：留置送达是指在向受送达人或者有资格接受送达的人送交需送达的诉讼文书、法律文书时，受送达人或者有资格接受送达的人拒绝签收，送达人依法将诉讼文书、法律文书留放在受送达人住所的送达方式。留置送达时，送达人应当邀请有关基层组织或者受送达人所在单位的代表到场作为见证人，送达人应当向见证人说明情况，在送达回证上记明受送达人拒收的事由和送达的日期，由送达人、见证人在送达回证上签名或者盖章。见证人不愿在送达回证上签名或者盖章的，由送达人在送达回证上记明情况，把诉讼文书、法律文书留在受送达人的住所，即产生送达的法律后果。

依据《行政处罚法》第四十条的规定，水行政机关可以采用留置送达的方式送达行政处罚决定。但应该注意“留置送达”方式，原因是留置送达举证难，而直接送达、邮寄送达、公告送达更容易举证。

18. 何为邮寄送达？如何取得邮寄送达回执？其是否类似于司法邮寄送达回证？

答：邮寄送达是指送达机关在直接送达有困难的情况下，通过邮局以挂号信等方式将需送达的法律文书邮寄受送达人的送达方式，是行政执法、民事审判通用的一种送达方式。根据最高人民法院的有关司法解释，邮寄送达应当附有送达回证。挂号信回执上注明的收件日期与送达回证上注明的收件日期不一致的，或者送达回证没有寄回的，以挂号信回执上注明的收件日期为送达日期。采用邮寄送达方式的，应当以挂号信或者特快专递送达，并且应当妥善保管挂号信回执或者国内特快专递邮件详情单。

19. 同一个当事人违反多个法律法规的，处罚时如何引用法律法规？

答：对同一当事人违反多个法律法规的行为，应视情况分别处理。如果多个违法行为相互独立，满足各自的构成要素，对同一当事人的不同违法行为应当分别量罚，合并执行。在处罚决定书中，应当先写明其主要的违法行为、处罚依据及应给予的行政处罚，再写明其他次要的违法行为及相关事项。如果多个违法行为之间具有关联性或者因果关系，例如手段与目的关系，原因与后果关系等，在学理上称作“法条竟合”，则由其中一个较重的违法行为吸收其他较轻的违法行为，仅对一个较重的违法行为予以定性处罚。

20. 调查终结报告中如何陈述自由裁量权的行使？

答：应该说，案件调查终结报告中都必须写明自由裁量理由，以便于领导审批案件时参考，每个案件自由裁量内容不同，不便于用简短的语言概括，但基本思路应该是：在事实清楚、证据确凿的基础上，依次写明是否给予行政处罚及其理由，给予何种行政处罚及其理由，涉及罚款的要写罚多罚少及其理由。自由裁量的理由应当是法律、法规、规章及相关规范性文件规定的不予处罚、免于处罚、减轻从轻处罚、从重加重处罚情节，而不是调查人的主观臆断，更不能随当事人的经济状况、主观态度起伏变化。自由裁量的理由应当与事实及证据相符。

21. 处罚决定书引用法律条文是否必须写全原条文？在实际操作中，有的法规将违法行为和处罚方式或处罚幅度写在同一条款中，适用时写明原文非常咬口且很难看懂，而此时仅写明法规条款较容易理解，这么处理是否合法合理？

答：行政处罚决定书应当载明的事项应当严格依照《行政处罚法》第三十九条规定。具体到法律条文的引用上，既要写明违法依据，又要写明处罚依据；至于是否必须写全法律条文，目前并无明文要求，因为作为行政处罚依据的法律、法规、规章都必须公开发布方能生效，相对人应当知晓或方便查阅，所以只要写明所适用的法律、法规或规章的名称及具体的条、款、项即可，无需写全法律条文。

22. 注销公告期满能否视为对所有利害关系人告知？

答：应视为对所有利害关系人的告知。公告的目的在于将公告所载内容公开告知社会大众，公告期满时，公告载明的事项即对包括所有利害关系人在内的全体社会成员产生相应的法定效力。

23. 法律适用应当遵循哪些基本原则？

答：根据《中华人民共和国立法法》的相关规定，法律适用应当遵循如下五个基本原则：一是上位法优于下位法原则；二是自治条例和单行条例、经济特区法规在本自治地方、本经济特区优先适用原则；三是特别规定优于一般规定原则；四是新的规定优于旧的规定原则；五是法律转致适用原则。

24. 实施行政处罚应当遵循哪些基本原则？

答：根据《中华人民共和国行政处罚法》的相关规定，行政处罚应当遵循如下五项基本原则：一是职权法定原则；二是公正、公开原则；三是处罚与教育相结合原则；四是陈述、申辩原则；五是行政救济原则。

25. 法律法规关于设置排污口是如何规定的？

答：（1）《中华人民共和国水法》。

第四章　水资源、水域和水工程的保护

第三十四条　禁止在饮用水水源保护区内设置排污口。

在江河、湖泊新建、改建或者扩大排污口，应当经过有管辖权的水行政主管部门或者流域管理机构同意，由环境保护行政主管部门负责对该建设项目的环境影响报告书进行审批。

第七章　法律责任

第六十七条　在饮用水水源保护区内设置排污口的，由县级以上地方人民政府责令限期拆除、恢复原状；逾期不拆除、不恢复原状的，强行拆除、恢复原状，并处五万元以上十万元以下的罚款。

未经水行政主管部门或者流域管理机构审查同意，擅自在江河、湖泊新建、改建或者扩大排污口的，由县级以上人民政府水行政主管部门或者流域管理机构依据职权，责令停止违法行为，限期恢复原状，处五万元以上十万元以下的罚款。

（2）《中华人民共和国水污染防治法》。

第七章　法律责任

第七十五条　在饮用水水源保护区内设置排污口的，由县级以上地方人民政府责令限期拆除，处十万元以上五十万元以下的罚款；逾期不拆除的，强制拆除，所需费用由违法者承担，处五十万元以上一百万元以下的罚款，并可以责令停产整顿。

除前款规定外，违反法律、行政法规和国务院环境保护主管部门的规定设置排污口或者私设暗管的，由县级以上地方人民政府环境保护主管部门责令限期拆除，处二万元以上十万元以下的罚款；逾期不拆除的，强制拆除，所需费用由违法者承担，处十万元以上五十万元以下的罚款；私设暗管或者有其他严重情节的，县级以上地方人民政府环境保护主管部门可以提请县级以上地方人民政府责令停产整顿。

未经水行政主管部门或者流域管理机构同意，在江河、湖泊新建、改建、扩建排污口的，由县级以上人民政府水行政主管部门或者流域管理机构依据职权，依照前款规定采取措施、给予处罚。

结合法律法规对设置排污口的规定，水利部门在对排污口的设置进行审查时，应当重点根据水资源管理及保护、堤防及防洪安全、取水许可及水功能区划的要求等进行审查，提出同意与否的意见，至于建设项目水质是否能够达标排放，污水如何处理，主要是环保部门在对该建设项目的环境影响报告书进行审批时重点审查的内容。

26. 先行登记保存证据措施是否属于行政强制措施？

答：否。先行登记保存证据措施是《行政处罚法》第三十七条第二款规定的一项行政措施。其与行政强制措施最大的区别为：行政强制措施是特定的法律、法规赋予特定机关对涉嫌特定的违法行为的特定当事人的特定物品进行暂时性控制的措施，先行登记保存证据措施则是在所有的行政处罚案件收集证据过程中均可适用的措施。

27. 证据复制（提取）单上照片显示的时间与执法人员的签名时间、当事人的签名确认时间是否要一致？

答：照片显示的时间与执法人员签名的时间应当一致；而照片的冲洗过程需要一定的时间，因此，当事人在照片上签名确认的时间可在照片显示的时间之后。实践中，法院认可该照片的证据效力。当事人确认时，要将照片显示的内容表述情楚，即包括照片提取的时间、照片反映的场所、照片上的物品名称及种类、现场检查的水利机关名称等。

28. 当事人接到告知听证通知后马上表示放弃要求听证的权利，但在三天内又反悔提出听证要求，水行政机关是否应当受理其听证申请？

答：是。只要当事人在接到告知听证的通知之日起三日内以书面或者口头的形式提出听证申请的，水行政机关均应当受理。

29. 听证后作出的行政处罚达到法定听证的条件，是否需要再次告知当事人听证的权利？

答：目前，《行政处罚法》以及其他法律没有规定是否举行二次听证，实践中，根据具体情况而定：一是如果听证后发回重新取证，办案机构根据新的事实和证据作出了新的处罚决定，并达到听证的标准的，应当告知当事人有听证的权利；二是如果听证后根据原有的事实和证据作出从轻或减轻的处罚决定，并达到听证的标准的，不必再告知当事人听证的权利；三是如果听证前违反了法定程序，听证会后走法定程序的，原事实和证据不变，不必再告知当事人听证的权利。

30.《行政处罚法》第四十二条规定的听证范围中的“等”以及法规条文中规定的“其他”等用语，是否属于不完全列举的例示性规定？

答：是。参照最高人民法院《关于审理行政案件适用法律规范问题的座谈会纪要》的规定，以“等”或“其他”等概括性用语表示的事项，均为明文列举的事项以外的事项，且其所概括的情形应为与列举事项类似的事项。

31. 行政相对人的行为发生在新法实施前，具体行政行为作出在新法实施后，适用旧法还是新法？

答：参照最高人民法院《关于审理行政案件适用法律规范问题的座谈会纪要》的规定，行政相对人的行为发生在新法实施前，具体行政行为的作出在新法实施后的法律适用原则是：程序问题适用新法规定，实体问题适用旧法规定。但有下列情形除外：一是法定原则，即法律、法规或规章另有规定的；二是从新兼从轻原则，即适用新法对保护行政相对人的合法权益更为有利的；三是从新原则，即按照具体行政为的性质应当适用新法的实体规定。

32. 责令改正是否是行政处罚的种类？是否所有对当事人作出行政处罚时都应当一并责令当事人改正或者限期改正违法行为？

答：第一个问题，否。《行政处罚法》第八条未将责令改正列为行政处罚的种类，且在第二十三条将其规定为行政处罚的配套处理行为。

第二个问题，是。实施行政处罚时，如果具体的法律、法规和规章有责令改正的规定的，直接引用其规定；如没有，则引用《行政处罚法》第二十三条的规定。

33. 如何理解行政处罚法中的减轻处罚、从轻处罚和不予处罚？ 适用时应当注意什么内容？

答：从轻处罚，是指行政机关在法定的处罚种类和处罚幅度内，对违法行为人在几种可能的处罚种类中选择较轻的处罚种类或者在一种处罚种类的法定幅度内选择较低限进行处罚；减轻处罚，是指行政机关在法定的处罚种类以下和处罚幅度的最低限以下，对违法行为人适用行政处罚；不予处罚，是指行政机关依照法律、法规的规定，因为有法定事由存在，对本应给予处罚的违法行为人免除对其适用行政处罚。适用时，应当将从轻、减轻或不予处罚的情节在处罚决定书中的事实部分表述，并将《行政处罚法》第二十七条作为处罚的法律依据。

34. 鉴定结论的形式要求是什么？

答：参照《最高人民法院关于行政诉讼证据若干问题的规定》第十四条的规定，鉴定结论的形式要求包括：一是委托人和委托鉴定的事项；二是向鉴定部门提交的相关材料；三是鉴定的依据和使用的科学技术手段；四是鉴定部门和鉴定人鉴定资格的说明；五是有鉴定人的签名和鉴定部门的盖章；六是通过分析获得的鉴定结论，应当说明分析过程。

35. 水行政机关是否应当审查鉴定部门的鉴定结论？

答：是。参照《最高人民法院关于行政诉讼证据若干问题的规定》第六十二条的规定，水行政机关应当对鉴定结论尽到必要的注意义务，审查以下内容：一是鉴定人是否具备鉴定资格；二是鉴定程序是否严重违法；三是鉴定结论是否错误、不明确或内容不完整。

36. 法规规定罚款的幅度使用了“以上”、“以下”、“以内”、“超过”等用语，是否包括本数？

答：参照《民法通则》、《刑法》等法律的规定，使用 “以上”、“以下”、“以内” 的用语时，一般包括本数，法规明确规定不包括的除外。“超过” 则不包括本数。

37. “责令停产停业” 的性质是什么？

答：“责令停产停业” 是《行政处罚法》第八条规定的一项行政处罚种类，其内涵是指具有合法的经营资格（已取得营业执照）的当事人实施了严重的违法行为后，被行政机关处以的一项较严厉的行政处罚。当事人被 “责令停产停业” 后，被剥夺一切经营活动，包括违法经营和合法的经营活动。因此，实施这种行政处罚之前，必须根据《行政处罚法》

第四十二条的规定告知当事人有申请举行听证的权利。

38. 哪些情形下水行政机关应当对已立案的行政处罚案件进行销案处理?

答：两种情形的案件应当销案：一是违法事实不成立，二是已超过追责期限。

39. 水行政执法人员在调查取证过程中，当事人拒绝到场、签名，或者无法找到当事人的，如何固定笔录或者其他材料的证据效力?

答：根据《最高人民法院关于行政诉讼证据若干问题的规定》第十五条的规定，在调查取证过程中，当事人拒绝到场、签名，或者无法找到当事人的，办案人员应当在笔录或者其他材料上注明原因，有当事人的高级管理人员或员工等其他人在现场的，可由其他人签名见证。

40. 如何体现水行政机关对当事人在告知后提出的陈述、申辩事实、理由和证据进行复核?

答：办案机构在对当事人在告知后提出的陈述、申辩事实、理由和证据进行复核后，应当出具复核报告，作为证据，与其他案卷材料一并保存。

41. 如何体现水行政机关采纳当事人在告知后提出的成立的陈述、申辩事实、理由和证据?

答：当事人在告知后提出的陈述、申辩事实、理由和证据成立的，水行政机关应当在行政处罚决定书中陈述其采纳当事人陈述、申辩的情况及理由。

42. 某水行政机关仅因违反法定程序的行政处罚决定被上级机关（复议机关）撤销的，是否可以依照法定程序对当事人作出与原具体行政行为相同或者基本相同的具体行政行为?

答：是。仅因违反法定程序，被申请人的具体行政行为被行政复议机关撤销并被责令重新作出具体行政行为的，重新作出具体行政行为时，依照法定程序可以对当事人作出与原具体行政行为相同或者基本相同的具体行政行为。

43. 行政复议与行政诉讼有什么关系?

答：《行政复议法》第十六条规定了行政复议与行政诉讼的两个关系：一是法律、法规规定复议前置的，必须先复议后诉讼；二是人民法院已经受理行政诉讼的，申请人不得申请行政复议。

44. 申请人既申请行政复议又提起行政诉讼的，应当如何处理?

答：根据《行政复议法》、《行政诉讼法》的有关规定，分两种情况处理：一是人民法院已受理的，复议机关不予受理行政复议。人民法院的受案通知是必要证据。二是人民法院尚未受理，或复议受理后发现申请人又向法院起诉且人民法院已受理的，应当给申请人一个选择的机会，如果选择复议，则要求其提交法院裁定撤回起诉的文书；如果申请人选择诉讼，则提出撤回复议的请求，复议机关终止复议。

45. 行政复议与信访有什么关系?

答：《信访条例》第十四条第二款规定，对依法应当通过诉讼、仲裁、行政复议等法定途径解决的投诉请求，信访人应当依照有关法律、行政法规规定的程序向有关机关提出。因此，应当通过行政复议解决的事项，不作为信访事项处理，通过转送复议机构依照行政复议途径处理；信访的处理意见，一般不属于行政复议的范围。

46. 如何确定经上级批准作出的具体行政行为的被申请人?

答：《行政复议法实施条例》第十三条规定，下级行政机关依照法律、法规、规章的规定，经上级行政机关批准作出具体行政行为的，批准机关为被申请人。

47. 申请人提出行政复议申请的方式主要有哪几种？

答：根据《行政复议法实施条例》第十八条的规定以及《行政许可法》第二十九条的规定，申请人提出行政复议申请的方式有如下三种：一是当面提交；二是邮寄方式；三是通过电报、电传、传真、电子数据交换和电子邮件等方式提出。

48. 行政复议中对被申请人提交的证据有何要求？

答：行政复议中对被申请人提交的证据有四点要求：其一，《行政复议法》第二十三条规定，被申请人提交的所有证据均在该具体行政行为作出之前取得，并在法定期限内向复议机关提交；其二，《行政复议法》第二十四条规定，行政复议过程中，被申请人不得自行向申请人和其他有关组织或者个人收集证据；其三，参照最高人民法院关于执行〈中华人民共和国行政诉讼法〉若干问题的解释》（简称《若干问题的解释》）第二十八条的规定，经复议机关准许，被申请人可以补充如下两项证据：一是在作出具体行政行为时已经收集证据，但因不可抗力等正当事由不能提供的；二是申请人或第三人在复议过程中，提出了其在被申请人实施行政行为过程中没有提出的反驳理由或者证据的。

49. 信访人对信访事项的处理意见不服的，怎么办？

答：根据《信访条例》第三十五条规定，信访人对信访事项的处理意见不服的，可以向一级行政机关申请复查；对复查意见不服的，可以向复查机关的上一级行政申请复核。

50. 信访人对哪些信访事项的处理意见可以提起行政复议或行政诉讼？

答：一般来说，信访事项的处理意见对信访人的权利义务产生实际影响的，如果信访人不服，可以提起行政复议或行政诉讼。

51. 对于书面信访事项，行政机关是否应当书面答复信访人？

答：是。《信访条例》第三十二条的规定，行政机关应当依据有关法律、法规、规章及其他有关规定作出处理，并书面答复信访人。

52. 水行政执法管理部门对不予立案如何处理？

答：“对于不予立案的投诉、举报、申诉，经水行政管理机关负责人批准后，由办案机构将结果告知具名的投诉人、申诉人、举报人。水行政管理机关应当将不予立案的相关情况作书面记录留存。”这是关于不予立案的处理规定，包括告知和留档两项内容。

其中，不予立案告知的情形仅适用于投诉、举报、申诉场合。如果对其他机关移送的案件材料决定不予立案，应予退回；如果对上级交办的案件材料决定不予立案，应予报告，并等待上级决定。规定不予立案的告知，有两个理由：

第一，投诉、举报、申诉是法律赋予公民的权利。该权利不仅包括公民依法作为的权利，还包括公民依法获知其行为结果的权利。对于立案的，考虑到行政效率和行政成本问题，不必单行告知，只要在行政处罚决定作出时告知结果即可。而对于不予立案的，则需在作出不予立案决定后告知具名的投诉人、申诉人、举报人。

第二，在实践中，已有投诉人、申诉人、举报人以水行政管理机关不作为为由，提起行政复议或行政诉讼，要求对其投诉、申诉、举报行为作出反应并说明理由。在部分行政诉讼案件中，水行政管理机关败诉。因此，需要在程序制度中加以明确。

需要注意的是，法律没有规定告知的方式、时间等。在这种情况下，可以由办案机构根据实际情况决定。一般来讲，当事人要求有书面答复的，应予书面告知；无此要求的，可以口头告知。同时，告知应在不予立案决定作出后尽快进行；告知的内容应简明扼要，只要说明立案的理由不足或违法行为不成立即可。

53. 与水事违法案件立案制度有关的两个问题。

问题一：水行政处罚一般程序从立案开始，那么，调查取证工作是否只有在立案之后进行才合法，才符合法定程序？

答：在这里，要区分立案前后的执法活动和工作。在立案之前，水行政管理机关依法行使监督检查权，制止和纠正轻微的违法行为，发现涉嫌违法案件的线索并决定是否立案处理。这一过程，必然与调查取证相联系。不过，我们在这种场合不使用调查取证这一术语，习惯上只是将其与立案后的案件办理结合起来，而称之为执法检查。在立案之后，需要继续进行的，按行政处罚的一般程序进行的执法检查，就是调查取证。因此，并非在立案之后水行政管理机关才能调查取证。在立案之前，水行政管理机关在市场监督检查中，同样可以依法行使调查取证权。

问题二：在立案之前所获的证据材料是否可以作为案件事实认定的依据？

答：这实际上是一个证据效力问题。在行政执法中，立案并不是调查程序的启动程序。在立案之前的调查可称之为初步调查阶段，在立案之后的调查为正式调查阶段。初步调查阶段完成的任务是证明涉嫌违法行为可能存在，需要通过正式立案以便进一步调查核实；立案后的调查，则必须以充分证据证明违法事实是否存在、证明是否需要实施行政处罚。立案的作用主要体现在督促水行政管理机关及时开展调查，并将不具备立案条件的案件排除在一般程序之外。

所以，只要在立案之前取得的证据符合法律的要求，且能够对所调查的事实起到证明作用，就可以作为最终认定案件事实的依据。

54. 证据的概念及特点。

答：证据，是指具有法定职权的人员依照法定的程序收集并审查核实，能够证明案件真实情况的依据。

证据的基本特点有：

①客观性：证据事实必须是伴随着案件的发生、发展的过程，而遗留下来的，不以人们的主观意志为转移而存在的事实。②关联性：证据必须同案件事实存在某种联系，并因此对证明案情具有实际意义。③合法性：收集证据的主体要合法，每个证据来源的程序要合法，证据具有合法形式。

55. 水行政复议机关在什么情况下可以决定撤销、变更或者确认水行政具体行政行为违法？

答：①主要事实不清、证据不足的；②适用依据错误的；③违反法定程序的；④超越或者滥用职权的；⑤具体行政行为明显不当的；⑥被申请人在收到申请书副本或者申请笔录复印件之日起十日内，没有提出书面答复，并提交当初作出具体行政行为的证据、依据和其他有关材料的，视为该具体行政行为没有证据、依据，可以撤销该具体行政行为。

56. 行政机关违反信息公开条例规定的哪些行为应当追究责任？

答：行政机关违反本条例的规定，有下列情形之一的，由监察机关、上一级行政机关责令改正；情节严重的，对行政机关直接负责的主管人员和其他直接责任人员依法给予处分；构成犯罪的，依法追究刑事责任：

（一）不依法履行政府信息公开义务的；

（二）不及时更新公开的政府信息内容、政府信息公开指南和政府信息公开目录的；

（三）违反规定收取费用的；

（四）通过其他组织、个人以有偿服务方式提供政府信息的；

（五）公开不应当公开的政府信息的；

（六）违反本条例规定的其他行为。

57. 行政处罚简易程序的适用范围有哪些？

答：违法事实确凿并有法定依据，对公民处以 50 元以下、对法人或者其他组织处以 1000 元以下罚款或者警告的行政处罚的，可以当场作出行政处罚决定。

58. 根据《河南省行政机关执法条例实施办法》的规定，河南省政府规定的“较大数额罚款”是指哪些？当事人要求举行听证的，行政机关要不要举行听证？

答：下列情形之一的罚款为较大数额罚款：①、对非经营活动中的违法行为实施罚款一次达到或者超过 1000 元的；②、对无违法所得的经营性违法行为实施罚款一次达到或者超过 10000 元的；③、对有违法所得的经营性违法行为实施罚款一次达到或者超过 30000 元的。

根据第十九条规定，当事人要求听证的，行政机关应当组织听证，指定本机关非参与本案调查的法制机构工作人员主持；法制机构工作人员是本案调查人员的，指定本机关其他非本案调查人员主持。

59. 根据《河南省行政执法责任追究试行办法》，行政执法机关的工作人员承担行政执法责任的形式有哪些？

答：①戒勉谈话、批评教育或者写出书面检查；②通报批评或者离岗培训；③收回《河南省行政执法证》；④调离执法岗位或者取消执法资格。

60. 什么情况下可注销行政许可？

答：有下列情形之一的，行政机关应当依法办理有关行政许可的注销手续：①行政许可有效期届满未延续的；②赋予公民特定资格的行政许可，该公民死亡或者丧失行为能力的；③法人或者其他组织依法终止的；④行政许可依法被撤销、撤回，或者行政许可证件依法被吊销的；⑤、因不可抗力导致行政许可事项无法实施的；法律、法规规定的应当注销行政许可的其他情形。

61. 行政机关对申请人提出的行政许可申请，应当如何处理？

答：行政机关对申请人提出的行政许可申请，应当根据下列情况分别作出处理：①申请事项依法不需要取得行政许可的，应当即时告知申请人不受理；②申请事项依法不属于本行政机关职权范围的，应当即时作出不予受理的决定，并告知申请人向有关行政机关申请；③申请材料存在可以当场更正的错误的，应当允许申请人当场更正；④申请材料不齐全或者不符合法定形式的，应当当场或者在五日内一次告知申请人需要补正的全部内容，逾期不告知的，自收到申请材料之日起即为受理；⑤申请事项属于本行政机关职权范围，申请材料齐全、符合法定形式，或者申请人按照本行政机关的要求提交全部补正申请材料的，应当受理行政许可申请。

62. 行政机关对行政许可申请进行审查后，应当如何作出决定？

答：申请人的申请符合法定条件、标准的，行政机关应当依法作出准予行政许可的书面决定。行政机关依法作出不予行政许可的书面决定的，应当说明理由，并告知申请人享有依法申请行政复议或者提起行政诉讼的权利。

63. 根据《行政许可法》，哪些国家机关有权设定行政许可？

答：全国人大及其常委会，国务院，省、自治区、直辖市人大及其常委会，省、自治区、直辖市人民政府，依照行政许可法规定的权限可以设定行政许可。

64. 被许可人有哪些行为，行政机关应当依法给予行政处罚；构成犯罪的，依法追究刑事责任？

答：①涂改、倒卖、出租、出借行政许可证件，或者以其他形式非法转让行政许可的；②超越行政许可范围进行活动的；③向负责监督检查的行政机关隐瞒有关情况、提供虚假材料或者拒绝提供反映其活动情况的真实材料的；④法律、法规、规章规定的其他违法行为。

65. 哪些证据材料不能作为定案依据？

答：①严重违反法定程序收集的证据材料；②以偷拍、偷录、窃听等手段获取侵害他人合法权益的证据材料；③以利诱、欺诈、胁迫、暴力等不正当手段获取的证据材料；④当事人无正当事由超出举证期限提供的证据材料；⑤在中华人民共和国领域以外或者在中华人民共和国香港特别行政区、澳门特别行政区和台湾地区形成的未办理法定证明手续的证据材料；⑥当事人无正当理由拒不提供原件、原物，又无其他证据印证，且对方当事人不予认可的证据的复制件或者复制品；⑦被当事人或者他人进行技术处理而无法辨明真伪的证据材料；⑧不能正确表达意志的证人提供的证言；⑨不具备合法性和真实性的其他证据材料。

66. 行政复议法、行政诉讼法为什么确立被申请人、被告负举证责任原则？

答：被告负举证责任是由于：①行政机关有调查取证的主动权，在证据的收集和提供方面明显处于优势。②具体行政行为大都基于行政机关的单方面的意思表示而成立，相对人难以提供足以证明行政机关具体行政行为违法的各种证据。③可以促进行政机关严格依法行政，以尽可能减少行政争议及行政案件的数量，提高执法水平。

67. 请结合行政处罚工作实际，谈谈在实施行政处罚工作中如何遵守“保障当事人权利的原则。

答：处罚相对人权利保障原则是指设定与实施行政处罚应当保障被处罚相对人的合法权益，不得剥夺、限制或侵犯相对人的合法权益，行政处罚应当在充分保障相对人行使这些权利的前提条件下作出和实施。充分保证当事人的陈述、申辩权。

68. 请结合行政处罚工作实际，谈谈如何贯彻执行对行政处罚进行监督制约的原则。

答：①要严格执行执法责任制和执法过错追究制。②在办案中要公开、透明，接受社会监督，聘请社会监督员对执法行为进行监督。③所有案件集体讨论，杜绝“人情案”、“关系案”这一“顽症”。④加强对“八小时”外的监督，延伸监督工作的时效性。

69. 请结合《河南省行政执法人员文明执法规范》和工作实际，谈谈执法人员实施行政执法行为应当注意哪些问题。

答：执法人员实施行政执法行为，应当遵守下列要求：

（1）在法定职责范围内实施，不越权执法、滥用职权。

（2）依照法定时限和要求实施，不推诿、拖延或者变相拖延。

（3）清正廉洁，不徇私枉法、以权谋私、利用职权吃拿卡要和私分财物。

（4）不以各种名义索取或者接受请托人、中间人的宴请、礼品、礼金、礼券以及消费性的娱乐活动。

（5）不酒后执法、野蛮执法及刁难、报复行政相对人。

（6）不得以利诱、欺诈、胁迫、暴力等不正当手段收集证据，不得指派无行政执法资格的人员进行调查取证。

（7）不参与涉黄、涉赌、涉毒和封建迷信活动。

（8）没有法律明确授权并经法定程序，不得搜查、检查公民的身体和物品，不得进入公民住宅进行搜查、检查。

（9）依法接受监督，认真纠正违法或者不适当的行政行为。

70. 论述错案责任的划分及如何预防错案的发生。

答：错案划分：①行政执法人员当场作出的具体行政行为构成错案的，追究该执法人员的责任。②经审核、批准作出的具体行政行为，由于案件承办人的过错导致审核人、批准人失误发生错案的，追究承办人的责任；由于审核人的过错导致批准人失误发生错案的，追究审核人的责任；由于批准人的过错发生错案的，追究批准人的责任；承办人、审核人、批准人均有过错发生的错案，同时追究承办人、审核人、批准人的责任。③经集体讨论作出具体行政行为发生错案的，作出决定的行政机关负责人负主要责任，主张错误意见的其他人员负次要责任，主张正确意见的人员不负责任。④因非法干预导致错案发生的，追究干预者的责任。

预防错案：①强化人权保障意识。②严格按照办案程序办案，确保程序公正。③严把证据关，重视相关证据的收集。

71. 县卫生局以经营发霉变质食品为由处以蒋某罚款 3000 元，蒋某不服向人民法院起诉。诉讼期间被告拒不举证，也不出庭应诉。至一审法院审结前，被告始终未能提供作出行政行为的规范性文件和事实证据。一审法院以事实不清、证据不足为由作出撤销具体行政行为的判决。被告不服，提起上诉。上诉期间，上诉人向二审法院提供了作出处罚决定所依据的规范性文件和事实依据。

问：（1）一审法院的判决是否正确？为什么？

（2）二审法院能否接受上诉人在二审期间提供的新据？

（3）二审法院能否依据新证据直接改判本案？

答：（1）正确。按照最高人民法院《关于执行〈中华人民共和国行政诉讼法〉若干问题的解释》第二十六条规定，在行政诉讼中，被告对其作出的具体行政行为承担举证责任。被告应当在收到起诉状副本之日起 10 日内提交答辩状，并提供作出具体行政行为时的证据、依据；被告不提供或者无正当理由逾期提供的，应当认定该具体行政行为没有证据、依据。

（2）不能。最高人民法院关于执行《中华人民共和国行政诉讼法》若干问题的解释第 28 条规定，被告在作出具体行政行为时已经收集证据，但因不可抗力等正当事由不能提供的，经人民法院准许可以补充相关的证据。本案中，被告不存在不可抗力等正当事由。

（3）不能。根据《最高人民法院关于行政诉讼证据若干问题的规定》第七条规定，原告或者第三人在第一审程序中无正当事由未提供而在第二审程序中提供的证据，人民法院不予接纳。

72. 2012 年个体户李某与某镇政府签订了对 1000 亩荒滩 50 年承包经营的合同，并规定李某每年上交承包费 10 万元。2003 年底镇政府要求李某每年上交承包费增加到 30 万元，否则终止合同，李某不同意。镇政府于 2004 年 3 月 20 日单方撤销了该承包合同。3 月 28 日李某知道这一事实，并于 2004 年 5 月 22 日向上级行政机关提出复议申请，5 月 27 日上级机关发出受理通知，并向李某收取 5000 元的复议费。李某收到通知后处于等待状态，6 月 10 日李某尚未收到复议决定，便决定向人民法院提出起诉。

问：（1）该纠纷是否属于行政复议的范围？

（2）李某申请行政复议的期限是否有效？

（3）李某于 7 月 10 日向法院提起诉讼，法院是否受理？

答：（1）该纠纷属于行政复议范围。《行政复议法》规定，公民、法人或者其他组织，认为行政机关关于变更或撤销农业承包合同，侵犯其合法权益的，可以申请行政复议。

（2）李某申请行政复议的期限有效。法律规定，申请人可以自知道该具体行政行为之日起 60 日内提出复议申请。

（3）李某向法院提出诉讼，法院不予理。因公民、法人申请行政复议，行政复议机关已经依法受理的，或者法律规定应先申请行政复议的，在法定复议期限内不得向人民法院提出诉讼。本例中，李某的行政复议申请已受理，复议机关还没做出决定，且在 60 天的复议期内。

73. 国家某粮库库管员发现库内温度过高，粮食有发霉的危险，向粮库主任报告了情况，并建议批准开启通风设备。主任听后毫不理睬，更未采取防止霉烂措施。库管员再向主任提此险情，主任嫌他“太麻烦”，将其调离库管组。数日后，主任到库中察看，发现几乎整库粮食霉烂，造成 100 余万元损失。

问题：（1）粮库主任构成何罪？

（2）为什么？

答：（1）玩忽职守罪。

（2）因为粮库主任玩忽职守行为致使公共财产、国家和人民利益遭受重大损失，其严重不负责任，应当履行且有条件、有能力履行职责，但违背职责没有履行，违反职责规定，马虎草率大意。

74. 公民王某在非经营活动中有违法行为，两个区属执法机关都认为自己对王某的违法行为有权处罚，两个部门为了争处罚权，在王某不知的情况下分别作出罚款 2000 元和 1000 元的处罚决定。两个执法机关的行为是否合法？为什么？

答：不合法。《行政处罚法》规定：①对管辖发生争议的，报请共同的上一级行政机关指定管辖。②对当事人的同一个违法行为，不得给予两次以上罚款的行政处罚。③行政机关在作出行政处罚决定之前，应当告知当事人作出行政处罚决定的事实、理由及依据，并告知当事人依法享有的权利。

75. 某单位在研究行政处罚案件时，办案人员甲故意隐瞒部分证据，造成事实不清。其他负责人建议进一步调查后再作处理。该单位主要领导人乙，认为根据当前工作实际，这类违法现象比较严重，给予一定的行政处罚估计不会错。这时，上级业务领导部门的丙打来电话，要求该案从严处罚。因此，该案给予了较重的处罚。最后经过复查发现该案是

一个错案，国家依法给予了赔偿。你认为该案应如何追究错案责任？

答：根据《河南省行政机关执法条例》实施办法规定，该案应当追究以下责任人的责任：①、追究案件承办人甲的责任。甲故意隐瞒部分证据，造成事实不清。由于案件承办人的过错导致审核人、批准人失误发生错案的，追究承办人的责任。②、追究主要领导人乙的责任。乙没有听取其他负责人进一步调查后再作处理的建议。由于批准人的过错发生错案的，追究批准人的责任。③、追究上级业务领导部门丙的责任。因非法干预导致错案发生的，追究干预者的责任。

76. 某行政执法部门怀疑张某院内有违禁物品，于是派一个年轻的执法人员在深夜翻墙进入张某院内，把张某物品作为证据搬走。时间过了一个月，某行政执法部门既不退回物品也不做处理决定。某行政执法部门执法程序是否合法，为什么？

答：不合法。1、行政机关在调查或者进行检查时，执法人员不得少于两人，并应当向当事人或者有关人员出示证件。2、在证据可能灭失或者以后难以取得的情况下，经行政机关负责人批准，可以先行登记保存，并应当在七日内及时作出处理决定，在此期间，当事人或者有关人员不得销毁或者转移证据。

77. 某县城管部门执法人员赵某，认为公民李某有违法行为，要罚款 50 元，并开据了当场行政处罚决定书，要求李某当场缴纳罚款。李某不服，要求赵某出示执法证件并说明罚款的理由。赵某说我有执法证件就是不让你看，你告到哪儿今天都得罚你，并拒绝听取李某的申辩。李某又提出要罚款单据。赵某说给你罚款单据也不能报销，你把 50 元钱给我算了。李某只好交了 50 元罚款离去。执法人员的执法行为是否合法，为什么？

答：不合法。①行政机关在调查或者进行检查时，执法人员不得少于两人，并应当向当事人或者有关人员出示证件。②当场作出行政处罚决定，有下列情形之一的，执法人员可以当场收缴罚款：（一）依法给予二十元以下的罚款的；③当事人有权进行陈述和申辩。行政机关必须充分听取当事人的意见，对当事人提出的事实、理由和证据，应当进行复核。④行政处罚决定书应当在宣告后当场交付当事人；当事人不在场的，行政机关应当在七日内依照民事诉讼法的有关规定，将行政处罚决定书送达当事人。⑤要文明执法。

78. 在查处擅自打井取水违法案件中，在调查取证时，根据《水行政处罚实施办法》，一般采取对当事人违法打井设备进行异地保存。但《水行政处罚实施办法》第二十八条规定，水行政处罚机关对先行登记保存的证据，必须在七日内作出处理决定。对违法打井设备一般不需要进行检验或鉴定，如果退还当事人，可能会引起当事人继续实施违法行为。为有利于案件的处理，需要扣押、查封违法设备，依法作出扣押、查封的处理决定，而《行政处罚法》、《水行政处罚实施办法》、《水法》又未明确规定扣押、查封程序，针对这种情况，对违法设备进行扣押、查封的程序如何操作？由哪个部门作出决定？扣押查封的违法设备可以抵缴罚款吗？

答：（1）《行政处罚法》第三十七条第二款规定“行政机关在收集证据时，可以采取抽样取证的方法；在证据可能灭失或者以后难以取得的情况下，经行政机关负责人批准，可以先行登记保存，并应当在七日内及时作出处理决定，在此期间，当事人或者有关人员不得销毁或者转移证据”，《水行政处罚实施办法》第二十八条也作了相应规定。法律和水利部规章规定的都是“在证据可能灭失或者以后难以取得的情况下，经行政机关负责人批准，可以先行登记保存”，当事人擅自打井取水违法事实清楚，不存在“证据可能灭失或者以后难以取得”的情况，所以不必采取先行登记保存的措施。这里要特别注意，《行政处罚法》规定的是“先行登记保存”，不是扣押、查封。

（2）扣押、查封都是行政强制措施，对当事人违法打井的设备，《水法》没有做出扣押、查封规定，水利部门没有这项职权。《取水许可和水资源费征收管理条例》第四十九条规定“未取得取水申请批准文件擅自建设取水工程或者设施的，责令停止违法行为，限期补办有关手续；逾期不补办或者补办未被批准的，责令限期拆除或者封闭其取水工程或者设施，逾期不拆除或者不封闭其取水工程或者设施的，由县级以上地方人民政府水行政主管部门或者流域管理机构组织拆除或者封闭，所需费用由违法行为人承担，可以处5万元以下罚款”，本条规定可以封闭取水工程或者设施，这里的设施，指的是取水工程设施，而不是指打井的设备。所以，水行政主管部门无权对当事人的打井设备实施扣押、查封，否则就是违法行政。 水行政执法人员询问的“对违法设备进行扣押、查封的程序如何操作，由哪个部门作出决定”等问题就不存在。

（3）“扣押查封的违法设备可以抵缴罚款吗”？前面说到不能扣押查封。我们假定可以扣押、查封，那能否抵缴罚款呢？也是不可的。这里存在一个概念问题，扣押、查封是行政强制措施，不是行政处罚。也就是说，不能把扣押、查封等同于没收。所以，扣押查封的违法设备是不能抵缴罚款的。

79.《防洪法》对河道、湖泊管理范围内作了哪些禁止性规定？

答：责令停止违法行为，排除阻碍或采取其他补救措施，可以处5万元以下罚款。

80、水行政执法人员问：我们以前查处的河道内的违法采砂案件，都是适用的《中华人民共和国河道管理条例》第二十五条、第四十四条。在给当事人下《听证告知书》时，其中拟给予的内容写的是：①限期采取补救措施；②罚款二万元。这样写可以不？或者不加“限期”二字，直接这样写：①采取补救措施；②罚款二万元。亦或者写与下面告知的期限一致：①限三日内采取补救措施；②罚款二万元。哪种写法好一些？

答：（1）听证告知书是水行政机关对当事人给予较重处罚时下达的文书。根据《水行政处罚实施办法》（水利部令第8号）第三十四条规定，对公民处以5000元以上罚款、对法人或其他组织处以5万元以上罚款才适用听证程序。来函中没有说明当事人是公民还是法人，如果是法人，罚款2万元就不适用听证程序。

（2）本案如果当事人是公民，必须适用听证程序。拟处罚的内容就只写罚款二万元，也就是说，准备给予什么处罚就写什么处罚内容。

（3）采取补救措施是水利部门对当事人的另一个具体行政行为，需下达《责令采取补救措施通知书》，《河道管理条例》第四十四条中没有“限期”二字，最好与法规表述一致。执法实践中，很多执法人员把所有的行政行为都写进某一个文书中是不妥的。

81. 行政处罚法规定，违法行为在两年内未被发现的，不再给予行政处罚。法律另有规定的除外。前款规定的期限，从违法行为发生之日起计算；违法行为有连续或者继续状态的，从行为终了之日起计算。这是行政处罚法关于时效的规定，应如何理解？

答：行政处罚法中规定的时效是指，对违法行为人的违反行政管理秩序的行为追究行政责任、给予行政处罚的有效期限。这一规定包括以下几层含义：

（1）在该违法行为发生后的两年内，对该违法行为有处罚权的行政机关未发现这一违反行政管理秩序的事实，在规定的两年超过后，无论在何时发现了这一违法事实，对当时的违法行为人不再给予行政处罚。

（2）如果违反行政管理秩序的行为在行为发生的两年内已被行政机关发现，但违法行为人在两年内未被查获或者违法行为人逃避处罚，在两年后行政机关将其查获，仍应当依法给予行政处罚。

（3）时效的规定期限是从违法行为发生之日起就开始计算的。“违法行为发生之日”是指违法行为完成或者停止之日。如，运输违禁品，在路途上用了五天时间，应当以最后一天将违禁品转交他人起开始计算追诉期限。

（4）对于违法行为有连续或者继续状态的，从行为终了之日起计算。这里的“连续”状态是指违法行为人连续实施同一种违法行为，基于同一个违法故意，连续实施了数个独立的行政违法行为，这些违法行为触犯的是同一个行政处罚法规定。如某违法行为人连续多次出售损害人体健康的豆猪肉，这一出售豆猪肉的行为违反了食品卫生法的有关规定，由于多次出售，这一违法行为就是处于“连续”状态的，对于这种违法行为的追诉时效，就要从其最后一个违法行为实施完毕时计算，也就是从最后一次出售豆猪肉的时间计算，对这一连续性的违法行为合并处罚。

（5）对于大多数行政处罚案件来说，行政处罚法规定了追诉时效为两年，同时也明确规定在行政处罚时效问题上“法律另有规定的除外”。这是由于考虑到违反行政管理秩序的违法行为十分复杂，行政违法案件又千差万别，作出这样灵活的规定有利于行政处罚的有效执行。

行政处罚法关于时效的规定，有很积极的现实意义，一方面是对于未过追诉时效的违反行政管理秩序的行为必须依法追究其行政责任，给予行政处罚，体现了执法的严肃性。另一方面是对于违法行为已经过了追诉时效期限的，不应再追究其行政责任，不再给予行政处罚。如果在调查中发现违法行为人的违法行为已超过了追诉时效，应采取相应的措施，终止调查，撤销案件或者作出不予行政处罚的决定，体现了行政处罚的教育与处罚相结合的原则。

82. 从重处罚是指行政机关在法定的处罚方式和幅度内，对行政违法行为人在数种处罚方式中选择较严厉的处罚方式或者在某一处罚方式允许的幅度内选择上限或者接近于上限进行的处罚。如何理解？

答：行政处罚法没有对行政处罚的从重情节作出明确规定，是考虑到行政违法达到一定的严重程度往往触犯了刑律，会受到刑事法律的制裁，而且在实践中，违法情节严重需要从重给予行政处罚还是构成犯罪需要给予刑事处罚的情况比较复杂，因此暂未作规定。由行政执法机关在实践中，根据违法事实的具体情节和构成要件的不同，认定是行政违法，还是犯罪，适当考虑运用行政处罚或者移送司法机关进行刑事处罚。

83. 免予处罚是指行政机关依照法律、法规的规定，考虑到有法定的特殊情况存在，对本应给予处罚的违法行为人免除对其适用行政处罚。它与不予处罚的规定有本质的区别。如何理解？

答：不予处罚是针对违法事实不构成行政处罚意义的违法，本不应该处罚而不对行为人进行处罚的情况；而免予处罚是针对违法事实已构成行政违法而只是由于考虑到有特殊情况存在，如情节显著轻微等，不再科处行政处罚的情况。我们在适用行政处罚时，应当认真区分免予处罚和不予处罚，才能准确地运用好这两种手段。

从轻处罚，是指行政机关在法定的处罚方式和处罚幅度内，对行政违法行为人在几种可能的处罚方式内选择较低的处罚方式，或者在一种处罚方式下在允许的幅度内选择幅度的较低限进行处罚。当然，从轻处罚也不是绝对要适用最轻的处罚方式，更不是一定要在幅度最低限进行处罚，行政机关要综合考虑其违法情节，同时针对违法者的具体情况，如：是否属于未成年人，是否有受他人胁迫实施违法行为的因素，违法后是否有主动消除、减轻违法行为危害后果或者配合行政机关查处违法行为有立功表现等等，作出如何从轻处罚的具体决定。

减轻处罚，是指行政机关在法定的处罚方式和处罚幅度最低限以下，对违法行为人适用行政处罚。在处罚的程度上，它介于从轻处罚和免除处罚之间。具体地说，减轻处罚有两种情况，一种情况是行政机关在法定的处罚方式以下对违法者实施处罚，另一种情况是行政机关在法定的处罚幅度最低限以下实施处罚。如根据反不正当竞争法规定，投标者串通投标，抬高标价或者压低标价，投标者和招标者相互勾结，以排挤竞争对手公平竞争的，其中标无效。监督检查部门可以根据情节处以1万元以上20万元以下的罚款。对于触犯这一规定，又有减轻处罚情节的违法者，行政执法部门可以对其处以1万元以下的罚款，这种减轻处罚，是在法定的“1万元以上20万元以下”的罚款幅度最低限以下给予的处罚。

当然必须指出，实施行政处罚有一个基本的前提，即以过罚相当为原则，即行政处罚要与违法行为的事实、性质、情节以及社会危害程度相当。因此，我们在运用从轻、减轻处罚的手段时，要注意综合考虑违法者违法行为的具体情况以及悔罪情节，对于有些法定只能从轻处罚而不能减轻处罚的，不能给予减轻处罚，更不能免除处罚。

对违法行为人给予行政处罚是行政机关执行贯彻法律的一个重要手段，为了维护行政管理秩序，对少数违法者依法实施行政处罚是十分必要的。但处罚不是目的，是为了纠正违法行为，在处罚的同时对违法者进行教育。基于这一考虑，行政处罚法规定了对于违反行政管理秩序的行为在几种情况下行政机关可以依法给予从轻处罚或者减轻处罚。行政处罚法规定，已满14周岁不满18周岁的人实施违法行为的，从轻或者减轻行政处罚。同时还规定，当事人有下列情形之一的，应当在法定的范围内从轻或者减轻行政处罚：

（1）主动消除或者减轻违法行为危害后果的；

（2）受他人胁迫有违法行为的；

（3）配合行政机关查处违法行为有立功表现的；

（4）其他依法从轻或者减轻行政处罚的。

违法行为轻微并及时纠正，没有造成危害后果的，不予行政处罚。

84. 行政处罚法规定，行政处罚决定书应当在宣告后当场交付当事人；当事人不在场的，行政机关应当在7日内依照民事诉讼法有关规定，将行政处罚书送达当事人。如何理解?

答：行政机关作出行政处罚决定后，应当向当事人当场宣布。当场可以是行政机关派人到当事人的所在单位向当事人宣告行政处罚决定；也可以通知当事人到行政机关，听取行政机关宣告行政处罚决定。行政机关到当事人所在单位宣告行政处罚决定时当事人不在场的，或者经通知当事人拒不到行政机关的，行政机关可以将行政处罚决定书送达当事人。关于送达方式，行政处罚法规定，依照民事诉讼法有关规定执行。同时规定行政机关应当在7日内将行政处罚决定书送达当事人。

民事诉讼法规定的送达方式可以归纳为以下6种，即直接送达、留置送达、转交送达、委托送达、邮寄送达和公告送达。

直接送达也称交付送达，是指送达机关派专人将应送达的文书直接交付给受送达人。送达机关，在民事诉讼中是人民法院，而在行政处罚时是行政机关。送达机关直接送达时，如遇受送达人不在，可以交付给和他同住的成年家属签收。如果受送达人已向送达机关指定代收人的，交代收人签收，同样视为直接送达。

留置送达是指受送达人无正当理由而拒绝接受送达文书的，送达机关可以依照民事诉讼法规定，邀请有关基层组织或者所在单位的代表到场，说明情况，在送达回证上记明拒收事由和日期，由送达人、见证人签名或者盖章，把送达文书留在受送达人的住所，即视为已经送达。

委托送达是指直接送达确有困难的，如受送达人不居住在送达机关的辖区内，送达机关可以委托受送达人居住地的机关代为送达。

转交送达是指如果受送达人是军人，可以通过其部队的政治机关转交；如果受送达人是被监禁的，可以通过其所在的监狱转交。代为转交的机关。单位收到送达文书后，必须立即交受送达人签收，以在送达回证上的签收日期为送达日期。

邮寄送达即通过邮寄方式将送达文书送达受送达人的一种方式。依照民事诉讼法的规定，直接送达确有困难的，可以邮寄送达。送达机关如通过邮寄送达，应当将送达文书交邮局以挂号信寄出，挂号的回执为送达凭证，回执上收件人的签收日期，即为送达日期。

公告送达是将送达文书公诸于世的一种送达方式。此种送达方式适用于受送达人下落不明或者用其他方式无法送达的。其方法有张贴广告、登报、广播等。民事诉讼法规定，自发出公告之日起，经过60日，即视为送达。公告送达，还应当在案卷中记明原因和经过。

85. 行政机关在审查、批准当事人要求暂缓履行或者分期履行罚款的处罚决定时，应当严格把握哪两点?

答:（1）当事人的申请一定要严格审查。对当事人当前的财产状况及是否有履行能力一定要调查清楚，否则，放纵违法行为将会严重影响行政机关执法的严肃性。这是因为，如果当事人事实上没有什么经济困难，有履行罚款决定的能力，却想利用行政处罚法的这一规定，逃避交纳罚款的义务而提出延期或分期履行罚款的申请，此时如果行政机关不作严格审查就批准其申请的话，就势必会损害行政处罚决定的严肃性，客观上也放纵了违法行为，使当事人觉得有空子可钻，从而逃避交纳罚款的义务。反之，如果当事人确有经济困难，无力履行罚款决定，向行政机关提出暂缓或分期履行罚款的申请，而行政机关不作仔细调查，就驳回了当事人的申请，这也侵害了当事人的合法权益，使他们觉得行政机关不讲情理，影响行政机关的形象。所以，行政机关必须对当事人的申请作出严格审查，在调查研究的基础上作出是否批准申请的决定。

（2）暂缓履行或分期履行并不等于不履行。对确有经济困难的当事人，经行政机关批准，可以暂缓或分期履行罚款的义务。一旦当事人有了履行能力，就应当按照行政处罚决定的要求，履行罚款义务。行政机关也应当督促当事人在有了履行能力的情况下，及时履行交纳罚款的义务，否则就会影响行政机关执法的严肃性。行政处罚法没有规定行政机关可以撤销已经作出的罚款决定的行政处罚，这是因为行政处罚具有的确定性，行政处罚依法作出后，非经法律规定的程序不得随意变更与撤销。

86.《水土保持法》中的水政监督检查与“水政”有何关系?

答：新《水土保持法》第四十四条、第四十五条中的水政监督检查人员是水行政监督检查人员的简称。在全国人大常委会审议期间，法律委、法工委为规范用词起见，将新法中水行政简称水政，但与我们常说的“水政”(水政监察)不是一回事。

87、部门规章和规范性文件有何共同点和不同点?在实际工作中如何把握?

答：部门规章和规范性文件有以下共同特征：一是内容具有强制性。规章和规范性文件是法律、法规和国务院决定、命令的具体化，是保证法律法规和国务院决定、命令得以贯彻实施而采取的一种重要手段，管理相对人违反了有关规定将导致一定的法律责任或者法律后果，具有强制性。二是效力具有从属性。规章和规范性文件规定的事项均属于执行法律、法规或者国务院决定、命令的事项，都必须与法律、法规和国务院决定、命令相一致，不可与之相抵触。三是形式具有规范性，规章和规范性文件所设定或规定的行为规则都是不针对特定对象，可以反复适用，具有普遍约束力的行为规范。

部门规章和规范性文件的不同在于：一是制定主体不同。《立法法》明确规定具有部门规章制定权的为国务院各部委、中国人民银行、审计署和具有行政职能的直属机构。也就是说，水利部可以制定规章和规范性文件，流域管理机构只能制定规范性文件。二是制定程序不同。规章制定要执行《规章制定程序条例》，严格按照立项、起草、审查、决定和公布、解释和备案等程序制定。目前法律、法规还没有对规范性文件的制定程序和备案审查作出统一规定。三是权限不同。规章可以在立法权限范围内对管理相对人的违法行为设定行政处罚，而规范性文件不得设定行政处罚。严格地说，规章是我国法律体系的有机组成部分，规范性文件则不是。

在实际工作中，为贯彻执行法律、法规需要对水行政管理事项作出具体规定，是制定规章还是制定规范性文件，最重要的是把握：行政处罚只能由法律、法规或者规章设定，规范性文件不得设定行政处罚。规章可以在法律、法规规定的给予行政处罚的行为、种类和幅度范围内作出具体规定，尚未制定法律、法规的，规章也可以对违反水行政管理的行为设定警告和一定数量的罚款。

因此，为加强水行政管理，需要对法律、法规或国务院的决定、命令作出具体化规定的，如果其内容不涉及具体的行政处罚，可以制定规范性文件；否则，应当由水利部制定规章。

88. 2015年6月18日，我局接群众举报：某公司未经县水行政主管部门批准，擅自在县城某河段建设房屋。接举报后，我局经过立案调查和集体会办，决定按照《水法》第六十五条第二款进行查处。但在具体操作中遇到一些问题：①根据第二款内容，如当事人在我局规定时间内办理有关审批手续，是否需要并处一万元以上十万元以下的罚款?如果补办手续后不并处罚款，那么，在其他河道上建设有关项目，是否可以等水行政主管部门发现后再补办手续?②如当事人逾期不补办手续或者补办未被批准，水行政主管部门该怎样操作?③当事人逾期不拆除，水行政主管部门又该如何操作?

答：《水法》第六十五条的规定，把在河道管理范围内违章建设工程的行为分为两个层次：一是妨碍行洪危害堤防安全的建筑，处理办法是限期拆除，恢复原状；逾期不拆除的强行拆除并处罚款。二是未经主管部门批准同意擅自修建工程的，处理办法是限期补办有关手续，逾期不补办或者补办未经批准的，限期拆除，逾期不拆的，强行拆除，并处罚款。两个层次的区别在于第一款规定违章工程必须拆除，不留余地；第二款规定的工程可拆可不拆，取决于补办有关手续能否获批准。其共同点是对于逾期不拆除的，授予水行政主管部门强制执行权进行强行拆除。

现在具体分析第二款的规定，行政机关在执行这一条款时，要作出三种具体行政行为：

第一，行政处理，包括审批涉河工程的行政许可和责令停止违法行为，限期补办有关手续。行政处理的具体行政行为对违法行为人具有拘束和执行力，但是不具有惩罚性，责令停止违法行为是行政机关在实施行政处罚过程中对违法行为人发出的一种作为命令。

第二，行政强制执行，在这一款的规定中，法律给县以上人民政府水行政主管部门和流域管理机构授予了强制执行权。强制执行分两个阶段：一是通知告诫阶段。在强制执行前，要给违法行为人一次主动改正违法行为的机会，并告知限定的期限，对于逾期不补办或者补办未被批准的责令限期拆除。这里的限期拆除对于违法行为人纠正违法行为是一种补救而不是处罚。二是实施阶段。本款规定的行政强制措施是强行拆除，是一种代执行，又称为间接强制执行，其前提是违法行为人不履行其应该履行的法定义务，强制执行的执法主体是县以上人民政府水行政主管部门和流域管理机构。

第三，行政处罚，本款规定的是罚款，是对违法行为的制裁措施，其目的是通过惩戒促使违法行为人不再违反行政管理秩序。罚款的幅度是1万元以上10万元以下，这给予了行政机关较大的自由裁量权。执法者可以按照违法行为及其违法后果的轻微与严重，以及当地经济社会发展的具体情况来决定处罚的额度。

在执行过程中，行政机关首先要对违法行为进行立案调查，查清违法事实后发出《责令停止违法行为通知书》，说明违法者的何种行为违反了哪条法律法规的规定，要求违法者停止违法行为，听候处理。在进一步核实违法事实的基础上，行政机关发出《责令改正违法行为通知书》，说明改正的内容和拟采取的处罚措施，并交代诉权。如果违法行为较为严重或者处罚额度较大，要向违法者发出《陈述申辩告知书》和《听证告知书》。最后发出《行政处罚决定书》。

需要说明的是，罚款是针对法律规定的违法行为而言，并不因补办手续获批准和限期拆除和强行拆除而免除。

如果违法行为人在规定的时间内没有自行拆除违章建筑，行政机关应当组织水政监察队伍强行拆除。拆除前要发出公告，并做好说服教育工作，督促违法行为人依法自行拆除，只有在说服教育后，违法行为人仍不履行法定义务时才对其采取强制措施。在进行强制拆除之前，行政机关应当与当地的公安机关等有关部门联系，当出现妨碍执行公务和暴力抗法的现象时由公安部门出面处理，以保证强制拆除的顺利进行。

89.《水法》第三十八条第一款规定："在河道管理范围内建设桥梁、码头和其他拦河、跨河、临河建筑物、构筑物，铺设跨河管道、电缆，应当符合国家规定的防洪标准和其他有关的技术要求，工程建设方案应当依照防洪法的有关规定报经有关水行政主管部门审查同意。"同时在第六十五条第二款中对违反上述规定者设定了相应的法律责任。

从以上条文可知，只有在管理范围内擅自修建水工程等，才能适用此条文来处罚。但在执法实践中，如我们所处的河南省城市河湖，管理范围一般只有3～5米，在管理范围外围还有河道的保护范围，很多建筑物都同时处于管理范围和保护范围内。如我们这里新近发生的一个案件就是这种情况。当事人擅自建设围墙圈占草地，其中约面积的三分之一处

于河道管理范围之内，三分之二在管理范围之外、保护范围之内。当事人拒不到水行政主管部门补办有关手续，在水政监察员发《责令限期改正通知书》后，当事人拒不拆除违法构筑物。我们想依据《水法》第六十五条第二款来强行拆除，我们能否依据《水法》全部拆除此围墙并进行处罚？

答：对于保护范围内出现违章建筑如何处罚的问题，首先需要分清楚什么是保护范围，什么是管理范围。

为加强对水利工程的管理，确保工程设施的安全完整和综合效益的充分发挥，各类水利工程均应根据管理和安全的需要，结合自然地理条件，划定工程管理范围和安全保护范围。管理范围是指水利工程设施本身占地、有关管理和观测设施占地、管理单位本身建设占地的总面积。安全保护范围是指为了确保水利工程正常运行，需要禁止其他单位和个人进行有碍工程设施安全的活动所必要的限制范围。

对于在安全保护范围内违法的法律责任，《水法》第四十三条第四款明确规定："在水利工程保护范围内，禁止从事影响水工程运行和危害水工程安全的爆破、打井、采石、取土等活动。"该款是采用列举立法方式规定的，也就是说，在保护范围从事上述活动或者类似上述活动，才能适用新《水法》第七十二条的法律责任。当然，对于在管理范围内，违反《水法》第三十八条规定的行为，如你所说，可以适用第六十五条之法律责任，即责令停止违法行为，限期拆除、恢复原状；逾期不拆除、不恢复原状的，按照法律程序强制拆除。

简而言之，根据行政执法的权限法定原则和行政法律责任法定原则，处于保护范围的建筑物不适用《水法》第三十八条规定。

90. 怎样处理水事纠纷？

答：省辖市、县（市、区）之间发生水事纠纷，应本着互让互谅、团结协作的原则，通过协商或调解解决，协商、调解不成的，由共同的上一级人民政府或其水行政主管部门处理。

91. 单位和个人如何取得取水权？

答：直接从河道、水库或者地下取用水资源的单位和个人，必须按照国家和本省有关规定，向水行政主管部门申请领取取水许可证，并缴纳水资源费，取得取水权，家庭生活和零星散养、圈养畜禽饮用等少量取水的除外。

92. 防洪规划如何定义？

答：防洪规划是指为防治某一流域、河段或者区域的洪涝灾害而制定的总体部署，包括国家确定的重要江河、湖泊的流域防洪规划，其他江河、河段、湖泊的防洪规划以及区域防洪规划。

93. 水行政主管部门及其执法人员进行监督检查时，有权采取那些措施？

答：（1）要求被检查单位提供有关文件，证照、资料；

（2）要求被检查单位就执行本办法的有关问题作出说明；

（3）进入被检查单位的生产场所进行调查；

（4）责令被检查单位停止违反本办法的行为，履行法定义务。

94. 在地下水限制开采区内，确需取用地下水的，须经什么部门批准？

答：须经省水行政主管部门批准。

95. 在河道管理范围内进行采砂活动的，须向什么部门申请办理采砂许可证？

答：在河道管理范围内进行采砂活动的，必须按照国家有关规定向有管辖权的水行政主管部门申请办理采砂许可证。

96. 防洪工作应当遵循的原则是什么？

答：防洪工作实行全面规划、统筹兼顾、预防为主、综合治理、局部利益服从全局利益的原则。

97. 在什么情况下，有关县级以上人民政府防汛指挥机构可以宣布进入紧急防汛期？

答：当江河、湖泊的水情接近保证水位或者安全流量，水库水位接近设计洪水位，或者防洪工程设施发生重大险情时。

98. 对河道、湖泊范围内阻碍行洪的障碍物，按照什么原则进行清除？

答：按照谁设障、谁清除的原则。

99. 有堤防的河道、湖泊，其管理范围是什么？

答：有堤防的河道、湖泊，其管理范围为两岸堤防之间的水域、沙洲、滩地、行洪区和堤防及护堤地。

100. 哪些对象应列为防洪重点？

答：大中城市，重要的铁路、公路干线，大型骨干企业，应当列为防洪重点。

101. 发生洪涝灾害后，有关人民政府应当做好那些工作？

答：发生洪涝灾害后，有关人民政府应当组织有关部门、单位做好灾区的生活供给、卫生防疫、救灾物资供应、治安管理、学校复课、恢复生产和重建家园等救灾工作以及所管辖地区的各项水毁工程设施修复工作。

102. 哪些情形不需要申请领取取水许可证？

答：（1）农村集体经济组织及其成员使用本集体经济组织的水塘、水库中的水的；

（2）家庭生活和零星散养、圈养畜禽饮用等少量取水的；

（3）为保障矿井等地下工程施工安全和生产安全必须进行临时应急取（排）水的；

（4）为消除对公共安全或者公共利益的危害临时应急取水的；

（5）为农业抗旱和维护生态与环境必须临时应急取水的。

103. 我是安阳市殷都区的农民，我想在自家田地人工打井用作浇灌田地允许吗？需要什么条件吗？有什么相关政策吗？

答：按照2002年修订的《中华人民共和国水法》有关规定，水资源属于国家所有，由国务院代表国家行使所有权，凡是直接从江河、湖泊或者地下取水的单位和个人，都应该按照国务院规定，申请领取取水许可证，并向国家缴纳水资源费，才能取得取水权。颁发取水许可证和征收水资源费，是国家作为公共管理者和资源所有人，对有限自然资源开发利用进行调节的一种行政管理措施，任何单位和个人都必须自觉遵守和执行。

按照有关规定并结合咨询情况，《河南省取水许可和水资源费征收管理办法》第六条明确了不需要领取取水许可证和缴纳水资源的几种例外情况：（一）农村集体经济组织及其成员使用本集体经济组织的水塘、水库中的水的；（二）为家庭生活和零星散养、圈养畜禽饮用年取水1000立方米以下的；（三）为保障矿井等地下工程施工安全和生产安全必须临时应急取（排）水的（矿井日常疏干排水除外）；（四）为消除对公共安全或者公共利益的危害临时应急取水的；（五）为农业抗旱和维护生态与环境必须临时应急取水的。前款第（三）

项、第（四））项规定的取水，应当及时报县级以上水行政主管部门备案；第（五）项规定的取水，应当经县级以上水行政主管部门同意。除此以外，其他利用取水工程或者设施直接从江河、湖泊或者地下取用水资源的，都必须申请取水许可证，并依法缴纳水资源费。

依照法规政策规定，允许农民在自家田地人工打井用作浇灌田地，但必须到县级以上水行政主管部门办理相关取水许可手续，办理取水许可证后方可打井取水灌溉。目前，河南省暂未出台相关农业取水缴纳水资源费的政策规定，可暂不缴纳水资源费。

依据相关法律法规规定，申办取水许可证需提交以下材料：

（1）申请书。

（2）属于备案项目的，提供有关备案材料。

（3）国务院水行政主管部门规定的其他材料（国务院水行政主管部门规定的其他材料包括：①取水单位或者个人的法定身份证明文件（营业执照复印件、法人代表身份证复印件各二份）；②有利害关系第三者的承诺书或者其他文件；③建设项目水资源论证报告书的审查意见；④不需要编制建设项目水资源论证报告书的，应当提交建设项目水资源论证表；⑤利用已批准的入河排污口退水的，应当出具具有管辖权的县级以上地方人民政府水行政主管部门或者流域管理机构的同意文件）。

4、建设项目需要取水的，申请人还应当提交由具备建设项目水资源论证资质的单位编制的建设项目水资源论证报告书。论证报告书应当包括取水水源、用水合理性以及对生态与环境的影响等内容。

5、由代理人来办理取水许可的，由本单位出具委托代理书，代理人身份证明文件（身份证复印件一份）。

6、土地证明材料。

7、材料真实性保证书。

8、所有复印件必须单位盖公章。

104. 原告某特钢厂位于某镇东北部，按河道水系划分，属某河主要支流泓清河的支流小铜孔河（现在该河已成为宽 1.5～2 米的水沟）流域。离该厂北部约 0.5 千米的小铜孔村中有两座蓄水量约 15000 立方米的塘坝（当地老百姓称弯或大坑），二级分干工程从原告的厂区和宿舍区内穿过约 1.72 千米。根据有关部门提供的统计资料表明，原告 1997 年度产值为 41196.60 万元。1998 年 4 月被告某市水利水产局根据该厂去年产值的 1%征收河道工程维护管理费 411.96 万元。某特钢厂认为市水利局的行政征收行为属于无法律规定的乱收费，遂向法院提起行政诉讼。

问：某市水利水产局对维护管理费的征收是否属于乱收费？

答：【法理评析】所谓行政征收，是指“行政主体凭借国家行政权，根据国家和社会公共利益的需要，依法向行政相对人强制地、无偿地征集一定数额金钱或实物的行政行为”。合法的行政征收应符合以下条件：①行政征收的目的、原则是合法的；②行政授权的设定是合法的；③行政征收的内容及范围合法的；④行政征收的主题是合法的；⑤行政征收的运作（如征收额度的计算方式）是合法的等。因而要判断上述案例中某市水利水产局对维护管理费征收是否属乱收费，应参照合法行政征收的条件，并依据法律的具体规定作出判断。

行政征收是行政机关依职权行使的行政行为，其特征主要包括以下几个方面：①行政征收的主体是特定的，只有行政机关和法律、法规授权的组织才有权实施行政征收行为，而且行政相对人必须是负有行政法上缴纳义务的公民、法人和其他组织；②无偿取得，行政征收的本质在于行政机关以强制方式无偿取得行政相对人的金钱和财物；③单方的行政行为，行政征收是行政机关针对公民、法人和其他组织行使的单方行政行为。由于行政征收是国家以强制力无偿地参与公民、法人和其他组织的收入分配，取得财政收入，其宗旨是增加国家国库收入，以维持国家对社会公共事业和重点建设项目的投入，因而行政征收的征收依据、种类、数额由行政法律规范具体规定，行政相对人必须配合和服从行政机关的征收行为。

《中华人民共和国河道管理条例》第三十九条规定："受益范围明确的堤防、护岸、水闸和排涝工程，河道主管机关可以向受益的工商企业等单位和农户收取河道工程修建维护管理费、其标准应当根据工程修建和维护管理费确定。收费的具体标准和计算办法由省政府另行规定。"上述法规和规章，对收取河道工程修建维护管理费作了原则规定和授权，应认定该种收费是有法律依据的，而不是市水利水产局自行设定的不合理收费。某省人民政府制定的《某省河道工程维护管理费征收和使用管理办法》第四条规定："河道防洪工程体系受益保护范围，由市人民政府（地区行署）根据河道防洪、排水现状或设计标准确立，并报省人民政府备案。"该办法第十三条规定："各市人民政府（地区行署）可依据办法结合所辖河道（包括中、小型河道）的具体情况制定实施细则。"根据上述规定，某市人民政府制定了《某市实施〈某省河道工程维护管理费征收和使用管理办法〉细则》，该细则第五条规定："维护管理费征收标准为工商企业和经济组织及个体工商户按上报数据为准。"第六条规定："中央、省、市属工商企业和其他经济组织应交纳的维护管理费，由市水利局负责征收"。该办法第二条第三款还规定："本细则划定的受益保护范围内的乡镇（办事处）中，某些企业或行政村明显不受益的，所在县市区水利行政主管部门要根据实际情况测定，并报县市区政府批准。"

上述行政法规和规章及有关规范性文件和事实均表明：第一，征收河道工程维护管理费是有法律明确规定的，并非无法可依或市水利水产局自行设立的收费项目；第二，某市人民政府根据省人民政府的授权，有权划定受益范围和标准；第三，某市人民政府制定的细则中关于收费标准，没有超出省政府的有关规定（省政府规定是按上年产值或者上年经营业务收入的2%或者2.7%征收）且低于省政府的规定；第四，某市水利水产局是某市河道主管机关，有依法征收河道工程维护管理费的职权，市水利水产局征收河道工程维护管理费主体资格适格且依据充分；第五，市水利水产局管理的二级干渠从某特钢厂厂区和宿舍区通过，该水渠对于蓄洪、滞洪和排洪起到了明显的作用，某特钢厂受益是明显的。因此，某市水利水产局对维护管理费的征收不属于乱收费，人民法院应维持市水利水产局的行政征收行为。

105. 如何判别某个规范性文件是属于行政法规还是属于部门规章问题？

答：当前的水行政执法办案工作中，除了法律之外，还会经常适用到行政法规和国务院部门规章。依照《中华人民共和国立法法》第七十九条第二款之规定，行政法规的效力高于部门规章。因此，正确判别某个规范性文件是属于行政法规还是属于部门规章，对于水行政管理机关依法行政而言至关重要。但是一些执法人员在这方面存在认识上的误区。

《立法法》第六十一条规定："行政法规由总理签署国务院令公布。"第七十六条第一款规定："部门规章由部门首长签署命令予以公布。"于是，一些执法人员得出这样的结论：以国务院令公布的才是行政法规，以部门令公布的都是部门规章。实际上，行政法规的类型不仅仅只有国务院令这一种，以部门令公布的规范性文件有时属于行政法规，这涉及我国立法程序的沿革问题。具体地说，《立法法》施行以前（2000 年 7 月 1 日以前），我国行政法规的制定和公布均遵循《行政法规制定程序暂行条例》（2002 年 1 月 1 日后被国务院令第 321 号公布的《行政法规制定程序条例》代替）。该暂行条例第十五条规定："经国务院常务会议审议通过或者经国务院总理审定的行政法规，由国务院发布，或者由国务院批准、国务院主管部门发布。"因此，当时的行政法规实行双轨制。2004 年 5 月 18 日，《最高人民法院关于审理行政案件适用法律规范问题的座谈会纪要》（法〔2004〕96 号，以下简称《纪要》）也明确提出："考虑建国后我国立法程序的沿革情况，现行有效的行政法规有以下三种类型：一是国务院制定并公布的行政法规；二是立法法施行以前，按照当时有效的行政法规制定程序，经国务院批准、由国务院部门公布的行政法规，但在立法法施行以后，经国务院批准、由国务院部门公布的规范性文件，不再属于行政法规；三是在清理行政法规时由国务院确认的其他行政法规。"

106. 在紧急防汛期，防汛指挥机构根据防汛抗洪的需要，有权在其管辖范围内做好哪些工作？

答：在紧急防汛期，防汛指挥机构根据防汛抗洪的需要，有权在其管辖范围内调用物资、设备、交通运输工具和人力，决定采取取土占地、砍伐林木、清除阻水障碍物和其他必要的紧急措施；必要时，公安、交通等有关部门按照防汛指挥机构的决定，依法实施陆地和水面交通管制。

107. 适用法律、法规、规章，应当遵循哪些原则？

答：（1）上位法优于下位法。

（2）同一机关制定的法律、行政法规、地方性法规、规章，特别规定与一般规定不一致的，适用特别规定。

（3）同一机关制定的法律、行政法规、地方性法规、规章，新的规定与旧的规定不一致的，适用新的规定。

（4）法律、法规、规章规定的其他原则。

108. 法律、法规、规章规定可以单处也可以并处时，如何使用？

答：法律、法规、规章规定可以单处也可以并处的，违法行为事实、性质、情节和社会危害程度较轻的适用单处，违法行为事实、性质、情节和社会危害程度较重的适用并处。

109. 申请取水应当提交哪些材料？

答：（1）申请书；

（2）与第三者利害关系的相关说明；

（3）属于备案项目的，提供有关备案材料；

（4）国务院水行政主管部门规定的其他材料。

110. 制定水资源费征收标准，应当遵循哪些原则？

答：（1）促进水资源的合理开发、利用、节约和保护；

（2）与当地水资源条件和经济社会发展水平相适应；

（3）统筹地表水和地下水的合理开发利用，防止地下水过量开采；

（4）充分考虑不同产业和行业的差别。

111. 建设项目中取水事项有哪些变更情形的，建设单位应当重新进行建设项目水资源论证，并重新申请取水？

答：（一）取水量或者取水用途发生较大改变的；

（二）取水水源或者取水地点发生较大改变的；

（三）退水地点、退水量或者退水方式发生改变的；

（四）退水中所含主要污染物及污水处理措施发生变化的。

112. 取水单位或者个人超年度取水计划取水的水资源费征收标准是什么？

答：凡超批准取水量10%（含10%）以内的，其超过部分按水资源费征收标准加1倍征收；超批准取水量10%～20%（含20%）的，其超过部分按水资源费征收标准加2倍征收；超批准取水量20%～30%（含30%）的，其超过部分按水资源费征收标准加3倍征收；超批准取水量30%以上的，其超过部分按水资源费征收标准加4倍征收。

113. 行政强制分哪两大类？

答：行政强制可分为行政强制措施和行政强制执行。

行政强制措施是指行政机关在行政管理过程中，为制止违法行为、防止证据损毁、避免危害发生、控制危险扩大等情形，依法对公民的人身自由实施暂时性限制，或者对公民、法人或者其他组织的财产实施暂时性控制的行为。

行政强制执行是指行政机关或者行政机关申请人民法院，对不履行行政决定的公民、法人或者其他组织，依法强制履行义务的行为。

114.【案情介绍】某市因创建国家卫生城市，集贸市场工作格外繁忙，一天晚6点，市工商行政管理局工作人员张某加班整治市场秩序。在巡查过程中，发现一经营户许某在摊外设点经营，遂责令其改正，但等他转了一圈回来，发现该经营户照样乱堆乱放，张某遂叫协管员王某拿来一本简易程序处罚决定书和现场笔录，对其处以100元罚款，张某、王某、许某分别在上面签了名。处理完这件事后，张某与协管员王某继续巡查市场，发现许某仍在摊外设点经营，妨碍交通，张某上前再次劝阻，许某竟对其污言秽语，张某遂上前将其营业执照予以收缴，许某不肯，双方发生厮打。这时王某喊来其他协管员，将许某架走，张某派人将许某关在办公室里，不许其走动，直至深夜大家结束工作才放其回去吃晚饭。许某以市工商局实施行政处罚程序违法并非法限制人身自由为由，向人民法院提起行政诉讼。

该案首先涉及几个实体法上的问题。第一，市工商局工作人员张某对许某实施的罚款和收缴营业执照的处罚行为是否违反了行政处罚法中的一事不再罚原则？一种意见认为不违反一事不再罚原则。因为《行政处罚法》规定，对当事人的同一个违法行为，不得给予两次以上罚款的行政处罚。本案第一个行政处罚是罚款，第二个行政处罚是收缴营业执照，不违反《行政处罚法》的规定。另一种意见认为，行政处罚法中一事不再罚原则并不限于对同一违法行为，不得给予两次以上的罚款处罚，而且也应及于其他形式的处罚。也就是说，对同一行为，只可以给予一个处罚，而不能再给予其他形式的处罚。第二，工商行政管理机关有无限制公民人身自由的权力？对此问题，大家没有争议。工商行政管理机关没有限制人身自由的权力。我们在这里重点要讨论的是本案涉及的程序问题。

问：本案中，工商行政管理机关作出的两个处罚行为，都是以简易程序作出的，对此

两种处罚行为，是否可以适用简易程序？

答：【法理评析】本案涉及行政处罚中简易程序和一般程序的适用问题。根据《行政处罚法》第三十三条的规定，适用简易程序必须符合一定的条件：①违法事实确凿；②有法定依据；③较小数额罚款或者警告的行政处罚。这里所指的较少数额罚款，是指对公民处以 50 元以下，对法人或者其他组织处以 1000 元以下罚款。只有在满足上述条件的情况下，行政机关才可以适用简易程序对违法的相对人实施行政处罚，即行政机关执法人员不必适用调查取证程序，也不必更换时间和地点，可以立即当场予以处罚。对不符合简易程序适用条件的行政处罚案件，行政机关只能按照一般程序进行处罚。一般程序的步骤包括：①立案。行政机关对于属于本机关管辖范围内并在追究时效内的行政违法行为或重大违法嫌疑情况，行政机关认为有调查处理必要的，应当正式立案。②调查。行政机关在立案后，应当对案件进行全面调查，对主要事实、情节和证据进行查对核实，取得必要证据，并查证有关应依据的行政法律规范。③决定。行政机关在案件调查终结后，应当由承办人员填写《案件处理意见申报表》，向有裁决权的行政机关汇报案件情况和有关处理意见，送行政机关首长审批。④制作处罚决定书。行政机关负责人经过对调查结果的审查，作出给予行政处罚的决定的，应拟制盖有作出行政处罚决定的行政机关印章的行政处罚决定书。⑤说明理由并告知权利。行政机关在作出行政处罚决定之前，应当告知当事人作出行政处罚决定的事实、理由及依据，并告知当事人依法享有的权利。⑥当事人陈述和申辩。行政机关必须充分听取当事人的意见，对当事人提出的事实、理由和证据，应当进行复核。当事人提出的事实，理由和证据成立的，行政机关应当采纳，不得因当事人申辩而加重处罚。⑦正式裁决。调查终结后，行政机关负责人经审查，认定违法嫌疑人违法事实成立，即作出处罚决定。⑧行政处罚决定书的送达。行政机关作出行政处罚决定书后，应当依照民事诉讼法的有关规定，将决定书送达当事人。

以上是《行政处罚法》规定的行政处罚的一般程序。在此程序中，如果行政机关作出责令停产停业、吊销许可证或者执照、较大数额罚款等行政处罚，根据该法第四十二条的规定，还可以适用听证程序。

具体到本案看，第一，对许某处以 100 元罚款适用简易程序是错误的。因为根据《行政处罚法》规定，对公民处以 50 元以下罚款才适用简易程序；此案应适用一般程序来处理，执法人员应有两人以上，王某系协管员，没有执法资格。因此，此案实际上仅有张某一个工商机关工作人员执法，这是不符合法定程序的。张某在处理此案时让王某在笔录和处罚决定书上作为执法人员签字也是错误的。第二，收缴营业执照作为一种严厉的行政处罚，必须适用严格的程序，王某在没有法定依据的情况下适用简易程序收缴经营户的营业执照是严重违反处罚程序的行为。据此，我们认为，法院应判决撤销市工商行政管理局作出的对许某处以 100 元罚款的行为和收缴其营业执照的行为。

115.【案情介绍】2010 年 3 月 3 日，因村民单房宅基地用地需调用朱某用的土地 35 平方米，但经过协商未果。于是，崇明县侯家镇人民政府做出调整土地使用权决定书。

原告诉称：原告所做的侯府处〔2010〕字第 1 号调整土地使用权决定书，将原告历年耕种的自留地调给朱某使用，给原告夫妇的生产和生活带来不便，侵犯了原告的合法权益，而且在处理决定书中适用法律不当。

被告自 2010 年 3 月 29 日收到行政诉状副本和应诉通知书后，在法定期间未向法院提

交答辩状。

第三人供述：第三人的建房用地及建房手续合法齐全。原告不服政府调整土地使用权决定的行为侵犯了第三人的合法权益。

一审判决认为：被告侯家镇人民政府于 2010 年 3 月 1 日所做的侯府处〔2010〕字第 1 号调整土地使用权决定的具体行政行为没有证据、证据，判决撤销该处理决定。

一审判决后，原告不服，向上海市第二中级人民法院提起上诉。上诉人诉称：侯家镇人民政府做出的调整土地使用权处理决定没有证据。原审法院认定事实不清，请求撤销原审法院判决。被上诉人则辩称：其所做的具体行政行为有证据，也有依据，且符合法定程序。

上海市第二中级人民法院根据上述事实和证据认为：被上诉人收到起诉状副本及应诉通知书后，应当在指定期间向法院提供其做出具体行政行为时的证据、依据。按照《最高人民法院关于执行〈中华人民共和国行政诉讼法〉若干问题的解释》第二十六条第二款关于“被告应当在收到起诉状副本之日起十日内提交答辩状，并提供作出具体行政行为时的证据、依据；被告不提供或者无正当理由逾期不提供的，应当认定该具体行政行为没有证据、依据”的规定，判决撤销具体行政行为并无不当，驳回上诉请求。

问：被告未提供做出具体行政行为时的证据，该具体行政行为是否有效力？

答：【法理评析】行政诉讼举证责任，是指当事人对法律规定的事项或者当事人自己提出的主张，应当举出证据加以证明，否则将承担败诉的风险及不利法律后果的制度。根据《行政诉讼法》的规定，在行政诉讼中，对具体行政行为的合法性由被告承担举证责任；对具体行政行为合法性以外的问题，实行“谁主张，谁举证”。

行政诉讼中举证责任制度具有以下特点：①举证责任的主体是行政机关。《行政诉讼法》第三十二条规定：被告作出的具体行政行为负有举证责任，应当提供作出该具体行政行为的证据和所依据的规范性文件。《行政诉讼法》之所以这样规定，原因在于：行政机关应当先取证后裁决，以证据证明具体行政行为的事实，以法律为依据作出处理决定，而不能在没有证据的情况下，对相对人作出具体行政行为。而且，在行政法律关系中，行政机关处于主动地位，其实施行为时一般无须征得公民、法人或者其他组织的同意，具有主动执法的权力，根据权利义务平等的原则，行政机关应当负有举证的义务，这样才能体现双方当事人平等的法律地位。②行政诉讼中行政机关举证责任的内容包括：被告作为或不作为的事实根据；被告作出具体行政行为的法律法规等规范性文件；行政机关在作出具体行政行为时必须遵守以事实为根据，以法律为准绳，按照先取证后裁判的行政程序来行使职权的程序和证据。③被告进行举证有时效的限制。《最高人民法院关于执行〈中国人民共和国行政诉讼法〉若干问题的解释》第二十六条规定：被告应当在收到起诉状副本之日起 10 日内提交答辩状，并提出具体行政行为时的证据、依据。第三十一条规定：被告在二审过程中向法庭提交在一审过程中没有提交的证据，不能作为二审法院撤销或者变更一审裁判的根据。

人民法院在行政审判中审查认定行政机关具体行政行为是否合法的条件是：事实是否清楚、证据是否确凿，是否符合法定程序。根据《中华人民共和国行政诉讼法》第五十二条的规定，人民法院审理行政案件，首先，要审查行政机关据以作出具体行政行为的事实是否清楚；其次，审查其作出具体行政行为的法律依据是否恰当。

本案中，被告侯家镇人民政府在一审开庭审判时，应当依据《行政诉讼法》关于行政诉讼中被告即行政机关应该按期向人民法院提供作出具体行政行为时的证据和依据，但被告没有向法院进行提交。因此，一审法院按照《最高人民法院关于执行〈中华人民共和国行政诉讼法〉若干问题的解释》第二十六条第二款关于“被告应当在收到起诉状副本之日起十日内提交答辩状，并提供作出具体行政行为时的证据、依据；被告不提供或者无正当理由不逾期提供的，应当认定该具体行政行为没有证据、依据”的规定，认定被告作出具体行政行为时没有证据和依据，判决撤销侯家镇人民政府对原告作出的处理决定。

二审中，上海市第二中级人民法院也认定：侯家镇人民政府对其在收到起诉状副本之日起十日内没有向上海市崇明县人民法院提供作出具体行政行为的证据，其“具体行政行为没有证据、依据”，判决侯家镇人民政府驳回上诉。

116. 刘某参加考试并取得《医师资格证书》。后市卫生局查明刘某在报名时提供的系虚假材料，于是向刘某送达《行政许可证件撤销告知书》。刘某提出听证申请，被拒绝。市卫生局随后撤销了刘某的《医师资格证书》。下列哪些选项是正确的？

A.市卫生局有权撤销《医师资格证书》

B.撤销《医师资格证书》的行为应当履行听证程序

C.市政府有权撤销《医师资格证书》

D.市卫生局撤销《医师资格证书》后，应依照法定程序将其注销

【正确答案】ACD

【答案解析】《行政许可法》第六十九条第一款规定，有下列情形之一的，作出行政许可决定的行政机关或者其上级行政机关，根据利害关系人的请求或者依据职权，可以撤销行政许可：（一）行政机关工作人员滥用职权、玩忽职守作出准予行政许可决定的；（二）超越法定职权作出准予行政许可决定的；（三）违反法定程序作出准予行政许可决定的；（四）对不具备申请资格或者不符合法定条件的申请人准予行政许可的；（五）依法可以撤销行政许可的其他情形。刘某提供虚假报名材料报名参加考试的行为，属于不具备申请资格或者不符合法定条件，所以作出行政许可决定的机关——市卫生局有权撤销其《医师资格证书》。另外，该条规定作出行政许可决定的行政机关的上级行政机关也有权撤销刘某的《医师资格证书》。本案中市卫生局的上级行政机关是市政府，所以市政府也有权撤销《医师资格证书》。此外，符合《行政许可法》第六十九条第一款规定的情形的，行政机关可以依职权撤销行政许可，而不需要履行听证程序，所以 AC 是正确的，B 是错误的。根据《行政许可法》第七十条第（四）项的规定，行政许可依法被撤销、撤回，或者行政许可证件依法被吊销的，行政机关应当依法办理有关行政许可的注销手续。所以，刘某的《医师资格证书》在被卫生局撤销后应依法注销，D 是正确的。所以，本题的正确选项是 ACD。

117. 县烟草专卖局发现刘某销售某品牌外国香烟，执法人员表明了自己的身份，并制作了现场笔录。因刘某拒绝签名，随行电视台记者张某作为见证人在笔录上签名，该局当场制作《行政处罚决定书》，没收 15 条外国香烟。刘某不服该决定，提起行政诉讼。诉讼中，县烟草专卖局向法院提交了现场笔录、县电视台拍摄的现场录像、张某的证词。下列哪些选项是正确的？

A.现场录像应当提供原始载体

B.张某的证词有张某的签字后，即可作为证人证言使用

C.现场笔录必须有执法人员和刘某的签名

D.法院收到县烟草专卖局提供的证据应当出具收据，由经办人员签名或盖章

【正确答案】AD

【答案解析】《行政诉讼证据规定》第十二条规定，根据行政诉讼法第三十一条第一款第（三）项的规定，当事人向人民法院提供计算机数据或者录音、录像等视听资料的，应当符合下列要求：（一）提供有关资料的原始载体。提供原始载体确有困难的，可以提供复制件；（二）注明制作方法、制作时间、制作人和证明对象等；（三）声音资料应当附有该声音内容的文字记录。所以，现场录像应提供原始载体， A 是正确的。《行政诉讼证据规定》第十三条规定，根据行政诉讼法第三十一条第一款第（四）项的规定，当事人向人民法院提供证人证言的，应当符合下列要求：（一）写明证人的姓名、年龄、性别、职业、住址等基本情况；（二）有证人的签名，不能签名的，应当以盖章等方式证明；（三）注明出具日期；（四）附有居民身份证复印件等证明证人身份的文件。根据该条的规定，张某的证词不一定要有其签字才能作为证人证言，也可以采取盖章等其他的方式证明，所以 B 是错误的。《行政诉讼证据规定》第十五条规定，根据行政诉讼法第三十一条第一款第（七）项的规定，被告向人民法院提供的现场笔录，应当载明时间、地点和事件等内容，并由执法人员和当事人签名。当事人拒绝签名或者不能签名的，应当注明原因。有其他人在现场的，可由其他人签名。法律、法规和规章对现场笔录的制作形式另有规定的，从其规定。C 项中表述的现场笔录必须有执法人员的签名，是不符合第十五条的规定的，所以错误的。《行政诉讼证据规定》第 20 条规定，人民法院收到当事人提交的证据材料，应当出具收据，注明证据的名称、份数、页数、件数、种类等以及收到的时间，由经办人员签名或者盖章。所以，D 项是正确的。综上，本题的正确答案是 AD。

118.运输公司指派本单位司机运送白灰膏。由于泄漏，造成沿途路面大面积严重污染。司机发现后即向公司汇报。该公司即组织人员清扫被污染路面。下列哪些选项是正确的？

A.路面被污染的沿途三个区的执法机关对本案均享有管辖权，如发生管辖权争议，由三个区的共同上级机关指定管辖

B.对该运输公司应当依法从轻或者减轻行政处罚

C.本案的违法行为人是该运输公司

D.本案的违法行为人是该运输公司和司机

【正确答案】ABC

【答案解析】《行政处罚法》第二十条规定，行政处罚由违法行为发生地的县级以上地方人民政府具有行政处罚权的行政机关管辖。法律、行政法规另有规定的除外。第 21 条规定，对管辖发生争议的，报请共同的上一级行政机关指定管辖。因为司机在运输途中，对沿途的路面都造成了污染，所以沿途三个区的执法机关都享有管辖权。对于执法机构的管辖争议，根据第二十一条的规定，应由共同上一级行政机关指定，所以 A 项的说法是正确的。《行政处罚法》第二十七条第（一）项规定，当事人有下列情形之一的，应当依法从轻或者减轻行政处罚：（一）主动消除或者减轻违法行为危害后果的；本案中，运输公司在污染事故发生后立即组织清扫，主动减轻路面被污染的后果，因此根据《行政处罚法》第二十七条的规定，应当对运输公司从轻或减轻处罚。所以 B 项是正确的。本案中，司机受单位的指派运送白石膏，其行为属于职务行为，并不是司机个人行为，因此本案的违法行

为人应是运输公司，而不是司机个人，所以C项是正确的，D项是错误的。

119.根据行政许可法的规定，下列关于行政许可的撤销、撤回、注销的说法哪些是正确的?

A.行政许可的撤销和撤回都涉及被许可人实体权利

B.规章的修改可以作为行政机关撤回已经生效的行政许可的理由

C.因行政机关工作人员滥用职权授予的行政许可被撤销的，行政机关应予赔偿

D.注销是行政许可被撤销和撤回后的法定程序

【正确答案】ABD

【答案解析】《行政许可法》第八条、第六十九条都规定了这样的原则：已生效的行政许可变更、撤销、撤回，损害被许可人的合法权益的，被许可人可以获得补偿或赔偿，由此可以看出行政许可的撤销和撤回都涉及被许可人的实体权利，故A项正确，应选。第八条规定，行政许可所依据的法律、法规、规章修改或者废止，或者准予行政许可所依据的客观情况发生重大变化的，为了公共利益的需要，行政机关可以依法变更或者撤回已经生效的行政许可。由此给公民、法人或者其他组织造成财产损失的，行政机关应当依法给予补偿。故B项正确，应选。第六十九条规定，有下列情形之一的，作出行政许可决定的行政机关或者其上级行政机关，根据利害关系人的请求或者依据职权，可以撤销行政许可：行政机关工作人员滥用职权、玩忽职守作出准予行政许可决定的；……被许可人的合法权益受到损害的，行政机关应当依法给予赔偿。C项中间缺少“被许可人合法权益受到损害”的条件，即在行政机关和当事人都存在过错时，对于相对人非法获得的利益，不予保护。C项错误，不选。第七十条第（四）项规定，有下列情形之一的，行政机关应当依法办理有关行政许可的注销手续：行政许可依法被撤销、撤回，或者行政许可证件依法被吊销的；D项正确，应选。

120. 根据《最高人民法院关于行政诉讼证据若干问题的规定》，在二审程序中，对当事人依法提供的新证据，法庭应当进行质证。这里新证据是指：

A.在一审程序中应当准予延期提供而未获准许的证据

B.当事人在一审程序中依法申请调取而未获准许，人民法院在二审程序中调取的证据

C.原告或者第三人提供的在举证期限届满后发现的证据

D.原告或第三人在诉讼过程中提出的其在被告实施行政行为过程中所没有反驳的证据

【正确答案】ABC

【答案解析】根据《最高人民法院关于行政诉讼证据若干问题的规定》第50条规定，在第二审程序中，对当事人依法提供的新的证据，法庭应当进行质证；当事人对第一审认定的证据仍有争议的，法庭也应当进行质证。第五十二条规定第五十条和第五十一条中的“新的证据”是指以下证据：（一）在一审程序中应当准予延期提供而未获准许的证据；（二）当事人在一审程序中依法申请调取而未获准许或者未取得，人民法院在第二审程序中调取的证据；（三）原告或者第三人提供的在举证期限届满后发现的证据。选项ABC正确。根据该《规定》第七条第二款，原告或者第三人在第一审程序中无正当事由未提供而在第二审程序中提供的证据，人民法院不予接纳。据此，原告或者第三人在二审程序中提出其在行政程序中没有提出的反驳的证据的，人民法院不予接纳，当然谈不上质证的问题。据此，选项D不应选。

121.根据《行政处罚法》的规定，下列哪些说法是正确的?

A.违法行为轻微，及时纠正没有造成危害后果的，应当依法减轻对当事人的行政处罚

B.行政机关使用非法定部门制发的罚款单据实施处罚的，当事人有权拒绝处罚

C.对情节复杂的违法行为给予较重的行政处罚，应由行政机关的负责人集体讨论决定

D.除当场处罚外，行政处罚决定书应按照民事诉讼法的有关规定在7日内送达当事人

【正确答案】BC

【答案解析】根据《行政处罚法》第二十七条，违法当事人有下列情形之一的，应当依法从轻或者减轻行政处罚:（一）主动消除或者减轻违法行为危害后果的；（二）受他人胁迫有违法行为的；（三）配合行政机关查处违法行为有立功表现的；（四）其他依法从轻或者减轻行政处罚的。违法行为轻微并及时纠正，没有造成危害后果的，不予行政处罚。据此，A项错误。根据该法第五十六条，行政机关对当事人进行处罚不使用罚款、没收财物单据或者使用非法定部门制发的罚款、没收财物单据的，当事人有权拒绝处罚，并有权予以检举。上级行政机关或者有关部门对使用的非法单据予以收缴销毁，对直接负责的主管人员和其他直接责任人员依法给予行政处分。选项B正确。根据该法第三十八条第二款，对情节复杂或者重大违法行为给予较重的行政处罚,行政机关的负责人应当集体讨论决定。选项C正确。根据该法第四十条，行政处罚决定书应当在宣告后当场交付当事人；当事人不在场的，行政机关应当在七日内依照民事诉讼法的有关规定，将行政处罚决定书送达当事人。选项D中“除当场处罚外”错误，应当是“除在宣告后当场交付当事人外”。

122.某市建筑材料厂超标准排放污水违反了《中华人民共和国水污染防治法》,该市环境保护局对其处以2万元的罚款。在规定期间内该厂既不交纳罚款也未向法院提起诉讼，该市环境保护局向法院申请强制执行。下列哪些说法是正确的?

A.市环境保护局应当自罚款决定生效之日起90日向法院提起执行申请

B.市环境保护局如有理由认为某市建筑材料厂逃避执行的，可以在提出执行申请之前要求法院采取财产保全措施

C.市环境保护局应当向法院提供某市建筑材料厂财产状况的材料

D.人民法院在强制执行此罚款决定前，应当对罚款决定是否合法进行审查

【正确答案】BCD

【答案解析】根据《最高人民法院关于执行〈中华人民共和国行政诉讼法〉若干问题的解释》第八十八条，行政机关申请人民法院强制执行其具体行政行为，应当自被执行人的法定起诉期限届满之日起180日内提出。选项A中的申请执行期限的起算点（罚款决定生效之日）和长度（90日）都是错误的。根据该《最高人民法院关于执行〈中华人民共和国行政诉讼法〉若干问题的解释》第九十一条、第九十二条和第九十三条的规定，选项B、C、D正确。

123. 某公司准备在某市郊区建一座化工厂，向某市规划局、土地管理局、环境保护局和建设局等职能部门申请有关证照。下列哪些说法是正确的?

A.某公司应当对其申请材料实质内容的真实性负责

B.某市人民政府应当组织上述四个职能部门联合为某公司办理手续

C.拟建化工厂附近居民对核发该项目许可证照享有听证权利

D.如果某公司的申请符合条件，某市人民政府相关职能部门应在45个工作日内为其

办结全部证照

【正确答案】AC

【答案解析】根据《行政许可法》第三十一条，申请人申请行政许可，应当如实向行政机关提交有关材料和反映真实情况，并对其申请材料实质内容的真实性负责。行政机关不得要求申请人提交与其申请的行政许可事项无关的技术资料和其他材料。选项 A 正确。根据《行政许可法》第二十六条第二款，行政许可依法由地方人民政府两个以上部门分别实施的，本级人民政府可以确定一个部门受理行政许可申请并转告有关部门分别提出意见后统一办理，或者组织有关部门联合办理、集中办理。市政府“可以”组织上述四个职能部门联合办理，也可以确定一个部门统一办理，还可以组织上述四个职能部门集中办理。选项 B 中的“应当”二字错误。建设化工厂直接涉及附近居民的重大利益，根据《行政许可法》第四十七条规定，行政许可直接涉及申请人与他人之间重大利益关系的，行政机关在作出行政许可决定前，应当告知申请人、利害关系人享有要求听证的权利；申请人、利害关系人在被告知听证权利之日起五日内提出听证申请的，行政机关应当在二十日内组织听证。申请人、利害关系人不承担行政机关组织听证的费用。选顶 C 正确。根据《行政许可法》第四十二条第二款，行政许可采取统一办理或者联合办理、集中办理的，办理的时间不得超过 45 日。题干中并未明确采取上述方式办理，而且第四十二条第二款规定的 45 日可以延长 15 日。据此，选项 D 错误。

124. 甲厂经某市采砂许可证的法定发放机关地质矿产局批准取得了为期 5 年的采砂许可证，并经某区水电局等部门批准，在区江河管理站划定的区域内采砂。后因缴纳管理费问题与水电局发生纠纷。随后，该水电局越权向乙厂颁发了采砂许可证，准予乙厂在甲厂已被划定的区域内采砂。下列说法正确的是：

A.根据甲厂的申请，某市地质矿产局可以撤销水电局发给乙厂的采砂许可证

B.水电局应当撤销给乙厂发放的采砂许可证

C.若乙厂的采砂许可证被撤销，发放许可证的水电局应承担乙厂相应的经济损失

D.甲厂可以要求水电局赔偿因向乙厂颁发许可证给自己造成的经济损失

【正确答案】ABCD

【答案解析】《行政许可法》第七条规定，公民、法人或者其他组织对行政机关实施行政许可，享有陈述权、申辩权；有权依法申请行政复议或者提起行政诉讼；其合法权益因行政机关违法实施行政许可受到损害的，有权依法要求赔偿。《行政许可法》第二十二条规定，行政许可由具有行政许可权的行政机关在其法定职权范围内实施。《行政许可法》第六十九条规定，有下列情形之一的，作出行政许可决定的行政机关或者其上级行政机关，根据利害关系人的请求或者依据职权，可以撤销行政许可：①行政机关工作人员滥用职权、玩忽职守作出准予行政许可决定的；②超越法定职权作出准予行政许可决定的；③违反法定程序作出准予行政许可决定的；④对不具备申请资格或者不符合法定条件的申请人准予行政许可的；⑤依法可以撤销行政许可的其他情形。”“被许可人以欺骗、贿赂等不正当手段取得行政许可的，应当予以撤销。”“依照前两款的规定撤销行政许可，可能对公共利益造成重大损害的，不予撤销。”“依照本条第一款的规定撤销行政许可，被许可人的合法权益受到损害的，行政机关应当依法给予赔偿。依照本条第二款的规定撤销行政许可的，被许可人基于行政许可取得的利益不受保护。” 《行政许可法》第七十六条规定，行政机关违实施行政许可，给当事人的合法权益造成损害的，应当依照国家赔偿法的规定给予赔偿。

125. 某县公安局以郭某因邻里纠纷殴打并致邱某轻微伤为由，对郭某作出拘留10天的处罚。郭某向法院提起诉讼。某县公安局向法院提交了处罚的主要证据，华某和邱某舅舅叶某二人的证言及该县中心医院出具的邱某的伤情证明。下列说法正确的是：

A.华某的证言的证明效力优于叶言的证言

B.某县公安局申请华某出庭作证，应当在开庭前提出

C.若华、叶二人的证言相互矛盾，法庭应判决撤销某县公安局的处罚决定

D.若一审法庭未通知邱某参加诉讼，二审法院应将案件发回重审

【正确答案】ACD

【答案解析】A项对，《最高人民法院关于行政诉讼证据若干问题的规定》第六十三条规定，证明同一事实的数个证据，其证明效力一般可以按照下列情形分别认定：……（七）其他证人证言优于与当事人有亲属关系或者其他密切关系的证人提供的对该当事人有利的证言。B项错，《最高人民法院关于行政诉讼证据若干问题的规定》第四十三条规定："当事人申请证人出庭作证的，应当在举证期限届满前提出，并经人民法院许可。人民法院准许证人出庭作证的，应当在开庭审理前通知证人出庭作证。""当事人在庭审过程中要求证人出庭作证的，法庭可以根据审理案件的具体情况，决定是否准许以及是否延期审理。"C项对，主要证据不足意味着行政机关在未查清案件基本情况或在没有充分证据证明的情况下就作出具体行政行为，具体行政行为缺乏事实基础，人民法院有权予以撤销。D项对，《最高人民法院关于执行〈中华人民共和国行政诉讼法〉若干问题的解释》第七十一条第一款规定，原审判决遗漏了必须参加诉讼的当事人或者诉讼请求的，第二审人民法院应当裁定撤销原审判决，发回重审。

126. 关于行政处罚和刑罚的折抵，下列说法正确的是：

A.行政拘留可以折抵拘役

B.行政拘留可以折抵有期徒刑

C.没收违法所得可以折抵没收财产

D.罚款可以折抵罚金

【正确答案】ABD

【答案解析】《行政处罚法》第二十八条规定，"违法行为构成犯罪，人民法院判处拘役或者有期徒刑时，行政机关已经给予当事人行政拘留的，应当依法折抵相应刑期。""违法行为构成犯罪，人民法院判处罚金时，行政机关已经给予当事人罚款的，应当折抵相应罚金。"

127. 卫生防疫站对王某经营的餐馆进行卫生检查，发现厨师在操作间未戴帽子，备用餐具有油腻及小飞虫，当场制作了检查笔录。两天后对王某处以200元罚款。王某不服，向法院起诉，卫生防疫站向法院提供了检查笔录。下列何种说法是正确的?

A.检查笔录应至少有2名执法人员的签名

B.检查笔录应加盖卫生防疫站的公章

C.检查笔录必须有当事人的签名

D.法院对检查笔录进行审查时，制作笔录的执法人员必须出庭

【正确答案】A

【答案解析】A 正确，依《行政处罚法》第三十七条规定，行政机关在调查或者进行检查时，执法人员不得少于两人，并应当向当事人或者有关人员出示证件。当事人或者有关人员应当如实回答询问，并协助调查或者检查，不得阻挠。询问或者检查应当制作笔录。B、C 项错误，依《行政诉讼证据规定》第十五条规定，根据行政诉讼法第三十一条第一款第（七）项的规定，被告向人民法院提供的现场笔录，应当载明时间、地点和事件等内容，并由执法人员和当事人签名。当事人拒绝签名或者不能签名的，应当注明原因。有其他人在现场的，可由其他人签名。法律、法规和规章对现场笔录的制作形式另有规定的，从其规定。D 项错误，依《行政证据规定》第四十四条规定，有下列情形之一，原告或者第三人可以要求相关行政执法人员作为证人出庭作证：①对现场笔录的合法性或者真实性有异议的；②对扣押财产的品种或者数量有异议的；③对检验的物品取样或者保管有异议的；④对行政执法人员的身份的合法性有异议的；⑤需要出庭作证的其他情形。注意：并不是“必须出庭”。

128. 在某法院受理的一起交通处罚案件中，被告提供了当事人闯红灯的现场笔录。该现场笔录载明了当事人闯红灯的时间、地点和拒绝签名的情况，但没有当事人的签名，也没有其他证人签名。原告主张当时不在现场，并有一朋友为其出庭作证。根据原、被告双方提供的证据，法院应如何认定？

A.法院可以认定原告闯红灯

B.法院可以认定原告没有闯红灯

C.法院对原告是否闯红灯无法认定

D.法院需进一步调查后再作认定

【正确答案】A

【答案解析】《最高人民法院关于行政诉讼证据若干问题的规定》第十五条规定：“根据行政诉讼法第三十一条第一款第（七）项的规定，被告向人民法院提供的现场笔录，应当载明时间、地点和事件等内容，并由执法人员和当事人签名。当事人拒绝签名或者不能签名的，应当注明原因。有其他人在现场的，可由其他人签名。法律、法规和规章对现场笔录的制作形式另有规定的，从其规定。”题干中的现场笔录尽管没有当事人或证人的签名，但并不影响其证据的效力。根据《最高人民法院关于行政诉讼证据若干问题的规定》第七十一条第二项的规定，与一方当事人有亲属关系或者其他密切关系的证人所作的对该当事人有利的证言不能单独作为定案依据。因此，题干中原告朋友的证言不具有证据效力。故选 A。

129. 延期、分期缴纳罚款在具体实践中如何操作？

答：当事人确有经济困难，需要延期或者分期缴纳罚款的，应当提出书面申请。经水行政管理机关负责人批准后，由办案机构以办案机关的名义，书面告知当事人延期或者分期的期限。这是依据《行政处罚法》作出的。《行政处罚法》第五十二条规定：“当事人确有经济困难，需要延期或者分期缴纳罚款的，经当事人申请和行政机关批准，可以暂缓或者分期缴纳。”

（1）规定延期、分期缴纳罚款的意义。

在正常的罚款收缴程序之外，可能出现当事人因特定情形无法按时履行缴纳罚款义务的情况。例如，当事人遭受火灾、水灾等突发灾害，希望能够延期或者分期缴纳罚款。在这种情况下，当事人不是主观上拒绝接受处罚、不履行缴纳罚款义务，而是客观上存在实际困难，无法按时履行缴纳罚款的义务。

鉴于此，行政机关应当将这种情形与当事人故意拒绝或者拖延履行义务的行为加以区分，允许确有经济困难的当事人暂缓或者分期履行缴纳罚款义务。对于当事人有履行能力却不履行缴纳罚款义务的行为，行政机关应当依法采取强制执行措施，迫使当事人履行法定义务，以达到行政处罚的目的。

允许确有经济困难的当事人延期或者分期缴纳罚款，充分体现《行政处罚法》坚持处罚与教育相结合，教育公民、法人或者其他组织自觉守法的原则与精神，也彰显坚持“实事求是，一切从实际出发”的原则和精神。对于确有经济困难的当事人，如果轻率采取强制执行措施，不仅没有可执行标的，执行措施无法落实，还很容易扩大应予执行的标的。这样的结果不仅损害行政处罚的权威性和有效性，也不利于和谐社会的建立和发展。

（2）延期、分期缴纳罚款的申请和批准

①.申请。

当事人申请延期或者分期缴纳罚款应向作出行政处罚决定的水行政管理机关提交书面申请，载明不能按时缴纳罚款的原因，附以必要的证明材料，同时，提出具体的延期或者分期缴纳罚款要求。

②.审查、批准。

水行政管理机关审查当事人的申请，除应对书面文字材料认真审查外，还必须合理判断当事人是否具有履行缴纳罚款义务的能力。必要时，水行政管理机关应进行实际调查，既要实施好《行政处罚法》又要防止当事人利用法律、法规逃避及时履行缴纳罚款的义务。

水行政管理机关经过审查，如果认为当事人申请延期或者分期缴纳罚款的理由不成立，应予驳回；如果认为当事人的申请理由成立，应作出批准予以延期或者分期缴纳罚款的决定。批准决定应以决定书的形式，经水行政管理机关负责人批准后，由办案机构以办案机关的名义作出，送达当事人及收款银行。收款银行应依照行政机关作出的决定书收缴罚款。

需要强调的是，法律、法规及规章所规定的暂缓履行或分期履行缴纳罚款义务是有条件的。所以，当事人一旦有了履行能力，就应当按照行政机关的决定缴纳罚款。行政机关发现当事人有履行能力却故意拖延履行，违反行政机关作出的延期或分期履行缴纳罚款决定的，可以依法采取强制执行措施。

130、在水行政执法实践中容易混淆的法律概念解析？

答：在行政执法实践中，经常需要制作各类法律文书，这就要求执法人员准确把握法律概念，正确使用相关的表述用语，以避免混淆概念或者词不达意。

（1）“法律”与“法规”

“法律”与“法规”之间的关系是从属关系，即大与小和谁产生谁的关系。“法规”包括行政法规、地方性法规，本书仅以行政法规（以下简称“法规”）为例，进行对比分析。总的来说，“法律”与“法规”的区别有3点。

一是制定和发布的机关不同。“法律”是由全国人大及其常委会根据宪法精神制定并发布的法律文件，带有战略性与全局性特点，具有普遍指导意义。“法规”是经全国人大授权，由国务院依据相关法律精神，根据经济社会发展实际制定，并报请全国人大备案后所发布的。

二是制定的依据不同。制定“法律”的依据是宪法。制定“法规”的依据是“法律”。

三是审核通过的机关不同。“法律”是由全国人大及其常委会审核通过的，“法规”是由国务院法制机构审核通过的。

（2）“规定”与“约定”

“规定”是法律和法规中的共用词，“约定”是合同中使用的词。二者的区别有4点。

一是出处不同。“规定”出自由权力机关或权力机关的执行机关颁布的法律、法规，而“约定”则出自当事人双方签订的合同。

二是适用对象不同。“规定”适用于所有当事人，而“约定”则仅仅适用于签订合同的当事人。

三是效力不同。“规定”具有普遍约束力和强制执行力，不能变通、协商。在“约定”方面，根据《合同法》的规定，签订合同的当事人无法达成一致意见时，对于合同中所约定的事项可以协商解决，予以变通执行。

四是有效期限不同。法律、法规中所说的“规定”，非经宣布废除，则永远有效，具有反复使用性。而合同中的“约定”，在完全履行合同约定内容后会自行失效，不具有反复使用性。

（3）“根据”与“依据”

“根据”是原原本本对照法律条款，对违法行为予以明确界定。“依据”是综合多部法律对同一违法行为的原则性规定，在充分考虑案件具体情况后，适用其中的部分规定，对违法行为予以定性。二者的区别有3点。

一是适用法律的单一程度不同。“根据”一般适用于一部法律、法规或者一个条文;而“依据”则适用于多部法律、法规中的多个条文，或者适用于同一部法律、法规中的多个条文，适用法律的单一程度低于“根据”情形中的单一程度。

二是自由裁量的范围不同。“根据”一般适用于考虑因素不多，自由裁量的范围或者幅度不大，甚至不涉及自由裁量事项的案件处理。“依据”则适用于考虑因素较多、自由裁量的范围或者幅度较大的案件处理。

三是内涵和外延不同。“根据”突出了所适用法律、法规中的条文的内涵特征，即法律条文自身的内在规定性、实质性、指向性、单一性。“依据”突出了所适用法律、法规中的条文的外延特征，即该条文与其他条文的外在联系性、相关性、协调性、合成性。弄清“根据”与“依据”的区别，对于准确适用法律、法规中的条文，针对违法行为的社会危害程度、持续时间、违法行为人的认错态度等因素，进行准确定性量罚至关重要。

（4）“处罚告知”与“处罚决定告知”

“处罚告知”与“处罚决定告知”同属案件处理的最后阶段。二者的区别有4点。

一是告知的先后顺序不同。“处罚告知”在前，“处罚决定告知”在后。

二是告知针对的内容不同。“处罚告知”在处罚建议审批后履行，告知针对的是处罚建议的审批内容。而“处罚决定告知”在正式的行政处罚决定审批后履行，告知针对的是正式的行政处罚决定。

三是告知内容的可改变性不同。“处罚告知”的内容可以改变，而“处罚决定告知”的内容则不能改变。

四是当事人的权利行使情况不同。"处罚告知"旨在充分听取当事人对拟处罚内容的陈述意见，若当事人的陈述意见合法、合理、合情，则"处罚告知"的内容可作适当调整。"处罚决定告知"则意味着已履行了处罚告知程序，充分听取了当事人的陈述意见，其中包含了是否采纳当事人的陈述意见等内容，因此具有不再听取当事人原有陈述意见或者其他陈述意见的明确特征。

131. 某村村民吴某因家里人口多、住房紧张而向乡政府提出建房申请。经乡人民政府土地员刘某批准后，即开始划线动工。周围左邻申某与右邻崔某发现吴某占用了自己使用多年的宅基地，即同吴某交涉。吴某申辩说建房是按批准文件划线动工，不同意改变施工计划。据此请回答下列问题。

（1）如申某与崔某申请复议，应当向下列什么机关提出？

A.乡政府作为复议机关

B.县政府作为复议机关

C.县政府土地管理局作为复议机关

D.县政府法制局作为复议机关

【正确答案】BC

【答案解析】《行政复议法》第十三条规定："对地方各级人民政府的具体行政行为不服的，向上一级地方人民政府申请行政复议。对省、自治区人民政府依法设立的派出机关所属的县级地方人民政府的具体行政行为不服的，向该派出机关申请行政复议。"本题中，批准行为的主体是乡政府，而其行使的职权是土地管理权。县政府是上一级政府，而县土地局是主管土地行政的政府工作部门，都可以作为复议机关。本题中，不可能由乡政府自己复议，由法制局复议也没有相应的法律规定。因此，本题的正确答案是BC。

（2）经过复议后，谁有可能作为原告提起行政诉讼？

A.如果维持原决定，申某有权提起行政诉讼

B.如果维持原决定，崔某有权提起行政诉讼

C.如果改变原决定，吴某有权提起行政诉讼

D.如果改变原决定，土地管理员刘某有权提起行政诉讼

【正确答案】ABC

【答案解析】《最高人民法院关于执行〈中华人民共和国行政诉讼法〉若干问题的解释》第十三条规定："有下列情形之一的，公民、法人或者其他组织可以依法提起行政诉讼：（一）被诉的具体行政行为涉及其相邻权或者公平竞争权的；（二）与被诉的行政复议决定有法律上利害关系或者在复议程序中被追加为第三人的；（三）要求主管行政机关依法追究加害人法律责任的；（四）与撤销或者变更具体行政行为有法律上利害关系的。"因为申某、崔某作为复议申请人要求改变原行政许可，如果复议维持原决定，二人自可提起行政诉讼。而依上述第二项的规定，如果复议机关改变了原行政许可，吴某与被诉的行政复议决定有法律上的利害关系，也具有行政主体资格。即ABC项可选。

（3）如果提起行政诉讼，法院对此事应如何处理？

A.受理，因属于行政诉讼的受案范围

B.不受理，因土地权属纠纷属于民事纠纷

C.受理，可以行政诉讼附带解决权属纠纷

D.受理，但只解决行政纠纷，对于权属纠纷，告知当事人提起民事诉讼

【正确答案】AC

【答案解析】《行政诉讼法》第十一条的规定："人民法院受理公民、法人和其他组织对下列具体行政行为不服提起的诉讼：……（八）认为行政机关侵犯其他人身权、财产权的。"本案属于行政诉讼的受案范围，因此A项正确。《最高人民法院关于执行〈中华人民共和国行政诉讼法〉若干问题的解释》第六十一条规定："被告对平等主体之间民事争议所作的裁决违法，民事争议当事人要求人民法院一并解决相关民事争议的，人民法院可以一并审理。"本案中乡政府的具体行政行为即属于实质上是对吴、申、崔三人宅基地使用权的一种裁决，因此法院可以一并解决相关民事争议。因此C也正确

132. 2006年5月9日，县公安局以甲偷开乙的轿车为由，向其送达1000元罚款的处罚决定书。甲不服，于同月19日向市公安局申请行政复议。6月8日，复议机关同意甲撤回复议申请。6月20日，甲就该处罚决定向法院提起行政诉讼。下列说法正确的是(　　)。

A.对甲偷开的轿车县公安局可以扣押

B.如甲能够证明撤回复议申请违背其真实意思表示，可以同一事实和理由再次对该处罚决定提出复议申请

C.甲逾期不缴纳1000元罚款，县公安局可以每日按罚款数额的3%加处罚款

D.法院不应当受理甲的起诉

【正确答案】BC

【答案解析】选项A错误。《治安管理处罚法》第八十九条第一款规定，公安机关办理治安案件，对与案件有关的需要作为证据的物品，可以扣押；对被侵害人或者善意第三人合法占有的财产，不得扣押，应当予以登记。对与案件无关的物品，不得扣押。本题中，轿车为被侵害人乙所有，县公安局不得扣押。

选项B正确。《行政复议法实施条例》第三十八条第二款规定，申请人撤回行政复议申请的，不得再以同一事实和理由提出行政复议申请。但是，申请人能够证明撤回行政复议申请违背其真实意思表示的除外。

选项C正确。《行政处罚法》第51条第（一）项规定，当事人到期不缴纳罚款的，作出行政处罚决定的行政机关可以每日按罚款数额的百分之三加处罚款。

选项D错误。《行政诉讼法解释》第35条规定，法律、法规未规定行政复议为提起行政诉讼必经程序，公民、法人或者其他组织向复议机关申请行政复议后，又经复议机关同意撤回复议申请，在法定起诉期限内对原具体行政行为提起诉讼的，人民法院应当依法受理。本题不属于复议前置的案件，甲撤回复议申请后，在法定起诉期限内对原具体行政行为提起诉讼的，人民法院应当依法受理。

133. 甲驾车在某路段行驶时，与乙驾驶的车辆相刮，致使甲的车受损，甲下车对乙进行殴打造成乙轻微伤后驾车离去。公安机关为查处此案，对甲进行传唤，甲却回避。公安机关为使甲来接受调查，将甲的汽车扣留。公安机关的扣车行为属于下列哪项？

A. 行政强制执行　　B. 行政征收

C. 行政处罚　　D. 行政强制措施

【正确答案】D

【答案解析】行政强制执行与行政强制措施的区别在于：①行政强制执行的目的是义

务的履行，以义务人不履行义务为前提；而行政强制措施目的在于使当事人的人身与财产保持一定状态，从而预防、制止违法行为或危险状态的发生，或保全证据等，它不以义务人不履行义务为必要的前提。②行政强制执行的主体包括行政机关和人民法院；而行政强制措施的主体只有行政主体。③行政强制执行的类型包括代执行、执行罚，对人身的直接强制，如强制传唤、强制拘留，对财产的直接强制，如对腐烂变质食品强制销毁；而行政强制措施包括对人身强制，如强制扣留、强制搜查、强制隔离、强制治疗等，对住宅的即时强制检查、搜查，对财产的当场查封、扣押、冻结等。本题中，公安机关的扣车行为属于行政强制措施，即A项错误，D项正确。

行政征收，是指行政机关根据法律的规定强制地、无偿地向行政相对人征集一定数额的金钱或实物的行政行为。本题不属行政征收，故B项错误。

行政处罚，是指享有行政处罚权的行政机关或法律、法规授权的组织，对违反行政法律规范、依法应当给予处罚的行政相对人所实施的法律制裁行为。包括警告、罚款，没收违法所得和没收非法财物，责令停产停业，暂扣或者吊销许可证、暂扣或者吊销执照，行政拘留及法律、行政法规规定的其他行政处罚等。本题均不属于上述类型，故C项错误。

134. 什么叫行政强制？

答：行政强制是指对违反行政法律规范或者不履行生效的行政决定的行政管理相对人的人身权、财产权和其他权利予以限制或者处分，直接执行或者迫使当事人履行由具体行政行为所确定的法律上的义务。

135. 对《行政强制法》的适用是怎样规定的？

答：《行政强制法》第三条规定："行政强制的设定和实施，适用本法。"也就是说，对行政强制措施和行政强制执行的设定和实施，都要依据《行政强制法》。

但同时有两个例外：①发生或者即将发生自然灾害、事故灾难、公共卫生事件或者社会安全事件等突发事件，行政机关采取应急措施或者临时措施，依照有关法律、行政法规的规定执行。②行政机关采取金融业审慎监管措施、进出境货物强制性技术监控措施，依照有关法律、行政法规的规定执行。

136. 行政机关对违法行为可以不采取行政强制措施的前提条件是什么？

答：违法行为情节显著轻微或者没有明显社会危害的，可以不采取行政强制措施。

137. 行政机关实施行政强制措施应当遵守哪些程序性规定？

答：行政机关实施行政强制措施应当遵守下列规定：①实施前须向行政机关负责人报告并经批准；②由两名以上行政执法人员实施；③出示执法身份证件；④通知当事人到场；⑤当场告知当事人采取行政强制措施的理由、依据以及当事人依法享有的权利、救济途径；⑥听取当事人的陈述和申辩；⑦制作现场笔录，现场笔录由当事人和行政执法人员签名或者盖章，当事人拒绝的，在笔录中予以注明；⑧当事人不到场的，邀请见证人到场，由见证人和行政执法人员在现场笔录上签名或者盖章；⑨法律、法规规定的其他程序。

依照法律规定实施限制公民人身自由的行政强制措施，除应当履行上述规定的程序外，还应当遵守下列规定：①当场告知或者实施行政强制措施后立即通知当事人家属实施行政强制措施的行政机关、地点和期限；②在紧急情况下当场实施行政强制措施的，在返回行政机关后，立即向行政机关负责人报告并补办批准手续；③法律规定的其他程序。

138. 查封、扣押由哪个行政机关实施？

答：查封、扣押应当由法律、法规规定的行政机关实施，其他任何行政机关或者组织不得实施。

139. 实施查封、扣押的行政强制措施时有哪些限制性规定?

答：查封、扣押限于涉案的场所、设施或者财物，不得查封、扣押与违法行为无关的场所、设施或者财物；不得查封、扣押公民个人及其所扶养家属的生活必需品。

当事人的场所、设施或者财物已被其他国家机关依法查封的，不得重复查封。

140. 对查封、扣押财产的期限是怎样规定的?

答：查封、扣押的期限不得超过三十日；情况复杂的，经行政机关负责人批准，可以延长，但是延长期限不得超过三十日。法律、行政法规另有规定的除外。

对物品需要进行检测、检验、检疫或者技术鉴定的，查封、扣押的期间不包括检测、检验、检疫或者技术鉴定的期间。

141. 行政机关对查封、扣押的场所、设施或财产的保管责任是怎样规定的?

答：①对查封、扣押的场所、设施或者财物，行政机关应当妥善保管，不得使用或者损毁；造成损失的，应当承担赔偿责任。②对查封的场所、设施或者财物，行政机关可以委托第三人保管，第三人不得损毁或者擅自转移、处置。因第三人的原因造成的损失，行政机关先行赔付后，有权向第三人追偿。③因查封、扣押发生的保管费用由行政机关承担。

142. 在哪些情形下，行政机关应当及时作出解除查封、扣押决定?

答：有下列情形之一的，行政机关应当及时作出解除查封、扣押决定：①当事人没有违法行为；②查封、扣押的场所、设施或者财物与违法行为无关；③行政机关对违法行为已经作出处理决定，不再需要查封、扣押；④查封、扣押期限已经届满；⑤其他不再需要采取查封、扣押措施的情形。

解除查封、扣押应当立即退还财物；已将鲜活物品或者其他不易保管的财物拍卖或者变卖的，退还拍卖或者变卖所得款项。变卖价格明显低于市场价格，给当事人造成损失的，应当给予补偿。

143. 行政机关在作出强制执行决定前，应当做好哪些工作?

答：①行政机关作出强制执行决定前，应当事先以书面形式催告当事人履行义务。催告书上应当载明当事人履行义务的期限、方式，以及当事人依法享有的陈述权和申辩权。催告书应当直接送达当事人。当事人拒绝接收或者无法直接送达当事人的，应当依照《民事诉讼法》的有关规定送达。②当事人收到催告书后有权进行陈述和申辩。行政机关应当充分听取当事人的意见，对当事人提出的事实、理由和证据，应当进行记录、复核。当事人提出的事实、理由或者证据成立的，行政机关应当采纳。

144. 在什么情况下行政机关可以强制执行?

答：①行政机关依法作出行政决定后，当事人在行政机关决定的期限内不履行义务的，具有行政强制执行权的行政机关可以依照《行政强制法》的规定强制执行。②经催告，当事人逾期仍不履行行政决定，且无正当理由的，行政机关可以作出强制执行决定。③在催告期间，对有证据证明有转移或者隐匿财物迹象的，行政机关可以作出立即强制执行决定。

145. 行政强制执行在什么情形下要终结执行?

答：行政强制执行有下列情形之一的，终结执行：①公民死亡，无遗产可供执行，又无义务承受人的；②法人或者其他组织终止，无财产可供执行，又无义务承受人的；③执行标的灭失的；④据以执行的行政决定被撤销的；⑤行政机关认为需要终结执行的其他情形。

146. 在强制执行中或执行完毕后，据以执行的行政决定被撤销、变更或者错误的，应如何处理?

答：在执行中或执行完毕后，据以执行的行政决定被撤销、变更、或者执行错误的，应当恢复原状或者退还财物；不能恢复原状或者退还财物的，依法给予赔偿。

147. 在什么情况下行政机关可以与当事人达成执行协议?

答：实施行政强制执行，行政机关可以在不损害公共利益和他人合法权益的情况下，与当事人达成执行协议。执行协议可以约定分阶段履行；当事人采取补救措施的，可以减免加处的罚款或者滞纳金。

执行协议应当履行。当事人不履行执行协议的，行政机关应当恢复强制执行。

148. 对行政机关的行政强制执行有哪些禁止性规定?

答：①行政机关不得在夜间或者法定节假日实施行政强制执行。但是，情况紧急的除外。②行政机关不得对居民生活采取停止供水、供电、供热、供燃气等方式迫使当事人履行相关行政决定。

149. 对违法的建筑物、构筑物、设施等应当如何处理?

答：对违法的建筑物、构筑物、设施等需要强制拆除的，应当由行政机关予以公告，限期当事人自行拆除。当事人在法定期限内不申请行政复议或者提起行政诉讼，又不拆除的，行政机关可以依法强制拆除。

150. 行政机关在什么情况下可以加处罚金或滞纳金?

答：①行政机关依法作出金钱给付义务的行政决定，当事人逾期不履行的，行政机关可以依法加处罚款或者滞纳金。加处罚款或者滞纳金的数额不得超出金钱给付义务的数额。②行政机关依法实施加处罚款或者滞纳金超过三十日，经催告当事人仍不履行的，具有行政强制执行权的行政机关可以强制执行。

151. 没有行政强制执行权的行政机关在什么情况下可以将查封、扣押的财物依法拍卖抵缴罚款。

答：没有行政强制执行权的行政机关应当申请人民法院强制执行。但是，当事人在法定期限内不申请行政复议或者提起行政诉讼，经催告仍不履行的，在实施行政管理过程中已经采取查封、扣押措施的行政机关，可以将查封、扣押的财物依法拍卖抵缴罚款。

152. 什么情况下适用代履行?

答：代履行是指义务人逾期不履行行政法义务，由他人代为履行可以达到相同目的的，行政机关可以自己代为履行或者委托第三人代为履行，向义务人征收代履行费用的强制执行制度。

代履行主要适用于该行政法义务属于可以由他人代替履行的作为义务，例如排除障碍、强制拆除等。对于不能够由他人替代的义务和不作为义务，特别是与人身有关的义务，不适用代履行。

153. 代履行应当遵守哪些规定?

答：代履行应当遵守下列规定：①代履行前送达决定书，代履行决定书应当载明当事人的姓名或者名称、地址，代履行的理由和依据、方式和时间、标的、费用预算以及代履行人；②代履行三日前，催告当事人履行，当事人履行的，停止代履行；③代履行时，作出决定的行政机关应当派员到场监督；④代履行完毕，行政机关到场监督的工作人员、代履行人和当事人或者见证人应当在执行文书上签名或者盖章；⑤代履行不得采用暴力、胁迫以及其他非法方式。

154. 代履行的费用由谁承担？

答：代履行的费用按照成本合理确定，由当事人承担。但是，法律另有规定的除外。

155. 在什么情况下，行政机关可以立即实施代履行？

答：需要立即清除道路、河道、航道或者公共场所的遗洒物、障碍物或者污染物，当事人不能清除的，行政机关可以决定立即实施代履行；当事人不在场的，行政机关应当在事后立即通知当事人，并依法作出处理。

156. 没有行政强制执行权的行政机关在什么情况下可以申请人民法院强制执行？

答：当事人在法定期限内不申请行政复议或者提起行政诉讼，又不履行行政决定的，没有行政强制执行权的行政机关可以自期限届满之日起三个月内，依法向人民法院申请强制执行。

行政机关申请人民法院强制执行前，应当催告当事人履行义务。催告书送达十日后当事人仍未履行义务的，行政机关可以向所在地有管辖权的人民法院申请强制执行；执行对象是不动产的，向不动产所在地有管辖权的人民法院申请强制执行。

157. 人民法院在受理和裁定行政机关强制执行申请时要遵循哪些规定？

答：①人民法院接到行政机关强制执行的申请，应当在五日内受理。②人民法院对行政机关强制执行的申请进行书面审查，对符合《行政强制法》第五十五条规定，且行政决定具备法定执行效力的，除《行政强制法》第五十八条规定的情形外，人民法院应当自受理之日起七日内作出执行裁定。③人民法院应当自受理之日起三十日内作出是否执行的裁定。裁定不予执行的，应当说明理由，并在五日内将不予执行的裁定送达行政机关。

158. 行政机关对人民法院不予受理或不予执行的裁定有异议的怎么办？

答：行政机关对人民法院不予受理的裁定有异议的，可以在十五日内向上一级人民法院申请复议，上一级人民法院应当自收到复议申请之日起十五日内作出是否受理的裁定。

行政机关对人民法院不予执行的裁定有异议的，可以自收到裁定之日起十五日内向上一级人民法院申请复议，上一级人民法院应当自收到复议申请之日起三十日内作出是否执行的裁定。

159. 在什么情形下，人民法院作出裁定前可以听取被执行人和行政机关的意见？

答：人民法院发现有下列情形之一的，在作出裁定前可以听取被执行人和行政机关的意见：①明显缺乏事实根据的；②明显缺乏法律、法规依据的；③其他明显违法并损害被执行人合法权益的。

160. 在什么情况下行政机关可以申请人民法院立即执行？

答：因情况紧急，为保障公共安全，行政机关可以申请人民法院立即执行。经人民法院院长批准，人民法院应当自作出执行裁定之日起五日内执行。

161. 行政机关向人民法院申请强制执行的费用由谁承担？

答：行政机关申请人民法院强制执行，不缴纳申请费。强制执行的费用由被执行人承担。

人民法院以划拨、拍卖方式强制执行的，可以在划拨、拍卖后将强制执行的费用扣除。

162. 行政机关实施行政强制有哪些情形之一的，要依法追究责任？

答：行政机关实施行政强制，有下列情形之一的，由上级行政机关或者有关部门责令改正，对直接负责的主管人员和其他直接责任人员依法给予处分，违法行为构成犯罪的，依法追究刑事责任：①没有法律、法规依据的；②改变行政强制对象、条件、方式的；③违反法定程序实施行政强制的；④违反《行政强制法》规定，在夜间或者法定节假日实施行政强制执行的；⑤对居民生活采取停止供水、供电、供热、供燃气等方式迫使当事人履行相关行政决定的；⑥有其他违法实施行政强制情形的。

163. 对行政机关违反《行政强制法》的哪些行为要依法追究责任？

答：违反《行政强制法》规定，行政机关有下列情形之一的，由上级行政机关或者有关部门责令改正，对直接负责的主管人员和其他直接责任人员依法给予处分，违法行为构成犯罪的，依法追究刑事责任：①扩大查封、扣押、冻结范围的；②使用或者损毁查封、扣押场所、设施或者财物的；③在查封、扣押法定期间不作出处理决定或者未依法及时解除查封、扣押的；④在冻结存款、汇款法定期间不作出处理决定或者未依法及时解除冻结的。

164. 甲向法院提起行政诉讼，诉称某市水利局水行政执法人员在他不在家的情况下，撬锁对其租住的房屋的自备井进行检查，之后未采取任何保护措施即离开，致使其丢失现金 5000 元，要求被告赔偿损失。甲向法院提供了其工资收入证明、银行取款凭单复印件、家中存有现金的同乡证言和房东听到其丢失现金的证言。下列说法哪一个是正确的？

A.上述证据均系直接证据

B.银行取款凭单复印件应加盖银行的印章

C.房东的证言必须有房东的签名和租房协议原件

D.上述证据在开庭审理前提交法院才有效

【正确答案】B

【答案解析】直接证据是能够单独直接证明案件主要事实的证据，上述证据都不能单独直接证明甲丢失现金是执法人员未采取保护措施即离开所造成的，所以都不是直接证据。根据《行政诉讼证据规定》第十条的规定，当事人向人民法院提供由有关部门保管的书证原件的复制件、影印件或者抄录件的，应当注明出处，经该部门核对无异后加盖其印章。所以，甲提供的银行取款凭单复印件应当加盖银行印章。《行政诉讼证据》第十三条规定：“根据行政诉讼法第三十条第一款第（四）项的规定，当事人向人民法院提供证人证言的，应当符合下列要求：（一）写明证人的姓名、年龄、性别、职业、住址等基本情况；（二）有证人的签名，不能签名的，应当以盖章等方式证明；（三）注明出具日期；（四）附有居民身份证复印件等证明证人身份的文件。”因此，房东的证言必须有房东的签名。不要求有租房协议原件。

165. 某街道接连发生自行车失窃案，某公安分局接到王某报案，说曾看见刘某偷车，经调查，修车人马某也说刘某曾向其兜售自行车。于是，某公安分局传唤刘某进行讯问，刘某矢口否认，遭到干警殴打，刘某遂承认偷车。公安分局对刘某作出拘留 15 日、罚款 200 元的处罚。然后在刘某家中查抄出尚未出售的自行车一辆。刘某经复议后又起诉，请问，以下哪些可以作为维持该处罚决定的证据使用？

A.王某的证言

B.马某的证言

C.刘某的口供

D.查抄的自行车

【正确答案】AB

【答案解析】因为王某和马某的证言是在处罚作出前提取的，并且是合法提取的，所以可作为维持处罚决定的证据。而刘某的口供是非法取得的，不能作为维持处罚决定的证据。而自行车是在行政处罚决定作出后才查抄出的，所以也不能作为维持处罚决定的证据。

166. 秦某租住江某房屋，后伪造江某的身份证和房屋所有权证，将房屋卖给不知情的吴某。房屋登记部门办理过户时未发现材料有假，便向吴某发放了房屋所有权证。江某发现房屋被卖时秦某已去向不明。江某以登记错误为由，提起行政诉讼要求撤销登记。下列哪些选项是正确的?

A.法院应判决房屋登记部门撤销颁发给吴某的房屋所有权证

B.吴某是善意第三人，房屋登记部门不应当撤销给吴某颁发的房屋所有权证

C.江某应当先申请行政复议，对复议决定不服的，才能向法院起诉

D.江某提起行政诉讼最长期限是 20 年，自房屋登记机关作出过户登记之日起计算

【正确答案】AD

【答案解析】《行政诉讼法》第五十四条第二项规定：“具体行政行为有下列情形之一的，判决撤销或者部分撤销，并可以判决被告重新作出具体行政行为：（一）主要证据不足的；（二）适用法律、法规错误的；（三）违反法定程序的；（四）超越职权的；（五）滥用职权的。”本题中，房屋登记部门办理过户所依据的主要证据即秦某所提供的江某的身份证和房屋所有权证，而这两个证件均系秦某伪造的，因此房屋登记部门办理过户登记的主要证据不足，法院应当判决判决房屋登记部门撤销颁发给吴某的房屋所有权证。A 项正确，而 B 项错误。《行政诉讼法》第三十七条第二款规定：“法律、法规规定应当先向行政机关申请复议，对复议不服再向人民法院提起诉讼的，依照法律、法规的规定。”据此，复议前置案件以法律、法规的规定为必要条件。《行政复议法》第三十条第一款规定：“公民、法人或者其他组织认为行政机关的具体行政行为侵犯其已经依法取得的土地、矿藏、水流、森林、山岭、草原、荒地、滩涂、海域等自然资源的所有权或者使用权的，应当先申请行政复议；对行政复议决定不服的，可以依法向人民法院提起行政诉讼。”本题中，秦某认为房屋登记机关的过户登记侵犯了其房屋所有权，而非侵犯自然资源所有权或者使用权案件，因此并不适用本款规定的复议前置规定。因此，C 项错误。《行政诉讼法解释》第四十二条规定：“公民、法人或者其他组织不知道行政机关作出的具体行政行为内容的，其起诉期限从知道或者应当知道该具体行政行为内容之日起计算。对涉及不动产的具体行政行为从作出之日起超过 20 年、其他具体行政行为从作出之日起超过 5 年提起诉讼的，人民法院不予受理。”由于本题涉及房屋这一不动产，因此江某提起行政诉讼最长期限是 20 年，自房屋登记机关作出过户登记之日起计算。D 项正确。

167. 市城市规划局批准建设的居住小区整体结构设计违反了国家的有关法律规定，给原告甲村的利益造成严重损害，但是房屋及其配套设施等已经建成交付使用。撤销批准建设的具体行政行为将会给公共利益造成重大损失，人民法院应当如何处理?

A.判决确认被诉具体行政行为违法

B.判决被告对原告承担赔偿责任

C.责令被诉行政机关采取相应的补救措施

D.维持被诉具体行政行为

【正确答案】ABC

【答案解析】《行政诉讼法》第五十八条："被诉具体行政行为违法，但撤销该具体行政行为将会给国家利益或者公共利益造成重大损失的，人民法院应当作出确认被诉具体行政行为违法的判决，并责令被诉行政机关采取相应的补救措施；造成损害的，依法判决承担赔偿责任。"

168. 某县环保局与水利局在联合执法过程中，发现某化工厂排污口建在行洪通道上，并对下游河水造成污染，遂联合作出责令该厂限期拆除其排污口的决定。某县水利局工作人员田某向该厂送达决定书时，遭到该厂职工围攻而受伤。该厂不服，以某县水利局为被告向法院提起行政诉讼。下列哪一选项是正确的?

A.法院应当通知某化工厂变更被告

B.某县水利局可以对田某被打一事提起反诉

C.田某可以成为本案的第三人

D.若法院追加且某化工厂同意，某县环保局为本案的被告

【正确答案】D

【答案解析】本案中，该厂对处罚决定不服，应当以某县环保局和水利局为共同被告提起诉讼，所以本案不是变更被告的问题，而是追加被告的问题。故A项说法错误，不应选。某化工厂提起的是针对某县环保局和水利局联合执法行为的行政诉讼。行政诉讼中审理的对象是行政机关具体行政行为的合法性问题，所以不存在就民事侵权问题的反诉。故B项说法错误，不应选。行政诉讼中的第三人必须是与提起诉讼的具体行政行为有利害关系的其他公民、法人或者其他组织，或者是应当被追加为被告而原告不同意的行政机关。本案中，某县水利局工作人员田某向该厂送达决定书时，遭到该厂职工围攻而受伤。田某是代表某县水利局在行使行政管理职能，其自身的民事主体身份为行政机关的执法职能所吸收。所以，田某受伤不是普通的民事侵权案件，而是行政执法管理活动中作为行政相对人的化工厂与作为行政主体的县水利局之间的行政案件。而田某作为水利局的职工，在法院审理水利局行政执法行为是否合法的案件中，不具有第三人的资格。故C选项说法错误，不应选。《行政诉讼法》第二十五条规定："公民、法人或者其他组织直接向人民法院提起诉讼的，作出具体行政行为的行政机关是被告。经复议的案件，复议机关决定维持原具体行政行为的，作出原具体行政行为的行政机关是被告；复议机关改变原具体行政行为的，复议机关是被告。两个以上行政机关作出同一具体行政行为的，共同作出具体行政行为的行政机关是共同被告。由法律、法规授权的组织所作的具体行政行为，该组织是被告。由行政机关委托的组织所作的具体行政行为，委托的行政机关是被告。行政机关被撤销的，继续行使其职权的行政机关是被告。"本案中，某县环保局与水利局在联合执法过程中，发现某化工厂排污口建在行洪通道上，并对下游河水造成污染，遂联合作出责令该厂限期拆除其排污口的决定。可见，某县环保局和水利局作出了责令该厂限期拆除排污口决定的具体行政行为，依法应当作为行政诉讼中的共同被告。又依据《行政诉讼法解释》第二十三

条的具体规定可知，“应当追加被告而原告不同意追加的，人民法院应当通知其以第三人的身份参加诉讼。”可见，若法院追加且某化工厂同意，某县环保局为本案的被告。故 D 选项说法正确，当选。

169. 田某对某市房管局向李某核发房屋所有权证的行为不服，以自己是房屋所有权人为由请求法院判决撤销某市房管局的发证行为。田某向法院提交了房屋所有权证，李某向法院提交了该房屋买卖合同，某市房管局向法院提交了李某的房屋产权登记申请、契税完税证等证据。下列哪一说法是正确的？

A.房屋所有权证、房屋买卖合同、房屋产权登记申请、契税完税证均系书证

B.李某可以在一审庭审结束前向法院提交房屋买卖合同

C.田某向法院提交其房屋所有权证是承担举证责任的表现

D.法院在收到被告提交的证据后应当出具收据，加盖法院印章和经办人员印章

【正确答案】A

【答案解析】A 对，书证是指以文字、符号、图形所记载或表示的内容、含义来证明案件事实的证据。B 错，行政证据规定第七条规定：“原告或者第三人应当在开庭审理前或者人民法指定的交换证据之日提供证据。因正当事由申请延期提供证据的，经人民法院准许，可以在法庭调查中提供。逾期提供证据的，视为放弃举证权利。”“原告或者第三人在第一审程序中无正当事由未提供而在第二审程序中提供的证据，人民法院不予接纳。”D 错，行政证据规定第二十条规定：人民法院收到当事人提交的证据材料，应当出具收据，注明证据的名称、份数、页数、件数、种类等以及收到的时间，由经办人员签名或者盖章。C 错，在我国，行政诉讼法确立了被告行政机关在行政诉讼中承担主要举证责任的基本原则，根据行政证据规定，行政诉讼中原告提供证据仅限于下列情形：①公民、法人或者其他组织向人民法院起诉时，应当提供其符合起诉条件的相应的证据材料；②在起诉被告不作为的案件中，原告应当提供其在行政程序中曾经提出申请的证据材料；③在行政赔偿诉讼中，原告应当对被诉具体行政行为造成损害的事实提供证据。

170. 依据行政诉讼的有关规定，下列哪一证据材料在原告不能自行收集，但能够提供确切线索时，可以申请人民法院调取？

A.涉及公共利益的证据材料

B.涉及个人隐私的证据材料

C.涉及中止诉讼事项的证据材料

D.涉及回避事项的证据材料

【正确答案】B

【答案解析】《行政证据规定》第二十三条第一款规定，原告或者第三人不能自行收集，但能够提供确切线索的，可以申请人民法院调取下列证据材料：①由国家有关部门保存而须由人民法院调取的证据材料；②涉及国家秘密、商业秘密、个人隐私的证据材料；③确因客观原因不能自行收集的其他证据材料。故选 B。

171. 王某擅自使用机动渔船渡客。渔船行驶过程中，被某港航监督站的执法人员发现，当场对王某作出罚款 50 元的行政处罚，并立即收缴了该罚款。关于缴纳罚款，下列哪一做法是正确的？

A.执法人员应当自抵岸之日起 2 日内将罚款交至指定银行

B.执法人员应当自抵岸之日起5日内将罚款交至指定银行

C.执法人员应当自抵岸之日起2日内将罚款交至所在行政机关，由行政机关在2日内缴付指定银行

D.执法人员应当自抵岸之日起2日内将罚款交至所在行政机关，由行政机关在5日内缴付指定银行

【正确答案】C

【答案解析】《行政处罚法》第五十条规定，执法人员当场收缴的罚款，应当自收缴罚款之日起二日内，交至行政机关；在水上当场收缴的罚款，应当自抵岸之日起二日内交至行政机关；行政机关应当在二日内将罚款缴付指定的银行。

172. 某工商局在办理完毕某企业变更法定代表人登记1年之后，发现办理登记的工作人员由于工作疏忽未认真核实有关材料，导致作出了错误的变更登记。在这种情况下，工商局应当如何处理?

A.撤销变更登记，恢复到原来的登记状态

B.吊销企业法人营业执照

C.撤销企业法人营业执照，对于由此给企业造成的损失予以适当赔偿

D.注销企业法人营业执照，给予企业适当补偿

【正确答案】A

【答案解析】行政行为的撤销是指对违法或不当但已生效的行政行为依法使其失去法律效力，恢复行政行为作出前的状态；吊销企业法人营业执照是对严重违反工商行政管理秩序的企业给予的一种行政处罚；注销企业法人营业执照并不是行政处罚措施，只是消灭企业法人资格的一个正常程序，行政机关可以依申请进行。本题中企业并没有违法行为，不能吊销企业执照，行政机关的错误变更登记是由于工作人员的疏忽，消除这一错误的行政行为只需撤销变更登记，恢复到原来的状态即可，因此选A。

173. 潘某不服某水利局的行政处罚决定向法院提起诉讼。诉讼过程中，水利局撤销了原处罚决定，潘某遂向法院申请撤诉，法院作出准予撤诉的裁定。一周后，水利局又以同一事实和理由作出了与原处罚决定相同的决定。下列哪一种说法是正确的?

A.潘某可以撤回撤诉申请，请求法院恢复诉讼，继续审理该案

B.潘某可以对法院所作的准予撤诉裁定提出上诉

C.潘某可以申请再审，请求法院撤销准予撤诉的裁定

D.潘某可以对水利局新的处罚决定提起诉讼

【正确答案】D

【答案解析】解析：在本案中，法院已经作出准予撤诉的裁定，诉讼已经结束，当然没有恢复诉讼的问题。恢复诉讼的前提是中止诉讼。据此，选项A错误。根据《最高人民法院关于执行〈中华人民共和国行政诉讼法〉若干问题的解释》第六十三条，只有对不予受理、驳回起诉和管辖异议的裁定才可上诉，对其他裁定均不可上诉。据此，选项B错误。根据《最高人民法院关于执行〈中华人民共和国行政诉讼法〉若干问题的解释》第三十六条第二款，准予撤诉的裁定确有错误，原告申请再审的，人民法院应当通过审判监督程序撤销原准予撤诉的裁定，重新对案件进行审理。据此，选项C从程序意义上具有一定正确性；但从实体意义上讲，准予撤诉的裁定没有什么“错误”，选项C存在实体缺陷。水利

局又作出新的处罚，对该处罚，潘某当然可以起诉。据此，选项D正确。特别注意：选项D不违反《最高人民法院关于执行〈中华人民共和国行政诉讼法〉若干问题的解释》第三十六条第一款的规定，因为选项D中，潘某起诉的对象是新处罚，而非原处罚。

174. 根据行政许可法的规定，下列有关行政许可的的审查和决定的哪一种说法是正确的?

A.对行政许可申请人提交的申请材料的审查，均应由行政机关两名以上工作人员进行

B.行政机关作出准予行政许可决定和不予行政许可决定，均应采用书面形式

C.行政机关作出准予行政许可决定后，均应向申请人颁发加盖本行政机关印章的行政许可证件

D.所有的行政许可均在全国范围内有效

【正确答案】B

【答案解析】根据《行政许可法》第三十四条第三款，进行实质审查才需两名以上工作人员进行；如果进行形式审查，只需一名即可。据此，选项A错误。根据该法第三十八条，选项B正确。根据该法第三十九条第一款，行政机关作出准予行政许可的决定，并不都需要颁发行政许可证件。据此，选项C错误。

根据该法第四十一条，法律、行政法规设定的行政许可，其适用范围没有地域限制的，申请人取得的行政许可在全国范围内有效。①法律、行政法规设定的行政许可，其适用范围有地域限制的，申请人取得的行政许可在特定地域范围内有效；②省级地方性法规和省级政府规章设定的行政许可，申请人取得的行政许可仅在该省、自治区、直辖市范围内有效。③较大的市地方性法规设定的行政许可，申请人取得的行政许可仅在该较大的市范围内有效。据此，选项D错误。

175. 关于行政许可程序，下列哪一选项是正确的?

A.对依法不属于某行政机关职权范围内的行政许可申请，行政机关作出不予受理决定，应向当事人出具加盖该机关专用印章和注明日期的书面凭证

B.行政许可听证均为依当事人申请的听证，行政机关不能主动进行听证

C.行政机关作出的准予行政许可决定，除涉及国家秘密的，均应一律公开

D.所有的行政许可适用范围均没有地域限制，在全国范围内有效

【正确答案】A

【答案解析】根据《行政许可法》第三十三条规定，申请事项依法不属于本行政机关职权范围的，应当即时作出不予受理的决定，并告知申请人向有关行政机关申请；行政机关受理或者不予受理行政许可申请，应当出具加盖本行政机关专用印章和注明日期的书面凭证。A正确。

第四十六条规定，法律、法规、规章规定实施行政许可应当听证的事项，或者行政机关认为需要听证的其他涉及公共利益的重大行政许可事项，行政机关应当向社会公告，并举行听证。B说行政机关不能主动听证是错误的。

第四十条规定，行政机关作出的准予行政许可决定，应当予以公开，公众有权查阅。第五条第二款规定，行政许可的实施和结果，除涉及国家秘密、商业秘密或者个人隐私的外，应当公开。C将涉及商业秘密和个人隐私的情况排除，是错误的。

第四十一条规定，法律、行政法规设定的行政许可，其适用范围没有地域限制的，申请人取得的行政许可在全国范围内有效。这一规定强调了前提是法律、行政法规设定的行政许可，而非所有的行政许可，所以 D 错误。

176. 刘某因超载被公路管理机关执法人员李某拦截，李某口头作出罚款 200 元的处罚决定，并要求当场缴纳。刘某要求出具书面处罚决定和罚款收据，李某认为其要求属于强词夺理，拒绝听取其申辩。关于该处罚决定，下列哪些说法是错误的?

A.该处罚决定不成立，刘某可以拒绝

B.该处罚决定违法，刘某缴纳罚款后可以申请复议或者提起诉讼

C.该处罚决定不成立，刘某缴纳罚款后可以申请复议或者提起诉讼

D.该处罚决定无效，刘某可以拒绝

【正确答案】BD

【答案解析】《行政处罚法》第三十二条规定："当事人有权进行陈述和申辩。行政机关必须充分听取当事人的意见，对当事人提出的事实、理由和证据，应当进行复核；当事人提出的事实、理由或者证据成立的，行政机关应当采纳。行政机关不得因当事人申辩而加重处罚。"第四十九条规定："行政机关及其执法人员当场收缴罚款的，必须向当事人出具省、自治区、直辖市财政部门统一制发的罚款收据；不出具财政部门统一制发的罚款收缴的，当事人有权拒绝缴纳罚款。"《行政处罚法》第三条第二款规定："没有法定依据或者不遵守法定程序的，行政处罚无效。"据此，排除 AC。

177. 某市技术监督局根据举报，对力青公司进行突击检查，发现该公司正在生产伪劣产品，立即查封了厂房和设备，事后作出了没收全部伪劣产品并处罚款的决定。力青公司既不申请行政复议，也不提起行政诉讼，且逾期拒绝履行处罚决定。对于力青公司拒绝履行处罚决定的行为，技术监督局可以采取下列哪些措施?

A.申请人民法院强制执行

B.将查封的财物拍卖抵缴罚款

C.通知银行将力青公司的存款划拨抵缴罚款

D.每日按罚款数额的 3%加处罚款

【正确答案】AD

【答案解析】《行政处罚法》第五十一条规定，当事人逾期不履行行政处罚决定的，作出行政处罚决定的行政机关可以采取下列措施：①到期不缴纳罚款的，每日按罚款数额的百分之三加处罚款；②根据法律规定，将查封、扣押的财物拍卖或者将冻结的存款划拨抵缴罚款；③申请人民法院强制执行。

178. 某县公安局因彭某拒绝交纳罚款，将彭某汽车扣押。一个月后，该局通知彭某将汽车领回，但该车在扣押期间被使用，因发生交通事故遭到部分损坏。下列哪些说法是正确的?

A.某县公安局的扣车行为是一种行政强制措施

B.某县公安局的扣车行为应当有法律、行政法规或者地方性法规的授权，否则构成违法

C.某县公安局退回被扣的汽车即可视为对扣车行为违法性的确认

D.某县公安局应满足彭某提出赔偿其汽车维修费、养路费和汽车停运期间的收入损失的要求

【正确答案】AB

【答案解析】行政强制措施，是指行政主体为了实现一定的行政目的，依法定的权限和程序，对特定人或特定物，作出的以限制权利和科以义务为内容的、临时性的强制行为。行政强制执行，是指行政主体，对逾期不履行具体行政行为确定的义务的相对人，依法定的权限和程序，强制其履行义务或者达到与履行义务相同状态的措施。县公安局的扣车行为并不能强制彭某缴纳罚款义务的履行或达到履行义务相同的状态，因此不属于行政强制执行，而属于行政强制措施。

不管是行政强制措施，还是行政强制执行，都必须由享有强制执行权的机关采取。根据《最高人民法院关于执行〈中华人民共和国行政诉讼法〉若干问题的解释》第八十七条，只有法律、法规（包括行政法规、地方性法规）才有权授予行政机关强制执行权。据此，选项 B 正确。

县公安局退回被扣的汽车，可以认定为解除行政强制措施。行政强制措施具有目的性和临时性，目的实现即应解除。所以，解除行政强制措施，并不意味着先前采取的行政强制措施违法，也可能意味着目的已经实现，或行政机关认为没有必要采取强制措施。据此，选项 C 错误。

县公安局在扣车期间使用该车，属于违法行为，县公安局依法对事故损坏应当承担行政赔偿义务。但是，扣车期间该车的养路费和停运收入损失是否赔偿，取决于县公安局的扣车行为是否合法。根据《行政处罚法》第五十一条第二项的规定，当事人不履行罚款决定的，作出罚款决定的机关有权依法扣押财物。这意味着，本案中县公安局的扣车行为合法，当然也就没有赔偿该车的养路费和停运收入损失的问题。综上，选项 D 错误。

179. 根据《中华人民共和国水法》规定，开发、利用水资源，应当坚持什么原则？

答：开发、利用水资源，应当坚持兴利与除害相结合，兼顾上下游、左右岸和有关地区之间的利益，充分发挥水资源的综合效益，并服从防洪的总体安排。

180. 水事违法案件处理程序包括哪些内容？

答：①受理；②立案；③调查；④告知（听证）；⑤处理（处罚）；⑥执行；⑦结案。

181.《防洪法》对河道、湖泊管理范围内作了哪些禁止性规定？

答：在河道、湖泊管理范围内禁止建设妨碍行洪的建筑物、构筑物，倾倒垃圾、渣土，从事影响河势稳定、危害河岸堤防安全和其他妨碍河道行洪的活动。禁止在行洪河道内种植阻碍行洪的林木和高秆作物。

182. 未经批准擅自取水或者未依照批准的取水许可规定条件取水的，应该怎么处理？

答：由县级以上人民政府水行政主管部门或者流域管理机构依据职权，责令停止违法行为，限期采取补救措施，处二万元以上十万元以下的罚款；情节严重的，吊销其取水许可证。

183. 防汛的工作方针是什么？

答：安全第一，常备不懈，以防为主，全力抢险。

184. 防洪法和对河道、湖泊管理范围及其界定是如何规定的？

答：有堤防的河道、湖泊，其管理范围为两岸堤防之间的水域、沙洲、滩地、行洪区和堤防及护堤地；无堤防的河道、湖泊，其管理范围为历史最高洪水位或者设计洪水位之间的水域、沙洲、滩地和行洪区。

185. 我国河道管理主体对河道管理的内容有哪些?

答：禁止在河道管护范围内从事乱开发建设、乱挖滥采砂石、乱占管护范围内土地、乱倒垃圾、乱排污水的“五乱”现象。其核心内容是河道内从事建设和生产的各项活动都必须符合防洪规划的要求，不得影响河势稳定，危害堤防安全，妨碍行洪和输水，不得影响水质和破坏生态环境，同时不得影响第三者利益。

186. 在洪泛区、蓄滞洪区建设非防洪建设项目,《防洪法》作了哪些规定?

答：在洪泛区、蓄滞洪区内建设非防洪建设项目，应当就洪水对建设项目可能产生的影响和建设项目对防洪可能产生的影响作出评价，编制洪水影响评价报告，提出防御措施。建设项目可行性研究报告按照国家规定的基本建设程序报请批准时，应当附具有关水行政主管部门审查批准的洪水影响评价报告。

在蓄滞洪区内建设的油田、铁路、公路、矿山、电厂、电信设施和管道，其洪水影响评价报告应当包括建设单位自行安排的防洪避洪方案。建设项目投入生产或者使用时，其防洪工程设施应当经水行政主管部门验收。

在蓄滞洪区内建造房屋应当采用平顶式结构。

187. 什么是防洪区?

答：防洪区是指洪水泛滥可能淹及的地区，分为洪泛区、蓄滞洪区和防洪保护区。

188. 什么是水工程?

答：水二程是指在江河、湖泊和地下水源上开发、利用、控制、调配和保护水资源的各类工程。【 】

189.【案情】2010 年 8 月 23 日，河南省安阳市水利局接到举报：境内安阳河河道里有大量垃圾。水利局立即派水政监察员赶往现场调查取证，经现场勘验，弃渣量为 860 立方米。安阳市水利局认为当事人的河道弃渣行为已经违反了《防洪法》第二十二条第二款的规定。垃圾是谁倒在河里的呢？这要从 2009 年初说起。安阳某陶瓷有限公司为清理生产过程中产生的废渣料和生活垃圾，与某村委会协商签订了垃圾占地协议。协议约定由该村委会指定倒渣地点，陶瓷公司支付垃圾占地款 10000 元，期限为一年。随后，该公司与村民燕某签订了垃圾清运协议，要求其将废渣、生活垃圾运至规定地点，并每月支付清运费 3300 元。从 2009 年 5 月起，燕某每天负责将陶瓷有限公司的废渣、垃圾运出并倒在村委会指定的安阳河河西该村段。 针对违法事实，安阳市水利局根据《防洪法》第五十六条第二项的规定，分别作出对陶瓷有限公司处以 40000 元罚款，对燕某处以 8000 元罚款，责令限期清除弃渣的行政处罚决定。处罚决定作出后，燕某不服，随即向安阳市人民政府申请行政复议。理由是：陶瓷公司雇他为其拉运废渣及垃圾，地点也是指定好的，并不是他私拉乱倒，所以不应该承担责任。

对此，安阳市水利局认为，燕某受雇于陶瓷有限公司清运垃圾，将 860 立方米垃圾在汛期倾倒在河道中。虽弃渣地点为某陶瓷有限公司认定，但燕某是直接行为人，且与陶瓷有限公司均为独立主体，根据《防洪法》规定，对倾倒垃圾者进行处罚并无不当。依据《防洪法》等法律、法规的规定，复议机关维持了安阳市水利局作出的处罚决定。燕某在法定期限内没有提起行政诉讼，也不履行处罚决定，安阳市水利局申请法院强制执行。在燕某清除了倾倒于河道内的废渣、垃圾，并交纳罚款后，此案结案。

法条链接:《防洪法》第二十二条第二款:“禁止在河道、湖泊管理范围内建设妨碍行

洪的建筑物、构筑物，倾倒垃圾、渣土，从事影响河势稳定、危害河岸堤防安全和其他妨碍河道行洪的活动。”第五十六条规定：在河道、湖泊管理范围内倾倒垃圾、渣土，从事影响河势稳定、危害河岸堤防安全和其他妨碍河道行洪的活动的，责令停止违法行为，排除阻碍或者采取其他补救措施，可以处五万元以下的罚款。

（一）您认为安阳市水利局对燕某作出的行政处罚决定是否合适及理由？

答：对燕某的处罚是正确的，因为燕某是违法行为的直接实施人。他的行为违反了《防洪法》第二十二条第二款“禁止在河道、湖泊管理范围内建设妨碍行洪的建筑物、构筑物，倾倒垃圾、渣土，从事影响河势稳定、危害河岸堤防安全和其他妨碍河道行洪的活动”的规定，按照《防洪法》第五十六条第二项的规定，应对其处以罚款。

（二）在本案中，陶瓷公司有无责任及理由？

答：对陶瓷有限公司所作出的处罚值得商榷。因为虽然渣土是陶瓷有限公司在生产过程中产生的，但是陶瓷有限公司与某村签订了垃圾占地协议书，并由该村指定了倒渣地点。陶瓷有限公司为处理生产中产生的渣土，只是与村委会签订了渣土占地协议，并没有直接实施违法行为，且渣土倾倒地点是由村委会指定的，故因地点选取而造成的违法事实，不应当由陶瓷有限公司承担相应责任。所以说应对燕某进行处罚，不应对陶瓷有限公司处罚。

（三）怎样才能避免此类案件的发生？

答：从此案中可以看出，加大水法律、法规的宣传力度是一项非常重要的工作，做好普法工作更是当务之急。要使人民群众更多地了解和掌握水法律、法规，知道哪些行为是被禁止的，哪些行为属于违法行为，并树立起自觉守法的意识，此类案件才可能避免发生。

190. 某县进行水利执法大检查，该县水利局执法人员发现甲未经批准擅自取水，对甲口头作出罚款100元的处罚，并要求甲当场缴纳罚款。甲向执法人员询问处罚的理由和依据，执法人员说理由和依据可以在缴纳罚款后到水利局去问，并不再听取甲的申辩。

请问：该行政处罚在程序上存在哪些不合法之处？

答：（1）两名执法人员不应当口头作出罚款决定。

（2）在本案中，执法人员不能适用简易程序当场作出罚款100元的决定。

（3）执法人员不能当场向当事人收缴罚款。

（4）甲向执法人员询问处罚的理由和依据，执法人员不应不告知。

（5）执法人员不应不听取当事人的申辩。

191. 我国的基本国情水情是什么？

答：人多水少，水资源时空分布不均。

192. 要合理调整城市居民生活用水价格，应稳步推行什么制度？

答：阶梯式水价制度。

193.《中华人民共和国水法》所称水资源是指什么？

答：地表水和地下水 。

194. 什么是干旱、半干旱地区增加抗旱水源的有效途径？

答：集蓄雨水。

195. 实施最严格的水资源管理制度应确立的三条红线是什么？

答：（1）水资源开发利用控制红线；

（2）用水效率控制红线；

（3）水功能区限制纳污红线。

196.《中华人民共和国水法》规定，国家对水资源依法实行什么制度？

答：取水许可和水资源有偿使用制度。

197.《中华人民共和国水法》规定，国家对水资源实行什么管理体制？

答：流域管理与行政区域管理相结合的管理体制。

198、有堤防的河道，其管理范围如何确定？

答：有堤防的河道，其管理范围为两岸堤防之间的水域、沙洲、滩地（包括可耕地）、行洪区，两岸堤防及护堤地。

199. 在防洪工程设施保护范围内，禁止进行哪些危害防洪工程设施安全的活动？

答：爆破、打井、采石、取土。

200. 对河道、湖泊范围内阻碍行洪的障碍物，由防汛指挥机构按照什么原则责令限期清除？

答：谁设障、谁清除的原则。

201. 许某与汤某系夫妻，婚后许某精神失常。二人提出离婚，某县民政局准予离婚。许某之兄认为许某为无民事行为能力人，县民政局准予离婚行为违法，遂提起行政诉讼。县民政局向法院提交了县医院对许某作出的间歇性精神病的鉴定意见。许某之兄申请法院重新进行鉴定。下列哪些选项是正确的？

A.原告需对县民政局准予离婚行为违法承担举证责任

B.鉴定意见应有鉴定人的签名和鉴定部门的盖章

C.当事人申请法院重新鉴定可以口头提出

D.当事人申请法院重新鉴定应当在举证期限内提出

【正确答案】BD

【答案解析】选项 A 错误。《行政诉讼法》第三十四条第一款规定，被告对作出的行政行为负有举证责任，应当提供作出该行政行为的证据和所依据的规范性文件。《行政诉讼法》第三十七条规定，原告可以提供证明行政行为违法的证据。原告提供的证据不成立的，不免除被告的举证责任。据此可知，原告对县民政局准予离婚行为违法享有举证权利，而非承担举证责任。

选项B正确。《行政诉讼证据规定》第十四条规定，根据《行政诉讼法》第三十一条第一款第（六）项（《行政诉讼法》已修改为第三十三条第一款第（七）项）的规定，被告向人民法院提供的在行政程序中采用的鉴定结论（《行政诉讼法》已修改为鉴定意见），应当载明委托人和委托鉴定的事项、向鉴定部门提交的相关材料、鉴定的依据和使用的科学技术手段、鉴定部门和鉴定人鉴定资格的说明，并应有鉴定人的签名和鉴定部门的盖章。通过分析获得的鉴定结论（《行政诉讼法》已修改为鉴定意见），应当说明分析过程。

选项C错误，选项D正确。《行政诉讼证据规定》第二十九条规定，原告或者第三人有证据或者有正当理由表明被告据以认定案件事实的鉴定结论(《行政诉讼法》已修改为鉴定意见)可能有错误，在举证期限内书面申请重新鉴定的，人民法院应予准许。据此可知，申请重新鉴定应当以书面方式提出。

202. 余某拟大修房屋，向县规划局提出申请，该局作出不予批准答复。余某向市规划局申请复议，在后者作出维持决定后，向法院起诉。县规划局向法院提交县政府批准和

保存的余某房屋所在中心村规划布局图的复印件一张，余某提交了其房屋现状的录像，证明其房屋已破旧不堪。下列哪些说法是正确的?

A.县规划局提交的该复印件，应加盖县政府的印章

B.余某提交的录像应注明制作方法和制作时间

C.如法院认定余某的请求不成立，可以判决驳回余某的诉讼请求

D.如法院认定余某的请求成立，在对县规划局的行为作出裁判的同时，应对市规划局的复议决定作出裁判

【正确答案】ABCD

【答案解析】选项 A 正确。《行政诉讼证据规定》第十条第一款第（二）项规定，根据行政诉讼法第三十一条（《行政诉讼法》已修改为第三十三条）第一款第（一）项的规定，当事人向人民法院提供由有关部门保管的书证原件的复制件、影印件或者抄录件的，应当注明出处，经该部门核对无异后加盖其印章。

选项B正确。《行政诉讼证据规定》第十二条第（二）项规定，根据行政诉讼法第三十一条（《行政诉讼法》已修改为第三十三条）第一款第（三）项的规定，当事人向人民法院提供计算机数据或者录音、录像等视听资料的，应当注明制作方法、制作时间、制作人和证明对象等。

选项C正确。《行政诉讼法》第六十九条规定，行政行为证据确凿，适用法律、法规正确，符合法定程序的，或者原告申请被告履行法定职责或者给付义务理由不成立的，人民法院判决驳回原告的诉讼请求。据此可知，若法院认定余某的诉讼请求不成立，可以判决驳回其诉讼请求。

选项D正确。《行政诉讼法》第七十九条规定，复议机关与作出原行政行为的行政机关为共同被告的案件，人民法院应当对复议决定和原行政行为一并作出裁判。

203. 市城管执法局委托镇政府负责对一风景区域进行城管执法。镇政府接到举报并经现场勘验，认定刘某擅自建房并组织强制拆除。刘某的父亲和嫂子称房屋系二人共建，拆除行为侵犯合法权益，向法院起诉，法院予以受理。关于此案，下列哪些说法是正确的?

A.此案的被告是镇政府

B.刘某的父亲和嫂子应当提供证据证明房屋为二人共建或与拆除行为有利害关系

C.如法院对拆除房屋进行现场勘验，应当邀请当地基层组织或当事人所在单位派人参加

D.被告应当提供证据和依据证明有拆除房屋的决定权和强制执行的权力

【正确答案】BCD

【答案解析】选项 A 错误。《行政诉讼法》第二十六条第五款规定，行政机关委托的组织所作的行政行为，委托的行政机关是被告。本题中，镇政府是受到市城管执法局委托实施行政行为的，应以委托的机关即市城管执法局为被告。

选项B正确。《行政诉讼证据规定》第四条第一款规定，公民、法人或者其他组织向人民法院起诉时，应当提供其符合起诉条件的相应的证据材料。据此可知，刘某的父亲和嫂子应当提供证据证明自己符合法定的起诉条件，即证明自己与拆迁行为有法律上的利害关系。

选项C正确。《行政诉讼证据规定》第三十三条第二款规定，勘验现场时，勘验人必须出示人民法院的证件，并邀请当地基层组织或者当事人所在单位派人参加。当事人或其成年亲属应当到场，拒不到场的，不影响勘验的进行，但应当在勘验笔录中说明情况。

选项D正确。《行政诉讼法》第三十四条第一款规定，被告对作出的行政行为负有举证责任，应当提供作出该行政行为的证据和所依据的规范性文件。本题中，被告应当提供证据和依据证明有拆除房屋的决定权和强制执行的权力，即合乎其法定职权范围。

204. 经夏某申请，某县社保局作出认定，夏某晚上下班途中驾驶摩托车与行人发生交通事故受重伤，属于工伤。夏某供职的公司认为其发生交通事故系醉酒所致，向法院起诉要求撤销认定。某县社保局向法院提交了公安局交警大队交通事故认定书、夏某住院的病案和夏某同事孙某的证言。下列说法那些是正确的?

A.夏某为本案的第三人

B.某县社保局提供的证据均系书证

C.法院对夏某住院的病案是否为原件的审查，系对证据真实性的审查

D.如有证据证明交通事故确系夏某醉酒所致，法院应判决撤销某县社保局的认定

【正确答案】ACD

【答案解析】选项 A 正确。《行政诉讼法》第二十九条第一款规定，公民、法人或者其他组织同被诉行政行为有利害关系但没有提起诉讼,或者同案件处理结果有利害关系的，可以作为第三人申请参加诉讼，或者由人民法院通知参加诉讼。据此可知，被提起行政诉讼的具体行政行为是社保局对夏某工伤的认定，夏某是与该具体行政行为有利害关系的公民，是本案的第三人，可以主动参加或者由人民法院通知参加诉讼。

选项B错误。《行政诉讼法》规定的证据种类有书证、物证、证人证言、视听资料、鉴定意见、电子数据、勘验笔录、现场笔录。书证是以文字、符号、图形所记载或表示的内容、含义来证明案件事实的证据。证人证言是指证人就自己了解的案件事实向法院所作的陈述，它可以以口头形式表现，也可以以书面方式呈现。据此可知，社保局提供的夏某同孙某的证言，应为证人证言，而非书证。

选项C正确。审核认定证据的真实性包括:（1）证据形成的原因;（2）发现证据时的客观环境;（3）证据是否为原件、原物，复印件、复制品与原件、原物是否相符;（，4）提供证据的人或者证人与当事人是否具有利害关系;（5）影响证据真实性的其他因素。据此，法院对夏某住院的病案是否为原件的审查，属于对证据真实性的审查。

选项D正确。《行政诉讼法》第七十条规定:“行政行为有下列情形之一的，人民法院判决撤销或者部分撤销，并可以判决被告重新作出行政行为:（一）主要证据不足的;（二）适用法律、法规错误的;（三）违反法定程序的;（四）超越职权的;（五）滥用职权的;（六）明显不当的。”据此可知，若有证据证明交通事故确系夏某醉酒所致，那认定夏某工伤为证据不足，法院应判决撤销某县社保局的认定。

205. 质监局发现王某生产的饼干涉嫌违法使用添加剂，遂将饼干先行登记保存，期限为1个月。有关质监局的先行登记保存行为，下列哪一说法是正确的?

A.系对王某的权利义务不产生实质影响的行为

B.可以由2名执法人员在现场直接作出

C.采取该行为的前提是证据可能灭失或以后难以取得

D.登记保存的期限合法

【正确答案】C

【答案解析】《行政处罚法》第三十七条第二款规定，行政机关在收集证据时，可以采取抽样取证的方法；在证据可能灭失或者以后难以取得的情况下，经行政机关负责人批准，可以先行登记保存，并应当在七日内及时作出处理决定，在此期间，当事人或者有关人员不得销毁或者转移证据。

选项A错误。先行登记保存后，当事人就不能自由处分，显然是阻碍了当事人的自由支配的权利，对其权利义务产生了实质影响。

选项B错误。先行登记保存应当经过行政机关负责人批准，而不能由执法人员直接当场作出。

选项C正确。先行登记保存必须是在证据可能灭失或者以后难以取得的情况下，经行政机关负责人批准才可以实施的行政行为。

选项D错误。先行登记保存后应该在七日内作出处理决定，而本题中质监局先行登记保存的期限是1个月，显然已经超过了法律规定的期限，不合法。

206. 县计生委认定孙某违法生育第二胎，决定对孙某征收社会抚养费40000元。孙某向县政府申请复议，要求撤销该决定。县政府维持该决定，并在征收总额中补充列入遗漏的3000元未婚生育社会抚养费。孙某不服，向法院起诉。下列哪些选项是正确的？

A.此案的被告应为县计生委与县政府

B.此案应由中级法院管辖

C.此案的复议决定违法

D.被告应当在收到起诉状副本之日起10日内提交答辩状

【正确答案】BC

【答案解析】选项 A 错误。《行政诉讼法》第二十六条第二款规定，经复议的案件，复议机关决定维持原行政行为的，作出原行政行为的行政机关和复议机关是共同被告；复议机关改变原行政行为的，复议机关是被告。本案中，县政府在征收总额中补充列入遗漏的 3000 元未婚生育社会抚养费，属于对原具体行政行为的改变，此案应以复议机关即县政府为被告。

选项B正确。《行政诉讼法》第十五条第（一）项规定，对国务院部门或者县级以上地方人民政府所作的行政行为提起诉讼的一审行政案件，由中级人民法院管辖。本题中，被告为县政府，故此案应由中级法院管辖。

选项C正确。《行政复议法实施条例》第五十一条规定，行政复议机关在申请人的行政复议请求范围内，不得作出对申请人更为不利的行政复议决定。本题中，县政府在征收总额中补充列入遗漏的费用，作出了对申请人更为不利的行政复议决定，故该复议决定违法。

选项D错误。《行政诉讼法》第六十七条第一款规定，人民法院应当在立案之日起五日内，将起诉状副本发送被告。被告应当在收到起诉状副本之日起十五日内向人民法院提交作出行政行为的证据和所依据的规范性文件，并提出答辩状。人民法院应当在收到答辩状之日起五日内，将答辩状副本发送原告。

207. 因生产、经营需要，确需占用河道堤防工程的单位和个人，必须经河道主管机关批准，并应当缴纳什么费？

答：河道堤防工程占用补偿费。

208. 哪些对象应列为防洪重点？

答：大中城市，重要的铁路、公路干线，大型骨干企业，应当列为防洪重点。

209. 无堤防的河道，其管理范围根据什么确定？

答：无堤防的河道，其管理范围根据历史最高洪水位或者设计洪水位确定。

210.《取水许可和水资源费征收管理条例》所称取水是指什么？

答：利用取水工程或者设施直接从江河、湖泊或者地下取用水资源。

211.《取水许可和水资源费征收管理条例》规定，取水许可证有效期限一般为几年？最长不超过几年？

答：一般为五年；最长不超过十年。

212. 地区之间在防汛抗洪方面发生的水事纠纷，由什么部门处理？

答：由发生纠纷地区共同的上一级人民政府或其授权的主管部门处理。

213. 国家对河道管理实行什么原则？

答：按水系统一管理和分级管理相结合的原则。

214. 在河道管理范围内，水域和土地的利用应当符合什么要求？

答：江河行洪、输水和航运的要求。

215. 筹集防洪费用的原则是什么？

答：政府投入同受益者合理承担相结合的原则。

216. 水土保持法指的四荒是什么？

答：荒山、荒沟、荒丘、荒滩。

217. 中央明确支持的山丘区“五小水利工程”是什么？

答：小水窖、小水池、小塘坝、小泵站、小水渠。

218. 需要直接从江河、湖泊或者地下取用水资源的单位和个人，怎样取得取水权？

答：应向水行政主管部门或者流域管理机构申领取水许可证，并缴纳水资源费，取得取水权。

219.《中华人民共和国水法》第四十七条规定，国家对用水实行什么制度？

答：国家对用水实行总量控制和定额管理相结合的制度。

220.《水行政处罚实施办法》规定，制作调查笔录中，被调查人拒绝签名或者盖章的，水政监察人员应当怎么办？

答：应当有两名以上水政监察人员在笔录上注明情况并签名。

221. 水行政处罚的种类有哪些？

答：警告、罚款、吊销许可证、没收非法所得以及法律、法规规定的其他水行政处罚。

222. 当事人要求听证的，应当怎么办？

答：当事人要求听证的，可以在听证告知书的送达回证上签署意见，也可以在收到告知书三日内以其他书面方式向水行政处罚机关提出听证要求。

223.《取水许可和水资源费征收管理条例》规定的申请取水应当提交哪些材料？

答：①申请书；②与第三者利害关系的相关说明；③属于备案项目的，提供有关备案材料；④国务院水行政主管部门规定的其他材料。

224. 单位之间、个人之间、单位与个人之间发生水事纠纷，如当事人不愿协商或者协商不成的，该怎么办？

答：如当事人不愿协商或者协商不成的，可以申请县级以上地方人民政府或者其授权的部门调解，也可以直接向人民法院提起民事诉讼。县级以上地方人民政府或者其授权的部门调解不成的，当事人可以向人民法院提起民事诉讼。在水事纠纷解决前，当事人不得单方面改变现状。

225. 哪些情形下水行政机关应当对已立案的行政处罚案件进行销案处理？

答：两种情形的案件应当销案：一是违法事实不成立，二是已超过追责期限。

226. 在地下水限制开采区内，确需取用地下水的，须经哪个部门批准？

答：须经省级水行政主管部门批准。

227、在河道管理范围内进行采砂活动的，需向什么部门申请办理采砂许可证？

答：在河道管理范围内进行采砂活动的，必须按照国家有关规定向有管辖权的水行政主管部门申请办理采砂许可证。

228. 水行政处罚决定书送达的方式有哪几种？

答：①直接送达；②留置送达；③委托送达；④邮寄送达；⑤公告送达 ；⑥转交送达。

229. 我国法制宣传日是哪一天？

答：每年的 12 月 4 日

230. “世界水日”和“中国水周”的时间分别是哪天？

答：每年 3 月 22 日是“世界水日”，3 月 22 日至 28 日为“中国水周”。

231.《中华人民共和国水法》制定的目的是什么？

答：为了合理开发、利用、节约和保护水资源，防治水害，实现水资源的可持续利用，适应国民经济和社会发展的需要，制定水法。

232、国家对河道采砂实行什么制度？

答：河道采砂许可制度。

233. 对河道、湖泊管理范围内阻碍行洪的障碍物，责令限期清除而逾期不清除的，依法如何处理？

答：由防汛指挥机构组织强行清除，所需费用由设障者承担。

234.《中华人民共和国水法》对水资源的所有权是如何规定的？

答：水资源属于国家所有。水资源的所有权由国务院代表国家行使。农村集体经济组织的水塘和由农村集体经济组织修建管理的水库中的水，归各该农村集体经济组织使用。

235.《中华人民共和国水法》中的水工程定义是什么？

答：水法所称水工程，是指在江河、湖泊和地下水源上开发、利用、控制、调配和保护水资源的各类工程。

236. 对可能出现垮坝的水库，大坝主管部门应当组织有关单位事先制订什么方案？

答：应急抢险和居民临时撤离方案。

237. 水资源紧缺地区应当限制哪些产业？

答：耗水量高的工业、农业和服务业。

238. 堤防防汛水位分哪三级？

答：设防水位、警戒水位、保证水位。

239. 河道采砂准采证是否可跨年使用？

答：河道采砂准采证一年一审批，不得跨年使用。

240. 洪水等级划分标准有哪些？

答：①一般洪水；②较大洪水；③大洪水；④特大洪水。

241. 对于“先行登记保存”性质如何认定？

答：学术界与实践中均存在较大分歧。理论上，虽然其与查封、扣押有诸多类似之处，但从执法实践和公平、效率的角度出发，暂不将之纳入强制措施之列，而仅作为行政处罚中的一个中间环节处理比较适宜。

242.《中华人民共和国水法》规定，开发、利用水资源，应当坚持什么原则？

答：开发、利用水资源，应当坚持兴利与除害相结合，兼顾上下游、左右岸和有关地区之间的利益，充分发挥水资源的综合效益，并服从防洪的总体安排。

243.《中华人民共和国水法》规定，拒不缴纳、拖延缴纳或者拖欠水资源费的，应承担什么法律责任？

答：拒不缴纳、拖延缴纳或者拖欠水资源费的，由县级以上人民政府水行政主管部门或者流域管理机构依据职权，责令限期缴纳；逾期不缴纳的，从滞纳之日起按日加收滞纳部分千分之二的滞纳金，并处应缴或者补缴水资源费一倍以上五倍以下的罚款。

244. 未经批准擅自取水或者未依照批准的取水许可规定条件取水的，应该怎么处理？

答：由县级以上人民政府水行政主管部门或者流域管理机构依据职权，责令停止违法行为，限期采取补救措施，处二万元以上十万元以下的罚款；情节严重的，吊销其取水许可证。

245.《中华人民共和国水法》的适用范围是什么？

答：在中华人民共和国领域内开发、利用、节约、保护、管理水资源，防治水害，适用本法。

246. 农村集体经济组织修建水库应当经哪个部门批准？

答：应当经县级以上地方人民政府水行政主管部门批准。

247. 造成水土流失应负什么责任？

答：造成水土流失危害的，有责任排除危害，并对直接受到损害的单位和个人赔偿损失。

248. 在什么情况下，县级以上人民政府防汛指挥机构可以宣布进入紧急防汛期？

答：当江河、湖泊的水情接近保证水位或者安全流量，水库水位接近设计洪水位，或者防洪工程设施发生重大险情时。

249. 矿山企业把尾矿垃圾排入行洪河道内，造成该河道淤积、堵塞，应当怎么处理？

答：水行政主管部门应责令其停止违法行为，限期清除所排尾矿垃圾，并可处 5 万元以下罚款。

250. 什么是水功能区？

答：水功能区是指为满足水资源合理开发、利用、节约和保护的需求，根据水资源的自然条件和开发利用现状，按照流域综合规划、水资源保护和经济社会发展要求，依其主导功能划定范围并执行相应水环境质量标准的水域。

251. 计划用水单位增加用水计划应当同时符合哪些条件？

答：①生产经营发展需要；②已采取相应的节水措施；③水的重复利用率、用水定额达到规定的行业标准。

252. 计划用水单位应当在每年的什么时候申报下一年度用水计划?

答：每年的 10 月 31 日前。

253. 城市居民水费是由哪几项构成?

答：水费、城市附加费、污水处理费、水资源费。

254. 我国对水实行什么样的制度?

答：我国对水实行总量控制和定额管理相结合的制度。

255. 什么是节水“三同时”制度?

答：节水“三同时”是指新建、扩建、改建建设项目，应当制订节水措施方案，配套建设节水设施。节水设施应当与主体工程同时设计、同时施工、同时投入使用。

256. 水土保持“三同时”制度是指什么?

答：《中华人民共和国水土保持法》规定，生产建设项目中的水土保持设施，应当与主体工程同时设计、同时施工、同时投产使用。

257. 开办生产建设项目或者从事其他生产建设活动造成水土流失，不进行治理的，如何处理?

答：由县级以上人民政府水行政主管部门责令限期治理；逾期仍不治理的，县级以上人民政府水行政主管部门可以指定有治理能力的单位代为治理，所需费用由违法行为人承担。

258.《中华人民共和国水法》规定，水政监督检查人员在履行监督检查职责时，有权采取什么措施?

答：（1）要求被检查单位提供有关文件、证照、资料；

（2）要求被检查单位对执行水法的有关问题作出说明；

（3）进入被检查单位的生产场所进行调查；

（4）责令被检查单位停止违反水法的行为，履行法定义务。

259.《行政强制法》规定，在什么情况下行政机关可以强制执行?

答：①行政机关依法作出行政决定后，当事人在行政机关决定的期限内不履行义务的，具有行政强制执行权的行政机关可以依照《行政强制法》的规定强制执行。②经催告，当事人逾期仍不履行行政决定，且无正当理由的，行政机关可以作出强制执行决定。③在催告期间，对有证据证明有转移或者隐匿财物迹象的，行政机关可以作出立即强制执行决定。

260.《中华人民共和国水法》规定，吊销取水许可证的行政处罚由谁实施?

答：吊销取水许可证的行政处罚由县级以上人民政府水行政主管部门或流域管理机构实施。

261. 擅自在饮用水水源保护区内设置排污口的可处多少罚款?

答：擅自在饮用水水源保护区内设置排污口的可以处五万元以上十万元以下罚款。

262. 在洪泛区、蓄滞洪区内建设非防洪建设项目，未编制洪水影响评价报告的，给予什么处罚?

答：责令限期改正；逾期不改正的，处 5 万元以下罚款。

263. 国家工作人员拒不执行防御洪水方案、防汛抢险指令或者蓄洪方案、措施、汛期调度运用计划等防汛调度方案的，给予什么处罚?

答：构成犯罪的，依法追究刑事责任；尚不构成犯罪的，给予行政处分。

264. 根据《中华人民共和国水法》规定，在饮用水水源保护区内设置排污口的，应承担什么法律责任？

答：在饮用水水源保护区内设置排污口的，由县级以上地方人民政府责令限期拆除、恢复原状；逾期不拆除、不恢复原状的，强行拆除、恢复原状，并处五万元以上十万元以下的罚款。

265. 在不同行政区域边界的河流上建设水资源开发、利用项目，应该由谁批准？

答：由有关县级以上地方人民政府报共同的上一级人民政府水行政主管部门或流域管理机构批准。

267. 生产、销售或者在生产经营中使用国家明令淘汰的落后的、耗水量高的工艺、设备和产品的，应该怎样处理？

答：由县级以上地方人民政府经济综合主管部门责令停止生产、销售或者使用，处二万元以上十万元以下的罚款。

268. 使用水工程供应的水，应当按照国家规定向供水单位缴纳水费。供水价格怎么确定？

答：应当按照补偿成本、合理收益、优质优价、公平负担的原则确定。

270. 当事人对水行政处罚不服的，有哪些救济途径？

答：当事人可以向作出处罚决定的上一级机关申请行政复议，或者直接向人民法院提起行政诉讼。

271. 在紧急防汛期，哪个部门有权在管辖范围内调用物资、设备、交通运输工具和人力？

答：只有防汛指挥机构有权调用。

272. 实行水行政处罚，纠正违法行为，应当坚持什么原则？

答：应当坚持处罚与教育相结合，教育公民、法人或者其他组织自觉守法的原则。

273. 请问违反《中华人民共和国水土保持法》第五十三条规定的哪些行为，由县级以上人民政府水行政主管部门责令停止违法行为，限期补办手续；逾期不补办手续的，处五万元以上五十万元以下的罚款；对生产建设单位直接负责的主管人员和其他直接责任人员依法给予处分。

答：（1）依法应当编制水土保持方案的生产建设项目，未编制水土保持方案或者编制的水土保持方案未经批准而开工建设的；

（2）生产建设项目的地点、规模发生重大变化，未补充、修改水土保持方案或者补充、修改的水土保持方案未经原审批机关批准的；

（3）水土保持方案实施过程中，未经原审批机关批准，对水土保持措施作出重大变更的。

274. 从事防洪活动，《中华人民共和国水法》和《中华人民共和国防洪法》都有规定的，如何适用？

答：依照防洪法的规定执行。

275. 某房地产开发公司未经水行政主管部门批准擅自取用地下水，既未安装计量设施，也未缴纳水资源费，水行政执法人员依法对其进行查处。

请问：（1）对上述违法行为水行政执法人员应该如何处理？

答：水行政执法人员应该责令某房地产开发公司停止违法取用地下水行为，限期采取补救措施，处二万元以上十万元以下的罚款。

（2）如该房地产开发公司想要取用地下水需，办理哪些手续？

答：某房地产开发公司应当办理取水许可手续；安装取水计量设施；足额缴纳水资源费。

276、随着城镇化建设的加快，城市居住人口不断增加，经济活动不断繁荣，但是由此也产生了很多的建筑和生活垃圾，个别建设单位和居民无视有关规定，在河道管理范围内建设妨碍行洪的建筑物，堆放或倾倒垃圾、渣土等阻碍行洪物体；还有的擅自在河道管理范围内从事工程设施建设活动。

请问：根据《中华人民共和国防洪法》上述行为如何处理？

答：（1）建设妨碍行洪的建筑物，堆放或倾倒垃圾、渣土等阻碍行洪物体的，责令停止违法行为，排除阻碍或者采取其他补救措施，可以处五万元以下的罚款。

（2）擅自在河道管理范围内从事工程设施建设活动的，责令停止违法行为，补办审查同意或者审查批准手续；工程设施建设严重影响防洪的，责令限期拆除，逾期不拆除的，强行拆除，所需费用由建设单位承担；影响行洪但尚可采取补救措施的，责令限期采取补救措施，可以处一万元以上十万元以下的罚款。

277. 行政处罚当事人要求听证的，应当怎么办？

答：当事人要求听证的，可以在听证告知书的送达回证上签署意见，也可以在收到告知书三日内以其他书面方式向水行政处罚机关提出听证要求。

278. 建设项目的节水设施没有建成或者没有达到国家规定的要求，擅自投入使用的，应怎样处罚？

答：建设项目的节水设施没有建成或者没有达到国家规定的要求，擅自投入使用的，由县级以上人民政府有关部门或者流域管理机构依据职权，责令停止使用，限期改正，处五万元以上十万元以下的罚款。

279. 行政机关进行行政处罚时没有法定依据或者不遵守法定程序的法律后果是什么？

答：没有法定依据或者不遵守法定程序的行政处罚无效。

280. 实施行政处罚受委托组织必须符合什么条件？

答：受委托组织必须符合以下条件：

（1）依法成立的管理公共事务的事业组织；

（2）具有熟悉有关法律、法规、规章和业务的工作人员；

（3）对违法行为需要进行技术检查或者技术鉴定的，应当有条件组织进行相应的技术检查或者技术鉴定。

281. 对当事人的同一个违法行为，不得给予几次以上罚款的行政处罚？

答：对当事人的同一个违法行为，不得给予两次以上罚款的行政处罚。

282. 当事人在什么情形下，应当依法从轻或者减轻行政处罚？

答：当事人有下列情形之一的，应当依法从轻或者减轻行政处罚：

（1）主动消除或者减轻违法行为危害后果的；

（2）受他人胁迫有违法行为的；

（3）配合行政机关查处违法行为有立功表现的；

（4）其他依法从轻或者减轻行政处罚的。

283. 行政处罚法规定，除法律另有规定的外，违法行为在几年内未被发现的，不再给予行政处罚？

答：违法行为在二年内未被发现的，不再给予行政处罚。

284. 行政机关在收集证据时，可以采取抽样取证的方法；在证据可能灭失或者以后难以取得的情况下，经行政机关负责人批准，可以先行采取什么措施，并应当在几日内及时作出处理决定？

答：可以先行登记保存。在七日内及时作出处理决定。

285. 行政机关作出什么行政处罚决定之前，应当告知当事人有要求举行听证的权利？

答：责令停产停业、吊销许可证或者执照、较大数额罚款等行政处罚。

286. 当场作出行政处罚决定，在什么情形下，执法人员可以当场收缴罚款？

答：当场作出行政处罚决定，有下列情形之一的，执法人员可以当场收缴罚款：

（1）依法给予二十元以下的罚款的；

（2）不当场收缴事后难以执行的。

287. 未经批准利用河道、国有水库从事养殖、旅游、餐饮等活动的，给予什么处罚？

答：责令限期改正；逾期不改正的，处以一百元以上五百元以下罚款。情节严重，造成严重后果的，处以五百元以上五千元以下罚款。

288. 南水北调中线工程在河南省经过哪些地市？

答：南阳、平顶山、许昌、郑州、焦作、新乡、鹤壁、安阳等八个地市。

289. 不同行政区域之间发生水事纠纷，发生哪些行为的，负有责任的主管人员和其他直接责任人员将受到行政处分？

答：（1）拒不执行水量分配方案和水量调度预案的；

（2）拒不服从水量统一调度的；

（3）拒不执行上一级人民政府的裁决的；

（4）在水事纠纷解决前，未经各方达成协议或者上一级人民政府批准，单方面违反《水法》规定改变水的现状的。

290. “世界水日”的宗旨是什么？

答：解决与饮用水供应有关的问题；增进公众对保护水资源和饮用水供应的重要性的认识；通过组织“世界水日”活动，加强各国政府、国际组织、非政府机构和私营部门的参与和合作。

291.《取水许可和水资源费征收管理条例》对未安装计量设施的取水情况怎么处理？

答：第460号令第五十三条规定，未安装计量设施的，责令限期安装，并按照日最大取水能力计算的取水量和水资源费征收标准计征水资源费，处5000元以上2万元以下罚款；情节严重的，吊销取水许可证。

292. 在地下水严重超采区，经哪个部门批准，可以划定地下水禁止开采或者限制开采区？

答：经省、自治区、直辖市人民政府批准，可以划定禁止或者限制开采区。

293. 国家厉行节约用水，大力推行节约用水，具体有哪些措施？

答：具体措施有推广节约用水新技术、新工艺，发展节水型工业、农业、服务业，建立节水型社会。

294. 以水为主要原料生产饮料、纯净水等产品的企业应当采取节水措施，提高水的利用率。生产后的什么应当回收利用，不得直接排放？

答：尾水。

295. 我国政府走向法治化的前提和基础是什么？

答：政府职能转变和行政管理体制改革。

296. 依法行政的基本要求是什么？

答：①合法行政；②合理行政；③程序正当；④高效便民；⑤诚实守信；⑥权责统一。

297. 行政机关举行听证后，应当根据什么作出行政许可决定？

答：听证笔录。

298. 依法行政的基本内容是什么？

答：①行政主体合法；②行政权的取得和行使合法；③行使行政权必须承担相应的责任，权责统一。

299.《全面推进依法行政实施纲要》提出转变政府职能，深化行政管理体制改革的任务是什么？

答：①依法界定和规范政府职能；②合理划分和依法规范行政机关的职能和权限；③完善依法行政的财政保障机制；④改革行政管理方式；⑤推进政府信息公开。

300. 推进政府信息公开的要求是什么？

答：（1）行政机关应当为公众查阅政府信息提供便利条件；

（2）对公开的政府信息，公众有权查阅；

（3）涉及国家秘密和依法受到保护的商业秘密、个人隐私的信息不公开。

301. 合理行政的要求是什么？

答：（1）行政机关实施行政管理，应当遵循公平、公正原则，平等对待行政管理相对人，不偏私、不歧视；

（2）行政机关行使自由裁量权应当符合法律目的；

（3）行政机关行使自由裁量权采取的措施和手段应当必要、适当；

（4）行政机关实施行政管理可以采用多种方式实现行政目的的，应当避免采用损害当事人权益的方式。

302. 取水为什么要缴纳水资源费？

答： 我国《宪法》第九条、《水法》第三条都规定，水资源属于国家所有。既然属于国家所用，国家就必须运用行政手段对水资源进行调控和配置，保障有关社会主体使用和经营。而运用行政手段的一种方式就是建立水资源有偿使用制度，因为这样不仅可以体现水资源的国家所有权，而且可以促进合理高效地使用水资源，避免浪费。水资源有偿使用制度是《水法》确立的一项基本管理制度。征收水资源费对国家而言，是对水资源配置进行行政干预，是用经济手段调节水资源分配和使用，是水资源所有权的价值体现，也是实现政府职能的一种手段。对取水户而言，向取水单位和个人收取水资源费，就要授予取水人特定的权力，并且这种权力要受到国家保障，同时还可以有效地促进水资源的节约和保护。

303. 处罚无证取水是否应当追缴水资源费？

答：在具体的执法实践中，无证取水是一种常见的水行政违法行为，这种违法行为常常伴随着违法行为人没有缴纳水资源费的情形。据了解，绝大多数水行政机关在查处此类行政案件时，仅仅只对无证取水行为加以处罚，未追缴行为人的水资源费，并且在是否应当追缴水资源费问题上存在很大争议。

其中，不应当追缴水资源费的有三种不同的意见：一种为同一违法行为说；另一种为重违法行为吸收轻违法行为说；还有一种为水资源费纳费主体说。

同一违法行为说的同志认为，无证取水行为人只实施了一个违法行为，即取水行为，无论有证无证，缴费未缴费，均因这一个违法行为而起。依据《行政处罚法》第二十四条所确定的一事不再罚原则，水行政机关不应当再追缴水资源费。

持重违法行为吸收轻违法行为说的同志认为，在查处无证取水案件中，无证取水是一种重的违法行为，而未缴水资源费则是相对较轻的违法行为，故根据法律中的吸收原则，应当忽略轻违法行为，无须再追缴水资源费。

持水资源费纳费主体说的同志认为，水资源费的纳费主体只能是有取水许可证的取水户，水资源费的征收也只能针对持证主体进行。对无证取水用户征费，与《水法》第四十八条明文规定的合法取水相悖，有收费即为许可的嫌疑，处罚其无证取水行为时，存在违反行政处罚合理性原则的障碍；对无证取水者追缴水资源费，岂不是追认其无证取水行为合法？故不应追缴水资源费。

笔者认为，上述三种观点均有失偏颇，未能正确把握法律，处罚无证取水，应当依法追缴水资源费。

第一，追缴水资源费，不违反一事不再罚原则。追缴水资源费，是一种行政征收行为，是水行政机关依法无偿和强制地向公民、法人或其他组织征收钱物的具体行为，不是行政处罚，何来违反一事不再罚原则？

第二，追缴水资源费，不违反法律的吸收原则。法律的吸收原则，是指在某个违法事实中，存在两个以上违法行为，这两个以上违法行为之间有吸收关系，即前行为是后行为发展的所经阶段，后行为是前行为发展的当然结果。适用法律吸收原则的重要前提是违法事实构成中的两个以上违法行为，都是同一违法行为人，且行为都应受到法律制裁。在处罚无证取水后，追缴水资源费，不违反吸收原则。因无证取水行为主体，在未接到水资源费缴纳通知单之前，未缴纳水资源费的行为不是违法行为。因国务院令第 460 号《取水许和水资源费行征收管理条例》第三十三条明文规定：“取水审批机关确定水资源费缴纳数额后，应当向取水单位或者个人送达水资源费缴纳通知单，取水单位或者个人应当自收到缴纳通知单之日起 7 日内办理缴纳手续。”

第三，无证取水主体也是取水主体，依法应当缴纳水资源费。①从《水法》第四十八条“直接从江河、湖泊或者地下取用水资源的单位和个人，应当按照国家取水许可制度和水资源有偿使用制度的规定，向水行政主管部门或者流域管理机构申请领取取水许可证，并缴纳水资源费，取得取水权。但是，家庭生活和零星散养、圈养畜禽饮用等少量取水的除外”叙述中，依据“水资源有偿使用制度”字面意思，应认为在实践中，不区分有证无证情形，只要使用水资源，就应有偿，就应缴费。②依据国务院令第 460 号《取水许可和水资源费征收管理条例》第二十八条第一款“取水单位或者个人应当缴纳水资源”，无证取水主体也是取水主体，当然应当缴纳水资源费。

第四，对无证取水违法行为人实施行政处罚后，追缴水资源费不构成对无证取水这一违法行为的合法性追认。因处罚行为已经确认了无证取水的违法性，并且依法制裁了行为当事人。同时，笔者赞同主体说的另一个观点，在未依法确认无证取水行为违法之前，收取水资源费，是一种错误的行为，有程序上的违法性，存在收费即为许可的嫌疑。

第五，不对无证取水主体追缴水资源费，只收持证取水主体水资源费，直接违反了国务院令第460号《取水许可和水资源费征收管理条例》第八条“取水许可和水资源费征收管理制度的实施应当遵循公开、公平、公正、高效和便民的原则”的规定，这对持证合法取水主体而言绝对是不公平的。

第六，不对无证取水主体追缴水资源费，可能会出现取水单位或个人恶意违法现象，对违法取水主体的行政处罚行为不能起到制裁作用。目前，对无证取水行为处罚的最高限额，依《水法》规定为十万元。而现实中，年交水资源费十万元以上的取水主体比比皆是，若不对无证取水主体追缴水资源费，可能出现有的取水主体以自愿承受十万元罚款的代价，换取免交十万元以上的水资源费的利益，那我们的管理体制岂不乱套？

综上，笔者认为，水行政机关在处罚无证取水时，应当向违法行为人追缴水资源费。

304. 关于《行政强制法》几个具体实践问题的思考。

（1）行政强制法律文书送达问题

答：按照《行政强制法》规定，行政机关实施行政强制措施程序前，要通知当事人到场，告知当事人理由、依据、权利、救济途径，听取当事人陈述和申辩，现场笔录由当事人签名；行政机关催告当事人履行义务前，要求当事人陈述申辩，并听取当事人的意见；强制执行决定送达当事人，要按照《民事诉讼法》的有关规定进行送达。

从目前行政强制的实践来看，要按照上述规定，由当事人到场配合行政机关开展强制措施或者接受法律文书送达比较困难。因为强制措施或者强制执行对当事人不利，当事人避而不见的现象时有发生。在这样的情况下，由于行政强制的决定无法送达给当事人，该行政强制决定也就不能生效，法律规定的程序也就不能启动。如果按照《民事诉讼法》的规定进行公告送达，则公告送达具有较长的期限（要60天），这对于注重效率、需要及时处理的违反行为来说，显然过于漫长。

笔者建议：对行政强制法律文书送达情形进行细化和明确。

（2）关于行政强制执行问题。

答：（1）强制执行难问题。《行政强制法》第十三条规定，行政强制执行由法律设定，法律没有规定行政机关强制执行的，作出行政决定的行政机关应当申请人民法院强制执行。因此，《行政强制法》实施后，大量行政强制决定将由行政机关申请人民法院强制执行，人民法院强制执行的案件越来越多，难度越来越大。很多行政机关申请法院执行的案件，事实上处在没有执行或者无法执行的状态。

笔者建议：人民法院作为行政强制执行主体时，应当由人民法院组织执行。但是，鉴于人民法院的执行力量有限，对确需行政机关配合执行的，可以采用由人民法院牵头，行政机关参加的执行模式，执行的后果由人民法院承担。

（2）代履行问题。《行政强制法》对行政强制执行的限制非常严格，规定只有法律才能设定行政强制执行，法律没有规定行政机关强制执行的，作出行政决定的行政机关应当申请人民法院强制执行。但同时，《行政强制法》也给这个严格的规定开了一个小小的“口子”，即代履行。行政机关依法作出要求当事人履行排除妨碍、恢复原状等义务的行政决定，当事人逾期不履行，经催告仍不履行，其后果已经或者将危害交通安全、造成环境污染或者破坏自然资源的，行政机关可以代履行，或者委托没有利害关系的第三人代履行。这意味着，行政机关采用代履行方法强制执行，无须法律再赋权。但如何界定违法行为后果“已经或者将危害交通安全、造成环境污染或者破坏自然资源”，即代履行认定的“度”在行政执法实践中难以把握，现在已经出现部分行政机关为了实施强制执行而把代履行作为一个“筐”，只要发生类似情况均认定为代履行，进而强制执行。

笔者建议：在清理过程中重点强化了两个基本点：一是细化其后果已经或者将危害交通安全、造成环境污染或者破坏自然资源的各种具体情形，防止行政机关和执法人员任意解释甚至是曲解法定情形。二是同市中级人民法院沟通衔接，具体确认代履行的适用情形，明确代履行的相关主体及权限。

（3）加处罚款执行问题。行政机关因行政相对人的违法行为对其处以罚款，行政相对人在法定期限内未申请复议，也未提起诉讼，到期又未自觉履行，行政机关根据《行政处罚法》第五十一条第一项的规定可以加处罚款。加处罚款作为行政强制执行措施，在没有其他强制措施相辅助的情况下，无法迫使相对人履行义务。

笔者建议：制定统一的行政强制执行方面的规定，落实相应配套制度，规范行政强制执行的程序、措施，完善行政强制执行的法律责任和救济途径等。

305. 市林业局接到关于孙某毁林采矿的举报，遂致函当地县政府，要求调查。县政府召开专题会议形成会议纪要：由县林业局、矿产资源管理局与安监局负责调查处理。经调查并与孙某沟通，三部门形成处理意见：要求孙某合法开采，如发现有毁林或安全事故，将依法查处。再次接到举报后，三部门共同发出责令孙某立即停止违法开采，对被破坏的生态进行整治的通知。

请回答第（1）~（2）题。

（1）责令孙某立即停止违法开采的性质是（　）。

A.行政处罚

B.行政强制措施

C.行政征收

D.行政强制执行

【正确答案】A

【答案解析】本题考核行政处罚、行政强制措施、行政强制执行的区别。《行政处罚法》第八条规定：“行政处罚的种类：（一）警告；（二）罚款 ；（三）没收违法所得、没收非法财物；（四）责令停产停业；（五）暂扣或者吊销许可证、暂扣或者吊销执照；（六）行政拘留；（七）法律、行政法规规定的其他行政处罚。”据此可知，责令孙某立即停止违法开采的性质属于行政处罚种类中的“责令停产停业”。《行政强制法》第九条规定：“行政强制措施的种类：（一）限制公民人身自由；（二）查封场所、设施或者财物；（三）扣押财物；（四）冻结存款、汇款；（五）其他行政强制措施。”据此可知，上述五种行政强制措施中没有“责令停止”相关违法行为的种类。因此，按照法条规定来讲，正确答案应该是A。

（2）就上述事件中的行为的属性及是否属于行政诉讼受案范围，下列说法正确的是（ ）。

A.市林业局的致函不具有可诉性

B.县政府的会议纪要具有可诉性

C.三部门的处理意见是行政合同行为

D.三部门的通知具有可诉性

【正确答案】AD

【答案解析】本题考核行政诉讼的受案范围。

选项 A 正确。市林业局的致函行为不属于具有拘束的具体行政行为，不具有可诉性。

选项 B 错误。县政府的会议纪要不属于具有拘束的具体行政行为，不具有可诉性。

选项 C 错误。行政合同行为的双方当事人是行政主体和行政相对人，三部门的处理意见不是行政合同行为。

选项 D 正确。三部门的通知对是具体行政行为，且会对孙某的权利义务产生实际影响，具有可诉性。

306. 甲市某县公安局以李某涉嫌盗窃罪为由将其刑事拘留，经县检察院批准逮捕，县法院判处李某有期徒刑 6 年，李某上诉，甲市中级法院改判无罪。李某被释放后申请国家赔偿，赔偿义务机关拒绝赔偿，李某向甲市中级法院赔偿委员会申请作出赔偿决定。下列选项正确的是（ ）。

A.赔偿义务机关拒绝赔偿的，应书面通知李某并说明不予赔偿的理由

B.李某向甲市中级法院赔偿委员会申请作出赔偿决定前，应当先向甲市检察院申请复议

C.对李某申请赔偿案件，甲市中级法院赔偿委员会可指定一名审判员审理和作出决定

D.如甲市中级法院赔偿委员会作出赔偿决定，赔偿义务机关认为确有错误的，可以向该省高级法院赔偿委员会提出申诉

【正确答案】AD

【答案解析】选项 A 正确。《国家赔偿法》第二十三条第三款规定，赔偿义务机关决定不予赔偿的，应当自作出决定之日起十日内书面通知赔偿请求人，并说明不予赔偿的理由。

选项 B 错误。《国家赔偿法》第二十四条第二款、第三款规定，赔偿请求人对赔偿的方式、项目、数额有异议的，或者赔偿义务机关作出不予赔偿决定的，赔偿请求人可以自赔偿义务机关作出赔偿或者不予赔偿决定之日起三十日内，向赔偿义务机关的上一级机关申请复议。赔偿义务机关是人民法院的，赔偿请求人可以依照条规定向其上一级人民法院赔偿委员会申请作出赔偿决定。本案的赔偿义务机关是法院，赔偿请求人可以直接向其上一级人民法院赔偿委员会申请作出赔偿决定。

选项 C 错误。《国家赔偿法》第二十九条第一款、第二款规定，中级以上的人民法院设立赔偿委员会，由人民法院三名以上审判员组成，组成人员的人数应当为单数。赔偿委员会作赔偿决定，实行少数服从多数的原则。

选项 D 正确。《国家赔偿法》第三十条第一款，赔偿请求人或者赔偿义务机关对赔偿委员会作出的决定，认为确有错误的，可以向上一级人民法院赔偿委员会提出申诉。

307. 村民甲、乙因自留地使用权发生争议，乡政府作出处理决定，认定使用权归属甲。乙不服，向县政府申请复议，县政府以甲、乙二人争议属于农村土地承包经营纠纷，乡政府无权作出处理决定为由，撤销乡政府的决定。甲不服，向法院起诉。下列说法正确的是（　）。

A.县政府撤销乡政府决定的同时应当确定系争土地权属

B.甲的代理人的授权委托书应当载明委托事项和具体权限

C.本案被告为县政府

D.乙与乡政府为本案的第三人

【正确答案】BC

【答案解析】选项 A 错误。县政府撤销乡政府决定的同时不需要确定系争土地权属。选项 B 正确。《行政复议法实施条例》第十条规定，申请人、第三人可以委托 1～2 名代理人参加行政复议。申请人、第三人委托代理人的，应当向行政复议机构提交授权委托书。授权委托书应当载明委托事项、权限和期限。公民在特殊情况下无法书面委托的，可以口头委托。口头委托的，行政复议机构应当核实并记录在卷。申请人、第三人解除或者变更委托的，应当书面报告行政复议机构。选项 C 正确。《行政诉讼法》第二十五条第二款规定，经复议的案件，复议机关决定维持原具体行政行为的，作出原具体行政行为的行政机关是被告；复议机关改变原具体行政行为的，复议机关是被告。本案中复议机关改变了原具体行政行为，因此甲不服向法院起诉的，复议机关县政府为被告。选项 D 错误。《行政诉讼法》第二十七条规定，同提起诉讼的具体行政行为有利害关系的其他公民、法人或者其他组织，可以作为第三人申请参加诉讼，或者由人民法院通知参加诉讼。乙是本案的第三人，但是乡政府不是本案的第三人。

308. 某行政机关负责人孙某因同时违反财经纪律和玩忽职守被分别给予撤职和记过处分。下列说法正确的是：（　）

A.应只对孙某执行撤职处分

B.应同时降低孙某的级别

C.对孙某的处分期为 36 个月

D.解除对孙某的处分后，即应恢复其原职务

【正确答案】AB

【答案解析】《行政机关公务员处分条例》第二十条规定：“有下列行为之一的，给予记过、记大过处分；情节较重的，给予降级或者撤职处分；情节严重的，给予开除处分：（一）不依法履行职责，致使可以避免的爆炸、火灾、传染病传播流行、严重环境污染、严重人员伤亡等重大事故或者群体性事件发生的；（二）发生重大事故、灾害、事件或者重大刑事案件、治安案件，不按规定报告、处理的；（三）对救灾、抢险、防汛、防疫、优抚、扶贫、移民、救济、社会保险、征地补偿等专项款物疏于管理，致使款物被贪污、挪用，或者毁损、灭失的；（四）其他玩忽职守、贻误工作的行为。”第二十四条规定，违反财经纪律，挥霍浪费国家资财的，给予警告处分；情节较重的，给予记过或者记大过处分；情节严重的，给予降级或者撤职处分。由此，对孙某的行为给予撤职和记过处分是正确的。该《条例》第十条规定，行政机关公务员同时有两种以上需要给予处分的行为的，应当分别确定其处分。应当给予的处分种类不同的，执行其中最重的处分；应当给予撤职以下多

个相同种类处分的，执行该处分，并在一个处分期以上、多个处分期之和以下，决定处分期。由此 A 正确，应选。《中华人民共和国公务员法》第五十八条第三款规定，受撤职处分的，按照规定降低级别。由此，B 正确，应选；第五十八条第二款规定，受处分的期间为：警告，六个月；记过，十二个月；记大过，十八个月；降级、撤职，二十四个月。由此，C 错误，不应选；第五十九条第二款规定，解除处分后，晋升工资档次、级别和职务不再受原处分的影响。但是，解除降级、撤职处分的，不视为恢复原级别、原职务。由此，D 错误，不应选。本题正确答案是 AB。

309. 关于水行政处罚案件结案标准的问题。

答：由于大多数案件水利部门都无强制执行权，所以对当事人不能按期履行处罚决定书内容的案件，在复议、诉讼和催告履行期届满后，均应及时向有管辖权的法院申请强制执行，但由于法院担心案件执行率问题，常常不出具案件受理通知书，致使水行政处罚案卷中缺少法院受理的书面凭证，行政权向司法权移交的书证缺失。办案人员对结案标准的认识存在分歧，一种意见认为只有法院将行政处罚（处理）决定书载明的内容全部执行完，该案件才能结案；另一种意见认为，只要行政机关按期向法院申请强制执行，法院受理，行政权向司法权移交，就认为可以结案。

310. 行政许可法第五条规定，行政许可的实施应当公开。这里的“公开”具体指什么？

答： 行政许可实施过程的“公开”，是指行政机关实施行政许可的活动，除涉及国家秘密、商业秘密和个人隐私的外，都要公开。根据行政许可法的规定，实施行政许可的公开包括：①实施行政许可的主体以及统一受理行政许可申请、统一送达行政许可决定的机构名称要公开；②有关行政许可事项、依据、条件、数量、程序、期限的规定以及需要申请人提交的全部材料的目录和申请书示范文本要公开；③行政机关在审查行政许可申请过程中听取利害关系人意见以及举行听证、招标、拍卖、考试、考核、检验、检测、检疫，要公开进行；④行政机关作出的准予行政许可的决定要予以公开，公众有权查阅。

311. 小煤矿的关闭、各种营运车辆的取缔是否适用信赖保护原则？

答：对依法取得采矿许可的小煤矿、依法取得营运许可的车辆，如果行政机关实施行政许可依据的法律、法规、规章或者被许可人取得行政许可所依据的客观情况发生重大变化，为了公共利益的需要，可以依法撤回小煤矿的采矿许可证、车辆的营运证。由此对被许可人造成财产损失的，作出撤回决定的行政机关应当依法给予补偿。

312. 根据水利部关于整顿和规范取水许可的文件，某市水行政主管部门按照市政府的部署，将该市 180 个取水许可压缩到 80 个，这一行为是否属于撤回行政许可？水行政主管部门是按照先来后到的原则还是按取水许可条件的优劣决定哪些单位或个人予以保留？不予保留的，是否给予补偿？

答：对依法取得取水行政许可的单位或个人，行政机关不得擅自撤销行政许可。根据公共利益的需要，行政机关依法撤回没有违法行为的被许可人取得的行政许可的，对被许可人因此受到的财产损失应当依法给予补偿。

313. 现行部门规章、规范性文件设立的行政许可确需保留，但一时又难以制定法律、行政法规的，如何处理？

答：对国务院部门规章、规范性文件设定的行政许可事项，属于行政许可法第十二条规定的事项并且确需保留的，国务院部门应当提出意见报国务院行政审批制度改革工作领导小组办公室，经审核后确定予以保留的，按照规定程序由国务院发布决定予以设定。

314. 提请国务院发布决定设定行政许可的事项是否应当包括实施机关、条件、程序、期限等内容？

答：根据行政许可法的规定，设定行政许可应当规定行政许可的实施机关、条件、程序、期限。原则上，提请国务院发布决定设定行政许可，国务院决定中应当包括行政许可的实施机关、条件、程序、期限。部门规章可以对有关条件、程序、期限等作具体规定。

315. 省级人民政府规章设定的临时性行政许可，实施满一年后仍需继续实施的，在相应的地方性法规出台前的效力如何认定？

答：根据行政许可法的规定，省级人民政府规章设定的临时性行政许可，实施满一年后需要继续实施的，应当提请本级人民代表大会及其常务委员会制定地方性法规。省级人民代表大会及其常务委员会认为不需要制定地方性法规，或者制定了地方性法规但未设定行政许可的，省级人民政府规章设定的行政许可停止实施。

316. 行政许可法第十四条、第十五条中规定的“尚未制定法律”、“尚未制定法律、行政法规”以及“尚未制定法律、行政法规和地方性法规”是指具体事项范畴，还是指整个领域？

答：行政许可法第十四条、第十五条中规定的“尚未制定法律”、“尚未制定法律、行政法规”以及“尚未制定法律、行政法规和地方性法规”的事项限于行政许可法第十二条规定可以设定行政许可的事项。

“尚未制定法律”、“尚未制定法律、行政法规”以及“尚未制定法律、行政法规和地方性法规”有两种情况：一是，对某一事项是否设定行政许可，上位法立法时没有考虑到这个问题，下位法可以根据实际情况，在不违反行政许可法有关规定的前提下，设定行政许可；二是，对某一事项是否设定行政许可，上位法立法时已经考虑，其立法精神、立法原则要求对该事项不设定行政许可的，则下位法不得设定行政许可。

317. 行政许可法第三十八条规定，申请人的申请符合法定条件、标准的，行政机关应当依法作出准予行政许可的书面决定。法定条件、标准是否包括部门规章中的条件？

答：根据行政许可法第十六条的规定，部门规章可以在法律、行政法规设定的行政许可事项范围内，对实施该行政许可作出具体规定。部门规章对行政许可条件作出的规定未超出法律、行政法规的授权范围，或者没有在法律、行政法规规定以外增设其他条件的，部门规章规定的条件可以作为行政许可决定的法定条件。

318. 法律、行政法规没有明确规定某一事项实行行政许可制度，只规定：“×方面的管理办法、制度由国务院×部门制定”，部门规章可否就某方面的管理设定行政许可事项？

答：法律、行政法规只授权部门制定有关管理办法、制度的，不能视为法律、行政法规授权部门规章设定行政许可。

319. 法律、行政法规明确规定 “某一事项由×部门审批”，该部门可否将行政许可事项部分委托其下级行政机关实施，即由下级行政机关初审，再由该部门终审？

答：法律、行政法规设定了一道行政许可，部门将初审权委托给下级行政机关，同时保留最终决定权，实际上是增加了一道行政许可，不符合行政许可法的规定。

320. 规范性文件对上位法设定的行政许可是否有规定权？

答：规范性文件可以在上位法设定的行政许可事项范围内，对实施该行政许可作出具体规定。但是，规范性文件对实施上位法作出的具体规定，不得增设行政许可；对行政许可条件作出的具体规定，不得增设违反上位法的其他条件。

321. 如果法律、行政法规设定行政许可所依据的客观情况发生变化，可否由部门规章在原上位法设定行政许可事项的基础上增设行政许可事项？

答：根据行政许可法第十六条的规定，部门规章可以在法律、行政法规设定的行政许可事项范围内，对实施该行政许可作出具体规定。法律、行政法规设定行政许可所依据的客观情况发生变化，确需增设行政许可的，应当依照法定程序修改法律、行政法规。

322. 目前，行政许可实施主体中的事业单位，如果没有法律、法规的明确授权，应当如何处理？

答：根据行政许可法第二十三条的规定，行政许可可以由法律、法规授权的具有管理公共事务职能的组织在法定授权范围内实施。没有法律、法规授权，事业单位不得以自己的名义实施行政许可。

323. 行政许可法第三十八条第二款规定，行政机关依法作出不予行政许可的书面决定的，应当说明理由。行政机关能否口头说明理由？

答：根据行政许可法第三十八条第二款的规定，行政机关依法作出不予行政许可的书面决定的，应当在书面决定中说明理由。

324. 行政许可法颁布实施后还能不能搞年检？

答：根据行政许可第六十二条的规定，行政机关不能对所有的事项进行年检。行政机关可以根据法律、行政法规的规定，对直接关系公共安全、人身健康、生命财产安全的重要设备、设施进行定期检验。

325. 实施行政许可和对行政许可事项进行监督检查的收费项目，是否属于行政许可规定的清理范围？

答：根据行政许可法和国务院关于贯彻实施《中华人民共和国行政许可法》的通知的有关规定，有关行政许可的规定，包括有关实施行政许可的费用、对行政许可事项监督检查的费用的规定都必须进行清理。

326. 会签其他部门时如何计算行政许可期限？

答：在实施行政许可过程中，会签其他部门属于行政机关之间的内部工作程序。对申请人来说，行政许可的期限仍然适用行政许可法有关期限的规定。

按照《国务院关于克服官僚主义进一步转变工作作风提高办事效率有关问题的通报》（国发〔1999〕9 号）的要求，各部门之间征求意见或者会签文件时，协办部门必须在 7 个工作日内予以答复，否则视为失职。

327. 咨询评估、评审的时间是否计入许可期限内？

答：根据行政许可法第四十五条的规定，行政机关作出行政许可决定，如果依法需要进行咨询评估、评审的，咨询评估、评审所需时间可以不计算在行政许可法第四章第三节规定的期限内，但行政机关应当将所需时间书面告知申请人。

328. 打捆上报项目的许可期限如何计算？

答：根据行政许可法的立法精神，无论行政许可申请的方式如何（单独提出申请，还是打捆提出申请），行政机关实施行政许可的期限都适用行政许可法有关期限的规定。

329. 行政许可决定由一个行政机关作出，但执行及监督检查在其他部门，如何界定各方监督责任？

答：行政机关对行政许可事项的后续监管工作，应当按照法律、法规规定的职责范围，履行监督管理职责。同时，被许可人在作出行政许可决定的行政机关管辖区域外违法从事行政许可事项活动的，违法行为发生地的行政机关应当依法将被许可人的违法事实、处理结果抄告作出行政许可决定的行政机关。

此外，对国务院部门实施的行政许可，法律、行政法规没有明确规定实施监督的机关的，国务院部门可以在职责范围内就上下级之间的监督职责作出划分。

330. 为什么要开展水平衡测试工作？

答：水平衡测试是对用水单位进行科学管理的有效方法，也是进一步做好城市节约用水工作的基础。任何一个用水单位都存在着水量平衡关系，通过对用水单位的实际测试，确定各种用水，如取水、用水、重复利用水、耗水、排水、漏水等参数的水量值，根据其平衡关系分析用水合理程度，称之为水平衡测试。

为了在城市节水管理工作中推广应用这一科学的管理方法，1990 年全国能源基础与管理标准委员会发布国家标准 GB/T 12452—90《企业水平衡与测试通则》。于 2004 年 9 月 1 日起实施的《河南省节约用水管理条例》也在第二十条明确规定："达到国家规定标准的用水单位，应当按有关规定进行水平衡测试，水平衡测试的结果应当报送有关水行政主管部门和其他有关部门。"用水单位按规定进行水平衡测试已经成为法定义务。

331. 水平衡测试的目的是什么？

答：水平衡测试是用水单位加强用水科学管理，最大限度地节约用水和合理用水的一项基础工作。它涉及用水单位管理的各个方面，同时也表现出较强的综合性、技术性。通过水平衡测试应达到以下目的：

（1）掌握单位用水现状，用水总量和各用水单元之间的定量关系。

（2）为制订科学合理的用水定额和年度用水计划指标提供了较准确的基础。

（3）建立健全用水单位用水档案，提高单位管理人员的节水意识和节水管理节水水平。

（4）通过合理化分析，找出节水潜力，根据实际条件，制定切实可行的节水技术、管理措施和合理用水规划。

（5）促使用水单位节水、节支，为城市可持续发展做出贡献。

332. "世界水日"和"中国水周"的来历 ？

答：1993 年 1 月 18 日，第四十七届联合国大会作出决议，确定每年的 3 月 22 日为"世界水日"。决议的主要内容如下：

大会回顾联合国环境与发展大会通过的《二十一世纪议程》第十八章的有关条款，考虑到虽然一切社会和经济活动都极大地依赖于淡水的供应量和质量，但人们并未普遍认识到水资源开发对提高经济生产力、改善社会福利所起的作用；还考虑到随着人口增长和经济发展，许多国家将很快陷入缺水的困境，经济发展将受到限制；进一步考虑到推动水的保护和持续性管理需要地方一级、全国一级、地区间、国际间的公众意识。

（1）根据《二十一世纪议程》第十八章所提出的建议，从 1993 年开始，确定每年的 3 月 22 日为"世界水日"。

（2）请各国根据各自的国情，在这一天就水资源保护与开发和实施《二十一世纪议程》

所提出的建议，开展一些具体的活动，如出版、散发宣传品、举行会议、圆桌会议、研讨会、展览会等，以提高公众意识。

（3）请秘书长就联合国秘书处尽目前条件之可能，且在不影响现行活动的情况下，以任何方式与方法帮助各国组织“世界水日”活动，提出建议，集中在一个与水资源保护有关的特定主题，做出必要的部署，并保证活动的成功。

（4）建议可持续发展委员会在执行其任务时把实施《二十一世纪议程》第十八章放在优先地位。

1988 年《中华人民共和国水法》颁布后，水利部即确定每年的 7 月 1 日至 7 日为“中国水周”，考虑到“世界水日”与“中国水周”的主旨和 内容基本相同，故从 1994 年开始，把“中国水周”的时间改为每年的 3 月 22 日至 28 日，时间的重合，使宣传活动更加突出“世界水日”的主题。

333. 立法法

各种立法的效力与监督

<table>
<tr><th colspan="2">文本与效力</th><th>批准与备案</th><th>改变与撤销</th><th colspan="2">冲突与适用</th></tr>
<tr><td>法律</td><td>低于宪法</td><td rowspan="6">批准问题：
①自治区条例报全国人大常委会批准
②较大市法规、自治州县条例报省级人大常委会批准

备案问题：
①备案找上级
②人大不备案
③批准当备案
④规章有例外</td><td rowspan="6">①领导关系：若两机关为领导关系，则上级既可撤销也可改变下级立法
②监督关系：若两机关为监督关系，则上级只能撤销而不能改变下级立法
③授权关系：若两机关为授权关系，则上级可撤销下级立法乃至撤销授权
④批准关系：经批准的立法视为批准者的立法对待（审查结果仅为撤销）</td><td rowspan="6">①特别法优于一般法
②新法优于旧法
③法不溯及既往，但有利溯及除外
④新一般规定与旧特别规定冲突的，由制定机关裁决（制定机关为某级人大的，则替换为其常委会）</td><td rowspan="6">①授权制定的行政法规或经济特区法规与法律冲突，无法决定适用的，由全国人大常委会裁决
②部门规章之间、部门规章与地方政府规章之间冲突的，由国务院裁决
③地方性法规与部门规章冲突，国务院可决定适用地方性法规，适用部门规章的则应提请全国人大常委会裁决
④省政府规章与较大市法规冲突，由省级人大常委会处理</td></tr>
<tr><td>行政法规</td><td>低于宪法、法律</td></tr>
<tr><td>地方性法规</td><td>低于宪法、法律、行政法规、上级地方法规</td></tr>
<tr><td>部门规章</td><td>低于宪法、法律、行政法规</td></tr>
<tr><td>地方性规章</td><td>低于宪法、法律、行政法规、本级以上地方法规、上级地方规章</td></tr>
<tr><td>自治条例单行条例与经济特区法规</td><td>类似本级地方性法规，但可对上位法做变通规定并在本区域内优先适用</td></tr>
</table>

我国《种子法》规定，违法经营、推广应当审定而未经审定通过的种子的，可以处以 1 万元以上 5 万元以下的罚款。某省政府在其制定的《某省种子法实施办法》中规定，违法经营、推广应当审定而未经审定通过的种子的，可以处以 3 万元以上 5 万元以下的罚款。下列说法正确的是？（　　）

A. 《实施办法》超越了《种子法》的规定，无效

B. 《实施办法》没有超越《种子法》的规定，有效

C. 国务院如果认为《实施办法》超越了《种子法》的规定，有权予以撤销

D. 受处罚人不服处罚申请行政复议的同时，可以对《实施办法》一并请求审查

【正确答案】AC

334. 某省道路交通管理部门在解决机动车超载的执法检查活动中，个别行政执法人员，让运煤的车主先交一个月的超载罚款，理由是，免得天天停车检查、交罚款费事，当地群众称之为“罚款买月票”。

请回答：这种做法是否合法？为什么？

答：这是违法行为。行政处罚法规定，行政机关实施行政处罚时，应当责令当事人改正或者限期改正。纠正、预防行政违法，维护良好的社会管理秩序，是实施行政处罚的目的，如果当事人交了罚款，可以“买到违法权”，就背离实施行政处罚的根本目的。

335. 某商品批发市场管理处的人员接到举报，反映徐某经营的摊位销售假冒伪劣商品。市场管理处人员经过调查，发现徐某销售的商品质量低劣，遂根据《某省商品批发市场管理条例》的有关规定扣押了徐某尚未销售的商品，并处以 500 元的罚款。

问题：

（1）本案中涉及几种行政行为？

（2）根据我国现有法律规定，本案中查封的行为应遵守哪些程序规定？

答：（1）涉及两种行政行为：行政强制中的行政强制措施和行政处罚。

（2）根据《行政强制法》的规定，查封的行为应遵守的程序有：

①实施前须向行政机关负责人报告并经批准；

②由两名以上行政执法人员实施；

③出示执法身份证件；

④通知当事人到场；

⑤当场告知当事人采取行政强制措施的理由、依据以及当事人依法享有的权利、救济途径；

⑥听取当事人的陈述和申辩；

⑦制作现场笔录；

⑧现场笔录由当事人和行政执法人员签名或者盖章，当事人拒绝的，在笔录中予以注明；

⑨当事人不到场的，邀请见证人到场，由见证人和行政执法人员在现场笔录上签名或者盖章；

⑩制作并当场交付扣押决定书和清单，扣押清单一式二份，由当事人和行政机关分别保存。

336. 郭甲是运煤司机，一日运煤经过 309 国道某交通检查站时，执勤人员宋丙（身着交通警察制服，佩戴执勤袖章）向郭甲走过来，递给了郭甲一张处罚决定书，说：“交 20 块钱再走。”郭甲接过处罚决定书，见上面印的全部内容是：根据有关规定，罚款 20 元。决定书印着某省某市交通大队的印章。郭甲对宋丙说：“为什么要罚我？”宋丙说：“你超载。”郭甲辩称：“我只拉半车煤，怎么就超载？”宋丙不耐烦地说：“让你交你就交，罗嗦什么。”郭甲说：“不说清楚，我就不交。”这时，宋丙又递过一张处罚决定书，并说：“就你这态度，再罚 20 块。”郭甲怕争辩下去，又要罚款，只好交了 40 元钱离去，宋丙未出具收据。请回答：本案中的行政处罚行为哪些地方违反行政处罚法的规定？

答：本案中交通检查站执勤人员宋丙对司机郭甲所实施的罚款的行政处罚违反了行政处罚法的规定，具体体现在以下几个方面：

（1）罚款决定没有事实根据。行政机关实施行政处罚，是以当事人确实存在违法行为为前提的，违法行为的构成又以存在违法事实为条件。因此，作出行政处罚，必须首先查明当事人是否有违法事实。《行政处罚法》第三十条明确规定，对于违反行政管理秩序的行为，依法应当给予行政处罚的，行政机关必须查明事实；违法事实不清，不得给予行政处罚。本案中宋丙对郭甲所实施的罚款行为，没有对事实进行查实，是在没有事实依据的情况下作出的处罚。

（2）未向当事人郭甲说明理由和告知权利，直接给予处罚。《行政处罚法》第三十一条规定，行政机关在作出行政处罚决定之前，应当告知当事人作出处罚决定的事实、理由及依据，并告知当事人依法所事有的权利。本案中宋丙未对郭甲说明任何事项，就直接交付了罚款决定书。

（3）不听取郭甲的陈述和申辩。根据《行政处罚法》第六条和第三十二条的规定，当事人有权进行陈述和申辩。行政机关必须充分听取当事人的意见，对当事人提出的事实、理由和证据，应当进行复核；当事人提出的事实、理由或者证据成立的，行政机关应当采纳；行政机关不得因为当事人申辩而加重处罚。本案中宋丙不仅不听取郭甲的申辩，反而因郭甲的申辩对其加罚 20 元。

（4）处罚决定书的内容不符合行政处罚法的规定。《行政处罚法》第三十四条第二款对当场处罚的行政处罚决定书应载明的事项作了具体规定，当场处罚的行政处罚决定书应当载明当事人的违法行为、行政处罚依据、罚款数额、时间、地点以及行政机关名称，并由执法人员签名或者盖章。本案是适用简易程序，即当场处罚程序进行的罚款，其处罚决定书只有罚款数额和政机关印章两项，其他事项没有载明；决定书中“根据有关规定”字样不能作为处罚依据，处罚依据应明确具体，写明根据哪部法律、法规的哪一条款。

（5）实施处罚没有告知当事人复议与诉讼的权利对行政处罚不服，当事人有权申请复议或者起诉。在处罚过程中，执法人员应告知当事人申请复议和起诉的权利，以及申请复议或者提起诉讼的期限。《行政处罚法》第三十九条规定，行政处罚决定书中应载明不服行政处罚决定，申请复议或者提起行政诉讼的途径和期限。本案中行政处罚决定书中没有载明此项内容，宋丙也未口头告知郭甲。

（6）当场收缴罚款未向当事人郭甲出具收据。《行政处罚法》第四十九条规定，行政机关及其执法人员场收缴罚款的，必须向当事人出具省、自治区、直辖市财政部门统一制发的罚款收据；不出具财政部门统一制发的罚款收据的，当事人有权拒绝缴纳罚款。本案中宋丙收缴了郭甲当场缴纳的 40 元罚款后，未向郭甲出具省级财政部门统一制发的收据。

337. 如何认定水事违法主体？

答：快速准确地认定水事违法主体，是水事违法案件调查取证的主线之一，也是行政处罚阶段及执行阶段的主要依据。对违法主体的认定，直接影响行政案件处理是否正确、合法，意义重大。

《水行政处罚实施办法》第二条规定，公民、法人或者其他组织违反水行政管理秩序的行为，依法应当给予水行政处罚。由此看出，水事违法行为的主体包括公民个人、法人及其他组织，在特殊情况下，还包含其他主体。笔者结合工作实际，总结梳理出快速准确认定违法主体的经验。

（1）对公民、个体工商户和法人的认定。

水利部门发现公民个人实施违反水事管理秩序行为后，需进行两个认定：一是姓名认定；二是责任能力认定，涉及公民年龄、精神状态两个方面。年龄上，根据行政处罚法第二十五条的规定，不满 14 周岁有违法行为的，不予行政处罚，责令监护人加以管教；已满 14 周岁不满 18 周岁有违法行为的，从轻或者减轻行政处罚。精神状态方面，根据行政处罚法第二十六条规定，精神病人因不能辨认或不能控制自己行为的，违反水事管理秩序，可以不予处罚。行政相对人的精神状态可通过走访调查、专业机构鉴定等形式予以确定。

关于涉及水事违法行为的个体工商户，最高人民法院《关于适用〈中华人民共和国民事诉讼法〉若干问题的意见》第四十六条规定："在诉讼中，个体工商户以营业执照上登记的业主为当事人。有字号的，应在法律文书中注明登记的字号。营业执照上登记的业主与实际经营者不一致的，以业主和实际经营者为共同诉讼人。"参照这一规定，例如，王某经营一家煤矸石销售站，未经批准擅自在洙赵新河管理范围内建设永久性建筑物，水行政监察人员下达执法文书时，应以王某为违法当事人，并注明某煤矸石销售站的字号。若实际经营者不是王某，还应将其两人列为共同违法当事人。

在我国，法人主要有企业法人和非企业法人之分。企业法人作为违反水事管理秩序的主体，可通过查看工商行政管理部门颁发的企业营业执照，或到工商行政管理部门查询企业登记信息进行认定。非企业法人，分为机关事业单位法人和社会团体法人两类，前者认定可到机构编制部门查看机构登记名称、法定代表人等信息，后者可到民政部门社会组织登记处查看团体名称、法定代表人、批准成立文件等。

（2）对其他组织的认定。

行政诉讼法中目前没有对"其他组织"作出规定，根据最高人民法院《关于贯彻执行〈中华人民共和国行政诉讼法〉若干问题的意见（试行）》第一百一十四条规定："人民法院审理行政案件，除依照行政诉讼法的规定外，对本规定没有规定的，可以参照民事诉讼的有关规定。"

据此规定，其他组织是指合法成立，有一定的组织机构和财产，但又不具备法人资格的组织。

因此，在水事违法主体中，可能涉及其他组织的主要有：依法登记领取营业执照的私营独资企业、合伙组织；依法登记领取营业执照的合伙型联营企业；依法登记领取我国营业执照的中外合作经营企业、外资企业；经民政部门核准登记领取社会团体登记证的非法人社会团体；法人依法设立并领取营业执照的分支机构；中国人民银行、各专业银行设在各地的分支机构；中国人民保险公司设在各地的分支机构；经核准登记领取营业执照的乡镇、街道、村办企业等。其他组织相对于公民或者个人、法人等其他主体而言，比较复杂，应当要求被处罚主体提供营业执照、批准文件、登记证书等证明其主体地位的材料，认真审查，作出正确判断。

（3）对特殊主体的认定。

水事违法案件中还存在一些特殊主体，如工程建设指挥部、筹备中的机构、企业挂靠承包、无照经营行政相对人等。近年查处的水事违法案件中，这一类的水事违法主体出现的次数最多，相较公民、法人及其他组织认定也更复杂。

对特殊主体的认定，其一是工程建设指挥部。梳理近几年的水事违法案件发现，一些政府工程涉及违法水事管理秩序，成为查处的一大难题。一方面水行政执法人员经常受到各种行政干预、请托说情困扰；另一方面，这类机构多是地方政府为加强项目建设管理，抽调相关部门工作人员组建的临时性机构，违法主体的认定存在较大困难。

并非所有的指挥部都适合作为水行政处罚的对象，处罚主体的选择主要取决于工程建设指挥部的法律地位。对于行政机关或项目法人依法设立，并登记注册领取营业执照的指挥部，有自己的名字，具有独立承担责任的主体资格和能力，可以直接对其进行处罚。但还有一些工程指挥部是由行政机关或项目法人非法设立，或虽依法设立，但未领取营业执照。这类情况下，应以设立该分支机构的法人为当事人，而工程建设指挥部由于不具有独立的主体地位，不能成为行政法律关系的主体，应以设立工程建设指挥部的项目法人或行政机关为处罚对象。

其二，对于筹备中的机构，未经成立就开始运行的，即使存在固定的场所，有具体的职能，但其权限职责仅限定在与筹备工作有关的范围，没有履行法定的设立程序，也就没有取得实施筹备工作以外事项的资格，不具有独立承担法律责任的能力，对其实施违法行为应由该筹备机构的上级部门承担法律责任。

其三，企业挂靠、承包的特殊主体，挂靠人和承包人如若出现违反水行政管理秩序的行为，在进行行政处罚时应当将被挂靠、承包企业作为处罚的对象。

其四，对无照经营者，水行政执法人员应以实际经营者作为处罚相对人，依照有关水法律法规予以处罚，同时还应就其无照经营行为移送工商行政管理部门查处。

水事违法行为主体的认定比较复杂，水行政执法人员应遵循法律规范有关主体的界定标准，将工作做细、做实，多调查，多询问，准确认定违法行为主体，做到依法行政。

338. 水利行政强制实施如何执行?

答:《行政强制法》在一定程度上约束了行政机关的行政行为，保护了行政相对人的合法权益。目前，我国水法规中也规定了几种行政强制措施和行政强制执行，笔者结合《行政强制法》，梳理了水法规中行政强制的有关规定，归纳总结了实施水行政强制的程序及实施所需注意的问题。

（1）水行政强制的实施程序。

【查封、扣押】

水土保持法第四十四条规定："被检查单位或者个人拒不停止违法行为，造成严重水土流失的，报经水行政主管部门批准，可以查封、扣押实施违法行为的工具及施工机械、设备等。"查封、扣押属于同一类行政强制措施，查封一般指对财物就地封存，扣押则是将财物转移至异地封存。

查封、扣押措施应严格按照《行政强制法》规定的程序实施。第一，在实施前应向行政机关负责人报告并经批准。第二，要制作查封、扣押决定书和清单，当场交由当事人，由当事人和行政机关分别保存。第三，通知当事人到场，将查封、扣押决定书当场送达当事人，并当场告知当事人采取行政强制措施的理由、依据以及当事人依法享有的权利、救济途径。第四，听取当事人陈述和申辩，并制作现场笔录。第五，将查封、扣押场所、设施或者财物予以妥善保管，也可委托第三方负责保管。

【排除妨碍、恢复原状】

水法第六十五条、第六十七条，防洪法第四十二条、第五十八条分别就排除妨碍、恢复原状做出了具体的规定。这一行政强制执行方式在水利法律法规上，基本上表现为“强制拆除”。其程序如下：首先，水行政主管部门发现水事违法行为后，依据水法、防洪法的有关规定，责令当事人停止违法行为，排除妨碍、恢复原状。其次，水行政主管部门在做出行政强制执行的决定前，应当事先催告当事人履行义务，告知当事人权利，并充分听取当事人的意见。最后，经催告，当事人仍逾期不履行行政决定，且无正当理由的，可以作出行政强制执行的决定。

需要注意的是，对违法建筑物、构筑物、设施进行拆除的，还应当在催告之前由水行政主管部门作出公告，限期当事人自行拆除，并给予充分的救济权利，才可依法强制拆除。

【代履行】

防洪法第五十七条、水土保持法第五十五条规定了代履行制度。代履行是指行政相对人逾期不履行行政决定所确定的义务，而该义务由他人代为履行也可达到相同目的的，水行政主管部门可以自己代为履行或者委托第三方代为履行，并由行政相对人承担履行义务所需费用的强制执行方式。

根据《行政强制法》，代履行应当遵守 4 个程序和步骤：首先，作出并送达代履行决定书。其次，代履行 3 日前催告当事人履行。再次，实施代履行，并由作出决定的行政机关指派工作人员到场监督。最后，制作代履行执行文书。

同时，对于需要立即清除河道内的遗洒物、障碍物或污染物，行政相对人不具备履行能力或者由于不在场的情况而不能履行，为了立即应对出现的紧急情况或危险状态，水行政主管部门可以当即决定实施代履行。

【加处罚款、滞纳金】

水法第七十条、水土保持法第五十七条规定了加处罚款和滞纳金的制度。其程序是：首先，水行政主管部门作出缴纳水资源费或水土保持设施补偿费的行政决定。当事人逾期不履行的，可以收取滞纳金，并加处罚款。其次，水行政主管部门实施加处罚款、滞纳金超过 30 日，催告当事人履行法定义务。再次，催告后，当事人仍不履行的，水行政主管部门可以申请人民法院强制执行，包括应该缴纳的水资源费或水土保持补偿费、滞纳金以及加处的罚款。

（2）水行政强制应注意的问题。

【行政强制主体】

《行政强制法》第十七条中规定：“行政强制措施应当由行政机关具备资格的行政执法人员实施，其他人员不得实施。”本条对行政强制措施的实施主体从两个方面进行了严格规范：一是行政机关是实施行政强制措施的唯一主体，不得委托给其他组织或个人。目前，各地水政监察大队多属事业单位性质，受水行政机关委托行使处罚权，但不能行使行政强制权力。二是代表行政机关实施行政强制措施的，必须是具备行政执法资格的行政执法人员，其他人员不得实施。因此，水行政强制措施应由取得执法资格的水政监察人员实施。

【查封、扣押与先行登记保存的关系】

《行政处罚法》第三十七条对“先行登记保存”证据的规定，与水土保持法第四十四条有关查封、扣押的规定相似，容易被混为一谈。但其实二者有很大区别。

首先，两者性质不同。“先行登记保存”是一种证据保全措施，而“查封、扣押”则是一种行政强制措施。前者不但在水土保持行政执法中大量存在，还在河道、水利工程、水资源行政执法中大量存在，是水行政处罚中收集、固定证据的一种方式。后者是水行政主管部门为防治水土流失，依据水土保持法对行政相对人的财产采取的强制措施。

其次，两者目的不同。“先行登记保存”的目的是保全证据。“查封、扣押”的目的是制止可能存在的违法事实、行为和潜在危害的扩大，保证水行政执法的顺利实现。

最后，两者法律后果不同。“查封、扣押”是行政强制措施，是一个独立的具体行政行为，因可能产生严重的法律后果而属于可诉行为。“先行登记保存”只是具体行政行为的一个环节，当事人对“先行登记保存”的异议只能向执法机关提出申辩。

339. 河道管理者的责任与义务是什么？

答：每年全国河道内都会发生大量的人员溺水死亡事故。这不仅给家庭带来了灾难，也给河道管理者带来了相应的法律风险与经济损失。事故发生后，受害人家属多以河道管理者未尽到必要安全保障义务提起诉讼，要求其承担侵权责任。为了避免不该出现的损失，河道管理者应认真对待安全保障义务，清楚所管理河道的实际情况，从而做好相应的风险防范。

（1）管理者应分清承担义务的河道。

什么是安全保障义务？《中华人民共和国侵权责任法》第三十七条规定，宾馆、商场、银行、车站、娱乐场所等公共场所的管理人或者群众性活动的组织者，未尽到安全保障义务，造成他人损害的，应当承担侵权责任。因第三人的行为造成他人损害的，由第三人承担侵权责任；管理人或者组织者未尽到安全保障义务的，承担相应的补充责任。根据该规定，安全保障义务指的是行为人基于诚实信用原则产生的对与其有一定的“社会接触”的不特定的社会公众的人身和财产安全，所负担的保护和关照的法定义务。

河道管理者是否应当承担安全保障义务不能一概而论，而是应该具体情况具体分析。《中华人民共和国侵权责任法》要求承担安全保障义务的管理者应是公共场所的管理人。对于河道是否是公共场所，《中华人民共和国河道管理条例》没有作出明确规定，《中华人民共和国侵权责任法》也未给予界定。

广东省东莞市第一人民法院法官黄薇在《从溺水案件谈侵权责任法中的安全保障义务》中提出，侵权责任法中的公共场所可以理解为对外开放、允许社会公众自由进出，并可在其内参加或从事与该公共场所宗旨有关的活动的场所。同时，她认为一个区域能否成为公共场所，要看是否符合对外性、管理性和地域特定性三个基本特征。

我国范围内的河道大都符合对外性、管理性的特征，关于地域特定性要具体情况具体分析。如果河道处于位置偏僻、人迹罕至的地方，且人流量较小，那么就不符合地域特定性的特征，不属于公共服务场所。水利部《关于对黄河主河道是否为公共场所等问题的批复》支持了这个观点。该批复指出，《中华人民共和国河道管理条例》第二条规定，本条例适用于中华人民共和国领域内的河道（包括湖泊、人工水道、行洪区、蓄洪区、滞洪区）。其中，行洪区和人工河道是属于作为行洪输水通道的河道，其功能是行洪输水，不是供行人使用的通道，也不同于通常意义上的车站、码头、民用航空站等供公众活动和集散的公共场所。黄河治导线范围内的区域是黄河主河道，是行洪输水通道。河道主管机关在主河道内从事挖河疏浚工作，是为了保证行洪的通畅，没有设置明显标志和采取安全措施防止他人受到损害的义务。因此，包括黄河主河道在内的河道不宜认定为公共场所。

从案例分析，多地人民法院在判决中也认为位置偏僻、人迹罕至且人流量较小的河道不属于公共场所。2002 年 10 月 9 日，河南省洛阳市中级人民法院在〔2002〕洛民终字第 1367 号民事判决书中认定，黄河主河道的功能是为了河流的行洪输水，不是供公众活动和集散的公共场所。2004 年 12 月 1 日，河南省焦作市中级人民法院在〔2004〕焦民终字第 884 号民事判决书中指出，事故发生的地点在沁河河道范围内，而河道的功能是为了河流的行洪输水，不是供公众活动和集散的公共场所。在此情形下，要求河道管理者承担与公共场所管理者相同的保障义务，没有法律依据。

（2）管理者应结合实际做好防范工作。

如果河道位于人群密集、人流量较大的地方，就符合地域特定性的特征，属于公共场所。同时，法律不禁止公众对河道在一定范围内有利用和通行等行为，这就要求河道管理者对进入河道活动的人员有责任依法进行管理。此时，河道管理者基于河道对不特定的人群构成了安全威胁，而需要承担相应的保障责任，做好风险防范工作。

一是消除河道自然风险的责任。河道管理者对河道设施的管理是法定义务，对有缺陷的设施应及时维修，不能及时维修的，应设立相应的警示标志，提示设施因缺陷而存在的风险。由于设施缺陷的风险属当事人难以预见的内容，如果河道管理者不设警示标志，对当事人因该风险受到的伤害应承担相应的赔偿责任。

二是消除河道人为风险的责任。人类活动造成河道自然状况发生变化，产生不确定的风险。受经济利益的驱使，人们开发利用河道的活动越来越多，主要包括挖砂、淘金、修建养殖设施或码头等活动。河道管理者应依法管理涉河开发利用建设活动，对产生风险的，应及时要求有关责任主体消除风险。如果因河道管理者管理疏忽，或处理不及时，未在合理期限内消除河道中的人为风险，对当事人因该风险受到的伤害应承担相应的民事赔偿责任。

三是实施告知行为的责任。对于成为公共场所的河道而言，管理者应当提示告知存在的潜在危险和危险因素（如告知水深不要靠近）。

如果没有尽到上述三种管理责任和注意义务，造成损害结果的，要依其过错程度承担相应的民事责任。

综上所述，无论是否承担安全保障义务，从加强河道管理的角度来看，河道管理者都要进一步明确河道、水库和水塘的所有人、使用人和管理人，明确管理的权利、义务和责任，保证河道、水库和水塘正常的维护和管理；要在危险的河道、水库和水塘周边，加装能够足以防止少年儿童不慎落水的防护栏杆、危险标志牌等；对存在溺水安全隐患的河道、水库和水塘周边要安排人员经常开展巡查，采取有效措施防止危险的发生；要结合水法宣传、学校暑期安全教育等形式，积极开展宣传、教育活动，提高沿河群众对该问题的重视程度。

340. 关于对开采地热水能否征收水资源费的意见？

应城市水利局：

你局《关于对开采地热水能否征收水资源费的请示》（应水字〔2009〕26 号）收悉。经研究，现就有关问题答复如下：

一、取用水资源均应依法申请领取取水许可证并缴纳水资源费。2002 年 8 月 29 日第九届全国人大常委会第二十九次会议修订通过的《中华人民共和国水法》第七条规定："国家对水资源依法实行取水许可制度和有偿使用制度。"第四十八条规定："直接从江河、湖泊或者地下取用水资源的单位和个人，应当按照国家取水许可制度和水资源有偿使用制度的规定，向水行政主管部门或者流域管理机构申请领取取水许可证，并缴纳水资源费，取得取水权。"因此，依法申请领取取水许可证并缴纳水资源费，才可合法取水。

二、开采地热水并不属于法律法规规定的不需要申请取水许可证并免征水资源费的情形。2006 年 2 月 21 日国务院令第 460 号公布的《取水许可和水资源费征收管理条例》第二条规定 "本条例所称取水，是指利用取水工程或者设施直接从江河、湖泊或者地下取用水资源"，"取用水资源的单位和个人，除本条例第四条规定的情形外，都应当申请领取取水许可证，并缴纳水资源费"。而地热水并不属于该《条例》第四条规定的除外情形。对此，2008 年 11 月 10 日财政部、国家发展改革委、水利部财综〔2008〕79 号《水资源费征收使用管理办法》第四条和 2006 年 1 月 12 日湖北省人民政府令第 285 号《湖北省水资源费征收管理办法》第二条对于免征水资源费的范围也有明确的规定。

因此，湖北汤池温泉旅游有限责任公司开采地热水应当按照《水法》和《条例》及其他有关规定申请领取取水许可证并缴纳水资源费。

341. 关于对水电站是否办理取水许可证的批复

（水政资〔1995〕75 号）

广西壮族自治区水利电力厅：

你厅"关于对水电站是否办理取水许可证的请示"收悉，经研究批复如下：

国家实施取水许可制度的目的，是通过发放取水许可证统筹兼顾上下游、左右岸和地区间、部门间的用水需求，保证区域（流域）水资源的供求平衡，保护各用水户的合法权益，充分发挥水资源的综合效益。在河流上修筑大坝、拦蓄水流发电，水库、大坝、水电站是一个整体。水电站的运用将水泵水能，改变下游水文状况，影响水的供求关系。在一些地方，如广东东江，枯水期发电、供水、航运及环境生态矛盾相当突出。因此，水电站大坝即为《取水许可制度实施办法》第二条第二款中所称的"坝"，属于取水许可管理范围。水电站和水库都应办理取水登记，办理取水许可申请和预申请。这和《河道管理条例》第十一条"在河道内修建开发水利、防治水害、整治河道的各类工程，必须经河道主管机关同意后，方可按照基本建设程序，履行审批手续"的规定也都是一致的。

水利部

1995 年 3 月 15 日

342.【问】：农村取消"两工"之后，我们发现起到了减轻农民负担的作用，但是同时我们感觉它似乎又是一把双刃剑，使原本就很薄弱的农村基础设施建设的投入显得明显不足，比如我们在采访中发现，去年的南方大旱不是因为水资源的紧缺，而是因为工程性缺水。因为水利工程出现老化的现象，在很关键的时刻起不到作用，长期下去的话，这个问题会显得很严重。在有关文件中，关于基础设施建设方面对此有没有什么具体的措施？谢谢。

答：您提的问题确实是近两三年来各地农村都非常关注的一个大问题。仅仅是水利的话，在中国有灌溉设施的耕地面积就要超过 8.3 亿亩，所以水利对中国的农村是非常重要的。这么大规模的水利建设，并不都是甚至主要不是靠政府的投资建成的，而是大量地运用农村的劳动力，通过劳动积累的形式建设起来的。在税费改革的过程中，之所以要取消“两工”(《防洪法》第五十二条规定：农村义务工和劳动积累工。农村义务工，主要用于防汛、义务植树、公路建勤、修缮校舍等。按标准工日计算，每个农村劳动力每年应承担五至十个义务工；劳动积累工，主要用于本村的农田水利基本建设和植树造林，并主要安排在农闲时间出工。按标准工日计算，每个农村劳动力每年应承担十至二十个劳动积累工)，主要是针对两种情况，第一种情况是有一些大的基础设施建设本来是应该由政府来投资的，有一些地方违背了政策，强迫农民出工，这就侵犯了农民的利益。第二种情况是，在有一些地方，建设这些工程设施的时间可能和农民经营性的安排有冲突，比如他自己家里有其他的商业活动要做，或者这个劳动力已经外出打工了，不在家，在农民自愿的情况下，本来是可以不出工，出一定的钱来完成他的任务，但是一些地方出现了强迫农民出钱而不让农民出工的现象，因此也侵犯了农民的利益。所以，取消“两工”主要是针对这两种情况。

但是，中央的政策历来是鼓励农民投工、投劳的，就是农民自己用劳动建设能够使他自身的生产和生活直接受益的工程，中央的政策历来是鼓励和支持的。这次的文件中特别强调了这几点：第一，只要是农民能够直接受益的中小型的工程；第二，通过严格民主讨论的决策程序；第三，要让农民参与监督这些工程费用的开支，在这样的情况下就可以继续由农民对小型农田水利建设投工、投劳。

根据水利部门的统计资料，在税费改革之前，中国整个农村为了恢复水利设施和建设新的水利设施，至少投工数量要达到100亿个。可以想象，如果这些工都用钱去购买的话，我想1000亿元买不下来。所以，这样大面积兴修水利工程完全靠政府拿钱，现在还是做不到的。现在文件中强调继续鼓励农民为了改善自己的生产、生活条件，为了自己生活的美满、生活的方便，自力更生，投工、投劳。

大家如果看了这个文件，应该注意到两点：第一，是这个文件特别强调有关的政府部门必须制定严格、具体的政策措施，来界定什么样的工程可以让农民投工、投劳，什么样的工程不可以，并且规定要经过农民民主讨论的程序。第二，文件中也明确规定，中央财政和地方财政要建立对农民投工、投劳的小型水利工程给予他需要购买材料的部分经费补贴，我想，后者随着国力的增强会不断地加大。

343. 水利部办公厅关于《取水许可和水资源征收管理条例》有关规定的意见

办政法函〔2006〕441号

国务院法制办秘书行政司：

你办转来的辽宁省政府法制办《关于对〈取水许可和水资源费征收管理条例〉有关规定的请示》收悉。经研究，提出如下意见，请予以考虑：

一、关于地下水的范围。《取水许可和水资源费征收管理条例》(以下简称《取水条例》)第二条中的“地下水”包括地热水和矿泉水。水资源包括地表水和地下水，均由水量、水质、水温和水能四个要素组成，具有多种用途和功能。矿泉水和地热水是地下水的组成部分，只是所含成分和温度不同而已，其开发利用主要遵循地下水的规律。

关于地热水和矿泉水的属性及法律适用问题，国务院法制局经国务院领导同意，曾以《关于矿泉水属性和适用法律问题的复函》(国法函〔1994〕67 号)、《关于地下热水属性和适用法律问题的复函》(国法函〔1995〕60 号)分别答复过福建省政府法制局和天津市政府法制办，明确地热水和矿泉水具有水资源和矿产资源的双重属性。《中华人民共和国矿产资源法实施细则》第四十四条规定："地下水资源具有水资源和矿产资源的双重属性。地下水资源的勘查，适用《矿产资源法》和本细则；地下水资源的开发、利用、保护和管理，适用《水法》和有关的行政法规。"

《中华人民共和国水法》第二条规定："本法所称水资源，包括地表水和地下水。"第四十八条规定："直接从江河、湖泊或者地下取用水资源的单位和个人，应当按照国家取水许可制度和水资源有偿使用制度的规定，向水行政主管部门或者流域管理机构申请领取取水许可证，并缴纳水资源费，取得取水权。"而《取水条例》是规范和调整水资源开发、利用、保护和管理的与《水法》配套实施的重要的行政法规。据此，地热水和矿泉水属于地下水，应当按照《水法》和《取水条例》的规定，依法实施取水许可制度和水资源有偿使用制度。

二、关于临时应急排水的界定。《取水条例》第四条第三项中的"临时应急取（排）水"是相对于"长期正常取（排）水"而言的，例如当发生矿井透水事故等突发事件时，为保障安全而紧急加大排水量或改变排水方式的，即属于"临时应急取（排）水"，不需要申请领取取水许可证。按照矿井开采或地下工程施工设计，为降低水位，保障矿井等地下工程施工安全和生产安全而必须进行的疏干排水，属于正常排水，应当申请领取取水许可证。对于煤矿、建筑等生产企业发生的无法加以利用的疏干排水，应当从上述两个方面来判断其是否属于"临时应急排水"。

三、关于取水事项变更手续的办理。《取水条例》第二十六条中的"取水许可证载明事项"，应当为《取水条例》第二十四条规定的内容，包括取水单位或者个人的名称（姓名），取水期限，取水量和取水用途，水源类型，取水、退水地点及退水方式、退水量。除取水单位或者个人的名称（姓名）的变更外，其他事项的变更实质上是取水条件、取水方式的变更，属于取水行为的"实质变更"。一般来讲，在取水有效期内，取水人名称或其法定代理人变动，其他事项无变动的，不需要重新申请取水，可以直接办理变更手续。而如果其他事项（包括变更水源类型、取退水地点及方式等）发生重大变化的，则需重新申请取水许可；对于建设项目中取水事项有较大变更的，还需按照《取水条例》第二十二条规定，重新进行水资源论证。

344. 关于河道管理法规适用中有关问题的意见

鄂水利政函〔2010〕9号

武穴市水利局：

你局《关于河道管理法规适用中有关问题的请示》（武水〔2010〕1号）收悉。经研究，回复意见如下：

据你局来文反映和武穴市人民法院〔2009〕武民一初字第121号民事判决书认定，曾令政等4位学生出事地点位于黄广大堤鄂江左83+200、距黄广大堤的利丰堤脚300米远的江滩中。根据《中华人民共和国河道管理条例》（国务院令第3号）第二十条第一款"有堤防的河道，其管理范围为两岸堤防之间的水域、沙洲、滩地（包括可耕地）、行洪区，两岸堤防及护堤地"和《湖北省河道管理实施办法》（省政府令第33号）第四条第一款"河道管理范围为两岸堤防之间的水域、沙洲、滩地（包括可耕地），以及堤身、禁脚地、工程留用地和安全保护区"的规定，该地段显然处于法律规定的长江河道管理范围，属于行洪区域，是洪水通道，而非公共场所、道旁和通道。且武穴市河道堤防管理处批准武穴市红光磷石膏墙体砖厂在河道管理范围内取土也是根据上述法规、规章授权而为，是依法行政行为。请你局做好相关解释工作，争取地方法院理解和支持。

2010年1月6日

345. 国务院法制办负责人就《农田水利条例》答记者问。

推进农田水利建设保障粮食安全

——国务院法制办负责人就《农田水利条例》答记者问

6月2日，国务院公布《农田水利条例》，自2016年7月1日起施行。就条例有关问题，国务院法制办负责人回答了记者提问。

问：为何制定条例？

答：水资源短缺、时空分布不均是我国的基本国情。近些年来，随着人增地减水缺的矛盾日益突出，保障粮食等农产品供求平衡的任务更加艰巨，而农业比较效益持续下降又制约了农田水利投入的积极性，农田水利建设组织难、管理难等问题突出。一方面缺乏科学规划，资金投入分散、使用效率低；另一方面工程建设、运行维护机制不完善，同时农田灌溉用水方式粗放，投入和保障扶持也不到位。

为此，有必要制定条例，加快农田水利发展，提高农业综合生产能力，保障国家粮食安全。

问：条例的总体原则和思路是什么？

答：一是科学规划、协同推进。以农田水利规划为宏观依据整合各类农田水利建设项目，促使各方投入形成合力、工程建设形成体系。

二是建管并重、明确责任。通过标准规范、程序控制，保证农田水利工程建得好；通过明确主体、强化责任，保证农田水利工程用得上、用得久。

三是科学灌溉、节约用水。通过鼓励采用先进的灌溉技术和高效的灌溉设施，推动农田灌溉节约、环保、可持续用水。

四是各方参与、加大扶持。政府多渠道筹措资金、保障投入，统筹做好农田水利工程建设，尤其是建好农田水利“大动脉”；鼓励农村集体经济组织、农民用水合作组织、农民和其他社会力量进行农田水利工程建设和运行维护，畅通“毛细血管”，解决好农田灌溉“最后一公里”问题；完善扶持激励政策，调动各方面力量参与农田水利建设的积极性。

条例对农田水利的规划、建设、运行维护等环节进行规范，并在农田灌溉排水、加大扶持鼓励社会力量参与等方面作了规定。

问：条例怎样对农田水利进行规划？

答：一是明确了规划编制程序。全国农田水利规划由水利部负责编制，报国务院或者国务院授权的部门批准公布；县级以上地方人民政府的水行政主管部门负责编制本级农田水利规划，报本级人民政府批准公布。

二是明确了规划内容。农田水利规划应包括发展思路、总体任务、区域布局、保障措施等内容；县级农田水利规划还应包括水源保障、工程布局、工程规模、生态环境影响、工程建设和运行维护、技术推广、资金筹措等内容。

三是加强了规划的公众参与程度。要求县级农田水利规划编制时要征求农村集体经济组织、农民用水合作组织、农民等的意见。

四是加强了相关规划的衔接。规定编制土地整治、农业综合开发等规划涉及农田水利的，应与农田水利规划相衔接。

问：条例如何加强农田水利工程建设？

答：首先，规定农田水利工程建设应符合国家有关农田水利标准。

其次，规定农田水利工程建设单位应建立健全工程质量安全管理制度，对工程质量安全负责，并公示工程建设情况。

再次，规定政府投资建设的农田水利工程由县级以上人民政府有关部门组织竣工验收，并邀请有关专家和农村集体经济组织、农民用水合作组织、农民代表参加；社会力量投资建设的农田水利工程由投资者或者受益者组织竣工验收。政府与社会力量共同投资建设的农田水利工程，由县级以上人民政府有关部门、社会投资者或者受益者共同组织竣工验收。

最后，规定农田水利工程验收合格后，由县级以上地方人民政府水行政主管部门组织造册存档。

问：条例如何加强农田水利工程运行维护？

答：一是按照不同工程类型分别确定运行维护主体。如明确政府投资建设的大中型农田水利工程由县级以上人民政府按照工程管理权限确定运行维护单位，农村集体经济组织筹资筹劳建设的农田水利工程由农村集体经济组织或者其委托的单位、个人负责运行维护，政府与社会力量共同投资建设的农田水利工程由投资者按照约定确定运行维护主体等。

二是明确了运行维护职责。要求运行维护单位和个人建立健全运行维护制度，加强对农田水利工程的日常巡查、维修和养护，按照有关规定进行调度，保障农田水利工程正常运行。

三是完善了运行维护经费保障机制。规定县级以上人民政府应当建立农田水利工程运行维护经费合理负担机制，农田水利工程所有权人应当落实农田水利工程运行维护经费。

四是完善了工程设施保护要求。明确禁止侵占、损毁农田水利工程设施，以及爆破、打井、采石、取土活动等危害农田水利工程设施的行为，并规定了严格的法律责任。

问：条例怎样加强农田灌溉排水管理？

答：首先，规定农田灌溉用水实行总量控制和定额管理相结合的制度；其次，规定农田灌溉用水应合理确定水价，实行有偿使用、计量收费；再次，鼓励采取先进适用的农田排水技术和措施，促进盐碱地和中低产田改造，控制和合理利用农田排水，减少肥料流失，防止农业面源污染；最后，鼓励单位和个人投资建设节水灌溉设施，采取财政补助等方式鼓励购买节水灌溉设备。

问：条例有何措施吸引社会力量参与农田水利工程建设？

答：一是加强扶持引导。要求县级人民政府及时公布农田水利工程建设年度实施计划、建设条件、补助标准等信息，引导社会力量参与建设农田水利工程，要求县级以上地方水行政主管部门为社会力量参与建设、经营农田水利工程提供指导和技术支持。

二是鼓励开展农田水利工程经营。规定县级以上地方人民政府应当支持社会力量通过提供农田灌溉服务、收取供水水费等方式，开展农田水利工程经营活动，保障其合法经营收益。

三是加强金融支持。规定国家引导金融机构推出符合农田水利工程项目特点的金融产品和服务方式，加大对农田水利工程建设的信贷支持力度。

四是明确用电优惠政策。规定农田灌溉和排水的用电执行农业生产用电价格。

346. 2016 年 6 月 2 日，国务院正式公布了《农田水利条例》，自 2016 年 7 月 1 日起施行。日前，水利部副部长田学斌就条例颁布和施行的有关问题接受了本报记者的专访。

记者：为什么要制定条例？条例的颁布实施，对于促进农田水利健康发展、保障国家粮食安全，将会产生什么样的影响？

田学斌：农田水利具有很强的公益性、基础性和战略性。我国人多地少水缺、水旱灾害频繁、水土资源不匹配的基本国情，决定了农田水利建设在粮食生产和农业发展中占有极其重要的地位。我国在占耕地面积一半的灌溉农田上，生产了占全国总量约 75%的粮食和 90%以上的经济作物，农田水利对提高农业综合生产能力、促进现代农业发展、保障国家粮食安全作出了重要贡献。近年来，我国农村生产方式发生深刻变革，农村大量劳动力进城务工，土地流转加速推进，农村税费改革取消“两工”后劳动动员机制弱化，农田水利建设组织难、投劳难、管理难等问题十分突出。当前和今后一个时期，农田水利投入不断加大，建设任务十分繁重，但目前主要依靠行政手段推动工作，管理基础较为薄弱，建设投入、规划统筹、运行维护、用水管理等制度不够健全，立法缺位的问题在一定程度上制约了农田水利建设和管理长效机制的形成。因此，全面总结多年来农田水利工作实践经验和地方立法经验，研究制定《农田水利条例》，把中央关于大兴农田水利的方针政策和实践中行之有效的做法用法规的形式固定下来，建立健全农田水利基本制度和长效机制，为农田水利发展提供法治保障，是十分必要和紧迫的。

《中华人民共和国水法》对农业节水、灌溉排涝、农业灌溉水源和灌排工程设施保护等作了原则规定，但难以满足引导规范保障农田水利发展的需要。条例是新中国关于农田水利的第一部行政法规，是一项开创性和填补空白的立法，是水法规体系中具有支架作用的重要法规。条例明确了农田水利工作的基本原则和政府责任，建立了农田水利规划制度，强化了农田水利工程建设管理，完善了农田水利工程运行维护机制，规范了农田灌溉与排水管理，规定了保障扶持措施和法律责任。条例充分体现新发展理念和新时期水利工作方针，立足于促发展和保民生，其颁布实施，在农田水利史上具有里程碑意义，对于切实推动农田水利事业全面步入法治轨道、从根本上扭转农田水利建设明显滞后的局面必将发挥重要的保障作用。

记者：科学规划是农田水利发展的重要基础，条例对科学规划作了哪些规定？

田学斌：当前，涉及农田水利建设的部门较多，这对充分发挥各方面作用、支持农田水利发展是有利的，但要注意避免各有关部门按条块体制多头管理、工程建设投入分散、重复建设、资金使用效率低等问题。为此，条例把“科学规划”作为发展农田水利的一项基本原则，明确农田水利规划的法律地位，增强规划的约束力，并着重建立了规划统筹机制，作了以下具体规定：一是明确农田水利规划由各级水行政主管部门编制，征求同级有关部门意见后，报本级人民政府或者授权的部门批准；二是规定编制农田水利规划应当统筹考虑经济社会发展水平、水土资源供需平衡、农业生产需求、灌溉排水发展需求、环境保护等因素，并广泛征求基层组织和农民的意见；三是强调经批准的农田水利规划是农田水利建设和管理的依据，县级以上人民政府水行政主管部门和其他有关部门按照职责分工负责实施；四是规定编制土地整治、农业综合开发等规划涉及农田水利的，应当与农田水利规划相衔接；五是要求县级人民政府应当根据农田水利规划组织制订农田水利工程建设年度实施计划，统筹协调有关部门和单位安排的与农田水利有关的各类工程建设项目。

记者：为了解决农田水利领域的“重建轻管”问题，条例对农田水利工程运行维护与管理作了哪些规定？

田学斌：我国农田水利基础薄弱，许多地方建设任务重，投入需求大，工程管护经费不足。多年来，各方面反映农田水利“重建轻管”问题比较突出，一些小型农田水利工程存在“有人用、无人管”现象。为解决这些问题，条例把“建管并重”作为发展农田水利的一项重要原则，并作了以下具体规定：一是明确各级政府及有关部门在农田水利管理中的责任，为强化农田水利管理提供了组织保障；二是区分不同情况规定了农田水利工程运行维护主体，建立健全运行维护制度，明确运行维护责任；三是建立运行维护经费合理负担机制，要求工程所有权人落实农田水利工程运行维护经费，保障运行维护工作正常进行；四是强化县级以上人民政府水行政主管部门和农田水利工程所有权人对农田水利工程运行维护工作的监督；五是规定危害农田水利工程设施的禁止行为，明确因开发建设占用农业灌溉水源、农田水利工程设施应当经过同意并予以补偿；六是建立健全基层水利服务体系，为农田水利管理提供技术指导与服务。

记者：农业是用水大户，为贯彻落实中央提出的“节水优先”方针，条例对农业节水作了哪些规定？

田学斌：农田灌溉用水在各类用水中占有较大比重，农业节水发展相对滞后，无序用水、大水漫灌、计量设施不完善等情况在一些地区比较突出，用水管理是农田水利的重要环节。为加强用水管理，促进节约用水，条例在总则中将节约用水作为有关单位和个人在农田水利工程建设、经营和运行维护中的一项重要义务。同时，条例作了以下具体规定：一是规定农田灌溉用水实行总量控制和定额管理相结合的制度，各地依照法定权限和程序制定并公布农作物灌溉用水定额；二是明确农田灌溉用水应当合理确定水价，实行有偿使用、计量收费，通过市场机制和水价政策促进农业节水；三是在灌区范围内实行计划用水，灌区管理单位应当根据有管辖权的水行政主管部门核定的年度取用水计划，制订灌区内用水计划和调度方案，与用水户签订用水协议；四是规定加强对农田灌溉用水的水质监测，控制和合理利用农田排水，防止农业面源污染；五是鼓励推广应用节水灌溉技术和措施，要求根据水资源条件规划建设商品粮、棉、油、菜等农业生产基地。

记者：投入不足是制约农田水利发展的突出问题，为了做到“两手发力”，条例对鼓励民间投资作了哪些规定？

田学斌：农田水利是公益性事业，要切实发挥政府主导和财政的主渠道作用，同时也要按照中央要求和农田水利发展实际，不断拓宽投资渠道，特别是鼓励和引导社会力量参与农田水利建设与经营。为此，条例作了以下具体规定：一是规定国家鼓励和引导农村集体经济组织、农民用水合作组织、农民和其他社会力量进行农田水利工程建设、经营和运行维护，依法保护农田水利工程投资者的合法权益。二是明确农田水利工程建设实行政府投入和社会力量投入相结合的方式，将社会力量投入作为农田水利投入的重要渠道。三是强调县级人民政府应当及时公布农田水利工程建设相关信息，引导社会力量参与农田水利工程建设；支持社会力量通过提供灌溉服务、收取供水水费等方式，开展农田水利工程经营活动，保障其合理经营收益；县级以上地方人民政府水行政主管部门应当为社会力量参与建设、经营农田水利工程提供指导和技术支持。四是从补助、信贷、用电、培训等方面对社会力量参与农田水利建设与经营给予扶持。

记者：条例将于2016年7月1日起正式施行，为保证条例的各项规定落到实处，将采取哪些措施？

田学斌：条例的颁布实施，将开启农田水利工作新纪元。各级水行政主管部门要切实抓好条例的贯彻落实工作，以此为契机，促进农田水利再上新台阶。重点做好以下几方面工作：一是加强学习，深刻领会。通过多种形式的学习和培训，充分认识条例制定和实施的重要意义，准确把握条例的基本原则和主要制度，切实提高依法推进农田水利事业的能力和水平。二是面向社会，加强宣传。采取通俗易懂、灵活多样的方式，面向社会开展广泛深入的宣传，要让社会各界、相关行业都了解和遵守条例，为条例的有效实施营造良好的社会氛围。三是加大力度，确保落实。各级水行政主管部门要把条例的贯彻实施作为当前和今后一段时期水利工作的一件大事，制订切实可行的工作计划，按照条例的规定组织开展各项制度和措施的贯彻落实工作。同时，抓紧制定条例的配套法规和政策措施，有条件的地方加快推进农田水利专门立法。

当前和今后一个时期，农田水利投入不断加大，建设任务十分繁重，但目前主要依靠行政手段推动工作，管理基础较为薄弱，建设投入、规划统筹、运行维护、用水管理等制度不够健全，立法缺位的问题在一定程度制约了农田水利建设和管理长效机制的形成。因此，全面总结多年来农田水利工作实践经验和地方立法经验，研究制定《农田水利条例》，把中央关于大兴农田水利的方针政策和实践中行之有效的做法用法规的形式固定下来，建立健全农田水利基本制度和长效机制，为农田水利发展提供法治保障，是十分必要和紧迫的。

《中华人民共和国水法》对农业节水、灌溉排涝、农业灌溉水源和灌排工程设施保护等作了原则规定，但难以满足引导规范保障农田水利发展的需要。条例是新中国关于农田水利的第一部行政法规，是一项开创性和填补空白的立法，是水法规体系中具有支架作用的重要法规。条例明确了农田水利工作的基本原则和政府责任，建立了农田水利规划制度，强化了农田水利工程建设管理，完善了农田水利工程运行维护机制，规范了农田灌溉与排水管理，规定了保障扶持措施和法律责任。条例充分体现新发展理念和新时期水利工作方针，立足于促发展和保民生，其颁布实施，在农田水利史上具有里程碑意义，对于切实推动农田水利事业全面步入法治轨道、从根本上扭转农田水利建设明显滞后的局面必将发挥重要的保障作用。

347. 为什么要征收水利工程水费

答：水是人类生存的基础性资源，是实现经济社会可持续发展的重要物质基础。目前河南省一部分地区水资源短缺和水资源严重浪费、污染的问题并存，节水减排、节水减污是河南省经济社会发展的必然选择。党中央、国务院一直高度重视水资源的节约与保护，强调水是基础性的自然资源和战略性的经济资源，把建设节水型社会作为解决我国干旱缺水问题最根本的战略举措。2002年10月实施的《中华人民共和国水法》明确规定：使用水工程供应的水，应当按照国家规定向供水单位缴纳水费。2004年4月，国务院办公厅出台了《关于推进水价改革促进节约用水保护水资源的通知》（国办发〔2004〕36号），要求各地要充分发挥市场机制和价格杠杆在水资源配置、水需求调节和水污染防治等方面的作用，推进水价改革，促进节约用水，提高用水效率，努力建设节水型社会，促进水资源可持续利用。节约保护水资源，需要通过经济杠杆，增强全社会的节水意识，促进水资源的合理利用，提高水资源的利用效率，减少对水资源的污染，实现经济社会与水资源环境的可持续发展。我省现在农业水资源利用效率还很低，与发达国家存在很大差距。在这种情况下取消农业水费会导致农业用水严重浪费和水资源污染严重的问题难以改变，影响农村经济社会的健康发展。

同时，水是农业生产不可或缺的资源要素，与种子、化肥、农药一样，是农业生产的重要资料，水费是农业必需的生产性支出。国家发改委和水利部于2003年出台了《水利工程供水价格管理办法》，进一步明确了水利工程供水的商品属性，从法规制度层面将水利工程供水价格纳入了商品价格范畴，明确了水费作为经营性收费的政策性质。

根据国家对水资源节约保护的基本政策和水利工程供水的基本成本，水利工程水费作为经营性收费的政策还不能取消。但借鉴发达国家的做法，政府可以对种田农户给予适当的农业水费补贴。农业水费补贴符合多予、少取、放活的方针，但实行这项政策需要各级政府根据财力状况进行决策，水利部门将会积极推动并做好相关工作。

348. 什么是“两部制水价”？

答：“两部制水价”是根据当前水利工程供水现状提出来的，目的是保证水利工程正常运转。国家发展和改革委员会、水利部在2003年7月3日发布的《水利工程供水价格管理办法》（部长令第4号）中规定，水利工程供水应逐步推行基本水价和计量水价相结合的两部制水价。根据这一定义，“两部制水价”是指水利工程供水中的基本水价和计量水价。在部长令中规定，基本水价按补偿供水直接工资、管理费用和50%的折旧费、修理费的原则制定。基本水价确定之后，收取基本水费按多年平均用水量乘以基本水价而得到，它反映的是水利工程单位向用水户应收取的最低费用，用来维持水利工程单位最基本的正常运转。计量水价按补偿基本水价以外的水资源费、材料费等其他成本、费用以及计入规定利润和税金的原则核定。计量水费按实际供水量乘以计量水价而得到。它反映的是实际供水量的货币形式，实行的是多用水多交钱、少用水少交钱的基本原则，有利于用水户节约用水。

349. 节约用水和节水型社会建设有什么区别？

答：节约用水，指通过行政、技术、经济等管理手段加强用水管理，调整用水结构，改进用水，实行计划用水，杜绝用水浪费，运用先进的科学技术建立科学的用水体系，有效地使用水资源，保护水资源，适应经济社会可持续发展的需要。

节水型社会和通常讲的节水，既互相联系，又有很大区别。无论是传统的节水，还是节水型社会建设，都是为了提高水资源的利用效率和效益，这是它们的共同点。但要看到，传统的节水，更偏重于节水的工程、设施、器具和技术等措施，偏重于发展节水生产力，主要通过行政手段来推动。而节水型社会的节水，主要通过制度建设，注重对生产关系的变革，形成以经济手段为主的节水机制。通过生产关系的变革进一步推动经济增长方式的转变，推动整个社会走上资源节约和环境友好的道路。

350. 什么是高砷水？它的危害如何？

答：慢性饮水型砷中毒对人体多系统功能均可造成危害，包括高血压、心脑血管病、神经病变、糖尿病、皮肤色素代谢异常及皮肤角化，影响劳动和生活能力，并最终发展为皮肤癌，可伴膀胱、肾、肝等多种内脏癌的高发。从慢性砷暴露开始20～30年，癌症开始发病。目前，自我国病区使用手压井已20余年，饮水暴露砷已接近20年，正在步入癌症高发的关键时期；同时，我国第一代独生子女也已进入生育年龄，未来10年无疑也是保证病区儿童建康的关键时期。

饮水中砷含量的国家标准问题一直是一个争论热点：目前世界卫生组织（WHO）推荐值为0.01ppm。我国目前采用的标准是0.05ppm，有没有必要将其调整为0.01ppm，无疑也是中国环境政策制定者所面临的一个难题。砷及砷化合物是世界卫生组织（WHO）下属的国际癌症研究所（IARC）、美国环境卫生科学研究院（NLEHS）、美国环保局（US－EPA）等诸多权威机构所公认的人类已确定的致癌物。由于人类取水灌溉、采矿，特别是打井取水饮用等活动，以及受各地区的生态环境和气候影响，地球表层中砷化合物以砷酸盐及亚砷酸盐等形式大量溶入地表水中，带来了严重的水砷污染问题。我国政府于1994年正式将砷中毒列为重点防治的地方病进行管理，直至目前，已有至少10个省、自治区发现了饮水型砷中毒。随着调查研究的逐步深入，中国饮水型砷中毒病区还在逐年扩大。

按照WHO的水砷标准，中国砷中毒危害病区的暴露人口高达1500万之多，已确诊患者超过数万人。而且，我国砷病区更具复杂性——高砷同时多伴高氟、高碘/低碘及其他多种元素含量异常，贵州省还发现了全球唯一的燃煤型砷中毒病区。

351. 什么是高氟水？什么是苦咸水？

答：在水体中，当氟含量大于1.2mg/L时，称为氟超标，也称高氟水。溶解性固体含量〉1500mg/L时，称为苦咸水。氟是一种非金属化学元素，在元素周期表排列第九位，属于第二周期第七族的主族元素，化学性质非常活泼，几乎不能单独存在，自然界中都是以各种化合物的状态存在，广泛存在于岩石、土壤、海洋中，在地球上的分布是相当广泛的。氟高了以后容易造成氟中毒。氟在日常生活中的应用范围还是很广的，包括医药、化工、航天、原子能等方面都有应用。比如氟化钠本身是一种有毒物质，但是也可以作为药物或者杀虫剂来使用。地方性氟中毒是指人们生活在这种高氟环境中，长期过量摄入氟引起机体慢性中毒，主要影响人体的硬组织，包括牙齿、骨骼，对其他一些软组织也有损伤，当然临床表现最明显的还是氟斑牙和氟骨症。氟对于牙齿的损伤不仅仅是影响美观，而且会影响到咀嚼和消化功能。氟骨症一般多发于成年人，儿童也有发生氟骨症的。氟骨症最早的症状从临床检查上来看包括骨骼弯曲，如胳膊伸不开等，影响生活和劳动。地方性氟中毒危害是很大的，不仅给患者带来痛苦，而且影响到了当地经济发展。氟进入体内后使得钙过量地在血管上沉积，造成血管钙化，引起动脉硬化。饮用高氟水很容易引起氟中毒。在我国除了上海、海南、台湾到目前还没有发现氟中毒，其他各个省、市、自治区都有地方性氟中毒不同程度的流行。内蒙古现在101个旗县中有77个旗县存在饮水型氟中毒，生活在高氟地区的人口大约为600万，氟斑牙患者现有170万。据不完全统计，我国有近3000万人饮用高氟水。我国苦咸水主要分布在北方和东部沿海地区。农村饮用苦咸水的人口有3800多万。苦咸水主要是口感苦涩，很难直接饮用，长期饮用导可致胃肠功能紊乱，免疫力低下。

352. 什么是水权？什么是水权制度？

答：水权是指水资源的所有权以及从所有权中分设出的用益权。水资源的所有权是对水资源占有、使用、收益和处置的权利，所有权具有全面性、整体性和恒久性的特点。我国《水法》明确规定，水资源属于国家所有，水资源的所有权由国务院代表国家行使。农村集体经济组织修建管理的水库中的水，归该农村集体经济使用。为适应不同的使用目的，可以在使用权的基础上，着眼于水资源的使用价值，将其各项权能分开，创设使用权、用水权、开发权等。其中最重要的是水资源的使用权。国家鼓励单位和个人依法开发、利用水资源，并保护其合法性。

水权制度就是通过明晰水权，建立对水资源所有、使用、收益和处置的权利，形成一种与市场经济体制相适应的水资源权属管理制度，这种制度就是水权制度。水权制度体系由水资源所有制度、水资源使用制度和水权转让制度组成。水资源所有制度主要实现国家对水资源的所有权。地方水权制度建设，主要是使用制度和转让制度建设。一般情况下，水权获取者必须由水行政主管部门颁发取水许可证并向国家缴纳水资源费。

353、古代人如何防汛抗洪？每年的雨季，各地总有一些区域会受到强雨的袭击，造成洪水灾害。其实，在人类生活的进程中，洪泛灾害从来就是人类最常面临的大自然之凶敌。那么，我们的先人是如何防治洪水的呢？

答：古代也有水文站。据史料分析，我国古代从大禹时起就开始重视对水文状况的观测和分析。而随着社会的发展，历代各朝更是注重在各河流要处建站监测水文。有着“世界第一古代水文站”之称的“白鹤梁”，就是我国古代水文站的一处罕世遗迹。

白鹤梁是重庆涪陵城北长江中的一道天然石梁。由于白鹤梁的梁脊仅比长江常年最低水位高出 2 ~ 3 米，几乎常年没于水中，只在每年冬春之交水位较低时才部分露出水面，故古人常根据白鹤梁露出水面的高度位置来确定长江的枯水水位。从唐代起，古人便在白鹤梁上以“刻石记事”的方式记录长江的枯水水位，并刻“石鱼”作为水文标志。

白鹤梁石鱼题刻保存最好，价值也很高。它记下了自公元 764 年后断续 72 个年份的枯水记录，共镌刻 163 则古代石刻题记。

白鹤梁是举世公认的世界最早期的“水文站”，见证着我国古代水文治理的历史成就。

我国有长江、黄河、淮河、海河、辽河、珠江、松花江七大水系，历代都很重视防汛抗洪和汛情通报工作。因为河流泛滥影响着水运、灌溉和生活用水，关系着人民的生命财产安全。虽然古今防汛抗洪不可同日而语，但是古代还是有值得赞赏的做法。宜昌到重庆段就有枯水题刻群 11 处。

在宋代，吴江(今江苏省苏州)上立有两座水则碑，建于 1120 年。水则碑分为左水则碑和右水则碑，左水则碑记录历年最高水位，右水则碑则记录一年中各旬、各月的最高水位。当时规定水位相当于一划，无论高田低田都不会受灾；超过两划，极低田地受灾；超过三划，低田受灾……超过七划，极高的田地也会受灾。如果某年洪水位特别高，即于本则刻曰：某年水至此。该水则碑上刻写的最早年(经换算)为 1194 年。

由此可知，水则碑不仅是观测水位所用的标尺，而且也是历年最高洪水位的原始记录。从水则碑我们可知宋代为统计汛期农田被淹面积，已建立了水位观测制度，这也是我国观测水位直接为农业生产服务的最早记载。

古代的防洪法规

我国古代各朝还制定过许多防洪法规，从制度上保障防洪工作的顺利进行。其中，金代泰和二年(1202 年)，金章宗颁布实施的《泰和律令》中的《河防令》，是我国现存最早的一部防洪法规。

《河防令》的主要内容有：第一，明确划定了黄河和海河等水系的防汛起止期限，将“六月初至八月终”定为“涨水月”，规定这期间沿河官员必须轮流“守涨”，不得有误。第二，规定朝廷每年都要派出官员“兼行户、工部进”，在汛期到来之前沿河检查，督促沿河的州、府、县落实防汛规划措施，维修加固堤防。第三，规定河防紧急时，沿河州府和都水监、都巡河官等应共同商定抢险事宜。第四，奖功罚罪，沿河州、府、县官员防汛无论有功还是有罪，都要上报，由国家据情处理。

《河防令》的颁行，不但对当时金国占领下的黄河、海河等水系的防洪工作起过重要作用，而且对后世的河防也产生了积极的影响。金以后各朝代的防洪法规，多由《河防令》引申而来。

古代的洪水预警机制

清代顺治十六年至康熙十六年间（1659～1677年），苏北黄河、淮河、运河连年溃决，水灾严重。平民出身的水利专家陈潢辅助河道总督靳辅治水，提出从上游根治黄河的主张，并发明了测定流速流量的“测水法”，对我国河道管理理论作出了显著贡献。

但是，古代黄河仍常决口，淹没农田村庄。为防洪，便产生了“水报”。这是一种和“兵报”同样紧要的加急快报。这种汛情传递其紧急程度往往比兵报更危急。在古代，黄河堤岸备有报汛的“塘马”。当上游地区降暴雨河水陡涨时，封疆大吏遂将水警书于黄绢遣人急送下游，快马迅驰，通知加固堤防、疏散人口。这种水报属接力式，站站相传，沿河县份皆备良马，常备视力佳者登高观测，一俟水报马到，即通知马夫接应，逐县传到开封为止。当时有的一昼夜迅奔500里，竟比洪水还要快。当时朝廷还规定，传水报的马在危急时踩死人可以不用偿命。对此，人们家喻户晓，一见背黄包、插红旗跨马疾驰者，大都会自觉避让。

古代，报告水警还有一种独特的“羊报”。所谓“羊报”，就是报汛水卒。据载，黄河上游甘肃皋兰县城西，清代设有水位观测标志，一根竖立中流的铁柱上根据历史上洪水水位情况刻有一道痕，如水位超刻痕一寸，预示下游某段水位起码水涨一丈。当测得险情时，“羊报”便迅速带着干粮和“水签”（警汛），坐上羊舟，用绳索把自己固定好，随流漂下，沿水路每隔一段就投掷水签通知。

下游各段的防汛守卒于缓流处接应，根据水签提供的水险程度，迅速做好抗洪、抢险、救灾等各项准备。“羊舟”也很独特，它用大羊剖腹剜去内脏，晒干缝合，浸以青麻油，使之密不透水，充气后可浮在水面不下沉，颇似皮筏。“羊报”执行的是一种十分危险而重要的任务。古代的“羊报”被抢救上岸后，有的因在河中扑腾多天，早已饿死、撞死或溺死，幸存者可谓九死一生。

元代时，朝廷还据自然条件，设有陆站、水站、轿站、步站等报警驿站。东北地区由于路况差，故设有狗站。原来，我国元代官方很重视发挥狗的作用，训练狗作为通信报警工具，用于报告水警的狗最多时达 3000 条。当时，在辽东、黑龙江下游等地区就设立有15处狗站用于报告水警。

（——以上文字据《自然之友》、《济南时报》等）

354. 水库特征水位与库容的几个基本概念你知道吗？

答：水库工程为完成不同任务，不同时期和各种水文情况下，需控制达到或允许消落的各种库水位称为水库特征水位。相应于水库特征水位以下或两特征水位之间的水库容积称为水库特征库容。《水利水电工程水利动能设计规范》中，规定水库特征水位主要有正常蓄水位、死水位、防洪限制水位、防洪高水位、设计洪水位、校核洪水位等；主要特征库容有兴利库容(调节库容)、死库容、重叠库容、防洪库容、调洪库容、总库容等。

（1）正常蓄水位与兴利库容。水库在正常运用情况下，为满足兴利要求在开始供水时应蓄到的水位，称正常蓄水位，又称正常高水位、兴利水位，或设计蓄水位。正常蓄水位至死水位之间的水库容积称为兴利库容，即调节库容，用以调节径流，提供水库的供水量。

（2）死水位与死库容。水库在正常运用情况下，允许消落到的最低水位，称死水位，又称设计低水位。死水位以下的库容称为死库容，也叫垫底库容。死库容的水量除遇到特殊的情况外（如特大干旱年），不直接用于调节径流。

（3）防洪限制水位与重叠库容。水库在汛期允许兴利蓄水的上限水位，也是水库在汛期防洪运用时的起调水位，称防洪限制水位。正常蓄水位至防洪限制水位之间的水库容积称为重叠库容，也叫共用库容。此库容在汛期腾空，作为防洪库容或调洪库容的一部分。

（4）防洪高水位与防洪库容。水库遇到下游防护对象的设计标准洪水时，在坝前达到的最高水位，称防洪高水位。只有当水库承担下游防洪任务时，才需确定这一水位。此水位可采用相应下游防洪标准的各种典型洪水，按拟定的防洪调度方式，自防洪限制水位开始进行水库调洪计算求得。防洪高水位至防洪限制水位之间的水库容积称为防洪库容。它用以控制洪水，满足水库下游防护对象的防洪要求。

（5）设计洪水位。水库遇到大坝的设计洪水时，在坝前达到的最高水位，称设计洪水位。它是水库在正常运用情况下允许达到的最高洪水位，也是挡水建筑物稳定计算的主要依据。可采用相应大坝设计标准的各种典型洪水，按拟定的调度方式，自防洪限制水位开始进行调洪计算求得。

（6）校核洪水位与调洪库容。水库遇到大坝的校核洪水时，在坝前达到的最高水位，称校核洪水位。它是水库在非常运用情况下，允许临时达到的最高洪水位，是确定大坝顶高及进行大坝安全校核的主要依据。此水位可采用相应大坝校核标准的各种典型洪水，按拟定的调洪方式，自防洪限制水位开始进行调洪计算求得。校核洪水位至防洪限制水位之间的水库容积称为调洪库容。它用以拦蓄洪水，在满足水库下游防洪要求的前提下保证大坝安全。

（7）总库容。校核洪水位以下的水库容积称为总库容。它是一项表示水库工程规模的代表性指标，可作为划分水库等级、确定工程安全标准的重要依据。

355. 什么是阶梯式水价？

所谓阶梯式水价，就是将水价分为不同的阶梯，在不同的定额范围内，执行不同的价格。如果使用的水量在基本定额之内，则采用基准水价；如果使用的水量超过基本定额，则超出的部分采取另一阶梯的水价标准收费。阶梯式水价可以分为增阶梯和降阶梯式水价两种。增阶梯水价指随着用水量的增多，水价越高；降阶梯式水价则相反，用水量越大，水价越低。

在我国，通常所说的阶梯式水价是指增阶梯式水价，以限制用户用水量，减少水资源使用量。阶梯水价可以设置多个阶梯，但一般以三个阶梯为常见。例如，某市居民户用水定额分为三个层次，第一阶梯为 12 立方米/（户/月）以下，第二阶梯为 12～16 立方米/

（户/月），第三阶梯为 16 立方米/（户/月）以上，如果阶梯比例为 1 : 2 : 5，基准价为 2.5 元/ 立方米，用户用了 20 立方米的水，其交纳的水费应该为：$12\times2.5+4\times5+4\times12.5=100$ 元。

自来水水价主要由以下几个部分组成：一是水厂进水时的费用，该部分包括水资源费；二是自来水公司成本（含税金）和利润等；三是污水处理费。

356. 什么是农业用水和农业节水？

农业用水主要是指种植业灌溉、林业、牧业、渔业以及农村人畜饮水等方面的用水，其中种植业灌溉占农业用水量的 90%以上。农业用水的水源主要包括降水、地表水、地下水、土壤水以及经过处理符合水质标准的回归水、微咸水和再生水等。

农业节水是指通过充分利用农业用水水源，采取水利和农艺等方面的措施，提高灌溉水的利用率和水分生产率。

目前，基于学科来源和所强调的重点的不同，有“农业节水”（强调的是节水）、“节水农业”（强调的是农业）和“节水灌溉”等概念，它们实质上均为同一概念。为避免概念交叉重叠所引起的混乱问题，这些概念应统一到 2006 年发布实施的国家标准《节水灌溉工程技术规范》（GB/T 50363—2006）中的有关定义上，该标准对“节水灌溉”的定义为：根据作物需水规律和当地供水条件，高效利用降水和灌溉水，以取得农业最佳经济效益、社会效益和环境效益的综合措施。

357. 什么是中水？

答：中水是指污水处理后，达到规定的水质标准，可在一定范围内重复使用的非饮用水。

“中水”起名于日本，“中水”的定义有多种解释，在污水工程方面称为“再生水”，在工厂方面称为“回用水”，一般以水质作为区分的标志。其主要是指城市污水或生活污水经处理后达到一定的水质标准，可在一定范围内重复使用的非饮用水。在美国、日本、以色列等国，厕所冲洗、园林和农田灌溉、道路保洁、洗车、城市喷泉、冷却设备补充用水等，都大量地使用中水。我国是水资源匮乏的国家，但目前还没有中水利用专项工程，也没有专项资金，只是在政策上引导，各城市的中水利用量是根据此城市的缺水程度不同而定的。城市污水经处理设施深度净化处理后的水（包括污水处理厂经二级处理再进行深化处理后的水和大型建筑物、生活社区的洗浴水、洗菜水等集中经处理后的水）统称“中水”。其水质介于自来水（上水）与排入管道内污水（下水）之间，故名为“中水”。中水利用也称作污水回用。

358. 公安部关于印发《公安机关受理行政执法机关移送涉嫌犯罪案件规定》的通知

公通字〔2016〕16 号

各省、自治区、直辖市公安厅、局，新疆生产建设兵团公安局：

为贯彻落实中央关于全面深化公安改革的有关要求，规范公安机关受理行政执法机关移送涉嫌犯罪案件工作，完善行政执法与刑事司法衔接工作机制，公安部制定了《公安机关受理行政执法机关移送涉嫌犯罪案件规定》。现印发给你们，请结合本地实际，认真贯彻执行。

各地执行情况及工作中遇到的问题，请及时报部。

公 安 部

2016 年 6 月 16 日

附：

公安机关受理行政执法机关移送涉嫌犯罪案件规定

公通字〔2016〕16号

第一条 为规范公安机关受理行政执法机关移送涉嫌犯罪案件工作，完善行政执法与刑事司法衔接工作机制，根据有关法律、法规，制定本规定。

第二条 对行政执法机关移送的涉嫌犯罪案件，公安机关应当接受，及时录入执法办案信息系统，并检查是否附有下列材料：

（一）案件移送书，载明移送机关名称、行政违法行为涉嫌犯罪罪名、案件主办人及联系电话等。案件移送书应当附移送材料清单，并加盖移送机关公章；

（二）案件调查报告，载明案件来源、查获情况、嫌疑人基本情况、涉嫌犯罪的事实、证据和法律依据、处理建议等；

（三）涉案物品清单，载明涉案物品的名称、数量、特征、存放地等事项，并附采取行政强制措施、现场笔录等表明涉案物品来源的相关材料；

（四）附有鉴定机构和鉴定人资质证明或者其他证明文件的检验报告或者鉴定意见；

（五）现场照片、询问笔录、电子数据、视听资料、认定意见、责令整改通知书等其他与案件有关的证据材料。

移送材料表明移送案件的行政执法机关已经或者曾经作出有关行政处罚决定的，应当检查是否附有有关行政处罚决定书。

对材料不全的，应当在接受案件的二十四小时内书面告知移送的行政执法机关在三日内补正。但不得以材料不全为由，不接受移送案件。

第三条 对接受的案件，公安机关应当按照下列情形分别处理：

（一）对属于本公安机关管辖的，迅速进行立案审查；

（二）对属于公安机关管辖但不属于本公安机关管辖的，移送有管辖权的公安机关，并书面告知移送案件的行政执法机关；

（三）对不属于公安机关管辖的，退回移送案件的行政执法机关，并书面说明理由。

第四条 对接受的案件，公安机关应当立即审查，并在规定的时间内作出立案或者不立案的决定。

决定立案的，应当书面通知移送案件的行政执法机关。对决定不立案的，应当说明理由，制作不予立案通知书，连同案卷材料在三日内送达移送案件的行政执法机关。

第五条 公安机关审查发现涉嫌犯罪案件移送材料不全、证据不充分的，可以就证明有犯罪事实的相关证据要求等提出补充调查意见，商请移送案件的行政执法机关补充调查。必要时，公安机关可以自行调查。

第六条 对决定立案的，公安机关应当自立案之日起三日内与行政执法机关交接涉案物品以及与案件有关的其他证据材料。

对保管条件、保管场所有特殊要求的涉案物品，公安机关可以在采取必要措施固定留取证据后，商请行政执法机关代为保管。

移送案件的行政执法机关在移送案件后，需要作出责令停产停业、吊销许可证等行政处罚，或者在相关行政复议、行政诉讼中，需要使用已移送公安机关证据材料的，公安机关应当协助。

第七条 单位或者个人认为行政执法机关办理的行政案件涉嫌犯罪，向公安机关报案、控告、举报或者自首的，公安机关应当接受，不得要求相关单位或者人员先行向行政执法机关报案、控告、举报或者自首。

第八条 对行政执法机关移送的涉嫌犯罪案件，公安机关立案后决定撤销案件的，应当将撤销案件决定书连同案卷材料送达移送案件的行政执法机关。对依法应当追究行政法律责任的，可以同时向行政执法机关提出书面建议。

第九条 公安机关应当定期总结受理审查行政执法机关移送涉嫌犯罪案件情况，分析衔接工作中存在的问题，并提出意见建议，通报行政执法机关、同级人民检察院。必要时，同时通报本级或者上一级人民政府，或者实行垂直管理的行政执法机关的上一级机关。

第十条 公安机关受理行政执法机关移送涉嫌犯罪案件，依法接受人民检察院的法律监督。

第十一条 公安机关可以根据法律法规，联合同级人民检察院、人民法院、行政执法机关制定行政执法机关移送涉嫌犯罪案件类型、移送标准、证据要求、法律文书等文件。

第十二条 本规定自印发之日起实施。

359. 水库管理方对擅入游泳者无法定安全保障义务?

【案情】

蔡群某（17岁）与其哥哥蔡龙某（19岁）等六人相约，于某日到塔里木卡拉水库游泳。游泳过程中，蔡群某不慎在深水区溺水，其他人虽积极施救，但未成功。经新疆乌鲁克垦区公安局尸检，蔡群某系意外溺水死亡。蔡群某的父母诉至法院，要求塔里木卡拉水库管理方赔偿。

【分歧】

塔里木卡拉水库管理方是否应承担赔偿责任?

一种意见认为，应当承担赔偿责任。公共场所的管理人未尽到安全保障义务，造成他人损害的，应当承担侵权责任。塔里木卡拉水库属于公共场所。

第二种意见认为，不应当承担赔偿责任。塔里木卡拉水库是提供农田灌溉和生活饮用水的水利设施，不属于对公众开放的公共场所，且其已尽到了合理范围内的管理之责。

【评析】

笔者赞同第二种意见，理由如下：

（1）监护人对未成年子女负有法定的监督和保护责任。

监护人是对无民事行为能力和限制民事行为能力人的人身、财产和其他合法权益负有监督和保护责任的人，监护权依法律规定产生。未成年人与监护人的监护关系是最基础的法律关系，但在侵权纠纷中最容易被忽视的也是这一基础的监督和保护责任，因而本案的关键是明确原告作为监护人对其子游泳溺水身亡这一事故负有主要责任，然后再考虑被告塔里木卡拉水库管理方和共同游泳者是否应当承担赔偿责任。

本案中，蔡群某明知到水库游泳具有危险性，仍进入库区游泳的行为，系自身的冒险行为，应自行承担直接责任。其父母作为监护人对其子疏于管理，没有尽到监护责任，存在重大过错，应自行承担主要责任。

（2）塔里木卡拉水库管理方并无法定的安全保障义务。

违反安全保障义务侵权责任是指，依照法律规定或者约定对他人负有安全保障义务的人违反该义务，因而直接或者间接地造成他人人身或者财产权益损害，应当承担损害赔偿责任。如车站、宾馆等公共场所的管理人未尽到安全保障义务，造成他人损害的，应当承担侵权责任。违反安全保障义务致使他人受到人身或财产损害的，行为人仅在有过错的情况下承担责任，没有过错则不承担责任。侵权责任法第三十七条对安保义务规定了过错责任，而不实行无过错责任，主要是为了平衡社会利益。

根据《小型水库安全管理办法》及《水库大坝安全管理条例》的规定，水库安全管理单位的法定职责为保障水库的安全运行，预防水库出现险情危及下游居民生命财产安全，对水库正常运行期间进入库区的不特定人员不具有法定的安全保障义务。

本案中，卡拉水库系农田水利灌溉设施，远离居民生活区，该水库并不属于安全保障义务中规定的公共活动场所，其管理方对进入该水库内游泳的人不负有法定的安全保障义务。卡拉水库并非高度危险活动区域，水库建有防护墙，可以有效避免行人跌落水库内。库区设有一座电动门，电动门边上设有一扇供人出入的小门及警卫室，但小门及警卫室是供平时水库的维护、调节灌溉用水之用；警卫室门前设置了“外单位车辆未经许可禁止入内”的警示标语，这些足以认定水库管理方已经尽到了合理范围内的安全保障义务，对蔡群某死亡的后果并无过错。法院最终判决塔里木卡拉水库管理方对溺亡者不承担赔偿责任。

（3）对未成年人的监管做到无缝对接，需要家庭和学校共同参与、协同配合

为避免学生假期野泳溺亡事故的发生，社会、学校、家长都要尽到教育管理责任。每当夏天游泳季节来临，学校班主任老师和家长都应强化野外游泳知识教育，增强学生安全防范意识，让孩子们珍爱生命，预防溺水事故发生。政府有关部门应尽可能给学生提供多样化、健康的娱乐场所。为满足盛夏孩子们的戏水需求，相关部门应担负起建设公益性游泳场所、设施的责任，并时刻提醒未成年人勿到危险水域戏水。

360.【案情】孙某与村委会达成在该村采砂的协议，期限为5年。孙某向甲市乙县国土资源局申请采矿许可，该局向孙某发放采矿许可证，载明采矿的有效期为2年，至2015年10月20日止。

2015年10月15日，乙县国土资源局通知孙某，根据甲市国土资源局日前发布的《严禁在自然保护区采砂的规定》，采矿许可证到期后不再延续，被许可人应立即停止采砂行为，撤回采砂设施和设备。

孙某以与村委会协议未到期、投资未收回为由继续开采，并于2015年10月28日向乙县国土资源局申请延续采矿许可证的有效期。该局通知其许可证已失效，无法续期。

2015年11月20日，乙县国土资源局接到举报，得知孙某仍在采砂，以孙某未经批准非法采砂，违反《矿产资源法》为由，发出《责令停止违法行为通知书》，要求其停止违法行为。孙某向法院起诉请求撤销通知书，一并请求对《严禁在自然保护区采砂的规定》进行审查。

孙某为了解《严禁在自然保护区采砂的规定》内容，向甲市国土资源局提出政府信息公开申请。

材料二：涉及公民、法人或其他组织权利和义务的规范性文件，按照政府信息公开要

求和程序予以公布。推行行政执法公示制度。推进政务公开信息化，加强互联网政务信息数据服务平台和便民服务平台建设。(摘自《中共中央关于全面推进依法治国若干重大问题的决定》)

问题：

(一)结合材料一回答以下问题：

(1)《行政许可法》对被许可人申请延续行政许可有效期有何要求？行政许可机关接到申请后应如何处理？

(2)孙某一并审查的请求是否符合要求？根据有关规定，原告在行政诉讼中提出一并请求审查行政规范性文件的具体要求是什么？

(3)行政诉讼中，如法院经审查认为规范性文件不合法，应如何处理？

(4)对《责令停止违法行为通知书》的性质作出判断，并简要比较行政处罚与行政强制措施的不同点。

答：(1)行政许可法第五十条规定，被许可人需要延续依法取得的行政许可的有效期的，应在该许可有效期届满30日前向作出许可决定的行政机关提出申请。但法律、法规、规章另有规定的，从其规定。行政机关应根据被许可人的申请，在该许可有效期届满前作出是否准予延续的决定；逾期未作出决定的，视为准予延续。

(2)本案中，因《严禁在自然保护区采砂的规定》并非被诉行政行为(责令停止违法行为通知)作出的依据，孙某的请求不成立。根据行政诉讼法第五十三条和司法解释的规定，原告在行政诉讼中一并请求审查规范性文件需要符合下列要求：一是该规范性文件为国务院部门和地方政府及其部门制定的规范性文件，但不含规章；二是该规范性文件是被诉行政行为作出的依据；三是应在第一审开庭审理前提出，有正当理由的，也可以在法庭调查中提出。

(3)法院不作为认定被诉行政行为合法的依据，并在裁判理由中予以阐明。作出生效裁判的法院应当向规范性文件的制定机关提出处理建议，并可以抄送制定机关的同级政府或上一级行政机关。

(4)本案中，责令停止违法行为通知在于制止孙某的违法行为，不具有制裁性质，归于行政强制措施更为恰当。行政处罚和行政强制措施的不同主要体现在下列方面：一是目的不同。行政处罚的目的是制裁性，给予违法者制裁是本质特征；行政强制措施的主要目的在于制止性和预防性，即在行政管理中制止违法行为、防止证据损毁、避免危害发生、控制危险扩大等。二是阶段性不同。行政处罚是对违法行为查处作出的处理决定，常发生在行政程序终了之时；行政强制措施是对人身自由、财物等实施的暂时性限制、控制措施，常发生在行政程序前端；三是表现形式不同。行政处罚主要有警告、罚款、没收违法所得、责令停产停业、暂扣或吊销许可证、执照、行政拘留等；行政强制措施主要有限制公民自由、查封、扣押、冻结等。

361.【案情】2003年12月26日，河南省博爱县工商行政管理局为陈某(2014年亡故)颁发个体工商户营业执照，名为博爱县馒头山风平石料厂(以下简称风平石料厂)，从事石料开采加工。2004年2月15日，原告卢某与陈某签订合伙协议，共同经营风平石料厂。2004年4月22日，被告博爱县国土资源局为陈某颁发采矿许可证，有效期限为一年。2004年11月20日，焦作市岩鑫水泥有限责任公司(以下简称岩鑫公司)与风平石料厂签订采矿权合

并协议。2006年3月28日，岩鑫公司取得河南省国土资源厅颁发的采矿许可证，有效期限为三十年。2015年12月5日，卢某向博爱县国土资源局递交申请，要求其为风平石料厂换颁新的采矿许可证，被告拒绝颁发。为此，卢某提起行政诉讼。

【分歧】本案存在两种不同意见。

第一种意见认为，因为原告卢某作为风平石料厂的实际合伙人，与被告的不作为行为有利害关系，原告卢某具备原告诉讼主体资格。

第二种意见认为，原告卢某不具备诉讼主体资格。

【评析】笔者同意第二种意见。理由如下：

（1）个体工商户的经营资格不能转让、继承。

风平石料厂营业执照登记性质为个体工商户，经营者为陈某。《个体工商户条例》第二条规定："有经营能力的公民，依照本条例规定经工商行政管理部门登记，从事工商业经营的，为个体工商户。个体工商户可以个人经营，也可以家庭经营。"个体工商户与其经营者及财产之间具有紧密联系，个体工商户经营资格不可转让、继承。个体工商户需要变更经营者的，依据《个体工商户条例》第十条第二款规定"应当在办理注销登记后，由新的经营者重新申请办理注册登记"办理。本案中，陈某作为风平石料厂营业执照登记的个体经营者，在其本人已经死亡的情况下，其个体经营户经营资格已经废止。

（2）采矿许可权也不可转让、继承。

行政许可法第七十条第（二）项规定："有下列情形之一的，行政机关应当依法办理有关行政许可的注销手续：……（二）赋予公民特定资格的行政许可，该公民死亡或者丧失行为能力的。"而个体采矿权在法律性质上应为赋予公民特定资格的行政许可，此种行政许可亦不可转让、继承。本案中，陈某作为采矿许可证登记的个体采矿权人，在其本人已经死亡的情况下，其采矿权已经废止。

（3）原告不具备行政诉讼主体资格。

本案中，陈某作为风平石料厂营业执照登记的个体经营者和采矿许可证登记的个体采矿权人，如认为被告博爱县国土资源局的不作为行为侵犯了其采矿权，可以自己的名义提起行政诉讼。如认为该行为侵犯其作为登记经营者的个体工商户风平石料厂的其他权利，也可以自己名义或以风平石料厂为当事人并同时列明自己的方式向法院提起诉讼。而在其本人已经死亡的情况下，其个体经营户经营资格及采矿权均已废止。此时他人以风平石料厂名义向法院提起行政诉讼，显然不具备诉讼主体资格。

362. 休年休假是否需要单位批准？

【案情】陈某通过网上求职，应聘进入某家电销售公司，从事客服工作，双方签订了2014年2月1日至2016年1月31日的劳动合同。陈某酷爱旅游，每年都会与朋友相约进行一次远途旅游。2015年年底，陈某按计划准备外出旅游，遂向公司提出将当年的5天年休假一次性休完。公司收到陈某的请假申请后，告知年底客服业务繁忙，若长期请假，无法安排人员顶班，希望能够将年休假拆分使用或者等年后一并使用。由于早就预定好行程，陈某收到公司回复后不以为然，仍旧按原定计划外出旅游。后公司以陈某旷工5天为由，按严重违纪解除了劳动合同。陈某认为，享受年休假是法律赋予职工的权利，职工有权决定是否享受以及如何享受，公司将他休年休假按旷工处理，违反了法律规定，遂向当地劳动人事仲裁委员会申请仲裁。仲裁委审理后，对陈某要求恢复劳动关系的请求不予支持。

答：《职工带薪年休假条例》赋予了职工享受年休假的权利，《企业职工带薪年休假实施办法》进行了细化。根据规定，职工连续工作满12个月以上的，享受带薪年休假。职工累计工作已满1年不满10年的，年休假5天；已满10年不满20年的，年休假10天；已满20年的，年休假15天。"《条例》第五条还规定："单位确因工作需要不能安排职工休年休假的，经职工本人同意，可以不安排职工休年休假。对职工应休未休的年休假天数，单位应当按照该职工日工资收入的300%支付年休假工资报酬。"从中可以看出，享受年休假是法律赋予职工的权利，也就是说休还是不休的决定权由职工决定。

那么如何休的决定权是否也在职工手里呢？《条例》第五条规定："单位根据生产、工作的具体情况，并考虑职工本人意愿，统筹安排职工年休假。年休假在1个年度内可以集中安排，也可以分段安排，一般不跨年度安排。单位因生产、工作特点确有必要跨年度安排职工年休假的，可以跨1个年度安排。"因此，年休假的统筹安排权属于用人单位，如何休年假用人单位在考虑职工本人意愿的情况下有最终决定权。

363. 经夏某申请，某县社保局作出认定，夏某晚上下班途中因驾驶摩托车与行人发生交通事故而受重伤，属于工伤。夏某供职的公司认为其发生交通事故系醉酒所致，向法院起诉要求撤销认定。某县社保局向法院提交了公安局交警大队交通事故认定书、夏某住院的病案和夏某同事孙某的证言。下列说法正确的是（　）。

A.夏某为本案的第三人

B.某县社保局提供的证据均系书证

C.法院对夏某住院的病案是否为原件的审查，系对证据真实性的审查

D.如有证据证明交通事故确系夏某醉酒所致，法院应判决撤销某县社保局的认定

【正确答案】 ACD

【答案解析】 选项A正确。《行政诉讼法》第二十九条第一款规定：公民、法人或者其他组织同被诉行政行为有利害关系但没有提起诉讼，或者同案件处理结果有利害关系的，可以作为第三人申请参加诉讼，或者由人民法院通知参加诉讼。据此可知，被提起行政诉讼的具体行政行为是社保局对夏某工伤的认定，夏某是该具体行政行为的有利害关系的公民，是本案的第三人，可以主动参加或者由人民法院通知参加诉讼。

选项B错误。《行政诉讼法》规定的证据种类有书证、物证、证人证言、试听资料、鉴定意见、电子数据、勘验笔录、现场笔录。书证是以文字、符号、图形所记载或表示的内容、含义来证明案件事实的证据。证人证言是指证人就自己了解的案件事实向法院所作的陈述，它可以以口头形式表现，也可以以书面方式呈现。据此可知，社保局提供的夏某同孙某的证言，应为证人证言而非书证。

选项C正确。审核认定证据的真实性包括：①证据形成的原因；②发现证据时的客观环境；③证据是否为原件、原物，复印件、复制品与原件、原物是否相符；④提供证据的人或者证人与当事人是否有利害关系；⑤影响证据真实性的其他因素。据此，法院对夏某住院的病案是否为原件的审查，属于对证据真实性的审查。

选项D正确。《行政诉讼法》第七十条规定，行政行为有下列情形之一的，人民法院判决撤销或者部分撤销，并可以判决被告重新作出行政行为：①主要证据不足的；②适用法律、法规错误的；③违反法定程序的；④超越职权的；⑤滥用职权的；⑥明显不当的。据此可知，若有证据证明交通事故确系夏某醉酒所致，那认定夏某工伤为证据不足，法院应判决撤销某县社保局的认定。

364. 法律法规对相关概念界定不同情况下水行政处罚的如何适用?

答：水法律法规体系虽已基本形成，但仅经历20多年的发展过程，仍然是不成熟的专业法规体系；水事法律法规的不统一、不完善使行政处罚适用的规范性难以实现，同一种违法行为因法律法规对相关概念的定性不同，行政处罚因而存在差异。在此以擅自凿井违法行为为例进行分析：

擅自凿井是违反水资源统一管理行为的主要表现形式之一。擅自凿井违法行为可以定性为擅自修建水工程、擅自修建取水工程、擅自凿井，这 3 种性质的违法行为在《水法》《取水许可和水资源费征收管理条例》中有不同的处罚措施。定性不同，处罚依据不同，处罚幅度也不同。

（1）关于《水法》。

《水法》第六十五条第二款规定了擅自修建水工程的处罚措施。《水法》第七十九条规定："本法所称水工程，是指在江河、湖泊和地下水源上开发、利用、控制、调配和保护水资源的各类工程。"单从本条看，凿井工程是水工程的一种。但是这一条文只是规定了本法中"水工程"的基本含义。除了以上的条文外，《水法》的许多条文中也多次提到了"水工程"一词，这些"水工程"的含义并不完全一致，有些水工程只是指地表水工程，有些则是指水坝和堤防。因此，适用《水法》第六十五条时，应当根据这些条文在法律体系中的地位，按照不同的语境或上下文的法意，具体阐明法律条文规范的意旨，这在法理学中称为法律体系解释。根据这一法律解释方法，从《水法》第六十五条第一款、第三款的内容可以看出，该条第二款所说的水工程主要是指对行洪产生影响的水工程。因此，采用《水法》第六十五条作为处罚擅自凿井行为的依据并不十分恰当。

（2）《取水许可和水资源费征收管理条例》。

《取水许可和水资源费征收管理条例》第四十九条，对于未取得取水申请批准文件擅自建设取水工程或者设施的违法行为作出了明确的处罚规定：责令停止违法行为，限期补办有关手续；逾期不补办或者补办未被批准的，责令限期拆除或者封闭其取水工程或者设施；逾期不拆除或者不封闭其取水工程或者设施的，由县级以上地方人民政府水行政主管部门或者流域管理机构组织拆除或封闭，所需费用由违法单位或者个人负担，可以处以 5 万元以下罚款。擅自凿井是擅自建设取水工程的一种形式，用《取水许可和水资源费征收管理条例》第四十九条处理是适合的。

（3）与地方性法规的结合适用。

相对于《取水许可和水资源费征收管理条例》而言，处罚额度不大，对于未经批准在建凿井工程，尚未取水、造成影响不大的违法凿井行为，建议依据地方性法规进行处罚。

365. 关于在行政诉讼中法庭对证据的审查，下列哪种说法是正确的？（ ）

A.从证据形成的原因方面审查证据的合法性

B.从证人与当事人是否具有利害关系方面审查证据的关联性

C.从发现证据时的客观环境审查证据的真实性

D.从复制件与原件是否相符审查证据的合法性

【正确答案】 C

【答案解析】《行政诉讼证据规定》第五十五条规定，法庭应当根据案件的具体情况，从以下方面审查证据的合法性：①证据是否符合法定形式；②证据的取得是否符合法律、法规、司法解释和规章的要求；③是否有影响证据效力的其他违法情形。从证据形成原因、复制件与原件是否相符这两方面审查的是证据的真实性。

《行政诉讼证据规定》第五十六条规定，法庭应当根据案件的具体情况，从以下方面审查证据的真实性：①证据形成的原因；②发现证据时的客观环境；③证据是否为原件、原物，复制件、复制品与原件、原物是否相符；④提供证据的人或者证人与当事人是否具有利害关系；⑤影响证据真实性的其他因素。

选项A、B、D都是从审查证据的真实性方面进行审查。

366. 许某与汤某系夫妻，婚后许某精神失常。二人提出离婚，某县民政局准予离婚。许某之兄认为许某为无民事行为能力人，县民政局准予离婚行为违法，遂提起行政诉讼。县民政局向法院提交了县医院对许某作出的间歇性精神病的鉴定意见。许某之兄申请法院重新进行鉴定。下列哪些选项是正确的?

A.原告需对县民政局准予离婚行为违法承担举证责任

B.鉴定意见应有鉴定人的签名和鉴定部门的盖章

C.当事人申请法院重新鉴定可以口头提出

D.当事人申请法院重新鉴定应当在举证期限内提出

【正确答案】BD

【答案解析】选项A错误。《行政诉讼法》第三十四条第一款规定，被告对作出的行政行为负有举证责任，应当提供作出该行政行为的证据和所依据的规范性文件。《行政诉讼法》第三十七条规定，原告可以提供证明行政行为违法的证据。原告提供的证据不成立的，不免除被告的举证责任。据此可知，原告对县民政局准予离婚行为违法享有举证权利，而非承担举证责任。

选项B正确。《行政诉讼证据规定》第十四条规定，根据《行政诉讼法》第三十一条第一款第（六）项（《行政诉讼法已修改为第三十三条第一款第（七）项》）的规定，被告向人民法院提供的在行政程序中采用的鉴定结论（《行政诉讼法》已修改为鉴定意见），应当载明委托人和委托鉴定的事项、向鉴定部门提交的相关材料、鉴定的依据和使用的科学技术手段、鉴定部门和鉴定人鉴定资格的说明，并应有鉴定人的签名和鉴定部门的盖章。通过分析获得的鉴定结论（《行政诉讼法》已修改为鉴定意见），应当说明分析过程。

选项C错误，选项D正确。《行政诉讼证据规定》第二十九条规定，原告或者第三人有证据或者有正当理由表明被告据以认定案件事实的鉴定结论（《行政诉讼法》已修改为鉴定意见）可能有错误，在举证期限内书面申请重新鉴定的，人民法院应予准许。据此可知，申请重新鉴定应当以书面方式提出。

367. 某小区按照开发时间分为两个区域，后某区房屋管理局发出通知，将该小区分为三个物业管理区域，对各区域的物业管理用房作了重新划分。叶某等25户居民不服，提起行政诉讼，认为通知违反《物业管理条例》有关规定，要求予以撤销。下列哪些说法是正确的?

A.若叶某等25户居民在指定期限内未选定诉讼代表人，法院有权依职权指定诉讼代表人

B.叶某等25户居民提供证据证明通知不符合《物业管理条例》的规定，是承担举证责

任的表现

C.若在诉讼期间叶某有妨害诉讼行为，法院可以责令其具结悔过

D.若法院经审理认为通知没有考虑《物业管理条例》规定的应考虑的建筑物规模和社区建设因素，可以认定通知主要证据不足

【正确答案】AC

【答案解析】选项A正确。《行政诉讼法执行解释》第十四条第三款规定，同案原告为五人以上，应当推选一至五名诉讼代表人参加诉讼；在指定期限内未选定的，人民法院可以依职权指定。

选项B错误。《行政诉讼法》第三十四条第一款规定，被告对作出的行政行为负有举证责任，应当提供作出该行政行为的证据和所依据的规范性文件。据此可知，在行政诉讼中被告承担行政行为是否合法的举证责任，而非原告承担。

选项C正确。根据《行政诉讼法》第五十九条的规定，诉讼参与人或者其他人有妨碍行政诉讼行为的，人民法院可以根据情节轻重，予以训诫、责令具结悔过或者处一万元以下的罚款、十五日以下的拘留；构成犯罪的，依法追究刑事责任。

选项D错误。主要证据不足，是指行政行为缺乏必要的证据，不足以证明行政行为所认定的事实情况。主要证据不足，意味着行政主体在没有查清案件基本情况或在没有充分证据证明的情况下就作出了行政行为。这里“没有考虑《物业管理条例》规定的应考虑的建筑物规模和社区建设因素”属于行政权的不正当行使，但没有提及证据是否确实充分的问题。

368. 关于行政诉讼，下列哪些情形法院可以认定下位法不符合上位法？

A.下位法延长上位法规定的履行法定职责的期限

B.下位法以参照方式限缩上位法规定的义务主体的范围

C.下位法限制上位法规定的权利范围

D.下位法超出上位法规定的强制措施的适用范围

【正确答案】ABCD

【答案解析】《最高人民法院关于印发〈关于审理行政案件适用法律规范问题的座谈会纪要〉的通知》规定，下位法不符合上位法的常见情形有：

（1）下位法缩小上位法规定的权利主体范围，或者违反上位法立法目的扩大上位法规定的权利主体范围；

（2）下位法限制或者剥夺上位法规定的权利，或者违反上位法立法目的扩大上位法规定的权利范围；（选项C）

（3）下位法扩大行政主体或其职权范围；

（4）下位法延长上位法规定的履行法定职责期限；（选项A）

（5）下位法以参照、准用等方式扩大或者限缩上位法规定的义务或者义务主体的范围、性质或者条件；（选项B）

（6）下位法增设或者限缩违反上位法规定的适用条件；

（7）下位法扩大或者限缩上位法规定的给予行政处罚的行为、种类和幅度的范围；

（8）下位法改变上位法已规定的违法行为的性质；

（9）下位法超出上位法规定的强制措施的适用范围、种类和方式，以及增设或者限缩

其适用条件；（选项D）

（10）法规、规章或者其他规范文件设定不符合行政许可法规定的行政许可，或者增设违反上位法的行政许可条件；

（11）其他相抵触的情形。

369. 某区城管执法局以甲工厂的房屋建筑违法为由强行拆除，拆除行为被认定违法后，甲工厂要求某区城管执法局予以赔偿，遭到拒绝后向法院起诉。甲工厂除提供证据证明房屋损失外，还提供了甲工厂工人刘某与当地居民谢某的证言，以证明房屋被拆除时，房屋有办公用品、机械设备未搬出，应予赔偿。某区城管执法局提交了甲工厂工人李某和执法人员张某的证言，以证明房屋内没有物品。下列哪一选项是正确的？

A.法院不能因李某为甲工厂工人而不采信其证言

B.法院收到甲工厂提交的证据材料，应当出具收据，由经办人员签名并加盖法院印章

C.张某的证言优于谢某的证言

D.在庭审过程中，甲工厂要求刘某出庭作证，法院应不予准许

【正确答案】A

【答案解析】选项A正确。甲工厂工人李某的证言是由某区城管局提供的，作用在于证明对甲工厂不利的事实，没有违反《行政诉讼证据规定》第五十七条至第五十九条的规定，法院不能因为李某是甲工厂的工人而不采信其证言。

选项B错误。《行政诉讼证据规定》第二十条规定，人民法院收到当事人提交的证据材料，应当出具收据，注明证据的名称、份数、页数、件数、种类等以及收到的时间，由经办人员签名或者盖章。据此可知，不需要加盖法院的印章。

选项C错误。《行政诉讼证据规定》第六十三条第（七）项规定，其他证人证言优于与当事人有亲属关系或者其他密切关系的证人提供的对该当事人有利的证言。本题中，张某的证言是由城管执法局提供的，而张某是被告城管执法局的执法人员，存在密切关系；谢某的证言是由甲工厂提供的，谢某是甲工厂当地居民，并无密切关系。所以，谢某的证言应当优于张某的证言，而不是张某的证言优于谢某的证言。

选项D错误。《行政诉讼证据规定》第四十三条规定，当事人申请证人出庭作证的，应当在举证期限届满前提出，并经人民法院许可。人民法院准许证人出庭作证的，应当在开庭审理前通知证人出庭作证。当事人在庭审过程中要求证人出庭作证的，法庭可以根据审理案件的具体情况，决定是否准许以及是否延期审理。所以，本题中，在庭审过程中，甲工厂要求刘某出庭作证，法院可以根据审理案件的具体情况，决定是否准许以及是否延期审理。

370. 廖某在某镇沿街路边搭建小棚经营杂货，县建设局下发限期拆除通知后强制拆除，并对廖某作出罚款2万元的处罚。廖某起诉，法院审理认为廖某所建小棚未占用主干道，其违法行为没有严重到既需要拆除又需要实施顶格处罚的程度，判决将罚款改为1000元。法院判决适用了下列哪些原则？

A.行政公开

B.比例原则

C.合理行政

D.诚实守信

【正确答案】BC

【答案解析】选项A错误。行政公开是程序正当原则下的一个子原则，是指除涉及国家秘密和依法受到保护的商业秘密、个人隐私外，行政机关实施行政管理应当公开，以实现公民的知情权。本题题干中的情况不符合该原则要求。

选项B、C正确。合理行政原则的主要含义是行政决定应当具有理性，属于实质行政法治的范畴，尤其适用于裁量性行政活动。合理行政原则包括三个原则：①公平公正原则；②考虑相关因素原则；③比例原则。比例原则有三方面的要求：第一，合目的性，是指行政机关行使裁量权所采取的具体措施必须符合法律目的。第二，适当性，是指行政机关所选择的具体措施和手段应当为法律所必需，结果与措施和手段之间存在着正当性。第三，损害最小，是指在行政机关可以采用多种方式实现某一行政目的的情况下，应当采用对当事人权益损害最小的方式。本题中，法院认为，廖某的违法行为没有严重到既需要拆除又需要实施顶格处罚的程度，而将罚款从2万元改为1000元，符合比例原则中损害最小的要求。

选项D错误。诚实守信原则分为两个方面：第一是行政信息真实原则，行政机关公布的信息应当全面、准确、真实。第二是保护公民信赖利益原则。非因法定事由并经法定程序，行政机关不得撤销、变更已经生效的行政决定。本题中，法院的判决变更了原本生效的行政决定，而不是行政机关变更了原本生效的行政决定，所以法院的判决并没有体现诚实守信原则。

371. 程序正当是当代行政法的基本原则，遵守程序是行政行为合法的要求之一。下列哪些做法违背了这一要求?

A.某环保局对当事人的处罚听证，由本案的调查人员担任听证主持人

B.某县政府自行决定征收基本农田35公顷

C.某公安局拟给予甲拘留10日的治安处罚，告知其可以申请听证

D.乙违反治安管理的事实清楚，某公安派出所当场对其作出罚款500元的处罚决定

【正确答案】 AD

【答案解析】 程序正当是当代行政法的主要原则之一。它要求行政机关实施具体行政行为时依照法定程序进行，不得违反包括回避、公开等规定，保证公民的合法权利不受公权力的侵害。包括以下几个原则：第一，行政公开原则。除涉及国家秘密和依法受到保护的商业秘密、个人隐私外，行政机关实施行政管理应当公开，以实现公民的知情权。第二，公众参与原则。行政机关作出重要规定或者决定，应当听取公民、法人和其他组织的意见。特别是作出对公民、法人和其他组织不利的决定，要听取他们的陈述和申辩。第三，回避原则。行政机关工作人员履行职责，与行政管理相对人存在利害关系时，应当回避。

选项A应选。根据《行政处罚法》第四十二条第一款第（四）项的规定，听证由行政机关指定的非本案调查人员主持；当事人认为主持人与本案有直接利害关系的，有权申请回避。本题中，某环保局可以举行听证，但是程序上听证主持人的选任有瑕疵，该项违反了程序正当原则。

选项B不应选。根据《土地管理法》第四十五条第一款第（一）项的规定，征收基本农田的，由国务院批准。该项表述违反合法行政原则，而不是违反程序正当原则。

选项C不应选。根据《行政处罚法》第四十二条第一款的规定，行政机关作出责令停产停业、吊销许可证或者执照、较大数额罚款等行政处罚决定之前，应当告知当事人有要求举行听证的权利。因此，作出拘留10日的治安处罚不适用听证程序，告知甲可以申请听证的行为违法，违反合法行政原则，而并不是违反程序正当原则。

选项D应选。根据《行政处罚法》第三十三条的规定，违法事实确凿并有法定依据，对公民处以50元以下、对法人或者其他组织处以1000元以下罚款或者警告的行政处罚的，可以当场作出行政处罚决定。《治安管理处罚法》第一百条规定，违反治安管理行为事实清楚，证据确凿，处警告或者200元以下罚款的，可以当场作出治安管理处罚决定。本题中，某公安派出所可以作出500元的处罚决定，但是不能当场作出，该项表述违反了程序正当原则。

372. 关于行政机构编制的说法，下列哪一选项是正确的?

A.地方政府行政机构原则上应使用行政编制，但必要时可以使用一定的事业编制

B.地方各级政府的行政编制总额，应由国务院机构编制管理机关提出，报国务院批准

C.地方各级政府根据职责调整的需要，可以在行政编制总额内调整本级政府有关部门的行政编制

D.地方政府议事协调机构可以确定自己单独的编制

【正确答案】C

【答案解析】选项A错误。《地方各级人民政府机构设置和编制管理条例》第十五条规定，机构编制管理机关应当按照编制的不同类别和使用范围审批编制。地方各级人民政府行政机构应当使用行政编制，事业单位应当使用事业编制，不得混用、挤占、挪用或者自行设定其他类别的编制。

选项B错误，选项C正确。该条例第十六条规定，地方各级人民政府的行政编制总额，由省、自治区、直辖市人民政府提出，经国务院机构编制管理机关审核后，报国务院批准。该条例第十八条规定，地方各级人民政府根据调整职责的需要，可以在行政编制总额内调整本级人民政府有关部门的行政编制。但是，在同一个行政区域不同层级之间调配使用行政编制的，应当由省、自治区、直辖市人民政府机构编制管理机关报国务院机构编制管理机关审批。

选项D错误。该条例第十九条规定，地方各级人民政府议事协调机构不单独确定编制，所需要的编制由承担具体工作的行政机构解决。

373. 某行政机关负责人孙某因同时违反财经纪律和玩忽职守被分别给予撤职和记过处分。下列说法正确的是?

A.应只对孙某执行撤职处分

B.应同时降低孙某的级别

C.对孙某的处分期为36个月

D.解除对孙某的处分后，即应恢复其原职务

【正确答案】AB

【答案解析】选项A正确。《公务员处分条例》第十条第一款规定，行政机关公务员同时有两种以上需要给予处分的行为的，应当分别确定其处分。应当给予的处分种类不同的，执行其中最重的处分；应当给予撤职以下多个相同种类处分的，执行该处分，并在一个处分期以上、多个处分期之和以下，决定处分期。

选项B正确。《公务员法》第五十八条第三款规定，受撤职处分的，按照规定降低级别。

选项C错误。《公务员法》第五十八条第二款规定，受处分的期间为：警告，六个月；记过，十二个月；记大过，十八个月；降级、撤职，二十四个月。本题中，对孙某只执行撤职处分，因此处分期限为二十四个月，而非三十六个月。

选项D错误。《公务员法》第五十九条第二款规定，解除处分后，晋升工资档次、级别和职务不再受原处分的影响。但是，解除降级、撤职处分的，不视为恢复原级别、原职务。

374. 某县信访局局长申某违反规定超计划生育。若给予其行政处分，下列哪些说法是正确的？

A.对申某的处分，既可由某县政府决定，也可由某县政府的上级政府决定

B.对申某处分的办案期限为自批准立案之日起最长不得超过12个月

C.对申某处分案件的调查应由两名以上办案人员进行

D.对申某处分决定应经任免机关领导成员集体讨论决定

【正确答案】BCD

【答案解析】选项A错误。《公务员处分条例》第三十七条规定，对地方各级人民政府工作部门正职领导人员给予处分，由本级人民政府决定。其中，拟给予撤职、开除处分的，由本级人民政府向同级人民代表大会常务委员会提出免职建议。免去职务前，本级人民政府或者上级人民政府可以决定暂停其履行职务。

选项B正确。《公务员处分条例》第四十四条规定，给予行政机关公务员处分，应当自批准立案之日起六个月内作出决定；案情复杂或者遇有其他特殊情形的，办案期限可以延长，但是最长不得超过十二个月。

选项C正确。《公务员处分条例》第四十一条第一款规定，对行政机关公务员违法违纪案件进行调查，应当由两名以上办案人员进行；接受调查的单位和个人应当如实提供情况。

选项D正确。《公务员处分条例》第三十九条第（五）项规定，经任免机关领导成员集体讨论，作出对该公务员给予处分、免予处分或者撤销案件的决定。

375. 下列哪些地方性法规的规定违反《行政许可法》？

A.申请餐饮服务许可证，须到当地餐饮行业协会办理认证手续

B.申请娱乐场所表演许可证，文化主管部门收取的费用由财政部门按一定比例返还

C.外地人员到本地经营网吧，应当到本地电信管理部门注册并缴纳特别管理费

D.申请建设工程规划许可证，需安装建设主管部门指定的节能设施

【正确答案】ABCD

【答案解析】《行政许可法》第十六条第四款规定，法规、规章对实施上位法设定的行政许可作出的具体规定，不得增设行政许可；对行政许可条件作出的具体规定，不得增设违反上位法的其他条件。《认证认可条例》第十九条规定，任何法人、组织和个人可以自愿委托依法设立的认证机构进行产品、服务、管理体系认证。据此可知，《认证认可条例》规定认证手续应由法人、组织和个人自愿办理。选项A中说“地方性法规规定必须办理认证手续”，属于增设违反上位法的其他条件的情形，违反了《行政许可法》的规定。

《行政许可法》第五十九条规定，行政机关实施行政许可，依照法律、行政法规收取费用的，应当按照公布的法定项目和标准收费；所收取的费用必须全部上缴国库，任何机关或者个人不得以任何形式截留、挪用、私分或者变相私分。财政部门不得以任何形式向行政机关返还或者变相返还实施行政许可所收取的费用。据此可知，选项B中“文化主管部门收取的费用由财政部门按一定比例返还”，违反了《行政许可法》的规定。

《行政许可法》第五十八条第一款规定，行政机关实施行政许可和对行政许可事项进行监督检查，不得收取任何费用。但是，法律、行政法规另有规定的，依照其规定。据此可知，实施行政许可不得收费，对于需要收费的特殊情形也只能由法律、行政法规来规定，地方性法规是无权规定对行政许可收费的。选项C中“缴纳特别管理费”违反了《行政许可法》的规定。

《行政许可法》第二十七条第一款规定，行政机关实施行政许可，不得向申请人提出购买指定商品、接受有偿服务等不正当要求。据此可知，选项D中“需安装建设主管部门指定的节能设施”违反了《行政许可法》的规定。

376. 某公司向规划局交纳了一定费用后获得了该局发放的建设用地规划许可证。刘某的房屋紧邻该许可规划用地，刘某认为建筑工程完成后将遮挡其房屋采光，向法院起诉请求撤销该许可决定。下列哪一说法是正确的？

A.规划局发放许可证不得向某公司收取任何费用

B.因刘某不是该许可的利害关系人，规划局审查和决定发放许可证无需听取其意见

C.因刘某不是该许可的相对人，不具有原告资格

D.因建筑工程尚未建设，刘某权益受侵犯不具有现实性，不具有原告资格

【正确答案】A

【答案解析】选项A正确。《行政许可法》第五十八条第一款，行政机关实施行政许可和对行政许可事项进行监督检查，不得收取任何费用。但是，法律、行政法规另有规定的，依照其规定。

选项B错误。《行政许可法》第三十六条规定，行政机关对行政许可申请进行审查时，发现行政许可事项直接关系他人重大利益的，应当告知该利害关系人。申请人、利害关系人有权进行陈述和申辩。行政机关应当听取申请人、利害关系人的意见。本案中，刘某是被许可地块的相邻权人，是该许可的利害关系人。因此，规划局审查和决定发放许可证时应当听取其意见。

选项C错误。《行政诉讼法》第二十五条第一款规定，行政行为的相对人以及其他与行政行为有利害关系的公民、法人或者其他组织，有权提起诉讼。据此可知，刘某是与行政行为有利害关系的公民，具有原告资格。

选项D错误。虽然该建筑工程尚未建设，目前还未影响到刘某的利益，但是该行政许可实施后将会对刘某的利益造成影响。因此，刘某依然属于该行政许可的利益相关人，有权提起行政诉讼。

377. 刘某向卫生局申请在小区设立个体诊所，卫生局受理申请。小区居民陈某等人提出，诊所的医疗废物会造成环境污染，要求卫生局不予批准。对此，下列哪一选项符合《行政许可法》规定？

A.刘某既可以书面也可以口头申请设立个体诊所

B.卫生局受理刘某申请后，应当向其出具加盖本机关专用印章和注明日期的书面凭证

C.如陈某等人提出听证要求，卫生局同意并听证的，组织听证的费用应由陈某承担

D.如卫生局拒绝刘某申请，原则上应作出书面决定，必要时口头告知即可

【正确答案】B

【答案解析】选项A不符合规定。《行政许可法》第二十九条第一款规定，公民、法人或者其他组织从事特定活动，依法需要取得行政许可的，应当向行政机关提出申请。申请书需要采用格式文本的，行政机关应当向申请人提供行政许可申请书格式文本。申请书格式文本中不得包含与申请行政许可事项没有直接关系的内容。该法第三十条第一款规定，行政机关应当将法律、法规、规章规定的有关行政许可的事项、依据、条件、数量、程序、期限以及需要提交的全部材料的目录和申请书示范文本等在办公场所公示。据此可知，行政许可申请应以书面形式提出，不能以口头形式提出。

选项B符合规定。《行政许可法》第三十二条第二款规定，行政机关受理或者不予受理行政许可申请，应当出具加盖本行政机关专用印章和注明日期的书面凭证。

选项C不符合规定。《行政许可法》第四十七条第二款规定，申请人、利害关系人不承担行政机关组织听证的费用。据此可知，听证费用不应由陈某承担。

选项D不符合规定。《行政许可法》第三十八条第二款规定，行政机关依法作出不予行政许可的书面决定的，应当说明理由，并告知申请人享有依法申请行政复议或者提起行政诉讼的权利。据此可知，行政机关不予行政许可，应当作出书面决定，不能口头告知。

378. 经甲公司申请，市建设局给其颁发建设工程规划许可证。后该局在复核中发现甲公司在申请时报送的企业法人营业执照已经超过有效期，遂依据《行政许可法》规定，撤销该公司的规划许可证，并予以注销。甲公司不服，向法院提起诉讼。市建设局撤销甲公司规划许可证的行为属于下列哪一类别?

A.行政处罚

B.行政强制措施

C.行政行为的撤销

D.行政检查

【正确答案】C

【答案解析】选项A错误。所谓行政处罚，是指行政机关对违反行政管理秩序的相对人实施的行政法上的惩罚性措施。本题中，市建设局撤销规划许可证的目的在于纠正违法行为，而非对违法行为进行惩罚，故不属于行政处罚。

选项B错误。所谓行政强制措施，是指行政机关在行政管理过程中，为制止违法行为、防止证据损毁、避免危害发生、控制危险扩大等情形，依法对相对人人身自由实施暂时性限制，或者对相对人的财产实施暂时性控制的行为。本题中，市建设局撤销规划许可证，既不是对相对人人身自由实施暂时性限制，也不是对相对人的财产实施暂时性控制，故不属于行政强制措施。

选项C正确。颁发建设工程规划许可证，属于行政许可，是行政行为的一种。《行政许可法》第六十九条规定:“有下列情形之一的，作出行政许可决定的行政机关或者其上级行政机关，根据利害关系人的请求或者依据职权，可以撤销行政许可:（一）行政机关工作人员滥用职权、玩忽职守作出准予行政许可决定的;（二）超越法定职权作出准予行政许可决定的;（三）违反法定程序作出准予行政许可决定的;（四）对不具备申请资格或者不符合法定条件的申请人准予行政许可的;（五）依法可以撤销行政许可的其他情形。”被许可人以欺骗、贿赂等不正当手段取得行政许可的，应当予以撤销。本题中，甲公司在申请行政许可时报送的企业法人营业执照已经超过有效期，属于上述规定中第（四）种情形，市建设局依据职权，可以撤销该行政许可。撤销规划许可证，自然属于对行政行为的撤销。

选项D错误。所谓行政检查，是指行政机关为了督促相对人遵纪守法，而了解有关情况的行政行为。在行政检查过程中，行政机关可以采取进入场所、调阅账表、扣押、查封、登记保存等多种手段。本题中，市建设局撤销规划许可证显然不属于行政检查。

379. 对下列哪些情形，行政机关应当办理行政许可的注销手续？

A.张某取得律师执业证书后，发生交通事故成为植物人

B.田某违法经营的网吧被吊销许可证

C.李某依法向国土资源管理部门申请延续采矿许可，国土资源管理部门在规定期限内未予答复

D.刘某通过行贿取得行政许可证后，被行政机关发现并撤销其许可

【正确答案】 ABD

【答案解析】《行政许可法》第七十条规定："有下列情形之一的，行政机关应当依法办理有关行政许可的注销手续：（一）行政许可有效期届满未延续的；（二）赋予公民特定资格的行政许可，该公民死亡或者丧失行为能力的；（三）法人或者其他组织依法终止的；（四）行政许可依法被撤销、撤回，或者行政许可证件依法被吊销的；（五）因不可抗力导致行政许可事项无法实施的；（六）法律、法规规定的应当注销行政许可的其他情形。"

根据上述规定，选项A属于该法第七十条第（二）项中赋予公民特定资格的行政许可，该公民死亡或者丧失行为能力的情况。选项B属于该法第七十条第（四）项中行政许可证件依法被吊销的情况。选项D属于该法第七十条第（四）项中行政许可依法被撤销的情况。

《行政许可法》第五十条第二款规定，行政机关应当根据被许可人的申请，在该行政许可有效期届满前作出是否准予延续的决定；逾期未作决定的，视为准予延续。选项C中，行政机关在规定的期限内未予答复，不属于行政许可有效期届满未延续的情况，因此不属于行政机关应当办理行政许可注销手续的情况。

380. 某县公安局开展整治非法改装机动车的专项行动，向社会发布通知：禁止改装机动车，发现非法改装机动车的，除依法暂扣行驶证、驾驶证6个月外，机动车所有人须到指定场所学习交通法规5日并出具自行恢复原貌的书面保证，不自行恢复的予以强制恢复。某县公安局依此通知查处10辆机动车，要求其所有人到指定场所学习交通法规5日并出具自行恢复原貌的书面保证。下列哪一说法是正确的？

A.通知为具体行政行为

B.要求10名机动车所有人学习交通法规5日的行为为行政指导

C.通知所指的暂扣行驶证、驾驶证6个月为行政处罚

D.通知所指的强制恢复为行政强制措施

【正确答案】 C

【答案解析】 选项A错误。某县公安局发布的通知是针对社会不特定对象发布的，可反复适用的规定，因此是抽象行政行为。

选项B错误。行政指导行为是行政机关以倡导、示范、建议、咨询等方式，引导公民自愿配合而达到行政管理目的的行为，属于非权力行政方式。行政指导的最大特征之一是非强制性。要求10名机动车所有人学习交通法规5日的行为具有强制性，故非行政指导。

选项C正确。《行政处罚法》第八条规定："行政处罚的种类：（一）警告；（二）罚款；

（三）没收违法所得、没收非法财物；（四）责令停产停业；（五）暂扣或者吊销许可证、暂扣或者吊销执照；（六）行政拘留；（七）法律、行政法规规定的其他行政处罚。”

选项D错误。《行政强制法》第九条规定：“行政强制措施的种类：（一）限制公民人身自由；（二）查封场所、设施或者财物；（三）扣押财物；（四）冻结存款、汇款；（五）其他行政强制措施。”第十二条规定：“行政强制执行的方式：（一）加处罚款或者滞纳金；（二）划拨存款、汇款；（三）拍卖或者依法处理查封、扣押的场所、设施或者财物；（四）排除妨碍、恢复原状；（五）代履行；（六）其他强制执行方式。”据此可知，通知所指的强制恢复为行政强制执行的方式，而非行政强制措施。

381. 某市质监局发现一公司生产劣质产品，查封了公司的生产厂房和设备，之后决定没收全部劣质产品、罚款10万元。该公司逾期不缴纳罚款。下列哪一选项是错误的？（ ）

A.实施查封时应制作现场笔录

B.对公司的处罚不能适用简易程序

C.对公司逾期缴纳罚款，质监局可以每日按罚款数额的3%加处罚款

D.质监局可以通知该公司的开户银行划拨其存款

【正确答案】D

【答案解析】选项A说法正确。《行政强制法》第二十四条第一款规定，行政机关决定实施查封、扣押的，应当履行本法第十八条规定的程序，制作并当场交付查封、扣押决定书和清单。《行政强制法》第十八条第（七）项规定，行政机关实施行政强制措施应当制作现场笔录。

选项B说法正确。《行政处罚法》第三十三条规定，违法事实确凿并有法定依据，对公民处以五十元以下、对法人或者其他组织处以一千元以下罚款或者警告的行政处罚，可以当场作出行政处罚决定。

选项C说法正确。《行政处罚法》第五十一条规定：“当事人逾期不履行行政处罚决定的，作出行政处罚决定的行政机关可以采取下列措施：（一）到期不缴纳罚款的，每日按罚款数额的百分之三加处罚款；（二）根据法律规定，将查封、扣押的财物拍卖或者将冻结的存款划拨抵缴罚款；（三）申请人民法院强制执行。”

选项D说法错误。《行政强制法》第四十七条规定，划拨存款、汇款应当由法律规定的行政机关决定，并书面通知金融机构。金融机构接到行政机关依法作出划拨存款、汇款的决定后，应当立即划拨。法律规定以外的行政机关或者组织要求划拨当事人存款、汇款的，金融机构应当拒绝。《行政强制法》、《行政处罚法》以及《产品质量法》等法律并没有赋予质监部门享有划拨存款的直接强制执行权。

382. 某国土资源局以陈某违反《土地管理法》为由，向陈某送达决定书，责令其在10日内拆除擅自在集体土地上建造的3间房屋，恢复土地原状。陈某未履行决定。下列哪一说法是错误的？

A.国土资源局的决定书应载明，不服该决定申请行政复议或提起行政诉讼的途径和期限

B.国土资源局的决定为负担性具体行政行为

C.因《土地管理法》对起诉期限有特别规定，陈某对决定不服提起诉讼的，应依该期限规定

D.如陈某不履行决定又未在法定期限内申请复议或起诉的，国土资源局可以自行拆除陈某所建房屋

【正确答案】D

【答案解析】选项A正确。《行政处罚法》第三十九条第一款第（五）项规定，行政机关依照本法第三十八条的规定给予行政处罚，应当制作行政处罚决定书。行政处罚决定书应当载明不服行政处罚决定，申请行政复议或者提起行政诉讼的途径和期限。

选项B说法正确。为当事人授予权利、利益或者免除负担义务的，是授益的具体行政行为；为当事人设定义务或者剥夺其权益的，是负担的具体行政行为。国土资源局的决定剥夺、限制了陈某的财产权，属于负担的具体行政行为。

选项C正确，选项D错误。《行政诉讼法》第四十六条第一款规定，公民、法人或者其他组织直接向人民法院提起诉讼的，应当自知道或者应当知道作出行政行为之日起六个月内提出。法律另有规定的除外。《土地管理法》第八十三条规定，依照本法规定，责令限期拆除在非法占用的土地上新建的建筑物和其他设施的，建设单位或者个人必须立即停止施工，自行拆除；对继续施工的，作出处罚决定的机关有权制止。建设单位或者个人对责令限期拆除的行政处罚决定不服的，可以在接到责令限期拆除决定之日起十五日内，向人民法院起诉；期满不起诉又不自行拆除的，由作出处罚决定的机关依法申请人民法院强制执行，费用由违法者承担。相对于《行政诉讼法》来说，《土地管理法》是特别法，根据特别法优于一般法的原理，陈某对决定不服提起诉讼的，应依《土地管理法》规定的期限起诉。此外，国土资源局无权自行拆除陈某所建的房屋，其应申请人民法院来强制执行。

383. 某市卫生局经调查取证，认定某公司实施了未经许可擅自采集血液的行为，依据有关法律和相关规定，决定取缔该公司非法采集血液的行为，同时没收5只液氮生物容器。下列哪些说法是正确的？（ ）

A.市卫生局在调查时，执法人员不得少于2人，并应当向当事人出示证件

B.若市卫生局当场作出决定，某公司不服申请复议的期限应自决定作出之日起计算

C.若某公司起诉，市卫生局向法院提供的现场笔录的效力，优于某公司的证人对现场的描述

D.没收5只液氮生物容器属于保全措施

【正确答案】 ABC

【答案解析】 选项A正确。《行政处罚法》第三十七条第一款规定，行政机关在调查或者进行检查时，执法人员不得少于两人，并应当向当事人或者有关人员出示证件。当事人或者有关人员应当如实回答询问，并协助调查或者检查，不得阻挠。询问或者检查应当制作笔录。

选项B正确。《行政复议法实施条例》第十五条第一款第（一）项规定，当场作出具体行政行为的，自具体行政行为作出之日起计算。

选项C正确。本题中，市卫生局向法院提供的证据属于证据种类中的“现场笔录”，某公司的证人对现场的描述属于证据种类中的“证人证言”。《最高人民法院关于行政诉讼证据若干问题的规定》（简称《行政诉讼证据规定》）第六十三条第（二）项规定，鉴定结论、现场笔录、勘验笔录、档案材料以及经过公证或者登记的书证优于其他书证、视听资料和证人证言。据此可知，市卫生局向法院提供的现场笔录的效力，优于某公司的证人对现场的描述。

选项D错误。《行政处罚法》第八条规定："行政处罚的种类：（一）警告；（二）罚款；（三）没收违法所得、没收非法财物；（四）责令停产停业；（五）暂扣或者吊销许可证、暂扣或者吊销执照；（六）行政拘留；（七）法律、行政法规规定的其他行政处罚。"据此可知，没收5只液氮生物容器属于行政处罚中的"没收非法财物"的行为，而非保全措施。

384. 某县质量技术监督局以某食品公司生产销售的葡萄酒生产日期标注不真实，违反《产品质量法》为由，决定责令该公司停止生产销售，罚款3000元，没收违法所得。下列哪些说法是正确的？

A.若某县质量技术监督局在调查时，为防止证据灭失，对某食品公司生产销售的葡萄酒先行登记保存，应经该局负责人批准

B.若对某县质量技术监督局的决定不服，某食品公司应先申请复议才能提起行政诉讼

C.某食品公司对某县质量技术监督局的决定不服申请复议，须以某县政府为复议机关

D.某县质量技术监督局向法院申请强制执行时，某食品公司的财产状况是应提交的材料之一

【正确答案】 AD

【答案解析】 选项A正确。《行政处罚法》第三十七条第二款规定，行政机关在收集证据时，可以采取抽样取证的方法；在证据可能灭失或者以后难以取得的情况下，经行政机关负责人批准，可以先行登记保存，并应当在七日内及时作出处理决定，在此期间，当事人或者有关人员不得销毁或者转移证据。

选项B错误。《行政处罚法》第六条第一款规定，公民、法人或者其他组织对行政机关所给予的行政处罚，享有陈述权、申辩权；对行政处罚不服的，有权依法申请行政复议或者提起行政诉讼。

选项C错误。《行政复议法》第十二条第一款规定，对县级以上地方各级人民政府工作部门的具体行政行为不服的，由申请人选择，可以向该部门的本级人民政府申请行政复议，也可以向上一级主管部门申请行政复议。

选项D正确。《行政诉讼法执行解释》第九十一条第一款规定，行政机关申请人民法院强制执行其具体行政行为，应当提交申请执行书、据以执行的行政法律文书、证明该具体行政行为合法的材料和被执行人财产状况以及其他必须提交的材料。

385. 某县公安局接到有人在薛某住所嫖娼的电话举报，遂派员前往检查。警察到达举报现场，敲门未开破门入室，只见薛某一人。薛某拒绝在检查笔录上签字，警察在笔录上注明这一情况。薛某认为检查行为违法，提起行政诉讼。下列哪些选项是正确的？

A.某县公安局应当对电话举报进行登记

B.警察对薛某住所进行检查时不得少于2人

C、警察对薛某住所进行检查时应当出示工作证件和县级以上政府公安机关开具的检查证明文件

D、因薛某未在警察制作的检查笔录上签字，该笔录在行政诉讼中不具有证据效力

【正确答案】ABC

【答案解析】选项A正确。《治安管理处罚法》第七十七条规定，公安机关对报案、控告、举报或者违反治安管理行为人主动投案，以及其他行政主管部门、司法机关移送的违反治安管理案件，应当及时受理，并进行登记。

选项B、C正确。《治安管理处罚法》第八十七条第一款规定，公安机关对与违反治安管理行为有关的场所、物品、人身可以进行检查。检查时，人民警察不得少于两人，并应当出示工作证件和县级以上人民政府公安机关开具的检查证明文件。对确有必要立即进行检查的，人民警察经出示工作证件，可以当场检查，但检查公民住所应当出示县级以上人民政府公安机关开具的检查证明文件。

选项D错误。《治安管理处罚法》第八十八条规定，检查的情况应当制作检查笔录，由检查人、被检查人和见证人签名或者盖章；被检查人拒绝签名的，人民警察应当在笔录上注明。据此可知，被检查人拒绝签名的，人民警察在笔录上注明，该检查笔录仍然具有证据效力。

386. 某区公安分局以非经许可运输烟花爆竹为由，当场扣押孙某杂货店的烟花爆竹100件。关于此扣押，下列哪一说法是错误的?

A.执法人员应当在返回该分局后立即向该分局负责人报告并补办批准手续

B.扣押时应当制作现场笔录

C.扣押时应当制作并当场交付扣押决定书和清单

D.扣押应当由某区公安分局具备资格的行政执法人员实施

【正确答案】A

【答案解析】选项A错误。《行政强制法》第十九条规定，情况紧急，需要当场实施行政强制措施的，行政执法人员应当在二十四小时内向行政机关负责人报告，并补办批准手续。行政机关负责人认为不应当采取行政强制措施的，应当立即解除。选项A不属于“情况紧急，需要当场实施行政强制措施”的情形。

选项B、D正确。《行政强制法》第十八条规定：“行政机关实施行政强制措施应当遵守下列规定：（一）实施前须向行政机关负责人报告并经批准；（二）由两名以上行政执法人员实施；（三）出示执法身份证件；（四）通知当事人到场；（五）当场告知当事人采取行政强制措施的理由、依据以及当事人依法享有的权利、救济途径；（六）听取当事人的陈述和申辩；（七）制作现场笔录；（八）现场笔录由当事人和行政执法人员签名或者盖章，当事人拒绝的，在笔录中予以注明；（九）当事人不到场的，邀请见证人到场，由见证人和行政执法人员在现场笔录上签名或者盖章；（十）法律、法规规定的其他程序。”

选项C正确。《行政强制法》第二十四条规定，行政机关决定实施查封、扣押的，应当履行本法第十八条规定的程序，制作并当场交付查封、扣押决定书和清单。

387. 代履行是行政机关强制执行的方式之一。有关代履行，下列哪些说法是错误的?

A.行政机关只能委托没有利害关系的第三人代履行

B.代履行的费用均应当由负有义务的当事人承担

C.代履行不得采用暴力、胁迫以及其他非法方式

D.代履行3日前应送达决定书

【正确答案】ABD

【答案解析】选项A错误。《行政强制法》第五十条规定，行政机关依法作出要求当事人履行排除妨碍、恢复原状等义务的行政决定，当事人逾期不履行，经催告仍不履行，其后果已经或者将危害交通安全、造成环境污染或者破坏自然资源的，行政机关可以代履行，或者委托没有利害关系的第三人代履行。

选项B、D错误，选项C正确。《行政强制法》第五十一条规定，代履行应当遵守下列规定：（一）代履行前送达决定书，代履行决定书应当载明当事人的姓名或者名称、地址，代履行的理由和依据、方式和时间、标的、费用预算以及代履行人；（二）代履行三日前，催告当事人履行，当事人履行的，停止代履行；（三）代履行时，作出决定的行政机关应当派员到场监督；（四）代履行完毕，行政机关到场监督的工作人员、代履行人和当事人或者见证人应当在执行文书上签名或者盖章。代履行的费用按照成本合理确定，由当事人承担。但是，法律另有规定的除外。代履行不得采用暴力、胁迫以及其他非法方式。

388. 规划局认定一公司所建房屋违反规划，向该公司发出《拆除所建房屋通知》，要求公司在15日内拆除房屋。到期后，该公司未拆除所建房屋，该局发出《关于限期拆除所建房屋的通知》，要求公司在10日内自动拆除，否则将依法强制执行。下列哪些说法是正确的？

A.《拆除所建房屋通知》与《关于限期拆除所建房屋的通知》性质不同

B.《关于限期拆除所建房屋的通知》系行政处罚

C.公司可以对《拆除所建房屋通知》提起行政诉讼

D.在作出《拆除所建房屋通知》时，规划局可以适用简易程序

【正确答案】AC

【答案解析】选项A正确，选项B错误。《拆除所建房屋通知》属于行政处罚，《关于限期拆除所建房屋的通知》属于行政强制执行前的催告。

选项C正确。因该公司“所建房屋违反规划”，规划局发出《拆除所建房屋通知》要求拆除违章建筑，该行为属于行政处罚，相对人对此不服的，可以提起行政诉讼。

选项D错误。根据《行政处罚法》第三十三条规定，只有罚款、警告的案件才可能适用简易程序当场作出处罚决定，本题属于拆除违章建筑，不可适用简易程序的相关规定。

389. 某交通局在检查中发现张某所驾驶货车无道路运输证，遂扣留了张某驾驶证和车载货物，要求张某缴纳罚款1万元。张某拒绝缴纳，交通局将车载货物拍卖抵缴罚款。下列说法正确的有哪些？

A.扣留驾驶证的行为为行政强制措施

B.扣留车载货物的行为为行政强制措施

C.拍卖车载货物的行为为行政强制措施

D.拍卖车载货物的行为为行政强制执行

【正确答案】ABD

【答案解析】《行政强制法》第九条规定：“行政强制措施的种类：（一）限制公民人身自由；（二）查封场所、设施或者财物；（三）扣押财物；（四）冻结存款、汇款；（五）其他行政强制措施。”《行政强制法》第十二条规定：“行政强制执行的方式：（一）加处罚款或者滞纳金；（二）划拨存款、汇款；（三）拍卖或者依法处理查封、扣押的场所、设施或者财物；（四）排除妨碍、恢复原状；（五）代履行；（六）其他强制执行方式。”行政强制措施的特征有预防性、制止性、临时性、中间性的特点。其目的在于预防、制止或控制危害社会行为的发生或扩大，常常是行政机关作出最终处理决定的前奏和准备。据此，“扣押驾驶证和车载货物”属于行政强制措施，“要求张某缴纳罚款1万元”属于行政处罚。

390. 村民陈某在本村建一住宅。镇政府认定其非法占用土地，违反《土地管理法》，作出拆除房屋、退还土地的决定，随后将房屋强制拆除。陈某向法院提起诉讼，请求撤销镇政府的决定，确认拆除行为违法。关于镇政府的权力，下列哪一选项是正确的？（ ）

A.有权作出拆除决定，但无权强制执行

B.有权作出拆除决定，也有权强制执行

C.无权作出拆除决定，也无权强制执行

D.无权作出拆除决定，但可以强制执行

【正确答案】C

【答案解析】选项A、B错误。《土地管理法》第七十七条第一款规定，农村村民未经批准或者采取欺骗手段骗取批准，非法占用土地建住宅的，由县级以上人民政府土地行政主管部门责令退还非法占用的土地，限期拆除在非法占用的土地上新建的房屋。据此可知，有权作出限期拆除决定的主体是县级以上人民政府土地行政主管部门，镇政府无权作出该决定。

选项C正确，选项D错误。《行政强制法》第三十四条规定，行政机关依法作出行政决定后，当事人在行政机关决定的期限内不履行义务的，具有行政强制执行权的行政机关依照本法规定强制执行。《土地管理法》第八十三条规定，依照本法规定，责令限期拆除在非法占用的土地上新建的建筑物和其他设施的，建设单位或者个人必须立即停止施工，自行拆除；对继续施工的，作出处罚决定的机关有权制止。建设单位或者个人对责令限期拆除的行政处罚决定不服的，可以在接到责令限期拆除决定之日起十五日内，向人民法院起诉；期满不起诉又不自行拆除的，由作出处罚决定的机关依法申请人民法院强制执行，费用由违法者承担。据此可知，镇政府无权强制执行。

391. 2002年，甲乙两村发生用地争议，某县政府召开协调会并形成会议纪要。2008年12月，甲村一村民向某县政府申请查阅该会议纪要。下列哪些选项是正确的？（ ）

A.该村民可以口头提出申请

B.因会议纪要形成于《政府信息公开条例》实施前，故不受《条例》规范

C.因会议纪要不属于政府信息，某县政府可以不予公开

D.如某县政府提供有关信息，可以向该村民收取检索、复制、邮寄等费用

【正确答案】AD

【答案解析】选项A正确。《政府信息公开条例》第二十条第一款规定，公民、法人或者其他组织依照本条例第十三条规定向行政机关申请获取政府信息的，应当采用书面形式（包括数据电文形式）；采用书面形式确有困难的，申请人可以口头提出，由受理该申请的行政机关代为填写政府信息公开申请。

选项B错误。《政府信息公开条例》第三十八条规定，本条例自2008年5月1日起施行。只要政府信息公开行为发生在该条例施行后，就应该受到该条例的调整，至于该政府信息是否形成于该条例施行前，不在考虑之列。

选项C错误。《政府信息公开条例》第二条规定，本条例所称政府信息，是指行政机关在履行职责过程中制作或者获取的，以一定形式记录、保存的信息。据此可知，该信息属于政府信息，且不属于不公开的范围（涉及国家秘密、商业秘密、个人隐私），应予公开。

选项D正确。《政府信息公开条例》第二十七条第一款规定，行政机关依申请提供政府

信息，除可以收取检索、复制、邮寄等成本费用外，不得收取其他费用。行政机关不得通过其他组织、个人以有偿服务方式提供政府信息。

392. 因一高压线路经过某居民小区，该小区居民李某向某市规划局申请公开高压线路图。下列哪些说法是正确的？（　）

A.李某提交书面申请时应出示本人有效身份证明

B.李某应说明申请信息的用途

C.李某可以对公开信息方式提出自己要求

D.某市规划局公开信息时，可以向李某依法收取相关成本费

【正确答案】CD

【答案解析】选项A、B错误，选项C正确。《政府信息公开条例》第十三条规定，除本条例第九条、第十条、第十一条、第十二条规定的行政机关主动公开的政府信息外，公民、法人或者其他组织还可以根据自身生产、生活、科研等特殊需要，向国务院部门、地方各级人民政府及县级以上地方人民政府部门申请获取相关政府信息。该条例第二十条规定，公民、法人或者其他组织依照本条例第十三条规定向行政机关申请获取政府信息的，应当采用书面形式（包括数据电文形式）；采用书面形式确有困难的，申请人可以口头提出，由受理该申请的行政机关代为填写政府信息公开申请。政府信息公开申请应当包括下列内容：①申请人的姓名或者名称、联系方式；②申请公开的政府信息的内容描述；③申请公开的政府信息的形式要求。

选项D正确。该条例第二十七条规定，行政机关依申请提供政府信息，除可以收取检索、复制、邮寄等成本费用外，不得收取其他费用。行政机关不得通过其他组织、个人以有偿服务方式提供政府信息。行政机关收取检索、复制、邮寄等成本费用的标准由国务院价格主管部门会同国务院财政部门制定。

393. 当事人对下列哪些事项既可以申请行政复议，也可以提起行政诉讼？

A.行政机关对民事纠纷的调解

B.出入境边防检查机关对外国人采取的遣送出境措施

C.是否征收反倾销税的决定

D.税务机关作出的处罚决定

【正确答案】CD

【答案解析】选项A错误。根据《行政复议法》第八条第二款的规定，对行政机关对民事纠纷作出的调解处理决定不服的，依法申请仲裁或者向人民法院提起民事诉讼。《行政诉讼法执行解释》第一条第二款第（三）项规定，公民、法人或者其他组织对调解行为以及法律规定的仲裁行为不服提起诉讼的，不属于人民法院行政诉讼的受案范围。据此可知，行政调解既不属于行政复议的受案范围，也不属于行政诉讼的受案范围。

选项B错误。《出入境管理法》第六十四条第一款，外国人对依照本法规定对其实施的继续盘问、拘留审查、限制活动范围、遣送出境措施不服的，可以依法申请行政复议，该行政复议决定为最终决定。据此可知，只允许申请行政复议，不可以提起行政诉讼。

选项C正确。《反倾销条例》第五十三条规定，对依照本条例第二十五条作出的终裁决定不服的，对依照本条例第四章作出的是否征收反倾销税的决定以及追溯征收、退税、对新出口经营者征税的决定不服的，或者对依照本条例第五章作出的复审决定不服的，可以依法申请行政复议，也可以依法向人民法院提起诉讼。

选项D正确。《税收征收管理法》第八十八条第二款规定，当事人对税务机关的处罚决定、强制执行措施或者税收保全措施不服的，可以依法申请行政复议，也可以依法向人民法院起诉。

394. 为严格本地生猪屠宰市场管理，某县政府以文件形式规定，凡本县所有猪类屠宰单位和个人，须在规定期限内到生猪管理办公室申请办理生猪屠宰证，违者予以警告或罚款。个体户张某未按文件规定申请办理生猪屠宰证，生猪管理办公室予以罚款200元。下列哪些说法是错误的?

A.若张某在对罚款不服申请复议时一并对县政府文件提出审查申请，复议机关应当转送有权机关依法处理

B.某县政府的文件属违法设定许可和处罚，有权机关应依据《行政处罚法》和《行政许可法》对相关责任人给予行政处分

C.生猪管理办公室若以自己名义作出罚款决定，张某申请复议应以其为被申请人

D.若张某直接向法院起诉，应以某县政府为被告

【正确答案】ABC

【答案解析】选项A错误。《行政复议法》第二十六条规定，申请人在申请行政复议时，一并提出对本法第七条所列有关规定的审查申请的，行政复议机关对该规定有权处理的，应当在三十日内依法处理；无权处理的，应当在七日内按照法定程序转送有权处理的行政机关依法处理，有权处理的行政机关应当在六十日内依法处理。处理期间，中止对具体行政行为的审查。本题中，生猪管理办公室是县政府设立的办事机构，没有行政主体资格，因此行政复议的被申请人是县政府，复议机关是县政府的上一级人民政府。该文件是县政府发布的，县政府的上一级人民政府有权对该文件作出处理，不需要转送。

选项B错误。根据《行政许可法》第十四条、第十五条和第十七条的规定，只有法律、行政法规、国务院决定、地方性法规和省级政府规章才可设定行政许可。因此，县政府文件属于违法设定行政许可。根据《行政处罚法》第九条至第十四条的规定，只有法律、行政法规、地方性法规、部门规章和地方政府规章可以设定行政处罚。因此，县政府文件也属于违法设定行政处罚。选项B后半句表述错误，《行政处罚法》和《行政许可法》并没有明确规定在违法设定许可和处罚的情形下，对相关责任人给予行政处分。

选项C错误。《行政复议法实施条例》第十四条规定，行政机关设立的派出机构、内设机构或者其他组织，未经法律、法规授权，对外以自己名义作出具体行政行为的，该行政机关为被申请人。

选项D正确。《行政诉讼法执行解释》第二十条第二款规定，行政机关的内设机构或者派出机构在没有法律、法规或者规章授权的情况下，以自己的名义作出具体行政行为，当事人不服提起诉讼的，应当以该行政机关为被告。

395. 取缔的概念如何理解?

答:（1）取缔的主体。

主要是具有行政处罚权的国家行政机关，如工商、公安、民政、出版等部门。特定条件下也包括司法机关，如“……构成犯罪的，依法追究刑事责任”“……行政机关申请人民法院强制执行。”

（2）取缔的对象。

未经许可擅自从事某项活动的行为或违反法律禁止性规定从事某项活动的行为，即非法主体的活动或者合法主体的非法活动。

（3）取缔的前提。

行政管理相对人从事违法活动扰乱行政管理秩序，行政机关出于维护行政管理秩序和保护社会公共利益的需要。

（4）取缔的手段。

包括行政指导、行政命令、行政强制、行政处罚、司法制裁等手段。比如：①对轻微违法行为批评教育，使违法当事人认识到错误，主动停止和纠正违法行为，办理相关证照变成合法经营。②责令当事人停止违法行为，责令当事人改正错误。③扣留经营工具、查封、扣押财物、账册、合同等。④查封经营场所。⑤捣毁生产设施。⑥没收工具、设备、原材料、产品、违法所得等。⑦收缴非法财物、违禁物品。⑧通知有关单位断水、断电、断信号、收回出租场地等。⑨强制当事人消除影响、恢复原状。⑩其他法律规定的措施。

396. 关于具体行政行为的成立和效力，下列哪些选项是错误的？（ ）

A.与抽象行政行为不同，具体行政行为一经成立即生效

B.行政强制执行是实现具体行政行为执行力的制度保障

C.未经送达领受程序的具体行政行为也具有法律约束力

D.因废止具体行政行为给当事人造成损失的，国家应当给予赔偿

【正确答案】ACD

【答案解析】选项A错误。一般地说，具体行政行为一经成立就可以立即生效（符合具体行政行为的成立条件，不存在具体行政行为的无效因素），但是行政行为也可以在某一事件发生后或者经过一段时间后才发生效力，这经常出现在附生效条件的具体行政行为中。

选项B正确。理论上，具体行政行为发生拘束力后，有关当事人应当积极主动地履行相关义务，如果当事人不能自动履行这些义务，具体行政行为所规定的权利和义务就无法实现，具体行政行为的执行力就可以发生作用。有关机关可以根据法律的规定依职权或者依申请采取措施，强制实现具体行政行为的权利义务安排。

选项C错误。在程序上，具体行政行为应按照法律规定的时间和方式进行送达。即未经送达领受程序的具体行政行为，不发生法律约束力。

选项D错误。如果行政行为废止使当事人的合法权益受到严重损失，或者带来严重的社会不公正，行政机关应当给予受到损失的当事人以必要的补偿，而非赔偿。

397、关于行政许可实施程序的听证规定，下列哪些说法是正确的？

A.行政机关应在举行听证7日前将时间、地点通知申请人、利害关系人

B.行政机关可视情况决定是否公开举行听证

C.申请人、利害关系人对听证主持人可以依照规定提出回避申请

D.举办听证的行政机关应当制作笔录，听证笔录应当交听证参与人确认无误后签字或者盖章

【正确答案】ACD

【答案解析】选项A正确。《行政许可法》第四十八条第一款第（一）项规定，行政机关应当于举行听证的七日前将举行听证的时间、地点通知申请人、利害关系人，必要时予以公告。

选项B错误。《行政许可法》第四十八条第一款第（二）项规定，听证应当公开举行。

选项C正确。《行政许可法》第四十八条第一款第（三）项规定，行政机关应当指定审查该行政许可申请的工作人员以外的人员为听证主持人，申请人、利害关系人认为主持人与该行政许可事项有直接利害关系的，有权申请回避。

选项D正确。《行政许可法》第四十八条第一款第（五）项规定，听证应当制作笔录，听证笔录应当交听证参加人确认无误后签字或者盖章。

398. 法制机构如何协同办案机构提高案件质量?

答：办案机构和法制机构的工作是否协调和谐，是影响工商部门案件质量的一个重要因素。虽然一个是办案，一个是审案，从表面上看是相互制约和相互监督的，但办案机构和法制机构的工作目标是一致的，都是为了履行职责、依法行政、维护工商部门的形象和权威，只是分工不同而已。办案机构和法制机构应发挥各自的职能优势，在协作中互补，在交流中提高。

（1）加强沟通配合。

办案机构和法制机构应该正确认识自己的工作职责，在统一思想、达成共识的基础上加强沟通和配合。

首先，办案机构不能认为法制机构的严格审核是跟自己过不去，故意找麻烦，因而产生消极、对立情绪。若法制机构一味强调执法监督而忽略服务和沟通，不从办案机构的立场来换位思考，认为我就是给你办案机构挑刺的，对非原则性的问题也寸步不让，那样就无法统一思想、达成共识，更谈不上沟通和配合，甚至还会产生感情摩擦和工作矛盾。

其次，遇到重大疑难案件，办案人员在取证阶段对案件的定性、处罚不明确时，就应该主动和法制机构沟通，大家一起出主意、想办法。等到案件调查终结送法制机构核审时，双方已经在案件定性和证据取舍上基本达成共识，就不易产生矛盾，从而也有利于加快案件核审的速度，尽快结案。

从案件审核角度来看，法制机构在工作中发现办案机构对案件的定性、适用法律、证据取舍方面存在较大缺陷时，应该主动先和办案人员沟通，大家共同讨论，以期达成共识。不要轻易以一句“事实不清、证据不足或定性不准”就随便退回办案机构了事，甚至将情况反映到领导那里，这样不但会影响同志之间的团结，也会给以后工作的正常开展埋下隐患。

此外，对当事人的陈述和申辩，无论当事人找到办案机构人员还是法制机构人员，都要认真听取，对当事人反映的情况加强沟通。尤其是当事人与办案机构对案情的认识不一致，有误解或摩擦时，法制机构要多做解释、说服工作，化解当事人和办案机构的疙瘩与矛盾，使当事人消除疑虑，心悦诚服。

（2）法制机构要树立服务意识。

法制机构虽然是执法监督机构，但也要树立服务意识，为办案机构提供法律服务，为依法行政工作服务，当好领导的参谋、助手。

例如，工商业务涉及的法律法规较多，而且更新很快，某局法制机构通过内网设立了“新法规速递”栏目及时将新法规挂在网上，方便大家查阅和学习。为了使办案文书的使用更加规范，某局法制机构对现场笔录、询问笔录等文书统一制作成格式文本、对文书首部出示执法证、当事人的权利义务告知等内容统一作了规范。为了使书证的形式更加符合《行政诉讼证据规定》的要求，又制作了《证据提取单》。针对在调查取证中当事人拒不提供证据的情形，为减少诉讼不利因素，设计制作了《责令提供证据通知书》。法制机构的主动服务，不但减少了办案机构的对立情绪，而且提高了案件质量。

因此，办案机构和法制机构应携起手来，为促进依法行政、提高案件质量，树立水利执法形象作出自己的努力。

399. 甲县政府设立的临时机构基础设施建设指挥部，认定有10户居民的小区自建的围墙及附属房系违法建筑，指令乙镇政府具体负责强制拆除。10户居民对此决定不服起诉。下列哪些说法是正确的？

A.本案被告为乙镇政府

B.本案应由中级法院管辖

C.如10户居民在指定期限内未选定诉讼代表人的，法院可以依职权指定

D.如10户居民对此决定申请复议，复议机关为甲县政府

【正确答案】BC

【答案解析】选项A错误。《行政诉讼法执行解释》第二十条第一款规定，行政机关组建并赋予行政管理职能但不具有独立承担法律责任能力的机构，以自己的名义作出具体行政行为，当事人不服提起诉讼的，应当以组建该机构的行政机关为被告。据此可知，本案被告应当为县政府，因为强制拆除决定是由“甲县政府设立的临时机构基础设施建设指挥部”作出的，应由甲县政府为被告。镇政府只是执行人，并非该决定的作出者，不能成为被告。

选项B正确。《行政诉讼法》第十五条第（一）项规定，对国务院部门或者县级以上地方人民政府所作的行政行为提起诉讼的一审行政案件，由中级人民法院管辖。本题中，被告为县级人民政府，因此应由中级人民法院管辖。

选项C正确。《行政诉讼法执行解释》第十四条第三款规定，同案原告为五人以上，应当推选一至五名诉讼代表人参加诉讼；在指定期限内未选定的，人民法院可以依职权指定。

选项D错误。《行政复议法》第十三条第一款规定，对地方各级人民政府的具体行政行为不服的，向上一级地方人民政府申请行政复议。本题中，被申请人是甲县人民政府，复议机关应为其上一级人民政府。

400. 国务院某部对一企业作出罚款50万元的处罚。该企业不服，向该部申请行政复议。下列哪一说法是正确的？

A.在行政复议中，不应对罚款决定的合理性进行审查

B.企业委托代理人参加行政复议的，可以口头委托

C.如在复议过程中企业撤回复议的，即不得再以同一事实和理由提出复议申请

D.如企业对复议决定不服向国务院申请裁决，企业对国务院的裁决不服向法院起诉的，法院不予受理

【正确答案】D

【答案解析】选项A错误。行政复议机关除了对具体行政行为的合法性进行审查外，还可以对其合理性进行审查。

选项B错误。《行政复议法实施条例》第十条规定，申请人、第三人委托代理人的，应当向行政复议机构提交授权委托书。公民在特殊情况下无法书面委托的，可以口头委托。据此可知，企业不可以口头委托。

选项C错误。《行政复议法实施条例》第三十八条第二款规定，申请人撤回行政复议申请的，不得再以同一事实和理由提出行政复议申请。但是，申请人能够证明撤回行政复议申请违背其真实意思表示的除外。

选项D正确。《行政复议法》第十四条规定，对国务院部门或者省、自治区、直辖市人民政府的具体行政行为不服的，向作出该具体行政行为的国务院部门或者省、自治区、直辖市人民政府申请行政复议。对行政复议决定不服的，可以向人民法院提起行政诉讼；也可以向国务院申请裁决，国务院依照本法的规定作出最终裁决。

401. 某区环保局因某新建水电站未报批环境影响评价文件，且已投入生产使用，给予其罚款10万元的处罚。水电站不服，申请复议，复议机关作出维持处罚的复议决定书。下列哪一说法是正确的?

A.复议机构应当为某区政府

B.如复议期间案件涉及法律适用问题，需要有权机关作出解释，行政复议终止

C.复议决定书一经送达，即发生法律效力

D.水电站对复议决定不服向法院起诉，应由复议机关所在地的法院管辖

【正确答案】C

【答案解析】选项A错误。《行政复议法》第十二条第一款规定，对县级以上地方各级人民政府工作部门的具体行政行为不服的，由申请人选择，可以向该部门的本级人民政府申请行政复议，也可以向上一级主管部门申请行政复议。行政复议机构是行政复议机关内部设立的专门负责办理行政复议案件的办事机构，即负责法制工作的机构。据此可知，复议机构应为区政府或市环保局中的法制机构。

选项B错误。《行政复议法实施条例》第四十一条第一款第（六）项规定，案件涉及法律适用问题，需要有权机关作出解释或者确认，影响行政复议案件审理的，行政复议中止。

选项C正确。《行政复议法》第三十一条第三款规定，行政复议决定书一经送达，即发生法律效力。

选项D错误。《行政诉讼法》第十八条第一款规定，行政案件由最初作出行政行为的行政机关所在地人民法院管辖。经复议的案件，也可以由复议机关所在地人民法院管辖。本题属于经复议的案件，可以由作出原具体行政行为机关所在地法院管辖，也可以由复议机关所在地法院管辖。

402. 郑某因某厂欠缴其社会养老保险费，向区社保局投诉。2004年9月22日，该局向该厂送达《决定书》，要求为郑某缴纳养老保险费1万元。同月30日，该局向郑某送达告知书，称其举报一事属实，并要求他缴纳养老保险费（个人缴纳部分）2000元。郑某不服区社保局的《决定书》向法院起诉，法院的生效判决未支持郑某的请求。2005年4月19日，郑某不服告知书向市社保局申请复议，后者作出不予受理决定，郑某不服提起诉讼。下列选项哪些是正确的?

A.郑某向市社保局提出的复议申请已超过申请期限

B.区社保局所在地的法院和市社保局所在地的法院对本案均有管辖权

C.郑某的起诉属重复起诉

D.如郑某对告知书不服直接向法院起诉，法院可以被诉行为系重复处理行为为由不受理郑某的起诉

【正确答案】AB

【答案解析】选项A正确。《行政复议法》第九条规定，公民、法人或者其他组织认为具体行政行为侵犯其合法权益的，可以自知道该具体行政行为之日起六十日内提出行政复议申请；但是法律规定的申请期限超过六十日的除外。据此可知，郑某向市社保局提出的复议申请已经超过了法定的复议申请期限。

选项B正确。《行政诉讼法》第十八条第一款规定，行政案件由最初作出行政行为的行政机关所在地人民法院管辖。经复议的案件，也可以由复议机关所在地人民法院管辖。据此可知，区社保局所在地的法院和市社保局所在地的法院对本案均有管辖权。

选项C错误。郑某前面是不服区社保局的《决定书》向法院起诉，后面是对市社保局不予受理决定不服起诉，并不是重复起诉。

选项D错误。重复处理行为是指行政机关根据公民的申请或者申诉，对原有的生效行政行为作出的没有任何改变的二次决定。本案被诉行为并不是重复处理行为。

403. 水事纠纷调解的法律依据是什么？

答：《中华人民共和国水法》第五十六条规定，不同行政区域之间发生水事纠纷的，应当协商处理；协商不成的，由上一级人民政府裁决，有关各方必须遵照执行。在水事纠纷解决前，未经各方达成协议或者共同的上一级人民政府批准，在行政区域交界线两侧一定范围内，任何一方不得修建排水、阻水、取水和截（蓄）水工程，不得单方面改变水的现状。

《中华人民共和国水法》第五十七条规定，单位之间、个人之间、单位与个人之间发生的水事纠纷，应当协商解决；当事人不愿协商或者协商不成的，可以申请县级以上地方人民政府或者其授权的部门调解，也可以直接向人民法院提起民事诉讼。县级以上地方人民政府或者其授权的部门调解不成的，当事人可以向人民法院提起民事诉讼。

《中华人民共和国水土保持法》第四十六条规定，不同行政区域之间发生水土流失纠纷应当协商解决；协商不成的，由共同的上一级人民政府裁决。

404. 河南省水政监察人员文明执法用语规范示例。

为规范行政执法行为，倡导文明执法，维护全省水行政执法队伍形象，更好地促进水利依法行政，结合全省水政执法工作实际，制定本规范。

一、总体要求

在执法工作过程中，执法人员应牢记为民执法、文明执法的理念，做到心态平和、语言文明、友好应对。对外协调“姿态低、态度诚、心态平”，接待下级和群众来访“笑脸迎、耐心听、抓紧办”。执法人员应使用文明用语化解矛盾、提高效率、推动工作。

二、执法用语

1. 亮明身份：你好！我们是河南省（市、县、区）水利厅（局）的执法人员。

2. 出示证件：这是我们的执法证件，请过目！

3. 找被检查单位负责人：您好，我们是××单位的，请问负责人是哪一位？在哪儿？

4. 找被检查单位负责人了解情况：您好，我们想了解一下××方面的情况，请您介绍

一下，谢谢！

5. 要求检查现场：请您带我们去现场检查一下，谢谢！

6. 当查看被检查人有关手续后：对不起，耽误您的时间了，再见！

7. 事先告知：你的××行为违反了《×××》中第××条第××款（项）关于×××的规定，拟依法对你作出××的处罚。

8. 事先告知权利：你依法享有陈述、申辩的权利。如需陈述和申辩，可现在对我们说明，或者在三日内到××地方说明或提供书面意见。

依法应当告知听证权利的案件中：你依法享有要求听证的权利，如要求听证，请在三日内向我单位提出。

9. 调查取证：为查清此次案情，我们需要对现场进行拍摄取证，并就××事项向你进行询问，请予以配合且如实回答，你听清楚了吗？……

以上是调查询问笔录，请仔细核对一下，如果不识字我可以给你念一遍，如果和你说的一致，请在下列空白处签："以上笔录我已看过，和我所说一致。"并签上你的名字和时间。

10. 请见证人作证：同志，请您见证我们依法进行的执法程序，谢谢！

11. 请见证人在制作的文书上签字：请您核实，如果我们的取证无误，请签字，谢谢！

12. 对方说的话没有听清时：对不起，我没有听清楚，请您再说一遍。

13. 先行登记保存：为查清××案情，××是本案的证据，为防止该证据灭失（或者以后难以取得），我们将依法对该物品进行登记保存，请予以配合，谢谢！……

这是《先行登记保存通知书》，请仔细核对，如无误请在这里签字，我们将依法在七日内作出处理决定。

14. 处罚决定送达：这是对××时候你在××处的××违法行为的《行政处罚决定书》，请你仔细核对。如无异议，请在决定书上签字，请在十五日内到××银行缴纳罚款到政府指定的罚款专户账号：×××××××××××。

15. 救济权告知：如果你对此次处罚有异议，可在收到《处罚决定书》之日起六十日内向 XX 人民政府或者××水利局申请行政复议，或在收到《处罚决定书》之日起六个月内向人民法院提起行政诉讼。

16. 整改落实：你好！我们是×××××单位的执法人员，我单位在××日给你下达的《整改通知书》上所列你的××行为，在规定期限内没有改正，我们现将依法采取××的措施。

17. 警诫当事人改正错误：希望您以后增强守法意识，不要再出现类似行为，谢谢！

18. 属自己差错时：很对不起，刚才由于……原因造成错误，我马上为您改正，请您原谅。

19. 当事人要求减免处罚时：很对不起，我们这是按……规定处理的，我们无权对您的违法行为减免处罚，请您谅解。

20. 当遇到当事人请吃饭或送礼时：对不起，我们有河南省水行政执法人员"六禁"的规定，不能接受，请您支持。

21. 要求被检查人（单位）接受询问调查：请您带齐资料按时来××（单位）接受询问调查，如有疑问，请拨打电话（预先告知），谢谢！

22. 遇到不明真相的群众阻挠正常执法时：请大家冷静一下，我们是××省（市、县）水利局的执法人员，我们现在正在依法执行公务，请大家配合我们的工作，如果你们对我们的执法有异议或其他问题，可以直接向我们上级机关反映，我们上级机关是××单位，谢谢！

三、接待用语

（一）电话接待

1. 接打电话开头：您好，这里是××省（市、县）水政监察总（支、大）队。

2. 接听值班投诉电话：您好，这里是××省（市、县）水政监察总（支、大）队，请问有什么事吗？

3. 记录值班投诉电话：请稍等，我记录一下，请讲。

4. 应答值班投诉电话：您反映的问题我们已记录，请放心，我们会尽快处理这件事，感谢您对我们水政执法工作的支持。

5. 听不清（听不懂）对方说话：对不起，我听不清楚，请您再重复一遍好吗？

6. 不能立即回答对方：对不起，这件事要请示（研究）一下，我们会尽快给您答复的。

7. 对方要找的人不在：对不起，他不在，请稍后再打来（需要我转告吗？）。

8. 对方打错电话：对不起，您打错了，我们是××电话，再见。

9. 通话完毕：再见（谢谢），麻烦了。

10. 催办急事：这个事情很急，麻烦您抓紧时间给予办理，谢谢！

11. 群众要求急办的事：好的，我一定会尽快（催促）处理。

12. 群众对本人工作提出意见时：谢谢，我一定会注意改进。

13. 当群众表示感谢时：没关系，这是我们应该做的。

14. 当对方发脾气：请您先别急，有什么事慢慢说。

15. 当群众提建议时：您提的建议很好，感谢您对我们工作的支持。

（二）来访接待

1. 有人来访：（应先起立）您好，请问您有什么事？找哪位？

2. 了解来意后：请坐（敬茶），请您谈谈详细情况（请问有资料吗？）。

3. 有特殊情况必须离开时：对不起，我离开一会儿，请您稍待片刻，我马上就回来。

4. 当群众（当事人）办完事离开时：再见，请走好。

5. 当群众（当事人）来访遇到开会时：对不起，我们正在开会，请您等一会儿或下次再来，好吗？

6. 对方找错门了：对不起，我们这里没有这个人，需要我帮助吗？

7. 对方要找的人不在：他有事外出，您有什么事需要我转告吗？

8. 经办人不在：经办的同志不在，请留下联系电话号码或请您改日再来。

9. 自己正在办理另一件事：对不起，我手头上正有个急事要办，请您坐下稍等一会。

10. 对方要办的事不属本部门管辖：对不起，您要办的事由××部门负责，请您直接到那里联系，还有什么需要帮助的吗？

11. 了解情况完毕：请留下姓名、联系电话，我们会尽快将处理结果通知您的。

四、执法忌语

1. 称呼年纪大的人：老头儿、老太婆。

2. 称呼妇女：长舌妇、泼妇。

3. 称呼从农村来的人：乡下人、农村人。

4. 称呼小孩：兔崽子、小孬子。

5. 纠正违法违规人员时：喂，怎么还在这？还不快走？

6. 纠正违法违规时对方一时没有反应：喂？你听到没有？聋了吗？

7. 对方整改动作慢时：你想怎样？是不是东西不想要了？

8. 对方违法违规拒不改正，发生争吵或暂扣物品对方阻拦时：别不服气，今天就收拾你。

9. 当对方因对执法依据不了解要求解释时：哪来那么多废话？就要扣你东西。

10. 纠正违法违规行为，对方讨价还价时：我说不行就不行，别啰嗦。

11. 群众说自己执法态度不好时：我就这个态度，怎么样？你有本事就告我去，随你到哪告去。

12. 警诫行政相对人时：下次再来，我可就对你不客气了。

13. 向对方说服教育时：我们也不想管，领导要求的，没办法。

14. 对方没经同意进入办公室：你搞什么？没看到我正在忙吗？等我喊你再进来。

15. 当事人没有带有关证件时：你没带东西，你跑来干什么？

16. 当相对人对处罚的额度难以接受时：嫌多，你早干嘛去了？

17. 接听值班投诉电话：找哪个？有什么事快讲。

18. 对方投诉举报说话过快：讲那么快，你是不是不想让我记呀？

19. 当对方电话咨询时：不知道，这不是我们管的，你找其他人去。

20. 当对方打错电话时：神经病。

21. 当群众要求举报的问题尽快处理时：你急什么急？你以为就为你一个人服务的？

22. 当群众为举报某事再三打来电话时：怎么又是你？你烦不烦？我不是已经……

23. 向对方耐心解释而又听不懂时：我都已经给你解释了，你弱智啊？怎么还听不懂？

24. 当群众有意见时：我就这个样，你想怎样？

五、规范态度

1. 工作耐心：在执法过程中，一定会碰到管理相对人故意拖延或者情绪激动的情况。这时候执法人员切忌焦躁，务必保持耐心，语言缓和、语气温和、语调平和。

2. 调处矛盾：对于执法过程中发生言语冲突时，尽量避免使用误导性语言，或将矛盾转嫁，尽量在现场缓解矛盾，避免群众误解。

3. 文明接待：在接待社会各界来电来访时，谨记耐心细致，言语斟酌。对于把握不准的政策、指示、精神，不能自以为是或曲解，对相对人回复可用："这件事我必须请示一下，请你耐心等我回复"等；解释相关法律法规、文件精神时，最好将相关条文熟记，避免引起误解；在接待后，对于需要回复的，应及早予以回复。

405. 什么是水质监测？

答：水质自动监测传感器（也称在线式水质传感器）按测量方式分为电极法和分析法，分析法有人工分析法和自动分析法。自动监测传感器的出现，为水环境的监测自动化提供了必要的基础，使水环境监测自动化得以实现。与国外相比，中国国产水质在线自动监测仪器研究起步较晚，在线的水质传感器主要监测水温、pH、电导、溶解氧和浊度等五项常规指标，与先进国家的差距甚大。

406. 缺水会怎么样?

为水而战

在世界军事史上，曾经有过“以水代兵”、“水攻”的许多战例。大概也有过为争夺水源而发生的战争。但是近现代水资源矛盾日益加剧，为水而战的情况时有发生。世界上有300多条河流穿越一些国家的边界，世界人口的40%生活在那里。由供水而引起的纠纷使140个地区出现紧张局势，国际社会对此十分关心。 40年来，阿以之间5次大规模战争，都与水资源密切相关。难怪专家们指出，今后中东和平的进程从某种意义来说，也是在水分配问题上的较量。联合国有关组织根据世界水资源情况发出警告：下个世纪的战争，很可能是以争夺水资源为主的战争。

一滴水，微不足道。但是不停地滴起来，数量就很可观了。据测定，“滴水”在1个小时里可以集到3.6千克水；1个月里可集到2.6吨水。这些水量，足可以供给一个人的生活所需。可见，一点一滴的浪费都是不应该有的。至于连续成线的小水流，每小时可集水17公斤，每月可集水12吨；哗哗响的“大流水”，每小时可集水670千克，每月可集水482吨。所以，节约用水要从点滴做起。

“水贵如油”这四个字是个比喻，但在世界上很多地方，却成了无可辩驳的现实。在以色列，买一瓶矿泉水要花1.25美元，这么多钱是可以买到4瓶牛奶。而那里盛产石油，价格低廉，真的到了水贵如油的世界。

407. 水对于工农业的重要性?

工业的血液

水，参加了工矿企业生产的一系列重要环节，在制造、加工、冷却、净化、空调、洗涤等方面发挥着重要的作用，被誉为工业的血液。例如，在钢铁厂，靠水降温保证生产；钢锭轧制成钢材，要用水冷却；高炉转炉的部分烟尘要靠水来收集；锅炉里更是离不开水，制造1吨钢，大约需用25吨水。水在造纸厂是纸浆原料的疏解剂、稀释剂、洗涤剂、运输介质和药物的溶剂，制造1吨纸需用450吨水。火力发电厂冷却用水量十分巨大，同时，也消耗部分水。食品厂的和面、蒸馏、煮沸、腌制、发酵都离不了水，酱油、醋、汽水、啤酒等，干脆就是水的化身。

庄稼的命根子

用手抓一把植物，你会感到湿漉漉的、凉丝丝的，这是水的缘故。植物含有大量的水，约占体重的80%，蔬菜含水90%~95%，水生植物竟含水98%以上。水替植物输送养分；水使植物枝叶保持婀娜多姿的形态；水参加光合作用，制造有机物；水的蒸发，使植物保持稳定的温度，不致被太阳灼伤。植物不仅满身是水，作物一生都在消耗水。1千克玉米，是用368千克水浇灌出来的；同样地，小麦是513千克水，棉花是648千克水，水稻竟高达1000千克水。

一籽下地，万粒归仓，农业的大丰收，水立下了不小的功劳！

408. 水资源的多与少。

水资源的含义

水作为大自然赋予人类的宝贵财富，早就被人们关注。但是，人们经常使用“水资源”一词，却是近一二十年的事。关于水资源的含义，有几十种之多，较普遍的说法是指“可以供人们经常取用、逐年可以恢复的水量”。也就是通常所指的淡水资源。这样，苦咸的海水就不算在内，连千年难化的冰川、不易取用的一部分地下水也排除在外了。

水资源是人类调查了解得最清楚的资源，决不会像煤、铁、石油等资源那样有新的大发现而改变数量结构和分布。其实，水资源还应包括水所具有的发电、航运、养殖、环境等方面的功能。

水循环及淡水

全世界的水是一个有联系的整体。海水在阳光的照射下，不断蒸发，水汽弥漫在海洋上空；一部分水汽被气流带到陆地上空，遇冷就凝结成细小的水滴，变成云，降落到地面就是雨或雪；雨雪水落地后，有的流到洼坑里，有的渗入地下，有的流入小沟，汇进江河，奔向海洋。无数小水滴就是这样一刻不停地在世界上旅游。水循环保证了人类淡水的供应。知道水的循环以后，你就能解释以下问题：云的故乡在哪里?为什么江河里日日夜夜总是川流不息?为什么千万年来那么多江河水流进海洋，而海洋不见满溢出来?

地球上的水，尽管数量巨大，但能直接被人们生产和生活利用的，却少得可怜。首先，海水又咸又苦，不能饮用，不能浇地，也难以用于工业。其次，淡水只占总水量的2.6%左右，其中的绝大部分(占 99%)，被冻结在远离人类的南北两极和冻土中，无法利用，只有不到 1%的淡水，它们散布在湖泊里、江河中和地底下。与全世界总水体比较起来，淡水量真如九牛一毛。

古代游牧民族为了放牧，哪里有水草就在哪里安家。如今人类定居也要考虑水源的分布状况。然而，水在地球上的分布极不均匀。海洋几乎包围着地球，陆地被分割成七大块和无数的岛屿。在大陆上，气候湿润、雨量丰沛的地区，分布着大江大河和较多的湖泊；而在远离海洋的内陆地区，水汽难得光临，干旱少雨，河流很少，还经常干涸，甚至形成了沙漠。可以说，正是因为水的分布不匀，才形成了光怪陆离、生动活泼的一个世界。在我国，水资源南多北少，东多西少，与人口、耕地、矿产资源的分布极不匹配。

哪里有及时雨

江河里的水是来自天上的降水(包括雨、雪、雹等)。由于各地气候的变化，江河的水量一年四季大不相同，有的季节根本无雨，有的季节大雨滂沱下个不停，而且每年都不相同。经常是在一年的雨季四五个月，降下全年雨水的80%或更多。这种不及时和不均匀的来水，与人们用水的计划往往不配合，给人们的生产和生活带来许多麻烦，甚至造成灾害。为了改变这种大自然来水状况，人们修建了水库、水闸等水利工程，调节和控制水量，保证按人的需要来供水。

各国水资源排队

世界各国和地区由于地理环境不同，拥有水资源的数量差别很大。按水资源量大小排队，前几名依次是巴西、俄罗斯、加拿大、中国、美国、印度尼西亚、孟加拉、印度。若按人口平均，就是另一种结果了。中国人均水资源量相当于世界人均量的 1/4。

专家们分析认为，水的问题将成为下个世纪我国经济社会发展最突出的问题。主要集中在三个方面：

（1）洪水灾害损失日趋严重。1993 ~ 1998 年全国洪灾的直接经济损失为 9000 亿元，相当于同期财政收入的 1/5；1998 年洪灾直接经济损失 2551 亿元。

（2）缺水问题十分突出。

（3）水环境日趋恶化。

409. 问：为什么要针对南水北调这项工程制定一部条例？

答：南水北调工程是缓解我国北方水资源严重短缺局面的重大战略性基础设施，工程于2002年分线、分期启动建设，其中东线一期工程已于2013年11月正式通水，中线一期工程将于2014年正式通水。为了加强工程的供用水管理，充分发挥南水北调工程的经济效益、社会效益和生态效益，有必要制定一部行政法规，对工程的水量调度、水质保障、用水管理和工程保护等进行全面规范。对这种大型水利工程进行专门立法，国务院已有先例，如2001年针对长江三峡工程的移民工作制定了《长江三峡工程建设移民条例》，此次根据南水北调工程供用水管理的实践需要，国务院制定了本条例。

问：作为缓解北方水资源短缺局面的重大水利工程，一定有很多需要规范的内容，制定这个条例重点规范了哪几个方面？

答：条例重点规范了四个方面：一是水量调度，主要规范水量调度方案的制订和下达执行、突发事件应急处置等；二是水质保障，主要规范饮用水水源保护、水污染防治等；三是用水管理，主要规范受水区水资源统筹调配、节约用水等；四是工程保护，主要规范有关地方人民政府、有关部门和单位的工程保护职责以及工程保护措施等。

问：制定条例的总体考虑是什么？

答：条例的总体考虑可以概括为理顺“四个关系”：一是当前与长远的关系，明确以国务院批准的水量分配方案为水量调度的基本依据，要求受水区压减地下水开采量，逐步实现采补平衡；二是中央与地方的关系，规定由水利部综合平衡各省、直辖市用水计划建议，制订并下达年度水量调度计划，明确地方各级人民政府在用水管理、水质保障和工程保护方面的职权和责任；三是上游地区与下游地区的关系，规定对工程水源地实行水环境生态保护补偿，对水源地、调水沿线区域产业结构调整、生态环境保护予以支持，并对统筹协调水源地、受水区和调水下游区域的用水提出要求；四是行政手段与市场调节的关系，在强化行政手段的同时注重改进管理方式，引入市场机制，规定实行供水合同制度，允许水量转让，实行两部制水价。

问：前一段时间有媒体曝出丹江口入库河流的水污染问题，引起社会广泛关注，条例在确保清水入库、清水北上方面规定了哪些措施？

答：水质稳定达标事关南水北调工程的成败，为了加强水源地保护、防治水污染，条例作了以下规定：一是规定东线工程调水沿线区域和中线工程水源地实行排污总量控制，禁止在东线工程干线和中线工程总干渠设置排污口。二是规定东线工程取水口、丹江口水库、中线工程总干渠需要划定饮用水水源保护区的，依照水污染防治法划定。三是规定东线工程调水沿线区域和中线工程水源地要合理规划、建设污水集中处理设施和配套管网，收集、处理城乡生活垃圾。四是要求清理网箱养殖和围网养殖，在水源地划定禁止或者限制采伐、开垦区域，并采取种植生态防护林、建设人工湿地等措施，提高水体自净能力。五是规定有关水域的港口、码头要配备污染物接收、处理设备，船舶要实现污染物船内封闭、收集上岸，不向水体排放，禁止运输危险废物、危险化学品的船舶进入有关水域。

问：前面介绍了工程是为了缓解北方地区水资源严重短缺局面而建设的，作为受水区在用水方面，条例规定了哪些措施？

答：南水北调工程调水来之不易，按照节约水资源、提高利用效率、保护生态环境的原则，条例对受水区用水作了以下规定：一是要求受水区统筹配置工程供水和当地水资源，以调入水源逐步替代超采的地下水。二是规定受水区实行年度用水总量控制，加强用水定额管理，推广节水技术、设备和设施，提高用水效率和效益。三是规定受水区地下水超采区禁止新增取用地下水，划定禁采区，逐步实现地下水采补平衡。四是要求受水区统筹考虑工程供水价格与当地水源价格，鼓励充分利用工程供水。

问：作为大型水利工程，工程设施的保护非常重要，条例规定了哪些措施？

答：南水北调工程是世界上最大的跨流域调水工程，线长、点多，情况复杂，加强工程设施的保护尤为重要，为此，条例作了以下规定：一是规定省级人民政府或者水利部商省级人民政府组织划定管理和保护范围，工程管理单位要设置保护标志和安全隔离设施。二是禁止在管理和保护区域内实施爆破、采砂等危害工程安全和供水安全的行为。三是规定工程管理单位要建立健全安全生产责任制，加强维修养护。四是规定在工程管理和保护范围内建设其他工程设施应当征求南水北调工程管理单位的意见，不得影响南水北调工程运行安全。五是规定工程重要水域、重要设施根据需要可以由中国人民武装警察部队守卫。

问：对工程供用水管理中的违法行为，条例规定了哪些法律责任？

答：为了使各项制度措施得到落实，条例明确列举了各种违法情形以及相应的行政、民事、刑事责任，并强化追责机制，加大处罚力度。行政机关和工程管理单位的工作人员不按照规定履行职责的，依法追究行政责任和刑事责任；违法排污或者在地下水禁采区取用地下水的，依照水污染防治法、水法的规定给予处罚；运输危险废物、危险化学品的船舶进入有关水域的，予以扣押、卸载，所需费用由违法者承担；危害工程和供水安全的，责令停止违法行为、限期采取补救措施、承担民事赔偿责任、给予治安管理处罚直至追究刑事责任；对水污染防治不力的行政区域，实行建设项目环境影响评价区域限批。

问：条例已经公布施行，对下一步的贯彻执行有什么要求？

答：一是加强宣传。条例的公布施行，标志着南水北调工程供用水管理步入了法制化、规范化的轨道，下一步要加大条例的宣传力度，促进社会各界全面、准确理解条例，增强贯彻落实条例的自觉性，积极营造全社会知法、守法的良好氛围。二是加强配套制度建设。各有关地区、部门和有关单位要按照条例要求，尽快制定、完善水量调度应急预案、重点水污染物排放总量控制制度、用水总量控制制度、工程设施安全保护方案等各项配套制度，细化条例规定，进一步增强条例的可操作性。三是严格执法。各级各部门要切实履行职责，严格依法行政，完善执法责任制，确保条例各项制度措施落实到位，做到有法必依、执法必严、违法必究。

410. 最高法：重大行政案件庭审行政机关负责人应当出庭？

答：导读：为贯彻落实中央关于加强和改进行政应诉工作的意见，保障公民、法人和其他组织的起诉权利，规范行政诉讼应诉的相关问题，近日，最高人民法院印发了《关于行政诉讼应诉若干问题的通知》(以下简称《通知》)，要求各级人民法院要根据行政诉讼法的相关规定，进一步规范和促进行政应诉工作。

《通知》要求，各级法院要充分认识规范行政诉讼应诉的重大意义。2016 年 6 月 27 日，国务院办公厅发布的《关于加强和改进行政应诉工作的意见》(以下简称《意见》)是我国首个全面规范行政应诉工作的专门性文件，各级人民法院要结合行政诉讼法的规定精神，全面把握《意见》内容，深刻领会精神实质，充分认识《意见》出台的重大意义，确保《意见》在人民法院行政审判领域落地生根。要及时向当地党委、人大汇报《意见》贯彻落实情况，加强与政府的沟通联系，支持地方党委政府出台本地区的具体实施办法，细化完善相关工作制度，促进行政机关做好出庭应诉工作。

《通知》明确，严格执行行政诉讼法和《最高人民法院关于人民法院登记立案若干问题的规定》，进一步强化行政诉讼中的诉权保护，不得违法限缩受案范围、违法增设起诉条件。对于不接收起诉状、接收起诉状后不出具书面凭证，以及不一次性告知当事人需要补正的起诉状内容的，要依照《人民法院审判人员违法审判责任追究办法(试行)》《人民法院工作人员处分条例》等相关规定，对直接负责的主管人员和其他直接责任人员依法依纪作出处理。要严格贯彻落实《领导干部干预司法活动、插手具体案件处理的记录、通报和责任追究规定》《司法机关内部人员过问案件的记录和责任追究规定》，全面、如实做好记录工作，做到全程留痕，有据可查。

《通知》明确，出庭应诉的行政机关负责人，既包括正职负责人，也包括副职负责人以及其他参与分管的负责人。行政机关负责人不能出庭的，应当委托行政机关相应的工作人员出庭，不得仅委托律师出庭。涉及重大公共利益、社会高度关注或者可能引发群体性事件等案件以及人民法院书面建议行政机关负责人出庭的案件，被诉行政机关负责人应当出庭。行政诉讼法第三条第三款规定的"行政机关相应的工作人员"，包括该行政机关具有国家行政编制身份的工作人员以及其他依法履行公职的人员。

《通知》明确，行政机关负责人和行政机关相应的工作人员均不出庭，仅委托律师出庭的；或者人民法院书面建议行政机关负责人出庭应诉，行政机关负责人不出庭应诉的，人民法院应当记录在案并在裁判文书中载明，可以依照行政诉讼法第六十六条第二款的规定予以公告，建议任免机关、监察机关或者上一级行政机关对相关责任人员严肃处理。

《通知》要求，各级人民法院要在坚持依法独立公正行使审判权、平等保护各方当事人诉讼权利的前提下，加强与政府法制部门和行政执法机关的联系，要为行政机关负责人、工作人员、政府法律顾问和公职律师依法履行出庭应诉职责提供必要的保障和相应的便利。要正确理解行政行为合法性审查原则，行政复议机关和作出原行政行为的行政机关为共同被告的，可以根据具体情况确定由一个机关实施举证行为，确保庭审的针对性，提高庭审效率。

《通知》还要求，人民法院要支持当地党委政府建立和完善依法行政考核体系，结合行政审判工作实际提出加强和改进行政应诉工作的意见和建议。对本地区行政机关出庭应诉工作和依法行政考核指标的实施情况、运行成效等，人民法院可以通过司法建议、白皮书等适当形式，及时向行政机关作出反馈、评价，并可以适当方式将本地区行政机关出庭应诉情况向社会公布，促进发挥考核指标的倒逼作用。

最高人民法院关于行政诉讼应诉若干问题的通知

法〔2016〕260 号

各省、自治区、直辖市高级人民法院，解放军军事法院，新疆维吾尔自治区高级人民法院生产建设兵团分院：

中央全面深化改革领导小组于 2015 年 10 月 13 日讨论通过了《关于加强和改进行政应诉工作的意见》（以下简称《意见》），明确提出行政机关要支持人民法院受理和审理行政案件，保障公民、法人和其他组织的起诉权利，认真做好答辩举证工作，依法履行出庭应诉职责，配合人民法院做好开庭审理工作。2016 年 6 月 27 日，国务院办公厅以国办发〔2016〕54 号文形式正式发布了《意见》。《意见》的出台，对于人民法院进一步做好行政案件的受理、审理和执行工作，全面发挥行政审判职能，有效监督行政机关依法行政，提高领导干部学法用法的能力，具有重大意义。根据行政诉讼法的相关规定，为进一步规范和促进行政应诉工作，现就有关问题通知如下：

一、充分认识规范行政诉讼应诉的重大意义

推动行政机关负责人出庭应诉，是贯彻落实修改后的行政诉讼法的重要举措；规范行政诉讼应诉，是保障行政诉讼法有效实施，全面推进依法行政，加快建设法治政府的重要举措。为贯彻落实《中共中央关于全面推进依法治国若干重大问题的决定》关于“健全行政机关依法出庭应诉、支持法院受理行政案件、尊重并执行法院生效裁判的制度”的要求，《意见》从“高度重视行政应诉工作”“支持人民法院依法受理和审理行政案件”“认真做好答辩举证工作”“依法履行出庭应诉职责”“积极履行人民法院生效裁判”等十个方面对加强和改进行政应诉工作提出明确要求，作出具体部署。《意见》是我国首个全面规范行政应诉工作的专门性文件，各级人民法院要结合行政诉讼法的规定精神，全面把握《意见》内容，深刻领会精神实质，充分认识《意见》出台的重大意义，确保《意见》在人民法院行政审判领域落地生根。要及时向当地党委、人大汇报《意见》贯彻落实情况，加强与政府的沟通联系，支持地方党委政府出台本地区的具体实施办法，细化完善相关工作制度，促进行政机关做好出庭应诉工作。

二、依法做好行政案件受理和审理工作

严格执行行政诉讼法和《最高人民法院关于人民法院登记立案若干问题的规定》，进一步强化行政诉讼中的诉权保护，不得违法限缩受案范围、违法增设起诉条件，严禁以反复要求起诉人补正起诉材料的方式变相拖延、拒绝立案。对于不接收起诉状、接收起诉状后不出具书面凭证，以及不一次性告知当事人需要补正的起诉状内容的，要依照《人民法院审判人员违法审判责任追究办法（试行）》《人民法院工作人员处分条例》等相关规定，对直接负责的主管人员和其他直接责任人员依法依纪作出处理。坚决抵制干扰、阻碍人民法院依法受理和审理行政案件的各种违法行为，对领导干部或者行政机关以开协调会、发文件或者口头要求等任何形式明示或者暗示人民法院不受理案件、不判决行政机关败诉、不履行人民法院生效裁判的，要严格贯彻落实《领导干部干预司法活动、插手具体案件处理的记录、通报和责任追究规定》《司法机关内部人员过问案件的记录和责任追究规定》，全面、如实做好记录工作，做到全程留痕，有据可查。

三、依法推进行政机关负责人出庭应诉

准确理解行政诉讼法和相关司法解释的有关规定，正确把握行政机关负责人出庭应诉的基本要求，依法推进行政机关负责人出庭应诉工作。一是出庭应诉的行政机关负责人，既包括正职负责人，也包括副职负责人以及其他参与分管的负责人。二是行政机关负责人不能出庭的，应当委托行政机关相应的工作人员出庭，不得仅委托律师出庭。三是涉及重大公共利益、社会高度关注或者可能引发群体性事件等案件以及人民法院书面建议行政机关负责人出庭的案件，被诉行政机关负责人应当出庭。四是行政诉讼法第三条第三款规定的“行政机关相应的工作人员”，包括该行政机关具有国家行政编制身份的工作人员以及其他依法履行公职的人员。被诉行政行为是人民政府作出的，人民政府所属法制工作机构的工作人员，以及被诉行政行为具体承办机关的的工作人员，也可以视为被诉人民政府相应的工作人员。

行政机关负责人和行政机关相应的工作人员均不出庭，仅委托律师出庭的；或者人民法院书面建议行政机关负责人出庭应诉，行政机关负责人不出庭应诉的，人民法院应当记录在案并在裁判文书中载明，可以依照行政诉讼法第六十六条第二款的规定予以公告，建议任免机关、监察机关或者上一级行政机关对相关责任人员严肃处理。

四、为行政机关依法履行出庭应诉职责提供必要条件

各级人民法院要在坚持依法独立公正行使审判权、平等保护各方当事人诉讼权利的前提下，加强与政府法制部门和行政执法机关的联系，探索建立行政审判和行政应诉联络工作机制，及时沟通、协调行政机关负责人出庭建议书发送和庭审时间等具体事宜，切实贯彻行政诉讼法和《意见》规定的精神，稳步推进行政机关出庭应诉工作。要为行政机关负责人、工作人员、政府法律顾问和公职律师依法履行出庭应诉职责提供必要的保障和相应的便利。要正确理解行政行为合法性审查原则，行政复议机关和作出原行政行为的行政机关为共同被告的，可以根据具体情况确定由一个机关实施举证行为，确保庭审的针对性，提高庭审效率。改革案件审理模式，推广繁简分流，实现简案快审、繁案精审，减轻当事人的诉讼负担。对符合《最高人民法院关于适用〈中华人民共和国行政诉讼法〉若干问题的解释》第三条第二款规定的案件，人民法院认为不需要开庭审理的，可以径行裁定驳回起诉。要及时就行政机关出庭应诉和行政执法工作中的问题和不足提出司法建议，及时向政府法制部门通报司法建议落实和反馈情况，从源头上预防和化解争议。要积极参与行政应诉教育培训工作，提高行政机关负责人、行政执法人员等相关人员的行政应诉能力。

五、支持行政机关建立健全依法行政考核体系

人民法院要支持当地党委政府建立和完善依法行政考核体系，结合行政审判工作实际提出加强和改进行政应诉工作的意见和建议。对本地区行政机关出庭应诉工作和依法行政考核指标的实施情况、运行成效等，人民法院可以通过司法建议、白皮书等适当形式，及时向行政机关作出反馈、评价，并可以适当方式将本地区行政机关出庭应诉情况向社会公布，促进发挥考核指标的倒逼作用。

地方各级人民法院要及时总结本通知贯彻实施过程中形成的好经验好做法；对贯彻实施中遇到的困难和问题，要及时层报最高人民法院。

最高人民法院
2016 年 7 月 28 日

411、在执法实践中如何理解代履行？

答：代履行是指义务人逾期不履行行政法义务，由他人代为履行可以达到相同目的的，行政机关可以自己代为履行或者委托第三人代为履行，向义务人征收代履行费用的强制执行制度。

法律依据：《中华人民共和国行政强制法》

第五十条　行政机关依法作出要求当事人履行排除妨碍、恢复原状等义务的行政决定，当事人逾期不履行，经催告仍不履行，其后果已经或者将危害交通安全、造成环境污染或者破坏自然资源的，行政机关可以代履行，或者委托没有利害关系的第三人代履行。

第五十一条　代履行应当遵守下列规定：

（一）代履行前送达决定书，代履行决定书应当载明当事人的姓名或者名称、地址，代履行的理由和依据、方式和时间、标的、费用预算以及代履行人；

（二）代履行三日前，催告当事人履行，当事人履行的，停止代履行；

（三）代履行时，作出决定的行政机关应当派员到场监督；

（四）代履行完毕，行政机关到场监督的工作人员、代履行人和当事人或者见证人应当在执行文书上签名或者盖章。

代履行的费用按照成本合理确定，由当事人承担。但是，法律另有规定的除外。

代履行不得采用暴力、胁迫以及其他非法方式。

第五十二条　需要立即清除道路、河道、航道或者公共场所的遗洒物、障碍物或者污染物，当事人不能清除的，行政机关可以决定立即实施代履行；当事人不在场的，行政机关应当在事后立即通知当事人，并依法作出处理。

1. 代履行的适用范围。

代履行只能针对当事人的可以代为履行的义务。这类可以代为履行的义务的主要特点是：通常是作为义务，他人代为履行能够达到与当事人履行同样的法律效果，代履行义务可以转化为金钱给付义务。如果行政决定赋予当事人的义务系不可代为履行的义务，例如，金钱给付义务，只能由当事人从自己的合法财产中支付，如由他人代为履行金钱给付义务，那是对他人合法权益的侵害，这种义务只能由当事人自己履行或者强制当事人履行，不可代履行。又如，人身自由的强制执行，公安机关对当事人作出行政拘留处罚，当事人不履行，同样也不能由第三人代为在拘留所呆几天，只能由当事人自己，或者公安机关采取直接强制手段强制当事人到拘留所接受限制人身自由的行政处罚。可以代为履行的义务，通常是行政决定要求当事人作出一定行为的义务，例如，行政决定要求当事人排除妨碍、恢复原状，责令当事人补种树苗，限期采取治理措施消除污染等。代履行的结果是：由他人代为履行当事人本应履行的义务，而由当事人承担代履行所产生的合理费用。

2. 代履行的实施要件。

代履行要具备如下法定要件：一是依照法律作出的具体行政行为，要求义务人履行排除妨碍、恢复原状等义务。只有依照法律作出的具体行政行为可以要求义务人履行排除妨碍、恢复原状等义务，法律本身要求义务人履行排除妨碍、恢复原状等义务不在此列。因为法律要求的义务是抽象的，无法执行。即使可以执行也属即时强制范畴。二是已经以具体决定书限定期间履行，当事人逾期不履行，经催告仍不履行。本规定即属所谓的“催告”主要是指决定书外另以书面限定相当期间催告其履行的情形，在其所定期限届满仍不履行。

三是其后果已经或者将危害交通安全、造成环境污染或者破坏自然资源。

3. 代履行的实施程序、费用、方式的规定。

（1）代履行的实施程序

行政机关可以采取代履行方式进行强制执行。代履行应当遵守下列规定：①代履行前送达决定书。代履行决定书应当送达当事人。具体送达的规则，按照行政强制法第三十八条规定执行，直接送达优先，当事人拒绝接收或者无法直接送达的，依照民事诉讼法的规定送达。②代履行决定书内容。代履行决定书应当载明当事人的姓名或者名称、地址，代履行的理由和依据、方式和时间、标的、费用预算以及代履行人。③催告。代履行的催告时间不同于行政强制执行，代履行是在代履行前3日进行催告，而一般的行政强制执行是在作出行政强制执行决定前进行催告，催告得更早。催告当事人履行，当事人履行的，停止代履行。④代履行时，作出决定的行政机关应当派员到场监督。监督的主要内容为第三人是否按照委托合同代为履行义务，在代为履行义务过程中有无违法行为，包括是否在夜间或者法定节假日实施行政强制执行等，但是，紧急情况除外。此外，不得对居民生活采取停止供水、供电、供热、供燃气等方式迫使当事人履行相关行政决定。⑤代履行完毕，行政机关到场监督的工作人员、代履行人和当事人或者见证人应当在执行文书上签名或者盖章。

（2）代履行的费用

由于代履行有时是由行政机关请第三者代为履行的，第三者履行前或者履行完毕后存在代履行的费用收缴问题。代履行的程序一般由告诫、代履行和收取费用三个阶段构成。代履行的费用是事先征收还是事后征收，各国的规定不一。事先征收，会给义务人造成心理压力，促其履行义务，这就起到了类似于执行罚的作用；事后征收，便于结算，避免因事先预收而多退少补。我国对此无统一规定。由于这两种方式各有利弊，因此究竟采取何种征收方式应视具体个案灵活决定。那么，行政机关自己代履行时可否向义务人征收费用。既然是代履行，行政机关有权向相对人征收费用。有种观点认为，行政权的行使是建立在国家财政税收基础上的，因此行政机关就不应当再向相对人征收费用。但是笔者认为，严格地讲，从行政强制执行的对象是被执行人应履行的义务来看，不管是间接强制还是直接强制，行政机关或第三者均是代替被执行人履行义务，其中所付费用均应由被执行人承担，否则会出现全民为不履行法定义务者买单的不公平现象。从这角度来看，行政机关自己代履行所需费用应由被执行人承担。

那么，代履行的费用如何计算？代履行的费用按照成本合理确定，由当事人承担。但是，法律另有规定的除外。法律另有规定的，如道路交通安全法规定交警拖车不得收取费用。

（3）代履行的方式。

目前，我国单行法中只规定可以代履行，没有规定具体实施手段。而本法也未规定具体实施手段，但其明确规定了代履行性质不是代执行，规定代履行不得采取暴力、胁迫以及其他非法手段。

412. 非诉行政执行案件中执行和解的如何适用和认定？

答：导读：执行和解是指在法院执行过程中，双方当事人经过自愿协商，达成协议，结束执行程序的活动。执行和解具有化解执行难、方便解决矛盾、节约司法资源等优点，在民商事案件执行过程中执行和解的情况时有发生。但非诉行政执行案件能否进行执行和解的问题，现行法律没有明确规定。

法律依据《中华人民共和国行政诉讼法》（2014 年修正）

第九十七条　公民、法人或者其他组织对行政行为在法定期限内不提起诉讼又不履行的，行政机关可以申请人民法院强制执行，或者依法强制执行。

第一百零一条　人民法院审理行政案件，关于期间、送达、财产保全、开庭审理、调解、中止诉讼、终结诉讼、简易程序、执行等，以及人民检察院对行政案件受理、审理、裁判、执行的监督，本法没有规定的，适用《中华人民共和国民事诉讼法》的相关规定。

《最高人民法院关于人民法院执行工作若干问题的规定（试行）》

在执行中，双方当事人可以自愿达成和解协议，变更生效法律文书确定的履行义务主体、标的物及其数额、履行期限和履行方式。

和解协议一般应当采取书面形式。执行人员应将和解协议副本附卷。无书面协议的，执行人员应将和解协议的内容记入笔录，并由双方当事人签名或盖章。

当事人之间达成的和解协议合法有效并已履行完毕的，人民法院作执行结案处理。

对强制行政执行能否和解的认定？

执行和解在民事强制执行中时有发生，亦为法律所允许。而在行政强制执行中，能否和解，却有分歧。分歧的理由主要是《行政诉讼法》没明文规定，最高法院的司法解释也无明确态度。主张可和解的理由是：

①行政强制措行是从民事强制执行脱胎而来的，民事强制执行允许双方当事人和解，行政强制执行也不应禁止当事人在执行中和解。

②行政机关既然有权对管理相对人进行处罚处理，也有权收回其处罚处理决定。假如法院受理了行政机关申请强制执行后，行政机关又要求与被执行人和解，法院不准许其和解（实为法律不准许）时，行政机关也可撤销该决定，使法院的执行无根据而只好终结执行。行政机关通过这种方式仍然达到了与对方和解的目的。

主张不能和解的理由有：法律不允许。《行政诉讼法》第五十条明文确定，行政诉讼不适用调解的特有原则。行政强制执行是由行政诉讼法赋予的司法执行权，理应受到行政诉讼不适用调解原则的拘束。

笔者赞同行政执行不能和解的观点。理由如下：首先，行政机关作出的具体行政行为，是法律、法规授予的职权，是代表国家进行行政管理的一种方式，不能随意处分或放弃，因行政法属于公法的范畴。其次，这是由行政法律关系的性质决定的。行政法律关系的主体是行政机关和行政管理相对人，是管理者与被管理者的关系，法律地位不平等，不宜援引适用于平等主体的调解原则。再次，行政强制执行的目的所不允许。法院依法办理非诉行政执行案件的目的之一，是强制相对人履行义务或达到与义务履行相同的状态，如果允许在行政强制执行中双方当事人和解，那就会削弱行政机关的行政管理职能，使公共秩序和公共利益受到损害，无法实现行政法的义务。因此，法院在办理行政强制执行中，也就不能主持申请执行人和被申请执行人和解。如在行政机关要求和解不被法院准许的情况下，行政机关以撤销或变更具体行政行为，致法院无执行依据而终结执行，从而达到其和解的目的时，法院可向该行政机关的上一级行政机关或者监察、人事机关提出司法建议。

（2）对行政强制执行和解的合法性审查的内容。

①对和解协议主体的合法性审查，审查执行和解的主体是否适格。行政主体取得行使执行和解的权力必须有法律依据；没有法律依据的行政权从根本上说是一种非法的权力。也就是说，行政主体行使执行和解的权力必须由法律设定或依法授予，否则权力来源就没有法律依据。

②执行和解协议的内容必须是合法的，不得出现违反法律强制性、禁止性规定或损害国家利益、公共利益或第三人合法权益的内容，这是对行政强制执行和解的基本要求。这就要求，行政机关行使执行和解的行政职权不仅要依据法定的权限，还要依据法定的程序：在实体方面，行政机关不得越权，如果越权则不具有法律效力；在程序方面，进行和解时必须遵守法定的程序，和解的申请、和解的进行过程、救济等都必须符合法律的规定。

③着重进行反规避执行审查，审查被执行人有无其他执行案件，和解当事人放弃权力（权利）是否损害了其他利害关系人的合法权益。行政强制执行和解的具体适用在实践中千差万别，往往涉及公共利益与行政相对人利益的权衡，容易出现为解决问题却损害公共利益或第三人合法权益的违法行为。因此，我们必须明确，行政强制执行运用和解的方式解决行政纠纷，必须是在法律允许的情况下，并且不损害国家利益、公共利益和第三人合法权益。对于涉及公共利益的，应当通过公告的形式，向社会公布执行和解方案，人民法院应对具有代表性的建议或异议进行审查和回应，并邀请公民代表作为第三人参与司法审查的整个过程，从而避免公共利益受到侵害。对于涉及第三人合法权益的，要将相关和解事宜通知具有利害关系的第三人，并赋予第三人参与协商和申请听证的权利。

（3）行政强制执行和解司法审查的标准。

①审查行政强制执行和解的达成是否符合法定的目的。法律授予行政机关一定限度的行政裁量权，是基于社会管理的需要，最终目的是更好地实现政府的管理职能和服务职能。这要求行政强制执行和解的达成只能是为了实现法律授予该权力的目的，不能与授权法相冲突。了解到这个基本原理，我们对行政裁量权进行审查时，首先要明确授权法的本意，查明行政机关在行使裁量权时有没有违背原本的法定目的。有时法律的规定并不是非常明确，在这种情况下，需要法院在审查时根据具体情况，运用司法的能动性，通过对法律的解释来确定。这种对法律目的的解释和认定实际上也是法院对行政裁量权进行审查时的一种司法裁量。

②审查行政强制执行和解的达成是否符合公平正义。法律授权行政机关进行行政强制执行和解的目的是希望行政机关在行使管理权的同时，能根据具体情况、具体对象的不同，灵活地作出相对公正合理的选择和判断，而不是让行政机关在授权的范围内随意而为。公平正义还要求行政机关在达成和解时应遵循比例原则，要适当地权衡比较行政目的与可能对行政相对人造成的损害结果之间的利益。此外，行政机关在行使裁量权时，不能违反行政诚信原则，出现明显损害行政相对人信赖利益的行为。

③审查行政裁量行为是否存在任意扩大或缩小解释。这里所说的裁量行为，是一种非确定的行政行为。例如近年来出现争议较多的公共利益。什么是公共利益？哪些情形属于公共利益需要？我国现行的法律没有明确界定，也未对所有情形进行规定。国务院最新颁布的《国有土地上房屋征收与补偿条例》第八条则列举了公共利益的几种情形。这是目前对公共利益最为详细的概括列举，但仍不能穷尽，留有弹性条款，给行政机关的裁量权以充分的解释空间。所以，对于行政行为是否属于公共利益需要，行政机关会有扩大解释和

任意解释的裁量权。这种裁量权是否合法，法院通过司法审查可以根据具体情况予以判定。但是，在司法审查的过程中，我们应当确立一种严格的标准，来限制行政机关裁量权的滥用。

413. 最高人民法院关于适用《中华人民共和国行政诉讼法》若干问题的解释将于2015年5月1日起施行，如何解读？

答：(1)《解释》的制定背景和过程。

第十二届全国人大常委会第十一次会议于2014年11月1日通过了关于修改行政诉讼法的决定。这是行政诉讼法实施二十四年以来的第一次“大修”。修正案立足于解决“立案难、审理难、执行难”等突出问题，增设了许多重大的新制度、新规定，对于更好地发挥行政诉讼在解决行政争议，保护公民、法人或者其他组织的合法权益，监督行政机关依法行使职权等方面的作用，加快建设社会主义法治国家，全面落实依法治国基本方略具有重要的意义。新行政诉讼法对人民法院的行政审判工作提出了许多新任务、新要求，需要全国各级人民法院严格执行。同时，新行政诉讼法增设的新制度、新规定，也迫切需要通过司法解释进行细化，制定便于人民法院操作的具体规程。最高人民法院及时制定了起草司法解释的规划，专门成立了司法解释起草小组，并向全国各级人民法院征集问题和建议。在全面梳理问题、深入调研论证的基础上，起草小组起草了司法解释草案，并认真听取了立法机关、行政机关、检察机关和专家学者的意见。起草工作前后历时半年，经过数易其稿，不断完善。最终提交最高人民法院审判委员会第1648次会议于2015年4月20日讨论通过，将从5月1日起与新行政诉讼法同步实施。

(2)起草《解释》遵循的原则。

起草工作遵循了三个原则：一是依法解释。主要针对新行政诉讼法的具体条文，围绕审判工作中的具体应用法律问题进行解释。符合立法的目的、原则和原意。二是突出重点。对整部行政诉讼法的全面解释需要一定的实践积累，目前起草的《解释》只是针对新法规定的若干创制性的、迫切需要解决的重大问题作出细化规定，确保新制度、新规定的贯彻落实。三是可行实用。《解释》注重实效性和可操作性，对于缺乏实践积累，存在较大争议的内容暂不规定，成熟一条起草一条。总的来看，《解释》注重对行政相对人诉讼权利和实体权利的充分保障，注重对行政机关依法应诉和依法行使职权的有效监督，注重对行政争议以及与行政争议相关的民事争议的实质解决。同时，也正确处理了加强诉权保护与尊重诉讼规律、强化司法的能动积极作用及司法权与行政权的合理分工等重大关系。

(3)《解释》的核心内容。

《解释》共27条，包括十个大的方面：立案登记制，起诉期限，行政机关负责人出庭应诉，复议机关作共同被告，行政协议，一并审理民事争议，一并审查规范性文件，判决方式，有限再审以及新旧法衔接。

在立案登记制方面，《解释》明确要求人民法院对符合起诉条件的案件应当立案，依法保障当事人行使诉讼权利。具体规定：对当事人依法提起的诉讼，一律接收起诉状。能够判断符合起诉条件的，应当当场登记立案；当场不能判断是否符合起诉条件的，应当在接收起诉状后七日内决定是否立案；七日内仍不能作出判断的，应当先予立案。对起诉状内容或者材料欠缺的，应当一次性全面告知。为了便于当事人寻求救济，加强上级法院对立案工作的监督，《解释》还明确，当事人对不予立案裁定不服的，可以提起上诉。同时，

《解释》还对虽然已经立案但因确实不符合起诉条件应当裁定驳回起诉的情形作了列举规定，包括超过法定起诉期限且无正当理由，错列被告且拒绝变更，未按照法律、法规规定先向行政机关申请复议，重复起诉等十种情形。

《解释》还对行政诉讼法规定的原告起诉时要“有具体的诉讼请求”进行了具体指引，列举了“请求判决撤销或者变更行政行为”、“请求判决行政机关履行法定职责或者给付义务”、“请求判决确认行政行为违法”等九项具体的诉讼请求。《解释》还规定，当事人未能正确表达诉讼请求的，人民法院应当予以释明。

对于新行政诉讼法没有明确的针对行政机关不履行法定职责提起诉讼的起诉期限，《解释》规定，公民、法人或者其他组织应当在行政机关履行法定职责期限届满之日起六个月内提出。

《解释》针对行政机关负责人出庭应诉这一新制度，作了两项规定：一是明确行政机关负责人包括行政机关的正职和副职负责人；二是行政机关负责人出庭应诉的，可以另行委托一至二名诉讼代理人。

新行政诉讼法明确规定复议机关决定维持原行政行为的，作出原行政行为的行政机关和复议机关是共同被告。对此，《解释》明确了以下几个问题：一是以作出原行政行为的行政机关确定案件的级别管辖。二是人民法院应当在审查原行政行为合法性的同时，一并审查复议程序的合法性。三是原行政行为被撤销、确认违法或者无效，给原告造成损失的，应当由作出原行政行为的行政机关承担赔偿责任；因复议程序违法给原告造成损失的，由复议机关承担赔偿责任。四是对追加被告、举证责任、判决方式等也作出相应规定。

对于行政诉讼法新引入的行政协议诉讼，司法解释作出一系列细化规定。一是对行政协议进行了界定。二是规定了行政协议诉讼的起诉期限、管辖法院和诉讼费用。三是明确了审查行政协议的法律依据。四是细化了行政协议案件的判决方式。

关于一并审理民事争议，《解释》规定，公民、法人或者其他组织请求一并审理相关民事争议，应当在第一审开庭审理前提出；有正当理由的，也可以在法庭调查中提出。但法律规定应当由行政机关先行处理的、违反民事诉讼法专属管辖规定或者协议管辖约定的、已经申请仲裁或者提起民事诉讼的，不予准许一并审理。《解释》还明确，一并审理相关民事争议的，民事争议应当单独立案，由同一审判组织审理。行政争议和民事争议应当分别裁判。

关于一并审查规范性文件，《解释》强调，规范性文件不合法的，人民法院不作为认定行政行为合法的依据，并在裁判理由中予以阐明。作出生效裁判的人民法院应当向规范性文件的制定机关提出处理建议，并可以抄送制定机关的同级人民政府或者上一级行政机关。

此外，《解释》还对原告请求行政机关履行法定职责或者给付义务的判决方式、“一次再审、一次抗诉”路线图以及新旧法衔接等问题作出了解释性规定。《解释》是贯彻落实新行政诉讼法的重大司法举措，能够与修改后的行政诉讼法同步实施，有助于统一司法裁判标准，确保行政诉讼法的各项制度规定落到实处，为保障公民、法人或者其他组织的合法权益，监督行政机关依法行使职权，解决行政争议，发挥更加积极重要的作用。

414. 行政执法文书中为什么要慎用“或”与“和”？

答：“或”与“和”仅一字之差，含义却大不相同，在行政执法文书中用之不妥可能会引起不必要的麻烦，甚至会影响到执法部门是否履行告知义务，进而关系到整个行政处罚行为是否符合法定程序的大问题。

近日，有单位对我局《行政处罚告知书》固定制式内容提出了异议，认为"你有陈述、申辩或要求听证的权利"的表述，将当事人同时享有的陈述、申辩权和听证请求权变更为只能选择其中一项，剥夺了相对人应当享有的权利。为此，笔者通过对"和"与"或"词义分析，结合《行政处罚法》的相关规定，进行了深入分析研究。

《行政处罚法》第六条规定：公民、法人或者其他组织对行政机关所给予的行政处罚，享有陈述权、申辩权。第三十一条规定：行政机关在作出行政处罚决定之前，应当告知当事人作出行政处罚决定的事实、理由及依据，并告知当事人依法享有的权利。第三十二条规定：当事人有权进行陈述和申辩。第四十一条规定：行政机关及其执法人员在作出行政处罚决定之前不依照本法第三十一条、第三十二条的规定向当事人告知给予行政处罚的事实、理由和依据，或者拒绝听取当事人的陈述、申辩，行政处罚不能成立。

可见《行政处罚法》对陈述权、申辩权的告知是作为保障当事人权利的基本原则规定的。无论是何种处罚及处罚幅度有何不同，行政机关作出决定前都必须履行告知义务。而对责令停产停业，吊销许可证或者执照、较大数额罚款等处罚，《行政处罚法》第42条规定：行政机关作出决定之前，应当告知当事人有要求举行听证的权利。这是我国法律中第一次规定听证程序，原因就是责令停产停业、吊销许可证等处罚涉及当事人利益比较大，如果出现错误对当事人权利损害比较严重。所以为了事先预防，《行政处罚法》将其作为一项重要程序加以规定。

听证权与告知陈述、申辩权在目的上一样，但适用的条件对象却明显不同。根据法律规定，所有的行政处罚当事人都享有陈述、申辩权，只有对责令停产停业、吊销许可证等几类行政处罚相对人还同时享有听证申请权。

而且，从词义上分析，"或""或者"作为连词，在汉语中表示选择关系，前者文书中的表述应是选择或者"陈述申辩"或者"要求听证"的意思，两者只能居其一，不能同时选择。而根据规定，达到规定数额的罚款不需要听证，只有陈述、申辩权，没有选择的可能。而责令停产停业、吊销许可证或数额较大的罚款这两类权利应同时都有，可以陈述、申辩，也可以同时要求听证，是"和"的关系。作为权利人，当事人当然可以选择一项或者两者都选，但作为告知义务人行政机关则必须同时告知，不能只选择一项，或者两项只允许选择一项，否则不符合法律的规定。

通过以上的分析，笔者认为，目前制式的《行政处罚告知书》的"陈述、申辩或要求听证"的表述不符合《行政处罚法》的有关规定，应做必要的修改，具体的修改办法建议如下：

一是对当事人符合听证条件的，相关表述改为"你有陈述、申辩和要求听证的权利"，将原有的"或"改为"和"；二是对当事人不符合听证条件的，相关表述改为"你有陈述、申辩的权利"，将"或要求听证的权利"删除。

一字之差，将有可能影响到整个案件的成败，因此执法人员在具体执法过程中，必须牢固树立法制意识，用语要规范，定性要准确，严防随意性或马虎大意。

415. 关于办理非法采矿、破坏性采矿刑事案件适用法律若干问题的解释。

答：《最高人民法院、最高人民检察院关于办理非法采矿、破坏性采矿刑事案件适用法律若干问题的解释》已于2016年9月26日由最高人民法院审判委员会第1694次会议、2016年11月4日由最高人民检察院第十二届检察委员会第57次会议通过，现予公布，自2016年12月1日起施行。

最高人民法院 最高人民检察院关于办理非法采矿、破坏性采矿刑事案件适用法律若干问题的解释

法释〔2016〕25号

为依法惩处非法采矿、破坏性采矿犯罪活动，根据《中华人民共和国刑法》《中华人民共和国刑事诉讼法》的有关规定，现就办理此类刑事案件适用法律的若干问题解释如下：

第一条　违反《中华人民共和国矿产资源法》《中华人民共和国水法》等法律、行政法规有关矿产资源开发、利用、保护和管理的规定的，应当认定为刑法第三百四十三条规定的“违反矿产资源法的规定”。

第二条　具有下列情形之一的，应当认定为刑法第三百四十三条第一款规定的“未取得采矿许可证”：

（一）无许可证的；

（二）许可证被注销、吊销、撤销的；

（三）超越许可证规定的矿区范围或者开采范围的；

（四）超出许可证规定的矿种的(共生、伴生矿种除外)；

（五）其他未取得许可证的情形。

第三条　实施非法采矿行为，具有下列情形之一的，应当认定为刑法第三百四十三条第一款规定的“情节严重”：

（一）开采的矿产品价值或者造成矿产资源破坏的价值在十万元至三十万元以上的；

（二）在国家规划矿区、对国民经济具有重要价值的矿区采矿，开采国家规定实行保护性开采的特定矿种，或者在禁采区、禁采期内采矿，开采的矿产品价值或者造成矿产资源破坏的价值在五万元至十五万元以上的；

（三）二年内曾因非法采矿受过两次以上行政处罚，又实施非法采矿行为的；

（四）造成生态环境严重损害的；

（五）其他情节严重的情形。

实施非法采矿行为，具有下列情形之一的，应当认定为刑法第三百四十三条第一款规定的“情节特别严重”：

（一）数额达到前款第一项、第二项规定标准五倍以上的；

（二）造成生态环境特别严重损害的；

（三）其他情节特别严重的情形。

第四条　在河道管理范围内采砂，具有下列情形之一，符合刑法第三百四十三条第一款和本解释第二条、第三条规定的，以非法采矿罪定罪处罚：

（一）依据相关规定应当办理河道采砂许可证，未取得河道采砂许可证的；

（二）依据相关规定应当办理河道采砂许可证和采矿许可证，既未取得河道采砂许可证，又未取得采矿许可证的。

实施前款规定行为，虽不具有本解释第三条第一款规定的情形，但严重影响河势稳定，危害防洪安全的，应当认定为刑法第三百四十三条第一款规定的“情节严重”。

第五条　未取得海砂开采海域使用权证，且未取得采矿许可证，采挖海砂，符合刑法

第三百四十三条第一款和本解释第二条、第三条规定的，以非法采矿罪定罪处罚。

实施前款规定行为，虽不具有本解释第三条第一款规定的情形，但造成海岸线严重破坏的，应当认定为刑法第三百四十三条第一款规定的“情节严重”。

第六条　造成矿产资源破坏的价值在五十万元至一百万元以上，或者造成国家规划矿区、对国民经济具有重要价值的矿区和国家规定实行保护性开采的特定矿种资源破坏的价值在二十五万元至五十万元以上的，应当认定为刑法第三百四十三条第二款规定的“造成矿产资源严重破坏”。

第七条　明知是犯罪所得的矿产品及其产生的收益，而予以窝藏、转移、收购、代为销售或者以其他方法掩饰、隐瞒的，依照刑法第三百一十二条的规定，以掩饰、隐瞒犯罪所得、犯罪所得收益罪定罪处罚。

实施前款规定的犯罪行为，事前通谋的，以共同犯罪论处。

第八条　多次非法采矿、破坏性采矿构成犯罪，依法应当追诉的，或者二年内多次非法采矿、破坏性采矿未经处理的，价值数额累计计算。

第九条　单位犯刑法第三百四十三条规定之罪的，依照本解释规定的相应自然人犯罪的定罪量刑标准，对直接负责的主管人员和其他直接责任人员定罪处罚，并对单位判处罚金。

第十条　实施非法采矿犯罪，不属于“情节特别严重”，或者实施破坏性采矿犯罪，行为人系初犯，全部退赃退赔，积极修复环境，并确有悔改表现的，可以认定为犯罪情节轻微，不起诉或者免予刑事处罚。

第十一条　对受雇佣为非法采矿、破坏性采矿犯罪提供劳务的人员，除参与利润分成或者领取高额固定工资的以外，一般不以犯罪论处，但曾因非法采矿、破坏性采矿受过处罚的除外。

第十二条　对非法采矿、破坏性采矿犯罪的违法所得及其收益，应当依法追缴或者责令退赔。

对用于非法采矿、破坏性采矿犯罪的专门工具和供犯罪所用的本人财物，应当依法没收。

第十三条　非法开采的矿产品价值，根据销赃数额认定；无销赃数额，销赃数额难以查证，或者根据销赃数额认定明显不合理的，根据矿产品价格和数量认定。

矿产品价值难以确定的，依据下列机构出具的报告，结合其他证据作出认定：

（一）价格认证机构出具的报告；

（二）省级以上人民政府国土资源、水行政、海洋等主管部门出具的报告；

（三）国务院水行政主管部门在国家确定的重要江河、湖泊设立的流域管理机构出具的报告。

第十四条　对案件所涉的有关专门性问题难以确定的，依据下列机构出具的鉴定意见或者报告，结合其他证据作出认定：

（一）司法鉴定机构就生态环境损害出具的鉴定意见；

（二）省级以上人民政府国土资源主管部门就造成矿产资源破坏的价值、是否属于破坏性开采方法出具的报告；

（三）省级以上人民政府水行政主管部门或者国务院水行政主管部门在国家确定的重

要江河、湖泊设立的流域管理机构就是否危害防洪安全出具的报告；

（四）省级以上人民政府海洋主管部门就是否造成海岸线严重破坏出具的报告。

第十五条　各省、自治区、直辖市高级人民法院、人民检察院，可以根据本地区实际情况，在本解释第三条、第六条规定的数额幅度内，确定本地区执行的具体数额标准，报最高人民法院、最高人民检察院备案。

第十六条　本解释自 2016 年 12 月 1 日起施行。本解释施行后，《最高人民法院关于审理非法采矿、破坏性采矿刑事案件具体应用法律若干问题的解释》（法释〔2003〕9 号）同时废止。

416.“两高”颁布司法解释非法采砂如何定罪量刑?

答：2016 年 11 月 28 日，最高人民法院、最高人民检察院联合下发《关于办理非法采矿、破坏性采矿刑事案件适用法律若干问题的解释》。根据《解释》，未取得相关许可证，在河道管理范围内采砂，情节严重的，以非法采矿罪定罪处罚。两高最新司法解释的颁布，将为严厉打击非法采砂提供坚强法制支撑。

《解释》规定，五类情形应当认定为“未取得相关许可证”：一是无许可证；二是许可证被注销、吊销、撤销的；三是超越许可证规定开采范围的；四是超出许可证规定矿种的；五是其他未取得许可证的情形。以上五种未取得河道采砂许可证实施河道采砂行为的，即为非法采砂。

《解释》规定，五类情形应当认定为刑法第三百四十三条第一款规定的“情节严重”：一是开采的矿产品价值或者造成矿产资源破坏的价值在十万元至三十万元以上的；二是在国家规划矿区、对国民经济具有重要价值的矿区采矿，开采国家规定实行保护性开采的特定矿种，或者在禁采区、禁采期内采矿，开采的矿产品价值或者造成矿产资源破坏的价值在五万元至十五万元以上的；三是二年内曾因非法采矿受过两次以上行政处罚，又实施非法采矿行为的；四是造成生态环境严重损害的；五是其他情节严重的情形。以上五种情节严重的非法采砂将被处以 3 年以下有期徒刑、拘役、管制，并处或单处罚金。《解释》规定，三类情形应当认定为刑法第三百四十三条第一款规定的“情节特别严重”：一是数额达到前款第一项、第二项规定标准五倍以上的；二是造成生态环境特别严重损害的；三是其他情节特别严重的情形。以上三种情节特别严重的非法采砂将被处以 3 年以上 7 年以下有期徒刑，并处罚金。《解释》还规定，对非法采砂的违法所得及其收益，应当依法追缴或者责令退赔；对非法采砂犯罪的专门工具和供犯罪所用的本人财物，应当依法没收。

为有效惩治非法采砂犯罪利益链条，《解释》还规定，明知是犯罪所得的矿产品及其产生的收益，而予以窝藏、转移、收购、代为销售或者以其他方法掩饰、隐瞒的，以掩饰、隐瞒犯罪所得、犯罪所得收益罪定罪处罚；事前通谋的，以共同犯罪论处。

《解释》还明确了两类从宽处理情形：“实施非法采矿犯罪，不属于‘情节特别严重’，或者实施破坏性采矿犯罪，行为人系初犯，全部退赃退赔，积极修复环境，并确有悔改表现的，可以认定为犯罪情节轻微，不起诉或者免予刑事处罚”；“对受雇佣为非法采矿、破坏性采矿犯罪提供劳务的人员，除参与利润分成或者领取高额固定工资的以外，一般不以犯罪论处”。

为便于更好地打击非法采砂犯罪，《解释》赋予了水行政主管部门两项鉴定的权力：一是矿产品价值难以确定的，可以依据省级以上水行政主管部门出具的报告，结合其他证据作出认定；二是省级以上水行政主管部门或者国务院水行政主管部门在国家确定的重要江河、湖泊设立的流域管理机构就是否危害防洪安全出具报告。

水行政指导篇

导 读

随着依法行政理念的逐渐深入，积极探索柔性监管方式，促进法治政府和和谐社会的构建，成为各级行政机关不懈努力的方向和目标，而行政指导作为行政机关实现柔性监管的重要方式，它摒弃了单纯依赖行政处罚、行政强制等传统行政模式，而是注重行政管理相对人的协力，因此起到了促进行政民主，降低管理成本的效果。对于政府执法机关而言，如何为人民群众提供优质、高效的服务，进而实现执法与服务的和谐，是摆在各级执法机关面前的重要课题。笔者组织人员对水行政指导工作进行了大量的探索和实践，按照《河南省行政指导工作规范》和《河南省行政指导文书示范文本》要求，参照《河南省行政执法文书示范文本》，结合水行政指导工作实际，整理出一些常用的水行政指导案例，旨在统一行政指导工作规范，介绍行政指导工作流程，提高行政指导的水平和能力。笔者还在行政指导工作的基础上进行了创新，建立了行政指导室和行政指导专家库，切实为行政指导工作提供必要条件。

本篇主要分为三部分，第一部分着重介绍了行政指导的概念、作用、适用领域和行政指导原则，从理论上阐述了水行政指导工作的相关知识；第二部分通过不同类型水行政指导案例的办理程序和水行政指导卷宗制作规范，帮助水利系统执法人员灵活运用各类行政指导方式，推广和优化行政指导工作规范，实现依法治水的管理目标；第三部分探讨行政指导行为是否具有可诉性。在此篇编写过程中，得到了安阳市水政监察支队相关执法人员的帮助并整理成篇，笔者表示衷心感谢。由于水平和时间有限，难免会有缺点和失误，希望各位领导、专家和水政执法一线的工作人员能够给予批评指正和修改建议。

第一部分　行政指导

一、行政指导的含义

行政指导具有非强制性、高效性、灵活性、民主性等特点。行政指导是随着社会的迅猛发展而产生的，行政管理机关作为国家实施监管和行政执法的职能部门，在监管与执法领域引进行政指导制度具有重大的现实意义。本书所称行政指导，是指水行政主管部门在其法定职权范围内，通过提示、示范、辅导、引导、规劝、约谈、建议、回访等非强制性方式，指导行政相对人自愿作出或不作出某种行为，以有效实现行政管理目标的行政行为。

二、行政指导的作用

（一）有利于拓宽监管领域，弥补现行法律手段的不足

现代社会的发展一日千里，新的行政管理领域不断涌现。水事法律法规受立法成本，法所调整的社会关系发展现状、立法者的认识水平等限制，具有明显的滞后性，不可能及时对所有新出现的情形作出明确的规定。依照法无明文规定不得行为的行政法原理，水行政机关对这些新兴的领域就无能为力了。行政指导因其简便性、灵活性的特点最适合用来对这些新兴行业的干预，引导其健康发展。从而弥补了法律手段的不足，拓宽了监管领域，并可为以后的立法与监管创立良好的基础。

（二）有利于完善职能，改善形象

随着政府职能的转变，行政管理机关也应与时俱进，一方面要加强管理，另一方面要为社会提供优质、高效、便捷的服务。而行政指导正迎合了这种需要，补充完善了管理职能。另外行政指导是一种柔性行政行为，与传统强制性行政方式相比具有明显的亲和力，其将管理者与被管理者置于一个相对平等的地位，更多地体现了民主色彩，　因此有利于改善和塑造形象。

（三）有利于提高监管效能，降低行政成本。

行政强制并不是万能的，常常会因为相对人有形或无形的抵制而大大降低功效。凸显柔性的行政指导会促使相对人主动参与实现行政目的或自觉服从于行政机关意志，有利于将行政目的内化为被管理者的自主意识，从而提高监管效能。另外，行政指导中的警示制度通过对处于违法萌芽状态或轻微违法尚未对他人或社会公益造成危害的行为的及时警示，督促相对人及时改正错误，避免进入立案调查等行政处罚程序，从而降低了行政成本。

三、行政指导的适用领域

行政指导的适用领域是指水行政主管部门依照法律、法规赋予的权限或自身职能，实施行政指导的范畴和界限。根据已有的行政指导实践，至少在以下领域可广泛适用行政指导方式：①新兴的水行政管理领域。②没有罚则规定的违法违章行为。如前所述，法律由于受立法者的认识水平，法所调整的社会关系的发展程度等因素的制约，难免会出现“法律漏洞”。③市场主体需要机关提供的某些信息或服务。行政管理相对人因某些客观原因，无法获得及时、准确的行业管理信息，对相关规定缺乏正确的认识，此时水行政主管部门可依据其职能为社会提供相关信息或为其提供指导或帮助。④轻微违法违章行为的事前禁止和事后补救。相对人由于对法律法规不甚了解或并非故意，偶有轻微违章行为，或有违法违章倾向，便可采用警示的方式，对其进行事先告诫、教育，促使当事人主动改正错误，从而达到从根本上减少违章行为的目的。⑤依据职能可以实施行政指导促进行政管理目标实现的其他领域。行

政管理范围极其广泛，因此行政指导也具有广泛的适用领域。只要不违背法律原则，在行政管理职能或监管的事务范围内或行政执法过程中均可实施行政指导。

四、行政指导的基本原则

（1）合法原则。实施行政指导必须在行政机关法定职权范围内进行，不得违反法律、法规、规章的规定，不得与国家政策相抵触，不得侵害行政相对人的合法权益。

（2）合理原则。行政机关实施行政管理应当优先采用行政指导等非强制方式，实施行政指导应当根据行政管理目的和行政相对人的具体情况，选择合理适当的行政指导方式、方法。

（3）自愿原则。实施行政指导应当以行政相对人自愿为前提，充分尊重其自主选择权。不得采取或者变相采取强制性手段以及其他不利于行政相对人的行政手段强迫其接受行政指导，不得因行政相对人拒绝接受行政指导而对其采取额外限制或加重行政处罚等措施。

（4）公平原则。实施行政指导应当公平地对待行政相对人，在相关条件基本相同的情况下，应当实施相同或者类似的行政指导：不得为了个别行政相对人受益，而损害公共利益或其他行政相对人的合法权益。

（5）公开原则。实施行政指导应当坚持公开原则，除涉及国家秘密、商业秘密、个人隐私外都应当公开，依法保障行政相对人的知情权、参与权和救济权。

（6）效率原则。行政机关应当依法积极主动履行职责，简化实施程序，降低行政成本，为行政相对人提供方便、快捷的指导服务。

第二部分　行政指导工作操作实务

一、行政提示

（一）概念及适用情形

提示：对于法律法规规定行政相对人应当履行相关义务，行政相对人尚未履行或即将到达履行期限的事项，进行预先告知、提醒，或者提醒行政相对人节约能源资源、安全生产、平安生活等事项。

（二）行政提示模拟卷宗

河南省水行政指导案件卷宗（模拟）

<table>
<tr><td colspan="5">豫水（安）指立字〔2016〕××号</td></tr>
<tr><td>指导方式</td><td colspan="4">提示当事人办理延续取水许可手续</td></tr>
<tr><td rowspan="2">当事人</td><td>名称或姓名</td><td colspan="3">安阳××股份有限公司</td></tr>
<tr><td>地址或住址</td><td colspan="3">安阳市殷都区××街道×号</td></tr>
<tr><td>指导时间</td><td colspan="4">2016年3月21日</td></tr>
<tr><td>指导结果</td><td colspan="4">对当事人作出行政指导，提示其按照取水许可要求，办理了延续取水许可手续。</td></tr>
<tr><td>归档日期</td><td colspan="2">2016年3月28日</td><td>归档编号</td><td></td></tr>
<tr><td>保存年限</td><td colspan="2">10年</td><td>指导人</td><td>李洋澳　施建</td></tr>
<tr><td colspan="3">本卷内的文书共计 12 张</td><td>立卷人</td><td>李洋澳　施建</td></tr>
</table>

卷宗目录

序号	文书名称	文号	页号
1	行政处罚委托书		
2	水事违法案件立案呈批表		
3	执法人员执法证复印件		
4	安阳市水利局行政指导意见书	安水指意字〔2016〕××号	
5	安阳市水利局水行政执法事项提示书	安水指提字〔2016〕××号	
6	行政指导文书送达回证		
7	安阳市水利局证据复制（提取）单		
8	行政指导案件结案审批表		
9	行政指导案件结案报告		

行政处罚委托书

根据《中华人民共和国行政处罚法》第十八条、第十九条，《河南省行政机关执法条例》第十条，《水行政处罚实施办法》第十条、第十一条、第十二条的规定，经安阳市水利局与安阳市水政监察支队研究，现由安阳市水利局委托安阳市水政监察支队实施：行政处罚种类：1.（1）警告（2）罚款（3）吊销许可证（4）没收非法所得（5）法律法规规定的其他水行政处罚；2. 其他相关权限。委托期限自2016年1月1日至2016年12月31日止。

委托期间，安阳市水政监察支队必须以安阳市水利局的名义，在委托权限范围内实施行政处罚，并接受安阳市水利局的监督；由此产生的法律后果，由安阳市水利局承担。安阳市水政监察支队不得将委托事项再委托。

委托机关（印章）　　　　受委托单位（印章）

2016年1月1日　　　　2016年1月1日

水行政指导案件立案呈批表

安水指立字〔2016〕××号

<table>
<tr><td>案 由</td><td colspan="6">提示当事人办理延续取水许可手续</td></tr>
<tr><td>发案地点</td><td colspan="4">安阳市殷都区××街道××号</td><td>发案时间</td><td>2016-3-17</td></tr>
<tr><td rowspan="3">当事人</td><td>单位名称</td><td colspan="3">安阳××股份有限公司</td><td>法定代表人</td><td>郗某某</td></tr>
<tr><td>个人姓名</td><td></td><td>性别</td><td></td><td>职业</td><td></td></tr>
<tr><td>联系地址</td><td colspan="3">殷都区××街道××号</td><td>电话</td><td>5XXXXXX</td></tr>
<tr><td>案件来源</td><td colspan="6">巡查</td></tr>
<tr><td>案情简介及立案理由</td><td colspan="6">2016年3月17日，我局执法人员在日常巡查中发现安阳××股份有限公司取水许可证将于2016年5月11日到期，提示该单位办理延续许可手续。</td></tr>
<tr><td>行政指导人意见</td><td colspan="6">建议对当事人行政指导
行政指导人：李洋澳　施 建　2016年3月17日</td></tr>
<tr><td>支队负责人审查意见</td><td colspan="6">同意对当事人行政指导
负责人：尹中洲　2016年3月17日</td></tr>
<tr><td>机关法制机构审核意见</td><td colspan="6">同意对当事人行政指导
负责人：侯俊山　2016年3月17日</td></tr>
<tr><td>机关负责人意见</td><td colspan="6">同意对当事人行政指导
负责人：赵保旺　2016年3月17日</td></tr>
</table>

执法人员执法证复印件

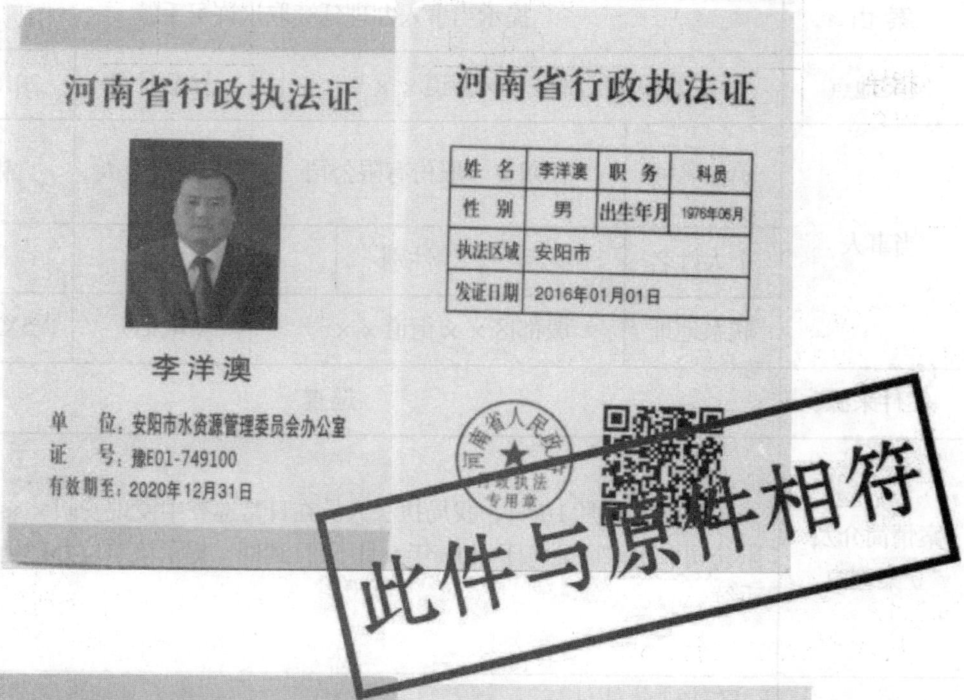

河南省行政执法证

李洋澳

单　位：安阳市水资源管理委员会办公室
证　号：豫E01-749100
有效期至：2020年12月31日

河南省行政执法证

姓名	李洋澳	职务	科员
性别	男	出生年月	1976年06月
执法区域	安阳市		
发证日期	2016年01月01日		

河南省人民政府
行政执法
专用章

此件与原件相符

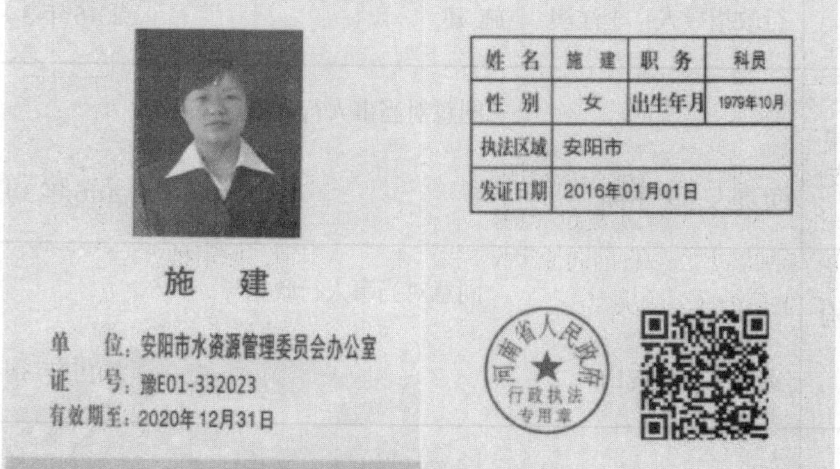

河南省行政执法证

施　建

单　位：安阳市水资源管理委员会办公室
证　号：豫E01-332023
有效期至：2020年12月31日

河南省行政执法证

姓名	施　建	职务	科员
性别	女	出生年月	1979年10月
执法区域	安阳市		
发证日期	2016年01月01日		

河南省人民政府
行政执法
专用章

安阳市水利局行政指导意见书

安水指意字〔2016〕××号

<table>
<tr><td rowspan="3">指导对象</td><td>单位名称</td><td>安阳××股份有限公司</td><td>法定代表人或负责人</td><td>郗某某</td></tr>
<tr><td>地　址</td><td colspan="3">安阳市殷都区××街道××号</td></tr>
<tr><td>联系人</td><td>郗某某</td><td>联系电话</td><td>5×××××××</td></tr>
<tr><td colspan="5">行政指导的目的：提示该单位取水许可有效期届满时间为2016年5月11日，在取水许可证届满到期前45天前到市水利局办理延续许可或注销手续。
我局(单位)依托行政管理职能，拟采取下列方式实施行政指导：
提示■　规劝□　辅导□　引导□
建议□　其他方式（　）□
行政指导是一种不具有强制性、无法律拘束力的行政行为，你单位可以根据自己的意愿选择是否接受，如果你单位同意，请与我局协力合作，以便行政指导工作顺利开展。
指导对象意见：同意行政指导　　签名(盖章)：郗某某
2016年3月18日
本局（单位）联系人：李洋澳　　联系电话：3696110
2016年3月18日</td></tr>
<tr><td>行政指导依据及内容</td><td colspan="4">依据：《取水许可证和水资源费征收管理条例》第二十五条：取水许可证有效期限一般为5年，最长不超过10年，有效期届满，需要延续的，取水单位或者个人应当在有效期届满45日前向原审批机关单位提出申请，原审批机关应当在有效期届满前，作出是否延续的决定。
内容：根据上述规定，提示当事人在取水许可证有效期届满前45日到市水利局办理延续许可手续。</td></tr>
<tr><td colspan="5">行政指导人员（签名）：李洋澳　施　建　　2016年3月18日</td></tr>
</table>

注：本文书一式两份，一份送达，一份归档。

安阳市水利局行政提示书

安水指提字〔2016〕××号

安阳××股份有限公司：

经现场调查，你单位使用自备井取用地下水用于生产、生活，办理的《取水许可证》取水许可有效期届满时间是2016年5月11日。为防止你单位取水许可有效期逾期，现就有关法律规定及注意事项提示如下：

根据《取水许可和水资源费征收管理条例》第二十五条：取水许可证有效期限一般为5年，最长不超过10年。有效期届满，需要延续的，取水单位或者个人应当在有效期届满45日前向原审批机关提出申请，原审批机关应当在有效期届满前，作出是否延续的决定之规定，现提示你单位按要求在取水许可证有效期届满45日前到安阳市水利局办理延续许可手续。

办理取水许可需提交的材料：

1. 取水许可申请表；
2. 原取水许可证正、副本；
3. 工商登记证副本及复印件；
4. 法定代表人身份证明原件及复印件；
5. 授权委托书。

办理地址：安阳市水利局

联系人：李洋澳　　电话：3696110

安阳市水利局

2016年3月21日

行政指导文书送达回证

送达文书名称 及文号	安阳市水利局行政提示书 安水指提字〔2016〕××号
案 由	提示当事人办理延续取水许可手续
受送达人名称或姓名	安阳××股份有限公司
送达日期	2016年3月21日9时15分
送达地点	××股份有限公司办公室
送达方式	直接送达
收件人	郗某某是该公司负责人 郗某某 2016年3月21日
送达人	李洋澳 施 建 2016年3月21日
备 注	

安阳市水利局证据复制（提取）单

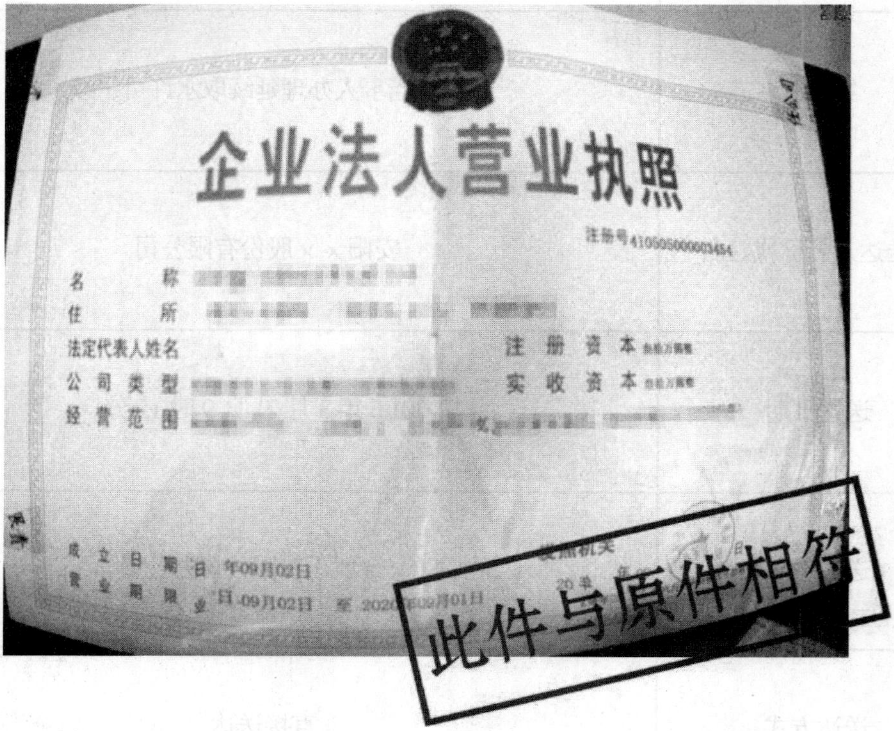

说明事项：此营业执照复印件由行政指导对象提供。

提取人 （签名或盖章）	李洋澳　执法证号：豫 E01–749100 施　建　执法证号：豫 E01–332 023
提取时间	2016 年 3 月 17 日

安阳市水利局证据复制（提取）单

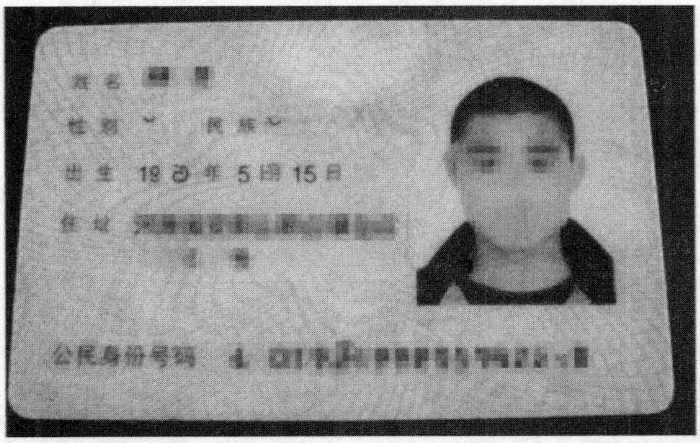

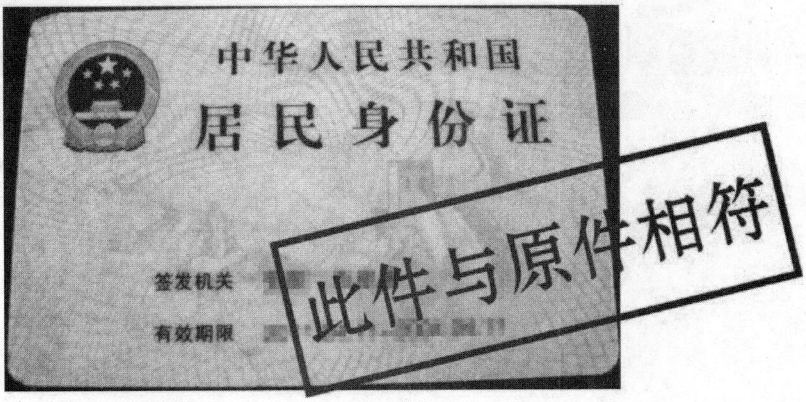

说明事项：此身份证复印件由行政指导对象提供。	
提取人 （签名或盖章）	李洋澳　　执法证号：豫 E01–749100 施　建　　执法证号：豫 E01–332 023
提取时间	2016 年 3 月 17 日

安阳市水利局证据复制（提取）单

说明事项：当事人原有《取水许可证》	
拍摄人	李洋澳　执法证号：豫 E01-749100 施　建　执法证号：豫 E01-332023
拍摄时间	2016 年 3 月 17 日
拍摄地点	安阳××股份有限公司办公现场

安阳市水利局证据复制（提取）单

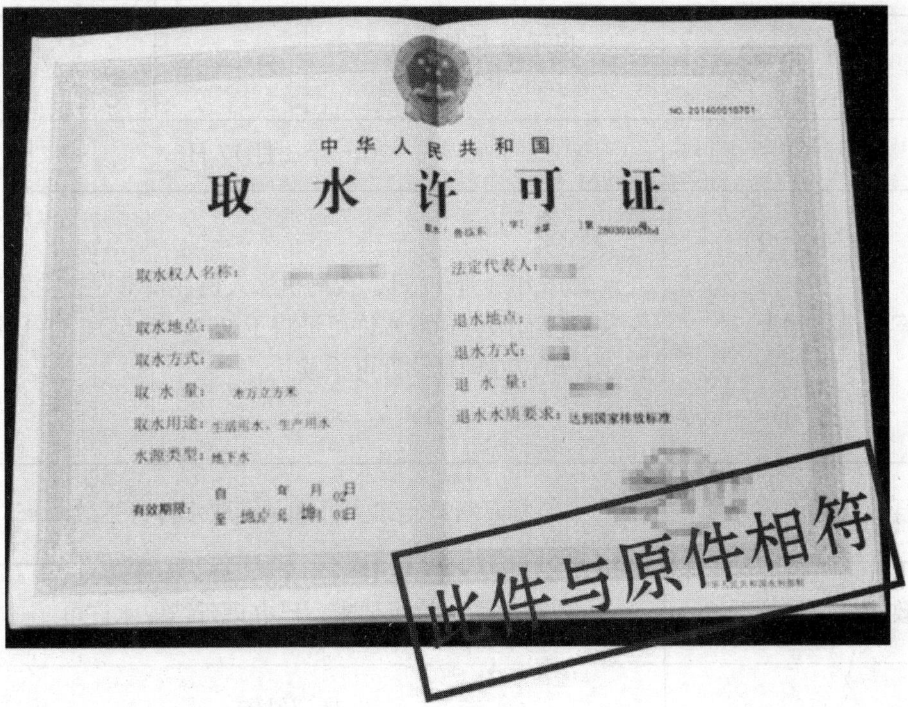

说明事项：　当事人新版里的《取水许可证》	
拍摄人	李洋澳　执法证号：豫 E01–749100 施　建　执法证号：豫 E01–332023
拍摄时间	2016 年 3 月 25 日
拍摄地点	审批科

行政指导案件结案审批表

行政指导文书文号	安水指提字〔2016〕××号	发文日期	2016－3－21
案　　由	提示当事人办理 延续取水许可手续	案件来源	巡　查
立案时间	2016年3月17日		
案件简要情况	2016年3月17日，我局执法人员在日常巡查中发现安阳××股份有限公司取水许可证将于2016年5月11日到期，提示该单位办理延续许可手续。		
行政指导内容	提示行政当事人办理延续取水许可手续.		
行政指导执行情况	按照取水许可要求，已办理延续取水许可.		
行政指导人意见	建议结案 指导人签名：　李洋澳 施建　　　　2016年3月25日		
支队负责人意见	同意结案 负责人签名：尹中洲　　　　2016年3月15日		
法制机构意见	同意结案 负责人签名：侯俊山　　　　2016年3月25日		
机关负责人意见	同意结案 负责人签名：　赵保旺　　　　2016年3月25日		

行政指导案件结案报告

当事人	单位名称	安阳××股份有限公司	法定代表人	郗某某
	地　　址	安阳殷都区××街道××号	电　　话	5×××××××
案　由	提示当事人办理延续取水许可手续		案件来源	巡　查
办案时间	2016年3月17日至2016年3月25日			
行政指导文书文号	安水指提字〔2016〕××号		结案日期	2016年3月25日
案件简要情况	2016年3月17日，我局执法人员在日常巡查中发现安阳××股份有限公司取水许可证将于2 016年5月11日到期，提示该单位办理延续许可手续。			
行政指导内容	提示行政当事人到市水利局办理延续取水许可手续。			
行政指导结果	对当事人作出行政指导，提示其按照取水许可要求，办理了延续取水许可。			

填表人：李洋澳　　　　　　　　　　　　　　2016年3月25日

立卷、验卷情况记载

本案卷于 2016 年 3 月 28 日。立卷本册连面带底共计 17 页，附证物袋 0 个，内装 0 件。

立卷人：李洋澳

本案卷于 2016 年 3 月 28 日经验查合格。

检验人：郝艳军

二、引导

（一）概念及适用情形

对行政相对人进行法律宣传、教育、解释，引导其合法规范地从事经济社会活动。

（二）行政引导模拟卷宗

河南省水行政指导案件卷宗（模拟）

<table>
<tr><td colspan="4">豫水（安）指立字〔2016〕××号</td></tr>
<tr><td>指导方式</td><td colspan="3">引导当事人办理取水许可手续</td></tr>
<tr><td rowspan="2">当事人</td><td colspan="3">名称或姓名　王某某（4105××××××××××××××××）</td></tr>
<tr><td colspan="3">地址或住址　安阳市×××号××号楼××号</td></tr>
<tr><td>指导时间</td><td colspan="3">2016年4月18日</td></tr>
<tr><td>指导结果</td><td colspan="3">对当事人进行行政指导，引导其办理取水许可手续。</td></tr>
<tr><td>归档日期</td><td>2016年5月22日</td><td>归档编号</td><td></td></tr>
<tr><td>保存年限</td><td>10年</td><td>指导人</td><td>于运航　杨艳红</td></tr>
<tr><td colspan="2">本卷内的文书共计16张</td><td>立卷人</td><td>于运航　杨艳红</td></tr>
</table>

卷宗目录

序号	文书名称	文号	页号
1	行政处罚委托书		
2	水行政指导案件立案呈批表	安水指立字〔2016〕××号	
3	执法人员执法证复印件		
4	询问笔录		
5	现场（检查）笔录		
6	安阳市水利局行政指导意见书	安水指导意字〔2016〕××号	
7	安阳市水利局行政引导书	安水指引字〔2016〕××号	
8	行政指导文书送达回证		
9	安阳市水利局证据复制（提取）单		
10	安阳市水利局证据粘贴单		
11	行政指导案件结案审批表		
12	行政指导案件结案报告		

行政处罚委托书

根据《中华人民共和国行政处罚法》第十八条、第十九条，《河南省行政机关执法条例》第十条，《水行政处罚实施办法》第十条、第十一条、第十二条的规定，经安阳市水利局与安阳市水政监察支队研究，现由安阳市水利局委托安阳市水政监察支队实施：行政处罚种类：1.（1）警告（2）罚款（3）吊销许可证（4）没收非法所得（5）法律法规规定的其他水行政处罚；2.其他相关权限。委托期限自2016年1月1日至2016年12月31日止。

委托期间，安阳市水政监察支队必须以安阳市水利局的名义，在委托权限范围内实施行政处罚，并接受安阳市水利局的监督；由此产生的法律后果，由安阳市水利局承担．安阳市水政监察支队不得将委托事项再委托。

委托机关（印章）　　　　　　　　受委托单位（印章）

2016年1月1日　　　　　　　　　2016年1月1日

水行政指导案件立案呈批表

安水指立字〔2016〕××号

<table>
<tr><td>案　由</td><td colspan="7">引导当事人办理取水许可手续</td></tr>
<tr><td>发案地点</td><td colspan="4">安阳市××区××村</td><td>发案时间</td><td colspan="2">2016－4－18</td></tr>
<tr><td rowspan="3">当事人</td><td>单位名称</td><td colspan="3"></td><td>法定代表人</td><td colspan="2"></td></tr>
<tr><td>个人姓名</td><td>王某某</td><td>性别</td><td>男</td><td>职业</td><td colspan="2"></td></tr>
<tr><td>联系地址</td><td colspan="3">安阳市××区××村</td><td>电话</td><td colspan="2">134××××××××</td></tr>
<tr><td>案件来源</td><td colspan="7">日常巡查</td></tr>
<tr><td>案情简介
及立案理由</td><td colspan="7">2016 年 4 月 18 日，我局水政监察支队执法人员在日常巡查中巡查至安阳市××区××村时发现王某某正在家中院内凿井。井已打成，正在安装取水设施，其行为违反了《取水许可和水资源费征收管理条例》第二十一条第一款之规定。</td></tr>
<tr><td>行政指导人
意　见</td><td colspan="7">建议对当事人行政指导
行政指导人：于运航　杨艳虹　　2016 年 4 月 18 日</td></tr>
<tr><td>支队负责人
审查意见</td><td colspan="7">同意对当事人行政指导
负责人：尹中洲　　2016 年 4 月 18 日</td></tr>
<tr><td>机关法制
机构审核
意　见</td><td colspan="7">同意对当事人行政指导
负责人：侯俊山　　2016 年 4 月 18 日</td></tr>
<tr><td>机关负责人
意　见</td><td colspan="7">同意对当事人行政指导
负责人：赵保旺　　2016 年 4 月 18 日</td></tr>
</table>

执法人员执法证件复印件

此件与原件相符

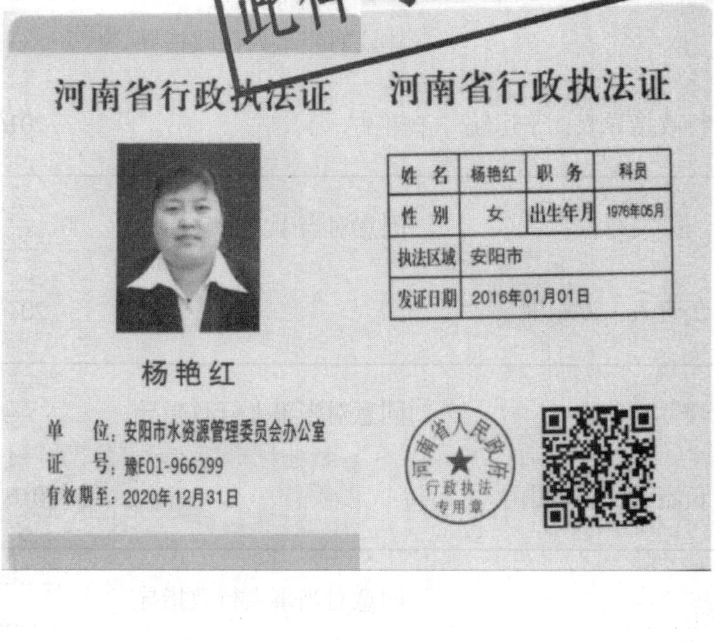

询问笔录

询问时间：2016年 4 月18日9时15 分至9 时45分

询问地点：王某某家中

被询问单位名称：

法定代表人（负责人）电话：

被询问人姓名：王某某　性别：男　电话：135×××××××××

所在单位：　住址：

与本案关系：

询问人：杨艳红　证件名称：执法证　证件编号：豫E01-966299

记录人：于运航　证件名称：执法证　证件编号：豫E01-634071

询问内容：

我们是安阳市水利局水政执法人员（亮证），现对你在自家院内凿井的情况进行询问，请问你是否对我们的执法身份有异议？是否对我们执法人员提出回避？请你如实回答。

答：好，我知道了，我会如实回答。我无异议，也不提出回避。

问：请说一下你的基本情况。

答：我叫王某某，身份证号码是4105×××××××××××××× 家住安阳市××区××村。

问：请说一下你在院内凿井的情况。

答：因为我用的水是村里的集中供水，不够我办的养殖场用水，才在院里打井，前几天打的，井深30米，正准备安装取水设施。

问：你打这眼水井办理凿井审批手续了吗？

答：我不知道打井还要办理手续，所以没有办理。

问：你的行为已经违反了《取水许可和水资源费征收管理条例》第二十一条之规定。现责令你停止违法行为，限期补办相关取水手续。

答：好的，通过你们对我讲解相关的法律法规，我认识到了自己的错误，我马上办理相关手续。

问：请问你还有需要补充的吗？

答：没有需要补充的了。

问：以上情况是否属实？

答：以上情况属实。

问：询问笔录上内容请你看一看，记录是否属实？

答：询问笔录上述内容，记录属实。

被询问人阅核后签注“询问笔录上述内容，记录属实。”

被询问人签字：王某某　2016年4月18日

拒绝签字的理由：

询问人签字：杨艳红　2016年4月18日

记录人签字：于运航　2016年4月18日

现场（检查）笔录

被调（检）查人姓名：　　　　　　年龄：　　　　职业：

住址：

被询问人姓名：王某某　　性别：男　　年龄：　　　　职务：

调（检）查时间：2016年4月18日8时30分至9时10分

调（检）查地点：当事人院内

调（检）查人姓名：于运航　　证件名称：执法证　　证件编号：豫E01–634071

记录人员：杨艳红　　证件名称：执法证　　证件编号：豫E01–966299

调（检）查记录：2016年4月18日，我局水政监察支队执法人员在日常巡查至安阳市××区××村时发现王某某正在自家院内凿井，我局水政执法人员向王某某出示行政执法证件表明身份，向其讲明来意后。对凿井情况进行现场检查，情况如下：

1. 某某，身份证号码4105××××××××××××××，家住安阳市××区××村
2. 水井已经打成，井深30米，正在安装取水设施，尚未取水。
3. 王某某所在位置不在城市公共供水管网覆盖范围以内，无城市公共供水。
4. 王某某在自家北侧建有一个养殖场，从事生猪养殖。

被调（检）查人员签名或盖章：王某某

被调查人员拒签事由：

调（检）查人员签名或盖章：于运航　杨艳红

见证人签名或盖章并注明其身份：

现场示意图

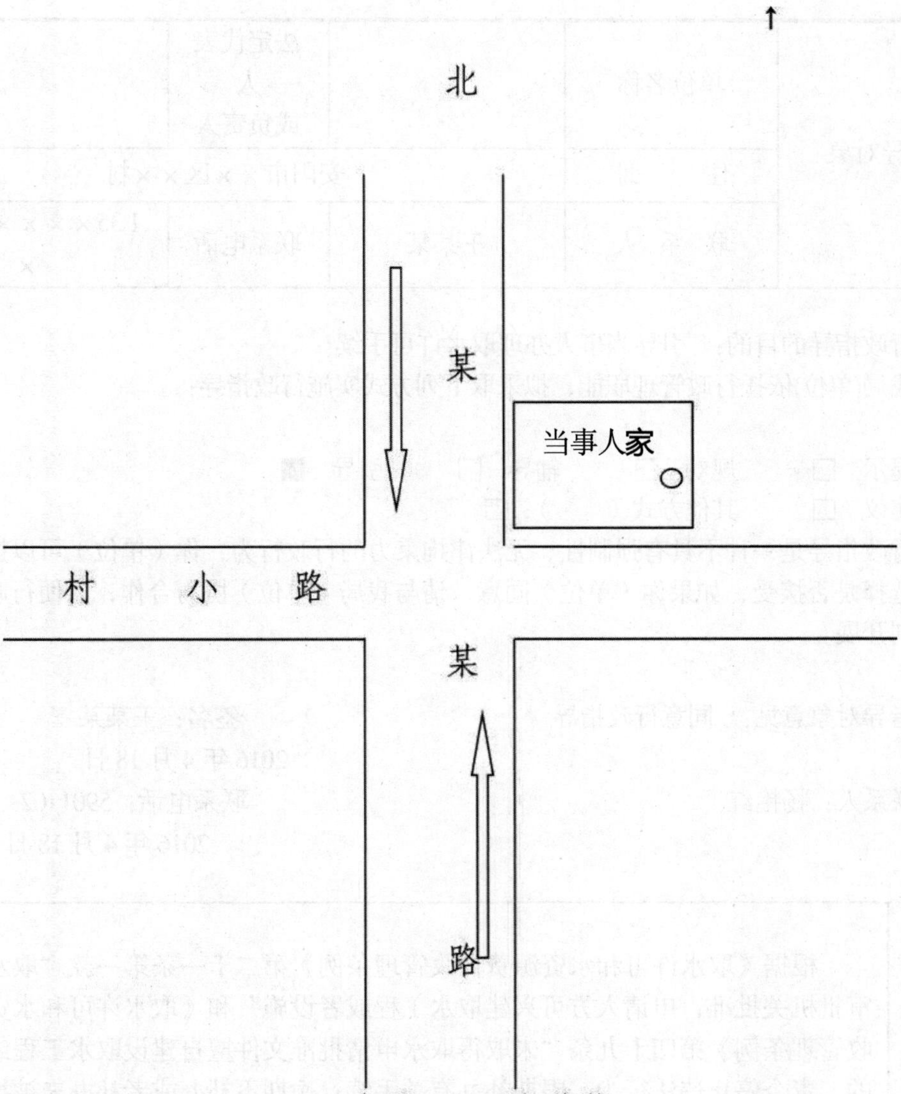

记录人：杨艳红　　　　　　　　　　　　　2016年4月18日

当事人：王某某　　　　　　　　　　　　　2016年4月18日

安阳市水利局行政指导意见书

安水指引字〔2016〕××号

<table>
<tr><td rowspan="3">指导对象</td><td>单位名称</td><td></td><td>法定代表人
或负责人</td><td></td></tr>
<tr><td>住　　址</td><td colspan="3">安阳市××区××村</td></tr>
<tr><td>联 系 人</td><td>王某某</td><td>联系电话</td><td>135××××××××</td></tr>
</table>

行政指导的目的：引导当事人办理取水许可手续。

我局(单位)依托行政管理职能，拟采取下列方式实施行政指导：

提示 □　　规劝 □　　辅导 □　　引导 ■

建议 □　　其他方式（　　）□

行政指导是一种不具有强制性、无法律拘束力的行政行为，你（单位）可以据自己的意愿选择是否接受，如果你（单位）同意，请与我局（单位）协力合作，以便行政指导工作顺利开展。

指导对象意见：同意行政指导　　　　签名：王某某

2016 年 4 月 18 日

联系人：杨艳红　　　　联系电话：5901102

2016 年 4 月 18 日

行政指导内容

根据《取水许可和水资源费征收管理条例》第二十一条第一款“取水申请经审批机关批准，申请人方可兴建取水工程或者设施”和《取水许可和水资源费征收管理条例》第四十九条“未取得取水申请批准文件擅自建设取水工程或者设施的，责令停止违法行为，限期补办有关手续；逾期不补办或者补办未被批准的，责令限期拆除或者封闭其取水工程或者设施；逾期不拆除或者不封闭其取水工程或者设施的，由县级以上地方人民政府水行政主管部门或者流域管理机构组织拆除或者封闭，所需费用由违法行为人承担，可以处 5 万元以下罚款”，对其作出行政指导，引导当事人办理取水许可手续。

行政指导人员(签名)：于运航　杨艳红　　　　2016 年 4 月 18 日

注：本文书一式两份，一份送达，一份归档。

安阳市水利局行政引导书

安水指引字〔2016〕××号

王某某（身份证号码：4105××××××××××××××）：

我局2016年4月18日在日常巡查中发现你未经水行政主管部门批准擅自在院内凿井，现对你进行法律法规宣传及有关规定的介绍，希望你配合工作，到我局办理取水许可手续：

根据《取水许可和水资源费征收管理条例》第二十一条第一款“取水申请经审批机关批准，申请人方可兴建取水工程或者设施”之规定，你未经水行政主管部门批准擅自凿井的行为已经违法，为防止你的违法行为升级，根据《取水许可和水资源费征收管理条例》第四十九条“未取得取水申请批准文件擅自建设取水工程或者设施的，责令停止违法行为，限期补办有关手续；逾期不补办或者补办未被批准的，责令限期拆除或者封闭其取水工程或者设施；逾期不拆除或者不封闭其取水工程或者设施的，由县级以上地方人民政府水行政主管部门或者流域管理机构组织拆除或者封闭，所需费用由违法行为人承担，可以处5万元以下罚款”之规定，现要求你停止违法行为，三日内到我局办理取水许可手续。

联系人：杨艳红　　　　　　　电话：591102

安阳市水利局

2016年4月18日

行政指导送达回证

送达文书名称及文号	安阳市水利局行政引导书 安水指引字〔2016〕××号
案　　由	引导当事人办理取水许可手续
受送达人 名称或姓名	王某某　身份证号码：4105××××××××××××××
送达日期	2016年4月18日10时25分
送达地点	当事人家中
送达方式	直接送达
收 件 人	王某某　　　　2016年4月18日
送 达 人	于运航　杨艳红　　　　2016年4月18日
备　　注	

安阳市水利局证据复制（提取）单

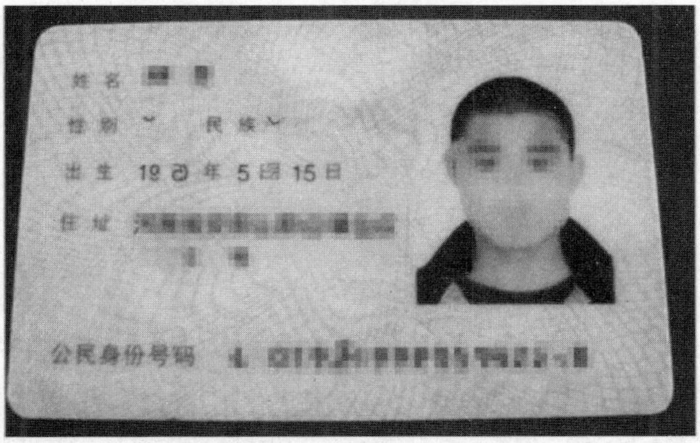

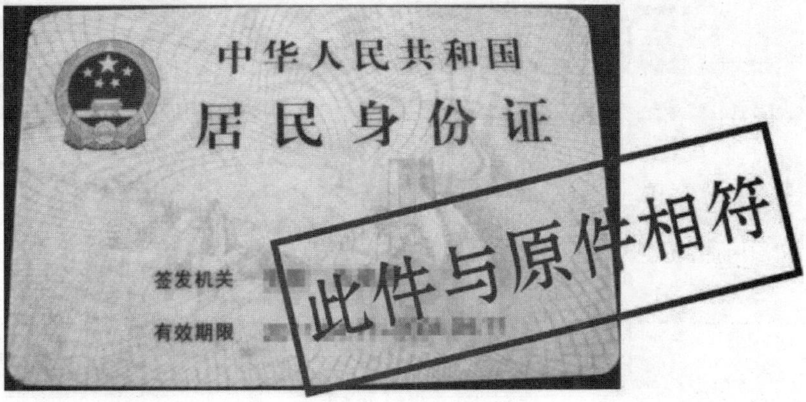

说明事项：此身份证复印件由行政指导对象提供。	
提取人 （签名或盖章）	于运航　　执法证号：豫 E01–634071 杨艳红　　执法证号：豫 E01–966299
提取时间	2016 年 4 月 18 日

安阳市水利局证据复制（提取）单

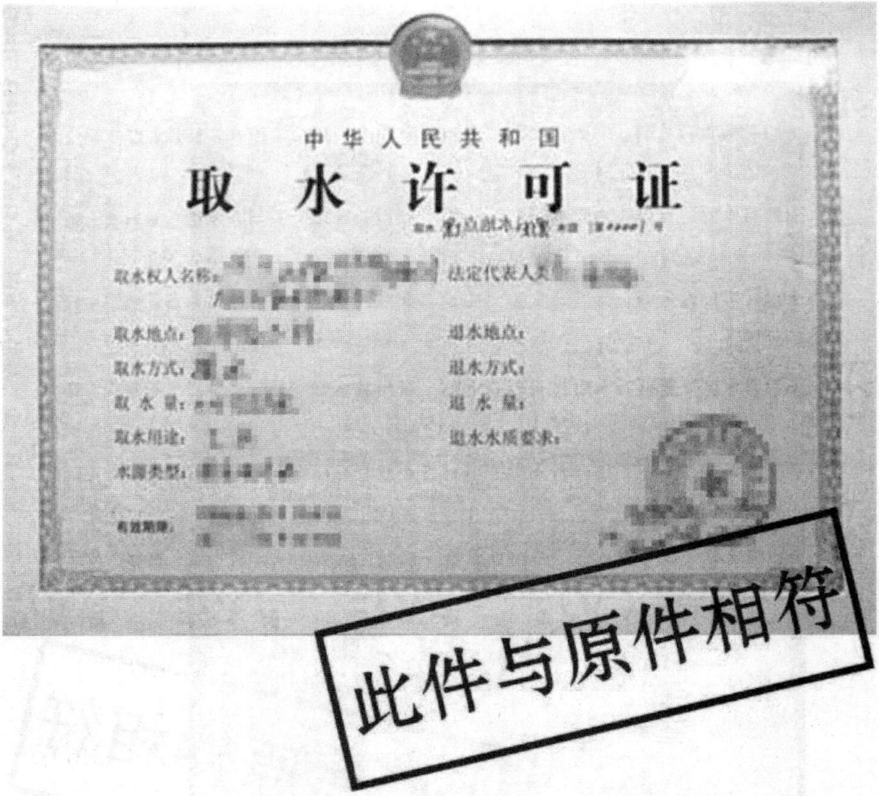

说明事项：	
拍摄人	于运航　　执法证号：豫 E01–634071 杨艳红　　执法证号：豫 E01–966299
拍摄时间	2016 年 5 月 20 日
拍摄地点	安阳市水利局审批科

行政指导案件结案审批表

<table>
<tr><td>行政指导文书文号</td><td>安水指引字〔2016〕××号</td><td>发文日期</td><td>2016年5月20日</td></tr>
<tr><td>案　　由</td><td>引导当事人办理取水许可手续</td><td>案件来源</td><td>日常巡查</td></tr>
<tr><td>发案时间</td><td colspan="3">2016年4月18日</td></tr>
<tr><td>案件简要情况</td><td colspan="3">2016年4月18日，我局水政监察支队执法人员在日常巡查中巡查至安阳市××区××村时发现当事人正在家中院内凿井。井已打成，正在安装取水设施。其行为违反了《取水许可和水资源费征收管理条例》第二十一条第一款之规定。</td></tr>
<tr><td>行政指导内容</td><td colspan="3">引导当事人办理取永许可手续。</td></tr>
<tr><td>行政指导执行情况</td><td colspan="3">当事人听取行政引导后，办理了取水许可手续。</td></tr>
<tr><td>行政指导人意见</td><td colspan="3">建议结案
指导人签名：于运航　杨艳红　　2016年5月20日</td></tr>
<tr><td>支队负责人意见</td><td colspan="3">同意结案
负责人签名：　尹中洲　　2016年5月20日</td></tr>
<tr><td>法制机构意见</td><td colspan="3">同意结案
负责人签名：侯俊山　　2016年5月20日</td></tr>
<tr><td>机关负责人意见</td><td colspan="3">同意结案
负责人签名：赵保旺　　2016年5月20日</td></tr>
</table>

行政指导案件结案报告

<table>
<tr><td rowspan="4">当事人</td><td>名　称</td><td></td><td>法定代表人</td><td></td></tr>
<tr><td>地　址</td><td></td><td>电　话</td><td></td></tr>
<tr><td>姓　名</td><td>王某某</td><td>年　龄</td><td></td></tr>
<tr><td>所在单位</td><td></td><td>电　话</td><td>135××××××××</td></tr>
<tr><td>案　由</td><td>引导当事人办理取水许可手续</td><td></td><td>案件来源</td><td>日常巡查</td></tr>
<tr><td>办案时间</td><td colspan="4">2016 年 4 月 18 日至 2016 年 5 月 20 日</td></tr>
<tr><td>行政指导文书文号</td><td colspan="2">安水指引字〔2016〕××号</td><td>结案日期</td><td>2016－5－21</td></tr>
<tr><td>案件简要情况</td><td colspan="4">2016 年 4 月 18 日，我局水政监察支队执法人员在日常巡查中巡查至安阳市××区××村时发现王某某正在家中院内凿井。井已打成，正在安装取水设施。其行为违反了《取水许可和水资源费征收管理条例》第二十一条第一款之规定。</td></tr>
<tr><td>行政指导内容</td><td colspan="4">对当事人作出行政指导，引导其办理取水许可手续。</td></tr>
<tr><td>行政指导结果</td><td colspan="4">当事人听取行政指导，办理了取水许可手续。</td></tr>
</table>

填表人：于运航　　　　　　　　　　　　　　　　　　2016 年 5 月 21 日

立卷、验卷情况记载

本案卷于 2016 年 5 月 22 日。立卷本册连面带底共计 19 页，附证物袋 0 个，内装 0 件。

立卷人：于运航

本案卷于 2016 年 5 月 22 日经验查合格

检验人：郝艳军

三、规劝

（一）概念及适用情形

在行政相对人可能发生违法行为、违法行为可能升级、违法行为可能造成危害后果时，或者法律法规赋予行政机关监管职责，但未明确监管措施和手段时进行预警、劝告。

（二）行政规劝模拟卷宗

河南省水行政指导案件卷宗（模拟）

<table>
<tr><td colspan="4">豫水（安）指立字〔2016〕××号</td></tr>
<tr><td>指导方式</td><td colspan="3">规劝当事人配合监督检查</td></tr>
<tr><td rowspan="2">当事人</td><td>名称或姓名</td><td colspan="2">××浴池　　李某（4105××××××××××××××）</td></tr>
<tr><td>地址或住址</td><td colspan="2">安阳市××号院××号楼××号</td></tr>
<tr><td>指导时间</td><td colspan="3">2016年3月25日</td></tr>
<tr><td>指导结果</td><td colspan="3">通过行政规劝，当事人主动配合执法人员监督检查。</td></tr>
<tr><td>归档日期</td><td>2016年3月29日</td><td>归档编号</td><td></td></tr>
<tr><td>保存年限</td><td>10年</td><td>指导人</td><td>晁罡　　安卫东</td></tr>
<tr><td colspan="2">本卷内的文书共计12张</td><td>立卷人</td><td>晁罡　　安卫东</td></tr>
</table>

卷宗目录

序号	文书名称	文号	页号
1	行政处罚委托书		
2	水行政指导案件立案呈批表	安水指立字〔2016〕××号	
3	执法人员执法证复印件		
4	询问笔录		
5	安阳市水利局行政指导意见书	安水指意字〔2016〕××号	
6	安阳市水利局行政规劝书	安水指规字〔2016〕××号	
7	行政指导文书送达回证		
8	安阳市水利局证据复制（提取）单		
9	安阳市水利局证据粘贴单		
10	行政指导案件结案审批表		
11	行政指导案件结案报告		

行政处罚委托书

根据《中华人民共和国行政处罚法》第十八条、第十九条，《河南省行政机关执法条例》第十条，《水行政处罚实施办法》第十条、第十一条、第十二条的规定，经安阳市水利局与安阳市水政监察支队研究，现由安阳市水利局委托安阳市水政监察支队实施：行政处罚种类：1.（1）警告（2）罚款（3）吊销许可证（4）没收非法所得（5）法律法规规定的其他水行政处罚；2.其他相关权限。委托期限自2016年1月1日至2016年12月31日止。

委托期间，安阳市水政监察支队必须以安阳市水利局的名义，在委托权限范围内实施行政处罚，并接受安阳市水利局的监督；由此产生的法律后果，由安阳市水利局承担。安阳市水政监察支队不得将委托事项再委托。

委托机关（印章）　　　　受委托机关（印章）

2016年1月1日　　　　2016年1月1日

水行政指导案件立案呈批表

安水指立字〔2016〕××号

<table>
<tr><td>案　　由</td><td colspan="6">规劝当事人配合监督检查</td></tr>
<tr><td>发案地点</td><td colspan="4">安阳市文峰区××大道××号</td><td>发案时间</td><td>2016-3-2</td></tr>
<tr><td rowspan="3">当 事 人</td><td>单位名称</td><td colspan="3">××浴池</td><td>经营者姓名</td><td>李某</td></tr>
<tr><td>个人姓名</td><td></td><td>性别</td><td></td><td>职业</td><td></td></tr>
<tr><td>联系地址</td><td colspan="3">安阳市××号院××号楼××号</td><td>电话</td><td>13××××××××</td></tr>
<tr><td>案件来源</td><td colspan="6">巡　查</td></tr>
<tr><td>案情简介
及立案理由</td><td colspan="6">2016年3月22日，我局水政监察支队执法人员在日常巡查中两次要求进入该单位经营场所进行执法检查，该单位工作人员拒绝执法人员进入。</td></tr>
<tr><td>行政指导人
意　见</td><td colspan="6">建议对当事人行政指导
行政指导人：晁罡　安卫东　　2016年3月25日</td></tr>
<tr><td>支队负责人
审查意见</td><td colspan="6">同意对当事人行政指导
负责人：尹中洲　　2016年3月25日</td></tr>
<tr><td>机关法制
机构审核
意　见</td><td colspan="6">同意对当事人行政指导
负责人：侯俊山　　2016年3月25日</td></tr>
<tr><td>机关负责人
意　见</td><td colspan="6">同意对当事人行政指导
负责人：赵保旺　　2016年3月25日</td></tr>
</table>

执法人员执法证件复印件

河南省行政执法证

晁 罡

单 位：安阳市水资源管理委员会办公室

证 号：豫E01-812652

有效期至：2020年12月31日

河南省行政执法证

姓 名	晁 罡	职 务	科员
性 别	男	出生年月	1977年06月
执法区域	安阳市		
发证日期	2016年01月01日		

河南省人民政府 行政执法专用章

此件与原件相符

河南省行政执法证

安卫东

单 位：安阳市水资源管理委员会办公室

证 号：豫E01-563539

有效期至：2020年12月31日

河南省行政执法证

姓 名	安卫东	职 务	科员
性 别	男	出生年月	1968年11月
执法区域	安阳市		
发证日期	2016年01月01日		

河南省人民政府 行政执法专用章

询问笔录

询问时间：2016年 3月23日11时25 分至11时55分

询问地点：××浴池办公室

被询问单位名称：

法定代表人（负责人）：　　　　电话：

被询问人姓名：李　某　性别：男　电话：13×××××××××

所在单位：××浴池　住址：安阳市××号院××号楼××号

与本案关系：经营负责人

询问人：晁罡　证件名称：执法证　证件编号：豫E01-812652

记录人：安卫东　证件名称：执法证　证件编号：豫E01-563539

询问内容：

我们是安阳市水利局水政执法人员（亮证），现对你单位接受执法监督检查的情况进行询问，请问你是否对我们的执法身份有异议？是否对申请回避？

答：好，我知道了，没有异议，也不申请回避。

问：请说一下你单位及个人基本情况。

答：我叫李某，　身份证号码是4105××××××××××××××，是××浴池经营负责人，负责酒店管理工作。

问：在3月22日我局执法人员对你单位的执法检查中，我们依法出示了执法证件，说明执法意图后要求对浴池院内进行检查，均被你单位拒绝，情况是否属实？

答：属实，我们怕影响客人洗浴。

问：但我局执法人员在第二次要求检查时已经明确表示只对浴池院落的供水管路线进行检查，且明确告知只对院里的水龙头调取水样后，为什么仍然拒绝检查？

答：当时就是不想让你们检查，别的没啥。

问：我们的检查程序和相关规定已经向你解释过了，希望你能理解我们的工作，主动配合执法检查，我们保证遵守浴池的管理规定，在你们的监督下进行执法检查。

答：好吧，我们配合。

问：你认为我们的执法检查工作是否还有不当的地方，或者对执法检查有其他要求？

答：没有了。

问：你还有什么要补充的吗？

答：没了。

问：以上情况是否属实？

答：以上情况属实。

询问笔录上述内容，记录属实。

被询问人签字：李　某　2016年3月23日

拒绝签字的理由：

询问人签字：晁罡　2016年3月23日

记录人签字：安卫东　2016年3月23日

安阳水利局行政指导意见书

安水指意字〔2016〕××号

<table>
<tr><td rowspan="3">指导对象</td><td>单　位</td><td>××浴池</td><td>经营者</td><td>李　某</td></tr>
<tr><td>住　址</td><td colspan="3">安阳市××号院××号楼××号</td></tr>
<tr><td>联系人</td><td>李 某</td><td>联系电话</td><td>13××××××××</td></tr>
<tr><td colspan="5">行政指导的目的：规劝当事人配合执法人员监督检查。
我局（单位）依托行政管理职能，拟采取下列方式实施行政指导：
提示 □　规劝 ■　辅导 □　引导 □
建议 □　其他方式（　　）□
行政指导是一种不具有强制性、无法律拘束力的行政行为，你（单位）可以根据自己的意愿选择是否接受，如果你（单位）同意，请与我局（单位）协力合作，以便行政指导工作顺利开展。
指导对象意见：同意行政指导　　签名（盖章）：李 某
2016 年 3 月 25 日
本局（单位）联系人：晁罡　　联系电话：3696353
2016 年 3 月 25 日</td></tr>
<tr><td>行政指导内容</td><td colspan="4">1. 第六十条：“县级以上人民政府水行政主管部门、流域管理机构及其水政监督检查人员履行本规定的监督检查职责时，有权采取下列措施：（一）要求被检查单位提供有关文件、证照、资料；（二）要求被检查单位就执行本法的有关问题作出说明；（三）进入被检查单位的生产场所进行调查；（四）责令被检查单位停止违反本法的行为，履行法定义务。”
2. 第六十一条：“有关单位或者个人对水政监督检查人员的监督检查工作应当给予配合，不得拒绝或者阻碍水政监督检查人员依法执行职务。”
依据《中华人民共和国水法》上述条款规定，规劝当事人配合执法人员监督检查。</td></tr>
<tr><td colspan="5">政指导人员（签名））：晁罡　安卫东　　2016 年 3 月 25 日</td></tr>
</table>

注：本文书一式两份，一份送达，一份归档。

安阳市水利局行政规劝书

安水指规字〔2016〕××号

我局在2016年3月22日执法巡查中两次依照法定程序要求进入你单位经营场所进行监督检查，均被你单位工作人员无理拒绝。为了防止你的违法行为可能升级，现规劝你单位主动联系我局执法人员，配合我局的监督检查工作：

1. 第六十条："县级以上人民政府水行政主管部门、流域管理机构及其水政监督检查人员履行本法规定的监督检查职责时，有权采取下列措施：（一）要求被检查单位提供有关文件、证照、资料；（二）要求被检查单位就执行本法的有关问题作出说明；（三）进入被检查单位的生产场所进行调查；(四)责令被检查单位停止违反本法的行为，履行法定义务。"

2. 第六十一条："有关单位或者个人对水政监督检查人员的监督检查工作应当给予配合，不得拒绝或者阻碍水政监督检查人员依法执行职务。"

联系人：晁罡　　　　电话：0372-3696353

安阳市水利局
2016年3月25日

行政指导文书送达回证

送达文书名称及文号	安阳市水利局行政规劝书 安水指规字〔2016〕××号
案　　由	规劝××浴池配合监督检查
受送达人名称或姓名	李某（身份证号码：4105××××××××××××××）
送达日期	2016年3月25日9点10分
送达地点	××浴池经理办公室
送达方式	直接送达
收 件 人	李某为××浴池经营负责人 收件人签字：李 某　　2016年3月25日
送 达 人	送达人：晁罡　安卫东　　2016年3月25日
备　　注	

安阳市水利局证据复制（提取）单

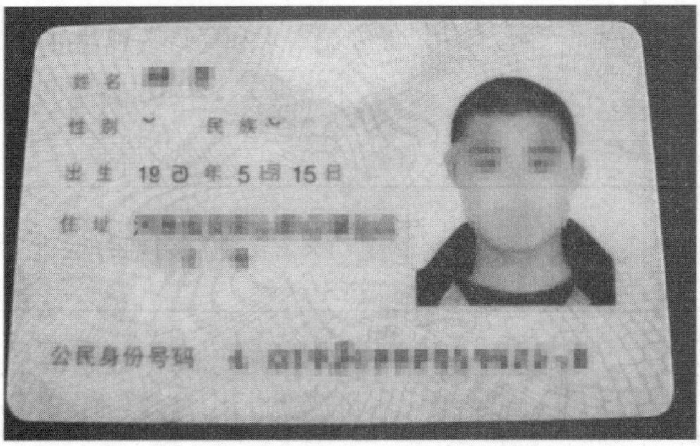

说明事项：此身份证复印件由行政指导对象提供。

提取人（签名或盖章）	晁 罡　　执法证号：豫 E01-812652 安卫东　　执法证号：豫 E01-563639
提取时间	2016 年 3 月 25 日

安阳市水利局证据粘贴单

说明事项：行政指导现场拍摄	
拍摄人	晁 罡　　执法证号：豫 E01–812652 安卫东　　执法证号：豫 E01–563639
拍摄时间	2016 年 3 月 25 日
拍摄地点	××浴池大厅

行政指导案件结案审批表

行政指导文书文号	安水指规字〔2016〕号	发文日期	2016.3.25
案由	规劝××浴池接受监督检查	案件来源	巡查
发案时间	2016年3月25日		
案件简要情况	2016年3月22日，我局水政监察支队执法人员在日常巡查中两次要求进入该单位经营场所进行执法检查，该单位工作人员拒绝执法人员进入。		
行政指导内容	规劝××浴池接受监督检查		
行政指导执行情况	当事人经行政指导后主动配合监督检查		
行政指导人意见	建议结案 行政指导人：晁罡　　安卫东　　2016年3月27日		
支队负责人意见	同意结案 负责人：尹中州　　2016年3月27日		
法制机构意见	同意结果 负责人：侯俊山　　2016年3月27日		
机关负责人意见	同意结案 负责人：赵保旺　　2016年3月27日		

行政指导案件结案报告

<table>
<tr><td rowspan="4">当事人</td><td>名称</td><td></td><td>法定代表</td><td></td></tr>
<tr><td>地址</td><td></td><td>电话</td><td></td></tr>
<tr><td>姓名</td><td>李某</td><td>年龄</td><td></td></tr>
<tr><td>所在单位</td><td>××浴池</td><td>电话</td><td>13×××××××××</td></tr>
<tr><td>案由</td><td colspan="2">规劝××浴池配合监督检查</td><td>案件来源</td><td>巡查</td></tr>
<tr><td>办案时间</td><td colspan="4">2016年3月25日至2016年3月27日</td></tr>
<tr><td>行政指导文书文号</td><td colspan="2">安水指规字〔2016〕××号</td><td>结案日期</td><td>2016.3.27</td></tr>
<tr><td>案件简要情况</td><td colspan="4">2016年3月22日，我局水政监察支队执法人员在日常巡查中两次要求进入该单位经营场所进行执法检查，该单位工作人员拒绝执法人员进入。</td></tr>
<tr><td>行政指导内容</td><td colspan="4"></td></tr>
<tr><td>行政指导结果</td><td colspan="4"></td></tr>
</table>

立卷、验卷情况记载

本案卷于 2016 年 3 月 29 日立卷，本册连面带底共计 16 页，附证物袋 0 个，内袋 0 件。

立卷人：晁罡

本案卷于 2016 年 3 月 29 日检查合格。

检验人：郝艳军

四约谈

（一）概念及适用情形

就行政相对人存在的普遍性违法情形以及需要采取措施进行纠正、改进等问题，邀请行政相对人进行沟通交流、讨论措施，促使其遵守法律法规。

（二）行政约谈模拟卷宗

河南省水行政指导案件卷宗（模拟）

<table>
<tr><td colspan="4">豫水（安）指立字〔2016〕××号</td></tr>
<tr><td>指导方式</td><td colspan="3">约谈当事人办理取水许可证</td></tr>
<tr><td rowspan="2">当事人</td><td>名称或姓名</td><td colspan="2">河南省××房地产开发有限公司</td></tr>
<tr><td>地址或住址</td><td colspan="2">河南省安阳市××区××路××号</td></tr>
<tr><td>指导日期</td><td colspan="3">2016年5月8日</td></tr>
<tr><td>指导结果</td><td colspan="3">通过行政约谈当事人，使其遵守水法规，办理了取水许可证。</td></tr>
<tr><td>归档日期</td><td>2015年6月9日</td><td>归档编号</td><td></td></tr>
<tr><td>保存年限</td><td>10年</td><td>承办人</td><td>王伟　安卫东</td></tr>
<tr><td colspan="2">本卷内的文数共计18张</td><td>立卷人</td><td>王伟　安卫东</td></tr>
</table>

卷宗目录

序号	文书名称	文号	页号
1	行政处罚委托书		
2	水行政指导案件立案呈批表	安水指立字〔2016〕××号	
3	执法人员执法证复印件		
4	水行政处罚决定书	安水罚决字〔2016〕××号	
5	安阳市水利局行政指导意见书	安水指意字〔2016〕××号	
6	安阳市水利局行政约谈通知书	安水指约通字〔2016〕××号	
7	行政指导文书送达回证		
8	行政约谈记录		
9	安阳市水利局执法事项约谈书	安水指约〔2016〕××号	
10	行政指导文书送达回证		
11	安阳市水利局证据复制（提取）单		
12	行政指导案件结案审批表		
13	行政指导案件结案报告		

行政处罚委托书

根据《中华人民共和国行政处罚法》第十八条、第十九条，《河南省行政机关执法条例》第十条，《水行政处罚实施办法》第十条、第十一条、第十二条的规定，经安阳市水利局与安阳市水政监察支队研究，现由安阳市水利局委托安阳市水政监察支队实施：行政处

罚种类 1.（1）警告（2）罚款（3）吊销许可证（4）没收非法所得（5）法律法规规定的其他水行政处罚；2.其他相关权限。委托期限自2016年1月1日至2016年12月31日止。

委托期间，安阳市水政监察支队必须以安阳市水利局的名义，在委托权限范围内实施行政处罚，并接受安阳市水利局的监督；由此产生的法律后果，由安阳市水利局承担。安阳市水政监察支队不得将委托事项再委托。

委托机关（印章）　　　　受委托机关（印章）

2016年1月1日　　　　2016年1月1日

水行政指导案件立案程批表

安水指立字〔2016〕××号

<table>
<tr><td>案 由</td><td colspan="6">约谈当事人办理取水许可证</td></tr>
<tr><td>发案地点</td><td colspan="4">安阳市××区××路××号</td><td>发案时间</td><td>2016-5-5</td></tr>
<tr><td rowspan="3">当事人</td><td>单位名称</td><td colspan="3">河南省××房地产开发有限公司</td><td>法定代表人</td><td>孔某某</td></tr>
<tr><td>个人姓名</td><td></td><td>性别</td><td></td><td>职业</td><td></td></tr>
<tr><td>联系电话</td><td colspan="3"></td><td>电话</td><td></td></tr>
<tr><td>案件来源</td><td colspan="6">自查</td></tr>
<tr><td>案情简介及立案理由</td><td colspan="6">我局对河南省××房地产开发有限公司擅自取用地下水的违法行为作出行政处罚，该单位在规定时间内缴纳了罚款，但未补办取水许可手续，行政约谈该单位，对其取用地下水相关事宜进行沟通交流，促使该单位遵守水法律法规</td></tr>
<tr><td>行政指导人意 见</td><td colspan="6">建议对当事人行政指导
行政指导人：安卫东 王伟 2016年5月5日</td></tr>
<tr><td>支队负责人审查意见</td><td colspan="6">同意对当事人行政指导
负责人：尹中洲 2016年5月5日</td></tr>
<tr><td>机关法制机构审核意 见</td><td colspan="6">同意对当事人行政指导
负责人：侯俊山 2016年5月5日</td></tr>
<tr><td>机关负责人意 见</td><td colspan="6">同意对当事人行土指导
负责人：赵保旺 2016年5月5日</td></tr>
</table>

执法人员执法证复印件

河南省行政执法证

安卫东

单　位：安阳市水资源管理委员会办公室

证　号：豫E01-563539

有效期至：2020年12月31日

河南省行政执法证

姓名	安卫东	职务	科员
性别	男	出生年月	1968年11月
执法区域	安阳市		
发证日期	2016年01月01日		

河南省行政执法证

王　伟

单　位：安阳市水资源管理委员会办公室

证　号：豫E01-976510

有效期至：2020年12月31日

河南省行政执法证

姓名	王伟	职务	科员
性别	男	出生年月	1977年11月
执法区域	安阳市		
发证日期	2016年01月01日		

水行政处罚决定书

安水罚决字〔2016〕××号

被处罚人（单位）名称：河南省××房地产开发有限公司

地　址：安阳市××区××路××号

法定代表人：孔某某　　职 务：经理

本机关于2016年3月24日对你单位擅自取水一案立案调查。经查，你单位实施了未经水行政主管部门批准，擅自在位于安阳市××路南段路东的××家园商住小区建筑工地内取用地下水的违法行为。

违法的证据：1. 现场（检查）笔录；2. 询问笔录；3. 视听资料。

违法行为等次：根据你单位的违法事实、性质、情节、社会危害程度和相关证据，你（单位）的违法行为属于严重违法行为。

应受行政处罚的依据和种类：上述违法行为事实清楚，证据确凿充分。根据《中华人民共和国水法》第六十九条"有下列行为之一的，由县级以上人民政府水行政主管部门或者流域管理机构依据职权，责令停止违法行为，限期采取补救措施，处二万元以上十万元以下的罚款；情节严重的，吊销其取水许可证：（一）未经批准擅自取水的：（二）未依照批准的取水许可规定条件取水的"之规定，参照《河南省水行政处罚裁量标准》中《中华人民共和国水法》第六十九条"违法行为情形和处罚标准：（3）日最大取水能力为取地下水500至1000立方米的，责令停止违法行为，限期采取补救措施，处5万元以上7万元以下罚款。"之规定，决定对你单位作出如下行政处罚：

1. 责令停止取用地下水；

2. 罚款人民币六万元整。

行政处罚履行方式和期限：你单位应当自接到本决定书之日起15日内将罚款缴至中国建设银行安阳市分行永明路支行（账号：41001504 2100 5020 7404）。到期不缴纳的，每日按罚款数额的百分之三加处罚款。

不服行政处罚决定申请行政复议或提起行政诉讼的途径和期限：如不服本决定，可以自收到本决定书之日起六十日内向安阳市人民政府或河南省水利厅申请行政复议，或者在接到本决定书后六个月内直接向安阳市殷都区人民法院提起行政诉讼。逾期不申请行政复议，不向人民法院起诉又不履行本处罚决定的，我局将申请人民法院强制执行。

2016年4月20日

安阳市水利局行政指导意见书

<table>
<tr><td rowspan="3">指导对象</td><td>单位名称</td><td>河南省××房地产开发有限公司</td><td colspan="2">法定代表人或负责人</td><td>孔某某</td></tr>
<tr><td>地址</td><td colspan="4">河南省安阳市××区××路××号</td></tr>
<tr><td>联系人</td><td>孔某某</td><td>联系电话</td><td colspan="2">1 520372××××</td></tr>
<tr><td colspan="6">行政指导的目的：通过行政约谈当事人，对取用地下水相关事宜进行沟通交流，促使其遵守水法律法规。
我局依托行政管理职能，拟采取下列方式实施行政指导：
提示口　规劝口　辅导口　引导口　约谈■
建议口　警示口
行政指导是一种不具有强制性、无法律拘束力的行政行为，你单位可以根据自己的意愿选择是否接受，如果你单位同意，请与我局协力合作，以便行政指导工作顺利开展。
指导对象意见：同意行政指导　签名（盖章）：孔某某
2016 年 5 月 8 日
本局联系人：安卫东　联系电话：0372-5901101
2016 年 5 月 8 日</td></tr>
<tr><td>行政指导内容</td><td colspan="5">我局对你单位擅自取用地下水的违法行为作出行政处罚，你单位在规定时间内缴纳了罚款，但未补办取水许可手续，现约谈你单对取用地下水相关事宜进行沟通交流，促使你单位遵守水法律法规。</td></tr>
<tr><td colspan="6">行政指导人员：安卫东　王伟　2016 年 5 月 8 日</td></tr>
</table>

注：本书一式两份，一份送达，一份归档。

安阳市水利局行政约谈通知书

安水指约通字〔2016〕××号

河南省××房地产开发有限公司：

约谈事由：我局对你单位擅自取用地下水的违法行为作出行政处罚，你单位在规定时间内缴纳了罚款，但未补办取水许可手续，现约谈你单位对取用地下水相关事宜进行沟通交流，促使你单位遵守水法律法规。

我局认为需要与你单位交流沟通有关事项，你单位可以根据自己的意愿选择是否接受，如你单位同意，请你单位法定代表人（负责人），在收到本通知书之日起7日内（节假日顺延），到安阳市水利局（安阳市殷都区安钢大道159号）就有关问题进行面谈，具体时间，请你单位提前联系。

沟通交流时请携带以下材料：

1. 企业营业执照复印件
2. 法人身份证复印件。

本局联系人：安卫东　　　联系电话：0372-5901101

行政指导文书送达回证

送达文书名称及文号	安阳市水利局行政约谈通知书安水指约字〔2016〕××号
案　由	约谈河南省××房地产开发有限公司对取用地下水相关事宜进行沟通交流，促使该单位遵守水法律法规.
受送达人名称或姓名	河南省××房地产开发有限公司
送达日期	2016年5月8日10时20分
送达地点	安阳市水政监察支队行政指导室
送达方式	直接送达
收件人	孔某某是河南省××房地产开发有限公司法定代表人 收件人签字：孔某某　　2016年5月8日
送达人	送达人：安卫东 王伟　　2016年5月8日
备　注	

行政约谈记录

时间： 2016 年 5 月 11 日 10 时 22 分至 11 时 15 分

地点：安阳市水利局行政指导室

行政约谈人姓名： 石卫东 行政执法证件号：豫 E01-563539

记录人姓名： 王伟 执法号：豫 E01-976510

约谈对象：河南省 × × 房地产开发有限公司法定代表人孔某某

约谈事项：对该单位补办取水许可证手续进行约谈。

约谈人：孔总，你好，我们是安阳市水利局行政执法人员我叫安卫东，执法证件号 豫 E01-563539，他叫王伟，执法证件号豫 E01-976510,。

被约谈人：我们见过面了。

约谈人：2016 年 4 月 20 日我局因你单位擅自取用地下水行为作出行政处罚，情况属实吗？

被约谈人：属实。

约谈人：请你简单叙述一下被处罚的情况？

被约谈人：可以，这次处罚是因为我单位未经水行政主管部门擅自取用地下水，影响了正常的水事管理秩序，造成了不良后果，我公司已经认识到错误，接受处罚，缴纳了罚款。

约谈人：在对你单位执法行为处理中，我局已责令你单位停止取用地下水，补办取水许可证，你单位逾期未办理取水许可证手续。我们今天约谈你是向你了解这眼水井下一步使用情况。

被约谈人：你局在对我单位违法行为进行处理时，已经将这眼水井的水泵拆除了，这眼水井就一直未使用，我公司建筑用料使用的是商品混凝土，下一步我们需要对已建成的部分进行养护，需要使用这眼水井取用地下水，我们正在考虑水井的使用问题，你们就来了，当时贵局要求我单位补办取水许可手续时，我公司负责办理此事人员因家中有事请假，把这件事给耽搁了，未能及时去办理，今天回去后就通知他去办理取水许可手续。

约谈人：你单位要尽快到我局办理取水许可手续。

被约谈人：好的，我知道了。

约谈人：以上行政约谈记录请你看一看，记录是否属实？

约谈人：以上约谈记录看过，记录属实。

行政约谈人：安卫东　　　　记录人：王伟

约谈对象：孔某某　　　　2016 年 5 月 11 日

安阳市水利局执法事项约谈书

安水指约字〔2016〕××号

河南省××房地产开发有限公司：

因你单位擅自取用地下水的违法行为被我局行政处罚，你单位履行行政处罚决定后至今未到我局补办取水许可手续，现就有关法律及注意事项行政约谈如下：

根据《中华人民共和国水注》第四十八条："直接从江河、湖泊或者地下取用水资源的单位和个人，应当按照国家取水许可制度和水资源有偿使用制度的规定，向水行政主管部门或者流域管理机构申请领取取水许可证，并缴纳水资源费，取得取水权……"之规定，取用地下水应当办理取水许可证，你单位目前尚未办理取水许可证，为防止你单位违法行为升级，请你单位三日内到我局办理取水许可手续。

行政约谈人员：安卫东　　执法证号：豫 E01-563539

王　伟　　执法证号：豫 E01-976510

2016年5月11日

安阳市水利局执法事项约谈书

安水指约字〔2016〕××号

送达文书名称及文号	安阳市水利局执法事项约谈书 安水指约字〔2016〕××号
案　由	约谈当事人办理取水许可证
受送达人名称或姓名	河南省××房地产开发有限公司
送达日期	2016年5月11日11时40分
送达地点	安阳市水政监察支队行政指导室
送达方式	直接送达
收件人	孔某某是河南省××房地产开发有限公司法定代表人 收件人签字：孔某某　　2016年5月11日
送达人	送达人：安卫东　王伟　　2016年5月11日
备　注	

安阳市水利局证据复制（提取）单

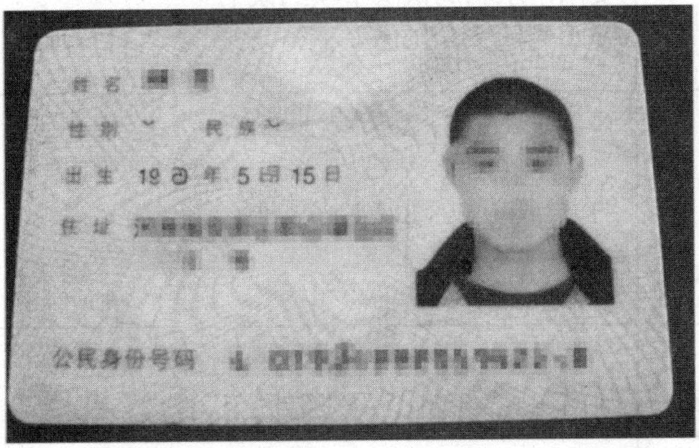

说明事项：此身份证复印件由行政指导对象提供。

提取人 （签名或盖章）	安卫东　　执法证号：豫 E01-563539 王　伟　　执法证号：豫 E01-976510
提取时间	2016 年 5 月 11 日

安阳市水利局证据复制（提取）单

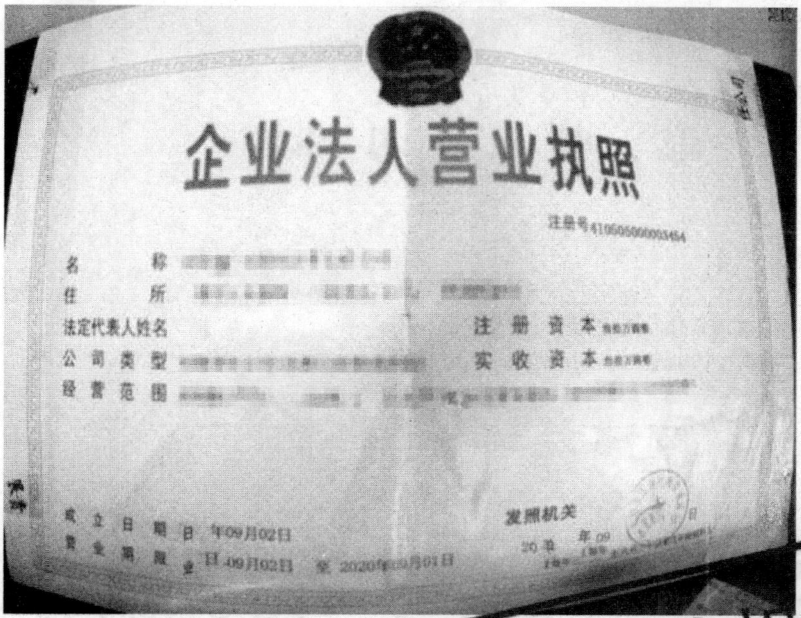

此件与原件相符

说明事项：此身份证复印件是行政指导对象提供

提取人 （签名或盖章）	安卫东　执法证号：豫 E01–563539 王　伟　执法证号：豫 E01–976510
提取时间	2016 年 6 月 8 日

安阳市水利局证据复制（提取）单

此件与原件相符

说明事项：行政指导对象办理的取水许可证	
提取人 （签名或盖章）	安卫东　　执法证号：豫 E01–563539 王　伟　　执法证号：豫 E01–976510
提取时间	2016 年 6 月 8 日

行政指导案件结案审批表

行政指导文书文号	安水指约字〔2016〕××号	发文日期	2016年5月8日
案　由	约谈当事人办理取水许可证	案件来源	自查
指导时间	2016年5月8日		
指导简要情况	我局对河南省××房地产开发有限公司擅自取用地下水违法行为作出行政处罚，该单位在规定时间内缴纳了罚款，但未补办取水许可手续，行政约谈该单位，对其取用地下水相关事宜进行沟通交流，促使该单位遵守水法律法规。		
行政指导内容	对当事人进行行政约谈，对其取用地下水相关事宜进行沟通交流，促使该单位遵守水法律法规。		
行政指导办理情况	该单位听取行政指导，在规定时间内向我局提出取水许可申请，并桉规定办理了取水许可证.		
指导人员意见	建议结案 指导人签名 安卫东　王伟　2016年6月9日		
承办机构审核意见	同意结果 负责人签名：尹中洲　2016年6月9日		
法制机构意见	同意结果 负责人签名：侯俊山　2016年6月9日		
机关负责人意见	同意结果 负责人签名：赵保旺　2016年6月9日		

行政指导案件结案报告

<table>
<tr><td rowspan="2">当事人</td><td>名 称</td><td>河南省××房地产开发有限公司</td><td>法定代表人</td><td>孔某某</td></tr>
<tr><td>地 址</td><td>河南省安阳市××区××路××号</td><td>电 话</td><td>1520372××××</td></tr>
<tr><td>案 由</td><td colspan="2">约谈河南省××房地产开发有限公司，对其取用地下水相关事宜进行沟通交流，促使该单位遵守水法律法规。</td><td>案件来源</td><td>自查</td></tr>
<tr><td>办案时间</td><td colspan="4">2016年5月5日至2016年6月9日</td></tr>
<tr><td>行政指导文书文号</td><td colspan="2">安水指约字〔2016〕××号</td><td>结案日期</td><td>2016年6月9日</td></tr>
<tr><td>案件简要情况</td><td colspan="4">我局对河南省××房地产开发有限公司擅自取用地下水违法行为作出行政处罚，该单位在规定时间内缴纳了罚款，但未补办取水许可手续，行政约谈该单位，对其取用地下水相关事宜进行沟通交流，促使该单位遵守水法律法规。</td></tr>
<tr><td>行政指导内容</td><td colspan="4">对当事人进行行政约谈，对其取用地下水相关事宜进行沟通交流，促使该单位遵守水法律法规。</td></tr>
<tr><td>指导结果</td><td colspan="4">通过行政约谈当事人，使当事人遵守水法律法规，办理了取水许可证。</td></tr>
</table>

调表人：王伟　　　　2016年6月9日

立卷、验卷情况记载

本案卷于 2016 年 6 月 9 日立卷，本册连面带底共计 21 页，附证物带 0 个，内袋 0 件。

立卷人：王伟

本案卷于 2016 年 6 月 9 日经验查合格。

检验人：郝建军

五、建议

（一）概念及适用情形

在依法处理违法行为的同时，以书面或者口头形式，就有关问题提出建议和意见，供其参考。

（二）行政建议模拟卷宗

河南省水行政指导案件卷宗（模拟）

<table>
<tr><td colspan="4">豫水(安)指立字〔2016〕××号</td></tr>
<tr><td>指导方式</td><td colspan="3">建议当事人退水水质达到规定要求</td></tr>
<tr><td rowspan="2">当事人</td><td>名称或姓名</td><td colspan="2">安阳市××化工有限责任公司</td></tr>
<tr><td>地址或住址</td><td colspan="2">安阳市××区××大道</td></tr>
<tr><td>指导时间</td><td colspan="3">2016年5月7日</td></tr>
<tr><td>指导结果</td><td colspan="3">对其作出行政指导，建议行政指导对象退水水质达到规定要求。该单位听取行政指导建议后，采取补救措施，退水水质已达到规定要求。</td></tr>
<tr><td>归档日期</td><td>2016年5月10日</td><td>归档编号</td><td></td></tr>
<tr><td>保存年限</td><td>10年</td><td>指导人</td><td>张征
杨晓红</td></tr>
<tr><td colspan="2">本卷内的文书共计13张</td><td>立卷人</td><td>张征
杨晓红</td></tr>
</table>

卷宗目录

序号	文书名称	文号	页号
1	行政处罚委托书		
2	水行政指导案件立案呈批表	安水指立字〔2016〕××号	
3	执法人员执法证复印件		
4	水行政处罚决定书	安水罚决字〔2016〕××号	
5	安阳市水利局行政指导意见书	安水指导意字〔2016〕××号	
6	安阳市水利局执法事项建议书	安水指建字〔2016〕××号	
7	行政指导文书送达回证		
8	安阳市水利局证据(复制)提取单		
9	安阳市水利局证据粘贴单		
10	行政指导案件结案审批表		
11	行政指导案件结案报告		

行政处罚委托书

根据《中华人民共和国行政处罚法》第十八条、第十九条，《河南省行政机关执法条例》第十条，《水行政处罚实施办法》第十条、第十一条、第十二条的规定，经安阳市水利局与安阳市水政监察支队研究，现由安阳市水利局委托安阳市水政监察支队实施：行政处罚种类： 1. （1）警告（2）罚款（3）吊销许可证（4）没收非法所得（5）法律法规规定的其他水行政处罚；2. 其他相关权限。委托期限自 2016 年 1 月 1 日至 2016 年 11 月 31 日止。

委托期间，安阳市水政监察支队必须以安阳市水利局的名义，在委托权限范围内实施行政处罚，并接受安阳市水利局的监督；由此产生的法律后果，由安阳市水利局承担。安阳市水政监察支队不得将委托事项再委托。

委托机关（印章）　　　　受委托单位（印章）

2016 年 1 月 1 日　　　　2016 年 1 月 1 日

水行政指导案件立卷呈批表

安水指立字〔2016〕××号

<table>
<tr><td>案　由</td><td colspan="6">建议当事人退水水质达到规定要求</td></tr>
<tr><td>发案地点</td><td colspan="4">安阳市××区××大道</td><td>发案时间</td><td>2016－5－6</td></tr>
<tr><td rowspan="3">当事人</td><td>单位名称</td><td colspan="3">安阳市××化工有限责任公司</td><td>法人代表</td><td>王某某</td></tr>
<tr><td>个人姓名</td><td></td><td>性别</td><td></td><td>职业</td><td></td></tr>
<tr><td>联系地址</td><td colspan="3">安阳市 xx 区 xx 大道</td><td>电话</td><td>155xxxxxxx</td></tr>
<tr><td>案件来源</td><td colspan="6">巡查</td></tr>
<tr><td>案情简介
及立案理由</td><td colspan="6">经查，你单位于 2 016 年 4 月 26 日接受我局行政处罚后退水水质仍达不到规定要求，其行为违反了《取水许可和水资源费征收管理条例》第四十五条之规定。</td></tr>
<tr><td>行政指导人
意　见</td><td colspan="6">建议对当事人行政指导
行政指导人：张征　　杨艳红　　2016 年 5 月 6 日</td></tr>
<tr><td>支队负责人
审查意见</td><td colspan="6">同意对当事人行政指导
负责人：尹中洲　　2016 年 5 月 6 日</td></tr>
<tr><td>机关法制
机构审核
意　见</td><td colspan="6">同意
负责人：候俊山　　2016 年 5 月 6 日</td></tr>
<tr><td>机关负责人
意　见</td><td colspan="6">同意
负责人：赵保旺　　2016 年 5 月 6 日</td></tr>
</table>

执法人员证件粘贴单

河南省行政执法证

张　征

单　　位：安阳市水资源管理委员会办公室
证　　号：豫E01-435284
有效期至：2020年12月31日

河南省行政执法证

姓　名	张　征	职　务	科员
性　别	男	出生年月	1977年09月
执法区域	安阳市		
发证日期	2016年01月01日		

河南省人民政府 行政执法 专用章

此件与原件相符

河南省行政执法证

杨艳红

单　　位：安阳市水资源管理委员会办公室
证　　号：豫E01-966299
有效期至：2020年12月31日

河南省行政执法证

姓　名	杨艳红	职　务	科员
性　别	女	出生年月	1976年05月
执法区域	安阳市		
发证日期	2016年01月01日		

河南省人民政府 行政执法 专用章

水行政处罚决定书

安水罚决字〔2016〕××号

被处罚人（单位）名称：安阳××化工有限责任公司

法人代表：王某某　地 址：安阳市××区××路西

本机关于 2016 年 4 月 6 日对你单位退水水质达不到规定要求一案立案调查。经查，你单位实施了退水水质达不到规定要求的违法行为。

违法的证据：1. 询司笔录；2. 视听资料。

违法行为等次：根据你单位的违法事实、性质、情节，社会危害程度和相关证据，你单位的违法行为属于较重违法行为。

应受行政处罚的依据和种类：上述违法行为事实清楚，证据确凿充分。根据《取水许可和水资源费征收管理条例》第五十二条："有下列行为之一的，责令停止违法行为，限期改正，处 5000 元以上 2 万元以下罚款；情节严重的，吊销取水许可证：（一）不按照规定报送年度取水情况的；（二）拒绝接受监督检查或者弄虚作假的；（三）退水水质达不到规定要求的"，参照《河南省水行政处罚裁量标准》中《取水许可和水资源费征收管理条例》第五十二条"违法行为情形和处罚标准：（三）退水水质达不到规定要求的（2）在规定期限内不改正的，或者虽采取措施但退水水质仍不符合规定要求的，处 1 万元以上 2 万元以下的罚款。"之规定，决定对你（单位）作出如下行政处罚：

1. 罚款人民币一万五千元整。

行政处罚履行方式和期限：你单位应当自接到本决定书之日起 15 日内将罚款缴至中国建设银行安阳市分行永明路支行（账号：4100 1504 2100 5020 7404）。到期不缴纳的，每日按罚款数额的百分之三加处罚款。

不服行政处罚决定申请行政复议或提起行政诉讼的途径和期限：如不服本决定，可以自收到本决定书之日起六十日内向安阳市人民政府或河南省水利厅申请行政复议，或者在接到本决定书后六个月内直接向安阳市殷都区人民法院提起行政诉讼。逾期不申请行政复议、不向人民法院起诉又不履行本处罚决定的，我局将申请人民法院强制执行。

安阳市水利局行政指导意见书

安水指导意字〔2016〕××号

<table>
<tr><td rowspan="3">指导对象</td><td>单位名称</td><td>河南省××化工有限责任公司</td><td>法定代表人或负责人</td><td colspan="2">孔某某</td></tr>
<tr><td>地 址</td><td colspan="4">安阳市××区××路××号</td></tr>
<tr><td>联系人</td><td>王某某</td><td>联系电话</td><td colspan="2">155××××××××</td></tr>
<tr><td colspan="6">行政指导的目的：通过行政指导，建议行政指导对象退水水质达到规定要求。
我局依托行政管理职能，拟采取下列方式实施行政指导：
提示□ 规劝□ 辅导□ 引导□
建议■ 其他方式（ ）□

行政指导是一种不具有强制性、无法律拘束力的行政行为，你单位可以根据自己的意愿选择是否接受，如果你单位同意，请与我局协力合作，以便行政指导工作顺利开展。

指导对象意见：同意行政指导 签名：王某某
2016年5月7日
本局（单位）联系人：杨艳红 联系电话：0372-5901102
2016年5月7日</td></tr>
<tr><td>行政指导内容</td><td colspan="5">1. 《取水许可和水资源费征收管理条例》第四十五条：“县级以上人民政府水行政主管部门或者流域管理机构在进行监督检查时，有权采取下列措施：（一）要求被检查单位或者个人提供有关文件、证照、资料；（二）要求被检查单位或者个人就执行本条例的有关问题作出说明；（三）进入被检查单位或者个人的生产场所进行调查；（四）责令被检查单位或者个人停止违反本条例的行为，履行法定义务。……”
2. 《取水许可和水资源费征收管理条例》第五十二条：“有下列行为之一的，责令停止违法行为，限期改正，处5000元以上2万元以下罚款；情节严重的，吊销取水许可证：（一）不按照规定报送年度取水情况的；（二）拒绝接受监督检查或者弄虚作假的；（三）退水水质达不到规定要求的。”
根据上述规定，建议行政指导对象按照规定退水水质达到规定要求。</td></tr>
<tr><td colspan="6">行政指导人员（签名）：张征 杨艳红 2016年5月7日</td></tr>
</table>

注：本书一式两份，一份送达，一份归档。

安阳市水利局执法事项建议书

安水指建字〔2016〕××号

安阳市××化工有限责任公司：

因你单位退水水质达不到规定要求的违法行为被我局处罚，现就有关法律规定及注意事项建议如下：

根据《取水许可和水资源费征收管理条例》第四十五条“县级以上人民政府水行政主管部门或者流域管理机构在进行监督检查时，有权采取下列措施：（一）要求被检查单位或者个人提供有关文件、证照、资料；（二）要求被检查单位或者个人就执行本条例的有关问题作出说明；（三）进入被检查单位或者个人的生产场所进行调查；（四）责令被检查单位或者个人停止违反本条例的行为，履行法定义务。……”之规定。你单位退水水质达不到规定要求，如你单位不接受这次教训，经罚款处罚后仍不改正，退水水质仍达不到规定要求。我局将根据你单位违法情节依据《取水许可和水资源费征收管理条例》第五十二条“有下列行为之一的，责令停止违法行为，限期改正，处5000元以上2万元以下罚款；情节严重的，吊销取水许可证：（一）不按照规定报送年度取水情况的；（二）拒绝接受监督检查或者弄虚作假；（三）退水水质达不到规定要求的”之规定，吊销你单位的取水许可证。

行政建议人员：张　征　　执法证号：豫E01–435284

杨晓红　　执法证号：豫E01–966299

安阳市水利局

2016年5月7日

行政指导文书送达回证

送达文书名称及文号	安阳市水利局执法事项建议书安水指建字〔2016〕××号
案　由	建议当事人退水水质达到规定要求
受送达人名称或姓名	安阳市××化工有限责任公司
送达日期	2016年5月7日 9:30
送达地点	安阳市水政监察支队行政指导室
送达方式	直接送达
收件人	王某某为该公司负责人 签名：王某某　　　　2016年5月7日
送达人	签名：张征　　杨艳红　　　　2016年5月7日
备　注	

安阳市水利局证据复制（提取）单

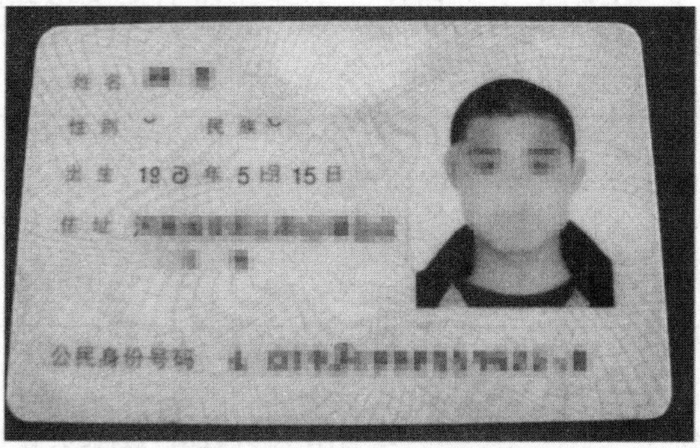

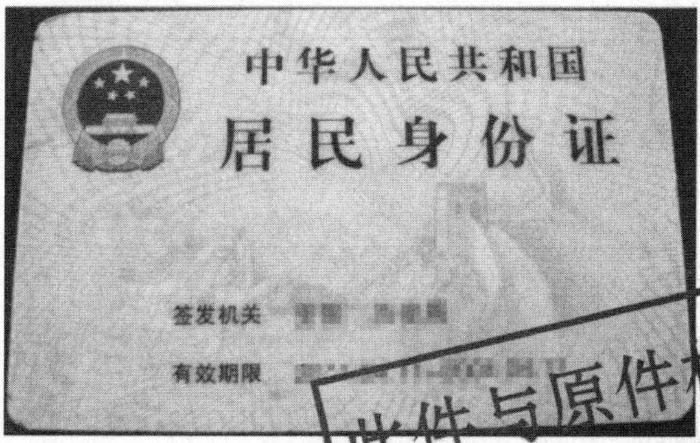

此件与原件相符

说明事项：此身份证复印件由行政指导对象提供。

提取人 （签名或盖章）	张　征　执法证号 豫 E01–435284 杨晓红　执法证号 豫 E01–966299
提取时间	2016 年 5 月 7 日

安阳市水利局证据粘贴单

说明事项：行政指导现场拍摄

拍摄人	张　征　　执法证号 豫 E01–435284 杨晓红　　执法证号 豫 E01–966299
拍摄时间	2016 年 5 月 7 日
拍摄地点	安阳市水政监察支队行政指导室

行政指导案件结案审批表

行政指导文书文号	安水指引字〔2016〕××号	发文日期	2016－5－7
案　由	建议当事人退水水质达到规定要求	案件来源	巡　查
发案时间	2016年5月6日		
案件简要情况	经查，你单位退水水质达不到规定要求，其行为违反了《取水许可和水资源费征收管理条例》第四十五条之规定。		
行政指导内容	建议行政指导对象按照规定退水水质达到规定要求。		
行政指导执行情况	该单位听取行政指导建议后，退水水质达到规定要求。		
行政指导人意见	建议结案 指导人签名：张征　杨艳红　2016年5月10日		
支队负责人意见	同意结案 负责人签名：尹中洲　2016年5月10日		
法制机构意见	同意结案 负责人签名：侯俊山　2016年5月10日		
机关负责人意见	同意结案 负责人签名：赵保旺　2016年5月10日		

行政指导案件结案报告

<table>
<tr><td rowspan="2">当事人</td><td>单位名称</td><td>安阳市××有限责任公司</td><td>法人代表</td><td colspan="2">王某某</td></tr>
<tr><td>地址</td><td>安阳市××区××路西</td><td>电话</td><td colspan="2">155××××××××</td></tr>
<tr><td>案由</td><td colspan="2">建议当事人退水水质达到规定要求</td><td>案件来源</td><td colspan="2">巡查</td></tr>
<tr><td>办案时间</td><td colspan="5">2016年5月6日至2016年5月10日</td></tr>
<tr><td>行政指导文书文号</td><td colspan="2">安水引字〔2016〕××号</td><td colspan="2">结案日期</td><td>2016年5月10日</td></tr>
<tr><td>案件简要情况</td><td colspan="5">经查，你单位于2016年4月26日接受我局行政处罚后退水水质仍达不到规定要求，其行为违反了《取水许可和水资源费征收管理条例》第四十五条之规定。</td></tr>
<tr><td>行政指导内容</td><td colspan="5">对其作出行政指导，建议行政指导对象按照规定退水水质达到要求。</td></tr>
<tr><td>行政指导结果</td><td colspan="5">建议行政指导对象退水水质达到规定要求。该单位听取行政指导建议后，采取补救措施，退水水质已达到规定要求。</td></tr>
</table>

立卷、验卷情况记载

本案卷于 2016 年 5 月 10 日立卷，本册连面带底共计 16 页，附证物袋 0 个，内装 0 件。

立卷人：杨艳红

本案卷于 2016 年 5 月 10 日经验查合格。

检验人：郝艳军

六、回访

（一）概念及适用情形

对符合重大行政处罚备案条件、在社会上产生广泛影响或者行政机关认为有必要进行回访的行政案件实施回访，了解执法效果和执法人员在行政执法过程中是否存在违法违纪行为。

回访应当由行政机关的法制机构或者比较超脱的机构组织实施。

（二）行政回访模拟卷宗

河南省水行政指导案件卷宗（模拟）

<table>
<tr><td colspan="5">豫水（安）指立字〔2016〕××号</td></tr>
<tr><td>指导方式</td><td colspan="4">重大行政处罚回访</td></tr>
<tr><td rowspan="2">当 事 人</td><td>名称或姓名</td><td colspan="3">安阳市×××××洗浴中心</td></tr>
<tr><td>地址或住址</td><td colspan="3">安阳市××区××路××号</td></tr>
<tr><td>指导时间</td><td colspan="4">2016 年 4 月 7 日</td></tr>
<tr><td>指导结果</td><td colspan="4">经行政回访本案件执法人员在执法过程中不存在违法违纪行为，案件当事人已履行行政处罚决定。</td></tr>
<tr><td>归档日期</td><td>2016 年 4 月 13 日</td><td>归档编号</td><td colspan="2"></td></tr>
<tr><td>保存年限</td><td>10年</td><td>指 导 人</td><td colspan="2">毛义超　朱茂林</td></tr>
<tr><td colspan="2">本卷内的文书共计 8 张</td><td>立 卷 人</td><td colspan="2">毛义超　朱茂林</td></tr>
</table>

卷宗目录

序号	文书名称	文号	页号
1	水行政处罚决定书	安永罚决字〔2016〕××号	
2	安阳市水利行政指导意见书	安水指意字〔2016〕××号	
3	安阳市水利局行政回访通知书	安水指回通字〔2016〕××号	
4	行政指导文书送达回证		
5	安阳市水利局重大行政案件回访表	安水指回字〔2016〕××号	
6	安阳市水利局证据复制（提取）单		
7	安阳市水利局证据复制（提取）单		
8	安阳市水利局重大行政案件回访意见反馈表	安水指回意字〔2016〕××号	

水行政处罚决定书

安水罚决字〔2016〕××号

被处罚人（单位）名称：安阳市×××××洗浴中心

地　　址：安阳市××区××路××号

法定代表人或负责人：刘某某　　职务：经理

本机关于2016年3月1日对你单位未经水行政主管部门批准擅自在你洗浴中心院内取用地下水一案调查，你单位的行为已违反了《中华人民共和国水法》第四十八条第一款“直接从江河、湖泊或者地下取用水资源的单位和个人，应当按照国家取水许可制度和水资源有偿使用制度的规定，向水行政主管部门或者流域管理机构申请领取取水许可证，并缴纳水资源费，取得取水权。……”之规定。

违法的证据：1. 询问笔录；2. 视听资料。

违法行为等次：根据你单位的违法事实、性质、情节，社会危害程度和相关证据，你单位的违法行为等次属于一般。

应受行政处罚的依据和种类：上述违法行为事实清楚，证据确凿充分，根据《中华人民共和国水法》第六十九条“有下列行为之一的，由县级以上人民政府水行政主管部门或者流域管理机构依据职权，责令停止违法行为，限期采取补救措施，处二万元以上十万元以下的罚款；情节严重的，吊销其取水许可证：（一）未经批准擅自取水的；（二）未依照批准的取水许可规定条件取水的”，参照《河南省水行政处罚裁量标准》中《中华人民共和国水法》第六十九条第一款“日最大取水能力为取地表水2000至5000千立方米或者地下水200至500立方米的，责令停止违法行为，限期采取补救措施，处3万元以上5万元以下罚款；”之规定，决定对你单位作出下列行政处罚：

1. 责令立即停止取用地下水；
2. 罚款人民币四万五千元整。

行政处罚履行方式和期限：你单位应当自接到本决定书之日起15日内将罚款缴至中国建设银行安阳市分行永明路支行（账号：4100 1504 2100 5020 7404）。到期不缴纳的，每日按罚款数额的百分之三加处罚款。

不服行政处罚决定申请行政复议或提起行政诉讼的途径和期限：如不服本决定，可以自收到本决定书之日起六十日内向安阳市人民政府或河南省水利厅申请行政复议，或者在接到本决定书后六个月内直接向安阳市殷都区人民法院提起行政诉讼。逾期不申请行政复议、不向人民法院起诉又不履行本处罚决定的，我局将申请人民法院强制执行。

安阳市水利局

2016年3月26日

安阳市水利局行政指导意见书

安水指意字〔2016〕××号

<table>
<tr><td rowspan="3">指导对象</td><td>单位名称</td><td>安阳市××××洗浴中心</td><td>法定代表人
或负责人</td><td>刘某某</td></tr>
<tr><td>住 址</td><td colspan="3">安阳市××区××路××号</td></tr>
<tr><td>联系人</td><td>刘某某</td><td>联系电话</td><td>158××××××××</td></tr>
</table>

行政指导的目的：通过行政指导回访，了解执法效果和办案人员在办案中是否有违法违纪的行为。

我局（单位）依托行政管理职能，拟采取下列方式实施行政指导：

提示 □　　规劝 □　　辅导 □　　引导 □

约谈 □　　建议 □　　回访 ■　　警示 □

行政指导是一种不具有强制性、无法律拘束力的行政行为，你（单位）可以根据自己的意愿选择是否接受，如果你（单位）同意，请与我局（单位）协力合作，以便行政指导工作顺利开展。

指导对象意见：同意行政指导　　　　签名（盖章）：刘某某

2016年4月7日

联系人：毛义超　朱茂林　　　　联系电话：5 901102

2016年4月7日

行政指导内容

我局于2016年3月23日9时向你单位下达的《水行政处罚决定书》安水罚决字〔2016〕XX号的法律文书，现依据职权对你单位进以下行政回访：

1. 执法效果及执行情况；
2. 我局执法人员在行政执法过程中是否存在违法违纪行为。

行政指导人员（签名）：毛义超　　朱茂林　　　　2016年4月7日

注：本文书一式两份，一份送达，一份归档。

安阳市水利局行政回访通知书

安水指回通字〔2016〕××号

安阳市×××××洗浴中心：

回访事由： 因我局对你单位的违法行为作出了重大的行政处罚。

我局认为需要就对你单位作出的处罚进行回访，请你单位法定代表人（负责人），在收到本通知书之日起7日内（节假日顺延），到安阳市安钢大道159号安阳市水利局就有关问题进行面谈，具体时间，请你(单位)提前联系。

行政回访时请携带以下材料：

1. 本人有效身份证件
2. 单位营业执照正本复印件

本局（单位）联系人：毛义超　　朱茂林

联系电话：5901102

安阳市水利局

2016年4月7日

行政指导文书送达回证

送达文书名称及文号	安阳市水利局行政回访通知书 安水指回通字〔2016〕××号
案　由	重大处罚案件行政回访
受送达人名称或姓名	安阳市××××洗浴中心
送达日期	2016年4月7日10时30分
送达地点	该洗浴中心经理办公室
送达方式	直接送达
收件人	收件人刘某某是安阳市×××××洗浴中心负责人 收件人签字：刘某某　　2016年4月7日
送达人	送达人签字：毛义超　朱茂林　　2016年4月7日
备　注	

安阳市水利局重大行政案件回访表

安水指回重字〔2016〕××号

案卷名称	安阳市×××××洗浴中心未经水行政主管部门批准擅自取用地下水		
案件主办人	张 征	案件协办人	陈 勇
回访人姓名	毛义超		
记录人姓名	朱茂林		
当事人情况	单位名称（姓名）	安阳市×××××洗浴中心	
	联系电话	158××××××××	
	地 址	安阳市××区××路××号	
	法定代表人(负责人)	刘某某	
	联系电话	158××××××××	
回访内容	我单位及行政执法人员在执法过程中： 1. 执法是否规范、文明（是）； 2. 是否主动指导、帮助当事人纠正违法行为（是）； 3. 是否接受当事人及相关人员的请客送礼（否）； 4. 是否借执法之机为本人或他人谋利（否）； 5. 是否违反法定程序（否）； 6. 是否存在滥用职权（否）。		
	反映的具体问题：		
	无		
	你对本单位的建议和需要本单位帮助解决的问题：无		
	行政决定的履行情况和对行政相对人的建议：已履行行政决定，没有其他建议。		
回访人（签名）：毛义超		记录人（签名）：朱茂林	
回访对象（签名）：刘某某		2016年4月11日	
注意事项	1. 反映情况必须真实，不得诬告陷害、打击报复。 2. 请在括号内明确写书“是”或“否”的意见，如果“是”，请列出详情。 3. 如需邮寄，请寄送到（安阳市水利局（安钢大道159号））。		

注：本文书一式两份，一份送达，一份归档。

安阳市水利局证据复制（提取）单

说明事项：此营业执照证件复印件由行政指导对象提供。	
提取人（签名或盖章）	毛义超　　朱茂林
提取时间	2016年4月11日16时15分

安阳市水利局证据复制（提取）单

说明事项：此身份证复印件由行政指导对象提供。	
提取人 （签名或盖章）	毛义超　　朱茂林
提取时间	2016年4月11日16时15分

安阳市水利局重大行政案件回访意见反馈表

安水指回意字〔2016〕××号

<table>
<tr><td colspan="2">单位名称：安阳市×××××洗浴中心</td><td>法定代表人：刘某某</td></tr>
<tr><td colspan="2">住　　址：安阳市××区××路××号</td><td>联系电话：158××××××××</td></tr>
<tr><td colspan="2">回访人员：毛义超（安阳市水利局纪检监察室主任）朱茂林（副主任）</td><td>回访地点：安阳市水利局纪检监察室</td></tr>
<tr><td>回访结果</td><td colspan="2">我局纪检监察室工作人员毛义超、朱茂林对我局于 2016 年 3 月 23 日向安阳市×××××洗浴中心下达的《水行政处罚决定书》安水罚决字〔2016〕××号作出的行政处罚重大案件进行回访意见反馈：
1. 我局执法人员在办理行政处罚案件中的办案程序，当事人履行行政处罚决定；
2. 我局水行政执法人员在执法过程中严格按照国家的法律法规办案，没有违法违纪的行为。

安阳市水利局
2016 年 4 月 13 日</td></tr>
</table>

立卷、验卷情况记载

本案卷于 2016 年 4 月 14 日立卷，本册连面带底共计 14 页，附证物袋 0 个，内装 0 件。

立卷人：朱茂林

本案卷于 2016 年 4 月 14 日经验查合格。

检验人：赵保旺

七、不违背法律、法规、规章规定的其他指导方式

除以上行政指导方式外，在符合实施行政指导基本原则的前提下，行政机关可以积极探索更多有效的行政指导方式，如协商、调解、发布、奖励等，也可以将多种方式的行政指导加以组合进行综合指导。

河南省全面推进依法行政工作领导小组办公室关于印发《全省推进服务型行政执法建设四项工作制度（试行）》的通　知

豫依法行政领办〔2015〕85号

各省辖市、省直管县(市)全面推进依法行政工作领导小组办公室，省人民政府各部门、中央部门驻豫执法机构全面推进依法行政工作领导小组办公室：

为贯彻落实《中共河南省委关于贯彻党的十八届四中全会精神全面推进依法治省的实施意见》，建立全省推进服务型行政执法建设工作长效机制，省全面推进依法行政工作领导小组办公室制定了《全省推进服务型行政执法建设四项工作制度(试行)》。现予以印发，并就有关要求通知如下：

一、推进服务型行政执法建设是省委、省政府依法治省工作的重要内容，各级政府及其行政执法部门全面推进依法行政工作领导小组办公室要充分认识推进服务型行政执法建设工作的重要性和紧迫性，将服务型行政执法建设作为全面推进依法行政的重要抓手，进一步加强组织领导。要按照省政府的统一部署，明确任务、明确责任、明确时间、明确保障措施，努力实现服务型行政执法建设工作在本地、本系统的整体推进。

二、各级政府及其行政执法部门全面推进依法行政工作领导小组办公室要将四项工作制度作为推进服务型行政执法建设工作的重要保障，结合本地、本系统工作实际，研究制定具体措施，细化督导流程，明确督导责任，切实抓好贯彻落实。

三、各级政府及其行政执法部门法制机构要加强对本地、本系统服务型行政执法建设工作的调查研究，特别是加强对基层行政执法单位调研，并具体承担服务指导、情况交流、督促检查和分析评价等工作。

附件：全省推进服务型行政执法建设四项工作制度（试行）

2015年7月3日

附件：

全省推进服务型行政执法建设四项工作制度（试行）

一、服务指导制度

服务指导是指各级政府及其行政执法部门全面推进依法行政工作领导小组办公室在推进服务型行政执法建设工作过程中充分发挥方向引领、服务助力、指导推动的作用。主要方式是：

（一）以服务型行政执法理念指导服务型行政执法建设工作，并结合本地、本系统推进服务型行政执法建设工作实践经验，深入研究服务型行政执法理论，探索、建立和完善指导推动服务型行政执法建设工作的长效机制，提升全省服务型行政执法能力和水平。

（二）探索和完善示范带动机制，加强对服务型行政执法示范点的培育、指导、帮助，并不断扩大服务型行政执法示范点的覆盖范围，通过“以点带面、点面结合”，推动本地、本系统服务型行政执法全覆盖。

（三）要勇于创新，指导本地、本系统运用现代信息化手段，积极探索“互联网+执法”的新方式，最大程度便民利民。

（四）坚持“四个一”工作法。即每季度应当到基层执法单位进行一次调研指导，了解基层执法情况，及时捕捉、发现、提炼典型经验，制定接地气、操作性强、富有生命力的举措；每年组织一次推进服务型行政执法建设工作研讨会、论文评选等活动，不断提高指导服务型行政执法建设工作的能力和水平；每年至少组织一次服务型行政执法培训，促进行政执法人员转变执法理念、改进执法方式、提升执法效能；每年组织整理、分析和编辑一批行政指导、行政调解、行政契约等案例，充分发挥服务型行政执法典型案例的引导作用。

二、情况交流制度

情况交流是指各级政府及其行政执法部门全面推进依法行政工作领导小组办公室在推进服务型行政执法建设工作过程中积极构建平台和渠道，发挥交流学习、取长补短、共同提高的作用。主要方式是：

（一）通过官方网站、微博、工作简报、微信公众平台等方式及时发布本地、本系统推进服务型行政执法建设工作的文件、图片和视频等资料，主动公开本地、本系统推进服务型行政执法建设工作情况，加强宣传交流。

（二）通过 QQ 群、微信群等信息化方式建立本地、本系统服务型行政执法交流平台，及时发布工作动态，在线交流沟通。

（三）定期对本地、本系统的典型经验进行审核和优选，每年至少组织一次本地、本系统的观摩会、经验交流会或座谈会，加强交流和学习。

（四）创新方式，通过微电影、微视频等方式广泛宣传服务型行政执法理念、执法方式和执法成效。

三、督促检查制度

督促检查是指县级以上政府及其行政执法部门全面推进依法行政工作领导小组办公室在推进服务型行政执法建设工作过程中坚持任务导向、问题导向、效果导向进行督促。主要方式是：

（一）按照省政府工作部署要求，结合实际，及时制订推进服务型行政执法建设年度工作方案。

（二）根据本地、本系统年度工作方案，细化工作任务和时间节点，并对规定时间内需要完成的工作任务和提交的材料进行提醒、督促，对完成工作任务和提交的材料不符合要求的及时告知。

（三）定期通报本地、本系统推进服务型行政执法建设工作进度，对完成任务较好、有创新举措、成效显著的予以表扬、表彰；对行动迟缓、推进不力的下发《督导建议书》、予以通报批评或者现场督导。

（四）定期对本地、本系统推进服务型行政执法建设工作进行抽查或检查，发现问题及时要求相关单位进行整改，对弄虚作假、敷衍塞责的予以通报批评。

（五）每年年底对本地、本系统拟定的服务型行政执法预备示范点进行验收，对验收合格的确定为全省服务型行政执法示范点。

四、分析评价制度

分析评价是指县级以上政府及其行政执法部门全面推进依法行政工作领导小组办公室对本地、本系统推进服务型行政执法建设工作完成情况进行客观公正的评价并对评价结果进行运用。主要方式是：

（一）省全面推进依法行政工作领导小组办公室对各省辖市政府、省直管县(市)政府、省人民政府各部门工作完成情况进行审核、分析，并在全省服务型行政执法建设整体推进督导平台上标注相应颜色的旗帜。

红旗代表工作按时完成，成效显著：蓝旗代表工作虽按时完成，成效一般或不完全符合要求；黄旗代表工作未按时完成，需要督促指导。经督促指导后纠正的，黄旗可改为蓝旗。

对有创新举措的，挂红旗，并在年度依法行政考核中酌情加分。因粗暴执法、野蛮执法、趋利执法等造成恶劣影响的，挂黄旗，并在年度依法行政考核中酌情减分。

（二）县级以上政府及其行政执法部门全面推进依法行政工作领导小组办公室应当运用信息化方式，建立本地、本系统服务型行政执法建设整体推进督导平台和分析评价标准。

（三）每半年向本级政府、本部门主要负责人汇报服务型行政执法建设工作推进情况。

（四）每年度对服务型行政执法建设工作推进情况进行汇总、统计和评价，统计评价结果作为年度依法行政考核中该项工作考核的依据。

（五）各级政府及其行政执法部门应当在年度依法行政工作报告中总结分析服务型行政执法建设工作推进情况、工作经验和存在的问题。

河南省人民政府法制办公室关于印发王海云副主任在服务型行政执法建设系统论坛上的讲话的通知

豫政法〔2015〕24号

各省辖市、省直管县（市）政府法制机构，省人民政府各部门法制机构：

2015年4月10日上午，服务型行政执法建设系统论坛在长葛市举行，省政府法制办公室副主任王海云出席论坛并做了重要讲话。现将王海云副主任的讲话印发给你们，请认真组织学习，并结合2015年度全省推进服务型行政执法建设工作安排，抓好贯彻落实。

2015年5月4日

在服务型行政执法建设系统论坛上的讲话

省政府法制办公室副主任　王海云

（2015 年 4 月 10 日）

同志们，新闻媒体朋友们：

两天半紧张有序的观摩活动即将圆满顺利结束，大家辛苦了！本来陈红瑜主任要参加这次观摩活动，由于临时召开省政府常务会议，无法分身。我受陈主任委托，也是代表省全面推进依法行政工作领导小组办公室和省政府法制办公室感谢培育推荐此次观摩点的相关省直行政执法部门；感谢相关市县政府及其法制机构的支持和配合；感谢在座各位不辞劳苦、毫无怨言地积极参与；更感谢各观摩点的精心准备。按照日程安排，我们借这次观摩活动之机，举办服务型行政执法建设系统论坛，采用座谈会的形式，对服务型行政执法建设工作，包括这次观摩活动进行交流总结，谈观感、谈体会、谈下一步本系统推进服务型行政执法工作的思路。刚才几位同志的发言很好，思路清晰、方向明确、信心十足，相信大家听后都深受启发和鼓舞。

这次观摩活动的效果，大家都有切身体会。我自己也感受很深，这是我办组织的第二次观摩活动，但和上一次相比，主题更突出、特点更鲜明、成效更显著、可借鉴性更强，可以说远远超出了我的预期和想象。但是观摩活动只是个开始，是一个序曲，各单位如何在推进服务型行政执法建设舞台上一展身手，才是关键。下面，我就如何做好今年的工作谈几点意见：

一、澄清认识，统一思想

3 年来全省推进服务型行政执法建设取得了可喜成效，但也有一些行政执法部门及其执法人员对服务型行政执法存在模糊甚至是错误的认识，导致服务型行政执法在一些系统、一些部门没有实质性进展。因此，我觉得大家有必要进一步统一思想认识。

（一）纠正对服务型行政执法概念的错误认识。服务型行政执法是指行政机关在依法实施行政管理过程中，坚持严格规范执法的同时，综合运用指导、教育、服务等措施，注重与行政相对人之间的沟通、交流和配合，通过提供高效便民服务或引导行政相对人自觉自愿守法，以有效实现行政管理目的的行政执法模式。实践中有部分同志对执法与服务的关系存在不正确的认识，有的认为执法就是管理、就是命令、就是惩罚和制裁，不存在服务，服务就影响了法律的权威性、破坏了执法的威慑性、降低了执法人员的身份。有的认为为百姓办事、为经济社会发展提供服务不必谈严格依法，如对重点企业不进行执法检查，为快速办理行政许可不严格审核材料，对困难、微小企业不予行政处罚等。还有的脱离执法职责谈服务，认为服务型行政执法就是扶贫、帮困，送温暖、学雷锋等。服务型行政执法正是对这些传统观念的摒弃，把法治政府和服务型政府的要求结合起来，坚持严格规范公正文明执法与指导教育服务并重，寓服务于执法过程中，在执法中体现服务，在服务中实现管理，实现管理、执法和服务的有机统一。

（二）纠正对推进服务型行政执法重要性的模糊认识。工作中我们发现，有的单位和同志认为服务型行政执法是省政府法制办部署的，又不是重要工作，推不推都无所谓。推进服务型行政执法是省政府法制办经过广泛调研，由省政府作出的重大部署，并将其作为推进依法行政，建设法治政府、服务型政府的重要抓手。省委省政府对这项工作都非常重视，今年 3

月底召开的省委第九届九次全会上，省委书记郭庚茂同志用典型案例强调了推进服务型行政执法的重要性，全会审议通过的《中共河南省委关于贯彻党的十八届四中全会精神全面推进依法治省的实施意见》将服务型行政执法作为一项重要内容。省政府每年的政府工作报告也都明确要大力推进服务型行政执法，并且连续 3 年专门下发文件进行安排部署。今年年初，李克常务副省长对服务型行政执法作出专门批示："服务型行政执法建设属我省首创，实施三年取得了较好成效，既提高了行政执法效率、促进了执法和谐，又方便了群众、推进了政府职能转变。希望不断总结经验，加强宣传推广，加大推进力度，为推动我省加快法治政府和服务型政府建设作出更大贡献。"大家要充分认识推进服务型行政执法工作的重要性，围绕贯彻落实党的十八届四中全会和省委九届九次全会精神，结合省政府 2015 年度依法行政和推进服务型行政执法工作安排，理清思路、积极谋划。

（三）纠正对推进服务型行政执法必要性的不当认识。有的行政执法部门认为自己的执法职能不直接对老百姓，不用推服务型行政执法，有的行政执法部门认为自己单位的执法很规范，多年来没有行政相对人申请行政复议和提起行政诉讼，没有必要推。法律、政策的贯彻执行，只有得到社会自愿自觉的接受和配合才能真正达到促进社会稳定与发展的作用，服务型行政执法强调的是在行政执法中贯彻以人为本、执法为民的理念，破除行政机关和行政相对人那种建立在强制、刚性基础上命令与服从、威慑与接受的关系，从而产生建立在交流、互动基础上的指引与参与、合作与共赢的关系，只有这种关系才能真正实现法律效果和社会效果的统一，从而实现全民守法。

二、总结经验，取长补短

这次观摩的 7 家单位也都是经过精心推荐、仔细筛选敲定的，涉及不同执法领域，既特点鲜明又成效显著。洛阳市洛龙区地税局打造"五个平台"推进服务型行政执法，尤其是依托信息化技术平台，全力打造"即办快审"新型服务模式。通过流程再造、岗责重组，依托"即办快审信息管理系统"，做到全透明、高效率、严监管，为纳税人提供流程更简、耗时更短、效果更佳的服务，微电影《小洛办税记》应该给大家留下了深刻印象。洛阳市公安局交通警察支队建立以执法记录仪全程、全员、全时佩戴使用为主要内容的交通管理执法监督系统，规范执法行为，提升了群众满意度。新安县国家税务局推行预警前置执法，叫响"心安服务"品牌，让人耳目一新。该局通过采集业务数据分析，对可能存在重大预警风险的纳税人，不直接采取立案调查的执法模式，首先采取预警前置，进行约谈劝勉，促进征纳双方关系的和谐、融洽。平顶山市文化市场综合执法支队全面推行说理式执法，制作《守法经营温馨提示》事前提醒，使用说理式行政执法文书事中指导，了解情况进行回访，制作《守法经营指导书》事后教育，把说理教育贯穿于文化执法全过程。许昌市公安局开通"网上警局"和"掌上警局"，做百姓家中的公安局。86 项公安业务网络"全流程"服务，实现了让数据多跑腿、群众少跑路的目标。许昌市魏都区烟草专卖局注重办理许可事项的行政指导，使烟草零售许可证办理期限由法定的 20 个工作日压缩到 2 个工作日内办结，实现了高效便民服务。长葛市工商局针对日常监管中发现及消费者投诉较多、问题较集中的行业和企业，善于运用"行政约谈"，极大提升了企业自律意识和法律风险防控能力。当然，全省还有其他单位有更好的典型经验，但由于时间、路线等关系，没有安排观摩。如：洛阳市社会保险事业管理局、滑县环保局、焦作市质监局、许昌市城管局、济源市畜牧局、商丘市食品药品监管局、安阳市龙安区安全生产监管局、郑州市农业执法大队等。下一步，我们将通过其他形式推广典型经验，供大家学习参考。

分析总结这些观摩点的经验，我们不难发现他们都具有共同点。一是转变执法理念是推进服务型行政执法的前提，只有真正树立和行政相对人平等对话，对行政相对人真心服务的理念，才能做好这项工作。二是强烈的责任感和使命感是推进服务型行政执法的动力，推进服务型行政执法从某种意义上讲就是革自己的命、放自己的权，只有怀着为推动中国法治进程尽己之力的理想，才会真正去做这件事。三是调查研究、摸清问题所在是推进服务型行政执法的关键，只有摸清行政管理症结所在，了解行政执法中存在的实际问题，以问题为导向，才能真正加强和改进执法工作。服务型行政执法重要的是执法理念的转变、执法方式的改进、执法效果的提升，没有也不可能有固定的模式，利用信息化只是一个方向，各单位关键是要通过学习，结合本系统实际，取长补短，完善措施，有效推动工作。

三、明确任务，狠抓落实

按照《河南省人民政府办公厅关于做好 2015 年度全省推进服务型行政执法建设工作的通知》（豫政办〔2015〕38 号，以下简称《通知》）要求，省全面推进依法行政工作领导小组办公室已建立了全省服务型行政执法建设整体推进督导体系，通过督促指导，努力实现全省服务型行政执法建设工作全覆盖。

（一）督导体系的运行。1. 各单位结合实际抓好工作部署，并及时将开展工作的文件、照片、视频等相关资料报省政府法制办依法行政调解处。2. 通过督导平台将各单位的工作进度和成效进行分类标注公示。3. 定期通报各单位开展工作情况，并会同有关部门进行督导。

（二）督导的具体事项。

1. 制订的推进服务型行政执法年度工作方案要科学合理、切合实际。2. 采取多种方法，通过多种形式抓好系统推进。3. 全面落实行政指导，并征集行政指导案例，组织编写《行政指导案例选编》。4. 在公安、医疗、消费者权益保护、劳动争议、征地拆迁等领域开展行政调解工作。5. 对本系统行政执法现状进行调研，提出解决问题的方法。6. 强化服务型行政执法理念教育，加强领导干部和行政执法人员的学习培训。7. 积极培育服务型行政执法示范点。8. 加强对本系统推进服务型行政执法工作的督促检查。9. 充分发挥主观能动性，注重工作创新。

（三）督导结果的运用。根据《通知》要求，2015 年度依法行政工作责任目标考核中对服务型行政执法的考核将转向对日常工作的考核，年底不再统一报送材料。年底对各单位服务型行政执法建设日常推进情况进行汇总、统计，统计的结果即是各单位年度依法行政责任目标考核中该项工作的成绩。这次考核方式的创新，是为了避免各单位一到年底突击应付，改变考核只看文件材料不看实际工作的两层皮现象，也是为了下一步改进依法行政考核方式进行探索。

同志们，省委省政府对今年全省推进服务型行政执法建设工作定的目标高、任务重，现在已进入第二季度，可谓时间紧迫。希望在座的各位及时向单位主要领导汇报观摩交流情况和今年的工作任务，认真安排部署，狠抓工作落实，持续深入地推进本系统服务型行政执法建设工作上水平、上台阶。

谢谢大家！

河南省全面推进依法行政工作领导小组办公室关于印发《河南省行政指导工作规范》和《河南省行政指导文书示范文本》的通知

豫依法行政领办〔2014〕86号

各省辖市、省直管县（市）人民政府，省人民政府各部门，中央部门驻豫执法机构：

为贯彻落实《河南省全面推进依法行政工作领导小组办公室关于印发全省推行行政指导工作的意见的通知》（豫依法行政领办〔2014〕85 号），促进行政机关规范实施行政指导，现将《河南省行政指导工作规范》和《河南省行政指导文书示范文本》印发给你们，请结合实际认真执行。

附件：1. 河南省行政指导工作规范

2. 河南省行政指导文书示范文本

附件2

河南省行政指导文书示范文本

本示范文本是通用类范本，各地、各部门应当结合实际，进一步完善、优化行政指导文书，将行政指导充分体现在行政管理的各项工作程序和环节之中。

行政指导意见书（依职权实施）

××指导意字〔　〕　号

<table>
<tr><td rowspan="3">指导对象</td><td>单位名称（姓名）</td><td></td><td>法定代表人或负责人</td><td></td></tr>
<tr><td>地址（住址）</td><td colspan="3"></td></tr>
<tr><td>联系人</td><td></td><td>联系电话</td><td></td></tr>
<tr><td colspan="5">行政指导的目的：
我局（单位）依托行政管理职能，拟采取下列方式实施行政指导：
提示 □　规劝 □　辅导 □　引导 □
建议 □　其他方式（　　）□
行政指导是一种不具有强制性、无法律拘束力的行政行为，你（单位）可以根据自己的意愿选择是否接受，如果你（单位）同意，请与我局(单位)协力合作，以便行政指导工作顺利开展。
指导对象意见：　签名（盖章）：
年　月　日
本局（单位）联系人：　联系电话：
（单位印章）
年　月　日</td></tr>
<tr><td>行政指导内容</td><td colspan="4"></td></tr>
<tr><td colspan="5">行政指导人员（签名）：　年　月　日</td></tr>
</table>

注：本文书一式两份，一份送达，一份归档。

行政指导意见书（依申请实施）

××指导意字〔 〕号

________：

根据你（单位）的申请，经研究，现提出以下指导意见：________________

____

____

____

____

____

指导对象应注意的事项：________________________________

____

____

____

____

____

行政指导是一种不具有强制性、无法律拘束力的行政行为，你（单位）有权要求撤回或者变更申请。你（单位）在实施我局（单位）的行政指导意见时如遇到问题，请及时与行政指导人员 联系!

本局（单位）联系人： 联系电话：

（单位印章）

年 月 日

注：本文书一式两份，一份送达，一份归档。

行政指导登记簿

序号	时　间	指导方式、对象及内容	指导结果	行政指导人员
1	2014 年 5 月 27 日	电话提示××种子有限公司《林木种子生产许可证》有效期至 2014 年 6 月 30 日	公司法定代表人张××表示将及时办理相关手续	李某某

行政约谈通知书

××约字(　) 号

________：

约谈事由：____

____

____________________。

我局（单位）认为需要与你（单位）交流沟通有关事项，你（单位）可根据自己的意愿选择是否接受，如你（单位）同意，请你(单位)法定代表人（负责人），在收到本通知书之日起________日内（节假日顺延），到________就有关问题进行面谈，具体时间，请你（单位）提前联系。

沟通交流时请携带以下材料：

1.

2.

3.

本局（单位）联系人：　　　　　　　　　　　　联系电话：

（单位印章）

年　月　日

注：本文书一式两份，一份送达，一份归档。

行政约谈记录

时间：______年_____月_____日_____时____分至_____时_____分　地点：______________

行政约谈人姓名、行政执法证件号：______________________________

记录入姓名、行政执法证件号：______________________________

约谈对象：______________________________

约谈事项：______________________________

____

____

____

____

____

____

____

____

____

行政约谈人（签名）：

记录人（签名）：

约谈对象（签名或者盖章）：　　　　　　年　　月　　日

重大行政案件回访表

××访字〔 〕 号

<table>
<tr><td colspan="2">案卷名称</td><td colspan="3"></td></tr>
<tr><td colspan="2">案件主办人</td><td></td><td>案件协办人</td><td></td></tr>
<tr><td colspan="2">回访人姓名、证件号码</td><td colspan="3"></td></tr>
<tr><td colspan="2">记录人姓名、证件号码</td><td colspan="3"></td></tr>
<tr><td rowspan="5">当事人情况</td><td>单位名称（姓名）</td><td colspan="3"></td></tr>
<tr><td>联系电话</td><td colspan="3"></td></tr>
<tr><td>地址</td><td colspan="3"></td></tr>
<tr><td>法定代表人(负责人)</td><td colspan="3"></td></tr>
<tr><td>联系电话</td><td colspan="3"></td></tr>
<tr><td rowspan="4">回访内容</td><td colspan="4">我单位及行政执法人员在执法过程中：
1. 执法是否规范、文明( )；
2. 是否主动指导、帮助当事人纠正违法行为( )；
3. 是否接受当事人及相关人员的请客送礼( )；
4. 是否借执法之机为本人或他人谋利( )；
5. 是否违反法定程序( )；
6. 是否存在滥用职权( ).</td></tr>
<tr><td colspan="4">反映的具体问题：</td></tr>
<tr><td colspan="4">你对本单位的建议和需要本单位帮助解决的问题：</td></tr>
<tr><td colspan="4">行政决定的履行情况和对行政相对人的建议：</td></tr>
<tr><td colspan="5">回访人（签名）： 记录人（签名）：
回访对象（签名）： 年 月 日</td></tr>
<tr><td>注意事项</td><td colspan="4">1. 反映情况必须真实，不得诬告陷害、打击报复。
2. 请在括号内明确写出“是”或“否”的意见，如果“是”，请列出详情。
3. 如需邮寄，请寄送到________________收。</td></tr>
</table>

注：本文书一式两份，一份送达，一份归档。

重大指导审批表

行政指导项目名称	
行政指导项目简介及可行性分析	
承办人意见	主办人（签名）： 协办人（签名）：　年　月　日
承办机构意见	负责人（签名）：　年　月　日
法制机构审核意见	负责人（签名）：　年　月　日
行政机关负责人审批意见	负责人（签名）：　年　月　日

重大行政指导评估报告

　　　　年　　月　　日，经局（单位）领导批准，评估组对______________行政指导项目进行效果评估，现将评估情况报告如下：

一、行政指导对象

____

____

_______。

二、行政指导项目简介

____

____

____

_______。

三、评估目的

____

____

_______。

四、评估范围

1. 行政指导工作方案的执行情况与实施成效；

2. 行政指导项目实施的质量、效果、社会影响；

3.____。

五、评估方法

本次评估主要采用______________________方法进行评估，详见评估工作方案。

六、评估过程

______年______月_____日至______年_____月_____日，评估组对该行政指导项目进行了效果评估。主要评估过程如下：

1. 前期工作___年___月___日，局（单位）领导批准对该项目进行行政指导效果评估，随即成立评估组，拟订评估工作方案。

2. 现场考察。组织评估人员到行政指导承办机构、指导对象单位进行实地考察、现场收集有关行政指导资料等。

3. 调查征询。评估人员向指导对象和利害关系人调查了解情况，向有关专家、学者和相关社会团体咨询、征求意见，了解指导对象接受行政指导后的变化。

4，评估效果。在现场考察、调查征询的基础上，按评估工作方案确定的标准要求，对该行政指导项目的效果进行评估，并向局（单位）领导提交报告。

七、评估结论（按优秀、良好、一般、较差四类确定评估结论）

____

____

____
________。

八、 特别事项说明

1.____
________；

2.____
________；

3.____
________；

附件：1. 《________项目行政指导评估工作方案》；

2. 指导对象提供的相关材料复印件；

3. 行政指导承办机构的相关文书复印件；

4. 图片、照片等。

评估组成员（签名）：

年 月 日

行政调解依据目录示范文本

示范文本一：国土资源厅行政调解依据目录

序号	依据	具体条款和内容	类型
1	《中华人民共和国土地管理法》	第十六条第一款　土地所有权和使用权争议，由当事人协商解决：协商不成的，由人民政府处理。	法律
2	《中华人民共和国行政强制法》	第四十二条　实施行政强制执行，行政机关可以在不损害公共利益和他人合法权益的情况下，与当事人达成执行协议。执行协议可以约定分阶段履行；当事人采取补救措施的，可以减免加处的罚款或者滞纳金。 执行协议应当履行。当事人不履行执行协议的，行政机关应当恢复强制执行。	法律
3	《矿产资源勘查区块登记管理办法》	第九条　禁止任何单位和个人进入他人依法取得探矿权的勘查作业区内进行勘查或者采矿活动。 探矿权人与采矿权人对勘查作业区范围和矿区范围发生争议的，由当事人协商解决；协商不成的，由发证的登记管理机关中级别高的登记管理机关裁决。	行政法规
4	《土地权属争议调查处理办法》	第四条　县级以上国土资源行政主管部门负责土地权属争议案件(以下简称争议案件)的调查和调解工作；对需要依法作出处理决定的，拟定处理意见，报同级人民政府作出处理决定。 县级以上国土资源行政主管部门可以指定专门机构或者人员负责办理争议案件有关事宜。 第七条　省、自治区、直辖市国土资源行政主管部门调查处理下列争议案件： （一）跨设区的市、自治州行政区域的； （二）争议一方为中央国家机关或者其直属单位，且涉及土地面积较大的； （三）争议一方为军队，且涉及土地面积较大的； （四）在本行政区域内有较大影响的： （五）同级人民政府、国土资源部交办或者有关部门转送的。 第二十三条　国土资源行政主管部门对受理的争议案件，应当在查清事实、分清权属关系的基础上先行调解，促使当事人以协商方式达成协议。调解应当坚持自愿、合法的原则。	行政法规

序号	依据	具体条款和内容	类型
5	《中华人民共和国行政复议法实施条例》	第五十条　有下列情形之一的，行政复议机关可以按照自愿、合法的原则进行调解： (一)公民、法人或者其他组织对行政机关行使法律、法规规定的自由裁量权作出的具体行政行为不服申请行政复议的； (二)当事人之间的行政赔偿或者行政补偿纠纷。	行政法规
6	《土地复垦条例》	第十九条　土地复垦义务人对在生产建设活动中损毁的由其他单位或者个人使用的国有土地或者农民集体所有的土地，除负责复垦外，还应当向遭受损失的单位或者个人支付损失补偿费。 损失补偿费由土地复垦义务人与遭受损失的单位或者个人按照造成的实际损失协商确定；协商不成的，可以向土地所在地人民政府国土资源主管部门申请调解或者依法向人民法院提起民事诉讼。	行政法规
7	国务院关于加强法治政府建设的意见(国发〔2010〕33号)	23. 健全社会矛盾纠纷调解机制。要把行政调解作为地方各级人民政府和有关部门的重要职责，建立由地方各级人民政府负总责、政府法制机构牵头、各职能部门为主体的行政调解工作体制，充分发挥行政机关在化解行政争议和民事纠纷中的作用。完善行政调解制度，科学界定调解范围，规范调解程序。对资源开发、环境污染、公共安全事故等方面的民事纠纷，以及涉及人数较多、影响较大、可能影响社会稳定的纠纷，要主动进行调解。认真实施人民调解法，积极指导、支持和保障居民委员会、村民委员会等基层组织开展人民调解工作。推动建立行政调解与人民调解、司法调解相衔接的大调解联动机制，实现各类调解主体的有效互动，形成调解工作合力。	规范性文件

示范文本二：××市人民政府行政调解依据目录

序号	依据	具体条款和内容	类型
1	《中华人民共和国土地管理法》	第十六条　土地所有权和使用权争议，由当事人协商解决；协商不成的，由人民政府处理。 单位之间的争议，由县级以上人民政府处理；个人之间、个人与单位之间的争议，由乡级人民政府或者县级以上人民政府处理。 当事人对有关人民政府的处理决定不服的，可以自接到处理决定通知之日起三十日内，向人民法院起诉。 在土地所有权和使用权争议解决前，任何一方不得改变土地利用现状。	法律
2	《中华人民共和国矿产资源法》	第四十九　条矿山企业之间的矿区范围的争议，由当事人协商解决，协商不成的，由有关县级以上地方人民政府根据依法核定的矿区范围处理；跨省、自治区、直辖市的矿区范围的争议，由有关省、自治区，直辖市人民政府协商解决，协商不成的，由国务院处理。	法律
3	《中华人民共和国水土保持法》	第四十六条　不同行政区域之间发土水土流失纠纷应当协商解决；协商不成的，由共同的上一级人民政府裁决。	法律
4	《中华人民共和国森林法》	第十七条　单位之间的林木、林地所有权和使用权争议，由县级以上人民政府依法处理。个人之间、个人与单位之间发生的林木所有权和林地使用权争议，由当地县级或者乡级人民政府依法处理。当事人对人民政府的处理决定不服的，可以在接到通知之日起一个月内，向人民法院起诉。	法律
5	《中华人民共和国水法》	第五十七条　单位之间、个人之间、单位与个人之间发生的水事纠纷，应当协商解决；当事人不愿协商或者协商不成的，可以申请县级以上地方人民政府或者其授权的部门调解，也可以直接向人民法院提起民事诉讼。县级以上地方人民政府或者其授权的部门调解不成的，当事人可以向人民法院提起民事诉讼。	法律
6	《中华人民共和国行政强制法》	第四十二条　实施行政强制执行，行政机关可以在不损害公共利益和他人合法权益的情况下，与当事人达成执行协议，执行协议可以约定分阶段履行；当事人采取补救措施的 可以减免加处的罚款或者滞纳金。 执行协议应当履行。当事人不履行执行协议的，行政机关应当恢复强制执行。	法律

序号	依据	具体条款和内容	类型
7	《中华人民共和国土地管理法实施条例》	第二十五条　征用土地方案经依法批准后，由被征用土地所在地的市、县人民政府组织实施，并将批准征地机关、批准文号、征用土地的用途、范围、面积以及征地补偿标准、农业人员安置办法和办理征地补偿的期限等，在被征用土地所在地的乡（镇）、村予以公告。 ……征地补偿、安置方案报市、县人民政府批准后，由市、县人民政府土地行政主管部门组织实施。对补偿标准有争议的，由县级以上地方人民政府协调；协调不成的，由批准征用土地的人民政府裁决。征地补偿、安置争议不影响征用土地方案的实施。	行政法规
8	《中华人民共和国行政复议法实施条例》	第五十条　有下列情形之一的，行政复议机关可以按照自愿，合法的原则进行调解： (一)公民、法人或者其他组织对行政机关行使法律、法规规定的自由裁量权作出的具体行政行为不服申请行政复议的； (二)当事人之间的行政赔偿或者行政补偿纠纷。	行政法规
9	《中华人民共和国矿产资源法实施细则》	第三十六条　采矿权人之间对矿区范围发生争议时，由当事人协商解决；协商不成的，由矿产资源所在地的县级以上地方人民政府根据依法核定的矿区范围处理。	行政法规
10	《中华人民共和国防汛条例》	第十九条　地区之间在防汛抗洪方面发生的水事纠纷，由发生纠纷地区共同的上一级人民政府或者其授权的主管部门处理。 前款所指人民政府或者部门在处理防汛抗洪方面的水事纠纷时，有权采取临时紧急处置措施，有关当事各方必须服从并贯彻执行。	行政法规
11	《征用土地公告办法》	第十五条　因未按照依法批准的征收土地方案和征地补偿、安置方案进行补偿、安置引发争议的，由市、县人民政府协调；协调不成的，由上一级地方人民政府裁决。 征地剖偿、安置争议不影响征收土地方案的实施。	部门规章
12	《行政单位国有资产理暂行办法》	第四十一条　行政单位之间的产权纠纷，由当事人协商解决。协商不能解决的，由财政部门或者同级政府调解、裁定。	部门规章
13	《事业单位国有资产管	第三十六条　事业单位与其他国有单位之间发生国有资产产权纠纷的，由当事人协商解决。协商不能解决	部门

序号	依据	具体条款和内容	类型
	理暂行办法》	的，可以向同级或者共同上一级财政部门申请调解或者裁定，必要时报有管辖权的人民政府处理。	规章
14	国务院关于加强法治政府建设的意见（国发〔2010〕33号）	23. 健全社会矛盾纠纷调解机制。要把行政调解作为地方各级人民政府和有关部门的重要职责，建立由地方各级人民政府负总责、政府法制机构牵头、各职能部门为主体的行政调解工作体制，充分发挥行政机关在化解行政争议和民事纠纷中的作用。完善行政调解制度，科学界定调解范围，规范调解程序。对资源开发、环境污染、公共安全事故等方面的民事纠纷，以及涉及人数较多、影响较大、可能影响社会稳定的纠纷，要主动进行调解。认真实施人民调解法，积极指导、支持和保障居民委员会、村民委员会等基层组织开展人民调解工作。推动建立行政调解与人民调解、司法调解相衔接的大调解联动机制，实现各类调解主体的有效互动，形成调解工作合力。	规状范性文件
15	《中共中央办公厅国务院办公厅印发<关于完善矛盾纠纷多元化解机制的见>》	把行政调解作为各级政府和有关部门的重要职责，建立由各级政府负总责、政府法制机构牵头、各职能部门为主体的行政调解工作体制，明确行政调解范围，规范行政调解程序。	规范性文件

水政监察
安阳水利综合执法
安阳市水利局行政调解
流程图
当事人向法制科提交行政调解申请
法制科初步审查后，在2日内转送具体业务部门
对符合条件的，具体业务部门在5日内启动行政调解程序
调解期限最长不超过2个月
行政调解达成协议
行政调解达不成协议
双方签订行政调解协议书
调解终结结案归档
调解终结结案归档
告知申请人及相关当事人
申请行政裁决
申请行政复议
申请仲裁
提起诉讼
AN YANG SHUI LI ZONG HE ZHI FA

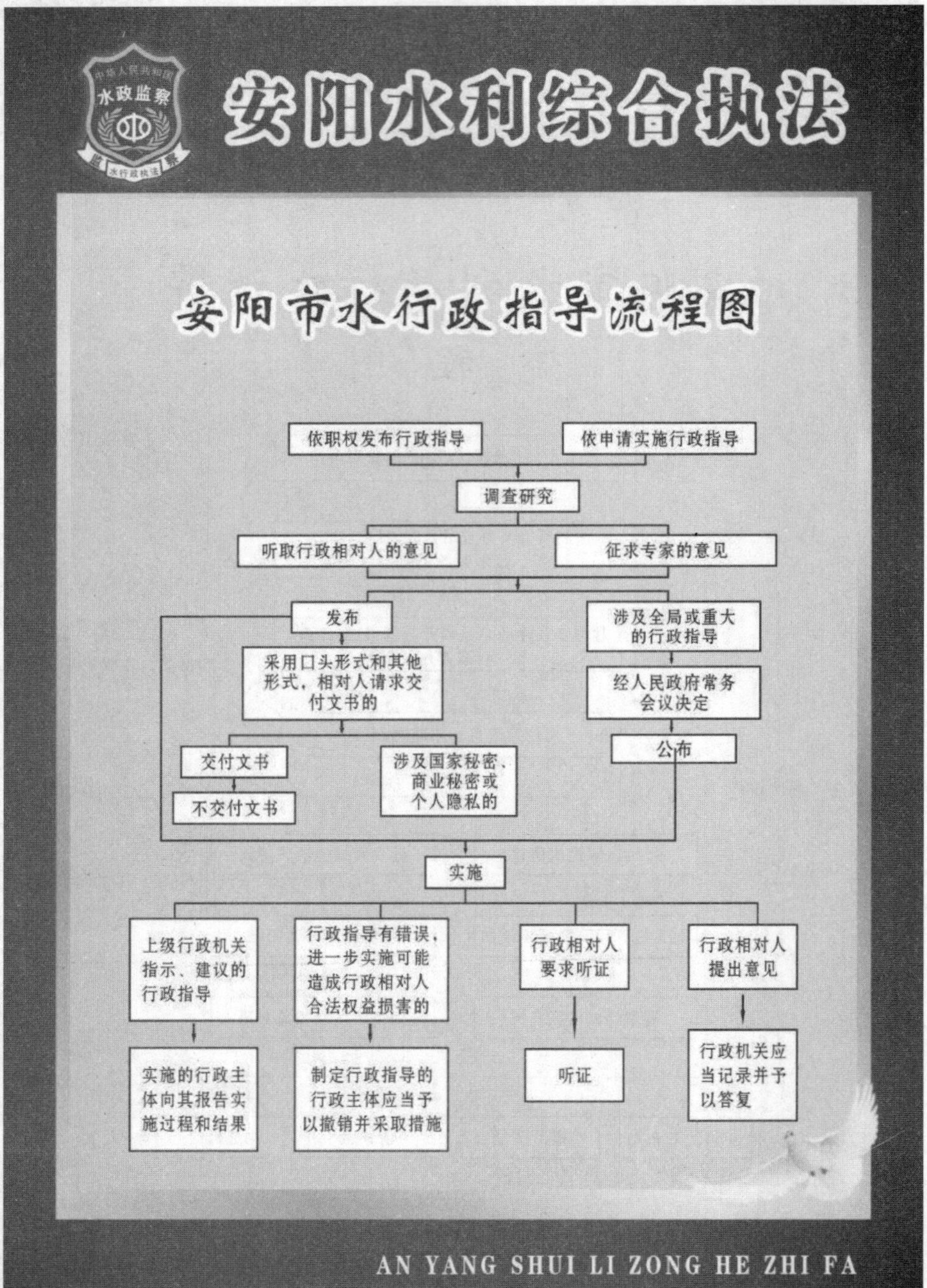

安阳水利综合执法
安阳市水行政指导流程图
依职权发布行政指导
依申请实施行政指导
调查研究
听取行政相对人的意见
征求专家的意见
发布
采用口头形式和其他形式，相对人请求交付文书的
交付文书
不交付文书
涉及国家秘密、商业秘密或个人隐私的
涉及全局或重大的行政指导
经人民政府常务会议决定
公布
实施
上级行政机关指示、建议的行政指导
实施的行政主体向其报告实施过程和结果
行政指导有错误，进一步实施可能造成行政相对人合法权益损害的
制定行政指导的行政主体应当予以撤销并采取措施
行政相对人要求听证
听证
行政相对人提出意见
行政机关应当记录并予以答复
AN YANG SHUI LI ZONG HE ZHI FA

豫依法行政领办〔2016〕5号

各省辖市、省直管县（市）人民政府，省人民政府各部门，中央部门驻豫执法机构：

为深入推进依法行政、加快建设法治政府，按照《河南省人民政府关于印发〈河南省2016年度法治政府建设工作安排〉的通知》（豫政〔2016〕20号）关于服务型行政执法建设"基层提升年"工作要求，现就做好2016年度全省推进服务型行政执法建设工作有关事项通知如下：

一、统一思想，充分认识开展基层提升年的重要意义

县级以下人民政府及其行政执法部门处在政府工作的第一线，是法律法规和政策的重要执行者，管理、执法和服务重在基层。省政府自2012年起，将服务型行政执法作为推进依法行政、加快建设法治政府的重要抓手，精心组织，扎实推进，取得了明显成效。但是，在一些地方和部门，尤其是基层执法单位，对服务型行政执法重视不够、工作推进不平衡，执法理念陈旧、执法方式简单，执法不严、执法不公，群众办事难、办事慢等问题依然存在，一定程度上影响和制约了全省服务型行政执法水平的提升。

《中共中央国务院关于印发 < 法治政府建设实施纲要（2015—2020）年> 的通知》（中发〔2015〕36号）强调，要实行法治政府建设与创新政府、廉洁政府、服务型政府建设相结合。省委省政府对转变行政执法理念、创新行政执法方式、推进"放管结合"、方便基层群众办事创业提出了明确要求，为推进服务型行政执法建设工作指明了方向。省政府将2016年确定为服务型行政执法建设"基层提升年"，就是要通过抓基层，尤其是与企业发展、社会管理、群众生活密切相关的基层单位的服务型行政执法建设工作，力争在方式上求创新、在服务上求提升、在推进上求实效，实现法治政府和服务型政府要求的统一、行政执法与服务经济社会和人民群众的统一。

二、突出重点，不断创新发展

各级政府、行政执法部门要围绕"基层提升年"工作主题，重点在以下四个方面取得突破，不断创新发展。

（一）持续完善服务体系。要选准突破点，不断改进和完善基层行政服务体系。要结合编制权力清单、责任清单、负面清单以及规范行政审批行为等相关工作，全面梳理和公开基层公共服务事项；坚决砍掉各类无谓证明和烦琐手续，凡没有法律法规依据的证明和盖章环节，原则上一律取消，最大限度精简办事程序、减少办事环节、缩短办理时限、改进服务质量；探索将分设的办事窗口整合为综合窗口，变"多头受理"为"一口受理"，积极推行一站式办理、上门办理、预约办理、自助办理、同城通办、委托代办等服务模式：对基本条件具备、主要申报材料齐全的事项，探索"书面承诺公示制"、"缺件备忘制"；探索"互联网+行政执法"，促进办事部门公共服务相互衔接，扎实推进网上办理和网上咨询，逐步构建实体政务大厅、网上办事大厅、移动客户端、自助终端等多种形式相结合、相统一的公共服务平台。

（二）深入推行行政指导。行政指导是构建管理、执法、服务三位一体行政执法模式的重要方式。要认真落实《河南省全面推进依法行政工作领导小组办公室关于印发〈全省推行行政指导工作的意见〉的通知》（豫依法行政领办〔2014〕85号）及相关工作规

范，在基层行政执法中持续推行提示、示范、辅导、引导、规劝、约谈、建议、回访等行政指导方式，提升行政执法法律效果和社会效果。要持续加强行政执法人员学习培训，着重纠正对推行行政指导方式认识不清、行政执法与行政指导脱节、以行政指导代替行政执法等问题。要通过评查行政指导案卷、评选行政指导案例等多种灵活方式，不断总结工作经验、规范工作流程、完善制度机制，形成适合本地、本部门执法实际的行政指导制度规范。城市管理行政执法部门要全面推行行政指导，结合实际深入开展“亮丽城管、出彩城管”活动，通过星级执法监察队伍创建、执法技能比武、知识竞赛等形式，规范执法行为、提高执法水平、提升城管形象、推进执法和谐。

（三）稳步推进行政调解。行政调解是及时、有效化解争议纠纷，促进社会和谐稳定的有效手段，也是服务型行政执法的重要方式。省全面推进依法行政工作领导小组办公室将组织起草印发全省开展行政调解工作的意见，明确行政调解的原则、范围和要求。各级政府、行政执法部门要认真按照《中共中央办公厅国务院办公厅印发<关于完善矛盾纠纷多元化解机制的意见>的通知》（中办发〔2015〕60 号）和省委省政府有关要求，建立由各级政府负总责、政府法制机构牵头、各职能部门为主体的行政调解工作体系，及时梳理行政调解依据、明确行政调解职责、建立行政调解工作机制，结合本地区、本部门工作实际，稳步推进行政调解。各级人民政府要定期听取行政调解工作情况汇报，研究、协调和解决行政调解工作中遇到的重大问题，为开展行政调解提供必备的工作条件。县级以上人民政府法制机构要发挥牵头作用，具体承担本行政区域行政调解工作的政策研究、统筹协调、督查考核、信息交流和宣传培训指导，相关职能部门做好行政调解工作。各职能部门要充分发挥主体作用，明确分管领导和工作机构，配备专兼职行政调解人员。要坚持行政调解工作自愿、合法、公平公正、注重效果的原则，积极探索行政调解工作方式方法。公安、民政、国土资源、环保、交通运输、工商、质监、价格等行政调解任务较重的部门，探索成立行政调解委员会，设立行政调解室、接待室，依法及时化解矛盾纠纷。

（四）切实抓好队伍建设。要着重加强基层政府法制工作人员和行政执法人员的法治培训，将服务型行政执法作为培训考试的重要内容，切实促进行政执法人员转变执法理念，改进执法方式，提高执法水平。注重发现和培育基层服务型行政执法标兵，立标杆、抓队伍、强素质、树形象，努力形成争创先进、争当标兵的良好氛围，为明年评选全省服务型行政执法标兵活动打好基础。持续加强行政执法人员资格管理，完善行政执法程序和人员管理制度。加强对行政执法行为的监督，对违法或者不当的行政执法行为依照有关规定严肃追究责任。

三、明确要求，抓好工作落实

（一）加强组织领导。各级政府、行政执法部门要高度重视，把服务型行政执法作为推进依法行政、建设法治政府的重要抓手，切实加强领导，明确任务和职责。要围绕“基层提升年”工作主题，结合实际认真研究，制定切实可行的工作方案。要针对基层行政执法中多发、易发的突出问题，明确措施，明确时限，落实责任，认真加以解决，确保改进效果。要切实加强执法保障，依照规定保障行政机关履行执法职责所需经费，改善执法条件，合理安排执法装备、执法技术手段研发投入，强化科技、装备在服务型行政执法中的应用。省全面推进依法行政工作领导小组办公室将继续加强对全省服务型行政执法推进工作的指导，及时组织交流学习，帮助层解决工作推进中的问题。

（二）强化推进机制。各级政府、行政执法部门要加强基层服务型行政执法调研，认真落实《河南省全面推进依法行政工作领导小组办公室关于印发〈全省推进服务型行政执法建设四项工作制度（试行）〉的通知》（豫依法行政领办〔2015〕85 号）要求，加强对本地、本系统服务型行政执法工作的服务指导、情况交流、督促检查和考核评价；要以行政指导、行政调解为重点继续培育服务型行政执法示范点，特别是基层服务型行政执法示范点，通过观摩会、现场会等方式，充分发挥示范引领、典型带动作用；要以创新作为推进工作的动力，积极鼓励和支持基层服务型行政执法体系创新、制度创新、方式创新，确保按时顺利完成各项工作任务。2016 年度服务型行政执法建设工作任务已经分解细化（见附件 1、2），省全面推进依法行政工作领导小组办公室将把服务型行政执法建设作为重要督导内容，纳入全省依法行政督导体系，加强日常督导、随机抽查和不定期暗访，对各级政府、行政执法部门的创新举措和显著成效，及时表彰推广，并在依法行政考核中予以适当加分，对推进不力、进展缓慢的，予以通报批评。

（三）注重总结宣传。各级政府、行政执法部门要通过多种渠道向社会公众宣传本地、本系统服务型行政执法的举措和效果，及时了解群众需求，征求群众意见，不断加强和改进工作。省全面推进依法行政工作领导小组办公室将组织“四个一”学习宣传活动：即总结提升全省工作经验，拍摄一部服务型行政执法建设宣传视频；依托服务型行政执法示范点验收成果，公布一批特色鲜明的典型经验；选择行政指导和行政调解工作典型，组织一次生动务实的现场会；开展全省服务型行政执法微电影评选活动，推出一批制作精良的微电影。各有关单位要积极参与、协调配合，共同做好相关工作。

第三部分　行政指导行为是否具有可诉性

行政指导行为是指导行政主体在进行行政管理活动中，基于国家的法律、政策的规定而作出的具有示范、倡导、咨询、建议、训导等性质的旨在引导行政相对人自愿采取一定的行为或者不作为，以实现行政管理目的的一种非强制力的行为。近日，河南省濮阳市台前县文明办印发的《台前县农村红白事标准参照指导意见》规定，彩礼总数控制在6万元以内，不执行要被惩戒。此举立刻引发人们的热议，相关部门指出这只是指导性的文件，并没有强制性。公民对行政指导行为不服的，可否提起诉讼，相关司法解释已作出明确规定。

法律依据：

1.《中华人民共和国行政诉讼法》（2014修正）

第二条　公民、法人或者其他组织认为行政机关和行政机关工作人员的行政行为侵犯其合法权益，有权依照本法向人民法院提起诉讼。

前款所称行政行为，包括法律、法规、规章授权的组织作出的行政行为。

2.《最高人民法院关于执行<中华人民共和国行政诉讼法>若干问题的解释》（法释〔2000〕8号）

第一条　公民、法人或者其他组织对具有国家行政职权的机关和组织及其工作人员的行政行为不服，依法提起诉讼的，属于人民法院行政诉讼的受案范围。

公民、法人或者其他组织对下列行为不服提起诉讼的，不属于人民法院行政诉讼的受案范围：

（一）行政诉讼法第十二条规定的行为；

（二）公安、国家安全等机关依照刑事诉讼法的明确授权实施的行为；

（三）调解行为以及法律规定的仲裁行为；

（四）不具有强制力的行政指导行为；

（五）驳回当事人对行政行为提起申诉的重复处理行为；

（六）对公民、法人或者其他组织权利义务不产生实际影响的行为。

1.行政指导行为的概念和特征

行政指导行为，是具有行政职能的机关或者组织在行政管理活动中，对公民、法人或者其他组织实施的带有咨询、提示、建议或倡导性质的行为。行政指导行为具有以下主要特征：①行政指导应当是一种良性的咨询、提示、建议或倡导。所谓良性，即这种咨询、提示、建议或倡导应当是在合法的前提下，出于维护国家利益、公共利益和公民合法权益的目的，对于国家、公众、公民具有积极意义；否则，就是一种恶意的误导。②是不具有强制性和执行力的行为。不具有当事人必须履行的法律效果。如果名义上是一种行政指导行为，实际上具有强制力或者要求当事人必须为一定行为或不为一定行为，或者如果不按此办理就可以强制执行，则不属于行政指导行为，而是一种可诉的行政强制措施。③是不直接产生法律后果的行为。行政指导行为对于被指导者没有直接的法律效力，实施行政指导行为的机关或者组织与被指导者之间不形成具有权利义务内容的法律关系。④行政指导行为作用的发挥或目的的实现，取决于被指导者的自愿接受和实行。正是由于行政指导行为的这些特征，当事人对行政指导行为不服，没有必要通过行政诉讼的途径来解决。

2.行政指导行为不属于人民法院受案范围

行政指导在社会生活中广泛存在，其显著特征是非强制性，公民、法人和其他组织没有服从的义务，行政主体与相对人之间不产生法定的权利义务关系。由于其实施通过说明、教育、劝告、建议、协商、政策指导、提供经费帮助、提供知识和技术帮助等非强制性手段推行，不同于行政机关的一般行为方式，相对人可自愿表示接受或拒绝，因而这类行为从行政诉讼受案范围内予以排除。《若干解释》规定，“不具有强制力的行政指导行为”不属于人民法院受案范围。“不具有强制力的行政指导行为”并不意味着还有一类具有强制力的行政指导，这是考虑到司法实践中有些法官对行政指导的特点还不是很清楚，“不具有强制力”是修饰语，并非限定语。如果某一行为具有强制力或者某一种行为要求当事人必须为一定行为或不为一定行为，行政管理相对人不履行或不执行就要承担不利法律后果，那么这种行为就不再是行政指导行为了，当事人对这种行为不服，仍然可以向人民法院提起行政诉讼。

3.行政指导的五种可诉类型

最高人民法院关于执行行政诉讼法若干问题的解释将“不具有强制力的行政指导行为”排除出行政诉讼受案范围，这实际上是将我国实践中的行政指导划分为两类：一是纯粹理论上所认同的行政指导；二是以行政指导面目出现，实质上已变异为以强制力推行的行政命令。但上述解释限定的范围过窄，不利于监督和规范行政指导，不能全方位地保护相对人的合法权益，也不利于行政诉讼制度的完善。因此，应对行政指导进行类型化处理，适当扩大行政指导的受案范围。笔者认为，目前，能进入司法领域的行政指导有以下五类：

（1）被异化的行政指导。这类所谓的“指导”其实是行政主体以行政指导为名，行其他行政行为之实，如对不接受指导者给予不利处分、施加压力从而使相对人产生心理压力被迫接受。再如公布已为行政指导或不服从行政指导的事实，前者意在寻求舆论的关心和支持，以求顺利实现行政目的，后者目的在于唤起舆论对不服从行政指导的相对方的责难，进而发展成所谓的“人民审判”。在这种情况下，行政指导具有了不该有的强制力，其实际上已经成为行政主体为推卸责任、逃避诉讼而实施的其他行政行为，相对人的合法权益一旦受到损害，完全可以按照行政诉讼法的规定提起行政诉讼。

（2）不诚信的行政指导。行政主体在实施行政指导行为时往往会给相对人作出利益上的承诺，让相对人产生一定的信任，但当相对人接受行政指导后，行政主体却改变了行政指导内容或拒绝兑现相关承诺，导致相对人的信赖利益或预期利益受损。行政指导是政府实施的行为，是非常严肃的事，应当受到“合法预期”和“禁止反言”的约束。而不诚信的行政指导直接导致了行政公信力的下降,也不利于民众积极配合相关公共政策的推行，对此，相对人可以行政主体不履行法定职责为由提起诉讼。

（3）错误的行政指导。这是指行政主体在实施行政指导中，因提供的相关信息错误或决策失误而误导了被指导者，导致其合法权益受损。如当地政府通过行政指导鼓励广大农民大面积种植西瓜，由于未经充分的调查和论证导致指导错误，而农民在接受指导后发现西瓜大面积死亡或严重减产，后经咨询专家得知当地的气候土壤等自然条件根本不适合种植西瓜。虽然行政主体并不存在违法的情形，但与相对人相比，其在收集、占有和处理信息方面占有优势，且实施行政指导是其应当履行的职责，错误的行政指导应视为履职不当，对接受指导者遭受的损失应当给予一定的补偿。这样才能促使行政主体在以后的行政指导中能更加审慎，通过行政过程公开及公众参与机制，不断增强指导决策的科学性及可行性，避免行政指导的盲目性和随意性。

（4）违法的行政指导。依法行政是法治政府所须遵循的一个基本准则。行政指导作为行政主体实施行政管理的方式之一，其也应在法律、法规的规定或国家政策范围内行使，不允许其享有法外特权而不受羁束。但在现实的行政指导实践中，一方面，由于我国有关行政指导的程序性、实体性法律规范比较匮乏，且零散、不统一，导致行政主体往往借助于相关政策而规避法律；另一方面，基于行政相对人对是否接受行政指导享有选择权，行政主体往往随意而行，并不寻求其行为行使的法律依据。违法行政指导的情形主要包括指导的内容违反了法律原则与政策、超越职权指导以及行政指导中权力滥用等。对此，指导接受者可以提起行政诉讼，但如果其明知行政指导本身违法，为了自身利益仍然去实施相关行为造成自身权益损害的，应减轻行政机关的责任。

（5）行政指导不作为。在行政管理主体多元化、行政管理方式多样化的今天，行政指导并非行政机关的一时兴起的制度创新，推行行政指导具有广泛的法律依据。宪法、法律、法规、规章等各层次、各领域的法律文件都规定了行政指导的职能、职责或工作要求、工作任务，规定较多，也很分散。需要说明的是，在各层次、各领域的法律文件中，一般不直接表述为“行政指导”，而是表述为行政指导的具体操作方式。如我国就业促进法第二十四条规定：“地方各级人民政府和有关部门应当加强对失业人员从事个体经营的指导，提供政策咨询、就业培训和开业指导等服务。”该规定对相关政府机构而言是其应尽的职责，对相对人而言是其应当享有的权利，若行政主体不履行指导职责，同样会影响相对人的权益，相对人可提起行政指导不作为之诉。

安阳市构建服务型水行政执法的做法与思考

安阳，简称殷、邺，有3300多年的建城史，500年的建都史，是早期华夏文明的中心之一，中国八大古都之一、中国历史文化名城、中国优秀旅游城市、国家级园林城市、中国航空运动之都，是甲骨文的故乡，《周易》的发源地，中国文字博物馆、红旗渠、曹操高陵所在地。有“洹水帝都”“殷商故都”“文字之都”之美誉。全市总面积5599平方千米，总人口443万人，2015年实现国民生产总值1672亿元，居全省第八位。全市流域面积在1000平方千米及以上的河流有8条；共有大型水库1座，中型水库8座，总库容4.09亿立方米；已建规模以上水电站19座；多年平均水资源总量13.68亿立方米，人均水资源占有量为349立方米，不足全国平均水平的六分之一。

近年来，安阳市水利局在市委、市政府的正确领导和省水利厅的精心指导下，按照服务型执法建设的总体要求，紧紧围绕水利中心工作，坚持服务引领、以人为本、执法为民的思想，积极践行“管理、执法、服务”三位一体水行政执法模式，取得了显著成效。先后被授予全国水利文明单位、全国水资源管理先进集体、全国水利综合执法示范点、全国水利先进集体、省级文明单位、省级服务型执法示范点、全省水利系统文明执法示范窗口、安阳市依法行政示范单位、人民满意的公务员集体等荣誉称号。

一、加强组织领导，科学统筹服务型行政执法建设

为全面贯彻落实省政府关于推进服务型行政执法建设的要求，安阳市水利局党委高度重视，成立了由局长任组长，各班子成员任副组长，有关科室负责人为成员的推进服务型行政执法建设工作领导小组，负责安排部署全局服务型行政执法工作。领导小组坚持定期召开工作例会，研究推进服务型行政执法工作落实措施，解决服务型行政执法工作中存在的问题和困难，决定依法行政工作中的重大事项等。制定印发了《安阳市水利局推进服务型行政执法建设工作方案》，对服务型执法的指导思想、目标、内容、方法和步骤做了整体部署。在年度水利工作中，局党委坚持把服务型执法建设工作列入重要内容，做到有部署、有检查、有考核，有力地促进了服务型行政执法工作建设。

二、狠抓学习培训，为服务型行政执法夯实基础

学习培训是提高执法队伍素质的重要举措，是服务型执法建设的重要环节。许多执法人员曾经认为，严格执法和热情服务是一对矛盾，对服务型执法的概念认识的不到位，理解的不透澈。为了统一思想，提高认识，我们主要做了以下几个方面的工作：一是把服务型执法有关规定、要求作为水政执法人员每月学习的主要内容，坚持每周进行一次业务学习，使大家加深对服务型执法工作的理解和认识。二是组织业务骨干积极参加水利部、省水利厅和市政府法制办举办的各类培训班，增强全市水政执法人员的执法素质，提升执法的能力和水平。三是每年组织服务型执法能力建设培训班，全市水政执法人员脱产学习，邀请有关专家进行集中授课，面对面讲解，现场解答问题，有针对性地进行辅导。通过自我学习、相互交流，执法人员深深认识到，推进服务型行政执法建设，是在坚持严格执法的同时，增强教育、指导和服务意识，最终达到行政目的。使大家认识到了服务型执法是促进执法关系和谐、建设法治政府的重要途径，是规范执法行为、提升执法水平的重要手段，是塑造廉洁高效执法队伍的重要保障。执法人员服务意识的提升，为开展服务型执法建设奠定了坚实的思想基础。

三、注重社会宣传，为服务型行政执法营造良好氛围

安阳市以纪念“世界水日”、“中国水周”宣传为载体，连续六年在“世界水日”当天，在《安阳日报》发表市长署名文章，号召人民群众树立节水护水的水法规意识；在安阳电视台通过制作水法规专题片、阳光对话等栏目以及利用网络、手机微视频等方式向人民群众宣传水法规和水利知识；在市区中心广场通过悬挂宣传条幅、制作展板、张贴水利普法宣传画、发放水利风光扑克和节水宣传纸杯等形式进行水法规集中宣传；举行了水法规电视竞赛，水法规有奖征文活动以及组织中小学生参观水知识展示大厅、中小学科普教育基地，开展水法规宣传进学校、进医院、进社区等活动；针对水利工程点多面广的特点，采取出动宣传车、发放宣传单、树立法律责任警示牌等形式深入水利工程沿线村镇开展水法规集中宣传。近几年，通过坚持不断的水法规宣传，增强了人民群众的水法制意识和水资源危机意识，为水利执法营造了良好的环境，水事违法案件数量明显下降。

四、强化执法监督，建设高效率的服务型执法队伍

一是从驻安阳市的省、市人大代表、政协委员、企事业团体等社会各界中聘请社会监督员，坚持不定期征求意见和建议，查找本单位和执法人员在规范服务型行政执法建设中存在的问题。积极采纳好的建议，进一步完善服务行政型执法建设工作方案。对监督员指出的问题做到落实到科室和个人，制定整改措施，明确整改完成时限，杜绝再次发生。二是定期对执法单位和执法人员进行日常和年度执法评议考核，公布考核结果，建立激励约束的长效机制。三是积极参加市纪委组织的对执法人员的服务态度、办事效率、廉洁行为等方面进行的民主评议，接受全社会的监督。四是每年组织对执法人员进行专题廉政教育，由局纪检书记和有关专家授课，与执法人员签订了《遵规守纪承诺书》和《廉洁自律保证书》，做到了警钟长鸣。五是落实执法责任追究制度，对水政执法人员知法违法或者不当行政执法的行为，局党委决不姑息迁就，发现一起查处一起，处理一起，并调离执法队伍。通过内外监督，培养了全体水政执法人员牢记水政监察誓词，切实履职尽责的意识，为服务型执法建设提供了巨大动力。

五、把握“规范+创新”原则，构建服务型行政执法新模式

为贯彻落实中央和省委、省政府提出的一系列简政放权、转变职能、优化服务等方针政策，安阳市水利局创新服务方式，提高服务质量，探索出了用“规范+创新”原则，构建了“服务零距离，执法无障碍”的服务型行政执法模式。

（一）围绕服务职能，规范行政机制

在行政许可方面，在政务公开栏、新闻媒体、网站、办公场所等公布行政许可事项、依据、条件、程序、期限以及需要提供的材料目录和申请书示范文本。本着为民、务实、高效、廉洁的总要求，建立了一个领导分管、一个科室承办、一个窗口对外、一枚印章签批、一站式办结的“五个一”行政审批服务机制。在市民之家设置窗口 2 个，由局办公室（审批科）牵头组织、协调行政审批服务工作及跨科室、跨部门的业务汇总、催查催办工作。按照零距离指导、零时间办理、零人情办案、零利益服务的一条龙式服务标准，确保按时办结各类许可事项。在行政征收方面，建立健全行政征收三个原则（收费公开原则、相对人参与原则和效率原则）和四种制度（数据确认制度、相对人异议制度、责任追究制度和时效制度），确保行政征收合法、廉洁、高效、便民。在行政处罚方面，进一步完善、延伸服务型执法网络建设，在原有执法一队、执法二队、法制督查科的基础上，先后成立水利工程质检大队、南水北调水政监察大队和应急机动大队，调解、指导、处置社会各方面的水事活动。通过规范执法语言、执法行为、执法程序、执法保障、行政复议程序、突发性事件处置办法等，坚持以制度约束权力，以标准规范行为，以细节保证质量，以规范的过程控制来保证取得良好的执法效果。

（二）围绕举措创新，突出柔情服务

1. 以行政指导（调解）工作室为平台，实现服务零距离

安阳市水利局以水政机构牵头协调，由各职能科室业务骨干组成专家团队，建立专门的行政指导（调解）工作室。实行违法行为发生前，事前指导；违法行为进行时，即时指导；违法行为发生后，纠错与回访的工作机制。坚持将行政指导工作与日常工作有机结合，使之成为一项常规工作。

一是以防范与引导为重点，水事活动风险管理前置。对行政相对人尚未履行或即将到达履行期限的事项，我们会积极安排专家团队成员进行预先告知、提醒、辅导和建议。对于行政相对人可能发生违法行为、违法行为可能升级、违法行为可能造成危害后果时及时进行预警、警示、劝告，通过用灵活多样的非强制措施引导行政相对人主动配合，实现法律效果和社会效果相统一。

二是及时对高发时间和地段的违法行为进行建议、指导。每年的春季，部分群众为了生活方便或其他原因，在水利工程管理范围内私搭乱建，影响行洪安全等问题比较突出，行政指导工作室本着重心下移、力量前移的原则，坚持把最大限度减少群众损失作为拆违控建宗旨，提出加大巡查管控力度，实行网格化管理。尤其对城乡结合部、城中村、老旧城区等重点区域进行重点监控，打消个别市民违建的想法，实现了违法建设早发现、早制止、早处理，减少了群众的损失。实践证明运用此方法不仅取得了较好执法效果，也避免了执法冲突，规避了执法风险，实现了执法关系和谐。

三是以教育与规范为保证，水行政处罚刚柔并济。案件承办人在对违法当事人进行处罚时，注重以教育为主，主动向当事人讲法律、讲政策、讲依据，讲道理。案件处罚后，由行政指导室派出专家人员回访当事人，向其说清法理、说通事理、说明情理、说透伦理，减少当事人的对抗情绪，增强当事人的可接受性。

四是建立行政相对人维权受理制度和举报响应机制。对行政相对人提出的问题、意见、建议，行政指导室都会及时受理，按时回复解决，维护行政相对人的监督举报权，广泛接受社会监督。

五是编写指导规程，规范执法程序。按照现行水法律法规，结合省服务型行政执法工作的要求，为使安阳市水利系统更好地开展服务型行政执法工作，行政指导室编纂了《安阳市水利局行政指导操作实务》、《安阳市水行政处罚操作实务》和《水利行政执法的思考与法律文书运用》等，进一步规范了安阳市的水行政执法工作。

今年以来，我们对多个单位进行了行政指导。在接到对天翔物流、国际物流园、省二毛等单位的举报案件中，我们及时启动了行政指导，执法人员多次到服务单位对当事人进行了说服教育和规劝，促使其认识到违法行为的危害后果，并积极采取补救措施，纠正了违法行为。其间，河南天翔物流发展有限公司专程到安阳市水利局赠送了“服务企业、执法为民”锦旗，对市水利局水政执法人员热情周到、便民高效的服务表示感谢。

2. 以水政监察与执法管理平台为核心，打造执法无障碍

近年来，在加强水利行风政风建设、转变工作作风、强化服务过程中，我们积极探索了“互联网+执法”的执法模式，开发了安阳市水政监察与执法管理平台，该平台能够随时查询水法律法规、取水许可情况和入河排污口设置情况，实现执法查询无障碍。能够随时定位执法人员巡查位置和轨迹，实现执法巡查无障碍。能够随时使用单兵视频或车载视频实时传输违法证据，实现执法取证无障碍。能够随时使用文书模板格式套打、网上审批功能，实现制作执法文书无障碍。能够严格按照设定程序进行执法，实现规范执法程序无障碍。平台的使用，使水行政执法工作由过去的事前发现不了问题，发现问题后行动迟缓、效率低下，变为随时随地都可以对执法现场进行即时监控、预先知情、提前介入、规范执法、全程无干扰。从而真正做到尽职尽责而不滥用职权、有所作为而不制造障碍。

3. 落实水行政执法全记录制度，保障当事人权益

为维护当事人和行政执法人员合法权益，根据《河南省行政执法条例》，我们在全省水利系统率先实行水行政执法全记录制度，实现行政执法全程留痕。通过全过程记录，约束行政执法人员的行为，防止不当言论、吃拿卡要、乱执法、人情执法等现象发生。警示威慑了违法行为人，避免了暴力抗法事件或群体性事件出现。通过及时采集固定相关证据，查清事实，为公平公正解决行政争议提供了重要依据，保障行政管理相对人和行政执法人员的合法权益。《水行政执法全记录制度》的制定实施，适应了依法行政的基本要求，加强了对水行政执法行为的制约和监督，有效促进了水行政执法工作的公开化、透明化和规范化。

（三）发挥联动机制，注重执法效果

在倾力打造“文明执法、服务型执法”的过程中，始终坚持“以人为本、宣传为先、注重引导、孤立打击极少数”的指导方针，对违法行为既要坚持工作原则，又要以理服人。对积极配合我们工作的当事人，我们会实事求是做出处理，会充分考虑他们的困难，尽可能地给予帮助，积极协调当地政府解决他们的实际问题。但是，对于一些拒不听从规劝、约谈，多次违法、屡教不改的顽固当事人，我们也毫不手软，充分发挥水利、公安、检察院、法院四部门联动执法机制，采取强制手段给予坚决打击。通过这样的有力措施，打击了部分当事人的嚣张气焰，起到了强有力的震慑作用，也让积极配合执法工作的当事人感到了信服。比如，在拆除安阳河河道内采砂厂点以及拆除河道内违章建筑时，我们首先是通过做思想工作来说服当事人，力求让他们主动配合，但效果并不明显。后来我们启动了水利、公安、检察院、法院四部门联动执法机制，现场依法说理，态度坚决，让当事人感到没有回旋的余地，放弃幻想，最后顺利完成执法。通过多部门联动执法，在提升执法效果的同时，执法力度和亲和度也得到了较大的提高。

搞好服务型行政执法重要的是执法理念的转变、执法方式的改进、执法效果的提升，没有也不可能有固定的模式，安阳市水利局在省水利厅和市政府法制办的关心、支持和帮助下，虽然进行了一些有益的探索和实践，但与上级的要求和先进地市相比，还有一定差距。下一步，我们将在省厅的指导下，认真学习借鉴全省各地好的做法和经验，创新服务型执法机制，规范服务型执法行为，提升服务型执法水平，坚持做到水行政执法工作不缺位、不越位、不失位，切实履行岗位职责，秉公办案、文明执法，热情服务，为安阳市全面建成小康社会，打造区域性中心强市提供水利支撑。

程 序 篇

导 读

水行政执法人员具体实施行政处罚时，常常会因为主体、实体、程序、文书格式等问题导致具体行政行为实施和执法卷宗评查中出现失误，为进一步完善水行政执法部门的行政处罚、行政许可等案卷，规范水行政执法行为，提高水行政执法部门办理行政处罚案件的质量和水平，根据《中华人民共和国行政处罚法》、《中华人民共和国行政强制法》、《河南省行政机关执法条例》及其《实施办法》等有关规定，为认真宣传贯彻《国务院关于印发全面推进依法行政实施纲要的通知》(国发〔2004〕10 号)和《河南省人民政府关于规范行政处罚裁量权的若干意见》(豫政〔2008〕57 号)精神，推进行政处罚案件主办人制度和行政处罚案例指导制度的落实，增强水行政执法人员依法行政观念，提高办案能力和水平，整编了该篇。该篇共选编 26 例水事违法案卷，按违法行为侵害的对象不同分为水资源案卷 7 例、水工程案卷 4 例、河道案卷 9 例、水土保持案卷 1 例、其他案卷 5 例。每个案卷都按照案情简介、案卷目录和从立案到结案的办案流程，规范制作了各类法律文书，力争做到程序严谨，语言简洁，切实增强其实用性和操作性。编者采用的法律文书，虽和河南省水利系统行政处罚文书格式范本中个别文书不一致，但水行政执法人员在制作水行政执法文书时应严格按照河南省人民政府法制办制作的新版法律文书制作案卷。为了节省篇幅，每一个案卷对委托书进行了省略，本篇也把河南省水利系统行政处罚文书格式范本一并列出，以便水行政执法人员更好的借鉴学习，以期对提高执法人员的执法能力有所帮助。

在编写过程中，我们力求精益求精，由于本篇编写工作量大，时间仓促，加之水平有限，难免出现错误和疏漏之处，恳请批评指正。

河南省水利系统
行政处罚文书格式范本

河南省水利厅

2016 年 7 月

1. 行政处罚委托书

委字〔　〕第　号

委托机关：

法定代表人：　　　　　　职务：　　　　　单位地址：

受委托机关：

法定代表人：　　　职务：　　　单位地址：

根据＿＿＿＿＿＿＿＿＿（法律依据名称及条、款、项具体内容）＿＿＿＿＿＿＿＿＿＿＿＿＿＿＿＿的规定，经××厅（局）与××(单位)研究，现由××局委托××（单位）实施：＿＿＿＿＿＿（处罚事项和实施范围）＿＿＿＿＿＿＿＿＿＿。委托期限自＿＿年＿＿月＿＿日至＿＿年＿＿月＿＿日止。

委托期间，××(单位)必须以××厅（局）的名义，在委托范围内实施行政处罚，并接受××厅（局）的监督；由此产生的法律后果，由××厅（局）承担。××(单位)不得将委托事项再委托。

法定代表人签字：　　　　　　　　法定代表人签字：

委托机关（印章）　　　　　　　　受委托单位（印章）

年　月　日　　　　　　　　　　　年　月　日

2. 举报（投诉）案件登记表

<table>
<tr><td>案由</td><td colspan="2"></td><td>案件来源</td><td></td></tr>
<tr><td rowspan="2">举报人</td><td>姓名（名称）</td><td></td><td>电话</td><td></td></tr>
<tr><td>住址</td><td colspan="3"></td></tr>
<tr><td rowspan="4">被举报人</td><td>单位名称</td><td></td><td>法定代表人</td><td></td></tr>
<tr><td>单位住址</td><td></td><td>电话</td><td></td></tr>
<tr><td>个人姓名</td><td></td><td>个人住址</td><td></td></tr>
<tr><td>所在单位</td><td></td><td>电话</td><td></td></tr>
<tr><td>记录人</td><td colspan="2"></td><td>记录时间</td><td>年 月 日 时 分</td></tr>
<tr><td>案情记录</td><td colspan="4"></td></tr>
</table>

注：1.水行政主管部门应当为举报人保守秘密。

2.若被举报（投诉）人的基本情况此时尚不清楚，应当在案情记录栏中注明原因。

案由：当事人+违法事实（案件类型）+案

根据水利部规定的案件类型：指根据水事违法行为所侵害的涉水对象不同进行分类，可分为河湖案、水工程案、水土保持案、水资源案、水务案、水文案、水利建设管理和其他案。

【河湖案】指在河道、湖泊管理范围及洪泛区、蓄滞洪区、水库库区内，县级以上水行政主管部门或流域管理机构依法定职权对从事违反水法律规范的行为进行处理的活动。具体分为河道（湖）利用、涉河建设项目、围垦河道与入海河口、河道采砂等类。

河道（湖）利用：在河道管理范围内设置阻水障碍物，影响防洪安全的案件。如在江、河、湖、库、渠道内，弃置、堆放阻碍行洪的物体，种植阻碍行洪的树木或高杆作物，修建围堤、阻水渠道、阻水道路；在河道内弃置沉船、设置碍航渔具、种植水生生物；未经水行政主管部门批准，随意在河道、渠道内堆放物料，弃置砂石、淤泥、矿渣、垃圾等；在下游地区设障阻水缩小河道现有过水能力，在上游地区擅自增大下泄流量等。

涉河建设项目：违反基本建设审批程序，未经水行政主管部门批准或未按批准要求在河道管理范围及洪泛区、蓄滞洪区内修建各类工程、建筑物及设施的案件。如擅自或不按规定修建水工程、整治河道和航道；占用堤防、护堤地、渠道建房和修建其他建筑物；未编制洪水影响评价报告，在洪泛区、蓄滞洪区建设非防洪建设项目等。

围垦河道与入海河口：围湖造地或者未经批准围垦河道、违反河口整治规划围海造地的案件。

河道采砂：未办理河道采砂许可证或者未按照河道采砂许可证规定要求采砂，采砂船舶在禁采期内未在指定地点停放或者无正当理由擅自离开指定地点，运砂船舶在采砂地点装运非法采砂船舶偷采的河砂的，伪造、涂改或者买卖、出租或者以其他方式转让河道采砂许可证，不依法缴纳河道采砂管理费或砂石资源费等案件。

其他：其他违反河道管理法律规范的案件。

【**水工程案**】指在水工程管理范围和保护范围内，县级以上水行政主管部门或流域管理机构依法定职权对违法建设水工程，侵占、毁坏、破坏水工程以及附属的防汛、通信设施等违反水法律规范的行为进行处理的活动。具体分为一般水工程、水库大坝和其他。

一般水工程：破坏、危害一般水工程及设施的案件。如未经水行政主管部门批准，擅自在江河、湖泊上建设防洪工程和其他水工程、水电站；破坏、侵占、毁损堤防、水闸、护岸、抽水站、排水渠系等防洪工程和水文、通信设施以及防汛备用的器材、物料；在堤防、水源工程、灌排渠道等水工程保护范围内从事打井、钻探、爆破、挖筑鱼塘、采石、取土等危害水工程建筑物安全的活动。

水库大坝：破坏、危害水库大坝的案件。如毁坏大坝或者其观测、通信、动力、照明、交通、消防等管理设施，在大坝管理和保护范围内进行爆破、打井、采石、采矿、取土、挖沙、修坟等危害大坝安全活动，擅自操作大坝的泄洪闸门、输水闸门以及其他设施破坏大坝正常运行，在库区内围垦，在坝体修建码头、渠道或者堆放杂物、晾晒粮草，擅自在大坝管理和保护范围内修建码头、鱼塘等。

其他：其他违反水工程管理和保护法律法规的案件。

【**水资源案**】 指县级以上水行政主管部门或流域管理机构依法定职权对违反水法律规范，从事水资源保护、开发和利用行为进行处理的活动。具体分为取水许可、计量设施、节水、水质和排污口、水资源费、其他。

取水许可：违反规定取水的案件。如未经批准或未依照批准的取水许可规定条件擅自取水，擅自建设取水工程或者设施；隐瞒有关情况或者提供虚假材料骗取取水申请批准文件或者取水许可证；伪造、涂改、冒用取水申请批准文件、取水许可证；不按照规定报送年度取水情况、提供取水和退水计量资料；拒不执行审批机关作出的取水量限制决定，或者未经批准擅自转让取水权；拒绝接受监督检查或者弄虚作假等。

计量设施：未安装计量设施，计量设施不合格或者运行不正常，擅自停止使用取退水计量设施的案件。

节水：建设项目的节水设施没有建成或者没有达到国家规定的要求，擅自投入使用的案件；擅自停止使用节水设施的。

水质和排污口：退水水质达不到规定要求的；未经水行政主管部门或者流域管理机构审查同意，擅自在江河、湖泊新建、改建或者扩大排污口的；虽经县级以上地方人民政府水行政主管部门或者流域管理机构审查同意，但未按要求设置入河排污口的；拒绝接受监督检查，或者在接受监督检查时弄虚作假的。

水资源费：拒不缴纳、拖延缴纳或者拖欠水资源费的案件。

其他：其他违反水资源管理和保护法律规范的案件。

【水土保持案】县级以上地方人民政府水行政主管部门依法定职权，对违反水土保持法律规范的规定，从事已造成或可能造成水土流失的行为进行处理的活动。包括依法应当编制水土保持方案的生产建设项目，未编制水土保持方案或者编制的水土保持方案未经批准而开工建设；生产建设项目的地点、规模发生重大变化，未补充、修改水土保持方案或者补充、修改的水土保持方案未经原审批机关批准；水土保持方案实施过程中，未经原审批机关批准，对水土保持措施作出重大变更；水土保持设施未经验收或者验收不合格将生产建设项目投产使用；在水土保持方案确定的专门存放地以外的区域倾倒砂、石、土、矸石、尾矿、废渣等违法行为。还包括开办生产建设项目或者从事其他生产建设活动造成水土流失，不进行治理；如在崩塌、滑坡危险区、泥石流易发区取土、挖砂或者采石，在禁止开垦的陡坡地开垦种植农作物，在禁止开垦、开发的植物保护带内开垦、开发；采集发菜，或者在水土流失重点预防区和重点治理区铲草皮、挖树蔸及滥挖虫草、甘草、麻黄等；在林区采伐林木，不采取水土保持措施；在建设和生产过程中造成水土流失，拒不缴纳水土保持补偿费等。

【水务案】县级以上地方人民政府水行政主管部门依法定职权，对违法开展供水、排水等行为进行处理的活动。具体分为排水、供水、其他。

排水：偷盗、毁损城市排水设施的；擅自堵塞、占压、拆卸、移动城市公共排水设施的；新建、改建、扩建工程，其接入城市公共排水管网的自建排水设施，未按照规定的技术规范和水行政主管部门的审查意见建设的；在已经实行雨、污水分流的地区，进行雨、污水混排的城市公共排水设施竣工后未经验收或者验收不合格而投入使用的；未经批准，擅自在城市公共排水管网上连接管道排水的；城市排水设施养护单位未按照国家、省、市有关排水设施维护技术标准，对排水设施进行维护，造成严重后果的；未经水行政主管部门批准擅自改变城市公共排水设施排水流向的；在城市排水管网覆盖地区，不将污水排入城市排水管网，任意排放的等。

供水：盗用或转供城市公共供水的；擅自拆除、改装或迁移城市公共供水设施的；擅自将自建设施供水管网系统与城市公共供水管网系统连接的；在城市公共供水管道上直接装泵抽水的；在规定的城市公共供水管道及其附属设施的安全保护范围内进行危害供水设施安全活动的；未按规定缴纳水费的等。

其他：其他违反水务管理法律规范的案件。

【水文案】违反水文资料使用规定以及破坏、危害水文设施、水文监测环境的案件。如拒不汇交水文监测资料；非法向社会传播水文情报预报，造成严重经济损失和不良影响；侵占、毁坏水文监测设施或者未经批准擅自移动、擅自使用水文监测设施；在水文监测环境保护范围内种植高秆作物、堆放物料、修建建筑物、停靠船只，取土、挖砂、采石、淘金、爆破和倾倒废弃物，在监测断面取水、排污或者在过河设备、气象观测场、监测断面的上空架设线路，以及其他对水文监测有影响的活动。

【水利建设管理案】指水利建设项目法人（建设单位）、勘测设计单位、招标人及招标代理机构、监理单位、施工单位、设备供应单位、生产经营单位、质量检测单位、中介机构违反《建筑法》《安全生产法》《招标投标法》《建设工程质量管理条例》等法律法规和水利部有关配套规章的案件等。具体分为水利建设勘测设计、水利建设招投标、水利建设质量管理、水利建设安全生产、水利建设资质管理等类。

【其他案】除上述七类违法案件以外的其他水事违法案件。如违反水行政许可有关规定的案件。

案件来源：

1. 巡查发现。2. 群众举报。3. 上级督办。4. 部门移交。

5. 媒体曝光。6. 下级报送的水事违法线索。

案情记录：

如实记录。对案件发生人、时间、地点、事件要询问清楚。

3.调查（询问）通知书

调字〔　　〕第　号

________________：

你（单位）应于________年________月________日________时到________________________________就________________________________一事接受调查（询问），逾期不到的，我水行政主管部门将依法进行处理。

携带材料：

1. ____

2. ____

3. ____

4. ____

联系人：

联系电话：

执法监督电话：

联系地址：

水行政主管部门印章

年　　月　　日

携带材料：

1. 营业执照。

2. 法人身份证明（或个人身份证）。

3. 委托书。

4. 受委托人身份证明。

5. 行政许可材料。等（取水证明、凿井合同、缴纳水资源费票据等）

水行政主管部门印章：根据《中华人民共和国行政处罚法》第十八条第三款，受委托组织在委托范围内，以委托行政机关名义实施行政处罚。

所以，加盖公章只能是委托行政机关。

4.行政处罚案件立案审批表

<table>
<tr><td rowspan="5">当事人</td><td>单位名称</td><td></td><td>法定代表人</td><td></td></tr>
<tr><td>住　址</td><td></td><td>电　话</td><td></td></tr>
<tr><td>个人姓名</td><td></td><td>性　别</td><td></td></tr>
<tr><td>所在单位</td><td></td><td>电　话</td><td></td></tr>
<tr><td>身份证号码</td><td></td><td>个人住址</td><td></td></tr>
<tr><td>案由</td><td colspan="2"></td><td>案件来源</td><td></td></tr>
<tr><td>案件简要情况</td><td colspan="4"></td></tr>
<tr><td>承办人意见</td><td colspan="4">×××单位或个人涉嫌违反了（×××××法），建议立案查处。

承办人签名　　　　（两人）　　　　　年　月　日</td></tr>
<tr><td>承办机构审核意见</td><td colspan="4">经审核，建议立案。建议该案件主办人是×××，协办人是×××。

负责人签名　　　　　　　　　　年　月　日</td></tr>
<tr><td>水行政主管部门负责人审批意见</td><td colspan="4">

负责人签名　　　　　　　　　　年　月　日</td></tr>
</table>

水利部门对违法案件的立案作了明确规定：

《水行政处罚实施办法》

水利部令第8号

第二十四条　除依法可以当场作出水行政处罚决定的以外，公民、法人或者其他组织有符合下列条件的违法行为的，水行政处罚机关应当立案查处：

（一）具有违反水法规事实的；

（二）依照法律、法规、规章的规定应当给予水行政处罚的；

（三）属水行政处罚机关管辖的；

（四）违法行为未超过追究时效的。（《中华人民共和国行政处罚法》第二十九条规定：违法行为在二年内未被发现的，不再给予行政处罚。法律另有规定的除外。）

5. 询问笔录

询问时间：________年______月______日______时______分至______日______时______分

询问地点：____

询问人：______________________ 执法证件号：______________________

记录人：______________________ 执法证件号：______________________

被询问人：______________性别:________ 年龄：__________民族：________

身份证号码：____

工作单位：__________________________职务或职业：______________

住址：______________________________电话：______________________

邮编：____________与本案关系：______________________________

询问内容：

我们是______________的执法人员__________、__________，这是我们的执法证件，请你确认。现依法向你询问，请如实回答所问问题，执法人员与你有直接利害关系的，你可以申请回避。

问：____

答：____

询问人、被询问人应当逐页签字确认

（以下是询问笔录尾页）

被询问人阅核后签注“笔录上述内容，记录属实。”

被询问人：签名或盖章、日期（拒绝签字的，注明拒签事由）

询问人：签名（两人）、日期

记录人：签名、日期

第　页　共页

记录人要如实记录被调查人的答话，全面准确地记录被调查人的真实意思。要口语化，不要书面语言，方言、语气叹词都要记录下来。也就是说，被调查人原话是怎么讲的，记录人就怎么记录，不得添枝加叶，想象发挥。局外人通过看这份记录能知道被调查人的声形腔调，如临其境。

与本案关系：是不是当事人，或者与当事人有关的人（雇佣、夫妻、同学、同事、同乡、邻居），视情况填写。

要求：询问要采取“七何”询问法，以便为合理裁量奠定基础：

1. 何人，主要查清违法主体是谁（自然人、法人或者组织）及其基本情况。
2. 何时，即违法行为发生的时间、持续进行的时间以及查处的时间。
3. 何地，指违法行为发生的地点、位置。
4. 何事，指构成何种违法行为。
5. 何情节，指违法行为涉及的物品、违法所得和销售情况，违法的过程、手段等。
6. 何故，指违法的原因、动机、目的。
7. 何果，即造成了怎样的危害后果。

6.现场检查（勘验）笔录

检查（勘验）时间：________年_____月______日_____时_____分至_____日______时____分

检查（勘验）地点：____

被检查（勘验）人单位名称：____________法定代表人（负责人）：____________

被检查（勘验）人姓名：______________性别：__________职业：__________

身份证号码：______________________工作单位：______________________

电话：__________________住址：______________________邮编：__________

检查（勘验）人姓名：______________执法证件号：____________________

检查（勘验）人姓名：______________执法证件号：____________________

记录人姓名：__________________执法证件号：（记录人不是执法人员的，不填）

见证人姓名：________________身份证号码：________________________

检查（勘验）记录：检查（勘验）记录内容要有：当事人、事发地点、违法事实、事发原因等。

____

被检查（勘验）人、检查（勘验）人应当逐页签字确认

（以下是笔录尾页）

被检查（勘验）人阅核后签注“笔录上述内容，记录属实。”

被检查（勘验）人：签名或盖章、日期（拒绝签字的，注明拒签事由）

检查（勘验）人：签名（两人）、日期

见证人：签名或盖章、日期

记录人：签名、日期　　　　　　　　　　　　　　　　第　页共　页

6–1.现场勘验图

名称：

比例尺：　　　　　　　　　　　　参照物：

7.（水行政主管部门）

责令停止水事违法行为通知书

罚责停〔　　〕第　号

______________：

经调查，你（单位）违法时间、地点、行为、后果等基本事实______________，违反了×××法×××条××______________之规定，根据《中华人民共和国水法》第六十条第四项、《河南省水政监察规定》第十五条第二款之规定，现责令立即停止违法行为，听候处理。否则，依法追究法律责任。

水行政主管部门联系人：

水行政主管部门电　话：

水行政主管部门地　址：

水行政主管部门印章

年　月　日

注：在下达该文书之前，必须弄清以下问题：①什么时候下达？一般是在调查取证后，当事人违法事实存在，证据确凿，报经行政机关领导同意，下达该文书。但在调查取证前，甚至在立案前，或者在行政执法巡查时，只要当事人违法事实清楚，如不及时下达，当事人的违法行为将会对社会造成更大危害，当事人自身也会造成更大损失（如在河道管理范围内建房等），可以不受“一般程序”限制，报经行政机关领导同意，也可下达《责令停止水事违法行为通知书》。②《责令停止水事违法行为通知书》是不是行政处罚？不是。它是行政机关的一种具体行政行为，是关乎行政机关作为不作为的一个法律凭证。下达前提是当事人必须有违法行为。否则，当事人认为这一行政行为侵犯了自身权益，引发行政诉讼，如不及时下达，行政机关极有可能败诉并赔偿损失。

8.（水行政主管部门）责令（限期）改正通知书

罚责改〔 〕第 号

__________：

经调查，你（单位）存在下列违法事实：违法时间、地点、行为、后果等基本事实__________。根据__________（法律依据名称及条、款、项具体内容）__________的规定，现责令你（单位）立即改正违法行为。改正内容和要求如下：__________改正方案或采取的措施或其他内容__________。

水行政主管部门联系人：
水行政主管部门电 话：
水行政主管部门地 址：

水行政主管部门印章
年 月 日

被责令改正人签名：__________
年 月 日

注：本文书一式两份。一份送达被责令改正人，一份水行政主管部门存档。
责令改正可以在责令停止前下达，也可同时下达。

9.抽样取证审批表

<table>
<tr><td rowspan="5">被抽样取证人</td><td>单位名称</td><td></td><td>法定代表人</td><td></td></tr>
<tr><td>住　　址</td><td></td><td>电　　话</td><td></td></tr>
<tr><td>个人姓名</td><td></td><td>性　　别</td><td></td></tr>
<tr><td>所在单位</td><td></td><td>电　　话</td><td></td></tr>
<tr><td>身份证号码</td><td></td><td>个人住址</td><td></td></tr>
<tr><td>拟抽样取证地点</td><td colspan="2"></td><td>拟抽样取证日期</td><td></td></tr>
<tr><td>案　由</td><td colspan="4"></td></tr>
<tr><td>简要案情抽样取证的理由、法律依据和内容</td><td colspan="4"></td></tr>
<tr><td>承办人意　见</td><td colspan="4">承办人签名　　　　　　　　年　　月　　日</td></tr>
<tr><td>承办机构审核意见</td><td colspan="4">负责人签名　　　　　　　　年　　月　　日</td></tr>
<tr><td>水行政主管部门负责人审批意见</td><td colspan="4">负责人签名　　　　　　　　年　　月　　日</td></tr>
</table>

10.（水行政主管部门）抽样取证通知书

罚抽证通字〔 〕第 号

____________：

你（单位）因____

______________行为，违反了（法律依据名称及条、款、项具体内容）____________的

规定。依照《中华人民共和国行政处罚法》第三十七条第二款的规定，本机关决定对你（单位）的下列物品（见抽样取证物品清单）进行抽样取证。

附：抽样取证物品清单

名 称	数 量	品 级	规 格	型 号	形 态	备 注

被抽样取证人：________________________ 年 月 日

行政执法人员：____________ 执法证号____________

____________ 执法证号____________ 年 月 日

水行政主管部门印章

年 月 日

注：本文书一式两份。一份送达被抽样取证人，一份水行政主管部门存档。

11.（水行政主管部门）抽样取证物品处理通知书

罚抽证处通字〔 〕第 号

______________：

本机关于____年__月__日向你（单位）作出（水行政主管部门）抽样取证通知书（_____罚抽证通字〔 〕第 号），对___________等物品进行了抽样取证。现根据调查（检验、检测、鉴定）结果，依照___（法律依据名称及条、款、项具体内容）___的规定，对被抽样取证的物品（见抽样取证物品处理清单）作出以下处理：_____________。

附：抽样取证物品处理清单

名 称	数 量	品 级	规 格	型 号	形 态	处理意见

被抽样取证人：_______________________________ 年 月 日

行政执法人员：__________________ 执法证号_____________

__________________ 执法证号_____________ 年 月 日

水行政主管部门印章

年 月 日

注：本文书一式两份。一份送达被抽样取证人，一份水行政主管部门存档。

12.先行登记保存证据审批表

<table>
<tr><td rowspan="5">被先行登记保存证据人</td><td>单位名称</td><td></td><td>法定代表人</td><td></td></tr>
<tr><td>住　　址</td><td></td><td>电　　话</td><td></td></tr>
<tr><td>个人姓名</td><td></td><td>性　　别</td><td></td></tr>
<tr><td>所在单位</td><td></td><td>电　　话</td><td></td></tr>
<tr><td>身份证号码</td><td></td><td>个人住址</td><td></td></tr>
<tr><td>拟先行登记保存证据地点</td><td colspan="2"></td><td>拟先行登记保存证据期限</td><td></td></tr>
<tr><td>案　由</td><td colspan="4"></td></tr>
<tr><td>先行登记保存证据的理由、法律依据和内容</td><td colspan="4"></td></tr>
<tr><td>承办人意　见</td><td colspan="4">承办人签名　　　　　　　　　年　　月　　日</td></tr>
<tr><td>承办机构审核意见</td><td colspan="4">负责人签名　　　　　　　　　年　　月　　日</td></tr>
<tr><td>水行政主管部门负责人审批意见</td><td colspan="4">负责人签名　　　　　　　　　年　　月　　日</td></tr>
</table>

13.（水行政主管部门）

先行登记保存证据通知书

罚登存通字〔 〕第 号

________：

你（单位）因____________行为，违反了（法律依据名称及条、款、项具体内容）的规定。依照《中华人民共和国行政处罚法》第三十七条第二款的规定，本机关决定对你（单位）的下列物品（见先行登记保存证据物品清单）予以先行登记保存。先行登记保存证据物品自___年___月___日至___年___月___日，以________、________方式，存放于____________。在此期间，当事人或者有关人员不得销毁或转移证据。

附：先行登记保存证据物品清单

名称	数量	品级	规格	型号	形态	备注

被先行登记保存证据人：____________ 年 月 日

行政执法人员：________ 执法证号______

________ 执法证号______ 年 月 日

水行政主管部门印章

年 月 日

注：本文书一式两份。一份送达被先行登记保存证据人，一份水行政主管部门存档。

14.（水行政主管部门）
先行登记保存证据物品处理通知书

罚登处通字〔　〕第　号

______________：

本机关于___年___月___日向你（单位）作出《（水行政主管部门）先行登记保存证据通知书》（______罚登存通字〔　　〕第　　号），对__________等物品先行登记保存证据。本机关于________年____月____日至________年____月____日，对先行登记保存证据物品以__________保存方式，存放于______________________________。现根据（法律依据名称及条、款、项具体内容）的规定，对被先行登记保存证据的物品作出以下处理（见先行登记保存证据物品处理清单）：________________________。

附：先行登记保存证据物品处理清单

名　称	数 量	品 级	规　格	型　号	形　态	处理意见

被先行登记保存证据人：______________________________　　　　年　　月　　日

行政执法人员：______________　执法证号______________

______________　执法证号______________　　　　年　　月　　日

水行政主管部门印章

年　　月　　日

注：本文书一式两份。一份送达被先行登记保存证据人，一份水行政主管部门存档。

15.案件调查终结报告

当事人：________法定代表人（负责人）：________性别：______
工作单位：________职务或职业：______身份证号：________
住址：______________邮编：______电话：______
调查时间：______年______月______日至______月______日
案件承办人：__________、__________
内容：

一、当事人违法的事实和证据，违反的法律依据名称及条、款、项具体内容。

二、根据违法事实、性质、情节和社会危害程度，参照《河南省水行政处罚裁量标准》，确定违法行为适用的水行政处罚裁量等次。

三、拟处罚的法律依据及行政处罚建议。

年　　月　　日

15-1.视听材料证据粘贴单

名称：

拍摄人：

时　间：______年_____月_____日_____时_____分至_____时_____分

地　点：______________________

16.重大复杂案件集体讨论笔录

案件名称：________________________________

时　　间：________年____月_____日______时______分至______时______分

地　　点：________________________________

集体讨论原因：________________________________

____

主持人：______职务：________记录人：________职务：________

参加人及职务：________________________________

____

列席人及职务：________________________________

____

案件承办人汇报案件情况：________________________________

____

____

听证主持人汇报听证情况：________________________________

____

____

参加讨论人员意见和理由：________________________________

____

结论性意见：________________________________

____

出席人员签名：________________________________

________________________________　　年　　月　　日

第　　页共　　页

《中华人民共和国行政处罚法》第三十八条　对情节复杂或者重大违法行为给予较重的行政处罚，行政机关的负责人应当集体讨论决定。

《水行政处罚实施办法》第三十条　较重的水行政处罚是指对公民处以超过三千元罚款，对法人或者其他组织处以超过三万元罚款、吊销许可证等。

还有一些，比如对当事人的违法建筑需要作出限期拆除或立即拆除的案件、社会影响较大的案件、执法人员之间有争议的案件等。

集体讨论决定由各级水行政主管部门法制机构负责人主持，行政机关负责人、水政监察机构领导和案件具体承办人参加。

最后，所有参加人员签字，入卷。凡是经集体讨论决定的案件，任何人不得随意改变决定。

17.行政处罚审批表

<table>
<tr><td rowspan="5">当事人
基本情况</td><td>单位名称</td><td></td><td>法定代表人</td><td></td></tr>
<tr><td>住　　址</td><td></td><td>电　　话</td><td></td></tr>
<tr><td>个人姓名</td><td></td><td>性　　别</td><td></td></tr>
<tr><td>所在单位</td><td></td><td>电　　话</td><td></td></tr>
<tr><td>身份证号码</td><td></td><td>个人住址</td><td></td></tr>
<tr><td>当事人
违法的
主要事实</td><td colspan="4"></td></tr>
<tr><td>承办人员
处罚意见</td><td colspan="4">承办人签名　　　　　　年　　月　　日</td></tr>
<tr><td>承办机构
审查意见</td><td colspan="4">负责人签名　　　　　　年　　月　　日</td></tr>
<tr><td>法制机构
审核意见</td><td colspan="4">负责人签名　　　　　　年　　月　　日</td></tr>
<tr><td>水行政主
管部门负
责人审批
意见</td><td colspan="4">负责人签名　　　　　　年　　月　　日</td></tr>
</table>

18.（水行政主管部门）行政处罚事先告知书

罚先告字〔 〕第 号

______________:

本机关于___年___月___日对______（案由）______立案调查。经调查，你（单位）（陈述违法事实。载明违法行为发生的时间、地点、情节、构成要件、危害后果等内容）。上述行为违反了（法律依据名称及条、款、项具体内容）的规定，已构成违法。（列举证据形式，阐述证据所要证明的内容）。根据你（单位）违法行为的事实、性质、情节、社会危害程度和相关证据，参照《河南省水行政处罚裁量标准》，你（单位）的违法行为为轻微（一般、严重或者特别严重）。

根据（法律依据名称及条、款、项具体内容）的规定，本机关拟对你（单位）作出______________________的行政处罚。

依据《中华人民共和国行政处罚法》第三十一条、第三十二条的规定，你（单位）可在收到本告知书之日起 3 日内提出书面陈述、申辩意见，或到 ×××（地点）进行陈述、申辩。逾期不陈述、申辩的，视为你(单位) 放弃陈述、申辩权利。

水行政主管部门印章

年 月 日

水行政主管部门地址：______________ 邮政编码：______________

水行政主管部门联系人：______________ 联系电话：______________

19.（水行政主管部门）行政处罚听证告知书

罚听告字〔 〕第 号

______________:

本机关于___年___月___日对______（案由）______立案调查。经调查，你（单位）（陈述违法事实。载明违法行为发生的时间、地点、情节、构成要件、危害后果等内容）。上述行为违反了（法律依据名称及条、款、项具体内容）的规定，已构成违法。（列举证据形式，阐述证据所要证明的内容）。根据你（单位）违法行为的事实、性质、情节、社会危害程度和相关证据，参照《河南省水行政处罚裁量标准》，你（单位）的违法行为为轻微（一般、严重或者特别严重）。

根据（法律依据名称及条、款、项具体内容）的规定，本机关拟对你（单位）作出______________________的行政处罚。

依据《中华人民共和国行政处罚法》第四十二条第一款规定，你（单位）有权要求举行听证。如你（单位）要求听证，应当自收到本告知书之日起 3 日内向本机关提出申请。逾期不申请听证的，视为你(单位)放弃听证权利。

水行政主管部门印章

年 月 日

水行政主管部门地址：______________ 邮政编码：______________

水行政主管部门联系人：______________ 联系电话：______________

20.行政处罚听证申请书

申请人姓名：________身份证号码：________住址：________

所在单位：________电话：________邮编：________

申请单位名称：________法定代表人姓名：________

住址：________电话：________邮编：________

与本案关系：________

委托代理人姓名：________身份证号码：________

住址：________电话：________

申请听证目的（主要要求）：________

申请听证的事实和理由：________

____

____

____

听证申请人：（签名或盖章）

委托代理人：（签名或盖章）

年　月　日

注：行政处罚听证申请人是单位的，应当盖单位印章；是个人的，应当签名，以下文书与此要求相同。

21.（水行政主管部门）行政处罚听证通知书

罚听通字〔　〕第　号

________________________：

根据你（单位）____年___月___日就___（具体案由）____一案提出的听证要求，本机关决定于____年__月__日__时__分在（听证地点）举行听证。本次听证由（单位、职务、姓名）___为听证主持人，________为记录人。请你（单位）或者委托代理人持本通知准时参加。

如你（单位）认为主持人与本案有直接利害关系的，有权申请回避。申请主持人回避，可在听证举行前（___月___日前）向本机关提出申请并说明理由。因特殊原因需申请延期举行的，应当在_____年___月___日前向本机关提出，由本机关决定是否延期。若无正当理由不按时参加听证，又不事先说明理由的，视为放弃听证权利，本机关将终止听证。

参加听证前，请你（单位）注意下列事项：

1.当事人可亲自参加听证，也可以委托 1~2 名代理人参加听证。委托代理人参加听证的，应在听证举行前提交由当事人或当事人的法定代表人签署的授权委托书，载明委托的事项、权限和期限。

2.参加听证时应携带当事人或委托代理人的身份证明原件及其复印件和有关证据材料。

3.当事人有证人出席作证的，应通知有关证人出席作证，并事先告知本机关联系人。

水行政主管部门联系人：　　　　　　　　联系电话：

水行政主管部门单位地址：

水行政主管部门印章

年　　月　　日

行政处罚听证申请人或委托代理人：________签名或盖章________

年　　月　　日

注：本文书一式两份。一份送达听证申请人，一份水行政主管部门存档。

行政机关应当在听证的七日前，通知当事人举行听证的时间、地点。

22.行政处罚听证笔录

（案由×××）

听证时间：______年____月____日____时____分至____日____时____分
听证地点：________________听证方式：________
听证申请人：________法定代表人（负责人）：________性别：____
工作单位：________职务或职业：______身份证号：________
住址（住所）：____________邮编：______电话：______
委托代理人：________性别：____身份证号：________
工作单位：____________职务：______电话：______
委托代理人：________性别：____身份证号：________
工作单位：____________职务：______电话：______
其他参加人：____________________
案件承办人：________工作单位及职务：________
案件承办人：________工作单位及职务：________
听证主持人：________工作单位及职务：________
记录人：__________工作单位及职务：________
听证记录：____________________

听证申请人、记录人应当逐页签字确认

尾页：在有关参加人对听证笔录阅核后，应注明“上述听证笔录内容已阅，记录属实。”并签名。

听证申请人（委托代理人）：签名或盖章、日期（拒绝签字的，注明拒签事由）
其他参加人：签名、日期
案件调查人：签名、日期
听证主持人：签名、日期
记录人：签名、日期

第　页　共页

23.陈述（申辩）笔录

陈述（申辩）时间：________年_____月_____日_____时_____分至_____时_____分

陈述（申辩）地点：____________________________________

陈述（申辩）人：________________________性别：__________

工作单位：____________________________电话：__________

住址：________________________________邮编：__________

记录人：____________________________执法证号：__________

陈述（申辩）请求：____________________________________

事实和理由：____

____

____

____

陈述（申辩）人、记录人应当逐页签字确认

（以下是笔录尾页）

陈述（申辩）人阅核后签注“笔录上述内容，记录属实。”__________

陈述（申辩）人签字：________________ ________年_____月____日

记录人签字：____________________ ________年_____月____日

____

第 页 共 页

24.（水行政主管部门）案件移送函

_____罚移送字〔 〕第 号

____________：

本机关于__________年__________月__________日对____________________

____

__________________一案立案调查，在调查中发现：________（应当移送的理由）__________________，此案超出本机关管辖范围。

依照____________________________规定，现将该案移送你单位处理。

附：

1.案件有关材料 ____件：

（1）……

（2）……

2.移送案件涉案物品清单（24－1）

水行政主管部门印章

年 月 日

24－1.移送案件涉案物品清单

单位（印章）：

名　称	数　量	品　级	规　格	型　号	形　态	备　注

移送案件接收人：__________　　　　　　年　　月　　日

移送案件移送人：________、__________　年　　月　　日

注：本文书一式两份。一份送达被移送单位，一份水行政主管部门存档。

25.行政处罚决定审批表

（当事人提出陈述、申辩意见或听证要求时，适用本表）

<table>
<tr><td rowspan="5">当事人
基本情况</td><td>单位名称</td><td></td><td>法定代表人</td><td></td></tr>
<tr><td>住　址</td><td></td><td>电　话</td><td></td></tr>
<tr><td>个人姓名</td><td></td><td>性　别</td><td></td></tr>
<tr><td>所在单位</td><td></td><td>电　话</td><td></td></tr>
<tr><td>身份证号码</td><td></td><td>个人住址</td><td></td></tr>
<tr><td>当事人违法的主要事实和建议作出行政处罚决定的理由、依据及内容</td><td colspan="4"></td></tr>
<tr><td>陈　述
申辩及
听证情况</td><td colspan="4"></td></tr>
<tr><td>当事人陈述申辩或听证意见复核及采纳情况</td><td colspan="4">承办人签名　　　　年　月　日</td></tr>
<tr><td>承办机构
审查意见</td><td colspan="4">负责人签名　　　　年　月　日</td></tr>
<tr><td>法制机构
审核意见</td><td colspan="4">负责人签名　　　　年　月　日</td></tr>
<tr><td>水行政主管部门负责人审批意见</td><td colspan="4">负责人签名　　　　年　月　日</td></tr>
</table>

26.（水行政主管部门）不予行政处罚决定书

不罚决字〔　〕第　号

当事人：

（个人）姓名：______

身份证（其他有效证件）号码：______

（单位）名称：______

法定代表人（负责人）：______

住所（地址）：______

本机关于____年____月____日对（案由）立案调查。经调查，你（单位）（陈述违法事实。载明违法行为发生的时间、地点、情节、构成要件、危害后果等内容）。上述行为违反了（法律依据名称及条、款、项具体内容）的规定，本可予以行政处罚。鉴于你（单位）的违法行为轻微，根据《中华人民共和国行政处罚法》第三十八条第一款第（二）项之规定，本机关现决定不予行政处罚。

你（单位）如不服本决定，可以自收到本决定书之日起六十日内向 ××人民政府 或者 ××部（厅、局） 申请行政复议，也可以自收到本决定书之日起六个月内依法直接向人民法院提起行政诉讼。

水行政主管部门印章

年　月　日

27.（水行政主管部门）行政处罚决定书

罚决字〔　〕第　号

当事人：

（个人）姓名：____________________

身份证（其他有效证件）号码：____________________

（单位）名称：____________________

法定代表人（负责人）：____________________

住所（地址）：____________________

本机关于______年______月______日对______（案由）______立案调查。经调查，你（单位）（陈述违法事实。载明违法行为发生的时间、地点、情节、构成要件、危害后果等内容）。上述行为违反了（法律依据名称及条、款、项具体内容）的规定，已构成违法。（列举证据形式，阐述证据所要证明的内容）。根据你（单位）违法行为的事实、性质、情节、社会危害程度和相关证据，参照《河南省水行政处罚裁量标准》，你（单位）的违法行为为轻微（一般、严重或者特别严重）。

根据（法律依据名称及条、款、项具体内容）的规定，本机关决定对你（单位）作出如下行政处罚：

1.×××；

2.×××（其中为罚款处罚的，罚款数额应大写）。

你（单位）应当自收到本决定书之日起15日内将罚款缴至______银行（账号：______________）。到期不缴纳罚款的，每日按罚款数额的3%加处罚款。

你（单位）如不服本决定，可以自收到本决定书之日起六十日内向××人民政府或者××厅（局）申请行政复议，也可以自收到本决定书之日起六个月内依法直接向人民法院提起行政诉讼。逾期不申请行政复议，也不提起行政诉讼，又不履行本处罚决定的，本机关将依法申请人民法院强制执行（依法有强制执行权的，可以写“强制执行”）。

水行政主管部门印章

年　　月　　日

28.行政处罚文书送达回证

送达文书名称、文号	
受送达人	
送 达 地 点	
受送达人（签字或盖章）	
代收人（签字）	
代收人与受送达人关系	
送 达 日 期	年 月 日
送 达 方 式	
拒收原因	
见证人（签字）	年 月 日
送达人（签字）	年 月 日
备 注	

送达的方式：直接送达、邮寄送达、留置送达等。

29.行政处罚延期（分期）缴纳罚款审批表

案由			
行政处罚决定书文号			
当事人		地址	
违法事实及处罚内容			
当事人申请延期（分期）缴纳罚款的理由			
承办人意　见	（延期（分期）缴纳罚款的具体建议） 承办人（签名）：　　　　年　月　日		
承办机构意　见	负责人（签名）：　　　　年　月　日		
水行政主管部门负责人审批意　见	负责人（签名）：　　　　年　月　日		

30.行政处罚案件结案审批表

<table>
<tr><td>案　由</td><td></td><td>立案日期</td><td>年　月　日</td></tr>
<tr><td>行政处罚决定书文号</td><td></td><td>处罚日期</td><td>年　月　日</td></tr>
<tr><td>案件简要情况</td><td colspan="3"></td></tr>
<tr><td>行政处罚内容</td><td colspan="3"></td></tr>
<tr><td>行政处罚执行情况和行政复议、行政诉讼情况</td><td colspan="3"></td></tr>
<tr><td>承办人意见</td><td colspan="3">承办人签名　　　　年　月　日</td></tr>
<tr><td>承办机构审核意见</td><td colspan="3">负责人签名　　　　年　月　日</td></tr>
<tr><td>水行政主管部门负责人审批意见</td><td colspan="3">负责人签名　　　　年　月　日</td></tr>
</table>

№：××××

31.（水行政主管部门）当场行政处罚决定书（存根联）

____当罚字〔 〕第 号

（当事人名称或姓名）____于____年____月____日____时，在____（违法地点）____因（行为方式）____的行为，违反了____（法律依据名称及条、款、项具体内容）____的规定。执法人员当场告知其违法事实、依据和权利，（听取当事人陈述申辩的情况）。现依据（法律依据名称及条、款、项具体内容）____，本机关当场决定对其处以警告和罚款____仟____百____拾元的处罚。缴款方式：（1）当场收缴。（2）要求其在收到本决定书之日起15日内将罚款交至____（银行名称、账号、账户）____。

当事人签名：________身份证或其他有效证件名称、证号：________

联系地址：________________ 邮编：________ 电话：________

执法人员签名：____________ 年 月 日

……………………………………（加盖水行政主管部门骑缝章）……………………………………

№：××××

（水行政主管部门）当场行政处罚决定书

____当罚字〔 〕第 号

当事人名称或姓名：________________ 性别：____身份证号：________

法定代表人或负责人姓名：________职务：________地址：________

你（单位）于____年____月____日____时，在____（违法地点）____因____（行为方式）____的行为，违反了____（法律依据名称及条、款、项具体内容）____的规定，事实确凿。本机关执法人员当场向你（单位）告知了违法事实、依据和依法享有的权利。并听取了你（单位）的陈述申辩（或：对此，你（单位）未作陈述申辩）____。现依据（法律依据名称条、款、项具体内容）____，本机关决定对你（单位）处以下行政处罚：

1.警告； 2.罚款人民币____仟____百____拾____元整（大写）。 ￥：________

缴纳罚款方式：（1）当场收缴。 （2）自收到本决定书之日起15日内将罚款交至（××路×号××××银行）____。账号：0000000000 户名：（×××专户）____。到期不缴纳罚款的，每日按罚款数额的3%加处罚款。

如你（单位）不服本行政处罚决定，可以自收到本决定书之日起六十日内向××人民政府 或者 ××厅（局）____申请行政复议，也可以自收到本决定书之日起六个月内依法直接向人民法院提起行政诉讼。

执法人员签名及执法证号：________________ 或者水行政主管部门印章

年 月 日

法律文书签发单

案　由	
法律文书 名称及文号	
承办人	
承办机构 意　　见	负责人：（签名或盖章）　　　　　　　　　　年　　月　　日
机关负责人 意　　见	负责人：（签名或盖章）　　　　　　　　　　年　　月　　日
备　注	

水行政处罚案件一般程序的办理流程及文书规范

行政处罚一般程序分为受理立案、调查取证、审查决定、送达执行四个阶段，每个阶段有相对应的法律文书。法制部门在规定卷宗编制顺序时规定了两种顺序，我们在具体的执法工作实际中主要采用执法文书时间顺序的方法进行卷宗制作。

一、受理立案阶段

水行政处罚机关对上级交办、其他部门移送、公民、法人或者其他组织举报、控告的以及自已检查中发现的水事违法案件，均予以受理。除依法可以当场作出水行政处罚的外，符合《水行政处罚实施办法》第二十四条规定条件的，予以立案查处。对不符合立案条件的不予立案，对无管辖权的移交有关部门进行管辖。

对应入卷文书及顺序：行政处罚委托书、举报投诉案件登记表、调查（询问）通知书、行政处罚案件立案审批表、执法人员执法证复印件等。

（一）根据《行政处罚法》规定，具有行政处罚权的行政机关或法律法规授权的具有管理公共事务职能的组织可以在法定职权范围或法定授权范围内实施行政处罚。但行政机关依照法律、法规或规章的规定委托符合规定条件的组织实施行政处罚，卷宗应首先附有行政处罚委托书复印件。行政机关只能将行政处罚权委托给符合《行政处罚法》规定条件的组织，行政机关不得委托其他组织或者个人实施行政处罚。《行政处罚法》规定：“受委托组织必须符合以下条件：（一）依法成立的管理公共事务的事业组织；（二）具有熟悉有关法律、法规、规章和业务的工作人员；（三）对违法行为需要进行技术检查或者技术鉴定的，应当有条件组织进行相应的技术检查或者技术鉴定。”。行政机关进行委托必须有法律、法规或规章的明文规定。受委托实施行政处罚的组织在委托范围内，以委托的行政机关名义实施行政处罚，委托行政机关对受委托的组织实施行政处罚的行为应当负责监督，并对该行为的后果承担法律责任。需要特别说明的是受委托的组织不得再委托其他任何组织或者个人实施行政处罚。

（二）除含举报内容的受理件需保密外，对上级交办、其他部门移送的案件，应制作举报投诉案件登记表，交办单和移送文书应一并入卷。举报投诉案件登记表内容包括案由、案件来源、举报人及被举报人的基本情况、记录人及记录时间、举报情况等。

（三）现场初步调查后，需要当事人提供有关手续或作出关于违法行为的解释、说明的，需要下达调查（询问）通知书。调查（询问）通知书内容包括当事人名称、询问时间、询问事由、需携带的材料或手续和行政机关负责案件办理的联系人及联系电话等。执法文书制作要求文书不得使用格式文书，但是考虑到执法工作实际需要，我们不会在第一时间等待调查（询问）通知书制作完成后在对违法行为进行处理，因此，在实际工作中，我们采用了填写式的文书。

（四）经过初步调查核实，案件办理人员认为需要立案查处的，应制作行政处罚案件立案审批表。

1、有当事人基本情况。包括单位名称和法定代表人姓名或个人姓名、地址（住址）等。

2、有案由及案件来源。应注明案件来源是自查、举报、交办或移送等。

3、有案件简要情况记载，填写时必须有立案依据，即引用适用的法律、法规、规章全称，并注明具体条、款、项等。

4、有承办人和承办机构的意见和签名。承办机构意见需要承办机构负责人写明具体意见，而不是只签批同意，而且承办机构负责人应指派具体的主办人和协办人。

5、有行政机关负责人审批意见及签名。

6、有立案时间。包括申请立案和批准立案的时间。

5、执法人员执法证复印件。

案件办理要求执法人员为 2 人以上，行政机关负责人指派了办案人员后，在卷宗制作时在立案审批表后应该附执法人员执法证复印件。复印件要求单人单张，同时我们认为，除主办人、协办人之外，凡是在该案件办理过程中出现的执法人员同样应附上执法证复印件。

二、调查取证阶段

调查取证阶段是立案后到调查结束出具调查终结报告的阶段，也是执法过程中具体行政行为合法性和合理性的重要表现阶段。

除《行政处罚法》中规定的可以当场作出的行政处罚外，行政机关发现公民、法人或者其他组织有依法应当给予行政处罚的行为的，必须全面、客观、公正地调查，收集有关证据；必要时，依照法律、法规的规定，可以进行检查。这里的事实，包括行为人的行为违法的事实，以及其违法行为的性质、情节和社会危害程度等方面的事实。调查的目的，就是为了查清这些违法事实，获得有关证据。在调查程序中行政机关可以采取的执法手段，包括以下几种：1. 进行调查、了解、询问，以掌握有关事实。2. 依法进行检查。检查，是查明事实和获取有关证据所需要的执法手段。3. 抽样取证。对于与产品质量有关的行政处罚案件，抽样取证是比较适当的调查执法手段。4. 登记保存证据。在证据有灭失的可能或者以后难以取得的情况下，行政机关可以对该证据进行登记，并保存于一定地点，任何人不得予以销毁或者转移。登记保存证据，必须经行政机关负责人批准。并应于七日内作出处理决定。 另外在调查程序中执法人员、当事人或者有关人员应当履行的相应义务，对于行政机关而言，包括两人以上、回避及保守国家机密商业秘密等制度。

基于上述手段，调查取证阶段对应的入卷文书及顺序：询问笔录、现场（检查）笔录、勘验笔录、责令停止水事违法行为通知书、责令限期改正通知书、抽样取证文书、先行登记保存证据文书、调查终结报告、证据。

（一）询问笔录：

1、有调查询问的时间及具体地点。

2、有当事人或被询问人基本情况。

3、询问笔录的完整内容包括表明身份、说明执法依据、注明或询问违法事实与情节及裁量内容等。

4、笔录中被询问人和询问人员应当逐页签字确认，拒绝签字的，注明拒签事由并有两名以上执法人员签名并予以说明。

5、被询问人按要求注明“笔录上述内容，记录属实”，调查笔录中有涂改之处，应有被调查人捺手印、盖章或签名。

主要内容记载详实，包括“七何”：即何人、何时、何地、何事、何情节、何故、何果，另外要载有表明身份、说明执法依据、检查人员或询问人员签名等内容；笔录要有被检查人或被询问人签名，如当事人拒绝签名，应有两名以上执法人员签名并予以说明；调查笔录的启封和涂改之处，应有被调查人捺手印、盖章或签名。在讯问笔录首页须填写的被询问单位、被询问人两项指的是单位和自然人，应分别填写，而不该将被询问人一项填为被询问单位的委托人。需重点说明的是，根据《河南省人民政府“两转两提”工作领导小组关于印发 7 个专项工作实施意见的通知》(豫转提发〔2009〕1 号）规定：“在询问笔录、现场检查笔录、案件调查终结报告、行政处罚听证告知书、行政处罚事先告知书和行政处罚决定书中，体现裁量的根据和内容”，因此，询问笔录中应有相关内容的记录。

按照《河南省人民政府关于规范行政处罚裁量权的若干意见》，裁量标准登记划分为：

涉及情况较为简单的划分为轻微、较重、严重三个等级；涉及情况复杂的划分为轻微、一般、严重、特别严重四个等级；必要时可划分为轻微、一般、较重、严重和特别严重五个等级。

（二）现场检查笔录（勘验）文书

1、有现场检查（勘验）的起止时间、场所记载；

2、有被检查人的基本情况；

3、现场检查（勘验）情况记录准确、客观、全面，内容清楚；

4、有被检查人对情况记录的意见及签名（被检查人不在现场或拒绝签名的，应有见证人或两名以上执法人员签名并说明原因）。

现场检查笔录（勘验）文书应附现场图，内容包括画图、位置方向、主要道路、建筑物名称，同时要有执法人员及被检查人的签名。

检查，是查明事实和获取有关证据所需要的执法手段。依照法律、法规关于执法主体、职责权限、检查程序、权利义务的规定，行政机关才可以进行检查。也就是说，只有法律、法规授予其行政检查权的行政机关才可以依法采取检查手段。

（三）强制保障文书

责令当事人改正或者限期改正违法行为，是指行政机关要求违法当事人作为或不作为，使其中止违法行为，令违法当事人履行其应当履行的义务，或者以其他方式达到与履行义务相当的状态。其目的是着眼于行为人的未来行为，并不只是已存在的违法行为。违法行为涉及的法律依据罚则条款中有“责令停止违法行为”、“责令限期改正”等要求的，应制作《责令停止违法行为通知书》、《责令限期改正通知书》，并填写送达回证入卷。依据《行政强制法》，对于不履行“行政决定”的，可以依法强制其履行义务，这里的“行政决定”并不仅限于行政处罚决定，当然包括责令停止违法行为、责令履行法定义务、责令改正违法行为等。因此，如果当事人拒不履行，可以申请法院强制执行。

1、当事人名称准确；

2、载明经查明的违法事实和违反水法规情况；

3、明确表明法律依据，包括《中华人民共和国行政处罚法》第二十三条和水法规依据；

4、处理方式准确，要注明是责令立即改正违法行为还是限期改正，若责令限期改正，所限期限要合理；

5、有水行政处罚机关名称和印章以及文书作出日期。

6、送达回证

是确定文书送达的重要方式，入卷顺序应在下达的文书后，要求抬头加盖行政机关公章，被送达人、送达时间、送达地点、送达文书及编号、送达人（2 名执法人员）、接收人等内容填写详实，接收人为非法定代表人或委托人的，在备注栏内注明接收人姓名、工作部门及具体职务。

1、送达文书名称、文号。

2、受送达人名称或姓名。

3、送达地点。

4、受送达人（签字或盖章）。

5、代收人（签字）及代收人与被送达人关系。

6、送达日期和方式

7、拒收原因及见证人签字。

8、送达人签字（两人以上）

关于送达方式，民事诉讼法具体规定了以下几种：一、直接送达。送达诉讼文书，应当直接送交受送达人。受送达人是公民的，本人不在交他的同住成年家属签收；受送达人是法人或者其他组织的，应当由法人的法定代表人、其他组织的主要负责人或者该法人、组织负责收件的人签收；受送达人有诉讼代理人的，可以送交其代理人签收；受送达人已向人民法院指定代收人的，送交代收人签收。受送达人、受送达人的同住成年家属、法人的法定代表人、其他组织的主要负责人、法人或者其他组织的负责收件的人、诉讼代理人或者代收入在送达回证上的签收日期为送达日期。二、留置送达。受送达人或者他的同住成年家属拒绝接收诉讼文书的，送达人应当邀请有关基层组织或者所在单位的代表到场，说明情况，在送达回证上记明拒收事由和日期，由送达人、见证人签名或者盖章，把诉讼文书留在受送达人的住所，即视为送达。三、委托送达。直接送达诉讼文书有困难的，可以委托其他人民法院代为送达。四、邮寄送达。直接送达诉讼文书有困难的，可以邮寄送达，以回执上注明的收件日期为送达日期。五、转交送达。受送达人是军人的，通过其所在部队团以上单位的政治机关转交。受送达人是被监禁的，通过其所在监所或者劳动改造单位转交。受送达人是被劳动教养的，通过其所在劳动教养单位转交。六、公告送达。受送达人下落不明，或者通过其他方式无法送达的，公告送达。自发出公告之日起，经过六十日，即视为送达。以上民事诉讼法规定的送达方式，在送达行政处罚决定书时均可适用。在实际执法活动中，我们常用的方法是联系公证人员作为旁证人进行留置送达，也可以依照《民事诉讼法》规定的其他方式进行送达。

（四）调取与保存证据及处理文书

行政机关在收集证据时，可以采取抽样取证的方法；在证据可能灭失或者以后难以取得的情况下，经行政机关负责人批准，可以先行登记保存，并应当在七日内及时作出处理决定，在此期间，当事人或者有关人员不得销毁或者转移证据。文书内容包括：

1、有被取证当事人的基本情况。

2、有取证事由和依据。

3、有取证的具体时间、地点。

4、有物品清单和性状描述（主要包括物品的名称、数量、品级、规格、型号、形态等）。

5、有物品保存期限和地点。

6、有机关负责人审批记载。

7、有被取证的单位或个人签名或盖章（当事人拒签的，应当予以注明）。

8、有记载物品处理决定和处理结果的文书，并加盖行政机关公章。

查封、扣押的行政强制措施在水行政执法过程中不常使用，但是我们可以充分利用《行政强制法》、《行政处罚法》关于证据的相关规定，通过“证据先行登记保存”的措施来达到制止、查处违法行为的目的。根据《行政强制法》规定，为防止证据毁损，对公民、法人或其他组织的财物实施暂时性控制是一种行政强制措施，因此，证据先行登记保存可以视为《行政强制法》规定的“其他行政强制措施”。

行政机关实施行政强制措施应当遵守下列必要程序：（一）实施前须向行政机关负责人报告并经批准；（二）由两名以上行政执法人员实施；（三）出示执法身份证件;(四)通知当事人到场；（五）当场告知当事人采取行政强制措施的理由、依据以及当事人依法享有的权利、救济途径；（六）听取当事人的陈述和申辩；（七）制作现场笔录；（八）现场笔录由当事人和行政执法人员签名或者盖章，当事人拒绝的，在笔录中予以注明；（九）当事人不到场的，邀请见证人到场，由见证人和行政执法人员在现场笔录上签名或者盖章；（十）法律、法规规定的其他程序。

（五）调查终结报告：

在违法事实调查、证据采集、案件性质确定、处理文书下达工作完成后，应制作调查终结报告。

1、当事人基本情况。

2、调查时间。

3、案件承办人签字。

4、主要内容包括：当事人违法的事实和证据，违反的法律依据名称及条、款、项具体内容；根据违法事实、性质、情节和社会危害程度，参照《河南省水行政处罚裁量标准》，确定违法行为适用的水行政处罚裁量等次；拟处罚的法律依据及行政处罚建议

5、行政机关签章及日期。

（六）附卷证据：

在实际制作处罚案件卷宗时，我们一般把当事人主体资料、法定代表人或负责人身份证据、授权委托书、违法证据（包括照片、视听资料、证明材料、票据）等证据按照顺序列入卷宗，照片或视听资料应注明拍摄人、时间和地点，标题均为“证据粘贴单”。提供证据的具体要求参照《最高人民法院关于行政诉讼证据若干问题的规定》执行。证据种类包括：

1、书证：

（一）提供书证的原件，原本、正本和副本均属于书证的原件。提供原件确有困难的，可以提供与原件核对无误的复印件、照片、节录本；

（二）提供由有关部门保管的书证原件的复制件、影印件或者抄录件的，应当注明出处，经该部门核对无异后加盖其印章；

（三）提供报表、图纸、会计帐册、专业技术资料、科技文献等书证的，应当附有说明材料；

（四）被告提供的被诉具体行政行为所依据的询问、陈述、谈话类笔录，应当有行政执法人员、被询问人、陈述人、谈话人签名或者盖章。

2、物证：

（一）提供原物。提供原物确有困难的，可以提供与原物核对无误的复制件或者证明

该物证的照片、录像等其他证据；

（二）原物为数量较多的种类物的，提供其中一部分。

3、视听资料：

（一）提供有关资料的原始载体。提供原始载体确有困难的，可以提供复制件；

（二）注明制作方法、制作时间、制作人和证明对象；

（三）声音资料应当附有该声音内容的文字记录。

4、鉴定结论：应当载明委托人和委托鉴定的事项、向鉴定部门提交的相关材料、鉴定的依据和使用的科学技术手段、鉴定部门和鉴定人鉴定资格的说明，并应有鉴定人的签名和鉴定部门的盖章。通过分析获得的鉴定结论，应当说明分析过程。

三、审查决定阶段

在行政处罚的一般程序中，行政处罚决定的作出还必须经过审查程序。这也是一般程序与简易程序的不同之处。一般程序适用于违法情节比较复杂、处罚幅度较重的行政处罚案件，对于这类行政处罚决定的作出，必须严格审查和把关，不能轻率作出。调查结束后，执法人员将调查结果和处理意见送交行政机关负责人进行审查。行政机关负责人或者其负责人集体对调查结果进行充分、认真的审查后，根据不同情况，分别作出如下决定：（一）确有应受行政处罚的违法行为的，根据情节轻重及具体情况，作出行政处罚决定；（二）违法行为轻微，依法可以不予行政处罚的，不予行政处罚；（三）违法事实不能成立的，不得给予行政处罚；（四）违法行为已构成犯罪的，移送司法机关。对情节复杂或者重大违法行为给予较重的行政处罚，行政机关的负责人应当集体讨论决定。

对应文书及顺序：行政处罚案件集体讨论笔录、重大复杂案件集体讨论笔录、行政处罚审批表、行政处罚事先告知书、行政处罚听证告知书、听证程序文书、案件移送函及涉案物品清单、行政处罚决定审批表、（不予）行政处罚决定书、行政处罚决定书。

（一）水事违法案件集体讨论笔录

行政处罚案件集体讨论笔录不同于重大复杂案件集体讨论笔录，它是指案件办理人员内部讨论内容的记录，在《行政处罚法》、《安阳市行政执法案卷评查办法》及省厅 2016 版文书中均无明确要求入卷，但我们认为集体讨论笔录作为一般行政处罚案件的确定和审核程序应该保留下来。当然，集体讨论笔录有时并不局限于一份，视集体讨论情况也可有多份。记录内容应包括讨论时间、地点、主持人、记录人、讨论内容、讨论结果及参加人签名等。

（二）重大案件集体讨论笔录

《行政处罚法》规定，对于情节复杂或者重大的违法行为给予较重的行政处罚，应当由行政机关的负责人集体讨论决定。重大案件集体讨论笔录的适用范围在《行政处罚法》未明确规定，但我们结合案件办理实际情况，一般采取适用听证程序的案件范围，即行政机关作出的责令停产停业、吊销许可证或者执照、较大数额罚款等行政处罚。重大案件集体讨论笔录内容包括：

1、案件名称。

2、讨论时间和地点。

3、案件讨论原因。

4、主持人及职务、记录人及职务。

5、参加人员、列席人员。

6、案件承办人汇报案件情况。

7、听证主持人汇报听证情况。

8、参加讨论人员意见和理由。

9、结论性意见。

10、出席人员签名等。

（三）行政处罚审批表

在新版文书中，行政处罚审批表取代了行政处罚案件法律审核意见表，这是一个明显的改变。行政处罚案件法律审核意见表原来是作为水行政机关法制机构预审核程序列入案件卷宗内容，在《行政执法案卷评查指导办法》、《安阳市行政执法案卷评查办法》中并无明确要求入卷。现在我们可以理解为，行政处罚审批表是法制机构预审核制度的实际应用和延伸，其主要内容包括：

1、当事人基本情况。

2、当事人违法的主要事实。

3、承办人员处罚意见。

4、承办机构审查意见。

5、法制机构审核意见。

6、水行政主管部门负责人审批意见。

在这里需要强调的是，承办人员处罚意见应该明确表明具体的处罚意见及依据条款的具体内容，承办机构审查意见、法制机构审核意见、水行政主管部门负责人审批意见应该根据案件情况，从证据、程序、法律依据等方面给予具体的意见。

（四）行政处罚事先告知书

行政处罚事先告知书也称权利告知文书，是全面保障案件当事人在行政处罚中的合法权益产生的文书。行政机关在作出行政处罚决定之前，应当告知当事人作出行政处罚决定的事实、理由及依据，并告知当事人依法享有的权利。告知程序是行政处罚的必经程序。“告知”，对于当事人来说，是其法定的权利；而对于行政机关来说，则是其法定的义务。实施行政处罚，无论是适用简易程序，还是适用一般程序，如果行政机关未依法履行告知程序即作出行政处罚的决定，就违反了本法规定。行政机关履行告知义务，必须是在作出行政处罚决定之前，这是保障当事人享有的告知权利的需要。

1、当事人名称准确。

2、行政机关调查时间及案由。

3、陈述违法事实。载明违法行为发生的时间、地点、情节、构成要件、危害后果等内容。

4、列举证据形式，阐述证据所要证明的内容。

5、参照河南省水行政处罚裁量标准的定性。

6、拟处罚意见。

7、明确告知当事人行使陈述权、申辩权的期限。

8、水行政处罚机关的印章、日期完整。

在当事人未明确表示放弃此项权利的情况下，未经当事人陈述和申辩，行政机关不应给予当事人任何种类的行政处罚。在实际案件办理过程中，我们一般要求当事人出具书面证明明确表示放弃该项权利，书面证明附在告知书后面。当事人提出的事实、理由和证据，包括其没有违法的行为，不应受到行政处罚的事实、理由和证据，也包括其违法行为情节较轻，应受较轻的处罚的事实、理由和证据，这点需要行政机关充分考虑的。

（五）行政处罚听证告知书及听证程序文书

符合《行政处罚法》四十二条要求的，应当告知当事人听证权利，下达听证告知书，填写送达回证。当事人要求听证的，行政机关应当组织听证。记录内容为：

1、当事人名称准确。

2、行政机关调查时间及案由。

3、陈述违法事实。载明违法行为发生的时间、地点、情节、构成要件、危害后果等内容。

4、列举证据形式，阐述证据所要证明的内容。

5、参照河南省水行政处罚裁量标准的定性。

6、拟处罚意见。

7、明确告知当事人提出听证的期限。

8、水行政机关的印章、日期完整。

这里需要注意到有两点，第一哪些行政处罚可以组织听证程序。本条明确规定，对于责令停产停业、吊销许可证或者执照、较大数额罚款等行政处罚，可以组织听证程序。较大数额罚款我们可以参照《〈河南省行政机关执法条例〉实施办法》："①对非经营活动中的违法行为实施罚款一次达到或者超过1000元的；②对无违法所得的经营性违法行为实施罚款一次达到或者超过10000元的；③对有违法所得的经营性违法行为实施罚款一次达到或者超过30000元的以及吊销许可证等"的规定。结合我市水行政执法工作实际，认为对公民处以超过一千元、对法人或者其他组织处以超过一万元罚款以及吊销许可证等水行政处罚为重大行政处罚案件；第二是因当事人放弃听证权利而未举行听证的，应有书面记载。在实际工作中，我们要求单位应出具书面说明并加盖公章，自然人在书面说明上签章。如当事人拒不配合，则在送达回证上注明并由两名执法人员签字。

听证程序，是指行政机关在作出行政处罚决定之前听取当事人的陈述和申辩，由听证程序参加人就有关问题相互进行质问、辩论和反驳，从而查明事实的过程。听证程序赋予了当事人为自己辩护的权利，为当事人充分维护和保障自己的权益，提供了程序上的条件。

1、行政处罚听证申请书

（1）申请人或申请单位基本情况。

（2）申请人或申请单位与本案的关系。

（3）如当事人的委托代理人参加听证的，填写委托代理人基本情况。

（4）申请听证的目的和要求。

（5）申请听证的事实和理由。

（6）申请人和委托代理人签章、日期完整。

2、听证通知书：

（1）举行听证的时间、地点具体、准确。

（2）明确告知听证主持人单位、职务、姓名和记录人的姓名。

（3）注明当事人有要求主持人回避和申请延期举行的权利，告知当事人无故不按时参加听证视为放弃听证权。

（4）听证注意事项。

（5）水行政处罚机关的印章、日期完整。

（6）行政处罚听证申请人或委托代理人签章。

3、听证笔录

（1）准确记载举行听证的起止时间、地点；

（2）载明听证主持人、记录人、当事人、委托代理人、案件调查人员的基本情况；

（3）载明调查人员提出当事人违法的事实、证据、行政处罚建议和当事人对案件涉及的事实、证据、依据方面的陈述和申辩的内容；

（4）有当事人的签名。

听证申请人、记录人应当逐页签字确认，拒绝签字的，注明拒签事由。

4、听证报告

（1）载明案由；

（2）载明听证的时间、地点、参加人情况；

（3）当事人针对行政处罚认定的违法事实、情节、适用法律等提出的理由和依据及从轻、减轻或不予行政处罚的要求及依据；

（4）载明听证结论。

关于听证程序，《行政处罚法》还作了如下一些具体规定：

1. 当事人要求听证的期限。当事人应当在行政机关告知后的三日内，向行政机关提出要求听证的请求。这里“三日内”是一个固定期限，本法没有作出可以延长的规定。

2. 行政机关在听证的七日前，应当通知当事人举行听证的时间、地点。在行政组织听证之前，应当给当事人以必要的准备期限，本法将这一期限规定为七日。行政机关必须履行在听证的七日前将举行听证的时间和地点通知当事人的义务。

3. 一般情况下，听证程序应当公开举行。但是，本法也规定了几种例外情况，即出于保守国家秘密、商业秘密和个人隐私的需要，凡是涉及国家秘密、商业秘密或者个人隐私的听证程序，不公开举行，不予公告，不允许无关人员旁听，也不允许新闻工作者进行采访报道。国家秘密，是指关系国家安全和利益，依照法定程序规定，在一定时间内只限一定范围人员知悉的事项。商业秘密，是指不为公众所知悉、能为权利人带来经济利益、具有实用性并经权利人采取保密措施的技术信息和经营信息。个人隐私，是指公民个人不愿公开的、与其人身权密切相关的、隐秘事件或者事实。

4. 听证由行政机关指定的非本案调查人员主持。为确保听证程序的公正性，本法规定，听证由行政机关指定的、该行政机关内熟悉相关业务的、非本案调查人员的工作人员主持。如果当事人对主持人有异议，那么他有权申请该主持人回避。如果行政机关认为当事人的异议申请成立，则应该另行指定听证程序的主持人。

5. 当事人可以亲自参加听证程序，也可以委托他人参加听证程序。参加听证是当事人的权利，当事人可以自己行使这一权利，亲自参加听证程序，自己进行陈述、辩解、反驳和辩论；也可以委托他人代理自己去行使这一权利，由他人代理自己参加听证程序。当事人如果委托他人代理，则需履行法定的委托手续；代理人代理他人参加听证，则需有委托人的明确授权，也就是说，听证程序中当事人的代理人必须有合法的代理权。关于代理人的人数，本法规定限于一至二人。

6. 举行听证时，当事人有权与调查人员进行辩论和质证。在听证程序中，针对调查人员提出的当事人违法的事实、证据以及作出相应行政处罚的建议，当事人有权提出对自己有利的证据，反驳对自己不利的证据；有权提出自己的意见和主张；有权与调查人员进行辩论、质问和对证。

7. 对于整个听证程序，笔录应当准确无误。行政机关工作人员应当将笔录交予当事人进行审核，如果当事人认为笔录中关于其陈述、申辩和反驳等内容的记载，与其自己所述的内容不符的，应当向行政机关提出，行政机关应当予以更正。当事人经审核笔录认为无误的，应当在笔录上签字或者盖章。

8、听证程序因当事人要求而举行。对于行政机关因组织听证而支出的相关费用，当事人不予承担。

（六）案件移送函及移送案件涉案物品清单

根据省水利厅新版行政处罚文书格式范本，移送文书及移送清单排在了听证程序之后，即《行政处罚法》规定，行政机关负责人或者其负责人集体对调查结果进行充分、认真的审查后，违法行为已构成犯罪或应由其它行政机关管理的，移送相关部门依法处理。在这里我们对具体内容不再细讲，制作文书时参照后面的规范格式就行了。另外，我们认为在立案受理阶段对无管辖权的案件移交有关部门进行管辖时，同样可以使用该文书。

（七）行政处罚决定审批表

新版文书中将老版的“处罚审批表”更名为“行政处罚决定审批表”，但其作用和性质是一致的。根据《行政处罚法》第三十八条第一款规定，调查终结后行政机关负责人应当对调查结果进行审查，对确有应受行政处罚的违法行为的，根据情节轻重及具体情况，作出行政处罚决定。行政处罚决定审批表内容包括：

1、当事人基本情况。

2、当事人违法的主要事实和建议作出行政处罚决定的理由、依据及内容。

3、陈述申辩及听证情况。

4、当事人陈述申辩或听证意见复核及采纳情况。

5、承办机构审查意见。

6、法制机构审核意见。

7、水行政主管部门负责人审批意见。

（八）不予行政处罚决定书

《行政处罚法》第三十八条第二款规定，行政机关负责人或者其负责人集体对调查结果进行充分、认真的审查后，认为违法行为轻微，依法可以不予行政处罚的，不予行政处罚。需要提醒大家的是，不予行政处罚不同于《行政处罚法》第三十八条第三款规定的不得给予行政处罚的情形，需要大家区别对待。和案件移送函一样，我们对其具体内容不再细讲，制作文书时参照后面的规范格式就行了。

（九）行政处罚决定书

1、当事人名称准确，基本情况真实。

2、行政机关调查时间及案由。

3、陈述违法事实。载明违法行为发生的时间、地点、情节、构成要件、危害后果等内容。

4、列举证据形式，阐述证据所要证明的内容。

5、参照河南省水行政处罚裁量标准的定性。

6、行政处罚内容。

7、明确告知当事人申请复议、诉讼的方式和期限，注明行政机关强制执行内容。

8、水行政处罚机关的印章、日期完整。

四、履行结案和执行阶段

行政处罚决定依法作出后，当事人应当在规定的限期内予以履行。当事人在限期内自觉履行的，填写结案审批表和结案报告；当事人在法定期限内不申请行政复议或者提起行政诉讼，又不履行行政决定的，具有行政强制权的行政机关依照《行政强制法》相关规定强制执行；没有行政强制执行权的行政机关可以自期限届满之日起六个月内，依照规定申请人民法院强制执行。对应文书及顺序：行政处罚案件结案审批表、罚没款票据、执行程序文书。

（一）行政处罚案件结案审批表

1、案由及立案日期。

2、决定书文号及处罚日期。

3、案件简要情况。

4、行政处罚内容。

5、行政处罚执行情况和行政复议、行政诉讼情况。

6、承办人及承办机构意见。

7、水行政主管部门负责人审批意见。

（二）罚没款或缴费票据

罚没款或缴费票据附卷时应规范，粘贴于A 4纸上入卷。另外罚款收缴及开具票据应遵守相关规定，如除法律规定可以由行政机关当场收缴的除外，处罚机关应当和罚款收缴机关分离。应使用合法罚没票据且票据填写规范、准确。

（三）执行程序文书

行政决定执行难是个长期困扰我国的问题，主要原因有：申请人民法院执行,执行效率低;法院审查过多,程序不规范;执行的期限过长,影响行政效率;申请法院执行,行政机关要向法院交执行费。针对上述问题，《行政强制法》对行政机关的强制执行和申请人民法院强制执行分别作出了详细规定。行政机关自己有权执行的公安、税务、海关、国家安全机关、水利、质监、工商、专利等等。行政强制法规定的执行方式有：（一）加处罚款或者滞纳金；这是间接强制的执行方式，属于执行罚。比如行政处罚法规定，行政相对人到期不交罚款，每日按罚款数额的百分之三加处罚款。（二）划拨存款、汇款；（三）拍卖或者依法处理查封、扣押的场所、设施或者财物；（四）排除妨碍、恢复原状。比如《道路交通安全法》第104条、《水法》第65条、《气象法》第35条规定了此执行方式。（五）代履行。这是指行政机关依法作出要求当事人履行排除妨碍、恢复原状等义务的行政决定，当事人逾期不履行，经催告仍不履行，其后果已经或者将危害交通安全、造成环境污染或者破坏自然资源的，行政机关可以代履行，或者委托没有利害关系的第三人代履行，费用除法律另有规定外一般由当事人承担。（六）其他强制执行方式。

催告文书：行政机关作出强制执行决定前，应当事先催告当事人履行义务。催告应当以书面形式作出，并载明下列事项：(一)履行义务的期限；(二)履行义务的方式；(三)涉及金钱给付的，应当有明确的金额和给付方式；(四)当事人依法享有的陈述权和申辩权。新版行政强制文书还增加了行政决定的内容，包括做出决定的理由、依据以及行政决定书的名称、文号等。

强制执行决定书：经催告，当事人逾期仍不履行行政决定，且无正当理由的，行政机关可以作出强制执行决定。强制执行决定应当以书面形式作出，并载明下列事项：（一）当事人的姓名或者名称、地址；（二）强制执行的理由和依据；（三）强制执行的方式和时间；（四）申请行政复议或者提起行政诉讼的途径和期限；（五）行政机关的名称、印章和日期。送达方式参照《中华人民共和国民事诉讼法》相关规定。其期限应当明确，不能含糊不清，一般以不超过三个月为宜。执行协议应当履行。当事人不履行执行协议的，行政机关应当恢复强制执行。

金钱给付义务的执行：行政机关依法作出金钱给付义务的行政决定，当事人逾期不履行的，行政机关可以依法加处罚款或者滞纳金。加处罚款或者滞纳金的标准应当告知当事人。针对现实中因为行政机关未及时通知、催告当事人履行缴纳罚款或者有关税费的义务，出现"滚雪球"式罚单，导致滞纳金远高出罚款数额的情况，加处罚款或者滞纳金的数额不得超出金钱给付义务的数额。行政机关依照《行政强制法》第四十六条规定实施加处罚款或者滞纳金超过三十日，经催告当事人仍不履行的，具有行政强制执行权的行政机关可以强制执行。没有行政强制执行权的行政机关应当申请人民法院强制执行。行政机关实施强制执行前，需要采取查封、扣押、冻结措施的，依照《行政强制法》中强制措施的规定办理。划拨、拍卖不再详细说明。

代履行：代履行是在当事人不履行相关义务的情况下，行政机关为维护公共利益而代为履行的一种执行方式。行政机关依法作出要求当事人履行排除妨碍、恢复原状等义务的行政决定，当事人逾期不履行，经催告仍不履行，其后果已经或者将危害交通安全、造成环境污染或者破坏自然资源的，行政机关可以代履行，或者委托没有利害关系的第三人代履行。

代履行应当遵守下列规定：（一）代履行前送达决定书，代履行决定书应当载明当事人的姓名或者名称、地址，代履行的理由和依据、方式和时间、标的、费用预算以及代履行人；(二)代履行三日前，催告当事人履行，当事人履行的，停止代履行；（三）代履行时，作出决定的行政机关应当派员到场监督；（四）代履行完毕，行政机关到场监督的工作人员、代履行人和当事人或者见证人应当在执行文书上签名或者盖章。代履行决定书"送达方式"应注明送具体使用直接、委托、留置、公告、邮寄等。采用邮寄的应当将挂号回执和邮寄凭证粘贴在备注栏内，并用文字说明。

申请人民法院强制执行：当事人在法定期限内不申请行政复议或者提起行政诉讼，又不履行行政决定的，没有行政强制执行权的行政机关可以自期限届满之日起三个月内，依照本章规定申请人民法院强制执行。行政机关申请人民法院强制执行前，应当催告当事人履行义务。催告书送达十日后当事人仍未履行义务的，行政机关可以向所在地有管辖权的人民法院申请强制执行;执行对象是不动产的，向不动产所在地有管辖权的人民法院申请强制执行。

行政机关向人民法院申请强制执行，应当提供下列材料：(一)强制执行申请书；(二)行政决定书及作出决定的事实、理由和依据；(三)当事人的意见及行政机关催告情况；(四)申请强制执行标的情况；(五)法律、行政法规规定的其他材料。

当事人对行政处罚决定不服申请行政复议或者提起行政诉讼的，行政处罚不停止执行，法律另有规定的除外。当事人申请行政复议或者提起行政诉讼后，行政处罚原则上不停止执行。行政处罚决定一经作出，就具有了法律效力，即公定力、拘束力、执行力。公定力，是指对行政处罚决定原则上推定为合法，在未依法予以撤销或者变更之前，任何人都不能否定其效力。拘束力，是指行政处罚决定在被依法撤销或者变更之前，行政机关和当事人都应当承认该决定有效并受该决定约束。执行力，是指当事人对依法作出的行政处罚决定负有自觉履行和按期履行的义务。行政法最重要的原则之一，即公务连续性原则。具体到行政处罚决定的执行问题上，本条规定，行政处罚不因当事人申请行政复议或者提起行政诉讼而停止执行，但是，法律另有规定的除外。对于这一例外规定。可以参照行政复议条例和行政诉讼法的有关规定。实施行政强制执行，行政机关可以在不损害公共利益和他人合法权益的情况下，与当事人达成执行协议。执行协议可以约定分阶段履行;当事人采取补救措施的，可以减免加处的罚款或者滞纳金。需要注意的是，在行政强制执行过程中搞"夜袭"、节假日强制执行，或采取断水、断电等方式"由上级行政机关或者有关部门责令改正，对直接负责的主管人员和其他直接责任人员依法给予处分。还有强制法第四十四条规定，对违法的建筑物、构筑物、设施等需要强制拆除的，应当由行政机关予以公告，限期当事人自行拆除。当事人在法定期限内不申请行政复议或者提起行政诉讼，又不拆除的，行政机关可以依法强制拆除。未经公告，不得强制执行。

五、案卷归档

1、立卷归档符合档案管理的规定：

（1）一案一卷。

（2）使用统一规范的卷皮。

（3）封面和卷内目录填写规范。

（4）卷内材料排列有序。原则上按办案过程顺序排列文书，也可将处罚决定书和结案报告放在卷首。

（5）卷内材料有页号（采用阿拉伯数字逐页编写页码，正页在右上角、反页在左上角）。

（6）装订整齐，无金属物（特殊材料除外）。

（7）纸张无破损（破损文书应修补或复制），文书大小规格统一（文书过小的衬纸粘帖，文书过大的应折叠整齐）。

（8）卷内文字应当使用钢笔、签字笔或毛笔（当事人提供的材料使用铅笔或圆珠笔的，不扣分）；案卷中不得涂改，如确需涂改，必须在涂改处捺手印。

2、文书制作规范要求：

文书标题为方正小标宋二号字，正文一级标题为二号宋体加粗，二级标题为三号黑体，三级标题为三号仿宋加粗，正文均使用三号仿宋。行间距一般设置为"固定值"28 磅，字间距不作要求。

3、卷宗装订要求：

文书用纸一般采用 a4，卷宗应自左侧、下边对齐装订，大型纸张如图纸等应向内折叠成 a4 大小，如票据等小型纸张应粘贴在 a4 纸上进行装订。卷宗封面与文书装订整齐，不脱落，封底平整。装订线位于卷宗上下各四分之一处，与卷宗背脊间距 3mm-5mm。

行政执法流程图示范文本

一、行政许可类流程图

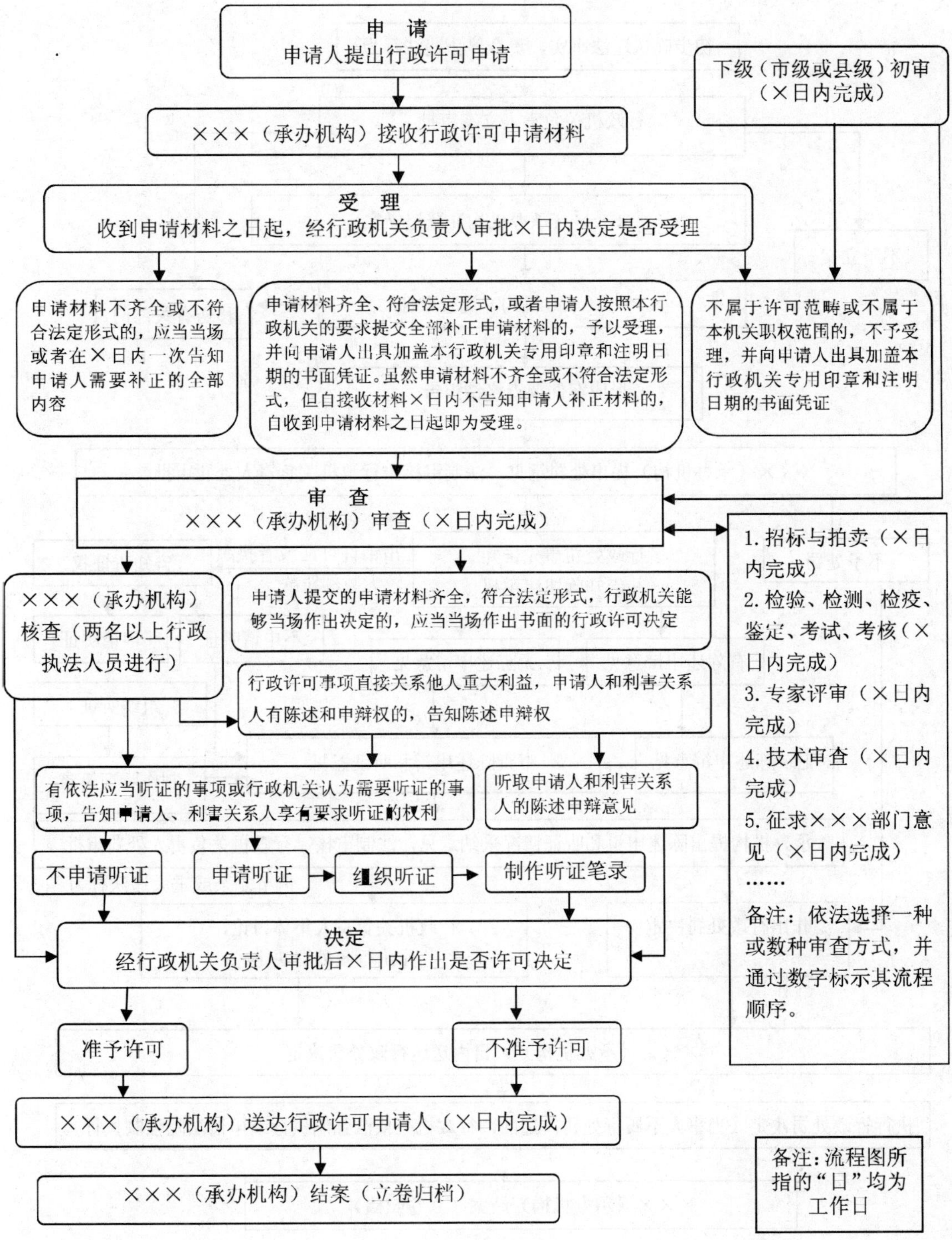

二、行政处罚类一般程序流程图

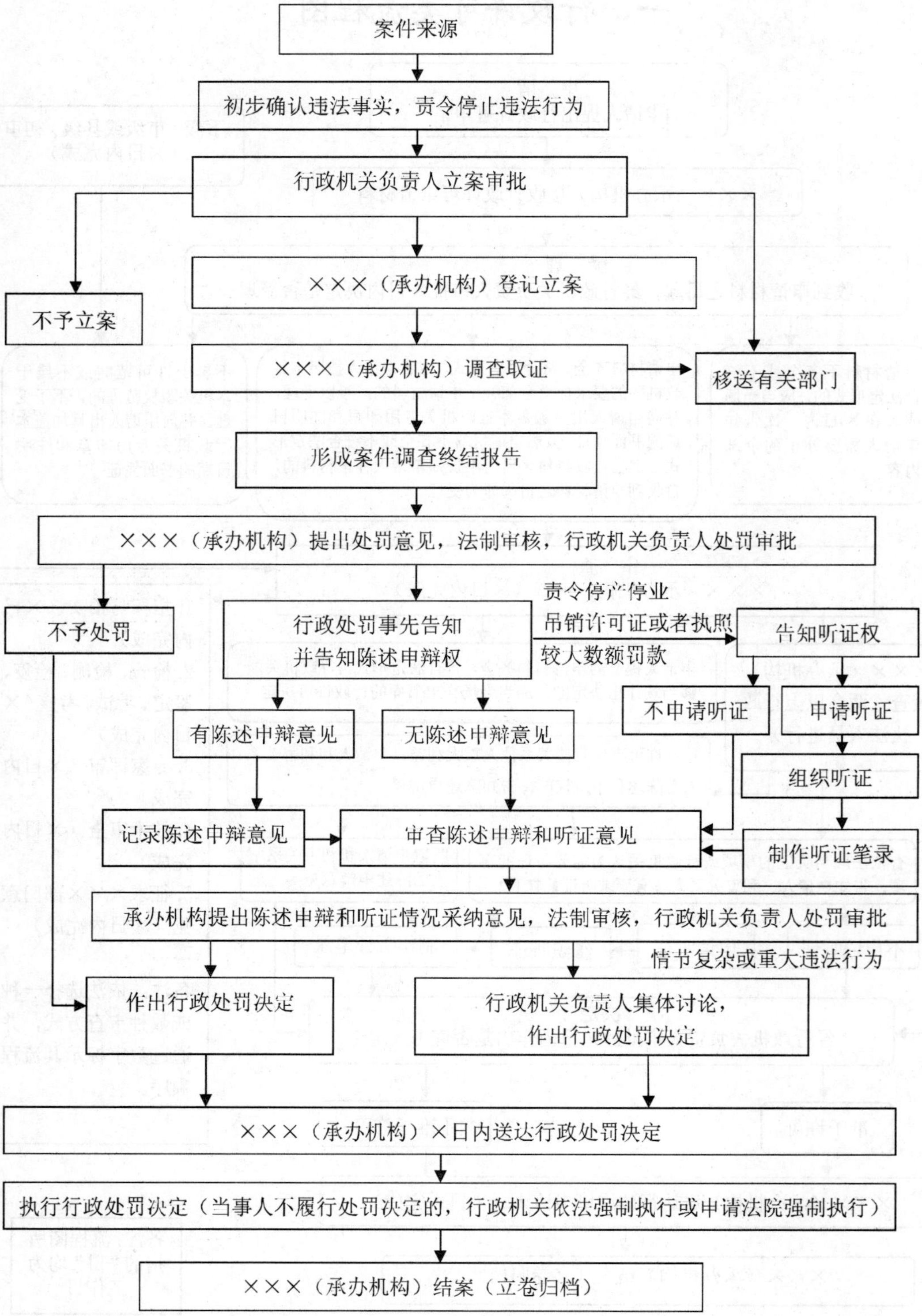

三、行政处罚类简易程序流程图

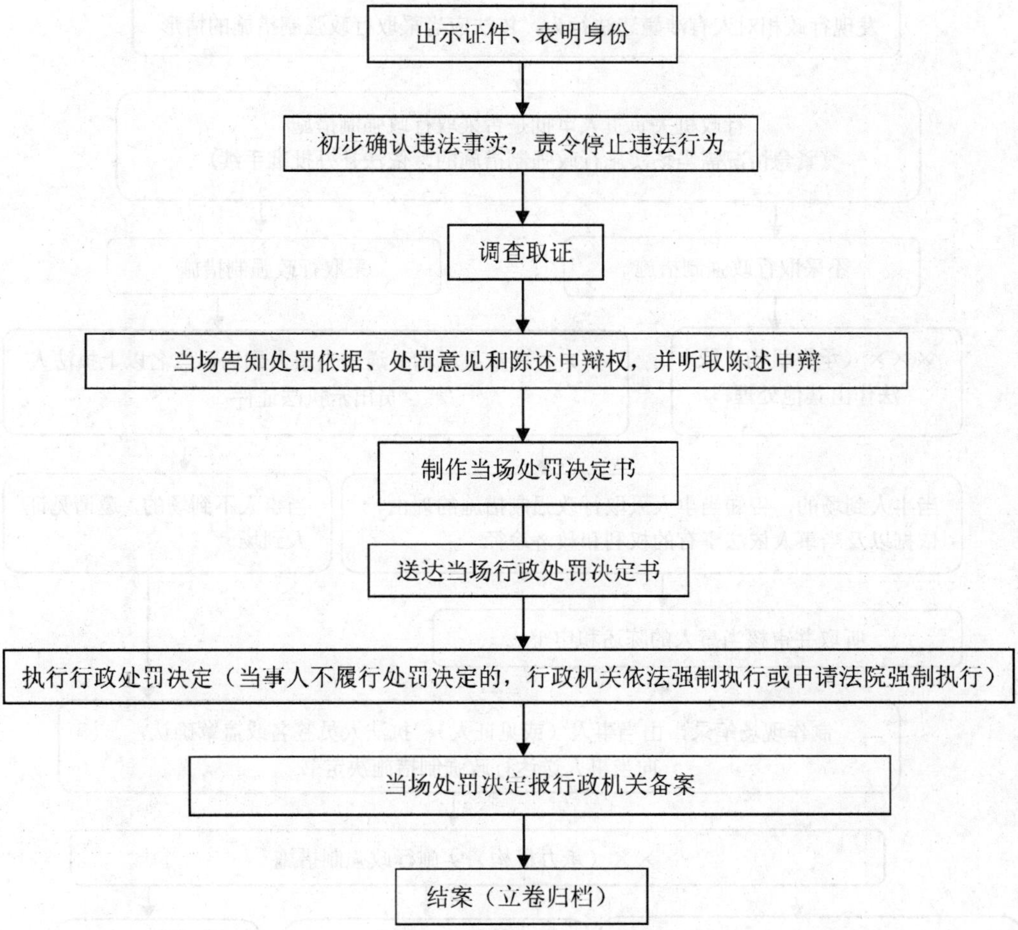

四、行政强制措施类流程图

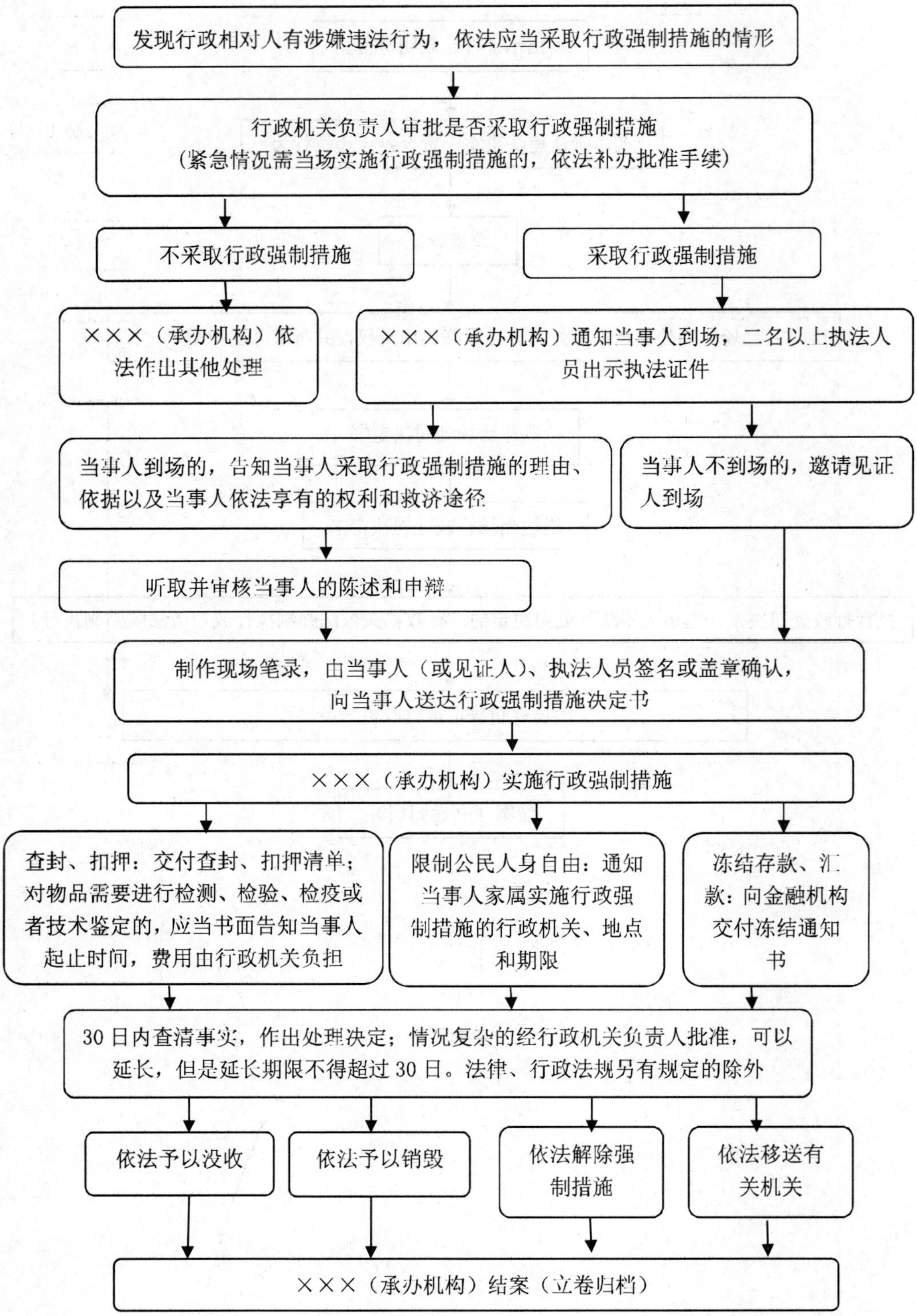

五、行政强制执行类流程图

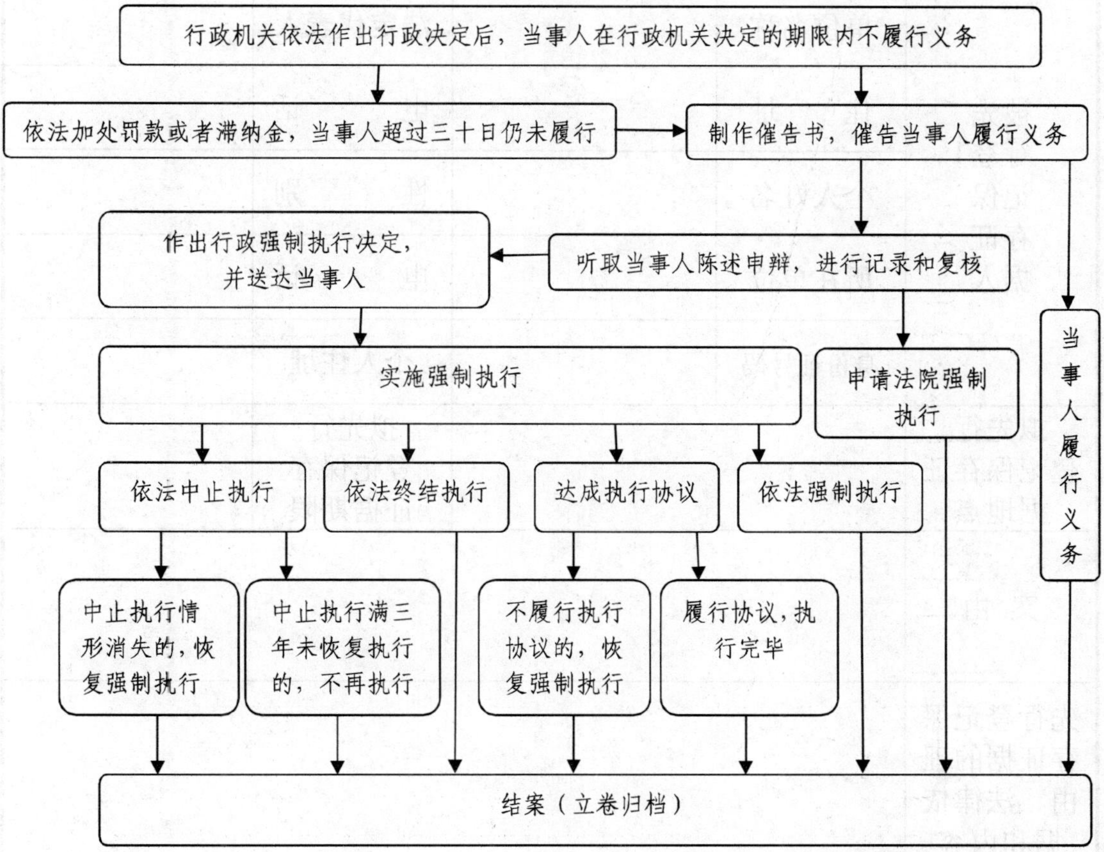

注：有行政强制执行权的行政机关，应当按照行政强制法和相关法律、法规的规定对“实施强制执行”项进行流程细化（报法制部门审定时，应当附相关法律依据）。

先行登记保存证据审批表

<table>
<tr><td rowspan="5">被先行登记保存证据人</td><td>单位名称</td><td></td><td>法定代表人</td><td></td></tr>
<tr><td>住　址</td><td></td><td>电　话</td><td></td></tr>
<tr><td>个人姓名</td><td></td><td>性　别</td><td></td></tr>
<tr><td>所在单位</td><td></td><td>电　话</td><td></td></tr>
<tr><td>身份证号码</td><td></td><td>个人住址</td><td></td></tr>
<tr><td>拟先行登记保存证据地点</td><td colspan="2"></td><td>拟先行登记保存证据期限</td><td></td></tr>
<tr><td>案　由</td><td colspan="4"></td></tr>
<tr><td>先行登记保存证据的理由、法律依据和内容</td><td colspan="4"></td></tr>
<tr><td>承办人意　见</td><td colspan="4">承办人签名　　　　年　月　日</td></tr>
<tr><td>承办机构审核意见</td><td colspan="4">负责人签名　　　　年　月　日</td></tr>
<tr><td>行政机关负责人审批意见</td><td colspan="4">负责人签名　　　　年　月　日</td></tr>
</table>

先行登记保存证据审批表制作要求及注意事项

一、制作要求

（一）准确填写当事人的基本情况、拟先行登记保存地点和期限。

（二）“先行登记保存证据的理由依据和内容”栏，应载明违法行为发生的时间、地点、情节等简要情况；申请作出该决定的理由、法律依据和拟作出决定的具体内容。

例如：本机关执法人员于×年×月×日×时×分对位于××路×号的××公司营业点例行检查时，发现其正在生产（或经营）的××产品（或商品），存在××问题，涉嫌违反《××条例》第×条×款的规定。为防止证据灭失，依据《中华人民共和国行政处罚法》第三十二条第二款、《××条例》第×条第×款的规定，决定对××等产品（或商品）实行证据先行登记保存。保存期限为×年×月×日起至×年×月×日止。具体物品名称、数量、规格等详见《先行登记保存证据物品清单》。

（三）承办人意见：承办人处理建议、签名及日期。

（四）承办机构审核意见：应有承办机构负责人同意或不同意的意见、签名及日期。

（五）行政机关负责人审批意见：应有行政执法机关负责人同意或不同意的意见、签名及日期。

二、注意事项

填写的内容应当准确、清楚，审核、审批意见应当明确，不能模棱两可。

（行政机关名称）先行登记保存证据通知书

______罚登存通字〔　〕第　号

______________：

你（单位）因______________________行为，违反了（法律依据名称及条、款、项具体内容）的规定。依照《中华人民共和国行政处罚法》第三十七条第二款的规定，本机关决定对你（单位）的下列物品（见先行登记保存证据物品清单）予以先行登记保存。先行登记保存证据物品自___年___月___日至____年____月___日，以__________、__________方式，存放于______________。在此期间，当事人或者有关人员不得销毁或转移证据。

附：先行登记保存证据物品清单

名　称	数　量	品　级	规　格	型　号	形　态	备　注

被先行登记保存证据人：______________　　　　年　　月　　日

行政执法人员：______　执法证号________

　　　　　　　______　执法证号________　　　　年　　月　　日

行政机关印章

年　　月　　日

注：本文书一式两份。一份送达被先行登记保存证据人，一份行政机关存档。

先行登记保存证据通知书制作要求及注意事项

一、制作要求

（一）有相应文号和被先行登记保存证据人名称或姓名。

（二）有先行登记保存证据的事由和理由。

（三）有先行登记保存证据的法律、法规、规章依据。

（四）有先行登记保存证据的期限、方式和地点。

（五）有当事人签名或盖章及日期；行政执法人员签名、执法证号及日期。

（六）对采取先行登记保存的物品，必须当场清点，详细填写物品的名称、数量、品级、规格、型号、形态等，由执法人员及当事人签名。当场清点确有困难的，可以在适当的场所清点，并告知当事人及时到场校对并签章确认。

（七）加盖行政执法机关的印章，标明日期。

二、注意事项

（一）采取先行登记保存措施的前提条件是“证据有可能灭失或以后难以取得”的情况，并经过行政机关负责人的批准。

（二）先行登记保存证据物品应当在七日内依法作出处理。

（三）对于先行登记保存的证据，采取就地保存的，由当事人负责保存，在向当事人送达先行登记保存证据通知书的同时，在证据物品上加贴行政执法机关的封条，交代有关情况及应遵守的义务；异地保存的，要注明保存地点。

（行政机关名称）

先行登记保存证据物品处理通知书

________罚登处通字〔 〕第 号

__________：

本机关于____年____月____日向你（单位）作出《（行政机关名称）先行登记保存证据通知书》（_____罚登存通字〔 〕第 号），对__________等物品先行登记保存证据。本机关于______年____月____日至______年____月____日，对先行登记保存证据物品以保存方式，存放于________________。现根据（法律依据名称及条、款、项具体内容）的规定，对被先行登记保存证据的物品作出以下处理（见先行登记保存证据物品处理清单）：______________。

附：先行登记保存证据物品处理清单

名称	数量	品级	规格	型号	形态	处理意见

被先行登记保存证据人：______________ 年 月 日

行政执法人员：______ 执法证号________

______ 执法证号________ 年 月 日

行政机关印章

年 月 日

注：本文书一式两份。一份送达被先行登记保存证据人，一份行政机关存档。

先行登记保存证据物品处理通知书制作要求及注意事项

一、制作要求

（一）有相应的文号和被先行登记保存证据人名称或姓名。

（二）有对先行登记保存证据物品处理的事由。

（三）说明先行登记保存证据物品处理的法律、法规、规章依据和处理结果。

（四）标明被处理物品的名称、数量、品级、规格、型号、形态等。

（五）有当事人签名或盖章及日期；行政执法人员签名、执法证号及日期。

（六）加盖行政执法机关的印章，标明日期。

二、注意事项

（一）先行登记保存的证据应当在 7 日内及时作出处理决定,在此期间，当事人或者有关人员不得销毁或者转移证据。

重大复杂案件集体讨论笔录

案件名称：____________________

时　　间：______年______月______日______时______分至______时______分

地　　点：____________________

集体讨论原因：____________________

____

主持人：______职务：______记录人：______职务：______

参加人及职务：____________________

____

列席人及职务：____________________

____

案件承办人汇报案件情况：____________________

____

听证主持人汇报听证情况：____________________

____

参加讨论人员意见和理由：____________________

____

结论性意见：要将集体讨论的最终决定明确写出

____

出席人员签名：____________________

____

年　　月　　日

第　页　共　页

重大复杂案件集体讨论笔录制作要求及注意事项

一、制作要求

（一）有案件集体讨论的案件名称和讨论的时间、地点。

（二）有集体讨论的原因，写明集体讨论的案件反映的主要问题。

（三）有主持人、记录人、参加人、列席人的姓名及职务。

（四）有案件承办人汇报案件情况及采集的主要证据说明，应汇报违法行为发生的时间、地点、情节、后果等；案件涉及的法律、法规、规章等；承办人阐述的意见和理由。

（五）举行听证的案件，听证主持人应汇报听证情况、听证各方的意见和理由，听证主持人的意见和理由。

（六）有参加讨论人员的主要意见和理由。

（七）有结论性意见。

（八）有出席人员签名。

二、注意事项

（一）对情节复杂或者重大违法行为给予较重的行政处罚的，行政机关的负责人应当集体讨论决定。

（二）讨论内容应当针对案件事实是否调查清楚，证据是否确凿、充分，定性是否准确，当事人主体地位是否适格，应处理的单位和个人有否遗漏，适用法律法规是否正确，处罚裁量是否得当，办案程序是否合法等。

（三）讨论记录应当详细记载讨论过程中每个人发言的主要内容。

（四）针对讨论的问题应当有结论性意见。如罚与不罚、罚多少或停产停业整顿多久、吊销什么证照等，必须明确、具体。

（五）出席人员签名。凡参加会议人员均要亲自签名， 确保讨论记录的真实性。

案件调查终结报告

当事人：＿＿＿＿＿＿法定代表人（负责人）：＿＿＿＿＿性别：＿＿＿

工作单位：＿＿＿＿＿＿职务或职业：＿＿＿＿身份证号：＿＿＿＿＿＿

住址：＿＿＿＿＿＿＿＿＿＿＿＿邮编：＿＿＿＿＿电话：＿＿＿＿＿＿

调查时间：＿＿＿年＿＿＿月＿＿＿日至＿＿＿月＿＿＿日

案件承办人：＿＿＿＿＿＿＿＿＿＿、＿＿＿＿＿＿＿＿＿＿

内容：

一、当事人违法的事实和证据，违反的法律依据名称及条、款、项具体内容

二、根据违法事实、性质、情节和社会危害程度，参照《××法（条例、办法）行政处罚裁量标准》，确定违法行为适用的行政处罚裁量等次

三、拟处罚的法律依据及行政处罚建议

年　月　日

案件调查终结报告制作要求及注意事项

一、制作要求

（一）准确填写当事人的基本情况、调查起止时间。

（二）准确填写案件承办人。

（三）写明违法行为发生的时间、地点、情节等情况；调查取证情况；违反的法律依据名称及条、款、项具体内容。

（四）适用裁量情况。

（五）建议作出行政处罚的法律依据和拟作出处罚决定的具体内容。

二、注意事项

当事人若有从轻、从重、减轻等情节，要在适用裁量情况中说明事实、理由和法律依据。

（行政机关名称）行政处罚事先告知书

______罚先告字〔 〕第 号

______________：

本机关于___年___月___日对______（案由）__________立案调查。经调查，你（单位）（陈述违法事实。载明违法行为发生的时间、地点、情节、构成要件、危害后果等内容）。上述行为违反了（法律依据名称及条、款、项具体内容）的规定，已构成违法。（列举证据形式，阐述证据所要证明的内容）。根据你（单位）违法行为的事实、性质、情节、社会危害程度和相关证据，参照《××法（条例、办法）行政处罚裁量标准》，你（单位）的违法行为为 轻微 （一般、严重或者特别严重）。

根据 （法律依据名称及条、款、项具体内容）的规定，本机关拟对你（单位）作出______________________________的行政处罚。

依据《中华人民共和国行政处罚法》第三十一条、第三十二条的规定，你（单位）可在收到本告知书之日起 3 日内提出书面陈述、申辩意见，或到 ×××（地点） 进行陈述、申辩。逾期不陈述、申辩的，视为你(单位) 放弃陈述、申辩权利。

行政机关印章

年 月 日

行政机关地址：________________邮政编码：__________

行政机关联系人：______________联系电话：__________

行政处罚事先告知书制作要求及注意事项

一、制作要求

（一）有相应文号和当事人单位名称（或者个人姓名）。

（二）有认定违法行为的事实、理由和依据。主要包括：违法行为发生的时间、地点、情节、后果及证据，其违反的相关法律、法规、规章的条、款、项内容；有说理性内容。

（三）适用裁量情况。

（四）有拟作出行政处罚的法律、法规、规章依据和拟作出行政处罚的种类、数额、期限等处罚内容。

（五）应告知当事人陈述、申辩的权利及陈述、申辩的时间、地点；如符合听证条件的，应一并告知当事人有要求听证的权利和期限。

（六）有行政执法机关的联系人（案件承办人）、电话、地址、邮编等。

（七）有行政执法机关名称、印章及日期。

二、注意事项

（一）行政处罚事先告知是作出行政处罚决定之前必须履行的一项法定程序，如果行政机关下达行政处罚决定前没有履行告知义务，则属于违反法定程序，其行政处罚无效。

（二）行政处罚事先告知书应当采用阐述式，有说理性的内容，不宜用填空式。

（三）告知之前必须填写《行政处罚审批表》报行政执法机关负责人批准。

（四）应当采取书面形式告知，并有当事人签字的《送达回证》。

（行政机关名称）行政处罚决定书

______罚决字〔　〕第　号

当事人：

（个人）姓名：________________________

身份证（其他有效证件）号码：________________

（单位）名称：________________________

法定代表人（负责人）：________________

住所（地址）：________________________

本机关于_____年_____月_____日对____（案由）____案调查。经调查，你（单位）（陈述违法事实。载明违法行为发生的时间、地点、情节、构成要件、危害后果等内容）。上述行为违反了（法律依据名称及条、款、项具体内容）的规定，已构成违法。（列举证据形式，阐述证据所要证明的内容）。根据你（单位）违法行为的事实、性质、情节、社会危害程度和相关证据，参照《××法（条例、办法）行政处罚裁量标准》，你（单位）的违法行为为轻微（一般、严重或者特别严重）。

根据（法律依据名称及条、款、项具体内容）的规定，本机关决定对你（单位）作出如下行政处罚：

1.×××；

2.xxx（其中为罚款处罚的，罚款数额应大写）。

你（单位）应当自收到本决定书之日起15日内将罚款缴至______银行（账号：______________）。到期不缴纳罚款的，每日按罚款数额的3%加处罚款。

你（单位）如不服本决定，可以自收到本决定书之日起六十日内向××人民政府或者××厅（局）申请行政复议，也可以自收到本决定书之日起六个月内依法直接向人民法院提起行政诉讼。逾期不申请行政复议，也不提起行政诉讼，又不履行本处罚决定的，本机关将依法申请人民法院强制执行（依法有强制执行权的，可以写“强制执行”）。

行政机关印章

年　月　日

行政处罚决定书制作要求及注意事项

一、制作要求

（一）文头有作出行政处罚决定书的行政机关名称和相应的文号。

（二）有当事人的基本情况。当事人是公民的，要记载其姓名、身份证号码等；当事人是法人或其他组织的，要记载其法定名称、法定代表人或负责人姓名、地址或住所等。

（三）陈述案件事实部分，应载明查明的违法行为发生的时间、地点、情节、构成要件、危害后果等内容；对违法行为定性时，要指出其所违反的法律、法规、规章名称，并准确完整引用到条、款、项、目的具体规定。说明适用裁量情况。

（四）实施行政处罚适用的法律、法规、规章依据名称要用全称，并准确引用到条、款、项、目，以及行政处罚的种类、数额或者期限。

（五）有行政处罚的履行方式和期限。

（六）采集和使用的证据应合法、有效。常见的证据主要有现场检查笔录、调查询问笔录、身份证明、营业执照、现场照片、销售单据、抽样检验结论等书证物证。

（七）应准确告知当事人不服行政处罚决定申请行政复议、提起行政诉讼的权利以及受理机关的具体名称和期限。

（八）有作出行政处罚决定的印章和日期。

（九）行政处罚决定书应有说理性内容，说明事理、情理和法理。主要包括：

1. 对违法行为的构成要件、因果关系和违法事实的认定过程等陈述清楚；

2. 阐述证据形式和证据所要证明的内容；

3. 适用法律依据时应当完整地引用定性依据和处罚依据；

4. 对当事人陈述申辩理由、证据或听证的过程、结论和行政机关是否采纳意见的理由、依据，应当详细阐述，当事人放弃陈述申辩或听证的也应予以说明；

5. 作出从重、从轻、减轻或其他有裁量幅度的行政处罚的，应当在行政处罚决定书中说明事实、理由和依据。

二、注意事项

（一）事实和证据部分，填写时必须以违法行为的构成要件即违法主体、客体、主客观方面为指导，抓住案件发生时间、地点、人物、手段、经过和结果等事实要素，阐明整个违法事实情况。

（二）行政处罚决定一经作出，任何人不得擅自变更或者撤销。

（三）行政处罚决定作出后，应在法定期限内以法定方式送达当事人，并提取送达回证。

送达回证

送达文书名称、文号	
受送达人	
送 达 地 点	
受送达人（签字或盖章）	
代收人（签字）	
代收人与受送达人关系	
送 达 日 期	年 月 日
送 达 方 式	
拒收原因	
见证人（签字）	年 月 日
送达人（签字）	年 月 日
备 注	

送达回证制作要求及注意事项

一、制作要求

（一）有送达文书的名称和相应的文号。

（二）有受送达人名称或姓名。受送达人为法人或其他组织的，应使用全称；受送达人名称或姓名，应与案件当事人一致。

（三）有送达日期和送达地点。

（四）注明送达方式。委托送达、留置送达的应在备注中注明；公告送达应将公告文书归档入卷；邮寄送达的可以将挂号信回执粘贴于备注中。

（五）收件人签名或盖章并注明收件日期。收件人当事人以外的其他人代收的，应注明与受送达人的关系。被送达人拒收的，送达人应在备注栏注明拒收的理由，并请见证人签名或盖章。

（六）送达人签名。

二、注意事项

（一）对重要的文书，如行政处罚决定书、行政处罚事先告知书、强制执行通知书等，使用本文书。对其他知照性文书可使用本文书，也可以要求当事人在复式法律文书的签字栏签字后留作收件凭证。

（二）由代收人签收的，应在签收栏或备注栏内注明代收人与被送达人的关系。

行政处罚案卷样式

×× 行政案件卷宗			
（　　） 字第　　号			
案　由			
案　件 来　源			
当事人			
办案机关			
办案人	主办人：	协办人：	
处理结果			
立案日期	年　月　日	归档日期	年　月　日
结案日期	年　月　日		
本卷共　　件　　页		保存期限	

卷宗目录

序号	材料名称	页数	卷内页数

安阳市爱邦针织服饰有限责任公司擅自凿井水行政处罚案件

【案情简介】2009年8月28日，接群众举报查实，安阳市爱邦针织服饰有限责任公司未经水行政主管部门批准，擅自在位于安阳市彰德路南段路东的本单位院内凿井，水井位置在该单位院内南侧，现场检查时正在施工，已经打了有60米深，直径80毫米，未下井管，在新打水井东30米处有30根水泥制井管排放在地上，每根井管长度有3米，有现场检查笔录、照片为证。该单位在规定日期内未补办取水许可手续，也未封填新打水井，根据现场勘验结果，该单位水井井深60米，直径80毫米，由于该水井封闭时预计所需的材料、人工、运输等费用约5000元，根据《取水许可和水资源费征收管理条例》第四十九条和《河南省水行政处罚裁量标准》第四十九条规定，该单位违法行为轻微，建议对该单位作出如下处理：1. 限五日内封填水井；2. 罚款人民币五千元。

附：安阳市爱邦针织服饰有限责任公司擅自凿井水行政处罚案件卷宗

河南省水事违法案件卷宗

<table>
<tr><td colspan="4">豫水（安）立字〔2009〕第014号</td></tr>
<tr><td>案由</td><td colspan="3">安阳市爱邦针织服饰有限责任公司擅自凿井案</td></tr>
<tr><td rowspan="2">当事人</td><td>名称或姓名</td><td colspan="2">安阳市爱邦针织服饰有限责任公司</td></tr>
<tr><td>地址或住址</td><td colspan="2">安阳市彰德路南段路东</td></tr>
<tr><td>立案日期</td><td>2009年8月28日</td><td>结案日期</td><td>2010年11月14日</td></tr>
<tr><td>处罚（理）决定</td><td colspan="3">1. 限五日内封填水井；
2. 罚款人民币五千元。</td></tr>
<tr><td>复议决定</td><td colspan="3"></td></tr>
<tr><td>法院判决（裁定）</td><td colspan="3"></td></tr>
<tr><td>归档日期</td><td>2009年11月25日</td><td>归档编号</td><td></td></tr>
<tr><td>保存年限</td><td>10年</td><td>承办人</td><td>安卫东　王伟</td></tr>
<tr><td colspan="2">本卷内的文书共计 25 张</td><td>立卷人</td><td>王伟 安卫东</td></tr>
</table>

卷宗目录

序号	文书名称	文号	页号
1	水事违法案件立案呈批表		
2	现场（检查）笔录		
3	调查（询问）通知书	安水调字〔2009〕第014号	
4	送达回证		
5	询问笔录		
6	责令停止违法行为通知书	安水停字〔2009〕第014号	
7	送达回证		
8	安阳市水利局关于封填地下水源井	安水封字〔2009〕第014号	
9	送达回证		
10	水事违法案件讨论笔录		
11	水事违法案件调查报告		
12	行政处罚听证权利告知书	安水听告字〔2009〕第014号	
13	送达回证		
14	行政处罚事先告知书	安水罚先告字〔2009〕第014号	
15	送达回证		
16	法律文书签发单		
17	水行政处罚决定书	安水调字〔2009〕第014号	
18	送达回证		
19	证据材料		
20	结案报告		
21	案件主办人行政执法证		

行政处罚案件立案审批表

<table>
<tr><td rowspan="5">当事人</td><td>单位名称</td><td>安阳市利达铁路器材有限责任公司</td><td>法定代表人</td><td>田新顺</td></tr>
<tr><td>住址</td><td>安阳市彰德路南段路东</td><td>电话</td><td></td></tr>
<tr><td>个人姓名</td><td></td><td>性别</td><td></td></tr>
<tr><td>所在单位</td><td></td><td>电话</td><td></td></tr>
<tr><td>身份证号码</td><td>××××××××××××
××××××××</td><td>个人住址</td><td></td></tr>
<tr><td>案由</td><td colspan="2">安阳市爱邦针织服饰有限责任公司擅自凿井案</td><td>案件来源</td><td>2009年8月28日
群众举报</td></tr>
<tr><td>案件简要情况</td><td colspan="4">经查，安阳市爱邦针织服饰有限责任公司未经水行政主管部门批准，擅自在位于安阳市彰德路南段路东本单位院内凿井，其行为违反了《取水许可和水资源费征收管理条例》第二十一条之规定。</td></tr>
<tr><td>承办人意见</td><td colspan="4">安阳市爱邦针织服饰有限责任公司涉嫌违反了《取水许可和水资源费征收管理条例》第二十一条之规定，建议立案查处。

承办人签名：安卫东 王伟　　2009年8月28日</td></tr>
<tr><td>承办机构审核意见</td><td colspan="4">经审核，建议立案。建议该案件主办人是王伟，协办人是安卫东。

负责人签名：尹中洲　　2009年8月28日</td></tr>
<tr><td>水行政主管部门负责人审批意见</td><td colspan="4">同意立案

负责人签名：马荣洲　　2009年8月28日</td></tr>
</table>

现场（检查）笔录

被调（检）查人姓名：＿＿＿＿ 年龄：＿＿＿＿ 职业：＿＿＿＿

住址：＿＿＿＿

被调（检）查单位名称：安阳市爱邦针织服饰有限责任公司

住址：安阳市彰德路南段路东

被询问人姓名：王修田 性别：男 年龄：＿＿＿＿ 职务：副经理

调（检）查时间：2009 年 8 月 28 日 10 时 15 分至 10 时 52 分

调（检）查地点：安阳市爱邦针织服饰有限责任公司院内南侧

调（检）查人姓名：王伟 证件名称：执法证 执法证编号：豫 GO12–105

记录人员：安卫东 证件名称：执法证 证件编号：豫 GO12–009

调（检）查记录：2009 年 8 月 28 日，我局执法人员王伟、安卫东等，来到安阳市爱邦针织服饰有限责任公司，向该单位副经理王修田出示行政执法证件表明身份并对其说明来意后，对安阳市爱邦针织服饰有限责任公司的凿井情况进行了检查：

1. 安阳市爱邦针织服饰有限责任公司位于安阳市彰德路南段路东，法定代表人是田新顺，该单位在安阳市工商行政管理局登记注册。

2. 在该单位生产车间南侧有一台凿井设备正在凿井，水井已打了有 60 米深，未下井管，凿井设备位于新打水井西侧，直径为 80 毫米。

3. 在该新打水井东 30 米处有 30 根水泥制作的井管，排放在地上，每根井管长度有 3 米。

被调（检）查人员签名或盖章：王修田

被调查人员拒签事由：＿＿＿＿

调（检）查人员签名或盖章：王伟 安卫东

见证人签名或盖章并注明其身份：＿＿＿＿

现场示意图

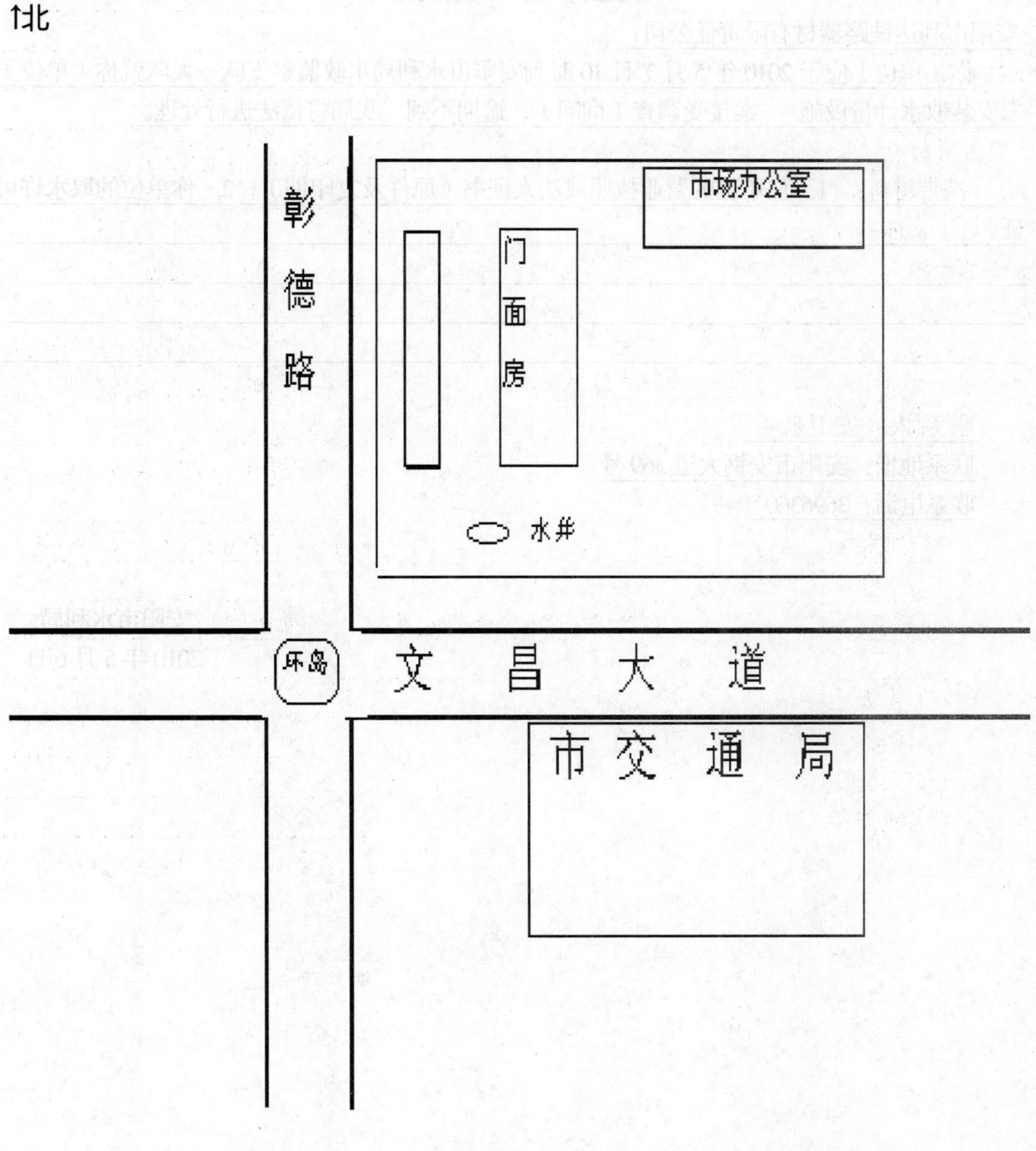

记录人：王伟　　　　　　　　　　　　　　　2009年8月28日

当事人：王修田　　　　　　　　　　　　　　2009年8月28日

调查（询问）通知书

安水调字〔2010〕第105号

安阳市利达铁路器材有限责任公司：

你（单位）应于2010年5月7日10时到安阳市水利局水政监察支队一大队就你（单位）未安装取水计量设施 一案接受调查（询问），逾期不到，我局将依法进行处理。

携带材料：1. 你单位的营业执照或法人证书（原件及复印件）；2. 你单位的取水许可证。

联系人：安卫东

联系地址：安阳市安钢大道369号

联系电话：3696360

安阳市水利局

2010年5月6日

送达回证

<table>
<tr><td>案由</td><td colspan="4"></td></tr>
<tr><td>受送达人</td><td colspan="4">安阳市爱邦针织服饰有限责任公司</td></tr>
<tr><td>送达地点</td><td colspan="4">该单位办公室</td></tr>
<tr><td colspan="2">送达文书</td><td>送达人</td><td>收到日期</td><td>受送达人签名
或盖章</td></tr>
<tr><td colspan="2">调查（询问）通知书
安水调字〔2009〕第014号</td><td>王 伟
安卫东</td><td>2009年8月
28日11时</td><td>王修田</td></tr>
<tr><td colspan="2"></td><td></td><td>年 月
日 时</td><td></td></tr>
<tr><td colspan="2"></td><td></td><td>年 月
日 时</td><td></td></tr>
<tr><td colspan="2"></td><td></td><td>年 月
日 时</td><td></td></tr>
<tr><td>备 注</td><td colspan="4">王修田系该单位副经理</td></tr>
</table>

注：1. 如受送达人不在时，将文件交与他的成年家属、近邻、工作机关或受送达人居住地的乡（镇）政府、村民委员会或街道办事处代收。

2. 如系代收，代收人应在受送达人栏内签名或盖章，并注明与受送达人的关系。

询问笔录

询问时间：2009 年 8 月 31 日 10 时 12 分至 10 时 52 分

询问地点：安阳市水政监察支队会议室

被询问单位名称：安阳市爱邦针织服饰有限责任公司

法定代表人（负责人）：田新顺　　　　　　　　电话：

被询问人姓名：王修田　　性别：男　　电话：5115520

所在单位：安阳市爱邦针织服饰有限责任公司住址：　　　　　　与本案关系：

询问人：王伟　安卫东　　　　证件名称：执法证　　　　执法证编号：豫 G012-105

记录人：安卫东　　　　　　　证件名称：执法证　　　　执法证编号：豫 G012-009

询问内容：我们是安阳市水利局水政执法人员（亮证），现对你单位取用地下水情况进行询问，请你如实回答。

答：好，我知道了。

问：请说一下你的基本情况。

答：我叫王修田，是安阳市爱邦针织服饰有限责任公司的副经理，负责我单位的后勤工作。

问：请说一下你单位的全称和法定代表人。

答：我单位全称是安阳市爱邦针织服饰有限责任公司，法定代表人是田新顺。

问：请说一下你单位的凿井情况。

答：我单位于 2009 年 8 月 26 日开始在我单位院内南侧新打一眼水井，现在已经打了有 60 米深，我单位打这眼水井是准备用于地温空调。

问：你单位打这眼水井是否办理了凿井审批手续？

答：我单位由于时间原因，没有去办理凿井审批手续。

问：你单位找的打井队伍是哪里的？有无凿井资质？

答：我不太清楚。

问：你单位未经水行政主管部门批准擅自凿井行为，违反了《取水许可和水资源费征收管理条例》第二十一条的规定，扰乱了正常的水事管理秩序，请你单位立即停止违法行为，听候处理。

答：好，我知道了。

问：以上情况是否属实？

答：以上情况属实。

问：询问笔录上述内容请你看一看，记录是否属实？

记录属实　　　　王修田

被询问人阅核后签注“询问笔录上述内容，记录属实。”

被询问人签字：　王修田　　　　　　　　　　2009 年 8 月 31 日

拒绝签字的理由：

询问人签字：　王 伟　　　　　　　　　　　2009 年 8 月 31 日

记录人签字：　　　　　　　　　　　　　　　2009 年 8 月 31 日

第 1 页 共 1 页

责令停止水事违法行为通知书

安水停字〔2009〕第014号

安阳市爱邦针织服饰有限责任公司：

经查，你（单位）自2009年8月26日以来，未经水行政主管部门批准，擅自在本单位院内凿井。违反了《取水许可和水资源费征收管理条例》第二十一条第一款“取水申请经审批机关批准，申请人方可兴建取水工程或者设施。……”之规定，依据《取水许可和水资源费征收管理条例》第四十九条“未取得取水申请批准文件擅自建设取水工程或者设施的，责令停止违法行为，限期补办有关手续；逾期不补办或者补办未被批准的，责令限期拆除或者封闭其取水工程或者设施；逾期不拆除或者不封闭其取水工程或者设施的，由县级以上地方人民政府水行政主管部门或者流域管理机构组织拆除或者封闭，所需费用由违法行为人承担，可以处5万元以下罚款”和《河南省水政监察规定》第十五条第二款之规定，现责令立即停止违法行为，听候处理。否则，依法追究法律责任。

附：1. 限你（单位）三日内到安阳市水利局办理凿井审批手续。

2. 携带材料：营业执照（复印件）。

2009年8月31日

联系电话：3696360　　联系人：王伟

联系地址：安钢大道东段路南（水政监察支队一大队）

送达回证

案由			
受送达人	安阳市爱邦针织服饰有限责任公司		
送达地点	安阳市水政监察支队会议室		
送达文书	送达人	收到日期	受送达人签名或盖章
责令停止水事违法行为通知书 安水停字〔2009〕第014号	王 伟 安卫东	2009年8月 31日11时	王修田
		年 月 日 时	
		年 月 日 时	
		年 月 日 时	
备 注	王修田系该单位副经理		

注：1. 如受送达人不在时，将文件交与他的成年家属、近邻、工作机关或受送达人居住地的乡（镇）政府、村民委员会或街道办事处代收。

2. 如系代收，代收人应在受送达人栏内签名或盖章，并注明与受送达人的关系

安阳市水利局

关于封填地下水源井的通知

安水封字〔2009〕第014号

安阳市爱邦针织服饰有限责任公司：

你单位于2009年8月26日以来，未经水行政主管部门批准，擅自在本单位院内凿井，违反了《取水许可和水资源费征收管理条例》第二十一条的规定，根据《取水许可和水资源费征收管理条例》第四十九条，现责令你（单位）于2009年9月 10日17时之前，按规定自行封填你（单位） 院内南侧新打 的地下水源井。逾期不封填的，我局将依照有关法律规定进行处理，由此造成的一切损失由你（单位）承担。

2009年9月4日

安阳市水利局（公章）

送达回证

<table>
<tr><td></td><td colspan="3"></td></tr>
<tr><td>受送达人</td><td colspan="3">安阳市爱邦针织服饰有限责任公司</td></tr>
<tr><td>送达地点</td><td colspan="3">该单位经理办公室</td></tr>
<tr><td>送达文书</td><td>送达人</td><td>收到日期</td><td>受送达人签名
或盖章</td></tr>
<tr><td>安阳市水利局关于封填地下水源
井的通知
安水封字〔2009〕第014号</td><td>王 伟
安卫东</td><td>2009年9月
4日10时</td><td>王修田</td></tr>
<tr><td></td><td></td><td></td><td></td></tr>
<tr><td></td><td></td><td>年 月
日 时</td><td></td></tr>
<tr><td></td><td></td><td>年 月
日 时</td><td></td></tr>
<tr><td>备 注</td><td colspan="3">王修田系该单位副经理</td></tr>
</table>

注：1. 如受送达人不在时，将文件交与他的成年家属、近邻、工作机关或受送达人居住地的乡（镇）政府、村民委员会或街道办事处代收。

2. 如系代收，代收人应在受送达人栏内签名或盖章，并注明与受送达人的关系。

水事违法案件讨论笔录

案　由：安阳市爱邦针织服饰有限责任公司擅自凿井

时　间：2009年9月11日10时20分至10时52分

地　点：安阳市水政监察支队会议室

案件调查人：王伟、安卫东　　记录人：安卫东

参加人员：张怀刚、郝艳军、尉新芳、陈勇、尚宇

讨论内容：关于安阳市爱邦针织服饰有限责任公司擅自凿井一案进行讨论：

一、案件承办人汇报案情及处理意见：2009年8月28日，接群众举报查实，安阳市爱邦针织服饰有限责任公司未经水行政主管部门批准，擅自在位于安阳市彰德路南段路东的本单位院内凿井，水井位置在该单位院内南侧，现场检查时正在施工，已经打了有60米深，直径80毫米,未下井管，在新打水井东30米处有30根水泥制井管排放在地上，每根井管长度有3米，有现场检查笔录、照片为证。该单位在规定日期内未补办取水许可手续，也未封填新打水井，根据现场勘验结果，该单位水井井深60米，直径80毫米，由于该水井封闭时预计所需的材料、人工、运输等费用约5000元，根据《取水许可和水资源费征收管理条例》第四十九条和《河南省水行政处罚裁量标准》第四十九条规定，该单位违法行为轻微，建议对该单位作出如下处理：1. 限五日内封填水井；2. 罚款人民币五千元。

二、参加人员意见：

张怀刚：同意办案人员意见。

郝艳军：同意办案人员意见。

尉新芳：同意办案人员意见。

陈勇：同意办案人员意见。

尚宇：同意办案人员意见。

讨论结果：由于该单位未经水行政主管部门批准，擅自凿井，经集体讨论研究，一致同意对该单位作出如下处理：

1. 限五日内封填水井；

2. 罚款人民币五千元。

参加人员（签字）：张怀刚　郝艳军　尉新芳　陈勇　尚宇　安卫东　王伟

调查报告

当事人的基本情况：安阳市爱邦针织服饰有限责任公司

法定代表人：田新顺　　　　　地 址：安阳市彰德路南段路东

调查时间： 2009年8月28日至2009年9月15日

调查人（签字）：王 伟 安卫东

当事人的违法证据：1. 现场（检查）笔录；2. 询问笔录；3. 视听资料。

违法行为等次：根据该单位的违法事实、性质、情节、社会危害程度和相关证据，该单位的违法行为属轻微。

应受行政处罚的依据和种类：2009年8月28日，接群众举报查实，安阳市爱邦针织服饰有限责任公司未经水行政主管部门批准，擅自在位于安阳市彰德路南段路东的本单位院内凿井，水井位于该单位院内南侧，现场检查时正在施工，已经打了有60米深，直径为80毫米，有现场勘验笔录、调查笔录、视听资料为证。该单位在规定时间内未补办取水许可手续，也未封填新打水井，根据现场勘验结果，该水井井深60米，直径80毫米，该水井封闭时预计所需的材料、人工、运输等费用约五千元。该行为违反了《取水许可和水资源费征收管理条例》第二十一条规定。

行政处罚建议：依据《取水许可和水资源费征收管理条例》第四十九条和《河南省水行政处罚裁量标准》第四十九条规定，结合集体讨论结果，建议对该单位进行如下处理：1、限五日内封填水井；2、罚款人民币五千元。

办案人员：王 伟 安卫东

水政监察机构负责人意见：同意

尹中洲　　　　　　　　2009年9月15日

法制机构负责人意见：同意

侯俊山　　　　　　　　2009年9月15日

机关负责人意见：同意

马荣洲　　　　　　　　2009年9月15日

行政处罚听证权利告知书

安水听告字〔2009〕第014号

安阳市爱邦针织服饰有限责任公司：

经查，你单位自2009年8月26日以来未经水行政主管部门批准，擅自在位于安阳市彰德路南段路东的本单位院内凿井。上述行为违反了《取水许可和水资源费征收管理条例》第二十一条“取水申请经审批机关批准，申请人方可兴建取水工程或者设施。……”之规定，依据《取水许可和水资源费征收管理条例》第四十九条“未取得取水申请批准文件擅自建设取水工程或者设施的，责令停止违法行为，限期补办有关手续；逾期不补办或者补办未被批准的，责令限期拆除或者封闭其取水工程或者设施；逾期不拆除或者不封闭其取水工程或者设施的，由县级以上地方人民政府水行政主管部门或者流域管理机构组织拆除或者封闭，所需费用由违法行为人承担，可以处5万元以下罚款”之规定，拟给予1. 限五日内封填你单位院内南侧新打水井；2. 罚款人民币五千元整的处罚。根据《中华人民共和国行政处罚法》第四十二条“行政机关作出责令停产停业、吊销许可证或者执照、较大数额等行政处罚决定之前，应告知当事人有要求举行听证的权利；……。”的规定，对此你（单位）可以在送达回证上签署意见，也可以在接到本告知书之日起三日内以书面形式向本机关提出听证要求，告知书三日内向本机关进行陈述、申辩，逾期不提出的，视为放弃听证权利；也可以在接到本告知书三日内向本机关进行陈述和申辩。

安阳市水利局

2009年9月21日

联系人：王 伟

联系电话：3696360

联系地址：安钢大道东段路南（水政监察支队一大队）

送达回证

受送达人	安阳市爱邦针织服饰有限责任公司		
送达地点	该单位经理办公室		
送达文书	送达人	收到日期	受送达人签名或盖章
行政处罚听证权利告知书 安水听告字〔2009〕第014号	王 伟 安卫东	2009年9月 21日10时 30分	王修田
		年 月 日 时	
		年 月 日 时	
备 注	王修田系该单位副经理		

注：1. 如受送达人不在时，将文件交与他的成年家属、近邻、工作机关或受送达人居住地的乡（镇）政府、村民委员会或街道办事处代收。

2. 如系代收，代收人应在受送达人栏内签名或盖章，并注明与受送达人的关系。

行政处罚事先告知书

安水罚先告字〔2009〕第014号

安阳市爱邦针织服饰有限责任公司：

你（单位）自2009年8月26日以来，未经水行政主管部门批准，擅自在位于安阳市彰德路南段路东的本单位院内凿井 的行为，违反了《取水许可和水资源费征收管理条例》第二十一条“取水申请经审批机关批准，申请人方可兴建取水工程或者设施。……”之规定，根据《取水许可和水资源费征收管理条例》第四十九条“未取得取水申请批准文件擅自建设取水工程或者设施的，责令停止违法行为，限期补办有关手续；逾期不补办或者补办未被批准的，责令限期拆除或者封闭其取水工程或者设施；逾期不拆除或者不封闭其取水工程或者设施的，由县级以上地方人民政府水行政主管部门或者流域管理机构组织拆除或者封闭，所需费用由违法行为人承担，可以处5万元以下罚款”之规定和《河南省水行政处罚裁量标准》本机关拟对你单位作出 1. 限五日内封填你单位院内南侧新打水井；2. 罚款人民币五千元 的处罚。

根据《中华人民共和国行政处罚法》第三十二条的规定，你单位可以自收到本告知书之日起三日内到安阳市水利局进行陈述、申辩，逾期不陈述、申辩的视为放弃陈述、申辩权利。

安阳市水利局

2009年9月15日

联系人：王 伟

电 话：3696360

送达回证

受送达人	安阳市爱邦针织服饰有限责任公司		
送达地点	该单位经理办公室		
送达文书	送达人	收到日期	受送达人签名或盖章
行政处罚事先告知书 安水罚先告字〔2009〕第014号	王 伟 安卫东	2009年9月 15日9时	王修田
		年 月 日 时	
		年 月 日 时	
备 注	王修田系该单位副经理		

注：1. 如受送达人不在时，将文件交与他的成年家属、近邻、工作机关或受送达人居住地的乡（镇）政府、村民委员会或街道办事处代收。

2. 如系代收，代收人应在受送达人栏内签名或盖章，并注明与受送达人的关系。

法律文书签发单

案 由	安阳市爱邦针织服饰有限责任公司擅自凿井案
法律文书 名称及文号	水行政处罚决定书 安水罚决字〔2009〕第014号
承办人	主办人：王 伟　　承办人：安卫东
支队负责人 审查意见	同意 负责人：尹中洲　　2009年9月26日
机关法制机 构审核意见	同意 负责人：侯俊山　　2009年9月26日
机关负责人 意 见	同意 负责人：马荣洲　　2009年9月26日
备 注	

水行政处罚决定书

安水罚决字〔2009〕第014号

被处罚人（单位）名称：安阳市爱邦针织服饰有限责任公司

地　址：安阳市彰德路南段路东

法定代表人或负责人：田新顺　职务：经理

本机关于2009年8月28日对安阳市爱邦针织服饰有限责任公司立案调查。经查，你（单位）2009年8月26日以来实施了未经水行政主管部门批准，擅自在位于安阳市彰德路南段路东的本单位院内凿井的违法行为。

违法的证据：1. 询问笔录；2. 现场勘验笔录；3. 视听资料。

违法行为等次：根据你单位的违法事实、性质、情节、社会危害程度和相关证据，你单位的违法行为等次属轻微违法行为。

应受行政处罚的依据和种类：上述违法行为事实清楚，证据确凿充分。根据《取水许可和水资源费征收管理条例》第四十九条“未取得取水申请批准文件擅自建设取水工程或者设施的，责令停止违法行为，限期补办有关手续；逾期不补办或者补办未被批准的，责令限期拆除或者封闭其取水工程或者设施；逾期不拆除或者不封闭其取水工程或者设施的，由县级以上地方人民政府水行政主管部门或者流域管理机构组织拆除或者封闭，所需费用由违法行为人承担，可以处5万元以下罚款”和《河南省水行政处罚裁量标准》的规定，决定对你单位作出下列行政处罚：

1. 限五日内封填你单位院内南侧新打水井；2、罚款人民币五千元整。

行政处罚履行方式和期限：你单位应当自接到本决定书之日起15日内将罚款缴至中国工商银行安阳市分行任一储蓄网点（银行罚款代码：43500021）。到期不缴纳的，每日按罚款数额的百分之三加处罚款。

不服行政处罚决定申请行政复议或提起行政诉讼的途径和期限：如不服本决定，可以自收到本决定书之日起六十日内向安阳市人民政府或河南省水利厅申请行政复议，或者在接到本决定书后六个月内直接向安阳市殷都区人民法院提起行政诉讼。逾期不申请行政复议、不向人民法院起诉又不履行本处罚决定的，我局将申请人民法院强制执行。

安阳市水利局

2009年9月26日

送达回证

<table>
<tr><td></td><td colspan="3"></td></tr>
<tr><td>受送达人</td><td colspan="3">安阳市爱邦针织服饰有限责任公司</td></tr>
<tr><td>送达地点</td><td colspan="3">该单位经理办公室</td></tr>
<tr><td>送达文书</td><td>送达人</td><td>收到日期</td><td>受送达人签名
或盖章</td></tr>
<tr><td>水行政处罚决定书
安水罚决字〔2009〕第014号</td><td>王 伟
安卫东</td><td>2009年9月26
日9时25分</td><td>王修田</td></tr>
<tr><td></td><td></td><td></td><td></td></tr>
<tr><td></td><td></td><td>年 月
日 时</td><td></td></tr>
<tr><td></td><td></td><td>年 月
日 时</td><td></td></tr>
<tr><td>备 注</td><td colspan="3">王修田系该单位副经理</td></tr>
</table>

注：1. 如受送达人不在时，将文件交与他的成年家属、近邻、工作机关或受送达人居住地的乡（镇）政府、村民委员会或街道办事处代收。

2. 如系代收，代收人应在受送达人栏内签名或盖章，并注明与受送达人的关系。

现场照片

水事违法案件结案报告

安阳市爱邦针织服饰有限责任公司擅自凿井

承办人：王伟　安卫东

立案时间：2009年8月28日　　　　　　结案时间：2009年11月13日

简要案情及办案经过：安阳市爱邦针织服饰有限责任公司自2009年8月26日以来实施了未经水行政主管部门批准，擅自在位于安阳市彰德路南段路东的本单位院内凿井的违法行为。依据《取水许可和水资源费征收管理条例》第四十九条和《河南省水行政处罚裁量标准》之规定，该单位违法行为属于轻微，我局对该单位作出以下处理：1. 限五日内封填你单位院内南侧新打水井；2. 罚款人民币五千元。

处罚（理）情况：根据《取水许可和水资源费征收管理条例》第四十九条和《河南省水行政处罚裁量标准》之规定，我局于2009年9月25日向安阳市爱邦针织服饰有限责任公司下达了水行政处罚决定书。

执行情况：该单位于2009年9月28日自行封填了地下水源井，并于2009年11月14日缴纳了罚款人民币五千元整。

结案建议：该单位已履行法定义务，建议结案。

办案人员：王伟　安卫东

支队负责人意见：同意结案。

尹中洲　　　　　　　　2009年11月14日

法制机构负责人意见：同意结案。

侯俊山　　　　　　　　2009年11月14日

机关负责人意见：同意结案

马荣洲　　　　　　　　2009年11月14日

附：　　**案件承办人行政执法证复印件**

立卷、验卷情况记载

本案卷于 2010 年 6 月 10 日立卷，本册连面带底共计 35 页，附证物袋 个，内装 件。 立卷人：安卫东
本案卷于 2010 年 6 月 10 日，经验查合格。 检验人：刘朝军

安阳市保平发展有限责任公司擅自取水水行政处罚案

【案情简介】2010 年 4 月 1 日上午 10:00 群众举报后查实，安阳市保平发展有限责任公司未经水行政主管部门批准，擅自在位于安阳市开发区海河大道武夷西路的本单位院内取用地下水，在该单位内办公楼南侧有一眼水井，装有取水设施，管径 1 吋，没有计量设施，抽水管为铁管，现场检查时，正在取用地下水 ，取水用途为生产生活。有现场勘验笔录、调查笔录、视听资料为证。1 吋铁管每小时取水能力为 0.7 立方米，日最大取水能力为 0.7×24=16.8 立方米。由于该单位在公共供水覆盖范围内并且目前仍未停止取用地下水，依据《水法》第六十九条、《河南省水行政处罚自由裁量权适用规则》第八条、《河南省水行政处罚裁量标准》第六十九条规定，建议：1．责令停止取用地下水； 2. 补缴水资源费，水资源费补缴标准为：每立方米 1.6 元；3. 罚款二万元。

附：安阳市保平发展有限责任公司擅自取水水行政处罚案卷宗

河南省水事违法案件卷宗

<table>
<tr><td colspan="5">豫水（安）立字〔2010〕002号</td></tr>
<tr><td>案 由</td><td colspan="4">擅自取水</td></tr>
<tr><td rowspan="2">当事人</td><td>名称或姓名</td><td colspan="3">安阳市保平发展有限责任公司</td></tr>
<tr><td>地址或住址</td><td colspan="3">开发区海河大道武夷西路</td></tr>
<tr><td>立案日期</td><td colspan="2">2010年4月1日</td><td>结案日期</td><td>2010年7月15日</td></tr>
<tr><td>处罚（理）决定</td><td colspan="4">1. 责令停止取用地下水；
2. 罚款人民币二万元；
3. 补缴水资源费</td></tr>
<tr><td>复议决定</td><td colspan="4">维持处罚决定</td></tr>
<tr><td>法院判决（裁定）</td><td colspan="4">无</td></tr>
<tr><td>归档日期</td><td>2010年7月28日</td><td>归档编号</td><td colspan="2"></td></tr>
<tr><td>保存年限</td><td>10年</td><td>承办人</td><td colspan="2">郝艳军　路宏伟</td></tr>
<tr><td colspan="2">本卷内的文书共计 32 张</td><td>立卷人</td><td colspan="2">郝艳军</td></tr>
</table>

卷宗目录

序号	文书名称	文号	页号
1	水事违法案件立案呈批表	安水立〔2010〕002 号	
2	调查（询问）通知书	安水调字〔2010〕002 号	
3	送达回证		
4	勘验笔录		
5	送达回证		
6	询问笔录		
7	责令停止水事违法行为通知书	安水停字〔2010〕第 203 号	
8	送达回证		
9	集体研究讨论笔录		
10	关于限期缴纳水资源费的通知书	安水缴通字〔2010〕002 号	
11	水行政处罚事先告知书	安水罚先告字〔2010〕002 号	
12	0 达回证		
13	陈述申辩笔录		
14	水行政违法当事人陈述申辩审查表		
15	案件调查终结报告		
16	法律文书签发单		
17	水行政处罚决定书	安水安水罚决字〔2010〕002 号	
18	关于限期缴纳水资源费的决定书	安水限缴字〔2010〕002 号	
19	送达回证		
20	行政复议受理通知书（二）		
21	行政复议答复书		
22	安阳市人民政府行政复议决定书	安政复决〔2010〕54 号	
23	票据		
24	封井照片		
25	行政处罚案件结案审批表票据		
26	行政处罚案件结案报告		
27	案件承办人证件		

行政处罚案件立案审批表

<table>
<tr><td rowspan="5">当事人</td><td>单位名称</td><td>安阳市保平发展有限责任公司</td><td>法定代表人</td><td>张喜武</td></tr>
<tr><td>住址</td><td>开发区海河大道武夷西路</td><td>电话</td><td>2131888</td></tr>
<tr><td>个人姓名</td><td></td><td>性别</td><td></td></tr>
<tr><td>所在单位</td><td></td><td>电话</td><td></td></tr>
<tr><td>身份证号码</td><td>××××××××××××××××××××</td><td>个人住址</td><td></td></tr>
<tr><td>案由</td><td colspan="2">擅自取水</td><td>案件来源</td><td>2010年4月1日上午10:00群众举报</td></tr>
<tr><td>案件简要情况</td><td colspan="4">经查，安阳市保平发展有限责任公司未经水行政主管部门批准，擅自在开发区海河大道武夷西路的本单位院内取用地下水，其行为涉嫌违反了《中华人民共和国水法》第四十八条之规定。</td></tr>
<tr><td>承办人意见</td><td colspan="4">安阳市保平发展有限责任公司涉嫌违反了《中华人民共和国水法》第四十八条之规定，建议立案查处。
承办人签名：赫艳军 路宏伟　　2010年4月1日</td></tr>
<tr><td>承办机构审核意见</td><td colspan="4">经审核，建议立案。建议该案件主办人是赫艳军，协办人是路宏伟。
负责人签名：尹中洲　　2010年4月1日</td></tr>
<tr><td>水行政主管部门负责人审批意见</td><td colspan="4">同意立案
负责人签名：马荣洲　　2010年4月1日</td></tr>
</table>

调查（询问）通知书

安水调字〔2010〕002号

安阳市保平发展有限责任公司：

你（单位）应于2010年4月3日9时到安阳市水利局水政监察支队二大队就你单位在开发区海河大道武夷西路的本单位院内取用地下水一案接受调查（询问），逾期不到的，我水行政主管部门将依法进行处理。

携带材料：1. 营业执照复印件

2. 取水许可证及水资源费缴纳凭证

联系人：郝艳军　　路宏伟

联系地址：安阳市安钢大道369号

联系电话：3696353

安阳市水利局

2010年4月2日

送达回证

<table>
<tr><td>案由</td><td colspan="3">擅自取用地下水</td></tr>
<tr><td>受送达人</td><td colspan="3">安阳市保平发展有限责任公司</td></tr>
<tr><td>送达地点</td><td colspan="3">办公楼接待大厅</td></tr>
<tr><td>送达文书</td><td>送达人</td><td>收到日期</td><td>受送达人签名
或盖章</td></tr>
<tr><td>调查（询问）通知书
安水调字〔2010〕002号</td><td>郝艳军
路宏伟</td><td>2010年4月
2日10时</td><td>李楠</td></tr>
<tr><td></td><td></td><td>年 月
日 时</td><td></td></tr>
<tr><td></td><td></td><td>年 月
日 时</td><td></td></tr>
<tr><td></td><td></td><td>年 月
日 时</td><td></td></tr>
<tr><td>备 注</td><td colspan="3">李楠是接待大厅接待人员</td></tr>
</table>

注：1. 如受送达人不在时，将文件交与他的成年家属、近邻、工作机关或受送达人居住地的乡（镇）政府、村民委员会或街道办事处代收。

2. 如系代收，代收人应在受送达人栏内签名或盖章，并注明与受送达人的关系。

勘验笔录

案由：安阳市保平发展有限责任公司擅自取水

勘验时间：2010年4月2日9时00分至9时35分

勘验地点：安阳市开发区海河大道武夷西路

勘验对象：取用水情况　　　　　　　应邀参加人或见证人

勘验人：郝艳军　执法证件名称：行政执法证　执法证编号：GO12-122

勘验人：路宏伟　执法证件名称：行政执法证　执法证编号：GO12-040

记录人：郝艳军　执法证件名称：行政执法证　执法证编号：GO12-122

勘验情况记录：2010年4月2日9时00分，我局水政执法人员郝艳军、路宏伟对安阳市保平发展有限责任公司后勤部主任郭亮亮证表明身份后，对其单位取用水情况进行了检查，结果如下：

1. 安阳市保平发展有限责任公司位于安阳市开发区海河大道武夷西路，法定代表人：张喜武，在我市公共供水范围内。

2. 在该单位院内办公楼南侧有一眼水井，装有取水设施，管径 1 吋，没有计量设施，抽水管为铁管，现场检查时，正在取用地下水 ，取水用途为生产生活。（有照片为证）（可续页）

被勘验单位签名或盖章：郭亮

勘验人（签名或盖章）：郝艳军　路宏伟

应邀参加人或见证人签名或盖章：

附图：　　　　比例尺：　　　北↑

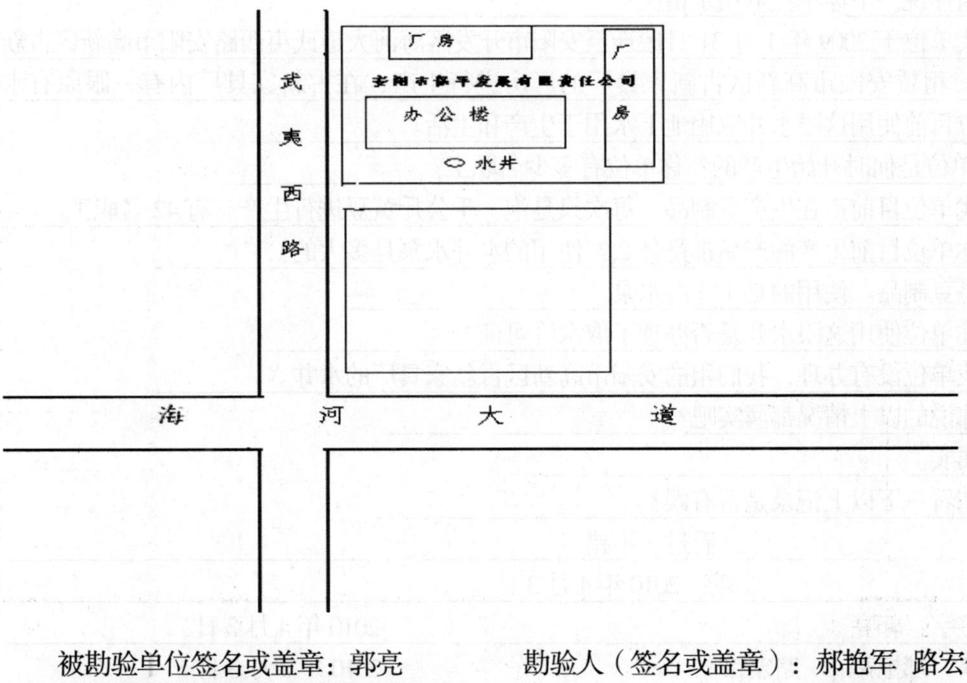

被勘验单位签名或盖章：郭亮　　　　勘验人（签名或盖章）：郝艳军 路宏伟

应邀参加人或见证人签名或盖章：　　　　　　　　2010年4月2日

询问笔录

询问时间：2010年4月3日9时20分至10时15分

询问地点：安阳市水政监察支队二大队办公室

被询问单位名称：安阳市保平发展有限责任公司

法定代表人（负责人）：张喜武

单位或住址：开发区海河大道武夷西路 电话：5176348

询问人：郝艳军 执法证件名称：行政执法证 执法证件号：GO12–122

询问人：路宏伟 执法证件名称：行政执法证 执法证件号：GO12–040

记录人：郝艳军 执法证件名称：行政执法证 执法证件号：GO12–122

询问内容：

问：我们是安阳市水利局水行政执法人员，我是郝艳军，行政执法证号 GO12–122，这位是路宏伟，行政执法证号 GO12–040，这是我们的执法证件，请你确认。现就你单位在开发区海河大道武夷西路的本单位院内取用地下水一案进行调查（询问），根据《中华人民共和国行政处罚法》第三十七条规定，你须配合，并如实回答询问。首先请问你对我们的执法身份有无异议？是否申请回避？

答：没有异议，也不申请回避。

问：请说一下你个人的基本情况。

答：我叫郭亮，是安阳市保平发展有限责任公司行政部主任，负责公司行政管理。

问：请说一下你所在单位的全称、法定代表人是谁。

答：我单位的全称是安阳市保平发展有限责任公司，法人是张喜武。

问：请你说一下你单位取用水情况？

答：我单位于2009年1月31日搬迁至安阳市开发区海河大道武夷西路安阳市高新区古新家具厂内，租赁安阳市高新区古新家具厂的厂房进行生产，在古新家具厂内有一眼原有水井，我单位目前使用这眼水井取用地下水用于生产和生活。

问:你单位是何时开始生产的？你单位有多少名职工？

答：我单位目前正在生产豆制品，每次只是泡一千公斤黄豆进行生产。有42名职工。

问：你单位目前生产的产品都是什么？使用的水井水泵是多大的？

答：是豆制品。使用的是1寸潜水泵。

问：你单位使用这眼水井是否办理了取水许可证？

答：我单位没有办理，我们租的安阳市高新区古新家具厂的水井。

问：你说的以上情况都属实吧？

答：属实。

问：请看一下以上记录是否有误？

看过，不错

郭亮 2010年4月3日

被询问人签字：郭亮 2010年4月3日

询问人签字：郝艳军 路宏伟 2010年4月3日

记录人签字：郝艳军 2010年4月3日

责令停止水事违法行为通知书

安水停字〔2010〕002号

安阳市保平发展有限责任公司：

经查，你（单位）2009年1月31日以来，未经水行政主管部门批准擅自在开发区海河大道武夷西路的本单位院内取用地下水。该行为违反了《中华人民共和国水法》第四十八条第一款“直接从江河、湖泊或者地下取用水资源的单位和个人，应当按照国家取水许可制度和水资源有偿使用制度的规定，向水行政主管部门或者流域管理机构申请领取取水许可证，并缴纳水资源费，取得取水权。但是，家庭生活和零星散养、圈养畜禽饮用等少量取水的除外……”之规定。根据《中华人民共和国水法》第六十九条“有下列行为之一的，由县级以上人民政府水行政主管部门或者流域管理机构依据职权，责令停止违法行为，限期采取补救措施，处二万元以上十万元以下的罚款；情节严重的，吊销其取水许可证：(一)未经批准擅自取水的；(二)未依照批准的取水许可规定条件取水的”之规定，现责令你单位立即停止违法行为，听候处理。否则，依法追究法律责任。

安阳市水利局

2010年4月6日

联系人：郝艳军

联系地址：安阳市安钢大道369号

联系电话：3696353

送达回证

案由	擅自取用地下水		
受送达人	安阳市保平发展有限责任公司		
送达地点	该公司行政部		
送达文书	送达人	收到日期	受送达人签名或盖章
责令停止水事违法行为通知书 安水停字〔2010〕002号	郝艳军 路宏伟	2010年4月 6日10时	郭亮
		年 月 日 时	
		年 月 日 时	
		年 月 日 时	
备 注	王修田系该单位副经理		

注：1. 如受送达人不在时，将文件交与他的成年家属、近邻、工作机关或受送达人居住地的乡（镇）政府、村民委员会或街道办事处代收。

2. 如系代收，代收人应在受送达人栏内签名或盖章，并注明与受送达人的关系

集体研究讨论笔录

事　由：安阳市保平发展有限责任公司擅自取用地下水

时　间：2010 年 4 月 9 日 8 时 25 分至 9 时 15 分

地　点：安阳市水政监察支队会议室

调 查 人：郝艳军、路宏伟　　记录人：郝艳军

参加人员：刘朝军、马艳丽、张怀刚

讨论内容：关于安阳市保平发展有限责任公司擅自取用地下水案件参会人员对以下几个方面进行了讨论：

一、案件主办人介绍案情：2010 年 4 月 1 日上午 10：00 群众举报后查实，安阳市保平发展有限责任公司未经水行政主管部门批准，擅自在位于安阳市开发区海河大道武夷西路的本单位院内取用地下水，在该单位内办公楼南侧有一眼水井，装有取水设施，管径 1 吋，没有计量设施，抽水管为铁管，现场检查时，正在取用地下水 ，取水用途为生产生活。有现场勘验笔录、调查笔录、视听资料为证。1 寸铁管每小时取水能力为 0.7 立方米，日最大取水能力为 0.7×24=16.8 立方米。由于该单位在公共供水覆盖范围内并且目前仍未停止取用地下水，依据《水法》第六十九条、《河南省水行政处罚自由裁量权适用规则》第八条、《河南省水行政处罚裁量标准》第六十九条规定，建议：1．责令停止取用地下水； 2. 补缴水资源费，水资源费补缴标准为：每立方米 1.6 元；3. 罚款二万元。

二、与会人员分别发表意见：

刘朝军：同意主办人意见；

张怀刚：同意；

马艳丽：同意。

讨论结果：由于该单位未经水行政主管部门批准，擅自取用地下水，经集体讨论研究，一致同意对该单位作出如下处理： 1. 责令停止取用地下水；2. 补缴水资源费，水资源费补缴标准为：每立方米 1.6 元；3. 罚款两万元。

参加人员：刘朝军、张怀刚、马艳丽

安阳市水利局关于限期缴纳水资源费的通知书

安水缴通字〔2010〕002号

安阳市保平发展有限责任公司：

你单位自2009年1月31日以来在安阳市开发区海河大道武夷西路的本单位院内取用地下水，根据河南省行业用水定额标准，你单位取用地下水3125____立方米。依据《中华人民共和国水法》、《取水许可和水资源费征收管理条例》、《河南省取水许可制度和水资源费征收管理办法》、《安阳市南水北调工程基金（资金）筹集和管理实施办法》等相关规定，你单位应缴纳水资源费五千元。现责令你单位七日内将上述款项缴到安阳市水资源管理委员会办公室。逾期交纳，我局将依法处理。

附：取水量计算依据一份

单　　位：安阳市水利局

账　　号：62822045258809300l

开 户 行：中行安阳分行

地　　址：文峰立交桥西路南

联系电话：3696353　3696675

2010年4月12日

取水量计算依据

从2009年1月31日至2010年4月12日共计430天，每天用一千公斤黄豆做豆腐，根据河南省用水定额定额值为6立方米水每吨黄豆，取水量计算为430×6=2580吨，应补缴水资源费为2580吨×1.6=4128元；42位工人取水量每日一顿饭按30升/人算取水水资源费为40×430×0.03×1.6吨=872元，共计需补交5000元。

水行政处罚事先告知书

安水罚先告字〔2010〕002号

安阳市保平发展有限责任公司：

你单位自2009年1月31日以来，未经水行政主管部门批准擅自在开发区海河大道武夷西路的本单位院内取用地下水的行为，违反了《中华人民共和国水法》第四十八条第一款“直接从江河、湖泊或者地下取用水资源的单位和个人，应当按照国家取水许可制度和水资源有偿使用制度的规定，向水行政主管部门或者流域管理机构申请领取取水许可证，并缴纳水资源费，取得取水权。……”之规定。

从你（单位）违法行为的事实、性质、情节、社会危害程度和证据看，你（单位）的行为属于一般违法行为。

根据《中华人民共和国水法》第六十九条“有下列行为之一的，由县级以上人民政府水行政主管部门或者流域管理机构依据职权，责令停止违法行为，限期采取补救措施，处二万元以上十万元以下的罚款；情节严重的，吊销其取水许可证：(一)未经批准擅自取水的；(二)未依照批准的取水许可规定条件取水的”和《河南省水行政处罚裁量标准》“……（1）日最大取水能力为取地表水2000立方米以下或者地下水200立方米以下的，责令停止违法行为，限期采取补救措施，处2万元以上3万元以下罚款……”之规定，本机关拟对你（单位）做出1. 责令停止取用地下水；2. 罚款人民币二万元的处罚。

根据《行政处罚法》第三十二条的规定，你单位可以自收到本告知书之日起三日内到安阳市水利局进行陈述、申辩，逾期不陈述、申辩的视为放弃陈述、申辩权利。

2010年4月12日

联系电话：3696353

联系人：郝艳军

联系地址：安钢大道东段路南（市水政监察支队二大队）

送达回证

案由	擅自取水		
受送达人	安阳市保平发展有限责任公司		
送达地点	行政部		
送达文书	送达人	收到日期	受送达人签名或盖章
水行政处罚事先告知书 安水罚先告字〔2010〕002号	郝艳军 路宏伟	2010年4月 12日10时	郭亮
关于限期缴纳水资源费的通知书 安水缴通字〔2010〕002号	郝艳军 路宏伟	2010年4月 12日10时	郭亮
		年 月 日 时	
		年 月 日 时	
备 注	王修田系该单位副经理		

注：1. 如受送达人不在时，将文件交与他的成年家属、近邻、工作机关或受送达人居住地的乡（镇）政府、村民委员会或街道办事处代收。

2. 如系代收，代收人应在受送达人栏内签名或盖章，并注明与受送达人的关系。

陈述申辩笔录

陈述申辩地址：安阳市水政监察支队二大队办公室

陈述申辩时间：2010年4月14日9时05分至9时30分

陈述申辩人：安阳市保平发展有限责任公司

执法人员：郝艳军 执法证件名称：行政执法证 执法证编号：GO12-122

执法人员：路宏伟 执法证件名称：行政执法证 执法证编号：GO12-004

陈述申辩内容：我叫郭亮，是安阳市保平发展有限责任公司行政部主任，负责公司行政管理。2010年4月12日收到你局安水罚先告字〔2010〕002号《水行政处罚事先告知书 》后，今天受我单位委托向贵局进行陈述和申辩：我单位于2009年1月31日搬迁至安阳市开发区海河大道武夷西路安阳市高新区古新家具厂内，租赁安阳市高新区古新家具厂的厂房进行生产，我公司是租赁古新家具厂的场地，厂区内的基础及配套设施都是古新家具厂所有的，其中包括一口地下井，地下井在我公司租赁时就已经存在，地下井的产权归古新家具厂，因此贵局对我公司下达《水行政处罚事先告知书》在对应主体上应为古新家具厂。（附租赁协议）

陈述申辩人签名：郭亮 2010年4月14日

执法人员签名：郝艳军、路宏伟 2010年4月14日

记录人员签名：路宏伟 2010年4月14日

第1页 共1页

水行政违法当事人陈述申辩审查表

陈述申辩时间：2010 年 4 月 14 日安阳市保平发展有限责任公司就安水罚先告字〔2010〕002 号《水行政处罚事先告知书》进行了陈述和申辩。

主要陈述内容及要求：安阳市保平发展有限责任公司是租赁古新家具厂的场地，厂区内的基础及配套设施都是古新家具厂所有的，其中包括一口地下井，地下井在该公司租赁时就已经存在，地下井的产权归古新家具厂，因此对该公司下达《水行政处罚事先告知书》，在对应主体上应为古新家具厂。（附租赁协议）

陈述后拟处理意见：按照租赁协议，水井归古新家具厂所有，但由安阳市保平发展有限责任公司无偿使用和管理，水电费亦由其负责，因此安阳市保平发展有限责任公司是直接取用水资源的单位，是违法行为的主体，拟维持原处罚。

案件承办人：郝艳军　路宏伟　　2010 年 4 月 17 日

承办机构负责人意见：同意。

尹中洲　　2010 年 4 月 17 日

法制机构负责人意见：同意。

侯俊山　　2010 年 4 月 17 日

案件调查终结报告

当事人的基本情况：安阳市保平发展有限责任公司

法定代表人：张喜武

单位地址：安阳市开发区海河大道武夷西路

调查时间：2010年4月2日至2010年4月17日

调查人员：郝艳军　路宏伟

当事人违法的证据：

1. 调查询问笔录一份；　2. 现场检查笔录一份；

3. 陈述申辩笔录一份；　4. 视听资料一份。

违法行为等次：该单位1吋铁管每小时取水能力0.7立方米，日最大取水能力为0.7×24=16.8立方米。从违法行为的事实、性质、情节、社会危害程度和证据看，属于轻微违法行为。

应受行政处罚的依据和种类：根据《中华人民共和国水法》第六十九条“有下列行为之一的，由县级以上人民政府水行政主管部门或者流域管理机构依据职权，责令停止违法行为，限期采取补救措施，处二万元以上十万元以下的罚款；情节严重的，吊销其取水许可证：(一)未经批准擅自取水的；(二)未依照批准的取水许可规定条件取水的”和《河南省水行政处罚裁量标准》“……（1）日最大取水能力为取地表水2000立方米以下或者地下水200立方米以下的，责令停止违法行为，限期采取补救措施，处2万元以上3万元以下罚款……”之规定。

行政处罚建议：

1. 责令停止取用地下水；

2. 罚款人民币二万元。

办案人员签名：郝艳军　路宏伟　2010年4月20日

水政监察机构负责人意见：同意。

尹中州　2010年4月20日

法制机构负责人意见：同意。

侯俊山　2010年4月20日

法律文书签发单

案　由	安阳市保平发展有限责任公司擅自取用地下水
法律文书名称及文号	水行政处罚决定书 安水罚字〔2010〕002号
承办人	建议处罚 郝艳军　路宏伟　　2010年4月21日
支队负责人审查意见	拟同意，请审核 负责人：尹中洲　　2010年4月21日
机关法制机构审核意见	主体认定正确，事实清楚，证据确凿，程序合法，适用法律适当，请审批。 负责人：侯俊山　　2010年4月21日
机关负责人意　见	同意 负责人：马荣洲　　2010年4月21日
备　注	

水行政处罚决定书

安水罚决字〔2010〕002号

被处罚单位：安阳市保平发展有限责任公司

地址：安阳市开发区海河大道武夷西路

法定代表人或负责人：张喜武

本机关于 2010 年 4 月 1 日对安阳市保平发展有限责任公司擅自取水一案立案调查。经查，你单位于 2009 年 1 月 31 日以来实施了未经水行政主管部门批准，擅自在安阳市开发区海河大道武夷西路的本单位院内取用地下水的违法行为。

违法的证据：

1. 调查询问笔录一份；2. 现场检查笔录一份；

3. 陈述申辩笔录一份； 4. 视听资料一份。

违法行为等次：从你单位违法行为的事实、性质、情节、社会危害程度和证据看，你单位的行为属于轻微违法行为。

应受行政处罚的依据和种类：上述违法行为事实清楚,证据确凿充分。根据《中华人民共和国水法》第六十九条："有下列行为之一的，由县级以上人民政府水行政主管部门或者流域管理机构依据职权，责令停止违法行为，限期采取补救措施，处二万元以上十万元以下的罚款；情节严重的，吊销其取水许可证：(一)未经批准擅自取水的；(二)未依照批准的取水许可规定条件取水的。" 和《 河南省水行政处罚裁量标准》"……（1）日最大取水能力为取地表水 2 千立方米以下或者地下水 200 立方米以下的，责令停止违法行为，限期采取补救措施，处 2 万元以上 3 万元以下罚款;……"之规定，决定对你单位作出如下行政处罚：

1. 责令停止取用地下水；

2. 罚款人民币二万元。

行政处罚履行方式和期限：你单位应当自接到本决定书之日起 15 日内将罚款缴至中国工商银行安阳市分行任一储蓄网点（账号：43500021 ）。到期不缴纳的，每日按罚款数额的 3% 加处罚款。

不服行政处罚决定申请行政复议或者提起行政诉讼的途径和期限：如不服本决定，可以自收到本决定书之日起六十日内向安阳市行政复议中心或河南省水利厅申请行政复议，也可自收到本决定书之日起六个月内向安阳市殷都区人民法院提起行政诉讼。逾期不申请行政复议、不向人民法院起诉又不履行本处罚决定的，我局将申请人民法院强制执行。

2010 年 4 月 21 日

安 阳 市 水 利 局

关于限期缴纳水资源费的决定书

安水限缴字〔2010〕002 号

安阳市保平发展有限责任公司：

你单位自 2009 年 1 月 31 日以来在安阳市开发区海河大道武夷西路的本单位院内取用地下水，根据河南省行业用水定额标准，你单位取用地下水 3125 立方米。依据《中华人民共和国水法》、《取水许可和水资源费征收管理条例》、《河南省取水许可制度和水资源费征收管理办法》、《安阳市南水北调工程基金（资金）筹集和管理实施办法》等相关规定，你单位应缴纳水资源费五千元。现责令你单位七日内将上述款项缴到安阳市水资源管理委员会办公室。

如不服本决定，自收到本决定书之日起六十日内可依法向安阳市行政复议中心或河南省水利厅申请行政复议，也可自收到本决定书之日起六个月内向安阳市殷都区人民法院提起行政诉讼。

单　　位：安阳市水利局
账　　号：62822045258809 3001
开 户 行：中行安阳分行
地　　址：文峰立交桥西路南
联系电话：3696353　3696675

2010 年 4 月 21 日

送达回证

案由	擅自取水		
受送达人	安阳市保平发展有限责任公司		
送达地点	行政部		
送达文书	送达人	收到日期	受送达人签名或盖章
水行政处罚决定书 安水罚决字〔2010〕002号	郝艳军 路宏伟	2010年4月 21日10时	郭亮
关于限期缴纳水资源费的决定书 安水限缴字〔2010〕002号	郝艳军 路宏伟	2010年4月 21日10时	郭亮
		年 月 日 时	
		年 月 日 时	
备 注			

注：1. 如受送达人不在时，将文件交与他的成年家属、近邻、工作机关或受送达人居住地的乡（镇）政府、村民委员会或街道办事处代收。

2. 如系代收，代收人应在受送达人栏内签名或盖章，并注明与受送达人的关系。

安阳市人民政府

行政复议受理通知书（二）

安政复〔2010〕54号

安阳市水利局：

安阳市保平发展有限责任公司不服你机关作出的安水罚决字〔2010〕002号《水行政处罚决定书》提出的行政复议申请，我们依法已予受理。依照《中华人民共和国行政复议法》第二十三条的规定，现将行政复议申请书副本（口头申请笔录复印件）发送你机关，请你机关自收到申请书副本（口头申请笔录复印件）之日起10日内，对该行政复议申请提出书面答辩，并提交当初作出该具体行政行为的证据、依据和其他有关材料。

特此通知。

2010年5月25日

（行政复议专用章或者法制工作机制印章）

行政复议申请书副本：

行政复议申请

申请人：安阳市保平发展有限责任公司

被申请人：安阳市水利局

申请：撤销安水罚决字〔2010〕002 号

安阳市人民政府：

2010 年 4 月 21 日安阳市水利局对我单位下达安水罚决字〔2010〕002 号《水行政处罚决定书》，要求我单位停止取用地下水，并交纳二万元罚款，我单位认为被处罚主体认定错误，理由如下：我单位于 2009 年 1 月 31 日搬迁至安阳市开发区海河大道武夷西路安阳市高新区古新家具厂内，租赁安阳市高新区古新家具厂的厂房进行生产，我公司是租赁古新家具厂的场地，厂区内的基础及配套设施都是古新家具厂所有的，其中包括一口地下井，地下井在我公司租赁时就已经存在，地下井的产权归古新家具厂，因此安阳市水利局对我公司下达的《水行政处罚决定书》在对应主体上应为古新家具厂。（附租赁协议）

现我公司特申请行政复议，要求撤销安水罚决字〔2010〕002 号《水行政处罚决定书》

申请人：安阳市保平发展有限责任公司

2010 年 5 月 20 日

行政复议答复书

答复人：安阳市水利局　　　　　住所地：安钢大道369号

法定代表人：江子蔚　　　　　　职务：局长

被答复人：安阳市保平发展有限责任公司

我单位于2010年5月25日收到你机关发送的《行政复议答复通知书》及行政复议申请书副本，现对被答复人不服答复人2010年4月21日对其下达的安水罚决字〔2010〕002号提出的复议请求和理由，现答复如下：

一、被答复人擅自取用地下水违法事实清楚，主体认定正确

被答复人2009年1月31日以来未经水行政主管部门批准，擅自在本单位院内办公楼南侧取用地下水，该事实有现场勘验及调查笔录、录像等证据证实，被答复人对其擅自取水行为也予以认可，并提出补办取水申请。依据安阳高新区古新家具厂和被答复人签订的《房屋租赁合同》，水井产权虽归古新家具厂所有，但由被答复人无偿使用和管理，水电费也由被答复人自理。根据《中华人民共和国水法》第四十八条第一款“直接从江河、湖泊或者地下取用水资源的单位和个人，应当按照国家取水许可制度和水资源有偿使用制度的规定，向水行政主管部门或者流域管理机构申请领取取水许可证，并缴纳水资源费，取得取水权……”，因此被答复人是法定的直接取水人，是违法行为的主体。

二、答复人对被答复人作出的《水行政处罚决定书》安水罚决字〔2010〕002号，程序合法、证据确凿、适用法律法规正确、处罚适当，依法应予维持。

2010年4月2日上午，水政执法人员在巡查中发现被答复人未经水行政主管部门批准，擅自在本单位院内取用地下水，经立案后调查发现该水井装有取水设施，管径1寸，没有安装计量设施，现场检查时正在取用地下水，有勘验笔录、录像为证。4月2日对被答复人下达《调查询问通知书》和《关于限期提供取水许可证及缴费凭证的通知》后做了调查询问笔录，笔录显示被答复人的厂房租用的是安阳高新区古新家具厂的厂房，在厂区内有一眼原有水井，被答复人就是使用这眼水井取用地下水用于生产和生活；另外根据该工作人员提供的《房屋租赁合同》也可证明这眼水井由被答复人无偿使用和管理，水电费自理。根据《中华人民共和国水法》第六十九条“有下列行为之一的，由县级以上人民政府水行政主管部门或者流域管理机构依据职权，责令停止违法行为，限期采取补救措施，处二万元以上十万元以下的罚款；情节严重的，吊销其取水许可证：(一)未经批准擅自取水的……”和《河南省水行政处罚自由裁量权适用规则》第八条、《河南省水行政处罚裁量标准》第六十九条规定，1寸铁管每小时取水能力0.7立方米，日最大取水能力为$0.7\times24=16.8$立方米。从被答复人违法行为的事实、性质、情节、社会危害程度和证据看，该行为属于一般违法行为。答复人4月9日经过集体讨论后拟对其处1. 责令停止取用地下水；2. 罚款人民币二万元整的处罚。4月12日对被答复人下达安水罚先告字〔2010〕002号水行政处罚事先告知书，2010年4月21日送达安水罚字〔2010〕002号《水行政处罚决定书》。上述内容有调查询问笔录、陈述申辩笔录、勘验笔录、录像、送达回证、公证书等为证。

综上所述，答复人对被答复人所作出的《水行政处罚决定书》（安水罚字〔2010〕002号）事实清楚、程序合法、证据确凿、适用法律法规正确、处罚适当，请复议机关审理，并

依法予以维持。

此呈

安阳市人民政府

答复人：安阳市水利局

2010年5月30日

附：　　**全套卷宗1套共28张**

安阳市人民政府行政复议决定书

安政复决〔2010〕54号

申请人：安阳市保平发展有限责任公司

法定代表人：张金新

被申请人：安阳市水利局

法定代表人：江子蔚

申请人不服被申请人于2010年4月21日作出安水罚决字〔2010〕002号《水行政处罚决定书》提出的行政复议申请，我们依法受理后，依法向被申请人送达了行政复议申请书副本及行政复议案件受理通知书。2010年6月10日，本机关召开了听证会，充分听取了双方当事人的意见。本案现已审查终结。

申请人称……（略）。

申请人提供的证据：房屋租赁合同；企业法人营业执照。

被申请人称：……（略）。

被申请人提供的证据……（略）。

被申请人查明的事实：经立案调查，申请人自2009年1月31日以来，未经水行政主管部门批准，擅自在本单位院内取用地下水，有调查笔录、陈述申辩笔录、勘验笔录、视听资料为证。

本机关查明的事实与被申请人查明的事实一致。

本机关认为：……（略）经集体讨论，根据《行政复议法》第二十八条第一款第（一）项之规定，本机关决定：

维持被申请人作出的安水罚决字〔2010〕002号水行政处罚决定。

申请人如不服本决定，可在本决定书送达之日起15日内以被申请人为被告依法向人民法院起诉。

2010年6月25日

罚款和行政事业性收费票据

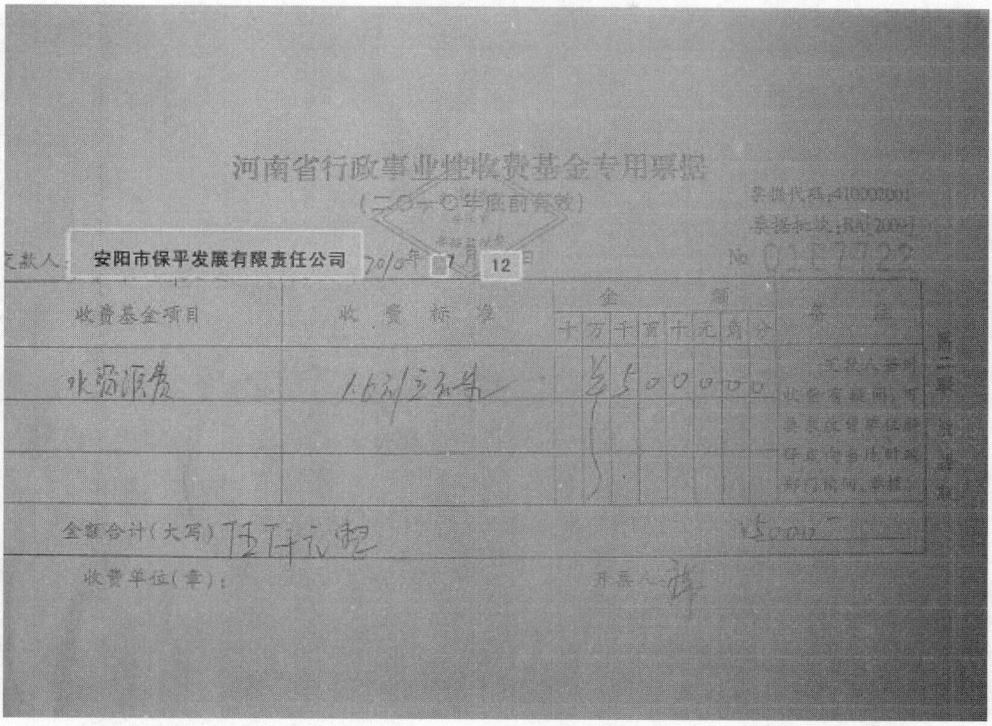

河南省行政事业性收费基金专用票据

(二〇一〇年底前有效)

交款人: 安阳市保平发展有限责任公司 2010年 7 月 12 日

收费基金项目	收费标准	金额	备注
水资源费		¥5000.00	

金额合计(大写) 伍仟元整 ¥5000

收费单位(章): 开票人:

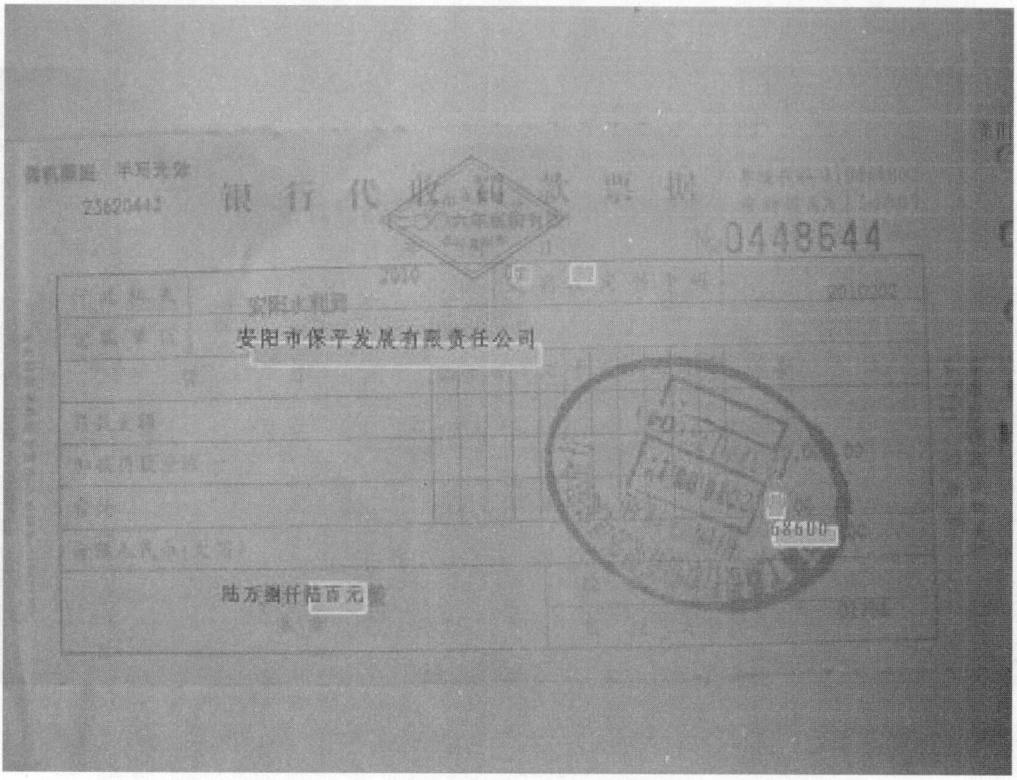

银行代收罚款票据

No 0448644

2010

安阳水利局

安阳市保平发展有限责任公司

陆万捌仟陆佰元整

68600

安阳市保平发展有限责任公司封井照片

行政处罚案件结案审批表

行政处罚文书文号	安水罚决字〔2010〕002号	发文日期	2010年4月21日
案　由	擅自取水	案件来源	举报
立案时间	2010年4月1日		
案件简要情况	经查，安阳市保平发展有限责任公司未经水行政主管部门批准，擅自在本单位院内取用地下水，其行为违反了《中华人民共和国水法》第四十八条第一款之规定。		
行政处罚内容	1. 责令停止取用地下水； 2. 罚款人民币二万元； 3. 补缴水资源费。		
行政处罚执行情况	1. 封填了水井；2. 补缴了水资源费；3. 缴纳了罚款。		
承办人意见	该单位法定义务已履行，建议结案。 承办人签名：郝艳军 路宏伟　　2010年7月15日		
承办机构审核意见	同意 负责人签名：尹中洲　　2010年7月15日		
法制机构意见	同意 负责人签名：侯俊山　　2010年7月15日		
机关负责人意见	同意 负责人签名：马荣洲　　2010年7月15日		

行政处罚案件结案报告

<table>
<tr><td rowspan="2">当事人</td><td>名称</td><td>安阳市保平发展有限责任公司</td><td>法定代表人</td><td colspan="2">张喜武</td></tr>
<tr><td>地址</td><td>开发区海河大道武夷西路</td><td>电　话</td><td colspan="2">2131888</td></tr>
<tr><td>案　由</td><td colspan="2">擅自取水</td><td>案件来源</td><td colspan="2">举报</td></tr>
<tr><td>办案时间</td><td colspan="5">2010 年 4 月 1 日至 2010 年 4 月 21 日</td></tr>
<tr><td>行政处罚
文书文号</td><td colspan="2">安水罚决字〔2010〕002 号</td><td>结案日期</td><td colspan="2">2010 年 7 月 15 日</td></tr>
<tr><td>案件简要情况</td><td colspan="5">经查，安阳市保平发展有限责任公司未经水行政主管部门批准，擅自在本单位院内取用地下水，其行为违反了《中华人民共和国水法》第四十八条第一款之规定。</td></tr>
<tr><td>行政处罚
内　容</td><td colspan="5">1. 责令停止取用地下水；2. 罚款人民币二万元；3. 补缴水资源费。</td></tr>
<tr><td>执行方式</td><td colspan="5">□按程序执行　√复议结案　□诉讼结案　□强制执行</td></tr>
<tr><td>执行结果</td><td colspan="5">1. 封填了水井；2. 补缴了水资源费；3. 缴纳了罚款。</td></tr>
</table>

填表人：郝艳军　　　　　　2010 年 7 月 20 日

附：　　案件承办人行政执法证复印件

立卷、验卷情况记载

本案卷于 2010 年 7 月 21 日立卷，本册连面带底共计 37 页，附证物袋 0 个，内装 0 件。

立卷人：郝艳军

本案卷于 2010 年 7 月 25 日，经验查合格。

检验人：刘朝军

安阳中联钢业有限公司未依照批准的取水许可规定条件取水水行政处罚案

【案情简介】安阳中联钢业有限公司自2010年5月6日以来，未依照批准的取水许可规定条件取水，将批准的生活用水用于生产。在该单位办公楼西侧有一眼水井，安装有取水设施及取水计量设施，现场检查时水井正在取水且用于生产，其地表水供水管道阀门处于关闭状态，地表水蓄水池内无水，生产用水未使用地表水，该单位取用地下水办理了取水许可证，批准的取水用途为生活用水，有现场勘验笔录、调查笔录、视听资料为证。我局于2010年5月18日向该单位下达了《责令停止水事违法行为通知书》，责令该单位停止违法行为，要求其在三日内将通向生产车间的地下水供水管道拆除，停止取用地下水用于生产，该单位在规定时间内拆除了通向生产车间的地下水供水管道，未再取用地下水用于生产。依据《中华人民共和国水法》第六十九条和《河南省水行政处罚裁量标准》中《中华人民共和国水法》第六十九条规定，该单位违法行为属一般违法行为，建议对该单位作出如下处理：罚款人民币三万元。

附：安阳中联钢业有限公司未依照批准的取水许可规定条件取水水行政处罚案卷宗

河南省水事违法案件卷宗

<table>
<tr><td colspan="5">豫水（安）立字〔 2010 〕第106号</td></tr>
<tr><td>案由</td><td colspan="4">未依照批准的取水许可规定条件取水</td></tr>
<tr><td rowspan="2">当事人</td><td>名称或姓名</td><td colspan="3">安阳中联钢业有限公司</td></tr>
<tr><td>地址或住址</td><td colspan="3">安阳市前皇甫村殷都工业园区</td></tr>
<tr><td>立案日期</td><td colspan="2">2010年5月17日</td><td>结案日期</td><td>2010年6月15日</td></tr>
<tr><td>处罚（理）决定</td><td colspan="4">罚款人民币三万元</td></tr>
<tr><td>复议决定</td><td colspan="4"></td></tr>
<tr><td>法院判决（裁定）</td><td colspan="4"></td></tr>
<tr><td>归档日期</td><td colspan="2">2010年6月15日</td><td>归档编号</td><td></td></tr>
<tr><td>保存年限</td><td colspan="2">10年</td><td>承办人</td><td>安卫东　王伟</td></tr>
<tr><td colspan="3">本卷内的文书共计　28　张</td><td>立卷人</td><td>安卫东</td></tr>
</table>

卷宗目录

序号	材料名称	文号	页数
1	行政处罚案件立案审批表	安水立字〔2010〕第103号	
2	现场（检查）笔录		
3	调查（询问）通知书		
4	送达回证	安水改字〔2010〕第103号	
5	询问笔录		
6	责令停止水事违法行为通知书		
7	送达回证		
8	水事违法案件讨论笔录		
9	调查报告		
10	行政处罚事先告知书		
11	送达回证		
12	行政处罚听证告知书		
13	送达回证		
14	法律文书签发单		
15	水行政处罚决定书		
16	送达回证		
17	银行代收罚款票据		
18	现场照片		
19	营业执照复印件		
20	水事违法案件结案报告		
21	案件承办人行政执法证		

行政处罚案件立案审批表

<table>
<tr><td rowspan="5">当事人</td><td>单位名称</td><td>安阳中联钢业有限公司</td><td>法定代表人</td><td>冯地报</td></tr>
<tr><td>住址</td><td>安阳市前皇甫村殷都工业园区</td><td>电话</td><td></td></tr>
<tr><td>个人姓名</td><td></td><td>性别</td><td></td></tr>
<tr><td>所在单位</td><td></td><td>电话</td><td></td></tr>
<tr><td>身份证号码</td><td>××××××××××××××××××</td><td>个人住址</td><td>安阳市龙安区北彰武村</td></tr>
<tr><td>案由</td><td colspan="2">未依照批准的取水许可规定条件取水</td><td>案件来源</td><td>2010年5月17日
自查</td></tr>
<tr><td>案件简要情况</td><td colspan="4">经查，安阳中联钢业有限公司未依照批准的取水许可规定条件取水，将批准的生活用水用于生产。其行为违反了《中华人民共和国水法》第四十八条规定。</td></tr>
<tr><td>承办人意见</td><td colspan="4">安阳中联钢业有限公司涉嫌违反《中华人民共和国水法》第四十八条规定，建议立案查处。
承办人签名：安卫东　王伟　　2010年5月17日</td></tr>
<tr><td>承办机构审核意见</td><td colspan="4">经审核，建议立案。建议该案件主办人是安卫东，协办人是王伟。
负责人签名：尹中洲　　2010年5月17日</td></tr>
<tr><td>水行政主管部门负责人审批意见</td><td colspan="4">同意立案。
负责人签名：马荣洲　　2010年5月17日</td></tr>
</table>

现场（检查）笔录

被调（检）查人姓名：________ 年龄：____ 职业 ____ 住址：________

被调（检）查单位名称：安阳中联钢业有限公司 住址：安阳市前皇甫村殷都工业园区

被询问人姓名：朱正芳 性别：男 年龄：55 职务：部长

调（检）查时间：2010 年 5 月 17 日 15 时 25 分至 15 时 50 分

调（检）查地点：安阳中联钢业有限公司生产厂区

调（检）查人姓名：安卫东　王伟　证件名称：执法证　证件编号：GO12-105

记录人员：安卫东　证件名称：执法证　证件编号：GO12-009

调（检）查记录：2010 年 5 月 17 日 15 时 25 分，我局执法人员安卫东、王伟来到安阳中联钢业有限公司，向该单位能源动力部部长朱正芳出示行政执法证件表明身份并对其说明来意后，对安阳中联钢业有限公司取用地下水场所进行了检查：

1. 安阳中联钢业有限公司位于安阳市前皇甫村殷都工业园区，法定代表人是冯地报，该单位在安阳市工商行政管理局注册登记。

2. 在该单位办公楼西侧有一眼水井，安装有取水设施，在水井取水管上安装有取水计量设施，取水管通向水井北侧的无塔供水器，无塔供水器有两个出水管，分别通向该单位的办公楼和生产车间，现场检查时水井正在抽水。

3. 安阳中联钢业有限公司取用地下水办理了取水许可证，批准的取水用途为生活用水。

4. 该单位地表水供水管道阀门处于关闭状态，生产用水未使用地表水。

被调（检）查人员签名或盖章：朱正芳（捺指印）

被调查人员拒签事由：

调（检）查人员签名或盖章：安卫东　王伟

见证人签名或盖章并注明其身份：

现场示意图

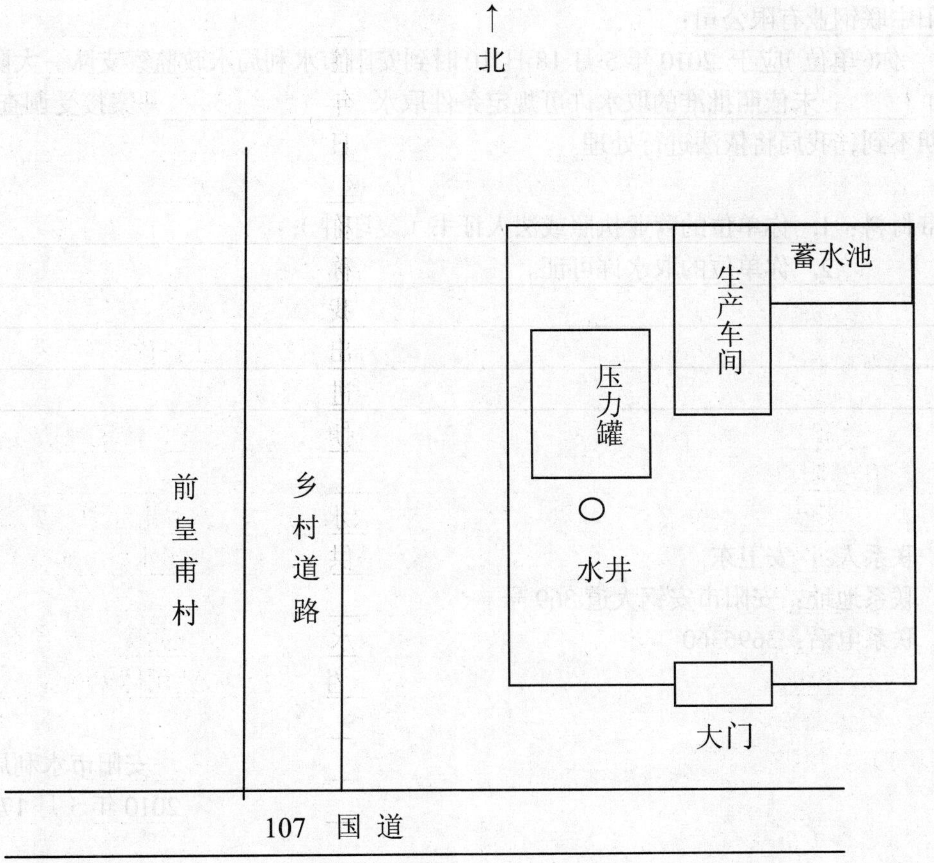

记录人：安卫东　　　　　　　　　　2010年5月17日

当事人：朱正芳（捺指印）　　　　　2010年5月17日

调查（询问）通知书

安水调字〔2010〕第106号

安阳中联钢业有限公司：

你(单位)应于 2010年5月18日10时到安阳市水利局水政监察支队一大队就你(单位)＿＿未依照批准的取水许可规定条件取水＿＿一案接受调查（询问），逾期不到，我局将依法进行处理。

携带材料：1. 你单位的营业执照或法人证书（复印件）；

2. 你单位的取水许可证。

联系人： 安卫东

联系地址：安阳市安钢大道369号

联系电话：3696360

安阳市水利局

2010年5月17日

送达回证

案　　由			
受送达人	安阳中联钢业有限公司		
送达地点	该单位能源动力部		
送达文书	送达人	收到日期	受送达人签名或盖章
调查（询问）通知书 安水调字〔2010〕第 106 号	安卫东 王　伟	2010 年 5 月 17 日 16 时	朱正芳
		年　月 日　时	
		年　月 日　时	
		年　月 日　时	
备　　注	朱正芳是安阳中联钢业有限公司能源动力部部长		

注：1、如受送达人不在时，将文件交与他的成年家属、近邻、工作机关或受送达人居住地的乡（镇）政府、村民委员会或街道办事处代收。

2、如系代收，代收人应在受送达人栏内签名或盖章，并注明与受送达人的关系。

询问笔录

询问时间：2010 年 5 月 18 日 10 时 15 分至 10 时 55 分

询问地点：安阳市水政监察支队一大队办公室

被询问单位名称：安阳中联钢业有限公司

法定代表人（负责人）：冯地报 电话：13939979979

被询问人姓名：朱正芳 性别：男 电话：13598139894

所在单位：安阳中联钢业有限公司 住址：安阳市金水花园 10 号楼 410 号

与本案关系：担任安阳中联钢业有限公司能源动力部部长

询问人：安卫东 王伟 证件名称：执法证 证件编号：GO12-105

记录人：王伟 证件名称：执法证 证件编号：GO12-009

询问内容：

我们是安阳市水利局水政执法人员（亮证），现对你单位取用地下水情况进行询问，请你如实回答。

答：好，我知道了。

问：请说一下你的基本情况。

答：我叫朱正芳，是安阳中联钢业有限公司能源动力部的部长，负责我单位的生产用水工作。

问：请说一下你单位的全称和法定代表人。

答：我单位全称是安阳中联钢业有限公司，法定代表人是冯地报。

问：请说一下你单位的用水情况。

答：我单位的用水为生活用水和生产用水，生活用水使用的是我单位办公楼西侧水井中抽取的地下水，生产用水使用的是地表水，我单位生产用水主要用于循环冷却，由于地表水水价上调及水温比地下水水温高，我单位从 2010 年 5 月 6 日开始使用办公楼西侧的水井取用地下水用于生产，我单位的水井安装了水表，取用地下水缴纳了水资源费，从未拖欠过水资源费。

问：你单位取用地下水是否办理了取水许可证？

答：我单位取用地下水办理了取水许可证。

问：请说一下你单位办理的取水许可证上批准的取水用途。

答：我单位的取水许可证上批准的取水用途为生活用水。

问：你单位将批准的生活用水用于生产，未依照批准的取水许可规定条件取水，违反了《中华人民共和国水法》第四十八条之规定，扰乱了正常的水事管理秩序，请你单位立即停止违法行为，听候处理。

答：好，我知道了。

问：以上情况是否属实？

答：以上情况属实。

问：询问笔录上述内容请你看一看，记录是否属实？

询问笔录上述内容记录属实。朱正芳（捺指印）

被询问人阅核后签注“询问笔录上述内容，记录属实。”

被询问人签字：　　朱正芳（捺指印）　　2010 年 5 月 18 日

拒绝签字的理由：

询问人签字：　安卫东　王 伟　　2010 年 5 月 18 日

记录人签字：　安卫东　　2010 年 5 月 18 日

第 2 页　共 2 页

责令停止水事违法行为通知书

安水停字〔2010〕第106号

安阳中联钢业有限公司：

经查，你（单位）自2010年5月6日以来，未依照批准的取水许可规定条件取水，将批准的生活用水用于生产，违反了《中华人民共和国水法》第四十八条第一款“直接从江河、湖泊或者地下取用水资源的单位和个人，应当按照国家取水许可制度和水资源有偿使用制度的规定，向水行政主管部门或者流域管理机构申请领取取水许可证，并缴纳水资源费，取得取水权。……”之规定，根据《中华人民共和国水法》第六十九条第一款第（二）项、《河南省水政监察规定》第十五条第二款之规定，现责令立即停止违法行为，听候处理。否则，依法追究法律责任。

附：责令你单位限三日内将通向生产车间的地下水供水管道拆除，停止取用地下水用于生产。

安阳市水利局

2010年5月18日

联系电话：3696360

联系人：安卫东

联系地址：安阳市安钢大道369号（安阳市水政监察支队一大队）

送达回证

案　由			
受送达人	安阳中联钢业有限公司		
送达地点	该单位能源动力部		
送达文书	送达人	收到日期	受送达人签名或盖章
责令停止水事违法行为通知书 安水停字〔2010〕第106号	安卫东 王　伟	2010年5月 18日11时	朱正芳
		年　月 日　时	
		年　月 日　时	
		年　月 日　时	
备　注	朱正芳是安阳中联钢业有限公司能源动力部部长		

注：1、如受送达人不在时，将文件交与他的成年家属、近邻、工作机关或受送达人居住地的乡（镇）政府、村民委员会或街道办事处代收。

2、如系代收，代收人应在受送达人栏内签名或盖章，并注明与受送达人的关系。

水事违法案件讨论笔录

第 1 页 共 1 页

案　　由：安阳中联钢业有限公司未依照批准的取水许可规定条件取水

时　　间：2010 年 5 月 25 日 9 时 30 分至 10 时 30 分

地　　点：水政监察支队会议室

案件调查人：安卫东、王 伟　　记录人：安卫东

参加人员：侯俊山、尹中洲、张伟山、刘朝军、张怀刚、耿鸿飞、马艳丽、张征

讨论内容：关于安阳中联钢业有限公司未依照批准的取水许可规定条件取水一案进行了讨论：

一、案件承办人汇报案情及处理意见：安阳中联钢业有限公司自 2010 年 5 月 6 日以来，未依照批准的取水许可规定条件取水，将批准的生活用水用于生产。在该单位办公楼西侧有一眼水井，安装有取水设施及取水计量设施，现场检查时水井正在取水且用于生产，其地表水供水管道阀门处于关闭状态，地表水蓄水池内无水，生产用水未使用地表水，该单位取用地下水办理了取水许可证，批准的取水用途为生活用水，有现场勘验笔录、调查笔录、视听资料为证。我局于 2010 年 5 月 18 日向该单位下达了《责令停止水事违法行为通知书》，责令该单位停止违法行为，要求其在三日内将通向生产车间的地下水供水管道拆除，停止取用地下水用于生产，该单位在规定时间内拆除了通向生产车间的地下水供水管道，未再取用地下水用于生产。依据《中华人民共和国水法》第六十九条和《河南省水行政处罚裁量标准》中《中华人民共和国水法》第六十九条规定，该单位违法行为属一般违法行为，建议对该单位作出如下处理：罚款人民币三万元。

二、参加人员意见：

侯俊山：同意办案人员意见。

尹中洲：同意办案人员意见。

张伟山：同意办案人员意见。

刘朝军：同意办案人员意见。

张怀刚：同意办案人员意见。

张　征：同意办案人员意见。

马艳丽：同意办案人员意见。

耿鸿飞：同意办案人员意见。

讨论结果：由于安阳中联钢业有限公司未依照批准的取水许可规定条件取水，将批准的生活用水用于生产，经集体讨论研究，一致同意对该单位作出如下处理：

1. 罚款人民币三万元。

参加人员（签字）：

侯俊山、尹中洲、张伟山、刘朝军、张怀刚、耿鸿飞、马艳丽、张征

调查报告

当事人的基本情况： 安阳中联钢业有限公司

法定代表人：冯地报　　　　　　　　地 址：安阳市前皇甫村殷都工业园区

调 查 时 间： 2010 年 5 月 17 日至 2010 年 5 月 24 日

调查人（签字）： 安卫东　王 伟

当事人的违法证据： 1. 现场（检查）笔录；2. 询问笔录；3. 视听资料。

应受行政处罚的依据和种类： 安阳中联钢业有限公司自 2010 年 5 月 6 日以来，未依照批准的取水许可规定条件取水，将批准的生活用水用于生产。在该单位办公楼西侧有一眼水井，安装有取水设施及取水计量设施，现场检查时水井正在取水且用于生产，其地表水供水管道阀门处于关闭状态，地表水蓄水池内无水，生产用水未使用地表水，该单位取用地下水办理了取水许可证，批准的取水用途为生活用水，有现场勘验笔录、调查笔录、视听资料为证。我局于 2010 年 5 月 18 日向该单位下达了《责令停止水事违法行为通知书》，责令该单位停止违法行为，要求其在三日内将通向生产车间的地下水供水管道拆除，停止取用地下水用于生产，该单位在规定期限内拆除了通向生产车间的地下水供水管道，上述违法行为事实清楚，证据确凿充分。根据《中华人民共和国水法》第六十九条“有下列行为之一的，由县级以上人民政府水行政主管部门或者流域管理机构依据职权，责令停止违法行为，限期采取补救措施，处二万元以上十万元以下的罚款；情节严重的，吊销其取水许可证：（一）未经批准擅自取水的；（二）未依照批准的取水许可规定条件取水的”和《河南省水行政处罚裁量标准》中《中华人民共和国水法》第六十九条“违法行为情形和处罚标准：取水水源、取水地点、取水用途、退水地点、退水方式及退水量、取水量年内分配等未按照取水许可审批意见执行的（1）停止违法行为，在规定期限内采取补救措施的，处 2 万元以上 5 万元以下的罚款”之规定。

行政处罚建议： 鉴于该单位停止了违法行为，在规定期限内采取了补救措施，按照《河南省水行政处罚裁量标准》的有关规定，其违法行为属一般违法行为，结合集体讨论结果，建议对该单位进行如下处理：罚款人民币三万元。

水政监察机构负责人意见：　同意

尹中洲　　　　2010 年 5 月 26 日

机关法制机构负责人意见：　同意

侯俊山　　　　2010 年 5 月 26 日

行政处罚事先告知书

安水罚先告字〔2010〕第106号

安阳中联钢业有限公司：

你单位自2010年5月6日以来，未依照批准的取水许可规定条件取水，将批准的生活用水用于生产。上述行为违反了《中华人民共和国水法》第四十八条第一款"直接从江河、湖泊或者地下取用水资源的单位和个人，应当按照国家取水许可制度和水资源有偿使用制度的规定，向水行政主管部门或者流域管理机构申请领取取水许可证，并缴纳水资源费，取得取水权。……"之规定。

从你单位违法行为的事实、性质、情节、社会危害程度和证据看，你（单位）的违法行为等次属一般违法行为。

根据《中华人民共和国水法》第六十九条"有下列行为之一的，由县级以上人民政府水行政主管部门或者流域管理机构依据职权，责令停止违法行为，限期采取补救措施，处二万元以上十万元以下的罚款；情节严重的，吊销其取水许可证：（一）未经批准擅自取水的；（二）未依照批准的取水许可规定条件取水的"和《河南省水行政处罚裁量标准》中《中华人民共和国水法》第六十九条"违法行为情形和处罚标准：取水水源、取水地点、取水用途、退水地点、退水方式及退水量、取水量年内分配等未按照取水许可审批意见执行的（1）停止违法行为，在规定期限内采取补救措施的，处2万元以上5万元以下的罚款"之规定，本机关拟对你单位作出罚款人民币三万元的处罚。

根据《中华人民共和国行政处罚法》第三十二条的规定，你单位可以自收到本告知书之日起三日内到安阳市水利局进行陈述、申辩，逾期不陈述、申辩的视为放弃陈述、申辩权利。

安阳市水利局

2010年5月28日

联系人：安卫东

电　话：3696360

送达回证

案　　由			
受送达人	安阳中联钢业有限公司		
送达地点	该单位能源动力部		
送达文书	送达人	收到日期	受送达人签名或盖章
行政处罚事先告知书 安水罚先告字〔2010〕第106号	安卫东 王　伟	2010年5月 28日10时	朱正芳
		年　月 日　时	
		年　月 日　时	
		年　月 日　时	
备　　注	朱正芳是安阳中联钢业有限公司能源动力部部长		

注：1、如受送达人不在时，将文件交与他的成年家属、近邻、工作机关或受送达人居住地的乡（镇）政府、村民委员会或街道办事处代收。

2、如系代收，代收人应在受送达人栏内签名或盖章，并注明与受送达人的关系。

行政处罚听证告知书

安水听告字〔2010〕第106号

安阳中联钢业有限公司：

经查，你单位自2010年5月6日以来，未依照批准的取水许可规定条件取水，将批准的生活用水用于生产。上述行为违反了《中华人民共和国水法》第四十八条第一款"直接从江河、湖泊或者地下取用水资源的单位和个人，应当按照国家取水许可制度和水资源有偿使用制度的规定，向水行政主管部门或者流域管理机构申请领取取水许可证，并缴纳水资源费，取得取水权。……"之规定。

违法行为等次：根据你单位违法行为的事实、性质、情节、社会危害程度和相关证据，你单位的违法行为等次属一般违法行为。

拟给予处罚的依据和种类：本机关依照《中华人民共和国水法》第六十九条"有下列行为之一的，由县级以上人民政府水行政主管部门或者流域管理机构依据职权，责令停止违法行为，限期采取补救措施，处二万元以上十万元以下的罚款；情节严重的，吊销其取水许可证：（一）未经批准擅自取水的；（二）未依照批准的取水许可规定条件取水的"和《河南省水行政处罚裁量标准》中《中华人民共和国水法》第六十九条"违法行为情形和处罚标准：取水水源、取水地点、取水用途、退水地点、退水方式及退水量、取水量年内分配等未按照取水许可审批意见执行的（1）停止违法行为，在规定期限内采取补救措施的，处2万元以上5万元以下的罚款。"之规定，本机关拟对你单位作出罚款人民币三万元的处罚。

申请听证的期限：如你单位要求听证，应当自收到本告知书之日起三日内向我局提出申请。逾期视为放弃听证权利。

安阳市水利局

2010年6月4日

联系人：安卫东

联系电话：3696360

联系地址：安钢大道东段路南（安阳市水政监察支队一大队）

送达回证

<table>
<tr><td>案　由</td><td colspan="3"></td></tr>
<tr><td>受送达人</td><td colspan="3">安阳中联钢业有限公司</td></tr>
<tr><td>送达地点</td><td colspan="3">该单位能源动力部</td></tr>
<tr><td>送达文书</td><td>送达人</td><td>收到日期</td><td>受送达人签名或盖章</td></tr>
<tr><td>行政处罚听证告知书
安水听告字〔2010〕第106号</td><td>安卫东
王　伟</td><td>2010年6月
4日9时</td><td>朱正芳</td></tr>
<tr><td></td><td></td><td>年　月
日　时</td><td></td></tr>
<tr><td></td><td></td><td>年　月
日　时</td><td></td></tr>
<tr><td></td><td></td><td>年　月
日　时</td><td></td></tr>
<tr><td>备　注</td><td colspan="3">朱正芳是安阳中联钢业有限公司能源动力部部长</td></tr>
</table>

注：1、如受送达人不在时，将文件交与他的成年家属、近邻、工作机关或受送达人居住地的乡（镇）政府、村民委员会或街道办事处代收。

2、如系代收，代收人应在受送达人栏内签名或盖章，并注明与受送达人的关系。

法律文书签发单

案　　由	安阳中联钢业有限公司未依照批准的取水许可规定条件取水
法律文书名称及文号	水行政处罚决定书 安水罚决字〔2010〕第106号
承办人	安卫东　　王伟
支队负责人审查意见	负责人：尹中洲　　2010年6月10日
机关法制机构审核意见	负责人：侯俊山　　2010年6月10日
机关负责人意　　见	负责人：马荣洲　　2010 年4月21日
备　　注	

水行政处罚决定书

安水罚决字〔2010〕第106号

被处罚人（单位）名称：安阳中联钢业有限公司

地　　址：安阳市前皇甫村殷都工业园区

法定代表人或负责人：冯地报　　职　务：总经理

本机关于2010年5月17日对你单位未依照批准的取水许可规定条件取水一案立案调查。经查，你单位自2010年5月6日以来，未依照批准的取水许可规定条件取水，将批准的生活用水用于生产。该行为违反了《中华人民共和国水法》第四十八条第一款“直接从江河、湖泊或者地下取用水资源的单位和个人，应当按照国家取水许可制度和水资源有偿使用制度的规定，向水行政主管部门或者流域管理机构申请领取取水许可证，并缴纳水资源费，取得取水权。……”之规定。

违法的证据：1. 调查笔录；2. 现场勘验笔录；3. 视听资料。

违法行为等次：根据你单位的违法事实、性质、情节、社会危害程度和相关证据，你单位的违法行为等次属一般违法行为。

应受行政处罚的依据和种类：上述违法行为事实清楚，证据确凿充分。根据《中华人民共和国水法》第六十九条“有下列行为之一的，由县级以上人民政府水行政主管部门或者流域管理机构依据职权，责令停止违法行为，限期采取补救措施，处二万元以上十万元以下的罚款；情节严重的，吊销其取水许可证：（一）未经批准擅自取水的；（二）未依照批准的取水许可规定条件取水的”和《河南省水行政处罚裁量标准》中《中华人民共和国水法》第六十九条“违法行为情形和处罚标准：取水水源、取水地点、取水用途、退水地点、退水方式及退水量、取水量年内分配等未按照取水许可审批意见执行的（1）停止违法行为，在规定期限内采取补救措施的，处2万元以上5万元以下的罚款。”之规定，决定对你单位作出下列行政处罚：

1. 罚款人民币三万元。

行政处罚履行方式和期限：你单位应当自接到本决定书之日起 15 日内将罚款缴至中国工商银行安阳市分行任一储蓄网点（银行罚款代码：3500021）。到期不缴纳的，每日按罚款数额的百分之三加处罚款。

不服行政处罚决定申请行政复议或提起行政诉讼的途径和期限：如不服本决定，可以自收到本决定书之日起六十日内向安阳市行政复议受理中心或河南省水利厅申请行政复议，或者在接到本决定书后六个月内直接向安阳市殷都区人民法院提起行政诉讼。逾期不申请行政复议、不向人民法院起诉又不履行本处罚决定的，我局将申请人民法院强制执行。

安阳市水利局

2010年6月10日

送达回证

<table>
<tr><td>案　　由</td><td colspan="3"></td></tr>
<tr><td>受送达人</td><td colspan="3">安阳中联钢业有限公司</td></tr>
<tr><td>送达地点</td><td colspan="3">该单位能源动力部</td></tr>
<tr><td>送达文书</td><td>送达人</td><td>收到日期</td><td>受送达人签名或盖章</td></tr>
<tr><td>水行政处罚决定书
安水罚决字〔2010〕第106号</td><td>安卫东
王　伟</td><td>2010年 6月
10日 17时</td><td>朱正芳</td></tr>
<tr><td></td><td></td><td>年　月
日　时</td><td></td></tr>
<tr><td></td><td></td><td>年　月
日　时</td><td></td></tr>
<tr><td></td><td></td><td>年　月
日　时</td><td></td></tr>
<tr><td>备　　注</td><td colspan="3">朱正芳是安阳中联钢业有限公司能源动力部部长</td></tr>
</table>

注：1、如受送达人不在时，将文件交与他的成年家属、近邻、工作机关或受送达人居住地的乡（镇）政府、村民委员会或街道办事处代收。

2、如系代收，代收人应在受送达人栏内签名或盖章，并注明与受送达人的关系。

附：

银行代收罚款票据

现场照片

附：　　　　营业执照复印件

水事违法案件结案报告

案由：安阳中联钢业有限公司未依照批准的取水许可规定条件取水

承办人：　安卫东　王 伟

立案时间：2010 年 5 月 17 日　　　结案时间：2010 年 6 月 15 日

简要案情及办案经过：安阳中联钢业有限公司自 2010 年 5 月 6 日以来，未依照批准的取水许可规定条件取水，将批准的生活用水用于生产。在该单位办公楼西侧有一眼水井，安装有取水设施及取水计量设施，现场检查时水井正在取水且用于生产，其地表水供水管道阀门处于关闭状态，地表水蓄水池内无水，生产用水未使用地表水，该单位取用地下水办理了取水许可证，批准的取水用途为生活用水。我局于 2010 年 5 月 18 日向该单位下达了《责令停止水事违法行为通知书》，责令该单位停止违法行为，要求其在三日内将通向生产车间的地下水供水管道拆除，停止取用地下水用于生产，该单位在规定时间内拆除了通向生产车间的地下水供水管道，依据《水法》第六十九条和《河南省水行政处罚裁量标准》之规定，该单位违法行为属于一般，我局对该单位作出罚款人民币三万元的处罚。

处罚（理）情况：根据《中华人民共和国水法》六十九条和《河南省水行政处罚裁量标准》之规定，我局于 2010 年 6 月 10 日向安阳中联钢业有限公司下达了处罚决定书。

执行情况：该单位于 2010 年 6 月 14 日缴纳了罚款三万元。

结案建议：该单位已履行法定义务，建议结案。

办案人员：　安卫东　王 伟

支队负责人意见：同意。

尹中洲

法制机构负责人意见：同意。

侯俊山

机关负责人意见：同意结案。

马荣洲

附：　**案件承办人行政执法证复印件**

立卷、验卷情况记载

本案卷于 2010 年 6 月 15 日立卷，本册连面带底共计 33 页，附证物袋____个，内装 2 件。

立卷人：安卫东

本案卷于 2010 年 3 月 16 日，经验查合格。

检验人：刘朝军

安阳市利达铁路器材有限责任公司拒不安装计量设施水行政处罚案

【案情简介】安阳市利达铁路器材有限责任公司2010年4月18日以来开始取用地下水用于生活生产，未安装取水计量设施，水井位于该单位生产车间南侧，安装有取水设施，取水设施管径为100毫米。该单位位于安阳市文峰区高宝公路北段路西，在城市建成区以外，没有城市公共供水，有现场勘验笔录、调查笔录、照片为证。我局于2010年5月7日向该单位下达了《限期安装计量设施通知书》，要求该单位于2010年5月11日前安装计量设施，该单位逾期未安装。依据《取水许可和水资源费征收管理条例》第五十三条和《河南省水行政处罚裁量标准》中《取水许可和水资源费征收管理条例》第五十三条“违法行为情形和处罚标准：未安装计量设施的（3）在规定期限内拒不安装的，除按照规定征收水资源费外，处1万元以上2万元以下罚款。”之规定，该单位违法行为属严重违法行为，建议对该单位作出如下处理：1. 罚款人民币一万五千元；2. 按照日最大取水能力计算的取水量和水资源费征收标准计征水资源费，该单位取水设施管径100毫米，日最大取水能力为1209.6立方米，自2010年4月18日以来开始取水，共取水25天，合计取水量为30240立方米，水资源费征收标准为每立方米0.6元，共计征水资源费18144元。

附：安阳市利达铁路器材有限责任公司拒不安装计量设施水行政处罚案卷宗

河南省水事违法案件卷宗

<table>
<tr><td colspan="4">豫水（安）立字〔2010〕第105号</td></tr>
<tr><td>案 由</td><td colspan="3">安阳市利达铁路器材有限责任公司拒不安装计量设施案</td></tr>
<tr><td rowspan="2">当事人</td><td>名称或姓名</td><td colspan="2">安阳市利达铁路器材有限责任公司</td></tr>
<tr><td>地址或住址</td><td colspan="2">安阳市文峰区高宝公路北段路西</td></tr>
<tr><td>立案日期</td><td>2010年5月6日</td><td>结案日期</td><td>2010年6月10日</td></tr>
<tr><td>处罚（理）决定</td><td colspan="3">1. 罚款人民币一万五千元；
2. 补缴水资源费18144元。</td></tr>
<tr><td>复议决定</td><td colspan="3"></td></tr>
<tr><td>法院判决（裁定）</td><td colspan="3"></td></tr>
<tr><td>归档日期</td><td>2010.6.10</td><td>归档编号</td><td></td></tr>
<tr><td>保存年限</td><td>10年</td><td>承办人</td><td>安卫东　王伟</td></tr>
<tr><td colspan="2">本卷内的文书共计 30 张</td><td>立卷人</td><td>安卫东</td></tr>
</table>

卷宗目录

序号	文书名称	文号	页号
1	行政处罚案件立案审批表		
2	现场（检查）笔录		
3	调查（询问）通知书	安水调字〔2010〕第105号	
4	送达回证		
5	询问笔录		
6	限期安装计量设施通知书	限安〔2010〕第105号	
7	送达回证		
8	水事违法案件讨论笔录		
9	调查报告		
10	行政处罚事先告知书	安水罚先告字〔2010〕第105号	
11	限期缴纳水资源费通知书	安水限缴通字〔2010〕第105号	
12	送达回证		
13	行政处罚权利告知书	安水罚权告字〔2010〕第105号	
14	送达回证		
15	法律文书签发单		
16	水行政处罚决定书	安水罚决字〔2010〕第105号	
17	限期缴纳水资源费决定书	安水限缴决字〔2010〕第105号	
18	送达回证		
19	银行代收罚款票据		
20	水资源费缴费票据		
21	现场照片		
22	营业执照复印件		
23	水事违法案件结案报告		
24	办案人员执法证		

行政处罚案件立案审批表

<table>
<tr><td rowspan="5">当事人</td><td>单位名称</td><td>安阳市利达铁路器材有限责任公司</td><td>法定代表人</td><td>雷四清</td></tr>
<tr><td>住址</td><td></td><td>电话</td><td></td></tr>
<tr><td>个人姓名</td><td></td><td>性别</td><td></td></tr>
<tr><td>所在单位</td><td></td><td>电话</td><td></td></tr>
<tr><td>身份证号码</td><td></td><td>个人住址</td><td></td></tr>
<tr><td>案由</td><td colspan="2">拒不安装计量设施</td><td>案件来源</td><td>2010年5月6日
自查</td></tr>
<tr><td>案件简要情况</td><td colspan="4">经查，拒不安装计量设施，其行为违反了《取水许可和水资源费征收管理条例》第四十三条规定。</td></tr>
<tr><td>承办人意见</td><td colspan="4">安阳市利达铁路器材有限责任公司涉嫌违反了《取水许可和水资源费征收管理条例》第四十三条规定，建议立案查处。
承办人签名：安卫东　王伟　　2010年5月6日</td></tr>
<tr><td>承办机构审核意见</td><td colspan="4">经审核，建议立案。建议该案件主办人是安卫东，协办人是王伟。
负责人签名：尹中洲　　2010年5月6日</td></tr>
<tr><td>水行政主管部门负责人审批意见</td><td colspan="4">同意立案
负责人签名：马荣洲　　2010年5月6日</td></tr>
</table>

现场（检查）笔录

被调（检）查人姓名：＿＿＿＿年龄：＿＿＿＿职业：＿＿＿＿

住址：＿＿＿＿

被调（检）查单位名称：安阳市利达铁路器材有限责任公司

住址：安阳市文峰区高宝公路北段路西

被询问人姓名：＿＿性别：＿＿年龄：＿＿职务：＿＿

调（检）查时间：2010 年 5 月 6 日 15 时 20 分至 15 时 50 分

调（检）查地点：安阳市利达铁路器材有限责任公司院内

调（检）查人姓名：安卫东　王伟　证件名称：执法证　证件编号：GO12-105

记录人员：安卫东　证件名称：执法证　证件编号：GO12-009

调（检）查记录：2010 年 5 月 6 日 15 时 20 分，我局执法人员安卫东、王伟来到安阳市利达铁路器材有限责任公司，向该单位机电科工作人员陈庆文出示行政执法证件表明身份并对其说明来意后，对安阳市利达铁路器材有限责任公司取用地下水场所进行了检查：

1. 安阳市利达铁路器材有限责任公司位于安阳市文峰区高宝公路北段路西，法定代表人是雷四清，该单位在安阳市工商行政管理局登记注册。

2. 在该单位生产车间南侧有一眼水井，安装有取水设施，未安装取水计量设施，取水设施为潜水泵，取水设施管径为 100 毫米，现场检查时水井正在抽水。

3. 安阳市利达铁路器材有限责任公司在城市建成区以外、城市公共供水管网没有达到。

被调（检）查人员签名或盖章：陈庆文（捺指印）

被调查人员拒签事由：

调（检）查人员签名或盖章：安卫东　王伟

见证人签名或盖章并注明其身份：

现场示意图

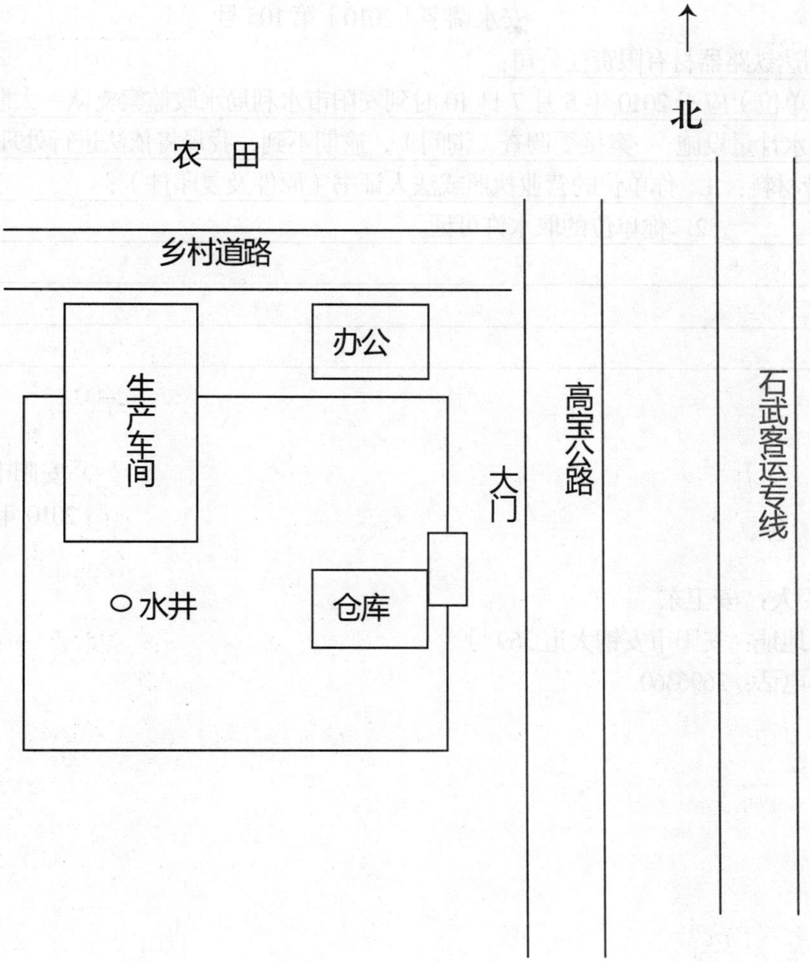

记录人：安卫东　　2010年5月6日

当事人：陈庆文（捺指印）　　2010年5月6日

调查（询问）通知书

安水调字〔2010〕第105号

安阳市利达铁路器材有限责任公司：

你（单位）应于2010年5月7日10时到安阳市水利局水政监察支队一大队就你（单位）未安装取水计量设施 一案接受调查（询问），逾期不到，我局将依法进行处理。

携带材料：1. 你单位的营业执照或法人证书（原件及复印件）；

2. 你单位的取水许可证。

安阳市水利局

2010年5月6日

联 系 人：安卫东

联系地址：安阳市安钢大道369号

联系电话：3696360

送达回证

<table>
<tr><td></td><td colspan="3"></td></tr>
<tr><td>受送达人</td><td colspan="3">安阳市利达铁路器材有限责任公司</td></tr>
<tr><td>送达地点</td><td colspan="3">该单位机电科</td></tr>
<tr><td>送达文书</td><td>送达人</td><td>收到日期</td><td>受送达人签名或盖章</td></tr>
<tr><td>调查（询问）通知书
安水调字〔2010〕第105号</td><td>安卫东
王伟</td><td>2010年5月
6日16时</td><td>陈庆文</td></tr>
<tr><td></td><td></td><td>年 月
日 时</td><td></td></tr>
<tr><td></td><td></td><td>年 月
日 时</td><td></td></tr>
<tr><td></td><td></td><td>年 月
日 时</td><td></td></tr>
<tr><td>备 注</td><td colspan="3">陈庆文是安阳市利达铁路器材有限责任公司机电科科长</td></tr>
</table>

注：1. 如受送达人不在时，将文件交与他的成年家属、近邻、工作机关或受送达人居住地的乡（镇）政府、村民委员会或街道办事处代收。

2. 如系代收，代收人应在受送达人栏内签名或盖章，并注明与受送达人的关系。

询问笔录

询问时间： 2010 年 5 月 7 日 10 时 15 分至 10 时 45 分

询问地点： 安阳市水政监察支队一大队办公室

被询问单位名称： 安阳市利达铁路器材有限责任公司

法定代表人（负责人）： 雷四清 电话：13803723072

被询问人姓名： 陈庆文 性别： 男 电话：13513724743

所在单位： 安阳市利达铁路器材有限责任公司 住址： 同乐花园 5 号楼 20 号

与本案关系： 担任安阳市利达铁路器材有限责任公司机电科科长一职

询问人： 安卫东 王伟 证件名称： 执法证 执法证编号： 豫 G012-009

记录人： 王伟 证件名称： 执法证 执法证编号： 豫 G012-105

询问内容：我们是安阳市水利局水政执法人员（亮证），现对你单位取用地下水情况进行询问，请你如实回答。

答：好，我知道了。

问：请说一下你的基本情况。

答：我叫陈庆文，是安阳市利达铁路器材有限责任公司机电科科长，负责我单位的水、电工作。

问：请说一下你单位的全称和法定代表人。

答：我单位全称是安阳市利达铁路器材有限责任公司，法定代表人是雷四清。

问：请说一下你单位的用水情况。

答：由于我单位距离市区较远，没有城市公共供水，在我单位生产车间南侧有一眼水井，办理了取水许可证，我单位的生产、生活用水都是使用这眼水井取用的地下水。

问：你单位取用地下水是否办理了取水许可证？

答：我单位取用地下水办理了取水许可证。

问：你单位使用这眼水井取用地下水是否安装了计量设施？

答：因为我单位这眼水井取水管上弯头过多，没有很合适的位置安装水表，所以没安装计量设施。

问：你单位是从什么时间开始使用这眼水井取用地下水的？

答：我单位于 2010 年 4 月 18 日开始投入生产，从生产时就开始使用这眼水井取用地下水用于生产。

问：请说一下这眼水井使用的取水设施型号？

答：使用的是潜水泵，具体型号我不清楚，取水管径是 100 毫米的。

问：你单位取用地下水未安装计量设施，违反了《取水许可和水资源费征收管理条例》第四十三条规定，扰乱了正常的水事管理秩序，请你单位立即停止违法行为，听候处理。

答：好，我知道了。

问：以上情况是否属实？

答：以上情况属实。

问：询问笔录上述内容请你看一看，记录是否属实？

答：询问笔录上述内容，记录属实。

被询问人签字：陈庆文（捺指印）　　　　2010年5月7日

拒绝签字的理由：

询问人签字：　安卫东　　王伟　　　　　2010年5月7日

记录人签字：　王伟　　　　　　　　　　2010年5月7日

第2页共2页

限期安装计量设施通知书

限安〔2010〕第105号

安阳市利达铁路器材有限责任公司：

经查，你（单位）于2010年4月18日以来取用地下水，未安装计量设施，违反了《取水许可和水资源费征收管理条例》第四十三条“取水单位或者个人应当依照国家技术标准安装计量设施，保证计量设施正常运行，并按照规定填报取水统计报表”之规定，根据《取水许可和水资源费征收管理条例》第五十三条第一款“未安装计量设施的，责令限期安装，并按照日最大取水能力计算的取水量和水资源费征收标准计征水资源费，处5000元以上2万元以下罚款；情节严重的，吊销取水许可证……”之规定，限你（单位）于2010年5月11日前安装计量设施。

安阳市水利局

2010年5月7日

联系电话：3696360

联系人：安卫东

联系地址：安钢大道369号（安阳市水政监察支队一大队）

送达回证

受送达人	安阳市利达铁路器材有限责任公司			
送达地点	安阳市水政监察支队一大队办公室			
送达文书		送达人	收到日期	受送达人签名或盖章
限期安装计量设施通知书 限安〔2010〕第105号		安卫东 王　伟	2010年5月 7日11时	陈庆文
			年　月 日　时	
			年　月 日　时	
			年　月 日　时	
备　注	陈庆文是安阳市利达铁路器材有限责任公司机电科科长			

注：1. 如受送达人不在时，将文件交与他的成年家属、近邻、工作机关或受送达人居住地的乡（镇）政府、村民委员会或街道办事处代收。

2. 如系代收，代收人应在受送达人栏内签名或盖章，并注明与受送达人的关系

水事违法案件讨论笔录

案由：安阳市利达铁路器材有限责任公司拒不安装计量设施

时间：2010 年 5 月 13 日 9 时 30 分至 10 时 25 分

地点：水政监察支队会议室

案件调查人：安卫东、王伟　记录人：安卫东

参加人员：侯俊山、尹中洲、张伟山、刘朝军、张怀刚、耿鸿飞、马艳丽、张征

讨论内容：关于安阳市利达铁路器材有限公司拒不安装计量设施一案进行了讨论：

一、案件承办人汇报案情及处理意见：安阳市利达铁路器材有限责任公司 2010 年 4 月 18 日以来开始取用地下水用于生活生产，未安装取水计量设施，水井位于该单位生产车间南侧，安装有取水设施，取水设施管径为 100 毫米。该单位位于安阳市文峰区高宝公路北段路西，在城市建成区以外，没有城市公共供水，有现场勘验笔录、调查笔录、照片为证。我局于 2010 年 5 月 7 日向该单位下达了《限期安装计量设施通知书》，要求该单位于 2010 年 5 月 11 日前安装计量设施，该单位逾期未安装。依据《取水许可和水资源费征收管理条例》第五十三条和《河南省水行政处罚裁量标准》中《取水许可和水资源费征收管理条例》第五十三条"违法行为情形和处罚标准：未安装计量设施的（3）在规定期限内拒不安装的，除按照规定征收水资源费外，处 1 万元以上 2 万元以下罚款"之规定，该单位违法行为属严重违法行为，建议对该单位作出如下处理：1. 罚款人民币一万五千元；2. 按照日最大取水能力计算的取水量和水资源费征收标准计征水资源费，该单位取水设施管径 100 毫米，日最大取水能力为 1209.6 立方米，自 2010 年 4 月 18 日以来开始取水，共取水 25 天，合计取水量为 30240 立方米，水资源费征收标准为每立方米 0.6 元，共计征水资源费 18144 元。

二、参加人员意见：

侯俊山：同意办案人员意见。

尹中洲：同意办案人员意见。

张伟山：同意办案人员意见。

刘朝军：同意主办人员意见。

张怀刚：同意办案人员意见。

耿鸿飞：同意办案人员意见。

马艳丽：同意办案人员意见。

张　征：同意办案人员意见。

讨论结果：由于安阳市利达铁路器材有限责任公司拒不安装计量设施，经集体讨论研究，一致同意对该单位作出如下处理：

1. 罚款人民币一万五千元；

2. 按照日最大取水能力计算的取水量和水资源费征收标准计征水资源费，该单位取水设施管径 100 毫米，日最大取水能力为 1209.6 立方米，自 2010 年 4 月 18 日以来开始取水，共取水 25 天，合计取水量为 30240 立方米，水资源费征收标准为每立方米 0.6 元，共计征水资源费 18144 元。

参加人员（签字）：侯俊山、尹中洲、张伟山、刘朝军、张怀刚、耿鸿飞、马艳丽、张 征

调查报告

当事人的基本情况：安阳市利达铁路器材有限责任公司

法定代表人：雷四清　　　地 址：安阳市文峰区高宝公路北段路西

调查时间：2010 年 5 月 6 日至 2010 年 5 月 12 日

调查人（签字）：安卫东　　王伟

当事人的违法证据：1. 现场（检查）笔录；2. 询问笔录；3. 照片。

应受行政处罚的依据和种类：安阳市利达铁路器材有限责任公司自 2010 年 4 月 18 日以来开始取用地下水用于生产生活，未安装取水计量设施。在该单位生产车间南侧有一眼水井，安装有取水设施，取水设施管径为 100 毫米，该单位位于安阳市文峰区高宝公路北段路西，在城市建成区以外，没有城市公共供水，有现场勘验笔录、调查笔录、照片为证。我局于 2010 年 5 月 7 日向该单位下达了《限期安装计量设施通知书》，要求该单位于 2010 年 5 月 11 日前安装计量设施，该单位逾期未安装，上述违法行为事实清楚，证据确凿充分。根据《取水许可和水资源费征收管理条例》第五十三条"未安装计量设施的，责令限期安装，并按照日最大取水能力计算的取水量和水资源费征收标准计征水资源费，处 5000 元以上 2 万元以下罚款；情节严重的，吊销取水许可证……"和《河南省水行政处罚裁量标准》中《取水许可和水资源费征收管理条例》第五十三条"违法行为情形和处罚标准：未安装计量设施的（3）在规定期限内拒不安装的，除按照规定征收水资源费外，处 1 万元以上 2 万元以下罚款"之规定。

行政处罚建议：由于该单位在规定期限内拒不安装取水计量设施，按照《河南省水行政处罚裁量标准》的有关规定，其违法行为等次属严重违法行为，结合集体讨论结果，建议对该单位进行如下处理：1. 罚款人民币一万五千元；2. 按照日最大取水能力计算的取水量和水资源费征收标准计征水资源费，该单位取水设施管径 100 毫米，日最大取水能力为 1209.6 立方米，自 2010 年 4 月 18 日以来开始取水，共取水 25 天，合计取水量为 30240 立方米，水资源费征收标准为每立方米 0.6 元，共计征水资源费 18144 元。

水政监察机构负责人意见：　同意

尹中洲　　　　2010 年 5 月 13 日

机关法制机构负责人意见：　同意

侯俊山　　　　2010 年 5 月 13 日

行政处罚事先告知书

安水罚先告字〔2010〕第105号

安阳市利达铁路器材有限责任公司：

你单位自2010年4月18日以来取用地下水，未安装计量设施。上述行为违反了《取水许可和水资源费征收管理条例》第四十三条“取水单位或者个人应当依照国家技术标准安装计量设施，保证计量设施正常运行，并按照规定填报取水统计报表”之规定。

从你单位违法行为的事实、性质、情节、社会危害程度和证据看，你（单位）的违法行为等次属严重违法行为。

根据《取水许可和水资源费征收管理条例》第五十三条“未安装计量设施的，责令限期安装，并按照日最大取水能力计算的取水量和水资源费征收标准计征水资源费，处5000元以上2万元以下罚款；情节严重的，吊销取水许可证……”和《河南省水行政处罚裁量标准》中《取水许可和水资源费征收管理条例》第五十三条“违法行为情形和处罚标准：未安装计量设施的（3）在规定期限内拒不安装的，除按照规定征收水资源费外，处1万元以上2万元以下罚款”之规定，本机关拟对你单位作出罚款人民币一万五千元的处罚。

根据《中华人民共和国行政处罚法》第三十二条的规定，你单位可以自收到本告知书之日起三日内到安阳市水利局进行陈述、申辩，逾期不陈述、申辩的视为放弃陈述、申辩权利。

安阳市水利局

2010年5月17日

联系人：安卫东

电 话：3696360

安阳市水利局限期缴纳水资源费通知书

安水限缴通字〔2010〕第105号

安阳市利达铁路器材有限责任公司：

你（单位）自2010年4月18日以来取用地下水，未安装计量设施，根据《取水许可和水资源费征收管理条例》第五十三条“未安装计量设施的，责令限期安装，并按照日最大取水能力计算的取水量和水资源费征收标准计征水资源费，处5000元以上2万元以下罚款；情节严重的，吊销取水许可证……”之规定，你单位取用地下水30240立方米。依据《中华人民共和国水法》、《取水许可和水资源费征收管理条例》、《河南省取水许可制度和水资源费征收管理办法》、《安阳市南水北调工程基金（资金）筹集和管理实施办法》等相关规定，你（单位）应缴纳水资源费18144元。现责令你（单位）七日内将上述款项缴到安阳市水资源管理委员会办公室。逾期不缴纳的，我局将依法进行处理。

单　　位：安阳市水利局

账　　号：628220452588093001

开 户 行：中行安阳分行

地　　址：文峰立交桥西路南

联系电话：3696360

安阳市水利局

2010年5月17日

送达回证

受送达人	安阳市利达铁路器材有限责任公司		
送达地点	该单位机电科		
送达文书	送达人	收到日期	受送达人签名或盖章
行政处罚事先告知书 安水罚先告字〔2010〕第105号	安卫东 王伟	2010年5月 17日11时	陈庆文
安阳市水利局限期缴纳水资源费通知书 安水限缴通字〔2010〕第105号	安卫东 王伟	2010年5月 17日11时	陈庆文
		年 月 日 时	
		年 月 日 时	
备 注	陈庆文是安阳市利达铁路器材有限责任公司机电科科长		

注：1. 如受送达人不在时，将文件交与他的成年家属、近邻、工作机关或受送达人居住地的乡（镇）政府、村民委员会或街道办事处代收。

2. 如系代收，代收人应在受送达人栏内签名或盖章，并注明与受送达人的关系。

法律文书签发单

案 由	安阳利达铁路器材有限责任公司拒不安装计量设施
法律文书 名称及文号	水行政处罚决定书 安水罚决字〔2010〕第105号
承办人	安卫东　王伟
支队负责人 审查意见	同 意 负责人：尹中洲　2010年5月27日
机关法制机 构审核意见	同 意 负责人：侯俊山　2010年5月27日
机关负责人 意 见	同 意 负责人：马荣洲　2010年5月27日
备 注	

水行政处罚决定书

安水罚决字〔2010〕第105号

被处罚人（单位）名称：安阳市利达铁路器材有限责任公司

地　址：安阳市文峰区高宝公路北段路西

法定代表人或负责人：雷四清　　职　务：总经理

本机关于 2010 年 5 月 6 日对你单位拒不安装计量设施一案立案调查。经查，你单位自 2010 年 4 月 18 日以来取用地下水，未安装计量设施。上述行为违反了《取水许可和水资源费征收管理条例》第四十三条“取水单位或者个人应当依照国家技术标准安装计量设施，保证计量设施正常运行，并按照规定填报取水统计报表”之规定。

违法的证据：1. 询问笔录；2. 现场勘验笔录；3. 照片。

违法行为等次：根据你单位的违法事实、性质、情节、社会危害程度和相关证据，你单位的违法行为等次属严重违法行为。

应受行政处罚的依据和种类：上述违法行为事实清楚，证据确凿充分。根据《取水许可和水资源费征收管理条例》第五十三条“未安装计量设施的，责令限期安装，并按照日最大取水能力计算的取水量和水资源费征收标准计征水资源费，处 5000 元以上 2 万元以下罚款；情节严重的，吊销取水许可证……”和《河南省水行政处罚裁量标准》中《取水许可和水资源费征收管理条例》第五十三条“违法行为情形和处罚标准：未安装计量设施的（3）在规定期限内拒不安装的，除按照规定征收水资源费外，处 1 万元以上 2 万元以下罚款”之规定，决定对你单位作出下列行政处罚：

1. 罚款人民币一万五千元。

行政处罚履行方式和期限：你单位应当自接到本决定书之日起 15 日内将罚款缴至中国工商银行安阳市分行任一储蓄网点（银行罚款代码：43500021）。到期不缴纳的，每日按罚款数额的百分之三加处罚款。

不服行政处罚决定申请行政复议或提起行政诉讼的途径和期限：如不服本决定，可以自收到本决定书之日起六十日内向安阳市行政复议受理中心或河南省水利厅申请行政复议，或者在接到本决定书后六个月内直接向安阳市殷都区人民法院提起行政诉讼。逾期不申请行政复议、不向人民法院起诉又不履行本处罚决定的，我局将申请人民法院强制执行。

安阳市水利局

2010 年 5 月 28 日

安阳市水利局

限期缴纳水资源费决定书

安水限缴字〔2010〕第105号

安阳市利达铁路器材有限责任公司：

你（单位）自2010年4月18日以来取用地下水，未安装计量设施，根据《取水许可和水资源费征收管理条例》第五十三条"未安装计量设施的，责令限期安装，并按照日最大取水能力计算的取水量和水资源费征收标准计征水资源费，处5000元以上2万元以下罚款；情节严重的，吊销取水许可证……"之规定，你单位取用地下水30240立方米。依据《中华人民共和国水法》、《取水许可和水资源费征收管理条例》、《河南省取水许可制度和水资源费征收管理办法》、《安阳市南水北调工程基金（资金）筹集和管理实施办法》等相关规定，你（单位）应缴纳水资源费18144元。现责令你（单位）七日内将上述款项缴到安阳市水资源管理委员会办公室。逾期不缴纳的，我局将从2010年6月7日起按日加收滞纳部分千分之二的滞纳金，依法处罚并申请人民法院强制执行。

如不服本决定，可以自收到本决定书之日起六十日内向安阳市行政复议受理中心或河南省水利厅申请行政复议，或者在接到本决定书后六个月内直接向安阳市殷都区人民法院提起行政诉讼。逾期不申请行政复议、不向人民法院起诉又不履行本决定的，我局将申请人民法院强制执行。

单　　位：安阳市水利局
账　　号：6282204525880930001
开 户 行：中行安阳分行
地　　址：文峰立交桥西路南
联系电话：3696360

安阳市水利局
2010年5月28日

送达回证

受送达人	安阳市利达铁路器材有限责任公司		
送达地点	该单位机电科		
送达文书	送达人	收到日期	受送达人签名或盖章
水行政处罚决定书 安水罚决字〔2010〕第105号	安卫东 王伟	2010年5月 28日10时	陈庆文
限期缴纳水资源费决定书 安水限缴字〔2010〕第105号	安卫东 王伟	2010年5月 28日10时	陈庆文
		年 月 日 时	
		年 月 日 时	
备 注	陈庆文是安阳市利达铁路器材有限责任公司机电科科长		

注：1. 如受送达人不在时，将文件交与他的成年家属、近邻、工作机关或受送达人居住地的乡（镇）政府、村民委员会或街道办事处代收。

2. 如系代收，代收人应在受送达人栏内签名或盖章，并注明与受送达人的关系。

附： **银行代收罚款票据**

水资源费缴费票据

现场照片

附：

营业执照复印件

水事违法案件结案报告

案　由：安阳市利达铁路器材有限责任公司拒不安装计量设施

承办人：　安卫东　王伟

立案时间：2010年5月6日

结案时间：2010年6月10日

简要案情及办案经过：安阳市利达铁路器材有限责任公司自2010年4月18日以来开始取用地下水用于生产生活，未安装取水计量设施。在该单位生产车间南侧有一眼水井，安装有取水设施，取水设施管径为100毫米，未安装取水计量设施。我局于2010年5月7日向该单位下达了《限期安装计量设施通知书》，要求该单位于2010年5月11日前安装计量设施，该单位逾期未安装。安阳市利达铁路器材有限责任公司位于安阳市文峰区高宝公路北段路西，在城市建成区以外，没有城市公共供水。依据《取水许可和水资源费征收管理条例》第五十三条和《河南省水行政处罚裁量标准》之规定，该单位违法行为属于严重，我局对该单位作出以下处理：1. 罚款人民币一万五千元；2. 按照日最大取水能力计算的取水量和水资源费征收标准计征水资源费，该单位取水设施管径 100mm，日最大取水能力为 1209.6 立方米，自2010年4月18日以来开始取水，共取水25天，合计取水量为30240立方米，水资源费征收标准为每立方米0.6元，共计征水资源费18144元。

处罚（理）情况：根据《取水许可和水资源费征收管理条例》第五十三条和《河南省水行政处罚裁量标准》之规定，我局于2010年5月28日向安阳市利达铁路器材有限责任公司下达了水行政处罚决定书和限期缴纳水资源费决定书。

执行情况：该单位于2010年5月15日安装了取水计量设施，并缴纳了罚款一万五千元及水资源费18144元。

结案建议：该单位已履行法定义务，建议结案。

办案人员：　安卫东 王伟

支队负责人意见：同意。

尹中洲

法制机构负责人意见：同意

侯俊山

机关负责人意见：同意结案。

马荣洲

附：　　　　案件承办人行政执法证复印件

立卷、验卷情况记载

本案卷于 2010 年 6 月 10 日立卷，本册连面带底共计 35 页，附证物袋____个，内装________件。

立卷人：安卫东

本案卷于 2010 年 6 月 10 日，经验查合格。

检验人：刘朝军

安阳市达丰羽绒有限公司拖欠水资源费案

【案情简介】安阳市达丰羽绒有限公司于 2009 年 10 月 17 日至 2010 年 3 月 16 日在其院内取用地下水 16212.5 立方米，共应缴纳水资源费 25840 元。2010 年 1 月 5 日该单位已缴纳 1 万元，还欠 15840 元，该单位以与当地政府有每年包费 1 万元为由，拒绝缴纳所欠水资源费，2010 年 5 月 5 日汤阴县水利局将此案移交我局，主要证据有《水资源费缴纳通知书》、《水资源费限期缴纳决定书》及其《送达回证》、安阳市达丰羽绒有限公司与汤阴县政府签订的《行政事业性收费协议》。经我局审查后认为事实清楚，证据确凿，并于同日进行立案调查后，该单位仍以与当地政府有每年包费 1 万元为由，拒绝缴纳所欠水资源费 15840 元。

附：安阳市达丰羽绒有限公司拖欠水资源费案卷宗

河南省水事违法案件卷宗

豫水（安）立字〔2009〕第1003号			
案由	拖欠水资源费案		
当事人	名称或姓名	安阳市达丰羽绒有限公司	
	地址或住址	殷都区钢三路中段	
立案日期	2010年5月5日	结案日期	2010年10月25日
处罚（理）决定	1. 从2010年5月21日起按日加收滞纳部分千分之二的滞纳金； 2. 罚款人民币47520元。		
复议决定	无		
法院判决（裁定）	准予强制执行		
归档日期	2010年11月15日	归档编号	
保存年限	10年	承办人	郝艳军　路宏伟
本卷内的文书共计　23　张		立卷人	郝艳军

卷宗目录

序号	材料名称	文号	页数
1	行政处罚案件立案审批表		
2	询问通知书	安水调字〔2010〕003 号	
3	送达回证		
4	集体研究讨论笔录		
5	责令改正水事违法行为通知书	安水改字〔2010〕 003 号	
6	送达回证		
7	水行政处罚听证告知书	安水罚听告字〔2010〕第 003	
8	送达回证		
9	水行政处罚事先告知书	安水罚先告字〔2010〕003 号	
10	送达回证		
11	水行政处罚事先告知书	安水罚先告字〔2010〕003 号	
12	送达回证		
13	案件调查终结报告		
14	法律文书签发单		
15	水行政处罚决定书	安水罚决字〔2010〕003 号	
16	送达回证		
17	强制执行申请书		
18	罚款和行政事业性收费票据		
19	行政处罚案件结案审批表		
20	结案报告		
21	办案人员证件		

行政处罚案件立案审批表

当事人	单位名称	安阳市达丰羽绒有限公司	法定代表人	姜亚
	住址	殷都区钢三路中段	电话	2534667
	个人姓名		性别	
	所在单位		电话	
	身份证号码	×××××××××××××××××××	个人住址	殷都区东梁村人
案由	拖欠水资源费案		案件来源	2010年5月5日汤阴县水务局移交
案件简要情况	经查，安阳市达丰羽绒有限公司2009年10月17日至2010年3月16日应缴纳水资源费25840元，还欠15840元，经多次催缴至今仍未缴纳，其行为涉嫌违反了《中华人民共和国水法》第四十八条第一款之规定。			
承办人意见	安阳市达丰羽绒有限公司涉嫌违反了《中华人民共和国水法》第四十八条第一款之规定，建议立案查处。 承办人签名：赫艳军　路宏伟　2010年5月5日			
承办机构审核意见	经审核，建议立案。建议该案件主办人是赫艳军，协办人是路宏伟。 负责人签名：尹中洲　2010年5月5日			
水行政主管部门负责人审批意见	同意立案。 负责人签名：马荣洲　2010年5月5日			

调查（询问）通知书

安水调字〔2010〕003号

安阳市达丰羽绒有限公司:

经查你公司于2009年10月17日至2010年3月16日在你单位院内取用地下水16212.5立方米，共应缴纳水资源费25840元。2010年1月5日你单位已缴纳1万元，还欠15840元，所欠水资源费经多次催缴至今仍未缴纳，请你公司于2010年5月6日10时前到安阳市水利局接受调查（询问），逾期不到的，我水行政主管部门将依法进行处理。

携带材料：1. 营业执照复印件；

2. 2009年10月17日至2010年3月16日水资源费缴纳凭证。

安阳市水利局

2010年5月5日

联系人：郝艳军

联系地址：安阳市安钢大道369号

联系电话：3696353

送达回证

<table>
<tr><td>案　　由</td><td colspan="3">拖欠水资源费</td></tr>
<tr><td>受送达人</td><td colspan="3">安阳市达丰羽绒有限公司</td></tr>
<tr><td>送达地点</td><td colspan="3">该单位办公室</td></tr>
<tr><td>送达文书</td><td>送达人</td><td>收到日期</td><td>受送达人签名或盖章</td></tr>
<tr><td>调查（询问）通知书
安水调字〔2010〕003 号</td><td>郝艳军
路宏伟</td><td>2010 年 5 月
5 日 10 时</td><td>李楠</td></tr>
<tr><td></td><td></td><td>年　月
日　时</td><td></td></tr>
<tr><td></td><td></td><td>年　月
日　时</td><td></td></tr>
<tr><td></td><td></td><td>年　月
日　时</td><td></td></tr>
<tr><td>备　　注</td><td colspan="3">李楠是该单位办公室人员</td></tr>
</table>

注：1、如受送达人不在时，将文件交与他的成年家属、近邻、工作机关或受送达人居住地的乡（镇）政府、村民委员会或街道办事处代收。

2、如系代收，代收人应在受送达人栏内签名或盖章，并注明与受送达人的关系。

集体研究讨论笔录

第 1 页共 1 页

事由：安阳市达丰羽绒有限公司拖欠水资源费案

时间：2010 年 5 月 10 日 8 时 25 分至 9 时 15 分

地　　点：安阳市水政监察支队会议室

调查人：郝艳军、路宏伟　　　　　　记录人：郝艳军

参加人员：刘朝军、马艳丽、张怀刚

讨论内容：关于安阳市达丰羽绒有限公司拖欠水资源费案参会人员对以下几个方面进行了讨论：

一、案件主办人介绍案情：安阳市达丰羽绒有限公司于 2009 年 10 月 17 日至 2010 年 3 月 16 日在其院内取用地下水 16212.5 立方米，共应缴纳水资源费 25840 元。2010 年 1 月 5 日该单位已缴纳 1 万元，还欠 15840 元，该单位以与当地政府有每年包费 1 万元为由，拒绝缴纳所欠水资源费，2010 年 5 月 5 日汤阴县水利局将此案移交我局，主要证据有《水资源费缴纳通知书》、《水资源费限期缴纳决定书》及其《送达回证》、安阳市达丰羽绒有限公司与汤阴县政府签订的《行政事业性收费协议》。经我局审查后认为事实清楚，证据确凿，并于同日进行立案调查后，该单位仍以与当地政府有每年包费 1 万元为由，拒绝缴纳所欠水资源费 15840 元。

二、案件办理人员意见：根据《中华人民共和国水法》第七十条“拒不缴纳、拖延缴纳或者拖欠水资源费的，由县级以上人民政府水行政主管部门或者流域管理机构依据职权，责令限期缴纳；逾期不缴纳的，从滞纳之日起按日加收滞纳部分千分之二的滞纳金，并处应缴或者补缴水资源费一倍以上五倍以下的罚款”、《河南省取水许可和水资源费征收管理办法》第三十一条“……任何单位或者个人不得违反本办法规定擅自减收或者免收水资源费。……”、《河南省水行政处罚裁量标准》“……（3）超过规定的缴纳期限，欠费数额占应缴或者补缴水资源费总额 50%以上的，除按照规定加收滞纳金外，并处欠缴水资源费 3 倍以上 4 倍以下的罚款；……”，建议：责令限期缴纳;逾期不缴纳的，除按照规定加收滞纳金外，并处欠缴水资源费 3 倍的罚款。

二、与会人员分别发表意见：

刘朝军：同意主办人意见。

马艳丽：同意

张怀刚：同意

讨论结果：经集体讨论研究，一致同意对该单位作出如下处理：责令限期缴纳；逾期不缴纳的，除按照规定加收滞纳金外，并处欠缴水资源费 3 倍的罚款。

参加人员：刘朝军、马艳丽、张怀刚

责令改正水事违法行为通知书

安水改字〔2010〕003号

安阳市达丰羽绒有限公司：

经查你公司于2009年10月17日至2010年3月16日在你单位院内取用地下水16212.5立方米，共应缴纳水资源费25840元。2010年1月5日你单位已缴纳1万元，还欠15840元，所欠水资源费经多次催缴至今仍未缴纳，该行为违反了《中华人民共和国水法》第四十八条第一款“直接从江河、湖泊或者地下取用水资源的单位和个人，应当按照国家取水许可制度和水资源有偿使用制度的规定，向水行政主管部门或者流域管理机构申请领取取水许可证，并缴纳水资源费，取得取水权。……”之规定。根据《中华人民共和国水法》第七十条“拒不缴纳、拖延缴纳或者拖欠水资源费的，由县级以上人民政府水行政主管部门或者流域管理机构依据职权，责令限期缴纳；逾期不缴纳的，从滞纳之日起按日加收滞纳部分千分之二的滞纳金，并处应缴或者补缴水资源费一倍以上五倍以下的罚款”之规定，现责令你单位于2010年5月20日前将所欠水资源费15840元汇入指定账户。逾期不缴纳的，我局将依法处理。

安阳市水利局

2010年5月13日

联系人：郝艳军

联系地址：安阳市安钢大道369号

联系电话：3696353

送达回证

<table>
<tr><td>案　　由</td><td colspan="3">拖欠水资源费案</td></tr>
<tr><td>受送达人</td><td colspan="3">安阳市达丰羽绒有限公司</td></tr>
<tr><td>送达地点</td><td colspan="3">该公司行政部</td></tr>
<tr><td>送达文书</td><td>送达人</td><td>收到日期</td><td>受送达人签名或盖章</td></tr>
<tr><td>责令改正违法行为通知书
安水改字〔2010〕003 号</td><td>郝艳军
路宏伟</td><td>2010 年 5 月
13 日 10 时</td><td>李楠</td></tr>
<tr><td></td><td></td><td></td><td></td></tr>
<tr><td></td><td></td><td>年　月
日　时</td><td></td></tr>
<tr><td></td><td></td><td>年　月
日　时</td><td></td></tr>
<tr><td>备　　注</td><td colspan="3"></td></tr>
</table>

注：1、如受送达人不在时，将文件交与他的成年家属、近邻、工作机关或受送达人居住地的乡（镇）政府、村民委员会或街道办事处代收。

2、如系代收，代收人应在受送达人栏内签名或盖章，并注明与受送达人的关系。

水行政处罚听证告知书

安水罚听告字〔2010〕第 003 号

安阳市达丰羽绒有限公司:

经查你公司于2009年10月17日至2010年3月16日在你单位院内取用地下水16212.5立方米，共应缴纳水资源费25840元。2010年1月5日你单位已缴纳1万元，还欠15840元，所欠水资源费经多次催缴至今仍未缴纳，该行为违反了《中华人民共和国水法》第四十八条第一款“直接从江河、湖泊或者地下取用水资源的单位和个人，应当按照国家取水许可制度和水资源有偿使用制度的规定，向水行政主管部门或者流域管理机构申请领取取水许可证，并缴纳水资源费，取得取水权。……”之规定。

违法行为等次：根据你单位违法行为的事实、性质、情节、社会危害程度和相关证据，你单位的行为属较重的违法行为。

拟给予处罚的依据和种类：由于你单位在2010年5月20日前没有将所欠水资源费15840元汇入指定账户，根据《中华人民共和国水法》第七十条“拒不缴纳、拖延缴纳或者拖欠水资源费的，由县级以上人民政府水行政主管部门或者流域管理机构依据职权，责令限期缴纳；逾期不缴纳的，从滞纳之日起按日加收滞纳部分千分之二的滞纳金，并处应缴或者补缴水资源费一倍以上五倍以下的罚款”和《河南省水行政处罚裁量标准》“…… （3）超过规定的缴纳期限，欠费数额占应缴或者补缴水资源费总额50%以上的，除按照规定加收滞纳金外，并处欠缴水资源费3倍以上4倍以下的罚款；……”之规定，本机关拟对你（单位）作出1. 从2010年5月21日起按日加收滞纳部分千分之二的滞纳金；2. 罚款人民币47520元的处罚。

申请听证的期限：如你单位要求听证，应当自收到本告知书之日起三日内向我局提出申请。逾期视为放弃听证权利。

安阳市水利局

2010年 5月 21日

联系人：郝艳军

电话：3696353

地址：安钢大道东段369号

送达回证

<table>
<tr><td>案　　由</td><td colspan="4">拖欠水资源费案</td></tr>
<tr><td>受送达人</td><td colspan="4">安阳市达丰羽绒有限公司</td></tr>
<tr><td>送达地点</td><td colspan="4">该公司行政部</td></tr>
<tr><td colspan="2">送达文书</td><td>送达人</td><td>收到日期</td><td>受送达人签名或盖章</td></tr>
<tr><td colspan="2">水行政处罚听证告知书
安水罚听告字〔2010〕第003号</td><td>郝艳军
路宏伟</td><td>2010年5月
21日10时</td><td>李楠</td></tr>
<tr><td colspan="2"></td><td></td><td></td><td></td></tr>
<tr><td colspan="2"></td><td></td><td>年　月
日　时</td><td></td></tr>
<tr><td colspan="2"></td><td></td><td>年　月
日　时</td><td></td></tr>
<tr><td>备　　注</td><td colspan="4"></td></tr>
</table>

注：1、如受送达人不在时，将文件交与他的成年家属、近邻、工作机关或受送达人居住地的乡（镇）政府、村民委员会或街道办事处代收。

2、如系代收，代收人应在受送达人栏内签名或盖章，并注明与受送达人的关系。

水行政处罚事先告知书

安水罚先告字〔2010〕003号

安阳市达丰羽绒有限公司：

经查你公司于2009年10月17日至2010年3月16日在你单位院内取用地下水16212.5立方米，共应缴纳水资源费25840元。2010年1月5日你单位已缴纳1万元，还欠15840元，所欠水资源费经多次催缴至今仍未缴纳，该行为违反了《中华人民共和国水法》第四十八条第一款“直接从江河、湖泊或者地下取用水资源的单位和个人，应当按照国家取水许可制度和水资源有偿使用制度的规定，向水行政主管部门或者流域管理机构申请领取取水许可证，并缴纳水资源费，取得取水权。……”之规定。

从你（单位）违法行为的事实、性质、情节、社会危害程度和证据看，你（单位）的行为属于较重的违法行为。

由于你单位在2010年5月20日前没有将所欠水资源费15840元汇入指定账户。根据《中华人民共和国水法》第七十条“拒不缴纳、拖延缴纳或者拖欠水资源费的，由县级以上人民政府水行政主管部门或者流域管理机构依据职权，责令限期缴纳；逾期不缴纳的，从滞纳之日起按日加收滞纳部分千分之二的滞纳金，并处应缴或者补缴水资源费一倍以上五倍以下的罚款”和《河南省水行政处罚裁量标准》“……（3）超过规定的缴纳期限，欠费数额占应缴或者补缴水资源费总额50%以上的，除按照规定加收滞纳金外，并处欠缴水资源费3倍以上4倍以下的罚款；……”之规定，本机关拟对你（单位）作出**1. 从2010年5月21日起按日加收滞纳部分千分之二的滞纳金；2. 罚款人民币47520元**的处罚。

根据《行政处罚法》第三十二条的规定，你单位可以自收到本告知书之日起三日内到安阳市水利局进行陈述、申辩，逾期不陈述、申辩的视为放弃陈述、申辩权利。

安阳市水利局

2010年5月26日

联系电话：　3696353

联系人：郝艳军、路宏伟

联系地址：安钢大道东段路南（市水政监察支队二大队）

送达回证

案　　由	拖欠水资源费案		
受送达人	安阳市达丰羽绒有限公司		
送达地点	该公司行政部		
送达文书	送达人	收到日期	受送达人签名或盖章
水行政处罚事先告知书 安水罚先告字〔2010〕第 003 号	郝艳军 路宏伟	2010 年 5 月 26 日 10 时	李楠
		年　月 日　时	
		年　月 日　时	
备　注			

注：1、如受送达人不在时，将文件交与他的成年家属、近邻、工作机关或受送达人居住地的乡（镇）政府、村民委员会或街道办事处代收。

2、如系代收，代收人应在受送达人栏内签名或盖章，并注明与受送达人的关系。

案件调查终结报告

当事人的基本情况：安阳市达丰羽绒有限公司

法定代表人：李楠

单位地址：安阳市殷都区钢三路中段

调查时间：2010 年 5 月 5 日至 2010 年 6 月 2 日

调查人员：郝艳军、路宏伟

当事人违法的证据：1.《水资源费缴纳通知书》、《水资源费限期缴纳决定书》及其《送达回证》；2. 视听资料；3. 安阳市达丰羽绒有限公司与汤阴县政府签订的《行政事业性收费协议》

违法行为等次：由于该单位在 2010 年 5 月 20 日前没有将所欠水资源费 15840 元汇入指定账户，且欠费数额 15840 元占应缴或者补缴水资源费总额 50%以上，在规定时间内放弃了听证权利，也没有向我局进行陈述和申辩，从违法行为的事实、性质、情节、社会危害程度和证据看，属于较重的违法行为。

应受行政处罚的依据和种类：《中华人民共和国水法》第七十条“拒不缴纳、拖延缴纳或者拖欠水资源费的，由县级以上人民政府水行政主管部门或者流域管理机构依据职权，责令限期缴纳；逾期不缴纳的，从滞纳之日起按日加收滞纳部分千分之二的滞纳金，并处应缴或者补缴水资源费一倍以上五倍以下的罚款” 和 《河南省水行政处罚裁量标准》“…… （3）超过规定的缴纳期限，欠费数额占应缴或者补缴水资源费总额 50%以上的，除按照规定加收滞纳金外，并处欠缴水资源费 3 倍以上 4 倍以下的罚款；……”之规定。

行政处罚建议：

1. 从 2010 年 5 月 21 日起按日加收滞纳部分千分之二的滞纳金；
2. 罚款人民币 47520 元。

办案人员签名：郝艳军　路宏伟　　2010 年 6 月 2 日

水政监察机构负责人意见：同意。

尹中洲　　2010 年 6 月 2 日

机关法制机构负责人意见：同意。

侯俊山　　2010 年 6 月 2 日

法律文书签发单

案　由	安阳市达丰羽绒有限公司
法律文书名称及文号	水行政处罚决定书 安水罚决字〔2010〕003号
承办人	郝艳军　路宏伟
支　队 意　见	拟同意，请审核 负责人：尹中洲　　2010 年 6 月 5 日
法制机构 审核意见	主体认定正确，事实清楚，证据确凿，程序合法，适用法律适当，请审批 负责人：　侯俊山　　2010 年 6 月 5 日
机关负责人 意　见	同意。 负责人：马荣洲　　2010 年 6 月 5 日
备注	

水行政处罚决定书

安水罚决字〔2010〕003号

被处罚单位：安阳市达丰羽绒有限公司

法定代表人：姜亚

单位地址：安阳市殷都区钢三路

本机关于2010年5月5日对安阳市达丰羽绒有限公司拖延缴纳水资源费一案立案调查。经查，你公司于2009年10月17日至2010年3月16日在你单位院内取用地下水16212.5立方米，共应缴纳水资源费25840元。2010年1月5日你单位已缴纳1万元，还欠15840元，所欠水资源费经多次催缴至今仍未缴纳，该行为违反了《中华人民共和国水法》第四十八条第一款“直接从江河、湖泊或者地下取用水资源的单位和个人，应当按照国家取水许可制度和水资源有偿使用制度的规定，向水行政主管部门或者流域管理机构申请领取取水许可证，并缴纳水资源费，取得取水权。……”之规定。

违法的证据：1.《水资源费缴纳通知书》、《水资源费限期缴纳决定书》及其《送达回证》各一份；2. 视听资料两份；3. 安阳市达丰羽绒有限公司与汤阴县政府签订的《行政事业性收费协议》一份。

违法行为等次：从你单位违法行为的事实、性质、情节、社会危害程度和证据看，你单位的行为属于较重的违法行为。

应受行政处罚的依据和种类：上述违法行为事实清楚，证据确凿充分。由于你单位没有在2010年5月20日前将所欠水资源费15840元汇入指定账户，根据《中华人民共和国水法》第七十条“拒不缴纳、拖延缴纳或者拖欠水资源费的，由县级以上人民政府水行政主管部门或者流域管理机构依据职权，责令限期缴纳；逾期不缴纳的，从滞纳之日起按日加收滞纳部分千分之二的滞纳金，并处应缴或者补缴水资源费一倍以上五倍以下的罚款” 和 《河南省水行政处罚裁量标准》“……（3）超过规定的缴纳期限，欠费数额占应缴或者补缴水资源费总额50%以上的，除按照规定加收滞纳金外，并处欠缴水资源费3倍以上4倍以下的罚款；……”之规定，决定对你单位作出如下行政处罚：

1. 从2010年5月21日起按日加收滞纳部分千分之二的滞纳金；
2. 罚款人民币47520元。

行政处罚履行方式和期限：你单位应当自接到本决定书之日起15日内将罚款缴至中国工商银行安阳市分行任一储蓄网点（账号：43500021）。到期不缴纳的，每日按罚款数额的3%加处罚款。

不服行政处罚决定申请行政复议或者提起行政诉讼的途径和期限：如不服本决定，可以自收到本决定书之日起六十日内向安阳市行政复议中心或河南省水利厅申请行政复议，也可自收到本决定书之日起六个月内向安阳市殷都区人民法院提起行政诉讼。逾期不申请行政复议、不向人民法院起诉又不履行本处罚决定的，我局将申请人民法院强制执行。

2010年 6月5日

送达回证

<table>
<tr><td>案　　由</td><td colspan="4">拖欠水资源费案</td></tr>
<tr><td>受送达人</td><td colspan="4">安阳市达丰羽绒有限公司</td></tr>
<tr><td>送达地点</td><td colspan="4">该公司行政部</td></tr>
<tr><td colspan="2">送达文书</td><td>送达人</td><td>收到日期</td><td>受送达人签名或盖章</td></tr>
<tr><td colspan="2">水行政处罚决定书
安水罚先告字〔2010〕第 003 号</td><td>郝艳军
路宏伟</td><td>2010 年 6 月
5 日 10 时</td><td>姜亚</td></tr>
<tr><td colspan="2"></td><td></td><td>年　月
日　时</td><td></td></tr>
<tr><td colspan="2"></td><td></td><td>年　月
日　时</td><td></td></tr>
<tr><td colspan="2"></td><td></td><td>年　月
日　时</td><td></td></tr>
<tr><td>备　　注</td><td colspan="4"></td></tr>
</table>

注：1、如受送达人不在时，将文件交与他的成年家属、近邻、工作机关或受送达人居住地的乡（镇）政府、村民委员会或街道办事处代收。

2、如系代收，代收人应在受送达人栏内签名或盖章，并注明与受送达人的关系。

强制执行申请书

安水申字〔2010〕第 003 号

安阳市中级 人民法院：

本机关于 2010 年 6 月 5 日作出的安水罚决字〔2010〕003 号《水行政处罚决定书》已发生法律效力。当事人安阳市达丰羽绒有限公司逾期拒不履行，根据《中华人民共和国行政诉讼法》第六十六条“公民、法人或其他组织对具体行政行为在法定期限内不提起诉讼又不履行的，行政机关可以申请人民法院强制执行，或者依法强制执行”之规定，特申请你院强制执行。

执行内容：

1. 滞纳金：15840 × 0.002 × 90=2851.2 元
2. 罚款：47520 元
3. 加处罚款：47520 × 0.03 × 45=64152 元

附：有关资料一套

（水行政主管部门名称并盖章）

2010 年 9 月 4 日

附： **罚款和行政事业性收费票据**

行政处罚案件结案审批表

行政处罚文书文号	安水罚决字〔2010〕第003号	发文日期	2010年6月5日
案　　由	拖欠水资源费案	案件来源	移交
立案时间	2010年5月5日		
案件简要情况	经查，安阳市达丰羽绒有限公司于2009年10月17日至2010年3月16日在其院内取用地下水16212.5立方米，共应缴纳水资源费25840元。2010年1月5日该单位已缴纳1万元，还欠15840元，该单位以与当地政府有每年包费1万元为由，拒绝缴纳所欠水资源费，其行为违反了《中华人民共和国水法》第四十八条第一款之规定。		
行政处罚内容	1. 从2010年5月21日起按日加收滞纳部分千分之二的滞纳金； 2. 罚款人民币47520元。		
行政处罚执行情况	缴纳了1. 滞纳金：15840×0.002×90=2851.2元；2. 罚款：47520元3. 加处罚款：47520*0.03*45=64152元		
承办人意见	该单位法定义务已履行，建议结案。 承办人签名：郝艳军　路宏伟　　2010年10月25日		
承办机构审核意见	同意 负责人签名：尹中州　　2010年10月25日		
机关法制机构意　见	同意 负责人签名：侯俊山　　2010年10月25日		
机关负责人意　见	同意 负责人签名　马荣洲　　2010年10月25日		

行政处罚案件结案报告

<table>
<tr><td rowspan="2">当事人</td><td>名　称</td><td>安阳市达丰羽绒有限公司</td><td>法定代表人</td><td>姜亚</td></tr>
<tr><td>地　址</td><td>安阳市殷都区钢三路</td><td>电　话</td><td></td></tr>
<tr><td>案　由</td><td colspan="2">拖欠缴纳水资源费</td><td>案件来源</td><td>移交</td></tr>
<tr><td>办案时间</td><td colspan="4">2010 年 5 月 5 日至 2010 年 6 月 2 日</td></tr>
<tr><td>行政处罚文书文号</td><td colspan="2">安水罚决字（2010）003 号</td><td>结案日期</td><td>2010 年 10 月 25 日</td></tr>
<tr><td>案件简要情况</td><td colspan="4">经查，安阳市达丰羽绒有限公司于 2009 年 10 月 17 日至 2010 年 3 月 16 日在其院内取用地下水 16212.5 立方米，共应缴纳水资源费 25840 元。2010 年 1 月 5 日该单位已缴纳 1 万元，还欠 15840 元，该单位以与当地政府有每年包费 1 万元为由，拒绝缴纳所欠水资源费，其行为违反了《中华人民共和国水法》第四十八条第一款之规定。</td></tr>
<tr><td>行政处罚内　容</td><td colspan="4">1. 从 2010 年 5 月 21 日起按日加收滞纳部分千分之二的滞纳金；
2. 罚款人民币 47520 元。</td></tr>
<tr><td>执行方式</td><td colspan="4">□按程序执行　□复议结案　□诉讼结案　√强制执行</td></tr>
<tr><td>执行结果</td><td colspan="4">缴纳了 1. 滞纳金：15840×0.002×90=2851.2 元；2. 罚款：47520 元；3. 加处罚款：47520×0.0×45=64152 元</td></tr>
</table>

填表人：郝艳军　　　　2010 年 10 月 28 日

附：　**案件承办人证件**

立卷、验卷情况记载

本案卷于 2010 年 11 月 2 日立卷，本册连面带底共计 25 页，附证物袋 0 个，内装 0 件。

立卷人：郝艳军

本案卷于 2010 年 11 月 5 日，经验查合格。

检验人：刘朝军

安阳市健美日化有限责任公司拒绝水平衡测试行政处理案

【案情简介】经查，安阳市健美日化有限责任公司属于使用公共供水达到国家规定标准的用水单位，该单位拒绝做水平衡测试，有现场勘验笔录、调查笔录为证。我局于2010年7月20日向该单位下达了《责令改正通知书》，责令该单位于2010年7月26日下午16时前到我局报送水平衡测试结果，该单位在2010年7月26日上午10时将水平衡测试结果报送至我局。依据《河南省节约用水管理条例》第三十二条和《河南省水行政处罚裁量标准》中《河南省节约用水管理条例》第三十二条“违法行为情形和处罚标准:（1）在规定期限内改正的，不予处罚。”之规定，该单位违法行为属轻微，建议对该单位作出不予处罚决定。

附：安阳市健美日化有限责任公司拒绝水平衡测试行政处理案卷宗

河南省水事违法案件卷宗

<table>
<tr><td colspan="6">豫水（安）立字〔2010〕第022号</td></tr>
<tr><td>案由</td><td colspan="5">拒绝水平衡测试案</td></tr>
<tr><td rowspan="2">当事人</td><td>名称或姓名</td><td colspan="4">安阳市健美日化有限责任公司</td></tr>
<tr><td>地址或住址</td><td colspan="4">安阳市北关区盘庚街中段路南</td></tr>
<tr><td>立案日期</td><td colspan="2">2010年7月19日</td><td>结案日期</td><td colspan="2">2010年7月30日</td></tr>
<tr><td>处罚（理）决定</td><td colspan="5">不予处罚。</td></tr>
<tr><td>复议决定</td><td colspan="5"></td></tr>
<tr><td>法院判决（裁定）</td><td colspan="5"></td></tr>
<tr><td>归档日期</td><td colspan="2">2010年8月11日</td><td>归档编号</td><td colspan="2"></td></tr>
<tr><td>保存年限</td><td colspan="2">10年</td><td>承办人</td><td colspan="2">王伟　安卫东</td></tr>
<tr><td colspan="3">本卷内的文书共计　？　张</td><td>立卷人</td><td colspan="2">王伟　安卫东</td></tr>
</table>

卷宗目录

序号	材料名称	文号	页数
1	行政处罚案件立案审批表		
2	现场（检查）笔录		
3	调查（询问）通知书	安水调字〔2010〕第022号	
4	送达回证		
5	询问笔录		
6	责令改正通知书	安水改字〔2010〕第022号	
7	送达回证		
8	水事违法案件讨论笔录		
9	水事违法案件调查报告		
10	证据材料		
11	结案报告		
12	案件承办人行政执法证		

行政处罚案件立案审批表

<table>
<tr><td rowspan="5">当事人</td><td>单位名称</td><td>安阳市健美日化有限责任公司</td><td>法定代表人</td><td>郭翔宇</td></tr>
<tr><td>住址</td><td>安阳市北关区盘庚街中段路南</td><td>电话</td><td></td></tr>
<tr><td>个人姓名</td><td></td><td>性别</td><td></td></tr>
<tr><td>所在单位</td><td></td><td>电话</td><td></td></tr>
<tr><td>身份证号码</td><td>××××××××××××××××××</td><td>个人住址</td><td></td></tr>
<tr><td>案由</td><td colspan="2">拒绝水平衡测试案</td><td>案件来源</td><td>2010 年 7 月 19 日自查</td></tr>
<tr><td>案件简要情况</td><td colspan="4">经查，安阳市健美日化有限责任公司在安阳市水利局下达关于做水平衡测试通知书后，拒绝做水平衡测试。其行为违反了《河南省节约用水管理条例》第二十条规定。</td></tr>
<tr><td>承办人意见</td><td colspan="4">安阳市健美日化有限责任公司涉嫌违反《河南省节约用水管理条例》第二十条规定，建议立案查处。
承办人签名：王伟　安卫东　　2010 年 7 月 19 日</td></tr>
<tr><td>承办机构审核意见</td><td colspan="4">经审核，建议立案。建议该案件主办人是王伟，协办人是安卫东。
负责人签名：尹中洲　　2010 年 7 月 19 日</td></tr>
<tr><td>水行政主管部门负责人审批意见</td><td colspan="4">同意立案。
负责人签名：马荣洲　　2010 年 7 月 19 日</td></tr>
</table>

现场（检查）笔录

第 1 页 共 1 页

被调（检）查人姓名：______年龄：______职业：______

住址：______

被调（检）查单位名称：安阳市健美日化有限责任公司

住址：安阳市北关区盘庚街中段路南

被询问人姓名：陈建军 性别：男 年龄：______职务：______

调（检）查时间：2010 年 7 月 19 日 10 时 10 分至 10 时 45 分

调（检）查地点：该单位院内

调（检）查人姓名：王 伟 安卫东 证件名称：执法证 证件编号：G012-105

记录人员：安卫东 证件名称：执法证 证件编号：G012-009

调（检）查记录：2010 年 7 月 19 日，我局水行政执法人员王伟、安卫东等来到安阳市健美日化有限责任公司院内，对其拒绝水平衡测试进行检查。检查结果如下：

1. 安阳市健美日化有限责任公司位于安阳市北关区盘庚街中段路南，法定代表人：郭翔宇。

2. 该单位在城市公共供水管网内，属达到国家规定标准的用水单位，应当按规定进行水平衡测试，而该单位未能提供水平衡测试结果。

被调（检）查人员签名或盖章：陈建军

被调查人员拒签事由：______

调（检）查人员签名或盖章：王伟 安卫东

见证人签名或盖章并注明其身份：______

调查（询问）通知书

安水调字〔2010〕第022号

安阳市健美日化有限责任公司：

你（单位）应于2010年7月20日10时到安阳市水利局水政监察支队一大队就你（单位）拒绝水平衡测试一案接受调查（询问），逾期不到，我局将依法进行处理。

携带材料：1. 你单位的营业执照或法人证书（复印件）；2. 你单位使用城市公共供水的缴费凭证。

安阳市水利局

2010年7月19日

联系人：王 伟

联系地址：安阳市安钢大道369号

联系电话：3696360

送达回证

案　由				
受送达人	安阳市健美日化有限责任公司			
送达地点	该单位办公室			
送达文书		送达人	收到日期	受送达人签名或盖章
调查（询问）通知书 安水调字〔2010〕第022号		王　伟 安卫东	2010年7月 19日9时	刘建军
			年　月 日　时	
			年　月 日　时	
			年　月 日　时	
备　注	刘建军系单位办公室主任			

注：1、如受送达人不在时，将文件交与他的成年家属、近邻、工作机关或受送达人居住地的乡（镇）政府、村民委员会或街道办事处代收。

2、如系代收，代收人应在受送达人栏内签名或盖章，并注明与受送达人的关系。

询问笔录

问时间：2010 年 7 月 20 日 10 时 15 分至 10 时 45 分

询问地点：安阳市水政监察支队询问室

被询问单位名称：安阳市健美日化有限责任公司

法定代表人（负责人）：郭翔宇 电话：

被询问人姓名：刘建国 性别：男 电话：

所在单位：安阳市健美日化有限责任公司 住址：

与本案关系：

询问人：王 伟 安卫东 证件名称：执法证 证件编号：GO12-105

记录人：安卫东 证件名称：执法证 证件编号：GO12-009

询问内容：

我们是安阳市水利局水政执法人员（亮证），现对你单位拒绝纳入计划用水管理情况进行询问，请你如实回答。

答：好，我知道了。

问：请说一下你的基本情况。

答：我叫刘建军，是安阳市健美日化有限责任公司办公室主任。

问：请说一下你单位的全称和法定代表人。

答：我单位全称是安阳市健美日化有限责任公司，法定代表人是郭翔宇。

问：请说一下你单位的用水情况。

答：我单位的用水为市水务公司的城市公共供水，生产和生活用水都是使用的城市公共供水。

问：请说一下你单位使用城市公共供水的用水量。

答：我单位每月的用水量有 1 万多吨，每年使用城市公共供水大约在 10 万-12 万吨之间。

问：你单位是否拒绝水行政主管部门做水平衡测试？

答：我单位使用的是城市公共供水，不知道还要经水行政主管部门做水平衡测试。

问：你单位是达到国家规定的用水单位为什么拒绝做水平衡测试？

答：我单位是计划用水户，我们没有必要做水平衡测试所以拒绝做水平衡测试。

问：我局于 2010 年 6 月 10 日向你单位下达了要求你单位，关于做水平衡测试通知书后，你单位在规定期限内为什么未到我局办理相关手续？

答：我单位认为用水已交纳了水费不需要再去做水平测试，所以没到贵局办理手续。

问：根据相关规定，达到国家规定标准的用水单位，应当按有关规定进行水平衡测试，你单位属达到国家标准的用水户，拒绝水平衡测试，违反了《河南省节约用水管理条列》第二十条之规定，扰乱了正常的水事管理秩序，请你单位立即停止违法行为，听候处理。

答：好，我知道了。

问：以上情况是否属实？

答：以上情况属实。

问：询问笔录上述内容请你看一看，记录是否属实？

答：询问笔录上述内容记录属实。

被询问人阅核后签注“询问笔录上述内容，记录属实。”

被询问人签字：刘建军　　　　　　　　　　　　2010年7月20日

拒绝签字的理由：

询问人签字：王伟　　　　　　　　　　　　　　2010年7月20日

记录人签字：安卫东　　　　　　　　　　　　　2010年7月20日

责令改正通知书

安水改字〔2010〕第022号

安阳市健美日化有限责任公司　　：

经查，你（单位）是达到国家标准的用水单位，应当按规定进行水平衡测试，但你单位拒绝水平衡测试，违反了《河南省节约用水管理条例》第二十条“达到国家规定标准的用水单位，应当按有关规定进行水平衡测试，水平衡测试的结果应当报送有关水行政主管部门和其他有关部门”之规定，根据《河南省节约用水管理条例》第三十二条第一款第三项“违反本条例规定，有下列行为之一的，由县级以上人民政府水行政主管部门责令限期改正，逾期不改正的，处二千元以上二万元以下罚款：（一）生产设备冷却水、锅炉冷凝水未循环使用或者未回收使用的；（二）以水为主要原料生产饮料、纯净水未采取节水措施或者，未将生产的尾水回收的；（三）未按规定进行水平衡测试的”之规定，现责令你（单位）于2010年7月26日前改正。

附：限责令你单位五日内到安阳市水利局办理水平衡测试的有关手续。

安阳市水利局

2010年7月20日

联系电话：3696360

联系人：王　伟

联系地址：安阳市安钢大道369号（安阳市水政监察支队一大队）

附：　　**当事人身份证复印件**

送达回证

<table>
<tr><td>案　　由</td><td colspan="3"></td></tr>
<tr><td>受送达人</td><td colspan="3">安阳市健美日化有限责任公司</td></tr>
<tr><td>送达地点</td><td colspan="3">安阳市水利局水政监察支队询问室</td></tr>
<tr><td>送达文书</td><td>送达人</td><td>收到日期</td><td>受送达人签名或盖章</td></tr>
<tr><td>责令改正通知书
安水改字〔2010〕第 022 号</td><td>王　伟
安卫东</td><td>2010 年 7 月
20 日 11 时</td><td>刘建军</td></tr>
<tr><td></td><td></td><td>年　月
日　时</td><td></td></tr>
<tr><td></td><td></td><td>年　月
日　时</td><td></td></tr>
<tr><td></td><td></td><td>年　月
日　时</td><td></td></tr>
<tr><td>备　　注</td><td colspan="3">刘建军系单位办公室主任</td></tr>
</table>

注：1、如受送达人不在时，将文件交与他的成年家属、近邻、工作机关或受送达人居住地的乡（镇）政府、村民委员会或街道办事处代收。

2、如系代收，代收人应在受送达人栏内签名或盖章，并注明与受送达人的关系。

水事违法案件讨论笔录

第 1 页共 1 页

案　　由：安阳市健美日化有限责任公司拒绝水平衡测试案

时　　间：2010 年 7 月 28 日 15 时 30 分至 15 时 58 分

地　　点：水政监察支队会议室

案件调查人：王伟　安卫东　记录人：安卫东

参加人员：张伟山、张怀刚、马艳丽、张征、陈勇、尉新芳

讨论内容：关于安阳市健美日化有限责任公司拒绝做水平衡测试一案进行了讨论：

一、案件承办人汇报案情及处理意见：经查，安阳市健美日化有限责任公司属于使用公共供水运到国家规定标准的用水单位，该单位拒绝做水平衡测试，有现场勘验笔录、调查笔录为证。我局于 2010 年 7 月 20 日向该单位下达了《责令改正通知书》，责令该单位于 2010 年 7 月 26 日下午 16 时前到我局报送水平衡测试结果，该单位在 2010 年 7 月 26 日上午 10 时将水平衡测试结果报送至我局。依据《河南省节约用水管理条例》第三十二条和《河南省水行政处罚裁量标准》中《河南省节约用水管理条例》第三十二条“违法行为情形和处罚标准：（1）在规定期限内改正的，不予处罚。”之规定，该单位违法行为属轻微，建议对该单位作出不予处罚决定。

二、参加人员意见：

张伟山：同意办案人员意见。

张怀刚：同意办案人员意见。

马艳丽：同意办案人员意见。

张　征：同意办案人员意见。

陈　勇：同意办案人员意见。

尉新芳：同意办案人员意见。

讨论结果：由于安阳市健美日化有限责任公司已经按照规定时间将水平衡测试结果报送水行政主管部门，经集体讨论研究，一致同意对该单位作出如下处理：

1. 不予处罚。

参加人员（签字）：张伟山 张怀刚 马艳丽 张征 安卫东 陈勇 尉新芳 王伟

调查报告

当事人的基本情况：安阳市健美日化有限责任公司

法定代表人：郭翔宇　　　　　　　　　　地 址：安阳市盘庚街中段路南

调查时间：2010 年 7 月 19 日至 2010 年 7 月 29 日

调查人（签字）：王 伟　安卫东

当事人的违法证据：1. 现场（检查）笔录；2. 询问笔录。

违法行为等次：根据该单位的违法事实、性质、情节、社会危害程度和相关证据，该单位的违法行为等次属于轻微。

应受行政处罚的依据和种类：经查，安阳市健美日化有限责任公司属于使用公共供水达到国家规定标准的用水单位，该单位拒绝做水平衡测试，有现场勘验笔录、调查笔录为证，有现场勘验笔录、调查笔录为证。我局于2010年7月20日向该单位下达了《责令改正通知书》，责令该单位于2010年7月26日下午16时前到我局报送水平衡测试结果，该单位在2010年7月26日上午10时送来水平衡测试结果。上述行为事实清楚，证据确凿充分。根据《河南省节约用水管理条例》第三十二条第一款第三项"违反本条例规定，有下列行为之一的，由县级以上人民政府水行政主管部门责令限期改正，逾期不改正的，处二千元以上二万元以下罚款：（一）生产设备冷却水、锅炉冷凝水未循环使用或者未回收使用的；（二）以水为主要原料生产饮料、纯净水未采取节水措施或者，未将生产的尾水回收的；（三）未按规定进行水平衡测试的"之规定和《河南省水行政处罚裁量标准》中《河南省节约用水管理条例》第三十二条"违法行为情形和处罚标准：（1）在规定期限内改正的，不予处罚"之规定。

行政处罚建议：由于该单位拒绝做水平衡测试，接到《责令改正通知书》后在规定期限内主动改正违法行为，按照《河南省水行政处罚裁量标准》的有关规定，其违法行为属轻微违法行为，结合集体讨论结果，建议对该单位进行如下处理：不予处罚。

水政监察机构负责人意见：同意。

尹中洲　　　　　　2010 年 7 月 29 日

机关法制机构负责人意见：同意。

侯俊山　　　　　　2010 年 7 月 29 日

水事违法案件结案报告

案　由：安阳市健美日化有限责任公司拒绝水平衡测试案

承办人：　王　伟　　安卫东

立案时间：2010 年 7 月 19 日　结案时间：2010 年 7 月 30 日

简要案情及办案经过：经查，安阳市健美日化有限责任公司属于使用公共供水达到国家规定标准的用水单位，该单位拒绝做水平衡测试，有现场勘验笔录、调查笔录为证。我局于 2010 年 7 月 20 日向该单位下达了《责令改正通知书》，责令该单位于 2010 年 7 月 26 日下午 16 时前到我局办理纳入计划用水管理的有关手续，该单位在 2010 年 7 月 26 日上午 10 时将水平衡测试结果报送至我局。依据《河南省节约用水管理条例》第三十二条和《河南省水行政处罚裁量标准》第三十二条之规定，该单位违法行为属轻微，我局对该单位作出不予处罚决定。

处罚（理）情况：根据《河南省节约用水管理条例》第三十二条和《河南省水行政处罚裁量标准》第三十二条之规定，该单位在规定时间内改正了其行为。

执行情况：该单位于 2010 年 7 月 26 日报送了水平衡测试结果。

结案建议：该单位已履行法定义务，建议结案。

办案人员：　王伟　　安卫东

支队负责人意见：同意结案

尹中洲　　2010 年 7 月 30 日

法制机构负责人意见：同意结案

侯俊山　　2010 年 7 月 30 日

机关负责人意见：　同意结案

马荣洲　　2010 年 7 月 30 日

附：　**案件承办人行政执法证复印件**

立卷、验卷情况记载

本案卷于 2010 年 3 月 15 日立卷，本册连面带底共计 20 页，附证物袋 1 个，内装 2 件。

立卷人： 安卫东

本案卷于 2010 年 3 月 16 日，经验查合格。

检验人： 刘朝军

安阳市全丰农药化工有限责任公司
拒绝纳入计划用水管理案

【案情简介】安阳市全丰农药化工有限责任公司使用公共供水且月均用水量达到 200 立方米，应被纳入计划用水管理，该单位拒绝纳入计划用水管理，有现场勘验笔录、调查笔录为证。我局于 2010 年 3 月 26 日向该单位下达了《责令改正通知书》，责令该单位于 2010 年 3 月 31 日前到我局办理纳入计划用水管理的有关手续，该单位在规定期限内未来办理。依据《河南省节约用水管理条例》第三十一条和《河南省水行政处罚裁量标准》中《河南省节约用水管理条例》第三十一条“违法行为情形和处罚标准：（3）在规定期限内拒不改正的，处 3 万元以上 5 万元以下的罚款”之规定，该单位违法行为属严重违法行为，建议对该单位作出如下处理：罚款人民币四万元。

附：安阳市全丰农药化工有限责任公司拒绝纳入计划用水管理案卷宗

河南省水事违法案件卷宗

<table>
<tr><td colspan="6">豫水（安）立字〔 2010 〕第 104 号</td></tr>
<tr><td>案由</td><td colspan="5">安阳市全丰农药化工有限责任公司拒绝纳入计划用水管理案</td></tr>
<tr><td rowspan="2">当事人</td><td>名称或姓名</td><td colspan="4">安阳市全丰农药化工有限责任公司</td></tr>
<tr><td>地址或住址</td><td colspan="4">安阳市北关区东工路北段路东九号</td></tr>
<tr><td>立案日期</td><td colspan="2">2010 年 3 月 24 日</td><td>结案日期</td><td colspan="2">2010 年 4 月 30 日</td></tr>
<tr><td>处罚（理）决定</td><td colspan="5">罚款人民币 4 万元。</td></tr>
<tr><td>复议决定</td><td colspan="5"></td></tr>
<tr><td>法院判决（裁定）</td><td colspan="5"></td></tr>
<tr><td>归档日期</td><td colspan="2">2010 年 4 月 30 日</td><td>归档编号</td><td colspan="2"></td></tr>
<tr><td>保存年限</td><td colspan="2">10 年</td><td>承办人</td><td colspan="2">王伟　安卫东</td></tr>
<tr><td colspan="3">本卷内的文书共计 28 张</td><td>立卷人</td><td colspan="2">王伟　安卫东</td></tr>
</table>

卷宗目录

序号	材料名称	文号	页数
1	水事违法案件立案呈批表		
2	现场（检查）笔录		
3	调查（询问）通知书	安水调字〔2010〕第104号	
4	送达回证		
5	询问笔录		
6	责令改正通知书	安水改字〔2010〕第104号	
7	送达回证		
8	水事违法案件讨论笔录		
9	调查报告		
10	行政处罚事先告知书	安水罚先告字〔2010〕第104	
11	送达回证		
12	行政处罚听证告知书	安水听告字〔2010〕第104号	
13	送达回证		
14	法律文书签发单		
15	水行政处罚决定书	安水罚决字〔2010〕第104号	
16	送达回证		
17	银行代收罚款票据		
18	营业执照复印件		
19	水事违法案件结案报告		
20	案件承办人行政执法证		

行政处罚案件立案审批表

<table>
<tr><td rowspan="5">当事人</td><td>单位名称</td><td>安阳市全丰农药化工有限责任公司</td><td>法定代表人</td><td>王志国</td></tr>
<tr><td>住址</td><td>安阳市北关区创业大道东段路北</td><td>电话</td><td></td></tr>
<tr><td>个人姓名</td><td></td><td>性别</td><td></td></tr>
<tr><td>所在单位</td><td></td><td>电话</td><td></td></tr>
<tr><td>身份证号码</td><td>××××××××××××××××××</td><td>个人住址</td><td></td></tr>
<tr><td>案由</td><td colspan="2">安阳市全丰农药化工有限责任公司拒绝纳入计划用水管理</td><td>案件来源</td><td>2010年3月24日自查</td></tr>
<tr><td>案件简要情况</td><td colspan="4">经查，安阳市全丰农药化工有限责任公司应被纳入计划用水管理，拒绝纳入计划管理，其行为违反了《河南省节约用水管理条例》第三十四条规定。</td></tr>
<tr><td>承办人意见</td><td colspan="4">安阳市全丰农药化工有限责任公司涉嫌违反《河南省节约用水管理条例》第三十四条规定，建议立案查处。
承办人签名：安卫东　王伟　　2010年3月24日</td></tr>
<tr><td>承办机构审核意见</td><td colspan="4">经审核，建议立案。建议该案件主办人是安卫东，协办人是王伟。
负责人签名：尹中洲　　2010年3月24日</td></tr>
<tr><td>水行政主管部门负责人审批意见</td><td colspan="4">同意立案。
负责人签名：马荣洲　　2010年3月24日</td></tr>
</table>

现场（检查）笔录

第 1 页 共 1 页

被调（检）查人姓名：＿＿＿＿年龄：＿＿＿＿职业：＿＿＿＿

住址：

被调（检）查单位名称：安阳市全丰农药化工有限责任公司

住址：安阳市北关区东工路北段路东九号

被询问人姓名：郭延军 性别： 男 年龄： 40 职务：

调（检）查时间：2010 年 3 月 25 日 9 时 15 分至 9 时 35 分

调（检）查地点：安阳市全丰农药化工有限责任公司大门西侧

调（检）查人姓名：安卫东王伟 证件名称：执法证 证件编号：GO12-105

记录人员： 安卫东 证件名称：执法证 证件编号：GO12-009

调（检）查记录：2010 年 3 月 25 日 9 时 15 分，我局执法人员安卫东、王伟来到安阳市全丰农药化工有限责任公司，向该单位办公室工作人员郭延军出示行政执法证件表明身份并对其说明来意后，对安阳市全丰农药化工有限责任公司用水场所进行了检查：

1. 安阳市全丰农药化工有限责任公司位于安阳市北关区东工路北段路东九号，法定代表人是王志国，该单位在安阳市工商行政管理局登记注册。

2. 在该单位大门西侧 10 米有一个市自来水公司水表井，城市公共供水管道通向该单位院内，水表指针正在运转，该单位正在使用城市公共供水。

被调（检）查人员签名或盖章： 郭延军 （捺指印）

被调查人员拒签事由：

调（检）查人员签名或盖章： 安卫东 王伟

见证人签名或盖章并注明其身份：

现场示意图

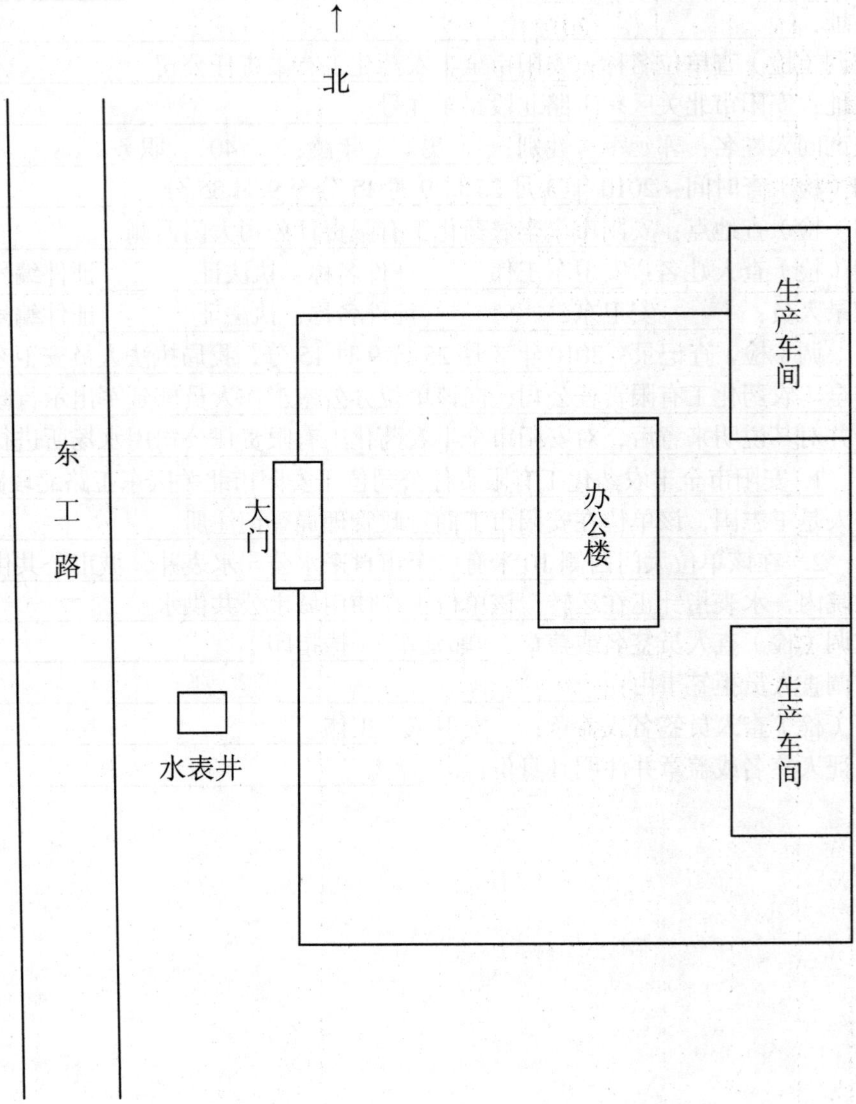

记录人：安卫东　　　　　　　　　　　　2010年3月25日

当事人：郭延军（捺指印）　　　　　　　2010年3月25日

调查（询问）通知书

安水调字〔2010〕第104号

安阳市全丰农药化工有限责任公司:

你（单位）应于 2010 年 3 月 26 日 10 时到安阳市水利局水政监察支队一大队就你（单位） 拒绝纳入计划用水管理 一案接受调查（询问），逾期不到，我局将依法进行处理。

携带材料： 1. 你单位的营业执照或法人证书（复印件）；

2. 你单位使用城市公共供水的缴费凭证。

安阳市水利局

2010年3月25日

联系人： 安卫东

联系地址：安阳市安钢大道369号

联系电话：3696360

送达回证

案　　由			
受送达人	安阳市全丰农药化工有限责任公司		
送达地点	该单位办公室		
送达文书	送达人	收到日期	受送达人签名或盖章
调查（询问）通知书 安水调字〔2010〕第104号	安卫东 王　伟	2010年3月 25日10时	郭延军
		年　月 日　时	
		年　月 日　时	
		年　月 日　时	
备　　注	郭延军为安阳市全丰农药化工有限责任公司办公室工作人员		

注：1、如受送达人不在时，将文件交与他的成年家属、近邻、工作机关或受送达人居住地的乡（镇）政府、村民委员会或街道办事处代收。

2、如系代收，代收人应在受送达人栏内签名或盖章，并注明与受送达人的关系。

询问笔录

询问时间：2010 年 3 月 26 日 10 时 20 分至 10 时 45 分

询问地点：安阳市水政监察支队一大队办公室

被询问单位名称：安阳市全丰农药化工有限责任公司

法定代表人（负责人）：王志国 电话：15093902025

被询问人姓名：郭延军 性别：男 电话：3723322

所在单位：安阳市全丰农药化工有限责任公司 住址：曙光小区 8 号楼 210

与本案关系：担任安阳市全丰农药化工有限责任公司办公室主任

询问人：安卫东　王伟 证件名称：执法证 证件编号：GO12-105

记录人：安卫东 证件名称：执法证 证件编号：GO12-009

询问内容：

我们是安阳市水利局水政执法人员（亮证），现对你单位拒绝纳入计划用水管理情况进行询问，请你如实回答。

答：好，我知道了。

问：请说一下你的基本情况。

答：我叫郭延军，是安阳市全丰农药化工有限责任公司办公室主任。

问：请说一下你单位的全称和法定代表人。

答：我单位全称是安阳市全丰农药化工有限责任公司，法定代表人是王志国。

问：请说一下你单位的用水情况。

答：我单位的用水为市水务公司的城市公共供水，生产和生活用水都是使用的城市公共供水。

问：请说一下你单位使用城市公共供水的用水量。

答：我单位每月的用水量有 1000 多吨，每年使用城市公共供水大约在 1.5 万-2 万吨之间。

问：你单位是否向水行政主管部门申请过用水计划指标。

答：我单位使用的是城市公共供水并交纳了水费，不知道还要向水行政主管部门申请用水计划指标。

问：你单位是否纳入了计划用水管理？

答：我单位没有纳入计划用水管理。

问：我局于 2010 年 3 月 15 日向你单位下达了要求你单位纳入计划用水管理的通知，你单位为什么未到我局办理纳入计划用水管理的有关手续？

答：我单位认为用水交纳了水费，不需要办理，所以没到贵局办理手续。

问：根据相关规定，使用公共供水月用水量达到 200 立方米的，应被纳入计划用水管理，你单位的月用水量已经超过 200 立方米，应被纳入计划用水管理，你单位拒绝纳入计划用水管理，违反了《河南省节约用水管理条例》第三十四条之规定，扰乱了正常的水事管理秩序，请你单位立即停止违法行为，听候处理。

答：好，我知道了。

问：以上情况是否属实？

答：以上情况属实。

问：询问笔录上述内容请你看一看，记录是否属实？

答：询问笔录上述内容，记录属实。郭延军（捺指印）

被询问人阅核后签注“询问笔录上述内容，记录属实。”

被询问人签字：郭延军 （捺指印） 2010 年 3 月 26 日

拒绝签字的理由：

询问人签字：安卫东 王伟 2010 年 3 月 26 日

记录人签字：安卫东 2010 年 3 月 26 日

责令改正通知书

安水改字〔2010〕第104号

安阳市全丰农药化工有限责任公司：

经查，你（单位）使用公共供水且月均用水量达到200立方米，应被纳入计划用水管理，你单位拒绝纳入计划用水管理，违反了《河南省节约用水管理条例》第三十四条“本条例所称计划用水单位，是指纳入取水许可管理的自建供水设施的取水单位和个人，以及使用公共供水且用水量达到县级以上人民政府水行政主管部门规定数额的单位和个人（城镇居民生活用水户除外）”之规定，根据《河南省节约用水管理条例》第三十一条第一款第六项“违反本条例规定，有下列行为之一的，由县级以上人民政府水行政主管部门责令限期改正，逾期不改正的，处五千元以上五万元以下罚款：（一）经营洗浴、游泳、水上娱乐、洗车的单位和个人未按照有关规定安装使用或者安装不符合规定的节水设施、器具的；（二）计划用水单位拒不安装水计量器具的；（三）计划用水单位未依照本条例规定办理计划用水指标擅自用水的；（四）计划用水单位擅自停止使用节水设施的；（五）供水单位实行包费制的；（六）应被纳入计划用水管理的用水单位或个人，拒绝纳入计划管理的”之规定，现责令你（单位）于2010年3月31日前改正。

附：责令你单位限五日内到安阳市水利局办理纳入计划用水管理的有关手续。

安阳市水利局

2010年3月26日

联系电话：3696360

联系人：安卫东

联系地址：安阳市安钢大道369号（安阳市水政监察支队一大队）

送达回证

案　　由				
受送达人	安阳市全丰农药化工有限责任公司			
送达地点	该单位办公室			
送达文书		送达人	收到日期	受送达人签名或盖章
责令改正通知书 安水改字〔2010〕第104号		安卫东 王　伟	2010年3月 26日11时	郭延军
			年　月 日　时	
			年　月 日　时	
			年　月 日　时	
备　　注	郭延军为安阳市全丰农药化工有限责任公司办公室主任			

注：1、如受送达人不在时，将文件交与他的成年家属、近邻、工作机关或受送达人居住地的乡（镇）政府、村民委员会或街道办事处代收。

2、如系代收，代收人应在受送达人栏内签名或盖章，并注明与受送达人的关系。

水事违法案件讨论笔录

第1页 共1页

案　由：安阳市全丰农药化工有限责任公司拒绝纳入计划用水管理

时　间：2010年4月6日16时30分至17时20分

地　点：水政监察支队会议室

案件调查人：安卫东　王伟　　　记录人：　安卫东

参加人员：侯俊山、尹中洲、张伟山、刘朝军、张怀刚、耿鸿飞、马艳丽、张征

讨论内容：关于安阳市全丰农药化工有限公司拒绝纳入计划用水管理一案进行了讨论：

一、案件承办人汇报案情及处理意见：安阳市全丰农药化工有限责任公司使用公共供水且月均用水量达到200立方米，应被纳入计划用水管理，该单位拒绝纳入计划用水管理，有现场勘验笔录、调查笔录为证。我局于2010年3月26日向该单位下达了《责令改正通知书》，责令该单位于2010年3月31日前到我局办理纳入计划用水管理的有关手续，该单位在规定期限内未来办理。依据《河南省节约用水管理条例》第三十一条和《河南省水行政处罚裁量标准》中《河南省节约用水管理条例》第三十一条"违法行为情形和处罚标准：（3）在规定期限内拒不改正的，处3万元以上5万元以下的罚款"之规定，该单位违法行为属严重违法行为，建议对该单位作出如下处理：罚款人民币四万元。

二、参加人员意见：

侯俊山：同意办案人员意见。

尹中州：同意办案人员意见。

张伟山：同意办案人员意见。

刘朝军：同意办案人员意见。

张怀刚：同意办案人员意见。

张　征：同意办案人员意见。

马艳丽：同意办案人员意见。

耿鸿飞：同意办案人员意见。

讨论结果：由于安阳市全丰农药化工有限责任公司拒绝纳入计划用水管理，经集体讨论研究，一致同意对该单位作出如下处理：

1.　罚款人民币四万元。

参加人员（签字）：侯俊山、尹中洲、张伟山、刘朝军、张怀刚、耿鸿飞、马艳丽、张征
安卫东、王伟

调查报告

当事人的基本情况：安阳市全丰农药化工有限责任公司

法定代表人：王志国　地址：安阳市北关区东工路北段路东九号

调查时间：2010年3月24日至2010年3月31日

调查人（签字）：安卫东　王伟

当事人的违法证据：1. 现场（检查）笔录；2. 询问笔录；3. 视听资料。

应受行政处罚的依据和种类：安阳市全丰农药化工有限责任公司使用公共供水且月均用水量达到200立方米，应被纳入计划用水管理，该单位拒绝纳入计划用水管理，有现场勘验笔录、调查笔录为证。我局于2010年3月25日向该单位下达了《责令改正通知书》，责令该单位于2010年3月26日前到我局办理纳入计划用水管理的有关手续，该单位在规定期限内未来办理。上述违法行为事实清楚，证据确凿充分。根据《河南省节约用水管理条例》第三十一条第一款第六项“违反本条例规定，有下列行为之一的，由县级以上人民政府水行政主管部门责令限期改正，逾期不改正的，处五千元以上五万元以下罚款：（一）经营洗浴、游泳、水上娱乐、洗车的单位和个人未按照有关规定安装使用或者安装不符合规定的节水设施、器具的；（二）计划用水单位拒不安装水计量器具的；（三）计划用水单位未依照本条例规定办理计划用水指标擅自用水的；（四）计划用水单位擅自停止使用节水设施的；（五）供水单位实行包费制的；（六）应被纳入计划用水管理的用水单位或个人，拒绝纳入计划管理的”和《河南省水行政处罚裁量标准》中《河南省节约用水管理条例》第三十一条“违法行为情形和处罚标准：（3）在规定期限内拒不改正的，处3万元以上5万元以下的罚款”之规定。

行政处罚建议：由于该单位拒绝纳入计划用水管理，在规定期限内未改正违法行为，按照《河南省水行政处罚裁量标准》的有关规定，其违法行为属严重违法行为，结合集体讨论结果，建议对该单位进行如下处理：罚款人民币四万元。

水政监察机构负责人意见：同意。

尹中洲　2010年4月7日

机关法制机构负责人意见：同意。

侯俊山　2010年4月7日

行政处罚事先告知书

安水罚先告字〔2010〕第104号

安阳市全丰农药化工有限责任公司：

你单位使用公共供水且月均用水量达到200立方米，应被纳入计划用水管理，你单位拒绝纳入计划用水管理。上述行为违反了《河南省节约用水管理条例》第三十四条“本条例所称计划用水单位，是指纳入取水许可管理的自建供水设施的取水单位和个人，以及使用公共供水且用水量达到县级以上人民政府水行政主管部门规定数额的单位和个人（城镇居民生活用水户除外）”之规定。

从你单位违法行为的事实、性质、情节、社会危害程度和证据看，你（单位）的违法行为等次属于严重违法行为。

根据《河南省节约用水管理条例》第三十一条第一款第六项“违反本条例规定，有下列行为之一的，由县级以上人民政府水行政主管部门责令限期改正，逾期不改正的，处五千元以上五万元以下罚款：（一）经营洗浴、游泳、水上娱乐、洗车的单位和个人未按照有关规定安装使用或者安装不符合规定的节水设施、器具的；（二）计划用水单位拒不安装水计量器具的；（三）计划用水单位未依照本条例规定办理计划用水指标擅自用水的；（四）计划用水单位擅自停止使用节水设施的；（五）供水单位实行包费制的；（六）应被纳入计划用水管理的用水单位或个人，拒绝纳入计划管理的。”和《河南省水行政处罚裁量标准》中《河南省节约用水管理条例》第三十一条“违法行为情形和处罚标准：（3）在规定期限内拒不改正的，处3万元以上5万元以下的罚款。”之规定，本机关拟对你单位做出 罚款人民币四万元 的处罚。

根据《中华人民共和国行政处罚法》第三十二条的规定，你单位可以自收到本告知书之日起三日内到安阳市水利局进行陈述、申辩，逾期不陈述、申辩的视为放弃陈述、申辩权利。

安阳市水利局

2010年4月8日

联系人：安卫东

电　话：3696360

送达回证

案　　由			
受送达人	安阳市全丰农药化工有限责任公司		
送达地点	该单位办公室		
送达文书	送达人	收到日期	受送达人签名或盖章
行政处罚事先告知书 安水罚先告字〔2010〕第104号	安卫东 王　伟	2010年4月 8日10时	郭延军
		年　月 日　时	
		年　月 日　时	
		年　月 日　时	
备　　注	郭延军为安阳市全丰农药化工有限责任公司办公室主任		

注：1、如受送达人不在时，将文件交与他的成年家属、近邻、工作机关或受送达人居住地的乡（镇）政府、村民委员会或街道办事处代收。

2、如系代收，代收人应在受送达人栏内签名或盖章，并注明与受送达人的关系。

行政处罚听证告知书

安水听告字〔2010〕第104号

安阳市全丰农药化工有限责任公司：

经查，你单位使用公共供水且月均用水量达到200立方米，应被纳入计划用水管理，你单位拒绝纳入计划用水管理。上述行为违反了《河南省节约用水管理条例》第三十四条“本条例所称计划用水单位，是指纳入取水许可管理的自建供水设施的取水单位和个人，以及使用公共供水且用水量达到县级以上人民政府水行政主管部门规定数额的单位和个人（城镇居民生活用水户除外）”之规定。

违法行为等次：根据你单位违法行为的事实、性质、情节、社会危害程度和相关证据，你单位的违法行为等次属严重违法行为。

拟给予处罚的依据和种类：本机关依照《河南省节约用水管理条例》第三十一条第一款第六项“违反本条例规定，有下列行为之一的，由县级以上人民政府水行政主管部门责令限期改正，逾期不改正的，处五千元以上五万元以下罚款：（一）经营洗浴、游泳、水上娱乐、洗车的单位和个人未按照有关规定安装使用或者安装不符合规定的节水设施、器具的；（二）计划用水单位拒不安装水计量器具的；（三）计划用水单位未依照本条例规定办理计划用水指标擅自用水的；（四）计划用水单位擅自停止使用节水设施的；（五）供水单位实行包费制的；（六）应被纳入计划用水管理的用水单位或个人，拒绝纳入计划管理的”和《河南省水行政处罚裁量标准》中《河南省节约用水管理条例》第三十一条“违法行为情形和处罚标准：（3）在规定期限内拒不改正的，处3万元以上5万元以下的罚款”之规定，本机关拟对你单位作出罚款人民币四万元的处罚。

申请听证的期限：如你单位要求听证，应当自收到本告知书之日起三日内向我局提出申请。逾期视为放弃听证权利。

安阳市水利局

2010年4月15日

联系人：　安卫东

联系电话：3696360

联系地址：安阳市安钢大道369号（安阳市水政监察支队一大队）

送达回证

案　　由			
受送达人	安阳市全丰农药化工有限责任公司		
送达地点	该单位办公室		
送达文书	送达人	收到日期	受送达人签名或盖章
行政处罚听证告知书 安水听告字〔2010〕第104号	安卫东 王　伟	2010年4月 15日11时	郭延军
		年　月 日　时	
		年　月 日　时	
		年　月 日　时	
备　　注	郭延军为安阳市全丰农药化工有限责任公司办公室主任		

注：1、如受送达人不在时，将文件交与他的成年家属、近邻、工作机关或受送达人居住地的乡（镇）政府、村民委员会或街道办事处代收。

2、如系代收，代收人应在受送达人栏内签名或盖章，并注明与受送达人的关系。

法律文书签发单

案　　由	安阳市全丰农药化工有限责任公司拒绝纳入计划用水管理
法律文书名称及文号	水行政处罚决定书 安水罚决字〔2010〕第104号
承办人	安卫东　　王伟
支队负责人审查意见	同意。 负责人：尹中洲　　2010年4月22日
机关法制机构审核意见	同意。 负责人：侯俊山　　2010年4月22日
机关负责人意　　见	同意。 负责人：马荣洲　　2010年4月22日
备　　注	

水行政处罚决定书

安水罚决字〔2010〕第104号

被处罚人（单位）名称：安阳市全丰农药化工有限责任公司

地　　址：安阳市北关区东工路北段路东九号号

法定代表人或负责人：王志国　　职　　务：总经理

本机关于2010年3月24日对你单位拒绝纳入计划用水管理一案立案调查。经查，你单位使用公共供水且月均用水量达到200立方米，应被纳入计划用水管理，你单位拒绝纳入计划用水管理。该行为违反了《河南省节约用水管理条例》第三十四条“本条例所称计划用水单位，是指纳入取水许可管理的自建供水设施的取水单位和个人，以及使用公共供水且用水量达到县级以上人民政府水行政主管部门规定数额的单位和个人（城镇居民生活用水户除外）”之规定。

违法的证据：1. 调查笔录；2. 现场勘验笔录；

违法行为等次：根据你单位的违法事实、性质、情节、社会危害程度和相关证据，你单位的违法行为等次属严重违法行为。

应受行政处罚的依据和种类：上述违法行为事实清楚，证据确凿充分。根据《河南省节约用水管理条例》第三十一条第一款第六项“违反本条例规定，有下列行为之一的，由县级以上人民政府水行政主管部门责令限期改正，逾期不改正的，处五千元以上五万元以下罚款：（一）经营洗浴、游泳、水上娱乐、洗车的单位和个人未按照有关规定安装使用或者安装不符合规定的节水设施、器具的；（二）计划用水单位拒不安装水计量器具的；（三）计划用水单位未依照本条例规定办理计划用水指标擅自用水的；（四）计划用水单位擅自停止使用节水设施的；（五）供水单位实行包费制的；（六）应被纳入计划用水管理的用水单位或个人，拒绝纳入计划管理的”和《河南省水行政处罚裁量标准》中《河南省节约用水管理条例》第三十一条“违法行为情形和处罚标准：（3）在规定期限内拒不改正的，处3万元以上5万元以下的罚款”之规定，决定对你单位作出下列行政处罚：

1. 罚款人民币四万元。

行政处罚履行方式和期限：你单位应当自接到本决定书之日起15日内将罚款缴至中国工商银行安阳市分行任一储蓄网点（银行罚款代码：××××××）。到期不缴纳的，每日按罚款数额的百分之三加处罚款。

不服行政处罚决定申请行政复议或提起行政诉讼的途径和期限：如不服本决定，可以自收到本决定书之日起六十日内向安阳市行政复议受理中心或河南省水利厅申请行政复议，或者在接到本决定书后六个月内直接向安阳市殷都区人民法院提起行政诉讼。逾期不申请行政复议、不向人民法院起诉又不履行本处罚决定的，我局将申请人民法院强制执行。

安阳市水利局

2010年4月23日

送达回证

案　　由			
受送达人	安阳市全丰农药化工有限责任公司		
送达地点	该单位办公室		
送达文书	送达人	收到日期	受送达人签名或盖章
水行政处罚决定书 安水罚决字〔2010〕第104号	安卫东 王　伟	2010年4月 23日16时	郭延军
		年　月 日　时	
		年　月 日　时	
		年　月 日　时	
备　　注	郭延军为安阳市全丰农药化工有限责任公司办公室主任		

注：1、如受送达人不在时，将文件交与他的成年家属、近邻、工作机关或受送达人居住地的乡（镇）政府、村民委员会或街道办事处代收。

2、如系代收，代收人应在受送达人栏内签名或盖章，并注明与受送达人的关系。

附：**银行代收罚款票据**

营业执照复印件

水事违法案件结案报告

第 1 页　共 1 页

案　由：安阳市全丰农药化工有限责任公司拒绝纳入计划用水管理

承办人：安卫东　　王伟

立案时间：2010 年 3 月 24 日　　　　结案时间：2010 年 4 月 30 日

简要案情及办案经过：安阳市全丰农药化工有限责任公司使用公共供水且月均用水量达到 200 立方米，应被纳入计划用水管理，该单位拒绝纳入计划用水管理，我局于 2010 年 3 月 26 日向该单位下达了《责令改正通知书》，责令该单位于 2010 年 3 月 31 日前到我局办理纳入计划用水管理的有关手续，该单位在规定期限内未来办理。依据《河南省节约用水管理条例》第三十一条和《河南省水行政处罚裁量标准》之规定，该单位违法行为属严重违法行为，我局对该单位作出罚款人民币四万元的处罚。

处罚（理）情况：根据《河南省节约用水管理条例》第三十一条和《河南省水行政处罚裁量标准》之规定，我局于 2010 年 4 月 23 日向安阳市全丰农药化工有限责任公司下达了处罚决定书。

执行情况：该单位于 2010 年 4 月 28 日缴纳了罚款四万元。

结案建议：该单位已履行法定义务，建议结案。

办案人员：安卫东　王伟

支队负责人意见：同意

尹中州

法制机构负责人意见：同意

侯俊山

机关负责人意见：同意结案。

马荣洲

附：　　**案件承办人行政执法证复印件**

立卷、验卷情况记载

本案卷于 2010 年 3 月 24 日立卷，本册连面带底共计 33 页，附证物袋____个，内装____件。

立卷人： 安卫东

本案卷于 2010 年 4 月 30 日，经验查合格。

检验人： 刘朝军

平原有限责任公司渠道保护范围内取土水行政处罚案件

【案情简介】平原有限责任公司于2009年12月28日，擅自在五八渠桩号5km+200m处渠道保护范围内取土。2010年1月2日，对该公司送达了《责令停止水事违法行为通知书》后，该公司在规定期限内采取了补救措施，恢复了五八渠保护范围内原状。该公司的行为违反了《中华人民共和国水法》第四十三条第四款之规定。证据有《询问笔录》、《勘验笔录》、视听资料。

取土地点位于五八渠桩号5km+200m处渠道保护范围内，虽然该公司在规定期限内采取了补救措施，但根据该公司违法行为的事实、性质、情节、社会危害程度和相关证据，该公司的违法行为属轻微违法行为。依照《中华人民共和国水法》第七十二条和《河南省水行政处罚裁量标准》“……（1）在规定期限内停止违法行为并采取补救措施，能基本消除负面影响的，处1万元以上2万元以下的罚款；……”，建议：限三日内采取补救措施，恢复五八渠保护范围内原状；罚款人民币一万五千元。

附：平原有限责任公司渠道保护范围内取土水行政处罚案件卷宗

河南省水事违法案件卷宗

<table>
<tr><td colspan="4">豫水（安）立字〔2010〕 001 号</td></tr>
<tr><td>案由</td><td colspan="3">渠道保护范围内取土</td></tr>
<tr><td rowspan="2">当事人</td><td colspan="3">名称或姓名　平原有限责任公司</td></tr>
<tr><td colspan="3">地址或住址　安阳市龙泉镇西沟村</td></tr>
<tr><td>立案日期</td><td>2010 年 1 月 1 日</td><td>结案日期</td><td>2010 年 1 月 19 日</td></tr>
<tr><td>处罚（理）决定</td><td colspan="3">1. 采取补救措施，恢复五八渠保护范围内原状；
2. 罚款人民币一万五千元。</td></tr>
<tr><td>复议决定</td><td colspan="3"></td></tr>
<tr><td>法院判决（裁定）</td><td colspan="3"></td></tr>
<tr><td>归档日期</td><td>2010 年 1 月 22 日</td><td>归档编号</td><td>2010—001</td></tr>
<tr><td>保存年限</td><td>10 年</td><td>承办人</td><td>路宏伟　郝艳军</td></tr>
<tr><td colspan="2">本卷内的文书共计　　张</td><td>立卷人</td><td>路宏伟</td></tr>
</table>

卷 宗 目 录

序 号	材 料 名 称	文 号	页 数
1	行政处罚案件立案审批表	安水立字〔2010〕001 号	
2	询 问 笔 录		
3	勘 验 笔 录		
4	视听资料		
5	责令停止水事违法行为通知	安水停字〔2010〕001 号	
6	集体研究讨论笔录		
7	水行政处罚事先告知书	安水罚先告字〔2010〕第 001 号	
8	案件调查终结报告		
9	法律文书签发单		
10	行政处罚决定书	安水罚决字〔2010〕001 号	
11	送达回证		
12	罚款回执单		
13	行政处罚案件结案报告		
14	执法证件		

行政处罚案件立案审批表

<table>
<tr><td rowspan="6">当事人</td><td>单位名称</td><td>平原有限责任公司</td><td>法定代表人</td><td>雷四清</td></tr>
<tr><td>住址</td><td>安阳市龙泉镇西沟村</td><td>电话</td><td>3933001</td></tr>
<tr><td>个人姓名</td><td></td><td>性别</td><td></td></tr>
<tr><td>所在单位</td><td></td><td>电话</td><td></td></tr>
<tr><td>身份证号码</td><td>××××××××××××
××××××××</td><td>个人住址</td><td></td></tr>
<tr><td>案由</td><td colspan="2">渠道保护范围内取土</td><td>案件来源</td><td>自查</td></tr>
<tr><td>案件简要情况</td><td colspan="4">经查，平原有限责任公司，擅自在五八渠保护范围内取土，其行为违反了《中华人民共和国水法》第四十三条第四款之规定。</td></tr>
<tr><td>承办人意见</td><td colspan="4">平原有限责任公司涉嫌违反了《中华人民共和国水法》第四十三条第四款之规定，建议立案查处。

承办人签名：路宏伟　郝艳军　　2010 年 1 月 1 日</td></tr>
<tr><td>承办机构审核意见</td><td colspan="4">经审核，建议立案。建议该案件主办人是路宏伟，协办人是赫艳军。

负责人签名：尹中洲　　2010 年 1 月 1 日</td></tr>
<tr><td>水行政主管部门负责人审批意见</td><td colspan="4">同意立案

负责人签名：马荣洲　　2010 年 1 月 1 日</td></tr>
</table>

询问笔录

询问时间：2010 年 1 月 2 日 9 时 30 分至 10 时 10 分

询问地点：平原有限责任公司办公室

被询问单位名称：平原有限责任公司 法定代表人（负责人）：李平原

被询问人姓名：张涛 性别：男 年龄：43 职务：公司办公室主任

勘验人：路宏伟 执法证件名称：行政执法证 执法证件号：豫 GO12—040

勘验人：郝艳军 执法证件名称：行政执法证 执法证件号：豫 GO12—122

记录人：路宏伟 执法证件名称：行政执法证 执法证件号：豫 GO12—040 询问内容：

问：我们是安阳市水政监察支队执法人员，路宏伟（行政执法证号豫 GO12—040）、郝艳军（行政执法证号豫 GO12—122），现就你公司在五八渠桩号 5km+200m 处违法取土一案进行调查，你对我们的身份有无异议？

答：无异议。

问：请介绍一下你的身份？

答：我叫张涛，今年 43 岁，是平原有限责任公司的办公室主任。

问：是你公司在五八渠 5km+200m 处取土吗？

答：是我公司在五八渠 5km+200m 处取土。

问：请你介绍一下你公司在五八渠 5KM+200m 处取土情况？

答：因我公司二期工程准备建设，需要平整场地，所以我公司于 2009 年 12 月 28 日，在二期工程围墙外五八渠 5KM+200m 处取土，对场地进行平整。

问：你公司用何方式取土？取土方多少？

答：我公司用挖掘机取土，取土方约 180 立方米。

问：你公司知道在渠道保护范围内取土的后果吗？取土后会造成渠道运行安全隐患。

答：不知道。

问：你以上讲的都属实吗？

答：属实。

问：请你看一遍笔录，无异议请签字。

以上笔录看过无异议　张涛　2010 年 1 月 2 日

被询问人签字：张涛　2010 年 1 月 2 日

拒绝签字的理由：

询问人签字：路宏伟　郝艳军　2010 年 1 月 2 日

记录人签字：路宏伟　2010 年 1 月 2 日

询问人：路宏伟　郝艳军

勘验笔录

第1页　共1页

案由：　渠道保护范围内取土案

勘验时间：2010 年 1 月 2 日 11 时 10 分至 11 时 30 分

勘验地点：　五八渠桩号 5km+200m 处取土现场

勘验对象：　取土情况

应邀参加人或见证人：　西沟村委会副主任王海

勘验人：　路宏伟　执法证件名称：　行政执法证　执法证件号：豫 GO12—040

勘验人：　郝艳军　执法证件名称：　行政执法证　执法证件号：豫 GO12—122

记录人：　路宏伟　执法证件名称：　行政执法证　执法证件号：豫 GO12—040

勘验情况记录：我们是安阳市水政监察支队执法人员，路宏伟（行政执法证号豫 GO12—040）、郝艳军（行政执法证号豫 GO12—122），现就你公司在五八渠桩号 5km+200m 处违法取土一案进行现场勘验，你对我们的身份有无异议？

答：无异议。

经现场勘验：取土地点于五八渠桩号 5km+200m 处，距渠 1 米，取土地点位于渠道保护范围内，取土坑长 31 米、宽 3 米、深 2 米，土方约 186 方。

（后附图）

被勘验单位（个人）签名或盖章：张涛　勘验人：路宏伟　郝艳军

应邀参加人或见证人签名或盖章：王海

2010 年 1 月 2 日

附图：　　　　　　　　比例尺：　　　　　　　　　　北

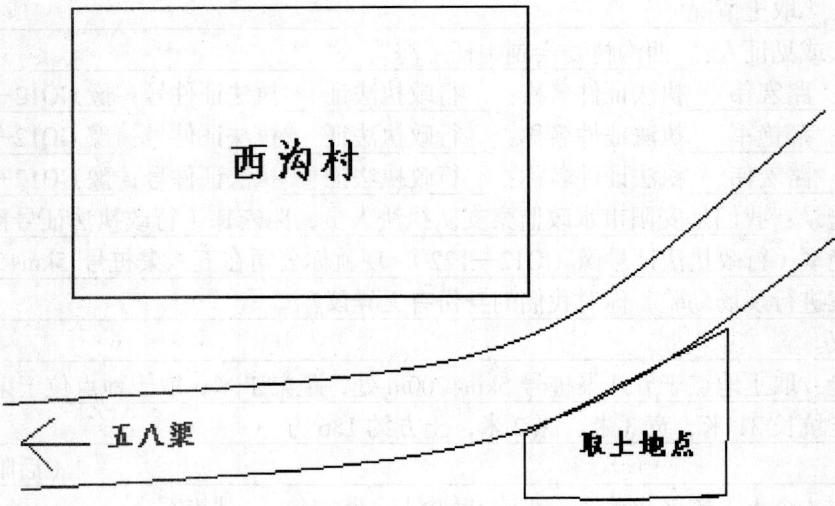

被勘验单位（个人）签名或盖章：张涛　　　　勘验人：路宏伟　郝艳军

应邀参加人或见证人签名或盖章：王海

2010 年 1月 2 日

责令停止水事违法行为通知书

安水停字〔2010〕001号

平原有限责任公司：

经查，你单位于2009年 12 月 28 日擅自在五八渠桩号5Km+200m处渠道保护范围内取土，你单位的行为，违反了《中华人民共和国水法》第四十三条第四款："在水工程保护范围内，禁止从事影响水工程运行和危害水工程安全的爆破、打井、采石、取土等活动"之规定，根据《中华人民共和国水法》第七十二条"有下列行为之一，构成犯罪的，依照刑法的有关规定追究刑事责任；尚不够刑事处罚，且防洪法未作规定的，由县级以上地方人民政府水行政主管部门或者流域管理机构依据职权，责令停止违法行为，采取补救措施，处一万元以上五万元以下的罚款；违反《中华人民共和国治安管理处罚法》的，由公安机关依法给予治安管理处罚；给他人造成损失的，依法承担赔偿责任：……(二)在水工程保护范围内，从事影响水工程运行和危害水工程安全的爆破、打井、采石、取土等活动的" 之规定和《河南省水政监察规定》第十五条第二款之规定，现责令立即停止违法行为，听候处理。否则，依法追究法律责任。

附：限三日内采取补救措施，恢复五八渠保护范围内原状。

2010年1月2日

集体研究讨论笔录

第 1 页　共 1　页

事由：渠道保护范围内取土

时间：2010 年 1 月 6 日 10 时 45 分至 11 时 20 分

地点：安阳市水政监察支队会议室

调查人：路宏伟　　郝艳军　　记录人：路宏伟

参加人员：侯俊山、尹中洲、张伟山、刘朝军、马艳丽、

讨论内容：关于平原有限责任公司在五八渠保护范围内取土案件参会人员对以下方面进行了讨论：

一、案件主办人介绍案情：平原有限责任公司于 2009 年 12 月 28 日，擅自在五八渠桩号 5km+200m 处渠道保护范围内取土。2010 年 1 月 2 日，对该公司送达了《责令停止水事违法行为通知书》后，该公司在规定期限内采取了补救措施，恢复了五八渠保护范围内原状。该公司的行为违反了《中华人民共和国水法》第四十三条第四款之规定。证据有《询问笔录》、《勘验笔录》、视听资料。

取土地点位于五八渠桩号 5km+200m 处渠道保护范围内，虽然该公司在规定期限内采取了补救措施，但根据该公司违法行为的事实、性质、情节、社会危害程度和相关证据，该公司的违法行为属轻微违法行为。依照《中华人民共和国水法》第七十二条和《河南省水行政处罚裁量标准》"……（1）在规定期限内停止违法行为并采取补救措施，能基本消除负面影响的，处 1 万元以上 2 万元以下的罚款；……"，建议：限三日内采取补救措施，恢复五八渠保护范围内原状；罚款人民币一万五千元。

二、与会人员分别发表意见：

侯俊山：　同意办案人员意见　尹中洲：同意办案人员意见

张伟山：　同意办案人员意见　刘朝军：同意办案人员意见

马艳丽：　同意办案人员意见

三、讨论结果：经集体讨论研究，一致同意对平原有限责任公司作出如下处罚：限三日内采取补救措施，恢复五八渠保护范围内原状，罚款人民币一万五千元。

参加讨论人员：侯俊山、尹中洲、张伟山、刘朝军、马艳丽

行政处罚事先告知书

安水罚先告字〔2010〕第001号

平原有限责任公司：

你公司于2009年12月28日，擅自在五八渠桩号5km+200m处渠道保护范围内取土，违反了《中华人民共和国水法》第四十三条第四款“在水工程保护范围内，禁止从事影响水工程运行和危害水工程安全的爆破、打井、采石、取土等活动”之规定。

你公司已在规定期限内采取补救措施，恢复五八渠渠道保护范围内原状。根据你公司违法行为的事实、性质、情节、社会危害程度和相关证据，你公司的违法行为属轻微违法行为。

根据《中华人民共和国水法》第七十二条“有下列行为之一，构成犯罪的，依照刑法的有关规定追究刑事责任；尚不够刑事处罚，且防洪法未作规定的，由县级以上地方人民政府水行政主管部门或者流域管理机构依据职权，责令停止违法行为，采取补救措施，处一万元以上五万元以下的罚款；违反《中华人民共和国治安管理处罚法》的，由公安机关依法给予治安管理处罚；给他人造成损失的，依法承担赔偿责任：……(二)在水工程保护范围内，从事影响水工程运行和危害水工程安全的爆破、打井、采石、取土等活动的” 和《河南省水行政处罚裁量标准》“……（1）在规定期限内停止违法行为并采取补救措施，能基本消除负面影响的，处1万元以上2万元以下的罚款；……”之规定，本机关拟对你公司作出：限三日内采取补救措施，恢复五八渠保护范围内原状；罚款人民币一万五千元的处罚。

根据《行政处罚法》第三十二条之规定，你公司可以自收到本告知书之日起三日内到安阳市水利局（安钢大道369号） 进行陈述、申辩，逾期不陈述、申辩的视为放弃陈述、申辩权利。

联系人：路宏伟、郝艳军

电　话：3696353　　　　　　　　　　2010年1月7日

调查终结报告

当事人的基本情况：平原有限责任公司

法定代表人：李平原　　　　　**单位地址**：安阳市龙泉镇西沟村

调查时间 2010 年 1 月 2 日至 2010 年 1 月 15 日

调查人员：　路宏伟、郝艳军　。

平原有限责任公司于 2009 年 12 月 28 日，擅自在五八渠桩号 5Km+200m 处渠道保护范围内取土。2010 年 1 月 2 日，对该公司送达了《责令停止水事违法行为通知书》后，该公司在规定期限内采取了补救措施，恢复了五八渠保护范围内原状。1 月 7 日，对该公司送达了《水行政处罚事先告书》，该公司在规定期限内，未提出陈述、申辩要求。该公司的行为违反了《中华人民共和国水法》第四十三条第四款之规定。

证据 1：询问笔录

证据 2：勘验笔录

证据 3：视听资料

取土地点位于五八渠桩号 5km+200m 处渠道保护范围内，虽然该公司在规定期限内采取了补救措施，但根据该公司违法行为的事实、性质、情节、社会危害程度和相关证据，该公司的违法行为属轻微违法行为。

处罚依据：平原有限责任公司违反了《中华人民共和国水法》第四十三条第四款："在水工程保护范围内，禁止从事影响水工程运行和危害水工程安全的爆破、打井、采石、取土等活动"之规定，根据《中华人民共和国水法》第七十二条"有下列行为之一，构成犯罪的，依照刑法的有关规定追究刑事责任；尚不够刑事处罚，且防洪法未作规定的，由县级以上地方人民政府水行政主管部门或者流域管理机构依据职权，责令停止违法行为，采取补救措施，处一万元以上五万元以下的罚款；违反《中华人民共和国治安管理处罚法》的，由公安机关依法给予治安管理处罚；给他人造成损失的，依法承担赔偿责任：……(二)在水工程保护范围内，从事影响水工程运行和危害水工程安全的爆破、打井、采石、取土等活动的"和《河南省水行政处罚裁量标准》"……（1）在规定期限内停止违法行为并采取补救措施，能基本消除负面影响的，处 1 万元以上 2 万元以下的罚款；……"之规定。

行政处罚建议：限三日内采取补救措施，恢复五八渠保护范围内原状；罚款人民币一万五千元。

调查人员签名：路宏伟、郝艳军。

水政监察机构负责人意见：同意。

尹中洲　　　　　　2010 年 1 月 15 日

机关法制机构负责人意见：同意。

侯俊山　　　　　　2010 年 5 月 26 日

法律文书签发单

案　　由	渠道保护范围内取土
法律文书名称及文号	水行政处罚决定书 安水罚决字〔2010〕第001号
承办人	路宏伟　　郝艳军　　2010年1月16日
支队负责人审查意见	同意 负责人：尹中洲　　2010年1月16日
机关法制机构审核意见	同意 负责人：侯俊山　　2010年1月16日
机关负责人意　　见	同意 负责人：马荣洲　　2009年1月16日
备　　注	

水行政处罚决定书

安水罚决字〔2010〕001号

被处罚人（单位）名称：平原有限责任公司　　　　　地址：安阳市龙泉镇西沟村

法定代表人或负责人：李平原　职务：总经理

本机关于2010年1月1日对平原有限责任公司擅自在五八渠保护范围内取土一案立案调查。经查，你单位于2009年12月28日，擅自在五八渠桩号5km+200m处渠道保护范围内，实施了取土的违法行为。

违法的证据：1. 询问笔录；2. 勘验笔录；3. 视听资料

你单位已在规定期限内采取补救措施，恢复五八渠渠道保护范围内原状。根据你单位违法行为的事实、性质、情节、社会危害程度和相关证据，你单位的违法行为属轻微违法行为。

上述违法行为事实清楚，证据确凿充分。根据《中华人民共和国水法》第七十二条“有下列行为之一，构成犯罪的，依照刑法的有关规定追究刑事责任；尚不够刑事处罚，且防洪法未作规定的，由县级以上地方人民政府水行政主管部门或者流域管理机构依据职权，责令停止违法行为，采取补救措施，处一万元以上五万元以下的罚款；违反《中华人民共和国治安管理处罚法》的，由公安机关依法给予治安管理处罚；给他人造成损失的，依法承担赔偿责任：……(二)在水工程保护范围内，从事影响水工程运行和危害水工程安全的爆破、打井、采石、取土等活动的。” 和《河南省水行政处罚裁量标准》“……（1）在规定期限内停止违法行为并采取补救措施，能基本消除负面影响的，处1万元以上2万元以下的罚款；……”之规定，决定对你作出如下行政处罚：1.限三日内采取补救措施，恢复五八渠保护范围内原状；2.罚款人民币一万五千元。

你应当自接到本决定书之日起15日内将罚款缴至中国工商银行(账号：410504001)。到期不缴纳的，每日按罚款数额的3%加处罚款。

如不服本决定，可以自收到本决定书之日起六十日内向安阳市人民政府或者河南省水利厅申请行政复议，或者在六个月内直接向人民法院起诉，逾期不申请行政复议、不向人民法院起诉又不履行本处罚决定的，我局将申请人民法院强制执行。

2010年1月17日

送达回证

<table>
<tr><td></td><td colspan="3"></td></tr>
<tr><td>受送达人</td><td colspan="3">平原有限责任公司</td></tr>
<tr><td>送达地点</td><td colspan="3">平原有限责任公司办公室</td></tr>
<tr><td>送达文书</td><td>送达人</td><td>收到日期</td><td>受送达人签名或盖章</td></tr>
<tr><td>责令停止水事违法行为通知书
安水停字〔2010〕001 号</td><td>路宏伟
郝艳军</td><td>2010 年 1 月
2 日 12 时</td><td>张涛</td></tr>
<tr><td>水行政处罚事先告知书
安水罚先告字〔2010〕001 号</td><td>路宏伟
郝艳军</td><td>2010 年 1 月
7 日 15 时</td><td>张涛</td></tr>
<tr><td>水行政处罚决定书
安水罚决字〔2010〕]001 号</td><td>路宏伟
郝艳军</td><td>2010 年 1 月
17 日 9 时</td><td>张涛</td></tr>
<tr><td></td><td></td><td></td><td></td></tr>
<tr><td>备　注</td><td colspan="3"></td></tr>
</table>

注：1. 如受送达人不在时，将文件交与他的成年家属、近邻、工作机关或受送达人居住地的乡（镇）政府、村民委员会或街道办事处代收。

2. 如系代收，代收人应在受送达人栏内签名或盖章，并注明与受送达人的关系。

罚款回执单

2010年1月18日缴纳罚款15000元。

水事违法案件结案报告

2010 年 1 月 19 日　　　　第 1 页 共 1 页

案　由：渠道保护范围内取土

承办人：路宏伟、郝艳军

立案时间：2010 年 1 月 1 日　结案时间：2010 年 1 月 19 日

简要案情及办案经过：2009 年 12 月 28 日，平原有限责任公司擅自在五八渠桩号 5km+200m 处渠道保护范围内取土。2010 年 1 月 2 日，我局水政执法人员对该公司进行调查，对该公司办公室主任张涛进行了询问，在询问中张涛承认了取土事实和取土方量，询问后制作了《询问笔录》，随后对取土现场进行了拍照，制作《勘验笔录》，并对该公司送达了《责令停止水事违法行为通知书》，该公司在《责令停止水事违法行为通知书》规定期限内采取了补救措施，恢复了五八渠保护范围内原状。1 月 7 日，对该公司送达了《水行政处罚事先告书》，该公司在规定期限内，未提出陈述、申辩要求。1 月 16 日，对该公司送达了《水行政处罚决定书》，该公司于 1 月 18 日如额缴纳了罚款，并采取补救措施，恢复五八渠保护范围内原状。

处罚（理）情况：罚款人民币一万五元。

执行情况：平原有限责任公司已于 1 月 18 日采取补救措施，恢复五八渠保护范围内原状。

结案建议：平原有限责任公司法定义务已履行，建议结案。

办案人员：路宏伟、郝艳军　　2010 年 1 月 19 日

办案机构负责人意见：同意　　尹中洲　　2010 年 1 月 19 日

机关法制机构负责人意见：同意　　侯俊山　　2010 年 1 月 19 日

机关负责人意见：同意　　马荣洲　　2010 年 1 月 19 日

附：**案件承办人行政执法证复印件**

立卷、验卷情况记载

本案卷于 2010 年 1 月 20 日立卷，本册连面带底共计 18 页，附证物袋 0 个，内装 0 件

立卷人：路宏伟

本案卷于 2010 年 1 月 20 日，经验查合格。

检验人：马艳丽

天雷有限责任公司在水库保护范围内爆破采石水行政处罚案件

【案情简介】 天雷有限责任公司于2010年1月20日以来，擅自在南海水库西侧100米处水库保护范围内爆破、采石。1月22日，对该公司送达了《责令停止水事违法行为通知书》后，该公司拒不停止违法行为，继续在南海水库西侧保护范围内爆破、采石。1月27日，对该公司送达了《水行政处罚听证告知书》。2月1日，对该公司送达了《水行政处罚事先告知书》，该公司在规定期限内，未提出听证和陈述、申辩要求。该公司的行为违反了《中华人民共和国水法》第四十三条第四款之规定。

附：天雷有限责任公司在水库保护范围内爆破、采石水行政处罚案件卷宗

河南省水事违法案件卷宗

<table>
<tr><td colspan="4">豫水（安）立字〔2010〕 002 号</td></tr>
<tr><td>案由</td><td colspan="3">在水库保护范围内爆破、采石</td></tr>
<tr><td rowspan="2">当事人</td><td>名称或姓名</td><td colspan="2">天雷有限责任公司</td></tr>
<tr><td>地址或住址</td><td colspan="2">安阳县善应镇</td></tr>
<tr><td>立案日期</td><td>2010 年 1 月 22 日</td><td>结案日期</td><td>2010 年 6 月 10 日</td></tr>
<tr><td>处罚（理）决定</td><td colspan="3">1. 采取补救措施；
2. 执行罚款和滞纳金共计人民币拾柒万肆仟陆佰元。</td></tr>
<tr><td>复议决定</td><td colspan="3"></td></tr>
<tr><td>法院判决（裁定）</td><td colspan="3"></td></tr>
<tr><td>归档日期</td><td>2010 年 6 月 12 日</td><td>归档编号</td><td>2010—002</td></tr>
<tr><td>保存年限</td><td>10 年</td><td>承办人</td><td>路宏伟 郝艳军</td></tr>
<tr><td colspan="2">本卷内的文书共计 21 张</td><td>立卷人</td><td>路宏伟</td></tr>
</table>

卷宗目录

序号	材料名称	文号	页数
1	行政处罚案件立案审批表	安水立字〔2010〕002号	
2	询问笔录		
3	勘验笔录		
4	责令停止水事违法行为通知书	安水停字〔2010〕002号	
5	集体研究讨论笔录		
6	水行政处罚事先告知书	安水罚先告字〔2010〕002号	
7	水行政处罚听证告知书	安水罚听告字〔2010〕002号	
8	案件调查终结报告		
9	法律文书签发单		
10	行政处罚决定书	安水罚决字〔2010〕002号	
11	送达回证		
12	票据		
13	强制执行申请书	安水强申字〔2010〕002号	
14	行政处罚案件结案报告		
15	执法证件		

行政处罚案件立案审批表

<table>
<tr><td rowspan="5">当事人</td><td>单位名称</td><td>天雷有限责任公司</td><td>法定代表人</td><td>赵震</td></tr>
<tr><td>住址</td><td>安阳县善应镇</td><td>电话</td><td>5688002</td></tr>
<tr><td>个人姓名</td><td></td><td>性别</td><td></td></tr>
<tr><td>所在单位</td><td></td><td>电话</td><td></td></tr>
<tr><td>身份证号码</td><td>××××××××××××
×××××××</td><td>个人住址</td><td></td></tr>
<tr><td>案由</td><td colspan="2">在水库保护范围内爆破、采石</td><td>案件来源</td><td>移交</td></tr>
<tr><td>案件简要情况</td><td colspan="4">经查，天雷有限责任公司擅自在南海水库西侧保护范围内爆破、采石，其行为违反了《中华人民共和国水法》第四十三条第四款之规定。</td></tr>
<tr><td>承办人意见</td><td colspan="4">天雷有限责任公司涉嫌违反了《中华人民共和国水法》第四十三条第四款之规定，建议立案查处。

承办人签名：路宏伟　好艳军　　2010 年 1 月 22 日</td></tr>
<tr><td>承办机构审核意见</td><td colspan="4">经审核，建议立案。建议该案件主办人是路宏伟，协办人是郝艳军。

负责人签名：尹中洲　　2010 年 1 月 22 日</td></tr>
<tr><td>水行政主管部门负责人审批意见</td><td colspan="4">同意立案

负责人签名：马荣洲　　2010 年 1 月 22 日</td></tr>
</table>

询问笔录

询问时间：2010 年 1 月 2 日 9 时 30 分至 10 时 10 分

询问地点：天雷有限责任公司办公室

被询问单位名称：天雷有限责任公司 代表人（负责人）：赵震

被询问人姓名：王石 性别：男 年龄：44 职务：公司副经理

勘验人：路宏伟 执法证件名称：行政执法证 执法证件号：豫 GO12—040

勘验人：郝艳军 执法证件名称：行政执法证 执法证件号：豫 GO12—122

记录人：路宏伟 执法证件名称：行政执法证 执法证件号：豫 GO12—040

询问内容：

问：我们是安阳市水政监察支队执法人员，路宏伟（行政执法证号豫 GO12—040）、郝艳军（行政执法证号豫 GO12—122），现就你公司在南海水库西侧保护范围内爆破、采石一案进行调查，你对我们的身份有无异议？

答：无异议。

问：请介绍一下你的身份？

答：我叫王石，今年 44 岁，是某某有限责任公司副经理。

问：是你公司在南海水库西侧 100 米处爆破、采石吗？

答：是我公司在南海水库西侧 100 米处爆破、采石。但是，我公司与北善应村委会签有协议。

问：请你介绍一下你公司爆破、采石情况。

答：我公司今年 1 月与北善应村委会签订协议，协议规定我公司在南海水库西侧 100 米处进行采石粉碎石子，协议期限五年，从 2010 年 1 月 18 日至 2015 年 1 月 17 日共 15 万元。我公司于 1 月 20 日开始生产，每天约爆破 4 次，采石约 50 立方米，粉碎石子约 135 吨。

问：你公司知道在南海水库附近爆破、采石的后果吗？在水库附近爆破、采石易造成山体松动和滑坡，直接影响水库的正常管理和运行安全。

答：不知道。

问：你以上讲的都属实吗？

答：属实。

问：请你看一遍笔录，无异议请签字。

以上笔录看过无异议 王石 2010 年 1 月 22 日

被询问人签字：王石 2010 年 1 月 2 日

拒绝签字的理由：

询问人签字：路宏伟 郝艳军 2010 年 1 月 2 日

记录人签字：路宏伟 2010 年 1 月 2 日

勘验笔录

第1页 共1页

案由：在水库保护范围内爆破、采石

勘验时间：2010 年 1月 22 日 16 时 10 分至 16 时 30 分

勘验地点：南海水库西侧 100 米处采石现场

勘验对象：采石情况

应邀参加人或见证人：北善应村委会副主任杨瑞

勘验人：路宏伟 执法证件名称：行政执法证 执法证件号：豫 GO12—040

勘验人：郝艳军 执法证件名称：行政执法证 执法证件号：豫 GO12—122

记录人：路宏伟 执法证件名称：行政执法证 执法证件号：豫 GO12—040

勘验情况记录：我们是安阳市水政监察支队执法人员，路宏伟（行政执法证号豫 GO12—040）、郝艳军（行政执法证号豫 GO12—122），现就你公司在南海水库西侧保护范围内采石一案进行现场勘验，你对我们的身份有无异议？

答：无异议。

经现场勘验：采石地点于南海水库大坝西侧 100 米处，采石地点位于水库大坝保护范围内，采石留下的缺口长 20 米、高 3 米、深 3.5 米，采石方约 100 立方米。

（后附图）

被勘验单位（个人）签名或盖章：王石 勘验人：路宏伟 郝艳军

应邀参加人或见证人签名或盖章：杨瑞

2010 年 1 月 22 日

附图：　　　　　　　　　　　　　比例尺：　　　　　　　　　　　　　北

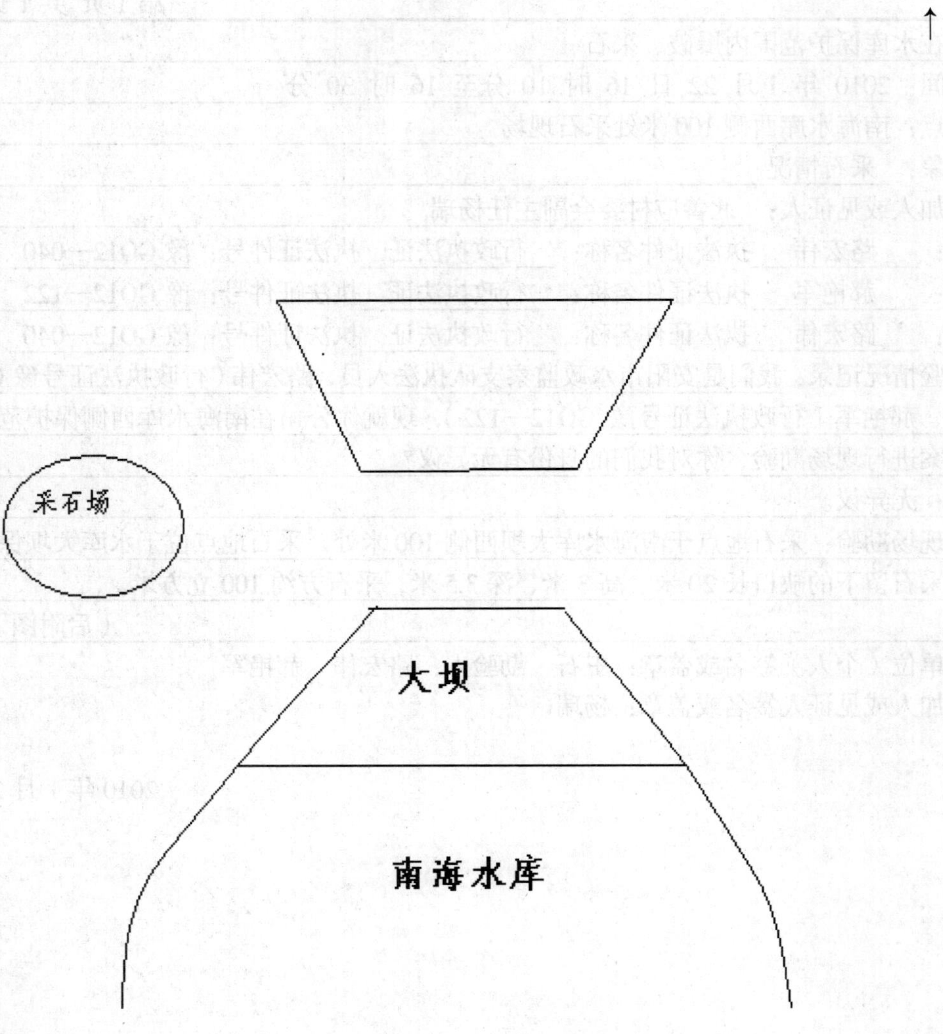

被勘验单位（个人）签名或盖章：王石　勘验人：路宏伟　郝艳军

应邀参加人或见证人签名或盖章：杨瑞

2010 年 1 月 22 日

照片

责令停止水事违法行为通知书

安水停字〔2010〕 002号

天雷有限责任公司：

经查，你单位于2010年 1 月 20 日以来，擅自在南海水库西侧100米处水库保护范围内采石，你单位的行为违反了《中华人民共和国水法》第四十三条第四款“在水工程保护范围内，禁止从事影响水工程运行和危害水工程安全的爆破、打井、采石、取土等活动”之规定，根据《中华人民共和国水法》第七十二条“有下列行为之一，构成犯罪的，依照刑法的有关规定追究刑事责任；尚不够刑事处罚，且防洪法未作规定的，由县级以上地方人民政府水行政主管部门或者流域管理机构依据职权，责令停止违法行为，采取补救措施，处一万元以上五万元以下的罚款；违反《中华人民共和国治安管理处罚法》的，由公安机关依法给予治安管理处罚；给他人造成损失的，依法承担赔偿责任：……(二)在水工程保护范围内，从事影响水工程运行和危害水工程安全的爆破、打井、采石、取土等活动的”《河南省水政监察规定》第十五条第二款之规定，现责令立即停止违法行为，听候处理。否则，依法追究法律责任。

附：限三日内采取补救措施，对造成的山体松动进行加固，并消除山体滑坡隐患。

2010年1月22日

集体研究讨论笔录

事　　由：在水库保护范围内爆破、采石
时　　间：2010 年 1 月 26 日 10 时 5 分至 10 时 40 分
地　　点：安阳市水政监察支队会议室
调 查 人：路宏伟、郝艳军　　　记录人：路宏伟
参加人员：侯俊山、尹中洲、张伟山、刘朝军、马艳丽
讨论内容：关于天雷有限责任公司在南海水库西侧保护范围内爆破、采石案件参会人员对以下方面进行了讨论：

一、案件主办人介绍案情：天雷有限责任公司于 2010 年 1 月 20 日，擅自在南海水库西侧 100 米处水库保护范围内爆破、采石。1 月 22 日，对该公司送达了《责令停止水事违法行为通知书》后，该公司未在规定期限内采取补救措施，未对造成的山体松动进行加固，并消除山体滑坡隐患。该公司的行为违反了《中华人民共和国水法》第四十三条第四款之规定。证据有《询问笔录》、《勘验笔录》、视听资料为证。

爆破、采石地点位于南海水库西侧保护范围内，该公司未在规定期限内采取补救措施，根据该公司违法行为的事实、性质、情节、社会危害程度和相关证据，该公司的违法行为属严重违法行为。依照《中华人民共和国水法》第七十二条和《河南省水行政处罚裁量标准》“……（3）拒不停止违法行为，或者虽停止违法行为、采取补救措施，但未能消除负面影响的，处 4 万元以上 5 万元以下的罚款”之规定，建议：罚款人民币四万五千元。

二、与会人员分别发表意见：

侯俊山：　同意办案人员意见　尹中洲：同意办案人员意见

张伟山：　同意办案人员意见　刘朝军：同意办案人员意见

马艳丽：　同意办案人员意见

三、讨论结果：经集体讨论研究，一致同意对天雷有限责任公司作出如下处罚：

罚款人民币四万五千元。

参加讨论人员：侯俊山、尹中洲、张伟山、刘朝军、马艳丽

水行政处罚听证告知书

安水罚听告字〔2010〕002号

天雷有限责任公司：

你公司于2010年1月20日以来，在南海水库西侧保护范围内爆破、采石的行为，违反了《中华人民共和国水法》第四十三条第四款“在水工程保护范围内，禁止从事影响水工程运行和危害水工程安全的爆破、打井、采石、取土等活动”的规定。

你公司爆破、采石地点位于南海水库西侧保护范围内，你公司未在规定期限内采取补救措施，根据你公司违法行为的事实、性质、情节、社会危害程度和相关证据，你公司的违法行为属严重违法行为。

拟给予处罚的依据和种类：本机关依照《中华人民共和国水法》第七十二条“有下列行为之一，构成犯罪的，依照刑法的有关规定追究刑事责任；尚不够刑事处罚，且防洪法未作规定的，由县级以上地方人民政府水行政主管部门或者流域管理机构依据职权，责令停止违法行为，采取补救措施，处一万元以上五万元以下的罚款；违反《中华人民共和国治安管理处罚法》的，由公安机关依法给予治安管理处罚；给他人造成损失的，依法承担赔偿责任：……(二)在水工程保护范围内，从事影响水工程运行和危害水工程安全的爆破、打井、采石、取土等活动的”和《河南省水行政处罚裁量标准》“……（3）拒不停止违法行为，或者虽停止违法行为、采取补救措施，但未能消除负面影响的，处4万元以上5万元以下的罚款”之规定，拟对你公司作出下列行政处罚：

1.立即停止违法行为，限三日内采取补救措施，对造成的山体松动进行加固，并消除山体滑坡隐患；2.罚款人民币四万五千元。

申请听证的期限：如你要求听证，应当自收到本告知书之日三日内向我局提出申请。逾期视为放弃听证权利。

联系人：路宏伟　郝艳军　电话：3696353　地址：安钢大道369号

被告知人：天雷有限责任公司

2010年1月27日

行政处罚事先告知书

安水罚先告字〔2010〕002号

天雷有限责任公司：

你公司于2010年1月20日以来，在南海水库西侧保护范围内爆破、采石的行为，违反了《中华人民共和国水法》第四十三条第四款："在水工程保护范围内，禁止从事影响水工程运行和危害水工程安全的爆破、打井、采石、取土等活动"的规定。

你公司爆破、采石地点位于南海水库西侧保护范围内，你公司未在规定期限内采取补救措施，根据你公司违法行为的事实、性质、情节、社会危害程度和相关证据，你公司的违法行为属严重违法行为。

拟给予处罚的依据和种类：本机关依照《中华人民共和国水法》第七十二条"有下列行为之一，构成犯罪的，依照刑法的有关规定追究刑事责任；尚不够刑事处罚，且防洪法未作规定的，由县级以上地方人民政府水行政主管部门或者流域管理机构依据职权，责令停止违法行为，采取补救措施，处一万元以上五万元以下的罚款；违反《中华人民共和国治安管理处罚法》的，由公安机关依法给予治安管理处罚；给他人造成损失的，依法承担赔偿责任：……(二)在水工程保护范围内，从事影响水工程运行和危害水工程安全的爆破、打井、采石、取土等活动的" 和《河南省水行政处罚裁量标准》"……（3）拒不停止违法行为，或者虽停止违法行为、采取补救措施，但未能消除负面影响的，处4万元以上5万元以下的罚款"之规定，拟对你公司作出下列行政处罚：

1.立即停止违法行为，限三日内采取补救措施，对造成的山体松动进行加固，并消除山体滑坡隐患；2.罚款人民币四万五千元。

根据《行政处罚法》第三十二条之规定，你公司可以自收到本告知书之日起三日内到安阳市水利局（安钢大道369号） 进行陈述、申辩，逾期不陈述、申辩的视为放弃陈述、申辩权利。

联系人：路宏伟　　郝艳军
电　话：3696353

2010年2月1日

调查终结报告

当事人的基本情况：天雷有限责任公司

法定代表人：赵震　　　　单位地址：安阳县善应镇

调查时间：2010 年 1 月 22 日至 2010 年 2 月 6 日

调查人员：路宏伟、郝艳军。

天雷有限责任公司于 2010 年 1 月 20 日以来，擅自在南海水库西侧 100 米处水库保护范围内爆破、采石。1 月 22 日，对该公司送达了《责令停止水事违法行为通知书》后，该公司拒不停止违法行为，继续在南海水库西侧保护范围内爆破、采石。1 月 27 日，对该公司送达了《水行政处罚听证告知书》。2 月 1 日，对该公司送达了《水行政处罚事先告书》，该公司在规定期限内，未提出听证和陈述、申辩要求。该公司的行为违反了《中华人民共和国水法》第四十三条第四款之规定。

证据 1：询问笔录

证据 2：勘验笔录

证据 3：视听资料

爆破、采石地点位于南海水库西侧保护范围内，该公司未在规定期限内采取补救措施，根据该公司违法行为的事实、性质、情节、社会危害程度和相关证据，该公司的违法行为属严重违法行为。

处罚依据：天雷有限责任公司违反了《中华人民共和国水法》第四十三条第四款："在水工程保护范围内，禁止从事影响水工程运行和危害水工程安全的爆破、打井、采石、取土等活动"之规定，根据《中华人民共和国水法》第七十二条"有下列行为之一，构成犯罪的，依照刑法的有关规定追究刑事责任；尚不够刑事处罚，且防洪法未作规定的，由县级以上地方人民政府水行政主管部门或者流域管理机构依据职权，责令停止违法行为，采取补救措施，处一万元以上五万元以下的罚款；违反《中华人民共和国治安管理处罚法》的，由公安机关依法给予治安管理处罚；给他人造成损失的，依法承担赔偿责任：……(二)在水工程保护范围内，从事影响水工程运行和危害水工程安全的爆破、打井、采石、取土等活动的" 和《河南省水行政处罚裁量标准》"……（3）拒不停止违法行为，或者虽停止违法行为、采取补救措施，但未能消除负面影响的，处 4 万元以上 5 万元以下的罚款"之规定。

行政处罚建议：1.立即停止违法行为，限三日内采取补救措施，对造成的山体松动进行加固，并消除山体滑坡隐患；2.罚款人民币四万五千元。

调查人员签名：路宏伟　、　郝艳军。

水政监察机构负责人意见：同意。

尹中洲　　　　2010 年 2 月 6 日

机关法制机构负责人意见：同意。

侯俊山　　　　2010 年 5 月 26 日

法律文书签发单

案　由	在水库保护范围内爆破、采石
法律文书名称及文号	水行政处罚决定书 安水罚决字〔2010〕002 号
承办人	路宏伟　郝艳军 2010 年 2 月 6 日
支队负责人审查意见	同意 负责人：尹中洲　　2010 年 2 月 6 日
机关法制机构审核意见	同意 负责人：侯俊山　　2010 年 2 月 6 日
机关负责人意　　见	同意 负责人：马荣洲　　2009 年 2 月 6 日
备　　注	

水行政处罚决定书

安水罚决字〔2010〕002号

被处罚人（自然人）姓名：＿＿＿＿性别：＿＿＿年龄：＿＿＿＿

所在单位：＿＿＿＿＿＿住址：＿＿＿＿＿＿

被处罚人（单位）名称：天雷有限责任公司 地址：安阳县善应镇

法定代表人或负责人：赵震 职务：总经理

本机关于2010年1月22日对天雷有限责任公司擅自在南海水库西侧保护范围内爆破、采石一案立案调查。经查，你单位于2010年1月22日，擅自在南海水库西侧100米处水库保护范围内，实施了爆破、采石的违法行为。

违法的证据：

1. 询问笔录；2. 勘验笔录；3. 视听资料。

你公司爆破、采石地点位于南海水库西侧保护范围内，你公司未在规定期限内采取补救措施，根据你公司违法行为的事实、性质、情节、社会危害程度和相关证据，你公司的违法行为属严重违法行为。

上述违法行为事实清楚，证据确凿充分。根据《中华人民共和国水法》第七十二条“有下列行为之一，构成犯罪的，依照刑法的有关规定追究刑事责任；尚不够刑事处罚，且防洪法未作规定的，由县级以上地方人民政府水行政主管部门或者流域管理机构依据职权，责令停止违法行为，采取补救措施，处一万元以上五万元以下的罚款；违反《中华人民共和国治安管理处罚法》的，由公安机关依法给予治安管理处罚；给他人造成损失的，依法承担赔偿责任：……(二)在水工程保护范围内，从事影响水工程运行和危害水工程安全的爆破、打井、采石、取土等活动的” 和《河南省水行政处罚裁量标准》“……（3）拒不停止违法行为，或者虽停止违法行为、采取补救措施，但未能消除负面影响的，处4万元以上5万元以下的罚款”之规定，决定对你单位作出如下行政处罚：

1.立即停止违法行为，限三日内采取补救措施，对造成的山体松动进行加固，并消除山体滑坡隐患；

2.罚款人民币四万五千元。

你单位应当自接到本决定书之日起 15 日内将罚款缴至中国工商银行（账号：410504001 ）。到期不缴纳的，每日按罚款数额的3%加处罚款。

如不服本决定，可以自收到本决定书之日起六十日内向安阳市人民政府或者河南省水利厅申请行政复议，或者在六个月内直接向人民法院起诉，逾期不申请行政复议、不向人民法院起诉又不履行本处罚决定的，我局将申请人民法院强制执行。

2010年 2月 7日

送达回证

受送达人	天雷有限责任公司			
送达地点	天雷有限责任公司办公室			
送达文书		送达人	收到日期	受送达人签名或盖章
责令停止水事违法行为通知书 安水停字〔2010〕002 号		路宏伟 郝艳军	2010 年 1 月 22 日 10 时	王石
水行政处罚听证告知书 安水罚听告字〔2010〕002 号		路宏伟 郝艳军	2010 年 1 月 27 日 15 时	王石
水行政处罚事先告知书 安水罚先告字〔2010〕002 号		路宏伟 郝艳军	2010 年 2 月 1 日 15 时	王石
水行政处罚决定书 安水罚决字〔2010〕002 号		路宏伟 郝艳军	2010 年 2 月 7 日 9 时	王石
备　注				

注：1. 如受送达人不在时，将文件交与他的成年家属、近邻、工作机关或受送达人居住地的乡（镇）政府、村民委员会或街道办事处代收。

2. 如系代收，代收人应在受送达人栏内签名或盖章，并注明与受送达人的关系。

强制执行申请书

安水（机关代字）申字〔2010〕002号

安阳市中级人民法院：

本机关于2010年2月7日作出的《水行政处罚决定书》安水罚决字〔2010〕002号已发生法律效力。当事人天雷有限责任公司逾期拒不履行，根据《中华人民共和国行政诉讼法》第六十六条“公民、法人或其他组织对具体行政行为在法定期限内不提起诉讼又不履行的，行政机关可以申请人民法院强制执行，或者依法强制执行”之规定，特申请你院强制执行。

执行内容：

1.立即停止违法行为，限三日内采取补救措施，对造成的山体松动进行加固，并消除山体滑坡隐患；

2.罚款人民币四万五千元。

附：有关资料一套

安阳市水利局

2010年5月27日

罚款回执单

2010年5月29日缴纳174600元。

水事违法案件结案报告

2010 年 6 月 10 日　　　　　　　　　　　　　　　　第 1 页 共 1 页

案　由：在水库保护范围内爆破、采石

承办人：路宏伟　郝艳军

立案时间：2010 年 1 月 22 日 结案时间：2010 年 6 月 10 日

简要案情及办案经过：天雷有限责任公司于 2010 年 1 月 20 日以来，擅自在南海水库西侧 100 米处水库保护范围内爆破、采石。2010 年 1 月 22 日，我局水政执法人员对该公司进行调查，对该公司副经理王石进行了询问，在询问中王石承认了爆破、采石的事实和采石方量，询问后制作了《询问笔录》、《勘验笔录》，随后对爆破、采石现场进行了拍照，制作了《勘验笔录》，并对该公司送达了《责令停止水事违法行为通知书》，该公司拒不停止违法行为，继续在南海水库西侧保护范围内爆破、采石。1 月 27 日，对该公司送达了《水行政处罚听证告知书》。2 月 1 日，对该公司送达了《水行政处罚事先告书》，该公司在规定期限内，未提出听证和陈述、申辩要求。

处罚（理）情况：1.立即停止违法行为，限三日内采取补救措施，对造成的山体松动进行加固，并消除山体滑坡隐患；2.执行罚款和滞纳金共计人民币十七万四千六百元。

执行情况：已采取补救措施，罚款已缴纳。

结案建议：天雷有限责任公司法定义务已履行，建议结案。

办案人员：路宏伟 、郝艳军　　　　　　2010 年 6 月 10 日

办案机构负责人意见：同意。

尹中洲　　　　　　2010 年 6 月 10 日

机关法制机构负责人意见：同意

侯俊山　　　　　　2010 年 6 月 10 日

机关负责人意见：同意

马荣洲　　　　　　2010 年 6 月 10 日

附：　**案件承办人行政执法证复印件**

立卷、验卷情况记载

本案卷于 2010 年 6 月 11 日立卷，本册连面带底共计 21 页，附证物袋 0 个，内装 0 件

立卷人：路宏伟

本案卷于 2010 年 6 月 11 日，经验查合格。

检验人：刘朝军

张庆军擅自毁损彰武水库堤防水行政处理案件

【案情简介】2009 年 3 月 6 日水政监察支队三大队收到彰武水库上报案件，称有人毁损水库堤防。经查，市龙安区南彰武村民张庆军因家中建房需要于 3 月 6 日开着自家小三马车到水库堤防外堤脚处取了一车土，随后被水库工作人员制止，未再取土。三大队执法人员于 3 月 7 日对其制作了现场（检查）笔录并下达了《责令停止水事违法行为通知书》和调查询问通知书。3 月 8 日当事人张庆军在规定的时间内来到三大队办公室，三大队执法人员对其制作了调查笔录。其间张庆军再三承认错误并请求对他从轻处理。

附：张庆军擅自毁损彰武水库堤防水行政处理案件卷宗

河南省水事违法案件卷宗

<table>
<tr><td colspan="5">豫水（安）立字〔2009〕第1001号</td></tr>
<tr><td>案由</td><td colspan="4">张庆军擅自毁损彰武水库堤防</td></tr>
<tr><td rowspan="2">当事人</td><td>名称或姓名</td><td colspan="3">张庆军</td></tr>
<tr><td>地址或住址</td><td colspan="3">安阳市龙安区南彰武村</td></tr>
<tr><td>立案日期</td><td>2009年3月6日</td><td>结案日期</td><td colspan="2">2009年3月18日</td></tr>
<tr><td>处罚（理）决定</td><td colspan="4">不予处罚</td></tr>
<tr><td>复议决定</td><td colspan="4"></td></tr>
<tr><td>法院判决（裁定）</td><td colspan="4"></td></tr>
<tr><td>归档日期</td><td>2009年3月18日</td><td>归档编号</td><td colspan="2"></td></tr>
<tr><td>保存年限</td><td>10年</td><td>承办人</td><td colspan="2">徐晓帅　张征</td></tr>
<tr><td colspan="2">本卷内的文书共计　15　张</td><td>立卷人</td><td colspan="2">徐晓帅</td></tr>
</table>

卷宗目录

序号	材料名称	文号	页数
1	行政处罚案件立案审批表	安水立字〔2009〕1001 号	
2	调查（询问）通知书	安水调字〔2009〕第 1001 号	
3	责令停止水事违法行为通知书	安水停字〔2009〕第 1001 号	
4	询问笔录		
5	现场（检查）笔录		
6	水事违法案件讨论笔录		
7	案件调查终结报告		
8	送达回证		
9	水事违法案件结案报告		
10	视听资料		
11	行政执法证复印件		

行政处罚案件立案审批表

<table>
<tr><td rowspan="5">当事人</td><td>单位名称</td><td></td><td>法定代表人</td><td></td></tr>
<tr><td>住址</td><td></td><td>电话</td><td></td></tr>
<tr><td>个人姓名</td><td>张庆军</td><td>性别</td><td>男</td></tr>
<tr><td>所在单位</td><td></td><td>电话</td><td>5619999</td></tr>
<tr><td>身份证号码</td><td>××××××××××××××××××</td><td>个人住址</td><td>安阳市龙安区南彰武村</td></tr>
<tr><td>案由</td><td colspan="2">张庆军擅自毁损彰武水库堤防</td><td>案件来源</td><td>2010年7月19日
自查</td></tr>
<tr><td>案件简要情况</td><td colspan="4">2009年3月6日三大队收到市彰武水库上报毁损彰武水库堤防案件。经查，市龙安区南彰武村民张庆军擅自毁损彰武水库堤防，我们认为此行为已违反《中华人民共和国防洪法》第三十七条“任何单位和个人不得破坏、侵占、毁损水库大坝、堤防、……”之规定。</td></tr>
<tr><td>承办人意见</td><td colspan="4">安阳市龙安区南彰武村民张庆军涉嫌违反《中华人民共和国防洪法》第三十七条：“任何单位和个人不得破坏、侵占、毁损水库大坝、堤防、……”之规定，建议立案查处。

承办人签名：徐晓帅　张征　　　　2009年3月6日</td></tr>
<tr><td>承办机构审核意见</td><td colspan="4">经审核，建议立案。建议该案件主办人是徐晓帅，协办人是张征。

负责人签名：尹中洲　　　　2009年3月6日</td></tr>
<tr><td>水行政主管部门负责人审批意见</td><td colspan="4">同意立案。

负责人签名：马荣洲　　　　2009年3月6日</td></tr>
</table>

调查（询问）通知书

安水调字〔2009〕第1001号

张庆军：

你应于 2009 年 3 月 8 日 9 时到安阳市水利局水政监察支队就你擅自毁损彰武水库堤防一案接受调查（询问），逾期不到的，我局将依法进行处理。

携带材料：个人身份资料。

安阳市水利局

2009年3月7日

联系人：徐晓帅　张　征

联系地址：安钢大道369号

联系电话：3696675

责令停止水事违法行为通知书

安水停字〔2009〕第1001号

张庆军：

经查，你自2009年3月6日以来擅自在彰武水库堤防处取土毁损堤防的行为违反了《中华人民共和国防洪法》第三十七条“任何单位和个人不得破坏、侵占、毁损水库大坝、堤防、水闸、护岸、抽水站、排水渠系等防洪工程和水文、通信设施以及防汛备用的器材、物料等”之规定。根据《中华人民共和国防洪法》第六十一条“违反本法规定，破坏、侵占、毁损堤防、水闸、护岸、抽水站、排水渠系等防洪工程和水文、通信设施以及防汛备用的器材、物料的，责令停止违法行为，采取补救措施，可以处五万元以下的罚款；造成损坏的，依法承担民事责任；应当给予治安管理处罚的，依照治安管理处罚条例的规定处罚；构成犯罪的，依法追究刑事责任”现责令你立即停止违法行为，听候处理。否则，依法追究法律责任。

附：1.限三日内采取补救措施，恢复堤防原状。

安阳市水利局

2009年3月7日

询问笔录

询问时间：2009 年 3 月 8 日 9 时 15 分至 10 时 15 分

询问地点：安阳市水利局水政监察支队三大队办公室

被询问单位名称：　　　　　法定代表人（负责人）：

电话：

被询问人姓名：张庆军　性别：男　电话：5619999

所在单位：市龙安区南彰武村民　住址：龙安区南彰武村 108 号

与本案关系：当事人

询问人：徐晓帅　张征　记录人：徐晓帅

我们是安阳市水利局水政监察支队三大队执法人员，姓名：徐晓帅、执法证号：豫 GO12—051，姓名：张 征、执法证号：豫 GO12—011。

现就你 擅自毁损彰武水库堤防情况进行调查，请给予配合。

问：你对我们的执法身份有无异议？

答：无异议。

问：你是否对我们执法人员提出申请回避？

答：不提出。

问：请你说一下个人基本情况？

答：我叫张庆军，1969 年出生，40 岁，已婚，有两个子女，我系安阳市龙安区南彰武村人，在家务农。

问：请你说一下你于今年 3 月 6 日以来擅自毁损彰武水库堤防的情况。

答：我是因为给孩子盖房建地基的时候差一点土，为了图省劲儿就近往水库堤防外边挖了点。当天刚用家里的小三马车拉了一趟，就被水库工作人员制止，3 月 7 日我按照你们给我下的《责令停止水事违法行为通知书》要求已回填。

问：你用家里的小三马拉了多少土？

答：最多有两三方土。

问：你是否知道你擅自在水库堤防处取土的行为已违反《中华人民共和国防洪法》第三十七条“任何单位和个人不得破坏、侵占、毁损水库大坝、堤防、水闸、护岸、抽水站、排水渠系等防洪工程和水文、通信设施以及防汛备用的器材、物料等”之规定？

答：我日常在家务农，平时也不学法，经你们执法人员给我说我才知道，我错了。

问：你是否知道你的行为已造成扰乱了正常水事管理？

答：现在知道了，望你们对我从轻处理。

问：询问笔录上述内容，记录是否属实？

答：询问笔录上述内容，记录属实。

被询问人签字：张庆军　　2009 年 3 月 8 日

拒绝签字的理由：

询问人签字：徐晓帅　张 征　　2009 年 3 月 8 日

记录人签字：徐晓帅　　2009 年 3 月 8 日

现场（检查）笔录

被调（检）查人姓名：张庆军　年龄 40 职业 务农

被调（检）查单位名称：　　地址

调（检）查时间 2009 年 3 月 7 日 10 时 0 分至 10 时 30 分

调（检）查地点：安阳市彰武水库（现场）

调（检）查人员姓名：徐晓帅　张征　记录人：徐晓帅

调（检）查记录：我们是安阳市水利局水政监察支队三大队执法人员，姓名：徐晓帅、执法证号：豫 GO12—051，姓名：张 征、执法证号：豫 GO12—011。现就你擅自毁损彰武水库堤防情况进行现场调查，请给予配合。调查情况如下：

1. 当事人张庆军，男，40 岁，系安阳市龙安区南彰武村人。

2. 所毁损堤防位于堤外坡脚处，长 2 米、宽 1 米、深 1.5 米，3 米见方。

（可续页）

被调（检）查人签名或盖章：张庆军

调（检）查人签名或盖章：徐晓帅　张征

见证人签名或盖章并注明其身份。

2009 年 3 月 7 日

附图：

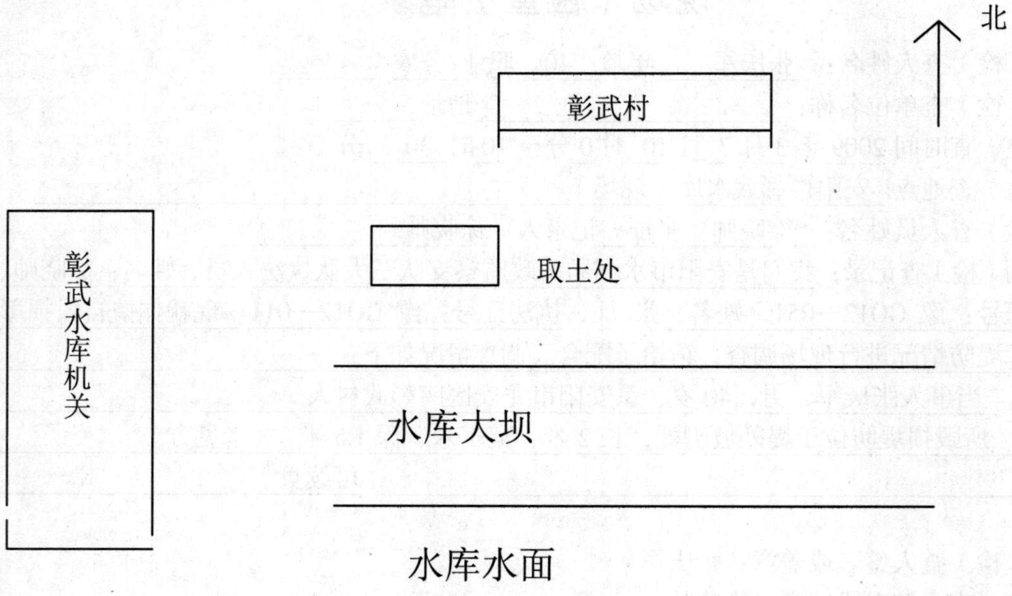

水事违法案件集体研究讨论笔录

案由：张庆军擅自毁损彰武水库堤防

时间：2009 年 3 月 13 日

地点：安阳市水政监察支队办公室

案件调查人：徐晓帅　张征　记录人：徐晓帅

参加人员：侯俊山、尹中洲、刘朝军、张伟山、张征、徐晓帅、曲涛

讨论内容：对南彰武村民张庆军擅自毁损彰武水库堤防一案进行了以下讨论：

一、案件主办人员介绍案情：2009 年 3 月 6 日水政监察支队三大队收到彰武水库上报案件，称有人毁损水库堤防。经查，市龙安区南彰武村民张庆军因家中建房需要于 3 月 6 日开着自家小三马车到水库堤防外堤脚处取了一车土，随后被水库工作人员制止，未再取土。三大队执法人员于 3 月 7 日对其制作了现场（检查）笔录并下达了《责令停止水事违法行为通知书》和调查询问通知书。3 月 8 日当事人张庆军在规定的时间内来到三大队办公室，三大队执法人员对其制作了调查笔录。其间张庆军再三承认错误并请求对他从轻处理。

二、案件处理建议：我们认为当事人张庆军的行为已违反《中华人民共和国防洪法》第三十七条“任何单位和个人不得破坏、侵占、毁损水库大坝、堤防、水闸、护岸、抽水站、排水渠系等防洪工程和水文、通信设施以及防汛备用的器材、物料等”之规定。鉴于当事人张庆军违法事实轻微，且主动配合工作恢复被毁损堤防能够认识到自身错误。根据《中华人民共和国防洪法》第六十一条“违反本法规定，破坏、侵占、毁损堤防、水闸、护岸、抽水站、排水渠系等防洪工程和水文、通信设施以及防汛备用的器材、物料的，责令停止违法行为，采取补救措施，可以处五万元以下的罚款；造成损坏的，依法承担民事责任；应当给予治安管理处罚的，依照治安管理处罚条例的规定处罚；构成犯罪的，依法追究刑事责任”和《河南省水行政处罚裁量标准》“违法行为未对防洪工程或者设施造成损坏，在规定期限内停止违法行为，采取补救措施的，可以处 1 万元以下的罚款；”《河南省水行政处罚裁量标准适用规则》之规定，建议对当事人张庆军不予处罚。

三、与会人员分别发表意见：

侯俊山：同意办案人员意见。

尹中洲：同意办案人员意见。

刘朝军：　同意办案人员意见。

张伟山：　同意办案人员意见。

曲　涛：　同意办案人员意见。

讨论结果：经过集体研究讨论，大家一致同意对当事人张庆军的处理决定。

参加人员签字：侯俊山　尹中洲　刘朝军　张伟山　张征　徐晓帅　曲涛

案件调查终结报告

当事人基本情况：张庆军　男　40岁　南彰武村民

调查时间：2009年3月6日至2009年3月14日

调查人员签名：徐晓帅　张征

当事人违法的证据：

1. 调查笔录；
2. 现场（检查）笔录；
3. 视听资料。

违法行为的等次：轻微

应受行政处罚的依据和种类：

2009年3月6日水政监察支队三大队收到彰武水库上报案件，称有人毁损水库堤防。经查，我们认为当事人张庆军的行为已违反《中华人民共和国防洪法》第三十七条“任何单位和个人不得破坏、侵占、毁损水库大坝、堤防、水闸、护岸、抽水站、排水渠系等防洪工程和水文、通信设施以及防汛备用的器材、物料等”之规定。根据《中华人民共和国防洪法》第六十一条“违反本法规定，破坏、侵占、毁损堤防、水闸、护岸、抽水站、排水渠系等防洪工程和水文、通信设施以及防汛备用的器材、物料的，责令停止违法行为，采取补救措施，可以处五万元以下的罚款；造成损坏的，依法承担民事责任；应当给予治安管理处罚的，依照治安管理处罚条例的规定处罚；构成犯罪的，依法追究刑事责任”和《河南省水行政处罚裁量标准》“违法行为未对防洪工程或者设施造成损坏，在规定期限内停止违法行为，采取补救措施的，可以处1万元以下的罚款；”《河南省水行政处罚裁量标准适用规则》之规定，作出如下行政处罚：

行政处罚建议：

鉴于该村民在案件查处过程中能够积极主动配合工作，主动恢复毁损堤防原状，建议不在对该村民进行处罚。

水政监察机构负责人意见：同意。

尹中洲　　　　2009年3月15日

法制机构负责人意见：同意。

侯俊山　　　　2009年3月15日

送达回证

案　　由	张庆军擅自毁损彰武水库堤防		
受送达人	张庆军		
送达地点	现场		
送达文书	送达人	收到日期	受送达人签名或盖章
责令停止水事违法行为通知书 安水停字〔2009〕第1001号	徐晓帅 张　征	2009年3月 7日10时	张庆军
调查（询问）通知书 安水调字〔2009〕第1001号	徐晓帅 张　征	2009年3月 7日10时	张庆军
		年　月 日　时	
		年　月 日　时	
备　　注			

注：1、如受送达人不在时，将文件交与他的成年家属、近邻、工作机关或受送达人居住地的乡（镇）政府、村民委员会或街道办事处代收。

2、如系代收，代收人应在受送达人栏内签名或盖章，并注明与受送达人的关系。

水事违法案件结案报告

2009 年 3 月 18 日　　　　　　　　　　　第 1 页　共 1 页

案由：张庆军擅自毁损彰武水库堤防

案件调查人：徐晓帅　　张征

立案时间：2009 年 3 月 6 日　　结案时间：2009 年 3 月 18 日

简要案情及办案经过：2009 年 3 月 6 日水政监察支队三大队收到彰武水库上报案件，称有人毁损水库堤防。经查该村民于 2010 年 3 月 6 日擅自在市彰武水库堤防外坡脚处少量取土，扰乱了正常水事管理秩序。有询问笔录、现场（检查）笔录、视听资料为证，2009 年 3 月 7 日该村民在《责令停止水事违法行为通知书》规定的时间内恢复堤防原状。

处罚（理）情况：不予处罚。

执行情况：鉴于该村民在我局对其下达《责令停止水事违法行为通知书》后在规定的时间内已自行恢复堤防原状。为此我们对此案建议如下：

结案建议：建议结案

案件调查人：徐晓帅　张 征

水政监察机构负责人意见：同意。

尹中洲　　　　2009 年 3 月 18 日

法制机构负责人意见：同意。

侯俊山　　　　2009 年 3 月 18 日

机关负责人意见：同意。

马荣洲　　　　2009 年 3 月 18 日

现场照片

附：　案件承办人行政执法证复印件

立卷、验卷情况记载

本案卷于 2010 年 3 月 6 日立卷，本册连面带底共计 18 页，附证物袋____个，内装 2 件。

立卷人：徐晓帅

本案卷于 2010 年 3 月 16 日，经验查合格。

检验人：刘朝军

河南省河海水电工程有限公司未按技术要求施工、设备未经检验进行施工水行政处罚案件

【案情简介】河海公司于2010年9月29日和安阳市漳南灌区续建配套与节水改造工程建设局签订了2010年度Ⅱ标的施工协议书，工程总价6470730.48元，河海公司于2010年11月份开始施工，项目经理为沈占起，项目对外协调经理为穆胜哲，监理单位为安阳市润安工程咨询监理公司。在对河海公司施工的Ⅱ标现场检查时发现河海公司存在以下违法行为：1. 在董车村西的25+936.5段施工中将模板开孔排水；2. 在董车村西的25+936.5段施工中渠道边坡坡脚与底板接缝和工程设计不符；3. 在西盖村北四支渠工地施工所用的混凝土配料机未经检验投入使用。上述行为违反了《建设工程质量管理条例》第二十八条“施工单位必须按照工程设计图纸和施工技术标准施工，不得擅自修改工程设计，不得偷工减料”和第二十九条“施工单位必须按照工程设计要求、施工技术标准和合同约定，对建筑材料、建筑构配件、设备和商品混凝土进行检验，检验应当有书面记录和专人签字；未经检验或者检验不合格的，不得使用”之规定。我局于2011年5月6日依法向河海公司下达了《责令改正通知书》（安水改字2011第ZJ01号）法律文书，要求河海公司于2011年5月13日前对西盖村北四支渠工地现场施工用的混凝土配料机进行检验合格后再投入使用，并且根据施工技术标准对董车村西的25+936.5段存在问题采取补救改正到位。由于河海公司在漳南灌区技改工程施工中存在3处违法行为，并且同时违反了《建设工程质量管理条例》第二十八条“施工单位必须按照工程设计图纸和施工技术标准施工，不得擅自修改工程设计，不得偷工减料”和第二十九条“施工单位必须按照工程设计要求、施工技术标准和合同约定，对建筑材料、建筑构配件、设备和商品混凝土进行检验，检验应当有书面记录和专人签字；未经检验或者检验不合格的，不得使用”之 规定并且《中华人民共和国水利行业标准》中对施工设备明确提出必须强制检定。《中华人民共和国工程建设标准强制性条文》水利工程部分也明确要求“严禁在模板上开孔赶水，带走灰浆”。上述违法行为事实清楚，证据确凿充分。根据《建设工程质量管理条例》第六十四条“违反本条例规定，施工单位在施工中偷工减料的，使用不合格的建筑材料、建筑构配件和设备的，或者有不按照工程设计图纸或者施工技术标准施工的其他行为的，责令改正，处工程合同价款百分之二以上百分之四以下的罚款；造成建设工程质量不符合规定的质量标准的，负责返工、修理，并赔偿因此造成的损失；情节严重的，责令停业整顿，降低资质等级或者吊销资质证书”和第六十五条“违反本条例规定，施工单位未对建筑材料、建筑构配件、设备和商品混凝土进行检验，或者未对涉及结构安全的试块、试件以及有关材料取样检测的，责令改正，处10万元以上20万元以下的罚款；情节严重的，责令停业整顿，降低资质等级或者吊销资质证书；造成损失的，依法承担赔偿责任”之规定，并参照河南省住房和城乡建设厅《建设工程质量管理条例》行政处罚裁量标准（水利厅未对建设工程处罚裁量细化），河海公司违法行为未造成危害后果，属于一般违法行为。

附：河南省河海水电工程有限公司未按技术要求施工、设备未经检验进行施工水行政处罚案件卷宗

河南省水事违法案件卷宗

<table>
<tr><td colspan="4">豫水（安）立字〔2011〕第 ZJ01 号</td></tr>
<tr><td>案由</td><td colspan="3">未按技术要求施工、设备未经检验进行施工</td></tr>
<tr><td rowspan="2">当事人</td><td>名称或姓名</td><td colspan="2">河南省河海水电工程有限公司</td></tr>
<tr><td>地址或住址</td><td colspan="2">濮阳市人民路 33 号</td></tr>
<tr><td>立案日期</td><td>2011 年 5 月 4 日</td><td>结案日期</td><td>2011 年 6 月 1 日</td></tr>
<tr><td>处罚（理）决定</td><td colspan="3">罚款人民币 229414.6 元。</td></tr>
<tr><td>复议决定</td><td colspan="3"></td></tr>
<tr><td>法院判决（裁定）</td><td colspan="3"></td></tr>
<tr><td>归档日期</td><td>2011 年 6 月 1 日</td><td>归档编号</td><td></td></tr>
<tr><td>保存年限</td><td>10 年</td><td>承办人</td><td>张怀刚　安卫东</td></tr>
<tr><td colspan="2">本卷内的文书共计　43　张</td><td>立卷人</td><td>张怀刚</td></tr>
</table>

卷宗目录

序号	材料名称	文号	页数
1	水事违法案件呈批表		
2	现场（检查）笔录		
3	询问笔录		
4	责令改正通知书	安水改字〔2011〕第 ZJ01 号	
5	送达回证		
6	水事违法案件讨论笔录		
7	案件调查终结报告		
8	行政处罚事先告知书	安水罚先告字〔2011〕第 ZJ01	
9	行政处罚事先告知书	安水罚先告字〔2011〕第 ZJ02	
10	行政处罚听证告知书	安水听告字〔2011〕第 ZJ01 号	
11	行政处罚听证告知书	安水听告字〔2011〕第 ZJ02 号	
12	送达回证		
13	当事人的陈述		
14	法律文书签发单		
15	水行政处罚决定书	安水罚决字〔2011]第 ZJ01 号	
16	水行政处罚决定书	安水罚决字〔2011]第 ZJ02 号	
17	送达回证		
18	银行代收罚款票据		
19	现场照片		
20	营业执照复印件		
21	工程协议书		
22	执法方案		
23	结案报告		
24	案件承办人行政执法证复印件		

行政处罚案件立案审批表

<table>
<tr><td rowspan="5">当事人</td><td>单位名称</td><td>河南省河海水电工程有限公司</td><td>法定代表人</td><td>张明文</td></tr>
<tr><td>住址</td><td>河南省滑县平高镇</td><td>电话</td><td></td></tr>
<tr><td>个人姓名</td><td>穆胜哲</td><td>性别</td><td>男</td></tr>
<tr><td>所在单位</td><td>河南省河海水电工程有限公司</td><td>电话</td><td>13569088788</td></tr>
<tr><td>身份证号码</td><td>××××××××××××××××××</td><td>个人住址</td><td></td></tr>
<tr><td>案由</td><td colspan="2">未依技术要求施工、设备未经检验进行施工</td><td>案件来源</td><td>2010 年 5 月 4 日
群众举报</td></tr>
<tr><td>案件简要情况</td><td colspan="4">经查，河南省河海水电工程有限公司在安阳市漳南灌区续建配套节水改造 2010 年度 II 标段施工期间，混凝土配料机未经检验投入使用，并且在施工期间向模板上开孔，其行为违反了《建设工程质量管理条例》第二十八条、二十九条规定。</td></tr>
<tr><td>承办人意见</td><td colspan="4">河南省河海水电工程有限公司涉嫌违反《建设工程质量管理条例》第二十八条、二十九条规定，建议立案查处。
承办人签名：张怀刚　安卫东　　2010 年 5 月 04 日</td></tr>
<tr><td>承办机构审核意见</td><td colspan="4">经审核，建议立案。建议该案件主办人是张怀刚，协办人是安卫东。
负责人签名：尹中洲　　2010 年 5 月 04 日</td></tr>
<tr><td>水行政主管部门负责人审批意见</td><td colspan="4">同意立案。
负责人签名：马荣洲　　2010 年 5 月 04 日</td></tr>
</table>

现场（检查）笔录

第 1 页 共 1 页

被调（检）查人姓名：穆胜哲 年龄： 职业：

住址：河南省滑县高平镇

被调（检）查单位名称：河南省河海水电工程有限公司

住址：濮阳市人民路 33 号

被询问人姓名：穆胜哲 性别： 男 年龄： 职务：

调（检）查时间：2011 年 5 月 4 日 16 时 15 分至 17 时 50 分

调（检）查地点：安阳市漳南灌区续建配套节水改造 2010 年度Ⅱ标段工程工地

调（检）查人姓名：张怀刚 证件名称：执法证 证件编号：GO12-007

记录人员：安卫东 证件名称：执法证 证件编号：GO12-009

调（检）查记录：2011 年 5 月 4 日 16 时 15 分，我局执法人员张怀刚、安卫东来到安阳市漳南灌区续建配套节水改造 2010 年度Ⅱ标段工程施工现场，向河南省河海水电工程有限公司职工穆胜哲出示行政执法证表明身份后向其说明了来意，对现场施工情况进行了检查：

1. 在安阳市漳南灌区续建节水配套节水改造 2010 年度Ⅱ标段工程董车村段（桩号：25+936.5）渠道边坡坡脚与底板接缝与该工程设计不符。

2. 在该施工现场渠道边坡浇筑的混凝土模板上有开孔，在渠道边坡上未拆除的木板上也有开孔。

3. 安阳市漳南灌区续建配套节水改造 2010 年度Ⅱ标段工程承包人是河南省河海水电工程有限公司，法定代表人是张明文，在河南省濮阳市工商行政管理局注册登记。

被调（检）查人员签名或盖章： 穆胜哲（捺指印）

被调查人员拒签事由：

调（检）查人员签名或盖章： 张怀刚 安卫东

见证人签名或盖章并注明其身份：

现场示意图

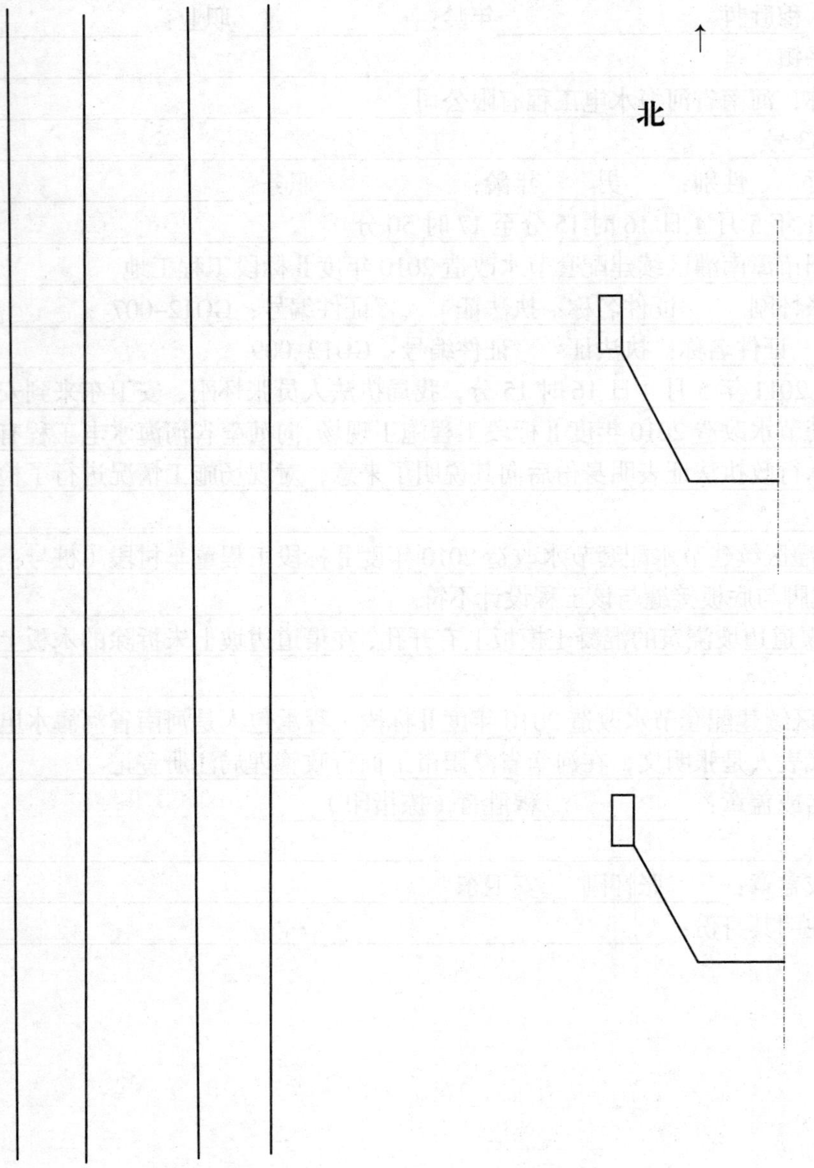

记录人：安卫东　　　　　　　　　　　　　2011 年 5 月 4 日

当事人：穆胜哲（捺指印）　　　　　　　　2011 年 5 月 4 日

询问笔录

询问时间：2011 年 5 月 5 日 16 时 50 分至 18 时 15 分

询问地点：安阳市水政监察支队调查询问室

被询问单位名称：河南省河海水电工程有限公司

法定代表人（负责人）：张明文　电话：

被询问人姓名：穆胜哲　性别：男　电话：13569088788

所在单位：　住址：河南省安阳市滑县高平镇

与本案关系：负责河南省安阳市漳南灌区续建配套节水改造 2010 年度Ⅱ标段工程的对外协调工作

询问人：张怀刚　证件名称：执法证　证件编号：GO12-007

记录人：安卫东　证件名称：执法证　证件编号：GO12-009

询问内容：

我们是安阳市水利局水政执法人员（亮证），现对你单位在漳南灌区施工情况进行询问，请你如实回答。

问：请说一下你的基本情况。

答：我叫穆胜哲，是河南省河海水电工程有限公司的职工，负责河南省安阳市漳南灌区续建配套节水改造 2010 年度Ⅱ标段工程的对外协调工作。

问：请说一下你单位的全称和法定代表人。

答：全称是河南省河海水电工程有限公司，法定代表人是张明文。

问：是你单位在河南省安阳市漳南灌区续建配套节水改造 2010 年度Ⅱ标段工程施工的吗？

答：是我单位承包的河南省安阳市漳南灌区续建配套节水改造 2010 年度Ⅱ标段工程，该工程师从 2010 年 11 月份开始施工的。

问：请说一下你单位承包的河南省安阳市漳南灌区续建配套节水改造 2010 年度Ⅱ标段工程的项目经理。

答：该工程的项目经理是沈占起。

问：请说一下该工程的监理单位。

答：该工程的监理单位是润安监理公司。

问：请说一下你单位在河南省安阳市漳南灌区续建配套节水改造 2010 年度Ⅱ标段工程董车西村 25+936.5 段施工中在模板上为什么凿孔。

答：我们在模板上凿孔主要是排气泡和混凝土浇筑后水分过大需要排水。

问：　你单位在河南省安阳市漳南灌区续建配套节水改造 2010 年度Ⅱ标段工程的施工设备是否是经过相关部门的检验？

答：位于安阳市西盖村北的四支渠工地的施工设备拌和配料机没有经过相关部门的检验。

问：请说一下你单位在安阳市殷都区郭家庄交通桥东侧渠道左岸的施工时间。

答：大约是从 2010 年 4 月 20 日开始施工的。

问：施工时是否有三检表？

答：开始施工时没有三检表，目前还没有三检表，因为不够一个单元不能作三检表。

问：请说一下你单位在河南省安阳市漳南灌区续建配套节水改造 2010 年度Ⅱ标段工程安阳市殷都区董车村西的 25+936.5 段施工的渠道内坡混凝土浇注后渠道边坡坡脚及底板接缝与设计图纸不符的情况。

答：由于原来的渠道高低不平给我们施工带来的不便，致使混凝土浇注后的渠道边坡坡脚及底板接缝与设计图纸不相符，我们随后会用切割机将其切平。

问：请说一下你单位承包的河南省安阳市漳南灌区续建配套节水改造 2010 年度Ⅱ标段工程的中标价。

答：投资是 647 万元。

问：询问笔录上述内容请你看一看，记录是否属实？

询问笔录上述内容记录属实。穆胜哲（捺指印）

被询问人阅核后签注"询问笔录上述内容，记录属实。"

被询问人签字：　　穆胜哲　（捺指印）　　2011 年 5 月 5 日

拒绝签字的理由：

询问人签字：　　张怀刚　　2011 年 5 月 5 日

记录人签字：　　安卫东　　2011 年 5 月 5 日

责令改正通知书

安水改字〔2011〕第 ZJ01 号

河南省河海水电工程有限公司：

经查，你单位在安阳市漳南灌区续建配套与节水改造 2010 年度Ⅱ标段工程施工中有以下违法行为：1. 在董车西村的 25+936.5 段施工中将模板开孔排水；2. 渠道边坡坡脚与底板接缝和工程设计不符；3. 在西盖北四支渠工地现场施工用的混凝土配料机未经检验投入使用。上述行为违反了《建设工程质量管理条例》第二十八条“施工单位必须按照工程设计图纸和施工技术标准施工，不得擅自修改工程设计，不得偷工减料”和第二十九条“施工单位必须按照工程设计要求、施工技术标准和合同约定，对建筑材料、建筑构配件、设备和商品混凝土进行检验，检验应当有书面记录和专人签字；未经检验或者检验不合格的，不得使用”之规定。根据《建设工程质量管理条例》第六十四条“违反本条例规定，施工单位在施工中偷工减料的，使用不合格的建筑材料、建筑构配件和设备的，或者有不按照工程设计图纸或者施工技术标准施工的其他行为的，责令改正，处工程合同价款百分之二以上百分之四以下的罚款；造成建设工程质量不符合规定的质量标准的，负责返工、修理，并赔偿因此造成的损失；情节严重的，责令停业整顿，降低资质等级或者吊销资质证书”和第六十五条“违反本条例规定，施工单位未对建筑材料、建筑构配件、设备和商品混凝土进行检验，或者未对涉及结构安全的试块、试件以及有关材料取样检测的，责令改正，处 10 万元以上 20 万元以下的罚款；情节严重的，责令停业整顿，降低资质等级或者吊销资质证书；造成损失的，依法承担赔偿责任。”之规定，现责令你单位于 2011 年 5 月 13 日前改正。

改正内容（措施）：1. 对西盖村北四支渠工地现场施工用的混凝土配料机进行检验合格后再投入使用；2. 根据施工技术标准对董车村西的 25+936.5 段存在问题采取补救。

2011 年 5 月 6 日

联系人：张怀刚　安卫东

联系电话：3696360

联系地址：安钢大道东段路南

送达回证

案　　由			
受送达人	河南省河海水电工程有限公司		
送达地点	水政支队办公室		
送达文书	送达人	收到日期	受送达人签名或盖章
责令改正通知书 安水调字〔2010〕第ZJ01号	张怀刚 安卫东	2011年5月 6日15时	穆胜哲
		年　月 日　时	
		年　月 日　时	
		年　月 日　时	
备　　注	穆胜哲是河南省河海水电工程有限公司职工，负责河南省安阳市漳南灌区续建配套节水改造 2010 年度Ⅱ标段工程的对外协调工作。		

注：1、如受送达人不在时，将文件交与他的成年家属、近邻、工作机关或受送达人居住地的乡（镇）政府、村民委员会或街道办事处代收。

2、如系代收，代收人应在受送达人栏内签名或盖章，并注明与受送达人的关系。

水事违法案件讨论笔录

案由：河南省河海水电工程有限公司

时间：2011 年 5 月 9 日 15 时 30 分至 16 时 55 分

地点：水政监察支队会议室

案件调查人：张怀刚、安卫东　　记录人：安卫东

参加人员：侯俊山、尹中洲、张伟山、刘朝军、马艳丽、张征、耿鸿飞、郝艳军、路宏伟、陈勇、王伟、崔明、徐晓帅、孟效勤（质检站、建设单位）

讨论内容：关于河南省河海水电工程有限公司违法施工处罚一案案进行了讨论：

一、案件承办人汇报案情及处理意见：

2011 年 5 月 3 日有关部门反映河南省河海水电工程有限公司（以下简称河海公司）在漳南灌区技改工程中存在违法行为，我局于 5 月 4 日立案，当天对河海公司进行调查，案件基本情况如下：

河海公司于 2010 年 9 月 29 日和安阳市漳南灌区续建配套与节水改造工程建设局签订了 2010 年度Ⅱ标的施工协议书，工程总价 6470730.48 元，河海公司于 2010 年 11 月份开始施工，项目经理为沈占起，项目对外协调经理为穆胜哲，监理单位为安阳市润安工程咨询监理公司。在对河海公司施工的Ⅱ标现场检查时发现河海公司存在以下违法行为：1. 在董车村西的 25+936.5 段施工中将模板开孔排水；2. 在董车村西的 25+936.5 段施工中渠道边坡坡脚与底板接缝和工程设计不符；3. 在西盖村北四支渠工地施工所用的混凝土配料机未经检验投入使用。上述行为违反了《建设工程质量管理条例》第二十八条“施工单位必须按照工程设计图纸和施工技术标准施工，不得擅自修改工程设计，不得偷工减料”和第二十九条“施工单位必须按照工程设计要求、施工技术标准和合同约定，对建筑材料、建筑构配件、设备和商品混凝土进行检验，检验应当有书面记录和专人签字；未经检验或者检验不合格的，不得使用”之规定。我局于 2011 年 5 月 6 日依法向河海公司下达了《责令改正通知书》（安水改字〔2011〕第 ZJ01 号）法律文书，要求河海公司于 2011 年 5 月 13 日前对西盖村北四支渠工地现场施工用的混凝土配料机进行检验合格后再投入使用，并且根据施工技术标准对董车村西的 25+936.5 段存在问题采取补救改正到位。由于河海公司在漳南灌区技改工程施工中存在 3 处违法行为，并且同时违法了《建设工程质量管理条例》第二十八条“施工单位必须按照工程设计图纸和施工技术标准施工，不得擅自修改工程设计，不得偷工减料”和第二十九条“施工单位必须按照工程设计要求、施工技术标准和合同约定，对建筑材料、建筑构配件、设备和商品混凝土进行检验，检验应当有书面记录和专人签字；未经检验或者检验不合格的，不得使用”之规定，并且《中华人民共和国水利行业标准》中对施工设备明确提出必须强制检定。《中华人民共和国工程建设标准强制性条文》水利工程部分也明确要求“严禁在模板上开孔赶水，带走灰浆”。上述违法行为事实清楚，证据确凿充分。根据《建设工程质量管理条例》第六十四条“违反本条例规定，施工单位在施工中偷工减料的，使用不合格的建筑材料、建筑构配件和设备的，或者有不按照工程设计图纸或者施工技术标准施工的其他行为的，责令改正，处工程合同价款百分之二以上百分之四以下的罚款；造成建设工程质量不符合规定的质量标准的，负责返工、修理，并赔偿因此造成的损失；情节严重的，责令停业整顿，降低资质等级或者吊销资质

证书”和第六十五条“违反本条例规定，施工单位未对建筑材料、建筑构配件、设备和商品混凝土进行检验，或者未对涉及结构安全的试块、试件以及有关材料取样检测的，责令改正，处10万元以上20万元以下的罚款；情节严重的，责令停业整顿，降低资质等级或者吊销资质证书；造成损失的，依法承担赔偿责任”之规定，并参照河南省住房和城乡建设厅《建设工程质量管理条例》行政处罚裁量标准（水利厅未对建设工程处罚裁量细化），河海公司违法行为未造成危害后果，属于一般违法行为。

二、讨论结果：

河海公司同时违反了《建设工程质量管理条例》第二十八条和第二十九条。根据《建设工程质量管理条例》第六十四条对河海公司罚款人民币129414.6元；根据第六十五条对河海公司罚款人民币10万元。以上两项违法行为对河海公司共计罚款人民币229414.6元。

三、参加人员意见：

侯俊山：同意办案人员意见；

尹中洲：同意案件承办人意见；

张伟山：同意案件承办人意见；

刘朝军：同意案件承办人意见；

马艳丽：同意办案人员意见；

张　征：同意办案人员意见；

耿鸿飞：同意办案人员意见；

路宏伟：同意办案人员意见；

郝艳军：同意办案人员意见；

陈　勇：同意办案人员意见；

王　伟：同意办案人员意见；

徐晓帅：同意讨论意见

崔　明：同意办案人员意见

孟效勤：同意办案人员意见

参加人员（签字）：侯俊山、尹中洲、张伟山、刘朝军、马艳丽、张征、耿鸿飞、郝艳军、路宏伟、陈勇、王伟、崔明、徐晓帅、孟效勤

案件调查终结报告

当事人的基本情况：河南省河海水电工程有限公司

法定代表人：张明文　　　　　　　地址：濮阳市人民路33号

调查时间：2011年5月4日至2011年5月8日

调查人（签字）：张怀刚　　安卫东

当事人的违法证据：1. 调查笔录、勘验笔录、照片、录像。

违法行为等次：根据你单位的违法事实、性质、情节、社会危害程度和相关证据，你单位的违法行为等次属于一般。

应受行政处罚的依据和种类：2011年5月3日有关部门反映河南省河海水电工程有限公司（以下简称河海公司）在漳南灌区技改工程中存在违法行为，我局于5月4日立案，当天对河海公司进行调查，案件基本情况如下：

河海公司于2010年9月29日和安阳市漳南灌区续建配套与节水改造工程建设局签订了2010年度Ⅱ标的施工协议书，工程总价6470730.48元，河海公司于2010年11月份开始施工，项目经理为沈占起，项目对外协调经理为穆胜哲，监理单位为安阳市润安工程咨询监理公司。在对河海公司施工的Ⅱ标现场检查时发现河海公司存在以下违法行为：1. 在董车村西的25+936.5段施工中将模板开孔排水；2. 在董车村西的25+936.5段施工中渠道边坡坡脚与底板接缝和工程设计不符；3. 在西盖村北四支渠工地施工所用的混凝土配料机未经检验投入使用。上述行为违反了《建设工程质量管理条例》第二十八条"施工单位必须按照工程设计图纸和施工技术标准施工，不得擅自修改工程设计，不得偷工减料"和第二十九条："施工单位必须按照工程设计要求、施工技术标准和合同约定，对建筑材料、建筑构配件、设备和商品混凝土进行检验，检验应当有书面记录和专人签字；未经检验或者检验不合格的，不得使用"之规定。我局于2011年5月6日依法向河海公司下达了《责令改正通知书》（安水改字〔2011〕第ZJ01号）法律文书，要求河海公司于2011年5月13日前对西盖村北四支渠工地现场施工用的混凝土配料机进行检验合格后再投入使用，并且根据施工技术标准对董车村西的25+936.5段存在问题采取补救改正到位。由于河海公司在漳南灌区技改工程施工中存在3处违法行为，并且同时违反了《建设工程质量管理条例》第二十八条"施工单位必须按照工程设计图纸和施工技术标准施工，不得擅自修改工程设计，不得偷工减料"和第二十九条"施工单位必须按照工程设计要求、施工技术标准和合同约定，对建筑材料、建筑构配件、设备和商品混凝土进行检验，检验应当有书面记录和专人签字；未经检验或者检验不合格的，不得使用"之规定，并且《中华人民共和国水利行业标准》中对施工设备明确提出必须强制检定。《中华人民共和国工程建设标准强制性条文》水利工程部分也明确要求"严禁在模板上开孔赶水，带走灰浆"。上述违法行为事实清楚，证据确凿充分。根据《建设工程质量管理条例》第六十四条"违反本条例规定，施工单位在施工中偷工减料的，使用不合格的建筑材料、建筑构配件和设备的，或者有不按照工程设计图纸或者施工技术标准施工的其他行为的，责令改正，处工程合同价款百分之二以上百分之四以下的罚款；造成建设工程质量不符合规定的质量标准的，负责返工、修理，并赔偿因此造成的损失；情节严重的，责令停业整顿，降低资质等级或者吊销资质证书。"和第六十五条："违反本条例规定，施工单位未对建筑材料、建筑构配件、设备和商品混凝土进行检验，或者未对涉及结构安全的试块、试件以及有关材料取样检测的，责令改正，处10万元以上20万元以下的罚款；情节严重的，责令停业整顿，降低资质等级或者吊销资质证书；造成损失的，依法承担赔偿责任”之规定，并参照河南省住房和城乡建设厅《建设工程质量管理条例》行政处罚裁量标准（水利厅未对建设工程处罚裁量细化），河海公司违法行为未造成危害后果，属于一般违法行为。

行政处罚建议：

由于河海公司同时违反了《建设工程质量管理条例》第二十八条和第二十九条，根据《建设工程质量管理条例》第六十四条对河海公司罚款人民币129414.6元；根据第六十五条对河海公司罚款人民币10万元。以上两项违法行为对河海公司共计罚款人民币229414.6元。

水政监察机构负责人意见：同意。

尹中洲　　2011年5月10日

机关法制机构负责人意见：同意。

侯俊山　　2011年5月10日

行政处罚事先告知书

安水罚先告字〔2011〕第ZJ01号

河南省河海水电工程有限公司：

经查，你单位在安阳市漳南灌区续建配套与节水改造2010年度Ⅱ标段工程施工中有以下违法行为：1. 在董车村西的25+936.5段施工中将模板开孔排水；2. 在董车村西的25+936.5段施工中渠道边坡坡脚与底板接缝和工程设计不符。上述行为违反了《建设工程质量管理条例》第二十八条“施工单位必须按照工程设计图纸和施工技术标准施工，不得擅自修改工程设计，不得偷工减料”之规定。

从你单位违法行为的事实、性质、情节、社会危害程度和证据看，你单位的违法行为等级属于一般。

根据《建设工程质量管理条例》第六十四条“违反本条例规定，施工单位在施工中偷工减料的，使用不合格的建筑材料、建筑构配件和设备的，或者有不按照工程设计图纸或者施工技术标准施工的其他行为的，责令改正，处工程合同价款百分之二以上百分之四以下的罚款；造成建设工程质量不符合规定的质量标准的，负责返工、修理，并赔偿因此造成的损失；情节严重的，责令停业整顿，降低资质等级或者吊销资质证书”之规定，本机关拟对你单位作出罚款人民币129414.6元的处罚。

根据《中华人民共和国行政处罚法》第三十二条的规定，你单位可以自收到本告知书之日起三日内到安阳市水利局进行陈述、申辩，逾期不陈述、申辩的视为放弃陈述、申辩权利。

安阳市水利局

2011年5月12日

联系人：张怀刚

电　话：3696110　3696360

行政处罚事先告知书

安水罚先告字〔2011〕第ZJ02号

河南省河海水电工程有限公司：

经查，你单位在安阳市漳南灌区续建配套与节水改造2010年度Ⅱ标段工程施工中在西盖村北四支渠工地现场施工用的混凝土配料机未经检验投入使用。上述行为违反了《建设工程质量管理条例》第二十九条“施工单位必须按照工程设计要求、施工技术标准和合同约定，对建筑材料、建筑构配件、设备和商品混凝土进行检验，检验应当有书面记录和专人签字；未经检验或者检验不合格的，不得使用”之规定。

从你单位违法行为的事实、性质、情节、社会危害程度和证据看，你单位的违法行为等级属于一般。

根据《建设工程质量管理条例》第六十五条“违反本条例规定，施工单位未对建筑材料、建筑构配件、设备和商品混凝土进行检验，或者未对涉及结构安全的试块、试件以及有关材料取样检测的，责令改正，处10万元以上20万元以下的罚款；情节严重的，责令停业整顿，降低资质等级或者吊销资质证书；造成损失的，依法承担赔偿责任”之规定，本机关拟对你单位做出罚款人民币10万元的处罚。

根据《中华人民共和国行政处罚法》第三十二条的规定，你单位可以自收到本告知书之日起三日内到安阳市水利局进行陈述、申辩，逾期不陈述、申辩的视为放弃陈述、申辩权利。

安阳市水利局

2011年5月12日

联系人：张怀刚

电　话：3696110　3696360

行政处罚听证告知书

安水听告字[2011]第 ZJ01 号

河南省河海水电工程有限公司：

经查，你单位在安阳市漳南灌区续建配套与节水改造 2010 年度Ⅱ标段工程施工中有以下违法行为：1. 在董车村西的 25+936.5 段施工中将模板开孔排水；2. 在董车村西的 25+936.5 段施工中渠道边坡坡脚与底板接缝和工程设计不符。上述行为违反了《建设工程质量管理条例》第二十八条"施工单位必须按照工程设计图纸和施工技术标准施工，不得擅自修改工程设计，不得偷工减料"之规定。

违法行为等次：根据你单位违法行为的事实、性质、情节、社会危害程度和相关证据，你单位的违法行为等次属一般违法行为。

拟给予处罚的依据和种类：本机关依照《建设工程质量管理条例》第六十四条"违反本条例规定，施工单位在施工中偷工减料的，使用不合格的建筑材料、建筑构配件和设备的，或者有不按照工程设计图纸或者施工技术标准施工的其他行为的，责令改正，处工程合同价款百分之二以上百分之四以下的罚款；造成建设工程质量不符合规定的质量标准的，负责返工、修理，并赔偿因此造成的损失；情节严重的，责令停业整顿，降低资质等级或者吊销资质证书"之规定，本机关拟对你单位做出下列行政处罚：

罚款人民币 129414.6 元的处罚。

申请听证的期限：如你单位要求听证，应当自收到本告知书之日起三日内向我局提出申请。逾期视为放弃听证权利。

安阳市水利局

2011 年 5 月 12 日

联系人：　张怀刚

联系电话：3696360

联系地址：安钢大道东段路南（安阳市水政监察支队）

行政处罚听证告知书

安水听告字〔2011〕第 ZJ02 号

河南省河海水电工程有限公司：

经查，你单位在安阳市漳南灌区续建配套与节水改造 2010 年度Ⅱ标段工程施工中在西盖村北四支渠工地现场施工用的混凝土配料机未经检验投入使用。上述行为违反了《建设工程质量管理条例》第二十九条“施工单位必须按照工程设计要求、施工技术标准和合同约定，对建筑材料、建筑构配件、设备和商品混凝土进行检验，检验应当有书面记录和专人签字；未经检验或者检验不合格的，不得使用”之规定。

违法行为等次：根据你单位违法行为的事实、性质、情节、社会危害程度和相关证据，你单位的违法行为等次属一般违法行为。

拟给予处罚的依据和种类：本机关依照《建设工程质量管理条例》第六十五条“违反本条例规定，施工单位未对建筑材料、建筑构配件、设备和商品混凝土进行检验，或者未对涉及结构安全的试块、试件以及有关材料取样检测的，责令改正，处 10 万元以上 20 万元以下的罚款；情节严重的，责令停业整顿，降低资质等级或者吊销资质证书；造成损失的，依法承担赔偿责任”之规定，本机关拟对你单位做出下列行政处罚：

罚款人民币 10 万元的处罚。

申请听证的期限：如你单位要求听证，应当自收到本告知书之日起三日内向我局提出申请。逾期视为放弃听证权利。

安阳市水利局

2011 年 5 月 12 日

联系人：张怀刚

联系电话：3696360

联系地址：安钢大道东段路南（安阳市水政监察支队一大队）

送达回证

案　由				
受送达人	河南省河海水电工程有限公司			
送达地点	安阳市水政监察支队询问室			
送达文书		送达人	收到日期	受送达人签名或盖章
行政处罚事先告知书 安水罚先告字〔2010〕第ZJ01号		陈勇 安卫东	2010年5月 12日16时	沈占起
行政处罚事先告知书 安水罚先告字〔2010〕第ZJ01号		陈勇 安卫东	2010年5月 12日16时	沈占起
行政处罚听证告知书 安水听告字〔2010〕第ZJ01号		陈勇 安卫东	2010年5月 12日16时	沈占起
行政处罚听证告知书 安水听告字〔2010〕第ZJ01号		陈勇 安卫东	2010年5月 12日16时	沈占起
备　注	沈占起是河南省河海水电工程有限公司任命的安阳市漳南灌区续建配套节水改造2010年度工程Ⅱ标段项目经理			

注：1、如受送达人不在时，将文件交与他的成年家属、近邻、工作机关或受送达人居住地的乡（镇）政府、村民委员会或街道办事处代收。

2、如系代收，代收人应在受送达人栏内签名或盖章，并注明与受送达人的关系。

针对《行政处罚事先告知书》安水听告相关事项的情况汇报

尊敬的安阳市水利局领导：

我公司2011年5月12日收到贵单位下发的行政处罚事先告知书，安水听告字〔2011〕第ZJ01、ZJ02号。我公司组织项目部全体人员认真领会内容精神，现将具体情况汇报如下：

1. 2011年4月24日，质监站来我工地石渠渡槽施工现场进行检查时，提出董车村西的25+936.5段施工中有模板开孔排水现象。这一问题在当时由于聚到边坡施工非常困难，混凝土振捣过程气泡根本排不出来，导致已浇筑面大面积出现了水、气泡，严重影响了工程的外观质量。为有效解决此问题，我项目部在施工现场个别部位做了实验，采取在保证混凝土强度等级等各项指标均合格的前提下，在模板个别部位开少量的1cm圆形小孔助排积水，经试验效果还比较理想，为保证工程的外观质量，结果导致出现违规行为。

2. 在董车村西25+936.5施工中，关于渠道边坡坡脚与底板接缝和工程设计不符的问题，是由于原渠底基础高低不平，现状渠底高的地方就出现了上述问题。就此问题，我项目部马上向监理部汇报，并邀请建管局、设计院领导及相关专家到渡槽现场解决，制定出了解决办法，具体办法：考虑到边坡砼施工困难较大，先施工边坡混凝土衬砌，边坡施工完成后，在渠底混凝土衬砌时先将渠坡与渠底交汇处多出坡面边界线的混凝土，用切割机切掉，保证其顺直，达到设计要求。现边坡混凝土已施工完毕，正在按照预先制定的施工措施，对工程进行整修。

3. 在对万金四支渠上游延伸段拌和站所用混凝土配料机检查中，发现配料机未经检验部门检验就投入使用。当时我项目部投入的机械年初已进行了校验，由于当时工期紧、任务重，考虑到年初已校验，进入工地直接投入了使用，接到通知后，我单位立即停止使用，另采取其他机械投入施工。

4. 针对我项目部擅自开工的问题，在4月24日，接到质检站下达暂停施工通知后，我项目部马上进行了全面的整改，并及时将整改方案及措施上报了监管局。施工前期，当地村民就提出必须将工程转让给当地村民实施，否则谁也干不成，在前期，我单位曾三次组织施工人员机械进入现场，都被非法撵出。为保证工程能够实施，我单位在多次协调未果的前提下，不得不将工程的劳务分包给当地施工人员，由于施工人员是当地的施工队，停工后，他们就将我项目部的车辆和人员强行扣留，还说如果不让他们干谁也干不成，并在未得到同意的情况下，强行开工。其实我项目部并不是不听质检站的话，是真的没有办法，望领导理解。我项目部将针对私自开工的工程部位，委托质检站进行检验，如果不合格，将全部拆除。

出现上述问题我项目部有不可推卸的责任，望领导给我们一个改正的机会，圆满地将合格的工程交付使用。

河南省河海水电工程有限公司

2011年5月13日

法律文书签发单

案　　由	河南省河海水电工程有限公司违法施工案
法律文书 名称及文号	水行政处罚决定书 安水罚决字〔2011〕第 ZJ01 号 安水罚决字〔2011〕第 ZJ02 号
承办人	张怀刚　　安卫东
支队负责人 审查意见	同意 负责人：尹中洲　　2011 年 5 月 18 日
机关法制机 构审核意见	同意。 负责人：侯俊山　　2011 年 5 月 18 日
机关负责人 意　　见	同　意 负责人：　马荣洲　　2011 年 5 月 18 日
备　　注	

水行政处罚决定书

安水罚决字〔2011〕第ZJ01号

被处罚人（单位）名称：河南省河海水电工程有限公司

地　　址：河南省濮阳市人民路33号

法定代表人或负责人：　张明文　职　务：总经理

本机关于2011年5月4日对你单位安阳市漳南灌区续建配套节水改造2010年度Ⅱ标段违法施工一案立案调查。经查，你单位在施工中有以下违法行为：1. 在董车村西的25+936.5段施工中将模板开孔排水；2. 在董车村西的25+936.5段施工中渠道边坡坡脚与底板接缝和工程设计不符。上述行为违反了《建设工程质量管理条例》第二十八条“施工单位必须按照工程设计图纸和施工技术标准施工，不得擅自修改工程设计，不得偷工减料”之规定。

违法的证据：1. 调查笔录；2. 现场勘验笔录；3. 照片；4. 视听资料。

违法行为等次：根据你单位的违法事实、性质、情节、社会危害程度和相关证据，你单位的违法行为等次属于一般。

应受行政处罚的依据和种类：上述违法行为事实清楚，证据确凿充分。根据《建设工程质量管理条例》第六十四条“违反本条例规定，施工单位在施工中偷工减料的，使用不合格的建筑材料、建筑构配件和设备的，或者有不按照工程设计图纸或者施工技术标准施工的其他行为的，责令改正，处工程合同价款百分之二以上百分之四以下的罚款；造成建设工程质量不符合规定的质量标准的，负责返工、修理，并赔偿因此造成的损失；情节严重的，责令停业整顿，降低资质等级或者吊销资质证书”之规定，决定对你单位作出：

1. 罚款人民币129414.6元。

行政处罚履行方式和期限：你单位应当自接到本决定书之日起15日内将罚款缴至中国工商银行安阳市分行任一储蓄网点（银行罚款代码：43500021）。到期不缴纳的，每日按罚款数额的百分之三加处罚款。

不服行政处罚决定申请行政复议或提起行政诉讼的途径和期限：如不服本决定，可以自收到本决定书之日起六十日内向安阳市行政复议受理中心或河南省水利厅申请行政复议，或者在接到本决定书后六个月内直接向安阳市殷都区人民法院提起行政诉讼。逾期不申请行政复议、不向人民法院起诉又不履行本处罚决定的，我局将申请人民法院强制执行。

安阳市水利局

2011年5月20日

水行政处罚决定书

安水罚决字〔2011〕第 ZJ02 号

被处罚人（单位）名称：河南省河海水电工程有限公司

地　　址：河南省濮阳市人民路 33 号

法定代表人或负责人：张明文　　职　务：总经理

本机关于 2011 年 5 月 4 日对你单位安阳市漳南灌区续建配套节水改造 2010 年度Ⅱ标段违法施工一案立案调查。经查，你单位在施工中在西盖村北四支渠工地现场施工用的混凝土配料机未经检验投入使用。上述行为违法行为违反了《建设工程质量管理条例》第二十九条“施工单位必须按照工程设计要求、施工技术标准和合同约定，对建筑材料、建筑构配件、设备和商品混凝土进行检验，检验应当有书面记录和专人签字；未经检验或者检验不合格的，不得使用”之规定。

违法的证据：1. 调查笔录；2. 现场勘验笔录；3. 照片；4. 视听资料。

违法行为等次：根据你单位的违法事实、性质、情节、社会危害程度和相关证据，你单位的违法行为等次属于一般。

应受行政处罚的依据和种类：上述违法行为事实清楚，证据确凿充分。根据《建设工程质量管理条例》第六十五条“违反本条例规定，施工单位未对建筑材料、建筑构配件、设备和商品混凝土进行检验，或者未对涉及结构安全的试块、试件以及有关材料取样检测的，责令改正，处 10 万元以上 20 万元以下的罚款；情节严重的，责令停业整顿，降低资质等级或者吊销资质证书；造成损失的，依法承担赔偿责任”之规定，决定对你单位作出下列行政处罚：

罚款人民币 10 万元的处罚。

行政处罚履行方式和期限：你单位应当自接到本决定书之日起 15 日内将罚款缴至中国工商银行安阳市分行任一储蓄网点（银行罚款代码：43500021）。到期不缴纳的，每日按罚款数额的百分之三加处罚款。

不服行政处罚决定申请行政复议或提起行政诉讼的途径和期限：如不服本决定，可以自收到本决定书之日起六十日内向安阳市行政复议受理中心或河南省水利厅申请行政复议，或者在接到本决定书后六个月内直接向安阳市殷都区人民法院提起行政诉讼。逾期不申请行政复议、不向人民法院起诉又不履行本处罚决定的，我局将申请人民法院强制执行。

安阳市水利局

2011 年 5 月 20 日

送达回证

案　　由				
受送达人	河南省河海水电工程有限公司			
送达地点	安阳市水政监察支队询问室			
送达文书		送达人	收到日期	受送达人签名或盖章
水行政处罚决定书 安水罚决字〔2010〕第ZJ01号		张怀刚 安卫东	2010年5月 20日17时	沈占起
水行政处罚决定书 安水罚决字〔2010〕第ZJ02号		张怀刚 安卫东	2011年5月 20日17时	沈占起
			年　月 日　时	
			年　月 日　时	
备　　注	沈占起是河南省河海水电工程有限公司任命的安阳市漳南灌区续建配套节水改造2010年度工程Ⅱ标段项目经理			

注：1、如受送达人不在时，将文件交与他的成年家属、近邻、工作机关或受送达人居住地的乡（镇）政府、村民委员会或街道办事处代收。

2、如系代收，代收人应在受送达人栏内签名或盖章，并注明与受送达人的关系。

附：

银行代收罚款票据

现场照片

附：

营业执照复印件

对漳南干渠某标段施工承包单位质量执法初步方案

2011 年 4 月 20 日，质监站与建管局 4 位人员在实际施工人员带领下，到现场检查。在上游施工点，渠道砼护坡已暂停施工，发现已浇筑部分质量较差，但现场已进入料斗的砂中有大量树根，两种砂（河砂和人工砂）均未经检验。在下游施工点，正在浇筑施工，开仓前未冲洗干净，工人向准备入仓的混凝土料上泼水，采用模板上凿孔排除仓内泌水，正在施工的仓位无“三检”资料和经监理批准的开仓证，已经浇筑完成的150余个单元中均未完成质量评定。监督人员要求中标单位承诺人员亲笔签到，发现项目经理、技术负责人和质检员均未到岗。这些行为严重违犯了国务院《建设工程质量管理条例》(下称《条例》)和水利部《水利工程质量管理规定》（7 号令）（下称《规定》）的规定，涉嫌转包工程、不按设计文件和施工技术标准施工、使用未经检验的建筑材料。鉴于上述情况无法保证工程质量，质监站按有关规定，在现场口头要求立即暂停施工，22 日又下达《质量监督检查结果通知书》。但是，27 日质监站再度检查时发现要求停工的部分在质监人员走后并未停止施工，又擅自完成约 450 米的护坡浇筑，态度恶劣。

一、违法行为

（一）中标人河南省河海水电工程有限公司将承包的工程转包给他人施工。

（二）施工单位不按照设计图纸和施工技术标准施工。

1. 渠道边坡坡脚与底板接缝与设计不符；

2. 开仓前未对仓内基础面冲洗干净；

3. 入仓前往混凝土料上加水；

5. 在模板上开孔排水；

5. 未按规定自检并记录，未经监理签署开仓许可即进行混凝土浇筑等。

（三）施工单位未对建筑材料检测即用于施工。

二、违反的法规

（一）《条例》第二十五条第三款：施工单位不得转包或者违法分包工程；《规定》第三十二条：施工单位不得将其承接的水利建设项目的主体工程进行转包。

（二）《条例》第二十八条第一款：施工单位必须按照工程设计图纸和施工技术标准施工，不得擅自修改工程设计，不得偷工减料。《规定》第三十一条：施工单位必须依据国家、水利行业有关工程建设法规、技术规程、技术标准的规定以及设计文件和施工合同的要求进行施工，并对其施工的工程质量负责。第三十三条：施工单位要推行全面质量管理，建立健全质量保证体系，制定和完善岗位质量规范、质量责任及考核办法，落实质量责任制。在施工过程中要加强质量检验工作，认真执行“三检制”，切实做好工程质量的全过程控制。

（三）《条例》第二十九条：施工单位必须按照工程设计要求、施工技术标准和合同约定，对建筑材料、建筑构配件、设备和商品混凝土进行检验，检验应当有书面记录和专人签字；未经检验或者检验不合格的，不得使用。《规定》第三十六条：建筑材料和工程设备的质量由采购单位承担相应责任。凡进入施工现场的建筑材料和工程设备均应按有关规定进行检验。经检验不合格的产品不得用于工程。（以上所提施工技术标准详见 SL176—2007《水利水电工程施工质量检验与评定规程》、《强制性条文》及规范 U 盘）

三、处罚依据

（一）《条例》第六十二条第一款：违反本条例规定，承包单位将承包的工程转包或者违法分包的，责令改正，没收违法所得，对勘察、设计单位处合同约定的勘察费、设计费25%以上50%以下的罚款；对施工单位处工程合同价款0.5%以上1%以下的罚款；可以责令停业整顿，降低资质等级；情节严重的，吊销资质证书。

（二）《条例》第六十四条：违反本条例规定，施工单位在施工中偷工减料的，使用不合格的建筑材料、建筑构配件和设备的，或者有不按照工程设计图纸或者施工技术标准施工的其他行为的，责令改正，处工程合同价款2%以上4%以下的罚款；造成建设工程质量不符合规定的质量标准的，负责返工、修理，并赔偿因此造成的损失；情节严重的，责令停业整顿，降低资质等级或者吊销资质证书。

（三）《条例》第六十五条：违反本条例规定，施工单位未对建筑材料、建筑构配件、设备和商品混凝土进行检验，或者未对涉及结构安全的试块、试件以及有关材料取样检测的，责令改正，处10万元以上20万元以下的罚款；情节严重的，责令停业整顿，降低资质等级或者吊销资质证书；造成损失的，依法承担赔偿责任。《规定》第四十四条第一款：勘测设计、施工、监理单位有下列行为之一的，根据情节轻重，予以通报批评、降低资质等级直至收缴资质证书，经济处理按合同规定办理，触犯法律的，按国家有关法律处理：

第七款：（六）使用未经检验或检验不合格的建筑材料和工程设备，或在工程施工中粗制滥造、偷工减料、伪造记录的。

四、调查取证

（一）工程转包

应证明中标单位没有履行在工程现场的管理义务：承诺的管理人员未到岗，实际管理人员非中标单位人员。

1. 检查合同承包主体是否变更，到建设单位查明合同原件。

2. 核查中标承诺人员是否到岗（过去已下发的有关通知）；现场管理人员和技术人员的隶属关系：身份证、工作证、户口地址、职称证、注册单位、其他可证明身份的文件等。

3. 核查用于施工的搅拌机、挖掘机等主要设备所属单位。

（二）不按照设计图纸或者施工技术标准施工

1. 4月20日现场质监站、建管局、监理和施工人员车上开会记录。

2. 4月22日质监通知书。

3. 再次到现场做勘验笔录（相机）。

4. 查验4月22日材料取样检测结果及实际检验日期，调查相应工程实际施工日期。

5. 就质监通知内容，对有关人员做询问笔录。

6. 再次查验资料。

7. 再次查验是否已有经监理签发的施工方案。

（三）材料未经检验用于施工

物证：到3月份浇筑施工的22+996附近拍照已施工部位和堆积砂的种类，并结合检查上下游砂石实物种类。

书证：查该段浇筑记录时间；查该段材料检验单时间及是否两种砂两个单子（结合检查下游检验单）；质监通知。

询问：石渡槽首砂料种类有几种（实际两种）？何时送检、何人见证、何人取样？浇筑何时开工？

安阳市水政监察支队

2011年5月2日

附：

安阳市漳南灌区续建配套节水改造 2010年度工程Ⅱ标段工程协议书

水事违法案件结案报告

案　由：河南省河海水电工程有限公司未按技术要求施工、设备未经检验进行施工

承办人：张怀刚　安卫东

立案时间：2010 年 5 月 6 日　　结案时间：2010 年 6 月 10 日

简要案情及办案经过：河南省河海水电工程有限公司于 2010 年 9 月 29 日和安阳市漳南灌区续建配套与节水改造工程建设局签订了 2010 年度Ⅱ标的施工协议书，工程总价 6470730.48 元，河海公司于 2010 年 11 月份开始施工，项目经理为沈占起，项目对外协调经理为穆胜哲，监理单位为安阳市润安工程咨询监理公司。在对河海公司施工的二标现场检查时发现河海公司存在以下违法行为：1. 在董车村西的 25+936.5 段施工中将模板开孔排水；2. 在董车村西的 25+936.5 段施工中渠道边坡坡脚与底板接缝和工程设计不符；3. 在西盖村北四支渠工地施工所用的混凝土配料机未经检验投入使用。上述行为违反了《建设工程质量管理条例》第二十八条"施工单位必须按照工程设计图纸和施工技术标准施工，不得擅自修改工程设计，不得偷工减料"和第二十九条"施工单位必须按照工程设计要求、施工技术标准和合同约定，对建筑材料、建筑构配件、设备和商品混凝土进行检验，检验应当有书面记录和专人签字；未经检验或者检验不合格的，不得使用"之规定。我局于 2011 年 5 月 6 日依法向河海公司下达了《责令改正通知书》（安水改字〔2011〕第 ZJ01 号）法律文书，要求河海公司于 2011 年 5 月 13 日前对西盖村北四支渠工地现场施工用的混凝土配料机进行检验合格后再投入使用，并且根据施工技术标准对董车村西的 25+936.5 段存在问题采取补救改正到位。由于河海公司在漳南灌区技改工程施工中存在 3 处违法行为，并且同时违法了《建设工程质量管理条例》第二十八条 "施工单位必须按照工程设计图纸和施工技术标准施工，不得擅自修改工程设计，不得偷工减料"和第二十九条"施工单位必须按照工程设计要求、施工技术标准和合同约定，对建筑材料、建筑构配件、设备和商品混凝土进行检验，检验应当有书面记录和专人签字；未经检验或者检验不合格的，不得使用"之规定，并且《中华人民共和国水利行业标准》中对施工设备明确提出必须强制检定。《中华人民共和国工程建设标准强制性条文》水利工程部分也明确要求"严禁在模板上开孔赶水，带走灰浆"。上述违法行为事实清楚，证据确凿充分。根据《建设工程质量管理条例》第六十四条"违反本条例规定，施工单位在施工中偷工减料的，使用不合格的建筑材料、建筑构配件和设备的，或者有不按照工程设计图纸或者施工技术标准施工的其他行为的，责令改正，处工程合同价款百分之二以上百分之四以下的罚款；造成建设工程质量不符合规定的质量标准的，负责返工、修理，并赔偿因此造成的损失；情节严重的，责令停业整顿，降低资质等级或者吊销资质证书"和第六十五条"违反本条例规定，施工单位未对建筑材料、建筑构配件、设备和商品混凝土进行检验，或者未对涉及结构安全的试块、试件以及有关材料取样检测的，责令改正，处 10 万元以上 20 万元以下的罚款；情节严重的，责令停业整顿，降低资质等级或者吊销资质证书；造成损失的，依法承担赔偿责任"之规定，并参照河南省住房和城乡建设厅《建设工程质量管理条例》行政处罚裁量标准（水利厅未对建设工程处罚裁量细化），河海公司违法行为未造成危害后果，属于一般违法行为。

处罚（理）情况：河南省河海水电工程有限公司同时违反了《建设工程质量管理条例》

第二十八条和第二十九条。根据《建设工程质量管理条例》第六十四条对河南省河海水电工程有限公司罚款人民币 129414.6 元；根据第六十五条对河海公司罚款人民币 10 万元。以上两项违法行为对河海公司共计罚款人民币 229414.6 元。

执行情况：该单位于 2011 年 5 月 28 日缴纳了罚款 229414.6 元。

结案建议：该单位已履行法定义务，建议结案。

办案人员：　张怀刚　安卫东

支队负责人意见：同意。

尹中洲

法制机构负责人意见：同意。

侯俊山

机关负责人意见：同意结案。

马荣洲

附：　　案件承办人行政执法证复印件

立卷、验卷情况记载

本案卷于 2010 年 6 月 1 日立卷，本册连面带底共计 47 页，附证物袋____个，内装____件。

立卷人 ： 安卫东

本案卷于 2010 年 3 月 16 日，经验查合格。

检验人： 刘朝军

水利行政执法案例指导及疑难问题解析

（中卷）

刘朝军　主编

黄河水利出版社
·郑州·

目录

安阳市东方有限责任公司未经水行政主管部门审查同意，擅自在安阳河殷都桥东管理范围内建设穿河管道水行政处理案

【案情简介】东方有限责任公司于2010年2月11日，未经水行政主管部门审查同意，擅自在安阳河殷都桥东管理范围内建设穿河管道，其行为违反了《中华人民共和国防洪法》第二十七条之规定。2月13日立案。2月14日，水行政主管部门对该公司送达了《责令停止水事违法行为通知书》后，该公司在规定期限内携带工程建设方案到安阳市水利局进行审查，并获审查同意。2月18日，安阳市水利局对该公司下达了《安阳市水利局行政许可事项决定书》，同意该公司按工程设施建设的位置和界限进行施工。

附：安阳市东方有限责任公司未经水行政主管部门审查同意，擅自在安阳河殷都桥东管理范围内建设穿河管道水行政处理案卷宗

河南省水事违法案件卷宗

<table>
<tr><td colspan="4">豫水（安）立字〔2010〕003 号</td></tr>
<tr><td>案由</td><td colspan="3">擅自在安阳河建设穿河管道</td></tr>
<tr><td rowspan="2">当事人</td><td>名称或姓名</td><td colspan="2">东方有限责任公司</td></tr>
<tr><td>地址或住址</td><td colspan="2">安阳市文明大道 12 号</td></tr>
<tr><td>立案日期</td><td>2010 年 2 月 13 日</td><td>结案日期</td><td>2010 年 2 月 20 日</td></tr>
<tr><td>处罚（理）决定</td><td colspan="3">已获水行政主管部门审批许可</td></tr>
<tr><td>复议决定</td><td colspan="3"></td></tr>
<tr><td>法院判决（裁定）</td><td colspan="3"></td></tr>
<tr><td>归档日期</td><td>2010 年 2 月 22 日</td><td>归档编号</td><td>2010—003</td></tr>
<tr><td>保存年限</td><td>10 年</td><td>承办人</td><td>路宏伟　郝艳军</td></tr>
<tr><td colspan="2">本卷内的文书共计　14　张</td><td>立卷人</td><td>路宏伟</td></tr>
</table>

卷宗目录

序号	材料名称	文号	页数
1	水事违法案件立案呈批表	豫水（安）立字〔2010〕003	
2	询问笔录		
3	勘验笔录		
4	视听资料		
5	责令停止水事违法行为通知书	安水停字〔2010〕003 号	
6	送达回证		
7	安阳市水利局行政许可事项决定书	安水许决字〔2010〕003 号	
8	调查终结报告		
9	水事违法案件结案报告		
10	案件承办人行政执法证		

行政处罚案件立案审批表

当事人	单位名称	安阳市东方有限责任公司	法定代表人	张焱
	住址	安阳市文明大道 12 号	电话	3922003
	个人姓名		性别	
	所在单位		电话	
	身份证号码	××××××××××××××××××	个人住址	
案由	擅自在安阳河建设穿河管道		案件来源	自查
案件简要情况	经查，安阳市东方有限责任公司未经水行政主管部门审查同意，擅自在安阳河殷都桥东管理范围内建设穿河管道，其行为违反了《中华人民共和国防洪法》第二十七条之规定。			
承办人意见	安阳市东方有限责任公司涉嫌违反了《中华人民共和国防洪法》第二十七条之规定，建议立案查处。 承办人签名：路宏伟　赫艳军　2010 年 2 月 13 日			
承办机构审核意见	经审核，建议立案。建议该案件主办人是路宏伟，协办人是赫艳军。 负责人签名：尹中洲　2010 年 2 月 13 日			
水行政主管部门负责人审批意见	同意立案。 负责人签名：马荣洲　2010 年 2 月 13 日			

询问笔录

询问时间：2010 年 2 月 14 日 9 时 30 分至 10 时 10 分

询问地点：东方有限责任公司办公室

被询问单位名称：东方有限责任公司　法定代表人（负责人）：张焱

被询问人姓名：胡飞　性别：男　年龄：45 岁　职务：公司工程处处长

被询问自然人姓名：　性别：　电话：

所在单位：　住址：

与本案关系：

询问人：路宏伟　执法证件名称：行政执法证　执法证编号：豫 GO12-040

询问人：郝艳军　执法证件名称：行政执法证　执法证编号：豫 GO12-122

记录人：路宏伟　执法证件名称：行政执法证　执法证编号：豫 GO12-040

询问内容：

问：我们是安阳市水政监察支队执法人员，路宏伟（行政执法证编号：豫 GO12-040）、郝艳军（行政执法证编号：豫 GO12—122）现就你公司在安阳河殷都桥东河道管理范围内建设穿河管道一案进行调查，你对我们的身份有无异议？

答：无异议

问：请介绍一下你的个人身份。

答：我叫胡飞，今年 45 岁，是东方有限责任公司工程处处长。

问：是你公司在安阳河殷都桥东河道管理范围内建设穿河管道吗？

答：是我公司在安阳河殷都桥东河道内建设穿河管道。

问：请你介绍一下你公司在安阳河建设施工情况？

答：因基础配套设施建设我公司需要在安阳河殷都桥东河道内建设穿河管道，经有关部门审批后于今年 2 月 11 日开始施工建设，开挖河床埋设管道，现已开挖沟槽长 50 米、深 1.5 米、宽 1 米。

问：是否经水行政主管部门根据防洪要求进行审查？

答：没有。

问：《中华人民共和国防洪法》第二十七条明文规定，未经水行政主管部门根据防洪要求审查同意，建设单位不得在河道管理范围内建设施工，你知道吗？

答：不知道。

问：你以上讲的都属实吗？

答：属实。

问：请你看一遍笔录，无异议请签字。

以上笔录看过无异议　胡飞　2010 年 2 月 14 日

被询问人签字：胡飞　2010 年 2 月 14 日

拒绝签字的理由：

询问人签字：路宏伟　郝艳军　2010 年 2 月 14 日

记录人签字：路宏伟　2010 年 2 月 14 日

勘验笔录

第1页　共1页

案由：擅自在安阳河建设穿河管道

勘验时间：2010 年 2 月 14 日 10 时 30 分至 11 时 0 分

勘验地点：安阳河殷都桥东20米

勘验对象：埋管沟槽

应邀参加人或见证人：纱厂路街道办事处副主任田雨

勘验人：路宏伟　执法证件名称：行政执法证　执法证编号：豫GO12—040

勘验人：郝艳军　执法证件名称：行政执法证　执法证编号：豫GO12—122

记录人：路宏伟　执法证件名称：行政执法证　执法证编号：豫GO12—040

勘验情况记录：我们是安阳市水政监察支队执法人员，路宏伟（行政执法证编号：豫GO12—040）、郝艳军（行政执法证编号：豫GO12—122）现就你公司在安阳河殷都桥东河道管理范围内建设穿河管道一案进行现场勘验，你对我们的身份有无异议？

答：无异议。

经现场勘验：建设穿河管道地点于安阳河殷都桥东20米处，建设穿河管道地点在河道管理范围内，建设穿河管道开挖埋管沟槽长55米、深1.3米、宽1米，30米导流。

（附图附后）

被勘验单位（个人）签名或盖章：胡飞　　　　勘验人：路宏伟　郝艳军

应邀参加人或见证人签名或盖章：田雨

2010年2月14日

附图：　　　　　　　　　　　　　　比例尺：　　　　　　　　　　　北

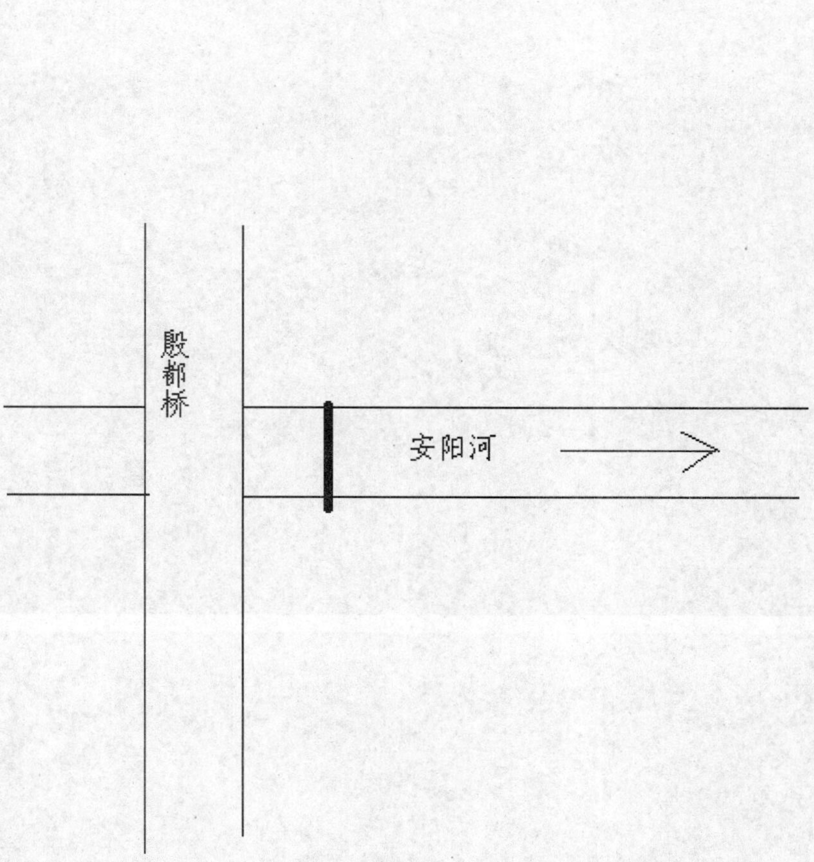

被勘验单位（个人）签名或盖章：胡飞　　　　　　　　勘验人：路宏伟 郝艳军

应邀参加人或见证人签名或盖章：田雨

2010 年 2 月 14 日

现场照片

责令停止水事违法行为通知书

安水停字〔2010〕003号

东方有限责任公司：

经查，你单位于2010年 2 月 11 日，擅自在安阳河殷都桥东20米处河道管理范围内建设穿河管道，你单位的行为，违反了《中华人民共和国防洪法》第二十七条第一款："建设跨河、穿河、穿堤、临河的桥梁、码头、道路、渡口、管道、缆线、取水、排水等工程设施，应当符合防洪标准、岸线规划、航运要求和其他技术要求，不得危害堤防安全，影响河势稳定、妨碍行洪畅通；其可行性研究报告按照国家规定的基本建设程序报请批准前，其中的工程建设方案应当经有关水行政主管部门根据前述防洪要求审查同意。前款工程设施需要占用河道、湖泊管理范围内土地，跨越河道、湖泊空间或者穿越河床的，建设单位应当经有关水行政主管部门对该工程设施建设的位置和界限审查批准后，方可依法办理开工手续；安排施工时，应当按照水行政主管部门审查批准的位置和界限进行"之规定，根据《中华人民共和国防洪法》第五十八条"违反本法第二十七条规定，未经水行政主管部门对其工程建设方案审查同意或者未按照有关水行政主管部门审查批准的位置、界限，在河道、湖泊管理范围内从事工程设施建设活动的，责令停止违法行为，补办审查同意或者审查批准手续；工程设施建设严重影响防洪的，责令限期拆除，逾期不拆除的，强行拆除，所需费用由建设单位承担；影响行洪但尚可采取补救措施的，责令限期采取补救措施，可以处一万元以上十万元以下的罚款"和《河南省水政监察规定》第十五条第二款之规定，现责令立即停止违法行为，听候处理。否则，依法追究法律责任。

附： 限三日内，你公司携带工程建设方案到安阳市水利局进行审查。

安阳水利局

2010年2月14日

送达回证

受送达人	东方有限责任公司		
送达地点	东方有限责任公司办公室		
送达文书	送达人	收到日期	受送达人签名或盖章
责令停止水事违法行为通知书 安水停字〔2010〕003号	路宏伟 郝艳军	2010年2月 14日10时	胡飞
		年　月 日　时	
		年　月 日　时	
		年　月 日　时	
备　注			

注：1、如受送达人不在时，将文件交与他的成年家属、近邻、工作机关或受送达人居住地的乡（镇）政府、村民委员会或街道办事处代收。

2、如系代收，代收人应在受送达人栏内签名或盖章，并注明与受送达人的关系。

安阳市水利局行政许可事项决定书

安水许决字〔2010〕003号

东方有限责任公司：

本机关于2010年2月15日受理你单位提出的关于办理安阳河天然气管道工程防洪评价方案许可的申请。经过认真审核研究，现批复如下：

一、本项目防洪评价方案符合《中华人民共和国防洪法》及有关法律法规规定和防洪技术规范要求，总体可行。

二、东方有限责任公司天然气管道工程穿过殷都区殷都桥安阳河工程预算总投资220万元，计划于2010年2月开工，于2010年6月投入运行，总工期5个月。

三、聘请具有相应资质的单位认真做好施工中的防洪监理和监测工作。接受水行政主管部门对本方案防洪措施实施的监督、检查。

四、建设单位要按照《中华人民共和国防洪法》的规定，在工程投入运行前及时向市水利局申请防洪评价验收。

五、市水利专家组对防洪评价报告进行评审后一致认为，报告对洪水分析计算方法正确，成果合理；输水管道埋置深度满足河道安全冲刷深度要求，输水管道入出点满足河道治理要求；穿河管道对水利规划实施、河道行洪安全、防汛抢险及河势稳定无影响。同意施工。

六、其他涉水事项请依法按程序报批。

安阳市水利局

2010年2月17日

调查终结报告

当事人的基本情况：　东方有限责任公司

法定代表人：　张焱　　　单位地址：　安阳市文明大道12号

调查时间：　2010年2月14日至2010年2月20日

调查人员：　路宏伟　　郝艳军

东方有限责任公司于2010年2月11日，未经水行政主管部门审查同意，擅自在安阳河股都桥东管理范围内建设穿河管道，其行为违反了《中华人民共和国防洪法》第二十七条之规定。2月13日立案。2月14日，水行政主管部门对该公司送达了《责令停止水事违法行为通知书》后，该公司在规定期限内携带工程建设方案到安阳市水利局进行审查，并获审查同意。2月18日，安阳市水利局对该公司下达了《安阳市水利局行政许可事项决定书》，同意该公司按工程设施建设的位置和界限进行施工。

证据1：询问笔录。

证据2：勘验笔录。

证据3：视听资料。

该公司未经水行政主管部门对其工程建设方案审查同意，在河道管理范围内从事工程设施建设活动，后经水行政主管部门对其工程建设方案进行审查并同意。根据该公司违法行为的事实、性质、情节、社会危害程度和相关证据，该公司的违法行为属轻微违法行为。

行政处罚建议：不予处罚。

调查人员签名：路宏伟　　郝艳军

水政监察机构负责人意见：　同意。

尹中洲　　　　2010年2月20日

机关法制机构负责人意见：　同意。

侯俊山　　　　2010年2月20日

水事违法案件结案报告

2010 年 2 月 20 日　　　　　　　　　　　　　　第 1 页 共 1 页

案　由：擅自在安阳河建设穿河管道

承办人：路宏伟　　郝艳军

立案时间：2010 年 2 月 13 日　结案时间：2010 年 2 月 20 日

简要案情及办案经过：东方有限责任公司于 2010 年 2 月 11 日，未经水行政主管部门审查同意，擅自在安阳河殷都桥东管理范围内建设穿河管道，其行为违反了《中华人民共和国防洪法》第二十七条之规定。2 月 13 日立案。2 月 14 日，对该公司送达了《责令停止水事违法行为通知书》后，该公司在规定期限内携带工程建设方案到安阳市水利局进行审查，并获审查同意。2 月 18 日，安阳市水利局对该公司下达了《安阳市水利局行政许可事项决定书》，同意该公司按工程设施建设的位置和界限进行施工。

处罚（理）情况：不予处罚。

执行情况：某某有限责任公司已于 2 月 18 日取得了水行政许可。

结案建议：某某有限责任公司已取得了水行政许可，建议结案。

办案人员：　路宏伟　　郝艳军　　　　　　2010 年 2 月 20 日

办案机构负责人意见：同意结束。

尹中洲　　　　　　2010 年 2 月 20 日

机关法制机构负责人意见：同意结束。

侯俊山　　　　　　2010 年 2 月 20 日

机关负责人意见：同意结束。

马荣洲　　　　　　2010 年 2 月 20 日

附：　　**案件承办人行政执法证复印件**

立卷、验卷情况记载

本案卷于 2010 年 2 月 21 日立卷，本册连面带底共计 6 页，附证物袋 0 个，内装 0 件。

立卷人：路宏伟

本案卷于 2010 年 2 月 21 日，经验查合格。

检验人：刘朝军

宋长贵在安阳河管理范围内采砂水行政处理案

【案情简介】经查，安阳市殷都区西郊乡东梁村318号村民宋长贵，在洹河河道管理范围内东梁村段南岸采砂，现场查明该采砂地点东西长60m，南北长50m，面积约3000m2，影响河势稳定，妨碍河道行洪。在下达责令改正通知书5日后，主动停止了违法行为排除阻碍、消除负面影响。上述行为违反了《中华人民共和国河道管理条例》第二十五条第一款第一项“在河道管理范围内进行下列活动，必须报经河道主管机关批准；涉及其他部门的，由河道主管机关会同有关部门批准：（一）采砂、取土、淘金、弃置砂石或者淤泥……”之规定。根据《中华人民共和国河道管理条例》第四十四条“违反本条例规定，有下列行为之一的，县级以上地方人民政府河道主管机关除责令其纠正违法行为、采取补救措施外，可以并处警告、罚款、没收非法所得；对有关责任人员，由其所在单位或者上级主管机关给予行政处分；构成犯罪的，依法追究刑事责任：……（四）未经批准或者不按照河道主管机关的规定在河道管理范围内采砂、取土、淘金、弃置砂石或者淤泥、爆破、钻探、挖筑鱼塘的……”和《河南省水行政处罚裁量标准》的规定，建议对宋长贵作出：1. 责令停止违法行为；2. 限期排除妨碍或采取补救措施并消除负面影响；3. 逾期未排除妨碍或采取补救措施、消除负面影响依法予以强制拆除，并处罚款。

附：宋长贵在安阳河管理范围内采砂案卷宗

河南省水事违法案件卷宗

<table>
<tr><td colspan="6">豫水（安）立字〔2010〕第115号</td></tr>
<tr><td>案由</td><td colspan="5">宋长贵在安阳河管理范围内采砂案</td></tr>
<tr><td rowspan="2">当事人</td><td>名称或姓名</td><td colspan="4">宋长贵</td></tr>
<tr><td>地址或住址</td><td colspan="4">安阳市殷都区西郊乡东梁村213号</td></tr>
<tr><td>立案日期</td><td colspan="2">2010年8月2日</td><td>结案日期</td><td colspan="2">2010年9月14日</td></tr>
<tr><td>处罚（理）决定</td><td colspan="5">1. 责令停止违法行为；
2. 限期拆除。</td></tr>
<tr><td>复议决定</td><td colspan="5"></td></tr>
<tr><td>法院判决（裁定）</td><td colspan="5"></td></tr>
<tr><td>归档日期</td><td colspan="2">2010年9月24日</td><td>归档编号</td><td colspan="2">2010—010</td></tr>
<tr><td>保存年限</td><td colspan="2">10年</td><td>承办人</td><td colspan="2">王伟　安卫东</td></tr>
<tr><td colspan="3">本卷内的文书共计　25　张</td><td>立卷人</td><td colspan="2">王伟</td></tr>
</table>

卷宗目录

序号	材料名称	文号	页数
1	水事违法案件立案呈批表	豫水安立字〔2010〕第115号	
2	调查（询问）通知书	安水调字〔2010〕第115号	
3	送达回证		
4	现场（检查）笔录		
5	个人基本信息查询说明		
6	调查（询问）通知书	安水调字〔2010〕第115号	
7	送达回证		
8	询问笔录		
9	水事违法案件讨论笔录		
10	调查报告		
11	责令改正通知书	安水改字〔2010〕第115号	
12	送达回证		
13	现场照片		
14	水事违法案件结案报告		
15	案件承办人行政执法证		

行政处罚案件立案审批表

<table>
<tr><td rowspan="5">当事人</td><td>单位名称</td><td></td><td>法定代表人</td><td></td></tr>
<tr><td>住址</td><td></td><td>电话</td><td></td></tr>
<tr><td>个人姓名</td><td>宋长贵</td><td>性别</td><td>男</td></tr>
<tr><td>所在单位</td><td></td><td>电话</td><td></td></tr>
<tr><td>身份证号码</td><td>410511195601102176</td><td>个人住址</td><td>安阳市殷都区西郊乡东梁村318号</td></tr>
<tr><td>案由</td><td colspan="2">宋长贵在安阳河管理范围内采砂案</td><td>案件来源</td><td>2010年8月2日
群众举报</td></tr>
<tr><td>案件简要情况</td><td colspan="4">经查，安阳市殷都区西郊乡东梁村318号村民宋长贵，在洹河河道管理范围内东梁村段南岸采砂，其行为违反了《中华人民共和国河道管理条例》第二十五条之规定。</td></tr>
<tr><td>承办人意见</td><td colspan="4">安阳市殷都区西郊乡东梁村318号村民宋长贵涉嫌违反了《中华人民共和国河道管理条例》第二十五条之规定，建议立案查处。

承办人签名：王伟　安卫东　　2010年8月2日</td></tr>
<tr><td>承办机构审核意见</td><td colspan="4">经审核，建议立案。建议该案件主办人是路宏伟，协办人是赫艳军。

负责人签名：尹中洲　　2010年8月2日</td></tr>
<tr><td>水行政主管部门负责人审批意见</td><td colspan="4">同意立案。

负责人签名：马荣洲　　2010年8月2日</td></tr>
</table>

现场（检查）笔录

第 1 页　共 1 页

被调（检）查人姓名：宋长贵　年龄：　职业：

住址：安阳市殷都区西郊乡东梁村 318 号

被调（检）查单位名称：

住址：

被询问人姓名：　性别：　年龄：　职务：

调（检）查时间：2010 年 8 月 2 日 10 时 18 分至 10 时 42 分

调（检）查地点：安阳市殷都区西郊乡洹河东梁村段南岸采砂现场

调（检）查人：王伟　执法证件名称：行政执法证　执法证编号：G012-105

记录人：安卫东　执法证件名称：行政执法证　执法证编号：G012-009

调（检）查记录：2010 年 8 月 8 日，我局执法人员王伟、安卫东来到安阳市殷都区西郊乡洹河东梁村叚南岸，向该采砂户宋长贵出示行政执法证件表明身份并对其说明来意后，对宋长贵采砂现场进行了检查：

1. 宋长贵采砂地点位于安阳市殷都区西郊乡洹河河道东梁村段南岸，负责人是宋长贵。

2. 在该采砂现场有粉碎机一台，砂石原料堆 100m3，检查时正在生产细砂。

3. 现场检查时未能提供出合同和其他有效证照。

（附图附后）

被调（检）查人员签名或盖章：宋长贵

被调查人员拒签事由：

调（检）查人员签名或盖章：王伟　安卫东

见证人签名或盖章并注明其身份：

现场示意图

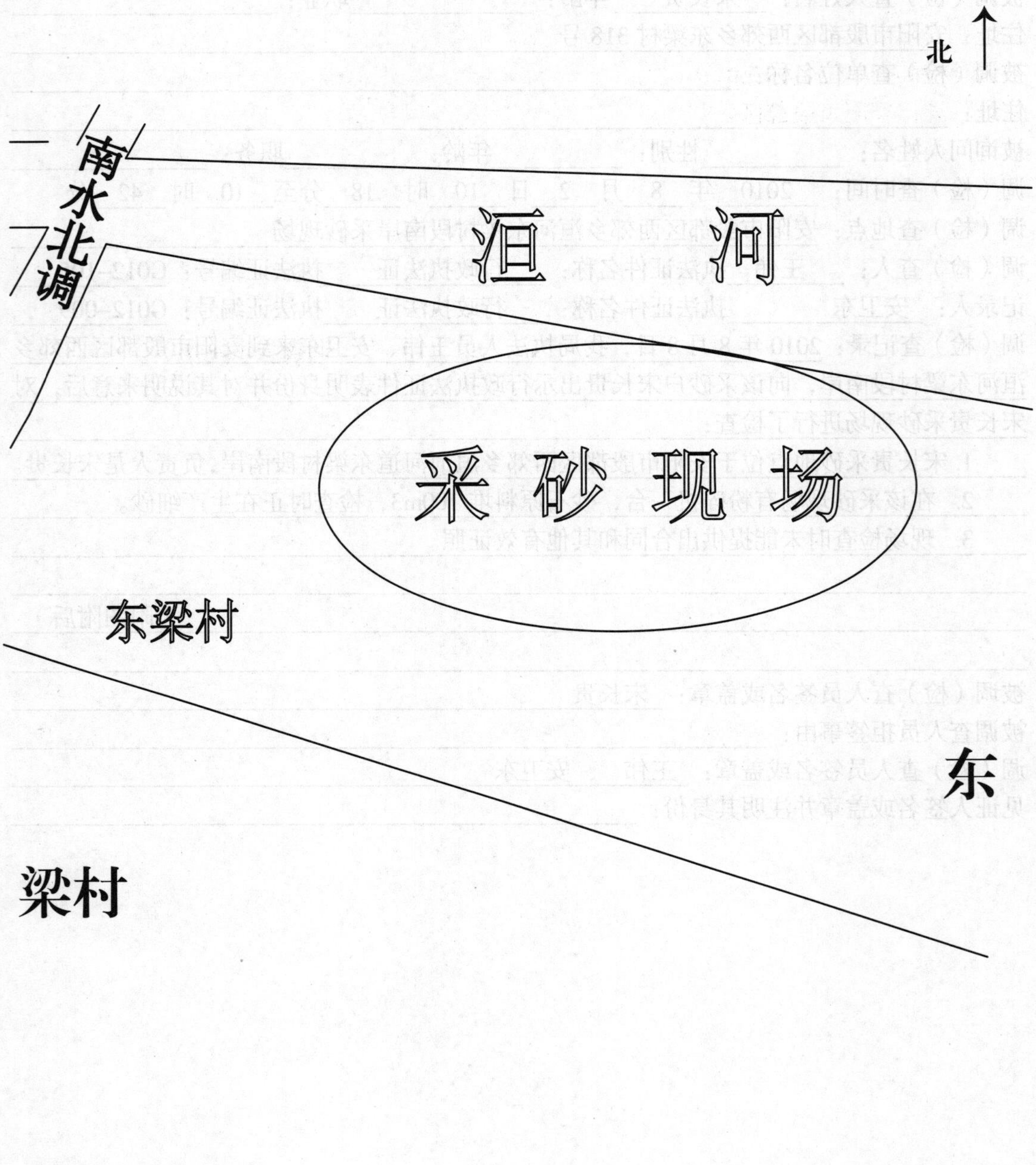

记录人：安卫东　　　　　　　　　　　　　　　　　　　2010年8月2日

当事人：宋长贵　　　　　　　　　　　　　　　　　　　2010年8月2日

个人基本信息查询说明

2010年8月3日10时45分到公安机关查询宋长贵个人信息资料如下：

姓　名：宋长贵

性　别：男

身份证号码：410511195601101217

家庭住址：安阳市殷都区西郊乡东梁村318号

调查人（签字）：王伟

2010年8月3日

调查（询问）通知书

安水调字〔2010〕第115号

宋长贵（身份证号：410511195601101217）：

你应于2010年8月8日下午15时到安阳市市水利局水政监察支队一大队就你 影响河势稳定、妨碍河道行洪 一案接受调查（询问），逾期不到，我局将依法进行处理。

携带材料： 1、你的身份证件原件或（复印件）；2、你的采砂许可证。

安阳市水利局

2010年8月2日

联系人： 王 伟

联系地址：安阳市安钢大道369号

联系电话：3696360

送达回证

<table>
<tr><td>受送达人</td><td colspan="4">宋长贵</td></tr>
<tr><td>送达地点</td><td colspan="4">安阳市殷都区西郊乡东梁村采砂现场</td></tr>
<tr><td colspan="2">送达文书</td><td>送达人</td><td>收到日期</td><td>受送达人签名或盖章</td></tr>
<tr><td colspan="2">调查（询问）通知书
安水调字〔2010〕第115号</td><td>王　伟
安卫东</td><td>2010年8月2日10时15分</td><td>宋长贵</td></tr>
<tr><td colspan="2"></td><td></td><td>年　月
日　时</td><td></td></tr>
<tr><td colspan="2"></td><td></td><td>年　月
日　时</td><td></td></tr>
<tr><td colspan="2"></td><td></td><td>年　月
日　时</td><td></td></tr>
<tr><td>备　注</td><td colspan="4"></td></tr>
</table>

注：1、如受送达人不在时，将文件交与他的成年家属、近邻、工作机关或受送达人居住地的乡（镇）政府、村民委员会或街道办事处代收。

2、如系代收，代收人应在受送达人栏内签名或盖章，并注明与受送达人的关系。

询问笔录

询问时间：2010 年 8 月 3 日 15 时 45 分至 16 时 40 分

询问地点：安阳市水政监察支队询问室

被询问单位名称：________ 法定代表人（负责人）：________

被询问人姓名：宋长贵 性别：男 电话：13569231230

所在单位：________ 住址：安阳市殷都区西郊乡东梁村 318 号

与本案关系：________

询问人：王 伟 执法证件名称：行政执法证 执法证编号：豫 GO12-105

记录人：安卫东 执法证件名称：行政执法证 执法证编号：豫 GO12-009

询问内容：

我们是安阳市水利局水政执法人员（亮证），现对你非法采砂情况进行询问，请你如实回答。

答：好，我知道了。

问：请说一下你的基本情况？

答：我叫宋长贵，家住安阳市殷都区西郊乡东梁村 318 号，是我在洹河河道管理范围内东梁村段南岸采砂。

问：请说一下你是从什么时间开始采砂的？

答：我在 1985 年就开始，在河道南岸采砂，当时生产队分给我的土地还订有承包合同。

问：你可否将合同内容讲一下？

答：大致是我在滩地种植树木，用于护堤，可将河南岸砂石挖出磨成细沙出售。

问：你在签订承包合同时有谁作证？

答：因为我村几年一换届，老村长已经不在了没人作证。

问：那你可否将当时合同原件或复印件提供一下？

答：时间太长了，我回到家后找一下，有就拿来。

问：当时有没有规定承包年限？

答：当时没有规定年限。

问：你在河道采砂是否经过河道管理机关批准？

答：我在自己的滩地里采砂还要经谁批准吗？我没有经过哪个部门批准。

问：你在洹河河道管理范围内非法采砂的行为，违反了《中华人民共和国河道管理条例》第二十五条之规定，扰乱了正常的水事管理秩序，请你立即停止违法行为，听候处理。

答：好，我知道了。

问：以上情况是否属实？

答：以上情况属实。

问：询问笔录上述内容请你看一看，记录是否属实？

以上笔录看过属实。

此页无正文

被询问人阅核后签注“询问笔录上述内容，记录属实。”

被询问人签字： 宋长贵 2010年8月8日

拒绝签字的理由：

询问人签字： 王伟 2010年 8 月 8 日

记录人签字： 安卫东 2010年 8 月 8 日

水事违法案件讨论笔录

案　由：　影响河势稳定、妨碍河道行洪

时　间：　2010 年 8 月 16 日 15 时 00 分至 16 时 20 分

地　点：　水政监察支队会议室

案件调查人：　安卫东、王伟　　记录人：　王伟

参加人员：侯俊山　尹中洲　张伟山　刘朝军　周志刚　郝艳军　徐晓帅　崔明

讨论内容：关于安阳市殷都区西郊乡东梁村村民宋长贵影响河势稳定、妨碍河道行洪一案进行了讨论：

一、案件承办人汇报案情及处理意见：经查，安阳市殷都区西郊乡东梁村 318 号村民宋长贵，在洹河河道管理范围内东梁村段南岸采砂，现场查明该采砂地点东西长 60m，南北长 50m，面积约 $3000m^2$，影响河势稳定，妨碍河道行洪。在下达责令改正通知书 5 日后，主动停止了违法行为排除阻碍、消除负面影响。上述行为违反了《中华人民共和国河道管理条例》第二十五条第一款第一项"在河道管理范围内进行下列活动，必须报经河道主管机关批准；涉及其他部门的，由河道主管机关会同有关部门批准：（一）采砂、取土、淘金、弃置砂石或者淤泥……"之规定。根据《中华人民共和国河道管理条例》第四十四条"违反本条例规定，有下列行为之一的，县级以上地方人民政府河道主管机关除责令其纠正违法行为、采取补救措施外，可以并处警告、罚款、没收非法所得；对有关责任人员，由其所在单位或者上级主管机关给予行政处分；构成犯罪的，依法追究刑事责任：……未经批准或者不按照河道主管机关的规定在河道管理范围内采砂、取土、淘金、弃置砂石或者淤泥、爆破、钻探、挖筑鱼塘的……"和《河南省水行政处罚裁量标准》的规定，建议对宋长贵作出：1. 责令停止违法行为；2. 限期排除妨碍或采取补救措施并消除负面影响；3. 逾期未排除妨碍或采取补救措施、消除负面影响依法予以强制拆除，并处罚款。

二、参加人员意见

侯俊山：　同意办案人员意见

尹中洲：　同意办案人员意见

张伟山：　同意办案人员意见

刘朝军：　同意办案人员意见

周志刚：　同意办案人员意见

郝艳军：　同意办案人员意见

徐晓帅：　同意办案人员意见

崔　明：　同意办案人员意见

讨论结果：　1、责令停止违法行为；2、限期排除妨碍或采取补救措施并消除负面影响；3、逾期未排除妨碍或采取补救措施、消除负面影响依法予以强制拆除，并处罚款。

参加人员（签字）：侯俊山　尹中洲　张伟山　刘朝军　郝艳军　周志刚　徐晓帅　崔明

调查终结报告

当事人的基本情况：安阳市殷都区西郊乡东梁村村民宋长贵

（身份证号：410511195601101217） 住址： 安阳市殷都区西郊乡东梁村 318 号

调查时间： 2010 年 8 月 2 日至 2010 年 8 月 16 日

调查人（签字）： 王伟 安卫东

当事人的违法证据：

1. 现场（检查）笔录；

2. 视听资料。

违法行为等次：根据该单位的违法事实、性质、情节、社会危害程度和相关证据，该单位的违法行为等次属于轻微。

应受行政处罚的依据和种类：经调查，安阳市殷都区西郊乡东梁村 318 号村民宋长贵，在洹河河道管理范围内东梁村段南岸采砂，现场查明该采砂地点东西长 60m,南北长 50m，面积约 3000m2,影响河势稳定，妨碍河道行洪。在下达责令改正通知书 5 日后，宋长贵主动停止了违法行为排除阻碍、消除负面影响，根据《中华人民共和国河道管理条例》第二十五条第一款第一项“在河道管理范围内进行下列活动，必须报经河道主管机关批准；涉及其他部门的，由河道主管机关会同有关部门批准：（一）采砂、取土、淘金、弃置砂石或者淤泥……”之规定。

行政处罚建议：根据《中华人民共和国河道管理条例》第四十四条“违反本条例规定，有下列行为之一的，县级以上地方人民政府河道主管机关除责令其纠正违法行为、采取补救措施外，可以并处警告、罚款、没收非法所得；对有关责任人员，由其所在单位或者上级主管机关给予行政处分；构成犯罪的，依法追究刑事责任：……（四）未经批准或者不按照河道主管机关的规定在河道管理范围内采砂、取土、淘金、弃置砂石或者淤泥、爆破、钻探、挖筑鱼塘……”的规定和《河南省水行政处罚裁量标准》的规定，建议对宋长贵作出：1. 责令停止违法行为；2. 限期排除妨碍或采取补救措施并消除负面影响；3. 逾期拒不停止违法行为的将依法予以强制拆除，并处罚款。

水政监察支队负责人意见：同意。

尹中洲 2010 年 8 月 16 日

机关法制机构负责人意见：同意。

侯俊山 2010 年 8 月 16 日

责令改正通知书

安水改字〔2010〕第 115 号

宋长贵（身份证号：410511195601101217）：

经查，你在洹河河道管理范围内东梁村段南岸非法采砂行为，影响河势稳定、妨碍河道行洪。违反了《中华人民共和国河道管理条例》第二十五条第一款第一项“在河道管理范围内进行下列活动，必须报经河道主管机关批准；涉及其他部门的，由河道主管机关会同有关部门批准：（一）采砂、取土、淘金、弃置砂石或者淤泥……”之规定。

根据《中华人民共和国河道管理条例》第四十四条“违反本条例规定，有下列行为之一的，县级以上地方人民政府河道主管机关除责令其纠正违法行为、采取补救措施外，可以并处警告、罚款、没收非法所得；对有关责任人员，由其所在单位或者上级主管机关给予行政处分；构成犯罪的，依法追究刑事责任：……（四）未经批准或者不按照河道主管机关的规定在河道管理范围内采砂、取土、淘金、弃置砂石或者淤泥、爆破、钻探、挖筑鱼塘的规定……”之规定，现责令你于 2010 年 8 月 18 日前改正。

改正内容（措施）：按上述时间清除违法设施和砂石，恢复河道原状。

安阳市水利局

2010 年 8 月 11 日

送达回证

案由			
受送达人	宋长贵		
送达地点	东方有限责任公司办公室		
送达文书	送达人	收到日期	受送达人签名或盖章
责令改正通知书 安水调字〔2010〕第115号	王　伟 安卫东	2010年8月 11日10时	宋长贵
		年　月 日　时	
		年　月 日　时	
		年　月 日　时	
备　注			

注：1、如受送达人不在时，将文件交与他的成年家属、近邻、工作机关或受送达人居住地的乡（镇）政府、村民委员会或街道办事处代收。

2、如系代收，代收人应在受送达人栏内签名或盖章，并注明与受送达人的关系。

现场照片

事违法案件结案报告

案　由：宋长贵在安阳河管理范围内采砂案

承办人：安卫东　　王 伟

立案时间：2010 年 8 月 2 日 结案时间：2010 年 8 月 23 日

简要案情及办案经过：经调查，安阳市殷都区西郊乡东梁村318号村民宋长贵，在洹河河道管理范围内东梁村段南岸非法采砂，影响河势稳定，妨碍河道行洪。在下达责令停止水事违法行为通知书5日后，宋长贵主动停止违法行为排除妨碍、消除负面影响。根据《中华人民共和国河道管理条例》第二十五条第一款第一项“在河道管理范围内进行下列活动，必须报经河道主管机关批准；涉及其他部门的，由河道主管机关会同有关部门批准：（一）采砂、取土、淘金、弃置砂石或者淤泥……”之规定。

处罚（理）情况：根据《中华人民共和国河道管理条例》第四十四条“违反本条例规定，有下列行为之一的，县级以上地方人民政府河道主管机关除责令其纠正违法行为、采取补救措施外，可以并处警告、罚款、没收非法所得；对有关责任人员，由其所在单位或者上级主管机关给予行政处分；构成犯罪的，依法追究刑事责任：……（四）未经批准或者不按照河道主管机关的规定在河道管理范围内采砂、取土、淘金、弃置砂石或者淤泥、爆破、钻探、挖筑鱼塘的规定……”和《河南省水行政处罚裁量标准》的规定，建议对宋长贵作出 1、责令停止违法行为；2、限期排除妨碍或采取补救措施消除负面影响；3、逾期拒不停止违法行为的将依法予以强制拆除，并处罚款。

执行情况：该村民在指定时间内拆除了占用河道管理范围内的违法设施，恢复河道原状。

结案建议：该村民已主动清除河道管理范围内阻碍行洪的障碍物，建议结案。

承办人：王伟　　安卫东

支队负责人意见：同意结案。

尹中洲　　2010年8月23日

法制机构负责人意见：同意结案。

侯俊山　　2010年8月23日

机关负责人意见：同意结案。

马荣洲　　2010年8月23日

安阳市水利局行政许可事项决定书

安水许决字〔2010〕003号

东方有限责任公司：

本机关于2010年2月15日受理你单位提出的关于办理安阳河天然气管道工程防洪评价方案许可的申请。经过认真审核研究，现批复如下：

一、本项目防洪评价方案符合《中华人民共和国防洪法》及有关法律法规规定和防洪技术规范要求，总体可行。

二、东方有限责任公司天然气管道工程穿过殷都区殷都桥安阳河工程预算总投资220万元，计划于2010年2月开工，于2010年6月投入运行，总工期5个月。

三、聘请具有相应资质的单位认真做好施工中的防洪监理和监测工作。接受水行政主管部门对本方案防洪措施实施的监督、检查。

四、建设单位要按照《中华人民共和国防洪法》的规定，在工程投入运行前及时向市水利局申请防洪评价验收。

五、市水利专家组对防洪评价报告进行评审后一致认为，报告对洪水分析计算方法正确，成果合理；输水管道埋置深度满足河道安全冲刷深度要求，输水管道入出点满足河道治理要求；穿河管道对水利规划实施、河道行洪安全、防汛抢险及河势稳定无影响。同意施工。

六、其他涉水事项请依法按程序报批。

安阳市水利局

2010年2月17日

附：　**案件承办人行政执法证复印件**

立卷、验卷情况记载

本案卷于 2010 年 9 月 15 日立卷，本册连面带底共计 27 页，附证物袋 1 个，内装 0 件。

立卷人：王伟

本案卷于 2010 年 9 月 15 日，经验查合格。

检验人：刘朝军

李石玉擅自在万金渠南干渠管理范围内建房水行政处罚案

【案情简介】2009年4月9日水政监察支队三大队在日常巡查中发现李石玉擅自在万金渠南干渠管理范围内建房，我们认为此行为已违反《河南省水利工程管理条例》第二十一条第一款“在水利工程管理范围内进行建设的，应当按照保护水利工程安全的要求提出设计，按水利工程管理权限报水行政主管部门审核同意”之规定。4月10日水政执法人员到现场对当事人李石玉先后制作了调查笔录和现场检查笔录并下达了责令停止水事违法行为通知书。当事人李石玉较配合工作并表示不再建房。

根据《河南省水利工程管理条例》第四十五条“违反本条例第二十条、第二十一条、第二十二条规定的，由县级以上水行政主管部门责令其停止违法行为，采取补救措施，可以并处三千元以下罚款”之规定和《河南省水行政处罚裁量标准》“停止违法行为并在规定期限内采取补救措施的，可以并处1千元以下罚款”及《河南省水行政处罚裁量标准适用规则》之规定。建议对当事人作出：1. 恢复渠道管理范围原状；2. 罚款人民币500元的处罚。

附：李石玉擅自在万金渠南干渠管理范围内建房水行政处罚案卷宗

河南省水事违法案件卷宗

<table>
<tr><td colspan="4">豫水（安）立字〔2009〕第1002号</td></tr>
<tr><td>案由</td><td colspan="3">李石玉擅自在万金渠南干渠管理范围内建房</td></tr>
<tr><td rowspan="2">当事人</td><td>名称或姓名</td><td colspan="2">李石玉</td></tr>
<tr><td>地址或住址</td><td colspan="2">安阳市文峰区高庄98号</td></tr>
<tr><td>立案日期</td><td>2009年4月9日</td><td>结案日期</td><td>2009年5月9日</td></tr>
<tr><td>处罚（理）决定</td><td colspan="3">1. 恢复渠道管理范围原状；
2. 罚款人民币500元。</td></tr>
<tr><td>复议决定</td><td colspan="3"></td></tr>
<tr><td>法院判决（裁定）</td><td colspan="3"></td></tr>
<tr><td>归档日期</td><td>2009年5月9日</td><td>归档编号</td><td>？</td></tr>
<tr><td>保存年限</td><td>10年</td><td>承办人</td><td>徐晓帅　张征</td></tr>
<tr><td colspan="2">本卷内的文书共计　23　张</td><td>立卷人</td><td>徐晓帅</td></tr>
</table>

卷宗目录

序号	材料名称	文号	页数
1	水事违法案件立案呈批表	安水立字〔2009〕1002号	
2	责令停止水事违法行为通知书	安水停字〔2009〕第1002号	
3	送达回证		
4	询问笔录		
5	现场（检查）笔录		
6	水事违法案件集体研究讨论笔录		
7	水事违法案件讨论笔录		
8	行政处罚事先告知书	安水罚先告字〔2009〕1002号	
9	送达回证		
10	案件调查终结报告		
11	法律文书签发单		
12	水行政处罚决定书	安水罚决字〔2009〕1002号	
13	送达回证		
14	水事违法案件结案报告		
15	现场照片		
16	案件承办人行政执法证		
17	银行代收罚款收据		

行政处罚案件立案审批表

<table>
<tr><td rowspan="5">当事人</td><td>单位名称</td><td></td><td>法定代表人</td><td></td></tr>
<tr><td>住址</td><td></td><td>电话</td><td></td></tr>
<tr><td>个人姓名</td><td>李石玉</td><td>性别</td><td>男</td></tr>
<tr><td>所在单位</td><td></td><td>电话</td><td>5963333</td></tr>
<tr><td>身份证号码</td><td>××××××××××××××××××</td><td>个人住址</td><td>安阳市文峰区高庄98号</td></tr>
<tr><td>案由</td><td colspan="2">李石玉擅自在万金渠南干渠管理范围内建房</td><td>案件来源</td><td>自查</td></tr>
<tr><td>案件简要情况</td><td colspan="4">2009年4月9日水政监察支队三大队在日常巡查中发现李石玉擅自在万金渠南干渠管理范围内建房，我们认为已违反《河南省水利工程管理条例》第二十一条第一款“在水利工程管理范围内进行建设的，应当按照保护水利工程安全的要求提出设计，按水利工程管理权限报水行政主管部门审核同意”之规定。</td></tr>
<tr><td>承办人意见</td><td colspan="4">安阳市利达铁路器材有限责任公司涉嫌违反了《取水许可和水资源费征收管理条例》第四十三条之规定，建议立案查处。
承办人签名：徐晓帅　张征　　2009年4月9日</td></tr>
<tr><td>承办机构审核意见</td><td colspan="4">经审核，建议立案。建议该案件主办人是路宏伟，协办人是赫艳军。
负责人签名：尹中洲　　2009年4月9日</td></tr>
<tr><td>水行政主管部门负责人审批意见</td><td colspan="4">同意立案。
负责人签名：马荣洲　　2009年4月9日</td></tr>
</table>

责令停止水事违法行为通知书

安水停字〔2009〕第1002号

李石玉：

经查，你擅自在万金渠南干渠管理范围内建房的行为违反了《河南省水利工程管理条例》第二十一条第一款“在水利工程管理范围内进行建设的，应当按照保护水利工程安全的要求提出设计，按水利工程管理权限报水行政主管部门审核同意”之规定。根据《河南省水利工程管理条例》第四十五条“违反本条例第二十条、第二十一条、第二十二条规定的，由县级以上水行政主管部门责令其停止违法行为，采取补救措施，可以并处三千元以下罚款”之规定，现责令你立即停止违法行为，听候处理。否则，依法追究法律责任。

附：1. 限三日内采取补救措施，恢复渠道管理范围原状。

安阳市水利局

2009年4月10日

送达回证

<table>
<tr><td>案　　由</td><td colspan="3">李石玉擅自在万金渠南干渠管理范围内建房</td></tr>
<tr><td>受送达人</td><td colspan="3">李石玉</td></tr>
<tr><td>送达地点</td><td colspan="3">李石玉家</td></tr>
<tr><td>送达文书</td><td>送达人</td><td>收到日期</td><td>受送达人签名或盖章</td></tr>
<tr><td>责令停止水事违法行为通知书
安水停字〔2009〕第1002号</td><td>徐晓帅
张　征</td><td>2009年4月
10日9时</td><td>李石玉</td></tr>
<tr><td></td><td></td><td>年　月
日　时</td><td></td></tr>
<tr><td></td><td></td><td>年　月
日　时</td><td></td></tr>
<tr><td></td><td></td><td>年　月
日　时</td><td></td></tr>
<tr><td>备　　注</td><td colspan="3"></td></tr>
</table>

注：1、如受送达人不在时，将文件交与他的成年家属、近邻、工作机关或受送达人居住地的乡（镇）政府、村民委员会或街道办事处代收。

2、如系代收，代收人应在受送达人栏内签名或盖章，并注明与受送达人的关系。

询问笔录

询问时间：2009 年 4 月 10 日 9 时 0 分至 10 时 0 分

询问地点：当事人李石玉家

被询问单位名称：　　法定代表人（负责人）：

电话：

被询问人姓名：李石玉　性别：男　电话：5963333

所在单位：务农　住址：安阳市文峰区高庄 98 号

与本案关系：当事人

询问人：徐晓帅　张征　记录人：徐晓帅

询问内容：我们是安阳市水利局水政监察支队三大队执法人员，徐晓帅，执法证号：豫 GO12—051 姓名：张 征、执法证号豫 GO12—011：现就你擅自在万金渠南干渠管理范围内建房情况进行调查，请给予配合。

问：你对我们的执法身份有无异议？

答：无异议。

问：你是否对我们执法人员提出申请回避？

答：不提出。

问：请你说一下个人基本情况？

答：我叫李石玉，1963 年出生，47 岁，高庄人、务农。

问：请你说一下你擅自在安阳市万金渠南干渠管理范围内建房情况？

答：我是今年 3 月份开始建房的，离渠边有 1 米，现在地基才打好，主要是想改善居住环境。

问：你是否知道此行为已违反《河南省水利工程管理条例》第二十一条第一款之规定？

答：以前不知道，现在知道了。

问：你建房是否经水行政主管部门批准？

答：没有。

问：你是否知道此行为已造成扰乱正常水事管理的后果？

答：现在知道了。

问：你还有需要补充的没有？

答：我现在认识到自己错了，我不建房了，望你们对我宽大处理。

问：询问笔录上述内容，记录是否属实？

答：询问笔录上述内容，记录属实。

被询问人签字：李石玉　2009 年 4 月 10 日

拒绝签字的理由：

询问人签字：徐晓帅 张 征　2009 年 4 月 10 日

记录人签字：徐晓帅　2009 年 4 月 10 日

现场（检查）笔录

第 1 页　共 1 页

被调（检）查人姓名：李石玉　年龄：47　职业：务农

被调（检）查单位名称：＿＿＿＿　地址：＿＿＿＿

调（检）查时间：2009 年 4 月 10 日 10 时 0 分至 10 时 30 分

调（检）查地点：现 场

调（检）查人员：徐晓帅　张征　记录人：徐晓帅

调（检）查记录：我们是安阳市水利局水政监察支队三大队执法人员，徐晓帅，执法证编号：豫 GO12-051，张征，执法证编号：豫 GO12-111。现就你擅自在万金渠南干渠管理范围内建房情况进行现场检查，请给予配合。

1. 当事人李石玉，男，47 岁高庄人，务农。

2. 所建房屋地基临万金南渠干渠边 1 米，东西长 20 米、南北宽 10 米。

（附图附后）

被调（检）查人签名或盖章：李石玉

调（检）查人签名或盖章：张征　徐晓帅

见证人签名或盖章并注明其身份：＿＿＿＿

2009 年 4 月 10 日

附图：

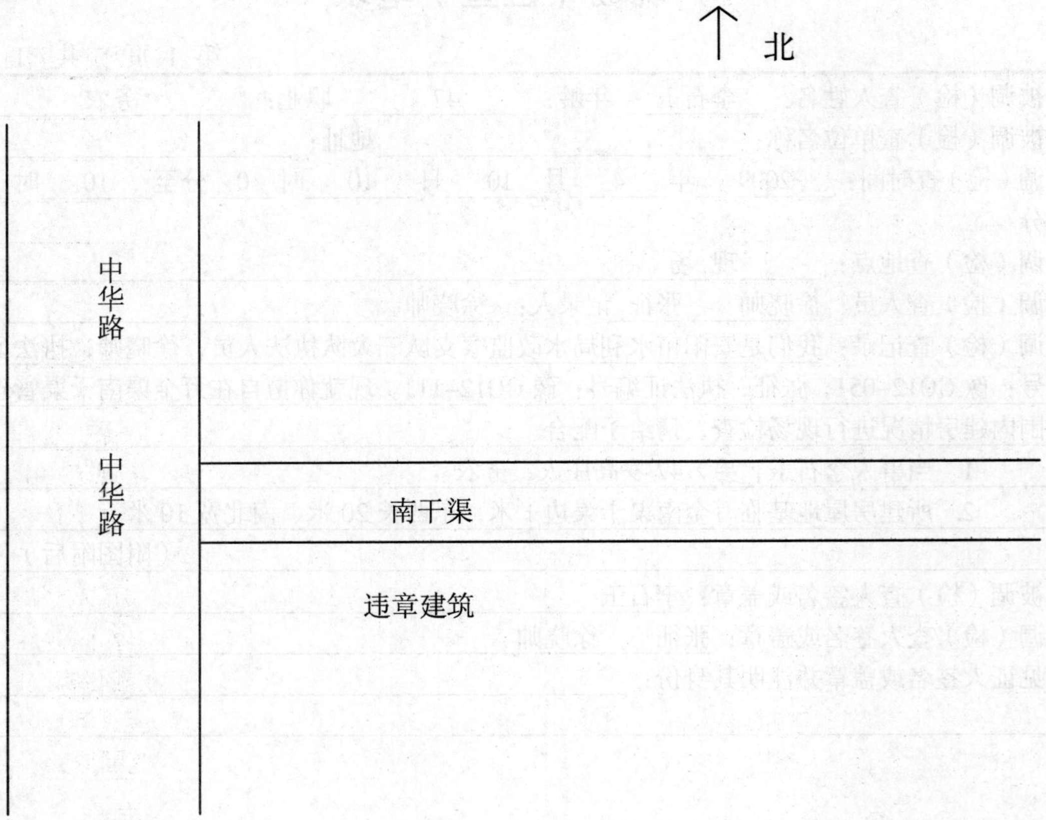

记录人：徐晓帅　　　　　　　　　　　　　　2009 年 4 月 10 日

当事人：李石玉　　　　　　　　　　　　　　2009 年 4 月 10 日

水事违法案件集体研究讨论笔录

案　由：李石玉擅自在万金渠南干渠管理范围内建房

时　间：2009年4月15日

地　点：安阳市水政监察支队办公室

案件调查人：徐晓帅　张征　记录人：徐晓帅

参加人员：侯俊山　尹中洲　刘朝军　张伟山　曲涛

讨论内容：对李石玉擅自在万金渠南干渠管理范围内建房一案进行讨论。

一、案件主办人员介绍案情：2009年4月9日水政监察支队三大队在日常巡查中发现李石玉擅自在万金渠南干渠管理范围内建房，我们认为此行为已违反《河南省水利工程管理条例》第二十一条第一款“在水利工程管理范围内进行建设的，应当按照保护水利工程安全的要求提出设计，按水利工程管理权限报水行政主管部门审核同意”之规定。4月10日水政执法人员到现场对当事人李石玉先后制作了调查笔录和现场检查笔录并下达了责令停止水事违法行为通知书。当事人李石玉较配合工作并表示不在建房。

二、案件处理建议：根据《河南省水利工程管理条例》第四十五条“违反本条例第二十条、第二十一条、第二十二条规定的，由县级以上水行政主管部门责令其停止违法行为，采取补救措施，可以并处三千元以下罚款”之规定和《河南省水行政处罚裁量标准》“停止违法行为并在规定期限内采取补救措施的，可以并处1千元以下罚款”及《河南省水行政处罚裁量标准适用规则》之规定。建议对当事人作出：1. 恢复渠道管理范围原状；2. 罚款人民币500元的处罚。

三、与会人员分别发表意见：

侯俊山：同意。

尹中洲：同意。

张伟山：同意。

刘朝军：同意。

曲涛：同意。

讨论结果：大家一致同意对李石玉作出的处理决定。

参加人员（签字）：侯俊山　尹中洲　刘朝军　张伟山　曲涛

行政处罚事先告知书

安水罚先告字〔2009〕第1002号

李石玉：

你因 2009 年 3 月 1 日至 2009 年 4 月 9 日，擅自在万金渠南干渠管理范围内建房的行为违反了《河南省水利工程管理条例》第二十一条第一款“在水利工程管理范围内进行建设的，应当按照保护水利工程安全的要求提出设计，按水利工程管理权限报水行政主管部门审核同意”之规定。

从你违法行为的事实、性质、情节、社会危害程度和证据看，你的违法行为属于轻微。

根据《河南省水利工程管理条例》第四十五条“违反本条例第二十条、第二十一条、第二十二条规定的，由县级以上水行政主管部门责令其停止违法行为，采取补救措施，可以并处三千元以下罚款”之规定，和《河南省水行政处罚裁量标准》《河南省水行政处罚裁量标准适用规则》之规定，本机关拟对你做出 1. 恢复渠道管理范围原状；2. 罚款人民币500元 的处罚。

根据《行政处罚法》第三十二条的规定，你可以自收到本告知书之日起三日内到本机关进行陈述、申辩，逾期不陈述、申辩的视为放弃陈述申辩权利。

安阳市水利局

2009年 4 月 18 日

送达回证

案　　由	李石玉擅自在万金渠南干渠管理范围内建房		
受送达人	李石玉		
送达地点	李石玉家		
送达文书	送达人	收到日期	受送达人签名或盖章
行政处罚事先告知书 安水罚先告字〔2009〕第1002号	徐晓帅 张　征	2009年4月 18日9时	李玉石
		年　月 日　时	
		年　月 日　时	
		年　月 日　时	
备　　注			

注：1、如受送达人不在时，将文件交与他的成年家属、近邻、工作机关或受送达人居住地的乡（镇）政府、村民委员会或街道办事处代收。

2、如系代收，代收人应在受送达人栏内签名或盖章，并注明与受送达人的关系。

案件调查终结报告

当事人基本情况：李石玉，男，47岁，高庄人，务农。

调查时间：2009年4月9日至2009年4月22日

调查人员签名：徐晓帅 张 征

当事人违法的证据：

1. 调查笔录；
2. 现场检查笔录；
3. 视听资料。

违法行为的等次：轻微

应受行政处罚的依据和种类：

2009年4月9日水政监察支队三大队在日常巡查中发现李石玉擅自在万金渠南干渠管理范围内建房，我们认为此行为已违反《河南省水利工程管理条例》第二十一条第一款“在水利工程管理范围内进行建设的，应当按照保护水利工程安全的要求提出设计，按水利工程管理权限报水行政主管部门审核同意”之规定。根据《河南省水利工程管理条例》第四十五条“违反本条例第二十条、第二十一条、第二十二条规定的，由县级以上水行政主管部门责令其停止违法行为，采取补救措施，可以并处三千元以下罚款”之规定，和《河南省水行政处罚裁量标准》“停止违法行为并在规定期限内采取补救措施的，可以并处1千元以下罚款”及《河南省水行政处罚裁量标准适用规则》之规定。

作出如下行政处罚。

行政处罚建议：

1、恢复渠道管理范围原状；

2、罚款人民币500元。

水政监察支队负责人意见：同意。

尹中洲　　　　2009年4月22日

法制机构负责人意见：同意。

侯俊山　　　　2009年4月22日

法律文书签发单

案　　由	李石玉擅自在万金渠南干渠管理范围内建房
法律文书 名称及文号	水行政处罚决定书 安水罚决字〔2009〕第1002号
承办人	建议处罚。 承办人（签字）：徐晓帅　　张征　　　　2009年 4月24日
支　　队 意　　见	同意。 负责人：尹中洲　　　　2009年 4月24 日
法制机构 审核意见	同意。 负责人：　侯俊山　　　　2009年4 月24日
机关负责人 意　　见	同意。 负责人：马荣洲　　　　2009年4月24日
备注	

行政处罚决定书

安水罚决字〔2009〕第1002号

被处罚人（自然人）姓名：李石玉　性别：男　年龄：47

所在单位：务农　住址：市文峰区高庄98号

本机关于2009年4月9日对擅自在万金渠南干渠管理范围内建房一案立案调查。经查，你于2009年3月1日至2009年4月9日实施了擅自在万金渠南干渠管理范围内建房违法行为。

违法的证据：

1. 调查笔录
2. 现场检查笔录
3. 视听资料

违法行为等次：根据你的违法事实、性质、情节、社会危害程度和相关证据，你的违法行为为轻微。

应受行政处罚的依据和各类：上述违法行为事实清楚，证据确凿。根据《河南省水利工程管理条例》第四十五条“违反本条例第二十条、第二十一条、第二十二条规定的，由县级以上水行政主管部门责令其停止违法行为，采取补救措施，可以并处三千元以下罚款”之规定和《河南省水行政处罚裁量标准》《河南省水行政处罚裁量标准适用规则》之规定决定对你作出如下行政处罚：

1. 恢复渠道管理范围原状；2. 罚款人民币500元。

行政处罚履行方式和期限：你应当自接到本决定书之日起15日内将罚款缴至中国工商银行安阳市分行任一储蓄网点（银行账号：43500021××××××××××）。到期不缴纳的，每日按罚款数额的3%加处罚款。

不服行政处罚决定申请行政复议或者提起行政诉讼的途径和期限：如不服本处罚决定，可在接到本处罚决定书之日起六十日内向安阳市行政复议受理中心或者河南省水利厅申请行政复议，或者六个月内向安阳市殷都区人民法院起诉。逾期不履行本行政处罚决定、不申请行政复议又不提起行政诉讼的，我厅（局）将申请人民法院强制执行。

安阳市水利局

2009年4月25日

送达回证

案　　由	李石玉擅自在万金渠南干渠管理范围内建房
受送达人	李石玉
送达地点	李石玉家

送达文书	送达人	收到日期	受送达人签名或盖章
水行政处罚决定书 安水罚决字〔2009〕第1002号	徐晓帅 张　征	2009年4月 25日9时	李石玉
		年　月 日　时	
		年　月 日　时	
		年　月 日　时	

备　　注	

注：1、如受送达人不在时，将文件交与他的成年家属、近邻、工作机关或受送达人居住地的乡（镇）政府、村民委员会或街道办事处代收。

2、如系代收，代收人应在受送达人栏内签名或盖章，并注明与受送达人的关系。

水事违法案件结案报告

2009 年 5 月 9 日　　　　　　　　　　　　　　　　　　　第 1 页 共 1 页

案　由：李石玉擅自在万金渠南干渠管理范围内建房

案件调查人：徐晓帅　　　张征

立案时间：2009 年 4 月 9 日　　　　结案时间：2009 年 5 月 9 日

简要案情及办案经过：2009 年 4 月 9 日水政监察支队三大队在日常巡查中发现李石玉擅自在万金渠南干渠管理范围内建房。经查，该村民于 2009 年 3 月 1 日以来擅自万金渠南干渠管理范围内建房扰乱了正常水事管理秩序。有询问笔录、现场（检查）笔录、视听资料为证，处罚（理）情况：1. 恢复渠道管理范围原状；2. 罚款人民币 500 元。

执行情况：鉴于该村民在我局对其下达《行政处罚决定书》后已自行恢复渠道管理范围原状并缴纳罚款。为此我们对此案建议如下：

结案建议：建议结案。

案件调查人：徐晓帅　张 征

水政监察机构负责人意见：同意结案。

尹中洲　　　　　　　　　　2009 年 5 月 9 日

法制机构负责人意见：同意结案。

侯俊山　　　　　　　　　　2009 年 5 月 9 日

机关负责人意见：同意结案。

马荣洲　　　　　　　　　　2009 年 5 月 9 日

现场照片

附： **案件承办人行政执法证复印件**

附： **银行代收罚款收据**

立卷、验卷情况记载

本案卷于 2009 年 5 月 9 日立卷，本册连面带底共计 26 页，附证物袋 0 个，内装 0 件。 立卷人：徐晓帅
本案卷于 2009 年 5 月 9 日，经验查合格。 检验人：刘朝军

李富贵擅自在水库管理范围内养鱼水行政处罚处理案

【案情简介】安阳市龙安区北彰武村村民李富贵自 2010 年 2 月 18 日以来，未经水行政主管部门批准在安阳市彰武水库内养鱼，其在彰武水库内建了两个网箱从事养殖活动，未办理相关手续，有现场勘验笔录、调查笔录、照片为证。我局于 2010 年 2 月 21 日向李富贵下达了《责令改正通知书》，要求其在 2010 年 3 月 8 日前拆除其在彰武水库内建的网箱，李富贵在规定时间内拆除了其在彰武水库内建的网箱。依据《河南省实施〈中华人民共和国水法〉办法》第四十四条和《河南省水行政处罚裁量标准》中《河南省实施〈中华人民共和国水法〉办法》第四十四条规定，不再对安阳市龙安区北彰武村村民李富贵进行处罚。

附：李富贵擅自在水库管理范围内养鱼水行政处罚处理案卷宗

河南省水事违法案件卷宗

<table>
<tr><td colspan="4">豫水（安）立字〔2010〕第103号</td></tr>
<tr><td>案由</td><td colspan="3">擅自在水库管理范围内养鱼</td></tr>
<tr><td rowspan="2">当事人</td><td>名称或姓名</td><td colspan="2">李富贵</td></tr>
<tr><td>地址或住址</td><td colspan="2">安阳市龙安区北彰武村</td></tr>
<tr><td>立案日期</td><td>2010年2月20日</td><td>结案日期</td><td>2010年3月15日</td></tr>
<tr><td>处罚（理）决定</td><td colspan="3"></td></tr>
<tr><td>复议决定</td><td colspan="3"></td></tr>
<tr><td>法院判决（裁定）</td><td colspan="3"></td></tr>
<tr><td>归档日期</td><td>2010年3月15日</td><td>归档编号</td><td>?</td></tr>
<tr><td>保存年限</td><td>10年</td><td>承办人</td><td>徐晓帅　张征</td></tr>
<tr><td colspan="2">本卷内的文书共计　16　张</td><td>立卷人</td><td>徐晓帅</td></tr>
</table>

卷宗目录

序号	材料名称	文号	页数
1	水事违法案件立案呈批表	安水立字〔2010〕第103号	
2	现场（检查）笔录		
3	询问笔录		
4	责令改正通知书	安水改字〔2010〕第103号	
5	送达回证		
6	水事违法案件讨论笔录		
7	调查终结报告		
8	现场照片		
9	当事人身份证复印件		
10	水事违法案件结案报告		
11	案件承办人行政执法证		

行政处罚案件立案审批表

<table>
<tr><td rowspan="5">当事人</td><td>单位名称</td><td></td><td>法定代表人</td><td></td></tr>
<tr><td>住址</td><td></td><td>电话</td><td></td></tr>
<tr><td>个人姓名</td><td>李富贵</td><td>性别</td><td>男</td></tr>
<tr><td>所在单位</td><td></td><td>电话</td><td></td></tr>
<tr><td>身份证号码</td><td>41504196010221035</td><td>个人住址</td><td>安阳市龙安区北彰武村</td></tr>
<tr><td>案由</td><td colspan="2">擅自在水库管理范围内养鱼</td><td>案件来源</td><td>2010年2月20日
自查</td></tr>
<tr><td>案件简要情况</td><td colspan="4">经查，安阳市龙安区北彰武村村民李富贵，未经批准擅自在彰武水库内养鱼，其行为违反了《河南省实施<中华人民共和国水法>办法》第二十七条规定。</td></tr>
<tr><td>承办人意见</td><td colspan="4">安阳市龙安区北彰武村村民李富贵涉嫌违反了《河南省实施<中华人民共和国水法>办法.》第二十七条之规定，建议立案查处。
承办人签名：安卫东　王伟　　2010年2月20日</td></tr>
<tr><td>承办机构审核意见</td><td colspan="4">经审核，建议立案。建议该案件主办人是安卫东，协办人是王伟。
负责人签名：尹中洲　　2010年2月20日</td></tr>
<tr><td>水行政主管部门负责人审批意见</td><td colspan="4">同意立案。
负责人签名：马荣洲　　2010年2月20日</td></tr>
</table>

现场（检查）笔录

第　　页共　　页

被调（检）查人姓名：李富贵　　年龄：　　职业：

住址：安阳市龙安区北彰武村

被调（检）查单位名称：

住址：

被询问人姓名：李富贵　　性别：　　年龄：　　职务：

调（检）查时间：2010 年 2 月 21 日 10 时 20 分至 10 时 50 分

调（检）查地点：安阳市彰武水库

调（检）查人：安卫东　王伟　　证件名称：行政执法证　　证件编号：豫 GO12-105

记录人员：安卫东　　证件名称：行政执法证　　证件编号：豫 GO12-009

调（检）查记录：2010 年 2 月 21 日 10 时 20 分，我局执法人员安卫东、王伟来到安阳市彰武水库，向在彰武水库内养鱼的李富贵出示行政执法证件表明身份并对其说明来意后，对李富贵在水库内养鱼场所进行了检查：

1. 李富贵是安阳市龙安区北彰武村村民，身份证号码是 410504196010221035。

2. 在彰武水库溢洪道东侧，安阳市龙安区北彰武村村民李富贵建了两个网箱从事养鱼活动，两个网箱均为长 6 米宽 5 米，网箱内养殖的为鲤鱼。

3. 彰武水库是中型国有水库，其管理机构是安阳市彰武水库管理局。

（附图附后）

被调（检）查人员签名或盖章：李富贵

被调查人员拒签事由：

调（检）查人员签名或盖章：安卫东　王伟

见证人签名或盖章并注明其身份：

现场示意图

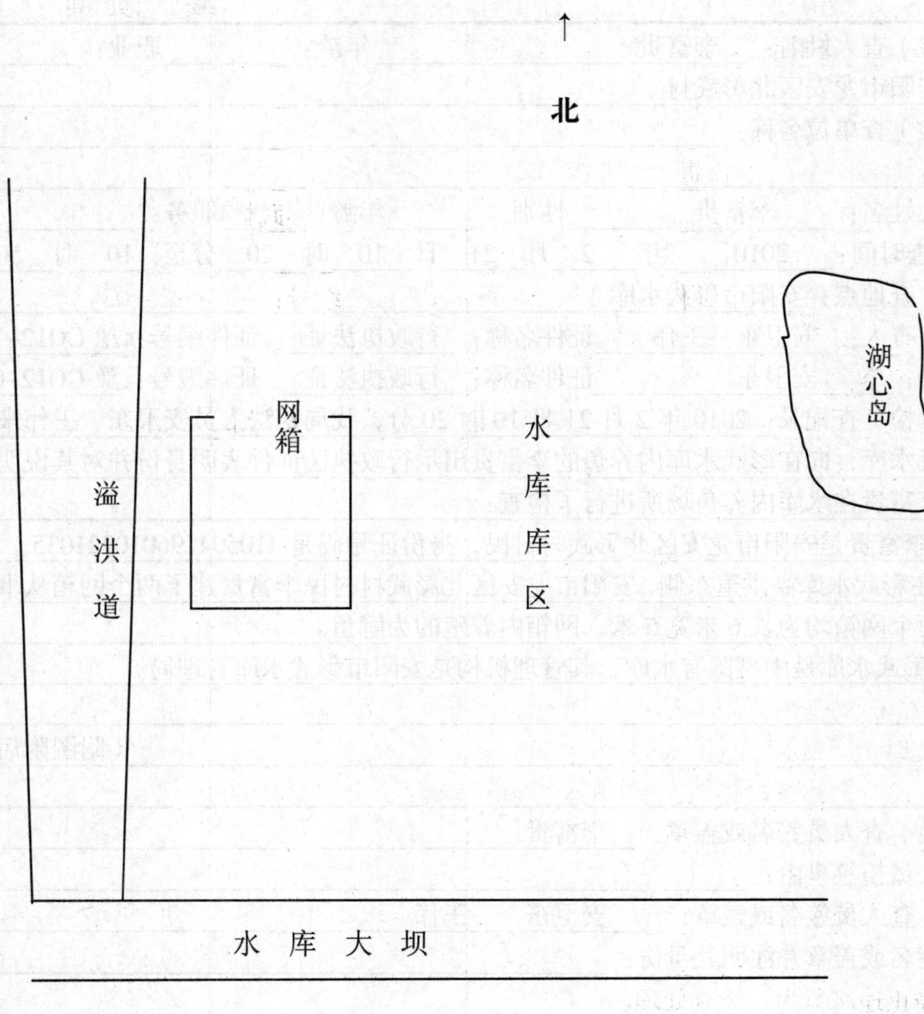

记录人：安卫东　　　　　　　　　　　　　　2010 年 2 月 21 日

当事人：李富贵（捺指印）　　　　　　　　　2010 年 2 月 21 日

询问笔录

询问时间：2010 年 2 月 21 日 10 时 50 分至 11 时 30 分

询问地点：安阳市彰武水库李富贵养鱼现场

被询问单位名称：

法定代表人（负责人）： 电话：

被询问人姓名：李富贵 性别： 电话：

所在单位： 住址：安阳市龙安区北彰武村

与本案关系：

询问人：王伟 证件名称：行政执法证 证件编号：豫 GO12-105

记录人：安卫东 证件名称：行政执法证 证件编号：豫 GO12-009

询问内容：

我们是安阳市水利局水政执法人员（亮证），现对你在安阳市彰武水库内养鱼情况进行询问，请你如实回答。

答：好，我知道了。

问：请说一下你的基本情况。

答：我叫李富贵，是安阳市龙安区北彰武村的村民。

问：请说一下你在彰武水库内养鱼的情况。

答：我于 2010 年 2 月 18 日开始在彰武水库内建了两个网箱从事养鱼，现在才把鱼苗投放进去，养的是鲤鱼和草鱼。我在水库内养鱼主要是为了给自己增加一些收入。

问：你在彰武水库内养鱼是否经过安阳市水利局批准？

答：没有，我不知道在水库内养鱼还要经过安阳市水利局批准。

问：你养鱼是否到相关部门办理了养殖证？

答：没有，我不知道还要办证，所以什么手续都没有办过。

问：你未经水行政主管部门批准在安阳市彰武水库内从事养殖活动，违反了《河南省实施〈中华人民共和国水法〉办法》第二十七条之规定，扰乱了正常的水事管理秩序，请你立即停止违法行为，听候处理。

答：好，我知道了。

问：以上情况是否属实？

答：以上情况属实。

问：询问笔录上述内容请你看一看，记录是否属实？

询问笔录上述内容，记录属实。李富贵（捺指印）

被询问人阅核后签注“询问笔录上述内容，记录属实。”

被询问人签字：李富贵（捺指印） 2010 年 2 月 21 日

拒绝签字的理由：

询问人签字：王伟 2010 年 2 月 21 日

记录人签字：安卫东 2010 年 2 月 21 日

责令改正通知书

安水改字〔2010〕第 103 号

安阳市龙安区北彰武村村民李富贵（身份证号 410504196010221035）：

经查，你（单位）自 2010 年 2 月 18 日以来，未经水行政主管部门批准，在安阳市彰武水库内养鱼，违反了〈河南省实施《中华人民共和国水法》办法〉第二十七条“……利用河道、水库从事养殖、旅游、餐 饮等活动的，应当符合水功 能区划和水资源保护规划的要求，服从防洪安全和水工程运行安全的需要。利用河道、国有水库从事前款规定活动的，应当经有管辖权的水行政主管部门批准。”之规定，根据《河南省实施〈中华人民共和国水法〉办法》第四十四条“违反本办法第二十七条第六款规定，未经批准利用河道、国有水库从事养殖、旅游、餐饮等活动的，责令限期改正；逾期不改正的，处以一百元以上五百元以下罚款。情节严重，造成严重后果的，处以五百元以上五千元以下罚款”之规定，现责令你（单位）于 2010 年 3 月 8 日前改正。

附：限责令你于 2010 年 3 月 8 日前拆除你在安阳市彰武水库内建的网箱。

安阳市水利局

2010 年 2 月 21 日

联系电话：3696360

联系人：安卫东

联系地址：安阳市安钢大道 369 号（安阳市水政监察支队一大队）

送达回证

案　　由				
受送达人	安阳市龙安区北彰武村村民李富贵			
送达地点	养鱼现场			
送达文书		送达人	收到日期	受送达人签名或盖章
责令改正通知书 安水改字〔2010〕第103号		安卫东 王　伟	2010年2月 21日11时	李富贵
			年　月 日　时	
			年　月 日　时	
			年　月 日　时	
备　　注	李富贵是安阳市龙安区北彰武村村民			

注：1、如受送达人不在时，将文件交与他的成年家属、近邻、工作机关或受送达人居住地的乡（镇）政府、村民委员会或街道办事处代收。

2、如系代收，代收人应在受送达人栏内签名或盖章，并注明与受送达人的关系。

水事违法案件讨论笔录

案　由：安阳市龙安区北彰武村村民李富贵在水库管理范围内养鱼

时　间：2010 年 3 月 10 日 9 时 20 分至 9 时 55 分

地　点：水政监察支队会议室

案件调查人：安卫东　王伟　记录人：安卫东

参加人员：侯俊山　尹中洲　张伟山　刘朝军　张怀刚　耿鸿飞　马艳丽　张征

讨论内容：关于安阳市龙安区北彰武村村民李富贵在水库管理范围内养鱼一案进行了讨论：

一、案件承办人汇报案情及处理意见：安阳市龙安区北彰武村村民李富贵自 2010 年 2 月 18 日以来，未经水行政主管部门批准在安阳市彰武水库内养鱼，其在彰武水库内建了两个网箱从事养殖活动，未办理相关手续，有现场勘验笔录、调查笔录、照片为证。我局于 2010 年 2 月 21 日向李富贵下达了《责令改正通知书》，要求其在 2010 年 3 月 8 日前拆除其在彰武水库内建的网箱，李富贵在规定时间内拆除了其在彰武水库内建的网箱。依据《河南省实施〈中华人民共和国水法〉办法》第四十四条和《河南省水行政处罚裁量标准》中〈河南省实施《中华人民共和国水法》办法〉第四十四条规定，不再对安阳市龙安区北彰武村村民李富贵进行处罚。

二、参加人员意见：

侯俊山：同意办案人员意见。

尹中洲：同意办案人员意见。

张伟山：同意办案人员意见。

刘朝军：同意办案人员意见。

张怀刚：同意办案人员意见。

耿鸿飞：同意办案人员意见。

张　征：同意办案人员意见。

马艳丽：同意办案人员意见。

讨论结果：鉴于安阳市龙安区北彰武村村民李富贵在规定时间内拆除了其在安阳市彰武水库内建的网箱，经集体讨论研究，不再对其进行处罚。

参加人员（签字）：侯俊山　尹中洲　张伟山　刘朝军　张怀刚　耿鸿飞　马艳丽　张征

调查终结报告

当事人的基本情况：安阳市龙安区北彰武村村民李富贵（身份证号 410504196010221035）

住 址：安阳市龙安区北彰武村

调查时间：2010 年 2 月 21 日至 2010 年 3 月 9 日

调查人（签字）：安卫东 王伟

当事人的违法证据：

1. 现场（检查）笔录；
2. 询问笔录；
3. 照片。

应受行政处罚的依据和种类：安阳市龙安区北彰武村村民李富贵自 2010 年 2 月 18 日以来，未经水行政主管部门批准在安阳市彰武水库内养鱼，其在彰武水库内建了两个网箱从事养殖活动，未办理相关手续，有现场笔录、询问笔录、照片为证。我局于 2010 年 2 月 21 日向其下达了《责令改正通知书》，要求其在 2010 年 3 月 8 日前拆除其在彰武水库内建的网箱，李富贵在规定时间内拆除了其在彰武水库内建的网箱。上述违法行为事实清楚，证据确凿充分。根据〈河南省实施《中华人民共和国水法》办法〉第四十四条“违反本办法第二十七条第六款规定，未经批准利用河道、国有水库从事养殖、旅游、餐饮等活动的，责令限期改正；逾期不改正的，处以一百元以上五百元以下罚款。情节严重，造成严重后果的，处以五百元以上五千元以下罚款。”和《河南省水行政处罚裁量标准》中《河南省实施〈中华人民共和国水法〉办法》第四十四条“违反本办法第二十七条第六款规定，未经批准利用河道、国有 水库从事养殖、旅游、餐饮等活动的，责令限期改正；逾期不改正的，处以一百元以上五百元以下罚款。情节严重，造成严重后果的，处以五百元以上五千元以下罚款。”之规定。

行政处罚建议：鉴于安阳市龙安区北彰武村村民李富贵在规定时间内拆除了其在彰武水库内建造的网箱，结合集体讨论结果，不再对其进行处罚。

水政监察支队负责人意见：同意

尹中洲 2010 年 3 月 11 日

机关法制机构负责人意见：同意

侯俊山 2010 年 3 月 11 日

现场照片

附：　　　　**当事人身份证复印件**

水事违法案件结案报告

案　由：安阳市龙安区北彰武村村民李富贵在水库管理范围内养鱼

承办人：　安卫东　王伟

立案时间：2010 年 2 月 20 日　　结案时间：2010 年 3 月 15 日

简要案情及办案经过：安阳市龙安区北彰武村村民李富贵自 2010 年 2 月 18 日以来，未经水行政主管部门批准在安阳市彰武水库内养鱼，其在彰武水库内建了两个网箱从事养殖活动，未办理相关手续，有现场笔录、询问笔录、照片为证。我局于 2010 年 2 月 21 日向其下达了《责令改正通知书》，要求其在 2010 年 3 月 8 日前拆除其在安阳市彰武水库内建的网箱，李富贵在规定时间内拆除了其在安阳市彰武水库内建的网箱，依据《河南省实施〈中华人民共和国水法〉办法》第四十四条和《河南省水行政处罚裁量标准》之规定，不再对其进行处罚。

处罚（理）情况：根据〈河南省实施《中华人民共和国水法》办法〉第四十四条和《河南省水行政处罚裁量标准》之规定，责令其限期改正。

执行情况：安阳市龙安区北彰武村村民李富贵于 2010 年 3 月 8 日前拆除了其在安阳市彰武水库内建的网箱。

结案建议：该个人已履行法定义务，建议结案。

办案人员：　安卫东　王伟

支队负责人意见：同意结案。

尹中洲　　　2010 年 3 月 15 日

法制机构负责人意见：同意结案。

侯俊山　　　2010 年 3 月 15 日

机关负责人意见：同意结案。

马荣洲　　　2010 年 3 月 15 日

附：　**案件承办人行政执法证复印件**

立卷、验卷情况记载

本案卷于 2010 年 3 月 15 日立卷，本册连面带底共计 20 页，附证物袋 1 个，内装 2 件。 立卷人：安卫东
本案卷于 2010 年 3 月 16 日，经验查合格。 检验人：刘朝军

余荣强在河道内倾倒垃圾水行政处罚案

【案情简介】余荣强（身份证号： 410504197110143735）2010 年 6 月 14 日以来，在殷都区东梁村北的安阳河河道内倾倒建筑垃圾，垃圾在河道内东西长 14 米，宽 12 米，厚 0.8 米（有调查笔录、勘验笔录、照片为证）。该行为违反了《中华人民共和国防洪法》第二十二条第二款：“禁止在河道、湖泊管理范围内建设妨碍行洪的建筑物、构筑物，倾倒垃圾、渣土，从事影响河势稳定、危害河岸堤防安全和其他妨碍河道行洪的活动”之规定。根据《中华人民共和国防洪法》第五十六条规定“在河道、湖泊管理范围内倾倒垃圾、渣土，从事影响河势稳定、危害河岸堤防安全和其他妨碍河道行洪的活动的，责令停止违法行为，排除阻碍或者采取其他补救措施，可以处五万元以下的罚款”当日给余荣强下达安水停字〔2010〕 003 号《责令停止水事违法行为通知书》，责令其立即停止往河道内倾倒垃圾，限 2010 年 6 月 19 日前清除所倒垃圾，恢复河道原状。6 月 19 日，执法人员再次对河道内弃置垃圾进行了检查，发现河道内原有弃置垃圾已经清除完毕，基本上恢复了河道原状。由于余荣强在规定的期限内停止了违法行为，排除了阻碍基本上恢复了河道原状，根据 《河南省水行政处罚裁量标准》防洪法部分“2、在河道、湖泊管理范围内倾倒垃圾、渣土，从事影响河势稳定、危害河岸堤防安全和其他妨碍河道行洪的活动的（1）在规定的期限内停止违法行为，排除阻碍或者采取其他补救措施后消除负面影响的，可以处一万元以下的罚款”建议：处二千元罚款。

附：余荣强在河道内倾倒垃圾水行政处罚案卷宗

河南省水事违法案件卷宗

<table>
<tr><td colspan="5">安水立字〔2010〕003 号</td></tr>
<tr><td>案由</td><td colspan="4">在河道内倾倒垃圾案</td></tr>
<tr><td rowspan="2">当事人</td><td>名称或姓名</td><td colspan="3">余荣强（身份证号：410504197110143735）</td></tr>
<tr><td>地址或住址</td><td colspan="3">殷都区东梁村人</td></tr>
<tr><td>立案日期</td><td>2010 年 6 月 15 日</td><td>结案日期</td><td colspan="2">2010 年 7 月 10 日</td></tr>
<tr><td>处罚（理）决定</td><td colspan="4">罚款人民币二千元。</td></tr>
<tr><td>复议决定</td><td colspan="4"></td></tr>
<tr><td>法院判决（裁定）</td><td colspan="4"></td></tr>
<tr><td>归档日期</td><td>2010 年 7 月 16 日</td><td>归档编号</td><td colspan="2">?</td></tr>
<tr><td>保存年限</td><td>10 年</td><td>承办人</td><td colspan="2">郝艳军　路宏伟</td></tr>
<tr><td colspan="2">本卷内的文书共计　25　张</td><td>立卷人</td><td colspan="2">郝艳军</td></tr>
</table>

卷宗目录

序号	材料名称	文号	页数
1	水事违法案件立案呈批表	安水立〔2010〕003 号	
2	询问笔录		
3	勘验笔录		
4	责令停止水事违法行为通知书	安水停字〔2010〕003号	
5	送达回证		
6	勘验笔录		
7	集体研究讨论笔录		
8	水行政处罚听证告知书	安水罚听告字〔2010〕003号	
9	送达回证		
10	水行政处罚事先告知书	安水罚先告字〔2010〕003号	
11	送达回证		
12	案件调查终结报告		
13	法律文书签发单		
14	水行政处罚决定书	安水罚决字〔2010〕003号	
15	送达回证	安水立〔2010〕003 号	
16	罚款和行政事业性收费票据		
17	河道恢复前后的照片		
18	行政处罚案件结案审批表		
19	行政处罚案件结案报告		
20	案件承办人证件		

行政处罚案件立案审批表

<table>
<tr><td rowspan="5">当事人</td><td>单位名称</td><td></td><td>法定代表人</td><td></td></tr>
<tr><td>住址</td><td></td><td>电话</td><td></td></tr>
<tr><td>个人姓名</td><td>余荣强</td><td>性别</td><td>男</td></tr>
<tr><td>所在单位</td><td></td><td>电话</td><td></td></tr>
<tr><td>身份证号码</td><td>410504197110143735</td><td>个人住址</td><td>殷都区东梁村人</td></tr>
<tr><td>案由</td><td colspan="2">在河道内倾倒垃圾案</td><td>案件来源</td><td>2010 年 6 月 15 日上午 9:05 群众举报</td></tr>
<tr><td>案件简要情况</td><td colspan="4">经查，余荣强（身份证号 410504197110143735）在殷都区东梁村北的安阳河河道内倾倒建筑垃圾，违反了《防洪法》第二十二条第二款之规定。</td></tr>
<tr><td>承办人意见</td><td colspan="4">余荣强涉嫌违反了《防洪法》第二十二条第二款之规定，建议立案查处。
承办人签名：郝艳军　路宏伟　　2010 年 6 月 15 日</td></tr>
<tr><td>承办机构审核意见</td><td colspan="4">经审核，建议立案。建议该案件主办人是赫艳军，协办人是路宏伟。
负责人签名：尹中洲　　2010 年 6 月 15 日</td></tr>
<tr><td>水行政主管部门负责人审批意见</td><td colspan="4">同意立案。
负责人签名：马荣洲　　2010 年 6 月 15 日</td></tr>
</table>

询问笔录

第 1 页　共 1 页

询问时间：2010 年 6 月 15 日 15 时 30 分至 16 时 00 分

询问地点：殷都区东梁村北的安阳河河道内

被询问人：余荣强

身份证号：410504197110143735

住址：殷都区东梁村人　　电话：3114068

询问人：郝艳军　执法证件名称：行政执法证　执法证编号：豫 GO12-122

询问人：路宏伟　执法证件名称：行政执法证　执法证编号：豫 GO12-040

记录人：郝艳军　执法证件名称：行政执法证　执法证编号：豫 GO12-122

询问内容：

问：我们是安阳市水利局水行政执法人员，我是郝艳军，行政执法证编号：GO12-122，这位是路宏伟，行政执法证编号：豫 GO12-040，这是我们的执法证件，请你确认。现就你在殷都区东梁村北的安阳河河道内倾倒建筑垃圾一案进行调查（询问），根据《中华人民共和国行政处罚法》第三十七条规定，你须配合，并如实回答询问。首先请问你对我们的执法身份有无异议？是否申请回避？

答：没有异议，也不申请回避。

问：请说一下你个人的基本情况？

答：我叫余荣强，男，46 岁，是殷都区东梁村人，身份证号：410504197110143735。

问：2010 年 6 月 15 日 15 时 30 分我局水政执法人员郝艳军、路宏伟发现你正在用三轮车往安阳河内河道倾倒垃圾，请问你为何要往河道内倾倒垃圾？

答：因为我家的房屋需要翻盖，拆的旧房垃圾没地方倒，我就倒在了安阳河河道内。

问：请你说一下什么时候开始倒的？倒了有多少？

答：我是 14 号上午开始倒的，倒了已经有十几车，约一百多方。

问：你在汛期往河道内倾倒垃圾，已经严重影响了防洪，违反了《中华人民共和国防洪法》第二十二条第二款"禁止在河道、湖泊管理范围内建设妨碍行洪的建筑物、构筑物，倾倒垃圾、渣土，从事影响河势稳定、危害河岸堤防安全和其他妨碍河道行洪的活动。"的规定，你清楚了吗？

答：我知道了。

问：请看一下以上记录是否有误？

答：看过不错。

余荣强　　2010 年 6 月 15 日

被询问人签字：余荣强　　2010 年 6 月 15 日

询问人签字：郝艳军　路宏伟　　2010 年 6 月 15 日

记录人签字：郝艳军　　2010 年 6 月 15 日

勘验笔录

第1页　共1页

案　　由：在河道内倾倒建筑垃圾

勘验时间：2010 年 6月15日　15时 30 分至16时　15分

勘验地点：殷都区东梁村北的安阳河河道内

勘验对象：河道内建筑垃圾位置、数量

应邀参加人或见证人：

勘验人：郝艳军　执法证件名称：行政执法证　执法证编号：豫 GO12-122

勘验人：路宏伟　执法证件名称：行政执法证　执法证编号：豫 GO12-040

记录人：郝艳军　执法证件名称：行政执法证　执法证编号：豫 GO12-122

勘验情况记录：2010年6月15日15时30分，我局水政执法人员郝艳军、路宏伟对正在用三轮车往安阳河内倾倒垃圾的余荣强（身份证号：410504197110143735）亮证表明身份后，对其在河道内弃置垃圾进行了检查，结果如下：

1. 余荣强，男，46岁，殷都区西郊乡东梁村人，身份证号410504197110143735

2. 执法人员到达现场时，余荣强正在用三轮车往殷都区东梁村北的安阳河河道内倾倒建筑垃圾，垃圾在河道内东西长14米，宽12米，厚0.8米（有照片为证）。

（附图附后）

被勘验单位（个人）签名或盖章：余荣强

勘验人：郝艳军　路宏伟

应邀参加人或见证人签名或盖章：

2010 年 6月15日

附图：　　　　　　　　　　　　比例尺：　　　　　　　　　　北 ↑

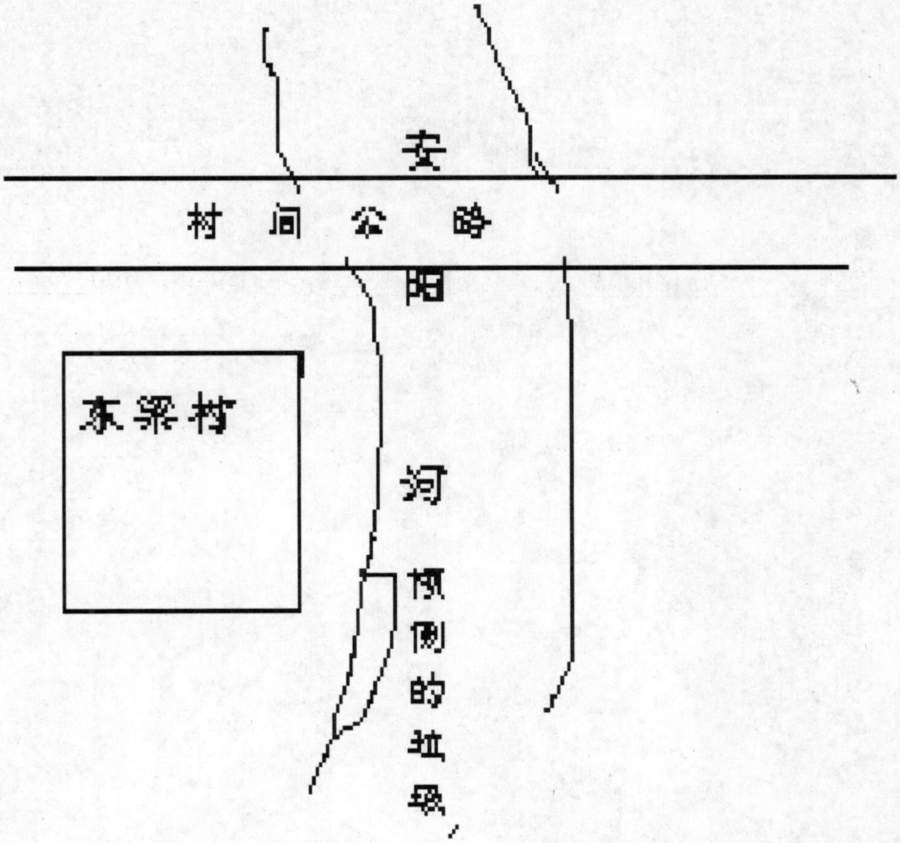

被勘验单位（个人）签名或盖章：余荣强

勘验人：郝艳军　路宏伟

应邀参加人或见证人签名或盖章：　　　　　　　　　　　　2010 年 6月 15 日

余荣强在河道内倾倒垃圾照片

责令停止水事违法行为通知书

安水停字〔2010〕003号

余荣强（身份证号：410504197110143735）：

经查，你2010年6月14日以来，在殷都区东梁村北的安阳河河道内倾倒建筑垃圾。该行为违反了《中华人民共和国防洪法》第二十二条第二款“禁止在河道、湖泊管理范围内建设妨碍行洪的建筑物、构筑物，倾倒垃圾、渣土，从事影响河势稳定、危害河岸堤防安全和其他妨碍河道行洪的活动”之规定。根据《中华人民共和国防洪法》第五十六条在河道、湖泊管理范围内倾倒垃圾、渣土，从事影响河势稳定、危害河岸堤防安全和其他妨碍河道行洪的活动的，责令停止违法行为，排除阻碍或者采取其他补救措施，可以处五万元以下的罚款之规定，现责令你立即停止往河道内倾倒垃圾，听候处理。否则，依法追究法律责任。

附：限2010年6月19日前清除所倒垃圾，恢复河道原状。

联系人：郝艳军

联系地址：安阳市安钢大道369号

联系电话：3696353

安阳市水利局

2010年6月15日

送达回证

案　由	在河道内倾倒建筑垃圾		
受送达人	余荣强（身份证号：410504197110143735）		
送达地点	余荣强家		
送达文书	送达人	收到日期	受送达人签名或盖章
责令停止水事违法行为通知书 安水停字〔2010〕003 号	郝艳军 路宏伟	2010 年 6 月 15 日 17 时	余荣强
		年　月 日　时	
		年　月 日　时	
		年　月 日　时	
备　注			

注：1、如受送达人不在时，将文件交与他的成年家属、近邻、工作机关或受送达人居住地的乡（镇）政府、村民委员会或街道办事处代收。

2、如系代收，代收人应在受送达人栏内签名或盖章，并注明与受送达人的关系。

勘验笔录

案　　由：在河道内倾倒建筑垃圾

勘验时间：2010 年 6 月 19 日　9 时 30 分至 10 时　15 分

勘验地点：殷都区东梁村北的安阳河河道内

勘验对象：河道内建筑垃圾位置、数量

应邀参加人或见证人：

勘验人：郝艳军　执法证件名称：行政执法证　执法证编号：　豫 GO12-122

勘验人：路宏伟　执法证件名称：行政执法证　执法证编号：　豫 GO12-040

记录人：郝艳军　执法证件名称：行政执法证　执法证编号：　豫 GO12-122

勘验情况记录：2010 年 6 月 19 日　9 时 30 分，我局水政执法人员郝艳军、路宏伟和往安阳河内倾倒垃圾的余荣强（身份证号 410504197110143735）一起对其清除河道内弃置垃圾进行了检查，结果如下：

安阳河河道内原有弃置垃圾已经清除完毕，基本上恢复了河道原状（有照片为证）。

被勘验单位（个人）签名或盖章：余荣强　　勘验人：郝艳军　　路宏伟

应邀参加人或见证人签名或盖章：

2010 年 6 月 19 日

集体研究讨论笔录

事　　由：余荣强在河道内倾倒建筑垃圾

时　　间：2010 年 6 月 22 日 8 时 25 分至 9 时 15 分

地　　点：安阳市水政监察支队会议室

调 查 人：路宏伟、郝艳军　　　　记录人：郝艳军

参加人员：刘朝军、马艳丽、张征

讨论内容：关于余荣强在河道内倾倒建筑垃圾案件参会人员对以下几个方面进行了讨论：

一、案件主办人介绍案情：

余荣强（身份证号：410504197110143735）2010 年 6 月 14 日以来，在殷都区东梁村北的安阳河河道内倾倒建筑垃圾，垃圾在河道内东西长 14 米，宽 12 米，厚 0.8 米（有调查笔录、勘验笔录、照片为证）。该行为违反了《中华人民共和国防洪法》第二十二条第二款“禁止在河道、湖泊管理范围内建设妨碍行洪的建筑物、构筑物，倾倒垃圾、渣土，从事影响河势稳定、危害河岸堤防安全和其他妨碍河道行洪的活动”之规定。根据《中华人民共和国防洪法》第五十六条规定“在河道、湖泊管理范围内倾倒垃圾、渣土，从事影响河势稳定、危害河岸堤防安全和其他妨碍河道行洪的活动的，责令停止违法行为，排除阻碍或者采取其他补救措施，可以处五万元以下的罚款”，当日给余荣强下达安水停字[2010]003 号《责令停止水事违法行为通知书》，责令其立即停止往河道内倾倒垃圾，限 2010 年 6 月 19 日前清除所倒垃圾，恢复河道原状。6 月 19 日，执法人员再次对河道内弃置垃圾进行了检查，发现河道内原有弃置垃圾已经清除完毕，基本上恢复了河道原状。由于余荣强在规定的期限内停止了违法行为，排除了阻碍基本上恢复了河道原状，根据《河南省水行政处罚裁量标准》防洪法部分“2、在河道、湖泊管理范围内倾倒垃圾、渣土，从事影响河势稳定、危害河岸堤防安全和其他妨碍河道行洪的活动的（1）停止违法行为在规定的期限内，排除阻碍或者采取其他补救措施后消除负面影响的，可以处一万元以下的罚款”，建议：处二千元罚款。

二、与会人员分别发表意见：

刘朝军：同意

张　征：同意

马艳丽：同意

讨论结果：由于余荣强在规定的期限内停止了违法行为，排除了阻碍，基本上恢复了河道原状，处二千元罚款。

参加人员签字：刘朝军、张征、马艳丽

水行政处罚听证告知书

安水罚听告字〔2010〕003 号

余荣强（身份证号：410504197110143735）：

经查，你 2010 年 6 月 14 日以来，在殷都区东梁村北的安阳河河道内倾倒建筑垃圾。该行为违反了《中华人民共和国防洪法》第二十二条第二款“禁止在河道、湖泊管理范围内建设妨碍行洪的建筑物、构筑物，倾倒垃圾、渣土，从事影响河势稳定、危害河岸堤防安全和其他妨碍河道行洪的活动”之规定。

从你违法行为的事实、性质、情节、社会危害程度和证据看，你的行为属于轻微违法行为。

由于你在规定的期限内停止了违法行为，排除了阻碍，基本上恢复了河道原状，根据《中华人民共和国防洪法》第五十六条规定在河道、湖泊管理范围内倾倒垃圾、渣土，从事影响河势稳定、危害河岸堤防安全和其他妨碍河道行洪的活动的，责令停止违法行为，排除阻碍或者采取其他补救措施，可以处五万元以下的罚款和《河南省水行政处罚裁量标准》防洪法部分“2. 在河道、湖泊管理范围内倾倒垃圾、渣土，从事影响河势稳定、危害河岸堤防安全和其他妨碍河道行洪的活动的（1）停止违法行为，在规定的期限内排除阻碍或者采取其他补救措施后消除负面影响的，可以处一万元以下的罚款”之规定，本机关拟对你做出罚款人民币二千元的处罚。

申请听证的期限：如你要求听证，应当自收到本告知书之日起三日内向我局提出申请。逾期视为放弃听证权利。

安阳市水利局

2010 年 6 月 25 日

联系电话：3696353

联系人：郝艳军、路宏伟

联系地址：安钢大道东段路南（市水政监察支队二大队）

送达回证

案　由	河道内倾倒建筑垃圾		
受送达人	余荣强（身份证号：410504197110143735）		
送达地点	余荣强家		
送达文书	送达人	收到日期	受送达人签名或盖章
水行政处罚听证告知书 安水罚听告字〔2010〕003 号	郝艳军 路宏伟	2010 年 6 月 25 日 10 时	余荣强
		年　月 日　时	
		年　月 日　时	
		年　月 日　时	
备　注			

注：1、如受送达人不在时，将文件交与他的成年家属、近邻、工作机关或受送达人居住地的乡（镇）政府、村民委员会或街道办事处代收。

2、如系代收，代收人应在受送达人栏内签名或盖章，并注明与受送达人的关系。

水行政处罚事先告知书

安水罚先告字〔2010〕003号

余荣强（身份证号：410504197110143735）：

经查，你2010年6月14日以来，在殷都区东梁村北的安阳河河道内倾倒建筑垃圾。该行为违反了《中华人民共和国防洪法》第二十二条第二款“禁止在河道、湖泊管理范围内建设妨碍行洪的建筑物、构筑物，倾倒垃圾、渣土，从事影响河势稳定、危害河岸堤防安全和其他妨碍河道行洪的活动”之规定。

从你违法行为的事实、性质、情节、社会危害程度和证据看，你的行为属于轻微违法行为。

由于你在规定的期限内停止了违法行为，排除了阻碍，基本上恢复了河道原状，根据《中华人民共和国防洪法》第五十六条规定在河道、湖泊管理范围内倾倒垃圾、渣土，从事影响河势稳定、危害河岸堤防安全和其他妨碍河道行洪的活动的，责令停止违法行为，排除阻碍或者采取其他补救措施，可以处五万元以下的罚款和《河南省水行政处罚裁量标准》防洪法部分“2、在河道、湖泊管理范围内倾倒垃圾、渣土，从事影响河势稳定、危害河岸堤防安全和其他妨碍河道行洪的活动的（1）在规定的期限内停止违法行为，排除阻碍或者采取其他补救措施后消除负面影响的，可以处一万元以下的罚款”之规定，本机关拟对你做出罚款人民币二千元的处罚。

根据《行政处罚法》第三十二条的规定，你可以自收到本告知书之日起三日内到安阳市水利局进行陈述、申辩，逾期不陈述、申辩的视为放弃陈述、申辩权利。

安阳市水利局

2010年 6月29日

联系电话：3696353

联系人：郝艳军　路宏伟

联系地址：安钢大道东段路南（市水政监察支队二大队）

送达回证

案　　由	河道内倾倒建筑垃圾		
受送达人	余荣强（身份证号：410504197110143735）		
送达地点	余荣强家		
送达文书	送达人	收到日期	受送达人签名或盖章
水行政处罚听证告知书 安水罚听告字〔2010〕003 号	郝艳军 路宏伟	2010 年 6 月 29 日 10 时	张兰
		年　月 日　时	
		年　月 日　时	
		年　月 日　时	
备　　注	张兰系余荣强之妻		

注：1、如受送达人不在时，将文件交与他的成年家属、近邻、工作机关或受送达人居住地的乡（镇）政府、村民委员会或街道办事处代收。

2、如系代收，代收人应在受送达人栏内签名或盖章，并注明与受送达人的关系。

案件调查终结报告

当事人的基本情况：余荣强（身份证号：　410504197110143735）

住址：安阳市开发区海河大道武夷西路

调查时间：2010 年 6 月 15 日至 2010 年 7 月 3 日

调查人员：郝艳军、路宏伟

当事人违法的证据：

1. 询问笔录一份；

2. 勘验笔录二份；

3. 照片一份。

违法行为等次：由于余荣强在规定的期限内停止了违法行为，排除了阻碍基本上恢复了河道原状，从违法行为的事实、性质、情节、社会危害程度和证据看，属于轻微违法行为。

应受行政处罚的依据和种类：在规定的期限内余荣强没有向我局提出听证、进行陈述和申辩，根据《中华人民共和国防洪法》第五十六条规定："在河道、湖泊管理范围内倾倒垃圾、渣土，从事影响河势稳定、危害河岸堤防安全和其他妨碍河道行洪的活动的，责令停止违法行为，排除阻碍或者采取其他补救措施，可以处五万元以下的罚款。" 和《河南省水行政处罚裁量标准》防洪法部分:……2、在河道、湖泊管理范围内倾倒垃圾、渣土，从事影响河势稳定、危害河岸堤防安全和其他妨碍河道行洪的活动的（1）在规定的期限内停止违法行为，排除阻碍或者采取其他补救措施后消除负面影响的，可以处一万元以下的罚款;…….之规定。

行政处罚建议：罚款人民币二千元。

办案人员签名：郝艳军　路宏伟　　2010 年 7 月 5 日

水政监察机构负责人意见：同意。

尹中洲　　2010 年 7 月 5 日

机关法制机构审核意见：同意。

侯俊山　　2010 年 7 月 5 日

法律文书签发单

案　由	余荣强（身份证号：410504197110143735）河道内倾倒建筑垃圾
法律文书 名称及文号	水行政处罚决定书 安水罚字〔2010〕003 号
承办人	建议处罚。 承办人（签字）：郝艳军　路宏伟　　　　2010 年 7 月 6 日
支　队 意　见	拟同意，请审核。 负责人：尹中洲　　　　2010 年 7 月 6 日
法制机构 审核意见	主体认定正确，事实清楚，证据确凿，程序合法，适用法律适当，请审批。 负责人：　侯俊山　　　　2010 年 7 月 6 日
机关负责人 意　　见	同意。 负责人：马荣洲　　　　2010 年 7 月 6 日
备注	

水行政处罚决定书

安水罚决字〔2010〕003号

被处罚人：余荣强（身份证号：410504197110143735）

性别：男　　　　　　　　　　　住址：殷都区东梁村人

本机关于2010年6月15日对你往安阳河河道内倾倒建筑垃圾一案立案调查。经查，你于2010年6月14日至15日实施了往殷都区东梁村安阳河段的河道内倾倒建筑垃圾的违法行为。

违法的证据：

1. 询问笔录一份；
2. 勘验笔录二份；
3. 照片一份。

违法行为等次：从你的违法行为的事实、性质、情节、社会危害程度和证据看，你的行为属于轻微违法行为。

应受行政处罚的依据和种类：上述违法行为事实清楚,证据确凿充分。由于你在规定的期限内停止了违法行为，排除了阻碍，基本上恢复了河道原状，根据《中华人民共和国防洪法》第五十六条规定在河道、湖泊管理范围内倾倒垃圾、渣土，从事影响河势稳定、危害河岸堤防安全和其他妨碍河道行洪的活动的，责令停止违法行为，排除阻碍或者采取其他补救措施，可以处五万元以下的罚款和《河南省水行政处罚裁量标准》防洪法部分“2、在河道、湖泊管理范围内倾倒垃圾、渣土，从事影响河势稳定、危害河岸堤防安全和其他妨碍河道行洪的活动的（1）停止违法行为，在规定的期限内排除阻碍或者采取其他补救措施后消除负面影响的，可以处一万元以下的罚款”之规定，决定对你作出如下行政处罚：罚款人民币二千元。

行政处罚履行方式和期限：你应当自接到本决定书之日起15日内将罚款缴至中国工商银行安阳市分行任一储蓄网点（银行账号：43500021××××××××××）。到期不缴纳的，每日按罚款数额的3%加处罚款。

不服行政处罚决定申请行政复议或者提起行政诉讼的途径和期限：如不服本决定，可以自收到本决定书之日起六十日内向安阳市行政复议中心或河南省水利厅申请行政复议，也可自收到本决定书之日起六个月内向安阳市殷都区人民法院提起行政诉讼。逾期不申请行政复议、不向人民法院起诉又不履行本处罚决定的，我局将申请人民法院强制执行。

安阳市水利局

2010年7月6日

送达回证

<table>
<tr><td>案　　由</td><td colspan="3">河道内倾倒建筑垃圾</td></tr>
<tr><td>受送达人</td><td colspan="3">余荣强（身份证号：410504197110143735）</td></tr>
<tr><td>送达地点</td><td colspan="3">余荣强家</td></tr>
<tr><td>送达文书</td><td>送达人</td><td>收到日期</td><td>受送达人签名或盖章</td></tr>
<tr><td>水行政处罚决定书
安水罚决字〔2010〕003号</td><td>郝艳军
路宏伟</td><td>2010年7月
6日10时</td><td>余荣强</td></tr>
<tr><td></td><td></td><td>年　月
日　时</td><td></td></tr>
<tr><td></td><td></td><td>年　月
日　时</td><td></td></tr>
<tr><td></td><td></td><td>年　月
日　时</td><td></td></tr>
<tr><td>备　　注</td><td colspan="3"></td></tr>
</table>

注：1、如受送达人不在时，将文件交与他的成年家属、近邻、工作机关或受送达人居住地的乡（镇）政府、村民委员会或街道办事处代收。

2、如系代收，代收人应在受送达人栏内签名或盖章，并注明与受送达人的关系。

附：

罚款和行政事业性收费票据

行政处罚案件结案审批表

行政处罚文书文号	安水罚决字〔2010〕003 号	发文日期	2010 年 7 月 6 日
案　　由	河道内倾倒建筑垃圾	案件来源	举报
立案时间	2010 年 6 月 15 日		
案件简要情况	经查，余荣强（身份证 410504197110143735）于 2010 年 6 月 14 日至 15 日实施了往殷都区东梁村安阳河段的河道内倾倒建筑垃圾的违法行为。其行为违反了《中华人民共和国防洪法》第二十二条第二款之规定。		
行政处罚内容	罚款人民币二千元。		
行政处罚执行情况	缴纳了罚款		
承办人 意　　见	该个人法定义务已履行，建议结案。 承办人签名：郝艳军　路宏伟　2010 年 7 月 10 日		
承办机构 审核意见	同意。 负责人签名：尹中洲　2010 年 7 月 10 日		
法制机构 意　　见	同意。 负责人签名：侯俊山　2010 年 7 月 10 日		
机关负责人 意　　见	同意。 负责人签名：马荣洲　2010 年 7 月 10 日		

行政处罚案件结案报告

当事人	名称	余荣强（身份证号：410504197110143735）	性别	男
	住址	殷都区东梁村人	电话	
案由	河道内倾倒建筑垃圾		案件来源	举报
办案时间	2010年6月15日至2010年7月6日			
行政处罚文书文号	安水罚决字〔2010〕003号		结案日期	2010年7月10日
案件简要情况	经查，余荣强（身份证号：410504197110143735），于2010年6月14日至15日实施了往殷都区东梁村安阳河段的河道内倾倒建筑垃圾的违法行为。其行为违反了《中华人民共和国防洪法》第二十二条第二款之规定。			
行政处罚内容	罚款人民币二千元。			
执行方式	√按程序执行　□复议结案　□诉讼结案　□强制执行			
执行结果	缴纳了罚款			

填表人：郝艳军　　　　2010年7月15日

附：**案件承办人行政执法证复印件**

立卷、验卷情况记载

本案卷于 2010 年 7 月 16 日立卷，本册连面带底共计 28 页，附证物袋 0 个，内装 0 件。

立卷人：郝艳军

本案卷于 2010 年 7 月 20 日，经验查合格。

检验人：刘朝军

张植在洪河管理范围内种树水行政处理案

【案情简介】经查，张植于2010年3月22日，擅自在洪河文王府段洪河管理范围内种树，其行为违反了《中华人民共和国防洪法》第二十二条第三款之规定。3月23日对此立案调查。3月24日，对张植送达了《责令停止水事违法行为通知书》后，张植停止了违法行为，并及时排除阻碍、消除影响，恢复洪河河道管理范围内原状。

附：张植在洪河管理范围内种树水行政处理案卷宗

河南省水事违法案件卷宗

<table>
<tr><td colspan="5">豫水（安）立字〔2010〕004号</td></tr>
<tr><td>案由</td><td colspan="4">在洪河管理范围内种树</td></tr>
<tr><td rowspan="2">当事人</td><td>名称或姓名</td><td colspan="3">张植</td></tr>
<tr><td>地址或住址</td><td colspan="3">安阳市龙安区东风乡文王府村15号</td></tr>
<tr><td>立案日期</td><td colspan="2">2010年3月23日</td><td>结案日期</td><td>2010年3月30</td></tr>
<tr><td>处罚（理）决定</td><td colspan="4">清除所种树木</td></tr>
<tr><td>复议决定</td><td colspan="4"></td></tr>
<tr><td>法院判决（裁定）</td><td colspan="4"></td></tr>
<tr><td>归档日期</td><td colspan="2">2010年4月1日</td><td>归档编号</td><td>2010–4</td></tr>
<tr><td>保存年限</td><td colspan="2">10年</td><td>承办人</td><td>郝艳军　路宏伟</td></tr>
<tr><td colspan="3">本卷内的文书共计　14　张</td><td>立卷人</td><td>郝艳军</td></tr>
</table>

卷宗目录

序号	材料名称	文号	页数
1	水事违法案件立案呈批表	安水立字〔2010〕004号	
2	询问笔录		
3	勘验笔录		
4	视听资料		
5	责令停止违法行为通知书	安水停字〔2010〕004号	
6	调查终结报告		
7	集体研究讨论笔录		
8	送达回证		
9	水事违法案件结案报告		
10	案件承办人执法证		

行政处罚案件立案审批表

<table>
<tr><td rowspan="5">当事人</td><td>单位名称</td><td></td><td>法定代表人</td><td></td></tr>
<tr><td>住址</td><td></td><td>电话</td><td></td></tr>
<tr><td>个人姓名</td><td>张植</td><td>性别</td><td>男</td></tr>
<tr><td>所在单位</td><td></td><td>电话</td><td>3944004</td></tr>
<tr><td>身份证号码</td><td>××××××××××××××××××</td><td>个人住址</td><td>安阳市龙安区东风乡文王府村 15 号</td></tr>
<tr><td>案由</td><td colspan="2">在洪河管理范围内种树</td><td>案件来源</td><td>移交</td></tr>
<tr><td>案件简要情况</td><td colspan="4">经查，龙安区东风乡文王府村村民张植，擅自在洪河管理范围内种树，其行为违反了《中华人民共和国防洪法》第二十二条之规定。</td></tr>
<tr><td>承办人意见</td><td colspan="4">龙安区东风乡文王府村村民张植涉嫌违反了《中华人民共和国防洪法》第二十二条之规定，建议立案查处。
承办人签名：郝艳军　路宏伟　　2010 年 3 月 23 日</td></tr>
<tr><td>承办机构审核意见</td><td colspan="4">经审核，建议立案。建议该案件主办人是路宏伟，协办人是赫艳军。
负责人签名：尹中洲　　2010 年 3 月 23 日</td></tr>
<tr><td>水行政主管部门负责人审批意见</td><td colspan="4">同意立案。
负责人签名：马荣洲　　2010 年 6 月 15 日</td></tr>
</table>

询问笔录

询问时间：2010 年 3 月 24 日 9 时 30 分至 10 时 10 分

询问地点：

被询问单位名称：　　　　　　法定代表人（负责人）：

被询问人姓名：　　　　性别：　　　　年龄：　　　　职务：

被询问自然人姓名：张植　性别：男　电话：3944004

年龄：55 岁　住址：安阳市龙安区东风乡文王府村 15 号

询问人：路宏伟　执法证件名称：行政执法证　执法证编号：豫 GO12—040

询问人：郝艳军　执法证件名称：行政执法证　执法证编号：豫 GO12—122

记录人：路宏伟　执法证件名称：行政执法证　执法证编号：豫 GO12—040

询问内容：

问：我们是安阳市水政监察支队执法人员，路宏伟（行政执法证号豫 GO12—040）、郝艳军（行政执法证号豫 GO12-122）现就你在洪河道管理范围内违法种树一案进行调查，你对我们的身份有无异议？

答：无异议。

问：洪河文王府段洪河河道内的树苗是谁种的？　你身份证号多少？家庭住址？

答：是我种的，410503195502152010，安阳市龙安区东风乡文王府村 15 号。

问：你为什么要在河道内种树？什么时候种的？种了多少棵树？

答：我村在郊区，现在可耕地很少，种地收入无法生活，种树为了增加收入。今年 3 月 22 日和 23 日种的，准备种 1000 棵，现已种了约 700 棵，一亩多。

问：你是如何种的树？

答：挖掘机挖坑，然后人工填土。

问：洪河是我市一条防汛河道，你在洪河内种树影响防洪安全，你知道吗？

答：不知道。

问：你以上讲的都属实吗？

答：属实。

问：请你看一遍笔录，无异议请签字。

以上笔录看过无异议。　张植　　2010 年 3 月 24 日

被询问人签字：张植　　2010 年 3 月 24 日

拒绝签字的理由：

询问人签字：路宏伟　郝艳军　　2010 年 3 月 24 日

记录人签字：路宏伟　　2010 年 3 月 24 日

勘 验 笔 录

案　　由：在洪河管理范围内种树

勘验时间：2010 年 3 月 24 日 10 时 30 分至 11 时 30 分

勘验地点：洪河文王府段洪河河道管理范围内

勘验对象：阻碍行洪的林木

应邀参加人或见证人：龙安区东风乡文王府村副主任李树

勘验人：路宏伟　执法证件名称：行政执法证　执法证编号：豫 GO12—040

勘验人：郝艳军　执法证件名称：行政执法证　执法证编号：豫 GO12—122

记录人：路宏伟　执法证件名称：行政执法证　执法证编号：豫 GO12—040

勘验情况记录：我们是安阳市水政监察支队执法人员，路宏伟（行政执法证编号：豫 GO12-040）、郝艳军（行政执法证编号：豫 GO12-122）现就你在洪河文王府段河道管理范围内违法种树一案进行现场勘验，你对我们的身份有无异议？

答：无异议。

经现场勘验：张植所种树木全部在洪河河道内，共有 720 棵，南北宽 5 米，东西长 120 米，占地约 660 平方米。

（附图附后）

被勘验单位（个人）签名或盖章：张植　　勘验人：路宏伟　郝艳军

应邀参加人或见证人签名或盖章：李树

2010 年 3 月 24 日

附图：　　　　　　　　　　比例尺：　　　　　　　　　　北↑

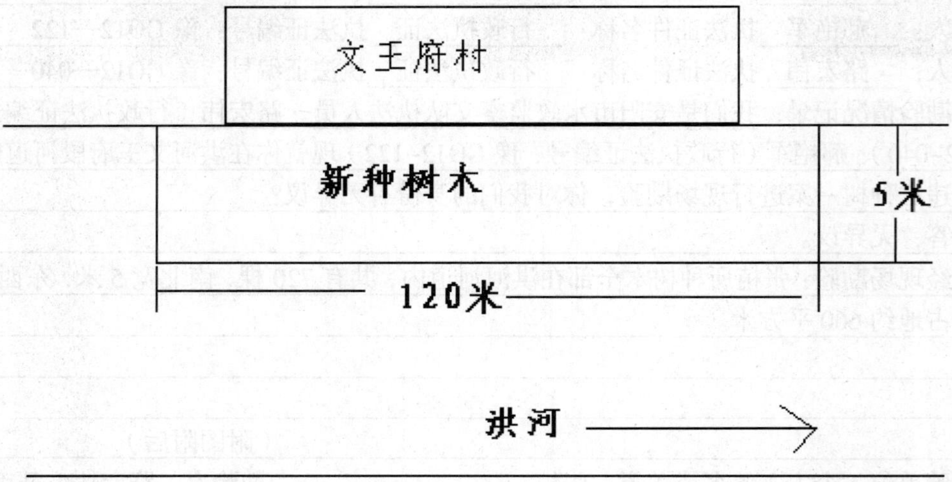

被勘验单位（个人）签名或盖章：张植　　　　　　　　　　勘验人：路宏伟　郝艳军

应邀参加人或见证人签名或盖章：李树

2010年3月24日

现场照片

责令停止水事违法行为通知书

安水停字〔2010〕004号

张植 ：

经查，你于2010年 3 月 22 日，擅自在洪河文王府段洪河河道管理范围内种树，你的行为，违反了《中华人民共和国防洪法》第二十二条第三款“禁止在行洪河道内种植阻碍行洪的林木和高秆作物”之规定，根据《中华人民共和国防洪法》第五十六条“违反本法第二十二条第二款、第三款规定，有下列行为之一的，责令停止违法行为，排除阻碍或者采取其他补救措施，可以处五万元以下的罚款：……（三）在行洪河道内种植阻碍行洪的林木和高秆作物的”和《河南省水政监察规定》第十五条第二款之规定，现责令你立即停止违法行为，听候处理。否则，依法追究法律责任。

附：限三日内清除林木、排除阻碍，恢复洪河河道管理范围内原状。

安阳市水利局

2010年3月24日

调查终结报告

当事人的基本情况：张植　性别：男　年龄：55 岁

住址：安阳市龙安区东风乡文王府村 15 号　身份证号：410503195502152010

调查时间：2010 年 3 月 24 日至 2010 年 3 月 26 日

调查人员：路宏伟　郝艳军　。

经查，张植于 2010 年 3 月 22 日，擅自在洪河文王府段洪河管理范围内种树，其行为违反了《中华人民共和国防洪法》第二十二条第三款之规定。3 月 23 日对此立案调查。3 月 24 日，对张植送达了《责令停止水事违法行为通知书》后，张植停止了违法行为，并及时排除阻碍、消除影响，恢复洪河河道管理范围内原状。

证据 1：询问笔录；

证据 2：勘验笔录；

证据 3：现场照片。

张植种树地点位于洪河文王府段洪河河道内，根据张植违法行为的事实、性质、情节、社会危害程度和相关证据，张植的违法行为属轻微违法行为，张植及时排除阻碍、消除影响，未对防洪河道造成危害后果。

行政处罚建议：不予处罚。

调查人员签名：路宏伟　郝艳军

水政监察机构负责人意见：同意。

尹中洲　2010 年 3 月 26 日

法制机构负责人意见：同意。

侯俊山　2010 年 3 月 26 日

集体研究讨论笔录

第 1 页 共 1 页

事　　由：河道管理范围内种树

时　　间：2010 年 3 月 27 日 10 时 45 分至 11 时 20 分

地　　点：安阳市水政监察支队会议室

调 查 人：路宏伟　郝艳军　记录人：路宏伟

参加人员：侯俊山、尹中洲、张伟山、刘朝军、马艳丽

讨论内容：　关于张植在洪河河道管理范围内种树案件参会人员对以下方面进行了讨论：

一、案件主办人介绍案情：张植于 2010 年 3 月 22 日，擅自在洪河文王府段洪河河道管理范围内种树。3 月 24 日，对张植送达了《责令停止水事违法行为通知书》后，张植停止了违法行为，并及时排除阻碍、消除影响，恢复洪河河道管理范围内原状。张植的行为违反了《中华人民共和国防洪法》第二十二条第三款之规定。证据有询问笔录、勘验笔录、现场照片。

张植种树地点位于洪河文王府段洪河河道内，根据张植违法行为的事实、性质、情节、社会危害程度和相关证据，张植的违法行为属轻微违法行为，张植及时排除阻碍、消除影响，未对防洪河道造成危害后果。建议：不予处罚。

二、与会人员分别发表意见：

侯俊山：同意办案人员意见。

尹中洲：同意办案人员意见。

张伟山：同意办案人员意见。

刘朝军：同意办案人员意见。

马艳丽：同意办案人员意见。

三、讨论结果：经集体讨论研究，一致同意对张植不予处罚。

参加讨论人员：侯俊山、尹中洲、张伟山、刘朝军、马艳丽

送达回证

<table>
<tr><td>案　　由</td><td colspan="4"></td></tr>
<tr><td>受送达人</td><td colspan="4">张植</td></tr>
<tr><td>送达地点</td><td colspan="4">张植家</td></tr>
<tr><td colspan="2">送达文书</td><td>送达人</td><td>收到日期</td><td>受送达人签名或盖章</td></tr>
<tr><td colspan="2">责令停止水事违法行为通知书
安水停字〔2010〕004 号</td><td>路宏伟
郝艳军</td><td>2010 年 3 月
24 日 12 时</td><td>张植</td></tr>
<tr><td colspan="2"></td><td></td><td>年　月
日　时</td><td></td></tr>
<tr><td colspan="2"></td><td></td><td>年　月
日　时</td><td></td></tr>
<tr><td colspan="2"></td><td></td><td>年　月
日　时</td><td></td></tr>
<tr><td>备　　注</td><td colspan="4"></td></tr>
</table>

注：1、如受送达人不在时，将文件交与他的成年家属、近邻、工作机关或受送达人居住地的乡（镇）政府、村民委员会或街道办事处代收。

2、如系代收，代收人应在受送达人栏内签名或盖章，并注明与受送达人的关系。

水事违法案件结案报告

2010 年 3 月 30 日　　　　　　　　　　第 1 页 共 1 页

案　由：在洪河河道管理范围内种树

承办人：路宏伟　郝艳军

立案时间：2010 年 3 月 23 日　结案时间：2010 年 3 月 30 日

简要案情及办案经过：张植于 2010 年 3 月 22 日，擅自在洪河文王府段洪河管理范围内种树，其行为违反了《中华人民共和国防洪法》第二十二条第三款之规定。3 月 23 日对此立案调查。3 月 24 日，对张植送达了《责令停止水事违法行为通知书》后，张植停止了违法行为，并及时排除阻碍、消除影响，恢复洪河河道管理范围内原状。

处罚（理）情况：不予处罚。

执行情况：张植已于 3 月 25 日清除了洪河河道管理范围内的树木，恢复洪河河道管理范围内原状。

结案建议：张植已履行法定义务，建议结案。

办案人员：路宏伟　郝艳军　　　　2010 年 3 月 30 日

办案机构负责人意见：同意。

尹中洲　　　　2010 年 3 月 30 日

机关法制机构负责人意见：同意。

侯俊山　　　　2010 年 3 月 30 日

机关负责人意见：同意。

马荣洲　　　　2010 年 3 月 30 日

附：　**案件承办人行政执法证复印件**

立卷、验卷情况记载

本案卷于 2010 年 4 月 1 日立卷，本册连面带底共计 16 页，附证物袋 0 个，内装 0 件。

立卷人： 路宏伟

本案卷于 2010 年 4 月 1 日，经验查合格。

检验人： 刘朝军

安阳市齐越工程有限公司未编制洪水影响评价报告水行政处理案

【案情简介】根据《中华人民共和国防洪法》第五十九条“违反本法第三十三条第一款规定，在洪泛区、蓄滞洪区内建设非防洪建设项目，未编制洪水影响评价报告的，责令限期改正；逾期不改正的，处五万元以下的罚款”和《河南省水行政处罚裁量标准》“1、在洪泛区、蓄滞洪区内建设非防洪建设项目，未编制洪水影响评价报告，经责令限期改正；但逾期不改正的……（3）建设项目投资额在100万元以上的，可以处3万元以上5万元以下的罚款……”，建议：责令该单位限期编制洪水影响评价报告；逾期不改正的处4万元罚款。

附：安阳市齐越工程有限公司未编制洪水影响评价报告水行政处理案卷宗

河南省水事违法案件卷宗

<table>
<tr><td colspan="4">豫水（安）立字〔2010〕005号</td></tr>
<tr><td>案由</td><td colspan="3">未编制洪水影响评价报告案</td></tr>
<tr><td rowspan="2">当事人</td><td>名称或姓名</td><td colspan="2">安阳市齐越工程有限公司</td></tr>
<tr><td>地址或住址</td><td colspan="2">安阳市文峰大道东段435号</td></tr>
<tr><td>立案日期</td><td>2010年5月5日</td><td>结案日期</td><td>2010年6月16日</td></tr>
<tr><td>处罚（理）决定</td><td colspan="3"></td></tr>
<tr><td>复议决定</td><td colspan="3"></td></tr>
<tr><td>法院判决（裁定）</td><td colspan="3"></td></tr>
<tr><td>归档日期</td><td>2010年7月5日</td><td>归档编号</td><td></td></tr>
<tr><td>保存年限</td><td>10年</td><td>承办人</td><td>郝艳军　路宏伟</td></tr>
<tr><td colspan="2">本卷内的文书共计　15　张</td><td>立卷人</td><td>郝艳军</td></tr>
</table>

卷宗目录

序号	材料名称	文号	页数
1	水事违法案件立案呈批表	安水立（2010）005 号	
2	勘验笔录		
3	调查（询问）通知书	安水调字〔2010〕005 号	
4	送达回证		
5	询问笔录		
6	集体研究讨论笔录		
7	责令改正水事违法行为通知书	安水改字〔2010〕005 号	
8	送达回证		
9	行政审批材料		
10	水事违法案件结案报告		
11	案件承办人证件		

行政处罚案件立案审批表

<table>
<tr><td rowspan="5">当事人</td><td>单位名称</td><td>安阳市齐越工程有限公司</td><td>法定代表人</td><td>姜亚</td></tr>
<tr><td>住址</td><td>安阳市文峰大道东段435号</td><td>电话</td><td>2534667</td></tr>
<tr><td>个人姓名</td><td>李富贵</td><td>性别</td><td>男</td></tr>
<tr><td>所在单位</td><td></td><td>电话</td><td></td></tr>
<tr><td>身份证号码</td><td>××××××××××××××××××</td><td>个人住址</td><td></td></tr>
<tr><td>案由</td><td colspan="2">未编制洪水影响评价报告案</td><td>案件来源</td><td>2010 年 5 月 5 日
安阳县水利局移交</td></tr>
<tr><td>案件简要情况</td><td colspan="4">经查，安阳市齐越工程有限公司 2010 年 3 月 16 日以来在安阳县崔家桥蓄滞洪区修建高速公路，未编制洪水影响评价报告案。其行为涉嫌违反了《中华人民共和国防洪法》第三十三条第一款之规定。</td></tr>
<tr><td>承办人意见</td><td colspan="4">安阳市齐越工程有限公司涉嫌违反了《中华人民共和国防洪法》第三十三条第一款之规定，建议立案查处。

承办人签名：郝艳军　路宏伟　　2010 年 5 月 5 日</td></tr>
<tr><td>承办机构审核意见</td><td colspan="4">经审核，建议立案。建议该案件主办人是郝艳军，协办人是路宏伟。

负责人签名：尹中洲　　2010 年 5 月 5 日</td></tr>
<tr><td>水行政主管部门负责人审批意见</td><td colspan="4">同意立案。

负责人签名：马荣洲　　2010 年 5 月 5 日</td></tr>
</table>

勘验笔录

第 1 页共 1 页

案　　由：安阳市齐越工程有限公司未编制洪水影响评价报告案

勘验时间：2010 年 5 月 5 日 11 时 00 分至 11 时　35 分

勘验地点：安阳县崔家桥乡常白路

勘验对象：修路地点、洪水影响评价报告

应邀参加人或见证人

勘验人：郝艳军　执法证件名称：行政执法证　执法证编号：豫 GO12-122

勘验人：路宏伟　执法证件名称：行政执法证　执法证编号：豫 GO12-040

记录人：郝艳军　执法证件名称：行政执法证　执法证编号：豫 GO12-122

勘验情况记录：2010 年 5 月 5 日 11 时 00 分，我局水政执法人员郝艳军、路宏伟对安阳市齐越工程有限公司安阳县崔家桥乡常白路项目部主任白天雪亮证表明身份后，对其单位修建安阳县崔家桥乡常白路项目进行了检查，结果如下：

1. 安阳市齐越工程有限公司位于安阳市文峰大道东段 435 号，法定代表人：姜亚。

2. 安阳县崔家桥乡常白高速路项目由安阳市齐越工程有限公司承建，该项目位于安阳县崔家桥蓄滞洪区内，全长 4.5 千米，南北走向，高 3.4 米，宽 25 米（有照片为证）。

（附图附后）

被勘验单位签名或盖章：白天雪　　　　勘验人：郝艳军 路宏伟

应邀参加人或见证人签名或盖章：

2010 年 5 月 5 日

附图：　　　　　　　　　　比例尺：　　　　　　　　　　北

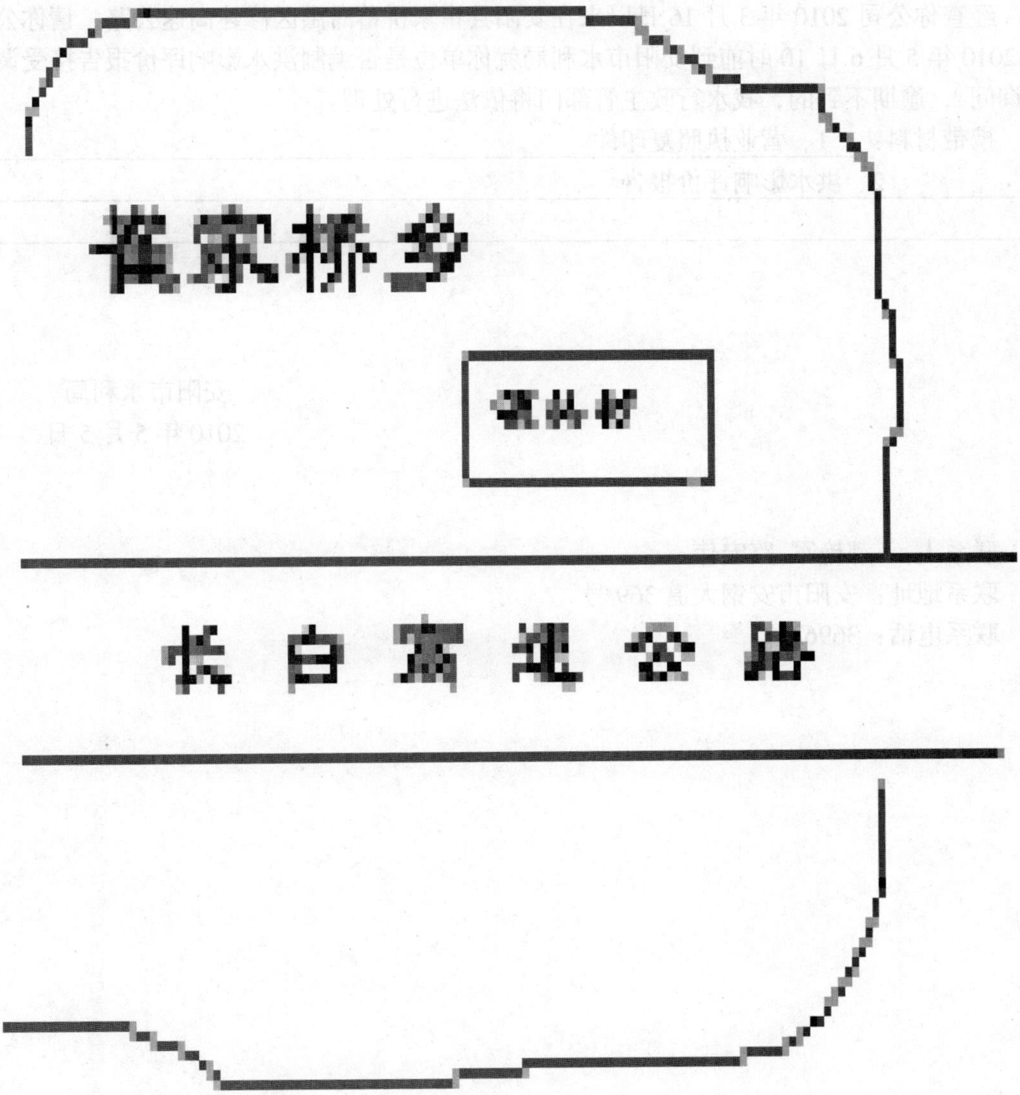

被勘验单位签名或盖章：白天雪　　　　　　勘验人：郝艳军　　路宏伟

应邀参加人或见证人签名或盖章

2010 年 5月5日

调查（询问）通知书

安水调字〔2010〕005号

安阳市齐越工程有限公司：

经查你公司2010年3月16日以来在安阳县崔家桥蓄滞洪区修建高速公路，请你公司于2010年5月6日10时前到安阳市水利局就你单位是否编制洪水影响评价报告接受调查（询问），逾期不到的，我水行政主管部门将依法进行处理。

携带材料：1、营业执照复印件

2、洪水影响评价报告

安阳市水利局

2010年5月5日

联系人：郝艳军 路宏伟

联系地址：安阳市安钢大道369号

联系电话：3696353

送达回证

案　由	未编制进水影响评价案		
受送达人	安阳市齐越工程有限公司		
送达地点	常白路项目部办公室		
送达文书	送达人	收到日期	受送达人签名或盖章
调查（询问）通知书 安水调字〔2010〕005 号	郝艳军 路宏伟	2010 年 5 月 5 日 12 时	李楠
		年　月 日　时	
		年　月 日　时	
		年　月 日　时	
备　注	李楠是该单位办公室人员		

注：1、如受送达人不在时，将文件交与他的成年家属、近邻、工作机关或受送达人居住地的乡（镇）政府、村民委员会或街道办事处代收。

2、如系代收，代收人应在受送达人栏内签名或盖章，并注明与受送达人的关系。

询问笔录

询问时间：2010年5月6日9时20分至10时15分

询问地点：安阳市水政监察支队二大队办公室

被询问单位名称：安阳市齐越工程有限公司

法定代表人（负责人）：姜亚

单位或住址：安阳市文峰大道东段435号　电话：2534667

被询问人：张计强　职务：安阳市齐越工程有限公司安阳县崔家桥乡常白高速路项目部经理。

询问人：郝艳军　执法证件名称：行政执法证　执法证编号：豫GO12-122

询问人：路宏伟　执法证件名称：行政执法证　执法证编号：豫GO12-040

记录人：郝艳军　执法证件名称：行政执法证　执法证编号：豫GO12-122

询问内容：

问：我们是安阳市水利局水行政执法人员，我是郝艳军，行政执法证编号：豫GO12-122，这位是路宏伟，行政执法证编号：豫GO12-040，这是我们的执法证件，请你确认。现就你单位安阳县崔家桥蓄滞洪区修建高速公路是否编制洪水影响评价报告一案进行调查（询问），根据《中华人民共和国行政处罚法》第三十七条规定，你须配合，并如实回答询问。首先请问你对我们的执法身份有无异议？是否申请回避？

答：没有异议，也不申请回避。

问：请说一下你个人的基本情况？

答：我叫张计强，是安阳市齐越工程有限公司安阳县崔家桥乡常白高速路项目部经理。

问：请说一下你所在单位的全称、法定代表人是谁？

答：我单位的全称是安阳市齐越工程有限公司，法定代表人是姜亚。

问：请你说一下安阳县崔家桥乡常白高速路项目是哪个公司修建的？项目的基本情况？该项目投资额有多少？

答：我单位于2010年3月16日以来开始修建安阳县崔家桥乡常白高速路项目。该项目位于安阳县崔家桥内，全长4.5千米，南北走向，高3.4米，宽25米。大约两千多万元。

问：该项目位于安阳县崔家桥蓄滞洪区内，根据《中华人民共和国防洪法》第三十三条“在洪泛区、蓄滞洪区内建设非防洪建设项目，应当就洪水对建设项目可能产生的影响和建设项目对防洪可能产生的影响作出评价，编制洪水影响评价报告，提出防御措施”，该项目编有洪水影响评价报告吗？

答：没有。

问：你说的以上情况都属实吧？

答：属实。

问：请看一下以上记录是否有误？

看过不错

张计强　2010年5月6日

被询问人签字：张计强　2010年5月6日

询问人签字：郝艳军、路宏伟　2010年5月6日

记录人签字：郝艳军　2010年5月6日

集体研究讨论笔录

事由：安阳市齐越工程有限公司未编制洪水影响评价案

时间：2010 年 5 月 10 日 8 时 25 分至 9 时 15 分

地点：安阳市水政监察支队会议室

调查人：郝艳军　路宏伟　记录人：郝艳军、参加人员：尹中洲、张伟山、刘朝军

讨论内容：关于安阳市齐越工程有限公司未编制洪水影响评价案参会人员对以下几个方面进行了讨论：

一、案件主办人介绍案情：1. 安阳市齐越工程有限公司承建安阳县崔家桥乡常白高速路项目，该项目位于安阳县崔家桥蓄滞洪区内，全长 4.5 公里，南北走向，高 3.4 米，宽 25 米。

2. 安阳市齐越工程有限公司位于安阳市文峰大道东段 435 号，法定代表人：姜亚。

二、案件办理人员意见：根据《中华人民共和国防洪法》第五十九条“违反本法第三十三条第一款规定，在洪泛区、蓄滞洪区内建设非防洪建设项目，未编制洪水影响评价报告的，责令限期改正；逾期不改正的，处五万元以下的罚款”和《河南省水行政处罚裁量标准》：“1. 在洪泛区、蓄滞洪区内建设非防洪建设项目，未编制洪水影响评价报告，经责令限期改正；但逾期不改正的……（3）建设项目投资额在 100 万元以上的，可以处 3 万元以上 5 万元以下的罚款……”建议：责令该单位限期编制洪水影响评价报告；逾期不改正的处 4 万元罚款。

三、与会人员分别发表意见：

尹中洲：　同意。

张伟山：　同意。

刘朝军：　同意。

讨论结果：经集体讨论研究，一致同意对该单位作出如下处理：责令该单位限期编制洪水影响评价报告；逾期不改正的处 4 万元罚款。

参加人员：尹中洲、张伟山、刘朝军

责令改正水事违法行为通知书

安水改字〔2010〕005 号

安阳市齐越工程有限公司：

经查你公司于 2010 年 3 月 16 日以来在安阳县崔家桥蓄滞洪区修建高速公路未编制洪水影响评价报告，该行为违反了《中华人民共和国防洪法》第三十三条“ 在洪泛区、蓄滞洪区内建设非防洪建设项目，应当就洪水对建设项目可能产生的影响和建设项目对防洪可能产生的影响作出评价，编制洪水影响评价报告，提出防御措施。建设项目可行性研究报告按照国家规定的基本建设程序报请批准时，应当附具有关水行政主管部门审查批准的洪水影响评价报告”之规定。根据《中华人民共和国防洪法》第五十九条“ 违反本法第三十三条第一款规定，在洪泛区、蓄滞洪区内建设非防洪建设项目，未编制洪水影响评价报告的，责令限期改正；逾期不改正的，处五万元以下的罚款”，现责令你单位于 2010 年 6 月 10 日前编制洪水影响评价报告；逾期不编制的，我局将依法处理。

安阳市水利局

2010 年 5 月 13 日

联系人： 郝艳军 路宏伟

联系地址：安阳市安钢大道 369 号

联系电话：3696353

送达回证

案　由	未编制进水影响评价案			
受送达人	安阳市齐越工程有限公司			
送达地点	常白路项目部办公室			
送达文书		送达人	收到日期	受送达人签名或盖章
责令改正水事违法行为通知书 安水改字〔2010〕005 号		郝艳军 路宏伟	2010 年 5 月 13 日 12 时	李楠
			年　月 日　时	
			年　月 日　时	
			年　月 日　时	
备　注	李楠是该单位办公室人员			

注：1、如受送达人不在时，将文件交与他的成年家属、近邻、工作机关或受送达人居住地的乡（镇）政府、村民委员会或街道办事处代收。

2、如系代收，代收人应在受送达人栏内签名或盖章，并注明与受送达人的关系。

附：1、市水利局工程管理科初审请示文件

2、《河南省滞洪区管理范围内建设项目申请书》

3、《防洪影响评价报告》

4、建设项目所依据的文件；

5、建设项目设计方案；

6、防洪影响报告和专家评审意见；

水事违法案件结案报告

第 1 页共 1 页

案　由：未编制洪水影响评价报告

承办人：郝艳军　　路宏伟

立案时间：2010 年 5 月 5 日结案时间 2010 年 6 月 8 日

简要案情及办案经过：

经查安阳市齐越工程有限公司于 2010 年 3 月 16 日以来在安阳县崔家桥蓄滞洪区修建高速公路未编制洪水影响评价报告，该行为违反了《中华人民共和国防洪法》第三十三条第一款之规定，证据有调查勘验笔录、询问笔录。

处罚（理）情况：责令该单位于 2010 年 6 月 10 日前编制洪水影响评价报告。

执行情况：已经在规定时间内编制了洪水影响评价报告并经过专家评审。

结案建议：该单位法定义务已履行，建议结案。

办案人员：郝艳军、路宏伟　　2010 年 6 月 16 日

办案机构负责人意见：同意结案。

尹中洲　　2010 年 6 月 16 日

机关法制机构负责人意见：同意结案。

侯俊山　　2010 年 6 月 16 日

机关负责人意见：同意结案。

马荣洲　　2010 年 6 月 16 日

附：**案件承办人行政执法证复印件**

立卷、验卷情况记载

本案卷于 2010 年 6 月 25 日立卷，本册连面带底共计 17 页，附证物袋 0 个，内装 0 件。

立卷人： 郝艳军

本案卷于 2010 年 6 月 29 日，经验查合格。

检验人： 刘朝军

北方山村委会擅自侵占彰武水库水面从事养殖等活动水行政处罚案

【案情简介】2009年6月8日水政支队三大队收到彰武水库上报案件，经查，北方山村委会未经水行政主管部门批准擅自侵占彰武水库水面从事养殖等活动。我们认为已违反《河南省实施〈中华人民共和国水法〉办法》第二十七条第六款“利用河道、水库从事养殖、旅游、餐饮等活动的，应当符合水功能区划和水资源保护规划的要求，服从防洪安全和水工程运行安全的需要”之规定。水政执法人员于6月10日到该村对村长陈明付先后制作询问笔录和现场（检查）笔录并下达了《责令改正水事违法行为通知书》。

根据《河南省实施〈中华人民共和国水法〉办法》第四十四条“违反本办法第二十七条第六款规定，未经批准利用河道、国有水库从事养殖、旅游、餐饮等活动的，责令限期改正；逾期不改正的，处以一百元以上五百元以下罚款。情节严重，造成严重后果的，处以五百元以上五千元以下罚款”之规定和《河南省水行政处罚裁量标准》“（3）无违法所得，但情节严重，造成严重后果的，处以500元以上2千元以下罚款”及《河南省水行政处罚裁量标准适用规则》之规定，建议对当事人作出：1. 恢复彰武水库水面管理范围；2. 罚款人民币1500元。

附：北方山村委会擅自侵占彰武水库水面从事养殖等活动水行政处罚案卷宗

河南省水事违法案件卷宗

<table>
<tr><td colspan="4">豫水（安）立字〔2009〕第1003号</td></tr>
<tr><td>案由</td><td colspan="3">北方山村委会擅自侵占彰武水库水面从事养殖等活动</td></tr>
<tr><td rowspan="2">当事人</td><td>名称或姓名</td><td colspan="2">安阳市龙安区北方山村委会</td></tr>
<tr><td>地址或住址</td><td colspan="2">安阳市彰武办事处北方山村委会</td></tr>
<tr><td>立案日期</td><td>2009年6月8日</td><td>结案日期</td><td>2009年6月19日</td></tr>
<tr><td>处罚（理）决定</td><td colspan="3">罚款人民币1500元</td></tr>
<tr><td>复议决定</td><td colspan="3"></td></tr>
<tr><td>法院判决（裁定）</td><td colspan="3"></td></tr>
<tr><td>归档日期</td><td>2009年6月19日</td><td>归档编号</td><td></td></tr>
<tr><td>保存年限</td><td>10年</td><td>承办人</td><td>徐晓帅　张征</td></tr>
<tr><td colspan="2">本卷内的文书共计　24　张</td><td>立卷人</td><td>徐晓帅</td></tr>
</table>

卷宗目录

序号	材料名称	文号	页数
1	水事违法案件立案呈批表	安水立字〔2009〕第1003号	
2	责令改正水事违法行为通知书	安水改字〔2009第1003号	
3	送达回证		
4	询问笔录		
5	现场（检查）笔录		
6	水事违法案件集体研究讨论笔录		
7	送达回证		
8	行政处罚事先告知书	安水罚先告字〔2009〕	
9	案件调查终结报告		
10	法律文书签发单		
11	行政处罚决定书	安水罚决字〔2009〕第1003号	
12	送达回证		
13	水事违法案件结案报告		
14	现场照片		
15	案件承办人行政执法证		
16	银行代收罚款票据		

行政处罚案件立案审批表

<table>
<tr><td rowspan="5">当
事
人</td><td>单位名称</td><td>安阳市龙安区北方山村委会</td><td>法定代表人</td><td>陈明付</td></tr>
<tr><td>住址</td><td></td><td>电话</td><td>2687777</td></tr>
<tr><td>个人姓名</td><td></td><td>性别</td><td></td></tr>
<tr><td>所在单位</td><td></td><td>电话</td><td></td></tr>
<tr><td>身份证号码</td><td>××××××××××××××××××</td><td>个人住址</td><td>殷都区东梁村人</td></tr>
<tr><td>案由</td><td colspan="2">北方山村委会擅自侵占彰武水库水面从事养殖等活动</td><td>案件来源</td><td>水库上报</td></tr>
<tr><td>案件
简要
情况</td><td colspan="4">2009 年 6 月 8 日水政支队三大队收到彰武水库上报案件，经查，北方山村委会未经水行政主管部门批准擅自侵占彰武水库水面从事养殖等活动。我们认为已违反《河南省实施〈中华人民共和国水法〉办法》第二十七条第六款 “利用河道、水库从事养殖、旅游、餐饮等活动的，应当符合水功能区划和水资源保护规划的要求，服从防洪安全和水工程运行安全的需要”之规定</td></tr>
<tr><td>承办人
意见</td><td colspan="4">北方山村委会涉嫌违反了《河南省实施〈中华人民共和国水法〉办法》第二十七条第六款“利用河道、水库从事养殖、旅游、餐饮等活动的，应当符合水功能区划和水资源保护规划的要求，服从防洪安全和水工程运行安全的需要”之规定，建议立案查处。
承办人签名：徐晓帅　张征　　2009 年 6 月 8 日</td></tr>
<tr><td>承办机构
审核意见</td><td colspan="4">经审核，建议立案。建议该案件主办人是徐晓帅，协办人是张征。
负责人签名：尹中洲　　2009 年 6 月 8 日</td></tr>
<tr><td>水行政主
管部门负
责人审批
意见</td><td colspan="4">同意立案。
负责人签名：马荣洲　　2009 年 6 月 8 日</td></tr>
</table>

责令改正水事违法行为通知书

安水改字〔2009〕第1003 号

北方山村委会：

经查，你单位未经水行政主管部门批准擅自侵占彰武水库水面从事养殖等活动。违反了《河南省实施〈中华人民共和国水法〉办法》第二十七条第六款“利用河道、水库从事养殖、旅游、餐饮等活动的，应当符合水功能区划和水资源保护规划的要求，服从防洪安全和水工程运行安全的需要”之规定。根据《河南省实施〈中华人民共和国水法〉办法》第四十四条“违反本办法第二十七条第六款规定，未经批准利用河道、国有水库从事养殖、旅游、餐饮等活动的，责令限期改正；逾期不改正的，处以一百元以上五百元以下罚款。情节严重，造成严重后果的，处以五百元以上五千元以下罚款”之规定。现责令你于2009年6 月13 日前改正，听侯处理。否则，依法追究法律责任。

改正内容（措施）：清除侵占彰武水库水面物品，恢复水面管理范围原状。

安阳市水利局

2009 年 6 月 10 日

送达回证

<table>
<tr><td>案　　由</td><td colspan="4">北方山村委会擅自侵占彰武水库水面从事养殖等活动</td></tr>
<tr><td>受送达人</td><td colspan="4">北方山村委会</td></tr>
<tr><td>送达地点</td><td colspan="4">北方山村委会</td></tr>
<tr><td colspan="2">送达文书</td><td>送达人</td><td>收到日期</td><td>受送达人签名或盖章</td></tr>
<tr><td colspan="2">责令改正水事违法行为通知书
安水改字〔2009〕第1003号</td><td>徐晓帅
张　征</td><td>2009年6月
10日9时</td><td>陈明付</td></tr>
<tr><td colspan="2"></td><td></td><td>年　月
日　时</td><td></td></tr>
<tr><td colspan="2"></td><td></td><td>年　月
日　时</td><td></td></tr>
<tr><td colspan="2"></td><td></td><td>年　月
日　时</td><td></td></tr>
<tr><td>备　　注</td><td colspan="4"></td></tr>
</table>

注：1、如受送达人不在时，将文件交与他的成年家属、近邻、工作机关或受送达人居住地的乡（镇）政府、村民委员会或街道办事处代收。

2、如系代收，代收人应在受送达人栏内签名或盖章，并注明与受送达人的关系。

询问笔录

询问时间 2009 年 6 月 10 日 9 时 0 分至 10 时 30 分

询问地点：北方山村委会办公室

被询问单位名称：北方山村委会　法定代表人（负责人）：陈明付

电话：2687777

被询问人姓名：陈明付　性别：男　电话：2687777

所在单位：北方山村委会　住址：北方山村委会 68 号　与本案关系：村长

询问人：徐晓帅　张征　记录人：徐晓帅

我们是安阳市水利局水政监察支队三大队执法人员，徐晓帅，执法证编号：豫 GO12-051，张征，执法证编号：豫 GO12-011。现就你单位侵占水库水面情况进行调查，请给予配合。

问：你对我们的执法身份有无异议？

答：无异议。

问：你是否对我们执法人员提出申请回避？

答：不提出。

问：请你介绍一下北方山村委会情况？

答：北方山村委会归市龙安区彰武办事处管辖，我是村长。

问：请你说一说你村侵占水库水面搞养殖情况？

答：由于我们村人多地少，经济落后，村里的人不是太富裕，因此想搞点养殖挣点钱。

问：你村从何时起开始侵占水库水面的？

答：从今年 5 月开始建，到现在还没建好。

问：你村侵占彰武水库水面从事养殖活动是否经水行政主管部门批准？

答：没有经水行政主管部门批准。

问：你村是否知道此行为已违反河南省实施《中华人民共和国水法》办法第二十七条第六款："利用河道、水库从事养殖、旅游、餐饮等活动的，应当符合水功能区划和水资源保护规划的要求，服从防洪安全和水工程运行安全的需要"之规定？

答：现在知道了。

问：你村是否知道此行为已扰乱正常水事管理？

答：不知道。

问：询问笔录上述内容，记录是否属实？

答：询问笔录上述内容，记录属实。

被询问人签字：陈明付　2009 年 6 月 10 日

拒绝签字的理由：

询问人签字：徐晓帅张 征　2009 年 6 月 10 日

记录人签字：徐晓帅　2009 年 6 月 10 日

现场（检查）笔录

被调（检）查人姓名：陈明付　年龄：35　职业：村长

被调（检）查单位名称：北方山村委会　地址：安阳市彰武办事处北方山村委会

调（检）查时间：2009年6月10日10时30分至11时0分

调（检）查地点：现场

调（检）查人员：徐晓帅　张征　记录人：徐晓帅

调（检）查记录：我们是安阳市水利局水政监察支队三大队执法人员，徐晓帅，执法证编号：豫GO12-051，张征，执法证编号：豫GO12-011。现就你单位擅自侵占水库水面情况进行现场检查，请给予配合。

1. 所侵占面积长260米，宽110米。

2. 位于北方山村北面。

（附图附后）

被调（检）查人签名或盖章：陈明付

调（检）查人签名或盖章：张征　徐晓帅

记录人签名或盖章：徐晓帅

见证人签名或盖章并注明其身份：

2009 年6月10 日

附图：

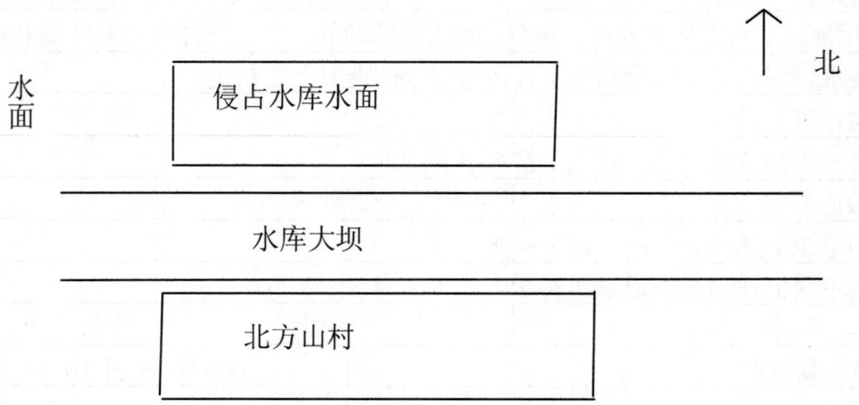

水事违法案件集体研究讨论笔录

案　　由：北方山村委会擅自侵占彰武水库水面从事养殖等活动

时　　间：2009 年 6 月 14 日

地　　点：安阳市水政监察支队办公室

案件调查人：徐晓帅　张征　记录人：徐晓帅

参加人员：侯俊山　尹中洲　刘朝军　张伟山　张征　徐晓帅　曲涛

讨论内容：对北方山村委会擅自侵占彰武水库水面从事养殖等活动一案进行以下讨论。

一、案件主办人员介绍案情：2009 年 6 月 8 日水政支队三大队收到彰武水库上报案件，经查，北方山村委会未经水行政主管部门批准擅自侵占彰武水库水面从事养殖等活动。我们认为已违反《河南省实施〈中华人民共和国水法〉办法》第二十七条第六款“利用河道、水库从事养殖、旅游、餐饮等活动的，应当符合水功能区划和水资源保护规划的要求，服从防洪安全和水工程运行安全的需要”之规定。水政执法人员于 6 月 10 日到该村对村长陈明付先后制作询问笔录和现场（检查）笔录并下达了责令改正水事违法行为通知书。

二、案件处理建议：根据《河南省实施〈中华人民共和国水法〉办法》第四十四条“违反本办法第二十七条第六款规定，未经批准利用河道、国有水库从事养殖、旅游、餐饮等活动的，责令限期改正；逾期不改正的，处以一百元以上五百元以下罚款。情节严重，造成严重后果的，处以五百元以上五千元以下罚款”之规定和《河南省水行政处罚裁量标准》“（3）无违法所得，但情节严重，造成严重后果的，处以 500 元以上 2 千元以下罚款；《河南省水行政处罚裁量标准适用规则》之规定，建议对当事人作出：1. 恢复彰武水库水面管理范围；2. 罚款人民币 1500 元。

三、与会人员分别发表意见：

侯俊山同意。

尹中洲同意。

张伟山同意。

刘朝军同意。

张征同意。

徐晓帅同意。

曲涛同意。

讨论结果：大家一致同意对北方山村委会作出的处理决定。

参加人员（签字）：侯俊山　尹中洲　刘朝军　张伟山　张征　徐晓帅　曲涛

送达回证

案　由	北方山村委会擅自侵占彰武水库水面从事养殖等活动		
受送达人	北方山村委会		
送达地点	北方山村委会		

送达文书	送达人	收到日期	受送达人签名或盖章
行政处罚事先告知书 安水罚先告字〔2009〕第1003号	徐晓帅 张　征	2009年6月 15日9时	陈明付
		年　月 日　时	
		年　月 日　时	
备　注			

注：1、如受送达人不在时，将文件交与他的成年家属、近邻、工作机关或受送达人居住地的乡（镇）政府、村民委员会或街道办事处代收。

2、如系代收，代收人应在受送达人栏内签名或盖章，并注明与受送达人的关系。

送达回证

<table>
<tr><td>案　　由</td><td colspan="4">北方山村委会擅自侵占彰武水库水面从事养殖等活动</td></tr>
<tr><td>受送达人</td><td colspan="4">北方山村委会</td></tr>
<tr><td>送达地点</td><td colspan="4">北方山村委会</td></tr>
<tr><td colspan="2">送达文书</td><td>送达人</td><td>收到日期</td><td>受送达人签名或盖章</td></tr>
<tr><td colspan="2">行政处罚决定书
安水罚决字〔2009〕第1003号</td><td>徐晓帅
张　征</td><td>2009年6月
19日9时</td><td>陈明付</td></tr>
<tr><td colspan="2"></td><td></td><td></td><td></td></tr>
<tr><td colspan="2"></td><td></td><td>年　月
日　时</td><td></td></tr>
<tr><td colspan="2"></td><td></td><td>年　月
日　时</td><td></td></tr>
<tr><td>备　注</td><td colspan="4"></td></tr>
</table>

注：1、如受送达人不在时，将文件交与他的成年家属、近邻、工作机关或受送达人居住地的乡（镇）政府、村民委员会或街道办事处代收。

2、如系代收，代收人应在受送达人栏内签名或盖章，并注明与受送达人的关系。

行政处罚事先告知书

安水罚先告字〔2009〕第1003号

北方山村委会：

你单位于 2009 年 5 月 1 日至 2009 年 6 月 8 日，因擅自侵占彰武水库水面从事养殖等活动。违反了《河南省实施〈中华人民共和国水法〉办法》第二十七条第六款“利用河道、水库从事养殖、旅游、餐饮等活动的，应当符合水功能区划和水资源保护规划的要求，服从防洪安全和水工程运行安全的需要”之规定。从你违法行为的事实、性质、情节、社会危害程度和证据看，你单位的违法行为属于严 重。

根据《河南省实施〈中华人民共和国水法〉办法》第四十四条“违反本办法第二十七条第六款规定，未经批准利用河道、国有水库从事养殖、旅游、餐饮等活动的，责令限期改正；逾期不改正的，处以一百元以上五百元以下罚款。情节严重，造成严重后果的，处以五百元以上五千元以下罚款”之规定和《河南省水行政处罚裁量标准》“（3）无违法所得，但情节严重，造成严重后果的，处以500元以上2千元以下罚款”及《河南省水行政处罚裁量标准适用规则》之规定，本机关拟对你单位做出 1. 恢复彰武水库水面管理范围；2. 罚款人民币1500 元的处罚。

根据《行政处罚法》第三十二条的规定，你单位可以自收到本告知书之日起三日内到本机关进行陈述、申辩，逾期不陈述、申辩的视为放弃陈述、申辩权利。

安阳市水利局

2009 年 6 月 15 日

送达回证

<table>
<tr><td>案　　由</td><td colspan="4">北方山村委会擅自侵占彰武水库水面从事养殖等活动</td></tr>
<tr><td>受送达人</td><td colspan="4">北方山村委会</td></tr>
<tr><td>送达地点</td><td colspan="4">北方山村委会</td></tr>
<tr><td colspan="2">送达文书</td><td>送达人</td><td>收到日期</td><td>受送达人签名或盖章</td></tr>
<tr><td colspan="2">行政处罚事先告知书
安水罚先告字〔2009〕第1003号</td><td>徐晓帅
张　征</td><td>2009年6月
15日9时</td><td>陈明付</td></tr>
<tr><td colspan="2"></td><td></td><td></td><td></td></tr>
<tr><td colspan="2"></td><td></td><td>年　月
日　时</td><td></td></tr>
<tr><td colspan="2"></td><td></td><td>年　月
日　时</td><td></td></tr>
<tr><td>备　　注</td><td colspan="4"></td></tr>
</table>

注：1、如受送达人不在时，将文件交与他的成年家属、近邻、工作机关或受送达人居住地的乡（镇）政府、村民委员会或街道办事处代收。

2、如系代收，代收人应在受送达人栏内签名或盖章，并注明与受送达人的关系。

案件调查终结报告

当事人基本情况：北方山村委会、村长、陈明付

调查时间：2009 年 6 月 8 日至 2009 年 6 月 15 日

调查人员签名：徐晓帅　　张征

当事人违法的证据：

1. 调查笔录
2. 现场检查笔录
3. 视听资料

违法行为的等次：严重。

应受行政处罚的依据和种类：2009 年 6 月 8 日水政支队三大队收到彰武水库上报案件，经查，北方山村委会未经水行政主管部门批准擅自侵占彰武水库水面从事养殖等活动。我们认为已违反河南省实施《中华人民共和国水法》办法第二十七条第六款："利用河道、水库从事养殖、旅游、餐饮等活动的，应当符合水功能区划和水资源保护规划的要求，服从防洪安全和水工程运行安全的需要"之规定。根据河南省实施《中华人民共和国水法》办法第四十四条"违反本办法第二十七条第六款规定，未经批准利用河道、国有水库从事养殖、旅游、餐饮等活动的，责令限期改正；逾期不改正的，处以一百元以上五百元以下罚款。情节严重，造成严重后果的，处以五百元以上五千元以下罚款"之规定和《河南省水行政处罚裁量标准》(3)、无违法所得，但情节严重，造成严重后果的，处以 500 元以上 2 千元以下罚款；《河南省水行政处罚裁量标准适用规则》之规定。

作出如下行政处罚：行政处罚建议：1、恢复彰武水库水面管理范围；2、罚款人民币 1500 元。

水政监察机构负责人意见：同意。

尹中洲　　2009 年 6 月 15 日

法制机构负责人意见：同意。

侯俊山　　2009 年 6 月 15 日

法律文书签发单

案　　由	北方山村委会擅自侵占彰武水库水面从事养殖等活动
法律文书名称及文号	水行政处罚决定书 安水罚决字 2009 第 1003 号
承办人	建议处罚。 承办人（签字）：徐晓帅　张征　2009 年 6 月 16 日
支　队 意　见	同意。 负责人：尹中洲　2009 年 6 月 16 日
法制机构审核意见	同意。 负责人：侯俊山　2009 年 6 月 16 日
机关负责人 意　　见	同意。 负责人：马荣洲　2009 年 6 月 16 日
备注	

水行政处罚决定书

安水罚决字〔2009〕第1003号

被处罚人（单位）名称：北方山村委会　住址　龙安区

法定代表人或负责人：陈明付　职务：村长

本机关于 2009 年 6 月 8 日对你单位擅自侵占彰武水库水面从事养殖等活动 一案立案调查。经查，你（单位）于 2009 年 5 月 1 日至 2009 年 6 月 8 日实施了擅自侵占彰武水库水面从事养殖等活动 违法行为。

违法的证据：

1、调查笔录

2、现场检查笔录

3、视听资料

违法行为等次：根据你单位的违法事实、性质、情节、社会危害程度和相关证据，你单位的违法行为为严重

应受行政处罚的依据和种类：上述违法行为事实清楚，证据确凿。根据《河南省实施〈中华人民共和国水法〉办法》第四十四条“违反本办法第二十七条第六款规定，未经批准利用河道、国有水库从事养殖、旅游、餐饮等活动的，责令限期改正；逾期不改正的，处以一百元以上五百元以下罚款。情节严重，造成严重后果的，处以五百元以上五千元以下罚款”之规定和《河南省水行政处罚裁量标准》“（3）无违法所得，但情节严重，造成严重后果的，处以500元以上2千元以下罚款；《河南省水行政处罚裁量标准适用规则》之规定，决定对你单位作出如下行政处罚：

1. 恢复彰武水库水面管理范围；

2. 罚款人民币1500元。

行政处罚履行方式和期限：你单位应当自接到本决定书之日起15日内将罚款缴至中国工商银行安阳市分行任一储蓄网点（银行账号：43500021××××××××××）。到期不缴纳的，每日按罚款数额的3%加处罚款。

不服行政处罚决定申请行政复议或者提起行政诉讼的途径和期限：如不服本处罚决定，可在接到本处罚决定书之日起六十日内向安阳市行政复议受理中心或者河南省水利厅申请行政复议，或者六个月内向安阳市殷都区人民法院起诉。逾期不履行本行政处罚决定、不申请行政复议又不提起行政诉讼的，我厅（局）将申请人民法院强制执行。

安阳市水利局

2009年6月19日

送达回证

案　　由	北方山村委会擅自侵占彰武水库水面从事养殖等活动		
受送达人	北方山村委会		
送达地点	北方山村委会		

送达文书	送达人	收到日期	受送达人签名或盖章
水行政处罚决定书 安水罚决字〔2009〕第1003号	徐晓帅 张　征	2009年6月 19日10时	陈明付
		年　月 日　时	
		年　月 日　时	
		年　月 日　时	
备　　注			

注：1、如受送达人不在时，将文件交与他的成年家属、近邻、工作机关或受送达人居住地的乡（镇）政府、村民委员会或街道办事处代收。

2、如系代收，代收人应在受送达人栏内签名或盖章，并注明与受送达人的关系。

水事违法案件结案报告

2009年6月19日　　　　　　　　　　　　　　第1页 共1页

案　　由：北方山村委会擅自侵占彰武水库水面从事养殖

案件调查人：徐晓帅　张 征

立案时间：2009年6月8日　　　　结案时间：2009年6月19日

简要案情及办案经过：2009年6月8日水政支队三大队收到彰武水库上报案件，经查，北方山村委会未经水行政主管部门批准擅自侵占彰武水库水面从事养殖等活动。经查，该村于2009年5月1日以来擅自侵占彰武水库水面从事养殖等活动扰乱了正常水事管理秩序。有询问笔录、现场（检查）笔录、视听资料为证。

处罚（理）情况：1、恢复水库水面管理范围原状；2、罚款人民币1500元。

执行情况：鉴于该村在我局对其下达《行政处罚决定书》后已自行恢复水库水面管理范围原状并缴纳罚款。为此我们对此案建议如下：

结案建议：建议结案

案件调查人：徐晓帅　曲涛

水政监察机构负责人意见：同意。

尹中洲　　　　　　　　2009 年6月19日

法制机构负责人意见：同意。

侯俊山　　　　　　　　2009 年6月19日

机关负责人意见：同意。

马荣洲　　　　　　　　2009 年6月19日

现场照片

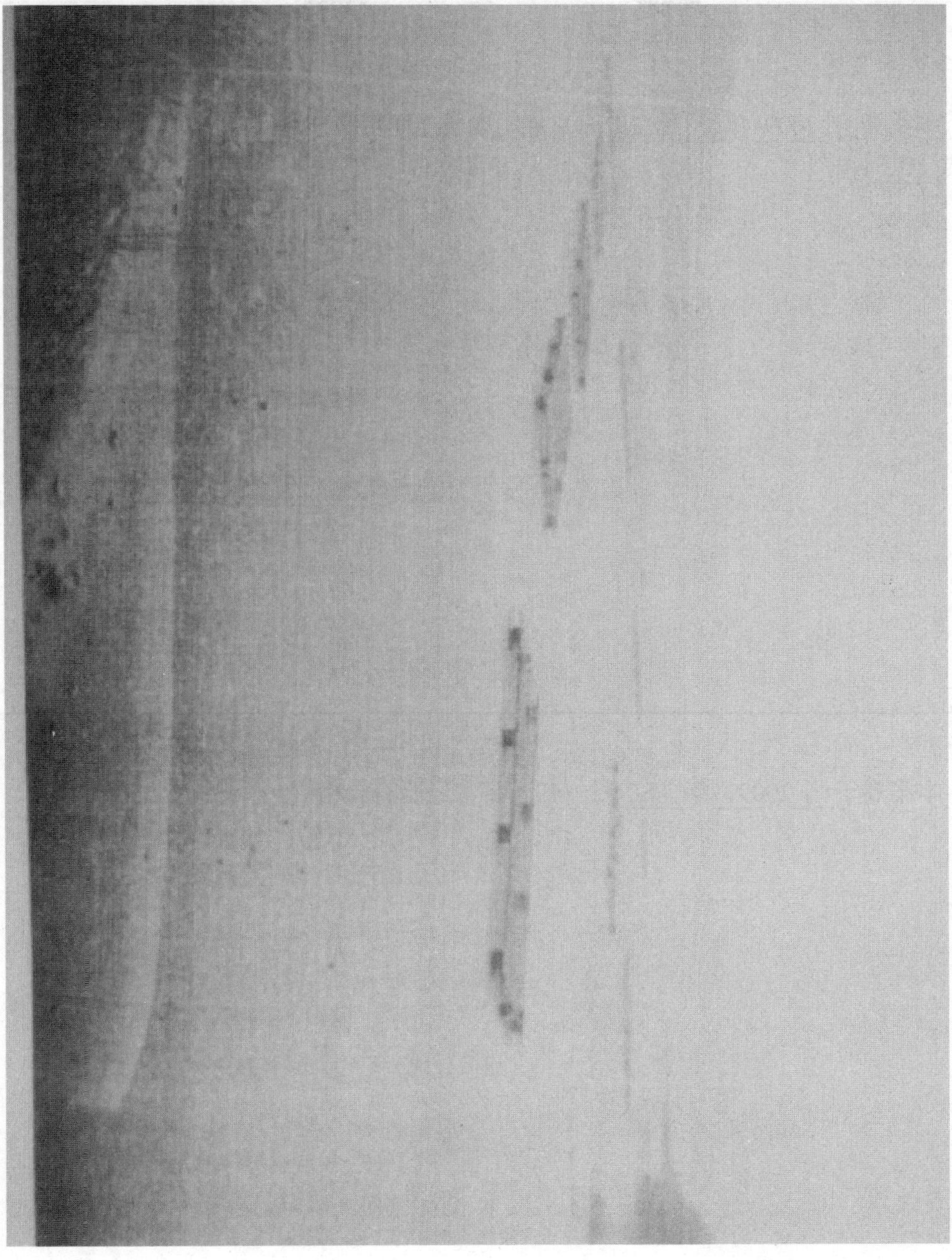

附：**案件承办人行政执法证复印件**

银行代收罚款收据

立卷、验卷情况记载

本案卷于 2009 年 7 月 19 日立卷，本册连面带底共计 26 页，附证物袋 0 个，内装 0 件。 立卷人：徐晓帅
本案卷于 2009 年 6 月 19 日，经验查合格。 检验人：刘朝军

汤阴县古贤乡北周流村村民吴华在汤河河堤违法建房水行政处罚案

【案情简介】汤阴县水务局于2009年8月4日对当事人吴华在汤河北周流村桥头东南堤防上建房一案进行了立案调查。经查吴华于2009年3月起在汤河北周流村桥头东南堤防上建房共计361平方米。根据《中华人民共和国水法》第三十七条第二款“禁止在河道管理范围内建设妨碍行洪的建筑物、构筑物以及从事影响河势稳定、危害河岸堤防安全和其他妨碍河道行洪的活动”之规定。根据《中华人民共和国水法》第六十五条“在河道管理范围内建设妨碍行洪的建筑物，构筑物或者从事影响河势稳定，危害河堤安全和其他妨碍河道行洪的，由县级以上人民政府水行政主管部门或流域管理机构依据职权，责令停止违法行为，限期拆除违法建筑物，构筑物，恢复原状；逾期不拆除、不恢复原状的，强行拆除，所需费用由违法单位或者个人负担，并处一万元以上十万元以下的罚款”之规定和《河南省水行政处罚裁量标准》，其违法等级属于严重，办案人员建议对吴华处以：1. 拆除建在河堤上的违法建筑物；2. 并处以陆万元罚款的行政处罚。

附：汤阴县古贤乡北周流村村民吴华在汤河河堤违法建房水行政处罚案卷宗

河南省水事违法案件卷宗

<table>
<tr><td colspan="5">豫水（汤水）立字〔2009〕第3号</td></tr>
<tr><td>案由</td><td colspan="4">汤阴县古贤乡北周流村村民吴华在汤河河堤违法建房案</td></tr>
<tr><td rowspan="2">当事人</td><td>名称或姓名</td><td colspan="3">吴华</td></tr>
<tr><td>地址或住址</td><td colspan="3">汤阴县古贤乡北周流村</td></tr>
<tr><td>立案日期</td><td colspan="2">2009年8月3日</td><td>结案日期</td><td>2009年12月13日</td></tr>
<tr><td>处罚（理）决定</td><td colspan="4">1. 限期拆除建在汤河河堤上的违法建筑物；
2. 并处陆万元罚款。</td></tr>
<tr><td>复议决定</td><td colspan="4">维持处罚决定。</td></tr>
<tr><td>法院判决（裁定）</td><td colspan="4">维持处罚决定。</td></tr>
<tr><td>归档日期</td><td>2009年12月14日</td><td>归档编号</td><td colspan="2">第200903号</td></tr>
<tr><td>保存年限</td><td>10年</td><td>承办人</td><td colspan="2">黄某　闫某</td></tr>
<tr><td colspan="2">本卷内的文书共计　46　张</td><td>立卷人</td><td colspan="2">李　某</td></tr>
</table>

卷宗目录

序号	材料名称	文号	页数
1	水事违法案件立案呈批表	汤水立〔2009〕第 03 号	
2	案件承办人行政执法证件		
3	询问笔录		
4	现场（检查）笔录		
5	照片		
6	责令停止水事违法行为通知书	汤水停字〔2009〕第 03 号	
7	送达回执		
8	责令改正通知书	汤水改字〔2009〕第 03 号	
9	送达回证		
10	案件调查终结报告		
11	汤阴县水务局行政处罚案件法律审核意	汤水罚审字〔2009〕第 07 号	
12	水行政处罚事先告知书	汤水罚先告字〔2009〕第 03 号	
13	水行政处罚听证告知书	汤水罚听告字〔2009〕第 03 号	
14	送达回证		
15	重大水事违法案件领导集体讨论笔录		
16	行政处罚审批表		
17	水行政处罚决定书	汤水罚决字〔2009〕第 03 号	
18	送达回证		
19	复议申请		
20	汤阴县人民政府行政复议决定书	汤政复决〔2009〕13 号	
21	行政起诉状		
22	行政答辩状		
23	河南省汤阴县人民法院行政判决书	汤行初字〔2009〕第 7 号	
24	上诉状		
25	河南省安阳市中级人民法院行政判决书	安行终字〔2009〕第 95 号	
26	汤阴县水务局履行行政决定催告书	汤水强催〔2009〕10 号	
27	强制执行申请书	汤水申字（2009）第 02 号	
28	水事违法案件结案报告		

行政处罚案件立案审批表

<table>
<tr><td rowspan="5">当事人</td><td>单位名称</td><td></td><td>法定代表人</td><td></td></tr>
<tr><td>住址</td><td></td><td>电话</td><td></td></tr>
<tr><td>个人姓名</td><td>吴华</td><td>性别</td><td>男</td></tr>
<tr><td>所在单位</td><td></td><td>电话</td><td>03722345687</td></tr>
<tr><td>身份证号码</td><td>××××××××××××××××××</td><td>个人住址</td><td>汤阴县古贤乡北周流村</td></tr>
<tr><td>案由</td><td colspan="2">汤阴县古贤乡北周流村村民吴华在汤河河堤违法建房</td><td>案件来源</td><td>群众举报</td></tr>
<tr><td>案件简要情况</td><td colspan="4">2009年8月3日，古贤乡北周流村村民石林举报本村村民吴华在汤河北周流村桥头东南堤防上改扩建房屋，危害人民群众生命财产安全。其行为违反了《中华人民共和国水法》第三十七条第二款之规定，属违法行为。</td></tr>
<tr><td>承办人意见</td><td colspan="4">古贤乡北周流村村民石林举报本村村民吴华涉嫌违反了《中华人民共和国水法》第三十七条第二款之规定，建议立案查处。
承办人签名：黄某　闫某　　2009年8月3日</td></tr>
<tr><td>承办机构审核意见</td><td colspan="4">经审核，建议立案。建议该案件主办人是黄某，协办人是闫某。
负责人签名：张某　　2009年8月3日</td></tr>
<tr><td>水行政主管部门负责人审批意见</td><td colspan="4">同意立案。
负责人签名：张某　　2009年8月3日</td></tr>
</table>

附：**案件承办人员行政执法证**

询问笔录

询问时间：2009 年 8 月 4 日 9 时 30 分至 10 时 30 分

询问地点：汤阴县古贤乡北周流村

被询问人姓名：吴华 性别：男 年龄：28 岁 电话：2345678

所在单位：无 住址：古贤乡北周流村

与本案关系：本人

询问人：黄某 证件名称：行政执法证 执法证编号：豫 G9 23-002

记录人：闫某 证件名称：行政执法证 执法证编号：豫 G9 23-012

询问内容：

问：我们是汤阴县水务局水行政执法人员，我是黄某，行政执法证编号：豫 G923-002，这位是闫某，行政执法证编号豫：G923-012，这是我们的执法证件，请你确认。现就你在汤河河堤上违法建房一案进行调查（询问），根据《中华人民共和国行政处罚法》第三十七条规定，你须配合，并如实回答询问。首先请问你对我们的执法身份有无异议？是否申请回避？

答：没有异议，也不申请回避。

问：请说一下你个人的基本情况？

答：我叫吴华，是汤阴县古贤乡北周流村人，身份证号是 410998197200823656 5。

问：谈一下你在汤河北周流村南汤河河堤建房的情况？

答：我是 2000 年 10 月 19 日买的石太林的房子，由村长石存为中间人说合，桥东路南河堤上的房屋折价柒千五百元，卖给我。房子是新桥建成前就有的，地皮南北长 18 米（房前房后各 3 米房屋南北长 12 米，共 18 米），东西宽 9 米。

问：翻新和新建的部分情况？

答：2009 年 3 月建房时，原房屋西山墙向东退了半米，房顶都挑了，前墙往后退了半米，东山墙没拆除，直接往上垒的，二层是新搭楼板，原房顶拆除，后墙也拆除重建。

问：是否经水行政主管部门根据防洪要求进行审查？

答：没有。

问：《中华人民共和国防洪法》第二十七条明文规定，未经水行政主管部门根据防洪要求审查同意，建设单位不得在河道管理范围内建设施工，你知道吗？

答：不知道。

问：你是否知道此行为已违反《河南省水利工程管理条例》第二十一条第一款之规定？

答：以前不知道，现在知道了。

问：你翻新建房时有没有向水务部门申请过？

答：没有。

问：你建房有没有经其他部门批准或办理过建房手续？

答：都没有。

问：以上情况是否属实？

答：以上情况属实。

（附图附后）

（此页无正文）

被询问人签字：吴华　　　　　　　　　　　　　　　　　　2009年 8 月4日

拒绝签字的理由：

询问人签字：黄某　　　　　　　　　　　　　　　　　　2009年 8 月 4日

记录人签字：闫某　　　　　　　　　　　　　　　　　　2009年 8 月 4日

现场（检查）笔录

被调（检）查人姓名： 吴华 性别： 男 年龄： 28 岁 职业： 村民

住址： 汤阴县古贤乡北周流村

被调（检）查单位名称：

住址：

被询问人姓名： 吴华 性别： 男 年龄： 28 岁

职务： 村民

调（检）查时间： 2009 年 8 月 4 日 10 时 50 分至 11 时 30 分

调（检）查地点： 汤阴县古贤乡北周流村

调（检）查人姓名： 黄某 证件名称： 行政执法证 执法证编号：豫 G9 23—002

记录人： 闫某 证件名称： 行政执法证 执法证编号：豫 G9 23—012

调（检）查记录：吴华所建房屋位于古贤乡北周流村东南汤河堤防上，房屋东南 9 米，南北 18 米，房屋今年翻新，扩建约 3 米，加上新建后的厕所。共计建筑面积 361 平方米。

现场示意图

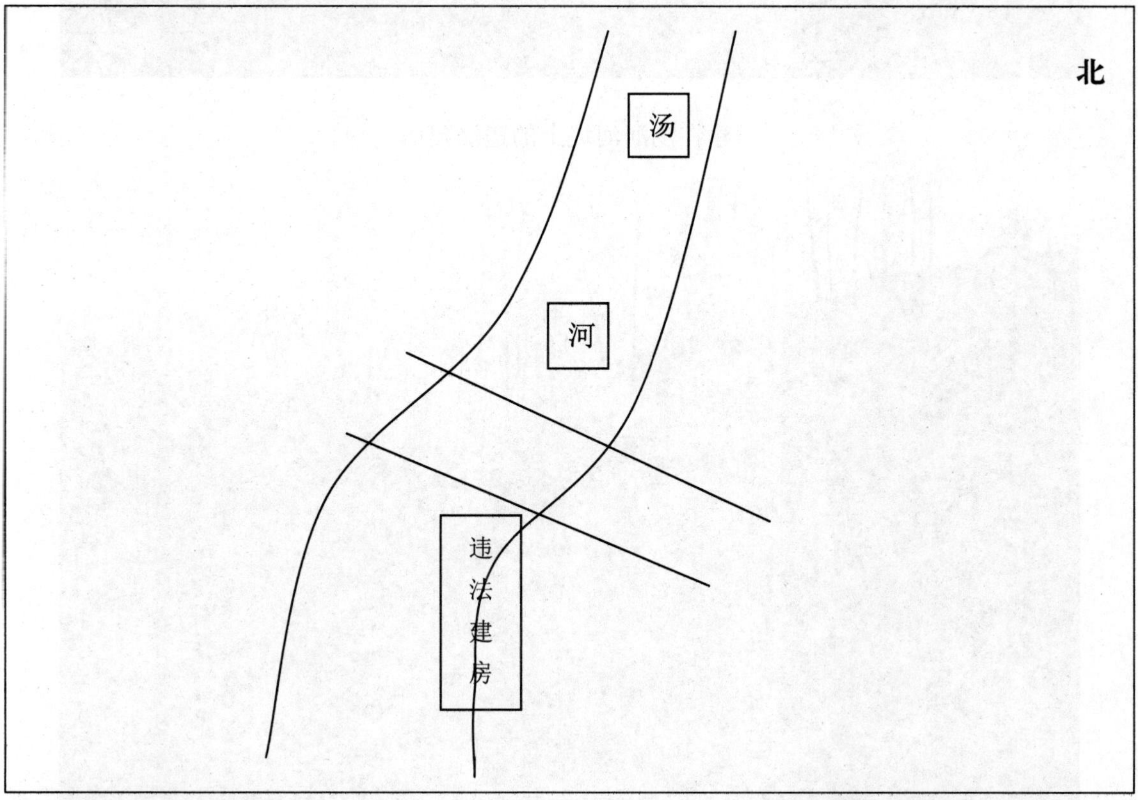

记录人： 闫某 2009 年 8 月 4 日

当事人： 吴华 2009 年 8 月 4 日

照片

建在汤河河堤上的违法建房

照片

责令停止水事违法行为通知书

安水停字〔2010〕003 号

吴华（身份证号 4109981972008236565）：

经查，你于 2009 年 3 月在古贤乡北周流村东南汤河堤防上违法建房。违反了《中华人民共和国水法》第三十七条第二款“禁止在河道管理范围内建设妨碍行洪的建筑物，构筑物以及从事影响河势稳定，危害河岸堤防安全和其他妨碍河道行洪的活动”之规定，根据《中华人民共和国水法》第六十五条之规定，现责令立即停止违法行为，听候处理。否则，依法追究法律责任。

汤阴县水务局

2009 年 8 月 4 日

联系人：黄某　闫某

联系电话：6202800

联系地址：汤阴县城政通路中段

送达回证

案　　由			
受送达人	吴华		
送达地点	汤阴县古贤乡北周流村		
送达文书	送达人	收到日期	受送达人签名或盖章
责令停止违法行为通知书 汤水停字〔2009〕第03号	黄某 闫某	2009年8月 4日9时	吴华
		年　月 日　时	
		年　月 日　时	
		年　月 日　时	
备　　注			

注：1、如受送达人不在时，将文件交与他的成年家属、近邻、工作机关或受送达人居住地的乡（镇）政府、村民委员会或街道办事处代收。

2、如系代收，代收人应在受送达人栏内签名或盖章，并注明与受送达人的关系。

责令改正通知书

汤水改字〔2009〕第 03 号

吴华（身份证号 4109981972008236565）：

经查，你于 2009 年 3 月，在汤河北周流村东南汤河堤防上扩建房屋，长 21 米，宽 8.5 米，主建筑面积 336 平方米，附属建筑面积 25 平方米，共 361 平方米。该建筑危及堤防安全属违章建筑。

违反了《中华人民共和国水法》第三十七条第二款“禁止在河道管理范围内建设妨碍行洪的建筑物，构筑物以及从事影响河势稳定、危害河岸堤防安全和其他妨碍河道行洪的活动”之规定，根据根据《中华人民共和国水法》第六十五条“在河道管理范围内建设妨碍行洪的建筑物，构筑物或者从事影响河势稳定、危害河岸堤防安全和其他妨碍河道行洪的，由县级以上人民政府水行政主管部门或流域管理机构依据职权，责令停止违法行为，限期拆除违法建筑物、构筑物，恢复原状；逾期不拆除、不恢复原状的，强行拆除，所需费用由违法单位或者个人负担，并处一万元以上十万元以下的罚款”之规定，现责令你于 2009 年 8 月 9 日前改正。

改正内容（措施）：在责令期限内拆除建在汤河河堤上的违法建筑物。

汤阴县水务局

2009 年 8 月 5 日

联系人：黄某　闫某

联系电话：6202800

联系地址：汤阴县城政通路中段

送达回证

案　由			
受送达人	吴华		
送达地点	汤阴县古贤乡北周流村		
送达文书	送达人	收到日期	受送达人签名或盖章
责令改正通知书 汤水改字〔2009〕第03号	黄某 闫某	2009年8月 5日9时	吴华
		年　月 日　时	
		年　月 日　时	
		年　月 日　时	
备　注			

注：1、如受送达人不在时，将文件交与他的成年家属、近邻、工作机关或受送达人居住地的乡（镇）政府、村民委员会或街道办事处代收。

2、如系代收，代收人应在受送达人栏内签名或盖章，并注明与受送达人的关系。

案件调查终结报告

案由：汤阴县古贤乡北周流村村民吴华在汤河河堤违法建房案

当事人的基本情况：姓名：吴华　性别：男　年龄：28岁

住址：汤阴县古贤乡北周流村。

调查时间：2009 年 8 月 3 日至 2009 年 8 月 12 日

调查人（签字）：　黄某　闫某

当事人的违法证据：

1. 文字材料（询问笔录、现场检查笔录）；

2. 视听资料（照片）。

违法行为等次：根据该单位的违法事实、性质、情节、社会危害程度和相关证据，当事人的违法行为等次属于严重。

应受行政处罚的依据和种类：上述违法行为事实清楚，证据确凿充分。鉴于当事人在规定期限内不拆除，不恢复原状，根据《中华人民共和国水法》第六十五条“在河道管理范围内建设妨碍行洪的建筑物、构筑物，或者从事影响河势稳定、危害河岸堤防安全和其他妨碍河道行洪的，由县级以上人民政府水行政主管部门或流域管理机构依据职权，责令停止违法行为，限期拆除违法建筑物，构筑物、恢复原状；逾期不拆除、不恢复原状的，强行拆除，所需费用由违法单位或者个人负担，并处一万元以上十万元以下的罚款”之规定。

行政处罚建议：

1. 限期拆除建在汤河河堤上的违法建筑物；

2. 处以陆万元罚款。

水政监察机构负责人意见：建议依法予以处罚。

张某　　　　2009年 8月 15日

法制机构意见：

汤阴县水务局行政处罚案件法律审核意见书

汤水罚审字〔2010〕07号

<table>
<tr><td>案件名称</td><td colspan="3">吴华在汤河河堤违法建房案</td></tr>
<tr><td>案情简介</td><td colspan="3">经查，吴华于2009年3月，在汤河北周流村东南汤河堤防上扩建房屋，长21米，宽8.5米，主建筑面积336平方米，附属建筑面积25平方米，共361平方米。该建筑危及堤防安全属违章建筑。</td></tr>
<tr><td>承办单位名称</td><td colspan="3">汤阴县水政监察大队</td></tr>
<tr><td>主办人员姓名</td><td>黄某</td><td>协办人员姓名</td><td>闫某</td></tr>
<tr><td>报送时间</td><td>2009年8月16日</td><td>审核时间</td><td>2009年8月17日</td></tr>
<tr><td>审核意见
法制机构</td><td colspan="3">该案件事实清楚、证据确凿充分、定性准确、程序合法、处罚适当，同意处罚。

负责人签名：　　　　　　　　2009年8月17日</td></tr>
<tr><td>主办人员
签收</td><td colspan="3"></td></tr>
</table>

本意见书一式两份，一份留存归档，一份连同案卷材料退回办案机构作为指导案件办理的依据入卷归档。

水行政处罚事先告知书

汤水罚先告字〔2009〕第03号

被处罚人（自然人）名称或姓名： 吴华（身份证号：410998197200823656 5）

地 址：汤阴县古贤乡北周流村

法定代表人或负责人： 无 职 务： 无

本机关于2009年8月4日对你在汤河北周流村桥头东南堤防上建房一案进行了立案调查。经查，你于2009年3月起在汤河北周流村桥头东南堤防上建房共计361平方米。违反了《中华人民共和国水法》第三十七条第二款“禁止在河道管理范围内建设妨碍行洪的建筑物、构筑物以及从事影响河势稳定、危害河岸堤防安全和其他妨碍河道行洪的活动”之规定。

违法的证据：1. 文字材料（询问笔录、现场检查笔录）；2. 视听资料（照片）。

违法行为等次：根据你的违法事实、性质、情节、社会危害程度和相关证据，你的违法行为等次属于严重。

应受行政处罚的依据和种类：上述违法行为事实清楚，证据确凿充分。鉴于当事人在规定期限内不拆除、不恢复原状，根据《中华人民共和国水法》第六十五条“在河道管理范围内建设妨碍行洪的建筑物、构筑物或者从事影响河势稳定、危害河堤安全和其他妨碍河道行洪的，由县级以上人民政府水行政主管部门或流域管理机构依据职权，责令停止违法行为，限期拆除违法建筑物、构筑物，恢复原状；逾期不拆除、不恢复原状的，强行拆除，所需费用由违法单位或者个人负担，并处一万元以上十万元以下的罚款”之规定及《河南省水行政处罚裁量标准》，拟对你作出下列行政处罚：

1. 限期拆除建在汤河堤防上的违法建筑物；

2. 并处以陆万元罚款。

根据《中华人民共和国行政处罚法》第三十二条的规定，你可以自收到本告知书之日起三日内到汤阴县水务局进行陈述、申辩，逾期不陈述、申辩的视为放弃陈述、申辩权利。

汤阴县水务局

2009年8月17日

联系人：黄 某 闫 某

联系电话：6202800

联系地址：汤阴县城政通路中段

水行政处罚听证告知书

汤水罚先告字〔2009〕第03号

吴华（身份证号410998197200823656５）：

经查，你于2009年3月，在汤河北周流村桥头东南河堤上建房的行为，违反了《中华人民共和国水法》第37条第二款“禁止在河道管理范围内建设妨碍行洪的建筑物、构筑物以及从事影响河势稳定、危害河堤安全和其他妨碍河道行洪的活动”的规定。

违法行为等次：根据你的违法事实、性质、情节、社会危害程度和相关证据，你的违法行为等次属于严重。

应受行政处罚的依据和种类：本机关依照《中华人民共和国水法》第六十五条“在河道管理范围内建设妨碍行洪的建筑物、构筑物，或者从事影响河势稳定、危害河岸堤防安全和其他妨碍河道行洪的，由县级以上人民政府水行政主管部门或流域管理机构依据职权，责令停止违法行为，限期拆除违法建筑物、构筑物，恢复原状；逾期不拆除、不恢复原状的，强行拆除，所需费用由违法单位或者个人负担，并处一万元以上十万元以下的罚款”之规定拟对你作出下列行政处罚：

1、限期拆除建成在汤河河堤上的违法建筑物；

2并处以罚款陆万元整。

申请听证的期限：你有权在接到本告知书之日起3日内，以书面形式向本机关提出听证要求，逾期不提出的，视为放弃听证权利。

汤阴县水务局

2009 年8月17日

送达回证

<table>
<tr><td>案　　由</td><td colspan="4"></td></tr>
<tr><td>受送达人</td><td colspan="4">吴华</td></tr>
<tr><td>送达地点</td><td colspan="4">汤阴县古贤乡北周流村</td></tr>
<tr><td colspan="2">送达文书</td><td>送达人</td><td>收到日期</td><td>受送达人签名或盖章</td></tr>
<tr><td colspan="2">水行政处罚事先告知书
汤水罚先告字〔2009〕第 03 号</td><td>黄某
闫某</td><td>2009 年 8 月
17 日 9 时</td><td>吴华</td></tr>
<tr><td colspan="2">《行政处罚听证告知书》
汤水罚听告字〔2009〕第 03 号</td><td>黄某
闫某</td><td>2009 年 8 月
17 日 9 时</td><td>吴华</td></tr>
<tr><td colspan="2"></td><td></td><td>年　月
日　时</td><td></td></tr>
<tr><td colspan="2"></td><td></td><td>年　月
日　时</td><td></td></tr>
<tr><td>备　　注</td><td colspan="4"></td></tr>
</table>

注：1、如受送达人不在时，将文件交与他的成年家属、近邻、工作机关或受送达人居住地的乡（镇）政府、村民委员会或街道办事处代收。

2、如系代收，代收人应在受送达人栏内签名或盖章，并注明与受送达人的关系。

重大水事违法案件领导集体讨论笔录

案　　由：汤阴县古贤乡北周流村村民吴建华在汤河河堤违法建房案

时　间：2009 年 8 月 24　日 9 时 10 分至 9　时 45 分

地　点：水政监察大队会议室

案件主办人：闫 某

案件承办人：黄某　闫某　记录人：闫某

参加人员：　罗某　张某　黄某　闫某

讨论内容：汤阴县古贤乡北周流村村民吴华在汤河河堤违法建房案进行了讨论。

一、案件承办人汇报案情及处理意见：本机关于 2009 年 8 月 3 日对当事人吴华在汤河北周流村桥头东南堤防上建房一案进行了立案调查。经查吴华于 2009 年 3 月起在汤河北周流村桥头东南堤防上建房共计 361 平方米。根据《中华人民共和国水法》第三十七条第二款“禁止在河道管理范围内建设妨碍行洪的建筑物，构筑物以及从事影响河势稳定，危害河堤安全和其他妨碍河道行洪的活动。”之规定。根据《中华人民共和国水法》第六十五条“在河道管理范围内建设妨碍行洪的建筑物，构筑物或者从事影响河势稳定，危害河堤安全和其他妨碍河道行洪的，由县级以上人民政府水行政主管部门或流域管理机构依据职权，责令停止违法行为，限期拆除违法建筑物，构筑物，恢复原状；逾期不拆除，不恢复原状的，强行拆除，所需费用由违法单位或者个人负担，并处一万元以上十万元以下的罚款。”之规定，鉴于当事人在规定期限内不拆除，不恢复原状，根据《河南省水行政处罚裁量标准》，其违法等级属于严重，办案人员建议对吴华处以：1、拆除建在河堤上的违法建筑物；2、并处以陆万元罚款的行政处罚。

二、听证情况：没有听证。

三：参加人员意见：

罗某：当事人吴华在汤河堤防上违法建房属违法行为，应依据有关水法规，及《河南省水行政处罚裁量标准》有关规定予以处罚，同意办案人员意见。

张某：同意办案人员意见。

黄某：同意办案人员意见。

讨论结果：1. 拆除建在汤河河堤上的违法建筑物；

2. 并处以陆万元罚款。

主管领导签名：同意。

侯某　　2009 年 8 月 24 日

行政机关负责人签名：同意。

马某　　2009 年 8 月 24 日

参加人员（签字）：

行政处罚审批表

案　　由	汤阴县古贤乡北周流村村民吴华在汤河河堤违法建房
法律文书 名称及文号	水行政处罚决定书 汤水罚字〔2009〕第 03 号
承办人	黄某　闫某
大队负责人 审查意见	拟同意，请局长审核。 负责人：张某　　2009 年 8 月 25 日
法律审核 意　　见	该案件事实清楚、证据确凿充分、定性准确、程序合法、处罚适当，同意处罚请局长审批。 负责人：张某　　2009 年 8 月 25 日
机关负责人 意　　见	同　意。 负责人：罗某　　2009 年 8 月 25 日
备　　注	

水行政处罚决定书

汤水罚决字〔2009〕第03号

被处罚人（自然人）名称或姓名：吴华（身份证号：410998197200823656５）

地　　址：汤阴县古贤乡北周流村

法定代表人或负责人：无　　职　　务：无

本机关于2009年8月3日对你在汤河北周流村桥头东南堤防上建房一案进行了立案调查。经查你于2009年3月起在汤河北周流村桥头东南堤防上建房，共计361平方米。根据《中华人民共和国水法》第三十七条第二款“禁止在河道管理范围内建设妨碍行洪的建筑物、构筑物以及从事影响河势稳定、危害河岸堤防安全和其他妨碍河道行洪的活动”之规定。

违法的证据：1. 文字材料（询问笔录、现场勘验笔录）；2. 视听资料（照片）。

违法行为等次：根据你的违法事实、性质、情节、社会危害程度和相关证据，你的违法行为等次属于严重。

应受行政处罚的依据和种类：上述违法行为事实清楚，证据确凿充分。根据《中华人民共和国水法》第六十五条“在河道管理范围内建设妨碍行洪的建筑物，构筑物或者从事影响河势稳定，危害河堤安全和其他妨碍河道行洪的，由县级以上人民政府水行政主管部门或流域管理机构依据职权，责令停止违法行为，限期拆除违法建筑物、构筑物，恢复原状；逾期不拆除、不恢复原状的，强行拆除，所需费用由违法单位或者个人负担，并处一万元以上十万元以下的罚款”之规定及《河南省水行政处罚裁量标准》，决定对你作出下列行政处罚：

1. 限接到本处罚决定书之日起十五日内拆除建在汤河河堤上的违法建筑物；

2. 并处以陆万元罚款。

行政处罚履行方式和期限：你应当自接到本决定书之日起15日内将罚款缴至汤阴建行（银行账号：41001518210050000208），到期不缴纳的，每日按罚款数额的百分之三加处罚款。

不服行政处罚决定申请行政复议或提起行政诉讼的途径和期限：如不服本决定，可以自收到本决定书之日起六十日内向汤阴县人民政府或安阳市行政复议受理中心申请行政复议，或者在接到本决定书后六个月内直接向汤阴县人民法院提起行政诉讼。逾期不申请行政复议、不向人民法院起诉又不履行本处罚决定的，我局将申请人民法院强制执行。

汤阴县水务局

2009年8月26日

送达回证

案　由			
受送达人	吴华		
送达地点	汤阴县古贤乡北周流村		
送达文书	送达人	收到日期	受送达人签名或盖章
水行政处罚决定书 汤水罚决字〔2009〕第03号	黄某 闫某	2009年8月 26日9时	吴华
		年　月 日　时	
		年　月 日　时	
		年　月 日　时	
备　注			

注：1、如受送达人不在时，将文件交与他的成年家属、近邻、工作机关或受送达人居住地的乡（镇）政府、村民委员会或街道办事处代收。

2、如系代收，代收人应在受送达人栏内签名或盖章，并注明与受送达人的关系。

复议申请

申请人：吴华，男，28岁，汉族，农民，住汤阴县古贤乡北周流村。

被申请人：汤阴县水务局

申请事项

因不服汤阴县水务局汤水罚决字〔2009〕第03号水行政处罚决定书申请复议。申请人认为汤阴县水务局汤水罚决字〔2009〕第03号行政处罚决定书认定事实不清，处罚不公，要求予以撤销。

事实与理由

一、申请人的房屋是于2000年10月19日从石太林手中买下的，该房始建于27年前，远远早于《中华人民共和国水法》颁布。因该房位置属于北青村管辖，申请人在买下此房后又与北青村村委会签订了一个30年的承包合同。2009年，由于房屋破旧，申请人经村委会报镇管房产的部门批准，对该房进行了翻新，在原有的基础上盖成两层楼房，经营澡堂。

申请人的房子是始建于27年前的建筑，属于历史遗留下来的，只不过进行了翻盖，但不影响行洪，防汛，根本不会危机堤防的安全。

二、处罚严重不公。宪法规定在法律面前人人平等，但汤阴县水务局在对待同样问题的处理上严重不公。目前，在汤河堤上建房的不少于70户，光申请人所在村在河堤上建房的就还有七户，其中石献林（村委会主任的侄儿）600平方米，石丙和（村支书）130平方米，石存（村委会主任）30平方米，石大红（村支书侄儿）48平方米，石牛只30平方米等，都没有受到任何处罚。这种因人而异的处理让人心中不平，难道法律只是为申请人制定的吗？

以上情况，说明汤阴县水务局对申请人的处罚事实不清，处罚严重不公，要求进行复议。

此　致

汤阴县人民政府

申请人：吴华

二〇〇九年八月二十九日

汤阴县人民政府行政复议决定书

汤政复决〔2009〕13 号

申请人：吴华，男，汉族，1981 年 9 月 22 日出生，住汤阴县古贤乡北周流村

被申请人：汤阴县水务局

法定代表人：张功　　　　　职务：局长

申请人因不服汤阴县水务局 2009 年 8 月 26 日作出的，《水行政处罚决定书》（汤水罚决字〔2009〕第 03 号）的具体行政行为，于 2009 年 8 月 29 日向本机关申请行政复议，本机关依法予以受理，现已复议终结。

申请人请求：撤销汤阴县水务局作出的汤水罚决字〔2009〕第 03 号水行政处罚决定书。

申请人称：1. 申请人房屋建于 27 年前，属于历史留下来的，只不过进行了翻新，不影响行洪、防洪，不会危及堤防的安全。2. 在汤河堤上建房的不只申请人一家，只处罚申请人严重不公。

被申请人称：1. 被申请人根据举报，对申请人立案查处。《中华人民共和国水法》明文规定申请人的行为属法律禁止的行为。故请示依法维持汤水罚决字〔2009〕第 03 号《水行政处罚决定书》。

经查，1. 2009 年 8 月，被申请人接到举报，称申请人在汤河堤防上违法建房。随后，被申请人进行了调查取证、送达了《水行政处罚决定书》（汤水罚决字〔2009〕第 03 号），对其作出限作出限期拆除在堤防上的违法建房和罚款陆万元的处罚决定。2. 该房屋位于汤河北周流桥头东南堤防上，是于 2009 年翻盖的两层楼房，没有办理建房审批手续，建筑总面积 361 平方米。

本机关认为：申请人行为违反了《中华人民共和国水法》第三十七条第二款规定："禁止在河道管理范围内建设妨碍行洪的建筑物、构筑物以及从事影响河势稳定、危害河岸堤防安全和其他妨碍河道行洪的活动"。根据《中华人民共和国水法》第六十五条第一款规定"在河道管理范围内建设妨碍行洪的建筑物、构筑物，或者从事影响河势稳定、危害河岸堤防安全和其他妨碍河道行洪的活动的，由县级以上人民政府水行政主管部门或者流域管理机构依据职权，责令停止违法行为，限期拆除违法建筑物、构建物，恢复原状；逾期不拆除、不恢复原状的，强行拆除，所需费用由违法单位或者个人负担，并处一万元以下十万元以下的罚款"，申请人擅自在汤河堤防上建房，显然违反了上述法律规定，属于违法行为。被申请人对申请人作出"一、限期拆除建在堤防上的违法建筑物；二、并处以陆万元罚款"的处罚符合法律规定。

综上所述，被申请人做出《水行政处罚决定书》（汤水罚决字〔2009〕第 03 号）的具体行政行为，认定事实清楚，证据确凿，程序合法，依据正确，根据《中华人民共和国行政复议法》第二十八条第一款第一项的规定，本机关决定：

维持汤阴县水务局做出的《水行政处罚决定书》（汤水罚决字〔2009〕第 03 号）。

申请人如不服，可在收到本行政复议决定书之日起十五日内依法向汤阴县人民法院起诉。

二〇〇九年九月十日

行政起诉状

原告：吴华，男，28岁，汉族，农民，住汤阴县古贤乡北周流村，电话：6360696

被告：汤阴县水务局

法定代表人：张功，局长。

诉讼请求

撤销汤阴县水务局汤水罚决字〔2009〕第03号行政处罚决定。

事实与理由

原告于2000年10月19日从石太林手中买了五间破房，因该房位置属南周流村所辖，原告于2009年对该房进行了翻修，在原有的基础上盖成了楼房，经营澡堂，并作为住房。

2009年8月26日，被告向原告下达了汤水罚决字〔2009〕第03号行政处罚决定：一、限在本处罚决定书下达之日起十五日内拆除建在堤上的违法建筑；二、处以陆万元罚款。

原告认为被告的处罚不当：

一、原告的房子始建于27年前，是属于历史遗留下来的，它的存在并不影响行洪、防洪，根本不会危及堤防的安全。

二、处罚严重不公。目前，在汤河河堤上建房的不少于70户，单是原告所在的北周流村在河堤上建房的就还有8户，其中：石现林（村委会主任的侄儿）600平方米，石丙和（村支部书记）130平方米，石存（村委会主任）30平方米，石太红（村支书的侄儿）48平方米，石马（村委会主任的哥哥）50平方米，石保林45平方米，石牛只30平方米，石保玉171平方米，都没有受到任何处罚。另外，在北周流村桥南的汤河河堤上，今年还有几家在那建了房子。我国宪法规定，在法律面前人人平等，同是在河堤上建房，为什么只处理原告而不处理其他人呢？

根据以上情况，原告认为被告在处理在河堤上建房问题不是依法办事，要求对汤阴县水务局汤水罚决字〔2009〕第03号行政处罚决定予以撤销。

此　致

汤阴县人民法院

原告：吴华

二○○九年九月二十八日

行政答辩状

答辩机关名称：汤阴县水务局

单位地址：汤阴县城东大街

单位电话：6213483

法定代表人：张功　　职务：局长

因汤阴县古贤乡北周流村村民吴华诉我局一案，现答辩如下：

一、案情简介

2009年8月，我局接到古贤乡北周流村村民石林就本村村民吴华在汤河北周流桥头堤防上建房的举报。我局于2009年8月4日派水政执法人员对吴华在堤防上建房情况进行了调查取证。经查证，吴华是2000年10月19日买的石辛庄村村民石太林的房子。该房屋东西宽9米，南北长12米，房前房后各有3米空闲地。依照《中华人民共和国水法》规定，当时这座房屋就属于违法建筑。2009年春节过后，吴华对房屋进行了翻盖，拆除了西山墙、前墙、后墙和房顶。西山墙往里退了0.5米，前墙往后退了2米，建了一座两层楼房。为多利用房后3米空闲地，吴华交给南周流村会计300元钱，在原房后3米的基础上又往后延伸了3米，新建了锅炉房、厕所等建筑，用于经营浴池和理发店。其主建筑面积336平方米、附属建筑面积25平方米，合计建筑面积约361平方米，均属违法建筑。

我局于2009年8月5日，依法对原告下达了《责令改正通知书》，责令原告于2009年8月9日前拆除建在河堤上的违法建筑物，但原告逾期未拆除。2009年8月17日，依法下达了《水行政处罚听证告知书》。2009年8月26日依法下达了《水行政处罚决定书》，对原告作出拆除建在堤防上的违法建房和罚款陆万元的水行政处罚决定。

2009年8月26日，我局依据《中华人民共和国水法》第六十五条之规定，对原告作出了限期拆除建在河堤上的违法建筑物和并处以陆万元罚款的行政处罚决定。

2009年8月29日，原告就我局作出的行政处罚向汤阴县人民政府提起行政复议。2009年9月10日，县政府作出维持我局行政处罚决定的复议决定。

二、对起诉状所提的事实与理由的答辩

（一）对起诉状中提出的原告的房子始建于27年前，属于历史遗留下来的，并不影响防洪，不会危及堤防安全，原告在调查笔录中承认其房子于2009年春节过后进行了翻建和扩建，并不是历史遗留下来的。原告称堤防上的建房不影响防洪，不会危机堤防安全，我局认为，《中华人民共和国水法》第三十七条第二款“禁止在河道管理范围内建设妨碍行洪的建筑物、构筑物以及从事影响河势稳定、危害河岸堤防安全和其他妨碍河道行洪的活动。”明文禁止在堤防上的建房行为。

（二）对起诉状中提出的处罚严重不公，对在汤河上建房的其他几户村民不处理，我局认为，在接到原告对在汤河堤防上建房的其他几户村民的举报后，就派工作人员进行了调查，并将调查结果向有关部门和有关领导作了汇报，作为另案处理，与本案并无关联。

综上所述，我局于2009年8月26日对原告吴华下达的汤阴县水务局汤水罚决字〔2009〕第03号《行政处罚决定书》事实清楚、证据确凿、适用法律法规正确、程序合法、处理恰当。请贵院驳回原告的诉讼请求，对我局作出的处罚决定依法予以维持。

此　致

河南省汤阴县人民法院

答辩机关：汤阴县水务局

法定代表人：张功

二〇〇九年十月十日

河南省汤阴县人民法院

行政判决书

汤行初字〔2009〕第7号

原告：吴华，男，1981年9月22日出生，汉族，农民，住汤阴县古贤乡北周流村。

委托代理人：李森，河南岳都律师事务所律师。

被告：汤阴县水务局

法定代表人：张功，局长。

委托代理人：张某、黄某，汤阴县水务局工作人员。

原告吴华不服被告汤阴县水务局行政处罚一案，原告于2009年9月28日向本院提起行政诉讼。本院受理后，依法组成合议庭，于2009年10月22日公开开庭审理了本案。原告吴华及其委托代理人李森，被告汤阴县水务局委托代理人张某、黄某到庭参加诉讼。本案现已审理终结。

原告吴华诉称，我2000年10月19日从他人手中购买五间破房，由于房屋破旧，我于2009年对该房进行了翻修，在现有的基础上盖成了楼房，经营澡堂，并作为住房。我的房屋并不影响行洪、防洪。且在汤河河堤上建房的不少于70户，就我村就有8户，被告仅对我进行处罚违背法律面前人人平等的原则，且被告不依法办事，要求对被告作出的行政处罚予以撤销。

被告汤阴县水务局辩称，原告是2000年10月19日购买他人的房子。2009年春节过后，吴华对房屋进行了翻建，拆除了西山墙、前墙、后墙和房顶。西山墙往里退了0.5米，前墙往后退了2米，建了一座两层楼房，并新建了锅炉房、厕所等建筑，合计建筑面积约361平方米，均属违法建筑。我局先后向原告下达了《责令改正通知书》、《水行政处罚事先告知书》、《行政处罚听证告知书》。期间原告既未申辩又没有要求组织听证，逾期也未拆除。原告的行为违反了《中华人民共和国水法》第三十七条第二项的规定，我局依据该法第六十五条的规定对原告实施处罚并无不当。请示法院依法驳回原告的诉讼请求。

经审理查明：2009年3月，原告对位于汤河北周流桥头堤防上的房屋进行了翻建，建成一座两层楼房。因原告未办理建房审批手续，2009年8月5日被告向原告下达了《责令改正通知书》，责令原告拆除建在河堤上的违法建筑物。2009年8月17日，被告又向原告下达了《水行政处罚听证告知书》。因原告的房屋位于汤河北周流桥头堤防上，被告以原告违反《中华人民共和国水法》第三十七条第二款“禁止在河道管理范围内建设妨碍行洪的建筑物、构筑物以及从事影响河势稳定、危害河岸堤防安全和其他妨碍河道行洪的活动”的规定，被告依据《中华人民共和国水法》第六十五条“在河道管理范围内建设妨碍行洪的建筑物、构筑物，或者从事影响河势稳定、危害河岸堤防安全和其他妨碍河道行洪活动的，由县级以上人民政府水行政主管部门或者流域管理机构依据职权，责令停止违法行为，限期拆除违法建筑物、构筑物，恢复原状；逾期不拆除、不恢复原状的，强行拆除，所需费用由违法单位或者个人负担，并处一万元以上十万元以下的罚款”的规定，认定原告的建房属违法建筑，对原告作出汤水罚决字〔2009〕第03号处罚决定：1. 限接到本处罚决定书之日起十五日内拆除建在汤河河堤上的违法建筑物；2. 并处以陆万元罚款。原告不服向汤阴县人民政府申请行政复议，行政复议决定书维持了被告作出的具体行政行为。原告不服行政处罚，提起诉讼。上为本案事实。

本院认为，根据《中华人民共和国水法》的有关规定，被告具有对河道范围内违法处罚的法定职权。原告以违法建筑不只我一人，被告仅对我进行处罚实属不公为由，要求撤销被告作出的具体行政行为理由不足，本院不予支持。被告对原告作出的汤水罚决字〔2009〕第03号处罚决定，认定事实清楚、证据确凿、适用法律正确、程序合法。依据《中华人民共和国行政诉讼法》第五十四条第（一）项的规定，判决如下：

维持被告汤阴县水务局2009年8月26日作出的汤水罚决字〔2009〕第03号行政处罚决定书。

案件受理费50元由原告负担。

如有服本判决，可在判决书送达之日起十五日内，向本院提交上诉状并按对方当事人的人数提出副本，上诉于河南省安阳市中级人民法院。

审判长　王某
审判员　金某
审判员　李某

二〇〇九年十一月一日
书记员：李 某

上 诉 状

上诉人：吴华，男，1981年9月22日出生，汉族，农民，系汤阴县古贤乡北周流村人。

为不服汤阴县人民法院（2009）汤行初字第7号判决提起上诉。上诉人认为汤阴县人民法院（2009）汤行初字第7号行政判决认定事实不清，判决不公，要求予以撤销，重新进行审理。

一、事实不清

1. 上诉人的房子始建于27年前，是历史遗留下来的，房子建好后从未有人对此房提出异议。2. 房子的存在，根本不存在影响行洪、防洪、危及堤防安全的问题。

二、判决不公

目前，在汤河堤上建房的不少于70户，有的正在建设中，为什么都不作处理，而只处理上诉人呢？

根据以上情况，上诉人认为汤阴县人民法院（2009）汤行初字第7号行政判决认定事实不清，判决不公，要求予以撤销，重新进行审理。

此 致

汤阴县人民法院转

安阳市中级人民法院

上诉人：吴华

二〇〇九年十一月五日

河南省安阳市中级人民法院

行政判决书

安行终字〔2009〕第95号

上诉人：(一审原告)吴华，男，1981年9月22日出生，汉族，农民，住汤阴县古贤乡北周流村。

委托代理人：王江，河南大沧海律师事务所律师。

被上诉人：(一审被告)汤阴县水务局。

法定代表人：张功，局长。

委托代理人：张某、黄某，汤阴县水务局工作人员。

上诉人吴华因汤阴县水务局行政处罚争议一案，不服汤阴县人民法院(2009)汤行初字第7号行政判决，向本院提起上诉。本院依法组成合议庭，公开开庭对本案进行了审理。本案现已审理终结。

一审法院查明，2009年，吴华在汤河北周流村桥堤防上修建房屋。2009年8月5日，汤阴县水务局认定吴华修建房屋河堤上，属于违法建房，故向其下达了《责令改正通知书》，责令拆除修建的违法建筑物。2009年8月17日，汤阴县水务局又向吴华下达了《行政处罚听证告知书》。之后，该局作出汤水罚决字〔2009〕第03号处罚决定：1. 限接到本处罚决定书之日起十五日内拆除建在汤河河堤上的违法建筑物；2. 并处以陆万元罚款。吴华不服，向汤阴县人民政府申请行政复议。汤阴县人民政府2009年9月10日作出汤政复议〔2009〕13号复议决定，维持汤阴县水务局作出的具体行政行为。吴华不服行政处罚，提起诉讼。一审法院认为，汤阴县水务局对吴华作出的汤水罚决字〔2009〕第03号处罚决定，认定事实清楚、适用法律正确、程序合法。判决维持汤阴县水务局2009年8月26日作出的汤水罚决字〔2009〕第03号行政处罚决定。

吴华不服一审判决，提出上诉。其认为一审判决认定事实不清，适用法律错误。理由是我2000年10月19日从他人手中购买五间破房，由于房屋破旧，我于2009年对该房进行了翻修，在现有的基础上盖成了楼房，经营澡堂，并作为住房居住。我的房屋并不影响行洪、防洪，且有多人在汤河河堤上建房，汤阴县水务局仅对我进行处罚，违背法律面前人人平等的原则，请求撤销一审判决和汤阴县水务局作出的行政处罚决定。

汤阴县水务局辩称，吴华是2000年10月19日购买他人的房子。2009年春节过后，吴华对房屋进行了翻建，拆除了西山墙、前墙、后墙和房顶。西山墙往里退了0.5米，前墙往后退了2米，建了一座两层楼房，并新建锅炉房、厕所等建筑，合计建筑面积约361平方米，均属违法建筑。我局先后向吴华下达了《责令改正通知书》、《水行政处罚听证告知书》。吴华的行为违反了《中华人民共和国水法》的规定，我局对吴华进行处罚并无不当。请求二审法院维持一审判决。

上述当事人提供的证据材料已随案卷移送本院审查。

本院经审理查明的事实与一审法院查明的事实无异。

本院认为，《中华人民共和国水法》第三十七条第二款规定“禁止在河道管理范围内建设妨碍行洪的建筑物、构筑物以及从事影响河势稳定、危害河岸堤防安全和其他妨碍河道行洪的活动。"《中华人民共和国水法》第六十五条，在河道管理范围内建设妨碍行洪的建筑物、构筑物，或者从事河势稳定、危害河岸堤防安全和其他妨碍河道行洪活动的，由县级以上人民政府水行政主管部门或者流域管理机构依据职权，责令停止违法行为，限期拆除违法建筑物、构筑物、恢复原状，逾期不拆除、不恢复原状的，强行拆除。上诉人吴华所建设的房屋在汤河河堤上，属于违法建筑。汤阴县水务局认定吴华在河堤上建设房屋事实清楚，对吴华作出处罚决定并无不当。一审判决认定事实清楚，适用法律正确。依照《中华人民共和国行政诉讼法》第六十一条第（一）项的规定，判决如下：

驳回上诉，维持原判。

二审案件受理费 50 元，由上诉人吴华承担。

本判决为终审判决。

审判长　关某

审判员　程某

审判员　高某

二 OO 九年十一月二十五日

书记员：苏某

汤阴县水务局局

履行行政决定催告书

汤水强催字〔2009〕10 号

吴 华（身份证号：410998197200823656 5）：

本机关于 2009 年 8 月 26 日向你送达《水行政处罚决定书》汤水罚决字〔2009〕第 03 号，你在法定期限内不履行本机关作出的行政决定。根据《中华人民共和国行政强制法》第五十四条“行政机关申请人民法院强制执行前，应当催告当事人履行义务。催告书，送达十日后当事人仍未履行义务的，行政机关可以向所在地有管辖权的人民法院申请强制执行；执行对象是不动产的，向不动产所在地有管辖权的人民法院申请强制执行”之规定，现依法向你单位催告，请你单位自收到本催告书之日起十日内履行下列义务：

1. 拆除建在汤河河堤上的违法建筑物；
2. 并处以陆万元罚款。

逾期仍未履行义务的，本机关将依法申请人民法院强制执行。

你在收到催告书后有权进行陈述和申辩。请你在收到本催告书之日起三日内提出陈述和申辩，逾期不陈述、申辩的视为放弃陈述和申辩的权利。

汤阴县水务局

2009 年　月　日（公章）

联系人：×××

联系电话：3696353

强制执行申请书

汤水申字（2009）第02号

申请人：汤阴县水务局。

法定代表人：张功，局长。

被申请人：吴华，男，1981年9月22日出生，汉族，农民，住汤阴县古贤乡北周流村。

申请事项：

河南省安阳市中级人民法院行政判决书〔2009〕安行终字第95号判决内容。

事实与理由：

（2009）安行终字第95号行政判决书于2009年11月25日已发生法律效力。被申请人吴建华至今未履行该判决书所确定的义务，特申请汤阴县人民法院强制执行。

汤阴县水务局

2009年12月13日

水事违法案件结案报告

案　由：汤阴县古贤乡北周流村吴华在汤河河堤上违法建房案

承办人员：黄某　闫某

立案时间：2009年8月3日　　结案时间：2009年 12 月 13 日

简要案情及办案经过：本机关于2009年8月3日对吴华在汤河北周流村桥头东南堤防上建房一案进行了立案调查。经查其于2009年3月起在汤河北周流村桥头东南堤防上建房共计361平方米，违反了《中华人民共和国水法》第三十七条第二款“禁止在河道管理范围内建设妨碍行洪的建筑物、构筑物，以及从事影响河势稳定、危害河堤安全和其他妨碍河道行洪的活动”之规定。根据《中华人民共和国水法》第六十五条“在河道管理范围内建设妨碍行洪的建筑物，构筑物或者从事影响河势稳定，危害河堤安全和其他妨碍河道行洪的，由县级以上人民政府水行政主管部门或流域管理机构依据职权，责令停止违法行为，限期拆除违法建筑物、构筑物，恢复原状；逾期不拆除、不恢复原状的，强行拆除，所需费用由违法单位或者个人负担，并处一万元以上十万元以下的罚款”之规定及《河南省水行政处罚裁量标准》，该单位违法等级属于严重，对吴华处以：1. 拆除建在河堤上的违法建筑物；2. 处以陆万元罚款的行政处罚决定。

2009年8月29日吴华向汤阴县人民政府申请行政复议，2009年9月10日汤阴县人民政府维持了我局作出的具体行政行为。原告不服行政复议决定，于2009年9月28日向汤阴县人民法院提起诉讼，汤阴县人民法院认为，汤阴县水务局对吴华作出的汤水罚决字〔2009〕第03号处罚决定，认定事实清楚、适用法律正确、程序合法。于2009年11月1日作出判决维持县水我局2009年8月26日作出的汤水罚决字〔2009〕第03号行政处罚决定书。2009年11月5日吴华不服一审判决提起上诉，2009年11月25日安阳市中级人民法院作出判决驳回了吴华的上诉，维持了汤阴县人民法院的判决。

2009年12月13日，汤阴县人民法院依法对建在古贤乡北周流村桥头吴华的非法房屋进行了强行拆除。拆除费用5000元由吴华承担。

2009年12月13日，请示局领导建议结案。

案件承办人意见：建议结案。

黄某　闫某

办案机构意见：拟同意结案，请法制机构审核。

某某　2009年12月13日

法制机构意见：拟同意结案，请领导审批。

某某　2009年12月13日

机关负责人意见：同意结案。

罗某　2009年12月13日

立卷、验卷情况记载

本案卷于 2009 年 12 月 14 日立卷，本册连面带底共计 49 页，附证物袋 1 个，内装 1 件。

立卷人： 闫某

本案卷于 2009 年 12 月 14 日，经验查合格。

检验人： 刘某

安阳市城建建筑材料有限责任公司未编报水土保持方案擅自开工建设水行政处罚案

【案情简介】2010 年 8 月 19 日，我三大队执法人员在日常巡查中，发现安阳市城建建筑材料有限责任公司在建项目未编制水土保持方案，也未经水行政主管部门审批，擅自在龙安区龙泉镇王村动土建设。该行为违反了《中华人民共和国水土保持法》第十九条第一款“在山区、丘陵区、风沙区修建铁路、公路、水工程，开办矿山企业、电力企业和其他大中型工业企业，在建项目环境影响报告书中，必须有水行政主管部门同意的水土保持方案”、《中华人民共和国行政许可法》第八十一条等法律法规的规定。我单位于 2010 年 8 月 20 日向该其公司下达了《责令停止水事违法行为通知书》，根据现场勘验，该公司东边界 200 米，南边界 150 米，西边界 195 米，北边界 156 米。根据《水行政许可实施办法》第五十八条“公民、法人或者其他组织未经水行政许可，擅自从事依法应当取得水行政许可的活动的，水行政许可实施机关应当责令停止违法行为，并给予警告。当事人从事非经营活动的，可以处 1 千元以下罚款；当事人从事经营活动，有违法所得的，可以处违法所得 3 倍以下罚款，但是最高不得超过 3 万元，没有违法所得的，可以处 1 万元以下罚款，法律、法规另有规定的除外；构成犯罪的，依法追究刑事责任”，行政处罚建议：1. 限 7 日内编报水土保持方案；2. 罚款人民币壹万元整。

附：安阳市城建建筑材料有限责任公司未编报水土保持方案擅自开工建设水行政处罚案卷宗

河南省水事违法案件卷宗

<table>
<tr><td colspan="5">豫水（安 ）立字〔2010〕第 3002 号</td></tr>
<tr><td>案由</td><td colspan="4">未编报水土保持方案擅自开工建设案</td></tr>
<tr><td rowspan="2">当事人</td><td>名称或姓名</td><td colspan="3">安阳市城建建筑材料有限责任公司</td></tr>
<tr><td>地址或住址</td><td colspan="3">安阳市红旗路北段</td></tr>
<tr><td>立案日期</td><td colspan="2">2010 年 8 月 19 日</td><td>结案日期</td><td>2010 年 9 月 14 日</td></tr>
<tr><td>处罚（理）决定</td><td colspan="4">1. 编报水土保持方案；
2. 罚款壹万元。</td></tr>
<tr><td>复议决定</td><td colspan="4"></td></tr>
<tr><td>法院判决（裁定）</td><td colspan="4"></td></tr>
<tr><td>归档日期</td><td colspan="2">2010 年 9 月 15 日</td><td>归档编号</td><td>010 ？</td></tr>
<tr><td>保存年限</td><td colspan="2">10 年</td><td>承办人</td><td>崔明　张征</td></tr>
<tr><td colspan="3">本卷内的文书共计　26　张</td><td>立卷人</td><td>崔明　张征</td></tr>
</table>

卷宗目录

序号	材料名称	文号	页数
1	水事违法案件立案呈批表	安水立字〔2010〕第3002号	
2	调查（询问）通知书	安水调字〔2010〕第3002号	
3	送达回证		
4	现场（检查）笔录		
5	责令停止水事违法行为通知书	安水停字〔2010〕第3002号	
6	送达回证		
7	调查（询问）笔录		
8	调查终结报告		
9	水事违法案件集体讨论笔录		
10	行政处罚事先告知书	安水罚先告字〔2010〕第3002	
11	送达回证		
12	法律文书签发单		
13	水行政处罚决定书	安水罚决字〔2010〕第3002号	
14	送达回证		
15	水事违法案件结案报告		
16	现场照片		
17	案件承办人行政执法证		
18	银行代收罚款票据		
19	水土保持方案批复文件		

行政处罚案件立案审批表

<table>
<tr><td rowspan="5">当事人</td><td>单位名称</td><td>安阳市城建建筑材料有限责任公司</td><td>法定代表人</td><td>张明君</td></tr>
<tr><td>住址</td><td></td><td>电话</td><td></td></tr>
<tr><td>个人姓名</td><td>安阳市红旗路北段</td><td>性别</td><td>男</td></tr>
<tr><td>所在单位</td><td></td><td>电话</td><td></td></tr>
<tr><td>身份证号码</td><td>××××××××××××××××××</td><td>个人住址</td><td></td></tr>
<tr><td>案由</td><td colspan="2">未编报水土保持方案擅自开工建设</td><td>案件来源</td><td>2010 年 8 月 19 日
自查</td></tr>
<tr><td>案件简要情况</td><td colspan="4">2010 年 8 月 19 日，我三大队执法人员在日常巡查中，发现安阳市城建建筑材料有限责任公司在建项目未编制水土保持方案，也未经水行政主管部门审批，擅自在龙安区龙泉镇王村动土建设。该行为违反了《中华人民共和国水土保持法》第十九条、《中华人民共和国行政许可法》第八十一条等法律法规的规定。</td></tr>
<tr><td>承办人意见</td><td colspan="4">安阳市城建建筑材料有限责任公司涉嫌违反了《中华人民共和国水土保持法》第十九条、《中华人民共和国行政许可法》第八十一条等法律法规的规定，建议立案查处。
承办人签名：崔明　张征　　2010 年 8 月 19 日</td></tr>
<tr><td>承办机构审核意见</td><td colspan="4">经审核，建议立案。建议该案件主办人是崔明，协办人是张征。
负责人签名：尹中洲　　2010 年 8 月 19 日</td></tr>
<tr><td>水行政主管部门负责人审批意见</td><td colspan="4">同意立案。
负责人签名：马荣洲　　2010 年 8 月 19 日</td></tr>
</table>

调查（询问）通知书

安水调字〔2010〕第3002 号

安阳市城建建筑材料有限责任公司：

你单位应于 2010 年 8 月 21 日 10 时到安阳市水利局水政监察支队三大队就你单位 在龙安区龙泉镇在建项目，没有编制水土保持方案也未经水行政主管部门审批擅自开工建设 一案接受调查（询问），逾期不到，我局将依法进行处理。

携带材料：1. 营业执照复印件

2. 法人代表身份证复印件

3. 征（占）地的基本情况

安阳市水利局印章

2010 年8月20 日

联系人：崔明

联系地址：安阳市安钢大道369号

联系电话：3696675

送达回证

案　　由			
受送达人	安阳市城建建筑材料有限责任公司		
送达地点	该厂区办公室		
送达文书	送达人	收到日期	受送达人签名或盖章
调查（询问）通知书 安水调字〔2010〕第3002号	崔　明 徐晓帅	2010年 8月 20日10时	吴强
		年　月 日　时	
		年　月 日　时	
		年　月 日　时	
备　　注	2010年8月20日，吴强接受该文书（办公室）。		

注：1、如受送达人不在时，将文件交与他的成年家属、近邻、工作机关或受送达人居住地的乡（镇）政府、村民委员会或街道办事处代收。

2、如系代收，代收人应在受送达人栏内签名或盖章，并注明与受送达人的关系。

现场（检查）笔录

被调（检）查单位名称：安阳市城建建筑材料有限责任公司

地址：安阳市红旗路北段

被询问人姓名：张明君　性别：男　年龄：47　职务：总经理

调（检）查时间：2010 年 8 月 20 日 10 时 56 分至 11 时 35 分

调（检）查地点：安阳市城建建筑材料有限责任公司新建厂区内

应邀见证人：

调（检）查人员：崔明　证件名称：行政执法证　执法证证编号：豫 GO12–056

记录人：张征　证件名称：行政执法证　执法证证编号：豫 GO12–028

调（检）查记录：2010 年 8 月 20 日上午，安阳市水利局水政执法人员：崔明、张征出示过行政执法证件后（亮证），并说明来意，对正在建设中的安阳市城建建筑材料有限责任公司进行现场勘验、拍照，经检查：1. 该单位厂区位置位于龙安区龙泉镇王村，单位东边界 200 米，南边界 150 米，西边界 195 米，北边界 156 米。2. 安阳市城建建筑材料有限责任公司法定代表人：张明君，具有独立法人资格。

（附图附后）

被调（检）查人签名或盖章：张明君　捺手印

被调查人拒签事由：

调（检）查人签名或盖章：崔明

记录人签名或盖章：张征

见证人签名或盖章并注明身份：王刚

2010 年 8 月 20 日

安阳市城建建筑材料有限责任公司

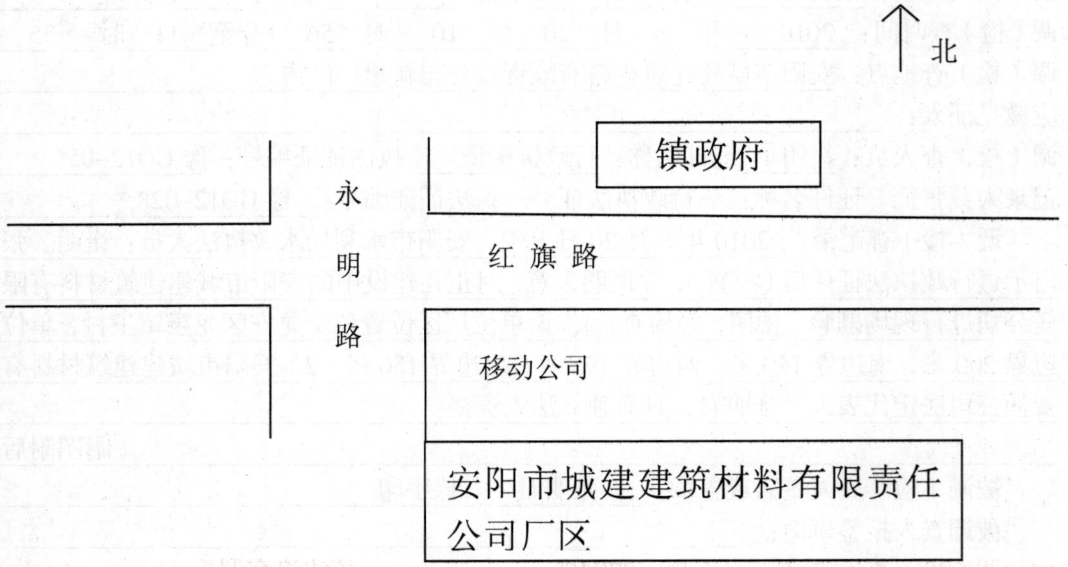

当事人签字：张明君　　2010年8月20日

记录人签字：张征　　2010年8月20日

责令停止水事违法行为通知书

安水停字〔2010〕第 3002 号

安阳市城建建筑材料有限责任公司：

经查，你单位 在龙安区龙泉镇王村在建项目，没有编制水土保持方案也未经水行政主管部门审批，擅自开工建设一案 违反了《中华人民共和国水土保持法》第十九条第一款："在山区、丘陵区、风沙区修建铁路、公路、水工程，开办矿山企业、电力企业和其他大中型工业企业，在建项目环境影响报告书中，必须有水行政主管部门同意的水土保持方案"，《河南省实施〈中华人民共和国水土保持法〉办法》第十八条："在山区、丘陵区、风沙区修建铁路、公路、水工程，开办矿山企业、电力企业和其他大中型工业企业，应编制《水土保持方案报告书》，经县级以上人民政府水行政主管部门审查同意后，作为建设项目环境报告书的一部分"及《中华人民共和国行政许可法》第八十一条"公民、法人或者其他组织未经行政许可，擅自从事依法应当取得行政许可的活动的，行政机关应当依法采取措施予以制止，并依法给予行政处罚；构成犯罪的，依法追究刑事责任"根据《水行政许可实施办法》第五十八条"公民、法人或者其他组织未经水行政许可，擅自从事依法应当取得水行政许可活动的，水行政许可实施机关应当责令停止违法行为，并给予警告。当事人从事非法经营活动的，可以处1千元以下罚款；当事人从事经营活动的，有违法所得的，可以处违法所得3倍以下罚款，但是最高不得超过3万元，没有违法所得的，可以处1万元以下罚款，法律、法规另有规定的除外；构成犯罪的，依法追究刑事责任"之规定，及《中华人民共和国水法》第六十条第四项、《河南省水政监察规定》第十五条第二款之规定，现责令立即停止违法行为，听候处理。否则，依法追究法律责任。

附： 1、限你单位7日内补办水土保持方案。

安阳市水利局印章

2010年8月20日

联系人：崔明

联系地址：安阳市安钢大道369号水政监察支队

联系电话：3696675

送达回证

案　　由				
受送达人	安阳市城建建筑材料有限责任公司			
送达地点	该厂区办公室			
送达文书		送达人	收到日期	受送达人签名或盖章
责令停止水事违法行为通知书 安水停字〔2010〕第3002号		崔　明 徐晓帅	2010年 8月 20日 10时	郭淮
			年　月 日　时	
			年　月 日　时	
			年　月 日　时	
备　　注				

注：1、如受送达人不在时，将文件交与他的成年家属、近邻、工作机关或受送达人居住地的乡（镇）政府、村民委员会或街道办事处代收。

2、如系代收，代收人应在受送达人栏内签名或盖章，并注明与受送达人的关系。

调查（询问）笔录

询问时间：2010 年 8 月 21 日 10 时 10 分至 10 时 47 分

询问地点：水政监察支队询问调查室

被询问单位名称：安阳市城建建筑材料有限责任公司

法定代表人（负责人）：张明君

被询问人姓名：张强 性别：男 年龄：35 职务：办公室主任 电话：13789586396

询问人：崔明 证件名称：行政执法证 执法证证编号：豫 G012—056

记录人：罗雁秋 证件名称：行政执法证 执法证证编号：豫 G0124—108

询问内容：

问：你对我们的身份是否有异议？

答：无异议。

问：请谈一下你单位的注册全称及单位法定代表人？

答：我单位全称是安阳市城建建筑材料有限责任公司，公司法定代表人张明君。

问：请说一下你个人的情况简介？

答：我叫张强，主要负责办公室工作。

问：请谈一下你单位是什么时间开工建设的？

答：我单位是于 2010 年 5 月初和朋友搞好的预算，7 月 28 日开始动工建设。

问：请谈一下你单位的位置和单位总面积？

答：单位位于在龙安区龙泉镇王村，单位东边界 200 米，南边界 150 米，西边界 195 米，北边界 156 米，这是施工图纸。

问：你单位在开工建设前有没有向水行政主管部门申请编报水土保持方案？

答：没有申请编报，以为自己改个厂区，不需水利部门审批。

问：你单位在丘陵区没有编报水土保持方案，擅自开工建设已违反《中华人民共和国水土保持法》第十九条第一款，造成水土流失，将承担法律责任，你知道吗？

答：我不知道在丘陵区搞建设前还要办理手续，既然已经触犯了法律，我会接受处理的，希望念我不懂法律第一次遇见这样的事,能否给个宽大政策来处理，我一定会积极配合你们的工作。

问：你还有什么要说的没有？

答：没有了。

问：以上记录是否属实？

答：看过，询问笔录上述内容，记录属实。

被询问人签字：张强 捺手印 2010 年 8 月 21 日

拒绝签字的理由：

询问人签字：崔明 2010 年 8 月 21 日

记录人签字：罗雁秋 2010 年 8 月 21 日

调查终结报告

当事人的基本情况：安阳市城建建筑材料有限责任公司

公司法定代表人：张明君　　地址：安阳市红旗路北段

调查时间：2010 年 8 月 19 日至 2010 年 9 月 1 日

调查人员签名：崔明　罗雁秋

当事人违法的证据：

1. 当事人询问笔录一份；
2. 现场检查笔录一份；
3. 视听资料 。

违法行为等次：根据安阳市城建建筑材料有限责任公司的违法事实，鉴于该单位在建设中所占面积大，且未按规定停止违法行为，依照《河南省水行政处罚裁量标准》将其性质、情节定性为严重。

应受行政处罚的依据和种类：2010 年 8 月 19 日，我三大队执法人员在日常巡查中，发现安阳市城建建筑材料有限责任公司在建项目未编制水土保持方案，也未经水行政主管部门审批，擅自在龙安区龙泉镇王村动土建设。该行为违反了《中华人民共和国水土保持法》第十九条第一款："在山区、丘陵区、风沙区修建铁路、公路、水工程，开办矿山企业、电力企业和其他大中型工业企业，在建项目环境影响报告书中，必须有水行政主管部门同意的水土保持方案"及《中华人民共和国行政许可法》第八十一条等法律法规的规定。我单位于 2010 年 8 月 20 日向该其公司下达了《责令停止水事违法行为通知书》,根据现场勘验，该公司东边界 200 米，南边界 150 米，西边界 195 米，北边界 156 米。根据是《水行政许可实施办法》第五十八条"公民、法人或者其他组织未经水行政许可，擅自从事依法应当取得水行政许可的活动的，水行政许可实施机关应当责令停止违法行为，并给予警告。当事人从事非经营活动的，可以处 1 千元以下罚款；当事人从事经营活动，有违法所得的，可以处违法所得 3 倍以下罚款，但是最高不得超过 3 万元，没有违法所得的，可以处 1 万元以下罚款，法律、法规另有规定的除外；构成犯罪的，依法追究刑事责任"。

行政处罚建议：1、限 7 日内编报水土保持方案；2、罚款人民币壹万元整。

水政监察机构负责人意见：同意。

尹中洲　　2010 年 9 月 1 日

法制机构负责人意见：同意。

侯俊山　　2010 年 9 月 1 日

水事违法案件集体讨论笔录

案　由：安阳市城建建筑材料有限责任公司在建项目未报批水土保持方案

时　间：2010 年 9 月 2 日 8 时 20 分至 8 时 55 分

地　点：水政监察支队会议室

案件调查人：崔明　张征　记录人：罗雁秋

参加人员：侯俊山　尹中洲　张伟山　刘朝军　张征　马艳丽　陈勇　崔明

讨论内容：关于安阳市城建建筑材料有限责任公司在建项目未报批水土保持方案一案进行了讨论：

一、案件承办人汇报案情及处理意见：2010 年 8 月 19 日三大队执法人员在日常巡查中，发现安阳市城建建筑材料有限责任公司未经水行政主管部门批准，擅自在龙泉镇王村动土建设。经调查，该单位法人代表张明君，从 2010 年 7 月份开始动工建设，安阳市城建建筑材料有限责任公司位于龙安区龙泉镇王村，根据施工图纸和现场勘验得知该单位东边界 200 米，南边界 150 米，西边界 195 米，北边界 156 米。有调查（询问）笔录、现场（检查）笔录、视听资料为证。我单位于 2010 年 8 月 20 日向该单位下达《责令停止水事违法行为通知书》后，该单位依然我行我素，并没停止违法行为或者采取必要的防护措施。按照《水行政许可实施办法》和《水行政处罚裁量标准》建议对该单位：1. 限七日内补办水土保持方案；2. 罚款人民币壹万元整。

二、参加人员意见：

侯俊山：同意办案人员意见。

尹中洲：同意办案人员意见。

张伟山：同意办案人员意见。

刘朝军：同意办案人员意见。

张　征：同意办案人员意见。

马艳丽：同意办案人员意见。

陈　勇：同意办案人员意见。

崔　明：同意办案人员意见。

讨论结果：经过集体研究讨论大家一致同意对安阳市城建建筑材料有限责任公司作出如下处理：1. 限七日内补办水土保持方案；2. 罚款人民币壹万元整。

参加人员（签字）：侯俊山　尹中洲　张伟山　刘朝军　张征　马艳丽　陈勇　崔明

行政处罚事先告知书

安水罚先告字〔2010〕第3002号

安阳市城建建筑材料有限责任公司：

你单位在龙安区龙泉镇王村在建项目未报批水土保持方案的行为，违反了《中华人民共和国水土保持法》第十九条第一款"在山区、丘陵区、风沙区修建铁路、公路、水工程，开办矿山企业、电力企业和其他大中型工业企业，在建项目环境影响报告书中，必须有水行政主管部门同意的水土保持方案"及《河南省实施〈中华人民共和国水土保持法〉办法》第十八条："在山区、丘陵区、风沙区修建铁路、公路、水工程、开办矿山企业、电力企业和其他大中型工业企业，应编制《水土保持方案报告书》，经县级以上人民政府水行政主管部门审查同意后，作为建设项目环境报告书的一部分。"

从你单位违法行为的事实、性质、情节、社会危害程度和证据看，你单位的违法行为属于 严重 。

根据《水行政许可实施办法》第五十八条"公民、法人或者其他组织未经水行政许可，擅自从事依法应当取得水行政许可的活动的，水行政许可实施机关应当责令停止违法行为，并给予警告。当事人从事非经营活动的，可以处1千元以下罚款；当事人从事经营活动，有违法所得的，可以处违法所得3倍以下罚款，但是最高不得超过3万元，没有违法所得的，可以处1万元以下罚款，法律、法规另有规定的除外；构成犯罪的，依法追究刑事责任"的规定，本机关拟对你单位做出下列行政处罚：

1. 限七日内补办水土保持方案；

2. 罚款人民币壹万元整。

根据《中华人民共和国水行政处罚法》第三十二条的规定，你单位可以自收到本告知书起三日内到安阳市水利局进行陈述、申辩，逾期不陈述、申辩的视为放弃陈述、申辩权利。

安阳市水利局印章

2010年9月3日

送达回证

案　　由	未编报水土保持方案擅自开工建设		
受送达人	安阳市城建建筑材料有限责任公司		
送达地点	该厂区办公室		

送达文书	送达人	收到日期	受送达人签名或盖章
行政处罚事先告知书 安水罚先告字〔2010〕第 3002 号	崔　明 徐晓帅	2010 年 9 月 3 日 10 时	郭淮
		年　月 日　时	
		年　月 日　时	
		年　月 日　时	
备　　注			

注：1、如受送达人不在时，将文件交与他的成年家属、近邻、工作机关或受送达人居住地的乡（镇）政府、村民委员会或街道办事处代收。

2、如系代收，代收人应在受送达人栏内签名或盖章，并注明与受送达人的关系。

法律文书签发单

案　　由	未编报水土保持方案擅自开工建设
法律文书 名称及文号	水行政处罚决定书 安水罚决字〔2010〕第3002号
承办人	建议处罚。 承办人（签字）：崔明　　张征　　2010年9月9日
支　队 意　见	同意。 负责人：尹中洲　　2010年9月9日
法制机构 审核意见	同意。 负责人：　侯俊山　　2010年9月9日
机关负责人 意　　见	同意。 负责人：马荣洲　　2010年9月9日
备注	

行政处罚决定书

安水罚决字〔2010〕第3002号

被罚款人（单位）名称：安阳市城建建筑材料有限责任公司

地址：安阳市红旗路北段　　法定代表人或负责人：张明君　　职务：总经理

本机关于2010年8月19日对你单位擅自开工建设一案立案调查。经查，该单位法人代表张明君，从2010年7月以来未经水行政主管部门批准，擅自在龙安区龙泉镇王村开工建设。该行为违反了《中华人民共和国水土保持法》第十九条第一款“在山区、丘陵区、风沙区修建铁路、公路、水工程，开办矿山企业、电力企业和其他大中型工业企业，在建项目环境影响报告书中，必须有水行政主管部门同意的水土保持方案”及《河南省实施〈中华人民共和国水土保持法〉办法》第十八条“在山区、丘陵区、风沙区修建铁路、公路、水工程、开办矿山企业、电力企业和其他大中型工业企业，应编制《水土保持方案报告书》，经县级以上人民政府水行政主管部门审查同意后，作为建设项目环境报告书的一部分。”

违法的证据：1. 调查（询问）笔录；2. 现场（检查）笔录；3. 视听资料。

违法行为等次：根据你单位的违法事实、性质、情节、社会危害程度和相关证据，你单位的违法行为等次属于严重。

应受行政处罚的依据和种类：上述违法行为事实清楚，证据确凿充分。根据《水行政许可实施办法》第五十八条“公民、法人或者其他组织未经水行政许可，擅自从事依法应当取得水行政许可的活动的，水行政许可实施机关应当责令停止违法行为，并给予警告。当事人从事非经营活动的，可以处1千元以下罚款；当事人从事经营活动，有违法所得的，可以处违法所得3倍以下罚款，但是最高不得超过3万元，没有违法所得的，可以处1万元以下罚款，法律、法规另有规定的除外；构成犯罪的，依法追究刑事责任”的规定，本机关决定对你单位作出下列行政处罚：

1. 限七日内补办水土保持方案；
2. 罚款人民币壹万元整。

行政处罚履行方式和期限：你单位应当自接到本决定书之日起15日内将罚款缴至中国工商银行安阳市分行任一储蓄网点（银行账号：43500021×××××××××××）。到期不缴纳的，每日按罚款数额的百分之三加处罚款。

不服行政处罚决定申请行政复议或提起行政诉讼的途径和期限：如不服本决定，可以自收到本决定书之日起六十日内向安阳市行政复议受理中心或河南省水利厅申请行政复议，或者在接到本决定书后六个月内直接向安阳市殷都区人民法院提起行政诉讼。逾期不申请行政复议、不向人民法院起诉又不履行本处罚决定的，我局将申请人民法院强制执行。

安阳市水利局印章

2010年9月9日

送达回证

案　　由			
受送达人	安阳市城建建筑材料有限责任公司		
送达地点	该厂区办公室		
送达文书	送达人	收到日期	受送达人签名或盖章
行政处罚决定书 安水罚决字〔2010〕第3002号	崔　明 徐晓帅	2010年9月 9日10时	吴强
		年　月 日　时	
		年　月 日　时	
		年　月 日　时	
备　　注			

注：1、如受送达人不在时，将文件交与他的成年家属、近邻、工作机关或受送达人居住地的乡（镇）政府、村民委员会或街道办事处代收。

2、如系代收，代收人应在受送达人栏内签名或盖章，并注明与受送达人的关系。

水事违法案件结案报告

案　由：安阳市城建建筑材料有限责任公司未编报水土保持方案擅自开工建设

承办人：崔明　　张征

立案时间：2010 年 8 月 19 日　　结案时间：2010 年 9 月 14 日

简要案情及办案经过：2010 年 8 月 19 日，我三大队执法人员在日常巡查中发现安阳市城建建筑材料有限责任公司位于龙安区龙泉镇王村（该区属于丘陵区）在建项目未编制水土保持方案，我局于 2010 年 8 月 20 日向该单位下达了《责令停止水事违法行为通知书》，并限该单位 7 日内到安阳市水利局补办水土保持方案，但单位依然我行我素，仍然开工建设，在规定期限内也没有补办相关手续。该行为违反了《中华人民共和国水土保持法》第十九条及《中华人民共和国行政许可法》第八十一条等法律法规的规定。有调查（询问）笔录、现场（检查）笔录、视听资料为证。经过水行政执法人员的多次监督执法，该单位已编制水土保持方案，并已缴纳罚款壹万元。

处罚（理）情况：由于该单位在建项目未报批经水行政主管部门审查同意建设项目水土保持方案，因此，我局依法要求该单位限期补办水土保持方案，并处以罚款壹万元。

执行情况：该单位已编制水土保持方案，并已缴纳罚款壹万元。

结案建议：由于该单位已依法编制水土保持方案，并经水行政主管部门审批，履行了法定义务，建议结案。

办案人员意见：已履行法定义务，并缴纳罚款，建议结案。

崔明　　张征　　2010 年 9 月 14 日

支队负责人意见：同意结案。

尹中洲　　2010 年 9 月 14 日

法制机构负责人意见：同意结案。

侯俊山　　2010 年 9 月 14 日

机关负责人意见：同意结案。

马荣洲　　2010 年 9 月 14 日

现场照片

附： **案件承办人行政执法证复印件**

银行代收罚款票据

安阳市水利局文件

安水保〔2010〕15号

安阳市水利局关于对安阳市城建建筑材料有限责任公司铸造基地建设项目水土保持方案的复函

安阳市城建建筑材料有限责任公司：

你公司《安阳市城建建筑材料有限责任公司铸造基地建设项目水土保持方案报告书》收悉。依据水土保持法律法规及技术规范的有关规定，复函如下：

一、安阳市城建建筑材料有限责任公司基地建设项目位于安阳市龙安区，项目占地面积4.00h平方米，项目总投资4001.5万元，建成后可年产件2.8万t。

二、报告书编制依据较充分，方案编制深度达到可行性研究阶段，与主体工程一致，符合要求。

三、同意水土流失预测内容、方法和结果，预测项目建设可能造成的水土流失量为630t，损坏水土保持设施面积6.0h平方米。

四、基本同意方案确定的防治目标。

五、基本同意方案界定的项目建设防治责任范围6.0h平方米。

六、水土流失防治措施采取工程措施和植物措施相结合的防治方案基本可行。

七、同意水土保持投资估算编制的原则、依据和方法，该项目新增水土保持投资48.5万元，其中水土保持补偿费6.90万元。

八、建设单位在工程建设中要做好以下工作：

1.按照批复的水土保持方案，做好水土保持设施后续设计；

2.认真实施水土保持方案，落实水土保持“三同时”制度；

3.加强施工管理，确保工程质量；

4.项目竣工验收时，建设单位要按照《开发建设项目水土保持设施验收管理办法》的规定，及时申请水土保持方案审批部门参加验收水土保持设施。

安阳市水利局印章

2010年9月12日

立卷、验卷情况记载

本案卷于 2010 年 9 月 15 日立卷，本册连面带底共计 28 页，附证物袋 1 个，内装 3 件。

立卷人：崔明　张征

本案卷于 2010 年 9 月 15 日，经验查合格。

检验人：刘朝军

安阳市利源车轮有限责任公司拒绝接受监督检查水行政处罚案

【案情简介】2010 年 5 月 15 日 15:00~16:00 时安阳市利源车轮有限责任公司拒绝水政执法人员对该单位生产场所的取水情况进行监督检查，2010 年 5 月 16 日给该单位送达责令改正水事违法行为通知书后，该单位在规定时间内接受了监督检查。依据《取水许可和水资源费征收管理条例》第五十二条“有下列行为之一的，责令停止违法行为，限期改正，处 5000 元以上 2 万元以下罚款；情节严重的，吊销取水许可证……（二）拒绝接受监督检查或者弄虚作假的…… ”和《河南省水行政处罚裁量标准》“…… 2、拒绝接受监督检查或者弄虚作假的（1）在规定期限内停止违法行为，配合检查、如实提供有关情况的，处 5 千元以上 1 万元以下的罚款……”，建议：罚款五千元。

附：安阳市利源车轮有限责任公司拒绝接受监督检查水行政处罚案卷宗

河南省水事违法案件卷宗

<table>
<tr><td colspan="5">豫水（安）立字〔2010〕004号</td></tr>
<tr><td>案由</td><td colspan="4">拒绝接受监督检查</td></tr>
<tr><td rowspan="2">当事人</td><td>名称或姓名</td><td colspan="3">安阳市利源车轮有限责任公司</td></tr>
<tr><td>地址或住址</td><td colspan="3">开发区海河大道武夷西路</td></tr>
<tr><td>立案日期</td><td colspan="2">2010年5月15日</td><td>结案日期</td><td>2010年6月12日</td></tr>
<tr><td>处罚（理）决定</td><td colspan="4">罚款伍仟元整。</td></tr>
<tr><td>复议决定</td><td colspan="4"></td></tr>
<tr><td>法院判决（裁定）</td><td colspan="4"></td></tr>
<tr><td>归档日期</td><td>2010年7月10日</td><td>归档编号</td><td colspan="2"></td></tr>
<tr><td>保存年限</td><td>10年</td><td>承办人</td><td colspan="2">郝艳军　路宏伟</td></tr>
<tr><td colspan="2">本卷内的文书共计　21　张</td><td>立卷人</td><td colspan="2">郝艳军</td></tr>
</table>

卷宗目录

序号	材料名称	文号	页数
1	水事违法案件立案呈批表	安水立〔2010〕004 号	
2	现场监督检查通知书	安水检字〔2010〕004号	
3	送达回证		
4	调查（询问）通知书	安水调字〔2010〕第004号	
5	送达回证		
6	询问笔录		
7	责令改正水事违法行为通知书	安水改字〔2010〕005号	
8	送达回证		
9	集体研究讨论笔录		
10	水行政处罚事先告知书	安水罚先告字〔2010〕004号	
11	送达回证		
12	案件调查终结报告		
13	法律文书签发单		
14	水行政处罚决定书	安水罚决字〔2010〕004 号	
15	送达回证		
16	罚款和行政事业性收费票据		
17	行政处罚案件结案审批表		
18	行政处罚案件结案报告		
19	案件承办人行政执法证		

行政处罚案件立案审批表

<table>
<tr><td rowspan="5">当事人</td><td>单位名称</td><td>安阳市利源车轮有限责任公司</td><td>法定代表人</td><td></td></tr>
<tr><td>住址</td><td>开发区海河大道武夷西路</td><td>电话</td><td>2131888</td></tr>
<tr><td>个人姓名</td><td></td><td>性别</td><td></td></tr>
<tr><td>所在单位</td><td></td><td>电话</td><td></td></tr>
<tr><td>身份证号码</td><td></td><td>个人住址</td><td></td></tr>
<tr><td>案由</td><td colspan="2">拒绝接受监督检查</td><td>案件来源</td><td>自查</td></tr>
<tr><td>案件简要情况</td><td colspan="4">2010 年 5 月 15 日水政执法人员对安阳市利源车轮有限责任公司生产场所的取水情况经行检查时,该单位拒绝接受监督检查,其行为涉嫌违反了《取水许可和水资源费征收管理条例》第四十五条之规定。</td></tr>
<tr><td>承办人意见</td><td colspan="4">安阳市利源车轮有限责任公司涉嫌违反了《取水许可和水资源费征收管理条例》第四十五条之规定，建议立案查处。

承办人签名：郝艳军　路宏伟　2010 年 5 月 15 日</td></tr>
<tr><td>承办机构审核意见</td><td colspan="4">经审核，建议立案。建议该案件主办人是安卫东，协办人是王伟。

负责人签名：尹中洲　2010 年 5 月 15 日</td></tr>
<tr><td>水行政主管部门负责人审批意见</td><td colspan="4">同意立案。

负责人签名：马荣洲　2010 年 5 月 15 日</td></tr>
</table>

现场监督检查通知书

安水检字〔2010〕004号

安阳市利源车轮有限责任公司：

根据国务院《取水许可和水资源费征收管理条例》第四十五条“县级以上人民政府水行政主管部门或者流域管理机构在进行监督检查时，有权采取下列措施：（一）要求被检查单位或者个人提供有关文件、证照、资料；（二）要求被检查单位或者个人就执行本条例的有关问题作出说明；（三）进入被检查单位或者个人的生产场所进行调查；（四）责令被检查单位或者个人停止违反本条例的行为，履行法定义务。监督检查人员在进行监督检查时，应当出示合法有效的行政执法证件。有关单位和个人对监督检查工作应当给予配合，不得拒绝或者阻碍监督检查人员依法执行公务“之规定，我局定于2010年5月15日15:00~16:00对你单位生产场所的取水情况进行检查，逾期接受监督检查的，我局将依法进行处理。

安阳市水利局

2010年5月15日

联系人：郝艳军、路宏伟

联系地址：安阳市安钢大道369号

联系电话：3696353

送达回证

<table>
<tr><td>案　　由</td><td colspan="4">拒绝接受监督检查</td></tr>
<tr><td>受送达人</td><td colspan="4">安阳市利源车轮有限责任公司</td></tr>
<tr><td>送达地点</td><td colspan="4">公司门卫值班室</td></tr>
<tr><td colspan="2">送达文书</td><td>送达人</td><td>收到日期</td><td>受送达人签名或盖章</td></tr>
<tr><td colspan="2">现场监督检查通知书
安水检字〔2010〕004</td><td>郝艳军
路宏伟</td><td>2010 年 5 月
15 日 9 时</td><td>李楠</td></tr>
<tr><td colspan="2"></td><td></td><td>年　月
日　时</td><td></td></tr>
<tr><td colspan="2"></td><td></td><td>年　月
日　时</td><td></td></tr>
<tr><td colspan="2"></td><td></td><td>年　月
日　时</td><td></td></tr>
<tr><td>备　　注</td><td colspan="4">李楠是该公司保卫科负责人</td></tr>
</table>

注：1、如受送达人不在时，将文件交与他的成年家属、近邻、工作机关或受送达人居住地的乡（镇）政府、村民委员会或街道办事处代收。

2、如系代收，代收人应在受送达人栏内签名或盖章，并注明与受送达人的关系。

调查（询问）通知书

安水调字〔2010〕004 号

安阳市利源车轮有限责任公司：

你（单位）应于 2010 年 5 月 16 日 9 时到安阳市水利局水政监察支队二大队就你单位在 2010 年 5 月 15 日 15:00~16:00 拒绝水政执法人员对你单位生产场所的取水情况进行监督检查一案接受调查（询问），逾期不到的，我局水行政主管部门将依法进行处理。

携带材料：1. 营业执照复印件

安阳市水利局

2010 年 5 月 15 日

联系人： 郝艳军

联系地址：安阳市安钢大道 369 号

联系电话：3696353

送达回证

<table>
<tr><td>案　　由</td><td colspan="4">拒绝接受监督检查</td></tr>
<tr><td>受送达人</td><td colspan="4">安阳市利源车轮有限责任公司</td></tr>
<tr><td>送达地点</td><td colspan="4">公司门卫值班室</td></tr>
<tr><td colspan="2">送达文书</td><td>送达人</td><td>收到日期</td><td>受送达人签名或盖章</td></tr>
<tr><td colspan="2">调查（询问）通知书
安水调字〔2010〕004 号</td><td>郝艳军
路宏伟</td><td>2010 年 5 月
15 日 16 时</td><td>李楠</td></tr>
<tr><td colspan="2"></td><td></td><td>年　月
日　时</td><td></td></tr>
<tr><td colspan="2"></td><td></td><td>年　月
日　时</td><td></td></tr>
<tr><td colspan="2"></td><td></td><td>年　月
日　时</td><td></td></tr>
<tr><td>备　　注</td><td colspan="4">李楠是该公司保卫科负责人。</td></tr>
</table>

注：1、如受送达人不在时，将文件交与他的成年家属、近邻、工作机关或受送达人居住地的乡（镇）政府、村民委员会或街道办事处代收。

2、如系代收，代收人应在受送达人栏内签名或盖章，并注明与受送达人的关系。

询问笔录

询问时间：2010 年 5 月 16 日 9 时 35 分至 10 时 10 分

询问地点：市水政监察支队会议室

被询问单位名称：安阳市利源车轮有限责任公司 法定代表人：李立建

被询问人姓名：黄金山 性别：男 年龄：40 职务：办公室主任 电话：3946879

被询问自然人姓名：　　性别：　　电话：

所在单位：　　住址：

与本案关系：

询问人：郝艳军 执法证件名称：行政执法证 执法证编号：豫 GO12-122

询问人：路宏伟 执法证件名称：行政执法证 执法证件号：豫 GO12-040

记录人：郝艳军 执法证件名称：行政执法证 执法证件号：豫 GO12-122

询问内容：

问：我们是安阳市水利局水政执法人员，我是郝艳军，执法证编号：豫 GO12-122，这位是路宏伟，执法证编号：豫 GO12-040，现就你单位 2010 年 5 月 15 日 15:00~16:00 拒绝水政执法人员对你单位生产场所的取水情况进行监督检查一案接受调查（询问），请你配合。首先请问你对我们的执法身份有无异议？是否申请回避？

答：无异议，不用回避。

问：请介绍一下你个人的基本情况？

答：我叫黄金山，是安阳市利源车轮有限责任公司办公室主任 。

问：你单位的全称？法定代表人？

答：单位全称是安阳市利源车轮有限责任公司，法定代表人是李立建。

问：2010 年 5 月 15 日 15:00~16:00 水政执法人员对你单位生产场所的取水情况进行监督检查，你单位为什么拒绝接受检查？

答：因为当时我单位的领导没有在公司………

问：请说一下你单位的用水情况 ？

答：单位院内有一眼水井………

问：你单位拒绝接受水政执法人员的监督检查已经违反了国务院《取水许可和水资源费征收管理条例》第四十五条之规定，你知道了吗？

答：知道了。

问：请看一下以上记录是否有误？

答：看过不错。

黄金山 2010 年 5 月 16 日

被询问人签字：黄金山 2010 年 5 月 16 日

拒绝签字的理由：

询问人签字：郝艳军 路宏伟 2010 年 5 月 16 日

记录人签字：郝艳军 2010 年 5 月 16 日

责令改正水事违法行为通知书

安水改字〔2010〕005号

安阳市利源车轮有限责任公司：

经查你公司于2010年5月15日15:00~16:00时水政执法人员对你单位生产场所的取水情况进行检查时拒绝接受监督检查，该行为违反了国务院《取水许可和水资源费征收管理条例》第四十五条“县级以上人民政府水行政主管部门或者流域管理机构在进行监督检查时，有权采取下列措施：（一）要求被检查单位或者个人提供有关文件、证照、资料；（二）要求被检查单位或者个人就执行本条例的有关问题作出说明；（三）进入被检查单位或者个人的生产场所进行调查；（四）责令被检查单位或者个人停止违反本条例的行为，履行法定义务……”之规定，根据《取水许可和水资源费征收管理条例》第五十二条“有下列行为之一的，责令停止违法行为，限期改正，处5000元以上2万元以下罚款；情节严重的，吊销取水许可证：……（二）拒绝接受监督检查或者弄虚作假的；……”现责令你单位立即改正违法行为，并在2010年5月18日前接受水政执法人员对你单位的监督检查。

安阳市水利局

2010年5月16日

联系人：郝艳军 路宏伟

联系地址：安阳市安钢大道369号

联系电话：3696353

送达回证

案　由	拒绝接受监督检查		
受送达人	安阳市利源车轮有限责任公司		
送达地点	公司门卫值班室		

送达文书	送达人	收到日期	受送达人签名或盖章
责令停止水事违法行为通知书 安水改字〔2010〕004号	郝艳军 路宏伟	2010年5月 16日11时	李楠
		年　月 日　时	
		年　月 日　时	
		年　月 日　时	

备　注	李楠是该公司保卫科负责人。

注：1、如受送达人不在时，将文件交与他的成年家属、近邻、工作机关或受送达人居住地的乡（镇）政府、村民委员会或街道办事处代收。

2、如系代收，代收人应在受送达人栏内签名或盖章，并注明与受送达人的关系。

集体研究讨论笔录

事　由：安阳市利源车轮有限责任公司拒绝接受监督检查

时　间：2010 年 5 月 20 日 8 时 25 分至 9 时 15 分

地　点：安阳市水政监察支队会议室

调查人：郝艳军、路宏伟　记录人：郝艳军

参加人员：刘朝军、马艳丽、张怀刚

讨论内容：关于安阳市利源车轮有限责任公司拒绝接受监督检查案件参会人员对以下几个方面进行了讨论：

一、案件主办人介绍案情：2010 年 5 月 15 日 15:00–16:00 时安阳市利源车轮有限责任公司拒绝水政执法人员对该单位生产场所的取水情况进行监督检查，2010 年 5 月 16 日给该单位送达责令改正水事违法行为通知书后，该单位在规定时间内接受了监督检查。

二、处理建议：依据《取水许可和水资源费征收管理条例》第五十二条“有下列行为之一的，责令停止违法行为，限期改正，处 5000 元以上 2 万元以下罚款；情节严重的，吊销取水许可证：……（二）拒绝接受监督检查或者弄虚作假的；…… ”和《河南省水行政处罚裁量标准》“…… 2. 拒绝接受监督检查或者弄虚作假的（1）在规定期限内停止违法行为，配合检查、如实提供有关情况的，处 5 千元以上 1 万元以下的罚款……”，建议：罚款五千元。

三、与会人员分别发表意见：

刘朝军：同意主办人意见。

张怀刚：同意。

马艳丽：同意。

讨论结果：经集体讨论研究，一致同意对该单位作出如下处理：罚款五千元

参加人员：刘朝军　马艳丽　张怀刚

水行政处罚事先告知书

安水罚先告字〔2010〕004号

安阳市利源车轮有限责任公司：

经查你公司于2010年5月15日15:00~16:00水政执法人员对你单位生产场所的取水情况进行检查时拒绝接受监督检查，该行为违反了国务院《取水许可和水资源费征收管理条例》第四十五条“县级以上人民政府水行政主管部门或者流域管理机构在进行监督检查时，有权采取下列措施：（一）要求被检查单位或者个人提供有关文件、证照、资料；（二）要求被检查单位或者个人就执行本条例的有关问题作出说明；（三）进入被检查单位或者个人的生产场所进行调查；（四）责令被检查单位或者个人停止违反本条例的行为，履行法定义务。……”之规定，从你（单位）违法行为的事实、性质、情节、社会危害程度和证据看，你（单位）的行为属于轻微违法行为。

鉴于你单位在规定期限内能够配合检查、如实提供有关情况，根据《取水许可和水资源费征收管理条例》第五十二条“有下列行为之一的，责令停止违法行为，限期改正，处5000元以上2万元以下罚款；情节严重的，吊销取水许可证：……（二）拒绝接受监督检查或者弄虚作假的；……”和《河南省水行政处罚裁量标准》“……2. 拒绝接受监督检查或者弄虚作假的（1）在规定期限内停止违法行为，配合检查、如实提供有关情况的，处5千元以上1万元以下的罚款……”之规定，本机关拟对你（单位）做出罚款人民币五千元的处罚。

根据《中华人民共和国行政处罚法》第三十二条的规定，你单位可以自收到本告知书之日起三日内到安阳市水利局进行陈述、申辩，逾期不陈述、申辩的视为放弃陈述、申辩权利。

安阳市水利局

2010年 5月22日

联系电话： 3696353

联系人：郝艳军

联系地址：安钢大道东段路南（市水政监察支队二大队）

送达回证

案　由	拒绝接受监督检查		
受送达人	安阳市利源车轮有限责任公司		
送达地点	公司门卫值班室		
送达文书	送达人	收到日期	受送达人签名或盖章
水行政处罚事先告知书 安水罚先告字〔2010〕004号	路宏伟 郝艳军	2010年5月 22日10时	黄金山
		年　月 日　时	
		年　月 日　时	
		年　月 日　时	
备　注			

注：1、如受送达人不在时，将文件交与他的成年家属、近邻、工作机关或受送达人居住地的乡（镇）政府、村民委员会或街道办事处代收。

2、如系代收，代收人应在受送达人栏内签名或盖章，并注明与受送达人的关系。

案件调查终结报告

当事人的基本情况：安阳市利源车轮有限责任公司

法定代表人：李立建

单位地址：安阳市开发区海河大道武夷西路

调查时间：2010 年 5 月 15 日至 2010 年 5 月 30 日

调查人员：郝艳军、路宏伟

当事人违法的证据：

1. 调查（询问）笔录一份；

2. 视听资料一份。

违法行为等次：该单位于 2010 年 5 月 15 日 15:00~16:00 时水政执法人员对其生产场所的取水情况进行检查时拒绝接受监督检查，违反了国务院《取水许可和水资源费征收管理条例》第四十五条，下达责令改正水事违法行为通知书后在规定期限内该单位能够配合检查、如实提供有关情况，从违法行为的事实、性质、情节、社会危害程度和证据看，属于轻微违法行为。

应受行政处罚的依据和种类：该单位在规定时间内，没有向我局陈述和申辩，根据《取水许可和水资源费征收管理条例》第五十二条“有下列行为之一的，责令停止违法行为，限期改正，处 5000 元以上 2 万元以下罚款；情节严重的，吊销取水许可证：……（二）拒绝接受监督检查或者弄虚作假的；……”和《河南省水行政处罚裁量标准》“……2、拒绝接受监督检查或者弄虚作假的（1）在规定期限内停止违法行为，配合检查、如实提供有关情况的，处 5 千元以上 1 万元以下的罚款……”之规定，行政处罚建议：罚款人民币五千元。

办案人员签名：郝艳军、路宏伟

水政监察机构负责人意见：同意。

尹中洲　　2010 年 6 月 2 日

机关法制机构审核意见：同意。

侯俊山　　2010 年 6 月 2 日

法律文书签发单

案　由	安阳市利源车轮有限责任公司拒绝接受监督检查
法律文书 名称及文号	水行政处罚决定书 安水罚决字〔2010〕004 号
承办人	建议处罚。 承办人（签字）：郝艳军　路宏伟　　2010 年 6 月 5 日
支队 意见	拟同意，请审核。 负责人：尹中洲　　2010 年 6 月 5 日
法制机构 审核意见	主体认定正确，事实清楚，证据确凿，程序合法，适用法律适当，请审批。 负责人：　侯俊山　　2010 年 6 月 5 日
机关负责人 意　见	同意。 负责人：马荣洲　　2010 年 6 月 5 日
备注	

水行政处罚决定书

安水罚决字〔2010〕004 号

被处罚单位：安阳市利源车轮有限责任公司

地址：安阳市开发区海河大道武夷西路　　法定代表人或负责人：李立建

经查，你单位于 2010 年 5 月 15 日 15:00~16:00 时水政执法人员对你单位生产场所的取水情况进行检查时拒绝接受监督检查，该行为违反了国务院《取水许可和水资源费征收管理条例》第四十五条“县级以上人民政府水行政主管部门或者流域管理机构在进行监督检查时，有权采取下列措施：（一）要求被检查单位或者个人提供有关文件、证照、资料；（二）要求被检查单位或者个人就执行本条例的有关问题作出说明；（三）进入被检查单位或者个人的生产场所进行调查；（四）责令被检查单位或者个人停止违反本条例的行为，履行法定义务。……”之规定，从你（单位）违法行为的事实、性质、情节、社会危害程度和证据看，你（单位）的行为属于轻微违法行为。

违法的证据：1. 调查询问笔录一份 ；2. 视听资料一份。

违法行为等次：从你单位违法行为的事实、性质、情节、社会危害程度和证据看，你单位的行为属于轻微违法行为。

应受行政处罚的依据和种类：上述违法行为事实清楚,证据确凿充分。鉴于你单位在规定期限内能够采取补救措施、配合检查、如实提供有关情况，根据《取水许可和水资源费征收管理条例》第五十二条“有下列行为之一的，责令停止违法行为，限期改正，处 5000 元以上 2 万元以下罚款；情节严重的，吊销取水许可证：……（二）拒绝接受监督检查或者弄虚作假的；……”和《河南省水行政处罚裁量标准》“……2、拒绝接受监督检查或者弄虚作假的（1）在规定期限内停止违法行为，配合检查、如实提供有关情况的，处 5 千元以上 1 万元以下的罚款……”之规定 ，决定对你单位处以罚款人民币五千元的行政处罚。

行政处罚履行方式和期限：你单位应当自接到本决定书之日起 15 日内将罚款缴至中国工商银行安阳市分行任一储蓄网点（账号：43500021×××××××××××）。到期不缴纳的，每日按罚款数额的 3%加处罚款。

不服行政处罚决定申请行政复议或者提起行政诉讼的途径和期限：如不服本决定，可以自收到本决定书之日起六十日内向安阳市行政复议中心或河南省水利厅申请行政复议，也可自收到本决定书之日起六个月内向安阳市殷都区人民法院提起行政诉讼。逾期不申请行政复议、不向人民法院起诉又不履行本处罚决定的，我局将申请人民法院强制执行。

2010 年 6 月 5 日

送达回证

<table>
<tr><td>案　　由</td><td colspan="4">拒绝接受监督检查</td></tr>
<tr><td>受送达人</td><td colspan="4">安阳市利源车轮有限责任公司</td></tr>
<tr><td>送达地点</td><td colspan="4">该单位办公室</td></tr>
<tr><td colspan="2">送达文书</td><td>送达人</td><td>收到日期</td><td>受送达人签名或盖章</td></tr>
<tr><td colspan="2">水行政处罚决定书
安水罚决字〔2010〕004 号</td><td>郝艳军
路宏伟</td><td>2010 年 6 月
5 日 10 时</td><td>黄金山</td></tr>
<tr><td colspan="2"></td><td></td><td>年　月
日　时</td><td></td></tr>
<tr><td colspan="2"></td><td></td><td>年　月
日　时</td><td></td></tr>
<tr><td colspan="2"></td><td></td><td>年　月
日　时</td><td></td></tr>
<tr><td>备　　注</td><td colspan="4"></td></tr>
</table>

注：1、如受送达人不在时，将文件交与他的成年家属、近邻、工作机关或受送达人居住地的乡（镇）政府、村民委员会或街道办事处代收。

2、如系代收，代收人应在受送达人栏内签名或盖章，并注明与受送达人的关系。

附：　罚款和行政事业性收费票据

行政处罚案件结案审批表

行政处罚文书文号	安水罚决字〔2010〕第 004 号	发文日期	2010 年 6 月 5 日
案　　由	拒绝接受监督检查	案件来源	自查
立案时间	2010 年 5 月 15 日		
案件简要情况	经查，安阳市利源车轮有限责任公司于 2010 年 5 月 15 日 15:00~16:00 水政执法人员对其生产场所的取水情况进行检查时拒绝接受监督检查，该行为违反了国务院《取水许可和水资源费征收管理条例》第四十五条之规定。		
行政处罚内容	罚款人民币五千元。		
行政处罚执行情况	缴纳了罚款。		
承办人意见	该单位法定义务已履行，建议结案。 承办人签名：郝艳军　路宏伟　　2010 年 6 月 12 日		
承办机构审核意见	同意。 负责人签名：尹中洲　　2010 年 6 月 12 日		
法制机构意见	同意。 负责人签名：侯俊山　　2010 年 6 月 12 日		
机关负责人意见	同意。 负责人签名：马荣洲　　2010 年 6 月 12 日		

行政处罚案件结案报告

<table>
<tr><td rowspan="2">当事人</td><td>名称</td><td>安阳市利源车轮有限责任公司</td><td>法定代表人</td><td colspan="2">×××</td></tr>
<tr><td>地址</td><td>开发区海河大道武夷西路</td><td>电话</td><td colspan="2">×××</td></tr>
<tr><td>案　由</td><td colspan="2">拒绝接受监督检查</td><td>案件来源</td><td colspan="2"></td></tr>
<tr><td>办案时间</td><td colspan="5">2010 年 5 月 15 日至 2010 年 6 月 10 日</td></tr>
<tr><td>行政处罚文书文号</td><td colspan="2">安水罚决字〔2010〕第 004 号</td><td colspan="2">结案日期</td><td>2010 年 6 月 12 日</td></tr>
<tr><td>案件简要情况</td><td colspan="5">经查，安阳市利源车轮有限责任公司于 2010 年 5 月 15 日 15:00–16:00 时水政执法人员对其生产场所的取水情况进行检查时拒绝接受监督检查，该行为违反了国务院《取水许可和水资源费征收管理条例》第四十五条之规定。</td></tr>
<tr><td>行政处罚内　容</td><td colspan="5">罚款人民币五千元</td></tr>
<tr><td>执行方式</td><td colspan="5">√按程序执行　□复议结案　□诉讼结案　□强制执行</td></tr>
<tr><td>执行结果</td><td colspan="5">缴纳了罚款</td></tr>
</table>

填表人：郝艳军　　　　2010 年 6 月 13 日

附：　**案件承办人行政执法证**

立卷、验卷情况记载

本案卷于 2010 年 6 月 21 日立卷，本册连面带底共计 24 页，附证物袋 0 个，内装 0 件。 立卷人：郝艳军
本案卷于 2010 年 7 月 2 日，经验查合格。 检验人：刘朝军

安阳市针织印染厂擅自扩大排污口水行政处罚案

【案情简介】经调查，安阳市针织印染厂未经水行政主管部门审查同意，于2010年9月擅自在万金南干渠违法改建入河排污口，其位置于安阳市针织印染厂门口东北方向约150米处，排污口管径50cm,当事人已承认违法事实。我单位已于2010年9月1日向该单位下达责令停止水事违法通知书，并要求该单位停止违法行为，规定期限内将排污口恢复原状。主要证据有：当事人调查（询问）笔录、现场（检查）笔录、视听资料。该单位的行为了违反《中华人民共和国水法》第三十四条第二款，依据《中华人民共和国水法》第六十七条第二款，该单位虽已经停止违法行为，但是没在规定期限内恢复排污口原状，结合《河南省水行政处罚裁量标准》中《中华人民共和国水法》第六十七条“违法行为情形和处罚标准：……2. 未经水行政主管部门或者流域管理机构审查同意，擅自在江河、湖泊新建、改建或者扩大排污口的（2）停止违法行为但未在规定的期限内恢复原状的，处5万元以上7万元以下罚款；……”之规定。建议对该单位做出：1. 限三日内自行封堵排污口并恢复原状；2. 罚款人民币柒万元整。

附：安阳市针织印染厂擅自扩大排污口水行政处罚案卷宗

河南省水事违法案件卷宗

<table>
<tr><td colspan="5">豫水（安）立字〔2010〕第3003号</td></tr>
<tr><td>案由</td><td colspan="4">未经水行政主管部门批准擅自扩大排污口</td></tr>
<tr><td rowspan="2">当事人</td><td>名称或姓名</td><td colspan="3">安阳市针织印染厂</td></tr>
<tr><td>地址或住址</td><td colspan="3">文峰中路东段</td></tr>
<tr><td>立案日期</td><td colspan="2">2010年9月1日</td><td>结案日期</td><td>2010年9月27日</td></tr>
<tr><td>处罚（理）决定</td><td colspan="4">1. 三日内自行封堵排污口并恢复原状；
2. 罚款人民币柒万元整。</td></tr>
<tr><td>复议决定</td><td colspan="4"></td></tr>
<tr><td>法院判决（裁定）</td><td colspan="4"></td></tr>
<tr><td>归档日期</td><td colspan="2">2010年9月28日</td><td>归档编号</td><td>050</td></tr>
<tr><td>保存年限</td><td colspan="2">10年</td><td>承办人</td><td>崔明　张征</td></tr>
<tr><td colspan="3">本卷内的文书共计　27　张</td><td>立卷人</td><td>崔明　张征</td></tr>
</table>

卷宗目录

序号	材料名称	文号	页数
1	水事违法案件立案呈批表	安水立字〔2010〕第3003号	
2	调查（询问）通知书	安水调字〔2010〕第3003号	
3	送达回证		
4	现场（检查）笔录		
5	责令停止水事违法行为通知书	安水停字〔2010〕第3003号	
6	送达回证		
7	调查（询问）笔录		
8	调查终结报告		
9	水事违法案件集体讨论笔录		
10	行政处罚事先告知书	安水罚先告字〔2010〕第3003	
11	送达回证		
12	听证处罚听证告知书	安水听告字〔2010〕第3003号	
13	送达回证		
14	法律文书签发单		
15	水行政处罚决定书	安水罚决字〔2010〕第3003号	
16	送达回证		
17	水事违法案件结案报告		
18	现场违法照片		
19	承办人员行政执法复印件		
20	银行代收罚款票据		

行政处罚案件立案审批表

<table>
<tr><td rowspan="5">当事人</td><td>单位名称</td><td>安阳市针织印染厂</td><td>法定代表人</td><td>李林</td></tr>
<tr><td>住址</td><td>安阳市文峰中路</td><td>电话</td><td>13569375876</td></tr>
<tr><td>个人姓名</td><td></td><td>性别</td><td></td></tr>
<tr><td>所在单位</td><td></td><td>电话</td><td></td></tr>
<tr><td>身份证号码</td><td>××××××××××
××××××××</td><td>个人住址</td><td></td></tr>
<tr><td>案由</td><td colspan="2">安阳市针织印染厂擅自扩大排污口</td><td>案件来源</td><td>2010 年 9 月 1 日举报</td></tr>
<tr><td>案件简要情况</td><td colspan="4">2010 年 9 月 1 日，我三大队执法人员接到群众举报，发现安阳市针织印染厂未经水行政主管部门审查同意，擅自在万金南干渠扩大排污口，该行为违法了《中华人民共和国水法》第三十四条第二款等法律法规的规定。</td></tr>
<tr><td>承办人意见</td><td colspan="4">安阳市针织印染厂涉嫌违反了《中华人民共和国水法》第三十四条第二款等法律法规的规定，建议立案查处。

承办人签名：郝艳军　路宏伟　　2010 年 9 月 1 日</td></tr>
<tr><td>承办机构审核意见</td><td colspan="4">经审核，建议立案。建议该案件主办人是崔明，协办人是张征。

负责人签名：尹中洲　　2010 年 9 月 1 日</td></tr>
<tr><td>水行政主管部门负责人审批意见</td><td colspan="4">同意立案。

负责人签名：马荣洲　　2010 年 9 月 1 日</td></tr>
</table>

调查（询问）通知书

安水调字〔2010〕第3003 号

安阳市针织印染厂：

你单位应于 2010 年 9 月 2 日 10 时到安阳市水利局水政监察支队三大队就你单位擅自在万金南干渠扩大本单位排污口 一案接受调查（询问），逾期不到，我局将依法进行处理。

携带材料：1. 营业执照复印件

2. 入河排污口设置申请书

3. 入河排污口设置论证报告

安阳市水利局（印章）

2010 年 9 月 1 日

联系人：崔明

联系地址：安阳市安钢大道 369 号

联系电话：3696675

送达回证

案　　由	安阳市针织印染厂擅自扩大排污口		
受送达人	安阳市针织印染厂		
送达地点	该厂区办公室		
送达文书	送达人	收到日期	受送达人签名或盖章
调查（询问）通知书 安水调字〔2010〕第3003号	崔　明 徐晓帅	2010年9月 1日14时	李斌
		年　月 日　时	
		年　月 日　时	
		年　月 日　时	
备　　注	李斌?		

注：1、如受送达人不在时，将文件交与他的成年家属、近邻、工作机关或受送达人居住地的乡（镇）政府、村民委员会或街道办事处代收。

2、如系代收，代收人应在受送达人栏内签名或盖章，并注明与受送达人的关系。

现场（检查）笔录

被调（检）查单位名称：安阳市针织印染厂　　地址：文峰中路东段

被询问人姓名：李斌　　性别：男　　年龄：27　　职务：

调（检）查时间：2010 年 9 月 1 日 15 时 20 分至 15 时 45 分

调（检）查地点：安阳市针织印染厂厂区内

应邀见证人：王刚

调（检）查人员姓名：崔明　　执法证件名称：行政执法证　执法证编号：豫 GO12-056

记录人：张征　　执法证件名称：行政执法证　　执法证编号：豫 GO12-028

调（检）查记录：2010 年 9 月 1 日下午，安阳市水利局水行政执法人员：崔明、张征出示过行政执法证件后（亮证），并说明来意，对安阳市印染厂擅自扩大入河排污口情况进行现场勘验、拍照，经检查：1. 该单位排污口位置位于安阳市印染厂门口东北方向约 150 米处一座桥下，该排污口现管径 50cm。2. 安阳市印染厂法定代表人：李林，具有独立法人资格。

（附图附后）

被调（检）查人签名或盖章：李斌　捺手印

被调查人拒签事由：

调（检）查人签名或盖章：崔明　　张征

见证人签名或盖章并注明身份：王刚

2010 年 9 月 1 日

附图：　　安阳市针织印染厂排污口地理位置图

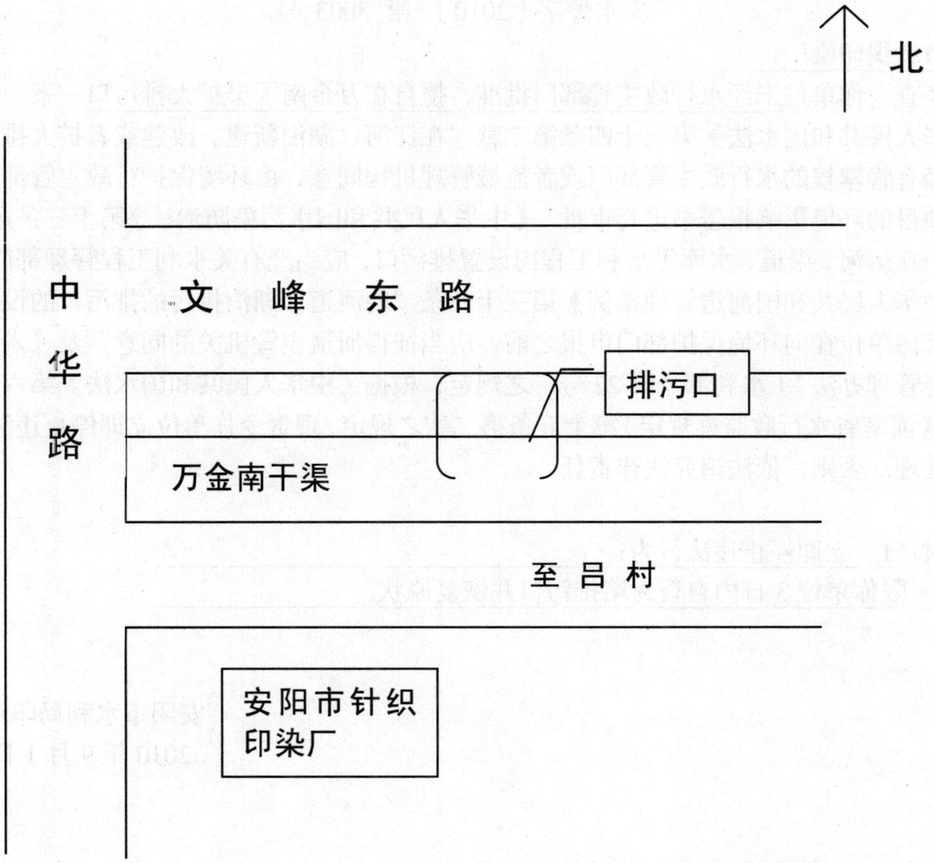

当事人签字：李斌　　2010年9月1日

记录人签字：张征　　2010年9月1日

责令停止水事违法行为通知书

安水停字〔2010〕第 3003 号

安阳市针织印染厂：

经查，你单位未经水行政主管部门批准，擅自在万金南干渠扩大排污口一案。违反了《中华人民共和国水法》第三十四条第二款“在江河、湖泊新建、改建或者扩大排污口，应当经有管辖权的水行政主管部门或者流域管理机构同意，由环境保护行政主管部门对该建设项目的环境影响报告书进行审批”,《中华人民共和国水污染防治法》第十三条第二款：“……在运河、渠道、水库等水利工程内设置排污口，应当经有关水利工程管理部门同意”和《中华人民共和国河道管理条例》第三十四条“向河道、湖泊排污的排污口的设置和扩大，排污单位在向环境保护部门申报之前，应当征得河道主管机关的同意”及《入河排污口监督管理办法》（水利部令第 22 号）之规定，根据《中华人民共和国水法》第六十条第四项、《河南省水行政监察规定》第十五条第二款之规定，现责令你单位立即停止违法行为，听候处理。否则，依法追究法律责任。

附：1. 立即停止违法行为；

2. 限你单位 3 日内自行封堵排污口并恢复原状。

安阳市水利局印章

2010 年 9 月 1 日

送达回证

案　　由	安阳市针织印染厂擅自扩大排污口			
受送达人	安阳市针织印染厂			
送达地点	该厂区办公室			
送达文书		送达人	收到日期	受送达人签名或盖章
责令停止水事违法行为通知书 安水停字〔2010〕第3003号		崔　明 徐晓帅	2010年9 1日11时	李斌
			年　月 日　时	
			年　月 日　时	
			年　月 日　时	
备　　注	李斌?			

注：1、如受送达人不在时，将文件交与他的成年家属、近邻、工作机关或受送达人居住地的乡（镇）政府、村民委员会或街道办事处代收。

2、如系代收，代收人应在受送达人栏内签名或盖章，并注明与受送达人的关系。

调查（询问）笔录

询问时间：2010 年 9 月 2 日 9 时 10 分至 9 时 57 分

询问地点：水政监察支队询问调查室

被询问单位名称：安阳市针织印染厂

法定代表人（负责人）：李林

被询问人姓名：李斌 性别：男 年龄：27 职务：　电话：13726985623

询问人：崔明 证件名称：行政执法证 执法证编号：豫 GO12—056

记录人：罗雁秋 证件名称：行政执法证 执法证编号：豫 GO124—108

询问内容：

我们是安阳市水利局水政执法人员（亮证）现对你单位扩大排污口情况进行询问，请你如实回答。

答：好，我知道了。

问：你对我们的身份是否有异议？

答：无异议。

问：请谈一下你单位的注册全称及单位法定代表人的姓名？

答：我单位全称是安阳市针织印染厂，公司法定代表人李林。

问：请说一下你个人的情况简介？

答：我叫李林，在安阳市针织印染厂办公室工作。

问：请谈一下你单位是什么时间开始改建入河排污口的？

答：我单位是 2010 年 8 月 20 几号开始设置的，具体到几号记不清楚了。

问：请谈一下你单位关于排污口的一些情况？

答：我单位应生产需要，需扩大排污口流量，来增加排水量，排 污口现直径 50cm，通过管道埋管排入万金南干渠的。

问：你单位入河排污口是否首次建造或者使用的？

答：在五几年设置建造过一个排污口，排污口直径 30cm,但因年失修，排污口堵塞，同时这几年又扩大规模，排水量不够，才扩大排污口的。

问：设置入河排污口是否经水行政主管部门审批？

答：没有。

问：入河排污口管道用不用破开地面检查？

答：不用了。

问：你单位擅自扩大排污口已违反了《中华人民共和国水法》第 三十四条之规定，扰乱了正常的排污口管理，请你立即停止违法行为，听候处理。

答：好，我知道了。

问：你还有什么要补充的吗？

答：没有了。

以上记录是否属实？

看过，询问笔录上述内容，记录属实。

此页无正文。

被询问人签字：李斌 捺手印　　2010 年 9 月 2 日

拒绝签字的理由：

询问人签字：崔明　　2010 年 9 月 2 日

记录人签字：罗雁秋　　2010 年 9 月 2 日

调查终结报告

当事人的基本情况：安阳市针织印染厂

法人代表人：李林　　　　地址：文峰中路东段

调查时间：2010 年 9 月 1 日至 2010 年 9 月 8 日

调查人员签名：崔明　罗雁秋 。

当事人违法的证据：

1. 当事人调查（询问）笔录一份 ；

2. 现场（检查）笔录一份 ；

3. 视听资料 。

违法行为等次：根据安阳市针织印染厂的违法事实，按规定停止违法行为，但未在规定时间内将排污口恢复原状。依照《河南省水行政处罚裁量标准》将其性质、情节定性为严重。

应受行政处罚的依据和种类：2010 年 9 月 1 日，接群众举报，称有人在万金南干渠修建排污口。经现场勘验和多方调查，修建排污口单位为安阳市针织印染厂，法人代表李林，因生产需要，擅自在原有排污口基础上扩大排污口，未经水行政主管部门审查同意，发现情况后，我单位于 2010 年 9 月 1 日向该单位下达责令停止水事违法行为通知书，限 3 日内将排污口恢复原状，但该单位并没与按规定将排污口恢复原状。此行为违反了《中华人民共和国水法》第三十四条第二款“在江河、湖泊新建、改建或者扩大排污口，应当经有管辖权的水行政主管部门或者流域管理机构同意，由环境保护行政主管部门对该建设项目的环境影响报告书进行审批”《中华人民共和国水污染防治法》第十三条第二款“……在运河、渠道、水库等水利工程内设置排污口，应当经有关水利工程管理部门同意”，《中华人民共和国河道管理条例》第三十四条“向河道、湖泊排污的排污口的设置和扩大，排污单位在向环境保护部门申报之前，应当征得河道主管机关的同意”及《入河排污口监督管理办法》（水利部令第 22 号）之规定。根据《水行政处罚裁量标准》中《中华人民共和国水法》第六十七条“违法行为情形和处罚标准：……2. 未经水行政主管部门或者流域管理机构审查同意，擅自在江河、湖泊新建、改建或者扩大排污口的（2）停止违法行为但未在规定的期限内恢复原状的，处 5 万元以上 7 万元以下罚款”之规定。

行政处罚建议：1. 限 3 日内自行封堵排污口并恢复原状；2. 罚款人民币柒万元整。

水政监察机构负责人意见：同意。

尹中洲　　　　2010 年 9 月 8 日

法制机构负责人意见：同意。

侯俊山　　　　2010 年 9 月 8 日

水事违法案件集体讨论笔录

案　由：安阳市针织印染厂未经批准擅自扩大排污口

时　间：2010 年 9 月 9 日 8 时 20 分至 8 时 55 分

地　点：水政监察支队会议室

案件调查人：崔明　张征　记录人：　罗雁秋

参加人员：侯俊山　尹中洲　张伟山　刘朝军　秦玉涛　张征　马艳丽　陈勇　崔明

讨论内容：安阳市针织印染厂未经批准擅自扩大排污口一案进行了讨论：

一、案件承办人汇报案情及处理意见：经调查，安阳市针织印染厂未经水行政主管部门审查同意，于 2010 年 9 月擅自在万金南干渠违法改建入河排污口，其位置于安阳市针织印染厂门口东北方向约 150 米处，排污口管径 50cm,当事人已承认违法事实。我单位已于 2010 年 9 月 1 日向该单位下达《责令停止违法通知书》，并要求该单位停止违法行为，规定期限内将排污口恢复原状。主要证据有：当事人调查（询问）笔录、现场（检查）笔录、视听资料。该单位的行为了违反了《中华人民共和国水法》第三十四条第二款，依据《中华人民共和国水法》第六十七条第二款，该单位虽已经停止违法行为，但是没在规定期限内恢复排污口原状，结合《河南省水行政处罚裁量标准》中《中华人民共和国水法》第六十七条“违法行为情形和处罚标准：……2. 未经水行政主管部门或者流域管理机构审查同意，擅自在江河、湖泊新建、改建或者扩大排污口的（2）停止违法行为但未在规定的期限内恢复原状的，处 5 万元以上 7 万元以下罚款；……”之规定。建议对该单位做出：1、限三日内自行封堵排污口并恢复原状；2、罚款人民币柒万元整。

二、参加人员意见：

侯俊山：同意办案人员意见。

尹中州：同意办案人员意见。

张伟山：同意办案人员意见。

刘朝军：同意办案人员意见。

秦玉涛：同意办案人员意见。

马艳丽：同意办案人员意见。

陈　勇：同意办案人员意见。

崔　明：同意办案人员意见。

讨论结果：　经过集体讨论研究，大家一致认为对该单位作出：1. 限 3 日内将排污口恢复原状；2. 罚款人民币柒万元整。

参加人员（签字）：侯俊山　尹中洲　张伟山　刘朝军　秦玉涛　张征　马艳丽　陈勇　崔明

行政处罚事先告知书

安水罚先告字〔2010〕第3003号

安阳市针织印染厂：

你单位未经水行政主管部门审查同意，擅自在文峰东段针织印染厂门口擅自扩大排污口的行为，违法了《中华人民共和国水法》第三十四条第二款：“在江河、湖泊新建、改建或者扩大排污口，应当经有管辖权的水行政主管部门或者流域管理机构同意，由环境保护行政主管部门对该建设项目的环境影响报告书进行审批”《中华人民共和国水污染防治法》第十三条第二款“……在运河、渠道、水库等水利工程内设置排污口，应当经有关水利工程管理部门同意”。《中华人民共和国河道管理条例》第三十四条“向河道、湖泊排污的排污口的设置和扩大，排污单位在向环境保护部门申报之前，应当征得河道主管机关的同意”及《入河排污口监督管理办法》（水利部令第22号）之规定。

从你单位违法行为的事实、性质、情节、社会危害程度和证据看，你单位的违法行为属于 严重 。

根据《中华人民共和国水法》第六十七条第二款“未经水行政主管部门或者流域管理机构审查同意，擅自在江河、湖泊新建、改建或者扩大排污口的，由县级以上人民政府水行政主管部门或者流域管理机构依据职权，责令停止违法行为，限期恢复原状，处五万元以上十万元以下的罚款”和《河南省水行政处罚裁量标准》中《中华人民共和国水法》第六十七条“违法行为情形和处罚标准：……2. 未经水行政主管部门或者流域管理机构审查同意，擅自在江河、湖泊新建、改建或者扩大排污口的（2）停止违法行为但未在规定的期限内恢复原状的，处5万元以上7万元以下罚款；……”之规定，本机关拟对你单位做出下列行政处罚：1. 限三日内自行封堵排污口并恢复原状；2. 罚款人民币柒万元整的处罚。

根据《中华人民共和国行政处罚法》第三十二条的规定，你单位可以自收到本告知书起三日内到安阳市水利局进行陈述、申辩，逾期不陈述、申辩的视为放弃陈述、申辩权利。

安阳市水利局印章

2010年9月13日

联系人：崔明

联系电话：3696675

联系地址：安钢大道东段路南

送达回证

案　由	安阳市针织印染厂未经批准擅自扩大排污口		
受送达人	安阳市针织印染厂		
送达地点	该厂区办公室		

送达文书	送达人	收到日期	受送达人签名或盖章
行政处罚事先告知书 安水罚先告字〔2010〕第3003号	崔　明 徐晓帅	2010年9月 13日10时	李强
		年　月 日　时	
		年　月 日　时	
		年　月 日　时	
备　注	李强		

注：1、如受送达人不在时，将文件交与他的成年家属、近邻、工作机关或受送达人居住地的乡（镇）政府、村民委员会或街道办事处代收。

2、如系代收，代收人应在受送达人栏内签名或盖章，并注明与受送达人的关系。

行政处罚听证告知书

安水听告字〔2010〕第3003号

安阳市针织印染厂：

经查，你单位未经水行政主管部门批准，擅自文峰中路东段安阳市针织印染厂门口擅自扩大排污口的行为。违反了《中华人民共和国水法》第三十四条第二款“在江河、湖泊新建、改建或者扩大排污口，应当经有管辖权的水行政主管部门或者流域管理机构同意，由环境保护行政主管部门对该建设项目的环境影响报告书进行审批”，《中华人民共和国水污染防治法》第十三条第二款“……在运河、渠道、水库等水利工程内设置排污口，应当经有关水利工程管理部门同意”，《中华人民共和国河道管理条例》第三十四条“向河道、湖泊排污的排污口的设置和扩大，排污单位在向环境保护部门申报之前，应当征得河道主管机关的同意”及《入河排污口监督管理办法》（水利部令第22号）之规定。

违法行为等次：根据你单位违法行为的事实、性质、情节、社会危害程度和相关证据，你单位的违法行为等次属于严重。

拟给予处罚的依据和种类：本机关依照《中华人民共和国水法》第六十七条第二款“未经水行政主管部门或者流域管理机构审查同意，擅自在江河、湖泊新建、改建或者扩大排污口的，由县级以上人民政府水行政主管部门或者流域管理机构依据职权，责令停止违法行为，限期恢复原状，处五万元以上十万元以下的罚款”和《河南省水行政处罚裁量标准》中《中华人民共和国水法》第六十七条“违法行为情形和处罚标准：……2. 未经水行政主管部门或者流域管理机构审查同意，擅自在江河、湖泊新建、改建或者扩大排污口的（2）停止违法行为但未在规定的期限内恢复原状的，处5万元以上7万元以下罚款；……”之规定，拟对你单位作出下列行政处罚：1. 限三日内自行封堵排污口并恢复原状；2. 罚款人民币柒万元。

申请听证的期限：如你单位要求听证，应当自收到本告知书之日起三日内向我局提出申请。逾期视为放弃听证权利。

安阳市水利局印章

2010年9月17日

联系人：崔明

联系电话：3696675

联系地址：安钢大道东段路南

送达回证

案　由	安阳市针织印染厂未经批准擅自扩大排污口			
受送达人	安阳市针织印染厂			
送达地点	该厂区办公室			
送达文书		送达人	收到日期	受送达人签名或盖章
行政处罚听证告知书 安水罚听告字〔2010〕第3003号		崔　明 徐晓帅	2010年9月 17日10时	李强
			年　月 日　时	
			年　月 日　时	
			年　月 日　时	
备　注				

注：1、如受送达人不在时，将文件交与他的成年家属、近邻、工作机关或受送达人居住地的乡（镇）政府、村民委员会或街道办事处代收。

2、如系代收，代收人应在受送达人栏内签名或盖章，并注明与受送达人的关系。

案件调查终结报告

当事人的基本情况：安阳市利源车轮有限责任公司
法定代表人：李立建
单位地址：安阳市开发区海河大道武夷西路
调查时间：2010 年 5 月 15 日至 2010 年 5 月 30 日
调查人员：郝艳军、路宏伟

当事人违法的证据：

1. 调查（询问）笔录一份；
2. 视听资料一份。

违法行为等次：**该单位**于 2010 年 5 月 15 日 15:00~16:00 时水政执法人员对其生产场所的取水情况进行检查时拒绝接受监督检查，违反了国务院《取水许可和水资源费征收管理条例》第四十五条，下达责令改正水事违法行为通知书后在规定期限内该单位能够配合检查、如实提供有关情况，从违法行为的事实、性质、情节、社会危害程度和证据看，属于轻微违法行为。

应受行政处罚的依据和种类：该单位在规定时间内，没有向我局陈述和申辩，根据《取水许可和水资源费征收管理条例》第五十二条“有下列行为之一的，责令停止违法行为，限期改正，处 5000 元以上 2 万元以下罚款；情节严重的，吊销取水许可证：……（二）拒绝接受监督检查或者弄虚作假的；……” 和《河南省水行政处罚裁量标准》“……2、拒绝接受监督检查或者弄虚作假的（1）在规定期限内停止违法行为，配合检查、如实提供有关情况的，处 5 千元以上 1 万元以下的罚款……”之规定，**行政处罚建议**：罚款人民币五千元。

办案人员签名：郝艳军、路宏伟

水政监察机构负责人意见：同意。

尹中洲　　　　2010 年 6 月 2 日

机关法制机构审核意见：同意。

侯俊山　　　　2010 年 6 月 2 日

法律文书签发单

案　　由	安阳市针织印染厂未经批准擅自扩大排污口
法律文书 名称及文号	水行政处罚决定书 安水罚决字〔2010〕第 3003 号
承办人	建议处罚。 承办人（签字）：崔明　　张征　　2010 年 9 月 21 日
支队 意见	同意。 负责人：尹中洲　　2010 年 9 月 21 日
法制机构 审核意见	同意。 负责人：侯俊山　　2010 年 9 月 21 日
机关负责人 意　见	同意。 负责人：马荣洲　　2010 年 9 月 21 日
备注	

水行政处罚决定书

安水罚决字〔2010〕第3003号

被罚款人（单位）名称：安阳市针织印染厂

地　　址：文峰中路东段

法定代表人或负责人：　李林　　　　　　职　务：　厂长

本机关于2010年9月1日对安阳市针织印染厂擅自在文峰中路东段万金南干渠擅自扩大排污口一案进行立案调查。经查，该单位法人代表李林。排污口位置于安阳市针织印染厂门口东北方向约150米处，当事人已承认违法事实，我单位已于2010年9月1日向该单位下达责令停止水事违法通知书，并要求该单位停止违法行为，规定期限内将排污口恢复原状。但安阳市针织印染厂虽停止了违法行为，但没在规定期限内将排污口恢复原状。该行为违反了《中华人民共和国水法》第三十四条第二款“在江河、湖泊新建、改建或者扩大排污口，应当经有管辖权的水行政主管部门或者流域管理机构同意，由环境保护行政主管部门对该建设项目的环境影响报告书进行审批”，《中华人民共和国水污染防治法》第十三条第二款：“……在运河、渠道、水库等水利工程内设置排污口，应当经有关水利工程管理部门同意”，《中华人民共和国河道管理条例》第三十四条“向河道、湖泊排污的排污口的设置和扩大，排污单位在向环境保护部门申报之前，应当征得河道主管机关的同意”及《入河排污口监督管理办法》（水利部令第22号）之规定。

违法的证据：

1. 调查（询问）笔录；

2. 现场检查笔录；

3. 视听资料。

违法行为等次：根据你单位的违法事实、性质、情节、社会危害程度和相关证据，你单位的违法行为等次属于严重。

应受行政处罚的依据和种类：上述违法行为事实清楚，证据确凿充分。根据《中华人民共和国水法》第六十七条第二款“未经水行政主管部门或者流域管理机构审查同意，擅自在江河、湖泊新建、改建或者扩大排污口的，由县级以上人民政府水行政主管部门或者流域管理机构依据职权，责令停止违法行为，限期恢复原状，处五万元以上十万元以下的罚款”和《河南省水行政处罚裁量标准》中《中华人民共和国水法》第六十七条“违法行为情形和处罚标准：……2. 未经水行政主管部门或者流域管理机构审查同意，擅自在江河、湖泊新建、改建或者扩大排污口的（2）停止违法行为但未在规定的期限内恢复原状的，处5万元以上7万元以下罚款；……”之规定，本机关决定对你单位作出下列行政处罚：

1. 限三日内将排污口恢复原状；

2. 罚款人民币柒万元整。

行政处罚履行方式和期限：你单位应当自接到本决定书之日起 15 日内将罚款缴至中国工商银行安阳市分行任一储蓄网点（银行罚款代码：43500021××××××××）。到期不缴纳的，每日按罚款数额的百分之三加处罚款。

不服行政处罚决定申请行政复议或提起行政诉讼的途径和期限：如不服本决定，可以自收到本决定书之日起六十日内向安阳市行政复议受理中心或河南省水利厅申请行政复议，或者在接到本决定书后六个月内直接向安阳市殷都区人民法院提起行政诉讼。逾期不申请行政复议、不向人民法院起诉又不履行本处罚决定的，我局将申请人民法院强制执行。

安阳市水利局（印章）

2010 年 9 月 21 日

送达回证

<table>
<tr><td>案　　由</td><td colspan="4">安阳市针织印染厂未经批准擅自扩大排污口</td></tr>
<tr><td>受送达人</td><td colspan="4">安阳市针织印染厂</td></tr>
<tr><td>送达地点</td><td colspan="4">该厂区办公室</td></tr>
<tr><td colspan="2">送达文书</td><td>送达人</td><td>收到日期</td><td>受送达人签名或盖章</td></tr>
<tr><td colspan="2">水行政处罚决定书
安水罚决字〔2010〕第 3003 号</td><td>崔明
徐晓帅</td><td>2010 年 9 月
21 日 10 时</td><td>李强</td></tr>
<tr><td colspan="2"></td><td></td><td>年　月
日　时</td><td></td></tr>
<tr><td colspan="2"></td><td></td><td>年　月
日　时</td><td></td></tr>
<tr><td colspan="2"></td><td></td><td>年　月
日　时</td><td></td></tr>
<tr><td>备　注</td><td colspan="4"></td></tr>
</table>

注：1、如受送达人不在时，将文件交与他的成年家属、近邻、工作机关或受送达人居住地的乡（镇）政府、村民委员会或街道办事处代收。

2、如系代收，代收人应在受送达人栏内签名或盖章，并注明与受送达人的关系。

水事违法案件结案报告

2010 年 9 月 27 日　　　　　　　　　　　　　　　　　　第 1 页　共 1 页

案　由：安阳市针织印染厂未经批准擅自扩大排污口

承办人：崔明　　张征

立案时间：2010 年 9 月 1 日　　结案时间：2010 年 9 月 27 日

简要案情及办案经过：2010 年 9 月 1 日，我三大队执法人员接到群众举报，称有人在万金南干渠设置排污口。经现场勘验和多方调查，安阳市针织印染厂未经水行政主管部门审查同意，擅自在万金南干渠扩大排污口，管径 50cm，该单位法人代表李林。我单位于 2010 年 9 月 1 日向该单位下达责令停止水事违法行为通知书，该单位虽已停止违法行为，但没在规定期限内恢复排污口原状。该行为违法了《中华人民共和国水法》第三十四条第二款等法律法规的规定。经过执法人员的多次监督执法，现该单位已自行将排污口恢复原状，并已缴纳罚款柒万元。

处罚（理）情况：由于该单位未经水行政主管部门同意，在万金南干渠擅自扩大排污口。因此，我局依法要求该单位限期将排污口恢复原状，并处以罚款柒万元。

执行情况：该单位已将排污口恢复原状，并已缴纳罚款柒万元。

结案建议：由于该单位已将排污口恢复原状，并缴纳罚款柒万元，建议结案。

办案人员意见：建议结案。

崔明　　张征　　　　　　　　　　　　　　2010 年 9 月 27 日

支队负责人意见：同意结案

尹中洲　　　　　　　　　　　　　　2010 年 9 月 27 日

法制机构负责人意见：同意结案。

侯俊山　　　　　　　　　　　　　　2010 年 9 月 27 日

机关负责人意见：同意结案。

马荣洲　　　　　　　　　　　　　　2010 年 9 月 27 日

现场照片

附： **案件承办人员行政执法证复印件**

银行代收罚款票据

立卷、验卷情况记载

本案卷于 2010 年 9 月 28 日立卷，本册连面带底共计 29 页，附证物袋 1 个，内装 2 件。

立卷人 ： 崔明　张征

本案卷于 2010 年 9 月 28 日，经验查合格。

检验人：刘朝军

安阳市水利局行政许可卷宗

<table>
<tr><td colspan="6">安水许准字〔2012〕第 001 号</td></tr>
<tr><td>案由</td><td colspan="5">某某钢铁实业有限责任公司取水许可审批案</td></tr>
<tr><td rowspan="2">当事人</td><td>名称或姓名</td><td colspan="4">某某钢铁实业有限责任公司</td></tr>
<tr><td>地址或住址</td><td colspan="4">某某地方</td></tr>
<tr><td>申请日期</td><td colspan="2">2012 年 7 月 10 日</td><td>批复日期</td><td colspan="2">2012 年 7 月 20 日</td></tr>
<tr><td>审批情况</td><td colspan="5">准予办理取水许可证。</td></tr>
<tr><td>复议决定</td><td colspan="5"></td></tr>
<tr><td>法院判决（裁定）</td><td colspan="5"></td></tr>
<tr><td>归档日期</td><td colspan="2">2010 年 7 月 21 日</td><td colspan="2">归档编号</td><td></td></tr>
<tr><td>保存年限</td><td colspan="2">10 年</td><td colspan="2">承办人</td><td>××× ×××</td></tr>
<tr><td colspan="3">本卷内的文书共计 21 张</td><td colspan="2">立卷人</td><td>××× ×××</td></tr>
</table>

卷宗目录

序号	材料名称	文号	页数
1	申请材料真实性保证书		
2	行政许可申请材料清单		
3	行政许可申请书		
4	企业营业执照复印件		
5	法人代表身份证复印件		
6	委托代理书		
7	代理人身份证复印件		
8	第三方利害关系证明		
9	土地证明复印件		
10	使用自备井保证书		
11	建设项目水资源论证报告表		
12	行政许可受理审批表		
13	水行政许可申请受理通知书	安水受告字〔2012〕001号	
14	送达回证		
15	行政许可决定审批表		
16	水行政许可准予决定书	安水许准字〔2012〕第001号	
17	送达回证		
18	取水许可证复印件	取水（豫0501）字〔2012〕第001号	
19	送达回证		
20	行政许可办结报告		

行政许可申请材料真实性保证书

安阳市水利局：

本人承诺所提供的有关取水许可申请材料（清单附后）和反映的情况真实有效。如若不实，本人自愿承担由此引发的一切法律后果。

负　责　人（签名）：

委托代理人（签名）：

单　位　　（盖章）：

年　　月　　日

行政许可申请材料清单

序号	材料名称	数量	备注
1	行政许可申请材料清单	1	
2	行政许可申请书	1	
3	企业营业执照复印件	1	
4	法人代表身份证复印件	1	
5	委托书	1	
6	委托代理人身份证复印件	1	
7	第三方利害关系证明	1	
8	土地证明复印件	1	
9	使用自备井保证书	1	
10	建设项目水资源论证报告表	1	
11	取水许可证登记表	3	
12			
行政许可申请人	申请人： 委托代理人：××× 年 月 日		
行政许可受理机关	承办人：××× ××× 年 月 日		

行政许可申请书

申请人姓名：________身份证号：________

住　址：________

申请单位名称：　某某钢铁实业有限责任公司

地　址：　××××地方

法定代表人姓名：　×××　身份证号码：　×××

委托代理人姓名：　×××　身份证号码：　×××

住　址：________电　话：××××××××

行政许可申请事项：　取水许可

申请事实和理由：某某钢铁实业有限责任公司，未在自来水管网覆盖范围以内，为了解决职工生活用水和工业用水，特此申请办理取水许可证。

附：行政许可申请材料清单

行政许可申请人：________

委托代理人：×××

某某钢铁实业有限责任公司

年　月　日

XXX钢铁实业有限责任公司

企业营业执照副本复印件

（加盖公章）

XXX钢铁实业有限责任公司

法定代表人身份证复印件

（加盖公章）

委托书

安阳市水利局：

我单位某某钢铁实业有限责任公司，位于×××××地方，现委托×××前去贵单位办理取水许可手续，身份证号：××××××××××××××××××，联系电话×××××××××。

某某钢铁实业有限责任公司（加盖公章）

年 月 日

委托代理人身份证复印件

（加盖公章）

第三方利害关系证明

某某钢铁实业有限责任公司院内有地下水一眼，其取水不影响我单位生活用水，特此证明。

××××单位（加盖公章）
2012 年 7 月 1 日

某某钢铁实业有限责任公司
土地证明复印件

（加盖公章）

使用自备井保证书

安阳市水利局：

我单位位于＿＿××××××地方＿＿，未在城市公共供水管网覆盖范围以内,本单位内有地下水源井＿1＿眼,取水用于＿职工生活和工业＿。

为合理利用和保护我市地下水资源，我单位一定服从市政府及相关部门的封井工作安排，随时无条件封填本单位的地下水源井。

某某钢铁实业有限责任公司（加盖公章）
年　　月　　日

XXX 钢铁实业有限责任公司建
设项目水资源论证报告表

安阳市水利局行政许可受理审批表

<table>
<tr><td rowspan="4">申请人</td><td>名　称</td><td>某某钢铁实业有限责任公司</td><td>法定代表人</td><td>×××</td></tr>
<tr><td>地　址</td><td>×××××地方</td><td>电　　话</td><td>××××××</td></tr>
<tr><td>姓　名</td><td></td><td>身份证号码</td><td>××××××××××××××××</td></tr>
<tr><td>地　址</td><td></td><td>电　　话</td><td></td></tr>
<tr><td>行政许可申请事项</td><td colspan="4">取水许可</td></tr>
<tr><td>行政许可事项审查情　　况</td><td colspan="4">申请材料齐全，符合法定程序，属于本机关受理范围。</td></tr>
<tr><td rowspan="2">承办人意见</td><td colspan="4">申请材料齐全，建议受理。
主办人：×××　协办人：×××　2012 年 7 月 11 日</td></tr>
<tr><td colspan="4">建议受理。
负责人：×××　2012 年 7 月 11 日</td></tr>
<tr><td>水政监察支队意见</td><td colspan="4">同意受理。
负责人：×××　2012 年 7 月 12 日</td></tr>
<tr><td>法制机构意见</td><td colspan="4">同意受理。
负责人：×××　2012 年 7 月 12 日</td></tr>
</table>

安阳市水利局水行政许可申请受理通知书

安水受告字〔2012〕 sz001 号

某某钢铁实业有限责任公司：

本机关于（2012 年 07 月 10 日）收到您提出的取水许可申请材料。全部申请材料清单如下：

1. 行政许可申请书（1 份）；
2. 企业营业执照副本复印件（1 份）；
3. 法定代表人身份证复印件（1 份）；
4. 委托书（1 份）；
5. 委托代理人身份证复印件（1 份）；
6. 第三方利害关系证明（1 份）；
7. 土地证明复印件（1 份）；
8. 使用自备井保证书（1 份）；
9. 建设项目水资源论证报告表（1 套）；
10. 取水许可证登记表（3 份）。

经审查，您单位提交的取水许可申请材料齐全，符合法定形式，根据《中华人民共和国行政许可法》第三十二条第一款第（五）项、《水行政许可实施办法》第二十四条第一款第（五）项及其他有关规定，现予受理。

特此通知

安阳水利局（加盖公章）

2012 年 07 月 12 日

联 系 人：××× ×××

联系电话：3696239

送达回证

<table>
<tr><td>案　　由</td><td colspan="3"></td></tr>
<tr><td>受送达人</td><td colspan="3">某某钢铁实业有限责任公司</td></tr>
<tr><td>送达地点</td><td colspan="3">安阳市水利局水政监察支队办公室</td></tr>
<tr><td>送达文书</td><td>送达人</td><td>收到日期</td><td>受送达人签名或盖章</td></tr>
<tr><td>安阳市水利局水行政许可申请受理通知书
安水受告字〔2012〕sz001 号</td><td>×××
×××</td><td>2012 年 7 月
12 日 10 时</td><td>×××</td></tr>
<tr><td></td><td></td><td>年　月
日　时</td><td></td></tr>
<tr><td></td><td></td><td>年　月
日　时</td><td></td></tr>
<tr><td></td><td></td><td>年　月
日　时</td><td></td></tr>
<tr><td>备　　注</td><td colspan="3">×××是某某钢铁实业有限责任公司主任。</td></tr>
</table>

注：1、如受送达人不在时，将文件交与他的成年家属、近邻、工作机关或受送达人居住地的乡（镇）政府、村民委员会或街道办事处代收。

2、如系代收，代收人应在受送达人栏内签名或盖章，并注明与受送达人的关系。

安阳市水利局准予行政许可决定审批表

<table>
<tr><td>行政许可
申请事项</td><td colspan="2">取水许可</td><td>行政许可
受理时间</td><td>2012年07月12日</td></tr>
<tr><td rowspan="2">申
请
人</td><td>单位名称</td><td>某某钢铁实业有限责任公司</td><td>法定代表人</td><td>×××</td></tr>
<tr><td>地　址</td><td></td><td>电　话</td><td>×××××××</td></tr>
<tr><td>行政许可事项审查情况</td><td colspan="4">某某钢铁实业有限责任公司未在公共供水管网覆盖范围以内，取水用于生产、生活用水，符合申请条件。</td></tr>
<tr><td rowspan="2">承办人
意　见</td><td colspan="4">经现场调查，情况属实，符合批准条件，建议审批。
主办人签名：×××　协办人签名：×××　2012年7月18日</td></tr>
<tr><td colspan="4">建议审批。
负责人签名：×××　2012年7月18日</td></tr>
<tr><td>承办机构
审核意见</td><td colspan="4">建议审批。
负责人签名：×××　2012年7月19日</td></tr>
<tr><td>领导审批
意　见</td><td colspan="4">建议审批。
领导签名：×××　2012年7月20日</td></tr>
</table>

安阳市水利局准予水行政许可决定书

安水许准字〔2012〕第001号

某某钢铁实业有限责任公司：

你单位于 2012 年 7 月 10 日提出的关于 办理取水许可证 行政许可申请，本机关已于 2012 年 7 月 12 日受理。

经审查，符合法定条件。根据《取水许可和水资源费征收管理条例》第二十条第一款和第二十三条第二款之规定，现准予你单位办理取水许可证。取水许可证有效期自 2012 年 7 月 20 日至 2017 年 7 月 19 日。

请你单位在十日内，到安阳市行政便民服务中心领取取水许可证。

安阳市水利局（加盖公章）

2012年07月20日

联 系 人：×××

联系电话：×××××××

附： **取水许可证复印件**

送达回证

案　由			
受送达人	某某钢铁实业有限责任公司		
送达地点	安阳市行政便民服务中心		
送达文书	送达人	收到日期	受送达人签名或盖章
安阳市水利局准予水行政许可决定书 安水许准字〔2012〕第 001 号	××× ×××	2012 年 07 月 20 日 10 时	×××
		年　月 日　时	
		年　月 日　时	
		年　月 日　时	
备　注			

注：1、如受送达人不在时，将文件交与他的成年家属、近邻、工作机关或受送达人居住地的乡（镇）政府、村民委员会或街道办事处代收。

2、如系代收，代收人应在受送达人栏内签名或盖章，并注明与受送达人的关系。

送达回证

<table>
<tr><td>案　　由</td><td colspan="3"></td></tr>
<tr><td>受送达人</td><td colspan="3">某某钢铁实业有限责任公司</td></tr>
<tr><td>送达地点</td><td colspan="3">安阳市行政便民服务中心</td></tr>
<tr><td>送达文书</td><td>送达人</td><td>收到日期</td><td>受送达人签名或盖章</td></tr>
<tr><td>取水许可证
取水（豫 0501）字〔2012〕第 001 号</td><td>×××
×××</td><td>2012 年 7 月
20 日 10 时</td><td>×××</td></tr>
<tr><td></td><td></td><td>年　月
日　时</td><td></td></tr>
<tr><td></td><td></td><td>年　月
日　时</td><td></td></tr>
<tr><td></td><td></td><td>年　月
日　时</td><td></td></tr>
<tr><td>备　　注</td><td colspan="3"></td></tr>
</table>

注：1、如受送达人不在时，将文件交与他的成年家属、近邻、工作机关或受送达人居住地的乡（镇）政府、村民委员会或街道办事处代收。

2、如系代收，代收人应在受送达人栏内签名或盖章，并注明与受送达人的关系。

行政许可办结报告

单位：

<table>
<tr><td rowspan="4">申请人（被许可人）</td><td>名称</td><td>某某钢铁实业有限责任公司</td><td>法定代表人</td><td>×××</td></tr>
<tr><td>地址</td><td>×××××××</td><td>电话</td><td>××××××</td></tr>
<tr><td>姓名</td><td></td><td>身份证号码</td><td>×××××××××
×××××××××</td></tr>
<tr><td>所在单位</td><td></td><td>电话</td><td></td></tr>
<tr><td>行政许可事项</td><td colspan="4">取水许可</td></tr>
<tr><td>办理内容</td><td colspan="4">初次申请</td></tr>
<tr><td>行政许可文书编号</td><td colspan="2">安水许准字〔 2012 〕第 001 号</td><td></td><td></td></tr>
<tr><td>审查情况理由及决定内容</td><td colspan="4">申请手续齐全，符合办理取水许可法定条件，准予办理。</td></tr>
<tr><td>办结方式</td><td colspan="4">依程序办结</td></tr>
<tr><td>执行情况</td><td colspan="4">已办结</td></tr>
</table>

填表人：　×××　　　　2012 年 7 月 21 日

汤阴县南小章村村民郭某某擅自在卫河汤阴县五陵镇水文站段水文监测环境保护范围内植树水行政处罚案

【案情简介】汤阴县水务局于 2014 年 4 月 15 日对当事人郭某某擅自在卫河汤阴县五陵镇水文站段水文监测环境保护范围内植树一案进行了立案调查。经查，郭某某于 2014 年 4 月以来未经水行政主管部门批准擅自在卫河汤阴县五陵镇水文站段水文监测环境保护范围内植树。该行为违反了《中华人民共和国水文条例》第三十二条第一款“禁止在水文监测环境保护范围内从事下列活动:（一）种植高秆作物、堆放物料、修建建筑物、停靠船只”之规定。根据《中华人民共和国水文条例》第四十三条“违反本条例规定，从事本条例第三十二条所列活动的，责令停止违法行为，限期恢复原状或者采取其他补救措施，可以处 1 万元以下罚款；构成违反治安管理行为的，依法给予治安管理处罚；构成犯罪的，依法追究刑事责任”和《河南省水行政处罚裁量标准》中《中华人民共和国水文条例》第四十三条第一款“……（3）拒不停止违法行为的，可以处 5 千元以上 1 万元以下罚款”之规定，建议对该当事人进行如下处理：①限期清除卫河汤阴县五陵镇水文站段水文监测环境保护范围内的树木，恢复水文监测环境保护范围内原状；②罚款人民币七千元。

附：汤阴县南小章村村民郭某某擅自在卫河水文监测环境保护区内植树水行政处罚案卷宗

河南省水事违法案件卷宗

<table>
<tr><td colspan="6">豫水（汤水）立字〔2014〕第 2 号</td></tr>
<tr><td>案由</td><td colspan="5">郭某某擅自在卫河水文监测环境保护区内植树行政处罚案</td></tr>
<tr><td rowspan="2">当事人</td><td>名称或姓名</td><td colspan="4">郭某某</td></tr>
<tr><td>地址或住址</td><td colspan="4">汤阴县五陵镇南小章村</td></tr>
<tr><td>立案日期</td><td colspan="2">2014 年 4 月 15 日</td><td>结案日期</td><td colspan="2">2014 年 8 月 20 日</td></tr>
<tr><td>处罚（理）决定</td><td colspan="5">1. 限期清除卫河汤阴县五陵镇水文站段水文监测环境保护范围内的树木，恢复水文监测环境保护范围内原状。
2. 并处以七千元罚款。</td></tr>
<tr><td>复议决定</td><td colspan="5"></td></tr>
<tr><td>法院判决（裁定）</td><td colspan="5"></td></tr>
<tr><td>归档日期</td><td colspan="2">2014 年 8 月 20 日</td><td>归档编号</td><td colspan="2">第 201402 号</td></tr>
<tr><td>保存年限</td><td colspan="2">10 年</td><td>承办人</td><td colspan="2">××× ×××</td></tr>
<tr><td colspan="3">本卷内的文书共计 32 张</td><td>立卷人</td><td colspan="2">×××</td></tr>
</table>

卷宗目录

序号	材料名称	文号	页数
1	水事违法案件立案呈批表	汤水立字〔2014〕第 2 号	
2	询问笔录		
3	现场（检查）笔录		
4	现场示意图		
5	现场取证照片		
6	责令停止水事违法行为通知书	汤水停字〔2014〕 第2号	
7	送达回证		
8	水事违法案件讨论笔录		
9	调查终结报告		
10	水行政处罚事先告知书	汤水先告字〔2014〕第2号	
11	送达回证		
12	情况说明		
13	水行政处罚听证告知书	汤水罚听告字〔2014〕第2号	
14	送达回证		
15	情况说明		
16	法律文书签发单		
17	水行政处罚决定书	汤水罚决字〔2014]〕第2号	
18	送达回证		
19	履行行政处罚决定催告书	汤水强催字〔2014〕第 2 号	
20	送达回证		
21	强制执行申请书	汤水申字〔2014〕第 2 号	
23	银行代收票据复印件		
24	恢复水文监测环境保护范围内原状		
26	水事违法案件结案报告		
27	案件承办人行政执法证		

行政处罚案件立案审批表

<table>
<tr><td rowspan="5">当事人</td><td>单位名称</td><td></td><td>法定代表人</td><td></td></tr>
<tr><td>住址</td><td></td><td>电话</td><td></td></tr>
<tr><td>个人姓名</td><td>郭某某</td><td>性别</td><td>男</td></tr>
<tr><td>所在单位</td><td></td><td>电话</td><td>15824671938</td></tr>
<tr><td>身份证号码</td><td>×××××××××××
×××××××××</td><td>个人住址</td><td>汤阴县五陵镇南小章村</td></tr>
<tr><td>案由</td><td colspan="2">郭某某擅自在卫河水文监测环境保护区内植</td><td>案件来源</td><td>2014 年 4 月 15 日移交</td></tr>
<tr><td>案件简要情况</td><td colspan="4">经查，汤阴县五陵镇南小章村村民郭某某，未经批准擅自在卫河水文监测环境保护区内植树，其行为违反了《中华人民共和国水文条例》第三十二条第一款“禁止在水文监测环境保护区内从事下列活动：（一）种植高杆作物、……”之规定。</td></tr>
<tr><td>承办人意见</td><td colspan="4">汤阴县五陵镇南小章村村民郭某某涉嫌违反了《中华人民共和国水文条例》第三十二条第一款：“禁止在水文监测环境保护区内从事下列活动：（一）种植高杆作物、……”之规定，建议立案查处。

承办人签名：安卫东　王伟　　2014 年 4 月 15 日</td></tr>
<tr><td>承办机构审核意见</td><td colspan="4">经审核，建议立案。建议该案件主办人是安卫东，协办人是王伟。

负责人签名：尹中洲　　2014 年 4 月 15 日</td></tr>
<tr><td>水行政主管部门负责人审批意见</td><td colspan="4">同意立案。

负责人签名：马荣洲　　2014 年 4 月 15 日</td></tr>
</table>

询问笔录

询问时间：2014 年 4 月 15 日 10 时 30 分至 11 时 10 分

询问地点：卫河汤阴县五陵镇水文站

被询问单位名称：

法定代表人（负责人）：　　电话：

被询问人姓名：郭某某　性别：男　电话：13598139894

所在单位：　　住址：汤阴县五陵镇南小章村

与本案关系：郭某某为当事人

询问人：×××　证件名称：行政执法证　执法证编号：豫 GO123-005

记录人：×××　证件名称：行政执法证　执法证编号：豫 GO123-006

询问内容：问：我们是汤阴县水务局水政执法人员，×××行政执法证编号：豫 GO123-005，×××行政执法证编号：豫 GO123-006，这是我们的执法证件，请你确认。现就你在卫河汤阴县五陵镇水文站段河滩内植树情况进行调查（询问），根据《中华人民共和国行政处罚法》第三十七条规定，你应配合，并如实回答询问。首先请问你对我们的执法身份有无异议？是否申请回避？

答：无异议，不申请回避。

问：请说一下你的基本情况？

答：我叫郭某某，汤阴县五陵镇南小章村人，现年 47 岁，汉族，身份证号码：41052319××××××××××。

问：汤阴县五陵镇卫河水文站河道内的树苗是谁种的？

答：是我种的。

问：你为什么要在卫河水文站河道内种树？

答：我看那块地里只有几根标尺，闲着没种东西，闲着不是闲着，我就种上了。

问：你是什么时候种的？种了多少棵？

答：我是今年 4 月 14 日种的树苗，树苗是在集市上买的，大约种了 80 余棵。南北长：50 米，东西宽：40 米。

问：你是如何种的树？

答：用铁锹挖的坑填的土。

问：你植树的地方位于卫河汤阴县五陵镇水文站段河滩地属于水文监测环境保护区，你在水文监测环境保护区内植树直接影响了水文观测设施的正常运行及河道防洪安全，你知道吗？

答：不知道。

问：你擅自在卫河水文监测环境保护区内植树，其行为违反了《中华人民共和国水文条例》第三十二条第一款："禁止在水文监测环境保护区内从事下列活动：（一）种植高杆作物、……"之规定，请你立即停止违法行为，听侯处理。

答：好，我知道了。

问：以上记录是否属实？

答：看过了，询问笔录上述内容，记录属实。

郭某某　　　　2014 年 4 月 15 日

被询问人阅核后签注“询问笔录上述内容，记录属实。”

被询问人签字：　郭某某　　　　2014 年 4 月 15 日

拒绝签字的理由：

询问人签字：× × ×　　　　2014 年 4 月 15 日

记录人签字：× × ×　　　　2014 年 4 月 15 日

现场（检查）笔录

被调（检）查人姓名：郭某某 年龄：47岁 职业：农民

住址：汤阴县五陵镇南小章村

被调（检）查单位名称：

地址：

被询问人姓名：郭某某 性别：男 年龄：47岁 职务：农民

见证人：

调（检）查时间：2014 年 4 月 15 日 11 时 15 分至 12 时 10 分

调（检）查地点：卫河汤阴县五陵镇水文站

调（检）查人姓名：××× 证件名称：行政执法证 执法证编号：豫 GO123-005

记录人员：××× 证件名称：行政执法证 执法证编号：豫 GO123-006

调（检）查记录：2014 年 4 月 15 日，我局执法人员×××、×××向当事人郭某某出示行政执法证件表明身份并对其说明来意后，对郭某某在卫河汤阴县五陵镇水文站段河滩内种树情况进行现场勘验，结果如下：

1. 当事人为郭某某，汤阴县五陵镇南小章村村民，身份证号：41052319××××××××××。

2. 郭某某所种树苗的地点位于卫河汤阴县五陵镇水文站水文观测房工作桥两侧，卫河河滩内水位尺旁边，全部在卫河水文监测环境保护区内，共种植 80 余棵杨树苗，南北长 50 米，东西宽 40 米。

（附图附后）

被调（检）查人员签名或盖章：郭某某

被调查人员拒签事由：

调（检）查人员签名或盖章：××× ×××

见证人签名或盖章并注明其身份：×××

现 场 示 意 图

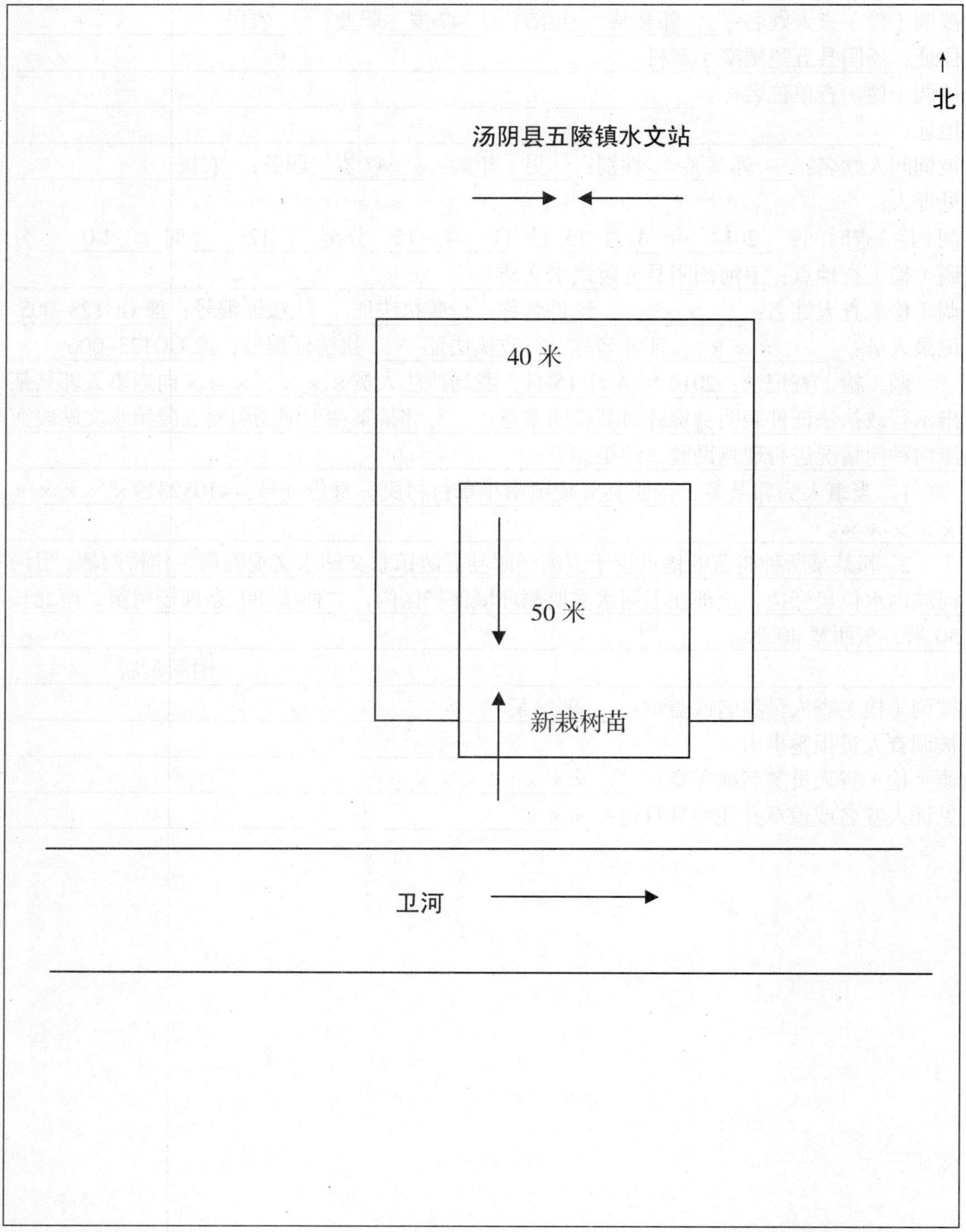

记录人：×××　　　　　　　　　　　　　　2014 年 4 月 15 日

当事人：×××　　　　　　　　　　　　　　2014 年 4 月 15 日

现场取证照片

责令停止水事违法行为通知书

汤水停字〔2014 〕第 2 号

郭某某（身份证号：41052319× × × × × × × × × ×）：

经查，自 2014 年 4 月以来，你擅自在卫河汤阴县五陵镇水文站段水文监测环境保护范围内植树。该行为违反了《中华人民共和国水文条例》第三十二条第一款“禁止在水文监测环境保护范围内从事下列活动:（一）种植高秆作物、堆放物料、修建建筑物、停靠船只；”之规定。根据《中华人民共和国水文条例》第四十三条“违反本条例规定，从事本条例第三十二条所列活动的，责令停止违法行为，限期恢复原状或者采取其他补救措施，可以处 1 万元以下罚款；构成违反治安管理行为的，依法给予治安管理处罚；构成犯罪的，依法追究刑事责任。”之规定和《河南省水政监察规定》第十五条第二款之规定，现责令立即停止违法行为，听候处理。否则，依法追究法律责任。

附：限责令你三日内清除卫河汤阴县五陵镇水文站段水文监测环境保护范围内的树木，恢复水文监测环境保护范围内原状。

汤阴县水务局

2014 年 4 月 15 日

联系电话：0372-6202800

联系地址：汤阴县政通路中段路南（汤阴县水政监察大队）

送达回证

<table>
<tr><td>案　　由</td><td colspan="3">郭某某擅自在卫河水文监测环境保护区内植树</td></tr>
<tr><td>受送达人</td><td colspan="3">郭某某</td></tr>
<tr><td>送达地点</td><td colspan="3">?</td></tr>
<tr><td>送达文书</td><td>送达人</td><td>收到日期</td><td>受送达人签名或盖章</td></tr>
<tr><td>责令停止水事违法行为通知书
汤水停字〔2014〕第2号</td><td>×××
×××</td><td>2014年4月
15日11时</td><td>郭某某</td></tr>
<tr><td></td><td></td><td>年　月
日　时</td><td></td></tr>
<tr><td></td><td></td><td>年　月
日　时</td><td></td></tr>
<tr><td></td><td></td><td>年　月
日　时</td><td></td></tr>
<tr><td>备　注</td><td colspan="3"></td></tr>
</table>

注：1、如受送达人不在时，将文件交与他的成年家属、近邻、工作机关或受送达人居住地的乡（镇）政府、村民委员会或街道办事处代收。

2、如系代收，代收人应在受送达人栏内签名或盖章，并注明与受送达人的关系。

水事违法案件讨论笔录

案 由：郭某某擅自在卫河水文监测环境保护区内植树行政处罚案

时 间：2014 年 4 月 21 日 9 时 10 分至 9 时 50 分

地 点：汤阴县水政监察大队办公室

件调查人：×××　×××　记录人：×××

参加人员：×××　×××　×××　×××　×××　×××

讨论内容：关于郭某某擅自在在卫河汤阴县五陵镇水文站段水文监测环境保护范围内植树行政处理 一案参会人员对以下几个方面进行了讨论：

一、案件承办人汇报案情及处理意见：经调查，自 2014 年 4 月以来，郭某某擅自在卫河汤阴县五陵镇水文站段水文监测环境保护范围内植树，所种树苗的地点位于卫河汤阴县五陵镇水文站水文观测房工作桥两侧，卫河河滩内水位尺旁边，全部在卫河水文监测环境保护区内，共种植 80 余棵杨树苗，南北长 50 米，东西宽 40 米。我局于 2014 年 4 月 15 日向该当事人下达了责令停止水事违法行为通知书，并要求该当事人立即停止违法行为，规定期限内清除卫河汤阴县五陵镇水文站段水文监测环境保护范围内的树木，恢复水文监测环境保护范围内原状。主要证据有：当事人的询问笔录、现场（检查）笔录、视听资料为证。该当事人的行为违反了《中华人民共和国水文条例》第三十二条第一款之规定。

根据《中华人民共和国水文条例》第四十三条“违反本条例规定，从事本条例第三十二条所列活动的，责令停止违法行为，限期恢复原状或者采取其他补救措施，可以处 1 万元以下罚款；构成违反治安管理行为的，依法给予治安管理处罚；构成犯罪的，依法追究刑事责任”之规定和《河南省水行政处罚裁量标准》中《中华人民共和国水文条例》之规定，建议对当事人作出如下处理：1. 立即停止违法行为，限三日内清除卫河汤阴县五陵镇水文站段水文监测环境保护范围内的树木，恢复水文监测环境保护范围内原状。2. 罚款人民币七千元的处罚。

二、参加人员意见：

×××：

×××：

×××：

×××：

×××：

×××：

讨论结果：

参加人员（签字）：×××　×××　×××　×××　×××

调查终结报告

当事人的基本情况：郭某某（身份证号：41052319××××××××××）汤阴县五陵镇南小章村村民

地址：汤阴县五陵镇南小章村

调查时间：2014年4月15日至2014年4月30日

调查人（签字）：

当事人的违法证据：

1. 现场（检查）笔录；2. 询问笔录；3. 视听资料；4. 照片。

违法行为等次：根据该当事人的违法事实、性质、情节、社会危害程度和相关证据，该当事人的违法行为等次属于一般违法行为。

应受行政处罚的依据和种类：2014年4月15日我局接受安阳市水政监察大队的案件移交，和安阳市水文水资源堪测局工作人员，对汤阴县五陵镇南小章村村民郭某某于2014年4月以来未经水行政主管部门批准擅自在卫河汤阴县五陵镇水文站段水文监测环境保护范围内植树案件进行处理。郭某某所种树苗的地点位于卫河汤阴县五陵镇水文站水文观测房工作桥两侧，卫河河滩内水位尺旁边，全部在卫河水文监测环境保护区内，共种植80余棵杨树苗，南北长50米，东西宽40米。上述行为违反了《中华人民共和国水文条例》第三十二条第一款"禁止在水文监测环境保护范围内从事下列活动：（一）种植高秆作物、堆放物料、修建建筑物、停靠船只"之规定。我局于2014年4月15日向其下达了责令停止水事违法行为通知书并要求该当事人限期三日内清除卫河汤阴县五陵镇水文站段水文监测环境保护范围内的树木，恢复水文监测环境保护范围内原状。上述违法行为事实清楚，证据确凿充分。根据《中华人民共和国水文条例》第四十三条"违反本条例规定，从事本条例第三十二条所列活动的，责令停止违法行为，限期恢复原状或者采取其他补救措施，可以处1万元以下罚款；构成违反治安管理行为的，依法给予治安管理处罚；构成犯罪的，依法追究刑事责任"和《河南省水行政处罚裁量标准》中《中华人民共和国水文条例》第四十三条第一款"……（3）拒不停止违法行为的，可以处5千元以上1万元以下罚款"之规定。

行政处罚建议：由于该当事人在规定期限内拒不清除卫河汤阴县五陵镇水文站段水文监测环境保护范围内的树木，恢复水文监测环境保护范围内原状。按照《河南省水行政处罚裁量标准》的有关规定，结合集体讨论结果，建议对该当事人进行如下处理：1. 限期清除卫河汤阴县五陵镇水文站段水文监测环境保护范围内的树木，恢复水文监测环境保护范围内原状；2. 罚款人民币七千元。

水政监察机构负责人意见：同意。

×××　　2014年5月5日

法制机构负责人意见：同意。

×××　　2014年5月5日

行政处罚事先告知书

汤水罚先告字〔2014〕第2号

郭某某（身份证号：41052319×××××××××××）：

自2014年4月以来，你擅自在卫河汤阴县五陵镇水文站段水文监测环境保护范围内植树。该行为违反了《中华人民共和国水文条例》第三十二条第一款："禁止在水文监测环境保护范围内从事下列活动：（一）种植高秆作物、堆放物料、修建建筑物、停靠船只；"之规定。"

从你违法行为的事实、性质、情节、社会危害程度和证据看，你的违法行为等次属于一般违法行为。

根据《中华人民共和国水文条例》第四十三条"违反本条例规定，从事本条例第三十二条所列活动的，责令停止违法行为，限期恢复原状或者采取其他补救措施，可以处1万元以下罚款；构成违反治安管理行为的，依法给予治安管理处罚；构成犯罪的，依法追究刑事责任"和《河南省水行政处罚裁量标准》中《中华人民共和国水文条例》第四十三条第一款"……（3）拒不停止违法行为的，可以处5千元以上1万元以下罚款"之规定，拟对你作出下列行政处罚：1. 立即停止违法行为，限三日内清除卫河汤阴县五陵镇水文站段水文监测环境保护范围内的树木，恢复水文监测环境保护范围内原状。2. 罚款人民币七千元的处罚。

根据《中华人民共和国行政处罚法》第三十二条的规定，你可以自收到本告知书之日起三日内到汤阴县水务局进行陈述、申辩，逾期不陈述、申辩的视为放弃陈述、申辩权利。

汤阴县水务局

2014年4月23日

电　话：0372-6202800

联系地址：汤阴县政通路中段路南

送达回证

案　　由	郭某某擅自在卫河水文监测环境保护区内植树行政处罚案			
受送达人	郭某某			
送达地点				
送达文书		送达人	收到日期	受送达人签名或盖章
行政处罚事先告知书 汤水罚先告字〔2014〕第2号		××× ×××	2014年4月 23日16时	郭某某
			年　月 日　时	
			年　月 日　时	
			年　月 日　时	
备　　注				

注：1、如受送达人不在时，将文件交与他的成年家属、近邻、工作机关或受送达人居住地的乡（镇）政府、村民委员会或街道办事处代收。

2、如系代收，代收人应在受送达人栏内签名或盖章，并注明与受送达人的关系。

情况说明

我局于 2014 年 4 月 23 日下达的《行政处罚事先告知书》汤水罚先告字〔2014〕第 2 号，当事人在规定期限内未提出陈述、申辩要求，视为放弃陈述、申辩权利。

案件承办人：×××　　×××

汤阴县水务局

2014 年 4 月 29 日

水行政处罚听证权利告知书

汤水罚听告字〔2014〕第2号

郭某某（身份证号：41052319×××××××××××）：

经查，自2014年4月以来，你擅自在卫河汤阴县五陵镇水文站段水文监测环境保护范围内植树。该行为违反了《中华人民共和国水文条例》第三十二条第一款“禁止在水文监测环境保护范围内从事下列活动：（一）种植高秆作物、堆放物料、修建建筑物、停靠船只”之规定。

违法行为等次：根据你违法行为的事实、性质、情节、社会危害程度和证据看，你的违法行为等次属于一般违法行为。

拟给予处罚的依据和种类：由于你在规定的期限内未停止违法行为、未清除卫河汤阴县五陵镇水文站段水文监测环境保护范围内的树木，恢复水文监测环境保护范围内原状，根据《中华人民共和国水文条例》第四十三条“违反本条例规定，从事本条例第三十二条所列活动的，责令停止违法行为，限期恢复原状或者采取其他补救措施，可以处1万元以下罚款；构成违反治安管理行为的，依法给予治安管理处罚；构成犯罪的，依法追究刑事责任”和《河南省水行政处罚裁量标准》中《中华人民共和国水文条例》第四十三条第一款“……（3）拒不停止违法行为的，可以处5千元以上1万元以下罚款”之规定，本机关拟对你做出：1. 立即停止违法行为，限三日内清除卫河汤阴县五陵镇水文站段水文监测环境保护范围内的树木，恢复水文监测环境保护范围内原状。2. 罚款人民币七千元的处罚。

申请听证的期限：如你要求听证，应当自收到本告知书之日起三日内向我局提出申请。逾期视为放弃听证权利。

汤阴县水务局

2014年4月29日

联系电话：0372-6202800

联系地址：汤阴县政通路中段路南

送达回证

<table>
<tr><td>案　　由</td><td colspan="4">郭某某擅自在卫河水文监测环境保护区内植树行政处罚案</td></tr>
<tr><td>受送达人</td><td colspan="4">郭某某</td></tr>
<tr><td>送达地点</td><td colspan="4"></td></tr>
<tr><td colspan="2">送达文书</td><td>送达人</td><td>收到日期</td><td>受送达人签名或盖章</td></tr>
<tr><td colspan="2">水行政处罚听证权利告知书
汤水罚听告字〔2014〕第2号</td><td>×××
×××</td><td>2014年4月
29日10时</td><td>郭某某</td></tr>
<tr><td colspan="2"></td><td></td><td>年　月
日　时</td><td></td></tr>
<tr><td colspan="2"></td><td></td><td>年　月
日　时</td><td></td></tr>
<tr><td colspan="2"></td><td></td><td>年　月
日　时</td><td></td></tr>
<tr><td>备　　注</td><td colspan="4"></td></tr>
</table>

注：1、如受送达人不在时，将文件交与他的成年家属、近邻、工作机关或受送达人居住地的乡（镇）政府、村民委员会或街道办事处代收。

2、如系代收，代收人应在受送达人栏内签名或盖章，并注明与受送达人的关系。

情况说明

我局于 2014 年 4 月 29 日下达的《水行政处罚听证告知书》汤水罚权告字〔2014〕第 2 号后，当事人在规定期限内未提出听证要求，视为放弃听证权利。

案件承办人：××× ×××

汤阴县水务局

2014 年 5 月 6 日

法律文书签发单

案　由	郭某某擅自在卫河水文监测环境保护区内植树
法律文书名称及文号	水行政处罚决定书 汤水罚决字〔2014〕第2号
承办人	建议处罚。 承办人（签字）：安卫东　王伟　2014年6月5日
支队意见	拟同意，请审核。 负责人：尹中洲　2014年6月5日
法制机构审核意见	主体认定正确，事实清楚，证据确凿，程序合法，适用法律适当，请审批。 负责人：　侯俊山　2014年6月5日
机关负责人意　见	同意。 负责人：马荣洲　2014年6月5日
备注	

水行政处罚决定书

汤水罚决字〔2014〕第 2 号

被处罚人名称：郭某某 性别：男 年龄：52 岁

职　　　业：农民 身份证号：41052319××××××××××

住　　　址：汤阴县五陵镇南小章村

本机关于 2014 年 4 月 15 日对你擅自在卫河汤阴县五陵镇水文站段水文监测环境保护范围内植树一案立案调查。经查，自 2014 年 4 月以来，你在卫河汤阴县五陵镇水文站段水文监测环境保护范围内植树。该行为违反了《中华人民共和国水文条例》第三十二条第一款："禁止在水文监测环境保护范围内从事下列活动：（一）种植高秆作物、堆放物料、修建建筑物、停靠船只"之规定。

违法的证据：

1. 调查笔录；2. 现场勘验笔录；3. 照片、视听资料。

违法行为等次：根据你的违法事实、性质、情节、社会危害程度和相关证据，你的违法行为等次属于一般违法行为。

应受行政处罚的依据和种类：上述违法行为事实清楚，证据确凿充分。根据《中华人民共和国水文条例》第四十三条"违反本条例规定，从事本条例第三十二条所列活动的，责令停止违法行为，限期恢复原状或者采取其他补救措施，可以处 1 万元以下罚款；构成违反治安管理行为的，依法给予治安管理处罚；构成犯罪的，依法追究刑事责任"和《河南省水行政处罚裁量标准》中《中华人民共和国水文条例》第四十三条第一款"……（3）拒不停止违法行为的，可以处 5 千元以上 1 万元以下罚款"之规定，决定对你作出如下行政处罚：1. 立即停止违法行为，限三日内清除卫河汤阴县五陵镇水文站段水文监测环境保护范围内的树木，恢复水文监测环境保护范围内原状。2. 罚款人民币七千元的处罚。

行政处罚履行方式和期限：你应当自接到本决定书之日起 15 日内将所处罚款缴至汤阴县非税收入服务中心，农行汤阴人民路支行，银行账号 352201040000570，汤阴县水务局（单位代码 012601，项目代码 100007）。到期不缴纳的，每日按罚款数额的百分之三加处罚款。

不服行政处罚决定申请行政复议或提起行政诉讼的途径和期限：如不服本决定，可以自收到本决定书之日起六十日内向汤阴县人民政府或安阳市行政复议受理中心申请行政复议，或者在接到本决定书后六个月内直接向汤阴县人民法院提起行政诉讼。逾期不申请行政复议、不向人民法院起诉又不履行本处罚决定的，我局将申请人民法院强制执行。

汤阴县水务局

2014 年 5 月 8 日

电　话：0372-6202800

联系地址：汤阴县政通路中段路南

送达回证

案　　由	郭某某擅自在卫河水文监测环境保护区内植树		
受送达人	郭某某		
送达地点			
送达文书	送达人	收到日期	受送达人签名或盖章
水行政处罚决定书 汤水罚决字〔2014〕第2号	××× ×××	2014年5月 8日11时	郭某某
		年　月 日　时	
		年　月 日　时	
		年　月 日　时	
备　注			

注：1、如受送达人不在时，将文件交与他的成年家属、近邻、工作机关或受送达人居住地的乡（镇）政府、村民委员会或街道办事处代收。

2、如系代收，代收人应在受送达人栏内签名或盖章，并注明与受送达人的关系。

履行行政处罚决定催告书

汤水强催字〔2014〕第2号

汤阴县五陵镇南小章村郭某某：

本机关于2014年5月8日向你送达的《水行政处罚决定书》（汤水罚决字〔2014〕第2号），你在规定期限内未履行行政处罚决定规定的义务。根据《中华人民共和国行政强制法》第三十五条之规定，现依法向你催告，请你自收到本催告书次日起十日内履行下列义务：

1. 立即停止违法行为，限三日内清除卫河汤阴县五陵镇水文站段水文监测环境保护范围内的树木，恢复水文监测环境保护范围内原状。

2. 罚款七千元整。所处罚款缴至汤阴县非税收入服务中心，农行汤阴人民路支行,银行账号352201040000570,汤阴县水务局(单位代码012601,项目代码100007)。

3. 加处罚款七千元整。（缴至上述账户）

逾期仍未履行义务的，将依法强制执行。

依据《中华人民共和国行政强制法》第三十六条之规定，你收到催告书后有权进行陈述和申辩。请你在收到本催告书次日起三日内提出陈述和申辩，逾期不陈述、申辩的视为放弃陈述和申辩的权利。

汤阴县水务局

2014年7月28日

联系人：×××

联系电话：0372-6202800

地址：汤阴县城政通路中段（汤阴县水政监察大队）

送达回证

<table>
<tr><td>案　　由</td><td colspan="3">郭某某擅自在卫河水文监测环境保护区内植树</td></tr>
<tr><td>受送达人</td><td colspan="3">郭某某</td></tr>
<tr><td>送达地点</td><td colspan="3"></td></tr>
<tr><td>送达文书</td><td>送达人</td><td>收到日期</td><td>受送达人签名或盖章</td></tr>
<tr><td>履行行政处罚决定催告书
汤水强催字〔2014〕第2号</td><td>×××
×××</td><td>2014年7月
28日?时</td><td>郭某某</td></tr>
<tr><td></td><td></td><td>年　月
日　时</td><td></td></tr>
<tr><td></td><td></td><td>年　月
日　时</td><td></td></tr>
<tr><td></td><td></td><td>年　月
日　时</td><td></td></tr>
<tr><td>备　注</td><td colspan="3"></td></tr>
</table>

注：1、如受送达人不在时，将文件交与他的成年家属、近邻、工作机关或受送达人居住地的乡（镇）政府、村民委员会或街道办事处代收。

2、如系代收，代收人应在受送达人栏内签名或盖章，并注明与受送达人的关系。

强制执行申请书

汤水强申字〔2014〕第2号

河南省汤阴县人民法院：

本机关于2014年5月8日作出的汤水罚决字〔2014〕第2号《水行政处罚决定书》已发生法律效力。被申请人郭某某逾期拒不履行该处罚决定书所确定的义务，根据《中华人民共和国行政诉讼法》第六十六条“公民、法人或其他组织对具体行政行为在法定期限内不提起诉讼又不履行的，行政机关可以申请人民法院强制执行，或者依法强制执行”之规定，特申请你院强制执行。

执行内容：

1. 立即停止违法行为，限三日内清除卫河汤阴县五陵镇水文站段水文监测环境保护范围内的树木，恢复水文监测环境保护范围内原状。

2. 罚款人民币七千元整。

3. 加处罚款七千元

附：本案案卷一套

汤阴县水务局

2014年8月11日

附：

银行代收票据

恢复水文监测环境保护范围内原状现场照片

水事违法案件结案报告

案由：郭某某擅自在卫河水文监测环境保护区内植树行政处罚案

承办人员：××× ×××

立案时间：2014年4月15日　　结案时间：2014年8月20日

简要案情及办案经过：2014年4月15日我局接受安阳市水政监察大队的案件移交，和安阳市水文水资源堪测局工作人员，对汤阴县五陵镇南小章村村民郭某某擅自在卫河汤阴县五陵镇水文站段水文监测环境保护范围内植树案件进行处理。我局于2014年4月15日立案，并对汤阴县五陵镇南小章村村民郭某某擅自在卫河汤阴县五陵镇水文站段水文监测环境保护范围内植树情况进行了调查取证。经查，郭某某于2014年4月以来未经水行政主管部门批准擅自在卫河汤阴县五陵镇水文站段水文监测环境保护范围内植树，属违法行为。该当事人的行为违反了《中华人民共和国水文条例》第三十二条第一款之规定。根据该当事人的违法事实、性质、情节、社会危害程度和相关证据，该当事人的违法行为等次属于一般违法行为。根据《中华人民共和国水文条例》第四十三条"违反本条例规定，从事本条例第三十二条所列活动的，责令停止违法行为，限期恢复原状或者采取其他补救措施，可以处1万元以下罚款；构成违反治安管理行为的，依法给予治安管理处罚；构成犯罪的，依法追究刑事责任"和《河南省水行政处罚裁量标准》中《中华人民共和国水文条例》第四十三条第一款"……（3）拒不停止违法行为的，可以处5千元以上1万元以下罚款"之规定。我局于2014年5月18日对其作出如下处罚决定：

1. 立即停止违法行为，限三日内清除卫河汤阴县五陵镇水文站段水文监测环境保护范围内的树木，恢复水文监测环境保护范围内原状。

2. 罚款人民币七千元的处罚。

处罚（理）情况：根据《中华人民共和国水文条例》第四十三条和《河南省水行政处罚裁量标准》之规定，我局于2014年5月8日向当事人下达了水行政处罚决定书。

执行情况：该当事人于2014年8月19日自行清除卫河汤阴县五陵镇水文站段水文监测环境保护范围内的树木，恢复水文监测环境保护范围内原状，并缴纳了罚款7千元，滞纳金7千元。

结案建议：该当事人已履行法定义务，建议结案。

办案人员：××× ×××

水政监察机构负责人意见：同意结案。

××× 2014年8月20日

法制机构负责人意见：同意结案。

××× 2014年8月20日

机关负责人意见：同意

××× 2014年8月20日

附：**案件承办人行政执法证复印件**

立卷、验卷情况记载

本案卷于 2014 年 8 月 20 日立卷，本册连面带底共计 ×× 页，附证物袋 × 个，内装 × 件。

立卷人：×××

本案卷于 2014 年 8 月 20 日，经验查合格。

检验人：×××

河南正通实业有限公司与投标人相互串通投标水行政处罚案件

【案情简介】2015 年 5 月 20 日，我局对河南正通实业有限公司串通投标一案立案调查。经调查，河南正通实业有限公司在安阳市引岳入安一期工程（漳南总干渠技术改造完善项目）第一标段招标投标过程中与河南宏景水电工程有限公司相互串通投标，违反了《中华人民共和国招标投标法》第三十二条“投标人不得相互串通投标报价，不得排挤其他投标人的公平竞争，损害招标人或者其他投标人的合法权益。投标人不得与招标人串通投标，损害国家利益、社会公共利益或者他人的合法权益。……”之规定。依据《中华人民共和国招标投标法实施条例》第四十条“有下列情形之一的，视为投标人相互串通投标：（一）不同投标人的投标文件由同一单位或者个人编制；（二）不同投标人委托同一单位或者个人办理投标事宜；（三）不同投标人的投标文件载明的项目管理成员为同一人；（四）不同投标人的投标文件异常一致或者投标报价呈规律性差异；（五）不同投标人的投标文件相互混装；（六）不同投标人的投标保证金从同一单位或者个人的账户转出。”之规定，河南正通实业有限公司与河南宏泰水电工程有限公司制作的安阳市引岳入安一期工程（漳南总干渠技术改造完善项目）第一标段投标文件在《工程量清单报价表》、《工程量单价汇总表》、《工程单价分析表》、《人工费单价汇总表》等项目内容上异常一致。河南正通实业有限公司在安阳市引岳入安一期工程（漳南总干渠技术改造完善项目）第一标段招标文件中标注的投标总报价为 10106221.66 元，该单位未中标，无违法所得，上述违法行为事实清楚，证据确凿充分。根据《中华人民共和国招标投标法》第五十三条“投标人相互串通投标或者与招标人串通投标的，投标人以向招标人或者评标委员会成员行贿的手段谋取中标的，中标无效，处中标项目金额千分之五以上千分之十以下的罚款……”之规定和《中华人民共和国招标投标法实施条例》第六十七条“ 投标人相互串通投标或者与招标人串通投标的，投标人向招标人或者评标委员会成员行贿谋取中标的，中标无效；构成犯罪的，依法追究刑事责任；尚不构成犯罪的，依照招标投标法第五十三条的规定处罚。投标人未中标的，对单位的罚款金额按照招标项目合同金额依照招标投标法规定的比例计算。”之规定，参照《河南省住房和城乡建设系统行政处罚裁量标准》中《中华人民共和国招标投标法》第五十三条“违法行为情形和处罚标准：1. 一般违法行为的表现形式；及时纠正违法行为的处罚标准：中标无效，处中标项目金额千分之五以上千分之六以下的罚款，对单位直接负责的主管人员和其他直接责任人员处单位罚款数额百分之五以上百分之六以下的罚款，有违法所得的，并处没收违法所得”之规定进行处罚。

附：河南正通实业有限公司投标人相互串通投标水行政处罚案件卷宗

河南省水事违法案件卷宗

<table>
<tr><td colspan="4">豫水（安）立字〔2015〕第JG01号</td></tr>
<tr><td>案 由</td><td colspan="3">投标人相互串通投标</td></tr>
<tr><td rowspan="2">当事人</td><td>名称或姓名</td><td colspan="2">河南正通实业有限公司</td></tr>
<tr><td>地址或住址</td><td colspan="2">河南省济源市××中路</td></tr>
<tr><td>立案日期</td><td>2015年5月20日</td><td>结案日期</td><td>2015年6月25日</td></tr>
<tr><td>处罚（理）决定</td><td colspan="3">1. 对当事人罚款人民币50531元；
2. 对主管负责人罚款人民币2526.55元。</td></tr>
<tr><td>复议决定</td><td colspan="3"></td></tr>
<tr><td>法院判决（裁定）</td><td colspan="3"></td></tr>
<tr><td>归档日期</td><td>2015年6月25日</td><td>归档编号</td><td></td></tr>
<tr><td>保存年限</td><td>10年</td><td>承办人</td><td>晁某 安某</td></tr>
<tr><td colspan="2">本卷内的文书共计71张</td><td>立卷人</td><td>安某</td></tr>
</table>

卷宗目录

序号	文书名称	文号	页号
1	行政处罚委托书		
2	水事违法案件立案呈批表	豫水（安）立字〔2015〕JG01号	
3	案件承办人行政执法证复印件		
4	水利局监察室谈话笔录		
5	营业执照证复印件		
6	法定代表人身份证复印件		
7	当事人授权委托书		
8	被询问人身份证复印件		
9	询问笔录		
10	被询问人身份证复印件		
11	案件调查终结报告		
12	行政处罚案件法律审核意见书	安水罚审字〔2015〕第JG01号	
13	行政处罚听证告知书	安水罚听告字〔2015〕第JG01号	
14	送达回证		
15	行政处罚听证告知书	安水罚听告字〔2015〕第JG02号	
16	送达回证		
17	当事人放弃听证权利情况说明		
18	重大复杂案件集体讨论笔录		
19	行政处罚事先告知书	安水罚先告字〔2015〕第JG01号	
20	送达回证		
21	行政处罚事先告知书	安水罚先告字〔2015〕第JG02号	
22	送达回证		
23	行政处罚审批表		
24	水行政处罚决定书	安水罚决字〔2015〕第JG01号	
25	送达回证		
26	水行政处罚决定书	安水罚决字〔2015〕第JG02号	
27	送达回证		
28	银行代收罚款票据		
29	河南正通实业有限公司投标文件		
30	河南宏景水电工程有限公司投标文件		
31	行政处罚案件结案审批表		
32	行政处罚案件结案报告		

行政处罚委托书

根据《中华人民共和国行政处罚法》第十八条、第十九条，《河南省行政机关执法条例》第十条，《水行政处罚实施办法》 第十条、第十一条、第十二条 的规定，经安阳市水利局与安阳市水政监察支队研究，现由安阳市水利局委托安阳市水政监察支队实施：行政处罚种类：1.（1）警告；（2）罚款；（3）吊销许可证；（4）没收非法所得；（5）法律法规规定的其他水行政处罚；2. 其他相关权限。委托期限自 2015 年 1 月 1 日至 2016 年 12 月 31 日。

委托期间，安阳市水政监察支队必须以安阳市水利局的名义，在委托权限范围内实施行政处罚，并接受安阳市水利局的监督；由此产生的法律后果，由安阳市水利局承担。安阳市水政监察支队不得将委托事项再委托。

委托机关（印章）　　　　　　　　受委托单位（印章）

2015 年 1 月 1 日　　　　　　　　2015 年 1 月 1 日

水事违法案件立案呈批表

<table>
<tr><td>案　由</td><td colspan="6">投标人相互串通投标</td></tr>
<tr><td>发案地点</td><td colspan="3">河南省安阳市</td><td colspan="2">发案时间</td><td>2015.5.20</td></tr>
<tr><td rowspan="3">当事人</td><td>单位名称</td><td colspan="2">河南正通实业有限公司</td><td colspan="2">法定代表人</td><td>成xx</td></tr>
<tr><td>个人姓名</td><td></td><td>性别</td><td></td><td>职业</td><td></td></tr>
<tr><td>联系地址</td><td colspan="3">河南省济源市××中路</td><td>电话</td><td>1383880×××××</td></tr>
<tr><td>案件来源</td><td colspan="6">上级部门交办</td></tr>
<tr><td>案情简介及立案理由</td><td colspan="6">经查，河南正通实业有限公司在安阳市引岳入安一期工程（漳南总干渠技术改造完善项目）第一标段招标投标过程中与河南宏景水电工程有限公司相互串通投标，违反了《中华人民共和国招标投标法》第三十二条之规定。</td></tr>
<tr><td>案件承办人意　见</td><td colspan="6">河南正通实业有限公司在安阳市引岳入安一期工程（漳南总干渠技术改造完善项目）第一标段招标投标过程中与河南宏景水电工程有限公司相互串通投标，涉嫌违反了《中华人民共和国招标投标法》第三十二条之规定。建议立案查处。
承办人签名：　安某 晁某　　2015 年 5 月 20 日</td></tr>
<tr><td>案件负责人审查意见</td><td colspan="6">经审核，建议立案。建议该案件主办人是安某，协办人是晁某。
负责人（签字）：尹某　　2015 年 5 月 20 日</td></tr>
<tr><td>机关负责人意见</td><td colspan="6">同意立案。
负责人（签字）：马某　　2015 年 5 月 20 日</td></tr>
</table>

附：　　　　案件承办人行政执法证

1、晁某执法证复印件

2、安某执法证复印件

当事人营业执照复印件

河南大通实业有限公司法定代表人身份证复印件

当事人授权委托书

被询问人身份证复印件

询问笔录

询问时间：2015 年 5 月 25 日 10 时 12 分至 11 时 55 分

询问地点：河南正通实业有限公司办公室 被询问单位名称：河南正通实业有限公司

法定代表人（负责人）：成文明 电话：

被询问人姓名：曹××性别：男 电话：1893727××××

所在单位：河南正通实业有限公司 住址：河南省济源市 xx 中路

与本案关系：

询问人：晁某 证件名称：执法证 执法证编号：×××××

记录人：安某 证件名称：执法证 执法证编号：×××××

询问内容：我们是安阳市水利局水政执法人员（亮证），现对你单位在安阳市引岳入安一期工程（漳南总干渠技术改造完善项目）第一标段招标投标过程中的情况进行询问，请你如实回答。

问：你对我们的执法身份是否有异议？是否需要申请回避？

答：没有异议，不申请回避。

问：请你谈一下你公司和你本人的基本情况？

答：我叫曹××，是河南正通实业有限公司项目部的科级干部，负责招投标及招标文书制作等工作，2012 年至今一直在河南正通实业有限公司工作；我公司具体位置是在河南省济源市××中路，法定代表人是成文明。

问：请你谈一下你公司参加安阳市引岳入安一期工程（漳南总干渠技术改造完善项目）项目招投标的经过？

答：我公司是从安阳市公共资源交易中心网站和河南省水利网网站上查询知道的，知道这个信息后，我公司就安排我负责制作标书，参加招投标。

问：请你解释一下你公司在参与引岳入安一期工程招投标的标书中，有工程量清单报价等部分内容与河南宏景水电工程有限公司的工程量清单报价为何一致？你公司在标书制作过程中，有没有与河南宏景水电工程有限公司进行过联系？

答：我们跟河南宏景水电工程有限公司是多年业务合作单位，在很多地方我们都有业务往来，包括在这次工程招标过程中，核算造价成本时我们老板和他们在一起沟通过，我们都是按照安阳市 2014 年第 4 季度《造价信息》来制作的。

问：你单位在这次招投标过程中是否有违法所得？

答：我单位在这次招标中没有中标，无违法所得。

问：你还有什么需要补充和说明的吗？

答：没有。

问：以上记录请你看一看，记录是否属实？

答：记录属实

被询问人签字：曹×× 2015 年 5 月 25 日

询问人签字：晁某 2015 年 5 月 25 日

记录人签字：安某 2015 年 5 月 25 日

案件调查终结报告

当事人的基本情况：河南正通实业有限公司

法定代表人：成文明　　　　　地址：河南省济源市xx中路

调查时间：2015 年 5 月 20 日至 2015 年 5 月 25 日

调查人（签字）：晁某　安某

当事人的违法证据：1. 询问笔录；2. 投标文件。

违法行为等次：根据该单位的违法事实、性质、情节、社会危害程度和相关证据，该单位的违法行为属于一般违法行为。

应受行政处罚的依据和种类：2015 年 5 月 20 日，我局对河南正通实业有限公司串通投标一案立案调查。经调查，河南正通实业有限公司在安阳市引岳入安一期工程（漳南总干渠技术改造完善项目）第一标段招标投标过程中与河南宏景水电工程有限公司相互串通投标，违反了《中华人民共和国招标投标法》第三十二条“投标人不得相互串通投标报价，不得排挤其他投标人的公平竞争，损害招标人或者其他投标人的合法权益。投标人不得与招标人串通投标，损害国家利益、社会公共利益或者他人的合法权益。……”之规定。依据《中华人民共和国招标投标法实施条例》第四十条“有下列情形之一的，视为投标人相互串通投标：（一）不同投标人的投标文件由同一单位或者个人编制；（二）不同投标人委托同一单位或者个人办理投标事宜；（三）不同投标人的投标文件载明的项目管理成员为同一人；（四）不同投标人的投标文件异常一致或者投标报价呈规律性差异；（五）不同投标人的投标文件相互混装；（六）不同投标人的投标保证金从同一单位或者个人的账户转出。”之规定，河南正通实业有限公司与河南宏景水电工程有限公司制作的安阳市引岳入安一期工程（漳南总干渠技术改造完善项目）第一标段投标文件在《工程量清单报价表》、《工程量单价汇总表》、《工程单价分析表》、《人工费单价汇总表》等项目内容上异常一致。河南正通实业有限公司在安阳市引岳入安一期工程（漳南总干渠技术改造完善项目）第一标段招标文件中标注的投标总报价为 10106221.66 元，该单位未中标，无违法所得，上述违法行为事实清楚，证据确凿充分。根据《中华人民共和国招标投标法》第五十三条“投标人相互串通投标或者与招标人串通投标的，投标人以向招标人或者评标委员会成员行贿的手段谋取中标的，中标无效，处中标项目金额千分之五以上千分之十以下的罚款……”之规定和《中华人民共和国招标投标法实施条例》第六十七条“ 投标人相互串通投标或者与招标人串通投标的，投标人向招标人或者评标委员会成员行贿谋取中标的，中标无效；构成犯罪的，依法追究刑事责任；尚不构成犯罪的，依照招标投标法第五十三条的规定处罚。投标人未中标的，对单位的罚款金额按照招标项目合同金额依照招标投标法规定的比例计算。”之规定，参照《河南省住房和城乡建设系统行政处罚裁量标准》中《中华人民共和国招标投标法》第五十三条“违法行为情形和处罚标准：1. 一般违法行为的表现形式；及时纠正违法行为的处罚标准：中标无效，处中标项目金额千分之五以上千分之六以下的罚款，对单位直接负责的主管人员和其他直接责任人员处单位罚款数额百分之五以上百分之六以下的罚款，有违法所得的，并处没收违法所得。”之规定进行处罚。

行政处罚建议：河南正通实业有限公司在安阳市引岳入安一期工程（漳南总干渠技术改造完善项目）第一标段招标投标过程中与投标人相互串通投标，参照《河南省住房和城乡建设系统行政处罚裁量标准》的有关规定，结合集体讨论结果，建议：1. 对该单位作出处招标项目合同金额千分之五的罚款，罚款人民币 50531 元的行政处罚；2. 对该项目主管负责人成文明作出处单位罚款数额百分之五的罚款，罚款人民币 2526.55 元。

负责人意见：同意。

尹某 2015 年 5 月 28 日

安阳市水利局行政处罚案件法律审核意见书

安水罚审字〔2015〕第JG01号

案件名称	河南正通实业有限公司与投标人串通投标		
承办单位名称	执法一大队	负责人姓名	晁某
主办人员姓名	安某	协办人员姓名	晁某
报送时间	2015年5月29日	报送人姓名	安某
审核人姓名	侯某	审核时间	2015年5月29日
法制机构审核意见	事实清楚，证据确实充分，程序合法。 负责人签名：侯某　　2015年5月29日		
主办人员签收	同意。 主办人签名：安某　　2015年5月29日		

本意见书一式两份，一份留存归档，一份连同案卷材料退回办案机构作为指导案件办理的依据入卷归档。

行政处罚听证告知书

安水罚听告字〔2015〕第JG01号

河南正通实业有限公司：

经查，你单位在安阳市引岳入安一期工程（漳南总干渠技术改造完善项目）第一标段招标投标过程中与投标人相互串通投标，上述行为违反了《中华人民共和国招标投标法》第三十二条“投标人不得相互串通投标报价，不得排挤其他投标人的公平竞争，损害招标人或者其他投标人的合法权益。投标人不得与招标人串通投标，损害国家利益、社会公共利益或者他人的合法权益。……”之规定。

违法行为等次：根据你单位违法行为的事实、性质、情节、社会危害程度和相关证据，你单位的违法行为等次属于一般违法行为。

拟给予处罚的依据和种类：本机关根据《中华人民共和国招标投标法》第五十三条“投标人相互串通投标或者与招标人串通投标的，投标人以向招标人或者评标委员会成员行贿的手段谋取中标的，中标无效，处中标项目金额千分之五以上千分之十以下的罚款……”之规定和《中华人民共和国招标投标法实施条例》第六十七条“ 投标人相互串通投标或者与招标人串通投标的，投标人向招标人或者评标委员会成员行贿谋取中标的，中标无效；构成犯罪的，依法追究刑事责任；尚不构成犯罪的，依照招标投标法第五十三条的规定处罚。投标人未中标的，对单位的罚款金额按照招标项目合同金额依照招标投标法规定的比例计算。”之规定，参照《河南省住房和城乡建设系统行政处罚裁量标准》中《中华人民共和国招标投标法》第五十三条“违法行为情形和处罚标准：1. 一般违法行为的表现形式；及时纠正违法行为的处罚标准：中标无效，处中标项目金额千分之五以上千分之六以下的罚款，对单位直接负责的主管人员和其他直接责任人员处单位罚款数额百分之五以上百分之六以下的罚款，有违法所得的，并处没收违法所得。”之规定依法进行处罚，本机关拟对你单位作出罚款人民币50531元整的处罚。

申请听证的期限：如你单位要求听证，应当自收到本告知书之日起三日内向我局提出申请。逾期视为放弃听证权利。

安阳市水利局

2015年6月2日

联系人：安某

联系电话：3696239

联系地址：安钢大道东段路南

送达回证

案 由			
受送达人	河南正通实业有限公司		
送达地点	济源市××中路		
送达文书	送达人	收到日期	受送达人签名或盖章
行政处罚听证告知书 安水罚听告字〔2015〕第JG01号	晁某 安某	2015年6月 2日16时	成文明
		年 月 日 时	
		年 月 日 时	
		年 月 日 时	
备 注			

注：1、如受送达人不在时，将文件交与他的成年家属、近邻、工作机关或受送达人居住地的乡（镇）政府、村民委员会或街道办事处代收。

2、如系代收，代收人应在受送达人栏内签名或盖章，并注明与受送达人的关系。

行政处罚听证告知书

安水罚听告字〔2015〕第JG02号

成文明（身份证号码：41088×××××××××××××）：

经查，河南正通实业有限公司参与的安阳市引岳入安一期工程（漳南总干渠技术改造完善项目）第一标段招投标工作由你直接负责，你单位在安阳市引岳入安一期工程（漳南总干渠技术改造完善项目）第一标段招标投标过程中与投标人相互串通投标，上述行为违反了《中华人民共和国招标投标法》第三十二条“投标人不得相互串通投标报价，不得排挤其他投标人的公平竞争，损害招标人或者其他投标人的合法权益。投标人不得与招标人串通投标，损害国家利益、社会公共利益或者他人的合法权益。……”之规定。

违法行为等次：根据你违法行为的事实、性质、情节、社会危害程度和相关证据，你的违法行为等次属于一般违法行为。

拟给予处罚的依据和种类：本机关根据《中华人民共和国招标投标法》第五十三条“投标人相互串通投标或者与招标人串通投标的，投标人以向招标人或者评标委员会成员行贿的手段谋取中标的，中标无效，处中标项目金额千分之五以上千分之十以下的罚款……”之规定和《中华人民共和国招标投标法实施条例》第六十七条“投标人相互串通投标或者与招标人串通投标的，投标人向招标人或者评标委员会成员行贿谋取中标的，中标无效;构成犯罪的，依法追究刑事责任;尚不构成犯罪的，依照招标投标法第五十三条的规定处罚。投标人未中标的，对单位的罚款金额按照招标项目合同金额依照招标投标法规定的比例计算。”之规定，参照《河南省住房和城乡建设系统行政处罚裁量标准》中《中华人民共和国招标投标法》第五十三条“违法行为情形和处罚标准：1.一般违法行为的表现形式；及时纠正违法行为的处罚标准：中标无效，处中标项目金额千分之五以上千分之六以下的罚款，对单位直接负责的主管人员和其他直接责任人员处单位罚款数额百分之五以上百分之六以下的罚款，有违法所得的，并处没收违法所得。”之规定依法进行处罚，本机关拟对你作出罚款人民币2526.55元的行政处罚。

申请听证的期限：如你单位要求听证，应当自收到本告知书之日起三日内向我局提出申请。逾期视为放弃听证权利。

安阳市水利局

2015年6月2日

联系人：安某

联系电话：3696239

联系地址：安钢大道东段路南

送达回证

案　由			
受送达人	成文明（身份证号码：41088××××××××××）		
送达地点			
送达文书	送达人	收到日期	受送达人签名或盖章
行政处罚听证告知书 安水罚听告字〔2015〕第 JG02 号	晁某 安某	2015 年 6 月 2 日 16 时	成文明
		年 月 日 时	
		年 月 日 时	
		年 月 日 时	
备 注			

注：1、如受送达人不在时，将文件交与他的成年家属、近邻、工作机关或受送达人居住地的乡（镇）政府、村民委员会或街道办事处代收。

2、如系代收，代收人应在受送达人栏内签名或盖章，并注明与受送达人的关系。

重大复杂案件集体讨论笔录

时间：2015 年 6 月 10 日 9 时 55 分至 10 时 25 分

地点：局机关二楼会议室

集体讨论案由：河南正通实业有限公司串通投标一案

主持人：侯某 职务：科长 记录人：张某 职务：主任

参加人：某某、张某某、刘某某、朱某某

案件承办人汇报案件情况：2015 年 5 月 20 日，我局对河南正通实业有限公司串通投标一案立案调查。经调查，河南正通实业有限公司在安阳市引岳入安一期工程（漳南总干渠技术改造完善项目）第一标段招标投标过程中与河南宏泰水电工程有限公司相互串通投标，违反了《中华人民共和国招标投标法》第三十二条“投标人不得相互串通投标报价，不得排挤其他投标人的公平竞争，损害招标人或者其他投标人的合法权益。投标人不得与招标人串通投标，损害国家利益、社会公共利益或者他人的合法权益。……”之规定。依据《中华人民共和国招标投标法实施条例》第四十条“有下列情形之一的，视为投标人相互串通投标：（一）不同投标人的投标文件由同一单位或者个人编制；（二）不同投标人委托同一单位或者个人办理投标事宜；（三）不同投标人的投标文件载明的项目管理成员为同一人；（四）不同投标人的投标文件异常一致或者投标报价呈规律性差异；（五）不同投标人的投标文件相互混装；（六）不同投标人的投标保证金从同一单位或者个人的账户转出。”之规定，河南正通实业有限公司与河南宏泰水电工程有限公司制作的安阳市引岳入安一期工程（漳南总干渠技术改造完善项目）第一标段投标文件在《工程量清单报价表》、《工程量单价汇总表》、《工程单价分析表》、《人工费单价汇总表》等项目内容上异常一致，河南正通实业有限公司在安阳市引岳入安一期工程（漳南总干渠技术改造完善项目）第一标段招标文件中标注的投标总报价为 10106221.66 元，该单位未中标，无违法所得，有询问笔录、投标文件为证。根据《中华人民共和国招标投标法》第五十三条“投标人相互串通投标或者与招标人串通投标的，投标人以向招标人或者评标委员会成员行贿的手段谋取中标的，中标无效，处中标项目金额千分之五以上千分之十以下的罚款……”之规定和《中华人民共和国招标投标法实施条例》第六十七条“ 投标人相互串通投标或者与招标人串通投标的，投标人向招标人或者评标委员会成员行贿谋取中标的，中标无效；构成犯罪的，依法追究刑事责任；尚不构成犯罪的，依照招标投标法第五十三条的规定处罚。投标人未中标的，对单位的罚款金额按照招标项目合同金额依照招标投标法规定的比例计算。”之规定，参照《河南省住房和城乡建设系统行政处罚裁量标准》中《中华人民共和国招标投标法》第五十三条“违法行为情形和处罚标准：1. 一般违法行为的表现形式；及时纠正违法行为的处罚标准：中标无效，处中标项目金额千分之五以上千分之六以下的罚款，对单位直接负责的主管人员和其他直接责任人员处单位罚款数额百分之五以上百分之六以下的罚款，有违法所得的，并处没收违法所得。”之规定进行处罚，建议 1. 对该单位作出处招标项目合同金额千分之五的罚款，罚款人民币 50531 元的行政处罚；2. 对该项目主管负责人成 xx 作出处单位罚款数额百分之五的罚款，罚款人民币 2526.55 元。

听证主持人汇报听证情况：当事人放弃听证权利

参加讨论人员意见：

张某某：同意主办人意见；

朱某某：同意主办人意见；

刘某某：同意主办人意见。

结论性意见：由于河南正通实业有限公司与投标人串通投标，经集讨论体研究，一致同意对河南正通实业有限公司作出：1. 罚款人民币 50531 元；2. 对该项目主管负责人成文明作出处单位罚款数额百分之五的罚款，罚款人民币 2526.55 元。。

主管领导签名：同意。

某某 2015 年 6 月 10 日

行政机关负责人签名：同意

某某 2015 年 6 月 10 日

行政处罚事先告知书

安水罚先告字〔2015〕第JG01号

河南正通实业有限公司：

经查，你单位在安阳市引岳入安一期工程（漳南总干渠技术改造完善项目）第一标段招标投标过程中与投标人相互串通投标，上述行为违反了《中华人民共和国招标投标法》第三十二条“投标人不得相互串通投标报价，不得排挤其他投标人的公平竞争，损害招标人或者其他投标人的合法权益。投标人不得与招标人串通投标，损害国家利益、社会公共利益或者他人的合法权益。……”之规定。

违法行为等次：根据你单位违法行为的事实、性质、情节、社会危害程度和相关证据，你单位的违法行为等次属于一般违法行为。

拟给予处罚的依据和种类：本机关根据《中华人民共和国招标投标法》第五十三条“投标人相互串通投标或者与招标人串通投标的，投标人以向招标人或者评标委员会成员行贿的手段谋取中标的，中标无效，处中标项目金额千分之五以上千分之十以下的罚款……”之规定和《中华人民共和国招标投标法实施条例》第六十七条“ 投标人相互串通投标或者与招标人串通投标的，投标人向招标人或者评标委员会成员行贿谋取中标的，中标无效；构成犯罪的，依法追究刑事责任；尚不构成犯罪的，依照招标投标法第五十三条的规定处罚。投标人未中标的，对单位的罚款金额按照招标项目合同金额依照招标投标法规定的比例计算。”之规定，参照《河南省住房和城乡建设系统行政处罚裁量标准》中《中华人民共和国招标投标法》第五十三条“违法行为情形和处罚标准：1.一般违法行为的表现形式；及时纠正违法行为的处罚标准：中标无效，处中标项目金额千分之五以上千分之六以下的罚款，对单位直接负责的主管人员和其他直接责任人员处单位罚款数额百分之五以上百分之六以下的罚款，有违法所得的，并处没收违法所得。”之规定依法进行处罚，本机关拟对你单位作出罚款人民币50531元整的处罚。

根据《中华人民共和国行政处罚法》第三十二条的规定，你单位可以自收到本告知书之日起三日内到安阳市水利局进行陈述、申辩，逾期不陈述、申辩的视为放弃陈述、申辩权利。

安阳市水利局

2015年6月15日

联系人：安某 联系电话：3696239

联系地址：安钢大道东段路南

送达回证

<table>
<tr><td>案　由</td><td colspan="4"></td></tr>
<tr><td>受送达人</td><td colspan="4">河南正通实业有限公司</td></tr>
<tr><td>送达地点</td><td colspan="4"></td></tr>
<tr><td colspan="2">送达文书</td><td>送达人</td><td>收到日期</td><td>受送达人签名或盖章</td></tr>
<tr><td colspan="2">行政处罚事先告知书
安水罚先告字〔2015〕第 JG01 号</td><td>晁某
安某</td><td>2015 年 6 月
15 日 10 时</td><td>成文明</td></tr>
<tr><td colspan="2"></td><td></td><td>年 月
日 时</td><td></td></tr>
<tr><td colspan="2"></td><td></td><td>年 月
日 时</td><td></td></tr>
<tr><td colspan="2"></td><td></td><td>年 月
日 时</td><td></td></tr>
<tr><td>备 注</td><td colspan="4"></td></tr>
</table>

注：1、如受送达人不在时，将文件交与他的成年家属、近邻、工作机关或受送达人居住地的乡（镇）政府、村民委员会或街道办事处代收。

2、如系代收，代收人应在受送达人栏内签名或盖章，并注明与受送达人的关系。

行政处罚事先告知书

安水罚先告字〔2015〕第JG02号

成文明（身份证号码：41088×××××××××××××××）：

经查，河南正通实业有限公司参与的安阳市引岳入安一期工程（漳南总干渠技术改造完善项目）第一标段招投标工作由你直接负责，你单位在安阳市引岳入安一期工程（漳南总干渠技术改造完善项目）第一标段招标投标过程中与投标人相互串通投标，上述行为违反了《中华人民共和国招标投标法》第三十二条“投标人不得相互串通投标报价，不得排挤其他投标人的公平竞争，损害招标人或者其他投标人的合法权益。投标人不得与招标人串通投标，损害国家利益、社会公共利益或者他人的合法权益。……”之规定。

违法行为等次：根据你单位违法行为的事实、性质、情节、社会危害程度和相关证据，你单位的违法行为等次属于一般违法行为。

拟给予处罚的依据和种类：本机关根据《中华人民共和国招标投标法》第五十三条“投标人相互串通投标或者与招标人串通投标的，投标人以向招标人或者评标委员会成员行贿的手段谋取中标的，中标无效，处中标项目金额千分之五以上千分之十以下的罚款……”之规定和《中华人民共和国招标投标法实施条例》第六十七条“投标人相互串通投标或者与招标人串通投标的，投标人向招标人或者评标委员会成员行贿谋取中标的，中标无效；构成犯罪的，依法追究刑事责任；尚不构成犯罪的，依照招标投标法第五十三条的规定处罚。投标人未中标的，对单位的罚款金额按照招标项目合同金额依照招标投标法规定的比例计算。”之规定，参照《河南省住房和城乡建设系统行政处罚裁量标准》中《中华人民共和国招标投标法》第五十三条“违法行为情形和处罚标准：1.一般违法行为的表现形式；及时纠正违法行为的处罚标准：中标无效，处中标项目金额千分之五以上千分之六以下的罚款，对单位直接负责的主管人员和其他直接责任人员处单位罚款数额百分之五以上百分之六以下的罚款，有违法所得的，并处没收违法所得。”之规定依法进行处罚，本机关拟对你作出罚款人民币2526.55元的处罚。

根据《中华人民共和国行政处罚法》第三十二条的规定，你单位可以自收到本告知书之日起三日内到安阳市水利局进行陈述、申辩，逾期不陈述、申辩的视为放弃陈述、申辩权利。

安阳市水利局

2015年6月15日

联系人：安某 联系电话：3696239

联系地址：安钢大道东段路南

送达回证

<table>
<tr><td>案　由</td><td colspan="4"></td></tr>
<tr><td>受送达人</td><td colspan="4">成文明（身份证号码：41088××××××××××）</td></tr>
<tr><td>送达地点</td><td colspan="4"></td></tr>
<tr><td colspan="2">送达文书</td><td>送达人</td><td>收到日期</td><td>受送达人签名或盖章</td></tr>
<tr><td colspan="2">行政处罚事先告知书
安水罚先告字〔2015〕第JG02号</td><td>晁某
安某</td><td>2015年6月
15日10时</td><td>成文明</td></tr>
<tr><td colspan="2"></td><td></td><td>年 月
日 时</td><td></td></tr>
<tr><td colspan="2"></td><td></td><td>年 月
日 时</td><td></td></tr>
<tr><td colspan="2"></td><td></td><td>年 月
日 时</td><td></td></tr>
<tr><td>备　注</td><td colspan="4"></td></tr>
</table>

注：1、如受送达人不在时，将文件交与他的成年家属、近邻、工作机关或受送达人居住地的乡（镇）政府、村民委员会或街道办事处代收。

2、如系代收，代收人应在受送达人栏内签名或盖章，并注明与受送达人的关系。

行政处罚审批表

当事人 基本情况	单位名称：河南正通实业有限公司 地　址：河南省济源市××中路 法定代表人：成文明
当事人违法 的主要事实	经查，河南正通实业有限公司在安阳市引岳入安一期工程（漳南总干渠技术改造完善项目）第一标段招标投标过程中与河南宏景水电工程有限公司相互串通投标，违反了《中华人民共和国招标投标法》第三十二条之规定。
承办人 建 议	建议处罚 承办人签名：安某 晁某　　2015 年 6 月 18 日
承办机构 意 见	同意。 负责人：尹某　　2015 年 6 月 19 日
法制机构 审核意见	同意。 负责人：侯某　　2015 年 6 月 19 日
领导审批 意 见	同意。 领导签名：马某　　2015 年 6 月 19 日
备 注	

水行政处罚决定书

安水罚决字〔2015〕第JG01号

被处罚人（单位）名称：河南正通实业有限公司

地　址：河南省济源市××中路

法定代表人：成××　　职　务：经　理

本机关于2015年5月20日对你单位串通投标一案立案调查。经查，你单位在安阳市引岳入安一期工程（漳南总干渠技术改造完善项目）第一标段招标投标过程中实施了投标人相互串通投标的违法行为。

违法的证据：1. 询问笔录；2. 投标文件。

违法行为等次：根据你单位的违法事实、性质、情节、社会危害程度和相关证据，你(单位)的违法行为属于一般违法行为。

应受行政处罚的依据和种类：上述违法行为事实清楚，证据确凿充分。根据《中华人民共和国招标投标法》第五十三条“投标人相互串通投标或者与招标人串通投标的，投标人以向招标人或者评标委员会成员行贿的手段谋取中标的，中标无效，处中标项目金额千分之五以上千分之十以下的罚款……”之规定和《中华人民共和国招标投标法实施条例》第六十七条“ 投标人相互串通投标或者与招标人串通投标的，投标人向招标人或者评标委员会成员行贿谋取中标的，中标无效；构成犯罪的，依法追究刑事责任；尚不构成犯罪的，依照招标投标法第五十三条的规定处罚。投标人未中标的，对单位的罚款金额按照招标项目合同金额依照招标投标法规定的比例计算。”之规定，参照《河南省住房和城乡建设系统行政处罚裁量标准》中《中华人民共和国招标投标法》第五十三条“违法行为情形和处罚标准：1.一般违法行为的表现形式；及时纠正违法行为的处罚标准：中标无效，处中标项目金额千分之五以上千分之六以下的罚款，对单位直接负责的主管人员和其他直接责任人员处单位罚款数额百分之五以上百分之六以下的罚款，有违法所得的，并处没收违法所得。”之规定依法进行处罚。现决定对你单位作出如下行政处罚：1.罚款人民币50531元整。

行政处罚履行方式和期限：你单位应当自接到本决定书之日起 15 日内将罚款缴至中国建设银行安阳市分行永明路支行（账号：4100 1504 2100 5020 7404）。到期不缴纳的，每日按罚款数额的百分之三加处罚款。

不服行政处罚决定申请行政复议或提起行政诉讼的途径和期限：如不服本决定，可以自收到本决定书之日起六十日内向安阳市人民政府或河南省水利厅申请行政复议，或者在接到本决定书后六个月内直接向安阳市殷都区人民法院提起行政诉讼。逾期不申请行政复议、不向人民法院起诉又不履行本处罚决定的，我局将申请人民法院强制执行。

安阳市水利局

2015年6月19日

送达回证

案　由			
受送达人	河南正通实业有限公司		
送达地点			
送达文书	送达人	收到日期	受送达人签名或盖章
水行政处罚决定书 安水罚决字〔2015〕第JG01号	晁某 安某	2015年6月 19日17时	成文明
		年 月 日 时	
		年 月 日 时	
		年 月 日 时	
备　注			

注：1、如受送达人不在时，将文件交与他的成年家属、近邻、工作机关或受送达人居住地的乡（镇）政府、村民委员会或街道办事处代收。

2、如系代收，代收人应在受送达人栏内签名或盖章，并注明与受送达人的关系。

水行政处罚决定书

安水罚决字〔2015〕第JG02号

被处罚人（单位）名称：成文明（身份证号码：41088×××××××××××××）

住　址：河南省济源市××中路

本机关于2015年5月20日对河南正通实业有限公司串通投标一案立案调查。经查，河南正通实业有限公司参与的安阳市引岳入安一期工程（漳南总干渠技术改造完善项目）第一标段招投标工作由你直接负责，你单位在安阳市引岳入安一期工程（漳南总干渠技术改造完善项目）第一标段招标投标过程中与投标人相互串通投标，违反了《中华人民共和国招标投标法》第三十二条“投标人不得相互串通投标报价，不得排挤其他投标人的公平竞争，损害招标人或者其他投标人的合法权益。投标人不得与招标人串通投标，损害国家利益、社会公共利益或者他人的合法权益。……”之规定。

违法的证据：1. 询问笔录；2. 投标文件。

违法行为等次：根据你的违法事实、性质、情节、社会危害程度和相关证据，你的违法行为属于一般违法行为。

应受行政处罚的依据和种类：上述违法行为事实清楚，证据确凿充分。根据《中华人民共和国招标投标法》第五十三条“投标人相互串通投标或者与招标人串通投标的，投标人以向招标人或者评标委员会成员行贿的手段谋取中标的，中标无效，处中标项目金额千分之五以上千分之十以下的罚款……”之规定和《中华人民共和国招标投标法实施条例》第六十七条“ 投标人相互串通投标或者与招标人串通投标的，投标人向招标人或者评标委员会成员行贿谋取中标的，中标无效；构成犯罪的，依法追究刑事责任；尚不构成犯罪的，依照招标投标法第五十三条的规定处罚。投标人未中标的，对单位的罚款金额按照招标项目合同金额依照招标投标法规定的比例计算。”之规定，参照《河南省住房和城乡建设系统行政处罚裁量标准》中《中华人民共和国招标投标法》第五十三条“违法行为情形和处罚标准：1. 一般违法行为的表现形式；及时纠正违法行为的处罚标准：中标无效，处中标项目金额千分之五以上千分之六以下的罚款，对单位直接负责的主管人员和其他直接责任人员处单位罚款数额百分之五以上百分之六以下的罚款，有违法所得的，并处没收违法所得。”之规定依法进行处罚。现决定对你作出罚款人民币2526.55元行政处罚。

行政处罚履行方式和期限：你单位应当自接到本决定书之日起 15 日内将罚款缴至中国建设银行安阳市分行永明路支行（账号：4100 1504 2100 5020 7404）。到期不缴纳的，每日按罚款数额的百分之三加处罚款。

不服行政处罚决定申请行政复议或提起行政诉讼的途径和期限：如不服本决定，可以自收到本决定书之日起六十日内向安阳市人民政府或河南省水利厅申请行政复议，或者在接到本决定书后六个月内直接向安阳市殷都区人民法院提起行政诉讼。逾期不申请行政复议、不向人民法院起诉又不履行本处罚决定的，我局将申请人民法院强制执行。

安阳市水利局

2015年6月19日

送达回证

<table>
<tr><td>案　由</td><td colspan="4"></td></tr>
<tr><td>受送达人</td><td colspan="4">成文明（身份证号码：41088×××××××××）</td></tr>
<tr><td>送达地点</td><td colspan="4"></td></tr>
<tr><td colspan="2">送达文书</td><td>送达人</td><td>收到日期</td><td>受送达人签名或盖章</td></tr>
<tr><td colspan="2">水行政处罚决定书
安水罚决字〔2015〕第JG02号</td><td>安某
晁某</td><td>2015年6月
19日17时</td><td>成文明</td></tr>
<tr><td colspan="2"></td><td></td><td>年　月
日　时</td><td></td></tr>
<tr><td colspan="2"></td><td></td><td>年　月
日　时</td><td></td></tr>
<tr><td colspan="2"></td><td></td><td>年　月
日　时</td><td></td></tr>
<tr><td>备　注</td><td colspan="4"></td></tr>
</table>

注：1、如受送达人不在时，将文件交与他的成年家属、近邻、工作机关或受送达人居住地的乡（镇）政府、村民委员会或街道办事处代收。

2、如系代收，代收人应在受送达人栏内签名或盖章，并注明与受送达人的关系。

附：银行代收罚款票据

河南正通实业有限公司投标文件

河南宏景水电工程有限公司投标文件

行政处罚案件结案审批表

行政处罚文书文号	安水罚决字〔2015〕第JG01号 安水罚决字〔2015〕第JG01号	发文日期	2015年6月19日
案　由	投标人相互串通投标	案件来源	上级部门交办
立案时间	2015年5月20日		
案件简要情况	经查，河南正通实业有限公司在安阳市引岳入安一期工程（漳南总干渠技术改造完善项目）第一标段招标投标过程中与河南宏泰水电工程有限公司相互串通投标，违反了《中华人民共和国招标投标法》第三十二条之规定。		
行政处罚内容	1、对当事人罚款人民币50531元。 2、对主管负责人罚款人民币2526.55元		
行政处罚执行情况	当事人已履行行政处罚决定		
承办人意见	当事人已履行法定义务，建议结案。 承办人签名：安某 晁某　2015年6月25日		
承办机构审核意见	同意结案。 负责人签名：尹某　2015年6月25日		
法制机构意见	同意结案。 负责人签名：侯某　2015年6月25日		
机关负责人意见	同意结案。 负责人签名：某某　2015年6月25日		

行政处罚案件结案报告

<table>
<tr><td rowspan="2">当事人</td><td>名　称</td><td>河南正通实业有限公司</td><td>法定代表人</td><td colspan="2">成文明</td></tr>
<tr><td>地　址</td><td>河南省济源市××中路</td><td>电　话</td><td colspan="2">1383880××××</td></tr>
<tr><td>案　由</td><td colspan="2">投标人相互串通投标</td><td>案件来源</td><td colspan="2">上级部门交办</td></tr>
<tr><td>办案时间</td><td colspan="5">2015年5月20日至2015年6月25日</td></tr>
<tr><td>行政处罚
文书文号</td><td colspan="2">安水罚决字〔2015〕第JG01号
安水罚决字〔2015〕第JG02号</td><td>结案日期</td><td colspan="2">2015年6月25日</td></tr>
<tr><td>案件简要情况</td><td colspan="5">经查，河南正通实业有限公司在安阳市引岳入安一期工程（漳南总干渠技术改造完善项目）第一标段招标投标过程中与河南宏景水电工程有限公司相互串通投标，违反了《中华人民共和国招标投标法》第三十二条之规定。河南正通实业有限公司与河南宏景水电工程有限公司制作的安阳市引岳入安一期工程（漳南总干渠技术改造完善项目）第一标段投标文件在《工程量清单报价表》、《工程量 单价汇总表》、《工程单价分析表》、《人工费单价汇总表》等项目内容上异常一致，河南正通实业有限公司在安阳市引岳入安一期工程（漳南总干渠技术改造完善项目）第一标段招标文件中标注的投标总报价为10106221.66元，该单位未中标，无违法所得，有询问笔录、投标文件为证。根据《中华人民共和国招标投标法》第五十三条,参照《河南省住房和城乡建设系统行政处罚裁量标准》中《中华人民共和国招标投标法》第五十三条规定，该单位违法行为属于一般违法行为。</td></tr>
<tr><td>行政处罚
内　容</td><td colspan="5">1. 对当事人罚款人民币50531元。
2. 对主管负责人罚款人民币2526.55元</td></tr>
<tr><td>执行方式</td><td colspan="5">√按程序执行　□复议结案　□诉讼结案　□强制执行</td></tr>
<tr><td>执行结果</td><td colspan="5">当事人已履行行政处罚决定</td></tr>
</table>

填表人：安某　　　　　　2015年6月25日

立卷、验卷情况记载

本案卷于 2015 年 6 月 25 日立卷，本册连面带底共计 75 页，附证物袋 0 个，内装 0 件。

立卷人：安某

本案卷于 2015 年 6 月 25 日，经验查合格。

检验人：刘某

水利相关法律裁判文书篇

导 读

学习水行政等裁判文书可以帮助水行政管理及执法人员进行有效的行为预期，取得良好的水利管理、执法等效果。司法裁判是社会成员规范和判断自己行为的最好教材。水行政等裁判文书可以为水行政管理、执法人员及水行政相对人提供具体而明确的行为导引，便于水行政管理执法人员及水行政相对人通过一个个鲜活的判例来识别和判断自己的行为及法律后果，帮助其形成较为科学的行为预期。强化自身业务素质，提高水行政管理、执法人员制作水行政法律文书的质量。优秀的水行政法律文书须符合逻辑严谨、层次清晰、论证有力、表述规范、语言流畅、说理充分等多项要求，这需要加强水行政管理执法人员的培训，提升自身业务能力、综合写作能力，加强水行政文书制作水平，增强水行政法律文书说理性，提高水行政法律文书质量，让水行政管理相对人能在每一份水行政法律文书中感受到公平正义。水行政管理执法人员通过加强对裁判文书的学习研究在水行政管理执法实践中如何规避法律风险是非常重要的，也是对自身保护的有效方法。本篇分八个部分1 水资源部分；2 河道管理部分；3 水工程部分；4 水土保持部分；5 水行政许可部分；6 水行政强制部分；7 渎职侵权部分；8 其他部分。

河南省开封市金明区人民法院

行政判决书

（2016）豫 0211 行初 7 号

原告：河南开利锌业有限公司。

住所地：开封市顺河回族区。

法定代表人：张红军，经理。

委托代理人：彭建高，该公司法律顾问，特别授权代理。

委托代理人：王保全，该公司法律顾问，特别授权代理。

被告：开封市水利局。

法定代表人：许东升，局长。

委托代理人：李尚明，河南时代律师事务所律师，特别授权代理。

委托代理人：郝琛，河南时代律师事务所律师，特别授权代理。

原告河南开利锌业有限公司（以下简称开利公司）不服被告开封市水利局作出的汴水限缴字〔2015〕第 4 号《责令限期缴纳水资源费决定书》（以下简称决定书），于 2016 年 1 月 12 日向本院提起行政诉讼。本院依法组成合议庭，于 2016 年 3 月 22 日公开开庭进行了审理。原告的委托代理人彭建高、王保全，被告的委托代理人郝琛到庭参加诉讼，本案现已审理终结。

被告开封市水利局于 2015 年 9 月 1 日对原告作出汴水限缴字〔2015〕第 4 号《责令限期缴纳水资源费决定书》，认为开利公司自 2010 年 3 月至 2013 年 12 月共拖欠水资源费 566148 元，经催缴后仍未缴纳。依照《中华人民共和国水法》第七十条、国务院第 460 号令《取水许可和水资源费征收管理条例》第五十四条之规定，责令开利公司于本决定书送达之日起七个工作日内将拖欠的水资源费 566148 元交至开封市财政局非税收入财政专户。

原告诉称，2008 年 10 月，原告与被告下属的节水办达成协议，约定原告预交 15 万元顶用 2009 年的水费，节水办补齐收费发票，并按优惠 10%结算水费。但时至今日节水办一直未给原告结算，也未开具水费发票，直接影响了双方的合作关系。2010 年 3 月至 2011 年 4 月，原告未收到被告下发的缴纳水费通知单。2014 年 1 月 15 日，经被告认可，原告对被告方提供的计量水表进行了检定，检定结论为误差 +31%，即从 2014 年 1 月前，被告每个月均多收原告水费 31%。原告与被告协商冲减以前每月 31%的水费，遭到原告的无理拒绝。原告认为被告的决定书对上述客观事实避而不谈，有悖于行政机关客观执法、依法行政、执法为民的原则，现起诉要求撤销被告对原告下达的汴水限缴字〔2015〕第 4 号《责令限期缴纳水资源费决定书》。

被告辩称，原告取用水资源，拒不缴纳水资源费的事实清楚。原告取用水资源，应当依法缴纳水资源费。经被告多次催交后仍拒不缴纳，违反了我国水法的规定。原告自行委托的检定机构并没有检定资质，被告对其检定结果不予认可。其次，被告在执法过程中程序合法。针对原告拒不缴纳水资源费的行为，被告依法向原告送达了汴节水催字〔2015〕第 2 号《催缴水资源费通知书》（以下简称通知书）、汴水限缴字〔2015〕第 4 号《责令限期缴纳水资源费决定书》，被告在整个执法过程中完全依据法律规定进行，程序合法。原告的诉讼请求缺乏依据，不能成立，请求依法维持被告所作出的具体行政行为。

被告向本院提交的证据如下：1. 水事违法案件立案呈批表一份；2. 《催缴水资源费通知书》及送达回证一份；证明被告向其送达的文书；3. 责令限期缴纳水资源费决定书及送达回证一份；4. 缴费通知单 18 份 18 页；5. 开封市节约用水办公室水资源费通知单 12 份 12 页；6. 开利公司取用地下水抄表台账 30 份 30 页；7. 《中华人民共和国水法》。

经庭审质证，原告对证据 1、2、3 无异议；对证据 4 原告认为没有收到缴费通知单；对证据 5 从 2010 年 3 月到 2011 年 4 月没有收到水资源费通知单；对证据 6 台账，经厂里工作人员辨认，很多不是原告的工作人员签名，从 2011 年 2 月 24 日到 3 月 22 日、2011 年 6 月 13 日到 7 月 14 日不是原告工作人员本人签名，2012 年 4 月 10 到 5 月 10 日及 2012 年 6 月没有工作人员签名。对通知书和决定书认定的事实有异议，执法程序也有异议。

原告向本院提交的证据如下：1. 河南省行政事业性收费基金专用票据一张，证明原告于 2008 年 10 月 20 日向被告下属的节水办缴纳了 15 万元的水费，顶用 2009 年水费，并按实际用水量优惠 10%；2. 水表检定证书一份，证明被告为原告安装的计量水表不合格，流量误差 +31%，即被告收取原告的水费多收 31%；3. 欠水资源费明细表，是被告提供给原告的，被告在明细表上也说原告预交了 15 万元水费，没有开票。

经庭审质证，被告认为证据 1 发票上显示的 15 万元是 2008 年缴纳的，与本案无关，本案所涉及水费是从 2010 年开始计算的。如果原告有双方签订的协议，要出示原件，具体情况庭下和水利局工作人员核实；证据 2 检定机构没有检定资质，又不是双方共同委托的，检定结论也没有注明是哪里不合格，不予认可，证据 3 上未加盖单位印章，需要核实后再确认。

本院对上述证据认证如下：被告提交的证据 1、2、3 客观真实，原告对此均无异议，予以采信。对证据 4、5 中原告认可其职工签名的部分予以采信，有异议部分因被告并未进一步举证证明签名者系原告单位员工或原告单位授权的人，故不予采信。对原告提交的证据 1 票据，上面加盖有节水办的印章，真实性予以采信。对证据 2 水表检定证书，未附检定单位和检定人的资质证书，且没有检定过程的描述，故不予采信。对证据 3，明细表上未加盖被告单位印章，证据形式不合法，且被告未认可，故真实性无法核查，不予采信。

经审理查明，原告系被告开封市水利局辖区内使用水资源的用户单位。原告于 2008 年 10 月 20 日向被告下属的开封市节约用水办公室缴纳了 150000 元水费，双方约定顶用 2009 年期间水费，并按实际用水量的 10%不再计费，作为预支优惠条件。对此双方并未对账结算。被告认为原告单位自 2010 年 3 月至 2013 年 12 月拖欠水资源费 566148 元未缴纳，于 2015 年 8 月 12 日向原告下达了汴节水催字〔2015〕第 2 号《催缴水资源费通知书》，2015 年 8 月 19 日送达给原告。2015 年 9 月 1 日，被告向原告单位下达了汴水限缴字〔2015〕第 4 号《责令限期缴纳水资源费决定书》，2015 年 10 月 14 日送达给原告。原告不服，诉至本院。

本院认为，根据《中华人民共和国水法》第十三条规定，县级以上地方人民政府有关部门按照职责分工，负责本行政区域内水资源开发、利用、节约和保护的有关工作。被告开封市水利局负责其行政区域内的水资源利用、节约等工作。原告作为该行政区域内的水资源使用人，有义务按照相关规定缴纳水资源费。2008 年 10 月 20 日，原告预交了 150000

元的水资源费，并与被告协商顶用2009年水费，且优惠10%，但原告缴纳的150000元水费是否使用完毕、2010年3月前是否使用完毕双方未对账结算。作为行政执法部门的被告未举证证明原告已在2010年3月前将预交的150000元已使用完毕，故其自2010年3月开始向原告单位催缴水费的事实不清，证据不足，被告对原告下达的汴水限缴字〔2015〕第4号《责令限期缴纳水资源费决定书》依法应当予以撤销。据此，依照《中华人民共和国行政诉讼法》第七十条第（一）项之规定，经本院审判委员会讨论决定，判决如下：

撤销被告开封市水利局于2015年9月1日作出的汴水限缴字〔2015〕第4号《责令限期缴纳水资源费决定书》。

案件受理费50元，由被告开封市水利局承担。

如不服本判决，可在判决书送达之日起十五日内向本院递交上诉状，并按对方当事人的人数提出副本，上诉于开封市中级人民法院。

审 判 长　　党 君
审 判 员　　孙丽平
人民陪审员　　韩瑞敏

二〇一六年五月十七日
书 记 员　　吴 翰

王某甲盗窃一审刑事判决书

河南省郑州市管城回族区人民法院

刑事判决书

（2015）管刑初字第682号

公诉机关：河南省郑州市管城回族区人民检察院。

被告人：王某甲，男，1963年5月26日出生，汉族，住郑州市金水区黄河路沙口路锦龙都市阳光9号楼1单元11楼西户（户籍在河南省郑州市金水区金水路76号院13号楼2104号）。因涉嫌犯盗窃罪，于2015年4月30日被郑州市公安局十八里河分局刑事拘留，于同年5月14日经郑州市管城回族区人民检察院批准逮捕，于同年5月15日由郑州市公安局十八里河分局执行逮捕，于2016年4月1日被本院取保候审。

辩护人：寇向杰，河南信永律师事务所律师。

辩护人：王智勇，河南译达律师事务所律师。

河南省郑州市管城回族区人民检察院以郑管检公诉刑诉（2015）440号起诉书指控被告人王某甲犯盗窃罪，于2015年12月10日向本院提起公诉。本院依法组成合议庭，适用普通程序，公开开庭审理了本案。郑州市管城回族区人民检察院指派检察员马晓琳出庭支持公诉，被告人王某甲及其辩护人寇向杰、王智勇到庭参加诉讼。现已审理终结。

河南省郑州市管城回族区人民检察院指控，2008年11月至今，被告人王某甲在郑州市管城回族区陇海东路8号经营郑州市管城区聚鑫源酒店（以下简称聚鑫源酒店），其明知洗浴行业用水属特种用水，仍接用黄河防汛抗旱物资储备中心（以下简称黄河物资储备中心）的自来水用于洗浴经营，向黄河物资储备中心按照每立方米5.25元的价格缴纳水费，由黄河物资储备中心按照该中心经营服务业用水性质向郑州市自来水投资控股有限公司缴纳水费。经查，郑州市城市供水价格自2005年4月起执行，至今未作调整，特种用水价格为每立方米10.45元。聚鑫源酒店从开业至2015年4月共用水27787吨，偷逃水费为144492.4元。

另查明，聚鑫源酒店在未取得地下水取水许可证的情况下，私凿水井取用地下水用于洗浴。经郑州市管城回族区价格认证中心鉴定，聚鑫源酒店自2013年1月30日至2014年3月9日所取用地下水为非法取用，非法取水费为人民币3490560元；聚鑫源酒店自2014年3月27日至2015年5月20日所取用地下水为非法取用，非法取水费为人民币3628800元。

针对上述事实，公诉机关提交了被告人王某甲供述与辩解，证人张某、郑某、罗某、宋某、王某乙、刘某、赵某、黄某、魏某、高某、梁某证言，郑州市管城回族区价格认证中心价格鉴定意见书，郑州市管城回族区人民检察院勘验检查笔录，报案材料，到案经过，关于核算黄河防汛抗旱物资储备管理中心差额水费的情况说明，田胜光情况说明，罗某提供聚鑫源酒店最近用水吨数，关于打击盗用城市公共供水及盗窃破坏公共供水设施设备违法犯罪行为的通告，聚鑫源酒店营业执照（副本）复印件，房屋租赁合同、协议书及补充协议，吉林市方田泵业有限公司河南办事处出库单，河南黄河物资公司提供水电费应收款统计表，取水许可和水资源费征收管理条例，河南省取水许可和水资源费征收管理办法，郑州市水资源管理条例；郑州市节约用水条例，郑州市物价局、郑州市财政局文件，郑州市供水节水技术中心证明，辨认现场笔录及照片，郑州市水务局审批项目办理流程，河南省发展和改革委员会、河南省财政厅文件，全省自备取用地下水水资源费征收标准，郑州市自来水投资控股有限公司自来水报装业务流程，郑州市自来水投资控股有限公司证明，郑州市物价局关于调整城市供水价格的通知，河南省人民政府文件，查询犯罪嫌疑人身份及前科情况，年龄证明等证据。公诉机关认为，被告人王某甲以非法占有为目的，秘密窃取公私财物，价值数额巨大，其行为触犯了《中华人民共和国刑法》第二百六十四条，犯罪事实清楚，证据确实充分，应当以盗窃罪追究其刑事责任。被告人王某甲违反《中华人民共和国矿产资源法》的规定，擅自开采国家规定实行保护性开采的特定矿种，情节特别严重，其行为触犯了《中华人民共和国刑法》第三百四十三条第一款，犯罪事实清楚，证据确实充分，应当以非法采矿罪追究其刑事责任。被告人王某甲系一人犯数罪，应根据《中华人民共和国刑法》第六十九条的规定数罪并罚。被告人王某甲自动投案，且如实供述自己的罪行，系自首，根据《中华人民共和国刑法》第六十七条第一款之规定，可以从轻或者减轻处罚。综上，提请本院依法判处。

被告人王某甲对起诉书指控的犯罪事实和罪名均无异议。

辩护人提出以下辩护意见：1. 被告人的行为不构成盗窃罪。黄河物资储备中心明知聚鑫源酒店的经营范围，仍向其提供水源，加装水表，并计量收费，被告人按其要求的收费标准和金额缴纳水费，主观上没有非法占有的目的，客观上不存在秘密窃取行为，其行为不构成盗窃罪。另，公诉机关在相关案件中提到了聚鑫源酒店用水为生活用水，被告人缴纳的水费高于生活用水的收费标准，其行为不构成盗窃罪。2. 被告人的行为不构成非法采矿罪。根据《中华人民共和国矿产资源法实施细则》第四十四条规定，地下水资源具有矿产资源和水资源的双重属性，地下水资源的勘查适用《中华人民共和国矿产资源管理法》，地下水资源的开发、利用、保护和管理，适用《中华人民共和国水法》和有关的行政法规。本案应适用《中华人民共和国水法》的规定，而《中华人民共和国水法》从未对私自打井的行为规定有刑事处罚。依照法无明文规定不为罪的原则，被告人私自打井的行为不构成刑事犯罪。3. 即使被告人构成犯罪，其具有自首情节，且系初犯，认罪态度好，应从轻或者减轻处罚。

经审理查明，2008 年 11 月至今，被告人王某甲在郑州市管城回族区陇海东路 8 号经营郑州市管城区聚鑫源酒店，其明知洗浴行业用水属特种用水，仍接用黄河防汛抗旱物资储备中心的自来水用于洗浴经营，向黄河物资储备中心按照每立方米 5.25 元的价格缴纳水费，由黄河物资储备中心按照该中心经营服务业用水性质向郑州市自来水投资控股有限公司缴纳水费。经查，郑州市城市供水价格自 2005 年 4 月起执行，至今未作调整，特种用水价格为每立方米 10.45 元。聚鑫源酒店从开业至 2015 年 4 月共用水 27787 吨，偷逃水费为 144492.4 元。

另查明，2015 年 4 月 29 日，郑州市管城回族区人民检察院在侦查郑州市水务局涉嫌渎职犯罪一案过程中，到王某甲位于郑州市金水区黄河路沙口路锦龙阳光都市小区 9 号楼 1 单元 11 楼西户的家中，将其带至郑州市管城回族区人民检察院就相关案件情况进行询问，在询问过程中，该院反渎职侵权局发现其涉嫌盗窃的案件线索，遂将王某甲及该线索移送郑州市公安局十八里河分局处理。

以上事实，有经法庭查证属实的下列证据为证：

1. 被告人王某甲供述与辩解，王某甲系聚鑫源酒店负责人，证明2008年11月至今，王某甲明知洗浴行业用水属特种用水，仍接用黄河物资储备中心的自来水用于聚鑫源酒店的洗浴经营，按照每立方米5.25元的价格向该中心缴纳水费，由该中心按照经营服务业用水性质向郑州市自来水投资控股有限公司缴纳水费。

2. 证人张某证言，张某系王某甲妻子，证明聚鑫源酒店为了降低成本、少交水费转接黄河物资储备中心的自来水用于酒店洗浴用水，并加装自来水表计量用水量，按照每立方米5.25元的价格向该中心缴纳水费以及聚鑫源酒店共用水27800约吨的事实；

3. 证人郑某证言，郑某系聚鑫源酒店财务出纳，证明聚鑫源酒店按照每立方米 5.25元价格缴纳水费的事实；

4. 证人罗某证言，罗某系黄河物资储备中心电工，证明其负责聚鑫源酒店水表的抄表工作，该酒店自开业至2015年4月20日共用水27787元的事实；

5. 证人宋某证言，宋某系黄河物资储备中心工作人员，负责催收房租、水电费工作，证明聚鑫源酒店向该中心交纳水费的具体流程以及聚鑫源酒店按照每立方米5.25元价格向该中心缴纳水费；

6. 证人王某乙证言，王某乙系黄河物资储备中心主任，证明聚鑫源酒店租用该中心土地用于经营，以及聚鑫源酒店接用该中心自来水并按照每立方米5元多的价格向该中心交纳水费以及租用该中心土地的洗车行和足浴店则按照10元左右的价格交纳水费的事实；

7. 郑州自来水投资控股有限公司增值税发票，证明被告人已将赃款退还至被害单位；

8. 郑州市管城回族区人民检察院勘验检查笔录，报案材料，到案经过，关于核算黄河防汛抗旱物资储备管理中心差额水费的情况说明，田胜光情况说明，罗某提供聚鑫源酒店最近用水吨数，关于打击盗用城市公共供水及盗窃破坏公共供水设施设备违法犯罪行为的通告，聚鑫源酒店营业执照（副本）复印件，房屋租赁合同、协议书及补充协议，吉林市方田泵业有限公司河南办事处出库单，河南黄河物资公司提供水电费应收款统计表，郑州市节约用水条例，郑州市物价局、郑州市财政局文件，郑州市供水节水技术中心证明，辨认现场笔录及照片，郑州市水务局审批项目办理流程，河南省发展和改革委员会、河南省财政厅文件，郑州市自来水投资控股有限公司自来水报装业务流程，郑州市自来水投资控股有限公司证明，郑州市物价局关于调整城市供水价格的通知，河南省人民政府文件，查询犯罪嫌疑人身份及前科情况，年龄证明等证据附卷，与其他证据相互印证一致，佐证了案件事实。

本院认为，被告人王某甲以非法占有为目的，秘密窃取公私财物，价值数额巨大，其行为已构成盗窃罪。公诉机关指控其罪名成立，本院予以支持。辩护人提出的被告人不构成盗窃罪的辩护意见，本院不予采纳。

关于公诉机关指控被告人王某甲犯非法采矿罪的问题。非法采矿罪的客观方面表现为，违反《中华人民共和国矿产资源法》的规定，未取得采矿许可证擅自采矿，擅自进入国家规划矿区、对国民经济具有重要价值的矿区和他人矿区范围采矿，擅自开采国家规定实行保护性开采的特定矿种，经责令停止开采后拒不停止开采，造成矿产资源破坏的行为。本案中被告人王某甲私凿水井取用地下水用于洗浴经营的行为，不符合非法采矿罪客观方面的构成要件，不属于该罪名规定的犯罪行为，故公诉机关指控被告人王某甲犯非法采矿罪，罪名不成立，本院不予支持。辩护人提出的被告人不构成非法采矿罪的辩护意见，本院予以采纳。

根据被告人犯罪的事实及性质，对其依法应在“三年以上十年以下有期徒刑，并处罚金”的法定刑幅度以内处以适当刑罚。在对被告人的具体量刑过程中，本院还充分考虑以下量刑情节：

1. 被告人自动投案，且如实供述自己的罪行，系自首，可减轻处罚。2. 被告人已将赃款退还，可酌情从轻处罚；3. 被告人系初犯，可酌情从轻处罚。依照《中华人民共和国刑法》第二百六十四条、第六十七条第一款之规定，并经本院审判委员会讨论决定，判决如下：

被告人王某甲犯盗窃罪，判处有期徒刑十一个月，并处罚金人民币一万元。

（刑期从判决执行之日起计算。判决执行以前先行羁押的，羁押一日折抵刑期一日，即自 2015 年 4 月 30 日起至 2016 年 3 月 29 日止。罚金于判决生效后三日内缴纳。）

如不服本判决，可在接到判决书的第二日起十日内，通过本院或者直接向河南省郑州市中级人民法院提出上诉。书面上诉的，应当提交上诉状正本一份，副本二份。

审 判 长　　高　擎
人民陪审员　　张青梅
人民陪审员　　徐百灵

二〇一六年五月二十六日
书 记 员　　侯开立

张×1盗窃罪二审刑事判决书

北京市第三中级人民法院
刑事判决书

（2014）三中刑终字第00658号

原公诉机关：北京市顺义区人民检察院。

上诉人（原审被告人）：张×1，男，51岁；因涉嫌犯盗窃罪于2013年6月6日被羁押，同年7月12日被逮捕；现羁押于北京市顺义区看守所。

辩护人：万有志，北京郎泰律师事务所律师。

北京市顺义区人民法院审理北京市顺义区人民检察院指控原审被告人张×1犯盗窃罪一案，于2014年6月19日作出（2014）顺刑初字第252号刑事判决书。宣判后，原审被告人张×1不服，提出上诉。本院依法组成合议庭，公开开庭进行了审理。北京市人民检察院第三分院指派助理检察员刘佳丰出庭履行职务，原审被告人张×1及其辩护人万有志到庭参加诉讼。现已审理终结。

北京市顺义区人民法院刑事判决书认定：被告人张×1系××有限公司（以下简称××公司）车间主任，于2011年9月至2013年4月负责向水务所申报该公司用水量。其间，被告人张×1受他人指使，以回拨水表、少报用水量的方式少缴纳水费共计人民币169万余元。被告人张×1后被查获。

一审法院认定上述事实的证据有：被告人张×1的供述，证人马×、金×、丰×、张×2、苏×、曾×、徐×、于×、邢×的证言，北京××会计师事务所出具的××有限公司盗窃案专项审计报告及相关说明，中国计量科学研究院出具的测试报告，北京××有限公司出具的关于××纯净水设备的情况说明，北京市公安局顺义分局出具的扣押清单，北京市顺义区水务局×镇水务所提供的水资源费污水处理费收缴协议书、取水许可证，北京市顺义区水务局×镇水务所出具的证明、计量水表使用铅封钳记录表、水表读数确认单，北京市公安局顺义分局刑事侦查支队出具的受案登记表、到案经过、身份信息，北京市顺义区人民检察院出具的通知立案书等证据。

一审法院认为：被告人张×1以非法占有为目的，受他人指使窃取国家水资源，数额特别巨大，其行为侵犯了国家对水资源的所有权，已构成盗窃罪，且系共同犯罪，应予惩处。被告人张×1在犯罪中起次要作用，系从犯，且到案后如实供述犯罪事实，依法对被告人张×1减轻处罚。故判决：一、被告人张×1犯盗窃罪，判处有期徒刑五年，并处罚金人民币五千元；二、随案移送的账目明细六十九本附卷存档。

张×1的上诉理由是：其受单位领导指派实施虚报用水量并调拨水表的行为，不以非法占有为目的，且没有获取不法利益，其行为不构成盗窃罪；××公司每年有一定数量的用水指标，该部分用水量不应计入盗窃数额。

二审期间，上诉人张×1未向法庭提供新的证据。

张×1的辩护人的辩护意见是：一审判决认定的盗窃数额有误，××公司合法用水指标的用水、废水不应计入犯罪数额；××公司已经补缴部分水费，请求法院对其予以减轻处罚。

张×1 的辩护人向法庭提交一般缴款书一份，用以证明 2013 年 7 月 3 日，××公司已向北京市顺义区财政局补缴城市水资源费和污水处理费，金额共计 500039.76 元。

北京市人民检察院第三分院的出庭意见是：一审判决对张×1 犯盗窃罪的定性准确；××公司于案发后退缴部分水费的情节，一审法院在认定的事实中没有表述，属于事实不清，该情节应在对张×1 裁量刑罚时予以考虑，建议二审法院依法改判。

北京市人民检察院第三分院向法庭提交北京市顺义区水务局出具的关于××有限公司补缴水费及相关行政处罚执行情况的说明、行政处罚决定书。其内容为“（1）关于补缴水费的情况。2013 年 7 月，××公司补缴水资源费及污水处理费共计 50 万元，之后，该公司再未补缴，至今仍拖欠水费 119 万余元；（2）关于行政处罚执行情况。2014 年 6 月 26 日，北京市顺义区水务局对××公司处以罚款 349.7 万元的行政处罚，至今该公司一直没有依法缴纳罚款。”

本院经审理查明的事实和证据与原判相同。经审核，原判列举的各项证据，经一审法院开庭质证属实，能够证明案件事实，本院均予以确认。另查明，2013 年 7 月 3 日，××公司向北京市顺义区财政局补缴城市水资源费和污水处理费，金额共计 500039.76 元。

上述证据经本院开庭质证属实，能够证明案件事实，本院均予以确认。

对于上诉人张×1 所提××公司每年有一定数量的用水指标，该部分用水量不应计入盗窃数额的上诉理由及其辩护人所提一审判决认定的盗窃数额有误，××公司合法用水指标的用水、废水不应计入犯罪数额的辩护意见，经查，在案北京××会计师事务所出具的××有限公司盗窃案专项审计报告及相关说明证实，一审法院计算本案盗窃数额时，以 2011 年 9 月至 2013 年 4 月，××公司发出的桶装水数量结合每吨水的单价计算出应缴水费的具体金额，其中并未考虑生产过程中的损耗。同时，结合××公司凭证显示实际上缴水费金额，得出具体的犯罪金额，该计算方法客观公正，且计算结果有利于被告人，不存在废水计入犯罪数额的问题，故上诉人张×1 的此节上诉理由及其辩护人的此节辩护意见，本院不予支持。

对于张×1 所提其受单位领导指派实施虚报用水量并调拨水表的行为，不以非法占有为目的，且没有获取不法利益，其行为不构成盗窃罪的上诉理由，经查，《最高人民法院、最高人民检察院关于办理盗窃刑事案件适用法律若干问题的解释》第十三条规定：“单位组织、指使盗窃，符合刑法第二百六十四条及本解释有关规定的，以盗窃罪追究组织者、指使者、直接实施者的刑事责任。”本案中，上诉人张×1 受单位领导指使具体实施了窃取国家水资源的行为，系上述解释规定的直接实施者，应当以盗窃罪追究其刑事责任，故张×1 所提此节上诉理由不能成立。

本院认为，上诉人张×1 以非法占有为目的，受他人指使窃取国家水资源，数额特别巨大，其行为已构成盗窃罪，且系共同犯罪，依法应予惩处。北京市顺义区人民法院根据张×1 犯罪的事实，犯罪的性质、情节及对于社会的危害程度所作出的判决，定罪及适用法律正确，判决随案移送的账目明细附卷存档的处置亦无不当，审判程序合法，但鉴于张×1 所在单位××有限公司已经补缴部分水资源费及污水处理费，挽回国家部分经济损失，可对张×1 酌予从轻处罚。对于张×1 的辩护人所提××公司已经补缴部分水费，请求法院对其予以减轻处罚的辩护意见及北京市人民检察院第三分院所提建议二审法院依法改判的审查意见，本院酌予采纳。据此，本院依照《中华人民共和国刑法》第二百六十四条、第二十五条第一款、第二十七条、第六十七条第三款、第五十二条、第五十三条，《最高人民法院、最高人民检察院关于办理盗窃刑事案件适用法律若干问题的解释》第十三条及《中华人民共和国刑事诉讼法》第二百二十五条第一款第（一）项、第（二）项之规定，判决如下：

一、维持北京市顺义区人民法院（2014）顺刑初字第252号刑事判决第二项，即随案移送的账目明细六十九本附卷存档。

二、撤销北京市顺义区人民法院（2014）顺刑初字第252号刑事判决第一项，即被告人张×1犯盗窃罪，判处有期徒刑五年，并处罚金人民币五千元。

三、上诉人张×1犯盗窃罪，判处有期徒刑三年，并处罚金人民币三千元（刑期从判决执行之日起计算。判决执行前先行羁押的，羁押一日折抵刑期一日，即自2013年6月6日起至2016年6月5日止；罚金于判决生效后十日内缴纳）。

本判决为终审判决。

审 判 长　杨立军
代理审判员　袁 冰
代理审判员　马新健

二〇一四年十一月十五日
书 记 员　胡 晗

开封市巍炜房地产开发有限公司诉开封市水利局于2012年12月27日作出的汴水缴字〔2012〕第12-27-01号责令缴纳水资源费决定书的具体行政行为一审行政判决书

河南省开封市金明区人民法院

行政判决书

（2014）金行初字第9号

原告：开封市巍炜房地产开发有限公司。

法定代表人：蒋广彬，总经理。

委托代理人：侯少轩、刘海涛，河南地依律师事务所律师，特别授权委托代理。

被告：开封市水利局。

法定代表人：张绍庆，局长。

委托代理人：李尚明、郝琛，河南时代律师事务所律师，特别授权委托代理。

原告开封市巍炜房地产开发有限公司不服被告开封市水利局于2012年12月27日作出的汴水缴字〔2012〕第12-27-01号责令缴纳水资源费决定书的具体行政行为，向本院提起行政诉讼。本院于2014年5月6日立案受理，并于当月7日向被告开封市水利局送达了起诉状副本、应诉通知书、举证通知书等应诉手续。本院依法组成合议庭，于2014年6月27日公开开庭审理了本案，原告的委托代理人侯少轩、刘海涛，被告的委托代理人郝琛到庭参加诉讼。本案现已审理终结。

被告开封市水利局就原告开封市巍炜房地产开发有限公司拒不缴纳水资源费一案，于2012年12月27日作出了汴水缴字〔2012〕第12-27-01号责令缴纳水资源费决定书，责令原告缴纳水资源费4612608元。被告于2014年5月15日向本院提交了作出具体行政行为的证据：1. 蒋广彬的询问笔录；2. 贾卫东的询问笔录；3. 樊曙建的询问笔录；4. 周建民的询问笔录；5. 王琦的询问笔录；6. 高嵩的询问笔录；7. 葛红珍的询问笔录；8. 收款收据；9. 开采设施的照片；10. 开封市水利局凿井工程许可证；11. 承包协议书；12. 取水许可申请书；13. 论证报告；14. 开封市巍炜房地产开发有限公司基本注册信息查询单；15. 开封市巍炜房地产开发有限公司水资源费清单；16.《缴纳水资源费通知书》；17.《缴纳水资源费通知书》的送达回证；18. 《责令缴纳水资源费决定书》；19. 责令缴纳水资源费决定书的送达回证；20. 送达情况说明；21. 《责令缴纳水资源费决定书》的公告送达；22. 权利告知通知及公告送达情况；23. 开封市人民政府关于调整全市水资源费征收标准的通知。同时，被告向本院提交了作出具体行政行为的法律依据：1、《中华人民共和国水法》；2、《取水许可和水资源费征收管理条例》；3、《河南省取水许可和水资源费征收管理办法》。

原告诉称：被告要求原告缴纳水资源费4612608元没有相应的有效证据和计算方法。被告在作出汴水缴字〔2012〕第12-27-01号《责令缴纳水资源费决定书》时未告知原告复议和起诉权利，而是仅仅以另行通知的方式对原告进行告知，违反法定程序，原告认为被告应当重新作出责令缴纳水资源费决定书，并在决定书中告知原告相应权利。被告作出数额较大的缴纳水资源费决定之前，应当告知原告有要求听证的权利，而被告未对原告进行告知，违反法定程序。被告在向人民法院申请强制执行责令缴纳水资源费决定书之前，未向原告送达催告通知书，程序违法。综上所述，被告作出的汴水缴字〔2012〕第 12-27-01 号《责令缴纳水资源费决定书》，计算的数额有误，程序违法，请求依法予以撤销。

原告向本院提交的证据：1. 开封市鑫海洗浴广场出具的证明 1 份 1 页；2. 票据 1 份 12 张；3. 公告 1 份 1 页。

被告辩称：被告向原告征收的水资源费数额有充足的证据和准确的计算方法，数额计算无误。虽然被告在作出责令缴纳水资源费决定时未告知原告复议和起诉权利，但之后被告以通知的方式将该权利对原告进行了公告送达，因此被告作出的《责令缴纳水资源费决定书》是有效的，无须重新作出。我国行政法规只规定了行政机关作出责令停产停业、吊销许可证或者执照、较大数额罚款时，当事人才享有听证的权利。被告向原告征收其应当缴纳的水资源费是一个正常的征收行为，并未涉及罚款，原告没有听证权利。申请强制执行催告书是行政机关在向人民法院申请强制执行前作出的，被告在作出责令缴纳水资源费决定阶段不需要向原告送达催告书。综上，被告作出的汴水缴字〔2012〕第 12-27-01 号《责令缴纳水资源费决定书》，证据确凿，程序合法，适用法律法规正确。请求法院依法予以维持。

经审理查明：2012 年 12 月 27 日，被告对原告作出了汴水缴字〔2012〕第 12-27-01 号《责令缴纳水资源费决定书》，责令原告缴纳水资源费 4612608 元。2013 年 12 月 2 日，被告在开封日报上公告送达了告知原告复议和起诉权利的通知。原告不服，于 2014 年 5 月 7 日向本院提起行政诉讼，请求判令所请。

本院认为：根据《中华人民共和国水法》的规定，被告开封市水利局具有负责本行政区域内征收水资源费的法定职权。《河南省行政机关执法条例》第二十三条第一款第（三）项规定："行政机关经调查取证，对需要追究法律责任的，应当作出处理决定。处理决定作出前，行政机关应当听取当事人申辩。"本案中，被告作出的责令缴纳水资源费决定，未听取原告的申辩，程序违法，应予以撤销。依照《中华人民共和国行政诉讼法》第五十四条第二项第（三）目之规定，判决如下：

一、撤销被告开封市水利局于 2012 年 12 月 27 日作出的汴水缴字〔2012〕第 12-27-01 号《责令缴纳水资源费决定书》。

二、限被告自本判决生效之日起 60 日内重新作出具体行政行为。

诉讼费 50 元由被告负担。

如不服本判决，可在判决书送达之日起十五日内向本院递交上诉状，并按对方当事人的人数提出副本，上诉于开封市中级人民法院。

审　判　长　　郭秀猛
人民陪审员　　刘凤春
人民陪审员　　郑应春

二〇一四年七月四日
书　记　员　张　雪

开封市巍炜房地产开发有限公司诉开封市水利局水利行政征收一案二审判决书

河南省开封市中级人民法院

行政判决书

（2014）汴行终字第55号

上诉人（一审被告）：开封市水利局。

法定代表人：张绍庆，局长。

委托代理人：李尚明、郝琛，河南时代律师事务所律师。

被上诉人（一审原告）：开封市巍炜房地产开发有限公司。

法定代表人：蒋广彬，总经理。

委托代理人：侯少轩、刘海涛，河南地依律师事务所律师。

开封市巍炜房地产开发有限公司诉开封市水利局水利行政征收一案，开封市金明区人民法院于2014年7月15日作出（2014）金行初字第9号行政判决。一审被告开封市水利局不服，向本院提起上诉。本院受理后，依法组成合议庭，公开开庭进行了审理。上诉人开封市水利局的委托代理人：侯少轩、刘海涛，被上诉人（一审原告）开封市巍炜房地产开发有限公司的委托代理人：郝琛到庭参加诉讼。本案现已审理终结。

被告开封市水利局就原告开封市巍炜房地产开发有限公司拒不缴纳水资源费一案，于2012年12月27日作出了汴水缴字〔2012〕第12-27-01号责令缴纳水资源费决定书，责令原告缴纳水资源费4612608元。

一审查明，2012年12月27日，被告对原告作出了汴水缴字〔2012〕第12-27-01号《责令缴纳水资源费决定书》，责令原告缴纳水资源费4612608元。2013年12月2日，被告在开封日报上公告送达了告知原告复议和起诉权利的通知。原告不服，向本院提起行政诉讼，请求判令所请。

一审认为，根据《中华人民共和国水法》的规定，被告开封市水利局具有负责本行政区域内征收水资源费的法定职权。《河南省行政机关执法条例》第二十三条第一款第（三）项规定：“行政机关经调查取证，对需要追究法律责任的，应当作出处理决定。处理决定作出前，行政机关应当听取当事人申辩。”本案中，被告作出责令缴纳水资源费决定，未听取原告的申辩，违反了法定程序，应予以撤销。依照《中华人民共和国行政诉讼法》第五十四条第（二）项第③目之规定，一审判决：一、撤销被告开封市水利局于2012年12月27日作出的汴水缴字〔2012〕第12-27-01号《责令缴纳水资源费决定书》。二、限被告自本判决生效之日起60日内重新作出具体行政行为。

开封市水利局上诉称，一审判决适用法律错误。本案是原告取用水资源且拒不缴纳水资源费所引起。上诉人作出的责令缴纳水资源费的行为只是一个正常的征收行为，上诉人并未作出行政处罚更没有追究其法律责任，故本案不适用《河南省行政机关执法条例》第二十三条第一款第（三）项的规定。上诉人在处理该案的过程中，被上诉人始终躲躲藏藏，不予见面，实际放弃了申辩权。上诉人在采取多种送达方式都不能送达的情况下，只得公告送达。

被上诉人开封市巍炜房地产开发有限公司辩称，一审判决认定事实清楚，适用法律正确，上诉人的上诉请求没有事实和法律依据，依法不能成立。一审根据《河南省行政机关执法条例》第二十三条的规定认定上诉人作出的具体行政行为违反法定程序并无不当。上诉人认为其作出的责令缴纳水资源费的行为只是一个正常的征收行为，并未追究被上诉人的法律责任，不应适用上述法律规定是对法律的错误理解。上诉人只有告知被上诉人申辩权后，才可能产生被上诉人行使或放弃申辩权的问题。

二审经庭审查明的事实与一审认定的事实基本一致。

本院认为，《河南省行政机关执法条例》第二十三条第一款第（三）项规定：“行政机关经调查取证，对需要追究法律责任的，应当作出处理决定。处理决定作出前，行政机关应当听取当事人申辩。”行政机关作出影响当事人权益的行政行为时，应当听取当事人申辩，其行政行为应当符合正当程序原则。一审认定开封市水利局未告知当事人申辩权，程序违法的事实清楚，适用法律法规正确。上诉人开封市水利局的上诉理由不能成立。依照《中华人民共和国行政诉讼法》第六十一条第（一）项的规定，判决如下：

驳回上诉，维持原判。

二审诉讼费 50 元，由上诉人开封市水利局负担。

本判决为终审判决。

审　判　长　　梁　坤
审　判　员　　何卫斌
代理审判员　　张景丽

二〇一四年九月二十八日
书　记　员　　王　喆

郁治国诉安徽省霍山县人民政府通告行为违法案二审行政判决书

安徽省高级人民法院

行 政 判 决 书

（2015）皖行终字第00252号

上诉人（一审原告）：郁治国，男，1969年1月18日生，汉族，住安徽省霍山县。

委托代理人：范士明，安徽皖大律师事务所律师。

委托代理人：张彪，安徽皖大律师事务所律师。

被上诉人（一审被告）：安徽省霍山县人民政府，住所地安徽省霍山县淠源东路19号。

法定代表人：李中华，该县县长。

委托代理人：柯永升，该县政府法制局局长。

委托代理人：黎少松，安徽自智律师事务所律师。

郁治国诉安徽省霍山县人民政府通告行为违法一案，六安市中级人民法院于2015年6月11日作出（2015）六行初字第00008号行政判决。郁治国不服，向本院提起上诉。本院依法组成合议庭，于2015年11月17日公开开庭审理了本案。上诉人郁治国及其委托代理人范士明、张彪，被上诉人霍山县人民政府的委托代理人柯永升、黎少松到庭参加诉讼。本案现已审理终结。

一审判决认定：2004年10月28日，朱劲松取得霍山县衡山镇六士砂场的河道采砂批准证，证载有效期至2005年10月28日；2005年8月，朱劲松取得该砂场的采矿许可证，证载有效期至2007年8月，后延期至2009年5月20日。2004年7月7日，陈锡洲取得霍山县建安砂场的河道采砂批准证，证载有效期至2005年7月7日；2004年7月，陈锡洲取得该砂场的采矿许可证，证载有效期至2005年7月，后延期至2009年5月11日。2013年9月11日，霍山县国土资源局作出霍国土资矿管字〔2013〕04号《责令停止违法行为通知书》，认定霍山县衡山镇六士砂场和霍山县建安砂场违反《中华人民共和国矿产资源法》第三条的规定，责令其停止违法行为。2014年3月26日，霍山县水务局作出霍水责通字〔2014〕016、17号《责令停止水事违法行为通知书》，责令朱劲松、陈锡洲立即停止非法采砂行为，并于2014年4月15日前自行拆除采砂设备、清运上岸。

2014年7月15日，霍山县人民政府发布《关于开展东淠河非法采砂集中整治的通告》，主要内容如下：一、整治范围：东淠河河道佛子岭水库坝下至下符桥团山嘴县界。二、本通告发布后，所有在整治范围内未依法取得审批手续或超过审批许可期限的采砂单位和个人，应当立即停止一切非法采砂、采石、生产、加工、经营等行为，在2014年8月5日前自行拆除并清理一切用于采砂、运砂、碎石的机械、船只、杆线等设备设施，清除一切砂堆、道路、桥涵等阻水建筑。三、非法采砂的单位和个人逾期不拆除、撤出的，县政府将组织水务、国土、公安等有关部门依法拆除、托运上岸，并由公安机关对其非法采砂行为立案查处，依法从重处罚，构成犯罪的，将依法追究刑事责任。涉案两砂场自行拆除后，郁治国领取了10万元的砂场搬迁补助款。后郁治国认为霍山县人民政府发布通告行为违法，提起行政诉讼。

一审法院经审理认为：被诉通告系向公众发布的，针对的对象是特定的，不仅明确了整治范围限于“东淠河河道佛子岭水库坝下至下符桥团山嘴县界”，还明确了具体时间，要求整治范围内未取得许可的采砂单位和个人于2014年8月5日前自行拆除相关设备，对这些采砂单位和个人的利益产生了实际影响，故被告辩称通告行为是抽象行政行为，不属于行政诉讼受案范围之主张，本院不予支持。

虽然霍山县衡山镇六士砂场和霍山县建安砂场的证载采矿权人为朱劲松和陈锡洲，但被告所举证据中的验收单、搬迁补助款的领条中，郁治国均在“实际经营人”一栏中签字，被告工作人员亦签字确认，应视为被告已经确认郁治国是该两个砂场的权利人，其依法可以提出本案诉讼。被告主张其不具有诉讼主体资格的理由不能成立，不予支持。关于起诉期限，被诉通告于2014年7月15日作出，通告内容并未告知当事人诉权或起诉期限，根据《最高人民法院关于执行〈中华人民共和国行政诉讼法〉若干问题的解释》第四十一条第一款“行政机关作出具体行政行为时，未告知公民、法人或者其他组织诉权或者起诉期限的，起诉期限从公民、法人或者其他组织知道或者应当知道诉权或者起诉期限之日起计算，但从知道或者应当知道具体行政行为内容之日起最长不得超过2年”之规定，原告提起本案诉讼并未超过2年的起诉期限，被告主张原告起诉超过起诉期限之理由不能成立，不予支持。

根据《中华人民共和国矿产资源法》第三条、《中华人民共和国河道管理条例》第二十五条的规定，河道采砂实行许可制度。参照《安徽省河道采砂管理办法》第五条“县级以上地方人民政府应当组织水务、公安、交通运输等行政主管部门进行联合执法，加强对本行政区域内河道采砂的监督检查，依法查处违法采砂活动”之规定，被告作为县级人民政府，具有组织相关职能部门对本行政区域内河道采砂行为进行监督检查之职权，被告发布通告要求整治范围内未取得许可的采砂单位和个人限期拆除、撤出，应视为其联合执法行为的公告，符合相关法律、规章、政策规定。

参照《安徽省河道采砂管理办法》第十七条第一款“河道采砂许可证的有效期不超过1年。河道采砂许可证有效期届满或者开采总量已达到河道采砂许可证规定的开采量的，河道采砂许可证自行失效”之规定，截止被告发布通告之日，涉案砂场的采矿许可证及河道采砂批准证均已到期，且采矿许可证和采砂批准证上均未标注开采量，原告以开采量没有采完为由主张被诉通告行为违法，没有事实和法律依据，不予支持。依照《中华人民共和国行政诉讼法》第六十九条之规定，判决驳回原告郁治国的诉讼请求。

郁治国上诉称：上诉人对涉案砂场拥有合法的采矿权，相关行政许可自动延续，一审判决认定“涉案砂场的采矿许可证及河道采砂批准证均已到期，其采砂行为为非法行为”错误；被上诉人采用胁迫的方式，要求上诉人拆除涉案砂场，违反了行政法的规定；对未开采完的采砂量应予以补偿。请求撤销原判决，依法改判，维护上诉人的合法权益。

霍山县人民政府答辩称：上诉人在被上诉人发布通告时不具有涉案砂场的采砂权，其采砂属于非法行为；被上诉人作为县级人民政府有权组织相关职能部门对本行政区域内的违法行为进行监督检查，发布通告要求整治范围内未取得许可的采砂单位和个人限期拆除、撤出符合相关规章、政策的规定；上诉人要求对未开采资源给予补偿没有事实和法律依据。请求驳回上诉人的上诉请求，维持原判决。

一审被告霍山县人民政府向一审法院提举的主要证据有：1. 挂牌成交确认书两份、矿采矿权出让合同两份，证明郁治国不具备诉讼主体资格；2. 采矿许可证两份，证明郁治国于 2009 年 5 月以后的采砂活动均为非法；3. 安徽省河道采砂批准证两份，证明郁治国于 2005 年以后的采砂活动均为非法；4. 责令停止违法行为通知书，证明霍山县国土资源局要求原告停止违法行为；5. 责令停止水事违法行为通知书，证明霍山县水务局责令原告停止违法行为；6. 验收单两份、委托书两份、领条两份，证明涉案砂场系朱劲松、陈锡洲自行拆除，被告未实施强制拆除行为，且已向这两人支付 5 万元拆除补偿费用，郁治国不能以自己的名义主张权利。

一审被告霍山县人民政府提供作出行政行为的法律依据有：《安徽省河道采砂管理办法》、《中华人民共和国矿产资源法实施细则》、《矿产资源开采登记管理办法》、《安徽省国土资源厅关于进一步完善砂业权管理有关问题的通知》、中共六安市委办公室（2014）30 号文件、《关于开展东淠河非法采砂集中整治的通告》。

一审原告郁治国向一审法院提供的主要证据有：1. 身份证复印件，证明原告诉讼主体资格；2. 摸底调查情况表、采矿许可证，证明原告是霍山县六士砂场及建安砂场实际持有人和实际经营人的事实；3. 告示照片，证明被告一直认可原告的采砂行为并正常收取相关税费的事实；4. 霍山县人民政府通告和致砂场主的一封信，证明被告以集中整治河道的名义欲将原告依法竞得的砂场收回，且采取强制措施胁迫原告拆除设备设施；5. 照片，证明被告利用公安机关的强制措施胁迫原告拆除设施设备的事实；6. 专家论证意见书，证明政府拆迁砂场应当给予合理补偿。7. 工作组宣传单，证明郁治国具有诉讼主体资格，其拆除砂场是受到被告威胁。

以上证据均已随案移送本院。本院依照《最高人民法院关于行政诉讼证据若干问题的规定》对案件证据进行了审核，一审关于案件证据的认证符合法律规定，本院对一审认定的案件事实予以确认。

本院认为：2014 年 3 月 26 日，霍山县水务局作出霍水责通字〔2014〕016、017 号《责令停止水事违法行为通知书》，认定霍山县六士砂场及建安砂场开采权及所办理的采砂许可证已到期，郁治国的开采属非法采砂行为，责令其立即停止非法采砂行为，并于 2014 年 4 月 15 日前，自行拆除采砂设备，清运上岸。据此，上诉人负有停止非法采砂行为，限期自行拆除采砂设备之义务。霍山县人民政府根据《安徽省河道采砂管理办法》第五条的授权，发布通告，要求上诉人限期拆除、撤出，并未设定上诉人新的权利义务关系，上诉人业已按照霍山县人民政府的要求自行拆除、撤出。霍山县人民政府发布通告行为对上诉人实体上的权利义务不产生实质性的影响，其要求确认该行为违法的诉讼请求不能予以支持。一审判决驳回郁治国的诉讼请求并无不当。上诉人的上诉理由不能成立。依照《中华人民共和国行政诉讼法》第八十九条第一款第（一）项的规定，判决如下：

驳回上诉，维持原判。

二审案件受理费 50 元，由上诉人郁治国负担。

本判决为终审判决。

审　判　长　　胡宛平
审　判　员　　胡　红
代理审判员　　石　音
二〇一五年十二月四日
书　记　员　　刘　琳

李太华、李荣太、王洪营、李海潮诉南阳市水利局、第三人吕东云水利行政许可纠纷一案一审行政判决书

河南省南阳市宛城区人民法院

行 政 判 决 书

（2014）宛行初字第36号

原告：李太华，男，汉族。

原告：李荣太，男，汉族。

原告：王洪营，男，汉族。

原告：李海潮，男，汉族。

委托代理人：李长海，男，汉族。系原告李海潮哥哥。代理权限为特别授权。

委托代理人：牛青山，男，汉族。代理权限为特别授权。

被告：南阳市水利局。住所地南阳市中州路397号。

法定代表人：寇智洪，任该局局长。

委托代理人：朱晓东，河南问鼎律师事务所律师。代理权限为特别授权。

委托代理人：李晓强，河南大为律师事务所律师。代理权限为特别授权。

第三人：吕东云，男，汉族。

委托代理人：张伟，河南通义律师事务所律师。代理权限为特别授权。

原告李太华、李荣太、王洪营、李海潮诉被告南阳市水利局、第三人吕东云水利行政许可纠纷一案，河南省南阳市中级人民法院于2014年8月18日作出（2014）南行指字第70号行政裁定，裁定本案由本院管辖。本院依法受理后，公开开庭进行了审理。原告李太华、李荣太、王洪营及原告李海潮的委托代理人李长海，四原告委托代理人牛青山，被告南阳市水利局委托代理人朱晓东、李晓强，第三人吕东云委托代理人张伟到庭参加了诉讼。本案现已审理终结。

被诉具体行政行为为：2006年3月22日，南阳市河务处根据第三人吕东云申请，为第三人颁发了编号为0601006号的河道采砂许可证。

原告诉称：四原告在关坡留村各有林地一块，共计27.12亩。2001年，以每亩67株的密度，已经栽上杨树，共计1817株。按目前的市值，每株150元计算，价值272550元。2006年3月，在没有征兆的情况下，原告的林木被吕东云等人陆续砍伐一空，林地被采砂，现成为一片深坑。时值今日，这种采砂行为，一直在延续着。为了抵制吕东云的采砂行为，双方多次发生争执。在争执过程中，第三人出示了河道采砂许可证。原告对这一证件的合法性产生了怀疑，向南阳市人民政府及有关部门申请政府信息公开。2014年6月20日，被告南阳市水利局向原告作出信息公开告知书，告知原告该许可证的有关信息。从这份告知书中，原告才知道南阳市河务处确实是南阳市水利局的下属单位。被告应为许可行为承担责任。被告的行为侵害了原告的合法权益，故提起诉讼，请求依法判令确认被告的许可行为违法，撤销采砂许可证，回填被毁林地，重新种上林木，恢复原有植被，赔偿原告损失272550元，判令第三人吕东云与被告南阳市水利局承担连带赔偿责任，判令被告南阳市水利局在新闻媒体、南阳日报和南阳电视台公开向原告赔礼道歉。

原告向法庭提交的证据为：

1. 被告给第三人颁发的0601006号《河道采砂许可证》复印件一份；

2. 南阳市人民政府电子政务办公室于2014年6月11日给李太华出具的关于政府信息公开申请告知书；

3. 方城县林业局、方城县博望镇关坡留村与承包户王伟签订的承包林地造林合同；

4. 方城县博望镇关坡留村民委员会证明一份；

5. 南阳市水利局关于政府信息公开申请告知书复印件一份；

6. 采砂占地租赁补偿协议一份；

7. 署名为“闫召双”的书面证明一份，证明一棵树价值150元。

8. 视频资料及现场照片。

被告南阳市水利局辩称：1. 原告主体不适格，应驳回其诉讼请求。本案原告没有充分证据证明被告颁发采砂许可证时其种有树木，原告与本案不具有利害关系，且被告也未损害公共利益。根据《最高人民法院关于审理行政许可案件若干问题的规定》第十条规定，准予行政许可决定不损害公共利益和利害关系人合法权益的，判决驳回原告的诉讼请求。2. 本案不具有可诉性。被告颁发的采砂许可证有效期为2006年3月1日至2006年12月31日，行政许可行为在2007年1月1日已失效，原告现要求撤销具体行政行为，显然无法律意义，不具有可诉性。原告李太华、李荣太、王洪营、李海潮的起诉超过法定期限，法院应裁定不予受理或受理后裁定驳回其起诉。3. 本案原告的起诉状中陈述第三人吕东云2006年采砂时与原告发生纠纷，第三人向原告出示过《采砂许可证》；被告向第三人吕东云颁发采砂许可证的日期为2006年3月22日；根据被告提交的在方城县人民法院调取的原告李海潮诉林新生租赁合同纠纷一案的卷宗显示，2006年6月2日开庭审理时林新生已将吕东云的采砂许可证提交法庭进行了质证，李海潮对被告作出的具体行政行为是明知的，作为本案共同原告的其他原告也对此是明知的，超过3个月的起诉期。另外，原告未按上述规定的2年、5年期限向人民法院起诉。因此，法院应裁定不予受理或在受理后裁定驳回原告的起诉。4. 被告给第三人颁发的《采砂许可证》程序合法、具有事实根据和法律依据，应驳回原告的起诉。5. 原告没有充分证据证明被告作出具体行政行为时采砂区域中有林木存在及损失的数额。被告作出的具体行政行为与原告的损失不具有因果关系，不存在连带赔偿原告损失及满足其他违法要求问题。综上所述，原告的请求缺乏事实根据和法律依据，根据《中华人民共和国行政诉讼法》的相关规定，请求贵院维持被告作出的具体行政行为，驳回原告的请求。

被告向法庭提交的证据为：

1. 河道采砂申请表；

2. 第三人的采砂申请；

3. 方城县博望镇人民政府证明一份；

4. 方城县博望镇关坡留村民委员会证明一份；

5. 采砂区域照片三张、视频资料一份；

6. 第三人采砂位置示意图、其他事项记录一份；

7. 采砂证复印件一份；

8. 行政事业性收费基金（采砂管理费）复印件两份；

9. 水利部长江水利委员会关于《唐白河干流防洪规划报告》的批复；

10.《中华人民共和国水法》、《中华人民共和国防洪法》、《中华人民共和国行政许可法》、《中华人民共和国河道管理条例》、《中华人民共和国河南省河道采砂管理规定》；

11. 李海潮诉林新生租赁合同纠纷一案的卷宗一份；

12. 方城县博望镇关坡留村民委员会证明一份。

第三人吕东云辩称：被告向第三人颁发的许可证合法有效，原告的起诉超过了法定的起诉期限，第三人既没有毁坏原告的树木，也没有殴打过原告，故请求人民法院依法驳回原告的诉讼请求。

第三人无证据向法庭提交。

对原告所提交的证据，被告及第三人不予认可，本院认为，原告所举证据 1 与被告所举证据可以相互印证，故该证据本院予以认定；原告所举证据 2 为有关行政机关文件，符合证据形式要件，本院予以认定；原告所举证据 3 为案外人方城县林业局、方城县博望镇关坡留村与承包户王伟签订的承包林地造林合同，与本案行政争议无关，该证据本院不予认定；原告所举证据 4，即方城县博望镇关坡留村民委员会证明，该证明记载经本户丈量，挖沙坑南北长 1000 米，南边东西宽 450 米，北边东西宽 150 米，该证明所记载位置指向不明，且记载内容与本案行政许可行为无关，故该证据本院不予认定；原告所举证据 5 为被告出具的文件，被告也予以认可，该证据本院予以认定；原告所举证据 6 为原告王洪营与案外人融兴矿业有限责任公司于 2005 年 9 月 25 日签订的采砂占地租赁补偿协议，该协议对签订各方的权利义务进行了约定，但是根据该协议内容，不能证明被告的行政许可行为涉及的许可采砂地点与采砂占地租赁补偿协议中约定的范围有关联，因此，该证据本院不予认定。原告所举证据 7 为证人证言，用于证明一棵树的价款，该证据不符合法律规定，该证据本院不予认定；原告所举证据 8 为视听资料，该部分证据用于证明原告所诉争议之处有大量幼树被毁及砂石被开采的事实，根据庭审查证，可以印证原告的证明方向，该证据本院予以认定。对于被告所举证据，因系有权机关制存的行政许可档案资料，第三人没有异议，原告也未提出足够证据予以反驳，故该部分证据本院予以认定。

依据有效证据及当事人当庭陈述，本院确认以下法律事实：

2006 年 2 月，第三人吕东云向河道管理部门申请办理河道采砂许可，并缴纳采砂管理费，同年 3 月，南阳市河务处为第三人吕东云颁发了编号为 0601006 号的河道采砂许可证，许可的开采范围为从官坡刘村下河口处起顺河势走向至下游 250 米处止，长 250 米，距河左岸线 100 米以外，宽 50 米，开挖均深 1 米，开采时间为 2006 年 3 月 1 日至 2006 年 12 月 31 日，其中，2006 年 6 月 1 日至 2006 年 9 月 30 日为主汛期，禁止采砂。

根据原告提交法庭的视频资料显示，方城县博望镇关坡留村陈茨园以西的白河东岸有船只从事开采活动，该处大量砂石已被开采，树木幼苗被毁，已形成坑洼不平的河床。

2006 年 4 月，原告李海潮因租赁合同与他人发生纠纷，起诉至河南省方城县人民法院。诉讼中，合同纠纷的另一方当事人提交了吕东云的采砂许可证及采砂位置示意图、采砂管理费票据复印件等，原告李海潮对这些证据发表了质证意见。河南省方城县人民法院对这些证据予以了分析、评定，并作出了民事判决。原告李海潮不服一审民事判决，提起了上诉，在二审期间，原告李海潮以纠纷双方已达成和解协议为由撤回了上诉，南阳市中级人民法院于 2006 年 9 月 5 日作出了（2006）南民一终字第 714 号民事裁定书，裁定准予原告李海潮撤诉。

2014年6月6日，原告李太华向南阳市人民政府申请政府信息公开，同年6月11日，南阳市人民政府电子政务办公室给李太华出具了告知书，建议其向南阳市水利局咨询。同年6月20日，南阳市水利局给李太华出具了政府信息公开申请告知书，告知原告李太华关于编号为0601006号的河道采砂许可证涉及的全部政府信息。

原告对该行政许可行为不服，于2014年7月3日向河南省方城县人民法院提起行政诉讼。河南省方城县人民法院报请河南省南阳市中级人民法院指定管辖。河南省南阳市中级人民法院于2014年8月18日作出了（2014）南行指字第70号行政裁定书，裁定本案由本院管辖。

本案开庭前，原告通过邮寄方式，向本院提出调取证据申请及追加当事人申请。因原告没有提出拟调取的证据的名称、证据持有人等基本情况，本院当庭驳回了原告的取证申请。因本案行政许可是由南阳市水利局下设南阳市河务处作出的，原告以南阳市水利局为被告，且南阳市水利局并未提出异议，因此，原告要求追加方城县博望镇人民政府、方城县博望镇关坡留村民委员会为本案当事人的请求本院当庭予以驳回。

本院认为，依据河南省南阳市中级人民法院于2014年8月18日作出的（2014）南行指字第70号行政裁定，本院依法对本案进行审判。根据《中华人民共和国行政许可法》和《中华人民共和国河道管理条例》的规定，被告南阳市水利局有根据当事人申请依法实施河道采砂行政许可的法定职责。对被告作出的行政许可，在与该行政行为有法律上利害关系的公民、法人或者其他组织认为侵犯其合法权益的，可以依法提起行政诉讼。但结合本案案情，对于原告的诉请请求，因无事实依据且于法无据，依法应予驳回，具体理由如下：

1. 原告李海潮因与他人的租赁合同纠纷，方城县人民法院于2006年6月2日公开开庭进行了审理。案件当事人当庭提交了本案争议的许可证及采砂范围示意图，原告李海潮也发表了质证意见，被告向法庭提交了该案的开庭笔录、民事判决书，该部分证据足以证明原告李海潮于2006年6月2日就已明知本案争议的采砂许可行为。《最高人民法院关于执行〈中华人民共和国行政诉讼法〉若干问题的解释》第四十一条规定，行政机关作出具体行政行为时，未告知公民、法人或者其他组织诉权或者起诉期限的，起诉期限从公民、法人或者其他组织知道或者应当知道诉权或者起诉期限之日起计算，但从知道或者应当知道具体行政行为内容之日起最长不得超过2年。最高人民法院行政审判庭关于对如何理解《关于执行〈中华人民共和国行政诉讼法〉若干问题的解释》第四十一条、第四十二条规定的请示的答复【2008年3月17日，（2007）行他字第25号】规定，公民、法人或其他组织不知道行政机关作出具体行政行为的内容，但后来知道了具体行政行为的内容，而不知道诉权和起诉期限的，应适用最高人民法院《关于执行〈中华人民共和国行政诉讼法〉若干问题的解释》第四十一条的规定确定起诉期限，但最长不得超过该解释第四十二条规定的期间。因此，本案原告李海潮于2014年7月提起本案行政诉讼，超过了法定的两年起诉期间，依法对原告李海潮的诉讼请求应予驳回。

2.《最高人民法院关于执行〈中华人民共和国行政诉讼法〉若干问题的解释》第十二条规定，与具体行政行为有法律上利害关系的公民、法人或者其他组织对该行为不服的，可以依法提起行政诉讼。第二十七条规定，原告应提供证据证明起诉符合法定条件。本案中，原告李太华、李荣太、王洪营应依法提交证据证明其与被告行政行为之间具有法律上利害关系。原告提交的证据3、4、6根据上述评述未被法庭采信，原告提交了视频资料、照片及其他证据，但这些证据均无法证实三原告所陈述的林地的边界，也无法证明原告所主张的自己植树的地方与被告行政许可涉及的范围有重叠，即原告李太华、李荣太、王洪营所提供的证据无法证实被告许可第三人采砂的范围包含了三位原告植树的地方。故原告李太华、李荣太、王洪营的诉讼请求无事实根据且于法无据，本院不予支持。如三原告依法获取政府有关部门确定土地承包经营权的相关证明材料，可以准确界定其依法承包的土地的边界，能够证明被告给第三人颁发的采砂许可范围侵害了三原告的合法土地承包经营权利，可依法另行解决。

3. 关于原告李太华、李荣太、王洪营、李海潮庭审中陈述的自己所种树木被损毁一事，原告没有提供足够证据证明树木被毁与被诉行政行为之间存在因果关系，根据上述评述，原告要求撤销被告行政行为的诉请本院也予以驳回，故原告的行政赔偿请求以及要求被告赔礼道歉等诉讼请求本院不予支持。

综上，依据《最高人民法院关于执行〈中华人民共和国行政诉讼法〉若干问题的解释》第十二条、第二十七条第（一）项、第四十一条、第五十六条第（四）项、《最高人民法院关于行政诉讼证据若干问题的规定》第四条第一款、第五条、第二十四条之规定，判决如下：

驳回原告李太华、李荣太、王洪营、李海潮的诉讼请求。

案件受理费50元，由原告李太华、李荣太、王洪营、李海潮承担。

如不服本判决，可在判决书送达之日起十五日内向本院递交上诉状，并按对方当事人人数提交副本，上诉于河南省南阳市中级人民法院。

审判长　赵嘉川
审判员　杜　鸿
审判员　马彦彬

二〇一四年十一月二十五日
书记员　康　彦

李太华、李荣太、王洪营、李海潮、南阳市水利局、吕东云水利行政许可纠纷一案二审行政判决书

河南省南阳市中级人民法院

行政裁定书

（2015）南行终字第 00016 号

上诉人（一审原告）：李太华。

上诉人（一审原告）：李荣太。

上诉人（一审原告）：王洪营。

上诉人（一审原告）：李海潮。

委托代理人：李长海。

委托代理人：牛青山。

被上诉人（一审被告）：南阳市水利局。住所地南阳市中州路 397 号。

法定代表人：寇智洪，任该局局长。

委托代理人：朱晓东，河南问鼎律师事务所律师。

委托代理人：李晓强，河南大为律师事务所律师。

被上诉人（一审第三人）：吕东云。

委托代理人：张伟，河南通义律师事务所律师。

上诉人李太华、李荣太、王洪营、李海潮诉被上诉人南阳市水利局给一审第三人吕东云颁发采砂许可证水利行政许可纠纷一案，不服南阳市宛城区人民法院（2014）宛行初字第 36 号行政判决，向本院提起上诉。本院依法受理后，公开开庭进行了审理。上诉人李太华、李荣太、王洪营及上诉人李海潮的委托代理人李长海，四上诉人委托代理人牛青山，被上诉人南阳市水利局委托代理人朱晓东、李晓强，一审第三人吕东云委托代理人张伟到庭参加了诉讼。本案现已审理终结。

南阳市宛城区人民法院一审查明：2006 年 2 月，第三人吕东云向河道管理部门申请办理河道采砂许可，并缴纳采砂管理费，同年 3 月，南阳市河务处为第三人吕东云颁发了编号为 0601006 号的河道采砂许可证，许可的开采范围为从官坡刘村下河口处起顺河势走向至下游 250 米处止，长 250 米，距河左岸线 100 米以外，宽 50 米，开挖均深 1 米，开采时间为 2006 年 3 月 1 日至 2006 年 12 月 31 日，其中， 2006 年 6 月 1 日至 2006 年 9 月 30 日为主汛期，禁止采砂。

根据原告提交法庭的视频资料显示，方城县博望镇关坡留村陈茨园以西的白河东岸有船只从事开采活动，该处大量砂石已被开采，树木幼苗被毁，已形成坑洼不平的河床。

2006 年 4 月，原告李海潮因租赁合同与他人发生纠纷，起诉至河南省方城县人民法院。诉讼中，合同纠纷的另一方当事人提交了吕东云的采砂许可证及采砂位置示意图、采砂管理费票据复印件等，原告李海潮对这些证据发表了质证意见。河南省方城县人民法院对这些证据予以了分析、评定，并作出了民事判决。原告李海潮不服一审民事判决，提起了上诉，在二审期间，原告李海潮以纠纷双方已达成和解协议为由撤回了上诉，南阳市中级人民法院于 2006 年 9 月 5 日作出了（2006）南民一终字第 714 号民事裁定书，裁定准予原告

李海潮撤诉。

2014年6月6日，原告李太华向南阳市人民政府申请政府信息公开，同年6月11日，南阳市人民政府电子政务办公室给李太华出具了告知书，建议其向南阳市水利局咨询。同年6月20日，南阳市水利局给李太华出具了政府信息公开申请告知书，告知原告李太华关于编号为0601006号的河道采砂许可证涉及的全部政府信息。

原告对该行政许可行为不服，于2014年7月3日向河南省方城县人民法院提起行政诉讼。河南省方城县人民法院报请河南省南阳市中级人民法院指定管辖。河南省南阳市中级人民法院于2014年8月18日作出了（2014）南行指字第70号行政裁定书，裁定本案由一审法院管辖。

本案开庭前，原告通过邮寄方式，向本院提出调取证据申请及追加当事人申请。因原告没有提出拟调取的证据的名称、证据持有人等基本情况，一审法院当庭驳回了原告的取证申请。因本案行政许可是由南阳市水利局下设南阳市河务处作出的，原告以南阳市水利局为被告，且南阳市水利局并未提出异议，因此，原告要求追加方城县博望镇人民政府、方城县博望镇关坡留村民委员会为本案当事人的请求一审法院当庭予以驳回。

一审法院认为：依据河南省南阳市中级人民法院于2014年8月18日作出的（2014）南行指字第70号行政裁定，一审法院依法对本案进行审判。根据《中华人民共和国行政许可法》和《中华人民共和国河道管理条例》的规定，被告南阳市水利局有根据当事人申请依法实施河道采砂行政许可的法定职责。对被告作出的行政许可，在与该行政行为有法律上利害关系的公民、法人或者其他组织认为侵犯其合法权益的，可以依法提起行政诉讼。但结合本案案情，对于原告的诉讼请求，因无事实依据且于法无据，依法应予驳回，具体理由如下：

1、原告李海潮因与他人的租赁合同纠纷，方城县人民法院于2006年6月2日公开开庭进行了审理。案件当事人当庭提交了本案争议的采砂许可证及采砂范围示意图，原告李海潮也发表了质证意见，被告向法庭提交了该案的开庭笔录、民事判决书，该部分证据足以证明原告李海潮于2006年6月2日就已明知本案争议的采砂许可行为。《最高人民法院关于执行〈中华人民共和国行政诉讼法〉若干问题的解释》第四十一条规定，行政机关作出具体行政行为时，未告知公民、法人或者其他组织诉权或者起诉期限的，起诉期限从公民、法人或者其他组织知道或者应当知道诉权或者起诉期限之日起计算，但从知道或者应当知道具体行政行为内容之日起最长不得超过2年。最高人民法院行政审判庭关于对如何理解《关于执行〈中华人民共和国行政诉讼法〉若干问题的解释》第四十一条、第四十二条规定的请示的答复【2008年3月17日，（2007）行他字第25号】规定，公民、法人或其他组织不知道行政机关作出具体行政行为的内容，但后来知道了具体行政行为的内容，而不知道诉权和起诉期限的，应适用最高人民法院《关于执行〈中华人民共和国行政诉讼法〉若干问题的解释》第四十一条的规定确定起诉期限，但最长不得超过该解释第四十二条规定的期间。因此，本院原告李海潮于2014年7月提起本案行政诉讼，超过了法定的两年起诉期间，依法对原告李海潮的诉讼请求应予驳回。

2、《最高人民法院关于执行〈中华人民共和国行政诉讼法〉若干问题的解释》第十二条规定，与具体行政行为有法律上利害关系的公民、法人或者其他组织对该行为不服的，可以依法提起行政诉讼。第二十七条规定，原告应提供证据证明起诉符合法定条件。本案中，原告李太华、李荣太、王洪营应依法提交证据证明其与被告行政行为之间具有法律上利害关系。原告提交的证据3、4、6根据上述评述未被法庭采信，原告提交了视频资料、照片及其他证据，但这些证据均无法证实三原告所陈述的林地的边界，也无法证明原告所主张的自己植树的地方与被告行政许可涉及的范围有重叠，即原告李太华、李荣太、王洪营所提供的证据无法证实被告许可第三人采砂的范围包含了三位原告植树的地方。故原告李太华、李荣太、王洪营的诉讼请求无事实根据且于法无据，不予支持。如三原告依法获取政府有关部门确定土地承包经营权的相关证明材料，可以准确界定其依法承包的土地的边界，能够证明被告给第三人颁发的采砂许可范围侵害了三原告的合法土地承包经营权利，可依法另行解决。

3、关于原告李太华、李荣太、王洪营、李海潮庭审中陈述的自己所种树木被损毁一事，原告没有提供足够证据证明树木被毁与被诉行政行为之间存在因果关系，根据上述评述，原告要求撤销被告行政行为的诉请也予以驳回，故原告的行政赔偿请求以及要求被告赔礼道歉等诉讼请求，不予支持。

综上，依据《最高人民法院关于执行〈中华人民共和国行政诉讼法〉若干问题的解释》第十二条、第二十七条第（一）项、第四十一条、第五十六条第（四）项、《最高人民法院关于行政诉讼证据若干问题的规定》第四条第一款、第五条、第二十四条之规定，一审判决：驳回原告李太华、李荣太、王洪营、李海潮的诉讼请求。案件受理费50元，由原告李太华、李荣太、王洪营、李海潮承担。

四上诉人不服上述判决上诉称：被上诉人行政许可事实不清，一审法院认定李海潮起诉超时效错误，林地和林木都是不动产，不动产的诉讼时效为20年。请求撤销一审判决，支持四上诉人诉讼请求。一、二审诉讼费由被上诉人承担。

被上诉人南阳市水利局答辩称：上诉人认为林地和林木属于不动产，诉讼时效为20年，认为一审判决李海潮起诉超过2年诉讼时效属判决错误不能成立。本案是采砂许可行为，而不是颁发林权证或土地证。不适用20年的规定。上诉请求缺乏事实和法律根据。请维持一审，驳回上诉请求。

一审第三人口头辩称：第三人所得采砂许可证核发有效，请维持一审判决。

本院认为：被上诉人南阳市水利局依法享有对该河段采砂许可之职权。本案所诉标的是被上诉人南阳市水利局给一审第三人吕东云颁发采砂许可证的行政行为，该具体行政行为被上诉人是2006年3月22日作出的。开采时间为2006年3月1日至2006年12月31日。四上诉人对该具体行政行为不服，于2014年7月3日向方城县人民法院提起行政诉讼。根据最《高人民法院关于执行〈中华人民共和国行政诉讼法〉若干问题的解释》第四十二条“公民法人或者其他组织不知道行政机关作出具体行政行为内容的，其起诉期限从知道或应当知道该具体行政行为内容之日起计算。对涉及不动产的具体行政行为从作出之日起超过20年，其他具体行政行为从作出之日起超过5年提起诉讼的，人民法院不予受理”的规定。四上诉人于2014年7月3日提起行政诉讼，超过了本规定的最长5年的起诉期限。根据《高人民法院关于执行〈中华人民共和国行政诉讼法〉若干问题的解释》第四十四条第（六）项“起诉超过法定期限且无正当理由的”，应当裁定驳回起诉的规定，本案四上诉人的起诉，依法应当驳回。故上诉人上诉理由不能成立，依法不予支持。一审判决适用法律法规错误，依法应予改判。根据《高人民法院关于执行〈中华人民共和国行政诉讼法〉

若干问题的解释》第四十二条、第四十四条第（六）项和《中华人民共和国行政诉讼法》第六十一条第（二）项之规定，裁定如下：

一、撤销南阳市宛城区人民法院（2014）宛行初字第36号行政判决；

二、驳回李太华、李荣太、王洪营、李海潮四上诉人的起诉。

三、二审诉讼费100元退回四上诉人。

本裁定为终审裁定。

审判长　张志谦

审判员　尹乐敬

审判员　郭　娟

二〇一五年一月十六日

书记员　刘冰心

李某某与包头市九原区防凌防汛指挥部确认水务行政许可无效一案二审行政裁定书

包头市中级人民法院

行政裁定书

（2016）内 02 行终 3 号

上诉人（原审原告）：李某某，个体工商户，现住内蒙古自治区包头市。

委托代理人：范金光，内蒙古诚誉律师事务所律师。

委托代理人：姜玮强，内蒙古诚誉律师事务所律师。

被上诉人（原审被告）：包头市九原区水务局，住所地内蒙古自治区包头市九原区人民政府办公大楼，组织机构代码 01154××××。

法定代表人：何继宝，该局局长。

委托代理人：刘建伟。

委托代理人：李保君，内蒙古祥鹿律师事务所律师。

被上诉人（原审被告）包头市九原区防凌防汛指挥部，住所地内蒙古自治区包头市九原区人民政府办公大楼。

负责人高勇，该指挥部总指挥。

委托代理人王占寿，该指挥部办公室主任。

委托代理人李保君，内蒙古祥鹿律师事务所律师。

上诉人李某某请求确认水务行政许可无效一案，不服内蒙古自治区包头市九原区人民法院（2015）包九原行初字第 33 号行政裁定，向本院提起上诉。本院 2016 年 1 月 12 日受理后，依法组成合议庭，于 2016 年 1 月 27 日公开开庭审理了本案。上诉人李某某及其委托代理人范金光、姜玮强，被上诉人包头市九原区水务局委托代理人刘建伟、李保君，被上诉人包头市九原区防凌防汛指挥部的委托代理人王占寿、李保君到庭参加诉讼。本案现已审理终结。

原判认定事实：2009 年 9 月 24 日，原包头市九原区水利局（现包头市九原区水务局）发布了包头市九原区河道清淤采砂管理实施方案，据此原告李某某向被告包头市九原区水务局递交了申请材料。被告包头市九原区防凌防汛指挥部向原告李某某颁发内河清采许字第 2 号《内蒙古自治区河道清淤采砂许可证》，持证人李某某，有效期自 2010 年 1 月 8 日起至 2010 年 7 月 15 日止，采砂地点为包头市九原区阿贵沟。2010 年 9 月 6 日，包头市整顿和规范矿产资源开发秩序工作领导小组办公室发布包整规办发〔2010〕10 号《关于开展近郊地区违法开采砂石活动专项整治的通知》，商请包头市九原区人民政府，立即组织相关部门，尽快制定整治方案，对乌兰不浪沟等禁止开采区和限制开采区开展专项整治工作；按照“谁发证，谁处理”的原则，规范水务部门颁发河道采砂许可证行为。2010 年 9 月 27 日，被告包头市九原区防凌防汛指挥部和包头市九原区制止和打击非法盗采矿产资源领导小组发布包九原区政发〔2010〕汛字第 18 号《关于停止九原区境内河道清淤采砂工作的通知》。通知表明原已发放的包头市九原区河道清淤采砂许可证均已到期，超过有效期后全部作废，对已到期废止的许可证不再换发新证。原告李某某通过信访途径主张权利，被告包头市九原区水务局及包头市九原区信访事项复查复核工作小组均作出相应答复。2015年6月1日，原告李某某向包头市九原区人民法院提起行政诉讼，请求：1.依法对被告包头市九原区水务局于2009年9月24日发布的《包头市九原区河道清淤采砂管理实施方案》的合法性进行审查；2.依法确认被告包头市九原区防凌防汛指挥部核发内河清采许字第2号内蒙古自治区河道清淤采砂许可证的行政许可行为违法；3.诉讼费用由二被告承担。2015年6月3日，原告李某某请求将第二项诉讼请求变更为依法确认被告包头市九原区防凌防汛指挥部核发内河清采许字第2号内蒙古自治区河道清淤采砂许可证的行政许可行为无效。庭审中，原告李某某请求撤回第一项诉讼请求，即依法对被告包头市九原区水务局于2009年9月24日发布的《包头市九原区河道清淤采砂管理实施方案》的合法性进行审查。原审法院认为，权利人应当在法定期限内行使相应的权利。《中华人民共和国行政诉讼法》第四十六条第一款规定：”公民、法人或者其他组织直接向人民法院提起诉讼的，应当自知道或者应当知道作出行政行为之日起六个月内提出。法律另有规定的除外。”本案中，被告包头市九原区防凌防汛指挥部向原告李某某颁发内河清采许字第2号内蒙古自治区河道清淤采砂许可证，有效期为2010年1月8日起至2010年7月15日，说明原告李某某最迟应当自2010年7月15日起就已知道被告包头市九原区防凌防汛指挥部作出了该行政许可行为。但原告李某某却于2015年6月1日才提起行政诉讼，已超过法定起诉期限。原告李某某关于被告包头市九原区防凌防汛指挥部的行政许可行为无效的理由于法无据，不予考虑；被告包头市九原区水务局、包头市九原区防凌防汛指挥部的辩解理由成立，应当予以支持。故依照《中华人民共和国行政诉讼法》第四十六条第一款、《最高人民法院关于适用〈中华人民共和国行政诉讼法〉若干问题的解释》第三条第一款第（二）项、《最高人民法院关于执行〈中华人民共和国行政诉讼法〉若干问题的解释》第六十三条第一款第（二）项之规定，裁定驳回原告李某某的起诉。

上诉人李某某上诉请求：1. 撤销（2015）包九原行初字第33号行政裁定；2. 依法确认被上诉人包头市九原区防凌防汛指挥部向上诉人李某某颁发内河清采许字第2号《内蒙古自治区河道清淤采砂许可证》的行政许可无效；3. 一、二审诉讼费由二被上诉人承担。事实和理由：一审裁定认定事实错误。即认为上诉人请求依法确认被上诉人包头市九原区防凌防汛指挥部颁发河道清淤采砂许可证的行政许可无效于法无据的认定事实错误。在许可依据方面，被上诉人包头市九原区防凌防汛指挥部实施的行政许可完全没有依据，在主体方面，亦没有实施行政许可主体资格。一审裁定适用法律错误。即上诉人起诉认为被上诉人颁发清淤采砂许可证的行政许可无效，不受起诉期限的限制，也不受最长保护期限的限制。望二审法院依法支持上诉人的上诉请求，维护上诉人的合法权益。

被上诉人包头市九原区水务局、包头市九原区防凌防汛指挥部均未在法定期限内递交书面答辩意见。庭审中认为，被上诉人包头市九原区防凌防汛指挥部颁发采砂许可证行政许可行为合法，目的是为提高河道行洪能力，不属于商业性行为；《中华人民共和国行政诉讼法》第四十六条规定行政诉讼起诉期限为六个月，上诉人起诉已超过起诉期限。请求法院驳回上诉，维持原裁定。

二审审理查明事实与一审认定事实无异，本院予以确认。

本院认为，《最高人民法院关于适用〈中华人民共和国行政诉讼法〉若干问题的解释》规定”2015年5月1日前起诉期限尚未届满的，适用修改后的行政诉讼法关于起诉期限的规定”。《最高人民法院关于执行〈中华人民共和国行政诉讼法〉若干问题的解释》规定“行政机关作出具体行政行为时，未告知公民、法人或者其他组织诉权或者起诉期限的，起诉期限从公民、法人或者其他组织知道或者应当知道诉权或者起诉期限之日起计算，但从知道或者应当知道具体行政行为内容之日起最长不得超过2年”。本案被上诉人包头市九原区防凌防汛指挥部向上诉人李某某颁发内河清采许字第2号内蒙古自治区河道清淤采砂许可证，有效期为2010年1月8日起至2010年7月15日，上诉人李某某取得该许可证时就已知道被上诉人包头市九原区防凌防汛指挥部作出了该行政许可行为，该行政许可行为2015年5月1日前即修改后的《中华人民共和国行政诉讼法》实施前，起诉期限已经届满，应适用修改前的《中华人民共和国行政诉讼法》的起诉期限。上诉人李某某起诉从知道行政许可行为至提起诉讼，已超过两年的起诉期限。故对于被上诉人包头市九原区水务局、包头市九原区防凌防汛指挥部认为上诉人的起诉超过起诉期限的意见予以支持。原审裁定认定事实清楚，但适用法律错误，驳回上诉人李某某的起诉并无不当。上诉人李某某上诉认为被上诉人颁发清淤采砂许可证的行政许可无效，不受起诉期限的限制，也不受最长保护期限的限制，于法无据，故其上诉理由不能成立。依照《中华人民共和国行政诉讼法》第八十九条第（一）项，《最高人民法院关于执行〈中华人民共和国行政诉讼法〉若干问题的解释》第四十一条第一款，《最高人民法院关于适用〈中华人民共和国行政诉讼法〉若干问题的解释》第三条第一款第（二）项之规定，裁定如下：

驳回上诉，维持原裁定。

本裁定为终审裁定。

审　判　长　　夏经坤
审　判　员　　王雅琴
代理审判员　　谷天华

二〇一六年一月二十九日
书　记　员　　赵丹萍

附：本案所适用的相关法律条文

《中华人民共和国行政诉讼法》

第八十九条　人民法院审上诉案件，按照下列情形，分别处理：

（一）原判决、裁定认定事实清楚，适用法律、法规正确的，判决或者裁定驳回上诉，维持原判决、裁定；

（二）原判决、裁定认定事实错误或者适用法律、法规错误的，依法改判、撤销或者变更；

（三）原判决认定基本事实不清、证据不足的，发回原审人民法院重审，或者查清事实后改判。

（四）原判决遗漏当事人或者违法缺席判决等严重违反法定程序的，裁定撤销原判决，发回原审人民法院重审。

原审人民法院对发回重审的案件作出判决后，当事人提起上诉的，第二审人民法院不得再次发回重审。

人民法院审理上诉案件，需要改变原审判决的，应当同时对被诉行政行为作出判决。

《最高人民法院关于适用〈中华人民共和国行政诉讼法〉若干问题的解释》

第三条　有下列情形之一，已经立案的，应当裁定驳回起诉：

（一）不符合行政诉讼法第四十九条规定的；

（二）超过法定起诉期限且无正当理由的；

（三）错列被告且拒绝变更的；

（四）未按照法律规定由法定代理人、指定代理人、代表人为诉讼行为的；

（五）未按照法律、法规规定先向行政机关申请复议的；

（六）重复起诉的；

（七）撤回起诉后无正当理由再行起诉的；

（八）行政行为对其合法权益明显不产生实际影响的；

（九）诉讼标的已为生效裁判所羁束的；

（十）不符合其他法定起诉条件的。

人民法院经过阅卷、调查和询问当事人，认为不需要开庭审理的，可以迳行裁定驳回起诉。

《最高人民法院关于执行〈中华人民共和国行政诉讼法〉若干问题的解释》

第四十一条　行政机关作出具体行政行为时，未告知公民、法人或者其他组织诉权或者起诉期限的，起诉期限从公民、法人或者其他组织知道或者应当知道诉权或者起诉期限至日起计算，但从知道或者应当知道具体行政行为内容之日起最长不得超过2年。

复议决定未告知公民、法人或者其他组织诉权或者起诉期限的，适用前款规定。

昌吉市天山砂场与昌吉市水利局水利行政行为纠纷二审行政判决书

新疆维吾尔自治区昌吉回族自治州中级人民法院

行政判决书

（2016）新23行终54号

上诉人(原审原告)：昌吉市天山砂场。

住所地：昌吉市二六工镇关明五队。

负责人：孙金财，男，1969年9月16日出生，现住昌吉市。

委托诉讼代理人：朱延军，北京华泰（乌鲁木齐）律师事务所律师。

被上诉人（原审被告）：昌吉市水利局。

住所地：昌吉市宁边西路7号。

法定代表人：王忠，该局局长。

委托诉讼代理人：王丰涛，该局副局长。

委托诉讼代理人：张文敏，新疆庭州律师事务所律师。

上诉人昌吉市天山砂场因水利其他行政行为一案，不服昌吉市人民法院(2016)新2301行初21号行政判决，向本院提起上诉。本院依法组成合议庭，公开开庭审理了本案。上诉人昌吉市天山砂场的负责人孙金财及其委托诉讼代理人朱延军、被上诉人昌吉市水利局，委托诉讼代理人王丰涛、张文敏到庭参加诉讼。本案现已审理终结。

一审法院审理认定事实，2011年6月2日，被告昌吉市水利局根据原告昌吉市天山砂场的申请，经审核后给原告颁发了河道采砂许可证，许可证有效期限为2011年6月2日至2012年6月2日。同日，昌吉市水利局与原告签订了防洪协议书及昌吉市砂石料场弃料回填协议。防洪协议约定，昌吉市天山砂场在采砂生产过程中必须服从昌吉市防洪规划，必须做好防洪措施和水土保持工作并接受监督，必须做到坡顺、底平，无废料堆积现象，确保河道畅通与行洪安全等。砂石料场弃料回填协议约定：严禁在行洪河道内堆积弃料，生产过程中生产的弃料必须及时回填，如不及时回填弃料，昌吉市水利局有权责令其停产，限期改正等。采砂许可证到期后，原告未再取得采砂许可。后，昌吉市水利局在检查中发现原告在未取得采砂许可证的情况下存在违法采砂行为，以原告的行为违反了《中华人民共和国水法》第六十五条，《中华人民共和国河道管理条例》第三十六条、第四十四条，《中华人民共和国防洪法》第五十六条和《新疆维吾尔自治区河道管理条例》第二十二条之规定，并依据《中华人民共和国行政处罚法》第二十三条之规定对原告作出了昌市水改字〔2015〕第017号《责令改正水行政违法行为决定书》。

原审法院审理认为，《中华人民共和国河道管理条例》规定：各省、自治区、直辖市的水利行政主管部门是该行政区域的河道主管机关。昌吉市水利局作为昌吉市的河道主管机关，有对本行政区域内的河道进行管理的职权，故本案被告主体适格。原告起诉时称被告认定其在未取得采砂许可证的情况下存在违法采砂行为，属认定事实错误，称其于2011年6月2日办理了采砂许可证，采砂许可证是一次办证，每年年审，被告将原告的采砂许可证收回进行年审，之后再未将许可证返还，而且原告向被告缴纳采砂管理费，被告也收取了。庭审中原、被告双方均提交了2011年6月2日采砂许可证，经核实，采砂许可证上明确记载有效期为2011年6月2日至2012年6月2日，且根据《新疆维吾尔自治区河道采砂许可制度实施办法》第十四条规定，河道采砂许可证有效期最长一年，到期后应当重新申领采砂许可证。庭审中原告未能出具证据证明2012年6月2日之后其持有采砂许可证，且庭审中原告对2012年6月2日之后其仍在进行采砂的事实予以认可。在2011年6月2日原告持有的采砂许可证、原被告双方签订的防洪协议书及昌吉市砂石料场弃料回填协议中，均明确规定废料处理方式及要求，并附有回填保证措施。但原告在采砂过程中未能按要求做到坡顺、底平，无废料堆积现象，确保河道畅通与行洪安全。故被告认定原告2012年6月2日之后在未取得采砂许可证的情况下违法采砂事实清楚。原告以此为由要求撤销被告作出的《责令改正水行政违法行为决定书》的理由不能成立不予支持。

关于原告起诉称被告作出的责令改正水行政违法行为决定程序违法问题。原告认为被告在对其作出责令改正水行政违法行为决定之前未履行事先告知程序，剥夺了其陈述、申辩及听证权利，故认为该决定违反了行政处罚的法定程序，应当予以撤销。《中华人民共和国行政处罚法》第二十三条规定：行政机关实施行政处罚时，应当责令当事人改正或者限期改正违法行为。可见，责令改正是行政处罚之前的一种行政手段，责令改正不同于行政处罚。行政处罚是行政主体对违反行政管理秩序的行为，依法定程序所给予的法律制裁，以达到对违法者予以惩戒，促使其以后不再犯的目的，具有法律制裁性质，是对违法行为人的人身自由、财产权利的限制或者剥夺，是对违法行为人精神和声誉造成损害的惩戒；而责令改正是指国家机关或者法律、法规授权的组织，为了预防或制止正在发生或可能发生的违法行为、危险状态以及不利后果，而作出的要求违法行为人履行法定义务、停止违法行为、消除不良后果或恢复原状的具有强制性的决定，其本身并不是制裁，只是要求违法行为人履行法定义务，停止违法行为，消除不良后果，恢复原状。故责令改正行为不是行政处罚行为，作出责令改正决定也不适用行政处罚的程序规定。本案中因原告存在未取得采砂许可证违法采砂行为，被告昌吉市水利局依法对其作出了责令改正水行政违法行为决定，责令原告“立即停止各类违法开采行为，在2015年8月19日之前要拆除占用河道的采砂设备、办公居住及其他临时建筑物，移除采砂废料、整平恢复河道现有平面。逾期不改正的，将依法采取其他行政措施”。也可以看出，被告对原告作出的仅仅是责令其停止并改正违法行为，本身并没有处罚的内容。故，原告以被告作出的《责令改正水行政违法行为决定书》违反法定程序而要求予以撤销的理由不能成立不予支持。综上，原告昌吉市天山砂场在采砂许可证到期后未再取得采砂许可证的情况下，一直在河道内从事采砂活动，且未按照要求及时回填弃料，在河道内建设占用河道的采砂设备、办公居住及其他临时建筑物，严重影响了三屯河流域的行洪安全，被告在查清事实的基础上，依据《中华人民共和国行政处罚法》及相关法律的规定，对原告作出了责令改正水行政违法行为决定。遂判决驳回原告昌吉市天山砂场要求撤销被告昌吉市水利局于2015年8月12日作出的昌市水改字〔2015〕第017号《责令改正水行政违法行为决定书》的诉讼请求。

上诉人昌吉市天山砂场上诉称：一、一审认定上诉人未取得采砂许可证情况下违法采砂事实清楚，认定事实不清，与案件事实不符。上诉人系昌吉市政府通过拆迁上诉人原有砂场后置换到现在经营场址，2012年6月采砂许可证到期后，被上诉人以年审为由统一将采砂许可证收回，再未向被上诉人发还，但上诉人仍依法缴纳采砂管理费、税费。上诉人是在被上诉人管理和安排下进行生产的。二、一审认定被上诉人作出的行为并无处罚的内容，是认定事实错误。被上诉人责令上诉人停止并改正违法行为，其实质内容涉及“拆除占用河道的采砂设备、办公居住及其他临时建筑物等完全剥夺和限制上诉人进行生产经营活动的内容，该行为名为改正之名，实行行政处罚之实，一审未认定该决定书为行政处罚行为未违法行政处罚程序错误。上诉人不存在违法采砂事实，被上诉人在作出该行为时未履行告知和听证程序，属于认定事实和处罚程序错误，请求撤销一审判决，撤销昌市水改字〔2015〕第017号《责令改正水行政违法行为决定书》。

被上诉人昌吉市水利局答辩称：一、被上诉人作为河道管理机关，有权依法制止上诉人在河道采砂过程中的违法行为，上诉人在2011年6月办理的采砂许可证有效期一年，到期后未重新申领，到期后仍进行采砂违反规定，属无证采砂。上诉人未按与被上诉人签订的昌吉市砂石料场弃料回填协议及防洪协议约定进行废料处理、回填、做好防洪措施和水土保持工作，导致被上诉人要求的坡顺、底平、无废料堆积、确保河道畅通与行洪安全无法实现，造成昌吉市三屯河流域泄洪能力锐减，存在重大安全隐患，被上诉人作为河道主管机关，有义务责令上诉人停止上述不当行为。二、被上诉人作出的责令改正水行政违法行为程序正当，符合法律规定，责令改正行为不是行政处罚行为；在作出该行为前，被上诉人充分调查取证，调查程序正当，取证手段合法；内容上上诉人在河道范围内建设办公居所，临时建筑物、并放置采砂设备，被上诉人按法律规定责令其限期拆除、恢复原状是履行监督义务。原审认定事实清楚，上诉人要求撤销责令改正水行政违法行为决定书的上诉理由不能成立，请求驳回上诉人的上诉。

二审中，上诉人昌吉市天山砂场提交新证据：1. 2015年8月12日由被上诉人向采砂下发的通知；2. 答复函一份。证明采砂许可证到期被收回，上诉人并非无证开采。被上诉人对证据真实性认可，但不能证实其合法采砂。本院对两份证据的真实性予以确认，但该两份证据不能证实上诉人合法采砂行为。

二审审理查明事实与一审查明事实一致，本院对查明事实予以确认。

本院认为，被上诉人昌吉市水利局作为县级以上人民政府行政主管部门，具有对辖区流域内的违法行为进行管理和监督的职责，有权对发现的违法行为作出停止违法行为，限期拆除违法建筑物、构筑物，恢复原状的行政决定。昌吉市水利局依职权对上诉人砂场检查，发现上诉人在采砂许可证到期后仍在采砂，而且在河道管理范围内放置了采砂设备、并在河道内堆放了采砂废弃物。上诉人未重新取得采砂许可证采砂、在河道内设置采砂设备并将废弃物堆放在河道内等行为违反了《中华人民共和国水法》第六十五条，《中华人民共和国河道管理条例》第三十六条、第四十四条，《中华人民共和国防洪法》第五十六条和《新疆维吾尔自治区河道管理条例》第二十二条的规定。被上诉人昌吉市水利局作出的《责令改正水行政违法行为决定书》事实认定清楚，适用法律正确。

对上诉人上诉认为被上诉人昌吉市水利局作出的《责令改正水行政违法行为决定书》为行政处罚行为的上诉意见。本院认为被上诉人昌吉市水利局依据《中华人民共和国行政处罚法》第二十三条的规定，对上诉人的违法行为责令改正，对上诉人具有行政约束力。但该行为并非行政处罚行为，被上诉人昌吉市水利局依据法律规定责令上诉人对持续的违法行为进行改正属于行政强制决定，但该决定书没有告知上诉人不履行相应改正义务后将承担何种法律责任，对上诉人不具有行政强制的执行力。上诉人认为该行为是行政处罚行为，未履行相应的听证等程序违法的理由没有法律依据，此上诉理由不能成立。

关于上诉人上诉认为其取得合法的采砂许可证，在采砂许可证到期后，是因被上诉人不再向其核发采砂证，其并非违法采砂的上诉意见，根据《新疆维吾尔自治区采砂许可制度实施办法》第十四条“河道采砂许可证有效期最长一年，到期后应当重新申领采砂许可证”的规定，上诉人采砂许可证到期后，被上诉人作为水行政主管部门并未向其核发新的采砂许可证，但对其在采砂许可证到期后的采砂行为未予以行政制止，并不表明上诉人的采砂行为就是合法的。上诉人在采砂许可证到期后仍继续采砂的行为是持续的违法行为，被上诉人责令其停止各类违法开采行为并无不当，上诉人此项上诉理由不能成立。

综上，被上诉人昌吉市水利局作出的昌市水改〔2015〕第017号《责令改正水行政违法行为决定书》认定事实清楚，法律适用正确。原审驳回上诉人请求撤销该决定的请求符合法律规定。经合议庭评议，依照《中华人民共和国行政诉讼法》第八十九条第一款第（一）项之规定，判决如下：

驳回上诉，维持原判。

二审案件受理费50元由上诉人昌吉市天山砂场负担。

本判决为终审判决。

审　判　长　　高玉莲
代理审判员　　马雪静
代理审判员　　赵义云

二〇一六年十一月二十八日
书　记　员　　陈晓辉

陈卫民、王晓静等非法采矿罪，陈卫民、王晓静重婚罪二审刑事附带民事判决书

山东省潍坊市中级人民法院

刑事附带民事判决书

（2013）潍刑一终字第107号

抗诉机关：安丘市人民检察院。

上诉人（原审被告人）；陈卫民。1987年10月16日因犯流氓罪、盗窃罪被安丘市人民法院判处有期徒刑五年六个月；2005年9月12日因寻衅滋事被潍坊市劳动教养管理委员会批准劳动教养二年六个月。2012年5月2日因涉嫌犯非法采矿罪被刑事拘留，同年6月9日被逮捕。现羁押于诸城市看守所。

辩护人：贾明君，山东德恒（济南）律师事务所律师。

辩护人：赵振玺，山东北海律师事务所律师。

上诉人（原审被告人）：王刚刚。2012年5月3日因涉嫌犯非法采矿罪被取保候审，2013年5月10日被逮捕。现羁押于安丘市看守所。

辩护人：郭巍，山东明清律师事务所律师。

上诉人（原审被告人）：王华东。2012年5月4日因涉嫌犯非法采矿罪被取保候审，2013年5月10日被逮捕。现羁押于安丘市看守所。

辩护人：张继军，山东盾安律师事务所律师。

辩护人：江培华，山东盾安律师事务所律师。

上诉人（原审被告人）：王浩。2012年5月4日因涉嫌犯非法采矿罪被刑事拘留，同年6月8日被逮捕。现羁于安丘市看守所。

辩护人：李俊芹，山东北海律师事务所律师。

辩护人：王建光，山东明清律师事务所律师。

上诉人（原审被告人）：徐茂利。2012年5月3日因涉嫌犯非法采矿罪被取保候审，2013年5月10日被逮捕。现羁押于安丘市看守所。

辩护人：郑建，山东北海律师事务所律师。

辩护人孟：庆杰，山东北海律师事务所律师。

原审被告人：王晓静。2012年5月3日因涉嫌犯非法采矿罪被刑事拘留，同年6月8日被逮捕。现羁押于潍坊市看守所。

辩护人：李保胜，山东恒安盛德律师事务所律师。

山东省安丘市人民法院审理山东省安丘市人民检察院指控原审被告人陈卫民、王晓静犯非法采矿罪、重婚罪，被告人王浩、王刚刚、王华东、徐茂利犯非法采矿罪一案，于2013年5月21日作出（2013）安刑初字第15号刑事附带民事判决，安丘市人民检察院认为安丘市人民法院判决确有错误，提出抗诉；原审被告人陈卫民、王刚刚、王浩、王华东、徐茂利不服，提出上诉。本院受理后，依法组成合议庭，公开开庭审理了本案，潍坊市人民检察院检察员侯丰田出庭履行职务，上诉人陈卫民及其辩护人贾明君、赵振玺，上诉人王刚刚及其辩护人郭巍，上诉人王华东及其辩护人张继军，上诉人王浩及其辩护人李俊芹、王建光，上诉人徐茂利及其辩护人郑建、孟庆杰，原审被告人王晓静及其辩护人李保胜到

庭参加诉讼。因本案案情重大复杂，2013 年 10 月 8 日，经山东省高级人民法院批准延长审限二个月。现已审理终结。

原审判决认定：

（一）被告人陈卫民于 2011 年 3 月当选安丘市某某居委会主任，2011 年 10 月 6 日，陈卫民主持召开居委会全体工作人员及村民小组组长会议，由村民陈某某在安丘市某某村承包荒地约 45 亩，村建筑公司负责养鱼、栽树，入股分红，股金 1 万元，年息 1 分，利息在亏损情况下照付，盈利分红，与会人员中 31 人均签字同意。此后，陈卫民带领陈某某由陈某某经办与安丘市某某村村委会签订荒地租赁合同。合同约定，出租方安丘市陈卫民所在居委会将原安丘市某村荒地 45 亩出租给陈某某搞苗木或者养殖业。合同签订后，被告人陈卫民以村建筑公司养殖厂的名义安排人员将该 45 亩河滩地圈成大院，自 2011 年 11 月至 2012 年 2 月，被告人陈卫民在无采矿许可证的情况下，安排人员分工负责，在该河滩地动用挖掘机、铲车、抽砂船等工具，非法采挖河砂 42997 立方米，价值人民币（以下币种均同）1665160 元。被告人王刚刚受陈卫民安排，自陈卫民在该河滩盗挖河砂始至 2012 年 2 月潍坊市水利局潍河管理处查处后停止挖砂止，从事看门、记录出售砂车辆数量及收售砂款等。被告人王华东于 2012 年 1 月 31 日参与，由陈卫民安排主要从事开铲车挖砂工作，其参与盗挖河砂价值计 218130 元。

（二）2012 年 1 月，陈卫民安排被告人王晓静顶名与案外人刘某某签订协议书一份，将其安排刘某某从安丘市某村顶名承包的土地 21 亩转让到王晓静名下。被告人陈卫民在未取得采矿许可证的情况下，于 2012 年 4 月起，安排、指使王晓静、王浩、王华东、王刚刚、徐茂利等人动用铲车、挖掘机、十轮翻斗车等工具在其承包地内盗挖河砂，至 5 月 1 日止，共盗挖河砂 10140 立方米，价值 558580 余元，其中盘存 7940 余立方米，价值 436700 元；出售给他人 2200 余立方米，价值 121880 余元。

原审判决认定上述事实的证据如下：

1. 书证

（1）安丘市公安局出具的户籍证明证实，六被告人的年龄及身份情况。

（2） 安丘市公安局出具的抓获经过证实，六被告人均系被抓获归案情况。

（3） 安丘市砂资源河道管理局证明证实，该局未向被告人陈卫民发放过河道采砂许可证，未对安丘市涉案土地内任何采砂行为进行过批复许可等情况。

（4） 荒地租赁合同书证实，被告人陈卫民安排由村民陈某某顶名租赁安丘市某某村村民委员会汶河南岸 45 亩荒地等情况。

（5） 养殖场账务明细表、月报表、日报表证实，被告人陈卫民安排人员在安丘市某某村村民委员会 45 亩荒地内非法采砂数量及收支情况。

（6） 存折账户明细查询单证实，被告人陈卫民在安丘市某某村村民委员会汶河南岸 45 亩荒地非法采砂过程中售砂存款账户交易情况。

（7） 水事行政处罚决定书及收款收据证实，被告人陈卫民在安丘市某某村村委会 45 亩荒地非法采砂被潍坊市水利局罚款 50000 元情况。

（8） 合同转让协议书证实，被告人陈卫民安排被告人王晓静顶名承包原安丘市某某村土地情况。

（9）手机短信证实，2012 年 4 月，由他人告知被告人陈卫民售砂收入情况。

（10）售砂记录证实，六被告人在砂场售砂数量情况。

（11）扣押物品清单证实，六被告人采砂用施工工具挖掘机、铲车、货车被扣押情况。

（12）刑事判决书、治安管理处罚裁决书、劳动教养决定书证实，被告人陈卫民曾因违法犯罪被判处刑罚和行政处罚情况。

2、证人证言

（1）张某某证实，其系安丘市某某村村民委员会主任。2011 年秋天，陈卫民以自己名义同村委会成员商谈承包汶河南岸 45 亩荒地事宜，商谈成功后，陈卫民让陈某某在承包合同上签名。合同签订后，陈卫民将承包地圈成一个院子，在承包地内挖砂、卖砂。

（2）逯某某、张某某分别证实，其二人于 2001 年春从安丘市某某村承包本村村北、河滩地种植速生杨，2011 年秋，村委会与其提前解除了承包合同，将土地转包给兴安街道北关村陈卫民，承包地补偿款是和陈卫民谈的，也是陈卫民支付的。

（3）陈某某证实，2011 年 10 月，陈卫民在村两委会上称村里承包了 45 亩土地搞养殖和种植绿化树，之后，陈卫民让其顶名与某某村村民委员会签订了土地承包合同。合同签订后，陈卫民安排人员将承包地圈成一个院落，在承包地内动用挖掘机和铲车挖砂，11 月开始卖砂，王刚刚负责给买砂的司机开单据和收砂款。陈卫民让其担任养殖场场长，后又安排陈某乙在养殖场负责，养殖厂内的所有人员均听从于陈卫民，养殖场的收入和支出均未在村委会下账。陈卫民系以村委会名义让其挂名承包土地，挖砂卖钱为个人谋取私利。

（4）陈某丙证实，2011 年 11 月，陈卫民安排其到养殖场看门，到后才知道不是搞养殖，而是挖砂、卖砂。其在养殖场负责整个砂场大院的卖砂数量、收支等总账目，白天还负责开拉砂单据，陈寿荣负责收砂款，晚上王刚刚自己一个人既开拉砂单据又收砂款，陈某丁和陈某戊轮流看院大门，陈某己负责做饭。2011 年 11 月至 12 月，陈卫民安排陈某某在砂场负责，2011 年 12 月至 2012 年 2 月，陈卫民安排陈建亮负责，但砂场都是陈卫民一个人说了算。2011 年 11 月至 2012 年 2 月，养殖场共卖砂 42997 立方米，收入砂款 1665160 元。期间，陈卫民安排司机从砂场拉走河砂 8659 立方米，计款 326050 元，抵顶沙船、铲车等机械费用。

（5）陈某丁、陈某戊、陈某己、陈某庚、唐某某分别证实，2011 年 10 月至 2012 年 2 月，陈卫民安排其到凉水湾头养殖场工作，主要负责看大门，养殖场并非搞养殖，而是偷砂、卖砂，养殖场是陈卫民一人说了算。

（6）马某某证实，2011 年 11 月至 12 月，其安排司机从陈卫民的养殖场买砂，价格是和陈卫民谈的，共从养殖场拉河砂价值 30000 余元。

（7）陈某辛证实，2011 年 10 月，陈卫民安排其担任华辰建筑公司（未注册成立）保管员，同时担任养殖场保管。经陈卫民安排，养殖场的陈某某向其交卖砂款 354070 元，陈建亮交卖砂款 518000 元。

（8）李某某证实，2011 年 10 月，其村委开会通过成立华辰建筑公司，该公司未注册，与村委会无联系。陈卫民安排建筑公司代管养殖场的账目。建筑公司及养殖场的账目不向村委报账，与村委会没有关系。

（9）陈某壬证实，其系安丘市某某村委会聘请的会计。养殖场的账目与村委会没有关系，承包地村委会未出钱。

（10）时建芳证实，其系安丘市兴安街道某某村委会保管员。2011 年 11 月 7 日，陈卫民安排其借给华辰建筑公司保管员陈会玲现金50万元，借条上有陈卫民签字同意的“用于北辰养殖场”内容，但陈卫民未在村两委会上讲过借款50万元的话。

（11）董某某、李某某、殷某某、唐某乙分别证实，2011年10月份，陈卫民开会时称承包一块土地，搞养殖场为村里创收，由陈某某顶名签订承包合同，但至今未搞养殖。

（12）刘某某证实，2011年6月至年底，陈卫民安排其到“伯金瀚”盘砂点收卖砂款，其经办的卖砂款有10万余元，河砂价格每方55元至65元。

（13）殷某乙证实，2011年12月初至月底，经与陈卫民电话联系，从兴安街道凉水湾头一大院内购买了108950元的河砂。2012年4月29日至5月1日，其从陈卫民在南韩大院的砂场拉砂2000余立方米。

（14）安某某证实，2012年4月30日至5月1日，经陈卫民电话联系，其从陈卫民在南韩大院的砂场拉砂200余立方米。

（15）王某某、李某某、玄某某、高某某、于某某、辛礼、高某乙分别证实，其系殷某某雇佣的司机，2012年4月29日至5月1日间，按照殷某某的安排到陈卫民在南韩大院的砂场拉砂的时间、次数及数量。

（16）马某某证实，其系安丘市兴安街道某某村村会计。2012年4月，韩某某安排其与陈卫民商谈陈卫民承包村东北角“东沙田”土地事宜，并受陈卫民委托和原土地承包户韩某甲、韩某乙处理土地补偿事宜。土地承包合同一开始写陈卫民的名字，承包费收据也是写陈卫民的名字，因陈卫民不同意，其改写成王晓静的名字。陈卫民承包土地后，将承包地修成道路。

（17）韩某甲、韩某乙分别证实，2012年4月，陈卫民找其协商土地承包事宜，签合同时，陈卫民让其与王晓静签的名。

（18）韩某丙证实，2004年底，其和刘某某签订土地转包合同，将从本村承包的21亩土地转包给刘某某，签订合同时陈卫民在场。土地转包后，陈卫民一直经营管理着。

（19）刘某某证实，2005年初，陈卫民想承包某某村的一块地，让其出面和前承包人韩某甲签合同。合同签订后，陈卫民支付了土地转让费，又出资将土地圈成一个大院，在院内建了一排砖房。2012年4月，陈卫民对其说准备在里面偷砂，因担心出事时被追查，就让其和王晓静签订土地转让协议书，把土地承包合同转让给王晓静。

3. 勘验、检查、辨认笔录

（1）现场勘验、检查工作笔录及照片证实，六被告人非法采矿的地点、盘存河砂的数量及现场状况。

（2）辨认笔录证实，被告人王华东指认非法采矿地点状况。

5. 鉴定意见

安丘市价格认证中心鉴定书证实，被告人盘存的7940立方米河砂市场价格为每立方米55元，总价值436700元情况。

6. 被告人供述和辩解

王刚刚、王晓静、王华东、徐茂利、王浩对其受陈卫民安排、指使下参与非法采砂的基本犯罪事实予以供认。

原审法院认为，被告人陈卫民、王晓静、王浩、王刚刚、王华东、徐茂利违反《中华人民共和国矿产资源法》的规定，未取得采矿许可证擅自采矿，情节特别严重，事实清楚，证据确实充分，均应予处刑罚。公诉机关指控陈卫民、王晓静犯重婚罪的证据不足，不予认定。王晓静、王浩、王刚刚、王华东、徐茂利在共同犯罪中，均系受被告人陈卫民安排和指使，起次要和辅助作用，应认定为从犯，依法减轻处罚。被告人陈卫民的非法采矿犯罪行为给国家造成经济损失，应承担赔偿责任，安丘市人民检察院起诉要求被告人陈卫民予以赔偿，理由正当，应予支持，赔偿数额应当依照被告人犯罪行为给国家造成的损失确定。依照《中华人民共和国刑法》第三百四十三条第一款、第十二条第一款、第二十五条第一款、第二十七条、第五十二条、第五十三条、第三十六条、第六十四条之规定，以非法采矿罪，判处被告人陈卫民有期徒刑五年六个月，并处罚金人民币二十五万元，扣除缴纳给潍坊市水利局的罚款五万元，余款二十万元，限判决生效后一个月内缴纳。被告人王刚刚犯非法采矿罪，判处有期徒刑四年六个月，并处罚金人民币十三万元。被告人王华东犯非法采矿罪，判处有期徒刑二年六个月，并处罚金人民币八万元。被告人王晓静犯非法采矿罪，判处有期徒刑二年，并处罚金人民币八万元。被告人王浩犯非法采矿罪，判处有期徒刑二年，并处罚金人民币六万元。被告人徐茂利犯非法采矿罪，判处有期徒刑二年，并处罚金人民币六万元。被告人陈卫民赔偿因其犯罪行为给国家造成的经济损失 2223740 元，扣除已缴纳的 300000 元，余款 1923740 元，限判决生效后一个月内交至安丘市财政局。现存放于安丘市交警大队的作案工具铲车一辆、存放于安丘市交警大队城区中队的鲁 G×××××号货车一辆、存放于安丘市公安局事故停车场的鲁 G×××××号货车一辆，依法没收，由安丘市人民检察院上缴国库。随案移交的公安机关冻结的被告人王晓静存款 146912 元，扣除罚金 80000 元，余款 66912 元于判决生效后发还。

宣判后，安丘市人民检察院认为，“陈卫民、王晓静以夫妻名义共同生活，事实清楚，证据确实、充分，已构成重婚罪，一审判决事实认定错误；一审判决认定王刚刚系从犯，并予以减轻处罚，而在量刑时未予减轻，属适用法律错误；对王浩、王刚刚、王华东、徐茂利判处财产刑畸重”，提出抗诉。

原审被告人陈卫民、王刚刚、王浩、徐茂利不服，提出上诉。

陈卫民的上诉理由主要为，“承包第一处采砂点系村委会的集体行为，其并未实际拥有、控制或管理砂场，未从中获取任何利益，仅从中赚取机械租赁费，故认定其非法采矿事实错误；被行政处罚的数额不应再受刑事追诉；认定其采砂的价值证据不足；认定其在第二处采砂的价值鉴定意见不能作为定案依据；其犯罪情节不属于情节特别严重；检察院提起民事赔偿请求主体错误，赔偿数额没有证据支持”。其辩护人同时提出以下辩护意见：一审判决采信陈卫民前妻王某某当庭所作的证言是正确的，并无证据证明陈卫民在婚姻关系存续期间与王晓静以夫妻名义共同生活，就重婚罪提出抗诉违背了刑法的谦抑性原则。

王刚刚的上诉理由主要为，“第一处采砂点的承包系村委会决定，并非陈卫民所有，其未参与采砂事务，对于是否取得许可证并不知情，仅系在陈卫民安排下从事相关工作，并未从中得到任何经济利益，同时认定的采砂数额不清，致使对其量刑过重；其具有自愿认罪、系从犯、有未成年孩子需要抚养等法定、酌定从宽处罚情节”。其辩护人同时提出以下辩护意见：王刚刚犯罪情节相对轻微，应当对其处以缓刑。

王浩的上诉理由主要为，“其参与盘砂的时间短，价值低，尚未达到追诉标准，不构成犯罪”。其辩护人同时提出以下辩护意见：王浩受雇于他人，执行上级命令采砂，不具备非法采矿罪的主体要件；不应当对王浩处以罚金刑。

王华东的上诉理由主要为，“其系受雇于从事采砂，领取固定工资，从事时间短，没有任何非法收益，对其罚金量刑过重；认定其参与采砂的价值证据不足；其系初犯、偶犯、犯罪情节显著轻微，符合缓刑适用条件”。其辩护人同时提出以下辩护意见：王华东犯罪情节轻微，不应追究其刑事责任。

徐茂利的上诉理由主要为，“其系被陈卫民临时雇佣的司机，对非法采砂一事并不知情；其自愿认罪、真诚悔罪，系初犯、偶犯，应对其减轻或免除处罚”。其辩护人同时提出如下辩护意见：徐茂利系从犯；罚金刑量刑畸重。

原审被告人王晓静提出了“其没有安排非法采砂，没有参与工作，不负责管理，仅收取过一次费用，原审判决对其量刑重”。其辩护人同时提出以下辩护意见：王晓静在非法采矿犯罪中系初犯、偶犯，所起的作用小，犯罪情节轻，危害程度小，系从犯，同时原审判决认定的犯罪数额过高；王晓静与陈卫民只是情人关系，对外未以夫妻名义相称，尚未形成长期稳定的共同生活，不应构成重婚罪，综上，应当对王晓静从轻处罚，建议适用缓刑。

经二审审理查明的事实和证据与一审相同。

针对抗诉机关的抗诉意见、各上诉人的上诉理由和辩护人的辩护意见，结合本案的事实和证据，本院评判意见如下：

1. 关于陈卫民与王晓静是否构成重婚。经查，综合本案一审期间公诉机关出示并经庭审质证的相关证据，能够证实陈卫民与王晓静长期保持情人关系，育有非婚生子以及曾在某小区等处同居等事实，但据上述证据尚不足以证实陈卫民与王晓静二人以夫妻名义共同生活，不应认定构成重婚罪。故对抗诉机关提出的相关抗诉意见，不予采纳；对上诉人陈卫民、原审被告人王晓静及其辩护人提出的相关上诉理由、辩解理由及辩护意见，予以采纳。

2. 关于第一处采砂点进行非法采矿是否为个人行为以及相关证据、情节的认定。经查，第一，陈卫民安排他人出面承包第一处采砂点后，又安排、雇佣人员用于非法采砂的事实有多名证人、其他同案参与人以及相关书证予以证实，证据间能够相互印证，形成了完整的证据锁链，且部分情节与陈卫民的供述能够相吻合，足以认定陈卫民进行非法采矿系其个人犯罪行为。陈卫民所称非法采矿系村委行为的辩解缺乏事实依据，不予认定。第二，安丘市价格认证中心鉴定书所认定的涉案河砂的市场价格鉴定意见，鉴定机构、鉴定人员均具备资质，鉴定程序合法，依据充分，属于合法有效证据，应当予以确认。第三，原审判决结合本案的犯罪数额、后果、社会危害性等具体情节，认定陈卫民等人非法采矿构成“情节特别严重”，并在相应幅度内予以量刑符合相关法律规定。故对相关的上诉理由及辩护意见，不予采纳。

3. 关于各被告人的在共同犯罪中的地位以及量刑。经查，第一，原审判决认定王刚刚系从犯，并予以减轻处罚，但原审判决对王刚刚处以有期徒刑四年六个月属于适用法律错误。对王刚刚应当在三年以下有期徒刑、拘役或管制幅度范围内量刑属于减轻处罚。第二，王华东、王晓静、王浩、徐茂利等人均在共同犯罪中起次要或辅助作用，均应认定为非法采矿罪的从犯。原审判决鉴于以上四人在共同犯罪中参与的时间、起数、作用等情节，予以减轻处罚，量刑罚当其罪。综合王华东、王晓静、王浩、徐茂利等人的犯罪情节，原审判决均已从宽处罚，但并不具备缓刑处罚条件。第三，王华东、王晓静、王浩、徐茂利等人及其辩护人所提到的相关法定、酌定从轻处罚情节，原审判决在量刑时已予充分考量，二审期间不作重复评价。第四，原审判决结合王华东、王晓静、王浩、徐茂利违法所得数额、造成损失的大小等犯罪情节所判处的罚金刑在量刑幅度范围之内，符合法律规定，并无不当。第五，关于陈卫民辩护人二审期间所申请调取的证据所欲证实的内容与本案缺乏关联性；王刚刚辩护人申请调取的证据所欲证实王刚刚系从犯的内容原审判决以及二审期间均予认定，对上述申请本院均不予支持。综上，对抗诉机关提出的“一审判决认定王刚刚系从犯，并予以减轻处罚，而在量刑时未予减轻，属适用法律错误”抗诉意见以及王刚刚及其辩护人提出“量刑重”的上诉理由、辩护意见，予以支持。对其他上诉人及其辩护人提出的相关辩护意见，不予支持。

（4）关于本案中人民检察院是否有权提起附带民事诉讼。经查，根据《中华人民共和国刑事诉讼法》第九十九条第二款“如果是国家财产、集体财产遭受损失的，人民检察院在提起公诉的时候，可以提起附带民事诉讼”之规定，因陈卫民的非法采矿犯罪行为给国家造成经济损失，应承担赔偿责任，安丘市人民检察院据此提起附带民事诉讼依据充分，理由正当，原审判决根据非法采矿的价值认定陈卫民的赔偿数额亦无不当，应予支持。故对相关上诉理由及辩护意见，不予采纳。

本院认为，上诉人陈卫民、王浩、王刚刚、王华东、徐茂利以及原审被告人王晓静违反矿产资源法的规定，未取得采矿许可证擅自采矿，情节特别严重，均应予刑罚。对于抗诉机关提出“原审判决对王刚刚量刑时适用法律错误”的抗诉意见、王刚刚及其辩护人所提“量刑重”的上诉理由及辩护意见，本院予以支持。因陈卫民的非法采矿犯罪行为给国家造成经济损失，应承担赔偿责任，安丘市人民检察院起诉要求被告人陈卫民予以赔偿，依据充分，理由正当，本院予以支持。依照《中华人民共和国刑法》第三百四十三条第一款、第十二条第一款、第二十五条第一款、第二十七条、第五十二条、第五十三条、第三十六条、第六十四条以及《中华人民共和国刑事诉讼法》第二百二十五条第一款第（一）、（二）项之规定，判决如下：

一、驳回上诉人陈卫民、王华东、王浩、徐茂利的上诉。

二、维持安丘市人民法院（2013）安刑初字第15号刑事附带民事判决书第一、二、三、五、六、七、八、九项以及第四项对上诉人王刚刚的定罪部分。

三、撤销安丘市人民法院（2013）安刑初字第15号刑事附带民事判决书第四项对上诉人王刚刚的量刑部分。

四、上诉人王刚刚犯非法采矿罪，判处有期徒刑二年十个月，并处罚金人民币十万元。（刑期自判决执行之日起计算。判决执行以前先行羁押的，羁押一日折抵刑期一日，即自2013年5月10日起至2016年3月9日止；罚金限判决生效后一个月内缴纳。）

本判决为终审判决。

审　判　长　　刘　勇
代理审判员　　刘宇宁
代理审判员　　何大勇

二〇一三年十二月四日
书　记　员　　张　浩

刘丐孟非法采矿罪、重大责任事故罪二审刑事裁定书

浙江省温州市中级人民法院

刑事裁定书

（2013）浙温刑终字第462号

原公诉机关：浙江省永嘉县人民检察院。

上诉人（原审被告人）：刘丐孟。因涉嫌犯重大责任事故罪，于2012年6月25日被取保候审，同年10月25日被逮捕。现羁押于永嘉县看守所。

辩护人；苗建跃。

浙江省永嘉县人民法院审理永嘉县人民检察院指控原审被告人刘丐孟犯非法采矿罪、重大责任事故罪一案，于2013年3月28日作出（2013）温永刑初字第126号刑事判决。原审被告人刘丐孟不服，提出上诉。本院依法组成合议庭，公开开庭审理了本案。温州市人民检察院指派代理检察员潘春娟出庭履行职务。上诉人（原审被告人）刘丐孟，辩护人苗建跃到庭参加诉讼。现已审理终结。

原判认定：

一、非法采矿事实：被告人刘丐孟为了开采永嘉县楠溪江砂石资源，在没有取得采矿许可证、采砂许可证的情况下，与永嘉县沙头镇响山村村民刘九珍、刘某丙、周太呈等人签订了合作经营协议书，由刘九珍、刘某丙、周太呈等人出资，被告人刘丐孟提供“温挖18”挖泥船占30%股份，于2011年7月11日开始在楠溪江响山村和高浦村之间的“龟湖潭”河道中开采砂石。其间，永嘉县水利局于2011年7月22日、同年8月16日、同年11月25日、同年12月27日多次责令被告人刘丐孟等人停止非法采砂行为，但被告人刘丐孟等人不予理睬，继续在楠溪江河道中开采砂石。至2012年6月19日永嘉县水利局作出没收该挖泥船等行政处罚决定时止，被告人刘丐孟等人出售砂石收入达人民币1319000元。

二、重大责任事故事实：被告人刘丐孟作为“温挖18”挖泥船的主要负责人，在该挖泥船采砂过程中没有建立、健全并组织落实安全生产责任、规章制度和操作规程，致使该挖泥船管理混乱。2011年8月18日中午11时30分许，被害人钱某在对该挖泥船的挖砂机进行清洗时，被突然启动的挖砂机卷压致死。后经永嘉县沙头镇响山村刘丐孟非法采砂船“8·18”机械事故联合调查组认定，该起事故系一起生产安全责任事故，且采砂船主要负责人刘丐孟应负主要责任。

2012年6月25日，被告人刘丐孟主动到永嘉县公安局投案，如实供述了自己的重大责任事故事实。

原审法院认定被告人刘丐孟犯非法采矿罪，判处有期徒刑三年六个月，并处罚金人民币15万元；犯重大责任事故罪，判处有期徒刑一年二个月，决定执行有期徒刑四年二个月，并处罚金人民币15万元。

原审被告人刘丐孟诉称及辩护人辩称，现有证据仅能证明刘丐孟在2011年7月11日至8月15日期间，有过非法采砂石的行为，刘丐孟在钱某意外死亡后即退出了股份，不应对此后的采砂行为负责。原判认定刘丐孟犯非法采矿罪事实不清，证据不足，适用法律错

误，刘丐孟不构成非法采矿罪。刘丐孟犯重大责任事故罪有自首情节，原判没有认定不当。钱某的死亡与抢救措施不当也有一定关系，且已赔偿死者家属经济损失70万元，并获得谅解，但一审在量刑上均未体现，要求二审对刘丐孟犯重大责任事故罪减轻处罚并适用缓刑。

温州市人民检察院出庭意见认为，原判定罪准确，量刑适当，程序合法，建议二审驳回上诉，维持原判。

经审理查明，上述事实有证人潘某、孙某、姜某、唐某、刘某甲的证言，永嘉县国土资源局出具的证明、楠溪江砂石说明、合作经营协议书、内河船舶检验证书簿、适航证书、吨位证书、载重线证书、浙江户牌、船舶登记资料，永嘉县人民政府防汛防旱指挥部关于要求立即停止"温挖18"挖泥船航行作业的函，永嘉县水利局责令停止违法行为通知书、现场执法照片，收款收据、销售汇总表、永嘉县水利局行政处罚决定书，死亡医学证明书、居民死亡殡葬证、到案经过、人口信息表，被告人刘丐孟在侦查阶段的供述等证据证实。二审庭审时，检方当庭出示了由永嘉县公安局对证人刘某乙、刘某丙的询问笔录，以及温州市人民检察院对上诉人刘丐孟的讯问笔录。刘某乙、刘某丙的证言分别证实刘丐孟在本案安全事故发生后还一直持有采砂股份。刘丐孟的该份讯问笔录及二审庭审时，对此亦供认不讳，但辩解自己股份从原先的30%将至27%，且不再参与具体管理。上述证据经过当庭质证，本院予以确认。上诉人刘丐孟及辩护人关于刘丐孟在钱某意外死亡后即退出了股份，不应对此后的采砂行为负责的上诉及辩护意见与查明的事实不符，不予采信。

本院认为，上诉人刘丐孟违反《中华人民共和国矿产资源法》的规定，在未取得采矿许可证的情况下伙同他人擅自采矿，出售砂石收入达人民币1319000元，属情节特别严重。刘丐孟作为主要负责人，在生产、作业中违反有关安全管理的规定，发生重大伤亡事故，致一人死亡，其行为已分别构成非法采矿罪、重大责任事故罪。对刘丐孟依法应数罪并罚。上诉人刘丐孟及辩护人关于刘丐孟的行为不构成非法采矿罪，犯重大责任事故罪有自首情节，要求二审减轻处罚并适用缓刑的诉辩理由，经查，国务院颁布的《中华人民共和国矿产资源法实施细则》（以下简称《细则》）所附的《矿产资源分类细目》（三）非金属矿产中，包括了建筑用砂和水泥配料用砂。因此，河道砂石应认定为矿产资源。该《细则》第五条规定，国家对矿产资源的勘查、开采实行许可证制度。《中华人民共和国水法》第三十九条规定，国家实行河道采砂许可制度。河道采砂许可制度实施办法，由国务院规定。国务院颁布的《中华人民共和国河道管理条例》第二十五条规定，在河道管理范围内进行采砂、取土、淘金、弃置砂石或者淤泥等活动，必须报经河道主管机关批准。涉及其他部门的，由河道主管机关会同有关部门批准。浙江省人民政府颁布的《浙江省河道管理条例》第三十九条第一款规定，在河道管理范围采砂的单位或者个人，应当依法申领采砂许可证和采矿许可证。而刘丐孟等人从2011年7月11日开始采砂，期间，永嘉县水利局先后于2011年7月22日、8月16日、11月25日、12月27日责令刘丐孟、刘九珍等人停止在楠溪江采砂，但被告人刘丐孟等人不予理睬，继续在楠溪江河道中开采砂石，直至2012年6月19日永嘉县水利局作出没收该挖泥船等行政处罚决定。因此，刘丐孟及辩护人称河道砂石不属于矿产资源，不需要领取采矿许可证，《浙江省河道管理条例》2012年1月1日才开始实施，而刘丐孟的采矿行为发生在2011年7月至12月，该条例不适用于本案，刘丐孟不构成非法采矿罪的理由不成立，不予采纳。刘丐孟虽然在安全事故发生后自动向公安机关投案，并如实供述了自己所犯重大责任事故罪的事实，但其在一审庭审中却予以翻供，不符合自首的构成条件，原判据此没有认定其自首正确。上诉人刘丐孟及辩护人关于刘丐孟犯重大责任事故罪有自首情节，要求二审对其犯该罪减轻处罚并适用缓刑的诉称理由不成立，不予采纳。原判定罪准确，量刑适当，程序合法。据此，依照《中华人民共和国刑事诉讼法》二百二十五条第一款第（一）项和《中华人民共和国刑法》第三百四十三条、第一百三十四条第一款、第六十九条之规定，裁定如下：

驳回上诉，维持原判。

本裁定为终审裁定。

审判长　丁前鹏
审判员　陈欣俊
审判员　涂凌芳

二〇一三年七月十二日
书记员　蒋　罕

容某某非法采矿二审刑事判决书

广东省江门市中级人民法院

刑事判决书

（2015）江中法刑一终字第24号

原公诉机关：广东省台山市人民检察院。

上诉人（原审被告人）：容某某，男，1952年12月8日出生于广东省台山市，汉族，文化程度小学，农民，住台山市。因本案于2014年5月27日被逮捕。现羁押于台山市看守所。

辩护人：赖健勇，系广东运胜律师事务所律师。

广东省台山市人民法院审理广东省台山市人民检察院指控原审被告人容某某犯非法采矿罪一案，于2014年11月26日作出（2014）江台法刑初字第401号刑事判决。宣判后，原审被告人容某某不服，提出上诉。本院依法组成合议庭，于2015年3月13日公开开庭审理了本案，广东省江门市人民检察院检察员林振宗、代理检察员汪和振出庭履行职务，上诉人容某某及其辩护人赖健勇到庭参加诉讼。现已审理终结。

原审判决认定，2011年12月至2013年5月30日，被告人容某某伙同陈某某（另案处理）在未取得采矿许可证的情况下，在台山市北陡镇石蕉村委会蔗朗村擅自开采建筑用砂矿石量6299.9立方米，造成矿产资源破坏价值27.72万元。

原审判决认定上述事实有现场勘验检查笔录，鉴定意见，证人容某甲、容某乙、何某某、陈某甲、陈某乙、李某某、刘某某、胡某某、江某某、李某、黄某某、容某丙、朱某某、孔某某、杨某某、郑某某、钟某某等人的证言，物证，辨认笔录，同案人张某某的供述，被告人容某某的供述以及相关书证等证据证实。鉴于被告人容某某在庭审中自愿认罪，可以酌情从轻处罚。依照《中华人民共和国刑法》第三百四十三条第一款、第五十二条、第六十四条之规定，判决如下：被告人容某某犯非法采矿罪，判处有期徒刑二年，并处罚金20000元，上缴国库。

上诉人容某某及辩护人提出：上诉人容某某属于从犯，已经积极缴纳了罚金，具有悔罪表现，并且愿意赔偿非法采矿给国家造成的损失，可以从轻处罚。综上，原审判决量刑过重、适用法律错误，请求二审法院从轻判处。

江门市人民检察院出庭检察员提出：上诉人容某某及辩护人提出的上诉意见已经在一审期间提出，原审判决对控辩双方争议的意见进行了详细分析说明，原审判决认定的事实清楚、适用法律正确，应认定上诉人容某某系主犯，上诉人容某某在一审期间缴纳的罚金不等于是对国家经济损失的赔偿，建议驳回上诉、维持原判。

经审理查明，2011年6月，台山市北陡镇石蕉村蔗朗经济合作社与郑某某、容某丁签订发包疏通河道工程合同书，将蔗朗经济合作社所属的村河段疏通工程承包给郑某某、容某丁，疏通河道范围从下游六新桥上50米起至上游甲方河桥50米止，承包时间从2011年6月20日至2021年6月20日，合同约定实行互利双赢，允许郑某某、容某丁卖砂，郑某某、容某丁在签约时一次足额缴纳卖砂款30000元，抽沙的一切费用由郑某某、容某丁负责。同年12月，福建人陈某某（另案处理）看中了郑某某、容某丁承包的疏通河道工程，陈某某请本地人即上诉人容某某出面帮忙，共同与其一起同原承包人郑某某、容某丁及发包人北陡镇石蕉村委会协商疏通河道工程的转包事宜及协调当地村民工作，陈某某许诺上诉人容某某根据承包后的经营状况给付其报酬。在签订转承包合同时，上诉人容某某与陈某某共同作为承包方在转承包合同上签字，合同约定容某某、陈某某在签订协议时一次性支付给郑某某、容某丁150000元。转承包合同签订后，陈某某在未取得采矿许可证的情况下开始着手在所承包的区域进行非法采砂，向群众派发印有”鑫丰砂场”蔗郎砂厂的名片，先后雇佣张某某（已判刑）、朱某某到砂场分别负责砂场的具体经营管理和开铲车的工作。2013年2月27日，北陡镇安监局的工作人员到陈某某经营没有采矿许可证的鑫丰砂场进行检查，当场查获正在挖砂的铲车、钩机等工具，工作人员要求沙场马上停工、办理证件后方可开工，在现场的陈某某作为负责人在检查笔录上签名，工作人员又要求不在现场的上诉人容某某在检查笔录的负责人签字一栏签名。在北陡镇安监局检查之后，由上诉人容某某代表鑫丰砂场向台山市北陡镇经济发展总公司缴纳了8000元清淤水利河道的协调费，但陈某某并未停止鑫丰砂场的采砂行为，直到同年5月30日被公安机关现场查获。

另查明，同案人张某某于2013年11月20日被台山市人民法院以犯非法采矿罪判处有期徒刑一年，缓刑一年，并处罚金15000元。本院审理过程中，上诉人容某某的家属主动向一审法院退赔非法采矿造成的部分经济损失100000元。

上述事实有经原审庭审及本院庭审举证、质证的下列证据证实。

（一）物证、书证

1. 台山市公安局刑侦大队出具的抓获经过、受案登记表证实本案的破案经过及上诉人容某某的到案过程。

2. 台山市公安局扣押决定书及物证照片证实，公安机关从张某某处扣押手机、手机卡、银行卡、三联收据、人民币等物品。

3. 关于发包疏通河道工程合同书及转包协议证实，郑某某、容某丁作为乙方与甲方蔗朗经济合作社签订疏通河道工程的合同，疏通河道的承包时间从2011年6月20日至2021年6月20日，合同约定允许乙方卖砂，乙方在签约时一次足额缴纳给甲方卖砂款30000元，抽砂的一切费用由乙方负责。2011年12月，郑某某、容某丁将上述疏通河道工程转包给容某某、陈某某，容某某、陈某某在签订协议时一次性支付给郑某某、容某丁150000元。

4. 台山市国土资源局关于容某某非法开采建筑用砂面积的函证实，根据七五七地质大队反馈的初步测量结果，容某某非法开采建筑用砂面积12.57亩，其中属基本农田12.55亩。

5. 刑事判决书证实同案人张某某因本案已被判刑的事实。

6. 江门市安全生产检查（督查）记录及台山市北陡镇人民政府统一收款收据证实，北陡镇安监局到蔗朗砂场进行安全检查及蔗朗砂场缴纳8000元协调费的情况，陈某某、容某某作为砂场负责人在检查笔录上签字。

7. 上诉人容某某的户籍资料证实其犯罪时已满十八周岁及其身份情况。

（二）证人证言及辨认笔录

1. 证人朱某某的证言及辨认笔录证实，其从2013年农历正月十三开始受蔗朗砂场老板“老陈”（经辨认是陈某某）的雇佣到砂场开铲车，一直工作到同年5月30日砂场被查封。其不清楚是否还有其他老板，平时陈某某不在的时候，砂场的具体管理工作是由张某某（已辨认）负责，其到砂场的时候张某某已经在砂场工作，张某某安排其具体工作。

2. 证人李某某的证言及辨认笔录证实，其是北陡镇蔗朗村的村长，2011年5月容某丁、郑某某（均已辨认）与蔗朗村村小组签订了清理河道的合同，清理出的东西由他们自己处理，合同签订经过了全体村民投票决定，2012年1、2月，容某丁、郑某某将砂场转租给了容某某和陈某某（均已辨认），当时村小组也是知情的。在转包合同签订前的一天下午，在蔗朗砂场旁边，容某某向其说，蔗朗砂场是陈某某转包的，因陈不是本地人，陈要容作为本地人在合同上签名，陈某某还对容某某说以后挣到钱就给容某某点，当时没说给多少，没挣到就算了。砂场开铲车的是朱某某，陈某某不在沙场时由一名管理人员（经辨认是张某某）负责卖砂收钱。

3. 证人郑某某的证言和辨认笔录证实，其和容某丁将承包的蔗朗村砂场在2011年转包给容某某（已辨认）和一个福建人（经辨认是陈某某），容某某参与了商量承包事项并在合同上签名。

4. 证人钟某某的证言及辨认笔录证实，2013年2月27日，北陡镇安监局安排其去蔗朗砂场检查，其到砂场看到一部铲车、一部钩机在挖砂，其让现场老板提供采砂证，老板说没有采砂证，只有与该村签的合同，其当时做了现场检查笔录并要求马上停工、办理证件，当时笔录上只有陈某某一个老板签名，因该砂场是两名老板承包，其要求另一个老板容某某（已辨认）回来签名。台山市北陡镇经济发展总公司收过蔗朗河砂场8000元协调费。

5.证人胡某某的证言及辨认笔录证实，其在北陡镇石蕉村委会工作，郑某某和容某丁（均已辨认）于2011年与蔗朗村小组签订承包蔗朗砂场，后于2012年1月将蔗朗砂场转包给容某其和福建老板陈某某（均已辨认），在砂场开铲车的是朱某某，抽砂的是张某某（已辨认）。

6. 证人孔某某和杨某某的证言及辨认笔录证实，其二人一直在蔗朗村务农，陈某某、容某某（均已辨认）于2012年1月从郑某某、容某丁手中承包了清理河道的合同，大约在同年12月底开始找来铲车清理河道、挖砂，直到2013年5月30日被公安机关控制。老板容某某、陈某某很少在砂场出现，陈某某叫来其亲戚张某某负责处理挖砂、卖砂、收款等工作，朱某某负责开铲车。陈某某、张某某（已辨认）租住在其房子里，主要是张某某在这里租住。

7. 证人刘某某的证言及辨认笔录证实，其是北陡镇石蕉村委会蔗朗村村民，其了解北陡镇那琴村的郑某某和容某丁与蔗朗村小组签订承包合同负责清理河道，清理河道产生的砂和石可以卖出去作为经费，郑某某和容某丁于2012年1月份在经过村小组同意后将蔗朗砂场转包给容某某和陈某某（均已辨认），沙场还有一名开铲车的工作人员和一名帮陈某某管理沙场收钱的工作人员（经辨认是张某某）。

8. 证人容某甲的证言及辨认笔录证实，其在2012年3、4月份听说北陡镇蔗朗村开了一间蔗朗沙场，就驾驶车牌黑16／06516的拖拉机到砂场以每车500元的价格买进砂进行售卖，平均每立方米砂55元左右，直到2013年5月30日起再次买砂时被公安人员查获，期间每月到沙场购买二三车沙石。每次去买沙都只是见到姓陈的老板（经辨认是陈某某）和负责收线的一名叫张某某的男子（已辨认）。

9. 证人何某某的证言及辨认笔录证实，其在2013年4、5月听说北陡镇蔗朗村开了一间蔗朗砂场，就驾驶车牌赣GB2635的农用运输车到砂场以每立方50元的价格买进砂进行售卖，共计买了6车砂，每车12立方。经过辨认，其辨认出砂场老板陈某某、沙场工作人员张某某。

10. 证人容某乙的证言及辨认笔录证实，其从2013年2月至5月期间驾驶车牌陕EJ3712的货车在北陡镇蔗朗砂场购买砂，其将购砂款交给一名五十多岁的外地男子“老陈”（经辨认是陈某某），陈某某说如果他不在沙场让其将购砂款交给另外一名外地男子（经辨认是张某某）。其每次到砂场，朱某某都在沙场驾驶铲车运沙并负责往车上装砂。

11. 证人陈某甲的证言及辨认笔录证实，其从2013年3月27日开始受绰号“肥婆”的雇佣驾驶蒙G85881的货车到蔗朗石场帮她拉砂和石头，其本人也购买了一些石头转手售卖。沙场内开铲车的是一名60岁左右北陡镇口音的男子，另一名收钱的男子身材偏瘦，讲普通话。经过辨认，其辨认出沙场的工作人员陈某某。

12. 证人陈某乙的证言及辨认笔录证实，其分别于2012年10月、2013年5月驾驶车牌鲁RVA808的时代货车到蔗朗砂场购买沙子转手售卖，砂场的老板是“老陈”（经辨认是陈某某），沙场的工作人员包括一名开铲车的和一名收钱的（经辨认是张某某）。

13. 证人江某某的证言及辨认笔录证实，其在2012年12月份左右驾驶车牌皖JB8086的货车到蔗朗砂场买过一车沙，买砂钱交给了沙场老板，其能辨认出开铲车的司机是朱某某。

14. 证人李某的证言及辨认笔录证实，2013年2月份底，一名在北陡镇蔗朗村开有砂场的福建人（经辨认是陈某某）在加油站向其派发”鑫丰砂场”的名片，其在随后的几天先后两次驾车到该砂场向陈某某购买砂子。

15. 证人容某丙的证言及辨认笔录证实，其在2013年3月份先后两次驾驶车牌号湖南MHD084农用运输车到蔗朗村的砂场购买沙子，给其发名片的人和收钱的人讲普通话，其能辨认出开铲车的人是朱某某。

16. 证人黄某某的证言证实，其从2012年11月份到2013年的春节前先后驾车到蔗朗村的砂场购买了五六车沙子。其不认识砂场老板，但见过砂场里面开铲车和收钱的人。

（三）现场勘验检查工作记录和现场照片证实，公安机关于2013年5月30日10时10分至11时20分在广东省台山市北陡镇石蕉蔗朗村砂场进行现场勘验检查。由石蕉村委会沿村道向西5公里左右转向南侧30米左右是一条河床，河床东西流向，南面通往蔗朗村，由蔗朗村向东300米河床处堆放有一堆河砂，河沙东侧停放有推土机、卷扬机等采砂机械，北侧建有一个住人工棚，南侧有一条横跨河床的砂路，沙路东面和西面各有一个采砂形成的水坑，经在场的台山市国土局人员利用仪器测绘，两个水坑面积约为7亩。

（四）台山市国土资源局关于陈某某非法开采台山市北陡镇石蕉村委会蔗朗村河边建筑用砂矿资源储量检测报告、台山市价格认证中心台认函（2013）26号鉴定意见、广东省国土资源厅关于非法开采广东省台山市北陡镇石蕉村委会蔗朗村河边建筑用砂造成矿产资源破坏价值的鉴定意见证实，陈某某等非法开采台山市北陡镇石蕉村委会蔗朗村河边的矿产资源为砂矿，非法开采建筑用砂矿量为6299.9立方米。根据台山市价格认证中心（台认函（2013）26号）的鉴定结果，陈某某等非法开采台山市北陡镇石蕉村委会蔗朗村河边的矿产资源的经济价值人民币27.719万元。

（五）被告人的供述及辨认笔录

1. 上诉人容某某的供述及辨认笔录证实，2012 年初，福建人陈某某看中了石蕉村委会蔗朗村沙场，他就找该砂场的承包人郑某某、容某丁商谈转承包事宜。签订转包协议时，陈某某担心他不是本地人被村民找麻烦，就让其帮忙在转包协议上签字。协议签订后，陈某某告诉其，他的会计到时候会给其工资，但没说多少工资及计付工资的时间。张某某是陈某某带到蔗朗砂场工作的。经过辨认，其辨认出容某丁、郑某某、张某某、陈某某。

2. 同案人张某某的供述及辨认笔录证实，从 2013 年 4 月日开始，老板陈某某（已辨认）雇佣其在砂场开票收取卖砂或卖石头的款项，其在所开票据上登记车辆型号、号牌并与买砂或者买石头的人同时在票据上签名，其将票据和所买款项交给陈某某。

对上诉人容某某及辩护人提出的上诉意见、江门市人民检察院出庭检察员提出的意见，经查：1. 因同案人陈某某尚未到案，现有证据不足以证明上诉人容某某在共同犯罪中所起具体作用大小，本案暂不宜区分主从犯。2. 上诉人容某某及其辩护人提出上诉人容某某已经缴纳了罚金并愿意赔偿非法采矿给国家造成的损失的情况，经查证属实，本院予以采纳。

本院认为，上诉人容某某违反《中华人民共和国矿产资源法》的规定，伙同他人未取得采矿许可证擅自采矿，情节严重，其行为已构成非法采矿罪。上诉人容某某在一审期间积极预交罚金，在二审期间主动赔偿非法采矿造成的部分经济损失，认罪态度较好，可从轻处罚。原审判决认定上诉人容某某犯非法采矿罪的事实清楚，证据确实、充分，定性准确，审判程序合法。鉴于上诉人容某某具有认罪态度好、二审期间主动赔偿部分经济损失等从轻处罚情节，本院决定对一审的量刑予以调整。依照《中华人民共和国刑法》第三百四十三条第一款、第二十七条、第六十七条第三款、第六十四条，《中华人民共和国刑事诉讼法》第二百二十五条第一款第（三）项之规定，判决如下：

一、维持广东省台山市人民法院（2014）江台法刑初字第 401 号刑事判决中对上诉人容某某的定罪部分。

二、撤销广东省台山市人民法院（2014）江台法刑初字第 401 号刑事判决中对上诉人容某某的量刑部分。

三、上诉人容某某犯非法采矿罪，判处有期徒刑十个月，并处罚金 20000 元（已缴纳）。（刑期从判决执行之日起计算。判决执行以前先行羁押的，羁押一日折抵刑期一日，即自 2014 年 5 月 27 日起至 2015 年 3 月 26 日止。）

四、上诉人容某某及其家属退回的赔偿款 100000 元，由一审法院上缴国库。

本判决为终审判决。

审　判　长　　朱迎春
代理审判员　　翁儒科
代理审判员　　王　磊

二〇一五年三月二十三日
书　记　员　　李少媚

张继丰等7人非法采矿罪、故意伤害罪、盗窃罪二审刑事附带民事裁定书

辽宁省本溪市中级人民法院

刑事附带民事裁定书

（2015）本刑二终字第00091号

原公诉机关：本溪满族自治县人民检察院。

原审附带民事诉讼原告人：闵某甲，男，1963年1月30日出生，满族，住本溪满族自治县。

原审附带民事诉讼原告人：闵某乙，男，1968年10月6日出生，满族，住本溪满族自治县。

原审附带民事诉讼原告人：代某某，女，1963年6月5日出生，满族，住本溪满族自治县。

上诉人（原审被告人）：张继丰（又名张立仁），男，1972年3月19日出生，汉族，捕前住本溪市明山区。1993年因犯流氓罪被本溪满族自治县人民法院判处有期徒刑三年，1997年因寻衅滋事被本溪市劳动教养管理委员会决定劳动教养二年六个月，2004年因犯寻衅滋事罪被本溪满族自治县人民法院判处有期徒刑四年，2007年6月27日刑满释放。因本案于2013年5月25日被刑事拘留，同年6月28日被逮捕。现羁押于本溪市看守所。

辩护人：唐生浩，辽宁兴桓律师事务所律师。

上诉人（原审被告人）：张继凯，男，1968年8月31日出生，汉族，捕前住本溪市明山区。因本案于2013年9月29日被刑事拘留，同年11月4日被逮捕。现羁押于本溪满族自治县看守所。

上诉人（原审被告人）：张某癸，男，1986年1月25日出生，汉族，捕前住本溪满族自治县。因本案于2013年6月1日被刑事拘留，同年6月28日被逮捕。现羁押于本溪满族自治县看守所。

上诉人（原审被告人）：张某壬，男，1979年10月20日出生，汉族，捕前住开原市。因本案于2013年5月25日被刑事拘留，同年6月28日被逮捕。现羁押于本溪满族自治县看守所。

上诉人（原审被告人）：张某丙，男，1963年4月19日出生，汉族，捕前住本溪满族自治县。因本案于2013年6月15日被刑事拘留，同年7月22日被逮捕，2015年2月14日被取保候审。

上诉人（原审被告人）：张某甲，男，1970年11月9日出生，汉族，住本溪满族自治县。因本案于2013年11月4日被取保候审。

上诉人（原审被告人）：张某乙，男，1965年12月11日出生，汉族，捕前住本溪市平山区。因本案于2013年10月15日被取保候审，2015年2月2日被逮捕。现羁押于本溪满族自治县看守所。

辩护人：陈天智，辽宁泽人律师事务所律师。

本溪满族自治县人民法院审理本溪满族自治县人民检察院指控原审被告人张继丰犯非法采矿罪、故意伤害罪、盗窃罪，原审被告人张继凯、张某癸犯非法采矿罪、故意伤害

罪，原审被告人张某丙、张某甲、张某乙犯非法采矿罪，原审被告人张某壬犯故意伤害罪暨原审附带民事诉讼原告人闵某甲、闵某乙、代某某提起附带民事诉讼一案，于2015年2月14日作出（2014）本县刑初字第00087号刑事附带民事判决。原审被告人张继丰、张继凯、张某癸、张某壬、张某丙、张某甲、张某乙不服，提出上诉。本院依法组成合议庭，经过阅卷，讯问上诉人，听取辩护人意见，认为事实清楚，决定不开庭审理。现已审理终结。

原判认定如下：

一、非法采矿犯罪事实

被告人张继丰为获取非法利益，组织被告人张某癸、张继凯、张某丙、张某甲、张某乙于2013年4月至6月，在未取得采砂许可证的情况下，擅自在本溪满族自治县草河口镇祁家堡村北沟、草河城镇沙河沟孙家堡河道内经营无证砂场，雇用工人利用挖掘机、铲车等机械设备非法盗采河砂。其中被告人张继丰系两处无证砂场的实际经营者，负责组织人员管理砂场、运输河砂以及结算河砂款；被告人张继凯负责管理祁家堡村北沟砂场的具体事务并指挥工人进行采砂；被告人张某丙负责管理祁家堡村北沟砂场工人的食宿并且指挥工人进行采砂；被告人张某甲负责管理沙河沟孙家堡砂场的具体事务并为采砂机械设备进行维修、加油以及组织车辆运输河砂、结算部分河砂款；被告人张某乙负责管理沙河沟孙家堡砂场的具体事务、提供铲车、指挥工人采砂；被告人张某癸负责组织车辆运输盗采河砂以及结算部分河砂款。被告人张继丰、张某癸在草河口镇祁家堡村北沟非法采砂2000立方米，价值人民币80000元；在草河城镇沙河沟孙家堡非法采砂3300立方米，价值人民币132000元。被告人张继凯、张某丙在草河口镇祁家堡村北沟非法采砂2000立方米，价值人民币80000元。被告人张某甲、张某乙在草河城镇沙河沟孙家堡非法采砂3300立方米，价值人民币132000元。

二、故意伤害犯罪事实

1、2013年5月13日22时许，在本溪满族自治县闵某甲家牛圈附近的河道前，因被告人张继凯组织工人驾驶挖掘机在此处盗采河砂，闵某甲遂对采砂行为予以制止，要求被告人张继凯立即停止施工，被告人张继凯遂电话召集被告人张继丰、张某癸、张某壬到达采砂现场，双方在交涉过程中发生打斗，闵某甲持一斧头将被告人张继凯右胳膊砍伤，被告人张继丰、张继凯、张某癸、张某壬用拳脚、木棍等工具对闵某甲、闵某乙、代某某施以殴打，造成代某某颅脑损伤、脑内血肿、外伤性蛛网膜下腔出血、偏瘫属重伤，左侧肩关节脱位属轻伤；闵某乙重度颅脑损伤、硬膜外血肿、颅骨骨折属重伤，鼻骨粉碎性骨折、右手拇指末节骨折均属轻伤；闵某甲头前额部疤痕属轻伤的严重后果。

2、2013年4月27日19时30分许，在本溪满族自治县赵某某家中，因袁某某对被告人张继丰将其堆放在草河口镇祁家堡村夹皮沟山坡上的毛石盗走并予以贩卖的行为表示不满，被告人张继丰遂用拳脚对袁某某施以殴打，并持啤酒瓶子击打袁某某头部数下，造成袁某某头顶部左颞侧皮肤裂创伤的轻伤后果。

三、盗窃犯罪事实

被告人张继丰于2013年4月27日，组织铲车及重型货车到本溪满族自治县草河口镇祁家堡村夹皮沟山坡处，将赵某某、袁某某、高某甲三人堆放在此处的无人看守的已筛选建筑用石盗走101车，价值人民币55550元。同年5月19日，被告人张继丰再次组织车辆及人员到草河口镇祁家堡村部队门前，将赵、袁、高三人堆放在此处的无人看守的已筛选建筑用石盗走44车，价值人民币24200元。综上所述，被告人张继丰合计盗窃已筛选建筑用石价值人民币79750元。

后被告人张继丰、张某癸、张继凯、张某丙、张某壬被抓获归案，被告人张某甲、张某乙到公安机关投案。

另查明，附带民事诉讼原告人闵某甲的户口性质为农业家庭户口，受伤后到本溪满族自治县第二人民医院就诊，住院1天，花费医药费人民币2796.22元；后转到本溪市中心医院就诊，门诊医药费共计人民币599.40元，住院44天，一级护理4天，二级护理40天，住院医药费共计人民币19540.70元。住院期间雇用护工护理，医嘱半流食4天。闵某甲的合理损失为人民币31967.08元，其中医药费22936.32元，护理费4160.16元，误工费1590.60元，伙食补助费2200元，营养费200元，交通费880元。

附带民事诉讼原告人闵某乙的户口性质为农业家庭户口，受伤后到本溪满族自治县第二人民医院就诊，住院1天，花费医药费人民币4055.02元；后转到本溪市中心医院就诊，门诊医药费共计人民币1995元，住院79天，一级护理11天，二级护理68天，住院医药费共计人民币58833.76元。住院期间雇用护工护理，医嘱半流食10天。闵某乙受伤前从事货物运输工作，诊断出院通知书建议休息一个月。闵某乙的合理损失共计人民币96870.98元，其中医药费64883.78元，护理费7800.30元，误工费16916.90元，伙食补助费3950元，营养费500元，交通费1580元，鉴定费1240元。

附带民事诉讼原告人代某某的户口性质为农业家庭户口，受伤后到本溪满族自治县第二人民医院就诊，住院1天，花费医药费人民币2933.52元；后转到本溪市中心医院就诊，门诊医药费共计人民币1957.40元，住院118天，一级护理14天，二级护理104天，住院医药费共计人民币75723.59元。住院期间医嘱半流食25天，由其女儿、女婿护理，女儿闵某丙在本溪市某某医院工作，月工资2970元；女婿刘某甲在明山区某某中医诊所工作，月工资4500元。受伤后购买生活辅助器具轮椅1240元、护肩280元。2014年12月1日，辽宁某某司法鉴定中心出具辽某法鉴字（2014）第Z112609号法医司法鉴定意见书，结论为被鉴定人代某某护理依赖程度评为大部分护理依赖。代某某的合理损失共计人民币564543.56元，其中医药费80614.51元，护理费13782元，误工费20497.05元，伙食补助费5900元，营养费1250元，交通费2360元，生活辅助器具费用1520元，鉴定费1820元，出院后护理费436800元。

还查明，案发后，被告人张继丰支付给附带民事诉讼原告人闵某甲、代某某医药费共计人民币5万元；在审理期间，经调解，被告人张继丰与被害人袁某某达成民事赔偿协议，被害人袁某某对被告人张继丰的行为表示谅解。

再查明，公安机安在抓捕被告人张继丰时，在其车上扣押现金人民币7万元整，已移交本溪满族自治县人民法院。

原判认定上述事实的主要证据有：被害人闵某甲、闵某乙、袁某某、赵某某、高某甲等人陈述，证人王某甲、王某乙、施某某、沈某某、刘某乙、张某丁等人证言，被告人张继丰、张某癸、张继凯、张某丙、张某癸、张某壬、张某乙等人供述，鉴定结论，本溪满族自治县国土资源局证明、本溪满族自治县河道管理所证明等书证，指认现场照片，案件来源及抓获经过，户籍证明等。

原审法院认为，被告人张继丰、张继凯、张某癸、张某壬故意伤害他人身体健康，致二人重伤、二人轻伤的后果，其四被告人之行为均构成故意伤害罪；被告人张继丰以非法占有为目的，秘密窃取他人财物，数额巨大，其行为构成盗窃罪；被告人张继丰、张继凯、张某丙、张某癸、张某甲、张某乙违反矿产资源法的规定，未取得采砂许可证擅自采砂，情节严重，其六被告人之行为均构成非法采矿罪。被告人张继丰、张继凯、张某癸、张某壬之行为，被告人张继丰、张继凯、张某丙、张某癸、张某甲、张某乙之行为，均系共同犯罪。被告人张继丰在共同犯罪中起主要作用，系主犯，应当按照其所组织、指挥或者参与的全部犯罪处罚；被告人张继凯、张某丙、张某癸、张某壬、张某甲、张某乙在共同犯罪中起次要作用，系从犯，均应当从轻处罚。被告人张继丰、张继凯、张某癸身犯数罪，应当数罪并罚。被告人张继丰积极赔偿被害人袁某某的经济损失，取得了被害人袁某某的谅解，可以酌情从轻处罚。被告人张继丰主动少部分赔偿被害人闵某甲、代某某的经济损失，可以酌情从轻处罚。被告人张某癸、张某壬如实供述故意伤害闵某甲、闵某乙、代某某的犯罪事实，并且自愿认罪，均可以从轻处罚。依照《中华人民共和国刑法》第二百三十四条，第二百六十四条，第三百四十三条第一款，第二十五条第一款，第二十六条第一款、第四款，第二十七条，第六十四条，第六十七条第三款，第六十九条第一款及《最高人民法院关于审理人身损害赔偿案件适用法律若干问题的解释》第十七条一款，第十九条，第二十条，第二十一条，第二十二条，第二十三条之规定，认定被告人张继丰犯故意伤害罪，判处有期徒刑六年五个月；犯非法采矿罪，判处有期徒刑二年六个月，并处罚金人民币 20 万元；犯盗窃罪，判处有期徒刑四年，并处罚金人民币 15 万元，数罪并罚，决定执行有期徒刑十二年，并处罚金人民币 35 万元；被告人张继凯犯故意伤害罪，判处有期徒刑六年；犯非法采矿罪，判处有期徒刑一年八个月，并处罚金人民币 6 万元，数罪并罚，决定执行有期徒刑七年，并处罚金人民币 6 万元；被告人张某癸犯故意伤害罪，判处有期徒刑五年五个月；犯非法采矿罪，判处有期徒刑二年二个月，并处罚金人民币 15 万元，数罪并罚，决定执行有期徒刑六年十个月，并处罚金人民币 15 万元；被告人张某壬犯故意伤害罪，判处有期徒刑五年；被告人张某甲犯非法采矿罪，判处有期徒刑二年，并处罚金人民币 10 万元；被告人张某乙犯非法采矿罪，判处有期徒刑二年，并处罚金人民币 10 万元；被告人张某丙犯非法采矿罪，判处有期徒刑一年八个月，并处罚金人民币 6 万元；被告人张继丰、张继凯、张某癸、张某壬连带赔偿附带民事诉讼原告人闵某甲医药费、护理费、误工费、伙食补助费、营养费、交通费共计人民币 31967.08 元，除去已支付的 1 万元，尚应给付人民币 21967.08 元；被告人张继丰、张继凯、张某癸、张某壬连带赔偿附带民事诉讼原告人闵某乙医药费、护理费、误工费、伙食补助费、营养费、交通费共计人民币 96870.98 元；被告人张继丰、张继凯、张某癸、张某壬连带赔偿附带民事诉讼原告人代某某医药费、护理费、误工费、伙食补助费、营养费、交通费、生活辅助器具费、鉴定费、出院后护理费共计人民币 564543.56 元，除去已支付的 4 万元，尚应给付人民币 524543.56 元；追缴被告人张继丰、张某癸、张某甲、张某乙违法所得人民币 132000 元，追缴被告人张继丰、张某癸、张继凯、张某丙违法所得人民币 8 万元；责令被告人张继丰退赔赵某某、袁某某、高某甲人民币 79750 元。

上诉人张继丰的上诉理由及其辩护人的辩护意见是：1. 关于故意伤害罪，被害人有过错；张继丰已赔偿闵某甲、闵某乙、代某某经济损失 5 万元，与袁某某达成和解协议并取得谅解，原判量刑重；代某某案发前患有脑血栓，此病与代某某重伤和大部分护理依赖的鉴定结论有法律上的因果关系，一审法院未安排重新鉴定，系程序违法；2. 张继丰不构成非法采矿罪，其所卖河砂系通过合法途径购买；张继丰于 2013 年 5 月 13 日打架后在逃，不具备作案时间；3. 张继丰不构成盗窃罪，第一次其系帮助赵某某卖毛石，第二次其与赵某某事先达成协议，系借用行为。

上诉人张继凯的上诉理由是：1. 其不构成故意伤害罪，其先被闵某甲用斧子砍成重伤，无能力实施伤害行为亦未指使他人对被害人施以殴打，张某癸、张某壬对闵某甲实施殴打系防卫过当；2. 其不构成非法采矿罪，其系帮张继丰卖砂子、计车数，所卖砂子系张继丰从靖某某处购买的。

上诉人张某癸的上诉理由是：1. 故意伤害罪量刑过重；2. 其不构成非法采矿罪，其受张继丰指使组织车辆运沙及结算沙款，但不知道张继丰系无证采砂。

上诉人张某壬的上诉理由是：原判量刑过重，其对重伤后果不应负责。

上诉人张某丙的上诉理由是：其未实施非法采矿行为。

上诉人张某甲的上诉理由是：其不构成非法采矿罪，只是给张某戊打工。

上诉人张某乙的上诉理由及其辩护人的辩护意见是：1. 张某乙未提供铲车，其于 2013 年 5 月 15 日从谢某某手中购买铲车，后租给詹某某，租用期间于 2013 年 5 月 29 日被本溪县水务局扣押；2. 原判认定张某乙负责管理沙河沟孙家堡砂场的具体事务与事实不符；3. 张某乙系陪同妹妹张某戊结算毛石款，并非为张继丰结算河沙款，综上，原判认定张某乙犯非法采矿罪事实不清，证据不足，罪名不能成立。

经二审审理查明事实与原判查明事实一致。

本院认定上述事实的证据有：

一、综合证据

1. 案件来源及抓捕经过，证实本案的案件来源及上诉人张继丰、张某癸、张某壬、张继凯、张某丙、张某甲、张某乙的归案情况。

2. 人口基本信息表，证实各上诉人的年龄等自然状况。

3. 本溪满族自治县公安局前科电话查询记录、辽宁省本溪满族自治县人民法院（2004）本法刑初字第 163 号刑事判决书、辽宁省营口监狱释放证明书，证实各上诉人前科劣迹情况。

二、上诉人张继丰、张继凯、张某丙、张某甲、张某乙、张某癸非法采矿犯罪事实的证据

1. 证人王某甲、王某乙的证言，本溪满族自治县公安局扣押清单及王某甲二联收据 1 本，证实张继丰在祁家堡北沟采砂。王某乙帮王某甲从以每立方米 50 元价格从张继丰处购买 100 余车砂子，每车 25 立方米。张继丰在北沟打架（2013 年 5 月 13 日）之前，张某癸送砂子 80 余车，打架之后，张某甲送砂子 20 余车。2013 年 6 月 20 日，张继丰委托张某戊与王某乙结算 13 万余元砂款。王某乙另证实张继丰卖给其的砂子中有 70 余车肯定是张继丰在北沟挖的。

2. 证人徐某某的证言，证实其听说张继丰在祁家堡北沟和草河城沙河沟有两处砂场。2013 年 3 月起，其以每立方米 40 元价格通过张某癸购买了张继丰的约 3300 立方米砂子。张某癸、张某甲先后组织车辆运砂。张某癸帮张继丰卖砂石料，张某甲也帮张继丰管理，

还和张某戊负责卖砂子管理账目。其曾分别同张某癸、张某戊、张继丰妻子结算砂款。

3. 证人施某某的证言，证实2013年5月初，其在草河口镇祁家堡村北沟河道给张继丰开铲车，经其手采了约1000立方米河砂，卖给王某乙。北沟砂场由张继凯、张某丙负责监督、安排工人干活，张某丙还给做饭。2013年5月25日，其开始在草河城镇沙河沟河道给张继丰开铲车，约一个多月，经其手采了约2000立方米砂子。砂子都被张某甲安排车拉走。张某甲和张某乙在沙河沟砂场管事，其开的铲车有毛病时找张某乙，采砂干活的车辆都由张某乙安排。与其一起在两个砂场打替班的还有铲车司机张某己。

4. 证人张某己的证言，证实张继丰雇用其开铲车挖河砂，通过张某丙给付一个月工资。2013年2月至2013年5月13日期间，其与施某某替班给张继丰开铲车采砂。其在祁家堡北沟砂场经手采了1000多立方米砂子，施某某经手也采了1000多立方米沙，该沙场由张某丙和张继凯负责管理，安排其和工人干活，张某癸负责运输砂子；其在草河城沙河沟给张继丰采了5000多立方米砂子，该砂场由张某乙负责管理。

5. 证人闵某丁、闵某乙的证言，证实2013年2月起，二人替班共运输张继丰从祁家堡北沟河道里挖的40多车砂子。

6. 证人吴某某的证言，证实张继丰是祁家堡北沟、草河城沙河沟砂场老板。2013年5月上旬，其在祁家堡北沟砂场运输约1200立方米沙子，在草河城镇沙河沟砂场运输约600立方米沙子。张某癸给其结算部分工资。

7. 证人靖某某的证言，证实其曾在草河口镇祁家堡北沟盗采河砂，卖给张继丰约2200至2300立方米河砂。2013年6月前后，其借用张某乙铲车一周左右。

8. 证人赵某某的证言，证实2013年5月，其购买张继丰从祁家堡北沟采的约700立方米砂子。

9. 证人张某丁的证言，证实张继丰是祁家堡村北沟砂场老板，张某丙在砂场管事，安排工人干活，张继凯在砂场监督干活，张某癸负责管理车辆运砂子外卖。

10、证人陈某甲的证言，证实其听说张继丰在草河口镇祁家堡村北沟河道内采砂。

11. 证人詹某某的证言，证实2013年4月初至6月末，张继丰在其承包的草河城镇沙河沟河道内开采河砂。张继丰是砂场老板，张某甲负责管理采沙具体事情，张某乙帮张继丰管理并提供两辆采沙铲车，张某己和施某某是张继丰雇的铲车司机。

12. 证人张某庚的证言及辨认笔录、张某辛的证言，挖掘机租赁合同，本溪满族自治县公安局江河流域治安派出所扣押物品移交手续及情况说明，证实2011年4月17日，张继丰以他人名义租用张某庚钩机。2013年5月14日，公安机关在张继丰因非法采沙发生殴斗案发现场扣押钩机一台，后返还车主张某庚。

13. 证人孙某甲的证言，证实2013年4、5月，张继丰在祁家堡北沟河道采砂，张某丙租用其房子给工人住。张某丙和张继凯在砂场负责、监督工人干活，张某丙负责工人吃住。

14. 证人闵某戊的证言及辨认笔录，证实2013年5月14日3时至4时，闵某乙等人被打伤后在医院治疗期间，张继丰领人到病房内对闵某乙阻止其采砂子进行谩骂、恐吓。

15. 证人张某壬的证言，证实张继凯、张某丙平时在祁家堡北沟砂场负责管理，张继凯说的算。

16. 上诉人张某癸的供述，证实2012年春至2013年5月末，其在草河口镇祁家堡村北沟和草河城镇沙河沟孙家堡的河道内盗采河砂。张继丰是两处沙场老板，张继凯、张某丙在北沟砂场负责管理工作、安排机械干活，张某丙还给做饭，张某乙、张某甲在沙河沟砂场负责管理工作、安排机械干活，其负责联系车辆运沙子外卖，张某戊帮助管账。

17. 上诉人张某丙的供述，证实张继丰无合法手续在祁家堡北沟采砂，安排其和张继凯负责管理钩机干活，处理工地琐事，其还负责做饭。开采的河砂都由张某癸负责运走卖给王某甲。

18. 上诉人张某甲的供述，证实2013年4月起，张继丰在祁家堡村北沟和草河城镇沙河沟河道内盗采河砂，雇用张某乙的两辆铲车，张某乙雇用两个司机一个姓张、一个姓施。张某丙、张继凯在北沟砂场负责管理，张某丙负责打更、做饭，张继凯负责干活的具体事情，采出砂子由张某癸负责找车运输，其负责机械维修、加油。北沟开采的河砂都卖给王某乙，沙河沟开采的河砂都卖给徐某某。

19. 本溪满族自治县国土资源局证明、本溪满族自治县河道管理所证明，证实张继丰在本溪满族自治县草河口镇祁家堡村北沟、草河城镇沙河沟地区未取得采砂许可证及河道清淤手续。

20. 本溪满族自治县公安局调取证据清单及委托书一份、收条一张，证实张继丰于2013年5月30日委托张某戊代其处理河砂及毛石等货款结算、运送等一切经营事务；张某戊于2013年6月20日收到王某乙沙子结算款132500元。

21. 指认现场照片、本溪满族自治县公安局江河流域治安派出所关于对张继丰等人非法采砂现场拍照的说明及照片，证实张继丰等人非法采矿现场具体情况及张某已、施某某对盗采河砂地点及使用铲车予以指认。

22. 本溪满族自治县某某价格认证中心2013第136号、第222号价格鉴定书，证实张继丰等人盗采河沙的单价及总价值。

三、上诉人张继丰、张继凯、张某壬、张某癸故意伤害闵某甲、闵某乙、代某某犯罪事实的证据

1. 证人张某丙、范某某、高某乙、郑某某、陈某乙的证言，证实2013年5月13日21时许，张某丙、张继凯在闵某甲家牛圈附近管理钩机司机采砂时遭闵某甲、闵某乙、代某某等人阻止，双方发生争执。后张继凯捡起两根木棒，递给张某丙一根，张某丙将木棒扔掉。张继凯不让闵某甲等人走，并打电话召集人员，闵某甲遂回家取了一把斧子。张继丰等人到现场后，双方在交涉过程中发生打斗，张继丰先动手打伤高某乙，打斗中闵某甲、闵某乙、代某某、张继凯均受伤。

2. 证人高某丙的证言，证实2013年5月13日22时许，因张继丰挖砂的钩机干活时碰到老百姓家的地和柴火垛，张继丰、张某壬、张某癸参与打人。其看到张继丰手持棒子，张某癸、张某壬和对方一名男子抢斧子，同时听见女人的惨叫声。

3. 证人于某某的证言，证实2013年5月13日21时许，张某癸接到张继凯的电话称在北沟采沙时和村民发生争吵，让张某癸去撑场面。其与张某癸、施某某到达现场，张某癸朝柴火垛跑去，该处有男女争吵声。后张继丰拿一个棒子形状的东西上车，张继凯被一个拎东西的人扶上车，均离开现场。

4. 证人施某某的证言，证实2013年5月13日21时30分许，张某癸称北沟的老百姓阻止钩机干活，其跟随张某癸赶到现场。其在现场听到有争吵、打斗声音，并先后看到张

某癸、张继凯、张某壬、张继丰。后张某癸说张继凯被砍伤。

5. 证人闵某丁的证言及辨认笔录，证实其看到现场柴火垛旁围了一群人，听见骂声和棒子打的声音。张继丰手持棒子要打其，张某壬将其推倒。张继丰持棒子打躺在地上的人，并用脚踹。其打电话报警，后张继丰等人离开。闵某乙及其父闵某甲、其母代某某均受伤。

6. 证人闵某戊的证言及辨认笔录，证实 2013 年 5 月 14 日 3 时至 4 时，闵某乙等人伤后在医院治疗期间，张继丰领着两个人到病房内对闵某乙进行谩骂、恐吓。

7. 证人张某戊证言及本溪满族自治县公安局接受证据材料清单，证实张某戊听说张继凯在北沟被人砍伤，后在张继丰开的吉普车内发现一把斧子，将斧子送交公安机关。张某壬说斧子是他抢下来的。

8. 被害人闵某甲的陈述及辨认笔录，证实其被张继凯和张继丰带领的人员殴打的时间、地点、起因及经过，并证实因张继凯用棍子殴打其左胳膊和腰部，其用斧子将张继凯砍伤。

9. 被害人闵某乙的陈述及辨认笔录，证实其被殴打的时间、地点、起因及经过，并证实张某壬、张继凯持棒子对其进行殴打，张继丰使用电棍对其与闵某甲进行殴打。

10. 上诉人张继丰的供述，证实 2013 年 5 月 13 日 21 时许，闵某甲等人因钩机碰到他家地阻止张继凯看管的钩机作业，张继凯召集其到案发现场殴打闵某甲、闵某乙、代某某、高某乙等人的起因与经过，并证实张某癸也在案发现场及其电话召集张某壬到案发现场。

11. 上诉人张某壬的供述，证实 2013 年 5 月 13 日 22 时许，其经张继凯、张继丰召集到案发现场参与殴打闵某甲、闵某乙、代某某、高某乙等人的起因与经过，并证实张继丰、张继凯、张某癸均参与打人，且张继丰用棒子打人。

12. 上诉人张某癸的供述，证实 2013 年 5 月 13 日 22 时许，其经张继凯召集到案发现场用棒子参与殴打闵某甲、闵某乙、代某某、高某乙等人的起因与经过，并证实张继丰、张某壬、张继凯均参与打人，且张继丰持木棍殴打闵某甲头部、张某壬拳打脚踢被害人。

13. 闵某甲、闵某乙、代某某、高某乙住院病历，证实四人伤势及住院治疗情况。

14. 本溪满族自治县公安局刑事侦查大队本公（本）勘（2013）014 号现场勘验检查笔录，证实上诉人张继丰等人故意伤害闵某甲、闵某乙、代某某的现场情况。

15. 鉴定结论：

（1）本溪满族自治县公安局（辽）公（本溪县）鉴（伤害）字（2013）60 号法医学人体损伤程度鉴定书，证实被害人闵某甲头前额部疤痕属轻伤；

（2）中国某某大学法医司法鉴定中心中国某大法医司鉴中心（2013）临鉴字第 375 号法医临床鉴定意见书，证实被害人闵某乙头部损伤程度为重伤，鼻部、右手拇指损伤程度均为轻伤；

（3）辽宁某某大学司法鉴定中心辽某大司鉴（2013）法医临鉴字第 1232 号法医临床鉴定意见书，证实被害人代某某头部损伤致颅内血肿、偏瘫属重伤，左侧肩关节脱位属轻伤；

（4）中国某某大学法医司法鉴定中心中国某大法医司鉴中心（2013）临鉴字第 470 号法医临床鉴定意见书，证实证人高某乙鼻部损伤程度为轻微伤。

16. 原审附带民事诉讼原告人诉讼代理人提交下列证据：闵某甲、代某某、闵某乙身份证、户口本、病历、诊断通知书、费用清单、住院医疗费收据、护理误工证明、护理费收条、鉴定费用收据、交通费票据、护理依赖程度鉴定书及费用收据等，证实闵某甲、代某某、闵某乙三人经济损失情况。

四、上诉人张继丰故意伤害袁某某犯罪事实的证据

1. 被害人袁某某的陈述及证人赵某某、沈某某的证言，证实2013年4月27日19时30分许，在赵某某家中，因袁某某对张继丰将袁某某、赵某某的毛石盗走贩卖表示不满，张继丰对袁某某拳打脚踢，并用啤酒瓶击打袁某某头部数下，造成袁某某颈椎部位、左耳上方、头顶部等处受伤。被赵某某、沈某某拉开后，张继丰又撞、砸袁某某从刘某乙处借用的轿车。

2. 证人高某甲的证言，证实案发当晚，其接到赵某某的电话赶到现场，看到张继丰手持一把菜刀对袁某某叫骂，袁某某头上全是血。其将袁某某送到医院，并通知刘某乙将被张继丰砸坏的轿车拖走。

3. 证人刘某乙、宗某某的证言及车辆照片、收款收据，证实刘某乙租给袁某某的轿车的损坏程度及修理费用等情况。

4. 上诉人张继丰的供述，证实2013年4月，其将袁某某存放在草河口镇祁家堡村夹皮沟的毛石卖掉后，在赵某某家中与袁某某发生争执，其拿啤酒瓶将袁某某头部打出血。随后，其又撞、砸袁某某的轿车。

5. 袁某某住院病历，证实被害人袁某某住院治疗情况。

6. 现场照片，证实上诉人张继丰殴打被害人袁某某的现场情况。

7. 本溪满族自治县公安局（辽）公（本溪县）鉴（伤害）字（2013）48号法医学人体损伤程度鉴定书，证实被害人袁某某头部损伤累计属轻伤，颈部损伤属轻微伤。

8. 本溪满族自治县价格认证中心2013第115号价格鉴定书，证实上诉人张继丰砸坏袁某某的车辆车损价值为4190元。

五、上诉人张继丰盗窃犯罪事实的证据

1. 被害人赵某某、袁某某、高某甲的陈述，证实赵某某、袁某某与高某甲合伙做毛石生意的经过及约定分成情况。2013年4月27日8时许，三人听说堆放在夹皮沟的毛石被人拉走前去查看，高某甲在山下等候，赵某某、袁某某到山上看见张继凯正组织车辆装运毛石，4000多立方米毛石基本已被拉走。张继凯称有事找张继丰。2013年5月19日中午，高某甲听刘某丙说有人拉三人存放在祁家堡部队门前的毛石，告知赵某某。赵某某到祁家堡部队门前看到1000多立方米毛石均已被拉走，袁某某、赵某某怀疑是张继丰拉走的。张继丰事先未告知三人将夹皮沟和祁家堡部队门前的毛石拉走贩卖之事。

2. 证人刘某丙的证言，证实赵某某、袁某某存放在祁家堡部队院门口的毛石有高某甲股份。2013年5月某日早，其发现有铲车在祁家堡部队院门口装毛石，遂打电话告诉高某甲，高某甲当时称不清楚此事，并说问问赵某某。后高某甲打电话说此事由赵某某处理。

3. 证人张某癸的证言，证实2013年4月末5月初，其在祁家堡夹皮沟和祁家堡部队院门前给张继丰拉过毛石。夹皮沟的毛石由张继凯在现场安排运输，祁家堡部队院门前的毛石由张某甲在现场安排运输。

4. 证人张某甲的证言，证实2013年5月中旬，其按张继丰安排将祁家堡部队门前的毛石送到王某乙的工地。当天晚上运了15车，第二天其又找施某某运了18车。后期装车运输时，有的翻斗车绕过门卫从近道送到工地，可能漏记。

5. 证人张某丁、施某某的证言，证实2013年5月某日，张某甲指挥二人到祁家堡部

队院门口装运共计44车毛石。

6. 证人张某乙的证言，证实2013年5月，张继丰两次从赵某某处拉走毛石卖给王某乙，第一次拉走101车，第二次拉走33车。2013年5月31日，其和张某戊、张某甲找到王某乙结算张继丰的毛石款12.9万元。

7. 证人王某甲、王某乙的证言及收条，证实2013年4月末至5月末，张继丰、张某癸和张某甲共卖给王某乙172车毛石。张继丰被抓前，开始一起送了101车，后来张某癸陆续送了约30车。张继丰被抓后，张某甲送了40多车。2013年5月31日，王某乙与张某戊、张某甲、张某乙结算毛石款共计12.9万元。

8. 证人詹某某、孙某乙的证言，分别证实陈某丙家满月宴时，詹某某记不清是否参加，孙某乙记不清是否遇见赵某某、张继丰等人。二人均证实2013年4月间未听说赵某某让张继丰帮忙卖毛石的有关事情。

9. 上诉人张继丰的供述，证实2013年4月，其安排张某癸、张继凯将袁某某、赵某某、高某甲存放在祁家堡夹皮沟的毛石拉走101车。2013年5月初，其安排张某甲将堆放在祁家堡部队院门前的毛石拉走40多车。两次均将毛石卖给王某乙。但辩解第一次卖毛石前通知了高某甲，第二次卖毛石系向赵某某借用。

10. 本溪满族自治县某某价格认证中心2013第147号、148号价格鉴定书，证实上诉人张继丰两次盗窃的毛石料（筛选建筑用石）价值分别为人民币55550元、24200元，共计79750元。

上述证据，由原公诉机关及原审附带民事诉讼原告人提供，经原审庭审质证和本院审查，二审期间未发生变化，本院予以确认。

本院认为，上诉人张继丰、张继凯、张某癸、张某壬共同故意伤害他人身体，致二人重伤、一人轻伤的后果，上诉人张继丰单独故意伤害他人身体，致一人轻伤的后果，四上诉人行为均构成故意伤害罪；上诉人张继丰以非法占有为目的，秘密窃取他人财物，数额巨大，其行为构成盗窃罪；上诉人张继丰、张继凯、张某丙、张某癸、张某甲、张某乙违反矿产资源法的规定，未取得采沙许可证擅自采沙，情节严重，六上诉人行为均构成非法采矿罪。上诉人张继丰、张继凯、张某癸、张某壬共同故意伤害他人身体，上诉人张继丰、张继凯、张某丙、张某癸、张某甲、张某乙共同非法采矿，分别系共同犯罪。上诉人张继丰在非法采矿共同犯罪中起主要作用，系主犯，应当按照其所参与或者组织、指挥的全部犯罪处罚。上诉人张继凯、张某丙、张某癸、张某甲、张某乙在非法采矿共同犯罪中起次要作用，系从犯，均应当从轻处罚。上诉人张继丰、张继凯、张某丙、张某癸、张某甲、张某乙违法所得财物，应当予以追缴或者责令退赔。上诉人张继丰、张继凯、张某癸身犯数罪，应当数罪并罚。上诉人张继丰、张继凯、张某癸、张某壬因共同故意伤害犯罪行为造成原审附带民事诉讼原告人闵某甲、闵某乙、代某某的合理经济损失，应承担连带赔偿责任。上诉人张继丰积极赔偿被害人袁某某的经济损失，取得谅解，可以酌情从轻处罚。上诉人张继丰主动少部分赔偿原审附带民事诉讼原告人闵某甲、代某某的经济损失，可以酌情从轻处罚。上诉人张某癸、张某壬对故意伤害犯罪自愿认罪，均可以从轻处罚。

对于上诉人张继丰及其辩护人所提张继丰不构成非法采矿罪，其所卖河沙系通过合法途径购买；张继丰于2013年5月13日打架后在逃，不具备作案时间、上诉人张继凯所提其不构成非法采矿罪，其系帮张继丰卖沙子、计车数，所卖沙子系张继丰从靖某某处购买、上诉人张某癸所提其不构成非法采矿罪，其受张继丰指使组织车辆运沙及结算沙款，但不知道张继丰系无证采沙、上诉人张某丙所提其未实施非法采矿行为、上诉人张某甲所提其不构成非法采矿罪，只是给张某戊打工、上诉人张某乙及其辩护人所提原判认定张某乙负责管理沙河沟孙家堡沙场的具体事务与事实不符；张某乙系陪同妹妹张某戊结算毛石款，并非为张继丰结算河沙款的上诉理由及辩护意见，经查，上诉人张某癸、张某丙、张某甲在侦查机关的供述，采沙铲车司机施某某、张某己，运沙货车司机闵某乙、闵某丁、吴某某，河沙买家王某乙、王某甲、徐某某及相关证人张某壬、赵某某、詹某某、张某丁、孙某甲、陈某甲、张某庚等人证言，本溪满族自治县国土资源局证明、本溪满族自治县河道管理所证明，本溪满族自治县公安局调取证据清单及收条、委托书，指认现场照片等证据可证实，张继丰在未取得采沙许可证情况下，组织张某癸、张继凯、张某丙、张某甲、张某乙等人雇用工人擅自在本溪满族自治县草河口镇祁家堡村北沟、草河城镇沙河沟孙家堡河道内盗采河沙分别卖给王某乙、徐某某及各上诉人的职责分工；张继丰因本案被刑事拘留后，于 2013 年 5 月 30 日书面委托张某戊代其处理河沙货款结算、运送等一切经营事务，现有证据足以证明张继丰伙同张继凯、张某丙、张某癸、张某甲、张某乙共同盗采河沙的事实。原判综合采沙铲车司机、运沙货车司机及河沙买家等人证言，以最低额认定两处沙场非法采矿犯罪数额，张继丰是否从他人处购买河沙，不影响其非法采矿犯罪事实认定。另张继丰系两处沙场的实际经营者，在其负案在逃期间，其所组织的非法采矿犯罪持续进行，张继丰应对非法采矿共同犯罪中全部非法采沙数量承担刑事责任。上述上诉理由、辩护意见无事实及法律依据，不予采纳。

对于上诉人张某乙及其辩护人所提“张某乙未提供铲车，其将铲车分别租给靖某某、詹某某，其中一辆铲车系于 2013 年 5 月 15 日从谢某某手中购买，后租给詹某某，租用期间于 2013 年 5 月 29 日被本溪县水务局扣押”的上诉理由及辩护意见，经查，上诉人张某甲的供述、证人詹某某的证言可证实张继丰雇用张某乙的两辆铲车非法采沙，证人靖某某的证言可证实曾于 2013 年 6 月借用张某乙铲车一周时间，未长期租用，张某乙辩解与上述证据相悖。詹某某未曾证实租用过张某乙的铲车，且即使张某乙所辩解其中一辆铲车于 2013 年 5 月 15 日购买后租给詹某某一节属实，亦不能否定其提供另一辆铲车在靖某某借用以外的时间内非法采沙的事实。上诉人张某癸、张某甲的供述、证人施某某、张某己、詹某某的证言可证实张某乙除提供铲车外，亦有管理沙河沟孙家堡沙场具体事务、指挥工人采沙等非法采矿行为，在卷证据足以认定张某乙非法采矿犯罪事实成立。该上诉理由、辩护意见无事实依据，不予采纳。

对于上诉人张继丰及其辩护人所提“被害人闵某甲有过错”、上诉人张继凯所提“其不构成故意伤害罪，其先被闵某甲用斧子砍成重伤，无能力实施伤害行为亦未指使他人对被害人施以殴打，张某癸、张某壬对闵某甲实施殴打系防卫过当”、上诉人张某壬所提“其对重伤后果不应负责”的上诉理由及辩护意见，经查，上诉人张继丰、张某壬、张某癸的供述，被害人闵某甲、闵某乙的陈述，证人张某丙、范某某、高某乙、郑某某、高某丙、闵某丁等人的证言可证实，闵某甲等人对张继凯等人在其家牛圈附近的非法采沙行为予以制止，张继凯遂打电话召集人员并不许闵某甲等人离开，同时手持木棒在现场等候，张继丰等人到达现场后与闵某甲等人在交涉过程中发生打斗，打斗中致被害人代某某、闵某乙重伤及闵某甲轻伤后果。各上诉人有共同的犯罪故意并实施了共同的犯罪行为，均应对共同犯罪所造成的重伤后果承担责任。故不能以被害人有过错为由对上诉人从轻处罚，亦不能认定各上诉人对闵某甲实施殴打系防卫过当，上述上诉理由及辩护意见无事实及法律依据，不予采纳。

对于上诉人张继丰及其辩护人所提“代某某案发前患有脑血栓，此病与代某某重伤和大部分护理依赖的鉴定结论有法律上的因果关系，一审法院未安排重新鉴定，系程序违法”的上诉理由及辩护意见，经查，代某某患脑梗塞时病历记载其出院状况为“右上、下肢活动可，语言清，查体神清，病情好转出院”，上诉人张继丰及辩护人不能提供证据证明代某某案发前患脑血栓与其重伤和大部分护理依赖的鉴定结论有因果关系。代某某的重伤程度及大部分护理依赖程度系由公安机关及一审法院委托具有资质鉴定机构，由专业技术人员作出的鉴定意见，结论客观真实，应予采信。该上诉理由及辩护意见无事实及法律依据，不予采纳。

对于上诉人张继丰及其辩护人所提“张继丰不构成盗窃罪，第一次其系帮助赵某某卖毛石，第二次其与赵某某事先达成协议，系借用行为”的上诉理由及辩护意见，经查，被害人赵某某、袁某某及高某甲在侦查机关的陈述可证实张继丰两次运走毛石之前均未告知三人，且高某甲该次陈述与证人刘某丙证实2013年5月某日电话告知高某甲有铲车正在装运毛石，高某甲当时称不清楚此事的证言相互印证。证人吕全德、高某甲在一审庭审中证实赵某某在陈某丙家满月宴上委托张继丰卖毛石一节，与被害人赵某某、袁某某陈述及证人詹某某、孙某乙关于此节证言相悖，不足采信。张继丰未经所有权人同意，私自将他人财物据为已有，其行为构成盗窃罪。该上诉理由、辩护意见无事实及法律依据，不予采纳。

对于上诉人张继丰及其辩护人所提“张继丰已赔偿闵某甲、闵某乙、代某某经济损失5万元，与袁某某达成和解协议并取得谅解，原判量刑重”的上诉理由、辩护意见及上诉人张某癸、张某壬所提“原判量刑过重”的上诉理由，经查，原判视各上诉人在共同犯罪中的地位、作用及各自犯罪事实、认罪态度、悔罪表现及赔偿情况等情节所处刑罚适当。上述上诉理由、辩护意见无法律依据，不予采纳。

综上，原判认定事实清楚，定性准确，量刑适当，审判程序合法。依照《中华人民共和国刑法》第二百三十四条，第二百六十四条，第三百四十三条第一款，第二十五条第一款，第二十六条第一款、第四款，第二十七条，第六十四条，第六十七条第三款，第六十九条第一款、第三款，第三十六条第一款，《中华人民共和国民法通则》第一百三十条，《中华人民共和国刑事诉讼法》第二百二十五条第一款第（一）项，《最高人民法院关于适用〈中华人民共和国刑事诉讼法〉的解释》第一百五十五条第一款、第二款，第一百六十三条之规定，裁定如下：

驳回上诉，维持原判。

本裁定为终审裁定。

审 判 长　李 颖
审 判 员　佟秀莲
代理审判员　张 平

二〇一五年六月十一日
书 记 员　王基旭

附：本裁定所适用的法律条文

《中华人民共和国刑法》

第二百三十四条　故意伤害他人身体的，处三年以下有期徒刑、拘役或者管制。

犯前款罪，致人重伤的，处三年以上十年以下有期徒刑；致人死亡或者以特别残忍手段致人重伤造成严重残疾的，处十年以上有期徒刑、无期徒刑或者死刑。本法另有规定的，依照规定。

第二百六十四条　盗窃公私财物，数额较大的或者多次盗窃、入户盗窃、携带凶器盗窃、扒窃的，处三年以下有期徒刑、拘役或者管制，并处或者单处罚金，数额巨大或者有其他严重情节的，处三年以上十年以下有期徒刑，并处罚金……。

第三百四十三条第一款　违反矿产资源法的规定，未取得采矿许可证擅自采矿，擅自进入国家规划矿区、对国民经济具有重要价值的矿区和他人矿区范围采矿，或者擅自开采国家规定实行保护性开采的特定矿种，情节严重的，处三年以下有期徒刑、拘役或者管制，并处或者单处罚金；情节特别严重的，处三年以上七年以下有期徒刑，并处罚金。

第二十五条第一款　共同犯罪是指二人以上共同故意犯罪。

第二十六条第一款　组织、领导犯罪集团进行犯罪活动的或者在共同犯罪中起主要作用的，是主犯。

第二十六条第四款　对于第三款　规定以外的主犯，应当按照其所参与的或者组织、指挥的全部犯罪处罚。

第二十七条　在共同犯罪中起次要作用或者辅助作用的，是从犯。

对于从犯，应当从轻、减轻或者免除处罚。

第六十四条　犯罪分子违法所得的一切财物，应当予以追缴或者责令退赔；对被害人的合法财产，应当及时返还；违禁品和供犯罪所用的本人财物，应当予以没收。没收的财物和罚金，一律上缴国库，不得挪用和自行处理。

第六十七条第三款　犯罪嫌疑人虽不具有前两款规定的自首情节，但是如实供述自己的罪行的，可以从轻处罚；因其如实供述自己罪行，避免特别严重后果发生的，可以减轻处罚。

第六十九条第一块　判决宣告以前一人犯数罪的，除判处死刑和无期徒刑的以外，应当在总和刑期以下，数刑中最高刑期以上，酌情决定执行的刑期，但是管制最高不能超过三年，拘役最高不能超过一年，有期徒刑总和刑期不满三十五年的，最高不能超过二十年，总和刑期在三十五年以上的，最高不能超过二十五年。

第六十九条第三款　数罪中有判处附加刑的，附加刑仍须执行，其中附加刑种类相同的，合并执行，种类不能的，分别执行。

第三十六条第一款　由于犯罪行为而使被害人遭受经济损失的，对犯罪分子除依法给予刑事处罚外，并应根据情况判处赔偿经济损失。

《中华人民共和国民法通则》

第一百三十条　二人以上共同侵权造成他人损害的，应当承担连带责任。

《中华人民共和国刑事诉讼法》

第二百二十五条　第二审人民法院对不服第一审判决的上诉、抗诉案件，经过审理后，应当按照下列情形分别处理：

（一）原判决认定事实和适用法律正确、量刑适当的，应当裁定驳回上诉或者抗诉，维持原判；

（二）原判决认定事实没有错误，但适用法律有错误，或者量刑不当的，应当改判；

（三）原判决事实不清楚或者证据不足的，可以在查清事实后改判；也可以裁定撤销原判，发回原审人民法院重新审判。

原审人民法院对于依照前款第三项规定发回重新审判的案件作出判决后，被告人提出上诉或者人民检察院提出抗诉的，第二审人民法院应当依法作出判决或者裁定，不得再发回原审人民法院重新审判。

《最高人民法院关于适用〈中华人民共和国刑事诉讼法〉的解释》

第一百五十五条　第一款对附带民事诉讼作出判决，应当根据犯罪行为造成的物质损失，结合案件具体情况，确定被告人应当赔偿的数额。

第一百五十五条第二款　犯罪行为造成被害人人身损害的，应当赔偿医疗费、护理费、交通费等为治疗和康复支付的合理费用，以及因误工减少的收入。造成被害人残疾的，还应当赔偿残疾生活辅助具费等费用；造成被害人死亡的，还应当赔偿丧葬费等费用。

第一百六十三条　人民法院审理附带民事诉讼案件，除刑法、刑事诉讼法以及刑事司法解释已有规定的以外，适用民事法律的有关规定。

利津县水利局与胡宝良水利行政处罚二审行政判决书

山东省东营市中级人民法院

行政判决书

（2016）鲁 05 行终 108 号

上诉人（一审被告）：利津县水利局。

法定代表人：崔秉鸿，局长。

委托代理人：王希国，山东诚正勤律师事务所律师。

委托代理人：陈金剑，利津县水利局水政监察大队大队长。

被上诉人（一审原告）：胡宝良。

委托代理人：隋丽艳，山东东胜律师事务所律师。

委托代理人：何维凯，山东东胜律师事务所律师。

一审被告：利津县人民政府。

法定代表人：燕振诚，县长。

委托代理人：张永春，山东诚正勤律师事务所律师。

委托代理人：常凯凯，利津县人民政府法制办公室工作人员。

上诉人利津县水利局与被上诉人胡宝良、一审被告利津县人民政府水利行政处罚一案，山东省利津县人民法院于 2016 年 10 月 20 日作出（2016）鲁 0522 行初 22 号行政判决。一审被告利津县水利局不服，向本院提起上诉。本院受理后依法组成合议庭，于 2016 年 12 月 12 日公开开庭审理了本案。上诉人利津县水利局副局长刘爱星及委托代理人王希国、陈金剑，被上诉人胡宝良及委托代理人隋丽艳、何维凯，一审被告利津县人民政府的委托代理人张永春、常凯凯到庭参加诉讼。本案现已审理终结。

一审法院经审理查明：2016 年 2 月，胡宝良在褚官河左岸距河中心线 27.2 米的地方建造房屋两排，用于养鸡。胡宝良所建房屋位于褚官河确权范围内。因胡宝良所建房屋未经利津县水利局批准，2016 年 3 月 10 日，利津县水利局向胡宝良送达了《责令停止水事违法行为通知书》，责令胡宝良立即停止违法行为，限七天内到利津县水利局补办相关手续。胡宝良在期限内到利津县水利局要求补办相关手续，利津县水利局未予办理。2016 年 4 月 19 日，利津县水利局对胡宝良作出利水罚字〔2016〕01 号水行政处罚决定，认定胡宝良在褚官河确权范围内建设房屋，违反了《中华人民共和国水法》第三十八条的规定，根据《中华人民共和国水法》第六十五条第二款、《东营市水行政处罚裁量基准》的规定，决定处罚如下：1. 限 15 天内拆除违法建筑，并恢复原貌；2. 处罚款人民币柒万元（计 70000 元）；3. 若逾期不拆除，强制拆除，所需费用由当事人负担。胡宝良不服该处罚决定，向利津县人民政府申请行政复议。利津县人民政府于 2016 年 7 月 27 日作出利政复决字〔2016〕9 号行政复议决定，维持了利津县水利局作出的利水罚字〔2016〕01 号行政处罚决定。胡宝良不服，于 2016 年 8 月 17 日向一审法院提起行政诉讼。

一审法院认为：根据《中华人民共和国水法》第六十五条第二款规定，利津县水利局作为县级人民政府水行政主管部门具有查处未经批准进行建设行为的法定职权。利津县水利局在行政处罚决定书中认定“胡宝良在褚官河确权范围内建房”，根据利津县水利局提交的现场勘验图、利津县人民政府办公室利政办发（1992）69号文件可知，该确权范围为水工程确权范围。法律法规没有规定在水工程确权范围内建设房屋须经水行政主管部门审查批准，因此也就不能适用《中华人民共和国水法》第六十五条第二款作出行政处罚决定。《中华人民共和国水法》第三十八条规定：“在河道管理范围内建设桥梁、码头和其他拦河、跨河、临河建筑物、构筑物，铺设跨河管道、电缆，应当符合国家规定的防洪标准和其他有关的技术要求，工程建设方案应当依照防洪法的有关规定报经有关水行政主管部门审查同意。”《中华人民共和国河道管理条例》第二十条规定：“有堤防的河道，其管理范围为两岸堤防之间的水域、沙洲、滩地（包括可耕地）、行洪区，两岸堤防及护堤地。无堤防的河道，其管理范围根据历史最高洪水位或者设计洪水位确定。河道的具体管理范围，由县级以上地方人民政府负责划定。”针对褚官河河道管理范围及胡宝良所建房屋是否位于褚官河河道管理范围内，利津县水利局未向法院提供证据、依据予以证明，故不能认定胡宝良所建房屋位于河道管理范围。因此，利津县水利局认为胡宝良的建房行为违反《中华人民共和国水法》第三十八条规定，根据第六十五条第二款对其进行行政处罚，主要证据不足，适用法律错误。《中华人民共和国水法》第六十五条第二款规定：“未经水行政主管部门或者流域管理机构同意，擅自修建水工程，或者建设桥梁、码头和其他拦河、临河建筑物、构筑物，铺设跨河管道、电缆，且防洪法未作规定的，由县级以上人民政府水行政主管部门或者流域管理机构依据职权，责令停止违法行为，限期补办有关手续；逾期不补办或者补办未被批准的，责令限期拆除违法建筑物、构筑物；逾期不拆除的，强行拆除，所需费用由违法单位或者个人负担，并处一万元以上十万元以下的罚款。根据上述法律规定，水行政主管部门若认为行政相对人私自违法建设，应当首先责令行政相对人停止违法行为，限期补办手续，在逾期不补办手续或者补办未被批准的情况下，责令行政相对人限期拆除违法建筑物，在限定期限内行政相对人不拆除的，才可强行拆除违法建筑物并处以罚款。本案利津县水利局在责令胡宝良限期拆除违法建筑物的同时处以罚款，系程序违法。综上，利津县水利局作出的利水罚字〔2016〕01号行政处罚决定主要证据不足，适用法律错误，程序违法，依法应予撤销。原行政行为违法，行政复议决定自然无效，利津县人民政府作出的利政复决字〔2016〕9号行政复议决定应予撤销。依照《中华人民共和国行政诉讼法》第七十条第（一）、（二）、（三）项之规定，判决撤销利津县水利局2016年4月19日作出的利水罚字〔2016〕01号水行政处罚决定及利津县人民政府2016年7月27日作出的利政复决字〔2016〕9号行政复议决定。一审案件受理费50元，由利津县水利局负担。

上诉人利津县水利局不服一审判决，上诉称：一、一审法院关于被诉行政处罚决定主要证据不足的认定，属于认定事实错误。一审法院认为被上诉人胡宝良所建的房屋是在“水工程确权范围”内，不能证明是在“河道管理范围内”，因此，上诉人对被上诉人胡宝良所建房屋作出的行政处罚证据不足，这一认定是错误的。其理由如下：1. 河道的管理范围与其水利工程的确权范围是一致的。河道、渠道都属于水利工程。《中华人民共和国河道管理条例》第二十条规定：“……河道的具体管理范围，由县级以上地方人民政府负责划定。”在利政办发（1992）69号《关于水利工程土地确权划界登记发证工作的实施意见》中，根据桩号划定的褚官河、太平河等各河道、渠道相应的确权管理范围，就是利津县人民政府划定的管理范围。由此可见，河道的管理范围就是该河道水利工程确权范围。针对褚官河这一水利工程，确权文件已明确划定了其确权管理范围，即：0+000—11+000 为河中心向两侧各 75 米；11+000—22+000 为河中心向两侧各 80 米……胡宝良所建的房屋就位于 11+000—22+000 褚官河管理范围内（详细情况见勘验笔录、勘验图）。一审法院通过审理已查明，胡宝良所建房屋位于褚官河河道管理范围内，胡宝良对其所建房屋位于褚官河河道管理范围内亦无异议。但一审法院仅以河道工程确权范围与河道管理范围不是同一概念为由，错误认定上诉人提交的利政办发（1992）69 号文件和利国用（93）字第 0742 号《国有土地使用证》不能证明胡宝良所建房屋位于”河道管理范围”，并据此认为“法律法规没有规定在水工程确权范围内建设房屋需经水行政主管部门审查批准，因此，也就不能适用《中华人民共和国水法》第六十五条第二款作出行政处罚”该结论显然是错误的，导致一审判决认定事实错误。

《中华人民共和国水法》第三十八条规定：“在河道管理范围内建设桥梁、码头和其他拦河、跨河、临河建筑物、构筑物，铺设跨河管道、电缆，应符合国家规定的防洪标准和其他有关的技术要求，工程建设方案应当依照防洪法的有关规定报经有关水行政主管部门审查同意。”《中华人民共和国河道管理条例》第十一条规定：“修建开发水利、防治水害、整治河道的各类工程和跨河、穿河、穿堤、临河的桥梁、码头、道路、渡口、管道、缆线等建筑物及设施，建设单位必须按照河道管理权限，将工程建设方案报送河道主管机关审查同意后，方可按照基本建设程序履行审批手续。”由此可见，利津县水利局作为利津县水行政主管部门对水利工程确权范围内的建筑物有审查批准权力。《中华人民共和国水法》第六十五条第二款规定：“未经水行政主管部门或者流域管理机构同意，擅自修建水工程，或者建设桥梁、码头和其他拦河、跨河、临河建筑物、构筑物，铺设跨河管道、电缆，且防洪法未作规定的，由县级以上人民政府水行政主管部门或者流域管理机构依据职权，责令停止违法行为，限期补办有关手续；逾期不补办或者补办未被批准的，责令限期拆除违法建筑物、构筑物；逾期不拆除的，强行拆除，所需费用由违法单位或者个人负担，并处一万元以上十万元以下的罚款。”可见对未经水行政主管部门同意，建设临河建筑物、构筑物的，县级以上水行政主管部门依据职权可以对当事人作出行政处罚。

一审法院认定“水工程确权范围内”不是在“河道管理范围内”，按此逻辑，如果政府确定水工程确权范围后，水行政管理机关则随之丧失在该区域的行政管理职能，水行政管理机关就不能通过行政处罚的方式对侵犯国家、公共利益的违法行为进行处罚了。如果如一审法院认定的水工程确权范围不是河道管理范围，那么将会出现任何人都可以不经水行政部门审批同意，在水工程确权范围内进行乱搭乱建，来侵占河道并影响河道畅通。这显然不符合法律规定。

2. 从被上诉人胡宝良在一审中提交的利政办发（1992）69 号文《关于水利工程土地确权划界登记发证工作的意见》中关于建筑物处理的有关规定来看，对确权范围内早已形成的“违章建筑物”，一律按清障规定限期清除搬迁。也就是说，在确权之前已经形成的违章建筑物都需要清除，更不用说在确权之后形成的建筑物了。这也就进一步印证了水工程确权范围就是河道管理范围，不允许不经审批而私自建设建筑物。就本案而言，被上诉人胡宝良所建房屋位于褚官河水工程确权范围内，该确权范围是经过利津县人民政府审核批准，归上诉人管理使用的，且属于褚官河水工程使用权范围。被上诉人是在土地确权之后，即 2016 年 2 月份全县整治乱搭乱建违法行为背景下，修建而成的违法建筑，当然属于上诉人依行政职权清除的范围。

二、上诉人作出的行政处罚决定程序正当合法。上诉人接到举报人举报后，组织执法人员到现场，经过实地勘验、调查询问，发现胡宝良所建的房屋没有经过审批手续，随即向其下达了《责令停止水事违法行为通知书》，后查明因胡宝良在河道管理范围内未批先建的行为不符合国家的相关规定，不能通过补办手续予以纠正，因此，启动了立案查处程序。上诉人在进一步调查的基础上，于 2016 年 3 月 22 日向被上诉人送达了行政处罚告知书、听证告知书。在水行政处罚告知书中，明确告知被上诉人在 15 天内拆除违法建造的房屋，逾期不拆除将强制拆除，并处罚款 70000 元。被上诉人收到上述行政执法文书后，没有要求听证亦没有提出任何陈述、申辩请求，也没有在限期 15 天内自行拆除。因此，上诉人在时隔 27 天后，于 2016 年 4 月 19 日根据查明的事实对胡宝良作出限期拆除违法建筑，同时处以罚款 70000 元的行政处罚决定，其处罚程序合法。行政处罚决定书中第 2 项罚款处罚是对被上诉人先前告知事项的确认，是符合事实和法律的。因为本案行政处罚具有确保防洪安全和保障人民群众生命财产安全的意义，属于维护社会公共利益。即使在处罚决定书中存在像一审法院认为的那样，即在行政处罚中不应当同时处以罚款，那么也应当属于《中华人民共和国行政诉讼法》第七十条和第七十七条所规定的部分撤销和部分变更的情形，而不应当撤销整个处罚决定。

三、上诉人作出的行政处罚决定适用《中华人民共和国水法》第六十五条第二款是正确的。根据该条规定，上诉人依据查明的事实，对被上诉人胡宝良作出利水罚字〔2016〕01 号行政处罚决定，处罚内容为：1. 限胡宝良在 15 日内拆除违法建筑，并恢复原貌；2. 处罚款人民币 7 万元；3. 若逾期不拆除，强制拆除，所需费用由当事人负担。该处罚中三项内容的执行应结合《中华人民共和国水法》第六十五条第二款的规定理解适用。一审庭审中上诉人对上述处罚事项亦进行了释明，即该三项处罚内容并非并列之事项，处罚的首要意图是为了促使行政相对人自行纠正不法行为，逾期不自动拆除，将承担后续两项的行政处罚责任。因此，上诉人所作处罚是严格按照《中华人民共和国行政处罚法》规定的处罚与教育相结合的原则以及行政机关为维护国家、公共利益所需的行政效率之充分体现，是符合法律规定的。

综上，上诉人作出的利水罚字〔2016〕01 号水行政处罚决定证据充分，事实清楚，程序合法，适用法律正确，请求二审法院依法撤销一审判决，驳回被上诉人胡宝良的诉讼请求；一、二审诉讼费由被上诉人胡宝良负担。

被上诉人胡宝良答辩称：一、上诉人利津县水利局作出的具体行政行为没有法律法规的规定和授权，该行政处罚决定应当被撤销。上诉人利津县水利局在行政处罚决定书中认定"胡宝良在褚官河确权范围内建房"，根据上诉人利津县水利局提交的现场勘验图、利津县人民政府办公室利政办发（1992）69 号文件可知，该确权范围为水工程确权范围。法律法规没有规定在水工程确权范围内建设房屋必须经水主管部门审查批准，因此也就不能适用《中华人民共和国水法》第六十五条第二款作出行政处罚决定。上诉人利津县水利局作出的具体行政行为没有法律法规的授权，且上诉人利津县水利局没有提交证据证明被上诉人胡宝良所建房屋位于褚官河河道管理范围内，因此，该行政处罚决定应予撤销。

二、即使上诉人利津县水利局对涉案房屋建设拥有审查批准权，上诉人利津县水利局作出的行政处罚决定程序违法且严重不合理，依法应予撤销。1. 被上诉人胡宝良接到上诉人利津县水利局通知书后，按照通知要求申请补办手续，上诉人利津县水利局未接受申请，也未出具补充材料或不予批准等任何文书，上诉人利津县水利局的行政行为程序违法。2016年3月10日，被上诉人胡宝良收到上诉人利津县水利局作出的利水责停字〔2016〕01号《责令停止水事违法行为通知书》。该通知书中要求被上诉人胡宝良立即停止违法行为，限七天内到上诉人利津县水利局补办相关手续。被上诉人胡宝良收到通知书后，随即到上诉人利津县水利局补办相关手续。上诉人利津县水利局工作人员无正当理由拒绝为被上诉人胡宝良办理相关手续，没有一次性告知被上诉人胡宝良需要补正的内容，更没有为被上诉人胡宝良出具不予受理的决定书。2、责令限期拆除违法建筑物、构筑物是罚款的前置程序，上诉人利津县水利局未责令被上诉人胡宝良限期拆除就对其处以高额罚款，上诉人利津县水利局的行政行为程序违法。根据《中华人民共和国水法》第六十五条之规定，责令限期拆除违法建筑物、构筑物的行政处罚决定，是作出罚款的行政处罚决定的前置程序。本案中上诉人利津县水利局并没有对被上诉人胡宝良作出责令限期拆除的行政处罚决定，就直接对被上诉人胡宝良作出7万元的行政处罚决定，该具体行政行为严重违法，应当予以撤销。3. 被上诉人胡宝良没有任何违法的故意，涉案土地是由其所在村委会发包的，养殖也是农村最基本的经济来源，并且承包协议中明确约定承包人可以根据需要进行养殖建设，并且承包协议经过了公证。作为一名普通的农民，被上诉人胡宝良已尽到合理的注意义务，基于村民对村委会的信赖进行养殖劳作。执法部门应当考虑被上诉人胡宝良作为村民对村委会的信赖，也应当考虑拆除正在进行养殖经营的建筑物会给被上诉人胡宝良造成很大的经济损失。仅就上诉人利津县水利局作出的罚款数额与限期拆除的期限也完全违背了合理行政与信赖保护的行政法基本原则。

综上，上诉人利津县水利局无权作出行政处罚，并且行政处罚违反法定程序、缺乏事实依据，严重侵害了被上诉人胡宝良的合法权益，应予撤销。

一审被告利津县人民政府答辩称，同意上诉人利津县水利局的意见。

各方当事人在一审中提交的证据已随案移送本院，上述证据在一审庭审中已经质证。二审法院对一审诉讼过程中各方当事人提交的证据及一审法院据此确认的事实予以认可。

本院认为，关于上诉人利津县水利局是否具有作出本案行政处罚决定的行政职权问题。《中华人民共和国水法》第十二条第四款规定："县级以上地方人民政府水行政主管部门按照规定的权限，负责本行政区域内水资源的统一管理和监督工作。"第五十九条规定："县级以上人民政府水行政主管部门和流域管理机构应当对违反本法的行为加强监督检查并依法进行查处。"第三十八条规定："在河道管理范围内建设桥梁、码头和其他拦河、跨河、临河建筑物、构筑物，铺设跨河管道、电缆，应当符合国家规定的防洪标准和其他有关的技术要求，工程建设方案应当依照防洪法的有关规定报经有关水行政主管部门审查同意。"《山东省实施〈中华人民共和国河道管理条例〉办法》第四条第（四）项规定："其他河道由县（市、区）的河道主管机关实施管理，或者在县（市、区）河道主管机关的组织协调下，由乡（镇）人民政府实施管理。"据此，上诉人利津县水利局具有对河道管理范围内违反《中华人民共和国水法》及《中华人民共和国河道管理条例》等的行为进行查处的法定职权。

关于本案被上诉人胡宝良所建房屋及相关设施是否在河道管理范围内的问题。本院认为，《中华人民共和国河道管理条例》第二十条规定：”有堤防的河道，其管理范围为两岸堤防之间的水域、沙洲、滩地(包括可耕地)、行洪区，两岸堤防及护堤地。无堤防的河道，其管理范围根据历史最高洪水位或者设计洪水位确定。河道的具体管理范围，由县级以上地方人民政府负责划定。”《山东省实施〈中华人民共和国河道管理条例〉办法》第十四条规定：“有堤防的河道，其管理范围为两岸堤防之间的水域、沙洲、滩地（包括可耕地）、行洪区、两岸堤防及堤脚外侧 5 至 10 米的护堤地；无堤防的河道其管理范围根据历史最高洪水位或者设计洪水位划定。河道具体管理范围，按照河道管理权限，由县级以上地方人民政府负责划定。”同时，利津县人民政府制定下发的利政办发（1992）69 号《关于水利工程土地确权划界登记发证工作的实施意见》中，根据桩号划定了褚官河、太平河等各河道、渠道相应的确权划界范围。因为划界是指划定河道（堤防）的管理范围，确权是指对管理范围的土地进行使用权证的申领，所以对于水行政主管部门拥有的水利工程土地使用权的确权就是对管理范围的土地的确定。据此，利津县人民政府为上诉人利津县水利局颁发的利国用（93）字第 0742 号《国有土地使用证》所确定的上诉人拥有的水利工程土地使用权范围就是上诉人利津县水利局具有河道管理职权的范围。因此，既然各方当事人均认可被上诉人胡宝良在上诉人利津县水利局拥有使用权的水利工程用地范围内，未经审批修建了房屋等建筑物，用于养殖，那么，上诉人利津县水利局就具有作出本案行政处罚决定的法定职权。一审法院对此认定错误，本院予以纠正。

关于上诉人利津县水利局作出被诉行政处罚决定适用法律及处罚结果是否正确的问题。《中华人民共和国水法》第六十五条第二款规定：“未经水行政主管部门或者流域管理机构同意，擅自修建水工程，或者建设桥梁、码头和其他拦河、跨河、临河建筑物、构筑物，铺设跨河管道、电缆，且防洪法未作规定的，由县级以上人民政府水行政主管部门或者流域管理机构依据职权，责令停止违法行为，限期补办有关手续；逾期不补办或者补办未被批准的，责令限期拆除违法建筑物、构筑物；逾期不拆除的，强行拆除，所需费用由违法单位或者个人负担，并处一万元以上十万元以下的罚款。”据此，在水行政主管部门责令违法行为人限期拆除违法建筑物、构筑物而违法行为人逾期不拆除的，水行政主管部门应依法强行拆除；在强行拆除后，所需费用由违法行为人负担，并处罚款。也就是说，只有在违法行为人逾期不自行拆除导致上诉人强制拆除违法建筑的，才能对违法行为人并处罚款。而本案上诉人利津县水利局作出的被诉行政处罚决定，在责令被上诉人胡宝良限期拆除违法建筑的同时，在上诉人给出的自行拆除时间还未到期，且违法行为人是否自行拆除还不确定的情况下，就决定对被上诉人胡宝良并处罚款七万元，显然违反了上述法律规定。但因上诉人利津县水利局作出的行政处罚认定被上诉人胡宝良在河道管理范围内违法建设的事实正确，为了维护河道管理秩序，被上诉人胡宝良的违法建筑物应予拆除。根据《中华人民共和国水法》第六十五条第二款的规定，并处罚款的处罚是对违法行为人不履行强制拆除义务的处罚，在上诉人利津县水利局还未作出强制拆除决定之前，上诉人利津县水利局就对被上诉人胡宝良作出并处罚款的决定违反法律规定，该项处罚应予撤销。

《最高人民法院关于适用〈中华人民共和国行政诉讼法〉若干问题的解释》第九条规定：“复议机关决定维持原行政行为的，人民法院应当在审查原行政行为合法性的同时，一并审查复议程序的合法性。”本案中，经询问，各方当事人对一审被告利津县人民政府作出行政复议决定的程序合法性均无异议。根据第七十九条的规定“复议机关与作出原行政行为的行政机关为共同被告的案件，人民法院应当对复议决定和原行政行为一并作出裁判”，因为利水罚字〔2016〕01号行政处罚决定应部分被撤销，而一审被告利津县人民政府作出的利政复决字〔2016〕9号行政复议决定又是维持利水罚字〔2016〕01号行政处罚决定，所以利政复决字〔2016〕9号行政复议决定应予撤销。

综上，一审法院虽然认定事实清楚，程序合法，但适用法律错误，应予纠正。依据《中华人民共和国行政诉讼法》第八十九条第一款第（二）项、第三款，第七十条第（二）项、第七十九条之规定，判决如下：

一、撤销山东省利津县人民法院作出的（2016）鲁0522行初22号行政判决；

二、撤销上诉人利津县水利局作出的利水罚字〔2016〕01号行政处罚决定的第2项；

三、撤销一审被告利津县人民政府作出的利政复决字〔2016〕9号行政复议决定；

四、驳回胡宝良的其他诉讼请求。

二审案件受理费50元，由上诉人利津县水利局负担。

本判决为终审判决。

审判长　蒋建功

审判员　邵金芳

审判员　张素云

二〇一六年十二月二十日

书记员　赵　岩

韩晓红、侯守民、安图县河道堤防管理站与姚庆春、王云、孙某某、张某某、张某甲生命权纠纷再审审查民事裁定书

吉林省高级人民法院

民事裁定书

（2016）吉民申字第14号

再审申请人（一审原告、二审上诉人）：韩晓红，女，现住吉林省安图县。

委托代理人：王首岑，吉林岑峰律师事务所律师。

委托代理人：王淑珍，吉林岑峰律师事务所律师。

再审申请人（一审原告、二审上诉人）：侯守民，男，现住吉林省安图县。

委托代理人：王首岑，吉林岑峰律师事务所律师。

委托代理人：王淑珍，吉林岑峰律师事务所律师。

再审申请人（一审被告、二审上诉人）：安图县河道堤防管理站。住所地：吉林省安图县。

法定代表人：刘书伟，站长。

委托代理人：扈玉海，吉林诚途律师事务所律师。

被申请人（一审被告、二审被上诉人）：姚庆春，男，现住吉林省安图县。

被申请人（一审被告、二审被上诉人）：王云，女，现住吉林省安图县。

被申请人（一审被告、二审被上诉人）：孙某某，女，现住吉林省吉林市。

法定代理人：江殿芬（孙某某母亲），女，现住吉林省吉林市。

被申请人（一审被告、二审被上诉人）：张某某，男，现住吉林省安图县。

法定代理人：张德军（张某某父亲），男，现住吉林省安图县。

被申请人（一审被告、二审被上诉人）：张某甲，男，现住吉林省安图县。

法定代理人：张铁汉（张某甲父亲），男，现住吉林省安图县。

再审申请人韩晓红、侯守民，再审申请人安图县河道堤防管理站（以下简称河道管理站）因与被申请人姚庆春、王云、孙某某、张某某、张某甲生命权纠纷一案，不服吉林省延边朝鲜族自治州中级人民法院（2014）延中民一终字第489号民事判决，向本院申请再审。本院依法组成合议庭对本案进行了审查，现已审查终结。

韩晓红、侯守民申请再审称，（一）原判认定的基本事实缺乏证据证明。韩晓红、侯守民将侯某某交给其表姐孙某某看护，在家门口骑自行车玩。因为来了张某某，三人决定到公园玩。在公园遇到张某甲，张某某或张某甲提议到河里冲凉。四人到河坝后，坐在石桥上冲脚，因逆水而坐，水流急，水冲击脚背，致侯某某落水身亡。从以上事实看，韩晓红、侯守民应承担20%责任；河道管理站应承担20%责任，并对姚庆春、王云的赔偿责任承担连带责任；孙某某、张某某、张某甲的监护人应各承担10%的赔偿责任。（二）按照《最高人民法院关于审理人身损害赔偿案件适用法律若干问题的解释》第十六条规定，河道管理站作为管理人，应与施工者即姚庆春、王云承担连带责任。并应按照第三条第二款规定判决。

河道管理站申请再审称，（一）原判认定河道管理站对河道内建设项目具有管理职责，

对姚庆春、王云私自搭建便桥疏于监管，导致事故发生没有事实和法律依据。姚庆春、王云在河道内搭建的“便桥”不能认定是《中华人民共和国河道管理条例》所指的桥梁，河道管理站对其管理缺乏法律依据；《中华人民共和国河道管理条例》第三十六条规定有权责令设障者清除的权利人并不是河道管理站；《中华人民共和国河道管理条例》第四十七条规定河道管理站只是处理机构而不是赔偿主体；河道管理站承担责任的前提是不作为，而确认河道管理站是否存在失职行为应由行政诉讼程序解决。（二）原判适用《中华人民共和国侵权责任法》第十二条、《中华人民共和国河道管理条例》第一条错误。

本院认为，（一）事故发生时，侯某某7岁，是无民事行为能力人，其家长应承担监护职责。韩晓红、侯守民在汛期没有妥善照顾侯某某，致其在玩耍时溺水身亡，原判韩晓红、侯守民承担主要责任并无不当。侯某某落水系因水流冲击造成，孙某某、张某某、张某甲无过错，原判三人对事故不承担赔偿责任亦并无不当。（二）《最高人民法院关于审理人身损害赔偿案件适用法律若干问题的解释》第三条第二款规定：“二人以上没有共同故意或者共同过失，但其分别实施的数个行为间接结合发生同一损害后果的，应当根据过失大小或者原因力比例各自承担相应的赔偿责任。”第十六条规定：“下列情形，适用民法通则第一百二十六条的规定，由所有人或者管理人承担赔偿责任，但能够证明自己没有过错的除外：（一）道路、桥梁、隧道等人工建造的构筑物因维护、管理瑕疵致人损害的；（二）堆放物品滚落、滑落或者堆放物倒塌致人损害的；（三）树木倾倒、折断或者果实坠落致人损害的。前款第（一）项情形，因设计、施工缺陷造成损害的，由所有人、管理人与设计、施工者承担连带责任。”本案中，姚庆春、王云与河道管理站不存在共同故意或共同过失，韩晓红、侯守民要求河道管理站与姚庆春、王云承担连带赔偿责任没有依据。本案也不符合第十六条第二款的规定，故韩晓红、侯守民要求河道管理站承担连带责任不能成立。（三）《中华人民共和国河道管理条例》规定河道管理站是河道的管理部门，河道管理站不能依照自己的理解认为本案中事故发生的便桥不是桥，进而推卸其疏于管理的责任。原判适用《中华人民共和国侵权责任法》第十二条、《中华人民共和国河道管理条例》第一条亦并无不当。

综上，韩晓红、侯守民、河道管理站的再审申请不符合《中华人民共和国民事诉讼法》第二百条规定的情形。依照《中华人民共和国民事诉讼法》第二百零四条第一款之规定，裁定如下：

驳回韩晓红、侯守民、安图县河道堤防管理站的再审申请。

审　判　长　李世秀
代理审判员　王　宏
代理审判员　王　莹

二〇一六年一月二十六日
书　记　员　冯　曲

案件名?

吉林省高级人民法院

民事裁定书

（2016）吉民申 1325 号

再审申请人（一审原告、二审上诉人）：李春波，男，1970 年 8 月 12 日出生，汉族，住吉林省东辽县。

再审申请人（一审原告、二审上诉人）：姜静，女，1972 年 6 月 21 日出生，汉族，住吉林省东辽县。

被申请人（一审被告、二审被上诉人）：四平市水利局。

法定代表人：刘兴禹，该局局长。

委托诉讼代理人：李长春，吉林吉华律师事务所律师。

被申请人（一审被告、二审被上诉人）：四平市二龙山水库管理局。

法定代表人：梁京春，该局局长。

委托诉讼代理人：范鹏，男，该局副书记。

委托诉讼代理人：臧志军，吉林至均律师事务所律师。

被申请人（一审第三人、二审被上诉人）：王友，男，1965 年 6 月 10 日出生，汉族，住吉林省东辽县。

被申请人（一审第三人、二审被上诉人）：李云忠，男，47 岁，汉族，住吉林省东辽县。

再审申请人李春波、姜静因与被申请人四平市水利局（简称水利局）、四平市二龙山水库管理局（简称水库管理局）、王友、李云忠生命权纠纷一案，不服吉林省四平市中级人民法院（2015）四民一终字第 213 号民事判决，向本院申请再审。本院依法组成合议庭进行了审查，现已审查终结。

李春波、姜静申请再审称，1.身为水库管理局，对其所管理的水库存在一无名非法采砂船多日采砂的情况却不予制止，采砂形成五六米深坑，不设警示标志，不予公告，又无人看护，致危险结果的发生，存在不可推脱的责任。2.在一审水库管理局出庭的证人证明水库尽到了管理责任是假的，证人根本不在事发现场，根本未尽管理职责，而法庭采信该证据是错误的，改变了事实真相。3.一审和法院调取的公安卷宗李君的证言证明王友、李云忠积极参与采砂的事实，证明本案的第三人王友、李云忠是非法采砂船的成员之一，原审法院认定该两人不承担责任，缺乏证据。庞大的采砂船是从外地运抵事发现场，进行组装后进行采砂多日，水库管理局不闻不问不管，将该水域水深只是在成人膝下，变成六米深坑，水库管理人有责任。显然原审法院偏祖对方，判决显失公平。依照《中华人民共和国侵权责任法》第六条和第八条的规定，水利局、水库管理局、王友、李云忠应该承担赔偿责任。

水库管理局提交意见称，1. 根据四平市人事局机构改革文件，我局有 14 项职能，但不包括治理非法采砂作业，对方认为我局未尽管理职责与事实不符。2. 原审中我局提交了在水库显著位置设立了警示标识的照片，证明我局尽到了管理义务。3. 李春波、姜静认为一审出庭证人是假的，没有证据支持。综上，我局认为李春波、姜静的申请理由不能成立，诉求应予驳回。

水利局提交意见称，1. 水利局不是李瑞溺亡的水库的管理人，李瑞溺亡的地点也不属于公共场所。依据《中华人民共和国河道管理条例》第五十条规定，不应承担溺水死亡的民事赔偿责任。2. 李瑞溺水死亡的原因是抢救其擅自在二龙湖水库推虾时不慎落入深坑的母亲姜静，李瑞作为完全民事行为能力人，对自己的行为应具备辨认、控制能力，对其行为可能导致溺亡的结果应当预见。被害人主观上存在严重过错，所以应当对死亡后果承担全部责任。

本院经审查认为，姜静等人违反水库管理相关规定，不听劝阻，未经许可私自到二龙湖水库推虾，该行为不受法律保护，并且姜静、李瑞作为完全民事行为能力人对该危险行为的后果应该有所预期，由此产生的后果应由其自行承担责任。姜静、李春波要求水利局、水库管理局承担责任没有事实和法律依据。姜静、李春波不能提供充分有效的证据证明王友、李云忠是非法采砂人，故原审未予保护，并无不妥。

依照《中华人民共和国民事诉讼法》第二百零四条第一款，《最高人民法院关于适用〈中华人民共和国民事诉讼法〉的解释》第三百九十五条第二款规定，裁定如下：

驳回李春波、姜静的再审申请。

审　判　长　张　辉
代理审判员　刘　忠
代理审判员　杜小雨

二〇一六年八月二十九日
书　记　员　×××

杨慧丽、朱建伟与漯河市凯悦物业管理有限公司、漯河市沙澧河建设管理委员会、河南省沙颍河工程管理局生命权、健康权、身体权纠纷再审民事裁定书

河南省高级人民法院

民事裁定书

2015 豫法立二民申字第 00177 号

再审申请人（一审原告、二审上诉人）：杨慧丽，住漯河市源汇区

再审申请人（一审原告、二审上诉人）：朱建伟，住漯河市源汇区

再审申请人（一审被告、二审上诉人）：漯河市凯悦物业管理有限公司。

法定代表人：宋帅兵，该公司经理。

委托代理人：曹淼，河南永力律师事务所律师。

再审申请人（一审被告、二审上诉人）：漯河市沙澧河建设管理委员会。

法定代表人：郭新增，该委员会主任。

委托代理人：陈景龙，该委员会工作人员。

委托代理人：翟明伟，河南强人律师事务所律师。

一审被告：河南省沙颍河工程管理局。

法定代表人：郭伟，该局局长。

杨慧丽、朱建伟与漯河市凯悦物业管理有限公司、漯河市沙澧河建设管理委员会、河南省沙颍河工程管理局生命权、健康权、身体权纠纷一案，双方均不服漯河市中级人民法院（2014）漯民一终字第 138 号民事判决，向本院申请再审。本院依法组成合议庭对本案进行了审查，现已审查终结。

杨慧丽、朱建伟申请再审称：本案杨慧丽、朱建伟无任何过错，不应承担责任，事故责任应由凯悦物业管理公司全部承担；一、二审判决 30000 元精神抚慰金过低，与本案杨慧丽、朱建伟及其家人痛失爱子受到的巨大精神打击不相符。请求依法再审。

凯悦物业管理公司申请再审称：本案所涉的防护网存在于水下，上面连接有白色浮漂，凯悦物业管理公司不是水下设施的设计人、产权所有人、管理者，对水下设施没有管理义务，不应承担赔偿责任；一、二审认定凯悦物业管理公司接受沙澧河建设管理委员会委托，管理的设施存在安全隐患，作为直接管理者对于游客人身安全有提醒警示，对溺水游客有积极救助义务为由，判决凯悦物业管理公司承担 50%的赔偿责任缺乏证据证明，且适用法律错误。请求依法再审。

沙澧河建设管理委员会申请再审称：（一）沙澧河建设管理委员会不是本案适格被告，沙澧河建设委员会已经尽到了监督管理的职责，不应承担任何赔偿责任；（二）凯悦物业管理公司按照维护管理委托合同的约定，在“金沙滩浴场”的醒目区域设置了警示标志，并且在金沙滩的游泳区与河道行洪区之间设置了带浮漂的防护网，凯悦物业管理公司完全尽到了合理限度范围内的安全保障义务；受害人朱霄瀚自身对溺水事故的发生存在明显过错，且杨慧丽、朱建伟作为朱霄瀚的监护人未尽到监护职责，疏于对受害人进行安全教育和管护，导致事故发生，自身应承担全部责任。请求依法再审。

本院认为：关于事故责任承担及比例划分问题。本案中朱霄瀚的父母作为监护人，疏

于安全危险警示教育，允许未成年子女独自外出游玩，导致事故发生，对损害后果杨慧丽、朱建伟存在过错，理应承担一定的责任。关于杨慧丽、朱建伟主张精神抚慰金30000元过低的理由。根据《最高人民法院关于确定民事侵权精神损害赔偿责任若干问题的解释》第十条规定，依据侵权人的过错程度，及本地区平均生活水平的综合因素，原审酌定精神抚慰金30000元适当，故杨慧丽、朱建伟申请称精神抚慰金30000元过低，凯悦物业管理公司应承担全部赔偿责任的再审申请理由不能成立。沙澧河建设管理委员会与凯悦物业管理公司签订有《漯河市沙澧河风景区沙河二期景区维护管理委托合同》，凯悦物业管理公司接受了金沙滩浴场的日常管理服务工作，该浴场具有公益性，是对市民免费开放的场所，但凯悦物业管理公司作为直接管理者，应负有安全保障义务，在管理服务中，对可能出现的不安全事件应积极施救，对不安全因素应尽到提醒、劝告和协助义务，虽然浴场设置警示标志，但对于儿童在无成年人陪同的情况下，夜晚在浴场游泳没有尽到劝阻、提醒义务，因此，凯悦物业管理公司亦应承担责任。根据本案查明的事实，原审法院认定杨慧丽、朱建伟和凯悦物业管理公司各自承担50%的同等责任依据充分，凯悦物业管理公司称其不应承担赔偿责任的再审申请理由本院亦不予支持。沙澧河建设管理委员会是"金沙滩浴场"的建设和安全设置及管理单位，其与凯悦物业管理公司签订的《漯河市沙澧河风景区沙河二期景区维护管理委托合同》中，没有明确约定发生溺水事件的责任承担事项，对救护人员、救护艇（船）等硬件设施配备也没有约定。虽然沙澧河建设管理委员会将管理权交给凯悦物业管理公司，但其作为管理部门仍然负有对凯悦物业管理公司履行金沙滩浴场管理职责的情况进行监督、指导、管理责任。对溺水事故的发生，原审判决沙澧河建设管理委员会承担连带责任并无不当。沙澧河建设管理委员会主张其不是本案适格被告，不应承担任何赔偿责任的再审申请理由依据不足，本院不予支持。

综上，杨慧丽、朱建伟，漯河市凯悦物业管理有限公司、漯河市沙澧河建设管理委员会的再审申请不符合《中华人民共和国民事诉讼法》第二百条规定的情形。依照《中华人民共和国民事诉讼法》第二百零四条第一款之规定，裁定如下：

驳回杨慧丽、朱建伟，漯河市凯悦物业管理有限公司、漯河市沙澧河建设管理委员会的再审申请。

审 判 长　于保林
代理审判员　王卫霞
代理审判员　丁　伟

二〇一五年五月十八日
书 记 员　冯妍润
书 记 员　耿　华

李光陈、徐小威诉江南水利水电工程公司、水利部海河水利委员会漳卫南运河管理局生命权纠纷一案二审民事判决书

河南省安阳市中级人民法院

民事判决书

（2014）安中民二终字第693号

上诉人（原审原告）：李光陈，男，1975年12月14日出生。

上诉人（原审原告）：徐小威，女，1975年1月10日出生。

被上诉人（原审被告）：江南水利水电工程公司。

被上诉人（原审被告）：水利部海河水利委员会漳卫南运河管理局。

上诉人李光陈、徐小威因与被上诉人江南水利水电工程公司（以下简称江南水利水电公司）、水利部海河水利委员会漳卫南运河管理局（以下简称海委漳卫南管理局）生命权纠纷一案，不服河南省安阳县人民法院（2013）安民初字第00552-1号民事判决，向本院提起上诉。本院依法组成合议庭审理了本案，现已审理终结。

原审查明，原告李光陈、徐小威系李子龙的父母亲。李子龙系一名在读小学生。2012年8月22日下午3点左右，李子龙与本村同龄的7名小学生一起前往离家1.5千米的安丰乡施家河村东段的漳河边玩耍。李子龙下河后突然双脚踩空，跌入河中。1个小时之后，李子龙被附近的村民救上来，但已溺水而亡。经查，事发地点的漳河河道内事发前几年来河水断流，2012年8月1日，漳河上游的岳城水库为泄洪，向下游漳河河道内开闸放水。江南水利水电公司系南水北调穿漳工程项目部的施工单位，南水北调穿漳工程在漳河南侧建有进水闸，北侧建有出水闸，主体工程系在漳河内进行。事发前该项目部为施工便利在河道内修筑了一条南北方向的路，该路南段东侧有一大坑系南水北调穿漳工程项目部所挖，南水北调穿漳工程主体工程结束后，并没有对所挖沙坑进行填平。死者李子龙从该沙坑的边缘滑落河中溺亡。

原审认为，公民享有生命健康权。李子龙虽是年满十二岁的限制民事行为能力人，但对自己下河玩耍存在溺水危险应有一定的预见能力，该事故发生直接原因是原告李光陈、徐小威之子李子龙未能正确预见在漳河河道下水玩耍的危险和监护人疏于对其子管理和教育，两原告应对该事故的发生承担主要责任，即承担该事故70%的责任。江南水利水电公司为施工便利，在河道内修筑了一条南北方向的施工路，在修筑该路时在南段东侧挖一大坑，该公司在接到漳河河务局下发的岳城水库泄洪放水通知后，应及时将所挖大坑回填。由于该坑紧邻施工路，江南水利水电公司在未回填大坑情况下，亦未在该处设立警示标志，故江南水利水电公司应承担次要责任，即承担该事故30%的责任。海委漳卫南管理局作为河道管理机关，在岳城水库泄洪放水前已将通知下发相关单位，尽到了注意义务，故海委漳卫南管理局无责任。江南水利水电公司辩称其将土建工程承包给兴昌公司，所挖大坑系兴昌公司施工造成的，但未提供证据证明，本院不予采纳。原告主张的死亡赔偿金150498.8元、丧葬费17101.5元、精神损害抚慰金50000元合理合法，本院予以支持。综上，江南水利水电公司赔偿原告（死亡赔偿金150498.8元+丧葬费17101.5元+精神损害抚慰金50000元）×30%=65280.09元。依照《中华人民共和国民法通则》第九十八条、第一百一

十九条、第一百二十五条,《最高人民法院关于审理人身损害赔偿案件适用法律若干问题的解释》第十七条、第十八条、第二十七条、《中华人民共和国民事诉讼法》第六十四条、第一百四十二条之规定，判决：一、江南水利水电工程公司于本判决生效后十日内一次性赔偿原告李光陈、徐小威死亡赔偿金、丧葬费、精神损害抚慰金共计人民币65280.09元；二、驳回原告李光陈、徐小威的其他诉讼请求。如果未按本判决指定的期间履行给付金钱义务，应当依照《中华人民共和国民事诉讼法》第二百五十三条之规定，加倍支付迟延履行期间的债务利息。案件受理费4564元，由原告李光陈、徐小威负担3194.8元，由被告江南水利水电工程公司负担1369.2元。

宣判后，李光陈、徐小威不服，上诉称：被上诉人江南水利水电公司在案发地漳河河道内挖坑修路，在南水北调穿漳工程主体结束后，并没有对上述所挖沙坑进行回填，也没有在该处设立警示标志，导致李子龙从该沙坑的边缘滑落坑中溺亡，江南水利水电公司应负全部或主要的赔偿责任；海委漳卫南管理局未尽到监督和管理责任，应承担相应的赔偿责任；望二审法院查明事实，正确适用法律，依法裁决。

江南水利水电公司辩称：答辩人对上诉人之子溺水身亡表示同情和慰问，但答辩人对于该河道既非管理义务人，也非产权单位，同时没有任何过错，没有任何理由和法律规定让答辩人承担相应责任，应依法驳回上诉人对答辩人的诉讼请求。

经审理查明，二审查明事实与原审认定事实一致。

本院认为，国家河道的功能是为了河流的引洪、防洪、输水，不是供公众行走和活动的通道。上诉人之子李子龙虽是年满十二岁的限制民事行为能力人，但对自己下河玩耍存在溺水危险应有一定的预见能力，该事故发生的直接原因是上诉人之子李子龙未能正确预见在漳河河道下水玩耍的危险和监护人疏于对其子管理和教育，原审判决上诉人承担该事故70%的责任并无不当。被上诉人江南水利水电公司为施工便利，在河道内修筑了一条南北方向的施工路，在修筑该路时在南段东侧挖一大坑，该公司在接到漳河河务局下发的岳城水库泄洪放水通知后，未及时将所挖大坑回填，原审判决其承担30%的责任并无不当。海委漳卫南管理局作为河道管理机关，在岳城水库泄洪放水前已将通知下发相关单位，尽到了注意义务，故海委漳卫南管理局无责任。原审判决认定事实清楚，适用法律正确，依照《中华人民共和国民事诉讼法》第一百七十条第一款第（一）项之规定，判决如下：

驳回上诉，维持原判。

二审案件受理费3346元，由上诉人李光陈、徐小威负担。

本判决为终审判决。

审　判　长　　徐红伟
审　判　员　　丁伯顺
代理审判员　　苗　飞

二〇一四年六月十二日
书　记　员　　张　莹

李光陈、徐小威与江南水利水电工程公司、水利部海河水利委员会漳卫南运河管理局生命权纠纷民事申请再审裁定书

河南省高级人民法院

民事裁定书

（2014）豫法立二民申字1135号

再审申请人（一审原告、二审上诉人）：李光陈，男，汉族，住河南省安阳县。

再审申请人（一审原告、二审上诉人）：徐小威，女，汉族，住河南省安阳县。

被申请人（一审被告、二审被上诉人）：江南水利水电工程公司，住所地：广西壮族自治区南宁市金洲路23号。

法定代表人：范天印，该公司经理。

委托代理人：彭正海。

被申请人（一审被告、二审被上诉人）：水利部海河水利委员会漳卫南运河管理局，住所地：山东省德州市德城区东风中路666号。

法定代表人：张胜红，该局局长。

再审申请人李光陈、徐小威因与被申请人江南水利水电工程公司（以下简称工程公司）、水利部海河水利委员会漳卫南运河管理局生命权纠纷一案，不服河南省安阳市中级人民法院（2014）安中民二终字第693号民事判决，向本院申请再审。本院依法组成合议庭对本案进行了审查，现已审查终结。

李光陈、徐小威申请再审称：工程公司在漳河河道内挖坑修路没有及时回填和设立警示标志是造成李子龙溺亡的主要原因，一、二审判决工程公司承担30%的赔偿责任过轻，不符合因果关系和责任相适应的原则。一、二审判决适用法律错误，故申请再审。

工程公司提交意见称：工程公司没有过错，请求驳回再审申请。

本院认为：李子龙被溺亡的后果系多种因素结合所导致，其中李子龙的监护人李光陈、徐小威没有谨慎履行监护职责及李子龙的过错是主要原因，工程公司对施工中形成的沙坑在突然来水的情况下可能产生的危险没有尽到注意义务是次要原因，生效判决综合本案具体情况划分各方承担的责任并无不当。

综上，李光陈、徐小威的再审申请不符合《中华人民共和国民事诉讼法》第二百条规定的情形。依照《中华人民共和国民事诉讼法》第二百零四条第一款之规定，裁定如下：

驳回李光陈、徐小威的再审申请。

审 判 长　蔡　靖
审 判 员　金文鹏
代理审判员　陈同柱

二〇一四年十月三十一日
书 记 员　谷丽娜

海南省水利灌区管理局松涛灌区管理分局因与被上诉人薛鸿秀、金爱香生命权纠纷的民事判决书

海南省第二中级人民法院

民事判决书

（2015）海南二中民一终字第483号

上诉人（原审被告）：海南省水利灌区管理局松涛灌区管理分局（原海南省松涛水利工程管理局）。

法定代表人：陈益鸿，局长。

委托代理人：王伟，海南富岛律师事务所律师。

委托代理人：吴儒强，该分局办公室主任。

被上诉人（原审原告）：薛鸿秀，男，汉族，系死者×××的父亲。

被上诉人（原审原告）：金爱香，女，汉族，系死者×××母亲。

委托代理人：金忠，男，汉族。

两位被上诉人的共同委托代理人：刘思忠，男，汉族。

上诉人海南省水利灌区管理局松涛灌区管理分局（以下简称松涛管理局）因与被上诉人薛鸿秀、金爱香生命权纠纷一案，不服海南省儋州市人民法院（2014）儋民初字第1507号民事判决，向本院提起上诉。本院依法组成合议庭审理了本案。现已审理终结。

原审法院审理查明：薛鸿秀、金爱香之子×××于2013年12月9日12时许，在国营西联农场中心幼儿园对面的水利渠溺水身亡。当时有人向儋州市公安局西联派出所报案，西联派出所接到报案后赶到现场时，×××已被打捞上岸放在水利渠边上，有两个人正在给×××做人工呼吸，×××的口鼻中不时有带血的水流出，120急救车赶到后，随车医生现场展开抢救，最终抢救无效而死亡。

原审法院另查明，从现场勘查的情况看，×××溺水的水利渠从国营西联农场医院和老场部大楼之间穿过，医院与老场部大楼之间连着一座钢筋水泥结构的水利桥。出事地点位于水利桥下游方向（即国营西联农场老场部灯光球场西面围墙旁），离水利桥约50米远。出事地点至老灯光球场门口的大坝上有一条因有人经常通行而形成的小路。松涛管理局是该水利渠的管理主体。×××溺水身亡的水利渠地段位于居民生活的区域内，两侧未设置防护栏、未设置安全标志。

原审法院再查明，薛鸿秀、金爱香为非农业人口，×××死亡时12周岁，为儋州市西联中心小学六年级学生。

诉讼中，薛鸿秀、金爱香主张其损失要参照琼公交警（2014）348号《关于2014—2015年度海南省道路交通事故人身损害赔偿项目和计算标准的通知》的标准计算。

原审法院认为：侵害公民身体造成死亡的，应当赔偿丧葬费和死亡赔偿金及其他合理的费用。本案中，薛鸿秀、金爱香之子在松涛管理局管理的水利渠内溺水身亡，从现场勘查的情况看，×××溺水身亡的水利渠地段位于居民生活的区域内，但未设置防护栏、未设置安全标志，存在安全隐患，是×××溺水身亡的原因之一，松涛管理局应在其未尽到安全保障义务的范围内对×××溺水身亡所造成的损失承担与其过错相应的民事赔偿责

任；薛鸿秀、金爱香之子×××出事时12周岁，为未成年人，其在放学回家路上应该预见水利渠的危险性而疏忽大意导致其溺水身亡，加之薛鸿秀、金爱香未尽到监护义务也是×××死亡的原因之一，薛鸿秀、金爱香也应承担监护不力的责任。×××死亡后的死亡赔偿金、丧葬费按照法庭辩论终结时的上一统计年度计算，薛鸿秀、金爱香主张按照琼公交警（2014）348号《关于2014—2015年度海南省道路交通事故人身损害赔偿项目和计算标准的通知》的标准计算，符合法律规定，予以采纳。×××为非农业户口，在无责的情况下，死亡赔偿金为458580元（22929元/年×20年），丧葬费为20025.5元。薛鸿秀、金爱香主张交通费，但未能提供证据证明，不予支持。结合双方的过错程度，应确定由薛鸿秀、金爱香承担60%主要责任，松涛管理局承担40%的次要责任为宜，故松涛管理局应赔偿给薛鸿秀、金爱香的各项损失为：死亡赔偿金183432元（458580元×40%），薛鸿秀、金爱香诉请死亡赔偿金30万元过高，超出部分不予支持；丧葬费8010.2元（20025.5元×40%），薛鸿秀、金爱香主张10000元过高，超出部分不予采纳。＊＊＊的死亡给薛鸿秀、金爱香带来极大的精神打击，薛鸿秀、金爱香依法可以请求赔偿精神损害抚慰金，但其要求100000元过高，综合本案的实际情况及薛鸿秀、金爱香的过错，酌定为30000元。综上所述，松涛管理局应赔偿221442.2元给薛鸿秀、金爱香。薛鸿秀、金爱香诉请松涛管理局赔偿其损失415000元过高超出221442.2元的部分，不予支持。依照《中华人民共和国民法通则》第一百一十九条、第一百三十一条，《中华人民共和国侵权责任法》第十六条、第二十六条，《最高人民法院关于审理人身损害赔偿案件适用法律若干问题的解释》第十七条第三款、第十八条第一款之规定，判决：一、海南省水利灌区管理局松涛灌区管理分局应赔偿死亡赔偿金、丧葬费、精神损害抚慰金共计221442.2元给薛鸿秀、金爱香，限判决生效之日起十五日内付清。二、驳回薛鸿秀、金爱香的其他诉讼请求。如果未按判决指定的期间履行给付金钱义务，应当依照《中华人民共和国民事诉讼法》第二百五十三条之规定，加倍支付迟延履行期间的债务利息。案件受理费1187元，由薛鸿秀、金爱香负担712元，由海南省水利灌区管理局松涛灌区管理分局负担475元。

上诉人松涛管理局不服原审判决，向本院提起上诉称：一、原判判决我局承担民事侵权赔偿责任，没有法律依据。松涛水库灌区范围总面积5550平方千米，总干渠至那大镇分为东、西干渠，孩子溺水地点位于东干渠那大分干渠的西联节制闸前水段。属于我局那大管理区西联管理段管辖。事发地点是位于20世纪70年代前就已建成使用至今的水利干渠，该渠道作为明渠存在至今已有半个世纪，其地位、作用与自然形成的江河无异。二、自20世纪70年代至今，我局陆续在干渠两侧及横跨桥上大量设置各类永久性标志牌，常年在儋州日报、广播电台、电视台进行宣传，提醒公众注意危险，禁止下水。但鉴于国家政策和政府财政的现状，我局没有能力也没有义务为水利沟明渠全部安装护栏，加上顶盖。正如大江大河不可能完全杜绝人类游泳更无法避免溺水事故一样。我局作为专业水利设施维护管理机构没有能力阻止群众下水，更没有办法避免溺水事故发生。综上，原判以《中华人民共和国民法通则》第一百一十九条、第一百三十一条及《中华人民共和国侵权责任法》第一百六十八条、第二十六作为断案依据，实属适用法律错误，恳请二审法院撤销原判，改判驳回薛鸿秀、金爱香的诉讼请求。

被上诉人薛鸿秀、金爱香辩称：一、原判认定事实清楚，判决依法有据，应予维持。孩子溺水地点位于居民生活区，属于《中华人民共和国侵权责任法》第三十七条规定的公共场所范畴，但松涛管理局作为管理人，未设置防护栏，未设置安全标志，更无针对未成年人采取特殊的防护措施，未尽到安全保障义务，是孩子溺水的原因之一，原判判决其承担相应的民事责任，有理有据。二、事发地段属于“公共场所”，松涛管理局承担的是公共场所管理人的安全保障义务。（一）松涛管理局将事发地段的“公共场所”的管理人义务与整个“灌区范围”的一般性管理人义务混为一谈，其免责理由不成立。河道、水利设施管理者是否应承担安全保障义务不能一概而论，应具体情况具体分析。一个区域能否成为公共场所，要看其是否符合对外性、管理性、地域特定性三个特征。河道、水利设施多符合对外性、管理性特征，关于地域特定性，要具体情况具体分析。如河道、水利设施处于位置偏僻、人迹罕至的地方，就不符合地域性特征，不属于公共服务场所。如果河道位于人群密集、人流较大的地方，就符合地域性的特征，属于公共场所。×××溺水地点符合对外性、管理性和地域特定性三个特征，原判判决松涛管理局承担责任是法律正义的实现。（二）即使事发地“其地位作用与自然形成的江河无异”，但只要属于公共场所范围，亦不能免除作为管理人的松涛管理局的义务。只要属于公共场所，管理人就要尽到相应的安全保障义务，否则就要承担相应的民事责任。（三）即使河道管理者的注意义务与一般公共场所的管理者不尽相同，但并不能免除其在一定条件上应负的注意义务和应承担的管理者责任。《中华人民共和国河道管理条例》第八条规定：“各级人民政府河道主管机关以及河道监理人员，必须按照国家法律、法规，加强河道管理，执行供水计划和防洪调度命令，维护水利工程和人民生命安全。”这就要求河道管理者对进入河道活动的人员有责任依法进行管理，如果没有尽到相应的管理责任和注意义务，造成损害的，仍要依其过错程度承担相应的民事责任。三、松涛管理局称其采取了警示和防范措施，无相应的证据证明，且即使采取了一些措施和做了一些警示，亦未达到法律规定的管理人对公共场所应尽的安全保障义务的要求。对于成为公共场所的河道、水利设施，管理者应当提示告知存在的潜在危险和危险因素，如告知水深不要靠近。对于未成年人的安全保障义务，还应当采用特别标准。即如果在一个经营活动领域或者一个社会活动领域，存在对儿童具有诱惑力的危险时，公共场所的管理人必须履行最高的安全保障义务消除这个危险或者使未成年人与该危险隔绝或者是采取其他措施，保障不能对少年、儿童造成损害。没有实施这些保障措施，即为违反安全保障义务。例如，玩水是未成年人的天性，由于认知能力和行为能力的限制，该类人群对于水域的危险性认识不足或者说控制力差，所以溺水案件的受害人多是未成年人，因此基于对未成年人特别保护的标准，公共场所的管理人应履行更高的安全保障义务。如未尽到上述管理责任和注意义务，造成损害，要依其过错程度承担相应的民事责任。综上，原判认定事实清楚，适用法律正确，程序合法，请二审法院驳回上诉，维持原判。

松涛管理局在二审提供《松涛干渠安全教育宣传警示语牌相集》一册，欲证明松涛管理局在松涛干渠标志了安全警示并在报纸、电视台进行了安全教育的宣传。薛鸿秀、金爱香认为照片不具有客观性和关联性，很多标语是事发后才补上的，报纸、电视台宣传是在2009年，当时×××才七八岁，不足以起到警示作用。本院认为，松涛管理局提交的不在涉案水利渠段的照片由于与本案没有关联性，本院不予认定；关于涉案水利渠段的照片因未标明拍摄日期，无法证明其在事发前就已制作该警示标志，本院对其证明力不予确认；对在报纸、电视台宣传的真实性予以认定。

本院对一审查明的事实予以确认。

本院认为，关于原判判决松涛管理局在本案中承担民事责任有无法律依据的问题。《中华人民共和国民法通则》第一百零六条第一款规定："公民、法人违反合同或者不履行其他义务的，应当承担民事责任。"根据本案查明的事实，×××溺水地点位于国营西联农场医院和原场部大楼之间的水利桥下游50米处，周边有医院和原场部大楼及居民楼、灯光球场和幼儿园，该水利渠段处于居民生活区域内，人流量大，人口众多，薛鸿秀、金爱香称该水利渠周边属于公共场所，符合事实，本院予以认定。松涛管理局作为该水利渠段的管理人，有安全保障的义务，如其未尽到安全保障义务，则依法应承担相应的民事责任。

关于松涛管理局在本案中是否尽到安全保障义务的问题。由于该水利渠段处于居民生活区，则松涛管理局在该水利渠段两侧应加强安全防护管理，杜绝安全隐患，但其未设置防护栏，也没有证据证明其在事发前在该水利渠段设置了安全警示标志，原判认定松涛管理局未尽到安全保障义务有事实和法律根据，本院予以支持。鉴于松涛管理局未尽到安全保障义务，综合薛鸿秀、金爱香的儿子在该水利渠溺水死亡自身也存在过错，原判判决松涛管理局承担40%的侵权责任并无不当，本院予以维持。

综上，上诉人松涛管理局的上诉请求没有事实和法律依据，应予驳回。原审判决认定事实清楚，适用法律正确，处理结果并无不当，应予维持。依照《中华人民共和国民事诉讼法》第一百七十条第一款第（一）项之规定，判决如下：

驳回上诉，维持原判。

二审案件受理费1187元，由上诉人松涛管理局负担。

本判决为终审判决。

审　判　长　　苏堆玉
审　判　员　　赖永驰
代理审判员　　崔岱昕

二〇一五年四月十五日
书　记　员　　赵密密

附：本案适用的相关法律条文

《中华人民共和国民事诉讼法》

第一百七十条　第二审人民法院对上诉案件，经过审理，按照下列情形，分别处理：

（一）原判决、裁定认定事实清楚，适用法律正确的，以判决、裁定方式驳回上诉，维持原判决、裁定；

（二）原判决、裁定认定事实错误或者适用法律错误的，以判决、裁定方式依法改判，撤销或者变更；

（三）原判决认定基本事实不清的，裁定撤销原判决，发回原审人民法院重审，或者查清事实后改判；

（四）原判决遗漏当事人或者违法缺席判决等严重违反法定程序的，裁定撤销原判决，发回原审人民法院重审。

原审人民法院对发回重审的案件作出判决后，当事人提起上诉的，第二审人民法院不得再次发回重审。

薛某乙、金某甲与海南省水利灌区管理局松涛灌区管理分局生命权、健康权、身体权纠纷申请再审民事裁定书

海南省高级人民法院

民事裁定书

（2015）琼民申字第362号

再审申请人（一审被告、二审上诉人）：海南省水利灌区管理局松涛灌区管理分局。

法定代表人：林其文，该局局长。

委托代理人：王伟，海南富岛律师事务所律师。

委托代理人：吴儒强，该局副局长。

被申请人（一审原告、二审被上诉人）：薛某乙。

被申请人（一审原告、二审被上诉人）：金某甲。

委托代理人：金忠。

上列二位被申请人的共同委托代理人：刘思忠。

再审申请人海南省水利灌区管理局松涛灌区管理分局（以下简称松涛管理局）因与被申请人薛某乙、金某甲生命权纠纷一案，不服海南省第二中级人民法院于2015年4月15日作出的（2015）海南二中民一终字第483号民事判决，向本院申请再审。本院依法组成合议庭对本案进行了审查，现已审查终结。

松涛管理局申请再审称：（一）本案一、二审判决认定的基本事实缺乏证据证明。1.松涛管理局已尽到合理的安全保障义务。薛某乙、金某甲二人之子薛某甲的溺水地点位于上世纪七十年代之前已建成投入使用至今的水利干渠，其地位作用与天然河道无异。水利工程建设没有关于人身安全保障设施的强制性规范或者标准，我国没有任何法律法规规定河道两旁必须设置护栏，松涛管理局没有法定义务必须在干渠旁加装护栏。并且，松涛管理局自上世纪七十年代至今，陆续在干渠两侧及横跨桥上设置各类永久性安全警示标志，常年通过儋州日报、广播电台、电视台等媒介大力宣传安全知识，提醒公众注意危险，禁止下水，松涛管理局已尽到安全保障义务。一、二审法院认定松涛管理局未尽到安全保障义务缺乏证据证明。2.薛某乙、金某甲应对薛某甲的意外死亡负全部责任。根据法律规定，监护人的职责是依法履行对被监护人的监护义务，包括保护被监护人的身体健康、照顾被监护人的生活及对被监护人进行管理和教育。薛某乙、金某甲作为薛某甲的法定监护人，由于二人的疏忽大意导致被监护人长时间脱离视野和管控，薛某甲在其同胞哥哥的带领下偷偷脱光衣服下渠游泳，导致不幸溺亡。这种责任后果应由薛某乙、金某甲二人承担。（二）本案一、二审判决存在适用法律确有错误的情形。根据《中华人民共和国侵权责任法》及《最高人民法院关于审理人身损害赔偿案件适用法律若干问题的解释》的相关立法精神，安全保障义务人只是需要尽到合理限度范围内的安全保障义务，义务人并不承担绝对的安全保障义务，绝对的安全保障义务也是完全不可能的。本案的发生，系因薛某乙、金某甲未尽到监护职责及孩子自身过错造成的，并非因安全保障义务人未尽到安全保障义务而造成，故一、二审法院判决松涛水库承担责任没有法律依据。因此，松涛管理局依据《中华人民共和国民事诉讼法》第二百条第（二）项、第（六）项的规定申请再审。

被申请人薛某乙、金某甲提交意见（口头）称：本案一审、二审认定事实清楚，适用法律正确，判决依法有据，申诉人的再审申请无理。理由如下：1. 薛某甲溺水身亡的地点是松涛管理局管理的水利地段，该地段位于居民生活区域内，属于《侵权责任法》第三十七条规定的“公共场所”范畴，松涛管理局承担的是公共场所管理人的安全保障义务。但松涛管理局作为管理人，未设置防护栏、安全标志，更无针对未成年人采取特殊的防护措施，未尽到安全保障义务，是薛某甲溺水身亡的原因之一。2. 即使事发区域的地位作用与自然形成的江河无异，但只要其属于“公共场所”的范围，则不能免除松涛管理局作为管理人的义务。管理者在履行管理职能的过程中，如果没有尽到相应的管理责任和注意义务，造成损害结果的，仍要依其过错程度承担相应的民事责任。3. 松涛管理局的陈述与基本事实不符。溺亡的薛某甲为两兄弟中的哥哥，且溺水时为十二月，天气寒冷，不可能自行下渠游泳，溺亡事故系松涛管理局未尽到安全保障义务造成的。故一、二审判决认定事实清楚，适用法律正确，程序合法，请求省高院依法驳回松涛管理局的再审申请。

本院经审查认为：松涛管理局申请再审时提交的一份证据琼编办（2013）10号《海南省机构编制委员会办公室关于印发海南省水利灌区管理局松涛灌区管理分局机构编制方案的通知》，不属于《最高人民法院关于民事诉讼证据的若干规定》第四十四条规定的新证据，且该文件中载明的松涛管理局的工作任务和职责范围并不能说明松涛管理局作为渠段管理人没有相关的安全保障义务，本院不予采信。薛某甲溺水地点属于松涛管理局管理的水利渠段，该渠段处于西联农场居民生活区域内，渠段周边可供公众日常通行。作为该渠段的管理人，松涛管理局有相应的安全保障义务，但其并未设置防护栏，未设置安全警示标志，所管渠段存在安全隐患。虽然松涛管理局曾通过报纸、电台等媒体进行安全宣传，但仍不足以对日常通行的公众提示危险，消除隐患，未尽到渠段管理者足够的安全保障义务，应在其未尽到安全保障义务的范围内对薛某甲的溺亡承担相应的民事责任。松涛管理局主张薛某甲系因自行下渠游泳溺亡，却未能提供相应的证据予以证明，故其关于应由薛某乙、金某甲承担薛某甲溺亡的全部责任的主张不能成立。一、二审判决认定松涛管理局未尽到安全保障义务，并依据《中华人民共和国民法通则》、《中华人民共和国侵权责任法》及《最高人民法院关于审理人身损害赔偿案件适用法律若干问题的解释》的相关规定，判令在其未尽到安全保障义务的范围内，对薛某甲溺水身亡所造成的损失承担与其过错相应的民事责任并无不当，适用法律正确。

综上所述，海南省水利灌区管理局松涛灌区管理分局的再审申请不符合《中华人民共和国民事诉讼法》第二百条第（二）项、第（六）项规定的情形。依照《中华人民共和国民事诉讼法》第二百零四条第一款之规定，裁定如下：

驳回海南省水利灌区管理局松涛灌区管理分局的再审申请。

审　判　长　秦　晴
代理审判员　王　好
代理审判员　李　菁

二〇一五年六月十八日
书　记　员　李元勇

附本案适用的相关法律条文：

《中华人民共和国民事诉讼法》

第二百条　当事人的申请符合下列情形之一的，人民法院应当再审：

……

（二）原判决、裁定认定的基本事实缺乏证据证明的；

……

（六）原判决、裁定适用法律确有错误的；

……

第二百零四条　人民法院应当自收到再审申请书之日起三个月内审查，符合本法规定的，裁定再审；不符合本法规定的，裁定驳回申请。有特殊情况需要延长的，由本院院长批准。

……

朱军彪等与北京市顺义区水务局等生命权、健康权、身体权纠纷一审民事判决书

北京市顺义区人民法院

民事判决书

（2013）顺民初字第 8982 号

原告：朱军彪，男，1978 年 12 月 2 日出生。

委托代理人：蔡顺富，男，1971 年 5 月 11 日出生。

原告：陈冯霞，女，1979 年 2 月 2 日出生。

委托代理人：陈邦刚，男，1970 年 8 月 24 日出生。

上列二原告之共同委托代理人：高雷，北京市青天律师事务所律师。

被告：胡中宝，男，1969 年 1 月 25 日出生。

委托代理人：杨敏，北京市致知律师事务所实习律师。

委托代理人：赵家烁，北京市致知律师师事务所律师。

被告北京市顺义区水务局，住所地北京市顺义区石园北区东侧，组织机构代码 00009293-7。

法定代表人：李守义，局长。

委托代理人：贺月龙，男，1973 年 2 月 10 日出生，汉族，北京市顺义区水务局法制科科长。

委托代理人：徐全立，北京市扶正律师事务所律师。

原告：朱军彪、陈冯霞与胡中宝、被告北京市顺义区水务局（以下简称顺义水务局）生命权、健康权、身体权纠纷一案，本院受理后，依法由审判员张蕾独任审判，公开开庭进行了审理。原告朱军彪及其委托代理人蔡顺富、原告陈冯霞及其委托代理人陈邦刚，二原告之共同委托代理人高雷，被告胡中宝及其委托代理人赵家烁、杨敏，被告顺义水务局之委托代理人徐全立、贺月龙到庭参加诉讼。本案现已审理终结。

原告：朱军彪、陈冯霞共同诉称：二原告为夫妻关系，生一子名叫朱 ×，就读于顺义区某小学四年级二班。2013 年 6 月 14 日 12 时许，朱 × 在北京市顺义区仁和镇西环路减河桥下被发现溺水，后经顺义区医院抢救无效死亡。顺义区仁和镇西环路减河桥下方的管理方为被告顺义水务局，某小学的管理人为被告胡中宝，该学校未经顺义区教委批准备案，属于公民个人办学。朱 × 在某小学学习、生活期间，被告胡中宝作为希望小学的实际管理人，未尽到教育、管理职责，被告顺义水务局作为潮白河段的管理方，未尽到安全保障义务，导致悲剧发生。此事故给原告朱军彪、陈冯霞造成如下损失：死亡赔偿金 329520 元，丧葬费 31338 元，精神损害抚慰金 100000 元，医疗费 218.84 元，误工费 11200 元，交通费 5000 元，住宿费 1000 元，共计 478276.84 元。要求：1.被告顺义水务局赔偿二原告上述所有损失；2.被告胡中宝承担补充赔偿责任；3.被告负担案件受理费。

被告顺义水务局辩称：①我单位在河边设立了警示标志，已经尽到了安全保障义务。②朱 × 的死亡原因是其不会游泳而抱了一个泡沫板强行到河中央去，泡沫板脱手造成溺水，是自身危险行为导致的后果。③我单位作为行政管理机构，对河道只有行政管理职责，原告要求我单位承担民事赔偿责任，无法律依据。

被告胡中宝辩称：①胡中宝无办学资质这一情况与朱×溺水之间没有直接关系。②溺水发生在放学之后，胡中宝没有监管责任，而朱×不是在学校就餐午休的学生，在11：30放学之后，朱×应该离开学校。③学校已经对朱×进行了安全教育，尽到了教育责任；④此事不是朱×正常回家过程中发生的，河道附近有禁止游泳的警示标志和铁蒺藜，朱×已经年满十周岁，应该知道不能下河游泳。综上，胡中宝没有责任，不同意承担赔偿责任。如果法院认定为我需要承担赔偿责任，要求扣除我已支付原告的2000元。

经审理查明：

二原告系朱×的父母，朱×出生于2003年1月28日，系某学校四年级学生。某学校系胡中宝个人开办，该校没有办学资质，没有取得法人资格，胡中宝系该校校长。某学校作息时间表记载：中午放学11:20，午休12:20，下午进校1:30。某学校有一部分学生交纳了伙食费可以在学校食堂内用餐，用餐后应在学校午休。有一部分学生未交纳伙食费的，放学后应离开学校，朱×未交纳伙食费。胡中宝称已经对朱×进行了安全教育，但未提交朱×的安全管理责任书。2013年6月14日12时许，朱×在中午放学后与吴顺龙、赵海、程雨帆结伴到顺义区西环路减河桥下游泳，后朱×溺水死亡。

减河系被告顺义水务局下属单位潮白河管理段管理的河道，岸边立有警示牌，上注“水深危险水情复杂，游泳威胁生命安全”。

上述事实，有庭审笔录、照片、作息时间表、卷宗材料、尸体法医学鉴定书等证据在案为证，可作为认定案件事实之依据。

本院认为：

被告顺义水务局在岸边树立了警示标牌，已经尽到相应的职责。二原告未能举证说明被告顺义水务局有在事故河道安装护栏及铁蒺藜的义务，且原告之子朱×死亡的结果与被告顺义水务局是否安装护栏及铁蒺藜无直接因果关系，被告顺义水务局对于河道的管理职责不能被无限扩大，故被告顺义水务局对朱×死亡的损害后果不应承担责任。被告胡中宝创办了某学校，但未取得相应的办学资格，胡中宝未就其已经对朱×进行了安全教育进行充分的举证，亦未能就中午放学后对学生做出的安排进行有效管理，故其对于学校学生的管理、教育方面存在疏漏，与朱×的死亡后果之间存在一定因果关系，应对二原告的合理损失承担相应的赔偿责任。朱×系限制民事行为能力人，其自行到河道游泳，导致溺水死亡，且朱×的监护人未能尽到监护职责，上述原因是导致事故发生的主要原因。

根据《中华人民共和国侵权责任法》第十六条及《最高人民法院关于审理人身损害赔偿案件适用法律若干问题的解释》第十七条之规定，死亡赔偿金、丧葬费、精神损害抚慰金、医疗费、误工费、交通费属原告朱军彪、陈冯霞因此事故造成合理损失的范围。对于二原告上述各项合理损失的具体数额，本院根据当事人一致确认的事实、原告提交的证据以及有关法律规定和统计数据予以确认。二原告诉讼请求过高部分，本院不予支持。经过庭审质证，本院审核确认原告朱军彪、陈冯霞因此事故造成的合理损失为：死亡赔偿金329520元，丧葬费31338元，精神损害抚慰金50000元，医疗费218.84元，误工费3250元，交通费2000元。二原告上述所有合理损失，由被告胡中宝按照20%的比例承担赔偿责任。被告胡中宝称其曾经给过二原告捐款二千元，原告只认可胡中宝为其捐款1000元但不同意在本案中扣除。因无法认定胡中宝支付给二原告的2000元系赔偿款性质，故被告胡中宝要求在本案中扣除2000元的请求，本院不予采信。

综上所述，依照《中华人民共和国侵权责任法》第六条、第十六条、第二十六条，参照《最高人民法院关于审理人身损害赔偿案件适用法律若干问题的解释》第十七条之规定，判决如下：

一、被告胡中宝赔偿原告朱军彪、陈冯霞死亡赔偿金、丧葬费、精神损害抚慰金、医疗费、误工费、交通费共计83265.37元，于本判决生效之日起七日内付清；

二、驳回原告朱军彪、陈冯霞的其他诉讼请求。

如果未按本判决指定的期间履行给付金钱义务，应当依照《中华人民共和国民事诉讼法（2012年修正）》第二百五十三条之规定，加倍支付迟延履行期间的债务利息。

案件受理费4237元，由原告朱军彪、陈冯霞共同负担3499元（已交纳4219元），被告胡中宝负担738元，于本判决生效之日起七日内交纳。

如不服本判决，可在判决书送达之日起十五日内，向本院递交上诉状，并按对方当事人的人数提出副本，交纳上诉案件受理费，上诉于北京市第三中级人民法院。上诉期满后七日内仍未交纳上诉案件受理费的，按自动撤回上诉处理。

审判员　张　蕾

二〇一三年十月十七日

书记员　郑秋萍

朱军彪等与北京市顺义区水务局生命权、健康权、身体权纠纷二审民事判决书

北京市第三中级人民法院

民事判决书

（2014）三中民终字第00870号

上诉人（原审原告）：朱军彪，男，1978年12月2日出生。

委托代理人：蔡顺富，男，1971年5月11日出生。

委托代理人：高雷，北京市青天律师事务所律师。

上诉人（原审原告）：陈冯霞，女，1979年2月2日出生。

委托代理人：陈邦刚，男，1970年8月24日出生。

委托代理人：高雷，北京市青天律师事务所律师。

上诉人（原审被告）：胡中宝，男，1969年1月25日出生。

委托代理人：陈士菊，女，1971年3月26日出生。

被上诉人（原审被告）：北京市顺义区水务局，住所地北京市顺义区石园北区东侧。

法定代表人：李守义，局长。

委托代理人：贺月龙，男，1973年2月10日出生。

委托代理人：徐全立，北京市扶正律师事务所律师。

上诉人朱军彪、陈冯霞、胡中宝因与被上诉人北京市顺义区水务局（以下简称顺义水务局）生命权、健康权、身体权纠纷一案，不服北京市顺义区人民法院（2013）顺民初字第08982号民事判决，向本院提起上诉。本院依法组成合议庭审理了本案，现已审理终结。

2013年7月，朱军彪、陈冯霞起诉至原审法院称：朱军彪、陈冯霞为夫妻关系，生一子名叫朱×，就读于顺义区小学四年级。2013年6月14日12时许，朱×在北京市顺义区仁和镇西环路减河桥下被发现溺水，后经顺义区医院抢救无效死亡。顺义区仁和镇西环路减河桥下方的管理方为顺义水务局，京顺希望学校的管理人为胡中宝，该学校未经顺义区教委批准备案，属于公民个人办学。朱×在京顺希望小学学习、生活期间，胡中宝作为希望小学的实际管理人，未尽到教育、管理职责，顺义水务局作为潮白河段的管理方，未尽到安全保障义务，导致悲剧发生。此事故给朱军彪、陈冯霞造成如下损失：死亡赔偿金329520元，丧葬费31338元，精神损害抚慰金100000元，医疗费218.84元，误工费11200元，交通费5000元，住宿费1000元，共计478276.84元。要求：1.顺义水务局赔偿朱军彪、陈冯霞上述所有损失；2.胡中宝承担补充赔偿责任；3.顺义水务局、胡中宝负担案件受理费。

顺义水务局辩称：1.我单位在河边设立了警示标志，已经尽到了安全保障义务；2.朱×的死亡原因是其不会游泳而抱了一个泡沫板强行到河中央去，泡沫板脱手造成溺水，是自身危险行为导致的后果；3.我单位作为行政管理机构，对河道只有行政管理职责，朱军彪、陈冯霞要求我单位承担民事赔偿责任，无法律依据。

胡中宝辩称：1.胡中宝无办学资质这一情况与朱×溺水之间没有直接关系；2.溺水发生在放学之后，胡中宝没有监管责任，而朱×不是在学校就餐午休的学生，在11:30放学之后，朱×应该离开学校；3.学校已经对朱×进行了安全教育，尽到了教育责任；4.此事不是朱×正常回家过程中发生的，河道附近有禁止游泳的警示标志和铁蒺藜，朱×已经年满十

周岁，应该知道不能下河游泳。综上，胡中宝没有责任，不同意承担赔偿责任。如果法院认定为我需要承担赔偿责任，要求扣除我已支付朱军彪、陈冯霞的2000元。

原审法院经审理查明：朱军彪、陈冯霞系朱×的父母，朱×出生于2003年1月28日，系京顺希望学校四年级学生。京顺希望学校系胡中宝个人开办，该校没有办学资质，没有取得法人资格，胡中宝系该校校长。京顺希望学校作息时间表记载：中午放学11:20，午休12:20，下午进校1:30。京顺希望学校有一部分学生交纳了伙食费可以在学校食堂内用餐，用餐后应在学校午休。有一部分学生未交纳伙食费的，放学后应离开学校，朱×未交纳伙食费。胡中宝称已经对朱×进行了安全教育，但未提交朱×的安全管理责任书。2013年6月14日12时许，朱×在中午放学后与吴×、赵×、程×结伴到顺义区西环路减河桥下游泳，后朱×溺水死亡。

减河系顺义水务局下属单位潮白河管理段管理的河道，岸边立有警示牌，上注“水深危险水情复杂，游泳威胁生命安全”。

原审法院经审理认为：顺义水务局在岸边树立了警示标牌，已经尽到相应的职责。朱军彪、陈冯霞未能举证说明顺义水务局有在事故河道安装护栏及铁蒺藜的义务，且朱军彪、陈冯霞之子朱×死亡的结果与顺义水务局是否安装护栏及铁蒺藜无直接因果关系，顺义水务局对于河道的管理职责不能被无限扩大，故顺义水务局对朱×死亡的损害后果不应承担责任。胡中宝创办了京顺希望学校，但未取得相应的办学资格，胡中宝未就其已经对朱×进行了安全教育进行充分的举证，亦未能就中午放学后对学生做出的安排进行有效管理，故其对于学校学生的管理、教育方面存在疏漏，与朱×的死亡后果之间存在一定因果关系，应对朱军彪、陈冯霞的合理损失承担相应的赔偿责任。朱×系限制民事行为能力人，其自行到河道游泳，导致溺水死亡，且朱×的监护人未能尽到监护职责，上述原因是导致事故发生的主要原因。

根据《中华人民共和国侵权责任法》第十六条及《最高人民法院关于审理人身损害赔偿案件适用法律若干问题的解释》第十七条之规定，死亡赔偿金、丧葬费、精神损害抚慰金、医疗费、误工费、交通费属朱军彪、陈冯霞因此事故造成合理损失的范围。对于朱军彪、陈冯霞上述各项合理损失的具体数额，法院根据当事人一致确认的事实，朱军彪、陈冯霞提交的证据以及有关法律规定和统计数据予以确认。朱军彪、陈冯霞诉讼请求过高部分，法院不予支持。经过庭审质证，法院审核确认朱军彪、陈冯霞因此事故造成的合理损失为：死亡赔偿金329520元，丧葬费31338元，精神损害抚慰金50000元，医疗费218.84元，误工费3250元，交通费2000元。朱军彪、陈冯霞上述所有合理损失，由胡中宝按照20%的比例承担赔偿责任。胡中宝称其曾经给过朱军彪、陈冯霞捐款2000元，朱军彪、陈冯霞只认可胡中宝为其捐款1000元但不同意在本案中扣除。因无法认定胡中宝支付给朱军彪、陈冯霞的2000元系赔偿款性质，故胡中宝要求在本案中扣除2000元的请求，法院不予采信。

综上，依照《中华人民共和国侵权责任法》第六条、第十六条、第二十六条，参照《最高人民法院关于审理人身损害赔偿案件适用法律若干问题的解释》第十七条之规定，判决：

一、胡中宝赔偿朱军彪、陈冯霞死亡赔偿金、丧葬费、精神损害抚慰金、医疗费、误工费、交通费共计83265.37元，于本判决生效之日起七日内付清；二、驳回朱军彪、陈冯霞的其他诉讼请求。如果未按本判决指定的期间履行给付金钱义务，应当依照《中华人民共和国民事诉讼法（2012 年修正）》第二百五十三条之规定，加倍支付迟延履行期间的债务利息。

原审法院判决后，朱军彪、陈冯霞、胡中宝均不服，向本院提起上诉。朱军彪、陈冯霞的上诉请求为：撤销原审判决，改判胡中宝、顺义水务局赔偿各项损失 478276.84 元；一、二审案件受理费由胡中宝、顺义水务局承担。朱军彪、陈冯霞的上诉理由为：一、顺义水务局应当承担相应的赔偿责任，顺义水务局消极不作为造成了事故的发生，朱×溺亡的地点旁边是中水排出口，属于高危区域，水务局的管理义务高于一般河道；水务局的安全管理措施有疏漏，河道台阶处没有警示标牌，仅凭警示牌也难以达到保护未成年人的作用，在减河桥南侧护栏下方出现大洞，桥下护栏倒塌；事发水域北侧二十米左右房屋有顺义水务局的值班人员，值班人员对孩子溺水未尽到管理职责。二、原审法院判决胡中宝按照 20%的比例承担赔偿责任，显失公平，原审法院确定精神损害抚慰金数额过低，事发时是午饭、午休时间，按照学校管理制度，学生在校期间严禁出校，学校的安全保卫制度有明显漏洞；学生在校期间，学校负有教育管理职责，学校未尽到相应职责，家长在溺亡事件中没有任何过错；学校对学生人身安全的信息，未尽到告知家长义务。三、应当依照《中华人民共和国侵权责任法》第七十六条、第四十条进行裁判，原审法院适用法律错误。

胡中宝的上诉请求为：撤销原审判决，依法驳回朱军彪、陈冯霞的诉讼请求；诉讼费用由朱军彪、陈冯霞承担。胡中宝的上诉理由为：原审法院适用法律错误，胡中宝并未实施侵害朱×的行为，更不存在过错；根据公安机关的笔录，可以证明学校对学生经常进行安全知识教育；朱×溺水发生在中午放学之后，学校在此期间没有监管责任；朱×溺水水域有警示标志并有护栏，朱×应当对下河游泳的危险有辨识能力，溺亡是自身过错造成。

朱军彪、陈冯霞针对胡中宝的上诉请求辩称：胡中宝不能以放学时间来推脱责任，朱×中午放学后，是在学校小卖部购买食品作为午餐，是学校的管理制度形同虚设才导致了悲剧的发生；学校对于管理制度和安全信息也未尽到告知义务；原审法院判决胡中宝承担 20%的责任与其过错程度是不相当的。

顺义水务局对胡中宝的上诉请求未答辩。

胡中宝针对朱军彪、陈冯霞的上诉请求辩称：朱×是走读生，溺水事故发生时，是放学时间，学校没有管理责任义务；学校通过校会、班会反复向学生和家长告知安全问题，已经尽到了安全告知义务，不能以朱×家长没有收到安全责任书就说学校没有尽到安全告知义务。

顺义水务局针对朱军彪、陈冯霞的上诉请求辩称：同意原审判决，我方在岸边树立了警示标示，尽到了职责，没有过错。朱×死亡的直接原因是因为他不会游泳，抱着一块泡沫板强行到河中央，板脱手导致溺亡，完全是自身原因导致的，我方没有过错，不同意其上诉请求。

本院经审理查明的事实与原审法院查明事实一致。

上述事实，有庭审笔录、照片、作息时间表、卷宗材料、尸体法医学鉴定书等证据在案为证，可作为认定案件事实之依据。

本院认为：无民事行为能力人或者限制民事行为能力人在幼儿园、学校或者其他教育机构学习、生活期间，受到幼儿园、学校或者其他教育机构以外的人员人身损害的，由侵权人承担侵权责任；幼儿园、学校或者其他教育机构未尽到管理职责的，承担相应的补充责任。本案中，朱×系限制民事行为能力人，其自身在不会游泳的情况下，自行下河游泳，系导致溺水死亡的直接原因，朱军彪、陈冯霞作为朱×的监护人未能尽到监护职责，应当对朱×溺亡事故的发生负主要责任。胡中宝作为京顺希望学校的开办者，并未提供充分证据证明已经对朱×进行了安全教育，也未能就中午放学后对学生做出的安排进行有效管理，故胡中宝对于学校学生的管理、教育方面存在疏漏，与朱×的死亡后果之间存在一定因果关系，应对朱军彪、陈冯霞的合理损失承担相应的补充赔偿责任。顺义水务局在岸边树立了警示标牌，已经尽到相应的河道管理职责。朱军彪、陈冯霞未能举证证明顺义水务局在事故河道有更高的安全管理义务，且朱军彪、陈冯霞之子朱×死亡的结果与顺义水务局是否尽到管理责任无直接因果关系，顺义水务局对于河道的管理职责不能被无限扩大，故顺义水务局对朱×死亡的损害后果不应承担责任。原审法院判定胡中宝对朱军彪、陈冯霞因此事故的合理损失按照20%的比例承担赔偿责任并无不当，本院予以确认。

综上所述，朱军彪、陈冯霞、胡中宝的上诉请求均缺乏事实和法律依据。原审判决认定事实清楚，适用法律正确，应予维持。依照《中华人民共和国民事诉讼法》第一百七十条第一款第（一）项之规定，判决如下：

驳回上诉，维持原判。

一审案件受理费4237元，由朱军彪、陈冯霞共同负担3499元（已交纳4219元），由胡中宝负担738元（于本判决生效之日起七日内交纳）。

二审案件受理费8474元，由朱军彪、陈冯霞共同负担6998元（朱军彪已交纳），由胡中宝负担1476元（已交纳）。

本判决为终审判决。

审　判　长　　张　帆
代理审判员　　万丽丽
代理审判员　　胡林强

二〇一四年三月二十日
书　记　员　　赵　卉

朱军彪等与北京市顺义区水务局生命权、健康权、身体权纠纷再民事判决书

北京市高级人民法院

民事裁定书

（2014）高民申字第 3345 号

再审申请人（一审被告、二审上诉人）：胡中宝，男，汉族，1969 年 1 月 25 日出生。

被申请人（一审原告、二审上诉人）：朱军彪，男，汉族，1978 年 12 月 2 日出生。

被申请人（一审原告、二审上诉人）：陈冯霞，女，汉族，1979 年 2 月 2 日出生。

被申请人（一审被告、二审被上诉人）：北京市顺义区水务局，住所地北京市顺义区石园北区东侧。

法定代表人：李守义，该局局长。

再审申请人胡中宝因与被申请人朱军彪、陈冯霞、北京市顺义区水务局（以下简称顺义水务局）生命权、健康权、身体权纠纷一案，不服北京市第三中级人民法院（2014）三中民终字第 00870 号民事判决，向本院申请再审。本院依法组成合议庭对本案进行了审查，现已审查终结。

胡中宝申请再审称：原审判决的基本事实缺乏证据证明，主要证据系伪造，且未经质证。本案中，朱××是溺水死亡，导致死亡的直接原因是溺水，并不是管理和教育的疏漏，而是来自学校外部的突发性、偶然性的意外事故造成的，学校不应承担责任。且顺义水务局对此次事故有一定责任。原审判决适用法律错误，应当依照《中华人民共和国侵权责任法》（以下简称《侵权责任法》）第七十六条的规定进行裁决。二审法院审理程序错误。请求：撤销二审判决，依法驳回朱军彪、陈冯霞的诉讼请求；诉讼费用由被申请人承担。

本院认为：无民事行为能力人或者限制民事行为能力人在幼儿园、学校或者其他教育机构学习、生活期间，受到幼儿园、学校或者其他教育机构以外的人员人身损害的，由侵权人承担侵权责任；幼儿园、学校或者其他教育机构未尽到管理职责的，承担相应的补充责任。本案中，朱××系限制民事行为能力人，其自身在不会游泳的情况下，自行下河游泳，系导致溺水死亡的直接原因，朱军彪、陈冯霞作为朱××的监护人未能尽到监护职责，应当对朱××溺亡事故的发生负主要责任。胡中宝作为京顺希望学校的开办者，并未提供充分证据证明已经对朱××进行了安全教育，也未能就中午放学后对学生做出的安排进行有效管理，故胡中宝对于学校学生的管理、教育方面存在疏漏，与朱××的死亡后果之间存在一定因果关系，应对朱军彪、陈冯霞的合理损失承担相应的补充赔偿责任。顺义水务局在岸边树立了警示标牌，已经尽到相应的河道管理职责。故顺义水务局对朱××死亡的损害后果不应承担责任。一、二审法院判定胡中宝对朱军彪、陈冯霞因此事故的合理损失按照 20%的比例承担赔偿责任并无不当，胡中宝的再审申请理由缺乏事实和法律依据，本院不予支持。

综上，胡中宝的再审申请不符合《中华人民共和国民事诉讼法》第二百条规定的情形。依照《中华人民共和国民事诉讼法》第二百零四条第一款之规定，裁定如下：

驳回胡中宝的再审申请。

审　判　长　　段春梅
审　判　员　　肖　菲
代理审判员　　朱海宏

二〇一四年九月十九日
书　记　员　　任晨晨
书　记　员　　徐晓双

广东省封开县人民法院

行政判决书

（2014）肇封法行初字第 1 号

原告：张旭兰，男。

委托代理人：唐保定，男。

委托代理人：张业禧，男。

被告：封开县水务局。

法定代表人：侯日刚，该局局长。

委托代理人：陈宝新，男，该局干部。

委托代理人：张志敏，男，该局干部。

第三人：封开县南丰镇渡头村委会。

法定代表人：张桂堂，该村村支书。

原告张旭兰诉被告封开县水务局、第三人封开县南丰镇渡头村委会不服行政处罚纠纷一案，原告于 2013 年 12 月 25 日向本院提起行政诉讼，本院受理后依法组成合议庭，于 2014 年 2 月 20 日公开开庭进行了审理。原告张旭兰、委托代理人唐保定、张业禧，被告封开县水务局的委托代理人陈宝新、张志敏，第三人封开县南丰镇渡头村委会支书张桂棠到庭参加诉讼。本案现已审理终结。

原告诉称：2013 年 5 月 17 日，被告封开县水务局作出封水〔2013〕行罚第 15 号《水行政处罚决定书》，作出的行政处罚：一、你逾期不自行拆除在南丰镇南丰大桥上游河段违法修建的临河构筑物，本机关将依法强制拆除，所需费用由你承担。二、并处人民币 65000 元的罚款。2013 年 8 月 13 日，被告又作出封水罚字〔2013〕第 1 号《行政处罚撤销决定书》，撤销的理由：认为该案中行政处罚决定存在瑕疵。同日，又作出封水〔2013〕行罚第 18 号《水行政处罚决定书》，处罚内容与第 15 号处罚决定书一致。本人不服该行政处罚，向封开县人民政府申请行政复议，2013 年 11 月 1 日，封开县人民政府作出《行政复议决定书》，决定维持封水〔2013〕行罚第 18 号《水行政处罚决定书》，本人不服，向封开县人民法院提起行政诉讼。

被告作出的《水行政处罚决定书》，存在事实不清，程序违法，超越职权。

一、事实不清，程序违法。

本人与南丰镇渡头村委会十七个经济合作社签订租地协议，一次性支付租金，此地作永久性使用，甲方必须保证乙方（本人）对该场地的顺利使用和基建挡土墙的施工顺利。虽然建挡土墙的资金是本人所出，但本人是受渡头村委会和十七个经济合作社的委托基建挡土墙，而且南丰镇渡头村委会申请广东省西江航道局批准同意渡头村委会在贺江右岸封开县南丰镇河段（南丰大桥上游侧）兴建护岸，本人是受委托人，对外活动产生的法律后果由委托人承担，所以封开县水务局对本人的处罚，明显不符合法律规定，处罚对象错误，应予撤销。需要处罚的对象应为渡头村十七个经济合作社。被告在没有查明事实的情况下，不得作出行政处罚。被告第一次作出的行政处罚决定书第 15 号，封开县人民政府行政复议认为其程序违法，但第二次作出的行政处罚决定书第18号，与第一次作出的行政处罚决定书内容相同，不符合法律规定。

二、超越职权。

封开县水务局对贺江河道岸上没有行政执法权和管辖权，广东省西江航道局批准同意渡头村委会兴建护岸，封开县水务局无权干涉，更不能超越职权，滥作处罚，必须在法定职权范围内实施，否则无效，必须予以撤销。

被告辩称：我局对张旭兰未经水行政主管部门同意，在南丰大桥上游河段修建临河构筑物，作出的《水行政处罚决定书》，认定的事实清楚，证据充分。

我局作出的《水行政处罚决定书》认定事实清楚，证据确凿、充分，适用依据正确，程序合法，内容适当。原告张旭兰的诉讼请求没有事实和法律依据。表现在：

一、我局对原告张旭兰未经水行政主管部门同意，在封开县贺江右岸南丰镇大桥上游河段修建临河构筑物作出的《水行政处罚决定》认定事实清楚，证据确凿、充分。

（一）原告张旭兰修建的临河构筑物属河道管理范围内。

1. 经水政执法人员调查，原告张旭兰修建的临河构筑物位于封开县贺江右岸南丰镇大桥上游河段（土名：上石降）；临河构筑物结构是利用土石向河滩地堆填并构建浆彻石挡土墙；所修建的临河构筑物东边是贺江南丰镇河段，南边是南丰大桥，西边是民居建筑物，北边是竹林；2012年11月29日，经水政执法人员现场勘验，该施工场地实际占用河道管理范围内的面积是770平方米。

2. 据查，贺江南丰段历史最高水位为41.53米，原告张旭兰所修建的临河构筑物在贺江右岸南丰镇大桥上游临江而建。根据《中华人民共和国防洪法》第二十一条第三款规定："有堤防的河道、湖泊，其管理范围为两岸堤防之间的水域、沙洲、滩地、行洪区和堤地；无堤防的河道、湖泊，其管理范围为历史最高洪水位或者设计洪水位之间的水域、沙洲、滩地和行洪区。"另外，根据《河道管理范围内建设项目管理的有关规定》第二条规定，河道包括河滩地、湖泊、水库、人工水道、行洪区、蓄洪区、滞洪区。为此，原告张旭兰所修建的临河构筑物属河道管理范围内。

（二）修建该临河构筑物的行为是原告张旭兰所为。

1、该场地是原告张旭兰向南丰镇渡头村委会渡头片（含17个经济合作社）一次性支付租金19万元租来永久使用的，租金已给了南丰镇渡头村委会渡头片（含17个经济合作社）。原告张旭兰租赁该河段的地块，并全额出资约20万元修建临河挡土墙等临河构筑物后，用作堆木场，该堆木场为原告张旭兰所拥有。

2、原告张旭兰既将该场地租来永久使用，也是自己全额出资请人修建，完工后用作堆木场，那么原告张旭兰在对该临河构筑物实施工程建设，就不能单凭南丰镇渡头村委会渡头片（含17个经济合作社）的《委托书》及已达成的《租地协议书》作为施工建设手续，而应按有关法律法规对占用河道管理范围内的地块进行防洪规划论证，并办理有关手续方可施工建设。而原告张旭兰在该场地位于河道管理范围内部分（占地面积770平方米）进行工程施工建设，在既没有经具有资质的工程技术人员或专家进行防洪规划论证，也没有办理水行政主管部门的有关手续的前提下就进行了。为此，修建该临河构筑物的行为是原告张旭兰所为。

（三）原告张旭兰未经水行政主管部门批准，擅自修建的临河构筑物是违法行为。

土地的开发利用规划，依据《中华人民共和国土地管理法》第二十三条第二款规定“在江河、湖泊、水库的管理和保护范围以及蓄洪滞洪区内，土地利用应当符合江河、湖泊综合治理和开发利用规划，符合河道、湖泊行洪、蓄洪和输水的要求”水政执法人员在调查期间，原告张旭兰向我局出示了航道部门回复南丰镇渡头村委会的《关于同意封开县南丰镇渡头村委会在贺江右岸南丰镇河段兴建护岸工程的复函》（西航道〔2011〕108 号）。该临河构筑物在修建前，向西江航道局提出航道行政审批申请，而西江航道局按照本部门的职能作出了同意在该河段兴建护岸的复函，但航道部门的复函文件在第四点明确写到“工程建设涉及其他事宜，请自行到相关部门办理”。为此，原告张旭兰还应根据《中华人民共和国水法》第三十八条第一款规定“在河道管理范围内建设桥梁、码头和其他拦河、跨河、临河建筑物、构筑物，铺设跨河管道、电缆，应当符合国家规定的防洪标准和其他有关的技术要求，工程建设方案应当依照防洪法的有关规定报经有关水行政主管部门审查同意”另外，《广东省河道堤防管理条例》第七条第二款规定：“未经批准，任何单位或个人不得填堵河道，或在河道、滩地上抛石筑坝和围垦；不得在堤防或护堤地上修建各类建筑物或其他工程设施。”原告张旭兰并未依法取得水行政主管部门的有关审批手续就进行施工建设了。为此，原告张旭兰未经水行政主管部门批准，擅自修建的临河构筑物的行为是违法行为。

据上所述，原告张旭兰未经水行政主管部门批准，擅自在贺江右岸南丰镇南丰大桥上游河段违法修建临河构筑物，事实清楚、证据充分。该事实有现场勘验笔录及询问（调查）笔录、照片等证据证实。原告张旭兰对其违法修建临河构筑物的行为也承认在卷。

二、我局作出的行政处罚决定程序合法，适用法律正确，处罚内容适当。

（一）我局的水政执法人员巡查发现原告张旭兰涉嫌违法在南丰镇南丰大桥上游河段修建临河构筑物后，严格按照《中华人民共和国行政处罚法》和《中华人民共和国水法》等法律法规的规定，依法责令其停止违法行为，并按法定程序进行了立案，现场勘察、调查询问、拍照取证等。违法事实认定后，我局于 2012 年 12 月 29 日向原告张旭兰作出了责令限期补办水行政审批手续的决定，并发出了《责令限期改正决定书》（封水〔2012〕责改第 8 号），但原告张旭兰并未在规定限期内取得水行政主管部门有关审批手续。据此，我局根据《中华人民共和国水法》第六十五条第二款的规定，在 2013 年 4 月 22 日对原告张旭兰作出了责令限期拆除违法修建的临河构筑物，并发出了《责令限期拆除通知书》，但原告张旭兰仍未在规定的时间内履行法律义务，于是我局依法向原告张旭兰分别发出了《水行政处罚告知书》（封水〔2013〕罚告第 15 号）和《水行政处罚听证告知书》（封水〔2013〕听告第 4 号），原告张旭兰在规定时限未进行陈述、申辩，也未申请听证。于 2013 年 5 月 17 日我局依法对原告张旭兰作出了水行政处罚，并向原告张旭兰发出了《行政处罚决定书》（封水〔2013〕行罚第 15 号）。

（二）我局 2013 年 8 月 13 日作出了《行政处罚撤销决定书》（封水罚字〔2013〕第 1 号），决定撤销 2013 年 5 月 17 日作出的《水行政处罚决定书》（封水〔2013〕行罚第 15 号），是经我局认真审查后发现存在瑕疵，依据《中华人民共和国行政处罚法》第五十四条第二款规定：行政机关应当认真审查，发现行政处罚有错误的，应当主动改正。为此，我局撤销了《水行政处罚决定书》（封水〔2013〕行罚第 15 号）。但原告张旭兰未经水行政主管部门同意在河道管理范围内擅自修建临河构筑物属于违法行为，事实清楚，证据确凿，鉴于此，我局根据《中华人民共和国水法》第六十五条第二款和《肇庆市水务局行政处罚自由裁量权适用规则（试行）》的附件适用标准中序号 2（见附件三），于 2013 年 8 月 13 日对原告张旭兰重新作出了水行政处罚，并于 8 月 14 日向原告张旭兰送达了《水行政处罚决定书》（封水〔2013〕行罚第 18 号）。

以上向原告张旭兰所发出的法律文书均有送达回证，作出的行政处罚程序合法，适用法律正确，处罚适当。

综上所述，原告张旭兰的违法行为事实清楚、证据确凿，其提出诉讼请求理据不足，我局作出的具体行政行为认定事实清楚，证据确凿充分，适用依据正确，程序合法，内容适当，为此，特请求县人民法院依法判决维持我局作出的《水行政处罚决定书》（封水〔2013〕行罚第 18 号），驳回被答辩人的诉讼请求。

第三人述称：我村委会十七个经济合作社保证岸边的水土不易流失，经我村委会同意，将南丰大桥上游河段（土名上石降）的田地租给原告张旭兰作永久性使用，双方签订了《租地协议书》，原告已经支付了 19 万元的租金给十七个经济合作社。我村委会申请广东省西江航道局批准同意兴建护岸，手续清楚，合理、合法。原告张旭兰兴建护岸的行为是为了防止水土流失，利国利民，我村委会同意原告张旭兰的诉称。望法院依法撤销被告封开县水务局作出的封水〔2013〕行罚第 18 号《水行政处罚决定书》。

原告张旭兰向本院提供的证据和要证明的事实：

1. 封开县人民政府作出的封府行复〔2013〕1 号《行政复议决定书》。证明封开县水务局作出的封水〔2013〕行罚第 15 号《水行政处罚决定书》违法的事实。

2. 封开县人民政府作出的封府行复〔2013〕2 号《行政复议决定书》。证明封开县人民政府维持封开县水务局作出的封水〔2013〕行罚第 18 号《水行政处罚决定书》的事实。

3. 封水〔2013〕行罚第 15 号《水行政处罚决定书》。证明封开县水务局作出行政处罚：1、逾期不自行拆除在南丰镇南丰大桥上游河段违法修建的临河构筑物的，依法强制拆除，所需费用由原告负担。2、并处以罚款人民币 65000 元的事实。

4. 封开县水务局作出的封水罚字［2013］第 1 号《行政处罚撤销决定书》。证明封水罚字〔2013〕第 1 号《行政处罚撤销决定书》违法的事实。

5. 封水〔2013〕行罚第 18 号《水行政处罚决定书》。证明第 18 号和第 15 号处罚决定书处罚内容相同的事实。

6. 广东省西江航道局文件西航道〔2011〕108 号。证明广东省西江航道局批准同意南丰镇渡头村委会在南丰大桥上游河段兴建护岸工程的事实。

7. 8、广东省西江航道局测量合同、深水地形图。证明渡头村委会委托西江航道局测绘，双方所签合同和西江航道局测量南丰大桥上游河段水深的情况。

9.《租地协议书》。证明原告张旭兰与渡头村委会十七个经济合作社以租地形式换取资金兴建挡土墙的事实。

10. 兴建护坡堤申请书。证明渡头村委会向封开县水务局申请建堤围的事实。

11. 南丰贺江大桥引桥路段征地补偿表。证明 1986 年原渡头乡人民政府征用十七个经济合作社的土地，挡土墙未征用的事实。

12. 委托书。证明十七个经济合作社决定委托原告张旭兰承建挡土墙的事实。

13. 证明。证明县府行复〔2013〕2 号已经在 2013 年 11 月 1 日送达给原告张旭兰的事实。

被告对原告提供的证据1、2、3、4、5、6、13没有异议。

第三人对原告提供的证据1、6、7、8、9、10、11、12、13没有异议。

被告对原告提供的证据7、8、9有异议，认为是原告张旭兰同西江航道局之间的事，但原告必须向被告申请审批，办理有关审批手续。对证据10有异议，认为被告依照程序已经给3个月时间到我局办理相关审批手续，但原告一直未来办理。因为原告的违法行为已经查处，按程序不予办理了。被告对原告提供的证据11、12有异议，认为：（1）原渡头乡人民政府征用土地赔偿表与本案无关；（2）十七个经济合作社委托原告张旭兰承建挡土墙，但是不管是何人承建，必须办理有关审批手续，程序合法才能建筑。

第三人对原告提供的证据2、3、4、5有异议，认为广东省西江航道局批准同意兴建护岸，手续已经齐全，不知道还有到被告处办理有关审批手续，而且处罚太重。

被告封开县水务局向本院提供的证据和要证明的事实：

1. 水行政案件受理立案呈批表。证明原告张旭兰在贺江干流右岸南丰镇南丰大桥上游河段涉嫌违法修建临河构筑物进行立案查处的事实。

2. 询问（调查）原告张旭兰的笔录。证明原告张旭兰承认：（1）修建临河构筑物的位置在南丰大桥上石降（土名）河段河滩地的事实；（2）修建临河构筑物的场地是由原告张旭兰向渡头村委会十七个经济合作社以19万元的租金永久性租用的事实；（3）修建临河构筑物的资金是原告张旭兰全额出资修建、自行设计，请人施工的事实；（4）原告张旭兰修建临河构筑物没有经水行政主管部门批准同意的事实。

3. 现场照片。证明原告张旭兰修建临河构筑物的现场情况和位置的事实。

4. 5. 水行政案件现场勘验笔录、见证人的身份证复印件。证明：（1）勘验原告张旭兰修建临河构筑物的位置在河道管理范围内的事实；（2）临河构筑物为混凝土浆彻石结构，建筑面积为770平方米的事实；（3）见证人黄旭贵、植有安身份的事实。

6. 调查报告。证明原告张旭兰确实未经水行政部门批准，修建临河构筑物的违法事实，调查人员提出行政处罚的建议和局领导的批示的事实。

7. 情节复杂或者重大违法行为案件讨论笔录。证明：（1）依据《中华人民共和国行政处罚法》规定，我局进行集体讨论的事实；（2）对原告张旭兰的处罚，经集体讨论达成一致的事实。

8. 责令限期改正决定书（封水〔2012〕责改第8号）、送达回证。证明：（1）我局责令在规定的时间内到水行政主管部门补办手续的事实；（2）将《责令限期改正决定书》依法送达给原告张旭兰的事实。

9.《责令限期拆除通知书》、送达回证。证明：（1）原告张旭兰未在规定时间内到水行政主管部门补办审批手续的事实；（2）我局责令原告张旭兰限期拆除临河构筑物的事实。（3）将《责令限期拆除通知书》依法送达给原告张旭兰的事实。

10.《水行政处罚告知书》（封水〔2013〕罚告第15号）、送达回证。证明（1）原告张旭兰未在规定期限内拆除临河构筑物。（2）我局告知原告张旭兰拟作出的行政处罚的事实。（3）原告张旭兰有提出陈述和申辩权利的事实。（4）将《水行政处罚告知书》依法送达给原告张旭兰的事实。

11.《水行政处罚听证告知书》封水〔2013〕听告第4号）、送达回证。证明：（1）原告张旭兰未在规定期限内拆除临河构筑物的事实；（2）我局告知原告张旭兰拟作出的行政处罚的事实；（3）原告张旭兰有提出听证的权利的事实；（4）将《水行政处罚听证告知书》依法送达给原告张旭兰的事实。

12.《水行政处罚决定书》（封水〔2013〕行罚第15号）、送达回证。证明我局将《水行政处罚决定书》依法送达给原告张旭兰的事实。

13. 调查报告。证明经查，原告张旭兰确未经水行政主管部门批准，在贺江干流右岸南丰镇南丰大桥上游河段违法修建临河构筑物的事实。

14. 情节复杂或者重大违法行为案件讨论笔录。证明：（1）依据《中华人民共和国行政处罚法》规定，我局进行集体讨论的事实；（2）对原告张旭兰的处罚，经集体讨论达成一致的事实；（3）撤销2013年5月13日作出的《水行政处罚决定书》（封水〔2013〕行罚第15号）处罚决定的事实；（4）重新对原告张旭兰作出处罚决定的事实。

15.《行政处罚撤销决定书》（封水罚字〔2013〕第1号）、送达回证。证明我局撤销《水行政处罚决定书》（封水〔2013〕行罚第15号），并送达给原告张旭兰的事实。

16、《水行政处罚决定书》封水〔2013〕行罚第18号）、送达回证。证明我局依法作出《水行政处罚决定书》，并送达给原告张旭兰的事实。

17、张旭兰身份证复印件。证明原告张旭兰身份证明的事实。

18、关于建设护坡堤围的申请。证明南丰镇渡头村委会向我局申请批准在南丰大桥上游河段建设护坡堤围，但我局没有作出批复同意的事实。

19、《租地协议书》。证明南丰镇渡头村委会渡头片十七个经济合作社，将位于南丰大桥上石降的场地以一次性19万元的租金永久性租给原告张旭兰的事实。

20. 收款收据。证明南丰镇渡头村委会渡头片收取原告张旭兰19万元租金的事实。

21.《关于同意封开县南丰镇渡头村委会在贺江右岸南丰镇河段兴建护岸工程的复函》（西航道〔2011〕108号）。证明南丰镇渡头村委会向西江航道局提出航道行政审批申请，西江航道局作出了同意在南丰镇河段兴建护岸工程的复函的事实。

22.《行政复议决定书》（封府行复〔2013〕2号）。证明原告张旭兰不服我局作出的具体行政行为向县政府申请行政复议，县政府依法作出行政复议决定书》，维持了我局的具体行政行为的事实。

原告和第三人对被告提供的证据3、17、19、20、21没有异议；对证据1、2、4、5、6、7、8、9、10、11、12、13、14、15、16、18、22有异议，认为原告张旭兰是租地不是买地，土地性质权属都是十七个经济合作社的，从南丰贺江大桥引桥路段征地补偿表中证明，十七个经济合作社租给原告的土地是未征用的，没列入河道管理范围，不属于被告管辖范围，被告超越权限处罚原告，该处罚无效，应予撤销。

经审理查明：2009年10月12日，原告张旭兰与渡头村委会十七个经济合作社签订一份《租地协议书》，协议第二条约定："甲方经集中开会商议，一致同意把本片位于南丰大桥上石降（土名）的壹幅场地，面积1254平方米（1.88亩）租给乙方永久性使用。租金一次性付给甲方壹拾玖万元整。"第五条规定："甲方必须保证乙方对场地的顺利使用和基建挡土墙的施工顺利。"原告支付了租金19万元给渡头村委会十七个经济合作社。渡头村委会向广东省西江航道局申请兴建护岸（挡土墙），广东省西江航道局于2011年8月3日以广东省西江航道局文件复函，同意渡头村委会在贺江右岸封开县南丰镇河段（南丰大桥上游侧）兴建护岸。随后原告出资，自行设计，请人施工兴建护岸。被告封开县水务局执法巡查过程中，发现原告张旭兰在南丰大桥上游侧河段岸边修建临河构筑物，立案调查后，于2012年12月29日向原告张旭兰发出《责令限期改正决定书》，责令原告在收到决定书之日起90日内到水行政主管部门补办有关手续，逾期不补办或补办未被批准的，限期拆除违法建筑物，逾期不拆除的，强行拆除所需费用由原告张旭兰负担，并处以罚款。原告张旭兰收到被告封开县水务局决定书后，在限期内没有到被告封开县水务局补办手续。2013年4月22日，被告封开县水务局发出《责令限期拆除通知书》，责令原告张旭兰自收到本通知书之日起20日内自行拆除在南丰大桥上游河段修建的临河构筑物，逾期不拆除的，本机关将依法强制拆除所需费用由原告张旭兰负担，并处以罚款。逾期后，被告封开县水务局向原告张旭兰发出《水行政处罚听证告知书》，告知拟作出以下处罚：一、你逾期不自行拆除在南丰大桥上游河段违法修建临河构筑物的，本机关将依法强制拆除，所需费用由你负担。二、并处人民币65000元的罚款。收到本告知书之日起三日内向本机关提出听证要求，逾期不提出的，视为放弃要求听证的权利。原告张旭兰在收到告知书后三日内没有提出要求听证。被告封开县水务局于2013年5月17日作出封水〔2013〕行罚第15号《水行政处罚决定书》，原告张旭兰不服，申请封开县人民政府行政复议，复议期间，被告封开县水务局作出封水罚字〔2013〕第1号《行政处罚撤销决定书》，认为封水〔2013〕行罚第15号《水行政处罚决定书存在瑕疵，予以撤销。封开县人民政府做出《行政复议决定书》，确认被告封开县水务局作出的封水〔2013〕行罚第15号《水行政处罚决定书》违法。被告封开县水务局于2013年8月13日作出封水〔2013〕行罚第18号《水行政处罚决定书》，原告张旭兰不服，向封开县人民政府申请行政复议，2013年11月1日封开县人民政府作出封府行复〔2013〕2号《行政复议决定书》，决定维持封开县水务局作出的封水〔2013〕行罚第18号《水行政处罚决定书》。原告张旭兰不服，向封开县人民法院提起行政诉讼，请求撤销封水〔2013〕行罚第18号《水行政处罚决定书》。

本院认为：双方在庭审辩论中，争议的焦点是：一、被告封开县水务局作出的处罚相对人主体是否适格的问题。二、被告封开县水务局是否是具有行政处罚权的行政机关。

一、对处罚相对人主体是否适格的问题。

根据《中华人民共和国行政处罚法》第三十条规定“公民、法人或其他组织违反行政管理秩序的行为，依法应当给予行政处罚的，行政机关必须查明事实；违法事实不清的，不得给予行政处罚”，原告张旭兰的违法事实是兴建护岸工程的资金来源是其本人，而且自己设计，请人施工，张旭兰本人承认的询问笔录和调查材料，足以证明。张旭兰与渡头村委会十七个经济合作社签订《租地协议书》，支付租金19万元给十七个经济合作社，该幅土地的使用权是张旭兰，实际受益人也是张旭兰。渡头村委会申请广东省西江航道局批准同意兴建护岸，实际是张旭兰以渡头村委会的名义申请兴建护岸，其收益处分与渡头村委会没有任何关系。广东省西江航道局复函第四项注明“工程建设涉及其他事宜，请自行到相关部门办理”。原告张旭兰一直未予办理相关手续，而且原告张旭兰兴建护岸工程违反了《中华人民共和国水法》第三十八第一款规定“在河道管理范围内建设桥梁、码头和其他拦河、跨河、临河建筑物、构筑物，铺设跨河管道、电缆，应当符合国家规定的防洪标准和其他有关的技术要求，工程建设方应当依照防洪法的有关规定报经有关水行政主管部门审查同意。”被告依照《中华人民共和国行政处罚法》的规定，发出告知书、行政听证、限期改正决定书、责令限期拆除通知书等程序合法。处罚张旭兰完全正确，主体适格。

二、被告封开县水务局是否是具行政处罚权的行政机关的问题。

根据《华人民共和国行政处罚法》第二十条规定“行政处罚由违法行为发生地的县级以上地方人民政府具有行政处罚权的行政机关管辖”，封开县人民政府办公室文件封府办〔2010〕116号《印发封开县水务局主要职责、内设机构和人员编制规定的通知》，被告封开县水务局为县人民政府工作部门，主要职责（十）订明“组织、指导水务工程建设施工，江河水域及其岸线的管理保护；组织、指导江河滩地的综合治理与开发；组织建设和管理具有控制性的跨镇重要水务工程，负责水务工程的安全监督工作。”主要事项（三）订明：“县水政监察大队，为县水务局直属股级行政单位，负责对有关法律、法规的执行情况实施监督检查；负责查处涉水违法事件。”主要事项（五）订明：“发生在河道与航道重叠范围内的违反水法规定的行为，由县水务局依法处理。”被告封开县水务局对封开境内的江河水域及其岸线具有管辖权，根据封开县人民政府办公室文件精神，被告封开县水务局对发生在封开境内的江河水域及其岸线的涉水违法事件，具有行政处罚权的行政机关，其作出的《水行政处罚决定书》主体适格，程序合法，适用法律、法规正确，本院予以维持。原告的诉称、第三人的述称，没有事实和法律依据，本院不予采信。据此，本院根据《中华人民共和国行政诉讼法》第五十四条第（一）项的规定，判决如下：

维持被告封开县水务局作出的封水〔2013〕行罚第18号《水行政处罚决定书》。

本案受理费50元，由原告张旭兰负担。

如不服本判决，可在判决书送达之日起十五日内提起上诉，向本院递交上诉状，并按对方当事人的人数提交上诉状副本，上诉于广东省肇庆市中级人民法院。

审　判　长　　莫永清
审　判　员　　黄德维
人民陪审员　　谢雪群

二〇一四年三月二十一日
书　记　员　　黎道生

张旭兰与封开县水务局、封开县南丰镇渡头村委会行政处罚纠纷一案二审行政判决书

广东省肇庆市中级人民法院

行政判决书

（2014）肇中法行终字第41号

上诉人（原审原告）：张旭兰，男，汉族，1960年11月2日出生，住广东省封开县。

委托代理人：唐保定，广西通途律师事务所律师。

委托代理人：张业禧，男，退休教师，住广东省封开县。

被上诉人（原审被告）：封开县水务局。

法定代表人：侯日刚，该局局长。

委托代理人：陈宝新，男，该局干部。

委托代理人：张志敏，男，该局干部。

原审第三人：封开县南丰镇渡头村委会。

法定代表人：张桂棠，该村委会支书。

上诉人张旭兰因与被上诉人封开县水务局、原审第三人封开县南丰镇渡头村委会（以下简称渡头村委会）行政处罚纠纷一案，不服封开县人民法院（2014）肇封法行初字第1号行政判决，向本院提起上诉，本院依法组成合议庭公开开庭审理了本案。上诉人张旭兰的委托代理人唐保定、被上诉人封开县水务局的委托代理人陈宝新、张志敏，原审第三人渡头村委会法定代表人张桂棠到庭参加诉讼。本案现已审理终结。

原审法院审理查明，2009年10月12日，张旭兰与渡头村委会十七个经济合作社签订一份《租地协议书》，协议第二条约定："甲方经集中开会商议，一致同意把本片位于南丰大桥上石降（土名）的壹幅场地，面积1254平方米（1.88亩）租给乙方永久性使用。租金一次性付给甲方壹拾玖万元整。"第五条规定："甲方必须保证乙方对场地的顺利使用和基建挡土墙的施工顺利。"张旭兰支付了租金19万元给渡头村委会十七个经济合作社。渡头村委会向广东省西江航道局申请兴建护岸（挡土墙），广东省西江航道局于2011年8月3日以广东省西江航道局文件复函，同意渡头村委会在贺江右岸封开县南丰镇河段（南丰大桥上游侧）兴建护岸。随后张旭兰出资，自行设计，请人施工兴建护岸。封开县水务局执法巡查过程中，发现张旭兰在南丰大桥上游侧河段岸边修建临河构筑物，立案调查后，于2012年12月29日向张旭兰发出《责令限期改正决定书》，责令张旭兰在收到决定书之日起90日内到水行政主管部门补办有关手续，逾期不补办或补办未被批准的，限期拆除违法建筑物，逾期不拆除的，强行拆除，所需费用由张旭兰负担，并处以罚款。张旭兰收到封开县水务局决定书后，在限期内没有到封开县水务局补办手续。2013年4月22日，封开县水务局发出《责令限期拆除通知书》，责令张旭兰自收到本通知书之日起20日内自行拆除在南丰大桥上游河段修建的临河构筑物，逾期不拆除的，本机关将依法强制拆除，所需费用由张旭兰负担，并处以罚款。逾期后，封开县水务局向张旭兰发出《水行政处罚听证告知书》，告知拟作出以下处罚：

一、你逾期不自行拆除在南丰大桥上游河段违法修建临河构筑物的，本机关将依法强

制拆除，所需费用由你负担。

二、并处人民币65000元的罚款。收到本告知书之日起三日内向本机关提出听证要求，逾期不提出的，视为放弃要求听证的权利。张旭兰在收到告知书后三日内没有提出要求听证。封开县水务局于2013年5月17日作出封水〔2013〕行罚第15号《水行政处罚决定书》，张旭兰不服，申请封开县人民政府行政复议，复议期间，封开县水务局作出封水罚字〔2013〕第1号《行政处罚撤销决定书》，认为封水〔2013〕行罚第15号《水行政处罚撤销决定书》存在瑕疵，予以撤销。封开县人民政府《行政复议决定书》，确认封开县水务局作出的封水〔2013〕行罚第15号《水行政处罚决定书》违法。封开县水务局于2013年8月13日作出封水〔2013〕行罚第18号《水行政处罚决定书》，张旭兰不服，向封开县人民政府申请行政复议，2013年11月1日封开县人民政府作出封府行复〔2013〕2号《行政复议决定书》，决定维持封开县水务局作出的封水〔2013〕行罚第18号《水行政处罚决定书》。张旭兰不服，向封开县人民法院提起行政诉讼，请求撤销封水（2013）行罚第18号《水行政处罚决定书》。

原审法院审理认为，双方在庭审辩论中，争议的焦点是：一、封开县水务局作出的处罚相对人主体是否适格的问题。二、封开县水务局是否是具有行政处罚权的行政机关。一、对处罚相对人主体是否适格的问题。根据《中华人民共和国行政处罚法》第三十条规定“公民、法人或其他组织违反行政管理秩序的行为，依法应当给予行政处罚的，行政机关必须查明事实，违法事实不清的，不得给予行政处罚”张旭兰的违法事实是兴建护岸工程的资金来源是其本人，而且自己设计，请人施工，张旭兰本人承认的询问笔录和调查材料，足以证明。张旭兰与渡头村委会十七个经济合作社签订《租地协议书》，支付租金19万元给十七个经济合作社，该幅土地的使用权是张旭兰，实际受益人也是张旭兰。渡头村委会申请广东省西江航道局批准同意兴建护岸,实际是张旭兰以渡头村委会的名义申请兴建护岸，其收益处分与渡头村委会没有任何关系。广东省西江航道局复函第四项注明：程建设涉及其他事宜，请自行到相关部门办理。”张旭兰一直未予办理相关手续，而且张旭兰兴建护岸工程违反了《中华人民共和国水法》第三十八第一款规定“在河道管理范围内建设桥梁、码头和其他拦河、跨河、临河建筑物、构筑物，铺设跨河管道、电缆，应当符合国家规定的防洪标准和其他有关的技术要求，工程建设方应当依照防洪法的有关规定报经有关水行政主管部门审查同意”封开县水务局依照《中华人民共和国行政处罚法》的规定，发出告知书、行政听证、限期改正决定书、责令限期拆除通知书等程序合法。处罚张旭兰完全正确，主体适格。二、封开县水务局是否是行政处罚权的行政机关的问题。根据《中华人民共和国行政处罚法》第二十条规定“行政处罚由违法行为发生地的县级以上地方人民政府具有行政处罚权的行政机关管辖。”封开县人民政府办公室文件封府办（2010）116号《印发封开县水务局主要职责、内设机构和人员编制规定的通知》，封开县水务局为县人民政府工作部门，主要职责（十）订明：“指导水务工程建设施工，江河水域及其岸线的管理保护；组织、指导江河滩地的综合治理与开发；组织建设和管理具有控制性的跨镇重要水务工程，负责水务工程的安全监督工作。”主要事项（三）订明：”县水政监察大队，为县水务局直属股级行政单位，负责对有关法律、法规的执行情况实施监督检查；负责查处涉水违法事件。”主要事项（五）订明：“发生在河道与航道重叠范围内的违反水法规定的行为，由县水务局依法处理。”封开县水务局对封开境内的江河水域及其岸线具有管辖权，根据封开县人民政府办公室文件精神，封开县水务局对发生在封开境内的江河水域及其岸线的涉水违法事件，具有行政处罚权的行政机关，其作出的《水行政处罚决定书》主体适格，程序合法，适用法律、法规正确，予以维持。张旭兰的诉称、渡头村委会的述称，没有事实和法律依据，不予采信。据此，根据《中华人民共和国行政诉讼法》第五十四条第（一）项的规定，判决：维持封开县水务局作出的封水〔2013〕行罚第18号《水行政处罚决定书》。

上诉人张旭兰不服原审判决，向本院提起上诉称：一、上诉人张旭兰不是被上诉人封开县水务局行政处罚的适格相对人。在封开县贺江右岸南丰镇大桥上侧河岸兴建护岸工程的是渡头村委会，而不是张旭兰，张旭兰只是租用该村委会土地，作为租用土地的附属条件为该村委建设护岸挡土墙。1. 在渡头村委会代表渡头片17个经济合作社与上诉人张旭兰于2009年10月12日签订《租地协议书》第一条列明：渡头村委会为整治南丰大桥上石降（土名）场地的脏、乱状况，更是为了防止该地方水土流失，曾多次向上级部门申请扶持资金基建护岸挡土墙未果，后与渡头片17个经济合作社队长开会商议，决定以租地形式换取基建护岸挡土墙方案，证明基建护岸挡土墙的是渡头村委会。2. 为建设护岸挡土墙，渡头村委会在2011年5月27日与广东省西江航道局西江航标与测绘所签订了《南丰镇渡头村挡土墙水深地形测量合同》对申请建设挡土墙的河岸及水域进行测绘，而不是上诉人张旭兰申请测绘。3. 2012年8月3日广东省西江航道局以西航道〔2011〕108号《关于同意封开县南丰镇渡头村委会在贺江右岸南丰镇河段兴建护岸工程的复函》也证实，申请建设护岸挡土墙的是渡头村委会，广东省西江航道局批准建设护岸挡土墙的建设人也是渡头村委会，而不是上诉人张旭兰。4. 一审庭审中渡头村委会亦承认建设护岸挡土墙的是其村委会，仅是作为租地条件由上诉人施工。根据上述证据充分证明进行建设护岸挡土墙的主体是渡头村委会，而不是上诉人张旭兰，而上诉人张旭兰是与渡头村委会签订《租地协议书》，作为附属条件除支付19万元租金外，还要建设护岸挡土墙的租地条件。由于上诉人张旭兰不是封开县南丰镇贺江右岸南丰大桥侧河的护岸挡土墙的建设人，因而就不应是被上诉人封开县水务局处罚的相对人。二、兴建南丰大桥侧的护岸挡土墙工程是渡头村委会代表渡头片17个经济合作社多年来想实现的改善脏乱状况，更是防止水土流失，利国利民的项目，正因为这样，所以广东省西江航道局经测量论证后，已依法批准进行建设。这充分说明：1. 此护岸挡土墙的建设是必要的。2. 证明该护岸挡土墙不影响航道，也不影响贺江的水流。3. 也证明此护岸挡土墙工程是得到广东省相关政府部门同意建设的利国利民的好工程。三、被上诉人封开县水务局无批准在跨省河流主河道进行水工程建设的职权，该职权只能是作为流域管理机构的广东省西江航道局拥有，因而在广东省西江航道局批准渡头村委会建设后，无需再报封开县水务局批准。对此《中华人民共和国防洪法》第二十一条，水利部、国家计委1992年4月3日发布的《河道管理范围内建设项目管理的有关规定》第三条，《广东省河道堤防管理条例》第七条明确列明了分级管理的权限。被上诉人没有对贺江主河道管理范围进行水工程建设审批的权限。在庭审中上诉人再三要求被上诉人出示其行政管理职权证明其具有审批职权的情况下，被上诉人仍无法提供。其后被上诉人一直没有提供，更没有开庭质证，一审法院在判决中仅在争议焦点第二点列出“被告封开县水务局是否是具有行政处罚权的行政机关”却回避了封开县水务局是否具有审批在跨省主河道进行护岸挡土墙水工建设的审批权的问题。四、退一万步，即使渡头村委会建设护岸挡土墙，在广东省西江航道局批准后，还要经被上诉人审批（即要重复审批）。由于该护岸挡土墙项目是利国利民的项目，且不影响河道和水流，渡头村委会报水务部门就可以了。而渡头村委会在2013年的1月8日也已打有《关于建设护坡堤围的申请》给被上诉人封开县水务局，被上诉人也在证据中举有申请。但被上诉人却不批准而做出要拆除及对上诉人张旭兰进行罚款的处罚，显然违反了《中华人民共和国水法》的立法精神。五、根据《中华人民共和国水法》第六十五条第二款规定，在河道管理范围内建设妨碍行洪的建筑物、构筑物，或者从事影响河势稳定、危害河岸堤防安全和其它妨碍河道行洪活动的，由县级以上人民政府水行政主管部门或者流域管理机构依职权……，而现建设的是护岸挡土墙不但不妨碍行洪，而且是有利河岸堤防，更是已得到流域管理机构的广东省西江航道管理局批准建设，因此被上诉人封开县水务局以未经其同意而处罚是违反此法律规定的。六、被上诉人为了达到其强行错误处罚的目的，故意不把渡头村委会建设的护岸挡土墙工程明确列出，而为了错误地套用《中华人民共和国水法》中的条文，含糊称为"构筑物"其目的就是不让上级部门和司法机关明白，渡头村委会在贺江岸边建筑的什么，而流域管理部门的广东省西江航道局则列明"同意封开县南丰镇渡头村委会在贺江右岸南丰河段兴建护岸工程"。可见虽该护岸工程也属"构筑物"的范围，但其用途明确。是保护河岸，防止水土流失的工程，而不是其它，是属于利国利民在的工程，此类工程按理是应由国家拨款建设的，现在国家暂不能拨款的情况下，渡头村委会自行通过出租土地换建护岸挡土墙，不但得不到支持，反而遭到封开县水务局的违法刁难，直到违法处罚，显然被上诉人的处罚依法无据，应予撤销。鉴于上诉人封开县水务局没有对贺江进行水工程护岸挡土墙建设的审批职权，错误地把上诉人张旭兰作为相对人，而不把真正的护岸挡土墙建设人渡头村委会作为相对人，违反法律规定，同时把已经流域管理机构广东省西江航道局批准建设的护岸挡土墙，以未经其同意为由作出处罚违反《中华人民共和国水法》对河道分级管理的立法规定，滥用职权违法行政。请求上级法院依法撤销其《水行政处罚决定书》（封水〔2013〕行罚第18号）。请求：1. 撤销原判。2. 改判撤销被上诉人作出的封水〔2013〕行罚第18号《水行政处罚决定书》

被上诉人封开县水务局答辩称：一、修建该临河构筑物的行为是上诉人的行为，我局依法对上诉人的违法行为实施行政处罚属于我局的职权范围。（一）案涉场地是上诉人向渡头村委会渡头片（含17个经济合作社）一次性支付租金19万元租来永久使用的，租金已给了渡头村委会渡头片（含17个经济合作社）。上诉人租赁该河段的场地并全额出资约20万元兴建临河挡土墙等临河构筑物，资金来源为其本人，而且自行设计，请人施工，修建完工后，用作堆木场，该堆木场为上诉人所拥有。（二）上诉人修建该临河构筑物，虽然与渡头村委会渡头片（含17个经济合作社）签订了《租地协议书》，但占用河道管理范围修建临河构筑物，不能单凭与渡头村委会渡头片（含17个经济合作社）已达成的《租地协议书》作为施工建设手续，而且该《租地协议书》第三条也列明："方同意甲方的租地方案，同时保证按质、按规范基建。"而作为乙方的上诉人在该场地位于河道管理范围内部分（占地面积770平方米）进行工程施工建设，在既没有按有关法律法规对占用河道管理范围内的工程建设进行防洪规划论证，也没有向水行政主管部办理有关手续的前提下就进行了，连起码的施工手续都没有完善，根本就没有按规范基建。为此，修建该临河构筑物的行为是上诉人所为，我局处罚上诉人的主体适格。二、上诉人未经水行政主管部门批准，擅自修建的临河构筑物是违法行为。土地的开发利用规划，依据《中华人民共和国土地管理法》第二十三条第二款规定：“在江河、湖泊、水库的管理和保护范围以及蓄洪滞洪区内，土地利用应当符合江河、湖泊综合治理和开发利用规划，符合河道、湖泊行洪、蓄洪和输水的要求”。渡头村委会申请广东省西江航道局（隶属广东省交通运输厅）批准同意兴建护岸，实际是上诉人以渡头村委会的名义申请兴建护岸，该幅土地的永久使用权为上诉人，最终的实际受益人也是上诉人，其收益处分与渡头村委会没有任何关系。并且西江航道局作出同意在该河段兴建护岸复函的第四项明确写到“工程建设涉及其他事宜，请自行到相关部门办理”。根据《中华人民共和国水法》第三十八条第一款规定：“在河道管理范围内建设桥梁、码头和其他拦河、跨河、临河建筑物、构筑物，铺设跨河管道、电缆，应当符合国家规定的防洪标准和其他有关的技术要求，工程建设方案应当依照防洪法的有关规定报经有关水行政主管部门审查同意。”另外，《广东省河道堤防管理条例》第七条第二款规定：“未经批准，任何单位或个人不得填堵河道，或在河道、滩地上抛石筑坝和围垦；不得在堤防或护堤地上修建各类建筑物或其他工程设施。”上诉人并未依法取得水行政主管部门的有关审批手续就进行施工建设。为此，上诉人擅自修建的临河构筑物的行为是违法行为。三、我局是依法具有行政审批权和行政处罚权的行政机关。上诉人修建的临河构筑物位于封开县贺江右岸南丰镇大桥上游河段（土名：上石降）；临河构筑物结构是利用土石向河滩地堆填并构建浆彻石挡土墙。所修建的临河构筑物东边是贺江南丰镇河段滩地，南边是南丰大桥，西边是民居建筑物，北边是竹林；上诉人所修建的临河构筑物属河道管理范围内，并属本县行政管辖区域内。根据《广东省河道堤防管理条例》第六条规定：“任何单位和个人需要在河道、滩地、堤防或护堤地上作业，事前必须报经当地河道堤防主管部门同意，并服从指挥”，第七条第一款规定“在河道、滩地上修建工程设施，必须提出设计方案报经当地河道堤防主管部门和交通行政主管部门同意后，按下列分级管理权限呈报审批：一、工程设施涉及或影响的范围在本行政区域内的，由所在行政区域的河道堤防主管部门审批”，上诉人在滩地修建的工程设施虽然经交通行政主管部门同意，但并未经当地河道堤防主管部门同意。另外，根据《中华人民共和国行政处罚法》第二十条规定“行政处罚由违法行为发生地的县级以上地方人民政府具有行政处罚权的行政机关管辖”,封开县人民政府办公室《印发封开县水务局主要职责、内设机构和人员编制规定的通知》（封府办〔2010〕116 号）规定，封开县水务局为县人民政府工作部门，主要职责（二）订明：“按规定权限审核、审批有关水务项目规划、设计。”主要职责（十）订明：“组织、指导水务工程设施、江河水域及其岸线的管理与保护，组织、指导江河滩地的综合治理与开发，组织建设和管理具有控制性的或跨镇的重要水务工程，负责水务工程的安全监管工作。”主要事项（三）订明：“县水政监察大队，为县水务局直属股级行政单位。负责对有关法律、法规的执行情况实施监督检查；负责查处涉水违法事件。”主要事项（五）订明：“发生在河道与航道重叠范围内的违反水法规行为，由县水务局依法处理。”为此，我局是依法具有行政审批权和行政处罚权的行政机关。四、我局作出的行政处罚决定程序合法，适用法律正确，处罚内容适当。（一）我局的水政执法人员巡查发现上诉人涉嫌违法在南丰镇南丰大桥上游河段修建临河构筑物后，严格按照《中华人民共和国行政处罚法》和《中华人民共和国水法》等法律法规的规定，依法责令其停止违法行为，并按法定程序进行了立案，现场勘察、调查询问、拍照取证等。违法事实认定后，我局于2012年12月29日向上诉人作出了责令限期补办水行政审批手续的决定，并发出了《责令限期改正决定书》（封水〔2012〕责改第8号），但上诉人并未在规定限期内取得水行政主管部门有关审批手续。据此，我局根据《中华人民共和国水法》第六十五条第二款的规定，在2013年4月22日对上诉人作出了责令限期拆除违法修建的临河构筑物，并发出了《责令限期拆除通知书》，但上诉人仍未在规定的时间内履行法律义务，于是我局依法向上诉人分别发出了《水行政处罚告知书》（封水〔2013〕罚告第15号）和《水行政处罚听证告知书》（封水〔2013〕听告第4号），上诉人在规定时限未进行陈述、申辩，也未申请听证。于2013年5月17日我局依法对上诉人作出了水行政处罚，并向上诉人发出了《行政处罚决定书》（封水〔2013〕行罚第15号）。（二）我局2013年8月13日作出了《行政处罚撤销决定书》（封水罚字〔2013〕第1号），决定撤销2013年5月17日作出的《水行政处罚决定书》（封水〔2013〕行罚第15号），是经我局认真审查后发现存在瑕疵，依据《中华人民共和国行政处罚法》第五十四条第二款规定：行政机关应当认真审查，发现行政处罚有错误的，应当主动改正。为此，我局撤销了《水行政处罚决定书》（封水〔2013〕行罚第15号）。但上诉人未经水行政主管部门同意在河道管理范围内擅自修建临河构筑物属于违法行为，事实清楚，证据确凿，鉴于此，我局根据《中华人民共和国水法》第六十五条第二款和《肇庆市水务局行政处罚自由裁量权适用规则（试行）》的附件适用标准中序号2，于2013年8月13日对上诉人重新作出了水行政处罚，并于8月14日向上诉人送达了《水行政处罚决定书》（封水〔2013〕行罚第18号）。以上向上诉人所发出的法律文书均有送达回证。我局在一审时已依法向法庭提交证据材料、法律依据，并经庭审质证。综上所述，上诉人的违法行为事实清楚、证据确凿，其提出上诉请求理据不足；我局的具体行政行为认定事实清楚，证据确凿充分，适用依据正确，程序合法；一审法院认定的事实清楚，证据充足，适用法律正确，程序合法。为此，请求二审人民法院依法维持原判，驳回上诉人的上诉请求。

原审第三人渡头村委会没有提交书面陈述意见，在庭上口头陈述称：同意上诉人意见。

原审审理查明认定的事实无误，本院予以确认。

本院认为，本案争议的焦点问题是：一、处罚主体资格是否适格？二、被上诉人是否存在违法行为？三、被诉的行政处罚认定事实是否清楚，证据是否充分，适用法律法规是否准确，程序是否合法，处罚是否恰当？

一、主体问题。《中华人民共和国行政处罚法》第二十条规定：“行政处罚由违法行为发生地的县级以上地方人民政府具有行政处罚权的行政机关管辖。”封开县水务局作为县级以上地方人民政府水行政主管部门，其职责在封开县人民政府办公室文件封府办〔2010〕116号《印发封开县水务局主要职责、内设机构和人员编制规定的通知》主要事项（五）中明确：“发生在河道与航道重叠范围内的违反水法规定的行为，由县水务局依法处理。”封开县水务局对发生在封开境内的江河水域及其岸线的涉水违法事件，具有行政处罚的管辖权，其行政执法主体资格适格。张旭兰修建涉案临河构筑物，由其自行出资，自行设计，请人施工，违法行为人是张旭兰，封开县水务局根据张旭兰上述违反水法的违法事实，对其进行处罚，张旭兰作为被处罚主体资格适格。

二、被处罚人是否存在违法行为问题。《中华人民共和国防洪法》第八条第三款规定：“县级以上地方人民政府水行政主管部门在本级人民政府的领导下，负责本行政区域内防洪的组织、协调、监督、指导等日常工作。县级以上地方人民政府建设行政主管部门和其他有关部门在本级人民政府的领导下，按照各自的职责，负责有关的防洪工作。”第二十一条规定：“河道、湖泊管理实行按水系统一管理和分级管理相结合的原则，加强防护，确保畅通。国家确定的重要江河、湖泊的主要河段，跨省、自治区、直辖市的重要河段、湖泊，省、自治区、直辖市之间的省界河道、湖泊以及国（边）界河道、湖泊，由流域管理机构和江河、湖泊所在地的省、自治区、直辖市人民政府水行政主管部门按照国务院水行政主管部门的划定依法实施管理。其他河道、湖泊，由县级以上地方人民政府水行政主管部门按照国务院水行政主管部门或者国务院水行政主管部门授权的机构的划定依法实施管理。……”水利部水建管（2006）190 号《水利部关于〈进一步加强河道管理范围内建设项目管理〉的通知》第一项要求：“要进一步提高严格河道管理的认识。河道管理范围内建设项目管理是法律赋予水行政主管部门的重要职责，流域机构和各级水行政主管部门必须提高对河道管理范围内建设项目管理重要性的认识，高度重视这项工作，在做好堤防、闸坝等工程管理的同时，加强对河道、湖泊水域和岸线的管理，加强河道管理范围内各类建设项目管理，加强涉河工程的社会管理，保障河流的防洪安全，维护河流健康生命，保障水资源可持续利用。”2012 年修正的《广东省河道堤防管理条例》第二条规定：“各级人民政府的水利部门，是本省各地河道堤防管理的主管部门，负责本条例的组织实施和监督执行；会同交通行政主管部门负责本地区江河流域的规划和水利资源开发利用；负责堤防工程的管理维护，并在各级防汛指挥部统一领导下做好防洪调度工作。”第六条规定：“任何单位和个人需要在河道、滩地、堤防或护堤地上作业，事前必须报经当地河道堤防主管部门同意，并服从指挥。……”第七条规定：“……在河道、滩地上修建工程设施，必须提出设计方案报经当地河道堤防主管部门和交通行政主管部门同意后，按下列分级管理权限呈报审批：一、工程设施涉及或影响的范围在本行政区域内的，由所在行政区域的河道堤防主管部门审批，……”本案不存在重复审批的情形，河道和航道的管理分属不同部门，在管理上有可能存在联合管理或管理竞合，广东省西江航道局属于交通行政主管部门，封开县水务局属于河道堤防行政主管部门，封开县水务局对涉案临河构筑物的修建行为具有审批权。渡头村委会虽然取得了广东省西江航道局同意兴建护岸工程，但工程建设涉及其他需要审批的事宜，仍应按照规定到相关部门办理审批，张旭兰的行为违反了《中华人民共和国水法》第三十八第一款：“在河道管理范围内建设桥梁、码头和其他拦河、跨河、临河建筑物、构筑物、铺设跨河管道、电缆，应当符合国家规定的防洪标准和其他有关的技术要求，工程建设方应当依照防洪法的有关规定报经有关水行政主管部门审查同意”的规定，因此上诉人张旭兰认为被上诉人封开县水务局没有涉案工程审批权的理由不成立。广东省西江航道局同意渡头村委会兴建护岸工程，同意的对象是渡头村委会而非张旭兰，即使经广东省西江航道局同意但未经当地水行政主管部门审查同意兴建临河构筑物，仍然构成违法。虽然渡头村委会在 2013 年的 1 月 8 日向封开县水务局递交了《关于建设护坡堤围的申请》，但未被批准，上诉人张旭兰的违法行为依然存在，被上诉人封开县水务局对其进行处罚，依法有据。

三、行政处罚的合法性问题。封开县水务局在依法查明事实并进行了处罚前权利义务告知的基础上，经过限期改正、责令限期拆除等程序，对张旭兰作出行政处罚，即使封开县水务局第一次作出的封水〔2013〕行罚第 15 号《行政处罚决定书》因存在瑕疵而被其自行撤销，重新作出封水〔2013〕行罚第18号《水行政处罚决定书》，但不影响其之前所走程序的效力。封开县水务局所作封水〔2013〕行罚第18号《水行政处罚决定书》，事实清楚，证据确凿充分，适用法律法规恰当，程序合法，处罚得当，依法应予维持。

综上所述，原审判决认定事实清楚，适用法律恰当，处理正确，本院予以维持。上诉人上诉请求改判的理由不成立，本院不予支持。依照《中华人民共和国行政诉讼法》第六十一条第（一）项的规定，判决如下：

驳回上诉，维持原判。

本案二审案件受理费50元，由上诉人张旭兰负担。

本判决为终审判决。

审 判 长　彭卓腾
代理审判员　张国良
代理审判员　吕翠华

二〇一四年六月十二日
书 记 员　何剑锋

封开县水务局与张旭兰行政处罚纠纷执行裁定书

广东省封开县人民法院

执行裁定书

（2014）肇封法执字第 263 号

申请执行人：封开县水务局。机构代码：00716618-5。

法定代表人：侯日刚，男，该局局长。

委托代理人：陈宝新，男，该局干部。

委托代理人：张志敏，男，该局干部。

被执行人：张旭兰，男，1960 年 × 月 × 日出生，汉族，住广东省封开县南丰镇思料村委会 × 号，身份证号码：4428251960 × × × × × × 18。

申请执行人封开县水务局与被执行人张旭兰行政处罚纠纷一案，封开县人民法院作出的（2014）肇封法行初字第 1 号行政判决书已发生法律效力。被执行人未履行上述行政判决书确定的义务。根据申请执行人的请求，本院于 2014 年 9 月 11 日立案执行。

本案在执行过程中，经查，被执行人张旭兰在本辖区内仅有银行存款 780.76 元，无有价证券，无工商、房产、土地、车辆登记等，暂无可供执行的财产。现被执行人张旭兰尚欠罚款 65000 元和本案执行费 875 元未履行。

本院认为，经执行，被执行人张旭兰在本辖区内仅有银行存款 780.76 元，无有价证券，无工商、房产、土地、车辆登记等，暂无可供执行的财产。上述情况已告知申请执行人，本案符合有关终结本次执行程序的条件。依照《中华人民共和国民事诉讼法》第一百五十四条第一款第（十一）项和第二百五十七条第（六）项之规定，裁定如下：

本院（2014）肇封法执字第 263 号案终结本次执行。

申请执行人发现被执行人有可供执行的财产或者财产线索的，可以向人民法院申请恢复执行。

本裁定书送达后立即生效。

审判长　孔令光
审判员　甘托权
审判员　梁辉池

二〇一四年十二月十六日
书记员　林志坚

徐汝云与淮阳县人民政府、淮阳县水利局行政复议一审行政判决书

河南省鹿邑县人民法院

行政判决书

（2015）鹿行初字第25号

原告：徐汝云。

委托代理人：吴振华，河南明辨律师事务所律师。

被告：淮阳县人民政府，住所地淮阳县羲皇大道中段。

法定代表人：马明超，该县县长。

委托代理人：朱澎涛，该县政府工作人员。

委托代理人：李梦珂，河南旺庆律师事务所律师。

被告：淮阳县水利局，住所地淮阳县城关镇田湾。

法定代表人：李长青，该局局长。

委托代理人：张勇，该局工作人员。

委托代理人：张华伟，河南天昭律师事务所律师。

原告徐汝云不服被告淮阳县水利局（豫淮）水停字（2015）第017号《责令停止水事违法行为通知书》及被告淮阳县人民政府淮政复决字（2015）20号行政复议决定，于2015年9月21日向本院提起行政诉讼。本院于2015年9月21日立案后，于2015年9月25日向被告送达了起诉状副本及应诉通知书。本院依法组成合议庭，于2015年11月13日公开开庭审理了本案。原告徐汝云及其委托代理人吴振华，被告淮阳县水利局委托代理人张勇、张华伟，被告淮阳县人民政府委托代理人李梦珂、朱澎涛到庭参加诉讼。本案现已审理终结。

被告淮阳县水利局于2015年5月30日作出（豫淮）水停字〔2015〕第017号责令停止水事违法行为通知，认定“许汝群”未经水行政主管部门批准擅自在淮阳县郑集乡淮郑河内修建水工程建设桥梁，违反了《中华人民共和国水法》第六十五条之规定，根据《中华人民共和国水法》第六十四条第四项、《河南省水政监察规定》第十五条第二款之规定，现责令立即停止违法行为，听候处理。否则，依法追究法律责任。附：1.立即停止违法行为。2.限3日内自行拆除违法临河建筑物。原告徐汝云不服，于2015年7月6日向被告淮阳县人民政府申请行政复议，请求撤销（豫淮）水停字〔2015〕第017号处罚决定。被告淮阳县人民政府于2015年9月8日作出淮政复决字〔2015〕20号行政复议决定，认定（豫淮）水停字〔2015〕017号《责令停止水事违法行为通知书》事实清楚、程序合法、适用依据正确，根据《中华人民共和国行政复议法》第二十八条第一款的规定，决定维持被申请人作出的（豫淮）水停字〔2015〕017号《责令停止水事违法行为通知书》。

原告徐汝云诉称，被诉行政行为没有证据，程序违法，请求确认（豫淮）水停字〔2015〕第017号《责令停止水事违法行为通知书》违法。原告未提供证据。

被告淮阳县人民政府辩称，淮阳县水利局作出的（豫淮）水停字〔2015〕第017号行政处罚决定书认定事实清楚，证据确实充分，程序合法。被告经过核查淮阳县水利局作出的行政处罚决定书，认定事实清楚，程序合法，依据《中华人民共和国行政复议法》第二

十八条第一款的规定，于 2015 年 9 月 8 日依法作出淮政复决字〔2015〕20 号行政复议决定，适用法律正确。请求驳回原告的诉讼请求。

被告淮阳县人民政府向本院提交了以下证据、依据：1. 行政复议文书送达回证；2.（予淮）水停字〔2015〕第 017 号《责令停止水事违法行为通知书》；3. 徐汝云行政复议申请书；4. 淮阳县水利局水事违法案件立案呈批表；5. 淮阳县水利局勘验笔录；6. 淮阳县水利局勘验图；7. 淮阳县水利局照片。

被告淮阳县水利局辩称，原告建桥的位置是泄洪通道，应予拆除；拆除原告桥梁的证据是处罚决定书，不是原告起诉的通知书；本案审查的通知书既不是具体的行政行为，对原告也不产生实际的影响，且按照法定格式并未交代原告对通知书有复议和起诉的权利；在处罚决定作出以后，原告无权选择行政行为中的一个步骤来提起行政诉讼。请求驳回原告的起诉。

被告淮阳县水利局向本院提交了以下证据、依据：淮阳县水利局卷宗 1 套共 19 页，包括 1. 2015 年 5 月 30 日水事违法案件立案呈批表；2. 2015 年 5 月 30 日勘验笔录；3. 2015 年 5 月 30 日勘验图；4. 2015 年 5 月 30 日（豫淮）水停字〔2015〕第 017 号责令停止水事违法行为通知书；5. 2015 年 5 月 30 日调查（询问）通知书；6. 2015 年 5 月 30 日送达回证；7. 2015 年 6 月 2 日责令改正通知书；8. 2015 年 6 月 2 日送达回证；9. 2015 年 6 月 5 日水行政处罚事先告知书；10. 2015 年 6 月 5 日水行政处罚听证告知书；11. 2015 年 6 月 8 日重大复杂案件集体讨论笔录；12. 2015 年 6 月 8 日水行政处罚审批表；13. 2015 年 6 月 9 日水行政处罚决定书；14. 2015 年 6 月 9 日送达回证；15. 王紫明、张淮善行政执法证；16. 徐汝云行政复议申请书。

经庭审质证，原告对被告淮阳县人民政府提供的证据无异议；对被告淮阳县水利局提供的证据，对 1~7 页即证据 1~6 无异议，认为其他证据不能作为本案证据使用。

经审理查明，2015 年 5 月，原告徐汝云及淮阳县郑集乡七里河行政村徐庄自然村其他村民在淮郑河上修建桥梁。2015 年 5 月 30 日，被告淮阳县水利局作出并向原告送达了（豫淮）水停字〔2015〕第 017 号《责令停止水事违法行为通知书》，认定”许汝群”未经水行政主管部门批准擅自在淮阳县郑集乡淮郑河内修建水工程建设桥梁，违反了《中华人民共和国水法》第六十五条，根据《中华人民共和国水法》第六十四条第四项、《河南省水政监察规定》第十五条第二款之规定，责令立即停止违法行为，听候处理。否则，依法追究法律责任。附：1. 立即停止违法行为。2. 限 3 日内自行拆除违法临河建筑物。原告不服，于 2015 年 7 月 6 日向被告淮阳县人民政府申请行政复议，请求撤销（豫淮）水停字〔2015〕第 017 号处罚决定。被告淮阳县人民政府于 2015 年 9 月 8 日作出淮政复决字〔2015〕20 号行政复议决定，认定（豫淮）水停字〔2015〕）第 017 号责令停止水事违法行为通知书事实清楚、程序合法、适用依据正确，根据《中华人民共和国行政复议法》第二十八条第一款的规定，决定维持被申请人作出的（豫淮）水停字〔2015〕第 017 号《责令停止水事违法行为通知书》。原告仍不服，于 2015 年 9 月 21 日向本院提起行政诉讼，请求确认被告淮阳县水利局（豫淮）水停字〔2015〕第 017 号《责令停止水事违法行为通知书》违法。另查明，2015 年 6 月 2 日，淮阳县水利局对“许汝云”作出（淮）水改字〔2015〕第 017 号《责令改正通知书》，责令相对人于 2015 年 6 月 4 日前改正，改正内容为“限两日内拆除违法建筑物，恢复原状”；2015 年 6 月 9 日，淮阳县水利局对“许汝云”作出（淮）水罚决字〔2015〕第017号水行政处罚决定，决定给予“许汝云”立即拆除违法建筑物和罚款5万元的处罚；2015年6月10日，淮阳县水利局强行拆除了涉案桥梁。

本院认为，被告淮阳县水利局辩称被诉的（豫淮）水停字〔2015〕第017号《责令停止水事违法行为通知书》，只是其“实施行政处罚时的一个步骤”，“对徐汝云不产生实际的影响”，“不具有可诉性”。但按照《中华人民共和国水法》第六十五条的规定，对于责令限期拆除违法建筑物、构筑物而逾期不拆除的，强行拆除，所需费用由违法单位或者个人负担，并处一万元以上十万元以下的罚款；若相对人按照被诉通知规定自行拆除，被告淮阳县水利局的行政行为应终止于此，不会引发该条法律规定的强行拆除并处罚款的法律后果；事实上，原告并未自行拆除涉案桥梁，被告淮阳县水利局在原告起诉前已经对相对人作出了罚款5万元的行政处罚决定，并强行拆除了该处桥梁。被诉通知对相对人设立了“限3日内自行拆除违法临河建筑物”的义务，依法将会产生、在原告起诉前已经产生了相应的法律后果；虽然被告淮阳县水利局在2015年6月2日又对“许汝云”作出了内容及性质与被诉通知雷同的责令改正通知，但并不能排除被诉通知的法律后果；故原告可以对被诉通知依法提起行政诉讼。

被告淮阳县水利局当庭明确表示被诉通知是对原告徐汝云下发的，但被诉通知的抬头即行政管理相对人的姓名却为“许汝群”，故被诉通知无效。

被告未能提供证明原告或者“许汝群”、“许汝云”实施了违法修建桥梁行为的合法证据，属主要证据不足。

《中华人民共和国行政复议法》第三十一条第一款规定，行政复议机关应当自受理申请之日起六十日内作出行政复议决定；但是法律规定的行政复议期限少于六十日的除外。本案中，被告淮阳县人民政府于2015年7月6日受理原告的行政复议申请，于2015年9月8日作出淮政复决字〔2015〕20号行政复议决定，期间为64日，且未提供延长复议期限的证据，违反了法定程序。

综上所述，依照《中华人民共和国行政诉讼法》第七十条、第七十九条，《最高人民法院关于适用〈中华人民共和国行政诉讼法〉若干问题的解释》第十条第一款，《最高人民法院关于执行〈中华人民共和国行政诉讼法〉若干问题的解释》第五十七条第二款之规定，判决如下：

一、撤销被告淮阳县人民政府2015年9月8日作出的淮政复决字〔2015〕20号行政复议决定；

二、确认被告淮阳县水利局2015年5月30日作出的（豫淮）水停字〔2015〕第017号《责令停止水事违法行为通知书》无效。

案件受理费五十元，由被告负担。

如不服本判决，可在判决书送达之日起十五日内，向本院递交上诉状，并按对方当事人的人数提供副本，上诉于河南省周口市中级人民法院。

审判长　宋　琨

审判员　赵　兵

审判员　陈　熙

二〇一五年十一月二十二日

书记员　×××

徐汝云与淮阳县水利局、淮阳县人民政府水利行政管理、其他二审行政判决书

河南省周口市中级人民法院

行政判决书

（2016）豫16行终11号

上诉人（一审被告）：淮阳县水利局。

法定代表人：李长青，局长。

委托代理人：张勇，淮阳县水利局工作人员。

委托代理人：张华伟，河南天昭律师事务所律师。

被上诉人（一审原告）：徐汝云。

委托代理人：吴振华，河南浩盈律师事务所律师。

原审被告：淮阳县人民政府。

法定代表人：王毅，县长。

委托代理人：张勇，淮阳县水利局工作人员。

淮阳县水利局上诉徐汝云水事行政通知一案，鹿邑县人民法院于2015年11月22日作出（2015）鹿行初字第25号行政判决。淮阳县水利局不服该判决，向本院提起上诉。本院受理后，依法组成合议庭公开开庭审理了本案。淮阳县水利局的委托代理人张华伟，徐汝云及其委托代理人吴振华，淮阳县人民政府及淮阳县水利局的委托代理人张勇到庭参加诉讼。本案现已审理终结。

一审查明，2015年5月，原告徐汝云及淮阳县郑集乡七里河行政村徐庄自然村其他村民在淮郑河上修建桥梁。2015年5月30日，被告淮阳县水利局作出并向原告送达了（豫淮）水停字〔2015〕第017号《责令停止水事违法行为通知书》，认定"许汝群"未经水行政主管部门批准擅自在淮阳县郑集乡淮郑河内修建水工程建设桥梁，违反了《中华人民共和国水法》第六十五条之规定，根据《中华人民共和国水法》第六十四条第四项、《河南省水政监察规定》第十五条第二款之规定，责令立即停止违法行为，听候处理。否则，依法追究法律责任。附：1. 立即停止违法行为；2. 限3日内自行拆除违法临河建筑物。原告不服，于2015年7月6日向被告淮阳县人民政府申请行政复议，请求撤销（豫淮）水停字〔2015〕第017号处罚决定。被告淮阳县人民政府于2015年9月8日作出淮政复决字〔2015〕20号行政复议决定，认定（豫淮）水停字〔2015〕017号《责令停止水事违法行为通知书》事实清楚、程序合法、适用依据正确，依据《中华人民共和国行政复议法》第二十八条第一款的规定，决定维持被申请人作出的（豫淮）水停字〔2015〕017号《责令停止水事违法行为通知书》。原告仍不服，于2015年9月21日向该院提起行政诉讼，请求依法确认被告淮阳县水利局（豫淮）水停字〔2015〕第017号《责令停止水事违法行为通知书》违法。

另查明，2015年6月2日，淮阳县水利局对"许汝云"作出（淮）水改字〔2015〕第017号《责令改正通知书》，责令相对人于2015年6月4日前改正，改正内容为"限两日内拆除违法建筑物，恢复原状"；2015年6月9日，淮阳县水利局对"许汝云"作出（淮）水罚决字〔2015〕第017号水行政处罚决定，决定给予"许汝云"立即拆除违法建筑物和

罚款 5 万元的处罚；2015 年 6 月 10 日，淮阳县水利局强行拆除了涉案桥梁。

一审认为，被告淮阳县水利局辩称被诉的（豫淮）水停字（2015）第 017 号《责令停止水事违法行为通知书》，只是其“实施行政处罚时的一个步骤”，“对徐汝云不产生实际的影响”，“不具有可诉性”。但按照《中华人民共和国水法》第六十五条的规定，对于责令限期拆除违法建筑物、构筑物而逾期不拆除的，强行拆除，所需费用由违法单位或者个人负担，并处一万元以上十万元以下的罚款；若相对人按照被诉通知规定自行拆除，被告淮阳县水利局的行政行为终止于此，不会引发该条法律规定的强行拆除并处罚款的法律后果；事实上，原告并未拆除涉案桥梁，被告淮阳县水利局在原告起诉前已经对相对人作出了罚款 5 万元的行政处罚决定，并强行拆除了该处桥梁。被诉通知对相对人设立了“限 3 日内自行拆除违法临河建筑物”的义务，依法将会产生、在原告起诉前已经产生了相应的法律后果；虽然被告淮阳县水利局在 2015 年 6 月 2 日又对“许汝云”作出了内容及性质与被诉通知雷同的责令改正通知，但并不能排除被诉通知的法律后果；且被告淮阳县水利局当庭明确表示被诉通知是对原告徐汝云下发的，故原告可以对被诉通知依法提起行政诉讼。

被告淮阳县水利局当庭明确表示被诉通知是对原告徐汝云下发的，但被诉通知的抬头即行政管理相对人的姓名却为“许汝群”，故被诉通知无效。被告未能提供证明原告或者“许汝群”、“许汝云”实施了违法修建桥梁行为的合法证据，属主要证据不足。

《中华人民共和国行政复议法》第三十一条第一款规定，行政复议机关应当自受理申请之日起六十日内作出行政复议决定；但是法律规定的行政复议期限少于六十日的除外。本案中，被告淮阳县人民政府于 2015 年 7 月 6 日受理原告的行政复议申请，于 2015 年 9 月 8 日作出淮政复决字〔2015〕20 号行政复议决定，期间为 64 日，且未提供延长复议期限的证据，违反了法定程序。

综上所述，依照《中华人民共和国行政诉讼法》第七十条、七十九条，《最高人民法院关于适用〈中华人民共和国行政诉讼法〉若干问题的解释》第十条第一款、《最高人民法院关于执行〈中华人民共和国行政诉讼法〉若干问题的解释》第五十七条第二款之规定，判决：一、撤销被告淮阳县人民政府 2015 年 9 月 8 日作出的淮政复决字〔2015〕20 号行政复议决定；二、确认被告淮阳县水利局 2015 年 5 月 30 日作出的（豫淮）水停字〔2015〕第 017 号责令停止水事违法行为通知无效。案件受理费 50 元，由被告负担。

淮阳县水利局不服一审判决上诉称，1、（豫淮）水停字〔2015〕第 017 号《责令停止水事违法行为通知书》不具有行政可诉性。（1）作出责令停止水事违法行为通知书是我局实施行政处罚程序的一个中间环节，最后作出并送达的行政处罚决定书后才是一个具体行政行为的完成，因此说责令停止水事违法行为通知书不是一个独立的行政行为不具有行政可诉性；（2）我局强制拆桥的行为根据的不是责令停止水事违法行为通知书而是行政处罚决定书，因此说责令停止水事违法行为通知书本身对徐汝云不具有强制执行的效力，也没有实际的影响，依法不属于行政诉讼受案范围；（3）行政处罚决定书和责令停止水事违法行为通知书均是国家水利部制作的统一格式范本文书，行政处罚决定书本身告知了复议和诉讼的权力，而责令停止水事违法行为通知书本身没有表明复议和诉讼的权力，二者的差异也可得出责令水事违法行为通知书不具有可诉性的事实；（4）徐汝云复议和诉讼之前，我局已依法作出了行政处罚决定书，并依法定程序送达。徐汝云不选择结果提出复议和诉讼，而就行政处罚中的一个过程提起诉讼是对诉权的滥用（正如诉讼当事人不对一审判决提出上诉，而上诉举证通知一个道理）；2、鹿邑县人民法院判决撤销（豫淮）水停字（2015）第017号《责令停止水事违法行为通知书》的理由明显不能成立。（1）责令停止水事违法行为通知书和责令改正通知书的作出，从时间上看没有任何矛盾和不妥，且不违反法定程序；（2）责令停止水事违法行为通知书上的行政相对人姓名“许汝群”，及责令改正通知书上的行政相对人姓名“许汝云”与被上诉人徐汝云在写法上有差异，但这更能说明，在我局行政执法过程中虽徐汝云极不配合，但我局处罚的对象是明确具体和准确的；（3）本案虽为行政诉讼，但并不意味着行政机关要承担全部举证义务。原告不能提供批准建桥的手续给法庭，就应当视为原告违法建桥，而不应当让我局承担原告事前没有申请建桥的行为。3. 鹿邑县人民法院判决撤销（豫淮）水停字〔2015〕第017号《责令停止水事违法行为通知书》适用法律不当。（1）徐汝云要求人民法院确认责令停止水事违法行为通知书违法，但原审法院却依据执行行政诉讼法解释五十七条第二款作出确认无效的判决结果，是明显的判非所诉；（2）原审判决在未对徐汝云建桥是否合法得出结论的情况下、在未对拆桥的根据是否是责令停止水事违法行为通知书作出判断的情况下就作出确认无效的判决结果，明显不当；（3）本案明显不属于司法解释规定的确认无效的范畴；4. 我局在作出行政处罚后拆除桥梁的行为有明显的法律依据，我局的行政行为应当予以维持。（1）徐汝云建造本案桥梁的位置是泄洪通道依法应予拆除，是一审法庭调查中徐汝云也不持异议的事实，依照《中华人民共和国水法》的规定，除拆除外没有第二个选择；（2）建造一座桥梁，不仅要有科学的选址，还要有专业的制图、合格的建筑材料、有建筑资质的企业、监理人员和行政机关的监督，这些条件缺一不可。而徐汝云没有向法庭递交任何证据本身就能说明徐汝云建造桥梁的行为不具备上述任一条件。如果我局当初放任徐汝云的建桥行为，一旦桥梁坍塌出现人身伤害等事故责任，我局作为具有执法权的行政机关不仅要承担监管不力的民事赔偿责任，还要承担玩忽职守的法律责任。因此，对徐汝云违建桥梁的拆除也只能是我局唯一的选择。

综上所述，上诉人认为，原审法院在明知拆桥行为是根据处罚决定的情况下，不驳回原告的起诉而仍对本案继续审理；在不评价拆桥与责令停止水事违法行为通知书有无关联的情况下，却作出确认无效的判决结果。原审法院的判决无论是从程序上，还是从实体、从法律适用上均存在明显的不妥之处。请求撤销鹿邑县人民法院（2015）鹿行初字第25号行政判决，驳回原审原告的起诉。

徐汝云辩称1. （豫淮）水停字〔2015〕第017号《责令停止水事违法行为通知书》具有行政可诉性。依据《中华人民共和国行政诉讼法》第二条的规定：公民、法人或者其他组织认为行政机关和行政机关工作人员的行政行为侵犯其合法权益，有权依照本法向人民法院提起诉讼。判断一个行为是否属于行政行为的标准为：行政行为是否是行政主体所为的行为，是否是行政主体在行政管理活动中的行为，同时对行政相对人产生一定的影响；而不论该行为合法与否、作为与否。本案所涉（予淮）水停字（2015）第017号责令停止水事违法行为通知书是作为行政主体的淮阳县水利局在行政管理活动中对答辩人所作出的行政行为，且对答辩人产生了相应的法律后果，答辩人依法提起行政复议和行政诉讼是符合法律规定的，（予淮）水停字（2015）第017号责令停止水事违法行为通知书具有行政可诉性。

2. 淮阳县水利局依据其作出的（豫淮）水停字〔2015〕第017号《责令停止水事违法

行为通知书》拆除桥梁的行政行为不应维持。（1）淮阳县水利局依据其作出的（豫淮）水停字〔2015〕第017号《责令停止水事违法行为通知书》证据不足、事实不清。通知要求徐汝云：立即停止违法行为，限三日内自行拆除违法临河建筑物。淮阳县水利局依据的是《中华人民共和国水法》第六十五条第一款，而依据该款的规定，只有在河道管理范围内建设妨碍行洪的建筑物、构筑物，或者从事影响河势稳定、危害河岸堤防安全和其他妨碍河道行洪活动的，水利主管部门才能依据职权责令相关当事人停止违法行为，拆除违法建筑物、构筑物。本案中，淮阳县水利局并没有向徐汝云送达所修建建筑为有碍行洪的建筑物或构筑物的相关证明材料，更没有向徐汝云送达所建建筑物质量不合格的证明材料。在证据不足，事实不清的情况下，淮阳县水利局就依据《中华人民共和国水法》第六十五条第一款的规定对徐汝云下达了《责令停止水事违法行为通知书》；（2）淮阳县水利局依据其作出的（豫淮）水停字〔2015〕第017号《责令停止水事违法行为通知书》程序违法。淮阳县水利局在作出通知前，没有按照《中华人民共和国行政处罚法》的规定，让当事人进行陈述、申辩和听证，违反法定程序，依法应予撤销；（3）被诉通知适用法律错误。通知适用的是《中华人民共和国水法》第六十五条第一款，本案应适用第二款的规定，依法履行通知徐汝云限期补办有关手续。水利局没有通知徐汝云限期补办有关手续，而是直接下达停止违法行为通知，违反法律规定；（4）淮阳县水利局下发被诉通知的行为不具合理性，严重损害了徐汝云及出资建桥群众的合法权益。徐汝云建桥的地方原有一座旧桥，但因年久未修，现已不能通行，严重阻碍了附近村民的通行，为便于村民生产和生活，由徐汝云发起和村民捐资共建该桥。在建桥过程中，徐汝云请了水利专家和工程师为该桥的选址、设计和建桥质量把关。但淮阳县水利局作为行政部门不为民谋福利，在没有听取群众意见和查清事实原委的情况下说拆就拆，严重损害了徐汝云及群众的合法权益；

3. 一审法院判决事实清楚、证据确实充分，且适用法律正确。淮阳县水利局的行为没有事实依据且严重违法，一审判决确认无效是正确的。请求驳回上诉，维持原判。

原审被告淮阳县人民政府没有陈述意见。

本院经审理查明的事实与一审判决认定的事实一致，本院予以确认。

本院认为，一个行政行为是否具有可诉性，要看该行政行为对行政相对人的权利是否产生了实际影响，是否是一个独立的行政行为。本案中，淮阳县水利局作出的（予淮）水停字〔2015〕第017号《责令停止水事违法行为通知书》，责令相对人立即停止违法行为，限3日内自行拆除违法临河建筑物。该通知明确要求相对人自行拆除违法建筑物，不是单纯的告知某个事项，而是设定了具体的义务及所要达到的法律后果，相对人如不履行该通知设定的义务，将会承担被强制拆除的后果，况且，根据《中华人民共和国水法》第六十五条第二款的规定，未经水行政主管部门或者流域管理机构同意，擅自建设桥梁的，应限期补办有关手续，而淮阳县水利局直接通知相对人限期拆除桥梁，违反了法律规定，侵犯了相对人补办有关手续的权利，对相对人的权利产生了实际的影响。停止水事违法行为通知虽然是行政处罚前的一个必经程序，但并不是行政处罚过程中的一个程序，是一个独立于行政处罚程序之外的程序，是一个独立的行政行为，不需要依附于行政处罚而单独存在。所以，该通知具有可诉性。虽然通知上被通知人的名字不是徐汝云，但向徐汝云进行了送达，徐汝云也进行了复议，徐汝云是实际被通知人，应属书写错误，不能因此就认定该通知无效。一审确认该通知无效属适用法律错误，本院予以纠正。上诉人关于不应确认无效的理由成立，本院予以支持。但该通知违反《中华人民共和国水法》的规定应确认违法。淮阳县人民政府的复议决定维持水利局的通知适用法律错误，应予撤销。上诉人其他上诉理由不能成立，本院不予以支持。依照《中华人民共和国行政诉讼法》八十九条第一款第（二）项、第三款之规定，判决如下：

一、维持鹿邑县人民法院（2015）鹿行初字第25号行政判决第一项及诉讼费负担；

二、撤销鹿邑县人民法院（2015）鹿行初字第25号行政判决第二项；

三、确认淮阳县水利局2015年5月30日作出的（豫淮）水停字〔2015〕第017号《责令停止水事违法行为通知书》违法。

二审诉讼费50元，由淮阳县水利局负担。

本判决为终审判决。

审判长　任成飞
审判员　胡文建
审判员　郭金华

二〇一六年四月十二日
书记员　王　琳

上诉人孙闯与被上诉人宜昌市点军区农林水局水利行政处罚一案二审行政判决书

湖北省宜昌市中级人民法院

行政判决书

（2014）鄂宜昌中行终字第00002号

上诉人（原审原告）：孙闯。

委托代理人：蔡建运。一般授权代理。

被上诉人（原审被告）：宜昌市点军区农林水局。住所地：宜昌市点军区江南大道116号。

法定代表人：黄发明，该局局长。

委托代理人：杜春华，该局副局长。一般授权代理。

委托代理人：傅强，湖北民基律师事务所律师。一般授权代理。

上诉人：孙闯因诉被上诉人宜昌市点军区农林水局水利行政处罚一案，不服宜昌市点军区人民法院（2013）鄂点军行初字第00003号行政判决，向本院提起上诉。本院2013年12月26日立案受理后依法组成合议庭审理了本案，本案现已审理终结。

原判认定：2011年10月23日，点军区土城乡人民政府工作人员接到群众举报称，原告等人非法占用土城河河道，影响行洪安全。土城乡人民政府于次日安排乡防汛抗旱指挥部相关成员前往现场调查取证，查明原告等人于2010年在土城河集镇段左岸农田建设水泥砖预制厂，2011年10月20日至23日为扩大预制厂面积，在其预制厂临近河段用卵石填筑部分河道及河滩地，侵占了土城河河道及河滩。土城乡防汛抗旱指挥部成员当场向原告宣讲了相关法律规定，并责令其停止违法行为。2011年10月26日，土城乡人民政府为此作出了《关于车溪村民孙闯等人非法占用河道的调查处理报告》（以下简称《调查处理报告》），记载了上述事实。

2013年6月25日，被告执法人员杜春华、林森对李德梅、赵运福进行了询问，二人证实原告2011年10月实施了填筑部分河道的事实。同日，被告工作人员会同土城乡人民政府工作人员对原告砖厂进行了实地勘察，经实地测量原告砖厂现总面积为2.5亩，其中使用耕地面积1.66亩，（原告孙闯实际使用其耕地面积0.69亩，使用龙德海耕地面积0.97亩），占用河道面积0.84亩。2013年6月26日，被告向原告送达《行政处罚告知书》。2013年7月4日，被告向原告送达《听证告知书》。原告要求听证后，被告于2013年7月9日向原告送达《听证通知书》。2013年7月16日，被告举行听证会，原告及其委托代理人王发菊，行政处罚案件承办人杜春华、林森、刘启兵到庭听证。2013年7月19日，被告以原告违反《中华人民共和国防洪法》（以下简称《防洪法》）第二十二条第二款，并依照该法第四十二条、第五十六条之规定对原告作出点水罚字〔2013〕1号《行政处罚决定书》，决定责令原告停止违法行为，限期15日内清除渣土恢复河道原状，并处罚款壹万元整；逾期不清除渣土恢复河道原状的，被告将组织强行清除，所需费用由原告承担。被告7月22日将《行政处罚决定书》送达原告。原告不服，向宜昌市点军区人民政府申请行政复议，宜昌市点军区人民政府复议维持了《行政处罚决定书》，原告仍不服，向法院提起行政诉讼，请求撤销被告作出的点水罚字〔2013〕1号《行政处罚决定书》。

同时查明，被告系宜昌市点军区人民政府工作部门，其职责之一是实施水利行业安全生产监管，履行水政执法职能，负责全区防汛抗旱日常工作。

原判认为：被告是宜昌市点军区人民政府下属负责实施水利行业安全生产监管、履行水政执法职能的政府工作部门，符合《防洪法》中规定的县级以上人民政府水行政主管部门的主体资格。被告在得知原告有违法侵占河道的行为后依法进行调查，并会同点军区土城乡相关人员进行现场勘查，向原告依法送达了《行政处罚告知书》、《听证告知书》、《听证通知书》，举行了听证会，并依据《防洪法》的相关规定，作出行政处罚，认定事实清楚，适用法律正确，行政程序合法。原告认为被告行政处罚主体不合法、没有事实依据的意见与法院查明的事实不符，不予支持。据此判决驳回原告孙闯的诉讼请求。

上诉人孙闯上诉称：本案发生的背景是点军区土城乡人民政府要拆迁上诉人砖厂，但由于点军区土城乡人民政府给予的补偿极低、克扣补偿费用、采取暴力手段拆迁，导致拆迁陷入僵局，为达到拆迁上诉人砖厂的目的，被上诉人捏造上诉人侵占河道的事实，对上诉人进行行政处罚。上诉人砖厂2010年完工，砖厂旁边的河道无人为施工现象，是自然的原始面貌，根本不存在上诉人倾倒渣土的现象。被上诉人的执法人员无执法资格，其收集的证人证言模糊不清，不能作为定案证据，相反，上诉人提交的证人出庭作证，应作为定案证据。被上诉人无处罚主体资格，依据《防洪法》的规定，只有县级以上水行政主管部门才有处罚权，被上诉人属于科级机关，无权处罚。被上诉人作出的《行政处罚决定书》错误，原审法院不但不予纠正，相反还驳回上诉人的诉讼请求，上诉人极为不服。请求撤销原审判决，依法改判或发回重审。

被上诉人宜昌市点军区农林水局辩称：依据《防洪法》及《点军区人民政府办公室关于印发宜昌市点军区农林水局主要职责、内设机构和人员编制规定的通知》的规定，被上诉人有权作出本案行政处罚决定。上诉人非法侵占河道事实清楚，2011年10月23日，点军区土城乡人民政府工作人员接到群众举报称，上诉人等人非法占用土城河河道，影响行洪安全，土城乡防汛抗旱指挥部相关成员前往现场调查，查实了上诉人的违法行为，并出具了《调查处理报告》；被上诉人的执法人员勘察了现场并制作了笔录，询问了相关证人。被上诉人作出的行政处罚行为认定事实清楚，适用法律、法规正确，程序合法。请求驳回上诉人的上诉，维持原判。

当事人向原审法院提交的证据已随案移送本院，本院认定的案件事实与原审相同。

本院认为，本案的被诉具体行政行为是被上诉人作出的点水罚字〔2013〕1号《行政处罚决定书》，该决定书内容为：责令停止违法行为，限期15日内清除渣土恢复河道原状，并处罚款壹万元整；逾期不清除渣土恢复河道原状的，被上诉人将组织强行清除，所需费用由上诉人承担。

上诉人诉称的拆迁其砖厂的行为不属于本案的被诉行政行为，不属于本案的审理范围。本案双方当事人的争议焦点是：一、被上诉人是否具有本案行政处罚权；二、被上诉人作出的《行政处罚决定书》认定事实是否清楚，证据是否充分。

一、被上诉人是否具有本案行政处罚权

《防洪法》第八条第三款规定："县级以上地方人民政府水行政主管部门在本级人民政府的领导下，负责本行政区域内防洪的组织、协调、监督、指导等日常工作。"在法律术语中，”以上”包括本身，因此该条款中的“县级以上”是指县级及其以上，宜昌市点军区人民政府属于县级地方人民政府，被上诉人属于宜昌市点军区人民政府负责本行政区域内防洪工作的机构，因此，被上诉人具有本案行政处罚权。《防洪法》第八条第三款并非指人民政府的县级以上水行政主管部门才有相应权限。

二、被上诉人作出的《行政处罚决定书》认定事实是否清楚，证据是否充分。

《防洪法》第二十二条第二款规定：“禁止在河道、湖泊管理范围内建设妨碍行洪的建筑物、构筑物，倾倒垃圾、渣土，从事影响河势稳定、危害河岸堤防安全和其他妨碍河道行洪的活动。”《防洪法》第五十六条规定：“违反本法第二十二条第二款、第三款规定，有下列行为之一的，责令停止违法行为，排除阻碍或者采取其他补救措施，可以处五万元以下的罚款：……（二）在河道、湖泊管理范围内倾倒垃圾、渣土，从事影响河势稳定、危害河岸堤防安全和其他妨碍河道行洪的活动的；……”。

2011 年 10 月 23 日，点军区土城乡人民政府工作人员接到群众举报称，上诉人等人非法占用土城河河道，影响行洪安全。土城乡防汛抗旱指挥部相关成员前往现场调查，查实了上诉人的违法行为，在此基础上，点军区土城乡人民政府出具了《调查处理报告》。《调查处理报告》的内容为：上诉人 2011 年 10 月 20 日至 23 日为扩大预制厂的场地面积，在其预制厂临近河段用卵石填筑部分河道及河滩地，非法占用河道及河滩。被上诉人的执法人员于 2013 年 6 月 25 日勘察了现场并制作了笔录，并询问了相关证人，查明上诉人 2011 年 10 月向土城河河道倾倒土石、渣土，非法侵占了河道。

被上诉人在作出点水罚字〔2013〕1 号《行政处罚决定书》前，向上诉人依法送达了《行政处罚告知书》、《听证告知书》、《听证通知书》，并于 2013 年 7 月 16 日举行了听证会。在听证会上，被上诉人执法人员出示了《调查处理报告》、勘察笔录、询问笔录等证据。上诉人在听证会上尽管否认其违法行为，但未提出相应证据证实其主张。因此，被上诉人收集的证据可相互印证，证实上诉人 2011 年 10 月 20 日至 23 日为扩大预制厂的场地面积，向土城河河道倾倒卵石、土石、渣土，填筑部分河道及河滩地，该行为属于“影响河势稳定”、“妨碍河道行洪”的违法活动。

综上，被上诉人作出的点水罚字〔2013〕1 号《行政处罚决定书》认定事实清楚，适用法律、法规正确，程序合法，处罚幅度适当，被上诉人的执法人员具有执法资格。上诉人上诉理由不予采信。原审判决正确。依据《中华人民共和国行政诉讼法》第六十一条第（一）项之规定，判决如下：

驳回上诉，维持原判。

二审案件诉讼费 50 元由上诉人孙闯负担。

本判决为终审判决。

审 判 长　闵珍斌
审 判 员　曹 斌
代理审判员　张群虎

二〇一四年一月二十日
书 记 员　宋佳佳

孙闯诉宜昌市点军区农林水局水行政处罚决定案再审审查裁定书

湖北省宜昌市中级人民法院

行政裁定书

（2014）鄂宜昌中行申字第45号

再审申请人（原一审原告、原二审上诉人）：孙闯。

被申请人（原一审被告、原二审被上诉人）：宜昌市点军区农林水局。

法定代表人：黄发明，局长。

再审申请人孙闯诉宜昌市点军区农林水局水利行政处罚一案，宜昌市点军区人民法院2013年10月19日作出（2013）鄂点军行初字第00003号行政判决，驳回孙闯的诉讼请求。孙闯不服，向本院提出上诉。2014年1月20日，本院作出（2014）鄂宜昌中行终字第0002号行政判决，驳回上诉，维持原判。孙闯不服，向本院申请再审。本院2013年4月21日决定立案审查后，依法另行组成合议庭进行了审查，现已审查终结。

再审申请人孙闯申请再审称：1. 本案行政处罚所依据的事实未进行核实和鉴定，违法事实并不存在。2. 宜昌市点军区农林水局违背法律规定，越权行使职权，无权对本案孙闯的行为实施行政处罚。3. 宜昌市点军区农林水局违反行政处罚的时效规定，也违反行政诉讼证据规则。

经对原一、二审判决认定的事实和证据进行审查，本院认为：

1. 2011年10月23日，宜昌市点军区土城乡人民政府工作人员接到群众举报称，孙闯等人非法占用土城河河道，影响行洪安全。宜昌市点军区农林水局经调查取证、组织听证等程序，于2013年7月19日作出点水罚字（2013）1号《行政处罚决定书》，该《行政处罚决定书》并不违背行政处罚时效规定。

2. 宜昌市点军区农林水局负责防汛抗旱工作的相关人员进行了现场勘查、询问了相关证人等，取证程序合法。再审申请人孙闯于2011年10月20日至23日为扩大其水泥砖预制厂的场地面积，在土城河紧邻其水泥砖预制厂河段填筑部分河道及河滩地，非法占用河道及河滩的事实清楚，证据确实充分。

3. 《中华人民共和国防洪法》第二十二条第二款规定："禁止在河道、湖泊管理范围内建设妨碍行洪的建筑物、构筑物，倾倒垃圾、渣土，从事影响河势稳定、危害河岸堤防安全和其他妨碍河道行洪的活动。"第五十六条规定："违反本法第二十二条第二款、第三款规定，有下列行为之一的，责令停止违法行为，排除阻碍或者采取其他补救措施，可以处五万元以下的罚款：……（二）在河道、湖泊管理范围内倾倒垃圾、渣土，从事影响河势稳定、危害河岸堤防安全和其他妨碍河道行洪的活动的；……"。因此，宜昌市点军区农林水局所作出的行政处罚决定法律依据充分。

4. 《中华人民共和国防洪法》第八条第三款规定："县级以上地方人民政府水行政主管部门在本级人民政府的领导下，负责本行政区域内防洪的组织、协调、监督、指导等日常工作。"宜昌市点军区人民政府属于县级地方人民政府，宜昌市点军区农林水局属于宜昌市点军区人民政府水行政主管部门，负责本行政区域内防洪工作，具有本案行政处罚权。综上，孙闯申请再审的理由不能成立，一、二审判决认定事实清楚，适用法律正确，审判程序合法。根据《最高人民法院关于执行〈中华人民共和国行政诉讼法〉若干问题的解释》第七十四条之规定，裁定如下：

驳回再审申请人孙闯的再审申请。

审　判　长　　吴遵玉
代理审判员　　黄君梅
代理审判员　　张　端

二〇一四年五月十四日
书　记　员　　陈　悦

黑龙江省佳木斯市郊区人民法院

行政判决书

（2015）郊行初字第14号

原告：王××。

委托人：

被告：佳木斯市××局。

委托人：

原告王××不服被告佳木斯市××局作出的行政处罚一案。被告于2014年11月24日对原告作出了《行政处罚决定书》第021号，于2014年12月2日对原告又作出了《行政强制执行决定书》204号。原告均不服，向佳木斯市人民政府提出行政复议，复议机关维持了被告作出的《行政处罚决定书》和《行政强制执行决定书》。原告仍不服，于2015年4月10日向本院提起行政诉讼。本院受理后，于2015年1月15日向被告送达了起诉状副本及应诉通知书。本院依法组成合议庭。于2015年5月14日公开开庭审理了本案。原告王××及委托代理人相××，被告的委托代理人张××、薄××等到庭参加诉讼。本案现已审理终结。

被告于2014年11月24日对原告作出了《行政处罚决定书》。主要内容是："王××未经河道主管部门批准擅自在松花江×××河胜利桥北侧东岸私建大棚的行为，违反了《中华人民共和国水法》第三十七条第二款的规定。依照《中华人民共和国水法》第六十五条第一款的有关规定，作出下列行政处罚：处以壹万元罚款、立即恢复原样（对所妨碍行洪的建筑物、构造物、砖砌大棚拆除）"。被告又于2014年12月2日对原告作出了《行政强制执行决定书》。主要内容是："王××未经河道主管部门批准擅自在×××河胜利桥北侧东岸私建大棚一案，本机关依法作出了强制拆除决定，并于2014年11月26日向王××送达强制拆除通知文书，王××未在规定的期限内履行义务，经催告仍未履行。根据《中华人民共和国行政强制法》第三十七条和四十四条之规定，本机关依法作出以下行政强制执行决定：1. 执行标的：×××河胜利桥北侧东岸砌砖大棚。2. 执行方式：强制拆除"。被告于2015年4月24日向本院提供了作出具体行政行为的证据、依据：证据一：违法事实照片14张。证明原告违法事实已经发生，至今仍存在。证据二：执法过程录像。证明原告的违法事实、被告的执法过程。证据三：被告执法人员行政执法证。证明被告执法人员具有执法资格。证据四：《责令停止违法行为通知书》《责令限期拆除通知书》《行政处罚告知书》《行政处罚听证告知书》《行政处罚决定书》《强制拆除通知书》《行政强制执行催告书》《行政强制执行决定书》。证明被告依法履行各项告知义务，行政行为符合法定程序。证据五：佳木斯市政府《行政复议决定书》一份。证明佳木斯市政府维持行政处罚决定书。证据六：佳木斯市城市防洪工程图两张，一个是区域的，一个是整体的。证明对原告的处罚在管理范围内。被告作出具体行政行为的法律依据：1.《中华人民共和国水法》第三十七条第二款、第六十五条第一款；2. 作出强制执行的法律依据《中华人民共和国行政强制法》第三十七条、第四十四条。

原告王××诉称，原告是佳木斯市郊区××乡××村集体经济组织成员。1984年，国家实施一轮土地承包时，原告与××村签订了《家庭联产承包合同》，取得《土地承包经营权证》。1998年，国家实施二轮土地顺延承包，原告又继续承包土地。为充分发挥土地的利用价值，原告在承包的土地上建筑了大棚。2014年11月24日，被告认为原告在家庭联产承包的土地上建设大棚等附着物违法，作出了《行政处罚决定书》，认定原告未经河道部门批准，擅自在松花江×××河胜利桥北侧东岸私建大棚违法，处以壹万元罚款，立即恢复原样（对所妨碍行洪的建筑物、构造物、砖砌大棚拆除）。2014年12月2日，被告又作出《行政强制执行决定书》，决定强制拆除×××河胜利桥北侧东岸砖砌大棚。原告耕种的土地是集体所有的土地，土地性质为农用地，该宗土地从未进行国家征收，也未被确认为水利用地。《黑龙江省河道管理条例》第十四条规定，"……凡已经市、县人民政府划定的护堤用地由河道、堤防管理部门管理使用"。多年来，被告从未管理和使用原告承包的土地，也未公告过原告承包的土地属于防洪范围，更未通知过原告及××村不得在该宗土地上建设大棚等附着物。《中华人民共和国土地管理法》第十二条规定，"依法改变土地权属和用途的，应当办理土地变更登记手续"。原告认为，其耕种的土地是集体所有的土地，是农用地，如果列为×××河河道管理范围，应当依法变更土地性质的审批手续，并进行土地征收补偿。否则，被告无权行使行政管理权，也无权对原告进行行政处罚。被告作出的行政处罚决定及行政强制执行决定，严重损害了××村和全体经济组织成员对集体所有土地享有的占有、使用、收益和处分的权利。被告此次作出的行政处罚决定及行政强行执行决定，涉及10余农户，经济损失达到六百万元左右，将会给原告及村集体造成严重经济损失，损害村集体的利益。为依法维护自己的合法权益，原告请求人民法院依法调查核实本案，保护农民的合法权益，尊重和履行国家对农村土地承包的政策，尊重集体对土地的所有权。1. 请求人民法院依法撤销被告作出的《行政处罚决定书》和《行政强制执行决定书》。2. 本案诉讼费由被告承担。

庭审中原告补充以下事实：①被告未提供×××河的管理范围，原告的大棚是否在河道管理范围内，证据不足。②原告的大棚是否妨碍行洪，未进行科学的论证，行政处罚决定缺乏依据。③原告承包经营的土地，土地部门规划的用途为农用地。④被告无行政强制执行权。⑤被告的行政处罚行为，有违法及错误之处。诉权交待错误：行政处罚决定书载明，如被处罚人不服行政处罚决定，可以三个月内直接向市中级人民法院提起行政诉讼。依据《中华人民共和国行政诉讼法》第十三条规定，本案应由行政机关所在地的基层人民法院管辖，不属于中级人民法院管辖，诉权交待错误。

原告在庭审中提交了以下证据：

证据一：《集体土地所有权证》。

证明：原告耕种的土地为佳木斯市郊区××乡××村集体所有的土地，土地性质为农用地（耕地）。同时证明原告耕种经营的土地不是水利用地，不是河道管理范围内的用地。

证据二：××村村委会2015年3月20日出具介绍信一份。

证明：原告耕种和经营该宗土地有合法依据，建设大棚等构筑物是其经营权之一，被告无权干涉或处罚。

证据三：60号《佳木斯市人民政府关于做好×××河清障动迁安置工作的通知》、2005年×××河占地补偿表。

证明：×××河清障，对被拆迁人给予安置补偿，如佳木斯市××局拆除原告大棚应予以补偿，以弥补原告的经济损失，也是对限制原告承包经营权的补偿。

被告佳木斯市××局辩称，答辩如下：1. 当事人承包的土地为××村集体所有土地，对此我们没有异议，但该土地位于×××河两侧堤防之间的河道内，按水利相关法律规定，是河道管理范围，被告依法有权对该管理范围内影响行洪的活动进行管理。《中华人民共和国土地管理法》第二十三之规定："江河管理范围内土地开发利用应当符合行洪、蓄洪和输水要求。"原告在修建违章大棚时，被告及时进行了制止，并讲解相关水法律法规规定，但原告置之不理，仍强行修建。《黑龙江省河道管理条例》第三条规定："各级政府的水行政主管部门为河道主管部门……。"第六条规定："有堤防的河道，其管理范围为两岸堤防之间的水域、沙洲、滩地（包括可耕地）、行洪区，两岸堤防及护堤地。"《中华人民共和国土地管理法》第二十条规定："县级土地利用总体规划应当划分土地利用区，明确土地用途。乡镇土地利用总体规划应当划分土地利用区，根据土地使用条件，确定每一块土地的用途，并予以公告。"第二十三条规定："江河、湖泊综合治理和开发利用规划，应当与土地利用总体规划相衔接。在江河、湖泊、水库的管理和保护范围以及蓄洪滞洪区内，土地利用应当符合江河、湖泊综合治理和开发利用规划，符合河道、湖泊行洪、蓄洪和输水的要求。"×××河是佳木斯市城市内河之一，紧邻市行政服务中心和鹤大公路，××村村民承包的土地在河道管理范围内。被告在2005年修建×××河堤防时，曾征用过××村土地，村委会和村民都知道此事。原告未经河道管理部门批准，擅自在松花江×××河胜利桥北侧东岸私建砖砌大棚，违法行为事实清楚。2014年4月中旬，被告单位的堤防西站工作人员吴×、杨×发现××村村民运砖运砂，准备建大棚一事，立即予以制止，宣传河道法规，并上报局领导，依法下达《责令停止违法行为通知书》，原告认为有《土地承包经营权证》修建大棚等农业设施，不需要审批为由，对被告的工作人员进行谩骂、推搡和人身威胁，拒签执法文书，继续强行修建大棚。2. 被告下达的《行政处罚决定书》和《行政强制执行决定书》的程序合法。被告在对原告的处罚过程中，依法进行了立案勘察、调查询问、拍照、录像，做出《行政处罚告知书》、《行政处罚听证告知书》，同时协调郊区政府、××乡政府、郊区城管执法分局、××村委会联合执法，接受并审核异议申辩，多次进行了解答，最后经审批下达了《行政处罚决定书》和《行政强制执行决定书》，处罚完全符合法律规定。3. 依据《中华人民共和国水法》等法律法规规定，依法对违法行为进行处罚。根据《中华人民共和国水法》第三十七条第二款规定："禁止在河道管理范围内建设妨碍行洪的建筑物、构筑物以及从事影响河势稳定、危害河岸堤防安全和其它妨碍河道行洪的活动"；第六十五条第一款规定："在河道管理范围内建设妨碍行洪的建筑物、构筑物，或者从事影响河势稳定、危害河岸堤防安全和其他妨碍河道行洪的活动的，由县级以上人民政府水行政主管部门或者流域管理机构依据职权，责令停止违法行为，限期拆除违法建筑物、构筑物，恢复原状；逾期不拆除、不恢复原状的，强行拆除，所需费用由违法单位或者个人负担，并处一万元以上十万元以下的罚款。"被处罚人在接到行政处罚决定书后，仍继续违法修建大棚。4. ××乡××村民在×××河河道内修建蔬菜大棚，违反相关法律规定，阻碍河道行洪通畅，违反《中华人民共和国防洪法》和省防汛抗旱指挥部禁止在行洪河道新建行洪障碍，谁设障谁清除原则和精神，市领导高度重视，并批示由被告牵头，郊区政府、郊区城管局、辖区公安配合，继续抓好违建拆除工作，被告按《中华人民共和国水法》和市领导要求，按程序下达行政执法文书。5. 原告不服行政处罚决定和强制执行决定，提出行政复议。佳木斯市人民政府法制办受理此类复议案件，并于 2015 年 1 月 30 日作出了行政复议决定，维持被告作出的两个行政决定。综上所述，原告提出异议的理由均与事实不符，而且违反《中华人民共和国水法》的相关规定，被告作出的行政两个行政决定程序合法，因此请求郊区人民法院依法维持《行政处罚决定书》和《行政强制执行决定书》。

经庭审质证，本院对以下证据作如下确认：

被告在庭审中出示的证据一，原告质证，对于这组照片有异议，该组照片因没有参照物，既不能证明该大棚为原告所建设，也不能证明该大棚在被告所管辖的×××河的管理范围内，不能证明原告有行政违法事实。

经庭审质证本院认为原告的质证异议不成立，因为原告没有证据证明，其不存在行政违法事实。所以对以上证据的真实性和所证明的问题予以采信。

被告在庭审中出示的证据二，原告质证有异议，录像中看不到河水、河道仅看到汽车在路上跑，证实不了被告处罚原告的违法事实。

经庭审质证本院认为原告的质证异议不成立，因为原告没有证据证明，其不存在行政违法事实。所以对以上证据的真实性和所证明的问题予以采信。

被告在庭审中出示的证据三，原告质证，对真实性有异议，因为是复印件。

经庭审质证，本院对以上证据的真实性予以采信。

被告在庭审中出示的证据四，原告质证，对这组证据均有异议，理由是由于被告没有提供×××河的管理范围，不能证明原告的大棚在河道的管理范围，原告的大棚是否妨碍行洪，没有进行科学的认证，没有鉴定报告不能证明原告的大棚妨碍行洪，因此被告作出的行政处罚决定及强制执行决定缺乏依据。

经庭审质证本院认为原告的质证异议不成立，因为原告没有证据证明，被告未依法履行各项告知义务。所以对以上证据的真实性和所证明的问题予以采信。

被告在庭审中出示的证据五，原告质证意见同上。

经庭审质证本院认为，此《行政复议决定书》是复议机关作出的复议决定，不能作为证据使用，不予审查。

被告在庭审中出示的证据六，原告质证有异议，河道的管理范围根据河道管理条例规定，应当由县级以上人民政府划定河道的迎面宽度是多少，背面的宽度是多少，而不是以一张证实防洪图来规定，并且城市防洪图不能确定河道的管理范围，同时原告的大棚距河道多少米，被告没有进行测量，不能确定被告管理范围内。

经庭审质证本院认为，此证据和证据一、证据二相互印证，可以证明原告的违章建筑是在两个堤坝之间。根据河道管理条例的有关规定，两堤坝之间是被告的管理范围，无需人民政府划定。所以，对此证据的真实性和所证明的问题予以采信。

原告在庭审中出示的证据一，被告质证，对真实性没有异议，对证明的问题有异议，不能证明对原告的处罚不在河道管理范围内。

经庭审质证本院认为，被告对真实性没有异议。所以，对此证据的真实性予以采信。

原告在庭审中出示的证据二，被告质证，对真实性没有异议，对证明的问题有异议，整个××村的土地包括河道，也就是×××河属于被告的管理范围。违法事实可以现场勘查。

经庭审质证本院认为，被告对真实性没有异议。所以，对此证据的真实性予以采信，对证明的问题被告质证异议成立，不予采信。

原告在庭审中出示的证据三，被告质证，原告所举证据与本案无关，原告所举证据补偿是修大坝所涉及的补偿，本案大棚属于违章建筑不应给于补偿，两种拆迁性质不同，这组证据对涉及×××河河道流域的农户，当时已经进行了补偿，当时本案的原告已经知道这是政府明确禁止的违法行为，而本案被告执法涉及的原告违法行为，是在原告刚往现场拉砖时，被告的工作人员到场制止，而且也通过××村村委转告了原告的违法行为的后果，但这些原告不听劝阻，继续作出违法行为。

经庭审质证本院认为，被告的质证异议成立。所以，对此证据不予采信。

经审理查明，原告是佳木斯市郊区××乡××村集体经济组织成员。村里分给了承包地，但没有取得《土地承包经营权证》。该土地位于×××河两侧堤防之间的河道内，1989年×××河被国家防总列为国家重点清障项目，市委市政府高度重视，成立了清障指挥部，对×××河三合大桥以北河道内居民进行了拆迁，对三合大桥以南原有的房屋没有拆迁。2013年至2014年期间，有十几户农民包括本案原告为了增加收入，用红砖建设温室大棚。被告对违建中的原告下达了责令停止违建行为通知书、行政处罚告知书及行政处罚决定书等，违建中的原告仍置之不理，并多次上访。被告在阻止无效的情况下，于2014年11月24日对原告作出了《行政处罚决定书》，主要内容是："王××未经河道主管部门批准擅自在松花江×××河胜利桥北侧东岸私建大棚的行为，违反了《中华人民共和国水法》第三十七条第二款的规定。依照《中华人民共和国水法》第六十五条第一款的有关规定，作出下列行政处罚：处以壹万元罚款、立即恢复原样（对所妨碍行洪的建筑物、构造物、砖砌大棚拆除）"。被告又于2014年12月2日对原告作出了《行政强制执行决定书》，主要内容是："王××未经河道主管部门批准擅自在×××河胜利桥北侧东岸私建大棚一案，本机关依法作出了强制拆除决定，并于2014年11月26日向王××送达强制拆除通知文书，王××未在规定的期限内履行义务，经催告仍未履行。根据《中华人民共和国行政强制法》第三十七条和四十四条之规定，本机关依法作出以下行政强制执行决定：1. 执行标的：×××河胜利桥北侧东岸砌砖大棚。2. 执行方式：强制拆除"。原告不服，向佳木斯市人民政府提出行政复议，复议机关于2015年1月30日维持了被告作出的《行政处罚决定书》和《行政强制执行决定书》。原告仍不服，诉至本院。

另查明，原告于2014年在自己的承包地里建了砖制和铁架大棚。原告所建大棚，是建在两堤之间（×××河是佳木斯市松花江回水堤，是我省划定十条主要江河之一，全长10000米，其中左回水堤长5500米，右回水堤长4500米，两堤之间违建大棚区域宽度168米）。被告执法人员在执法过程中已经明确告知"原告的大棚就是建在该法定的范围之内"。并就原告违法行为召开了三次协调、听证会（××乡政府召开、××村委会召开、水务局316室召开），有会议录像及各原告到场签字为证。

本院认为，佳木斯市河道管理范围应根据法律、法规的规定来确定。依据《黑龙江省河道管理条例》第六条规定：" 有堤防的河道，其管理范围为两岸堤防之间的水域、沙洲、滩地（包括可耕地）、行洪区，两岸堤防及护堤地。无堤防的河道，其管理范围根据历史最高洪水位或者设计洪水位确定。河道的具体管理范围，由上级以上人民政府负责划定。" 根据此条规定，本案原告所建砖砌大棚是建在两堤之间的土地上，属于被告的管理范围，不用人民政府划定。对于无堤防的河道，其管理范围才应由人民政府划定。关于原告代理人在庭审中提出原告所建砖砌大棚是否妨碍行洪没有进行科学论证的问题。根据《中华人民共和国水法》第三十七条和《中华人民共和国河道管理条例》第二十四条规定“在河道管理范围内禁止种植高杆农作物及一切阻碍行洪的建筑物、构筑物”，原告所建的大棚是红砖砌成的具有永久性的建筑，其阻水能力远远超过种植高杆农作物，这是非常初浅的道理，因此，无需再进行科学论证。关于原告代理人庭审中提出的其土地为农用地、是集体所有的问题。《中华人民共和国土地管理法》第二十三条规定：“江河、湖泊综合治理和开发利用划定，应当与土地利用总体规划相衔接。在江河、湖泊、水库的管理和保护范围以及蓄洪滞洪区内，土地利用应当符合江河、湖泊综合治理和开发利用规划，符合河道、湖泊行洪、蓄洪和输水的要求。”依据该规定，无论是集体土地还是国有土地，在涉及河道、湖泊行洪方面的问题，均应符合《中华人民共和国水法》和《黑龙江省河道管理条例》的规定，而被告是国家设立的唯一的水行政主管部门。所以，被告有权对原告进行处罚。关于原告代理人在庭审中提出被告在行政处罚前，未公告×××河河道范围，也未通知河道范围内的农民不得建设大棚的问题。本案被告在整个行政执法过程中，有证据证明，被告多次派出执法人员直接通知原告或通过村委会主任通知原告其所建大棚位置为河道管理范围内、建大棚行为属于违法行为，多次制止其违法行为，并做了询问笔录，交代了诉权。在被告涉及本案近一年执法过程中，被告工作人员对原告陆续下发了相关执法文书。而原告不予配合，拒绝签字。原告否认被告依法履行执法程序的说法，与事实不符。关于原告在庭审中提出的被告无行政强制执行权利的问题。《中华人民共和国水法》第六十五条规定：“在河道管理范围内建设妨碍行洪的建筑物、构筑物，或者从事影响河势稳定、危害河岸堤防安全和其他妨碍河道行洪的活动的，由县级以上人民政府水行政主管部门或者流域管理机构依据职权，责令停止违法行为，限期拆除违法建筑物、构筑物，恢复原状；逾期不拆除、不恢复原状的，强行拆除，所需费用由违法单位或者个人负担，并处一万元以上十万元以下的罚款。”依据以上规定证明被告具有行政强制执行权利。关于原告代理人在庭审中提出的被告交待诉权错误的问题。被告交待诉权虽有不当，但不影响被告作出具体行政行为的合法性。综上所述，原告所建的违章砖砌大棚客观存在，且在×××河两堤坝之间，妨碍河道行洪，属于被告的管理范围。根据上述所列的法律、法规的规定，被告既有处罚权，又有强制执行权。所以，被告作出的《行政处罚决定书》和《行政强制执行决定书》事实清楚，证据确凿，程序合法，适用法律，法规正确，依法应予以维持。原告的诉讼请求缺少事实依据和法律依据，本院不予支持。故依照《中华人民共和国行政诉讼法》第六十九条之规定，判决如下：

驳回原告王××的诉讼请求。

案件受理费50元，由原告承担。

如不服本判决，可在判决书送达之日起十五日内提起上诉，向本院递交上诉状，并按对方当事人的人数递交上诉状副本，上诉于黑龙江省佳木斯市中级人民法院。

审判长　付连通

审判员　刘振影

审判员　李成斌

二〇一五年六月二十三日

书记员　刘　博

附：本案适用的相关法律条文：

《中华人民共和国行政诉讼法》

第六十九条　行政行为证据确凿，适用法律、法规正确，符合法定程序的，或者原告申请被告履行法定职责或者给付义务理由不成立的，人民法院判决驳回原告的诉讼请求。

何新添与广东省水利厅作出《关于龙川县稔坑水电站工程可行性研究报告的审查意见》行为行政纠纷二审行政裁定书

广东省高级人民法院

行政裁定书

（2014）粤高法行终字第199号

上诉人（原审原告）：何新添，男，住广东省龙川县。

被上诉人（原审被告）：广东省水利厅。住所地：广东省广州市天河区天寿路116号。

法定代表人：林旭钿，厅长。

上诉人何新添因诉被上诉人广东省水利厅作出的《关于龙川县稔坑水电站工程可行性研究报告的审查意见》行政纠纷一案，不服广东省广州市中级人民法院（2013）穗中法行初字第109号行政裁定，向本院提起上诉。本院依法组成合议庭对本案进行了审理，现已审理终结。

原审法院经审理查明：2004年12月2日，被告广东省水利厅向广东省发展改革委员会出具粤水规〔2004〕119号《关于龙川县稔坑水电站工程可行性研究报告的审查意见》，对龙川县稔坑水电站工程建设的必要性、水文、工程地质、工程任务和规模、工程选址、机电及金属结构、工程管理、施工组织设计、淹没处理与工程占地、环境影响评价及水土保持、工程投资估算及经济评价十二项问题提出了审查意见。原告何新添获知上述审查意见内容后，认为其侵犯了自身的合法权利，遂提起本案诉讼，请求撤销广东省水利厅于2004年12月2日出具的粤水规〔2004〕119号《关于龙川县稔坑水电站工程可行性研究报告的审查意见》。

原审法院另查明：在本案开庭时原告承认其同村村民何佛荣于2012年6月就被诉的审查意见向广东省人民政府提起行政复议，广东省人民政府受理后中止了行政复议审查。

原审法院认为，《最高人民法院关于执行〈中华人民共和国行政诉讼法〉若干问题的解释》第一条第二款规定："公民、法人或者其他组织对下列行为不服提起诉讼的，不属于人民法院行政诉讼的受案范围：……（六）对公民、法人或者其他组织权利义务不产生实际影响的行为。"本案中，根据《水利工程建设项目管理暂行规定》第十条 "水利是国民经济的基础设施和基础产业。水利工程建设要严格按建设程序进行。水利工程建设程序一般分为：项目建议书、可行性研究报告、初步设计、施工准备（包括招标设计）、建设实施、生产准备、竣工验收、后评价等阶段。"以及《广东省水利厅关于重新修订印发〈广东省水利厅水利水电工程设计审核（批）工作制度〉（试行）的通知》 "……二、审核（批）范围。按照广东省人民政府文件（粤府〔2003〕30号）及分级管理、分级负责的原则，以下范围的水利水电工程项目可行性研究和初步设计由我厅提出审核意见，报省计划部门审批。项目分类省级负责审核（批）范围。……7. 小水电站工程可行性研究：单站装机1000千瓦及以上。初步设计：单站装机2000千瓦及以上。……"的规定，被告广东省水利厅作出的粤水规〔2004〕119 号《关于龙川县稔坑水电站工程可行性研究报告的审查意见》系水利工程建设中间程序，并未对原告何新添的权利义务产生最终实际影响，根据上述司法解释的规定，原告不服该审查意见提起的本案诉讼不属于行政诉讼的受案范围，对原告的起诉应予以驳回。

综上所述，根据《最高人民法院关于执行〈中华人民共和国行政诉讼法〉若干问题的解释》第四十四条第一款第（一）项的规定，裁定：驳回原告何新添的起诉。

何新添不服原审裁定，向本院提起上诉称：广东省水利厅于2004年12月2日出具的粤水规〔2004〕119号《关于龙川县稔坑水电站工程可行性研究报告的审查意见》涉及两项准予行政许可决定，属于具体行政行为。上诉人所在的稔坑村位于龙川县稔坑水库上游，而且深受稔坑水库的影响，故龙川县稔坑水电站水库的“水工程建设项目防洪规划同意”这一准予行政许可决定肯定会深深影响着稔坑村的防洪事项。因此，龙川县稔坑水电站水库的“水工程建设项目防洪规划同意”这一准予行政许可事项影响到上诉人的权利义务，这意味着粤水规〔2004〕119号《关于龙川县稔坑水电站工程可行性研究报告的审查意见》对上诉人的权利义务已经产生了影响，该审查意见影响到上诉人的不动产物权。综上，请求二审法院撤销原审裁定，并责令原审法院继续审理本案。

被上诉人广东省水利厅二审期间未提交书面答辩意见。

二审经审查，认定事实与原审裁定无异，本院确认原审裁定查明认定的事实。

本院认为，《最高人民法院关于执行〈中华人民共和国行政诉讼法〉若干问题的解释》第一条第二款规定：“公民、法人或者其他组织对下列行为不服提起诉讼的，不属于人民法院行政诉讼的受案范围：……（六）对公民、法人或者其他组织权利义务不产生实际影响的行为。”第四十四条第一款第（一）项规定：“有下列情形之一的，应当裁定不予受理；已经受理的，裁定驳回起诉：（一）请求事项不属于行政审判权限范围的；……”由于水利工程建设程序一般分为项目建议书、可行性研究报告、初步设计、施工准备（包括招标设计）、建设实施、生产准备、竣工验收、后评价等阶段，被上诉人广东省水利厅作出的粤水规〔2004〕119号《关于龙川县稔坑水电站工程可行性研究报告的审查意见》系水利工程建设的中间环节，并未对上诉人何新添的权利义务产生实际影响，不属于可诉的具体行政行为，上诉人何新添的请求事项依法不属于行政审判权限范围。原审法院依据上述规定，裁定驳回上诉人何新添的起诉正确，本院依法应予以维持。上诉人何新添请求撤销原审裁定，指令原审法院继续审理本案的上诉理由不成立，本院不予支持，其上诉请求依法应予以驳回。

综上，依照《中华人民共和国行政诉讼法》第六十一条第（一）项之规定，裁定如下：

驳回上诉，维持原裁定。

本裁定为终审裁定。

审 判 长　刘德敏
代理审判员　李穗珍
代理审判员　罗　燕

二〇一四年三月十七日
书 记 员　李　捷

刘祥雄诉涟源市人民政府、涟源市水务局及第三人涟源市安平镇头石煤矿

湖南省高级人民法院

行 政 判 决 书

（2015）湘高法行终字第 571 号

上诉人（原审原告）：刘祥雄。

被上诉人（原审被告）：涟源市人民政府。住所地：湖南省涟源市政府机关大院。

法定代表人：宋建明，该市市长。

委托代理人：张冀炜，该政府工作人员。

被上诉人（原审被告）：涟源市水务局。住所地：湖南省涟源市人民中路新建街路口。

法定代表人：李新建，该局局长。

委托代理人：黄孜夫，该局工作人员。

委托代理人：胡凌云，湖南湘和律师事务所律师。

原审第三人：涟源市安平镇头石煤矿。

法定代表人：刘新芝，该矿矿长。

委托代理人：邓斌，该矿法律顾问。

上诉人刘祥雄因与被上诉人涟源市人民政府（以下简称涟源市政府）、涟源市水务局、原审第三人涟源市安平镇头石煤矿（以下简称安平镇煤矿）不履行水土保持法定职责一案，不服湖南省娄底市中级人民法院于 2015 年 10 月 12 日作出的（2015）娄中行初字第 120 号行政判决，向本院提起上诉。本院受理后，依法组成合议庭对本案进行了审理。本案现已审理终结。

湖南省娄底市中级人民法院经审理查明：安平镇煤矿系 2006 年经工商部门核准登记成立的普通合伙企业。2014 年 10 月，刘祥雄及所在村组村民发现安平镇煤矿将渣土倾倒在长子冲水库的左翼护岸和尾部，并认为其擅自改变水土保持方案确定的堆土位置，即向安平镇人民政府、涟源市水土保持局、涟源市政府、娄底市水利局递交《请求确保长子冲水库安全运行的报告》。涟源市政府收到刘祥雄递交的报告后，将该报告转交由涟源市水务局处理。涟源市水务局收到刘祥雄的报告后，于 2014 年 12 月 23 日向安平镇煤矿下达湘涟水责停字〔2014〕第 09 号《责令停止水事违法行为通知书》，安平镇煤矿签收了该份通知书。同年 12 月 25 日，涟源市水务局工作人员对安平镇煤矿向长子冲水库倾倒渣土一案进行实地勘验，认定：长子冲水库库尾处有 1000 平方米面积，10 万立方米的渣土是安平镇煤矿所为，其确实涉嫌违反《中华人民共和国水土保持法》。安平镇煤矿的执行合伙事务人刘新芝在勘验笔录和勘验图上分别签字予以确认。2015 年 4 月 10 日，涟源市水务局向安平镇煤矿发出《关于解决安平镇头石煤矿开采过程中涉水问题的函》，指出安平镇煤矿水土保持方案没有与建设同步进行，水保措施落实不到位。并提出整改要求：坚决禁止其往水库内倾倒渣土，必须于 2015 年 4 月 30 日之前，清理掉弃土弃渣及其他阻水障碍物；对于完善水土保持措施方面，2015 年 4 月 30 日之前，安平镇方面如有需要必须按照相关程序上报审批机关对其煤矿的水土保持方案进行全面修改、报审。2015 年 5 月 6 日，涟源市水务局根据安平镇煤矿于 4 月 30 日未整改到位的情况，认定其已涉嫌违反《中华人民共和国水土保持法》第五十三条第（二）项及第五

十六条之规定，决定立案查处。目前该案正在涟源市水务局查处中。

刘祥雄提起本案诉讼，请求：1. 依法确认涟源市政府行政不作为，涟源市水务局不履行法定职责或不完全履行法定职责，对安平镇煤矿自始至今的违法行为一直未作处理的行政行为违法；2. 判令涟源市政府、涟源市水务局对刘祥雄的申请依法查处并将结果书面告知刘祥雄；3. 判令涟源市政府、涟源市水务局承担本案的诉讼费用。

湖南省娄底市中级人民法院认为：《中华人民共和国水土保持法》第四条规定，县级以上人民政府应当加强对水土保持工作的统一领导；第五条第三款规定，县级以上地方人民政府水行政主管部门主管本行政区域的水土保持工作。本案中，涟源市政府对水土保持工作负领导之责，其收到刘祥雄递交的要求查处违法行为的报告后，转交给主管涟源市行政区域内水土保持工作的涟源市水务局查处，已履行了其领导职责，故刘祥雄起诉称涟源市政府行政不作为的理由不能成立，应予驳回。涟源市水务局收到刘祥雄的报告及申请后，于 2014 年 12 月 23 日向安平镇煤矿下达湘涟水责停字〔2014〕第 09 号《责令停止水事违法行为通知书》，于同年 12 月 25 日，派员对安平镇煤矿向长子冲水库倾倒渣土一案进行实地勘验，于 2015 年 4 月向安平镇煤矿发出《关于解决安平镇头石煤矿开采过程中涉水问题的函》，于 2015 年 5 月 6 日针对安平镇煤矿的行为作出决定立案查处，故涟源市水务局对刘祥雄的申请一直在持续不断地作出具体行政行为，刘祥雄称涟源市水务局不作为的理由亦不能成立。但是，自涟源市水务局 2015 年 5 月 6 日作出立案查处决定，至刘祥雄 7 月 16 日提起本案诉讼，涟源市水务局尚未就刘祥雄的申请根据《中华人民共和国水土保持法》第五十三条第（二）项及第五十六条之规定及时作出处理结论，涟源市水务局依法应在一定期限内对刘祥雄的申请作出查处结论。据此，依照《中华人民共和国行政诉讼法》第六十九条、第七十二条之规定，判决：一、驳回刘祥雄要求确认涟源市政府行政不作为的诉讼请求；二、由涟源市水务局在判决生效之日起六十日内对刘祥雄的申请依法作出具体结论。本案一审案件受理费 50 元，由涟源市水务局负担。

刘祥雄不服上述判决，向本院提起上诉称：1. 原审法院认定涟源市政府收到刘祥雄的报告后已转交涟源市水务局处理的事实，没有证据证明。2. 原审法院对涟源市政府接连收到刘祥雄的报告至今已有十个多月，却不依法作出处理决定或组织实施查处的行为是否合法，以及对涟源市水务局在十个多月的时间内没有就刘祥雄举报问题作出实体处理，而导致安平镇煤矿继续将渣土倒在长子冲水库右翼护岸和库尾的行为是否合法，根本没有审查，明显袒护涟源市政府和涟源市水务局。3. 原审判决超过刘祥雄的诉讼请求范围，错误适用《中国人民共和国水土保持法》第五十三条第（二）项、第五十六条的规定要求涟源市水务局对刘祥雄的申请作出处理，给两万村民的生命财产安全带来巨大隐患，同时对刘祥雄要求确认涟源市水务局是否不履行或不完全履行法定职责，及涟源市水务局将处理结果书面告知刘祥雄的请求，没有进行判决。故请求：1. 撤销原判；2. 确认涟源市政府对刘祥雄代表十一个村共两万村民的合理诉求不理不睬，迟迟不予答复的行为违法；3. 确认涟源市水务局不履行或不完全履行法定职责，对安平镇煤矿自始至今的违法行为一直未作处理的行政行为违法；4. 判令涟源市水务局按照水土保持法第五十五条的规定，对安平镇煤矿的违法行为作出处理并在一定期限内执行到位；5. 由涟源市政府、涟源市水务局承担本案诉讼费。

涟源市政府辩称：1. 涟源市政府不存在行政不作为的情形。刘祥雄向涟源市政府接访的分管市级领导提出安平镇煤矿向长子冲水库倾倒渣土的问题后，当场答复会依法进行处理，同时由涟源市信访局工作人员电话通知涟源市水务局，并转交了信访报告。涟源市水务局获得该情况后，依法已经作出处理。涟源市政府已经充分履行自己的职责。2. 本案一审判决下达后不久，涟源市水务局即作出了行政处罚决定，该案现已处理完毕。

涟源市水务局辩称：原审判决事实清楚，适用法律正确。涟源市水务局应当适用水土保持法第五十三条第（三）项规定作出处理。刘祥雄的上诉理由不能成立。

安平镇煤矿述称：原审法院作出本案一审判决后，涟源市水务局已经对安平镇煤矿进行了处罚，安平镇煤矿已经按照该处罚决定进行了处理。安平镇煤矿一定遵守水土保持法的相关规定，履行法定义务。

各方当事人在本案一审提交并经质证的证据，已随本案一审案卷一并移送本院。本案二审期间，刘祥雄、涟源市政府未提交新的证据；涟源市水务局提交了一份新的证据：涟源市水务局于2015年11月2日作出的涟水罚字〔2015〕4号《水行政处罚决定书》，拟证明其在原审判决后的60日内，按照原审判决要求依法对安平镇煤矿作出了处罚决定。

安平镇煤矿亦提交了一份新的证据：涟源市水务局于2016年1月6日向安平镇煤矿开具的编号为1932980526的《湖南省非税收入一般缴款书》，拟证明安平镇煤矿按照涟源市水务局的处罚决定已于2016年1月6日缴纳了7万元罚款。

刘祥雄对涟源市水务局提交的证据的真实性、关联性没有异议，但对其合法性有异议，认为处罚决定应当按照《中华人民共和国水土保持法》第五十五条作出，而不是第五十三条；对安平镇煤矿提交的证据的真实性、合法性和关联性均没有异议。

本院的认证意见为：关于涟源市水务局提交的证据，虽然刘祥雄不认可其合法性，但认可真实性和关联性，且该证据符合行政诉讼证据的法定条件，故依法予以采信；关于平镇煤矿提交的证据，因刘祥雄认可其真实性、合法性和关联性，且该证据与本案争议的事实有一定的关联性，故依法亦予采信。

本院经审理查明：涟源市水务局首次收到刘祥雄申请查处安平镇煤矿违法向长子冲水库倾倒渣土材料的时间为2014年12月12日。

2015年11月2日，涟源市水务局作出涟水罚字〔2015〕4号《水行政处罚决定书》，以安平镇煤矿自2014年10月以来，对水土保持措施作出了重大变更且逾期没有补办手续，违反了《中华人民共和国水土保持法》第二十五条第三款规定为由，根据《中华人民共和国水土保持法》第五十三条（三）项规定，决定对安平镇煤矿处以7万元的罚款。2016年1月6日，安平镇煤矿向涟源市水务局缴纳了7万元罚款。

本院二审期间，刘祥雄向本院陈述，其于2014年12月29日在涟源市信访局的楼上，向当日负责接访的涟源市政府相关领导本人递交了一份《请求责令安平镇煤矿立即停止违法行为的报告》；涟源市水务局向本院陈述，2014年12月29日，负责接访的涟源市政府相关领导在涟源市信访局收到刘祥雄递交的报告后，当日即通知涟源市水务局办公室的工作人员从涟源市信访局把该报告接收过去了。

本院查明的其他事实与原审法院认定的事实一致。

本院认为：根据《中华人民共和国水土保持法》第四条、第五条的规定，县级行政区域内的水土保持工作由县人民政府统一领导但不直接负责，具体工作由其水行政主管部门主管。涟源市水利局于2014年12月12日收到刘祥雄的涉案申请后，于2014年12月23日向安平镇煤矿发出了责令停止水事违法行为的通知，已开始履行法定职责。刘祥雄在涟源市水务局对其提出的申请予以受理并开始作出处理后，无需再次向涟源市政府提出相同请求。因涟源市政府对刘祥雄的涉案申请不负有直接处理的法定职责，刘祥雄以涟源市政府未对其申请事项作出处理为由，而请求确认涟源市政府构成行政不作为，没有法律依据。同时，由于涟源市政府陈述其在收到刘祥雄的报告后已及时将其转交给了涟源市水务局，涟源市水务局对此亦予以认可，且涟源市水务局事实上也在处理刘祥雄提出的涉案申请，刘祥雄因不认可作为当事人的涟源市政府和涟源市水务局的陈述，仅以涟源市政府和涟源市水务局均未提交涟源市政府已向涟源市水务局转交报告的书面证据为由，而请求确认涟源市政府构成行政不作为，亦没有事实和法律依据。因此，原审法院驳回刘祥雄请求确认涟源市政府行政不作为的诉讼请求，并无不当。

根据《中华人民共和国水土保持法》第八条、第四十七条的规定，任何单位和个人都有权对破坏水土资源、造成水土流失的行为进行举报，水行政主管部门接到对破坏水土资源、造成水土流失行为的举报后，负有依法履行职责义务。本案中，涟源市水务局在刘祥雄向其举报安平镇煤矿存在违反水土保持法的行为后，应当依法及时履行相应的查处职责。虽然《中华人民共和国水土保持法》和《中华人民共和国行政处罚法》未就县级以上人民政府水行政主管部门对水土保持违法行为的查处期限作出规定，但《湖南省行政执法条例》第十九条第一款已规定，湖南省各行政机关，对其受理的包括行政处罚在内的行政执法申请，应当及时审查，并在30日内作出决定，不得拖延。涟源市水务局于2014年12月12日收到刘祥雄的请求报告后，虽然已于2014年12月23日向安平镇煤矿下发了《责令停止水事违法行为通知书》，并于2015年4月10日向安平镇煤矿发出了《关于解决安平镇煤矿开采过程中涉水问题的函》，但直到本案一审判决作出时的2015年10月12日止，仍未作出最终处理，涟源市水务局已严重超过法定查处期限，构成程序违法。因此，原审法院判决责令涟源市水务局限期履行法定职责，该处理结果得当。尽管涟源市水务局在本案一审宣判后，对刘祥雄提出的涉案申请作出了处理决定，但因刘祥雄没有撤回对本案的诉讼，根据《最高人民法院关于执行〈中华人民共和国行政诉讼法〉若干问题的解释》第五十条第三、四款的规定，原审法院对涟源市水务局作出的限期履行法定职责的判决内容，不应受涟源市水务局的该事后最终处理决定的影响，依法仍应予以维持。当然，原审法院未依法确认涟源市水务局逾期没有作出最终处理决定的行为构成程序违法，以及超出行政审判权限范围，在一审判决理由部分明确指出涟源市水务局应当根据《中华人民共和国水土保持法》第五十三条第（二）项、第五十六条之规定对涉案举报事项作出查处结论，均属处理不当，依法应予纠正。

综上所述，刘祥雄的上诉请求部分成立，对其成立部分，依法予以支持。原审判决认定事实基本清楚，但部分法律适用错误，部分处理结果不当，依法应予纠正。依照《中华人民共和国行政诉讼法》第八十九条第一款第（一）、（二）项之规定，判决如下：

一、维持湖南省娄底市中级人民法院（2015）娄中行初字第120号行政判决主文的第一、二项；

二、确认涟源市水务局对刘祥雄的申请逾期没有作出具体结论程序违法。

本案一、二审案件受理费各50元，合计100元，均由涟源市水务局负担。

本判决为终审判决。

审 判 长　黄一凡

审 判 员 夏 阳
代理审判员 付海燕

二〇一六年三月二十二日
代理书记员 蹇 菲

李长喜诉河南省水利厅水利行政许可二审判决书

河南省郑州市中级人民法院

行 政 判 决 书

（2014）郑行终字第539号

上诉人（原审原告）：李长喜，男，汉族，1972年9月27日出生。

委托代理人：李金勇，河南恒升律师事务所律师。

被上诉人（原审被告）：河南省水利厅。

法定代表人：王小平，厅长。

委托代理人：焦建林，该厅工作人员。

委托代理人：杨汴通，河南省防汛抗旱指挥部办公室工作人员。

被上诉人（原审第三人）：卫辉市鹏达机动车驾驶员培训学校。

法定代表人：史桂兰，校长。

上诉人李长喜因诉河南省水利厅水利行政许可一案，不服河南省郑州市金水区人民法院（2014）金行初字第263号行政判决，向本院提起上诉。本院于2014年11月28日受理后，依法组成合议庭，于2015年1月13日公开开庭审理了本案。上诉人李长喜及其委托代理人李金勇，被上诉人河南省水利厅的委托代理人焦建林、杨汴通，被上诉人卫辉市鹏达机动车驾驶员培训学校的法定代表人史桂兰到庭参加诉讼。本案现已审理终结。

原审认定：第三人于2014年6月8日向被告提出申请，拟在卫辉市共产主义渠北阁门桥上游左岸滩地新建训练场区。在对第三人提供的项目建设方案、防洪评价报告、《新乡市水利局关于卫辉市鹏达驾校建设方案初审意见的报告》进行相关审查后，于2014年6月16日对第三人的驾校新建场地工程建设方案予以审批，对其作出豫水行许字〔2014〕86号《准予水行政许可决定书》。该决定书载明，原则同意卫辉市鹏达驾校建设方案；工程的实施对河道防洪影响较小；项目涉及的土地、林木等问题，须按照国家有关法律法规及相关规划的要求，到相关部门办理相关手续后方可开工建设。

原审认为：被告所作许可，是对建设项目是否符合水利设施防洪要求进行的审批，且已经明确涉及的土地问题须按照国家有关规定办理，并未对该土地使用权属进行处分，原告请求撤销该行政许可的理由不能成立。根据《最高人民法院关于执行〈中华人民共和国行政诉讼法〉若干问题的解释》第五十六条第（四）项的规定，判决：驳回原告李长喜的诉讼请求。

上诉人李长喜不服一审判决，提起上诉。上诉的主要理由是：1. 被上诉人的许可决定侵犯了上诉人的承包经营权。上诉人与六户村民签订《承包协议》，承包位于卫辉市共产主义渠北阁门桥上游左岸滩地7.1亩土地。被上诉人未经上诉人同意或相关部门批准情况下，将上述滩地（包括上诉人承包地）许可第三人建驾校，改变了上诉人土地用途和性质，侵犯了上诉人承包经营权。2. 被上诉人所作许可内容违法。依据《河南省河道管理条例实施办法》第十五条规定，在河道范围内，不得进行任何城乡建设，被上诉人许可第三人进行非水利建设违法。3. 被上诉人所作具体行政行为程序违法。被上诉人未依照规定会同其他部门协商决定。被上诉人所称事前审查违法。被上诉人没有履行审查义务。被上诉人未依照规定告知上诉人及其他利害关系人听证，没有组织听证。请求二审法院撤销一审判决，撤销被上诉人作出的豫水行许字〔2014〕86号《准予水行政许可决定书》。

被上诉人河南省水利厅答辩称：一、水行政主管部门设立“河道管理范围建设项目工程建设审批行政许可项目”的依据是《中华人民共和国行政许可法》、《中华人民共和国防洪法》、《中华人民共和国水法》。二、河南省水利厅作出豫水行许字〔2014〕86号《准予水行政许可决定书》的法律依据是《中华人民共和国行政许可法》第四条、《中华人民共和国防洪法》第二十七条第一款、《中华人民共和国水法》第三十八条第一款。三、豫水行许字〔2014〕86号《准予水行政许可决定书》依据充分，不存在内容、程序违法问题。1. 卫辉市鹏达机动车驾驶员培训学校所报材料齐全，符合该项行政许可的法定条件、标准。2. 依据《防洪法》第二十七条第一款、《中华人民共和国水法》第三十八条第一款，对工程建设项目的审查内容包括是否符合防洪标准、岸线规划、航运要求和其他技术要求。我厅组织专家在对其防洪评价报告审查基础上作出被诉许可，符合法律规定。3. 项目涉及土地等其他事项，不在该项行政许可法定审批范围，应到其他相关部门办理，许可决定中予以明确。4. 鹏达驾校委托相关单位编制了防洪评价报告，报告编制单位通过实地调查、测量进行了论证分析，并通过专家审查，这些是作出行政许可的主要依据。5. 我厅依据法律规定和建设单位所报材料不需另派人核查，按规定履行审查程序后即可作出许可。6. 该项目不属于法律、法规、规章规定应当听证的事项或者水行政许可实施机关认为需要听证的其他涉及公共利益的重大行政许可事项，不需进行听证。

被上诉人卫辉市鹏达机动车驾驶员培训学校发表的答辩意见与河南省水利厅的答辩意见一致。

本院经审理查明的事实与一审一致。

本院认为：本案上诉人李长喜请求撤销被上诉人河南省水利厅作出的豫水行许字〔2014〕86号《准予水行政许可决定书》的主要理由是认为侵害了其土地承包经营权。

针对这一问题，从法律依据方面来看，河南省水利厅据以作出豫水行许字（2014）86号《准予水行政许可决定书》的主要法律依据是《中华人民共和国防洪法》第二十七条第一款，该条款规定：“建设跨河、穿河、穿堤、临河的桥梁、码头、道路、渡口、管道、缆线、取水、排水等工程设施，应当符合防洪标准、岸线规划、航运要求和其他技术要求，不得危害堤防安全，影响河势稳定、妨碍行洪畅通；其可行性研究报告按照国家规定的基本建设程序报请批准前，其中的工程建设方案应当经有关水行政主管部门根据前述防洪要求审查同意。”根据上述法律规定可知，准予水行政许可决定审查的是拟建项目工程建设方案是否符合防洪标准、岸线规划、航运要求等防洪方面的要求，并不涉及土地相关权益。

从被诉《准予水行政许可决定书》本身来看，该决定书主要载明：“原则同意卫辉市鹏达驾校建设方案；工程的实施对河道防洪影响较小；项目涉及的土地、林木等问题，须按照国家有关法律法规及相关规划的要求，到相关部门办理相关手续后方可开工建设”。由此可见，该水行政许可并不涉及土地问题，未对涉案土地使用权属作出处分。

综上，上诉人李长喜请求撤销被诉水行政许可行为的理由不能成立，其上诉请求本院不予支持。一审判决认定事实清楚，适用法律正确，程序合法，应予维持。依照《中华人民共和国行政诉讼法》第六十一条第（一）项之规定，判决如下：

驳回上诉，维持原判。

二审诉讼费 50 元，由上诉人李长喜承担。

本判决为终审判决。

审 判 长　孙晓飞

代理审判员　耿　立

代理审判员　苏　杭

二〇一五年二月二日

书 记 员　付亚楠

马飞与塔城市人民政府、陈学梅水利行政复议纠纷一审行政判决书

新疆维吾尔自治区伊犁哈萨克自治州塔城地区中级人民法院行政判决书

（2014）塔中行初字第1号

原告：马飞，男，1968年1月27日出生，汉族，住塔城市。

委托代理人：董建明，新疆文刚律师事务所律师。

被告：塔城市人民政府，住所地：塔城市塔尔巴哈台路1号。

法定代表人：若曼·塔吾汗，市长。

委托代理人：吴远忠，塔城市政府法制办主任。

委托代理人：黄万城，塔城市新城法律服务所法律工作者。

第三人：陈学梅，女，1949年5月8日出生，汉族，住塔城市。系原告马飞的母亲。

委托代理人：赵新生，新疆新额律师事务所律师。

原告马飞因不服被告塔城市人民政府于2013年12月2日作出的塔市复决字〔2013〕1号行政复议决定书，于2013年12月23日向本院提起诉讼，本院于同日受理后，于同日向被告塔城市人民政府及第三人陈学梅送达了起诉状副本及应诉通知书，被告在法定期限内提交了答辩状及证据，第三人在法定期限内提交了书面陈述意见及证据。本院依法组成合议庭，于2014年2月8日公开开庭审理了本案。原告马飞的委托代理人董建明、被告塔城市人民政府的委托代理人黄万城、第三人陈学梅及其委托代理人赵新生到庭参加诉讼。本案现已审理终结。

2013年12月2日塔城市人民政府作出塔市复决字〔2013〕1号行政复议决定书，该决定认定事实及主要内容为：申请人陈学梅与二审中为马国安系夫妻，婚后生育有长子马飞和女儿马某，已成家，与父母分居。2009年8月26日，申请人丈夫马国安承包了阿不都拉乡牧场32户村民1003亩土地，并于2010年8月8日签订承包合同。合同签订后，申请人陈学梅与丈夫马国安出资打了两口机井并新增配套设施。后马国安将600亩土地及一口机井转包给他人。2009年3月5日，申请人丈夫马国安向被申请人塔城市水利局提出申请，将自己名下的（2006）第040025号和040026号取水许可证变更给其儿子马飞。因申请人陈学梅不知情，第三人马飞在办理手续时，承诺“如发生争议，此井证作废，本人无异议”。2011年11月14日，申请人的丈夫马国安去世后，第三人马飞以取水许可证在自己名下为由，要求承包人将100亩土地交由自己使用，为此与承包人及申请人陈学梅发生争议。陈学梅于2013年10月29日提出复议申请。复议决定认为，申请人陈学梅作为家庭主要成员对家庭土地承包的经营权以及配套设施的处分、使用和受益均享有知情权。被申请人塔城市水利局在办理取水许可证变更时，应严格审查，在确保申请人陈学梅知情权的情况下予以变更才合情、合理、合法。申请人陈学梅要求第三人马飞履行在被申请人塔城市水利局办理取水许可证时的承诺并非无理。遂根据《中华人民共和国行政许可法》第三十六条、《中华人民共和国行政复议法》（以下简称《行政复议法》）第六条第一款第（三）项、第二十八条第一款第（三）项之规定，决定：一、撤销塔城市水利局塔市水字（2006）040025号取水许可证（房屋西边）。二、责令塔城市水利局在7日内将上述取水许可证变更为申请

人陈学梅名下。

原告不服向本院起诉称，1. 第三人陈学梅不服塔城市水利局水利行政许可案件于 2013 年 7 月 2 日向塔城市人民法院提起行政诉讼，但在开庭后陈学梅自愿撤回起诉，此案已终结，陈学梅不得申请行政复议，故被告作出行政复议违法。2. 复议决定责令塔城市水利局变更取水许可证为第三人陈学梅名下也是错误的。原告的取水证是其父亲向塔城市水利局提出书面申请，请求将取水证赠与马飞，其申请经阿不都拉乡政府及村委会盖章确认，经塔城市水利局审查准予办理。而陈学梅不经申请不通过塔城市水利局审查，怎能变更为陈学梅名下。至于承包土地的履行等问题属民事法律关系，复议决定不宜审查，因塔城市水利局发给马飞的取水许可证只是对水资源的行政管理，不是财产权关系。故原告认为被告作出的行政复议违反法定程序，超越职权，适用法律错误，请求撤销复议决定。

被告答辩称，1. 原告向中级法院提起行政诉讼程序违法。因塔市复决字（2013）1 号行政复议决定书，已明确向原告交代向塔城市人民法院提起诉讼。《行政复议法》第十三条也明确规定对地方各级人民政府的具体行政行为不服的向上一级人民政府申请复议。故原告不同意被告指定的管辖权，应向塔城地区行署法制办提出行政复议，而不能向塔城地区中级法院提起行政诉讼。2. 根据《行政复议法》第三十条的规定，本案属于行政复议前置，根据《行政复议法》第六条及第三条的规定，被告受理第三人陈学梅的行政复议，程序合法。3、根据《取水许可和水资源费征收管理条例》第十一条及《取水许可管理办法》第二十八条的规定，塔城市水利局为原告办理变更取水许可证时没有利害关系第三者的承诺书，程序违法。4、原告未能履行自己的义务，是导致纠纷的主要原因。故被告作出的行政复议决定书合情、合理、合法。请求予以维持。

第三人陈学梅答辩称，1. 因取水许可属自然资源范围，根据《行政复议法》的规定，原告马飞应当先向上级行政部门提出行政复议。2. 原告马飞认为塔城市人民政府作出行政复议程序违法的理由不成立，因法律赋予了当事人自由选择救济途径的权利，且答辩人陈学梅在撤回起诉后并未再次向法院起诉，法律也并未有撤诉后不能复议的禁止性规定。3. 对原告提出的复议决定只应涉及行政许可，不应涉及财产关系的问题，是狭隘的理解。答辩人认为《行政复议法》与《中华人民共和国行政诉讼法》有一定的区别，不但要审查行政行为的合法性，还要一并对其合情、合理性进行审查和调整。故塔城市人民政府的行政复议更符合以人为本的精神。4、塔城市人民政府的复议决定是建立在充分尊重客观事实、正确适用法律、严格依照法定程序基础上作出的。塔城市水利局在办证过程中，未通知相关利害关系人，属违法行政。请求维持塔城市人民政府作出的复议决定。

本案的争议焦点是：1. 被告受理第三人的复议申请及原告向本院提起行政诉讼是否合法。2. 被告所作复议决定书认定被复议具体行政行为程序违法的事实是否清楚。3. 被告所作复议决定书中责令被复议行政机关为第三人陈学梅办理取水许可证的内容是否符合法律规定。

针对被诉具体行政行为的合法性，被告提供了以下证据和法律依据：

1.《行政复议法》第三条、第六条第一款第（三）项、第三十条，证明被告受理第三人陈学梅的复议申请符合法律规定。原告对上述法律依据的真实性没有异议，但对证明目的不认可，即认为第三人撤回行政诉讼后，不能再申请行政复议。

2.《取水许可管理办法》第二十八条、《取水许可和水资源费征收管理条例》第十一条及塔城市水利局给原告马飞办理取水许可证的程序文件 5 份，包括马国安提交的《机井变更申请》，机电井变更，过户申请表，马国安的身份证复印件，马飞的身份证复印件及承诺书，马国安持有的取水许可证复印件。证明办理取水许可证应当征求利害关系人的意见，而塔城市水利局未征求第三人陈学梅的意见，即将取水许可证办理在原告马飞名下，程序违法。原告对上述证据的真实性没有异议，但对证明目的不认可，认为当时征求了第三人的意见，但没有书面签字确认。

3. 被告作出复议决定的相关程序材料共 10 份，包括陈学梅复议申请书、行政复议案件立案呈报表、行政复议答复通知书、案件受理通知书、第三人参加行政复议通知书、行政复议案件结案审批表、结案报告、复议决定送达回证、陈学梅上访信及案外人刘某某的情况说明。证明其作出复议决定的程序合法。原告对该组证据的真实性没有异议，但认为被告受理第三人的复议申请错误，第三人申请行政复议超过法定期限 60 日。

4. 马国安与阿不都拉乡牧场 32 户村民的土地承包合同书、马国安与案外人刘某某签订的农村土地承包合同、马飞身份证复印件及承诺书及陈学梅与马国安的结婚证复印件。此组证据证明其复议决定书中认定的事实，即第三人陈学梅与马国安系夫妻关系，涉案机井是夫妻共同财产，马飞办理取水许可证作出承诺及与承包人发生争议的事实。对该组证据，原告无异议。对被告提供的上述证据，第三人陈学梅均无异议。

原告提供了以下证据：〔2013〕塔行初字第 11 号行政裁定书复印件、塔城市水利局于 2013 年 12 月 5 日给马飞送达的《取水许可证注销通知书》复印件。证明第三人陈学梅曾提出行政诉讼后又撤诉及塔城市水利局已将马飞名下的取水许可证注销，并已办理在第三人名下的事实。对原告上述证据证明的事实被告及第三人均无异议，故证据未在法庭上出示。

第三人提供的 4 份证据同被告提供的第四组证据，证据目的亦相同。原告及被告对第三人提供的证据无异议。

对被告提供的证据，因原告及第三人对证据的真实性均无异议，且证据来源合法，与本案均有关联性，本院予以确认。

对原告提供的证据，被告及第三人无异议，本院予以确认。

对第三人提供的证据，原告及被告无异议，本院予以确认。

通过对以上证据的分析认定，本院查明本案事实如下：第三人陈学梅的丈夫马国安在申请办理（2006）第 040025 号取水许可证时，双方子女包括本案原告马飞均已成家，家庭成员只有第三人陈学梅。2009 年 3 月 5 日，第三人陈学梅的丈夫马国安与原告马飞一起到塔城市水利局办理取水权转让申请，马国安提交了机井转让申请并填写了机电井变更、过户申请表及本人的身份证复印件，原告马飞亦提交了自己的身份证复印件，并在身份证复印件上书写了“保证书”，内容为：马飞提供的资料情况属实，如发生争议，此井证作废，本人无异议。塔城市水利局对该申请审核后，将（2006）第 040025 号取水许可证办理在原告马飞名下。马国安去世后，原告马飞与其母亲第三人陈学梅、土地承包人刘某某因土地和用水问题发生争议，陈学梅始知道取水权转让的事实。遂于 2013 年 7 月 2 日向塔城市人民法院提起行政诉讼，后又于 2013 年 9 月 2 日撤回起诉，于 2013 年 10 月 29 日向被告塔城市人民政府申请行政复议，要求撤销塔城市水利局为原告马飞办理的（2006）第 040025 号取水许可证，并请求将该取水许可证办理在自己名下。被告受理第三人的复议申请后，对被复议的具体行政行为，即塔城市水利局给原告马飞办理取水许可证变更登记的行为进行审查后作出了塔市复决字〔2013〕1 号行政复议决定书。根据该复议决定书，塔城市水利局已于 2013 年 12 月 5 日将原告马飞名下的取水许可证注销，并将取水许可证办理在第三人陈学梅名下。

本院认为，关于复议和诉讼的程序问题。根据《行政复议法》第六条第一款第（三）项的规定，对行政机关作出的有关许可证、执照、资质证、资格证等证书变更、中止、撤销的决定不服的，公民、法人或者其他组织可以依照本法申请行政复议。《最高人民法院关于审理行政许可案件若干问题的规定》第一条规定："公民、法人或者其他组织认为行政机关作出的行政许可决定以及相应的不作为，或者行政机关就行政许可的变更、延续、撤回、注销、撤销等事项作出的具体行政行为及其相应的不作为侵犯其合法权益，提起行政诉讼的，人民法院应当依法受理。"故对行政许可案件，行政复议不是提起行政诉讼的前置程序，当事人可自行选择救济途径。本案中第三人对塔城市水利局给原告办理取水许可证的行政行为不服，在撤回其向法院的起诉后，又向被告提起行政复议的行为，不违反法律规定。《行政复议法》第九条规定："公民、法人或者其他组织认为具体行政行为侵犯其合法权益的，可以自知道该具体行政行为之日起六十日内提出行政复议申请；……因不可抗力或者其他正当理由耽误法定申请期限的，申请期限自障碍消除之日起继续计算。"本案中，第三人知道具体行政行为后即提起行政诉讼，此后又进行过协调，协调未果才提起行政复议申请，存在耽误其法定申请期限的正当理由，被告受理第三人的复议申请符合法定程序。故原告关于被告受理第三人的复议申请程序违法的起诉理由及其在质证阶段提出的第三人超过复议期限的质证意见均不能成立。根据《行政诉讼法》第二十五第二款的规定，经复议的案件，复议机关改变原具体行政行为的，复议机关是被告。本案被告塔城市人民政府作为复议机关，其作出的复议决定改变了塔城市水利局作出的原具体行政行为，其作为被告主体适格。同时，根据《最高人民法院关于行政案件管辖若干问题的规定》第一条第（一）项的规定，被告为县级以上人民政府的案件，除以县级人民政府名义办理不动产物权登记的案件外，属于行政诉讼法第十四条第（三）项规定的应当由中级人民法院管辖的第一审行政案件，故原告不服被告作出的行政复议决定向本院提起诉讼，符合法律规定。被告及第三人关于本案属自然资源确权，应当先行行政复议，原告应当先向被告的上级行政部门申请复议，不能直接向中级人民法院提起行政诉讼的答辩意见不能成立，本院不予采信。

关于被告认定被复议具体行政行为程序违法的问题。该争议焦点涉及取水审批机关办理水权转让的法定程序，对此，《取水许可管理办法》第二十八条规定："在取水许可证有效期限内，取水单位或者个人需要变更其名称（姓名）的或者因取水权转让需要办理取水权变更手续的，应当持法定身份证明文件和有关取水权转让的批准文件，向原取水审批机关提出变更申请。取水审批机关审查同意的，应当核发新的取水许可证；其中，仅变更取水单位或者个人名称（姓名）的，可以在原取水许可证上注明。"但该规定未明确具体的转让程序，因水权转让亦属水行政许可，应适用申请取水权的一般程序，《取水许可和水资源费征收管理条例》第十一条第一款规定："申请取水应当提交下列材料：（一）申请书；（二）与第三者利害关系的相关说明；（三）属于备案项目的，提供有关备案材料；（四）国务院水行政主管部门规定的其他材料。"另，根据《取水许可管理办法》第十条的规定，《取水许可和水资源费征收管理条例》第十一条第一款第（四）项所称的国务院水行政主管部门规定的其他材料包括有利害关系第三者的承诺书或者其他文件。根据《新疆维吾尔自治区取水许可管理若干规定》的规定，取水许可证实行一个取水户一证，则户内成员均为取水权的共同使用权人，亦为利害关系人。本案中，原告的父亲马国安在申请办理取水许可证时，马国安及第三人的子女，包括原告均已成家，马国安亦未与他人合伙，其取得的取水权户内成员只有第三人陈学梅，即陈学梅为共同使用权人。原告及其父亲在申请办理取水权转让手续时，未提交第三人陈学梅表示同意转让的承诺或意见，取水审批机关塔城市水利局在申请转让人及受让人提供材料不全的情况下，即办理转让的行为确存在程序违法之处。故被告复议决定对此事实认定清楚，其撤销塔城市水利局为原告马飞办理的取水许可证的行为正确，应予维持。

关于被告责令塔城市水利局为第三人陈学梅办理取水许可证是否合法的问题。根据《中华人民共和国行政许可法》及《中华人民共和国水法》等法律规定，取水许可证的取得应先由申请取水人向水行政主管部门提出申请，由水行政主管部门按照法定程序进行审查后决定是否准许。本案中，第三人陈学梅在申请撤销塔城市水利局给马飞办理的取水许可证的同时亦提出将取水许可证办理在自己名下的请求，被告塔城市人民政府作为复议机关对其认为错误的具体行政行为依法予以撤销并责令重新作出，是依法行使法定职权，并无不当。

综上，原告马飞要求撤销被告作出的塔市复决字〔2013〕1 号复议决定书的诉讼请求不能成立，被告塔城市人民政府作出的塔市复决字〔2013〕1 号复议决定书认定事实清楚，证据充分，程序合法，适用法律正确，依照《中华人民共和国行政诉讼法》第五十四条第一款第（一）项之规定，判决如下：

维持塔城市人民政府作出的塔市复决字〔2013〕1 号复议决定书。

本案案件受理费 50 元，投递费 100 元，由原告马飞负担。

如不服本判决，可在本判决书送达之日起十五日内向本院递交上诉状，并按对方当事人的人数提交上诉状副本，上诉于新疆维吾尔自治区高级人民法院伊犁哈萨克自治州分院。

审　判　长　　范淑桂
代理审判员　　殷　萍
代理审判员　　黄　昊

二〇一四年二月十日
书　记　员　　古尔巴尔登

马飞与塔城市人民政府、陈学梅水利行政行为纠纷二审行政判决书

新疆维吾尔自治区高级人民法院

伊犁哈萨克自治州分院行政判决书

（2014）伊州行终字第15号

上诉人（原审原告）：马飞。

委托代理人：董建明，新疆文刚律师事务所律师。

被上诉人（原审被告）：塔城市人民政府，住所地：塔城市塔尔巴哈台路1号。

法定代表人：若曼·塔吾汗，市长。

委托代理人：陈学明，塔城市政府法制办副主任。

委托代理人：黄万城，塔城市新城法律服务所法律工作者。

原审第三人：陈学梅。

委托代理人：赵新生，新疆新额律师事务所律师。

上诉人马飞与被上诉人塔城市人民政府、原审第三人陈学梅不服水利行政行为纠纷一案，因不服塔城地区中级人民法院作出的（2014）塔中行初字第1号行政判决向本院提起上诉，本院受理此案后，依法组成合议庭，公开开庭审理了本案。上诉人马飞及其委托代理人董建明，被上诉人塔城市人民政府委托代理人陈学明、黄万城，原审第三人陈学梅及其委托代理人赵新生到庭参加了诉讼。本案现已审理终结。

原审法院查明：第三人陈学梅的丈夫马国安在申请办理（2006）第040025号取水许可证时，双方子女包括本案原告马飞均已成家，家庭成员只有第三人陈学梅。2009年3月5日，第三人陈学梅的丈夫马国安与原告马飞一起到塔城市水利局办理取水权转让申请，马国安提交了机井转让申请并填写了机电井变更、过户申请表及本人的身份证复印件，原告马飞亦提交了自己的身份证复印件，并在身份证复印件上书写了“保证书”，内容为：马飞提供的资料情况属实，如发生争议，此井证作废，本人无异议。塔城市水利局对该申请审核后，将（2006）第040025号取水许可证办理在原告马飞名下。马国安去世后，原告马飞与其母亲第三人陈学梅、土地承包人刘乃平因土地和用水问题发生争议，陈学梅始知道取水权转让的事实。遂于2013年7月2日向塔城市人民法院提起行政诉讼，后又于2013年9月2日撤回起诉，于2013年10月29日向被告塔城市人民政府申请行政复议，要求撤销塔城市水利局为原告马飞办理的（2006）第040025号取水许可证，并请求将该取水许可证办理在自己名下。被告受理第三人的复议申请后，对被复议的具体行政行为，即塔城市水利局给原告马飞办理取水许可证变更登记的行为进行审查后作出了塔市复决字〔2013〕1号行政复议决定书。根据该复议决定书，塔城市水利局已于2013年12月5日将原告马飞名下的取水许可证注销，并将取水许可证办理在第三人陈学梅名下。

原审法院认为，关于复议和诉讼的程序问题。根据《中华人民共和国行政复议法》第六条第一款第（三）项的规定，对行政机关作出的有关许可证、执照、资质证、资格证等证书变更、中止、撤销的决定不服的，公民、法人或者其他组织可以依照本法申请行政复议。最《高人民法院关于审理行政许可案件若干问题的规定》第一条规定：“公民、法人或者其他组织认为行政机关作出的行政许可决定以及相应的不作为，或者行政机关就行政许可的变

更、延续、撤回、注销、撤销等事项作出的具体行政行为及其相应的不作为侵犯其合法权益，提起行政诉讼的，人民法院应当依法受理。”故对行政许可案件，行政复议不是提起行政诉讼的前置程序，当事人可自行选择救济途径。本案中第三人对塔城市水利局给原告办理取水许可证的行政行为不服，在撤回其向法院的起诉后，又向被告提起行政复议的行为，不违反法律规定。《中华人民共和国行政复议法》第九条规定：“公民、法人或者其他组织认为具体行政行为侵犯其合法权益的，可以自知道该具体行政行为之日起六十日内提出行政复议申请；……因不可抗力或者其他正当理由耽误法定申请期限的，申请期限自障碍消除之日起继续计算。”本案中，第三人知道具体行政行为后即提起行政诉讼，此后又进行过协调，协调未果才提起行政复议申请，存在耽误其法定申请期限的正当理由，被告受理第三人的复议申请符合法定程序。故原告关于被告受理第三人的复议申请程序违法的起诉理由及其在质证阶段提出的第三人超过复议期限的质证意见均不能成立。根据《中华人民共和国行政诉讼法》第二十五第二款的规定，经复议的案件，复议机关改变原具体行政行为的，复议机关是被告。本案被告塔城市人民政府作为复议机关，其作出的复议决定改变了塔城市水利局作出的原具体行政行为，其作为被告主体适格。同时，根据《最高人民法院关于行政案件管辖若干问题的规定》第一条第（一）项的规定，被告为县级以上人民政府的案件，除以县级人民政府名义办理不动产物权登记的案件外，属于行政诉讼法第十四条第（三）项规定的应当由中级人民法院管辖的第一审行政案件，故原告不服被告作出的行政复议决定向本院提起诉讼，符合法律规定。被告及第三人关于本案属自然资源确权，应当先行行政复议，原告应当先向被告的上级行政部门申请复议，不能直接向中级人民法院提起行政诉讼的答辩意见不能成立，本院不予采信。

关于被告认定被复议具体行政行为程序违法的问题。该争议焦点涉及取水审批机关办理水权转让的法定程序，对此，《取水许可管理办法》第二十八条规定：“在取水许可证有效期限内，取水单位或者个人需要变更其名称（姓名）的或者因取水权转让需要办理取水权变更手续的，应当持法定身份证明文件和有关取水权转让的批准文件，向原取水审批机关提出变更申请。取水审批机关审查同意的，应当核发新的取水许可证；其中，仅变更取水单位或者个人名称（姓名）的，可以在原取水许可证上注明。”但该规定未明确具体的转让程序，因水权转让亦属水行政许可，应适用申请取水权的一般程序，《取水许可和水资源费征收管理条例》第十一条第一款规定：“申请取水应当提交下列材料：（一）申请书；（二）与第三者利害关系的相关说明；（三）属于备案项目的，提供有关备案材料；（四）国务院水行政主管部门规定的其他材料。另，根据《取水许可管理办法》第十条的规定，《取水许可和水资源费征收管理条例》第十一条第一款第（四）项所称的国务院水行政主管部门规定的其他材料包括有利害关系第三者的承诺书或者其他文件。根据《新疆维吾尔自治区取水许可管理若干规定》的规定，取水许可证实行一个取水户一证，则户内成员均为取水权的共同使用权人，亦为利害关系人。本案中，原告的父亲马国安在申请办理取水许可证时，马国安及第三人的子女，包括原告均已成家，马国安亦未与他人合伙，其取得的取水权户内成员只有第三人陈学梅，即陈学梅为共同使用权人。原告及其父亲在申请办理取水权转让手续时，未提交第三人陈学梅表示同意转让的承诺或意见，取水审批机关塔城市水利局在申请转让人及受让人提供材料不全的情况下，即办理转让的行为确存在程序违法之处。故被告复议决定对此事实认定清楚，其撤销塔城市水利局为原告马飞办理的取水许可证的行为正确，应予维持。

关于被告责令塔城市水利局为第三人陈学梅办理取水许可证是否合法的问题。根据《中华人民共和国行政许可法》及《中华人民共和国水法》等法律规定，取水许可证的取得应先由申请取水人向水行政主管部门提出申请，由水行政主管部门按照法定程序进行审查后决定是否准许。本案中，第三人陈学梅在申请撤销塔城市水利局给马飞办理的取水许可证的同时亦提出将取水许可证办理在自己名下的请求，被告塔城市人民政府作为复议机关对其认为错误的具体行政行为依法予以撤销并责令重新作出，是依法行使法定职权，并无不当。

综上，原告马飞要求撤销被告作出的塔市复决字〔2013〕1号复议决定书的诉讼请求不能成立，被告塔城市人民政府作出的塔市复决字〔2013〕1号复议决定书认定事实清楚，证据充分，程序合法，适用法律正确，依照《中华人民共和国行政诉讼法》第五十四条第一款第（一）项之规定，判决：维持塔城市人民政府作出的塔市复决字〔2013〕1号复议决定书。

上诉人马飞不服原审判决上诉称，第三人向塔城市法院提起行政诉讼后，又撤回起诉向塔城市法院提起行政复议这明显不符合《中华人民共和国行政复议法》和《中华人民共和国行政诉讼法》的相关规定。并且被上诉人受理第三人的复议申请也超过了《中华人民共和国行政复议法》规定的60天时效。因此原审认定被上诉人的具体行政行为程序合法是错误的。原审判决在使用的《取水许可和水资源费征收管理条列》第十一条是申请取水证的初始申请适用的，而不是变更适用的《取水许可管理办法》第二十八条，属适用法律错误。因此一审法院判决错误，要求二审法院依法改判。

被上诉人塔城市人民政府辩称：我方作出的具体行政行为程序合法，使用法律正确。请二审法院维持原判。

原审第三人陈学梅辩称：原审判决正确，应予维持。

本院查明认定的事实与原审法院认定的事实一致。

本院认为，《中华人民共和国行政复议法》第九条规定："公民、法人或者其他组织认为具体行政行为侵犯其合法权益的，可以自知道该具体行政行为之日起六十日内提出行政复议申请；……因不可抗力或者其他正当理由耽误法定申请期限的，申请期限自障碍消除之日起继续计算。"本案中，第三人陈学梅知道塔城市水利局给马飞办理了取水许可证的具体行政行为后即向塔城市法院提起行政诉讼，此后又进行过协调，协调未果陈学梅才向塔城市政府提起行政复议申请，存在耽误其法定申请期限的正当理由，被上诉人塔城市人民政府受理陈学梅的复议申请符合法定程序。故上诉人马飞关于被上诉人塔城市人民政府受理第三人陈学梅的复议申请程序违法的上诉理由不能成立。被上诉人塔城市人民政府作出的塔市复决字〔2013〕1号复议决定书认定事实清楚，证据充分，程序合法，适用法律正确。据此，原审判决正确，应予维持。依据《中华人民共和国行政诉讼法》第六十一条第（一）项之规定，判决如下：

驳回上诉，维持原判。

二审案件受理费50元由上诉人马飞负担。

本判决为终审判决。

审 判 长　关小红
审 判 员　张 宏
代理审判员　阿娜尔
二〇一四年六月十三日
书 记 员　李 霞

卢招荀、廖勇与临武县水务局水务行政许可议案一审行政判决书

湖南省临武县人民法院

行政判决书

（2013）临行初字第38号

原告：卢招荀。

原告：廖勇。

原告：廖勇的全权代理人卢招荀。

两原告的委托代理人：胡良福，男，湖南宏法律师事务所律师。

被告：临武县水务局，住所地临武县舜峰镇临武大道。

法定代表人：周求金，男，系该局局长。

委托代理人：朱宾模，男，1960年7月9日生，汉族，湖南省临武县人，住湖南省临武县，系临武县水务局副局长。

委托代理人：陈兴强，男，1965年2月10日生，汉族，湖南省临武县人，系湖南省临武县舜安法律服务所法律工作者。

第三人：临武县棉花地水电站，住所地临武县武源乡新屋里村。

负责人：雷裕柏，男，1950年6月1日生，汉族，湖南省蓝山县人，住湖南省蓝山县，系该电站执行事务合伙人。

委托代理人：陈冠标，湖南民安律师事务所律师。

原告卢招荀、廖勇不服被告临武县水务局水务行政许可一案，于2013年8月14日向本院递交行政起诉状，本院于2013年8月19日受理后，于2013年8月20日向被告临武县水务局送达了起诉状副本及应诉通知书。本院依法组成合议庭，分别于2013年9月25日、2013年11月15日公开开庭审理了本案。原告卢招荀及两原告的委托代理人胡良福，被告方的委托代理人朱宾模、陈兴强，第三人及其委托代理人陈冠标到庭参加了诉讼。本案现已审理终结。

被告临武县水务局于2013年3月8日作出了临水决字〔2013〕1号《临武县取水行政许可决定书》。该决定书决定给予临武县棉花地水电站取水行政许可。原告卢招荀、廖勇不服该决定于2013年4月8日向郴州市水利局申请复议。郴州市水利局于2013年5月20日作出维持临武县水务局作出的〔2013〕1号取水行政决定。被告临武县水务局于2013年8月29日向本院提供了作出具体行政行为的证据、依据：

1. 棉花地水电站取水行政许可审查、听证资料，共26份，147页。拟证明被告为棉花地水电站取水行政许可的程序合法；

2. 棉花地水电站申请取水行政许可时提供的许可所需相关资料，共27份，244页。拟证明棉花地水电站通过了可研、水资源论证及取得了相关行政审批，依法进行了工商注册登记，完全符合取水发电的法定条件；

3. 棉花地水电站取水行政许可审查期间原告方所提供的证据，共27份，104页。拟证明（1）初始申请兴建棉花地水电站的是雷国华而不是原告；（2）原告主张的是棉花地水电站内部权属问题而不是电站以外所谓的“与他人之间重大利害关系”，故原告不具有行政

诉讼主体资格；（3）原告与雷国华所签订的《联合开发棉花地水电站协议书》经郴州市中级人民法院认定是雷国华合同诈骗的犯罪行为，该协议书自始就属无效协议；

4. 依据：《中华人民共和国水法》、《取水许可管理办法》、《水行政许可听证规定》、《取水许可和水资源费征收管理条例》，共 4 份，30 页。证明被告给予棉花地水电站取水行政许可的具体行政行为合法。

原告诉称：1. 临武县棉花地水电站原批复的权利主体为雷国华，而雷国华、雷太良与卢招荀、廖勇在 2003 年 5 月 20 日就签订了《联合开发棉花地水电站协议书》，该协议至今未解除，雷裕柏不是该电站的权利人，他不能成为临武县棉花地水电站建设的主体；2. 临武县人民政府于 2008 年就认定棉花地水电站属"四无"电站，在整顿"四无"电站中，并没有补充立项、设计、审批等文件，因此，至今应属"四无"电站，同时，该电站的工商登记是依据临水（2005）25 号文进行的，而该文已于 2007 年 7 月 12 日被撤销，由此，该电站不能进行工商登记和申请取水许可；3. 卢招荀、廖勇在棉花地水电站与雷国华有联合开发合同，且投入了大量的资金、人力、物力，现棉花地水电站的机房、明渠所建之地的征地协议都是卢招荀签订的，征地补偿款也是卢招荀出的，卢招荀、廖勇与雷太良、雷国华所签联合开发协议并未解除，因此，卢招荀、廖勇作为本案的利害关系人于法有据，且利害关系人的纠纷并未解决，按照《取水许可和水资源费征收管理条例》之规定应当不予批准，却因临武县水务局局长以及政法干警在该电站中入了股，于是偏袒取水申请人而片面理解法律，将该水电站涉嫌诉讼进行否认，对卢招荀与棉花地水电站之间的纠纷理解为股东之间的纠纷，认定卢招荀、廖勇不属利害关系人而作出临水决字〔2013〕1 号取水许可决定，显属违法。综上所述，请求人民法院判决撤销临水决字〔2013〕1 号临武县水务局取水行政许可决定，并责令被告临武县水务局重新审查。

原告方向本院提供了下列证据：

1.《关于兴建临武县棉花地梯级电站的请示》（复印件），拟证明 2001 年 12 月 28 日雷国华、李联合向临武县有关部门提出建设棉花地水电站的请示；

2. 临武县水利水电局临水字〔2002〕02 号文件（复印件），拟证明针对雷国华、李联合 2001 年 12 月 28 日的请示，临武水利水电局批复同意兴建棉花地水电站，批复权利人为雷国华；

3. 临武县发展计划局临计字〔2003〕11 号文件（复印件），拟证明临武县发展计划局同意建设棉花地水电站立项，权利人为雷国华；

4. 湖南省水利厅湘水农电〔2003〕8 号文件（复印件），拟证明湖南省水利厅同意棉花地水电站设计；

5. 取水（临水）字（2003）第 1110-0132 号取水许可证（复印件），拟证明临武县水务局对棉花地水电站颁发了取水许可证，期限为 2003 年元月 1 日至 2005 年 12 月 3 日；

6.《联合开发棉花地水电站协议书》（复印件），拟证明雷国华、雷太良与卢招荀、廖勇联合开发棉花地水电站，雷国华、雷太良占 10%的股份，卢招荀、廖勇占 90%的股份，并负责出资建设及其他权利义务规定；

7. 雷国华收据（复印件），拟证明卢招荀按联合开发协议约定付款给雷国华的事实；

8. 临武县人民政府函（复印件），拟证明雷裕柏明知棉花地水电站有开发业主的情况下采取不正当手段欲参与开发，经临武县人民政府相关部门协调，责令雷裕柏退出开发；

9. 棉花地水电站征地有关事项协议（复印件），拟证明卢招荀、廖勇代表棉花地水电站与电站渠道所经之地及建设所需地的当地村民签订了征地协议；

10. 组里及村民收据（复印件），拟证明卢招荀、廖勇向当地村民小组以及村民支付了水电站建设征地费；

11. 郴州市中级人民法院（2005）郴民一初字第23号《民事裁定书》，拟证明郴州市中级人民法院认定雷国华、雷裕柏涉嫌合伙诈骗，将案件移送了公安机关侦查；

12.《临武县棉花地水电站合伙建设协议》（复印件），拟证明雷裕柏明知卢招荀、廖勇与雷国华、雷太良所签订的开发协议在履行当中，却又与雷国华签订合伙开发建设协议，其用意是共同诈骗卢招荀；

13. 关于申请棉花地水电站手续变更的报告（复印件），拟证明临武县水务局局长周求金明知棉花地水电站开发人为卢招荀、廖勇却指使雷国华、雷裕柏串通，非法变更水电站有关手续；

14. 承诺书（复印件），证明方向同证据1~3；

15. 临武县水务局临水〔2005〕25号文件（2份复印件），拟证明临武县水务局行政乱作为，一天作出两个不同内容的同一文号的文件，其中一份称因失效批复给雷裕柏，一份称变更给雷裕柏；

16. 临武县水务局临水〔2007〕29号文件（复印件），拟证明临水〔2005〕25号已被撤销，现棉花地水电站系无批复的电站；

17. 郴水复决字〔2007〕1号《行政复议决定书》（复印件），拟证明郴州市水利局行政乱作为，维持错误的临水〔2005〕25号文；

18. 对雷国华的询问笔录及对雷裕柏的询问笔录（复印件），拟证明雷国华与雷裕柏合伙诈骗卢招荀、廖勇；

19. 关于雷国华涉嫌合同诈骗案情况汇报（复印件），拟证明雷国华、雷裕柏合同诈骗案现仍在侦查之中，侦查未终结；

20. 关于卢招荀举报周求金问题的调查报告（复印件），拟证明临武县水务局局长周求金在棉花地水电站非法参股，正因为非法参股，就指示临武县水务局多次行政乱作为；

21. 临政办函〔2008〕95号（复印件），拟证明棉花地水电站被临武县人民政府认定为“四无”电站；

22. 郴水清整办〔2009〕3号文件（复印件），拟证明2009年4月21日郴州市农村水电项目清理整顿领导小组认定棉花地水电站为“四无”电站；

23. 要求举行听证申请书（复印件），拟证明卢招荀提出了听证申请；

24. 取水（湘临）字〔2011〕第12号取水许可证（复印件），拟证明临武县水务局不经听证而违法颁布取水许可；

25. 工商登记资料（复印件），拟证明雷裕柏是用一份已被被撤销的文件进行工商登记的，是不合法的；

26. 临武县水务局临水许可撤决字〔2012〕第001号文件（复印件），拟证明现棉花地水电站无取水许可，非法经营；

27. 临武县人民法院（2012）临行初字第33号《行政裁定书》（复印件），拟证明因临武县水务局已撤销取水（湘临）字〔2011〕第12号取水许可决定，卢招荀、廖勇提出了撤诉申请；

28.《复议决定书》及送达回证，拟证明郴州市水利局维持了临武县水务局的决定以及原告方收到决定书的时间。

被告临武县水务局辩称：1. 作出取水行政许可决定的程序完全是合法的。临武县棉花地水电站向该局提交取水许可申请后，该局严格按照法律的规定组织了听证。2. 给予棉花地水电站取水行政许可是符合法律规定的。①棉花地水电站具有取水的主体资格。棉花地水电站向该局提交了建设申请、可研报告、建设批复、立项批复、初设报告、工商营业执照，棉花地水电站利用水工程设施从江河中取水发电，属于取水行政审批对象；②棉花地水电站初设批复总装机容量为2000千瓦，年取水量3696万立方米，属于该局取水行政许可职权范围；③棉花地水电站提交的申请资料齐全；④棉花地水电站的建设没有损害上下游和两岸以及当地村组、村民的利益，电站的开发有利于解决当地劳动力就业和地方经济的发展，同时棉花地水电站的建设符合江河流域的综合规划；⑤棉花地水电站不属于“四无”电站。3. 棉花地水电站的取水并未引起争议，也没有因取水引起诉讼。从（2005）郴民一初字第23号民事裁定来看，郴州市中级人民法院以雷国华涉嫌诈骗而将该案移交公安机关侦查并驳回原告方的起诉，意味着雷裕柏并未涉嫌诈骗，同时原告方是与雷国华之间存在纠纷，并未与取水申请人雷裕柏存在纠纷，可以说两原告不属本案的利害关系人。4. 给予棉花地水电站取水许可是对听证双方利益的最大保护。水资源是不可再生资源，流走了就没有了，就不可能再创造效益，只有给棉花地水电站取水许可，使其利用水资源发电创造效益，才是对听证双方利益的最大保护。卢招苟、廖勇完全可以通过其他法律途径证明其在棉花地水电站享有股权，由此二人也是某某取水许可的受益方，相反如果不给予棉花地水电站取水许可，必然会导致水资源的浪费和社会经济的损失，水工程无人照管也会带来防洪隐患，对电站人员、物资的处理也将会引起重大的社会负面反映。5. 原告称临武县水务局给予棉花地水电站取水许可是因为现任局长和政法系统有人违反规定非法参股而致，对此该局认为这不是取水许可的审查范围，同时中共临武县纪委、临武县监察局在《关于卢招苟举报临武县水务局局长周求金有关问题的调查报告》中已清楚地说明没有非法参股一事。综上，请求临武县人民法院依法维持该局作出的临水决字（2013）1号取水行政许可决定。

第三人临武县棉花地水电站述称，被告临武县水务局所作出的取水许可决定是合法的，请求人民法院依法维持。第三人临武县棉花地水电站没有向本院提交证据。

经庭审质证，原告方对被告临武县水务局提供的证据1、4没有异议。对证据2即棉花地水电站申请取水行政许可时提供的所需相关材料有异议。对该组证据中1~8号证据的合法性、真实性无异议，对关联性有异议，其认为权利人不是雷裕柏，而是雷国华；对该组证据中9号证据的合法性有异议，认为取得登记的依据已被撤销；对该组证据中10号证据的真实性无异议，对合法性有异议，认为在验收过程中要审查被验收企业的手续是否齐全，但是在审查过程中被告撤销了自己的批文，在没有新批文及“四无”电站之身份没有取消的情况下进行验收是不合法的；对该组证据中11、12号证据的真实性无异议，对合法性有异议，认为没有对企业有关文件的齐全进行审查；对该组证据中13号证据无异议；对该组证据中14~18号证据的真实性无异议，对合法性有异议，认为行政许可不符合法律规定，申请的主体不合法；对该组证据中19~27号证据的合法性有异议，认为第三人不是合法主体，提出的申请也不合法。对证据3的真实性无异议，但该组证据不能证明被告的具体行政行为合法。被告临武县水务局对原告方提供的证据4、28没有异议；对证据1、2、3的真实性、合法性没有异议，但对证明目的有异议，对此被告方认为相关机关只是批准兴建棉花地水电站，而不是批给某个个人，只要谁投资，那便谁来享受权利，同时权利人以实际通知为准；对证据5的真实性、合法性无异议，但对关联性有异议，其认为已经两年没有开发了，该许可证已经被撤销；对证据6的真实性无异议，但对合法性有异议，其认为郴州市中级人民法院的裁定书已经认定了原告与雷国华签订的这份协议无效，不能达到原告的证明目的；对证据7、8有异议，其认为该证据与本案无关；对证据9的真实性、合法性、关联性有异议，其认为不能达到原告方的证明目的，所签订的协议也无法查清；对证据10的真实性、合法性有异议，其认为出具收据人的身份不明，是否付款没有其他证据佐证，所付款项是否用于电站无法查清；对证据11的真实性、合法性无异议，但对证明目的有异议，其认为该证据只能证明两原告被雷国华骗了；对证据12的真实性、合法性无异议，但只能证明这份协议是合法有效的；对证据13、14的真实性、合法性无异议，但对原告方的证明目的有异议，其认为该证据只是内部变更相关事项的报告；对证据15的真实性、合法性无异议，但对关联性有异议，其认为原告方没有说明其证明目的，只能说这份文件是真实合法的；对证据16的真实性、合法性无异议，但对原告的证明目的有异议，其认为被告作出的具体行政行为都是被告决定的，发现错误而进行纠正是正确的行为；对证据17的真实性、合法性无异议，但对证明目的有异议，其认为该证据不能证明郴州市水利局乱作为，应以法院的最终裁决来确定；对证据18、19的真实性无异议，但对证明目的有异议，其认为不是雷国华和雷裕柏共同诈骗，而是雷国华诈骗两原告，该证据反而证明被告的主张是正确的；对证据20的真实性、合法性无异议，但只能证明被告的局长在水电站的审批过程中没有任何违法违纪行为；对证据21的真实性、合法性无异议，但该份文件是为了清理电站出台的规范性文件，是适用于临武境内所有企业的文件；对证据22的真实性、合法性无异议，但只能证明电站有不完善的地方需要整改；对证据23的真实性无异议，但该份证据不能证明任何事实，因为被告已经受理了申请并进行了听证；对证据24的真实性、合法性无异议，但只能证明电站“四无”解决后，被告才对水电站作出的许可；对证据25的真实性、合法性无异议，但对证明目的有异议，认为工商登记是工商机关作出的，原告有异议可以向工商机关提出；对证据26的真实性、合法性无异议，但只能证明当时发现问题后作出了撤销许可的决定，并不等于撤销后就不能许可了；对证据27的真实性、合法性无异议，但该份证据在本案当中不能证明被告最终作出行政许可是不合法的。第三人临武县棉花地水电站对被告临武县水务局提供的证据均不持异议，对原告方提供的证据与被告方的质证意见相同。

经庭审质证，本院对以下证据作如下确认：原告方向本院提交的证据20与本案无关，本院依法不予确认。原、被告向本院提交的其他证据均为证明本案事实的有效证据，本院予以确认。

经审理查明：2001年12月28日，雷国华、李联合向临武县人民政府、县水利水电主管部门、武源乡政府提交了《关于兴建临武县棉花地梯级电站的请示》，请求批准兴建某某梯级电站。2002年1月13日，临武县水利水电局下发临水字〔2002〕02号文件，同意在武源乡二联村委会某某地段兴建电站。2002年8月，临武县水利水电工程管理站勘测设计室作出棉花地水电站工程初步设计。2002 年 11 月 25 日，临武县水务局以临水务〔2002〕17 号文件向郴州市水利局请求批准由临武县水利水电工程管理站勘测设计室作出的棉花地水电站工程初步设计，郴州市水利局于 2003 年 1 月 6 日收到该文件后作出郴水字〔2003〕03 号文件向省水利厅转报了《临武县棉花地水电站初步设计报告》，湖南省水利厅于 2003 年 1 月 27 日以湘水农电〔2003〕8 号文件作出批示：希望设计单位进一步优化设计，减少投资，项目业主积极筹集资金，争取早日建成投产。2003 年 3 月 31 日，临武县发展计划局以临计字〔2003〕11 号文件同意棉花地水电站立项。2003 年 1 月 1 日，临武县水务局向棉花地水电站颁发取水（临水）字（2003）第 1110-0132 号取水许可证，该证载明的法定代表人为雷国华，取水有效期限自 2003 年 1 月 1 日至 2005 年 12 月 31 日。2003 年 5 月 20 日，经雷太良介绍，原告卢招荀、廖勇（甲方）与雷国华、雷太良（乙方）签订了《联合开发棉花地水电站协议书》。该协议约定成立"临安"水电开发有限公司，甲方占 90%的股份，乙方占 10%的股份，前期投资确认为 30 万元，该款由甲方分批支付给乙方等事宜。2003 年 5~6 月，原告卢招荀、廖勇分两次共支付了 10 万元给了雷国华，除此，原告卢招荀、廖勇另购买了交通工具以及施工材料若干。事后原告卢招荀又与雷国华与当地部分村民签订了征地补偿协议，并支付了相应的补偿款。2003 年 11 月 6 日，临武县水务局以电站开发业主不具备资本金，没有与当地武源乡政府协调好关系，多家都想到该地办电站而产生纠纷矛盾、造成隐患为由作出临水〔2003〕29 号文件。该文件吊销了雷国华取得的取水（临水）字（2003）第 1110-0132 号取水许可证。2005 年 3 月 29 日，雷国华（甲方）与雷裕柏（乙方）签订了《临武县棉花地水电站合伙开发建设协议书》，该协议约定 2003 年 5 月前甲方为申报办理电站批复的有关费用（包括考察、筹建、工资、办证、旅差等）为人民币 30 万元，该款由电站一次性补偿给甲方，甲方保留电站 10%的股份；甲方在 2003 年 5 月后与卢招荀合伙期间的有关费用（包括施工材料、配套设备、征地补偿等）由电站核实后一次性补偿卢招荀等。事后，两原告曾多次赴县、市、省有关部门上访。2005 年 8 月 25 日，雷国华向临武县水务局书面报告，将原由雷国华办理的立项批复、取水许可证等相关证件变更为雷裕柏的名下。2005 年 8 月 26 日，临武县水务局以临水〔2005〕25 号文件将临武县棉花地水电站的开发权批复给雷裕柏。2005 年 8 月 26 日，临武县水务局同日作出了两个临水〔2005〕25 号文，两个文不同之处在于批复给雷裕柏的理由上，一个文的理由是"临武县棉花地水电站的开发权先由临武县水利水电局以临水字〔2002〕02 号文件批复给了雷国华开发商，但已两年多未能开工，根据临政办发〔2004〕3 号文件精神，此批复已自行失效。现将临武县棉花地水电站的开发权批复给你"，另一个文的理由是"临武县棉花地水电站的开发权先由临武县水利水电局以临水字〔2002〕02 号文件批复给了雷国华开发商，现根据你与雷国华合伙开发临武县棉花地水电站的协议，将临武县棉花地水电站的开发权变更给你"。原告卢招荀、廖勇不服而向郴州市水利局提出行政复议，要求撤销临武县水务局〔2005〕25 号文，郴州市水利局于 2007 年 4 月 20 日作出郴水复决字〔2007〕1 号行政复议决定，该决定维持了临水〔2005〕25 号具体行政行为。2007 年 5 月 16 日，两原告与雷太良向本院提起行政诉讼，请求撤销被告临武县水务局 2005 年 8 月 26 日下达的两份不同内容的临水〔2005〕25 号《关于同意兴建临武县棉花地水电站的批复》；要求临武县水务局作出行政作为，责令现棉花地水电站停止施工。2007 年 7 月 12 日，临武县水务局以棉花地水电站资料不全为由作出临水〔2007〕29 号文件，撤销了 2005 年 8 月 26

日作出的〔2005〕25号批复文件。2005年，原告卢招荀、廖勇向郴州市中级人民法院提起民事诉讼，要求确认其与雷国华、雷太良于2003年5月20日签订的《联合开发棉花地水电站协议书》有效，由雷国华、雷太良继续履行协议；确认雷国华与雷裕柏于2005年3月29日签订的《临武县棉花地水电站合伙开发建设协议书》无效，要求雷国华与雷裕柏停止侵权，停止对棉花地水电站开发建设经营行为；要求雷国华及第三人雷裕柏赔偿经济损失80.25万元。郴州市中级人民法院于2006年5月29日作出（2005）郴民一初字第23号民事裁定，该裁定以"雷国华在签订合同及履行合同过程中，具有非法占有及骗取卢招荀、廖勇的财物，且数额巨大，已涉嫌构成《中华人民共和国刑法》第二百二十四条第一款第（五）项规定的合同诈骗罪"为由而将该案移送公安机关立案侦查，同时驳回了两原告的起诉。侦察机关立案后至今未果。2007年11月23日，湖南省水利厅印发了《关于"四无"水电站清理整顿实施方案》(简称《实施方案》)。根据省水利厅的《实施方案》及上级相关部门文件精神，2008年7月11日，临武县人民政府办公室印发了《临武县"四无"水电站清理整顿实施方案》，同时列出附表一，即临武县"四无"水电站清理整顿分乡包站安排表，将棉花地水电站初步认定为"无立项、无审批、无设计、无管理"电站。2008年8月1日郴州市水利局对临武县棉花地水电站下达"四无"水电站整改通知书，收到通知后，棉花地水电站进行了逐步整改。2008年7月15日，临武县棉花地水电站到临武县工商行政管理局进行了工商登记。2009年1月2日原告卢招荀、廖勇向本院提起行政诉讼，要求确认被告临武县水务局不拆除临武县棉花地水电站的行为违法，并要求被告限期拆除棉花地水电站的建筑物、构筑物。本院于2009年4月29日判决驳回了两原告的诉讼请求。两原告不服而提起上诉，事后撤回上诉。2009年11月2日，临武县棉花地水电站通过了临武县水电站清理整顿领导小组的验收。2011年8月16日，经湖南省农村水电及电气化发展局的委托，郴州市水利局对棉花地水电站进行了销号验收。2008年12月23日，原告卢招荀得知雷裕柏在向被告临武县水务局申请取水行政许可时，便以"其与雷国华、雷太良于2003年5月20日签订了《联合开发棉花地水电站协议书》，该协议尚未解除，仍然有效，其与棉花地水电站有利害关系等"为由向被告临武县水务局提出书面听证申请，然而，被告临武县水务局未接受两原告的申请便于2011年6月28日向临武县棉花地水电站颁发了取水（湘临）字〔2011〕第12号取水许可决定。原告卢招荀、廖勇不服而于2012年8月14日向本院提起行政诉讼，在审理过程中被告临武县水务局自行撤销了该许可。2012年12月10日，雷裕柏以临武县棉花地水电站的名义再次向被告临武县水务局申请办理《取水许可证》。被告临武县水务局受理该申请后，依法举行了听证会。通过听证，被告临武县水务局认为两原告与雷国华在电站建设期间存在的纠纷应当提交公安、检察机关侦查，不属于取水行政许可听证的审查范围，郴州市中级人民法院裁定雷国华涉嫌合同诈骗罪，证明两原告与雷国华个人存在纠纷，卢招荀与雷裕柏并无直接经济关系，不能证明卢招荀、廖勇与棉花地水电站存在纠纷，其二人从严格意义上讲，不属于本次取水许可的利害关系人以及棉花地水电站申请取水许可符合法律规定等理由而于2013年3月8日作出临水决字〔2013〕1号决定，决定给予临武县棉花地水电站取水行政许可。原告卢招荀、廖勇不服该决定而向郴州市水利局申请复议。郴州市水利局于2013年5月20日作出郴水复决字〔2013〕1号《行政复议决定书》，该决定书维持了临武县水务局作出的取水许可决定（临水决字（2013）1号）的具体行政行为。经郴州市水利局多次通知，原告方才于2013年7

月 31 日领取郴水复决字（2013）1 号《行政复议决定书》。原告卢招荀、廖勇于 2013 年 8 月 14 日向本院递交行政起诉状，请求人民法院判决撤销临水决字（2013）1 号临武县水务局取水行政许可决定，并责令被告临武县水务局重新审查。

本院认为，本案争议的焦点有两个：一、卢招荀、廖勇是否为本案的适格原告；二、本案的被诉具体行政行为是否合法。就此，本院逐一评判。针对第一个争议焦点本院认为，卢招荀、廖勇于 2003 年 5 月 20 日与当时的棉花地水电站负责人雷国华及合伙人雷太良签订了《联合开发棉花地水电站协议书》，并按约定支付了部分购股金（10 万元）和购买了交通工具以及若干施工材料，并向当地部分村民进行了征地补偿，当属该电站的股东之一，换言之卢招荀、廖勇系该电站的利害关系人，现卢招荀、廖勇不服被告临武县水务局于 2013 年 3 月 8 日作出的临水决字〔2013〕1 号取水许可决定而向本院提起行政诉讼，符合《最高人民法院关于执行〈中华人民共和国行政诉讼法〉若干问题的解释》第十二条：与具体行政行为有法律上的利害关系的公民、法人或者组织对该行为不服的，可以提起行政诉讼之规定。针对第二个争议焦点本院认为，根据《中华人民共和国行政诉讼法》第五条之规定，人民法院审理行政案件，是对具体行政行为是否合法进行审查。同时，根据该法第五十四条第一款第（二）项之规定，人民法院审查被诉具体行政行为是否合法主要是审查被诉具体行政行为的主要证据是否充分，适用法律、法规是否正确，是否违反法定程序，是否超越职权，是否滥用职权五个方面。综合分析本案诉辩双方所举证据、依据和当事人的陈述，本院认为，被告方的行政主体资格适格，本案所诉具体行政行为的主要证据充分，适用法律、法规正确，也不存在滥用职权，然而本案被诉具体行政行为是否合法的关键是如何理解《取水许可和水资源费征收管理条例》第十八条第三款，即“因取水申请引起争议或者诉讼的，审批机关应当书面通知申请人中止审批程序；争议解决或者诉讼终止后，恢复审批程序”。对此，本院认为，两原告与雷国华或者雷裕柏曾因民事权益纠纷发生过争议并也曾提起过诉讼是实，但其争议并非因取水行为而引起的争议，也并非是水事主体因开发利用水资源和防治水害发生而产生的争议，同时雷裕柏向被告方申请取水许可时并非是以其个人名义，而是以临武县棉花地水电站的名义，包括两原告在内的该电站所有股东对该电站发电运营所产生的效益均为受益者，至于两原告在该电站中占有多少股权可向人民法院提起民事确权之诉，因此，给棉花地水电站取水许可不存在影响两原告重大利益的情形，被告方通过听证之后决定给第三人临武县棉花地水电站取水许可符合法律规定，应当予以维持。据此，经本院审判委员会讨论决定，根据《中华人民共和国行政诉讼法》第五十四条第（一）项之规定，判决如下：

维持被告临武县水务局于 2013 年 3 月 8 日作出的临水决字〔2013〕1 号取水行政许可决定。

案件受理费 50 元，由原告卢招荀、廖勇承担。

如不服本判决，可在判决书送达之日起十五日内，向本院递交上诉状，并按对方当事人的人数提出副本，上诉于湖南省郴州市中级人民法院。

审　判　长　　王贤忠
人民陪审员　　黄生红
人民陪审员　　王昭文

二〇一三年十一月十五日

书 记 员 王 超

附本案适用的相关法律条文：

《中华人民共和国行政诉讼法》

第五十四条 人民法院经过审理，根据不同情况，分别作出以下判决：

（一）具体行政行为证据确凿，适用法律、法规正确，符合法定程序的，判决维持。

（二）具体行政行为有下列情形之一的，判决撤销或者部分撤销，并可以判决被告重新作出具体行政行为：

1. 主要证据不足的；
2. 适用法律、法规错误的；
3. 违反法定程序的；
4. 超越职权的；
5. 滥用职权的。

（三）被告不履行或者拖延履行法定职责的，判决其在一定期限内履行。

（四）行政处罚显失公正的，可以判决变更。

上诉人卢招荷因水务行政许可上诉一案二审行政判决书

湖南省郴州市中级人民法院

行政判决书

（2014）郴行终字第1号

上诉人（原审原告）：卢招荷。

委托代理人：胡良福，湖南宏法律师事务所律师。

委托代理人：王德新，湖南宏法律师事务所律师。

被上诉人（原审被告）：临武县水务局。

法定代表人：周求金，该局局长。

委托代理人：朱宾模。

委托代理人：陈兴强。

原审原告：廖勇。

原审第三人：临武县棉花地水电站。

执行事务合伙人：雷裕柏。

委托代理人胡瑞合，湖南宏法律师事务所律师。

上诉人卢招荷因水务行政许可一案，不服湖南省临武县人民法院（2013）临行初字第38号行政判决，向本院提起上诉。本院依法组成合议庭，于2014年1月9日公开开庭审理了本案。上诉人卢招荷及其委托代理人王德新，被上诉人临武县水务局的委托代理人朱宾模、陈兴强，原审原告廖勇，原审第三人临武县棉花地水电站的执行事务合伙人雷裕柏及其委托代理人胡瑞合到庭参加诉讼。本案现已审理终结。

原审法院查明：2001年12月28日，雷国华、李联合向临武县人民政府、临武县水电主管部门、武源乡政府提交《关于兴建临武县棉花地梯级电站的请示》，请求批准兴建棉花地梯级电站。2002年1月13日，临武县水利水电局下发临水字〔2002〕02号文件，同意在武源乡二联村委会棉花地地段兴建电站。2002年8月，临武县水利水电工程管理站勘测设计室作出临武县棉花地水电站工程初步设计。2002年11月25日，临武县水务局以临水务〔2002〕17号文件向郴州市水利局请求批准由临武县水利水电工程管理站勘测设计室作出的临武县棉花地水电站工程初步设计，郴州市水利局于2003年1月6日收到该文件后作出郴水字〔2003〕03号文件向湖南省水利厅转报《临武县棉花地水电站初步设计报告》，湖南省水利厅于2003年1月27日以湘水农电〔2003〕8号文件作出批示：希望设计单位进一步优化设计，减少投资，项目业主积极筹集资金，争取早日建成投产。2003年3月31日，临武县发展计划局以临计字〔2003〕11号文件同意临武县棉花地水电站的立项。2003年1月1日，临武县水务局向临武县棉花地水电站颁发取水（临水）字第（2003）1110-0132号取水许可证，该证载明的法定代表人为雷国华，取水有效期限为2003年1月1日至2005年12月31日。2003年5月20日，经雷太良介绍，卢招荷、廖勇（甲方）与雷国华、雷太良（乙方）签订《联合开发棉花地水电站协议书》。该协议约定成立“临安”水电开发有限公司，甲方占90%的股份，乙方占10%的股份，前期投资确认为30万元，该款由甲方分批支付给乙方等事宜。2003年5~6月，卢招荷、廖勇分两次共支付10万元给雷国华，还另购买交通工具、材料若干。事后，卢招苟、雷国华与当地部分村民签订征地补偿协议，并支付相应的补偿款。2003 年 11 月 6 日，临武县水务局以电站开发业主不具备资本金，未与武源乡政府协调好关系，多方想到该地办电站产生矛盾纠纷、造成隐患为由作出临水〔2003〕29 号文件，该文件吊销了雷国华取得的取水（临水）字（2003）第 1110-0132 号取水许可证。2005 年 3 月 29 日，雷国华（甲方）与雷裕柏（乙方）签订《临武县棉花地水电站合伙开发建设协议书》，该协议约定甲方前期（2003 年 5 月前）申报办理电站批复的有关费用共计人民币 30 万元（包括考察、筹建、工资、办证、旅差等），由电站一次性补偿给甲方，甲方保留电站 10%的股份；甲方在 2003 年 5 月后与卢招苟合伙期间的有关费用（包括施工材料、配套设备、征地补偿等）由电站核实后一次性补偿卢招苟等。事后，卢招苟、廖勇多次赴临武县、郴州市、湖南省有关部门上访。2005 年 8 月 25 日，雷国华向临武县水务局提交书面报告，将原由雷国华办理的立项批复、取水许可证等相关证件变更为雷裕柏的名下。2005 年 8 月 26 日，临武县水务局以临水〔2005〕25 号文件将临武县棉花地水电站的开发权批复给雷裕柏。当日，临武县水务局作出的临水〔2005〕25 号文有两个，两者不同之处在于批复给雷裕柏的理由上，一个文的理由是”临武县棉花地水电站的开发权先由临武县水利水电局以临水字〔2002〕02 号文件批复给雷国华开发商，但已两年多未能开工，根据临政办发〔2004〕3 号文件精神，此批复已自行失效。现临武县棉花地水电站的开发权批复给你”，另一个文的理由是“临武县棉花地水电站的开发权先由临武县水利水电局以临水字〔2002〕02 号文件批复给雷国华开发商，现根据你与雷国华合伙开发临武县棉花地水电站的协议，将临武县棉花地水电站的开发权变更给你”。卢招苟、廖勇不服向郴州市水利局提出行政复议，要求撤销临武县水务局临水（2005）25 号文，郴州市水利局于 2007 年 4 月 20 日作出郴水复决字〔2007〕1 号行政复议决定，决定维持临水〔2005〕25 号具体行政行为。2007 年 5 月 16 日，卢招苟、廖勇向法院起诉，请求撤销临武县水务局作出的两份不同内容的临水〔2005〕25 号《关于同意兴建临武县棉花地水电站的批复》，要求临武县水务局责令临武县棉花地水电站停止施工。2007 年 7 月 12 日，临武县水务局以临武县棉花地水电站资料不全为由作出临水〔2007〕29 号文件，撤销临水〔2005〕25 号文件。2005 年，卢招苟、廖勇向郴州市中级人民法院提出民事诉讼，要求确认其与雷国华、雷太良于 2003 年 3 月 29 日签订的《联合开发棉花地水电站协议书》有效，由雷国华、雷太良继续履行协议；确认雷国华与雷裕柏于 2005 年 3 月 29 日签订的《临武县棉花地水电站合伙开发建设协议书》无效，要求雷国华与雷裕柏停止侵权，停止对临武县棉花地水电站开发建设经营行为；要求雷国华及雷裕柏赔偿经济损失 802500 元。郴州市中级人民法院于 2006 年 5 月 29 日作出（2005）郴民一初字第 23 号民事裁定，该裁定认为雷国华在签订合同及履行合同过程中，具有非法占有及骗取卢招苟、廖勇的财物，且数额巨大，已涉嫌构成《中华人民共和国刑法》第二百二十四条第（五）项规定的合同诈骗罪，应移送公安机关立案侦查，裁定驳回卢招苟、廖勇的起诉。公安机关立案后至今未果。湖南省水利厅于 2007 年 11 月 23 日印发《关于“四无”水电站清理整顿实施方案》，临武县人民政府办公室于 2008 年 7 月 11 日印发《临武县“四无”水电站清理整顿实施方案》，同时列附表一，即《临武县“四无”水电站清理整顿分乡包站安排表》，将临武县棉花地水电站初步认定为“无立项、无审批、无设计、无管理”电站。2008 年 8 月 1 日，郴州市水利局对临武县棉花地水电站下达“四无”水电站整顿通知书，遂临武县棉花地水电站进行逐步整改。

2008年7月15日，临武县棉花地水电站至临武县工商行政管理局办理工商登记。2009年1月2日，卢招荀、廖勇向法院起诉，要求确认临武县水务局不拆除临武县棉花地水电站的行为违法，责令临武县水务局限期拆除临武县棉花地水电站的建筑物、构筑物。法院于2009年4月29日判决驳回卢招荀、廖勇的诉讼请求，卢招荀、廖勇不服提起上诉，之后又撤回上诉。2009年11月2日，临武县棉花地水电站通过临武县水电站清理整顿领导小组的验收。2011年8月16日，经湖南省农村水电及电气化发展局的委托，郴州市水利局对临武县棉花地水电站进行销号验收。2008年12月23日，卢招荀得知雷裕柏在向临武县水务局申请取水许可时，以“卢招荀与雷国华、雷太良于2003年5月20日签订的《联合开发棉花地水电站协议书》尚未解除，仍然有效，其与棉花地水电站有利害关系等”为由，向临武县水务局书面提出听证申请，临武县水务局未接受该申请，于2011年6月28日向临武县棉花地水电站颁发取水（湘临）字〔2011〕第12号取水许可证。对此，卢招荀、廖勇不服，于2012年8月14日向法院起诉，在审理过程中临武县水务局自行撤销该取水许可。2012年12月10日，雷裕柏以临武县棉花地水电站的名义再次向临武县水务局申请办理取水许可证，临武县水务局受理后依法举行听证会，临武县水务局听证后认为，卢招荀、廖勇与雷国华在电站建设期间存在的纠纷应当提交公安、检察机关侦查，不属于取水行政许可听证的审查范围，湖南省郴州市中级人民法院裁定雷国华涉嫌合同诈骗罪，证明卢招荀、廖勇与雷国华个人存在纠纷，与雷裕柏无直接经济关系，不能证明卢招荀、廖勇与临武县棉花地水电站存在纠纷，其两人从严格意义上讲，不属于本次取水许可的利害关系人，临武县棉花地水电站申请取水许可符合法律规定。遂于2013年3月8日作出临水决字〔2013〕1号取水行政许可决定，决定给予临武县棉花地水电站取水行政许可。卢招荀、廖勇不服，向郴州市水利局申请复议，郴州市水利局于2013年5月20日作出郴水复决字〔2013〕1号行政复议决定，决定维持临武县水务局作出的临水决字〔2013〕1号取水行政许可决定。经郴州市水利局多次通知，卢招荀、廖勇于2013年7月31日领取该行政复议决定书。卢招荀、廖勇仍不服，于2013年8月14日向法院起诉，请求法院撤销临水决字〔2013〕1号取水行政许可决定，责令临武县水务局重新审查。

原审法院认为：本案争议的焦点有两个，一是卢招荀、廖勇是否为本案的适格原告，二是被诉具体行政行为是否合法。关于第一个争议焦点，卢招荀、廖勇于2003年5月20日与当时的临武县棉花地水电站负责人雷国华、合伙人雷太良签订《联合开发棉花地水电站协议书》，按约定支付了部分购股金（10万元）、购买交通工具及若干施工材料，并向当地部分村民进行征地补偿，属该电站股东之一，即卢招荀、廖勇系该电站的利害关系人，卢招荀、廖勇不服临武县水务局作出的临水决字〔2013〕1号取水行政许可决定向法院提起行政诉讼，符合《最高人民法院关于执行〈中华人民共和国行政诉讼法〉若干问题的解释》第十二条的规定，是本案的适格原告。关于第二个争议焦点，根据《中华人民共和国行政诉讼法》第五条、第五十四条第（二）项的规定，综合分析本案诉辩双方所举证据、依据和当事人的陈述，临武县水务局的行政主体资格适格，被诉具体行政行为的主要证据充分，适用法律、法规正确，也不存在滥用职权的情形。本案中，被诉具体行政行为是否合法的关键是如何理解《取水许可和水资源费征收管理条例》第十八条第三款的规定，即因取水申请引起争议或诉讼的，审批机关应当书面通知申请人中止审批程序；争议解决或者诉讼终止后，恢复审批程序。对此，卢招荀、廖勇与雷国华或雷裕柏之间的争议并非因取水行为而引起的争议，也并非是水事主体因开发利用水资源和防治水害发生而产生的争议，同时，雷裕柏向临武县水务局申请取水许可时不是以其个人名义而是以临武县棉花地水电站的名义申请的，包括卢招苟、廖勇在内的该水电站所有股东对该水电站发电运营所产生的效益均为受益者，对于卢招苟、廖勇在该水电站中占有多少股权可向法院提起民事确权之诉，因此，给予临武县棉花地水电站取水许可不存在影响卢招苟、廖勇重大利益的情形，临武县水务局通过听证后决定给予临武县棉花地水电站取水许可符合法律规定，应当予以维持。据此，经该院审判委员会讨论决定，根据《中华人民共和国行政诉讼法》第五十四条第（一）项之规定，原审判决：维持被告临武县水务局于2013年3月8日作出的临水决字〔2013〕1号取水行政许可决定。案件受理费50元，由原告卢招苟、廖勇负担。

上诉人卢招苟不服上述行政判决上诉称：一、原审判决认定事实错误，临武县棉花地水电站不具备合法取水主体资格。1. 临武县棉花地水电站的建设批复文件中的权利主体为雷国华，而临武县棉花地水电站现在的权利主体是雷裕柏，故其建设是不合法的；2. 临武县棉花地水电站是“四无”电站，且该电站的工商登记不合法。二、利害关系人纠纷尚未解决且临武县棉花地水电站涉及的诉讼并未终结，故原审判决未适用《取水许可和水资源费征收管理条例》第二十条的规定是错误的。上诉请求：撤销（2013）临行初字第38号行政判决，撤销临水决字〔2013〕1号取水行政许可决定。本案一、二审诉讼费由临武县水务局负担。

被上诉人临武县水务局答辩称：1. 卢招苟、廖勇与雷国华、雷太良签订的《联合开发棉花地水电站协议书》自始无效；2. 临武县棉花地水电站在获得取水许可时已不属于“四无”电站；3、临武县棉花地水电站在获得取水许可前已取得工商登记，其工商登记是否合法不属于被上诉人的行政管辖及许可范围；4. 上诉人提出的利害关系人纠纷尚未解决，这实质上是临武县棉花地水电站内部的所有权或股权纠纷，并不是该电站以外的人与同一水资源有利害关系所发生的纠纷，上诉人并不属于利害关系人的范畴。综上所述，原审判决认定事实清楚，适用法律正确。

原审原告廖勇陈述：与上诉人卢招苟的意见一致。

原审第三人临武县棉花地水电站陈述：原审判决认定事实清楚，适用法律正确。1、上诉人不是被诉具体行政行为的相对人，也不是利害关系人，故不具备诉讼主体资格；2、上诉人与雷国华等人之间的纠纷与取水许可无关，不属于行政许可的审查范围。

本院查明的案件事实与原审法院查明的案件事实一致。

本院认为，被上诉人临武县水务局作为县级政府水行政主管部门，具有审批取水许可申请的职责。本案争议的焦点是：一、被诉具体行政行为认定事实是否清楚；二、被诉具体行政行为适用法律是否正确。

一、关于被诉具体行政行为认定事实是否清楚的问题。本案中，临武县棉花地水电站项目建设初期的立项批复等相关证件的权利人是雷国华，但在2005年8月，雷国华与雷裕柏达成共同开发水电站的协议，将该水电站的立项批复等相关证件的权利人变更为雷裕柏，也办理了相应的变更手续并告知被上诉人，亦不影响该水电站建设的合法性。临武县棉花地水电站于2008年7月11日被临武县人民政府认定为“四无”电站，湖南省农村水电及电气化发展局于2011年8月15日委托郴州市水利局对该电站进行“四无”电站销号验收，故被上诉人认定该电站不属于“四无”电站是正确的。临武县棉花地水电站在申请取水许可时依法提交了取水单位的法定身份证明文件即其工商登记材料等，对于工商登记是否合法不属于取水许可的审查范围。另，《取水许可和水资源费征收管理条例》第十一条规定，申请取水应当提交下列材料：（一）申请书；（二）与第三者利害关系的相关说明；（三）属于备案项目的，提供有关备案材料；（四）国务院水行政主管部门规定的其他材料。建设项目需要取水的，申请人还应当提交由具备建设项目水资源论证资质的单位编制的建设项目水资源论证报告书。论证报告书应当包括取水水源、用水合理性以及对生态与环境的影响等内容。《取水许可管理办法》第十条规定，《取水许可和水资源费征收管理条例》第十一条第一款第四项所称的国务院水行政主管部门规定的其他材料包括：（一）取水单位或者个人的法定身份证明文件；（二）有利害关系第三者的承诺书或者其他文件；（三）建设项目水资源论证报告书的审查意见；（四）不需要编制建设项目水资源论证报告书的，应当提交建设项目水资源论证表；（五）利用已批准的入河排污口退水的，应当出具具有管辖权的县级以上地方人民政府水行政主管部门或者流域管理机构的同意文件。本案证据显示，临武县棉花地水电站在申请取水时提交了上述法律、法规规定的申请材料，被上诉人依此认定临武县棉花地水电站提交的申请材料齐全，并对申请材料进行审查符合法律规定。根据《取水许可和水资源费征收管理条例》第十七条的规定，审批机关受理取水申请后，应当对取水申请材料进行全面审查，并综合考虑取水可能对水资源的节约保护和经济社会发展带来的影响，决定是否批准取水申请。被上诉人在收到申请材料及临武县棉花地水电站的建设程序批复文件后依法举行听证，结合听证各方提出的意见，认为临武县棉花地水电站的建设程序合法，符合江河流域的综合规划，且没有损害他人利益，该电站的开发建设有利于水资源的合理利用、带动当地经济社会发展，据此给予临武县棉花地水电站取水行政许可符合法律规定，并无不当。综上所述，被上诉人认定临武县棉花地水电站具备取水主体资格，符合取水申请法定条件的事实清楚，故上诉人提出临武县棉花地水电站不具备取水主体资格的上诉理由不成立，不予支持。

二、关于被诉具体行政行为适用法律是否正确的问题。《中华人民共和国行政许可法》第三十七条规定，行政机关对行政许可申请进行审查后，除当场作出行政许可决定的外，应当在法定期限内按照规定程序作出行政许可决定。该法第三十八条第一款规定，申请人的申请符合法定条件、标准的，行政机关应当依法作出准予行政许可的书面决定。本案中，临武县棉花地水电站具备取水主体资格，提交的申请资料符合法律规定，被上诉人根据《中华人民共和国行政许可法》第三十七条、第三十八条和《取水许可和水资源费征收管理条例》等法律、法规的规定给予临武县棉花地水电站取水行政许可，适用法律正确。另，《取水许可和水资源费征收管理条例》第二十条规定了不予批准取水许可的情形，本案证据显示，临武县棉花地水电站不存在该条规定的不予批准取水许可的情形，被上诉人未适用该条规定并无不当。《取水许可和水资源费征收管理条例》第十八条第三款规定，因取水申请引起争议或者诉讼的，审批机关应当书面通知申请人中止审批程序；争议解决或者诉讼终止后，恢复审批程序。本案中上诉人所提的纠纷系上诉人与廖勇、雷国华、雷裕柏等人在临武县棉花地水电站建设过程中发生的股权、权属纠纷，并非因取水、用水所引起的争议或诉讼，上诉人所提的股权、权属纠纷不属于该条款规定的情形。同时，上诉人所提及的诉讼系上诉人与雷国华的合伙协议侵权纠纷之诉，因雷国华涉嫌合同诈骗罪被本院裁定驳回起诉，该诉讼与临武县棉花地水电站无关联，不影响临武县棉花地水电站的取水许可审批程序，故被上诉人未中止审批程序是正确的。因此，上诉人提出原审判决未适用《取水许可和水资源费征收管理条例》第二十条的规定是错误的上诉理由不成立，不予支持。

综上所述，原审判决认定事实清楚，适用法律正确。依据《中华人民共和国行政诉讼法》第六十一条第（一）项之规定，判决如下：

驳回上诉，维持原判。

二审案件受理费50元，由上诉人卢招荷负担。

本判决为终审判决。

审 判 长 黄永文
审 判 员 姜小微
代理审判员 邓 群

二〇一四年一月二十日
书 记 员 邝玲娟

附本案适用的相关法律条文：

《中华人民共和国行政诉讼法》

第六十一条　人民法院审理上诉案件，按照下列情形，分别处理：

（一）原判决认定事实清楚，适用法律、法规正确的，判决驳回上诉，维持原判；

（二）原判决认定事实清楚，但适用法律、法规错误的，依法改判；

（三）原判决认定事实不清，证据不足，或者由于违反法定程序可能影响案件正确判决的，裁定撤销原判，发回原审人民法院重审，也可以查清事实后改判。当事人对重审案件的判决、裁定，可以上诉。

湖厚道食品有限责任公司不服被告南县水务局取水行政许可一案一审行政判决书

湖南省南县人民法院

行政判决书

（2014）南法行初字第01号

原告：湖南某某有限责任公司。所在地：南县工业园区厚道路1号。

法定代表人：曹某某，男，该公司总经理。

委托代理人：岳某某，男，该公司人力资源部经理。代理权限为特别授权。

委托代理人：刘宇，男，湖南金剑律师事务所律师。代理权限为一般诉讼代理。

被告：南县水务局。所在地：南县南洲镇南洲东路。

法定代表人：郭建良，男，该局局长。

委托代理人：何应龙，男，湖南正军律师事务所律师。代理权限为特别授权。

委托代理人：熊某，男，该局执法大队副大队长。代理权限为一般诉讼代理。

原告湖南某某有限责任公司不服被告南县水务局取水行政许可一案，于2014年1月21日向本院提起行政诉讼。本院于同日受理后，向被告送达了起诉状副本及应诉通知书。本院依法组成合议庭，于2014年3月4日公开开庭审理了本案。原告湖南某某有限责任公司及其委托代理人岳某某、刘宇，被告南县水务局的委托代理人何应龙、熊某均到庭参加诉讼。本案现已审理终结。

被告南县水务局于2013年11月18日根据原告湖南某某有限责任公司的取水申请,作出了南水许不受理字（2013）1号取水许可不予受理决定书，其依据国务院《取水许可和水资源费征收管理条例》第十九条第二款之规定“取用城市规划区地下水的取水申请，审批机关应当征求城市建设主管部门的意见”，被告于2013年10月30日向南县住房和城乡建设局（简称住建局）送达了“行政许可征求意见函”，住建局在法定时限内向被告南县水务局送达了“关于行政许可征求意见的复函”，明确提出了不同意原告取水申请，被告南县水务局经研究，决定采纳住建局的意见，并作出了不予受理的决定。被告2014年2月8日向本院提供了作出被诉具体行政行为的证据、依据：1. 取水申请书，证明原告于2013年10月20日向被告南县水务局书面提出取水许可申请；2. 工作联系函，证明原告所在地南县南洲镇小荷堰村委会同意取水；3. 空调产品情况介绍；4. 地质勘察报告，证明原告提供了部分申请资料；5. 承诺书，证明原告承诺地质条件不能通过专家认证，将自行封闭井眼；6. 原告营业执照，证明原告公司法人资格；7. 取水计划申请审批表，证明原告依程序申请了取水审批；8. 建设局函；9. 律师函，证明原告申请取水行政许可时，相关单位纷纷提出了不同意见；10. 补正告知书，证明被告依程序要求原告补充资料；11. 行政许可征求意见函，证明被告依法向相关部门已征求意见；12. 建设局复函；13. 复函依据资料，证明建设局根据相关规定不同意取水许可；14. 取水许可决定审批表，证明取水许可不予受理决定已审批；15. 不予受理决定书，证明已向原告送达了不予受理的决定；16. 文件，证明南县水利局已更名为南县水务局；17. 行政许可等法律法规，证明行政行为的法律法规依据。

原告湖南某某有限责任公司诉称：2013年10月20日原告向被告南县水务局提出了取水许可申请，被告收到原告相关申请资料后，于2013年10月25日致函原告补充相关申请材料，原告按被告的要求正在进行补充。2013年11月18日，被告以其他单位出具的意见书为由作出不予受理决定书，被告的不予受理决定书违反了《中华人民共和国行政许可法》的法律规定，依法应予撤销。请求判令被告限期受理原告的取水许可申请。

原告提供的证据1、2、3、4均与被告提供的证据一致；证据5水文物探勘察报告，证明该取水经湖南省水工队地质工程勘察院已勘探；证据6、7、8证明可取水的法律法规依据。

被告南县水务局辩称：我局依法作出不予受理决定是由于原告没有按照规定提交具备建设项目水资源论证资质单位编制的建设项目水资源论证报告书，并且原告申请在城市规划区域范围取水，经我局征求城市建设主管部门的意见，南县住房和城乡建设局认为批准原告取水会对第三者或者社会公共利益产生重大损害，城市公共供水管网能够满足原告用水需要，南县住房和城乡建设局在前置审批程序中决定不予批准。我局为避免原告遭受经济损失，依据《中华人民共和国行政许可法》第三十二条，“行政机关对申请人提出的行政许可申请应当根据下列情况分别作出处理：……申请材料不齐全或者不符合法定形式的，应当当场或者在五日内一次告知申请人需要补正的全部内容，逾期不告知的，自收到申请材料之日起即为受理”。我局作出不予受理决定，符合法律的规定，符合前置审批行政部门的意见，也符合南县社会公共利益，请求人民法院依法驳回原告的诉讼请求。

经庭审质证，本案对以下证据作如下确认：一、对被告提交的证据1、2、3、4、5、6、7，原告均无异议，且证据来源合法，内容真实，与本案有关联，经合议庭评议认定，该证据可作为定案的依据。二、对被告提交的证据8、9原告湖南某某有限责任公司提出了异议，认为证据8、9与本案无关联，经合议庭评议认定，该组证据与本案无关联，对其不予认定。三、被告提交的证据11、12、13、14、15、16，原告均无异议，经合议庭评议认定该组证据符合“三性”证据的，可作为定案依据。四、对原告提交的证据8，被告南县水务局提出了异议，认为该证据未经专家论证，不能作为定案依据且与本案无关联，经合议庭评议认为，该证据是取水许可的重要材料，虽未经专家论证，但与本案有关联，符合“三性”原则，可作为定案依据。

经审理查明：2013年10月20日，原告湖南某某有限责任公司向被告南县水务局提出取水许可申请，被告南县水务局收到原告湖南某某有限责任公司相关申请材料，于同年10月25日致函原告，关于办理取水许可申请材料补正告知书。10月29日，被告南县水务局向南县住房和城乡建设局发出了“行政许可征求意见函”，同年10月31日，南县住房和城乡建设局复函称，依据《国务院关于实行最严格水资源管理制度的意见》及《国务院关于城市供水节水和水污染防治工作的通知》和《湖南省实施〈城市供水条例〉办法》的规定，1. 凡城市公共供水管网覆盖范围内取用地下水的依法不予批准；2. 凡取水可能对社会公共利益产生重大损害的依法不予批准；3. 根据南县县城公共供水现状和对县城人民群众负责的态度，依规不能批准。同年11月28日，被告南县水务局根据南县住房和城乡建设局的意见和国务院《取水许可和水资源费征收管理条例》第十九条第二款的规定，作出了南水许不受理字（2013）1号取水许可不予受理决定书。

本院认为：根据《中华人民共和国行政许可法》第三十二条第（五）项，国务院《取水许可和水资源费征收管理条例》第十三条的规定：县级以上地方人民政府水行政主管部门或者流域管理机构，应当自收到取水申请之日起5个工作日内对申请材料进行审查，并根据下列不同情形分别作出处理：（一）申请材料齐全、符合法定形式、属于本机关受理范围的，予以受理；（二）提交的材料不完备或者申请书内容填注不明的，通知申请人补正；（三）不属于本机关受理范围的，告知申请人向有受理权限的机关提出申请。本案中，原告湖南某某有限责任公司根据被告的补正告知和通知，正在补充相关材料之时，被告决定不予受理违反了行政许可法的法定程序，其证据不足，应予撤销。根据《中华人民共和国行政诉讼法》第五十四条第二项第1目、3目的规定和最高人民法院《关于执行〈中华人民共和国行政诉讼法〉若干问题的解释》第五十九条第（一）项、第六十条的规定判决如下：

一、撤销被告南县水务局南水许不受理字（2013）1号取水许可不予受理决定书。

二、责令被告南县水务局在本判决发生法律效力之日起 30 日内重新作出具体行政行为。

本案案件受理费50元，由被告南县水务局承担。

如不服本判决，可在判决书送达之日起15日内，向本院递交上诉状，并按对方当事人的人数提出副本，上诉于湖南省益阳市中级人民法院。

审　判　长　　李　静
审　判　员　　刘　军
审　判　员　　谢春华

二〇一四年三月六日
代理书记员　　蔡佳伟

附本案适用的相关法律条文：

《中华人民共和国行政诉讼法》

第五十四条　人民法院经过审理，根据不同情况，分别作出以下判决：

（一）具体行政行为证据确凿，适用法律、法规正确，符合法定程序的，判决维持。

（二）具体行政行为有下列情形之一的，判决撤销或者部分撤销，并可以判决被告重新作出具体行政行为：

1.主要证据不足的；

2.适用法律、法规错误的；

3.违反法定程序的；

4.超越职权的；

5.滥用职权的。

（三）被告不履行或者拖延履行法定职责的，判决其在一定期限内履行。

（四）行政处罚显失公正的，可以判决变更。

《最高人民法院关于执行〈中华人民共和国行政诉讼法〉若干问题的解释》

第五十九条　根据行政诉讼法第五十四条第（二）项规定判决撤销违法的被诉具体行政行为，将会给国家利益、公共利益或者他人合法权益造成损失的，人民法院在判决撤销的同时，可以分别采取以下方式处理：

（一）判决被告重新作出具体行政行为；

（二）责令被诉行政机关采取相应的补救措施；

（三）向被告和有关机关提出司法建议；

（四）发现违法犯罪行为的，建议有权机关依法处理。

第六十条　人民法院判决被告重新作出具体行政行为，如不及时重新作出具体行政行为，将会给国家利益、公共利益或者当事人利益造成损失的，可以限定重新作出具体行政行为的期限。

张月计、卢华珍等与慈溪市水利局一审行政裁定书

浙江省慈溪市人民法院

行政裁定书

（2015）甬慈行初字第 21 号

原告：张月计。

原告：卢华珍。

原告：徐红波。

原告：卢焕潮。

原告：卢忠轩。

原告：许映维。

原告：张月利。

原告兼诉讼代表人：卢焕清。

原告兼诉讼代表人：卢焕治。

原告兼诉讼代表人：卢焕平。

上列 10 原告共同委托代理人：陈刚（特别授权代理）。

被告：慈溪市水利局，住所地浙江省慈溪市白沙路街道新城大道 200 号。

法定代表人：方柏令。

委托代理人：陈新国。

委托代理人：冯剑锋（特别授权代理）。

第三人：赵建定。

张月计等 10 原告因要求被告慈溪市水利局履行对赵建定在念江河（又名原浑河、念江）建造违章建筑、占用河道的违法行为作出行政处罚的法定职责，于 2015 年 2 月 9 日提起行政诉讼。本院于同日受理后，向被告送达了起诉状副本及应诉通知书。本院依法组成合议庭。因赵建定与本案被诉具体行政行为具有法律上的利害关系，本院依法通知其为第三人参加诉讼。本院于 2015 年 3 月 6 日公开开庭审理了本案。10 原告的诉讼代表人卢焕清、卢焕治、卢焕平及委托代理人陈刚，被告慈溪市水利局的委托代理人陈新国、冯剑锋到庭参加诉讼，第三人赵建定经本院合法传唤无正当理由拒不到庭。本案现已审理终结。

2014 年 1 月，被告慈溪市水利局根据举报，对第三人赵建定未经批准擅自在慈溪市周巷镇天元天潭村群欢旧家具修理厂东边的念江河中违法填占、覆盖河道和浇筑临河混凝土石坎的违法行为进行调查，并于同年 4 月 17 日作出慈水罚改字〔2014〕第 5 号责《令改正违法行为通知书》，责令第三人于同年 4 月 30 日之前清除违法建筑、补办审批手续，否则被告将组织强行清除，并对第三人处以罚款。同年 8 月 18 日，张月计等 10 原告认为第三人未按照被告的通知自行拆除违法建筑，被告也未组织强制拆除，故申请被告尽快组织强制拆除。后 10 原告认为被告仍未履行依法组织强制拆除并对第三人作出行政处罚的法定职责，故提起行政诉讼。

张月计等 10 原告起诉称：10 原告分别系慈溪市周巷镇天元天潭村 2 组和 4 组的村民，

念江河位于天潭村西边，宽约 10 米，自北向南流过，系天潭村主要河道。第三人赵建定经营的慈溪市天元镇群欢旧家具修理厂的厂房在念江河西边，该厂多次占用河道建造违章建筑。2013 年 10 月，强台风“菲特”来临时，由于河道阻塞，全村几十户人家房屋进水，损失惨重。为此，原告于 2014 年 1 月 10 日向被告举报第三人的违法行为，被告当日予以受理。后被告于 2014 年 4 月 17 日出具了慈水罚改字〔2014〕第 5 号《责令改正违法行为通知书》，要求第三人于 2014 年 4 月 30 日前自行拆除违章建筑，否则被告将依法组织强行清除。整改通知发出至今，第三人未自行拆除，被告虽多次承诺组织强制拆除，但至今未组织强拆，亦未对第三人的违法行为作出行政处罚。现为维护原告等村民的合法权益，请求如下：1.判令确认被告对违法行为没有作出行政处罚决定书的行政不作为违法；2.本案诉讼费由被告承担。经本院释明后，10 原告明确第一项诉请内容为：判令确认被告没有对第三人赵建定作出要求拆除并罚款的行政决定的行政不作为违法。

被告慈溪市水利局答辩称：一、本案原告诉讼主体不适格。张月计等 10 原告认为第三人赵建定非法占用河道导致河道阻塞，从而使得台风来临时全村几十户人家房屋进水，因而被告未对第三人作出行政处罚的行政不作为损害了原告的合法权益，但未能举证证明在台风期间发生损害的事实。即使有损害事实发生，原告亦不能证明第三人的违法行为与损害事实之间有因果关系。原告不具有现实性的损害事实，故与被诉行政行为不具有法律上的利害关系。即使被告对第三人作出行政处罚，也不会对原告的权利义务产生实际影响；二、被告不具有作出行政处罚决定的职权。本案中第三人的违法行为系擅自填堵、覆盖河道，根据《宁波市河道管理条例》第三十一条第二款的规定，对于该类违法行为应当由县级以上人民政府按照防洪法的规定作出行政处罚，被告作为县级人民政府水行政主管部门，不具有该职权；三、被告在行政行为过程中依“三改一拆”推进具体拆违工作，并没有行政不作为。被告在接到有关第三人非法占用河道的举报之后，及时进行调查核实，并向第三人发出了限期整改通知书。在第三人未自行拆除而被告又无权作出行政处罚的情况下，被告转变工作思路，与周巷镇人民政府衔接按“三改一拆”的相关规定开展强制拆除工作，并制订了三套强制执行方案，但因种种客观原因未强制拆除到位。自接到举报至今，被告始终为拆除涉案违章建筑而努力，并不存在行政不作为的情形。综上，请求法院裁定驳回 10 原告的起诉。

第三人赵建定未作书面陈述。

张月计等 10 原告向本院提供了如下证据：1. 举报信复印件一份，拟证明原告向被告举报第三人的违章建筑的事实；2. 现场示意图一份、现场照片四张，拟证明第三人存在违法行为的事实；3. 案件受理通知书一份，拟证明被告对原告举报予以受理的事实；4. 慈水罚改字〔2014〕第 5 号《责令改正违法行为通知书》一份，拟证明被告拒不履行职责的事实；5. 申请书（落款时间为 2014 年 8 月 18 日）及顺丰速运寄件公司存根联各一份，拟证明原告已经申请被告强制拆除违章建筑的事实；6. 强制执行期限承诺书一份，拟证明被告未履行承诺的事实。

被告慈溪市水利局于 2015 年 2 月 23 日向本院提供了如下证据：1. 询问笔录二份、现场检查（勘验）笔录（附图）二份，拟证明被告接群众举报后即对第三人违建一事进行查证，并做了现场勘验的事实；2. 慈水罚改字〔2014〕第 5 号责令改正违法行为通知书一份，拟证明被告于 2014 年 4 月 17 日作出责令改正违法行为通知书，责令第三人于 2014 年 4

月 30 日前拆除违章建筑、恢复河道原状的事实；3. 对第三人违法占用水域强制执行方案三份，拟证明第三人未按被告通知书自行拆除违章建筑，被告三次确定强制执行方案，但因执行力量不足、地方政府未积极配合等原因，导致第三人的违章建筑未被完全拆除等事实；4. 被告向周巷镇人民政府发送的要求对第三人的违建强制执行到位的函（附件为案件处理过程回顾、省委巡视组对慈溪巡视期间受理信访件交办单第 225 号等复印件），拟证明 2014 年 2 月 5 日，被告发函给周巷镇人民政府，要求其对涉案违法建筑依“三改一拆”政策强制执行到位的事实；5. 规范性文件依据：《中华人民共和国行政处罚法》第十一条、第十五条，《宁波市河道管理条例》第二条、第二十五条、第三十一条、第三十七条。

第三人赵建定未向本院提供任何证据。

为查明案件事实，本院依法对涉案违章建筑进行了现场勘查，制作了现场勘验笔录一份、现场照片八张，并对周巷镇农办相关工作人员进行调查后制作了调查笔录一份。

经庭审质证，被告对原告证据 1、3、4、5、6 及证据 2 中照片的真实性均无异议，原告对被告证据 1、2、4、5 的真实性均无异议，本院对上述证据予以确认。原告证据 2 中的示意图系原告自行制作，本院不予确认；被告证据 3 即三份强制执行方案亦系单方面制作，无证据表明有关部门已经收到，本院不予确认。对本院制作的现场勘验笔录、现场照片，原、被告均无异议，本院予以确认；对本院制作的调查笔录，被告无异议，原告对部分内容有异议，本院经审核认为，该笔录中有关天潭路建成后将念江河截断的内容与原告庭审陈述及现场勘验情况一致，本院予以确认。

经审理查明，张月计等 10 原告分别系慈溪市周巷镇天元天潭村（原慈溪市天元镇天潭村）2 组、4 组的村民，第三人赵建定系慈溪市天元镇群欢旧家具修理厂业主。2013 年 12 月 30 日，原告卢华珍、张月计、徐红波、卢焕治、卢焕清等五人以第三人的家具修理厂非法填堵、占用念江河（又叫原浑河、念江）为由，向被告举报，要求被告拆除违章建筑，恢复河道。2014 年 1 月 10 日，被告对该举报予以受理。同年 4 月 17 日，被告对第三人作出慈水罚改字〔2014〕第 5 号《责令改正违法行为通知书》，认定第三人未经批准，擅自于 2000 年、2008 年期间在天潭村群欢旧家具修理厂东边的念江河中违法填占、覆盖河道和浇筑临河混凝土石坎，共计占用河道水域面积 278.60 平方米（占用河道水域面积共分三部分，即北侧、中间、南侧三部分，其中北侧填占部分长 12 米、宽 5.30 米，面积 63.60 平方米；中间覆盖部分长 40 米、宽 2.50 米，面积 100 平方米；南侧石坎部分呈“L”型，面积 115 平方米），该违法行为违反了《中华人民共和国水法》第三十七条第二款、第三十八条第一款的规定，被告并依据《中华人民共和国水法》第六十五条第一款和第二款的规定，作出决定如下：1.责令第三人于 2014 年 4 月 30 日前，自行清除北侧填占和中间覆盖部分的渣土和建筑物，恢复河道原状；补办南侧石坎的水工程管理范围建设项目审批手续；2.若逾期不清除、不补办的，被告将依法组织强行清除，所需费用由第三人承担，并处 1 万元以上 10 万元以下罚款。同年 8 月 18 日，张月计等 10 原告以慈水罚改字〔2014〕第 5 号《责令改正违法行为通知书》作出后第三人未自行清除违章建筑、被告亦未强行拆除为由，向被告提出申请，要求被告尽快组织强拆。同年 8 月 27 日，慈溪市水政监察大队出具了一份“关于在同年 9 月 15 日前联合周巷镇人民政府进行现场强制执行”的书面承诺，被告亦在该书面承诺上盖章。同年 9 月 15 日前后，第三人赵建定对违章建筑自行整改时在中间覆盖部分的渣土和建筑物中挖了一条水沟。此后，水利局未采取其他强制拆除措施，亦未对第三人作出行政处罚决定。另查明，天潭村共有村民2000余人，其中有几十户居住在念江河涉案河段旁边。1993年左右天潭路建成后，将念江河截断，天潭路以北的涉案违章建筑所在河段成为封闭水域，但该河段往东约七八十米处另有一条南北贯通的河道，而念江河上述封闭河段有管道与该河道相通，封闭河段的河水可通过管道排往该河道。

本院认为，根据《中华人民共和国村民委员会组织法》及相关司法解释之规定，涉及村民集体公益的事项需要提起行政诉讼的，应有符合法定人数的村民同意。10原告所在的天潭村共有村民2000余人，即使本案被告没有对第三人作出行政处罚损害了天潭村集体村民的利益，也应当由符合法定人数的村民同意才能起诉。10原告尚不足村民人数的一半，不能以维护村民合法权益为由提起本案行政诉讼。而公民个人提起行政诉讼的，也应当与被诉具体行政行为有法律上利害关系。现根据本院查明的事实，自1993年左右天潭路建成之后，涉案违章建筑所在的念江河北面河段即处于封闭状态，在第三人建造违法建筑之前，涉案河段已不具有排洪、泄洪的功能，且念江河东面距离念江河六七十米处另有一条河道可以排洪，本案中并无证据证明第三人阻塞河道的行为与台风来临时河道周边村民房屋进水之间具有直接因果关系，亦无其他证据证明第三人的违建行为侵害了10原告对河道的使用等权益。故被告未强制拆除违法建筑、未对第三人作出行政处罚决定，与10原告不具有法律上的利害关系。综上，10原告并无原告主体资格。据此，依照《最高人民法院关于执行〈中华人民共和国行政诉讼法〉若干问题的解释》第四十四条第一款第（二）项之规定，裁定如下：

驳回原告卢焕清、卢焕治、张月计、卢华珍、徐红波、卢焕平、卢焕潮、卢忠轩、许映维、张月利的起诉。

如不服本裁定，可在裁定书送达之日起10日内，向本院递交上诉状，并按对方当事人的人数提出副本，上诉于浙江省宁波市中级人民法院。

审　判　长　　穆　勤
人民陪审员　　韩利东
代理审判员　　邬贞高

二〇一五年三月二十四日
书记　员　戚海燕（代）

附本案所适用的相关法律条文：

《最高人民法院关于执行〈中华人民共和国行政诉讼法〉若干问题的解释》

第四十四条　有下列情形之一的，应当裁定不予受理；已经受理的，裁定驳回起诉：

（一）请求事项不属于行政审判权限范围的；

（二）起诉人无原告诉讼主体资格的；

（三）起诉人错列被告且拒绝变更的；

（四）法律规定必须由法定或者指定代理人、代表人为诉讼行为，未由法定或者指定代理人、代表人为诉讼行为的；

（五）由诉讼代理人代为起诉，其代理不符合法定要求的；

（六）起诉超过法定期限且无正当理由的；

（七）法律、法规规定行政复议为提起诉讼必经程序而未申请复议的；

（八）起诉人重复起诉的；

（九）已撤回起诉，无正当理由再行起诉的；

（十）诉讼标的为生效判决的效力所羁束的；

（十一）起诉不具备其他法定要件的。

前款所列情形可以补正或者更正的，人民法院应当指定期间责令补正或者更正；在指定期间已经补正或者更正的，应当依法受理。

张月计、卢华珍等与慈溪市水利局二审行政裁定书

浙江省宁波市中级人民法院

行政裁定书

（2015）浙甬行终字第 74 号

上诉人（原审原告）：张月计。

上诉人（原审原告）：卢华珍。

上诉人（原审原告）：徐红波。

上诉人（原审原告）：卢焕潮。

上诉人（原审原告）：卢忠轩。

上诉人（原审原告）：许映维。

上诉人（原审原告）：张月利。

上诉人（原审原告）暨诉讼代表人：卢焕清，男，1945 年 10 月 20 日出生，汉族，住浙江省慈溪市周巷镇天元天潭村花园 4 组 21 号。

上诉人（原审原告）暨诉讼代表人：卢焕治，男，1948 年 6 月 10 日出生，汉族，住浙江省慈溪市周巷镇天元天潭村花园 4 组 4 号。

上诉人（原审原告）暨诉讼代表人：卢焕平，男，1962 年 8 月 14 日出生，汉族，住浙江省慈溪市周巷镇天元天潭村花园 2 组 17 号。

10 上诉人的共同委托代理人：陈刚（特别授权代理）。

被上诉人（原审被告）：慈溪市水利局，住所地浙江省慈溪市白沙路街道新城大道 200 号。

法定代表人：方柏令。

委托代理人：冯剑锋（特别授权代理）。

被上诉人（原审第三人）：赵建定。

上诉人张月计等 10 人因要求被上诉人慈溪市水利局履行强制拆除及行政处罚法定职责一案，不服慈溪市人民法院于 2015 年 3 月 24 日作出的（2015）甬慈行初字第 21 号行政裁定，向本院提起上诉。本院于 2015 年 4 月 24 日受理后依法组成合议庭，并于 2015 年 5 月 11 日组织各方当事人进行询问。上诉人张月计等 10 人的诉讼代表人卢焕清、卢焕治、卢焕平及 10 上诉人的共同委托代理人陈刚，被上诉人慈溪市水利局的委托代理人冯剑锋到庭参加了询问，被上诉人赵建定经本院依法传唤未到庭。本案现已审理终结。

原审法院经审理认定，张月计等 10 原告分别系慈溪市周巷镇天元天潭村（原慈溪市天元镇天潭村）2 组、4 组的村民，第三人赵建定系慈溪市天元镇群欢旧家具修理厂业主。2013 年 12 月 30 日，原告卢华珍、张月计、徐红波、卢焕治、卢焕清等 5 人以第三人的家具修理厂非法填堵、占用念江河（又叫原浑河、念江）为由，向被告举报，要求被告拆除违章建筑，恢复河道。2014 年 1 月 10 日，被告对该举报予以受理。同年 4 月 17 日，被告对第三人作出慈水罚改字〔2014〕第 5 号《责令改正违法行为通知书》，认定第三人未经批准，擅自于 2000 年、2008 年期间在天潭村群欢旧家具修理厂东边的念江河中违法填占、覆盖河道和浇筑临河混凝土石坎，共计占用河道水域面积 278.60 平方米（占用河道水域面积共

分三部分，即北侧、中间、南侧三部分，其中北侧填占部分长 12 米、宽 5.30 米，面积 63.60 平方米；中间覆盖部分长 40 米、宽 2.50 米，面积 100 平方米；南侧石坎部分呈“L”型，面积 115 平方米），该违法行为违反了《中华人民共和国水法》第三十七条第二款、第三十八条第一款的规定，被告依据《中华人民共和国水法》第六十五条第一款和第二款的规定，作出决定如下：1.责令第三人于 2014 年 4 月 30 日前，自行清除北侧填占和中间覆盖部分的渣土和建筑物，恢复河道原状；补办南侧石坎的水工程管理范围建设项目审批手续；2.若逾期不清除、不补办的，被告将依法组织强行清除，所需费用由第三人承担，并处 1 万元以上 10 万元以下罚款。同年 8 月 18 日，张月计等 10 原告以慈水罚改字〔2014〕第 5 号《责令改正违法行为通知书》作出后第三人未自行清除违章建筑、被告亦未强行拆除为由，向被告提出申请，要求被告尽快组织强拆。同年 8 月 27 日，慈溪市水政监察大队出具了一份“关于在同年 9 月 15 日前联合慈溪市周巷镇人民政府进行现场强制执行”的书面承诺，被告亦在该书面承诺上盖章。同年 9 月 15 日前后，第三人赵建定对违章建筑自行整改时在中间覆盖部分的渣土和建筑物中挖了一条水沟。此后，水利局未采取其他强制拆除措施，亦未对第三人作出行政处罚决定。另查明，慈溪市周巷镇天元天潭村共有村民 2000 余人，其中有几十户居住在念江河涉案河段旁边。1993 年左右天潭路建成后，将念江河截断，天潭路以北的涉案违章建筑所在河段成为封闭水域，但该河段往东约七八十米处另有一条南北贯通的河道，而念江河上述封闭河段有管道与该河道相通，封闭河段的河水可通过管道排往该河道。

原审法院认为，根据《中华人民共和国村民委员会组织法》及相关司法解释之规定，涉及村民集体公益的事项需要提起行政诉讼的，应有符合法定人数的村民同意。10 原告所在的慈溪市周巷镇天元天潭村共有村民 2000 余人，即使本案被告没有对第三人作出行政处罚损害了天潭村集体村民的利益，也应当由符合法定人数的村民同意才能起诉。10 原告尚不足村民人数的一半，不能以维护村民合法权益为由提起本案行政诉讼。而公民个人提起行政诉讼的，也应当与被诉具体行政行为有法律上利害关系。现根据查明的事实，自 1993 年左右天潭路建成之后，涉案违章建筑所在的念江河北面河段即处于封闭状态，在第三人建造违法建筑之前，涉案河段已不具有排洪、泄洪的功能，且念江河东面距离念江河六七十米处另有一条河道可以排洪，且无证据证明第三人阻塞河道的行为与台风来临时河道周边村民房屋进水之间具有直接因果关系，亦无其他证据证明第三人的违建行为侵害了 10 原告对河道的使用等权益。故被告未强制拆除违法建筑、未对第三人作出行政处罚决定，与 10 原告不具有法律上的利害关系。综上，10 原告并无原告主体资格。据此，依照《最高人民法院关于执行〈中华人民共和国行政诉讼法〉若干问题的解释》第四十四条第一款第（二）项之规定，裁定驳回 10 原告的起诉。

10 上诉人上诉称，一审驳回 10 上诉人的起诉错误。首先，10 上诉人并非代表慈溪市周巷镇天元天潭村村集体利益，而是代表慈溪市周巷镇天元天潭村第 2、第 4 村民小组的利益，不适用《中华人民共和国组织法》关于代表村集体的规定。其次，涉案河道是否具有排洪、泄洪功能，应由河道本身所决定，涉案河道并非完全封闭，并通过管道与其他河道连成一片，是具有排洪、泄洪功能的。最后，河道阻塞必然导致水流不通，从而导致水位升高，这与 10 上诉人的房屋进水有因果关系。综上，请求二审法院撤销原裁定，改判确认被上诉人慈溪市水利局未作出处罚决定行为违法。经本院释明，10 上诉人变更上诉请求为撤销一审裁定，发回一审法院继续审理。

被上诉人慈溪市水利局辩称，根据《中华人民共和国行政诉讼法》的相关规定，被诉具体行政行为要与10上诉人有法律上的利害关系，10上诉人才能提起行政诉讼。10上诉人无证据证明涉案河道的阻塞与房屋进水有因果关系。因此与本案没有利害关系。请求二审法院驳回上诉，维持原裁定。

被上诉人赵建定未作答辩。

二审审理期间，各方当事人均未向本院提供新的证据。各方当事人在一审时向原审法院提供的证据均随案移送至本院。本院根据随卷证据及审理认定的事实与原审法院认定的事实无异。

本院认为，上诉人张月计等10人虽在庭审时自述是为维护慈溪市周巷镇天元天潭村第2村民小组和第4村民小组的集体利益，代表慈溪市周巷镇天元天潭村第2村民小组和第4村民小组提起诉讼。但涉案河道属于村级河道，属慈溪市周巷镇天元天潭村集体管理的河道，应当以村集体的名义提起行政诉讼。根据相关司法解释的规定，过半数村民可以以村集体的名义提起行政诉讼。上诉人张月计等10人的人数并未达到慈溪市周巷镇天元天潭村村民的过半数，故不能代表慈溪市周巷镇天元天潭村提起行政诉讼。故上诉人张月计等10人上诉理由不足，本院不予支持。依照《中华人民共和国行政诉讼法》第八十九条第一款第（一）项的规定，裁定如下：

驳回上诉，维持原裁定。

本裁定为终审裁定。

审　判　长　俞朝风
审　判　员　秦　峰
代理审判员　朱姣珍

二〇一五年六月五日
代书　记员　王　静

田瑞军诉林西县水务局水事行政强制措施纠纷一审行政判决书

林西县人民法院

行政判决书

（2015）林行初字第1号

原告：田瑞军，男，1964年12月4日出生，汉族，个体户，住赤峰市松山区。

委托代理人：李志玲，林西县林西镇法律服务所法律工作者。

被告：林西县水务局。

法定代表人：钟新光，系该局局长。

委托代理人：王玉成，内蒙古兴林律师事务所律师。

委托代理人：高彦龙，系该局执法监察大队队长。

第三人：赤峰市林西县国营隆平农场，住所地林西县。

法定代表人：鞠东明，系该场场长。

原告田瑞军不服被告林西县水务局作出的水事行政强制措施向本院提起行政诉讼，本院受理后依法追加赤峰市林西县国营隆平农场作为本案第三人参加诉讼，并依法组成合议庭公开开庭进行了审理，原告田瑞军及其委托代理人李志玲，被告林西县水务局之委托代理人王玉成、高彦龙到庭参加了诉讼，第三人经合法传唤未派人参加庭审。本案现已审理终结。

原告田瑞军诉称，请求依法判令撤销被告水停字〔2014〕第1号《责令停止水事违法行为通知书》，被告赔偿损失487074.21元，并承担本案的诉讼费。事实与理由是，2005年7月21日原告承包了林西县国营隆平农场39.1亩林地（用了GPS定位），承包年限为50年，时至今日原告已治理了十年了，并经林西县林业局颁发了林木所有权证（林权证）。2013年第一批成材树已经采伐，2014年春季更新植树，投入了6万余元，被告予以阻拦，不让原告重新栽树，并且给原告下达了水停字〔2014〕第1号《责令停止水事违法行为通知书》，原告不服，提出行政复议，林西县政府称原告不能用林权证对抗《内蒙古自治区水工程管理保护办法》，这纯属本末倒置，是严重侵犯公民所有权的行为。林权证是国家颁发的私有财产的有效证据，是神圣不可侵犯的。无论《中华人民共和国宪法》、《中华人民共和国物权法》还是《中华人民共和国民法通则》都明确规定公民私有财产不可侵犯，这些法律都是上位法。林西县政府和水务局用《内蒙古自治区水工程管理保护办法》的下位法来对抗上位法，违背立法的原则，是严重的违法行为。原告在与林西县国营隆平农场签订的林地使用权、林木所有权流转合同中明确约定了原告林地使用年限及四至等。原告是在自己承包的林地范围内进行治理植树，并未侵犯被告的权益。被告坚持维护12米以内的堤坝，必须给付原告方土地征地费用。被告无权阻止原告更新林地，也没有权力停止水渠两岸农民用水的权力，为此提出前面的诉讼请求。

被告林西县水务局辩称，1. 我局作出的《责令停止水事违法行为通知书》事实清楚，适用法律正确。2014年4月，原告田瑞军未经县级以上行政主管部门批准，擅自在大井镇隆平七一村“九二九”渠道水工程保护范围内垦植，我局知悉其行为后，依法对现场进行了拍照取证。鉴于原告的行为已经违反了《中华人民共和国水法》第四十一条、第四十三条、第五十九条，《中华人民共和国防洪法》第二十五条、第六十一条，《内蒙古自治区水工程管理保护办法》第十二条之相关规定，我局于2014年4月22日依据《内蒙古自治区水工程管理保护办法》第十四条的规定，按法定程序向其送达了《责令停止水事违法行为通知书》。2. 原告田瑞军的诉请无事实和法律依据。《中华人民共和国防洪法》第二十五条规定："护堤护岸的林木，由河道、湖泊管理机构组织营造和管理。护堤护岸林木，不得任意砍伐。采伐护堤护岸林木的，须经河道、湖泊管理机构同意后，依法办理采伐许可手续，并完成规定的更新补种任务。"而本案中的大井镇隆平七一村"九二九"渠道是我局依法管辖的辖区，原告在未取得我局同意的情况下，擅自垦植护堤护岸的林木，是法律所禁止的，因此无论原告是否有损失，均与我局无关。综上所述，我局对原告作出的〔2014〕第1号《责令停止水事违法行为通知书》事实清楚、程序合法，符合法律规定，原告诉请无事实和法律依据，应驳回原告的诉讼请求。

第三人赤峰市林西县国营隆平农场经合法传唤未出庭，亦未提供书面陈述意见。

被告林西县水务局提供的证据及当事人的质证意见：

1. 内蒙古自治区水利厅内水便函〔2005〕43 号文件，即《内蒙古自治区水利厅关于赤峰市林西县成立查干沐沦灌区管理局的函》，内容反映查干沐沦灌区始建于上世纪六十年代，由隆平灌域、"九二九"灌域、朝阳水库灌域等七个灌域组成。林西县机构编制委员会林编发〔2006〕5号文件，即关于成立《林西县查干沐沦灌区管理局的通知》，内容反映成立林西县查干沐沦灌区管理局，下设包括"九二九"灌域管理所在内的七个灌域管理所。林西县人民政府林政发〔2006〕17号文件，即《关于印发〈林西县查干沐沦灌区管理体制改革实施方案〉的通知》，该方案载明，"查干沐沦灌区位于赤峰市北部，查干沐沦河中上游，行政隶属于林西县，是重要的粮食生产基地"，该灌区"多年平均实灌面积11.88万亩，占全县总灌溉面积的29.2%，受溉区包括4个乡镇、33个行政村、5.84万人，灌区始建于六十年代，由6条万亩灌渠和5条千亩灌渠组成"，"灌区在土壤改良，封育造林、养活水土流失、改善生态环境等方面起到越来越重要的作用"。林西县机构编制委员会根据国家水利部、财政部关于《水利工程管理体制改革实施意见》及《水利工程管理单位定岗位标准》，批准林西县查干沐沦灌区管理局为科级事业单位。"

被告认为上述书面文件，证明"九二九"灌渠始建于20世纪60年代，系国有灌渠，即国有水利工程。

2. 水事违法案件受理、立案审批表。被告认为可证明在巡查时发现原告违法垦植行为后，予以立案调查。

3. 现场勘察笔录一份，照片三张、录像资料（光碟）一份，《林西县国营隆平农场林地使用权、林木所有权流转合同》（以下简称《流转合同》）（及其公证书）一份（该合同的发包方为赤峰市林西县国营隆平农场，承包方为本案原告田瑞军）。被告认为该组证据证明原告在水工程保护范围内垦植的事实。

4. 执法证四份，被告以此证明办理该案执法人员的执法资质。

5.《责令停止水事违法行为通知书》（存根），被告以此证明对原告作出立即停止违法行为，等候处理的通知的事实。

6. 林西县人民政府林复决字〔2014〕第2号《行政复议决定书》一份及送达复议决定书的《送达回证》一份，该送达回证载明向原告送达该决定书的时间是2014年9月25日

（原告田瑞军签收）。被告认为，原告收到复议决定书后，提起行政诉讼已超期一天。

原告对被告提交的上述六组证据，发表如下质证意见：对被告第 1 组证据中林编发〔2006〕5 号文件的真实性无异议，对关联性有异议，只能证明灌区管理局成立，但对灌区管理局的权力范围没有记载。对林政发〔2006〕17 号文件的真实性无异议，对其与本案的关联性有异议，认为被告对“九二九”灌渠范围的林地无所有权，也无管理权。内水便函〔2005〕43 号文件，系复印件不予质证。对被告的执法程序无异议。对被告的勘察笔录、照片、录像资料、执法人员的执法证件均无异议。对被告提供的第 3 组证据中的《流转合同》的真实性无异议，这份合同恰恰证明了原告对该林地有使用权，有权对林地上的树木采伐和更新。关于起诉期限，原告是 2014 年 10 月 7 日来林西县法院立案庭的，当时的起诉状把林西县政府和林西县水务局都列了被告（当庭提交了第一次起诉的起诉状，列林西县人民政府为被告之一），又按法院的要求，只把水务局列为被告，改了诉状，所以起诉没有超期。

被告针对原告的质证意见反驳称，所提交政府文件主要证明“九二九”灌渠建于 1960 年代，是国有水利工程；原告与国营隆平农场签订《流转合同》，原告取得了林地使用权，无论合法与否，原告在此范围内垦植应取得被告的许可。

原告田瑞军提供的证据及当事人的质证意见：

1. 不服被告水停字〔2014〕1 号《责令停止水事违法行为通知书》提出行政复议的申请书和林复决字〔2014〕2 号《行政复议决定书》各一份，原告认为可证明提出行政复议（与被告证据 6 中的复议决定书一致）的情况。

2. 原告田瑞军与第三人赤峰市林西县国营隆平农场签订的林地使用权、林木所有权流转合同及其公证书各一份（与被告证据 3 中的合同一致）。原告认为该合同经过了公证，原告是通过公开拍卖取得的林地，并交纳了 33 万元的承包费。在公告拍卖时已告知如有异议应在 15 天内向林地发包方提出，但被告方并未提出。因此，原告有权管理该林地，有权对林木进行采伐，有权垦植。

3. 林权证一份，载明林地产权人为田瑞军以及林地面积四至、造林年份等情况，同时还有林木采伐情况的登记。原告认为该林权证能证明，原告有权对林木进行采伐，对林地进行垦种。

被告对原告提供的上述三组证据提出如下质证意见：对三组证据的真实性无异议。“九二九”渠建于 20 世纪 60 年代，原告 2005 年取得的林权，渠建成后 20 多年才造的林，因此，对林权证的合法性有异议。这些证据证明不了原告的主张，其采伐和垦植是不合法的。原告在该林地上采伐林木和垦植须经水务管理部门同意。

针对被告的上述质证意见，原告反驳称，水务部门只有在取得了林地所有权的情况下，才能去管理，被告未取得林地所有权，无权管理。

本院对当事人提供的证据的分析认证：

被告证据 1 是四份规范性文件，这四份文件为有权机关制定和发布，相关内容与本案争讼的“九二九”灌渠水工程涉及的林地有一定关联，作为书证应予采信。其证据 2 是被告作出具体行政行为程序性的证据，原告无异议，应予采信。其证据 3 中的现场勘察笔录、照片及录像资料，反映了原告垦植渠边林地的现场情况，原告无异议，本院予以确认；其中的林西县国营隆平农场林地使用权、林木所有权流转合同（包括公证书）与原告提供的证据 2 一致，双方对此的真实性及与本案的关联性无异议，本院对其真实性及与本案的关联性予以确认。其证据 4 为四份执法证，从被告提供的与本案有关的一些书面材料中可以看到，均有其执法人员签名或属名，应认定其为执法程序方面的证据，原告无异议，本院予以确认。其证据 5 为《责令停止水事违法行为通知书》（存根），与原告据以提起本案诉讼的证据水停字〔2014〕1 号《责令停止水事违法行为通知书》所载明的内容一致，系被告具体行政行为的载体，应予采信。其证据 6 为《行政复议决定书》及复议机关《送达回证》，原告无异议，本院予以采信。

原告提供的证据 1，表明本案经过行政复议及复议结果，被告无异议，应予采信。其证据 2 与被告证据 3 中的合同书及公证书一致。其证据 3 系一林权证，是真实的，林权范围明确，涉及“九二九”灌渠边西侧林地范围等内容及办理采伐许可的登记情况，这与本案直接关联，作为书证，本院对其真实性及与本案的关联性予以确认。

根据采信的上述证据，结合当事人的陈述，本院查明如下案件事实：查干沐沦灌区位于赤峰市北部查干沐沦河中上游，系国有水利灌溉工程，行政隶属于林西县，从林西县大井镇隆平村穿过的“九二九”灌渠是组成查干沐沦灌区的灌渠之一，20 世纪 80 年代在该隆平村境内紧邻“九二九”灌渠西侧渠沿栽植了防护林带，主要树种为杨树。2005 年 6 月 24 日原告田瑞军与本案第三人赤峰市林西县国营隆平农场签订了一份林地使用权、林木所有权流转合同，原告田瑞军以“竞价”形式，获得了“隆二线”路东 39.1 亩林地及林木（即前述“九二九”灌渠渠沿西侧的林地及林木）相应的产权，合同约定“流转费”为 33 万元，该合同经过了公证，林西县公证处出具了（2005）林证字 185 号《公证书》。2010 年 3 月 5 日原告田瑞军在林西县林业局办理了该林木产登记，并取得了林权证，该林权证载明的内容：林地位置座落于大井镇隆平村一组“隆二线”路东；面积 39.1 亩；主要树种为杨树；林种为“防护林”；使用年限为 42 年；四至为，东至“九二九”渠、南至空地，西至“隆二线”路、北至空地；造林年度为 1981 年。林权证中还对采伐情况予以记载，载明许可采伐的时间为 2013 年 5 月 24 日，采伐面积 39.1 亩，为更新“全带采伐”。原告办理完采伐许可证后，即如期对许可范围内的林木进行了采伐。2014 年 4 月，原告对采伐后的林地进行垦植时，被告林西县水务局于 2014 年 4 月 22 日向其下达了水停字（2014）第 1 号《责令停止水事违法行为通知书》，认定原告“未经县级以上水行政主管部门批准，擅自在大井镇隆平村“九二九”渠道水工程保护范围内垦植”，并依据《内蒙古自治区水工程管理保护办法》第十二条第一款、第四款［即第（一）项、第（四）项］的规定，责令原告“立即停止违法行为，听候处理。”原告对被告该具体行政行为不服，向林西县人民政府申请行政复议，林西县人民政府作出林复决字〔2014〕第 2 号《行政复议决定书》，维持了被告该具体行政行为，原告仍不服，于是提起了本行政诉讼。

本院认为，本案系因水行政主管部门采取行政强制措施而引发的行政诉讼，本案争执的焦点是：1. 原告提起行政诉讼是否超过了法定起诉期限；2. 被告作为水行政主管部门所作出的本案行政强制措施是否合法；3. 原告主张行政赔偿 48 万余元的诉讼请求是否成立。

关于原告的起诉期限问题。被告认为其超过了起诉期限一天，对此原告进行了解释，提出在起诉期限内来法院立案，由于立案过程中按法院的要求修改起诉状，才使得法院写明的立案时间与实际时间不一致。本院认为原告的理由成立，符合相关法律的规定，应认定原告起诉未超过法定期限。

关于被告行政强制措施是否合法的问题。《中华人民共和国水法》第四十一条规定："单位和个人有保护水工程的义务，不得侵占、毁坏堤防、护岸、防汛、水文监测、水文地质监测等工程设施。"第四十二条规定："县级以上地方人民政府应当采取措施，保护本行政区域内水工程，特别是水坝和堤防的安全，限期消除险情。水行政主管部门应当加强对水工程安全的监督和管理。"第四十三条规定："国家对水工程实施保护。国家所有的水工程应当按照国务院的规定划定工程管理和保护范围。国务院水行政主管部门或者流域管理机构管理的水工程，由主管部门或者流域管理机构商有关省、自治区、直辖市人民政府，划定工程管理和保护范围。前款规定以外的其他水工程，应当按照省、自治区、直辖市人民政府的规定，划定工程保护范围和保护职责。在水工程保护范围内，禁止从事影响水工程运行和危害水工程安全的爆破、打井、采石、取土等活动。"第五十九条规定："县级以上人民政府水行政主管部门和流域管理机构应当对违反本法的行为加强监督检查并依法进行查处。"《内蒙古自治区水工程管理保护办法》（内蒙古自治区人大常委会 1995 年 4 月 5 日发布，同年 6 月 1 日实施 2012 年第二次修订）第二条规定："本办法适用于自治区行政区域内国有水工程的管理保护。"第三条规定："本办法所称水工程是指水工建筑物及其附属设施。包括：水库、水利枢纽工程、防洪排涝工程；农田草牧场灌排工程；水力发电工程……"第四条规定："各级人民政府应当加强对水工程管理保护工作的领导。旗县级以上人民政府水行政主管部门负责水工程的管理保护工作。土地、环保、城建、公安、农业、畜牧、林业等部门按照各自的职责分工做好水工程的管理保护工作。"第六条规定："水工程应当划定必要的管理范围和保护范围。水工程管理范围系指根据水工程管理需要划定的，由水工程管理单位使用的水土资源范围。水工程保护范围系指为保证水工程安全，在管理范围之外所划定的区域。"第八条规定"国有水工程管理范围内的土地属全民所有，使用权属水工程管理单位。"第九条规定："水工程管理范围内的土地权属确定后，由旗县级以上人民政府发给水工程管理单位土地使用权证书，水工程管理单位应当制图划界，树立标志……"《内蒙古自治区水工程管理和保护范围划定标准》（以内政发［1995］137 号文发布）规定，灌排渠沟道的保护范围（与管理范围相一致）为"渠沟堤脚外范围即渠道中心线至渠堤脚线距离的 1~1.2 倍，并以 10 米为基数取整"。根据前引法律和地方性法规、规章的规定，"九二九"灌渠作为始建于上世纪六十年代的国有水工程，对其管理和保护有明确的法律规定。被告林西县水务局作为辖区内的水行政主管部门，为保护水工程的安全，行使相应的行政执法权也有明确的法律授权。被告林西县水务局尽管没有举证证明"九二九"灌渠的管理和保护范围已经行政登记确认，但是，鉴于水工程管理和保护范围源于法律的直接规定，因此未经登记确认并不能否认水工程管理和保护范围的合法存在。再者说，水工程管理和保护范围登记确认虽具有公示作用，但法律并没有规定未经登记公示即不受管理和保护。国有水工程管理和保护涉及国家利益，以及灌溉、防洪等社会公共利益，因此水工程管理和保护范围即使未经行政登记确认也应当依法受到保护。本院对于原告田瑞军提供的林地使用权、林木所有权流转合同及相应的林权证作为证据的真实性和与本案的关联性予以确认，其证据意义上的合法性未予否认，但是该合同及林权证实质意义上是否合法有效并不属于本案的审查范围，本判决对该合同及该林权证的效力不具有羁束力。"九二九"灌渠，主要具有灌溉功能，而灌溉农田等功能与社会公共利益直接联系，被告作为水行政主管部门，如果发现可能影响水工程安全的行为不依法进行制止或管控，一旦出现水工程安全事故，造成国家或公共利益的损害，则其结果或许难以估量。有鉴于此，即使原告的垦植行为合法，也不能排除或对抗被告相应的行政强制措施。总之，原告以持有合同和林权证为由，认为被告针对其在“九二九”灌渠水工程法定的管理和保护范围内未经许可的垦植行为，作出“立即停止违法行为，听候处理”的具体行政行为侵犯其合法权益的主张，于法无据。同时被告实施的该起具体行政行为程序合法，证据确实充分，适用法律正确，处理措施恰当。因此对于原告的该项诉讼请求本院不予支持。由此，进一步确认原告提出的被告赔偿其48万余元损失的诉求，亦于法无据，本院难予支持。

综上，依照《中华人民共和国行政强制法》第九条第（四）项、第十六条第一款，《最高人民法院关于审理行政赔偿案件若干问题的规定》第三十三条和《最高人民法院关于执行〈中华人民共和国行政诉讼法〉若干问题的解释》第五十六条第（四）项之规定，判决如下：

驳回原告田瑞军的诉讼请求。

诉讼费五十元，邮寄送达费六十元由原告田瑞军负担。

如不服本判决，可在判决书送达之日起十五日内，向本院递交上诉状，并按对方当事人的人数提供副本，上诉于赤峰市中级人民法院。

审 判 长　杜广树
审 判 员　郭东艳
人民陪审员　张子君

二〇一五年三月十九日
书 记 员　李冬岩

原告劳作银砂场水利行政强制及行政赔偿纠纷一审行政一案行政判决书

广西壮族自治区钦州市中级人民法院

行政判决书

（2014）钦行初字第1号

原告：灵山县那隆镇劳作银砂场。

负责人：劳作银。

委托代理人：刘光珍，广西海湾律师事务所律师。

被告：灵山县人民政府。

法定代表人：苏英权，县长。

委托代理人：陈锡君，灵山县法制办工作人员。

原告灵山县那隆镇劳作银砂场（以下简称原告）因水利行政强制及行政赔偿，不服灵山县人民政府灵政不赔字〔2013〕1号《不予行政赔偿决定书》，于2013年12月23日向本院起诉一案，本院于2014年1月20日立案受理后，依法组成合议庭，分别于2014年3月6日及2014年4月11日公开开庭审理了本案。原告的负责人劳作银及委托代理人刘光珍，被告灵山县人民政府（以下简称被告）的委托代理人陈锡君到庭参加了诉讼，本案现已审理终结。

原告诉称，劳作银砂场于2008年11月5日取得0841号《河道采砂许可证》的行政许可，有效期至2009年12月31日止。原告取得该采砂许可后，投入了100多万元的资金（有大部份资金是向银行借贷的）购置了采砂设备，进行了正常的生产。行政许可期满后，原告曾向灵山县水利局申请延期，但该局以原告的申请不符合《广西壮族自治区河道管理规定》第十八条第一款的规定为由，决定不准予延续原告的采砂行政许可。被告于2010年3月12日凌晨3、4点钟动用了公安、水利、国土资源等部门组成的所谓执法队伍，在人们睡熟中冲进原告的砂场，拆除和烧毁原告砂场的所有设施，能拉走的就拉走，不能拉走的就放火烧毁，并将工人扣押，收缴他们的手机，不准工人跟外界联系和报案，这种违法扫荡的做法，实属恶意执法，过度执法。被告的恶意执法行为造成了原告的巨大经济损失，为此，原告曾向被告及上级有关部门反映和投诉，要求被告赔偿所有的经济损失，时间长达三年未得到解决。2011年1月11日，广西壮族自治区人民政府法制办向被告发出了桂法制执监通〔2011〕1号《行政执法督察通知书》，责令被告改正对原告采砂场实施的行政执法中存在的事实认定、执法主体和执法程序等方面比较严重的问题，并做好善后处理工作。但被告拒不执行上级人民政府法制办的督察意见，于2013年9月25日作出了灵政不赔字〔2013〕1号灵山县人民政府《不予行政赔偿决定书》，以原告的砂场在清理整治期间没有取得合法开采许可，且原告申请行政赔偿已过法定时效为理由，不予行政赔偿。原告经委托广西中阳资产评估事务所有限公司对原告的损失进行评估，其资产评估报告的结论是：直接经济损失482190.37元，间接经济损失1742159·44元，请求一审法院确认被告采取拆除和捣毁原告合法取得采砂权的采砂设施的具体行政行为违法，并判令被告赔偿直接和间接经济损失2224349.81元，律师费80000元，评估费25000元，维权费85000元及承担全部诉讼费用。

原告为证明自己的主张向本院出示了如下的证据：证据 1，桂法制执监通（2011）1号《行政执法督察通知书》，证明自治区法制办责令被告改正执法存在的问题，协商解决善后事宜；证据 2、3，（2009）钦北行初字第 14 号、（2010）钦行终字第 29 号判决书，证明灵山县水利局延续发证给梁勇兵属错误行为；证据 4、5、6、7、8、9、10，灵山县水利局通知书、灵水责字〔2009〕第 011 号《责令停止违法行为通知书》、灵国土责停〔2009〕04-17-01号《责令停止违法行为通知书》、灵水责字〔2009〕第 014 号《责令停止违法行为通知书》、灵防汛责字〔2009〕001 号《责令清除违法障碍物通知书》、灵国土责改字〔2009〕第 09-25-01号与 10-28-01 号《责令改正国土资源违法行为通知书》，证明有关职能管理部门责令原告停工，干扰原告采砂；证据 11、12、13、14、15，灵山县水利局《不予受理行政许可申请通知书》、《行政许可复议申请书》、灵山县人民政府行政复议办公室复议案件复受字〔2010〕1 号《受理通知书》、灵山县人民政府行政灵政复决字〔2010〕1 号《行政复议决定书》，灵山县水利局灵水不许决字〔2010〕1 号《不准予延续行政许可决定书》，证明原告提出过采砂许可延续的申请，灵山县水利局不准予延续许可后，原告申请复议及被告答复的过程；证据 16，灵山县水利局灵水责字〔2010〕5 号《责令停止违法行为通知书》，证明灵山县水利局要求原告停止采砂；证据 17，关于劳作银砂场提出几个问题的答复，证明被告执法捣毁原告的合法财产后，灵山县水利局对原告要求赔偿的答复；证据 18、19、20、21，桂河砂（灵山）0841 号河道采砂许可证、证号：采砂许可证副本（第 4507220840125 号）、注册号 450721000062372 工商登记证、劳作银砂场位置、范围、用地界至图，证明原告的采砂是取得有关部门批准许可的；证据 22，管理荒沙坡合同，证明原告合伙人租地采砂的合同；证据 23，灵政不赔字〔2013〕1 号县政府《不予行政赔偿决定书》，证明被告不同意赔偿；证据 24、25、26、27、28、29、30、31，关于广西灵山县水利局违法行政强制拆除我采砂场所有设施造成巨大损失的情况反映、要求对灵山县水利局的违法行为作出严肃处理申诉书（3 份），向广西区人民政府投诉（2 份），证明原告就赔偿损失多次向上级政府有关部门反映；证据 32、33、34、35、36、37、38、39、40，现金支出单据，转让证明、安装工程预算书、收据、证明（3 份）、收款收据、清单，证明原告开办砂场及生产的开支；证据 41，资产评估报告书，证明原告的损失（包括直接损失和间接损失）共计 2224349.81 万元。

被告答辩称，灵山县水利局核发的桂河砂 0841 号《河道采砂许可证》有效期到 2009 年 12 月 31 日，期满后，该证并未取得延续许可而失效。但原告仍不停止违法行为，继续在已失效许可的范围内非法采砂，同时还在河道管理范围内建设妨碍行洪的建筑物和构筑物（含非法采砂的设备、电杆），为了消除河段安全隐患和由此而造成的社会不稳定因素，在相关职能部门多次书面责令原告限期清除，原告均不履行的情况下，在被告的协调下，由水利局、国土局为执法主体，那隆镇政府及有关部门配合的联合执法队，于 2010 年 3 月 12 日依法清理了上述违法砂场。该清理行为的执法主体、执法程序合法，原告的违法事实清楚，该清理整治是依法行政，并无任何过错。同时，原告的行政赔偿申请依《中华人民共和国国家赔偿法》第三十九条的规定，已过两年时效，被告不予赔偿是正确的。被告依法行政并不损害原告的合法权益，请求一审法院驳回其诉讼请求。

被告向本院提供了如下的证据：证据 1，桂河砂（灵山）0841 号《河道采砂许可证》，证明原告所持河道采砂许可证有效期自 2008 年 11 月 5 日起至 2009 年 12 月 31 日止；证据

2，申请书，证明劳作银于2009年11月6日向灵山县水利局申请延续其采砂许可；证据3，灵水许不受通字〔2009〕第01号文，证明灵山县水利局对劳作银申请延续其河道采砂许可证不予受理；证据4，国内特快专递邮件详情单，证明灵水许不受通字〔2009〕第01号文已邮寄送达给劳作银；证据5，关于那隆劳作银、梁勇兵两砂场情况的汇报（那隆水利站），证明劳作银与梁勇兵等砂场由于相互争夺砂源造成社会不稳定因素，要求我局不予延续他们的河道采砂许可证；证据6，河道安全鉴定报告书，证明高埠、高兰村委会河段已超量采砂，影响河势稳定，危害堤防安全，建议将该河段列入河砂禁采区；证据7，灵水不许决字〔2010〕1号文，证明灵山县水利局不准予延续劳作银所持的河道桂河砂（灵山）0841号采砂许可证；证据8，灵水不许决字〔2010〕1号文送达回证，证明灵水不许决字〔2010〕1号文已送达给劳作银；证据9，〔2010〕灵行初字第9号行政判决书，证明灵水不许决字〔2010〕1号文有效，劳作银自2010年1月1日起其属非法采砂；证据10，灵山县水利局《责令停止违法行为通知书》（灵水责字〔2010〕第001号），证明灵山水利局已责令劳作银立即停止违法采砂行为，听侯处理；证据11，灵水责字〔2010〕第001号送达回证，证明灵水责字〔2010〕第001号文已送达劳作银；证据12，灵山县水利局《责令停止违法行为通知书》灵水责字〔2010）〕5号，证明灵山县水利局已责令劳作银自行拆除违法建筑物、构筑物，并恢复现状；证据13，《查封（扣留）通知书》（灵国土水利查扣字〔2010〕03-12-02号），证明灵山县水利局、灵山县国土资源局扣押劳作银变压器一台；证据14，灵国水利扣字〔2010〕03-12-02送达回证，证明灵国水利扣字〔2010〕03-12-02已送达劳作银；证据15，采砂许可证（第4507220840125号），证明劳作银所持采砂许可证有效期自2008年11月24日起至2009年11月24日止；证据16，灵防汛责字〔2009〕001号《责令消除违法障碍物通知书》，证明已责令劳作银自行拆除违法建筑物、构筑物，并恢复原状；证据17，赔偿申请书，证明原告申请赔偿的时间、金额；证据18，灵山县人民政府《不予行政赔偿决定书》，证明县政府已依法作出了决定；证据19，送达回证，证明县政府已将不予行政赔偿决定书送达给了原告；证据20，《中华人民共和国河道管理条例》第二十五条第（一）项、《中华人民共和国防洪法》第四十二条和《中华人民共和国水法》第六十五条的规定，证明被告是依法拆除原告违法采砂设施的。

被告对原告举证的质证意见：证据1是行政机关内部讨论的函；证据2、3与本案无关；证据4、5、6、7、8、9、10只能反映政府的行政管理行为，不能证实政府的行政行为违法；证据11、12、13、14、15、16、17、24、25、26、27、28、29、30、31说明原告未取得采砂许可的延续，原告向上的反映只是信访行为，不符合国家赔偿法的规定，不能作为国家赔偿的依据；对证据18、19、20没有异议；证据21、22、23的真实性由法院来认定；证据32、33、34、35、36、37、38、39、40的真实性由法院认定；证据41是无效的评估书，评估报告的所有数字是原告单方提供的，该报告的真实性由法院来认定。

原告对被告举证的质证意见：对证据1、2没有异议；证据3的内容不属实，原告取得采砂许可证后一直未得到正常生产；证据4、5、6、7、8、9、10、11、12这些证据是客观存在的，但认为原告违法采砂是没有事实根据的；证据13、14是伪造的，一般编号是整数的，不会拿日期做编号的；证据15、16是存在的，说原告影响泄洪是被告的借口，没有公平对待原告砂场的合法权益；证据17、18、19是真实的，没有异议；证据20引用的法律、法规与实际不符，因为原告的砂场没有影响防洪。

本院对原告举证的证据认证如下：证据1是自治区人民政府法制办对县政府在执法过程中存在问题提出的督察意见，证实了被告的水利行政强制执法存在的问题并要求做好善后工作，这份证据具备关联性与合法性，本院予以采信；证据2、3与本案的水利行政强制没有关联性，本院不予采信；证据4、5、6、7、9、10反映了县政府有关职能部门依职权对采砂业主的生产活动进行正常的监管，这是政府有关职能部门依法履行职责，原告以这部份证据证明政府有关职能部门干扰其采砂，本院对这部份证据不予采信；证据8是原告在采砂许可的有效期内的生产，防汛指挥部在不存在正在发生险情的情况下责令原告拆除合法的采砂设备无法律依据，该证据本院不予采信；证据11、12、13、14、15证实了县政府及有关职能部门对原告申请采砂许可延续的审批及答复过程，这些证据具备客观真实性，本院予以采信；证据16、17、18、19、20、21、22本身具备关联性、客观真实性与合法性，本院予以采信；证据23不予赔偿的部分事实与理由不能完全成立，不完全具备合法性，本院不予采信；证据24没有申诉人的签名，该份证据不具备证据的形式要素，本院不予采信；证据25、26、27、28与自治区人民政府法制办的行政执法督察通知书相互印证，本院予以采信；证据29、30不能证明是向哪级政府或哪个部门投诉的，本院不予采信；证据31不能证明是否已递交给了钦州市人民检察院，本院不予采信；证据32不能证实原告支出的工资具备客观真实性，本院不予采信；证据33、34、35、36、37、38、39、40虽然不属财税部门的正规票据，但原告购买采砂设备是客观存在的，在被告不能举证否定的情况下，本院予以采信；证据41是具备合法资质评估机构的评估意见，虽然是原告单方委托作出的，对该证据内容中的直接经济损失部份，被告未能举相反的证据予以否定，本院认为该证据中的直接损失数字较为中肯合理，应予采信。

本院对被告举证的证据认证如下：证据1、2、3、4、5、6、7、8、9、10、11、12、15证实了县政府有关职能部门许可原告采砂的起始时间为2008年11月5日起至2009年12月31日止，期限届满后不予延续采砂许可，并多次责令原告自行拆除妨碍行洪的采砂设施的事实，这些证据具备关联性、客观真实性与合法性，本院予以采信；证据13、14被告采取行政强制措施时，扣押了原告的变压器时的凭据，但这两份扣押凭据仅有被告一方的两名工作人员签名，没有财物所有人签名或邀请基层组织的工作人员签名予以证实，这两份证据不能证实只扣押了原告的一台变压器，更不能证明不存在其他采砂设备的灭失，这两份证据不具备客观真实性与合法性，本院不予采信；证据16与原告提供的证据8相同；证据17客观真实地反映了原告向被告申请行政赔偿的事实，本院予以采信；证据18与原告提供的证据23相同；证据19证实了灵政不赔字〔2013〕1号《不予行政赔偿决定书》送达给了原告，本院予以采信。

本院根据可采信的合法有效证据经审理查明，2008年11月5日，灵山县水利局给原告颁发了桂河沙（灵山）0841号《河道采砂许可证》，有效期自2008年11月5日至2009年12月31日止。原告取得采砂许可后，自筹资金购置了抽砂机、配电盘、变压器、抽沙木排、构建砂台等设施，从事采砂出售的经营活动。在劳作银砂场采砂的有效期内，灵山县防汛抗旱指挥部作出灵防汛责字〔2009〕001号《责令清除违法障碍物通知书》，要求原告拆除私自设置妨碍行洪的抽砂设施。2009年11月6日，原告向灵山县水利局提交申请书，申请延续一年采砂期限。2009年12月2日，灵山县水利局作出灵水许不受通字〔2009〕第01号《不予受理行政许可申请通知书》，对原告提交的申请延续一年采砂期不予受理，并向原告送达了该文书。原告不服，向灵山县人民政府提出行政复议。在行政复议期间，2010 年 1 月 26 日，灵山县水利局作出灵水责字〔2010〕第 001 号《责令停止违法行为通知书》，要求原告停止违法采砂行为。2010 年 2 月 5 日，灵山县人民政府经审查作出灵政复决字〔2010〕1 号灵山县人民政府《行政复议决定书》，认为灵山县水利局仅依据已废止的《最高人民法院关于贯彻执行〈中华人民共和国行政诉讼法〉若干问题的意见（试行）》第七十六条第一款的规定，对原告的申请作出灵水许不受通字〔2009〕第 01 号《不予受理行政许可申请通知书》，属适用依据错误，依法不予支持，撤销了灵水许不受通字〔2009〕第 01 号《不予受理行政许可申请通知书》，责令灵山县水利局自本行政复议决定生效之日起三十日内重新作出具体行政行为。水利局收到灵政复决字〔2010〕1 号《灵山县人民政府行政复议决定书》后，根据采砂场河段的实际情况及专家技术人员鉴定的意见，认定原告的申请不符合《广西壮族自治区河道管理规定》第十八条第一款规定的条件，根据《水行政许可实施办法》第四十条第二款的规定，于 2010 年 2 月 22 日作出了灵水不许决字〔2010〕1 号《不准予延续行政许可决定书》，决定不准予延续原告的采砂行政许可，并于 2010 年 2 月 24 日向原告送达了该文书。原告不服，向人民法院起诉，经一、二审判决，均维持了灵山县水利局作出的灵水不许决字〔2010〕1 号《不准予延续采砂许可决定书》。原告在采砂许可有效期满并且没有取得延续采砂许可的情况下仍继续违法采砂。2010 年 3 月 3 日，灵山县水利局作出灵水责字〔2010〕5 号《责令停止违法行为通知书》，要求原告自行拆除妨碍行洪的建筑物、构筑物。原告接到灵水责字〔2010〕5 号《责令停止违法行为通知书》没有自行履行义务。2010 年 3 月 12 日，被告组织由水利局、国土局为执法主体，那隆镇政府及有关部门配合的联合执法队，对原告的采砂设施进行了拆除和清理。由于被告在实施拆除行为时，组织不力，措施不当，没有及时对拆除的全部采砂设施进行清点、登记，并作妥善的处理，致原告主张的许多采砂设备无法确认其下落，造成了经济损失。原告的采砂设施被被告拆除后，就赔偿经济损失问题不间断地向上级人民政府及有关部门反映、投诉。2011 年 1 月 11 日，广西壮族自治区法制办向被告发出桂法制执监通〔2011〕1 号《行政执法督察通知书》，指出被告在对原告的采砂场进行行政强制执法时在基本事实认定、行政执法主体资格及行政执法程序方面存在问题比较严重，并要求被告与原告协商解决善后事宜，但被告并未遵照执行，原告于 2013 年 7 月 5 日向被告书面提出赔偿申请。2013 年 9 月 25 日，被告作出灵政不赔字〔2013〕1 号《不予行政赔偿决定书》并送达给了原告。

本院归纳争议双方的诉辩主张并根据查明的事实认为，依照《中华人民共和国防洪法》第四十二条第一款“对河道、湖泊范围内阻碍行洪的障碍物、按照谁设置、谁清除的原则，由防汛指挥机构责令限期清除；逾期不清除的，由防汛指挥机构组织强行拆除，所需要费用由设障者承担”的规定，防汛指挥机构是拆除阻碍行洪障碍物的法定职能部门，被告依法不具有对阻碍行洪的障碍物进行拆除的法定主体资格。即被告组织有水利、国土等行政职能部门参加的执法队伍，对原告的采砂设施进行拆除的行为违法。

依照《中华人民共和国防洪法》第二十二条第二款“禁止在河道、湖泊管理范围内建设妨碍行洪的建筑物、构筑物，倾倒垃圾、渣土，从事影响河势稳定、危害河岸堤防安全和其他妨碍河道行洪的活动”的规定，原告的采砂场，经水利管理部门组织的水利专家鉴定，再继续采砂会危及该河段河岸堤防的安全和高埠电灌站的正常运行。因此，原告在采砂期限届满及没有得到有关部门许可延续的情况下，在有关部门责令其自行拆除采砂设施时，没有自觉履行义务，仍继续采砂的行为违法。

被告在不具备行政执法主体资格的情况下，为了该河段上的行洪安全，对原告的采砂设施进行拆除的行为不仅违法，并在拆除原告的采砂设施过程中，操作不规范，采取的措施不当，没有对拆除的全部采砂设施进行清点、登记或妥善保管，造成原告所购置的采砂设备灭失，其过错的责任较大。即原告的损失与被告的行为之间有直接的因果关系，对此，被告应承担必要、合理的赔偿责任。

《中华人民共和国国家赔偿法》第十五条规定："人民法院审理行政赔偿案件，赔偿请求人和赔偿义务机关对自己的主张，应当提供证据。"原、被告在诉讼中的举证权利及举证义务是平等的，原告为了证明自己受到的财产损失数额，向本院提供了广西中阳资产评估事务所有限公司出具的资产评估报告，该评估报告中对采砂场直接损失的设施按照评估的专业要求进行了价值评估（对这些客观存在的设施，灵山县水利局在2012年5月25日关于劳作银砂场提出几个问题的答复及被告的行政答辩状陈述中也不否认这个事实），原告为了证明自己的主张已提供了具有合法资质的鉴定评估机构的评估鉴定意见，该评估鉴定报告尽管在评估物品初始价格的确定上有不完备的地方，但原告已完成了举证的责任，举证责任已转移给了被告。被告虽然对评估报告中列出的直接损失物品的价值持否定态度，但被告提供不出相反的证据来支持其主张是成立的，亦没有就评估鉴定报告中有异议的事项向本院申请重新委托评估机构进行评估鉴定，应由其承担举证不能的法律后果。

《中华人民共和国国家赔偿法》第三十九条规定："赔偿请求人请求国家赔偿的时效为二年，自其知道或者应当知道国家机关及其工作人员行使职权时的行为侵犯其人身权、财产权之日起计算，但被羁押等限制人身自由期间不计算在内。在申请行政复议或者提起行政诉讼时一并提出赔偿请求的，适用行政复议法、行政诉讼法有关时效的规定。"第九条第二款规定："赔偿请求人要求赔偿，应当先向赔偿义务机关提出，也可以在申请行政复议或者提起行政诉讼时一并提出。"原告的采砂场被被告拆除后，就连续不间断地向有关部门投诉和反映情况，根据2011年1月11日广西壮族自治区法制办公室的桂法制执监通〔2011〕1号《行政执法督察通知书》及被告的下属职能部门灵山县水利局于2012年5月25日关于劳作银砂场提出几个问题的答复等证据证实，原告向有关部门投诉权益被侵害是处于持续的状态中，诉讼时效的计算应予中止。同时，原告正式向被告提出行政赔偿的时间是2013年8月5日，被告于2013年9月25日作出灵政不赔字〔2013〕1号《不予行政赔偿决定书》，被告于2013年10月8日送达原告，2013年12月23日向本院起诉没有超过法定的二年时效。

综合上述的事实及理由，被告在实施拆除原告违法采砂设施的过程中，因执法主体不适格及措施不当而造成原告的经济损失，被告依法应当承担主要的过错赔偿责任。原告未能自动履行拆除妨碍行洪采砂设施的行为违法，对造成的经济损失也应当承担次要的过错责任。综合考虑原、被告的过错程度，由被告承担70%的赔偿责任，原告自行承担30%的损失责任，体现了权利与义务相一致以及公平、合理的原则。依照《中华人民共和国国家赔偿法》第四条第（四）项，第三十六条第（四）项、第（八）项的规定，判决如下：

一、确认被告灵山县人民政府拆除原告灵山县那隆镇劳作银砂场采砂设施及措施的行为违法，并造成原告灵山县那隆镇劳作银砂场经济损失；

二、判令被告灵山县人民政府赔偿原告灵山县那隆镇劳作银砂场的直接经济损失337533.26元。原告灵山县那隆镇劳作银砂场自行承担直接经济损失144657.11元。

三、驳回原告灵山县那隆镇劳作银砂场的其他诉讼请求。

一审案件受理费人民币50元，由被告灵山县人民政府负担。

如不服判决，可于本判决送达之日起的十五日内，向本院递交上诉状并按对方人数提交副本，上诉于广西壮族自治区高级人民法院。同时，在上诉期限届满后七日内，应向广西壮族自治区高级人民法院预交上诉案件受理费人民币50元（开户银行：中国农业银行南宁市万象支行，帐号 20-01730104000377）。逾期不交，又不申请减、免、缓交的，按自动撤回上诉处理。

审判长　韦乐熙

审判员　黄粹幸

审判员　钟凌意

二〇一四年四月二十四日

书记员　黄军杰

孙志华与兰溪市人民政府行政强制一审行政判决书

浙江省金华市中级人民法院

行政判决书

（2014）浙金行初字第41号

原告：孙志华。

委托代理人：周永焕。

被告：兰溪市人民政府，住所地兰溪市府前路81号。

法定代表人：朱瑞俊，市长。

委托代理人：钱忠诚，浙江浩诚律师事务所律师。

委托代理人：郑望鑫。

原告孙志华诉被告兰溪市人民政府（简称兰溪市政府）水行政强制及行政赔偿一案，本院于2014年4月14日受理后，依法组成合议庭，分别于2014年5月12日、6月23日两次公开开庭进行了审理。原告孙志华及其委托代理人周永焕，被告兰溪市人民政府的委托代理人钱忠诚、郑望鑫到庭参加诉讼。本案现已审理终结。

原告孙志华诉称：一、2005年，原告孙志华从别人手中转让取得由兰溪市水务局下属机构兰溪市河道堤防管理所（下称堤防所）建造的黄家砂石场一号场地经营权，注册成立兰溪市兰新砂石场，砂石场的所有建设费用及场租费在当时即已付清。2006年4月，兰江街道黄家村委会通知，此后将由该村向原告收取场租费。原告与黄家村委会签订10年期租赁合同，砂石场场租费在此后均缴纳给黄家村委会。2010年3月，原告将砂石场承包给兰溪市日昌升砂石场，有效期5年。根据协议约定，因场地、土地等问题发生纠纷由原告处理，并要赔偿由此给承包方造成的损失。2013年11月，兰江街道工作人员告知原告要拆除砂石场。2013年12月10日，原告在未收到任何法律文书且未在场的情况下，被告强制拆毁了原告的砂石场。二、被告强制拆除砂石场的违法行为给原告造成了巨大损失。砂石场的设施设备置办价值300余万元，现被彻底毁掉后基本一文不值。按原告将砂石场承包出去的价格计算，2013年12月10日至2014年3月19日原告租金损失49726元，2014年3月至2015年3月的租金损失199650元，合计249376元。如承包人按约定向原告追索承包期内的预期利益，原告将遭受更大损失。三、被告拆毁原告砂石场的具体行政行为违法。砂石场的一切设施设备均是原告所建造和购买的，属原告合法财产。根据《土地租赁协议》等证据，可以确认砂石场本身是一个合法的经营场所。原告在其许可的经营范围内经营，并按规定缴纳税金。据此，原告系在合法的经营场所进行合法的经营活动。被告未经法律程序，在未向原告送达法律文书及原告不在场的情况下强制拆除原告的合法财产，违反了《中华人民共和国宪法》、《中华人民共和国物权法》等法律规定，该具体行政行为应确认违法。四、被告应赔偿原告相应的损失。砂石场当初系政府部门选址建造，现又以污染环境为由强制拆除，决策者应承担责任。被告在不给予赔偿或补偿的情况下要求原告自行拆除砂场并清理设备，是违法要求原告履行义务的行为。被告以原告未按要求自行拆除为由强制拆除原告砂石场的行为是对原告滥用职权和侵犯财产权的行为。被告的强制拆除行为还导致原告租金损失及面临第三人对原告的追责的可能。据此，被告应对原告予以赔偿或补偿。综上，请求法院依法判令：1.确认被告强制拆除原告砂石场的具体行政行为违法；2.被告赔偿原告被毁财产损失 300 万元；3.被告赔偿原告租金收入 267712 元；4.本案诉讼费由被告承担。庭审中原告明确第一项诉讼请求为确认被告强制拆除原告砂石场的设施、设备违法。

原告孙志华为支持其诉请，提供了以下证据：

证据 1,《砂石场租用合同》，用于证明原告与黄家村委会签订了为期 10 年的砂石场租赁合同，到期时间为 2016 年 3 月 30 日。

证据 2，缴费收据，用于证明原告每年均向黄家村委会缴纳场租费。

证据 3,《砂场承包经营协议》，用于证明原告尚可收取 16 个月多的租金 199650 元及承包方可能与原告发生合同纠纷。

证据 4，强制拆除砂场现场视频，用于证明被告对原告砂石场进行毁灭性拆除。

证据 5,《土地租赁协议》，用于证明黄家砂石场是由政府建造的合法经营场所。

证据 6，营业执照、税务登记证、用电申请单，用于证明原告是合法经营户。

证据 7，兰溪市兰江新闻录像资料（光盘）、《通知》，用于证明原告砂场系由被告强制拆除，而非兰溪市水务局。

证据 8，兰新砂场设备及配件清单、财产损失清单，用于证明原告财产损失情况。

第二次开庭原告又提供：证据 9,《兰溪市三江及梅溪流域采（制、洗）砂场专项整治工作实施方案》，用于证明"兰溪市采（制、洗）砂石场专项整治工作领导小组（下称整治领导小组）办公室"（下称整治办）是市政府组织成立的代表市政府行使职权的一个专门机构，其所作的一切，均代表着市政府，水务局根本无权独自决定强毁砂石场，在这次整治中，市政府并没有授权水务局协调各部门前去强毁不愿自行拆除的砂石场的权力。

证据 10，2013 年 10 月 11 日整治办对全体砂石场老板的《告知书》，用于证明这次整治活动，从头至尾都是在代表市政府的整治办领导下进行的，如果不自行拆除，"依法处理"的是税务等部门而不是水务等部门。

证据 11，《金华市人民政府信访事项复查复核领导小组办公室的信访复核答复函》，用于证明金华市政府的信访部门作出的答复中，认定了作出强毁我砂石场决定的是代表市政府行使权力的整治领导小组。

证据 12，整治办的《信访事项受理告知单》，决定和主管强毁我砂石场的就是整治办，用于证明整治办自己也承认。

证据 13，《信访事项答复意见书》，用于证明黄家砂石场不是原告私自建造的违法砂石场，其砂石场被强毁前后的一切问题，都是由整治办处理的，与水务局无关。

证据 14，正在建造的砂石场视频资料，用于证明在原告被毁砂石场的上游一千米左右处，正在建造更大的砂石场；被告毁掉原告的砂石场，并非是因为该砂石场"妨碍行洪多年（答辩状语）"而疏浚河道所需，而是为了敛财。

被告兰溪市人民政府辩称：一、兰溪市人民政府有关黄砂整治的通告是抽象行政行为，不具有可诉性。二、在黄沙整治过程中，各职能部门依法行政，履行相应职责。兰溪市水务局依照《中华人民共和国水法》、《中华人民共和国防洪法》、《中华人民共和国河道管理条例》等有关法律、法规规定，查明原告在衢江河道管理范围内违法占用河道，妨害行洪多年，在多次口头通知、当面谈话、限期自行拆除均无效的情况下，于 2013 年 12 月

10日组织执法人员拆除了原告位于兰江街道黄家村衢江河段违规建设、妨碍河道管理的机器设备。三、拆除的机器设备，被告及兰溪市水务局并未处置，是原告自己出售他人，已获得相应价款，没有造成原告的损失。综上，涉案砂场强拆行为并非被告实施，原告也没有造成损失，请求依法驳回原告的起诉。

被告为证明其主张向本院提交了如下证据：

证据 1，兰溪市人民政府通告，证明兰溪市人民政府依照相关法律法规的规定，对兰溪市区域范围内的黄砂开采、经营开展专项治理，并要求限期拆除河道管理范围内的设备、设施、房屋。

证据 2，律师调查笔录一份，用于证明涉案砂场拆除的机器设备，原告已经自行出卖给他人并已获得相应的补偿。

证据 3，民事起诉状及（2014）金兰商初字第 122 号民事裁定书，用于证明原告因与砂场承包经营者兰溪市华诺混凝土有限公司发生纠纷，原告起诉要求赔偿，该案并未审结，同时该案的诉争标的与本案原告提出的赔偿请求存在竞合。

证据 4，强制拆除纪要，用于证明兰溪市水务局根据法律法规的授权，对危害河道管理的原告设备进行强制拆除的事实。

第一次开庭后，本院向兰溪市水务局、兰溪市兰江街道办事处发出调取证据的通知书，兰溪市水务局、兰溪市兰江街道办事处未在规定时间内向本院提供证据，却通过被告代理人提供了兰溪市水务局出具的三份证据，因此，该三份证据仍属被告提供的证据，其中：

证据 5，傅立峰、孙志华砂石场强制拆除执行方案，用于证明 2013 年 12 月 10 日上午，对傅立峰、孙志华砂石场强制拆除的执法主体是兰溪市水务局；现场参与的其他部门只是在其职责范围内予以协助。

证据 6，强制拆除说明，用于证明 2013 年 12 月 10 日上午，兰溪市水务局强制拆除了傅立峰、孙志华砂石场上的机器设备。现场协助的部门有兰溪市公安局、土地管理局、行政执法局、兰江街道、黄家村两委。

证据 7、兰溪市兰江街道土地利用总规划（2006—2020 年）局部图，用于证明傅立峰、孙志华砂石场的所在位置的土地性质为滩涂，为兰溪市水务局所管理范围。

经质证，本院认证如下：

被告对原告提供的证据 1、证据 2、证据 3 真实性均无异议，对合法性、关联性有异议，认为原告依法不能在河道范围内经营砂场。本院对上述证据真实性予以认定，作为认定本案事实的依据。被告对证据 4 真实性无异议，但认为不能证明原告的损失数额。本院对该证据反映的涉案砂场被拆除的事实予以认定。对证据 5，被告认为只能证明兰溪市河道堤防管理所向黄家村租用过土地，且只管理了一年，此后的经营者都直接与黄家村发生关系。该证据真实，租赁协议合法性本案中不予判断，本院作为认定事实依据。被告对证据 6 真实性、合法性、关联性均有异议，认为原告依法不能在河道范围内经营砂场。本院对原告经营涉案砂场的事实予以认定。对证据 7，被告认为仅凭新闻报道不能认定涉案砂场是被告组织拆除的，不排除新闻记者存在误解或错误报道的可能，公安民警到场只是维持秩序。通告中明确是“相关部门”进行强制拆除，该相关部门就是兰溪市水务局，只有其具有相应职能，强拆砂场的主体并非被告。该证据本院予以采用。被告对证据 8 真实性、合法性、关联性均有异议，认为原告未能提供其机器设备损失的直接依据。本院认为被告异议成立，对该证据不予采用。被告对证据 9 真实性无异议，整治领导小组是被告成立的，但实施方案为抽象行政行为，整治领导小组并不等于强拆主体。该证据可作为认定事实依据，证明目的在下文中进一步阐述。被告对证据 10 真实性无异议，该实施方案为抽象行政行为，不能证明强制拆除主体为被告，税务部门处理与兰溪市水务局最后实施强制拆并不矛盾。该证据本院予以采用。被告对证据 11、证据 12、证据 13 的真实性无异议，但认为不能证明被告实施了强制拆除行为。该三份信访答复意见可以证明原告曾提出过信访，但答复意见本身并未提及拆除实施主体问题。该证据本院予以采用。对证据 14 被告认为与本案无关，本院采纳被告意见，该证据不予采用。

对被告提供的证据 1，原告对真实性无异议，对合法性有异议，被告不能以此作为拆除原告砂场的依据，但可以认定被告拆除了原告的砂场。本院对该证据予以采纳。对证据 2，原告认为该调查笔录系被告在案件审理过程中违法向证人收集，不予质证。由于该调查笔录针对原告是否存在经济损失而非针对行政行为合法性，结合原告庭审陈述，可以确认原告将涉案砂场机器设备拆除后予以出售的事实。对证据 3，原告认为民事案件赔偿与本案所涉赔偿是不同的。该证据与本案并无关联，本院不予采用。对证据 4，原告认为系伪证，既无执法人员签名盖章也无证人盖章、签名。由于无证据证明该证据系伪证，可予以采用。对证据 5、证据 6、证据 7，原告认为系被告庭后提供，不属于补充证据，系事后伪造的非法证据，要求对上述证据原件形成时间进行鉴定。上述证据系在本院第一次开庭后，本院依据《最高人民法院关于行政诉讼证据若干问题的规定》第二十二条、第二十三条规定向兰溪市水务局发出调取通知后，兰溪市水务局通过被告向本院提交的证据，可以视为被告新取得的证据。证据 7 证明的是原告砂石场位于衢江水与河坝之中滩涂的河道管理范围内，这一事实双方并无争议。而证据 5、证据 6 盖有兰溪市水务局公章，在无相反证据证明情况下可以采用。

对于原告要求对被告提供的证据形成时间进行鉴定申请的问题，由于目前尚无国家或行业内认可、统一的检验、鉴定方法，故本院不予委托鉴定。对于原告要求法庭调取 2013 年 12 月 9 日下午整治领导小组的会议记录，本院在向兰溪市水务局、兰溪市兰江街道办事处的调取证据通知书包括了要求调取实施强制拆除前，有无组织相关部门进行分工的协调会议，具体分工如何确定等内容，但未能取得证据。

经审理，本院确认：2003 年 4 月 8 日，兰江街道黄家村与堤防所签订了《土地租赁协议》，黄家村向堤防所租赁了坝外河滩地用于开发砂石场。原告孙志华系兰溪市日昌升砂石场业主。2006 年 4 月 1 日，原告与兰溪市兰江街道黄家村村民委员会签订一份《砂石场租用合同》，租用了位于黄家村陈家溪滩大坝脚的涉案砂场，租期自 2006 年 4 月 1 日至 2016 年 3 月 30 日。该砂场位于兰溪市水务局管理的衢江河道范围内。2010 年 3 月 30 日，原告将涉案砂场承包给兰溪市华诺混凝土有限公司，承包期限为 2010 年 3 月 20 日至 2015 年 3 月 19 日，约定承包金为前两年每年 15 万元，从第三年起每年增加 10%。2013 年 10 月 21 日，被告下发了《兰溪市三江及梅溪流域采（制、洗）砂场专项整治工作实施方案的通知》，成立了整治领导小组，整治领导小组下设整治办；实施方案对各成员单位进行了分工，同时规定“对未拆除的采（制、洗）砂场，按属地管理原则，由镇乡、街道牵头，各相关职能部门密切配合，联合执法，依法给予行政处罚并强制拆除”。2013 年 10 月，整治办给各采（制、洗）砂场业主发出了一份告知书，要求各业主在 2013 年 10 月 25 日前，自行处置完毕并拆除设备，市政府视情给予一定奖励，奖励验收标准为以场地所有机械设备自行拆除，并清理出现场；如逾期未自行拆除的，将由税务等相关部门依法处理。2013 年 10 月 30 日，被告发出兰政告〔2013〕11 号《关于开展制（洗）砂场专项整治的通知》，主要内容为：一、砂石资源属国家所有，未经市政府公开拍卖，任何组织和个人一律不得进行采砂权的交易活动，不得擅自开采黄砂资源；二、坚决打击非法采砂行为，取缔全市境内的“三无”吸砂船；三、自通知发布之日起，全市除北部试点区域外，其他镇乡、街道所有制（洗）砂场一律停止制（洗）砂作业；四、在 2013 年 11 月 26 日前，自行处置完毕并拆除清理设备的，市政府视情给予一定的奖励；对未在限期内处置完毕并自行拆除清理设备的，将依法强制拆除并取消奖励，同时追究其相关法律责任。2013 年 12 月 9 日，整治办与兰溪市兰江街道办事处在孙志华砂场贴了一份“通知”，内容为：“我市开展水环境综合整治，根据制（洗）砂场整治方案和兰溪市政府通告精神，孙志华位于衢江黄家村段的砂石场应在 2013 年 11 月 27 日前自行拆除相关设备，兰江街道和市整治办多次通知你前来处置，截至目前尚未拆除、处置相关设备。2013 年 12 月 10 日上午 8 时 30 分我市相关部门将按市政府通告精神及‘三改一拆’的相关政策对你砂石场进行强制拆除，请派人前来处置或保管拆除的相关设备，否则后果自负”2013 年 12 月 10 日，孙志华租用的位于衢江黄家村段砂石场内的设备被强制拆除。设备拆除后，原告自行作了出售处理。

本院认为，涉案砂场设施、设备于 2013 年 12 月 10 日被强制拆除的事实清楚，双方的主要争议焦点为是否系被告兰溪市人民政府实施了对涉案砂石场设施、设备的强制拆除行为。原告主张被告实施了强制拆除行为的主要依据为兰溪市兰江新闻报道、兰溪市采（制、洗）砂场专项整治工作领导小组办公室发布的通知或告知书、《兰溪市三江及梅溪流域采（制、洗）砂场专项整治工作实施方案》、视频资料等证据。其中新闻报道直指被告实施了强制拆除行为，但该证据属传来证据，证明力不如直接证据。涉案砂场虽是在被告发布《关于开展制（洗）砂场专项整治的通告》后被组织拆除，但该通告是为整治砂场作出的在兰溪市范围内普遍适用的指导性意见，并非针对特定对象的行政处罚决定。2013 年 10 月 11 日被告设立的临时机构整治领导小组下设的整治办给各砂场业主的“告知书”，也是针对兰溪所有相关业主，“告知书”中所指明业主不自行拆除设备的，将由税务等相关部门依法处理，仅是告知政府可能采用税务等手段来处理，并不能理解为强制拆除也应由税务部门来实施。原告提供的《兰溪市三江及梅溪流域采（制、洗）砂场专项整治工作实施方案》中对整治领导小组的定位是“为加强对整治工作的组织领导和协调”，对强制拆除的规定为“对未拆除的采（制、洗）砂场，按属地管理原则，由镇乡、街道牵头，各相关职能部门密切配合，联合执法，依法给予行政处罚并强制拆除”。该方案反而证明强制拆除主体不是整治领导小组。2013 年 12 月 9 日整治办与兰溪市兰江街道办事处张贴的“通知”，载明的是 2013 年 12 月 10 日上午“我市相关部门”进行强制拆除，并未明确该“我市相关部门”是指哪个行政主体，因此，该“通知”并非《中华人民共和国行政强制法》所指的强制执行前的催告或强制执行决定。而被告提供兰溪市水务局加盖过公章的“强制拆除纪要”、“强制拆除说明”中，兰溪市水务局承认原告砂场上设备系其强制拆除，“傅立峰、孙志华砂石场强制拆除执行方案”明确载明兰溪市水务局为强制拆除实施主体，公安、国土（一土地管理局）、行政执法、街道办事处等为协助部门。况且，根据《中华人民共和国水法》的规定，县级以上人民政府水行政主管部门或者流域管理机构具有查处河道管理范围内违法行为的法定职权。涉案砂场位于兰溪市兰江街道黄家村衢江河段内，属在河道管理范围，该范围内的进行强制拆除的权力归属于作为水行政主管部门的兰溪市水务局。综合本案所有证据，显然被告主张的涉案强制拆除行为非由被告所为的证据优势明显，至于强制拆除主体除兰溪市水务局外，其他行政主体作用是协助还是联合执法，可在原告另行主张时予以查明。综上，现有证据尚不足以证明系被告强制拆除涉案砂场设施、设备的事实，原告主张系由被告强制拆除了涉案砂场设施、设备，并以此为据提出的相关诉讼请求和赔偿请求，证据不足，本院不予支持。综上，依照《最高人民法院关于执行〈中华人民共和国行政诉讼法〉若干问题的解释》第五十六条第（四）项之规定，判决如下：

驳回原告孙志华要求确认被告兰溪市人民政府强制拆除其砂石场设备、设施的具体行政行为违法并赔偿直接财产损失 300 万元及租金损失 267712 元的诉讼请求。

案件受理费 50 元，由原告孙志华负担。

如不服本判决，可在判决书送达之日起十五日内，向本院递交上诉状，并按对方当事人的人数提出副本，上诉于浙江省高级人民法院，并在上诉期内凭判决书到浙江省高级人民法院立案庭预交上诉受理费 50 元；如银行汇款，收款人为浙江省财政厅非税收入结算分户，账号为 19000101040006575401001，开户银行为农业银行杭州市西湖支行。汇款时注明原审案号。上诉案件的案件受理费未在上诉期内预交的，应当在上诉期届满后七日内预交，逾期不交，作自动撤回上诉处理。

审 判 长　盛基敏
审 判 员　单晓剑
代理审判员　徐菁婧

二〇一四年七月十一日
代书 记员　朱丽敏

附本案所使用的相关法律条文：

1.《最高人民法院关于执行〈中华人民共和国行政诉讼法〉若干问题的解释》

第五十六条　有下列情形之一的，人民法院应当判决驳回原告的诉讼请求：

……

（四）其他应当判决驳回诉讼请求的情形。

孙志华与浙江省兰溪市人民政府水行政强制执行及行政赔偿一案再审行政裁定书

中华人民共和国最高人民法院

行政裁定书

（2016）最高法行申 3017 号

再审申请人（一审原告、二审上诉人）：孙志华，男，1967 年 8 月 26 日出生，汉族。

再审被申请人（一审被告、二审被上诉人）：浙江省兰溪市人民政府，住所地浙江省兰溪市府前路 81 号。

法定代表人：蔡艳，该市人民政府市长。

再审申请人孙志华因诉浙江省兰溪市人民政府（简称兰溪市政府）水行政强制及行政赔偿一案，不服浙江省高级人民法院（2014）浙行终字第 205 号行政裁定，向本院申请再审。本院依法组成由审判长王晓滨、代理审判员张艳、代理审判员李涛参加的合议庭，对本案进行了审查，现已审查终结。

浙江省金华市中级人民法院一审查明：2003 年 4 月 8 日，浙江省兰江街道黄家村（以下简称黄家村）与堤防所签订了《土地租赁协议》，黄家村向堤防所租赁了坝外河滩地用于开发砂石场。孙志华系兰溪市日昌升砂石场业主。2006 年 4 月 1 日，孙志华与兰溪市兰江街道黄家村村民委员会签订一份《砂石场租用合同》，租用了位于黄家村陈家溪滩大坝脚的涉案砂场，租期自 2006 年 4 月 1 日至 2016 年 3 月 30 日。该砂场位于浙江省兰溪市水务局管理的衢江河道范围内。2010 年 3 月 30 日，孙志华将涉案砂场承包给兰溪市华诺混凝土有限公司，承包期限为 2010 年 3 月 20 日至 2015 年 3 月 19 日，约定承包金为前两年每年 15 万元，从第三年起每年增加 10%。2013 年 10 月 21 日，兰溪市政府下发了《兰溪市三江及梅溪流域采（制、洗）砂场专项整治工作实施方案的通知》，成立了整治领导小组，整治领导小组下设整治办；实施方案对各成员单位进行了分工，同时规定“对未拆除的采（制、洗）砂场，按属地管理原则，由镇乡、街道牵头，各相关职能部门密切配合，联合执法，依法给予行政处罚并强制拆除”。2013 年 10 月，整治办给各采（制、洗）砂场业主发出了一份告知书，要求各业主在 2013 年 10 月 25 日前，自行处置完毕并拆除设备，市政府视情给予一定奖励，奖励验收标准为以场地所有机械设备自行拆除，并清理出现场；如逾期未自行拆除的，将由税务等相关部门依法处理。2013 年 10 月 30 日，兰溪市政府发出兰政告（2013）11 号《关于开展制（洗）砂场专项整治的通知》，主要内容为：一、砂石资源属国家所有，未经市政府公开拍卖，任何组织和个人一律不得进行采砂权的交易活动，不得擅自开采黄砂资源；二、坚决打击非法采砂行为，取缔全市境内的“三无”吸砂船；三、自通知发布之日起，全市除北部试点区域外，其他镇乡、街道所有制（洗）砂场一律停止制（洗）砂作业；四、在 2013 年 11 月 26 日前，自行处置完毕并拆除清理设备的，市政府视情给予一定的奖励；对未在限期内处置完毕并自行拆除清理设备的，将依法强制拆除并取消奖励，同时追究其相关法律责任。2013 年 12 月 9 日，整治办与兰溪市兰江街道办事处在孙志华砂场贴了一份“通知”，内容为：“我市开展水环境综合整治，根据制（洗）砂场整治方案和兰溪市政府通告精神，孙志华位于衢江黄家村段的砂石场应在 2013 年 11 月

27 日前自行拆除相关设备，兰江街道和市整治办多次通知你前来处置，截至目前尚未拆除、处置相关设备。2013 年 12 月 10 日上午 8 时 30 分我市相关部门将按市政府通告精神及‘三改一拆’的相关政策对你砂石场进行强制拆除，请派人前来处置或保管拆除的相关设备，否则后果自负。”2013 年 12 月 10 日，孙志华租用的位于衢江黄家村段砂石场内的设备被强制拆除。设备拆除后，孙志华自行作了出售处理。孙志华认为兰溪市政府违法要求其自行拆除砂场并清理设备，兰溪市政府的强制拆除行为侵犯了其财产权，导致租金损失及承担违约责任，请求法院确认兰溪市政府强制拆除其砂石厂的设施、设备的具体行政行为违法；赔偿其被毁财产损失 300 万元；赔偿租金收入 267712 元。

浙江省金华市中级人民法院一审认为：涉案砂场设施、设备于 2013 年 12 月 10 日被强制拆除的事实清楚，双方的主要争议焦点为是否系兰溪市政府实施了对涉案砂石场设施、设备的强制拆除行为。孙志华主张兰溪市政府实施了强制拆除行为的主要依据为兰溪市兰江新闻报道、兰溪市采（制、洗）砂场专项整治工作领导小组办公室发布的通知或告知书、《兰溪市三江及梅溪流域采（制、洗）砂场专项整治工作实施方案》、视频资料等证据。其中新闻报道直指兰溪市政府实施了强制拆除行为，但该证据属传来证据，证明力不如直接证据。涉案砂场虽是在兰溪市政府发布《关于开展制（洗）砂场专项整治的通告》后被组织拆除，但该通告是为整治砂场作出的在兰溪市范围内普遍适用的指导性意见，并非针对特定对象的行政处罚决定。2013 年 10 月 11 日，兰溪市政府设立的临时机构整治领导小组下设的整治办给各砂场业主的告知书，也是针对兰溪所有相关业主，告知书中所指明业主不自行拆除设备的，将由税务等相关部门依法处理，仅是告知政府可能采用税务等手段来处理，并不能理解为强制拆除也应由税务部门来实施。孙志华提供的《兰溪市三江及梅溪流域采（制、洗）砂场专项整治工作实施方案》中对整治领导小组的定位是“为加强对整治工作的组织领导和协调”，对强制拆除的规定为“对未拆除的采（制）洗砂场，按属地管理原则，由镇乡、街道牵头，各相关职能部门密切配合，联合执法，依法给予行政处罚并强制拆除。”该方案反而证明强制拆除主体不是整治领导小组。2013 年 12 月 9 日，整治办与兰溪市兰江街道办事处张贴的通知，载明的是 2013 年 12 月 10 日上午“我市相关部门”进行强制拆除，并未明确该“我市相关部门”是指哪个行政主体，因此，该“通知”并非《中华人民共和国行政强制法》所指的强制执行前的催告或强制执行决定。而兰溪市政府提供兰溪市水务局加盖过公章的“强制拆除纪要”、“强制拆除说明”中，兰溪市水务局承认孙志华砂场上设备系其强制拆除，“傅立峰、孙志华砂石场强制拆除执行方案”明确载明兰溪市水务局为强制拆除实施主体，公安、国土（土地管理局）、行政执法、街道办事处等为协助部门。况且，根据《中华人民共和国水法》的规定，县级以上人民政府水行政主管部门或者流域管理机构具有查处河道管理范围内违法行为的法定职权。涉案砂场位于兰溪市兰江街道黄家村衢江河段内，属在河道管理范围，该范围内的进行强制拆除的权力归属于作为水行政主管部门的兰溪市水务局。综合本案所有证据，显然兰溪市政府主张的涉案强制拆除行为非由其所为的证据优势明显，至于强制拆除主体除兰溪市水务局外，其他行政主体作用是协助还是联合执法，可在孙志华另行主张时予以查明。综上，现有证据尚不足以证明系兰溪市政府强制拆除涉案砂场设施、设备的事实，孙志华主张系由兰溪市政府强制拆除了涉案砂场设施、设备，并以此为据提出的相关诉讼请求和赔偿请求，证据不足，不予支持。据此作出（2014）浙金行初字第 41 号行政判决：驳回孙志华的诉讼请求。孙志华不服，提起上诉。

浙江省高级人民法院二审依法告知孙志华可以兰溪市水务局为被告对涉案砂厂强制拆除行为另行起诉，但孙志华坚持以兰溪市人民政府为被告，故该院在指出一审法院采纳证据程序违法的同时，认为孙志华起诉的被告不适格，作出（2014）浙行终字第205号行政裁定：撤销浙江省金华市中级人民法院作出的（2014）浙金行初字第41号行政判决，驳回孙志华的起诉。

孙志华向本院申请再审，请求依法撤销一审判决、二审裁定，确认兰溪市政府强制拆除其砂石厂的设施、设备的具体行政行为违法；赔偿其被毁财产损失300万元；赔偿租金收入267712元。其申请再审的事实与理由为：（一）原审法院认定事实错误。1.原审认定兰溪市政府非强拆行为主体没有事实和法律依据。原审法院据以认定不是兰溪市政府强拆的证据，只有兰溪市水务局单方面制作的"强制拆除纪要"、"傅立峰、孙志华强制拆除执行方案"、"强制拆除说明"和"土地利用总规划"。其中，后三份证据由兰溪市政府在第一次庭审后向法院提交，属非法证据，依法不应采纳。再审申请人提供的兰溪市政府作出的《关于开展制（洗）砂场专项整治的通告》、贴在再审申请人砂石场上的通知、强拆当天兰溪市电视台兰溪新闻报道可以相互印证，证实实施涉案强制行为的是兰溪市政府。再审申请人提供证据的证明力强于兰溪市水务局提供的证明。2.原审法院未对涉案强拆行为的合法性予以认定。3.整治办实施的行政行为属于具体行政行为。（二）原审审判程序违法。原审法院采信兰溪市政府逾期提供的证据；未为再审申请人调取关键性证据违法。

本院认为：本案争议焦点是兰溪市政府是否为本案的适格被告，即兰溪市政府是否实施了被诉强制拆除行为。兰溪市政府提供的兰溪市水务局作出的"傅立峰、孙志华强制拆除执行方案"、"强制拆除说明"与"强制拆除纪要"等证据相互印证，证明被诉强制拆除行为系兰溪市水务局组织实施。而再审申请人孙志华主张的兰溪市政府作出的《关于开展制（洗）砂场专项整治的通告》、新闻媒体报道等证据不足以证实被诉强制拆除行为系兰溪市政府实施。原审法院对孙志华所提证据及主张逐一作出评析，说理充分，本院予以认可。原审法院释明后，孙志华仍坚持以兰溪市政府为被告，则原审法院裁定驳回其起诉并无不当。因兰溪市政府作为被告不适格，则孙志华主张强制拆除违法等均不属于本案审查范围。

综上，孙志华的再审申请不符合《中华人民共和国行政诉讼法》第九十一条规定的情形。依照《中华人民共和国行政诉讼法》第一百零一条、《中华人民共和国民事诉讼法》第二百零四条第一款之规定，裁定如下：

驳回再审申请人孙志华的再审申请。

审　判　长　　王晓滨
代理审判员　　张　艳
代理审判员　　李　涛

二〇一六年十一月三日
书　记　员　　李林涛

李伟光与浙江省水利厅不履行法定职责一审行政裁定书

杭州市上城区人民法院

行政裁定书

（2014）杭上行初字第58号

原告：李伟光。

被告：浙江省水利厅。

法定代表人：陈川。

委托代理人：陈丽雅，该局工作人员。

委托代理人：唐明良，浙江九重天律师事务所律师。

原告李伟光诉被告浙江省水利厅（以下简称省水利厅）不履行查处涉水违法建筑法定职责一案，于2012年9月22日向本院递交行政诉状，因原告从递交申请到提起行政诉讼未满60日被本院退回，2014年6月7日，原告再次提交起诉状，经补正，本院于2014年7月14日立案受理后，依法组成合议庭，于7月16日向被告邮寄送达了起诉书副本及应诉通知书等，同年8月26日公开开庭审理了本案。原告李伟光、被告省水利厅的委托代理人陈丽雅、唐明良到庭参加诉讼。本案现已审理终结。

原告李伟光起诉称，2001年原告等72人将永康市古山镇经纬路41～43号商住两用房（原古山供销社资产）转让给毛新伟等户。2004年底毛新伟等户未经国家法定机关水利部门批准，未经原告及院内宿舍住户同意，擅自在商住两用房后面的空地（古山供销社、城郊供销社资产）上和永康市华溪上违章构建房屋，四层3间半钢混结构高楼在水利执法部门的眼皮底下建成完工并与商业用房贯通，永康“母亲河”华溪河岸和72平方米河道被侵占，整幢违章建筑耸立在华溪河畔。为此，原告与广大群众依法按政策持续不断地向各级水利机关举报反映，要求依法查处。各级水利部门，一方面认定上述建筑为涉水违章建筑，另一方面永康市水务局以“我局的意见是待古山镇政府对沿河两岸做出相应规划后，统一实施拆除”、“目前不允许出现新的涉河违章建筑”，以他们不是执法部门、不是执法主体，对举报的个案执法是不公平的为由推诿。金华市水利局以子虚乌有的2003年《古山镇华溪整治规划》和《古山镇2004—2020年村镇规划》为裁决依据，枉法裁定，推卸法定职责。被告以未经公示的2003年《永康市河道整治规划》和2004年—2020年《永康市古山镇城镇控制性详细规划》为据予以推诿，以“存在一定的历史原因”为由拒绝履行法定职责，作出“待古山镇华溪河段整治时统一彻底整治”的书面意见。2012年8月23日，原告以邮政挂号方式向被告提交《查处涉水违法行为申请书》，申请被告按照管辖职责，依据《中华人民共和国水法》，水利部《水政监察工作章程》、《水行政处罚实施办法》启动执法程序，执行信访意见，依法查处违法行为。时至今日，被告没有履行查处职责、执行信访意见。故向法院提起诉讼，请求判令：1. 被告履行法定职责，依法查处毛新伟等户在永康华溪上的涉水违章建筑；2. 诉讼费由被告负担。

被告省水利厅答辩称，1. 被告已就相关事项作出信访复核意见，依法不需要再就所谓的《查处涉水违法行为申请书》另行作出处理。从原告2012年8月23日的《查处涉水违法行为申请书》内容来看，该申请书所反映的事实同其此前多次向被告、金华市水利局和永康市水务局反映的胡新永、毛新伟违章建筑信访事项，属同一事实。就该事项，被告已于 2010 年 4 月 2 日作出《关于李伟光反映的胡新永、毛新伟违章建筑信访事项复核意见书》（浙水信复〔2010〕1 号）。《信访条例》第三十五条第三款规定：“信访人对复核意见不服，仍然以同一事实和理由提出投诉请求的，各级人民政府信访工作机构和其他行政机关不再受理。”根据这一规定，被告对同一事实和理由提出的投诉请求（即所谓《查处涉水违法行为申请书》），依法不再需要作出任何处理。另需说明的是，查处涉水违法行为，是行政机关根据法律法规规定的“依职权行政行为”，而非“依申请行政行为”。因此，原告在《查处涉水违法行为申请书》中所称的“现按法律程序向贵厅提起履行法定行政职责和承诺申请，而不是信访”的观点不能成立，从本质上讲，《查处涉水违法行为申请书》仍是对信访同一事实的再信访或者投诉请求。2. 原告与诉讼标的之间无法律上的利害关系。按照原告提供的起诉材料以及被告核实的情况来看，原告李伟光现住永康市龙川东路 292 弄 6 幢 3 单元 602 室，在古山镇经纬路 41~55 号及其附近没有房产。而原告的《查处涉水违法行为申请书》及其起诉状显示，原告要求查处的建筑坐落于永康市古山镇经纬路 41~43 号。很显然，原告既无相邻权，亦无其他合法权益受到侵害。根据《最高人民法院关于执行〈中华人民共和国行政诉讼法〉若干问题的解释》第十二条的规定，与具体行政行为有法律上利害关系的公民、法人或者其他组织对该行为不服的，才可以依法提起行政诉讼，原告在自身合法权益没有受到侵害的情况下，仅基于公共利益或者其他原因提起行政诉讼的，并不具有原告资格。3. 原告的起诉已超过法定起诉期限。《最高人民法院关于执行 < 中华人民共和国行政诉讼法 > 若干问题的解释》第三十九条规定：“公民、法人或者其他组织申请行政机关履行法定职责，行政机关在接到申请之日起 60 日内不履行的，公民、法人或者其他组织向人民法院提请诉讼，人民法院应当依法受理。”根据该规定，60 日是不作为案件中当事人起诉期限的起算日期，结合行政诉讼法第 39 条规定，当事人应当在 60 日后的 3 个月内提起诉讼。根据原告的陈述，结合前述法律规定，其至迟应当在 2013 年 1 月 23 日前提起诉讼，但事实是其于 2014 年 7 月 6 日方提起行政诉讼，显然已超过法定起诉期限。最后需要说明的是，即使不考虑上述三点，根据《中华人民共和国行政处罚法》、水利部《水行政处罚实施办法》等法律法规规章的规定，本案所涉建筑的处理，依法应当由属地机关管辖，被告在《关于李伟光反映的胡新永、毛新伟违章建筑信访事项复核意见书》就此进行了明确，并已经要求永康市水务局依法予以查处。综上所述，本案原告起诉被告不作为的事实和理由依法不能成立，且原告与诉讼标的之间无法律上的利害关系、原告的起诉亦已超过法定起诉期限，请求法院根据《最高人民法院关于执行〈中华人民共和国行政诉讼法〉若干问题的解释》第四十四条之规定，依法裁定驳回起诉；或者根据《最高人民法院关于执行〈中华人民共和国行政诉讼法〉若干问题的解释》第五十六条之规定，依法驳回其诉讼请求。

经本院审理查明，2010 年，原告不服金华市水利局《关于李伟光信访胡新永、毛新伟等户违章建筑复查意见的函》向被告申请复核。被告于 2010 年 4 月 2 日作出《关于李伟光反映的胡新永、毛新伟违章建筑信访事项复核意见书》（浙水信复〔2010〕1 号）。2012 年 8 月 23 日，原告向被告递交《查处涉水违法行为申请书》，申请被告查处毛新伟等户永康市古山镇涉华溪违章建筑，履行承诺期限强制拆除。被告未回复。2012 年 9 月 22 日，原告向本院递交行政诉状，因原告递交申请到起诉未满 60 日，不符合不作为类案件起诉期限的规定，被本院退回。2014 年 6 月 7 日，原告再次提起行政诉讼。

另查明，2001 年原告等 72 人将永康市古山镇经纬路 41~43 号商住两用房（原古山供销社资产）转让给毛新伟等户。

本院认为，《信访条例》第二条规定：“本条例所称信访，是指公民、法人或者其他组织采用书信、电子邮件、传真、电话、走访等形式，向各级人民政府、县级以上人民政府工作部门反映情况，提出建议、意见或者投诉请求，依法由有关行政机关处理的活动。”本案所涉违章建筑的处理，依法应当由属地机关管辖，并且原告在 2001 年即将案涉房屋卖于他人，居住地与案涉房屋又不相邻，无法律上的利害关系。原告向被告提交的申请属于《信访条例》规定的信访行为，信访人对信访工作机构依据《信访条例》处理信访事项的行为或者不履行《信访条例》规定的职责部分提起行政诉讼的，不属于人民法院行政诉讼受案范围。据此，依照《最高人民法院关于执行 < 中华人民共和国行政诉讼法 > 若干问题的解释》第四十四条第一款第（一）项之规定，裁定如下：

驳回原告李伟光的起诉。

案件受理费 50 元，不予收取。

如不服本裁定，可在裁定书送达之日起十日内，向本院递交上诉状，并按对方当事人人数提出副本，上诉于浙江省杭州市中级人民法院。

审 判 长　　张 毅
人民陪审员　　骆仕君
人民陪审员　　诸葛蓓

二〇一四年九月九日
书 记 员　　王莉萍

附本案适用的相关法律条文：

最高人民法院《关于执行〈中华人民共和国行政诉讼法〉若干问题的解释》

第四十四条　有下列情形之一的，应当裁定不予受理；已经受理的，裁定驳回起诉：

（一）请求事项不属于行政审判权限范围的；

（二）起诉人无原告诉讼主体资格的；

（三）起诉人错列被告且拒绝变更的；

（四）法律规定必须由法定或者指定代理人、代表人为诉讼行为，未由法定或者指定代理人、代表人为诉讼行为的；

（五）由诉讼代理人代为起诉，其代理不符合法定要求的；

（六）起诉超过法定期限且无正当理由的；

（七）法律、法规规定行政复议为提起诉讼必经程序而未申请复议的；

（八）起诉人重复起诉的；

（九）已撤回起诉，无正当理由再行起诉的；

（十）诉讼标的为生效判决的效力所羁束的；

（十一）起诉不具备其他法定要件的。

李伟光与浙江省水利厅不履行法定职责二审行政裁定书

浙江省杭州市中级人民法院

行政裁定书

（2014）浙杭行终字第360号

上诉人（原审原告）：李伟光。

被上诉人（原审被告）：浙江省水利厅。

法定代表人：陈川。

委托代理人：陈丽雅。

委托代理人：唐明良。

上诉人李伟光为与浙江省水利厅不履行查处水利违法建筑法定职责一案，不服杭州市上城区人民法院（2014）杭上行初字第58号行政裁定，向本院提起上诉。本院于2014年10月10日受理后，依法组成合议庭，并于2014年11月3日公开开庭审理了本案。上诉人李伟光，被上诉人浙江省水利厅的委托代理人陈丽雅、唐明良到庭参加诉讼。本案现已审理终结。

原审原告李伟光于2014年6月7日向原审法院提起诉讼，认为2004年底毛新伟等户擅自在永康市华溪上违章构建房屋。为此，李伟光与广大群众依法按政策持续不断地向各级水利机关举报反映，要求依法查处。各级水利部门，一方面认定上述建筑为涉水违章建筑，另一方面永康市水务局以"我局的意见是待古山镇政府对沿河两岸做出相应规划后，统一实施拆除"、"目前不允许出现新的涉河违章建筑"，以他们不是执法部门、不是执法主体，对举报的个案执法是不公平为由推诿。2012年8月23日，李伟光以邮政挂号方式向浙江省水利厅提交《查处涉水违法行为申请书》，申请浙江省水利厅按照管辖职责，依据《中华人民共和国水法》，水利部《水政监察工作章程》、《水利行政处罚实施办法》启动执法程序，执行信访意见，依法查处违法行为。时至今日，浙江省水利厅没有履行查处职责、执行信访意见。故向法院提起诉讼，请求判令：一、浙江省水利厅履行法定职责，依法查处毛新伟等户在永康华溪上的涉水违章建筑；二、诉讼费由浙江省水利厅负担。

原审法院认定事实如下：2010年，李伟光不服金华市水利局《关于李伟光信访胡新永、毛新伟等户违章建筑复查意见的函》向浙江省水利厅申请复核。浙江省水利厅于2010年4月2日作出《关于李伟光反映的胡新永、毛新伟违章建筑信访事项复核意见书》（浙水信复〔2010〕1号）。2012年8月23日，李伟光向浙江省水利厅递交《查处涉水违法行为申请书》，申请浙江省水利厅查处毛新伟等户永康市古山镇涉华溪违章建筑，履行承诺期限强制拆除。浙江省水利厅未回复。2012年9月22日，李伟光向原审法院递交行政诉状，因李伟光递交申请到起诉未满60日，不符合不作为类案件起诉期限的规定，被原审法院退回。2014年6月7日，李伟光再次提起行政诉讼。另查明，2001年李伟光等72人将永康市古山镇经纬路41～43号商住两用房（原古山供销社资产）转让给毛新伟等户。

原审法院认为，《信访条例》第二条规定："本条例所称信访，是指公民、法人或者其他组织采用书信、电子邮件、传真、电话、走访等形式，向各级人民政府、县级以上人民政府工作部门反映情况，提出建议、意见或者投诉请求，依法由有关行政机关处理的活动。"

本案所涉违章建筑的处理，依法应当由属地机关管辖，并且李伟光在2001年即将案涉房屋卖于他人，居住地与案涉房屋又不相邻，无法律上的利害关系。李伟光向浙江省水利厅提交的申请属于《信访条例》规定的信访行为，信访人对信访工作机构依据《信访条例》处理信访事项的行为或者不履行《信访条例》规定的职责不服提起行政诉讼的，不属于人民法院行政诉讼受案范围。据此，依照《最高人民法院关于执行〈中华人民共和国行政诉讼法〉若干问题的解释》第四十四条第一款第（一）项之规定，裁定驳回李伟光的起诉。案件受理费50元，不予收取。

宣判后，李伟光不服，向本院上诉称，一、一审庭审程序错误，导致作出错误裁定。1. 本案被上诉人不作为成立。根据有关法律和《最高人民法院关于违法的建筑物、构筑物、设施等强制拆除问题的批复》，被上诉人无须向人民法院起诉和群众举报，应依职履行查处职责，但被上诉人在上诉人举报，确认涉水违章的情况下，仍然不予查处，还设置查处的前置条件，在前置条件完成的情况下，仍然没有依职查处，显然，《查处涉水违法行为申请书》已非同一涉水违章事实认定的再信访，而是依法履行查处职责申请，是对不作为的监督。也就是说，本案被上诉人不作为成立，属于人民法院受案范围。2. 本案原告被告诉讼主体适格。根据《中华人民共和国物权法》不动产物权的设立、变更、转让和消灭，经依法登记，发生效力的规定，即永康市古山镇经纬路41～43号商住两用的房产虽经买卖但物权仍为上诉人等72人所有，虽然土地证仍在古山供销社名下，但永康市城郊供销社是永康市基层供销社改制后的单位，上诉人作为城郊供销社的成员，仍然享有该土地的产权权利，根据原审法院举证通知书的条款，被上诉人没有承担举证责任，原审法院以被上诉人2014年8月5日向古山镇人民政府搜集的证明书，作为认定上诉人主体资格的依据，显然是错误的。根据浙政办发〔2009〕170号《浙江省水利厅主要职责内设机构和人员编制规定》、《中华人民共和国河道管理条例》第四条第二款的规定，本案是浙江省水利厅管辖范畴。二、原审法院认定事实部分错误。上诉人是华溪上游古山镇前黄村村民，遭受1989年7月23日洪水，农田被淹，农作物受损，造成较大经济损失。上诉人现租住华溪下游永康市龙川东路292弄6幢3单元，2014年8月20日，永康出现罕见强降雨造成洪涝灾害，上诉人现租住的区域被洪水所淹。水域的特性，决定了其侵害对象是公共利益中特定的个体和不特定的个体，管辖范围与其他行业的差别，上诉人同饮华溪水，生活质量、生存条件受华溪的影响，退一万步说，即使按照被上诉人的公共利益论，该公共利益也与上诉人息息相关，不能割裂，被上诉人洪水成因有多种原因的说法是片面的，涉河违建加大了洪水的危害。本案，上诉人有继续选择信访救济渠道向上级反映，或以不作为为由选择法律诉讼途径的权利。综上，请求撤销（2014）杭上行初字第58号行政裁定，依法进行改判支持原审诉讼请求或者发回重审。

被上诉人浙江省水利厅答辩称，一、上诉人认为答辩人不作为的理由依法不能成立。1. 上诉人2012年8月23日向答辩人提交《查处涉水违法行为申请书》的行为属于《信访条例》规定的信访行为，且属于对同一事实和理由提出的相仿请求，行为的性质应当依法确定，并不能因为上诉人自身的错误认识而发生变化。关于这一点，原审法院在行政裁定书中已经充分阐明，答辩人也已在一审答辩状和庭审中反复说明，不再赘述。2. 查处涉水违法行为，是行政机关根据法律法规规定的“依职权行政行为”，而非“依申请行政行为”。因此，上诉人所谓的“申请查处”在法律上并不具有产生行政职责、启动查处程序的功能，涉水违法建筑应由哪一级水行政机关来查处，应当完全按照法律的规定来执行，而不因为上诉人的申请或者所谓“选择管理”而改变。3. 上诉状中援引的浙江省人民政府办公厅文件、浙江省水利厅“三定方案”、《中华人民共和国河道管理条例》、《水政监察工作章程》等法律、规章和规范性文件，均是组织法意义上对浙江省水利厅作为水行政主管部门的概括性职责的明确，而不涉及浙江省水利厅查处涉水违法建筑个案的层级管辖权。相反，根据《水行政处罚实施办法》、《水政监察工作章程》等的规定，违法占用水域等行为的处罚属于市、县（市、区）属地管理的事项。浙江省人民政府公布的部门权力清单中，也对此进行了依法确认，其将“未经批准擅自占用水域、未按照批准的要求占用水域的处罚”列为“市、县（市、区）属地管理的事项”。二、上诉人与涉案房屋没有法律上的利害关系。1. 上诉人在原审中提供的相关材料，能够证明2001年上诉人等72人将永康市古山镇经纬路41～43号商住两用房转让给毛新伟等户，且上诉人的居住地和住所地均与涉案房屋不相邻。2. 根据《中华人民共和国行政诉讼法》及最高人民法院司法解释的规定，被告对被诉具体行政行为负举证责任，原告对是否符合起诉条件负有举证责任。综上，（2014）杭上行初字第58号行政裁定书认定事实清楚、适用法律正确，上诉人所主张的理由缺乏法律依据和事实根据，请求依法驳回上诉。

原审期间，各方当事人提交的全部证据材料，均由原审法院移送至本院。二审中各方当事人均未提交新的证据材料。庭审中，各方以原审裁定认定事实是否清楚，适用法律是否正确为争议焦点展开了辩论。

经审查，本院对原审法院认定的事实予以确认。

本院认为，《信访条例》第二条规定：“本条例所称信访，是指公民、法人或者其他组织采用书信、电子邮件、传真、电话、走访等形式，向各级人民政府、县级以上人民政府工作部门反映情况，提出建议、意见或者投诉请求，依法由有关行政机关处理的活动。”本案中，上诉人李伟光向浙江省水利厅提出申请，要求查处毛新伟等户在永康市古山镇华溪上的涉水违章建筑，履行承诺限期强制拆除。上诉人应当举证证明其与申请事项具有法律上的利害关系，但上诉人提交的证据不足以证明。事实上，上诉人于2001年将案涉房屋转让，居住地与案涉房屋亦不相邻，上诉人与案涉房屋没有法律上的利害关系。本案所涉查处违法建筑应由当地行政机关处理，浙江省水利厅的信访事项复核决定不构成行政法上的行政承诺，浙江省水利厅没有查处案涉违法建筑的法定职责。据此，上诉人向浙江省水利厅提交的申请属于《信访条例》第二条规定的信访行为，不属于人民法院行政诉讼受案范围，原审裁定驳回起诉符合法律规定。上诉人的上诉理由不能成立，其上诉请求不予支持。依照《最高人民法院关于执行〈中华人民共和国行政诉讼法〉若干问题的解释》第九十七条、《中华人民共和国民事诉讼法》第一百七十条第一款第（一）项之规定，裁定如下：

驳回上诉，维持原裁定。

本判决为终审裁定。

审　判　长　　吴宇龙
代理审判员　　廖珍珠
代理审判员　　李希芝
二〇一四年十一月二十一日
书　记　员　　金　玲

张×1玩忽职守罪一审刑事判决书

北京市顺义区人民法院

刑 事 判 决 书

（2015）顺刑初字第508号

公诉机关：北京市顺义区人民检察院。

被告人：张×1，男，1988年10月24日出生，北京市顺义区水务局张镇水务所节水事务办公室负责人；因涉嫌犯玩忽职守罪，于2014年10月15日被取保候审。

辩护人：白海珍，北京市致知律师事务所律师。

北京市顺义区人民检察院以京顺检公诉刑诉（2015）355号起诉书指控被告人张×1犯玩忽职守罪，于2015年5月28日向本院提起公诉。本院于次日立案，并依法组成合议庭，公开开庭审理了本案。北京市顺义区人民检察院指派代理检察员张静仁出庭支持公诉。被告人张×1及其辩护人白海珍到庭参加诉讼。本案现已审理终结。

北京市顺义区人民检察院指控：

被告人张×1于2012年5月起担任北京市顺义区水务局张镇水务所节水事务办公室（水务办公室）负责人，负责对张镇水务所辖区内的用水户进行管理和检查，北京娃哈哈京城桶装水有限责任公司系其管户。被告人张×1在对上述企业进行水表检查时，违反了必须两人到场的规定，且不认真履行职责，未能发现该企业的水表铅封已损坏、用水量与上报用水量数据的重大出入等情况，仍对北京娃哈哈京城桶装水有限责任公司水表显示的读数进行正常读取和记录。至2013年4月，张×1的失职行为致使北京娃哈哈京城桶装水有限责任公司车间主任张×2长时间盗窃国家水资源，造成人民币120余万元的经济损失。

针对上述指控，公诉机关向本院提交了被告人供述、证人证言、鉴定意见和书证等证据，认为被告人张×1的行为构成玩忽职守罪，提请本院依照《中华人民共和国刑法》第三百九十七条之规定，依法判处。

庭审中，被告人张×1对指控事实和罪名均无异议，其辩护人对指控罪名无异议，但对指控的张×1失职行为给国家造成的损失数额持有异议，认为该损失应按照张×2盗窃案认定的损失平均到被告人张×1负责的期间计算，即约101.4万元；量刑方面，辩护人意见为，被告人张×1系初犯，认罪悔罪，其一贯表现良好，且娃哈哈京城桶装水有限责任公司已经补缴了部分水费，国家的部分损失已被挽回，建议对被告人张×1从轻处罚。

经审理查明：

被告人张×1于2012年5月起担任北京市顺义区水务局张镇水务所节水事务办公室负责人，负责对张镇水务所辖区内的用水户进行管理和检查，北京娃哈哈京城桶装水有限责任公司（以下简称娃哈哈公司）系其管户。被告人张×1在对娃哈哈公司进行水表检查时，违反了必须两人到场的规定，且不认真履行职责，未能发现该企业的水表铅封已损坏、实际用水量与上报用水量存在重大出入等情况，仍对娃哈哈公司水表显示的读数进行读取和记录。2012年5月至2013年4月，张×1的失职行为致使娃哈哈公司车间主任张×2（已判决）等人通过回拨水表、少报用水量的方式盗窃国家水资源，少缴纳水费人民币120余万元。张×2盗窃案立案侦查后，娃哈哈公司补缴水费50万余元。2014年10月15日，张

×1主动投案，但到案后未如实供述犯罪事实。

上述事实，有公诉机关提交并经法庭举证、质证，本院予以确认的下列证据证实：

1. 证人苏×的证言：其于2010年下半年至2012年5月担任张镇水务所节水事务办公室组长，后由张×1接任该职务。其在节水事务办公室时，和张×1负责用水户管理和节水工作，领导要求按照具体规定和制度执行水资源费收取和管理工作。查表包括必须两个人同时到现场，看水表是否正常运转，检查铅封是否完好等。对水表和铅封的检查应该用手触碰铅封金属丝，拽一拽看金属丝是否牢靠，是否存在断裂，铅封球是否完整地固定在铅封金属丝上，水表是否正常运转，是否有破损毁坏，水管是否断裂等。如果当时用水户没有用水，还应该让他们把水打开，检查水表运转是否正常。如果检查出水表或铅封有问题，应该及时记录并且向领导汇报，然后重新进行铅封或者更换水表。张×1知道如何检查水表或者铅封。检查水表有专门的记录台账，检查用户水表运转和铅封情况有对应记录。检查一般按照季度进行，每年不少于四次，有临时不定期检查。因为检查台账上一家企业每年只留了三次检查填写的空格，所以就只填写了三次，没有严格依据规定按照季度记录。不定期检查一般就记录在一张纸上，没有记录到台账的就扔掉了。

2. 证人刘×的证言：其于2006年到张镇水务所工作，系专职司机，2011年或2012年其调到水务办公室，仍然负责开车，其不清楚张×1等人查水表的情况，每次都是开车送他们到用水户处，其不下车。

3. 证人高×的证言：其于2008年到张镇水务所从事水闸看管工作，刘×生病期间，其在节水事务办公室工作大概半年，主要工作就是和张×1一起检查水表和铅封，在杨×1到水务所工作之前都是其和张×1去检查的。检查时张×1说去哪家查就叫上高×，二人下户去机井查水表，看水表指针是否正常运转，看铅封是否断裂。如果水表指针没有正常运转就让用水户将水打开，看指针是否正常运转，如果还没有正常运转就由张×1处理。其没有和张×1去过娃哈哈公司检查水表，因为娃哈哈公司的水表在什么位置其都不知道。

4. 证人胡×的证言：其于2010年7月到张镇水务所管理的顺三源节水技术中心工作，其在参加水位测量时和张×1一起搭车去过管户单位，但是没有参与检查管户水表，未去过管户机井现场，其不清楚张×1如何查的水表。

5. 证人杨×1的证言：其于2013年3月底到张镇水务所水务办公室工作，主要负责日常水表检查、水务执法、水务稽查等。当时水务办公室还有三个人，包括张×1、曾×和刘×。张×1是水务办公室组长，具体负责水务检查等、做领导安排的具体工作，曾×负责收水费，刘×是专职司机。杨×1到水务办公室后和张×1一起下户检查。检查基本流程为，在管户单位工作人员带领下到水表位置，首先看铅封有没有没断，看完用手摸一下。然后看水表是否正常运转，如果当时管户在用水，可以直接看出来，如果没有用水，让对方将水打开再看。最后看是否有未过水表的水管存在。

6. 证人曾×的证言：其系张镇水务所水务办公室内勤，负责水费收取，刘×是专职司机，苏×、张×1、杨×1是外勤，负责下户检查。苏×于2012年5月被借调后由张×1负责下户检查，2013年上半年杨×1来了以后也负责这项工作。外勤的主要工作是查水表和铅封、与用水户签订用水协议、发现问题及时解决等。外勤下户检查时有台账记录，一般谁检查谁填写。外勤检查完以后所记录的水表数据与用水户向曾×上报的数据需要进行比对，曾×将相应的材料提供给外勤进行比对。

7. 证人杨×2的证言：其于2011年至2013年10月在张镇水务所担任副所长，主管办公室和水务办公室。水务办公室主要工作是节水宣传、水费收缴、农民用水协会等工作。水费收缴包括水费票据开具、下户检查两部分。下户检查包括水表读数确认记录、水表运转情况检查、水表铅封检查、水表读数比对等。对用水户的检查固定检查二至三个月一次，还有随机不定期抽查。检查均有记录。下户检查水表的具体操作是找企业有关人员去水井，查看水表读数、看水表是否正常运转、检查铅封是否完好、铅封的铜丝是否完好等。下户检查开始是苏×负责，张×1来了之后和苏×一起去，2012年5月，苏×走了以后由张×1负责，2013年上半年左右开始杨×1和张×1一起下户检查。杨×1来之前张×1和刘×负责下户查水表，刘×在2012年年底、2013年年初休息了大约两个月，其间，张×3让高×、胡×去和张×1一起查水表。张×1未反映过娃哈哈公司水表运转存在问题。

8. 证人张×3的证言：其于2012年至2014年2月担任张镇水务所正所长，主要负责所里面全面工作，包括水务、河道管理，政工工作等。2012至2013年上半年，张镇水务所水务办公室包括张×1、曾×、刘×三个人。张×1负责整个办公室的全面工作和水务具体工作，包括出外勤检查用水户水表等；曾×是会计，负责征收水费，不出外勤；刘×是专职司机。检查水表的具体流程是去用水户水井检查水表是否正常运转，铅封是否损坏等。外勤进行水务检查没有具体规定，但是基本要求是必须两人进行，到现场进行水表数字登记，检查水表是否正常运转，铅封是否损坏等。检查台账应该由外勤在检查后及时填写，填写的依据是用水户用水的具体情况、水表反映的具体数据和水表的具体状况。

9. 证人石×的证言：其系顺义区水务局节水事务办公室主任，该部门出具的“顺义区水务局关于2011年至2013年期间水费收缴管理情况的说明”中“各收费单位采取定期查表开缴费单。现场查表要求收费单位两名工作人员同时到场检查，填写《自备井用水单位水表检查表》，用水单位人员签字确认”的内容没有相关文件依据，都是在工作中约定俗成的，在具体操作中也是这么要求执行的。

10. 证人张×2的证言及辨认笔录：其在娃哈哈公司通过调水表盗窃地下水。2011年9月左右其开始负责公司水务工作，此前就有人打开水表调读数，其接手时铅封已经坏了，但是水表是正常运转的。如果认真看的话，肯定能够看出铅封有问题，因为铜丝已经被拨过很多次。水表原来应该有两块铅封，水管上一个、表盖一个，但是水管上的铅封在其接手时就已经没有了。水务所的人根本就不检查或者不认真检查，有时候来娃哈哈公司就在办公室坐着抽烟，让公司人员报数然后他们记录，开完票就走了。有时候看水表也就是扫一眼，根本就不认真看。水表铅封有问题很明显，只要看肯定能够看出来。水务所的人每次去水井看表就一个人去，如果来的人多就都在车上坐着，根本不下车。每次都是一个人到办公室，让张×2报一个数，他们一记就走了。张×2就报300多吨，水务所没有人怀疑。2011到2012年水务所的人查过水表，后来一段时间后就没有人来查。2012年其见过水务所的人一两次，他们就是看水表的读数，其不知道他们是否将水表的读数记下来。每次检查张×2都在场，查水表的人一个姓苏，一个姓张。

经其辨认，张×1系曾到娃哈哈公司检查水表的张镇水务所工作人员小张。

11. 被告人张×1的供述：其于2011年9月到张镇水务所水务办公室工作，2012年5月担任张镇水务所水务办公室负责人，工作职责是负责辖区三个镇的用水户管理和用水指标发放，配合水务局对用水不规范的用户进行执法，还有日常执法。辖区内用水单位和个人的水资源费和污水处理费收取是水务办公室的职责，有专人负责收费。娃哈哈公司是其管户，2012 年 5 月至 2013 年 4 月期间，其到该企业查过水表，一般联系张 ×2，检查中未发现水表及铅封异常。2012 年张镇水务所《纳入管理单位水表检查台账》中莲花山滑雪场数据有两部分，上面是滑雪场数据，下面是娃哈哈公司数据，其接手的时候就这样写，其认为这么写是因为这两家企业共用一口水井。整本台账“检查 2”和“检查 3”栏都是其手写的。台账中的数据是其去单位查表得来的。

12. 北京市人民检察院技术处出具的文件检验鉴定书：证明送检 2012 年《纳入管理单位水表检查台账》中编号为 615341，单位名称为北京莲花山滑雪场有限公司的“检查 2”、“检查 3”栏内的 4 处“正常”字迹及送检 2013 年《纳入管理单位水表检查台账》中编号为 615341，单位名称为北京莲花山滑雪场有限公司的“检查 1”栏内的 4 处“正常”字迹与张 ×1 样本字迹系同一人所写。

13. 北京东易君安会计师事务所出具的北京娃哈哈京城桶装水有限公司盗窃案专项审计报告：证明对娃哈哈公司桶装水生产量及已缴水费进行审计的情况。

14. 北京市顺义区水务局办公室出具的职工履历表、北京市顺义区水务局张镇水务所出具的证明、说明：证明张 ×1 于 2011 年 9 月到张镇水务所工作，2012 年 2 月被聘为管理岗位，2012 年 5 月任水务办公室负责人，顺义区水务局张镇水务所下设的节水事务办公室与水务办公室为同一部门。

15. 北京市顺义区水务局提供的组织机构代码证复印件：证明北京市顺义区水务局为机关法人。

16. 北京市顺义区水务局提供的顺义区水资源局关于划定基层水务管理单位管辖区域及工作职能的通知、北京市顺义区水务局张镇水务所提供的张镇水务所工作职责和工作制度复印件：证明张镇水务所管辖范围、工作职能及该所各部门职责的情况。

17. 北京市顺义区水务局出具的顺义区水务局关于 2011 至 2013 年期间水费收缴管理情况的说明（附：《自备井用水单位水表检查表》）：证明顺义区节水事务中心、水务段所负责征收全区自备井水资源费和污水处理费，节水事务中心工作人员、水务段所的节水事务办公室工作人员收费、查表。2011 至 2013 年各收费单位采取定期查表开缴费单。现场查表要求收费单位两名工作人员同时到场检查，填写《自备井用水单位水表检查表》，用水单位人员签字确认。各收费单位均有收费、查表制度。

18. 北京市顺义区水务局张镇水务所提供的水资源费、污水处理费收缴协议书：证明 2010 年 4 月 6 日娃哈哈公司与张镇水务所签署收缴协议的情况。

19. 北京市顺义区人民检察院出具的扣押财物、文件清单，返还财物、文件清单（附：2011—2013 年纳入管理单位水表检查台账）：证明侦查机关扣押张 ×1 持有的硬盘、水务普查笔记本、检查台账，后将硬盘、水务普查笔记本发还持有人。

20. 北京市顺义区水务局张镇水务所提供的娃哈哈公司缴费明细、一般缴款书：证明娃哈哈公司 2010 年 4 月至 2013 年 4 月上报用水量及缴纳水费的情况。

21. 北京市顺义区水务局张镇水务所出具的娃哈哈公司案发生后水费补缴情况说明：证明娃哈哈公司案发生后，该单位于 2013 年 4 月更换水表，于 2013 年 7 月 3 日进行水费补缴，补缴水资源费 486420 元，污水处理费 13619.76 元，共计 500039.76 元。

22. 北京市顺义区人民检察院反渎职侵权局出具的到案经过：证明 2014 年 10 月 15

日 17 时许，张 ×1 在亲属陪同下到顺义区人民检察院，反渎职侵权局依法对其传唤，同日采取取保候审强制措施。

23. 北京市公安局杨镇派出所出具的身份信息：证明张 ×1 的身份情况。

24. 刑事判决书：证明张 ×2 因盗窃罪被判处刑罚的情况。

本院认为：被告人张 ×1 作为国家机关工作人员，未正确履行职责，玩忽职守，致使国家利益遭受重大损失，其行为侵犯了国家机关的正常管理活动和秩序，已构成玩忽职守罪，应予惩处。北京市顺义区人民检察院对被告人张 ×1 犯有玩忽职守罪的指控事实清楚，证据确实、充分，罪名成立。关于辩护人所提张 ×1 的行为给国家造成的经济损失应认定为约 101.4 万元的意见，经查，审计报告对娃哈哈公司用水量及实际缴纳水费情况进行了逐月统计，故 2012 年 5 月至 2013 年 4 月期间张 ×1 的行为给国家造成的经济损失应依据审计报告的统计结果逐月累计计算，即 120 余万元，辩护人提出的计算方法无事实依据，本院不予采纳。鉴于被告人张 ×1 当庭认罪悔罪，部分经济损失已经得到挽回，辩护人相关辩护意见本院予以采纳，依法对被告人张 ×1 从轻处罚并适用缓刑。综上，依照《中华人民共和国刑法》第三百九十七条第一款，第九十三条第一款，第七十二条第一款，第七十三条第二、三款，判决如下：

被告人张 ×1 犯玩忽职守罪，判处有期徒刑二年缓刑三年（缓刑考验期限，从判决确定之日起计算）。

如不服本判决，可于接到判决书的第二日起十日内，通过本院或直接向北京市第三中级人民法院提出上诉。书面上诉的，应当提交上诉状正本一份，副本一份。

审 判 长　曹　咏

人民陪审员　孙长河

人民陪审员　张玉芹

二〇一五年八月二十八日

书 记 员　刘　月

刘某甲、刘某乙玩忽职守二审刑事裁定书

河北省沧州市中级人民法院

刑事裁定书

（2015）沧刑终字第 00087 号

原公诉机关：河北省任丘市人民检察院。

上诉人（原审被告人）：刘某甲，中共党员。2007 年 1 月至 2010 年 2 月任任丘市水务局水政监察大队大队长，现任任丘市城乡供水总公司党组书记。2013 年 12 月 4 日因涉嫌犯玩忽职守罪被任丘市人民检察院取保候审。

上诉人（原审被告人）：刘某乙，中共党员。2010 年 2 月至 2012 年 5 月任任丘市水务局水政监察大队大队长，现任任丘市水务局石油产品经营公司经理。2013 年 12 月 4 日因涉嫌犯玩忽职守罪被任丘市人民检察院取保候审。

上诉人（原审被告人）：杨某，现任任丘市水务局水政监察大队大队长。2013 年 12 月 4 日因涉嫌犯玩忽职守罪被任丘市人民检察院取保候审。

上诉人（原审被告人）：毛某，中共党员。2008 年 10 月至 2011 年 3 月任任丘市水务局水政监察大队副大队长，现任任丘市水务局水资源办公室副主任。2013 年 12 月 4 日因涉嫌犯玩忽职守罪被任丘市人民检察院取保候审。

上诉人（原审被告人）：尹某，中共党员。现任任丘市水务局水政监察大队副大队长。2013 年 12 月 4 日因涉嫌犯玩忽职守罪被任丘市人民检察院取保候审。

河北省任丘市人民法院审理河北省任丘市人民检察院指控原审被告人刘某甲、刘某乙、杨某、毛某、尹某犯玩忽职守罪一案，于 2014 年 12 月 25 日作出（2014）任刑初字第 729 号刑事判决。原审被告人刘某甲、刘某乙、杨某、毛某、尹某不服，提出上诉。本院依法组成合议庭，经过阅卷、讯问上述上诉人，认为事实清楚，决定不开庭审理本案。现已审理终结。

原判认定：2003 至 2010 年期间，任丘市近十个房地产开发商在未取得取水许可证等相关许可证件的情况下非法开采地热井 21 口，非法取用地热水用于所建商品住宅小区供暖，造成国家地热水资源的大量流失。刘某甲、刘某乙、杨某、毛某、尹某在任任丘市水务局水政监察大队负责人期间，未对以上开发商进行有效制止，导致国家地热水资源大量流失，使公共财产遭受重大损失。其中 14 口地热水井，在刘某甲任职期间损失地热水 352150 立方米，刘某乙任职期间损失地热水 515750 立方米，杨某任职期间损失地热水 281070 立方米，毛某任职期间损失地热水 518850 立方米，尹某任职期间损失地热水 529820 立方米。

原审法院认为，被告人刘某甲、刘某乙、杨某、毛某、尹某在任任丘市水务局水政监察大队正（副）大队长一职期间，对任丘市辖区内非法存在的 21 口地热水井没有进行有效制止，导致地热资源大量流失，给国家造成重大损失，其行为均已构成玩忽职守罪，公诉机关指控的主要犯罪事实和罪名均成立。辩护人提交的证据，证实庆丰小区、隆佳小区、一中小区、梅园小区已经办理取水许可证，因此起诉书指控所涉及该四个小区地热井出水量应予扣减。鉴于五名被告人在任职期间已经对部分热水井主作出行政处罚，可认定犯罪情节轻微。中央机构编制委员会办公室关于矿泉水、地热水管理职责分工问题的通知（1998 年 12 月 16 日中编办发 14 号）规定，开采已探明的矿泉水、地热水由水行政主管部门在统一地表水与

地下水的资源状况和生活用水、农业用水、工业用水的实际需要的基础上，先办理取水许可证，确定开采限量。《河北省地热资源管理条例》第十二条规定，开采已探明的热水型地热资源，采矿权申请人应当先向县级以上人民政府水行政主管部门申请取水许可证，再向省人民政府地质矿产行政主管部门申请采矿权。上述通知以及条例规定了水务部门的职责范围，而本案所涉部分住宅小区在未办理取水许可证的情况下非法开采，负有巡察并对违法行为进行查处职责的各被告人，在任职期间未对以上行为进行有效制止，造成国家资源大量流失，致使国家和人民利益遭受重大损失，其行为均已构成玩忽职守罪，辩护人的辩护意见不予采纳。依照《中华人民共和国刑法》第三百九十七条第一款、第三十七条，《最高人民法院、最高人民检察院关于办理渎职刑事案件适用法律若干问题的解释（一）》第一条第（四）项的规定，以被告人刘某甲、刘某乙、杨某、毛某、尹某犯玩忽职守罪，判处免予刑事处罚。

上诉人（原审被告人）刘某甲、刘某乙、杨某、毛某、尹某上诉提出，其均不具有查处、制止非法存在的地热井的法定职责；水行政主管部门已对部分非法地热井做出过处罚，地质矿产主管部门也对部分地热井收取了矿产资源补偿费，没有造成重大损失，各上诉人无罪。

经二审审理查明的事实与一审认定事实一致，本院对经一审法院开庭举证、质证的证据予以确认。

关于原审被告人刘某甲、刘某乙、杨某、毛某、尹某的上诉意见。经查，根据国务院 2006 年 4 月 15 日颁布实施的《取水许可和水资源费征收管理条例》第二条，河北省政府 2006 年 11 月 1 日颁布实施的《河北省地热资源管理条例》及中央机构编制委员会办公室关于矿泉水、地热水管理职责分工问题的通知（1998 年 12 月 16 日中编办发 14 号）的相关规定，县级水行政主管部门对本辖区的地热水资源的开发和利用负有监督管理责任。根据《取水许可和水资源费征收管理条例》第四十九条的规定，县级以上地方人民政府水行政主管部门对未取得取水申请批准文件擅自建设取水工程或者设施的，有权责令其停止违法行为，组织拆除或封闭逾期不拆除或者不封闭的取水工程或者设施。而本案所涉部分住宅小区在未办理取水许可证的情况下非法开采，负有巡察并对违法行为进行查处职责的各上诉人，在任职期间未对以上行为进行有效制止，致使国家和人民利益遭受重大损失，地质矿产主管部门对部分地热井收取矿产资源补偿费的行为，亦不能排除各上诉人的法定职责。各上诉人的行为均构成玩忽职守罪。故上诉人的上诉意见，本院不予采纳。

本院认为，上诉人刘某甲、刘某乙、杨某、毛某、尹某在任任丘市水务局水政监察大队正（副）大队长一职期间，对任丘市辖区内非法存在的 21 口地热水井没有进行有效制止，导致地热资源大量流失，给国家造成重大损失，其行为均已构成玩忽职守罪。鉴于五名上诉人在任职期间已经对部分热水井主作出行政处罚，可认定犯罪情节轻微。原判认定事实清楚，证据确实、充分，适用法律正确，定罪准确，量刑适当。审判程序合法。上述上诉人的上诉意见，经查均不能成立，本院不予采纳。依照《中华人民共和国刑事诉讼法》第二百二十五条第一款第（一）项、第二百三十三条之规定，裁定如下：

驳回上诉，维持原判。

本裁定为终审裁定。

审　判　长　　左书元
审　判　员　　张战洪
代理审判员　　赵长波

二〇一五年三月十六日

书　记　员　　刘永智

陈某甲滥用职权罪一审刑事判决书

广东省广州市中级人民法院

刑事判决书

（2016）粤 01 刑初 157 号

公诉机关：广东省广州市人民检察院。

被告人：陈某甲，中共党员，原系广州市水务局副局长，住广州市天河区。因涉嫌犯受贿罪于 2015 年 10 月 1 日被刑事拘留，同月 15 日被逮捕。现羁押于广州市第一看守所。

辩护人：朱永平、劳静珊，广东大同律师事务所律师。

广东省广州市人民检察院以穗检公二刑诉〔2016〕45 号起诉书指控被告人陈某甲犯滥用职权罪、受贿罪，于 2016 年 3 月 15 日向本院提起公诉。本院依法组成合议庭，公开开庭审理了本案。广东省广州市人民检察院指派检察员方健出庭支持公诉，被告人陈某甲及其辩护人朱永平、劳静珊到庭参加诉讼。本案现已审理终结。

广东省广州市人民检察院指控：

（一）滥用职权罪的犯罪事实：2011 至 2012 年间，被告人陈某甲利用担任广州市水务局副局长的职务便利，在获悉李溪拦河坝二期工程即将开工建设的信息后，违反招标投标的相关规定，将该信息透露给广东嘉禹建设工程有限公司的郑某甲，并违规介绍李溪拦河坝业主单位李溪管理处主任廖某乙与郑某甲认识，让其透露更多招标投标信息和设置的招标投标条件。郑某甲在获悉李溪拦河坝二期工程（亦称李溪拦河坝加固改造工程）的招标投标信息后，寻找多家符合条件的企业有针对性地对该工程进行围标，最后由广州市水电建设工程有限公司（简称市水电建设公司）中标该工程。由于被告人陈某甲违反招标投标的有关规定，导致郑某甲在投标李溪拦河坝二期工程过程中进行围串标活动，严重影响了招标投标程序的公平和公正。

2009 至 2014 年间，被告人陈某甲利用担任广州市水务局副局长的职务便利，多次帮助其弟弟陈某丙和许某丙挂靠的山东临沂水利工程总公司中标相关工程。2009 年中，被告人陈某甲在获悉从化市黎塘河“一河两岸”整治第一期工程招标投标情况后，违反招标投标的相关规定，将该信息透露给许某丙和陈某丙，并违规让从化市水务局局长冼某生在招标投标中给予关照。最终山东临沂水利工程总公司中标该工程。2013 年底，被告人陈某甲向广州市水务局下属单位广州市水利科学研究所推荐山东临沂水利工程总公司，要求两公司组成联合体投标 2014—2015 年度珠江堤岸防护工程维修养护项目，并最终由该联合体中标。由于被告人陈某甲违反招标投标的有关规定，导致陈某丙、许某丙在在投标从化市黎塘河“一河两岸”整治第一期工程、珠江堤岸防护工程维修养护项目中进行串标活动，严重影响了投标程序的公平和公正。2015 年 2 月 13 日，许某丙因串通投标罪被荔湾区公安分局刑事拘留，现案件正处于审查起诉阶段。

（二）受贿罪的犯罪事实：2011 至 2012 年间，被告人陈某甲利用担任广州市水务局副局长的职务便利，为广东嘉禹建设工程有限公司大股东郑某甲投标李溪拦河坝二期工程建设项目以及工程进度款支付等方面提供帮助，并分三次收受了郑某甲贿送人民币共计 170 万元。

2010 至 2012 年间，被告人陈某甲利用担任广州市水务局总工程师、副局长的职务便利，为其弟陈某丙与工程承包商许某丙合伙的施工队在承接从化市黎塘河“一河两岸”整治第一期工程以及其工程款支付、承接珠江堤岸防护维修养护项目方面提供帮助，事后分多次收受了许某丙通过陈某丙贿送的人民币共计 43 万元。

2007 年，被告人陈某甲利用担任广州市水务局总工程师的职务便利，为从事水利工程的老乡林某丙在其承包的珠江堤岸整治工程的工程尾款回收方面提供帮助，并收受了林某丙贿送的人民币共计 3 万元。

为证实上述指控，公诉机关向法庭出示了被告人陈某甲的任职资料，相关工程的招标文件资料，证人徐某戊、廖某乙、郑某甲、陈某丙、林某丙等人的证言，被告人陈某甲的供述和辩解等证据，认为被告人陈某甲无视国家法律，身为国家工作人员，滥用职权，致使国家利益遭受重大损失；利用职务便利，收受他人贿赂，为他人谋取利益，根据《中华人民共和国刑法》第三百九十九条、第三百八十五条的规定，应当以滥用职权罪、受贿罪追究其刑事责任。提请本院依法判处。

被告人陈某甲对公诉机关指控其犯受贿罪不持异议，但辩称：其仅介绍郑某甲与业主单位领导认识，并没有透露信息给郑某甲，也没有指使郑某甲在投标过程中围标串标，不构成滥用职权罪。其收受陈某丙的 43 万元并非贿赂款，而是陈某丙为了支持其购买家具给予的赞助费，其与陈某丙之间不存在请托事项，该款项为兄弟之间的往来款。其没有向郑某甲索贿，且收受郑某甲的贿赂款不超过 150 万元。其有自首、退赃情节。综上，请求对其从宽处罚。

被告人陈某甲的辩护人发表以下辩护意见：

（1）陈某甲不构成滥用职权罪。在指控陈某甲构成滥用职权罪的三个项目中，陈某甲均没有行使职权的行为。陈某甲 2013 年 4 月才分管工程招标投标工作和指导市水务工程招标投标管理办公室，在从化黎塘河项目以及李溪拦河坝项目中，均没有管理与指导招标投标工作的职权，而珠江堤岸防护工程维修养护项目中陈某甲只是给下属单位广州市水利科学研究所介绍推荐联合投标企业，并不存在使用职权情况。所指控的三个项目均没有致使国家利益遭受重大损失。

（2）陈某甲收受陈某丙的 43 万元并非贿赂款，而是兄弟之间的往来款，其主观上并不知道该款项是许某丙或陈某丙送的行贿款。

（3）陈某甲第二次收受郑某甲 100 万元现金的证据存疑，一个礼品袋不可能装得下 100 万元现金，应依法不予认定。

（4）陈某甲主动向纪检部门如实供述自己的罪行，具有自首情节；此外，陈某甲积极退赃，认罪态度较好，是初犯。

综上，请求对被告人陈某甲从轻、减轻处罚。

经审理查明：2007 至 2013 年间，被告人陈某甲利用其担任广州市水务局总工程师、广州市水务局副局长等职务便利，为郑某甲、许某丙、陈某丙、林某丙等人承包水利工程、收取工程进度款等事项提供帮助，收受郑某甲、许某丙、陈某丙、林某丙等人贿送的款项共计 216 万元人民币。具体分述如下：

（一）2011 年至 2012 年间，被告人陈某甲利用其担任广州市水务局副局长的职务便利，为广东嘉禹建设工程有限公司大股东郑某甲承接李溪拦河坝二期工程建设项目、收取工程进度款等事项提供帮助，分三次收受了郑某甲贿送的人民币共计170万元。

（二）2010年至2013年间，被告人陈某甲利用其担任广州市水务局总工程师、副局长的职务便利，为其弟陈某丙与工程承包商许某丙合伙投标承接从化市黎塘河“一河两岸”整治第一期工程、珠江堤岸防护维修养护项目等工程以及收取工程进度款等事项提供帮助，分多次收受陈某丙经手贿送的人民币共计43万元。

（三）2007年，被告人陈某甲利用其担任广州市水务局总工程师的职务便利，为从事水利工程的老乡林某丙在其承包的珠江堤岸整治工程的工程尾款回收方面提供帮助，并收受了林某丙贿送的人民币3万元。

案件审理过程中，被告人陈某甲通过其家属退缴赃款人民币173万元。

上述事实，有经庭审举证、质证，并经法庭认证的下列证据予以证明：

第一组：综合证据。

1. 立案决定书、破案报告、广州市纪委关于广州市水务局原副局长陈某甲到案情况的说明等书证，证实：本案立案、破案以及被告人陈某甲到案情况。广州市纪委在提前掌握被告人陈某甲涉嫌受贿的犯罪线索后，将陈某甲带走进行调查，被告人陈某甲在调查期间如实供述了自己的罪行。

2. 被告人陈某甲的户籍资料、任职资料包括干部履历表、干部任免审批表、市委组织部任职通知、水务局领导分工通知等书证，证实：被告人陈某甲的身份情况。陈某甲于2006年11月起担任广州市水务局总工程师、党委委员；2007年12月起担任广州市水务局总工程师、党委委员，分管工程技术审查与工程建设、质量监督、工程竣工验收等工作，指导市流溪河流域管委会办公室、建设管理处等；2009年8月起担任广州市水务局副局长、党委委员，分管安全生产和工程招标投标、质量监督、工程竣工验收等工作，指导局总工室、综合规划处、建设管理处和市水务工程建设管理中心、市水务工程质量安全监督站、市珠江堤防管理处等工作。2013年4月16日起新增分管工程招标投标工作，并指导水务工程招标投标管理办公室工作。

3. 被告人陈某甲购买车辆、房屋的合同及支付凭证，证实：陈某甲购买车辆、房屋的付款情况。

4. 证人黄某乙的证言，证实：其系陈某甲妻子。2010年至2013年间，陈某甲在家庭购买汽车，购买家具、家电以及房屋装修等消费中有直接使用过大额现金的情况。

5. 被告人陈某甲的供述和辩解，证实：其2006年11月至2007年12月任广州市水务局总工程师、党委委员；2007年12月至2009年8月，任广州市水务局党委委员、总工程师；2009年8月至案发，任广州市水务局副局长。其利用担任广州市水务局副局长的职务便利，在李溪拦河坝二期工程招标投标及施工过程中违规为郑某甲、徐某己提供帮助，事后收受郑某甲、徐某己所送的170万元人民币，对所收170万元钱将交给组织处理，请组织宽大处理。在水利工程上为其弟弟陈某丙和许某丙提供帮助，事后还收了陈某丙43万元人民币。其收受的钱没有存到银行，都被用掉了。

第二组：收受郑某甲170万元贿赂款的证据。

6. 李溪拦河坝灌区管理处出具的李溪拦河坝加固改造工程资料，包括李溪拦河坝加固改造工程招标前的规划、方案批复文件，招标公告、招标文件、施工承包合同、工程进度说明、资金支付情况等书证，证实：李溪拦河坝加固改造工程是经相关部门研究同意实施的工程，需公开招标。最后中标人为广州市水电建设工程有限公司。目前正在进行竣工验收前的准备工作。

7. 中标通知书，证实：2011年9月22日，广州市水电建设工程有限公司中标李溪拦河坝加固改造工程，中标价为人民币6588.68万元。

8. 李溪拦河坝加固改造工程施工招标公告、投标人情况，证实：李溪拦河坝加固改造工程于2011年7月发布招标公告，甘肃省水利水电工程局、广州市水电建设工程有限公司等是投标人。

9. 广州市水电建设工程有限公司招标文件、李溪拦河坝加固改造工程相关收入、支出资料等书证，证实：广州市水电建设工程有限公司投标李溪拦河坝加固改造工程报价6588.68万元，中标后的收入情况。

10. 广东嘉禹建设工程有限公司工商资料，证实：广东嘉禹建设工程有限公司股东是郑某甲、徐某己、林某乙，郑某甲占58%股份，注册资金2000万元，主营项目为房屋建筑业。

11. 证人郑某甲的证言，证实：其是2004年开始在广州做水利工程的，广东嘉禹建设工程有限公司大约是2009年成立的，股东有林某乙、郑某甲以及徐某己，其是最大的股东。其和一些老乡吃饭时认识陈某甲。在承接广州水务局下属单位李溪拦河坝灌区管理处的李溪拦河坝二期工程过程中，陈某甲帮了忙并收取了相当于工程总额2.5%的贿赂，共计人民币170万元。2011年上半年，听说李溪拦河坝要拆除重建。之后有一次和陈某甲在华威达酒店吃饭时，陈某甲提到李溪拦河坝要拆除重建，马上就要招标，建议其去投标这个工程。过了一段时间，陈某甲就约了李溪拦河坝灌区管理处的廖主任一起在广州麓湖路的正大方圆酒家吃饭，其也在场。吃饭时，廖主任介绍了李溪拦河坝二期工程的有关情况、工程造价、工程量、工程要求。其跟廖主任表达了想做李溪拦河坝二期工程的意思，陈某甲也提出希望廖主任能帮忙。廖主任就说他尽力帮忙，但招标投标是有相关规定的，不能随便设置招标条件，但可以提高投标报名的门槛，减少竞争的施工企业。其跟陈某甲和廖主任提议，让具体负责招标投标的徐某己和廖主任联系，商谈如何投标的事，他们两人都同意了。之后，就让徐某己联系陈某甲、廖主任商谈投标的事。因为广东嘉禹建设工程有限公司不够资质去投标，只能借有资质公司的资质投标，当时就找广州市水电建设工程有限公司的老总陈某甲，希望借他的公司资质用一下，陈某甲说市水电建设公司要施工业绩，一定要自己去投标，希望在投标的时候能够配合他，尽量让市水电建设公司中标，中标后工程可以承包给其公司的工程队做，水电建设公司收管理费。其听后就同意了。之后，徐某己又借了其他的符合招标条件的公司去参与投标。2011年下半年，李溪拦河坝加固改造工程开始招标，招标公告设置的条件跟徐某己和廖主任他们谈的差不多，其邀请的公司和市水电建设公司都参与了投标，最后该工程由市水电建设公司中标。中标后，市水电建设公司将工程转包给了嘉禹公司的工程队做。李溪拦河坝加固改造工程总造价是6400万元左右，闸门等金属设备和信息化工程都分包了出去，接了工程后就立即开工了。开工后过了一段时间，有一天陈某甲约其吃饭，吃饭期间他提出他想要工程总额2.5%的回扣，其同意了。回来后分别跟公司搭档林某乙和徐某己说了。2011年底的一天晚上，其约了陈某甲一起在天河区石牌华威达酒店吃饭，吃饭时对陈某甲表示了感谢，饭后让徐某己持陈某甲的钥匙把事先准备好的60万元人民币现金和一些烟、茶放到了陈某甲的车上。2012年年中的一天，陈某甲约其在麓湖路的正大方圆酒家吃饭，其跟陈某甲说工程没有结算，而且在施工时，有些项目在设计图上是有的，但预算里没有，工程队也做了这些漏掉的项目，这些钱没有按进度支付给他们，希望陈某甲能够帮忙协调一下。陈某甲也表示理解，答应帮助协调。饭后，临走时，在停车场其将事先准备好的100万元人民币和一些烟茶放在陈某甲的车上，陈某甲没有推辞就收下了。2012年底的一天，陈某甲约其在华威达酒店吃饭，吃饭时其跟陈某甲说李溪拦河坝改造工程还没有结算，陈某甲答应尽力帮忙。饭后临走时，其将事先准备好的10万元人民币和一些烟茶拿给他，陈某甲收了下来就开车走了。这以后就没有再和陈某甲见面，也没有再送钱给他。送钱给陈某甲是因为他是广州市水务局副局长，在承接李溪拦河坝加固改造工程时，陈某甲帮了忙，其次市水电建设公司在中标后愿意把工程转给其公司做，也是因为陈某甲的关系，最后，工程款催收方面也需要他帮忙协调过。

12. 证人徐某己的证言，证实：其系广东嘉禹建设工程有限公司副经理，负责日常经营，主要是管理有关水利工程投标工作。李溪拦河坝加固改造工程部分由其公司承建。这个工程是2009年底开始招标的，郑某甲让其找甘肃水利水电工程局，以这个公司名义参与投标，当时有很多公司参与投标，最终结果是广州市水电建设工程有限中标，之后郑某甲找广州水电公司协商，结果是其公司负责这个工程的土建部分，其公司指派罗某施工队去做。2010年初，郑某甲让其去天河华威达酒店吃饭，一起吃饭的还有广州市水务局副局长陈某甲。吃完饭后，郑某甲拿了两个礼品袋给其，让其用陈某甲的车钥匙把东西放在陈某甲的车上，里面具体装的什么东西不清楚。

13. 证人廖某乙的证言，证实：其系李溪拦河坝管理处主任。广州市李溪拦河坝灌区管理处主要是对大坝和灌区进行建设、日程维护和功能管理，其作为主任，负责该处的全面工作。大约2011年上半年，广州市水务局规划要对李溪拦河坝进行加固改造工程，项目的概算总投资大概8000多万，由市财政拨款，业务单位是李溪拦河坝灌区管理处。在该项目进行招标投标前的一段时间，大约在2011年下半年的一天，时任广州市水务局副局长的陈某甲约其去麓湖路旁边的正大方圆酒家吃饭，同席的还有某建筑公司的郑某甲、徐某己。陈某甲说郑甲乙和徐某己是他老乡，做水利工程很多年了，很有实力，这次想参与李溪拦河坝加固改造工程，请其帮忙关照一下，把工程招标投标的有关情况介绍一下，如果今后中标了，请其在施工过程中给予关照。于是其就答应了陈某甲的要求，把工程招标投标的有关情况和信息介绍给郑某甲和徐某己，并答应如果今后中标了，会在施工中给予关照。大概2011年9月左右，经过评标，广州市水电建设工程有限公司中标该项目，但是水电建设公司和郑某甲、徐某己他们之间怎么合作的不清楚，水电建设公司的姚某甲负责工程管理，具体现场施工的负责人是罗某。在施工过程中陈某甲也很关心这个项目施工的进度，经常会到现场检查工作。

14. 证人胡某的证言，证实：2013年5月起其担任李溪拦河坝管理处主任，主要负责行政方面的全面工作。李溪拦河坝加固改造工程于2013年11月左右完工。李溪拦河坝自建成投入使用后，没有发现什么大问题。

15. 证人姚某丙、赵某的证言，证实：2011年9月22日广州市水电建设工程有限公司中标了李溪拦河坝加固改造工程，之后郑某甲承包了这个工程，水电建设公司收取管理费。土建、劳务、钢闸门、自动化、液压启闭机项目被郑某甲以工程项目部的名义分包出去的。

16. 被告人陈某甲的供述与辩解，证实：其大概在2005年认识郑某甲，徐某已是郑某甲的表弟，跟着郑某甲一起做水利工程，都是汕头潮阳人。因为是老乡，一直有往来。2011年，李溪拦河坝加固改造工程招标投标时，其任广州市水务局副局长，分管工程建设管理处、规划处，也负责联系珠江堤岸管理办公室，市水务工程质量安全监督站等部门。李溪拦河坝加固改造工程的立项是由李溪管理处报给市水务局建管处，建管处审阅后，其就签发报市发改委审批的文件。2011年上半年，李溪拦河坝加固改造工程前期工作已基本完成，工程进入招标准备阶段。郑某甲得知了市水务局要建设李溪拦河坝二期工程的消息，并找到其，表示他公司有类似工程的施工经验，有能力承接李溪拦河坝二期工程，希望能帮忙提供工程招标信息，使他们尽早了解工程的设计要求，以便提前多收集符合招标条件的施工企业，提高中标概率。另外，郑某甲还提出让其出面约李溪拦河坝加固改造工程的业主单位李溪拦河坝灌区管理处的负责人一起出来吃饭，以详细了解工程招标情况，也便于在将来施工期间沟通顺畅。2011年下半年的一天晚上，其约了李溪管理处主任廖某乙和郑某甲一起在天河区石牌东路的华威达酒店吃饭，其向廖某乙介绍了郑某甲的情况，让他把工程有关情况向郑某甲说一下。廖某乙就介绍了一下李溪拦河坝加固改造工程的基本情况和招标准备情况，郑某甲听了后表示由于他平时只管协调工作，不管投标和施工等具体工作，希望廖某乙能和他的项目负责人徐某已面谈，廖某乙同意了。之后一天晚上，其、廖某乙、徐某已一起在麓湖的正大方圆酒家吃饭，双方商定，在招标公告中设置一些苛刻的条件，大大减少郑某甲的竞争对手数量，也利于郑某甲公司尽可能快、多地收集符合要求的企业，最终提高中标的概率。后来，在设定招标公告的内容时，其和廖某乙事先沟通了一下，就说在不违反招标投标法有关规定的情况下，对投标单位设定的条件尽量高一点。于是就定下来李溪拦河坝加固改造工程投标单位要具有水利工程施工一级资质，工程业绩4000万元以上，在广东省内有类似工程施工经验等条件。接着就是发布招标公告，接受报名，预审，投标、开标等工作，这些都是按程序进行的。最终能否中标也不是百分百的，还要看能力、运气。2011年下半年工程开标后，市水电建设公司中标。郑某甲有一天告诉其说，李溪拦河坝加固改造工程被广州市水电建设公司中标，市水电建设公司不愿把资质卖给他，但郑某甲收集的企业多，最后经过协商，同意工程具体由郑某甲的工程队施工，但市水电建设公司收取管理费，另外，闸门等金属结构工程和自动监测系统也要分包给专业公司，因此郑某甲他们实际承担的土建工程不到5000万元。工程如期开工后，2011年底的一天晚上，郑某甲约其到华威达酒店吃饭，饭后临走时，郑某甲说送一些烟酒给其，让其把车钥匙给他，其就把车钥匙给了郑某甲，然后郑某甲把其钥匙交给了徐某已，让徐某已先把礼品放在其车上。回到家，其看到车后座上有两个红色礼品袋，一个礼品袋里面是烟酒，另外一个礼品袋里面是60万元人民币现金，都是百元面额的，10万元一捆，一捆有十扎，一扎一万元，总共是六捆。当时心里有点害怕，也不想让老婆知道后担心，因此就赶紧拿回家放在了家中客房的灰白色的杂物柜里。2012年，随着工程的推进，郑某甲为尽快拿到工程进度款的事找其帮忙，其也帮他出面协调过。2012年上半年的一天晚上，郑某甲约其在广州麓湖的正大方圆酒家吃饭，饭后临走时，郑某甲放了两袋礼品在其车后座上，说非常感谢在李溪拦河坝工程上的帮忙，其当时没有推辞就收下了，回家后发现一个礼品袋里是茶叶、烟，另一个礼品袋里是100万元人民币现金，全是百元面额的，共十捆，一捆有十扎，一扎一万元，每捆就有10万元。当时心里有点怕，把钱放到了家里客房的柜子里，当时我把这 100 万元是分开来放的，记得衣柜、书柜都有放。由于金额太多，心里很害怕，不知道郑某甲为什么给这么多钱。事后也有打电话给郑某甲，说不能总这样给钱，差不多就行了，郑某甲说没什么，是按工程中标价的 2.5%给的好处费。听后才明白是怎么回事，心想反正是他自己给的，也没有跟他要，因此也就没有过于担心。2012 年下半年的一天晚上，郑某甲又约其在华威达大酒店吃饭，饭后临走时，郑某甲送了些烟酒茶等礼物，回家后我打开礼品袋后发现除了烟酒茶等礼品外，还有现金 10 万元人民币，也没多想就放在家里客房了。按照他说的比例，如果按中标价 6000 万元算，2.5%就是 150 万元，这三次总共送的 170 万元也差不多。收受的这些钱都被用掉了。

第三组：收受陈某丙和许某丙 43 万元贿赂的证据。

17. 山东临沂水利工程总公司营业执照，证实：山东临沂水利工程总公司具有一级施工资质。

18. 广州市水务局关于从化市黎塘河工程的设计批复、从化市黎塘河工程施工招标公告、从化市黎塘河工程施工合同、从化市黎塘河工程工程款相关支付凭证，证实：广州市水务局对从化市水利局的黎塘河“一河两岸”整治第一期工程的初步设计方案进行具体批复。2009 年 9 月 8 日，从化市黎塘河“一河两岸”整治第一期工程进行公开招标。2009 年 10 月 26 日，山东临沂水利工程总公司与从化市水利水电建设管理中心签订《水利水电建设工程施工合同》，由临沂公司承包从化市黎塘河“一河两岸”整治第一期工程，合同总价为 4448.11 万元。从化市黎塘河工程工程款的支付情况。

19. 证人陈某丙的证言，证实：其 2012 年到现在和许某丙合作承包了山东省临沂水利工程总公司广州分公司。许某丙也是汕头市潮阳区人，当时他在潮阳做木材生意，后来他到了广州做生意，主要是做水利工程。2008 年的一天，其和其哥哥陈某甲、许某丙一起在粤垦路的潮人食艺酒家吃饭，其和许某丙就把两人一起合作搞水利工程的事情跟陈某甲说了，想听听他的意见。陈某甲听了一开始有些担心，后来经过思考，同意了其和许某丙合作搞水利工程。一开始其没有出资，都是许某丙先垫付启动资金，有了进度款后就先把许某丙投入的钱还掉，结算扣除各种费用，剩下的就是利润，其和许某丙约定五五分成，所赚取的利润以及所承担的风险都是一人一半。其和许某丙都没有成立公司，每次搞工程都是其和许某丙找到中标的施工单位，向该施工单位缴纳相应管理费后，由许某丙找一帮老乡挂着该施工单位的名义去施工。其和许某丙一共做了八个工程，依次是：从化鳌头镇机耕路灌渠整治工程、花都李溪拦河坝下游消能工程、广州市二沙岛栏杆加固工程、从化市黎塘河“一河两岸”整治工程、海珠湿地公园工程、珠江堤岸临水设施改造工程一标段、珠江沿岸临水设施改造工程三标段、珠江沿岸防护工程维修养护项目（2014 年—2015 年）。其和许某丙一起做工程收到的分红应不到三百万元。2008 年的时候，其在网上看到从化珠江公司中标了从化鳌头镇机耕路工程，工程不大，总共才 160 多万元。其就跟许某丙去从化找珠江公司谈，通过看现场，觉得可以做，就接了这个工程。在施工过半的时候，本来应该支付的进度款却一直没有拨下来，许某丙着急了，让其去找陈某甲跟业主单位从化市水利局协调一下，希望能尽快支付进度款。于是其就先打电话跟陈某甲说了进度款的事，让他想想办法。后来陈某甲就打电话给了当时的从化市水利局局长江某兴，让江局长帮帮忙。陈某甲还把江某兴的电话号码给了其，让其直接跟他联系。江某兴说他会协调办理。之后，就收到了进度款。这个工程很小，赚的钱也不多，就没有给陈某甲好处。2009 下半年，陈某甲在工作中知道了从化市要搞黎塘河整治工程，业主单位是从化市水利局下属的从化市水利水电建设管理中心。当时业主单位想找一家资质比较强的公司施工，陈某甲就想到了许某丙、许某乙他们挂靠的山东临沂水利工程总公司资质很强，而且有做橡胶坝（黎塘河整治工程要建一座橡胶坝）经验，就将这一消息告诉了其和许某丙，让他们去投标。事先陈某甲也已和从化水利局的冼局长打了招呼，让其和许某丙直接联系、准备材料去投标就可以了。后来，其和许某丙的山东临沂水利工程总公司广州分公司果然中标。黎塘河整治工程总造价4400万元左右，工期两年，2012年年中完工，目前没有结算完，还有300多万元工程款没有拿到手。由于陈某甲在从化黎塘河整治工程中帮了忙，其和许某丙才能中标这个工程，因此在拿到进度款后，许某丙提醒其要拿一点钱给陈某甲用，算是人情费，其觉得也是应该的，就同意了。这样，随着工程不断的推进，大概在2010年至2012年期间，也就是在做黎塘河工程期间，其总共分6次送了人民币43万元给陈某甲，都是许某丙事先把钱用信封装好后，由其拿到陈某甲的家里。每次陈某甲都是客气一下就收下了。其中送20万元的那次，因为钱太多，信封不好装，其用黑色塑料袋装好拿到陈某甲家里。每次送钱的时候，都只有其两兄弟在场。通常去之前会跟陈某甲电话联系问一下嫂子在不在，不在的时候我就拿钱过去，她在就不去了。

20. 证人许某丙的证言，证实：其与陈某丙合作承包山东临沂水利工程总公司广州分公司，利用该公司去承接工程，2010年山东临沂水利工程总公司中标从化黎塘河综合整治工程，工程总共造价4000多万；2015年与广州市水利科学研究所合作“广州市珠江堤岸防护工程维修养护项目（二标段）”，工程造价700多万。上述工程由陈某丙负责投标，其不清楚细节。

21. 证人冼某生的证言，证实：其于2009年5月至2011年10月任从化市水利局局长。从化市黎塘河“一河两岸”整治第一期工程是2009年5月经市水务局批复建设的项目，批复概算金额为14191万元，包括建设及施工场地征地费5812万元左右。该项目的业主单位是从化市水利水电建设管理中心，大概是2009年9月，以从化市水利水电建设管理中心的名义对该项目进行公开招标，招标金额约5000万元。当时参与招标投标的公司大概有七八家，最后中标的是山东临沂水利工程总公司，由从化市水利水电建设管理中心与山东临沂水利工程总公司签订合同，合同金额为4448万元左右。在这个过程中，广州市水务局副局长陈某甲曾跟其“打招呼”，要其关照让其朋友的企业中标。大概是在2009年年中前后，当时从化市黎塘河“一河两岸”整治第一期工程已经批复但还没开始招标，有一次广州市水务局副局长陈某甲到从化调研工作，见面时陈某甲私下对其说，他有个姓陈的朋友的公司叫山东临沂水利工程总公司，公司负责人姓许，想做该项目，准备参与招标投标，希望给予关照，争取该企业能够中标，并说到时他会让他姓陈的朋友过去找其。过后不久的一天，山东临沂水利工程总总公司一个姓陈的和姓许的人到其办公室，并自我介绍说是陈某甲副局长介绍来的，说想参与该项目的招标投标，并说他们公司在天河曾做过一个水利项目还获过广州市的优良奖。当时其觉得姓陈的那个人长得很像陈某甲，事后才知道这个人是陈某甲的弟弟，这次见面之后，其就私下跟副局长姚某乙说市局有领导打招呼，要适当关照下山东临沂水利工程公司。另外其也专门找了水利水电建设管理中心主任钟某以及钟某手下一个叫陈文捍的工程师，跟她们说市局有领导打招呼，项目招标时要适当关照下山东临沂水利工程总公司。后来具体的项目招标投标工作是钟某和陈某乙去办的，最终开标时，确实是这个山东临沂水利工程总公司中标了。在山东临沂水利工程总公司中标后，其就打电话或者是在陈某甲再次下来调研的时候，跟陈某甲说了中标结果。这个项目的施工期间，陈某甲曾下来施工现场视察看过，大约有两三次吧，期间陈某甲说过要从化市水利局协助配合做好“施工走廊”工作，并要求我们保证项目资金的及时到位等。

22. 证人刘某的证言，证实：珠江堤坊管理处就是原来珠江堤岸防护工程办公室，属于广州市水务局下属的事业单位，其职能成立之初主要负责珠江两岸的堤防建设，2008 年左右改名珠江堤防管理处，其职能就增加了珠江两岸堤防日常维护与管理这一项工作。其担任副主任时，水务局分管领导先后是陈某甲与郑某丙。陈某甲的弟弟陈某丙经常在管理处承接工程。珠江堤岸防护工程维修养护项目（二标段）有好几个公司想做，包括广州市水电建设公司、陈某甲弟弟公司，最终是山东临沂水利工程总公司与广州市水利科学研究所联合体中标，广州市水利科学研究所主营水务工程的检测、监测工作，自负盈亏，不能独立参与招标投标，水务局的人一般也会照顾广州市水利科学研究所。工程实际上是陈某甲的弟弟在做。山东临沂水利工程总公司是陈某甲弟弟挂靠的单位。

23. 证人唐某乙的证言，证实：其 2002 年 6 月至 2015 年 4 月在广州市水利科学研究所工作，历任副所长、所长。广州市水利科学研究所原来是市水利局下属事业单位，后来在 2008 年市水利局整合成市水务局，广州市水利科学研究所就变成了市水务局下属的事业单位，自收自支。2014 年广州市水利科学研究所承接了珠办的 2014 年至 2015 年两年的珠江堤岸防护工程维修养护项目，是以联合体形式中标的，广州市水利科学研究所做测量和管理养护部分，和广州市水利科学研究所联合中标的山东临沂水利工程总公司做工程施工及维修部分，目前整个项目还未完工。这个珠江维修养护项目大约是 2013 年底招标的，项目招标公告后，其看了公告内容，有广州市水利科学研究所可做的业务，但施工这块需要联合一家建设单位一起投标，其决定让广州市水利科学研究所去参与投标。为了得到珠办的支持，有一天其找到陈某甲副局长，请陈某甲支持广州市水利科学研究所承接珠江堤岸的维修养护项目。陈某甲听后说广州市水利科学研究所资质不够，不能去投标。其表态称可以找有施工资质的单位一起去投标。陈局说可以，跟着说他有个朋友的公司资质不错，实力还挺强的，叫山东临沂水利工程总公司，让广州市水利科学研究所考虑一下。其答应了。过了几天，山东临沂水利工程总公司的人就打来电话，称想和广州市水利科学研究所联合投标珠江维修养护项目。应该是第二天，山东临沂水利工程总公司的项目经理许某丙来到其在广州市水利科学研究所的办公室进行洽谈。后决定一起合作，并联合投标，最终也顺利中标。许某丙没有说他认识陈某甲，但他应该认识陈某甲，因为山东临沂水利工程总公司就是陈某甲介绍的。他介绍给的公司也不一定要合作，双方是要谈的，能够达成合作共识就合作，达不成就不合作。

24. 被告人陈某甲的供述和辩解，证实：陈某丙是其亲弟弟，之前在老家开印染厂，2008 年金融危机的时候来广州找生意做。后来，与早年在汕头潮阳做生意时认识的许某丙取得了联系，两人在广州谈了几次后，商定一起做水利工程。许某丙是广东潮阳人，是包工头，挂靠在山东临沂水利工程总公司名下做工程。大概 2009 年的时候，有一天其和陈某丙、许某丙在粤垦路的潮人食艺酒家吃饭，他们两人提出要一起合作做水利工程，征求其意见。其经过思考，想只要自己把握好自己，坚持大的原则，不做违法违纪的事，能帮多少算多少，他们依法依规做好工程，对其应该不会有太大的影响，于是就同意了他们二人的合作，合作方式是共负盈亏。陈某丙和许某丙做过以下工程：从化鳌头镇机耕路灌渠整治工程、李溪拦河坝下游加固改造工程一期——消能防冲设施、从化市黎塘河“一河两岸”整治工程、二沙岛珠江堤岸加固工程、海珠湿地公园项目、珠江临水隐患整治工程（栏杆项目）一标段和三标段、珠江堤岸维护管养项目，但不是每一宗工程我都会出面帮他们。从化鳌头镇机耕路灌渠工程其帮过忙，印象中是其弟联系了江某兴，正好从化珠江公司中标了鳌头镇机耕路灌渠项目，江某兴就跟从化珠江公司的领导打声招呼，如果该项目还没有给其他施工队做，就转给陈某丙他们做。然后，江某兴就让陈某丙跟从化珠江公司的人联系，双方谈妥价格后，陈某丙和许某丙就接了工程，进场施工。其在从化黎塘河“一河两岸”整治工程（下称黎塘河项目）中也有帮忙。这个工程较大，中标价4000多万元，当时是向从化市水利局局长冼某生推荐了许某丙承包的山东临沂水利工程总公司，最后该公司中标了。2009年项目完成了前期工作，进入招标准备阶段，有一天，其到从化检查水利工作，新到任的从化市水利局局长冼某生汇报完工作后，提到黎塘河项目中设计有个橡胶坝，有点技术难度，问其有没有好的施工企业推荐。其就向冼某生推荐了山东临沂水利工程总公司，说是其朋友的公司。回广州市后，其就将黎塘河项目的事告诉了许某丙和陈某丙，把冼某生的电话给了陈某丙、许某丙，让他们联系冼某生。许某丙就电话联系了冼某生，并和其弟陈某丙一起去从化见了冼某生，谈了工程投标的事。后来就听陈某丙说是他们山东临沂水利工程总公司中标了。由于黎塘河项目较大，陈某丙和许某丙赚的钱多一些，于是在2010年至2012年期间，陈某丙前后6次给了其43万元人民币。陈某丙每次拿钱过来给其时，会事先打电话，如果其妻子不在，他就会过来。虽然是亲兄弟，但是陈某丙刚开始做水利工程就有项目做，完全是因为其帮忙，中标黎塘河项目后，因为工程较大，他也赚到了一些钱，就分多次送给其一些钱。2014年，珠江堤岸防护工程维修养护工程招标，要求投标单位必须要有施工资质，广州市水利科学研究所的所长唐某乙来找其，希望能够承包珠江堤防的维护方面的项目，并让其介绍有施工资质且实力较强的公司一起进行联合投标。于是其就介绍了许某丙的山东临沂水利工程总公司，后来让许某丙与唐某乙具体谈一下。

第四组：收受林某丙3万元贿赂的证据

25.证人林某丙的证言，证实：其在2005年至2006年左右承包过一期珠江堤案的维护工程，业主是珠江堤防管理办公室，工程造价八百万至九百万，最后恒家建设有限公司中标，其是该公司的项目经理，该工程大概在2006年底竣工，当时候该工程还剩20多万尾款一直到 2007 年都没有支付。当时便找在广州市水务局做总工程师的陈某甲协调。2007年一天，其约陈某甲在白云大道边的金华安大酒楼吃饭，希望陈某甲能够帮忙让其尽快收到20多万的尾款，陈某甲答应回去找珠江堤岸管理办公室的人了解下情况，饭后，其放了一个装有3万元现金的纸袋在陈某甲的车后座上。之后，陈某甲打电话告诉其，其承包的工程是珠江堤防整治工程一个项目的其中一个标段，而该项目有三个标段。由于其中一个标段因拆迁问题没解决，工程未能完成。因为项目竣工验收要求必须所有标段的工程都完成并结算，所以其承包的工程无法竣工验收，按照财务规定，没有竣工验收，工程尾款（工程造价的 5%）财政局是绝对不会批准支付的。其当时就说知道了，等工程全部完工后再说吧。

26. 被告人陈某甲的供述和辩解，证实：林某丙是做水利工程的包工头。2007年一天，林某丙约其在白云大道边的金华安大酒楼吃饭，说有些小事情想请其帮忙协调一下，由于是老乡，便答应了。吃饭时，林某丙说他早期承包过一期珠江堤岸整治工程，工程已完工很久了，而且工程结算财政局已经批复，但还有20多万元的工程尾款收不到。其答应回去找珠江堤岸管理办公室的人了解下情况，如果符合支付规定的话就尽量帮他解决。饭后林某丙放了一个纸袋在其车后座，回家后发现是现金3万元人民币。之后，就找了珠江堤岸管理处的人了解情况，原来林某丙承包的工程是珠江堤防整治工程一个项目的其中一个标段，而该项目有三个标段。由于其中一个标段因拆迁问题没解决，工程未能完成，因此他承包的工程无法竣工验收，尾款也无法支付。其把了解到的情况跟林某丙讲清楚了，并让他把3万元钱拿回去。林某丙说以后再说吧，也没有拿回3万元钱，其也没有主动送回去。

关于辩护人所提公诉机关指控被告人陈某甲收受郑某甲贿赂款的数额有误的意见，经查：

（1）陈某甲归案后，在侦查阶段共作了八堂供述，前七堂供述均对收受郑某甲170万元的事实供认不讳，直到最后一堂供述才辩解不清楚总额是150万还是170万。在本院庭审时再次辩称，其收受郑某甲贿赂款的总数应不超过150万元。虽然后期辩解更改了前期供述，但由于对供述的变化没有合理解释，且没有其他证据印证，故应当以前期的稳定供述为准。

（2）陈某甲关于收受贿赂款的供述与郑某甲关于行贿的证言相互印证。双方均证实收受贿赂共计三次，第一次是工程开工以后的2011年底的一天，地点在天河区华威达大酒店，金额60万元，由徐某已将两个礼品袋放在陈某甲的车上，其中一个礼品袋装有60万元；第二次是2012年年中的一天，地点在广州麓湖路的正大方圆酒家，金额100万元人民币；第三次是2012年下半年的一天，地点在天河的华威达大酒店，金额10万元。双方陈述的细节事实均较为一致。

（3）陈某甲和郑某甲都提到了按工程量2.5%的比例计算好处费，李溪拦河坝工程总价为6588万元，按工程量的2.5%计算为164.7万元，该数额与郑某甲实际贿送的170万元相差无几。

（4）辩方关于一个礼品袋不可能装下净重20公斤的100万元人民币现金的说法难以成立。根据日常经验，100万元约重十一、二千克，用一只礼品袋装下并非不可能。综上，本案证据足以证实陈某甲收受郑某甲的贿赂共计170万元人民币的事实，辩护人所提上述意见不能成立，本院不予采纳。

关于被告人陈某甲及其辩护人所提陈某丙所送43万元并非贿赂款的意见，经查：

（1）陈某甲在侦查阶段的几堂供述中均供称，其为陈某丙、许某丙承包水利工程提供了帮助，后分多次收受了陈某丙贿送的好处费43万元。陈某丙的前几次证言均与陈某甲的供述印证，且证实其与许某丙商量后再送钱给陈某甲。

（2）陈某甲在庭审时辩称其收受的43万元并非贿赂款，陈某丙在后期的证言中也证实该43万元并未与许某丙商量，是其作为兄弟给陈某甲的往来款。但二人的辩解与之前的说法均有矛盾，且对此矛盾没有作出合理解释，在没有其他证据印证的情况下，应当以最初的供述和证言为准。

（3）陈某甲作为水务局领导干部，与其妻均有正常收入来源，家境不差，2010年至2013年间曾先后购房、买车，并不存在需要其弟陈某丙接济的问题。

（4）陈某丙自2008年来广州工作，主要与许某丙合作承接水利工程，其从承接工程中共获利200多万元，所送的43万元即来自于黎塘河“一河两岸”整治工程的收益。而该收益正是陈某甲关照下获取的工程的非法所得。

（5）许某丙关于没有向陈某甲送钱的证言不足以构成合理怀疑。许某丙辩称其不认识陈某甲，其没有负责投标事项，没有与陈某丙合谋送钱给陈某甲。但其辩解明显不足采信。本案证据证实，陈某丙准备与许某丙合伙承建水利工程之前，两人曾与陈某甲一起吃饭，并征求陈某甲的意见，因此许某丙不可能不认识陈某甲。原广州市水利科学研究所所长证人唐某乙证实，陈某甲向某所推荐山东临沂水利工程总公司后，系许某丙跟其谈联合投标事宜；原从化市水利局局长冼某生证实当时来找他的是陈某丙和一个姓许的。因此，许某丙在承接水利工程之前即已认识陈某甲，其关于不认识陈某甲，没有商议送钱给陈某甲的陈述并不属实。综上，应当认定陈某丙送给陈某甲的43万元为贿赂款，陈某甲及其辩护人所提上述意见亦理据不足，本院不予采纳。

关于被告人陈某甲及其辩护人所提陈某甲没有滥用职权行为的意见，经查：

（1）《广州市水务局关于局领导分工调整的通知》证实，陈某甲自2013年4月起才开始分管工程招标投标工作。在此之前，并不具备工程招标方面的管理职权。

（2）李溪拦河坝项目系2011年招标投标，黎塘河“一河两岸”整治项目系2009年招标投标，因此，在这两个项目中，陈某甲并不具备招标管理职权。陈某甲介绍李溪拦河坝业主单位领导廖某乙与郑某甲认识，并要求廖某乙透露相关信息，以及向黎塘河项目的业主单位领导冼某生打招呼，要求关照山东临沂水利工程总公司，均属于利用职务便利的行为，并不属于行使职权的行为。

（3）珠江堤岸防护项目的招标投标时间发生于2013年，但从现有证据看，陈某甲仅是起到推荐介绍的作用，即推荐广州市水利科学研究所找山东临沂水利工程总公司合作，至于具体合作，则由广州市水利科学研究所与山东临沂水利工程总公司洽谈，并未体现职权干预因素，至于广州市水利科学研究所和山东临沂水利工程总公司最终中标，也未能证实系陈某甲行使职权干预的结果。因此，在珠江堤岸防护项目中，并不能证明陈某甲有滥用职权行为。综上，本案现有证据不足以证实被告人陈某甲存在滥用职权的行为，被告人及其辩护人所提上述意见有理，本院予以采纳。

关于辩护人所提被告人陈某甲构成自首的意见，经查：现有证据证实，广州市纪委系在提前掌握了陈某甲的犯罪线索之后将陈某甲带走进行调查，因此陈某甲并不具备主动投案情节，不构成自首。但由于广州市纪委仅掌握郑某甲行贿陈某甲的部分犯罪事实，本案其他受贿事实均系陈某甲归案后主动交代，该情节可以在量刑时酌情予以体现。综上，辩护人所提上述意见没有证据支持，本院不予采纳。

本院认为，被告人陈某甲身为国家工作人员，利用职务便利，为他人谋取利益，非法收受他人贿赂，数额巨大，其行为已构成受贿罪。现有证据不足以证实被告人陈某甲存在滥用职权的行为，也不足以证实郑某甲等人的围标行为与陈某甲利用职务便利行为之间具有因果关系，所涉工程亦未出现质量问题，被告人陈某甲不构成滥用职权罪。公诉机关指控陈某甲犯受贿罪的事实清楚，证据确实充分，指控的罪名成立，唯指控被告人陈某甲犯滥用职权罪的证据不足，指控的罪名不能成立，本院依法予以纠正。被告人陈某甲归案能如实供述自己的犯罪事实，其中主动交代了办案机关尚未掌握的部分受贿事实，并主动退缴赃款173万元人民币，认罪态度较好，悔罪表现明显，可酌情从轻处罚。被告人陈某甲系被办案机关带走接受调查，不具备主动投案情节，不构成自首。被告人陈某甲及其辩护人所提陈某甲具有退赃、认罪态度好等情节、可从轻处罚的意见合理，本院予以采纳；关于陈某甲系自首的意见理据不足，本院不予采纳。综合被告人陈某甲的犯罪事实、性质、情节以及认罪态度，根据《中华人民共和国刑法》第三百八十五条第一款、第三百八十六条、第三百八十三条第一款第（二）项、第六十四条、第六十七条第三款，《最高人民法院、最高人民检察院关于办理贪污贿赂刑事案件适用法律若干问题的解释》第二条第一款、第十九条之规定，判决如下：

一、被告人陈某甲犯受贿罪，判处有期徒刑五年六个月，并处罚金人民币五十万元。（刑期从判决执行之日起计算。判决执行以前先行羁押的，羁押一日折抵刑期一日，即自2015年10月1日起至2021年3月31日止。罚金自本判决生效之次日起一个月内一次性向本院缴纳。）

二、追缴被告人陈某甲的违法所得人民币二百一十六万元，依法予以没收，上缴国库。（被告人陈某甲及其家属已退缴至本院代管款账户中的赃款一百七十三万元及其利息予以抵扣；不足部分继续追缴）。

如不服本判决，可在接到判决书的第二日起十日内，通过本院或者直接向广东省高级人民法院提出上诉。书面上诉的，应当提交上诉状正本一份，副本两份。

审判长　杨梅珍
审判员　徐　兵
审判员　庞美娟

二〇一六年十一月十一日
书记员　宿腾飞

王海涛滥用职权罪、受贿罪等二审刑事判决书

山东省德州市中级人民法院

刑事判决书

（2015）德中刑二终字第12号

原公诉机关：山东省乐陵市人民检察院。

上诉人（原审被告人）：王海涛，案发前任乐陵市水务局水资源办公室主任，住乐陵市。因涉嫌犯滥用职权罪、受贿罪，于2014年4月23日被拘留，同年5月8日因涉嫌犯贪污罪、受贿罪被逮捕。现羁押于乐陵市看守所。

辩护人：李学永，山东中强律师事务所律师。

辩护人：安宗林，山东鑫士铭律师事务所律师。

山东省乐陵市人民法院审理乐陵市人民检察院指控原审被告人王海涛犯滥用职权罪、受贿罪、贪污罪一案，于2014年12月12日作出（2014）乐刑初字第95号刑事判决。原审被告人王海涛不服，提出上诉。本院依法组成合议庭，经过阅卷、讯问上诉人、听取辩护人的意见，认为事实清楚，决定不开庭审理。现已审理终结。

原审判决认定：

一、被告人王海涛在任乐陵水务局企业科科长期间，利用其收取水资源费的职务便利，于2009年5月收取山东甲房地产开发有限公司水资源费8000元，没有上交单位，非法占有后用于其个人日常消费。

二、2011年10月，被告人王海涛在任乐陵水务局企业科科长期间，利用负责山东甲房地产开发有限公司水土保持方案编报工作的便利，以收入不入账的手段，侵吞该公司支付的55000元水土保持方案编报费52310元，用于其个人消费。

三、被告人王海涛在担任乐陵市水务局企业科科长期间，负责山东甲房地产开发有限公司、山东乙家具有限公司水资源费征收，在征收2008年至2011年度水资源费过程中，利用职务之便，采取修改水资源费单据收入少入账的手段，五次共侵吞水资源费23100元，用于其个人消费。

四、从2011年12月被告人王海涛担任乐陵市水务局水资源办公室主任，2013年1月，乐陵市水务局财务科科长李某甲在用公款垫付水资源费的过程中，由会计李某乙借用被告人王海涛个人建行卡转水资源费返还款，被告人王海涛知道借用其个人卡是为了转水资源费的返还款。2013年1月22日王海涛建行卡上余额为4549.32元。2013年1月23日从水务局水资源费账户上往王海涛建行卡上两次转款共计2400154元，李某甲当日分两次取走220万元，余款200154元遗留在被告人卡上。李某甲与李某乙均不知有200154元公款遗留于王海涛个人卡上，后李某乙将建行卡返还于王海涛。王海涛知道李某乙用其银行卡后卡上多出20余万元钱，2013年2月12日分两次提取10000元，后多次连续取现、消费或转款，至2013年6月22日其卡上余额为32851.4元，被告人借用同事邱某银行卡，于2013年6月24日将30000元转移至邱某银行卡上后消费，至2013年7月28日被告人建行卡上余额为344.4元。被告人将遗留其建行卡上的200154元公款全部侵吞。

原审判决认定上述事实，有经原审庭审质证的证人证言、书证、被告人供述及辩解等证据证实。

原审法院认为，被告人王海涛利用职务上的便利，非法侵吞公款283564元，其行为构成贪污罪。公诉机关指控被告人王海涛收取山东甲房地产开发有限公司8000元水资源费之事实为受贿罪的定性不当，予以纠正。公诉机关指控被告人王海涛构成滥用职权罪，证据不足，不予支持。被告人如实供述部分犯罪事实，依法从轻处罚。根据《中华人民共和国刑法》第三百八十二条第一款、第三百八十三条第一款第（一）项、第六十一条、第六十七条第三款、第六十四条之规定，以被告人王海涛犯贪污罪，判处有期徒刑十年；赃款二十八万三千五百六十四元依法追缴。

宣判后，原审被告人王海涛不服，以“一审判决认定的贪污数额中，有200154元没有事实依据，具体理由如下：1. 对该笔款项的公款性质不明知。首先李某乙不止一次借用其该张银行卡进行公款转账，利用过后，该卡上没有遗留过一分钱公款，借卡与在卡上留钱之间没有形成必然的前因后果关系。所以其在20余天之后偶然发现卡上多出的20余万元时，其宁愿相信是天上掉下的馅饼，也不会相信这是国家机关的专业会计的失误。因此，其即使明知李某甲通过李某乙借银行卡是为了进行公款转账，也不能得出其必然知道卡上余留公款的事实。其次其银行卡与手机绑定了余额短信通知提示业务这一事实，也不能证明其对余额公款性质的明知。短信绑定服务合同虽然存在，但自身无法证明该合同已全面适当地履行，既不能证明通信公司已在银行卡信息变动的第一时间内，发送短信通知机主，更无法证明机主已确认收悉该短信，以该证据证明其明知公款性质之事实，显然属于证据不足。2. 没有主管、管理和经手该20余万元的权力和责任。因专业会计人员的失职行为导致银行卡多出20余万元时，其负有的仅是民法上的返还义务而已，这种义务不是职务身份所负的义务，判断其是否违反这种返还义务，应以乐陵市水务局是否向其主张为前提，至一审终结前，乐陵水务局并未向其主张，因此这种返还义务，其并未违反。一审判决认定其负有保管义务没有任何法律依据。退一步说即使其负有该义务，也不是基于公务员身份的职务义务，即使违背了此种义务，也谈不上构成职务犯罪。3. 其没有实施侵吞、窃取、骗取或者以其他手段非法占有公共财产的行为。因他人行为而遗留在其银行卡上的20余万元，已完成了转移占有，该款留在其银行卡上并为其控制，所有权就归其所有，因此其没有实施将公共财产转移为个人占有的行为，而该行为才是犯罪行为。该20万元是典型的不当得利，不构成刑事犯罪。请二审法院依法改判其较轻的刑期。”为由提出上诉。

上诉人王海涛的辩护人提出的辩护意见：一、本案中财务科长李某甲借用上诉人王海涛的银行卡，没有在卡上存钱的本意，但由于个人疏失而遗忘在卡上20余万元，属于存款人错误存款。二、上诉人王海涛取用该20余万元构成贪污定性错误。1. 认定上诉人明知该款为公款证据不足。2. 认定上诉人对该款非法据为己有证据不足。3. 上诉人不负有主管、管理和经手该20余万元的权力和责任，不符合利用职务之便的构成要件。4. 上诉人没有采用侵吞、窃取、骗取或者其他非法手段将该款据为己有。三、应适用刑法谦抑性处理此案。

经二审审理查明：上诉人王海涛自2007年起担任乐陵市水务局水政监察大队企业科科长，负责城区企业的水资源费的收取，自2011年12月起担任乐陵市水务局水资源管理办公室主任，负责收取乐陵市用水单位（自备井）水资源费的收取。2009年至2013年间，上诉人王海涛利用担任乐陵市水务局企业科科长、水资源管理办公室主任的职务便利，侵吞公款83410元，非法占为己有。具体犯罪事实如下：

一、上诉人王海涛在任乐陵水务局企业科科长期间，利用其收取水资源费的职务便利，于2009年5月收取山东甲房地产开发有限公司水资源费8000元，没有上交单位，非法占有后用于个人日常消费。

上述事实，有经原审法院庭审质证、认证的下列证据证实：

1. 证人证言

（1）王某甲证实，2009年5月，总经理田某甲让其在财务上以转账的方式给乐陵水务局的王海涛8000元钱，王海涛没给收据，记账时让公司经理吕某甲写了张说明条入了账，条上说明是取水许可证费。

（2）吕某甲证实，2009年5月，其公司开发的甲房产项目开工，一天项目办的工作人员说王海涛留下通知书要求办理取水许可证并缴纳水资源费。其和王海涛取得联系，王海涛自己来到项目办要求缴纳水资源费，他当时说了多少钱记不清了，但数目肯定不少，其说："给你8000元吧，你照顾照顾我们"，他同意了，于是领王海涛到公司财务开了8000元的转账支票，当时王海涛也没给开发票，其也没提要发票的事，心里想：不给开发票就不要了，就算送给他吧，得罪了他以后在取水上别给公司惹麻烦。后来王海涛再也没有给补发票，其就写了张"白条"内容是"取水许可证款"，让总经理签字后在财务上处理了。2009年再没向其公司收缴水资源费。

2. 书证

（1）上诉人王海涛建行卡尾号2928交易明细证实，王海涛收取甲公司8000元通过该银行卡存款及提取的情况。

（2）山东甲房地产开发有限公司账目、记账凭证、转账支票存根、入账说明等书证一组证实，宏远公司支付给王海涛8000元水资源费转账及记账情况。

3. 上诉人王海涛的供述与辩解

王海涛供述，2009年上半年，甲房地产公司在乐陵开工建设甲房产项目，其到该单位下发通知书要求办理用水许可证并缴纳水资源费，通知上有缴水资源费的数额，现在记不住是多少了，但是肯定超万元了。甲公司的负责人吕某甲让给予照顾，给8000元不用开发票了，意思就是给点好处，别交那么多了，其当时就同意了，吕某甲说公司规定不能走现金，就带其去公司财务上开了8000元的转账支票，其在支票存根上签名，拿到这8000元的转账支票后去建设银行新开了一张借记卡，把这8000元转到新开的卡上了。

当庭供述，收取的该8000元是水资源费，没有交到单位自己占有。

二、2011年10月，上诉人王海涛在任乐陵水务局企业科科长期间，利用负责山东甲房地产开发有限公司水土保持方案编报工作的便利，以收入不入账的手段，侵吞该公司支付的水土保持方案编报费55000元，其中用于交税2690元，将52310元非法占为己有，用于个人消费。

上述事实，有经原审法院庭审质证、认证的下列证据证实：

1. 证人证言

（1）王某甲证实，2011年10月，公司经理田某甲让财务人员从公司账户上通过转账给乐陵水务局的王海涛55000元水土保持方案编制费，当时王海涛没有给收据，2012年10

月，吕某甲拿来一张55000元正式发票，说是王海涛给的，其用该55000元的正式发票下了费用账。

（2）吕某甲证实，2011年5月，王海涛找到其说乐陵市水务局要求对房产开发项目做水土保持方案，费用在5万到10万元，经请示总经理后同意了。过了几个月，王海涛给送来两本方案报告书和验收鉴定书等文件，向公司要了55000元编报费，2012年初，王海涛才拿来张正式发票，其到财务上用发票将王海涛写的收条原件换出来，给了王海涛。

（3）刘某甲证实，2010年的时候，局领导安排其给乐陵市甲房地产开发有限公司做水土保持方案，该方案是以乐陵市水利勘察设计室的名义出的，根据局里的安排，设计室只负责出方案，如果收设计费都要交到局财务，设计人员不收费。

（4）张某甲证实，2012年初，王海涛打电话说局里有笔业务需要盖水务局综合服务中心的章，他就到其办公室把财务章拿走了，用完当天就送回来了。经辨认发票复印件，2012年1月13日，当时王海涛拿章去开发票了，在开发票当天，王海涛在乐陵市水务局综合服务中心的税款户上存入2690元，交了2689.5元税款。

（5）李某甲证实，水利勘察设计室是乐陵水务局的一个科室，没有独立出去，没有独立财务核算，房产开发项目做水土保持方案，设计室做设计方案，局财务上根据规定应该收取设计费，设计费交到其管理的设计室专户上，并开具设计专用发票。

（6）朱某甲证实，乐陵市甲房地产开发有限公司的水土保持方案是乐陵市水务局下属水利勘察设计室编制的，当时甲公司的工作人员拿着验收鉴定书到水保科验收，其就在鉴定书上签上字，编报方案的具体情况不清楚。

2. 书证

（1）上诉人王海涛建行卡尾号2928交易明细证实，王海涛收取甲公司55000元钱后转、取款情况。

（2）山东甲房地产开发有限公司的记账凭证、收到条、转账支票存根、明细账、发票证实，上诉人王海涛从山东甲房地产开发有限公司支取水土保持编报费55000元的情况。

（3）乐陵市地税局证明、税款开票查询结果、工商银行对账单证实，2012年1月13日，地税局为乐陵市水务局综合服务中心开具的00075289号发票，税款2689.5元已通过工商银行电子转账方式缴纳入库。

（4）甲小区建设项目水土保持方案审批手续证实，山东甲房地产开发有限公司报送的甲小区建设项目水土保持方案审批、批复及验收相关材料。

（5）水利部、山东省水利厅关于水土保持工作的文件规定证实，水土保持方案编制费的收费标准及山东省水利厅文件要求可能造成水土流失的生产建设项目编制水土保持方案并经水行政主管部门批准。

（6）山东甲房地产开发有限公司的水土保持方案两本证实，水土保持方案已完成。

3. 上诉人王海涛的供述与辩解

王海涛供述，2011年5月，德州水利局给乐陵水政监察大队下了通知，要求联系建筑开发商做水土流失保持方案。最终其联系到甲房地产公司同意做这个方案，领导就协调安排水务局科教科的刘某甲做的这个方案。2011年10月，刘某甲把方案做好后就给了水政监察大队，没有要编报方案的劳务费，其把几本方案报告书和验收资料给了吕某甲，和他谈好了要方案编制费55000元，其到公司的财务上领了建行的转账支票，到建设银行把这 55000 元转到了自己的建行卡上。其找服务中心的张某甲借用了她管理的综合服务中心的章，并往她管理的报税账户上存了 2690 元税款，通过这个报税账户转账，到地税局开了一张 55000 元的发票，把发票给了吕某甲。这 55000 元后来打麻将、赌博、购物和去济南看前妻消费花掉了。

4. 其他证据

（1）乐陵市水务局证明证实，经查询，未发现与山东甲房地产开发有限公司的水土保持编制方案等费用来往。

（2）乐陵市水务局证明证实，乐陵市水利勘察设计室为水务局一个业务科室，人员全部为局自收自支人员。

（3）乐陵市水务局证明二份证实，乐陵市水土保持监督检查站职能由水保科行使，关于水土保持方案编报流程的说明。

三、2010 年 5 月至 2012 年间，上诉人王海涛在担任乐陵市水务局企业科科长期间，负责山东甲房地产开发有限公司（简称甲公司）、山东乙家具有限公司水资源费征收（简称乙公司），在征收 2008 年至 2011 年度水资源费过程中，利用职务之便，采取修改水资源费单据，收入少入账的手段，五次共侵吞水资源费 23100 元，用于个人消费。

上述事实，有经原审法院庭审质证、认证的下列证据证实：

1. 证人证言

（1）王某甲证实，2010 年 10 月和 11 月，分两笔分别给乐陵水务局水资源费 2000 元和河维费 12 万元，这两笔都是领取的现金，是当时公司的经理吕某甲经办的。

（2）吕某甲证实，2010 年王海涛向公司收了 2000 元水资源费，有正式单据。

（3）李某乙证实，通过记载的账目情况说明了王海涛向乐陵市水务局上交收取的甲公司和乙公司的水资源费情况，王海涛通过修改 5 笔收水费单据，少交水资源费 23100 元。

（4）贾某甲证实，2012 年之前，水务局的执法人员都是按照每年 1.1 万元的标准打包收取，每年收两次，一次 5500 元，缴费都是把现金直接给收费人员。

2、书证

（1）山东乙家具有限公司记账凭证、收款收据一组证实，2008 年至 2013 年乙家具公司缴纳水资源费的记账情况。

（2）乐陵市水务局记账凭证、收款单一组证实，乐陵市水务局对于 2008 年至 2013 年乙家具公司缴纳水资源费的记账情况，另证实上诉人王海涛修改收取山东乙家具有限公司水资源费单据 4 张，由 22000 元修改为 600 元的情况。

（3）山东甲房地产开发有限记账凭证、水费单据证实，交纳水资源费情况。

（4）乐陵市水务局记账凭证、收款单据一组证实，甲项目缴纳水资源费 3000 元，另证实王海涛修改单据 1 张，由山东甲房地产开发有限公司交 1700 元水资源费修改为阳光洗浴河维费 300 元。

3. 上诉人王海涛的供述与辩解

王海涛供述，2010 年 5 月至 2012 年 5 月，其向甲公司和乙公司收取水资源费期间，通过修改收费单据，五次侵吞 23100 元水资源费。

原审法院经庭审质证、认证的其他证据：

1. 书证

（1）协助查询存款通知书、调取证据通知书证实，协助查询、调取证据的手续。

（2）户籍证明证实，上诉人王海涛的户籍信息。

（3）乐陵市水务局证明证实，王海涛系水务局在编在岗正式职工，2002—2007 年任水政监察大队科员；2007—2011 年任水政监察大队科长；2011 年 12 月至今任水资源办公室主任。

水资源办公室职责：主要负责水资源开发利用规划，水资源管理，计划用水，节约用水，取水许可发放，水资源论证及水资源费、水土保持费、河道维护费（截止 2010 年底）的征收，用水指标分配，用水总量控制等工作。

（4）乐陵市水务局证明一份、乐陵市机构编制委员会文件一份证明，乐陵市水资源管理办公室是副科级单位，隶属水务局管理。

2. 证人王某证实，其和王海涛结婚时王海涛只有工资收入，平时家里有事都是其出钱，结婚这几年也没往家里拿过钱，他爱玩，平时喜欢打麻将，他还上河北去赌博。

3. 乐陵市人民检察院反渎职侵权局破案说明一份证实，上诉人王海涛在侦查人员的讯问和出示证据的情况下供述了其贪污 55000 元、受贿 8000 元的犯罪事实，对其涉嫌贪污 200154 元和涉嫌滥用职权的犯罪事实多次辩解，在侦查人员的讯问下，主动交待了其通过在收费单据上做手脚截留 23100 元水资费的犯罪事实。

关于原审判决认定上诉人王海涛在担任乐陵市水务局水资源办公室主任期间，贪污 200154 元的情况，经查，乐陵水务局财务人员使用上诉人王海涛的建行卡转单位垫付的水资源费，财务人员在使用完后将银行卡归还给上诉人王海涛，财务人员在归还银行卡时忘记上面还有剩余的 200154 元公款，上诉人王海涛的该建行卡与手机绑定了余额变动短信提示业务，上诉人王海涛对其建行卡上的 200154 元来源于公款应当是明知的。虽然其明知 200154 元是公款，并予占有，但是因财务人员将公款遗忘在其银行卡中，且在侦查机关调查前一直未找上诉人王海涛追要该款，更未委托其代为保管该公款，上诉人取得该公款是基于财务人员的遗忘，而非水资源办公室主任的职务便利，因此认定其利用职务便利占有公款的证据不足。

关于上诉人王海涛提出的“认定其贪污 200154 元没有事实依据”和其辩护人提出的“认定上诉人王海涛取用该 20 余万元构成贪污罪定性错误“的上诉理由和辩护意见，经查属实，本院予以采纳。

本院认为，上诉人王海涛身为国家工作人员，利用职务便利，非法侵吞公款，其行为构成贪污罪，且贪污数额巨大。上诉人的上诉理由及其辩护人的辩护意见予以采纳。原审判决认定事实清楚、证据确实充分、定罪准确、审判程序合法，部分事实定性不当，量刑应予纠正。据此，依照《中华人民共和国刑法》第三百八十二条第一款、第三百八十三条第一款第（二）项、第六十七条第三款、第六十四条，《中华人民共和国刑事诉讼法》第二百二十五条第一款第（二）项之规定，判决如下：

一、维持乐陵市人民法院（2014）乐刑初字第 95 号刑事判决第一项对原审被告人王海涛的定罪部分，即“被告人王海涛犯贪污罪”；

二、撤销乐陵市人民法院（2014）乐刑初字第 95 号刑事判决第一项对原审被告人王海涛的量刑部分和第二项，即“被告人王海涛犯贪污罪，判处有期徒刑十年；赃款 283564 元依法予以追缴”；

三、改判上诉人（原审被告人）王海涛犯贪污罪，判处有期徒刑七年。赃款 83410 元依法予以追缴，返还原单位。（刑期从判决执行之日起计算。判决之前先行羁押的，羁押一日折抵刑期一日，即自 2014 年 4 月 23 日起至 2021 年 4 月 22 日止。）

本判决为终审判决。

审判长　　李文铎
审判员　　冯世联
审判员　　蔡学英

二〇一五年四月二十四日
书记员　徐瑞虎

刘某东受贿案二审刑事判决书

湖南省邵阳市中级人民法院

刑事判决书

（2014）邵中刑二终字第25号

原公诉机关：湖南省城步苗族自治县人民检察院。

上诉人（原审被告人）：刘某东，男，1966年6月10日出生于湖南省城步苗族自治县。

辩护人：朱珍华、盘玲芳，均系湖南弘锐律师事务所律师。

湖南省城步苗族自治县人民法院审理湖南省城步苗族自治县人民检察院指控原审被告人刘某东犯受贿罪一案，于二〇一四年二月二十六日作出（2014）城刑初字第3号刑事判决。原审被告人刘某东不服，提出上诉。本院依法组成合议庭公开开庭进行了审理。湖南省邵阳市人民检察院指派代理检察员周泽州出庭履行职务，上诉人刘某东及辩护人朱珍华、盘玲芳、证人肖某、姜某、肖某和、罗某彦到庭参加诉讼。经合议庭评议，本院审判委员会讨论决定，现已审理终结。

原判认定，自2009年11月至2012年春节，被告人刘某东利用担任湖南省城步苗族自治县水利局局长的职务之便，先后直接收受李某益、付某余、雷某材及邵阳市开拓水利水电工程建设监理有限公司（以下简称开拓公司）的现金及财物折价共计人民币69550元，为上述单位或个人谋取利益。具体为：1. 2010年和2011年农历12月底，先后2次分别在该县老工商局门口及自家楼下收受李某益为感谢在承包工程项目中得到关照所送贿赂人民币10000元、5000元；2. 2011年1月，接受开拓公司为求得关照而为其报销个人开支人民币30000元；3. 2013年春节前的一天，在邵阳市紫鑫大酒店收受付某余为尽快收取项目设计费所送贿赂人民币5000元；4. 2012年国庆节前的一天，收受雷某材为感谢及继续得到工程项目方面的关照所送价值人民币9550元的佳能牌照相机广角镜头1个；5. 2011年或2012年春节前后的一天，在湖南省水利厅门口收受雷某材贿赂人民币10000元。刘某东到案后，如实供述了上述受贿犯罪事实。其受贿所得赃款人民币60000元及价值人民币9550元的佳能照相机广角镜头1个均已退缴办案机关。原判采信的证据有被告人刘某东的供述与证人李某益、肖某、姜某、伍某凤、龙某广、肖某和、罗某彦、付某余、雷某材、周某玲、付某余、肖某英的证言及建设银行账务资料、城步苗族自治县水利局记账凭证、农业银行存款凭条、开拓公司记账凭证、扣押通知书、扣押物品、文件清单、工程承包合同、付款凭证、任职文件、暂扣封存物资收据等，原判认为被告人刘某东的行为构成受贿罪。刘某东在“两规”期间，其家属已将刘某东受贿的赃款、赃物退缴到了纪检部门，可以酌情从轻处罚。据此，依照《中华人民共和国刑法》第三百八十五条第一款，第三百八十六条，第三百八十三条第一款第（二）项、第二款，第六十七条第三款，第六十四条之规定，以被告人刘某东犯受贿罪，判处有期徒刑五年，对刘某东违法所得赃款人民币60000元及价值人民币9550元的佳能照相机镜头1个予以追缴，上缴国库。

上诉人刘某东上诉及其辩护人辩护提出，开拓公司报账支付的30000元是偿付所欠城步苗族自治县水利局监理费提成，并非给刘某东个人好处费，刘某东虽将上述款项存入个人账户，但实际用于单位公事开支，其主观上没有非法占有故意，客观方面没有利用职务之便为开拓公司谋取利益，不是受贿；刘某东与付某余是多年的朋友，一直都互有人情往来，付某余送刘某东 5000 元没有具体的请托事项，刘某东收受其财物不是受贿；刘某东收受雷某材所送佳能相机广角镜头后，一直装配在其单位相机上，且大多为单位公事使用，刘某东个人未实际占有，不是受贿；检察机关指控刘某东收受雷某材贿赂人民币 10000 元的事实不存在，刘某东在侦查阶段供认是办案人员诱供造成。辩护人还辩护提出，刘某东被认定为受贿的大部分事实都是在归案后被办案机关掌握之前主动交代的，应属自首，且犯罪情节较轻，已主动退缴非法所得，请求二审改判并适用缓刑。

经审理查明，一、受贿

自 2009 年 11 月至 2013 年春节，上诉人（原审被告人）刘某东利用担任湖南省城步苗族自治县水利局局长的职务之便，先后直接收受李某益、付某余、雷某材的现金及财物折价共计人民币 69550 元，为上述单位或个人谋取利益。具体事实如下：

（一）2010 年和 2011 年农历年前的一天，上诉人刘某东利用担任湖南省城步苗族自治县水利局局长的职务之便，先后在该县老工商局家属楼自家楼下及该县儒林镇福晟小区自家车库旁 2 次收受双溪桥水库除险加固工程项目施工方负责人李某益为求得工程款结算及支付给予关照而以拜年名义所送贿赂共计人民币 1.5 万元及烟酒等物。

上述事实有下列经查证属实的证据证明。

1. 证人李某益的证言证明，2010 年下半年，他内部承包邵阳市水利水电工程公司中标的城步苗族自治县双溪桥水库除险加固工程，为搞好与时任该县水利局局长刘某东的关系，在结算及支付工程款方面得到刘某东关照，他于 2010 年农历快过年的一天到城步苗族自治县老工商局家属楼的水泥坪上以拜年的名义送给刘某东人民币 1 万元及烟酒等物。2011 年快过年的一天，他又在福晟小区刘某东家的车库旁以拜年的名义送给刘某东人民币 0.5 万元及烟酒等物。

2. 湖南省城步苗族自治县人民检察院从该县水利局复印提取的双溪桥水库除险加固工程合同协议书、补充协议书、安全生产合同、付款凭证证明，湖南省邵阳市水利水电工程公司于 2009 年 11 月向城步苗族自治县中小河流治理工程建设项目部承包双溪桥水库除险加固工程，刘某东代表发包方在合同协议上签名，工程进度款的支付都有刘某东审批意见。

3. 原审被告人刘某东的供述证明，他 2 次收受过双溪桥水库除险加固工程施工方负责人李某益的红包共计人民币 1.5 万元。第一次是 2010 年农历快过年的一天，在老工商局家属院自家楼下收受李某益以拜年名义所送的人民币 1 万元及烟酒等物，第二次是 2011 年农历快过年的一天，在福晟小区自家车库旁收受李某益以拜年名义所送的人民币 0.5 万元及烟酒等物。

（二）2012 年的一天，上诉人刘某东利用担任湖南省城步苗族自治县水利局局长的职务之便，在湖南省水利厅门口收受雷某材为求得在施工中给予关照所送价值人民币 9550 元的 Canon16–35mm 相机镜头 1 个。

上述事实有下列经查证属实的证据证明：

1、湖南省城步苗族自治县人民检察院提取笔录证明，在见证人龙某斌的见证下，检察人员龚阳松、耿珺于 2013 年 8 月 5 日从该县儒林镇福晟小区 5 栋 321 室周某玲家中提取 Canon16–35mm 相机镜头 1 个。

2、湖南省城步苗族自治县价格认证中心城价鉴（2013）第 63 号价格鉴定结论书证明，检察机关从周某玲家中提取的1个Canon16–35mm相机镜头在2012年8月30日价值人民币9550元。

3、证人周某玲的证言证明，她于2012年8月购回1台佳能相机后，一直没有使用。检察机关办案人员从她家中提取的1个Canon16–35mm镜头是其丈夫刘某东使用相机后带回的，究竟是刘某东自己买的，还是别人送的，或者是借别人的，她不清楚。

4、证人肖某英的证言证明，在她担任城步苗族自治县水利局水利水电勘察设计室主任期间，设计室于2011年购买过1台佳能相机，但时任水利局局长刘某东从未向设计室借用过该相机，也无任何单位或个人向设计室捐赠过佳能广角镜头。

5、证人雷某材的证言证明，他自2008年开始在城步承包水利工程，施工过程中，时任城步苗族自治县水利局局长刘某东能及时拨付工程款，不仅没有为难他，还亲自出面或安排人员帮助处理与工地周围村民的矛盾纠纷。2012年，他得知刘某东缺1个广角镜头后，即提出送1个给刘某东，尔后委托其胞兄从香港以10000元港币购得Canon16–35mm广角镜头1个，于2013年3月的一天在长沙市大华宾馆地下停车场送给了刘某东。

6、原审被告人刘某东的供述证明，雷某材自2008年开始到城步承包水利工程，与他交往中得知他有摄影爱好后，雷某材提出给他的佳能相机配1个镜头。2012年10月，他到长沙出差时，雷某材在省水利厅门口送给他1个佳能广角镜头。雷某材送镜头给他是想求得他在施工过程中给予关照。通过对检察机关于2013年8月5日从其家中提取的Canon16–35mm相机镜头进行辨认，刘某东承认该镜头就是其收受雷某材所送的镜头。

（三）2013年春节前的一天，上诉人刘某东利用担任湖南省城步苗族自治县水利局局长的职务之便，在湖南省邵阳市紫鑫大酒店收受湖南南方水利水电勘测设计院有限公司付某余为求得刘某东尽快审批以领取设计款所送人民币0.5万元。

上述事实有下列经查证属实的证据证明。

1. 证人付某余的证言证明，2010年，湖南南方水利水电勘测设计院有限公司与城步苗族自治县水利局签订了县城中小河流治理勘测合同和设计合同，他和刘某东分别代表双方签字。该项业务由他负责，业务费包干。勘查设计完成后，为使时任城步苗族自治县水利局局长刘某东尽快审批以领取设计款，他于2012年农历快过年的一天请刘某东在邵阳紫鑫大酒店吃饭后，送给刘某东一个装有人民币0.5万元的红包。

2. 办案机关向付某余提取的建设工程设计合同及从城步苗族自治县水利局复印提取的记账凭证、发票证明，湖南南方水利水电勘测设计院有限公司与城步苗族自治县水利局于2010年9月28日签订设计合同，付某余和刘某东分别代表双方签字。湖南南方水利水电勘测设计院有限公司申请支付设计费所附的发票上均有刘某东审批签字。

3. 原审被告人刘某东的供述证明，湖南南方水利水电勘测设计院有限公司与城步苗族自治县水利局于2010年9月28日签订的设计合同业务一直都是付某余在联系和负责，所有款项都已于2013年2月4日之前经他审批付清。2013年快过农历年的一天，付某余请他在邵阳紫鑫大酒店吃饭后，送给他一个装有人民币0.5万元的红包。

二、贪污

开拓公司因与城步苗族自治县水利局合作开展水利工程监理业务拖欠水利局提成费，上诉人刘某东担任局长后，曾亲自或委派罗某彦、肖某和多次催收。2010年上半年，刘某东与时任开拓公司经理的肖某及办公室主任姜某协商约定，由开拓公司以报账的形式支付水利局人民币3万元。2011年1月22日，姜某受肖某安排将从开拓公司借支的3万元存入刘某东指定的以刘某东名义开户但由伍某凤实际使用的建行 6222802920201005892 账户。刘某东截取单位收入3万元不上交，全部用于和伍某凤的日常开支。

上述事实有下列经查证属实的证据证明：

1. 检察机关向开拓公司复印提取的2011年1月31日第0005号及2011年10月31日第0006号记账凭证证明，姜某于2011年1月21日向开拓公司财务借备用金35000元，同年10月25日报账30000元，所附报销凭证中，2张由友谊商城开具的发票金额均为10000元，品名均为办公用品，开票时间均为2011年1月24日，发票号码分别为05805926、05805923。

2. 湖南省城步苗族自治县向建行长沙长岭支行查询获取的刘某东账户交易清单证明，刘某东账户于2011年1月22日转入人民币30000元，转账交易对方账户，户名为姜某；于2011年1月24日转出人民币20000元。

3. 由龙某广向检察机关提供的中国农业银行存款凭条证明，农行伍某凤账户于2011年1月26日存入人民币20600元，存款代理人签名为“龙某广”。

4. 检察机关向城步苗族自治县水利局复印提取的2011年3月31日第0007号记账凭证及附件证明，友谊商城开具的号码分别为05805307、05805929的2份发票均已向水利局单位财务报销。该2份发票的金额均为10000元，品名均为礼品，开具时间分别为2011年1月22日和24日。

5. 证人伍某凤的证言证明，建行账户是刘某东于2010年9月以自己名义开户然后交她使用，刘某东不知道密码。2011年1月20日左右，她受刘某东委托到友谊商城用自己信用卡透支购买了10000元购物卡后，刘某东又打电话要她再买10000元购物卡，她提出自己信用卡透支额度不够时，刘某东要她从622280292020100××××账户取款，她才知道该账户于2011年1月22日收到建行6227700286041001××××姜某账户转入的人民币30000元，他打电话问刘某东，刘某东告诉她是一家设计院付的费用，于是她将其中20000元转入自己的436745514244××××信用卡账户然后又买了10000元购物卡。后来她将购物卡和2张10000元的礼品发票交给了龙某广，龙某广汇了20000元到她农行18—67290046006××××账户。其余10000元也已被她用于个人开支，刘某东一直没有向她提出要该30000元。

6. 证人龙某广的证言证明，2011年元月，他和刘某东到长沙市从伍某凤手中拿到20000元购物卡后，受刘某东安排，他回到城步后将20600元存入农行18—67290046006＊＊＊＊伍某凤账户，其中600元是他个人委托伍某凤购物的费用。通过对城步苗族自治县纪委从该县水利局2011年3月第0007号记账凭证附件中复印提取的05805307、05805929发票进行辨认，龙某广指认该2份金额均为10000元的发票就是伍某凤购买购物卡后交他报账的发票。

7. 证人罗某彦、肖某和的证言证明，他们在城步苗族自治县水利局任职期间，参与了和开拓公司就监理费提成签订协议。后因开拓公司撤回，欠了水利局十余万元的提成费。刘某东担任局长后，曾安排他们去开拓公司收取，但没有收到。

8. 证人肖某的证言证明，开拓公司自2003年就与城步苗族自治县水利局发生监理业务，2008年以前曾欠水利局监理费提成，后因开拓公司改组，双方就提成的具体数额一直没有谈好。他于2009年担任开拓公司经理后，时任水利局长局刘某东提出要5万元提成，他认为是遗留问题，没有答应，但考虑还要在城步做监理业务，也不好得罪城步水利局。2010年上半年的一天，刘某东又到开拓公司与他谈监理费提成之事，刘某东坚持要5万元，他不同意。当时在场的开拓公司办公室主任姜某因与刘某东曾是同学，就提出折中按3万元的标准，开拓公司所欠水利局提成费就此了清，他和刘某东都表示同意。他当时还以开拓公司是国营公司，不好做账为由，提出以报销3万元发票的方式付款，刘某东也表示同意。2011年元月，刘某东打他电话称在长沙办事需要用钱，要他按约定先支付3万元，回城步再交发票报账，他就同意支付并安排姜某去转账给刘某东。姜某办好后跟他讲，当时问过刘某东“将钱汇入刘某东的私人账户是否合适”，刘某东说没有关系。经辩护人申请，本院通知肖某出庭作证时，肖某十分肯定地证明，该3万元是开拓公司偿付所欠水利局的监理费提成，不是给刘某东个人的好处费。

9. 证人姜某的证言证明，开拓公司欠城步苗族自治县水利局监理费提成是刘某东担任局长之前的“老账”，双方就提成金额一直协商未成。刘某东担任局长后，与时任开拓公司经理肖某协商时，她也在场并提出按3万元了清，刘某东和肖某都表示同意。2011年1月21日，她受肖某安排从公司借支然后通过自己的建行6227700286041001××××账户将30000元人民币汇入刘某东提供的建行个人账户，她当时认为监理业务费用应该是给单位的，因在办理转账时发现是私人账户还问过刘某东或者肖某“是否妥当”，刘某东或肖某说“不要紧，先打到个人账户上再说”。并证明，她事后向单位报账用于归还借支的3万元发票中，2张由友谊商场开具的金额均为人民币10000元的办公用品发票都是刘某东直接或通过肖某转交给她的。经辩护人申请，本院通知姜某出庭作证时，姜某仍坚持认为该3万元应该是开拓公司偿付所欠水利局的监理费提成，不是给刘某东个人的好处费，并证明，她在办理付款中发现是刘某东的私人账户时，还曾提出过异议。

10. 原审被告人刘某东的供述及亲笔供词证明，2007年2月，他调任城步苗族自治县水利局局长后，得知水利局和开拓公司于2005年在城步合作开展监理业务中，开拓公司还欠水利局监理费提成，他曾派罗某彦、肖某和去催收过。到了2009年，时任开拓公司经理肖某到城步签订病险水库除险加固工程监理业务合同时，他顺便提出所欠监理费提成之事，肖某答复待回去了解以后再说。2009年下半年，他到邵阳市设计院联系工作顺便到肖某办公室闲谈时，时任开拓公司办公室主任姜某也在场。肖某以监理费提成是前任遗留下来的问题为由，要他放弃主张，他不肯，提出至少要七八万元。姜某因与他曾是同学，提出折中按三四万元算了，他没有做声。肖某提出为他报销3万元发票，要他别再提监理费提成之事，他表示同意。2011年上半年，他在长沙出差时，姜某打电话告诉他款已办好，问他如何付款，他就告诉姜某将3万元存入以他名义开户但由其女友伍某凤使用的建行622280292020100××××账户，伍某凤到银行查询确认已到账后问他是什么钱，他说是自己的私房钱，要伍某凤代为保管。他没有一次性向伍某凤要回这3万元，全部用于他和伍某凤日常消费。过了几个月，他到友谊商城开了2张金额均为1万元的发票交给姜某，其中1万元是他自己购买购物卡，部分用于自己购物，部分赠送亲友；另外1份是用别人购物但不用开发票的电脑小票凑齐10000元，然后开得的。并向侦查人员供认，该3万元是肖某代表开拓公司给他个人的好处费，是为了方便到城步联系监理业务。一审开庭质证时，刘某东虽未提出异议，但其辩护人提出该3万元是给城步水利局的，并非给刘某东个人。

二审开庭时，刘某东虽仍未否认自己非法占有上述 3 万元的事实，但辩解提出不是给他个人的好处费。

本院认为，原审被告人刘某东身为国家机关中从事公务的人员，利用担任湖南省城步苗族自治县水利局局长的职务便利，收受他人财物共计人民币 2 万元及价值人民币 9550 元的 Canon16-35mm 相机镜头 1 个，为他人谋取利益，其行为已构成受贿罪。刘某东利用职务之便贪污公款人民币 3 万元，其行为还构成贪污罪。应数罪并罚。关于上诉人刘某东上诉及其辩护人辩护提出“开拓公司的 3 万元是偿付所欠城步苗族自治县水利局监理费提成，不是给刘某东个人好处费”的意见和理由，经查，开拓公司负责人肖某及经办人姜某均始终证明该 3 万元是偿付其所欠城步水利局的监理费提成，上诉人刘某东虽在侦查阶段供认该 3 万元是给其个人好处费，但在庭审质证时转口否认。《中华人民共和国刑事诉讼法》第五十三条明确规定，“对一切案件的判处都要重证据，重调查研究，不轻信口供”，因此，对刘某东上诉及其辩护人辩护提出的上述意见和理由予以采纳。但上诉人刘某东在侦查阶段曾多次供认“该 3 万元用于他和伍某凤日常消费”，与证人伍某凤证明的情况一致，其上诉提出“实际用于单位公事开支”的意见和理由不能成立，不予采纳。刘某东利用担任城步苗族自治县水利局局长的职务之便，截取单位收入不上交，非法占有公共财物，其行为构成贪污罪。原判定性为受贿罪不当，二审应予纠正。关于刘某东上诉及其辩护人辩护提出“付某余送刘某东 0.5 万元没有具体的请托事项”的意见和理由，经查，付某余作为与刘某东职务相关的业务关系人，其供称送钱给刘某东的目的是为使刘某东尽快审批以领取设计款，刘某东上诉及其辩护人辩护提出的上述意见和理由与证据证明的情况不符，不予采纳。刘某东身为城步苗族自治县水利局局长，接受与其职务相关的业务关系人所送财物，符合受贿罪“权钱交易”的本质特征，对其上诉及其辩护人辩护提出“是人情往来，不是受贿”的意见和理由不予采纳。关于刘某东上诉及其辩护人辩护提出“收受雷某材所送佳能相机广角镜头后，一直装配在其单位相机上，且大多为单位公事使用，刘某东个人未实际占有”的意见和理由，经查，检察机关是从刘某东家中将其收受雷某材所送的镜头提取，其妻周某玲证明该镜头是由刘某东带回，且一直装配在自家相机上使用，城步苗族自治县水利局水利水电勘察设计室负责人肖某英同时证明刘某东从未向设计室借用过相机。设计室没有购买过佳能照相机广角镜头，也无任何单位或个人向设计室捐赠过佳能广角镜头。因此，刘某东上诉及其辩护人辩护提出的上述意见和理由与法律事实不符，不予采纳。关于刘某东上诉及其辩护人辩护提出“是侦查人员诱供才使其承认收受雷某材贿赂人民币 1 万元”的意见和理由，因其不能提供相关线索或者材料，故不予采纳。但刘某东供述和证人雷某材证明的时间差异明显，事实经过也不一致，刘某东对该事实仅作过一次有罪供述，又无其他证据证明，原判认定刘某东“于 2011 年或 2012 年春节前后的一天收受雷某材贿赂人民币 10000 元”，属事实不清，证据不足，因二审审理后仍无法查清，故依疑罪从无的原则，纠正不予认定。刘某东因贪污事实被办案机关掌握接受调查期间，虽主动交代了 3 次收受李某益、付某余贿赂共计人民币 2 万元的事实，但其收受雷某材佳能广角镜头一个的事实是在办案机关掌握后才作供述的，刘某东最初隐瞒的事实足以影响对其量刑，故不能认定为主动供述全部罪行。对其辩护人辩护提出“属自首”的意见不予采纳。刘某东虽不具有自首，但如实供述自己罪行，可以从轻处罚。刘某东系犯有数个职务犯罪依法实行并罚的职务犯罪分子，本院对其上诉及其辩护人辩护提出“请求适用缓刑”的意见和理由不予采纳。综上，原判认定部分事实不清，证据不足，部分事实定性和适用法律不当，二审予以改判。刘某东身为湖南省城步苗族自治县水利局局长，本应认真行使国家和人民赋予的权力，尽职尽责，廉洁从政，但其却利用职务之便，在履行职务过程中为他人谋取利益，多次收受贿赂，侵吞公款，严重地侵害了国家工作人员的职务廉洁性。据此，依照《中华人民共和国刑事诉讼法》第二百二十五条第一款第（一）、（二）项和《中华人民共和国刑法》第三百八十二条第一款，第三百八十三条第一款第（三）项、第二款，第三百八十五条第一款，第三百八十六条，第六十七条第三款，第六十四条，第六十九条之规定，判决如下：

一、驳回上诉人刘某东的部分上诉，维持湖南省城步苗族自治县人民法院（2014）城刑初字第 3 号刑事判决第一项对受贿罪的定罪部分，撤销量刑部分及判决第二项；

二、上诉人（原审被告人）刘某东犯受贿罪，判处有期徒刑一年六个月；犯贪污罪，判处有期徒刑一年六个月，决定执行有期徒刑二年六个月；（刑期从判决确定之日起计算，判决以前先行羁押的，羁押一日折抵刑期一日，即自 2013 年 9 月 26 日起至 2016 年 3 月 25 日止。）

三、对刘某东违法所得赃款人民币 5 万元及价值人民币 9550 元的佳能照相机镜头 1 个予以追缴，上缴国库。

本判决为终审判决。

审判长　唐保良
审判员　王志强
审判员　黄彧言

二〇一四年六月十七日
书记员　伍新宇

附本案适用的相关法律条文：

《中华人民共和国刑事诉讼法》

第二百二十五条　第二审人民法院对不服第一审判决的上诉、抗诉案件，经过审理后，应当按照下列情形分别处理：

（一）原判决认定事实和适用法律正确、量刑适当的，应当裁定驳回上诉或者抗诉，维持原判；

（二）原判决认定事实没有错误，但适用法律有错误，或者量刑不当的，应当改判；

……

《中华人民共和国刑法》

第六十四条　犯罪分子违法所得的一切财物，应当予以追缴或者责令退赔；对被害人的合法财产，应当及时返还；违禁品和供犯罪所用的本人财物，应当予以没收。没收的财物和罚金，一律上缴国库，不得挪用和自行处理。

第六十七条　第三款犯罪嫌疑人虽不具有前两款规定的自首情节，但是如实供述自己罪行的，可以从轻处罚；因其如实供述自己罪行，避免特别严重后果发生的，可以减轻处罚。

第六十九条　判决宣告以前一人犯数罪的，除判处死刑和无期徒刑的以外，应当在总和刑期以下、数刑中最高刑期以上，酌情决定执行的刑期，但是管制最高不能超过三年，拘役最高不能超过一年，有期徒刑总和刑期不满三十五年的，最高不能超过二十年，总和刑期在三十五年以上的，最高不能超过二十五年。

数罪中有判处附加刑的，附加刑仍须执行，其中附加刑种类相同的，合并执行，种类不同的，分别执行。

第三百八十二条第一款　国家工作人员利用职务上的便利，侵吞、窃取、骗取或者以其他手段非法占有公共财物的，是贪污罪。

第三百八十三条　对犯贪污罪的，根据情节轻重，分别依照下列规定处罚：

（三）个人贪污数额在五千元以上不满五万元的，处一年以上七年以下有期徒刑；情节严重的，处七年以上十年以下有期徒刑。个人贪污数额在五千元以上不满一万元，犯罪后有悔改表现、积极退赃的，可以减轻处罚或者免予刑事处罚，由其所在单位或者上级主管机关给予行政处分。

对多次贪污未经处理的，按照累计贪污数额处罚。

第三百八十五条　第一款国家工作人员利用职务上的便利，索取他人财物的，或者非法收受他人财物，为他人谋取利益的，是受贿罪。

第三百八十六条　对犯受贿罪的，根据受贿所得数额及情节，依照本法第三百八十三条的规定处罚。索贿的从重处罚。

郑某某受贿一案一审刑事判决书

义马市人民法院

刑事判决书

（2014）义刑初字第60号

公诉机关：义马市人民检察院。

被告人：郑桂山，男。因涉嫌犯受贿罪，于2014年1月8日被义马市人民检察院取保候审。因涉嫌犯受贿罪，2014年4月23日经义马市人民法院决定，2014年5月6日被义马市公安局执行逮捕，现羁押于义马市看守所。

义马市人民检察院以义检刑诉（2014）31号起诉书指控被告人郑桂山犯受贿罪，向本院提起公诉。本院受理后，依法组成合议庭，公开开庭审理了本案。义马市人民检察院指派检察员郭新标出庭支持公诉，被告人郑桂山到庭参加诉讼。现本案已审理终结。

检察机关指控：

1. 2010年下半年，被告人郑桂山利用其担任渑池县水利局水政股股长的职务便利，非法收受河南大有能源股份有限公司供水供暖分公司（以下简称义煤水厂）供水科科长李某某现金50000元，为义煤水厂在渑池县洪阳镇打井提供帮助。

2. 2010年下半年，被告人郑桂山利用其担任渑池县水利局水政股股长的职务便利，非法收受山西省第八工程勘察院刘某某现金10000元，为山西省第八工程勘察院承包的义煤水厂位于渑池县洪阳镇的打井工程提供资质备案等方面的帮助。

公诉机关当庭出示并提供了被告人的供述和辩解、证人证言、书证任职证明等。公诉机关认为，被告人郑桂山身为国家工作人员，利用职务之便，非法收受他人财物，为他人谋取利益，其行为已触犯刑律，应当以受贿罪追究其刑事责任，提起公诉，请依法判处。

被告人郑桂山对起诉书指控的犯罪事实及证据无异议，表示认罪并书写悔过书以示悔罪。

审理查明：

1. 2010年下半年，被告人郑桂山在担任渑池县水利局水政股股长期间，河南大有能源股份有限公司供水供暖分公司需在渑池县洪阳镇打两眼水井取水，郑桂山以打水井必须先做水资源论证为由，收取义煤水厂供水科科长李某某5万元押金，李某某承诺边打井边做水资源论证，郑桂山收到该款后，给李某某出具了收到义煤水厂现金5万元的收款条，没有向渑池县水利局领导汇报过也没有交到单位；到2012年底，郑桂山找到李某某将5万元收款条要回并销毁，将5万元陆续消费。

2. 2010年下半年，被告人郑桂山利用其担任渑池县水利局水政股股长的职务便利，非法收受山西省第八工程勘察院刘某某现金10000元，为山西省第八工程勘察院承包的义煤水厂位于渑池县洪阳镇的打井工程提供资质备案等方面的帮助。

认定上述事实的证据有：

1. 被告人郑桂山的供述和辩解，证实2010年下半年，郑桂山在担任渑池县水利局水政股股长期间，收取河南大有能源股份有限公司供水供暖分公司，需做水资源论证的押金5万元，后从义煤水厂供水科科长李某某处将其出具的收款条要走并销毁，将该5万元消费。收受山西省第八工程勘察院刘某某现金 1 万元，为山西省第八工程勘察院承包的义煤水厂位于渑池县洪阳镇的打井工程提供资质备案等方面的帮助。

2. 证人李某某的证言，证实 2010 年义煤水厂在渑池县洪阳镇需打两眼水源井，经招投标山西刘某某的打井队中标。渑池县水利局发放了打井许可文件，开工时，时任渑池县水利局水政股股长的郑桂山提出，需先做水资源井论证报告，否则不能打井取水，经协商，郑桂山让先交 5 万元押金，边施工边做水资源论证，经与水厂领导李某甲汇报，自己收刘某某 8 万元，将其中的 5 万元交给了郑桂山，郑桂山写了一张收款条，打井队顺利开工。2012 年郑桂山到自己办公室要回该收款条，因义煤水厂的好多业务在渑池县境内，归郑桂山管理，不敢得罪他，自己就将该收款条原件给了郑桂山。

3. 证人刘某某的证言，证实 2010 年下半年，自己所在的山西省第八工程勘察院承包了义煤水厂在渑池县洪阳镇的两眼水井工程，中标后，郑桂山电话通知自己，外省的地质勘探队在河南境内打井施工，必须到河南省水利厅办理施工许可证，否则不能施工，自己送给郑桂山 1 万元，郑桂山没有再让自己办许可证。

4. 证人李某甲的证言，证实自己在担任义煤水厂厂长期间，2010 年上半年水厂要在渑池县洪阳镇打两眼水井，经招投标，山西的一打井队中标。渑池县水利局要求打井队做水资源论证报告，因厂里急需开工，经李某某协调，先给渑池县水利局的郑桂山交 5 万元押金，边开工打井边办理论证。

5. 书证（共六份）：

（1）户籍证明，证实被告人郑桂山系完全刑事责任能力人。

（2）渑池县水利局文件及国家公务员年度考核登记表，证实郑桂山从 2007 年 8 月至案发任渑池县水利局水政股股长及其职责，系国家工作人员。

（3）渑池县水利局证明，证实根据中华人民共和国国务院令《取水许可和水资源费征收管理条例》第十一条之规定，建设项目需要取水的，申请人还应当提交由具备建设项目水资源论证资质的单位编制的建设项目水资源论证报告书。根据河南省人民政府办公厅豫政（2000）76 号文规定，外省凿井队伍进入我省境内承揽水井凿井施工，应到省水政主管部门申请办理临时《河南省水井凿井队伍资质证》。

（4）渑池县水利局批复及情况说明，证实经渑池县水利局批复，同意义马煤业集团股份有限公司在渑池县境内凿井两眼，施工期间没有要求停止施工。

（5）工程施工合同，证实 2010 年 9 月、11 月义煤集团供水供暖有限责任公司与山西省第八地质工程勘察院，签订在渑池县洪阳镇打两眼水源井的事实。

（6）收款条，证实被告人郑桂山收到义煤水厂现金 5 万元。

（7）银行存取款明细，证实被告人郑桂山收到涉案的 6 万元后的赃款去向。

（8）到案经过，证实义马市人民检察院反贪污贿赂局在办理李某某涉嫌受贿一案过程中，发现李某某向郑桂山行贿的犯罪线索，通知郑桂山到案后，郑桂山交代了收受李某某、刘某某贿赂的犯罪事实。

（9）罚没收据，证实被告人郑桂山于 2014 年 1 月 23 日向义马市人民检察院退交违法所得 60000 元。

以上被告人的供述、证人证言、书证：年龄证明、职务证明、协议书等证据，能够相互吻合，相互印证，足以认定以上案件事实。

本院认为：被告人郑桂山身为国家工作人员，利用职务之便，非法收受刘某某现金 1 万元，为刘某某在资质备案方面提供帮助，其行为已构成受贿罪，公诉机关指控的罪名成立，本院予以支持。被告人郑桂山利用其担任渑池县水利局水政股股长的便利，将收受义煤集团供水供暖有限责任公司做水资源论证的押金 5 万元，据为己有，其行为已构成贪污罪，公诉机关指控的受贿罪，罪名不当，应予以变更。被告人郑桂山在判决前一人犯数罪，应对其数罪并罚。

我国刑法规定，国家工作人员，利用职务上的便利，非法收受他人财物，为他人谋取利益，是受贿。受贿数额在五千元以上不满五万元的，处一年以上七年以下有期徒刑。国家工作人员利用职务上的便利，侵吞、窃取、骗取或者以其他手段非法占有公共财物的，是贪污。个人贪污数额在五万元以上不满十万元的，处五年以上有期徒刑，可以并处没收财产。被告人郑桂山身为国家工作人员，利用职务之便，非法收受刘某某现金 1 万元，为刘某某提供帮助；被告人郑桂山利用其担任渑池县水利局水政股股长的便利，将收受义煤集团供水供暖有限责任公司的押金 5 万元，据为己有；依法均应在上述量刑幅度内判处刑罚。在量刑时考虑以下情节：1. 被告人郑桂山在判决前一人犯数罪，应对其数罪并罚。2. 被告人郑桂山到案后，能认罪悔罪，并积极退缴全部违法所得，量刑时均酌情从轻处罚。根据《中华人民共和国刑法》第三百八十二条第一款，第三百八十五条第一款，第三百八十六条，第三百八十三条第一款第（二）项、第（三）项，第六十九条，第六十四条，第六十一条之规定，判决如下：

一、被告人郑桂山犯贪污罪，判处有期徒刑五年；犯受贿罪，判处有期徒刑一年；数罪并罚，决定合并执行有期徒刑五年。

（刑期从判决执行之日起计算；判决执行以前先行羁押的，羁押一日折抵刑期一日，即自 2014 年 5 月 6 日至 2019 年 5 月 5 日止）

二、检察机关追缴的赃款 60000 元人民币，依法予以没收，上缴国库。

如不服本判决，可在接到判决书的第二日起十日内，通过本院或直接上诉于三门峡市中级人民法院。书面上诉的，应交上诉状正本一份，副本三份。

审　判　长　　陈秋敏
人民陪审员　　黄海涛
人民陪审员　　仝泠梅

二〇一四年七月十一日
书　记　员　　张　欣

周元热受贿罪、滥用职权罪、玩忽职守罪一审刑事判决书

安徽省枞阳县人民法院

刑事判决书

（2014）枞刑初字第00150号

公诉机关：安徽省枞阳县人民检察院。

被告人周元热，男，汉族，1963年12月1日出生于安徽省枞阳县，大学专科文化，中共党员，案发前任安徽省枞阳县水利局农水所所长，住安徽省枞阳县。因涉嫌犯受贿罪于2013年11月9日经安徽省枞阳县人民检察院决定刑事拘留，次日被安徽省枞阳县公安局执行刑事拘留，同年11月27日经安徽省安庆市人民检察院批准被安徽省枞阳县公安局执行逮捕，2014年1月8日经安徽省枞阳县人民检察院决定于次日被取保候审，同年9月26日经本院决定被取保候审，同年12月23日经本院决定逮捕，次日被安徽省枞阳县公安局执行逮捕。现羁押于安徽省枞阳县看守所。

辩护人方可，安徽枞杨律师事务所律师。

辩护人王越香，女，汉族，1965年7月11日生，安徽省枞阳县枞阳镇人民政府工作人员。系被告人周元热之妻。

安徽省枞阳县人民检察院以枞检公诉刑诉（2014）114号起诉书指控被告人周元热犯受贿罪、滥用职权罪、玩忽职守罪，于2014年9月24日向本院提起公诉。本院依法组成合议庭，公开开庭审理了本案。安徽省枞阳县人民检察院指派代理检察员郑永东出庭支持公诉，被告人周元热及其辩护人方可、王越香到庭参加诉讼。本案现已审理终结。

安徽省枞阳县人民检察院指控：

一、受贿事实

（一）2011年至2013年，被告人周元热先后3次收受安徽海江塑胶公司负责人操某共计2000元购物卡和1部苹果4手机。

1. 2011年中秋节前一天，为了寻求被告人周元热对海江塑胶公司的自来水管材销售及货款拨付等方面给予照顾，操某送给被告人周元热1部苹果4手机，经鉴定价值4999元。

2. 2013年春节前一天，为了寻求被告人周元热对海江塑胶公司的自来水管材销售及货款拨付等方面继续给予照顾，操某送给被告人周元热价值1000元购物卡。

3. 2013年上半年的一天，为了寻求被告人周元热对海江塑胶公司的自来水管材销售及货款拨付等方面继续给予照顾，操某送给被告人周元热价值1000元购物卡。

（二）2009年，被告人周元热先后2次收受安徽海江塑胶公司负责人胡某海共计现金3000元和1件价值600元左右的T恤衫。

1. 2009年上半年的一天，为了寻求被告人周元热对海江塑胶公司的自来水管材销售及货款拨付等方面给予照顾，胡某海送给被告人周元热现金3000元。

2. 2009年夏天的一天，为了寻求周元热对海江塑胶公司的自来水管材销售及货款拨付等方面继续给予照顾，胡某海在安庆市新百超市买了1件价值600元的T恤衫送给被告人周元热。

（三）2011 年至 2012 年期间，被告人周元热先后 2 次收受桂坝自来水厂副经理刘某高共计现金 4000 元。

1. 2011 年春节前的一天，为了寻求被告人周元热对桂坝自来水厂承建的农饮水工程持续给予关照，刘某高送给被告人周元热现金 2000 元。

2. 2012 年春节前的一天，为了寻求被告人周元热对桂坝自来水厂承建的农饮水工程持续给予关照，刘某高送给被告人周元热现金 2000 元。

（四）2010 年上半年的一天，为了寻求被告人周元热在验收西山口水库白蚁灌浆工程时给予关照，承建该工程的枞阳县水利疏浚队负责人唐某月送给被告人周元热现金 3000 元。

（五）2008 年下半年的一天，为了寻求被告人周元热在日常检查和验收工程时给予关照，承建义津镇增丰村云角水库工程的方某年送给被告人周元热现金 2000 元。

（六）2010 年下半年的一天，被告人周元热到老洲镇横裕村检查该村农饮水工程的实施情况时，为了寻求被告人周元热在验收时给予关照，横裕村支部书记刘某生送给被告人周元热现金 2000 元。

（七）2011 年 8、9 月的一天，为了寻求被告人周元热在验收汤沟镇民胜村的农饮水工程时给予关照，民胜村支部书记钱某荷送给被告人周元热现金 2000 元。

（八）2009 年下半年的一天，被告人周元热到老洲自来水厂检查该厂承建的农饮水工程的实施情况时，为了寻求被告人周元热在验收时给予关照，该厂厂长左某新送给被告人周元热价值 2000 元购物卡。

（九）2011 年上半年的一天，汤沟镇莲花村支部书记盛某生送给被告人周元热价值 2000 元的购物卡，并请求其在日常检查和验收该村农饮水工程时给予关照。

（十）2010 年的一天，钱桥镇朝阳村支部书记疏某超送给被告人周元热价值 1000 元购物卡，并请求被告人周元热为该村再安排一点农饮水人口指标。

（十一）2012 年上半年的一天，横埠镇宏海自来水厂会计田某学送给被告人周元热 1 千克茶叶和 1 张价值 1000 元的购烟卡，并请求被告人周元热在验收该厂承建的农饮水工程时给予关照。

（十二）2008 年上半年的一天，被告人周元热等验收组成员验收农饮水工程时，凤仪乡政府为了寻求被告人周元热等给予关照，送给被告人周元热等验收组成员每人现金 600 元。

（十三）2007 年下半年，被告人周元热到老洲镇桃源村帮助该村制作农饮水工程可研报告时，该村支部书记吴某祥为寻求被告人周元热在日常检查和验收该村的农饮水工程时给予关照，送给被告人周元热价值 2000 元的购物卡。

（十四）2010 年上半年的一天，被告人周元热到老洲镇桐贵村检查该村农饮水工程时，该村支部书记林某波为寻求被告人周元热在验收该村农饮水安全工程时给予关照，送给被告人周元热现金 2000 元。

二、渎职事实

2006 年枞阳县开始实施农村饮水安全工程项目，并成立枞阳县农村饮水安全规划和建设领导小组（以下简称农饮领导小组），在枞阳县水利局下设办公室（以下简称农饮办），枞阳县水利局农水所所长即被告人周元热是农饮办成员及枞阳县农饮工程验收小组成员之一.《枞阳县农村饮水安全工程实施意见》规定：枞阳县水利局为项目法人，主要负责组织、督促、检查、资金管理、工程验收结算等工作；农饮办派技术人员到现场进行技术指导，确保每一项批复项目均按设计图纸施工。枞阳县水利局农水所的职责是为水利工程提供技术服务，农水工程的规划、勘测、设计、施工技术指导及其相关管理工作。被告人周元热在枞阳县汤沟镇、藕山镇申请及实施2008年至2012年的农饮水工程过程中，对申请的项目组织收集了不真实的申报材料，编制初步农饮水项目实施方案，报上级水利等部门批准制订正式方案后实施，并根据枞阳县水利局的安排，对农饮水工程进行监督管理，为汤沟镇、藕山镇农饮水项目安排农水所分片技干进行技术指导和监督管理。被告人周元热在汤沟镇、藕山镇申请及实施农饮水项目过程中，不认真、不正确履行组织、督促、检查、验收的工作职责，造成上述2乡镇有关自来水厂和村在部分实施或并未实施农饮水工程项目的情况下，套取项目资金予以挪用私分，致使国家利益遭受损失共计2939491.70元。具体如下：

（一）滥用职权事实

1. 汤沟镇黄仪自来水厂并未实际实施2008年度新增汤沟镇中心村农饮水工程项目，黄仪自来水厂伙同汤沟镇中心村编制虚假的施工合同和验收资料申报验收。被告人周元热在未认真履行组织、督促、检查有关职责情况下，作为农水所所长，代表项目法人单位作为验收小组成员之一于2009年5月对汤沟镇中心村的农饮水工程进行检查验收,发现开户费发票较新、可能存在为应付检查而造假等情况。验收未通过后，被告人周元热所在的验收组未对该村的农饮水工程进行第二次验收，仅凭汤沟镇政府相关人员的口头汇报，验收组其他成员在验收鉴定书上签字，被告人周元热也通过电话委托他人代为签名，致使中心村的农饮水工程通过验收，黄仪自来水厂与中心村套取项目资金共计310288.2元占为已有或挪作他用。

2. 藕山镇安排的万道自来水厂实施2010-2011年度藕山镇万桥村和藕山自来水厂实施2010-2011年度藕山镇大港、护国、白荡湖村农饮水工程项目在未完工的情况下，万桥村和万道自来水厂、白荡湖村和藕山自来水厂均编制虚假验收材料申报验收。被告人周元热在未认真履行组织、督促、检查有关职责情况下，作为农水所所长，代表项目法人单位作为验收小组成员之一于2011年9月对上述各村农饮水项目进行验收,发现有受益花名册上登记的农户未通水、老通水户代替新通水户等情况，被告人周元热等验收组成员仍先后在验收鉴定书上签字，使项目顺利通过完工验收，致使万桥村将333838.20元项目资金挪作他用，白荡湖村将账务上结余的300638.29元项目资金占为已有，并未用于农饮水工程项目，农户未受益。

（二）玩忽职守事实

1. 汤沟镇田间自来水厂在部分实施汤沟镇2008年度新增彭山村、后湖村、新河村、田间村农饮水项目时，以正常经营方式向通水农户收取开户费，并伙同村以虚假验收资料申报验收。被告人周元热在未认真履行组织、督促、检查有关职责情况下，作为农水所所长,代表项目法人单位作为验收小组成员之一于2009年5月对上述四村的农饮水工程检查验收，未认真履行验收职责将上述四村的农饮水工程验收通过，致使上述四村和田间自来水厂套取并实际截留项目资金共计542762.13元挪作他用或占为已有。

2. 汤沟自来水厂在部分实施2008年新增汤沟镇跃进村、先进村、官锋村、勤俭村农村饮水安全项目、2011 年汤沟镇莲花村、肇锋村农村饮水安全项目以及 2012 年汤沟镇新丰村农村饮水安全项目，以正常经营方式在管网延伸和改造中向农户收取开户费和改造费后，伙同各村编制虚假资料申报验收。被告人周元热在未认真履行组织、督促、检查有关职责情况下，作为农水所所长，代表项目法人单位作为验收小组成员之一对各村的农饮水工程检查验收，未认真履行验收职责将上述各村的农饮水工程验收通过，致使上述七村与汤沟自来水厂套取并实际截留项目资金共计 1036560.35 元挪作他用或占为已有。

3. 汤沟镇黄仪自来水厂在实施 2008 年度汤沟镇黄仪村、农庄村农村饮水安全项目时，以正常经营方式向农户收取开户费，黄仪村与黄仪自来水厂编造虚假验收资料申报验收。被告人周元热在未认真履行组织、督促、检查有关职责情况下，作为农水所所长，代表项目法人单位作为验收小组成员之一于 2009 年 5 月对上述二村的农饮水工程进行检查验收，未认真履行验收职责将上述二村的农饮水工程验收通过，致使上述二村与黄仪自来水厂套取并实际截留项目资金共计 415404.53 元挪作他用或占为已有。

公诉机关就指控的上述事实向法庭出示和宣读了相关书证、证人证言、被告人供述等证据。公诉机关认为：被告人周元热身为国家工作人员，利用职务上的便利，非法收受他人财物，为他人谋取利益，其行为已触犯《中华人民共和国刑法》第三百八十五条第一款、第三百八十六条、第三百八十三条第一款第（三）项之规定；被告人周元热身为国家机关工作人员滥用职权，情节严重，其行为已触犯《中华人民共和国刑法》第三百九十七条第一款之规定；被告人周元热身为国家机关工作人员玩忽职守，情节严重，其行为已触犯《中华人民共和国刑法》第三百九十七条第一款之规定，犯罪事实清楚，证据确实、充分，应当分别以受贿罪、滥用职权罪、玩忽职守罪追究其刑事责任，并依照《中华人民共和国刑法》第六十九条第一款之规定，予以数罪并罚。提请本院依法判处。

被告人周元热对指控的受贿罪罪名没有异议，针对指控的受贿事实提出如下辩解：一、指控的第（一）、（二）起事实中，操某和胡某海不是农饮管材管件中标单位的工作人员，而是为中标单位负责送货的人员，其不存在为他们在销售管材和拨款方面谋取利益；二、指控的第（十一）起事实中，应当是 2 条硬盒中华香烟的购烟卡，而不是价值 1000 元的购烟卡；三、指控的第（十三）、（十四）起事实中，系为枞阳县老洲镇桃源村和桐贵村的水利工程制作可行性研究报告，属于提供有偿服务获得的报酬，不属于利用职务便利为他们谋取利益。被告人周元热认为自己不构成滥用职权罪和玩忽职守罪，辩解如下：一、农饮水安全工程的领导者是枞阳县农饮领导小组，不是枞阳县水利局，也不是枞阳县水利局的下设单位农水所。其只是枞阳县水利局聘用的工程师，是以农饮办专业技术人员或分片技干参加验收，为农饮水工程提供技术服务，无行政管理职权，并且涉案的枞阳县汤沟镇、藕山镇不是其分片的范围。其不属于国家工作人员，不能构成渎职犯罪的主体；二、指控农饮水项目资金从乡镇财政所拨付至各村或水厂后即为被告人周元热渎职犯罪造成的国家损失，但是各乡镇组织实施的管网延伸工程需要资金，并且乡镇财政所拨付资金时也要经过验收复核。验收证书只是完工结算的一部分材料，其在验收过程中作为技术人员，没有干预过验收与否，没有审核工程结算拨款，没有逾越职权，与造成的国家损失之间没有因果关系。

辩护人方可对指控被告人周元热犯受贿罪没有异议，认为被告人周元热不构成滥用职权罪和玩忽职守罪，提出如下辩护意见：一、被告人周元热只是专业技术人员，不能代表国家机关行使职权，不属于从事公务的人员，不构成滥用职权罪和玩忽职守罪的犯罪主体；二、滥用职权罪和玩忽职守罪都以造成国家利益的重大损失为犯罪构成要件，本案是否造成重大损失，造成损失的具体数额证据不足，不能确定；三、被告人周元热收受操某、胡某海的财物没有为其谋取利益，收受枞阳县老洲镇桃源村委会和桐贵村委会的财物系业余时间为他们提供技术服务的正当报酬，都不能认定为受贿行为。

辩护人王越香认为被告人周元热不构成受贿罪、滥用职权罪、玩忽职守罪，提出如下辩护意见：一、被告人周元热不是国家机关工作人员，无行政管理职权，只是农饮办和验收小组的成员之一，枞阳县水利局是农饮水安全工程的行业主管部门，不是独立承办这项工作，建设责任主体是各乡镇政府。公诉机关指控被告人周元热的职责不明，犯罪事实不清，指控其渎职犯罪主体错误；二、受贿罪必须具备为他人谋取利益的要件，被告人周元热逢年过节接受他人的馈赠，当时未承诺，事后也未为他们谋取利益，不符合受贿罪的犯罪构成，不构成受贿罪。

被告人周元热为证明其辩解，向法庭提供了下列证据：一、枞阳县农饮水安全工程项目责任书、关于明确农饮水安全工程集中供水片责任主体的通知。证明各乡镇人民政府是农饮水项目的建设单位，也是责任主体单位；二、国家发改委、水利部、卫生部《关于加强农村饮水安全工程建设和运行管理工作的通知》，财政部、水利部《农村饮水安全项目建设资金管理办法》，枞阳县民生工程目标责任书，枞阳县汤沟镇、藕山镇农饮水安全工程实施方案。证明水利部门是行业主管部门，不是建设单位，各乡镇人民政府制订了实施方案，明确了各自的职责；三、事业单位聘用合同、工程进度表、项目付款单。证明枞阳县水利局聘用周元热在农水所从事专业技术岗位的工作，职责内容系为水利工程建设提供技术服务，从事县内农水工程的规划、勘测、设计、施工等技术指导及相关管理工作。周元热分工为枞阳县老洲、陈瑶湖镇、铁铜乡，提供技术指导与服务，汤沟镇、藕山镇不是其分片范围；四、安徽省财政厅、水利厅《关于〈安徽省农村饮水安全项目资金管理暂行办法〉有关政策调整的通知》，枞阳县农饮领导小组《关于加强2011年度农村饮水安全工程建设管理的通知》、关于进一步加强减轻农民负担工作的意见。证明农饮水受益农户不再承担主体工程配套投资，仅承担入户材料等费用，不准超标准乱收费，不准搭车收费；五、农饮管材管件签收单、藕山镇自查自纠情况的报告。证明农饮水管材管件统一采购，各乡镇、村均实施了农饮水工程，只是水厂多收了费用，各乡镇已经责令退还；六、关于开展农饮水工程县级验收通知、农饮水工程卡片、验收鉴定书。证明各乡镇、村进行初验，县级验收由枞阳县农饮领导小组安排，实行组长负责制，工程先拨进度款，验收后拨付完工结算款；七、《老洲镇桃源村红树等三闸改建工程可行性研究报告》《老洲镇桃源村农村饮水安全工程项目建议书》《老洲镇桐贵村电力灌溉站改建工程可行性研究报告》。证明收受老洲镇桃源村、桐贵村共计4000元系提供有偿技术报告的报酬；八、汤沟镇新丰村农饮水工程验收鉴定书。证明周元热未参加新丰村农饮水工程的验收；九、藕山镇万道自来水厂收费票据。证明水厂收取的费用比市场行为收取的费用低；十、《关于调整枞阳县农村安全饮水工程领导小组成员的通知》《关于印发县农村饮水安全工程规划和建设领导小组办公室成员的通知》。证明农饮领导小组成员是各部门的领导，农饮办成员是专业技术人员，周元热是农饮办成员之一。

经审理查明：为逐步解决农村人口的饮水安全问题，国务院于2006年8月审议通过《全国农村饮水安全工程“十一五”规划》，对农村饮水安全工程作出总体部署。国家发改委、水利部、卫生部、财政部等部委也相继出台了《农村饮水安全项目建设管理办法》《农村饮水安全项目资金管理办法》等文件，对落实农村饮水安全工程的项目申报、资金筹措与管理、项目实施、建后管理等作出具体规定。上述规划和管理办法要求各地按照国家总体任务，省级规划把各项任务分解到县，县级规划进一步落实到乡镇、村组和具体工程；发展改革部门商有关部门做好农村饮水安全工程规划编制报批、项目审批、投资计划审核下达和建设管理监督等工作；水利部门商卫生等部门做好工程规划、可行性研究报告、初步设计或实施方案编制等工作，具体组织和指导项目的实施及运行管理。

枞阳县在实施农村饮水安全项目中，成立了以原副县长胡某峰为组长，枞阳县政府办公室、枞阳县水利局等部门负责人组成的枞阳县农饮领导小组。枞阳县农饮领导小组在枞阳县水利局下设农饮办，枞阳县水利局副局长吴某彬任农饮办主任，枞阳县水利局农水所所长即被告人周元热等人任农饮办成员。枞阳县实施农村饮水安全项目的程序为：全县年度农村饮水安全工程项目指标经上级分配下达后，由县内各乡镇人民政府向枞阳县水利局申报要求解决农村安全饮水的人口数，枞阳县水利局副局长吴某彬、农水所所长周元热负责收集、汇总各乡镇的申报材料，经枞阳县水利局委托安庆市水利水电规划设计院编制年度实施方案，再经安庆市水利局、安庆市发改委组织专家评审通过后，报经枞阳县发改委审批，然后由枞阳县农饮领导小组召开动员会议，公布年度实施意见，与负责实施的各乡镇签订责任书，由各乡镇具体实施农村饮水安全工程。各乡镇实施完毕后整理资料，申报验收，枞阳县农饮领导小组再开会部署验收工作，开展验收。

枞阳县水利局系农村饮水安全项目的行业主管部门，枞阳县水利局农水所系枞阳县水利局设立的事业法人单位，职责是为全县水利工程提供技术服务，农水工程的规划、勘测、设计、施工技术指导及其相关管理工作。被告人周元热自2003年9月任枞阳县水利局农水所所长，在担任枞阳县农水所所长期间，利用其职务便利，非法收受他人财物共计价值34199元，并为他人谋取利益。2014年1月9日，被告人周元热之妻王越香向枞阳县人民检察院代为退出被告人周元热受贿所得34199元。被告人周元热作为枞阳县水利局农水所所长、农饮办成员和验收小组成员，在枞阳县汤沟镇、藕山镇实施农村饮水安全项目中，或违反规定不正确履行职责，或严重不负责任，致使部分自来水厂和村委会在未按规定实施农村饮水安全项目的情况下通过验收，套取国家项目资金共计1671669.22元，造成国家利益的重大损失。具体犯罪事实如下：

一、受贿事实

（一）2007年下半年，被告人周元热到枞阳县老洲镇桃源村帮助该村制作农村饮水安全项目可行性研究报告时，该村支部书记吴某祥为了寻求被告人周元热在日常检查和验收该村的农村饮水安全工程时给予关照，在该村村部送给被告人周元热价值 2000 元的购物卡，被告人周元热予以收受。

上述事实，有经庭审举证、质证并经本院确认的下列证据证实：

1. 证人吴某祥的证言证明：大概2007年上半年的一天，其村在实施农饮水项目过程中，需要准备一些材料，周元热是分管其村农饮水项目的，其村就在他来检查农饮水项目时请他帮忙指导。周元热也给其村及时地进行指导，并帮忙搞了一些报告。当时在村部其私下将准备好的2000元购物卡给了他，请他在农饮水项目验收中有所关照，并感谢他对其村农饮水项目的指导。他是老洲镇农饮水项目的具体分管人员，是日常检查和验收的主要技术人员，项目实施必须经他签字验收才能通过，其村农饮水项目不可能全部符合上面的规定，另外也感谢他为其村农饮水项目指导帮忙。

2. 证人章其民的证言证明：大概2007年上半年的一天，其村在实施农饮水项目中需要准备一些材料，周元热是分管其村农饮水项目的，所以村里就在他来检查农饮水项目实施情况时，请他帮忙指导。当时村书记吴某祥就说要送2000元购物卡给周元热，一是请他在以后验收农饮水项目时关照，二是感谢他为其村所作的技术指导。

3. 被告人周元热的供述证明：2007年下半年，桃源村书记吴某祥叫其帮他们村做农村饮用水安全工程可研报告，其做好报告后吴书记在村部趁无人之机偷偷送给其2000元购物卡，并说谢谢为他们村做报告和技术指导，还请以后在农饮水项目验收中对他们村进行关照，其收下了这2000元购物卡。后来其与余某胜等人对桃源村的农村饮用水安全工程进行验收并通过了，验收组成员都在验收鉴定书上签了字。

（二）2008年上半年的一天，枞阳县凤仪乡政府为寻求被告人周元热等验收组成员在验收该乡实施的农村饮水安全工程时给予关照，在该乡政府的办公楼内送给被告人周元热等验收组成员每人现金600元，被告人周元热予以收受。

上述事实，有经庭审举证、质证并经本院确认的下列证据证实：

1. 证人高某信的证言证明：2007年，县水利局给凤仪乡的三个村安排了农饮水项目。2008年上半年的一天，县水利局组织相关单位对凤仪乡的农饮水项目进行验收，其记得当时县水利局农水所所长周元热来了，验收结束后，乡里安排在乡政府办公楼内给验收组每位成员发了一个信封，里面装了600元钱。

2. 被告人周元热的供述证明：2008年上半年的一天，其和余某胜、吴某国以及卫生局等部门的工作人员对2007年度农村饮用水安全工程进行验收，验收结束后凤仪乡政府安排工作人员在乡政府办公楼内给验收组成员每人发了一个信封，其收下了，后来打开信封发现里面装有500元现金。其知道他们希望其在验收时给予关照。后来凤仪乡的农饮水工程通过验收了，验收组的人都在验收鉴定书上签了字。

（三）2008年下半年的一天，为了寻求被告人周元热在枞阳县义津镇增丰村云角水库除险加固工程的日常检查和验收中给予关照，承建该工程的方某年在云角水库附近送给被告人周元热现金2000元，被告人周元热予以收受。

上述事实，有经庭审举证、质证并经本院确认的下列证据证实：

1. 证人方某年的证言证明：2008年下半年的一天，周元热、安庆一个监理公司的监理、义津镇的章某平镇长以及义津镇水利站吴某成到增丰村云角水库检查除险加固工程，当时其承包的土石方工程还没结束，检查结束后，其安排他们吃饭，其趁旁边没人的时候把事先准备好的信封递给周元热，信封里装了2000元现金。其知道周元热作为枞阳县水利局派驻到工地的代表，负责工程质量管理工作，而其做的土石方工程又是整个除险加固工程的主要工程，希望他在检查验收时进行关照，好让工程顺利通过检查验收。

2. 被告人周元热的供述证明：2008年下半年，安徽省兴利建设工程有限责任公司中标了云角水库的除险加固工程，其到工地后才知道麒麟镇高隔村一个姓方的承建了其中的土石方工程。2008年下半年的一天，其与安庆义兴公司一个姓桂的监理、义津镇时任分管镇长章某平以及义津镇水利站原站长吴某成检查该水库的除险加固工程，当时姓方的承建的土石方工程还没竣工，检查结束后姓方的安排在饭店吃饭，姓方的私下送给其一个信封，后来其打开信封发现里面装有 2000 元现金。其知道他送现金是由于其是县水利局派驻到他们工地的工作人员，对他们承建的除险加固工程进行监管和验收，他希望其在以后日常监管、验收及拨款时给予关照。

（四）2009 年，安徽海江建材销售有限公司负责人胡某海为感谢被告人周元热在该公司派送的管材售后服务和货款结算上给予的关照，以及寻求之后继续给予关照，先后 2 次送给被告人周元热共计 3000 元现金和 1 件价值 600 元的 T 恤衫。1. 2009 年上半年的一天，胡某海约被告人周元热在枞阳县枞阳镇正大街见面后，送给被告人周元热现金 3000 元，被告人周元热予以收受；2. 2009 年夏季的一天，胡某海陪同被告人周元热至安庆市新百超市，胡某海付款购买了 1 件 600 元左右的 T 恤衫送给被告人周元热，被告人周元热予以收受。

上述事实，有经庭审举证、质证并经本院确认的下列证据证实：

1. 证人胡某海的证言证明：其是安徽海江建材销售有限公司总经理。2008 年左右，枞阳县水利局组织实施农村饮水安全工程通过招投标程序购买自来水管材，山东华信公司中标了，当时其公司是山东华信公司在安庆地区的总代理，其公司先垫付货款，山东华信公司收到货款后就给其公司发货，货到安庆后其公司就派人陪着山东那边的司机将管材送到枞阳县各乡镇。周元热平时对其公司挺照顾，为了感谢他帮忙，2009 年上半年的一天，其到枞阳镇正大街附近办事，办完事其打电话给周元热叫他到正大街来，他直接坐到其车子副驾驶位子上，其就拿出 5000 元钱递给他并说不送其他东西了，拿这些钱去买 1 部手机。他先说不要，但其坚持要送给他，最后他说买 1 部手机要不了这么多钱，3000 元钱就够了。其就抽出 3000 元钱交给他，当时其急着回安庆，见他拿了钱就走了。2009 年夏季的一天，其想起还有一些管材要送到枞阳，就打电话问周元热在哪里，他说在安庆，其就叫他到安庆新百超市。打完电话其赶到安庆新百超市门口等周元热来了，见到他后其就说送给他 1 件衣服，之后其就在安庆新百超市柒牌专柜买了 1 件 600 多元的 T 恤衫送给了他，其是刷卡付款的。其是为公司送钱和物给周元热，主要有两个方面的原因，一是公司向枞阳地区送自来水管材过程中，周元热在管材的售后服务和货款结算及拨付上帮了不少忙，二是希望他以后在公司向枞阳销售自来水管材时继续照顾。

2. 被告人周元热的供述证明：胡某海是安徽海江建材销售有限公司负责人。2009 年上半年的一天，胡某海到枞阳来不是送管材就是拨款，他打电话叫其到正大街，其到后看见他的车子就直接坐到车子的副驾驶上，他就在车上给了 5000 块钱给其叫买 1 部手机，其说 1 部手机要不了那么多钱，他就抽了一些钱给其，其收下了这些钱，后来其数了一下，一共有 3000 元钱，其拿着这 3000 块钱在枞阳环球通讯手机店买了 1 部三星手机。2009 年夏天的一天其到安庆办事，办完事正准备回枞阳时胡某海打电话问在哪里，其说在安庆，他就叫其到安庆新百超市，其接完电话赶到安庆新百超市时就看见胡某海，他见到其后就说送给其 1 件衣服，之后他就在安庆新百超市柒牌专柜买了 1 件 600 多元的 T 恤衫送给了其，是胡某海刷卡付款的。

（五）2009 年下半年的一天，被告人周元热到枞阳县老洲自来水厂检查该厂承建的农村饮水安全工程的实施情况时，该厂厂长左某新为了寻求被告人周元热在验收时给予关照，请被告人周元热等人在饭店吃饭，在饭店内送给被告人周元热现金 2000 元，被告人周元热予以收受。

上述事实，有经庭审举证、质证并经本院确认的下列证据证实：

1. 证人左某新的证言证明：其水厂承建了老洲村、同乐村等村2009年度农饮水安全工程，在工程实施期间的一天，记得是2009年下半年的一天，镇里领导何某胜陪周元热到其水厂检查施工情况，检查结束后其安排他们在老洲街上一个饭店吃饭，其趁何某胜不在场时递给周元热2000元现金。周元热是县水利局农水所所长，代表水利局负责老洲镇片的农饮水项目的检查和验收，经常来检查其厂承建的农饮水项目的施工情况，其知道他有农饮水项目的日常检查和验收权，希望他以后在日常检查和验收时给予关照才送钱给他。后来周元热以及其他领导到其水厂验收承建的2009年度农村饮用水安全工程，当场宣布验收通过了，参与验收人员都在上面签字了。

2. 被告人周元热的供述证明：2009年下半年的一天，其与老洲镇何委员到老洲自来水厂检查该厂承建的农村饮用水安全工程的实施情况，检查结束后左厂长安排在老洲街上一个饭店吃饭，吃完饭后左厂长趁何某胜不在场送给其2000元钱。左厂长送钱时叫其对他们水厂多关心关心，希望其在日常检查和以后验收时给予关照。后来其与余某胜等人对老洲自来水厂承建的农村饮用水安全工程进行验收并通过了，其和其他验收组成员在验收鉴定书上签了字。

（六）2010年的一天，枞阳县钱桥镇朝阳村支部书记疏某超为寻求被告人周元热为其村安排农饮水安全项目指标，请被告人周元热在枞阳县枞阳镇锦苑大酒店吃饭，饭后送给被告人周元热价值1000元的购物卡，被告人周元热予以收受。

上述事实，有经庭审举证、质证并经本院确认的下列证据证实：

1. 证人疏某超的证言证明：大概2010年的一天，其请周元热到枞阳锦苑大酒店吃饭，吃完饭后，其私下将准备好的1000元购物卡送给周元热，希望以后如果再有农饮水项目指标时他能关照一下，并感谢他对其村农饮水项目的指导。

2. 被告人周元热的供述证明：2010年的一天，朝阳村疏书记请其到锦苑大酒店吃饭，该村疏书记趁无人之际送给其1张1000元的购物卡，并对其说如果上面还有农饮水指标的话，安排时对他们村关照关照，其说如果符合规定会考虑的。

（七）2010年上半年的一天，被告人周元热到枞阳县老洲镇桐贵村检查该村2008年度新增的农村饮水安全工程实施情况时，该村支部书记林某波为了寻求被告人周元热在验收该村农村饮用水安全工程时给予关照，送给被告人周元热现金2000元，被告人周元热予以收受。

上述事实，有经庭审举证、质证并经本院确认的下列证据证实：

1. 证人林某波的证言证明：大概2010年上半年的一天，镇纪委书记何某胜陪同周元热到其村检查农饮水的实施情况，其在村部私下将一个装有2000元现金的信封递给了周元热，请他在农饮水项目验收中有所关照，他收下了。

2. 证人管某勇的证言证明：大概2010年上半年的一天，镇纪委书记何某胜陪同周元热到其村检查农饮水的实施情况，当时书记林某波在村部里私下送给周元热2000元，之后周元热和何某胜就走了。林书记之前和其讲好的，周元热走后林书记对其说刚送了2000元钱给周元热，是用信封装的，并说周元热收下了。他是老洲镇农饮水项目的具体分管人员，日常检查和验收的主要技术人员，其村项目实施必须他签字验收才能通过，希望他在检查验收的时候关照一下。

3. 被告人周元热的供述证明：2010 年上半年的一天，桐贵村书记林某波在村部送给其一个信封，其收下了，后来打开信封发现里面装有 2000 元现金。桐贵村农饮水指标比较多，工程量大，实施农饮水项目的方式方法有三种，他们村怕验收时不合格，送钱是想其在验收该村农村饮用水安全工程时给予照顾。该村验收通过了，其在鉴定书上签了字。

（八）2010 年上半年的一天，为了寻求被告人周元热在验收枞阳县周潭镇西山口水库的白蚁灌浆工程时给予关照，承建该工程的枞阳县水利疏浚队负责人唐某月在陪同被告人周元热去检查该工程的途中，送给被告人周元热现金 3000 元，被告人周元热予以收受。

上述事实，有经庭审举证、质证并经本院确认的下列证据证实：

1、证人唐某月的证言证明：其系水利局下属单位枞阳县水利疏浚队的法人代表，2010 年其疏浚队承建了周潭镇西山口水库的白蚁灌浆工程。当年上半年的一天上午，周元热打电话说要到西山口水库对工程进行检查，其就雇了出租车和他一起到周潭西镇山口水库，在车子过了会宫还没到周潭的路上，其偷偷递给他一个信封，里面装着准备好的 3000 元现金。到西山口水库后其就陪着周元热检查了白蚁灌浆工程，后来验收通过了。因为他是代表县水利局对其疏浚队承建的西山口水库白蚁灌浆工程进行验收的，其希望他能在验收时给予关照，所以才送给他 3000 元现金。

2. 被告人周元热的供述证明：2010 年上半年的一天，当时西山口水库的白蚁灌浆工程还没有结束，其打电话给唐某月，说要搭他顺便车到他工地去检查施工情况，唐某月雇了一辆出租车到县水利局，其就和他一道乘这辆出租车到西山口水库检查白蚁灌浆工程，车子开过会宫还没到周潭的路上，唐某月偷偷递给其一个信封，其收下了。其后来私下打开信封发现里面装了 3000 元现金。之后不久，其代表县水利局参与对西山口水库的白蚁灌浆工程进行验收，验收通过了，其和其他验收组成员都在验收文书上签了字。

（九）2010 年下半年的一天，被告人周元热到枞阳县老洲镇横裕村检查该村 2010 年度农村饮水安全工程的实施情况时，该村支部书记刘某生为了寻求被告人周元热在之后验收该村 2010 年度农村饮用水安全工程时给予关照，送给被告人周元热 2000 元现金，被告人周元热予以收受。

上述事实，有经庭审举证、质证并经本院确认的下列证据证实：

1、证人刘某生的证言证明：大概 2009 年的时候，其村因为争取农饮水项目，多次到水利局找周元热办各种手续，和他就逐渐熟悉了。2010 年下半年的一天，老洲镇纪委书记何某胜陪同周元热到其村检查农饮水工程的实施情况，其在村部私下将一个装有 2000 元现金的信封递给了周元热，请他在农饮水项目验收时给予关照。

2、证人周某银的证言证明：大概 2009 年其村开始到县水利局申报农饮水项目，多次到县水利局找周元热办事。2010 年下半年的一天，周元热到其村检查农饮水项目工程实施情况时，由其村书记刘某生经手送给周元热 2000 元钱，后来在村里集体结算审批支出条据时，刘某生书记将送周元热 2000 元钱的事对其讲了，并由其审批报销了。

3、被告人周元热的供述证明：2010 年下半年一天，横裕村书记在村部送给其一个信封，里面有 2000 元现金，其知道他是希望以后在验收他们村的农饮水项目时能够给予关照。后来，县里统一组织对全县的农村饮用水安全工程进行验收，该村验收通过了，其在鉴定书上签了字。

（十）2011 年至 2012 年期间，枞阳县汤沟镇桂坝自来水厂副经理刘某高为寻求被告人周元热在其自来水厂承建农饮水安全工程上给予关照，先后 2 次送给被告人周元热现金共计 4000 元。（1）2011 年春节前的一天，刘某高约被告人周元热在枞阳县国强大酒店附近见面后，送给被告人周元热现金 2000 元，被告人周元热予以收受；（2）2012 年春节前的一天，刘某高约周元热在枞阳县百川大酒店附近见面后，送给被告人周元热现金 2000 元，被告人周元热予以收受。

上述事实，有经庭审举证、质证并经本院确认的下列证据证实：

1. 证人刘某高的证言证明：在验收农饮水项目时，周元热帮其厂说过话，因为这事其一直比较感激他。2011 年过年前的一天，其到枞阳办事，准备了 2000 元的信封，打电话给周元热，叫他到国强大酒店来。过了一会儿，周元热来了，其把信封递给他并说不买烟酒了，周元热收下了信封，当时其急着回去，没和他多说话就走了。2012 年过年前的一天，其到枞阳百川大酒店附近一个小饭店办事，办完事后就打电话给周元热叫他到这个饭店来，他到后其就把装了 2000 元的信封递给他并对他说就不买烟酒了，周元热收下信封后其就走了。因为以前周元热在验收其水厂承建农村饮用水安全工程时为其说了话，他是农水所所长，对其水厂承建的农村饮用水安全工程有监督检查权和验收权，其水厂希望如果以后能得到农饮水项目的话，他能多多关照。

2、被告人周元热的供述证明：2011 年过年前的一天，桂坝自来水厂副经理刘某高打电话给其，叫其到国强大酒店来，其赶到时，他就送给其一个信封，其收下信封后他就急着走了，后来其打开信封后发现里面装有 2000 元现金。2012 年过年前的一天，刘某高又打电话给其，叫其到百川大酒店附近的一个小饭店来，其到后他送给其一个信封，其收下信封，后来打开发现里面装了不是 2000 元购物卡就是 2000 元钱。因为以前验收小组成员在验收他厂承建农村饮用水安全工程时发现没有完全按照上面要求做管网延伸，而是既搞了管网延伸又搞了管网改造，验收时其就说桂坝自来水厂这么做虽然不完全符合上面的规定，但资金全部用于项目，也没有什么大问题。其他验收组成员看其这么说也就同意让桂坝自来水厂承建的农饮水工程通过验收，当时验收组成员都在验收鉴定书上签了字，他很感激其。另外他希望以后他们水厂还能承接农饮水项目，其能关照他们。

（十一）2011 年至 2013 年，安徽海江建材销售有限公司负责人操某为感谢被告人周元热在该公司派送的管材售后服务和货款结算上给予的关照，以及寻求继续给予关照，先后 3 次送给被告人周元热共计价值 2000 元的购物卡和 1 部苹果牌 iPhone4 手机。1. 2011 年中秋节前的一天，操某约被告人周元热见面，在被告人周元热家门口送其 1 部苹果牌 iPhone4 手机，被告人周元热予以收受。经鉴定，该手机价值 4999 元；2. 2013 年春节前的一天，操某约被告人周元热见面，在被告人周元热家门口送其价值 1000 元的购物卡，被告人周元热予以收受；3. 2013 年上半年的一天，操某约周元热见面，在被告人周元热家门口送其价值 1000 元的购物卡，被告人周元热予以收受。

上述事实，有经庭审举证、质证并经本院确认的下列证据证实：

1. 证人操某的证言证明：其于 2010 年左右到安徽海江建材销售有限公司上班。2011 年左右，枞阳县水利局实施农饮水安全工程通过招投标程序购买自来水管材，康泰公司中标，当时其公司是康泰公司在安庆地区的总代理，康泰公司中标后将中标信息以及需要自来水管材的各乡镇的村或水厂告诉其公司，叫其公司派人陪同将自来水管材送到枞阳县各乡镇。其把货送到枞阳后就与县水利局农水所的周所联系，他把乡镇分管农饮水的领导或水利站站长的号码发给其由其直接联系。其送货后由收货的水厂或村验收并在送货单上签字，再拿着送货单到县水利局结账，结账时先要周所签字，再经过水利局分管领导和局长审批，最后到财务部门申请拨款。他平时对其公司挺照顾，为了感谢他帮忙，2011年8、9月的一天，其送管材到枞阳，晚上吃饭时看见他的手机旧了，就笑着说你还用这么旧的手机，要不公司送你1部智能手机。后来其在安庆花5000元左右买了1部苹果4手机，其记得是那年的中秋节前几天，在枞阳县水利局王家亭附近周所家把手机送给他。2013年过年前，其正好要到枞阳县水利局结账，在枞阳一个超市买了1000元的购物卡，打电话给周所说要到他家看看，到枞阳王家亭附近周所的家门口把1000元的购物卡递给他。2013年上半年的一天，其又在枞阳那个超市花了1000元买了2张购物卡，每张面值500元，到他在枞阳县王家亭附近的家门口把这2张购物卡递给他。其是代表公司送手机和购物卡给周元热的，一是公司向枞阳地区送自来水管材过程中，周所在管材的售后服务和货款结算及拨付上帮了不少忙，二是希望他以后继续照顾。

2. 被告人周元热的供述证明：操某是安徽海江建材销售有限公司的，胡某海先是该公司负责人，后来胡某海到合肥做生意了，操某就成为该公司负责人。2011年中秋节前的一天，操某打电话问其可在家，讲买了1部手机要送给其。之后不久其听到楼下有走路声音，就把门打开，刚打开门就看见他站在家门口，他见到其把1个手机盒递给其就走了，其打开手机盒后发现里面装着1部苹果4手机，是全新的，里面还放着一张发票，其看了一下发票上的金额是4900多元。2013年过年前，操某到其家门口送了1000元的购物卡。2013年上半年，操某又至其家门口送了1000元的购物卡。他送钱物给其是希望其以后在枞阳地区销售管材和农饮水管材的售后服务、结算和货款拨付上关照，以便能尽快拿到货款。

3. 枞阳县价格认证中心的鉴定意见证明：涉案的苹果牌iPhone4手机经鉴定价值为4999元。

（十二）2011年上半年的一天，枞阳县汤沟镇莲花村支部书记盛某生为寻求被告人周元热在检查和验收该村农村饮用水安全工程时给予关照，请被告人周元热在枞阳县枞阳镇环保大酒店吃饭，饭后送给被告人周元热价值2000元的购物卡，被告人周元热予以收受。

上述事实，有经庭审举证、质证并经本院确认的下列证据证实：

1. 证人盛某生的证言证明：2011年上半年的一天，其通过唐某月认识了周元热，并请周元热在枞阳环保大酒店吃饭，吃完饭后其私下送给周元热2张1000元的购物卡，请他在今后安排农饮水项目时对其村给予关照。

2. 证人吕某月的证言证明：2011年上半年的一天，盛某生书记在村部对其和村里几个村干说到枞阳镇请周元热吃饭，再送2000元购物卡，请他以后再给其村安排一点农饮水项目指标。之后盛某生书记就带着其还有两个村干一起到枞阳县水利局找周元热，当时是盛书记通过县疏浚队的唐某月请周元热吃饭的，是在环保大酒店。回村后盛书记说已经把2000元购物卡送给周元热，周元热收下了。

3. 被告人周元热的供述证明：2011上半年的一天，汤沟镇莲花村书记通过唐某月约其在枞阳镇环保大酒店吃饭，吃完饭后该村书记私下送给其2张面值1000元购物卡，请其今后在安排农饮水项目时给予关照。

（十三）2011年8、9月份的一天，枞阳县汤沟镇民胜村支部书记钱某荷为了寻求被告人周元热在验收该村的农村饮用水安全工程时给予关照，请被告人周元热在枞阳县枞阳镇长江鱼馆吃饭后，送给被告人周元热现金2000元，被告人周元热予以收受。

上述事实，有经庭审举证、质证并经本院确认的下列证据证实：

1. 证人钱某荀的证言证明：2011年8、9月的一天，其到枞阳打电话给周元热，约他到枞阳一个饭店吃饭，饭后其把周元热叫到一边，把事先准备好的装有2000元现金的信封递给他，并对他说："麻烦你给我们村的农饮水项目上多多帮助。"周元热拉扯了并说："你家农饮水工程搞得很好，应该能通过，帮忙归帮忙，不要搞这个。"其说："这个给你买点烟，我怕买个假烟也就没有买烟了。"之后其就走了。

2. 证人钱某华的证言证明：2011年8、9月的一天，钱某荀书记对其说村的农饮水项目马上要验收了，要不就请周元热吃个饭并送2000元钱给他，其同意了。之后钱某荀就带着其和张某兵到枞阳约周元热到一个饭店吃饭，饭后钱某荀就把周元热喊到一边，其和张某兵知道钱书记要送钱给他，就没有跟着去，过了一会儿，钱书记和周元热又回到吃饭的房间，之后其就离开饭店了。

3. 被告人周元热的供述证明：2011年8、9月的一天，民胜村的钱书记请其在枞阳镇长江鱼馆吃饭，吃完饭后钱书记把其拉到旁边私下送给其一个信封，并说麻烦给他们村的农饮水项目上多多帮助，其收下了这个信封，回家后打开发现里面有2000元现金。当时他们村的农饮水项目还在实施，他们希望其在检查和验收时能关照。后来其与余某胜等人对民胜村的农村饮用水安全工程进行验收并通过了，其和其他验收组成员都在验收鉴定书上签了字。

（十四）2012年上半年的一天，枞阳县横埠镇宏海自来水厂会计田某学为寻求被告人周元热在验收该厂承建的农村饮用水安全工程时给予关照，代表该厂请被告人周元热在枞阳县枞阳镇一饭店吃饭后，送给被告人周元热1千克茶叶和1张价值1000元的购烟卡，被告人周元热予以收受。

上述事实，有经庭审举证、质证并经本院确认的下列证据证实：

1、证人田某学的证言证明：2012年上半年的一天，其和其厂经理以及一个司机到枞阳有点事，其厂承建的2011年度项目已经竣工，快要验收了。考虑到验收及项目资金拨款顺利些，厂里商量去找一下周元热，并带了2斤茶叶，其在好又多超市买了1000元购物卡，其一个人到县水利局周元热办公室，约周元热吃饭，吃完饭后，其拿出购物卡和茶叶给了周元热，并说麻烦以后在项目验收时多关照。

2、被告人周元热的供述证明：2012年上半年的一天，宏海自来水厂的田会计在枞阳约其在财政局附近的一个小饭店吃饭，吃完饭后，田会计叫司机送其回去，临走时送给其2斤茶叶和1张1000元的购烟卡，并对其说农饮水工程已经结束了，马上要验收，还请以后验收时关照。因为该水厂收取的开户费高于文件规定的价格，老百姓有反映，所以其过去一直没给该厂安排农饮水项目，直到2012年才给他们厂安排农饮水指标，他们厂担心收费太高不能通过验收，希望其以后在验收时给予关照。后来其与发改委的左某东、吴某国等人对宏海自来水厂承建的农村饮用水安全工程进行验收，验收通过了，其和其他验收组成员在验收鉴定书上签了字。

二、滥用职权事实

（一）2008年上半年，枞阳县汤沟镇黄仪自来水厂厂长钱某明得知国家有农村饮水安全项目资金，与枞阳县汤沟镇中心村委会协商并以该村名义申报2008年度新增的枞阳县汤沟镇中心村农村饮用水安全项目。项目被批准后，黄仪自来水厂在未实际实施2008年度新增的枞阳县汤沟镇中心村农村饮用水安全项目的情况下，伙同汤沟镇中心村委会编制虚假的施工合同和验收资料申报验收。被告人周元热在未认真履行组织、督促、检查等职责情况下，于2009年5月作为以余某胜为组长的验收小组成员之一，对该农村饮水工程进行检查验收。验收时发现开户费发票较新，可能存在为应付检查而造假等情况，并在抽查通水户时发现花名册上有虚假通水户的情况，被告人周元热等验收小组成员没有在农饮水工程验收鉴定书上签字。之后，被告人周元热所在的验收小组未对该村的农饮用水工程进行第二次验收，仅在汤沟镇政府相关人员的口头汇报下，验收小组其他成员先后在验收鉴定书上签字，被告人周元热也在与汤沟镇政府相关人员的电话中口头委托他人在鉴定书上代其签名，将汤沟镇中心村的农饮水工程通过验收，致使黄仪自来水厂取得项目资金310288.2元，其中分给汤沟镇中心村委会126980元。

上述事实，有经庭审举证、质证并经本院确认的下列证据证实：

1. 收款收据证明：黄仪自来水厂于2011年3月21日从汤沟镇财政所领取农饮水项目资金292303.51元，于2011年11月29日从汤沟镇财政所领取农饮水项目质保金17984.7元。

2. 证人钱某明的证言证明：其水厂以中心村名义争取2008年新增的农饮水项目，县水利局给中心村批了2008年度新增的中心村农饮水项目，受益人口指标是907人。2009年下半年县发改委余某胜，县水利局周元热、吴某龙，县国土局陆某胜以及章某副镇长等人到其水厂来验收中心村的农饮水项目，他们看了水厂的初装费收据，余某胜看过后发现收据上没有村民组的名字就发脾气，之后他们没怎么看就走了，之后其就买了2条烟、2瓶酒，并和中心村钱某先一起送给了余某胜，后来中心村2008年度新增的农饮水项目就通过了验收。其水厂一共从财政所领了30多万元，村里先后从水厂拿走了共126980元。其水厂没有为中心村做什么事情。村里除了做一些协调工作外没有做其他事情。施工协议书等资料是验收以前其在厂里做的，实际上水厂并没有实施2008年度新增中心村的农饮水项目，也不存在签订施工协议书，施工协议书就是假的。通水花名册是村搞好的，验收竣工资料是其找桂坝水厂刘某高搞的。

3. 证人钱某先的证言证明：2008年上半年，黄仪自来水厂厂长钱某明得知上面有农饮水项目后就找其说想争取中心村的农饮水项目，叫其村申请，其村召开了两委会开会研究并对这个事情做了决议后，和钱某明签订了协议，以中心村的名义申报2008年农饮水项目，项目资金其村和黄仪自来水厂各半分，其村提供资料等，黄仪自来水厂来承办中心村的农饮水项目，申请中心村的农饮水项目的费用都由黄仪自来水厂来付。其村就以中心村的名义向镇里写了申请报告，后来县水利局批准了中心村2008年新增907户的农饮水项目指标。其村没有为中心村的农饮水项目做什么事情。黄仪自来水厂为中心村周边的几户通了自来水，而且都是在2008年之前通水的。中心村的大多数农户是仪山自来水厂通水的，而且是在2008年之前就通水了。验收时发改委的余某胜还发了脾气，大概是余某胜看了通水花名册之后发现仪山自来水厂给中心村大多数农户供水怎么由黄仪自来水厂来申报中心村的农饮水项目。余某胜发脾气之后走了。之后钱某明向其提议，说担心验收不能通过，要买点东西给余某胜。2009年大概9月的一天，其和钱某明到枞阳，钱某明花了1900元买了2条硬中华和2瓶水井坊白酒，其和钱某明到余某胜家里给了余某胜的老婆。之后中心村2008年新增农饮水项目也就验收通过了。其村两次从黄仪自来水厂拿了共有12万多元，这12万多元在村里作了收入。

4. 证人章某的证言证明：验收组成员先是听其代表汤沟镇作的关于汤沟镇农饮水项目实施情况的汇报，接着又到黄仪自来水厂和中心村查看农户通水的发票、随机抽几户了解通水和收费等情况。余某胜叫钱某明把中心村农户通水的开户费发票拿出来看一下，看了钱某明提供的发票后就说许多开户费的发票都是一道开的，有水分。后来验收组成员又在通水户花名册上随机抽了几户，发现有几户是老通水户，是由仪山自来水厂供水的，这样验收组成员就认为通水户花名册也有假，整个工程应该没有实施完毕。接着验收组成员就到桂坝自来水厂办公室开了一个碰头会，会上余某胜就说黄仪自来水厂实施的中心村农饮水项目还没有实施完毕，必须整改，确保按照受益户花名册给农户通水，另外他还说有些资料不完善，也要把资料搞齐。最后验收组成员就没有发验收鉴定书，这一次中心村的农饮水项目工程没有通过验收。其记得过后不久，钱某明对其说他和中心村书记钱某先找了验收组组长余某胜。后来钱某明和中心村的书记对其说余某胜同意在验收鉴定书上签字，叫其陪他们一道到县发改委找余某胜签字，其就陪钱某先、钱某明一起到县发改委找了余某胜，余某胜就当场在验收鉴定书签了字。之后一起到县水利局找周元热签字，当时周元热不在场，其就打电话给周元热说余某胜已经在验收鉴定书上签字了，问他可能签字不。周元热说既然其他人都签字了，那就叫人帮他签下名字。之后就有人帮周元热代签了名字，具体是谁代签的记不清了。后来验收组的陆某胜、吴某龙和中心村主任钱某先都在验收鉴定书上签了字。

5. 证人余某胜的证言证明：其是县农饮水领导小组成员之一，负责带队检查验收沿江一片农饮水项目验收工作，是验收组组长。其到黄仪自来水厂查看当年开户费发票，从中抽了几户要到农户家去查看，但在中心村根本找不到这几户，当时其就发了很大脾气，批评了当时汤沟镇副镇长章某。章某说中心村的农饮水项目工程镇里有决议的，其叫章某把这份决议拿来看了一下，大致内容是中心村2008年新增农饮水项目由黄仪自来水厂实施。当时没有验收2008年新增中心村的农饮水项目工程就走了。其记得为这个事情，黄仪自来水厂和中心村还有人送了1瓶酒和1条烟。到2009年年底的时候，章某和中心村的书记拿了一张验收鉴定表到其办公室，章某说中心村的农饮水项目已经整改好了，要其在鉴定表上签字，并说验收不通过会影响项目资金的拨付。当时其看到了验收鉴定表上已经有其他验收人员签字了，也就签了字。

6. 证人吴某龙的证言证明：验收组的成员有其和发改委的余某胜、县国土局的陆某胜、水利局周元热、汤沟镇政府的章某、中心村的钱立先。黄仪自来水厂厂长向验收组成员余某胜提供了水厂开给通水用户的收据，余某胜发现这个收据是假的，中心村的农户并不是由黄仪自来水厂通水的，余某胜发了脾气，之后验收组成员就走了。隔了几个月，其看2008年新增汤沟镇中心村的农饮水项目验收鉴定书已经有人签字了，也就在这份鉴定书上签了字。之所以没验收就签字是因为水利局的有关领导不是开会就是口头上说农饮水项目是民生工程，当年的项目资金不能留在账面上，尽量把当年的项目工程验收通过，以免影响民生工程考核。

7. 被告人周元热的供述证明：其所在的验收小组在验收汤沟镇中心村2008年度新增

的农饮水工程时，到黄仪自来水厂进行验收，发现黄仪自来水厂提供农户的开户费发票较新，就怀疑这些开户费发票是为应付检查而造的。另外，检查中心村上报的通水户花名册时发现通水户花名册上有的农户根本就不存在，验收组组长余某胜发了脾气，当时余某胜骂汤沟镇副镇长章某不负责任、弄虚作假，搞不好会被处理。之后验收组成员就都走了，临走时余某胜对章某说必须按照上面的实施意见把中心村农饮水工程做完，以后再验收。过了两个月，汤沟镇副镇长章某和水利站一个姓丁的主任到县水利局来，说他们已经按照验收组的要求把中心村的农饮水工程实施完毕了。后来验收组成员没有再次对汤沟镇中心村 2008 年度新增农饮水项目进行验收了。应该是第一次验收两个月以后，其听说是通过原枞阳镇党委书记钱龙珠找了余某胜，也找了其他验收组成员，也找了其。应该是章某打电话叫其在验收鉴定书上签字的，并说其他人都已经签字了，其就同意了并叫他们帮其代签一下，后来他们就把其名字签上了，具体是谁代签了其的名字记不清了。

（二）枞阳县藕山镇万道自来水厂实施 2010—2011 年度藕山镇万桥村的农村饮用水安全项目，藕山自来水厂实施 2010—2011 年度藕山镇大港村、护国村、白荡湖村的农村饮用水安全项目，在万桥村和白荡湖村农村饮用水安全项目未完工的情况下，万桥村委会伙同万道自来水厂，白荡湖村委会伙同藕山自来水厂编制虚假的验收材料申报验收。被告人周元热在未认真履行组织、督促、检查等职责情况下，于 2011 年 9 月作为以左某东为组长的验收小组成员之一对上述工程检查验收。在验收过程中发现有受益花名册上登记的农户未通水、老通水户代替新通水户、水厂收取的开户费过高等情况，被告人周元热等验收小组成员明知万桥村和白荡湖村的农村饮用水安全工程未完工，在藕山镇政府相关人员的要求下，仍在验收鉴定书上签字通过验收。万桥村委会先后于 2011 年 1 月 29 日、2012 年 11 月 9 日从藕山镇财政所领取项目资金 375000 元、307538.2 元后，分别于 2011 年 11 月 21 日、2012 年 11 月 20 日付给万道自来水厂 97500 元、307538.2 元，万道自来水厂于 2012 年 11 月 20 日又返还万桥村委会 56338.2 元，致使万桥村委会占有项目资金共计 333838.2 元。白荡湖村委会先后于 2011 年 1 月 29 日、2011 年 11 月 10 日、2012 年 11 月 22 日从藕山镇财政所领取项目资金 230000 元、61729.29 元、170749 元后，分别于 2011 年 1 月 30 日、2012 年 11 月 26 日付给藕山自来水厂 82000 元、79840 元，致使白荡湖村委会占有项目资金共计 300638.29 元。

上述事实，有经庭审举证、质证并经本院确认的下列证据证实：

1. 收款收据证明：万桥村委会先后于 2011 年 1 月 29 日、2012 年 11 月 9 日从藕山镇财政所领取项目资金 375000 元、307538.2 元后，先后于 2011 年 11 月 21 日、2012 年 11 月 20 日付给万道自来水厂 97500 元、307538.2 元，万道自来水厂于 2012 年 11 月 20 日返还万桥村委会 56338.2 元。白荡湖村委会先后于 2011 年 1 月 29 日、2011 年 11 月 10 日、2012 年 11 月 22 日从藕山镇财政所领取项目资金 230000 元、61729.29 元、170749 元后，先后于 2011 年 1 月 30 日、2012 年 11 月 26 日付给藕山自来水厂 82000 元、79840 元。

2. 证人唐某友、陶某龙的证言证明：万桥村实施 2010 年的农饮水项目是在 2010 年下半年开始施工的，2011 年底竣工。工程施工结束后，县水利局、农饮办及镇政府相关人员进行验收。主要是到户查看是否通水，问农户通水交了多少钱。而且在验收的过程中有农户向验收人员反映交了钱但水还没通，验收组人员就根据受益用户花名册到农户抽查。万桥村实施 2010 年度农饮水项目实际上只给 326 户通水，但上报到上面的农饮水项目是 439

户 1727 人口指标。因为上面安排了 1727 人口指标，所以村里就根据 1727 人口指标造花名册，入户花名册上户主姓名是村的几个干部代签的。验收组人员在验收农饮水工程时，发现一些项目资金没有实施到位，还结余了一些项目资金在村里。上面通过财政两次拨付到万桥村的项目资金第一次是 37.5 万元，第二次是 307538.2 元，另外还有 85774.69 元的质保金没有拨。项目资金通过财政所拨到村账务后，在村与万道自来水厂第一次结算时村将管材全部给了水厂，并给了水厂 97500 元，当时村开税票花了 5450.30 元。第二次项目资金 307538.20 元到村后，村将这些资金全部给了水厂，水厂将村的 176 户通水后，村与水厂进行结算，村从水厂结回了 56338.2 元。截至目前，村账户上还结余 333838.2 元，另外 85774.69 元质保金没拨下来。结余的 333838.2 元在村里的其他事情上花掉了。

3. 证人胡某玉的证言证明：县水利局给白荡湖村安排了 2010 年度 155 人口指标，后来又安排了 2011 年度 1014 人口指标。村把 2010 年度和 2011 年度的农饮水项目放在一起实施的，两个年度的农饮水项目是藕山自来水厂实施的。经镇里协调，村与藕山自来水厂达成协议，由藕山自来水厂为村未通水的农户通水，村里负责向新通水农户收取每户 1300 元的开户费，再将这些开户费全部交给水厂，另外村里还按每通一户给水厂 1000 元的项目资金，上面拨的自来水管材全部交给水厂。之后水厂和村里就按照协议实施了项目。上面一共拨了 4 万余元的管材，都是拨到藕山自来水厂的。村按照上面安排的受益人口指标制作了花名册，花名册上有 286 户，共 1169 受益人口，花名册上受益农户的签名都是村里干部代签的，这份花名册与实际不相符，村里有一份真实的农饮水工程的自来水安装花名册，就是 170 户农户，这 170 户农户都交了 1300 元的开户费到村里，村里已经将这些钱全部交给了水厂，其只知道原团结、扫帚村有 30 多户在实施农饮水项目期间通了自来水。验收时把这三个村民组的实际情况向验收组人员汇报了，保证以后肯定会实施农饮水项目，请求验收组人员让村的农饮水项目通过验收，后来验收组人员考虑到村实际情况就通过了验收。县水利局将项目资金拨到镇财政所，再由财政所拨到村。镇财政所分三次将项目资金拨到村里，第一次拨了 230000 元里，第二次拨了 61729.29 元，第三次拨了 170749 元，三次一共拨了 462473.29 元，这些钱都入了村里账了，后来按照与水厂的协议先后两次共付给水厂 161840 元，第一付给水厂 82000 元，第二次付给水厂 79840 元。到目前为止，村里还结余 300638.29 元的项目资金，这些钱都在村里账上。验收组人员在验收农饮水工程时，发现在实施农饮水过程中存在一些问题，镇水利站站长唐某新叫村写说明，村写了说明报到水利站，大致内容是村还有 150 户由于拆迁原因没有通自来水，村里还结余一些项目资金，以后肯定为这些农户通自来水，水利站报到县水利局。后来县水利局没有组织人员到村里检查项目资金的使用情况。到目前为止，原唐庄、中山、山河三村民组村民没有通自来水。

4. 证人唐某新的证言证明：2010 年上半年，县水利局给万桥村、白荡湖村、大港村、护国居委会等四个村安排了农村饮用水项目。大港村、白荡湖村、护国居委会的农饮水项目是由藕山自来水厂实施的，万桥村农饮水项目是由万道自来水厂实施的。白荡湖村和万桥村的农饮水工程到现在还没有结束，县里验收组成员先后两次对这四个村的农饮水项目进行验收，第二次验收时这四个村的农饮水项目通过了验收。农饮水项目是民生工程，省里要求安排的农饮水项目当年就必须通过验收，如果不通过验收的话就会影响县农饮水项目的考核名次。2011 年下半年验收组组长是县发改委的左某东，成员有县卫生局的徐某斌、县水利局的周元热和吴某龙，其和桂某生副镇长也参加了验收。第一次对这四个村的农饮水项目进行验收时没有通过。一是因为验收组成员第一次来验收时，这四个村没有搞招投标等方面的材料；二是因为验收组成员到白荡湖村验收时，白荡湖村村干部说还没有实施完毕，因为下山片三个村民组还没有拆迁，等拆迁以后村里再实施农饮水项目；三是因为验收组成员到万桥村验收时发现上报的通水户花名册上一户交了钱但还没有通自来水；四是因为验收组成员验收时发现万桥村和白荡湖村的农户通自来水的开户费偏高。验收组到各村随机抽查农户后就到镇里开会，镇里对验收组提出只有通过验收这四个村才能拨到项目资金，也才能不影响枞阳县农饮水项目的考核名次，要求验收组把这四个村的农饮水项目验收通过了，最后验收组成员就同意先在验收鉴定书上签字，以后再整改。之后周元热就在这份验收鉴定书上写了验收结论，验收组的周元热、吴某龙、徐某斌、桂某生和其都在验收鉴定书上签了字，但左某东当时提出白荡湖村和万桥村的农饮水项目必须整改合格后他再签字，由于左某东不签字这四个村的农饮水项目没通过验收。大概在2012年春节后，验收组第二次来验收，镇里要求验收组把这四个村的农饮水项目验收通过了，最后验收组就同意让这四个村的农饮水项目通过验收，全部成员在验收鉴定书上签了字。到目前为止，白荡湖村和万桥村未实施的农饮水项目都还没有实施，更不存在完工的事了。

5. 证人吴某龙的证言证明：2011年上半年县里召开农饮水验收项目的会议，会上分配其所在的验收小组负责藕山等镇各村农饮水项目的验收工作，其所在的验收小组组长是左某东，成员有县卫生局徐某斌、县水利局周元热和其等人。当年藕山镇的白荡湖村、万桥村、大港村、护国居委会等四个村有农饮水项目。验收组成员到万桥村验收时，该村主要负责人汇报了该村农饮水项目的实施情况，当时就提到还有部分农饮水项目没有实施，原因是该村有几个庄子因地势高而暂时无法供水。之后抽查了三户，发现其中有一户交了开户费但还没有通自来水。镇里有人说先把几个村的农饮水工程通过验收，以后再补做。当时验收组的成员也就在枞阳县农村饮用水工程验收鉴定书上签了字，验收小组组长左某东没有在验收鉴定书签字。后来还是验收组原班成员到藕山镇白荡湖村、万桥村去验收农饮水项目工程，当时这两个村的农饮水项目工程还没有完全做好，记得镇里要求验收组人员把这两个村的农饮水项目工程验收通过，之后验收小组组长左某东在验收鉴定书签字，验收也就通过了。

6. 证人左某东的证言证明：2011年下半年，其和卫生局的徐某斌、县水利局的周元热和吴某龙以及藕山镇水利站站长唐某新、藕山镇副镇长桂某生等人组成的验收组对藕山镇万桥村、白荡湖村、护国居委会、大港村四个村的农饮水项目工程进行验收。验收中发现了一些问题，这些问题以及整改意见都记在笔记本上：万桥村有受益花名册上登记的农户未通水，老通水户代替新通水户；其他村通水户数有虚假，并户增加人数；水厂施工登记未看到，存在村里克扣挪用嫌疑。当时没有通过验收。验收组还提出了整改意见，其笔记本上也记着整改意见，其当时没有在验收鉴定书上签字。后来说藕山镇四个村的农饮水项目整改完成了，要求其在验收鉴定书上签字，其就在验收鉴定书上签了字。

7. 被告人周元热的供述证明：2011年下半年，其所在的验收小组验收藕山镇万桥村、大港村、护国村、白荡湖村等四个村农饮水工程，先到万桥村进行验收，在通水户花名册上抽查了几户，发现一户人家水表上的数字过大，不像当年新通水的农户，接着在另一户发现该户交了开户费但还没有通自来水。后来验收组就到白荡湖村去验收，村里干部和藕山镇的干部汇报说该村还有三个村民组因没有拆迁而还未通自来水，并保证等拆迁后再实施农饮水工程。之后验收组成员在白荡湖村上报的通水户花名册上也发现他们汇报的三个村民组的农户名字在花名册上，就知道白荡湖村的农饮水工程还没有实施完毕。回到藕山镇政府开了一个验收会议，会上左某东主任说在验收时发现白荡湖村、万桥村、大港村、护国村几个问题，还提出几条整改意见。藕山镇的领导叫先把验收通过了，以后肯定要把工程实施完毕，考虑到如果农饮水工程当年不通过验收会影响全县农饮水工程的民生考核名次，其就填写了验收鉴定书，并在签名栏签名，之后其把验收鉴定书交给其他验收组成员签字，徐某斌、吴某龙和桂某生、唐某新就在验收鉴定书上签字，之后把验收鉴定书交给左某东签名。左某东对藕山镇的副镇长桂某生说等镇里整改到位后再找他签字。这次验收就因左某东没有签字而未通过。后来藕山镇白荡湖村、万桥村等四个村的农饮水工程通过了验收，其不清楚左某东是什么时候什么情况下在验收鉴定书上签的字。

二、玩忽职守事实

（一）枞阳县汤沟镇田间自来水厂在实施汤沟镇2008年度新增的彭山村、后湖村、新河村、田间村农饮水项目工程时，未按照农村饮用水安全项目的规定，部分实施项目工程，并超标准向农户收取费用，后伙同上述四村委会以虚假验收材料申报验收。被告人周元热在未认真履行组织、督促、检查等职责情况下，于2009年5月作为以余某胜为组长的验收小组成员之一，将上述四村的农饮水工程验收通过。田间自来水厂和彭山村、后湖村、新河村、田间村共计领取农村饮用水安全项目资金 579262.13 元，扣除田间自来水厂所得的项目资金 231262.13 元和田间村委会退还多收取的农户费用 36500 元，上述四村委会占有项目资金共计 311500 元。

上述事实，有经庭审举证、质证并经本院确认的下列证据证实：

1. 收款收据证明：田间自来水厂于2009年12月15日从汤沟镇财政所领取项目资金88867.79元（其中配套资金58504元，税款30363.79元），于2010年12月31日从汤沟镇财政所领取项目资金197855.63元；后湖村委会于2010年12月31日从汤沟镇财政所领取项目资金106160元；新河村委会于2010年12月31日从汤沟镇财政所领取项目资金70180元；田间村委会于2009年12月31日从汤沟镇财政所领取项目资金132280元；彭山村委会于2010年12月31日从汤沟镇财政所领取项目资金39380元；田间村委会于2012年2月27日退还农户多收取的费用共计36500元。

2. 证人方某的证言证明：其自来水厂向彭山、后湖等四个村的农户供水时收取了开户费，每户收了1000元至2000多元不等。2008年下半天，镇里通知其和后湖、田间等四个村的村长书记到镇里开会，镇里领导说上面有农饮水项目资金，要求把项目争取下来，并把项目做好。后来四个村的村干就叫其到上面申请这四个村的农饮水项目，其就到县水利局申请项目，后来水利局批准了2008年度四个村共计1625受益人口的农饮水项目。经过与四个村协商，由其向四个村1625人口通水。在项目实施期间，其向各新通水农户每户收了2000元开户费，后来听说每户的开户费不得超过1500元，各村就要退给各新通水农户500元的，田间村退给各新通水农户 500 元。村里只是负责协调水厂与老百姓的关系，实施工程的所有费用都由水厂出的，村里没有出钱，也没有做其他事情。工程竣工后，县水利局的周元热、吴某龙以及县发改委、国土局和镇里领导参加了工程验收。扣除先交的 8 万元项目配套资金，上面共拨了 57.8 万元的项目资金。验收结束后，县水利局将 57.8 万元的项目资金拨到财政所，水厂与四个村就谈如何分配这 57.8 万元的项目资金，由于原后湖村书记钱某信不同意，一直没有谈好，期间章某出面协调过，但一直没有谈好，后来钱某信出事后，水厂与四个村村干又开始谈如何分配项目资金。后来找到镇里协调，其与四个村达成协议：水厂分得23万余元的项目资金，剩下的由四个村按照上面批给各村的受益人口数分掉了。

3. 证人章某的证言证明：2008年上半年，田间、后湖、彭山、新河等四个村一起申报农饮水项目，四个村人口指标总共是1625人。验收组成员是县发改委副主任余某胜、县国土局副局长陆某胜、县水利局的周元热和吴某龙等人。由于验收时没有发现什么问题，验收组成员就在验收鉴定书上签了字。四个村的农饮水项目资金拨到镇财政所账户后，四个村和田间自来水厂就如何处理一直没有谈好，镇里决定等谈好后再把资金拨下去。后来四个村的村干和田间自来水厂厂长方某都找其协调，拿了资金分配表说是水厂和村里达成的协议，还说田间自来水厂得23万余元的项目资金，作为国有资产，剩下的项目资金由四个村按照上面安排的人口指标进行分配，后来将上面拨的项目资金领回去了。田间自来水厂并没有真正实施四个村的农饮水项目工程。

4. 证人钱某斌的证言证明：2008年县水利局给后湖、彭山、新河、田间四个村安排了农饮水项目，拨付了农饮水项目资金。其记得为这些农饮水项目资金分配的事，汤沟镇分管农饮水的副镇长章某找到其说田间自来水厂和新河、田间等村都想多搞点项目资金，双方一直谈不妥，经常吵架，让其陪他一起去，要是双方再争吵就帮着协调一下。之后其陪章某去协调了几次，后来听说钱某信出事后，四个村和田间自来水厂就农饮水项目资金如何分配达成一致。

5. 证人吴某龙的证言证明：2008年新增汤沟镇后湖村、彭山村、新河村、田间村四村的农饮水项目在2009年验收了，验收成员有其和发改委的余某胜、县国土局的陆某胜、水利局周元热、汤沟镇政府的章某以及四个村的书记，验收组没有发现什么问题，项目通过了验收，验收组人员在验收鉴定书签了字。

6. 证人钱大某的证言证明：其系彭山村书记。县水利局安排了彭山村、后湖村、田间村、新河村四个村2008年度新增共计1625受益人口的农饮水项目，给彭山村187人口指标的农饮水项目。2008年度新增彭山村农饮水项目实际上没有实施，还是按照过去惯例向农户收取开户费后给农户通水。余某胜、陆某胜以及吴某龙等人来验收通过了。在工程竣工验收之前，村里还制作了一份农饮水实际受益户人口花名册，花名册上农户都是2008年以前通水的，是按照上面安排的受益人口指标制作的这份花名册，花名册上有187人口指标受益人口，花名册上受益农户的签名都是村里文书钱立培代签的。县水利局将57.8万元的项目资金直接拨到财政所，之后四个村与田间自来水厂就如何分配这57.8万元的项目资金产生了矛盾，期间章某镇长也出面协调过，但一直没有谈好。后来达成协议，田间自来水厂分得23万元的项目资金，剩下的项目资金由四个村按照上面批给各村的受益人口数分掉了。其村分得近4万元的农饮水项目资金，作了村收入，但没有用于农饮水项目，用于村里其他方面开支了。

7. 证人钱某年的证言证明：其系新河村书记。县水利局批准四个村2008年度新增农饮水项目，项目资金共有57万多元，新河村安排了333人口的农饮水指标。四个村都没有实施农饮水项目，当时其村没有叫田间自来水厂为老百姓通水，也不管田间自来水厂为其村老百姓通水的事，都由农户与田间自来水厂打交道，至于田间自来水厂是怎么向农户供水又收取多少开户费村里都不问，水厂是按照正常经营模式向农户通水的。通水花名册上的名字都是其村农户，大部分在2008年通的自来水，还有一部分不是2008年通的。花名册是村里制作的，因项目验收需要报材料，各农户的签名都是村里安排人签的。县水利局将项目资金拨到镇财政所，因为村里和自来水厂就资金分配问题一直没有谈好，项目资金一直拖了一年多，后来四个村与田间自来水厂达成一个协议，给水厂23万余元，余下的由四个村按照上面批的受益人口指标进行分配，算下来后其村应分得7万多元。其村里分了7万多元的项目资金后，没有按照与田间自来水厂签订的项目资金改水协议将这些项目资金发给农户。

8. 证人钱某的证言证明：其系田间村主任。县水利局安排田间村625人口指标的农饮水项目。田间自来水厂并没有实施四个村的农饮水工程，还是按照以往的经营模式，直接与农户协商通水事宜并铺设管道向农户通水，村里没有参与农户通水的事。其村当时对村民承诺给2008年通自来水的农户每户补贴500元钱，当年通水农户拿着水厂的开户费发票到村里来结算，其村一共有73户农户通了自来水，后来农饮水项目资金到村里后，村里给这73户农户每户补贴了500元共计36500元。县水利局把57万余元的农饮水项目资金拨到汤沟镇财政所后，四个村和田间自来水厂一直扯皮，后来镇分管农饮水的副镇长章某和纪委书记钱某斌协调了几次，但一直没有谈好。后湖村的钱某信书记出事后，在章某等领导的协调下，四个村与田间自来水厂就这57万余元的农饮水项目资金分配达成了协议。为了获得上面的农饮水项目资金，村按照625人口指标上报了受益户花名册，签名是村干部代签的。其村分得132280元，将其中的36500元补贴给当年新通水的73户农户，村截留了95780元用在村公益设施上了。

9. 被告人周元热的供述证明：其所在的验收小组验收汤沟镇田间、新河、后湖、彭山等四个村2008年度新增的农饮水工程，验收组先到田间、新河、后湖、彭山这四个村，再从通水户花名册上随机抽几户，到农户家了解情况，之后又到田间自来水厂检查净化能力、水质等方面的情况，发现他们水厂的净化池是露天的，就要求他们以后做个保护棚，除此之外没有发现什么问题。验收组成员都比较满意，后来回到汤沟镇政府都在验收鉴定书上签了字，田间等四个村等农饮水工程通过了验收。

（二）枞阳县汤沟镇黄仪自来水厂厂长钱某明于2008年上半年得知国家有农村饮用水安全项目资金后，与枞阳县汤沟镇黄仪村、农庄村协商并以二村的名义申报2008年度汤沟镇黄仪村、农主村农村饮用水安全项目。项目被批准后，黄仪自来水厂在未实际实施2008年度黄仪村、农庄村农村饮用水安全项目的情况下，伙同黄仪村委会、农庄村委会编制虚假材料申报验收。被告人周元热在未认真履行组织、督促、检查等职责情况下，于2009年5月作为以余某胜为组长的验收小组成员之一，对上述二村的农村饮用水安全项目检查并通过验收。黄仪自来水厂伙同黄仪村委会、农庄村委会套取项目资金共计466751.39元，其中黄仪自来水厂取得项目资金191988.63元，黄仪村委会取得项目资金264658.09元，农庄村委会取得项目资金10104.67元。扣除支付的配套资金41679元和税款9667.86元，造成国家农村饮用水安全项目资金损失共计415404.53元。

上述事实，有经庭审举证、质证并经本院确认的下列证据证实：

1. 收款收据证明：黄仪村分别于2009年9月23日、2010年11月2日、2011年12月2日从汤沟镇财政所领取项目资金7万元、15万元、44658.09元；农庄村于2011年12

月2日从汤沟镇财政所领取项目资金10104.67元；黄仪自来水厂分别于2010年12月16日、2010年12月22日从汤沟镇财政所领取项目资金51346.86元、140641.77元。

2. 证人钱某明的证言证明：其在2006年开办水厂向农户铺设管道时候不知道上面有农饮水项目及资金的事情，是根据铺设的管道及办厂费用的测算来向农户收取开户费的。直到2008年上半年，其知道上面有农饮水项目及资金后，因为筹办黄仪自来水厂就是给黄仪村、农庄村、先进村、龙堤村的部分农户供水的，其就以黄仪村、农庄村的名义向汤沟镇申请农饮水项目。

3. 证人钱某元的证言证明：其系黄仪村书记。2006年其村和农庄村与黄仪自来水厂负责人钱某明商谈村通水事宜，黄仪自来水厂于2006年开始向其村铺设自来水管道，到2007年底，其村境内的自来水主管道和支管道就全部铺设好了，此后黄仪自来水厂就没在其村铺设自来水主管道和支管道。2007年，黄仪自来水厂开始向其村供水，当时580多农户通了水，后来又有部分农户陆续通了水，到现在所有农户都通了自来水。2007年底，黄仪自来水厂在其村的自来水工程都竣工了，听说水利局有农饮水项目资金，其村就向水利局申请农饮水项目，后来水利局批准了，项目资金一共有20多万元，2009年至2011年水利局分好几次拨了共20多万元的项目资金到村账户上，后来黄仪自来水厂多次找其村要项目资金，其村就给了黄仪自来水厂1万元钱。其村和黄仪自来水厂没有实施农饮水安全项目，因为当时其村刚刚通自来水，村境内的自来水主管道和支管道都是铺设了，且都是新的，不需要延伸管道也不需要改造，后来听说上面有农饮水安全项目资金，所以就申请了这个项目。因项目验收需要报材料，村里制作了汤沟镇2008年农村饮用水安全民生工程自来水初装直接受益户花名册，并盖了章，然后把材料交给了黄仪自来水厂。村里或黄仪自来水厂都没有实施这个项目，村里没有出钱。通水花名册上的名字都是村农户，都是在2007年通的自来水。

4. 证人钱某用的证言证明：其系农庄村副书记。2008年其村与黄仪自来水厂负责人钱某明商谈好其村通水事宜，当年水厂就开始向其村铺设自来水管道，到2008年7、8月份，其村境内的自来水主管道和支管道基本铺设好了，此后黄仪自来水厂没有在其村铺设大的自来水主管道和支管道。当年，黄仪自来水厂就开始向其村供水，后来又有部分农户陆续通了自来水，到现在农户基本都通了自来水。2008年7、8月黄仪自来水厂在其村的自来水工程都竣工了，后来黄仪自来水厂找到村里说可以申请农饮水项目资金，要村里出受益户花名册等材料。因为村里以前通自来水时与自来水厂谈好以后有什么国家补贴资金，如果申请到都归自来水厂，所以村里做好这些材料后给了黄仪自来水厂，申请项目的事情都由黄仪自来水厂自己做，村里只是陪钱某明到水利局跑了几次。后来水利局批准了，给其村安排六百多受益人口指标，项目资金一共有十几万元，水利局将这些项目资金都拨到黄仪自来水厂了，村里没有得项目资金。因项目验收需要报材料，黄仪自来水厂拿来汤沟镇2008年其村农村饮用水安全民生工程自来水初装直接受益户花名册，村里盖章后把这些材料交给了黄仪自来水厂。通水花名册上的名字都是村农户，是黄仪自来水厂拿来要村里盖章的，村只在上面盖了章，后面各农户的签名也不知道是怎么回事。

5. 被告人周元热的供述证明：2008年下半年的一天，县发改委的余某胜副主任带着其、吴某龙、县卫生局的徐某斌等人到汤沟镇对黄仪村2008年度的农饮水工程进行验收，当时是汤沟镇时任副镇长章某、农经站姓丁的站长陪着一道验收的，验收组就到黄仪自来水厂和黄仪村去了，也抽查了几户农户，但没有发现什么问题，验收组成员感觉比较满意，当场就同意通过验收了。

本案尚有如下综合证据证实：

一、枞阳县农饮领导小组《关于印发县农村饮用水安全工程规划和建设领导小组办公室成员的通知》《关于调整枞阳县农村安全饮水工程领导小组成员的通知》证明：枞阳县成立农饮水安全领导小组，小组在县水利局设立办公室，周元热系办公室成员之一。

二、枞阳县农饮水工程实施方案、实施意见、关于开展农饮水工程县级验收的通知证明：农饮工程的项目法人系县水利局，主要负责组织、督促、检查、资金管理、工程验收结算等，同时负责组织施工图设计、施工技术指导等工作。编制实施方案的项目负责人系吴某彬和周元热。枞阳县农饮领导小组组织安排验收工作，要求在验收过程中听取项目乡镇、村及施工单位的建设情况介绍，现场察看任务完成、工程质量及运行管理情况，走访不少于3户农民，听取农民对农饮水工程建设的意见，检查农饮水项目资金管理情况，组织机构和规章制度的组建情况，施工单位的选定和建后管理情况，以及投入水厂主体工程的产权确定等情况。提供的主要资料有各乡镇的组织机构、规章制度、运行管理情况，施工图纸、招投标文件、施工合同，完工结算资料，资金到户登记表，工程卡片，受益农户代表签字，并填写工程验收证书，验收人员签字。

三、农饮水安装花名册、受益人口统计表、工程结算表、验收鉴定书证明：涉案相关乡镇、村的农村饮用水安全项目工程的申报、实施、验收、结算等情况，其中周元热作为验收小组成员在验收鉴定书上签字。

四、枞阳县水利局的任职通知、情况说明、事业单位法人证书、事业单位机构编制情况调查表、工作简历证明：周元热于2003年9月被枞阳县水利局任命为农水所所长。枞阳县水利局农水所系枞阳县水利局设立的事业法人单位，其职责是为水利工程建设提供技术服务，从事县内农水工程的规划、勘测、设计、施工等技术指导及相关管理工作。

五、到案经过、户籍信息证明：枞阳县人民检察院发现周元热受贿案件线索，于2013年11月9日通知其至枞阳县人民检察院接受调查，周元热如实供述受贿事实。周元热具有完全刑事责任能力。

六、枞阳县人民检察院的扣押物品清单、安徽省政府非税收入一般缴款书证明：周元热之妻王越香于2014年1月9日向枞阳县人民检察院代为退出34199元，由枞阳县人民检察院予以扣押。

针对公诉机关的指控、被告人的辩解和辩护人的辩护意见，根据本案的事实和证据，本院综合评判意见如下：

一、公诉机关指控被告人周元热在汤沟自来水厂实施2008年至2012年相关村的农饮水项目中未尽到组织、督促、检查、验收等职责，作为验收小组成员将工程通过验收，致使汤沟自来水厂及相关村套取并截留项目资金共计1036560.35元挪作他用或占为己有。公诉机关认为汤沟自来水厂在实施汤沟镇七个村的农饮水项目中以正常经营方式在管网延伸和改造中向农户收取开户费和改造费，拨付的项目资金没有让农户受益，即为被告人周元热渎职犯罪造成的国家损失，指控该起事实造成国家损失的数额系汤沟自来水厂从汤沟镇财政所领取的项目资金总额扣除汤沟自来水厂的材料款。本院认为公诉机关该起指控事实不清、证据不充分。理由如下：

（一）证人刘某九的证言证实汤沟自来水厂在实施汤沟镇相关村的农饮水项目中向勤俭村农户收取了开户费，向跃进村农户收取了开户费和管网改造费，但在对官锋村的管网改造中未向农户收取费用，对其他村的农户是否收取费用也不清楚。公诉机关认为水厂向农户收费即属于正常经营方式，就不应该取得项目资金，但是对于汤沟自来水厂在实施七个村的农饮水项目中，收取哪些村农户的费用、收取多少费用，均事实不清楚；

（二）该起事实指控的数额为汤沟自来水厂从汤沟镇财政所领取的项目资金总额1460041.23元扣除汤沟自来水厂提供的材料款423480.88元，其中汤沟自来水厂提供的材料款系该厂出具的购买管村清单及相应数额，既然购买了材料，是否还应当扣除材料的运输、施工费用和自来水厂的合理利润，是否还有其他的材料款等合理支出费用，也不清楚；

（三）汤沟自来水厂领取1460041.23元项目资金后，付给七个村共计699000元，证人刘某九、刘某、韩某义等人的证言均证实相关村在项目实施中或安排小工挖沟填沟，或支付了部分管材费用，对于相关村的上述实际支出费用的数额事实不清，是否应当扣除证据不充分；

（四）指控汤沟自来水厂实施的七个村农饮水项目，除了跃进村、先进村、官锋村、勤俭村于2009年5月由被告人周元热参加的验收组通过验收外，莲花村、肇锋村是否验收、何时验收以及被告人周元热是否参加验收均事实不清，新丰村验收时被告人周元热并没有参加。因此，公诉机关认定被告人周元热因渎职造成七个村的农饮水项目资金损失事实不清，证据不充分。

二、针对被告人周元热及其二辩护人所提胡某海和操某不是农饮管材管件中标单位的工作人员，被告人周元热没有为他们在销售管材和拨款方面谋取利益，收受他们的钱物不构成受贿罪的辩解和辩护意见。经查，胡某海和操某是枞阳县农饮水项目管材管件中标单位在安庆地区代理公司的负责人，在负责派送中标单位的管材管件中与被告人周元热相识，得到被告人周元热在结账审批、售后服务等方面的关照。被告人周元热作为枞阳县水利局农水所所长和农饮办的成员，与胡某海、操某之间具有因农饮水项目工作上的职务关系。被告人周元热利用其职务上的便利，在工作中给予二人关照，为其谋取利益，收取二人的贿赂，已经构成受贿罪。故被告人及其二辩护人的此节辩解和辩护意见没有事实和法律依据，本院不予采纳。

三、针对被告人周元热及其辩护人方可所提被告人周元热收受枞阳县老洲镇桃源村委会和桐贵村委会的财物系业余时间为他们提供技术服务的正当报酬，不属于受贿行为的辩解和辩护意见。经查，被告人周元热作为枞阳县水利局农水所所长，对全县范围内的水利工程提供技术服务，并负有指导、监督的职责。被告人周元热虽然于2007年至老洲镇桃源村为该村指导并编制农饮水工程可行性研究报告，但是老洲镇桃源村委会和桐贵村委会送给被告人周元热钱物，除了感谢其帮助制作可行性研究报告和技术指导外，还希望被告人周元热在二村实施的农饮水项目的日常监督及验收中给予关照。二村鉴于被告人周元热的特定身份，对其寄予在农饮水项目中给予关照的期望，并且二村实施的农饮水项目在之后都通过验收。因此被告人周元热与二村之间具有工作上的关系，收受二村的钱物行为符合受贿罪的犯罪构成要件。被告人周元热及其辩护人方可的辩解和辩护意见与法相悖，本院不予采纳。

四、针对被告人周元热所提收受横埠镇宏海自来水厂会计田某学的财物是2条硬盒中华香烟的购烟卡，不是1张价值1000元的购烟卡的辩解。经查，被告人周元热在侦查机关的供述中称收受田某学1张价值1000元的购烟卡，在庭审中虽予以否认，但不能说明合理的理由，且被告人周元热在侦查机关的供述有田某学的陈述相印证。故公诉机关指控被告人周元热收受田某学1张价值1000元的购烟卡事实清楚，证据确实、充分，本院予以认定。

五、针对被告人周元热及其二辩护人所提被告人周元热不具有相应的职责，不属于渎职犯罪的主体，不构成渎职犯罪的辩解和辩护意见。根据国家关于农饮水安全项目政策和枞阳县每年公布的农饮水安全工程实施意见的规定，枞阳县水利局作为农饮水安全项目的行业主管部门，在实施农饮水项目中负责工程规划、可行性研究报告、初步设计或实施方案编制等工作，并具体组织和指导项目的实施及运行管理。农水所作为枞阳县水利局设立的事业法人单位，负有为水利工程提供技术服务，农水工程的规划、勘测、设计、施工技术指导及其相关管理职责。被告人周元热作为枞阳县水利局任命的农水所所长，同时作为专业技术人员受聘于枞阳县水利局在农水所工作，即具有依法履行相应职责的义务。同时，被告人周元热作为枞阳县农饮领导小组下设的农饮办成员和涉案相关农饮水项目的验收小组成员，亦应履行相关政策和文件赋予的检查验收职责。依照《全国人民代表大会常务委员会关于〈中华人民共和国刑法〉第九章渎职罪主体适用问题的解释》的规定，被告人周元热系受国家机关委托代表国家机关行使职权的组织中从事公务的人员，其有渎职行为构成犯罪的，应当依照刑法关于渎职罪的规定追究刑事责任。因此，被告人周元热在履行农饮水安全项目的管理职责中严重不负责任，在验收农饮水安全项目时滥用职权或玩忽职守，将不符合验收条件的项目工程通过验收，致使没有具体实施农饮水工程的相关村委会套取项目资金，造成国家利益的重大损失，理应追究其渎职犯罪的刑事责任。故被告人及其辩护人的此节辩护意见没有事实和法律依据，本院亦不予采纳。

六、针对被告人周元热及其二辩护人所提指控被告人周元热渎职犯罪造成国家损失的数额事实不清，证据不足的辩解和辩护意见。具体分析如下：

（一）汤沟镇黄仪自来水厂实施的2008年度新增的汤沟镇中心村农饮水项目。黄仪自来水厂厂长钱某明和中心村书记钱某先的证言均证实，黄仪自来水厂在2008年之前为部分农户通水，申报2008年度新增的项目后并没有实施项目改造工程，水厂和村共同编制虚假的申报材料并通过验收。黄仪自来水厂取得项目资金310288.2元（其中分给汤沟镇中心村126980元），水厂和村均没有实施相应的农饮水项目，取得的项目资金应当认定为被告人周元热滥用职权造成的国家损失；

（二）藕山镇万道自来水厂实施的2010—2011年度万桥村的农村饮用水项目和藕山自来水厂实施的2010—2011年度藕山镇大港村、护国村、白荡湖村的农饮水项目。在万道自来水厂和藕山自来水厂实施相关村的农饮水项目中，由水厂负责相关村的管网改造工程并向农户通水，相关村只负责向农户收取一定的费用后交给水厂，没有实施具体的项目工程，不应当享有相关的项目资金，也没有将取得的项目资金返还农户让农户受益。万桥村和白荡湖村在项目工程未实际完工的情况下，伙同万道自来水厂和藕山自来水厂编制虚假的验收材料，后在藕山镇政府有关工作人员的要求下，验收小组将未完工的项目工程通过验收。万桥村领取项目资金扣除付给万道自来水厂的部分，共计为333838.2元，白荡湖村领取的项目资金扣除给藕山自来水厂的部分，共计为300638.29元。万桥村和白荡湖村在农饮水项目中没有实施具体工程而取得的项目资金，应当认定为被告人周元热滥用职权造成的国家损失；

（三）汤沟镇田间自来水厂实施的2008年度新增的彭山村、后湖村、新河村、田间村农饮水项目。田间自来水厂以四个村的名义申报农饮水项目后，具体项目工程由田间自来水厂负责实施。除了田间村向73户农户每户退还500元共计36500元费用外，四个村在农饮水项目工程实施期间没有其他支出，不应当享有相关的项目资金。田间自来水厂在部分实施项目工程后，伙同四村以虚假材料申报并通过验收，领取项目资金共计579262.13元。扣除田间自来水厂所得的项目资金231262.13元和田间村退还多收取的农户费用36500元，四个村实际占有项目资金共计311500元,应当认定为被告人周元热玩忽职守造成的国家损失。公诉机关指控该起事实造成的损失为542762.13元，但四个村的项目工程全部由田间自来水厂负责实施，田间自来水厂虽然部分实施了项目工程，但是在项目实施中向四个村的农户分别收取多少费用、实际投入多少成本、实际实施的工程占申报获批工程的比例等均事实不清，无法区分田间自来水厂取得的项目资金中属于不当取得即造成国家损失的部分，故该起事实应当扣除田间自来水厂取得的231262.13元项目资金；

（四）汤沟镇黄仪自来水厂实施的2008年度黄仪村、农庄村农饮水项目。钱某明、钱某元、钱某用的证言均证实黄仪自来水厂以正常经营方式收费为黄仪村、农庄村铺设好管道并部分通水，之后钱某明才得知国家有农饮水项目资金，遂以二村的名义申报农饮水项目。二村农饮水项目获批后，黄仪自来水厂在没有实际实施二村农饮水项目工程的情况下，伙同二村编制虚假材料，申报并通过验收，套取项目资金共计466751.39元，扣除该厂先前支付的配套资金41679元和税款9667.86元，余额共计415404.53元应当认定为被告人周元热玩忽职守造成的国家损失。

本院认为：被告人周元热身为国家工作人员，利用职务上的便利，非法收受他人钱物价值共计34199元，为他人谋取利益，其行为已触犯《中华人民共和国刑法》第三百八十五条第一款，第三百八十六条，第三百八十三条第一款第（三）项、第二款的规定，构成受贿罪；被告人周元热在履行受国家机关委托的农饮水安全项目管理与验收工作中，违反规定不正确履行职责，致使枞阳县汤沟镇、藕山镇相关村及自来水厂违规套取项目资金共计944764.69元，造成国家利益的重大损失，其行为已触犯《中华人民共和国刑法》第三百九十七条第一款的规定，构成滥用职权罪；被告人周元热在履行受国家机关委托的农饮水安全项目管理与验收工作中，严重不负责任，致使枞阳县汤沟镇相关村及自来水厂违规取得项目资金共计726904.53元，造成国家利益的重大损失，其行为已触犯《中华人民共和国刑法》第三百九十七条第一款的规定，构成玩忽职守罪。公诉机关指控被告人周元热犯受贿罪、滥用职权罪、玩忽职守罪的主要事实清楚，证据确实、充分，指控罪名成立，本院予以支持，应当依照《中华人民共和国刑法》第六十九条第一款的规定，以受贿罪、滥用职权罪、玩忽职守罪实行数罪并罚。被告人周元热归案后如实供述受贿罪、滥用职权罪、玩忽职守罪的犯罪事实，根据《中华人民共和国刑法》第六十七条第三款的规定，属于坦白，依法均可以从轻处罚。被告人周元热在庭审中对受贿罪自愿认罪，且其亲属于案发后代为退出受贿所得赃款34199元，相对减小了被告人周元热受贿犯罪行为造成的社会危害性，故对被告人周元热犯受贿罪可酌情从轻处罚。据此，为保障国家机关的正常活动、维护国家机关工作人员职务行为的廉洁性，案经本院审判委员会讨论决定，依照《中华人民共和国刑法》第三百八十五条第一款，第三百八十六条，第三百八十三条第一款第（三）

项、第二款，第三百九十七条第一款，第九十三条第二款，第六十四条，第六十九条第一款，第六十七条第三款，《全国人民代表大会常务委员会关于〈中华人民共和国刑法〉第九章渎职罪主体适用问题的解释》、《最高人民法院、最高人民检察院关于办理渎职刑事案件适用法律若干问题的解释（一）》第一条第一款第（二）项、第七条、第八条第一款的规定，判决如下：

一、被告人周元热犯受贿罪，判处有期徒刑二年；犯滥用职权罪，判处有期徒刑二年；犯玩忽职守罪，判处有期徒刑一年。数罪并罚，决定执行有期徒刑四年。

（刑期从判决执行之日起计算。判决执行以前先行羁押的，羁押一日折抵刑期一日，折抵之前羁押的61日，即自2014年12月24日起至2018年10月23日止。）

二、被告人周元热亲属代为退出的受贿所得赃款34199元，由枞阳县人民检察院予以没收，上缴国库。

如不服本判决，可在接到判决书的第二日起十日内，通过本院或者直接向安徽省安庆市中级人民法院提出上诉。书面上诉的，应当提交上诉状正本一份，副本二份。

审　判　长　　潘小芹
审　判　员　　周根义
人民陪审员　　疏　波

二〇一四年十二月二十二日
书　记　员　　李金娟

附本案适用的相关法律条：

《中华人民共和国刑法》

第三百八十五条　第一款国家工作人员利用职务上的便利，索取他人财物的，或者非法收受他人财物，为他人谋取利益的，是受贿罪。

第三百八十六条　对犯受贿罪的，根据受贿所得数额及情节，依照本法第三百八十三条的规定处罚。索贿的从重处罚。

第三百八十三条　第一款对犯贪污罪的，根据情节轻重，分别依照下列规定处罚：

（三）个人贪污数额在五千元以上不满五万元的，处一年以上七年以下有期徒刑；情节严重的，处七年以上十年以下有期徒刑。个人贪污数额在五千元以上不满一万元，犯罪后有悔改表现、积极退赃的，可以减轻处罚或者免予刑事处罚，由其所在单位或者上级主管机关给予行政处分。

第二款　对多次贪污未经处理的，按照累计贪污数额处罚。

第三百九十七条　第一款国家机关工作人员滥用职权或者滥用职权，致使公共财产、国家和人民利益遭受重大损失的，处三年以下有期徒刑或者拘役；情节特别严重的，处三年以上七年以下有期徒刑。本法另有规定的，依照规定。

第九十三条第二款　国有公司、企业、事业单位、人民团体中从事公务的人员和国家机关、国有公司、企业、事业单位委派到非国有公司、企业、事业单位、社会团体从事公务的人员，以及其他依照法律从事公务的人员，以国家工作人员论。

第六十四条 犯罪分子违法所得的一切财物，应当予以追缴或者责令退赔；对被害人的合法财产，应当及时返还；违禁品和供犯罪所用的本人财物，应当予以没收。没收的财物和罚金，一律上缴国库，不得挪用和自行处理。

第六十九条 第一款判决宣告以前一人犯数罪的，除判处死刑和无期徒刑的以外，应当在总和刑期以下、数刑中最高刑期以上，酌情决定执行的刑期，但是管制最高不能超过三年，拘役最高不能超过一年，有期徒刑总和刑期不满三十五年的，最高不能超过二十年，总和刑期在三十五年以上的，最高不能超过二十五年。

第六十七条第三款 犯罪嫌疑人虽不具有前两款规定的自首情节，但是如实供述自己罪行的，可以从轻处罚；因其如实供述自己罪行，避免特别严重后果发生的，可以减轻处罚。

《全国人民代表大会常务委员会关于〈中华人民共和国刑法〉第九章渎职罪主体适用问题的解释》

在依照法律、法规规定行使国家行政管理职权的组织中从事公务的人员，或者在受国家机关委托代表国家机关行使职权的组织中从事公务的人员，或者虽未列入国家机关人员编制但在国家机关中从事公务的人员，在代表国家机关行使职权时，有渎职行为，构成犯罪的，依照刑法关于渎职罪的规定追究刑事责任。

《最高人民法院、最高人民检察院关于办理渎职刑事案件适用法律若干问题的解释（一)》

第一条 第一款国家机关工作人员滥用职权或者玩忽职守，具有下列情形之一的，应当认定为刑法第三百九十七条规定的”致使公共财产、国家和人民利益遭受重大损失”：

（二）造成经济损失 30 万元以上的；

第七条 依法或者受委托行使国家行政管理职权的公司、企业、事业单位的工作人员，在行使行政管理职权时滥用职权或者玩忽职守，构成犯罪的，应当依照《全国人民代表大会常务委员会关于〈中华人民共和国刑法〉第九章渎职罪主体适用问题的解释》的规定，适用渎职罪的规定追究刑事责任。

第八条 第一款本解释规定的“经济损失”，是指渎职犯罪或者与渎职犯罪相关联的犯罪立案时已经实际造成的财产损失,包括为挽回渎职犯罪所造成损失而支付的各种开支、费用等。立案后至提起公诉前持续发生的经济损失，应一并计入渎职犯罪造成的经济损失。

上诉人周元热受贿、滥用职权、玩忽职守一案二审刑事裁定书

安徽省安庆市中级人民法院

刑事裁定书

（2015）宜刑终字第 00032 号

原公诉机关：安徽省枞阳县人民检察院。

上诉人（原审被告人）：周元热，男，汉族，1963 年 12 月 1 日出生于安徽省枞阳县，大学专科文化，中共党员，案发前任安徽省枞阳县水利局农水所所长。因涉嫌犯受贿罪于 2013 年 11 月 9 日经枞阳县人民检察院决定刑事拘留，次日被枞阳县公安局执行刑事拘留，同年 11 月 27 日经安庆市人民检察院批准被枞阳县公安局执行逮捕，2014 年 1 月 8 日经枞阳县人民检察院决定于次日被取保候审，同年 9 月 26 日经枞阳县人民法院决定被取保候审，同年 12 月 23 日经枞阳县人民法院决定逮捕，次日由枞阳县公安局执行逮捕。现羁押于枞阳县看守所。

辩护人：方可，安徽枞杨律师事务所律师。

辩护人：王越香，女，汉族，1965 年 7 月 11 日出生，安徽省枞阳县枞阳镇人民政府工作人员。系上诉人周元热之妻。

安徽省枞阳县人民法院审理安徽省枞阳县人民检察院指控原审被告人周元热犯受贿罪、滥用职权罪、玩忽职守罪一案，于二〇一四年十二月二十二日作出（2014）枞刑初字第 00150 号刑事判决。原审被告人周元热不服，提出上诉。本院受理后依法组成合议庭，于 2015 年 3 月 16 日公开开庭审理了本案。安庆市人民检察院指派检察员秦芳、吴传丽出庭履行职务，上诉人周元热及其辩护人方可、王越香到庭参加诉讼。现已审理终结。

原判认定：一、受贿事实

（一）2011 年至 2013 年，被告人周元热先后 3 次收受安徽海江塑胶公司负责人操某某共计 2000 元购物卡和 1 部苹果 4 手机。

1、2011 年中秋节前一天，为了寻求被告人周元热对海江塑胶公司的自来水管材销售及货款拨付等方面给予照顾，操某某送给被告人周元热 1 部苹果 4 手机，经鉴定，价值为 4999 元。

2、2013 年春节前一天，为了寻求被告人周元热对海江塑胶公司的自来水管材销售及货款拨付等方面继续给予照顾，操某某送给被告人周元热价值 1000 元购物卡。

3、2013 年上半年的一天，为了寻求被告人周元热对海江塑胶公司的自来水管材销售及货款拨付等方面继续照顾，操某某送给被告人周元热价值 1000 元购物卡。

（二）2009 年，被告人周元热先后 2 次收受安徽海江塑胶公司负责人胡某甲共计现金 3000 元和 1 件价值 600 元左右的 T 恤衫。

1. 2009 年上半年的一天，为了寻求被告人周元热对海江塑胶公司的自来水管材销售及货款拨付等方面给予照顾，胡某甲送给被告人周元热现金 3000 元。

2. 2009 年夏天的一天，为了寻求周元热对海江塑胶公司的自来水管材销售及货款拨付等方面继续照顾，胡某甲在安庆市新百超市买了 1 件价值 600 元的 T 恤衫送给被告人周元热。

（三）2011年至2012年期间，被告人周元热先后2次收受桂坝自来水厂副经理刘某甲共计现金4000元。

1. 2011年春节前的一天，为了寻求被告人周元热对桂坝自来水厂承建的农饮水工程持续关照，刘某甲送给被告人周元热现金2000元。

2. 2012年春节前的一天，为了寻求被告人周元热对桂坝自来水厂承建的农饮水工程持续关照，刘某甲送给被告人周元热现金2000元。

（四）2010年上半年的一天，为了寻求被告人周元热在验收西山口水库白蚁灌浆工程时给予关照，承建该工程的枞阳县水利疏浚队负责人唐某甲送给被告人周元热现金3000元。

（五）2008年下半年的一天，为了寻求被告人周元热在日常检查和验收工程时给予关照，承建义津镇增丰村云角水库工程的方某甲送给被告人周元热现金2000元。

（六）2010年下半年的一天，被告人周元热到老洲镇横裕村检查该村农饮水工程的实施情况时，为了寻求被告人周元热在验收时给予关照，横裕村支部书记刘某乙送给被告人周元热现金2000元。

（七）2011年8、9月的一天，为了寻求被告人周元热在验收汤沟镇民胜村的农饮水工程时给予关照，民胜村支部书记钱某甲送给被告人周元热现金2000元。

（八）2009年下半年的一天，被告人周元热到老洲自来水厂检查该厂承建的农饮水工程的实施情况时，为了寻求在验收时给予关照，该厂厂长左某甲送给被告人周元热价值2000元购物卡。

（九）2011年上半年的一天，汤沟镇莲花村支部书记盛某某送给被告人周元热价值2000元的购物卡，并请求其在日常检查和验收该村农饮水工程时给予关照。

（十）2010年的一天，钱桥镇朝阳村支部书记疏某某送给被告人周元热价值1000元购物卡，并请求被告人周元热为该村再安排一点农饮水人口指标。

（十一）2012年上半年的一天，横埠镇宏海自来水厂会计田某某送给被告人周元热1千克茶叶和1张价值1000元的购烟卡，并请求被告人周元热在验收该厂承建的农饮水工程时给予关照。

（十二）2008年上半年的一天，被告人周元热等验收组成员验收农饮水工程时，凤仪乡政府为了寻求被告人周元热等的关照，送给被告人周元热等验收组成员每人现金600元。

（十三）2007年下半年，被告人周元热到老洲镇桃源村帮助该村制作农饮水工程可研报告时，该村支部书记吴某甲为寻求被告人周元热在日常检查和验收该村的农饮水工程时给予关照，送给被告人周元热价值2000元的购物卡。

（十四）2010年上半年的一天，被告人周元热到老洲镇桐贵村检查该村农饮水工程时，该村支部书记林某某为寻求被告人周元热在验收该村农饮水工程时给予关照，送给被告人周元热现金2000元。

二、滥用职权事实

（一）2008年上半年，枞阳县汤沟镇黄仪自来水厂厂长钱某乙得知国家有农饮水项目资金，与枞阳县汤沟镇中心村委会协商并以该村名义申报2008年度新增的枞阳县汤沟镇中心村农村饮用水安全项目。项目被批准后，黄仪自来水厂在未实际实施2008年度新增的枞阳县汤沟镇中心村农饮用水安全项目的情况下，伙同汤沟镇中心村委会编制虚假的施工合同和验收资料申报验收。被告人周元热在未认真履行组织、督促、检查等职责情况下，于2009年5月作为以余某某为组长的验收小组成员之一，对该农饮用水工程进行检查验收。验收时发现开户费发票较新，可能存在为应付检查而造假等情况，并在抽查通水户时发现花名册上有虚假通水户的情况，被告人周元热等验收小组成员没有在农饮水工程验收鉴定书上签字。之后，被告人周元热所在的验收小组未对该村的农饮水工程进行第二次验收，仅在汤沟镇政府相关人员的口头汇报下，验收小组其他成员先后在验收鉴定书上签字，被告人周元热也在与汤沟镇政府相关人员的电话中口头委托他人在鉴定书上代其签名，将汤沟镇中心村的农饮水工程通过验收，致使黄仪自来水厂取得项目资金310288.2元，其中分给汤沟镇中心村委会126980元。

（二）枞阳县藕山镇万道自来水厂实施2010～2011年度藕山镇万桥村的农村饮用水安全项目，藕山镇万道自来水厂实施2010～2011年度藕山镇大港村、护国村、白荡湖村的农村饮用水安全项目，在万桥村和白荡湖村农村饮用水安全项目未完工的情况下，万桥村委会伙同万道自来水厂，白荡湖村委会伙同藕山自来水厂编制虚假的验收材料申报验收。被告人周元热在未认真履行组织、督促、检查等职责情况下，于2011年9月作为以左某某为组长的验收小组成员之一对上述工程检查验收。在验收过程中发现有受益花名册上登记的农户未通水、老通水户代替新通水户、水厂收取的开户费过高等情况，被告人周元热等验收小组成员明知万桥村和白荡湖村的农饮水工程未完工，在藕山镇政府相关人员的要求下，仍在验收鉴定书上签字通过验收。万桥村委会先后于2011年1月29日、2012年11月9日从藕山镇财政所领取项目资金375000元、307538.2元后，分别于2011年11月21日、2012年11月20日付给万道自来水厂97500元、307538.2元，万道自来水厂于2012年11月20日又返还万桥村委会56338.2元，致使万桥村委会占有项目资金共计333838.2元。白荡湖村委会先后于2011年1月29日、2011年11月10日、2012年11月22日从藕山镇财政所领取项目资金230000元、61729.29元、170749元后，分别于2011年1月30日、2012年11月26日付给藕山自来水厂82000元、79840元，致使白荡湖村委会占有项目资金共计300638.29元。

三、玩忽职守事实

（一）枞阳县汤沟镇田间自来水厂在实施汤沟镇2008年度新增的彭山村、后湖村、新河村、田间村农饮水项目工程时，未按照农饮水安全项目的规定，部分实施项目工程，并超标准向农户收取费用，后伙同上述四村委会以虚假验收材料申报验收。被告人周元热在未认真履行组织、督促、检查等职责情况下，于2009年5月作为以余某某为组长的验收小组成员之一，将上述四村的农饮水工程验收通过。田间自来水厂和彭山村、后湖村、新河村、田间村共计领取农饮水项目资金 579262.13 元，扣除田间自来水厂所得的项目资金231262.13元和田间村委会退还多收取的农户费用36500元，上述四村委会占有项目资金共计311500元。

（二）枞阳县汤沟镇黄仪自来水厂厂长钱某乙于2008年上半年得知国家有农村饮用水安全项目资金后，与枞阳县汤沟镇黄仪村、农庄村协商并以二村的名义申报2008年度汤沟镇黄仪村、农庄村农村饮用水安全项目。项目被批准后，黄仪自来水厂在未实际实施2008年度黄仪村、农庄村农村饮用水安全项目的情况下，伙同黄仪村委会、农庄村委会编制虚假材料申报验收。被告人周元热在未认真履行组织、督促、检查等职责情况下，于2009

年 5 月作为以余某某为组长的验收小组成员之一，对上述二村的农村饮用水安全项目检查并通过验收。黄仪自来水厂伙同黄仪村委会、农庄村委会套取项目资金共计 466751.39 元，其中黄仪自来水厂取得项目资金 191988.63 元，黄仪村委会取得项目资金 264658.09 元，农庄村委会取得项目资金 10104.67 元。扣除支付的配套资金 41679 元和税款 9667.86 元，造成国家农村饮用水安全项目资金损失共计 415404.53 元。

原判据以认定上述事实的证据有：证人证言，相关的书证、账证，物品的价格鉴定意见，被告人供述等证据予以证实。

原审法院认为：被告人周元热身为国家工作人员，利用职务上的便利，非法收受他人钱物价值共计 34199 元，为他人谋取利益，其行为已触犯《中华人民共和国刑法》第三百八十五条第一款，第三百八十六条，第三百八十三条第一款第（三）项、第二款的规定，构成受贿罪；被告人周元热在履行受国家机关委托的农饮水安全项目管理与验收工作中，违反规定不正确履行职责，致使枞阳县汤沟镇、藕山镇相关村及自来水厂违规套取项目资金共计 944764.69 元，造成国家利益的重大损失，其行为已触犯《中华人民共和国刑法》第三百九十七条第一款的规定，构成滥用职权罪；被告人周元热在履行受国家机关委托的农饮水安全项目管理与验收工作中，严重不负责任，致使枞阳县汤沟镇相关村及自来水厂违规取得项目资金共计 726904.53 元，造成国家利益的重大损失，其行为已触犯《中华人民共和国刑法》第三百九十七条第一款的规定，构成玩忽职守罪。公诉机关指控被告人周元热犯受贿罪、滥用职权罪、玩忽职守罪的主要事实清楚，证据确实、充分，指控罪名成立，予以支持，应当依照《中华人民共和国刑法》第六十九条第一款的规定，以受贿罪、滥用职权罪、玩忽职守罪实行数罪并罚。被告人周元热归案后如实供述受贿罪、滥用职权罪、玩忽职守罪的犯罪事实，根据《中华人民共和国刑法》第六十七条第三款的规定，属于坦白，依法均可以从轻处罚。被告人周元热在庭审中对受贿罪自愿认罪，且其亲属于案发后代为退出受贿所得赃款 34199 元，相对减小了被告人周元热受贿犯罪行为造成的社会危害性，故对被告人周元热犯受贿罪可酌情从轻处罚。据此，为保障国家机关的正常活动、维护国家机关工作人员职务行为的廉洁性，依照《中华人民共和国刑法》第三百八十五条第一款，第三百八十六条，第三百八十三条第一款第（三）项、第二款，第三百九十七条第一款，第九十三条第二款，第六十四条，第六十九条第一款，第六十七条第三款，《全国人民代表大会常务委员会关于〈中华人民共和国刑法〉第九章渎职罪主体适用问题的解释》、《最高人民法院、最高人民检察院关于办理渎职刑事案件适用法律若干问题的解释（一）》第一条第一款第（二）项、第七条、第八条第一款的规定，判决：一、被告人周元热犯受贿罪，判处有期徒刑二年；犯滥用职权罪，判处有期徒刑二年；犯玩忽职守罪，判处有期徒刑一年。数罪并罚，决定执行有期徒刑四年。二、被告人周元热亲属代为退出的受贿所得赃款 34199 元，由枞阳县人民检察院予以没收，上缴国库。

宣判后被告人周元热不服，上诉提出：一、受贿罪部分 1.操某某和胡某甲不是农饮管材管件中标单位的工作人员，而是为中标单位负责送货的人员，其不存在为他们在销售管材和拨款方面谋取利益；2.横埠镇宏海自来水厂田会计送的是 2 条硬盒中华香烟的购烟卡，而不是价值 1000 元的购烟卡；3.其为枞阳县老洲镇桃源村和桐贵村的水利工程制作可行性研究报告，属于提供有偿服务获得的报酬，不属于利用职务便利为他们谋取利益。二、其认为不构成滥用职权罪和玩忽职守罪。1.农饮水安全工程的领导者是枞阳县农饮领导小组，不是枞阳县水利局，也不是枞阳县水利局的下设单位农水所。其只是枞阳县水利局聘用的工程师，是以农饮办专业技术人员或分片技干参加验收，为农饮水工程提供技术服务，无行政管理职权，并且涉案的枞阳县汤沟镇、藕山镇不是其分片的范围。其不属于国家工作人员，不能构成渎职犯罪的主体；2.农饮水项目资金从乡镇财政所拨付至各村或水厂后即为其渎职犯罪造成的国家损失，但是各乡镇组织实施的管网延伸工程需要资金，并且乡镇财政所拨付资金时也要经过验收复核。验收证书只是完工结算的一部分材料，其在验收过程中作为技术人员，没有干预过验收与否，没有审核工程结算拨款，没有逾越职权，与造成的国家损失之间没有因果关系。

其辩护人辩护认为被告人周元热不构成滥用职权罪和玩忽职守罪，提出如下辩护意见：1.上诉人周元热只是专业技术人员，不能代表国家机关行使职权，不属于从事公务的人员，不构成滥用职权罪和玩忽职守罪的犯罪主体；2.滥用职权罪和玩忽职守罪都以造成国家利益的重大损失为犯罪构成要件，本案是否造成重大损失，造成损失的具体数额证据不足，不能确定；3.上诉人周元热收受操某某、胡某甲的财物没有为其谋取利益，收受枞阳县老洲镇桃源村委会和桐贵村委会的财物系业余时间为他们提供技术服务的正当报酬，都不能认定为受贿行为；4.上诉人自述是2013年11月8日到检察机关的，11月9日被检察机关刑拘的，上诉人在进看守所之前就坦白交待了受贿犯罪事实，上诉人的行为构成自首。

辩护人王越香认为上诉人周元热不构成受贿罪、滥用职权罪、玩忽职守罪，提出如下辩护意见：1.上诉人周元热不是国家机关工作人员，无行政管理职权，只是农饮办和验收小组的成员之一，枞阳县水利局是农饮水安全工程的行业主管部门，不是独立承办这项工作，建设责任主体是各乡镇政府。其犯罪事实不清，渎职犯罪主体错误；2.受贿罪必须具备为他人谋取利益的要件，上诉人周元热逢年过节接受他人的馈赠，当时未承诺，事后也未为他们谋取利益，不符合受贿罪的犯罪构成，不构成受贿罪。

出庭履行职务的检察员认为，原判认定事实清楚，适用法律正确，量刑适当，建议驳回上诉，维持原判。

经审理查明，为逐步解决农村人口的饮水安全问题，国务院于2006年8月审议通过《全国农村饮用水安全工程“十一五”规划》，对农村饮用水安全工程作出总体部署。国家发改委、水利部、卫生部、财政部等部委也相继出台了《农村饮用水安全项目建设管理办法》《农村饮用水安全项目资金管理办法》等文件，对落实农村饮用水安全工程的项目申报、资金筹措与管理、项目实施、建后管理等作出具体规定。上述规划和管理办法要求各地按照国家总体任务，省级规划把各项任务分解到县，县级规划进一步落实到乡镇、村组和具体工程；发展改革部门商有关部门做好农村饮用水安全工程规划编制报批、项目审批、投资计划审核下达和建设管理监督等工作；水利部门商卫生等部门做好工程规划、可行性研究报告、初步设计或实施方案编制等工作，具体组织和指导项目的实施及运行管理。

枞阳县在实施农村饮用水安全项目中，成立了以原副县长胡海峰为组长，枞阳县政府办公室、枞阳县水利局等部门负责人组成的枞阳县农饮领导小组。枞阳县农饮领导小组在枞阳县水利局下设农饮办，枞阳县水利局副局长吴新彬任农饮办主任，枞阳县水利局农水所所长即被告人周元热等人任农饮办成员。枞阳县实施农村饮用水安全项目的程序为：全县年度农村饮用水安全工程项目指标经上级分配下达后，由县内各乡镇人民政府向枞阳县水利局申报要求解决农村安全饮水的人口数，枞阳县水利局副局长吴新彬、农水所所长周元热负责收集、汇总各乡镇的申报材料，经枞阳县水利局委托安庆市水利水电规划设计院编制年度实施方案，再经安庆市水利局、安庆市发改委组织专家评审通过后，报经枞阳县发改委审批，然后由枞阳县农饮领导小组召开动员会议，公布年度实施意见，与负责实施的各乡镇签订责任书，由各乡镇具体实施农村饮用水安全工程。各乡镇实施完毕后整理资料，申报验收，枞阳县农饮领导小组再开会部署验收工作，开展验收。

枞阳县水利局系农村饮用水安全项目的行业主管部门，枞阳县水利局农水所系枞阳县水利局设立的事业法人单位，职责是为全县水利工程提供技术服务，农水工程的规划、勘测、设计、施工技术指导及其相关管理工作。上诉人周元热自2003年9月任枞阳县水利局农水所所长，在担任枞阳县农水所所长期间，利用其职务便利，非法收受他人财物共计价值34199元，并为他人谋取利益。2014年1月9日，上诉人周元热之妻王越香向枞阳县人民检察院代为退出上诉人周元热受贿所得34199元。上诉人周元热作为枞阳县水利局农水所所长、农饮办成员和验收小组成员，在枞阳县汤沟镇、藕山镇实施农村饮用水安全项目中，违反规定不正确履行职责，或严重不负责任，致使部分自来水厂和村委会在未按规定实施农村饮用水安全项目的情况下通过验收，套取国家项目资金共计1671669.22元，造成国家利益的重大损失。具体事实如下：

一、受贿事实

（一）2007年下半年，上诉人周元热到枞阳县老洲镇桃源村帮助该村制作农村饮用水安全项目可行性研究报告时，该村支部书记吴某甲为了寻求上诉人周元热在日常检查和验收该村的农村饮用水安全工程时给予关照，在该村村部送给周元热价值2000元的购物卡，上诉人周元热予以收受。

上述事实，有经庭审举证、质证并经本院确认的下列证据予以证实：

1. 证人吴某甲的证言证实：大概2007年上半年的一天，其村在实施农饮水项目过程中，需要准备一些材料，周元热是分管其村农饮水项目的，其村就在他来检查农饮水项目时请他帮忙指导。周元热也给其村及时地进行指导，并帮忙搞了一些报告。当时在村部其私下将准备好的2000元购物卡给了他，请他在农饮水项目验收中有所关照，并感谢他对其村农饮水项目的指导。他是老洲镇农饮水项目的具体分管人员，是日常检查和验收的主要技术人员，项目实施必须经他签字验收才能通过，其村农饮水项目不可能全部符合上面的规定，另外也感谢他为其村农饮水项目指导帮忙。

2. 证人章某甲的证言证实：大概2007年上半年的一天，其村在实施农饮水项目中需要准备一些材料，周元热是分管其村农饮水项目的，所以村里就在他来检查农饮水项目实施情况时，请他帮忙指导。当时村书记吴某甲就说要送2000元购物卡给周元热，一是请他在以后验收农饮水项目时关照，二是感谢他为其村所作的技术指导。

3.上诉人周元热的供述证实：2007年下半年，桃源村书记吴某甲叫其帮他们村做农村饮用水安全工程可研报告，其做好报告后吴书记在村部趁无人之机偷偷送给其2000元购物卡，并说谢谢为他们村做报告和技术指导，还请以后在农饮水项目验收中对他们村进行关照，其收下了这2000元购物卡。后来其与余某某等人对桃源村的农村饮用水安全工程进行验收并通过了，验收组成员都在验收鉴定书上签了字。

（二）2008年上半年的一天，枞阳县凤仪乡政府为寻求上诉人周元热等验收组成员在验收该乡实施的农村饮用水安全工程时给予关照，在该乡政府的办公楼内送给上诉人周元热等验收组成员每人现金 600 元，周元热予以收受。

上述事实，有经庭审举证、质证并经本院确认的下列证据予以证实：

1. 证人高某某的证言证实：2007 年，县水利局给凤仪乡的三个村安排了农饮水项目。2008 年上半年的一天，县水利局组织相关单位对凤仪乡的农饮水项目进行验收，其记得当时县水利局农水所所长周元热来了，验收结束后，乡里安排在乡政府办公楼内给验收组每位成员发了一个信封，里面装了 600 元钱。

2. 上诉人周元热的供述证实：2008 年上半年的一天，其和余某某等人以及卫生局等部门的工作人员对 2007 年度农村饮用水安全工程进行验收，验收结束后凤仪乡政府安排工作人员在乡政府办公楼内给验收组成员每人发了一个信封，其收下了，后来打开信封发现里面装有 600 元现金。其知道他们希望在验收时给予关照。后来凤仪乡的农饮水工程通过验收了，验收组的人都在验收鉴定书上签了字。

（三）2008 年下半年的一天，为了寻求上诉人周元热在枞阳县义津镇增丰村云角水库除险加固工程的日常检查和验收中给予关照，承建该工程的方某甲在云角水库附近送给上诉人周元热现金 2000 元，周元热予以收受。

上述事实，有经庭审举证、质证并经本院确认的下列证据予以证实：

1. 证人方某甲的证言证实：2008 年下半年的一天，周元热、安庆一个监理公司的监理、义津镇的章建平镇长以及义津镇水利站吴义成到增丰村云角水库检查除险加固工程，当时其承包的土石方工程还没结束，检查结束后，其安排他们吃饭，其趁旁边没人的时候把事先准备好的信封递给周元热，信封里装了 2000 元现金。其知道周元热作为枞阳县水利局派驻到工地的代表，负责工程质量管理工作，而其做的土石方工程又是整个除险加固工程的主要工程，希望他在检查验收时进行关照，好让工程顺利通过检查验收。

2. 上诉人周元热的供述证实：2008 年下半年，安徽省兴利建设工程有限责任公司中标了云角水库的除险加固工程，其到工地后才知道麒麟镇高隔村一个姓方的承建了其中的土石方工程。2008 年下半年的一天，其与安庆义兴公司一个姓桂的监理、义津镇时任分管镇长章建平以及义津镇水利站原站长吴义成检查该水库的除险加固工程，当时姓方的承建的土石方工程还没竣工，检查结束后姓方的安排在饭店吃饭，姓方的私下送给其一个信封，后来其打开信封发现里面装有 2000 元现金。其知道他送现金是由于其是县水利局派驻到他们工地的工作人员，对他们承建的除险加固工程进行监管和验收，希望其在以后日常监管、验收及拨款时给予关照。

（四）2009 年，安徽海江建材销售有限公司负责人胡某甲为感谢上诉人周元热在该公司派送的管材售后服务和货款结算上给予的关照，以及寻求之后继续给予关照，先后 2 次送给被告人周元热共计 3000 元现金和 1 件价值 600 元的 T 恤衫。周元热予以收受。

上述事实，有经庭审举证、质证并经本院确认的下列证据予以证实：

1. 证人胡某甲的证言证实：其是安徽海江建材销售有限公司总经理。2008 年左右，枞阳县水利局组织实施农村饮用水安全工程通过招投标程序购买自来水管材，山东华信公司中标了，当时其公司是山东华信公司在安庆地区的总代理，其公司先垫付货款，山东华信公司收到货款后就给其公司发货，货到安庆后其公司就派人陪着山东那边的司机将管材送到枞阳县各乡镇。周元热平时对其公司挺照顾，为了感谢他帮忙，2009 年上半年的一天，其到枞阳镇正大街附近办事，办完事其打电话给周元热叫他到正大街来，他直接坐到其车子副驾驶位子上，其就拿出5000元钱递给他并说不送其他东西了，拿这些钱去买1部手机。他先说不要，但其坚持要送给他，最后他说买1部手机要不了这么多钱，3000元钱就够了。其就抽出3000元钱交给他，当时其急着回安庆，见他拿了钱就走了。2009年夏季的一天，其想起还有一些管材要送到枞阳，就打电话问周元热在哪里，他说在安庆，其就叫他到安庆新百超市。打完电话其赶到安庆新百超市门口等周元热来了，见到他后其就说送给他1件衣服，之后其就在安庆新百超市柒牌专柜买了1件600多元的T恤衫送给了他，其是刷卡付款的。其是为公司送钱和物给周元热，主要有两个方面的原因，一是公司向枞阳地区送自来水管材过程中，周元热在管材的售后服务和货款结算及拨付上帮了不少忙，二是希望他以后在公司向枞阳销售自来水管材时继续照顾。

2.上诉人周元热的供述证实：胡某甲是安徽海江建材销售有限公司负责人。2009年上半年的一天，胡某甲到枞阳来不是送管材就是拨款，他打电话叫其到正大街，其到后看见他的车子就直接坐到车子的副驾驶位置上，胡某甲就在车上给了5000块钱给其叫买1部手机，其说1部手机要不了那么多钱，他就抽了一些钱给其，其收下了这些钱，后来其数了一下，一共有3000元钱，其拿着这3000块钱在枞阳环球通讯手机店买了1部三星手机。2009年夏天的一天其到安庆办事，办完事正准备回枞阳时胡某甲打电话问在哪里，其说在安庆，他就叫其到安庆新百超市，其接完电话赶到安庆新百超市时就看见胡某甲，他见到其后就说送给其1件衣服，之后他就在安庆新百超市柒牌专柜买了1件600多元的T恤衫送给了其，是胡某甲刷卡付款的。

（五）2009年下半年的一天，上诉人周元热到枞阳县老洲自来水厂检查该厂承建的农村饮用水安全工程的实施情况时，该厂厂长左某甲为了寻求上诉人周元热在验收时给予关照，请上诉人周元热等人在饭店吃饭，在饭店内送给上诉人周元热现金2000元，周元热予以收受。

上述事实，有经庭审举证、质证并经本院确认的下列证据予以证实：

1. 证人左某甲的证言证实：其水厂承建了老洲村、同乐村等村2009年度农饮水安全工程，在工程实施期间的一天，记得是2009年下半年的一天，镇里领导何宗胜陪周元热到其水厂检查施工情况，检查结束后其安排他们在老洲街上一个饭店吃饭，其趁何宗胜不在场时递给周元热2000元现金。周元热是县水利局农水所所长，代表水利局负责老洲镇片的农饮水项目的检查和验收，经常来检查其厂承建的农饮水项目的施工情况，其知道他有农饮水项目的日常检查和验收权，希望他以后在日常检查和验收时给予关照才送钱给他。后来周元热以及其他领导到其水厂验收承建的2009年度农村饮用水安全工程，当场宣布验收通过了，参与验收人员都在上面签了字。

2.上诉人周元热的供述证实：2009年下半年的一天，其与老洲镇何委员到老洲自来水厂检查该厂承建的农村饮用水安全工程的实施情况，检查结束后左厂长安排在老洲街上一个饭店吃饭，吃完饭后左厂长趁余某某不在场送给其2000元钱。左厂长送钱时叫其对他们水厂多关心关心，希望其在日常检查和以后验收时给予关照。后来其与余某某等人对老洲自来水厂承建的农村饮用水安全工程进行验收并通过了，其和其他验收组成员在验收鉴定书上签了字。

（六）2010年的一天，枞阳县钱桥镇朝阳村支部书记疏某某为寻求上诉人周元热为其村安排农饮水安全项目指标，请上诉人周元热在枞阳县枞阳镇锦苑大酒店吃饭，饭后送给上诉人周元热价值1000元的购物卡，周元热予以收受。

上述事实，有经庭审举证、质证并经本院确认的下列证据予以证实：

1. 证人疏其某的证言证实：大概2010年的一天，其请周元热到枞阳锦苑大酒店吃饭，吃完饭后，其私下将准备好的1000元购物卡送给周元热，希望以后如果再有农饮水项目指标时他能关照一下，并感谢他对其村农饮水项目的指导。

2. 上诉人周元热的供述证实：2010 年的一天，朝阳村疏书记请其到枞阳锦苑大酒店吃饭，该村疏书记趁无人之际送给其1张1000元的购物卡，并对其说如果上面还有农饮水指标的话，安排时对他们村关照关照，其说如果符合规定会考虑的。

（七）2010 年上半年的一天，上诉人周元热到枞阳县老洲镇桐贵村检查该村 2008 年度新增的农村饮用水安全工程实施情况时，该村支部书记林某某为了寻求上诉人周元热在验收该村农村饮用水安全工程时给予关照，送给上诉人周元热现金2000元，周元热予以收受。

上述事实，有经庭审举证、质证并经本院确认的下列证据予以证实：

1. 证人林某某的证言证实：大概2010年上半年的一天，镇纪委书记何宗胜陪同周元热到其村检查农饮水的实施情况，其在村部私下将一个装有2000元现金的信封递给了周元热，请他在农饮水项目验收中有所关照，他收下了。

2. 证人曾某某的证言证实：大概2010年上半年的一天，镇纪委书记何宗胜陪同周元热到其村检查农饮水的实施情况，当时书记林某某在村部里私下送给周元热2000元，之后周元热和何宗胜就走了。林书记之前和其讲好的，周元热走后林书记对其说刚送了2000元钱给周元热，是用信封装的，并说周元热收下了。他是老洲镇农饮水项目的具体分管人员，日常检查和验收的主要技术人员，其村项目实施必须他签字验收才能通过，希望他在检查验收的时候关照一下。

3. 上诉人周元热的供述证实：2010 年上半年的一天，桐贵村书记林某某在村部送给其一个信封，其收下了，后来打开信封发现里面装有2000元现金。桐贵村农饮水指标比较多，工程量大，实施农饮水项目的方式方法有三种，他们村怕验收时不合格，送钱是想其在验收该村农村饮用水安全工程时给予照顾。该村验收通过了，其在鉴定书上签了字。

（八）2010年上半年的一天，为了寻求上诉人周元热在验收枞阳县周潭镇西山口水库的白蚁灌浆工程时给予关照，承建该工程的枞阳县水利疏浚队负责人唐某甲在陪同上诉人周元热去检查该工程的途中，送给上诉人周元热现金3000元，周元热予以收受。

上述事实，有经庭审举证、质证并经本院确认的下列证据予以证实：

1. 证人唐某甲的证言证实：其系水利局下属单位枞阳县水利疏浚队的法人代表，2010年其疏浚队承建了周潭镇西山口水库的白蚁灌浆工程。当年上半年的一天上午，周元热打电话说要到西山口水库对工程进行检查，其就雇了出租车和他一起到周潭镇西山口水库，在车子过了会宫还没到周潭的路上，其偷偷递给他一个信封，里面装着准备好的3000元现金。到西山口水库后其就陪着周元热检查了白蚁灌浆工程，后来验收通过了。因为他是代表县水利局对其疏浚队承建的西山口水库白蚁灌浆工程进行验收的，其希望他能在验收时给予关照，所以才送给他3000元现金。

2. 上诉人周元热的供述证实：2010 年上半年的一天，当时西山口水库的白蚁灌浆工程还没有结束，其打电话给唐某甲，说要搭他顺便车到他工地去检查施工情况，唐某甲雇了一辆出租车到县水利局，其就和他一道乘这辆出租车到西山口水库检查白蚁灌浆工程，车子开过会宫还没到周潭的路上，唐某甲偷偷递给其一个信封，其收下了。其后来私下打开信封发现里面装了3000元现金。之后不久，其代表县水利局参与对西山口水库的白蚁灌浆工程进行验收，验收通过了，其和其他验收组成员都在验收文书上签了字。

（九）2010年下半年的一天，上诉人周元热到枞阳县老洲镇横裕村检查该村2010年度农村饮用水安全工程的实施情况时，该村支部书记刘某乙为了寻求上诉人周元热在之后验收该村2010年度农村饮用水安全工程时给予关照，送给上诉人周元热2000元现金，周元热予以收受。

上述事实，有经庭审举证、质证并经本院确认的下列证据予以证实：

1.证人刘某乙的证言证实：大概2009年的时候，其村因为争取农饮水项目，多次到水利局找周元热办各种手续，和他就逐渐熟悉了。2010年下半年的一天，老洲镇纪委书记何宗胜陪同周元热到其村检查农饮水工程的实施情况，其在村部私下将一个装有2000元现金的信封递给了周元热，请他在农饮水项目验收时进行关照。

2.证人周某某的证言证实：大概2009年其村开始到县水利局申报农饮水项目，多次到县水利局找周元热办事。2010年下半年的一天，周元热到其村检查农饮水项目工程实施情况时，由其村书记刘某乙经手送给周元热2000元钱，后来在村里集体结算审批支出条据时，刘某乙书记将送周元热2000元钱的事对其讲了，并由其审批报销了。

3.上诉人周元热的供述证明实：2010年下半年一天，横裕村书记在村部送给其一个信封，里面有2000元现金，其知道他是希望以后在验收他们村的农饮水项目时能够给予关照。后来，县里统一组织对全县的农村饮用水安全工程进行验收，该村验收通过了，其在鉴定书上签了字。

（十）2011年至2012年期间，枞阳县汤沟镇桂坝自来水厂副经理刘某甲为寻求上诉人周元热在其自来水厂承建农饮水安全工程上给予关照，先后2次送给上诉人周元热现金共计4000元。周元热予以收受。

上述事实，有经庭审举证、质证并经本院确认的下列证据予以证实：

1.证人刘某甲的证言证实：在验收农饮水项目时，周元热帮其厂说过话，因为这事其一直比较感激他。2011年过年前的一天，其到枞阳办事，准备了2000元的信封，打电话给周元热，叫他到国强大酒店来。过了一会儿，周元热来了，其把信封递给他并说不买烟酒了，周元热收下了信封，当时其急着回去，没和他多说话就走了。2012年过年前的一天，其到枞阳百川大酒店附近一个小饭店办事，办完事后就打电话给周元热叫他到这个饭店来，他到后其就把装了2000元的信封递给他并对他说就不买烟酒了，周元热收下信封后其就走了。因为以前周元热在验收其水厂承建农村饮用水安全工程时为其说了话，他是农水所所长，对其水厂承建的农村饮用水安全工程有监督检查权和验收权，其水厂希望如果以后能得到农饮水项目的话，他能多多关照。

2.上诉人周元热的供述证实：2011年过年前的一天，桂坝自来水厂副经理刘某甲打电话给其，叫其到国强大酒店来，其赶到时，他就送给其一个信封，其收下信封后他就急着走了，后来其打开信封后发现里面装有2000元现金。2012年过年前的一天，刘某甲又打电话给其，叫其到百川大酒店附近的一个小饭店来，其到后他送给其一个信封，其收下信封，后来打开发现里面装了不是2000元购物卡就是2000元钱。因为以前验收小组成员在验收他厂承建农村饮用水安全工程时发现没有完全按照上面要求做管网延伸，而是既搞了管网延伸又搞了管网改造，验收时其就说桂坝自来水厂这么做虽然不完全符合上面的规定，但资金全部用于项目，也没有什么大问题。其他验收组成员看其这么说也就同意让桂坝自来水厂承建的农饮水工程通过验收，当时验收组成员都在验收鉴定书上签了字，他很感激其。另外他希望以后他们水厂还能承接农饮水项目，其能关照他们。

（十一）2011年至2013年，安徽海江建材销售有限公司负责人操某某为感谢上诉人周元热在该公司派送的管材售后服务和货款结算上给予的关照，以及寻求继续给予关照，先后3次送给上诉人周元热共计价值2000元的购物卡和1部苹果牌iPhone4手机。周元热予以收受。

上述事实，有经庭审举证、质证并经本院确认的下列证据予以证实：

1. 证人操某某的证言证实：其于2010年左右到安徽省海江建材销售有限公司上班。2011年左右，枞阳县水利局实施农饮水安全工程通过招投标程序购买自来水管材，康泰公司中标，当时其公司是康泰公司在安庆地区的总代理，康泰公司中标后将中标信息以及需要自来水管材的各乡镇的村或水厂告诉其公司，叫其公司派人陪同将自来水管材送到枞阳县各乡镇。其把货送到枞阳后就与县水利局农水所的周所联系，他把乡镇分管农饮水的领导或水利站站长的号码发给其由其直接联系。其送货后由收货的水厂或村验收并在送货单上签字，再拿着送货单到县水利局结账，结账时先要周所签字，再经过水利局分管领导和局长审批，最后到财务部门申请拨款。他平时对其公司挺照顾，为了感谢他帮忙，2011年8、9月的一天，其送管材到枞阳，晚上吃饭时看见他的手机旧了，就笑着说你还用这么旧的手机，要不公司送你1部智能手机。后来其在安庆花5000元左右买了1部苹果4手机，其记得是那年的中秋节前几天，在枞阳县水利局王家亭附近周所家把手机送给他。2013年过年前，其正好要到枞阳县水利局结账，在枞阳一个超市买了1000元的购物卡，打电话给周所说要到他家看看，到枞阳王家亭附近周所的家门口把1000元的购物卡递给他。2013年上半年的一天，其又在枞阳那个超市花了1000元买了2张购物卡，每张面值500元，到他在枞阳县王家亭附近的家门口把这2张购物卡递给他。其是代表公司送手机和购物卡给周元热的，一是公司向枞阳地区送自来水管材过程中，周所在管材的售后服务和货款结算及拨付上帮了不少忙，二是希望他以后继续照顾。

2. 上诉人周元热的供述证明：操某某是安徽海江建材销售有限公司的，胡某甲先是该公司负责人，后来胡某甲到合肥做生意了，操某某就成为该公司负责人。2011年中秋节前的一天，操某某打电话问其可在家，讲买了1部手机要送给其。之后不久其听到楼下有走路声音，就把门打开，刚打开门就看见他站在家门口，他见到其把1个手机盒递给其就走了，其打开手机盒后发现里面装着1部苹果4手机，是全新的，里面还放着一张发票，其看了一下发票上的金额是4900多元。2013年过年前，操某某到其家门口送了1000元的购物卡。2013年上半年，操某某又至其家门口送了1000元的购物卡。他送钱物给其是希望其以后在枞阳地区销售管材和农饮水管材的售后服务、结算和货款拨付上关照，以便能尽快拿到货款。

3.枞阳县价格认证中心的鉴定意见证明：涉案的苹果牌iPhone4手机经鉴定价值为4999元。

（十二）2011 年上半年的一天，枞阳县汤沟镇莲花村支部书记盛某某为寻求上诉人周元热在检查和验收该村农村饮用水安全工程时给予关照，请上诉人周元热在枞阳县枞阳镇环保大酒店吃饭，饭后送给上诉人周元热价值 2000 元的购物卡，周元热予以收受。

上述事实，有经庭审举证、质证并经本院确认的下列证据予以证实：

1. 证人盛某某的证言证实：2011 年上半年的一天，其通过唐某甲认识了周元热，并请周元热在枞阳环保大酒店吃饭，吃完饭后其私下送给周元热 2 张 1000 元的购物卡，请他在今后安排农饮水项目时对其村给予关照。

2. 证人吕某某的证言证实：2011 年上半年的一天，盛某某书记在村部对其和村里几个村干说到枞阳镇请周元热吃饭，再送 2000 元购物卡，请他以后再给其村安排一点农饮水项目指标。之后盛某某书记就带着其还有两个村干一起到枞阳县水利局找周元热，当时是盛书记通过县疏浚队的唐某甲请周元热吃饭的，是在环保大酒店。回村后盛书记说已经把 2000 元购物卡送给周元热，周元热收下了。

3. 上诉人周元热的供述证实：2011 上半年的一天，汤沟镇莲花村书记通过唐某甲约其在枞阳环保大酒店吃饭，吃完饭后该村书记私下送给其 2 张面值 1000 元购物卡，请其今后在安排农饮水项目时给予关照。

（十三）2011 年 8、9 月的一天，枞阳县汤沟镇民胜村支部书记钱某甲为了寻求上诉人周元热在验收该村的农村饮用水安全工程时给予关照，请上诉人周元热在枞阳县枞阳镇长江鱼馆吃饭后，送给上诉人周元热现金 2000 元，周元热予以收受。

上述事实，有经庭审举证、质证并经本院确认的下列证据予以证实：

1. 证人钱某甲的证言证实：2011 年 8、9 月的一天，其到枞阳打电话给周元热，约他到枞阳一个饭店吃饭，饭后其把周元热叫到一边，把事先准备好的装有 2000 元现金的信封递给他，并对他说："麻烦你给我们村的农饮水项目上多多帮助。"周元热拉扯了并说："你村农饮水工程搞得很好，应该能通过，帮忙归帮忙，不要搞这个。"其说："这个给你买点烟，我怕买个假烟也就没有买烟了。"之后其就走了。

2. 证人钱某丙的证言证实：2011 年 8、9 月的一天，钱某甲书记对其说村的农饮水项目马上要验收了，要不就请周元热吃个饭并送 2000 元钱给他，其同意了。之后钱某甲就带着其和张五兵到枞阳约周元热到一个饭店吃饭，饭后钱某甲就把周元热喊到一边，其和张五兵知道钱书记要送钱给他，就没有跟着去，过了一会儿，钱书记和周元热又回到吃饭的房间，之后其就离开饭店了。

3. 上诉人周元热的供述证实：2011 年 8、9 月的一天，民胜村的钱书记请其在枞阳镇长江鱼馆吃饭，吃完饭后钱书记把其拉到旁边私下送给其一个信封，并说麻烦给他们村的农饮水项目上多多帮助，其收下了这个信封，回家后打开发现里面有 2000 元现金。当时他们村的农饮水项目还在实施，他们希望其在检查和验收时能关照。后来其与余某某等人对民胜村的农村饮用水安全工程进行验收并通过了，其和其他验收组成员都在验收鉴定书上签了字。

（十四）2012 年上半年的一天，枞阳县横埠镇宏海自来水厂会计田某某为寻求上诉人周元热在验收该厂承建的农村饮用水安全工程时给予关照，代表该厂请上诉人周元热在枞阳县枞阳镇一饭店吃饭后，送给上诉人周元热 1 千克茶叶和 1 张价值 1000 元的购烟卡，周元热予以收受。

上述事实，有经庭审举证、质证并经本院确认的下列证据予以证实：

1. 证人田某某的证言证明实：2012 年上半年的一天，其和其厂经理以及一个司机到枞阳有点事，其厂承建的 2011 年度项目已经竣工，快要验收了。考虑到验收及项目资金拨款顺利些，厂里商量去找一下周元热，并带了 2 斤茶叶，其在好又多超市买了 1000 元购物卡，其一个人到县水利局周元热办公室，约周元热吃饭，吃完饭后，其拿出购物卡和茶叶给了周元热，并说麻烦以后在项目验收时多关照。

2. 上诉人周元热的供述证实：2012 年上半年的一天，宏海自来水厂的田会计在枞阳约其在财政局附近的一个小饭店吃饭，吃完饭后，田会计叫司机送其回去，临走时送给其 2 斤茶叶和 1 张 1000 元的购烟卡，并对其说农饮水工程已经结束了，马上要验收，还请以后验收时关照。因为该水厂收取的开户费高于文件规定的价格，老百姓有反映，所以其过去一直没给该厂安排农饮水项目，直到 2012 年才给他们厂安排农饮水指标，他们厂担心收费太高不能通过验收，希望其以后在验收时给予关照。后来其与发改委的左某某、吴宣国等人对宏海自来水厂承建的农村饮用水安全工程进行验收，验收通过了，其和其他验收组成员在验收鉴定书上签了字。

二、滥用职权事实

（一）2008 年上半年，枞阳县汤沟镇黄仪自来水厂厂长钱某乙得知国家有农村饮用水安全项目资金，与枞阳县汤沟镇中心村委会协商并以该村名义申报 2008 年度新增的枞阳县汤沟镇中心村农村饮用水安全项目。项目被批准后，黄仪自来水厂在未实际实施 2008 年度新增的枞阳县汤沟镇中心村农村饮用水安全项目的情况下，伙同汤沟镇中心村委会编制虚假的施工合同和验收资料申报验收。被告人周元热在未认真履行组织、督促、检查等职责情况下，于 2009 年 5 月作为以余某某为组长的验收小组成员之一，对该农村饮用水工程进行检查验收。验收时发现开户费发票较新，可能存在为应付检查而造假等情况，并在抽查通水户时发现在名册上有虚假通水户的情况，被告人周元热等验收小组成员没有在农饮水工程验收鉴定书上签字。之后，被告人周元热所在的验收小组未对该村的农饮水工程进行第二次验收，仅在汤沟镇政府相关人员的口头汇报下，验收小组其他成员先后在验收鉴定书上签字，被告人周元热也在与汤沟镇政府相关人员的电话中口头委托他人在鉴定书上代其签名，将汤沟镇中心村的农饮水工程通过验收，致使黄仪自来水厂取得项目资金 310288.2 元，其中分给汤沟镇中心村委会 126980 元。

上述事实，有经庭审举证、质证并经本院确认的下列证据予以证实：

1. 收款收据证实：黄仪自来水厂于 2011 年 3 月 21 日从汤沟镇财政所领取农饮水项目资金 292303.51 元，于 2011 年 11 月 29 日从汤沟镇财政所领取农饮水项目质保金 17984.7 元。

2. 证人钱某乙的证言证实：其水厂以中心村名义争取 2008 年新增的农饮水项目，县水利局给中心村批了 2008 年度新增的中心村农饮水项目，受益人口指标是 907 人。2009 年下半年县发改委余某某，县水利局周元热、吴某乙，县国土局陆大胜以及章某乙副镇长等人到其水厂来验收中心村的农饮水项目，他们看了水厂的初装费收据，余某某看过后发现收据上没有村民组的名字就发脾气，之后他们没怎么看就走了，之后其就买了 2 条烟、2 瓶酒，并和中心村钱某丁一起送给了余某某，后来中心村 2008 年度新增的农饮水项目就通过了验收。其水厂一共从财政所领了 30 多万元，村里先后从水厂拿走了共 126980 元。其水厂没有为中心村做什么事情。村里除了做一些协调工作外没有做其他事情。施工协议书等资料是验收以前其在厂里做的,实际上水厂并没有实施2008年度新增中心村的农饮水项目,也不存在签订施工协议书,施工协议书就是假的。通水花名册是村搞好的,验收竣工资料是其找桂坝水厂刘某甲搞的。

3. 证人钱某丁的证言证实:2008 年上半年,黄仪自来水厂厂长钱某乙得知上面有农饮水项目后就找其说想争取中心村的农饮水项目,叫其村申请,其村召开了两委会开会研究并对这个事情做了决议后,和钱某乙签订了协议,以中心村的名义申报2008年农饮水项目,项目资金其村和黄仪自来水厂对半分,其村提供资料等,黄仪自来水厂来承办中心村的农饮水项目,申请中心村的农饮水项目的费用都由黄仪自来水厂来付。其村就以中心村的名义向镇里写了申请报告,后来县水利局批准了中心村2008年新增907户的农饮水项目指标。其村没有为中心村的农饮水项目做什么事情。黄仪自来水厂为中心村周边的几户通了自来水,而且都是在2008年之前通水的。中心村的大多数农户是仪山自来水厂通水的,而且是在2008年之前就通水了。验收时发改委的余某某还发了脾气,大概是余某某看了通水花名册之后发现仪山自来水厂给中心村大多数农户供水怎么由黄仪自来水厂来申报中心村的农饮水项目。余某某发脾气之后走了。之后钱某乙向其提议,说担心验收不能通过,要买点东西给余某某。2009 年大概 9 月份的一天,其和钱某乙到枞阳,钱某乙花了 1900 元买了2条硬中华和2瓶水井坊白酒,其和钱某乙到余某某家里给了余某某的老婆。之后中心村2008年新增农饮水项目也就验收通过了。其村两次从黄仪自来水厂拿了共有12万多元,这12万多元在村里作了收入。

4. 证人章某乙的证言证实:验收组成员先是听其代表汤沟镇作的关于汤沟镇农饮水项目实施情况的汇报,接着又到黄仪自来水厂和中心村查看农户通水的发票、随机抽几户了解通水和收费等情况。余某某叫钱某乙把中心村农户通水的开户费发票拿出来看一下,看了钱某乙提供的发票后就说许多开户费的发票都是一道开的,有水分。后来验收组成员又在通水户花名册上随机抽了几户,发现有几户是老通水户,是由仪山自来水厂供水的,这样验收组成员就认为通水户花名册也有假,整个工程应该没有实施完毕。接着验收组成员就到桂坝自来水厂办公室开了一个碰头会,会上余某某就说黄仪自来水厂实施的中心村农饮水项目还没有实施完毕,必须整改,确保按照受益户花名册给农户通水,另外他还说有些资料不完善,也要把资料搞齐。最后验收组成员就没有发验收鉴定书,这一次中心村的农饮水项目工程没有通过验收。其记得过后不久,钱某乙对其说他和中心村书记钱某丁找了验收组组长余某某。后来钱某乙和中心村的书记对其说余某某同意在验收鉴定书上签字,叫其陪他们一道到县发改委找余某某签字,其就陪钱某丁、钱某乙一起到县发改委找了余某某,余某某就当场在验收鉴定书签了字。之后一起到县水利局找周元热签字,当时周元热不在场,其就打电话给周元热说余某某已经在验收鉴定书上签字了,问他可能签字不。周元热说既然其他人都签字了,那就叫人帮他签下名字。之后就有人帮周元热代签了名字,具体是谁代签的记不清了。后来验收组的陆大胜、吴某乙和中心村主任钱立先都在验收鉴定书上签了字。

5. 证人余某某的证言证实:其是县农饮水领导小组成员之一,负责带队检查验收沿江一片农饮水项目验收工作,是验收组组长。其到黄仪自来水厂查看当年开户费发票,从中抽了几户要到农户家去查看,但在中心村根本找不到这几户,当时其就发了很大脾气,批评了当时汤沟镇副镇长章某乙。章某乙说中心村的农饮水项目工程镇里有决议的，其叫章某乙把这份决议拿来看了一下，大致内容是中心村 2008 年新增农饮水项目由黄仪自来水厂实施。当时没有验收 2008 年新增中心村的农饮水项目工程就走了。其记得为这个事情，黄仪自来水厂和中心村还有人送了 1 瓶酒和 1 条烟。到 2009 年年底的时候，章某乙和中心村的书记拿了一张验收鉴定表到其办公室，章某乙说中心村的农饮水项目已经整改好了，要其在鉴定表上签字，并说验收不通过会影响项目资金的拨付。当时其看到了验收鉴定表上已经有其他验收人员签字了，也就签了字。

6. 证人吴某乙的证言证实：验收组的成员有其和发改委的余某某、县国土局的陆大胜、水利局周元热、汤沟镇政府的章某乙、中心村的钱立先。黄仪自来水厂厂长向验收组成员余某某提供了水厂开给通水用户的收据，余某某发现这个收据是假的，中心村的农户并不是由黄仪自来水厂通水的，余某某发了脾气，之后验收组成员就走了。隔了几个月，其看 2008 年新增汤沟镇中心村的农饮水项目验收鉴定书已经有人签字了，也就在这份鉴定书上签了字。之所以没验收就签字是因为水利局的有关领导不是开会就是口头上说农饮水项目是民生工程，当年的项目资金不能留在账面上，尽量把当年的项目工程验收通过，以免影响民生工程考核。

7. 上诉人周元热的供述证实：其所在的验收小组在验收汤沟镇中心村 2008 年度新增的农饮水工程时，到黄仪自来水厂进行验收，发现黄仪自来水厂提供农户的开户费发票较新，就怀疑这些开户费发票是为应付检查而造的。另外，检查中心村上报的通水户花名册时发现通水户花名册上有的农户根本就不存在，验收组组长余某某发了脾气，当时余某某骂汤沟镇副镇长章某乙不负责任、弄虚作假，搞不好会被处理。之后验收组成员就都走了，临走时余某某对章某乙说必须按照上面的实施意见把中心村农饮水工程做完，以后再验收。过了两个月，汤沟镇副镇长章某乙和水利站一个姓丁的主任到县水利局来，说他们已经按照验收组的要求把中心村的农饮水工程实施完毕了。后来验收组成员没有再次对汤沟镇中心村 2008 年度新增农饮水项目进行验收了。应该是第一次验收两个月以后，其听说是通过原枞阳镇党委书记钱龙珠找了余某某，也找了其他验收组成员，也找了其。应该是章某乙打电话叫其在验收鉴定书上签字的，并说其他人都已经签字了，其就同意了并叫他们帮其代签一下，后来他们就把其名字签上了，具体是谁代签了其的名字记不清了。

（二）枞阳县藕山镇万道自来水厂实施 2010–2011 年度藕山镇万桥村的农村饮用水安全项目，藕山自来水厂实施 2010–2011 年度藕山镇大港村、护国村、白荡湖村的农村饮用水安全项目，在万桥村和白荡湖村农村饮用水安全项目未完工的情况下，万桥村委会伙同万道自来水厂，白荡湖村委会伙同藕山自来水厂编制虚假的验收材料申报验收。被告人周元热在未认真履行组织、督促、检查等职责情况下，于 2011 年 9 月作为以左某某为组长的验收小组成员之一对上述工程检查验收。在验收过程中发现有受益花名册上登记的农户未通水、老通水户代替新通水户、水厂收取的开户费过高等情况，被告人周元热等验收小组成员明知万桥村和白荡湖村的农村饮用水安全工程未完工，在藕山镇政府相关人员的要求下，仍在验收鉴定书上签字通过验收。万桥村委会先后于 2011 年 1 月 29 日、2012 年 11 月 9 日从藕山镇财政所领取项目资金 375000 元、307538.2 元后，分别于 2011 年 11 月 21 日、2012 年 11 月 20 日付给万道自来水厂 97500 元、307538.2 元，万道自来水厂于 2012 年 11 月 20 日又返还万桥村委会 56338.2 元，致使万桥村委会占有项目资金共计 333838.2

元。白荡湖村委会先后于2011年1月29日、2011年11月10日、2012年11月22日从藕山镇财政所领取项目资金230000元、61729.29元、170749元后，分别于2011年1月30日、2012年11月26日付给藕山自来水厂82000元、79840元，致使白荡湖村委会占有项目资金共计300638.29元。

上述事实，有经庭审举证、质证并经本院确认的下列证据予以证实：

1. 收款收据证明：万桥村委会先后于2011年1月29日、2012年11月9日从藕山镇财政所领取项目资金375000元、307538.2元后，先后于2011年11月21日、2012年11月20日付给万道自来水厂97500元、307538.2元，万道自来水厂于2012年11月20日返还万桥村委会56338.2元。白荡湖村委会先后于2011年1月29日、2011年11月10日、2012年11月22日从藕山镇财政所领取项目资金230000元、61729.29元、170749元后，先后于2011年1月30日、2012年11月26日付给藕山自来水厂82000元、79840元。

2. 证人唐某乙、陶某某的证言证实：万桥村实施2010年的农饮水项目是在2010年下半年开始施工的，2011年底竣工。工程施工结束后，县水利局、农饮办及镇政府相关人员进行验收。主要是到户查看是否通水，问农户通水交了多少钱。而且在验收的过程中有农户向验收人员反映交了钱但水还没通，验收组人员就根据受益用户花名册到农户抽查。万桥村实施2010年度农饮水项目实际上只给326户通水，但上报到上面的农饮水项目是439户1727人口指标。因为上面安排了1727人口指标，所以村里就根据1727人口指标造花名册，入户花名册上户主姓名是村的几个干部代签的。验收组人员在验收农饮水工程时，发现一些项目资金没有实施到位，还结余了一些项目资金在村里。上面通过财政两次拨付到万桥村的项目资金第一次是37.5万元，第二次是307538.2元，另外还有85774.69元的质保金没有拨。项目资金通过财政所拨到村账务后，在村与万道自来水厂第一次结算时村将管材全部给了水厂，并给了水厂97500元，当时村开税票花了5450.30元。第二次项目资金307538.2元到村后，村将这些资金全部给了水厂，水厂将村的176户通水后，村与水厂进行结算，村从水厂结回了56338.2元。截至目前，村账户上还结余333838.20元，另外85774.69元质保金没拨下来。结余的333838.2元在村里的其他事情上花掉了。

3. 证人胡某乙的证言证实：县水利局给白荡湖村安排了2010年度155人口指标，后来又安排了2011年度1014人口指标。村把2010年度和2011年度的农饮水项目放在一起实施的，两个年度的农饮水项目是藕山自来水厂实施的。经镇里协调，村与藕山自来水厂达成协议，由藕山自来水厂为村未通水的农户通水，村里负责向新通水农户收取每户1300元的开户费，再将这些开户费全部交给水厂，另外村里还按每通一户给水厂1000元的项目资金，上面拨的自来水管材全部交给水厂。之后水厂和村里就按照协议实施了项目。上面一共拨了4万余元的管材，都是拨到藕山自来水厂的。村按照上面安排的受益人口指标制作了花名册，花名册上有286户，共1169受益人口，花名册上受益农户的签名都是村里干部代签的，这份花名册与实际不相符，村里有一份真实的农饮水工程的自来水安装花名册，就是170户农户，这170户农户都交了1300元的开户费到村里，村里已经将这些钱全部交给了水厂，其只知道原团结、扫帚村有30多户在实施农饮水项目期间通了自来水。验收时把这三个村民组的实际情况向验收组人员汇报了，保证以后肯定会实施农饮水项目，请求验收组人员让村的农饮水项目通过验收，后来验收组人员考虑到村实际情况就通过了验收。县水利局将项目资金拨到镇财政所，再由财政所拨到村。镇财政所分三次将项目资金拨到村里，第一次拨了 230000 元，第二次拨了 61729.29 元，第三次拨了 170749 元，三次一共拨了 462478.29 元，这些钱都入了村里账了，后来按照与水厂的协议先后两次共付给水厂 161840 元，第一次付给水厂 82000 元，第二次付给水厂 79840 元。到目前为止，村里还结余 300638.29 元的项目资金，这些钱都在村里账上。验收组人员在验收农饮水工程时，发现在实施农饮水过程中存在一些问题，镇水利站站长唐某丙叫村写说明，村写了说明报到水利站，大致内容是村还有 150 户由于拆迁原因没有通自来水，村里还结余一些项目资金，以后肯定为这些农户通自来水，水利站报到县水利局。后来县水利局没有组织人员到村里检查项目资金的使用情况。到目前为止，原唐庄、中山、山河三村民组村民没有通自来水。

4. 证人唐某丙的证言证实：2010 年上半年，县水利局给万桥村、白荡湖村、大港村、护国居委会等四个村安排了农村饮用水项目。大港村、白荡湖村、护国居委会的农饮水项目是由藕山自来水厂实施的，万桥村农饮水项目是由万道自来水厂实施的。白荡湖村和万桥村的农饮水工程到现在还没有结束，县里验收组成员先后两次对这四个村的农饮水项目进行验收，第二次验收时这四个村的农饮水项目通过了验收。农饮水项目是民生工程，省里要求安排的农饮水项目当年就必须通过验收，如果不通过验收的话就会影响县农饮水项目的考核名次。2011 年下半年验收组组长是县发改委的左某某，成员有县卫生局的徐来斌、县水利局的周元热和吴某乙，其和桂如生副镇长也参加了验收。第一次对这四个村的农饮水项目进行验收时没有通过。一是因为验收组成员第一次来验收时，这四个村没有搞招投标等方面的材料；二是因为验收组成员到白荡湖村验收时，白荡湖村村干部说还没有实施完毕，因为下山片三个村民组还没有拆迁，等拆迁以后村里再实施农饮水项目；三是因为验收组成员到万桥村验收时发现上报的通水户花名册上一户交了钱但还没有通自来水；四是因为验收组成员验收时发现万桥村和白荡湖村的农户通自来水的开户费偏高。验收组到各村随机抽查农户后就到镇里开会，镇里对验收组提出只有通过验收这四个村才能拨到项目资金，也才能不影响枞阳县农饮水项目的考核名次，要求验收组把这四个村的农饮水项目验收通过了，最后验收组成员就同意先在验收鉴定书上签字，以后再整改。之后周元热就在这份验收鉴定书上写了验收结论，验收组的周元热、吴某乙等人和其都在验收鉴定书上签了字，但左某某当时提出白荡湖村和万桥村的农饮水项目必须整改合格后他再签字，由于左某某不签字这四个村的农饮水项目没通过验收。大概在 2012 年春节后，验收组第二次来验收，镇里要求验收组把这四个村的农饮水项目验收通过了，最后验收组就同意让这四个村的农饮水项目通过验收，全部成员在验收鉴定书上签了字。到目前为止，白荡湖村和万桥村未实施的农饮水项目都还没有实施，更不存在完工的事了。

5. 证人吴某乙的证言证实：2011 年上半年县里召开农饮水验收项目的会议，会上分配其所在的验收小组负责藕山等镇各村农饮水项目的验收工作，其所在的验收小组组长是左某某，成员有县卫生局徐来斌、县水利局周元热和其等人。当年藕山镇的白荡湖村、万桥村、大港村、护国居委会等四个村有农饮水项目。验收组成员到万桥村验收时，该村主要负责人汇报了该村农饮水项目的实施情况，当时就提到还有部分农饮水项目没有实施，原因是该村有几个庄子因地势高而暂时无法供水。之后抽查了三户，发现其中有一户交了开户费但还没有通自来水。镇里有人说先把几个村的农饮水工程通过验收，以后再补做。当时验收组的成员也就在枞阳县农村饮用水工程验收鉴定书上签了字，验收小组组长左某某没有在验收鉴定书上签字。后来还是验收组原班成员到藕山镇白荡湖村、万桥村去验收农饮水项目工程，当时这两个村的农饮水项目工程还没有完全做好，记得镇里要求验收组人员把这两个村的农饮水项目工程验收通过，之后验收小组组长左某某在验收鉴定书上签字，验收也就通过了。

6. 证人左某某的证言证实：2011 年下半年，其和卫生局的徐来斌、县水利局的周元热和吴某乙以及藕山镇水利站站长唐某丙、藕山镇副镇长桂如生等人组成的验收组对藕山镇万桥村、白荡湖村、护国居委会、大港村四个村的农饮水项目工程进行验收。验收中发现了一些问题，这些问题以及整改意见都记在笔记本上：万桥村有受益花名册上登记的农户未通水，老通水户代替新通水户；其他村通水户数有虚假，并户增加人数；水厂施工登记未看到，存在村里克扣挪用嫌疑。当时没有通过验收。验收组还提出了整改意见，其笔记本上也记着整改意见，其当时没有在验收鉴定书上签字。后来说藕山镇四个村的农饮水项目整改完成了，要求其在验收鉴定书上签字，其就在验收鉴定书上签了字。

7. 上诉人周元热的供述证实：2011 年下半年，其所在的验收小组验收藕山镇万桥村、大港村、护国村、白荡湖村等四个村农饮水工程，先到万桥村进行验收，在通水户花名册上抽查了几户，发现一户人家水表上的数字过大，不像当年新通水的农户，接着在另一户发现该户交了开户费但还没有通自来水。后来验收组就到白荡湖村去验收，村里干部和藕山镇的干部汇报说该村还有三个村民组因没有拆迁而还未通自来水，并保证等拆迁后再实施农饮水工程。之后验收组成员在白荡湖村上报的通水户花名册上也发现他们汇报的三个村民组的农户名字在花名册上，就知道白荡湖村的农饮水工程还没有实施完毕。回到藕山镇政府开了一个验收会议，会上左某某主任说在验收时发现白荡湖村、万桥村、大港村、护国村几个问题，还提出几条整改意见。藕山镇的领导叫先把验收通过了，以后肯定要把工程实施完毕，考虑到如果农饮水工程当年不通过验收会影响全县农饮水工程的民生考核名次，其就填写了验收鉴定书，并在签名栏签名，之后其把验收鉴定书交给其他验收组成员签字，徐来斌、吴某乙和桂如生、唐某丙就在验收鉴定书上签字，之后把验收鉴定书交给左某某签名，左某某对藕山镇的副镇长桂如生说等镇里整改到位后再找他签字。这次验收就因左某某没有签字而未通过。后来藕山镇白荡湖村、万桥村等四个村的农饮水工程通过了验收，其不清楚左某某是什么时候什么情况下在验收鉴定书上签字的。

二、玩忽职守事实

（一）枞阳县汤沟镇田间自来水厂在实施汤沟镇 2008 年度新增的彭山村、后湖村、新河村、田间村农饮水项目工程时，未按照农村饮用水安全项目的规定，部分实施项目工程，并超标准向农户收取费用，后伙同上述四村委会以虚假验收材料申报验收。上诉人周元热在未认真履行组织、督促、检查等职责情况下，于 2009 年 5 月作为以余某某为组长的验收小组成员之一，将上述四村的农饮水工程验收通过。田间自来水厂和彭山村、后湖村、新河村、田间村共计领取农村饮用水安全项目资金 579262.13 元，扣除田间自来水厂所得的项目资金 231262.13 元和田间村委会退还多收取的农户费用 36500 元，上述四村委会占有项目资金共计 311500 元。

上述事实，有经庭审举证、质证并经本院确认的下列证据予以证实：

1. 收款收据证实：田间自来水厂于 2009 年 12 月 15 日从汤沟镇财政所领取项目资金 88867.79 元（其中配套资金 58504 元，税款 30363.79 元），于 2010 年 12 月 31 日从汤沟镇财政所领取项目资金 197855.63 元；后湖村委会于 2010 年 12 月 31 日从汤沟镇财政所领取项目资金106160元；新河村委会于2010年12月31日从汤沟镇财政所领取项目资金70180元；田间村委会于2009年12月31日从汤沟镇财政所领取项目资金132280元；彭山村委会于2010年12月31日从汤沟镇财政所领取项目资金39380元；田间村委会于2012年2月27日退还农户多收取的费用共计36500元。

2. 证人方某乙的证言证实：其自来水厂向彭山、后湖等四个村的农户供水时收取了开户费，每户收了1000元至2000多元不等。2008年下半天，镇里通知其和后湖、田间等四个村的村长书记到镇里开会，镇里领导说上面有农饮水项目资金，要求把项目争取下来，并把项目做好。后来四个村的村干就叫其到上面申请这四个村的农饮水项目，其就到县水利局申请项目，后来水利局批准了2008年度四个村共计1625受益人口的农饮水项目。经过与四个村协商，由其向四个村1625人口通水。在项目实施期间，其向各新通水农户每户收了2000元开户费，后来听说每户的开户费不得超过1500元，各村就要退给各新通水农户500元的，田间村退给各新通水农户500元。村里只是负责协调水厂与老百姓的关系，实施工程的所有费用都由水厂出的，村里没有出钱，也没有做其他事情。工程竣工后，县水利局的周元热、吴某乙以及县发改委、国土局和镇里领导参加了工程验收。扣除先交的8万元项目配套资金，上面共拨了57.8万元的项目资金。验收结束后，县水利局将57.8万元的项目资金拨到财政所，水厂与四个村就谈如何分配这57.8万元的项目资金，由于原后湖村书记钱叶信不同意，一直没有谈好，期间章某乙出面协调过，但一直没有谈好，后来钱叶信出事后，水厂与四个村村干又开始谈如何分配项目资金。后来找到镇里协调，其与四个村达成协议：水厂分得23万余元的项目资金，剩下的由四个村按照上面批给各村的受益人口数分掉了。

3. 证人章某乙的证言证实：2008年上半年，田间、后湖、彭山、新河等四个村一起申报农饮水项目，四个村人口指标总共是1625人。验收组成员是县发改委副主任余某某、县国土局副局长陆大胜、县水利局的周元热和吴某乙等人。由于验收时没有发现什么问题，验收组成员就在验收鉴定书上签了字。四个村的农饮水项目资金拨到镇财政所账户后，四个村和田间自来水厂就如何处理一直没有谈好，镇里决定等谈好后再把资金拨下去。后来四个村的村干和田间自来水厂厂长方某乙都找其协调，拿了资金分配表说是水厂和村里达成的协议，还说田间自来水厂得23万余元的项目资金，作为国有资产，剩下的项目资金由四个村按照上面安排的人口指标进行分配，后来将上面拨的项目资金领回去了。田间自来水厂并没有真正实施四个村的农饮水项目工程。

4.证人钱某戊的证言证实：2008年县水利局给后湖、彭山、新河村、田间四个村安排了农饮水项目，拨付了农饮水项目资金。其记得为这些农饮水项目资金分配的事，汤沟镇分管农饮水的副镇长章某乙找到其说田间自来水厂和新河、田间等村都想多搞点项目资金，双方一直谈不妥，经常吵架，让其陪他一起去，要是双方再争吵就帮着协调一下。之后其陪章某乙去协调了几次，后来听说钱叶信出事后，四个村和田间自来水厂就农饮水项目资金如何分配达成一致。

5. 证人吴某乙的证言证明：2008年新增汤沟镇后湖村、彭山村、新河、田间村四村的农饮水项目在2009年验收了，验收成员有其和发改委的余某某、县国土局的陆大胜、水利局周元热、汤沟镇政府的章某乙以及四个村的书记，验收组没有发现什么问题，项目通过了验收，验收组人员在验收鉴定书签了字。

6. 证人钱某己的证言证明：其系彭山村书记。县水利局安排了彭山村、后湖村、田间村、新河村四个村 2008 年度新增共计 1625 受益人口的农饮水项目，给彭山村 187 人口指标的农饮水项目。2008 年度新增彭山村农饮水项目实际上没有实施，还是按照过去惯例向农户收取开户费后给农户通水。余某某、陆大胜以及吴某乙等人来验收通过了。在工程竣工验收之前，村里还制作了一份农饮水实际受益户人口花名册，花名册上农户都是 2008 年以前通水的，是按照上面安排的受益人口指标制作的这份花名册，花名册上有 187 人口指标受益人口，花名册上受益农户的签名都是村里文书钱立培代签的。县水利局将 57.8 万元的项目资金直接拨到财政所，之后四个村与田间自来水厂就如何分配这 57.8 万元的项目资金产生了矛盾，期间章某乙镇长也出面协调过，但一直没有谈好。后来达成协议，田间自来水厂分得 23 万余元的项目资金，剩下的项目资金由四个村按照上面批给各村的受益人口数分掉了。其村分得近 4 万元的农饮水项目资金，作了村收入，但没有用于农饮水项目，用于村里其他方面开支了。

7. 证人钱某庚的证言证实：其系新河村书记。县水利局批准四个村 2008 年度新增农饮水项目，项目资金共有 57 万多元，新河村安排了 333 人口的农饮水指标。四个村都没有实施农饮水项目，当时其村没有叫田间自来水厂为老百姓通水，也不管田间自来水厂为其村老百姓通水的事，都由农户与田间自来水厂打交道，至于田间自来水厂是怎么向农户供水又收取多少开户费村里都不问，水厂是按照正常经营模式向农户通水的。通水花名册上的名字都是其村农户，大部分在 2008 年通的自来水，还有一部分不是 2008 年通的。花名册是村里制作的，因项目验收需要报材料，各农户的签名都是村里安排人签的。县水利局将项目资金拨到镇财政所，因为村里和自来水厂就资金分配问题一直没有谈好，项目资金一直拖了一年多，后来四个村与田间自来水厂达成一个协议，给水厂 23 万余元，余下的由四个村按照上面批的受益人口指标进行分配，算下来后其村应分得 7 万多元。其村里分了 7 万多元的项目资金后，没有按照与田间自来水厂签订的项目资金改水协议将这些项目资金发给农户。

8. 证人钱某辛的证言证实：其系田间村主任。县水利局安排田间村 625 人口指标的农饮水项目。田间自来水厂并没有实施四个村的农饮水工程，还是按照以往的经营模式，直接与农户协商通水事宜并铺设管道向农户通水，村里没有参与农户通水的事。其村当时对村民承诺给 2008 年通自来水的农户每户补贴 500 元钱，当年通水农户拿着水厂的开户费发票到村里来结算，其村一共有 73 户农户通了自来水，后来农饮水项目资金到村里后，村里给这 73 户农户每户补贴了 500 元共计 36500 元。县水利局把 57 万余元的农饮水项目资金拨到汤沟镇财政所后，四个村和田间自来水厂一直扯皮，后来镇分管农饮水的副镇长章某乙和纪委书记钱某戊协调了几次，但一直没有谈好。后湖村的钱叶信书记出事后，在章某乙等领导的协调下，四个村与田间自来水厂就这 57 万余元的农饮水项目资金分配达成了协议。为了获得上面的农饮水项目资金，村按照 625 人口指标上报了受益户花名册，签名是村干部代签的。其村分得 132280 元，将其中的 36500 元补贴给当年新通水的 73 户农户，村截留了 95780 元用在村公益设施上了。

9. 上诉人周元热的供述证实：其所在的验收小组验收汤沟镇田间、新河、后湖、彭山等四个村 2008 年度新增的农饮水工程，验收组先到田间、新河、后湖、彭山这四个村，再从通水户花名册上随机抽几户，到农户家了解情况，之后又到田间自来水厂检查净化能力、水质等方面的情况，发现他们水厂的净化池是露天的，就要求他们以后做个保护棚，除此之外没有发现什么问题。验收组成员都比较满意，后来回到汤沟镇政府都在验收鉴定书上签了字，田间等四个村等农饮水工程通过了验收。

（二）枞阳县汤沟镇黄仪自来水厂厂长钱某乙于2008年上半年得知国家有农村饮用水安全项目资金后，与枞阳县汤沟镇黄仪村、农庄村协商并以二村的名义申报2008年度汤沟镇黄仪村、农庄村农村饮用水安全项目。项目被批准后，黄仪自来水厂在未实际实施2008年度黄仪村、农庄村农村饮用水安全项目的情况下，伙同黄仪村委会、农庄村委会编制虚假材料申报验收。上诉人周元热在未认真履行组织、督促、检查等职责情况下，于2009年5月作为以余某某为组长的验收小组成员之一，对上述二村的农村饮用水安全项目检查并通过验收。黄仪自来水厂伙同黄仪村委会、农庄村委会套取项目资金共计466751.39元，其中黄仪自来水厂取得项目资金191988.63元，黄仪村委会取得项目资金264658.09元，农庄村委会取得项目资金10104.67元。扣除支付的配套资金41679元和税款9667.86元，造成国家农村饮用水安全项目资金损失共计415404.53元。

上述事实，有经庭审举证、质证并经本院确认的下列证据予以证实：

1.收款收据证实：黄仪村分别于2009年9月23日、2010年11月2日、2011年12月2日从汤沟镇财政所领取项目资金7万元、15万元、44658.09元；农庄村于2011年12月2日从汤沟镇财政所领取项目资金10104.67元；黄仪自来水厂分别于2010年12月16日、2010年12月22日从汤沟镇财政所领取项目资金51346.86元、140641.77元。

2.证人钱某乙的证言证实：其在2006年开办水厂向农户铺设管道时候不知道上面有农饮水项目及资金的事情，是根据铺设的管道及办厂费用的测算来向农户收取开户费的。直到2008年上半年，其知道上面有农饮水项目及资金后，因为筹办黄仪自来水厂就是给黄仪村、农庄村、先进村、龙堤村的部分农户供水的，其就以黄仪村、农庄村的名义向汤沟镇申请农饮水项目。

3.证人钱某壬的证言证实：其系黄仪村书记。2006年其村和农庄村与黄仪自来水厂负责人钱某乙商谈村通水事宜，黄仪自来水厂于2006年开始向其村铺设自来水管道，到2007年底，其村境内的自来水主管道和支管道就全部铺设好了，此后黄仪自来水厂就没在其村铺设自来水主管道和支管道。2007年，黄仪自来水厂开始向其村供水，当时580多农户通了水，后来又有部分农户陆续通了水，到现在所有农户都通了自来水。2007年底，黄仪自来水厂在其村的自来水工程都竣工了，听说水利局有农饮水项目资金，其村就向县水利局申请农饮水项目，后来水利局批准了，项目资金一共有20多万元，2009年至2011年水利局分好几次拨了共20多万元的项目资金到村账户上，后来黄仪自来水厂多次找其村要项目资金，其村就给了黄仪自来水厂1万元钱。其村和黄仪自来水厂没有实施农饮水安全项目，因为当时其村刚刚通自来水，村境内的自来水主管道和支管道都是铺设了，且都是新的，不需要延伸管道也不需要改造，后来听说上面有农饮水安全项目资金，所以就申请了这个项目。因项目验收需要报材料，村里制作了汤沟镇2008年农村饮用水安全民生工程自来水初装直接受益户花名册，并盖了章，然后把材料交给了黄仪自来水厂。村里或黄仪自来水厂都没有实施这个项目，村里没有出钱。通水花名册上的名字都是村农户，都是在2007年通的自来水。

4.证人钱某癸的证言证实：其系农庄村副书记。2008年其村与黄仪自来水厂负责人钱某乙商谈好其村通水事宜，当年水厂就开始向其村铺设自来水管道，到2008年7、8月，其村境内的自来水主管道和支管道基本铺设好了，此后黄仪自来水厂没有在其村铺设大的自来水主管道和支管道。当年，黄仪自来水厂就开始向其村供水，后来又有部分农户陆续通了自来水，到现在农户基本都通了自来水。2008年7、8月黄仪自来水厂在其村的自来水工程都竣工了，后来黄仪自来水厂找到村里说可以申请农饮水项目资金，要村里出受益户花名册等材料。因为村里以前通自来水时与自来水厂谈好以后有什么国家补贴资金，如果申请到都归自来水厂，所以村里做好这些材料后给了黄仪自来水厂，申请项目的事情都由黄仪自来水厂自己做，村里只是陪钱某乙到水利局跑了几次。后来水利局批准了，给其村安排六百多受益人口指标，项目资金一共有十几万元，水利局将这些项目资金都拨到黄仪自来水厂了，村里没有得项目资金。因项目验收需要报材料，黄仪自来水厂拿来汤沟镇2008年其村农村饮用水安全民生工程自来水初装直接受益户花名册，村里盖章后把这些材料交给了黄仪自来水厂。通水花名册上的名字都是村农户，是黄仪自来水厂拿来要村里盖章的，村只在上面盖了章，后面各农户的签名也不知道是怎么回事。

5.上诉人周元热的供述证明：2008年下半年的一天，县发改委的余某某副主任带着其、吴某乙、县卫生局的徐来斌等人到汤沟镇对黄仪村2008年度的农饮水工程进行验收，当时是汤沟镇时任副镇长章某乙、农经站姓丁的站长陪着一道验收的，验收组就到黄仪自来水厂和黄仪村去了，也抽查了几户农户，但没有发现什么问题，验收组成员感觉比较满意，当场就同意通过验收了。

本案尚有如下综合证据证实：

一、枞阳县农饮领导小组《关于印发县农村饮用水安全工程规划和建设领导小组办公室成员的通知》、《关于调整枞阳县农村安全饮水工程领导小组成员的通知》证明：枞阳县成立农饮水安全领导小组，小组在县水利局设立办公室，周元热系办公室成员之一。

二、枞阳县农饮水工程实施方案、实施意见、关于开展农饮水工程县级验收的通知证明：农饮工程的项目法人系县水利局，主要负责组织、督促、检查、资金管理、工程验收结算等，同时负责组织施工图设计、施工技术指导等工作。编制实施方案的项目负责人系吴新彬和周元热。枞阳县农饮领导小组组织安排验收工作，要求在验收过程中听取项目乡镇、村及施工单位的建设情况介绍，现场察看任务完成、工程质量及运行管理情况，走访不少于3户农民，听取农民对农饮水工程建设的意见，检查农饮水项目资金管理情况，组织机构和规章制度的组建情况，施工单位的选定和建后管理情况，以及投入水厂主体工程的产权确定等情况。提供的主要资料有各乡镇的组织机构、规章制度、运行管理情况，施工图纸、招投标文件、施工合同，完工结算资料，资金到户登记表，工程卡片，受益农户代表签字，并填写工程验收证书，验收人员签字。

三、农饮水安装花名册、受益人口统计表、工程结算表、验收鉴定书证明：涉案相关乡镇、村的农村饮用水安全项目工程的申报、实施、验收、结算等情况，其中周元热作为验收小组成员在验收鉴定书上签字。

四、枞阳县水利局的任职通知、情况说明、事业单位法人证书、事业单位机构编制情况调查表、工作简历证明：周元热于2003年9月被枞阳县水利局任命为农水所所长。枞阳县水利局农水所系枞阳县水利局设立的事业法人单位，其职责是为水利工程建设提供技术服务，从事县内农水工程的规划、勘测、设计、施工等技术指导及相关管理工作。

五、到案经过、户籍信息证明：枞阳县人民检察院发现周元热受贿案件线索，于2013年11月9日通知其至枞阳县人民检察院接受调查，周元热如实供述受贿事实。周元热具有完全刑事责任能力。

六、枞阳县人民检察院的扣押物品清单、安徽省政府非税收入一般缴款书证明：周元热之妻王越香于2014年1月9日向枞阳县人民检察院代为退出34199元，由枞阳县人民检察院予以扣押。

上述证据均经一、二审庭审示证、质证等法庭调查程序查证属实，本院予以确认。

对上诉人提出的上诉理由及辩护人的辩护意见，根据本案的事实和证据，综合评判如下：

一、上诉人周元热及其二辩护人所提胡某甲和操某某不是农饮管材管件中标单位的工作人员，上诉人周元热没有为他们在销售管材和拨款方面谋取利益，收受他们的钱物不构成受贿罪的辩解和辩护意见。经查，胡某甲和操某某是枞阳县农饮水项目管材管件中标单位在安庆地区代理公司的负责人，在负责派送中标单位的管材管件中与上诉人周元热相识，得到周元热在结账审批、售后服务等方面的关照。上诉人周元热作为枞阳县水利局农水所所长和农饮办的成员，与胡某甲、操某某之间具有因农饮水项目工作上的职务关系。上诉人周元热利用其职务上的便利，在工作中给予二人关照，为其谋取利益，收取二人的贿赂，已构成受贿罪。故上诉人及其二辩护人的此节上诉理由和辩护意见不能成立，不予采纳。

二、上诉人周元热及其辩护人方可所提被告人周元热收受枞阳县老洲镇桃源村委会和桐贵村委会的财物系业余时间为他们提供技术服务的正当报酬，不属于受贿行为的意见。经查，上诉人周元热作为枞阳县水利局农水所所长，对全县范围内的水利工程提供技术服务，并负有指导、监督的职责。上诉人周元热虽然于2007年至老洲镇桃源村为该村指导并编制农饮水工程可行性研究报告，但是老洲镇桃源村委会和桐贵村委会送给周元热钱物，除了感谢其帮助制作可行性研究报告和技术指导外，还希望上诉人周元热在二村实施的农饮水项目的日常监督及验收中给予关照。二村鉴于上诉人周元热的特定身份，对其寄予在农饮水项目中给予关照的期望，并且二村实施的农饮水项目在之后都通过验收。因此上诉人周元热与二村之间具有工作上的关系，收受二村的钱物行为符合受贿罪的犯罪构成要件。上诉人周元热的上诉理由及辩护人的辩护意见不能成立，不予采纳。

三、上诉人周元热所提收受横埠镇宏海自来水厂会计田某某的财物是2条硬盒中华香烟的购烟卡，不是1张价值1000元的购烟卡。经查，上诉人周元热在侦查机关的供述称收受田某某1张价值1000元的购烟卡，田某某的陈述是带了2斤茶叶、其又在超市买了1000元购物卡。上诉人周元热的供述与田某某的陈述能相互印证。故其此节上诉理由不能成立，不予采纳。

四、上诉人周元热及其二辩护人所提周元热不具有相应的职责，不属于渎职犯罪的主体，不构成渎职犯罪的意见。经查，根据国家关于农饮水安全项目政策和枞阳县每年公布的农饮水安全工程实施意见的规定，枞阳县水利局作为农饮水安全项目的行业主管部门，在实施农饮水项目中负责工程规划、可行性研究报告、初步设计或实施方案编制等工作，并具体组织和指导项目的实施及运行管理。农水所作为枞阳县水利局设立的事业法人单位，负有为水利工程提供技术服务，农水工程的规划、勘测、设计、施工技术指导及其相关管理职责。上诉人周元热作为枞阳县水利局任命的农水所所长，同时作为专业技术人员受聘于枞阳县水利局在农水所工作，即具有依法履行相应职责的义务。同时，上诉人周元热作为枞阳县农饮领导小组下设的农饮办成员和涉案相关农饮水项目的验收小组成员，亦应履行相关政策和文件赋予的检查验收职责。依照《全国人民代表大会常务委员会关于〈中华人民共和国刑法〉第九章渎职罪主体适用问题的解释》的规定，上诉人周元热系受国家机关委托代表国家机关行使职权的组织中从事公务的人员，其有渎职行为构成犯罪的，应当依照刑法关于渎职罪的规定追究刑事责任。因此，上诉人周元热在履行农饮水安全项目的管理职责中严重不负责任，在验收农饮水安全项目时滥用职权或玩忽职守，将不符合验收条件的项目工程通过验收，致使没有具体实施农饮水工程的相关村委会套取项目资金，造成国家利益的重大损失，应追究其渎职犯罪的刑事责任。故上诉人的上诉理由及其辩护人的此节辩护意见不能成立，亦不予采纳。

五、上诉人周元热及其二辩护人所提提出周元热渎职犯罪造成国家损失的数额事实不清，证据不足的上诉理由及辩护人的辩护意见。经查，

（一）汤沟镇黄仪自来水厂实施的2008年度新增的汤沟镇中心村农饮水项目。黄仪自来水厂厂长钱某乙和中心村书记钱某丁的证言均证实，黄仪自来水厂在2008年之前为部分农户通水，申报2008年度新增的项目后并没有实施项目改造工程，水厂和村共同编制虚假的申报材料并通过验收。黄仪自来水厂取得项目资金310288.2元（其中分给汤沟镇中心村126980元），水厂和村均没有实施相应的农饮水项目，取得的项目资金应当认定为被告人周元热滥用职权造成的国家损失；

（二）藕山镇万道自来水厂实施的2010—2011年度万桥村的农村饮用水项目和藕山自来水厂实施的2010—2011年度藕山镇大港村、护国村、白荡湖村的农饮水项目。在万道自来水厂和藕山自来水厂实施相关村的农饮水项目中，由水厂负责相关村的管网改造工程并向农户通水，相关村只负责向农户收取一定的费用后交给水厂，没有实施具体的项目工程，不应当享有相关的项目资金，也没有将取得的项目资金返还农户让农户受益。万桥村和白荡湖村在项目工程未实际完工的情况下，伙同万道自来水厂和藕山自来水厂编制虚假的验收材料，后在藕山镇政府有关工作人员的要求下，验收小组将未完工的项目工程通过验收。万桥村领取项目资金扣除付给万道自来水厂的部分，共计为333838.2元，白荡湖村领取的项目资金扣除给藕山自来水厂的部分，共计为300638.29元。万桥村和白荡湖村在农饮水项目中没有实施具体工程而取得的项目资金，应当认定为被告人周元热滥用职权造成的国家损失；

（三）汤沟镇田间自来水厂实施的2008年度新增的彭山村、后湖村、新河村、田间村农饮水项目。田间自来水厂以四个村的名义申报农饮水项目后，具体项目工程由田间自来水厂负责实施。除了田间村向73户农户每户退还500元共计36500元费用外，四个村在农饮水项目工程实施期间没有其他支出，不应当享有相关的项目资金。田间自来水厂在部分实施项目工程后，伙同四村以虚假材料申报并通过验收，领取项目资金共计579262.13元。扣除田间自来水厂所得的项目资金231262.13元和田间村退还多收取的农户费用36500元，四个村实际占有项目资金共计311500元，应当认定为被告人周元热玩忽职守造成的国家损失。

（四）汤沟镇黄仪自来水厂实施的2008年度黄仪村、农庄村农饮水项目。钱某乙、钱某壬、钱某癸的证言均证实黄仪自来水厂以正常经营方式收费为黄仪村、农庄村铺设好管

道并部分通水，之后钱某乙才得知国家有农饮水项目资金，遂以二村的名义申报农饮水项目。二村农饮水项目获批后，黄仪自来水厂在没有实际实施二村农饮水项目工程的情况下，伙同二村编制虚假材料，申报并通过验收，套取项目资金共计 466751.39 元，扣除该厂先前支付的配套资金 41679 元和税款 9667.86 元，余额共计 415404.53 元应当认定为被告人周元热玩忽职守造成的国家损失。

六、对辩护人提出上诉人的行为构成自首。经查，检察机关在查处他人经济问题时，发现上诉人周元热涉嫌受贿的线索，于 2013 年 11 月 9 日通知其调查，在调查期间，上诉人如实交待了受贿的犯罪事实，属于坦白，依法不构成自首。此节辩护意见不能成立，不予采纳。

本院认为，上诉人周元热身为国家工作人员，利用职务上的便利，非法收受他人钱物价值共计 34199 元，为他人谋取利益，其行为已构成受贿罪；上诉人周元热在履行受国家机关委托的农饮水安全项目管理与验收工作中，违反规定不正确履行职责，致使枞阳县汤沟镇、藕山镇相关村及自来水厂违规套取项目资金共计 944764.69 元，造成国家利益的重大损失，其行为构成滥用职权罪；上诉人周元热在履行受国家机关委托的农饮水安全项目管理与验收工作中，严重不负责任，致使枞阳县汤沟镇相关村及自来水厂违规取得项目资金共计 726904.53 元，造成国家利益的重大损失，其行为构成玩忽职守罪。上诉人周元热的上诉理由及辩护人的辩护意见均不能成立，不予采纳。上诉人周元热一人犯数罪，依法实行数罪并罚。上诉人周元热归案后如实供述受贿罪、滥用职权罪、玩忽职守罪的犯罪事实，属于坦白，依法均可以从轻处罚。上诉人周元热在庭审中对受贿罪自愿认罪，且其亲属于案发后代为退出全部赃款，故对上诉人周元热犯受贿罪可酌情从轻处罚。原判认定事实清楚。适用法律正确。量刑适当，审判程序合法。

据此，依照《中华人民共和国刑事诉讼法》第二百二十五条第一款第（一）项之规定，裁定如下：

驳回上诉，维持原判。

本裁定为终审裁定。

审 判 长　钱丹青
审 判 员　程 鸿
代理审判员　刘映红

二〇一五年三月二十三日
书 记 员　钱泽民

附本案适用的相关法律条文：

《中华人民共和国刑法》

第三百八十五条　第一款国家工作人员利用职务上的便利，索取他人财物的，或者非法收受他人财物，为他人谋取利益的，是受贿罪。

第三百八十六条　对犯受贿罪的，根据受贿所得数额及情节，依照本法第三百八十三条的规定处罚。索贿的从重处罚。

第三百八十三条　第一款对犯贪污罪的，根据情节轻重，分别依照下列规定处罚：

（三）个人贪污数额在五千元以上不满五万元的，处一年以上七年以下有期徒刑；情节严重的，处七年以上十年以下有期徒刑。个人贪污数额在五千元以上不满一万元，犯罪后有悔改表现、积极退赃的，可以减轻处罚或者免予刑事处罚，由其所在单位或者上级主管机关给予行政处分。

第二款　对多次贪污未经处理的，按照累计贪污数额处罚。

第三百九十七条第一款　国家机关工作人员滥用职权或者滥用职权，致使公共财产、国家和人民利益遭受重大损失的，处三年以下有期徒刑或者拘役；情节特别严重的，处三年以上七年以下有期徒刑。本法另有规定的，依照规定。

第九十三条　第二款国有公司、企业、事业单位、人民团体中从事公务的人员和国家机关、国有公司、企业、事业单位委派到非国有公司、企业、事业单位、社会团体从事公务的人员，以及其他依照法律从事公务的人员，以国家工作人员论。

第六十四条　犯罪分子违法所得的一切财物，应当予以追缴或者责令退赔；对被害人的合法财产，应当及时返还；违禁品和供犯罪所用的本人财物，应当予以没收。没收的财物和罚金，一律上缴国库，不得挪用和自行处理。

第六十九条　第一款判决宣告以前一人犯数罪的，除判处死刑和无期徒刑的以外，应当在总和刑期以下、数刑中最高刑期以上，酌情决定执行的刑期，但是管制最高不能超过三年，拘役最高不能超过一年，有期徒刑总和刑期不满三十五年的，最高不能超过二十年，总和刑期在三十五年以上的，最高不能超过二十五年。

第六十七条　第三款犯罪嫌疑人虽不具有前两款规定的自首情节，但是如实供述自己罪行的，可以从轻处罚；因其如实供述自己罪行，避免特别严重后果发生的，可以减轻处罚。

《最高人民法院、最高人民检察院关于办理职务犯罪案件认定自首、立功等量刑情节若干问题的意见》

根据《刑法》第六十七条第一款的规定，成立自首需同时具备自动投案和如实供述自己的罪行两个要件。犯罪事实或者犯罪分子未被办案机关掌握，或者虽被掌握，但犯罪分子未受到调查谈话、讯问，或者未被宣布采取调查措施或者强制措施时，向办案机关投案的，是自动投案。

没有自动投案，在办案机关调查谈话、讯问、采取调查措施或者强制措施期间，犯罪分子如实交代办案机关掌握的线索所针对的事实的，不能认定为自首。

《全国人民代表大会常务委员会关于〈中华人民共和国刑法〉第九章渎职罪主体适用问题的解释》

在依照法律、法规规定行使国家行政管理职权的组织中从事公务的人员，或者在受国家机关委托代表国家机关行使职权的组织中从事公务的人员，或者虽未列入国家机关人员编制但在国家机关中从事公务的人员，在代表国家机关行使职权时，有渎职行为，构成犯罪的，依照刑法关于渎职罪的规定追究刑事责任。

《最高人民法院、最高人民检察院关于办理渎职刑事案件适用法律若干问题的解释（一）》

第一条第一款　国家机关工作人员滥用职权或者玩忽职守，具有下列情形之一的，应当认定为《刑法》第三百九十七条规定的“致使公共财产、国家和人民利益遭受重大损失”：

（二）造成经济损失30万元以上的；

第七条　依法或者受委托行使国家行政管理职权的公司、企业、事业单位的工作人员，在行使行政管理职权时滥用职权或者玩忽职守，构成犯罪的，应当依照《全国人民代表大会常务委员会关于〈中华人民共和国刑法〉第九章渎职罪主体适用问题的解释》的规定，适用渎职罪的规定追究刑事责任。

第八条　第一款本解释规定的“经济损失”，是指渎职犯罪或者与渎职犯罪相关联的犯罪立案时已经实际造成的财产损失，包括为挽回渎职犯罪所造成损失而支付的各种开支、费用等。立案后至提起公诉前持续发生的经济损失，应一并计入渎职犯罪造成的经济损失。

渎职犯罪或者与渎职犯罪相关联的犯罪立案后，犯罪分子及时亲友自行挽回的经济损失，司法机关或者犯罪分子所有单位及时上级主管部门挽回的经济损失，或者因客观原因减少的经济损失，不予扣减，但可以作为酌定从轻处罚的情节。

《中华人民共和国刑事诉讼法》

第二百二十五条　第二审人民法院对不服第一审判决的上诉、抗诉案件，经过审理后，应当按照下列情形分别处理：

（一）原判决认定事实和适用法律正确、量刑适当的，应当裁定驳回上诉或者抗诉，维持原判；

（二）原判决认定事实没有错误，但适用法律有错误，或者量刑不当的，应当改判。

（三）原判决事实不清楚或者证据不足的，可以在查清事实后改判；也可以裁定撤销原判，发回原审人民法院重新审判。

原审人民法院对于依照前款第三项规定发回重新审判的案件作出判决后，被告人提出上诉或者人民检察院提出抗诉的，第二审人民法院应当依法作出判决或者裁定，不得再发回原审人民法院重新审判。

张某某滥用职权、姚某某玩忽职守一案一审刑事判决书

刑事判决书

公诉机关：新乡市凤泉区人民检察院。

被告人：张某某，男，1978年11月18日出生，汉族，大专毕业。因涉嫌滥用职权犯罪，2014年5月14日被新乡市凤泉区人民检察院取保候审，2014年6月30日被新乡市凤泉区人民法院取保候审。

被告人：姚某某，男，1965年3月15日出生，汉族，本科毕业。因涉嫌玩忽职守犯罪，2014年5月15日被新乡市凤泉区人民检察院取保候审，2014年6月30日被新乡市凤泉区人民法院取保候审。

辩护人：卫元江，河南中原法汇律师事务所律师。

新乡市凤泉区人民检察院以新凤检公诉刑诉〔2014〕33号起诉书指控被告人张某某犯滥用职权罪、姚某某犯玩忽职守罪，于2014年6月30日向本院提起公诉。本院依法组成合议庭，于2014年7月25日公开开庭审理了本案。新乡市凤泉区人民检察院代理检察员朱校卿出庭支持公诉，被告人张某某、姚某某及其辩护人卫元江均到庭参加诉讼。现已审理终结。

公诉机关要求以滥用职权罪追究被告人张某某的刑事责任，以玩忽职守罪追究姚某某的刑事责任并提供证据，要求依法予以惩处。

被告人张某某对起诉书指控的罪名没有异议，并自愿认罪。

被告人姚某某对起诉书指控的罪名没有异议，并自愿认罪。

被告人姚某某的辩护人意见：1. 河南省2012年度普遍存在协议收取水资源费的情况。2. 被告人姚某某不存在《刑法》规定玩忽职守罪严重不负责任的客观表现。3. 用污水排量作为本案鉴定用水量的计算依据，于法无据。起诉书指控的少征收水资源费765512.65元证据不足。4. 案发后，被告人姚某某为挽回损失，杜绝收费漏洞，及时提出了追缴水资源费和建立水资源费征收稽查制度的建议。综上，辩护人认为，公诉机关指控被告人姚某某涉嫌玩忽职守罪，事实不清，证据不足，且姚某某在本案中不存在严重不负责任的情形。因此，请法院综合考虑被告人姚某某到案后态度端正，表现一贯良好，且之前没有任何违法违纪行为，结合2012年度河南省收取水资源费的客观情况，依法作出证据不足的无罪判决。并提供如下证据：1.河南省水利厅的文件2014年30号，2012年26号，新乡市水利局的文件2012年68号。2.新乡市凤泉区水利局、公安局联合下发的文件：凤水政（2012）42号文件。3.2014年5月20日、6月3日姚某某的两个建议，关于水费追缴和水费稽查的建议，水资源缴费通知书。4.2014年7月9日的新乡市凤泉区水利局证明。5.姚某某2012年工作笔记。

经审理查明：被告人张某某身为新乡市凤泉区水利局水政科负责人，在2012年度对新乡市凤泉区东风造纸总厂（以下简称东风造纸总厂）和四分厂两家企业收取水资源费的过程中，超越自己的职责权限，不按照企业的实际用水量收取水资源费，而是私自与两家企业协商约定水资源费缴纳数额，实际收取东风造纸总厂和四分厂水资源费9500元。经审计，2012年新乡市凤泉区水利局应向东风造纸总厂和四分厂两家企业收取水资源费775012.65元。

被告人姚某某身为新乡市凤泉区水利局分管水政科的副局长，在知晓被告人张某某于2012年度未按实际用水量对东风造纸总厂和四分厂两家企业征收水资源费的情况下，严重不负责任，未起到监管职责，未能有效制止张某某的行为，致使新乡市凤泉区水利局少征收水资源费765512.65元。

2014年5月14日，被告人张某某、姚某某被新乡市凤泉区人民检察院反渎职侵权局传唤到案。

经当庭质证，认定上述事实的证据如下：

1. 被告人张某某的供述证实：我从2008年开始对东风造纸总厂征收水资源费。自2012年担任凤泉区水利局水政科科长，2013年4、5月前主管领导是姚某某。东风造纸总厂和四分厂曾经装过水表和计时钟，因水的含沙量大水表容易坏，计时钟操作性强，走的量小，按水表上的数收费要远远低于按协议收的数。所以，和东风造纸总厂的负责人潘某某和四分厂负责人张某甲协商收取水资源费。2012年我去东风造纸厂收了2、3次水费，有1万多元。和主管局长姚某某反映过，他也没说不让我协商收费，只说让多收。

2. 被告人姚某某的供述证实：我自2003年至2013年分管水政水资源办公室（水政科）工作。知道收取水资源费应该根据河南省水资源征收管理办法的规定，按照计量设施计量收费。协商收费是不允许的。对于和东风造纸总厂和四分厂协议收费这个情况，张某某向其汇报说那边水表老是坏，按计时钟又不准，让协议收费。对张某某协商收费的行为没有有效制止过。

3. 证人王某某（凤泉区水利局局长）的证言证实：水资源费征收应当按水表和实际计量收费，如果有破坏水表或计量不符的情况可以处罚，水政科应当监督企业水表和计量设备是否正常。张某某和姚某某向我汇报过计时钟不准确的情况，我要求尽快更换。汇报过水费不好收的情况，但是没有汇报过协商收费。

4. 证人刘某某的证言（2013年4月担任水利局水政水资源办公室主任）证实：证实水政科负责人是张某某，张某某的主要工作是下企业，抄表收费、检查违法用水情况。水政科如果发现取水单位计量器损坏，会要求用水单位立即停止取水，更换新表，当天更换，不能隔夜。如果企业计量设备损坏，一般会在半个月内发现。

5. 证人李某某（水政科工作人员）的证言证实：张某某自2012年就担任水政科科长，主管局长是姚某某。对取水企业按计量设施数据收费，按月或季度查表进行收费。收费前查看计量设施，抄表后填单找企业负责人收费。我和张某某去东风造纸厂收费没有按计量设备收费，有时计量设备是坏的，但是都没有要求东风造纸厂进行更换。对东风造纸厂的收费都是张某某找潘某某或张士江直接要钱，双方进行过讨价还价。

6. 证人范某某（水政科工作人员）的证言证实：水资源费的征收流程是每月先查水表，抄表计数，根据抄表单开票给取水企业收费。安装计时钟企业，要看计时钟的时间，再根据时间推算出计时钟所在泵的取水量。协商收费是不允许的。张某某在担任水政科科长之前就负责大块镇的水资源费征收。东风造纸总厂的水资源费一直是由张某某征收的。张某某对东风造纸总厂的三口取水井都安装了计时钟但收费没有按计时钟收过。东风造纸总厂的水资源费是张某某与潘某某、张士江协商收费的。张某某与我向姚某某汇报过协商收费这个情况，汇报过两三次，姚某某没有制止该行为。与东风造纸厂协商收费约定的金额会汇报给姚某某，经姚某某同意后，才会开票收取。

7. 潘某某（东风造纸总厂负责人）的证言证实:2012 年东风造纸总厂和四分厂一直运营，用水来自城市管网以外的地下水，2012 年安装的水表，2012 年之前是计时钟。东风造纸总厂的水费一直都是张某某和我协商收取的，不按计时钟和水表计量收费。东风造纸总厂和四分厂共用一个污水处理厂，由张士江和我共同管理，于 2007 年安装了监控设备，流量计一直没有损坏。

8. 证人张某甲（东风造纸厂四分厂水负责人）的证言证实： 2012 年下半年东风造纸厂四分厂水井的水表损坏，没有安装新表。张某某也没有要求更换和安装新表。自 2008 年以后，张某某就一直和我进行协商收取水资源费。东风造纸总厂应该也是协商收费。

9. 证人梁某某的证言证实：2008 年起承包了东风造纸总厂的卫生纸车间，生产用水取自东风造纸总厂的水井，排放的废水排到东风造纸总厂的污水处理厂。2012 年使用的水井安装了水表，安装水表前没有安装计量设备。2012 年装水表后，水费每月向潘某某缴纳。

10. 证人岳某某的证言证实：内容和梁某某基本一致。2012 年安装的水表是水利局要求安装的。2012 年水表安装前，水费是交给水利局的，和张某某进行过协商收费。

11. 证人张某乙的证言证实：2012 年装水表前，卫生纸车间的水费是向水利局缴纳的，张某某来收水费是和岳金岭协商的。

12. 证人杨某某、左某某的证言证实:杭州富铭环境科技有限公司负责东风造纸厂废水在线检测仪器的维护，东风造纸厂的废水在线监测设备是 2010 年调试运行完毕投入使用的，对其检修都能及时处理。废水在线监测设备通过流量计能够监测废水的排放量。废水排放量实际小于企业实际用水量，企业用水量和排放量之间还有生产实际损耗水量。东风造纸总厂和几个分厂共用一个污水处理厂。东风造纸厂的废水在线监测设备所测算的污水排放量是准确的，科学的。

13. 河南省水资源征收标准证实：我省水资源的征收标准，管网外工业用水为 1 元/立方米。

14. 国务院 460 号令《取水许可和水资源费征收管理条例》、《河南省取水许可和水资源费征收管理办法》、《新乡市人民政府办公室关于贯彻落实〈河南省取水许可和水资源费征收管理办法〉的实施意见》证实：水资源由审批机关负责征收，即凤泉区辖区内的水资源费由本案中的新乡市凤泉区水利局征收。水资源费的计算依据是企业的实际取水量乘以省发改委确定的城市管网外居民、工业用水每立方米 1.0 元。县级以上水行政主管部门或者其他有关部门及其工作人员有下列行为之一的，由其上级行政机关或者监察机关责令改正；情节严重的，对直接负责的主管人员和其他直接责任人员依法给予行政处分，构成犯罪的，依法追究刑事责任；(五)擅自批准减收、免收或缓缴水资源费的;(六)侵占、截留、挪用水资源费的，(七)不履行监督职责,发现违法行为不予查处的；(八)其他滥用职权、玩忽职守、徇私舞弊的行为。前款第(六)项规定的被侵占、截留、挪用的水资源费应当依法予以追缴。

15. 收费许可证申请表、收费许可证证实：新乡市凤泉区水利局经河南省发改委和新乡市凤泉区发改委审批，是征收水资源费的国家机关。

16. 水政水资源管理办公室岗位职责手册、凤泉区水利局副局长岗位职责、水政水资源管理办公室岗位职责手册证实：水资源科的职责是组织实施取水许可证制度和水资源费征收制度，负责水政监察队伍的领导和管理工作。张某某的主要工作是水政执法领导和管理、水资源费的征收管理。主管水政水资源管理办公室的水利局副局长的职责。姚某某的主要工作是分管水政科和水保工管科的工作，主要负责水资源费的征收、水利工程管理工作。

17. 新乡市凤泉区东风造纸总厂、新乡市凤泉区东风造纸总厂第四分厂企业法人营业执照、税务登记证、取水许可申请书、取水许可证证实：新乡市凤泉区东风造纸总厂、新乡市凤泉区东风造纸总厂第四分厂是两家正规企业。两家企业取水的审批机关是凤泉区水利局，取水用途是用于工业生产，水源来源是自来水管网以外，废水排放都是经过污水处理后，排入民生渠。

18.河南省行政事业性收费基金专用票据（4 张）证实：2012 年度东风造纸总厂以全年取水 6000 立方米标准向新乡市凤泉区水利局缴纳了 6000 元水资源费。2012 年度东风造纸总厂第四分厂以全年取水 3500 立方米标准向新乡市凤泉区水利局缴纳了 3500 元水资源费。

19.废水监控数据年报表证实：杭州富铭环境科技有限公司新乡运维中心和新乡市环境保护监测站出具的新乡市东风造纸厂于 2012 年全年排放的污水总量为 775012.65 立方米。

20.杭州富铭环境科技有限公司、税务登记证、环节污染治理设施运营资质证书证实：杭州富铭环境科技有限公司具有运营自动连续监测污水的资质。

21.河南省环境监测中心的上岗证证实：证人杨桂文具有废水自动监控基站运行维护的资格。

22.东风造纸总厂、东风造纸总厂第四分厂厂区情况和水井照片证实：东风造纸总厂和四分厂具体的取水位置。

23.东风造纸总厂污水处理站综合图、污水处理设施、污水在线监测设备照片、新乡市重点污染源自动检测基站建设运行验收档案、在线监测环保设施竣工监测报告表证实：东风造纸总厂和四分厂具体取水地点。新乡市环境保护监测站对东风造纸总厂安装污染源监控系统是符合要求的。

COD 在线分析仪说明书证实：在东风造纸总厂安装的在线污水监控设备的工作原理和科学性。 24.河南省新乡市重点污染源（水）自动监控站资料

25.河南省计量科学研究院校准证书证实：我院委托河南省计量科学研究院对东风造纸总厂的超声波明渠流量计做了检测、校准。

26.新乡市众诚联合会计师事务所出具的审计报告证实：新乡市凤泉区水利局 2012 年应收取东风造纸总厂及其四分厂水资源 775012.65 元，实际收取水资源费 9500 元。少收取水资源费 765512.65 元。

27.新乡市凤泉区水利局于 2010 年 4 月 19 日至 2013 年 6 月 24 日的会议记录证实：新乡市凤泉区水利局历次会议上的事项，在历次会议中，都可看出水政科与东风造纸总厂和四分厂协议收费，并没有提交会议讨论，无论是张某某还是姚某某都没有将此事提交全局会议解决。

28.姚某某的笔记本证实：证实姚某某历次参加市水利局会议及各级会议的记录。姚某某对水政业务是熟悉的。对于各类规定也是清楚的。

29.户籍证明、前科证明、到案经过、职务证明、职责证明证实：被告人张某某、姚某某的年龄、身份、工作职责及均系传唤到案情况。

本院认为，被告人张某某身为国家机关工作人员，在依法执行职务过程中超越其职务

范围内的权力，致使新乡市凤泉区水利局少征收水资源费 765512.65 元，其行为已构成滥用职权罪。被告人姚某某身为国家机关工作人员，在依法执行职务过程中未履行监管职责，致使新乡市凤泉区水利局少征收水资源费 765512.65 元，其行为已构成玩忽职守罪。公诉机关所控犯罪事实清楚，证据确实充分，罪名成立。被告人姚某某的辩护人提出公诉机关指控被告人姚某某涉嫌玩忽职守罪，事实不清，证据不足，且姚某某在本案中不存在严重不负责任的情形，不能用污水排量作为本案鉴定用水量的计算依据。要求法院依法作出证据不足的无罪判决的理由，经查，张某某与范某某向姚某某汇报过协商收费这个情况，姚某某并没有制止该行为，明知道计时钟不准确而未要求采取其他措施，其玩忽职守的行为是显而易见的。辩护人提供的证据不影响本案定罪，其辩护人的上述意见本院不予采纳。案发后，被告人张某某、姚某某积极采取措施挽回经济损失，且有挽回经济损失的可能。综合本案案情，根据本案的犯罪事实、犯罪性质、情节和对社会的危害程度，经本院审判委员会讨论决定，依照《中华人民共和国刑法》第三百九十七条第一款、第三十七条、《最高人民法院、最高人民检察院关于办理渎职刑事案件适用法律若干问题的解释（一）》第一条第（二）项之规定，判决如下：

一、被告人张某某犯滥用职权罪，免予刑事处罚。

二、被告人姚某某犯玩忽职守罪，免予刑事处罚。

如不服本判决，可在接到判决书的第二日起十日内，通过本院或直接上诉于新乡市中级人民法院。书面上诉的，应提交上诉状正本一份，副本二份。

审 判 长　李　瑞

审 判 员　刘会珍

人民陪审员　邹令青

二〇一四年八月二十七日

南阳市宛城区人民法院

刑事判决书

（2013）南宛刑初字第 683 号

公诉机关：南阳市宛城区人民检察院。

被告人：朱某某，男，汉族，本科毕业。

辩护人：闫某某，河南子午律师事务所律师。

被告人：姚某，男，汉族，高中毕业。因涉嫌玩忽职守，于 2013 年 8 月 16 日被南阳市宛城区人民检察院决定取保候审。

辩护人：乔某某，河南梅溪律师事务所律师。

南阳市宛城区人民检察院以豫宛城检刑诉（2013）620 号起诉书指控被告人朱某某、姚某犯玩忽职守罪，于 2013 年 12 月 1 日向本院提起公诉。本院受理后，依法组成合议庭，于 2013 年 12 月 13 日公开开庭审理了本案。南阳市宛城区人民检察院指派检察员 出庭支持公诉，被告人朱某某、姚某及朱某某的辩护人闫某某、姚某的辩护人乔某某到庭参加诉讼。本案现已审理终结。

南阳市宛城区人民检察院指控：

2013 年被告人朱某某、姚某在任职期间不认真履行工作职责，没有严格按照《河南省河道采砂管理规定》、《河南省河道采砂管理办法》、《关于加强全国河道采砂管理工作意见》水建管〔2005〕529 号等相关法规之规定，对瓦店镇瓦北村陈某某、王某某夫妇非法无证采砂行为虽进行了查处，但仅对其下发了行政处罚决定书并进行了罚款，对其无证非法采砂的行为没有依法进行取缔，致使陈某某、王某某夫妇长期无证非法采砂，使采砂区域内河床被严重破坏，形成沙丘、深水区等危险区域。2013 年 6 月 16 日四名小学生在其采砂范围内的河段戏水时因无法判断水面深浅，进入深水区后无法自救发生溺水死亡。

被告人朱某某、姚某在任职期间不认真履行工作职责，没有严格按照《河南省河道管理条例实施办法》之规定，在南阳市宛城区黄台岗镇三十里屯砂场申请办理采砂许可证的过程中，在没有会同相关部门批准的情况下就给其发放了采砂许可证，造成宛城区黄台岗镇三十里屯砂场长期非法采砂，使国家砂资源损失 2556360 元。

公诉机关认为，被告人朱某某、姚某身为国家机关工作人员，违法国家法规，不认真履行职责，致使国家和人民利益遭受重大损失，情节特别严重，其行为触犯了《中华人民共和国刑法》第三百九十七条第一款之规定，犯罪事实清楚，证据确实、充分，应当以玩忽职守罪追究其刑事责任。

被告人朱某某认为自己尽到了工作职责，没有渎职，不构成犯罪，但如果法院依法认定自己犯罪，则自己认罪。

辩护人辩称：四名小学生死亡与朱某某履职无关，且朱某某已尽到职责，故四名学生死亡不是朱某某的责任。关于未会同其他部门核发采砂许可证，是因为工作职责没有规定。

被告人姚某认为自己仅是联系河道处，并不是领导河道处，采砂许可证发放均不是自己决定，自己在联系河道管理站时尽到了工作职责，没有渎职，不构成犯罪。

辩护人辩称：白河年年淹死人，四名学生 2013 年 6 月 16 日溺水死亡是个悲剧，但该事件与姚某职责没有任何因果关系，姚某不构成犯罪。

经审理查明，2013年被告人朱某某、姚某在任职期间不认真履行工作职责，没有严格按照《河南省河道采砂管理规定》、《河南省河道采砂管理办法》、《关于加强全国河道采砂管理工作意见》水建管〔2005〕529 号等相关法规之规定，对瓦店镇瓦北村陈某某、王某某夫妇非法无证采砂行为虽进行了查处，但仅对其下发了行政处罚决定书并进行了罚款，对其无证非法采砂的行为没有依法进行取缔，致使陈某某、王某某夫妇长期无证非法采砂，使采砂区域内河床被严重破坏，形成沙丘、深水区等危险区域。2013年6月16日四名小学生在其采砂范围内的河段戏水时因无法判断水面深浅，进入深水区后无法自救发生溺水死亡。

认定上述事实的证据如下：1. 被告人朱某某的供述。证实朱某某在任河道管理站站长期间对瓦店镇瓦北村陈某某、王某某夫妇无证非法经营的采砂厂进行查处、处罚的情况及给宛城区黄台岗镇三十里屯砂场办理采砂许可证的情况。

2. 被告人姚某的供述。证实姚某在负责水行政执法工作期间对瓦店镇瓦北村陈某某、王某某夫妇无证非法经营的采砂厂进行查处、处罚的情况及给宛城区黄台岗镇三十里屯砂场办理采砂许可证的情况。

3. 证人证言。瓦店镇逵营村村民翟某甲、翟某乙、杜某某、翟某丙、邢某某、宗某，证实发生溺亡事故处的河段是陈某某、王某某夫妇经营的强力砂场，四名溺亡小孩被打捞处所形成的深坑是砂场长期采砂形成的。

4. 证人证言。卧龙区英庄镇贾营村村支部书记贾某某、英庄镇水管站站长李某某，证实贾庄村河对岸的采砂厂是陈某某、王某某夫妇经营的，经营时间长达五六年，河床经采砂后遭到破坏，在陈某某、王某某夫妇经营此采砂厂期间有越界到卧龙区英庄镇贾营村采砂的行为并受到公安机关的处理。

5. 证人证言。宛城区水利局副主任科员姚某、宛城区河道管理站站长朱某某、副站长吴国忠，证实陈某某、王某某夫妇经营的采砂厂未办理采砂许可证等手续，属于无证非法采砂，自2008年4月至2013年6月河道管理站对该砂场非法经营行为进行过行政处罚。

6. 证人证言。打捞队负责人张某某证实，现场打捞的情况及尸体被打捞处水深情况。

7. 书证。宛城区河道管理站工作职责，行政处罚文书，工作日志，收取罚款及砂资源费的账簿凭证。

8. 书证。死亡证明。

9. 勘验笔录。宛城区检察院技术科出具的现场勘验笔录，证实2013年6月16日发生溺亡事故的现场情况。

本院认为，被告人朱某某、姚某身为国家机关工作人员，违法国家法规，不认真履行职责，致使国家和人民利益遭受重大损失，其行为构成玩忽职守罪。公诉机关指控罪名成立。朱某某、姚某是水行政执法部门负责人，依法负有监督管理河道采砂等的职责，其未尽到职责虽然不是四名学生溺水死亡的唯一原因，但属于四名学生溺水死亡是原因之一。二被告人及其辩护人认为四名小学生死亡与其职责无关的辩护意见与本院查明事实不符，本院不予采信。但二被告人犯罪情节轻微，依法可以免于刑事处罚。关于三十里屯沙场发放的采砂许可证，虽未会同其他部门审核，但该工作方式是河道站一直以来的工作习惯，属于不当且应当改进的行为，不应当追究刑事责任。依照《中华人民共和国刑法》第三百九十七条第一款、第三十七条之规定，经本院审判委员会讨论决定，判决如下：

被告人朱某某犯玩忽职守罪，免于刑事处罚。

被告人姚某犯玩忽职守罪，免于刑事处罚。

如不服本判决，可在接到判决书的第二天起十日内，通过本院或直接向南阳市中级人民法院提出上诉。书面上诉的，应当提交上诉状正本一份，副本二份。

审判长　栗新峰

审判员　周建明

审判员　范成然

二〇一四年四月三日

马学宁　员记书

滑县人民法院

刑事判决书

（2014）滑刑初字第539号

公诉机关：滑县人民检察院。

被告人：关某某，男，1980年12月14日出生。因涉嫌犯玩忽职守罪，于2014年7月25日经滑县人民检察院决定，被滑县公安局取保候审。

辩护人：李秀章，河南创诚律师事务所律师。

被告人：秦某某，男，1972年4月6日出生。因涉嫌犯玩忽职守罪，于2014年7月25日经滑县人民检察院决定，被滑县公安局取保候审。

辩护人：段永生，河南金太阳律师事务所律师。

滑县人民检察院以安滑检公诉刑诉（2014）466号起诉书，指控被告人关某某、秦某某犯玩忽职守罪，向本院提起公诉。本院受理后，依法组成合议庭，适用普通程序，于2015年5月28日、8月3日、10月12日公开开庭进行了审理。滑县人民检察院指派检察员王长美出庭支持公诉，被告人关某某及其辩护人李秀章、被告人秦某某及其辩护人段永生到庭参加了诉讼。本案现已审理终结。

滑县人民检察院指控：滑县境内有地热温泉洗浴中心38家，调查时已经办理取水许可证的仅有10多家，其余均为无证取水，而且全县温泉洗浴场所在2014年3月前均未按照规定安装计量设施，大部分温泉洗浴场所营业期间没有交过水资源费，滑县水务局水政监察大队在2012年和2013年年底对部分温泉洗浴场所征收了3000元至6000元不等的水资源费。滑县水务局水政监察大队二中队队长关某某和三中队队长秦某某先后作为所管辖区的直接负责人，负有查处无证取水和征收水资源费的工作职责，明知辖区内有多数温泉洗浴场所违法取水、欠缴水资源费而不依法查处。经查：牛屯镇、老店镇、高平镇、慈周寨乡共10家温泉洗浴场所，自开业到2014年3月应当缴纳的水资源费是5140800元。其中被告人关某某负责期间应当征收水资源费2661120元，不征、少征水资源费2655120元；被告人秦某某负责期间应征收水资源费2479680元，不征、少征水资源费2438680元。上述二被告人的行为给国家造成重大经济损失。

公诉机关认为，被告人关某某、秦某某之行为已触犯《中华人民共和国刑法》第三百九十七条第一款之规定，构成玩忽职守罪罪，提请依法判处。

被告人关某某、秦某某均辩称：其是按照水政监察大队的安排进行工作的，中队没有自主权；收费是按照队长定的任务征收的；对指控的应征收的水资源费的数额有意见，应按实际用水量确定。

辩护人李某的辩护意见是：公诉机关认定的数额错误，计算依据也是错误的；关某某执行的是大队安排的任务；对康某某、李某某等领导的证言应予以排除；实际损失的水费已经进行了追缴；建议不予追究关某某的刑事责任。

辩护人段永生的辩护意见是：地下热水属于矿产资源，秦某某不具有征收职责；按照取水工程最大取水量每日运转24小时计算取水量针对的是取水单位，具有惩罚性质，该计算方法作为玩忽职守造成的实际损失显属不当；经评估秦某某涉及的实际损失额不足30

万元，达不到定罪标准；秦某某玩忽职守罪不能成立。

经审理查明：为合理开发、利用、节约和保护、管理水资源，防治水害，实现水资源的可持续利用，依照《中华人民共和国水法》，水资源属于国家所有，国家对水资源依法实行取水许可制度和有偿使用制度，水务部门负责该制度的组织实施。根据《中华人民共和国取水许可和水资源费征收管理条例》以及《河南省取水许可制度和水资源费征收管理办法》的规定，未经批准擅自取水的，水务部门应当责令其停止违法行为，限期补办有关手续；逾期不补办或者补办未被批准的，责令限期拆除或者封闭其取水设施。取水人取得许可证后，应当安装取水计量设施，水资源费按照实际取水量计征；无计量设施的，水务行政部门应当责令取水人在规定期限内安装；逾期不安装的，按取水设施最大取水量每日运转 24 小时计算取水量。

2010 年 3 月 22 日，被告人关某某开始担任滑县水务局水政监察大队二中队队长，被告人秦某某担任三中队队长。各中队负有查处无证取水和征收水资源费的工作职责。二被告人的任期为一年，到期后虽未下文续聘，但仍实际续任。

2010 年 3 月至 2013 年 4 月，被告人关某某担任队长的二中队按照大队安排管辖滑县小铺乡、王庄镇、半坡店乡、牛屯镇、焦虎乡、瓦岗乡、慈周寨乡、高平镇、上官镇、老店乡 10 个乡镇。2013 年 4 月至案发，被告人秦某某担任队长的三中队管辖以上乡镇。

在被告人管辖的 10 个乡镇中，有牛屯镇的南海温泉会馆、北环温泉会馆、南街大众温泉会馆、清华池温泉会馆、天泉温泉会馆，焦虎乡焦南温泉会馆、东环温泉会馆，老店镇永昌商务温泉宾馆，高平镇梦园温泉会馆，慈周寨水立方温泉洗浴中心共 10 家温泉洗浴场所。此 10 家温泉洗浴场所绝大部分未办理取水许可证，且至 2014 年 3 月均未安装取水计量设施，没有回灌设施，尾水均直接排放。滑县水务局水政监察大队在 2012 年和 2013 年年底对部分温泉洗浴场所征收了 3000 元至 6000 元不等的水资源费，但大部分温泉洗浴场所营业期间没有交过水资源费。

因以上温泉洗浴场所均未安装取水计量设施，按取水设施最大取水量每日运转 24 小时计算取水量，被告人关某某负责期间应当征收水资源费人民币 2292480 元，已征 6000 元，不征、少征水资源费 2286480 元；被告人秦某某负责期间应当征收以水资源费人民币 2661120 元，已征 41000 元，不征、少征水资源费 2620120 元。

案发后，滑县水务局委托滑县德钟资产物价评估鉴定有限责任公司对以上温泉洗浴场所的实际采水量及价值进行了评估，根据评估情况，被告人关某某负责期间，以上温泉洗浴场所抽采地下热水量 295822 立方米，应当征收水资源费 295822 元，已征 6000 元，不征、少征水资源费 289822 元；被告人秦某某负责期间应当征收水资源费 189528 元，已征 41000 元，不征、少征水资源费 148528 元。

案发后，被告人关某某、秦某某积极配合相关部门，将实际损失全部追回。

上述事实，有经过庭审质证的以下证据予以证实：1. 物证：证人李某甲、焦某某、苑某某、高某某、刘某某、杨某某、李某甲、于某某等温泉老板提供的所使用的潜热水泵铭牌照片；2. 书证：证人焦某某、苑某某、高某某、李某甲、杨某某、张某某、郭某某等浴池负责人书写的关于浴池基本情况的说明，滑县水政监察大队水资源费征收凭证，收费许可证，关于关某某、秦某某二人造成经济损失的说明，被告人关某某、秦某某二人的身份证复印件和职务证明，相关行政法规；3. 证人证言：证人高某某、苑某某、郭某某、李某甲、范某某、李某某、康某某、张某某、刘某某、杨某某、李某甲、于某某、焦某某、牛某某的证言：4. 被告人关某某、秦某某的供述与辩解；5. 视听资料、电子数据：关于关某某、秦某某的同步录音录像光盘四张；6.滑县德鐘资产物价评估鉴定有限责任公司评估鉴定意见书。

以上事实清楚，证据确实充分，足以认定。

本院认为，被告人关某某、秦某某作为国家机关工作人员，负有查处无证取水和征收水资源费的工作职责，却不正确、全面、认真履行职责，玩忽职守，以致辖区内无证取水、不安装取水计量设施、不缴纳水费等情形泛滥，造成违法无序开采地下水的现象严重和水资源的极大浪费，社会影响恶劣，二被告人的行为已构成玩忽职守罪，公诉机关指控的罪名成立，本院予以支持。

关于被告人及其辩护人辩称的“公诉机关认定的数额错误、计算依据错误；按 24 小时计算水费具有惩罚性质，不是实际损失，实际损失额达不到定罪标准”等辩护意见，本院认为，按照取水工程最大取水量每日运转 24 小时计算水费，是对违法取水单位惩罚性质的征收，而不是被告人玩忽职守行为造成的实际损失。即使被告人正确履行了征收职责，但由于违法单位的经济、经营等原因，惩罚性质的水费也未必能足额征收到位。但被告人未向违法取水单位进行征收惩罚性质水费的行为，是一种失职的行为，其未征收额可以作为玩忽职守情节的参考额。评估出的实际损失额，被告人虽然未达到定罪标准，但本案定罪不仅仅依据的是实际损失额，而是根据被告人是否正确履职进行总体考量。被告人作为中队长，在一线工作，对辖区内的取水情况，应当全面掌握并及时正确作出处理或汇报。依照法律法规，对擅自取水的，应当责令停止违法行为，限期补办手续；对逾期不补办或者未被批准的，应当责令限期拆除或者封闭其取水设施；对取得许可证后未安装取水计量设施的，应当限期安装；对逾期不安装的，应征收惩罚性质的水费。对以上违法行为并可以处以相应的罚款。但被告人却未严格依法办事，未认真履行职责，以致辖区内无证取水、不安装取水计量设施、不缴纳水费等情形泛滥，造成违法无序开采地下水的现象严重和水资源的极大浪费，社会影响恶劣，其行为已构成玩忽职守罪。

关于被告人关某某、秦某某所辩称的“其是按大队的安排进行工作的，中队没有自主权；收费是按照大队长定的任务征收”的辩护意见，经查，大队明确要求各中队依法依规进行水政监察，大队给各中队定有最低征收额，此最低征收额与依法征收水费并不冲突，此事实不仅有水政监察大队大队长李某某的证明，而且有继任者耿某以及副大队长郑某、党支部书记薛某、主管副局长康某某的证言予以证实。故被告人将渎职行为的责任推脱给大队的辩护意见，本院不予采纳。但是，本案的发生，被告人虽负有直接的责任，但大队也负有不可推卸的监督、检查、落实不严的责任。

纵观全案，造成全县采水秩序混乱、水资源浪费的直接原因是取水单位无视法律法规、唯利是图所造成的，其他原因是多方面的，不仅仅有被告人监管执法不力的原因，还有水政监察大队领导不力的原因，以及对地热水资源认识不清、对执法的主体和程序等问题掌握不够的原因。案发后，二被告人能够积极配合相关部门，将实际损失全部追回，有悔罪表现。综上，二被告人虽已构成玩忽职守罪，但犯罪情节轻微，依法可免于刑事处罚。

依照《中华人民共和国刑法》第三百九十七条第一款、第三十七条之规定，判决如下：

一、被告人关某某犯玩忽职守罪，免予刑事处罚。

二、被告人秦某某犯玩忽职守罪，免予刑事处罚。

如不服本判决，可在接到判决书的第二日起十日内，通过本院或者直接向河南省安阳市中级人民法院提出上诉。书面上诉的，应当提交上诉状正本一份、副本两份。

审判长　常永前
审判员　郭选让
审判员　刘国强

二〇一五年十月十五日
书记员　常双妹

宋某犯滥用职权罪、贪污罪二审刑事判决书

河南省洛阳市中级人民法院

刑事判决书

（2015）洛刑二终字第147号

上诉人（原审被告人）宋某，被捕前任洛宁县计划节约用水办公室主任。因涉嫌犯滥用职权罪、贪污罪于2014年6月12日被洛宁县公安局刑事拘留，同年6月25日被洛宁县人民检察院取保候审，同年9月26日被洛宁县人民法院决定逮捕。现羁押于洛宁县看守所。

辩护人赵静，北京大成（郑州分所）律师事务所律师。

辩护人张红岩，北京大成（郑州分所）律师事务所律师。

河南省洛宁县人民法院审理河南省洛宁县人民检察院指控原审被告人宋某犯滥用职权罪、贪污罪一案，于2014年10月28日作出（2014）宁刑初字第238号刑事判决：认定被告人宋某犯滥用职权罪，判处有期徒刑三年；犯贪污罪，判处有期徒刑七个月，数罪并罚，决定合并执行有期徒刑三年三个月。宣判后，被告人宋某提出上诉。本院于2015年4月14日作出（2015）洛刑二终字第1号刑事裁定：撤销洛宁县人民法院（2014）宁刑初字第238号刑事判决，发回洛宁县人民法院重新审理。洛宁县人民法院另行组成合议庭，于2015年8月5日作出（2015）宁刑重字第5号刑事判决。宣判后，被告人宋某不服，提出上诉。本院依法组成合议庭，经阅卷、讯问上诉人，听取辩护人意见，认为事实清楚，决定不开庭审理。现已审理终结。

一审判决认定：

一、滥用职权罪的犯罪事实。

2007年以来，被告人宋某在担任洛宁县计划节约用水办公室主任期间，违反《取水许可和水资源费征收管理条例》、《河南省取水许可和水资源费征收管理办法》和《洛阳市发展和改革委员会关于调整我市水资源费征收标准的通知》的有关规定，私自与洛宁县某某砼业有限公司、洛宁县某某商砼有限公司、洛阳某某商砼工程有限公司、洛宁县某某镇第一初级中学、洛宁县某某中学协商收取水费，少征收洛宁县某某砼业有限公司193360元水资源费、洛宁县某某商砼有限公司342900元水资源费、洛阳某某商砼工程有限公司239940元水资源费、洛宁县某某镇第一初级中学99440元水资源费、洛宁县某某中学725480元水资源费，致使国家1601120元水资源费流失。

认定上述事实的证据如下：

1. 被告人宋某的讯问笔录；2. 证人李某的询问笔录；3. 证人吴某的询问笔录；4. 洛宁县人民政府办公室文件《关于成立“洛宁县计划节约用水办公室”的通知》及洛宁县水利局出具的“节水办主任工作职责”证明；5. 国务院发布的《取水许可和水资源费征收管理条例》、《河南省取水许可和水资源费征收管理办法》和《洛阳市发展和改革委员会关于调整我市水资源费征收标准的通知》；6. 洛宁县某某中学与洛宁县计划节约用水办公室签订的协商交纳水资源费的协议书；7. 洛宁县某某砼业有限公司、洛宁县某某商砼有限公司、洛阳某某商砼工程有限公司、洛宁县某某镇第一初级中学的证明；8. 洛宁县水利局出具的“解决洛阳某某有限公司开业及有关问题一览表”；9. 被告人宋某开具的收取水资源费的

票据；10. 洛宁县人民检察院反渎职侵权局出具的洛宁县节水办水资源费征收情况一览表；11. 被告人宋某的行政执法证；12. 洛宁县人民政府宁政任（2000）25 号任免通知；13. 被告人宋某的身份证明等。

二、贪污罪的犯罪事实。

被告人宋某在担任洛宁县计划节约用水办公室主任期间，利用自己的职务之便，将自己家中所用的宽带费 1720 元、有线电视收视费 240 元、私家车坐垫 500 元、非公务外出的高速公路过路费 695 元以及自己家人的手机话费 4616 元，共计 7771 元拿到单位予以报销。案发后被告人宋某已全额退赃。

认定上述事实的证据如下：

1. 被告人宋某的讯问笔录；

2. 洛宁县计划节约用水办公室的相关财务凭证；

3. 洛宁县人民检察院罚没票据一张。

根据以上事实和证据，一审法院认为，被告人宋某身为国家机关工作人员，在行政执法过程中，违反国家法律、行政法规规定的权限，擅自采取与用水单位协商的方法征收水资源费，少征用水单位 1601120 元水资源费，给国家造成重大经济损失，情节特别严重，其行为已触犯我国刑法，构成滥用职权罪。被告人宋某身为国家工作人员，利用担任节水办主任的职务便利，将家庭生活支出和非公务开支 7771 元在单位财务中报销归自己所有，其行为已触犯我国刑法，构成贪污罪。被告人在判决宣告前一人犯数罪，依法应当数罪并罚。遂认定被告人宋某犯滥用职权罪，判处有期徒刑三年；犯贪污罪判处有期徒刑六个月，数罪并罚，决定合并执行有期徒刑三年。

上诉人宋某上诉称，其行为不构成滥用职权罪；其贪污罪具有自首情节。

其辩护人认为一审认定宋某构成滥用职权罪的定性错误且证据不足，宋某的行为不构成滥用职权罪。另，一审法院认定宋某滥用职权致使国家 1601120 元水资源费流失，该数额计算方法不当，并提供了两种计算方法：第一种计算方法认为，对洛宁县某某中学和洛宁县某某镇第一初级中学计算水资源费时除扣除假期以外，还应扣除周六、周日，扣除周六、周日后，少征的洛宁县某某中学的水资源费为 501704 元，少征的洛宁县某某镇第一初级中学的水资源费为 65264 元，再加上少征的洛宁县某某砼业有限公司水资源费 193360 元、洛宁县某某商砼有限公司水资源费 342900 元、洛阳某某商砼工程有限公司水资源费 239940 元，以上共计 1343168 元；第二种计算方法认为，白天黑夜 24 小时算法不合常理，按照整个白天 12 小时计算还算合理，即少征洛宁县某某砼业有限公司水资源费 94500 元、洛宁县某某商砼有限公司水资源费 214020 元、洛阳某某商砼工程有限公司水资源费 143460 元、洛宁县某某镇第一初级中学水资源费 27630 元、洛宁县某某中学水资源费 205352 元，以上共计 684962 元。并认为，第二种计算方法更加合理。

经二审审理查明宋某贪污的事实和证据与一审相同，本院予以确认。

二审另查明：

被告人宋某滥用职权的犯罪事实：2007 年以来，被告人宋某在担任洛宁县计划节约用水办公室主任期间，违反《取水许可和水资源费征收管理条例》、《河南省取水许可和水资源费征收管理办法》和《洛阳市发展和改革委员会关于调整我市水资源费征收标准的通知》的有关规定，私自与洛宁县某某砼业有限公司、洛宁县某某商砼有限公司、洛阳某某商砼工程有限公司、洛宁县某某镇第一初级中学、洛宁县某某中学协商收取水费，少征收洛宁县某某砼业有限公司193360元水资源费、洛宁县某某商砼有限公司342900元水资源费、洛阳某某商砼工程有限公司239940元水资源费、洛宁县某某镇第一初级中学65264元水资源费、洛宁县某某中学501704元水资源费，致使国家1343168元水资源费流失。

二审认定上述事实的证据与一审相同，本院予以确认。

关于上诉人宋某的上诉理由及其辩护人的辩护意见，综合评判如下：

关于宋某及其辩护人认为宋某的行为不构成滥用职权罪的意见，经查，宋某作为洛宁县计划节约用水办公室主任，在履行职责过程中，超越自己的权限，与用水单位协商收取水资源费，少征用水单位1343168元水资源费，给国家利益造成重大损失，其行为构成滥用职权罪，故宋某的上诉理由及其辩护人的辩护意见不能成立，不予采纳；

关于上诉人宋某认为其贪污罪构成自首的意见与本院查明事实不符，不予采纳。

关于宋某的辩护人认为，一审法院认定宋某滥用职权致使国家1601120元水资源费流失，该数额计算方法不当，并提供了两种计算方法，同时认为第二种计算方法更加合理的意见，经查，根据国务院制定的《取水许可和水资源费征收管理条例》第五十三条"未安装计量设施的，责令限期安装，并按照日最大取水能力计算的取水量和水资源费征收标准计征水资源费，处5000元以上2万元以下罚款；情节严重的，吊销取水许可证"的规定，在用水单位没有安装计量设施的情况下按每天24小时计算具有法律依据，只计算白天的12个小时，不计算晚上的12个小时没有法律依据；另，因假期、周六、周日学校放假，因此在计算洛宁县某某中学、洛宁县某某镇第一初级中学的用水量时，应扣除假期和周六、周日。综上，辩护人提供的第一种计算方法比较合理，即宋某滥用职权致使少征洛宁县某某砼业有限公司、洛宁县某某商砼有限公司、洛阳某某商砼工程有限公司、洛宁县某某镇第一初级中学、洛宁县某某中学水资源费共计1343168元。

本院认为，上诉人宋某作为洛宁县计划节约用水办公室主任，在执法过程中，违反法律规定的权限和程序，擅自采取与用水单位协商的方法征收水资源费，少征用水单位1343168元水资源费，给国家利益造成重大损失，其行为已构成滥用职权罪。上诉人宋某利用其担任洛宁县计划节约用水办公室主任的职务便利，将家庭生活支出和非公务开支7771元在单位财务中予以报销，其行为已构成贪污罪。宋某一人犯数罪，应实行数罪并罚。原审判决认定宋某犯贪污罪的事实清楚，定罪准确，审判程序合法；原审判决认定宋某犯滥用职权罪的定罪准确，审判程序合法，但在计算洛宁县某某中学、洛宁县某某镇第一初级中学少交的水资源费时没有扣除周六、周日，计算方法不当，应予纠正。

根据《中华人民共和国刑事诉讼法》第二百二十五条第一款第（一）、（三）项、《中华人民共和国刑法》第三百九十七条第一款、第三百八十二条、第六十九条之规定，判决如下：

一、维持洛宁县人民法院（2015）宁刑重字第5号刑事判决中关于宋某犯贪污罪的定罪量刑部分及宋某犯滥用职权罪的定罪部分；

二、撤销洛宁县人民法院（2015）宁刑重字第5号刑事判决中关于宋某犯滥用职权罪的量刑部分；

三、上诉人宋某犯滥用职权罪，判处有期徒刑二年，与犯贪污罪，判处有期徒刑六个月实行数罪并罚，决定执行有期徒刑二年。（刑期从判决执行之日起计算。判决执行前先行

羁押的，羁押一日折抵刑期一日，即宋某的刑期自2014年9月26日起至2016年9月11日止）

本判决为终审判决。

审判长　王惠谦
审判员　王万臣
审判员　王小生

二〇一五年十一月十七日
书记员　张立辰

王海涛滥用职权罪，王海涛受贿罪等二审刑事判决书

山东省德州市中级人民法院

刑事判决书

（2015）德中刑二终字第12号

原公诉机关：山东省乐陵市人民检察院。

上诉人（原审被告人）：王海涛，案发前任乐陵市水务局水资源办公室主任，住乐陵市。因涉嫌犯滥用职权罪、受贿罪，于2014年4月23日被拘留，同年5月8日因涉嫌犯贪污罪、受贿罪被逮捕。现羁押于乐陵市看守所。

辩护人：李学永，山东中强律师事务所律师。

辩护人：安宗林，山东鑫士铭律师事务所律师。

山东省乐陵市人民法院审理乐陵市人民检察院指控原审被告人王海涛犯滥用职权罪、受贿罪、贪污罪一案，于2014年12月12日作出（2014）乐刑初字第95号刑事判决。原审被告人王海涛不服，提出上诉。本院依法组成合议庭，经过阅卷、讯问上诉人、听取辩护人的意见，认为事实清楚，决定不开庭审理。现已审理终结。

原审判决认定：

一、被告人王海涛在任乐陵水务局企业科科长期间，利用其收取水资源费的职务便利，于2009年5月收取山东甲房地产开发有限公司水资源费8000元，没有上交单位，非法占有后用于其个人日常消费。

二、2011年10月，被告人王海涛在任乐陵水务局企业科科长期间，利用负责山东甲房地产开发有限公司水土保持方案编报工作的便利，以收入不入账的手段，侵吞该公司支付的55000元水土保持方案编报费52310元，用于其个人消费。

三、被告人王海涛在担任乐陵市水务局企业科科长期间，负责山东甲房地产开发有限公司、山东乙家具有限公司水资源费征收，在征收2008年至2011年度水资源费过程中，利用职务之便，采取修改水资源费单据收入少入账的手段，五次共侵吞水资源费23100元，用于其个人消费。

四、从2011年12月被告人王海涛担任乐陵市水务局水资源办公室主任，2013年1月，乐陵市水务局财务科科长李某甲在用公款垫付水资源费的过程中，由会计李某乙借用被告人王海涛个人建行卡转水资源费返还款，被告人王海涛知道借用其个人卡是为了转水资源费的返还款。2013年1月22日王海涛建行卡上余额为4549.32元。2013年1月23日从水务局水资源费账户上往王海涛建行卡上两次转款共计2400154元，李某甲当日分两次取走220万元，余款200154元遗留在被告人卡上。李某甲与李某乙均不知有200154元公款遗留于王海涛个人卡上，后李某乙将建行卡返还于王海涛。王海涛知道李某乙用其银行卡后卡上多出20余万元钱，2013年2月12日分两次提取10000元，后多次连续取现、消费或转款，至2013年6月22日其卡上余额为32851.4元，被告人借用同事邱某银行卡，于2013年6月24日将30000元转移至邱某银行卡上后消费，至2013年7月28日被告人建行卡上余额为344.4元。被告人将遗留其建行卡上的200154元公款全部侵吞。

原审判决认定上述事实，有经原审法院庭审质证的证人证言、书证、被告人供述及辩

解等证据证实。

原审法院认为，被告人王海涛利用职务上的便利，非法侵吞公款283564元，其行为构成贪污罪。公诉机关指控被告人王海涛收取山东甲房地产开发有限公司8000元水资源费之事实为受贿罪的定性不当，予以纠正。公诉机关指控被告人王海涛构成滥用职权罪，证据不足，不予支持。被告人如实供述部分犯罪事实，依法从轻处罚。根据《中华人民共和国刑法》第三百八十二条第一款、第三百八十三条第一款第一项、第六十一条、第六十七条第三款、第六十四条之规定，以被告人王海涛犯贪污罪，判处有期徒刑十年；赃款二十八万三千五百六十四元依法追缴。

宣判后，原审被告人王海涛不服，以“一审判决认定的贪污数额中，有200154元没有事实依据，具体理由如下：1. 对该笔款项的公款性质不明知。首先李某乙不止一次借用其该张银行卡进行公款转账，利用过后，该卡上没有遗留过一分钱公款，借卡与在卡上留钱之间没有形成必然的前因后果关系。所以其在20余天之后偶然发现卡上多出的20余万元时，其宁愿相信是天上掉下的馅饼，也不会相信这是国家机关的专业会计的失误。因此其即使明知李某甲通过李某乙借银行卡是为了进行公款转账，也不能得出其必然知道卡上余留公款的事实。其次其银行卡与手机绑定了余额短信通知提示业务这一事实，也不能证明其对余额公款性质的明知。短信绑定服务合同虽然存在，但自身无法证明该合同已全面适当地履行，既不能证明通信公司已在银行卡信息变动的第一时间内，发送短信通知机主，更无法证明机主已确认收悉该短信，以该证据证明其明知公款性质之事实，显然属于证据不足。2. 没有主管、管理和经手该20余万元的权力和责任。因专业会计人员的失职行为导致银行卡多出20余万元时，其负有的仅是民法上的返还义务而已，这种义务不是职务身份所负的义务，判断其是否违反这种返还义务，应以乐陵市水务局是否向其主张为前提，至一审终结前，乐陵水务局并未向其主张，因此这种返还义务，其并未违反。一审判决认定其负有保管义务没有任何法律依据。退一步说即使其负有该义务，也不是基于公务员身份的职务义务，即使违背了此种义务，也谈不上构成职务犯罪。3. 其没有实施侵吞、窃取、骗取或者以其他手段非法占有公共财产的行为。因他人行为而遗留在其银行卡上的20余万元，已完成了转移占有，该款留在其银行卡上并为其控制，所有权就归其所有，因此其没有实施将公共财产转移为个人占有的行为，而该行为才是犯罪行为。该20余万元是典型的不当得利，不构成刑事犯罪。请二审法院依法改判其较轻的刑期”为由提出上诉。

上诉人王海涛的辩护人提出的辩护意见：一、本案中财务科长李某甲借用上诉人王海涛的银行卡，没有在卡上存钱的本意，但由于个人疏失而遗忘在卡上20余万元，属于存款人错误存款。二、上诉人王海涛取用该20余万元构成贪污定性错误。1. 认定上诉人明知该款为公款证据不足。2. 认定上诉人对该款非法据为已有证据不足。3. 上诉人不负有主管、管理和经手该20余万元的权力和责任，不符合利用职务之便的构成要件。4. 上诉人没有采用侵吞、窃取、骗取或者其他非法手段将该款据为已有。三、应适用刑法谦抑性处理此案。

经二审审理查明：上诉人王海涛自2007年起担任乐陵市水务局水政监察大队企业科科长，负责城区企业的水资源费的收取，自2011年12月起担任乐陵市水务局水资源管理办公室主任，负责收取乐陵市用水单位（自备井）水资源费的收取。2009年至2013年间，上诉人王海涛利用担任乐陵市水务局企业科科长、水资源管理办公室主任的职务便利，侵吞公款83410元，非法占为已有。具体犯罪事实如下：

一、上诉人王海涛在任乐陵水务局企业科科长期间，利用其收取水资源费的职务便利，于2009年5月收取山东甲房地产开发有限公司水资源费8000元，没有上交单位，非法占有后用于个人日常消费。

上述事实，有经原审法院庭审质证、认证的下列证据证实：

1. 证人证言

（1）王某甲证实，2009年5月，总经理田某甲让其在财务上以转账的方式给乐陵水务局的王海涛8000元钱，王海涛没给收据，记账时让公司经理吕某甲写了张说明条入了账，条上说明是取水许可证费。

（2）吕某甲证实，2009年5月，其公司开发的甲房产项目开工，一天项目办的工作人员说王海涛留下通知书要求办理取水许可证并缴纳水资源费。其和王海涛取得联系，王海涛自己来到项目办要求缴纳水资源费，他当时说了多少钱记不清了，但数目肯定不少，其说“给你8000元吧，你照顾照顾我们”，他同意了，于是领王海涛到公司财务开了8000元的转账支票，当时王海涛也没给开发票，其也没提要发票的事，心里想：不给开发票就不要了，就算送给他吧，得罪了他以后在取水上别给公司惹麻烦。后来王海涛再也没有给补发票，其就写了张“白条”内容是“取水许可证款”，让总经理签字后在财务上处理了。2009年再没向其公司收缴水资源费。

2. 书证

（1）上诉人王海涛建行卡尾号2928交易明细证实，王海涛收取甲公司8000元通过该银行卡存款及提取的情况。

（2）山东甲房地产开发有限公司账目、记账凭证、转账支票存根、入账说明等书证一组证实，宏远公司支付给王海涛8000元水资源费转账及记账情况。

3. 上诉人王海涛的供述与辩解

王海涛供述，2009年上半年，甲房地产公司在乐陵开工建设甲房产项目，其到该单位下发通知书要求办理用水许可证并缴纳水资源费，通知上有交水资源费的数额，现在记不住是多少了，但是肯定超万元了。甲公司的负责人吕某甲让给予照顾，给8000元不用开发票了，意思就是给点好处，别交那么多了，其当时就同意了，吕某甲说公司规定不能走现金，就带其去公司财务上开了8000元的转账支票，其在支票存根上签名，拿到这8000元的转账支票后去建设银行新开了一张借记卡，把这8000元转到新开的卡上了。

当庭供述，收取的该8000元是水资源费，没有交到单位自己占有。

二、2011年10月，上诉人王海涛在任乐陵水务局企业科科长期间，利用负责山东甲房地产开发有限公司水土保持方案编报工作的便利，以收入不入账的手段，侵吞该公司支付的水土保持方案编报费55000元，其中用于交税2690元，将52310元非法占为已有，用于个人消费。

上述事实，有经原审法院庭审质证、认证的下列证据证实：

1. 证人证言

（1）王某甲证实，2011年10月，公司经理田某甲让财务人员从公司账户上通过转账给乐陵水务局的王海涛55000元水土保持方案编制费，当时王海涛没有给收据，2012年10

月份，吕某甲拿来一张55000元正式发票，说是王海涛给的，其用该55000元的正式发票下了费用账。

（2）吕某甲证实，2011年5月，王海涛找到其说乐陵市水务局要求对房产开发项目做水土保持方案，费用在5万到10万元，经请示总经理后同意了。过了几个月，王海涛给送来两本方案报告书和验收鉴定书等文件，向公司要了55000元编报费，2012年初，王海涛才拿来张正式发票，其到财务上用发票将王海涛写的收条原件换出来，给了王海涛。

（3）刘某甲证实，2010年的时候，局领导安排其给乐陵市甲房地产开发有限公司做水土保持方案，该方案是以乐陵市水利勘察设计室的名义出的，根据局里的安排，设计室只负责出方案，如果收设计费都要交到局财务，设计人员不收费。

（4）张某甲证实，2012年初，王海涛打电话说局里有笔业务需要盖水务局综合服务中心的章，他就到其办公室把财务章拿走了，用完当天就送回来了。经辨认发票复印件，2012年1月13日，当时王海涛拿章去开发票了，在开发票当天，王海涛在乐陵市水务局综合服务中心的税款户上存入2690元，交了2689.5元税款。

（5）李某甲证实，水利勘察设计室是乐陵水务局的一个科室，没有独立出去，没有独立财务核算，房产开发项目做水土保持方案，设计室做设计方案，局财务上根据规定应该收取设计费，设计费交到其管理的设计室专户上，并开具设计专用发票。

（6）朱某甲证实，乐陵市甲房地产开发有限公司的水土保持方案是乐陵市水务局下属水利勘察设计室编制的，当时甲公司的工作人员拿着验收鉴定书到水保科验收，其就在鉴定书上签上字，编报方案的具体情况不清楚。

2. 书证

（1）上诉人王海涛建行卡尾号2928交易明细证实，王海涛收取甲公司55000元钱后转、取款情况。

（2）山东甲房地产开发有限公司的记账凭证、收到条、转账支票存根、明细账、发票证实，上诉人王海涛从山东甲房地产开发有限公司支取水土保持编报费55000元的情况。

（3）乐陵市地税局证明、税款开票查询结果、工商银行对账单证实，2012年1月13日，地税局为乐陵市水务局综合服务中心开具的00075289号发票，税款2689.5元已通过工商银行电子转账方式缴纳入库。

（4）甲小区建设项目水土保持方案审批手续证实，山东甲房地产开发有限公司报送的甲建设项目水土保持方案审批、批复及验收相关材料。

（5）水利部、山东省水利厅关于水土保持工作的文件规定证实，水土保持方案编制费的收费标准及山东省水利厅文件要求可能造成水土流失的生产建设项目编制水土保持方案并经水行政主管部门批准。

（6）山东甲房地产开发有限公司的水土保持方案两本证实，水土保持方案已完成。

3、上诉人王海涛的供述与辩解

王海涛供述，2011年5月，德州水利局给乐陵水政监察大队下了通知，要求联系建筑开发商做水土保持方案。最终其联系到甲房地产公司同意做这个方案，领导就协调安排水务局科教科的刘某甲做的这个方案。2011年10月，刘某甲把方案做好后就给了水政监察大队，没有要编报方案的劳务费，其把几本方案报告书和验收资料给了吕某甲，和他谈好了要方案编制费55000元，其到公司的财务上领了建行的转账支票，到建设银行把这55000

元转到了自己的建行卡上。其找服务中心的张某甲借用了她管理的综合服务中心的章，并往她管理的报税账户上存了2690元税款，通过这个报税账户转账，到地税局开了一张55000元的发票，把发票给了吕某甲。这55000元后来打麻将、赌博、购物和去济南看前妻消费花掉了。

4. 其他证据：

（1）乐陵市水务局证明证实，经查询，未发现与山东甲房地产开发有限公司的水土保持编制方案等费用来往。

（2）乐陵市水务局证明证实，乐陵市水利勘察设计室为水务局一个业务科室，人员全部为局自收自支人员。

（3）乐陵市水务局证明二份证实，乐陵市水土保持监督检查站职能由水保科行使，关于水土保持方案编报流程的说明。

三、2010年5月至2012年间，上诉人王海涛在担任乐陵市水务局企业科科长期间，负责山东甲房地产开发有限公司、山东乙家具有限公司水资源费征收，在征收2008年至2011年度水资源费过程中，利用职务之便，采取修改水资源费单据，收入少入账的手段，五次共侵吞水资源费23100元，用于个人消费。

上述事实，有经原审法院庭审质证、认证的下列证据证实：

1. 证人证言

（1）王某甲证实，2010年10月和11月，分两笔分别给乐陵水务局水资源费2000元和河维费12万元，这两笔都是领取的现金，是当时公司的经理吕某甲经办的。

（2）吕某甲证实，2010年王海涛向公司收了2000元水资源费，有正式单据。

（3）李某乙证实，通过记载的账目情况说明了王海涛向乐陵市水务局上交收取的宏远公司和乙木业公司的水资源费情况，王海涛通过修改5笔收水费单据，少交水资源费23100元。

（4）贾某甲证实，2012年之前，水务局的执法人员都是按照每年1.1万元的标准打包收取，每年收两次，一次5500元，缴费都是把现金直接给收费人员。

2. 书证

（1）山东乙家具有限公司记账凭证、收款收据一组证实，2008年至2013年乙家具公司缴纳水资源费的记账情况。

（2）乐陵市水务局记账凭证、收款单一组证实，乐陵市水务局对于2008年至2013年乙家具公司缴纳水资源费的记账情况，另证实上诉人王海涛修改收取山东乙家具有限公司水资源费单据4张，由22000元修改为600元的情况。

（3）山东甲房地产开发有限公司记账凭证、水费单据证实，交纳水资源费情况。

（4）乐陵市水务局记账凭证、收款单据一组证实，甲项目交纳水资源费3000元，另证实王海涛修改单据1张，由山东甲房地产开发有限公司交1700元水资源费修改为阳光洗浴河维费300元。

3. 上诉人王海涛的供述与辩解

王海涛供述，2010年5月至2012年5月，其向宏远甲公司和乙木业公司收取水资源费期间，通过修改收费单据，五次侵吞23100元水资源费。

原审法院经庭审质证、认证的其他证据：

1. 书证

（1）协助查询存款通知书、调取证据通知书证实，协助查询、调取证据的手续。

（2）户籍证明证实，上诉人王海涛的户籍信息。

（3）乐陵市水务局证明证实，王海涛系水务局在编在岗正式职工，2002～2007 年任水政监察大队科员；2007～2011 年任水政监察大队科长；2011 年 12 月至今任水资源办公室主任。

水资源办公室职责：主要负责水资源开发利用规划，水资源管理、计划用水、节约用水、取水许可发放、水资源论证及水资源费、水土保持费、河道维护费（截至 2010 年底）的征收、用水指标分配，用水总量控制等工作。

（4）乐陵市水务局证明一份、乐陵市机构编制委员会文件一份证明，乐陵市水资源管理办公室是副科级单位，隶属水务局管理。

2. 证人王某证实，其和王海涛结婚时王海涛只有工资收入，平时家里有事都是其出钱，结婚这几年也没往家里拿过钱，他爱玩，平时喜欢打麻将，他还上河北去赌博。

3. 乐陵市人民检察院反渎职侵权局破案说明一份证实，上诉人王海涛在侦查人员的讯问和出示证据的情况下供述了其贪污 55000 元、受贿 8000 元的犯罪事实，对其涉嫌贪污 200154 元和涉嫌滥用职权的犯罪事实多次辩解，在侦查人员的讯问下，主动交待了其通过在收费单据上做手脚截留 23100 元水资费的犯罪事实。

关于原审判决认定上诉人王海涛在担任乐陵市水务局水资源办公室主任期间，贪污 200154 元的情况，经查，乐陵水务局财务人员使用上诉人王海涛的建行卡转单位垫付的水资源费，财务人员在使用完后将银行卡归还给上诉人王海涛，财务人员在归还银行卡时忘记上面还有剩余的 200154 元公款，上诉人王海涛的该建行卡与手机绑定了余额变动短信提示业务，上诉人王海涛对其建行卡上的 200154 元来源于公款应当是明知的。虽然其明知 200154 元是公款，并予占有，但是因财务人员将公款遗忘在其银行卡中，且在侦查机关调查前一直未找上诉人王海涛追要该款，更未委托其代为保管该公款，上诉人取得该公款是基于财务人员的遗忘，而非水资源办公室主任的职务便利，因此认定其利用职务便利占有公款的证据不足。

关于上诉人王海涛提出的“认定其贪污 200154 元没有事实依据”和其辩护人提出的“认定上诉人王海涛取用该 20 余万元构成贪污罪定性错误”的上诉理由和辩护意见，经查属实，本院予以采纳。

本院认为，上诉人王海涛身为国家工作人员，利用职务便利，非法侵吞公款，其行为构成贪污罪，且贪污数额巨大。上诉人的上诉理由及其辩护人的辩护意见予以采纳。原审判决认定事实清楚、证据确实充分、定罪准确、审判程序合法，部分事实定性不当，量刑应予纠正。据此，依照《中华人民共和国刑法》第三百八十二条第一款、第三百八十三条第一款第（二）项、第六十七条第三款、第六十四条、《中华人民共和国刑事诉讼法》第二百二十五条第一款第（二）项之规定，判决如下：

一、维持乐陵市人民法院（2014）乐刑初字第 95 号刑事判决第一项对原审被告人王海涛的定罪部分，即“被告人王海涛犯贪污罪”；

二、撤销乐陵市人民法院（2014）乐刑初字第 95 号刑事判决第一项对原审被告人王海涛的量刑部分和第二项，即“被告人王海涛犯贪污罪，判处有期徒刑十年；赃款 283564

元依法予以追缴”；

三、改判上诉人（原审被告人）王海涛犯贪污罪，判处有期徒刑七年。赃款83410元依法予以追缴，返还原单位。（刑期从判决执行之日起计算。判决之前先行羁押的，羁押一日折抵刑期一日，即自2014年4月23日起至2021年4月22日止）。

本判决为终审判决。

审判长　李文铎
审判员　冯世联
审判员　蔡学英

二〇一五年四月二十四日

王祥、曹明、刘勇滥用职权二审刑事裁定书

辽宁省锦州市中级人民法院

刑事裁定书

（2016）辽07刑终79号

原公诉机关：辽宁省锦州市古塔区人民检察院。

上诉人（原审被告人）：王某，男，1957年4月20日出生于辽宁省锦州市，汉族，大专文化，原系锦州市引水工程建设管理局局长，住辽宁省锦州市凌河区。因本案于2014年5月24日被刑事拘留，同年6月6日被依法执行逮捕。2015年11月23日被取保候审。

辩护人：吕连英，辽宁锦逸律师事务所律师。

上诉人（原审被告人）：曹某，男，1960年9月10日出生于辽宁省昌图县，汉族，大学本科文化，原系锦州市引水工程建设管理局科长，住辽宁省锦州市太和区。因本案于2014年5月21日被刑事拘留，同年6月6日被依法执行逮捕。2015年7月20日被取保候审。

辩护人：刘克伟，辽宁古塔律师事务所律师。

上诉人（原审被告人）：刘某，男，1963年9月3日出生于辽宁省鞍山市，汉族，大专文化，原系锦州市水利局水资源办公室副主任，住辽宁省锦州市松山新区，户籍所在地辽宁省锦州市凌河区。因本案于2014年5月21日被刑事拘留，同年6月6日被依法执行逮捕。2015年5月20日被取保候审。

辩护人：王琦，辽宁戎达律师事务所律师。

辽宁省锦州市古塔区人民法院审理古塔区人民检察院指控原审被告人王某、曹某、刘某犯滥用职权罪一案，于2015年4月13日作出（2014）古刑初字第00175号刑事判决。宣判后，古塔区人民检察院提出抗诉，原审被告人王某、曹某、刘某提出上诉，本院于2015年10月27日作出（2015）锦刑二终字第00107号刑事裁定，裁定撤销原判，发回重审。古塔区法院于2016年3月24日作出（2015）古刑初字第00135号刑事判决。宣判后，原审被告人王某、曹某、刘某不服，提出上诉。本院受理后依法组成合议庭，于2016年6月22日公开开庭审理了本案。锦州市人民检察院指派检察员李德军、王宏波出庭履行职务，上诉人王某及其辩护人吕连英，上诉人曹某及其辩护人刘克伟，上诉人刘某及其辩护人王琦到庭参加诉讼。现已审理终结。

原审判决认定，被告人王某担任锦州市水利局城市水资源办公室主任一职时，在2008年1月至2012年12月期间，对玉泉宫洗浴一部、玉泉宫洗浴二部、水立方洗浴二部、金海湾洗浴、清露大众洗浴、北都洗浴、鼓浪屿洗浴7家洗浴场所征收水资源费的过程中，未依法履行职责，没有按照国家规定以实际用水量征收上述洗浴场所水资源费，而是采用估量收费方式收取水资源费197744元，少征收水资源费120余万元。

被告人曹某担任锦州市水利局城市水资源办公室一科科长一职时，在2008年1月至2012年12月期间，对玉泉宫洗浴一部、玉泉宫洗浴二部、清露大众洗浴3家洗浴场所征收水资源费的过程中，未依法履行职责，没有按照国家规定以实际用水量征收上述洗浴场所水资源费，而是采用估量收费方式收取水资源费145541元，少征收水资源费80余万元。

被告人刘某担任锦州市水利局城市水资源办公室二科科长及锦州市水资源管理办公

室副主任一职时，在2008年1月至2013年12月期间，对水立方洗浴二部、金海湾洗浴、北都洗浴、鼓浪屿洗浴4家洗浴场所征收水资源费的过程中，未依法履行职责，没有按照国家规定以实际用水量征收上述洗浴场所水资源费，而是采用估量收费方式收取水资源费81190元，少征收水资源费50余万元。

2014年5月21日，被告人曹某、刘某经锦州市古塔区人民检察院传唤到案。同月23日，被告人王某经锦州市古塔区人民检察院传唤到案。

原审法院认为，被告人王某、曹某、刘某身为国家机关工作人员，在执行职务过程中，未依法按照国家法律、法规规定征收水资源费，致使国家利益遭受重大损失，已构成滥用职权罪。公诉机关指控被告人王某、曹某、刘某犯滥用职权罪罪名成立。但公诉机关指控被告人王某给国家造成经济损失 26580867 元，指控被告人曹某给国家造成经济损失21203368元，指控被告人刘某给国家造成经济损失7216724元。后用《情况说明》的方式，指控被告人刘某给国家造成经济损失5377499元，应予以纠正。根据《最高人民法院、最高人民检察院〈关于办理渎职刑事案件适用法律若干问题〉的解释（一）》第八条之规定，本解释规定的“经济损失”，是指渎职犯罪或者与渎职犯罪相关联的犯罪立案时已经实际造成的财产损失，包括为挽回渎职犯罪所造成损失而支付的各种开支、费用等。立案后至提起公诉前持续发生的经济损失，应一并计入渎职犯罪造成的经济损失中。本案中，三被告人少征收水资源费给国家所造成的实际损失，应当结合其供述以及各个取水用户的证言，从有利于被告人的原则，予以综合认定。经本院按照上述情况计算，被告人王某少征收水资源费120余万元，被告人曹某少征收水资源费80余万元，被告人刘某少征收水资源费50余万元。对三被告人及辩护人的相关辩护意见，本院予以采纳。关水立方三部及浴澜泉洗浴所用地下水取水量问题，现无法通过证据之间相互印证计算具体地下水用量，按照有利于被告人的原则，对公诉机关指控“被告人王某、刘某少征收水立方三部及浴澜泉洗浴水资源费”一节，本院不予确认。被告人王某、曹某、刘某系共同犯罪，因所起作用基本相当，不宜区分主、从犯，但量刑时应根据各被告人的具体犯罪情节予以综合考量。关于三被告人及辩护人提出“三被告人不具有对未安装取水设施或者安装的计量设施不符合质量标准及不能正常运行的取水用户，按照取水工程、设施设计的最大日取水量或者设备铭牌额定的最大取水能力征收水资源费职权”一节，因征收水资源费系三被告人职权范围，故对三被告人及其辩护人相关辩解及辩护意见，本院不予支持。关于三被告人及辩护人提出“估水收费已经向上级汇报，不应当承担责任”问题，因锦州市水资源管理办公室系独立法人，三被告人应当在法律、法规授权范围内独立行使征收水资源费的职权，是否向上级请示汇报并不是估水收费的法定理由，且现并无证据证实上级单位同意三被告人不按照法律、法规征收水资源费，故对三被告人及其辩护人的上述辩解及辩护意见，本院不予采纳。综上，本案经本院审判委员会讨论决定，依照《中华人民共和国刑法》第三百九十七条第一款、《最高人民法院、最高人民检察院〈关于办理渎职刑事案件适用法律若干问题〉的解释（一）》第八条之规定，判决如下：“一、被告人王某犯滥用职权罪，判处有期徒刑一年六个月；二、被告人曹某犯滥用职权罪，判处有期徒刑一年二个月，三、被告人刘某犯滥用职权罪，判处有期徒刑一年”。

上诉人王某的上诉理由，按照同行业估价收取水费于法有据，原审法院自行估量的犯罪数额不正确，原判认定事实不清，其行为不构成滥用职权罪，请求依法改判无罪。

上诉人王某的辩护人以相同的理由提出辩护意见。

上诉人曹某的上诉理由是，估水收费是领导决定的，其没有滥用职权，原审法院认定其少征收水资源费80余万元没有事实和法律依据，原判认定事实不清，其行为不构成滥用职权罪，请求依法改判无罪。

上诉人曹某的辩护人以相同的理由提出辩护意见。

上诉人刘某的上诉理由，其按照同行业标准收取水资源费于法有据，原判认定事实不清，其行为不构成滥用职权罪，请求依法改判无罪。

上诉人刘某的辩护人以相同的理由提出辩护意见。

锦州市人民检察院出庭检察员意见，原判认定事实清楚，证据确实、充分，建议驳回上诉，维持原判。

经本院审理查明，原审判决认定的上述事实清楚，有以下经原审当庭举证、质证的证据予以证实，本院依法予以确认：

1. 上诉人王某的供述和辩解称，城市水资源办公室的职权范围是对城区自备井的管理和水资源费的收取。城市水资源办公室的业务，由他负总责。下设四个科室，分别为两个外勤科室（管理一科及管理二科）、两个内勤科室（办公室及财务科）。由外勤科室核定水量确定水资源费，由财务科收取水资源费。两个外勤科室，一科科长是曹某，负责凌河区水资源费的收缴。二科科长是刘某，负责古塔区及部分太和区的水资源费的收缴。收取水资源费依据是《中华人民共和国水法》、《取水许可和水资源费征收管理条例》（国务院第460号令）、《辽宁省取水许可和水资源费征收管理实施办法》（辽宁省政府第234号令）及市政府的有关规定及收费标准。收的水资源费直接上交财政。估水资源费，是王某定的。估水资源费基本都是特业这块，也就是浴池和洗车场，两个外勤科长针对大的用水户估费情况都向王某汇报，他也都下去看了几家，同意了他们的估水定额，用水户用水量少的，虽然没向他汇报，估的水资源费他也都默认了。法律规定没有针对具体用水户的减免情况。没有计量设施或计量设施不准的用户，应该按该用户24小时最大取水能力确定水量收取水资源费，王某没有按照这个规定去做，他认为这样去收费肯定收不上来，他是按实际情况去估量的。

2. 上诉人曹某供述和辩解称，1989年10月他到锦州市城市水资源办公室工作，后任管理一科科长。当时城市水资源办公室主任王某负责全面工作。针对他管片内的没有安装或拒绝安装水表的用户,如何处理的问题，他向王某汇报过，王某决定根据实际情况估量收费。王某定下来估量定额收费大概是在2006年左右，在2008年以后基本上所有浴池都是估量定额收取水资源费。

3. 上诉人刘某供述和辩解称，他是在2002年前后任管理二科科长并负责全面工作。管理二科主要业务是检查自备井用户是否有计量设施。2013年11月他任市水资源管理办公室副主任，负责除自来水的地下水资源费征收之外的全市地下水资源费征收。征收水资源费的依据是《中华人民共和国水法》《取水许可和水资源费征收管理条例》、《辽宁省取水许可和水资源费征收管理实施办法》等文件。征收对象为有自备井的用户，并且有取水许可证的都应该缴纳水资源费，没有许可证的经水政监察支队处罚过并移交的也缴纳水资源费。1999年他刚到城市水资源办公室时全市的地下水资源都是估量收费，到了2004年锦州市搞了一次专项治理，要求全市地下水用户必须办理取水许可，必须安装计量设施，2004

年全市的自备井用户都安装了水表，也都按照水表计量收费。计量收费持续了一两年后水表就陆续出现损坏现象，他们就督促更换，后来有的用户拒绝安装计量设施，有的用水户频繁更换计量设施逃避缴纳水资源费，还有的用水户计量设施运行不正常。综合以上现象，他向王某作了汇报，问他水表的问题怎么处理以及水资源费如何征收。王某原话是怎么说的他记不清了，大概的意思就是实在不行就估量收费，不再要求用水户必须安装计量设施。对用水户进行估量收费，参照他们以前有表时候的水量，询问用水户的实际经营状况，观察用水户的实际用水情况，征求用水户的意见来确定水资源费的额度。估水收费主要是针对浴池，由他和同事去用水户处检查，拟定用水户的估费额度并向王某汇报，基本上王某都同意他拟定的估费额度，个别不同意的要求他们重新核定额度，基本上都是一户一议，但是如果用水户更换业主水资源费的征收就不再重新估费定额。没有不经请示王某，他们自己定额水资源费的情况。针对估费定额的情况，王某是否召开过城市水资源办公室全员参加的会议，他记不清了。估费定额的行为没有法律依据。对于地下水的用户取水，法律没有减免的规定。按照《取水许可和水资源费征收管理条例》(国务院第 460 号令)第五十三条规定及《辽宁省取水许可和水资源费征收管理实施办法》(辽宁省政府第 234 号令)第二十条规定，对于没有安装计量设施或者是计量设施损坏不准的督促用水户安装或者是更换计量设施，用水户拒绝安装或者更换计量设施的他们按日最大取水能力确定水资源费，给用户下缴费催款单，一周后再次下催款单，如果还不缴纳他们申请水政部门进行处罚，给水政部门填写个水事件申报单，由王某负责移交水政监察支队。在云飞桥那的水立方(三部)是他们的管户，没有取水许可证，是水政监察支队给他们移交过来的，王某让他们去这家勘察，后他将勘察情况向王某汇报了，最后王某确定按每月 500 元收取。水墨林溪那的水立方(二部)是他们发现的，进去后里面有井，但是干井，所以他们再也没去过也没将其移交水政监察支队。金海湾洗浴是他们的管户，也是王某让他去勘察的，勘察后将具体情况报到王某那，最后王某确定每月按 500 元定额收费。鼓浪屿是他的管户，不知道有没有取水许可证，是怎么纳入到他们水资源管理的他记不清了，每月缴纳大约是 700 元水资源费，以缴款收据为准。北都洗浴是他们的管户，是水政监察支队移交过来的，他勘察了他们家，水量不充足，根据他们家的具体情况他们拟定了估费额度，每年大约是四五千元左右，以缴费收据为准，他上报给王某，王某同意了他们拟定的额度。浴澜泉是他们的管户，是水政监察支队移交过来的，也是他先勘察再拟定估费额度的，每年交多少水资源费记不清了，以缴费收据为准，他上报给王某，王某同意了。他认为估量定额和国家规定的计量收费标准没有可比性，按日最大取水量收费是一种处罚手段，应由水政部门处理。他没有什么职权，也没有权力改变收费方式，所有的事他都请示了，都是按领导指示办的。在他的管片内所有估量收费的用户中没有他们自行确定估量定额的情况。

4. 证人苗某某证言证实，国家和省政府对于水资源费征收的法律依据及未安装计量设施或计量设施不合格和水资源费收取的计算依据。

5. 证人李甲证言证实，王某没有向其汇报过关于水资源费采取估水收费的情况。

6. 证人秦某证言证实，征收水资源费应该按水表计量收费，王某、曹某、刘某管理的玉泉宫等九家用水户他们的计量设施不能正常使用，水资源费应根据《取水许可和水资源费征收管理条例》(国务院第 460 号令)和《辽宁省取水许可和水资源费征收管理实施办法》(辽宁省政府第 234 号令)的相关规定征收水资源费。

7. 证人李乙证言证实，水立方二部成立时间以营业执照为准，有一口地下水井，没有取水证。地下井是洗浴中心成立时就有的，用途是洗浴用水。洗浴用热水每天二十吨左右，从外面购买。冷水每天十吨左右。没交过水资源费。水资源办公室没来检查处罚过。

8. 证人曹某某证言证实，水立方洗浴二部营业时间是24小时营业。客流量和用水量比较大的时间段是早9时到晚9时12个小时这段时间。

9. 证人徐某某证言证实，他在2013年到锦州水立方三部工作。顾客集中、用水量比较大的时间段是早上9时到次日凌晨2时左右。

10. 证人高某某证实，玉泉宫餐饮俱乐部是在2006年成立的，之前2000年在凌河区民和里26号还成立一个玉泉宫洗浴健足，现在叫玉泉宫二部。洗浴用冷水是地下水，热水是从锦州二热电购买的。地下水大约每天每口井用水是三四十吨。一部和二部每月各缴纳水资源费2000余元，具体数额记不清楚了，以收据为准。

11. 证人孙某某证言证实，玉泉宫一部是在2005年开业的，他在2006年来到一部工作。玉泉宫一部有一口地下水井，用于洗浴和生活用水。

12. 证人张某证言证实，他在2008年来到玉泉宫一部，玉泉宫一部24小时营业，但是顾客基本上在早晨8时左右才来洗浴，晚上12时以后基本就没人来洗浴了，所以顾客比较集中和耗水量大的时间段就是从早上8时到晚上12时这段时间。

13. 证人仇某证实，他在2012年来到玉泉宫二部，玉泉宫二部24小时营业，但是顾客基本上是上午8时以后来洗浴，晚上12时左右基本没有人来洗浴了，所以顾客比较集中和耗水量大的时间段就是从早上8时到晚上12时这段时间。

14. 证人董某某证言证实，北都洗浴于2010年6月营业，洗浴的冷水取自地下水井，没安装水表，水资源费收取为估水收费，每年5000元。营业时间是早9时到晚12时，但实际上过了晚上10时就基本没有客人来洗浴了。实际用水时间集中在早9时到晚9时这12个小时的时间段。洗浴用的热水是在二热电购买的，冬天每天用4~5车水，夏天每天用2~3车水，每车10吨水。冷水是他们家自已的地下水，是在2010年4~5月份打的井。洗浴用冷水估计每天20吨。

15. 证人李某某证言证实，洗浴用的冷水取自地下水井，没有水表，半年4000元的标准缴纳水资源费。营业时间是早8时到晚11时，但是过了晚上10时就基本没有顾客来洗浴了，所以顾客比较集中和洗浴用水的主要时间段是早8时到晚9时13个小时。洗浴用热水是在南山购买的，每天3车水，每车10吨。洗浴用冷水是地下井的地下水，具体每天用多少冷水没有计算过。

16. 证人李丙证言证实，鼓浪屿洗浴于2013年承兑，洗浴的冷水取自地下水井，每月缴纳720元水资源费。洗浴用热水从南山附近购买，一车10吨，周末用3~4车水，平时用2车水。10吨热水大概能兑2吨地下水。洗浴用冷水一直用的是地下井水。

17. 证人朱某证言证实，鼓浪屿洗浴会所营业时间为24小时。洗浴客流和洗浴用水主要集中在上午11时到晚上11时这12个小时。

18. 证人魏某证言证实，金海湾会馆于2008年承建，大约9月开业。会馆洗浴用的热水是买的，一车10吨。大概每天3~4车热水，冷水是用地下水。地下水井是建时打的，没有取水证，是潜水泵。2009年被市水利局水政处罚过，罚款5000元。以后就正常收水资源费了。每月水资源费500元，是刘某根据客流量和用水量定的，客流量和用水量是咨询的他。水资源办是估水收费，都是刘某或者其他人打电话通知缴纳水资源费。以前大约每天用地下水20多吨，现在每天用地下水10多吨。这口井一直在用，每月缴纳的水资源费是固定的数额。

19. 证人张某证言证实，他在2009年12月到金海湾工作，客人集中在中午12时之后到晚上12时之间，洗浴用水基本集中在这12个小时。

20. 证人徐某证言证实，清露大众洗浴2008年开业，洗浴用热水是锅炉烧地下水。每天用地下水估计20～30吨。有取水许可证，按表收费每月水资源费大概800～1000元。后来估水收费每月1000元，每天营业时间为早6时至晚10时。

21. 证人刘某某证言证实，他在清露大众洗浴工作四年多了，清露大众洗浴营业时间从早上8时到晚上9时，客人洗浴和洗浴用水均集中在这一时间段。有大概14个小时的用水时间。

22. 证人闫某、丁某证言证实，二人在与刘某共同工作过程中按照刘某要求估水收费的情况。

23. 证人郑某证言证实，曹某在担任城市水资源办公室管理一科科长期间，在对锦州市玉泉宫一部、玉泉宫二部、清露大众洗浴等三家洗浴场所征收水资源费时，按估量定额征收，少征水资源费的情况。

24. 证人陆某某证言，证实水资源费收取情况。

25. 证人于某某证言证实，他在担任水利局局长期间，王某没有向其汇报过估水收费的情况。

26. 证人孙某某证言证实，他在担任水利局副局长期间，王某向其汇报过估水收费的情况，他没有表态。

27. 情况说明证实，涉案洗浴中心的计量设备等相关情况。

28. 单位证明及水资源收费许可证证实，水资源办公室沿革及水资源办公室职权的相关情况。

29. 任职证明及三被告人的户籍证明证实，三上诉人的主体身份情况及任职情况。

30. 玉泉宫一部、玉泉宫二部、清露大众洗浴、金海湾洗浴、北都洗浴、水立方洗浴二部、水立方三部、鼓浪屿洗浴、浴澜泉洗浴营业执照副本、照片、清露大众洗浴取水许可证证实，上述取水用户的营业状况、取水设施及取水许可证的相关情况。

31. 案件来源及抓捕经过证实，案件线索来源及三被告人的到案情况。

32.《关于水资源管理办公室与水政监察支队工作关系说明》证实，城市水资源办公室与水政监察支队关系的相关情况。

33.《说明》证实，涉案洗浴经营场所的名称情况。

34. 缴费单据证实，本案估量收取水资源费的缴费情况。

35. 辽宁省水利厅关于《辽宁省取水许可和水资源费征收管理实施办法》第二十条适用问题意见的函证实，按设备铭牌额定的最大取水能力确定取水量，是惩罚性条款。

本院认为，上诉人王某、曹某、刘某身为国家机关工作人员，在依法执行职务的过程中，在没有法规、规章等规定的情况下，对违规、违章取水用户，擅自决定采取估量的方法收取水资源费，从行为的性质上属于滥用职权行为。原审法院依据载卷证据认定王某少征收水资源费120余万元，曹某少征收水资源费80余万元，刘某少征收水资源费50余万元，其计算的方法、依据，符合客观实际，本院应予支持。上诉人王某、曹某、刘某在履行职务过程中，滥用职权给国家造成了实际财产损失，损失数额达到了法定的立案追诉标准，其三人行为符合滥用职权罪的构成要件，应当以滥用职权罪追究其刑事责任。原判认定事实清楚，定罪准确，量刑适当，三上诉人及其辩护人所提不构成犯罪的上诉理由及辩护意见，因与本院审理查明的事实不符，本院不予支持。综上，经本院审判委员会讨论决定，依照《中华人民共和国刑事诉讼法》第二百二十五条第一款（一）项之规定，裁定如下：

驳回上诉，维持原判。

本裁定为终审裁定。

审 判 长 倪 凯
审 判 员 熊 杰
代理审判员 李 岩

二〇一六年七月八日
书 记 员 李秋月
书 记 员 徐瑞虎

张某某滥用职权、姚某某玩忽职守一审刑事判决书

新乡市凤泉区人民法院

刑事判决书

（2014）凤刑初字第48号

公诉机关：新乡市凤泉区人民检察院。

被告人：张某某，男，1978年11月18日出生，汉族，大专毕业。因涉嫌滥用职权犯罪，2014年5月14日被新乡市凤泉区人民检察院取保候审，2014年6月30日被新乡市凤泉区人民法院取保候审。

被告人：姚某某，男，1965年3月15日出生，汉族，本科毕业。因涉嫌玩忽职守犯罪，2014年5月15日被新乡市凤泉区人民检察院取保候审，2014年6月30日被新乡市凤泉区人民法院取保候审。

辩护人：卫元江，河南中原法汇律师事务所律师。

新乡市凤泉区人民检察院以新凤检公诉刑诉（2014）33号起诉书指控被告人张某某犯滥用职权罪、姚某某犯玩忽职守罪，于2014年6月30日向本院提起公诉。本院依法组成合议庭，于2014年7月25日公开开庭审理了本案。新乡市凤泉区人民检察院代理检察员朱校卿出庭支持公诉，被告人张某某、姚某某及其辩护人卫元江均到庭参加诉讼。现已审理终结。

公诉机关要求以滥用职权罪追究被告人张某某的刑事责任，以玩忽职守罪追究姚某某的刑事责任并提供证据，要求依法予以惩处。

被告人张某某对起诉书指控的罪名没有异议，并自愿认罪。

被告人姚某某对起诉书指控的罪名没有异议，并自愿认罪。

被告人姚某某的辩护人意见：1. 河南省2012年度普遍存在协议收取水资源费的情况。2. 被告人姚某某不存在刑法规定玩忽职守罪严重不负责任的客观表现。3. 用污水排量作为本案鉴定用水量的计算依据，于法无据。起诉书指控的少征收水资源费765512.65元证据不足。4. 案发后，被告人姚某某为挽回损失，杜绝收费漏洞，及时提出了追缴水资源费和建立水资源费征收稽查制度的建议。综上，辩护人认为，公诉机关指控被告人姚某某涉嫌玩忽职守罪，事实不清，证据不足，且姚某某在本案中不存在严重不负责任的情形。因此，请法院综合考虑被告人姚某某到案后态度端正，表现一贯良好，且之前没有任何违法违纪行为，结合2012年度河南省收取水资源费的客观情况，依法作出证据不足的无罪判决。并提供如下证据：1. 河南省水利厅的文件2014年30号，2012年26号，新乡市水利局的文件2012年68号。2. 新乡市凤泉区水利局、公安局联合下发的文件：凤水政（2012）42号文件。3. 2014年5月20日、6月3日姚某某的两个建议，关于水费追缴和水费稽查的建议，水资源缴费通知书。4.2014年7月9日的新乡市凤泉区水利局证明。5.姚某某2012年工作笔记。

经审理查明：

被告人张某某身为新乡市凤泉区水利局水政科负责人，在2012年度对新乡市凤泉区东风造纸总厂（以下简称东风造纸总厂）和四分厂两家企业收取水资源费的过程中，超越自

己的职责权限，不按照企业的实际用水量收取水资源费，而是私自与两家企业协商约定水资源费缴纳数额，实际收取东风造纸总厂和四分厂水资源费 9500 元。经审计，2012 年新乡市凤泉区水利局应向东风造纸总厂和四分厂两家企业收取水资源费 775012.65 元。

被告人姚某某身为新乡市凤泉区水利局分管水政科的副局长，在知晓被告人张某某于 2012 年度未按实际用水量对东风造纸总厂和四分厂两家企业征收水资源费的情况下，严重不负责任，未起到监管职责，未能有效制止张某某的行为，致使新乡市凤泉区水利局少征收水资源费 765512.65 元。

2014 年 5 月 14 日，被告人张某某、姚某某被新乡市凤泉区人民检察院反渎职侵权局传唤到案。

经当庭质证，认定上述事实的证据如下：

1. 被告人张某某的供述证实：我从 2008 年开始对东风造纸总厂征收水资源费。自 2012 年担任凤泉区水利局水政科科长，2013 年 4、5 月前主管领导是姚某某。东风造纸总厂和四分厂曾经装过水表和计时钟，因水的含沙量大，水表容易坏，计时钟操作性强，走的量小，按水表上的数收费要远远低于按协议收的数。所以，和东风造纸总厂的负责人潘某某和四分厂负责人张某甲协商收取水资源费。2012 年我去东风造纸厂收了 2、3 次水费，有 1 万多元。和主管局长姚某某反映过，他也没说不让我协商收费，只说让多收。

2. 被告人姚某某的供述证实：我自 2003 年至 2013 年分管水政水资源办公室（水政科）工作。知道收取水资源费应该根据河南省水资源征收管理办法的规定，按照计量设施计量收费。协商收费是不允许的。对于和东风造纸总厂和四分厂协议收费这个情况，张某某向其汇报说那边水表老是坏，按计时钟又不准，让协议收费。对张某某协商收费的行为没有有效制止过。

3. 证人王某某（凤泉区水利局局长）的证言证实：水资源费征收应当按水表和实际计量收费，如果有破坏水表或计量不符的情况可以处罚，水政科应当监督企业水表和计量设备是否正常。张某某和姚某某向我汇报过计时钟不准确的情况，我要求尽快更换。汇报过水费不好收的情况，但是没有汇报过协商收费。

4. 证人刘某某的证言（2013 年 4 月担任水利局水政水资源办公室主任）证实：证实水政科负责人是张某某，张某某的主要工作是下企业，抄表收费、检查违法用水情况。水政科如果发现取水单位计量器损坏，会要求用水单位立即停止取水，更换新表，当天更换，不能隔夜。如果企业计量设备损坏，一般会在半个月内发现。

5. 证人李某某（水政科工作人员）的证言证实：张某某自 2012 年就担任水政科科长，主管局长是姚某某。对取水企业按计量设施数据收费，按月或季度查表进行收费。收费前查看计量设施，抄表后填单找企业负责人收费。我和张某某去东风造纸厂收费没有按计量设备收费，有时计量设备是坏的，但是都没有要求东风造纸厂进行更换。对东风造纸厂的收费都是张某某找潘某某或张士江直接要钱，双方进行过讨价还价。

6. 证人范某某（水政科工作人员）的证言证实：水资源费的征收流程是每月先查水表，抄表计数，根据抄表单开票给取水企业收费。安装计时钟企业，要看计时钟的时间，再根据时间推算出计时钟所在泵的取水量。协商收费是不允许的。张某某在担任水政科科长之前就负责大块镇的水资源费征收。东风造纸总厂的水资源费一直是由张某某征收的。张某某对东风造纸总厂的三口取水井都安装了计时钟但收费没有按计时钟收过。东风造纸总厂的水资源费是张某某与潘某某、张士江协商收费的。张某某与我向姚某某汇报过协商收费这个情况，汇报过两三次，姚某某没有制止该行为。与东风造纸厂协商收费约定的金额会汇报给姚某某，经姚某某同意后，才会开票收取。

7. 潘某某（东风造纸总厂负责人）的证言证实：2012 年东风造纸总厂和四分厂一直运营，用水来自城市管网以外的地下水，2012 年安装的水表，2012 年之前是计时钟。东风造纸总厂的水费一直都是张某某和我协商收取的，不按计时钟和水表计量收费。东风造纸总厂和四分厂共用一个污水处理厂，由张士江和我共同管理，于 2007 年安装了监控设备，流量计一直没有损坏。

8. 证人张某甲（东风造纸厂四分厂水负责人）的证言证实：2012 年下半年东风造纸厂四分厂水井的水表损坏，没有安装新表。张某某也没有要求更换和安装新表。自 2008 年以后，张某某就一直和我进行协商收取水资源费。东风造纸总厂应该也是协商收费。

9. 证人梁某某的证言证实：2008 年起承包了东风造纸总厂的卫生纸车间，生产用水取自东风造纸总厂的水井，排放的废水排到东风造纸总厂的污水处理厂。2012 年使用的水井安装了水表，安装水表前没有安装计量设备。2012 年装水表后，水费每月向潘某某缴纳。

10. 证人岳某某的证言证实：内容和梁某某基本一致。2012 年安装的水表是水利局要求安装的。2012 年水表安装前，水费是交给水利局的，和张某某进行过协商收费。

11. 证人张某乙的证言证实：2012 年装水表前，卫生纸车间的水费是向水利局缴纳的，张某某来收水费是和岳金岭协商的。

12. 证人杨某某、左某某的证言证实：杭州富铭环境科技有限公司负责东风造纸厂废水在线检测仪器的维护，东风造纸厂的废水在线监测设备是 2010 年调试运行完毕投入使用的，对其检修都能及时处理。废水在线监测设备通过流量计能够监测废水的排放量。废水排放量实际小于企业实际用水量，企业用水量和排放量之间还有生产实际损耗水的量。东风造纸总厂和几个分厂共用一个污水处理厂。东风造纸厂的废水在线监测设备所测算的污水排放量是准确的，科学的。

13. 河南省水资源征收标准证实：我市水资源的征收标准，管网外工业用水为 1 元/立方米。

14.《取水许可和水资源费征收管理条例》（国务院 460 号令）、《河南省取水许可和水资源费征收管理办法》、《新乡市人民政府办公室关于贯彻落实〈河南省取水许可和水资源费征收管理办法〉的实施意见》证实：水资源由审批机关负责征收，即凤泉区辖区内的水资源费由本案中的新乡市凤泉区水利局征收。水资源费的计算依据是企业的实际取水量乘以省发改委确定的城市管网外居民、工业用水每立方米 1.0 元。县级以上水行政主管部门或者其他有关部门及其工作人员有下列行为之一的，由其上级行政机关或者监察机关责令改正；情节严重的，对直接负责的主管人员和其他直接责任人员依法给予行政处分；构成犯罪的，依法追究刑事责任：（五）擅自批准减收、免收或缓缴水资源费的；（六）侵占、截留、挪用水资源费的；（七）不履行监督职责，发现违法行为不予查处的；（八）其他滥用职权、玩忽职守、徇私舞弊的行为。前款第（六）项规定的被侵占、截留、挪用的水资源费应当依法予以追缴。

15. 收费许可证申请表、收费许可证证实：新乡市凤泉区水利局经河南省发改委和新乡市凤泉区发改委审批，是征收水资源费的国家机关。

16. 水政水资源管理办公室岗位职责手册、凤泉区水利局副局长岗位职责、水政水资源管理办公室岗位职责手册证实：水资源科的职责是组织实施取水许可证制度和水资源费征收制度，负责水政监察队伍的领导和管理工作。张某某的主要工作是水政执法领导和管理、水资源费的征收管理。主管水政水资源管理办公室的水利局副局长的职责。姚某某的主要工作是分管水政科和水保工管科的工作，主要负责水资源费的征收、水利工程管理工作。

17. 新乡市凤泉区东风造纸总厂、新乡市凤泉区东风造纸总厂第四分厂企业法人营业执照、税务登记证、取水许可申请书、取水许可证证实：新乡市凤泉区东风造纸总厂、新乡市凤泉区东风造纸总厂第四分厂是两家正规企业。两家企业取水的审批机关是凤泉区水利局，取水用途是用于工业生产，水源来源是自来水管网以外，废水排放都是经过污水处理后，排入民生渠。

18. 河南省行政事业性收费基金专用票据（4 张）证实：2012 年度东风造纸总厂以全年取水 6000 立方米标准向新乡市凤泉区水利局缴纳了 6000 元水资源费。2012 年度东风造纸总厂第四分厂以全年取水 3500 立方米标准向新乡市凤泉区水利局缴纳了 3500 元水资源费。

19. 废水监控数据年报表证实：杭州富铭环境科技有限公司新乡运维中心和新乡市环境保护监测站出具的新乡市东风造纸厂于 2012 年全年排放的污水总量为 775012.65 立方米。

20. 杭州富铭环境科技有限公司、税务登记证、环节污染治理设施运营资质证书证实：杭州富铭环境科技有限公司具有运营自动连续监测污水的资质。

21. .河南省环境监测中心的上岗证证实：证人杨桂文具有废水自动监控基站运行维护的资格。

22.东风造纸总厂、东风造纸总厂第四分厂厂区情况和水井照片证实：东风造纸总厂和四分厂具体的取水位置。

23. 东风造纸总厂污水处理站综合图、污水处理设施、污水在线监测设备照片、新乡市重点污染源自动检测基站建设运行验收档案、在线监测环保设施竣工监测报告表证实：东风造纸总厂和四分厂具体取水地点。新乡市环境保护监测站对东风造纸总厂安装污染源监控系统是符合要求的。

24. 河南省新乡市重点污染源（水）自动监控站资料 COD 在线分析仪说明书证实：在东风造纸总厂安装的在线污水监控设备的工作原理和科学性。

25. 河南省计量科学研究院校准证书证实：我院委托河南省计量科学研究院对东风造纸总厂的超声波明渠流量计做了检测、校准。

26. 新乡市众诚联合会计师事务所出具的审计报告证实：新乡市凤泉区水利局 2012 年应收取东风造纸总厂及其四分厂水资源 775012.65 元，实际收取水资源费 9500 元。少收取水资源费 765512.65 元。

27. 新乡市凤泉区水利局于 2010 年 4 月 19 日至 2013 年 6 月 24 日的会议记录证实：新乡市凤泉区水利局历次会议上的事项，在历次会议中，都可看出水政科与东风造纸总厂和四分厂协议收费，并没有提交会议讨论，无论是张某某还是姚某某都没有将此事提交全局会议解决。

28. 姚某某的笔记本证实：证实姚某某历次参加市水利局会议及各级会议的记录。姚某某对水政业务是熟悉的。对于各类规定也是清楚的。

29. 户籍证明、前科证明、到案经过、职务证明、职责证明证实：被告人张某某、姚某某的年龄、身份、工作职责及均系传唤到案情况。

本院认为，被告人张某某身为国家机关工作人员，在依法执行职务过程中超越其职务范围内的权力，致使新乡市凤泉区水利局少征收水资源费 765512.65 元，其行为已构成滥用职权罪。被告人姚某某身为国家机关工作人员，在依法执行职务过程中未履行监管职责，致使新乡市凤泉区水利局少征收水资源费 765512.65 元，其行为已构成玩忽职守罪。公诉机关所控犯罪事实清楚，证据确实充分，罪名成立。被告人姚某某的辩护人提出公诉机关指控被告人姚某某涉嫌玩忽职守罪，事实不清，证据不足，且姚某某在本案中不存在严重不负责任的情形，不能用污水排量作为本案鉴定用水量的计算依据。要求法院依法作出证据不足的无罪判决的理由，经查，张某某与范某某向姚某某汇报过协商收费这个情况，姚某某并没有制止该行为，明知道计时钟不准确而未要求采取其他措施，其玩忽职守的行为是显而易见的。辩护人提供的证据不影响本案定罪，其辩护人的上述意见本院不予采纳。案发后，被告人张某某、姚某某积极采取措施挽回经济损失，且有挽回经济损失的可能。综合本案案情，根据本案的犯罪事实、犯罪性质、情节和对社会的危害程度，经本院审判委员会讨论决定，依照《中华人民共和国刑法》第三百九十七条第一款、第三十七条、《最高人民法院、最高人民检察院关于办理渎职刑事案件适用法律若干问题的解释（一）》第一条第（二）项之规定，判决如下：

一、被告人张某某犯滥用职权罪，免予刑事处罚。

二、被告人姚某某犯玩忽职守罪，免予刑事处罚。

如不服本判决，可在接到判决书的第二日起十日内，通过本院或直接上诉于新乡市中级人民法院。书面上诉的，应提交上诉状正本一份，副本二份。

审 判 长　李　瑞

审 判 员　刘会珍

人民陪审员　邹令青

二〇一四年八月二十七日

书 记 员　张鸿儒

被告人徐某甲、周某某滥用职权一审刑事判决书

河南省新野县人民法院

刑事判决书

（2014）新刑初字第00142号

公诉机关：新野县人民检察院。

被告人：徐某甲，男，1965年6月24日出生。因涉嫌犯滥用职权罪于2014年4月25日被取保候审。现在家。

辩护人：沈晨永，河南锦明律师事务所律师。

被告人：周某某，男，1962年1月12日出生。因涉嫌犯滥用职权罪于2014年4月25日被取保候审。现在家。

辩护人：贾东亮，河南锦明律师事务所律师。

新野县人民检察院以新检公诉刑诉（2014）135 号起诉书指控被告人徐某甲、周某某犯滥用职权罪，于2014年6月24日向本院提起公诉。本院于同日立案，并依法组成合议庭，公开开庭审理了本案。新野县人民检察院指派检察员王峰出庭支持公诉，被告人徐某甲及其辩护人沈晨永、被告人周某某及其辩护人贾东亮均到庭参加了诉讼。现已审理终结。

经审理查明，2008年1月至2013年12月期间，被告人徐某甲、周某某在新野县水利局节水办工作期间，负责新野县人民医院、新野县卫校、新野县东方制品公司、新野县德瑞花园等四个单位的水资源费征收工作。依据国务院及河南省相关法规规定，没有安装计量设施的，按照日最大取水量核定水资源费，而被告人徐某甲、周某某在收取上述四个单位水资源费时，违反法规规定，以和四个单位负责人协商的金额收取。按照相关规定上述四个单位应缴纳水资源费192.22万元，实际收取四个单位水资源费共计77.33万元，致使国家水资源费流失114.89万元。

上述事实，被告人徐某甲、周某某在开庭审理过程中亦无异议，并有被告人徐某甲、周某某的供述，证人王某某、安某某、郑某、徐某乙、李某某、李某等人的证言，收费票据、情况说明、新野县水利局文件、身份证复印件等证据在卷予以证实，足以认定。

本案经本院审判委员会讨论认为，被告人徐某甲、周某某身为国有事业单位工作人员，在水资源费的征收过程中，超越职权，违反法律法规的规定征收水资源费，造成水资源费流失114.89万元，致使人民利益遭受重大损失，其行为已构成滥用职权罪，依法应当受到惩罚。公诉机关指控的罪名成立，要求依法惩处的理由充分，依法予以支持。本案虽在理论上计算出水资源费损失的数额较大，但考虑到新野县人民医院、新野县卫校、新野县东方制品厂、新野县德瑞花园水泵年久失修，且受电压、季节、生产、生活情况等多种因素影响，水泵标称的最大出水量与实际最大出水量之间存在一定差异，故被告人徐某甲、周某某的犯罪情节轻微，不需要判处刑罚，依法可以免予刑事处罚。辩护人沈晨永、贾东亮辩护认为，指控被告人徐某甲、周某某给国家造成损失的数额有误，徐某甲、周某某犯罪情节轻微的意见，与本院查明的事实相符，依法予以采纳。为了打击犯罪，保障国家机关的正常活动，依照《中华人民共和国刑法》第三百九十七条第一款、第二十五条第一款、第三十七条之规定，判决如下：

一、被告人徐某甲犯滥用职权罪，免予刑事处罚。

二、被告人周某某犯滥用职权罪，免予刑事处罚。

如不服本判决，可在接到判决书的第二日起十日内，通过本院或直接向河南省南阳市中级人民法院提出上诉。书面上诉的，应当提交上诉状正本一份，副本五份。

审 判 长　何 霞
审 判 员　张正清
人民陪审员　王炳会

二〇一四年八月十四日
书 记 员　刘海洲

李某某、崔某某滥用职权一审刑事判决书

新乡市凤泉区人民法院

刑 事 判 决 书

（2015）凤刑初字第 44 号

公诉机关：新乡市凤泉区人民检察院。

被告人：李某某，男，汉族，专科毕业，河南省新乡市牧野区水利局科员，因涉嫌滥用职权罪，经新乡市凤泉区人民检察院决定对其取保候审，于 2015 年 1 月 29 日交新乡市公安局洪门分局执行；因涉嫌滥用职权罪，2015 年 6 月 26 日被新乡市凤泉区人民法院取保候审。

被告人：崔某某，男，汉族，专科毕业，新乡市牧野区水利局党组成员，因涉嫌犯有滥用职权罪，经新乡市凤泉区人民检察院决定，于 2015 年 1 月 29 日被新乡市公安局耿黄分局执行刑事拘留；因涉嫌犯有滥用职权罪，经本院决定对其取保候审，于 2015 年 2 月 4 日交新乡市公安局东街分局执行。因涉嫌滥用职权罪，2015 年 6 月 26 日被新乡市凤泉区人民法院取保候审。

辩护人：董玉南、张学勇，均系河南启轩律师事务所律师。

新乡市凤泉区人民检察院以新凤检公诉刑诉（2015）25 号起诉书指控被告人李某某、崔某某犯滥用职权罪，于 2015 年 6 月 26 日向本院提起公诉。本院依法组成合议庭，于 2015 年 8 月 27 日公开开庭审理了本案。新乡市凤泉区人民检察院检察员朱校卿出庭支持公诉，被告人李某某、崔某某及其辩护人董玉南均到庭参加诉讼。现已审理终结。

公诉机关要求以滥用职权罪追究被告人李某某、崔某某的刑事责任并提供证据，要求依法予以惩处。

被告人李某某对起诉书指控的罪名没有异议，并自愿认罪。

被告人崔某某对起诉书指控的罪名没有异议，并自愿认罪。

被告人崔某某的辩护人意见：1.被告人崔某某当庭自愿认罪，且主观恶性小。2.被告人崔某某分管监察一中队期间，在客观上的确采取了相应的监管措施。比如他主持对涉案用水单位作出行政处罚决定，并向人民法院申请强制执行；通过水利局向用水单位及各监察中队多次下发文件，要求按法律的规定安装和催促安装用水计量设施等。但协议收费一直是历史遗留问题，被告人崔某某所在单位历任领导都没能解决好，安装过的取水计量设施也一直出故障，难以达到按照水量收费的法定要求。3.案发后，被告人崔某某已经尽力为国家挽回了损失。综上，辩护人认为，被告人崔某某属于初犯、偶犯，对被告人崔某某的犯罪行为，建议适用免予刑事处罚。并提供证据：河南省新乡市牧野区人民法院（2005）牧行初字第 10 号行政裁定书、违法案件讨论笔录、处罚决定书、权利告知书、水泵型号证明。

经审理查明：

被告人李某某身为新乡市牧野区水利局水政监察大队一中队队长，在 2013 年度对新乡市制药股份有限公司征收水资源费的过程中，经过分管水政监察大队的新乡市牧野区水利局党组成员被告人崔某某的同意，超越职责权限，不按照企业实际用水量收取水资源费，

而是私自与该企业协商约定水资源费缴纳数额，实际收取新乡市制药股份有限公司水资源费 99900 元。经审计，2013 年新乡市牧野区水利局应向新乡市制药股份有限公司收取水资源费 1502088.52 元，少征收该企业水资源费 1402188.52 元。案发后，新乡市牧野区水利局追缴新乡市制药股份有限公司水资源费 140 万元。

2015 年 1 月 29 日被告人李某某、崔某某被新乡市凤泉区人民检察院反渎职侵权局传唤到案。

经当庭质证，认定上述事实的证据如下：

一、书证

1. 户籍证明：证实被告人李某某、崔某某的年龄、住址及个人具体情况。二被告人均达到刑事责任年龄，具有完全的刑事责任能力。

2. 无犯罪记录证明、调查报告：新乡市公安局东街分局、洪门分局出具两名被告人均无前科的事实。

3. 到案经过：证实两名被告人均系传唤到案的事实。

4. 李某某的职务证明、职级证明及执法证：证实被告人李某某 2011 年任新乡市牧野区水利局水政监察大队一中队队长，负责一中队辖区内水政水资源管理工作。河南省人民政府颁发的水利行政执法工作证。

5. 崔某某的职务证明、职责证明及执法证：证实被告人崔某某任新乡市牧野区水利局任水利局党组成员，于 2012 年 10 月分管一中队、二中队，负责水政水资源管理工作，具有水利部颁发的水利行政执法工作证。

6. 牧野区水利局收费许可证、牧野区水利局岗位职责：证实牧野区水利局职责范围中第二项为取水许可、水资源有偿使用，水资源征收有河南省发改委颁发的水资源费收费许可证，水利局系合法的水资源费征收主体。

7. 新乡市制药股份有限公司营业执照、税务登记证、组织机构代码证证实：新乡市制药股份有限公司系合法纳税的企业法人。

8. 取水许可证、排污许可证证实：新乡制药股份有限公司取水的审批机关是牧野区水利局，取水用途是用于工业生产，水源来源是自来水管网以内，废水排放都是经过污水处理后，排入小尚庄污水处理厂。

9.《中国人民共和国水法》、《取水许可费征收管理条例》(国务院第 460 号令)、《河南省取水许可制度和水资源费征收管理办法》、《河南省发改委、省财政厅关于调整全省水资源费征收标准的通知》、新乡市人民政府办公室关于贯彻落实《河南省取水许可和水资源费征收管理办法》的实施落实证实：水资源由审批机关负责征收，即牧野区辖区内的水资源费由本案中的新乡市牧野区水利局征收。水资源费的计算依据是企业的实际取水量乘以省发改委确定的城市管网内居民、工业用水每立方米 1.4 元。

10. 河南省行政事业性收费基金专用票据：证实 2013 年新乡市制药股份有限公司按照 1 立方米 1.4 元的标准全年向新乡市牧野区水利局缴纳水资源费 99900 元。

11. 新乡市制药股份有限公司 2013 年度废水监控数据报表：证实新乡市环境保护监测站出具新乡市制药股份有限公司 2013 年度 12 个月排放废水的总量为 1263722.37 吨。

12. 新乡市制药股份有限公司自来水水费清单：证实 2013 年新乡市制药股份有限公司 6 个用水户号使用自来水共计 190802 吨。

13. 新乡市制药股份有限公司各车间污水处理分布图、新乡市制药股份有限公司平面图：证实新乡市制药股份有限公司的生活废水、生产废水都要经总排放口排除。

14. 产品购销合同、在线监测环保设施竣工检测报告表、河南省计量科学研究院检定证书、情况说明：证实新乡市制药股份有限公司于 2010 年购买了杭州富铭环境科技有限公司生产的超声波明渠流量计等废水监控设备及在线污水监控设备的工作原理和科学性。

15. 新乡市制药股份有限公司地下水取水井、水表、污水处理设施、污水排放总口及污水在线监测设备照片：证实新乡市制药股份有限公司具体采取地下水的地点以及厂区污水处理设备的具体情况，以及安装污水在线监测设备的位置。

16. 缴纳地下水资源费通知书证实：牧野区水利局于 2015 年 1 月至 3 月已向新乡市制药股份有限公司下了三份水资源费催费通知。

17.新乡市牧野区水利局水行政执法及水资源费征收整改措施：证实凤泉区检察院反渎职侵权局对崔某某、李某某立案后，牧野区水利局免去了崔某某、李某某的职务。并对水政执法进行了监督检查。并要求辖区内未足额缴纳水资源费的企业于 3 月底补充到位。

18. 新乡市众诚联合会计师事务所出具的审计报告证实：新乡市牧野区水利局 2013 年应收取新乡制药股份有限公司水资源 1502088.52 元，实际收取水资源费 99900 元。少收取水资源费 1402188.52 元。

19. 一般缴款单、银行承兑汇票证实：新乡制药股份有限公司退出水资源费 140 万元。其中退至凤泉区检察院 50 万元，退至新乡市牧野区水利局承兑汇票 90 万元。

二、证人证言

1. 证人冯某某的证言证实：2013 年 6、7 月至今，在我负责水资源费缴纳工作期间，水资源费征收是按照协议每个月 1 万元缴纳的。这是和水利局协商好的，从我接收以来就是这个标准。之前是姚某某副总经理负责的。2014 年水利局要求安装水表的，但没有按照水表计量缴纳过水资源费。我们厂是牧野区水利局的李某某和郎某某负责征收水资源费的，一般来之前李某某会和我先联系，然后按照协商好的数开好票到厂里找我，我找领导签字后，交给财政。

2. 证人陈某某的证言证实：2012 年年中到 2013 年年底姚某某副厂长安排我负责和水利局收水资源费的人员接触的，我刚负责的时候我们厂没有水表，后来水利局要求安装水表。水表安装的这半年期间，没有按照实际用水量收取水资源费。按照每个季度给水利局 21000 元钱的标准交水资源费。到了 2013 年 4 月，姚厂长告诉我按照每个月 10000 元钱交水资源费。这个数额怎么来的我不清楚，我只是按照这个办的手续。水利局是一个姓郎的和一个瘦高个过来收水资源费和看水表。

3. 证人姚某某的证言证实：2005 年 5 月左右牧野区水利局开始对新乡制药公司收取水资源费。每月大约 7000 元，后来一直延续这个标准。大概 2006 年或 2007 年装过一次表，水利局是想按水表计量收费，但用不到 1 个月就坏了，所以也没有执行过按照水表收费。新乡制药公司的地下水资源费的缴纳工作 2005 年到 2013 年是我负责管理的。我负责期间都是李某某和一个姓郎的征收水资源费。后来李某某拿着文件要求涨，最后协商按照每月 1 万元的标准缴纳，具体什么时间记不清了。2013 年将水资源费的工作交给了冯某某，让他按照之前商定好的每月 1 万元的标准缴纳。

4. 证人张某某的证言证实：我们厂生产用水的水井维护和检修都是我们机修段派人配

合谢某某一起维修的。大概在2011年换过一次水表，是谢某某和王某甲换的，水表是从厂仪表组领的。在这之前进行过一次维修，姚某某让修的。2013年之后因为工作变动我就不知道了。

5. 证人谢某某的证言证实：现在正在使用的水表是2014年年初时我和王某甲换的，水表是从我们厂动力分厂仪表组肖某某那儿领的。是领导冯某某让换的，说水表看不清了。大概2010年更换过一次水表。两次换表没有记录。

6. 证人孙某某的证言证实：2012年7月至今任牧野区水利局局长，负责水利局的全面工作。刚到任时我让当时分管水资源费收缴工作的杨某某副局长和崔某某主任给我汇报过水资源费的收缴工作。他们告诉我辖区内的一些企业是按照流量计收取水资源费的，还有一些是按照协议收费的。我就要求他们安装计量设施，按照实际流量收取水资源费，但后来极个别企业水表经常坏，对这些企业也要求提高协议标准。这其中包括新乡制药有限公司。大概是在2012年11月水资源费的收缴工作全部由崔某某主任分管。

7. 证人杨某某的证言证实：2006年到2012年7、8月之间我分管一中队的水资源费的征收工作。新乡制药有限公司是按照每月7000元标准征收的，这是历史遗留问题，在我们之前新乡市节水办就是这个标准。吴某某局长和孙某某也都知道。我们想按水表计量征收，但水表经常坏。2012年我把一中队的工作交给了崔某某，具体怎么收我就不知道了。

8. 证人郎某某的证言证实：大概2005年、2006年李某某和我开始负责新乡制药股份有限公司的水资源费的征收工作。收水费时，我们就是去送个票，每次收的数额就是按照商量好的数额收取。我们每次去之前是李某某和新乡制药股份有限公司的人联系，票给他们，过几天通知我们去拿支票。安过两次水表，没有按照水表收过水资源费。

9. 证人郇某某的证言证实：之前一部分企业是按协议收费的。2013年要求安装水表，但安装了水表也没有照计量收取水费。

10. 证人王某乙的证言证实：从2013年6月至今我负责对新乡制药股份有限公司污染源的监控，之前是杨某乙负责。新乡制药股份有限公司废水流量是通过明渠流量计进行在线监控统计的，是2009年安装的，就一个。我负责期间新乡制药股份有限公司的明渠流量计运行正常。

11. 证人杨某乙的证言证实：杭州富铭环境科技有限公司是2009年对新乡制药股份有限公司的污染源开始监控的。我是从2012年到2013年负责，之后是王某乙。新乡制药股份有限公司废水流量是通过明渠流量计进行在线监控统计的，是2009年安装的，就一个。我负责期间运行一直都正常，检查有记录。

三、被告人供述

被告人李某某的供述证实：对新乡制药股份有限公司征收水资源费，不是按水表来收费的，是按固定数额协议收取的。我接手刚开始每个月7000元钱，后来每个月10000元钱是领导们通过协调，最后崔某某副局长告知我这样执行的。我和郎某某去收取新乡制药股份有限公司的水资源费，一般一两个月去收取一次，在厂门口把水资源费的票据给厂里人，之后他们会把钱打到财政局的账户上。协议收取水资源费数额的协商与制定我都没有参与，我只是一个执行者。

被告人崔某某的供述证实：我是2006年至今任牧野区水利局党组成员、主任科员。2012年10月至今，分管水政监察大队的工作。新乡制药股份有限公司的水资源费是由一中队李某某与郎某某负责征收的。他们是定额收的，每个月收7000元，2014年以后是每个月8000元。这个标准是一中队与该公司谈的结果，在局全体例会上汇报过。新乡制药股份有限公司是在2014年下半年安装新水表的，之后是否按照计量收费的没有落实。

本院认为，被告人李某某、崔某某身为国家机关工作人员，在依法执行职务过程中故意逾越其职务范围内的权力，致使新乡市牧野区水利局少征收水资源费1402188.52元，其行为均已构成滥用职权罪。公诉机关所控犯罪事实清楚，证据确实充分，罪名成立。案发后，被告人李某某、崔某某积极采取措施挽回经济损失140万元。被告人崔某某辩护人关于被告人崔某某系初犯、偶犯、自愿认罪、犯罪情节轻微的意见本院予以采纳。综合本案案情，根据本案的犯罪事实、犯罪性质、情节和对社会的危害程度，经本院审判委员会讨论决定，依照《中华人民共和国刑法》第三百九十七条第一款、第三十七条、《最高人民法院、最高人民检察院关于办理渎职刑事案件适用法律若干问题的解释(一)》第一条第(二)项之规定，判决如下：

一、被告人李某某犯滥用职权罪，免予刑事处罚。

二、被告人崔某某犯滥用职权罪，免予刑事处罚。

如不服本判决，可在接到判决书的第二日起十日内，通过本院或直接上诉于新乡市中级人民法院。书面上诉的，应提交上诉状正本一份，副本二份。

审　判　长　　李　瑞
审　判　员　　刘会珍
人民陪审员　　孙要安

二〇一五年九月十四日
书　记　员　　张鸿儒

李柱、李跃勇、王洁刑事判决书

河南省郑州市管城回族区人民法院

刑事判决书

（2015）管刑初字第564号

公诉机关：河南省郑州市管城回族区人民检察院。

被告人：李某，男，1974年4月10日出生，汉族。因涉嫌犯滥用职权罪，于2015年5月23日被郑州市公安局二里岗分局刑事拘留，同年6月9日被逮捕。现羁押于郑州市第三看守所。

辩护人：杨志强，河南顺宇律师事务所律师。

被告人：李某某，男，1968年10月27日出生，汉族。因涉嫌犯滥用职权罪，于2015年5月23日被郑州市公安局二里岗分局刑事拘留，同年6月9日被逮捕。现羁押于郑州市第三看守所。

辩护人：邢娟，河南栋梁律师事务所律师。

被告人：王某，男，1973年11月16日出生，汉族，住郑州市中原区棉纺路与桐柏路交叉口锦艺国际华都2期8号楼1单元19楼1907室（户籍在郑州市中原区颖河路110号）。因涉嫌犯滥用职权罪，于2015年6月1日被郑州市公安局二里岗分局刑事拘留，同年6月19日被逮捕。现羁押于郑州市第三看守所。

辩护人：唐军，河南大沧海律师事务所律师。

辩护人：李伟，河南大沧海律师事务所律师。

河南省郑州市管城回族区人民检察院以郑管检公诉刑诉（2015）377号起诉书指控被告人李某、李某某、王某犯滥用职权罪，于2015年11月4日向本院提起公诉。本院依法组成合议庭，公开开庭审理了本案。郑州市管城回族区人民检察院指派检察员袁艳永出庭支持公诉，被告人李某及其辩护人杨志强、被告人李某某及其辩护人邢娟、被告人王某及其辩护人唐军、李伟到庭参加了诉讼。现已审理终结。

河南省郑州市管城回族区人民检察院指控，被告人李某、李某某、王某作为郑州市供水节水技术中心监察科工作人员，负责对违反节约用水取水设施计量、水资源费征收管理法律、法规、规章行为的水政监察工作，并负责抽查人工计量数据质量和对违法行为开展巡查、查处等工作。

2013年4、5月，被告人李某、李某某、王某到郑州市管城回族区德济路逸龙湾商务休闲会所进行检查时，未对该商务休闲会所取水许可年限已到期的情况进行检查，在发现该会所擅自更换出水井管道，使水流绕过出水表致使出水井水表无法正常工作，违规将本应仅限于水源热泵（地温空调）使用的地下水用于洗浴经营后，接受该会所相关人员安排的洗浴、按摩和吃请，故意不认真履行职责，未对该会所的违法行为进行处罚，也未上报，致使该会所自2012年12月以来长期违规盗用地下水用于经营，经管城回族区价格认证中心鉴定，该会所共偷逃水资源费6299712元。

2015年5月22日，郑州市人民检察院将被告人李某、李某某、王某涉嫌滥用职权一案指定我院管辖，被告人李某、李某某于2015年5月22日被带至我院接受调查；同年6

月 1 日被告人王某主动到我院接受调查。被告人李某、李某某、王某归案后始终如实供述上述犯罪事实。

针对上述指控，公诉机关提供了被告人李某、李某某、王某供述，证人郭某、陈某某、朱某某、赵某某、童某某、张某某证言，到案经过，逸龙湾商务休闲会所出具的消费清单，郑州清韵洗浴取水许可证及登记表，上海威沪泵业有限公司销货清单，关于郑州市供水节水技术监察科工作职责的说明，郑州市陇海影剧院自来水清单，郑州市管城区逸龙商务休闲会所工商登记信息，郑州市供水节水技术中心科室职责，郑州市供水节水技术中心出具的证明，《关于调整郑州市地下水资源费征收标准的通知》，郑州市物价局颁发的《收费许可证》，《计划用水管理工作制度》，《网格化管理制度》，网格化管理巡查及责任追究制度，地下水资源管理工作制度，行政执法巡查制度，计划用水考核及规费征收工作督办制度制度，取水许可和水资源费征收管理条例，河南省节约用水管理条例，郑州市节约用水条例，劳动合同书，李某某、李某、王某任职证明、年龄证明及户籍证明，李某某、李某书写的情况说明，管城区逸龙湾商务休闲会所使用地下水资源费的价格鉴定意见书，辨认笔录，郑州市管城区人民检察院勘验检查笔录等证据，认为被告人李某、王某身为国家机关工作人员，李某某身为受委托从事公务的人员，徇私舞弊、滥用职权，致使国家利益遭受损失，情节特别严重，其行为均触犯了《中华人民共和国刑法》第三百九十七条第二款、第二十五条第一款之规定，构成滥用职权罪。遂提起公诉，请依法判处。

被告人李某对公诉机关指控其犯滥用职权罪没有异议，但认为公诉机关指控的损失数额过高。

其辩护人的辩护意见是：被告人李某不符合滥用职权的构成要件，没有滥用职权的客观行为，数额上，本案的物件鉴定不能作为定案的依据，鉴定方法错误。在共同犯罪中，应当认定被告人李某系从犯，在配合调查期间主动供述了犯罪事实，应认定自首，希望对其免予刑事处罚。

被告人李某某指控其犯滥用职权罪没有异议，既然已经造成损失，也愿意承担责任，希望对其从轻处罚。

其辩护人的辩护意见是：被告人李某某滥用职权的事实不清、证据不足，不存在滥用职权的行为，且起诉书指控的数额不能作为定罪量刑的标准。

被告人王某指控其犯滥用职权罪没有异议，但认为公诉机关指控的损失数额过高。

其辩护人的辩护意见是：公诉机关指控的滥用职权的水资源费不是本案三被告人造成的实际损失，逸龙湾商务休闲会所偷逃地水量应客观的扣除正常缴纳的水资源费对应的水量、正常缴纳自来水对应的水量、回水的水量。被告人王某具有自首情节，且系从犯，建议对其免予刑事处罚。

经审理查明：被告人李某、李某某、王某作为郑州市供水节水技术中心监察科工作人员，负责对违反节约用水取水设施计量，水资源费征收管理法律、法规、规章行为的水政监察工作，并负责抽查人工计量数据质量和对违法行为开展巡查、查处等工作。

2013 年 4、5 月，被告人李某、李某某、王某到郑州市管城回族区德济路逸龙湾商务休闲会所进行检查时，未对该商务休闲会所取水许可年限已到期的情况进行检查，在发现该会所擅自更换出水井管道，使水流绕过出水表致使出水井水表无法正常工作，违规将本应仅限于水源热泵（地温空调）使用的地下水用于洗浴经营后，故意不认真履行职责，未对该会所的违法行为进行处罚，也未上报，致使该会所自2012年12月以来长期违规盗用地下水用于经营，经管城回族区价格认证中心鉴定，该会所共偷逃水资源费6299712元。

2015年5月22日，郑州市人民检察院将被告人李某、李某某、王某涉嫌滥用职权一案指定我院管辖，被告人李某、李某某于2015年5月22日主动到郑州市管城回族区检察院接受调查；同年6月1日被告人王某主动到郑州市管城回族区检察院接受调查。被告人李某、李某某、王某归案后均能始终如实供述上述犯罪事实。

上述事实，有下列证据证实：

1. 被告人李某、李某某、王某的供述，均证实三被告人系郑州市供水节水技术中心监察科工作人员，其工作职责是对违反节约用水取水设施计量、水资源费征收管理等的水政监察工作，并负责抽查人工计量数据质量和对违反行为开展巡查、查处工作。2013年4、5月，三被告人到管城区逸龙湾商务休闲会所进行检查时，未对该单位的取水许可证年限已到期的情况检查，发现问题后，故意不认真履行职责，未进行处罚，也未上报情况。

2. 证人郭某的证言，证明其也系郑州市供水节水技术中心监察科工作人员，于2013年4、5月份，和被告人李某、李某某、王某一起到管城区逸龙湾商务休闲会所进行检查；

3. 证人陈某某的证言，证明其案发时任郑州市供水节水技术中心监察科科长，监察科的工作职责及工作人员的分工情况。

4. 证人赵某某、童某某的证言，证实了三被告人到其工作的逸龙湾商务休闲会所检查的情况；

5. 管城区逸龙湾商务休闲会所使用地下水资源费的价格鉴定意见书，证明该会所共偷逃水资源费6299712元；

6. 到案经过及情况说明等，证明三被告人的到案情况，被告人李某、李某某于2015年5月22日由郑州市供水节水技术中心工作人员带至管城区检察院协助调查；被告人王某于2015年6月1日主动投案的情况。

7. 陇海影剧院自来水用水清单及逸龙湾商务休闲会所水源热泵费、水资源费的使用清单，证明逸龙湾商务休闲会所水资源热泵费、水资源费的适用情况；

8. 逸龙湾商务休闲会所出具的消费清单，郑州清韵洗浴取水许可证及登记表，上海威沪泵业有限公司销货清单，关于郑州市供水节水技术监察科工作职责的说明，郑州市管城区逸龙商务休闲会所工商登记信息，郑州市供水节水技术中心科室职责，郑州市供水节水技术中心出具的证明，《关于调整郑州市地下水资源费征收标准的通知》，郑州市物价局颁发的《收费许可证》，《计划用水管理工作制度》，《网格化管理制度》，网格化管理巡查及责任追究制度，地下水资源管理工作制度，行政执法巡查制度、计划用水考核及规费征收工作督办制度制度，取水许可和水资源费征收管理条例，河南省节约用水管理条例，郑州市节约用水条例，劳动合同书，李某某、李某、王某任职证明，年龄证明及户籍证明，李某某、李某书写的情况说明、辨认笔录，郑州市管城区人民检察院勘验检查笔录等证据附卷，与相关证据相互印证，佐证了案件事实。

本院认为，被告人李某、王某身为国家机关工作人员，被告人李某某身为受委托从事公务的人员，滥用职权，致使国家利益遭受重大损失，情节特别严重，其行为均已构成滥用职权罪。公诉机关指控被告人李某、李某某、王某犯滥用职权罪的事实清楚，证据确实、充分，指控罪名成立，本院予以支持。三被告人在共同执法过程中，分工配合，应对整个执法活动共同负责，在共同犯罪中均系主犯。

本案三被告人履行水政监察工作职责时，在发现逸龙湾商务休闲会所违法使用地下水资源时，未对该会所的违法行为进行处罚，也未上报，故意不认真履行职责，但并非为了徇私情、私利，故对公诉机关指控三被告人徇私舞弊的情节不予认定。

本案逸龙湾商务休闲会所的前身为郑州清韵洗浴，其经审批机关批准的取水许可证的有效期于2012年11月14日到期，但三被告人在对逸龙湾商务休闲会所检查时，既未对该会所取水许可证已到期的情况进行检查，也未对已发现的违法情况进行处理，也未上报，致使逸龙湾违法使用地下水资源一直持续至本案案发。因逸龙湾商务休闲会所实际的取水量已无法计算，现公诉机关提供价格鉴定意见书，并将其中数额作为造成损失的数额依据，本院予以采纳。故对三被告人及其辩护人提出的数额计算不当的意见，本院不予采纳。

被告人李某、李某某在配合侦查机关调查时，能主动供述自己的犯罪事实，被告人王某能主动投案，并能如实供述自己的犯罪事实，均依法认定为自首。三被告人辩护人的该项辩护意见成立，本院予以采纳。

根据被告人犯罪的事实和性质，对其依法应在“三年以上七年以下有期徒刑”的法定刑幅度以内处以适当刑罚。鉴于三被告人均有自首情节，依法可对其减轻处罚。对被告人王某适用缓刑，应不致再危害社会。依照《中华人民共和国刑法》第三百九十七条第一款、第二十五条第一款、第六十七条第一款、第七十二条第一款、第七十三条第二款和第三款的规定，经本院审判委员会讨论决定，判决如下：

一、被告人李某犯滥用职权罪，判处有期徒刑一年。

（刑期从判决执行之日起计算。判决执行以前先行羁押的，羁押一日折抵刑期一日。即自2015年5月23日起至2016年5月22日止。）

二、被告人李某某犯滥用职权罪，判处有期徒刑一年。

（刑期从判决执行之日起计算。判决执行以前先行羁押的，羁押一日折抵刑期一日。即自2015年5月23日起至2016年5月22日止。）

三、被告人王某犯滥用职权罪，判处有期徒刑一年，缓刑一年。

（缓刑考验期限，从判决确定之日起计算。）

如不服本判决，可在接到判决书的第二日起十日内，通过本院或者直接向河南省郑州市中级人民法院提出上诉，书面上诉的，应当提交上诉状正本一份，副本二份。

审 判 长　常　菲

人民陪审员　张小旺

人民陪审员　乔　梁

二〇一五年十二月三十日

杨某甲滥用职权一审刑事判决书

河南省扶沟县人民法院

刑事判决书

（2016）豫1621刑初105号

公诉机关：扶沟县人民检察院。

被告人：杨某甲，男，1964年9月1日出生，汉族，中共党员。因涉嫌滥用职权罪于2016年3月29日被扶沟县人民检察院取保候审。因涉嫌滥用职权罪于2016年5月11日被扶沟县人民法院取保候审。

扶沟县人民检察院以扶检公诉刑诉（2016）89号起诉书指控被告人杨某甲犯滥用职权罪，于2016年5月9日向本院提起公诉。本院依法组成合议庭，公开开庭审理了本案。扶沟县人民检察院指派检察员邹婧、张松涛出庭支持公诉，被告人杨某甲到庭参加诉讼。现已审理终结。

扶沟县人民检察院指控：被告人杨某甲自2009年至2015年担任沈丘县水利局节水办办公室主任期间，违反《中华人民共和国水法》《取水许可和水资源费征收管理条例》《河南省取水许可和水资源费征收管理办法》有关规定，超越职权，私自决定对有关不安装水表且不办理取水许可证的单位少征、不征水费，造成国家水资源费损失5503200元。

1. 沈丘县国税局在自备井水表已损、未办理取水许可证的情况下，利用出水量为50吨/小时的潜水泵非法取水，杨某甲作为征收水资源费的直接负责人，私自决定对该单位以8000元/年标准定额收费，致使2012至2015年该单位仅缴纳水资源费24000元，造成国家水资源费损失1027200元。

2. 沈丘县一高（现沈丘县第一初级中学）在两眼自备井均未安装水表、取水许可证于2012年作废的情况下，利用出水量为50吨/小时的潜水泵非法取水，杨某甲作为征收水资源费的直接负责人，私自决定对该单位以每人60升/天用水标准定额收费，致使2009年1月至2014年12月该单位仅缴纳水资源费156000元，造成国家水资源费损失2997600元。

3. 沈丘县医院新院在自备井未安装水表、未办理取水许可证的情况下，利用出水量为50吨/小时的潜水泵非法取水，直至2015年4月才安装远程监控，杨某甲作为征收水资源费的直接负责人，私自决定对该单位定额收费，致使2009年7月至2014年7月该单位仅缴纳水资源费30000元，2014年8月至2015年3月未收取任何费用，造成2009年7月至2015年3月国家水资源费损失1478400元。公诉机关向法庭提供的主要证据有被告人供述、证人证言及相关书证等证据，认为被告人杨某甲的行为触犯了《中华人民共和国刑法》第三百九十七条第一款之规定，应当以滥用职权罪追究其刑事责任。请求依法判处。

被告人杨某甲对公诉机关指控其犯滥用职权罪的犯罪事实供认不讳，对指控的罪名也未提出异议。但其辩称公诉机关指控其行为造成国家水资源费损失的计算方法不当，从而计算得出的水资源费的损失数额也不对，公诉机关指控的水资源费的损失数额远远大于违法用水单位实际应当补交的水资源费的损失数额，我们已经积极、努力对违法用水单位按照规定安装水表，并对所欠缴的水资源费进行追缴。被告人杨某甲当庭向法庭提交的证据有：

（1）沈丘县人民医院新院建筑面积 3.96 万平方米和 2014 年 8 月由老院区搬迁新院区的证明、沈丘县一高、沈丘县县医院、沈丘县国税局 2016 年 4 月和 6 月取水记录卡、沈丘县节水办缴款通知书、水资源费缴款非税收入票据、沈丘县一高现有水井一眼的证明及沈丘县人民医院和沈丘县一高设备安装调试现场检测记录等证据，该组证据共计 8 页；

（2）被告人杨某甲按照三家违法用水单位 2016 年水表实际用水量、依据河南省地方用水定额标准、采取分阶段计算的方法，计算得出的三家违法用水单位实际应当补交的水资源费的损失数额 368496 元，该组证据共计 7 页。被告人杨某甲提交的 15 页证据，以证实公诉机关指控的水资源费的损失数额远远大于违法用水单位实际应当补交的水资源费的损失数额。

经审理查明，被告人杨某甲在 2009 年至 2015 年担任沈丘县水利局节水公室办主任（正股级）期间，违反《中华人民共和国水法》《取水许可和水资源费征收管理条例》《河南省取水许可和水资源费征收管理办法》有关规定，超越职权，私自决定对有关不安装水表且不办理取水许可证的单位少征、不征水费，造成国家水资源费间接经济损失 5503200 元。

1. 沈丘县国税局在自备井水表已损坏且未办理取水许可证的情况下，利用出水量为 50 吨/小时的潜水泵非法取水，杨某甲作为征收水资源费的直接负责人，私自决定对该单位以 8000 元/年的标准定额收费，致使 2012 年至 2015 年该单位仅缴纳水资源费 24000 元，造成 2012 年至 2015 年国家水资源费间接经济损失 1027200 元。

2. 沈丘县一高（现沈丘县第一初级中学）在两眼自备井均未安装水表、取水许可证于 2012 年作废的情况下，利用出水量为 50 吨/小时的潜水泵非法取水，杨某甲作为征收水资源费的直接负责人，私自决定对该单位以每人 60 升/天的用水标准定额收费，致使 2009 年 1 月至 2014 年 12 月该单位仅缴纳水资源费 156000 元，造成国家水资源费间接经济损失 2997600 元。

3. 沈丘县人民医院新院区在自备井未安装水表、未办理取水许可证的情况下，利用出水量为 50 吨 / 小时的潜水泵非法取水，直至 2015 年 4 月才由水事行政主管部门负责安装远程监控，杨某甲作为征收水资源费的直接负责人，私自决定对该单位定额收费，致使该单位自 2009 年 7 月至 2014 年 7 月仅缴纳水资源费 30000 元，造成国家水资源费间接经济损失 1478400 元。

上述事实有以下证据证明：

被告人杨某甲供述了其于 2003 年起任沈丘县水利局节约用水办公室主任，工作职责包括水资源费和超计划用水加价水费的征收等。2003 年至今，节水办由王某甲副局长分管。开采地下水资源需要办理凿井审批和取水许可证后方能开采，该项业务于 2014 年 8 月停办。

沈丘县国税局打有一眼自备井，并于 2009 年以前安装过水表，2009 年至 2011 年均是按水表度数征收的水费。2012 年水表损坏无法使用，2013 年至 2015 年节水办对沈丘县国税局按照每年 8000 元的标准征收水费。

沈丘县一高有两眼自备井，均未安装水表，2015 年 3 月按省水利厅要求，节水办为该校东侧自备井安装远程监控表，未对西侧自备井安装远程监控设施。2007 年、2008 年曾因沈丘县一高不缴纳水费诉至周口市中级人民法院，后经相关领导协商，依据 2004 年 11 月 30 日河南省质量技术监督局发布的《河南省地方标准用水定额》规定：初、高中学生，平均每人按 60 升/天的量，让学校每年定额缴纳 40000 元水费。

沈丘县人民医院新区有两眼自备井，2009 年在建设时打于一眼，2012 年 3 月又打于一眼井，该两眼井走的是同一水罐，均未安装计量设施。因该两眼井走的是同一水罐，2015 年 4 月，按省水厅要求，节水办给沈丘县人民医院新区安装了一个远程监控设施。2009 年至 2013 年因沈丘县人民医院新区不缴纳水费，故未成功征收水费。因 2014 年度按水表度数征收了县医院老区 30000 元水费，故 2015 年 4 月 9 日前节水办向新县医院比照一次性征收了 30000 元水费。

沈丘县国税局、沈丘县一高、沈丘县人民医院新区的定额交费均是经过协商后，由我拟定数额要求缴纳的。根据《取水许可和水资源费征收管理条例》第五十三条和《河南省取水许可和水资源费征收管理办法》第二十一条规定，因沈丘县国税局、沈丘县一高、沈丘县人民医院未安装计量设施或计量设施不齐全，应按最大取水量 24 小时计算，而我们节水办未对该三家单位足额征收水资源费。按这三家单位自备井所使用的潜水泵 50 吨/小时出水量，沈丘县国税局属行政用水，在管网覆盖之内，应按 0.6 元/吨收费，沈丘县一高属事业用水，应按 0.6 元/吨收费，沈丘县人民医院新区属事业单位，应按 0.6 元/吨收费。我对检察机关与节水办杨某乙核对的沈丘县国税局、沈丘县一高、沈丘县人民医院新区从 2009 年至 2015 年 3 月共计缴纳水资源费 210000 元无异议。

2014 年 8 月节水办征收沈丘县人民医院新区 60000 元水资源费，其中 30000 元为医院新区水资源费，2014 年 8 月至 2015 年 3 月未给医院新区安装水表，也未征收水费。

2012 年沈丘县国税局水表坏掉之后，我与沈丘县国税局协商每年收费 8000 元，2013 年未予征收，2014 年与 2015 年每年各收 8000 元。

2. 证人王某甲的证言，证实其任沈丘县水利局副局长，2003 年初分管节水办，杨某甲于 2003 年担任节水办主任。节水办应负责全县水资源费和超计划用水加价费的征收，对全县水资源进行监察。水费征收标准应依据豫发改价管（2005）543 号文征收；没有安装水表的用水户，应当依据《取水许可和水资源费征收管理条例》《河南省取水许可和水资源费征收管理办法》规定，以最大取水量 24 小时计算。我多次要求过杨某甲按计量标准收费，不能乱收费，但我不清楚他是如何执行的。

证人杨某乙的证言，证实其于 2009 年底任沈丘县节水办会计，杨某甲于 2003 年任节水办主任，王某甲副局长分管节水办工作。开采地下水资源需办理凿井审批和取水许可证后方能开采。沈丘县一高、沈丘县人民医院、沈丘县国税局均是用自备井取水。2009 年至 2015 年，沈丘县国税局缴纳水资源费共计 54000 元，沈丘县医院共计缴纳 511601 元，沈丘县一高共计缴纳 156000 元。2007 年、2008 年的时候因为沈丘县一高不按照水表度数缴纳水资源费，我们节水办把沈丘县一高起诉到了周口市中级人民法院，后经主管领导协商，让沈丘县一高每年缴纳水资源费 40000 元。

根据《中华人民共和国水法》《取水许可和水资源费征收管理条例》和《河南省取水许可和水资源费征收管理办法》规定，对没有安装计量设施或计量设施不齐全、不准确的，按最大取水量二十四小时计算。除沈丘县人民医院老区是按照水表走的度数足额征收之外，沈丘县一高、沈丘县国税局均未足额征收水资源费。

4. 证人赵某的证言，证实其于 2013 年 8 月任沈丘县人民医院总务科副科长。医院新区有两口井，最大水流量均为 50 立方米/小时，通过一个水管供水，2015 年 6 月安装上水表。

5. 证人马某的证言，证实其于2004年任沈丘县人民医院总务科科长。沈丘县人民医院新区于2009年3月动工，2009年6月在医院自行打了深500米的自备井，安装型号为50–104–22KW 的潜水泵后便投入使用，至今未安装水表；现有两眼自备井。2015 年水利局安装过一个远程监控设备。

6. 证人王某乙的证言，证实其任沈丘县人民医院120急救中心主任。医院新区有两眼自备井，两眼自备井并在一起。

7. 证人郭某的证言，证实其任沈丘县第一高中副校长，分管后勤工作。2015年8月，沈丘县一高搬迁至新校区，老校区更名为沈丘县第一初级中学。学校在校西、校东分别打一眼自备井，听学校后勤吴某说，自备井所用的潜水泵能保证每小时出水50吨。2015年暑假水利局工作人员与省水利厅技术人员在我们校东自备井房外安装一个监控水流度数的盒子。水利局于每年阴历年底到学校收一次水费，费用都是校长与之协商之后缴纳。

8. 证人辛某的证言，证实其任沈丘县第一初级中学校长。2015年8月接手沈丘县一高老校区，成立第一初级中学。老一高打好的有东、西两眼自备井，供学校生活用水，两眼井均未安装水表，接手学校后也未曾安装水表。

9. 证人吴某的证言，证实其在沈丘县第一高中负责学校后勤工作。沈丘县一高在校东、校西有两眼自备井，出水量均为50吨/小时。学校东面自备井装有水表，后因路面硬化封存到地下，但未曾有人来抄过水表，西边自备井未装水表。2015年8月份，水利局工作人员在东自备井房外安装一个远程监控设备。沈丘县一高两眼自备井共用一个压力罐，抽水时同时出水。

10. 证人闫某的证言，证实其于2015年1月任沈丘县国税局办公室主任。国税局于1996年建办公楼时打有一眼自备井，使用至今，但未安装水表。2015年接到8000元的水资源费缴纳单，经向前主任张建进行咨询得知，在张健任职期间，与水利局商议每年按照8000元或9000元的标准缴纳水费。

11. 证人吕某的证言，证实其于2003年任国税局办公室副主任，负责后勤保障工作，2015年8月任沈丘县稽查局支部书记。国税局盖好后打有一眼自备井，水泵流量为50吨／小时，未安装任何计量设备。

12. 证人贾某的证言，证实其在节水办工作，负责抄表。国税局自备井安装的水表，在2012年时有误，后让其单位更换了新水表，更换后其未去抄过水表，不知如何收的费。

13. 证人张某的证言，证实其是天津甘泉周口办事处负责人，2012年上半年曾给沈丘县国税局维修过潜水泵，天津甘泉牌，型号为200QJ50／104。

14. 沈丘县水利局证明，证实杨某甲于2003年任沈丘县节约用水办公室主任。

15. 中共沈丘县委机构编制委员会沈编（2008）第5号文件，证实沈丘县节水办负责水资源费和超计划用水加价水费的征收工作；负责全县水资源的监察工作等。

16. 河南省发展和改革委员会、河南省财政厅豫发改价管（2005）543号文件（2005年5月1日施行），证实全省行政区划范围内所有用水户均应按本通知要求缴纳水资源费，自备用水户水资源费由当地水行政主管部门在取水环节征收，自备取用水户取用地下水资源费征收标准为：在城市建成区公共供水管网覆盖范围以外取用地下水，水资源费征收标准为行政事业、经营服务业用水0.70元／立方米；在城市建成区以外，城市公共供水管网没有达到的地方取用地下水，水资源费征收标准为行政事业、经营服务业用水 0.60 元/立方米。

沈丘县国税局、沈丘县一高、沈丘县人民医院 2009 年以来部分水资源费缴纳票据。

18. 沈丘县国税局、沈丘县一高、沈丘县人民医院打井、设备安装调试现场检测记录、购买设施的相关票据，证实该三家单位自备井的数量及潜水泵的出水量均为 50 吨 / 小时。

19. 2006 年颁布施行的《取水许可和水资源费征收管理条例》和 2009 年施行的《河南省取水许可和水资源费征收管理办法》，分别证明未安装计量设施的，责令限期安装，并按照日最大取水能力计算的取水量和水资源费征收标准计征水资源费；无计量设施的，取水单位应当在审批机关规定的期限内安装计量设施，逾期不安装的，按取水工程或者设施最大取水量每日运转 24 小时计算取水量；取水许可证有效期限一般为 5 年，最长不超过 10 年；用水单位取水量符合县级规定标准的，由取水口所在地县级水行政主管部门审批、发放取水许可证；对县级以上地方人民政府水行政主管部门及其工作人员不正确履行职责应承担相应的法律责任。

20. 沈丘县节约用水办公室证明，证实沈丘县国税局的一眼自备井、沈丘县人民医院新区的两眼自备井均未办里取水许可证；沈丘县一高两眼自备井，2007 年办理取水许可证，2012 年到期未更换证，证已作废。

21. 沈丘县国税局证明二份，证实其单位的自备井供单位和家属院用水；2012 年至今不清楚节水办是否来抄过水表，单位是以缴费通知书及发票付费，2016 年 5 月 4 日经查看水表，已损坏。

22. 杨某甲的户籍证明。

以上证据经过庭审质证，被告人供述与证人证言、职务证明、违法用水单位无取水许可证证明、水资源费缴纳票据，以及《取水许可和水资源费征收管理条例》、《河南省取水许可和水资源费征收管理办法》等证据相互印证一致，证据确实充分，来源程序合法，依法予以认定。被告人向法庭提交的证据二组，因不能确切证实违法用水单位的用水时间和取水量，其计算的标准和方法及数额，与相关法律、法规规定的水资源费征收的标准和方法不符，于法无据，故不予作为本案证据使用。

本院认为，被告人杨某甲身为国家机关工作人员，不认真履行工作职责，滥用职权，符合《刑法》规定的“致使公共财产、国家和人民利益遭受重大损失”的情形，被告人的行为符合滥用职权罪的主客观构成要件，构成了滥用职权罪。公诉机关指控被告人犯滥用职权罪的事实清楚，证据确实、充分，予以支持。因公诉机关指控的犯罪数额，系被告人应当在发现水事违法行为后，按照相关水资源费征收的条例和管理办法，责令水事违法单位限期补办手续、安装计量设施等措施得不到执行的情况下，所应按照取水设施最大取水量每日运转 24 小时的方法，应当计算征收的惩罚性质的水费。但被告人未认真履行职责，未严格依法办事，私自决定对违法取水单位定额收取水资源费，未按照取水工程最大取水量每日运转 24 小时的方法对违法取水单位进行惩罚性质的征收，属滥用职权行为。但对水事违法单位所应采取的惩罚性质征收的水费，并不是被告人滥用职权行为所造成的实际经济损失。公诉机关指控的犯罪数额，是采取最大取水量全天 24 小时推算出的应当征收的惩罚性质的数额，也不能准确证明系违法用水单位在实际的用水时间、实际的取水量和当时的征收标准的基础上计算得出的应当补交的水资源费的数额，应当认定为间接经济损失，并不是被告人滥用职权行为所造成的直接经济损失。被告人向法庭提交的证据因不能确切证实违法用水单位的实际用水时间和取水量，其计算的标准、方法及数额，与相关法律法规规定的水资源费征收的标准和方法存在矛盾，故不予作为本案证据采信。鉴于被告人当庭自愿认罪，犯罪情节轻微，可对被告人免予刑事处罚，因此被告人请求法庭从轻处罚的辩护理由成立，予以采纳。根据本案事实情节及被告人的认罪态度，依照《中华人民共和国刑法》第三百九十七条第一款、第九十三条第一款、第三十七条之规定，判决如下：

被告人杨某甲犯滥用职权罪，免予刑事处罚。

如不服本判决，可在接到判决书的第二日起十日内，通过本院或者直接向河南省周口市中级人民法院提出上诉。书面上诉的，应当提交上诉状正本一份，副本两份。

审　判　长　娄本升
代理审判员　王　彬
陪　审　员　孟宪海

二〇一六年六月三十日
书　记　员　徐彩虹
书　记　员　郑丹丹

广西壮族自治区罗城仫佬族自治县人民法院

刑事判决书

（2013）罗刑初字第65号

公诉机关：罗城仫佬族自治县人民检察院。

被告人：黄某宏，男，原任天峨县水利局局长。因涉嫌犯受贿罪，2012年8月19日被刑事拘留，同年8月31日经河池市人民检察院决定逮捕，同年9月1日由罗城仫佬族自治县公安局执行逮捕。现羁押于罗城仫佬族自治县看守所。

辩护人：蒋铁生，广西铁义律师事务所律师。

辩护人：石国玉，广西捷鑫律师事务所律师。

被告人：黄某宏涉嫌犯滥用职权罪、贪污罪、受贿罪、私分国有资产罪一案，河池市人民检察院指定罗城仫佬族自治县人民检察院侦查，河池市中级人民法院指定本院审判。罗城仫佬族自治县人民检察院以罗检刑诉字（2013）第45号起诉书指控被告人黄某宏犯滥用职权罪、贪污罪、受贿罪、私分国有资产罪，于2013年7月22日向本院提起公诉。本院于同日立案受理，并依法组成合议庭。同年9月11日本县人民检察院建议延期审理，同年10月9日本县人民检察院建议恢复审理，同年10月15日本院依法公开开庭审理了本案。罗城仫佬族自治县人民检察院指派检察员谢鹏出庭支持公诉，被告人黄某宏及其辩护人蒋铁生、石国玉均到庭参加诉讼。现已审理终结。

罗城仫佬族自治县人民检察院指控：

一、滥用职权事实

2008年至2012年期间，天峨县水利局在实施天峨县小型农田水利重点县项目和天峨县仁顶河、老鹏小流域水土保持综合治理工程过程中，时任天峨县水利局局长的被告人黄某宏指使本单位工程设计人员，制作虚假的工程合同和虚假的工程设计方案与天峨县建筑工程公司和天峨县第二建筑工程公司签订虚假工程合同，采取虚套的方式，套取国家重点县小型农田水利项目专项资金和天峨县仁顶河、老鹏小流域水土保持综合治理工程专项资金。其中，与天峨县建筑工程公司签订虚假合同套取国家重点县小型农田水利项目专项资金2940029元。与天峨县第二建筑工程公司签订虚假合同套取国家重点县小型农田水利项目专项资金937013元，套取天峨县仁顶河、老鹏小流域水土保持综合治理工程专项资金900000元。同时，被告人黄某宏指使本单位财务人员将所套取资金私自截留，设立“账外账”管理。在被告人黄某宏指使下将1261638.91元用于单位接待、慰问领导及其他不正当开支，致使国家财产遭受重大损失，严重损害国家声誉，造成了恶劣的社会影响。

二、贪污事实

被告人黄某宏在担任天峨县水利局局长期间，在天峨县水利局实施小型农田水利重点县项目工程过程中，以虚列工程的方式，将部分国家重点小农水项目专项资金套取出来由出纳员李某春保管，进行“账外账”资金管理，由会计员李某英负责核账，被告人黄某宏负责审核支出。2012年1月16日被告人黄某宏利用职务的便利，以非法占有为目的，以支付给蓝某意答谢天峨县六排镇都隆村人饮项目工程有关人员费用为由，从李某春所管理的“账外账”资金中骗取33000元出来，后由财务审核进行核销，将该笔33000元资金进行侵吞，占为己有；同年2月10日，被告人黄某宏又利用职务的便利，以非法占有为目的，以慰问水利部有关人员为借口，从李某春所管理的“账外账”资金中骗取60000元出来，后由财务审核进行核销，将该60000元进行侵吞、占为己有。

三、受贿事实

2008年至2010年间，广西蓝天钢管有限责任公司河池地区代理商洪某元在向天峨县水利局销售钢管过程中，为了感谢被告人黄某宏在该公司向天峨县水利局销售钢管业务过程中提供方便，于2010年12月的一天，电话约请被告人黄某宏在天峨县五吉大酒店见面，后在天峨县五吉大酒店停车场，洪某元将一个装有40000元的黑色塑料袋放进了被告人黄某宏的轿车尾箱。后被告人黄某宏将该40000元钱用于其个人生活开支。

四、私分国有资产事实

2011年1月期间，时任天峨县水利局局长的被告人黄某宏组织天峨县水利局领导班子成员罗某根（时任党组书记，另案处理）、罗某建（副局长，另案处理）、黄某甫（副局长、另案处理）、黄某（党组副书记、纪检组长，另案处理）等开会讨论本单位有关发放春节福利问题，最后会议决定以每人8000.00元左右的额度标准对本单位职工发放福利。会后被告人黄某宏安排李某春、李某英按照班子会所决定的福利额度进行列表造册，并从所套取出来的国家重点县小农水项目资金中提取514780.00元发放给本单位职工，其中被告人黄某宏分得18730.00元。2012年1月期间，又在春节将至时，身为天峨县水利局局长的被告人黄某宏再次组织了天峨县水利局领导班子成员韦某远（党组书记）、黄某甫（副局长，另案处理）、黄某（党组副书记、纪检组长，另案处理）等开会讨论本单位有关发放春节福利问题。后经讨论会议决定以每人8000.00元左右的额度标准对本单位职工发放福利。会后，被告人黄某宏安排财务人员李某春、李某英按照班子会所决定的福利额度进行列表造册，并从所套取出来的国家重点县小农水项目资金中提取525810.00元发放给本单位职工，其中被告人黄某宏分得16940.00元。

针对上述指控的事实，公诉机关当庭宣读、出示了被告人黄某宏的供述，证人证言等证据认为被告人黄某宏身为国家机关工作人员，在任天峨县水利局局长期间超越职权，违法决定虚套国家水利专项资金共计4777042元，致使国家财产遭受重大损失，严重损害国家声誉，造成了恶劣的社会影响，其行为已触犯了《中华人民共和国刑法》第三百九十七条的规定，犯罪事实清楚，证据确实充分，应当以滥用职权罪追究其刑事责任。被告人黄某宏身为国家机关工作人员，以非法占有为目的，利用职务上的便利，骗取公共财产，其行为已触犯了《中华人民共和国刑法》第三百八十二条的规定，犯罪事实清楚，证据确实充分，应当以贪污罪追究其刑事责任。被告人黄某宏身为国家工作人员，利用职务上的便利，非法收受他人财物，为他人谋取利益，其行为已触犯了《中华人民共和国刑法》第三百八十五条第一款的规定，犯罪事实清楚，证据确实充分，应当以受贿罪追究其刑事责任。被告人黄某宏违反国家规定，以单位名义将国有资产集体私分给本局职工，数额巨大，其行为已触犯了《中华人民共和国刑法》第三百九十六条第一款的规定，犯罪事实清楚，证据确实充分，应当以私分国有资产罪追究其刑事责任。提请本院依法判处。

被告人黄某宏辩称，1. 天峨县水利局之前是发动群众来实施重点县项目，实施过程中有许多群众不愿意做，加上工程资金必须是公对公才能出账，当时时间比较紧，天峨县水利局领导班子就决定先找几个有资质的工程队来实施，过后再继续发动群众参与实施，因施工期只有3个月时间，施工队讲完成任务的难度比较大，后天峨县水利局许诺施工队做完多少就给他们结算多少，没做完的等秋收以后继续实施。于是天峨县水利局就与天峨县建筑工程公司、天峨县第二建筑工程公司等4个公司按照之前上报的小型农田水利重点县项目规划设计签订施工合同。由于种种原因，施工队没有按时完成任务，因小型农田水利重点县项目建设期限为三年，如果第一年没有按规定的时间完成任务，那么第二、三年就被取消重点县资格，为了继续获得小型农田水利重点县资格，天峨县水利局就编造假的项目结算书、工程验收表等材料向上级上报通过验收，同时通知几家建筑公司将没有做完的工程的资金转给水利局。按照相关规定，水利局做工程时，总工程款中含有设计等费用可以给水利局使用，在实施重点县工程项目过程中，天峨县水利局口头委托南丹县水利局帮设计，约定设计费的85%是归天峨县水利局使用，因天峨县水利局就拨付设计费给南丹县水利局问题到2012年6月才理清，所以在实施重点县工程项目过程中，天峨县水利局领导班子决定，在理清天峨县水利局拨付设计费给南丹县水利局前，上级领导下来检查、项目评审等开支就先从这几家建筑公司返还的资金中应得的设计等费用中开支，其行为不是滥用职权。2. 其没有贪污93000元，理由是其被羁押期间身体较差，办案人员对其讲如果讲这33000元的用途就给其取保候审，其为了得到取保候审，就乱讲是给蓝某意去答谢别人，事实上这33000元是其给覃某英用于电站清理淤泥；60000元是拿去北京慰问领导，到北京后其拿42000元给覃庆能，剩下18000元用于途中开支。3. 其为了得到取保候审，乱讲收受洪某元40000元钱，事实上没有这回事。4. 实施重点县项目工程后，按相关规定天峨县水利局已取得设计等费用，经天峨县水利局领导班子讨论决定将取得的设计等费用发给全局职工不是私分国有资产。

辩护人蒋铁生、石国玉提出的辩护意见是：1. 起诉书指控被告人黄某宏犯滥用职权罪、贪污罪、私分国有资产罪事实不清，证据不足，指控罪名不成立。理由是：（1）按照有关规定，水利建设部门有权收取建设管理费、科研勘察设计费等5种费用用于与工程建设有关的开支。本案天峨县水利局在实施重点县项目时，已进行勘察和委托有资质的单位设计等工作，理应得到科研勘察设计等费用，但公诉机关没有提供相关的证据证实天峨县水利局应得多少费用，用于业务招待、慰问、发放职工福利等是从套取的工程款或者是应得的设计等费用中开支，如果是用应得的设计等费用开支，那么被告人黄某宏的行为就不构成滥用职权罪、贪污罪和私分国有资产罪。（2）被告人黄某宏在侦查阶段供述33000元是给蓝某意拿去答谢别人，庭审中经回忆想起33000元是给覃某英用于清理河道淤泥；60000元钱在侦查阶段讲是在北京给韦某山50000元去慰问领导，其余用于途中费用开支，庭审中经回忆想起60000元在北京给覃庆能42000元去慰问领导，其余用于途中费用开支，究竟这33000元用于什么不清楚，60000元用于途中开支多少也不清楚。2. 对起诉书指控被告人黄某宏犯受贿罪，同意被告人黄某宏的辩解。

经审理查明：

一、滥用职权事实

2007年至2012年期间，天峨县水利局在实施天峨县小型农田水利重点县项目和天峨县仁顶河、老鹏小流域水土保持综合治理工程过程中，时任天峨县水利局局长的被告人黄某宏指使本单位工程设计人员，制作虚假的工程合同和虚假的工程设计方案与天峨县建筑工程公司和天峨县第二建筑工程公司签订虚假的工程施工合同，采取虚套的方式，套取国家重点县小型农田水利项目专项资金和天峨县仁顶河、老鹏小流域水土保持综合治理工程专项资金。其中，与天峨县建筑工程公司签订虚假的施工合同套取国家重点县小型农田水利项目专项资金2940029.00元。与天峨县第二建筑工程公司签订虚假的施工合同套取国家重点县小型农田水利项目专项资金937013元，套取天峨县仁顶河、老鹏小流域水土保持综合治理工程专项资金900000元，共计4777042元。同时被告人黄某宏指使本单位财务人员将所套取资金私自截留，设立“账外账”管理。在被告人黄某宏指使下，将1261638.91元用于单位接待和其他不正当开支，案发后天峨县水利局套取的专项资金中还剩余501746.60元。致使国家财产遭受重大损失，严重损害国家声誉，造成了恶劣的社会影响。

上述事实，有检察机关提交，并经法庭质证、认证的下列证据予以证明：

1. 天峨县人大常委会文件、机构编制委员会出具的证明、机构编制管理证证实，2007年1月4日任黄某宏为天峨县水利局局长，属国家工作人员。

2. 调取证据和扣押物品清单证实，侦查机关调取了天峨水利局的会计凭证3本，扣押了黄某宏持有的银行卡和存折共11本，借款人为孔柳丹的借条一张；李某英持有的银行卡和存折共6本，李秀珍持有的存单3张，存折1本。

3. 河池市水利局关于上报2009年天峨县小型农田水利重点县建设方案初步审查意见的请示，自治区水利厅、财政厅关于天峨县中央财政小型农田水利重点县建设方案的审批意见，天峨县水利局关于对六排灌区、坡结灌区、岜暮灌区工程设计报告的批复，2009年中央财政及自治区本级配套资金的通知证实，2009年天峨县的六排灌区、坡结灌区、岜暮灌区被列入小型农田水利重点县项目。配套资金分配为，中央财政出支为900万元，自治区财政出支为400万元，市级财政出支为10万元，县级以下财政自筹140万元。

4. 国家发展和改革委员会、水利部《关于下达2007年水土保持工程项目中央预算内专项资金投资计划的通知》、建设工程施工合同证实，天峨县八贯河项目区南北江水土保持试点工程所需资金被列入2007年中央预算内专项资金，治理水土流失面积50平方千米。2007年8月1日，天峨县水利局局长黄某宏与天峨县第二建筑工程公司法人代表冷某现签订天峨县仁顶河水流域水土保持综合治理工程施工合同，合同总价为107.32万元；2007年9月2日，天峨水利局局长黄某宏与天峨县第二建筑工程公司法人代表冷某现签订天峨县八腊乡老鹏河小流域水土保持综合治理工程施工合同，合同总价为138.48万元。

5. 自治区财政厅和水利厅、河池市财政局和水利局文件证实，第一批小型农田水利重点县应由县级财政和水利部门及时对各完工工程进行竣工验收。

6. 财政部、水利部《关于中央财政小型农田水利设施建设和国家水土保持重点建设工程补助专项资金管理办法》，财政部、水利部和自治区财政厅、水利厅《关于中央财政小型农田水利重点县建设管理办法》证实，小农水专项资金、水土保持专项资金支持建设的项目、工程或设施，必须严格按照批准的建设方案组织实施，并符合国家及水利行业的有关技术标准和规程、规范。专项资金中按不超过1%比例一次性提取项目管理费，不得层层重复提取。地方各级财政、水利部门共同对各自上报的申报材料的完整性、真实性负责及项目资金的监督。

7. 自治区水利厅、财政厅关于小型农田水利设施建设项目的验收办法（试行）的通知、验收量化表证实，验收程序是工程完工后由县级水利、财政部门组织验收，验收合格后报自治区水利厅、财政厅组织验收，自治区水利厅、财政厅组织验收合格后报水利部和财政部备案。

8. 天峨县建筑工程公司企业法人营业执照、委托书证实，天峨县建筑工程公司企业法人是朱某忠，其于2007年1月1日委托覃某全权处理天峨县水利局项目工程事务及工程结算。

9. 天峨县第二建筑工程公司企业法人营业执照证实，天峨县第二建筑工程公司的法定代表人是冷某现。

10. 天峨县水利局与天峨县建筑公司签订的虚假工程建设施工合同、天峨县水利局2009年度小型农田水利重点县项目拨付天峨县建筑工程公司资金说明、记账凭证、天峨县建筑工程实际完成工程合同及验收材料证实，2009年天峨县水利局就小农水项目六排灌区、岜墓灌区、坡结灌区与天峨县建筑工程公司签订了13份工程建设施工合同，合同金额539.19万元，实际结算支付487.03万元。13份合同与实际施工完成的实物并不对应。天峨县建筑工程公司实际完成另外工程8处，实际完成投资171.77万元。天峨县建筑工程公司应转结315.26万元给天峨县水利局，实际在扣除5.9%的税金和挂靠费21.75万元后转回金额为294万元。

11. 天峨县水利局与天峨县第二建筑工程公司签订的虚假工程建设施工合同、天峨县水利局2009年度小型农田水利重点县项目拨付天峨县第二建筑工程公司资金说明、天峨县水利局记账凭证、天峨县第二建筑工程公司实际完成工程合同及验收材料证实，2007年天峨县水利局就天峨县六排镇老鹏小流域、仁顶河小流域与天峨县第二建筑工程公司签订2份水土保持综合治理工程合同，合同金额210万元，实际结算支付1867960万元，两工程实际完成工程量967960万元，两工程虚套金额90万元。2009年天峨县水利局就小农水项目六排灌区、岜墓灌区、坡结灌区与天峨县第二建筑工程公司签订15份施工合同，合同金额620.72万元，实际结算支付558.43万元。15份合同与实际施工完成的实物并不对应。天峨县第二建筑工程公司实际完成另外工程34处，实践完成投资459.38万元。天峨县建筑工程公司应转结99.05万元给天峨县水利局，实际在扣除5.9%的税金和挂靠费5.35万元后转回金额为93.7万元。

12. 2009年至2010年重点县小型农田水利工程资金到位及使用管理情况、中国农业银行联行来账凭证证实，2009年小型农田水利工程资金1450万元，全部拨款到位。

13. 小型农田水利建设资金拨付情况表及进账单证实，2009年间天峨县财政局向天峨县水利局拨付小型农田水利建设资金共计18笔，金额为39769000元。

14. 覃某、天峨县第二建筑工程公司与刘某账户的明细表及凭证证实，2010年4月19日，覃某汇1070650元到李某春保管和使用以覃某名字开户的户头上，此款是覃某返还给天峨县水利局小型农田水利重点县项目覃某没有实施的工程款。2011年3月31日，覃某从银行提取现金200000元给李某春，2011年4月1日，覃某从银行提取现金426508元给李某春，此两笔款也是覃某返还给天峨县水利局小型农田水利重点县项目覃某没有实施的工程款。2011年12月7日，覃某汇632923元钱到天峨县水利局财务提供的刘某的户头上。2008年8月21日，冷某现汇300000元钱到刘某户头上，2008年12月26日，冷某现又汇600000元钱到刘某户头上，2011年10月11日，天峨县第二建筑工程公司汇1003507元钱到刘某户头上，此三笔款是天峨县第二建筑工程公司返还给天峨县水利局小型农田水利重点县项目天峨县第二建筑工程公司没有实施的工程款。

15. 天峨县水利局通过天峨县建筑公司套取的工程款开支凭证和单据证实，天峨县水利局通过天峨县建筑公司套取的工程款2940029元，其中用于工程建设开支1185463.40元，用于发放干部职工福利 1040590 元，用于差旅报销、车辆用油、慰问领导等不正常开支212229.60元，余额501746元。

16. 天峨县水利局通过天峨县第二建筑工程公司套取的工程款开支凭证和单据证实，天峨县水利局通过天峨县第二建筑工程公司套取的小型农田水利重点县项目工程款为937013元，事后用于工程建设开支16305.40元，用于发放工程设计、工作经费给部分职工188426元，余款用于慰问领导、差旅报销、车辆用油等不正常开支，超支的20860.10元由刘某账户垫支。套取的天峨县六排镇老鹏小流域、仁顶河小流域工程款900000元，用于工程建设开支632963.64元，用于购买车辆和入户221702.31元，余额45334.05元。

17. 天峨县财政局出具的证明证实，天峨县水利局2008年实施的水土保持及小河流域治理项目建设资金，2009 年至 2012 年实施的小型农田水利重点县项目建设资金系国有资金。

18. 证人李某英的证言证实，天峨县水利局通过天峨县建筑工程公司和天峨县第二建筑工程公司虚套工程款出来，私设小金库（账外账）是黄某宏局长决定这样做的，虚套的工程款中，通过天峨县建筑公司的覃某共虚套了2940029.00元，覃某分四次付给天峨县水利局，第一次是2010年4月19日，覃某通过转账的方式把1070650.00元转给天峨县水利局，第二次是2011年4月25日，覃某把636508.00元现金交给李某春，第三次是2011年4月26日，覃某通过转账的方式汇599947.8元给天峨县水利局，第四次是2011年12月7日，覃某通过转账的方式汇了 632923.20 元钱给天峨县水利局。通过天峨县第二建筑工程公司的冷某现虚套了天峨县水利局重点小型农田水利工程款 937013.00 元，当时冷某现共汇给天峨县水利局是1003507元，扣除一个饮水工程付给的群众补助13007元，税费53487元，余下937013.00元，虚套了天峨县水利局珠治项目工程款900000元。以上共计套取工程款4777042元，套取工程款4777042元后，在黄某宏指使下将1261638.91元用于单位接待、慰问领导及其他不正当开支。

19. 证人李某春的证言证实，2009年下半年，天峨县水利局在实施重点小型农田水利工程过程中，为了套取工程资金，在有的工程由建筑公司实施完成，有的工程由群众自行投工投劳完成，有的工程没有实施的情况下，黄某宏局长决定，以天峨县水利局的名义与相关的建筑公司签订虚假的建设工程合同，由相关的建筑工程公司开具相关的发票，并完善相关的验收手续后，到天峨县水利局进行报账，将合同上相对应的工程款付给相关的建筑工程公司，再由相关的建筑工程公司扣除天峨县水利局技术人员列出的实际工程款后，将天峨县水利局多付的工程款以相关建筑工程公司老板的名字开户存在银行，设立“小金库”，相关建筑工程公司的老板把存折和密码交给其管理。这几年，天峨县建筑工程公司的覃某帮天峨县水利局套取小型农田水利重点县项目工程款2940029.00元，覃某是分四次付给天峨县水利局，第一次是2010年4月19日，覃某通过转账的方式把1070650.00元转给天峨县水利局，第二次是2011年4月25日，覃某把636508.00元现金交给李某春，第三次是2011年4月26日，覃某通过转账的方式汇599947.8元给天峨县水利局，第四次是2011年12月7日，覃某通过转账的方式汇了632923.20元钱给天峨县水利局。天峨县第二建筑工程公司冷某现帮天峨县水利局虚套小型农田水利重点县项目工程款 937013.00 元，当时冷某现总共汇 1003507.00 元，扣除税费 53487.00 元和一个饮水工程的群众补助 13007.00 元后，余下 937013.00 元。冷某现在承接天峨县水利局的珠治项目时还帮天峨县水利局虚套了工程款 900000 元。以上共计套取工程款 4777042 元，套取工程款 2940029.00 元的开支情况如下：第一笔是 2010 年 9 月支出 95235 元，其中，付韦某、韦某新群众补助款 6 万元，付水泥款是 35235.00 元。第二笔是 2011 年 1 月支出 317999.40 元，其中，付余某某群、韦某梅、周某儒等的群众补助款合计 203762.4 元，付工程水泥款 114237.00 元。第三笔是 2011 年 2 月支出 734509.00 元。其中，发放给局干部职工“奖金”514780.00 元；付市水利局财务科莫某鸾 3 万元，付黄某宏慰问市局、区厅领导开支了 11.5 万元，付局里油卡充值 1 万元，付局会议购买水果 824.00 元，付黄某去移民点购买水果 480.00 元，付蔡某平参加评审会支会评审费 7500.00 元，付黄某甫加油费 300.00 元，付李某英等出差补助费 960.00 元，付黄某甫、黄某差旅费 971.00 元。第四笔是 2011 年 4 月支出 276124.00 元。其中，支付罗某贵工程群众补助款 12007.00 元、水泥款 9720.00 元、工程税金 1610 元，罗某福、韦某科群众补助款 19440.00 元、水泥款 19440.00 元，韦扬某、韦某山群众补助款 42326.00 元、水泥款 33012.00 元，韦显泰、马江梁群众补助款 200086.00 元，韦甲、韦乙、韦稳某群众补助款 29696.00 元，水泥款 14400.00 元，汪某科、韦某萍、朱某成群众补助款 28000.00 元，韦丙、韦某猛群众补助款 23994.00 元，水泥款 15228.00 元。第五笔是 2011 年 5 月支出 165155.00 元，其中，支付徐某力群众补助款 48451.00 元，水泥款 31433.00 元，金某再、潘某刚、全某军、全某邦、全某骞、杨某干群众补助款 45455.00 元，水泥款 39816.00 元。第六笔是 2011 年 7 月支出 7097.00 元，支付韦某松工程款 7097.00 元。第七笔是在 2012 年 1 月支出 839163.00 元。其中，发放给局干部职工“奖金”525810.00 元，支付给坡结灌片、龙茶灌片群众补助款 168581.00 元，水泥款 123480.00 元，工程税金 21292.00 元。第八笔是 2012 年 7 月支出 3000.00 元，支付给叶某强的群众补助款 3000.00 元。以上总共开支 2438282.00 元，结余 501746.60 元。套取工程款 937013.00 元的开支情况如下：第一笔是 2011 年 9 月总开支了 67938.60 元。其中，9 月 5 日，付吴某然加油充值款 5000 元，王林高效清洁剂款 675 元，韦某清运费、上车费 1700 元，莫某梅地特产款 5460 元，潘某红接待费 1290 元。9 月 7 日，付职工劳务费 9200 元，李某全真龙烟款 900 元，李某全南丹文化旅游节会务费 3135 元。9 月 14 日，付李某英加油充值款 10000 元。9 月 16 日，李某全加油充值款 10000 元，蔡某平 43565 车年检违章费 1000 元。9 月 18 日，付李某全车辆通行费、办公用品款 1363 元。9 月 21 日，付李某全出差接待费 4830 元，李某俊接待费 250 元，付秦某卿水库除险加固设计餐费 500 元。9 月 23 日，付五吉在酒店韦某霞接待费 7580 元，蔡某平饮水安全评审费税金 955.6 元，蒋某容重庆鱼馆接待费 6000 元。第二笔是 2011 年 10 月总支出了 127159 元。其中，10 月 8 日，付中秋月饼款 6040 元。10 月 9 日，付广祥茶酒批发部土特产款 26350 元。10 月 13 日，付牛皮王排档接待费 2149 元，黄某托运费 10 元，朱某交鸡蛋费 255 元，李某英接待费 20000 元，彭某应水利工程编制费 6000 元，八腊水库评审费 6000 元，加油充值款 5000 元，涂某根办公用品款 1600 元，罗某山等 4 人值班费 1000 元，韦某春酒水款 1770 元。10 月 14 日，王林强扫把款 60 元，潘某红接待费 340 元。10 月 17 日，付黄某丽餐费 100 元。10 月 18 日，付蔡某平抗旱经费 740 元。10 月 19 日，付局班子及财务电话、劳务费 44600 元。10 月 21 日，付李某全烟款 210 元。10

月 25 日，林某劲告特产款 1920 元，甘某辉办公用品款 15 元，黄某移民工作油费 3000 元。第三笔是 2011 年 11 月总开支了 76266.20 元。其中，11 月 3 日，付单位各股室纸篓款 115 元。11 月 9 日，付 1935 茅台酒 2 件 7152 元，黄某朋餐费 776 元，李某英接待区水保处水保项目验收款 14400 元。11 月 10 日，付本人接待买核桃款 1000 元，李某英接待早餐 160 元。11 月 17 日，付本人接待市局接待费 9594 元，甘某辉、姚萍山东款 9600 元，五吉大酒店韦某霞接待款 650 元。11 月 30 日，付罗某烈茶油款 4500 元，庞红梅朝阳大排档餐费 7100 元，电影票 900 元，2012 年党报党刊 17709.2 元。第四笔是 2011 年 12 月总开支 266506.7 元。其中，12 月 1 日，付红水河段工程、农村饮用水安全审查费税金 1646.2 元，本人下乡加油费 600 元。12 月 7 日，付韦丁土特产款 4870 元，莫某梅土特产环 11780 元，陈某群接待费 3650 元。12 月 9 日，付罗某华天峨文学艺术界联合会赞助费 3000 元。12 月 15 日，付郑某兰会餐费 4400 元。12 月 16 日，付陈某芬茶油款 13600 元。12 月 18 日，付南宁志红艺联贸易有限公司酒款 9800 元。12 月 26 日，付何某萍接待费 690 元。12 月 28 日，付索某迪接待费 280 元，全港商务大酒店韦某甘接待费 1450 元，张某福洗车费 1898 元，杨票款芳德胜脆皮狗接待费 595 元，李卯秀天龙土特产款 8420 元，周成味王饺子馆餐费 1570 元，韦某妮餐费 440 元，韦某霞五吉大酒店接待费 450 元，莫某海接待费 1350 元，李某忠大排档 490 元，“林朵杯”运动会油费 157.5 元，李某英接待区厅接待费 3164 元，2010 年饮水工程、重点农水设计经费 188426 元。12 月 29 日，付黄某理平石村纠纷经费 1000 元，李某全金城江区铜鼓了赞助费 1000 元。12 月 31 日，韩某奎追悼会费用款 780 元。第五笔是 2012 年 1 月总支出 38604 元。其中，1 月 4 日付石某明酒款 7152 元。1 月 11 日付龙某雄工作经费 2000 元。1 月 13 日，付韦某芳沙田柚款 3634 元，烟、酒、土特产款 15588 元。1 月 16 日，付本人沙糖桔款 3780 元。1 月 17 日，付六排都隆村春节活动经费 500 元。1 月 30 日，付罗某萍水果款 5950 元。第六笔是 2012 年 2 月总支出 328480.6 元。其中，2 月 1 日付 2012 年值班补助 1400 元，杜某均接待费 630 元，2012 年迎春茶话慰问金 21800 元。2 月 9 日，付 2012 年春节慰问移民及困难干部职工水果款 500 元。2 月 10 日，付 2011 年水利局迎“七一”红歌比赛活动经费 8700 元，黄某念茶油款 2150 元，本人用于有关开支款 33000 元，本人出差北京水利部开支费用 60000 元；2 月 10 日，付段某庆乒乓球赛服装费 2000 元。2 月 24 日，付交讯抗旱、饮水工程审查费税金 963.6 元，三八节“健身舞”活动费 2400 元。2 月 28 日，付莫某梅烟、酒、土特产款 36490 元，熊某云、姚某姣毛毯款 900 元，食山羊吴某玲餐费 13500 元。2 月 29 日，付林某劲土特产款 847 元，电信局 2012 年第二年包月费用 43200 元；付本人去区厅慰问开支 100000 元。第七笔是 2012 年 3 月总共支出 52918 元。其中，3 月 6 日付李某全茶叶等款及评审费 2910 元。3 月 15 日，付本人茶叶款及接待费 3548 元。3 月 23 日，付李某英春节慰问区厅开支 46428 元（付给市局莫某鸾 35000 元、本人领取了 11000 元、用餐开支 428 元）。3 月 26 日，付李某全草帽款 32 元。天峨县第二建筑工程公司冷某现返回给我们天峨县水利局重点小型农田水利的 937013.00 元工程款基本上开支完了。套取工程款 90 万元的开支情况如下：第一笔是 2008 年 8 月支出 33687.5 元，其中，付戴某榉仁顶小流域措施补助 11470 元，黄戌老鹏小流域工程种植补助 19887.5 元，班已珠治项目水柜标牌制作款 2330 元。第二笔是 2008 年 9 月支出 24526 元，其中，付彭某云珠治项目仁顶、老鹏钢管款 23170 元，罗某萍钢管及配件一批款 1356 元。第三笔是 2008 年 10 月支出 163543 元，其中，付黄某文仁顶、令当村珠治工程坡改梯实施款 157543 元，黄某文珠治项目初设审查费 6000 元。第四笔是 2008 年 11 月支出 75450 元，其中，付老鹏姚家湾，新房子、小米湾队石漠化治理坡改梯款 70450 元，孙某敏老鹏珠治项目补助 5000 元。第五笔是 2009 年元月付令当村令当屯地头水柜试点补助 100000 元。第六笔是 2009 年 2 月支出 174634.14 元。其中，付令当村玛雅屯地头水柜补助 174634.14 元。第七笔是 2009 年 4 月出 20987 元，其中，付珠治项目仁顶小流域植树苗补助 20987 元。第八笔是 2009 年 6 月支出 5136 元，其中，付老鹏小流域工程孙某敏珠治项目种植树苗补助 5136 元。第九笔是 2009 年 8 月支出 221702.31 元，其中，付广西南现汽车销售服务有限公司乘用车（车牌号 43565）195000 元，车辆购置费、保险费、入户费共计 26702.31 元。第十笔是 2010 年 3 月至 5 月借给张某远 35000 元。天峨县第二建筑工程公司冷某现返还珠治项目 90 万元的项目工程款还结余有 45334.05 元。

20. 证人蔡某平的证言证实，其于 2002 年开始担任天峨县水利局水利站站长，其职责是负责农田水利重点县项目和农村饮用水安全项目的规划、设计、施工指导，项目申报材料，项目实施情况的汇总等工作。2009 年，中央在全国范围内选择一批县市区，实行重点扶持政策，通过集中资金投入，全面开展小型农田水利重点县建设，天峨县水利局通过遴选获得了小型农田水利重点县的项目，获得小型农田水利重点县的项目后，其等人制作了 2009 年重点县项目工程设计文本，因当时时间比较紧，局里的技术员没有到实地去勘查，只能在地形图上进行规划设计，工程实施后，技术员发现实际需要施工的工程与之前的工程设计文本不相符，许多工程需要变更设计和改换工程点，还有些工程无法实施，本来按照规定应该做好工程设计变更，上报上级水利部门审批后才能实施，但全部完成外业测量和变更设计及上报审批需要很长时间，上级部门对项目实施的时间要求又很紧，黄某宏局长就决定不上报变更设计，要求其等人按设计文本的建设内容来编制施工预算和合同，以应付上级检查。实际施工的建设内容与合同并不相同，有的甚至连建设地点都改变了。为完成小型农田水利重点县的项目，施工中采取两种方式，一是部分工程由施工队包工包料实施，第二种是一些较边远、灌溉面积小的工程仅补助部分资金给群众购买工程物资，由群众自己投工投劳实施。工程付款方式是按合同金额付给施工队，施工队扣除他们实际施工应得的款项后，全部转回给财务室，群众自建的补助款是到局财务室从转回来的钱里领取。由于施工队实际施工应得的资金和群众自建工程的补助资金加起来少于总拨出数，因此产生了结余，其单位就是通过这种方式来套取水利专项资金的。

21. 证人覃某的证言证实，其是天峨县建筑工程公司的会计。2009 年，其知道天峨县水利局准备搞重点小型农田水利工程后，找到天峨县水利局局长黄某宏，说其公司有资质，叫他给点工程给其做，当时黄某宏答应安排点工程给其做。过后几个工程队和水利局的班子、技术人员一起开了一个会，确定每个工程队具体实施的工程。在签订施工合同之前，天峨县水利局的蔡某平与其讲："覃老板，有个情况是这样，现在有的工程需要群众来做，但是群众没有做工程的资质，所以工程款不能直接付给群众，你看一看你们公司能不能帮忙一下，群众做的工程由你们公司代签合同，到时候我们局把工程款打到你们公司以后，你们再把那些你们没有做的工程款转回我们单位。"听后其觉得这样做没有什么影响，于是跟蔡某平讲没有问题。过后其就跟天峨县水利局签订了合同，但其具体做哪里的工程当时还没有落实，事后由水利局的技术人员确定。当工程实施到一半的时候，其又跟天峨县水利局签了一份其实际施工的合同。工程实施结束以后，天峨县水利局把之前其代群众签的合同工程款汇给其，其把不是其实际施工的工程款转回给天峨县水利局，总共转给水利局是3152600元，水利局把其多交的税费212571元给其后，水利局实际得的工程款是2940029元，其转回给天峨县水利局的工程款不是汇进水利局的户头，而是汇进一个由李某春保管以其个人覃某名义在农行开户的存折账户和李某春给一个开在建行户名为刘某的账户上。

22. 证人冷某现的证言证实，其是天峨县第二建筑工程公司的经理。天峨县第二建筑工程公司在实施天峨县水利局重点小型农田水利工程之前，天峨县水利局局长黄某宏与其讲："天峨县水利局重点小型农田水利工程中有的工程已定给你们公司做，但有些项目需要群众来做，群众没有施工的资质，所以工程款不能直接付给群众，你看一看你们公司能不能帮忙一下，群众做的工程，由你们公司代签合同，到时候我们局把工程款打到你们公司以后，你们再把那些你们没有做的工程款转回我们单位。"听后其觉得这样做对其公司没有什么影响，于是对黄某宏讲没有问题。黄某宏又说："如果这样的话，到时候你们公司真正做的工程，我们单位跟你们公司重新签一份合同，你们公司就收你们公司真正实施工程的钱，没有实施的工程款就转回我们单位。"其回答说："那就这样定了。"过后，其公司就与天峨县水利局按黄某宏的意思代群众签了合同，其公司真正实施的工程又重新签了合同。工程开始施工后，天峨县就把重点小农水工程的钱转到其公司，其公司收了其公司实际施工的工程款和扣除所交的税费后，余下的工程款937013元已给天峨县水利局。同时其在帮天峨县水利局实施老鹏、仁顶小流域治理工程项目时，黄某宏叫其与天峨县水利局签订假合同，帮天峨县水利局套取了900000元的项目资金，是分两次把钱转给天峨县水利局，第一次是2008年8月21日汇300000元，第二次是2008年12月26日汇600000元，钱是汇进刘某账号的。

23. 证人贺某阳的证言证实，2011年2月覃某存1800000元进贺某阳母亲兰坤荣农行6228482840715045610，帮贺某阳完成存款任务。同年4月，贺某阳帮覃某将599947.80元转入卡号20-522100460200055。

24. 证人刘某的证言证实，2007年其妻子李金菊的姑姑李某英跟其借用过身份证去办事，其不知道李金菊拿其身份证在中国建设银行开设了一个343315998011002968的账号。

25. 证人黄戌的证言证实，其现任天峨县水利局防汛办主任。2009年天峨县实施重点小水农项目建设过程中，其主要工作是负责图纸设计。后来天峨县水利局领导喊其在岜暮灌区拥里灌片等9份合同及工程验收表上签字，目的是完善手续，应付上级对项目的检查，因其没有到实地验收这些工程，这些工程是否完成其不知道。

26. 证人彭某应的证言证实，其现任天峨县水利局地电站站长。2009年，天峨县水利局为了向上级申请小型农田水利重点县项目，因时间比较紧，黄某宏局长便指使其等人按照地图对相关的项目进行设计，完成相关材料后向上级申报。在小型农田水利重点县项目实施过程中，其担任坡结灌片的组长，参与实施坡结灌区玉里、鱼翁灌片、水坝等工程。工程项目验收时，黄某宏局长叫其代在六排灌区的项目结算书上签字，以完善相关的验收手续，事实上其并没有参与六排灌区工程验收工作，六排灌区的工程是否实施其也不清楚。

27. 证人黄某艳的证言证实，其是天峨县水利局的技术人员，2009年天峨县水利局在实施小型农田水利重点县项目建设过程中，其负责部分水利项目的设计和合同制作工作。后来水利局领导喊其在8个工程的项目结算书上签字，以完善相关的验收手续，实际其并没有参与那8个工程的验收工作。

28. 被告人黄某宏的供述及辩解证实，2008 年，天峨县水利局在实施珠治项目工程建设过程中，其授意本单位相关工程设计人员，制造虚假的工程合同和工程设计方案与天峨县第二建筑工程公司签订施工合同，采取虚套的方式，套取珠治项目资金工程款 90 万元。2009 年 7 月，天峨县水利局向上级申请小型农田水利重点县项目，在制作 2009 年重点县项目工程设计文本时，因时间比较紧，其叫技术人员不用到实地勘查，只在地形图上进行规划设计，搞好工程设计文本后就上报市水利局和水利厅审查，经审查通过后，2009 年 11 月天峨县水利局获得小型农田水利重点县项目，由水利厅正式下达项目投资计划。2009 年 12 月，天峨县水利局开始组织实施重点县项目工程，因之前天峨县水利局的工程实施计划是发动群众来实施，实施过程中有许多群众不愿意做，同时工程资金的出账必须是公家对公家，如果全部由群众来实施，这个项目的资金就没有办法出账，所以后来天峨县水利局决定先找几个有资质的工程队来实施，过后再继续发动群众参与实施，确定先找几个有资质的工程队来实施后，天峨县水利局就与天峨县建筑工程公司、天峨县第二建筑工程公司等公司按照之前上报的小型农田水利重点县项目规划设计签订施工合同。天峨县建筑工程公司等公司在施工过程中，天峨县水利局的技术员发现有些工程跟之前的工程设计文本不相符，许多工程没有按原计划实施完工，还有些工程无法实施。出现这个问题后，天峨县水利局就跟施工队重新签了一份实际实施的合同，整个小型农田水利重点县项目的工程款按第一次签订的合同全部支付给施工队，施工队收下应得的工程款项后，就把没有实施的工程款转回天峨县水利局。通过以上方式，天峨县建筑工程公司覃某返回给天峨县水利局重点小型农田水利工程款 2940029.00 元，天峨县第二建筑工程公司冷某现返回给天峨县水利局重点小型农田水利工程款 937013.00 元。套取的上述工程款后，其叫出纳李某春和会计李某英另设账户把钱存进去，设立“小金库”，用于发放干部职工福利、接待、慰问、采购汽车等相关开支，“小金库”的资金来源和使用情况只有其与李某春和李某英三人懂得，“小金库”的资金必须经其签字同意才能使用。

被告人黄某宏辩解套取工程款后，经天峨县水利局领导班子讨论决定，上级领导下来检查、项目评审等开支先从几家建筑工程公司返还的资金中开支，因没有提供相关的证据证实，本院不予采信。

二、贪污事实

被告人黄某宏在担任天峨县水利局局长期间，在本单位实施国家重点小农水项目工程过程中，以虚列工程的方式，将部分国家重点小农水项目专项资金套取出来由出纳员李某春保管，进行“账外账”资金管理，由会计员李某英负责核账，被告人黄某宏负责审核支出。2012 年 1 月 16 日被告人黄某宏利用职务的便利，以非法占有为目的，以支付给蓝某意答谢天峨县六排镇都隆村人饮项目工程有关人员费用为由，从李某春所管理的“账外账”资金中骗取 33000 元出来，后由财务审核进行核销，将该笔 33000 元资金进行侵吞，占为己有。同年 2 月 10 日，被告人黄某宏又利用职务的便利，以非法占有为目的，以慰问水利部有关人员开支为借口，从李某春所管理的“账外账”资金中骗取 60000 元出来，后由财务审核进行核销，将该 60000 元进行侵吞、占为已有。

上述事实，有检察机关提交，并经法庭质证、认证的下列证据予以证明：

1. 被告人黄某宏出具的情况说明证实，其曾以支付给蓝某意答谢争取得天峨县六排镇都隆村人饮项目工程的有关人员为由，与李某春借了 33000 元钱。

2. 收条证实，2012 年 1 月 16 日，黄某宏从出纳员李某春手上借得现金 33000 元，借款理由是用于有关开支；2012 年 2 月 10 日，黄某宏从出纳员李某春手上借得现金 60000 元，借款理由是用于出差北京水利部开支。

3. 证人李某英的证言证实，天峨县水利局与天峨县第二建筑工程公司的冷某现通过签订虚假合同套取国家重点小农水项目工程款 937013 元后，存在天峨县水利局的“小金库”里面。2012 年 1 月，黄某宏从“小金库”里面借了 33000 元，借款理由是用于有关开支，2012 年 2 月黄某宏又从“小金库”里面借了 60000 元，借款理由是用于出差北京水利部开支。黄某宏借这两笔钱只写了两张收条，没有拿发票回来核销，当时其也没有问什么，就直接从“小金库”支出了。

4. 证人李某春的证言证实，2009 年下半年，天峨县水利局在实施重点小型农田水利工程过程中，为了套取工程资金，在有的工程由建筑工程公司实施完成，有的工程由群众自行投工投劳完成，有的工程没有实施的情况下，天峨县水利局黄某宏局长决定，以天峨县水利局的名义与相关的建筑工程公司签订虚假的建设工程合同，由相关的建筑工程公司开具相关的发票，并完善相关的验收手续后，到天峨县水利局进行报账，将合同上相对应的工程款付给相关的建筑工程公司，再由相关的建筑工程公司扣除天峨县水利局技术人员列出的实际工程款后，将天峨县水利局多付的工程款以相关建筑工程公司老板的名字开户存在银行，设立“小金库”，相关建筑工程公司的老板把存折和密码交给其管理。天峨县第二建筑工程公司的冷某现返还给天峨县水利局重点小型农田水利工程款 937013 元是存在天峨县水利局的“小金库”里面。2012 年 1 月 16 日，李某英交待其领 33000 元拿给黄某宏局长，其就拿着刘某的那张建行卡去建行领了 40000 元，回到局里其把其中的 33000 元拿到黄某宏局长的办公室交给他，当时黄某宏局长还写了一张收条给其。2012 年 2 月 10 日，黄局长又跟其要 60000 元，其把 60000 元现金交给黄局长时还问黄局长之前他要的 33000 元怎么报账，黄局长讲之前他要的 33000 元和这 60000 元一起在“小金库”账上支出，后来其就在局里的“小金库”的日记账上记录，在整理“小金库”的会计凭证时，其把黄局长要的 33000 元和 60000 元的收条一起附在“小金库”会计凭证上。事后黄局长没有归还这两笔款给其，也没有拿发票来冲账。

5. 证人蓝某意的证言证实，其未收得黄某宏的 33000 元感谢费。

6. 证人韦某山的证言证实，因天峨县水利局在广西征收水资源费的比例比较大，所以在 2012 年 2 月其和覃能庆就通知黄某宏一起去北京水利部汇报工作。在去北京期间，其未收到黄某宏的 50000 元钱。

7. 证人韦某远的证言证实，黄某宏到水利部开支 60000 元其不清楚。

8. 证人戴某桦的证言证实，其对黄某宏局长到财务室拿 60000 元出差到水利部开支的情况不清楚。

9. 证人黄某甫、黄某的证言证实，其对黄某宏局长从财务借出的 33000 元和 60000 元用于慰问的情况不清楚，在局班子会上也没有提到过。

10. 被告人黄某宏的供述和辩解证实，2012 年 1 月 16 日，其以支付给蓝某意答谢争取得天峨县六排镇都隆村人饮项目工程的有关人员为由，与李某春从天峨县第二建筑工程公司冷某现返回给天峨县水利局重点小型农田水利工程款 937013 元中借了 33000 元钱。2012 年 2 月 10 日，其以出差北京水利部开支为由，与李某春从天峨县第二建筑工程公司冷某现返回给天峨县水利局重点小型农田水利工程款937013元中借了60000元。

被告人黄某宏在侦查阶段出具的情况说明和两次供述承认其跟李某春从“小金库”中借33000元用于答谢蓝某意，帮蓝某意报销一些餐费和油费，庭审中辩解借这33000元是给覃某英用于清理河道淤泥；在侦查阶段两次供述其跟李某春从“小金库”中借60000元是拿去慰问水利部的领导，因没有提供相关的证据证实，本院不予采信。

三、受贿事实

2008年至2010年间，广西蓝天钢管有限责任公司河池市代理商洪某元在向天峨县水利局销售钢管过程中，为了感谢被告人黄某宏在对该公司向天峨县水利局销售钢管业务过程中提供方便，于2010年12月的一天，电话约请被告人黄某宏在天峨县五吉大酒店见面，后在天峨县五吉大酒店停车场，洪某元将一个装有40000元的黑色塑料袋放进了被告人黄某宏的轿车尾箱。后被告人黄某宏将该40000元钱用于其个人生活开支。案发后河池市人民检察院扣押黄某宏人民币20000元。

上述事实，有检察机关提交，并经法庭质证、认证的下列证据予以证明：

1. 被告人黄某宏出具的情况说明和写给其妻子的便条证实，2010年下半年，其在天峨县五吉大酒店停车场收到洪某元付给的感谢费40000元。

2. 企业法人营业执照、法人授权委托书证实，广西蓝天钢管有限责任公司企业法人蓝爱民委托洪某元参加天峨县2010年农村饮用水安全工程管材采购项目招标、投标代理人，负责采购项目投标、谈判、签约等具体工作，并签署全部有关的文件，协议及合同。

3. 产品购销合同、记账和转账凭证、发货清单、增值税普通发票证实，2010年间，天峨县水利局与广西蓝天钢管有限责任公司签订钢管购销合同，合同金额2918260元，并已履行完毕。

4. 扣押物品清单证实，2012年8月17日，河池市人民检察院扣押黄某宏人民币20000元。

5. 证人洪某元的证言证实，其是广西蓝天钢管有限责任公司河池办事处的负责人，为感谢黄某宏对其生意的关照，2010年12月其去天峨县办事，约黄某宏在天峨县五吉大酒店见面，后其在五吉大酒店停车场，把事先准备好用黑色塑料袋装的40000元放进黄某宏的车尾箱，黄某宏得东西后表示感谢，接着就开车走了。

6、被告人黄某宏的供述及辩解证实，天峨县水利局从2008年开始与广西蓝天钢管有限责任公司采购钢管，洪某元为了感谢其对他生意上的照顾，2010年下半年的一天，洪某元在天峨县五吉大酒店约其见面，其答应后开车去五吉大酒店，其到五吉大酒店时，洪某元已在停车场等候，还提着一个塑料袋，两人在其车边聊了几分钟这样，其讲其有点事先走，洪某元就说：“那你开一下车尾箱，我给点东西给你。”其当时也没有多想，就把车尾箱打开，洪某元就把他随身拿的那个塑料袋放进其车尾箱，然后其就开车走了。事后其打开洪某元送给的那个塑料袋，发现里面有四轧钱，都是百元面额，总共是40000元。

被告人黄某宏在侦查阶段出具的情况说明、写给其妻子的便条和两次供述承认其收受洪某元的40000元钱，庭审中否认，因没有提供相关的证据证实，本院不予采信。

四、私分国有资产事实

2011年1月期间，时任天峨县水利局局长的被告人黄某宏组织天峨县水利局领导班子成员罗某根（党组书记，另案处理）、罗某建（副局长，另案处理）、黄某甫（副局长，另案处理）、黄某（党组副书记、纪检组长，另案处理）等人开会讨论本单位有关发放春节福利问题，最后会议决定以每人 8000.00 元左右的额度标准对本单位职工发放福利。会后被告人黄某宏安排李某春、李某英按照班子会所决定的福利额度进行列表造册，并从所套取出来的国家重点县小农水项目资金中提取 514780.00 元发放给本单位职工，其中被告人黄某宏分得 18730.00 元。2012 年 1 月期间，又在春节将至时，身为天峨县水利局局长的被告人黄某宏再次组织天峨水利局领导班子成员韦某远（党组书记）、黄某甫（副局长，另案处理）、黄某（党组副书记、纪检组长，另案处理）等人开会讨论本单位有关发放春节福利问题。后经讨论会议决定以每人 8000.00 元左右的额度标准对本单位职工发放福利。会后被告人黄某宏又安排财务人员李某春、李某英按照班子会所决定的福利额度进行列表造册，并从所套取出来的国家重点县小农水项目资金中提取 525810.00 元发放给本单位职工，其中被告人黄某宏分得 16940.00 元。案发后天峨县水利局职工共退回赃款 1004920 元。

上述事实，有检察机关提交，并经法庭质证、认证的下列证据予以证明：

1. 证人李某英的证言证实，天峨县水利局局长黄某宏与天峨县建筑工程公司签订虚假的工程建设施工合同，套取项目资金 2940029.00 元，私自截留设立“小金库”（账外账）管理。2011 年 2 月和 2012 年 1 月，黄某宏分别两次主持召开天峨县水利局领导班子会议，经研究决定以绩效考评工资的形式将“小金库”中的 1040590 元私分给全局职工。会后黄某宏局长交待局财务室造册发放，因当时其工作比较忙，后来是李某春造册发放。这两年其共分得奖金 28530 元。

2. 证人李某春的证言证实，天峨县水利局通过天峨县建筑工程公司的覃某套取国家重点县工程款 2940029.00 元，覃某是分四次付给天峨县水利局，第一次是 2010 年 4 月 19 日，覃某把 1070650.00 元存进用他的名字开在农行的一个户头里；第二次是 2011 年 4 月 25 日，覃某把 636508.00 元现金交给其，第三次是 2011 年 4 月 26 日，覃某又汇 599947.8 元进用他的名字开在农行的一个户头里；第四次是 2011 年 12 月 7 日，覃某把 632923.20 元汇进其保管开在建行户名为刘某的账户。套取的工程款 2940029.00 元后私自截留设立“小金库”（账外账）管理。2011 年 1 月天峨县水利局班子开会研究决定发奖金和福利给全局职工。会后黄某宏局长问其“小金库”的哪个户头有钱，其答覃某的小农水的财务上还有 50 多万元，黄某宏就讲哪个户头有钱就从哪个户头领钱来发职工的年底奖金。过后黄某宏拿一个发放奖金标准的稿子交给其，大概内容是：一、局里的在职在编人员每个人发 8000 元为基础。二、局班子每人加 5000 元，技术员和办公室及财务室每人加 3000 元。三、加出勤奖每人每天 10 元。四、局班子每人再加 1000 元、股长再加 800 元、副股长再加 700 元。五、聘请人员也相对发放点。然后其就准备去领钱来发放，当时为了方便领钱，先从覃某的建行账户（卡号 34331499801101115115）领款 550000 元，过后再拿覃某小农水的农行账号（卡号 522100460200055）拿钱来补覃某建行账户。领得钱后就拿来发放奖金给职工。2011 年 11 月，黄某宏局长又问其“小金库”的哪个户头有钱，其答前两天财务和覃某刚刚结算一笔小农水的工程款，覃某还要转回 60 万元的工程款给水利局，那里有钱，黄某宏就讲哪个户头有钱就从哪个户头领钱来发职工的年底奖金。2011 年 12 月初，覃某准备转回 632923.20 元给水利局，当时其叫覃某直接转到刘某那个财务上，因黄某宏讲要发奖金给职工，在覃某转这笔钱之前的几天，其已开始拿刘某的建行存折（卡号：3433159980110029768）去领钱，因去银行领钱超过 50000 元要本人持身份证才可以领，所以其从 12 月初就开始去领钱回来留着，待覃某转钱来后就把覃某转回的钱补回之前领刘某的钱。领刘某的钱加上财务还有些现金，刚好够发2012年的职工奖金，然后其按照黄某宏给的发放奖金标准造册给会计审核，由黄某宏签字同意后发放奖金给职工。2012年的职工奖金标准与2011年差不多。过完年后，其就把覃某转回的钱拿去补之前领刘某的钱，2012年的职工的奖金都是从覃某帮套取出来的小农水工程款中支出。

3. 证人蔡某平的证言证实，黄某宏指使天峨县水利局的技术人员制作虚假的工程设计方案和虚假的工程建设施工合同后，由黄某宏以天峨县水利局的名义与施工单位签订虚假的工程建设施工合同，套取工程款。2011年和2012年天峨县水利局两次以发绩效考评工资为由发放奖金给全局职工，2011年其领得14240元，2012年其领得13270元。

4. 证人黄某甫的证言证实，其于2007年调任水利局副局长至今。2011年初，黄某宏局长组织局班子成员开会，参加会议的有黄某宏、罗某建、罗某根、黄某、戴某桦和其六人，戴某桦是老局长，不是班子成员，但每次局班子开会都喊他参加，会上有个议题是讨论发放年终奖给干部职工问题，当时黄某宏提出发放奖金给干部职工，与会的局班子成员都一致说有钱就发，这样可以提高干部职工的工作积极性，最后与会的局领导成员经讨论都同意以年终福利、出勤补助、局班子单独的工作经费等名义发放奖金给局班子成员和其他干部职工，后来发放年终奖时所有的局班子成员都在费用报销单上签字，这次其分得16850元。2012年初，黄某宏局长再次组织局班子成员开会，参加会议的有黄某宏、黄某、韦某远、黄某甫，罗某根和戴某桦也被邀请参加，会上黄某宏讲年底了，单位领导和职工也辛苦，局里面还有钱，以绩效工作的名义来发点福利奖金，当时罗某根和戴某桦提出要把握好，黄某宏要把关，韦某远说他刚来，他们移民局原来是不发的，其与其他在场的人员见黄某宏没有提出异议也都没有什么意见，均同意有钱就拿来发给干部职工，当时讨论发放的额度是每个在职的职工每人8000元，另外按照每个职工的出勤天数、公休天数、单独的领导班子成员的工作经费等情况发放，这次其分得16760元。

5. 证人罗某建的证言证实，其于2003年3月至2011年10月在天峨县水利局任副局长。天峨县水利局发放福利奖金一般都经过班子讨论，最后由局长决定。

6. 证人戴某桦的证言证实，其于2001年7月至2006年12月任天峨县水利局局长，2007年1月任主任科员至今。2011年春节前，黄某宏局长通知天峨县水利局班子成员罗某根、黄某甫、罗某建、黄某和其去他的办公室开会，张程文是记录员，会上讨论其他工作结束后，黄某宏叫张程文先去忙别的事，张程文就不记录下面的内容，张程文走后，局班子成员就讨论发奖金事宜，黄某宏先发言："年底到了，大家讨论看看是不是发些奖金给职工过年？"其他的局班子领导都说职工一年累到头，发些奖金给职工过年可以提高他们的积极性，在场的局班子领导都同意发奖金给职工过年，其当时在会上讲："发些钱给职工改善生活是可以的，但是你们班子领导自己把关看看这些奖金来源合不合法，可以发得吗？"当时局班子成员也没有那个提出反对意见，都同意按每个在编职工发几千元奖金，领导班子格外还考虑一些，中层干部也适当考虑点，还以出勤奖名义发一部分，具体的金额当时会上没有讲到，过后发奖金就是按这个方案发的，这次其共领得16930元。2012年春节前，黄某宏局长又通知天峨县水利局班子成员黄某甫、黄某、韦某远老书记、罗某根和其去他的办公室开会，张程文是记录员，会上讨论其他工作结束后，黄某宏叫张程文先去忙别的事，张程文走后，局班子成员就讨论发奖金事宜，讨论后都同意按2011年的发放标准来发放奖金，过后几天就发了，这次其共领得 16940 元。

7. 证人彭某应的证言证实，其现任天峨县水利局地电站站长。2009 年，天峨县水利局为了向上级申请要小型农田水利重点县项目，因时间比较紧，黄某宏局长便指使其等人按照地图对相关的项目进行设计，完成相关材料后向上级申报。在小型农田水利重点县项目实施过程中，其担任坡结灌片的组长，参与实施坡结灌区玉里、鱼翁灌片、水坝等工程。工程项目验收时，黄某宏局长叫其代在六排灌区的项目结算书上签字，以完善相关的验收手续，事实上其并没有参与六排灌区工程验收工作，六排灌区的工程是否实施其也不清楚。2011 年 1 月至 2012 年 1 月间，其先后在局财务领取补助费共计 27730 元。

8. 证人黄戌的证言证实，其现任天峨县水利局防汛办主任。2009 年天峨县实施重点小水农项目建设过程中，其主要工作是负责图纸设计。后来天峨县水利局领导喊其在岜暮灌区拥里灌片等 9 份合同及工程验收表上签字，目的是完善手续，应付上级对项目的检查，因其没有到实地验收这些工程，这些工程是否完成其不知道。

9. 证人黄某艳的证言证实，2011 年至 2012 年期间，天峨县水利局以下乡补助、绩效考评工资的名义发放给其 25800 元。

10. 被告人黄某宏供述和辩解证实，2009 年 7 月，天峨县水利局向上级申请小型农田水利重点县项目，在制作 2009 年重点县项目工程设计文本时，因时间比较紧，天峨县水利局技术员没有到实地勘查，只在地形图上进行规划设计，搞好工程设计文本后就上报市水利局和水利厅审查，经审查通过后，2009 年 11 月天峨县水利局获得小型农田水利重点县项目，由水利厅正式下达项目投资计划。2009 年 12 月，天峨县水利局开始组织实施重点县项目工程，因之前天峨县水利局的工程实施计划是发动群众来实施，实施过程中有许多群众不愿意做，同时工程资金的出账必须是公家对公家，如果全部由群众来实施，这个项目的资金就没有办法出账，所以后来天峨县水利局决定先找几个有资质的工程队来实施，过后再继续发动群众参与实施，确定先找几个有资质的工程队来实施后，天峨县水利局就与天峨县建筑工程公司、天峨县第二建筑工程公司等公司按照之前上报的小型农田水利重点县项目规划设计签订施工合同。天峨县建筑工程公司等公司在施工过程中，天峨县水利局的技术员发现有些工程跟之前的工程设计文本不相符，许多工程没有按原计划实施完工，还有些工程无法实施。出现这个问题后，天峨县水利局就跟施工队重新签了一份实际实施的合同，整个小型农田水利重点县项目的工程款按第一次签订的合同全部支付给施工队，施工队收下应得的工程款项后，就把没有实施的工程款转回天峨县水利局。通过以上方式，天峨县建筑工程公司覃某返回给天峨县水利局重点小型农田水利工程款 2940029.00 元，套取上述工程款后，其叫出纳李某春和会计李某英另设账户把钱存进去，设立“小金库”，“小金库”的资金来源和使用情况只有其与李某春和李某英三人懂得，“小金库”的资金必须经其签字同意才能使用。2011 年 1 月初，天峨县水利局的班子成员开会，参加会议的人员有其和罗某建、罗某根、黄某甫、黄某、戴某桦（上届的天峨县水利局局长），会上其提出局干部职工一年来工作比较辛苦，年底发些奖金给他们，与会的罗某建、罗某根、黄某甫、黄某、戴某桦都表示同意，接着其等人就开始讨论发奖金数额问题，经过讨论，最后决定发放奖金的标准是在职在编人员每个人发 8000 元左右。定好发放奖金的方案后，其就跟李某英和李某春讲发放年终奖的事情，并给一张发放年终奖的标准给李某春，由她们财务室来造册发放，同时叫她们从天峨县建筑工程公司覃某返回给天峨县水利局重点小型农田水利 2940029 元工程款中支出。过了一两天，李某春就把发放年终奖的费用报销单给其签字，事后罗某建、罗某根、黄某甫、黄某也在费用报销单上的领导审批一栏上签字同意发放。2012 年 1 月初，天峨县水利局的班子成员开会，参加会议的人员有其和韦某远、罗某根、黄某甫、黄某、戴某榉，会上罗某根讲："这几天下乡，局里面的人问其年底还发不发钱。"与会人员听后就讨论了一下，经过讨论，其和韦某远、罗某根、黄某甫、黄某、戴某榉都同意年底发奖金，2012 年发放奖金的标准按 2011 年发放奖金的标准发放。事后其跟李某英和李某春讲发放年终奖的事情，并给一张发放年终奖的标准给李某春，由她们财务室来造册发放，同时叫她们从天峨县建筑工程公司覃某返回给天峨县水利局重点小型农田水利的 2940029 元工程款当中支出。过了一两天，李某春就拿发放年终奖的费用报销单给其签字，其签完字后，财务室就开始把钱发放给干部职工。其两次共分得 35670 元。

11. 罗城仫佬族自治县人民检察院出具的情况说明、发票证实，黄某宏涉嫌私分国有资产一案已退赃 1004920 元。

被告人黄某宏辩解天峨县水利局在讨论发放干部职工福利时，讲过是用设计费来发放，因没有提供相关的证据证实，本院不予采信。

另查明，2013 年 2 月 28 日，河池市人民检察院暂扣天峨县水利系统系列案 740000 元。

上述事实，有检察机关提交，并经法庭质证、认证的下列证据予以证明：

广西壮族自治区检察机关暂扣押款专用票据证实，2013 年 2 月 28 日，河池市人民检察院暂扣天峨县水利系统系列案 740000 元。

本院认为，被告人黄某宏身为国家机关工作人员，在任天峨县水利局局长期间超越职权，违法决定虚套国家水利专项资金共计 4777042 元，事后将 1261638.91 元用于单位接待和其他不正当开支，致使国家财产遭受重大损失，造成了恶劣的社会影响，其行为已触犯我国刑律，构成滥用职权罪。被告人黄某宏身为国家机关工作人员，以非法占有为目的，利用职务上的便利，骗取公共财产 93000 元，其行为已触犯我国刑律，构成贪污罪。被告人黄某宏身为国家工作人员，利用职务上的便利，非法收受他人财物 40000 元，为他人谋取利益，其行为已触犯我国刑律，构成受贿罪。被告人黄某宏违反国家规定，以单位名义将国有资产 1040590 元集体私分给本局职工，数额巨大，其行为已触犯我国刑律，构成私分国有资产罪。公诉机关指控被告人黄某宏犯滥用职权罪、贪污罪、受贿罪、私分国有资产罪成立，应依法追究其刑事责任。被告人黄某宏辩解发放干部职工福利、接待、慰问、采购汽车等相关开支的资金是几家建筑工程公司返还的资金中应得的设计等费用，开支是经班子讨论决定，其行为不构成滥用职权罪和私分国有资产罪；辩护人蒋铁生、石国玉提出天峨县水利局在实施重点县项目时，已进行勘察和委托有资质的单位设计等工作，理应得到科研勘察设计等费用，如果是用应得的设计等费用发放干部职工福利、接待、慰问等开支，那么被告人黄某宏的行为就不构成滥用职权罪、贪污罪和私分国有资产罪。经查：被告人黄某宏是通过哄骗南丹县水利局帮设计取得设计报告，与建筑工程公司签订虚假的工程建设施工合同等手段取得申报材料，然后向上级水利部门申报取得工程建设项目，从而套取工程款，其通过非法手段套取得的工程款中，当然不能视为包含有合法的设计等费用在内，其利用职务上的便利骗取工程款占为己有，擅自决定将套取的工程款用于发放干部职工福利、接待、慰问等开支的行为，已构成滥用职权罪、贪污罪和私分国有资产罪，故对被告人黄某宏和辩护人蒋铁生、石国玉提出的上述辩解和辩护意见，本院不予采纳。

被告人黄某宏提出其借93000元已用于清理河道淤泥和慰问领导，被告人黄某宏和辩护人蒋铁生、石国玉提出黄某宏没有收受洪某元的40000元钱，黄某宏的行为不构成贪污罪和受贿罪，与本案查明的事实不符，本院不予采纳。鉴于案发后已追回退赃1506666.60元，挽回部分经济损失，对被告人黄某宏可酌情从轻处罚。为维护国家机关的正常活动和国家工作人员的职务廉洁性，保护公共财产、国家和人民利益不受非法侵犯，依照《中华人民共和国刑法》第三百八十二条第一款，第三百八十三条第一款第（二）项、第二款，第三百八十五条，第三百八十六条，第三百九十六条第一款，第三百九十七条第一款，第六十九条，第九十三条，第六十四条之规定，判决如下：

一、被告人黄某宏犯滥用职权罪，判处有期徒刑二年，犯贪污罪，判处有期徒刑七年，并处没收财产五万元，犯受贿罪，判处有期徒刑三年，犯私分国有资产罪，判处有期徒刑二年零六个月，并处罚金人民币三万元，决定执行有期徒刑十三年，并处没收财产五万元，并处罚金人民币三万元；

（刑期从判决执行之日起计算。判决执行以前先行羁押的，羁押一日折抵刑期一日。即自2012年8月19日起至2025年8月18日止。罚金限于判决生效后一个月内缴纳，逾期不缴纳的，强制缴纳。）

二、被告人黄某宏贪污所得赃款93000元予以追缴，上缴国库；

三、被告人黄某宏受贿所得赃款40000元，已退回20000元，尚未退回的20000元予以追缴，上缴国库；

四、本案已缴获的赃款1506666.60元予以没收，上缴国库，尚未退回的私分国有资产赃款35670元予以追缴，上缴国库；

如不服本判决，可在接到判决书的第二日起十日内，通过本院或者直接向河池市中级人民法院提起上诉。书面上诉的，应提交上诉状正本一份，副本三份。

审 判 长　银景可
人民陪审员　银星文
人民陪审员　潘刚华

二〇一三年十二月十九日
书 记 员　覃永扬

要军彦、王素玲滥用职权一案一审刑事判决书

尉氏县人民法院

刑事判决书

（2013）尉刑初字第255号

公诉机关：尉氏县人民检察院。

被告人：要军彦，男，49岁。

被告人：王素玲，女，43岁。

尉氏县人民检察院以汴尉检刑诉（2013）230号起诉书指控被告人要军彦、王素玲犯滥用职权罪，于2013年7月25日向本院提起公诉。本院依法组成合议庭，公开开庭审理了本案。尉氏县人民检察院指派检察员宫宝针出庭支持公诉，被告人要军彦、王素玲到庭参加诉讼。现已审理终结。

尉氏县人民检察院指控，2011年元月至2012年12月底，时任尉氏县水利局节水办主任的被告人要军彦，违犯《水资源费征收使用管理办法》关于“所有取水单位和个人均应安装取水计量设施。因取水单位和个人原因未安装取水计量设施或者计量设施不能准确计量取水量的，由水行政主管部门按照其最大取水能力核定取水量，并按核定的取水量确定水资源费征收数额。水资源费按月征收”的规定，在安排人员收取洗浴行业地下水资源费的过程中，滥用职权，一年对洗浴行业用户收费一次，对没有水计量设施或计量设施不能正常运行的用户没有移交相关部门，没有按照最大取水能力核定取水量确定收取水资源费征收数额，而是私自以年度协议收费办法进行收费。时任尉氏县水利局节水办特种行业收费科科长的被告人王素玲，在对尉氏县城西区洗浴行业地下水资源费征收过程中，滥用职权，对没有水计量设施或计量设施不能正常运行的用户没有移交相关部门，没有按照最大取水能力核定取水量确定收取水资源费征收数额,而是私自以年度协议收费办法进行收费。被告人要军彦、王素玲滥用职权，不依法征收水资源费，造成国家损失74万余元人民币。2013年3月22日，被告人王素玲到尉氏县人民检察院投案自首。2013年4月23日，被告人要军彦到尉氏县人民检察院投案自首。公诉机关认为要军彦、王素玲的行为均已构成滥用职权罪，案发后二被告人主动投案自首，请求依照《中华人民共和国刑法》第三百九十七条、第二十五条第一款、第六十七条之规定对要军彦、王素玲判处刑罚。提供的证据有：被告人要军彦、王素玲供述和辩解，证人李某某、王某某等人证言，证人孙某某、张某某等人证言，尉氏县水利局节水办出具的证明，关于对某某洗浴等6个浴池最大取水量以及应缴地下水资源费核算情况，水资源费征收使用管理办法，尉氏县水利局任职证明，投案自首及户籍证明等。

被告人要军彦、王素玲对公诉机关指控的罪名及犯罪事实不持异议。请求对其从轻处罚。

经审理查明，2011年元月至2012年12月底，时任尉氏县水利局节水办主任的被告人要军彦，违犯《水资源费征收使用管理办法》关于“所有取水单位和个人均应安装取水计量设施。因取水单位和个人原因未安装取水计量设施或者计量设施不能准确计量取水量的，由水行政主管部门按照其最大取水能力核定取水量，并按核定的取水量确定水资源费征收

数额。水资源费按月征收”的规定，在安排人员收取洗浴行业地下水资源费的过程中，滥用职权，一年对洗浴行业用户收费一次，对没有水计量设施或计量设施不能正常运行的用户没有移交相关部门，没有按照最大取水能力核定取水量确定收取水资源费征收数额，而是私自以年度协议收费办法进行收费。时任尉氏县水利局节水办特种行业收费科科长的被告人王素玲，在对尉氏县城西区洗浴行业地下水资源费征收过程中，滥用职权，对没有水计量设施或计量设施不能正常运行的用户没有移交相关部门，没有按照最大取水能力核定取水量确定收取水资源费征收数额，而是私自以年度协议收费办法进行收费。被告人要军彦、王素玲滥用职权，不依法征收水资源费，造成国家损失 74 万余元人民币。2013 年 3 月 22 日，被告人王素玲到尉氏县人民检察院投案自首。2013 年 4 月 23 日，被告人要军彦到尉氏县人民检察院投案自首。

上述事实，有下列经庭审举证、质证的证据在卷予以佐证：

1. 被告人要军彦、王素玲供述和辩解证明其滥用职权，未依法征收水资源费的情况。2. 证人李某某、王某某等人证言证明被告人要军彦、王素玲职责及收取水资源费情况；证人孙某某、张某某等人证言证明洗浴行业水资源费征收情况。3. 尉氏县水利局节水办出具的证明证实尉氏县城洗浴行为交纳地下水资源费情况；关于对某某洗浴等 6 个浴池最大取水量以及应缴地下水资源费核算情况证明损失情况；水资源费征收使用管理办法等证明水资源费征收相关法律法规；4. 尉氏县水利局任职证明、户籍证明证实被告人要军彦、王素玲身份年龄。5. 投案自首证明证实要军彦、王素玲投案自首情况。

上述证据来源合法，证据内容客观真实，证据之间相互关联，可以作为本案的定案依据。

本院认为，被告人要军彦作为尉氏县水利局节水办主任，被告人王素玲作为尉氏县水利局节水办特种行业收费科科长，在水资源费征收过程中滥用职权，给国家和人民利益造成重大损失，其行为均已构成滥用职权罪。公诉机关指控罪名成立，予以支持。要军彦、王素玲案发后主动投案自首，且系初犯，犯罪较轻，均可免予刑事处罚。依照《中华人民共和国刑法》第三百九十七条第一款、第二十五条第一款、第六十七条第一款之规定，判决如下：

被告人要军彦犯滥用职权罪，免予刑事处罚。

被告人王素玲犯滥用职权罪，免予刑事处罚。

如不服本判决，可在接到判决书的第二日起十日内，通过本院或者直接向河南省开封市中级人民法院提出上诉，书面上诉的，应当提交上诉状正本一份，副本二份。

审 判 长　范开尉
审 判 员　孙玉霞
人民陪审员　史富宽

二〇一三年九月二十四日
书 记 员　石 佳

章某某滥用职权案一审刑事判决书

河南省淮滨县人民法院

刑事判决书

（2013）淮刑初字第197号

公诉机关：淮滨县人民检察院。

被告人：章某某，男，1961年7月24日出生，汉族，本科毕业，中共党员，原任淮滨县水利局党委委员、副局长，现任淮滨县物价管理办公室副主任，住河南淮滨县。因涉嫌犯滥用职权罪，于2013年8月27日被淮滨县人民检察院取保候审。

辩护人：方献明，河南全为律师事务所律师。

淮滨县人民检察院以淮检刑诉（2013）151号起诉书指控被告人章某某犯滥用职权罪，于2013年11月21日向本院提起公诉。本院依法组成合议庭，公开开庭审理了本案。淮滨县人民检察院指派检察员王宏出庭支持公诉，被告人章某某及其辩护人方献明到庭参加诉讼。现已审理终结。

淮滨县人民检察院指控，2008年至2012年1月7日，被告人章某某任淮滨县水利局副局长，分管水政监察大队工作，期间在征收淮滨县人民医院、马集中学、台头中学等7家单位水资源费时，不认真履行职责，没有按照国家规定的计费标准征收应征收的水资源费，而是采取协商的方式征收水资源费，少收水资源费1094000元，给国家造成巨大经济损失。

针对上述事实，公诉机关当庭出示了相关证据，认为被告人章某某的行为已构成滥用职权罪，请求依照《中华人民共和国刑法》第三百九十七条第一款的规定处罚。

被告人章某某辩称，我认为我有错，但构不成犯罪。

辩护人方献明提出的辩护意见是：一、章某某主管期间，少收水资源费经过集体研究，在2013年1月9日前，集体研究行为可不作犯罪处理。1. 章某某供述均讲少收水资源费经集体研究。2. 同案人王某某、李某某均证明少收行为是集体研究，并非个人决定。3. 涉案中中学校长均证实是按教育局统一研究意见少交。4. 证人杜某某及医院财务科长均证明医院少交是经双方集体研究决定的。二、少收水资源费目前刑法上没有规定为犯罪。三、对水资源费少收，是可以协商收取。法律并没有规定水资源费不能少收。四、卷中缺乏关键证人证言，导致本案在关键事实上无法印证。综合以上四点，章某某的行为不构成犯罪。

经审理查明，2008年至2012年1月7日，被告人章某某任淮滨县水利局副局长，分管水政监察大队工作，期间在征收淮滨县人民医院、马集中学、台头中学、栏杆中学、王岗中学、芦集二中、三空桥一中等7家单位水资源费时，不认真履行职责，没有按照国家规定的计费标准征收应征收的水资源费，而是采取协商的方式征收水资源费。依据水资源费征收标准及《河南省取水许可和水资源费征收管理办法》第二十一条的规定，少收水资源费1094000元。

上述事实，有以下经当庭举证、质证的证据予以证实：

1. 书证：淮滨县水利局证明、淮滨县物价管理办公室中共淮滨县委员会豫发改价管〔2005〕543号通知、《河南省取水许可和水资源费征收管理办法》、《淮滨县物价管理办公室和淮滨县财政局文件》、收费许可证及收费标准、复印的收费票据、归案经过、被告人章某某的户籍证明等书证在卷。

2. 证人王某某证言："我 1974 年到水利局工作的，2001 年至今在水利局水政监察大队工作。具体负责水资源费征收工作，平常都是我和李某某一起去征收水资源费，李某某负责开票，我负责协调收费工作，每收一笔都是领导同意后，我们才收取。我们是按照河南省发改委与河南省财政厅下发的豫发改价管〔2005〕543 号文件的规定收费，根据规定，在城市公共供水管网覆盖范围以内取用地下水的居民、工业 0.6 元/立方米，行政、经营 0.8 元/立方米,特种行业 1.5 元/立方米。在城市建成区以外，城市公共供水管网没有达到的地方取用地下水的居民、工业用水 0.4 元/立方米，行政事业、经营服务业用水 0.6 元/立方米，特种行业用水 1.0 元/立方米。

淮滨县各乡镇学校，当时是局领导章某某和教委的领导任局长互相协商，安排我们按全乡总人口收，每 1 万人收 1000 元。对各乡镇的学校都是按 0.4 元/立方米的标准征收水资源费。按照每 1 万人收 1000 元的水资源费，这个标准不符合文件规范。当时收水资源费比较困难,通过主管局长章某某和县教体局领导协商后,按照全乡镇的总人数每 1 万人按 1000 元收取，并且按 0.4 元/立方米的标准收水资源费，所以没有按文件执行。淮滨县各乡镇都没有安装计量装置，按照《河南省取水许可和水资源费征收管理办法》第二十一条的规定，应按照水泵的最大功率每日运转 24 小时计算取水量来收取水资源费。

淮滨医院有两个自备水井，老院装的有水表，新院没有装水表，我们没有按医院水表的流量收水资源费，当时也是章某某局长安排我收多少钱我就收多少钱的，协商过后按照每年 43000 元的标准收取。"

3. 证人李某某证言："我是 1982 年 4 月到水利局工作的，2002 年左右水利监察大队成立时候我就到水利监察大队工作至今，我在水政监察大队从事开票、收款工作。我们收水资源费是按照《中华人民共和国水法》和河南省发改委与河南省财政厅下发的豫发改价管〔2005〕543 号文件的规定收费，并且向淮滨县物价局核定的有收费许可证。每次收费都是主管领导章某某局长安排我和王某某去收的。淮滨县各乡镇学校的水资源费是我和王某某一起去收的，大多数学校没有装水表，是按领导协调的标准收取的，是章某某局长和当时教委任局长协调的，协调的结果是乡镇学校每 1 万人收 1000 元水资源费。淮滨县人民医院有两眼水井，以前一眼，老城的一眼，新医院一眼。老城的装有水表，坏了，新医院没有装水表。老医院原来安的有水表，水表没坏之前，我们按水表抄的，水表坏了之后，由县医院张敬涛副院长和水利局章某某副局长协商的，没按水表征收，按他们协商每年交 4.3 万元收的，新医院也是按每年 4.3 万元的标准征收的。"

4. 证人杜某某证言："我在淮滨县人民医院从事后勤服务工作，负责后勤服务、水电管理等工作。淮滨县人民医院共有两眼井，第一眼井是在老人民医院是 1992 年以前打的，井深约有 100 米深，直径 30 多公分，深水井泵的功率是 22 千瓦。第二眼井是在新人民医院，是 2010 年底打的，2012 年使用的，井深 300 米左右深，井口直径约 30 公分，深水井泵的功率是 30 千瓦。两个井都没有装水表。水利局给我们办的有取水许可证，给水利局交的有水资源费，是院领导和水利局领导协商的，具体多少钱我不知道，开的有票，没有按水表计量交，因为没有水表。按水表计量缴费太高，单位承受不了，所以没装水表，水利局没有督促我们装过水表。"

5. 证人兰某某证言证实淮滨县人民医院现有两眼自备水井，第一眼井是1992年以前打的，井泵功率是22千瓦，第二眼井是2010年底打的，井深约300米，井泵功率是30千瓦，2011年底医院搬迁过来时才使用这眼井。两个自备水井都没有安装水表，交水资源费时我们和水利局的章某某、王某某、李某某等人协商交的，每年交43000元。

6. 证人蒋某某证言："2007年某天县水利局章某某带水利局工作人员，来协商乡镇中学水资源费交费情况，吃饭时有我与徐存杰书记在场，是否按乡镇的学生数交记不清了。"

7. 证人王某某证言："我们栏杆中学有自备水井，井泵的功率是7.5千瓦，是2005年打的，2005年暑假开始使用的，一直用到2012年7月。水井没有安装水表。"

8. 证人吴某某证言："我们学校的自备水井是2001年7、8月份打的，是2004年开始使用的，井泵的功率是5.5千瓦，一直用到现在，没有安装水表。我们办的有取水许可证，给水利局交的有水资源费。2008年左右，县教体局领导和县水利局领导协商后的收费标准是按全乡的实际人口缴费，每10000人按1000元的标准交水资源费，我们王家岗乡有3万多人口，水利局让我们交3000元的水资源费。交费时我们又给他们商量，没有按3000元的标准交，2008年到2010年是按1500元一年的标准交的，2011年是按3000元的标准交的，2012年的钱还没有交，是按1500元的标准。全县各乡镇的学校都是按协商好的总人口交费。"

9. 证人任某某证言："我负责台头中学的水电管理工作和学校的后勤服务工作，我们台头中学有自备水井，是2002年打的，一直使用到现在，井泵功率是15千瓦，没有安装水表，办的有取水许可证，给水利局交的有水资源费，2006年之前，县教育体育局和水利局领导协商按全乡的实际人口交水资源费，每10000人按1000元的标准交水资源费，我们台头乡有35000多人，就让我们每年交3500元水资源费。我们是一年一交水资源费，按年交，全县各乡镇的学校都是按人口交。"

10. 证人陈某某证言："我们马集中学的水井是2001年秋季打的，2006年开始使用，井泵的功率是15千瓦，一直用到现在，没有安装水表。办的有取水许可证，给水利局交的有资源费。2006年左右，县教体局领导和县水利局领导协商按全乡的实际人口交水资源费，每10000人按1000元的标准交水资源费，我们马集镇约有30000人口，水利局就让我们学校每年交3000元，我们是按年交水资源费，是一年交一次水资源费，全县各乡镇的学校都是按协商好的全乡实际人口交水资源费。"

11. 证人汪某某证言："我负责芦集二中的水电管理工作，学校有自备水井，是2001年打的井，井泵功率是5.5千瓦，一直用到2011年9月就不用了，井没有安装水表。我们有取水许可证，给水利局交的有水资源费，是教体局领导和县水利局领导协商好的，按全乡的实际人口交水资源费，每10000人按1000元的标准交水资源费，我们每年交的有2000元左右，是按年交的，全县各乡镇的学校都是按教体局领导和水利局领导协商好的标准缴费。"

12. 证人丁某某证言："三空桥乡第一初级中学有深井一眼，2006年4月打的井，井泵功率7.5千瓦，该水井从2006年5月一直使用至今，我们办的有取水许可证，给淮滨县水利局交的有水资源费。2007年左右，县教育局领导和县水利局领导协商按全乡的实际人口交水资源费，每10000人按1000元的缴费标准交水资源费，我们三空桥乡有4万多人，按人口我们应该交4000元水资源费，水利局的人来收水资源费的时候，由于我们学校没钱，所以我们又给他们协商最后按每年 2600 元的标准缴纳水资源费。他们也同意了。我们是按年交水资源费的，是一年一交。我们的水资源费每年都交齐了。”

13. 证人郑某某证言：“关于水资源费征收工作，我在任水利局局长期间，章某某副局长分管水资源费征收工作，具体各乡镇中学和淮滨县人民医院收水资源费一事，没有给我汇报过征收多少，我也不了解情况，另外其他单位水资源费征收情况我也不清楚，没有给我汇报过。”

14. 证人李某某证言：“关于水资源费收缴工作，分管领导和具体负责同志常反映执收环境不好又缺乏强制手段，执收很困难，足额征收力不从心。但就具体乡镇学校和县人民医院收多少水资源费，我不清楚。”

15. 被告人章某某的供述：“我是 2004 年 5 月底到水利局工作，任副局长，分管水政执法的水资源费征收工作、安全生产等，2012 年 1 月调到淮滨县物价办任副主任、主任科员。水政执法监察大队队长是吉某某，负责水政执法监察大队的全面工作。水政股的股长是李某某，负责水资源的规划和管理。2006 年到 2007 年，分三个组征收水资源费。第一组是李某某负责，他带三个人。第二组是吉某某，他也带三个人。第三个组是王某某负责，也是带三个人。2008 年开始，水资源费的征收工作不再分组了，全部由王某某和李某某负责征收水资源费，王某某负责水资源费的征收，李某某负责开票、报账。我们水政执法监察大队征收水资源费的依据是《中华人民共和国水法》《取水许可和水资源费征收管理条例》和河南省发改委与河南省财政厅下发的豫发改价管〔2005〕543 号文件的规定，我们没有按收费标准足额征收，大部分是协商征收。

当时协商的人民医院是一年征收 4.5 万元水资源费，后来实际按一年 4.3 万元征收；是 2006 年协商的，我们水利局参加协商的有我、李某、王某某，县医院的有杜某某、张某某、总务科兰某某。第一次协商按 4.5 万元收取，2006 年年底县医院张某某找我们第二次协商，我们参加的有我、王某某、李某某，对方是张某某、兰某某等人，协商的结果还是 4.5 万元，后来张某某说给现钱是 4.3 万一年，我和王某某、李某某都同意了。后来就按每年 4.3 万元收的。

2007 年年底，在教委会议室里，有我、王某某、吉学友、李某某和教委的任某某、蒋某某等人协商的，最后协商的结果是按乡里总人口每 1 万人收 1000 块钱的标准征收的水资源费。我们都同意了，当时就按这个结果决定下来了。各个乡镇中学就按这个标准执行了，我和他们这样协商征收水资源费不对，我不应该这样决定，是我当时决定错了。”

以上证据，经当庭质证、认证，确实、充分，足以认定。

本院认为，被告人章某某时任淮滨县水利局分管水政监察大队的副局长，在工作中不认真履行职责，不按照国家规定征收水资源费，致使国家利益遭受重大损失，其行为已构成滥用职权罪。淮滨县人民检察院指控的罪名成立。被告人章某某到案后能认识到自己的失职行为，且属初犯。鉴于本案犯罪情节轻微，依法可对被告人章某某免予刑事处罚。根据被告人章某某犯罪事实、情节和对社会的危害程度，依照《中华人民共和国刑法》第三百九十七条第一款、第三十七条、第六十一条的规定，经本院审判委员会讨论决定，判决如下：

被告人章某某犯滥用职权罪，免予刑事处罚。

如不服本判决，可在接到判决书的第二日起十日内，通过本院或者直接向河南省信阳市中级人民法院提出上诉。书面上诉的，应当提交上诉状正本一份，副本二份。

审　判　长　　孙存春
审　判　员　　王仁地
人民陪审员　　许　冰

二〇一三年十二月十二日

谢某、薛某犯非法采矿罪张某甲、李某甲犯玩忽职守罪一审刑事判决书

江苏省灌云县人民法院

刑事判决书

（2014）灌刑初字第 0013 号

公诉机关：江苏省灌云县人民检察院。

被告人：薛某，灌云县同兴镇金觥村村委会主任。因涉嫌犯非法采矿罪于 2013 年 8 月 25 日被灌云县公安局刑事拘留，同年 9 月 10 日被依法逮捕。2014 年 12 月 15 日经灌云县人民法院决定被取保候审。2015 年 6 月 25 日被灌云县人民法院再次决定取保候审。2015 年 9 月 11 日被灌云县人民法院决定逮捕，同日被灌云县公安局执行逮捕。现羁押于灌云县看守所。

辩护人：周爱群，江苏众恒律师事务所律师。

辩护人：芮伟，江苏众恒律师事务所律师。

被告人：谢某，个体户。因涉嫌犯非法采矿罪于 2013 年 8 月 31 日被灌云县公安局刑事拘留，同年 9 月 30 日被依法逮捕，同年 11 月 8 日被取保候审。2014 年 6 月 25 日被灌云县人民法院决定取保候审。2015 年 8 月 5 日被灌云县人民法院决定逮捕，同日被灌云县公安局执行逮捕。现羁押于灌云县看守所。

辩护人：于标，江苏明亮律师事务所律师。

辩护人：朱琰，江苏明亮律师事务所实习律师。

被告人；张某甲，灌云县水政监察大队副队长。因涉嫌犯玩忽职守罪于 2013 年 9 月 6 日被灌云县公安局刑事拘留，同年 9 月 11 日被灌云县人民检察院决定取保候审，同年 12 月 26 日被灌云县人民法院决定取保候审。2014 年 6 月 25 日被灌云县人民法院再次决定取保候审。

辩护人：李美，江苏苍佑律师事务所律师。

被告人：李某甲，灌云县水政监察大队水政监察员。因涉嫌犯玩忽职守罪于 2013 年 9 月 5 日被灌云县人民检察院决定取保候审，同年 12 月 26 日被本院决定取保候审。2014 年 6 月 25 日被灌云县人民法院再次决定取保候审。

辩护人：张秀香，江苏维尔利律师事务所律师。

灌云县人民检察院以灌检诉刑诉（2013）460 号、478 号起诉书指控被告人谢某犯非法采矿罪，被告人薛某犯非法采矿罪，被告人张某甲、李某甲、于某犯玩忽职守罪，均于 2013 年 12 月 23 日向本院提起公诉。因被告人谢某与被告人薛某、张某甲、李某甲、于某实施的犯罪行为存在关联性，本院于 2014 年 1 月 8 日决定将上述两案合并审理。灌云县人民检察院于 2014 年 9 月 12 日以灌检诉刑变诉（2014）1 号变更起诉决定书将本案变更起诉。根据灌云县人民检察院的建议，本院于 2014 年 2 月 28 日决定将本案延期审理，同年 3 月 27 日决定将本案恢复审理，于 2014 年 6 月 27 日将本案延期审理，同年 7 月 26 日恢复审理。2014 年 10 月 21 日，经连云港市中级人民法院批准，将本案延长审限 3 个月。2015 年 4 月 30 日，灌云县人民检察院以灌检诉刑追诉（2015）3 号追加起诉决定书向本院提起追加起诉。根据灌云县人民检察院的建议，本院于 2015 年 7 月 23 日决定将本案延期审理，

同年8月4日决定将本案恢复审理。

本院依法组成合议庭，分别于2014年5月7日、2014年9月12日、2014年9月26日、2015年6月1日公开开庭审理了本案。灌云县人民检察院指派检察员陶建民出庭支持公诉，被告人张某甲及其辩护人李美，被告人李某甲及其辩护人张秀香，被告人于某及其辩护人王其付、宋婷婷、被告人谢某及其辩护人于标、朱琰，被告人薛某及其辩护人周爱群、芮伟，鉴定人刘希刚、王闵生到庭参加诉讼。灌云县人民检察院于2015年9月9日向本院提出撤回对被告人于某的起诉，本院已裁定准许灌云县人民检察院撤回对被告人于某的起诉。本案经合议庭评议，院审判委员会讨论决定。现已审理终结。

灌云县人民检察院指控：

灌云县人民检察院起诉指控：

（一）玩忽职守

2009年至2013年7月，被告人张某甲、李某甲分别任灌云县水政监察大队副队长、水政监察员期间，违反《中华人民共和国水法》等规定，严重不负责任，没有对界圩河同兴镇段河堆进行认真巡查，致使界圩河防洪大堤小圩村段、金糀村段、徐庄村段被被告人薛某等人非法取土8.64万立方米，价值人民币120.82万元。造成国家矿产资源重大损失，对界圩河大堤防洪安全造成重大安全隐患。

（二）非法采矿

2011年3月至2013年7月，被告人薛某在未取得采矿许可证的情况下，在灌云县同兴镇界圩河北侧河堤徐庄村段、小圩村段、金糀村段非法取土，非法开挖土方量6.0659万立方米，价值84.9226万元。

2009年4月至2010年11月，被告人谢某在未取得采矿许可证的情况下，擅自在灌云县同兴镇界圩河北侧河堤小圩村段、金糀村段非法取土；2011年4月至2013年7月，被告人谢某明知薛某未取得采矿许可证，在灌云县同兴镇界圩河北侧河堤徐庄村段、小圩村段、金糀村段非法取土的情况下，仍提供机械为薛某非法取土提供帮助。经鉴定：非法开挖土方量为8.63万立方米，价值120.82万元。

灌云县人民检察院变更起诉指控：

（一）玩忽职守

2009年至2013年7月，被告人张某甲、李某甲分别任灌云县水政监察大队副队长、水政监察员期间，违反《中华人民共和国水法》等规定，严重不负责任，没有对界圩河同兴镇段河堆进行认真巡查，致使界圩河防洪大堤小圩村段、金糀村段、徐庄村段被被告人薛某等人非法取土8.63万方，对界圩河大堤防洪安全造成重大安全隐患，同时造成经济损失304.9713万元。

（二）非法采矿

2011年5月至2013年7月，被告人薛某在未取得采矿许可证的情况下，在灌云县同兴镇界圩河北侧河堤徐庄村段、小圩村段、金糀村段非法取土。被告人谢某在明知被告人薛某未取得采矿许可证，在灌云县同兴镇界圩河北侧河堤徐庄村段、小圩村段、金糀村段非法取土的情况下，仍提供机械为薛某非法取土提供帮助。经鉴定：非法开挖土方量为5.444万立方米，价值22.8648万元。

（2013）478、460号起诉书未被变更部分仍然具有法律效力。

公诉机关追加起诉指控：

2013 年 10 月至 2014 年 2 月，被告人张某甲、李某甲分别任灌云县水政监察大队副队长、水政监察员期间，违反《中华人民共和国水法》等规定，严重不负责任，没有对东门河杨集镇段河堆进行认真巡查，致使东门河防洪大堤南湾村段、唐洼村段被孙某等人（另案处理）非法取土共计 3.77 万立方米，对东门河大堤防洪安全造成重大安全隐患，同时造成经济损失 133.1292 万元。

灌检诉刑变诉（2014）7 号变更起诉书仍然具有法律效力。

为证明指控的事实，公诉机关当庭出示了被告人张某甲、李某甲、于某、薛某、谢某的供述，证人李某乙、余某、王某甲、刘某甲、陈某甲、王某乙、孙某、胡中耀等人的证言、鉴定意见、书证等证据。

公诉机关认为，被告人张某甲、李某甲玩忽职守，致使公共财产遭受重大损失，其行为触犯《中华人民共和国刑法》第三百九十七条第一款，应当以玩忽职守罪追究其刑事责任。被告人薛某违反矿产资源法的规定，未取得采矿许可证擅自采矿，情节特别严重；被告人谢某伙同他人违反矿产资源法的规定，未取得采矿许可证擅自采矿，情节特别严重，其行为均触犯《中华人民共和国刑法》第三百四十三条第一款，应当以非法采矿罪追究其刑事责任，且属共同犯罪。被告人谢某系从犯，依照《中华人民共和国刑法》第二十五条第一款、第二十七条第二款，应当从轻或减轻处罚。

被告人张某甲辩称：1. 2009 年 1 月至 2010 年 7 月，谢某采土有采砂许可证，取土是合法的。2. 2010 年 5 月至 2010 年 8 月、2013 年 1 月至 7 月，灌云县同兴镇段河堆不是其负责的。3. 2011 年，县水利局有相关制度落实到乡镇水利站，乡镇水利站站长为第一责任人。其本人主要职责是参与水资源管理及调查水事案件。其没有法定的职责，不构成犯罪。

追加起诉的事实不属实，其因生病住院，出院后局领导让其在家养病。2013 年 10 月接杨集水利站站长电话，说沂北有人取土，其告知其没有上班，让他向局长汇报。其上班几天后又住院治疗，后在家休养。其负责的工作由领导安排别人做，领导没有安排其具体工作。

被告人张某甲的辩护人提出如下辩护意见：1. 公诉机关指控被告人张某甲严重不负责任，没有对界圩河同兴镇段河堆进行认真巡查，法律依据不足。2. 鉴定结论没有效力。3. 鉴定价格来源依据不清。4. 鉴定报告非法开采土方量不清。5. 本案价格应以场地价格为准。6. 2013 年 1 月至 7 月，同兴镇不归张某甲管辖，不应由张某甲负责。7. 谢某采矿从 2007 年至 2010 年 6 月 3 日有采矿许可证，2011 年底至今也有采矿许可证。采矿数额不清。8. 2012 年 4 月 12 日之前，没有证据证实没有巡查。建议判处免予刑事处罚。9. 被告人张某甲无法定职责。10. 渎职犯罪造成的间接经济损失不是犯罪构成要件。11. 司法鉴定报告书不能作为定案的依据。鉴定书程序不合法，仅有一个鉴定人签章。被告人张某甲不构成犯罪。

追加起诉指控张某甲严重不负责任，没有对东门河杨集镇段河堆进行巡查，主要事实不清、证据不足、法律依据不足。

被告人李某甲辩称：变更起诉书指控的事实不符，谢某原来有采矿许可证，采矿许可证允许在河堤上取土。损失数额计算方法有问题。其职责是由上级安排，服从上级指挥。

追加起诉指控的事实不属实。2013 年 10 月至 2014 年 2 月，东片区不是其负责的。

被告人李某甲的辩护人提出如下辩护意见：1. 被告人李某甲不具备日常巡查的物质保障。2. 鉴于客观条件，水利局将巡查职责下达给水利站，在薛某等人非法取土期间，李某甲不具有监管职责。3. 李某甲履行了法定职责。4. 李某甲的行为与薛某取土不具有关联性，不应为薛某等人非法取土行为导致的后果承担全部责任。5. 鉴定结论不具有科学性、合法性。江苏新时代工程项目管理咨询有限公司出具的司法鉴定报告书的鉴定结论不能作为李某甲玩忽职守案定罪量刑的裁判依据。综上，李某甲不构成玩忽职守罪，请求法庭宣告被告人李某甲无罪。

公诉机关追加起诉指控被告人李某甲在东门河防洪大堤南湾村段唐洼村段被非法取土中的行为构成玩忽职守罪的指控依法不能成立。

被告人薛某辩称：鉴定的土方量与事实不符。对量刑建议比谢某重有异议。当时刘某甲叫其把土地复垦余土拖走，补钱给其的。其是自首的，有检举情节。

被告人薛某的辩护人提出如下辩护意见：1. 被告人薛某非法采矿的主观恶性较小。2. 被告人薛某系从犯。3. 被告人薛某客观上实际主动取土的价值并不是很大，还应当扣除镇里土地复垦的余土。4. 被告人薛某有自首情节，且认罪态度较为诚恳。5. 被告人薛某无前科劣迹，一贯表现良好。6. 被告人家庭有特殊困难。综上，希望法庭从轻、减轻处罚，判处被告人缓刑。

被告人谢某对指控的事实无异议，未提出辩解。

被告人谢某的辩护人提出如下辩护意见：1. 对指控非法采矿的价值 22.8648 万元予以认可。2. 被告人谢某系从犯，已采取弥补措施，犯罪情节较轻。3. 被告人谢某主动认罪，建议从轻处罚。综上，建议对被告人谢某减轻处罚，判处被告人谢某有期徒刑一年，并适用缓刑。

经审理查明：

一、玩忽职守

2009 年至 2012 年 12 月，被告人张某甲在任灌云县水政监察大队副队长、被告人李某甲在任灌云县水政监察大队水政监察员期间，违反《中华人民共和国水法》等规定，严重不负责任，没有对灌云县境内界圩河同兴镇段河堆进行认真巡查和监管，致使界圩河防洪大堤北侧河堤小圩村段、金艞村段、徐庄村段被被告人薛某、谢某非法取土 7.4237 万立方米，对界圩河大堤防洪安全造成重大安全隐患，造成经济损失 311790 余元。

上述事实，有经庭审举证、质证，本院予以确认的下列证据证实：

（一）被告人供述和辩解

1. 被告人张某甲的供述，证明：其于 1996 年至今，在灌云县水政监察大队工作，2009 年任副队长。其和李某甲负责本县东片（包括同兴镇）范围内的水行政执法，对群众举报以及领导交办的县级河道管理范围内非法取土等违法行为进行查处。按照巡查制度的规定，灌云县水政监察大队负责全县范围内河道执法巡查工作，巡查采取日常巡查和突击巡查相结合、重点巡查和一般巡查相结合，依法建立执法档案并逐级上报《水行政执法巡查月报表》。执法巡查每周不少于一次。

乡镇水利服务站部分工作人员有行政执法权，有权在现场制止河堤马道上的非法取土等违法行为，有前期调查权，没有处罚权；县水政监察大队有权制止非法取土行为，经领导批准依法扣押挖掘机、运输工具，对案件调查取证，制定行政处罚决定书，报水政科及分管领导审批后签发，对当事人进行处罚。

其和李某甲共查处金巄村薛某非法取土两次：第一次是2012年4月，同兴镇水利服务站打电话说薛某在界圩河非法取土，侯学勇科长安排其和李某甲去现场处理。经了解，薛某取土是有许可证的，并且取土的量不大，就口头对于某站长说，将事情移交给同兴镇水利站处理了，并将扣下来的挖掘机钥匙交给水利站的于某了。后谢某带薛某到其办公室，向其要挖掘机钥匙，其叫他们回去把电门锁换了，他们就走了。这次查处薛某非法取土，谢某找其协调的。

第二次是在2013年7月初，于某打电话说薛某又在界圩河堆非法取土而且量比较大，水利站制止不了，其就跟分管局长张某乙汇报，张局长安排其和李某甲去现场，责令非法取土人停止取土，其要求薛某不许在这取土，在同兴派出所的支援下，扣押了薛某用于非法取土的挖掘机。8月10日左右，下了《限期整改通知书》给薛某，要求薛某在规定的期限内复堤和缴纳保证金，达到水利局批复的标准，但薛某都拒绝了。谢某又找其协调。薛某非法取土的地点属于重点巡查地点，但其没有按照《江苏省水行政执法巡查制度》的规定巡查到位。如果其认真巡查就不会存在薛某在河堆上非法取土的行为。

根据县水利局文件，按照属地管理的原则，水利站长是该区域河道日常巡查的第一责任人，水政监察大队在该河道管理负责督查、抽查。

2. 被告人李某甲的供述，证明：1996年12月至今，其任县水政监察大队监察员。监察大队负责全县水资源管理、水资源费征收、水行政执法，还有对全县河道管理范围进行巡查。河道管理范围巡查包括日常巡查和突击巡查相结合、重点巡查与一般巡查相结合两种方式，按《江苏省水行政执法巡查制度》的规定每周不少于1次，并建立巡查台账、巡查记录和逐级上报《水行政执法巡查月报表》。

其和张某甲查处薛某非法取土行为共两次：第一次是2012年4月的一天下午，张某甲叫其跟他一起去的。到现场后进行拍照取证、找取土人谈话，其还开具《责令停止违法行为通知书》。金巄窑厂的老板谢某带了一些许可证等文件来办公室，后来这件事就没有处理。

第二次是在2013年7月8日，张某甲副大队长在办公室对其说同兴徐庄段又有人非法取土，叫其和他一起去现场。到了后就看现场、找人做笔录、扣押了挖掘机，但薛某在现场阻挠执法。其还联系同兴水利站对取土地点进行勘测，经现场勘测，界圩河涉及小圩村、金巄村、徐庄村三个断面被非法取土量达到10万多方。后其大队和金巄窑厂实际承包人余某谈笔录，经过了解，2011年年初，他承包金巄窑厂以来共生产多孔砖3200多万块，折算成土方量达7万多立方米。经过张某乙副局长决定，将案件移交给公安机关处理。其和张某甲仅下发了《限期整改通知书》给薛某，要求他将河堆按照批复做好防洪堆，但薛某拒绝签字。水利局考虑这个案件已经移交给公安机关处理，没有下处罚决定。

其在执法中没有按照规章制度的要求履行河道巡查的职责，给薛某等人在界圩河堆上非法取土提供了可乘之机，也给界圩河防洪工作带来威胁。

（二）证人证言

1. 证人于某的证言，证明：同兴水利服务站行政执法权包括水行政执法权，主要是对涉水违章违法行为进行制止、水利工程建设的监督管理。河堤马道的管理主要是防止在河堤马道上非法取土等违法行为的发生。其担任水利站长后，没有带人去薛某取土地点巡查。同兴镇里有两个窑厂，窑厂的土主要来自河堤马道。水利站是不定期进行巡查，没有严格按照《江苏省水行政执法巡查制度》去执行。2012 年 4 月的一天，发现薛某在同兴镇小圩段河道上非法取土，其和王某甲等人到现场处置，责令薛某停止违法取土的行为，同时出具《责令停止违法行为通知书》。其了解到薛某是违法取土卖给金艞窑厂烧砖头的，取土量很大，其就向县水利局水政监察大队张某甲汇报。后由县水政监察大队进行处理。第二天，张某甲、李某甲在水利站工作人员的陪同下到非法取土现场，他们对非法取土现场进行取证、测量，并把薛某用于取土的挖掘机的钥匙拿下来，放在其那边。后县水政监察大队对薛某违法取土是如何处理的其就不知道了。

2012 年 4 月至 2013 年 7 月，其没有对小圩村进行巡查，实际应该巡查的。

2013 年 7 月，发现薛某非法取土，其向张某甲报告，第二天他们去处理的。

2. 证人薛某的证言，证明：2009 年谢某买下金艞窑厂，窑厂用土是谢某自己操作的。

2011 年农历 3 月其开始取土，加起来有 6 ~ 7 万方，小圩最多，金艞最少。其在界圩河同兴段取土被其运到金艞窑厂烧砖了。

2011 年 4 月至今，窑厂用其供土烧 3200 万块砖左右，窑厂应给其 104 万元，给其 90 多万元，还有没有结的。其没有合法的取土手续。

3、证人谢某的证言，证明：其从 2009 年 4 月至 2010 年 11 月 25 日，一直在界圩河小圩、金艞取土供金艞窑厂烧砖。2010 年 11 月 25 日后和薛某签协议，由薛某供土给窑厂，其提供三条船和挖土机并注明有镇以上单位干涉，由其协调。其采矿许可证上采土范围不包括界圩河堤，采砂许可证规定在河道里可以取土。

其和张某甲、李某甲在一起吃过三次饭。请他们吃饭的目的主要是联络、加深感情，对其办的窑厂多照顾一下；还有因为薛某非法取土被他们查处，找他们协调关系的。

4、证人李某乙证言，证明：其国土所工作人员发现薛某非法取土行为后，多次制止他的非法取土行为。2011 年 5 月发现在同兴镇金艞村界圩河北堤非法取土，到年底，其所下过一份《责令停止土地矿产资源违法行为通知书》给薛某，但是薛某仍没停止非法取土行为。2012 年 9 月，其又发现薛某在非法取土，并向刘某甲副镇长汇报后，其就打电话给薛某，薛某也承认了自己行为非法取土的。

2011 年 6、7 月，同兴镇国土所实施的占补平衡项目过程中，是将土从高处向低处推平，使土地变得平整，提高种植的质量和便于庄稼收种。复垦后经省市县验收没有发现有土剩下来。同时，同兴镇金艞窑厂的采矿范围不在这次土地复垦范围之内。如果要把土运走，必须经国土和水利部门批准，才能取土。

5. 证人余某的证言，证明：2011 年元旦，其开始进行生产。谢某说他和薛某签订协议，由薛某供土，费用是其每出一万块砖就直接给薛某 350 元钱。其窑厂这几年生产用土都是由薛某供应的，土是从灌云县界圩河同兴段的徐庄村、小圩村、金艞村的河堆上挖来的。薛某在界圩河同兴镇段河堆上取土过程中，被水利部门查处过两次，一次是在 2012 年 4 月，一次是在 2013 年 7 月。每 1 万块砖要 22 ~ 27 立方米土左右。

2011 年其窑厂生产砖 1300 多万块，2012 年其窑厂生产砖 1300 多万块，2013 年，县水站局、同兴水利服务站查处薛某的时候，窑厂生产砖 600 多万块，其一共支付给薛某是 110 多万元。2013 年，其欠薛某 22 万元供土款，但是其开了 50 万的砖票给薛某，冲了欠他的 22 万元供土款（砖头每块是 0.44 元）。

6. 证人刘某甲证言，证明：薛某非法取土的事情，同兴镇多次处理过。土地复垦项目过程中没有产生多余的土。镇里没有同意过薛某把河堆上的土运走。

7. 证人张某乙证言，证明：水政监察大队的工作范围就是水政执法的范围，包括涉及水利工程违法取土等行为都属于水政执法的范围。2008 年左右，张某甲、李军同时被任命为副大队长，张某甲负责盐河东片，队员是李某甲、陈某甲，他们都有执法证，都具有执法资格。2012 年，张某甲、李某甲处理薛某非法取土的事情没有向其汇报过，他们是否向其他领导汇报过其不清楚。2010 年 5 月至 8 月，张某甲、李某甲、陈健根据局里安排在临港产业区装地下水表。但是他们分管的片区还是他们自己负责。2013 年 2 月，在部门会上，当时科长侯学勇在早会上将整个同兴镇河堤水利管理工作交予西片，西片管理大概四五个月，后交还东片，但没有文件明确规定。

8. 证人贺某证言，证明：金巍窑厂 2011 年生产砖的总产量为 13398510 块；2012 年金巍窑厂产砖的总产量为 13594000 块。

9. 证人王某乙的证言，证明：金巍窑厂只有薛某一个人供土。

10. 证人马某证言，证明：金巍窑厂供土的只有薛某一个人，没有其他人。

11. 证人陈某甲的证言，证明：水政监察大队负责水行政执法，对违反水行政执法行为进行查处。

水政监察大队没有形成定期的巡查制度，接到群众举报或者在水资源收费的过程中，会去顺便巡查一下，很少专门去巡查，水政执法大队就一辆车，人员少，车辆紧张，定期专门巡查也不可能，在汛期的时候其会专门去巡查。水政监察大队没有严格按照《江苏省水行政执法巡查制度》这个制度进行巡查。

2013 年乡镇合并之前，原同兴镇属于东片区，合并之后到 6 月底 7 月初，新的同兴镇属于西片区，2013 年 7 月初经张局长同意，新的同兴镇归东片区管理。

12. 证人刘某乙证言，证明：其在金巍窑厂做管理员。谢某经营金巍窑厂两年生产 1000 多万块砖，1 万块砖需 30 多吨土，20 多方。

13. 证人陈某乙证言，证明：其是灌云县方四建材厂生产厂长。其测算 200 吨土能生产 6 万块多孔砖。20.8～25.8 立方米/万砖。

（三）书证

1. 户籍信息，证明被告人张某甲、李某甲的出生日期及户籍所在地。

2. 事业单位工作人员年度考核登记表，证明：张某甲、李某甲属于事业单位工作人员。2009 年，张某甲负责东片水资源管理、违反水法案件查处等工作，李某甲为水政监察员。

3. 灌云县水利局文件，证明：2010 年 1 月 25 日，张某甲任水政监察大队副队长。2007 年 12 月 23 日，张某甲任水政监察大队队长助理。

5. 灌云县水利系统执法证人员信息表，证明张某甲、李某甲具有水政执法资格。

6. 发破案报告，证明本案的发破案情况。

7. 到案经过，证明张某甲、李某甲系被传唤到案。

8. 水法、防洪法、江苏省水利工程管理条例、江苏省水行政执法巡查制度、灌云县水利局文件灌水（2012）54 号《关于进一步加强河道管理工作的通知》，证明：单位和个人有保护水工程的义务，不得侵占、毁坏堤防等工程设施；在水工程保护范围内，禁止从事影响水二程运行和危害水工程安全的爆破、打井、采石、取土等活动；水行政部门应当加强对水工程安全的监督管理。灌云县水政监察大队和灌云县同兴水利服务站负责对本辖区水域范围的水行政执法，对所辖水域进行监督管理、水行政执法巡查、对水行政违法行为进行查处。

9. 灌云县水利局水政监察大队提供的《灌云县水行政执法巡查月报表》，证明：灌云县水政监察大队在 2011 年 3 月、4 月、5 月及 2012 年全年都有巡查的记录，包括巡查的人次和巡查的次数，但巡查中没有发现被告人薛某非法大量取土的行为。

10. 灌云县群立建筑材料厂（金巅窑厂）的采矿权新立申请登记书、采矿权延续申请登记书、采矿许可证，证明：灌云县群立建筑材料厂经过县国土局确定的法定矿区面积为 0.0025 平方千米，采矿申请登记矿区范围坐标表明，谢某、薛某取土的范围不属采矿许可证允许采矿的范围。

11. 灌云县群立建筑材料厂（金巅窑厂）2011 年、2012 年、2013 年生产情况明细账，证明：金巅窑厂 2011 年出砖为 13398510 块、2012 年 3 月 19 日至 2012 年 11 月 21 日出砖为 10899775 块、2013 年 3 月至 7 月成品砖产量结算清单显示，总产量 6031375 块。

12. 同兴国土资源所对薛某非法取土行为的查处卷宗，证明：同兴国土资源所分别在 2012 年 9 月和 2013 年 7 月 9 日对被告人薛某非法取土行为进行查处情况及界圩河同兴段河堤被薛某取土后情况。

13. 灌云县水利局证明，证明：薛某在界圩河同兴段非法取土没有经过政府部门审批。

14. 灌云县水利局情况说明，证明灌云县界圩河堤防的设计标准。

15. 灌云县水利局于2012年4月13日对下发的责令停止违法行为通知书（存根）、灌云县同兴水利服务站对薛某非法取土的情况说明、2013年7月12日下发责令停止违法行为通知书（存根），证明：灌云县水利局水政监察大队2012年4月13日对被告人薛某出具责令停止违法通知书，薛某没有停止违法行为，其非法取土行为延续到2013年7月被再次发现。

16. 同兴镇人民政府会议记录，证明：2012 年 9 月，国土部门及同兴镇对薛某取土行为进行会议讨论并作记录。

17. 灌云县水利局同意同兴镇人民政府整治界圩河堆的批复，证明：灌云县水利局要求对同兴镇金巅村、小圩村、徐庄村和永进村等村断面范围内的河堤进行整治，并规定了整治标准。

18. 灌云县水利局关于 2012 年度耕地占补平衡项目有关水利问题的函，证明：灌云县水利局要求占补平衡项目确保不改变水利用地的权属关系、不降低现有河道防洪标准、不破坏水土保持设施，并按照标准执行。

19. 同兴镇副镇长刘某甲提供的 2012 年 5 月 9 日的工作日记，证明：同兴镇占补平衡项目于 2012 年 5 月 15 日基本结束。

20. 2009～2010 年谢某与金巅村村民签订的地板费协议，证明：谢某与金巅村部分村民达成协议，其付给村民地板费后，将界圩河金巅村段的地用来非法取土。

21. 灌云县水利局在同兴镇永进、徐庄、金巅、小圩河堤马道国有土地使用权证，证明：灌云县水利局对同兴镇永进、徐庄、金巅、小圩河堤马道持有国有土地使用权证。

22. 航拍图，证明：灌云县国土局对同兴镇涉案河堤段金巅村等于 2008 年第二次调查航片局部情况。

（四）鉴定意见

1. 江苏省地质矿产局第六地质大队关于谢某、薛某在灌云县同兴镇界圩河北岸非法开采土方量鉴定报告，证明：截至2013年9月23日，谢某累计在同兴镇金巃村南侧界圩河北岸非法开挖土方量为3.1万立方米。薛某累计在同兴镇界圩河北岸非法开挖土方量为5.53万立方米。

2. 江苏省国土资源厅关于薛某非法采矿造成矿产资源破坏价值的鉴定意见函。证明薛某非法采矿的黏土每立方价值人民币4.2元。

二、非法采矿

2009年春节前，被告人谢某从王某乙处购买灌云县群立建筑材料厂（金巃窑厂），谢某在窑厂生产期间，采矿许可证上经审批范围的土被采完后，又从灌云县界圩河堤上取土。2010年下半年，谢某将窑厂转包给余某并由谢某自己供土。后谢某将供土事项承包给被告人薛某。被告人薛某在灌云县界圩河堤上取土供余某承包的灌云县群立建筑材料厂烧砖。从2011年5月至2013年7月，被告人薛某在未取得采矿许可证的情况下，在灌云县同兴镇界圩河北侧河堤徐庄村段、小圩村段、金巃村段非法取土5.444万立方米，价值人民币22.8648万元。被告人谢某明知被告人薛某未取得采矿许可证，在灌云县同兴镇界圩河北侧河堤徐庄村段、小圩村段、金巃村段非法取土的情况下，仍提供机械、船只，为薛某非法取土提供帮助。

上述事实，有经庭审举证、质证，本院予以确认的下列证据证实：

（一）被告人供述和辩解

1. 被告人薛某的供述，证明：其在界圩河堆防洪大堤长期取土6~7万方，运到金巃窑厂烧砖。金巃窑厂2011年、2012年3月至11月21日共生产24298285块砖，是与其结算的账目。2013年未结账。目前，金巃窑厂用其供土烧3200万块砖左右。应付104万元，实际余某给了90多万元，还有的没有结。其没有合法的取土手续。

2. 证人谢某的证言，证明：其从2009年4月至2010年11月25日，一直在界圩河小圩、金巃取土供金巃窑厂烧砖。2010年11月25日后和薛某签协议，由薛某供土给窑厂，其提供三条船和挖土机并注明有镇以上单位干涉，由其协调。其采矿许可证上采土范围不包括界圩河堤，采砂许可证规定在河道里可以取土。

（二）证人证言

1. 证人张某甲的证言，证明薛某、谢某非法取土的事实。

2. 证人李某甲的证言，证明薛某、谢某非法取土的事实。

3. 证人于某证言，证明薛某、谢某非法取土的事实。

4. 证人李某乙证言，证明：2011年5月份发现薛某非法取土。同兴镇复垦项目中没有剩下土。

5. 证人余某证言，证明：其在2010年11月24日承包金巃窑厂生产后，窑厂的生产用土都是由薛某一人供应，每生产1万块砖付给薛某350元钱。被告人薛某的土是从界圩河同兴段的徐庄村、小圩村、金巃村的河堆上挖来的。2011年窑厂生产砖1300多万块，2012年窑厂生产砖1300多万块，2013年窑厂生产砖600多万块，可以折合算出窑厂生产期间所用土方量。每1万块砖要22~27方土。

6. 证人刘某甲证言，证明：薛某非法取土的事情，同兴镇多次处理过。土地复垦项目过程中没有产生多余的土。镇里没有同意过薛某把河堆上的土运走。后为了赶进度，薛某的机械来帮忙的。

7. 证人贺某证言，证明金旄窑厂于2011年、2012年产砖量。

8. 证人刘某乙证言，证明金旄窑厂生产1万块砖需30多吨土，20多立方米。

9. 证人陈某乙证言，证明：其窑厂生产砖，用土量是20.8~25.8立方米/万砖。

10. 证人马某证言，证明：2007年至2008年，金旄窑厂生产经营期间是在许可证规定的范围内取土的。金旄窑厂是由薛某供土的。

（三）书证

1. 户籍信息，证明薛某、谢某的出生日期及户籍所在地。

2. 发破案报告，证明本案的发破案情况。

3. 到案经过，证明薛某系被传唤到案、谢某系被抓获归案

4. 情况说明，证明薛某的检举不属立功。

5. 灌云县群立建筑材料厂的采矿权新立申请登记书、采矿权延续申请登记书、采矿许可证，证明：灌云县群立建筑材料厂经过县国土局确定法定矿区范围。

7. 原同兴镇副镇长刘某甲提供的2012年5月9日的工作日记，证明同兴镇占补平衡项目于2012年5月15日基本结束。

8. 灌云县群立建筑材料厂2011年、2012年、2013年生产情况明细账，证明金旄窑厂2011年出砖为13398510块，2012年3月19日至2012年11月21日出砖为10899775块、2013年3月至7月成品砖产量结算清单显示产量6031375块。

（四）鉴定意见

1. 江苏省地质矿产局第六地质大队出具的关于谢某、薛某在灌云县同兴镇界圩河北岸非法开采土方量鉴定报告，证明：截止至013年9月23日，谢某累计在同兴镇金旄村南侧界圩河北岸非法开挖土方量为3.1万立方米。薛某累计在同兴镇界圩河北岸非法开挖土方量为5.53万立方米。

2. 江苏省国土资源厅关于薛某非法采矿造成矿产资源破坏价值的鉴定意见函，证明薛某非法采矿的黏土每立方价值人民币4.2元。

关于公诉机关追加起诉指控“被告人张某甲、李某甲于2013年10月至2014年2月，分别任灌云县水政监察大队副队长、水政监察员期间，违反《中华人民共和国水法》等规定，严重不负责任，没有对东门河杨集镇段河堆进行认真巡查，致使东门河防洪大堤南湾村段、唐洼村段被孙某等人（另案处理）非法取土共计3.77万立方米，对东门河大堤防洪安全造成重大安全隐患，同时造成经济损失133.1292万元”的事实，事实不清，证据不足，本院不予支持。

关于被告人张某甲提出“2009年1月至2010年7月，谢某采土有采砂许可证，取土是合法的。2010年5月至2010年8月灌云县同兴镇段河堆不是其负责的。2011年，县水利局有相关制度落实到乡镇水利站，乡镇水利站站长为第一责任人。其本人主要职责是参与水资源管理及调查水事案件。其没有法定的职责，其不构成犯罪”的辩解及其辩护人提出“被告人张某甲不构成犯罪”的辩护意见，经查与事实不符，本院对上述辩解及辩护意见不予采纳。

关于被告人张某甲提出“2013年1月至7月，灌云县同兴镇段河堆不是其负责”的辩解及其辩护人提出“2013年1月至7月，同兴镇不归张某甲管辖，不应由张某甲负责”的辩护意见，经查，有证人张某乙等人证言相互印证，本院对该辩解及辩护意见予以采纳。

关于被告人张某甲提出“追加起诉的事实不属实”的辩解及其辩护人提出“追加起诉指控张某甲严重不负责任，没有对东门河杨集镇段河堆进行巡查，主要事实不清、证据不足、法律依据不足”的辩护意见，与本院查明的事实相符，本院予以采纳。

关于被告人张某甲的辩护人提出“公诉机关指控被告人张某甲严重不负责任，没有对界圩河同兴镇段河堆进行认真巡查，法律依据不足。被告人张某甲无法定职责。鉴定书程序不合法，仅有一个鉴定人签章”的辩护意见，经查与事实不符，本院对上述辩护意见不予采纳。

关于被告人张某甲的辩护人提出“谢某采矿从2007年至2010年6月3日有采矿许可证，2011年底至今也有采矿许可证”的辩护意见，经查，被告人谢某的采矿许可证的范围不包括界圩河堤。故本院对该辩护意见不予采纳。

关于被告人张某甲的辩护人提出“采矿数额不清”的辩护意见，本院将根据公诉机关提供的证据，综合认定采矿数额。

关于被告人张某甲的辩护人提出“渎职犯罪造成的间接经济损失不是犯罪构成要件”的辩护意见，经查，根据本案的证据，本院认定张某甲、李某甲玩忽职守所造成的经济损失均为直接经济损失。

关于被告人张某甲的辩护人提出“司法鉴定报告书不能作为定案的依据，鉴定结论没有效力，鉴定价格来源依据不清，鉴定报告非法开采土方量不清。本案价格应以场地价格为准”的辩护意见以及被告人李某甲的辩护人提出“鉴定结论不具有科学性、合法性。江苏新时代工程项目管理咨询有限公司出具的司法鉴定报告书的鉴定结论不能作为李某甲玩忽职守案定罪量刑的裁判依据”的辩护意见，本院根据相关的法律和规定，选择采信了符合法律及相关规定的部分鉴定意见，对不符合规定的鉴定意见未予采信。

关于被告人张某甲的辩护人提出“建议判处免予刑事处罚”的辩护意见，本院将根据本案的事实和法律，综合予以考虑。

关于被告人李某甲提出“谢某原来有采矿许可证，采矿许可证允许在河堤上取土”的辩解，经查与事实不符，本院对该辩解不予采纳。

关于被告人李某甲提出“其职责是由上级安排，服从上级指挥”的辩解，经查，被告人李某甲的职责应由法律及相关的行业规定来确定，故本院对该辩解不予采纳。

关于被告人李某甲提出“损失数额计算方法有问题。变更起诉书指控的事实不符，追加起诉指控的事实不属实”的辩解及其辩护人提出“公诉机关追加起诉指控被告人李某甲在东门河防洪大堤南湾村段、唐洼村段被非法取土中的行为构成玩忽职守罪的指控依法不能成立”的辩护意见，本院将根据相关证据，对上述事实综合予以认定。

关于被告人李某甲的辩护人提出“被告人李某甲不具备日常巡查的物质保障。鉴于客观条件，水利局将巡查职责下达给水利站，在薛某等人非法取土期间，李某甲不具有监管职责。李某甲履行了法定职责。李某甲的行为与薛某取土不具有关联性，不应为薛某等人非法取土行为导致的后果承担全部责任。李某甲不构成玩忽职守罪，请求法庭宣告被告人李某甲无罪”的辩护意见，其理由不能成立，本院不予采纳。

关于被告人薛某提出“鉴定的土方量与事实不符”的辩解，经查，土方量的测量单位有相关的资质，其鉴定程序合法。故本院对该辩护意见不予采纳。

关于被告人薛某提出“对量刑建议比谢某重有异议”的辩解，本院将根据被告人薛某在共同犯罪中的地位和作用，综合予以量刑。

关于被告人薛某提出“当时刘某甲叫其把土地复垦余土拖走，补钱给其的”的辩解，经查证据不足，故本院对该辩护意见不予采纳。

关于被告人薛某提出“其是自首的，有检举情节”的辩解，经查证据不足，本院对该辩解不予采纳。

关于被告人薛某的辩护人提出“被告人薛某无前科劣迹，一贯表现良好。家庭有特殊困难”的辩护意见，经查，上述情形均不属从轻处罚的理由，本院不予采纳。

关于被告人薛某的辩护人提出“被告人薛某系从犯。被告人薛某客观上实际主动取土的价值并不是很大，还应当扣除镇里土地复垦的余土。被告人薛某有自首情节”的辩护意见，经查，上述辩护意见均与事实不符，本院不予采纳。

关于被告人薛某的辩护人提出“希望法庭从轻、减轻处罚，判处被告人薛某缓刑”的辩护意见，经查，被告人薛某不符合适用缓刑的法律规定，本院对该辩护意见不予采纳。

关于被告人谢某的辩护人提出“被告人谢某系从犯，主动认罪，建议从轻处罚”的辩护意见，经查属实，本院对该辩护意见予以采纳。

关于被告人谢某的辩护人提出“建议对被告人谢某减轻处罚，判处被告人谢某有期徒刑一年，并适用缓刑”的辩护意见，本院认为，根据被告人谢某的量刑幅度不能减轻处罚，且被告人谢某不符合适用缓刑的法律规定，本院对该辩护意见不予采纳。

本院认为，被告人张某甲、李某甲身为国家机关工作人员，工作严重不负责任，不认真履行职责，致使公共财产遭受重大损失，其行为构成玩忽职守罪。被告人薛某、谢某违反矿产资源法的规定，未取得采矿许可证擅自采矿，情节严重，其行为均构成非法采矿罪，且属共同犯罪。公诉机关指控被告人张某甲、李某甲犯玩忽职守罪、被告人薛某、谢某犯非法采矿罪成立，本院予以支持。但公诉机关指控被告人张某甲、李某甲因玩忽职守造成经济损失的数额不准，本院予以纠正；指控被告人薛某、谢某违反矿产资源法的规定，未取得采矿许可证擅自采矿，情节特别严重证据不足，本院予以纠正。被告人张某甲、李某甲犯罪情节轻微，不需要判处刑罚，依法免予刑事处罚。被告人薛某在共同犯罪中起主要作用，系主犯，依法应按照其所参与的全部犯罪处罚；被告人谢某在共同犯罪中起次要作用，系从犯，依法予以从轻处罚。被告人谢某能如实供述自己的罪行，被告人薛某到案后能如实供述自己的主要罪行，均系坦白，依法予以从轻处罚。依照《中华人民共和国刑法》第三百四十三条第一款、第三百九十七条第一款、第二十五条第一款、第二十六条第一款和第四款、第二十七条、第三十七条之规定，判决如下：

一、被告人薛某犯非法采矿罪，判处有期徒刑二年，并处罚金人民币七万元。

（主刑期从判决执行之日起计算。判决执行以前先行羁押的，羁押一日折抵刑期一日，即自 2013 年 8 月 25 日起至 2016 年 5 月 18 日止。羁押期间取保候审的，刑期的终止日顺延。罚金限判决生效后三十日内缴纳）。

二、被告人谢某犯非法采矿罪，判处有期徒刑一年六个月，并处罚金人民币五万元。

（主刑期从判决执行之日起计算。判决执行以前先行羁押的，羁押一日折抵刑期一日，即自 2013 年 8 月 31 日起至 2016 年 11 月 25 日止。羁押期间取保候审的，刑期的终止日顺延。罚金限判决生效后三十日内缴纳）。

三、被告人张某甲犯玩忽职守罪，免予刑事处罚。

四、被告人李某甲犯玩忽职守罪，免予刑事处罚。

如不服本判决，可在接到判决书的第二日起十日内，通过本院或者直接向江苏省连云港市中级人民法院提出上诉。书面上诉的，应提交上诉状正本一份，副本五份。

审　判　长　　郭胜利
审　判　员　　王卉岚
人民陪审员　　孙千祝

二〇一五年九月十一日
书　记　员　　许　曼

附本案适用的法律条文附录

一、《中华人民共和国刑事诉讼法》

第三百四十三条　违反矿产资源法的规定，未取得采矿许可证擅自采矿，擅自进入国家规划矿区、对国民经济具有重要价值的矿区和他人矿区范围采矿，或者擅自开采国家规定实行保护性开采的特定矿种，情节严重的，处三年以下有期徒刑、拘役或者管制，并处或者单处罚金；情节特别严重的，处三年以上七年以下有期徒刑，并处罚金。

违反矿产资源法的规定，采取破坏性的开采方法开采矿产资源，造成矿产资源严重破坏的，处五年以下有期徒刑或者拘役，并处罚金。

二、《中华人民共和国刑事诉讼法》

第三百九十七条　国家机关工作人员滥用职权或者玩忽职守，致使公共财产、国家和人民利益遭受重大损失的，处三年以下有期徒刑或者拘役；情节特别严重的，处三年以上七年以下有期徒刑。本法另有规定的，依照规定。

国家机关工作人员徇私舞弊，犯前款罪的，处五年以下有期徒刑或者拘役；情节特别严重的，处五年以上十年以下有期徒刑。本法另有规定的，依照规定。

三、《中华人民共和国刑事诉讼法》

第三十七条　【非刑罚性处置措施】对于犯罪情节轻微不需要判处刑罚的，可以免予刑事处罚，但是可以根据案件的不同情况，予以训诫或者责令具结悔过、赔礼道歉、赔偿损失，或者由主管部门予以行政处罚或者行政处分。

四、《中华人民共和国刑事诉讼法》

第二十五条　共同犯罪是指二人以上共同故意犯罪。

二人以上共同过失犯罪，不以共同犯罪论处；应当负刑事责任的，按照他们所犯的罪分别处罚。

五、《中华人民共和国刑事诉讼法》第二十六条第一、四款组织、领导犯罪集团进行犯罪活动的或者在共同犯罪中起主要作用的，是主犯。

……

……

对于第三款规定以外的主犯，应当按照其所参与的或者组织、指挥的全部犯罪处罚。

六、《中华人民共和国刑事诉讼法》

第二十七条　在共同犯罪中起次要或者辅助作用的，是从犯。

对于从犯，应当从轻、减轻处罚或者免除处罚。

七、《中华人民共和国刑事诉讼法》

第六十七条第三款　……

……

犯罪嫌疑人虽不具有前两款规定的自首情节，但是如实供述自己罪行的，可以从轻处罚；因其如实供述自己罪行，避免特别严重后果发生的，可以减轻处罚。

江苏省灌云县人民法院

刑事裁定书

（2014）灌刑初字第0013号

公诉机关：江苏省灌云县人民检察院。

被告人：于通本，男，1977年12月15日出生于江苏省灌云县，居民身份证号码320723197712152475，汉族，本科文化，灌云县同兴镇水利服务站站长，住灌云县伊山镇伊山水岸15号楼4单元202室。户籍所在地灌云县四队镇四队街139号。因涉嫌犯玩忽职守罪于2013年8月25日被灌云县公安局刑事拘留，同年9月10日被灌云县人民检察院决定取保候审，同年12月26日被本院决定取保候审。2014年6月25日被灌云县人民法院再次决定取保候审。

辩护人：王其付，江苏维尔利律师事务所律师。

辩护人：宋婷婷，江苏维尔利律师事务所律师。

灌云县人民检察院以灌检诉刑诉（2013）460号、478号起诉书指控被告人谢某犯非法采矿罪、被告人张某甲、李某甲、于某某犯玩忽职守罪，被告人薛某犯非法采矿罪，均于2013年12月23日向本院提起公诉。因被告人谢某与被告人薛某、张某甲、李某甲、于某某实施的犯罪行为存在关联性，本院于2014年1月8日决定将上述两案合并审理。灌云县人民检察院于2014年9月12日以灌检诉刑变诉（2014）1号变更起诉决定书将本案变更起诉。根据灌云县人民检察院的建议，本院于2014年2月28日决定将本案延期审理，同年3月27日决定将本案恢复审理，于2014年6月27日将本案延期审理，同年7月26日恢复审理。2014年10月21日，经连云港市中级人民法院批准，将本案延长审限3个月。2015年4月30日，灌云县人民检察院以灌检诉刑追诉（2015）3号追加起诉决定书向本院提起追加起诉。根据灌云县人民检察院的建议，本院于2015年7月23日决定将本案延期审理，同年8月4日决定将本案恢复审理。

本院依法组成合议庭，分别于2014年5月7日、2014年9月12日、2014年9月26日、2015年6月1日公开开庭审理了本案。灌云县人民检察院指派检察员陶建民出庭支持公诉，被告人张某甲及其辩护人李美，被告人李某甲及其辩护人张秀香，被告人于通本及其辩护人王其付、宋婷婷，被告人谢某及其辩护人于标、朱琰，被告人薛某及其辩护人周爱群、芮伟，鉴定人刘希刚、王闵生到庭参加诉讼。灌云县人民检察院于2015年9月9日向本院提出撤回对被告人于通本的起诉。

本院认为，灌云县人民检察院要求撤回对被告人于通本的起诉，不违反国家法律规定，本院予以准许。依照《最高人民法院关于适用〈中华人民共和国刑事诉讼法〉的解释》第二百四十二条之规定，裁定如下：

准许灌云县人民检察院撤回对被告人于通本的起诉。

如不服本裁定，可在接到裁定书的第二日起五日内，通过本院或直接向江苏省连云港市中级人民法院提出上诉。书面上诉的，应提交上诉状正本一份，副本二份。

审判长　郭胜利

审判员　王卉岚

人民陪审员　孙千祝

二〇一五年九月十日

书记员　　许曼

书记员　　李丹

附本案适用的法律条文附录

《最高人民法院关于适用 < 中华人民共和国刑事诉讼法 > 的解释》

第二百四十二条　宣告判决前，人民检察院要求撤回起诉的，人民法院应当审查撤回起诉的理由，作出是否准许的裁定。

刘某受贿一审刑事判决书

河南省郑州市管城回族区人民法院

刑事判决书

（2015）管刑初字第565号

公诉机关：河南省郑州市管城回族区人民检察院。

被告人：刘某，男，1963年11月2日出生，汉族，郑州市思源建设有限公司抄表员，住郑州市秦岭路与沁河路聚龙园小区2号楼1单元13楼7号（户籍在郑州市二七区兑周村11号楼附18号）。因涉嫌滥用职权、受贿，于2015年5月22日被郑州市公安局二里岗分局刑事拘留，因涉嫌受贿犯罪，于同年6月8日经郑州市人民检察院决定逮捕，于同年6月9日由郑州市公安局二里岗分局执行逮捕。

辩护人：王斌，刘忠，河南成务律师事务所律师。

河南省郑州市管城回族区人民检察院以郑管检公诉刑诉（2015）376号起诉书指控被告人刘某犯受贿罪，于2015年11月4日向本院提起公诉。本院依法组成合议庭，适用普通程序，公开开庭审理了本案。郑州市管城回族区人民检察院指派检察员袁艳永出庭支持公诉，被告人刘某及其辩护人王斌、刘忠到庭参加诉讼。现已审理终结。

河南省郑州市管城回族区人民检察院指控，2010年至今，郑州市思源建设有限公司（以下简称"思源公司"）受郑州市节水技术中心委托，负责郑州市节水技术中心辖区内人工表和远程水表的抄表工作。2012年，思源公司抄水工被告人刘某在对郑州市管城回族区逸龙湾商务休闲会所（以下简称"逸龙湾商务休闲会所"）水表进行抄表时，发现该会所擅自改造出水管道使水流绕过出水表致使出水井水表无法正常工作，违规将本应仅限于水源热泵（地温空调）使用的地下水用于浴池淋浴等经营后，多次非法收受该会所现金人民币5000元及价值25221元的消费卡，并故意不认真履行职责，对该会所的违法行为不加以制止，也未上报，并编造水表读数上报，致使该会所自2012年12月以来长期违规盗用地下水用于经营，经管城回族区价格认证中心鉴定，该会所共偷逃水资源费6299712元。

2015年5月20日，郑州市人民检察院将被告人刘某涉嫌滥用职权、受贿一案指定郑州市管城回族区人民检察院管辖，刘某于2015年5月21日被带至该院接受调查，归案后始终如实供述上述犯罪事实。

针对上述指控，公诉机关提交了被告人刘某供述；证人李某甲、李某乙、王某、庞某、赵某、童某、张某、孙某证言；到案经过；关于犯罪嫌疑人刘某到案的情况说明；逸龙湾商务休闲会所出具的消费清单；郑州清韵洗浴取水许可证及登记表；上海威沪泵业有限公司销货清单；中共郑州市金水区委办公室（通知）金办文〔2011〕11号；郑州市自备井抄表记录单及其手机短信照片；逸龙湾商务休闲会所缴费清单；郑州市管城区逸龙商务休闲会所工商登记信息；郑州市水务局行政执法委托书（审批）（处罚）；自备井水表抄表劳务合同；郑州市思源建设有限公司抄表员抄表范围；抄表员工作规章制度；劳动合同书；年龄证明、前科证明；刘某任职证明；郑州市供水节水技术中心出具的证明；郑州市物价局颁发的《收费许可证》；取水许可和水资源费征收管理条例；河南省节约用水管理条例；郑州市节约用水条例；《郑州市城市规划区浅层地下水源热泵空调系统工程取用水管理暂行规定》；地下水资源管理制度；行政执法巡查制度；户籍证明；管城区逸龙湾商务休闲会所使用地下水资源费的价格鉴定意见书；辨认笔录；郑州市管城区人民检察院勘验检查笔录等证据。

公诉机关认为，被告人刘某身为受国家机关委托从事公务的人员，徇私舞弊、滥用职权，致使国家利益遭受损失，情节特别严重，其行为触犯了《中华人民共和国刑法》第三百九十七条第二款之规定，应当以滥用职权罪追究其刑事责任。被告人刘某利用职务上的便利，非法收受财物，为他人谋取利益，其行为触犯了《中华人民共和国刑法》第三百八十五条第一款、第三百八十六条、第三百八十三条第一款第（三）项之规定，应当以受贿罪追究其刑事责任。被告人刘某系一人犯数罪，根据《中华人民共和国刑法》第六十九条的规定，应当数罪并罚。被告人刘某自动投案且如实供述自己的罪行，系自首，根据《中华人民共和国刑法》第六十七条第一款的规定，可以从轻或者减轻处罚。综上，提请本院依法判处。

被告人刘某对起诉书指控的犯罪事实和罪名均无异议。

辩护人提出以下辩护意见：公诉机关指控被告人刘某犯滥用职权罪和受贿罪，罪名不能成立。一、刘某是思源公司职工，与思源公司是劳务合同关系，其既不是国家工作人员，也不是国家机关、事业单位委派非国有公司从事公务的人员，更不是受国家机关委托代表国家行使职权的组织中从事公务的人员，刘某的工作仅是抄表，没有任何管理职能，抄表工作是劳务性质而不是从事公务；郑州市水务局委托节水办进行行政执法，并限定节水办无权将执法权再委托第三方，思源公司不具有行政执法职责，思源公司与节水办系劳务合同关系，不存在行政执法委托授权。逸龙湾商务休闲会所原名清韵洗浴，其《取水许可证》有效期限自2007年11月15日至2012年11月14日，到期后没有申请延续，属违法取水，不属于使用自建供水设施供水的计划用水单位的范畴，节水办委托思源公司对其进行抄表，已超越管理职权。逸龙湾商务休闲会所在取水许可证期满后两年多的时间内一直违法取水，水务部门既不清查，也不责令更换，给国家造成损失，也是水务部门的责任，而不应由抄表工刘某负责。二、本案中，除价格鉴定意见书之外，没有其他证据能够证明逸龙湾商务休闲会所损失水资源的数额，而该鉴定意见书存在事实错误和法律适用错误，依法不能作为定案的依据，公诉机关指控刘某犯有滥用职权罪的证据不足：1. 逸龙湾商务休闲会所水源热泵取得的地下水部分用于中央空调系统，部分用于洗浴，而价格鉴定意见书认定水源热泵采取的地下水都用于洗浴，与事实不符；2. 价格鉴定意见书对水源热泵取得的地下水有多少用于洗浴认定错误。逸龙湾商务休闲会所水源热泵取得的地下水每月有十天的流量用于洗浴，其他用于中央空调系统。洗浴用水只占水泵流量的1/3，而不是全部。3. 价格鉴定意见书对不同用途的地下水计费标准没有加以区分，都按照9元的价格计算，与事实不符。4. 价格鉴定意见书对逸龙湾商务休闲会所水源热泵的水量计算不符合法律规定，不应直接按照水泵每日运转 24 小时来计算水量，只有在节水办责令限期安装或更换计量设施，而逸龙湾商务休闲会所逾期不安装或不更换的情况下，才可按照水泵每日运转24小时计算水量。5. 价格鉴定意见书应当扣除逸龙湾商务休闲会所已缴纳的水资源费。三、刘某收受财物数额实际为21000元而不是30221元，未达到新法规定的受贿罪和非国家工作人员受贿罪的追诉标准，依法不构成受贿罪或非国家工作人员受贿罪。刘某收受的消费卡清单显示的消费时间是2011年2月19日至2014年10月9日，共计25221元，但童某是2012

年10月受让的清韵洗浴，后更名为逸龙湾商务休闲会所。此后才办理了一张新的逸龙湾商务休闲会所消费卡给刘某。刘某收受的消费卡价值应当从2012年10月开始计算，8次充值共计16000元，加上5000元现金，刘某实际收受的数额应当认定为21000元。四、如果认定被告人有罪，被告人具有以下从轻或减轻处罚情节：1. 被告人系自首；2. 被告人具有立功情节，其在2015年5月21日接受询问过程中，就其所知郑州市节水办李某甲等相关人员滥用职权一事向检察机关检举揭发，并提供重要线索。李某甲等人滥用职权一案已经判决生效，应当认定为立功。3. 被告人以往表现良好，没有违法犯罪记录，系初犯。综上应对刘某减轻处罚。

经审理查明，2010年至今，思源公司受郑州市节水技术中心委托，负责郑州市节水技术中心辖区内人工表和远程水表的抄表工作。2012年，思源公司抄水工被告人刘某在对逸龙湾商务休闲会所水表进行抄表时，发现该会所擅自改造出水管道使水流绕过出水表致使出水井水表无法正常工作，违规将本应仅限于水源热泵（地温空调）使用的地下水用于浴池淋浴等经营后，多次非法收受该会所现金人民币5000元及价值25221元的消费卡，并故意不认真履行职责，对该会所的违法行为不加以制止，也未上报，并编造水表读数上报，致使该会所自2012年12月以来长期违规盗用地下水用于经营，经管城回族区价格认证中心鉴定，该会所共偷逃水资源费6299712元。

2015年5月20日，郑州市人民检察院将被告人刘某涉嫌滥用职权、受贿一案指定郑州市管城回族区人民检察院管辖，该院反渎职权局侦查人员于次日到郑州市供水节水技术中心通知刘某到该院接受询问，刘某即配合侦查人员到该院接受询问，在询问过程中其如实供述滥用职权、受贿的犯罪事实。同年5月22日该院以犯罪嫌疑人刘某涉嫌滥用职权、受贿罪立案侦查，并于当日对其刑事拘留。

上述事实，有经法庭查证属实的下列证据为证：

被告人刘某供述，证明刘某在2010年左右到清韵洗浴抄水表。2012年10月，童某接手清韵洗浴改名为逸龙湾商务休闲会所，并给刘某办了一张会所的消费储值卡。刘某每隔几个月就让童某向卡内充值并收受童某赠送的礼品和5000元现金以及刘某在明知逸龙湾商务休闲会所通过使用出水水表旁边旁通管偷用地温空调的水用于洗浴以及计量设施存在问题而不向节水办报告等事实。

证人李某甲证言，证明抄表质量检查主要包括检查水表运作是否正常、水表读数查抄是否正确、水源热泵用水出水井与回水井的水表读数以及从系统上对抄表员所报的读数进行比对等工作。同时证明其同李某乙、王某去逸龙湾商务休闲会所进行检查时，发现该会所出水水表旁边有旁通管的事实。

证人李某乙证言，证明抄表质量检查是节水办对监察科分配的目标任务之一，检查结束后须填写抄表质量抽查表详细记录抄表情况。对抄表数字的准确性和对地温空调的使用情况都通过抄表质量检查来进行。同时证实2013年的4、5月，李某乙同李某甲、王某在检查逸龙湾商务休闲会所时，发现该会所在地温空调的抽水井旁安装有旁通管，绕过计量抽水量的水表偷用地温空调的水用于洗浴，三人下达了违章整改通知书，责令该会所限期拆除以及会所的现场负责人为三人安排房间洗澡、按摩、吃饭。

证人王某证言，证明监察科的主要工作职责及管理办法以及王某曾同李某甲、李某乙到逸龙湾商务休闲会所进行抄表和水违法行为检查，并对该会所下发过整改通知书以及接受该会所吃请的事实。

证人庞某证言，庞某作为思源公司抄表班班长，证实每月的1日至20日是抄表员固定的抄表时间，每月20日前抄表员须抄完水表数据。

证人赵某证言，证明2012年1月抄表人员老刘到逸龙湾商务休闲会所抄了一次表，并让赵某在他给的表格上签名。2013年2月以后赵某就没有再见过老刘，也没有再给他报水表数了。老刘知道会所的水源热泵都是用于洗浴的。

证人童某证言，证明2012年童某接手逸龙湾商务休闲会所时，一直使用水源热泵的地下水加热后用于洗浴。刘某表示对逸龙湾商务休闲会所水井偷用地下水的问题会继续照顾，并先后接受了童某赠送的2000元现金充值卡（后童某多次向卡内充值）和现金5000元的事实。

证人张某证言，证明逸龙湾商务休闲会所之前是清韵洗浴，洗浴一直用的都是水源热泵的井水，其接手后未对用水工程进行改造，还是用的水源热泵的井水，用水工程上的事情和接待节水办工作人员进行检查都是由童某和赵某负责以及童某曾说过给节水办的人办过卡等事实。

证人孙某证言，证明其于2005年在清韵洗浴会所任会计，老板是张洪涛，2012年张洪涛把清韵洗浴会所卖给了童某，改名为逸龙湾商务休闲会所，会所的中央空调系统和洗浴用水一直都是用地下井水，会所抽取地下水用于洗浴有许可证，但许可证于2012年就过期了。逸龙湾商务休闲会所没有通过其他渠道买过水，从开业用的都是地下井的水以及2006年6、7月份张洪涛送给节水办查水表的人一张2000元现金充值卡，卡里的钱快用完后，查水表的人就给张洪涛联系，张洪涛就又给他卡里充钱，每次都是2000元，另外中秋节和春节也给他送礼物和钱，新老板童某接手后也是给查水表的送现金和洗浴的现金充值卡，每次都是充2000元，中秋节、春节还送了礼品和2000元现金。查水表的人大概都是3、4个月到店里和老板联系让往他的充值卡上冲2000元钱，先后共收受现金充值卡60000左右，现金14000元左右。

到案经过、关于犯罪嫌疑人刘某到案的情况说明，证明被告人刘某在办案机关对其进行询问时自动投案，如实供述自己的罪行。

逸龙湾商务休闲会所出具的消费清单，证实刘某收受的卡号为80×××23的VIP贵宾卡自2011年2月19日到2014年10月9日在逸龙湾商务休闲会所消费金额共计25221元；

上海威沪泵业有限公司销货清单，证明逸龙湾商务休闲会所于2014年12月从该公司购买32-104潜水泵1台，潜水泵电机18.5千瓦、出水量32立方米、扬程104米。

逸龙商务休闲会所缴费清单，证实自2012年12月至2015年4月，该会所缴纳的水资源费为2017元以及逸龙湾取水许可证过期后继续偷采地下水的事实。

自备井水表抄表劳务合同，证实郑州市供水节水技术中心与思源公司约定，思源公司应按照规定的日期抄表，抄表人有责任查看水表运行情况、用户水表情况，并及时向其报告；

郑州市思源建设有限公司抄表员抄表范围，证明抄表员刘某的抄表范围是郑州市金水路以南（管城区大部）；

抄表员工作规章制度，证实抄表员应对各自负责的自备井用水户的水表运行状况进行检查，若发现用水户水表运行异常，应及时向郑州市供水节水办公室反映，提出该水表估表书面意见，并协同郑州市供水节水办公室工作人员对该水表进行估表。

管城区逸龙湾商务休闲会所使用地下水资源费的价格鉴定意见书，证明管城回族区逸龙湾商务休闲会所的前身为郑州清韵洗浴，清韵洗浴于 2007 年 11 月 8 日经审批机关批准，取得了取水许可证，有效期限自 2007 年 11 月 15 日至 2012 年 11 月 14 日，清韵洗浴改名为逸龙湾商务休闲会所后，一直使用清韵洗浴的潜水泵取用地下水，直至 2014 年 12 月才更换一台 32-104 型潜水泵，每小时出水量为 32 立方米。逸龙湾商务休闲会所自 2012 年 12 月至 2015 年 4 月所取用地下水为非法取用。依据《郑州市节约用水条例》第二章第十七条第二款之规定："使用自建供水设施供水的计划用水单位，因其未安装计量设施、计量设施发生故障或者其他原因无法计量的，由节约用水管理机构责令其限期改正或更换，并按前三个月平均用水量计量；逾期不安装或不更换的，按水泵额定流量每日运转 24 小时计量水费"及《收费许可证》城市地下水资源费的征收标准：特种行业用水每一立方米为 9 元。又依据郑州市水利局对郑州清韵洗浴所核发《取水许可登记表》批准的最大日取水量为每天 800 立方米。经计算 2012 年 12 月至 2014 年 11 月共 730 日，非法取水费为人民币 5256000 元（800 立方米/天 × 730 天 × 9 元/立方米），2014 年 12 月至 2015 年 4 月非法取水费为人民币 1043712 元（32 立方米/小时 × 24 小时 × 151 天 × 9 元/立方米），以上共计非法取水费为人民币 6299712 元。

郑州市管城区人民检察院勘验检查笔录，证实逸龙湾商务休闲会所洗浴和水源热泵空调用水全部为井水，进水井的水表附近有一并行的金属管，井水疑似可以绕过水表进入会所所用管网，会所用废水全部通过污水管流入城市市政污水管网，部分井水经过加热后储存在一些大型储水罐中，供会所浴区洗浴及其他用水所需。

郑州清韵洗浴取水许可证及登记表；郑州市水务局行政执法委托书（审批）（处罚）；中共郑州市金水区委办公室（通知）金办文（2011）11 号；郑州市自备井抄表记录单及其手机短信照片；郑州市管城区逸龙商务休闲会所工商登记信息；劳动合同书；年龄证明、前科证明；刘某任职证明；郑州市供水节水技术中心出具的证明；郑州市物价局颁发的《收费许可证》；取水许可和水资源费征收管理条例；河南省节约用水管理条例；郑州市节约用水条例；《郑州市城市规划区浅层地下水源热泵空调系统工程取用水管理暂行规定》；地下水资源管理制度；行政执法巡查制度；年龄证明及户籍证明；辨认笔录等证据附卷，与其他证据相互印证一致，佐证了案件事实。

本院认为，被告人刘某身为受国家机关委托从事公务的人员，徇私舞弊、滥用职权，致使国家利益遭受损失，情节特别严重，其行为已构成滥用职权罪，公诉机关指控其罪名成立，本院予以支持。

被告人刘某利用职务上的便利，非法收受财物，为他人谋取利益，其行为构成受贿罪，公诉机关指控其罪名成立，本院予以支持。

关于辩护人提出的被告人不符合指控罪名的犯罪主体要件的辩护意见，经查，刘某系思源公司抄表员，所负责的抄表工作系以具有行政执法权的节水办名义履行公务的行为，刘某属于受国家机关委托从事公务的人员，故辩护人的上述辩护意见，本院不予支持。

关于辩护人提出的节水办是否能够向第三方进行行政执法权的委托问题，郑州市水务局与节水办之间的行政执法委托书所规定的委托内容为行政审批与行政处罚权，而节水办与思源公司签订劳务合同并未涉及上述内容，合同约定涉及的是抄表等日常行政管理工作，并不违反法律法规等的禁止性规定，故辩护人提出的上述辩护意见，本院不予采纳。

关于辩护人提出的涉案鉴定意见书是否能够作为定案依据的问题，经查，该鉴定意见书系由侦查机关依法进行委托，由郑州市管城回族区价格认证中心依照相关法律法规和行业标准作出，该证据合法有效，辩护人的上述意见，本院不予采纳。

关于辩护人提出的收受的洗浴会所消费卡价值应从逸龙湾洗浴会所受让之时计算的问题，经查，被告人收受的消费卡内金额有被告人的供述和辩解、逸龙湾商务休闲会所消费清单及证人证言等证据相互印证一致，证实刘某用于个人消费的金额为25221元，辩护人的上述辩护意见，本院不予采纳。

被告人刘某收受洗浴会所消费卡的行为，因公诉机关已以刘某构成受贿罪向我院提出公诉，在评价被告人刘某滥用职权行为时，如认定其徇私舞弊、滥用职权存在同一事实重复评价，故公诉机关认定被告人刘某滥用职权中存在徇私舞弊的加重情节不当，本院不予支持。

根据被告人犯滥用职权罪的事实及性质，对其依法应在“三年以上七年以下有期徒刑”的法定刑幅度以内处以适当刑罚。根据被告人犯受贿罪的事实及性质，对其依法应在“三年以下有期徒刑或者拘役，并处罚金”的法定刑幅度以内处以适当刑罚。

在具体量刑过程中，还应考虑被告人具有的以下量刑情节：1. 被告人刘某自动投案且如实供述自己的罪行，系自首，可以减轻处罚；2. 被告人刘某系一人犯数罪，应当数罪并罚。依照《中华人民共和国刑法》第三百九十七条第一款，第三百八十五条第一款，第三百八十六条，第三百八十三条第一款第（三）项，第六十九条，第六十七条第一款，《最高人民法院、最高人民检察院关于办理贪污贿赂刑事案件适用法律若干问题的解释》之规定，并经本院审判委员会讨论决定，判决如下：

被告人刘某犯滥用职权罪，判处有期徒刑一年，犯受贿罪，判处有期徒刑六个月，并处罚金人民币十万元，合并执行有期徒刑一年零一个月，并处罚金人民币十万元。

（刑期从判决执行之日起计算。判决执行以前先行羁押的，羁押一日折抵刑期一日，即自2015年5月22日起至2016年6月21日止。罚金于本判决生效后三日内缴纳。）

如不服本判决，可在接到判决书的第二日起十日内，通过本院或者直接向河南省郑州市中级人民法院提出上诉。书面上诉的，应当提交上诉状正本一份，副本二份。

审 判 长　高　擎
人民陪审员　张小旺
人民陪审员　徐百灵

二〇一六年六月十五日
书 记 员　侯开立

上诉人三亚市水务局诉被上诉人三亚正扬国际度假酒店管理有限公司，原审被告三亚市人民政府撤销水务行政处罚纠纷一案行政判决书

海南省三亚市中级人民法院

行政判决书

（2015）三亚行终字第 24 号

上诉人（原审被告）：三亚市水务局。

法定代表人：何世刚。

委托代理人：郑大平。

委托代理人：王秋芳。

被上诉人（原审原告）：三亚正扬国际度假酒店管理有限公司。

法定代表人：李伟志。

原审被告：三亚市人民政府。

法定代表人：吴岩峻。

委托代理人：郭海云。

上诉人三亚市水务局（以下简称市水务局）因被上诉人三亚正扬国际度假酒店管理有限公司（以下简称正扬公司）诉其及原审被告三亚市人民政府（以下简称市政府）撤销水务行政处罚纠纷一案，不服三亚市城郊人民法院于 2015 年 9 月 14 日作出的（2015）城行初字第 444 号行政判决，于 2015 年 10 月 10 日通过原审法院向本院提起上诉。本院依法受理后，于 2015 年 11 月 11 日公开开庭进行了审理。上诉人市水务局委托代理人郑大平、王秋芳，被上诉人正扬公司法定代表人李伟志，原审被告市政府委托代理人郭海云到庭参加诉讼，本案现已审理终结。

本案被诉行政行为：上诉人市水务局于 2014 年 7 月 3 日对被上诉人作出三水补字〔2014〕第 149 号《限期补办行政许可手续通知书》，2015 年 4 月 8 日作出三水罚字〔2015〕第 1 号《行政处罚决定书》（以下简称 1 号《行政处罚决定书》，认定被上诉人正扬公司在 2014 年 7 月未取得《城市排水许可证》，擅自向城市排水管网及附属设施排放污水，决定对其处以罚款 30 万元行政处罚。被上诉人不服，于 2015 年 6 月 8 日向原审被告市政府申请行政复议。市政府于 2015 年 7 月 30 日作出三府复决字〔2015〕17 号《行政复议决定》，维持三水罚字（2015）第 1 号《行政处罚决定书》。

原审法院经审理查明：2014 年 7 月 1 日下午，市水务局水政监察支队对位于三亚湾路 192 号的三亚正扬国际度假酒店的污水排放情况进行检查，发现该酒店的污水排放虽然正确，但并未取得《污水排入排水管网许可证》，属于未经批准擅自排水，该酒店所属单位即是原告正扬公司。2014 年 7 月 3 日，市水务局对原告作出三水补字（2014）第 149 号《限期补办行政许可手续通知书》并依法送达原告，要求原告在接到通知之日起 20 日内补办排水许可证。2015 年 2 月 27 日，市水务局向原告正扬公司作出三水罚告字（2015）第 3 号《水行政处罚事先告知书》并送达原告，告知了拟对原告作出的处罚及相关权利。2015 年 3 月 19 日，市水务局召开专题会议，经集体讨论同意对原告正扬公司处以罚款 30 万元。2015 年 4 月 8 日，市水务局向原告作出 1 号《行政处罚决定书》，因原告未取得排水许可

证擅自将污水排入市政排水设施，对其处罚款30万元，该处罚决定书依法送达了原告。2015年6月8日，原告正扬公司向市政府申请行政复议，市政府审查后作出17号《行政复议决定书》，维持市水务局作出的处罚决定。原告正扬公司不服，向本院起诉。另查明，原告已于2015年5月19日取得被告核发的琼三水审字第柒拾伍号《城市排水许可证》（以下简称75号许可证），该许可证上载明：根据《城市排水许可管理办法》（建设部第152号）的规定……特发此证。

原审法院认为：本案争议焦点为，被告市水务局作出的1号令《行政处罚决定书》是否有事实和法律依据。2014年7月1日，市水务局水政监察支队在检查中发现原告正扬公司未取得《污水排入排水管网许可证》（《城市排水许可证》），擅自将污水排入市政排水管网，原告在庭审中也承认了这一事实，市水务局以上述无证排污行为作出1号《行政处罚决定书》，认定事实清楚，证据充分。然而，被告市水务局作出的勘验笔录、《限期补办行政许可手续通知书》针对的都是原告2014年7月的违法行为，1号《行政处罚决定书》在此基础上针对原告2014年7月的违法行为进行处罚，应当适用当时的法律法规。市水务局处罚原告正扬公司的理由是原告未取得《城市排水许可证》擅自排污，原告2015年5月19日取得的75号许可证上载明是根据建设部第152号《城市排水许可管理办法》颁发，可见市水务局应依照《城市排水许可管理办法》对原告正扬公司进行处罚。《城市排水许可管理办法》于2007年3月实施，2015年2月28日被废止，取代它的是《城镇污水排入管网许可管理办法》。1号《行政处罚决定书》针对原告2014年7月的违法行为进行处罚，应当适用2014年7月正在实施的《城市排水许可管理办法》第十四条、第二十四条，而非《城镇排水与污水处理条例》。因此，被告市水务局作出的1号《行政处罚决定书》直接适用《城镇排水与污水处理条例》第五十条对原告罚款30万元，属于适用法律错误，依法应予撤销。同时，被告市政府作出的复议维持决定也应撤销。据此，原审法院依照《中华人民共和国行政诉讼法》第七十条第（二）项的规定，作出如下判决：一、撤销被告三亚市水务局2015年4月8日作出的三水罚字（2015）第1号《行政处罚决定书》；二、撤销被告三亚市政府2015年7月30日作出的三府复决字（2015）17号《行政复议决定书》。

上诉人市水务局上诉称：一、上诉人作出处罚决定的时间是2015年4月8日，且从2014年7月3日上诉人发现被上诉人违法行为起，至作出处罚决定之日止，被上诉人一直没有补办排水许可手续。上诉人所作处罚针对的是被上诉人在该时段持续的违法行为而非2014年7月3日这一时点的违法行为。二、《城市排水许可管理办法》已于2015年2月28日被废止，上诉人对被上诉人持续至2015年5月18日（注：被上诉人于2015年5月19日取得《城市排水许可证》）的违法行为进行处罚，如果是以已被废止的《城市排水许可管理办法》作为处罚的法律依据才是错误。三、退一步来说，即使是对2014年7月的违法行为进行处罚，也不存在法律适用错误的问题。《城镇排水与污水处理条例》从2014年1月1日起施行，效力上属行政法规；且后于2007年3月1日作为规章施行的《城市排水许可管理办法》。不论是根据“上位法优先于下位法”，还是“新法优于旧法”的法律适用原则，上诉人都应适用《城镇排水与污水处理条例》作为执法依据。综上，请求二审法院依法判决：撤销三亚市城郊人民法院于2015年9月14日作出的（2015）城行初字第444号行政判决，维持上诉人作出的三水罚字（2015）第1号《行政处罚决定书》。

被上诉人答辩称，一、上诉人适用《城镇排水与污水处理条例》第二十一条、第五十条规定，对被上诉人处以30万元的罚款，属适用法律错误。2014年7月3日，上诉人通知被上诉人补办《城市排水许可证》，经被上诉人申请，上诉人于2015年5月19日，才依照《城市排水许可管理办法》的相关规定，给被上诉人颁发了琼三水审字第75号《城市排水许可证》。既然上诉人依据《城市排水许可管理办法》的相关规定给被上诉人办理许可证，那么对被上诉人未取得许可证排水行为的处理也应适用《城市排水许可管理办法》规定，而不应适用《城镇排水与污水处理条例》的规定。再者，《城市排水许可管理办法》已于2015年2月28日被废止，取代之的是《城镇污水排入管网许可管理办法》。若如上诉人所主张的被上诉人的行为一直处于持续状态，因《城市排水许可管理办法》被废止转而适用《城镇污水排入管网许可管理办法》，则违反了“法不溯及既往”原则。故上诉人所作处罚，适用法律错误。二、原审判决认定事实清楚、适用法律正确，依法应予维持。被上诉人虽未取得《城市排水许可证》，而擅自将污水排入市政排水管网的事实。但对于该行为，被上诉人主观上并没有偷排污水、污染环境的恶意。被上诉人一直按要求建设相应排污设施，完全按要求排放污水，且已于2015年5月19日，取得琼三水审字第75号《城市排水许可证》。被上诉人的违法行为轻微并及时纠正，没有造成实际的危害后果，故依《行政处罚法》第二十七条的规定，应不予行政处罚。综上，上诉人的上诉请求没有事实和法律依据，请求二审法院依法驳回上诉，维持原判。

原审被告市政府发表意见称，其意见与上诉人的意见一致。

本院经审理查明的事实和一审判决查明的事实一致，本院予以确认。

另查明，由原建设部通过，2007年3月1日起开始实施的《城市排水许可管理办法》，已因《城镇污水排入管网许可管理办法》于2015年3月1日施行而被同时废止。在《城市排水许可管理办法》有效施行期间（2007年3月1日起至2015年3月1日止），国务院通过《城镇排水与污水处理条例》，自2014年1月1日起施行。

本院认为，本案主要争议焦点：上诉人三亚市水务局2015年4月8日作出的三水罚字（2015）第1号行政处罚决定是否具有《中华人民共和国行政诉讼法》第七十条规定的情形之一。

一、本案被上诉人未取得许可证，向城镇排水设施排放污水的行为，属跨法持续违法行为。被上诉人正扬公司于2013年8月开始经营，自成立经营之日起开始向城镇排水设施排放污水，持续至2015年5月18日取得许可证时止。其期间跨越三部法规、规章：即2007年3月1日起开始实施的《城市排水许可管理办法》；2014年1月1日起施行《城镇排水与污水处理条例》；2015年3月1日施行《城镇污水排入管网许可管理办法》。

二、上诉人对被上诉人持续违法行为进行处罚时，应适用违法行为被发现时具有法律效力的法律、法规及规章。因行政处罚行为确定性要求，行政机关在作出处罚时，应有合法的依据，首先要明确该行为应否处罚及处罚的内容。即使在处罚过程中法律、法规及规章规定的内容发生变化，也应适用被发现时的法律规范作为依据。否则，无法实现行政处罚行为确定性要求。

三、被上诉人的违法行为在2014年7月1日被发现时，《城市排水许可管理办法》《城镇排水与污水处理条例》均属现行有效的行政法规、规章。但由于两个法律规范因规定不同的法律后果而产生冲突。其中，《城市排水许可管理办法》（2007年3月1日起至2015年3月1日止）第十四条第（一）项、第二十四条规定处罚种类为给予警告，责令限期改正，并可处以1万元以上3万元以下的罚款。《城镇排水与污水处理条例》（2014年1月1日起施行）第五十条第一款规定责令停止违法行为，限期采取治理措施，补办许可证，可以处50万元以下罚款等。对于跨法持续违法行为涉及人身权、财产权行政处罚法律规范冲突的适用，目前有两种观点：（1）从旧兼从轻。即原则上适用旧法，但如果新法对保护行政相对人的合法权益更有利的，适用新法。（2）从新兼从轻。原则上适用新法，但应从轻处理。故上诉人可按从旧原则适用《城市排水许可管理办法》第十四条第（一）项、第二十四条的规定，对被上诉人处以3万元以下的罚款；也可以适用《城镇排水与污水处理条例》第五十条第一款的规定，按从轻原则对相对人进行合理的处罚。原审法院以上诉人适用《城镇排水与污水处理条例》为由，作出上诉人适用法律错误的认定，理由不当，本院依法予以纠正。

四、上诉人对属非重点排污单位的上诉人处以最高限额30万元罚款，其行政处罚行为明显不当。1.依照《城镇污水排入管网许可管理办法》第二十六条的规定，对排水户未取得排水许可，违法排水的行为，对列入重点排污单位名录的排水户，可以处30万元以上50万元以下的罚款。根据该条规定，对属非重点排污单位的此类行为，可处以最高限额30万元以下的罚款。2.依照《中华人民共和国行政处罚法》第四条的规定，实施行政处罚必须与违法行为的事实、性质、情节及社会危害程度相当。显然，上诉人实施上述处罚时并未遵循该原则。首先，被上诉人的违法行为属跨法持续违法行为。对该行为实施行政处罚时，既不能单纯适用旧法，否则，必然违反“新法优于旧法”的法律适用原则；也不能单纯适用新法，否则，必然违反“法不溯及既往”的法律适用原则；同样也不能分段适用，否则，必然违反“一事不能二罚”的法律适用。对该类行为的处罚，应原则上适用新法，但应从轻处理。上诉人对被上诉人的处罚因未适用该原则，明显不当。其次，被上诉人具有《中华人民共和国行政处罚法》第二十七条规定的应从轻或者减轻行政处罚的法定情形：（1）被上诉人已按《城市排水许可管理办法》第八条的规定建设相应的污水处理设施，且污水排放正确。（2）被上诉人已于2015年5月19日取得了《城市排水许可证》，被上诉人取得该证的时间距上诉人作出处罚的时间（2015年4月8日）仅差40天，这就说明在上诉人作出处罚时，被上诉人已根本具备排放条件且主动纠正违法行为，没有造成较大的危害后果。上诉人对被上诉人的处罚因未适用以上法律规定，明显不当。

综上，原审判决以上诉人适用《城镇排水与污水处理条例》为由，作出上诉人适用法律错误的认定，认定事实错误，适用法律不当，本院依法予以纠正。三亚市水务局的上诉请求和理由部分成立，但行政处罚结果明显不当。本院根据被上诉人违法行为的事实、性质、情节及社会危害程度，按从轻处罚的法律规定，将上诉人于2015年4月8日作出的三水罚字（2015）第1号行政处罚“罚款30万元”变更为“罚款15万元”。依照《中华人民共和国行政诉讼法》第七十七条、第八十九条第一款第（二）项，《中华人民共和国行政处罚法》第四条、第二十七条第一款（一）（四）项，《最高人民法院关于执行〈中华人民共和国行政诉讼法〉若干问题的解释》第五十六条第（四）项之规定，判决如下：

一、撤销三亚市城郊人民法院于2015年9月14日作出的（2015）城行初字第444号判决。

二、将上诉人三亚市水务局于2015年4月8日作出的三水罚字（2015）第1号《行政处罚决定书》中的“罚款30万元”变更为“罚款15万元”。

三、驳回被上诉人三亚正扬国际度假酒店管理有限公司的其他诉讼请求。

一审案件受理费 50 元，由上诉人三亚市水务局负担；二审案件受理费 50 元，由被上诉人三亚正扬国际度假酒店管理有限公司负担。

本判决为终审判决。

审判长　陈兴科

审判员　吉　红

审判员　张维青

二〇一五十一月二十七日

书记员邱海惠

附本案适用的相关法律条文

《中华人民共和国行政诉讼法》

第七十七条　行政处罚明显不当，或者其他行政行为涉及对款额的确定、认定确有错误的，人民法院可以判决变更。人民法院判决变更，不得加重原告的义务或者减损原告的权益。但利害关系人同为原告，且诉讼请求相反的除外。

第八十九条　人民法院审理上诉案件，按照下列情形，分别处理：（一）原判决、裁定认定事实清楚，适用法律、法规正确的，判决或者裁定驳回上诉，维持原判决、裁定；（二）原判决、裁定认定事实错误或者适用法律、法规错误的，依法改判、撤销或者变更；（三）原判决认定基本事实不清、证据不足的，发回原审人民法院重审，或者查清事实后改判；（四）原判决遗漏当事人或者违法缺席判决等严重违反法定程序的，裁定撤销原判决，发回原审人民法院重审。原审人民法院对发回重审的案件作出判决后，当事人提起上诉的，第二审人民法院不得再次发回重审。人民法院审理上诉案件，需要改变原审判决的，应当同时对被诉行政行为作出判决。

《中华人民共和国行政处罚法》

第四条　行政处罚遵循公正、公开的原则。设定和实施行政处罚必须以事实为依据，与违法行为的事实、性质、情节以及社会危害程度相当。对违法行为给予行政处罚的规定必须公布；未经公布的，不得作为行政处罚的依据。

第二十七条　当事人有下列情形之一的，应当依法从轻或者减轻行政处罚：（一）主动消除或者减轻违法行为危害后果的；（二）受他人胁迫有违法行为的；（三）配合行政机关查处违法行为有立功表现的；（四）其他依法从轻或者减轻行政处罚的。违法行为轻微并及时纠正，没有造成危害后果的，不予行政处罚。

最高人民法院关于执行〈中华人民共和国行政诉讼法〉若干问题的解释

第五十六条　有下列情形之一的，人民法院应当判决驳回原告的诉讼请求：（一）起诉被告不作为理由不能成立的；（二）被诉具体行政行为合法但存在合理性问题的；（三）被诉具体行政行为合法，但因法律、政策变化需要变更或者废止的；（四）其他应当判决驳回诉讼请求的情形。

湖南省第六工程有限公司与新乡市卫滨区水利局行政撤销案行政判决书

河南省新乡市卫滨区人民法院

行政判决书

（2014）卫滨行初字第1号

原告：湖南省第六工程有限公司

法定代表人：陈光乐，董事长

被告：新乡市卫滨区水利局

法定代表人：买银亮，局长

原告湖南省第六工程有限公司诉被告新乡市卫滨区水利局行政撤销一案，本院于2014年1月14日立案受理后，依法组成合议庭，于2014年2月26日开庭进行了审理，原告湖南省第六工程有限公司委托代理人陈定国、朱绍江，被告新乡市卫滨区水利局委托代理人冯建新、李中原均到庭参加了诉讼，本案现已审理终结。

原告诉称：一、被告人行政处罚对象错误。位于新乡市南环路与和平大道交叉口东南角的星海传说建设项目数新乡市朋来职业有限公司的开发项目，我公司只是受该公司委托进行施工建设，申请或备案手续均有新乡市朋来职业有限公司予以负责，故报告对我公司作出行政处罚，属于认定对象处罚错误。二、原告没有被告认定的涉嫌违法的行政处罚事实1. 根据《取水许可法和水资源费征收管理条例》《河南省取水许可和水资源费征收管理办法》《新乡市人民政府办公室文件》的规定不需要申请办理取水许可证。星海传说项目工程兴建的取水工程师为保障地下工程施工安全和生产安全而必须临时应急进行的地下工程疏干排水。并且新乡市朋来职业有限公司委托我公司施工时已于2013年7月3日及时向市水行政主管部门办理了申请备案。并非被告所认定的“未经水行政主管部门批准，擅自取用地下水资源用于该单位建筑施工用水。”2. 我方在办理申请备案时，已按照市水行政主管部门的要求安装了IC卡式智能水表，并预先缴纳了水资源费，不存在需要补交水资源费的事实。三、被告对原告行政处罚违反法定程序且适用法律不当。1. 被告认定的违法事实为“未经水行政主管部门批准，擅自取用地下水资源用于建筑施工用水”。应当适用《中华人民共和国水法》第六十九条和《取水许可和水资源费征收管理条例》第四十八条，而被告适用的法律为《中华人民共和国水法》第四十九条和《取水许可和水资源费征收管理条例》第五十三条。这两条法律条文规定的内容为因涉嫌拒不安装水计量设施而如何计征水资源费案及如何处罚。因此，被告认定的违法事实与其适用的法律条款之间毫无关联。2. 被告出具的行政处罚内容为补缴水资源费，而很明显补缴水资源费属于行政征收，不属于行政处罚。3. 被告的执法人员无论是在执法过程中，还是在法律文书的送达过程中，均未向我单位相关人员出示行政执法证件，表明身份。4. 被告违反《行政处罚法》第四十二条的规定，本案中处罚金额高达八万两千五百八十四元整，被告却从未告知原告有听证的权利。四、被告违反《行政处罚法》的“一事不二罚”原则。《行政处罚法》第二十四条规定，即“对当事人的同一个违法行为，不得给予两次以上罚款的行政处罚”。被告于2013年7月29日对我公司作出的豫（新卫滨）水罚决字〔2013〕第27号《行政处罚决定书》已被新乡市水利局于2013年9月15日《新乡市水利局行政复议决定书》依法撤销。但被告对同一事实以相同的理由依据作出重复的具体行政行为。五、被告对原告进行行政处罚超越管辖权限。依照《河南省取水许可和水资源费征收管理办法》等相关法律法规规定，原告应当向市水行政主管部门进行办理取水批准手续或备案手续及缴纳水资源费，被告向原告征收水资源费没有法律法规依据。综上，被告在本案的行政处罚中，具有多处不妥。依据《行政处罚法》第三条规定，没有法定依据或者不遵守法定程序的行政处罚无效。为维护原告自身合法权益，依据《行政诉讼法》相关规定，诉至法院恳请依法撤销被告作出的豫（新卫滨）水罚决字〔2013〕第46号《行政处罚决定书》或确认违法无效。

被告在庭审中辩称：被告的处罚认定事实清楚，程序合法、处罚适当，应当驳回原告的诉讼请求。

被告向本院提交的证据有：第一组1、立案表2、制作勘验笔录3、现场勘验图4、照相取证5、通知负责人去卫滨区水利局做笔录6、下达按照计量通知书7、责令停止水事违法行为通知书8、行政处罚告知书9、行政处罚决定书，在下达行政处罚告知书和行政处罚决定书的中间会开案件集体讨论会，讨论内容就是该案件的内容，决定是否对违法行为进行处罚。第二组1号证据水事违法案件调查报告；2号证据水事违法案件集体讨论笔录；3号证据受理人建议以上证明：处罚的认定过程。第三组 1号证据法律文书签发单；2号证据责令停止水事违法行为通知书；3号证据送达回执；4号证据法律文书签发单；5号证据行政处罚事先告知书；6号证据送达回执；7、法律文书签发单；8、水行政处罚决定书；9、送达回执；10号证据法律文书签发单。证明：处罚告知书和处罚决定书送达的过程。第四组证据相关法律、法规1、中华人民共和国国务院令《取水许可和水资源征收管理条例》；2、河南省人民政府第126号令；3、《中华人民共和国水法》。4、提交新的证据告知书2013年9月20日证明：原告说输干排水这个事我们提交的这份证据，新乡市水利局已将行政处罚的权利交给了卫滨区水利局。

原告向本院提交证据有：证据1、新乡市节约用水办公室2013年10月12日缴款单，证明：我们已按要求缴纳了水费。证据2、《行政处罚决定书》新卫滨（2013）第27号；证据3、行政复议申请书；证据4、《新乡市水利局行政复议决定书》（2013）第2号；证据5、新乡市建筑工地地下工程疏干排水登记表；证明：1、被告所作出的《行政处罚决定书》（2013）第46号与《行政处罚决定书》新卫滨（2013）第27号所针对同一事实，作出了重复处理并且《行政处罚决定书》新卫滨（2013）第27号已被新乡市水利局予以撤销。上诉两份行政处罚决定书针对同一事实进行立案调查，但是很明显所表述的立案时冲突。证据6、照片三张。7、新举证据：基坑井点降水示意图，证明：被告举证的现场勘验图与我们的真实现场不照，所以我们怀疑被告提供的现场勘验图的真实性。

经庭审质证：原告所提供第一组证据1、2、3、4、5、6、7、8、9、第二组证据1、2、3，第三组证据1、2、3、4、5、6、7、8、9、10，第四组证据1、2、3，被告所提供证据1、5、7，以上证据来源合法，内容合法，与本案的事实相关联，符合定案证据的必备条件，本院予以确认。原告所提供第四组证据4，被告所提供证据2、3、4、6不予确认。

依据上述有效证据及双方当事人的申辩、陈诉，本院可认定以下事实：2013年7月10日卫滨区水利局执法人员到原告建筑工地调查发现原告违法使用地下水，并现场制作调查笔录。2013年10月21日经该局办公会研究决定于2013年10月23日下发行政处罚告知书。卫滨区水利局2013年7月24日通过邮寄送达给湖南省第六工程有限公司。2013年10

月29日下发行政处罚决定书。让其补缴水资源费82584元整，同日通过邮寄送达给湖南省第六工程有限公司。

本院认为：新乡市卫滨区水利局作为本辖区内水行政主管部门，有权责令停止违法行为，限期采取补救措施缴纳水资源费等措施。但新乡市卫滨区水利局在处罚湖南省第六工程有限公司过程中作的（新卫滨）水罚决字（2013）第46号行政处罚决定书内容为补交水资源费，补交水资源费属行政征收，不属于行政罚款，该处罚决定性错误、事实不清、且适用法律、法规错误，应予撤销。故依照《中华人民共和国行政诉讼法》第五十四条第（二）项第1、2目之规定，判决如下：

撤销新乡市卫滨区水利局所做出的豫（新卫滨）水罚决字（2013）第46号行政处罚决定书

诉讼费50元，由被告新乡市卫滨区水利局承担。

如不服本判决，可在判决书送达之日起十五日内向本院递交上诉状，并按对方当事人数提交副本，上诉于新乡市中级人民法院。

审判长　王　波
审判员　郑惠忠
审判员　李进智

二〇一四年四月六日
书记员　程文霞

叶世本与阳西县水务局、阳西县农业局农业行政管理–其他一审行政判决书

广东省阳西县人民法院

行政判决书

（2015）阳西法行重字第1号

原告：叶世本，男，汉族，住广东省阳西县，公民身份号码：×××4056。

委托代理人：梁雪榆，广东荣耀律师事务所律师。

被告：阳西县水务局，住所地：广东省阳西县。

法定代表人：吴锐，该局局长。

委托代理人：潘沛，广东迅恒律师事务所律师。

被告：阳西县农业局，住所地：广东省阳江市阳西县。

法定代表人：冯昭佑，该局局长。

委托代理人：陈学伟，该局员工。

委托代理人：姚兜赏，广东漠西律师事务所律师。

第三人：阳西县新湖水库管理处，住所地：广东省阳西县。

法定代表人：王治岳，该管理处主任。

原告叶世本不服原阳西县农业和水务局作出的西水罚（2014）03号水行政处罚决定，向本院提起诉讼，本院于2015年4月10日作出（2015）阳西法行初字第6号行政判决，原告叶世本不服，向阳江市中级人民法院提出上诉，阳江市中级人民法院于2015年11月13日作出（2015）阳中法行终字第57号民事裁定，以原审判决遗漏当事人，违反法定程序为由而将本案发回本院重审。在审理过程中，因阳西县农业和水务局的职责调整，原告申请变更被告为阳西县水务局和阳西县农业局，本院依法将阳西县水务局和阳西县农业局列为本案被告，并依法追加阳西县新湖水库管理处为本案第三人参加诉讼。本院依法另行组成合议庭公开开庭进行了审理，原告叶世本及其委托代理人梁雪榆、被告阳西县水务局的委托代理人潘沛、被告阳西县农业局的委托代理人陈学伟、姚兜赏以及第三人阳西县新湖水库管理处的法定代表人王治岳到庭参加诉讼。本案现已审理终结。

阳西县农业和水务局于2014年1月23日对原告叶世本作出西水罚（2014）03号水行政处罚决定：叶世本在未经县水行政主管部门批准的情况下，擅自在新湖水库库区塞围养殖的行为，违反了《广东省水利工程管理条例》第二十七条和《大坝安全管理条例》第十七条的规定，已构成非法塞围养殖行为。依据《广东省水利工程管理条例》第三十四条和《大坝安全管理条例》第二十九条第一款第（六）项之规定，决定对叶世本给予如下行政处罚：一、责令叶世本立即停止违法行为；二、限期拆除违法修筑的土坝。

被告阳西县水务局、阳西县农业局在举证期限内对被诉具体行政行为向本院提交证据：证据一，《阳西县水务局行政执法巡查记录》，证明阳西县水务行政执法人员例行巡查，发现叶世本在新湖水库北干渠两条坑尾位置塞围鱼塘1个，面积约40亩，养殖鱼、鹅、鸭等禽畜；证据二，《阳西县水务局立案审批表》、西水停（03）号《责令停止水事违法行为通知书》，证明鉴于叶世本塞围养殖行为影响大坝安全，严重污染水源，违反《广东省水利工程管理条例》和《大坝安全管理条例》有关规定，水务行政执法人员提请立案处理。根

据有关法律规定，被告于2013年12月23日对其违法养殖行为发出书面通知，责令其自行纠正，以防损失扩大；证据三，《调查笔录》，证明水务行政执法人员对新湖水库工作人员邓业万进行调查并制作笔录。据调查：叶世本等人与新湖水库管理处签订《承包合同》进行养殖；证据四，《询问笔录》，证明水务行政执法人员对叶世本养殖场进行调查并制作笔录。据调查：叶世本在水库内塞围筑建鱼塘1个，面积约40亩，于2000年开始从事养殖及未经水务局批准塞围筑建鱼塘；证据五，《阳西县水务局勘验（检查）笔录》、《照片》，证明叶世本塞围筑建的鱼塘现场勘验情况；证据六，西水罚告字〔2013〕第03号《水行政处罚事先告知书》、《送达回证》，证明被告充分告知当事人违法事实，拟依据法律法规作出处罚，并告知其享有陈述、申辩和诉讼权利；证据七，《阳西县水务局调查终结审批表》《阳西县水务局调查终结报告》《阳西县水务局办案部门集体讨论记录》《阳西县水务局案审会水行政案件讨论笔录》《阳西县水务局行政处罚决定审批表》，证明案件经被告讨论、审批，该具体行政行为程序合法；证据八，西水强催告字〔2014〕第001号《履行义务催告书》、《送达回证》，证明鉴于叶世本逾期未履行义务，被告于2014年3月6日作出《履行义务催告书》，但其拒绝在《送达回证》上签名，有在场的新湖水库职工谢汝来，王治岳在场见证；证据九，《关于加强新湖水库管理的议案》《关于对程村镇新湖水库养殖场、围堰及周边养殖场非法排污依法作出处罚的建议》，证明新湖水库围堰养殖、水体污染问题非常严重，为此阳西县程村镇人大及其代表强烈要求清理新湖水库养殖场，并于2013年1月以人大议案形式要求处理。2013年3月1日，阳西县程村镇政府根据人大议案要求和建议，转县水务局、县环保局处理。鉴此，该被诉具体行政行为涉及公众利益，具有法律上规定的不可撤销的情形；证据十，阳府办函〔2013〕328号《阳江市人民政府办公室转发阳江市水务局关于加强我市水库水资源管理的意见的通知》，证明在本案中，根据原告的违法事实，依照有关法律规定对原告作出该具体行政行为，符合阳江市政府的要求。

原告叶世本诉称：2000年间，原告与阳西县新湖水库管理处签订《合约》，约定阳西县新湖水库管理处把其管辖的新湖水库中的北干渠坑尾承包给原告养殖，并约定了相关的权利义务。《合约》签订后，原告投入了大量的人力物力开发养殖，现《合约》正在履行期间。2014年1月23日，被告作出西水罚（2014）03号《水行政处罚决定书》，认为原告的承包行为违反了《广东省水利工程管理条例》第二十七条和《大坝安全管理条例》第十七条的规定，依据《广东省水利工程管理条例》第二十九条第一款第（六）项之规定，对原告作出如下的行政处罚：1. 责令叶世本立即停止违法行为；2. 限期拆除违法修筑的土坝。原告认为，被告作出的西水罚（2014）03号水行政处罚决定所依据的事实错误，适用法律错误。原告与阳西县新湖水库管理处签订的《合约》是双方当事人的真实意思表示，并没有违反相关的法律规定，是合法有效的合同，原告在履行合同的过程中并没有任何违反合同约定义务的行为。被告根据《广东省水利工程管理条例》第二十七条“在水利工程管理范围内从事生产经营活动的，必须经水行政主管部门同意，并与水利工程管理单位签订协议”的规定，认为原告的承包行为未经其同意，认为是违法行为，这是认定事实错误。首先，阳西县新湖水库管理处是水库的专门管理单位，水库一直以来都是由阳西县新湖水库管理处在运行管理、维护和开发利用。阳西县新湖水库管理处对水库的运行管理、维护和开发利用具有决定的权利。原告在承包时与被告签订有合同，原告也依约履行相应的义务，且在围塞坑基时都有留与水库相连通的进出水通道，永远保持坑内的水位与水库的水位相同，并未出现水位高低差现象，没有改变水库的库容，围塞的坑基都是在阳西县新湖水库管理处负责监督施工人员的监督下进行施工的，并没有危及水库和水库大坝的安全。其次，阳西县新湖水库的主要功能是农业灌溉，从建库至今，水库并没有立项作他用；阳西县新湖水库管理处发包给原告养殖也是为了提高水库的综合利用，解决水库运行的经费。多年来，阳西县新湖水库管理处职工的工资等经费一直都是由水库自筹自给解决，相关部门并没有在经费方面支持水库管理，为了水库能正常运转，发挥其应有的作用，阳西县新湖水库管理处在其职权范围内发包养殖是合理合法的行为，并没有损害水库的利益。而且2008年9月30日后面的《承包合同》中经阳西县新湖水库管理处请示被告，被告也同意在水库坑尾围塞坑基做鱼塘搞养殖，从这一点上也可证明被告是同意阳西县新湖水库管理处的发包行为，并不是被告所说的“擅自”行为，被告作为阳西县新湖水库管理处的上级主管部门，应遵守行政机关信赖保护原则，不能朝令夕改，损害相对人的合法权益。被告根据《大坝安全管理条例》第十七条“禁止在坝体修建码头、渠道、堆放杂物、晾晒粮草。在大坝管理和保护范围内修建码头、鱼塘的，须经大坝主管部门批准，并与坝脚和泄水、输水建筑物保待一定距离，不得影响大坝安全、工程管理和抢险工作”的规定，对原告作出处罚，也是适用法律错误。从《大坝安全管理条例》第一条“为加强水库大坝安全管理，保障人民生命财产和社会主义建设的安全，根据《中华人民共和国水法》，制定本条例”就可知，该条例的立法目的主要是针对“大坝”的安全管理而制定的法规，原告的承包行为并没有危及大坝的安全，被告适用该条款对原告作出处罚是法律适用错误。综上所述，原告与阳西县新湖水库管理处签订的《合约》是合法有效的，原告并未违反《广东省水利工程管理条例》《大坝安全管理条例》的相关规定，被告责令原告限期拆除土坝基欠缺事实依据和法律依据，被告责令原告清除围塞的土坝基，是行政干预的一种表现，有悖于国家维护社会稳定的政策，有悖于国家提倡发展农业的方针，违背综合利用社会资源的指导思想。被告作出的处罚决定，认定事实错误，适用法律错误。如果被告利用行政手段强行拆除土坝基，那么原告多年来的投入将毁之一旦，将会造成无法挽回的巨额的经济损失。退一万步来说，如被告利用行政手段强行拆除塘基，原告的合法权益将受到损害，行政机关的行政行为给相对人造成损失时，应当依法给予赔偿，所以在被告尚未赔偿原告损失的前提下，被告不能作出拆除决定。另外，因本案处理的职能部门是阳西县水务局，因此在处罚决定作出后，原告在起诉期限内以阳西县水务局为被告向法院提起行政诉讼。法院经审理后，认为因阳西县党政机构改革需要，阳西县人民政府将原县委农村工作领导小组办公室、县农业局、县水利局、县林业局、县海洋与渔业局、县畜牧兽医局、县农机管理中心合并，组建阳西县农业和水务局，原阳西县水利局的行政管理职能并入到新组合的阳西县农业和水务局，应由阳西县农业和水务局承担法律责任，故裁定驳回原告的起诉。现原告再次提起行政诉讼，请求判令：撤销被告作出的西水罚（2014）03号水行政处罚决定。

原告叶世本在举证期限内向本院提供的证据有：证据1，西水罚〔2014〕03号《水行政处罚决定书》，证明被告对原告作出行政处罚决定的事实，处罚决定认定的事实和适用法律错误；证据2，《合约》《补充合同（续期）》《补充合同》，证明原告与阳西县新湖水库管理处依法签订《承包合同》，承包合同有效，处罚决定认定的事实错误；证据3，《水库尾围塞坑基的请示》，证明原告的承包行为得到被告的认可；证据4，《承包合同》，证明原告所塞围的涉案水库是新湖水库管理处发包给原告。

被告阳西县水务局辩称：一、被告具有管理水库并作出被诉具体行政行为法定的职权依据。根据《广东省水利工程管理条例》第三条规定“县级以上水行政主管部门负责本行政区域内水利工程的统一管理工作和本条例的组织实施……”，第三十六条规定“本条例规定的行政处罚，除特别规定外，由县级以上水行政主管部门实施……”和《大坝安全管理条例》第三条规定“国务院水行政主管部门会同国务院有关主管部门对全国的大坝安全实施监督。县级以上地方人民政府水行政主管部门会同有关主管部门对本行政区域内的大坝安全实施监督”，答辩人具有管理水库并作出被诉具体行政行为法定的职权依据。二、原告违法事实清楚，对其作出行政处罚具有法定依据。2000年间，原告未经水行政主管部门批准，在新湖水库北干渠两条坑尾位置塞围成塘1个，面积约40亩，从事鸭、鹅、鱼养殖。在养殖过程中直接向水体排放污染物，造成水体受污染，且其所围塞的塘基影响水利工程安全与正常运行。至今，原告未进行环境影响评价，未向县环保局申报登记拥有的水污染物排放设施、处理设施和在正常作业条件下排放水污染物的种类、数量和浓度，并提供防治水污染方面的有关技术资料。以上事实有被告依职权调取的证据材料予以证明。原告的行为违反了《广东省水利工程管理条例》第二十七条“在水利工程管理范围内从事生产经营活动的，必须经水行政主管部门同意，并与水利工程管理单位签订协议”和《大坝安全管理条例》第十七条“禁止在坝体修建码头、渠道、堆放杂物、晾晒粮草。在大坝管理和保护范围内修建码头、鱼塘的，须经大坝主管部门批准，并与坝脚和泄水、输水建筑物保待一定距离，不得影响大坝安全、工程管理和抢险工作”的规定，被告依据《广东省水利工程管理条例》第三十四条、《大坝安全管理条例》第二十九条第一款第（六）项的规定对原告作出处罚。三、被诉具体行政行为证据确凿，适用法律、法规正确，符合法定程序。1. 从被告依职权进行的勘验和调查取证材料证实，原告未经水行政主管部门批准，在新湖水库塞围成塘从事鸭、鹅、鱼养殖，养殖过程中直接向水体排放污染物，造成水体受污染，且其所围塞的塘基影响水利工程安全与正常运行。至今也未进行环境影响评价，未向县环保局申报登记拥有的水污染物排放设施、处理设施和在正常作业条件下排放水污染物的种类、数量和浓度，并提供防治水污染方面的有关技术资料。2. 被告适用《广东省水利工程管理条例》第二十七条、第三十四条和《大坝安全管理条例》第二十九条第一款第（六）项的规定对原告行为作出行政处罚，适用法律、法规正确。3. 被告作出的具体行政行为先经被告批准立案，再根据调查情况认定原告擅自塞围养殖行为违法，后书面告知原告存在违法行为并责令其停止违法行为，以达到教育和减少当事人损失的目的。被告根据对案件调查情况结合事实认定，先经集体讨论、合议，发出《水行政处罚事先告知书》后作出处罚决定。因此，本案具体行政行为符合法定程序。五、被诉具体行政行为涉及公众利益。新湖水库围堰养殖、水体污染问题非常严重，对该镇备用饮用水水源产生极大威胁，为此，阳西县程村镇人大及其代表强烈要求清理新湖水库养殖场。2013年1月，该镇人大以人大议案形式要求处理。2013年3月1日，阳西县程村镇政府根据人大议案的建议和要求，转县水务局、县环保局等相关职能部门处理。因此，答辩人依据事实及相关法律规定作出的行政处罚决定符合当地实际人民群众意愿和公众的利益，具有法律上规定的不可撤销的情形。六、被诉具体行政行为符合阳江市政府的要求。2013年10月18日，阳江市政府下发《阳江市人民政府办公室转发阳江市水务局关于加强我市水库水资源管理的意见的通知》阳府办函（2013）328号），按照文件要求：第一阶段，2013年9月至2014年6月底对水库水源地保护范围内污染源进行清理；第二阶段，2014 年 7 月至 2015 年 6 月底对水库水源进行生态修复，加强管理，使水库水质改善好转。不论是出租水库水面养殖三鸟或出租水库管理范围开设禽畜养殖场，凡是污染水库水质的一律解除合同，清理污染源。查处水库周边的排污口，一律不准向水库开设排污口排污。本案中，被告依据事实及相关法律规定对原告作出该具体行政行为符合阳江市政府的要求。综上所述，被告对原告所作的行政处罚正确、合乎法律规定，请求法院依法驳回原告的诉讼请求。

被告阳西县农业局同意被告阳西县水务局的答辩意见，另外补充：水库管理由阳西县水务局进行管理，我局不是适格被告。

第三人阳西县新湖水库管理处述称：请求人民法院按照法律规定进行处理。

第三人阳西县新湖水库管理处在举证期限内没有向本院提供证据。

经庭审质证，本院对以下证据作出如下确认：被告提交的证据一至证据十的证据形式合法，证据来源真实，相互之间形成证据链，能够证明其作出的行政处罚决定所认定的事实，本院对被告提交的证据一至证据十的真实性、合法性、关联性予以确认。本院对原告提交的证据 1、2、4 的真实性、合法性、关联性予以确认；对原告提交的证据 3 的真实性、合法性予以确认，因该证据与本案无关，本院对其关联性不予确认。

本院经审理查明：2000 年 8 月 1 日，原告叶世本（乙方）与第三人阳西县新湖水库管理处（甲方）签订《合约》，约定："一、新湖水库已于 1999 年 12 月被邓业万承包养鱼。现在，乙方要求到甲方所管辖的北干渠背坑口推土围坑养鸭，填塞坑口一条，填塞坑基长约 30 米，坑基里面所围有的水面面积约 250 亩。二、乙方所填塞的这条坑基不能封死，要留一个出入口作为甲方机船出入坑内观察各条大坝的通道。坑基所留的出入口宽 4 米，出入口底下高程要与水库放水涵涵底高程同高（与水库死水位同高）。否则，甲方有权终止合同。三、坑内水位由甲方控制，与乙方无关，并且坑内水要保持与水库水连通并平行，不能出现水位高低差。四、乙方所围坑塘的塘基管理权 10 年（从 2000 年 8 月 1 日起到 2010 年 8 月 1 日止）。五、乙方每年要向甲方交纳推塞坑口泥土淤积水库管理费 1500 元，10 年管理费共 15000.00 元。管理费在订合同之日起 10 天内一次性交付（不包括坑内养殖水面租金）。六、乙方要保护好甲方各条大坝迎背水坡植被，在各条土坝周围 20 米内，乙方不能让鸭或其他生畜破坏草皮，否则，甲方有权终止合同。七、合同期满后，如果甲乙双方协商同意，可允许乙方继续承包该塘基管理权（坑内约 250 亩养殖水面租金另计）。八、以上合约一式两份，甲乙双方各执一份，希共同遵守执行。"同年 10 月 12 日，原告与第三人阳西县新湖水库管理处签订《补充合同（续期）》，约定将上述《合约》延期至 2030 年 8 月 1 日止。

2013 年 10 月 31 日，阳西县水务局的执法人员在巡查中发现原告叶世本在新湖水库库区北干渠两条坑尾位置存在塞围养殖行为，决定立案查处。立案后，阳西县水务局对原告叶世本的养殖现场进行了检查、勘验，查明：原告叶世本于 2000 年在未经县水行政主管部门批准的情况下，擅自在新湖水库库区北干渠两条坑尾位置非法塞围养殖，主要养殖鹅、鱼和鸭。

2013 年 12 月 23 日，阳西县水务局将《阳西县水务局责令停止水事违法行为通知书》《水行政处罚事先告知书》送达给原告叶世本，告知其违法的事实，将拟作出行政处罚决定的事实、理由、依据告知原告，拟对原告作出责令其立即停止违法行为和限期拆除违法修筑的土坝的处罚决定，并告知原告享有陈述、申辩及听证等权利。原告叶世本于 2013 年 12 月 26 日向阳西县水务局提出听证申请。2014 年 1 月 9 日，阳西县水务局根据原告的申请组织了听证。2014 年 1 月 23 日，原阳西县农业和水务局以原告叶世本在未经县水行政主管部门批准的情况下，擅自在新湖水库库区塞围养殖的行为，违反了《广东省水利工程管理条例》第二十七条和《大坝安全管理条例》第十七条的规定，依据《广东省水利工程管理条例》第三十四条和《大坝安全管理条例》第二十九条第一款第（六）项之规定，作出西水罚（2014）03 号水行政处罚决定，决定对叶世本给予如下行政处罚：一、责令叶世本立即停止违法行为；二、限期拆除违法修筑的土坝。阳西县水务局于 2014 年 1 月 25 日向原告送达《水行政处罚决定书》。原告不服该行政处罚决定，曾于 2014 年 4 月 11 日以阳西县水务局为被告向本院提起行政诉讼。本院审理后，作出（2014）阳西法行初字第 16 号行政裁定，以原告起诉的被告主体不适格为由驳回原告叶世本的起诉。2015 年 1 月 14 日，原告重新以阳西县农业和水务局为被告向本院提起行政诉讼。

另查明，阳西县人民政府于 2011 年 9 月 8 日以西府办（2011）28 号《阳西县农业和水务局主要职责内设机构和人员编制规定》批准，原县委农村工作领导小组办公室、县农业局、县水利局、县海洋与渔业局、县畜牧兽医局、县农机管理中心合并，组建农业和水务局，为阳西县人民政府组成部门。阳西县人民政府于 2015 年 3 月 10 日以西府办（2015）5 号《阳西县人民政府办公室关于印发阳西县农业局主要职责内设机构和人员编制规定的通知》批准，将原阳西县农业和水务局的职责整合划入阳西县农业局，其职责包括负责本行政区域内水资源的统一管理和监督工作。阳西县人民政府于 2015 年 5 月 15 日以西府办（2015）12 号《阳西县人民政府办公室关于印发阳西县农业局主要职责内设机构和人员编制规定的通知》批准，阳西县农业局加挂阳西县水务局牌子，阳西县水务局负责本行政区域内水资源的统一管理和监督工作，其对违反水行政管理行为具有处罚权。阳西县人民政府于 2016 年 4 月 14 日以西府办（2016）8 号《阳西县人民政府办公室关于印发阳西县农业局主要职责内设机构和人员编制规定的通知》批准其职责，但其职责不包括负责本行政区域内水资源的统一管理和监督工作。

本院认为：原阳西县农业和水务局关于本行政区域内水资源的统一管理和监督工作的职责现由被告阳西县水务局行使，根据《中华人民共和国行政诉讼法》第二十六条第六款关于“行政机关被撤销或者职权变更的，继续行使其职权的行政机关是被告”的规定，被告阳西县水务局为适格的被告，阳西县农业局并非本案适格被告。

本案的争议焦点是原阳西县农业和水务局作出的行政处罚决定是否证据确凿，是否适用法律、法规正确及符合法定程序。原阳西县农业和水务局是阳西县人民政府水行政主管部门，负责本行政区域内水资源的统一管理和监督工作，其对违反水行政管理行为具有处罚职权。原告叶世本提供的《水库尾围塞坑基的请示》行政许可的范围在新湖水库东边荒坑村村面前片水库尾位置，而本案塞围养殖是在新湖水库北干渠两条坑尾位置，上述《水库尾围塞坑基的请示》与本案并无关联。原告叶世本在新湖水库库区塞围养殖行为未经县水行政主管部门批准，违反《广东省水利工程管理条例》第二十七条“在水利工程管理范围内从事生产经营活动的，必须经水行政主管部门同意，并与水利工程管理单位签订协议”的规定，原阳西县农业和水务局依据《广东省水利工程管理条例》第二十七条、第三十四条的规定，对原告作出责令立即停止违法行为和限期拆除违法修筑的土坝的行政处罚决定证据确凿，适用法律、法规正确，程序合法。至于原阳西县农业和水务局适用《水库大坝安全管理条例》的相关规定对原告作出行政处罚是否正确，并不影响原阳西县农业和水务局依据《广东省水利工程管理条例》对原告作出水行政处罚决定的合法性。

综上所述，原阳西县农业和水务局作出的西水罚（2014）03 号水行政处罚决定证据确凿，适用法律、法规正确，程序合法。经本院审判委员会决定，根据《中华人民共和国行政诉讼法》第六十九条的规定，判决如下：

驳回原告叶世本的诉讼请求。

本案受理费 50 元，由原告叶世本负担。

如不服本判决，可在判决书送达之日起十五日内，向本院递交上诉状，并按对方当事人的人数提交副本，上诉于阳江市中级人民法院。

审　判　长　许文华
人民陪审员　刘自统
人民陪审员　陈世永

二０一六年六月二十四日
书　记　员　罗璐瑶

臧学文与徐州市贾汪区环境保护局、徐州市贾汪区农业委员会不履行法定职责二审行政判决书

江苏省徐州市中级人民法院

行政判决书

（2015）徐环行终字第00004号

上诉人（原审原告）：臧学文。

委托代理人：李明珠，江苏浩然风律师事务所律师。

委托代理人：解玉振，徐州市贾汪区大吴法律服务所法律工作者。

上诉人（原审被告）：徐州市贾汪区环境保护局，住所地：徐州市贾汪区政府东侧F楼。

法定代表人：王文金，局长。

委托代理人：张茂军，江苏禾嘉律师事务所律师。

被上诉人（原审被告）：徐州市贾汪区农业委员会，住所地：徐州市贾汪区新城区府佐路农委院内。

法定代表人：李萍，主任。

委托代理人：朱信刚，江苏多师律师事务所律师。

上诉人臧学文、徐州市贾汪区环境保护局（简称贾汪环保局）与被上诉人徐州市贾汪区农业委员会（简称贾汪农委）不履行法定职责一案，不服江苏省新沂市人民法院（2014）新环行初字第00007号行政判决，向本院提起上诉。本院依法组成合议庭，于2015年3月19日公开开庭审理了本案。上诉人臧学文的委托代理人李明珠、解玉振，上诉人贾汪环保局的委托代理人张茂军，被上诉人贾汪农委的委托代理人朱信刚到庭参加诉讼。本案现已审理终结。

原审法院经审理查明，引粮河系流经徐州市贾汪区境内的连接不牢河与屯头河的排洪灌溉河流。2002年1月10日，原告（合同中作为“乙方”）与原徐州市贾汪区大吴镇水产管理服务站（合同中作为“甲方”）签订水面养殖利用协议，双方约定该站将北起310公路、南至旗权铁路的长1200米、宽40米的引粮河水域承包予原告从事水产养殖，承包期限从2002年1月起至2020年止。之后，原告按合同约定缴纳了承包金（合同中表述为“水面利用税”）。2011年7月，原告发现养殖水面陆续出现死鱼现象，原告多次向两被告及其他部门反映上述情况。同年8月8日，徐州日报第六版以《近百亩水面死鱼万斤》为题对原告反映的死鱼问题进行了报道。后因主张赔偿未果，原告以两被告不履行法定职责为由向新沂市人民法院提起行政诉讼。

另查明：2011年3月26日，徐州市贾汪区人民政府制发贾政办发（2011）32号文件，将原贾汪区农业局的职能并入贾汪农委即本案被告，其“主要职责…（十）…监督管理渔业安全生产；行使渔政监督管理权，维护渔业水域生态环境、渔业生产秩序和生产者合法权益……”；其内设机构“水产科”的职责为“监督实施渔业专项发展规划、计划、政策；指导大中型水域渔业资源增殖和开发利用；承办渔业资源保护工作，组织全市渔业防疫检疫工作；……”。同日，徐州市贾汪区人民政府以贾政办发（2011）36号文件即《关于印

发〈贾汪区环境保护局主要职责内设机构和人员编制规定〉的通知》设立贾汪区环境保护局，其主要职责包括环境保护统一监督管理、环境监察、环境监测和信息发布等。

原审法院认为，一、关于被告贾汪农委是否存在不作为问题。《中华人民共和国渔业法》第十一条规定："国家对水域利用进行统一规划，确定可以用于养殖业的全民所有的水域、滩涂的，使用者应当向县级以上地方人民政府渔业行政主管部门提出申请，由本级人民政府核发养殖证，许可其使用该水域、滩涂从事养殖生产……"；第三十六条第二款规定："渔业水域生态环境的监督管理和渔业污染事故的调查处理，依照《中华人民共和国海洋环境保护法》和《中华人民共和国水污染防治法》的有关规定执行。"《中华人民共和国水污染防治法》第六十八条第二款规定："造成渔业污染事故或者渔业船舶造成水污染事故的，应当向事故发生地的渔业主管部门报告，接受调查处理。"中华人民共和国国土资源部《确定土地所有权和使用权的若干规定》第十二条规定："县级以上（含县级）水利部门直接管理的水库、渠道等水利工程用地属于国家所有。……"。故，被告贾汪农委具有本行政辖区内渔业污染事故调查处理的法定职权。国家质量监督检验检疫总局、国家标准化管理委员会发布的《渔业污染事故经济损失计算方法》（GB/T21678—2008）将"渔业污染事故"定义为："单位和个人将某种物质和能量引入渔业水域，损坏渔业水体使用功能，影响渔业水域内的水生生物繁殖、生长或造成该生物死亡、数量减少，以及造成该生物有毒物质积累、质量下降等，对渔业资源和渔业生产造成损害的事实。"《中华人民共和国水污染防治法》第九十一条第（四）项规定："渔业水体，是指划定的鱼虾类的产卵场、索饵场、越冬场、洄游通道和鱼虾贝藻类的养殖场的水体。"2004 年 10 月 28 日，徐州市林牧渔业局、徐州市水利局、徐州市环境保护局联合下发《关于进一步做好渔业污染事故处理工作的通知》（徐环发（2014）190 号），该通知要求符合养殖规划并依法领取养殖证的水域受法律保护，否则不予受理。根据上述法律法规和规范性文件，被告贾汪农委不具有对非渔业养殖规划范围内发生的鱼死亡事故进行受理并调查处理的法定职责。本案原告的渔业养殖区域不属于贾汪区人民政府规划的渔业养殖范围，该水域不属于渔业水体，并且原告也未办理相关的渔业养殖证，所以被告贾汪农委不具有原告所报告的死鱼事故进行调查处理的法定职权，本院对原告要求确认被告贾汪农委未对原告所养鱼被水体污染事件及时调查、监测、处理的不作为行为违法的诉讼请求不予支持。二、关于被告贾汪环保局是否存在不作为问题。根据《中华人民共和国环境保护法》第七条第二款"县级以上人民政府环境保护主管部门，对本辖区的环境保护工作实施统一监督管理"的规定，被告贾汪环保局具有对本辖区的环境保护工作进行监督管理的法定职责，其负有涉案鱼死亡事故的查处的职责。2011 年 8 月 1 日，原告向被告贾汪环保局反映死鱼情况并要求其调查取证处理，但被告贾汪环保局先是推托，告知原告向贾汪农委报告处理，后又于同年 8 月 3 日派员到达现场进行监督检查，但未对周围的污染源进行排查，未对原告举报的相关企业进行检查并监测，也未告知委托有资质鉴定单位对鱼死亡原因进行鉴定并对养殖水域的水样进行取样监测，因而被告贾汪环保局接到原告投诉反映后，没有按照法定程序履行法定职责，其也没有举证证明已经履行了相应的法定职责，所以其系行政不作为。被告贾汪环保局答辩称原告的起诉已经超过起诉期限，但在原告向其反映死鱼情况并要求其调查取证处理时，其未向原告明确告知职责范围，也未明确告知原告不履行法定职责，因而原告并未超过起诉期限。对原告要求确认被告贾汪环保局未对原告所养鱼被水体污染事件及时调查、监测、处理的不作为行为违法的诉讼请求予以支持。遂依照《最高人民法院关于执行〈中华人民共和国行政诉讼法〉若干问题的解释》第五十六条第（一）项、第五十七条第二款第（一）项之规定，判决：一、确认被告徐州市贾汪区环境保护局未对原告所养鱼被水体污染事件及时调查、监测、处理的不作为行为违法。二、驳回原告对被告徐州市贾汪区农业委员会的诉讼请求。案件受理费50元，由被告徐州市贾汪区环境保护局负担。

上诉人臧学文上诉称，2002年元月上诉人与贾汪区大吴镇水产站签订《水面养殖利用协议》，大吴水产站将310公路起南到旗权铁路大约100亩水面承包给原审原告养鱼，2005年起陆续每年都有死鱼情况，经贾汪环保局调查是由上游的徐州市新星纸业有限公司排污所致，每年死鱼徐州市新星纸业有限公司都根据环保局的调查与原审原告协商赔偿了事。2011年7月31日上诉人发现养鱼水面出现大量死鱼，2011年8月1日即向两原审被告反映，要求调查处理，贾汪环保局到现场查看后要求找农委反映，农委查看后要上诉人再去找贾汪环保局处理（从2011年7月31日起，到当年9月所养鱼几乎死光）。经多次向两原审被告反映，要求调查处理水污染事件，其不是互相推诿、扯皮，就是说让上诉人等等，正在向领导汇报等托词。时至起诉也没见到行动，现距污染事件发生已经三年之久。上诉人于2014年7月30日将两原审被告诉至一审法院经一审法院审理作出判决，支持上诉人的诉讼请求，以及对案件认定是正确的，但没有依法对上诉人要求赔偿各项损失50万元的部分依法作出裁判是错误的，两原审被告应当赔偿损失50万元。

上诉人贾汪环保局上诉称，一、一审法院认定上诉人未按照法定程序履行法定职责与事实不符。上诉人接到臧学文投诉后，迅速派员到现场进行调查、了解，经现场查看，臧学文反映的污染源新星纸业有限公司环保设施工作正常，没有发现有违法排污现象，臧学文反映的死鱼问题无法认定由新星纸业有限公司造成。上诉人按照徐环发（2004）190号文件的规定及时告知臧学文向贾汪区渔政主管部门反映，依法对鱼死亡原因进行调查，再按法律法规规定处理，至此，上诉人已正确履行了行政职责，而并非像一审所认定的："上诉人未对周围的污染源进行排查，未对原告举报的相关企业进行检查并检测，未告知委托有资质鉴定单位对鱼死亡原因进行鉴定并对养殖水域的水样进行取样检测"。因此，上诉人不存在臧学文所诉"不作为"的事实，二、一审法院认定上诉人贾汪环保局负有涉案鱼死亡事故的查处职责无法律依据。1.《中华人民共和国环境保护法》第七条第三款规定："县级以上人民政府环境保护主管部门，对本辖区内的环境保护工作实施统一监督管理，"并未规定上诉人贾汪环保局负有渔业水域污染事故的查处职责。2. 被上诉人臧学文所反映鱼死亡的情况，依据农业部《渔业水域污染事故调查处理程序规定》第四条的规定，属于渔业水域污染事故。而依据《水污染防治法》第六十八条第二款、第八十三条第三款，农业部《渔业水域污染事故调查处理程序规定》第二条、《污染死鱼调查方法（淡水）》、《渔业污染事故调查鉴定资格管理办法》，国务院《中国水生生物资源养护行动纲要》，《渔业法》以及徐环法（2004）190号文件等相关法律、法规、规章的规定，上诉人贾汪环保局不具有对渔业污染事故调查处理的职责，也不具备渔业污染事故的鉴定资格，上诉人贾汪环保局无法按臧学文所要求的那样"作为"。三、一审法院认定臧学文起诉未超过起诉期限，与事实、法律不符。1. 2011年8月8日的徐州日报和臧学文的诉状及相关证据均已证明臧学文于2011年8月初主动向贾汪环保局投诉其鱼死亡事故。2. 因被上诉人臧学文是主动投诉，按照《行政诉讼法解释》第三十九条等相关起诉期限规定，如果贾汪环保局应履行职责，则应在六十日内做出，未作出的，臧学文应在满六十天之后的三个月起诉。而本案臧学文起诉已远远超过法定起诉期限。综上，一审法院认定事实不清，适用法律错误，请求二审法院撤销一审判决，依法改判或发回重审。

臧学文针对贾汪环保局的上诉进行答辩称，贾汪环保局的上诉理由不能成立。贾汪环保局虽到现场但至今未对污染事故的来源，受损失的财产数量，水污染程度等一并调查逐一核实，亦未对相关证据进行保全。至起诉之日止，一直未履行法定职责。

被上诉人贾汪农委针对臧学文的上诉进行答辩称，其所诉养鱼区域是非渔业养殖规划区，也没有相关部门颁发的养鱼许可证，农委未对臧学文所诉养鱼水体被污染事件进行处理，符合法律规定，臧学文所诉养鱼区域属于引粮河，该河段属于排洪灌溉河流，根据贾汪区人民政府及相关文件，该段河流是禁止养鱼的，根据《渔业法》及《水污染防治法》、徐环发（2014）190 号文件，该文件是关于进一步做好渔业污染事故处理工作的通知，贾汪区农委对于非渔业养殖规划范围内发生的鱼死亡事故没有进行调查处理的法定职责，作为农委的具体行政行为是合法的。臧学文上诉中称 2011 年 7 月发现所养鱼出现大量死鱼，向原审两被告反映要求处理，其不是相互推诿扯皮，就是让其等待等等，时至今日未见行动，并且距污染事件已经有三年时间，据此要求贾汪区农委和环保局赔偿其经济损失是没有法律依据的，贾汪区农委的具体行政行为合法，一审法院已经做出认定，无论根据法律规定，还是根据一审法院事实判定，作为合法具体行为不能产生违法的法律后果，更不能产生赔偿责任，因此上诉人要求贾汪区农委赔偿其损失是不能成立的。

原审被告贾汪农委针对环保局上诉答辩如下：贾汪环保局上诉请求及上诉依据的事实和理由与本案被上诉人没有关联性，也无利害关系，贾汪区农委在本案中只是作为一审被告，列为被上诉人是不适当的。

各方当事人向原审法院提供的证据、依据均已随案卷移送至本院，本判决书不再累述。二审中上诉人臧学文向法庭提供一份登记资料查询表，欲证明新兴纸业有限公司法定代表人不是丁海洋，且股东名单没有丁海洋这个人，贾汪环保局提供的勘验笔录是虚假的。贾汪环保局质证认为：对该证据真实性无异议，但是不能证明上诉人臧学文的观点，丁海洋是生产厂长，不是企业法人代表，也不是企业股东，丁海洋是小吴村人，可以核查。贾汪农委质证认为：该证据与本案被上诉人无关联性。本院认为，原审法院对贾汪环保局提供的勘验笔录没有采信，因而上诉人臧学文提供的该证据无实质意义，本院不予认可。上诉人贾汪环保局向法庭提供一份 2015 年 3 月 6 日从贾汪区环境监测站电脑中提取的检测报告，证明内容是 2011 年 8 月 8 日环境监测站应贾汪区环保局监察大队要求，曾经到现场对引粮河西段水质进行取样检测，检测结果没有发现水污染的情况，水质正常。臧学文质证认为：真实性无法确定，且是环保局单方面做出的，一审时环保局并没有提到过 8 月 8 日去检测，在大吴范围内引粮河有两条，指的不明确。这份报告不能证明环保局当时履行了自己的法定职责。贾汪农委质证认为：对检测报告真实性无异议。本院认为，该证据其真实性及检测的时间可以认定。但，没有对检测地点有明确指向，也不能证实该份检测报告是应臧学文的请求而进行的，从而不能证明其观点，对该证据不予认可。

本院经庭审质证、认证认为，原审判决对证据和事实的认定正确，二审予以确认。

二审庭审中，双方当事人围绕本案的争议焦点即贾汪区环保局及贾汪农委是否履行了法定职责，原审判决是否正确进行了法庭辩论。

上诉人臧学文坚持上诉状及质证观点并补充：第一，臧学文的承包水面应该受法律保护，徐环发（2004）190 号文件中与农业承包法相抵触的部分应该无效，农业承包法有规定只要是承包的部分都受法律保护，农委说没有养鱼证的不予保护是和农业承包法相抵触的，臧学文在 2002 年已经养殖了，2007 年才开始发养殖证，养鱼的承包合同应该受法律保护，且从 2002 年开始一直向水产部门缴纳费用；第二，环保局刚才的举证证实了环保局有职责对水污染进行检测，而当时环保局并没有做出这样的报告，也没给臧学文说明检测合格不合格，只是让我们去找农委，明显是互相推诿，根据市政府有关规定，是首问负责制，并且农业部农渔发（2000）第 9 号文也有类似规定，都应当履行自己的职责；第三，造成的损失是客观存在的，二审中拿出的检测报告是于事无补的，应该按照实际平均产量计算损失。损失大约 50 万元，由于原审两被告的相互推诿，造成了上诉人的来回奔波，丧失了索赔的有利时机，原审两被告应该对自己不作为行为承担行政赔偿的责任。第四，贾汪区没有给养殖户办理过养殖证。

上诉人贾汪环保局认为，第一，臧学文上诉请求和一审诉状是矛盾的，一审诉状是把损失的请求划掉了，一审法院没有涉列损失赔偿问题，臧学文自己也没有针对损失部分进行举证，二审再提出这一上诉请求，二审法院也不应该理涉。第二，环保局关于行政不作为问题。1. 一审法院认为合法养鱼发生渔业污染事故应由渔业管理部门处理，然后直接推出非法养鱼出现渔业污染事故应该由环保局进行处理的观点不符合法律规定；2. 环保局对辖区内环境有监督管理的职责，但是对臧学文所要求的对其非法养鱼出现死亡，帮助其查找原因，向企业要求赔偿这一请求不是我们的职责；3. 环保局正确地履行了职责，臧学文发现鱼死亡现象向环保局反映，一审已经认定环保局立即派人到现场进行查看，并且到其投诉的企业进行现场查看，没有发现违排现象，环保局无权，也不需要对企业做出任何处理，环保局告知原审原告向渔政部门反映，由渔业部门对鱼死亡原因进行调查，然后根据查明原因做出是否进行下一步行政处理，这一系列过程符合法律规定，不存在不作为的问题，虽然环保局告知臧学文向农委反映处理，但是环保局进一步对水质进行检测，检测结果是水质正常，因此原审原告的鱼死亡原因是不明的，当时是 8 月，天气很热，原审原告鱼死亡原因很多，疾病、饲料等因素都有可能导致鱼死亡。因此，作为原审原告个人，对鱼死亡原因应该委托有权部门进行鉴定，或者直接向法院起诉，而原审原告希望通过行政机关帮助其维护利益，是不符合法律规定的，是怠于行使权利的行为；4. 原审原告起诉超过诉讼时效。原审原告起诉理由是行政不作为，按照行政诉讼法解释第三十九条的规定，本案是原告主动要求行政机关处理，行政机关告知原告不属于处理范围，如果其认为属于环保局的处理范围，环保局拒不履行行政职责，应该 3 个月内提起行政诉讼，原审原告的起诉超过诉讼时效，不适用第四十一条、第四十二条，这两条针对的是做出具体行政行为的。第三，一审法院论述的环保局不作为问题的事实理由与事实不符，法律理由与法律规定不符，具体为一审法院认为“2011 年 8 月 1 日，……环保局先是推掩”，不是推托，是正确履行职责，“后又于同月 3 日……进行排查”与事实不符，接到投诉，环保局到新星纸业有限公司进行检查，权台矿进行检查，都没有发现违排现象，到此环保局已经进行了正常的检查，为了慎重起见，环保局又安排监测站对原告的养鱼区域水质进行检测，发现水质正常，这一数据是任何人改变不了的，因此环保局不仅正确履行了职责，还实现了认真负责的履行职责的要求，但是，环保局不能满足原审原告的要求，环保局只能按照行政法规授权的范围进行检测、检查，但是原审原告鱼死了，损失问题不属于环保局处理，对于鱼的死亡原因、赔偿问题不属于环保局处理，一审判决错误。

被上诉人贾汪农委认为，臧学文所诉是养鱼被水污染死亡事件。臧学文养鱼区域不是规划区域，属于排洪河道，无论与哪个部门签署的协议，在此水体养鱼是不合法的，而臧学文所讲的协议签订人不是水体的所有人、管理人。农委已经履行了法定职责，在该事件发生后，立即派出人员到现场进行勘察，并且制作了现场勘察笔录，且向臧学文做了询问，当时其提供不了养鱼证、承包合同，经汇报，对该案件不予立案，并且告知了臧学文本人，臧学文本人陈述以及《徐州日报》材料中也可以证实，农委的具体行政行为是合法的。臧学文要求对污染的水体进行检测、处理，这一要求不属于农委的职责范围。另外，贾汪区养殖户没有办理许可证是不存在的。

本院认为，一、关于贾汪农委是否存在不作为的问题。《中华人民共和国渔业法》第十一条规定："国家对水域利用进行统一规划，确定可以用于养殖业的全民所有的水域、滩涂的，使用者应当向县级以上地方人民政府渔业行政主管部门提出申请，由本级人民政府核发养殖证，许可其使用该水域、滩涂从事养殖生产……"，第三十六条第二款规定："渔业水域生态环境的监督管理和渔业污染事故的调查处理，依照《中华人民共和国海洋环境保护法》和《中华人民共和国水污染防治法》的有关规定执行。"《中华人民共和国水污染防治法》第六十八条第二款规定："造成渔业污染事故或者渔业船舶造成水污染事故的，应当向事故发生地的渔业主管部门报告，接受调查处理。"徐环发（2014）190 号文件"关于进一步做好渔业污染事故处理工作的通知"的相关规定，贾汪农委具有对本行政辖区内渔业污染事故调查处理的法定职权。本案中，臧学文养鱼区域不是规划养殖区域属于排洪河道，该水域不属于渔业水体，臧学文也未办理渔业养殖证，因而臧学文所述其养殖水体发生水污染造成鱼死亡事故并不属于在合法从事渔业生产的过程中，受到环境污染损害的"渔业污染事故"。且贾汪农委在该事件发生后，立即派出人员到现场进行勘察，制作了现场勘察笔录，向臧学文做了询问，在经调查后认为该事件并非在合法渔业生产的过程中，受到环境污染损害的"渔业污染事故"，对该案件不予立案，并且告知了臧学文本人。故，原审法院认为"被告贾汪农委不具有原告所报告的死鱼事故进行调查处理的法定职权……对臧学文确认贾汪农委对其所养鱼被水体污染事件没有及时调查、监测、处理的不作为的行政行为违法的诉讼请求不予支持"，并无不当。对于臧学文认为其承包的合法性问题，不属于本案审查范围。二、关于贾汪环保局是否存在不作为的问题。根据《中华人民共和国环境保护法》第七条第二款"县级以上人民政府环境保护主管部门，对本辖区的环境保护工作实施统一监督管理"、《中华人民共和国水污染防治法》及徐环发（2014）190 号文件"关于进一步做好渔业污染事故处理工作的通知"的相关规定，贾汪环保局具有对本辖区的环境保护工作进行监督管理的法定职责，应负有对涉案"水环境污染事故"查处的法定职责。结合本案案情，2011 年 8 月 1 日，臧学文向贾汪环保局反映死鱼情况并要求其调查取证处理，贾汪环保局先是告知其向贾汪农委报告处理，后又于 8 月 3 日派员到达现场进行监督检查，到其投诉的企业进行现场查看，没有发现违排现象，但未对现场进行调查取证，取得被污染河段检测数据及水文资料并进行科学分析作出认定，也未告知臧学文委托有资质鉴定单位对鱼死亡原因进行鉴定并对养殖水域的水样进行取样监测，因而贾汪环保局没有按照法定程序履行法定职责。贾汪环保局上诉认为其接到臧学文的情况反映后，就派人到事故现场进行查看，并且到投诉的企业进行现场查看，没有发现违排现象，亦告知臧学文向渔政部门反映鱼死亡情况，对鱼死亡原因进行调查，然后根据查明原因做出下一步行政处理，这一系列过程符合法律规定，不存在不作为的问题。本院认为，根据《中华人民共和国水污染防治法》及相关法律法规规定，水环境污染事故应由环保部门进行处理，属于法律有明确规定的类型才由其他部门处理。如渔业污染事故、船舶造成污染事故。本案事故并非发生在国家规划确定用于养殖业的水域中的污染事故，因而不能认定为渔业污染事故，其他机关并无查处的职责。故，贾汪环保局的上述观点，于法无据，本院不予支持。原审法院对臧学文要求确认贾汪环保局未对其所养鱼被水体污染事件及时调查、监测、处理的不作为行为违法的诉讼请求予以支持，并无不当。三、关于该案原审原告的起诉是否超过法定的起诉期限的问题。根据《最高人民法院关于执行〈中华人民共和国行政诉讼法〉若干问题的解释》第三十九条第一款的规定："公民、法人或者其他组织申请行政机关履行法定职责，行政机关在接到申请之日起六十日内不履行的，公民、法人或者其他组织向人民法院提起诉讼，人民法院应当依法受理……"。根据上述法律规定，原审法院认为："被告贾汪环保局答辩称原告的起诉已经超过起诉期限，但在原告向其反映死鱼情况并要求其调查取证处理时，其未向原告明确告知职责范围，也未明确告知原告不履行法定职责，因而原告并未超过起诉期限"并无不当。四、关于臧学文诉请原审两被告应该对其不作为行为承担行政赔偿责任的问题。原审原告臧学文一审的诉讼请求并未涉及该项内容，原审法院也未对损失赔偿问题进行审理，双方当事人也没有针对损失部分进行举证，故，二审对臧学文的该上诉请求不予理涉。

综上，原审法院判决认定事实清楚，适用法律正确，审判程序符合法律规定，依法应予维持。依照《中华人民共和国行政诉讼法》第六十一条第（一）项之规定，判决如下：

驳回上诉，维持原判。

上诉案件受理费各50元，由上诉人臧学文、徐州市贾汪区环境保护局各自负担。

本判决为终审判决。

审　判　长　　陈小兵
代理审判员　　徐　冉
代理审判员　　肖　丽

二〇一五年四月三十日
书　记　员　　张文娟

马恩本与黑龙江省嫩江县人民政府不履行法定职责申诉行政裁定书

中华人民共和国最高人民法院
行政裁定书

（2015）行提字第 33 号

再审申请人（一审原告、二审上诉人）：马恩本。

被申请人（一审被告、二审被上诉人）：黑龙江省嫩江县人民政府。住所地：嫩江县嫩江镇。

法定代表人：王海东，县长。

委托代理人：范东雨，嫩江县临江乡党委书记。

委托代理人：王建臣，嫩江县移民办信访股股长。

再审申请人：马恩本因诉被申请人黑龙江省嫩江县人民政府（简称嫩江县政府）不履行发放安置补偿款法定职责一案，不服黑龙江省高级人民法院于 2014 年 6 月 9 日作出的（2014）黑行终字第 6 号行政裁定，向本院申请再审，本院于 2015 年 12 月 11 日作出（2015）行监字第 961 号行政裁定，提审本案。提审后，本院依法组成合议庭进行审理。案件现已审理终结。

黑河市中级人民法院（2013）黑中行初字第 3 号行政裁定（简称一审裁定）认为：马恩本在开庭笔录中承认，其在 2011 年 6 月 28 日收到黑龙江省黑河市人民政府（简称黑河市政府）作出的黑市政信复核决字（2011）第 12 号《关于马恩本信访事项复核意见书》，该意见书撤销了嫩江县政府作出的《关于马恩本同志信访事项的复查决定》，并明确要求嫩江县政府负责协调，将调整后的补偿款交给移民接收地。但嫩江县政府并没有作为。马恩本在 2013 年 10 月 16 日向法院提起诉讼，已经超过两年的法定起诉期限。根据《最高人民法院关于执行〈中华人民共和国行政诉讼法〉若干问题的解释》（简称《若干解释》）第四十四条第（六）项之规定，裁定驳回马恩本的起诉。马恩本不服一审裁定上诉。

黑龙江省高级人民法院（2014）黑行终字第 6 号行政裁定（简称二审裁定）认为：根据《最高人民法院关于不服信访工作机构依据〈信访条例〉作出的处理信访事项的行为提起行政诉讼人民法院是否受理的复函》规定，信访工作机构依据《信访条例》作出的登记、受理、交办、转送、承办、协调处理、督促检察、指导信访事项等行为，对信访人不具有强制力，对信访人的权利义务不产生影响。对信访事项有权处理的行政机关依据《信访条例》作出的处理意见、复查意见、复核意见和不再受理决定，信访人不服提起诉讼的，人民法院不予受理。黑河市政府作出的黑市政信复核决字（2011）第 12 号《关于马恩本信访事项复核意见书》属于信访复核意见，不属于法院行政诉讼受案范围。因此，马恩本要求嫩江县政府执行该意见亦不属于行政诉讼受案范围。一审裁定以超过起诉期限为由驳回起诉，属适用法律不当，予以纠正，但其结果正确，应予以维持。依据《若干解释》第四十四条第一款第（一）项之规定，裁定驳回上诉，维持原裁定。

马恩本申请再审称：1. 二审裁定认定事实不清，伪造证据。2. 二审裁定适用法律错误。本案是针对嫩江县政府不执行上级决定而提起的行政诉讼，不是针对信访意见。二审裁定违反《中华人民共和国行政诉讼法》第九十一条第（一）、（三）、（四）项规定。请求：

对本案进行再审，作出合理判决。

嫩江县政府答辩称：1. 二审裁定认定事实清楚，适用法律正确，本案不属于行政诉讼受案范围。2. 马恩本的再审理由缺乏事实依据和法律依据。请求：驳回马恩本的再审申请。

经审理查明，马恩本系嫩江县临江乡铁古砬村移民。因修建水利工程的需要，2003 年 8 月 14 日马恩本与接收地政府签订了《尼尔基水利枢纽工程嫩江县移民投亲靠友安置协议书》，协议按照当时国家批准的 3.36 倍土地补偿标准，将安置补偿费汇至接收地政府，该款已支付到位。2006 年 8 月，国家发改委作出发改投资（2006）1788 号批复，将移民的安置补偿费由 3.36 倍调整至 10 倍。嫩江县移民办将调整增加的 6.64 倍安置补偿费全额兑现，拨付给了铁古砬村。马恩本认为，增加的安置补偿费应拨付给移民接收地，而不是铁古砬村。为此，马恩本多次去嫩江县移民办及嫩江县政府讨要，但是始终未予拨付。马恩本信访投诉，临江乡政府于 2010 年 7 月 21 日作出临政函（2010）6 号《关于马恩本诉求问题的处理意见》，称没有剩余的钱可以支付给马恩本所在接收地。马恩本申请复查，嫩江县政府于 2010 年 8 月 16 日作出嫩政信复查字（2010）18 号《关于马恩本同志信访事项的复查决定》：一、维持临江乡人民政府作出的临政函（2010）6 号《关于马恩本诉求问题的处理意见》；二、村集体已将剩余的 2.64 倍补偿款使用，无法将剩余安置补偿款汇至马恩本所在接收地。马恩本申请复核，2011 年 6 月 27 日黑河市政府作出黑市政信复核决字（2011）第 12 号《关于马恩本信访事项的复核意见书》，主要内容为：撤销嫩江县人民政府作出的《关于马恩本同志信访事项的复查决定》；由嫩江县政府负责协调，将调整后的安置补偿款交给移民接收地。收到黑河市政府复核意见书后，马恩本多次去嫩江县政府提出拨款申请，嫩江县政府未履行相关拨付义务。马恩本于 2013 年 10 月 16 日提起本案行政诉讼。

本院经审理认为，马恩本因修建水利工程公共利益需要，签订移民协议，理应获得相关移民安置补偿费用。在黑河市政府作出信访复核意见，明确要求将调整后增加的安置补偿款交给移民接收地后，嫩江县政府不履行上级政府的指令，属于不履行法定职责的行为。二审裁定认为，因黑河市政府作出的信访复核意见不属于行政诉讼受案范围，马恩本要求嫩江县政府执行该意见亦不属于行政诉讼受案范围，裁定维持一审驳回起诉结果，裁判理由不能成立，依法应予纠正。

一、关于信访复核意见的可诉性问题

《若干解释》第一条第二款第（五）、（六）项规定，驳回当事人对行政行为提起申诉的重复处理行为和对公民、法人或者其他组织权利义务不产生实际影响的行为，不属于行政诉讼的受案范围。也就是说，行政机关针对当事人的申诉作出的答复意见，内容仍然是坚持既往的处理意见，对公民、法人或者其他组织的权利义务没有产生实际影响的信访答复意见，以及相应的复查意见、复核意见，均不属于行政诉讼的受案范围。但是，如果信访答复意见、复查意见或者复核意见否定了既往的处理意见，作出新的处理决定，对当事人的权利义务作出了不同于既往处理意见的新的安排，实质是对公民、法人或者其他组织的权利义务产生了新的实际影响，在此情形下，无论是信访答复意见，还是信访复查意见、信访复核意见，均应当属于行政诉讼的受案范围。本案中，黑河市政府作出的黑市政信复核决字（2011）第 12 号《关于马恩本信访事项的复核意见书》，撤销了嫩江县政府作出的《关于马恩本同志信访事项的复查决定》，要求嫩江县政府负责协调，将调整后的补偿款交给移民接收地。黑河市政府的信访复核意见，是对马恩本申诉事项作出的新的处理，对马恩本的权利义务作出了新的安排，已经对其权利义务产生了新的实际影响，应当属于行政诉讼的受案范围。二审裁定依据《最高人民法院关于不服信访工作机构依据 < 信访条例 > 作出的处理信访事项的行为提起行政诉讼人民法院是否受理的复函》，认为黑河市政府的信访复核意见不属于行政诉讼的受案范围，适用法律错误，依法应予以纠正。

二、关于不履行发放移民补偿款法定职责行为的可诉性问题

根据《中华人民共和国地方各级人民代表大会和地方各级人民政府组织法》第五十九条第（十）项的规定，县级以上的地方各级人民政府对上级国家行政机关交办的事项要予以执行。本案中，黑河市政府的信访复核意见，撤销了嫩江县政府作出的《关于马恩本同志信访事项的复查决定》，要求嫩江县政府负责协调，将调整后的补偿款交给移民接收地。嫩江县政府对黑河市政府作出的信访复核意见所要求的事项，须予以执行。马恩本依据该信访复核意见，申请嫩江县政府给付土地补偿款，嫩江县政府未予处理，属于不履行法定职责的行为。根据修改前的《中华人民共和国行政诉讼法》第十一条第一款第（八）项的规定，公民、法人或者其他组织认为，行政机关的具体行政行为侵犯其人身权、财产权的，属于行政诉讼受案范围。因此，嫩江县政府不履行发放移民补偿款法定职责的行为，侵犯了马恩本的财产权，依法属于行政诉讼的受案范围。二审裁定认为不履行信访复核意见的行为不属于行政诉讼受案范围，于法无据，应予纠正。

三、关于是否超过法定起诉期限问题

修改前的《中华人民共和国行政诉讼法》第三十九条规定，公民、法人或者其他组织直接向人民法院提起诉讼的，应当在知道作出行政行为之日起三个月内提出。《若干解释》第四十一条规定，行政机关作出行政行为时，未告知公民、法人或者其他组织诉权或者起诉期限的，起诉期限从公民、法人或者其他组织知道或者应当知道诉权或者起诉期限之日起计算，但从知道或者应当知道具体行政行为内容之日起最长不得超过 2 年。《若干解释》第三十九条还规定，公民、法人或者其他组织申请行政机关履行法定职责，行政机关在接到申请之日起 60 日内不履行的，公民、法人或者其他组织向人民法院提起诉讼，人民法院应当依法受理。《最高人民法院关于行政诉讼证据的规定》第四条第三款规定，被告认为原告起诉超过法定期限的，由被告承担举证责任。根据上述规定，不履行法定职责案件，当事人的起诉期限应当从行政机关接到履行义务申请后期满 60 日开始计算，因不履行法定职责案件中行政机关不可能告知当事人诉权和起诉期限，在修改后的《行政诉讼法》实施之前，当事人的起诉期限应当为 2 年，同时，如果行政机关认为原告起诉超过法定起诉期限的，应当承担举证责任。本案中，黑河市政府于 2011 年 6 月 27 日作出信访复核意见，收到复核意见后，马恩本多次向嫩江县政府提出拨款申请，嫩江县政府一直未履行拨款义务，2013 年 10 月 16 日，马恩本提起本案行政诉讼。从上述事实并结合法律、司法解释的相关规定，难以得出马恩本起诉已经超过 2 年的结论，且嫩江县政府在本案一、二审过程中，亦未提供证据证明马恩本起诉超过法定期限，应当推定马恩本起诉未超过法定起诉期限。

综上，马恩本提起本案诉讼，符合法定受理条件。一、二审裁定不予受理，适用法律错误。依照《中华人民共和国行政诉讼法》第八十九条第（二）项、《最高人民法院关于执行〈中华人民共和国行政诉讼法〉若干问题的解释》第七十六条第一款的规定，裁定如下：

一、撤销黑龙江省高级人民法院（2014）黑行终字第 6 号行政裁定，撤销黑河市中级人民法院（2013）黑中行初字第 3 号行政裁定；

二、指令黑河市中级人民法院继续审理。

审 判 长　郭修江
审 判 员　张志弘
审 判 员　董　华

二〇一五年十二月二十三日
法官助理　陆　阳
书 记 员　战　成

附本案适用的相关法律条文：

1、《中华人民共和国行政诉讼法》

第八十九条　人民法院审理上诉案件，按照下列情形，分别处理：

（一）原判决、裁定认定事实清楚，适用法律、法规正确的，判决或者裁定驳回上诉，维持原判决、裁定；

（二）原判决、裁定认定事实错误或者适用法律、法规错误的，依法改判、撤销或者变更；

（三）原判决认定基本事实不清、证据不足的，发回原审人民法院重审，或者查清事实后改判；

（四）原判决遗漏当事人或者违法缺席判决等严重违反法定程序的，裁定撤销原判决，发回原审人民法院重审。

原审人民法院对发回重审的案件作出判决后，当事人提起上诉的，第二审人民法院不得再次发回重审。

人民法院审理上诉案件，需要改变原审判决的，应当同时对被诉行政行为作出判决。

2、《最高人民法院关于执行〈中华人民共和国行政诉讼法〉若干问题的解释》

第一条　公民、法人或者其他组织对具有国家行政职权的机关和组织及其工作人员的行政行为不服，依法提起诉讼的，属于人民法院行政诉讼的受案范围。

公民、法人或者其他组织对下列行为不服提起诉讼的，不属于人民法院行政诉讼的受案范围：

（一）《行政诉讼法》第十二条规定的行为；

（二）公安、国家安全等机关依照《刑事诉讼法》的明确授权实施的行为；

（三）调解行为以及法律规定的仲裁行为；

（四）不具有强制力的行政指导行为；

（五）驳回当事人对行政行为提起申诉的重复处理行为；

（六）对公民、法人或者其他组织权利义务不产生实际影响的行为。

第三十九条　公民、法人或者其他组织申请行政机关履行法定职责，行政机关在接到申请之日起六十日内不履行的，公民、法人或者其他组织向人民法院提起诉讼，人民法院应当依法受理。法律、法规、规章和其他规范性文件对行政机关履行职责的期限另有规定的，从其规定。

公民、法人或者其他组织在紧急情况下请求行政机关履行保护其人身权、财产权的法定职责，行政机关不履行的，起诉期间不受前款规定的限制。

第四十一条　行政机关作出具体行政行为时，未告知公民、法人或者其他组织诉权或者起诉期限的，起诉期限从公民、法人或者其他组织知道或者应当知道诉权或者起诉期限之日起计算，但从知道或者应当知道具体行政行为内容之日起最长不得超过 2 年。

复议决定未告知公民、法人或者其他组织诉权或者法定起诉期限的，适用前款规定。

第七十六条　人民法院按照审判监督程序再审的案件，发生法律效力的判决、裁定是由第一审人民法院作出的，按照第一审程序审理，所作的判决、裁定，当事人可以上诉；发生法律效力的判决、裁定是由第二审人民法院作出的，按照第二审程序审理，所作的判决、裁定是发生法律效力的判决、裁定；上级人民法院按照审判监督程序提审的，按照第二审程序审理，所作的判决、裁定是发生法律效力的判决、裁定。

人民法院审理再审案件，应当另行组成合议庭。

3.《中华人民共和国地方各级人民代表大会和地方各级人民政府组织法》

第五十九条　县级以上的地方各级人民政府行使下列职权：

（一）执行本级人民代表大会及其常务委员会的决议，以及上级国家行政机关的决定和命令，规定行政措施，发布决定和命令；

（二）领导所属各工作部门和下级人民政府的工作；

（三）改变或者撤销所属各工作部门的不适当的命令、指示和下级人民政府的不适当的决定、命令；

（四）依照法律的规定任免、培训、考核和奖惩国家行政机关工作人员；

（五）执行国民经济和社会发展计划、预算，管理本行政区域内的经济、教育、科学、文化、卫生、体育事业、环境和资源保护、城乡建设事业和财政、民政、公安、民族事务、司法行政、监察、计划生育等行政工作；

（六）保护社会主义的全民所有的财产和劳动群众集体所有的财产，保护公民私人所有的合法财产，维护社会秩序，保障公民的人身权利、民主权利和其他权利；

（七）保护各种经济组织的合法权益；

（八）保障少数民族的权利和尊重少数民族的风俗习惯，帮助本行政区域内各少数民族聚居的地方依照宪法和法律实行区域自治，帮助各少数民族发展政治、经济和文化的建设事业；

（九）保障宪法和法律赋予妇女的男女平等、同工同酬和婚姻自由等各项权利；

（十）办理上级国家行政机关交办的其他事项。

4、修改前的《中华人民共和国行政诉讼法》

第十一条　人民法院受理公民、法人和其他组织对下列具体行政行为不服提起的诉讼：

（一）对拘留、罚款、吊销许可证和执照、责令停产停业、没收财物等行政处罚不服的；

（二）对限制人身自由或者对财产的查封、扣押、冻结等行政强制措施不服的；

（三）认为行政机关侵犯法律规定的经营自主权的；

（四）认为符合法定条件申请行政机关颁发许可证和执照，行政机关拒绝颁发或者不予答复的；

（五）申请行政机关履行保护人身权、财产权的法定职责，行政机关拒绝履行或者不予答复的；

（六）认为行政机关没有依法发给抚恤金的；

（七）认为行政机关违法要求履行义务的；

（八）认为行政机关侵犯其他人身权、财产权的。

除前款规定外，人民法院受理法律、法规规定可以提起诉讼的其他行政案件。

第三十九条　公民、法人或者其他组织直接向人民法院提起诉讼的，应当在知道作出具体行政行为之日起三个月内提出。法律另有规定的除外。

5、《最高人民法院关于行政诉讼证据若干问题的规定》

第四条　公民、法人或者其他组织向人民法院起诉时，应当提供其符合起诉条件的相应的证据材料。

在起诉被告不作为的案件中，原告应当提供其在行政程序中曾经提出申请的证据材料。但有下列情形的除外：

（一）被告应当依职权主动履行法定职责的；

（二）原告因被告受理申请的登记制度不完备等正当事由不能提供相关证据材料并能够作出合理说明的。

被告认为原告起诉超过法定期限的，由被告承担举证责任。

水利行政执法案例指导及疑难问题解析

（下卷）

刘朝军　主编

黄河水利出版社
·郑州·

目录

提　高　篇

导 读

水利相关法律疑难问题解析篇

《中华人民共和国行政处罚法》第三条第二款规定，没有法定依据或者不遵守法定程序的，行政处罚无效。程序是依法行政的生命，对行政执法机关而言尤为重要。在执法实践中，一些行政执法部门往往只强调实体的合法、合理，而对行政执法程序却重视不够，一定程度上影响了行政相对人的合法权益，同时也是造成一些被诉案件败诉的重要原因。

然而“徒法不足以自行”，只有将“纸面上的法律”转变为“现实中的法律”才能充分实现法律的价值。而要将“纸面上的法律”转变为“现实中的法律”需要以下前后相连的三个步骤：首先，需要“了解法”。即知道有享用哪些法定权利，以及这些权利受哪些具体法律规范的保护。其次，需要“理解法”。我国对权利的保障，体现在抽象的法律条文之中。有时公民虽然对具体条文有所了解，但仍然无法正确理解和运用有关法律条文保护自身权利，这样的问题同样会出现在水行政管理及执法专业人士面前，这就是法律解释的问题。因此，掌握科学的法律解释方法是正确理解法律的关键。最后。需要“运用法”。法律是个实践性很强的领域，权利保障只有在实践中才能得以实现。总之“了解法”“理解法”“运用法”是法律赋予各项权利最终得以实现的必要路径，这不单是普通民众在利用法律维护自身权利时的需要,水行政执法专业人士在维护水法律法规的过程中同样需要。

本篇分为九部分具体包括，依法行政类；水利综合执法类；水资源类；水工程；河道类；水土保持类；法律文书、执法规范类；水利普法、队伍建设类；处罚、许可、征收、诉讼、复议、强制类；水利与公安联动执法类。

本篇是依据作者的执法经验和实践，对水行政管理执法一线中存在的复杂、疑难的问题进行的法律思考，同时也借鉴了一些专家的观点，以便更好地解决实际问题。本篇也是水行政管理执法人员交流学习的平台。

水行政管理执法者首先要有法治思维

卢梭曾经说过，“法律既不是铭刻在大理石上，也不是铭刻在铜表上，而是铭刻在公民的内心里”。——题记

以职权法定为原则，充分发挥法治正义的力量。法治思维的养成不仅有赖于有法可依，更多地取决于法治理念、法治精神和法治环境。法不授权，则政府无权，水行政机关作为法定的公权部门,必须清楚认识到执法权力必须来自法律具体而明确的授予,水行政执法活动必须在法治轨道上运行。

以尊重和保障人权为准则，彰显法治公平。科学发展观的核心是以人为本，以人为本的实质就是通过全面发展，全面保障人权、全面保护人民权利。

以依法行政为基点，努力促进法治思维与法律手段良性互动。法治思维支配法律手段。水行政执法者具有法治思维，必然会主动、自觉运用法律手段来执法。法治思维也需要通过法律手段来表现。法治思维虽然是一种思想认识活动和过程，但它必然要外化为法治行为，即通过法律手段来实现。公安机关一方面要牢固树立社会主义法治理念，善于运用法治思维处理各种复杂问题，善于运用法治手段化解社会矛盾；另一方面，要树立依法行政理念，善于运用法律法规维护社会秩序，努力把各种社会矛盾和问题的解决纳入法治化轨道，为经济社会发展创造安全稳定的社会环境和公平公正的法治环境，促进法治思维与法律手段良性互动。

无疑，法治的任务不是消灭社会纷争，它也无法消灭社会纷争，而是给纷争提供一个合理有效的解决机制，法治的根本目的就是要在均衡的基础上构建稳定的社会秩序。因此，水行政执法机关要转变过去那种工作思路，学会用动态的稳定观来解决水事矛盾。要通过法治思维、法治方式来化解水事纠纷。要将群众工作方法与法治理性有机结合，融法、理、情于一体，理顺水事矛盾、化解社会情绪。

最高人民法院发布人民法院关于行政不作为十大案例

人民法院关于行政不作为十大案例

一、张恩琪诉天津市人力资源和社会保障局、天津市社会保险基金管理中心行政不作为案

（一）基本案情

张恩琪于 2013 年 3 月 13 日、10 月 16 日向天津市人力资源和社会保障局（以下简称市社保局），9 月 25 日向天津市社会保险基金管理中心（以下简称市社保基金中心）邮寄信函，主要内容为要求履行法定职责，对其社会保险缴费基数偏低和少缴、漏缴问题进行强制征缴。市社保局于 2013 年 10 月 26 日收到信函后，认为其所述问题不属于该局职责，属于市社保基金中心职责，遂将信件转至该中心办理。该中心于 2013 年 11 月 29 日向张恩琪出具《关于张恩琪信访反映问题的答复》，主要内容为其已经办理退休手续，退休待遇均由其参保所在区的社保局审批确定，且在审批之前本人已经对缴费基数、缴费年限等事项进行了确认，该中心作为社保经办机构，负责依据区县社保局审批结果及有关政策规定按时足额发放退休待遇。张恩琪先是针对市社保局、市社保基金中心分别提起诉讼，因各自答辩不具备相应职责而申请撤诉，后将两单位作为共同被告诉至法院，请求确认市社保局向市社保基金中心转交信件行为违法，撤销市社保基金中心上述答复，判令二被告履行法定职责，对其诉求予以答复。

（二）裁判结果

天津市和平区人民法院一审认为，根据《社会保险费征缴暂行条例》第五条规定，市社保局具有负责全市社会保险费征缴管理和监督检查工作的行政职能，其于 2011 年 10 月 19 日向与其存在隶属关系的市社保基金中心下达文件《关于社会保险举报投诉案件受理查处职责分工的通知》，第二项明确规定“对用人单位未按时足额缴纳社会保险费的举报、投诉，由社会保险经办机构受理查处，逾期仍不缴纳的，由社会保险经办机构提请有管辖权的劳动监察机构实施行政处罚，具体程序由市劳动监察机构与市社会保险经办机构制定”。故市社保局将信件转至市社保基金中心办理并无不当。市社保基金中心应对原告信函要求事宜作出明确处理，但其未在 60 天内作出答复，且在此前原告起诉该中心不履行法定职责一案中，隐瞒了市社保局下达上述文件的情况，在答辩状中否认其具备相应职责，导致原告认为起诉被告主体有误而申请撤诉，系未履行法定职责并进行推诿。其给原告出具的《关于张恩琪信访反映问题的答复》，在未对原告提出的请求作出明确处理的情况下，直接以信访形式答复显系不妥。遂判决：一、市社保基金中心于本判决生效之日起 30 日内对原告请求作出处理并将结果书面告知原告，在规定期限内不履行的，从期满之日起按日处 70 元罚款；二、驳回原告其他诉讼请求。一审宣判后，各方当事人均未上诉。

（三）典型意义

本案典型意义在于：人民法院以行政裁判方式明确了行政主体在社保管理方面的相关职责。基于行政管理复杂性和法律规定不明确，在职权界线不清晰的情况下，行政机关之间应当主动沟通联系，共同协调解决，不能互相推诿，甚至和老百姓“捉迷藏”。社会保险待遇涉及千家万户，关乎个人生老病死，无论是社保机关还是经办机构都必须积极履责，

方为责任政府应有之义。人民法院对于行政主体在诉讼中隐瞒其与有关单位之间关于职权划分的相关文件的，应依法制裁，必要时可向纪检监察部门通报反映；在行政主体相互推诿，均否认具有相应法定职责的情况下，可依法将相关行政主体都列为被告，共同参加诉讼，通过庭审举证、质证和辩论，最终确定履责主体。同时，为保证履责判决的及时履行，可以在判决时一并明确不履行判决的法定后果，既督促行政主体尽快履责，也有利于保障生效裁判的迅速执行。本案裁判对类似案件的处理具有指导、示范意义。

二、张风竹诉濮阳市国土资源局行政不作为案

（一）基本案情

2013 年 10 月 16 日，张风竹向河南省濮阳市国土资源局（以下简称市国土局）书面提出申请，请求该局依法查处其所在村的耕地被有关工程项目违法强行占用的行为，并向该局寄送了申请书。市国土局于 2013 年 10 月 17 日收到申请后，没有受理、立案、处理，也未告知张风竹，张风竹遂以市国土局不履行法定职责为由诉至法院，请求确认被告不履行法定职责的具体行政行为违法，并要求被告对土地违法行为进行查处。

（二）裁判结果

濮阳市华龙区人民法院一审认为，土地管理部门对上级交办、其他部门移送和群众举报的土地违法案件，应当受理。土地管理部门受理土地违法案件后，应当进行审查，凡符合立案条件的，应当及时立案查处；不符合立案条件的，应当告知交办、移送案件的单位或者举报人。本案原告张风竹向被告市国土局提出查处违法占地申请后，被告应当受理，被告既没有受理，也没有告知原告是否立案，故原告要求确认被告不履行法定职责违法，并限期履行法定职责的请求，有事实根据和法律依据，本院予以支持。遂判决：一、确认被告对原告要求查处违法占地申请未予受理的行为违法。二、限被告于本判决生效之日起按《土地违法案件查处办法》的规定履行法定职责。

市国土局不服，提出上诉，濮阳市中级人民法院二审认为，根据《土地违法案件查处办法》规定，县级以上地方人民政府土地行政主管部门对违反土地管理法律、法规的行为进行监督检查。上诉人市国土局上诉称 2013 年 10 月 17 日收到对土地违法行为监督的申请后，已进行了受理核查，但上诉人未及时将审查结果告知申请人，上诉人的行为未完全履行工作职责，违反了《土地违法案件查处办法》第十六条的规定。二审判决驳回上诉，维持原判。

（三）典型意义

本案典型意义在于：通过行政审判职能的发挥，督促土地管理部门及时处理群众举报，切实履行查处违法占地相关法定职责，以回应群众关切、保障土地资源的合法利用。土地资源稀缺、人多地少的现状决定了我国必须实行最严格的土地管理制度，但长期以来土地资源浪费严重，违法违规用地层出不穷，既有土地管理保护不力的原因，也有人民群众难以有效参与保护的因素。公众参与，是及时发现和纠正土地违法行为的重要渠道，也是确保最严格的土地管理制度得以实施的有效手段。依法受理并及时查处人民群众对违法用地行为的举报，是土地管理部门的权力，更是其义务。《土地违法案件查处办法》第十三条规定了“土地管理部门对上级交办、其他部门移送和群众举报的土地违法案件，应当受理。”第十六条又对受理后的立案查处等程序作出明确规定。经了解，市国土局不仅在本案中对张风竹的申请未依法履行职责，对另外九人的申请也存在同样问题而被法院判决败诉。本案的裁决对确保最严格的土地管理制度的正确实施和公众参与具有积极意义。

三、彭某诉深圳市南山区规划土地监察大队行政不作为案

（一）基本案情

彭某、陆某分别是深圳市南山区某小区A座902房和901房业主。2011年9月1日，南山区规划土地监察大队（以下简称区监察大队）接到群众来电反映901房住户存在违法加建行为，经调查取证，查明陆某在901房的开放式阳台上有违法搭建钢结构玻璃幕墙的行为，遂于2011年9月4日作出《责令停止(改正)违法行为通知书》，责令其立即停止违法行为并在2011年9月7日12时前清理并自行拆除。2011年10月25日，区监察大队又作出深南规土行罚字（2011）第07017号《行政处罚决定书》，认定陆某违法搭建玻璃幕墙行为违反《深圳市城市规划条例》有关规定，决定依法拆除玻璃幕墙，并书面告知其应自上述处罚决定书送达之日起15日内自动履行该决定，逾期不履行的，将依法强制执行。该《行政处罚决定书》于当日送达陆某。2012年1月9日，区监察大队向深圳市房地产权登记中心建议对901房产实施产权暂缓登记。2013年1月28日，区监察大队作出《催告书》，要求陆某拆除阳台搭建玻璃幕墙，恢复阳台原状。针对涉案《责令停止(改正)违法行为通知书》和《行政处罚决定书》，陆某在法定期限内未提起行政诉讼，亦未申请行政复议。截至案件开庭审理之日，上述违法搭建的玻璃幕墙尚未拆除。902房业主彭某认为区监察大队在发出《责令停止(改正)违法行为通知书》后，对后续执行情况不管不问，是一种行政不作为，故以区监察大队为被告诉至法院，请求确认被告未履行强制拆除的行为违法，责令被告立即依法作为，强制拆除违建部分。

（二）裁判结果

深圳市南山区人民法院一审认为，区监察大队作为区规划土地监察机构，具有对本行政区域内违法用地和违法建筑行为进行调查取证、认定，依法实施行政处罚以及强制执行的职责。在依法作出限期拆除违法建筑的行政决定后，当事人在法定期限内不申请行政复议或者提起行政诉讼的，应当依照《中华人民共和国行政强制法》《深圳经济特区规划土地监察条例》等法律、法规规定的强制执行程序作出处理。至于有权机关须在何期限内作出强制执行的决定并依法实施强制拆除，法律、法规并无明确规定，但应在合理期限内履行其法定职责。本案中，被告作出限期依法拆除的行政决定后,在行政相对人未申请行政复议，亦未提起行政诉讼,且拒不履行的情况下，至开庭审理之日止，在长达1年多的时间里，其仅作出催告而未对案件作进一步处理，且未提供证据证明有相关合法、合理的事由，其行为显然不当，已构成怠于履行法定职责，应予纠正。鉴于作出强制执行决定和实施强制拆除属于行政机关的行政职权，且实施行政强制拆除具有严格的法定程序，故不宜直接责令区监察大队强制拆除违法建筑，遂判决区监察大队于判决生效之日起3个月内对南山区某小区A座901房的违法建设问题依法继续作出处理。彭某及区监察大队均不服一审判决，提起上诉。深圳市中级人民法院二审以相同理由判决驳回上诉、维持原判。

（三）典型意义

本案典型意义在于：人民法院以裁判方式昭示了合法生效的行政决定必须得到执行。不以法律强制作为后盾的处罚决定，就像无焰的火，不亮的光，最终会损害公众对法治的信仰，甚至诱导群体性违法。对违法建筑的查处和拆除，始终是城市管理的难点，也是规划部门和土地管理、市容管理部门的执法重点。相关行政执法机关对违法建筑的查处，不

能仅仅止于作出处罚决定，而应当依据《行政强制法》的规定，采取有效措施，确保处罚决定的执行，才是完全履行法定职责。拆违虽难，但不能成为行政机关怠于履行法定职责的借口。《城乡规划法》第六十八条规定，城乡规划主管部门作出责令停止建设或者限期拆除的决定后，当事人不停止建设或者逾期不拆除的，建设工程所在地县级以上地方人民政府可以责成有关部门采取查封施工现场、强制拆除等措施。当然，由于行政管理的多样性，法律法规一般不会规定作出处罚决定后行政机关强制拆除的期限，但仍需要在合理期限内履行。本案中，人民法院认定区监察大队在作出《行政处罚决定书》长达一年多的时间里一直未强制执行，已明显超过合理期限，属于怠于履行法定职责，在判决方式上责令其继续处理，既符合法律规定精神，也有利于尽可能通过教育说服而不是强制手段保证处罚决定的实施，具有一定的示范意义。

四、钟华诉北京市工商行政管理局通州分局行政不作为案

（一）基本案情

2013 年 12 月 27 日，北京市工商行政管理局通州分局（以下简称通州工商分局）接到钟华的申诉（举报）信，称其在通州家乐福购买的“北大荒富硒米”不符合《预包装食品营养标签通则》的规定，属不符合食品安全标准的违法产品，要求通州工商分局责令通州家乐福退还其货款并进行赔偿，依法作出行政处罚。同年 12 月 30 日，通州工商分局作出《答复》，称依据该局调查，钟华反映的食品安全问题目前不属于其职能范围。钟华于 2014 年 1 月 8 日向北京市工商行政管理局提出复议申请，该机关于同年 4 月 2 日作出复议决定书，维持《答复》。钟华不服，以通州工商分局为被告提起行政诉讼，请求确认通州工商分局处理举报案件程序违法并责令其履行移送职责。

（二）裁判结果

北京市通州区人民法院一审认为，依据国务院食品安全办、国家工商总局、国家质检总局、国家食品药品监管总局的食安办（2013）13 号《关于进一步做好机构改革期间食品和化妆品监管工作的通知》《北京市人民政府办公厅关于印发北京市食品药品监督管理局主要职责内设机构和人员编制规定的通知》等文件规定，目前北京市流通环节的食品安全监管职责由北京市食品药品监督管理局承担，故被告通州工商分局已无职责对流通环节的食品安全进行监管，且其在接到原告钟华举报时应能够确定该案件的主管机关。《工商行政管理机关行政处罚程序规定》第十五条规定，工商行政管理机关发现所查处的案件属于其他行政机关管辖的，应当依法移送其他有关机关。本案中当被告认为原告所举报事项不属其管辖时，应当移送至有关主管机关，故判决被告在 15 个工作日内就原告举报事项履行移送职责，驳回原告其他诉讼请求。通州工商分局不服，提出上诉，北京市第三中级人民法院二审以相同理由判决驳回上诉、维持原判。

（三）典型意义

本案典型意义在于：通过裁判方式明确了行政机关对不属于本机关办理职责事项，如果有关规范性文件规定应移送有权机关办理的，应当及时移送。在行政管理领域，行政机关的职责既有分工也有交叉，法定职责来源既可能是本行政领域的法律、法规、规章和规范性文件，也可能是其他行政管理领域的法律规范，甚至可能是行政管理需要和行政惯例。有关食品生产、流通环节的监督管理职责由工商机关改由食品药品监督管理部门承担，但职责调整的初始阶段，人民群众未必都很清楚，工商机关发现群众对于食品安全问题的举报事项属于其他行政机关管辖的，应当移送相关主管机关，不能一推了之。积极移送也是一种法定职责。

五、王顺升诉寿光市人民政府行政不作为案

（一）基本案情

2014 年 2 月 11 日，寿光市人民政府（以下简称市政府）收到了王顺升提交的请求责令洛城街道褚庄村村民委员会（以下简称褚庄村村委会）公开村务的申请书，市政府在调查核实后于同年 4 月 4 日作出（2014）第 009 号《责令公布村务通知书》，主要内容为："洛城街道褚庄村村民委员会，本机关于 2014 年 2 月 11 日受理了你村村民王顺升提出的《责令洛城街道褚庄村公布村务申请书》。根据《村民委员会组织法》第三十一条和《山东省实施〈中华人民共和国村民委员会组织法〉办法》第三十八条规定，现责令你单位依法向王顺升公布有关村务信息。特此通知"，并于同日向褚庄村村委会进行了送达。市政府认为其已履行了法定职责。但至本案庭审时，褚庄村村委会并未就王顺升申请事项向其公开。王顺生遂以市政府为被告向法院提起行政诉讼,请求确认被告不履行责令褚庄村村委会公开村务职责的行为违法；判令被告及时履行责令褚庄村村委会公开村务的职责。

（二）裁判结果

潍坊市中级人民法院一审认为：依据《村民委员会组织法》第三十一条"村民委员会不及时公布应当公布的事项或者公布的事项不真实的，村民有权向乡、民族乡、镇的人民政府或者县级人民政府及其有关主管部门反映，有关人民政府或者主管部门应当负责调查核实，责令依法公布；经查证确有违法行为的，有关人员应当依法承担责任"之规定，被告市政府依法负有依原告王顺升的申请对其反映的事项进行调查核实以及责令褚庄村村委会公布相关村务的法定职责。被告在履行责令职责时，不应仅限于作出并送达责令通知，还应限定公开的合理期限并应跟进监督村委会对责令通知的执行情况,以实现公开的结果。本案中，被告虽已按法律规定向褚庄村村委会作出责令公开村务信息通知，但未限定公开的合理期限，亦未对褚庄村村委会执行通知情况进行核实，被告的所谓履责行为未达到法律规定的"责令"程度，缺乏约束力和执行力，从而导致褚庄村村委会至本案庭审时也未向原告公开相关村务。因此被告并未完全履行法定义务，其应继续履行责令之责。遂判决被告于本判决生效之日起 60 日内责令褚庄村村委会向原告限期公开相关村务信息。一审宣判后，双方当事人均未上诉。

（三）典型意义

本案典型意义在于：以裁判方式明确了行政机关不仅应当及时履责，还应当全面履责，并要依法实现履责的目的。本案中市政府从形式上已责令褚庄村村委会公布有关村委信息，似乎已经履行了法定职责；但是，由于该《责令公布村务通知书》既未明确具体内容，更未明确具体期限或者合理期限，实际上构成未全面履行法定职责，造成原告等村民对村务的知情权和监督权迟迟得不到落实。因此，人民法院判决其限期责令褚庄村村委会限期公开村务信息，能够更好地促进村务公开，切实维护广大村民知情的权利。

六、沈某、蔡某诉南通市公安局开发区分局行政不作为案

（一）基本案情

2013 年 9 月 20 日 13 时 5 分左右，江苏省南通市开发区某小区内 1 号门面店主与 2 号门面店主因空油桶堆放问题引发纠纷，双方人员由争执进而引发殴打。南通市公安局开发

区分局（以下简称开发区分局）接到报警后，指令民警出警并对涉案人员及证人调查取证。2013 年 9 月 22 日，开发区分局将该纠纷正式作为治安案件立案，并多次组织双方调解。10 月 9 日，沈某被传唤接受询问时明确表示不同意调解。12 月 2 日，沈某、蔡某以开发区分局不履行治安管理行政处罚法定职责为由，向法院提起行政诉讼，要求确认被告未在法律规定期限内作出治安处罚决定行为违法。在诉讼期间，被告于 12 月 9 日根据《治安管理处罚法》的规定分别对涉案人员作出行政处罚决定。

（二）裁判结果

南通市港闸区人民法院一审认为，被告开发区分局是否在法定期限内履行了法定职责，应当从法律、法规规定的办案期限及是否存在不计入办案期限的正当事由两个方面审查。根据《治安管理处罚法》第九十九条的规定，公安机关办理治安案件的期限，自受理之日起不得超过三十日；案情重大、复杂的治安案件，经上一级公安机关的批准，可以再延长三十日。这就意味着公安机关办理治安案件的一般期限为三十日，最长期限不得超过六十日。被告于 2013 年 9 月 22 日立案，至 2013 年 12 月 9 日作出行政处罚决定，办案期限明显超过了法律规定的一般办案期限，也超过了最长六十日的办案期限。调解亦应当坚持自愿原则，当事人明确表示不愿意调解的，则不应适用调解处理。即使存在调解的事实，那么从原告沈某 10 月 9 日拒绝调解之日起至被告于 12 月 9 日作出行政处罚决定，亦长达六十一天，仍然超过了最长六十日的办案期限。更何况被告未能在举证期限内提供经上一级公安机关批准延长办案期限的证据。据此，判决确认被告未在法律规定的期限内作出行政处罚决定行为违法。一审宣判后，双方当事人均未上诉。

（三）典型意义

本案典型意义在于：通过行政审判职能的发挥，对公安机关在治安管理领域的履责要求作出规范，有利于治安纠纷的及时化解。《治安管理处罚法》明确规定了公安机关办理治安案件的期限。根据公安部《公关机关办理行政案件程序规定》的相关规定，对于因民间纠纷引起的殴打他人等违反治安管理行为，情节较轻的，可以调解处理，调解案件的办案期限从调解未达成协议或者调解达成协议不履行之日起开始计算，但调解不能成为公安机关不及时履行职责的借口。本案中，在沈某已经明确表示不同意调解的情况下，公安机关就应在三十日内依法作出处罚决定。对超过三十日办案期限的，应提供证据证明经过上一级公安机关批准延长。而被告明显违反相关规定。当然，被告也认识到未及时履行职责的违法性，在原告起诉后一周内就作出处罚决定，体现了对法律的尊重和勇于纠错的诚意，并得到了原告谅解。在现代法治国家，一个明显违反法定期限的行政行为，即使实体内容完全合法，也会因为姗姗来迟而被贴上违法的标签。

七、兰州宏光驾驶员培训服务有限公司诉兰州市城关区城市管理行政执法局行政不作为案

（一）基本案情

兰州宏光驾驶员培训服务有限公司（以下简称宏光公司）以甘肃永隆文化用品有限公司（以下简称永隆公司）进行违法建设，对其练车场的正常使用造成影响为由，向其所在街道社区和甘肃省兰州市城关区城市管理行政执法局（以下简称区行政执法局）等多个机关进行举报。但以上机关对其所反映事项均无任何处理。2012 年 10 月，宏光公司将永隆公司违法建设的问题举报至兰州市委信访办，兰州市委信访办将举报材料转至兰州市行政执法局，后兰州市行政执法局又将举报材料转至区行政执法局，但直至宏光公司起诉时，区行政执法局仍未对该公司的举报作出任何答复，故宏光公司以区行政执法局为被告，向法院提起行政诉讼，要求判令被告履行法定职责。

（二）裁判结果

兰州市城关区人民法院在本案一审过程中，被告区行政执法局意识到其不履行职责可能存在败诉风险，遂与原告宏光公司经协调达成一致意见，同意受理原告的举报事项并在其职权范围内进行调查，即依照原告的申请，履行了相应的法定职责。故原告于2013年6月7日向一审法院提交了书面撤诉申请。法院依照《行政诉讼法》第五十一条、《最高人民法院关于行政诉讼撤诉若干问题的规定》第五条、《最高人民法院关于执行<中华人民共和国行政诉讼法>若干问题的解释》第六十三条第一款第（十）项之规定，裁定准许原告撤回起诉。

（三）典型意义

本案典型意义在于：行政诉讼的目的在于化解行政纠纷，在当事人提起诉讼后，有时通过法院审理，行政机关在诉讼期间意识到自身问题而主动纠正，在不损害国家利益和社会公共利益的前提下，当事人主动申请撤诉并经过法院准许，同样可以达到案结事了人和的审判效果。行政不作为案件往往是因行政机关及其工作人员存在“懒政”“惰政”等主观因素或某些客观原因而引发，相比其他类型的行政案件，法律关系较为明确，案件审理难度相对较低，只要行政机关依法履责，当事人之间的症结往往易于化解。实践中，不少案件是原告在向行政机关多次反映、投诉无果后，才选择通过诉讼方式寻求救济，一旦起诉，常常在诉讼期间就使纠纷得以快速解决。这从一个侧面凸显了行政审判这一外部监督机制的重大影响力。法院在查清事实、分清是非的基础上，通过向被告释明法律规定和法律后果，以和解方式化解纠纷，可以使原告诉求在短时间内实现，既解决问题，又不伤“和气”。

八、赵永天诉凤阳县武店镇人民政府行政不作为案

（一）基本案情

安徽省凤阳县人民政府依照国家发改委、住建部、财政部和滁州市有关文件精神，制定了《凤阳县2012年农村危房改造工作实施方案》（以下简称《方案》），在全县推广实施农村危房改造的惠民工程。赵永天依照上述文件精神，于2012年4月22日向凤阳县武店镇赵拐村村民委员会提交了危房改造补贴申请。该村村民委员会经评议后同意赵永天的申请意见，并将申请材料上报凤阳县武店镇人民政府（以下简称镇政府）审核。但直至赵永天提起诉讼时，镇政府未按照上述文件的规定，依法履行其危房改造申请的审核职责。赵永天遂于2013年4月17日以镇政府为被告向法院提起行政诉讼，主张被告未依照《方案》作出审核决定，要求判决被告履行危房改造申请审核职责。

（二）裁判结果

凤阳县人民法院一审认为：凤阳县人民政府制定的《方案》，对农村危房改造的申报程序及审核方法等都作出了明确规定。乡镇人民政府在接到村民委员会的申报材料后，应当组织人员上门进行现场核查，经核查符合条件的由乡镇人民政府签署审核意见，报县农村危房改造领导小组审批；不符合条件的，将材料退回所在村民委员会并说明原因，且审查结果在村务公开栏公示七天。该方案同时规定，凤阳县危房改造确定的检查验收时间为

2012 年 12 月 11 日至 12 月 31 日。原告赵永天依照规定提交了危房改造申请，但被告镇政府在接到其申请材料后未能按照《方案》规定的程序和方式履行其审核职责，其行为构成行政不作为。本案审理期间，被告对原告危房改造申请进行了补充核查，认为其不符合危房改造补贴条件，并将不符合条件的理由书面告知了赵拐村村民委员会及一审法院。法院已将核查结果告知原告，但原告不愿意撤回起诉。故一审法院判决确认被告不履行危房改造申请审核职责行为违法。一审宣判后，双方当事人均未上诉。

（三）典型意义

本案典型意义在于：人民法院通过裁判强调了乡镇政府在农村危房改造中的职责，对督促其切实依法履责、保障农民基本生活权益具有积极作用。农村危房改造是中央政府确定的一项重要民生工程，也是一项民心工程。各级地方人民政府应当坚决执行，确保中央政令的统一和畅通，确保居住在危房中的农村分散供养五保户、低保户、贫困残疾人家庭和其他贫困户实现居者有其屋。在地方政府合理确定补助对象过程中，村、乡镇和县分别负有相应的评议、审核和审批职责，任何一个环节怠于履行职责，都会形成“肠梗阻”。本案被告镇政府在长达一年时间里未依法核查原告赵永天的申请，忽视其权益保障，严重影响了补助对象的确定工作，构成不依法履责。因被告诉讼期间作了审核，法院判决其继续履行已无实际意义，但仍然判决确认其不履责行为违法，符合行政诉讼的规定，彰显了司法审查的价值。

九、艾立仁诉沈阳市卫生和计划生育委员会行政不作为案

（一）基本案情

2013 年 3 月 2 日，艾立仁因右小腿闭合骨折就诊于沈阳中大骨科医院（以下简称中大骨科），术后不仅骨折未予治愈，其闭合骨折还引发成骨外露、骨感染，后经十次手术未能治愈，现腿部残疾。艾立仁认为治疗中存在医疗损害，参加第一次手术的医师吴某存在越级手术这一违法事实。自 2013 年 5 月至 12 月间，艾立仁多次向辽宁省沈阳市卫生局（现更名为沈阳市卫生和计划生育委员会，以下简称市卫计委）就中大骨科越级手术等多项问题提出举报与投诉，市卫计委未给予回复。2013 年 12 月 24 日中央电视台新闻频道报道此事后，艾立仁得到市卫计委医政处的接待，并承诺调查处理。2014 年 2 月 19 日下午，市卫计委医政工作人员张某通过电话回复说“吴某不是越级手术”。艾立仁对该答复不服，以市卫计委为被告提出行政诉讼，请求判令被告对手术医院及手术医生进行行政处罚。

（二）裁判结果

沈阳市和平区人民法院一审认为，原告艾立仁未提供证据证明其曾向被告市卫计委提出过对手术医院及医生进行行政处罚的申请，故原告认为被告不履行法定职责的观点不存在事实根据，对原告的诉讼请求不予支持，应予驳回。遂判决驳回原告的诉讼请求。艾立仁上诉后，市卫计委辩称，中大骨科是一个二级专科医院，具有为艾立仁手术的医疗资质，手术医生吴某系高年资住院医，该医院授权其从事一、二级手术，并且在上级医师指导下可组织部分三级手术；《医疗技术临床应用管理办法》规定，手术分级是由医疗机构自行组织实施，中大骨科现在没有相关的分级，故吴某不存在越级手术问题。

沈阳市中级人民法院二审认为，根据相关证据及市卫计委的庭审陈述，可以认定艾立仁提出过举报且市卫计委已口头答复，故原审认定艾立仁没有提出过申请系认定事实不清。根据《医疗机构管理条例》第五条第二款、《外科手术分级制度管理》第五条第二款的规定，艾立仁申请的事项属于市卫计委的职权范围。市卫计委对艾立仁举报事项已进行了调查，并作出了相关事实的认定，但针对该部分事实没有向法院提交相应的证据，应认定其证据不足；且根据其现有的调查事实，市卫计委亦应当按照相关法律规定予以处理，而不需要艾立仁针对如何处理违法行为再次提出申请，故市卫计委存在不履行职责的情形，判决撤销一审判决，责令市卫计委对艾立仁的举报申请重新作出具体行政行为。

（三）典型意义

本案典型意义在于：通过对卫生行政主管部门处理医患纠纷的法定职责进行司法审查，对依法保障患者权益有积极作用。医患纠纷已日益成为社会热点，卫生行政主管部门应强化对医疗机构的监管，对患者提出的医疗机构违法违规情况，积极调查，依法履责，既要保护患者合法权益，又要尽快明晰责任，促进医患之间的信任。由于医疗手术的高度专业性和高风险性，加之患者医疗知识的局限性，卫生行政主管部门作为医患关系的桥梁，在调查处理医患纠纷时，必须坚持公开、公平与公正，依法中立地履行职责，而不应偏袒任何一方。本案中，市卫计委经过调查发现涉案的医院没有建立分级制度，就应当责令涉案医院改正，并采取相应的补救措施，但却对当事人的申请作出涉案医院未建立分级制度故不存在违规越级手术问题的答复，明显违反相关法律规范的规定，人民法院因此判决其重新作出具体行政行为，于法有据。本案二审判决对法院处理类似案件有示范作用。

十、张美华等五人诉天水市公安局麦积分局行政不作为赔偿案

（一）基本案情

2006年3月3日凌晨3时许，被害人刘伟洲路过甘肃省天水市麦积区桥南伯阳路农行储蓄所门前时，遭到罪犯苏福堂、吴利强、佟彬的拦路抢劫。刘伟洲被刺伤后喊叫求救，个体司机胡某、美容中心经理梁某听到呼救后，先后用手机于4时02分、4时13分、4时20分三次拨打“110” 电话报警，“110”值班人员让给“120”打电话，“120”让给“110”打电话。梁某于4时24分20秒（时长79秒）再次给“110”打电话报警后，“110”值班接警人员于6时23分35秒电话指令桥南派出所出警。此时被害人刘伟洲因失血过多已经死亡。经法医鉴定：被害人刘伟洲系被他人持锐器刺破股动脉，致失血性休克死亡。天水市麦积区人民法院于2007年3月23日作出（2007）麦刑初字第4号刑事判决，认定麦积分局“110”值班民警高某犯玩忽职守罪，免予刑事处罚。高某上诉后，二审维持原判。

天水市中级人民法院作出（2006）天刑一初字第24号刑事附带民事判决，判决被告人苏福堂、吴得强、佟彬赔偿刘伟洲相应的死亡赔偿金等。在民事判决执行中，因被告人苏福堂已被执行死刑，无财产可供执行；被告人吴利强、佟彬服刑前靠父母养活，暂无财产可供执行，天水市中级人民法院于2008年6月3日以（2008）天执字第29号民事裁定终结执行。被害人刘伟洲的近亲属张美华、刘宇、刘沛、刘忠议、张凤仙五人于2009年1月16日以公安机关行政不作为为由向天水市公安局麦积分局提出行政赔偿申请，该局作出不予行政赔偿的决定。张美华等五人遂以该局为被告，向法院提起行政赔偿诉讼，请求判令被告赔偿刘伟洲死亡赔偿金和丧葬费498640元，被扶养人生活费26959.95元。

（二）裁判结果

天水市麦积区人民法院一审认为，《国家赔偿法》第三十四条第一款第（三）项规定，侵犯公民生命健康权的，赔偿金按照下列规定计算：（三）造成死亡的，应当支付死亡赔偿金、丧葬费，总额为国家上年度职工年平均工资的二十倍。对死者生前扶养的无劳动能力的人，还应当支付生活费。本案天水市公安局麦积分局应当按国家规定支付死亡赔偿金、丧葬费总额的20%份额。故判决：一、由该局按照2008年全国在岗职工年平均工资29229

元×20倍×20%的标准，在判决生效之日起十日内给张美华等五人赔偿刘伟洲死亡赔偿金和丧葬费116916元；二、驳回张美华等五人关于要求赔偿被扶养人生活费的诉讼请求。

一审宣判后，张美华等五人认为判决以20%承担赔偿责任太少、被告天水市公安局麦积分局则认为不应予以赔偿，双方均不服提出上诉。在天水市中级人民法院二审期间，经该院主持调解，双方当事人于2014年4月25日达成调解协议：一、天水市公安局麦积分局在2014年6月10前一次性给张美华、刘宇、刘沛、刘忠议、张凤仙支付刘伟洲死亡赔偿金20万元。二、张美华、刘宇、刘沛、刘忠议、张凤仙放弃要求天水市公安局麦积分局支付被扶养人生活费及刘伟洲丧葬费的诉讼请求。

（三）典型意义

本案典型意义在于：明确了公安机关因未及时出警而应承担的相应责任，并通过调解方式妥善化解争议。有权必有责,用权受监督,失职要问责,侵权要赔偿,是把权力关进制度笼子的基本要求。《人民警察法》明确规定，人民警察的任务是维护国家安全，维护社会治安秩序，保护公民人身安全、人身自由和合法财产，保护公共财产，预防、制止和惩治违法犯罪活动。因此，不仅违法实施行政处罚、行政强制等侵权行为可能承担赔偿责任，因不依法履行职责、不及时救助群众，造成人身、财产损害的，同样可能承担赔偿责任。本案中，被害人刘伟洲的不幸死亡系因他人犯罪所导致，但公安机关也存在违法拖延出警、未及时履行保护公民人身安全的义务，应当承担相应的赔偿责任。同时，行政诉讼法规定了行政赔偿案件可以调解，本案二审法院在查明事实、分清责任的基础上，主持达成调解协议并制作了行政赔偿调解书，既维护了法律的权威，也有利于切实保障当事人的合法权益。

依法行政十个不要

一、不要违法行使公权力

国务院《全面推进依法行政实施纲要》第5条规定：“行政机关实施行政管理，应当依照法律、法规、规章的规定进行；没有法律、法规、规章的规定，行政机关不得作出影响公民、法人和其他组织合法权益或者增加公民、法人和其他组织义务的决定。”本条揭示三点：一是行政机关的权力由法律、法规、规章规定，即职权法定。二是行政管理必须依照法律、法规、规章规定的职责、权限和程序进行。三是，行政相对人的合法权利是行政权的边界。

二、不要非法干预私权利

国务院《纲要》第六条规定：推进政企分开、政事分开，实行政府公共管理职能与政府履行出资人职能分开，充分发挥市场在资源配置中的基础性作用。凡是公民、法人和其他组织能够自主解决的，市场竞争机制能够调节的，行业组织或者中介机构通过自律能够解决的事项，除法律另有规定的外，行政机关不要通过行政管理去解决。要加强对行业组织和中介机构的引导和规范。行政机关应当根据经济发展的需要，主要运用经济和法律手段管理经济，依法履行市场监管职能，保证市场监管的公正性和有效性，打破部门保护、地区封锁和行业垄断，建设统一、开放、竞争、有序的现代市场体系。要进一步转变经济调节和市场监管的方式，切实把政府经济管理职能转到主要为市场主体服务和创造良好发展环境上来。在西方，“家就是城堡”，法律只是城堡的守护者，擅自进入者，被打死不负责任。在中国古代，《唐律疏议》贼律条：诸夜无故入人家者，笞四十。主人登时杀者，勿论。这是说夜间无故闯入私宅，如果被屋主当场杀死，不论罪。《大明律》的相关条例则作：凡夜无故入人家内者，杖八十。主家登时杀死者，勿论。元代乔吉《李太白匹配金钱记》杂剧：（王府尹）这厮说也说不过，黄夜入人家，非奸即盗，必定是个贼。”明代西湖渔隐主人《欢喜冤家》：“律有明条，夜深无故入人家，非奸即盗，登时打死勿论。”

法律只是公民权利的看护者。霍布斯丛林：英国启蒙思想家、哲学家托马斯·霍布斯设想的自然状态，在这种社会状态下，没有什么东西是“我的和你的”，人们间没有分界，没有法律，没有惯例，每个人的生活都是“贫穷、孤独、肮脏、残忍和短命的”。霍布斯(1651 年)认为，这种无政府的丛林，是下述命题的基础：所有人都极看重安全，他们把权力交给突然出现的君主，他承诺随后保护他们。霍布斯丛林假说认为在没有国家制度时，每个人都是其他个人的敌人，他想尽办法偷抢人家的财产，也想尽办法不被别人偷抢，在这种没有国家制度的条件下，大量资源被用于从事偷抢和防止被偷抢的活动，因此生产活动不可能发达起来，而偷抢在结成人群的团体之间发生时，就是战争。

三、不要侵犯权利人的物权

（一）物权法的基本内容和功能：一是定分止争。二是保障债权，融通资金，促进经济发展。物权是债权的起点和最终归宿，债权是实现物权的桥梁和手段。物权与债权制度相互配合，作为两大支柱，共同构筑了我国现代财产法的体系（申卫星）。三是鼓励人们合法获取财富以增强人格尊严。黑格尔曾说过：“人格权本质上是物权”。所有权等物权是实现人权的基础，没有基本的、最低标准的财产，人就会在贫困中受煎熬甚至死去，所谓的人身自由、信仰自由、住宅不受侵犯等诸多自由也就成了水中月，镜中花。因此，保护财产权是人正常生活、保护其他基本人权的基础，能够不断增强人的自信，解放自我，实现人格升华。

（二）物权的根本特征是排他性（一物不能有二主，或者同一物不能属二人）和对世性（绝对权）。《物权法》第2条规定：“本法所称物权，是指权利人依法对特定的物享有直接支配和排他的权利，包括所有权、用益物权和担保物权。”

（三）坚持平等保护公私财产的原则。《物权法》第三条第三款规定：“国家实行社会主义市场经济，保障一切市场主体的平等法律地位和发展权利。”

（四）有关行政机构将承担审查确认物权的义务。不动产实行登记生效主义，动产实行登记对抗主义。

（五）行政机关不得侵害合法财产所有权。一是，政府将不得为开发商强制征收集体土地、单位和个人的财产。《物权法》第四十二条规定：“为了公共利益的需要，依照法律规定的权限和程序可以征收集体所有的土地和单位、个人的房屋及其他不动产。”“征收集体所有的土地，应当依法足额支付土地补偿费、安置补助费、地上附着物和青苗的补偿费等费用，安排被征地农民的社会保障费用，保障被征地农民的生活，维护被征地农民的合法权益。”“征收单位、个人的房屋及其他不动产，应当依法给予拆迁补偿，维护被征收人的合法权益；征收个人住宅的，还应当保障被征收人的居住条件。”“任何单位和个人不得贪污、挪用、私分、截留、拖欠征收补偿费等费用。”《物权法》一个最基本的思想，就是把商业用地排除出去，只有公共利益才可以征用土地，像修建机场、高速公路等。开发商所征收的是商业用地，不属于公共利益。排除出去怎么办呢，政府会划定一些区域，可以转为建设用地，可以盖房的区域，企业可以向政府申请，取得一个批件，但并不是批给开发商土地，而是指标，开发商得到指标后，需要自己一户一户地去和土地承包经营者谈判。

（六）行政机关不得侵犯合法的用益物权。用益物权是指权利人依法对他人的不动产或者动产享有占有、使用和收益的权利，包括土地承包经营权、建设用地使用权、宅基地使用权、地役权等。

附：

物权法对行政机关的影响

物权法作为明确物的归属、保护权利人物权的法律，虽然是一部民法，但对行政机关具有深远的影响。

第一，对抽象行政行为的影响。行政机关制定法规、规章、规范性文件，不能违反法律规定对财产（动产、不动产）的所有、使用、收益、处分等作出的规定，不得违反法律对动产和不动产的归属作出规定，不得违反法律规定对用益物权、抵押权等作出的规定。

第二，对具体行政行为的影响。一是对行政确认行为（房屋登记、土地登记、车辆登记等）的影响。二是对行政处罚的影响。从行政处罚的角度看，行政处罚中的罚款、没收非法所得和非法财物，涉及当事人的财产权利。这里至少可能出现三种情况：A：如果当事人没有实施违法行为，行政机关对其给予罚款处罚，就有侵害合法物权的嫌疑；在这种情况下，假如当事人指出行政机关侵犯其物权，行政机关就会处于难堪境地（能否承担侵权赔偿责任，有待研究）。B：没收非法所得，当前许多部委认为违法所得包括用于从事违法行为的成本、费用部分，但当事人往往持不同看法，认为违法所得仅仅是“所得”的部分，其成本、费用部分是合法取得的，不应当加以没收。C：没收非法财物问题，有的部门认为不论是否基于善意，凡用于进行运输违法物品的车辆，都应当加以没收，但学者、当事人对此有不同看法。三是对行政征收（征税、收费、征用土地、征收土地、征收残疾人保障金、征收社会抚养费等）。四是行政许可的影响（规划许可、拆迁许可、排污许可、广告许可等。五是对行政强制也有影响。

第三，对登记机构的影响。目前物权登记由土地、房管、工商行政等部门实施。但是，登记的准确性、及时性、合法性关系行政相对人的切身利益，处理不好，就会使权利人的物权付之东流。另外，物权法的实施也可能引起一场机构改革。

四、不要忽视相应的执法责任

《纲要》第五条规定：“行政机关依法履行经济、社会和文化事务管理职责，要由法律、法规赋予其相应的执法手段。行政机关违法或者不当行使职权，应当依法承担法律责任，实现权力和责任的统一。依法做到执法有保障、有权必有责、用权受监督、违法受追究、侵权须赔偿。” 第二十三条规定：“推行行政执法责任制。依法界定执法职责，科学设定执法岗位，规范执法程序。要建立公开、公平、公正的评议考核制和执法过错或者错案责任追究制，评议考核应当听取公众的意见。要积极探索行政执法绩效评估和奖惩办法。”

五、不要简单、野蛮、粗暴执法

《纲要》第五条规定：“行使自由裁量权应当符合法律目的，排除不相关因素的干扰；所采取的措施和手段应当必要、适当；行政机关实施行政管理可以采用多种方式实现行政目的的，应当避免采用损害当事人权益的方式。”

六、不要违反法定程序

《纲要》第二十条规定：“严格按照法定程序行使权力、履行职责。行政机关作出对行政管理相对人、利害关系人不利的行政决定之前，应当告知行政管理相对人、利害关系人，并给予其陈述和申辩的机会；作出行政决定后，应当告知行政管理相对人依法享有申请行政复议或者提起行政诉讼的权利。对重大事项，行政管理相对人、利害关系人依法要求听证的，行政机关应当组织听证。行政机关行使自由裁量权的，应当在行政决定中说明理由。要切实解决行政机关违法行使权力侵犯人民群众切身利益的问题。”

《行政处罚法》第六十一条规定：“行政机关在作出行政处罚决定之前，应当告知当事人作出行政处罚决定的事实、理由及依据，并告知当事人依法享有的权利。”第三十七条规定：“行政机关在调查或者进行检查时，执法人员不得少于两人，并应当向当事人或者有关人员出示证件。”

七、不要忘记为民众服务的宗旨

《纲要》第四条规定：“依法行政必须坚持党的领导、人民当家作主和依法治国三者的有机统一；必须把维护最广大人民的根本利益作为政府工作的出发点。”第五条规定：“行政机关实施行政管理，应当遵守法定时限，积极履行法定职责，提高办事效率，提供优质服务，方便公民、法人和其他组织。”

八、不要制造不和谐因素

《纲要》第五条规定：“行政机关实施行政管理，应当遵循公平、公正的原则。要平等对待行政管理相对人，不偏私、不歧视。行使自由裁量权应当符合法律目的，排除不相关因素的干扰；所采取的措施和手段应当必要、适当；行政机关实施行政管理可以采用多种方式实现行政目的的，应当避免采用损害当事人权益的方式。”“行政机关实施行政管理，除涉及国家秘密和依法受到保护的商业秘密、个人隐私的外，应当公开，注意听取公民、法人和其他组织的意见；要严格遵循法定程序，依法保障行政管理相对人、利害关系人的知情权、参与权和救济权。行政机关工作人员履行职责，与行政管理相对人存在利害关系时，应当回避。”

九、不要强化狂妄、冷漠、和捞一把的心态

《纲要》第五条规定：“行政机关公布的信息应当全面、准确、真实。非因法定事由并经法定程序，行政机关不得撤销、变更已经生效的行政决定；因国家利益、公共利益或者其他法定事由需要撤回或者变更行政决定的，应当依照法定权限和程序进行，并对行政管理相对人因此而受到的财产损失依法予以补偿。”第三十五条规定：“提高领导干部依法行政的能力和水平。各级人民政府及其工作部门的领导干部要带头学习和掌握宪法、法律和法规的规定，不断增强法律意识，提高法律素养，提高依法行政的能力和水平，把依法行政贯穿于行政管理的各个环节，列入各级人民政府经济社会发展的考核内容。”第三十六条规定：“建立行政机关工作人员学法制度，增强法律意识，提高法律素质，强化依法行政知识培训。要采取自学与集中培训相结合、以自学为主的方式，组织行政机关工作人员学习通用法律知识以及与本职工作有关的专门法律知识。”

当前不少人人格不健全、狂燥、冷漠，具有赌徒心态、捞一把心态。因此，掌权后就如子系中山狼，得志便猖狂。

健康人格和依法行政意识，是相辅相成的。没有健康人格，就不能正确执行法律法规；树立了依法行政意识，可以促进人格健全。

十、不要轻视行政执法艺术

行政执法艺术，是指在坚持严格执法基础上，采取一定的技巧、灵活的执法方法来达到行政执法目的。法律是死的，我们的思想、方式方法应当是活的。但是，灵活执法并非不讲原则，而是在坚持原则前提下讲究一定的灵活性。

鲁潍（福建）盐业进出口有限公司苏州分公司诉江苏省苏州市盐务管理局盐业行政处罚案

（最高人民法院审判委员会讨论通过）

关键词：行政　行政许可　行政处罚　规章参照　盐业管理

裁判要点

1. 盐业管理的法律、行政法规没有设定工业盐准运证的行政许可，地方性法规或者地方政府规章不能设定工业盐准运证这一新的行政许可。

2. 盐业管理的法律、行政法规对盐业公司之外的其他企业经营盐的批发业务没有设定行政处罚，地方政府规章不能对该行为设定行政处罚。

3. 地方政府规章违反法律规定设定许可、处罚的，人民法院在行政审判中不予适用。

相关法条

1.《中华人民共和国行政许可法》（简称《行政许可法》）第十五条第一款、第十六条第二款、第三款

2.《中华人民共和国行政处罚法》（简称《行政处罚法》）第十三条

3.《中华人民共和国行政诉讼法》（简称《行政处罚法》）第五十三条第一款

4.《中华人民共和国立法法》（简称《立法法》）第七十九条

基本案情

原告鲁潍（福建）盐业进出口有限公司苏州分公司（简称鲁潍公司）诉称：被告江苏省苏州市盐务管理局（简称苏州盐务局）根据《江苏省〈盐业管理条例〉实施办法》（简称《江苏盐业实施办法》）的规定，认定鲁潍公司未经批准购买、运输工业盐违法，并对鲁潍公司作出行政处罚，其具体行政行为执法主体错误、适用法律错误。苏州盐务局无权管理工业盐，也无相应执法权。根据原国家计委、原国家经贸委《关于改进工业盐供销和价格管理办法的通知》等规定，国家取消了工业盐准运证和准运章制度，工业盐也不属于国家限制买卖的物品。《江苏盐业实施办法》的相关规定与上述规定精神不符，不仅违反了国务院《关于禁止在市场经济活动中实行地区封锁的规定》，而且违反了《中华人民共和国行政许可法》（简称《行政许可法》）和《中华人民共和国行政处罚法》（简称《行政处罚法》）的规定，属于违反上位法设定行政许可和处罚，故请求法院判决撤销苏州盐务局作出的（苏）盐政一般（2009）第001-B号处罚决定。

被告苏州盐务局辩称：根据国务院《盐业管理条例》第四条和《江苏盐业实施办法》第四条的规定，苏州盐务局有作出盐务行政处罚的相应职权。《江苏盐业实施办法》是根据《盐业管理条例》的授权制定的，属于法规授权制定，整体合法有效。苏州盐务局根据《江苏盐业实施办法》设立准运证制度的规定作出行政处罚并无不当。《行政许可法》、《行政处罚法》均在《江苏盐业实施办法》之后实施，根据《中华人民共和国立法法》（简称《立法法》）法不溯及既往的规定，《江苏盐业实施办法》仍然应当适用。鲁潍公司未经省盐业公司或盐业行政主管部门批准而购买工业盐的行为，违反了《盐业管理条例》的相关规定，苏州盐务局作出的处罚决定，认定事实清楚，证据确凿，适用法规、规范性文

件正确，程序合法，请求法院驳回鲁潍公司的诉讼请求。

法院经审理查明：2007年11月12日，鲁潍公司从江西等地购进360吨工业盐。苏州盐务局认为鲁潍公司进行工业盐购销和运输时，应当按照《江苏盐业实施办法》的规定办理工业盐准运证，鲁潍公司未办理工业盐准运证即从省外购进工业盐涉嫌违法。2009年2月26日，苏州盐务局经听证、集体讨论后认为，鲁潍公司未经江苏省盐业公司调拨或盐业行政主管部门批准从省外购进盐产品的行为，违反了《盐业管理条例》第二十条、《江苏盐业实施办法》第二十三条、第三十二条第（二）项的规定，并根据《江苏盐业实施办法》第四十二条的规定，对鲁潍公司作出了（苏）盐政一般（2009）第001-B号处罚决定书，决定没收鲁潍公司违法购进的精制工业盐121.7吨、粉盐93.1吨，并处罚款122363元。鲁潍公司不服该决定，于2月27日向苏州市人民政府申请行政复议。苏州市人民政府于4月24日作出了〔2009〕苏行复第8号复议决定书，维持了苏州盐务局作出的处罚决定。

裁判结果

江苏省苏州市金阊区人民法院于2011年4月29日以（2009）金行初字第0027号行政判决书，判决撤销苏州盐务局（苏）盐政一般（2009）第001-B号处罚决定书。

裁判理由

法院生效裁判认为：苏州盐务局系苏州市人民政府盐业行政主管部门，根据《盐业管理条例》第四条和《江苏盐业实施办法》第四条、第六条的规定，有权对苏州市范围内包括工业盐在内的盐业经营活动进行行政管理，具有合法执法主体资格。

苏州盐务局对盐业违法案件进行查处时，应适用合法有效的法律规范。《立法法》第七十九条规定，法律的效力高于行政法规、地方性法规、规章；行政法规的效力高于地方性法规、规章。苏州盐务局的具体行政行为涉及行政许可、行政处罚，应依照《行政许可法》《行政处罚法》的规定实施。法不溯及既往是指法律的规定仅适用于法律生效以后的事件和行为，对于法律生效以前的事件和行为不适用。《行政许可法》第八十三条第二款规定，本法施行前有关行政许可的规定，制定机关应当依照本法规定予以清理；不符合本法规定的，自本法施行之日起停止执行。《行政处罚法》第六十四条第二款规定，本法公布前制定的法规和规章关于行政处罚的规定与本法不符合的，应当自本法公布之日起，依照本法规定予以修订，在1997年12月31日前修订完毕。因此，苏州盐务局有关法不溯及既往的抗辩理由不成立。根据《行政许可法》第十五条第一款、第十六条第三款的规定，在已经制定法律、行政法规的情况下，地方政府规章只能在法律、行政法规设定的行政许可事项范围内对实施该行政许可作出具体规定，不能设定新的行政许可。法律及《盐业管理条例》没有设定工业盐准运证这一行政许可，地方政府规章不能设定工业盐准运证制度。根据《行政处罚法》第十三条的规定，在已经制定行政法规的情况下，地方政府规章只能在行政法规规定的给予行政处罚的行为、种类和幅度内作出具体规定，《盐业管理条例》对盐业公司之外的其他企业经营盐的批发业务没有设定行政处罚，地方政府规章不能对该行为设定行政处罚。

人民法院审理行政案件，依据法律、行政法规、地方性法规，参照规章。苏州盐务局在依职权对鲁潍公司作出行政处罚时，虽然适用了《江苏盐业实施办法》，但是未遵循《立法法》第七十九条关于法律效力等级的规定，未依照《行政许可法》和《行政处罚法》的相关规定，属于适用法律错误，依法应予撤销。

黄泽富、何伯琼、何熠诉四川省成都市金堂工商行政管理局行政处罚案

关键词：行政诉讼　行政处罚　没收较大数额财产　听证程序

裁判要点

行政机关作出没收较大数额涉案财产的行政处罚决定时，未告知当事人有要求举行听证的权利或者未依法举行听证的，人民法院应当依法认定该行政处罚违反法定程序。

相关法条

《中华人民共和国行政处罚法》第四十二条

基本案情

原告黄泽富、何伯琼、何熠诉称：被告四川省成都市金堂工商行政管理局（简称金堂工商局）行政处罚行为违法，请求人民法院依法撤销成工商金堂处字〔2005〕第02026号《行政处罚决定书》，返还电脑主机33台。

被告金堂工商局辩称：原告违法经营行为应当受到行政处罚，对其进行行政处罚的事实清楚、证据确实充分、程序合法、处罚适当；所扣留的电脑主机是32台而非33台。

法院经审理查明：2003年12月20日，四川省金堂县图书馆与原告何伯琼之夫黄泽富联办多媒体电子阅览室。经双方协商，由黄泽富出资金和场地，每年向金堂县图书馆缴管理费2400元。2004年4月2日，黄泽富以其子何熠的名义开通了ADSL84992722（期限到2005年6月30日），在金堂县赵镇桔园路一门面房挂牌开业多媒体电子阅览室。4月中旬，金堂县文体广电局市场科以整顿网吧为由要求其停办。经金堂县图书馆与黄泽富协商，金堂县图书馆于5月中旬退还黄泽富2400元管理费，摘除了"金堂县图书馆多媒体电子阅览室"的牌子。2005年6月2日，金堂工商局会同金堂县文体广电局、金堂县公安局对原告金堂县赵镇桔园路门面房进行检查时发现，金堂实验中学初一学生叶某、杨某、郑某和数名成年人在上网游戏。原告未能出示《网络文化经营许可证》和营业执照。金堂工商局按照《互联网上网服务营业场所管理条例》第二十七条"擅自设立互联网上网服务营业场所，或者擅自从事互联网上网服务经营活动的，由工商行政管理部门或者由工商行政管理部门会同公安机关依法予以取缔，查封其从事违法经营活动的场所，扣押从事违法经营活动的专用工具、设备"的规定，以成工商金堂扣字〔2005〕第02747号《扣留财物通知书》决定扣留原告的32台电脑主机。何伯琼对该扣押行为及扣押电脑主机数量有异议遂诉至法院，认为实际扣押了其33台电脑主机，并请求撤销该《扣留财物通知书》。2005年10月8日金堂县人民法院作出〔2005〕金堂行初字第13号《行政判决书》，维持了成工商金堂扣字〔2005〕第02747号《扣留财物通知书》，但同时确认金堂工商局扣押了何伯琼33台电脑主机。同年10月12日，金堂工商局以原告的行为违反了《互联网上网服务营业场所管理条例》第七条、第二十七条的规定作出了成工商金堂处字〔2005〕第02026号《行政处罚决定书》，决定"没收在何伯琼商业楼扣留的从事违法经营活动的电脑主机32台"。

裁判结果

四川省金堂县人民法院于2006年5月25日作出（2006）金堂行初字第3号行政判决：一、撤销成工商金堂处字〔2005〕第02026号《行政处罚决定书》；二、金堂工商局在判

决生效之日起30日内重新作出具体行政行为；三、金堂工商局在本判决生效之日起15日内履行超期扣留原告黄泽富、何伯琼、何熠的电脑主机33台所应履行的法定职责。宣判后，金堂工商局向四川省成都市中级人民法院提起上诉。成都市中级人民法院于2006年9月28日以同样的事实作出（2006）成行终字第228号行政判决，撤销一审行政判决第三项，对其他判项予以维持。

裁判理由

法院生效裁判认为：《中华人民共和国行政处罚法》第四十二条规定："行政机关作出责令停产停业、吊销许可证或者执照、较大数额罚款等行政处罚决定之前，应当告知当事人有要求举行听证的权利。"虽然该条规定没有明确列举"没收财产"，但是该条中的"等"系不完全列举，应当包括与明文列举的"责令停产停业、吊销许可证或者执照、较大数额罚款"类似的其他对相对人权益产生较大影响的行政处罚。为了保证行政相对人充分行使陈述权和申辩权，保障行政处罚决定的合法性和合理性，对没收较大数额财产的行政处罚，也应当根据《行政处罚法》第四十二条的规定适用听证程序。关于没收较大数额的财产标准，应比照《四川省行政处罚听证程序暂行规定》第三条"本规定所称较大数额的罚款，是指对非经营活动中的违法行为处以1000元以上，对经营活动中的违法行为处以20000元以上罚款"中对罚款数额的规定。因此，金堂工商局没收黄泽富等三人32台电脑主机的行政处罚决定，应属没收较大数额的财产，对黄泽富等3人的利益产生重大影响的行为，金堂工商局在作出行政处罚前应当告知被处罚人有要求听证的权利。本案中，金堂工商局在作出处罚决定前只按照行政处罚一般程序告知黄泽富等3人有陈述、申辩的权利，而没有告知听证权利，违反了法定程序，依法应予撤销。

水利综合执法工作的实践与思考

一、水利综合执法的概念以及开展水利综合执法的背景和必要性

（一）水利综合执法的概念

水利综合执法是水行政主管部门整合执法力量、集中执法职能、规范执法行为、提高执法效能、增强依法行政能力和水平的行政执法制度安排。它将水行政主管部门多种执法职能合并，由一支队伍集中行使执法权。其特点是改变过去多个机构、多头执法的混乱状况，整合了执法资源，降低了执法成本，提高了执法能力，树立了水行政执法的良好形象。

（二）开展水利综合执法改革的背景

党的十八届三中全会作出的《中共中央关于全面深化改革若干重大问题的决定》明确提出：要推进法治中国建设，深化行政执法体制改革，整合执法主体，相对集中执法权，着力解决权责交叉、执法偏弱问题，建立权责统一、权威高效的行政执法体制，推进综合执法，提高执法效能。水政执法是行政执法的重要组成部分，是各级水行政主管部门贯彻实施水法律法规的主要方式，直接面向社会和公众，执法水平的高低，事关水事秩序能否得到有效维护，人民群众合法权益能否得到切实保护，水利依法行政能否真正得到落实。

水利部对深化水行政执法体制改革，推进水利综合执法进行了工作部署，提出了明确要求。2012 年 12 月 7 日，水利部印发了《关于全面推进水利综合执法的实施意见》（水政法〔2012〕514 号），明确了推进水利综合执法的重要性、必要性、总体要求、基本原则、工作任务和落实措施，要求各地结合实际，按照总体要求，全面推进水利综合执法，建立起一支职能明确，机制科学，保障有力的水政监察队伍，切实提高水行政执法效能。2013 年 5 月，水利部办公厅印发了《关于开展水利综合执法示范点工作的通知》（办政法〔2013〕117 号），在全国范围内确定了包括我省安阳市在内的共 25 个单位作为推进水利综合执法的示范点，通过开展示范点探索，引导并推动水利综合执法工作向纵深开展。

（三）开展水利综合执法工作的必要性

水行政执法是水治理体系的组成部分，是水行政管理工作的重要内容，也是水利部门履行法定职责的主要方式，任务重、头绪多，与人民群众密切相关。开展水利综合执法工作符合“三个必然要求”：

1. 推进水利综合执法，是转变治水思路、推进水利依法行政进程的必然要求。习近平总书记在中央财经领导小组第五次会议上指出，水是公共产品，政府既不能缺位，更不能手软，该管的要管，要管严管好。长期以来，水利发展过程中的“重建轻管”问题并没有得到根本解决，“轻管”反映在水利的行政监管、社会管理分量轻、力量弱，尤其在水行政执法方面，多头执法、执法不严、执法不力等问题不同程度存在。国家先后出台了三个“最严格”的管理制度，但水利执法还存在着明显的差距。推进水利综合执法，已成为水利部门强化水治理、提高依法履职能力、建设法治政府部门的重要举措。2012 年，水利部召开全国水政执法与水资源管理工作座谈会，参加会议的都是全国各流域机构代表和部分省水利厅代表，我是与会人员中唯一一个来自基层的代表，会上，主持人问“你认为制约水资源与水政执法工作的最大因素是什么？”我答，不仅水利综合执法，而且推进大部委制的综合执法也是中国法制进程中的大趋势，交通运输系统先行一步，下一步农业、植保、渔政、林业公安，农牧、动物检疫、水利也有执法合并的可能。

2. 推进水利综合执法，是创新体制机制、提高执法效能的必然要求。党的十八届三中全会提出国家治理体系和治理能力现代化建设的新要求，着力解决权责交叉、执法偏弱问题，建立权责统一、权威高效的行政执法体制。从中央到地方，作出了一系列战略决策和部署，都明确要求行政执法必须适应形势需要，加快改革步伐，建立与执法客观实际相协调的综合执法模式，更好地为经济社会健康发展服务。加快水行政执法改革步伐，整合执法力量，创新执法体制机制是贯彻落实中央决策部署，提高执法效能的迫切要求。

3. 推进水利综合执法，是转变政府职能、提升水利部门形象的必然要求。当前，水利改革发展任务繁重，水利管理面临着更高的要求，只有不断提高行业管理水平和服务能力，才能赢得管理相对人和社会公众的理解和支持。随着政府职能的转变以及水事活动的日益复杂，水行政执法任务将越来越重，要求也越来越高，推进水利综合执法，是转变职能，提升水利社会形象的迫切需要和内在要求。

二、安阳市开展水利综合执法工作的主要做法

1998 年，安阳市水政监察支队经市政府批准挂牌成立，由于种种原因，未能解决队伍编制问题。多年来，由于受执法工作开展时间短、执法编制得不到解决和水利执法体制等因素制约，执法职责交叉、执法力量分散，形不成执法合力，严重影响着水行政执法的形象和效果。2005 年，市编委正式批复成立安阳市水政监察支队，编制 8 人，但仍未从根本上解决原先存在的问题。随着水利事业的迅猛发展和水利法制建设的不断加强，水行政执法的任务越来越重，要求越来越高，特别是安阳市水利工作面临的水资源匮乏、地下水超采、水环境恶化、水利工程管理和保护范围内违章建筑多等现实问题和水事违法行为日益呈现多样化、复杂化的趋势（不少水事违法行为同时触犯几部水法律法规），安阳市地处晋、冀、豫三省交会处，水事纠纷多，与山西长治、河北邯郸争水，林州与涉县因水事纠纷还引起过炮击事件，前几天，作者还与王继元副厅长及省厅水政水资源处领导一起在北京参加河北、河南两省分水协调会。单靠一个部门力量很难实现对水资源、水域、水工程的有力保护。在这种形势下，迫切需要将水法律法规赋予水行政主管部门的执法职能集中起来，充实执法人员，整合执法力量，加大执法力度，为水利发展提供执法保障。

2006 年，安阳市水利局新一届领导班子到位后，针对水利工作和执法中存在的诸多问题，研究确定了走“综合执法保障水利可持续发展”的道路，目标是理顺执法体制，明确执法责任，建立起办事高效、运转协调、行为规范的水利综合执法体系，造就一支廉洁公正、作风优良、业务精通、素质过硬的水利执法队伍，保障水法律法规的全面实施和水利可持续发展，促进人水和谐。按照水法律法规的要求，结合安阳市实际，在全省没有先例、全国综合执法模式不一的情况下，采取“边学习、边制订方案、边组建队伍、边申报试点、边开展工作”的“五边原则”，大力开展水利综合执法工作。2006 年 11 月，我市被省水利厅确定为全省首家水利综合执法试点；经省厅推荐，2008 年 3 月我市被水利部确定为全国水利综合执法联系点；2013 年 5 月，水利部办公厅印发了《关于开展水利综合执法示范点工作的通知》，确定安阳市水利局等 25 个单位为全国水利综合执法示范点。

2013 年 5 月水利部确定安阳市水利局为全国水利综合执法示范点以来，我们高度重视，成立组织，制订方案，明确责任，狠抓落实，以建立健全权责明确、行为规范、监督有效、保障有力的水行政执法体制为目标，以理顺执法体制、完善执法机制、强化专职水政监察队伍建设为重点，积极探索，努力实践，扎实有效地开展了水利综合执法示范点建设工作，并取得了阶段性成果。下面从队伍建设、执法体制、执法机制和执法装备建设等四个方面作一介绍。

（一）队伍建设方面

1. 加强组织领导，切实将水利综合执法示范点建设工作摆上重要议事日程。

水利综合执法工作是水利系统全面推进依法行政的重要抓手，是增强水利公务服务能力、提高水利社会管理水平的重要手段。为此，我局高度重视，采取四项措施，切实加强对水利综合执法工作的组织领导。一是加强学习，提高认识。局党委会集体学习了水利部《关于加强水政监察工作的意见》和《关于全面推进水利综合执法的实施意见》，充分认识到了新形势下开展水利综合执法工作的重要性和紧迫性，做到了水利综合执法工作与水利发展与改革任务一起部署、一起落实、一起考核，一级抓一级，层层抓落实。二是成立组织，加强领导。成立了以市水利局局长为组长、副局长为副组长、市直水利系统相关单位负责人及局机关有关科（室、站）队负责同志为成员的示范点建设工作领导小组，负责领导和协调水利综合执法工作。领导小组下设办公室，负责日常工作。三是制订方案，整体推进。制订并印发了《关于深化全国水利综合执法示范点建设工作实施方案》，明确了指导思想、总体目标、建设任务、实施步骤和工作要求，对所属各县（市）区工作进行了部署，整体推进。四是开会动员，专题安排。召开水利综合执法工作领导小组和所属各县（市）区水务局领导参加的动员会，对水利综合执法工作进行了专题动员和部署，统一思想，整合力量，形成了主要领导亲自抓、分管领导直接抓、执法机构具体抓、相关单位配合抓，全力推进水利综合执法工作开展的新局面。

2、强化队伍建设，提升人员素质，实现执法高效便民。

（1）建立健全专职水政监察队伍，为水利综合执法工作提供人才保障。目前，安阳市、县两级水政监察队伍健全，共有专、兼职水政监察员 322 名，市水政监察支队参照《公务员法》进行管理，各县（市）区大队为财政全供或自收自支事业单位。为切实做好水利综合执法工作，实行了“三步走”策略；一是在队伍组建初期，通过考试，在市直水利系统公开选拔优秀水政监察员充实到监察支队，打开了工作局面；二是积极向安阳市机构编制委员会请示增加人员编制，2013 年 11 月市编委批复调增 15 人，调整后支队编制 23 人，设 1 正 2 副 3 个领导职数，初步满足了工作需要；三是局党委积极支持支队独立办公，发挥支队专职水政监察队伍的优势，维护良好的社会水事秩序。同时，根据执法方案，要求各县（市）区水行政主管部门根据执法任务需要，调整充实水政监察员，逐步转为行政编制或参照《公务员法》进行管理。

（2）加强学习培训，提高专职水政监察员素质。一是坚持政治理论和执法业务知识定期学习制度，每周二、五下午定为学习时间，把集中学习与执法人员自学相结合，作为提高水政监察员业务水平的主要方式。二是有计划地安排水政监察员参加各种层次的执法业务培训，每年至少组织两次集中式业务学习，实现了水政监察员每三年至少轮训一遍的目标。三是鼓励水政监察员参加各类法律和水利专业学历在职教育，通过高等院校的在职学习教育，有效地提高了人员素质，收到了事半功倍的效果。四是实行水政监察员资格管理制度，除把好人员准入关外，还对拟上岗的水政监察员进行共用法律和专业法律知识培训考试。经考试合格后，核发行政执法证，上岗执法。五是在全体水政监察队伍中开展水利执法业务大比武，分法律理论知识和法律文书制作两部分，激发了队员的学习和工作热情，讲奉献、比学习、钻业务在水政监察队伍中已蔚然成风。

（3）开展政风行风建设，实现优质服务，塑造水利形象。根据上级要求，积极参加市纪委组织的民主评议政风行风活动，通过发放调查问卷、电话回访、召开座谈会、网上评议等多种形式，广泛征求群众意见和建议。对群众反映的问题，通过首问负责制、限时办结制、服务承诺制、执法预警等制度，提高执法效能，实现了优质服务。市水政监察支队先后被省水利厅和公安厅联合表彰为全省保护水资源专项整治工作先进集体、全省水利与公安联动执法先进集体，还被省厅命名为全省水利系统水政监察文明执法示范窗口。同时，支队还被共青团河南省委授予"青年文明号"，塑造了安阳水利新形象。

（二）执法体制建设方面

社会上对综合执法特别是城管执法争议较大，认为综合即全面集合，什么都管，是人治不是法治。所以，水利综合执法必须先明确综合哪些内容，目前全省各地情况不一样。

1. 梳理水利行政执法职权，相对集中行政执法职能。

对现行水法律法规进行了全面梳理，将水利部门行政执法职权分为行政许可、行政征收、行政处罚、行政强制四类。明确市、县（市）区两级水政监察队伍是同级水行政主管部门的专职执法机构，受水行政主管部门委托承担各类水事违法案件的行政处罚职责，承办行政强制执行、行政强制措施的组织实施，负责对水行政许可项目的执法监督检查，对于水资源论证、河湖管理范围内建设项目审批、开发建设项目水土保持方案审批、涉水工程建设等许可项目，水政监察队伍根据工作需要，参与许可项目的现场勘查、论证分析等，相对集中行政执法职能，突出水利综合执法。

2. 合理划分职责权限，明确执法责任。

对梳理出来的行政许可和行政征收职能，按照工作性质和业务归属，科学地将正常的行政许可（水政水资源科）和行政征收（水资源管理办公室）职能分解到局属各业务管理部门来行使（我局水政水资源管理工作分工较细，共有5个机构来管，局属二级单位有水库管理局、河道管理处、灌区管理处、泉域管理处等6个单位），明确受理条件、审批标准、办理时限、征收范围、征收标准、征收时间、违法责任追究等具体内容，落实执法责任。将水资源、水工程日常监督管理权限与行政执法权限分离，工作中各司其职，各负其责，既有分工，又有配合，实现了以执法促管理的良好局面，维护了水资源和水工程的安全。

3. 延伸综合执法网络，构建综合执法体系。

结合全市水利工程管理和水土保持水政执法现状，市水政监察支队在按照行政分区设四个大队的基础上，指导各县（市）区在重点水利工程管理单位建立水政监察中队；结合基层水利服务体系建设，在乡（镇）水利工作机构建立水政监察站，设2名兼职水政监察员；在河道沿岸、水库周边等村庄设立执法联络员，形成市、县、乡完整的综合执法体系。

4. 理顺执法体制，提高执法效能。

按照许可、执行、监督相对分离和职权清晰、权责一致的原则，加强与各县（市）区以及局属二级单位等有关业务管理机构之间的联系，实行水行政执法信息通告制度，建立健全了执法检查与违法案件查处、行政征收与违法追缴、许可审批与监督检查、许可验收与监督检查之间的工作衔接机制，制定了水行政处罚工作流程图，做到分工明确、相互制约、运转协调，提升了水行政执法和管理的整体效能，形成了"千斤重担大家挑，人人肩上有指标"的水利综合执法工作体制。

（三）执法机制建设方面

1. 完善执法程序，保证具体行政行为合法有效。

依法对水行政执法案件的受理、立案审批、调查取证、集体讨论、行政处罚听证和事先告知、行政处罚决定的作出、送达、催告执行、申请法院执行（强制执行）、结案等各个环节、步骤、权限、时限等进行了具体规范，做到了流程清楚、要求具体、期限明确，保证了具体行政行为合法适当。

2. 规范行政处罚裁量权，维护法律公平正义。

在执法实践中，严格执行省厅制定的行政处罚裁量标准和适用规则，坚持以事实为依据，以法律为准绳，实行一般案件支队集体讨论制度，重大、复杂案件机关负责人集体研究制度，自觉做到了同案同罚、异案异罚，保证准确适用法律，维护了水法律法规实施的公平正义。在2014年安阳市社情民意调查中心开展的“安阳市依法行政责任目标社会评议活动”中，市水利局在32个市直部门中名列前茅。

3. 建立联合执法机制，形成执法合力。

在水利系统内部，重点加强了重大水事违法案件挂牌督办工作，对各县（市）区上报的重大水事违法案件，采取指导县（市）区大队办案、支队直接查处等方式，以点带面，先后查处了石武高铁安阳段建设项目、中州国际林州公司、汤阴众品食业公司、河南优创集团滑县供电公司等单位拒不缴纳水资源费和擅自取水案件，收到了良好的效果，维护了当地水事秩序的稳定。在系统外部，与公安部门联合成立了水利警务室，与检察院联合成立了刑事司法与行政执法联系办公室，与法院成立了强制执行小组，实行联动执法，减少了行政干预，有力地打击了水事违法行为，形成了执法合力。

4. 健全执法监督机制，广泛接受社会监督。

一是切实搞好各项制度的落实，实现对水事违法行为事前、事中、事后的全方位监管，带动和促进水行政处罚、水行政征收、水行政许可、水行政强制等各项执法工作开展，全面提升执法效能。二是严格执行行政处罚案件司法专线备案制度，在行政处罚决定作出的当天就向市检察院备案，减少了行政干预，提高了案件执行率。三是自觉执行重大行政处罚案件法制办备案制度，做到了有案必备，备案率、按时率均达100%，接受政府法制机构的监督。四是主动开展系统内行政处罚、许可案卷评查工作，接受上级的执法监督检查，保证了办案质量，所有案件均达到了优良标准。五是畅通监督投诉渠道，设立水政执法110电话，公开纪检监察机关派驻水利部门监督电话，广泛接受社会监督。近年来未出现一起行政复议被撤销、变更和行政诉讼败诉案件。

5. 加强制度建设，提升执法效能。

一是实行有奖举报制度，对当事人举报查证属实的案件，及时兑现奖励，目前水事违法行为70%是群众举报，形成了全社会监督水事活动的良好局面。二是建立巡查制度，实现水事违法行为早发现、早制止，消灭在萌芽状态。水政监察机构主要负责制订年度巡查计划，组织和监督巡查工作开展，实施重点巡查和专项巡查；日常巡查主要由延伸水政监察机构负责。建立健全区域与区域之间，水利部门与公安、国土、环保、住建等部门之间的联合巡查机制。全面开展执法巡查，实现巡查全覆盖、常态化、规范化，加大现场执法力度，对水事违法案件做到了早发现、早制止、早处理。三是建立了案件主办人制度，实行主办人对案件质量负责制，增强案件主办人责任意识。四是实行案件回访制度，对办理的行政处罚案件，在半年内由支队负责同志回访当事人，倾听当事人意见，发现问题，评价执法效果，更好地促进了执法工作的开展。一系列制度的实施，从机制和制度上解决了执法缺位、越位等问题，实现了有案必查，有查必果，有效地提高了水行政执法效能。五是整合全市水政监察执法力量，在各县（市）区统一挂牌，设立支队所属执法大队。建立全市水利综合执法工作应急处理机制，在市水政监察支队的指导下处理各县（市）区范围内重大水事案件，解决执法疑难问题。

（四）执法装备建设方面

1. 强化执法保障，提升执法能力。

一是市财政已将市水政监察支队工作经费纳入财政预算予以保障。为实现公务活动整齐划一，先后投资60万元用于改善办公环境，每人配备一台电脑，实行集中敞开式办公，统一购置了执法服装、头盔和公文包，挂牌上岗，购买了人身意外伤害保险，形成了有固定的办公场所、有必要的执法装备、有统一的执法识别服的“三有”标准。二是指导所属各县（市）区水政监察队伍规范化建设，实现“四个保障”,即经费保障：财政每年将执法经费列入部门预算，保障执法工作开展；装备保障：通过省总队配发和自己购置了必要的执法车辆、调查取证和办公设备等；人身安全保障：为每位执法人员办理人身意外伤害保险；办公保障：固定办公场所，改善办公环境，人手一台电脑，实现无纸化办公和信息资源共享。

2. 逐步提高水政监察综合执法的科技含量。

开展水政监察综合执法工作，要立足执法工作实际，建立健全职责清晰、分工明确、高效协调的综合执法工作机制，同时要勇于开拓创新，不拘泥于传统执法模式，与时俱进，提高执法工作的科技含量，加强“数字水政”建设，即通过建立各级水政监察综合执法队伍网上交流平台，开发水政移动信息化平台、实现各级水政监察信息传输数字化，日常执法、案件办理、违章监督等监控网络化，常规咨询即时化，这样既节省了时间，减少了成本，又提了高工作效率，体现水政监察综合执法改革精简、统一、高效的原则。

为搞好全国示范点建设，保障水法规的贯彻实施，根据水利部《关于全面推进水利综合执法的实施意见》和河南省水利厅关于《水政监察队伍文明执法示范窗口单位》要求，水政监察与执法要实现队伍规范化、设施现代化、服务优质化、办公信息化。为此，我市建立了水政监察与执法管理平台，并与各部门现有的网络资源和信息资源加以整合，以期采用科学的管理方式提高水政执法部门的管理水平,实现对水政监察与执法全方位的管理，提高管理效率。我市的水政监察与执法管理平台主要包括以下子系统：①基础数据库；②GIS 综合应用；③现场巡查；④投诉举报；⑤移动执法；⑥水事纠纷；⑦排污口管理；⑧队伍管理；⑨统计分析等。

三、从三个典型案例看水利与公安联动执法的必要性

案例一：某某置业有限公司未经市水行政主管部门审批，擅自在邱家沟、婴儿沟和茶店坡沟交汇处违法施工，损毁堤防缩小河道行洪断面、擅自设置河道围堰阻碍行洪、违法跨河建桥，影响河道防洪安全。

2009 年 7 月 13 日，经检查，市水利局水政执法人员发现某某置业有限公司在围堰上游 27 米处擅自拆除河道堤防 22.3 米，将河道原梯形断面改建为矩形断面，缩小河道行洪断面，并在围堰处擅自违法跨河建桥，影响河道行洪。鉴于上述情况，水政执法人员在出示执法证件，亮明身份后，立即立案查处。按照水行政处罚的一般程序，先后向该公司下达了《责令停止水事违法行为通知书》《水行政处罚听证告知书》《水行政处罚决定书》，要求施工单位停止施工，恢复河道原状，补办跨河建筑物行政许可手续，并处罚款 8 万元。对于水行政主管部门下达的《停止施工通知书》和《水行政处罚决定书》，某某置业有限公司置若罔闻，既不申请行政复议也不提起行政诉讼，仍继续施工。从 2009 年 7 月 13 日到 10 月 20 日的 3 个多月时间里，水政监察员多次到施工现场，要求停止施工，但无任何效果。10 月 22 日 15:00，水政执法人员对河道违章建筑实施强制拆除。在强制拆除过程中，某某置业有限公司指使其施工人员对赤手空拳和没有统一着装的水政执法人员进行围攻，抢夺摄像器材，手持木棍和铁锤追打执法人员，造成两名执法人员受伤，（现两人经住院治疗后已出院）。最后在辖区派出所民警的制止下，执法人员才摆脱围攻，撤离现场。

暴力抗法事件发生后，市水利局党委高度重视，连夜召开党委扩大会议，向市委市政府报送了《要情快报》，并计划第二天组织 200 余名水政监察员强制拆除该置业公司违法跨河建桥构筑物。同时组织部分市人大代表、政协委员和电视台、电台、日报社等媒体现场曝光（该公司实力强、背景深、有后台）。迫于压力，该置业公司负责人第二天一上班就在公安民警的陪同下，主动到我局赔礼道歉，并到医院看望了受伤的执法队员，承担了全部医疗费用和经济损失；采取了补救措施，接受了行政处罚，并在规定的期限内办理了审批手续。案件虽然结束了，但作为参与此次联合执法全过程的作者，有些感言想说出来与大家共同探讨。

1. 要加大对暴力抗法行为的打击力度。行政管理相对人暴力抗法很容易滑入违法犯罪的泥坑，受到法律严惩。水利部门对于行政管理相对人暴力抗法行为构成犯罪的，可以移交司法部门依法追究刑事责任。我国相关法律规定，以暴力、威胁方法阻碍国家机关工作人员依法执行职务的，构成妨害公务罪，可以处三年以下有期徒刑、拘役或者罚金。如果致执行职务人员重伤或者死亡的，以故意伤害罪或者故意杀人罪处罚；致人轻伤的，以妨害公务罪从重处罚。由于司法部门对暴力抗法行为的严厉惩处，以及新闻媒体对此的宣传报道，因此如今行政管理相对人越来越多地采取非暴力抗法的形式，寄希望于通过该不当方式向执法者施加压力，既不造成严重后果，同时又能够给执法者增加负担，以达到自己的目的。无论采取何种方式抗法，包括非暴力行为，其性质均为阻碍正常的执法行为，非暴力行为本身也是阻碍执法的行为，不能减轻处罚。相反，根据《治安管理处罚法》的规定，抗法者这样的非暴力行为除应当接受水行政主管部门处罚外，还有可能因为自身的抗法行为被处以治安处罚。

2. 要采用与执法如公安等部门联合执法的模式。当前，水行政执法机构和队伍建设还存在一些问题，特别是由于编制、经费、着装、人员素质等方面的制约，水行政执法与形势需要还有很大差距，而且在短期内难有根本改善。在这种情况下，采用与公安部门联合执法的形式是非常有效的。既可以增加执法的力度，使违法案件的查处顺利进行，也可以减少暴力抗法现象的发生，保护水行政执法人员的人身安全。有的地方采用建立“水利警务区”“水利治安办公室”等行之有效的方式来改善水行政执法不力的现状。有条件的地方还成立了隶属于当地公安机关的“水利派出所”。这些形式都是符合公安体制改革精神和社会治安综合治理有关政策的，各地可以因地制宜地借鉴和采纳。

3. 要制定水行政执法应急预案，强化水政执法人员应对能力。 在进行重大水事执法活动之前，要召开专题会议进行研究部署，将执法行动中可能出现的问题一一梳理，对每一项任务要明确分工，合理安排，认真搞好预案，加强水行政执法人员对突发事件的应对能力。同时，建议水利部门和公安机关建立 110 联动机制，一旦发生暴力抗法事件，110 指挥中心立即出警支援。只有这样，在发生突发性暴力抗法事件时，执法队员才能做到沉着应战，避免产生急躁、慌乱等不良情绪，影响执法工作的顺利进行。

4. 要改进执法装备，讲究执法技巧和策略。配备必要的摄、录像（音）设备，可以有效减少抗法事件的产生，也是有力打击抗法行为人的有力保证。对整个水政执法过程进行全程摄录，一方面，可以规范执法人员的行为；另一方面，也可约束行政相对人的行为，消除那些在抗法边缘犹豫不决的对象抗法。另外，就是发生抗法事件，也能为公安部门作出治安处罚或追究抗法者的刑事责任提供充分的证据，而不至于因没有证据，把抗法事件淡化为一般的民事纠纷。执法办案过程中，坚持多方协调，搞好和相邻行政机关的关系。对于政策性强、影响面广的水事案件要及时与当地党委、政府、人民法院联系，力求取得他们的支持和帮助，避免行政干预局面的形成。加强对群众的宣传、解释、沟通、协调工作，做到以理服人、以法服人、以情动人，争取理解、支持与配合，减少执法矛盾和冲突。遇到暴力抗法等突发事件，要保持慎重、冷静、克制的态度，本着文明、依法、灵活、实事求是，讲究艺术和技巧的原则妥善处置，不要有过激的语言和行为，防止事态的进一步扩大和升级。执法过程中要虚心听取群众的意见，及时解答群众的疑问和解决群众反映的实际问题；充分发挥村委会、社区的作用，通过他们宣传水法律法规和政策，提高全社会水法律法规意识。

案例二：关于对一起河道采砂执法案件的思考

案情：安阳市殷都区西郊乡东梁村 318 号村民宋长贵，在洹河河道管理范围内东梁村段南岸采砂，现场查明该采砂地点东西长 60 米，南北长 50 米，面积约 3000 平方米,影响河势稳定，妨碍河道行洪。上述行为违反了《中华人民共和国河道管理条例》第二十五条第一款第（一）项“在河道管理范围内进行下列活动，必须报经河道主管机关批准；涉及其他部门的，由河道主管机关会同有关部门批准：“（一）采砂、取土、淘金、弃置砂石或者淤泥……”之规定。根据《中华人民共和国河道管理条例》第四十四条“违反本条例规定，有下列行为之一的，县级以上地方人民政府河道主管机关除责令其纠正违法行为、采取补救措施外，可以并处警告、罚款、没收非法所得；对有关责任人员，由其所在单位或者上级主管机关给予行政处分；构成犯罪的，依法追究刑事责任：……（四）未经批准或者不按照河道主管机关的规定在河道管理范围内采砂、取土、淘金、弃置砂石或者淤泥、爆破、钻探、挖筑鱼塘的……”和《河南省水行政处罚裁量标准》的规定，建议对宋长贵作出：1. 责令停止违法行为；2. 限期排除妨碍或采取补救措施并消除负面影响；3. 逾期未排除妨碍或采取补救措施、消除负面影响的，依法予以强制拆除，并处罚款。

洹河是安阳市的主要河流，自西向东穿越安阳市区，承担者市区防洪排涝的重要任务，其中殷都区段非法采砂屡禁不止，河道内挖砂坑、建砂场、建鱼塘，破坏堤防的现象时有发生，直接影响河道防洪安全和市重点工程——安姚公路二期工程建设。水行政执法人员虽然开展了大量的法制宣传工作和耐心的思想教育工作，要求采砂户限期清除阻水障碍，但当事人仍然我行我素，置之不理。鉴于当时安阳市严峻的防汛形势和安姚公路建设的迫切需要，根据《防洪法》有关规定，市水利局依法报请市政府同意，启动了防汛指挥机构组织强行清除河道管理范围内阻碍行洪的障碍物程序。

8月19日9时，一支由市水利局行政执法人员、殷都区政府、殷都区公安分局、市公路局、中建七局及违法采砂户所属乡镇和村庄负责人等170余人组成的联合执法队伍，冒着大雨，对河道管理范围内的9个非法采砂户实施强行清除。在10余台挖掘机、推土机的轰鸣声中，违章建筑和采砂设备被拆除，影响行洪的围堰和树木被清除。此次清障行动历时9个小时，拆除20间违章房屋400余平方米，拆除采砂机械8台、清除土石方1600立方米，清除树木50余棵、电线杆3个、电线50米，达到了预期目的。

本次洹河清障行动是我市水行政执法联合辖区政府、公安及相关单位进行综合执法的一次有益尝试，具有以下明显特点：一是领导重视，准备充分。启动清障程序后，市水利局成立了以局长为指挥长，殷都区政府区长为副指挥长，市水利局、殷都区主管领导为成员的领导小组；制订了详细的实施方案，从人员组织、领导分工、机械进场、后勤保障等方面进行了周密安排和部署；多次召开协调会，详细分析了每个环节的衔接和突发事件的解决方法；利用汛期的有利时机，为清障工作奠定了坚实的基础。二是组织得力，配合密切。清障期间，施工现场下雨不断，指挥长坚持靠前指挥，与广大执法人员并肩作战，有力地鼓舞了士气；警戒组在交通要道、施工现场拉出了警戒线，杜绝闲杂人员进场，震慑了违法采砂户，保证了清除现场工作秩序；法制组面对采砂户进行了法制宣传，对清障现场进行全程摄像和公证，为依法清障提供了条件；现场清理组按照清设备（采砂设施）、清电力、清障碍（违章鱼池、砂堆、工棚）的要求，依法推进，确保了清障效果。三是连续作战，成效显著。本次清障行动点多线长，时间紧、任务重，广大执法人员发扬吃苦耐劳的精神，连续工作，中午在清除现场轮班就餐，实现清除障碍和就餐两不误，大大提高了工作效率，圆满地完成了清障任务。四是锻炼队伍，增强能力。通过清障执法行动，不仅严厉打击了河道管理范围内水事违法行为，遏制了私自采砂的势头，维护了水法律法规的威严，而且锻炼了队伍，积累了经验，为安阳市安全度汛和市重点工程建设提供了保障。

案例三：幸福浴池取水行政处理案

1. 案件由来：

自2014年7月4日至8月18日，我局5次接到举报人向有关部门反映幸福浴池违法取水事宜。针对举报事项，我局领导高度重视，先后11次进行现场监督检查，郑国宏局长多次召开专题会议听取幸福浴池查处情况汇报，提出了“一要严格执法，与公安机关联系，取得支持，克服一切困难，坚决予以查处。二要对涉事执法人员从严从重处理，无论涉及谁，无论什么原因，决不姑息迁就”的要求。由于取用地下水具有隐蔽性的特点，加之当事人极不配合，我局每次查处都困难重重。期间，当事人将大门紧锁，不让执法人员进门；将钉有铁钉的木板散满院落，阻碍调查取证；对执法人员拉拽辱骂，不让靠近水池。在当事人与执法人员僵持不下的情况下，执法人员拨打110报警求助才得以脱身。当事人还扬言，让儿子准备两口棺材，办理后事。

为防止事态激化，我局和市公安局殷商分局采取迂回的方式，通过当事人亲属做工作和提高检测手段，才使查处工作取得了进展。期间，我局咨询北京、郑州、焦作等地后投资3.5万元购买了地下空洞探测仪；我局和公安局殷商分局政委、支队长、水政科长、监察室主任等多位领导6次当面约谈当事人女儿、女婿，电话联系20余次。8月18日，当事人终于同意配合执法，打开水井，纳入规范管理。

2. 规范幸福浴池取用水情况

幸福浴池位于殷都区铁三路清风街道办事处任家庄村梯子口一村民院内，建筑面积约200平方米，属家庭式浴池，主要消费对象为附近群众。水井井深36米，井径0.25米。按水法规规定，我局于8月21日给该水井安装了取水计量设施，办理了《取水许可证》，并按照取水量和水资源费标准征收水资源费，将该井纳入规范和正常管理。主要依据是：

《中华人民共和国水法》第四十八条第一款规定："直接从江河、湖泊或者地下取用水资源的单位和个人，应当按照国家取水许可制度和水资源有偿使用制度的规定，向水行政主管部门或者流域管理机构申请领取取水许可证，并缴纳水资源费，取得取水权。"《河南省取水许可和水资源费征收管理办法》第十四条第二款规定"直接利用已有的取水工程或者设施取水的，经审批机关审查合格，发给取水许可证。" 依照上述规定，单位和个人向水行政主管部门申请办理取水许可证，安装计量设施，并按标准缴纳水资源费就属合法取水，不需向上级申请批准。幸福浴池水井属城中村村民家中原有水井，不是新打水井，符合直接利用已有取水工程或者设施取水、经市水利局审查合格发给取水许可证并依法取水的条件。

鉴于任家庄村梯子口属我市殷都区城中村，已列入城中村改造计划，且当事人（李金海，男，现年60岁，汤阴县五陵镇人，于2013年9月开始租赁经营幸福浴池）年事已高，患有高血压、糖尿病等病症，脾气暴躁，行为极端，扬言谁要封井，就要与谁拼命。为防止不测事件发生，临时采取了装表计量收费措施，待梯子口村进行城中村改造时，再对水井作彻底处理。

3. 我局涉事人员处理情况

经市纪委派驻市水利局监察室查实，幸福浴池涉嫌违法取用地下水被电视台报道前，浴池当事人为逃避责任追究，宴请我局某执法内勤人员委托说情。经局研究，给予这名队员行政记过处分并调离执法岗位。

结合该案例，作者谈谈如何抓好廉洁执法及规范执法工作。

（1）强化内部监督，规范执法行为。

①支队所有水行政执法活动，必须经过支队领导批准。要严格按照法定权限和职责从事执法活动，未经批准，不得私自查处水事违法案件。

②建立目标责任制，实行一岗双责。每年初，各大队负责人与支队签订目标责任书和党风廉政建设责任书，明确工作目标和党风廉政建设目标，年底进行考核，实现奖勤罚懒，奖优罚劣。

③利用现代科技手段，建立水政监察与执法管理平台，实现水行政执法的全方位监管，远程指导重大水事违法案件的查处，实现行政处罚网上审批，提高办事效率。

④建立案件回访制度，对被处罚单位和个人，半年内由非本案调查人员进行回访，了解办案人员的廉洁执法情况，保护当事人正当权益。

⑤实行水政执法人员轮岗制度，每两年水政执法人员进行辖区轮换，避免执法人员长期在同一辖区进行执法，预防关系案和人情案的发生。

（2）认清形势，加强水行政执法队伍建设

①水政监察队伍是水行政主管部门对外的窗口，要切实加强队伍的思想政治建设。目前水政监察支队采取多种形式，加强队伍思想政治建设和业务技能学习，实现素质明显提

升，作风明显转变，锻造一支政治素质高、业务能力强、作风过硬、纪律严明、廉政勤政、高效便民、形象良好的水政监察专职执法队伍。

②把好水政执法人员的“监督关”。对水政执法人员严格教育、严格管理、严格监督，对存在有令不行、有禁不止、行政不作为或者乱作为等行为的执法人员，坚决调离行政执法岗位，严格责任追究。实行“和谐执法、阳光办案”，促进依法行政、廉洁执法。牢固树立廉洁执法的意识，签署廉洁执法保证书，不触及法律红线。

③执法人员要学会保护自己。现在执法环境日趋复杂，在工作中，作者多次要求队员，首先做到的是要保护自己，身体不受伤害；不违法、不违纪，严格执行程序；考虑问题一定要周全，如大美城施工降水问题，群众通过市长热线举报达 30 余次，处罚和收费法律依据不充分，采取措施主要有：水利住建联合印发《安阳市建设项目施工降水管理暂行办法》；逾期不备案启动处罚程序；对施工降水再利用水量征收水资源费；督促建设单位组织有关部门召开协调会，减轻纪检、人大和舆论压力；联系园林绿化单位利用外排水。

四、个人从事水利综合执法工作的几点体会

（一）领导重视是前提

水利发展要靠法治。水利综合执法是水利改革的重点和难点，为彻底改变水利执法长期存在的分散执法、多头执法、交叉执法、执法效率低下等问题，单位一把手要切实加强领导，统一班子成员和广大干部职工的思想，理清思路，在人员编制、经费、办公设备、车辆和人员待遇上给予倾斜。如安阳市支队直属四个大队大队长全部享受副科级待遇，大大增强了执法人员的荣誉感和责任感，提高了队伍的战斗力和凝聚力，为水利综合执法奠定了坚实的基础。

（二）队伍建设是基础

打铁还需自身硬。各级水政监察队伍代表水利部门开展水利综合执法工作，需要掌握一大批水法律法规和行政处罚、行政许可、行政强制、行政复议、行政诉讼等公共实体法和程序法，必须加强学习，把学习作为工作的重要组成部分，对水法律法规规定了然于胸。同时，水政监察员在执法一线，与当事人面对面，需要有较强的语言表达能力和沟通能力，既要对当事人的水事违法行为进行批评教育，又要及时制止违法行为的继续发生，需要不断提升执法业务技能。因此要始终把建设一支纪律严明、业务精湛、作风过硬的水政监察队伍当作水利综合执法的基础性工作来抓，常抓不懈，抓出成效。

（三）执法平台是手段（提高效率，规范行为）

一是投资 800 万元用于安阳市城市水资源适时监控项目工程；二是 2014 年安阳市财政投资 50 万元用于水政监察与执法平台建设；三是省总队给予我局大力支持，2014 年又争取中央分成水资源费投资 72.8 万元用于执法平台建设。目前，项目招投标已全部完成，正在进行软件完善和设备安装，预计 5 月中旬完成。平台建成后能够利用计算机网络技术、3G 移动通信技术、定位功能工作，通过手持移动终端内建的定位、摄像和拍照功能，在地图平台上实时记录现场执法取证图片和文字信息，以及现场视频、音频信息，实现动态管理和巡查监督、监控管理,并实现从立案受理、调查取证、案件审批后移送（交）、执法文书打印、处罚处理、强制执行、结案归档全过程的流程化办理，实现对各县局和直属大队日常执法活动、案件办理情况、违章情况进行可视化的全面监控和管理，大大提高水政监察与执法的信息化、科技化水平，有力地促进水利综合执法工作的开展。

（四）规范执法是关键

水政执法要接受政府法制部门、上级主管机关、新闻媒体和社会公众的广泛监督，因此办理的每一个行政处罚、行政处理、行政许可、行政征收和行政强制案件都要追求主体合法、程序正当、适用法律准确、处罚适当，达到案结事了，定纷止争的执法效果。因此，要求每个水政监察员在办理案件时，从立案、调查取证、权利告知、处罚（处理）决定的作出、送达、催告、申请强制执行等各个环节，严格按照法律规定的权限、时限作出具体行政行为，并要抱有对案件质量终身负责的态度，把每起案件都办成铁案，接受历史的检验，维护水法律法规的权威，维护社会水事秩序的公平正义。

（五）联动执法是保障

安阳市水利与公安部门联合成立了水利警务室，与检察院联合成立了刑事司法与行政执法联系办公室，与法院成立了强制执行小组，实行联动执法，减少了行政干预，有力地打击了水事违法行为，形成了执法合力。我们目前正在探索与纪检监察部门的联动执法机制，借助纪检监察办案的优势，我们近期成功处理了一起快捷宾馆利用城中村外供水为主且自建有取水工程的案件，当事人自愿接受处罚，补缴了水资源费，封填了宾馆自备井，该案件圆满结案。

（六）自身努力是根本

在坐的有省辖市或省直管县主管水政执法工作的领导和水政监察支（大）队负责同志，绝大多数是来自执法一线的业务骨干，全省水利综合执法的重任就落在我们的肩上。因此，我们要根据省总队的工作部署，抢抓机遇，乘势而为，有为才有位。既要当好指挥员，又要当好战斗员，团结带领各地的水政监察队伍，结合当地的工作实际，扎扎实实做好水利综合执法工作，努力探索，积累经验，为我省水利综合执法工作增光添彩，为水利改革发展保驾护航，实现全省水利新跨越。

关于深化全国水利综合执法示范点建设工作的思考

摘要：通过开展水利综合执法示范点建设工作，进一步提高执法人员素质，规范执法行为，严格执法程序，完善执法制度，突出执法重点，加大执法力度，提高水行政执法效率和水平，为水利可持续发展提供支撑和保障为指导思想。

关键词：水利综合执法；示范点；执法程序；执法网络

2013年5月，水利部办公厅印发了《关于开展水利综合执法示范点工作的通知》，确定安阳市水利局等25个单位为全国水利综合执法示范点。如果你作为安阳市水行政执法机构负责人的话，你会如何开展水利综合执法示范点工作哪！又从哪几个方面入手呢？下面是笔者的思考希望能引起同仁的共鸣和思考。

一、首先要解决水利综合执法示范点工作的指导思想、总体目标的问题

通过开展水利综合执法示范点建设工作，进一步提高执法人员素质，规范执法行为，严格执法程序，完善执法制度，突出执法重点，加大执法力度，提高水行政执法效率和水平，为水利可持续发展提供支撑和保障为指导思想。

按照《水利部关于全面推进水利综合执法的实施意见》要求，以建立健全权责明确、行为规范、监督有效、保障有力的水行政执法体制为目标，以延伸构建市县两级综合执法网络、强化专职水政监察队伍建设、相对集中行政执法职能、完善综合执法工作机制为重点，基本建立起办事高效、运转协调、行为规范的水利执法体系；造就一支作风优良、业务精通、素质过硬的水利执法队伍；全面推进水利综合执法高效、规范、有力开展，保证水法律法规的全面贯彻实施为总体目标。

二、其次是要解决水利综合执法示范点工作建设任务的问题

（一）延伸综合执法网络，构建市、县、乡完整的综合执法体系

延伸构建基层水政监察机构。结合全市水利工程管理和水土保持水政执法现状，在市支队按照分区管辖范围分设四个大队的基础上，指导各县（区）在重点水利工程管理单位建立水政监察中队；结合基层水利服务体系建设，在乡（镇）水利工作机构建立水政监察站，设2名兼职水政监察人员；在河道沿岸、水库周边等村庄设立执法联络员。争取到2013年底全市60%以上的重点水利工程管理单位和乡（镇）水利工作机构建立起水政监察机构，形成市、县、乡完整的综合执法体系。

（二）加强队伍专职化建设

1. 根据中央关于机构改革和事业单位分类改革的意见，结合专职水政监察队伍承担的行政执法职能，适时调整充实水政监察人员，做到与水行政执法任务相适应。各县（市）区水行政部门要根据执法任务需要，调整充实适量水政监察人员，有条件的要逐步转为行政编制或参照公务员编制管理。

2. 提高专职水政监察人员素质。配备精干的水政监察人员，法律和水利专业的人员比例达到60%以上；新任水政监察人员要达到专科以上学历。严格执行岗前培训制度，把好水政监察人员入口关；继续加强在岗执法人员的专业素养和职业道德教育培训，不断提高水政监察人员素质。

3. 建立健全学习制度。一是坚持政治和执法业务定期学习制度，每周二、五下午定为学习时间，把集中学习与执法人员自学相结合，作为提高水利执法人员业务水平的主要方

式。二是有计划地安排水政监察人员参加各种执法业务培训，每年至少组织二次集中的业务学习。三是鼓励水政监察人员参加法律和水利专业学历在职教育。

（三）明确专职水政监察队伍综合执法职责

1.水政监察队伍是水行政主管部门的专职执法机构，承担或者受水行政主管部门委托承担各类水事违法案件的水行政处罚等执法职责；承办行政强制执行、行政强制措施组织实施等执法工作。

2.水政监察队伍应加强对水行政许可项目的执法监督检查，对于水资源论证、河湖管理范围内建设项目审批、开发建设项目水土保持方案审批、涉水工程建设等许可项目，水政监察队伍根据工作需要，参与许可项目的现场勘查、论证分析等。

（四）建立健全综合执法工作机制

1. 按照许可（审批）、执行、监督相对分离和职权清晰、权责一致的原则，加强与各县（市）区以及局属二级机构等有关业务管理机构之间的联系，建立健全执法信息通告制度。继续推进执法责任制建设，建立健全执法检查与违法案件查处、行政征收与违法追缴、许可审批与监督检查、许可验收与监督检查之间的工作衔接机制，制定水行政处罚工作流程图，并实现制度上墙，做到分工明确、相互制约、运转协调，提升水行政执法和行政管理整体效能。

2. 建立健全系统内外部联合执法机制。水利综合执法要主动接受审判机关的司法监督，要与公安、司法等有关部门建立密切的联系，特别要取得各级人民法院的大力支持。对行政相对人拒不履行发生法律效力的行政处罚决定的，依法申请人民法院予以强制执行。同时，在建立健全司法联动机制的基础上，加强系统内部上下级之间、县级之间的联合执法，建立信息通报、联合调查、上下联动、案件移送、重大水事案件督办等联合执法制度，加强沟通联系和协调配合，共同开展执法行动和查处违法案件。

3. 整合全市水政监察执法力量，在各县（市）区统一挂牌，设立支队所属执法大队。建立全市水利综合执法工作应急处理机制。在市水政监察支队的指导下处理各县（市）区区域内重大水事案件，解决执法疑难问题。

（五）规范执法行为，加大执法力度

1. 加强执法巡查。按照《河南省水政监察执法巡查制度》要求，制定和完善相关配套制度，建立执法巡查责任制。专职水政监察机构主要负责制订年度巡查计划，组织和监督巡查工作开展，实施重点巡查和专项巡查；日常巡查主要由延伸水政监察机构负责。建立健全区域与区域之间，水利部门与公安、国土、环保、城建等部门之间的联合巡查机制。全面开展执法巡查，实现巡查全覆盖、常态化、规范化，加大现场执法力度，对水事违法案件做到早发现、早制止、早处理。

2. 加强重大水事违法案件挂牌督办工作。对挂牌督办案件，要按照要求认真完成案件查处任务。市支队要采取有力措施加大督办力度，支持承办大队做好案件查处工作，确保案件得到有效查处。

3. 切实搞好各项制度的落实，实现对水事违法行为事前、事中、事后的全方位监管，带动和促进水行政处罚、水行政征收、水行政许可、水行政强制等各项执法工作，全面提升执法效能。一是完善落实各项制度，进一步规范水行政执法案件的执法办案程序及执法案卷管理工作，提高执法办案能力；二是进一步完善内部管理制度，提升管理水平。三是进一步完善对外服务制度，增强执法人员公仆意识和服务意识；四是建立严格执行法定的行政处罚程序的制度；五是建立考核、考评制度；六是建立监督检查制度、统计备案制度、投诉举报制度。建立奖罚分明、优胜劣汰、能进能出、能上能下的管理机制。用制度来规范行政执法人员的行为，做到文明执法，严格执法。水利综合执法要自觉接受省水利厅和市政府法制办的指导和监督，争取上级部门的支持，保证示范点工作健康发展。

4. 每年开展重点、特殊行业用水专项整治活动，规范用水行为；完善处罚和征收对象定期回访制度，力保全年水事违法案件结案率达到100%。

5. 搞好“世界水日”“中国水周”和全国法制日水法律法规宣传，增强全社会的水危机意识和节水观念，营造依法治水工作的良好社会氛围。

6. 创新执法，加强执法方式、方法和技巧研究，探索社会化巡查路子，畅通举报渠道，拓宽执法领域，研究新形势下新案例的执法突破，并指导各县（市）区水政监察机构开展好水利综合执法工作。

（六）加强执法装备建设，提升行政执法能力

1.按照《河南省水政监察执法装备配置标准》和《河南省水政监察执法装备使用管理规定》的要求，逐步配齐或按规定更换水政监察队伍的执法船艇、执法车辆、执法取证器材、信息处理设备、办公设备等最基本的执法装备。同时，重视抓好水政监察信息化建设规划，对重点河段、重要部位要逐步实行远程监控、电子巡查取证，以提高水政执法效率。

2.指导各县（市）区执法场所规范化建设，实现“四个保障”,即经费保障：财政每年将执法经费列入部门预算，保障执法经费所需；装备保障：必要的执法车辆、调查取证设备、办公设备等，由财政列专项经费购置；人身安全保障：参照水利部《关于为水政监察人员购买人身意外伤害保险有关问题的通知》要求，为每位执法人员办理人身意外伤害保险；办公保障：固定办公场所，改善办公环境，实行集中统一的敞开式办公，一人一台电脑，实现信息共享。

三、最后是要解决水利综合执法示范点工作建设任务的实施问题

一是进一步理顺执法体制。做到职权分工更加清晰、权责更加统一，合理划分专职水政监察队伍和其他业务管理部门之间的权责权限，落实执法责任；二是进一步完善综合执法机制。做到程序更加明确、协调更加顺畅，执法监督制度更加健全；三是进一步强化专职执法队伍。做到素质明显提升，作风明显转变，执法高效便民，积极推动专职水政监察队伍，参照《公务员法》管理。四是完善行政执法各项规章制度和操作规程，进一步规范执法行为、统一执法标识，深入开展水政监察政风行风建设；五是开展水政监察人员执法能力建设培训，提高执法人员业务素质和执法能力；六是组织开展水利执法大排查、大巡查行动，及时排查化解水事矛盾、查处各类水事违法案件、维护良好的水事秩序、树立水利综合执法队伍的良好社会形象。

总之，水利综合执法示范点工作，必须加强组织领导，全面扎实推进。要积极争取当地党委、政府领导的支持，加强与有关部门的沟通协调，尽力解决专职水政监察机构性质、编制、执法装备等问题，将执法经费全部纳入财政预算。要进一步理顺体制、完善机制、规范运作，切实提高执法效能。

安阳市水利综合执法工作规范化建设标准

为认真落实《水利部办公厅关于开展水利综合执法示范点工作的通知》(办政法〔2013〕117号)精神，根据《水利部关于全面推进水利综合执法的实施意见》和水利厅有关要求，结合我市实际，特制定水利综合执法工作规范化建设“七化”标准(执法队伍专职化、执法程序规范化、执法机制科学化、执法管理制度化、执法装备标准化、执法服务优质化、执法监督社会化)，具体如下：

一、执法队伍专职化

1. 根据《中华人民共和国水法》有关规定和《水利部关于全面推进水利综合执法的实施意见》、《水利部办公厅关于开展水利综合执法示范点工作的通知》(办政法〔2013〕117号)的要求，逐步规范综合执法队伍建设，机构性质为参照《公务员法》管理或财政全额拨款的事业单位，由适应执法工作需要的人员编制，将执法工作经费列入财政预算。

2. 理顺执法职责，即除法律法规明确授权外，其余的执法职能实行统一综合执法，由综合执法机构集中行使法律、法规赋予水行政主管部门的行政检查权和行政处罚权。

3. 建立执法人员录用、考核、辞退管理机制，严格录用标准和录用程序，坚持公开选拔、择优录用的进人原则，严把进人关。执法人员应具备大专以上学历。加强执法人员日常考核，既要看工作能力，又要严格政治素质。对不能胜任执法工作的、政治素质不符合要求的，要坚决予以辞退或换岗，逐步完善考核机制。

4. 执法人员必须取得水利部颁发的《水政监察证》和省政府统一颁发的《行政执法证》，做到持证上岗。

二、执法程序规范化

(一)规范办案程序

根据《行政处罚法》《水行政处罚实施办法》《河南省水行政处罚裁量标准》以及法规、规章的有关规定，做到事实清楚，证据确凿，适用法律准确，处罚合法适当。

1. 在办案时，需由两名以上持证执法人员进入现场，出示证件，表明身份，说明来意。

2. 执法人员对案件情况进行全面、客观、公正地调查后，收集证据(书证、物证、视听资料、证人证言、当事人陈述、鉴定结论、勘验笔录和现场笔录)。

3. 适用简易程序处罚的案件，可现场填写《当场处罚决定书》，当场交付当事人认可并签字，告知当事人如不服行政处罚决定，可以依法申请行政复议或者提起行政诉讼的有关事项。

4. 适用一般程序处罚的案件，填写《行政处罚立案审批表》，报领导批准立案，严格按照一般程序案件要求进行查处，自立案之日起，一个月内作出处理决定。

5. 在抽样取证、登记保存、查封(扣押)物品时，制作必要、规范的法律文书，在证据可能灭失或以后再难以取证的情况下，要经领导批准同意，先行登记保存，并在7日内作出没收、移交、销毁、解除登记等决定；采取查封扣押强制措施必须有法定依据。

6. 案件调查人员与本案有利害关系可能影响公正处理的，应主动申请回避。

7. 对公民罚款超过1000元、法人或其他组织罚款超过3万元的(有违法所得)，应告知当事人有要求举行听证的权利。

8. 对生效的水行政处罚决定，当事人拒不履行的，可采取每日按罚款数额的3%加处罚款，将查封、扣押的财物拍卖抵缴罚款或申请人民法院强制执行。

9. 对涉嫌犯罪的，应当依法移交司法部门追究其刑事责任。

（二）规范执法文书

1. 规范执法文书纸张使用，明确规范执法办公纸张统一采用 A4，确保案卷整齐规范，案卷做到一案一卷。使用全省统一格式的行政执法文书，规范执法文书的制作和案卷归档，定期开展案卷评查，提高法律文书制作和管理水平。案卷评查合格率 95%以上。

2. 规范执法文书制作和案卷归档。统一规范执法文书制作及立卷归档，确保行政处罚决定在行政复议、行政诉讼中维持，确保执法文书的基本要素齐备、填写规范，确保立卷归档符合档案管理的有关规定。

三、执法机制科学化

建立联合执法机制，保证案件顺利执行。

1. 案件备案制度。对重大案件处罚要按时报送上级主管部门、法制机构备案，并抄告有关部门。

2. 联合办案制度。建立外部与工商、公安、司法，内部与水政、防办、水保、节水、工程质检等部门协作联动机制。

3. 案件移送制度。对移送标准、对象、程序、方式、期限、责任追究等作出明确规定，确保移送案件"应送尽送"，杜绝"以罚代刑"、越权办案。

4. 应急管理制度。对应急范围、组织设立、应急指挥、处置程序等作出规定，确保快速、高效、妥善处理重大突发（抗法）事件。

5. 人身保障制度。落实执法人员的人身伤害（意外）保险，给执法人员提供必要的人身安全保障。

四、执法管理制度化

（一）日常工作制度

1. 举报受理制度。做好统一举报电话的人员值守安排，明确举报受理工作的职责和程序，规范举报受理文明用语，规定举报案件的查处和回复时限。

2. 执法巡查制度。制订日常巡查计划，明确日常巡查的时间、人员、车辆、项目内容和需要采取的措施。

3. 轮流值班制度。结合举报受理、执法检查和网上巡查，组织执法人员轮流值班，对值班人员的工作职责、轮换周期、交接班等事项进行规定，确保电话接听、传真接收等日常接待、上传下达等工作落实到位。

4. 信息管理制度。制定执法信息动态的收集、编写、上报、发布等工作的程序规范，切实加强综合执法的新闻宣传和社会舆论工作。

（二）案件办理制度

1. 办案制度（包括案件受理、调查取证、听证、审查、执行、备案等制度）。案件办理中实行主办人制度，另配一名协办人，主办人具体负责案件办理的全过程。在办案人员的安排上要做到科学合理，确保每名执法人员都能参与案件办理，实现执法任务均衡。

2. 案件审查制度。对案件审查的流程作出规定，按照步骤做好每一个环节，并由专人负责监督，确保案件办理严密、严谨。

3. 案件回访制度。通过回访了解当事人对处理案件的看法，进一步拓宽沟通渠道，及时化解矛盾，提升水行政执法公信力及形象。

4. 行政处罚案件集体讨论制度。对参与行政处罚案件讨论的人员、内容以及工作程序等作出规定。

5. 案卷评审制度。案卷评查前，进行人员选拔，成立案卷评审委员会或案卷评审小组，制订案卷评审方案，对案卷评审的范围、标准、方式以及结果适用等作出规定。

（三）内部管理制度

1. 保密工作制度。安排专人、设立专柜，对涉密文件及举报人信息进行管理。

2. 公文管理制度。制定公文处理程序，对公文的起草、审核、签发进行规范。对公文的收发、呈送、传阅、借阅、清退、归档、销毁等作出规定，规范公文的使用。

3. 财务管理制度。制定物品申购、借款和财务报销的程序规范，对经费申请、支出、报销等事项作出规定，认真执行国家财务制度，管理、使用好各项资金。

4. 公章管理制度。安排专人保管公章，制定公章使用的程序规范，对公章的用途、使用范围、盖章条件、移交、印模借出等作出规定。

5. 资产管理制度。安排专人管理资产，制定资产使用程序规范，对资产的购置、使用、保管、借出、报废等事项作出规定。

6. 车辆管理制度。安排专人管理执法用车，制定执法车辆使用程序规范，明确出车时间、出车范围、使用人员等事项，对车辆的维修、保养、安全管理作出规定。

7. 罚缴分离、收支两条线规定。严格执行“收支两条线”，不下达罚款指标，不坐支、挪用罚没款项，使用票据规范、入账及时。

（四）人员管理制度

1. 业务学习制度。制订学习计划，安排好业务学习的时间和内容，对学习情况进行考核，检验学习成效。

2. 培训考核制度。坚持执法培训制度化和经常化，不断提高执法人员的政治素质和业务水平，执法人员每年参加业务培训不少于 1 次。

3. 岗位轮换制度。制定岗位轮换规定，对轮岗对象、轮岗条件、轮岗时间、岗位范围等作出具体规定，促进执法人员的综合能力水平的提高。

4. 廉政制度。对廉政要求、廉政教育、廉政公示、廉政考核和考核结果适用等作出规定，规范和约束执法人员行为，不断提高执法人员廉政意识和水平。

（五）激励约束制度

1. 错案责任追究制度。明确过错责任追究办法，对过错的范围、责任人的确定、过错责任追究形式、过错追究机构和程序作出规定，将过错责任追究与干部任免、年终考核结合起来，确保执法责任落到实处。

2. 评议考核制度。制定考核标准和评议方法，定期对下级执法机构或执法机构内部各部门的工作进行评议考核。

3. 表彰奖励制度。根据综合执法机构和执法人员落实执法责任制、执法成效、工作创新能力等，对表彰奖励目的、标准、评奖程序、奖励方式等作出规定。

4. 日常考勤制度。制定执法人员的出勤、请假、加班等事项的程序规范，组织开展好执法人员的考勤工作，对考勤结果运用作出规定。

（六）队伍管理制度

1. 支（大）队、中队名称规范，支（大）队长、中队长配备到位。

2. 办公区域挂综合执法机构名牌，办公场所一人一桌椅，整洁卫生，物品放置整齐有序，显要位置设置专栏，公示执法主体、职能职责、执法程序、内设机构分工、执法监督、执法动态等相关政务信息。

3. 执法过程中徒步外出，做好两人成行，三人成列。

4. 服从命令，听从指挥，反应迅速，积极完成上级交办的各项工作任务。

五、执法装备标准化

1. 办公场所。有固定的办公场所，设会议室（听证室）、值班室、询问调查室、档案室、罚没物品库房等专用执法房间。

2. 执法装备。配备执法专用车（车身喷涂"水政执法、举报电话×××××××"标志）、执法记录仪、测距仪、摄像机、数码相机、彩色便携式打印机、移动执法手持式终端、录音笔、测量工具、破拆工具、手电筒，对讲机、便携执法包等设备。

3. 办公设备。执法队伍应配有电脑、电话、打印机、复印机、传真机、扫描仪、文件柜、移动无线上网卡、500G以上移动硬盘、档案柜等必备的办公设备，电脑实现人手一台，并实现联网无纸化办公。

4. 工作服装。配备统一制式的工作识别服，所有执法人员在上班及执法期间统一着工作识别服，统一佩戴载明执法人员姓名、职务的上岗证。

六、执法服务优质化

1. 办公场所公示水行政执法依据、条件、流程、时限、承诺等内容，并严格执行首问责任制。

2. 水行政执法人员应当做到举止端庄，语言文明，态度和蔼，礼貌待人。

3. 执法过程中应当做到行为规范，不得有饮酒、嬉闹、赌博、勾肩搭背等有损执法形象的行为。

4. 水行政执法人员在执法过程中应当用语文明，不得使用侮辱性、歧视性语言。

5. 执法人员在执法过程中严禁限制当事人的人身自由，严禁粗暴执法。

6. 行政处罚案件按期结案达95%以上，投诉举报案件处理及答复率达到100%，无行政复议、行政诉讼撤销案件。

七、执法监督社会化

1. 通过公开执法依据、程序、范围、过程等，自觉接受管理对象、新闻媒体和其他监督部门的监督。

2. 推行案件网上审批，办案过程格式化、程序化，避免人为因素干扰。

3. 接受人大代表、政协委员、群众、新闻媒体监督，主动接受法制机构、纪检监察部门监督。

4. 聘请行风监督员对执法人员行为进行监督。

5. 开展经常性政风行风教育，严格遵守勤政廉政各项规定，群众测评满意率达到90%以上。

水利综合执法示范点建设工作的思考

关键词：水利；综合执法；权责明确；相对集中

摘要：水利综合执法工作是水利系统全面推进依法行政的重要环节，是增强水利公务服务能力、提高水利社会管理水平的重要手段。

为全面推动水利事业又好又快发展，推进水利综合执法工作顺利开展，加快建立权责明确、行为规范、监督有效的水行政执法体制。近年来，安阳市水利局按照依法行政和依法治水的工作要求，坚持“稳中求进、晋位争先”的创建思路，积极开展水利综合执法工作，积累了丰富经验，取得了明显成效。2006 年安阳市水利局成为全省第一个水利综合执法试点，2008 年成为全国唯一地市级水利综合执法联系点， 2013 年 5 月，市水利局被水利部确定为全国首批水利综合执法示范点，标志着我市迈出了水行政综合执法工作从全省试点到全国联系点，到今天全国示范点的“三个台阶”，推动了全市水利事业实现了新跨越。

一、加强组织领导，切实将水利综合执法示范点建设工作摆上重要议事日程

水利综合执法工作是水利系统全面推进依法行政的重要环节，是增强水利公务服务能力、提高水利社会管理水平的重要手段。市水利局高度重视，采取四项措施，切实加强对水利综合执法工作的组织领导。一是加强学习，提高认识。局党委会集体学习了水利部《关于加强水政监察工作的意见》和《关于全面推进水利综合执法的实施意见》，充分认识到了新形势下开展水利综合执法工作的重要性和紧迫性，做到了水利综合执法工作与水利发展与改革任务一起部署、一起落实、一起考核。二是成立组织，加强领导。成立了以市水利局主要领导为组长和副组长、市直水利系统相关单位及局机关有关科（室、站）队负责同志为成员的示范点建设工作领导小组，负责领导和协调水利综合执法工作。三是制订方案，整体推进。印发了《关于深化全国水利综合执法示范点建设工作实施方案》，明确了指导思想、总体目标、建设任务、实施步骤和工作要求，对各县（市）区工作进行了部署，整体推进。四是开会动员，专题安排。召开水利综合执法工作动员会，专题安排，统一思想，整合力量，形成了主要领导亲自抓、分管领导直接抓、执法机构具体抓、相关单位配合抓，全力推进水利综合执法工作开展的新局面。

二、理顺执法体制，明确执法责任，保障水法规全面贯彻实施

（一）全面梳理水利行政执法职权，相对集中行政执法职能。对水法律法规进行了全面梳理，将水行政执法职权分为行政处罚、行政强制、行政许可、行政征收四类。明确市、县（市）区两级水政监察队伍是同级水行政主管部门的专职执法机构，受水行政主管部门委托承担水事违法案件的行政处罚职责，承办行政强制执行、行政强制措施的组织实施，负责对水行政许可项目的执法监督检查，对于水资源论证、河湖管理范围内建设项目审批、开发建设项目水土保持方案审批、涉水工程建设等许可项目，水政监察队伍根据工作需要，参与许可项目的现场勘查、论证分析等，相对集中行政执法职能，突出水利综合执法。

（二）合理划分职责权限，明确执法责任。对梳理出来的行政许可和行政征收职能，按照工作性质和业务归属，分解到局属各业务机构来行使，明确受理条件、审批标准、办理时限、征收范围、征收标准、征收时间、违法责任及追究等具体内容，落实执法责任。

（三）延伸综合执法网络，构建综合执法体系。结合全市水政执法现状，监察支队在按照行政分区范围设四个大队的基础上，指导各县（市）区在重点水利工程管理单位建立水

政监察中队；结合基层水利服务体系建设，林州等县（市）区在乡（镇）水利工作机构建立了水政监察站，设2名兼职水政监察人员，形成了市、县、乡完整的综合执法体系。

（四）理顺执法体制，合理配置职能，提高执法效能。按照许可、执行、监督相对分离和职权明晰、权责一致的原则，加强了与各县（市）区及局属单位等有关业务管理机构之间的联系，实行水行政执法信息通告制度，建立了执法检查与违法案件查处、行政征收与违法追缴、许可审批与监督检查、许可验收与监督检查之间的工作衔接，制定了水行政处罚流程图，做到分工明确、相互制约、运转协调，提升了水行政执法和行政管理效能，形成了"千斤重担大家挑，人人肩上有指标"的水利综合执法工作体制。

三、完善执法机制，形成执法合力，维护良好水事秩序

（一）完善执法程序，保证具体行政行为合法有效。依法对水行政执法案件的受理、立案审批、调查取证、集体讨论、行政处罚事先告知、行政处罚决定的作出、送达、催告执行、申请法院执行（强制执行）、结案等各个环节、步骤、权限、时限等进行了具体规范，切实做到了流程清楚、要求具体、期限明确，保证了具体行政行为的合法适当。

（二）规范行政处罚裁量行为，维护法律公平正义。严格执行省厅制定的水行政处罚裁量标准和适用规则，坚持以事实为依据，以法律为准绳，实行一般案件支队集体讨论，重大、复杂案件行政机关负责人集体研究制度，做到了同案同罚、异案异罚，准确适用法律，维护水法规公平正义。

（三）建立联合执法机制，形成执法合力。重点加强了重大水事违法案件挂牌督办工作，对各县（市）区上报的重大水事违法案件，采取指导县（市）区大队办案、支队直接查处等方式，先后查处了石武高铁安阳段建设项目、中州国际林州公司、汤阴众品食业公司等单位水资源费案件及汤阴县五陵镇卫河沿岸村民在水文测验河段擅自栽树行政处理案件，收到了良好的执法效果。与公安部门联合成立了水利警务室，与检察院联合成立了刑事司法与行政执法联系办公室，与法院成立了强制执行小组，实行联动执法，形成执法合力，有力地打击了水事违法行为。

（四）健全执法监督机制，广泛接受社会监督。一是切实搞好各项制度的落实，实现对水事违法行为事前、事中、事后的全方位监管，促进了水行政执法工作的开展。二是严格执行行政处罚案件司法热线备案制度，在行政处罚决定作出的当天就向检察院备案，减少了行政干预。三是自觉执行重大行政处罚案件向法制办备案制度，做到了有案必备，备案率、按时率均达100%。四是主动开展系统内行政处罚、许可案卷评查工作，接受上级的执法监督检查，保证办案质量，案件优良率达90%以上。五是畅通监督投诉渠道，设立水政执法110电话，公开纪检监察部门派驻水利部门监督电话，广泛接受社会监督。近年来未出现一起行政复议被撤销、变更和行政诉讼败诉案件。

（五）加强制度建设，提高执法效能。一是实行有奖举报制度，对当事人举报查证属实的案件，及时兑现奖励1000元，目前水事违法行为70%是群众举报，形成了全社会监督水事活动的良好局面。二是建立巡查制度，将水事违法行为消灭在萌芽状态。水政监察机构主要负责实施重点巡查和专项巡查，日常巡查主要由延伸水政监察机构负责，实现了巡查的全覆盖、常态化。加大现场执法力度，对水事违法行为做到了早发现、早制止、早处理。三是建立了案件主办人制度，主办人对案件质量负责，增强案件主办人的责任意识。

水利综合执法工作的开展，解决了执法缺位问题，取得了三个成效：一是加大了执法

力度。两年来共进行执法活动2360车次，5248人次，查处各类水事违法行为102起，立案57起，结案52起，收缴罚款50余万元，封填水井24眼，追缴水资源费102万元。二是促进了水资源费的征收。2013年市本级征收水资源费4480万元，在全省名列前茅，实现了以执法促收费，以收费促管理的良性循环。三是保证了农田水利等重点民生工程建设，保护了水资源、水域和水工程安全。

四、强化队伍建设，提升人员素质，实现执法高效便民

（一）健全水政监察队伍，为水利综合执法工作提供人才保障。目前，安阳市、县两级水政监察队伍健全，共有专、兼职水政监察员322名，市水政监察支队参照《公务员法》进行管理，各县（市）区大队为财政全供或自收自支事业单位。为切实做好全国水利综合执法示范点工作，积极向市机构编制委员会请示增加人员编制。2013年11月，市编委批复调增15人，调整后支队编制23人，基本满足了工作需要。同时，要求各县（市）区水行政主管部门根据执法任务，调整充实水政监察员，逐步满足执法工作需要。

（二）加强学习培训，提高水政监察员素质。一是坚持政治理论和执法业务知识定期学习制度，每周二、五下午为学习时间，把集中学习与执法人员自学相结合，作为提高水政监察员业务水平的主要方式。二是有计划地安排水政监察员参加各种执法业务培训，每年至少组织两次集中的业务学习，实现全市水政监察员每三年轮训一遍的目标。三是鼓励水政监察员参加各类法律和水利专业学历在职教育，通过高等院校的在职学习教育，提高人员素质，收到了事半功倍的效果。四是在水政监察队伍中开展执法业务大比武，激发了队员的学习和工作热情，讲奉献、比学习、钻业务在水政监察队伍中已蔚然成风。

（三）强化执法保障，提升执法能力。一是市财政已将监察支队工作经费纳入财政预算予以保障。市本级投资60余万元用于改善办公环境，每人配备一台电脑，实行集中敞开式办公，统一购置了执法服装和公文包，挂牌上岗，购买了人身意外伤害保险，形成了有固定的办公场所、有必要的执法装备、有统一的执法识别服的“三有”标准。二是指导所属各县（市）区水政监察队伍规范化建设，实现“四个保障”，即经费保障、装备保障、人身安全保障、办公保障，增强了水政监察员荣誉感和责任感。

（四）开展政风行风建设，实现优质服务，塑造水利形象。积极参加民主评议政风行风活动，通过发放调查问卷、电话回访、召开座谈会、网上评议等形式，广泛征求意见和建议。对群众反映的问题，实行首问负责制、限时办结制、服务承诺制，市水政监察支队不仅被省水利厅命名为全省水利系统水政监察文明执法示范窗口，而且还被共青团河南省委授予“青年文明号”，塑造了水利新形象。

五、存在问题及下一步打算

2000年出台的《水政监察工作章程》是全面规范水政监察队伍工作职责、人员管理以及相关制度建设的唯一一部上位法，由于其出台较早，其中部门内容与现实管理情况不吻合，建议结合水利综合执法工作相关要求，对其进行修订。同时，在办理水政监察队伍纳入全额预算管理或参照公务员管理的相关工作中发现，按照事业单位分类改革的相关要求，编制部门的审查依据之一就是是否有法律法规授权，即该类型单位是否在法律、行政法规或者地方性法规中有明确规定行使相关行政管理权，建议水利部在相关法律、行政法规的起草或修订中可以明确规定水政监察队伍的行政管理职责，便于基层单位开展相关工作。要从根本上实现水利执法体制改革，全面推进水利综合执法，一是应当把水利综合执法推

行工作纳入整个水利改革发展的重要内容，制定严格的考核制度，促使各级水行政主管部门提高认识，统一思想，加强组织领导，制定目标任务，狠抓工作落实。二是从立法上解决水政监察队伍综合执法的法定职责和法律地位，使行政执法职能相对集中，贯穿于水行政执法的全过程，全面提高行政执法效能，切实保障水法规的全面贯彻实施，为水利改革发展提供重要支撑和保障。三是建立上下协调一致的水政执法体系，按照水利部关于加强水政监察队伍建设的要求，结合本地实际，进一步加快专职水政监察机构建设，积极推动专职水政监察队伍参照公务员管理或转为行政序列。

我市开展的全国水利综合执法示范点建设工作，在上级部门的关心、支持和帮助下，虽然进行了一些有益的探索和实践，并取得了一些阶段性成果，但仍然存在所属各县（市）区发展不平衡、大队机构性质属自收自支事业单位、执法装备不足等问题。我们有信心和决心在上级的有力指导下，继续开拓创新，扎实工作，以全国水利综合执法示范点建设工作为载体，以市水利综合执法工作为重点，推动各县（市）区水利综合执法工作深入开展，努力开创水利综合执法示范点工作新局面，促进水法律法规的全面贯彻落实，为水利改革发展保驾护航。

查出京广（石武）高速铁路、京珠高速公路施工占用河道、灌渠及水资源违法案件情况的思考

摘要：明确取水许可审批权和水资源费征收权的具体行政执法主体，以利于水法律法规的贯彻执行，保证基层水行政主管部门在水资源管理权限上不越位、不缺位、不失位，能够更好地履行职责，维护良好的水事秩序。

关键词：取水许可；证据；行政处罚；水资源费征收

中铁三局承建的京广（石武）高铁客用专线在安阳市市区段主要跨越的河道有市区北自西向东穿城而过的安阳河和市区南自西向东穿城而过的洪水河。中铁三局对高铁建设需要跨越的主要河流、滞洪区比较重视，早在2008年6月，就委托河南省水利勘测设计研究有限公司（甲级资质）编制了《新建铁路石家庄至郑州客运专线安阳段特大桥防洪评价报告》，经专家论证评审通过后，于2008年7月16日向安阳市水利局提出了河道管理范围内建设项目申请。经河道专管机构和相关县级水务局初审，2008年8月7日我局批复了该项目跨越安阳市主要河流（安阳河、洪河、羑河、汤河、淤泥河、永通河）及崔家桥滞洪区桥梁工程建设审查同意书。鉴于以往的经验教训，我局要求当事人缴纳了8万元清障保证金后，领取了安阳河和洪河河道管理范围内建设项目施工许可证。目前工程仍在建，河道管理处工程技术人员不定期地对施工现场进行检查，监督施工方按批复的施工方案实施，等工程结束后，按照我局批准的施工要求，进行验收，在确认当事人完成清障任务后，将清障保证金退还当事人，保证跨河工程建设不影响河道防洪安全。

一、水工程案件

2009年8月中旬，接省总队关于上报我市涉及京广高速铁路和京珠高速公路施工跨越和占用河道、渠道的电话通知后，我局根据京广高铁和京珠高速南北走向与我市东西走向的河道和水利工程交叉的实际，在跨河建设项目已审批的前提下，列出了六个可能发生的案件上报了省总队。按照京广高铁和京广高速自北向南与水利工程交叉的顺序，现将有关情况简要介绍如下：

1. 河南京珠高速有限公司跨幸福渠建设高速服务区情况。我局水管单位幸福渠管理处巡查发现京珠高速服务区跨越幸福渠后，及时与业主单位进行了协调，业主单位按照我局提出的方案，调整了施工方案和预算，施工单位按照调整后的方案进行了施工，保证了渠道正常通水和高速服务区建设两不误。

2. 京广（石武）客专跨幸福渠建设桥梁情况。经过我局工程管理科和幸福渠管理处现场勘查，认为跨越该渠段的两座桥墩区间跨度较大（长约32米，高铁桥梁下沿离渠上沿约8米高），对渠道安全和供水影响较小，未立案责令其补办相关手续。

3. 京广（石武）客专跨万金北干渠建设桥梁情况。经我局工程管理科和万金渠管理处现场勘查，认为京广（石武）高铁跨万金北干渠工程跨度达64米，对渠道影响不大，且该段渠道在前几年安楚路扩宽期间已基本填平，不具备通水能力，未立案责令其补办相关手续。

4. 京珠高速扩建工程在茶店坡沟修建便桥情况。茶店坡沟是安阳市行政东区涝水排泄的主要通道。京珠高速扩建时为通行方便，承建该段工程的施工方中交第一公路工程局在

茶店坡上修建了一座便桥，经过和施工单位多次交涉，目前该便桥已拆除，施工方清理了便桥现场，未留下防洪隐患，该案未正式立案查处。

5. 京广（石武）客专跨万金南干渠建设桥梁情况。万金南干渠为我市南部排洪和下游农灌的渠道，中铁三局负责跨万金南干渠段高速铁路的承建任务。我局工程管理科和万金渠管理处现场勘查，认为跨越该渠段的两座桥墩区间跨度较大（长 32 米，高铁桥梁下沿离渠上沿约 8 米高），对渠道安全和供水影响较小，未立案责令其补办相关手续。

6. 京珠高速扩建工程中交三公司在万金南干渠修建便桥案件。该案件经我局立案调查，查明当事人（中交三公司）未经水行政主管部门批准，擅自在渠道管理范围内建设便桥，影响渠道正常通水，决定给予当事人行政处罚决定。2008 年 12 月初，当事人在规定期限内主动缴纳了 3000 元罚款，并恢复了渠道原状，虽然当事人未补办施工许可手续，鉴于其已履行了罚款决定，且恢复了渠道原状，该段工程施工已结束，建议此案按结案处理。

二、水资源案件

京广（石武）高速铁路河南安阳段共立案查处 6 起水资源违法案件，其中，市区 1 起未经批准擅自取水行政处罚案件，安阳县 3 起拒不缴纳、拖延缴纳或者拖欠水资源费行政处罚案件，汤阴县 2 起未经批准擅自取水行政处罚案件。6 起案件具体情况如下：

1. 安阳市水利局立案查处中铁三局石武客专河南段项目部二分部未经批准擅自取水行政处罚案件

案情：2009 年 7 月 14 日，安阳市水政监察支队在日常巡查中，发现中铁三局石武客专河南段项目部二分部（以下简称当事人）在其位于安阳市文峰区高庄乡朱家营村的混凝土搅拌站中存在未经批准擅自取水行为。经立案调查，拟对当事人未经批准擅自取水行为作出罚款人民币 4 万元的行政处罚。当事人在收到《水行政处罚听证权利告知书》后，当场在送达回证上签署意见，提出听证申请。

2009 年 9 月 23 日，市水利局依法举行了听证会。当事人在听证会上陈述的主要理由是：石武高铁属省重点项目，2009 年 2 月 26 日省发改委和监察厅联合印发了《关于实行省重点项目外部环境监督登记制度的通知》（豫发改建设〔2009〕301 号）。该文件规定，凡对重点项目建设单位进行收费、罚款、摊派的，一律先按规定内容和要求填写“项目监督登记卡”，否则项目单位有权拒绝。同时，该文件还规定各省辖市政府重点项目办（大项目办）和优化经济发展环境办公室具体负责该制度的执行。主持人认为，当事人提出的“项目监督登记卡”，是为防止项目建设过程中乱检查、乱收费、乱摊派、乱罚款现象发生而制定的政策，水政监察员依法对当事人取水行为进行监督检查，是履行法律法规赋予水行政主管部门法定职责的具体行政行为，办理登记卡和进行执法监督检查两者并不矛盾，办理登记卡是为了更好地开展监督检查，但办理监督卡不是进行执法监督的法定程序。听证报告经局领导批准后，于 2009 年 11 月 2 日，向当事人送达了《水行政处罚决定书》，决定给予当事人如下行政处罚：①责令停止取用地下水；②罚款 4 万元。现在该案仍在行政复议和诉讼期限内，截至目前未收到复议机关送达的当事人的复议申请或法院送达的应诉通知书。

2. 安阳县水务局查处中铁三局石武客专河南段安阳制梁厂拒不缴纳、拖延缴纳或者拖欠水资源费行政处罚案

案情：中铁三局石武客专河南段安阳制梁厂自 2009 年 3 月 10 日起在安阳县白壁镇取

水用于京广（石武）高速铁路桥梁生产，取用水源是厂内原有三眼机井抽取的地下水，未安装计量设施，未办理《取水许可证》。该局于2009年7月30日向当事人下达了《限期安装装计量设施通知书》和限期办理《取水许可证》通知书,于2009年8月20日对其下达了《水资源费征收通知书》,于8月27日对其下达了《责令限期限缴纳水资源费决定书》，当事人逾期未缴纳水资源费。2009年9月1日，对其下达了《行政处罚听证告知书》。2009年9月10日，该县水务局依据《水法》第七十条“拒不缴纳、拖延缴纳或者拖欠水资源费的，责令限期缴纳；逾期不缴纳的，从滞纳之日起按日加收滞纳部分2‰的滞纳金，并处1倍以上5倍以下的罚款”对其下达了《行政处罚决定书》，因当事人拒不缴纳水资源费达10.8万元，罚款是拒不缴纳水资源费的2倍21.6万元。

3. 安阳县水务局查处中铁三局石武客专河南段项目一分部搅拌站拒不缴纳、拖延缴纳或者拖欠水资源费行政处罚案

中铁三局石武客专河南段项目部一分部搅拌站自2008年12月中旬开始，在安阳县崔家桥乡使用搅拌站内原有两眼机井取水地下水生产京广高铁建设用混凝土，两眼水井未安装计量设施，未办理《取水许可证》。2009年7月27日，我局向当事人下达了《限期安装计量设施通知书》和限期办理《取水许可证》通知书,于2009年8月13日对其下达了《水资源费征收通知书》,于9月4日对其下达了《责令限期缴纳水资源费通知书》,当事人逾期未缴纳水资源费。2009年9月14日，该局向当事人下达了《行政处罚听证告知书》，当事人未提出听证申请。2009年10月19日，该局下达了《行政处罚决定书》，因当事人拒不缴纳水资源费达17万元，罚款是拒不缴纳水资源费的2倍34万元。

4.安阳县水务局查处中铁三局石武客专河南段二分部拌和二站拒不缴纳、拖延缴纳或者拖欠水资源费行政处罚案

中铁三局石武客专河南段二分部拌和二站位于安阳县白壁镇，自2009年2月新打一眼机井取水生产混凝土用于京广高速铁路建设，未安装计量设施，未办理《取水许可证》。

2009年8月19日，该局向当事人下达了《限期安装计量设施通知书》和限期办理《取水许可证》通知书。2009年9月1日向当事人下达了《水资源费征收通知书》,9月10日下达了《责令限期限缴纳水资源费决定书》，当事人逾期未缴纳水资源费。9月15日，该局向当事人下达了《行政处罚听证告知书》，当事人未提出听证申请。2009年10月10日，下达了《行政处罚决定书》，因当事人拒不缴纳水资源费为7.2万元，罚款是拒不缴纳水资源费的2倍14.4万元。

5. 汤阴县水务局查处中铁三局石武客专河南段项目部三分部擅自取水行政处罚案

该分部于2008年12月开工，承担汤阴县境内12千米长、381个桥墩的施工任务。自2009年8月11日起，该局着手调查京广高铁建设取水情况，先后对该项目部的梁洋经理、李显峰副经理做了调查笔录，并进行了现场勘验，对自备井进行了拍照取证。8月27日对其下达了《责令停止水事违法行为通知书》，限3日内到县局办理有关取水手续。但该分部逾期未办理。此后，办案人员多次到分部驻地催促，仍拒绝办理。11月16日，下达了行政处罚权利、听证告知书。但该单位未在规定期限内进行陈述和申辩，并放弃了听证权利。根据《中华人民共和国水法》第六十九条和《河南省水行政处罚裁量标准》的规定，该局于2009年12月16日下达了《水行政处罚决定书》,决定对其作出如下行政处罚：1. 责令停止取用地下水；2. 罚款人民币3万元整。

6.汤阴县水务局查处中铁三局石武客专河南段项目部四分部擅自取水行政处罚案

2009 年 8 月 25 日起，该局对该分部的搅拌站站长张纯锋、分部下属的路桥公司刘广昌等做了调查笔录、进行了现场勘验，拍照取证（该分部于 2008 年 11 月份开工，承担 9 公里、300 余个桥墩的施工任务），并下达了《责令停止水事违法行为通知书》，限三日内到县局办理有关取水手续。逾期未办理，后搅拌站书记到我局咨询了有关情况，并拿了两份取水申请书，随后一直未露面。办案人员多次到其分部驻地催促仍拒绝办理。11 月 17 日，下达了行政处罚权利、听证告知书。该单位未在规定期限内进行陈述和申辩，且放弃了听证权利。根据《中华人民共和国水法》第六十九条和《河南省水行政处罚裁量标准》的规定，该局于 2009 年 12 月 16 日下达了《水行政处罚决定书》，决定对其作出如下行政处罚：1. 责令停止取用地下水；2. 罚款人民币 3 万元整。

三、存在问题及建议

京广（石武）高速铁路在安阳市自北向南途径我市安阳县、市区和汤阴县三个行政区域。上述 6 个水资源案件分别由省辖市和县两级水行政主管部门立案查处，表明了市、县两级水利部门履行水资源管理和保护职责的信心和决心。

各位同行根据上述水资源案件查处情况来看，可能有以下疑问：为什么不责令石武高铁项目部办理取水许可证？为什么不追缴项目部取水的水资源费，而单单对其擅自取水行为进行处罚呢？借此机会，把办理此案中困扰我们的几个问题提出来，供各位同行一起探讨。

（一）存在问题

1. 取水许可审批权由哪一级水行政主管部门行使？

石武高速铁路客用专线项目属国务院投资主管部门批准或核准的大型建设项目，从北向南跨越河北、河南和湖北三省，按照《取水许可和水资源费征收管理条例》（国务院令第 460 号）第十四条第一款、第二款第（四）项、第（五）项规定："取水许可实行分级审批。下列取水由流域管理机构审批：（四）跨省、自治区、直辖市行政区域的取水；（五）由国务院或者国务院投资主管部门审批、核准的大型建设项目的取水。根据上述规定，石武高铁建设项目取水的审批机关可能是海委、黄委、淮委和长委四个流域管理机构，省、省辖市及县（市）均无取水许可审批权，很难以操作。

2. 水资源费的征收和追缴主体是谁？

假如石武高铁建设项目取水许可审批权在各个流域管理机构的理由成立，那么根据《取水许可和水资源费征收管理条例》（国务院令第 460 号）第三十一条规定："水资源费由取水审批机关负责征收；其中，流域管理机构审批的，水资源费由取水口所在地省、自治区、直辖市人民政府水行政主管部门代为征收。"京广（石武）高速铁路客用专线建设项目安阳段取水的水资源费征收及追缴权限应在省厅，该工程涉及我市的市区、安阳县和汤阴县三个行政区域内的水行政主管部门都无水资源费的征收权。

3. 石武高铁项目部擅自取水行政处罚权的管辖问题

根据水利部《水行政处罚实施办法》第十八条第一款："除法律、行政法规另有规定的外，水行政处罚由违法行为发生地的县级以上地方人民政府的水行政主管部门管辖" 的规定，中铁三局石武客专河南段项目部各分部未经批准擅自在安阳市各辖区取用地下水，市、县两级三个水行政主管部门属当事人擅自取水违法行为发生地的县级以上水行政主管部门，具有水行政处罚的管辖权。

4. 当事人相互推诿、攀比现象普遍，影响执法工作

因该工程属于国家重点工程，省发改委和监察厅又专门发文对执法监督检查行为进行了规范，所以在查处过程中我局非常慎重。期间我们多次向当事人宣传水法规，指出违法需承担的法律后果。但施工方以他们在其它地方施工没有办理过取水许可手续、没缴纳过水资源费为由，不是不接待，就是说没有接到上面的通知，一拖再拖，至今仍不接受取水许可监督管理。

（二）建议

请上级部门对上述水资源案件给予具体指导，明确该案件取水许可审批权和水资源费征收权的具体行政执法主体，以利于水法律法规的贯彻执行，保证基层水行政主管部门在水资源管理权限上不越位、不缺位、不失位，能够更好地履行职责，维护良好的水事秩序。

从一起水事案例中解读法律条款的适用

摘要：对违法行为的处置方式用了一个“；”加以分隔，表示一句话中间并列分句的停顿，说明相互之间无关联性。我国的合法行政原则在结构上包括对现行法律的遵守和依照法律授权活动两个方面。水行政执法工作属于行政执法工作的一部分，也应当严格遵循合法行政原则，在水利执法中，由有权机关按照法定程序依照法律规定去执法，实现行政管理的目的。

关键词：水行政处罚；监督检查；合法行政

河南省安阳市房地产开发有限公司（以下简称某房地产公司）为了施工建设用水，计划在房地产开发区内凿一口210米的深井，2010年1月2日由该市某区机械凿井工程处负责施工。后经群众举报，龙安区水利局随派执法人员到现场核实，发现情况属实。1月9日，龙安区水利局决定立案查处。1月10日，执法人员再次进行现场调查，发现井已凿至140米深，井口直径60厘米。执法人员于1月11日发出《责令停止水事违法行为通知书》，责令该房地产公司停止违法行为，听候处理。1月17日调查终结。1月30日，执法人员向该房地产公司发出了《水行政处罚事先告知书》，根据《取水许可和水资源费征收管理条例》第四十九条规定，拟对该公司作出如下处罚：1. 限该房地产公司在接到本处罚决定书之日起20日内自行封闭违法水源井；2. 罚款人民币6000元。同时告知当事人有陈述申辩的权利。4月2日，龙安区水利局正式对房地产公司作出责令该公司20日内封闭违法水源井和罚款6000元的行政处罚决定。某房地产公司于4月4日自行封闭了该井，4月10日缴纳了罚款。

《取水许可和水资源费征收管理条例》第四十九条的内容是：“未取得取水申请批准文件擅自建设取水工程或者设施的，责令停止违法行为，限期补办有关手续；逾期不补办或者补办未被批准的，责令限期拆除或者封闭其取水工程或者设施的，由县级以上地方人民政府水行政主管部门或者流域管理机构组织拆除或者封闭，所需费用由违法行为人承担，可处5万元以下罚款。”

制定该条法律目的首先是从工程和设施上防止违法取水行为的发生，将违法行为制止在开始阶段，确保取水许可制度和水资源有偿使用制度的落实；其次是明确了执法程序和执法手段，规范水行政执法工作。该条文是对“未取得取水申请批准文件擅自建设取水工程或者设施的”的一种处理决定，实质上暗含了水行政执法人员在针对这种违法行为时的一种法定的处理程序，而且这种程序是必须坚持的递进式程序，只有在前面一个程序完成的情况下，才能进行下一个处理决定。

使用本规定追究当事人法律责任时，应当注意以下几个问题：

1. 要注意适用该法律条件的先后顺序。该条文分三步，即水行政执法机关首先应当责令当事人停止违法行为，限期补办有关手续，并明确规定一个合理期限，要求违法行为人在该期限内按照法定程序提出许可申请。

2. 违法行为人在接到水行政执法机关的书面通知后，在规定的期限内仍不补办相关手续，或虽然提出了补办申请，但由于自身条件不符合该条例规定而未被批准的，水行政主管部门应当责令其在规定的期限内限期拆除取水工程或者设施，也就是说，如果当事人在执法部门规定的期限内提出了申请，就不能责令其拆除。如果进一步，行政相对人的申请符合法定条件，得到了批准，违法行为也就转化为合法行为。反之，如果行政相对人拒不执行行政通知，一意孤行，在规定的期限内仍不提出许可申请，或者其申请审批机关作出书面决定不予批准的，执法部门就应当责令其限期拆除或者封闭取水工程和设施。

3. 违法行为人在接到水行政执法机关要求限期拆除的通知后，如果在规定的期限内拒不拆除，应由水行政执法机关强制执行，违法行为人除了承担拆除费用外，还可能要被处以5万元以下的罚款。水行政主管部门或者流域管理机构组织拆除或封闭，所需费用由违法行为人承担，这种强制执行在学理上被称为代执行，属于间接强制执行的一种具体形式。至于5万元以下的罚款，由于已经有代执行的规定，是针对行政相对人的一种并行处罚措施，目的在于增加行政违法的成本和代价。

4. 行政违法人在被责令补办许可申请期间继续修建违法建筑物、构筑物，或者在提出补办许可申请后继续违法行为的，应当按照“合法行政”的原则，区别对待处理。如果被责令补办申请手续后，在提出申请前继续修建的，违反了“责令停止违法行为”的规定，行政机关可以采取应对措施，如缩短其提出许可申请的期限等。如果提出许可申请后继续修建的，应当将有关情况通知许可申请审批机关，待该条代执行与处罚的规定条件完成后，再适用其他有关规定。

5. 该条规定的强行拆除是由行政机关自行代执行还是申请人民法院强制执行？按照该条规定，水行政执法机构在这个问题上是有强制执行权的，可以自行强行拆除违法设施。如果由于执法力量等原因难以实施，也可按照《中华人民共和国行政处罚法》第五十一条的规定，申请人民法院强制执行，相关费用也计入强制执行费用，一并由行政违法行为人承担。

6. 未经批准擅自建设取水工程或取水设施并取水，这种情况实际上是与《取水许可和水资源费征收管理条例》第四十八条产生了竞合，第四十八条规定“未经批准擅自取水，或者未依批准的取水许可规定条件取水的，依照《中华人民共和国水法》第六十九条规定处罚；给他人造成妨碍或损失的，应当排除妨碍、赔偿损失”，即同一个违法行为同时触犯了两个法律条款，由于兴建取水工程或设施是擅自取水的预备行为，取水是其目的，按照吸收的原则，择一从重条款处罚，因此最终按照未经批准擅自取水进行处罚。

实际上还有《中华人民共和国水法》第六十五条第一、二款等法律条文与本条文规定相似，水行政执法人员在执法过程中要注意把握，以免出现法律适用错误。

从以上分析可以看出，本案中，龙安区水利局在理解《取水许可和水资源费征收管理条例》第四十九条的法律规定上出现了错误。处理此类违法行为，需分三步进行：第一，未取得批准文件的，应责令停止违法行为，限期补办取水许可手续。该市市区属地下水限制开采区，不得新增深井数量，显然申请深凿井取水是不可能的。第二，逾期不补办或补办未批准，应责令限期封闭所凿深井。第三，只有在逾期不封闭所凿深井时，才能由区水利局组织封闭，所需费用由房地产公司承担，处5万元以下罚款。而区水利局将第二种情形与第三种情形中的罚款合并删除处罚，是违背该条例规定的。

《取水许可和水资源费征收管理条例》第四十九条对违法行为的处置方式用了一个“；”加以分隔，表示一句话中间并列分句的停顿，说明相互之间无关联性。类似这样的条款还有：《水法》第六十五条，《水法》第六十四条、第六十五条第一款、第六十七条第一款；《防洪法》第五十四条、第五十七条、第五十八条、第六十一条等。在处罚条款中，凡是所列的违法行为既要受到采取行政措施，又要被处以罚款的，它的立法形式是不一样的，如《水法》第六十六条、第六十九条、第七十二条；《防洪法》第五十六条等。

合法行政是行政法的首要原则。我国的合法行政原则在结构上包括对现行法律的遵守和依照法律授权活动两个方面。水行政执法工作属于行政执法工作的一部分，也应当严格遵循合法行政原则，在水利执法中，由有权机关按照法定程序依照法律规定去执法，实现行政管理的目的。

对某公司擅自取水案的一点思考

摘要：水行政执法人员熟练运用水资源管理方面法律法规，及时下达《现场检查通知书》，创新工作方式，邀请公证人员介入，适时收集和固定证据，较好地完成了调查取证任务，并对拒绝接受监督检查和擅自取水两个违法行为分别进行了处罚，既充分体现了依法行政，又极大地教育了当事人，收到了良好的执法效果。

关键词：水行政处罚；监督检查；当事人

2007年8月9日上午接群众举报，位于安阳市开发区的某公司无取水许可手续在其院内擅自取用地下水。当日上午11时，我局执法人员到达该公司，向其工作人员出示了《行政执法证》后，要求进入厂区进行检查。该公司门卫以领导不在为由拒绝接受监督检查，执法人员依据《取水许可和水资源费征收管理条例》第四十五条规定，当场对该单位下达《现场监督检查通知书》，要求该单位当天下午4时接受检查。下午4时，我局执法人员和安阳市飞龙公证处的公证员准时到达该单位门口，向其工作人员出示了《行政执法证》后，要求对该单位取水现场进行检查时，仍遭拒绝。8月13日我局依法对该单位下达《权利告知书》，要求该单位两日内与我局联系接受监督检查，并处罚款1.5万元。8月15日，我局执法人员进入厂区进行检查，发现有三眼水井（其中一眼正在使用），并对取水现场进行取证，当天向该公司下达《责令停止水事违法行为通知书》和《限期安装计量设施通知书》，告知该单位补办取水许可手续、补缴水资源费。该单位接到通知后就向我局提出了取水申请，要求补办取水许可手续。我局经过讨论并报市政府同意后做出了如下处理意见：1. 补办取水许可手续，待公共供水接通时封填水井；2. 补缴水资源费；3. 拒绝接受检查罚款1.5万元；4. 擅自取水罚款2万元。

下面谈一下关于这一起案件的思考：在执法实践中，部分当事人采取躲避、不配合等方式，给水行政执法人员设置障碍，以达到掩盖其水事违法行为的目的。本案中，该单位从自身利益出发，以为无证据水行政主管部门无法对其实施处罚，抱有侥幸的心理。水行政执法人员熟练运用水资源管理方面法律法规，及时下达《现场检查通知书》，创新工作方式，邀请公证人员介入，适时收集和固定证据，较好地完成了调查取证任务，并对拒绝接受监督检查和擅自取水两个违法行为分别进行了处罚，既充分体现了依法行政，又极大地教育了当事人，收到了良好的执法效果。另外，该公司还是我市100家优化经济发展环境监测点之一，查处该单位具有一定的代表性。现就办理该案的几点体会，与大家共同探讨。

1. 本案主体认定问题

在查处过程中，为找准主体，我局执法人员先到市工商局进行了工商查询，未查出工商登记（该公司在省工商局注册）。随后执法人员又到市国家税务局进行税务登记查询，最终在税务局查询到该公司的登记资料，为确认违法主体创造了条件。

2. 属于我市优化经济发展环境监测点

由于该公司属于我市优化经济发展环境监测点，为做到既依法行政，又取得市纪委、监察局的支持，执法人员及时向局领导进行了汇报。局领导认为该公司虽然属于优化经济发展环境监测点，但政府保护的是企业的合法权益，对于其违法行为也要坚决依法严查。执法人员及时与市纪委、监察局取得联系，并进行了汇报，得到了市纪委、监察局的支持。

3. 拒绝接受检查

由于在查处过程中，该单位不配合工作，甚至设置种种障碍拒绝接受检查，虽然执法人员做了大量思想工作，但就是不接受检查。最后执法人员当场向该单位下达《现场监督检查通知书》，要求在规定的时间进厂检查。为掌握拒绝检查的证据，在规定的时间我局执法人员和公证员进企业检查时又遭拒绝。公证处出具了该单位拒绝接受检查的公证书，我局根据《取水许可和水资源费征收管理条例》第五十二条规定，对该单位罚款1.5万元。

4. 行政干预问题

由于该单位属于我市100家优化经济发展环境监测点之一，在处罚过程中，该公司领导到市政府找有关领导进行协调，我局领导高度重视，为维护法律尊严，顶着压力作出决定：1. 补办取水许可手续，待公共供水接通时封填水井；2. 补缴水资源费；3. 拒绝接受检查罚款1.5万元；4. 擅自取水罚款2万元。最终又得到市政府主要领导的大力支持，该案得以圆满结束。

一起违法取水行政处罚案件的几点思考

摘要：本案系一起典型的未经批准、擅自取用地下水资源的处罚案例，在水行政主管部门作出处罚决定前，一定要做到主体适格、事实清楚、证据确实充分。

关键词：水行政处罚；强制执行；当事人

2009 年 8 月 20 日，接群众举报查实，安阳市某某置业有限公司未经水行政主管部门批准，擅自在位于安阳市天阳路南段路东的天城国际花园小区建筑工地内取用地下水，水井位于该建筑工地 8 号楼南侧，安装有 2 吋潜水泵，接有电源，水井出水管为 50 毫米白色塑料管，现场检查时水泵正在抽水。由于该单位未向我局提供其日取用地下水量，根据现场勘验结果，该单位取用地下水的取水设施为 2 吋潜水泵，出水管径为 50 毫米，每小时取水能力为 20 立方米，日最大取水能力为 480 立方米。该行为违反了《水法》第四十八条规定。主要证据：有现场勘验笔录、视听资料为证。

依据《水法》第六十九条和《河南省水行政处罚裁量标准》第六十九条规定，我局作出了以下行政处罚：1．责令停止取用地下水；2. 罚款人民币 4 万元整。而某某置业有限公司在法定的期限内既没有提起行政复议也没有提起行政诉讼。在法定的期限内我局依法申请了法院强制执行，而在法院执行过程中该公司提出了三点异议：1. 市水利局作出的处罚主体错误；即某某置业有限公司出具的《通知回复单》落款是某某置业有限公司，加盖的是某某置业有限公司的技术资料章，承认其房屋建设取用工地内水井水。但某某置业有限公司的技术资料章不能代表某某置业有限公司的答复，也不能证明某某置业有限公司是直接取水人。2. 作为开发商的某某置业有限公司与建筑商龙腾公司签订有协议。该协议中，有关于“某某置业有限公司负责保证供水设施安全，提供水源，龙腾公司水费由某某置业有限公司从工程款中直接扣除等事宜”的协商条款，该条款成为模糊直接取水人的重点，也是某某置业有限公司的重要抗辩理由。3、某某置业有限公司法定代表人错误。

本案系一起典型的未经批准、擅自取用地下水资源的处罚案例。针对行政相对人提出的三点问题，我们从以下几点进行了有力的反驳，并最终得到了法院的支持。

一、关于某某置业有限公司的技术资料章问题，主要理由如下：

（1）2009 年 9 月 7 日，市水利局对某某置业有限公司下达了《责令停止水事违法行为通知书》，送达回证上有该公司工作人员副总经理刘某的签字。

（2）某某置业有限公司出具的《通知回复单》落款是某某置业有限公司，加盖的是某某置业有限公司的技术资料章，承认其房屋建设取用工地内水井水。虽然公章属单位内部公章，但其回复单完全能够证明某某置业有限公司违法取水事实。

（3）在市水利局送达各项法律文书后，某某置业有限公司自始至终未对处罚主体和擅自取水事实提出异议。某某置业有限公司在收到行政处罚决定书后，在法定期限内，既未提出复议又未提起诉讼，直到案件进入强制执行阶段，某某置业有限公司才对技术资料章问题提出异议。

二、关于违法当事人的认定

本案的焦点之一，是对违法当事人的认定，换言之，被处罚对象究竟是不是某某置业有限公司？实践中，经常会碰到这样的问题，即当事人与其他单位或个人签订了协议或者合同，来规避直接取水人概念，以逃避法律规定的责任和义务，本案中，某某置业有限公司与建筑商龙腾公司曾经签订了一份民事协议。该协议中“某某置业有限公司负责保证供水设施安全，提供水源，龙腾公司水费由某某置业有限公司从工程款中直接扣除等事宜”的协商条款。这恰恰证明了某某置业有限公司就是直接取水的单位。这是因为，依据《中华人民共和国水法》第四十八条之规定，需要办理取水许可手续的，应当是“直接从江河、湖泊或者地下取用水资源的单位和个人”。本案中，某某置业有限公司是取水工程的管理人、投资人、受益人，更关键的是，某某置业有限公司是实施取水行为的直接当事人，因此行政机关最终认定应当由某某置业有限公司承担法律责任。

三、关于某某置业有限公司法定代表人问题

被处罚人某某置业有限公司是企业法人，河南省工商行政管理局核准其经营期限为2007年3月16日至2017年3月15日。市水利局处罚的对象针对的是企业法人而不是法定代表人，在企业法人存续期间，法定代表人的变更不影响企业法人权利与义务的承担。

综上所述，我们认为该案主体适格、事实清楚、证据确实充分。最终我们的《行政处罚决定书》获得了法院的支持。

关于一起水资源行政复议案件简述

摘要：本案系一起典型的未经批准、擅自取用地下水资源的处罚案例，在水行政主管部门作出处罚决定前，一定要做到主体适格、事实清楚、证据确实充分。

关键词：水行政处罚；强制执行；当事人

2008 年 4 月 1 日上午，我局水政执法人员在巡查中发现位于开发区海河大道武夷西路的安阳市可旺发展有限责任公司，该单位在公共供水覆盖范围内，未经水行政主管部门批准擅自在本单位院内取用地下水供生产生活使用，取水设施管径 1 吋，没有安装计量设施，检查时取水实施正在取用地下水。经立案调查该单位厂房由可旺公司租赁高新区古新家具厂的厂房，其水井产权归古新家具厂所有，由可旺公司无偿使用和管理。有勘验笔录、录像为证。上述行为违反了《中华人民共和国水法》第四十八条第一款“直接从江河、湖泊或者地下取用水资源的单位和个人，应当按照国家取水许可制度和水资源有偿使用制度的规定，向水行政主管部门或者流域管理机构申请领取取水许可证，并缴纳水资源费，取得取水权。……”之规定。由于该单位在公共供水覆盖范围内并且目前仍未停止取用地下水，依据《水法》第六十九条规定，我局作出了以下处罚决定：1．责令停止取用地下水，限 5 日内封填水井，2. 罚款人民币 5 万元。而该单位在法定的期限内向安阳市人民政府提出了要求撤消《水行政处罚决定书》（安水罚字〔2008〕第 1401 号）行政复议申请。该申请内容如下： 5 月上旬安阳市水利局对我公司下达了《行政处罚听证权利告知书》（安水听告字〔2008〕第 1401 号），限我公司 5 日内封井并处于 5 万元的罚款。我公司位于高新区武夷西路北段路东，厂区是租用古新家具厂的厂地，厂区内的基础及配套设施都是古新家具厂所有，其中包括一口地下井，地下井在我公司租赁时就已经存在，地下井的产权归古新家具厂。公司立即向安阳市水利局进行了情况说明，水井的所有权不归我公司所有，但水利局没有将调查的结果向我公司说明，于 5 月 27 日又对我公司下达了《水行政处罚决定书》（安水罚字〔2008〕第 1401 号），仍然限我公司 5 日内封井并处于 5 万元罚款，限 2008 年 6 月 12 日将罚款缴至中国工商银行安阳市分行。

地下井的产权归古新家具厂，市水利局对我公司下达的决定书在对应主体上是错误的，现我公司特提出申请，撤销《水行政处罚决定书》（安水罚字〔2008〕第 1401 号）。我局在规定的期限内进行了答复，答复内容如下：我单位于 2008 年 6 月 26 日收到你机关发送的《行政复议答复通知书》及行政复议申请书副本，现对被答复人不服答复人 2008 年 5 月 27 日对其下达的《水行政处罚决定书》（安水罚字〔2008〕第 1401 号）提出的复议请求和理由，现答复如下：

一、被答复人擅自取用地下水违法事实清楚，主体认定正确

被答复人 2008 年 4 月以来未经水行政主管部门批准，擅自在本单位院内办公楼南侧取用地下水，该事实有现场勘验及调查笔录、录像等证据证实，被答复人对其擅自取水行为也予以认可，并提出补办取水申请。依据安阳高新区古新家具厂和被答复人签订的《房屋租赁合同》，水井产权虽归古新家具厂所有，但由被答复人无偿使用和管理，水电费也由被答复人自理。根据《中华人民共和国水法》第四十八条第一款“直接从江河、湖泊或者地下取用水资源的单位和个人，应当按照国家取水许可制度和水资源有偿使用制度的规定，向水行政主管部门或者流域管理机构申请领取取水许可证，并缴纳水资源费，取得取水

权。……”,因此被答复人是法定的直接取水人，是违法行为的主体。

二、答复人对被答复人作出的《水行政处罚决定书》（安水罚字〔2008〕第1401号），程序合法、证据确凿、适用法律法规正确、处罚适当，依法应予维持。

2008年4月1日上午,水政执法人员在巡查中发现被答复人未经水行政主管部门批准,擅自在本单位院内取用地下水，经立案后调查发现该水井装有取水设施，管径1吋，没有安装计量设施，现场检查时正在取用地下水，有勘验笔录、录像为证。4月8日对被答复人下达《调查询问通知书》和《关于限期提供取水许可证及缴费凭证的通知》后，4月14日该单位工作人员杨海涛来到我局说明情况，并做了调查询问笔录，根据笔录显示被答复人的厂房租用的是安阳高新区古新家具厂的厂房，在厂区内有一眼原有水井，被答复人使用的就是这眼水井取用地下水用于生产和生活。另外，根据该工作人员提供的《房屋租赁合同》也可证明这眼水井由被答复人无偿使用和管理，水电费自理。据此，4月23日向被答复人下达《责令停止水事违法行为通知书》，要求停止违法行为，限3日内办理取水许可手续。4月28日被答复人提出取水申请，由于材料不齐全，答复人4月30日要求被答复人5日内将申请材料补齐，逾期视为未申请。被答复人在规定期限内并未补齐申请材料。因被答复人在我市公共供水覆盖范围内取用地下水，依法也应不予批准，在接到责令停止水事违法行为通知书后，应该马上采取措施停止违法行为，但被答复人仍继续取用地下水，根据《中华人民共和国水法》第六十九条“ 有下列行为之一的，由县级以上人民政府水行政主管部门或者流域管理机构依据职权，责令停止违法行为，限期采取补救措施，处二万元以上十万元以下的罚款；情节严重的，吊销其取水许可证：(一)未经批准擅自取水的；……”和《取水许可和水资源费征收管理条例》第二十条“有下列情形之一的，审批机关不予批准,并在作出不批准的决定时,书面告知申请人不批准的理由和依据：……（五）城市公共供水管网能够满足用水需要时，建设项目自备取水设施取用地下水的；……”，答复人5月15日经过集体讨论后拟对其处1. 责令停止取用地下水，限5日内封填水井，2、罚款人民币5万元整的处罚。5月16日对被答复人下达《行政处罚听证权利告知书》(安水听告字2008第1401号)，被答复人在规定期限内也未提出听证要求， 5月27日下达了《水行政处罚决定书》（安水罚字〔2008〕第1401号）。上述内容有调查询问笔录、勘验笔录、录像、送达回证、公证书等为证。

综上所述，答复人对被答复人所作出的《水行政处罚决定书》（安水罚字〔2008〕第1401号）事实清楚、程序合法、证据确凿、适用法律法规正确、处罚适当，请复议机关审理，并依法予以维持。

希望水行政执法人员从这起行政复议案件中学会如何在法定的时间内进行回复及如何抓住要点进行回复。

关于一起擅自取水案的思考

摘要：本案系一起典型的未经批准、擅自取用地下水资源的处罚案例，在水行政主管部门作出处罚决定前，一定要做到主体适格、事实清楚、证据确实充分。

关键词：水行政处罚；水工程；当事人

2010年5月，安阳县水务局水政执法人员在水事活动检查中发现，安阳市韩陵山公墓（以下称当事人）未经水行政主管部门批准，擅自在我县韩陵乡境内取用地下水资源。我局依法对当事人进行了立案查处，并向当事人下达了《行政处罚决定书》（安县水罚字〔2010〕第020号）。当事人接到《行政处罚决定书》后以主要事实不清、证据不足，适用依据错误及行政行为明显不当等为由于2010年7月4日向安阳市水利局申请了行政复议。我局在规定时间内向安阳市水利局提交行政答辩状。在行政复议期间，当事人通过对水法规的进一步了解学习领会，认识到自己的违法行为，于2010年8月24日向安阳市水利局撤回了行政复议申请，履行了安阳县水务局水行政处罚决定。

本案例属典型的水工程所有权和取水人分离现象，案情较为复杂。我局水政执法人员针对当事人在行政复议中提出的问题积极答辩，使当事人认识到其行为的违法性，主动撤回行政复议申请，履行了水行政处罚决定。现针对当事人在行政复议中提出的问题及我局水政执法人员的答辩情况作一简要介绍：

1. 被申请人（安阳县水务局）对原告（韩陵山公墓管理处）作出的水行政处罚认定事实清楚、证据确凿。

经我局立案查处：原告作为独立的经营单位，自经营以来未按照现行法律法规规定到当地有管辖权的县级水行政主管部门依法申请取水许可，办理《取水许可证》。擅自利用现有的取水工程《水井及配套设施》在我县韩陵乡境内（水井位于公墓管理院内）实施了直接取用地下水资源的行为。我局依法对原告立案查处并作出了《行政处罚决定书》（安县水罚字〔2010〕第020号），对原告作出了罚款6万元整的水行政处罚。原告在《行政复议申请书》中称：原告在购买土地时，该水井已存在，购买土地后水井产权仍归西大佛村委会，西大佛村民仍可使用此水井浇地。原告认为：①其使用的是原来就已存在的水井，并没有擅自取水，也没有另外从地下直接取用水资源；②产权归西大佛村委会，无法申请办理《取水许可证》。这是原告主观上对"擅自取水"认识上的误差，水法规上讲的擅自取水是指只要未经水行政主管部门批准，未取得取水权，未办理《取水许可证》，而取用地下水资源的行为即为擅自取水。另外原告认为水井产权归村委会，自己无法办理《取水许可证》亦是主观上的理解错误，与有关水法规相违背。《水法》第三条规定"水资源属于国家所有"。《条例》第二十三条第二款对直接利用已有的取水工程或设施取水的也作出了办理《取水许可证》的规定。同时，原告与西大佛村委会用水调解书中也明确规定，原告可无偿使用水井取用生活用水。西大佛村委会也将水井使用权、管理权转移给了原告。原告直接利用已有的取水工程从地下取用水资源。答辩人认为只要原告不在《条例》第四条第一款免除办理《取水许可证》的范围内，实施了直接从地下取用水资源行为，就应当按照现行法律、法规规定到当地有管辖权的县级水行政主管部门申请办理《取水许可证》，取得取水权，方可取用水资源。因为根据有关水法规规定，取水许可针对的是取水人，而不是取水工程所有权，取水工程所有权是原告与西大佛村委会之间的民事问题。另外，取水工程本来所有权归谁按照《条例》第十八条的规定，是在办理取水许可过程中，审批机关考虑的“取水涉及申请人与他人之间重大利害关系”的一个环节。申请人只要附具原告与西大佛村委会之间达成的《用水调解书》，证明西大佛村委会允许其使用，即可办理《取水许可证》。

2. 被申请人对原告作出的行政处罚适用法律正确。

原告在《行政复议申请书》中称自己属《条例》第四条第二款规定的生活和零星取水，同时称该水井主要用途是村民农业抗旱、浇地及部分村民生活用水，为此不需要办理《取水许可证》和缴纳水资源费。这也是原告主观上对《条例》错误的理解。被申请人认为原告不属于《条例》第二款“家庭生活和零星散养、圈养畜禽饮用等少量取水的”规定的情形。原告是独立的经营单位，具有法人资格，非家庭生活和零星散养、圈养畜禽饮用等少量取水。省政府《管理办法》第五条对少量取水已有明确规定，除家庭生活、畜禽饮用、农业灌溉等少量取水外，其他少量取水是指在非经营活动取水中用人力、畜力或者其它方法年取水1000立方米以下的取水。原告属经营活动中取水，不在《条例》第四条第二款、《管理办法》第五条规定的情形中。事实上据现场勘验和调查笔录，原告占地136.29亩，人口20余人，根据现行的用水定额估算原告年绿化、生活、生产取用水在数万立方米以上，并非少量取水。至于西大佛村民可利用此水井浇地属多个取水户从同一水源中直接取用水资源情况，在多个取水户中凡被法律、法规纳入取水许可管理范围者，均应依法办理《取水许可证》，取得取水权。

3. 被申请人作出的行政处罚内容适当。

答辨人对原告作出的罚款6万元整的水行政处罚是基于以下因素考虑的：①原告本应于1994年年底开始征地，建设公墓时，按照水法规规定就应当申请取水许可，然而直到现在仍未申请取水许可，办理《取水许可证》。取水后也未按规定缴纳水资源费和安装计量设施。我局水政执法人员多次口头和书面通知原告依法到安阳县水务局申请取水许可，办理《取水许可证》，而原告至今仍未办理《取水许可证》；②原告属安阳市民政局下属较大的经营单位，具有一定的法律常识，应主动到水行政主管部门办理《取水许可证》，而不为。被申请人认为原告认识态度差，违法情节严重。经研究对原告作出了罚款陆万元整的行政处罚。至于原告在《行政复议申请书》中提到的村民用水量远大于原告的用水量和在管理维护水井及用电等环节上都付出了大量费用，只是说明了原告利用本身能力，直接取用地下水，并在一定程度上维护了农民利益。这些均为原告与当地村民的睦邻关系问题，均非《行政处罚法》第二十七条规定的应当依法从轻或者减轻行政处罚情形。

关于水资源费征收管理情况的思考

摘要：安阳市属于资源型缺水地区，水资源紧缺也是我市经济社会发展的重要制约因素。我市当地水资源总量约为16.4亿立方米，人均水资源量为322立方米，分别约为全国和全省人均水资源占有量的1/7和2/3。

关键词：行业分类；水资源费征收；滞纳金

安阳市属于资源型缺水地区，水资源紧缺也是我市经济社会发展的重要制约因素。我市当地水资源总量约为16.4亿立方米，人均水资源量为322立方米，分别约为全国和全省人均水资源占有量的1/7和2/3。为了满足城市生活、生产和农业灌溉的用水需求，严重超采地下水和挤占生态用水，全市形成了4000平方千米的漏斗区，并出现以城镇水源地为中心的中深层地下水漏斗区。由于大量挤占了水生态环境水量，致使城市和农村的沟渠要么成了排污沟，要么成了涸河，严重破坏了人们居住和生存的环境，与目前人民的生活水平极不相称。另外，水资源的过度开发利用与浪费现象并存，水资源的过度开发利用造成了水环境的恶化。除林州山区外，安阳市地下水普遍超采，地下水位下降严重。地下水埋深市区局部超过40米，内黄县、滑县和汤阴县一般在20米以下，超量开采将会引发局部地区地面沉陷。与此同时，水资源浪费严重，水利用率不高，工业水重复利用率只有78%。水资源的严峻形式也给我们的管理提出了更高的要求。

我市水行政主管部门水资源费规费支出全额纳入同级财政预算管理，严格实行收支两条线，每年年底由市水利局上报市财政局下年度支出预算，财政局按照批准的财政预算统筹安排支出，局财务科收到支出款项后，按照预算项目拨付到使用单位，确保专款专用。近年来水行政主管部门水资源费主要使用于水资源节约保护管理和南水北调基金，主要在征收、执法、项目规划以及人员经费项目上支出。我市水资源费征收工作存在的问题及建议如下：

一、存在的问题

（一）现行水资源费征收标准的“行业分类”概念界定模糊

在目前实行的水资源费征收标准中，有“居民工业、行政经营、特种行业、地温空调”四大类别，在实际操作过程中，“居民工业和行政经营”两者之间概念模糊，难以区分，存在按照取水用途还是单位性质来界定行业类别的问题。例如一个单位生产上不用水，取水只用于职工生活用水，那么在行业类别上属于“居民工业”还是“行政经营”。这类情况非常普遍，涵盖了我市所管理的取水户的绝大多数，是界定征收标准存在的实际问题。

（二）城市建成区和公共供水管网覆盖范围难以界定

水资源费征收标准的范围界定由建成区、公共供水管网及取水用途等多种因素决定。但目前，随着城市框架的不断拉大，城市规划部门和城建部门对于建成区和公共供水管网界定范围严重滞后，水资源费征收标准界定困难，这也是目前征收水资源费急需解决的问题。

（三）水资源费征收主体未统一

根据相关水法律法规规定，水资源费的征收主体应该由各级水行政主管部门统一征收，但我市公共供水部分由市水务总公司代征。水务公司应缴的水资源费（基金）在售水环节代征收后直接上缴市财政局，取水审批和监督机关无法实施有效监管，不能确定其应缴、欠缴数额，存在水资源费流失的隐患。

另外，我市收取水资源费最低为0.6元/立方米，最高为5.9元/立方米，平均为1.9元/立方米，我市公共供水企业收取的水费中所含水资源费居民仅为0.3元/立方米，工业用水仅为0.4元/立方米，远远低于我市平均水资源费价格。周边省市山东、山西征收公共供水企业水资源费标准与用水企业一个标准，做到了同水同价，山东淄博、济宁等自来水公司征收水资源费标准与工业企业均为1.6元/立方米。征收标准的不统一和悬殊差距，影响了通过经济杠杆来实现水资源科学调度的开展，造成了水资源费的流失，也不利于企业间的公平竞争。

（四）我市公共供水企业水资源费使用不符合规定

按照相关规定水资源费使用应用于水资源的节约、保护和管理，但近年来返还给水务公司的水资源费主要用于城市公共供水管网的改造，这不符合国家法律法规，也不利于我市水资源的统一管理和节约保护。

（五）缺乏强制执行欠费手段

按照相关法律法规，针对欠费取水户，我局在走完催缴程序无果后，全部移交法院强制执行。水利局没有强制执行权，而水利局从下达征收决定书到法院裁定执行至少需要3个月时间，执行经费又相对紧张，制约执行欠费的效率和效果。

（六）滞纳金与罚款的执行力度不大

根据《中华人民共和国水法》第七十条的规定，逾期不缴纳的，从滞纳之日起按日加收滞纳部分2‰的滞纳金，并处应缴或者补缴水资源费1倍以上5倍以下的罚款，但我市乃至全省、全国目前在工作中因企业困难，并未严格执行。催缴欠费也是在法律强制执行期内将本金追缴到位。有时送交法院后也只是执行一部分本金，滞纳金和罚款也未执行。水行政主管部门如果未征收滞纳金和罚款，是否存在失职、渎职。

（七）城中村及农村用水未明确征收问题

根据《河南省取水许可制度和水资源费征收管理办法》第四条第二款的规定，家庭生活和零星散养、圈养畜禽引用年取水1000立方米以下的不需要申请领取取水许可证，但城中村居民生活用水是否需要缴纳水资源费也是实际中经常遇到的问题，希望能够明确细化城中村及农村用水如何管理。

二、建议

（一）重新界定行业类别

将地表水和地下水的收费标准的类别进一步细化，明确究竟是按照取水用途还是单位性质来划分征收标准并出台征收细则，例如行政事业单位究竟归属于城镇公共供水还是工商业供水，在概念上划分清楚，以便于水资源费征收工作的开展。

（二）及时公布建成区和公共供水管网范围

积极协调住建和规划部门，定期公示建成区和公共供水管网范围，便于及时调整征收标准，保证水资源费的足额征收，严格水资源管理。

（三）界定禁采区、超采区范围

希望省相关部门尽快界定禁采区、超采区范围。这样既便于控制地下水过量开采，也能够更合理界定征收标准。

（四）提高征收标准，扩大征收范围

中央水利工作会议后，对水资源管理要求更加严格，建议上级扩大水资源费征收范围，适当提高水资源费征收标准，利用水资源费价格杠杆，促进水资源的节约保护和可持续开发利用。

（五）划拨专项经费保证强制执行

针对法院强制执行难度较大问题，财政上应拨出专项经费，用于法院强制执行工作，保障水资源费的足额征收。

（六）统一水资源费征收主体

将目前由水务总公司承担的水资源费征收纳入市水行政主管部门统一管理，不仅能够有效保护利用我市水资源，也能够规范水资源管理，促进涉水规费的统一收缴和使用。

从一例水利行政处罚案谈行政行为的显失公正

摘要：所谓显失公正，是指行政机关及其工作人员和法律、法规授权的组织在法律、法规规定的范围和幅度内，所作出的行政行为明显不适当。

关键词：水行政处罚；同责不同罚；判决变更；合法行政

2012 年 4 月 1 日上午 10：00 群众举报后查实，安阳市保平发展有限责任公司（原告）未经水行政主管部门批准，擅自在位于安阳市开发区海河大道武夷西路的本单位院内取用地下水，在该单位内办公楼南侧有一眼水井，装有取水设施，管径 1 吋，没有计量设施，抽水管为铁管，现场检查时，正在取用地下水 ，取水用途为生产生活。有现场勘验笔录、调查笔录、视听资料为证。1 吋铁管每小时取水能力为 0.7 立方米，日最大取水能力为 0.7 ×24=16.8 立方米。由于该单位在公共供水覆盖范围内并且目前仍未停止取用地下水，依据《水法》第六十九条、《河南省水行政处罚自由裁量权适用规则》第八条、《河南省水行政处罚裁量标准》第六十九条规定，建议：1. 责令停止取用地下水；2. 补缴水资源费，水资源费补缴标准为：每立方米 1.6 元；3. 罚款 2 万元。原告不服，诉至安阳市殷都区人民法院。法院经审理认为，被告作出该行政处罚决定程序违法，判决撤销了该行政行为。嗣后，被告又于 2012 年 8 月 30 日以同一事实对原告重新作出了行政处罚决定，决定对原告罚款 3 万元，原告仍不服，再次向法院起诉，要求撤销被告重新作出的处罚决定。

法院认为，（原告）未经水行政主管部门批准，擅自在位于安阳市开发区海河大道武夷西路的本单位院内取用地下水，有违《水法》的规定。因此，被告于 2012 年 8 月 30 日对原告重新作出的处罚决定，有事实依据，适用法律、法规正确，符合法定程序，但法院同时认为，在该违法行为的事实、性质、情节等情势未发生变化的情况下，被告重新作出的处罚相比最初的处罚大幅度提高了罚款数额，显然不恰当，属法律规定的显失公正情形，依法应予变更，依照《中华人民共和国行政诉讼法》第五十四条第（四）项之规定，判决变更被告作出的行政处罚决定的罚款 30000 元为罚款 20000 元。宣判后，原、被告均无异议。

本案的关键是对“显失公正”的理解与认定及正确区分显失公正与滥用职权的关系。

一、显失公正的一般表现形式

所谓显失公正，是指行政机关及其工作人员和法律、法规授权的组织在法律、法规规定的范围和幅度内，所作出的行政行为明显不适当。也就是说，该行政处罚决定虽然在形式上合法，但是存在明显的不合理性。法律、法规规定给予违法行为人行政处罚，就行政处罚本身而言，并不是法律所追求的目的，法律规定行政处罚的最主要目的是预防新的违法行为的出现，保障社会秩序。要达到法律追求的最主要目的，必须做到对违法行为人的处罚公正、公平，明显的不合理、不恰当显然违背了法律、法规设立行政处罚的最主要目的，从这个意义上来说，显失公正的行政处罚，实质上是不合法的行政处罚。其表现形式大概有如下几种：

1. 同责不同罚。法律面前人人平等是我国法律的一项基本的法律原则，根据这一原则，对公民、法人或者其他组织违反法律、法规的行为，性质、情节相同的，应当给予相同的行政处罚，如果对同样责任者给予不同轻重的行政处罚，就违反了法律面前人人平等的法律原则，而且也不利于违法人对自己行为的反省，甚至损害了有关机关的权威。

2. 同一案件中，重责轻罚或者轻责重罚。在同一案件中，行政主体作出的行政处罚从单方面看，似乎并没有明显的畸轻畸重，但是相比较之下，则有失公正，使得被处罚者难以心服口服，甚至产生对抗社会的心理，这样不能解决问题，反而激化矛盾，对社会稳定造成不利影响。

3. 未考虑应当考虑的因素。未考虑应当考虑的因素是指行政主体在作出具体行政行为时，没有考虑到基本的法定因素或者一般的常理因素，任意作出不合理、不恰当的具体行政行为。例如违法情节、认错态度、是否过失以及都要考虑的社会常理或者生活惯例。

4. 违反均衡原则。均衡原则要求行政主体的自由裁量行为所要达到的行政目的与采用的行政手段之间应当均衡适当。具体来说有以下三个方面的要求：一是行政主体应当选择造成行政相对人最小的损害的方法实现行政目的，二是在多种选择方法中，行政主体应当选择最适当方法，三是行政主体行使自由裁量权所实现的公共利益不能小于行政相对人损害的利益。

5. 反复无常。指行政主体及其工作人员，对同一或同种情况的案件在情势未发生变化的情况下，根据自己的情绪或好恶无标准地反复变化，无视法律、法规的严肃性，也使行政相对人无所适从。

《中华人民共和国行政诉讼法》第五十四条第（四）项规定：“行政处罚显失公正的，可以判决变更。”本案中，被告第一次作出的行政处罚决定因程序违法，适用法律错误被撤销后，重新作出的行政处罚决定在原告的违法事实、情节、性质等各项情势均未发生变化的情况下，大幅度提高对原告的处罚数额，显然是被告根据自己的情绪、好恶，无标准地行使自由裁量权，是被告反复无常的具体表现，这种行为对于具有一般认知水平的自然人均会得出重新作出的该行为不合理、不恰当，显失公正。所以，法院依法判决变更处理正确。

关于一起媒体报道建设单位施工降水案件引发的思考

关键词：施工降水；依法行政；行政处罚；安阳市

摘要：按照目前水法规规定和我省政策，暂无依据进行管理。同时，针对施工排水问题，我们专门向省水利厅和市政府法制办相关专家进行了咨询，专家答复为没有法律依据不能处罚。经网上查询，目前我省甚至全国对建设单位施工降水问题也没有出台具体的规定。

2013 年十一长假期间，网友“承 ay”向记者反映，位于安阳市紫薇大道东段的大美城建设工地上，伸出围栏的 7 根水桶粗的管道日夜不停地向外大量排出清澈的地下水，并且直接排到了下水道中，实属浪费，让人心疼。

10 月 7 日下午，记者在紫薇大道大天城建设工地南侧看到，有 5 根直径约三四十厘米的白色塑料管道从工地围栏伸出，直达路边的下水道口。而在工地的东侧和西侧，也各有一根管道通向下水道。从这些管道旁边经过时，能清晰听到哗哗作响的流水声。在大美城工地南侧一个管道口，如注的水流喷涌而出，一位中年妇女正蹲在旁边洗着几件衣服。她告诉记者：“这水是工地上抽出的地下水，非常干净，工地上的人吃的也是这水。我就住在对面小区，我们小区的人都来这里接水洗衣服、洗车。”她还拿起身边的水桶放到管道口演示给记者看，眨眼间就注入了多半桶水，“你看，水很清澈。只是快三月了，一直这样把好端端的水抽到下水道里，太浪费了。”该妇女摇着头说。在大天城工地东侧的一个管道口，也有不少市民在洗衣服、洗车。

采访中，很多市民都对工地排出的地下水被白白浪费掉表示心疼。一位网友说，地下水资源如此稀缺，希望有关部门能够加强监管，把这些水合理利用起来，减少水资源的浪费。以上是某报社的报道，如果你是水行政执法人员，你如何回复？如何处理？水行政主管部门如果进行水行政处罚有没有法律依据？征收水资源费有没有法律依据？建设单位施工降水需要不需要到水利部门备案呢？这些都是我们一线水行政执法人员要思考解决的问题。

下面是水政执法人员回复：

《某日报》编辑部：

10 月 9 日，《某日报》以题为“地下水白流数月太可惜”报道了位于文峰区紫薇大道与朝霞路交叉口东北角的大美城 • 翠园项目建筑工地抽排地下水情况；10 月 16 日，《某日报》第 6 版民生网事栏目又以题为“某市水利局，你作为了吗？”为题直指水利部门在大美城•翠园项目建筑工地抽排地下水问题上不作为。上述事项见报后，某市水利局高度重视，积极回应，及时咨询上级部门和市政府法制办，现结合水法律法规规定及我市水资源管理和保护工作开展情况，反馈如下：

一、我市水资源管理和保护工作

我市属水资源短缺城市。市委、市人大、市政府历来高度重视水资源管理和保护工作。作为政府职能部门，市水利局积极履行水资源管理和保护职责，通过实施取水许可制度，严格取水许可管理；通过强化取用水计量设施安装，促进水资源费（基金）征收，市本级水资源费征收额连续多年在全省名列前茅；通过加强计划用水管理，促进节约用水；通过封闭自备水源井，减少地下水开采；通过加大境外引水工作力度，补充我市地下水源。通过上述一系列措施，有效地促进了地下水位回升，市区地下水位由 2004 年末的平均埋深 28.6 米上升到 2012 年末的 12.7 米，年均上升约 2 米。我市市区西高东低，铁西地下水位约 23 米，东区地下水位在 12 米左右，大美城附近地下水位约 9 米。

二、大美城·翠园项目建筑工地抽排地下水情况

自 2013 年 6 月 17 日以来，我局先后六次接到市长信箱转来事项交办单，反映大美城·翠园项目建筑工地无证抽排地下水。每次我局都立即安排执法人员分别于 6 月 17 日、8 月 3 日、8 月 26 日、8 月 28 日、9 月 6 日、10 月 9 日六次到现场调查和处理，并按期进行了反馈。查明该项目建筑面积 16 万平方米，地下两层，负二层为车库，负一层为商业，由安阳中广发汇城置业有限公司开发。由于我市东区地下水位埋深较浅，不排水降低水位就无法进行地基处理施工。

三、水法律法规及政策依据

由于大美城·翠园项目抽排地下水属于施工降水，并且所抽的水直接排入了市政管网，没有再利用，根据《取水许可和水资源费征收管理条例》（国务院令第 460 号）第四条规定："下列情形不需要申请领取取水许可证：……(三)为保障矿井等地下工程施工安全和生产安全必须进行临时应急取（排）水的……" 和河南省水资源费（基金）征收政策规定疏干排水再利用的才缴纳水资源费（基金）。因此按照目前水法规规定和我省政策，暂无依据进行管理。同时，针对施工排水问题，专门向省水利厅和市政府法制办相关专家进行了咨询，专家答复为没有法律依据不能处罚。经网上查询，目前我省甚至全国对建设单位施工降水问题也没有出台具体的规定。

四、采取的措施

1. 责令该工地负责人立即停止施工排水，拿出合理利用地下水资源的方案；

2. 联系市政园林绿化及消防部门，近期尽可能利用该处水源进行绿化灌溉和道路洒水降尘，合理利用水源，减少水源浪费。

3. 责成该工地加快基础处理，尽可能缩短工期，减少地下水排放，保证基础处理结束后立即回填，不再抽排地下水。

以上是水行政主管部门的正面答复及没有处罚和征收水资源费的法律依据。如果把施工降水的取水设施界定为水工程呢！我们水行政主管部门是否可以处罚呢？同时何谓临时取水呢？

《中华人民共和国水法》第七十九条规定，本法所称水工程，是指在江河、湖泊和地下水源上开发、利用、控制、调配和保护水资源的各类工程。

本条是对水工程定义的规定。

水工程有两层含义：1. 水工程是指在江河、湖泊和地下水源上兴建的工程。如在江河、湖泊上建设的水坝、堤防、护岸、闸坝等和为从地下水源上取水而打的井等。2. 水工程是以开发、利用、控制、调配和保护水资源为目的兴建的工程。如防洪、灌溉、排水、阻水、引水、蓄水等工程。

二、水工程种类较多，大到三峡大坝、水库，小到引水渠道、排灌站、机井站等。水工程的建设和保护关系我国水资源的合理分配、有效利用、水害防治及人民群众生命财产安全。因此，《水法》规定，县级以上人民政府应当加强水利基础设施建设，并将其纳入本级国民经济和社会发展计划。同时，还对建设水工程的审批程序、水工程管理和保护范围

划定、单位和个人保护水工程的义务及地方政府保护水工程特别是水坝、堤防安全的责任等作了规定。

如果施工降水取水设施界定为水工程的话，那么水行政主管部门是可以处罚的。《取水许可和水资源费征收管理条例》规定，只有家庭生活和零星散养、圈养畜禽和抗旱临时应急取水、消除公共安全的临时应急取水以及保障矿井等地下施工等的临时应急取水等 5 种情况才可以不需要申请领取取水许可证，除此之外，任何单位或个人要开采地下水，都必须向水行政主管部门申请领取取水许可证，并缴纳水资源费。”

按照《取水许可和水资源费征收管理条例》的规定，未取得取水申请批准文件擅自建设取水工程或者设施的，责令停止违法行为，限期补办有关手续；逾期不补办或者补办未被批准的，责令限期拆除或者封闭其取水工程或者设施；逾期不拆除或者不封闭其取水工程或者设施的，由水行政主管部门或者流域管理机构组织拆除或者封闭，所需费用由违法行为人承担，可以处 5 万元以下罚款。

下面是对临时取水解释？

一、临时：暂时的、非正式的、短时间的。

二、临时取水：《取水许可和水资源费征收管理条例释义》解释，为保障矿井等地下工程施工安全和生产安全，必须进行临时应急取（排）水，如矿井透水为保障安全紧急排水，不需要申领取水许可证。另外，施工降水只是为了保障安全施工的临时取水，提出取水周期一般为半年，并且施工结束后水井封填。根据《取水许可和水资源费征收管理条例》第二十五条规定，取水许可证有效期限一般为 5 年，最长不超过 10 年。施工降水属于临时取水，不需要办理取水许可证，只需要到水行政主管部门进行备案。以下重点介绍行政许可、行政审批、备案三者区别？

行政许可，即通常说的行政审批，是指行政机关根据公民、法人或者其他组织的申请，经依法审查，准予其从事特定活动的行为。有以下四个方面的特征：

（一）行政许可是依申请的行为。以申请为起始，无申请即无许可。

（二）行政许可是管理性行为。主要体现为行政机关作出行政许可的单方面性。不具有管理性特征的行为，即使冠以审批、登记的名称，也不属于行政许可。

（三）行政许可是管理经济和社会事务的外部行为。行政机关对其他行政机关或者对机关直接管理的事业单位的人事、财务、外事等事项的审批，则属于内部管理行为，不属于行政许可。

（四）行政许可是准予相对人从事特定活动的行为。实施行政许可的结果是，相对人获得了人事特定活动的权利或者资格。

审批：是指政府机关或授权单位，根据法律、法规、行政规章及有关文件，对相对人从事某种行为、申请某种权利或资格等进行具有限制性管理的行为。审批有三个基本要素：一是指标额度限制；二是审批机关有选择决定权；三是一般都是终审。

审批最主要特点是审批机关有选择决定权，即使符合规定的条件，也可以不批准。

核准：是指政府机关或授权单位，根据法律、法规、行政规章及有关文件，对相对人从事某种行为，申请某种权利或资格等，依法进行确认的行为。因此，在批准相对人的申请时，只是按照有关条件进行确认。只要符合条件，一般都予以准许。核准的条件都比较明确具体，便于确认。

审核：是指由本机关审查核实，报上级机关或其他机关审批的行为。

备案：是指相对人按照法律、法规、行政规章及相关性文件等规定，向主管部门报告制定的或完成的事项的行为。备案不属于行政许可，它是事后监管的一种管理手段，属于行政许可法规定的行政机关通过核查被许可人报送有关材料履行监管职责的情况。行政许可是指在法律一般禁止的情况下，行政主体根据行政相对人的申请，通过颁发许可证或执照等形式，依法赋予特定的行政相对人从事某种活动或实施某种行为的权利或资格的行政行为。所以，一般属于事前监督！不属于行政许可！备案的不一定就属于行政许可。但是行政许可肯定是需要备案的。

上面是对备案的一些粗浅看法，希望能给水行政管理工作带来思考与启迪！以这起案件为契机，我们执法人员又创新工作方法，起草了《安阳市建设工程施工降水管理暂行办法》。这个过程虽然曲折，但在执法实践活动中推动政策性文件出台是功不可没的。

安阳市水利局

关于建筑工地施工降水问题的报告

市人大常委会：

2015 年 3 月 27 日，接市人大九次会议交办的“关于部分建筑工地排放地下水问题”后，市水利局高度重视，及时安排专人进行调查和办理，现将有关情况报告如下。

一、建筑工地排放地下水情况

建筑工地施工降水是为保证高层建筑基础处理时施工安全和混凝土浇筑必须采取的工程措施，与保障开矿、采煤等地下作业安全而必须疏干排水性质一样。近年来，随着我市城市建设速度的加快，高层建筑开始出现，东区建筑施工降水现象也随之出现。我局先后多次接到市长便民电话交办关于我市东区部分建筑工地存在施工降水排放地下水情况。每次接交办单后，我局都及时安排执法人员进行现场调查处理，并按期进行了回复。

二、水法律法规及政策对施工降水的规范

（一）施工降水不需办理取水许可证，但需备案。《取水许可和水资源费征收管理条例》（国务院令第 460 号）第四条规定：“下列情形不需要申请领取取水许可证：……(三)为保障矿井等地下工程施工安全和生产安全必须进行临时应急取（排）水的。前款第（三）项规定的取水，应当及时报县级以上地方人民政府水行政主管部门或者流域管理机构备案。”施工降水属于为保障矿井等地下工程施工安全和生产安全必须进行临时应急取（排）水，因此不需要申请领取取水许可证，但需向水行政主管部门备案。

（二）施工降水再利用需要缴纳水资源费。河南省发展和改革委员会　河南省财政厅《关于调整全省水资源费征收标准的通知》（豫发改价管〔2005〕543 号），河南省现行有效的水资源费征收标准规定，疏干排水再利用的水资源费征收标准为 0.20 元/立方米，未明确疏干排水未利用水资源费征收标准。施工降水排放地下水属疏干排水未利用，不在目前河南省水资源费征收范围内。

三、目前全省和全国施工降水管理现状

我市建筑工地施工降水排放地下水情况出现后，我们及时向河南省水利厅进行了咨询，省厅答复施工降水管理现属法律空白，我省对建设单位施工降水问题也未出台具体规定，目前按照水法律法规和我省政策，暂无依据进行管理。

经网上查询，2007 年北京市建设委员会和北京市水务局联合印发了《北京市建设工程施工降水管理办法》，该文件对施工降水未规定收费标准，2013 年 10 月 18 日电话咨询北京市水务部门时，接线人员回复目前未收费，建设工程施工降水优先用于混凝土养护、降尘、冲厕等，剩余部分施工单位应主动与园林、环卫和居民社区联系，用于周边绿化、景观及环境卫生用水。

2013 年 10 月 23 日，水利部关于修订《取水许可和水资源费征收管理条例》南片调研组来我省调研时，我们专门向调研组提出了建设项目基坑施工降水问题的立法和管理现状及存在问题。调研组组长、水利部水资源司水资源管理处处长王国新答复我们，目前建设项目基坑施工降水国家层面无立法，将在这次修订《取水许可和水资源费征收管理条例》时予以考虑，进行规范。目前，国务院未出台新的规定。

四、出现建设项目施工降水排放地下水的原因

（一）我市地下水资源管理保护工作的加强，地下水位逐年稳步上升。近年来，市水

利局严格实施最严格水资源管理制度，加强取水许可管理，普及计量设施安装，强化水资源费（南水北调工程基金）征收，协调法院加大欠费追缴工作力度，通过法律、经济、行政等手段，促进了全社会节约用水，市区地下水年开采量逐步下降，地下水水位逐年回升，市政府南市政广场观测井地下水位从 2006 年底的 16.13 米上升到 2013 年底的 11.82 米，年均上升 0.62 米。

（二）经济社会发展和集约用地要求，高层建筑不断出现。随着城市建设加快和集约用地的要求，我市东区出现了不少高层建筑，由于高层建筑需深挖基坑进行基础处理，地下水埋深浅，基坑中会出现地下潜水，为稳定边坡和底板混凝土浇筑，应当进行地下水降水处理，即抽排地下水，将地下水位稳定在底板下一定高度，才能保证施工安全和生产安全。

（三）个别建筑工地受外部环境影响，出现停工现象，排放地下水时间延长。在调查过程中，大多施工方表示正常的基础处理是 3 ~ 5 个月就可结束，停止排放地下水。但由于个别工地受资金和外部环境影响，出现了半停工或停工状态，延长了施工期，导致排放地下水时间相应延长。

五、围绕减少施工降水所做工作

在处理施工降水问题中，我局领导高度重视，亲自带队到施工现场调查研究，并数十次安排执法人员到现场调查处理，要求施工单位采取切实有效措施，减少水资源浪费，实现水资源综合利用。一是出台规范性文件，加强施工降水管理。我们联合住建部门，出台了《建设项目施工降水管理办法》，2014 年该文件正式实施，截至目前，该文件仍为全省唯一。市政府法制办对该文件进行备案审查后，认为目前国家和省均未出台法律和政策依据，要求我们慎重执行，以免因具体行政行为引发复议和诉讼。二是责令建设单位限期向水行政主管部门进行施工降水备案，并安装计量设施，对排水进行计量；对逾期不进行备案的个别单位，依法予以处罚和征收施工降水再利用水资源费。三是要求建设单位主动联系市政园林绿化部门，尽可能利用工地排放水源进行绿化灌溉和道路洒水降尘，合理利用水源。四是要求施工单位加快基础处理，缩短工期，减少施工降水，节约保护水资源。

六、意见和建议

项目建设与水资源合理利用的矛盾是水资源管理与执法实践中需研究和解决的问题。鉴于施工降水是在地下水埋深较浅的地方进行高层建筑不可避免的客观问题，且目前国家和省级层面未出台相关法律和政策规定，结合我市实际情况，我们建议：

（一）继续实施施工降水备案管理，最大程度利用排放的地下水。虽然施工降水管理法律依据不充分，但实行备案管理，水行政主管部门能及时指导建设单位科学设置排水井，加强计量管理，督促建筑工地利用施工降水用于工地洒水除尘、混凝土养护、工地冲厕和罐车清洗等，最大限度利用排放的地下水。同时，联系市园林局道路绿化管理站利用施工降水用于周边园林及道路绿化，提高水资源利用效率。

（二）督促建设单位缩短工期，减少地下水排放。与住建部门结合，督促建设单位科学合理安排工期，确定排放地下水时间，缩短施工期限，减少排放地下水。同时，我们将加强监督检查，在建设单位逾期不履行承诺时，适时启动处罚程序，争取实现经济发展与水资源保护两不误，促进最严格水资源管理制度在我市的实施。

（三）积极向上级反映，争取开征施工降水水资源费。目前省水利厅正在商省发改委、省财政厅研究提出建设项目施工降水水资源费征收标准，我们将积极向上级反映，将施工降水水资源费列入征收范围，通过经济杠杆促进水资源节约和保护。同时，我们还将积极向上级反映，在进行地下水管理和保护的政策研究和立法时，考虑地下水资源的稀缺性，通过行政、经济、法律等综合性措施，最大限度地保护地下水资源，实现水资源永续利用。

2015年3月30日

关于对《安阳市建设工程施工降水管理暂行办法》的法律审核意见

近年来，我市通过实施最严格的水资源管理制度，有效地促进了市区地下水的保护，区域地下水位稳步上升，尤其是安阳新区、高新区地下水位上升明显。随着城市框架拉大，房地产市场的发展，东区高层建筑大量出现，高层建筑地基的深开挖，排出了大量地下水，不仅造成了水资源的浪费，而且群众反映强烈。针对此类问题，国家层面既没有相关法律法规予以约束，河南省也未出台地方性政策进行规范。为此，市水利局借鉴北京市出台的相关规范性文件，结合我市实际，联合市住建局，在广泛征求水利、建设和法律专家意见和建议的基础上，印发了《安阳市建设工程施工降水管理暂行办法》（以下简称《办法》），现将该文件法律审核情况说明如下：

一、制定主体

《中华人民共和国水法》第十二条、《取水许可和水资源费征收管理条例》第四条、《建设工程安全生产管理条例》第二十六条、《河南省城市污水处理费征收使用管理办法》第四条规定了取（排）地下水应由水行政主管部门、建设行政主管部门负责监督管理。

二、制定依据和权限

依据《中华人民共和国水法》、《建设工程安全生产管理条例》、《取水许可和水资源费征收管理条例》、《河南省城市污水处理费征收使用管理办法》制定了《办法》，且根据上位法规定，市、县（市、区）水行政主管部门、建设行政主管部门负责施工降水的监督管理。

三、制定程序

首次，《办法》制定程序按照调研论证、公开征求意见、法制机构法律审核、机关负责人集体讨论完成。《办法》在起草时首先查询了我省及其他省份关于施工降水的处理办法；其次，《办法》征求意见稿先后征求了市政府法制办、建设行政主管部门、部分施工单位代表的意见。大家一致认为：在目前我国施工降水管理属于空白，各地管理模式互不相同，我市结合实际出台该文件很有必要。《办法》经水利、建设行政主管部门法制机构审核后，报市水利和住建部门主要负责人签署同意意见后印发执行，符合我市有关规范性文件制定的程序规定。

四、文件内容

《办法》涉及权利义务的内容有：文件第七条有关取（排）水备案的规定是依据《取水许可和水资源费征收管理条例》第四条第二款；文件第十条有关收费的依据是《取水许可和水资源费征收管理条例》第二十八条第一款征收水资源费、《河南省城市污水处理费征收使用管理办法》第三条第一款。

综上所述，我们认为《办法》制定依据充分，程序正当，内容合法适当，体现了国家实施最严格水资源管理制度的要求，填补了我市建设工程施工降水监督管理的空白，有较强的针对性和实用性，建议出台该办法，以切实保护地下水资源，促进我市经济社会可持续发展。

安阳市建设工程施工降水管理暂行办法

第一章 总则

第一条 为了保护地下水资源和环境安全，落实科学发展观，实现经济社会可持续发展，依据《中华人民共和国水法》、《建设工程安全生产管理条例》及有关法律法规，并结合本市实际情况，制定本办法。

第二条 在本市行政区域内进行各类工程的施工降水活动及其监督管理，适用本办法。

施工降水是指在建设工程施工过程中，采用管井、井点等方式取（排）地下水的施工措施。

第三条 施工降水应遵循保护优先、合理取（排）、取水有偿、综合利用的原则。

第四条 市、县（市、区）水行政主管部门及住房和城乡建设行政主管部门依据职责，负责对施工降水实施监督管理。

第二章 施工降水

第五条 建设单位或者施工单位应当优先采用连续墙、护坡桩+桩间旋喷桩、水泥土桩+型钢等帷幕隔水方法，隔断地下水进入施工区域。

第六条 因地下结构、地层及地下水、施工条件和技术等原因，使得采用帷幕隔水方法很难实施或者虽能实施，但增加的工程投资明显不合理的，施工降水方案经过专家评审并通过后，可以采用管井、井点等方法进行施工降水。

第七条 为保障建设工程地下施工安全，必须进行临时应急取（排）水的，建设单位或施工单位应当及时报县级以上地方人民政府水行政主管部门备案。

建设单位或施工单位备案时需提供施工降水方案，方案应当包含以下内容：

（一）工程所处场地地层分布、地下水分层情况及相互关系、周边环境条件；

（二）采用降水方法对施工安全和环境影响评估；

（三）不采用帷幕隔水方法的理由和依据；

（四）抽水量计算方法及预估总抽水量；

（五）抽水计量方法、仪器和措施；

（六）地下水综合利用措施；

（七）排水地点、周期；

（八）施工排水对周边影响及措施；

（九）降水结束后抽水井的封填措施。

第八条 施工降水方案由水行政主管部门在三个工作日内组织专家对施工现场进行指导。

第九条 施工降水方案指导内容：

（一）采用帷幕隔水方法不可行的依据和理由是否充分；

（二）施工降水对施工安全、环境影响评估是否合理；

（三）计算取（排）水量是否合理；

（四）降水综合利用措施是否合理。

第十条 采用管井、井点等进行施工降水的工程，施工单位应当安装取（排）水计量设施，并按有关规定缴纳水资源费。施工单位取水排入市政管网的，应当按照《河南省城市污水处理费征收使用管理办法》的规定，缴纳城市污水处理费。

计量设施宜选用明渠堰槽计量或电磁流量计。

第三章 监督管理

第十一条 采用管井、井点等进行施工降水的，取（排）水计量设施必须有效工作。

施工降水应当按照施工降水方案采取有效措施充分利用，防止污染地下水和地表水，减少资源浪费。降水应优先用于工地钢筋混凝土的养护、降尘、冲厕、工地车辆的洗刷等方面；剩余部分施工单位应主动与园林、环卫部门和居民社区联系，将其用于周边指定绿地、景观及环境卫生。

第十二条 监理单位应当对施工降水进行全过程监理，检查和督促建设单位和施工单位严格执行本办法和相关技术标准。

施工单位未备案采用管井、井点等进行施工降水的或者施工单位违反第十一条规定的，监理单位应当及时予以制止；施工单位拒不改正的，应当及时向水行政主管部门报告。

第十三条 建设单位、施工单位在施工中需要封填降水井的，在封填前向水行政主管部门报告；施工降水结束后水井必须全部封填。

水井封填必须在水行政主管部门的监督下按照施工降水方案进行封填，防止地下水受到污染。

第四章 奖励与处罚

第十四条 鼓励采用各种帷幕隔水技术和综合利用工地取（排）出的地下水。对严格执行本办法、自觉保护和综合利用地下水资源成绩显著的单位，由政府相关部门给予表彰。

第十五条 建设单位、施工单位、监理单位存在下列行为的，水利和住建行政主管部门依据有关法律法规进行处理：

（一）未编制施工降水方案擅自凿井进行施工降水的；

（二）取（排）水计量设施不能有效工作的；

（三）降水综合利用措施执行不到位的；

（四）违反《河南省城市污水处理费征收使用管理办法》有关规定的。

（五）未依法进行施工降水备案的；

（六）监理单位未履行监督职责的。

第五章 附 则

第十六条 本办法由市水行政主管部门和建设行政主管部门负责解释。

第十七条 本办法自 2014 年 1 月 1 日起实施。

临时应急取（排）水备案表

<table>
<tr><td>建设单位
（盖章）</td><td colspan="4"></td><td>法人代表</td><td></td></tr>
<tr><td>单位地址</td><td colspan="4"></td><td>备案日期</td><td></td></tr>
<tr><td>联系人</td><td colspan="2"></td><td>联系方式</td><td colspan="3">电话：　传真：
手机：</td></tr>
<tr><td>取（排）水
项目名称</td><td colspan="6"></td></tr>
<tr><td>取（排）水
项目地址</td><td colspan="6"></td></tr>
<tr><td>施工单位</td><td colspan="3"></td><td>施工单位地址</td><td colspan="2"></td></tr>
<tr><td>建筑
面积</td><td>m^2</td><td>日取
水量</td><td>m^3</td><td>日排
水量</td><td colspan="2">m^3</td></tr>
<tr><td>排水
去向
路名</td><td></td><td>排水
去向
管道
名称</td><td>□雨水管
□污水管
□合流管</td><td>申请取
（排）水
期限</td><td colspan="2">自　年　月　日
至　年　月　日</td></tr>
<tr><td>临时
取（排）水
处理措施</td><td colspan="6"></td></tr>
<tr><td colspan="7">施工临时取（排）水设施简图（可附页）：</td></tr>
<tr><td>备注</td><td colspan="6">《取水许可和水资源费征收管理条例》第四条规定：“下列情形不需要申请领取取水许可证：……（三）为保障矿井等地下工程施工安全和生产安全必须进行临时应急取（排）水的；（四）为消除对公共安全或者公共利益的危害临时应急取水的；（五）为农业抗旱和维护生态与环境必须临时应急取水的……。第（三）项、第（四）项规定的取水，应当及时报县级以上地方人民政府水行政主管部门或者流域管理机构备案；第（五）项规定的取水，应当经县级以上人民政府水行政主管部门或者流域管理机构同意。”</td></tr>
</table>

河南省发展和改革委员会
河　南　省　财　政　厅　文件
河　南　省　水　利　厅

豫发改价管〔2015〕1347 号

河南省发展和改革委员会　河南省财政厅
河南省水利厅关于调整我省水资源费征收标准的通知

各省辖市和直管县（市）发展改革委、物价局（办）、财政局、水利（务）局：

为利用价格政策促进水资源节约利用和水生态保护，根据国务院、省政府实行最严格水资源管理制度的要求和国家发展改革委、财政部、水利部《关于水资源费征收标准有关问题的通知》（发改价格〔2013〕29 号）等规定，经省政府同意，决定调整全省水资源费征收标准。现将有关事项通知如下：

一、水资源费征收范围

根据省政府第 126 号令《河南省取水许可和水资源费征收管理办法》规定，在本省行政区域内需要办理取水许可的用户，均应缴纳水资源费。

农业生产、农村居民生活(含农村集中式饮水工程供水)、再生水利用、抽水蓄能发电用水，免征水资源费。

二、水资源费征收标准

（一）城镇公共供水用户

全省城镇公共供水用户水资源费标准统一调整为：居民生活用水 0.5 元/立方米，非居民用水 0.4 元/立方米，特种行业用水 0.8 元/立方米。

（二）自备取用水户

划分为三个价区计征水资源费：一区为南阳、信阳、驻马店、平顶山、漯河、商丘、周口市和邓州、固始、新蔡、永城、汝州、鹿邑县(市)等；二区为开封、新乡、濮阳、安阳、焦作、鹤壁、济源市和兰考、长垣、滑县等； 三区为郑州、洛阳、许昌、三门峡市和巩义、灵宝市等。

1、自备取用地表水

（1）一般工商业等，一区 0.4 元/立方米、二区 0.45 元/立方米，三区 0.50 元/立方米。特种行业(洗浴、水上乐园、滑雪、高尔夫球场、洗车等)在上述标准基础上增加一倍计征。

（2）水力发电用水继续按现行 0.005 元/千瓦时执行；火力发电贯流式冷却用水调整为 0.005 元/立方米。

2、自备井取用地下水

开征建筑疏干排水水资源费，由建设单位缴纳。

自备井取用地下水具体分类、征收标准见附件。超采区在此基础上加收 30%。

（三）考虑到目前煤炭等采矿行业经营形势，暂缓开征采矿排水（疏干排水）水资源费。

三、水资源费征收方式

城市公共供水用户，由城镇供水企业在售水环节采用价外附加的方式代为征收；自备取用水户，由当地水行政主管部门在取水环节征收。

水资源费征收手续费，仍按现行 1%执行。

四、加强征收管理工作

各级水行政主管部门要采取切实有效措施，进一步增强责任意识，严格依法规组织征收；完善取水计量设施的安装、使用、管理，做到按量足额征缴；建立健全年度目标考核和月报通报制度，逐级报送征收工作进展情况，认真开展年度目标考核。要采取切实可行的监管措施，特别要加强自备井取水管理，严防偷采、超采地下水。对拒不缴纳或不足额缴纳水资源费的，应责令限期缴纳，逾期不缴纳的，申请法院依法强制执行。定期、不定期开展水资源费征缴工作的督促检查，对检查中发现的问题，责令有关市、县和责任人限期整改，对未按时完成整改任务的，在全省予以通报。

五、严格水资源费规范管理使用

要认真落实财政部、国家发展和改革委、水利部《水资源费征收使用管理办法》规定。各级水行政部门征收和城镇供水企业代征的水资源费，必须及时足额上缴，全额纳入财政预算管理，水资源费应专项用于水资源的节约、保护、管理和合理开发，任何单位和个人不得平调、截留或挪作他用。

六、减轻城镇低保对象负担

因此次水资源费标准调整而造成城镇低保对象增加的生活用水支出，由低保对象所在地相关主管部门在调整城镇居民最低生活保障补助标准时统筹考虑。

七、加强宣传引导

各地、各部门要充分认识深化资源性价格改革对实现经济社会可持续发展的重要意义，高度重视. 加强领导、制订方案，正面宣传引导，发挥好价格杠杆调节作用，增强全社会节约集约用水意识，切实推进节水型社会建设。

八、本通知自 2015 年 12 月 1 日起执行。

附件：自备井取用地下水具体分类与分区标准

河南省发展和改革委员会　　河南省财政厅　　河南省水利厅

2015 年 11 月 11 日

附件

自备井取用地下水具体分类与分区标准

单位：元/m^3

取水分类		一区		二区		三区	
		省辖（市）	县（市）	省辖市	县（市）	省辖市	县（市）
居民生活类	城镇公共供水管网覆整范围内	1.8	0.9	2.0	1.0	2.2	1.1
	城镇公共供水管网覆盖范围外	1.5	0.8	1.7	0.9	2.0	1
工商业及其他类	城镇公共供水管网覆篮范围内	2.3	1.1	2.5	1.2	2.2	1.3
	城镇公共供水管网覆盖范围外	1. 8	0.9	2.0	1.0	2.2	1.1
特殊行业(洗浴，洗车，水上乐园、高尔夫球场等)		6	4	8	5	10	6
特殊水质	矿泉水、地热水	8	5	10	6	12	7
建筑疏干捧水		按照相应地区“工商业及其他类”减半征收					
地盘空凋取水		省辖市 0.15，县 0.10					

注：超采区在上述标准基础上加收 30%

关于做好水事纠纷调处工作的思考

摘要：如何调处水事纠纷，是摆在水利工作者面前的重要课题。做好水事纠纷调处工作对推进水利改革、促进地方经济发展、维护社会稳定具有十分重要的意义。

关键词：水事纠纷、水事案件、水利工程、水法律

随着经济社会的快速发展，城镇化进程的加快，农业种植结构的变化以及群众对供水量和水质要求的不断提高，水资源供需矛盾不断加剧，由此引发的水源争夺、河滩抢占、堤岸乱建、河道乱毁、沟渠乱挖等水事矛盾、水事纠纷越来越突出，成为影响社会稳定和经济发展的一个不安定的因素。因此，如何调处水事纠纷，是摆在水利工作者面前的重要课题。做好水事纠纷调处工作对推进水利改革、促进地方经济发展、维护社会稳定具有十分重要的意义。

一、水事纠纷与水事案件的区别

首先要弄清楚什么是水事纠纷和水事案件。水事纠纷是在分享水利、防治水害或其他水事活动中发生的权益争端，直接影响他人的利益引起的一种纠纷。它是人类社会的一个基本矛盾。水事纠纷一般发生在水行政管理的薄弱环节，产生一定的负面社会影响，处理不好会带来严重的群体事件和社会问题，成为影响水利发展和社会稳定的重要因素。水事案件则是当事人未经批准擅自修建涉水建筑物或人为破坏各类水利工程，已经违反了《水法》、《防洪法》等水法规的规定，应当承担一定的法律责任；而水事纠纷不一定会形成违法行为。在调处水事纠纷时，一定要慎重，不能擅自作出水事纠纷处理决定，因为这里面有涉及到主体处理的问题。《水法》第五十七条明确规定：单位之间、个人之间、单位与个人之间发生的水事纠纷，应当协商解决；当事人不愿协商或者协商不成的，可以申请县级以上地方人民政府或者授权的部门调解。这说明就是政府授权水行政主管部门，而水行政主管部门只能是调解处理，无权作出水事纠纷的处理决定。

二、水事纠纷的类型

从引起水事纠纷的原因看，可以将水事纠纷分为因开发、利用水环境资源而发生的水事纠纷，因保护治理水环境而发生的水事纠纷，因管理水环境资源而发生的水事纠纷。因水量分配所引起的水量分配纠纷，因水资源引用所引起的引水事纠纷，因水污染所引起的水污染纠纷，因水土流失所引起的水土流失纠纷，因水工程所引起的水工程纠纷，因水环境资源保护工作所引起的水环境资源保护工作纠纷等类型。从引起水事纠纷当事人角度看，可以将水事纠纷分为个人与个人之间的水事纠纷，集体与集体之间的水事纠纷，个人与集体之间的纠纷等类型。从地域角度看，可以将水事纠纷分为国际水事纠纷和国内水事纠纷。在国际水事纠纷中，可以分为两国水事纠纷和多国水事纠纷；在国内水事纠纷中，可以分为一个行政区域内的水事纠纷和跨行政区区域的水事纠纷，一个流域内的水事纠纷和跨流域的水事纠纷等类型。

三、水事纠纷的成因与危害

引发水事纠纷的直接原因很多，有的是为了争夺水源，有的是为了抢占河滩岸地，有的是为了保护本方的土地、村落和其他财产而修建不利于对方的永久性工程，有的是为了保护本方土地、村落和其他财产而强行拆除对方的永久性工程，有的则是为了个人利益人为破坏泵站、涵闸等水利工程设施，造成水利工程的人为破坏，有的则是水污染和自然条

件变化及农业种植结构调整而引起水冲突事件。水事纠纷作为一种消极的社会现象，对社会总体上是有害的。水事纠纷的危害，从小处说，可以引起人与人之间的感情伤害和隔阂；从大处说，可能引起激烈的群体冲突，甚至造成人身伤亡和财产损失，造成不良的社会影响。

四、做好水事纠纷调处工作的意义

（一）做好水事纠纷调处工作是促进人水和谐的必然要求。

做好水事纠纷调处工作是检验地方政府和当地水行政主管部门化解社会矛盾能力的重要标志，是水利突发公共事件应急管理的重要内容，是促进人与人和谐、人与自然和谐和人与水和谐的必然要求。

（二）做好水事件纠纷调处工作是维护人民群众根本利益的必然要求。

水事纠纷的实质是权益争端，涉及人民群众的切身利益。在水事纠纷中，受害最直接、最严重的是纠纷各方的人民群众。维护人民群众的根本利益是水事纠纷调处工作必须始终遵循的重要原则。在调处水事纠纷时，地方政府应把人民群众的根本利益放在首位，让利于人民群众，切实解决人民群众最关心、最直接、最现实的利益问题，从而从根本上预防和解决水事纠纷。

（三）做好水事纠纷调处工作，是保障水利事业又好又快发展的必然要求。

一个地区、一个流域的水资源的治理开发是一个系统工程、上下游互为一体，左右岸唇齿相依，兴利除害相辅相成，只有全面规划、统筹兼顾、标本兼治、综合治理，加快水利发展，才能维护和谐的水事秩序。从近些年洪湖的治水实践来看，凡是水利规划比较符合乡镇、村场之间的实际，并按规划实施的水利工程项目，效益就比较好，纠纷也比较少。

（四）做好水事纠纷调解工作是依法行政、依法治水的必然要求。

国务院颁发的《全面推进依法行政实施纲要》强调：要大力开展矛盾纠纷排查调处工作，建立健全相应的制度，要积极探索预防和解决社会矛盾的新路子，对矛盾纠纷依法妥善解决。调处水事纠纷和矛盾是党中央、国务院赋予地方政府和各级水行政主管部门的一项重要社会管理职能和工作职责。因此，必须正确把握程序的严格性与处理水事纠纷或群体性事件紧急性之间的关系，统筹兼顾各方面的诉求，依法妥善协调各方面的利益，不断推动依法行政和依法治水进程。

五、调处水事纠纷的原则与对策

（一）坚持预防为主、预防调处相结合的原则。

任何矛盾和纠纷都有起源、有苗头、有进程。水事纠纷要防患于未然，加大从源头上预防和化解水事纠纷。水事纠纷随着时间的推移，如不能及时调处，矛盾激化到一定程度容易发生群体械斗等恶性事件，严重影响社会稳定，造成不良的社会影响。一般事件起因，往往是因为在水资源的开发利用过程中有权益争端，由于双方各自为了地方或个人利益，一时得不到很好的解决和沟通，时间一长，他们就会通过非法途径和过激手段达到主张自己权利和保护自己利益的目的。作为地方政府和水行政主管部门对这种行为，一定要提前介入，及时处理，预防事态的扩大和事件的恶化，所以调处水事纠纷的最有效办法就是积极预防，及时处理、及时沟通，并通过行政措施、经济措施、法律措施以及工程措施等多管齐下，使水事纠纷达到根本解决。

（二）建立健全两个机制。

一是建立健全以地方为主，条块结合的水事纠纷调处机制。维护一方平安是地方党委、政府的重要责任。《水法》规定，不同行政区域发生水事纠纷的，应当协商处理，协商不成的，由上一级人民政府裁决，有关各方必须遵照执行。多年实践证明，政府负责、部门配合，齐抓共管，形成合力，是做好水事纠纷调处工作行之有效的方法。二是建立健全水事纠纷调处问责制。地方政府的党政一把手是水事纠纷调处工作的第一责任人，分管水利工作的县市、乡镇负责人是水事纠纷调处工作的具体责任人，一旦发现水事纠纷事件，其责任人要在第一时间赶赴现场协调处理。凡是对水事纠纷调处不力，或者不作为，延误时机、组织不力导致矛盾激化升级，引发群体水事件，影响社会稳定的责任人要按党纪、政纪、法纪严肃追究责任人的责任，该免职的要免职，该调离岗位的要调离岗位，该刑拘的要刑拘，确保水事纠纷调处问责制的严肃性、权威性。

（三）建立重大水事纠纷应急处置预案。

为了妥善调处重大水事纠纷，维护社会稳定，保障经济社会顺利发展，根据《水法》、《防洪法》等有关法律法规，各地应制定重大水事纠纷预案，组建工作机构、指挥机构，确定应急保障部门，按先期处置、预案启动、应急措施、纠纷处理等程序进行运作，确保一旦出现重大水事纠纷时，信息准确，快速反应，果断决策，迅速处置，防止事态扩大，最大限度地减少因水事纠纷冲突导致的危害性和影响性。

（四）实行奖惩制度。县市水行政主管部门应与乡镇、流域、村场签订水事纠纷调处工作责任书，明确调处职责、范围、内容，责任人，建立村场水政信息反馈制度，聘请水政信息员，实行县（市）、乡镇、村场三方联合监督打击水行政违法事件。对保护水资源、保护水工程、保护水环境抓得好的乡镇、村场要在中小型农田水利建设项目上优先考虑，优先安排；对那些热爱水利事业、熟悉水事纠纷调处工作，威信高、作风正、责任心强的水政信息员要在经济上给予奖励，或者为他们买医疗保险，买人身保险，使他们更加热衷于水利工作，积极当好农村水政信息员，当好水利部门的“耳目”，为有效预防、调处水事纠纷工作服务。

（五）实行调处人员正确定位。

调处水事纠纷要坚持原则，克服意气用事，做到客观公正，不枉不纵。一要遇事冷静分析，用自己的眼睛看问题，不偏听不偏信，在客观求实的基础上，得出符合实际的结论；二要把党性原则放在最高位置上，支持正确的，反对错误的，坚持按原则办事，不为小团体的意气所左右，不以个人好恶“断案”；三要明辨是非，坚决处理违纪违法的人和事，特别是对那些借机发难，制造事端，触犯刑律的要坚决依法查处。对自己一方发生的违法行为更要“大义灭亲”，敢于查处，不护短、不手软、不包庇、不纵容，通过正常手段，合理、合法程序解决矛盾调处纠纷。

（六）加强调处人员自身建设。

水事纠纷的突发性、复杂性和调处工作中的政策性，要求调处水事纠纷的工作人员必须具有较高的素质。第一，要有高度的政治责任感、敏锐性，把调处水事纠纷当作政治任务来抓，把保稳定、保发展、保民生贯穿调处工作始终。第二，要懂政策、守纪律，坚决贯彻党和政府的意图，把上级组织的要求落实好。要依法办事，不要乱拍胸脯、乱许愿、乱表态，更不要无故挑起事端。第三，敢于负责、吃苦耐劳、勇于奉献。第四，要创造性地工作，抓住根本、化解争端、调解纠纷。

（七）进一步加强组织领导。

县市级人民政府要明确水利局、乡镇水管站是水事纠纷调处工作的专门机构，县市水利局局长是调解水事纠纷的部门第一责任人。县市水利局要确定水政执法大队是调处水事纠纷的工作专班，指定专门领导负责力抓水事纠纷调处工作，并将调处工作的任务和责任层层分解，形成一级抓一级，层层有人管的工作格局。

（八）切实加强水法规学习宣传。

从发生水事纠纷的地方来看，群众对水法规的了解还不够，或者说是法盲。由此可以看，出水法规的宣传还有死角。因此，水法规的学习宣传是一项长期而艰巨的任务。要从学习宣传水法规入手，引导群众正确处理个人利益与集体利益、局部利益与整体利益、当前利益和长远利益的关系，引导群众以合理、合法的方式表达利益诉求，解决利益矛盾，坚决纠正各种损害群众利益的行为，最大程度地维护好人民群众的合法权益。

安阳市水源井管理规定

为有效保护地下水资源，规范水源井取用水管理，防止水源井因管理不善对地下水造成污染，促进地下水资源的可持续利用，特对水源井管理规定如下：

一、管理范围

本规定包括公共供水管网覆盖范围内未封闭的水源井、管网外水源井和地温、地热井。

二、管理内容

取水许可、用水计划、计量设施、水资源费征收、水平衡测试和水质监测等内容。

三、管理要求

（一）有条件的水源井要有井房，没有条件的要有井台，无井房的要加井盖。井房结构及尺寸，应便于机泵安装、机井清淤维修和管理。井台应高出井口地面至少 20cm，其具体高度应能防止雨水、污水流入井内；井口周围采用防污水渗透结构，并应保持卫生清洁，不得堆放杂物。井台周围 20～30m（生活用水井 50 米）内无厕所、粪坑，垃圾堆、畜圈、渗水坑等。

（二）严禁将泵座直接坐落在井壁管上，水源井应安装计量设施，计量设施应安装规范并在距井口 2m 之内（地温空调井在抽水、回水井口分别安装）。井盖上要预留观测孔，方便测量地下水位。水源井应分层止水，井管及输水管道材质环保耐用。

四、地温、地热井管理要求

（一）日常管理

1. 结合地温空调的使用规律，地温空调分为冬夏两个使用周期。夏季周期为 5 月 15 日至 9 月 15 日，冬季周期为 11 月 15 日至次年 3 月 15 日。因天气、工作等原因需要提前或延时使用的用水单位，可向水行政机关提出书面申请，经水行政主管部门同意后使用。

2. 用水单位在每个使用周期前 7 个工作日向水行政主管部门提交书面启用申请，水行政主管部门自接到申请之日起 3 日内进行检查验收，验收合格后方可启封使用。

3. 每个周期结束后，取水单位应立即申请水行政主管部门封停，水行政主管部门应在接到申请后 3 个工作日内采用铅封等措施对其取水设施进行封停。严禁用水单位在封停取水设施期间启用地温空调或取用地下水转供他用。

（二）水质、水温监测

1. 新建地温空调单位应在成井后立即采集水样进行水质、水温的监测，监测结果应附于竣工报告中，报水行政主管部门存档备查。

2. 地温、地热井实行长期监测制度。地温空调用户应在运行期间每旬对水温、水位进行检测，每年在运行初期（运行开始 15 日内）和运行后期（运行结束前 15 日内）按相关的水质标准对抽、回灌水进行水质分析；地热井用户应在运行期间按相关的水质标准对抽、排水进行水质分析。水质分析应在水行政主管部门监督下由地温空调、地热井用户委托有地下水环境监测资质的单位进行，检验报告报水行政主管部门存档备查。

3. 水质监测结果应表明是否对该区域水质造成污染，监测结果不符合要求的水行政主管部门应立即责令用水单位停用。

（三）防污保护

1. 地温空调取、退水设施需设立明显的警示标志，派遣专职人员对取、退水设施进行管理和保护，防止出现破坏、污染地下水资源的行为。

2. 地温空调取、退水井口使用铁板盖压加锁封闭，井盖四周须使用橡胶圈进行密闭，严防污水回灌，并防止破坏取、退水设施，严防公共安全事故的发生。

（四）其他管理参照《安阳市城市规划区地温空调、地热井取用水管理暂行办法》执行。

五、因保护措施不当造成地下水污染的，申请环境保护主管部门按照《水污染防治法》的相关规定进行防治和处理。

安阳市边界水事纠纷预防调处工作的思考

关键词：水事纠纷；依法治水；预防调处；奖励机制

摘要：目前，安阳市省际、市际水事纠纷工作已由过去单一化逐渐向多元化转变，形成了点多、面广、线长的特点，由原来的仅牵涉漳河左、右岸的河北、河南两省到现在的牵涉到漳河上、中、下游和河南、河北、山西三省；由原来的单一漳河水事纠纷增加了现在的淇河水事纠纷；由原来仅牵涉的水量分配问题到现在的擅自修建水工程问题。

安阳市地处河南省最北部的晋、冀、豫三省交界处，漳河流经三省边界，涉及林州和安阳两县（市），水事纠纷问题突出。汤阴县南与鹤壁市相邻，引淇入琵水事纠纷不断。现将2005年以来安阳市省际、市际边界水事纠纷现状、预防调处工作开展情况和取得的成效、存在问题、经验做法和建议总结思考如下。

一、安阳市省际、市际水事纠纷现状

目前，安阳市省际、市际水事纠纷工作已由过去单一化逐渐向多元化转变，形成了点多、面广、线长的特点，由原来的仅牵涉漳河左、右岸的河北、河南两省到现在的牵涉漳河上、中、下游和河南、河北、山西三省；由原来的单一漳河水事纠纷增加了现在的淇河水事纠纷；由原来仅牵涉的水量分配问题到现在的擅自修建水工程问题。在工作实践中，我们坚持日常排查和纠纷化解工作相结合，发现纠纷苗头，及时与地方党委政府及河道主管部门进行通报和协调，将水事纠纷化解在萌芽状态，化解在基层。对我们协商不成和解决不了的问题，立即向上级反映，通过上级的协商和沟通，维护了省际和市际水事秩序稳定，实现依法治水、团结治水。自2005年以来，漳河和淇河水事秩序基本稳定，但局部冲突时有发生。

二、预防调处水事纠纷所做的工作和取得的成效

（一）漳河水事纠纷

漳河属海河流域漳卫南运河水系的一级支流，分清漳河和浊漳河两条主要河流，两河在河北省涉县合漳乡汇合后始称漳河。漳河在山西、河南、河北三省桥以下河段为河北省与河南省的界河，漳河流经安阳与邯郸两市边界长71千米，涉及林州和安阳两县（市）3个镇16个行政村1.4万人1.25万亩耕地。其中，林州市境内30千米，涉及任村、东岗两镇9个行政村1万人9000余亩耕地；安阳县境内41千米，涉及都里镇7个行政村4000人3500亩耕地。

历史上，漳河水事纠纷频发，上级领导倾注了大量心血和汗水。自2005年以来，在上级的关心、支持和帮助下，在市、县水利部门的共同努力下，在沿河乡镇、村庄干部群众的支持下，漳河上游水事秩序基本稳定，区域团结治水、共谋发展的局面初步形成。安阳市漳河上游地区没有发生一起到海委和水利部及省水利厅上访的漳河水事纠纷事（案）件，受到了海委及漳河上游管理局的肯定。但稳定的基础是脆弱的，该区域水资源紧缺的现状并未改变，其间出现的一些新问题如山西省在漳河上游违法修建水工程，涉及全流域水资源的调配等问题，对地处漳河下游的安阳市水资源配置影响重大，必须引起高度重视。

1. 积极参与，与河北省联合暂时制止了山西省在浊漳河上修建吴家庄水库。早在2003年，山西省就以国家能源基地急需水源为名，多次酝酿在长治市黎城县境内的浊漳河干流上游建设吴家庄水库。该水库控制流域面积9410平方千米，总库容3.61亿立方米，兴利

库容 2.11 亿立方米。水库一旦建成，势必造成漳河下游水资源更加紧缺，加剧漳河干涸、断流局面，使漳河十分脆弱的生态环境进一步恶化。同时，对下游四大灌区（红旗渠、跃进渠、大跃峰、小跃峰）以及岳城水库引蓄水造成严重影响。对此，河南、河北两省反映强烈，各级政府高度重视，河南省、市、县三级政府及水利部门，采取多种形式以文件、传真、亲赴上级机关、海委、水利部汇报等向上反映情况，引起了各级领导的关注。2008 年全国“两会”上，来自河北的 31 名全国人大代表联合提交议案，强烈要求国家有关部门不予批准山西省吴家庄水库立项。同时，邯郸、安阳两市委托河北工程大学对山西修建吴家庄水库进行专题评估，利用科学依据，有理有据否定修建吴家庄水库。由于河南、河北两省的极力反对，目前该工程前期工作处于暂停状态。

2. 积极反映，制止山西省违法在浊漳河上游修建溯头水电站和辛安泉供水改扩建工程。2011 年，未经海河水利委员会批准，山西省违法擅自在平顺县辛安泉下游北耽车河段，规划建设溯头水电站，同时开工建设辛安泉供水改扩建工程。溯头水电站距下游红旗渠首 18 千米，总库容 425 万立方米，形成水面 0.571 平方千米，取水规模为 12 每秒/立方米（大于浊漳河年平均流量），水电站装机容量 1200 千瓦（3×400KW），年利用小时 3642h，按天计算超过 151 天；辛安泉供水改扩建工程位于溯头水电站拦河坝上游 300 余米处，距河床高差 30 余米。输水洞采用拱形设计，宽 2 米，高 3 米，输水洞总长 6000 余米，设计取水流量为 5 每秒/立方米，年提水 1.58 亿立方米，主要向长治、壶关等县区供水。该工程一旦建成，安阳市用十余年心血修建的红旗渠和跃进渠将无水可引，工农业生产和人畜用水将受到严重损失。对此，林州和安阳市委、市政府高度重视，积极向省水利厅、漳河上游管理局和海委以及水利部等上级部门进行及时汇报，海委两次下达停工通知，三次召开协调会进行论证，并形成了会议纪要。溯头水电站工程水资源论证初步通过，但辛安泉供水改扩建工程既未进行水资源论证，又未办理取水许可手续，却一直在违法施工，严重影响漳河上游地区水事秩序稳定。目前，安阳市、县两级正在密切关注事态发展，并积极向上级反映，强烈要求制止山西省违法在浊漳河上游河道建设违法水工程。20××年 12 月 23 日，组织安阳、邯郸两市部分全国人大代表对漳河上游水资源状况进行了调研，准备明年全国“两会”人大提出议案，争取制止提水工程建设。

3. 全力以赴，妥善处理了山西省长治市天脊煤化工集团公司苯胺泄漏事件造成漳河水污染对安阳市的不利影响。2012 年 12 月 31 日，山西省长治市天脊煤化工集团公司苯胺泄漏事故发生后，我市及时采取应急措施进行拦截过滤，污染事故发生后积极采取应对措施：一是启动应急预案，紧急通知市第五水厂停止引用岳城水库地表水饮用水源，启用市区地下水应急备用水源，保证了安阳市区饮水安全；林州市和安阳县沿河乡镇村庄召开了紧急会议，加强宣传，禁止群众捡拾河道内的死鱼，一定时间内集中向群众送水，停止将漳河水作为生活饮用水水源供应，保证了沿河群众饮水安全。二是积极向海河水利委员会、省水利厅、漳河上游管理局汇报，并按照市政府应急办和市环保局应急办要求，自 20××年 1 月 7 日至 2 月 28 日，每日上报安阳市水利工程引蓄水情况；三是购置活性炭在赵家河电站引水渠口上游一拱桥处筑活性炭坝一座；配合市环保局、安阳县善应镇镇政府在南海库区投放活性炭 300 吨（运至南海水库待投活性炭 400 吨），以吸附库底水体苯胺污染；四是配合市环保局对监控断面提取水样 500 余点次；五是抽调水利专家和水文专家，在环保局现场办公，及时沟通协调水污染处理中遇到的水利方面问题，并组织召开专家会议，实地勘察，确定下一步拦截污染带筑坝位置。六是向漳河上游管理局上报了《安阳市水利局关于处置漳河上游突发性水污染事件跨区域调水的紧急请示》（安水〔2013〕9 号），申请漳河上游管理局组织调水稀释污染团。在环保监测数据显示引水水质正常的情况下，1 月 17 日红旗渠开始引水。5 月中旬，经水质监测和专家鉴定后，报安阳市“12 · 31”事件应急处置工作领导小组批准，于 5 月 18 日上午 8 时恢复从岳城水库引用生活供水水源，开始向安阳市第五水厂生活供水，保证了市区饮水安全。

4. 全力争取，漳河上游管理局与邯郸、安阳三方签订了《浊漳河水量分配意见（试行）》，缓解了安阳市跃进渠引水困难。安阳县跃进渠地处漳河四大灌区下游，由于涉及跨省水事关系协调，长期引不到应分水量。市水利局高度重视跃进渠引水工作，以邯郸市建设黄龙口隧洞工程宗征求安阳市意见为契机，抢抓机遇，乘势而上，历时 11 个月，经 30 余次艰苦协调和座谈，数十次修改分水意见，最终达成了《漳河水量分配意见（试行）》，并自 2012 年 5 月 1 日起正式实施。截至 2013 年 11 月底，跃进渠共引水 8000 余万立方米，达到了近十年来的最大值，分水问题得到了较好的落实。2013 年安阳市人大常委会将该建议列为年度重点建议要求办理好，在重点建议评议会上，代表满意率为 97.4%,顺利办结此议案。

5. 积极协调漳河引水水费问题，解决了基层水利单位困难。2012 年夏，在水利部矫勇副部长、省政府刘满仓副省长的重视下，安阳市政府大力协调林州市和安阳县政府，将漳河引水水费列入了县级财政预算支出，为我市漳河引水提供了资金保证，解决了红旗渠和跃进渠两个基层水利单位的困难，妥善处理了用水单位与漳河上游管理局的关系，实现了安阳市漳河正常引水，受到了水利部和海委领导的高度评价。

6. 积极指导沿河 5 个水电站，办理了水利部海委颁发的取水许可证，实现了依法取水。2007 年 4 月，按照水法律法规规定，配合漳河上游管理局依法为任村镇卢家拐水电站、木家庄水电站、东岗镇南天门水电站、都里镇张各台水电站、东岭西水电站办理了取水许可证，实现了安阳市漳河水能资源的依法开发利用。

7. 及时反映，有效制止道路等工程建设对漳河上游水工程的危害及影响。2010 年 4 月初，山西省壶关县私建水库对下游弓上水库蓄水构成影响，以及安阳至长治高速公路乱弃碴对下游马家岩水库构成淤积隐患等，我们及时以文件形式向上级反映，并多次配合省水利厅及上游局领导深入现场查看，引起各级重视，有效地制止了违章施工，并采取了补救措施。

8. 切实加大了投入，改善了沿河村庄的道路交通等基础设施，造福沿河群众。安阳县、乡政府通过努力，基本完成了沿漳河 7 村的水泥道路建设，方便了群众出行；安阳县政府通过新农村建设，对生存条件恶劣的都里镇盘金垴村实施了整体搬迁，切实改善了群众的生活和生产环境。

9. 先后指导和协调林州市水务局妥善处理与山西省平顺县、河北省涉县相邻村庄的道路建设、护地坝建设、抗旱引水、回水淹没等水事纠纷 10 余起，维护了边界地区水事秩序稳定。

10. 先后指导和协调安阳县水务局妥善处理与河北省磁县相邻村庄的水电站建设、道路建设、引水渠建设、护地坝建设、抗旱引水、回水淹没等水事纠纷 12 起，维护了边界地区水事秩序稳定。

（二）淇河水事纠纷

琵琶寺水库位于汤阴县境内，总库容2100万立方米，设计灌溉面积5.3万亩，主要水源是淇河水和少量的当地雨水汇流。由于水库取水口位于鹤壁市境内，引水事纠纷由来已久。早在1991年，省政府办公厅就印发了《河南省人民政府办公厅转发省水利厅关于解决淇河水事纠纷的报告的通知》（豫政办文〔1991〕157 号），明确了解决纠纷的原则、引水的具体时间和上游南山水电站发电时间、引水口管理和检查监督机构，纠纷得到了缓解。但由于协调难度大，文件至今未得到较好的贯彻落实。2006年，鹤壁市对引淇入琵进口段河槽进行了人为改造垫高，致使淇河正常水量无法进入引水口。2008年，位于引淇入琵洞口上游的盘石头水库建成并落闸蓄水，平时泄水被南山水电站发电引走，致使琵琶寺水库长年无水可引，不但对汤阴县农业生产造成了严重影响，而且使水事矛盾进一步加剧。

2009年8月和2012年6月，汤阴县水务局先后两次向市政府和市水利局反映引淇入琵受阻情况，根据市领导意见，市水利局及时明确专人，多次与鹤壁市水利局和盘石头水库建管局进行沟通协调，请求帮助解决抗旱水源问题。在协调未取得明显进展的情况下，市水利局先后两次向省水利厅报送了《安阳市水利局关于解决琵琶寺水库引水灌溉的请示》（安水〔2009〕139号）和《安阳市水利局关于转呈汤阴县水务局关于引淇入琵受阻情况的请示》（安水〔2012〕65号），并直接向省厅主管副厅长和水政水资源处负责人进行专题汇报，虽取得了阶段性成果，但效果不明显。同时，市委常委、市政府副市长葛爱美，市政府副秘书长任法香也数次与鹤壁市政府有关领导联系协商，2012年引淇入琵工程从淇河引水1000余万立方米，将水库蓄满，为琵琶寺灌区工农业提供了水源保障。2013年8月，经安阳、鹤壁两市政府协调，琵琶寺水库先后两次从淇河引水，目前正在引水。

二、水事纠纷预防调处中存在的问题

（一）山西省在漳河上游违法修建水工程得不到制止。漳河流经晋冀豫三省，山西省在漳河上游，河南、河北两省在下游隔河相望。由于本地区水资源短缺的局面无法改变，要实现区域团结治水，就必须依法治水。水法规和政策规定，在河道上建设取水工程必须进行建设项目水资源论证，并办理取水许可申请，批准后才能施工。但山西省地处漳河上游，在本省区域河道上建设取水工程，不顾下游用水需求，即使在海委下达停工通知的情况下，仍然边报批边建设，或者直接未批先建，留下了巨大的社会稳定隐患。

（二）《浊漳河水量分配意见（试行）》有效期为1年（2012.5.1—2013.4.30），目前未出台新的分水方案，影响跃进渠引水。2012年4月30日，安阳市水利局、邯郸水利局在漳河上游管理局的协调下，达成浊漳河分水量分配意见，安阳县跃进渠与涉县白芟渠实行轮灌，当年跃进渠引水量得到较大改观。2013年5月之后，涉县方面以分水方案到期为由，阻挠分水方案的实施，使得跃进渠引水工作再次困难重重。

（三）淇河分水会议纪要执行不力，汤阴县用水权益得不到保障。1991年，省政府办公厅就印发了《河南省人民政府办公厅转发省水利厅关于解决淇河水事纠纷的报告的通知》（豫政办文〔1991〕157 号），明确了解决纠纷的原则、引水的具体时间和上游南山水电站发电时间、引水口管理和检查监督机构，纠纷得到了缓解。但由于协调难度大，文件至今未得到较好的贯彻落实。近年来的引水，主要靠领导之间的私人关系来协调，实行阶段性放水，未从机制上解决引水问题。

（四）省际、市际边界地区普遍经济落后，在资金和项目上需大力支持。省际、市际边界地区大多地处偏僻、基础设施差、经济落后，为改善群众的生产和生活条件，帮助群众脱贫致富，需上级在资金和项目方面持续给予支持帮助。

三、预防和调处水事纠纷的经验做法及建议

（一）解决水事纠纷的经验做法

1. 依法治水团、结治水是解决水事纠纷的正确指南。

在边界水事纠纷和冲突中，受损害最直接、最多的还是当地人民群众。作为代表着一方人民群众根本利益的地方党委和政府，必须从人民群众的根本利益出发，坚持依法治水，从团结的愿望出发，着眼大局，着眼长远，积极主动，率先做出顾全大局、促进团结的行动，以真诚感化对方，取得理解和一致，最终化干戈为玉帛，使双方群众走上安居乐业、共同富裕之路。

2. 地方党委、政府和有关部门走访联谊、沟通交流，是营造良好氛围、解决边界水事问题的关键。

实践证明，边界地区的党委、政府平时多联系，遇事早沟通，将群众的意愿反映出来，尊重历史状况，考虑现实因素，遵守国家法律、法规和政策，互谅互让，并各自做好群众的工作，就能够有效地化解矛盾。积极开展走访联谊活动，建立起融洽、和谐的氛围，不仅可以及时发现双方发生纠纷、冲突的苗头，以便迅速采取措施，将矛盾解决在萌芽状态。即使是历史遗留问题和当前存在的较大矛盾，也可以求同存异，搁置争议，使矛盾在共同利益和互相支持中逐步化解。

3. 加大投入力度，加快边界河流的治理步伐是改善当地群众生存环境、解决边界水事纠纷的核心。

漳河上游两岸经济落后，纠纷多。为从根本上解决纠纷，实现长治久安，各级政府和部门应加大投入，加快对漳河的治理。近年来，省、市政府高度重视，加大了资金投入，建起了较为完整的护村护地坝,赢得了群众的好评，为团结治水奠定了一定的基础。

4. 认真贯彻有关文件和协议规定，坚决服从河道主管部门的协调与领导是维护边界水事秩序、解决边界水事纠纷的基础。

对已经形成的国发〔1989〕42 号文件、“1.13”协议、《漳河治理规划》、“7.9”协议等一系列文件和协议，应不折不扣地贯彻执行。凡已落实的应坚决维护，未落实的应限期落实。对流域主管部门和省、市政府及水利部门的意见和作出的决定，都必须执行。

5. 加强对干部群众的法制教育，严厉打击违法犯罪活动是维护边界地区安定、解决边界水事纠纷的重要措施。

长期的边界纠纷，使沿岸干部群众认识到，纠纷严重影响沿岸群众正常的生产生活秩序，给当地经济造成巨大损失，导致贫穷落后。应进一步加大法制宣传教育力度，教育广大干部群众增强法治观念，依靠法律、依靠政府、依靠组织解决问题，严禁各种过激行为。公安部门要严厉打击破坏水利工程等各种违法犯罪活动，切实维护边界安定。

6. 保持边界地区的持续稳定，是各级党委、政府做好边界水事工作、解决边界水事纠纷的长期任务。

只有各级领导给予足够重视，才能够有效解决漳河水事纠纷，保证漳河上游地区安定团结。过去的经验教训告诫我们，做好边界水事工作不能只满足于一时一地的成功实践，不能期望毕其功于一役。做好边界水事工作，既是一项系统工程，也是一项复杂的长期任务，应当未雨绸缪，防患于未然。边界地区多年来形成的感情隔阂和情绪对立决不是一次、几次工作就能消除的。对此必须有清醒的认识和足够的思想准备，及时发现引发纠纷的苗头，不断研究解决问题，通过加强思想政治工作，增强沟通和交流，按照规划加快建设有关水工程，才能常抓不懈、长治久安。

（三）意见和建议

1. 积极向水利部和海委反映，及时制止山西省新建辛安泉供水改扩建工程，防止发生新的水事纠纷。

2. 加快出台《漳河上游水资源规划》和《分水方案》，确定各省取水总量分配指标。上述工作完成前，严禁修建涉及漳河的蓄、引、提水工程，以维护漳河区域水事稳定，保障沿漳群众用水权益，促进漳河区域社会经济协调发展。

3. 向上延伸漳河上游管理局管理权限（目前管理权限仅为河北、河南漳河段），对三省境内漳河实行统一规划、统一治理、统一调度、统一管理，落实漳河水量分配方案，及时解决漳河突发水事纠纷，保持水事秩序稳定。

4. 建立引淇入琵长效机制，维护淇河水事秩序稳定。由省政府主持召开安阳和鹤壁两市政府及水利部门参加的协调会，结合新情况，修改完善豫政办文〔1991〕157 号文件，落实工程措施，做到有坝引水，落实盘石头水库每年向琵琶寺水库的分水量，并在引淇入琵洞口安装计量设施，实现计量引水。

5. 继续加大对省际、市际边界水事纠纷的资金投入，在漳河沿漳村选定水事矛盾纠纷信息和调解员，给予一定津贴，发挥其专职作用；建立奖励机制，对一定时期内做好化解矛盾和调解纠纷工作优秀的乡、村予以一定的奖励，以调动其工作积极性、主动性。

安阳市封闭市区自备水源井的主要措施及对策

摘要：本文总结了安阳市封闭市区自备水源井所采取的主要措施，分析了封井取得的成效，查找了封井中存在的突出问题，提出了下一步市区封井的建议和对策。

关键词：自备水源井；封闭；措施；对策

1. 市区封井基本情况

安阳市地处豫北，降水时空分布不均，水资源缺乏。全市多年平均水资源量为 16.40 亿立方米，人均水资源占有量 322 m^3，仅为全国平均水平的 14%。其中，地下水资源供水量占总量的 80%，为安阳市的主要供水水源。长期以来，为满足城市生活、生产和农业灌溉的用水需求，不少企事业单位及居民使用自备水源井，致使地下水长期处于超采状态，开采漏斗面积不断扩大，市区地下水埋深局部已超过 40m，造成了较为严重的水位降落、漏斗区等环境问题。

2005 年 3 月，市十一届人大二次会议提出了“关于合理利用和保护我市水资源的议案”，安阳市作出了封闭城市规划区内自备水源井的决定。几年来，在市政府的高度重视下，安阳市水利部门按照先供水、后封井、一井一策稳定推进的原则，投入大量的人力、物力、财力，克服协调难度大、抵制情绪强等因素，共封闭市区自备水源井 280 眼，有效地遏制了市区水资源超采的势头，维护了良好的水势秩序，为安阳市经济社会可持续发展提供了有力的水资源保障。

2. 采取的主要封井措施

2.1 加强对市区封井工作的组织领导

安阳市专门成立了由主管副市长任组长，相关局委一把手为主要成员的安阳市封闭自备水源井工作领导小组，领导小组下设办公室，地点设在市计划节约用水办公室，负责日常工作组织，并抽调精干力量充实到封井工作中，按照行照区域划分封井具体任务，实行目标到人，责任到人。

2.2 加强市区自备水源井封闭宣传力度

安阳市水利部门在详细普查市区水源井工作的基础上，在安阳日报上发布了《关于封闭市区地下水源井公告》，公示即将封闭的单、双水源井单位及井数；同时，向取用水单位及个人下达限期封填市区自备水井的通知，对其进行积极的宣传，争取理解和支持，为封井工作营造良好的社会环境。

2.3 严格水资源论证管理

根据市政府《关于加强公共供水管网覆盖范围内水源井封闭工作有关问题的会议纪要》要求，在封井过程中，针对因生产工艺、流程对水质、水温的要求专业性强，工艺复杂，且涉及行业多，需要提出保留水井申请的制药、化工、铁路、园林、医院等行业单位，特请市科技局牵头专门组织专家对提出申请保留水井的单位是否保留进行集中论证，为我市管网内水源井的封闭工作提供了科学的技术依据。目前，经水资源论证和政府审定予以保留的自备井共计 13 眼，其余的均已分批分组逐一全部封闭。

2.4 细化取水审批管理程序

加强自备井管理，严格实施取水许可制度，控制水井审批。制定了《安阳市关于取水许可办理、自备井封闭程序》，通过细化水资源论证制度的工作程序，对自备井封井流程提出具体要求，建立规范、有序的取水秩序。目前，在取水许可审批上从未批准过公共供水管网内一眼新水井取水，在源头上有力地制止了地下水源井的开采。

2.5 加强水行政执法工作力度

近年来，安阳市在全市相继开展了深化水资源专项整治工作，深化专项执法检查。市水利局与公安局专门成立了联动执法办公室，规范与检察院、法院、法制办等单位的行政处罚案件的备案制度。在日常执法中，坚决封闭无证擅自取水井和未经水行政审批擅自修建的水井，先后共封闭水井 50 余眼。

2.6 增加境外地表水的利用量

2009 年 5 月，市水利局与海委岳城水库签订了年供水 1.6 亿立方米的协议，利用现有的漳南灌区、第五水厂、鑫源引供工程加大对岳城水库水源引用的力度，通过积极拓展对安钢及殷都工业园区的中联、新普钢铁公司地表水供水工程，增加工业供水量，引水管线覆盖范围内工商企业生产进行地下水的置换，新增工商企业生产用水必须使用地表水；加大对市区上游万金、幸福灌区农灌力度，走城内用水城外补的道路。

3.封井取得的成效

3.1 促进了地下水减采、地下水位回升

通过坚持封闭水井，严格取水许可，加强取水计量、水资源费征收和计划节约用水等工作，使市区自备水源井取水量由 2004 年的 2745 万立方米下降至 2012 年的 1638 万立方米，有效地促进了地下水的减采。据监测，2006 年 12 月到 2012 年 12 月，市区地下水位共回升 4.43m，基本实现了地下水量减采并逐年回升的目标。

3.2 水务公司供水量明显增加

安阳市采取了一系列工程措施和非工程措施，市区地下水源井开展普查工作、封闭工作及城镇节水等工作，使水资源使用状况逐年好转。

3.3 境外地表水利用量大幅增加

目前，安阳市对岳城水库水源的利用已达到近 6 万立方米/日，年利用量 2000 万立方米，较 2008 年用水量增加了近 2.5 倍。

4.封井中存在的问题

4.1 一些企业经营困难，无内部管网改造资金

根据市政府会议纪要要求，水务公司负责用水单位表前管网的建设和对接，用水单位负责内部管网的改造。但国资委所属列入的一些倒闭、半倒闭封井范围的困难企业，由于无力承担内部管网改造费用，连经营都举步维艰，更别说筹集资金进行内部管网改造，造成封井工作无法进行。

4.2 供水管网建设滞后、分表到户和收费标准难以协调

近年来，安阳市区有些地方虽已开发且与主要街道相连接，但供水管道未能铺设到，供水发展较快、保障率不足；属于工业园区的取水单位，由于没有供水主管道，个别单位通水均为支状管网供水，供水管网供水能力远远不能满足工业园区用水需求，高峰时需水量已超负荷运行；有的因水务公司提供的接水位置不合适，分表时不能够到户，对收费标准产生较大分歧，难以协调，未能达成协议而拒绝封井。

4.3 部分单位的特殊需求

部分单位因工艺、水质等因素提出保留水井申请，通过组织专家论证、市政府主要领

导审定，认证保留或缓封的水井中包含特殊单位的需求，如铁路部门使用的自备水源井属省管单位资产，涉及列车加水，水井封闭需征得省局同意。

4.4 存在主观情绪的抵抗行为

在市水行政执法人员按照法律法规正常行使封井工作的过程中，极少数单位存在推拉扯皮现象，组织职工抵制封井并上访，由于水利部门缺乏强制手段，致使封井工作受阻。

5.封闭自备水源井的对策和建议

5.1 成立高规格的封井工作领导小组

建议由市长任封井工作领导小组组长，涉及部门的主要副市长任副组长，市纪检、水利、住建、法院、国资委、法制办、水务集团等单位一把手为成员，组成强有力的封井领导机构，严格地下水取水手续，对封井的法律依据进行审查梳理，做到依法行政，加强封井工作督导，坚持开展封闭公共供水管网内水井工作，促进地下水保护。

5.2 严格取水许可审批制度

严格控制水井审批，建立封井长效机制，促进地下水减采。坚持按照市政府 104 和 123 次常务会议纪要要求，严格控制水井的审批。管网覆盖范围内原则上不再审批，确需审批的报市政府部门研究批准。加强水行政综合执法工作，建立规范、有序的取水秩序，制止无证取水、擅自修建水工程，逃避涉水规费等违法行为，严厉打击非法凿井，对不按照取水许可审批规定取水和退水、对超过取水总量控制指标的地区，暂停项目新增取水。严格执行《安阳市水利局自备井封井工作流程》，规范取水许可证的换发工作，进一步规范取水许可管理办法，细化法律责任，强化层级监督，使取水许可和水资源费征收制度更具操作性。

5.3 筹措资金，推动困难企业封井工作

建议由政府或国资委协调落实困难企业，主动帮助企业筹集改建资金，通过减免税款、加大政策专项对口扶持力度、政府或国资委预付款等多种方式，顺利完成企业内部管网的节水改造，推动封井工作的完成。

5.4 利用地下水调蓄库回灌水，加大地表水利用率

根据安阳市地质、地貌、构造以及水文地质的现有条件，安阳河冲洪积扇具有较大的含水空间，是较好的地下水调蓄库建设场所。目前，安阳市的回灌水源主要为地表水，现引用岳城水库水量仅为 $0.36\times108\ m^3/a$，还有 $2.34\times108\ m^3/a$ 的水量可以利用。因此，就现状来说，如扩大岳城水库的引水量，是完全能够满足回灌要求的。同时，虽然彰武水库主要供水给安钢和电厂，扩大其引水量受到了限制，但因汛期洪水具有历时短、来量大的特点，可利用水库的有效库容大量蓄水，也能够作为回灌的一种补充水源，加大地表水的供给率，以利地下水资源的涵养保护。

5.5 水务公司加大管网铺设力度，促进地下水的限采

目前，安阳市管网发展存在的部分缺口，使供水能力和供水范围与城市建设远远不相适应。水务公司应集中财力、物力、人力快速发展基础设施，对因管道无法覆盖的地区，加快管网铺设力度、扩大供水范围，并通过改进部分水厂和城区污水管网项目工作，提高供水普及率，对水厂供水设施和低压区进行再改造，有效增强其供水能力，确保供水安全，改善安阳市节水改建工作现状，使封井限采工作与城市发展同步进行。另外，水务公司应加大组织人员对城区低压区和城区没用自来水的区域进行统计、造册的工作力度，为下步供水管网的逐步改造及向外围发展打下基础。

关于查处一起河道管理范围内违法建筑案的思考

摘要：本文就治理汤阴县一起河道管理范围内违法建筑一案例，指出河道管理立标定界工作，应尽早落实；河道巡查制度应长期坚持；水利普法宣传应常抓不懈。建议水利违法行为应早发现早制止，避免引起诉讼，给当事人造成损失。同时通过该案例，总结经验教训，以期提升水利行政执法工作水平。

关键词：河道管理；违法建筑； 执法； 宣传

引言

《中华人民共和国水法》于1988年颁布实施，迄今已27年之久，有关水利方面的法律也已系统化、制度化，但在实际的水利行政执法过程中仍然是阻力重重，困难重重。2014年汤阴县韩庄乡发生一起占用河道违法建筑的案件，水利主管单位在查处该案过程中，投入大量人力物力，费尽周折，最终该案上诉至法院。这一案件目前尚未得到法院的最终判决结果，但违法者的行为，终将受到法律的严惩。因为水利相关部门某些工作上的不足，留给了违法者可乘之机，导致案件处理的环节增多，成本大大提高。笔者参与了该案的调查处理，感受颇深，以期通过对该案例的分析思考，总结经验教训。

1　案情回顾

1.1　案情介绍

2014年3月初汤阴县水利局接到举报，汤阴县韩庄乡韩村村民刘某未经水利行政主管部门批准，擅自在汤河河道管理范围内兴建一座两层楼房。汤阴县水利局在核实情况后，依照法律程序，下达了《责令改正决定书》，作出了限期拆除违法建筑，并处罚款1万元的行政处罚。当事人对处罚决定不服，于10月12日向汤阴县人民法院提起诉讼，11月8日县法院开庭进行了审理，目前尚未做出判决。

该违法建筑于2010年3月初动工，位于韩庄铁路桥西汤河左岸河道管理范围内，建有十间两层楼房，占地522㎡，其中房屋占地278㎡，房屋共投资30多万元。据当事人称，他建的房屋是在承包地内，原先与村委会签订有土地承包合同，但未经任何部门审批。2014年7月20日，当事人刘某接到汤阴县水利局对其下达的《责令改正决定书》，不仅逾期未拆除违法建筑，反而对房子进行了装修。

当事人不服处罚决定，向法院提起诉讼的理由：一是被行政处罚的主体责任人错误。因为与村委会签订承包合同的是当事人的父亲刘某某，房子的主人自然是刘某某，而不是刘某；二是土地的发包方是韩庄村村委会，如果所承包的土地处于河道管理范围内，受处罚的应该是韩庄村村委会，而不是承包人；三是《处罚决定书》所列举的主要证据不足。当事人根据《河南省〈河道管理条例〉实施办法》第二十条之规定“河道的管理范围须由水务部门按规定提出意见，并报经人民政府批准后对管理范围立标定界，实施管理”，认为汤阴县水利局未按法律规定的程序划定河道管理范围，也未立标定界，无理由认定房屋位于河道管理范围之内。另外《处罚决定书》依据的《汤河干流治理工程可行性研究报告》属于“初步成果”，未经人民政府批准，以此认定所建房位于河道管理范围以内没有法律依据，故要求法院撤销汤阴县水利局作出的《行政处罚决定》。

1.2 案情焦点探讨

这起案件虽然还没有作出判决，但经过前一阶段的调查处理和庭审辩论，从中得到一些启发，与大家共同探讨。

该案有四个争议的焦点：一是当事人认为被行政处罚的主体责任人错误，不应当是刘某。我们认为，调查笔录中对刘某的建房情况做了较详细的询问和笔录，当事人刘某均以房屋主人的身份接受询问、签收有关法律文书、递交申请，以证明自己建房的合法性，从未提及房屋主人是其父亲刘某某。刘某本人及乡政府有关人员也表明，其建房没有任何手续，没有丝毫证据能证明房屋的主人就是其父刘某某。故此，应当认定刘某即为房屋主人，是被行政处罚的主体责任人。二是当事人认为应该处罚村委会，而不是承包人。我们认为，村委会无权发包河道管理范围以内的滩地，所签订的土地承包合同不具有法律效力，属无效合同。受处罚的应该是违法当事人，而不是村委会。三是《处罚决定书》依据的《汤河干流治理工程可行性研究报告》属于"初步成果"，未经人民政府批准，以此认定所建房屋位于河道管理范围内没有依据。我们依据的《汤河干流治理工程可行性研究报告》编制单位为河南省豫北水利勘测设计院，属于国家甲级资质设计单位，其设计的成果即为设计认定，并不是说初步成果就是草稿，不能作为科学依据使用。四是当事人认为没有立标定界的河道，水利局就无权管理。汤阴县河道管理范围尚未立标定界有多种原因，没有立标定界并不等于说涉及河道管理范围内的水事违法案件就不能依法处理。只要违法事实清楚、证据确凿，一切水事违法行为都应受到法律的惩罚。

2 案例经验教训

违法者的行为是错误的，违法者的行为将受到应有的惩罚，但是我们水利行政执法工作也存在很多不足之处，亟须提高。

2.1 河道立标定界工作是一项基础工作，应该尽早落实

汤阴县韩庄乡韩庄村刘某，之所以不服汤阴县水利局的《行政处罚决定书》，其中一个重要原因就是因为汤河干河管理没有立标定界。河道管理不及时立标定界，会使得河流沿岸的群众误以为土地归属于当地行政村所有，所违法占据的土地只要经过所在村委会的同意即可使用。对这一点即便是所在村的村干部大多也这么认为，因为没有明确的标志和界限。

关于河道管理需要立标定界，也是有相关的规定的。河南省 1992 年 8 月 15 日发布的《河南省〈河道管理条例〉实施办法》中明确规定了，河道的管理范围须立标定界，实施管理。

河道管理立标定界，第一可以起到警示作用，使得违法者清楚自己的行为与后果。第二，可以使得河道沿岸的相关政府和机构配合水利单位执法。第三，为处罚违法者提供更直接有力的依据。

2.2 河道巡查制度不能一纸空文，应该常抓不懈坚持下去

河道巡查制度，是河道管理的一个重要管理方法，是一项基础管理工作。在地方，水利主管单位限于人力、物力等各方面原因，部分河段的巡查工作仅仅停留在制度层面上，而未能够完全落实到实处。

河道巡查可以使水利主管单位及时发现问题，及时处理问题，可以为违法者减少改正的损失，同时也可以使水利行政执法减少执法的阻力。本案例的刘某在 2010 年即开始施工违法建筑，而汤阴县水利局直至 2014 年 3 月才因举报获知刘某的违法信息。在 6 年内，刘某因为从未有任何部门的警示和劝阻，自认为是合法的行为，故此加大对违法建筑的投入

力度，最终违法建筑的投资超过了 30 万，如果拆除将给刘某造成巨大的经济损失。因此，刘某在拆除违法建筑上，抵触心理十分强烈，动用一切方法手段抗拒水利行政执法。如果，6 年前汤阴县水利局通过巡查制度及时获悉了刘某的违法行为，可以在其施工初期发出《行政处罚决定书》，这样可以给当事人减少损失，同时也可以大大减少水利行政执法的阻力。

通过汤阴县韩庄乡刘某的这一案例，使我们基层的水利行政执法工作人员强烈意识到：河道巡查制度是一项河道管理的基础工作，应该常抓不懈落到实处，不能停留在一纸空文上。

2.3 水利行政执法的普法宣传工作，应该常抓不懈落实到实处

中国从 1988 年颁布实施《中华人民共和国水法》至今已经 27 个年头了，有关于水的相关法律法规也已经制度化和系统化。然而，在百姓群众中对于水的相关法律意识却是十分淡薄，甚至是无知的。对于水相关法律的不了解，不仅仅是生活在河道沿岸的农民，即便是大学毕业生也有相当多的人根本不了解水方面的法律法规。

本案例中当事人刘某及所在村的百姓大多都认为，在河道中盖房子不过就是危险了一些，只要把房子地基垫高一点就行了，具体官方来找麻烦只不过是罚点儿款的问题，没有多大的事，根本够不上违法。因为群众对于水相关法律知识的无知，导致水利行政执法困难，同时大大提高了水利行政执法的成本。如果广大人民群众有水利相关法律法规的意识，很多工作在沟通中既可以得到解决，无需上诉至法院，也无需强制执行，更不会导致与群众关系的对立。

本案例让笔者深刻感受到，普及宣传与水利相关的法律法规，至关重要。水利普法工作的落实，可以大大降低水利行政执法的难度，也可以大大降低执法成本。水利普法宣传工作应该得到重视，应该成为水利管理的一项常规基础工作，常抓不懈落实到实处。

3 河道管理工作的建议

针对河道管理，笔者认为应该尽早立标定界，定期检查标识，落实巡查报告制度，以及大力加强水利相关的法律法规宣传。具体建议如下：

3.1 尽早立标定界

辖区内所有河道均应尽早设立标识，确定界桩。河道管理立标定界工作具体步骤：第一，勘察测定河道管理的具体范围；第二，绘制河道管理详细图；第三，向相关单位报请备案；第四，制作安装统一界桩、警示牌、警示碑；第五，向沿岸群众宣传河道管理范围。

立标定界应该注意的具体问题：1. 河道管理范围的确定，应该明确精确，不能含糊其辞，模棱两可。2. 警示牌、警示碑的内容应该精准易读。3. 立标定界以后的宣传工作往往会被忽略，实际上这一工作至关重要。如果宣传工作不到位，前边几个步骤的工作效果也将大打折扣。

3.2 定期检查标识

河道管理立标定界，只是河道管理的最基础工作，对标识的定期检查维修也同样不可或缺，至关重要。标识一旦设立往往要使用上几十年，风吹日晒，人为损坏等各种原因，致使标识无法使用甚至消失。河道主管单位必须定期检查标识，并及时修补损坏的标识。如不及时修补损坏的标识，就会形成“破窗效应”，就会使河道沿岸群众在意识中认为：“标识已经过期失效了。”因此，检查和修补标识比设立标识更重要。应该将定期检查标识，形成一种管理制度和年度工作任务。

3.3 落实河道巡查报告制度

在河道管理工作中，河道巡查制度早已有之，但是问题的关键是很多地方并未落实到实处，有的河道长时间未进行巡查。笔者认为河道巡查应该落实到人，形成一种报告制度。具体的建议：1. 河道巡查月度报告（限于人力不足可以双月或三月一报告）；2. 河道巡查报告个人负责制；3. 巡查结果十年期保留；4. 巡查责任倒追。例如，本案例中 2014 年 3 月得到刘某违法建筑的举报，而违法建筑施工起于 2010 年，2010 年至 2014 年 3 月期间提交的河道巡查报告中，如未上报该违法事件，报告人均负有失察责任。

3.4 加强水法宣传工作

实际上，水利相关的法律宣传工作从未间断过，从未被轻视过。但是，宣传的效果却是收效甚微。究其原因是眉毛胡子一把抓，没有针对性。水利相关法律的宣传应该在“宣传的对象上，宣传的内容上，宣传的方式上”，有的放矢的宣传。

通过有的放矢的宣传，以期达到发动群众，发动干部，使更多的群众积极主动参与到河道的保护工作中来。

关于一起侵占河道案件的思考

摘要：随着经济社会的发展，构建社会主义和谐社会的理念极大地提升了城镇居民的水环境保护意识和人文素质。遵守法律，建设和谐的水事秩序，已成为当今城镇居民的一种风尚。多年来，各地政府对城镇水系流域治理的投入日益增加，使城镇的水行政管理工作井然有序，水域的规划、利用日臻完善，水事违法发案率呈下降趋势。

关键词：河道；调查；行政处罚；管理范围

2010年5月7日我局水政执法人员在大强开发公司所开发桂花苑小区内发现该公司擅自在万金北干渠管理范围内修建围墙，经调查该围墙长度为110米，距万金北干渠为0.9米。该事实有现场（检查）笔录及询问笔录、视听资料等证据证实。2010年5月21日对该公司下达了《责令停止水事违法行为通知书》（安水停字〔2010〕第3012号），责令该公司立即停止违法行为，限期拆除所建围墙，恢复渠道管理范围原状，并多次到现场做该公司工作，但该公司未停止违法行为，并恢复渠道管理范围原状。根据《中华人民共和国防洪法》第六十一条“违反本法规定，破坏、侵占、毁损堤防、水闸、护岸、抽水站、排水渠系等防洪工程和水文、通信设施以及防汛备用的器材、物料的，责令停止违法行为，采取补救措施，可以处五万元以下的罚款……”和《河南省水行政处罚裁量标准》中拒不停止违法行为，或者违法行为对防洪工程或者设施造成损失，修复或者补救费用在3万元以上的，可以处3万元以上5万元以下的罚款的规定。我局经水事违法案件集体讨论后拟对其作出1. 拆除渠道管理范围内所建围墙，恢复渠道管理范围原状；2. 罚款人民币4万元的处罚。并于2010年7月13日向答复人送达了《行政处罚听证告知书》和《行政处罚事先告知书》，该公司在规定期限内未提出听证要求。2010年 8月4日我局下达了安水罚字〔2010〕第3012号《行政处罚决定书》。而该单位在法定的期限内向安阳市人民政府提出了要求撤销《行政处罚决定书》（安水罚字〔2010〕第3012号）行政复议申请。该申请内容如下：

一、申请人不存在违法事实与违法行为。

安阳市水利局调查认为我单位于2010年4月1日至2010年5月24日，实施了擅自在所开发的桂花苑小区内万金渠北干渠北侧渠道管理范围内建设围墙侵占渠道管理范围的行为。我公司在此期间没有建设围墙的事实，不存在违法行为。

我公司于2009年6月10日竞拍购得原安阳豫北制药厂位于安彰大道与平原路交叉口西南角的土地使用权（编号为2008—20—29：DB4—3—5—1），该地块东临平原路，西临规划的向阳路，北临安漳大道。被申请人所调查万金渠北干渠北围墙属原安阳豫北制药厂原有建筑，该药厂建于20世纪80年代，所调查围墙与药厂同期修建。

2010年4月下旬安阳市创卫工作进入紧张阶段，安阳市建委、豆腐营办事处、万金渠管理处领导分别多次对我公司所开发的桂花苑小区建设进行视察指导。由于豫北制药厂是20世纪建厂，该围墙已年久失修、破烂不堪、千疮百孔，建委领导因此多次指示我公司对该围墙进行粉刷和修补。我公司按照上级部署，从创卫大局出发自筹资金将该围墙进行粉刷、修补，使小区工地环境得以美化，并且受到建委的表彰。而安阳市水利局调查认为我单位于2010年4月1日至2010年5月24日，在所开发桂花苑小区内万金渠北干渠北侧渠道管理范围内建设围墙侵占了渠道管理范围，这与事实不符合，该围墙系预备制药厂原有建筑，我单位没有建设围墙，不存在侵占渠道管理范围的行为。

安阳市水利局办案人员没有听取我公司的申辩，单方面做出安水罚〔2010〕第 3012 号行政处罚决定书是没有法律依据的！

二、安阳市水利局处罚决定的法律依据、处罚裁量标准不正确、不合法、不合理、不适当。

安阳市水利局根据《中华人民共和国防洪法》第三十七条、第六十一条和《河南省水利行政处罚裁量标准》,《河南省水利行政处罚裁量标准使用规则》之规定做出罚款人民币四万元的处罚决定不正确、不合法、不合理、不适当。

《中华人民共和国防洪法》第六十一条规定："违反本法规定，破坏、侵占、毁损堤防、水闸、护岸、抽水站、排水渠系等防洪工程和水文、通信设施以及防汛备用的器材、物料的，责令停止违法行为，采取补救措施，可以处五万元以下的罚款；造成损坏的，依法承担民事责任；应当给予治安管理处罚的，依照治安管理处罚条例的规定处罚；构成犯罪的，依法追究刑事责任。"《河南省水利行政处罚裁量标准》对该条存在的违法行为情形和处罚标准作了明确规定："破坏、侵占、毁损堤防、水闸、护岸、抽水站、排水渠系等防洪工程和水文、通信设施以及防汛备用的器材、物料的：

（1）违法行为未对防洪工程或者设施造成损坏，在规定期限内停止违法行为，采取补救措施的，可以处 1 万元以下的罚款；

（2）违法行为对防洪工程或者设施造成损失，修复或者补救费用在 3 万元以下，在规定期限内停止违法行为，采取补救措施的，可以处 1 万元以上 3 万元以下的罚款；

（3）拒不停止违法行为，或者违法行为对防洪工程或者设施造成损失，修复或者补救费用在 3 万元以上的，可以处 3 万元以上 5 万元以下的罚款。"

依据第（3）项之规定才能做出 3 万元以上 5 万元以下罚款，自我公司拍卖取得该片土地使用权以来，安阳市水利局没有下发过任何文件表明该围墙侵占渠道管理范围，该围墙也没有对防洪工程、设施造成任何损失，对防洪工作与设施不需要做任何补救措施，即做出 4 万元的处罚决定,《河南省水行政处罚裁量标准》第三条第一款明确要求各级水行政主管部门要在法律、法规、规章规定的范围内适用行政处罚裁量标准，不得超越。安阳市水利局做出罚款 4 万元的处罚决定超越处罚裁量标准，其适用不正确、不合法。

《河南省水利行政处罚裁量标准使用规则》第三条第二款要求各级水行政主管部门所采取的措施和手段应当必要、适当；可以采取两种以上方式实现行政管理目的的，应当避免采取损害当事人权益的方式。安阳市水利局做出罚款 4 万元的处罚决定根本没有必要，没有考虑作出罚款数额的适当性，没有采取合理有效的方式实现行政管理的目的，其作出的行政行为不合理、不适当，超出了必要的限度与范围。

三、安阳市水利局作出认为我公司违法行为等次为严重的认定不合理。

我公司没有修建围墙，不存在违法事实，没有实施侵占渠道管理范围的违法行为，没有任何社会危害性，性质简单，安阳市水利局作出的处罚决定认为我公司的违法行为为严重不合理。《中华人民共和国防洪法》第三十七条、第六十一条规定的违法行为明显是一些严重的危害行为，而该围墙的存在已近 30 年，水利局都没有要求原单位予以拆除，说明其性质、情节、社会危害性显然都不能列入严重等次。

四、程序严重违法

1. 安阳市水利局在做出处罚决定之时，并没有告知我公司违法依据的具体内容。

2. 其作出处罚决定的时间为2001年，2001年我公司还不是围墙所在土地的使用权人，十年之后送达给我公司行政处罚决定书，该行政程序严重违法。

综上，我公司2010年4月1日至2010年5月24日，没有在所开发桂花苑小区内万金渠北干渠北侧渠道管理范围内建设围墙，侵占渠道管理范围，没有违法事实存在，安阳市水利局作出的行政处罚决定事实认识错误、违法结论不对、适用法律不当、程序严重违法。申请安阳市人民政府依法撤销安阳市水利局做出的安水罚字〔2010〕第3012号《行政处罚决定书》。我局在规定的期限内进行了答复，答复内容如下：

一、被答复人擅自侵占万金北干渠，违法事实及违法行为存在。

2010年5月7日水政执法人员在被答复人所开发桂花苑小区内发现被答复人擅自在万金北干渠管理范围内修建围墙，经调查该围墙长度为110米，距万金北干渠为0.9米。该事实有现场（检查）笔录及询问笔录、视听资料等证据证实。

二、答复人对被答复人作出的《行政处罚决定书》（安水罚字〔2010〕第3012号），程序合法、证据确凿、适用法律法规正确、处罚适当，依法应予维持。

2010年5月7日水政执法人员在被答复人所开发桂花苑小区内发现被答复人在万金北干渠管理范围内修建围墙，经立案调查该围墙长110米，距万金北干渠为0.9米。根据《河南省水利工程管理条例》第二十五条第四款“渠道的管理范围:大型灌区的干渠，背水坡脚外各划3至5米”及安阳市人民政府（安政〔1996〕60号）《安阳市万金渠管理办法》第十九条：“灌区渠道和附属物要划定管理和保护范围，渠道两侧要划定护渠地。干渠堤脚外3~5米、支渠堤角外2~3米为护渠地”的规定。2010年5月21日对被答复人下达了《责令停止水事违法行为通知书》(安水停字〔2010〕第3012号)，责令被答复人立即停止违法行为，限期拆除所建围墙，恢复渠道管理范围原状，并多次到现场做被答复人工作，但被答复人未停止违法行为，并恢复渠道管理范围原状。根据《中华人民共和国防洪法》第六十一条“违反本法规定，破坏、侵占、毁损堤防、水闸、护岸、抽水站、排水渠系等防洪工程和水文、通信设施以及防汛备用的器材、物料的，责令停止违法行为，采取补救措施，可以处五万元以下的罚款……”和《河南省水行政处罚裁量标准》中拒不停止违法行为，或者违法行为对防洪工程或者设施造成损失，修复或者补救费用在3万元以上的，可以处3万元以上5万元以下的罚款的规定。答复人经水事违法案件集体讨论后拟对其作出：1. 拆除渠道管理范围内所建围墙，恢复渠道管理范围原状；2. 罚款人民币4万元的处罚。并于2010年7月13日向答复人送达了《行政处罚听证告知书》和《行政处罚事先告知书》,被答复人在规定期限内未提出听证要求。2010年 8月4日下达了安水罚字〔2010〕第3012号《行政处罚决定书》。上述内容有询问笔录、现场（检查）笔录、送达回证等为证。

三、答复人对被答复人处罚的行为等次合法、合理。

答复人2010年5月21日向被答复人送达了《责令停止水事违法行为通知书》，责令被答复人立即停止违法行为，限期拆除所建围墙，恢复渠道管理范围原状，但被答复人并未停止违法行为，恢复渠道管理范围原状。根据《河南省水行政处罚裁量标准》的规定拒不停止违法行为，或者违法行为对防洪工程或者设施造成损失，修复或者补救费用在3万元以上的，可以处3万元以上5万元以下的罚款。被答复人属于拒不停止违法行为。关于被答复人指出的其作出处罚决定的时间为2001年的问题，是书写过程中出现的笔误。

综上所述，答复人对被答复人所做出的《行政处罚决定书》（安水罚字〔2010〕第3012号）事实清楚、程序合法、证据确凿、适用法律法规正确、处罚适当，请复议机关审理，并依法予以维持。

由于我局作出的《行政处罚决定书》（安水罚字〔2010〕第3012号）事实清楚、程序合法、证据确凿、适用法律法规正确、处罚适当，最终得到了维持。但我局执法人员在执法过程中存在的一些问题值得思考，特建议如下：一、要进一步落实《河南省水行政处罚案件主办人制度》、《河南省行政执法责任追究试行办法》，做到案件主办人对整个案件自始至终负责，同时对案件主办人在执法过程中出现错误的要追究相应责任；全体执法人员每年必须以主办人的身份至少办理一起水事违法案件，否则调离执法岗位。

二、案件主办人和协办人在执法过程中的签字必须由本人签字，不得代签。

三、执法人员在送达法律文书时如果当事人在送达回证上拒绝签名或者盖章，必须要有第三方在场或公证处的证明。

四、制作调查笔录时，在被调查人拒绝签名或者盖章时，应当有两名以上水政监察人员在笔录上注明情况并签名。

五、要落实好周二、周五下午学习制度，人员考勤、请假、车辆管理等制度，违反者按制度处理；换领行政执法证综合法律考试不及格的调离执法岗位。

总之，随着经济社会的发展，构建社会主义和谐社会的理念极大地提升了城镇居民的水环境保护意识和人文素质。遵守法律，建设和谐的水事秩序，已成为当今城镇居民的一种风尚。多年来，各地政府对城镇水系流域治理的投入日益增加，使城镇的水行政管理工作井然有序，水域的规划、利用日臻完善，水事违法发案率呈下降趋势。然而，近年农村和市郊水事违法案件在一些地区却呈上升趋势。加大农村和市郊水行政执法力度，已成为今后较长一段时间水行政执法工作的一个重点。

关于一起填堵排水沟案件的思考

摘要：对于同一违法行为，不同的法律规范对其处理的规定不同时，首先审查它们的合法性；法律规范合法性的重要一条就是低位法不得与高位法相抵触；如果是行政处罚的法律规范，还要看它是否具有行政处罚的设定权；如果两者都合法，一般情况下，应当适用高位法，且新法优于旧法。

关键词：责令改正；勘验测量；行政处罚；法律效力

2004 年 6 月 15 日，水政执法人员在检查中发现，豆公灌区北二支渠严重堵塞，水政执法人员立即向领导汇报，当日水政监察大队队长了解情况后，亲自带队并马上组织水政执法中队的 5 名执法人员，携带录像、测量等设备，深入现场，亮证执法，徒步勘验测量，同时对当事人、证人进行了调查取证，共取得填堵二支渠的录像带 1 盘、测量记录 1 份、调查笔录 1 份、证明材料 1 份、勘验笔录 1 份。

经查，豆公乡东豆公砖厂位于豆公灌区二支渠北侧，承包人是内黄县豆公乡东街村柴某。为了在汛期不使砖厂受淹，该砖厂于 2004 年 4 月在豆公灌区二支渠上游用砖渣填堵顺渠长 9 米、宽 5.3 米、深 1.3 米，造成上游水不能下排，严重影响了该渠行洪安全，给当地群众的生命财产安全带来很大危害。

该行为违反了《中华人民共和国水法》第三十七条之规定，根据《中华人民共和国行政处罚法》第二十三条和《中华人民共和国水法》第六十六条之规定，执法人员于 2004 年 6 月 21 日向当事人下达了《责令改正决定书》，责令其于 2004 年 6 月 24 日前清除填堵在豆公灌区北二支渠内的砖渣。同时，送达了听证告知书，拟给予 30000 元罚款的处罚决定，并对该厂负责人讲解水法规，指出其堵塞渠系给社会造成的危害。通过讲解，当事人认识到自己的错误，积极配合于次日用机械将渠道内砖渣全部清除。因进入主汛期，工作紧张，经局长批准同意延长办案期限一个月。我局于 2004 年 8 月 16 日作出豫水安内罚字〔2004〕第 12 号水行政处罚决定书，罚款 3 万元。当事人在规定时间内既不申请复议又不起诉，拒不履行我局作出的决定，我局于 2005 年 2 月 28 日申请法院强制执行。经宣传教育后，当事人能够积极清除渠道内障碍物，并能认识到自己的错误，本着教育与处罚相结合的原则，经法院执行调解，该砖厂于 2005 年 4 月 5 日缴纳罚款 5000 元结案。

本案中，有以下几个问题值得探讨。

1. 关于被处罚对象，有以下两种意见：

(1)应当处罚柴某。向渠道内弃砖渣的行为是柴某直接实施的，因此该行为的法律责任应由柴某承担。

(2)应当处罚豆公乡东街村委会。该砖厂是由豆公乡东街村委会投资建设的，东街村委会应对承包方的行为负责，所以应当处罚东街村。

我们同意第一种观点。柴某与东街村是承包关系，柴某与村委会签订的合同只在用土及厂地等方面有约定，以后柴某实施的行为应由柴某自己承担，因此在本案中柴某实施填堵渠道这一行为与东街村无关。

2、关于适用法律问题。《中华人民共和国水法》、《中华人民共和国防洪法》、《河南省实施〈水法〉办法》、《河南省河道管理条例》对向江河、湖泊内倾倒垃圾、弃土废渣的违法行为，都作出了处罚规定。在本案中，应当适用上述哪一部法律法规，有以下五种意见：

（1）应当适用《中华人民共和国水法》的规定。《防洪法》是针对防洪工程制定的一部法律，《河南省实施〈水法〉办法》和《河南省河道管理条例》是地方性法规，法律效力低于《水法》和《防洪法》。

（2）应当适用《防洪法》。《水法》规定，《防洪法》未作规定的适用《水法》，本案这一违法行为《防洪法》中有明文规定，且《河南省实施〈水法〉办法》和《河南省河道管理条例》在效力上低于《防洪法》。

（3）应当适用《河南省实施〈水法〉办法》。有人认为《水法》和《防洪法》适用于全国性的，在我们省应适用本省的法规，因为它是规范在河南省范围内从事水事活动的一般法律规范。

（4）应当适用《河南省河道管理条例》。它是专门规范河道管理范围内行为的专门法律规范，当几部法律法规对同一违法行为都有规定时，按照专门法律优于一般法律规范的原理，应当适用专门法律规范。

（5）在上述法律规范都有规定且不矛盾的情况下，水行政主管部门可以选择适用。在本案中，上述几部法律规范规定的内容并不矛盾，因此不管适用哪一部都是正确的。

我们认为，上述五种观点中第二种观点比较合适。对于同一违法行为，不同的法律规范对其处理的规定不同时，首先审查它们的合法性；法律规范合法性的重要一条就是低位法不得与高位法相抵触；如果是行政处罚的法律规范，还要看它是否具有行政处罚的设定权；如果两者都合法，一般情况下，应当适用高位法，且新法优于旧法。在本案中，适用《水法》和其它低位法不合适，因为《水法》明确规定《防洪法》未作规定的适用《水法》，《河南省实施〈水法〉办法》和《河南省河道管理条例》效力低于《防洪法》，因此，适用《防洪法》比较合适。

关于查处渠道管理范围内取土案的一点体会

摘要：执法人员不畏困难，迎难而上。在登记保存当事人的施工工具时，遭到当事人围攻阻拦，队员们毫不退缩，与其针锋相对，分工协作，成功地进行了登记保存。展示了执法队伍信念坚定、不畏强势、迎难而上的良好形象。

关键词：证据；现场勘验；行政处罚；登记保存

2007年3月，我们在巡查五八渠时，发现一起在东彰武段渠道管理范围内违法取土案件。当时取土现场挖掘渠堤长71米，宽4.5米，深1.3米，性质较为严重。五八渠是位于我市西南部的一条重要灌溉和防洪渠道，五八渠一旦放水，该段渠道随时有决堤的可能，这将给建安林高速服务区和当地群众造成不可估量的损失。经初步调查，取土行为为安阳县曲沟镇东彰武村王树清所为，其取土主要用于新建房屋垫地基。

三、查处经过

2007年3月12日下午，市水政监察支队执法人员巡渠至五八渠东彰武村时，发现有人在五八渠北岸渠道管理范围内违法取土，我们立即制止了该违法行为，并对现场进行了勘验、拍照，经现场勘验取土造成渠堤毁损长71米，宽4.5米，深1.3米。在对当事人王树清制作询问笔录时，当事人态度比较强硬，拒绝配合工作，在对其做了详细的法律法规宣传后，当事人仍不配合，鉴于当时违法行为发生地在当事人村庄附近，登记保存有一定的困难，在向支队领导汇报后，支队领导随即派其他大队前来增援，增援人员1小时之内就赶到了现场，极大地震慑了当事人的嚣张气焰，鉴于当时执法的威力，我们在进行分工后，将其机动三轮车异地登记保存在彰武水库派出所院内。

对建房户王树清调查时，我们先后多次到其家中，耐心进行宣传，使其认识到自己行为的违法性，并配合我们做了调查笔录。当事人供述在渠道管理范围内取土并非其一户，而是村内许多建房户所为，机动三轮车车主属于有组织的取土、卖土行为，在和部分建房户商量后，开始在渠道管理范围内取土卖给建房户。查看当事人建房现场，当事人取土量约60立方米，9车土左右，与调查笔录基本吻合，经过对其耐心说服教育，当事人表示愿意接受处理。

对三轮车车主李文亮调查时，李文亮供认在渠道管理范围内取土行为属王树清指使，和王树清是雇佣关系。车主李文亮不承认原来破堤取土行为是其车队组织行为，只承认此次的挖堤取土行为，执法人员对其耐心地做了法律法规解释后，他也认识到自己的错误，表示愿意接受处理。

处理结果：我们认为双方当事人的行为均违反了《中华人民共和国水法》第四十一条“单位和个人有保护水工程的义务，不得侵占、毁坏堤防、护岸、防汛、水文监测、水文地质监测等工程设施”和《河南省水利工程管理条例》第二十九条第三款“在水利工程及其管理范围内，禁止下列行为：（一）侵占、破坏水利工程及其附属设施……”之规定，按照《河南省水利工程管理条例》第四十六条“有本条例第二十九条第三款规定行为之一的……由县级以上水行政主管部门责令其停止违法行为；采取补救措施，并处以五百元以上二万元以下罚款”之规定，在收取双方恢复渠道原状的保证金1500元后，将异地登记、保存的机动三轮车归还车主。

鉴于当事人王树清没有施工工具，经过协商，恢复渠道以李文亮取土车队为主，4月

20日当事人将被毁渠道恢复原状，4月25日我们对当事人王树清给予罚款800元的行政处罚，当事人在规定时间内缴纳了罚款。

四、案评

安阳县东彰武村王树清违法取土案件的处理，尽管处罚金额不是太高，但从查处上是一次高效的、成功的水行政执法活动。本案的当事人是村民，如果不是当场发现，并先行登记保存施工工具，本案的调查取证将有很大的难度。如果按照正常的工作程序，仅靠水工程大队几名执法人员对当事人进行调查取证，现场又受到村民的围攻起哄，当事人肯定逃之夭夭，使整个案件不了了之。

查处本案的几点体会：

1.领导高度重视。在案件调查初期受到村民围攻后，执法人员及时向支队领导汇报，支队领导马上派出其他大队执法人员进行增援，在1个小时之内就赶到了违法现场，展现了水利执法队伍的快速、高效执法形象，对当时犯罪嫌疑人违法行为起到了极大的震慑作用。

2. 在当事人不予配合现场取证时，我们先行依法对其施工工具进行了登记保存，为处理整个案件赢得了主动，随后当事人主动找到水利局接受处理。

3. 执法人员不畏困难，迎难而上。在登记、保存当事人的施工工具时，遭到当事人围攻阻拦，队员们毫不退缩，与其针锋相对，分工协作，成功地进行了登记保存。展示了执法队伍信念坚定、不畏强势、迎难而上的良好形象。

查处本案的几点思考：

1. 该案的主要调查证据集中在建房人王树清身上，但破堤用土户并非王树清一户，因为执法人员现场抓获就其一户在取土，遂对其作出处理，当事人感到委屈。如果执法人员能够再深入调查，把其他取土户调查出来，来共同承担此次案件责任，能更显示出执法的公平性。

2. 该案的机动三轮车车主李文亮是取土车队成员之一，只承认和王树清是雇佣关系，取土刚刚开始，只取了八九车土，拒不承认其原来在渠道管理范围内的取土行为，由于没有抓住现行，取证又较困难，使主要证据集中在处理王树清身上有些欠妥。

3. 由于案件发生地地处市郊，各种关系网错综复杂，对案件处理如果缺乏灵活性，容易造成执法被动的局面。

加强农村和市郊水工程管理的建议：

随着经济社会的发展，构建社会主义和谐社会的理念极大地提升了城镇居民的水环境保护意识和人文素质。遵守法律，建设和谐的水事秩序，已成为当今城镇居民的一种风尚。多年来，各地政府对城镇水系流域治理的投入日益增加，使城镇的水行政管理工作井然有序，水域的规划、利用日臻完善，水事违法发案率呈下降趋势。然而，近年农村和市郊水事违法案件在一些地区却呈上升趋势。加大农村和市郊水行政执法力度，已成为今后较长一段时间水行政执法工作的一个重点。

经过调查发现，农村和市郊水事发案率增高，可归结为以下几方面原因：

一是农村和市郊地域范围广，水域环境复杂，一些村庄地处偏远，村民的水事违法行为隐蔽性强，给水行政执法工作带来难度。

二是一些村民水法律、法规意识淡薄，如遇水行政执法往往会倚仗人多势众，聚众起哄，抗拒执法，使水行政执法工作陷入无奈状况。

三是部分村民受自身经济利益驱使，认为占用水域从事水事违法活动有利可图，故铤而走险。

四是水行政管理队伍严重缺位，仅靠水行政执法人员维护农村和市郊水事秩序，犹如杯水车薪，鞭长莫及。况且执法人员的下乡突击巡查因受到各方面因素的制约，次数有限，收效不大，难于达到治本的目的。

五是部分城镇部门因本位主义思想作怪，认为占用水域从事经营活动是脱贫致富的好门路，故对一些违法行为视而不见，助长了水事违法行为的发生。

凡此种种，导致了乡村水事违法活动的不断升温。加大执法力度，觅求良方，对症下药，已成为农村和市郊水行政执法工作的当务之急。现拟具体措施如下，与大家共同探讨。

一是从正面入手，结合农田水利基本建设，全面开展社会主义新农村和市郊建设活动，规范源头，舆论引导，加强水法律法规的普及宣传，营造良好的水行政执法氛围，让构建和谐社会的理念在广大村民的心中扎根。

二是加大对农村和市郊水事违法的查处力度。落实农村和市郊水事巡查制度，重点地段重点抓，敏感问题及时抓，棘手问题严肃抓，抓住根本，抓出成效。

三是进一步完善水事举报奖励机制，建立健全农村和市郊水政监察信息员制度，明确其职责，并配套实行一定补贴，进一步提高村民水事监管的自觉性。

四是与乡镇、村委会等相关职能部门密切联系，齐抓共管。并以此为契机，建立水政信息反馈制，在乡镇、村委会的全力支持下建立起长期合作的长效机制，水行政执法部门应与乡镇政府、村委三方联合，实行奖惩制度。如对小型水利工程、水资源保护好的乡镇可以单独奖励，在农水资金项目安排上予以优先考虑；也可采取与乡镇、村委签订责任书的形式，保护水资源与农村和市郊水利工程。运用有效方式，在不违背水事监管原则的前提下，为村民谋福祉，将有力促进水行政执法工作的顺利开展。像市水利局万金渠管理处前些年建立的支渠主任和护渠员管理制度等，都曾有力地保护了水利工程的正常运行。

就从一起水事违法案件浅析证据先行登记保存制度

摘要：证据先行登记保存，是指行政机关为防止证据隐匿、转移、销毁或者防止易于灭失的证据灭失，通过法定程序采取的收集证据的一种方式。

关键词：证据；证据保全；行政处罚；登记保存

2007 年 3 月 12 日下午，安阳市水政监察支队执法人员巡渠至五八渠东彰武村时，发现有人在五八渠北岸渠道管理范围内违法取土，我们立即制止了该违法行为，并对现场进行了勘验、拍照，经现场勘验取土造成渠堤毁损长 71 米，宽 4.5 米，深 1.3 米。在对当事人王树清制作询问笔录时，当事人态度比较强硬，拒绝配合工作，在对其做了详细的法律法规宣传后，当事人仍不配合，鉴于当时违法行为发生地在当事人村庄附近，登记保存有一定的困难，在向局领导汇报后，局领导随即派其他执法人员前来增援，增援人员 1 小时之内就赶到了现场，极大地震慑了当事人的嚣张气焰，鉴于当时执法的威力，我们在进行分工后，将其机动三轮车异地登记、保存在彰武水库派出所院内。

对建房户王树清调查时，我们先后多次到其家中，耐心进行宣传，使其认识到自己行为的违法性，并配合我们做了调查笔录。当事人供述在渠道管理范围内取土并非其一户，而是村内许多建房户所为，机动三轮车车主属于有组织的取土、卖土行为，在和部分建房户商量后，开始在渠道管理范围内取土卖给建房户。查看当事人建房现场，当事人取土量约 60 立方米，9 车土左右，与调查笔录基本吻合，经过对其耐心说服教育，当事人表示愿意接受处理。

对三轮车车主李文亮调查时，李文亮供认在渠道管理范围内取土行为属王树清指使，和王树清是雇佣关系。车主李文亮不承认原来破堤取土行为是其车队组织行为，只承认此次的挖堤取土行为，执法人员对其耐心地做了法律法规解释后，他也认识到自己的错误，表示愿意接受处理。

证据先行登记保存，是指行政机关为防止证据隐匿、转移、销毁或者防止易于灭失的证据灭失，通过法定程序采取的收集证据的一种方式。

我国《行政处罚法》第三十七条第二款规定：“行政机关在收集证据时，可以采取抽样取证的方法；在证据可能灭失或者以后难以取得的情况下，经行政机关负责人批准，可以先行登记保存，并应当在七日内及时作出处理决定，在此期间，当事人或者有关人员不得销毁或者转移证据。证据先行登记保存涉及公民、法人和其他组织的财产权，采取这一方式，必须符合法定条件。根据《行政处罚法》的规定，适用证据先行登记保存必须符合下列条件：

（一）法定期间，即证据先行登记保存是行政执法人员履行了内部立案程序、在收集证据这一法定期间内采取的。

（二）法定情形，即证据先行登记保存是行政执法人员收集证据时在证据可能灭失或者以后难以取得的法定情形下采取的。如果可采取调查笔录、视听资料和勘验笔录等其他形式去收集证明和认定行为人违法事实的证据，就不应采取证据先行登记保存这一方法。

（三）法定权限，即批准采取证据先行登记保存的法定权限属于行政机关负责人，行政执法人员在采取证据先行登记保存之前，必须经行政机关负责人批准。

（四）法定要求，即行政机关先行登记保存的物品必须是与违法行为有直接必然关联的物品，必然具有证据客观性、关联性和合法性三个基本特征。同时，在证据先行登记保存期间，必须对登记保存的物品进行妥善保管，以保证物品的完整，当事人或者有关人员不得销毁或转移证据。

为了维护行政相对人的合法权益，也为了早日稳定行政法律关系，《行政处罚法》明确规定，行政机关实施证据先行登记保存的法定时限为7日。也就是说，行政机关必须在7日内通过对证据的审查和判断，进行分析研究，鉴别真伪，如果认为当事人存在违法行为，就应及时作出没收、解除登记保存等处理决定。如果认为当事人无违法行为，应当及时解除证据先行登记保存。超过规定期限未作处理，先登记保存应视为无效。尽管《行政处罚法》规定了明确的证据保存期限，但在执法实践中，证据保存超过7日的现象时有发生，有些物品甚至车辆被连续“保存”一年以上，给行政相对人造成极大经济损失，也使行政机关与行政相对人之间的法律关系长期处于不确定的状态，影响了行政机关的正常管理。除行政机关作风拖沓没有及时处理外，违法当事人既不领取保存物品，又不接受处理也是一个主要原因。在这种情况下，行政机关应从第七日起书面通知当事人接受处理和领回被保存的物品。通知书送达后当事人如果在一定时间内既不领物品，又不接受处罚的，行政机关可按行政处罚程序操作，直接作出处罚决定。超过复议或起诉期限后，仍不履行的，行政机关可申请人民法院强制执行，进而终结悬而不决的法律关系.

《行政处罚法》第三十七条第二款规定：“行政机关在收集证据时，可以采取抽样取证的办法；在证据可能灭失或者以后难以取得的情况下，经行政机关负责人批准，可以先登记保存，并应当在七日之内及时作出处理决定，在此期间，当事人或者有关人员不得销毁或者转移证据。”据此，执法人员有权对证据先行登记保存。先行登记保存实际上是一种证据保全的办法，在具有下列条件之一时，行政机关才可采取这种方法对证据先行登记保存：①证据可能灭失。如证据可能变质、腐烂、毁坏、消失，证人可能死亡，案件现场可能发生变化等。②证据以后难以取得。如证据可能被人带出国外、证据可能使用于某种工艺品中、证据可能为某新建筑物所覆盖、证据可能被人转移或者隐藏等。本案中，由于高温天气，污染死亡的鱼苗、蚌苗已经腐烂、如不采取紧急措施保存，证据可能灭失。

我们应该注意的是，《行政处罚法》规定，证据保全的程序是必须“经行政机关负责人批准”，时间上的要求是“应当在七日内及时作出处理决定”。因此，证据先行登记保存的实施程序是：①执法人员向所在的行政机关提出申请；②行政机关负责人审查其必要性和紧迫性，并予以批准；③执法人员必须在7日内作出处理决定，即当事人在7日内失去对作为证据的财物的使用权。同时，执法人员必须在7日以后解除对所保全的证据采取的措施。在证据先行登记保存的时间上，《行政处罚法》明确规定为7日，并且没有授权法规另行规定其他时间。单行法律中另行规定的期限，依据特别法优于一般法的原理，在《行政处罚法》有明确规定的情况下，仍然有效。如果法规中另行规定了期限，则该期限因与《行政处罚法》的规定相抵触而无效。从行政执法实践来看，7日的期限，对于不需要进行技术性处理的行政机关而言，可能已经足够；而对于需要技术性处理的行政机关而言，可能显得短一些。例如，在卫生执法中，需要对某些物品进行技术检验、化验等，有的技术处理需要有一定时间定型或者只要在经过一定时间后才能得出准确的结论。在这些情况下，7日的期限对于行政机关的执法工作就提出了比较高的要求。这一问题实际上是一个两难选择：如果期限太长，则不利于保护当事人的合法权益；而期限太短，对行政机关进行调查取证则有所不利。

一起水行政复议案件引起的思考

摘要：《行政处罚法》第二十四条规定："对当事人同一个违法行为，不得给予两次以上罚款的行政处罚。"虽然申请人的行为可能给水利工程造成多处影响，但应属一个行为，假如申请人违法的话，最多只能受到一次行政处罚。

关键词：水工程；调查；行政处罚；一事多罚

【虚拟的案情简介】河南省某某高速公路有限公司（以下称申请人）于2006年1月未经水行政主管部门批准，在某某高速公路（是河南省政府批准建设的合法的省重点建设项目，也是河南省通往某某省的重要快速通道）建设过程中，在引沁灌区引沁大沟河东支渠渠道中心建设桩基，侵占了水工程，严重地毁坏了水工程。大量证据证明申请人违反了《中华人民共和国水法》第四十一条"单位和个人有保护水工程义务，不得侵占、毁坏堤防、护岸、防汛、水文监测、水文地质监测等工程设施"之规定、《河南省实施（中华人民共和国水法）办法》第二十四条"从事工程建设，占用农业灌溉水源、灌排工程设施，或者对原有灌溉用水，供水水源有不利影响的，建设单位应当事先报有管辖权的水行政主管部门批准，并采取相应的补救措施；造成损失的，依法给予补偿"之规定和《河南省水利工程管理条例》第二十一条"在水利工程管理范围内进行建设的，应当按照保护水利工程安全的要求提出设计，按水利工程管理权限报水行政主管部门审核同意。建设施工应当按照批准或水行政主管部门同意的范围、方式、设计方案进行"之规定。河南省某某高速公路有限公司擅自施工毁坏灌溉工程，给灌区人民的生产、生活造成了严重危害，同时也造成当地生态坏境的失衡。当地群众反映强烈，要求河南省水利厅（以下称被申请人）尽快立案查处。

做为被申请人的水行政执法人员经过调查取证后，进行了立案查处，针对河南省某某高速公路有限公司的十四处违法行为下达了豫水罚字〔2007〕第1~14号共14份水行政处罚决定书,河南省某某高速公路有限公司认为河南省水利厅下达的14份水行政处罚决定书错误，理由如下：

首先，申请人认为被申请人的行政处罚决定事实不清、证据不足。其一，申请人建设的工程是经省政府批准的合法工程；其二，申请人没有进行爆破施工，也未对水利工程造成不利影响；其三，申请人是按照引沁局许可施工方案施工的。

其次，假如申请人的行为给水利工程建设造成不利影响的话，那么被申请人的处罚程序也是违法的，即违反了《行政处罚法》一事不再罚原则。根据《行政处罚法》第二十四条之规定："对当事人的同一个违法行为，不得给予两次以上罚款的行政处罚"，申请人在施工过程中假如在不同地点损坏了水利工程设施，那也是基于同一个施工行为，被申请人认为在14个不同地点的"损坏设施"行为是多个违法行为，并且适用同一个法律依据同时进行14次处罚，显然是违背了行政处罚的一事不再罚原则。

综上所述，被申请人对申请人作出的处罚决定事实不清，证据不足，程序违法。现依据《行政复议法》的有关规定，请求河南省人民政府撤销被申请人作出的豫水罚字〔2007〕第1~14号共14份水行政处罚决定书。那么针对该公司提出的理由作为水行政主管部门的执法人员作了如下答复：

一、答复人作出的行政处罚决定，事实清楚，证据充分，适用法律正确。

首先，申请人承建的工程项目是否合法，关键看其是不是按照有关法律规定经过行政许可审批的项目。申请人在水工程管理范围内进行建设施工，未经水行政主管部门许可，违反了《河南省实施〈中华人民共和国水法〉办法》第四十三条第三款、第五款之规定，对水利工程造成严重损害。

答复人经充分调查查明：申请人于 2006 年 1 月未经水行政主管部门批准，在某某高速公路建设过程中，在引沁灌区引沁大沟河东支渠渠道中心建设桩基，侵占了水工程，严重地毁坏了水工程。大量证据证明申请人违反了《中华人民共和国水法》第四十一条“单位和个人有保护水工程义务，不得侵占 毁坏堤防、护岸、防汛、水文监测、水文地质监测等工程设施”之规定、《河南省实施〈中华人民共和国水法〉办法》第二十四条“从事工程建设，占用农业灌溉水源、灌排工程设施，或者对原有灌溉用水，供水水源有不利影响的，建设单位应当事先报有管辖权的水行政主管部门批准，并采取相应的补救措施；造成损失的，依法给予补偿“之规定和《河南省水利工程管理条例》第二十一条“在水利工程管理范围内进行建设的，应当按照保护水利工程安全的要求提出设计，按水利工程管理权限报水行政主管部门审核同意。建设施工应当按照批准或水行政主管部门同意的范围、方式、设计方案进行”之规定。申请人擅自施工毁坏灌溉工程，给灌区人民的生产、生活造成了严重危害，同时也造成当地生态坏境的失衡。当地群众反映强烈，要求我们尽快严肃处理。

二、申请人所称的“其施工行为是按照引沁局许可的施工方案施工的”与事实不符，也不符合法律规定。

首先，申请人的违法行为在先。其违法施工行为发生在 2006 年 2 月前，其向引沁局发的函在 2006 年 6 月，此函并不是报批申请，而引沁局向申请人发的函是引沁局的意见，申请人也未按引沁局的要求向水行政主管部门提供有关报批材料。其次，引沁局是水利工程管理事业单位，不是水行政主管部门，不具有行政许可的审批权。此时，申请人所说的“其施工行为是按引沁局许可的施工方案施工”既不符合本案事实，也不符合《水法》等有关规定。最后，申请人至今仍未按照水行政主管部门的要求，呈报有关占用农田灌溉水源，灌排工程设施许可审批及在水工程管理范围内有关建设项目设计、施工方案审批的材料，而继续非法占用、非法施工，申请人的行为已经严重地触犯了法律，应当依法给予追究。

三、豫水罚字〔2007〕第 1 ~ 14 号水行政处罚决定书事实清楚、证据确凿、适用法律正确、程序合法，不属于一事多罚。

申请人在不同标段内的施工队伍，在不同时间、不同地段、对不同级别的水工程以不同行为方式实施了 14 个违反《中华人民共和国水法》、《河南省实施〈中华人民共和国水法〉办法》、《中华人民共和国防洪法》和《河南省实施〈中华人民共和国防洪法〉办法》的行为，造成了不同类型、不同程度、不同后果的损害，构成了侵占、毁坏、爆破、占压、弃渣、建桥、施工道路、影响等十四个不同的违法构成要件。另外，在调查处理本案中，申请人阻碍执法人员执法、暴力抗法，性质严重。因此，我们也只能依法作出十四个不同程度的行政处罚。在作出行政处罚决定前，我们依法调查、走访有关当事人、受害人及当地人民群众，对现场进行勘验并制作了笔录和影像资料。在作出处罚决定前，向申请人送达了权利告知书和听证告知书。在此期间，我们还多次与申请人进行协调并形成有关协调会议纪要等，但申请人均未履行。特别是省政府进行协调，也因申请人没有任何诚信，而使协调无法进行。因此，答复人依照《中华人民共和国水法》第七十二条“有下列行为之一……

责令停止违法行为，采取补救措施，处一万元以上五万以下的罚款；（一）侵占、毁坏水工程及堤防、护岸等有关措施，毁坏防汛、水文监测、水文地质监测设施的；（二）在水工程保护范围内，从事影响水工程运行和危害水工程安全的爆破、打井、采石、取土等活动的"之规定，向申请人送达了本处罚决定书。

综上所述，豫水罚字〔2007〕第1~14号水行政处罚决定书认定事实清楚、证据充分，适用法律正确，程序合法，应当依法驳回申请人的复议申请，维持原处罚决定。

以上是我们水利系统执法人员的思考和回复，如果是高素质的专业人士和执法人员经过更深入的思考提出复议申请和答复又会怎么样呢？

高素质的专业人士写的申请书如下：

某某律师事务所接受申请人的委托，指派张三担任其行政复议一案的代理人，代理人通过前期的调查取证、现场勘查以及和被申请人的多次沟通，才对本案有了较深的了解，现在对本案事实认定和使用法律发表如下意见，以供参考：

申请人承建的某某高速公路，是经河南省政府依法批准的重点建设项目，也是河南省通往山西的重要快速通道，所以无论是省政府还是济源市政府都对该工程给予了极大的关注。在省政府的领导下，由济源市政府召集各相关包括水利等部门，联合成立了"某某高速协调指挥部"由于此工程任务重、工期紧，应协调指挥部的要求，在办完开工手续后便立即组织施工。然而当施工开始时，引沁局工作人员便来到工地以损害他们的水利工程为由向申请人发难，申请人想有关与水利工程交叉的问题，济源市政府早已承诺由政府解决，况且申请人根本不知道济源市辖区内的灌区水利工程归焦作市引沁灌区管理局管理，申请人虽然认为济邵高速公路的施工方案是由省政府召集各相关部门（包括水利部门）专家会审认可的，但是为了能够顺利施工，为了与引沁局和睦相处，申请人立即将有关施工方案以公司文件的形式郑重向引沁局请示，引沁局也多次对此问题专门给予了回复。通过申请人和引沁局之间的沟通、协调指挥部的调节，对水利工程回复方案逐步达成共识。2006年12月5日，申请人与引沁局就有关灌区占有补偿问题也达成初步意见，双方同意工程恢复方案、占用补偿方案一揽子解决，占用补偿金额70万元。引沁局将此方案向被申请人回报时，被申请人认为补偿费用太低断然否定了方案，从而使双方的协调陷入僵局，所以被申请人便作出了决定书。

本案贵政府受理后，申请人主动与被申请人多次接触，通过接触，申请人发现被申请人的真正本意不在本案的处理决定和处罚决定上，而在于占用灌区的民事补偿问题，被申请人这种以行政处罚来解决民事补偿纠纷、实现民事补偿目的的做法不但妨碍了某某高速公路这一省重点工程建设，还极大地损害了政府机关在人民群众中的良好形象，从这个层面上讲被申请人滥用职权毫不为过。被申请人认为河南省水利厅（被申请人）豫水罚字〔2007〕第1~14号等14个《水行政处罚决定书》与豫水处字〔2007〕第1~8号和第10~14号等13个《水行政处理决定书》不但事实不清、证据不足，而且程序严重违法，理由如下：

一、申请人的施工行为是合法行为。

关于某某高速的施工可能会对引沁灌区造成影响的问题，申请人曾向灌区管理单位引沁局以正式文件的形式提出了申请，引沁局也以正式文件的形式给申请人作出了回复，相关回复完全涵盖了本案所涉及的14处工程，申请人正是按回复方案施工，且大部分工程恢复完毕。在此期间，引沁局从没有向申请人表示他没有批准权，况且引沁局还对申请人的文件作了明确而具体的答复。然而被申请人在其答辩中称引沁局的回复不是批准文件，那么被申请人的批准文件是什么形式呢？被申请人就此从来没有告知过申请人。事实上，申请人早已提出申请，如果回复不算批准文件，那只能说被申请人不作为而已，责任完全在被申请人。所以申请人有理由相信引沁局有批准权，至于引沁局与被申请人之间的关系，那么完全是他们内部的职责划分问题，不能以此对抗申请人，因此被申请人对正在按照引沁局批准方案施工申请人实施行政处罚、作出行政处理实在情理难容。

二、27份处理决定、处罚决定书基本事实不清、主要证据不足。

（一）时间上与客观事实不符。从被申请人制作的27份决定书中可以看出，其认定申请人实施影响水利工程的时间为2005年11月至2006年2月，事实上济邵高速的施工时间是从2006年3月才开始的，部分工程到2006年6月至10月才开始动工。那么，造成水利工程2月份就出现的填土、碎石、塌陷等于申请人又有什么关系呢、

（二）现场勘验（检查）笔录不能作为定案的证据采用。就本案来讲，此证据是本案的主要证据，根据水利部《水行政处罚实施办法》第27条规定："水政监察人员依法调查案件，应当遵守下列程序：1、向被调查人出示水政监察证件；2、告知被调查人要调查的范围或者事项；3、进行调查（包括:询问当事人、证人、进行现场勘验、检查等）；4、制作调查笔录，笔录由被调查人核对后签名或者盖章···从被申请人制作现场勘验（检查）笔录来看，该笔录的制作时间是2006年5月4日和5月5日，而当事人的签字时间确实在2005年6月13日，这足以说明被申请人现场勘验（检查）笔录的制作存在五大问题：A、调查时被调查人不在现场；B、被调查人无法通过核对证件确定调查人员的身份；C、调查人员没有履行告知被调查人调查范围和事项的义务；D、剥夺了被调查人申请调查人回避的权利；E、被调查人员的签字不真实。从以上五点可以看出，被申请人制作的现场勘验（检查）笔录是不能作为认定事实证据采用的。除此证据之外其他证据根本无法证明申请人对水利工程造成影响的具体情况，被申请人在事实不清、证据不足的前提下作出27份决定书显然错误。

（三）调查(询问)笔录也不能作为认定事实的证据采用。1、调查人员的身份不明确，调查人员是否有水政执法的资格无法确定。2、张三丰、刘山、李中华等人均系被申请人下属机构的内部工作人员，存在直接利害关系，其证言难以反映客观事实。3、李中华的调查笔录中调查人一栏竟是空白，缺乏调查笔录基本的形式要件。除此之外其他证据均无法反映水利工程被损毁的具体情况，因此，被申请人作出的27份行政决定书属典型的事实不清、证据不足。

三、被申请人作出的13份《行政处理决定书》错误

（一）缴纳工程恢复费用的处理决定没有法律依据。《水法》及相关法律、法规是赋予了被申请人采取补救措施的权利，但没有赋予被申请人工程恢复费的行政处理决定权。显然，采取补救措施中不应当包括工程恢复费用的交纳，工程恢复费用的缴纳只能是再无法采取补救措施或者申请人不采取补救措施时一种方式，这种救济方式实质上是一种民事赔偿措施，既然属于民事赔偿范畴，被申请人就在无权对其作出行政处理决定。就本案而言，申请人不仅有能力恢复被损工程，而且也正在按照引沁局批准的方案进行恢复，此时作出行政处理决定，既无法律依据，也无现实意义。严格来讲，被申请人的行为是典型的

超越职权行为，同时也严重违反了公平、公正的行政执法原则。

（二）《某某高速公路对引沁灌区影响补偿方案》（简称补偿方案）不能作为行政处理决定的依据采用。水利部、财政部、国家计委联合发布的《占用农田灌溉水源、灌排工程设施补偿办法》第11条规定："凡占用农田灌溉水源、灌排工程设施（包括占用期3年以上和3年以下），给工程管理单位造成的经济损失，经法定的评估机构评定后，报相应的水行政主管部门和同级物价、财政部门核准，由占用者给予赔偿。"据此可以看出，补偿方案的制作者应是法定评估机构，所作方案也应报同级物价、财政及水行政主管部门核准后才能作为补偿依据。而"补偿方案"的制作者河南省某某水利水土保持技术推广站根本不具有法定评估资格，所作"补偿方案"也未经物价、财政部门核准。被申请人以《河南省实施〈水法〉办法》及豫政办（2006）106 号文没有作此规定为由，认为不需要法定部门评估，不需要经物价、财政部门核准是完全错误的：首先，河南省地方法规没有规定但并否定三部委规章的效力，即当地方性法规没有规定时，不能成为不执行国家法律的理由。其次，"补偿方案"即使不经物价、财政部门的核准，那么，最低限度也必须是法定评估机构的评估，才可作为被申请人作出行政处理的依据采用，否则，工程恢复方案的确定及预算数额的确定将无法令人信服。再次，河南省江河会计师事务所所作的评估报告证明不了行政处理决定的合法性：A. 被申请人在作出《行政处理决定》时并没有依据该报告书，依据《行政复议法》第二十三条之规定，被申请人所提交的证据应是其作出具体行政行为时所依据的证据。由于该证据被申请人作出行政决定时没有采用，因此不能作为其行政行为合法性的证据采用；B. 该评估报告中的恢复方案及预算数额"补偿方案"相矛盾；C. 该评估报告不但没有经过物价、财政部门的核准，而且被申请人也没有文件批准允许使用该报告作为补偿依据。因此，被申请人作出的《处理决定书》不论是依据"补偿方案"还是依据"评估报告"都是错误的。

四、被申请人作出的14份《行政处罚决定书》违法。

（一）、被申请人对申请人作出的14份《行政处罚决定书》违法了《行政处罚法》的一事不再罚原则。《行政处罚法》第二十四条规定："对当事人同一个违法行为，不得给予两次以上罚款的行政处罚。"虽然申请人的行为可能给水利工程造成多处影响，但应属一个行为，假如申请人违法的话，最多只能受到一次行政处罚。首先，本案中只可能存在一个违法主体，某某高速公路有限公司是某某高速的唯一建设单位，虽然有若干个施工队，但其行为后果只能由申请人来承担；其次，只可能存在一个主体错误、实施一个违法行为。申请人的施工从2006年3月开工至今，从未发生中止、中断现象，至今也只能作出过一个开工行为，下过一个开工命令，因此只可能存在一个主观过错，一个违法行为；再次，只可能存在一个主观过错，一个违法行为；再次，只可能损害一个客体，那就是影响了水利工程的运营安全。对于违法行为的个数，我们不能以时间、地点、手段、程度等来区分是一个违法行为还是多个违法行为 ，应当从违法行为的法律构成要件上加以区分。被申请人之所以对申请人的一个违法行为作出14个处罚，就在于他混淆了"一次违法行为"与"一个违法行为"的区别，混淆了具体施工人员的行为与施工主体行为的区别，混淆了"违法行为"与"违法手段"的区别，并且在答辩书中错误地理解了《水法》第七十二条，将侵占、毁坏、爆破、占压、弃渣、建桥、施工道路等理解成不同的违法构成要件，这实属常识性的错误。退一步讲，假使14处损害就是14个独立违法行为，因为这14个违法行为是基于同一个违法故意，连续实施性质相同的数个行为，触犯的是同一个水利法律规范，应认定为连续违法，连续违法是一事不再罚原则法定一事的，所谓法定一事，是指本来符合数个违法构成要件多事，因某种特别原因法律却将其规定为一事的情形，此种情形就是只能给予一次处罚的情形，至于行为的个数则只能作为违法情节加以考虑。因此，不论这 14 个行政处罚所涉及的是一个违法行为，还是多个违法行为，被申请人都只能给予申请人一次罚款的行政处罚。

（二）被申请人作出的行政处罚决定违反了行政处罚程序中的集体讨论制度。水利部《水行政处罚实施办法》第三十条明确规定："对情节复杂或者重大违法行为给予较重的水行政处罚，水行政处罚机关负责人应当集体讨论决定。前款所称较重的水行政处罚是指对公民处以超过三千元罚款、对法人或者其他组织处以超过三万元罚款……"《行政处罚法》第三十八条对此也作出了同样的规定，而本案所涉及的行政处罚应当属于情节复杂、处罚较重的范围，从被申请人提交的证据看，没有证据显示是由集体讨论决定的。

综上所述，被申请人作出的 14 份行政处罚决定书和 13 份行政处理决定书不但事实不清、证据不足，而且程序违法，严重地损害了申请人的合法权益。为此，申请人希望省政府能够依法公断，撤销被申请人作出的 27 份错误决定书。

高素质的水政执法人员写的答复书如下：

河南省某某高速公路有限公司（申请人）不服河南省水利厅（被申请人）豫水罚字〔2007〕第 1 号至第 14 号等 14 个《水行政处罚决定书》和豫水处字〔2007〕第 1 至 8 号、第 10 至 14 号等 13 个《水行政处理决定书》而提起的行政复议案正在复议之中。受被申请人委托，我作为其行政复议阶段的代理人，发表代理意见如下：

一、申请人及其代理人曲解了本案所涉及的许多事实，甚至歪曲、捏造了许多事实，对本案许多事实的描述大多基于其主观想象。

只要略加分析便不难发现，申请人代理人所作《代理词》描述的许多事实不但不客观，缺乏事实依据，而且充满主管臆想，混淆视听。

其一，申请人代理人所作《代理词》称，"……由于此工程任务重、工期紧，应协调指挥部的要求，在办完开工手续后便立即组织施工。"不知此处的所谓"办完开工手续"应如何理解，是仅仅举行一个开工仪式呢，还是要履行完依法必须履行的全部手续？从法律意义上讲，当然指后者。可事实上，直到现在，申请人依法应当履行的包括占用农田灌溉工程、在水工程管理范围内建设项目工程设计、施工审批等水行政许可在内的开工手续均未办理，至今还没有呈报《可行性研究报告》、设计、施工等有关基本材料，甚至连申请都没提起。试问，未经水行政主管部门批准而擅自开工、毁坏水工程也是协调指挥部的要求吗？若是，则协调指挥部的哪一个文件作了如此要求呢？

其二，申请人代理人所作《代理词》称"……当施工开始时，引沁局工作人员便来到工地以损害他们的水利工程……"为由向申请人发难。《代理词》将被申请人一方的工作人员依法履行职责的行为理解为"发难"。在此，且不谈这一过于情绪化的理解有何不妥，但必须提请申请人及其代理人注意的是，被申请人一方的工作人员为什么在申请人"施工开始时"就来"发难"呢？原因不外乎两个：一来，他们忠于职守，未怠职、不失职；二来，申请人开工手续不全，违法施工。

真实情况是，知道申请人违法开工长达数月之后的 2006 年 7 月 18 日，济源市服务高速公路建设领导小组办公室（简称“服办”）才与引沁灌区管理局（简称引沁局）协商调解，这时候，引沁局才知道有个“服办”。2006年10月10日第三次协调会曾形成会议纪要，但申请人拒不执行，此后“服办”也不再协调了。需要特别说明的是，在三次协调会中，引沁局始终没有见到“服办”有省市水利行政主管部门参与。

其三，申请人代理人所作《代理词》称，“申请人想有关于水利工程交叉的问题，济源市政府早已承诺由政府解决，款且申请人根本不知道济源市辖区内的灌区水利工程归焦作市引沁局灌区管理局管理……”。

首先，既然济源市政府早已承诺由政府来解决有关与水利工程交叉的问题，那么济源市政府的承诺函或承诺文件在哪里呢？其承诺的法律依据又何在呢？结论只有一个：所谓济源市政府的承诺，只是“申请人想”，而不是本案的客观事实。申请人开工前根本就没有履行水行政许可审批手续，没有与水行政主管部门联系才是本案的真实状况。

其次，申请人不能以“根本不知道济源市辖区内的灌区水利工程归焦作市引沁灌区管理局管理”为理由来推卸违法施工的责任，更不能以此为理由来否定被申请人一方的法定职责。如果说在违法施工之初，申请人以此搪塞还情有可原，但在被申请人一方多次催告、要求、督促之后，申请人不但不积极配合水行政执法，履行法定义务，反而我行我素，拒不停止违法施工，甚至野蛮打伤执法人员，暴力抗法。当申请人实施这一系列违法行为的时候，难道真的不知道自己在干什么、不该干什么？在与水行政执法人员多次交锋、与水行政主管部门多次接触之后，难道还真的不知道到底该由谁来行使水利工程的管理职能吗？

其四，申请人代理人所作《代理词》称，“济邵高速公路的施工方案是由省政府召集各相关部门（包括水利部门）专家会审认可的……对水利工程恢复方案逐步达成共识……就有关灌区占用补偿问题也达成初步意见。”

首先必须申明，水行政主管部门从未接到过所谓某某高速公路的施工方案!即使省政府的确召集过各相关部门的专家对施工方案做过所谓的会审，但这种会审充其量也只是技术性论证，根本不能取代行政性许可，申请人开工之前依法应当履行的报批手续一个也不能少!

其次，申请人自己也承认违法施工在先。违法施工的事实发生后，在申请人一方的多次强烈要求下，申请人迫于压力，不得不与被申请人一方就“水利工程恢复方案”及“灌区占用补偿问题”进行磋商。2006年12月5日，引沁局与申请人协商过程中，申请人提出一揽子解决，引沁局表示行政处理、处罚和等效补偿费引沁局说了不算，公司可以同水利厅说，工程恢复方案应当按照专家评审的《方案》办，灌溉水量减少的损失这一块好说，初步谈到70万元，但是双方都表示要进行研究后再定，又因申请人董事长更人，之后在未协商过此事，因此，没有达成协议。

在2007年4月28日的省政府协调会上，某某处长主持协调会议，当主持人问申请人“有无补救措施和方案”时，申请人一方的董事长某某讲“没有”，问“是否可以协调”时，某某也公然表示“不协调”。致使协调会无果而终。试想，连省政府都未放在眼里的申请人，能和被申请人达成“共识”和“初步意见”吗？

总之，由于申请人缺乏诚意，拒不停止、纠正违法行为，也不配合行政执法、履行法定义务，致使被申请人一方的努力付诸东流，协商无果而终。被申请人正是在穷尽了所有柔性管理手段仍无法实现应有管理目的的前提下，忍无可忍，才不得已而采取强制性的处罚与处理措施！根本不是《代理词》所称什么“对水利工程恢复方案逐步达成共识……就有关灌区占用补偿问题也达成初步意见。”事实是，申请人的违法行为一直没有停止，也从未得到纠正，被申请人作出处罚与处理决定的只是其中的一部分违法行为，还有部分违法行为等待处理，甚至新的违法行为仍在发生。在违法事实处于不确定的状态下，被申请人只能采取“发生一起，查处一起”的办事原则。在此情形下，“共识”何来，“初步意见”又何在？

其五，申请人代理人所作《代理词》称，“申请人发现被申请人的真正本意不在本案的处理决定和处罚决定上，而在于占用灌区的民事补偿问题，”进而认为被申请人是“以行政处罚来解决民事补偿纠纷、实现民事补偿目的。”这更是申请人代理人的主管臆断，甚至是对客观事实的歪曲和捏造。不知申请人代理人是基于何种理由，又是如何推断出这一不负责任的结论的！本案中，问题的实质不在于被申请人是不是“以行政处罚来解决民事补偿纠纷、实现民事补偿目的，”而在于被申请人有没有权利实施行政处罚和行政处理，以纠正和制裁违法行为。何况，被申请人到底有没有“以行政处罚来解决民事补偿纠纷、实现民事补偿目的，”也不能由申请人代理人的主观臆断，无中生有，而要凭事实说话，这是一个无需多加解释的法律常识。

进一步说，在法律意义上，赔偿与补偿大不一样，《补偿方案》的实施，旨在采取补救措施，使受损的水利工程恢复其原有功能。因此，《补偿方案》只解决“补救措施”的落实，尚不涉及申请人的赔偿责任。至于申请人应该给受害的集体及广大用水户多少赔偿、如何赔偿，那是下一步的事情，被申请人作出的行政处罚和行政处理对此均未涉及。《中华人民共和国水法》第三十五条规定：“从事工程建设，占用农业灌溉水源、灌溉工程设施，或者对原有灌溉用水、供水水源有不利影响的，建设单位应当采取相应的补救措施；造成损失的，依法给予补偿。”本案中，申请人非法占用农田灌溉工程设施、灌溉面积、侵占水工程，使灌区工程遭受了巨大的损失，事实俱在，申请人必须予以补偿。这完全属于水行政管理范畴，是法律赋予水行政主管部门的职责。目前 14 个处罚及相应的 13 个处理决定还没有涉及补偿问题，只是对毁坏水工程的恢复。试问，申请人所谓“以行政处罚来解决民事补偿纠纷、实现民事补偿目的”从何说起啊？

其六，申请人代理人所作《代理词》称，被申请人认定申请人“实施影响水利工程时间为 2005 年 11 月至 2006 年 2 月，事实上某某高速公路的施工时间是从 2006 年 3 月才开始的……”我想提请申请人及其代理人注意的是，申请人的违法施工行为并不是同时发生、一蹴而就的，而是先后发生在一个特定的时间段。申请人开工仪式举行后，就开始违法施工。在 2006 年 5 月 15 日申请人给焦作市水利局的《关于对（焦）水〔2006〕第 4 至 17 号〈听证告知书〉异议的函》中，申请人明确承认工程于“2005 年 11 月 16 日开工建设”；在 2006 年 11 月 6 日申请人给被申请人的《关于某某高速公路与引沁渠交叉有关情况的汇报》中，申请人同样承认于“2005 年 11 月 16 日举行了开工奠基仪式”。有关证据表明，经被申请人查处的申请人所实施的各自独立的 14 个违法行为，的确先后发生在 2005 年 11 月至 2006 年 3 月的这一时间段，而且，随后还发生了很多更为严重的违法行为，对这些新发生的违法行为，被申请人表示将依法作进一步处理，绝不姑息！

其七，申请人代理人所作《代理词》称，“从被申请人制作的现场勘验（检查）笔录来看，该笔录的制作时间是2006年5月4日和5月5日，而当事人的签字时间却是在2005年6月13日。”根据这一时间出入，《代理词》列举了现场勘验（检查）笔录制作存在的五大问题，进而主张现场勘验（检查）笔录不能作为定案依据。

在此，首先要纠正申请人代理人对签字时间的一个错误认识。据查，所有现场勘验（检查）笔录中，申请人一方代表某某亲笔签名及所署的时间均为2006年6月13日，根本不是什么2005年6月13日！

其次，怎么会出现被申请人一方现场勘验（检查）时间在前，申请人一方代表某某签字时间在后的情况呢？事实是这样的：被申请人一方于2006年6月13日前。先后分别对本案涉及的每个现场均逐一进行了现场勘验（检查），并形成了相应的现场勘验（检查）笔录，但申请人一方均借故没有进行确认。为使申请人心悦诚服，被申请人在一方于2006年6月13日再次组织申请人、焦作市水利局、引沁局参加，对本案涉及的每个现场再逐一勘验（检查），由申请人一方代表某某现场签字确认。

被申请人现场勘验（检查）笔录的上述制作程序，符合《最高人民法院关于行政诉讼证据若干问题的规定》的有关要求。并无瑕疵。《最高人民法院关于行政诉讼证据若干问题的规定》第15条规定，“根据行政诉讼法第三十一条第一款第（七）项的规定，被告向人民法院提供的现场笔录，应当载明时间、地点和事件等内容，并由执法人员和当事人签名。当事人拒绝签名或者不能签名得的，应当注明原因。有其他人在现场的，可由其他人签名。”从上述规定的语义分析，只要申请人一方有代表签字，就意味着对现场勘验（检查）笔录的认可。该规定虽不是针对行政复议作出的，但对行政复议绝对有指导意义。

二、被申请人作出的行政处罚决定，事实清楚，证据充分，适用法律正确。

（一）申请人未经被申请人批准，违法施工，对引沁灌区总干渠、分干渠及支渠造成多处侵占、毁坏，被申请人针对申请人不同的违法行为分别查处，于法有据。

我们不否认，某某高速公路的确是河南省政府批准的重点建设项目。但同样不能否认也无容置疑的是，任何单位及个人，均不得以所谓省重点建设项目为借口而不履行该项目启动之前应该履行的法定许可手续！即便是国家重点建设项目，也得依法履行法定许可手续！

因此，本案首先必须查明的一个核心事实是：申请人到底有没有向被申请人提出过许可申请？被申请人一方的回复是不是行政许可决定？

申请人代理人所作的《代理词》称，申请人“曾向灌区管理单位引沁局以正式文件的形式提出了申请，引沁局也以正式文件的形式给申请人作了答复……”。申请人的《复议申请书》也主张其“建设工程是合法工程”，其实施过程“也是严格按照工程设计方案进行施工。”

申请人及其代理人的上述主张与事实严重不符。经查明，从2005年11月23日发现申请人毁坏水工程到2006年3月底，引沁局主动找某某高速公路有限公司协调交涉20多次，该公司不予理睬，之后又发生流血事件。为此，焦作市水利局于2006年4月28日、5月9日分别向申请人下达了《责令停止水事违法行为通知书》和《听证告知书》。

申请人为推卸违法责任，逃避法律制裁，在2006年5月2日、6月14日才给引沁局发了两个所谓的《函》，就此《函》的基本属性而言，它根本不是报批申请。而且《函》的内容很不全面，更不切合实际。引沁局接到申请人的《函》之后，考虑到自己是水利工程管理事业单位，不是水行政主管部门，不具有行政许可的审批权，因此给申请人发《函》作了回复。2006 年 11 月 6 日，被申请人组织焦作市水利局、引沁局、申请人进行协调，形成协调会议纪要。重申由申请人向焦作市水利局提供有关报批材料等要求。遗憾的是，申请人一直置若罔闻，根本不予理睬。直到今天，申请人仍未按照被申请人的要求，呈报有关占用农田灌溉水源、灌排工程实施许可审批及在水工程管理范围内有关建设项目设计、施工方案审批的材料，而继续非法占用、非法施工，申请人的行为已经严重触犯了法律，应当依法予以追究！

正是基于以上事实，被申请人立案查处申请人的水事违法行为，理由充足，于法有据。经充分调查查明：申请人于 2005 年 11 月到 2006 年 3 月（有 6 个案件时间是 2006 年 3 月）时间段内，在水工程保护范围内，未经被申请人批准，在济邵高速公路与引沁灌区总干渠、分干渠及支渠交叉的不同地点，分别实施了 14 个侵占水工程，严重影响水工程安全运行的违法行为。之后，又实施了更为严重的违法行为。申请人擅自施工，毁坏灌溉工程，给灌区人民的生产、生活造成了严重危害，同时也造成当地生态环境的失衡。当地群众反映强烈，要求被申请人尽快严肃处理。

《中华人民共和国水法》第四十一条规定："单位和个人有保护水工程义务，不得侵占、毁坏堤防、护岸、防汛、水文监测、水文地质监测等工程设施。"

《河南省实施< 中华人民共和国水法>办法》第二十四条规定：从事工程建设，占用农田灌溉水源、灌排工程设施，或者对原有灌溉用水、供水水源有不利影响的，建设单位应当事先报有管辖权的水行政主管部门批准，并采取相应的补救措施；造成损失的，依法给予补偿。

《河南省水利工程管理条例》第二十一条第一款规定："在水利工程管理范围内进行建设的，应当按照保护水利工程安全的要求提出设计，按水利工程管理权限报水行政主管部门

审核同意。"该条第二款进一步规定："建设施工应当按照批准或水行政主管部门同意的范围、方式、设计方案进行。"

上述法律规范对所有施工单位及个人的法定义务均作了明确要求，对水行政主管部门的法定职责也作了明确规定

定。据此，被申请人作为具有法定职责的水行政主管部门，对申请人违法施工行为的查处，于法有据！

（二）被申请人对申请人所实施的 14 个不同的违法行为分别立案查处，并作出相应的 14 个水行政处罚决定，完全符合《中华人民共和国行政处罚法》第二十四条之规定，不违反"一事不再罚"原则。

不错，《中华人民共和国行政处罚法》第二十四条的确要求行政主体"对当事人的同一个违法行为，不得给予两次以上罚款的行政处罚。"但只要略加分析，我们便不难认定：被申请人实施的 14 个行政处罚，是针对申请人的 14 个独立的违法行为所作出的，这 14 个独立的违法行为不是"同一个违法行为"，而是多个违法行为，是"多事"而非"一事"。

申请人在不同标段内的施工队伍、在不同时间、在不同地段、对不同级别的水工程以不同行为方式实施了 14 个违法行为，造成了不同类型、不同程度、不同后果的损害，这些违法行为，分别以侵占、毁坏、爆破、占压、弃渣等形式存在。而且，在 14 个各不相同的

案件查处过程中，申请人阻碍执法、妨碍公务甚至暴力抗法的情节也各不相同。只要稍加比较、14 个处罚案件所涉及的违法行为，其行为主体、行为方式、危害后果及违法行为的实施地点、实施时间等均存在明显差异，被申请人对申请人的处罚力度也各不相同。申请人的代理人混淆概念，在《代理词》中主张“一次违法行为”不同于“一个违法行为”，“违法行为”不同于“违法手段”，这完全是文字游戏，毫无意义。不妨举个简单的例子，结论便不辩自明了；某人驾车上班途中，在不同的线路（或者在同一线路）上的不同交叉路口和路段发生多次闯红灯、超速等违法行为，难道交警部门只能给予一个处罚吗？假如申请人的代理人出门办事，违法驾驶，沿途闯了十个红灯，交警部门是给他开具一个罚单还是十个罚单呢？当然是十次处罚，开出十个罚单！

本案中，被申请人为保证行政处罚的公正公平，针对申请人的 14 个独立的违法行为，分别依法作出 14 个不同程度的行政处罚，原理与上述交通违法处罚完全相同，也完全符合《中华人民共和国行政处罚法》第二十四条的基本要求及立法本意。

（三）本被申请人严格依照法定程序作出行政处罚，不但实体合法，程序也合法。

在案件调查过程中，水政监察人员依法进行了调查，在向具体管理人员调查了解的同时，调查了当地有关村干部和群众，制作了现场勘验笔录，并绘制了现场示意图，进行了照相、录像，而且被申请人组织了现场确认。由申请人的综合协调处处长在现场勘验笔录上签字确认，形成了有力的证据链。

以上证据充分证明申请人实施了具体的违法行为，并造成了严重后果，同时也说明申请人违背事实，不讲信用，不配合纠正其违法行为的真实情况。被申请人在作出处罚决定前，向申请人送达了权利告知书和听证告知书。在此期间，被申请人还多次与申请人进行协调并形成有关协调会议纪要等，但申请人均未履行。特别是省政府组织的协调，也因申请人没有任何诚信，无果而终。在忍无可忍的情况下，被申请人不得不依照《中华人民共和国水法》的有关规定对申请人作出行政处罚，以维护法制的尊严。

至于申请人的代理人《代理词》中主张“被申请人作出的行政处罚决定违反了行政处罚程序中的集体讨论制度”，更是无稽之谈！不错，水利部《水行政处罚实施办法》第三十条的确要求在作出较重水行政处罚时，水行政处罚机关的负责人应当集体讨论决定。正是根据这一要求，被申请人对申请人的所有行政处罚决定，均经过了集体讨论，并形成了会议记录。此会议记录作为被申请人的内部工作程序资料，可以向复议机关出示，但基于保密要求，没有义务也没有必要向申请人出示。申请人提出这一质疑，纯属无理取闹。

《中华人民共和国水法》第七十二条明确规定：“有下列行为之一……责令停止违法行为，采取补救措施，处一万元以上五万以下的罚款……：（一）侵占、毁坏水工程及堤防、护岸等有关设施，毁坏防汛，水文监测、水文地质监测设施的；（二）在水工程保护范围内，从事影响水工程运行和危害水工程安全的爆破、打井、采石、取土等活动的。”被申请人以此为依据，对申请人作出了 14 个行政处罚，并依法送达了处罚决定书，其行政行为既符合实体法，又符合程序法。

三、被申请人所作的 13 个行政处理决定，同样事实清楚，证据充分，适用法律正确。

（一）申请人违法是不争的事实，被申请人因此实施行政处理以纠正违法行为，采取补救措施于法有据。

经查明，申请人未经被申请人批准，在某某高速公路与引沁灌区总干渠、分干渠及支渠交叉的不同地点，分别实施了14个（事实上远不止这些）侵占、毁坏水工程，严重影响总干渠安全运行的违法行为。申请人擅自爆破、开挖、弃渣等侵占、毁坏水工程的违法行为，已严重影响了总干渠的安全运行，必须依法制止并补救。

申请人的违法行为，有报案材料、调查笔录、现场勘验笔录予以证明；申请人、被申请人及其焦作市水利局和引沁局也共同对有关损坏和影响引沁灌区水利工程的施工现场进行了勘察，申请人的综合协调处处长张某在现场勘验笔录上已签字确认（卷宗材料予以证明）；现场照片更清晰地显示了申请人的违法事实。若复议机关认为以上证据材料仍不足以证明申请人的违法事实，建议复议机关组织申请人和被申请人共同对违法现场再作实地考察，以明辨是非。因为，受申请人侵占、毁坏的水利工程仍未得到修复。

申请人未经许可擅自施工的行为违反了《中华人民共和国水法》第四十一条和第四十三条、《中华人民共和国防洪法》第三十七条和《河南省实施〈中华人民共和国水法〉办法》第二十六条第三款及第二十七条第三款之规定，构成违法。根据《中华人民共和国水法》第七十二条、《中华人民共和国防洪法》第六十一条和《河南省实施〈中华人民共和国水法〉办法》第四十三条之规定，被申请人作出水行政处理决定，要求申请人"完成加固修复处理"或者缴纳相应的"加固修复工程费用"的补救措施并无不当，完全合理合法。被申请人的13份《水行政处理决定书》写得清清楚楚，上述两项补救措施由申请人自由选择，申请人若认为缴纳相应的"加固修复工程费用"太吃亏，也可以选择按水行政主管部门的要求"完成加固修复处理"啊，被申请人基于人性化的执法理念采取上述灵活措施，何错之有？

（二）申请人及其代理人认为"《某某高速公路对引沁灌区影响补偿方案》（简称《补偿方案》）不能作为行政处理决定的依据"的观点毫无道理，极端错误。

首先，《补偿方案》是由具有某某水利工程设计资质的权威部门河南省某某水利水土保持技术推广站编制的，被申请人为慎重起见，又组织专家对《补偿方案》进行了评审，并经法定评估机构河南省某某会计师事务所有限责任公司进行了评估认证。无论《补偿方案》的编制主体还是编制程序，均符合法律规定，由此形成的《补偿方案》当然具有法律效力。

其次，《河南省实施〈中华人民共和国水法〉办法》作为地方性法规，有优于作为部门规章的《占用农田灌溉水源、灌排工程设施补偿办法》的法律效力，本案中的《补偿方案》只要符合《河南省实施〈中华人民共和国水法〉办法》的要求，其法律效力就应得到肯定。根据《河南省实施〈中华人民共和国水法〉办法第24条的规定，结合河南省人民代表大会法制委员会关于《河南省实施〈中华人民共和国水法〉办法（修订草案）》审议修改情况的报告第四部分的表述，《补偿方案》合乎《河南省实施〈中华人民共和国水法〉办法》的要求，其法律效力应予以承认。

最后，根据豫政办〔2006〕106号有关"交叉工程的设计、监理、施工单位的资质和设计、施工的标准与方案必须符合对方所属行业的有关国家规定"和"改移（建）、重置（建）既有工程部分，原则上由既有工程业主单位或产权单位为建设主体组织承建"以及"其工程造价和赔付标准以国家或省最新指导价或标准计算"的精神，若按新的〔2006〕水利定额计算，补偿额会更高。但被申请人集体研究讨论决定《补偿方案》时，充分考虑了减轻申请人负担的因素。《补偿方案》仍按〔2002〕水利定额并以实事求是、兼顾双方利益和等效代替、等价补偿的原则计算补偿额。在《补偿方案》的编制过程中曾多次和申请人交换意见，而且，被申请人在处理决定书下达前，不但依法给了申请人听证的机会，还人性化地赋予了申请人可以按《补偿方案》的设计选择自己组织施工的权利。被申请人在此问题的处理上，可谓仁至义尽！

综上所述，申请人在施工过程中，打着省政府重点项目工程进某某市政府协调的旗号，胡作非为，肆意践踏法律，任意侵害既有工程利益和人民群众利益，给灌区和灌区人民造成了极大的伤害，引起了强烈反响，其违法行为必须依法予以追究。被申请人作出的 14 个行政处罚决定和 13 个水行政处理决定，事实清楚，证据充分，适用法律正确，程序合法。建议复议机关依法驳回申请人的复议申请，维持被申请人的所有行政处罚及行政处理决定，以保障行政机关依法行使职权。

吴延成在淮沭河大堤违法建房被拘留案

【案情简介】淮安市淮阴区渔沟镇村民吴延成，于2002年9月中旬以看护堤防树木为由，在淮沭河大堤西堤堤坡违法建砖瓦结构房屋两间计25平方米，及砖柱、石棉瓦结构凉棚28平方米。2002年10月，淮安市淮阴区水政监察大队调查取证后，淮阴区水利局拟依据修订后的《中华人民共和国水法》对吴延成作出限期拆除违法建筑25平方米，罚款1000元的行政处罚。根据《中华人民共和国行政处罚法》和《江苏省行政处罚听证程序规则(试行)》的规定，以及吴延成本人的要求，淮阴区水利局于2002年11月12日举行了水行政处罚听证会。通过听证，淮阴区水利局发现此案认定的违法建筑遗漏了凉棚，以及此案的违法行为终止于10月1日前，不适用经修订于10月1日起施行的《中华人民共和国水法》有关条款实施行政处罚。2002年11月底淮阴区水利局依据《江苏省水利工程管理条例》的有关规定，对吴延成作出限期拆除违法建筑，罚款1000元的行政处罚。处罚决定送达后，在规定时间内，吴延成未申请复议和提起诉讼，也未拆除违法建筑，淮阴区水利局依法申请淮阴区人民法院强制执行。2003年9月14日吴延成因妨碍人民法院执行公务，被依法拘留15天。9月19日淮阴区人民法院依法强行拆除了吴延成建在淮沭河大堤上的违法建筑，并将拆除的部分砖瓦材料作价后充抵罚款。

法律文书文件摘录

2002年10月28日淮安市淮阴区水利局向吴延成发出《水行政处罚事先告知书》(淮水罚告字〔2002〕第01号):

你于2002年9月18 El在淮沭河堤渔沟镇渔沟村六组段堤坡因违法建房行为，违反了《中华人民共和国水法》第三十七条的规定，依据《中华人民共和国水法》第六十五条的规定，本机关拟对你作出：l. 限期拆除违法建筑两间，恢复堤身原状；2. 罚款人民币1000元的行政处罚。

根据《中华人民共和国行政处罚法》的有关规定，你依法享有陈述和申辩的权利，请在接到本告知书之日起3日内到我局进行陈述和申辩。否则，视为放弃陈述和申辩的权利。

2002年10月28日淮安市淮阴区水利局作出的《水行政处罚听证告知书》回执(淮水听告字〔2002〕第01号):

当事人：吴延成，性别：男，年龄：52岁

联系地址：淮阴区渔沟镇渔沟村五组

邮编：223331，电话：4741586

是否要求听证：要求听证

当事人签名或盖章：吴延成

2002年11月13日淮安市淮阴区水利局作出《听证建议书》:

依据《中华人民共和国行政处罚法》第四十二条之规定，2002年11月12日上午9时在淮阴区水利局一楼会议室就吴延成未经水行政主管部门批准，擅自在淮沭河西堤堤身建房一案公开举行听证。听证会按照《江苏省行政处罚听证程序规则(试行)》的规定进行。通过当事人和案件调查 A-双：b-对本案事实、证据、适用法律及有关情况进行陈述、申辩和质证，使本案的违法事实、处罚依据等进一步明确。

一、本案事实

当事人吴延成（男，52岁，小学文化，淮阴区渔沟镇渔沟村五组村民)，于2002年9月18日至9月22日间，未经水行政主管部门批准，擅自在淮沭河西堤堤身(渔沟村六组段)违法建房两间，系砖瓦结构，面积25．4平方米(长6.60米，宽3.85米)，另搭建凉棚约28平方米(长6.17米，宽4.53米)。

二、本案证据

案件调查人提供的证据包括以下四份：

1. 水行政违法案件调查、询问笔录(当事人陈述1份共3页)。

2. 现场勘查笔录(1份共1页)。

3. 违法建房现场照片(1份共2页4幅)。

4. 违法建房现场草图1份。

三、拟对吴延成作出的行政处罚内容

1. 责令当事人于2002年10月31日前自行拆除违法建筑，报区水利局验收。

2. 罚款人民币1000元。

四、拟作出行政处罚的法律依据

《中华人民共和国水法》(2002年8月29日修订通过，2002年10月1日施行）第三十七条、第六十五条。

通过听证查明，当事人吴延成对未经批准擅自建房的违法行为无异议。但吴延成提出其违法房屋面积为18平方米（3米×6米），经核查主房应为25.4平方米(6.6米×3.85米)，凉棚28平方米。此外，吴延成建房时人为地破坏了堤身。据此，作出如下建议：

1. 吴延成的违法建房行为发生在2002年9月，修订后的《中华人民共和国水法》尚未施行，建议将处罚依据改为《江苏省水利工程管理条例》第八条和第三十条。

2. 吴延成的违法建筑除25.4平方米主房外，还有砖柱、石棉瓦结构凉棚28平方米，拟作出的处罚中未对凉棚作出处理，建议一并处罚。

3. 建议案件调查人对被吴延成破坏的堤身作出鉴定结论，在维持原拟定的处罚内容中，增加责令当事人恢复堤身原状的内容。

2002年11月28日淮安市淮阴区水利局对吴延成作出《水行政处罚决定书》(淮阴区水罚字〔2002〕第002号)：

现查明吴延成于2002年9月18日至9月22日间，未经水行政主管部门批准，擅自在淮沭河西堤堤身(渔沟村六组段)违法建砖瓦结构房屋两间，面积25.4平方米(长6.60米，宽3.85米)，另搭建砖柱、石棉瓦结构凉棚27.9平方米(长6.17米，宽4.53米)，在违法建房的同时，吴延成破坏了大堤堤身24.20立方米。吴延成的上述行为违反了《江苏省水利工程管理条例》第八条第（二）项、第（六）项的规定。现根据《江苏省水利工程管理条例》第三十条第（一）项的规定，决定给予以下行政处罚：

1. 限令在2002年12月15日前自行拆除违法建筑(含凉棚)。

2. 限令在2002年12月15日前自行恢复堤身原状，报我局验收。

3. 罚款人民币1000元，要求在2002年12月15目前缴到淮阴区预算外资金管理办公室。

如不服本决定可以在接到本处罚决定书之日起15日内向淮安市水利局或淮阴区人民政府申请复议，也可以在接到本处罚决定书之日起3个月内向淮安市淮阴区人民法院提起行政诉讼。逾期不申请复议或不向人民法院起诉又不履行本决定的，我局将申请人民法院强制执行。

2003 年 6 月 4 日淮安市淮阴区水利局向淮阴区人民法院递交《水行政违法案件行政处罚强制执行申请书》（淮水政申字〔2003〕第 002 号）：

我局 2002 年 11 月 28 日下达的淮阴区水罚字[2002]第 2 号《水行政处罚决定书》已发生法律效力，被处罚人吴延成拒不执行：1. 限令在 2002 年 12 月 15 日前自行拆除违法建筑(含凉棚)；2. 限令在 2002 年 12 月 15 日前自行恢复堤身原状，报我局验收；3. 罚款人民币 1000 元的处罚决定。根据《江苏省水利工程管理条例》第三十二条的规定，特申请淮安市淮阴区人民法院强制执行淮阴区水罚字〔2002〕第 002 号《水行政处罚决定书》第1、2、3 项处罚决定。

2003 年 6 月 27 日淮安市淮阴区人民法院向淮阴区水利局发出《执行案件受理通知书》(〔2003〕淮法执字第 162 号)：

我院于 2003 年 6 月 27 日接到你单位的申请执行书，经审查，符合受理条件，决定立案执行。现将有关事项通知如下：

一、提供被执行人吴延成的财产及履行能力情况。

二、根据《人民法院诉讼收费办法》第三条和第八条的规定，你单位应预缴申请执行费 50 元，希你单位在接到本通知书之日起 7 日内将款由银行汇来我院，逾期不缴则按自动撤回申请处理。

2003 年 9 月 12 日淮安市淮阴区人民法院对吴延成作出《拘留决定书》(〔2003〕淮非诉行执字第 162 号)：

本院在执行淮阴区水利局申请执行吴延成水行政处罚案中，查明吴延成拒不履行生效法律文书确定的义务。

依照《中华人民共和国民事诉讼法》第一百零二条第一款第(六)项的规定，决定如下：对吴延成拘留 15 日。

如不服从本决定，可以在收到决定书的次日起 3 日内，口头或者书面向江苏省淮安市中级人民法院申请复议一次，复议期间，不停止决定的执行。

【案例评析】

应被处罚人的要求，本案在处罚之前依法举行了听证会。这是自《中华人民共和国行政处罚法》实施以来，淮安市举行的首例水行政处罚听证会。按照《江苏省行政处罚听证程序规则(试行)》第二条的规定，对非经营性活动中公民的违法行为处以500元以上的罚款，属较大数额的罚款，被处罚人有要求举行听证的权利。淮阴区水利局根据当事人吴延成的要求，依法举行了听证会。听证过程中，调查人员和当事人就本案的事实、证据以及处罚的法律依据等进行了陈述、申辩和质证。听证主持人通过对双方有争议的房屋面积、处罚适用的法律条款等问题进行反复核实、质询，在向淮安市淮阴区水利局提出的听证意见书中，针对本案违法建筑遗漏处罚部分，以及本案的行政处罚依据不适用在违法期间尚未施行的经修订的《中华人民共和国水法》中有关条款等问题提出了合理建议，从而避免了一起行政处罚过错的发生。此案案情并不复杂，但由于调查人员工作中的疏忽和对处罚所依据的法律、法规的理解出现偏差，势必给执法工作造成不良后果。行政机关通过听证自觉纠正了错误，体现了司法救济对实施行政处罚的（未完）

从一起水事违法案件查处过程的思考

摘要：在现实中，个别大型工程在涉河施工中往往以工期紧、任务重为由，置现行的水法律法规于不顾，不按法定程序办事，不经水行政主管部门审批就开工。这种行为对公共安全构成了极大威胁，必须严厉制止。

关键词：大型工程、防洪法、违法

国家大型工程在建设中如何自觉遵守《防洪法》《水法》等法律法规，是水行政执法部门一直关注的问题。在现实中，个别大型工程在涉河施工中往往以工期紧、任务重为由，置现行的水法律法规于不顾，不按法定程序办事，不经水行政主管部门审批就开工。这种行为对公共安全构成了极大威胁，必须严厉制止。

2003年4月19日，中国石油天然气管道第二工程公司西气东输某项目部向河南温县黄河河务局递交了《沁河穿越工程开工（紧急）告知函》：定于4月20日中午沁河定向钻施工正式开始，特此告知。

接到告知函，河道主管机关——温县黄河河务局依据《防洪法》于次日上午立即作出答复："建设穿河、穿堤的管道等工程设施，应当符合防洪标准，工程建设方案应当经有关水行政主管部门根据防洪要求审查同意。"对河务局的答复，项目部置之不理，强行违法开工。

工程违法开工后，温县黄河河务局水政监察人员不分昼夜地往返于项目部和施工现场，向施工单位宣传水法规，讲解违法穿沁的危害性。在宣传没有产生效果的情况下，5月8日，河务局连续7次向项目部下达了停工通知，通知强调"待有关水行政主管部门对工程建设方案审查同意后，按审查意见执行；否则，由此所造成的任何后果均由你方负责"。

在对"穿沁工程"依法监管的同时，水政监察人员还密切注视着沁河堤防的安全。5月9日，水政监察人员在进行河道巡查时，发现在管道穿越处临背河地面有大量泥浆冒出，立刻意识到沿管道穿越处的堤防临背河已形成过水通道，对沁河防洪会产生严重危害，随即向项目部下达了《紧急停工通知》，但项目部依然无视通知。

5月11日，黄委专家组勘察分析认为："该工程应立即停止违法施工，采取有效措施，提出解决方案，确保防洪安全。"次日，河南省防指与焦作市防指分别下达了《关于立即停止西气东输穿沁工程施工的紧急通知》，要求温县、博爱两县防指"责令施工单位立即停止违法施工，若仍置之不理，可采取严厉措施；并通知施工单位，穿沁工程建设方案未经河道主管机关批准，不得施工"。5月13日，温县防指向项目部下发了《紧急停工通知》，并将省、市防指《通知》作为附件一并告知，责令其"立即停止施工，严格按县防指指令执行，否则，造成一切后果均由你方承担。"

截至5月14日21时穿沁工程完工，温县黄河河务局共向管道二公司西气东输某项目部发了11次停工通知，并及时进行了现场勘测，专家指出：违法穿沁施工对沁河防洪安全造成严重威胁。

事件发生后，河道主管机关向河南省人民政府提交了专题报告，引起了省政府的高度重视。5月13日，河南省省长李成玉作了重要批示；5月14日，河南省、焦作市、温县河务局、博爱河务局、黄委设计院、中石油管道二公司、中原石油勘探局固体工程处在郑州召开"沁河穿越管线施工大堤防洪、防汛措施方案研讨会"；5月20日，黄委主任李国英来到施工现场，要求“站在对国家利益、对人民利益高度负责的基础上，考虑管道穿沁隐患永久处理方案”。

5月22日，河南省防指提出了有关整改实施方案；23日，黄河防总对方案进行了批复，同意河南省防指上报的处理方案，同时指出管道穿沁隐患属重大人为责任事故，要求河南省防指责成西气东输建设单位尽快做出设计方案，在7月15日前完成主体工程。

在有关部门的高度重视下，在法律的威慑下，西气东输豫皖管理处认识到自己的违法行为给国家防洪工程造成了严重危害，按照设计方案，投资1000多万元进行整改。

按照《防洪法》第五十八条规定，经水行政主管部门研究，认为西气东输建设单位已按河南省防指要求及时对穿沁工程造成的防洪隐患采取了补救措施，同意结案，2003年12月31日，黄委对西气东输武德镇管道穿沁工程补发了审查同意书。（付宝山）

【案评】

观点一

未经水行政主管部门审批，穿河工程施工违法

这是一个十分典型的河道管理范围内建设项目违法案件。在案件中，穿沁工程建设方的行为严重违反了《防洪法》和水利部、原国家计委颁布的《河道管理范围内建设项目管理的有关规定》要求。项目部在项目可行性研究报告批准前，没有将工程建设方案报有关水行政主管部门或流域机构审查同意，同时在没有编制《河道管理范围内建设项目防洪影响评价报告》、进行防洪影响评价论证，没有经水行政主管部门或流域机构对该工程设施建设的位置和界限进行审查批准的情况下，便强行开工。自恃为国家重点建设项目而无视法律的存在。在流域机构和相关防汛指挥部门依法多次下达“责令停工通知”后仍置之不理，一味地强调工程进度要求，置防洪安全于不顾，最终导致对沁河防洪安全造成严重威胁。

观点二

涉河项目无论大小均需依法审批

《防洪法》第二十七条的规定是按照《行政许可法》第十二条规定“直接涉及国家安全、公共安全、经济宏观调控、生态与环境保护以及直接关系人身健康、生命财产安全等特定活动，需要按照法定条件予以批准的事项”要求设立的一项行政审批，其目的是防止在河道管理范围内的建设活动破坏河势稳定、威胁堤防安全、影响沿岸工农业设施的正常运行和安全，维护人民的生命和财产安全，保障社会经济秩序的正常运转和可持续发展。

“沁河穿越工程”因为建设单位没有按法定程序履行建设方案审批等有关手续，采用施工工艺不得当，最终造成防洪隐患。因问题明显、发现及时、处理得当，才没有酿成更大的灾害。

现实中，这样的案例并不罕见。98大水九江城市防洪堤的溃决，其中一个重要原因，就是堤外侧迎水坡油码头建设，其建设方案未经有关流域机构审批，施工中破坏了堤防的保护层，使堤防基础中的粉细砂夹层暴露，形成薄弱环节，经长期高水位浸泡产生管涌，因发现不及时，致使堤防坍塌、决口，造成巨大损失。

因此，河道管理范围内无论什么建设项目，都必须按照法律法规规定的程序，依法进行审批。

观点三

涉河施工应高度重视公共安全

中国石油天然气管道第二工程公司西气东输某项目部敢于无视国家法律，强行施工，原因有三：一是自恃是国家重点工程，二是法制观念淡薄，三是部门利益严重。

《国务院关于全面推进依法行政的决定》中指出："要坚决消除执法中的腐败现象，坚持纠正不顾国家全局利益和人民根本利益的本位主义和地方保护主义。对违法者，不论涉及什么单位、什么人，都要依法严肃查处。"因此，不论什么项目，都应把国家利益和人民的生命财产安全放在首位；不论是什么单位、什么人，一切行为必须符合法律、法规规范，切实做到依法办事。同时，应加强对全社会依法办事的宣传教育。

观点四

水法规宣传应继续深入

流域机构和水行政主管部门，在该事件中能够严格依法行政，并准确运用法律法规，充分体现出基层水行政执法人员较强的法制观念和执法能力。但同时我们也看到了水法规宣传还不够深入，外行业对水行政审批不够重视，现行法律赋予水行政执法的强制手段难以满足管理的实际需要，像本案这种重点工程还需要借助行政力量来解决依法行政的问题。

法律链接

《防洪法》第二十七条第一款规定：建设穿河、穿堤、管道、缆线等工程设施，应当符合防洪标准和其他技术要求，不得危害堤防安全，妨碍行洪畅通；其可行性研究报告按照国家规定的基本建设程序报请批准前，其中的工程建设方案应当经有关水行政主管部门根据前述防洪要求审查同意。

第二十八条第一款规定：对于河道管理范围内依照本法规定建设的工程设施，水行政主管部门有权依法检查；水行政主管部门检查时，被检查者应当如实提供有关的情况和资料。

第五十八条规定：违反本法第二十七条规定，未经水行政主管部门对其工程建设方案审查同意的，责令停止违法行为，补办审查同意手续；工程设施建设影响行洪但尚可采取补救措施的，责令限期采取补救措施，可以处一万元以上十万元以下的罚款。

流域水行政执法遭遇难题的反思

在未经河道主管机关审批的情况下，某镇政府委托施工单位擅自破堤修路，致使该段堤防严重丧失防洪能力。流域管理机构依法下达《行政处罚决定书》，相对人在法定期限内既未申请复议也未提起行政诉讼，又拒不履行该决定。流域管理机构依法申请法院强制执行，但当地法院碍于地方关系，建议行政协调，未予立案，致使案件历时数年未能执行结案，《行政处罚决定书》成为一纸空文。

这引发了笔者对基层水行政执法难的共鸣与思考，现提出自己的观点，与从事水行政执法工作的同行共同探讨，以解难题。

行政主体可代替履行相对方义务

针对这个案例中的具体情况，笔者认为，流域管理机构在法定情况下，可以采取代履行的间接强制措施。代履行，是指行政主体雇人代替不履行行政法义务的相对方履行义务，强制义务人缴付劳务费用的行政强制方式。

代履行的要件有三：其一，须有相对方应当承担的合法义务，并且相对方不愿履行；

其二，代履行的义务一般都是作为义务，并且是可以请人代为履行的义务，不以义务人自为为必要；其三，代履行的义务可由行政主体代为履行，也可委托第三人代为履行，并向相对方征收履行费用。

从本案例看，虽然非法建设与破堤取土均属水事违法行为，但由于两者之间存在牵连关系，在处罚上，应考虑从重处理，即以法律规定处罚较重的违法行为论处。就该案例而言，可考虑以“非法建设案”处理。

针对案件违反《防洪法》第二十七条的非法建设行为，该法第五十八条作出的相应处罚规定可以通过代履行的方式予以执行。从案例看，非法建设案中的破堤行为已经达到“严重影响防洪”的程度。在流域管理机构限定期限内相对人不拆除的，流域管理机构可以组织队伍代为履行，拆除道路，将堤防恢复至防洪高程，并要求相对人承担代履行费用。相对人不承担的，通过民事诉讼途径要求其承担。《处罚决定书》中并处罚款的，仍需申请人民法院强制执行。

申请法院强制执行阶段应注意的几个问题

申请法院强制执行的前提是，流域管理机构对水事违法案件进行了正确处理，并依据法律规定的条件，向有管辖权的人民法院提出了强制执行申请，可分为以下两个阶段。

阶段一：人民法院应当立案而不立案。实践中表现为两种情况：一是在规定期限内，人民法院既不受理又不作出不予受理的裁定；二是裁定不予受理。这两种情况下，流域管理机构均可以直接向该人民法院的上级人民法院上诉或申诉。上级人民法院认为符合受理条件的，应予受理，受理后可以移交或指定下级人民法院审理，也可以自行审理。

阶段二：人民法院立案后，裁定不予执行。对审查后作出的不予执行的裁定，是不可以上诉的。流域管理机构可以选择的法律途径有：申诉，向作出不予执行裁定的人民法院或者其上一级人民法院提出申诉材料，接受申诉的人民法院经过审查后可以启动审判监督程序，撤销不予执行的裁定；申请人民检察院抗诉，即由检察院利用其职权通过审判监督程序向人民法院提出抗诉。

行政协调存在可行性空间

在一起行政处罚案件中，如果相对人是行政组织，通过行政协调，使相对人自觉改正违法行为或者自觉履行行政处罚决定，从而达到恢复公共行政秩序的效果，也不失为一种可取的解决方法。

人民法院在非诉行政执行案件中，是否可以进行行政协调还是一个值得探讨的问题，但在审判实践中是存在的。从《最高人民法院关于执行〈行政诉讼法〉若干问题的解释》第九十三条“对具体行政行为的合法性进行审查”的规定看，协调也存在可行性空间。

笔者认为，首先，这种法院所为的协调不是行政学意义上的行政协调；其次，这种协调应当遵循三十日的法定时间要求，也就是说人民法院的合议庭在进行具体行政行为合法性审查的过程中，如果审查认为该具体行政行为是合法的，合议庭可以在进行合法性审查的过程中对相对人进行说服教育，促使其自觉履行该具体行政行为对其作出的处理决定。而不应超期协调，更不能在未立案的情况下进行协调。

【法律链接】《防洪法》第二十七条规定：“建设跨河、穿河、穿堤、临河的桥梁、码头、道路、渡口、管道、缆线、取水、排水等工程设施，应当符合防洪标准、岸线规划、航运要求和其他技术要求，不得危害堤防安全，影响河势稳定、妨碍行洪畅通；其可行性研究报告按照国家规定的基本建设程序报请批准前，其中的工程建设方案应当经有关水行政主管部门根据前述防洪要求审查同意。

第五十八条规定："违反本法第二十七条规定，未经水行政主管部门对其工程建设方案审查同意或者未按照有关水行政主管部门审查批准的位置、界限，在河道、湖泊管理范围内从事工程设施建设活动的，责令停止违法行为，补办审查同意或者审查批准手续；工程设施建设严重影响防洪的，责令限期拆除，逾期不拆除的，强行拆除，所需费用由建设单位承担；影响行洪但尚可采取补救措施的，责令限期采取补救措施，可以处一万元以上十万元以下的罚款。"

《最高人民法院关于执行〈中华人民共和国行政诉讼法〉若干问题的解释》第九十三条规定："人民法院受理行政机关申请执行其具体行政行为的案件后，应当在30日内由行政审判庭组成合议庭对具体行政行为的合法性进行审查，并就是否准予强制执行作出裁定；需要采取强制执行措施的，由本院负责强制执行非诉行政行为的机构执行。

一起水事违法案件登记保存行为的合法性研究

【案情】

2004年5月12日，山东省招远市水务局水行政执法人员在巡查中，发现本市某村村委雇用铲车驾驶员曲某，违法在界河河道保护区内取土、采砂，执法人员当场下达《责令停止水事违法行为通知书》并及时向领导汇报案情，水务局经研究决定立案查处。

5月13日上午，执法人员再次来到事发现场，曲某驾驶铲车仍在违法作业，执法人员当场对其铲车实施登记保存，责令其将铲车开到招远市水务局，将《登记保存物品通知书》下达给采砂现场负责人孙某，其在副本上签字确认。同时执法人员对现场进行了拍照、摄像、现场勘验，制作了勘验笔录。通过获取的证据，水务局经分析梳理后，认定村委为本案的行政相对人，是违法当事人，其违法采砂取土已达2万立方米。于是水务局于5月18日，将《水行政处罚告知书》及《解除登记保存物品通知书》送达该村委，通知其提取铲车并告知立即停止违法行为恢复原状，拟给予罚款4万元的行政处罚。村委接通知后曲某始终未来提车，直到2004年7月13日，水务局再次将提车通知送达村委，曲某才将车提走。

曲某对水务局的登记保存想不通。他认为自己是受村委雇用，水务局行政处罚的对象是村委，要登记保存也该保存村委的物品，而不该是自己的铲车。于是，曲某一纸诉状将水务局告上法庭，以水务局登记保存违法为由，要求水务局赔偿铲车损失两万元。

招远市人民法院依法公开开庭审理了本案，该村委作为诉讼中的第三人参加了庭审。法院经审理后作出一审判决：被告水务局查出违法行为的行政相对人是诉讼中的第三人村委，铲车作为行政相对人实施违法行为的证据，被告对这一证据予以登记保存，防止违法行为继续，并无不当；被告送达《解除登记保存物品通知书》后，原告未能及时将铲车提走，责任不在被告。被告对登记保存的铲车依法作出处理决定后，原告的损失可根据与雇主诉讼中第三人村委之间的协议，依法主张民事权利，原告要求被告赔偿损失，没有事实根据和法律依据，不应支持。驳回原告要求被告赔偿其车辆被扣造成的损失的诉讼请求。曲某不服，上诉至烟台市中级人民法院，二审法院审理后驳回上诉，维持原判。

【案评】

本案争议的焦点是水务局实施的登记保存这个具体行政行为是否合法，以及水务局应否赔偿原告曲某的损失。

观点一：水务局实施登记保存的具体行政行为合法。

首先，实施登记保存的主体是合法的。根据《水法》第五十九条《河道管理条例》第四条的规定，水务局具有行政主体资格，其对河道管理范围内的违法取土行为进行依法查处，是法律法规赋予的职责。其次，适用法律正确。《行政处罚法》第三十七条第二款赋予行政机关查处违法行为行使登记保存的权力。本案中行政相对人村委在水务局下达《责令停止水事违法行为通知书》后仍违法作业，铲车作为其实施违法行为的证据，为防止违法行为继续或证据隐匿转移，水务局对铲车实施保存，符合法律规定，适用法律正确。最后，登记保存的期限符合法律规定。《行政处罚法》赋予登记保存的期限为七天，水务局自2004年5月13日作出《登记保存物品通知书》至5月18日下达《解除登记保存物品通知书》，仅5天，符合法律规定。曲某未及时将铲车提走，责任与水务局无关，水务局已履行完应尽的告知义务

本案中曲某向法院提交了铲车归其所有的证据，认为登记保存的物品应是行政相对人的物品，而不应该保存受雇者的物品。对此法律无明文规定，我们认为也无须规定，因为登记保存就是证据保全，是对违法现场证据的暂时查扣，只要是违法所用的证据，符合登记保存的条件，行政机关就有权保存，无论所有权归谁。登记保存期限物品的损失问题，我们认为只要行政机关登记保存行为合法，行政相对人的损失应自负。物品所有权是行政相对人以外的违法行为人的，其损失有民事协议的按协议主张权利，无协议的双方协商解决。

观点二：曲某追偿损失不能适用行政赔偿。

行政赔偿是指国家行政机关及其工作人员违法行使职权的具体行政行为，给公民、法人或其他组织造成损害的应当承担的赔偿责任。由以下四个要件构成：

其一，行政赔偿的侵权主体必须是行政机关及其工作人员和法律、法规授予行使职权的组织及其工作人员以及受行政机关委托行使职权的组织及其工作人员。

其二，实施的行为必须是行使行政职权时违法的具体行政行为。

其三，必须是对公民、法人或其他组织的人身权、财产权造成侵害且损害事实已发生。

其四，违法行使职权行为与损害后果有因果关系。

以上四要件只有同时具备，行政赔偿责任才能成立。本案中曲某虽然有损失，但由于招远市水务局的登记保存这一具体行政行为是合法的，水务局查处的行政相对人是村委而非曲某，曲某的损失与水务局的登记保存无法律上的因果关系，因此曲某无权要求水务局赔偿。

观点三：水行政执法要重证据

行政执法靠的就是证据，行政诉讼打的也是证据，证据合法是具体行政行为合法的坚实基础。因此，行政执法必须确保其实施的具体行政行为合法，做到事实清楚、证据确凿。就本案而言，从实体上说，本案自立案开始，执法人员就注意收集证据，为此做了大量艰苦细致的工作，构成了完整的证据链，印证了当事人的违法事实，做到了证据确凿、事实清楚。从程序上，招远市水务局自立案起，调查取证、告知、通知、行政处罚告知等手续

完全严格依法进行，在法定期间，依照法定的程序，履行了法定的义务。

另外，从本案中还可以看到的是，群众依法维权的意识在增强。这从另一方面教育执法部门，行政执法必须忠实履行法律赋予的职责，做到不缺位、不越位、不错位。近些年随着依法治国进程的加快，各行各业有关法律法规的逐渐出台，尤其是《中华人民共和国行政许可法》的颁布实施，对进一步保护公民、法人和其他组织的合法权益，保障和监督行政机关有效实施内部监督制约，提高行政管理水平，从源头上预防和惩治腐败有重要意义。因此，行政机关一定要明确自己的职责，慎用手中人民赋予的权力，坚决杜绝没有利益不作为、给了好处乱作为现象，依法行政，按法办事，真正做到“权为民所用，情为民所系，利为民所谋”。

一起水行政复议案件的反思

行政行为的程序化是其合法性的基本要求，执法程序的随意必然导致具体行政行为的违法或不当。而各种法律文书的规范使用，正是行政行为程序化的具体反映。以下就是一个典型的由于执法程序不当而引发的行政复议案例。

【事件起因】

在2002年10月16日的公开拍卖会上，江西省铅山县铅山祥龙水电有限公司购买了江东源支流的开发权。而另一家公司的欣萍二级电站在开工前，虽经有关部门批复了可研报告，但没有在水行政主管部门办理取水许可前置性审批手续，也就是说，欣萍二级电站开工前，未进行水资源论证、水土保持方案编制，未办理取水许可申请手续。没有开发权的欣萍二级电站的开发建设与已取得开发权的祥龙水电有限公司的开发方案出现了重叠交叉。

2002年12月19日，铅山县水利局审查同意的欣萍水电站取水预申请书，取水地点为英将乡坪阳林场（一级）。

铅山欣萍水电站与铅山祥龙水电有限公司在开发权上发生了争议，铅山县水利局为此作出《关于要求“欣萍二级电站”立即停工的紧急通知》的具体行政行为。

水电站的申辩：

2004年7月14日，欣萍水电站对铅山县水利局作出的《关于要求“欣萍二级电站”立即停工的紧急通知》具体行政行为不服，向上饶市水利局提出了行政复议申请，要求依法撤销铅山县水利局对其作出的紧急通知，并赔偿因停工所造成的经济损失5万元。

铅山欣萍水电站认为：一、其建设的欣萍二级电站合法、有效，理由是：他们分别与英将乡和武夷山林场签订了欣萍水电站一、二级开发协议；电站项目设计委托县水利局设计室设计，并组织了有关专家参加初审，同意报计委立项；计委召开了欣萍电站（一、二级电站）可行性研究报告评审会，并有文件批准了欣萍一、二级水电站的建设。二、铅山县水利局的行政处罚没有事实依据，也没有法律依据，违反了《行政处罚法》等法律法规的规定。三、铅山县水利局的错误行政行为造成了欣萍二级电站停工、延误工期等经济损失5万元。

行政处罚的理由：

铅山县水利局认为：一、“欣萍二级电站”无任何水行政主管部门的批准文书，属擅自动工的非法建设。二、根据《取水许可申请审批程序规定》第十六条规定：“取水许可预申请或者取水许可申请与第三者发生争议或诉讼时，受理机关应当书面通知申请人，待争议或者诉讼终止后重新提出取水许可预申请或者取水许可申请。"该电站水资源开发与铅山县祥龙水电有限公司江东源支流开发权发生争议，"紧急通知"是依法书面告知当事人。三、欣萍二级电站未履行水行政管理的有关程序而擅自动工。

行政复议的结果：

上饶市水利局认为：铅山县水利局对欣萍二级电站未依法办理审查、审批手续就擅自开工的违法行为进行监督管理是正确的。但在办理该案件时以"紧急通知"作为具体行政行为，违反了法定程序，而且"紧急通知"未援引法律依据。据此，2004年9月9日，上饶市水利局作出了行政复议：一、撤销铅山县水利局作出的《关于要求"欣萍二级电站"立即停工的紧急通知》的决定。二、铅山县水利局对欣萍二级电站的违法事实重新作出具体行政行为。三、对申请人因欣萍二级电站误工等经济损失5万元的赔偿请求不予支持。

【案评】

自从国务院颁布《全面推进依法行政实施纲要》以来，我国依法行政、建设法治政府的工作取得了重要进展。汪恕诚部长提出要全面推进水利部门依法行政，逐步建立责权明确、行为规范、监督有效、保障有力的水行政执法体制。水利部要在全国水利系统开展相对集中处罚权和综合行政执法工作。但是在基层的水行政执法过程中还不同程度存在着有法不依、执法不严、以权代法、滥用职权和执法行为不规范等问题，影响了行政执法的公正性和统一性。今天这个案件涉及的关于行政执法程序问题，就是一个关系到行政执法行为合法有效的关键问题。

观点一：行政执法程序是行政执法人员的行为规范。

行政执法程序就是行政执法机关在行政执法过程中采用的方式和步骤，是对行政机关的执法行为的约束。行政执法程序是法定的，不得任意变通和违反。行政执法程序合法是行政执法行为合法有效的构成要件之一。当然，并不意味着程序合法的行政执法行为必然合法，但是如果行政程序违法，则必然会导致行政执法行为的无效或者被撤销。这一点在《行政处罚法》第三条规定中十分明确："没有法定依据或者不遵守法定程序的，行政处罚无效。"因此，行政机关和行政执法人员在执法过程中，作出的每一个具体行政行为都必须符合程序的规定，否则就是违法的行政行为。

在水行政执法过程中，有的地方存在着重实体法轻程序法的倾向。他们认为，有确凿的证据证明管理相对人违法行为的存在是最重要的。对于立案、调查、出示证件、收集证据、询问笔录、处罚决定、交付送达和听证等程序没有严格遵守法律规定，任意简化或者忽略，在一定程度上也侵害了管理相对人的合法权益。我们应当认识到，法律必须通过程序才能实施，而程序绝不是执法者可以任意编制的。执法程序须以法律的性质加以确定才有约束力，实体法和程序法体现出同样的法律精神，两者缺一不可，任何重实体轻程序的倾向对于法律的公正实施都是极为有害的。

观点二：法定执法程序是公民合法权利的保障。

行政程序有保护公民权利的作用，行政执法中的行政处罚、行政审批、行政许可和行政强制等具体行政行为对管理相对人带来非常直接的影响。一方面，行政机关在实施中处于主导地位、强势地位，有的具体行政行为是以国家权力的强制力为后盾的。另一方面，行政管理相对人在行政机关面前显得非常弱小，根本无法抗衡。在这种情势下，就会产生行政机关对管理相对人合法权益侵害的可能性。一旦行政执法权被滥用，就会发生管理相对人的合法权利被侵害的事实。行政执法程序就是为了防止这种情况的发生，通过法定的执法程序，使行政执法的每一个步骤和环节都受到程序的约束，不允许偏离依法行政的轨道，减少不良执法产生的后果，以充分保障和维护管理相对人的合法权利。同时，也赋予管理相对人为自己合法权益进行陈述、辩解和救济的权利。

观点三：行政执法程序是对行政执法权的制约和监督。

在行政执法过程中，当执法人员素质不高时，仅靠执法人员的觉悟和对法律的理解，就容易发生执法行为的任意性，甚至滥用行政权力，给行政管理相对人的合法权利造成侵害，并导致具体行政行为无效。因此，依法行政，严格按照法定程序执法是保证行政行为合法的基本要求，也是对行政执法权的制约和监督。同时，也给了其他行政机关、公民对行政权的行使过程进行监督的机会和权利。

各级水行政主管部门法制机构的负责同志对行政程序要有一个正确的认识，要克服重实体、轻程序的思想。加强对行政执法人员的教育和培训，使他们充分重视法定程序，熟悉掌握并自觉运用程序来规范执法行为。各级水行政执法队伍要建立行政执法责任制和执法责任追究制，从根本上分清执法过程中的责任，使行政执法权在法定范围内运作，并对执法人员因违法行政而造成的赔偿行使追偿权。

本案的最终处理结果让我们认识到：要使行政行为产生预期的法律效果，必须具备下列要件：一是行政行为的主体必须合法，二是行政行为的内容必须合法，三是行政行为的程序必须合法，四是行政行为的形式必须合法。

拆除违章建筑须准确认定违法行为人并保障相对人陈述、申辩权

【案情】

上诉人（原审原告）：孙某某、谢某某

被上诉人（原审被告）：A 区规划和土地管理局（以下简称 A 区规土局）

2011 年 11 月 1 日，A 区规土局根据案外人的举报，立案调查孙某某、谢某某在××路 300 号北侧搭建违章建筑一案。2012 年 2 月 16 日，A 区规土局向孙某某、谢某某作出第 2120120002 号《行政处罚决定书》具体行政行为（以下简称被诉行政处罚行为）。载明："经查，你们在××路 300 号北侧擅自搭建建筑物的行为，违反《中华人民共和国城乡规划法》第四十条、《上海市城乡规划条例》第三十四条的规定。根据《中华人民共和国城乡规划法》第六十四条、《上海市城乡规划条例》第五十八条等有关规定，本机关决定对你们作出以下行政处罚：限你们于 2012 年 4 月 30 日前自行拆除××路 300 号北侧违法建筑物"。孙某某、谢某某对此不服，向原审法院提起诉讼。

【审判】

原审法院认为，根据《上海市拆除违法建筑若干规定》第三条内容，A 区规土局有依法拆除违法建筑的职权。同时，依据该规定第八条、第九条、第十条规定，拆违实施部门依照有关法律、法规对违法建筑进行调查取证后，拟作出责令限期拆除决定的，应当使用统一的事先告知书；当事人未在规定期限内提出陈述、申辩，或者当事人提出的事实、理由不成立的，拆违实施部门应当作出责令限期拆除的书面决定。A 区规土局认定本市××路 300 号北侧建筑物系擅自搭建的违法建筑，事实清楚、证据确凿。其后作出限期拆除的行政处罚决定，符合《中华人民共和国行政处罚法》（以下简称《行政处罚法》）及《上海市拆除违法建筑若干规定》的相关规定，适用法律正确，程序合法。本市××路 300 号北侧建筑物在孙某某、谢某某购买房屋时已存在，孙某某、谢某某作为占有并使用该违法建筑的受益方，对其作出行政处罚决定亦无不当。原审法院依据最高人民法院《关于执行〈中华人民共和国行政诉讼法〉若干问题的解释》第五十六条第（四）项之规定，判决驳回孙某某、谢某某的诉讼请求。判决后，孙某某、谢某某不服，提起上诉。

二审经审理认为：1.违法事实不清，行政机关不得给予行政处罚。本案中，被上诉人向原审法院提交的认定上诉人具有擅自违章搭建的主要证据为 2011 年 11 月 7 日对 B 公司工作人员朱某以及 2011 年 3 月 1 日对××路 296 号居民陈某某等五人所作出的询问笔录。上述两份询问笔录对于涉案违章建筑搭建的具体时间存在矛盾，被上诉人对两份笔录中出现的矛盾之处，以及违章搭建行为人、搭建时间、违章建筑的使用情况等未做进一步调查核实。故仅凭上述两份笔录，被上诉人认定两上诉人具有违章搭建行为事实不清，主要证据不足。2.《行政处罚法》第三十一条、第三十二条第一款规定了行政机关作出行政处罚必须遵循法定程序，并保障行政相对人陈述申辩的权利。本案中，被上诉人虽辩称，行政处罚事先告知通知书以邮寄方式被退回后，采用现场留置方式对上诉人予以送达，但根据《中华人民共和国民事诉讼法》（以下简称《民事诉讼法》）第七十九条规定，留置送达必须同时满足"拒收"和"留置"两项条件并应有见证人见证。本案中，被上诉人并未提交

上诉人拒收行政处罚事先告知书的证据，亦并无见证人见证的有关证据，不符合上述留置送达的法定适用条件。被上诉人辩称行政处罚事先告知书依法送达的依据不足，无证据证明被上诉人在作出被诉行政处罚决定前，听取过上诉人陈述申辩，故被上诉人执法程序不当。二审法院据此判决撤销原审判决以及A区规土局作出的被诉行政处罚决定。

【评析】

本案反映出拆除违章建筑行政处罚中的两个重要的共性问题，值得分析探讨。第一，认定违法搭建行为人证据是否充分；第二，行政机关在作出拆违行政处罚决定前，如何充分保障相对人陈述申辩的权利。

一、拆违行政处罚相对人的认定

违章建筑系“违反了《土地管理法》《城乡规划法》等相关法律、法规的规定而建造的建筑物和其他构筑物”。违章建筑一旦发现，相关行政机关应当及时进行处理。根据《行政处罚法》第三十条规定，公民、法人或者其他组织违反行政管理秩序的行为，依法应当给予行政处罚的，行政机关必须查明事实；违法事实不清的，不得给予行政处罚。具体到拆除违章建筑物行政处罚案件中，若要准确作出拆违行政处罚决定，首要的前提就是准确认定违章建筑行为人。若所涉房屋经过二手房交易或是房屋本身经过装修、改建的，因涉及多个产权人或行为人，确定违章建筑违法行为人应当通过以下方法：对违章建筑物的实际情况进行勘验，对违章建筑的相邻人、实际使用人以及所有权人进行调查询问，而后分析违章建筑物的实际物理状况、建筑物演变情况并结合调查询问笔录，排除上述证据中的冲突之处，才可以准确确定违法搭建行为人。

本案中，A区规土局认定孙某某、谢某某具有擅自违章搭建行为的主要证据有两份。第一份系2011年11月7日对B餐饮公司工作人员朱某所作的询问笔录，第二份系2011年3月1日对××路296号居民陈某某等五人所作的询问笔录。第一份询问笔录中朱某向执法人员答复：“××路300号北侧的搭建在我公司租赁时已存在，是业主孙某某所为”。第二份询问笔录中陈某某等五人则称：“××路296号与300号之间有块空地，1990年我们兄弟陈某在此搭建了一个简易棚，开设饮食店，后来租借给他人。2009年8、9月，××路300号业主拆除了简易棚，重新搭建房屋，并在上面搭建了一个阳光房”。经仔细分析上述两份询问笔录可以发现，两份笔录对于涉案违章建筑搭建的具体时间存在明显矛盾：一份证明2009年7月违章建筑已经存在，另一份则证明违章搭建在2009年8、9月间搭建。除上述表述存在矛盾外，行政机关对于涉案违章建筑的演变情况也并未查清，陈某某等五人的询问笔录对1990年至2009年××路300号北侧建筑的变化、使用情况并未说明。A区规土局在对于两份笔录中出现的矛盾，以及违章搭建行为人、搭建时间、违章建筑的使用情况等未做进一步调查核实的情况下，认定孙某某、谢某某具有违章搭建行为，事实不清，不符合认定违法行为人的证明标准。

二、拆违行政处罚相对人陈述申辩权的保障

《行政处罚法》第三十一条规定，行政机关在作出行政处罚决定之前，应当告知当事人作出行政处罚决定的事实、理由及依据，并告知当事人依法享有的权利。《行政处罚法》第三十二条第一款规定，当事人有权进行陈述和申辩。行政机关必须充分听取当事人的意见，对当事人提出的事实、理由和证据，应当进行复核；当事人提出的事实、理由或者证据成立的，行政机关应当采纳。上述法律规定在具体执法程序应当如何落实存在不同理解。

本案中，A 区规土局认为，行政处罚事先告知通知书以邮寄方式被退回后，采用现场留置方式对上诉人予以送达，已经保障了上诉人的陈述、申辩权利。对此应分别加以分析。

其一，行政机关的送达是否满足了留置送达的法定条件。《民事诉讼法》第七十九条规定："受送达人或者他的同住成年家属拒绝接收诉讼文书的，送达人应当邀请有关基层组织或者所在单位的代表到场，说明情况，在送达回证上记明拒收事由和日期，由送达人、见证人签名或者盖章，把诉讼文书留在受送达人的住所，即视为送达"。该条对留置送达方式进行了明确的规定，即留置送达必须同时满足"拒收"和"留置"两项条件并应有见证人见证。但本案中，被上诉人并未提交上诉人拒收行政处罚事先告知书的证据，亦并无见证人见证的有关证据，不符合上述留置送达的法定适用条件，被上诉人辩称行政处罚事先告知书依法送达的依据不足。

其二，行政机关是否充分保障了相对人陈述申辩的法定权利。本案中行政机关认定的处罚相对人为违章建筑的所有人孙某某、谢某某，而进行送达的地点是违章建筑的承租人 B 餐饮公司。在并无证据证明 B 公司系违章搭建行为人的前提下，将事先告知书送达至承租人处,不能认定满足了《行政处罚法》所要求的保障相对人陈述、申辩法定权利的要求。在其他省市如北京市的拆除违章建筑执法实践中，对《权利告知书》等事先告知的文件送达到承租人所在的场所，是否可认定为保障了相对人陈述、申辩的权利，也有类似的认定。

综上，本案无证据证明被上诉人在作出行政处罚决定前，听取过上诉人的陈述、申辩，故被上诉人并未履行《行政处罚法》所规定的法定程序。

三、确定违章搭建行为人难题的思考——对物行政行为理念的引入

在对违章搭建行为进行处罚的行政执法实践中，一个难以认定和操作的问题是难以确定违章搭建行为人。其一，违法行为往往发生在较为隐蔽的空间内，难以被注意和发现。其二，经过多次转手的房地产中存在违章搭建，行为人难以确定。其三，相对人有时对于行政机关的调查不予理睬或是"避而不见"，导致违章搭建行为人难以确定。

鉴于上述难点，行政执法实践中倾向于认为，房屋所有权人享有对房屋的占有使用处分收益的各项权能，也享有对物业使用状况进行实际监管的权利。因此，房屋所有权人可以作为房屋管理的第一责任人，成为拆违行政处罚决定的行政相对人。实践中，除将房屋所有权人作为拆违行政处罚的相对人之外，还有以下确定违法行为人的方式：首先，以建设人作为违法建设的行为主体；如果找不到建设人，将实际受益人作为违法建设的行为主体；找不到建设人又无法辨认受益人的情况下，将违法建设的实际占有人作为违法建设的行为主体；如果通过上述三点仍无法确认主体，应该采用公告方式，向房屋的建设人、所有人或对房屋主张权利的人发出公告，告知违法事实、理由、依据及其享有的权利、应履行的义务及需要承担的法律后果。但是上述做法仅是权宜之计，行政处罚认定违章搭建行为人必须准确，将并未违法者作为行政处罚相对人，在事实的精确性上有所欠缺。在违章搭建行为人难以确定的情况下，作出拆违行政处罚决定需要新的思路。

虽然传统行政法理论构架存在行政主体和相对人的对应关系，但随着理论的发展，在德国行政法发展中已经出现了"对物行政行为"的理念。根据学者的归纳，所谓对物行政行为，是指行政主体运用行政职权，对非属行政主体自有而且可以作为物法上财产进行支配的物的各项权能进行规制，以产生、变更或消灭行政法律关系为目的的行政行为。此类行政行为"旨在通过确定物的公法性质，达到产生、变更或消灭行政法律关系的目的，调

整的不是个人的权利义务，而是物的法律状态，至于所有权人是谁，则在所不问。”与“对物行政行为”概念相对应的，则是“状态责任”的概念。状态责任这一概念所强调的是一种违法的状态，而非具体违法行为的相对人。违法状态责任是因物带来的危险责任，以物为中心，与物的所有人或占有人为谁关系不大。基于状态违法行为的思路，可以将因违反法定义务而引起的行政法上责任划分为行为责任与状态责任。行为责任与行为人密切关联，具有很强的人身性，而状态违法责任则不与具体的行为人相联系，有违法事实存在则构成违法责任。

“对物行政行为”以及“状态行为”概念的提出，对于解决当前行政机关拆除违章建筑时难以确定违法行为人的难题有所助益。在违法行为人难以确定的情况下，可通过对物作出行政行为的方式，直接作出行政处罚决定，而不涉及确定具体相对人的难题。鉴于“对物行政行为”理论有解决实际问题的价值，可以考虑通过对行政处罚理论进行拓宽和修正等途径予以明确。

从一起水行政起诉案件引起的思考

关键词：监督检查；行政处罚；调查取证；灌排工程设施；灌溉水源

[摘　要] 从事工程建设，占用农业灌溉水源、灌排工程设施，或者对原有灌溉用水、供水水源有不利影响的，建设单位应当事先报有管辖权的水行政主管部门批准，并采取相应的补救措施；造成损失的，依法给予补偿。

2012 年 3 月 28 日，河南省人民胜利渠水政监察支队监察人员冯某、邢某对新乡市红旗区东陈庄村北“小新线”公路西人民胜利渠东三灌区内进行了现场勘验查明：中国石油化工股份有限公司河南新乡石油分公司未经水行政主管部门批准于 2011 年开始在人民胜利渠东三灌区内建设油库。（油库占地面积 120 多亩）占用农业灌溉面积，对原有灌溉用水，灌排工程有不利影响。当事人的行为违反了《河南省实施〈中华人民共和国水法〉办法》第二十四条从事工程建设，占用农业灌溉水源、灌排工程设施，或者对原有灌溉用水、供水水源有不利影响的，建设单位应当事先报有管辖权的水行政主管部门批准，并采取相应的补救措施；造成损失的，依法给予补偿。依据《河南省实施〈中华人民共和国水法〉办法》第四十三条“违反本办法规定，有下列行为之一的， 由县级以上人民政府水行政主管部门责令其停止违法行为，限期清除障碍或者采取其他补救措施，并处罚款：……；第五项未经批准占用农业灌溉水源、灌排工程设施，或者对原有灌溉用水、供水水源有不利影响的；……。有前款（一）至（六）项规定行为之一的，处以一万元以上五万元以下罚款；……”之规定，予以立案查处。对当事人下达了《责令改正通知书》《水行政处罚事先告知书》《水行政处罚听证告知书》和《水行政处罚听证通知书》等法律文书，2013 年 4 月 20 日，执法人员再次对东三灌区进行了检查，发现油库已基本建成，对方仍未按要求补办相关手续，对灌区灌溉用水、灌排工程产生的不利影响仍未采取补救措施。根据《河南省水行政处罚裁量标准》《河南省实施 < 中华人民共和国水法 > 办法》第四十三条规定：……；2. 未经批准占用农业灌溉水源、灌排工程设施，或者对原有灌溉用水、供水水源有不利影响的……；（3）在规定时限内拒不停止违法行为也不采取补救措施的，处 3 万元以上 5 万元以下罚款。

建议：1. 罚款人民币四万元 。2. 采取相应补救措施，办理相关水行政审批手续。

行政起诉书

原告：中国石油化工股份有限公司新乡石油分公司

法定代表人：王某

被告：河南省水利厅

地址：郑州市经五路10号

法定代表人:王某　　　职务：厅长

诉讼请求：依法撤销被告做出的豫水罚决字（人民）〔2013〕第1号水行政处罚决定书。

事实与理由：

一 、被告具体行政行为认定具体事实错误，主要证据错误。

被告豫水罚决字（人民）〔2013〕第1号水行政处罚决定书认定、原告擅自在人民胜利渠东三灌区内从事油库建设。属于严重违法，原告认为被告的认定没有任何事实依据。

原告油库建于1956年，由于城市发展，原油库所在地现在已成市区，存在着安全隐患，经新乡市政府和原告协商，达成《新乡油库迁建土地置换和经济补偿协议书》，双方约定对原告进行土地置换，将原告油库迁至新乡市小新线与纬十二路交叉口西南角既本案被告所称的人民胜利渠东三灌区内。原告根据双方协议并根据有关规定进行了土地置换和油库项目建设有关批准手续，该项目现已基本建成。本案的基本事实是：

（一）原告油库所在位置及周边土地已经新乡市人民政府依法征收，变更为新乡市建设用地。早已不是被告所称的人民胜利渠东三灌区。

上述事实和证据有：《新乡市人民政府关于新乡市2010年度第一批乡镇建设征收土地的请示》(新政(2010)36号;《河南省人民政府2010年度第一批乡镇建设征收土地的批复》（豫政土〔2010〕48号）。

因此，被告将其认定为农业灌区是基本事实错误。

（二）原告油库项目是经过合法程序取得和建设的，不需要经过被告批准。

1. 2010年4月6日，新乡市土地储备中心与经过中国石油化工股份有限公司河南石油分公司授权的原告达成《新乡油库迁建土地置换和经济补偿协议书》，双方的约定对原告油库进行土地置换，将原告油库迁至新乡市小新线与纬十二路交叉口西南角即本案被告所称的人民胜利渠东三灌区内。

2. 原告取得了油库建设项目的规划、使用土地许可及批准。

（1）2009年8月14日，新乡市城乡规划局向原告颁发了选字第41070020090001号《建设项目选址意见书》，批准原告在新乡小新线与纬十二路交叉口西南角建设油库。

（2）2010年8月2日，新乡市城乡规划局向原告颁发了地字第4107002001000046号《建设用地规划许可证》，批准原告在新乡市小新线与纬十二路交叉口西南角规划建设油库。

（3）2012年7月11日，新乡市国土资源局向中国石油化工股份有限公司河南石油分公司颁发了新乡市（2010）新国土字第22号《建设用地规划批准书》，批准中国石油化工股份有限公司河南石油分公司在新乡市小新线与纬十二路交叉口西南角建设油库的国有土地使用权。

三、被告适用法律、法规错误

（一）被告适用《河南省实施〈中华人民共和国水法〉办法》第四十三条第五项“未经批准占用农业灌溉水源、灌溉工程设施，或者对原有灌溉用水、供水水源有不利影响的”规定对原告进行行政处罚，属于适用法律错误。

1. 被告没有提供必须经过批准才能进行工程建设的法律、法规规定，属于没有法律依据。

2. 原告是在拥有国有土地使用权的土地上进行油库建设的，没有占用农灌区。

3. 油库所在地及周围农用地已经变成乡镇建设用地，早已不是灌区。

（二）被告适用《河南省水行政处罚裁量标准》对原告进行行政处罚但没有适用具体条款，属于没有处罚依据，是乱罚款。根据《行政处罚法》第五十五条规定，没有法定的行政处罚依据的，由上级机关或者有关部门责令改正并对有关人员给予行政处分。原告保留追究有关人员违法行政的权利。

综上，原告认为，被告的具体行政行为没有基本事实和依据，行政处罚决定适用法律法规错误，应当依法予以撤销。同时，根据《行政诉讼法》第五十六条规定，对被告有关人员违反政纪材料移交有关机构。

此 致

郑州市金水区人民法院

具状人：中国石油化工股份有限公司

河南新乡石油分公司

2013 年 8 月 12 日

以上是简单的案情介绍、处罚建议及行政相对人的行政起诉状，如果你作为水政执法人员如何答辩及应诉呢？经过深入思考也许你仍然感觉困难！下面是笔者写的一审、二审答辩状，希望能引起基层水行政执法人员的思考与学习。

行政诉讼答辩状

答辩人：（单位名称）河南省水利厅

地址：郑州市纬五路16号　　电话：659676

法定代表人：王某　　职务：厅长

委托代理人：王某　　职务：处长

现就中国石油化工股份有限公司河南新乡石油分公司请求郑州市金水区人民法院撤销我厅作出的豫水罚决字（人民）〔2013〕第1号水行政处罚决定书一案，提出答辩如下：

一、我厅对中国石油化工股份有限公司河南新乡石油分公司“擅自在人民胜利渠东三灌区内从事油库建设”的违法行为进行的水行政处罚决定，具体事实清楚，证据充分。

1. 人民胜利渠灌区设计灌溉面积185万亩，主要担负新乡、焦作、安阳三市九县（市、区）四十七个乡镇的农田灌溉和新乡市城市供水任务。灌区工程包括总干渠一条，长52.7千米，干渠五条（包括新东一干渠、东一干渠、西一干渠、东三干渠、东二干渠），长82.5千米，支渠43条，长299.1千米。原告所建油库工程项目位于东三干渠灌区范围内（详见附件1），东三干渠灌区属于人民胜利渠灌区的一个组成部分，现该油库的库址是人民胜利渠灌区内的有效灌溉面积。依据1995年11月13日水利部、财政部、国家计委水政资〔1995〕457号通知发布的《占用农业灌溉水源、灌排工程设施补偿办法》第七条“从事各项建设，需要占用农业灌溉水源、灌排工程设施及造成灌排工程报废或失去部分功能的，占用者必须在申报建设项目可行性研究报告时，附具管辖该灌排工程的水行政主管部门批准的文件”，该建设项目没有办理对人民胜利渠灌区造成不利影响的相关审批手续。

2. 由于灌溉渠道主体工程，是根据自然条件等要素进行面积区域（范围）技术规划的，工程规模大小的确定，是以规划区域（面积）为依据的。所以，进行面积置换应在人民胜利渠规划范围（面积）之外进行置换，才能保证灌溉主体工程的功能稳定。因此，中国石油化工股份有限公司河南新乡石油分公司擅自占用人民胜利渠东三干渠灌溉面积，造成了人民胜利渠主体工程失去了部分功能，导致灌区供水量减少，影响到供水水费收入降低、经济效益损失，并造成我们管理人员的管理职能缺失。1995年11月13日水利部、财政部、国家计委水政资〔1995〕457号通知发布的《占用农业灌溉水源、灌排工程设施补偿办法》第二条明确规定：“凡占用国家所有的农业灌溉水源、灌排工程设施，或人为造成农业灌溉水量减少和灌排工程报废或失去部分功能的行为，均适用本办法。”

所以，原告建油库时占用的土地，是未按权限进行水行政审批的灌区灌溉面积。原告占用灌区灌溉面积的违法事实清楚，证据确凿，被告要求原告办理相关水行政审批手续并对其进行水行政处罚的决定正确。

二、我厅作出的行政处罚决定，事实清楚，证据充分，适用法律正确。

1. 对《行政起诉状》中提出的“被告适用《河南省实施〈中华人民共和国水法〉办法》第四十三条第五项‘未经批准占用农业灌溉水源、灌排工程设施，或者对原有灌溉用水、供水水源有不利影响的；’规定对原告进行行政处罚，属于适用法律错误。被告没有提供必须经过批准才能进行工程建设的法律、法规，属于没有法律依据。”我厅认为原告承建的工程项目是否合法，关键看其是不是按照有关法律规定经过行政许可审批的项目。2006年5月31日河南省人民代表大会常务委员会公告第62号公布的《河南省实施〈中华人民共和国水法〉办法》，是河南省人民代表大会常务委员会根据《中华人民共和国水法》和有关法律、法规的规定，结合我省实际情况制定的地方性法规，其第二十四条“从事工程建设，占用农业灌溉水源、灌排工程设施，或者对原有灌溉用水、供水水源有不利影响的，建设单位应当事先报有管辖权的水行政主管部门批准，并采取相应的补救措施；造成损失的，依法给予补偿”以及1995年11月13日水利部、财政部、国家计委水政资〔1995〕457号通知发布的《占用农业灌溉水源、灌排工程设施补偿办法》第六条“任何单位或个人占用农业灌溉水源、灌溉排工程设施，必须事先向有管辖权的或管理权的流域机构和水行政主管部门提出申请，并提交有关文件资料，经审查批准后，发给同意占用的文件，并报上一级水行政主管部门备案”的行政规章。可见我厅作出的豫水罚决字（人民）〔2013〕第1号水行政处罚决定书有充足的法律依据。

2. 对《行政起诉状》中提出的“被告适用《河南省水行政处罚裁量标准》对原告进行行政处罚但没有适用具体条款，属于没有处罚依据，是乱罚款”。我厅认为这更是原告对该规定的误解，《河南省人民政府关于规范行政处罚裁量权的若干意见》（豫政〔2008〕57号）指出裁量标准的制定是“为了规范行政处罚裁量权，促进公平公正执法，保护公民、法人和其他组织的合法权益”以及“未履行行政处罚裁量告知义务的，行政处罚决定不能成立”原告在规定期限内拒不停止违法行为也不采取补救措施，其违法行为属于严重违法，对其处四万元的罚款正是与其违法行为的事实、性质、情节、社会危害程度相当的。

综上所述，原告的违法行为必须依法予以追究,我厅做出的《水行政处罚决定书》事实清楚、证据确凿、适用法律法规正确、程序合法、处理恰当。请贵院驳回原告的诉讼请求，并对我厅作出的处罚决定依法予以维持,以保障水行政机关依法行使职权。

此　致

郑州市金水区人民法院

答辩机关：河南省水利厅

法定代表人：王某

2013年9月6日

附件一：

1. 法定代表人身份证明书
2. 授权委托书
3. 水行政执法委托书
4. 行政诉讼答辩状

附件二：

1. 人民胜利渠东三干渠灌区范围图及相关确权证据
2. 案卷1套
3.《河南省实施〈中华人民共和国水法〉办法》
4. 占用农业灌溉水源、灌排工程设施补偿办法
5、河南省水行政处罚裁量标准《河南省实施〈中华人民共和国水法〉办法》

法定代表人身份证明书

王某同志，在河南省水利厅任厅长职务，是河南省水利厅的法定代表人。

特此证明。

河南省水利厅

2013 年 9 月 9 日

附：法定代表人住址：郑州市××××××路 10 号

电话：×××××××

授权委托书

委托单位名称：河南省水利厅

所在地址：郑州市金水区纬五路 10 号

法定代表人姓名或代表人姓名：王某　　职务：厅长

受委托人姓名：王某　　　性别：男

工作单位：河南省水利厅

住　　址：郑州市纬五路 10 号　　　电话：1234567

现委托王某在我单位与中国石油化工股份有限公司河南新乡石油分公司一案中，作为我方参加诉讼的委托代理人。委托权限如下：

全权委托。

委托单位：　河南省水利厅

2012 年 9 月 9 日

以上虽然是形式和内容上的相关文书及应对，但作为基层执法人员一定要注意案卷质量、执法程序、办案期限、法律适用等。如果这些都做到了那么法院会如何判决呢！以下是一审判决书、行政相对人的上诉状及行政机关的答辩状。

河南省郑州市金水区人民法院

行政判决书

（2013）金行初字第 20 号

原告：中国石油化工股份有限公司河南新乡石油分公司，住所地新乡市解放路南段 362 号。

法定代表人：杨某，总经理。

委托代理人：苗某，河南某某律师事务所律师。

委托代理人：张某，该公司工作人员。

被告：河南省水利厅，地址郑州市纬五路 16 号。

法定：代表人王某，厅长。

委托代理人：焦某，法规处处长。

委托代理人：王某，该单位工作人员。

原告中国石油化工股份有限公司河南新乡石油分公司诉被告河南省水利厅水利行政处罚一案，本院 2013 年 8 月 22 日受理后依法组成合议庭，于 2013 年 9 月 12 日公开开庭进行了审理。原告委托代理人苗某、张某，被告委托代理人焦某、王某到庭参加诉讼。本案现已审理终结。

原告诉称：原告在拥有国有土地使用权的土地上进行油库建设，没有占用农灌区，被告认定原告油库所在地是农业灌区是基本事实错误。原告油库所在地是通过土地置换、由新乡市人民政府划拨给原告的建设用地不是农业灌溉用地。被告无证据证明原告在人民胜利渠东三灌区的范围内建设油库。人民胜利渠东三灌区的范围、面积等需要省级人民政府批准，被告应提供省政府的批准手续。原告建设油库已经过土地、规划部门批准，并非未经批准，也不需要被告批准。被告未在处罚决定书上载明具体的裁量标准、未引用具体的法律条款，应视为被告作出的具体行政行为没有相关的法律依据，请求撤销被告作出的豫水罚决字（人民）〔2013〕第 1 号水行政处罚决定书。原告提供的证据有：1. 被诉的水行政处罚决定书复印件；2. 新乡市人民政府新政土（2010）36 号《新乡市人民政府关于新乡市 2010 年度第一批乡镇建设征收土地的请示》；3. 河南省人民政府豫政土（2010）482 号《河南省人民政府关于新乡市 2010 年度第一批乡镇建设征收土地的批复》；4.《新乡油库迁建土地置换和经济补偿协议书》；5. 签订土地置换和经济补偿协议书的授权委托书；6. 位于新乡市小新线与纬十二路西南角的成品油库项目选址意见书；7. 建设用地规划许可证；8. 建设用地批准书；9. 原告的位于新乡市规划纬十二路与规划小新线交叉口西南角地号为 02–2011–6 的土地证。

被告辩称：原告所建油库工程项目位于东三干渠灌区范围内，该灌区属于人民胜利渠灌区的一个组成部分，原告的工程占用了该灌区的有效灌溉面积，造成人民胜利渠主体工程失去部分功能。原告对该项目进行建设时，未办理该灌排工程水行政主管部门的相关审批手续，被告对其进行处罚，事实清楚、程序合法、适用法律正确，请求法院驳回原告的诉讼请求。被告提供的证据有：1. 人民胜利渠东三干渠灌区范围图；2. 现场勘验图；3. 现场图片；4. 村委会证明信；5. 听证笔录；6. 听证报告；7. 水利行政处罚审批表；8. 被诉的处罚决定书；9. 人民胜利渠管理局档案。提供的法律依据：1.《河南省实施〈中华人民共和国水法〉办法》；2、《占用农业灌溉水源、灌排工程设施补偿办法》；3、《河南省水行政处罚裁量标准》。

各方当事人提供的证据、依据，经庭审质证，合议庭评议，本院对其效力和适用作出如下分析认定：

被告提供的证据系原告未经被告批准在人民胜利渠东三灌区内从事油库建设、被告对该行为进行现场勘验、组织听证、作出被诉行政处罚决定的档案材料，对其客观性本院予以采信；对其提供的法律依据本案予以适用。

原告提供的证据能证明原告与新乡市人民政府授权的新乡市土地储备中心签署《新乡油库迁建土地置换和经济补偿协议书》，约定原告将其油库搬迁出城、由该储备中心在新乡市小新线与纬十二路西南角为原告代征土地；原告在上述土地上建设油库已取得建设用地规划许可证和土地证，本院予以采信。

原告、被告对对方证据提出的异议，本院将在本院认为中综合评述。

上述有效证据，可以认定以下案件事实：2012 年 3 月 27 日至 2012 年 3 月 30 日原告未经被告批准，擅自占用农业灌溉水源，灌排工程设施，在人民胜利渠东三灌区内从事油库建设，违反《河南省实施〈中华人民共和国水法〉办法》第四十三条，决定对原告处罚四万元并要求原告采取相应补救措施办理相关水行政审批手续。

另查明，人民胜利渠是新中国引黄灌溉第一渠，人民胜利渠东三灌区于 1953 年 7 月 1 日建成并发挥灌溉等效能。原告的土地证载明，原告的油库地址北侧为新乡市红旗区洪门镇原堤村耕地、东西南三侧为新乡市红旗区洪门镇原堤、陈庄两村民委员会证明原告油库占用的土地面积属该两村引黄灌溉面积。

本院认为：2002 年《中华人民共和国水法》第十二条规定，县级以上地方人民政府水行政主管部门按照规定的权限，负责本行政区域内水资源的统一管理和监督工作；第三十五条规定，从事工程建设，占用农业灌溉水源、灌排工程设施，或者对原有灌溉用水、供水水源有不利影响的，建设单位应当采取相应的补救措施；造成损失的，依法给予补偿。水利部等部委《占用农业灌溉水源、灌排工程设施补偿办法》第六条规定，任何单位或个人占用农业灌溉水源、灌排工程设施，必须事先向有管辖权的或管理权的流域机构和水行政主管部门提出申请，并提交有关文件资料，经审查批准后，发给同意占用的文件，并报上一级水行政主管部门备案。《河南省实施〈中华人民共和国水法〉办法》第四十三条规定，未经批准占用农业灌溉水源、灌排工程设施，或者对原有灌溉用水、供水水源有不利影响的，由县级以上人民政府水行政主管部门责令其停止违法行为，限期清除障碍或者采取其他补救措施，并处以一万元以上五万元以下罚款。原告油库所在的人民胜利渠东三灌区早已于 1953 年 7 月 1 日建成并发挥灌溉等效能，已经过批准。被告作为县级以上地方人民政府水行政主管部门有权对本行政区域内水资源进行统一管理和监督。原告占用农业灌溉面积建设油库，未经被告审查、批准并出具同意占用的意见，被告对其进行行政处罚不违反规定。土地、规划部门对原告对涉案土地的权属进行登记、许可原告在该土地上进行建设，并未改变原告占用农业灌溉面积建设油库的事实，对原告称其未占用农业灌溉用地的意见本院不予采纳。原告庭审中提出被告无证据证明原告在人民胜利渠东三灌区内建设，其向本院提供土地证所载明的地址与被告向本院提供的新乡市红旗区洪门镇原堤、陈庄两村民委员会证明的地址及被告庭审中提供的人民胜利渠管理局档案中的人民胜利渠东三灌区工程布置图一致，对原告的该意见本院不予采纳。被告在诉讼过程中未提供该行政处罚的立案审批等程序性证据，不影响被告对原告行政处罚的合法性，本院将以司法建议的方式另行处理。根据《最高人民法院关于执行〈中华人民共和国行政诉讼法〉若干问题的解释》第五十六条第（四）项的规定，判决如下：

驳回原告中国石油化工股份有限公司河南新乡石油分公司的诉讼请求。

案件受理费 50 元，由原告负担。

如不服本判决，可在判决书送达之日起十五日内向本院递交上诉状及副本一式七份，上诉于河南省郑州市中级人民法院。并于上诉之日起七日内向河南省郑州市中级人民法院缴纳上诉费，同时将缴费凭证交本院查验，逾期视为放弃上诉。

审 判 长 姚 某

人民陪审员 张 某

人民陪审员 李 某

二〇一三年十一月六日

书记员 孙 某

附本案适用的法律条文：

1、《中华人民共和国水法》

第十二条　国家对水资源实行流域管理与行政区域管理相结合的管理体制。

国务院水行政主管部门负责全国水资源的统一管理和监督工作。

国务院水行政主管部门在国家确定的重要江河、湖泊设立的流域管理机构(以下简称流域管理机构),在所管辖的范围内行使法律、行政法规规定的和国务院水行政主管部门授予的水资源管理和监督职责。

县级以上地方人民政府水行政主管部门按照规定的权限，负责本行政区域内水资源的统一管理和监督工作。

第三十五　从事工程建设，占用农业灌溉水源、灌排工程设施，或者对原有灌溉用水、供水水源有不利影响的，建设单位应当采取相应的补救措施；造成损失的，依法给予补偿。

2、《占用农业灌溉水源、灌排工程设施补偿办法》

第六条　任何单位或个人占用农业灌溉水源、灌排工程设施，必须事先向有管辖权的或管理权的流域机构和水行政主管部门提出申请，并提交有关文件资料，经审查批准后，发给同意占用的文件，并报上一级水行政主管部门备案。

3、《河南省实施〈中华人民共和国水法〉办法》

第四十三条第四十三条　违反本办法规定，有下列行为之一的，由县级以上人民政府水行政主管部门责令其停止违法行为，限期清除障碍或者采取其他补救措施，并处罚款：……（五）未经批准占用农业灌溉水源、灌溉工程设施,或者对原有灌溉用水、供水水源有不利影响的;（六）未经批准或者不按照采砂许可规定的区域、期限和作业方式进行采砂活动的;（七）在地下水禁止开采区内取用地下水的;（八）未经批准在地下水限制开采区内取用地下水的；有前款（一）至（六）项规定行为之一的，处以一万元以上五万元以下罚款；有前款（七）、（八）项规定行为之一的，处以二万元以上八万元以下罚款。

4、《最高人民法院关于执行〈中华人民共和国行政诉讼法〉若干问题的解释》

第五十六条　有下列情形之一的，人民法院应当判决驳回原告的诉讼请求：

……（四）其他应当判决驳回诉讼请求的情形。

行政上诉状

上诉人（一审原告）：中国石油化工股份有限公司河南新乡石油分公司，地址：地新乡市解放路南段。

法定代表人：杨某，职务：总经理

被上诉人（一审被告）：河南省水利厅

地址：郑州市纬五路16号。

法定代表人：王某，职务：厅长。

上诉人（以下简称石油公司）诉被上诉人（以下简称水利厅）行政处罚一案，不服郑州市金水区人民法院（2013）金行初字第20号行政判决，依法提起上诉。

上诉请求

依法撤销郑州市金水区人民法院（2013）金行初字第20号行政判决，改判撤销被上诉人水利厅做出的豫水罚决字（人民）〔2013〕第1号水行政处罚决定书。

事实与理由

一、一审判决认定事实错误

一审法院认定：上诉人石油公司未经上诉人水利厅批准，擅自占用灌溉水源，灌排工程设施，在人民胜利渠三灌区内从事油库建设，违反《河南省实施水法办法》第四十三条，决定对石油公司罚款四万元并要求石油公司采取补救措施办理审批手续。

上诉人石油公司认为，一审法院认定事实完全错误。

1、没有任何证据证明石油公司的油库占用了灌溉水源和灌排工程设施。包括水利厅一审也没有证据证明。

2、石油公司油库所在位置及周边土地是新乡市建设用地，不是被告所称的人民胜利渠东三灌区。

证据是《新乡市人民政府关于新乡市2010年度第一批乡镇建设征收土地的请示》（新政（2010）36号）；《河南省人民政府关于新乡市2010年度第一批乡镇建设征收土地的批复》（豫政土（2010）482号）。该批复第一条明确表示，统一新乡市政府征收红旗区洪门镇原堤村及陈庄村共计9.5530公顷，作为新乡市2010年度第一批乡镇建设用地。所以，虽然被上诉人称原来石油公司油库所在位置属于人民胜利渠东三灌区，但已经依法变更为建设用地。石油公司在该建设用地建设油库与人民胜利渠东三灌区无关。

3、水利厅处罚决定适用法律错误。

既然石油公司没有占用所谓灌溉水源，灌排工程设施，又没有在人民胜利渠东三灌区内从事油库建设，那么水利厅的所有处罚事实、处罚依据、适用法律都是错误的，依法应当予以撤销。

二、石油公司油库是河南省重点建设项目，项目手续完全合法

1、石油公司油库建于1956年，由于新乡市城市发展，原油库所在地现在已成市区，存在着安全隐患。2010年4月6日，新乡市政府和石油公司协商，达成《迁建土地置换和经济补偿协议书》，双方约定对石油公司油库进行土地置换，将油库迁至新乡市小新线与纬十二路交叉口西南角即本案被告所称的人民胜利渠东三灌区内。原告根据双方协议并根据有关规定进行了土地置换和油库项目建设有关批准手续，该项目已基本建成。

《迁建土地置换和经济补偿协议书》第二条明确约定，置换的油库土地的征收土地补偿费、耕地开垦费、新增建设用地有偿使用费、耕地占用税等由新乡市政府全额承担。石油公司不需要办理相关协调批准手续。

第三条约定，新乡市政府在新征土地实施油库建设时，协调政府相关部门给各种手续的办理给予支持。

上诉事实证明，作为置换土地，石油公司不承担任何费用，由新乡市政府承担全部费用。

2. 石油公司依法取得了油库建设项目的规划、使用土地许可及批准。

（1）2009年8月14日，新乡市城乡规划局向石油公司颁发了选字第41070020090001号《建设项目选址意见书》，批准原告在新乡市小新线与纬十二路交叉口西南角建设油库。

（2）2010年8月2日，新乡市城乡规划局向石油公司颁发了选字第410700201000046号《建设用地规划许可证》，批准原告在新乡市小新线与纬十二路交叉口西南角建设油库。

（3）2012年7月11日，新乡市国土资源局向石油公司颁发了新乡市（2012）新国土字第22号《建设用地规划批准书》。批准石油公司建设用地并依法为石油公司颁发了油库项目的国有土地使用权。

三、被上诉人水利厅行政处罚程序严重违法

1. 水利厅没有在法定举证期内提交重要证据，只是在开庭期间才出示了一部分证据。

被上诉人当庭出示的人民胜利渠东三灌区的审批手续，这些手续只是水利厅的有关文件，不是省级人民政府的批准文件。

被上诉人当庭出示了被上诉人关于本案的立案审批手续。

根据《最高人民法院关于行政诉讼证据若干问题的规定》第一条规定“被告不提供或者无正当理由逾期提供证据的，视为被诉具体行政行为没有相应的证据”。

因此，应当视为被上诉人水利厅在没有确认基本事实的情况下，在没有立案的情况下违法实施行政处罚行为。

2. 被上诉水利厅适用法律、法规错误

（1）《占用农业灌溉水源、灌排工程设施补偿办法》不能作为被上诉人具体行政行为法律依据。

本上诉人在答辩状中大量使用并将《占用农业灌溉水源、灌排工程设施补偿办法》作为处罚依据，但是，被上诉人在豫水罚决字(人民)[2013]第1号《水行政处罚决定书》中并没有将其作为处罚依据，因此该《办法》不能作为其具体行政行为的法律依据。

（2）被上诉人适用《河南省实施〈中华人民共和国水法〉办法》第四十三条第五项“未经批准占用农业灌溉、灌溉工程设施，或者对原有灌溉用水、供水水源有不利影响的”规定对石油进行行政处罚，属于适用法规错误。

本上诉人没有提供必须经过批准才能进行工程建设的法律、法规规定，属于没有法律依据。被上诉人在其答辩状中引用《河南省实施〈中华人民共和国水法〉办法》第二十四条规定作为处罚依据，但被告同样没有在豫水罚决字（人民）[2013]第 1 号《水行政处罚决定书》中作为处罚依据，当然属于没有法律依据。

（3）被上诉人适用《河南省水行政处罚裁量标准》对石油公司进行行政处罚但没有适用具体条款，属于没有处罚依据，是乱罚款。根据《行政处罚法》第五十五条规定，没有法定的行政处罚依据的，由上级机关或者有关部门责令改正并对有关人员给予行政处分。原告保留追究有关人员违法行政的权利。

（4）被告具体行政行为的法律依据应当以其在豫水罚决字（人民）[2013]第1号《水行政处罚决定书》中的法律依据为准，而不能以其此前的行为及法律依据作为其行政处罚法律依据。

上诉人认为，行政诉讼就是对行政机关在做出具体行政行为时认定的事实、处罚依据和程序是否真实、合法进行审查并依法做出裁判。重点就是行政机关是否依法行政，依法处罚。

很显然，被上诉人水利厅在本案中程序严重违法，认定事实完全错误，没有依法确认石油用公司油库的具体位置，没有立案，处罚时没有法律依据和具体处罚条款，对这些明显的行政违法行为，一审法院仅仅轻描淡写地只是认定本上诉人未提供立案审批等程序性证据，不影响对石油公司行政处罚的合法性，因而判决驳回石油公司诉讼请求。这是完全不顾本案基本事实，无视被上诉人具体行政行为的严重违法性，做出的错误判决。

综上所述，上诉人依法上诉，请求依法撤销一审法院的错误判决，并依法撤销被上诉人水利厅做出的豫水罚决字（人民）[2013]第1号水行政处罚决定书。

此　致

郑州市中级人民法院

上诉人：中国石油化工股份有限公司河南新乡分公司

2013年11月13日

行政诉讼答辩状

答辩人：（单位名称）河南省水利厅

地址：郑州市纬五路16号　　　　　电话：6595566

法定代表人：王某　　　　　　　　职务：厅长

委托代理人：王某　　　　　　　　职务：该单位工作人员

被上诉人河南省水利厅（以下简称水利厅）就上诉人中国石油化工股份有限公司河南新乡石油分公司（以下简称石油公司）不服郑州市金水区人民法院（以下简称一审法院）（2013）金行初字第20号行政判决，提起的撤销郑州市金水区人民法院（2013）金行初字第20号行政判决，改判撤销被上诉人水利厅做出的豫水罚决字（人民）〔2013〕第1号水行政处罚决定书的上诉请求，提出答辩如下：

事实与理由

一、一审判决认定事实正确

一审法院认定：上诉人石油公司未经被上诉人水利厅批准，擅自占用灌溉水源、灌排工程设施，在人民胜利渠东三灌区内从事油库建设，违反《河南省实施〈中华人民共和国水法〉办法》第四十三条，决定对石油公司罚款四万元并要求石油公司采取补救措施办理审批手续。水利厅认为，一审法院认定事实完全正确。

1. 上诉人辩称："没有任何证据证明石油公司的油库占用了灌溉水源和灌排工程设施，包括水利厅一审也没有证据证明。"

上诉人在这方面的辩驳，是"断章取义"。首先，《河南省实施水法办法》第四十三条规定："违反本办法规定，有下列行为之一的，由县级以上人民政府水行政主管部门责令其停止违法行为，限期清除障碍或者采取其他补救措施，并处罚款。"也就是说，有违反下列其中一款的行为，县级以上人民政府水行政主管部门就应当对违法当事人进行罚款，并要求违法当事人采取补救措施。同时，在该条的第五款明确指出的违法行为是："未经批准占用农业灌溉水源、灌排工程设施，或者对原有灌溉用水、供水水源有不利影响的；"上诉人的行为，是"对原有灌溉用水、供水水源产生了不利影响"，所以上诉人的行为是该款所指的违法行为，水利厅作为水行政主管部门对上诉人进行罚款，并要求违法当事人采取补救措施的处罚决定是正确的。其次，"水利部、财政部、国家计委水政资〔1995〕457号《占用农业灌溉水源、灌排工程设施补偿办法》"第一条中阐述了该办法是根据《中华人民共和国水法》制定发布的，也就是说是对《中华人民共和国水法》中个别条款的细化；该办法第二条中规定了"凡占用国家所有的农业灌溉水源、灌排工程设施，或人为造成农业灌溉"水量减少和灌排工程报废或失去部分功能的行为，均适用本办法。"上诉人未经水行政主管部门批准，在灌区内擅自占用农业灌溉面积建油库的违法行为，直接导致了原有灌区农业灌溉面积的减少，使国家为该处灌区面积而修建的水利工程失去了部分功能，使该水利工程不能发挥应有效能。

2. 上诉人辩称："石油公司油库所在位置及周边土地是新乡市建设用地，不是被告所称的人民胜利渠东三灌区。"

我厅查证上诉人违法事实清楚，证据确凿：

首先，新乡市红旗区洪门镇原堤、陈庄两村村民委员会提供了上诉人建油库占用的土地面积属该两村的引黄灌溉面积。其次，上诉人出具土地证载明，其建油库地址正是原堤、陈庄两村的耕地，与我厅提供的灌区图所标注的建设该油库占用的土地是灌区灌溉面积相吻合。第三，除上诉人违法建油库已占用的灌区灌溉面积外，到今天为止，紧贴该油库院墙周围的农田，仍是引黄灌区灌溉面积。

上诉人在建该油库之前该处的耕地是灌区灌溉面积，虽然上诉人边建设边办理其他审批手续，但《河南省实施水法办法》第二十四条规定："从事工程建设，占用农业灌溉水源、灌排工程设施，或者对原有灌溉用水、供水水源有不利影响的，建设单位应当事先报有管辖权的水行政主管部门批准，并采取相应的补救措施；造成损失的，依法给予补偿。"上诉人作为建设单位，应当依法到水利厅将油库建设方案报经水利厅批准。

3. 水利厅对上诉人的处罚决定适用法律正确无误。

既然上诉人建油库未经水行政主管部门批准同意而占用了东三灌区的农业灌溉面积，那么水利厅的所有处罚事实、处罚依据、适用法律都是正确的，应依法维持。

二、对于上诉人取得项目手续的其他的合法性，水利厅不予以辩驳。但是，对上诉人建油库未经水利厅审查同意在灌溉面积上建油库的违法行为，上诉人应当接受处罚、依法补办手续并采取补救措施。

三、我厅作出的行政处罚决定，程序合法。

1、人民胜利渠作为新中国引黄灌溉第一渠，国家投入了很大的财力建设灌区，该灌区设计灌溉面积185万亩，主要担负新乡、焦作、安阳三市九县（市、区）四十七个乡镇的农田灌溉和新乡市城市供水任务。人民胜利渠东三灌区于1953年7月1日建成并发挥效益，毛泽东、江泽民等党和国家领导亲临灌区视察，关怀人民胜利渠，给灌区人民带来了巨大效益。特别是在当今国家力保粮食生产区面积稳定、确保粮棉高产稳产的情况下，引黄灌溉作为公益性事业，确保灌区灌溉面积稳定显得尤为重要。

在灌区灌溉面积的批准方面：

1979年3月，河南省新乡地区引黄人民胜利渠灌溉局编制了《引黄人民胜利渠东三灌区扩建工程设计说明书》。在该《设计说明书》的"灌区范围选定"中指出："新乡县朗公庙、关堤、古固寨，延津县的小店、东屯等五个公社，过去是东三灌区用水单位，现已恢复灌溉，这次规划仍予保留。"（见：附件1。源于：人民胜利渠永久档案1979年"行179—022页"）

1979年6月，新乡地区革命委员会水利局以"新革水字（79）第73号"文，向省水利局《关于速拨引黄人民胜利渠东三扩建工程经费的请示》中指出："我区引黄人民胜利渠东三干扩建工程，去冬省同意列入会战工程开始兴建。附件1.《引黄人民胜利渠东三灌区扩建工程设计说明书》"。（见：附件2。源于：人民胜利渠永久档案1979年"行179—008-009页"）

1979年8月，河南省革命委员会水利局以"予革水总字（79）087号"文，向新乡地区水利局发文——《对人民胜利渠东三干渠扩建工程的批复》中指出："你局新革水字（79）第73号请示收悉，经研究同意你局所提意见。"（见：附件3。源于：人民胜利渠永久档案1979年"行179—002页"）

1979年11月7日，河南省革命委员会水利局以"予革水计字（79）141号"文向省计委发文——《对引黄人民胜利渠扩建工程计划任务书的意见》中指出："东三干渠扩建已列入1979年度水利基建计划，干渠基本完成。扩建工程按具体情况分年安排。附件：《引黄人民胜利渠东三灌区扩建工程设计说明书》”。(见：附件4。源于：人民胜利渠永久档案1980年“行188—001页”)

1980年元月12日，河南省革命委员会计划委员会以“予计农字（80）第11号”文，向新乡地区计委发《对“关于引黄人民胜利渠改善扩建工程设计任务书”的批复》，指出：“同意改善扩建人民胜利渠，灌溉面积由现在的60万亩扩大到88.6万亩。”（见：附件5。源于：人民胜利渠永久档案1980年“行188—004页”）

《引黄人民胜利渠东三灌区工程布置图》、《人民胜利渠东三干灌区工程现状图》1980年3月绘制（见附件6。源于人民胜利渠永久档案）

以上证据证明了灌区批准的合法程序。

上诉人在该项的辩驳中还掩盖了《最高人民法院关于行政诉讼证据若干问题的规定》中“第九条 根据行政诉讼法第三十四条第一款的规定，人民法院有权要求当事人提供或者补充证据。

对当事人无争议，但涉及国家利益、公共利益或者他人合法权益的事实，人民法院可以责令当事人提供或者补充有关证据。”

所以，水利厅是在确认了基本事实的情况下，按水行政执法程序对上诉人的违法行为实施了水行政处罚决定。

2. 水利厅对上诉人的水行政处罚，适用法律、法规正确

我厅认为上诉人在灌区的灌溉面积上建油库是否合法，关键看其是不是按照有关法律规定经过行政许可审批的项目。2006年5月31日河南省人民代表大会常务委员会公告第62号公布的《河南省实施〈中华人民共和国水法〉办法》，是河南省人民代表大会常务委员会根据《中华人民共和国水法》和有关法律、法规的规定，结合我省实际情况制定的地方性法规，其第二十四条“从事工程建设，占用农业灌溉水源、灌排工程设施，或者对原有灌溉用水、供水水源有不利影响的，建设单位应当事先报有管辖权的水行政主管部门批准，并采取相应的补救措施；造成损失的，依法给予补偿”以及1995年11月13日水利部、财政部、国家计委水政资〔1995〕457号通知发布的《占用农业灌水源、灌排工程设施补偿办法》第六条：“任何单位或个人占用农业灌溉水源、灌溉排工程设施，必须事先向有管辖权的或管理权的流域机构和水行政主管部门提出申请，并提交有关文件资料，经审查批准后，发给同意占用的文件，并报上一级水行政主管部门备案”的行政规章。由于灌溉渠道主体工程，是根据自然条件等要素进行面积区域（范围）技术规划的，工程规模大小的确定，是以规划区域（面积）为依据的。所以，进行面积置换应在人民胜利渠规划范围（面积）之外进行置换，才能保证灌溉主体工程的功能稳定。因此，中国石油化工股份有限公司河南新乡石油分公司擅自占用人民胜利渠东三干渠灌溉面积，造成了人民胜利渠主体工程失去了部分功能，导致灌区供水量减少，影响到供水水费收入降低、经济效益损失，并造成我们管理人员的管理职能缺失。1995年11月13日水利部、财政部、国家计委水政资［1995]457号通知发布的《占用农业灌溉水源、灌排工程设施补偿办法》第二条明确规定：“凡占用国家所有的农业灌溉水源、灌排工程设施，或人为造成农业灌溉水量减少和灌排工程报废或失去部分功能的行为，均适用本办法。”

可见我厅作出的豫水罚决字（人民）[2013]第1号水行政处罚决定书有充足的法律依

据，适用法律、法规正确。一审法院依事实为依据，以法律为准绳，对该案作出的判决正确无误。

所以，原告建油库时占用的土地，是未按权限进行水行政审批的灌区灌溉面积。原告占用灌区灌溉面积的违法事实清楚，证据确凿，被告要求原告办理相关水行政审批手续并对其进行水行政处罚的决定正确。

综上所述，原告的违法行为应依法予以追究。我厅对上诉人做出的《水行政处罚决定书》事实清楚、证据确凿、适用法律法规正确、程序合法、处理恰当；一审法院对该案的判决，调查具体、依据真实、事实清楚，证据确凿。

为此，我厅请求郑州市中级人民法院维持金水区人民法院（2013）金行初字第20号的行政判决，并维持我厅的豫水决字（人民）〔2013〕第1号的水行政处罚决定，以保障水行政机关依法行使职权。同时，驳回上诉人的上诉请求。

此致

郑州市中级人民法院

答辩机关：河南省水利厅

法定代表人：王某

虽然，一审下达了判决书，但一审行政相对人对判决不服又提出了上诉申请，那么作为行政机关只有按照法律规定做好应诉的充分准备才能在二审中化被动为主动。

关于一起水事暴力抗法事件的几点思考

摘要：新时期新形势下，水政执法工作必须树立正确的执法理念，把严格执法与以人为本有机统一起来，走人性化执法之路。

关键词：暴力抗法；水行政处罚；人性化执法；执法装备

某某置业有限公司未经市水行政主管部门审批，擅自在邱家沟、婴儿沟和茶店坡沟交汇处（以下简称三沟汇流处）违法施工，损毁堤防缩小河道行洪断面、擅自设置河道围堰阻碍行洪、违法跨河建桥，影响河道防洪安全。

2012 年 7 月 13 日，经检查，市水利局水政执法人员发现某某置业有限公司在围堰上游 27 米处擅自拆除河道堤防 22.3 米，将河道原梯形断面改建为矩形断面，缩小河道行洪断面，并在围堰处擅自违法跨河建桥，影响河道行洪。鉴于上述情况，水政执法人员在出示执法证件，亮明身份后，立即立案查处。按照水行政处罚的一般程序，先后向该公司下达了《责令停止水事违法行为通知书》《水行政处罚听证告知书》《水行政处罚决定书》，要求施工单位停止施工，恢复河道原状，补办施工许可证，并处罚款 8 万元。对于水行政主管部门下达的《停止施工通知书》和《水行政处罚决定书》，某某置业有限公司置若罔闻，既不申请行政复议也不提起行政诉讼。仍继续施工。从 2012 年 7 月 13 日到 10 月 20 日的 3 个多月时间，水政监察员多次到施工现场，要求停止施工，但无任何效果。10 月 22 日，下午 3 时，水政执法人员对河道违章建筑实施强制拆除。在强制拆除过程中，某某置业有限公司指使其施工人员对赤手空拳和没有统一着装的水政执法人员进行围攻，抢夺摄像器材，手持木棍和铁锤追打执法人员，造成两名执法人员受伤（现两人经住院治疗后已出院）。最后在某某路派出所民警的制止下，执法人员才得以摆脱围攻，撤离现场。案件虽然结束了，但作为参与此次联合执法全过程的笔者，有一些感言想说出来与读者共同探讨。

（一）要加大对暴力抗法行为的打击力度。

被执法者暴力抗法很容易滑入违法犯罪的泥坑，受到法律严惩。水利部门对于被执法者暴力抗法行为构成犯罪的，可以移交司法部门依法追究刑事责任。我国相关法律规定，以暴力、威胁方法阻碍国家机关工作人员依法执行职务的，构成妨害公务罪；可以处三年以下有期徒刑、拘役或者罚金。如果致执行职务人员重伤或者死亡的，以故意伤害罪或者故意杀人罪处罚；致人轻伤的，以妨害公务罪从重处罚。由于司法部门对暴力抗法行为的严厉惩处，以及新闻媒体对此的宣传报道，因此如今被执法者越来越多地采取非暴力抗法的形式，寄希望于通过该不当方式向执法者施加压力，既不造成严重后果，同时又能够给执法者增加负担，以达到自己的目的。无论采取何种方式抗法，包括非暴力行为，其性质均为阻碍正常的执法行为，非暴力行为本身也是阻碍执法的行为，其不能减轻处罚，相反，根据《治安管理处罚条例》的规定，抗法者这样的非暴力行为除应当接受水行政主管部门处罚外，还有可能因为自身的抗法行为被处治安处罚。

（二）要人性化执法。

人性化执法的核心在于以人为本。虽然被执法者自身存在诸多问题，但是，水利部门在处理时应当以说服教育为主，注重执法效果，切忌作风简单粗暴，冷酷无情。应当以沟通及教育的方法使当事人既看到法律的尊严，也能体会到政府的温情。同时必须进行综合治理，不能寄希望于处罚，尽量避免采取罚没、剥夺生产资料，不给被执法者生路，激化矛盾的简单方法。实际上，"一罚了之"的做法后患无穷。人性化执法更大程度应当体现在水政执法人员应首先约束和规范自身的言谈举止，避免给被执法者造成野蛮执法的影响；其次，执法之前应当做好说服教育，同时更多地补充说明如何守法，做到严格执法和说服教育相结合，以耐心解释化解法律程序的严格给被执法者造成的抵触情绪。

（三）要统一着装。

水行政执法的特点和环境决定了水政监察人员着装的必要性。水利部门作为多部法律法规的执法主体，执法任务相当繁重。水行政执法工作承担着防洪安全、调处水事纠纷、制止和查处违法行为、保护水资源、水土保持、水利工程设施等重要职责。从这起暴力抗法案件也可以看出，我们的执法环境相当恶劣，困难重重，为了维护水利工程安全和良好水事秩序，我们水政监察人员秉公执法，时常遭围攻、谩骂。由于没有统一着装，有时违法人员甚至以为执法人员是来"黑吃黑"的。

（四）要采用与公安部门联合执法的模式。

当前，水行政执法机构和队伍建设还存在一些问题，特别是由于编制、经费、着装、人员素质等方面的制约，水行政执法与形势需要还有很大差距，而且在短期内难有根本改善。在这种情况下，采用与公安部门联合执法的形式是非常有效的。既可以增加执法的力度，使违法案件的查处顺利进行，也可以减少暴力抗法现象的发生，保护水行政执法人员的人身安全。有的地方采用建立"水利警务区""水利治安办公室"等行之有效的方式来改善水行政执法不力的现状。有条件的地方还成立了隶属于当地公安机关的"水利派出所"。这些形式都是符合公安体制改革精神和社会治安综合治理有关政策的，各地可以因地制宜地借鉴和采纳。

（五）、要建立水行政执法应急预案制度，加强水行政执法人员应对能力。

在进行重大水事执法活动之前，要召开专题会议进行部署研究，将执法行动中可能出现的问题一一梳理，对每一项任务要明确分工，合理安排部署，认真搞好预案，加强水行政执法人员对突发事件的应对能力。同时，建议水利执法部门和公安机关建立 110 联动机制，一旦发生暴力抗法事件，110 指挥中心立即出警力支援。只有这样，在发生突发性暴力抗法事件时，执法队员才能做到沉着应战，避免产生慌乱、急躁等不良情绪，影响执法工作的顺利进行。

（六）要改进执法装备。

配备必要的摄、录像（音）设备可以减少抗法事件的产生，也是有力打击抗法行为人的有力保证。将水政执法人员的整个执法过程进行摄、录像（音），一方面可以规范执法人员的行为，另一方面也可以约束部分行政相对人的行为，消除那些在抗法边缘犹豫不决的对象抗法。另外，就是发生抗法事件，也能为公安部门作出处罚提供充分的证据，而不至于因没有证据，把抗法事件淡化为一般的民事纠纷。

（七）要建立水行政执法人员职业安全保障制度，严惩暴力抗法不法行为。

一是加强职业安全保障制度。水利执法人员在依法履行职务，加强自身安全防范措施的同时，应建立职业安全保障制度，拨出专项经费为水利执法人员购买人身意外伤害保险，以增强水政执法人员抗御职业风险的能力。二是进一步理顺水利执法体制。凡属法律法规赋予水行政主管部门的水行政执法职能，由综合执法机构统一承担，形成一个拳头对外的体制，提高综合执法的力量。国家对水政执法队伍要进行统一管理，在人员性质上将基层执法人员尽快纳入公务员或依照公务员管理序列；在管理模式上要进行一定的垂直管理，相对提高其依法履行职务的独立性。这样，一旦发生突发性暴力事件能最大限度保护自身安全，解决执法人员的后顾之忧，以此大大提高执法的权威性，从而推进依法行政工作更加完善。

（八）要讲究技巧和策略。

水政执法办案过程中，坚持纵、横向多方协调，搞好和相邻行政机关的关系。对于政策性强、影响面广的水事案件要及时与当地党委、政府、人民法院联系，力求取得他们的支持和帮助，避免行政干预局面的形成。加强对群众的宣传、解释、沟通、协调工作，做到以理服人、以法服人、以情动人，争取理解、支持与配合，减少执法矛盾和冲突。遇到暴力抗法等突发事件，要保持慎重、冷静、克制的态度，本着文明、依法、灵活、实事求是，讲究艺术和技巧的原则妥善处置，不要有过激的语言和行为，防止事态的进一步扩大和升级。执法过程中要虚心听取群众的意见，及时解答群众的疑问和解决群众反映的实际问题；充分发挥义务村委会、社区的作用，通过他们宣传水法律法规和政策，提高全社会水法律法规意识。

总之，新时期新形势下，水政执法工作必须树立正确的执法理念，把严格执法与以人为本有机统一起来，走人性化执法之路。新的形势下，水政执法工作理应更加自觉地服务于构建社会主义和谐社会这一工作大局，努力实现通过执法一方面促进人水和谐，维护良好的水事秩序，保障水利工程的可持续利用，另一方面促进社会和谐，减少社会的不稳定因素，构建刚柔相济、注重社会效果、有助社会和谐的水行政执法机制。

行政责任主体的认定

——葛某在长江南京段河道管理范围内从事建设活动案

一、案情简介

葛某自2005年7月起，擅自在长江南京段栖霞区八卦洲街道大同村（现上坝村）河道管理范围内建房及猪圈，房屋居住面积为180平方米，猪圈面积为518平方米，房屋及猪圈均为砖瓦结构。2013年5月，南京市水政监察支队长江大队为配合八卦洲街道进行“动迁、拆违、治乱、整破”专项执法行动，于2013年5月13日对葛某的上述行为进行立案调查，执法人员对其做了调查（询问）笔录，经现场勘验后，依据《中华人民共和国水法》第三十七条第二款之规定，送达了《限期整改通知书》，但当事人拒绝在调查（询问）笔录和《限期整改通知书》上签字，执法人员依法邀请第三方采取留置送达方式送达（执法记录仪全程记录），并现场制作勘验（检查）笔录。2013年5月23日对大同村村主任刘谊盛做了补充调查，进一步证实了葛和平的水事违法事实。2013年5月31日又对其送达了《履行义务催告书》，当事人未按要求整改，也未提起陈述申辩。2013年6月4日对其送达了《行政强制执行决定书》，并于次日在违建现场张贴了《行政强制拆除公告》，2013年6月13日栖霞区行政执法局、栖霞区八卦洲街道采取联合执法行动，对葛某的违法建设进行了强制拆除，强制拆除过程中，邀请栖霞区物价局、司法局公证处、当地街道、兽医站对葛某饲养的120头生猪按照当地平均价予以计算并出售；同时对现场物品进行登记和集中存放，同日省市有关电视媒体予以宣传报道。

葛某在接到《限期整改通知书》后于2013年5月31日向江苏省水利厅提起行政复议，2013年7月12日，省厅复议维持市水利局作出的《限期整改通知书》。

葛某于2013年8月21日向南京市鼓楼区人民法院提起行政诉讼，请求法院判令：1. 确认被告市水利局作出行政决定书及限期整改通知书违法，栖霞区行政执法局、八卦洲办事处的行政强制行为违法；2. 判决三被告共同赔偿原告150万元。鼓楼法院受理并于2013年10月24日、12月24日开庭审理了此案。

2014年9月29日，南京市鼓楼区人民法院依法作出一审判决：一、被告南京市栖霞区城市管理行政执法局、南京市栖霞区人民政府八卦洲办事处协助被告南京市水利局于2013年6月13日实施的对原告葛某位于长江南京段八卦洲上坝村大同北圩西南角处主江堤迎水面江滩地建住房180平方米、猪舍518平方米的行政强制执行行为违法；二、被告南京市水利局于本判决发生法律效力之日起十日内赔偿原告葛某各项损失173412元；三、驳回原告葛某其他诉讼请求。

2014年10月9日，南京市水利局向南京市中级人民法院提起上诉。

目前，该案还在二审中。

二、法律问题

1. 法律责任主体如何认定？

2. 关于市水利局作出的《限期整改通知书》和《行政强制执行决定书》是否存在违法的问题？

3. 关于是否应当补偿损失及如何认定？

三、评析意见

关于栖霞区城管局和八卦洲办事处的强制拆除行为是否违法，其法律后果应由谁承担的问题，《中华人民共和国行政强制法》第四十四条规定："对违法的建筑物、构筑物、设施等需要强制拆除的，应当由行政机关予以公告，限期当事人自行拆除。当事人在法定期限内不申请行政复议或者提起行政诉讼，又不拆除的，行政机关可以依法强制拆除"市水利局于2013年6月4日作出《行政强制执行决定书》，并告知葛和平60日的复议期限和3个月的诉讼期限，但是栖霞城管局和八卦洲办事处却于2013年6月13日复议期限和诉讼期限届满前即实施了强制拆除，侵犯了葛和平申请行政复议或者提起行政诉讼的法定权利，并且在强制拆除前没有予以公告，上述行政强制执行的行为违法。

《中华人民共和国行政强制法》第十三条第一款规定"行政强制执行由法律设定"，依照《中华人民共和国水法》第六十五条之规定，市水利局对河道管理范围内擅自建设的临河建筑物、构筑物具有行政强制执行的职权。南京市人民政府协调规定相关区政府及部门的组织实施行为是对法定行政强制执行主体的协助行为，相应的法律后果应由法定的行政强制执行主体即市水利局承担。

关于市水利局作出的《限期整改通知书》和《行政强制执行决定书》是否违法的问题。《中华人民共和国河道管理条例》第二十条第一款规定："有堤防的河道，其管理范围为两岸堤防之间的水域、沙洲、滩地（包括可耕地）、行洪区，两岸堤防及护堤地。"葛某修建的房屋和猪舍位于长江水面与主江堤之间的江滩地，河道管理范围《中华人民共和国水法》第六十五条第一款规定："在河道管理范围内建设妨碍行洪的建筑物、构筑物，或者从事影响河势稳定、危害河岸堤防安全和其他妨碍河道行洪的活动的，由县级以上人民政府水行政主管部门或者流域管理机构依据职权，责令停止违法行为，限期拆除违法建筑物、构筑物，恢复原状；逾期不拆除、不恢复原状的，强行拆除，所需费用由违法单位或者个人负担，并处一万元以上十万元以下的罚款。"《中华人民共和国防洪法》第二十二条第三款规定："禁止在河道、湖泊管理范围内建设妨碍行洪的建筑物、构筑物，倾倒垃圾、渣土、从事影响河势稳定、危害河岸堤防安全和其他妨碍河道行洪的活动。"葛某在长江河道管理范围内建设临河建筑物、构筑物，系法律所禁止的行为，建设的房屋和猪舍属于违法建筑。市水利局对此予以立案、调查，并作出限期整改通知系履行法定职责，符合法律规定。在葛某拒收该通知书的情况下，市水利局在现场进行张贴符合法律规定的送达方式。在葛某没有整改的情况下，2013年5月31日，市水利局又发出了履行义务催告书，督促其履行。当日，葛某对限期整改通知行为申请行政复议，但该行为并不能限制市水利局继续作出行政强制执行决定，故市水利局作出的行政强制执行决定并无不当。市水利局在葛某拒收的情况下采取留置送达的方式符合法律规定。综上，市水利局作出的限期整改通知书和行政强制执行决定书依据事实清楚，程序合法，适用法律正确，并无不当。

关于是否应当赔偿葛某的损失及损失如何认定的问题。《中华人民共和国行政强制法》第八条第一款规定："公民、法人或者其他组织对行政机关实施行政强制，享有陈述权、申辩权；有权依法申请行政复议或者提起行政诉讼；因行政机关违法实施行政强制受到损害，有权依法要求赔偿。"栖霞区城管局和八卦洲办事处在实施行政强制执行时没有对现场物品进行清点登记、妥善安置，仅将部分物品运至专门场所保管，并且将葛某及家人带离现场，造成现场物品损坏，葛某有权就上述损失要求赔偿；但是建设房屋和猪舍的成本以及对房屋的装修、道路修筑的投入，因房屋和猪舍属于违法建筑，依法不属于赔偿范围。

《中华人民共和国国家赔偿法》第十五条第一款规定："人民法院审理行政赔偿案件、赔偿请求人和赔偿义务机关对自己提出的主张，应当提供证据。"依据上述规定，葛某应当提供证据证明所造成的损失，但是鉴于葛某在行政程序中的地位及本案实际情况，其收集证据的能力有限，因此其只要提供初步证据证明损害事实即可。在确定具体赔偿数额时，根据葛某经济状况及其列举的损失清单、现场照片、法院现场勘查情况，综合判断其具体损失如下：1. 关于生猪、苗猪损失。八卦洲办事处委托栖霞区物价局价格认证中心对上述生猪进行了价格认证，为113412元，并经栖霞区公证处、街道、兽医站确认，收购价格参照江宁、浦口、六合及江苏灌云等地平均价格，葛某虽然认为该价格过低，但未能提供证据证明，故法院对上述价格予以确认。2. 关于生产、生活物品损失。葛某为支持其主张，提供了其自行列举的所有损失物品明细及相应价格，共计98375元。根据法院勘验笔录，妥善保存的物品有：木质沙发2座，冰箱1台，洗衣机1台，电视机1台，饮水机1台，空调1台，煤气灶2台，锅碗瓢盆餐具1套，床头柜1个，电视柜1个，音响1个，席梦思床垫1个，浏阳河酒1箱，上述物品应从葛某列举赔偿清单中扣除，物品由葛某自行取回；根据葛某提供的现场照片及法院现场勘查情况，现场存留的物品有：玉米、饲料、小麦若干袋，八仙桌2张，凳子7把，床2张，大衣柜3个，台桌1个，沙发2个及现场遗落的部分生活用品等，上述物品损毁与葛某怠于收拾保管有直接因果关系，应减轻或免除市水利局赔偿责任。此外，关于葛某的损失清单中的其他物品，虽然其未能提供购买发票，但经法院审查，所列物品价格与市场价格差别不大，法院予以确认，但应适当考虑折旧费用：市水利局、八卦洲办事处、栖霞城管局对葛和平所列举清单物品没有提供相反的证据证明强制执行时不存在，故法院对清单物品予以确认，综上，法院认定葛和平物品损失为60000元。

解读《最高人民法院、最高人民检察院关于办理非法采矿、破坏性采矿刑事案件适用法律若干问题的解释》

最高人民法院、最高人民检察院发布《关于办理非法采矿、破坏性采矿刑事案件适用法律若干问题的解释》（法释〔2016〕25号，以下简称《解释》），自2016年12月1日起施行。这是1997年刑法施行以来最高司法机关就矿产资源犯罪再次发布专门司法解释，体现了对矿产资源司法保护的高度重视，对于依法惩治矿产资源犯罪，进一步加大对矿产资源的司法保护必将发挥重要作用。为便于司法实践中正确理解和适用，现就《解释》的制定背景、起草中的主要内容介绍如下。

一、《解释》的制定背景与经过

1997年刑法规定了非法采矿罪和破坏性采矿罪，第三百四十三条规定："违反矿产资源法的规定，未取得采矿许可证擅自采矿的，擅自进入国家规划矿区、对国民经济具有重要价值的矿区和他人矿区范围采矿的，擅自开采国家规定实行保护性开采的特定矿种，经责令停止开采后拒不停止开采，造成矿产资源破坏的，处三年以下有期徒刑、拘役或者管制，并处或者单处罚金；造成矿产资源严重破坏的，处三年以上七年以下有期徒刑，并处罚金。""违反矿产资源法的规定，采取破坏性的开采方法开采矿产资源，造成矿产资源严重破坏的，处五年以下有期徒刑或者拘役，并处罚金。"2003年5月16日，最高人民法院审判委员会第1270次会议审议通过《关于审理非法采矿、破坏性采矿刑事案件具体应用法律若干问题的解释》（法释〔2003〕9号，以下简称《2003年解释》），主要对非法采矿和破坏性采矿行为的认定、造成矿产资源破坏的认定和鉴定等问题作了明确规定，进一步加大了对矿产资源的刑事司法保护力度。

为了加大对非法采矿犯罪活动的惩治力度，刑法修正案（八）进一步完善了非法采矿罪的规定，将"经责令停止开采后拒不停止开采，造成矿产资源破坏"的要件修改为"情节严重"，降低了入罪门槛；将升档处罚情节由"造成矿产资源严重破坏"修改为"情节特别严重"。据此，构成非法采矿罪不再要求"经责令停止开采后拒不停止开采"，而只要求实施非法采矿行为，达到情节严重的程度。刑法修正案（八）施行后，司法实践对于"情节严重""情节特别严重"的具体情形认识不一，影响了相关案件的办理。

根据国土资源部的建议，最高人民法院会同最高人民检察院，依据法律修改情况，以《2003年解释》为基础，结合当前实践，启动了新的司法解释起草工作。起草过程中，水利部及有关部门也反映了非法采砂违法犯罪的有关问题，建议通过《解释》规定对非法采砂行为适用非法采矿罪，并明确定罪量刑标准和相关法律适用问题。在深入调研的基础上，经反复研究讨论形成了征求意见稿，分别征求了最高人民检察院、公安部、国土资源部、水利部、国家海洋局等中央有关单位的意见，并征求了最高人民法院有关审判庭和各高级人民法院的意见。2016年3月，最高人民法院研究室会同有关部门召开专家论证会，分别邀请刑法专家和矿产资源、水利专家对解释稿进行论证研讨。此后，根据专家论证会作了修改完善，形成新的征求意见稿，征求了全国人大常委会法工委意见，并根据法工委意见进一步征求了国务院法制办的意见。2016年9月26日最高人民法院审判委员会第1694次会议、2016年11月4日最高人民检察院第十二届检察委员会第57次会议审议通过了《解释》。

二、《解释》起草中的主要考虑

为确保《解释》的内容科学合理，能够适应形势发展、满足实践需要，在起草过程中，着重注意把握了以下几点：

一是从严惩治矿产资源犯罪。矿产资源属于不可再生资源，处于持续递减的消耗之中。非法采矿、破坏性采矿行为对矿产资源的破坏具有不可逆性，故而，对矿产资源犯罪刑事政策的基本取向应当是从严惩治。基于此，《解释》未因经济社会发展水平提高而大幅提升矿产资源犯罪的定罪量刑标准，以确保刑事惩治力度不减。当然，这并非意味着对矿产资源犯罪一律从重，仍然应当区分情况，突出惩治重点，体现宽严相济，充分发挥刑法的威慑和教育功能，以更为有效地保护矿产资源和生态环境。

二是注重对生态环境的保护。中共中央、国务院《生态文明体制改革总体方案》提出："严格实行生态环境损害赔偿制度。强化生产者环境保护法律责任，大幅度提高违法成本。""对造成生态环境损害的，以损害程度等因素依法确定赔偿额度；对造成严重后果的，依法追究刑事责任。"根据这一要求，《解释》将生态环境损害因素纳入考量范围，针对非法采矿罪根据造成生态环境损害的程度设置了定罪量刑标准。

三是明确非法采砂犯罪的法律适用。实践中非法采砂对环境的危害日益严重，在刑法未针对非法采砂规定专门罪名的前提下，适用非法采矿罪对非法采砂行为进行规制，成为当下的选择。基于此，《解释》明确对非法采砂行为适用非法采矿罪，加大了对水资源的刑事司法保护力度。

三、《解释》的主要内容

《解释》根据法律规定和立法精神，结合近年来办理矿产资源犯罪案件的实际问题，对矿产资源犯罪的定罪量刑标准及有关法律适用问题作了全面、系统的规定。《解释》共十六个条文，大致可以归纳为如下八个方面的问题：

（一）"违反矿产资源法的规定"的含义

根据《刑法》第三百四十三条的规定，非法采矿罪、破坏性采矿罪的前提是"违反矿产资源法的规定"。经研究认为，为避免法律适用漏洞，对于"违反矿产资源法的规定"，不宜限缩为违反矿产资源法的规定，而应当包括违反水法等其他法律、法规中关于矿产资源开发、利用、保护和管理的规定的情形。基于此，《解释》第一条明确规定："违反《中华人民共和国矿产资源法》《中华人民共和国水法》等法律、行政法规有关矿产资源开发、利用、保护和管理的规定的，应当认定为刑法第三百四十三条规定的'违反矿产资源法的规定'。"

（二）"未取得采矿许可证"的认定

对于《刑法》第三百四十三条第一款关于非法采矿罪客观行为方式的表述，从语言逻辑角度加以细究，"未取得采矿许可证"之后跟着三个"擅自……"的表述。而无论是"擅自采矿"，还是"擅自进入国家规划矿区、对国民经济具有重要价值的矿区和他人矿区范围采矿"，抑或"擅自开采国家规定实行保护性开采的特定矿种"，均应以"未取得采矿许可证"为前提。基于此，《解释》第二条在《2003 年解释》第二条规定的基础上，对"未取得采矿许可证"的具体情形作了明确，即"具有下列情形之一的，应当认定为刑法第三百四十三条第一款规定的'未取得采矿许可证'：（一）无许可证的；（二）许可证被注销、吊销、撤销的；（三）超越许可证规定的矿区范围或者开采范围的；（四）超出许可证规定的矿种的（共生、伴生矿种除外）；（五）其他未取得许可证的情形。”其中，第二项“许可证被注销、吊销、撤销的”规定，系根据矿产资源法第四十七条“违法颁发的勘查许可证、采矿许可证、采矿许可证，上级人民政府地质矿产主管部门有权予以撤销”的规定，增加了“撤销”的情形。第三项“超越采矿许可证规定的矿区范围或者开采范围开采矿产资源的”规定，系根据非法采砂犯罪的情形增加了“开采范围”的表述。

实践中，一些矿山企业在被责令停产停业期间仍然擅自采矿的情况较为普遍，且往往是引发矿难的重大隐患。最高人民法院、最高人民检察院《关于办理危害矿山生产安全刑事案件具体应用法律若干问题的解释》第八条第一款规定：“在采矿许可证被依法暂扣期间擅自开采的，视为刑法第三百四十三条第一款规定的‘未取得采矿许可证擅自采矿’。”《解释》起草过程中，拟将上述规定吸收为认定“未取得采矿许可证”的情形，并考虑到可能因程序性瑕疵而被暂扣许可证，故限定为“因存在重大安全隐患而被暂扣许可证期间开采矿产资源的”情形。专家论证过程中，有意见提出，上述规定虽然具有实践合理性，但从法理层面而言不妥。主要表现为：（1）采矿许可证被暂扣的情形，不同于行为人自始未取得采矿许可证的情形，行为人实际上属于采矿权人，将此种情形下开采矿产资源的行为认定为“未取得采矿许可证”，恐有不妥。（2）从规范的保护目的而言，因存在重大安全隐患而暂扣许可证，所保护的是安全生产，而非法采矿罪保护的矿产资源。因此，对于违反因存在重大安全隐患而被暂扣许可证期间不得开采矿产资源的规定，擅自开采矿产资源的，适用非法采矿罪的规定，不符合规范的保护目的。（3）因存在重大安全隐患而被暂扣采矿许可证期间开采矿产资源的，否定适用非法采矿罪，但构成其他犯罪的，可以按照其他犯罪处理，并不存在法律适用的漏洞。经研究认为，上述意见确有道理，予以采纳。

《解释》起草过程中，对于采矿许可证到期后继续开采矿产资源的情形，宜否认定为“未取得采矿许可证”，存在不同认识。经研究认为，实践中采矿许可证到期后继续开采矿产资源的情形十分复杂，一律认定为“未取得采矿许可证”恐有不妥。而且，对于其中情节严重的，可以吊销许可证，对于此后采矿的可以认定为《解释》第二条第（二）项规定的情形。因此，未将此种情形明确列为“未取得采矿许可证”的情形。此外，对于非法转让采矿权的，可以根据矿产资源法的相关规定吊销采矿许可证，进而将此后采砂的行为认定为《解释》第二条第（二）项规定的情形。

（三）非法采矿罪的定罪量刑标准

刑法修正案（八）对非法采矿罪作了重大完善，将入罪门槛由“造成矿产资源破坏”修改为“情节严重”，从而将非法采矿罪由结果犯调整为情节犯。根据法律修改的精神，不宜再将“情节严重”限制在造成实害后果的情形。基于此，在《2003年解释》规定的基础上，《解释》第三条明确了“情节严重”的具体情形。

1. 开采的矿产品价值或者造成矿产资源破坏的价值在十万元至三十万元以上的

开采的矿产品价值是衡量非法采矿行为社会危害性的基础因素，也是认定非法采矿“情节严重”的基本标准。据统计，从2003年至2015年，我国煤、铁、金、银、铜、铅、锌、铝、锡等主要矿产品的市场价格平均上涨将近1倍。因此，经综合考虑矿产品价格上涨因素，将非法采矿罪的入罪标准设定为“开采的矿产品价值在十万元至三十万元以上”。

2. 在国家规划矿区、对国民经济具有很重要价值的矿区采矿，开采国家规定实行保护

性开采的特定矿种，矿产品价值或者造成矿产资源破坏的价值在五万元至十五万元以上的

该项标准体现了对“两矿区一矿种”的特殊保护。《矿产资源保护法》第十五条规定：“国家对国家规划矿区、对国民经济具有重要价值的矿区和国家规定实行保护性开采的特定矿种，实行有计划的开采；未经国务院有关主管部门批准，任何单位和个人不得开采。”根据《矿产资源法实施细则》第六条的规定，对“两矿区一矿种”的范围应作如下把握：（1）国家规划矿区，是指国家根据建设规划和矿产资源规划，为建设大、中型矿山划定的矿产资源分布区域。（2）对国民经济具有重要价值的矿区，是指国家根据国民经济发展需要划定的，尚未列入国家建设规划的，储量大、质量好、具有开发前景的矿产资源保护区域。（3）国家规定实行保护性开采的特定矿种，是指国务院根据国民经济建设和高科技发展的需要，以及资源稀缺、贵重程度确定的，由国务院有关主管部门按照国家计划批准开采的矿种。根据有关规定，具体包括黄金、钨、锡、锑、离子型稀土。

3. 二年内曾因非法采矿受过两次以上行政处罚，又实施非法采矿行为的

一方面，实践中出现“蚂蚁搬家”式的非法采矿行为，在被查获后行为人往往否认在被抓前存在开采行为，而被查获的矿产品达不到入罪标准。而且，此种情形的矿产品交易往往采取现金交易的方式，收集交易单据等其他证据也十分困难。因此，对于此种行为，只能予以行政处罚，对屡罚屡犯者难以起到效果。另一方面，实践中一些犯罪分子是长期从事非法采矿的惯犯，特别是其中有一些在受过多次行政处罚甚至刑事处罚后还屡教不改，继续进行非法采矿，应加大对该类人员的打击力度，以起到震慑效果。因此，以因非法采矿受过的刑事处罚次数作为考量情节，将多次实施者认定为“情节严重”，纳入刑事处罚范围。

需要注意的是，借鉴最高人民法院、最高人民检察院《关于办理走私刑事案件适用法律若干问题的解释》第十七条“刑法第一百五十三条第一款规定的‘一年内曾因走私被给予二次行政处罚后又走私’中的‘一年内’，以因走私第一次受到行政处罚的生效之日与‘又走私’行为实施之日的时间间隔计算确定”的规定，“二年内”宜以第一次违法行为受到行政处罚的生效之日与又实施相应行为之日的时间间隔计算确定。此外，“两次以上行政处罚”，包括但不限于国土资源主管部门的行政处罚，只要是有关部门依法对非法采矿行为给予的行政处罚即可。

4. 造成生态环境严重损害的

《解释》第三条将“环境价值”明确纳入判断“情节严重”的考量因素。实践中应当根据造成生态环境损害的程度判断是否达到“情节严重”的标准，对于达到严重损害程度的应当以非法采矿罪定罪处罚。

5. 其他情节严重的情形

《解释》第三条第一款第（五）项为兜底项，需要由司法实践根据具体情况裁量适用。司法适用中，既要敢于根据具体案情适用兜底项，同时也要持慎重态度，考虑与前述具体情形之间的相当性。

此外，《解释》第三条第二款明确了“情节特别严重”的认定标准。通常情况下，“情节特别严重”和“情节严重”之间为五倍的倍数关系。造成生态环境特别严重损害的，也可以认定为“情节特别严重”。

（四）破坏性采矿罪的定罪量刑

1. “采取破坏性的开采方法开采矿产资源”的认定

《2003年解释》第四条规定：“刑法第三百四十三条第二款规定的破坏性采矿罪中‘采取破坏性的开采方法开采矿产资源’，是指行为人违反地质矿产主管部门审查批准的矿产资源开发利用方案开采矿产资源，并造成矿产资源严重破坏的行为。”《2003年解释》以违反矿产资源开发利用方案作为认定破坏性的开采方法的依据，有其合理性。但是，从司法适用的情况来看，也存在不足之处：其一，现行法律并未规定“矿产资源开发利用方案”，只有《矿产资源开采登记管理办法》第五条规定采矿权申请人申请办理采矿许可证中提及“矿产资源开发利用方案”。而《矿产资源开采登记管理办法》属于行政法规，效力位阶不如法律。其二，在开采过程中，受制于地质等因素影响，采矿权人可能违反矿产资源开发利用方案，但未必会造成矿产资源严重破坏，故以矿产资源开发利用方案作为认定破坏性的开采方法的依据，可能存在不妥。《解释》起草过程中，有意见提出，有关法律明确提及“矿山设计”，如《矿产资源法》第十五条规定：“设立矿山企业，必须符合国家规定的资质条件，并依照法律和国家有关规定，由审批机关对其矿区范围、矿山设计或者开采方案、生产技术条件、安全措施和环境保护措施等进行审查；审查合格的，方予批准。”《煤炭法》第十八条规定，开办煤矿企业，应当有符合煤矿安全生产和环境保护要求的矿山设计。因此，建议以违反矿山设计作为认定破坏性的开采方法的依据。但是，对此也存在不同认识。而且，从技术层面而言，对于破坏性的开采方法的认定，可能会随着技术的发展而不断完善。经慎重研究，《解释》暂不对“采取破坏性的开采方法开采矿产资源”的认定标准作出明确。但是，考虑到其认定的专业性较强，为确保相关案件依法得到稳妥、正确处理，《解释》第十四条仍对其认定程序作出明确，即对是否属于破坏性的开采方法难以确定的，依据省级以上人民政府国土资源主管部门出具的报告，结合其他证据作出认定。

2. 破坏性采矿罪的定罪量刑

根据《刑法》第三百四十三条第二款的规定，非法采矿罪只设有一个法定刑档次，即造成矿产资源严重破坏的，处五年以下有期徒刑或者拘役，并处罚金。在适当考虑矿产品价格上涨因素的基础上，《解释》对入罪标准作了适当提升，同时突出了对“两矿区一矿种”的特殊保护，第六条规定：“造成矿产资源破坏的价值在五十万元至一百万元以上，或者造成国家规划矿区、对国民经济具有重要价值的矿区和国家规定实行保护性开采的特定矿种资源破坏的价值在二十五万元至五十万元以上的，应当认定为刑法第三百四十三条第二款规定的‘造成矿产资源严重破坏’。”

（五）非法采砂犯罪的法律适用

对于非法采砂行为的定性，司法实践中存在较大的认识分歧。而且，地方法院曾就非法采砂行为的定性问题请示最高人民法院。为统一法律适用，有必要通过司法解释对河道非法采砂和非法采挖海砂的定性作出明确。经反复征求意见和慎重研究，《解释》明确对非法采砂行为适用非法采矿罪，并对定罪量刑标准及有关法律适用问题作了规定。

1.非法采矿罪行为的定性

《矿产资源法实施条例》第二条第一款规定：“矿产资源是指由地质作用形成的，具有利用价值的，呈固态、液态、气态的自然资源。”砂属于矿产资源，可以成为非法采矿罪的对象。例如，河（江）砂属河流相沉积天然石英砂，主要化学成分为二氧化硅，经长期地质作用形成。《矿产资源分类细目》将河（江）砂归属到非金属矿产天然石英砂中。可见，砂受矿产资源法的调整，可以成为非法采矿罪的对象。而且，《水法》第三十九条第一款规定："国家实行采砂许可制度"。《河道管理条例》第二十五条规定，在河道管理范围内进行采砂活动，必须报经河道主管机关批准，涉及其他部门的，由河道管理机关会同有关部门批准。因此，对于未取得许可证非法采砂的行为，实质上是"未取得采矿许可证擅自采矿"，应当适用非法采矿罪。

2. "未取得采矿许可证"的认定

从实践来看，对非法采砂适用非法采矿罪，可能适用的客观行为方式主要为"未取得采矿许可证擅自采矿"。为避免法律适用的漏洞，《解释》第四条第一款、第五条第一款对刑法第三百四十三条第一款规定的"采矿许可证"作扩大解释，将开采河砂需要申请的采矿许可证、河道采砂许可证和开采海砂需要申请的采矿许可证、海砂开采海域使用权证均涵括在内。

《水法》第三十九条第一款规定："国家实行河道采砂许可制度。河道采砂许可制度实施办法，由国务院规定。"目前，国务院尚未对河道采砂许可制度实施办法作出统一规定，仅通过《长江河道采砂管理条例》明确了长江宜宾以下干流河道内从事开采砂石的许可办法。《长江河道采砂管理条例》第九条第一款、第二款规定："国家对长江采砂实行采砂许可制度。""河道采砂许可证由沿江省、直辖市人民政府水行政主管部门审批发放；属于省际边界重点河段的，经有关省、直辖市人民政府水行政主管部门签署意见后，由长江水利委员会审批发放；涉及航道的，审批发放前应当征求长江航务管理局和长江海事机构的意见。省际边界重点河段的范围由国务院水行政主管部门划定。"据此，长江干流河道采砂实行"一证"，即长江河道采砂许可证由长江水利委员会和沿江省、直辖市人民政府水行政主管部门审批发放（省际边界重点河段由长江水利委员会发放）。

近年来，为扭转河道采砂秩序混乱、非法采砂活动猖獗的现象，在国务院对河道采砂许可制度实施办法作出具体规定前，各地理顺管理体制，加强河道采砂管理工作。经对地方省级地方性法规、政府规章及规范性文件梳理，河道采砂许可情况如下：（1）由水行政主管部门发放采砂许可证。对此有的通过省级地方性法规作出规定，有的通过省级政府规章作出规定，还有的通过规范性文件作出规定。（2）发放采砂许可证和采矿许可证。

开采海砂需要取得海砂开采海域使用权证（由海洋主管部门发放）和采矿许可证（由国土资源主管部门发放）。《海域使用管理法》第三条第二款规定："单位和个人使用海域，必须依法取得海域使用权。"《矿产资源开采登记管理办法》第三条第一款明确规定，开采领海及中国管辖的其他海域的矿产资源，由国务院地质矿产主管部门审批登记，颁发采矿许可证。因此，开采海砂的，除了申请海砂开采海域使用权证外，还应向国土资源部申请采矿许可证。

如前所述，《解释》将刑法第三百四十三条规定的"采矿许可证"扩大解释为除采矿许可证外，还涵括采砂许可证、海砂开采海域使用权证等开采河砂、海砂所应取得的许可证。由之带来的问题是，如何准确认定"未取得采矿许可证擅自采矿"。对于实行一证管理的区域，这一问题并不存在。但是，对于实行"两证"管理的区域，由于两证之间没有先后之分，取得其中一个证并非申领另一个证的前置程序，且实践中经常会出现取得其中一个证但无法取得另一个证的情形。例如，行为人已经申领了海域开采使用权证，并缴纳了海域使用金；但是行为人继而向有关部门申领采矿许可证，未被批准。经研究认为，这一现象与现行的采砂管理体制不无关系，如果统一许可证发放或者明确两证之间的衔接关系完全可以避免上述现象。此种情况下对行为人开采海砂的行为以非法采矿罪追究刑事责任，并不合适。总之，不应由行为人承担由于现行采砂管理体制带来的不利后果，上述情形不宜认定为刑法第三百四十三条第一款规定的“未取得采矿许可证擅自采矿”，不应以非法采矿罪论处。

基于上述考虑，《解释》第四条第一款规定：“在河道管理范围内采砂，具有下列情形之一，符合刑法第三百四十三条第一款和本解释第二条、第三条规定的，以非法采矿罪定罪处罚：（一）依据相关规定应当办理河道采砂许可证，未取得河道采砂许可证的；（二）依据相关规定应当办理河道采砂许可证和采矿许可证，既未取得河道采砂许可证，又未取得采矿许可证的。”第五条第一款规定：“未取得海砂开采海域使用权证，且未取得采矿许可证，采挖海砂，符合刑法第三百四十三条第一款和本解释第二条、第三条规定的，以非法采矿罪定罪处罚。”申言之，对于实行一证管理的区域，以是否取得该许可证为认定非法采矿的标准；对于实行两证管理的区域，只要取得一个许可证的，即不能认定为非法采矿，不宜以非法采矿罪论处。

需要注意的是，由于《解释》第二条对“未取得采矿许可证”作了明确，故第四条第一款、第五条第一款明确对于采砂领域“未取得采矿许可证擅自采矿”的认定要适用第二条的规定。对此司法实务要注意把握。例如，在实行一证管理的区域，虽然取得了河道采砂许可证，但是许可证被注销、吊销、撤销后继续采砂的，符合《解释》第二条第（二）项、第（三）项的规定，也应当认定为“未取得采矿许可证擅自采矿”。

3. 非法采砂犯罪的定罪量刑标准

非法采砂是非法采矿的类型之一，自然应当适用非法采矿罪的定罪量刑标准。故而，《解释》第四条第一款、第五条第一款明确规定，对非法采砂的定罪量刑适用第三条关于非法采矿罪的定罪量刑标准。

此外，非法采砂行为具有特殊性。对在河道管理范围内非法采砂行为予以刑事规制，除了其对砂资源的破坏外，更为重要的是非法采砂行为对河势稳定和防洪安全的危害。严格规范河砂开采的目的，不仅仅是维护其经济价值，更重要的是维护防洪安全和生态安全等公共利益。因此，不应单纯以矿产品价值作为非法采砂的入罪标准，还应当同时考虑非法采砂行为对防洪安全的危害。为了有效防范非法采砂对防洪安全的危害，应当实现刑法防线的适度前移，在非法采砂行为影响河势稳定，危害防洪安全，但尚未达到危害公共安全程度时加以规制。基于上述考虑，《解释》第四条第二款规定：“实施前款规定行为，虽不具有本解释第三条第一款规定的情形，但严重影响河势稳定，危害防洪安全的，应当认定为刑法第三百四十三条第一款规定的‘情节严重’。”

同理，非法采挖海砂不仅破坏矿产资源，还可能严重破坏海岸线。特别是在入海口、滨海湿地、海岛、红树林、珊瑚礁、濒危海洋栖息地等典型、敏感海域开采海砂，极易造成海岸线改变。基于对海岸线和海洋生态环境的特殊保护，《解释》第五条第二款规定：“实施前款规定行为，虽不具有本解释第三条第一款规定的情形，但造成海岸线严重破坏的，应当认定为刑法第三百四十三条第一款规定的‘情节严重’。”

（六）矿产资源犯罪所得之物与所用之物的处理

为了规范矿产资源犯罪所得之物、所用之物的处理，《解释》第十二条规定：“对非法采矿、破坏性采矿犯罪的违法所得及其收益，应当依法追缴或者责令退赔。”“对用于非法采矿、破坏性采矿犯罪的专门工具和供犯罪所用的本人财物，应当依法没收。”

（七）矿产资源犯罪专门性问题的认定

办理非法采矿刑事案件，通常涉及非法开采的矿产品价值计算等专门性问题。《解释》第十三条、第十四条通过总结司法经验，对相关专门性问题认定规则作了明确。具体而言：

1. 非法开采的矿产品价值的认定规则

根据《解释》第十三条的规定，非法开采的矿产品价值，根据销赃数额认定；无销赃数额，销赃数额难以查证，或者根据销赃数额认定明显不合理的，根据矿产品价格和数量认定。矿产品价值难以确定的，依据下列机构出具的报告，结合其他证据作出认定：（1）价格认证机构出具的报告；（2）省级以上人民政府国土资源、水行政、海洋等主管部门出具的报告；（3）国务院水行政主管部门在国家确定的重要江河、湖泊设立的流域管理机构出具的报告。

2. 其他专门性问题的认定规则

根据《解释》第十四条的规定，对案件所涉的有关专门性问题难以确定的，依据下列机构出具的鉴定意见或者报告，结合其他证据作出认定：（1）司法鉴定机构就生态环境损害出具的鉴定意见；（2）省级以上人民政府国土资源主管部门就造成矿产资源破坏的价值、是否属于破坏性开采方法出具的报告；（3）省级以上人民政府水行政主管部门或者国务院水行政主管部门在国家确定的重要江河、湖泊设立的流域管理机构就是否危害防洪安全出具的报告；（4）省级以上人民政府海洋主管部门就是否造成海岸线严重破坏出具的报告。

（八）矿产资源犯罪其他问题

根据司法实践的情况，《解释》还对矿产资源犯罪的其他问题作了明确：

1. 掩饰、隐瞒犯罪所得的矿产品及其收益的处理

从司法实践来看，矿产资源犯罪形成了利益链条，后续的窝藏、转移、收购、代为销售等环节成为了此类犯罪蔓延的重要原因。为有效惩治此类犯罪，保护国家矿产资源，《解释》第七条规定：“明知是犯罪所得的矿产品及其产生的收益，而予以窝藏、转移、收购、代为销售或者以其他方法掩饰、隐瞒的，依照刑法第三百一十二条的规定，以掩饰、隐瞒犯罪所得、犯罪所得收益罪定罪处罚。”“实施前款规定的犯罪行为，事前通谋的，以共同犯罪论处。”

司法适用中需要注意的是，《解释》对掩饰、隐瞒犯罪所得的矿产品及其产生的收益行为未单独规定定罪量刑标准，故应当适用《最高人民法院关于审理掩饰、隐瞒犯罪所得、犯罪所得收益刑事案件适用法律若干问题的解释》（法释〔2015〕11号，以下简称《掩饰、隐瞒犯罪所得、犯罪所得收益罪解释》）的规定。对此，有两个问题需要特别注意：（1）《掩饰、隐瞒犯罪所得、犯罪所得收益罪解释》第八条第一款规定：“认定掩饰、隐瞒犯罪所得、犯罪所得收益罪，以上游犯罪事实成立为前提。”据此，对于掩饰、隐瞒犯罪所得的矿产品及其产生收益行为的入罪以非法采矿、破坏性采矿行为构成犯罪为前提。对于上游行为未达到入罪标准的，即使后续的掩饰、隐瞒行为达到入罪标准，也不能认定为犯罪。（2）对于掩饰、隐瞒犯罪所得的矿产品及其产生的收益行为的量刑，特别是升档量刑，应当注意与作为上游犯罪的非法采矿罪、破坏性采矿罪的量刑平衡。

2. 多次实施矿产资源违法犯罪的价值数额累计

《解释》第八条对矿产资源犯罪的价值数额累计规则作了明确，规定："多次非法采矿、破坏性采矿构成犯罪，依法应当追诉的，或者二年内多次非法采矿、破坏性采矿未经处理的，价值数额累计计算。"根据这一规定，对于矿产资源犯罪的价值数额累计应当区分情况处理：（1）二年内多次非法采矿或者破坏性采矿未经处理的，价值数额累计计算。对于实施非法采矿、破坏性采矿违法行为，每次均未达到定罪量刑标准，如果未经处理的，应当以两年为限进行累计计算，如果累计数额构成犯罪的，则应当依法定罪处罚。（2）多次非法采矿或者破坏性采矿构成犯罪，依法应当追诉的，价值数额累计计算。申言之，此种情形的数额累计不受两年的限制，而应当适用犯罪追诉期限的规定。

3. 单位实施矿产资源犯罪的处理

为了统一裁判尺度，《解释》第九条对单位矿产资源犯罪的定罪量刑标准作了明确。基于严厉矿产资源犯罪、切实保护矿产资源的考虑，《解释》规定对单位实施非法采矿罪、破坏性采矿罪，与自然人犯罪适用统一的定罪量刑标准。

4. 矿产资源犯罪惩治的宽严相济

根据宽严相济刑事政策的要求，《解释》根据矿产资源犯罪的具体情况，实行区别对待，突出惩治重点。其中，第十条规定："实施非法采矿犯罪，不属于'情节特别严重'，或者实施破坏性采矿犯罪，行为人系初犯，全部退赃退赔，积极修复环境，并确有悔改表现的，可以认定为犯罪情节轻微，不起诉或者免予刑事处罚。"第十一条规定："对受雇佣为非法采矿、破坏性采矿犯罪提供劳务的人员，除参与利润分成或者领取高额固定工资的以外，一般不以犯罪论处，但曾因非法采矿、破坏性采矿受过处罚的除外。"该两条规定可谓办理矿产资源犯罪案件贯彻宽严相济刑事政策的直接体现，司法适用中应当注意妥善把握。

《水土保持法》第五十三条的正确适用探讨

关键词：水土保持监督检查；行政处罚；调查取证；第五十三条；新《水土保持法》

摘要：新《水土保持法》已于2011年3月1日正式实施，新法第五十三条的法律目的首先是防止生产建设项目水土流失行为的发生，将违法行为制止在开始阶段，确保水土保持预防保护制度的落实，突出了水土流失预防保护；其次是明确执法程序和执法手段，规范水行政执法工作。

十一届全国人大常委会第十八次会议25日表决通过修订后的《水土保持法》。这是新时期加强水土流失预防和治理工作的重要举措，标志着我国依法防治水土流失有了更为锐利的法律武器，对新时期我国水土保持事业健康发展，促进我国经济社会可持续发展具有重要的现实意义和深远的历史影响。下面从一起水事违法案例中解读新《水土保持法》第五十三条。

【案情简介】

2011年3月8日，河南省安阳市水政监察支队巡查发现，位于安阳市丘陵区占地30公顷的××机床有限公司，在建项目未编制水土保持方案，也未报经水行政主管部门审批。该行为违反了新《水土保持法》第二十五条、第五十三条，《行政许可法》第八十一条等法律法规的规定。

根据初步调查结果，水政监察员及时下达了《责令停止水事违法行为通知书》，责令该公司停止违法行为，听候处理。并与公证人员一起实地丈量了该公司铸造基地的占地面积，对丈量表和地理位置示意图进行了公证。3月12日调查终结。3月18日，执法人员向××机床有限公司依法发出了《水行政处罚听证告知书》《水行政处罚事先告知书》，根据新《水土保持法》第五十三条第一款的规定，拟对该公司作出如下处罚：1. 限该机床有限公司在接到本处罚决定书之日起20内补办水土保持审批手续；2. 罚款人民币20万元。同时告知当事人有听证、陈述申辩的权利。4月2日，我局正式作出责令该公司在接到本处罚决定书之日起20内补办水土保持审批手续和罚款人民币20万元的行政处罚决定。××机床有限公司于4月4日向我局申请补办水土保持审批手续，4月10日缴纳了20万元罚款。本案是一起带有普遍意义的水行政处罚案件，这起案件的处理结果对其他单位涉及的此类问题具有借鉴意义。

本案涉及的关键问题是：该不该罚款人民币20万元成为本案的焦点？如何与公证人员结合，使调查取证工作取得事半功倍的效果。

【案件评析】

新《水土保持法》第五十三条规定：违反本法规定，有下列行为之一的，由县级以上人民政府水行政主管部门责令停止违法行为，限期补办手续；逾期不补办手续的，处五万元以上五十万元以下的罚款；对生产建设单位直接负责的主管人员和其他直接责任人员依法给予处分：

（一）依法应当编制水土保持方案的生产建设项目，未编制水土保持方案或者编制的水土保持方案未经批准而开工建设的；

制定该条法律目的首先是防止生产建设项目水土流失行为的发生，将违法行为制止在开始阶段，确保水土保持预防保护制度的落实，突出了水土流失预防保护；其次是明确了执法程序和执法手段，规范水行政执法工作。该条文第一款是：“对依法应当编制水土保持方案的生产建设项目，未编制水土保持方案或者编制的水土保持方案未经批准而开工建设的；”的一种处理决定，实质上暗含了水行政执法人员在针对这种违法行为时的一种法定的处理程序，而且这种程序是必须坚持的递进式程序，只有在前面一个程序完成的情况下，才能进行下一个处理决定。新《水土保持法》第五十三条对违法行为的处置方式用了两个“；”加以分隔，表示一句话中间并列分句的停顿，说明相互之间无关联性。类似这样的条款还有：《水法》第六十四条、第六十五条第一款、第六十七条第一款；《防洪法》第五十四条、第五十七条、第五十八条、第六十一条等。在处罚条款中，凡是所列的违法行为既要受到采取行政措施，又要被处以罚款的，它的立法形式是不一样的，如《水法》第六十六条、第六十九条、第七十二条，《防洪法》第五十六条等。

使用本规定追究当事人法律责任时，应当注意以下几个问题：

1. 要注意适用该法律条件的先后顺序。即水行政执法机关首先应当责令当事人停止违法行为，限期补办有关手续，并明确规定一个合理期限，要求违法行为人在该期限内按照法定程序提出许可申请。

2. 违法行为人在接到水行政执法机关的书面通知后，在规定的期限内仍不补办相关手续，或虽然提出了补办申请，但由于自身条件不符合该法律、法规规定而未被批准的，水行政主管部门应当责令其在规定的期限内停止违法行为，也就是说，如果当事人在执法部门规定的期限内提出了申请，就不能罚款。如果进一步，行政相对人的申请符合法定条件，得到了批准，违法行为也就转化为合法行为。反之，如果行政相对人拒不执行行政通知，一意孤行，在规定的期限内仍不提出许可申请，执法部门就应当责令其停止违法行为，并处罚款。

3. 违法行为人在接到水行政执法机关要求限期补办手续的通知后，如果在规定的期限内拒不补办，要被处五万元以上五十万元以下的罚款。

4. 行政违法人在被责令补办水土保持手续申请期间继续开工建设，或者在提出补办水土保持手续申请后继续违法行为的，应当按照“合法行政”的原则，区别对待处理。如果被责令补办申请手续后，在提出申请前继续建设的，违反了“责令停止违法行为”的规定，行政机关可以采取应对措施，如缩短其提出补办水土保持手续申请的期限等。如果提出补办水土保持手续申请后继续建设的，应当将有关情况通知补办水土保持手续申请的审批机关。

实际上还有《中华人民共和国水法》第六十五条第一、二款等法律条文与本条文规定相似，水行政执法人员在执法过程中要注意和把握，以免出现法律适用错误。

从以上分析可以看出，本案中，水政执法人员在理解新《水土保持法》第五十三条的法律规定上出现了错误。处理此类违法行为，需分两步进行：第一，未取得批准文件的，应责令停止违法行为，限期补办水土保持审批手续。第二，逾期不补办水土保持手续或补办未批准，处五万元以上五十万元以下的罚款。

那么如何与公证人员结合，使调查取证工作取得事半功倍的效果？

在日常水行政执法中，经常遇到基层组织或单位人员因害怕打击报复而拒绝到执法现场当见证人的情形，本案在查处时也遇到了类似的困难。为有效解决这一问题，我们创新思路，主动邀请当地公证人员现场丈量该公司施工建设面积和界定其所处地理位置，制作公证书，取得了翔实的证据，也为下一步的水土保持征收工作打下基础。同时，我们对挂号邮寄送达法律文书后，被送达人原封未动再回寄水行政主管部门法律文书，以逃避法律制裁的行为，也及时采取邀请公证人员到场直接送达的方式，较好地解决了送达难的问题。通过邀请公证人员实施公证，有效地解决了个别案件中存在的调查取证难和送达难的问题。

总之，要想把水土保持监督工作搞好，第一，是立法上，加大执法力度，不能仅依靠领导重视来被动执法；第二，在机构上最好分开治理和监督，让监督一心一意搞执法，效果更好；“工欲善其事，必先利其器”。监督执法根本是靠规范化、制度化来管理运行，而不单纯依靠策略、经验等企业运作的方法来管理；第三，争取政府，人大以及综合部门支持的方法，解决部门之间执法问题，最好由政府人大出面协调解决。水土保持监督执法的对象是多行业、多部门，有煤炭、地矿、建设、铁道、冶金、交通、森林采伐、农业开发等，这些部门、行业有时只从自己行业利益出发去开发建设，忽视水土保持，认为他们是为国家经济建设进行开发建设的，造成一些水土流失也是不可避免的，不愿意承担防治水土流失的责任。因此，就会给水土保持执法造成阻力。现在有不少项目的单位，如建高速公路、修建铁路有些就是知法犯法，而主管部门还为其撑腰，他们主要是从部门利益出发，不顾大局和国家法律，找领导为其开脱。在这种情况下，水行政执法除向有关部门、行业、单位宣传外，还得就这些问题写出专题报告，陈述利害关系，提出依法解决的措施和办法，请示政府、人大批复，然后再依法律程序执行，也可以建议出面召开会议解决，建议人大进行执法检查等。总之，要利用政府，人大的权威解决由于从部门利益出发而造成的违法问题。例如，在水土保持监督执法过程中专门成立由政府领导任组长，有关部门领导任成员的执法领导小组，及时研究解决执法工作中的问题，协调部门关系，就是很好的办法。

行政合法性是行政法的首要原则。所谓行政合法性是指行政机关的活动必须遵守法律。法律规定了行政机关活动的权限、手段、方式，行政活动都必须以法律为依据，法无明文规定不得为之；严格遵守法律的有关规定，违法者必须承担相应的法律后果。该原则的内容要求行政活动只能在法定范围内，依照法律规定进行。表现为行政行为必须证据充分；不能超越法定权限；必须符合法定程序。水行政执法工作属于行政执法工作的一部分，也应当严格遵循行政合法性原则，在水利执法中，由有权机关按照法定程序依照法律规定去执法，实现行政管理之目的。

《水土保持法》第四十四条的正确适用探讨

关键词：水土保持监督检查；查封；扣押；调查取证；第四十四条；新《水土保持法》

摘要：新《水土保持法》已于2011年3月1日正式实施，新法第四十四条赋予水政监督检查人员必要的监督检查手段、措施，主要有：要求被检查单位或个人提供有关文件、证照、资料；要求被检查单位或者个人就预防和治理水土流失的有关情况作出说明；进入现场进行调查、取证。若被检查单位或者个人拒不停止违法行为，造成严重水土流失的，履行相应手续后可以查封、扣押实施违法行为的工具及施工机械、设备等。详细阐述了查封、扣押两者的区别、正确使用及在水土保持执法中适用的法律程序。

2011年3月19日，安阳市水利局水政监察执法人员在日常巡查中，发现安阳市城建建筑材料有限责任公司未编制水土保持方案，也未经水行政主管部门批准，擅自在龙安区龙泉镇王村（丘陵区）动工建设。该行为违反了新《水土保持法》第二十五条"在山区、丘陵区、风沙区以及水土保持规划确定的容易发生水土流失的其他区域开办可能造成水土流失的生产建设项目，生产建设单位应当编制水土保持方案……"的规定。安阳市水利局于2011年3月20日向该公司下达了《责令停止违法行为通知书》《调查（询问）通知书》，但该单位拒不配合且态度蛮横。根据现场勘验，该公司占地20公顷，十几台挖掘机正在大面积地破坏水土保持设施和林草。依据新《水土保持法》第四十四条"水政监督检查人员依法履行监督检查职责时，有权要求被检查单位或者个人提供有关文件、证照、资料……可以查封、扣押实施违法行为的工具及施工机械、设备等"，我局水政监察执法人员随后对该单位的施工机械进行了查封。

修订后的《水土保持法》已于2011年3月1日正式实施，随着新法的深入贯彻落实及水土保持行政执法工作的深入开展，将来会大量使用到查封、扣押措施。笔者结合工作实践，就新《水土保持法》第四十四条的正确适用谈一些粗浅看法。

1. 第四十四条是新法赋予水政监督检查人员必要的监督检查手段

水政监督检查人员依法履行监督检查职责，纠正和查处违反水土保持法律法规的行为，会受到违法行为人的抵制。为了加大对违反水土保持法律、法规行为的查处力度，提高查处工作效率，保证查处工作质量，有效地打击水土保持违法行为，需要赋予水政监督检查人员必要的监督检查手段。为此，本条规定，水政监督检查人员履行本法规定的监督检查职责时有权采取下列措施：

（1）要求被检查单位或个人提供有关文件、证照、资料。这是保证水政监督检查人员依法履行执法监督检查职责时，查清违法事实，获取证据的重要手段。被检查单位应当如实提供，不得转移、销毁有关文件和资料，更不得提供虚假的文件和资料，违者要视情节追究其法律责任。这里所称的有关文件、证照和资料，是指与被检查单位有关的文件、证照和资料，主要是指从事水土保持及相关业务的公民、法人以及其他组织拥有的与水土保持相关的文件、证照、资料，如生产建设项目水土保持方案批复文件、水土保持方案编制和监测资质、水土保持监理和监测资料等。监督检查人员履行执法监督检查职责时，不得随意扩大检查范围和随意要求出示与执法监督检查无关的文件和资料；在调取有关文件、证照和资料时，应当以原始凭证为据，调取原始凭证有困难的，可以复制，但复制件应当注明"经确认与原件无误"的字样，并由该文件、资料的所属单位盖章。

（2）要求被检查单位或者个人就预防和治理水土流失的有关情况作出说明。主要是指被检查单位和个人对其活动造成水土流失的范围与程度、预防和治理措施体系布设、资金投入、监理监测、防治效果等作出解释。这是为保证水政监督检查人员依法履行执法监督检查时，查清违法事实，获取证人证言的重要手段。监督检查人员行使该项权利时，被检查单位必须如实说明预防和治理水土流失的情况，不得拒绝或作与事实不符的虚假陈述，违者要视情节追究其法律责任。这里所称的被检查单位或者个人是指与水政监督检查人员执法监督检查的事项有关的单位或者个人。如果有关水行政主管部门有违反本法规定的行为的，也应接受上级水行政主管部门的监督检查。水政监督检查人员履行执法监督检查职责需要被检查单位说明情况时，不得随意扩大被询问对象的范围，并应当依照法定程序进行；询问时，水政监督检查人员一般不得少于2人；询问证人应当个别进行，并告之作虚假陈述应承担的法律后果；询问应当制作笔录，并经被询问人核对无误；询问人与被询问人都应在询问笔录上签名或者盖章；被询问人拒绝签名、盖章的，应当在询问笔录上注明。

（3）进入现场进行调查、取证。这是为保证水政监督检查人员依法履行水土保持监督检查职责，直接获取被检查单位或者个人违反水土保持管理法律、法规行为证据的重要手段。监督检查人员进入被检查单位或者个人的生产场所进行调查、取证时，被检查单位应当配合并提供便利条件，不得拒绝或者阻挠。水政监督检查人员进入被检查单位或者个人的生产场所进行调查、取证时，应当按照法定程序进行。

被检查单位或者个人拒不停止违法行为，造成严重水土流失的，报经水行政主管部门批准，可以查封、扣押实施违法行为的工具及施工机械、设备等。这是为保证水行政主管部门、流域管理机构及其水政监督检查人员有效实施监督检查权的重要手段，也是及时阻止违法行为、防止造成严重水土流失的有力措施。县级以上人民政府水行政主管部门、流域管理机构在作出责令停止违反本法行为的决定时，要确实掌握被责令单位违反本法的事实。

水政监督检查人员依法履行监督检查职责时，可以根据需要采用这些措施，但采用时必须符合法律规定，不得随意扩大适用，不得超越法律赋予的权限采用其他法律未允许采用的强制措施。

2. 正确适用查封、扣押措施

（1）查封、扣押的区别。①《现代汉语词典》对“查封”一词解释为“检查以后，贴上封条，禁止动用”。“扣押”一词解释为“拘留、扣留”。可见查封或扣押为行政强制措施。查封是将物品封闭起来，执法中将涉案物品封存在原地，粘贴封条，保持物品原有的状态。扣押是将涉案物品转移至其他地方封存，并不一定带回执法部门，可以由执法部门选择合适的地方存放，但是执法部门对扣押的物品负责。查封是行政强制措施的一种，属于对财产的强制。具体来说，它是指对动产或不动产的就地封存,防止财产所有人对财产进行处分的行为。作为被查封的财产并不转移到行政机关，只是就地贴上封条即可。这是查封同扣押的区别。查封作为一种行政强制措施必须依法进行，否则就是违法。法律法规规定有查封期限的，当在封条上注明至某月某日；无须注明日期的，直至改正后启封。具体操作中应填写《查封决定书》，然后将查封的物品逐一登记，开具《（查封）物品清单》交付当事人。②二者使用的前提条件不同。查封一般使用在对违法事实认定不是很明确的情况下，待情况落实后进一步处理。扣押使用在对违法事实认定明确的情况下。③处理封存物品的方法不同。查封与扣押都是强制性措施，未经水土保持执法部门的同意当事人不得擅自销毁、转移、隐匿或销售。对于涉案物品，查封时水土保持执法部门和当事人都不得对物品的封存状态进行改变，扣押时水土保持执法部门可以对涉案物品进一步调查了解。④查封与扣押使用的一些特殊情况。对大型生产设备一般使用查封，一是设备不方便拆卸，二是为了保持生产的状态，有利于检查。对于有特殊存放要求的涉案物品，扣押到其他地方不利于物品存放时应使用查封。

（2）查封、扣押在水土保持执法中适用的法律程序。①在查封、扣押前，水土保持监督检查人员须填写《查封、扣押审批表》，报请水行政机关负责人批准；条件不许可的，应先电话征求水行政机关负责人的意见，然后再实施并补办审批手续，同时在补办的审批书中注明电话征求水行政机关负责任人的意见。②实施查封、扣押时，应当有当事人在场，执法人员需亮证表明身份，并向当事人出具《查封、扣押通知书》。当事人拒绝到场的，执法人员可以邀请有关人员（如辖区派出所、居委会工作人员）参加。③对须查封、扣押物品，应当场登记造册，经当事人或有关人员核对后，对登记造册的物品加贴盖有水土保持执法部门公章的封条，并由当事人或有关人员在文书上签名；当事人拒绝签字盖章的，水土保持执法人员在文书上签名并注明情况。同时，制作好现场笔录，根据《最高人民法院关于行政诉讼的证据若干问题的规定》第十五条规定，当事人拒绝签名或者不能签名的，应当注明原因，也作为合法、有效的证据，以备行政复议或行政诉讼。④对查封、扣押的物品就地或异地保存。⑤水土保持执法部门对查封、扣押的物品在规定时间内作出处理决定。

总之，水土保持行政执法工作属于水行政综合执法工作的重要组成部分，也应当严格遵循行政合法性原则，由有权机关按照法定程序依照法律规定去执法，以便实现水土保持行政管理之目的。

查处大白公路水土流失案的做法及思考

摘要：安阳市水利局在查处某公路建设人为水土流失案件的过程中，充分考虑可能出现的困难，制订周密的监督执法方案，按行政应诉要求扎扎实实调查取证，运用告知策略，掌握了执法主动权，在相对人拒不履行法定义务的情况下，依法申请法院实施了强制执行，使案件查处工作取得圆满的结果。

关键词：水土保持；公路建设；监督执法；河南省安阳市

大白（鹤壁大来店至安阳白莲坡）公路安阳段全长31.25千米，2002年5月开工以后，施工单位向沿线水库、沟道大量倾倒弃土弃渣，未采取任何防护措施。从2002年8月起，安阳县水务局多次要求业主安阳市公路局履行防治义务，但业主始终不予理睬并通过县政府干预水土保持监督执法工作，在此情况下，安阳县水务局于2003年8月将该案移交安阳市水利局。安阳市水利局经调查、取证后，重新给业主送达了编报水土保持方案通知书和征收“两费”决定书，但业主仍未编报水土保持方案，而且在法定期限内既未申请复议也未向法院起诉。安阳市水利局于2003年11月申请法院强制执行，2004年5月19日安阳市殷都区法院强行从业主账户划拨水保“两费”和滞纳金共236万元，使该案查处工作取得突破。回顾该案的查处过程，我们体会到，讲究方法和策略对水土保持执法十分重要。

按行政应诉要求，扎扎实实调查取证

水土保持监督管理部门在对相对人作出行政处罚或其他具体行政行为之前，必须掌握其违法的事实和证据，决不能图省事或轻视对方而敷衍对待调查取证工作。

在大白公路建设人为水土流失案查处之初，安阳市水利局就把调查取证视为最基础、最重要的工作，进行了慎重、认真的安排。2003年9月20日至10月18日，组织市、县两级水保监督执法部门的18名执法人员，携带录像、测量等取证设备深入现场徒步勘验测量并到有关单位进行调查取证，共取得反映工程建设造成水土流失及损坏水保设施情况的录像带1盘、照片154张、测量记录30页、调查笔录21页、勘验笔录6页和施工承包合同复印件1份等证据，彻底弄清了几个重要问题：业主就是安阳市公路局，施工中向彰武水库和上游沟道倾倒弃渣9.7万平方米，已造成水库淤积、公路边坡滑坡塌方等严重水土流失危害，施工占地67.37平方公顷，其中损坏梯田等水保设施58.74平方公顷。按照河南省现在水保“两费”征收管理办法，共需征收水土流失防治费134.74万元、水保设施补偿费88.11万元，合计222.85万元。为提高证据质量，在取证时特意邀请了施工单位和当地群众参加测量工作。扎实有效的调查取证，为“两费”征收及可能的行政应诉打下了坚实基础。

运用告知策略，掌握执法主动权

作出具体行政行为时，告知相对人所依据的事实、法律及其依法享有的权利，是行政机关的义务。安阳市水利局在该案的查处实践中，不是把告知当作被动的义务，而是把充分告知作为执法策略运用，取得了较好的效果。

首先，在对业主送达的编报水土保持方案通知书中，告知其若逾期不编报水土保持方案，将被视为无力或不便自行防治，由市水利局代行治理，费用由业主负担。这样，如果业主未按期编报水土保持方案，就可以对其征收防治费。

其次，为调查施工占地和损坏水保设施面积，安阳市水利局通知业主提供有关材料，告知其若逾期不提供将被视为业主无此项材料。这样，如果业主此后再提供对其有利的证明材料，则水利局和法院都可以因其不履行先前告知中的义务而不予采纳。相反，如果事先没告知，则业主完全可在关键时刻提供对其有利的证据，否定执法人员经过艰苦努力取得的调查成果及据此作出的具体行政行为。因此，本次告知相当于为调查取证工作上了一次保险。

再次，在勘测工作开始前，又向业主送达现场监督检查告知书，依法要求其配合并派人参加，若逾期未派人参加将被视为业主放弃参加。这样，即使业主未派人参加，也会因我们的事先告知，使业主对勘测调查成果提出异议的权利受到限制。

最后，在勘测调查结束时，将勘测成果及据此核定的业主应缴纳的水保“两费”数额，以权利告知书的形式再一次通知业主，告知其如有异议可在限期内向安阳市水利局陈述、申辩和举证，若在限期内不申请陈述、申辩和举证，则被视为业主无异议，将正式送达水保“两费”征收决定书。

安阳市水利局在以上多次告知但业主逾期均未回应后，于2003年10月28日正式向业主送达了“两费”征收决定书，并仍然告知其有复议和诉讼权利及逾期不履行义务的后果。安阳市公路局在法定期限内，既未缴费也未申请复议和提起诉讼。之后，安阳市水利局向人民法院申请强制执行。法院审理案卷后认为：安阳市水利局作出的水保“两费”征收决定，事实证据充分，适用法律法规准确，并在整个执法过程中已将相对人依法享有的权利和义务提前告知行政相对人，但相对人多次不履行义务且多次放弃自己的权利。因此，法院决定支持安阳市水利局的强制执行申请，查封了安阳市公路局的账户，强行划拨了水保“两费”及滞纳金。

在作出各项具体行政行为之前，采用告知策略，可使相对人的陈述、申辩、举证等权利分散、前移至执法过程中的各个阶段，如果相对人提出异议则有利于我方及时纠正执法中的错误或瑕疵，如果相对人未提出异议则间接支持了我方的意见，实际上起到增强我方调查成果说服力、限制相对人随意行使权利的效果，有利于掌握执法工作的主动权。

充分考虑可能出现的困难，制订周密的监督执法方案

在对建设项目水保监督执法过程中，一般要作出多项具体行政行为，对每项具体行政行为，行政相对人可能会有哪些反应，执法人员都应充分考虑，并针对性地进行“文”“武”两手准备，两种手段协调配合，将有力地促进项目执法工作。这里“文”是指做好正面宣传，争取其自觉履行法定义务，“武”是指搜集其违法事实和证据，运用法律手段迫使其履行法定义务。

按照这一思路，在查处大白公路建设人为水土流失案时，水保执法人员对查处过程中可能出现的各种情况都作了认真分析，拟定了相应对策，并编写了详细的实施方案，绘制了工作流程框图，对各阶段的查处工作内容、起止时间、文书名称、执法人员和设备等作了安排，从而使查处工作高效、有序进行。

如对业主送达申报水土保持方案通知书后，业主就可能有在限期内申报和不申报两种反应。从业主可能在限期内不申报考虑，水保执法人员在送达通知书后，没有等待，立即

开展调查取证工作。果然，在限定期满后，业主仍未申报水土保持方案，但这时执法人员已经完成了调查取证，为下一步“两费”征收做好了准备。

上下级协调配合，集中力量攻坚

在水保监督执法中，经常会遇到行政干预问题，此时，如果采取适当的措施有可能达到减轻或避免干预的目的。本案原由安阳县水务局查处，但由于安阳市公路局掌握着对辖区各县公路建设投资的大权，县里不敢得罪市公路局，故将此案移交安阳市水利局，从而规避了行政干预。

鉴于当前各级水保执法力量相对薄弱，在查处重大案件时上下级相互配合甚至联合办案，对提高办案效率和质量十分必要。安阳县水务局把本案移交安阳市水利局后，安阳市水利局成为执法主体，组织市县两级水保执法人员共同制订执法方案，集中双方的人员、车辆和设备，较快地完成了勘测调查和取证任务，但如果由任何一方单独进行，则工作效率和质量都难以保证。

在执法工作中，下级还可以充分利用上级的权威，如通过邀请上级检查，请上级就某一项目的执法工作下达指令或作出批示等，也有利于减少执法阻力。对上级主管的案件，下级应利用自己的便利条件，主动协助上级开展调查和搜集证据。但无论如何，上下级之间一定要分清主次，明确职责，用一种声音对相对人讲话，决不能因利益之争各行其是，否则将给水保执法工作造成难以挽回的影响。为此，安阳市水利局专门制定了水保监督执法分级管理暂行规定，对有关事项予以规范。

从一起水土保持案件看房地产项目监督执法

关键词：水土保持；预防监督；监督执法；依法行政；行政行为

摘要：编制水土保持方案是法律的规定，水土保持实行预防为主的方针，编制水土保持方案的目的在于防治水土流失。新水土保持法第二十六条强调，依法应当编报水土保持方案的生产建设项目，未编报水土保持方案的，不得开工建设，并未给出任何前置设定。

【案情简介】

某地产开发有限公司安阳县“洹上名门”住宅小区项目为分期建设在建项目，于2007年11月26日取得土地使用证。2011年3月14日，安阳县水务局对城区范围的房地产项目进行水保专项检查，当发现“洹上名门”住宅小区房地产项目未办理水保手续时，按照新水土保持法第二十五条、二十六条和第五十三条第二款之规定，对其下达了《水土保持方案补报通知书》。某房地产开发有限公司在收到《水土保持方案补报通知书》后，拒不补办手续，并于2011 年4月21日向安阳县人民政府提出行政复议。最终结果是某房地产开发有限公司主动撤诉，并依法补报了《洹上名门住宅小区项目水土保持方案报告书》，缴纳了水土保持设施补偿费。

争论焦点：某房地产开发有限公司拒不编报“洹上名门”住宅小区房地产项目水土保持方案的理由是：

一、该项目地处安阳县县城，不属于也不适用新《水土保持法》第二十五条规定应当编制水土保持方案的项目。

二、该项目应适用修订前的水土保持法第十九条“在山区、丘陵区、风沙区修建铁路、公路、水工程，开办矿山企业、电力企业和其他大中型工业企业，在建设项目环境影响报告书中，必须有水行政主管部门同意的水土保持方案”的规定，该法律条款对应编制水土保持方案的项目所在区域、项目类型及企业性质均作了明确规定，而“洹上名门”住宅小区房地产项目均不在此范围内。

三、编制水土保持方案是生产建设项目立项、规划设计等行政许可的前置工作，编制的目的在于立项审批及用于规划设计，而某房地产开发有限公司“洹上名门”住宅小区房地产项目已在2009年11月26日就立项通过并取得土地使用证，2010年11月19日就取得了规划许可证和施工许可证，该项目为在建工程，有的已竣工封顶，补报方案毫无意义。

安阳县水务局要求某房地产开发有限公司编报“洹上名门”住宅小区房地产项目水土保持方案的理由是：

一、“洹上名门”住宅小区房地产项目适用于新《水土保持法》。该项目虽跨越了修订前和修订后的水土保持法，但根据《立法法》第八十三条“新的规定与旧的规定不一致的，适用新的规定”，也应适用新水土保持法来处理。

二、“洹上名门”住宅小区房地产项目完全属于新《水土保持法》规定的应当编制水土保持方案的项目。根据是新《水土保持法》第二十五条“在山区、丘陵区、风沙区以及水土保持规划确定的容易发生水土流失的其他区域开办可能造成水土流失的生产建设项目、生产建设单位应当编制水土保持方案，报县级以上人民政府水行政主管部门审批”。

（1）该项目属于应当编制水土保持方案的生产建设项目，根据《开发建设项目水土保持技术规范》（GB50433—2008）规定，建设或生产过程中可能引起水土流失的开发建设项目指工厂建设、城镇新区建设、建材、地质勘探、考古、滩涂开发、生态移民、荒地开发、林木采伐等项目。

（2）该项目属于水土保持规划确定的容易发生水土流失的其他区域。水利部 2006 年第 2 号《关于划分国家级水土流失重点防治区的公告》明确将该位置所在地划分为国家级水土流失重点治理区。

（3）即使按照修订前的《水土保持法》及相关法规、规章的规定，“洹上名门”住宅小区房地产项目也完全属于应当编制水土保持方案的范围。一是修订前的《水土保持法》第八条规定：从事可能引起水土流失的生产建设活动的单位和个人，必须采取措施保护水土资源，负责治理因生产建设活动造成的水土流失。要求该项目编制水土保持方案完全符合防治水土流失的目的。二是《水土保持法实施条例》第三十四条规定：本条例由国务院水行政主管部门负责解释，而水利部《关于开展全国水土保持监督管理能力建设的通知》(水保[2009]294 号)文件规定：完善水土保持方案审批，进一步推进开发区建设、城镇建设、房地产开发等生产建设项目水土保持方案制度的落实。

三、编制水土保持方案是法律的规定，水土保持实行预防为主的方针，编制水土保持方案的目的在于防治水土流失。新水土保持法第二十六条强调，依法应当编报水土保持方案的生产建设项目，未编报水土保持方案的，不得开工建设，并未给出任何前置设定。该项目虽在 2007 年 11 月 26 日就立项通过并取得土地使用证，2009 年 11 月 19 日就取得了规划许可证和施工许可证，但只有 1#、2#地块封顶， 3#地块刚开工，4#地块在建，属于在建项目。只要生产建设项目存在占压、扰动、破坏地表植被或者进行土石方挖填活动，在水力、风力、重力等作用力的侵蚀下，就有可能引起水土流失。为此，该项目必须编报水土保持方案。

【法院观点】

安阳县人民法院认为：新《水土保持法》规定，在山区、丘陵区、风沙区以及水土保持规划确定的容易发生水土流失的其他区域开办可能造成水土流失的生产建设项目，生产建设单位应当编制水土保持方案，报县级以上人民政府水行政主管部门审批。

“洹上名门”住宅小区房地产项目地处安阳县中西部，而安阳县地形多属于丘陵山地，又属于国家级水土流失重点治理区，“洹上名门”住宅小区项目理应依法编制水土保持方案。不编报水土保持方案，就是实施了违法行为，完全适用新《水土保持法》第二十六条、第五十三条第二款之规定。

【反思】

1. 严格按照执法程序办案，是搞好水土保持监督执法工作的重要环节。水土保持监督执法工作面广类杂，稍有疏忽就会影响查处工作的顺利开展，在这个违法案件中，各个环节都坚持按法律程序进行，包括调查、取证、立案、处理决定等，时效文书齐全规范，为案件的查处打下了坚实的基础。

2. 以事实为依据，以法律为准绳，是搞好水土保持监督执法工作的根本。只有掌握了充分的违法事实，才能根据国家和地方有关法律法规进行处理。

3. 进行法制宣传，做好当事人的思想工作，是做好执法工作的最好保证。水土保持监督执法工作对很大一部分项目来说，是一项新的工作，在他们的思想里总认为水利水保部门是投资单位，还收什么费，一时转不过弯来，这就需要执法人员边办案边向业主宣传有关法律法规，耐心细致地做好业主的思想工作，使业主们增强水土保持意识和法制观念，自觉地积极配合执法人员办案。做好水土保持的带头人。

关于一起水土保持复议案件的思考

摘要：在水土保持监督执法过程中，我们要严格按照法律程序进行，认定事实要清楚，证据要确凿，适用法律依据要正确，征收费用要合理。为全面开展水土保持监督执法规范化、制度化、法制化建设奠定扎实的基础，同时也把我市水土保持生态环境监督管理规范化建设推向一个新台阶。

关键词：水土保持；行政复议；行政诉讼；监督执法；强制执行

2010年3月8日，接群众举报，安阳市红旗渠迎宾馆位于林州太行山脉东侧的中山区，规划占地面积1300亩，占地面积9.5万平方米，正在擅自采伐林木，造成水土流失，要求处理。经过实地调查后，该建项目未编制水土保持方案，也未报经水行政主管部门审批，我局决定立案。在向业主进行水土保持法律法规宣传的同时，依法定程序进行了调查取证，共取得现场勘验笔录2份、调查笔录4份，证实该场由于未采取水土保持措施采伐林木，损坏林草和土壤地表层面积达9.5万平方米。导致水土保持功能大大降低，淤积了排水沟，给当地经济发展和周围农民生产生活带来极大危害。根据水土保持法法律法规规定，依法下达了《限期编报水土保持方案通知书》、《征收水土保持补偿费通知书》《征收水土保持补偿费决定书》等法律文书。安阳市红旗渠迎宾馆对我局作出的具体行政行为不服，到安阳市人民政府法制办、省水利厅信访，说是乱收费，还起诉到安阳市殷都区人民法院。经我局水保监督执法人员到现场实地查看，确认该单位采伐林木造成大面积水土流失，违反了水土保持法律法规，如不加强监督管理，后果严重。接到复议申请后，安阳市人民政府法制办依法维持了我局的处理决定。在安阳市红旗渠迎宾馆起诉后，我们积极应诉，最终得到了法院的支持。该单位无论在提起复议时还是在诉讼中，都提出了以下两个问题：一、《征收水土保持补偿费决定书》安水保决字（2010）第02号决定征收水土流失防治费没有事实和法律依据；二、安阳市红旗渠迎宾馆在建设过程中没有损坏林草、破坏植被，相反，该项目建成后，提高了水土保持力，使林草和植被比该项目建设前更趋合理。理由如下：

（一）红旗渠迎宾馆项目的原址上除极少数零星野生草木外，绝大部分是养殖厂（有转让协议为证），没有生长林草，不存在植被，所以安阳市水利局在未充分调查和听取申请人陈述基础上，作出的决定没有事实根据。同时决定依据的《中华人民共和国水土保持法实施条例》第二十一条规定的保护范围是指："建成的水土保持设施和种植的林草，应当按照国家技术标准进行检查验收；验收合格的，应当建立档案，设立标志，落实管护责任制"《河南省实施〈中华人民共和国水土保持法〉办法》第十九条规定："按照规划建设的水土保持设施，实验场地，种植的林草和其他治理成果，任何单位和个人不得破坏、侵占。"此两条规定的范围均指明是"建成的或者按照规划建设的水土保持设施和种植的林草、植被不容破坏、侵占。"但我单位建设红旗渠迎宾馆使用的土地均于上述规定的保护范围不同，征收费用缺乏法律依据。

（二）我单位没有损坏林草、破坏植被，相反，该项目建成后，提高了水土保持力，使林草和植被比该项目建设前更趋合理。根据《环境保护法》和《建设项目环境保护管理办法》、《建设项目环境保护管理条例》规定的一切新建、改建和扩建的基本建设项目（包括小型建设项目）、技术改造项目、自然开发项目，以及可能对环境造成损害的其他工程项目，其中防治污染和其他公害的设施和其他环境保护设施必须与主体工程同时设计，同时施工、同时投产使用的“三同时”制度要求，红旗渠迎宾馆工程从立项、选址到环境保护都是严格依照法定的程序论证审批后。经上海同济建筑研究设计院实地勘测设计，在规划设计时就充分考虑了该工程地处旅游风景区的特点，其建设对环境的影响因素，设计为花园式绿色环保型建筑工程，实用性与游览性并重，在建设过程中，也是根据“三同时”制度的要求施工，建成后其绿化种植的花木、草坪均远远超过该项目建设前的荒上野草。同时工程的建成将大大提高水土保持能力，减少山洪的肆虐狂流。

综上所述，红旗渠迎宾馆工程的建设既没有毁坏林木，也没有破坏按规划建成的植被和水土保持设施，反而为红旗渠景区增添了新的亮点，是其水土保持和环境绿化更加优化、合理，为前来参观游览的客人提供了优雅的休闲场所，所以，安水保决字（2010）第02号决定征收水土流失防治费缺乏依据，明显不当，为此，根据《中华人民共和国行政复议法》第六条之规定，特请求上级机关予以复议，撤销安阳市水利局安水保决字（2010）第02号决定书。针对安阳市红旗渠迎宾馆不服我局安水保决字（2010）第02号《征收水土保持补偿费水土流失防治费决定书》申请复议一案，我局在法定的期限内针对安阳市红旗渠迎宾馆提出的两个问题进行了如下答复：

一、安阳市红旗渠迎宾馆在建设施工过程中，严重违反水土保持法，造成大量水土流失。

安阳市红旗渠迎宾馆位于林州太行山脉东侧的中山区，规划占地面积1300亩，正在施工占地面积9.5万平方米，此处为1997年7月1日《河南省人民政府关于划分水土流失重点防治区的通告》中的重点预防保护区范围，周围植被良好、林草茂盛，森林覆盖率在60%左右，是我市水土保持设施最完善的地区。距红旗渠迎宾馆不足100米处，林州市人民政府建有水土保持生态环境建设重点保护区石碑标志，标志紧邻大路，非常醒目，标志建立时间为2000年10月1日。

2010年2月我局行政执法人员在监督检查时查明林州市红旗渠迎宾馆在施工过程中，未采取任何水土保持措施，大量破坏林草植被，随意弃土弃渣，开挖的大量表土层随弃渣一起弃掉，未采取保护措施，已经造成严重水土流失。

二、我局依法向安阳市红旗渠迎宾馆做出征收水土流失防治费的决定，事实清楚，法律依据充分，征收费用适当。

2010年2月26日，我局依据《河南省实施〈中华人民共和国水土保持法〉办法》第四条、第十八条的规定，向安阳市红旗渠迎宾馆下达《申报水土保持方案通知书》（安水保申字[2010]03号），要求其在规定期限内编报《水土方案报告书》，承担治理责任。红旗渠迎宾馆在规定期限内未予理睬。2010年3月24日，我局依据《中华人民共和国水土保持法》第二十七条“企业事业单位在建设和生产过程中必须采取水土保持措施，对造成的水土流失负责治理。本单位无力治理的，由水行政主管部门治理，治理费用由造成水土流失的企业事业单位负担。建设过程中发生的水土流失防治费用，从基本建设投资中列支；生产过程中发生的水土流失防治费用，从生产费用中列支”及《河南省水土保持补偿费、水土保持防治费征收管理办法》第七条“按照水行政主管批准的水土保持方案自行防治并验收合格的生产、建设等项目不再征收水土流失防治费。对一切单位和个人在生产、建设过程中造成水土流失，无力或不便自行治理的，按下列标准征收水土流失防治费：1. 有水土保持方案的，按其方案的防治投资预算一次或分期征收水土流失防治费；2. 未编制水土保持方案的生产、建设等项目，先按征地和倾倒弃土和弃渣等物质占地面积每平方米预征收2 元，或按弃土弃渣量每立方米预征收 3 元，待水土保持方案编制完成并批准后再按第 1 项规定执行，多退少补”之规定，依法向红旗渠迎宾馆下达“征收水土保持补偿费水土流失防治费决定书”。按照当时施工实际占地面积 9.5 万平方、2 元/每平米的收费标准，预征收水土流失防治费 19 万元。

综上所述，我们认为在对安阳市红旗渠迎宾馆的水土保持监督执法过程中，严格按照法律程序进行，认定事实清楚，证据确凿，适用法律依据正确，征收费用合理。因此，我们希望安阳市人民政府能够依法维持我局的征收决定。今后，在市政府的正确指导和社会各界的监督支持下，我们将更加努力贯彻《水土保持法》，认真履行保护我市水土资源和生态环境的职责，为我市可持续发展做出贡献。

关于一起水土保持违法案件的几点思考

摘要：要想把水土保持监督工作搞好，首先是立法上，加大执法力度，不能仅依靠领导重视来被动执法；其次在机构上最好分开治理和监督，让监督一心一意搞执法，效果更好；"工欲善其事，必先利其器"。监督执法根本是靠规范化、制度化来管理运行，而不单纯依靠策略，经验等企业运作的方法来管理。

关键词：水土保持；水土保持设施；水土保持监督；调查取证

2011 年 4 月 1 日，安阳市水政监察支队接到市水利局水保科移交案件，称在位于龙安区安化集团北侧，南林高速南侧，大白线西侧（河南省水土流失重点治理区）丘陵地带，安阳永天化工有限公司占地 23 公顷，年产 20 万吨乙二醇在建项目未编报水土保持方案，也未经水行政主管部门审批就擅自动工建设。经调查和现场勘验，该单位全称为安阳永天化工有限公司，位于龙安区彰武街原安化厂区内，法人代表高强，隶属于安阳化学工业集团有限责任公司。该单位未编制水土保持方案，也未经水行政主管部门审批，擅自动工建设，违反了《中华人民共和国水土保持法》第二十五条之规定。此案件从 2010 年 6 月到 2011 年 4 月，在市水利局水保科督促下，仍未编制水土保持方案。移交到水政监察支队立案后，我局于 2011 年 4 月 2 日，向该单位分别下达了《调查（询问）通知书》和《责令停止违法行为通知书》，要求该单位立即停止违法行为并限 7 日内到安阳市水利局补办水土保持相关手续，到期该单位仍未履行义务，也未到安阳市水政监察支队说明情况。经多次催促，该单位技术部张华部长于 2011 年 4 月 12 日下午才到市水政监察支队，在询问室水行政执法人员崔明、张征详细询问了该单位在建项目基本情况后，要求其在询问笔录上签字，并说明了利害关系，关部长请示该单位主管副总后以害怕承担责任为由拒绝在询问笔录和现场（检查）笔录上签字，并说 2011 年 4 月 13 日主管副总过来签，可等到 2011 年 4 月 18 日，也未有该单位人来过。2011 年 4 月 18 日下午，在水政监察支队会议室，支队和水保科相关领导参加了此次会议，因为新《中华人民共和国水土保持法》是 2011 年 3 月 1 日开始实施，《河南省水行政处罚裁量标准》对新的《中华人民共和国水土保持法》处罚标准未进行细化。根据讨论，达成了以下几点意见：1. 该厂位于丘陵区同时也在省人民政府划分的河南省水土流失重点治理区。2. 该单位明知在该地区开工建设乙二醇建设项目需要编制水土保持方案，但在水保科督促近一年至今未履行编制水土保持方案的法定义务。3. 该单位技术部张部长在案件调查中，拒不配合执法人员工作，并拒绝在询问笔录和现场（检查）笔录上签字，态度恶劣。上述违法行为有询问笔录、现场（检查）笔录、视听资料为证。根据《中华人民共和国水土保持法》第五十三条，违反本法规定有下列行为之一的，由县级以上人民政府水行政主管部门责令停止违法行为，限期补办手续；逾期不补办手续的，处五万元以上五十万元以下的罚款；对生产建设单位直接负责的主管人员和其他直接责任人员依法给予处分："（一）依法应当编制水土保持方案的生产建设项目，未编制水土保持方案或者编制的水土保持方案未经批准而开工建设的……。"建议对该单位处理如下：1. 责令立即停止违法建设行为；2. 限七日内到安阳市水利局补办水土保持相关手续；3. 罚款人民币叁拾万元整。该公司接到处罚决定书后，在法定期限内主动缴纳罚款，并编制报批了水土保持方案。但该公司对水行政主管部门下达的《征收水土保持补偿费和水土流失防治费决定书》所依据的《河南省水土保持补偿费、水土流失防治费征收管理办法》第二条、第三条和《中华人民共和国水土保持法实施条例》第二十一条中水土保持设施的概念有异议，并拒绝缴纳。

本案是一起带有普遍意义的水行政处罚和水行政征收案件，这起案件的处理结果对其他单位涉及的此类问题具有借鉴意义。

本案涉及的关键问题是：什么是水土保持设施？哪些行为属于破坏水土保持设施的行为？收取水土保持补偿费的依据是什么？如何与公证人员结合，使调查取证工作取得事半功倍的效果。

一、什么是水土保持设施

关于水土保持设施，在现行的有关法律和行政法规中没有直接详细的规定，但《水土保持法》第二条指出：本法所称水土保持，是指对自然因素和人为活动造成水土流失所采取的预防和治理措施。这就说明一个问题，那就是所谓的水土保持它是一种人类的行为，是预防和治理措施。不含有自然因素在内。为搞好水土保持人类所建造的一切设施，都统称为水土保持设施。这起水行政违法案件的问题之一就出在对水土保持设施的理解上。水行政主管部门认为：水土保持设施是指具有防治水土流失功能的一切设施的总称，其中包含原地貌及其植被这些非人工建造的自然因素在内。这个意见来自于水利部1996年对辽宁省水利厅《关于水土保持设施解释问题的请示批复》，该批复基本上肯定了原地貌就是水土保持设施，损坏原地貌就是损坏了水土保持设施，就要征收水土保持补偿费的意见。按照这个意见，安阳永天化工有限公司在建设过程中，肯定破坏了原地貌及其植被，破坏地貌和植被就等于破坏了水保设施，因此就应缴纳水土保持补偿费。安阳永天化工有限公司认为这种解释与法律（法规）相抵触，人民法院审理行政案件依法不予参照。

理由一：水利部无权对行政法规做出立法性解释。1993年3月3日，国务院办公厅发出的《关于行政法规解释权限和程序问题的通知》中指出：凡属于行政法规条文本身需要进一步明确界限或者作补充规定的问题，由国务院做出解释，其他部门均无权对行政法规（包括法律的实施细则、实施条例）做出立法性解释。更不能以此作为执法依据。据此，水利部对辽宁省水利厅关于《中华人民共和国水土保持法实施条例》第二十一条的解释属于超越权限的扩充性解释，其不具备法律效力，不能作为审判参照规章。

理由二：这种解释本身就与相应的法律、法规规定的具体内容相抵触。我国《水土保持法》针对水土保持问题仅原则性地指出：从事可能引起水土流失的生产建设活动的单位和个人，必须采取措施保持水土资源，并负责治理因生产建设活动造成的水土流失。《中华人民共和国水土保持法实施条例》第二十一条第二款指出：任何单位和个人不得破坏或者损坏水土保持设施，企业事业单位在建设和生产过程中，损坏水土保持设施的，应当给予补偿。以上法律和行政法规均没有涉及到原地貌的概念，仅提到了损坏水土保持设施。

理由三：我国立法技术要求，规范性文件的概念必须准确、定性、统一、不得引起歧义，以此来维护法律的统一和尊严。而原地貌这个概念十分令人费解。因为，我们人类的一切生产和建设活动都是在原地貌的基础上进行的。我们兴修水利、改造粮田是损坏着原地貌，我们植树造林、改造荒山也在损坏着原地貌，我们开挖修建水库、治理荒滩、治理水土流失同样是在损坏着原地貌。如果按照水利部批复的意见，这些也都属于损坏水土保持设施的行为，同样要收水土保持补偿费。如果按照这种逻辑，我国的广大沙漠、荒山、滩涂、水利工程都不要去治理或修建，否则就是违法行为。这显然是与我国的《水土保持法》和《水土保持法实施条例》的立法目的相抵触。

理由四：原地貌究竟是一种什么样的地貌，无法界定。因为原地貌是以千百年甚至上亿年地壳不断运动变化为前提的，譬如机床厂的原地貌是什么样的，水行政主管部门就说不清楚，那么机床厂什么时期的地貌才是原地貌呢？对此，应不应该有个明确的界定，如果不界定又该如何认定损坏原地貌这种行为。

综上所述，作者认为国务院发布的《水土保持法实施条例》第二十一条的规定，水土保持设施是由人工建成的具有治理水土流失功能的成果，不包括自然形成的地貌、植被。水行政主管部门对机床厂开发建设过程中损坏原地貌、植被行为征收水土保持补偿费没有法律依据。

水行政主管部门收取水土保持补偿费应该说是一种具体行政行为。这种行为首先必须以法律法规为依据，其次才能参照规章。这起案件水行政主管部门收费依据是：《中华人民共和国水土保持法实施条例》第二十一条第二款，其具体内容是：任何单位和个人不得破坏或者侵占水土保持设施。企业事业单位在建设和生产过程中损坏水土保持设施的应当给予补偿。其所依据的地方政府规章是由省水利厅、财政厅和物价局三家联合下发的《水土保持补偿费、水土流失防治费征收管理办法》，该办法第二条规定了征收水土保持补偿费的范围，内容是：凡在本省山区、丘陵区、风沙区区域内，一切单位和个人在生产、建设过程中，损坏（包括占用，以下均同）水土保持设施和林草，造成或将要造成水土流失，都必须遵守本办法。第三条规定，是因从事生产建设等活动毁坏了地貌、植被及水土保持设施，造成水土流失的单位和个人都要交纳水土保持补偿费，并负责对造成新的水土流失进行治理。

我们把省的收费文件和《水土保持法实施条例》进行对比就不难看出，省的收费文件扩大了法律、法规所规定的收取水保费的范围，他们将损坏地貌和植被也作为收取水保费的范围，这显然是与国家法律、法规所规定的内容不相一致的。既然政府的规章扩大了行政法规定的收费范围，那么行政机关理应执行法律、法规的规定。

二、如何与公证人员结合，使调查取证工作取得事半功倍的效果

在日常水行政执法中，经常遇到基层组织或单位人员因害怕打击报复而拒绝到执法现场当见证人的情形，本案在查处时也遇到了类似的困难。为有效解决这一问题，我们创新思路，主动邀请当地公证人员现场丈量该公司施工建设面积和界定其所处地理位置，制作公证书，取得了翔实的证据。同时，我们对挂号邮寄送达法律文书后，被送达人原封未动再回寄水行政主管部门法律文书，以逃避法律制裁的行为，也及时采取邀请公证人员到场直接送达的方式，较好地解决了送达难的问题。通过邀请公证人员实施公证，有效地解决了个别案件中存在的调查取证难和送达难的问题。

总之，要想把水土保持监督工作搞好,首先是立法上,加大执法力度,不能仅依靠领导重视来被动执法；其次在机构上最好分开治理和监督，让监督一心一意搞执法，效果更好；“工欲善其事，必先利其器”。监督执法根本是靠规范化、制度化来管理运行，而不单纯依靠策略，经验等企业运作的方法来管理；第三，争取政府、人大以及综合部门支持的方法，解决部门之间执法问题，最好由政府人大出面协调解决。水土保持监督执法的对象是多行业、多部门，有煤炭、地矿、建设、铁道、冶金、交通、森林采伐、农业开发等，这些部门，行业有时只从自己行业利益出发去开发建设，忽视水土保持，认为他们是为国家经济建设进行开发建设的，造成一些水土流失也是不可避免的，不愿意承担防治水土流失的责任。因此，就会给水土保持执法造成阻力。现在有不少项目的单位，如建高速公路、修建铁路有些就是知法犯法，而主管部门还为其撑腰，他们主要是从部门利益出发，不顾大局和国家法律，找领导为其开脱。在这种情况下，水土保持监督机构除向有关部门、行业、单位宣传外，还得就这些问题写出专题报告，陈述利害关系，提出依法解决的措施和办法，请示政府，人大批复，然后再依法律程序执行，也可以建议召开会议解决，建议人大进行执法检查等。总之，要利用政府，人大的权威解决由于从部门利益出发而造成的违法问题。例如，在水土保持监督执法过程中专门成立由政府领导任组长，有关部门领导任成员的执法领导小组，及时研究解决执法工作中的问题，协调部门关系，就是很好的办法。

关于对水土保持行政监督检查内容的思考

摘要：监督检查即水土保持行政监督检查，是监督管理机构为了实现水土保持行政管理的职能，对管理相对人遵守法律、行政处理决定和处罚决定的情况进行的监督和检查。水土保持行政监督检查的对象是被管理人，其目的是直接实现水行政主管部门的职能。

关键词：水土保持；监督检查；监督执法；实地检查

一、监督检查的概念

监督检查即水土保持行政监督检查，是监督管理机构为了实现水土保持行政管理的职能，对管理相对人遵守法律、行政处理决定和处罚决定的情况进行的监督和检查。水土保持行政监督检查的对象是被管理人，其目的是直接实现水行政主管部门的职能。水土保持行政监督检查可以分为一般的监督检查与特定的监督检查，事前监督检查与事后监督检查，依职权的监督检查和依授权的监督检查等。水土保持行政监督检查的方式有：调阅审查、检查、登记、统计、送达违法行为通知书等。

水土保持行政监督检查是一种单方法律行为。水行政主管部门及其水土保持监督管理机构依照职权或法律进行监督检查时，相对人必须接受，否则水行政主管部门及其水土保持监督管理机构有权依法进行行政处罚及采取其他措施。

二、监督检查的内容

实行监督检查制度是贯彻实施水土保持法律、法规的重要手段，是执法的关键所在。其检查内容有以下几个方面：

第一，检查有关单位和个人在生产建设活动中是否造成或有可能造成水土流失。

第二，是否向水行政主管部门及其水土保持监督管理机构提交了“水土保持方案报告书”或“水土保持方案报告表”。

第三，检查是否有水行政主管部门及其水土保持监督管理机构审批的“水土保持方案报告书”、“水土保持方案报告表”。(即是否有水土保持方案合格证)。

第四，对一些有水土流失防治任务的企事业单位，检查是否定期向县级以上人民政府水行政主管部门及其水土保持监督管理机构通报水土流失防治工作的情况。

第五，对“三同时”制度执行情况的监督检查，是监督检查的重要内容，除前面所述的水土保持方案设计、批准内容外，还应包括四个方面：一是检查防治经费的用途是否正确。二是检查措施落实情况，检查实施措施是否同方案中所要求的一致，有改变的，要检查水行政主管部门是否批准。三是检查各项措施质量是否符合标准，不符合标准的必须令其返工。四是检查工程竣工时间，检查方案报告中水土保持工程是否按规定的时间与主体工程同时竣工。

第六，对防治费的收缴和使用的监督检查。防治费的收费数量确定后，监督重点应放在交费的时间上，在规定的期限内必须缴纳防治费，对没有按期缴纳的要查清原因，根据实际情况作出相应的处理，并检查防治费的使用情况；一般由水土保持部门组织劳力治理水土流失，应根据有关规定自查经费的使用比例及范围，是否用于水土保持防治工作，同时还要检查各种措施竣工时间。

第七，对预防保护效益的检查。对预防保护效益的检查，主要通过监测手段来完成，其目的是检查预防监督工作的效果。监测检查的内容有四个方面：一是水土流失在面积上和总量上的减少程度。通过建立定点监测站所获得的资料与定期遥感普查的宏观资料结合分析的方法，获得定量的结果。二是监测通过预防保护减少的水土流失危害，及由此而减少的损失费用。一般通过分析历史资料和设立对比区的方式进行估算。三是监测治理通过管护而发挥的效益，一般只能定性分析，治理和管护的效益很难区分，管护是保证治理效益充分发挥的条件，没有管护就不能很好地发挥治理效益，甚至没有效益，或治理成果又遭到破坏，并造成新的水土流失。四是统计通过监督工作有关单位或个人对水土流失治理增加的投入。如各开发建设单位自己采取措施治理水土流失投入的经费，收缴的防治费用于水土流失治理的金额等，看预防监督工作效益如何，应当把开发建设单位及个人对水土保持的投入作为一项主要指标。

三、检查的方法

1. 实地检查

实地检查是指水土保持行政主体直接深入现场进行的监督检查。这是一般常用的检查方法，适用范围比较广泛，既可以全面检查，也可以抽样检查；既可以定期检查，也可以随机检查。实地检查突出的特点就是对实物、行为、现场的直接检查了解。实施检查的具体形式有巡查、查验、核查和调查四类。如水土保持行政主管部门对辖区内水土流失防治情况的检查就是巡查，对水土保持措施质量的检验就是查验，对企业是否按照水土保持方案规定范围开采的审核就是核查，对管理相对人或有关人员的询问就是调查。

2. 书面检查

书面检查是水土保持行政主管部门通过查阅书面材料，对管理相对人进行的检查。这也是一种常用的水土保持监督检查方法。书面检查的文件材料包括报告、报表、书面证明等。书面检查的形式可以分为以下四种：一是调阅审查。如水土保持行政机关可调阅审查管理相对人的经营、生产报表等。二是查阅检查，即对相对人有关证件、文件资料进行审查，如对管理相对人所持水土保持方案合格证的检查。三是统计，即通过数据了解管理相对人的情况，如统计管理相对人，破坏和占用原地貌植被面积、弃渣量、治理面积中的工程量、林草面积、总投资等，管理相对人必须如实填写。四是登记。管理相对人对其所从事的活动事项向水土保持行政机关登记备案，以接受检查等。

四、水土保持监督检查应注意的问题

1. 应注意要有合法的权力来源

水土保持监督检查是具有法律效果的行为，它会影响管理相对人的权利并可能会给管理相对人造成一定的影响，如管理相对人要接受检查、询问，要提供有关材料等，这就要占用管理相对人一定的时间，直接影响了管理相对人的工作权，增加了相对人一定的义务。所以监督检查人员在实施水土保持监督检查时，应当遵守法律、法规所规定的检查主体的权力，即检查主体要有合法的权力来源：一是法定职权；二是法规、规章授权；三是行政委托权。

2. 应注意符合法定的检查范围

水土保持监督检查必须在法定权限范围内实施检查，不得超越或违背；这包括以下四个方面内容：第一，不得对法定以外事项实施检查。第二，行政检查事项都是以一定区域为界限，水土保持监督检查主体也不得超越区域或范围实施检查。第三，水土保持法中规定了很多级别管辖，如水土保持方案的审批、案件的查处等，但是监督检查没有级别限制，所以各级水土保持行政主体应在自己的辖区内不管管理相对人的级别或工程项目的大小大胆地实施水土保持监督检查；第四，水土保持法律、法规没有赋予水土保持行政主体强制权，所以水土保持监督检查不得实施强制措施。

3. 应注意度的问题

水土保持监督检查是水土保持行政主体的法定职权，又是法定职责。如果水土保持监督检查主体不依法进行监管检查，则是不履行法定职责行为，构成行政失职，将被追究法律责任。然而水土保持监督检查主体在依法行使检查权时，应受法定职权范围、对象、方式、程序的约束，如果违背上述约束条件，则要承担相应的法律责任。因此，监督检查主体在实施检查行为时要掌握一个度的问题。

4. 实施监督检查时应注意的事项

（1）水土保持监督检查人员在实施检查行为时，应佩带水土保持标志，出示水土保持监督检查证件。这是对水土保持监督检查人员公务身份的基本要求，因为行政检查过程有强制力，是影响管理相对人权益的法律行为，其监督检查人员的公务身份是特定的，对不具有相应公务身份要求的检查行为，管理相对人有权拒绝。

（2）实施水土保持监督检查时，应通知管理相对人到场，实施公开检查。实施公开检查是对检查权的监督，也是对管理相对人权益的保护。但是已经通知当事人到场，而当事人因故不能到场或拒不到场时，不影响监督检查行为的实施。

（3）实施监督检查应有检查记录或检查结论，检查记录或检查结论应向当事人公开。

（4）实施水土保持监督检查应当按照法定时间或正常时间进行。检查最好在正常的上班时间内进行，最好不要在法定的公休日、假日内进行。水土保持监督检查应在法定时间内进行，逾期的检查行为视为无效或构成侵权。

（5）水土保持监督检查部门和工作人员，负有为被检查人保密的义务。被检查人的材料和现场具有不公开性，一旦泄露，有可能给被检查人带来损失，所以行政机关在实施检查行为过程中或实施检查行为后，负有为被检查人保守秘密的义务。

从一起水土保持行政处罚案件谈听证程序

关键词：水土保持；行政处罚；听证程序；听证笔录；裁量标准

摘要：《水行政处罚实施办法》在该法构建的总体框架内，从水行政工作实际出发，较详细地规定了水行政处罚听证程序。水行政处罚听证是指在水行政机关作出处罚决定之前,给利害关系人提供发表意见的机会,对特定事项进行质证、辩驳的程序。

听证是现代行政程序的核心制度，对促进行政机关依法行政、保护相对人合法权益有重要作用。《行政处罚法》首次以法律形式为我国确立了听证制度,《水行政处罚实施办法》在该法构建的总体框架内，从水行政工作实际出发，较详细地规定了水行政处罚听证程序。水行政处罚听证是指在水行政机关作出处罚决定之前，给利害关系人提供发表意见的机会，对特定事项进行质证、辩驳的程序。听证制度的内涵是"听取相对人的意见"，尤其是在作出不利于相对人的决定之前,应当听取相对人的意见,从而体现出行政的公正。在听证程序一般原理的基础上，结合水土保持行政处罚案例实践，对水土保持行政处罚听证程序的听证笔录、听证报告、听证程序等几个问题进行简要探讨。

2012 年 4 月 16 日，内黄县水务局水行政执法人员在日常巡查时发现，中国石化集团中原石油勘探局林海花园二期在建项目未编报水土保持方案，也未经县水行政主管部门审批，擅自在内黄县后河镇东乜固村东南开工建设，该行为违反了《中华人民共和国水土保持法》第二十五条第一款"在山区、丘陵区、风沙区以及水土保持规划确定的容易发生水土流失的其他区域开办可能造成水土流失的生产建设项目，生产建设单位应当编制水土保持方案，报县级以上人民政府水行政主管部门审批，并按照经批准的水土保持方案，采取水土流失防治和治理措施，没有能力编制水土保持方案的应当委托具备相应技术条件的机构编制……"之规定。我单位于 2012 年 4 月 17 日向该单位下达了《责令停止水事违法行为通知书》，当事人接到通知后一直没有停止建设，因为该项目建设涉及濮阳市和安阳市，我们就报安阳市水行政主管部门，市水利局水行政执法人员到现场看过后又报省水土保持处。我们内黄县水行政执法人员就暂停了调查，后经省水土保持处协调未果，我们于 2013 年 6 月报市局水保科批准继续调查此案。现有现场调查记录、询问笔录、现场照片及内黄县土地部门地籍调查表为证。

根据《中华人民共和国水土保持法》第五十三条："违反本法规定有下列行为之一的，有县级以上人民政府水行政主管部门责令停止违法行为、限期补办手续，逾期不补办手续的处五万元以上五十万元以下的罚款，对生产建设单位直接负责的主管人员和其他直接责任人员依法给予处分，(一)依法应当编制水土保持方案的生产建设项目，未编制水土保持方案或编制的水土保持方案未经批准而开工建设的；……"规定对你单位作出如下处理：1. 责令立即停止违法建设行为；2. 限 7 日内到内黄县水务局补办水土保持相关手续；3. 处罚款人民币四十万元整。那么作为水行政主管部门如何组织听证呢？作为水行政执法人员如何写听证笔录、听证报告呢？下面就以上述虚拟的案例进行简单的阐述，希望能引起同行的反思与共鸣。

听证主持词

时　间：2013 年 7 月 5 日 9:40

地　点：内黄县水务局二楼听证室

主持人：刘朝军

记录人：魏晓丹

程序部分

一、听证主持人宣布听证事由和听证纪律

（一）听证事由

2013年6月14日，中国石化集团中原石油勘探局对内黄水务局下达的《行政处罚听证告知书》豫水（安内）罚听告字[2013]第002号提出书面听证申请，现依法举行公开听证。

（二）听证纪律

1. 在听证主持人的主持下，其他听证参加人应有序发言；

2. 听证参加人员不得使用不当言行；

3. 当事人及其委托代理人在听证中无正当理由退场的，视为放弃听证权利；

4. 听证参加人员及旁听人员不得大声喧哗及来回走动。

二、听证主持人核实听证参加人的身份，询问听证参加人是否申请回避，告知听证参加人的权利和义务

（一）听证主持人核对案件调查人和当事人身份

请工作人员递交案件调查人行政执法证件。

请工作人员递交当事人及其委托代理人个人证明材料；如当事人委托代理人听证的，应向水行政处罚机关提交委托书。

（二）听证主持人宣布听证组成人员

根据市水利局指定，本次听证会由市水政监察支队副支队长刘朝军担任主持人，由内黄监察大队水政监察员魏晓丹担任记录人。鉴于6月28日内黄水务局在送达当事人的《听证通知书》中明确告知当事人申请听证主持人和记录人回避的，应在接到《听证通知书》之日起3日内书面提出申请并说明理由，内黄县水务局至今未收到当事人的回避申请，视为同意《听证通知书》载明的人员担任听证主持人和记录人。

（三）告知案件当事人在听证中的权利和义务

根据水利部《水行政处罚实施办法》第四十条规定，案件当事人在听证中享有如下权利，承担如下义务：

1、对案件涉及的事实、适用法律及有关情况进行陈述和申辩；

2、对案件调查人员提出的证据进行质证和提出新的证据；

3、如实陈述案件事实和回答听证主持人的提问；

4、遵守听证会场纪律；

5、对听证笔录进行核对，签字或者盖章。

三、听证主持人宣布听证开始

实 体 部 分

一、案件调查人提出当事人的违法事实、证据、法律依据和水行政处罚建议

2012年4月16日，内黄县水务局行政执法人员常某、李某等人在日常巡查中发现中国石化集团中原石油勘探局林海花园二期在建项目未编报水土保持方案，也未经水行政主管部门审批，擅自在内黄县后河镇东乜固村东动工建设。

上述行为违反了《中华人民共和国水土保持法》第二十五条第一款“在山区、丘陵区、风沙区以及水土保持规划确定的容易发生水土流失的其他区域或开办可能造成水土流失的生产建设项目，生产建设单位应当编制水土保持方案，报县级以上人民政府水行政主管部门审批，并按照经批准的水土保持方案，采取水土流失预防和治理措施。没有能力编制水土保持方案的，应当委托具备相应技术条件的机构编制……”之规定。

当事人的违法证据有：擅自动工建设的现场笔录、调查笔录、照片、证明资料。

拟给予处罚的依据和种类：根据《中华人民共和国水土保持法》第五十三条“违反本法规定，有下列行为之一的，由县级以上人民政府水行政主管部门责令停止违法行为，限期补办手续；逾期不补办手续的，处五万元以上五十万元以下的罚款；对生产建设单位直接负责的主管人员和其他直接责任人员依法给予处分：(一)依法应当编制水土保持方案的生产建设项目,未编制水土保持方案或者编制的水土保持方案未经批准而开工建设的;（二）生产建设项目的地点、规模发生重大变化，未补充、修改水土保持方案或者补充、修改的水土保持方案未经原审批机关批准的;（三）水土保持方案实施过程中，未经原审批机关批准,对水土保持措施作出重大变更的。”之规定,本机关拟对你单位作出下列行政处罚：1. 责令立即停止违法行为；2. 限七日内到内黄县水务局补办水土保持相关手续；3、罚款人民币肆拾万元整。

违法行为等次：根据你单位违法行为的事实、性质、情节、社会危害程度和相关证据，你单位的违法行为等次属于一般。

行政处罚建议：结合集体讨论结果，建议对该单位作出如下决定：1. 责令立即停止违法行为；2. 限7日内到内黄县水务局补办水土保持相关手续；3. 罚款人民币肆拾万元整。

二、当事人进行陈述、申辩和质证

三、听证主持人就案件事实、证据和法律依据进行争议焦点的询问：

1.当事人的建设行为是否应该归属内黄县管辖?

经过调查取证，该地域原为内黄县后河镇东乜固村的土地，现有证明材料（地籍调查表、村民代表证明、内黄县水务局对以前鱼塘、鸵鸟厂管理证明）。因此，当事人的建设行为应该归属内黄县管辖。

2. 中国石化集团中原石油勘探局提供的豫水行许字〔2013〕第48号行政许可是否有效?

没有。

当事人提供的豫水行许字[2013]第48号行政许可地点明白清楚，没有包含内黄地域。

另外根据《中华人民共和国水土保持法》规定建设项目审批核准许经当地水行政主管部门签字（盖章),《中华人民共和国行政许可法》第三十一条、第六十九条明文规定“申请人申请行政许可，应当如实向行政机关提交有关材料和反应真实情况，并对其申请材料实质内容的真实性负责。被许可人以欺骗、贿赂等不正当手段取得行政许可的，应当予以撤销”

所以说这本行政许可不能作为证据使用。

内黄水务局提供材料证明中国石化集团中原石油勘探局未向内黄水行政主管部门申请办理过任何审批手续。

3. 对未经批准擅自动工建设的行为，依法应当给予5万元以上50万元以下的罚款，请案件调查人提供建议给予人民币40万元罚款的依据？

根据《中华人民共和国水土保持法》第五十三条："违反本法规定，有下列行为之一的，由县级以上人民政府水行政主管部门责令停止违法行为，限期补办手续；逾期不补办手续的，处五万元以上五十万元以下的罚款；对生产建设单位直接负责的主管人员和其他直接责任人员依法给予处分：(一)依法应当编制水土保持方案的生产建设项目，未编制水土保持方案或者编制的水土保持方案未经批准而开工建设的；（二）生产建设项目的地点、规模发生重大变化，未补充、修改水土保持方案或者补充、修改的水土保持方案未经原审批机关批准的；（三）水土保持方案实施过程中，未经原审批机关批准，对水土保持措施作出重大变更的"之规定，本机关拟对你单位作出下列行政处罚：1. 责令立即停止违法行为；2. 限7日内到内黄县水务局补办水土保持相关手续；3. 罚款人民币肆拾万元整。该单位拒不配合执法人员工作，不签收执法文书（我们通过邮寄方法送达）。

四、案件调查人、当事人作最后陈述

最后陈述：根据相关法律法规规定，认为对中国石化集团中原石油勘探局擅自动工建设违法行为事实清楚，证据确凿充分，适用法律正确，处罚内容适当，程序合法，请予以支持。并申请撤销豫水行许字[2013]第48号行政许可。

请案件当事人和调查人核对听证笔录，签字或者盖章。

五、听证会到此结束，请旁听人员退场。

听证笔录

案　　由：中国石化集团中原石油勘探局在建项目未编报水土保持方案，也未经水行政主管部门审批

当事人单位名称：中国石化集团中原石油勘探局　法定代表人：孔凡群

当事人个人姓名：＿＿＿＿＿ 性别：＿＿＿＿ 年龄：＿＿＿＿ 职业：＿＿＿＿

委托代理人：＿＿＿＿＿ 性别：＿＿＿＿ 职业：＿＿＿＿

委托代理人：华钢田　性别：男　职业：河南谋金律师事务所律师

主持人：刘朝军　记录人：魏晓丹　案件调查人：常某　李某

时　间：2013 年 7 月 8 日 16 时 00 分至 17 时 10 分

地　点：内黄县水务局二楼会议室　方式：公开

听证主持人：听证会现在开始。核对会议参加人员身份。请工作人员递交案件调查人行政执法证件。双方对对方身份是否有异议？

代理人：无异议。

调查人：无异议。

听证主持人：2013年6月14日，中国石化集团中原石油勘探局对我局下达的《行政处罚听证告知书》豫水（安内）罚听告字[2013]第002号提出书面听证申请，现我局依法举行公开听证。根据内黄县水务局指定，本次听证会由安阳市水政监察支队副支队长刘朝军担任主持人，由内黄县水政监察大队水政监察员魏晓丹担任记录人。

鉴于6月28日内黄县水务局在送达当事人的《听证通知书》中明确告知当事人申请听证主持人和记录人回避的，应在接到《听证通知书》之日起3日内书面提出申请并说明理由，县水务局至今未收到当事人的回避申请，视为同意《听证通知书》载明的人员担任听证主持人和记录人。（可续页）

主持人：刘朝军　　当事人：中国石化集团中原石油勘探局

记录人：魏晓丹　　代理人：华钢田

调查人：常某　李某　　证　人：

下面首先宣读听证纪律：

1. 在听证主持人的主持下，其他听证参加人应有序发言；

2. 听证参加人员不得使用不当言行；

3. 当事人及其委托代理人在听证中无正当理由退场的，视为放弃听证权利；

4. 听证参加人员及旁听人员不得大声喧哗及来回走动。

根据水利部《水行政处罚实施办法》第四十条规定，案件当事人在听证中享有如下权利，承担如下义务：

（1）对案件涉及的事实、适用法律及有关情况进行陈述和申辩；

（2）对案件调查人员提出的证据进行质证和提出新的证据；

（3）如实陈述案件事实和回答听证主持人的提问；

（4）遵守听证会场纪律；

（5）对听证笔录进行核对，签字或者盖章。

听证主持人：下面由案件调查人提出当事人的违法事实、证据、法律依据和水行政处罚建议。

调查人员：2012年4月16日，内黄县水务局水行政执法人员在日常巡查时发现，中国石化集团中原石油勘探局林海花园二期在建项目未编报水土保持方案，也未经县水行政主管部门审批，擅自在内黄县后河镇东乜固村东南开工建设，该行为违反了《中华人民共和国水土保持法》第二十五条第一款“在山区、丘陵区、风沙区以及水土保持规划确定的容易发生水土流失的其他区域开办可能造成水土流失的生产建设项目，生产建设单位应当编制水土保持方案，报县级以上人民政府水行政主管部门审批，并按照经批准的水土保持方案，采取水土流失防治和治理措施，没有能力编制水土保持方案的应当委托具备相应技术条件的机构编制……”之规定。我单位于2012年4月17日向该单位下达了《责令停止水事违法行为通知书》，当事人接到通知书后一直没有停止建设，因为该项目建设涉及濮阳市和安阳市我们就报安阳市水行政主管部门，市水利局水行政执法人员到现场看过后又报省水土保持处。我们内黄县水行政执法人员就暂停了调查，后经省水土保持协调未果，我们于2013年6月报市局水保科批准继续调查此案。现有现场调查记录，询问笔录、现场照片为证及内黄县土地部门地籍调查表为证。

根据《中华人民共和国水土保持法》第五十三条：“违反本法规定，有下列行为之一的，有县级以上人民政府水行政主管部门责令停止违法行为、限期补办手续，逾期不补办手续的处五万元以上五十万元以下的罚款，对生产建设单位直接负责的主管人员和其他直接责任人员依法给予处分，（一）依法应当编制水土保持方案的生产建设项目，未编制水土保持方案或编制的水土保持方案未经批准而开工建设”对你单位作出如下处理：1. 责令停立即止违法建设行为；2. 限 7 日内到内黄县水务局补办水土保持相关手续；3. 处罚款人民币四十万元整。

听证主持人：申请人员对调查人员的陈述有什么陈述、申辩和质证的吗？看一下调查人员提供的相关证据。

申请人：第一，我们对调查人员调查情况提出申辨，申请人认为中原石油勘探局林海花园二期在建项目，均在濮阳市境内，不是内黄县水务局管辖权的范围，内黄县水务局没有行政管辖权。

第二，内黄县水务局提供的证据，均不能证明中原石油勘探局林海花园二期在建项目，是在内黄境内，具体表现是有关房产处调查人员的笔录中，也均对建设地界有异议。内黄县水务局调查人员也没有职权进行现场勘测及划分地界。

第三，内黄县对后河镇王志选的调查笔录我们觉得没有任何意义，他个人没有权力认定划分地界。对于调查人员的一些证据，我们认为取水登记表跟本案没有关联性。协调会纪要、地籍调查表、划界图、照片等这些证据均不能证明中原石油勘探局林海花园二期在建项目施工的具体位置是在内黄境内，最后我归纳一下所有证据都不能证明是在内黄境内。

其次申请人认为内黄县水务局行政处罚告知书中对申请人的拟处罚认定事实错误，适用法律错误，详见听证词。

听证主持人：申请人提供一下书证、物证，包括听证词中提到省厅作出豫水行许字（2013）48 号文让调查人员看一下；

申请人：我们还有一个批复，在批复中濮阳市对行政区域的界限划分非常清楚明确，林海花园二期工程处于濮阳市范围之内，这个书证证明了内黄县对中原石油勘探局林海花园二期在建工程没有管辖权。

听证主持人：调查人员看一下申请人提供的证据、事实，有什么异议？

调查人员：我问一下申请人林海二期在建的楼房是中原石油勘探局以前的鱼塘、鸵鸟园、污水处理厂吗？

申请人：不一定。

调查人员：我们认为省勘测和濮阳市的测绘报告中涉及皇甫这一块很少，说明不了皇甫在建楼这一块属于濮阳市，有争议的地方显示不清，划分不清，说明不了中原石油勘探局林海二期在建楼这一块完全属于濮阳市。

1. 我们经过调查取证中原石油勘探局林海花园二期在建楼地域原为内黄县后河镇东乜固村的土地，在建楼以前是养鱼塘和鸵鸟园，现有证明材料（地籍调查表、村民代表证明、内黄水务局对以前鱼塘、鸵鸟厂管理证明）。以前的鱼塘、鸵鸟厂都向内黄县申请办理了土地证，地权永远属于内黄县后河镇东乜固村，现在只是被中原石油勘探局征用了。因此，当事人的建设行为应该归属内黄管辖。

2. 中国石化集团中原石油勘探局提供的豫水行许字[2013]第 48 号行政许可是否有效？我们认为没有。当事人提供的豫水行许字[2013]第 48 号行政许可地点明白清楚，没有包含内黄地域。

另外根据《中华人民共和国水土保持法》规定，建设项目审批核准需经当地水行政主管部门签字（盖章），《中华人民共和国行政许可法》第三十一条、第六十九条明文规定“申请人申请行政许可，应当如实向行政机关提交有关材料和反映真实情况，并对其申请材料实质内容的真实性负责。被许可人以欺骗、贿赂等不正当手段取得行政许可的，应当予以撤销”。在地界不清的情况下，中原油田向省里许可，材料没有显示这一块地是属于濮阳市，向省里提供虚假材料取得的行政许可，我们不认可，我们可以向省厅申请撤销行政许可，所以说这个行政许可不能作为证据使用。另外让我们看一下省厅编报的水土保持方案。

听证主持人:调查人员对申请人提供省厅的许可和证据提出了质疑，省厅的批复文和省厅的报告书请申请人提供一下，因为报告书中写的位置、地貌、面积都很清楚，请问申请人带了没有?

申请人：今天没有带。

关于中原石油勘探局林海花园二期工程位置问题，内黄县水务局不承认测绘公司提供的测绘的证据，对于项目的具体位置我们认为无论是水务局还是中原石油勘探局都没有资格去测定，测绘公司提供的测绘报告最起码是有资质的单位提供的，而内黄县水务局没有提供有资质的单位对具体位置的认定。第二，内黄县水务局不承认河南省水利厅的许可决定，你们可以申请撤销省厅的许可，撤销后存在是否向内黄县审批的问题，但撤销之前是有效的。第三，报告可以向河南省水利厅进行查询。

听证主持人:调查人员有新的证据吗?

调查人员：我们有后河乡提供的当时土地申请表，如果石油勘探局不认可是内黄的土地，不可能提交申请表让内黄办理，这是2005年的申请表，在内黄办理了土地证，而且当时办理申请表的负责人后河镇刘天宝现在也在这。

听证主持人：对这个证据有什么异议?

申请人：有异议，仍然不能证明中原石油勘探局二期工程是在内黄区域。

听证主持人：关于中国石化集团中原石油勘探局林海花园二期在建项目管辖问题，具体位置归谁管辖，需要有关部门进一步认定。我问一下中国石化集团中原石油勘探局林海花园二期在建项目具体位于什么位置、何时开工、何时竣工？你单位出示相关证据。

代理人：我们查一下有关施工许可证、开工许可证，查一下相应的证件，目前工程没有峻工。

听证主持人：中国石化集团中原石油勘探局是否经内黄县水行政主管部门审批，是否向水行政主管部门缴纳水土保持补偿费。

申请人:没有向内黄县水务局审批，也没有缴纳水土保持补偿费。

主持人:申请人对调查人员执法程序是否有异议?

申请人:没有异议。

听证主持人：对于中国石化集团中原石油勘探局林海花园二期在建项目未经批准擅自开工建设的行为，依法应当给予5万元以上50万元以下的罚款，请案件调查人提供建议给予人民币40万元罚款的依据?

调查人员：依据《河南省水行政处罚裁量标准》《中华人民共和国水土保持法》第五十三条“违反本法规定，有下列行为之一的，有县级以上人民政府水行政主管部门责令停止违法行为、限期补办手续，逾期不补办手续的处五万元以上五十万元以下的罚款，对生产建设单位直接负责的主管人员和其他直接责任人员依法给予处分，(一)依法应当编制水土保持方案的生产建设项目，未编制水土保持方案或者编制的水土保持方案未经批准而开工建设的；……”建议给予当事人：1. 限期补办有关水土保持手续；2. 责令停止违法行为；3. 罚款人民币四十万元整。

听证主持人：不考虑管辖问题，申请人对下达的所有法律文书及处罚依据有何异议？

申请人：有异议，我们编报了水土保持方案，在省厅报了，省厅也批了，在我们报批之后，再对我们处罚我们不认可。

调查人员：请问一下申请人省厅下达的行政许可和你们编报水土保持方案有没有包含内黄在内？

申请人：省厅编报的水土保持方案根据现场勘测以及情况调查，省厅认为合法作出了许可，认为不合法他不会作出许可，水土保持方案符合规定才作出了许可。

调查人员：省厅编报的水土保持方案如果包含内黄地界，有濮阳和内黄两个地界我们认可，不包含内黄，我们对油田的处罚是正确的，中原石油勘探局林海花园二期工程占我们内黄区域，应该向我们内黄县水行政主管部门审批。

听证主持人：报告不是省厅编制的，省厅根据有资质的单位编制水土保持方案，最后进行专家评审，最终审批，中原石油勘探局把报告书资料拿来，报告书中到底包含内黄没有，现在没有带来，这个问题不再讨论。批复的报告书内容很重要，石油勘探局听证会后可以把报告书资料带过来或邮寄过来。现在案件调查人员、申请人作最后陈述 。

调查人员：根据相关法律法规规定，我们认为对中国石化集团中原石油勘探局擅自开工建设行为违法事实清楚，证据确凿充分，适用法律正确，处罚内容适当，程序合法，请主持人予以支持。如果省厅的许可和水保方案包含内黄和濮阳二个地界我们认可，不包含内黄，我们申请省厅严厉查处，是中原石油勘探局提供虚假材料取得了许可，我们要对中原石油勘探局进行处罚。

代理人：根据听证会的情况，内黄县水务局调查人员提供的资料对于申请人林海花园二期工程没有管辖权，申请人已经编报了水土保持方案，内黄县水务局使用法律错误，希望内黄县水务局查明事实，不再对申请人进行行政处罚。

听证主持人：还有什么补充问题？

代 理 人：没有。

调 查 人员：没有。

听证主持人：同意。此次听证会到此结束，请核对听证记录，并签字。

以上笔录经核对无误。

听证主持人：刘朝军

记录人：魏晓丹

案件调查人员签名：常某、李某

听证申请人员签名：中国石化集团中原石油勘探局

听证代理人签名：华钢田

听证报告

2013 年 7 月 5 日

案由：中国石化集团中原石油勘探局在建项目未编报水土保持方案，也未经水行政主管部门审批

主持人：刘朝军　记录人：魏晓丹

听证时间：2013 年 7 月 5 日 9 时 40 分至＿时＿分　地点：内黄县水务局二楼会议室

案件事实及证据：2012 年 4 月 16 日，内黄县水务局水行政执法人员在日常巡查时发现，中原石油勘探局林海花园二期在建项目未编报水土保持方案，也未经县水行政主管部门审批，擅自在内黄县后河镇东乜固村东开工建设，该行为违反了《中华人民共和国水土保持法》第二十五条第一款“在山区、丘陵区、风沙区以及水土保持规划确定的容易发生水土流失的其他区域开办可能造成水土流失的生产建设项目，生产建设单位应当编制水土保持方案，报县级以上人民政府水行政主管部门审批，并按照经批准的水土保持方案，采取水土流失防治和治理措施，没有能力编制水土保持方案的应当委托具备相应技术条件的机构编制……”之规定。上述违法行为证据有现场勘查笔录、调查笔录、照片、土地部门地籍调查表。

2013 年 6 月 14 日，我局向中国石化集团中原石油勘探局下达了《行政处罚听证告知书》豫水（安内）罚听告字〔2013〕第 002 号。2013 年 6 月 19 日，中国石化集团中原石油勘探局书面提出听证申请，2013 年 7 月 5 日我局依法举行了听证会。在听证主持人的主持下，案件调查人提出了当事人的违法事实、证据、法律依据和行政处罚建议，当事人对调查人提出的违法事实、证据进行了陈述、申辩和质证。主持人就案件事实、证据和法律依据进行了询问。

双方争论焦点：当事人认为其林海花园二期在建项目不属于内黄管辖范围，土地边界存在争议，对其作出行政处罚缺乏事实依据。

调查人员认为：1. 该单位林海花园二期在建项目是在内黄县后河镇东乜固村的土地上建设，有调查笔录、现场勘查照片及内黄县土地部门地籍调查表和东乜固村党支部书记等人为证。2. 既然该单位知道在建项目占地存在争议，为什么不能等到把土地争议弄清楚了再进行建设。3. 根据《河南省水行政处罚裁量标准》《中华人民共和国水土保持法》第五十三条：“违反本法规定，有下列行为之一的，有县级以上人民政府水行政主管部门责令停止违法行为、限期补办手续，逾期不补办手续的处五万元以上五十万元以下的罚款，对生产建设单位直接负责的主管人员和其他直接责任人员依法给予处分，（一）依法应当编制水土保持方案的生产建设项目，未编制水土保持方案或编制的水土保持方案未经批准而开工建设的；……”适用法律正确，处罚内容适当。

处罚建议及依据：依据《河南省水行政处罚裁量标准》《中华人民共和国水土保持法》第五十三条：“违反本法规定，有下列行为之一的，有县级以上人民政府水行政主管部门责令停止违法行为、限期补办手续，逾期不补办手续的处五万元以上五十万元以下的罚款，对生产建设单位直接负责的主管人员和其他直接责任人员依法给予处分，（一）依法应当编制水土保持方案的生产建设项目，未编制水土保持方案或编制的水土保持方案未经批准而

开工建设之规。”建议给予当事人：1. 限期补办有关水土保持手续，责令停止违法行为，罚款人民币四十万元整。

主持人签名：　刘朝军

大队负责人意见：同意王某

法制机构负责人意见：事实清楚、证据确实充分

刘某

局机关负责人意见：　同意李某

希望以上的举例能引起一线的水政监察人员的思考，并能从中体会和学习水土保持行政处罚听证程序的相关规定。

对一起水事违法案件的几点思考

摘要：什么是水土保持设施，哪些行为属于破坏水土保持设施的行为，以及收取水土保持补偿费的依据是什么；安阳市水利局对燕某作出的行政处罚决定是否合适及理由,在本案中，电厂有无责任及理由？

关键词：证据；强制执行；水土保持设施；水土流失

【基本案情】

2007年5月23日，河南省安阳市水利局接到举报：境内安阳河河道里有大量垃圾。水利局立即派水政监察人员赶往现场调查取证，经现场勘验，弃渣量为660立方米。安阳市水利局认为当事人的河道弃渣行为已经违反了《防洪法》第二十二条第二款的规定。垃圾是谁倒在河里的呢？这要从2006年初说起。位于安阳市丘陵区，占地67公顷的某电厂为清理开发建设过程中产生的弃土、废渣料和生活垃圾，与某村委会协商签订了垃圾占地协议。协议约定由该村委会指定倒渣地点，安阳某电厂支付垃圾占地款20000元，期限为一年。随后，该电厂与村民燕某签订了垃圾清运协议，要求其将弃土、废渣、生活垃圾运至规定地点，并每月支付清运费3300元。从2006年5月起，燕某每天负责将该电厂的废渣、垃圾运出并倒在村委会指定的安阳河河西该村段。同时，针对违法事实，安阳市水利局根据《防洪法》第五十六条第二项的规定，分别作出对该电厂处以40000元罚款，对燕某处以8000元罚款，责令限期清除弃土、废渣料和生活垃圾的行政处罚决定。处罚决定作出后，燕某不服，随即向安阳市市人民政府申请行政复议。理由是：该电厂雇他为其拉运废渣及垃圾，地点也是指定好的，并不是他私拉乱倒，所以不应该承担责任。

对此，安阳市水利局认为，燕某受雇于该电厂清运垃圾，将860立方米垃圾在汛期倾倒在河道中。虽弃渣地点为该电厂认定，但燕某是直接行为人，且与该电厂均为独立主体，根据《防洪法》规定，对倾倒垃圾者进行处罚并无不当。依据《防洪法》等法律、法规的规定，复议机关维持了安阳市水利局作出的处罚决定。燕某在法定期限内没有提起行政诉讼，也不履行处罚决定，安阳市水利局申请法院强制执行。后燕某清除了倾倒于河道内的弃土、废渣、垃圾，并交纳罚款。同时某县水务局水政执法人员向该电厂做出征收水土流失补偿费决定书，决定一次性征收该电厂水土保持补偿费251万元。该电厂以本企业属于跨市、县的生产建设单位，某县无权征收为理由于法定期限内向其上级主管部门安阳市水利局申请行政复议。复议期间，某县水务局将决定书撤销。2006年7月，某县水务局向安阳市水利局请示由其征收电厂的水土保持补偿费和水土流失防治费。其理由是上述收费针对的是电厂征收，而电厂恰在某县境内。对此，安阳市水利局明确表示同意。之后，某县水务局数次致函电厂，要求约定时间协商具体缴费办法。最后，双方在安阳市政府有关部门协调下，于2007年8月达成协议，由该电厂一次性缴纳20万元，了结此事。某电厂也按协议于2007年9月将该款汇给了某县水利局。

但令人始料不及的却是，安阳市水利局又于2007年11月下达一份关于征收水土保持补偿费的决定书，要求某电厂再缴47万元。理由是：某电厂在某县境内李庄乡李家、龙家两村征地1888.33亩，计1258760.7平方米，现实际使用670000平方米土地，该厂因从事开发建设等活动，破坏了地貌、植被及水土保持设施，造成了水土流失。根据《中华人民共和国水土保持法实施条例》第二十一条第二款以及河南省物价局、财政厅、水利厅联合下发的《河南省水土保持补偿费、水土流失防治费征收管理办法》第二条、第三条、第四条、第六条规定，每平方米一次性缴纳水土保持补偿费壹元，计应缴纳水土保持补偿费67万元，从应缴费额陆拾柒万元中扣除已缴某县20万元，应缴拖欠部分47万元。该电厂不服此决定遂向市人民政府申请进行行政复议，市政府竟然复议决定维持市水利局的收费决定书。电厂随即于2007年3月以市水利局和某县水务局为共同被告诉至市中级人民法院。请求人民法院依法撤销安阳市水利局的收费决定书。后，此案结案。

【审理与判决】

该电厂请求人民法院撤销安阳市水利局征收收费决定的事实与理由是：电厂建设具有水土保持功能，电厂没有破坏水土保持设施，更没有造成水土流失，按照行政法律、法规的规定，不应缴纳水土保持补偿费。一审法院在审理过程中，组织原被告到电厂进行了现场勘验后认定：电厂开发建设是经国务院批准的，被告安阳市水利局认定该厂在建设和生产过程中损坏水土保持设施的理由不足，因此判决：撤销安阳市水利局的收费决定书。

安阳市水利局和某县水务局都不服市中级法院的一审判决，均于法定上诉期内将此案上诉到省高级人民法院，省高级人民法院经审理后下达终审判决：驳回上诉，维持原判。

法条链接：《中华人民共和国水土保持法实施条例》第二十一条，其具体内容是：任何单位和个人不得破坏或者侵占水土保持设施。企业事业单位在建设和生产过程中损坏水土保持设施的应当给予补偿。其所依据的地方政府规章是由省水利厅、财政厅和物价局三家联合下发的《河南省水土保持补偿费、水土流失防治费征收管理办法》，该办法第二条规定了征收水土保持补偿费的范围，内容是：凡在本省山区、丘陵区、风沙区区域内，一切单位和个人在生产、建设过程中，损坏（包括占用，以下均同）水土保持设施和林草，造成或将要造成水土流失，都必须遵守本办法。第三条主要内容是因从事生产建设等活动毁坏了地貌、植被及水土保持设施，造成水土流失的单位和个人都要交纳水土保持补偿费，并负责对造成新的水土流失进行治理。

《防洪法》第二十二条第二款："禁止在河道、湖泊管理范围内建设妨碍行洪的建筑物、构筑物，倾倒垃圾、渣土，从事影响河势稳定、危害河岸堤防安全和其他妨碍河道行洪的活动。"第五十六条规定：在河道、湖泊管理范围内倾倒垃圾、渣土，从事影响河势稳定、危害河岸堤防安全和其他妨碍河道行洪的活动的，责令停止违法行为，排除阻碍或者采取其他补救措施，可以处五万元以下的罚款。

【案件评析】

本案是一起带有普遍意义的行政处罚和行政征收案件，这起案件的处理结果对其他单位涉及的此类问题具有借鉴意义。

本案涉及的关键性问题是：什么是水土保持设施，哪些行为属于破坏水土保持设施的行为，以及收取水土保持补偿费的依据是什么；安阳市水利局对燕某作出的行政处罚决定是否合适及理由,在本案中，电厂有无责任及理由？

什么是水土保持设施。

关于水土保持设施，在现行的有关法律和行政法规中没有直接详细的规定，但《水土保持法》第二条指出：本法所称水土保持，是指对自然因素和人为活动造成水土流失所采取的预防和治理措施。这就说明一个问题，那就是所谓的水土保持它是一种人类的行为，是预防和治理措施。不含有自然因素在内。为搞好水土保持人类所建造的一切设施，都统称为水土保持设施。这起行政违法案件的问题之一就出在对水土保持设施的理解上。水利部门认为：水土保持设施是指具有防治水土流失功能的一切设施的总称，其中包含原地貌及其植被这些非人工建造的自然因素在内。这个意见来自于水利部1996年对辽宁省水利厅《关于水土保持设施解释问题的请示批复》。该批复基本上肯定了原地貌就是水土保持设施，损坏原地貌就是损坏了水土保持设施，就要征收水土保持补偿费的意见。按照这个意见，电厂在建设过程中，肯定破坏了原地貌及其植被，破坏地貌和植被就等于破坏了水保设施，因此就应缴纳水土保持补偿费。原告认为这种解释与法律（法规）相抵触，人民法院审理行政案件依法不予参照。

理由是：一、水利部无权对行政法规作出立法性解释。1993年3月3日，国务院办公厅发出的《关于行政法规解释权限和程序问题的通知》中指出：凡属于行政法规条文本身需要进一步明确界限或者作补充规定的问题，由国务院作出解释。其他部门均无权对行政法规（包括法律的实施细则、实施条例）作出立法性解释，更不能以此作为执法依据。据此，水利部对辽宁省水利厅关于《水土保持法实施条例》第二十一条的解释属于超越权限的扩充性解释，其不具备法律效力，不能作为审判参照规章。

理由二：这种解释本身就与相应的法律、法规规定的具体内容相抵触。我国《水土保持法》第八条针对水土保持问题仅原则性指出：从事可能引起水土流失的生产建设活动的单位和个人，必须采取措施保持水土资源，并负责治理因生产建设活动造成的水土流失。《水土保持实施条例》第二十一条第二款指出：任何单位和个人不得破坏或者损坏水土保持设施，企业事业单位在建设和生产过程中，损坏水土保持设施的，应当给予补偿。以上法律和行政法规均没有涉及到原地貌的概念，仅提到了损坏水土保持设施。

理由三：我国立法技术要求，规范性文件的概念必须准确、定性、统一、不得引起歧义，以此来维护法律的统一和尊严。而原地貌这个概念十分令人费解。因为，我们人类的一切生产和建设活动都是在原地貌的基础上进行的。我们兴修水利、改造粮田是损坏着原地貌，我们植树造林、改造荒山也在损坏着原地貌，我们开挖修建水库、治理荒滩、治理水土流失同样是在损坏原地貌。如果按照水利部批复的意见，这些也都属于损坏水土保持设施的行为，同样要收水土保持补偿费。如果按照这种逻辑，我国的广大沙漠、荒山、滩涂、水利工程都不要去治理或修建，否则就是违法行为。这显然是与我国的《水土保持法》和《水土保持法实施条例》的立法目的相抵触。

理由四：原地貌究竟是一种什么样的地貌，无法界定。因为原地貌是以千百年甚至上亿年地壳不断运动变化为前提的，譬如灰场的原地貌是什么样的，两被告就说不清楚，那么灰场什么时期的地貌才是原地貌呢？对此，应不应该有个明确的界定，如果不界定又该如何认定损坏原地貌这种行为。

两被告对原告陈述的以上理由提不出有力的反驳意见。河南省高级人民法院却基本上采纳了原告的意见，省高院在判决中认为：根据国务院发布的《水土保持法实施条例》第二十一条的规定，水土保持设施是由人工建成的具有治理水土流失功能的成果，不包括自然形成的地貌、植被。某市水利局对电厂开发建设损坏地貌、植被、河道的行为征收水土保持补偿费没有法律依据。因而判决驳回上诉维持原判。

下面谈一下收费依据问题。

水利部门收取水土保持补偿费应该说是一种具体行政行为。这种行为首先必须以法律法规为依据，其次才能参照规章。我们这个案件市水利局收费依据是:《中华人民共和国水土保持法实施条例》第二十一条第二款，其具体内容是：任何单位和个人不得破坏或者侵占水土保持设施。企业事业单位在建设和生产过程中损坏水土保持设施的应当给予补偿。其所依据的地方政府规章是由省水利厅、财政厅和物价局三家联合下发的《水土保持补偿费、水土流失防治费征收管理办法》，该办法第二条规定了征收水土保持补偿费的范围，内容是：凡在本省山区、丘陵区、风沙区区域内，一切单位和个人在生产、建设过程中，损坏（包括占用，以下均同）水土保持设施和林草，造成或将要造成水土流失，都必须遵守本办法。第三条规定，因从事生产建设等活动毁坏了地貌、植被及水土保持设施，造成水土流失的单位和个人都要交纳水土保持补偿费，并负责对造成新的水土流失进行治理。

我们把省的收费文件和《水土保持法实施条例》进行对比就不难看出，省的收费文件扩大了法律、法规所规定的收取水保费的范围，他们将损坏地貌和植被也作为收取水保费的范围，这显然是与国家法律、法规所规定的内容不相一致的。既然政府的规章扩大了行政法规定的收费范围，那么行政机关理应执行法律、法规的规定。但令人遗憾的是市水利局拿着水利部的解释做依据强行收费，最终迫使企业不得不诉诸公堂以求法律的公正裁决。

既然诉诸了法律，人民法院当然要严格按照法律程序办事。一二审法院均能够按照《行政诉讼法》第五十二条第一款的规定，以法律和行政性法规作为依据，客观、公正地予以判决。而对缺乏法律、法规依据的水利部的那个解释及扩大法律法规收费范围的地方政府规章均拒绝适用。正如终审判决所言：某市水利局对电厂储灰场损坏地貌、植被、水库的行为征收水土保持补偿费没有法律依据。按照使用面积为征费标准属适用法律、法规错误。因此判决：维持原判。

下面再谈一下安阳市水利局对燕某做出的行政处罚决定是否合适，以及在本案中，电厂有无责任及理由？

对燕某的处罚是正确的，因为燕某是违法行为的直接实施人。他的行为违反了《防洪法》第二十二条第二款“禁止在河道、湖泊管理范围内建设妨碍行洪的建筑物、构筑物，倾倒垃圾、渣土，从事影响河势稳定、危害河岸堤防安全和其他妨碍河道行洪的活动”的规定，按照《防洪法》第五十六条第二项的规定，应对其处以罚款。但对电厂所作出的处罚值得商榷。因为虽然渣土是电厂在开发建设过程中产生的，但是电厂与某村签订了垃圾占地协议书，并由该村指定了倒渣地点。该电厂为处理生产中产生的弃土、废渣，只是与村委会签订了弃土、废渣占地协议，并没有直接实施违法行为，且渣土倾倒地点是由村委会指定的，故因地点选取而造成的违法事实，不应当由该电厂承担相应责任。所以说，应对燕某进行处罚，不应对电厂进行处罚。（不应对电厂处罚值得商榷）

从此案中可以看出，加大水法律、法规的宣传力度是一项非常重要的工作，做好普法工作更是当务之急。要使人民群众更多地了解和掌握水法律、法规，知道哪些行为是被禁止的，哪些行为属于违法行为，并树立起自觉守法的意识，此类案件才可能避免发生。

行政处罚决定作出前应对相对人的陈述申辩意见进行复核

——安阳市城建建筑材料有限责任公司不服安阳市水利局行政处罚案

原告：安阳市城建建筑材料有限责任公司

被告：安阳市水利局

案由：水利行政处罚

一、基本案情

2011 年 4 月 1 日，水政监察支队执法人员在日常巡查中，发现安阳市城建建筑材料有限责任公司未经水行政主管部门批准，擅自在龙泉镇王村动工建设。经调查，该单位法人代表张明君，从 2011 年 3 月开始动工建设。该单位位于龙安区龙泉镇王村，属于丘陵地带，在建项目东边界 200 米，南边界 150 米，西边界 195 米，北边界 156 米。该行为违反了《中华人民共和国水土保持法》第二十五条之规定。我局于 2011 年 4 月 2 日向该单位下达《责令停止违法行为通知书》后，该单位依然我行我素，并没停止违法行为或者采取必要的防护措施。因为新《中华人民共和国水土保持法》是 2011 年 3 月 1 日开始实施，《河南省行政处罚裁量标准》对新的《中华人民共和国水土保持法》处罚标准未进行细化。2011 年 4 月 14 日，在水政监察支队会议室，相关人员经过仔细认真的讨论，达成了以下几点意见：1. 该厂位于丘陵区同时也在省人民政府划分的河南省水土流失重点治理区。2. 该单位明知在该地区开工建设需要编制水土保持方案，但在下达了相关文书后，该单位至今未履行编制水土保持方案的法定义务。上述违法行为有询问笔录、现场（检查）笔录、视听资料为证。根据《中华人民共和国水土保持法》第五十三条，违反本法规定，有下列行为之一的，由县级以上人民政府水行政主管部门责令停止违法行为，限期补办手续；逾期不补办手续的，处五万元以上五十万元以下的罚款；对生产建设单位直接负责的主管人员和其他直接责任人员依法给予处分："（一）依法应当编制水土保持方案的生产建设项目，未编制水土保持方案或者编制的水土保持方案未经批准而开工建设的；……。"建议对该单位处理如下：1. 责令立即违法建设；2. 限七日内到安阳市水利局补办水土保持相关手续；3. 罚款人民币叁拾万元整。安阳市水利局依据法定程序拟对原告作出水行政处罚，在作出处罚前，被告告知原告享有陈述申辩的权利，原告向被告提交了书面陈述意见，但被告执法人员以该陈述与案件无关当场未接受。2011 年 5 月 3 日，被告作出行政处罚决定，并向原告送达。原告不服，提起行政复议，复议机关维持了被告的行政处罚决定，原告仍不服，提起行政诉讼。

二、审理结果

法院认为，原告自 2011 年 4 月 1 日起，未经水行政主管部门批准，擅自在龙泉镇王村动工建设。该行为违反了《中华人民共和国水土保持法》第二十五条之规定。应当受到处罚。被告行政处罚决定认定事实清楚，证据确凿，适用法律正确。但是被告在执法中应该按照依法行政的要求严格遵守法定程序。根据《中华人民共和国行政处罚法》第三十二条、第四十一条之规定，行政机关作出行政处罚前必须充分听取当事人的意见，对当事人提出的事实、理由和证据，应当进行复核，若行政机关拒绝听取当事人的陈述、申辩，行政处罚决定不能成立。本案中，被告在庭审中承认原告在收到被告的行政处罚告知书后即向被告提交了书面陈述意见，被告承认当场以该陈述与本案无关为由未接收，在被告提供的档案材料中亦没有对原告书面陈述意见进行复核的证据，且在被告的行政处罚决定书中亦未表达对原意见采纳与否的意见，此行为即为拒绝接受原告陈述、申辩，属重大程序违法，故被告所作行政处罚决定依法不成立。依照《最高人民法院关于执行〈中华人民共和国行政诉讼法〉若干问题的解释》第五十七条第二款第（三）项之规定，判决确认被告所作行政处罚无效。双方当事人均未上诉。

三、评析

依法行政原则要求行政机关作出行政行为应遵循法定程序，违反法定程序将导致行政行为被撤销或确认为无效，行政执法程序越来越受到重视。《中华人民共和国行政处罚法》较早对包括调查、告知、处罚等行政处罚程序作出较为系统规定，可谓影响深远，体现为，一方面，要求行政机关从根本上转变“重实体，轻程序”的传统观念；另一方面，赋予处于被处罚地位的行政相对人参与行政处罚的机会，而非被动接受处罚。

程序正义原则要求作出对其不利的决定时应允许对方发表意见，并对其意见加以充分考虑。《行政处罚法》以立法形式对该原则加以肯定，该法第三十一条规定：行政机关在作出行政处罚决定前，应告知当事人作出行政处罚决定的事实、理由及依据，并告知当事人依法享有的权利。该法第三十二条规定：当事人有权进行陈述和申辩。行政机关必须充分听取当事人的意见，对当事人提出的事实、理由和证据，应当进行复核；当事人提出的事实、理由或者证据成立的，行政机关应当采纳。据此行政机关在作出行政处罚前必须履行告知和复核程序，告知程序保证了被处罚人的知情权，复核程序则保证了被处罚人的参与权。

实践中，从行政机关提供的案卷材料看，行政机关基本上能够履行告知程序，在作出行政处罚决定前告知相对人行政处罚的事实、理由和依据，给相对人陈述申辩的机会，但听取相对人的意见常表现为若相对人有陈述、申辩的则记录在卷，或者从行政处罚的结果上减少一些拟作出行政处罚的幅度，鲜有反映行政机关对相对人陈述、申辩内容认真进行复核的材料，由此可以看出，复核程序往往被忽视。如本案中，原告公司在提出申辩意见后，被告工作人员未经复核即以其申辩与本案无关为由而拒绝接受。出现这一状况，可能有如下原因：一是多数被处罚人亦“重实体，轻程序”，在通常情况下，更看重行政处罚决定认定的事实，对行政处罚程序比较忽视；二是被处罚人确有违法事实存在，多数案件中被处罚人不进行陈述、申辩或者只进行简单的恳请减轻处罚的陈述、申辩，不提供相应的证据，使行政机关无需复核成为一种常态；三是目前相关立法中没有关于如何履行复核程序的具体规定。告知程序和复核程序虽然同等重要，但从不同角度分析，对被处罚人和行政机关而言，复核程序较告知程序更有意义。若从实际影响行政处罚结果的角度讲，复核程序对被处罚人更有意义，告知程序只是被处罚人参与行政处罚程序的前提，而通过复核程序，行政机关对被处罚人陈述、申辩理由充分加以考虑，可能改变行政处罚的结果，从而有利于被处罚人；若从自我监督的角度看，复核程序对行政机关更有意义，通过复核程序，行政机关可以掌握调查过程中尚未掌握的事实、证据，有助于更全面考虑案情，防止错误行政处罚的作出。

鉴于上述行政执法实践中，行政机关偏重于告知程序的履行，而忽视对被处罚人陈述、申辩意见复核现象的存在，行政机关应该对履行复核程序引起足够的重视，应清楚地认识到复核程序与告知程序同是行政处罚中保障被处罚人权利的重要程序，充分听取被处罚人的陈述、申辩意见并非仅仅是“听取”，而是当被处罚人提出的陈述、申辩意见中存在需要复核的理由、事实或者证据时，行政机关应通过谈话，向有关机关调查等方式进行复核，且将复核结论告知被处罚人并说明理由，或者在行政处罚决定中载明复核的情况；否则，行政机关将构成程序违法，在行政诉讼中将面临败诉的法律后果。如本案中，被告案卷材料中没有对原告陈述意见提出的事实进行复核的材料，法院最终认定被告拒绝听取原告陈述、申辩，确认其行政处罚决定无效。

水行政执法证据收集和执法卷宗规范化的思考

摘要：从行政处罚和行政诉讼这两方面看证据都是核心，并且从行政诉讼的高度去要求行政处罚中的证据运用，才能确保行政执法的有效性和体现法律的公平性（行政案件中的证据在行政处罚中由行政机关采集审查，在行政诉讼中由人民法院审查确信，这种审查确信是终局的）。

关键词：证据种类；水行政执法；水行政处罚

一、水行政执法证据种类和收集方式

《中华人民共和国行政诉讼法》第二十三条规定：被告对作出的具体行政行为负有举证责任，应当提供作出该具体行政行为的证据和所依据的规范性文件。《中华人民共和国行政处罚法》第三条第二款规定：没有法定依据或者不遵守法定程序的，行政处罚无效。据此，水行政部门在行政执法过程中需遵循“先取证，后裁决”的原则，或者说在合法的动机下循着法定处罚要件去取证然后裁决的原则（行政处罚是行政管理的一种手段，法定目的很强）。从行政处罚和行政诉讼这两方面看证据都是核心，并且从行政诉讼的高度去要求行政处罚中的证据运用，才能确保行政执法的有效性和体现法律的公平性（行政案件中的证据在行政处罚中由行政机关采集审查，在行政诉讼中由人民法院审查确信，这种审查确信是终局的）。

（一）证据的概念。

什么是证据？这是诉讼实践和诉讼理论中十分重要的问题。我国《刑事诉讼法》第四十二条第一款规定：“证明案件真实情况的一切事实，都是证据。”这是我国立法上对刑事诉讼中的证据所下的定义。它概括了诉讼证据的基本特征，反映了它的本质属性，是科学的。上述规定也符合民事诉讼和行政诉讼中的证据，因为它们都是在诉讼过程中可用以证明案件真实情况的，其本质是相同的。

作为证据，不论是行政证据、民事证据还是刑事证据，均具有三项基本属性，即合法性、关联性和客观性。

（二）证据的三性。

1. 证据形式法定

我国《行政诉讼法》第五章第三十一条中明确规定了作为行政证据的七种证据：书证，物证，视听资料，证人证言，当事人陈述，鉴定结论，勘验笔录、现场检查笔录。故此，证据必须符合上述七种法定形式。

2. 证据取得的方式合法

任何证明案件事实的证据的取得都必须符合法律规定，调查取证必须由两名执法人员参加。这就是对水行政执法证据取得的法定要求或证据来源的形式要求。证据取得形式、程序非法，直接导致证据丧失证明效力

证据只能由执法人员依照法律的规定程序，进行收集、固定、保全和审查认定，即运用证据的主体要合法，每个证据的来源程序要合法，证据必须具备合法的形式，其是证据客观性和关联性的重要保证，也是证据具有法律效力的重要条件。证据合法性审查判断的作用在于确保执法的主体、程序、采取的行政强制措施、证据的形式等要合法，如执法人员没出示执法证件并记录，那么其在现场检查时所做的《现场检查笔录》，就是无效的。《最

高人民法院关于行政诉讼证据若干问题的规定》第五十七条规定的 1、2、3、5、6、7、8 项就是几种具体的审查判断方法。本着行政诉讼质证的要求，收集的每个证据都要留有执法合法的印记，如做调查笔录时要亮明身份，出示证件并记录在笔录中。

3. 证据的客观真实性

证据的作用在于还原客观现实，它所反映或证实的内容必须是真实的。行政机关办理行政执法案件所要查明的事实，在其发生、发展过程中，作用于现场和周围环境，常常会留下痕迹、物品，引起场所的变化，为在场人耳闻目睹，有所感知。行政执法机关办理案件时，必须借助这些痕迹、物品和了解案件情况的人所作的陈述，来认识案件的事实真相，也就是要将它们用作证据来证明案件事实。这些因违反行政法律、法规的行为等所造成的证据，都是确实存在的事实，是不依执法人员的主观意志为转移的客观存在。所有的痕迹、物品、文件等实物证据，固然是客观存在的事实。案件事实为当事人亲自实施和经历，为在场人所了解，因而可以用言词陈述出来，也同样是确确实实的事实，是客观现实中已发生的。

证据事实是案件事实在不同层面、不同角度、不同阶段、不同形式上 的反映，是不以人们的主观意志为转移而存在的事实。行政执法也是通过证据把客观真实表现为法律真实的过程。证据客观性审查判断的作用有：①执法人员不能把个人主观的判断，或人们的想象、假设、推理、臆断、虚构等作为定案的证据适用；②违法产品的货值金额、违法所得或非法收入的计算不能笼统地计算，不能仅听相对人陈述的价格和数量及交税情况，要有充分的证据并予以计算。③证据必须有正确的来源。

4. 证据的关联性

证据的关联性是指作为证据的事实不仅是一种客观存在，而且它必须是与案件所要查明的事实存在逻辑上的联系，从而能够说明案件事实。正因为如此，它才能以其自身的存在单独或与其他事实一道证明保证案件真实的存在或不存在。如果作为证据的事实与要证明的事实没有联系，即使它是真实的，也不能作为证明争议事实的证据。关联性分为两层含义，第一层含义是证据证明的内容必须与需要查明的案件事实有直接关系；第二层含义是若干个证据之间相互关联，相互印证，对待查案件事实形成一个完整的证据链条，足以反映案件事实的原貌。

即使对正在发生的违法行为，对于求证来说，也是已经发生的案件事实，证据的关联性能明确调查和收集证据的方向和范围，保证及时收集各种证据，查明案件真相。所以，证据关联性审查判断的作用在于将看似散乱无章的证据材料统一在案件的事实上，然后才能判断是否违法，怎样去取证证明行政处罚的要件。

对于水行政机关而言，证据又有其部门特性：

1. 重复使用性。行政处罚中的证据既是行政处罚的依据又是行政诉讼的基础，并且在处罚和诉讼中证据（在诉讼中证据的范畴要大，包括案件审理记录等）基本是一致的，因为证据对执法主体而言既是裁定处罚的依据又是证明其执法行为合法的依据，前者是依强大的行政力量主动地收集、审查、运用，执法主体与相对人地位是不平等的，而后者是行政诉讼法的证据分配原则被动地举证，执法主体与相对人地位是平等的，所以对执法主体而言，只有去从行政诉讼的高度去收集审查运用证据才能确保行政处罚的合法性和有效性，简言之就是本着诉讼去处罚。这个特点就是以上御下、以平等之严密统筹取证之规范。

2. 证据程序性。行政处罚中有程序性证据，水行政部门的行政处罚中的程序性证据则有更多的要求，尤其是证据程序性方面，或说取证的环节方面，在时间方法上有严格要求。比如检验是否是地下水报告这一证据的收集和运用，前有抽样原始记录，抽样单，委托检验书，后有检验结果告知书和复检权利通知书（实际运用中这两种合二为一），如果缺任一环节和程序证据，或者时间和程序发生错乱，那检验报告这个证据材料是不能作为证据使用的。

2. 证据的种类和收集

1. 书证。

书证是指以文字、符号、图画等所表达和记载的思想内容证明案件待证事实的书面文件或其他物品。具有稳定性强，易于保存，不受载体限制等特点。

按照是否属于国家职能部门在其职权范围制作的文书分类，书证又分为公文性书证与非公文性书证。例如结婚证、房产证、营业执照为公文性书证；借据、担保书、买卖合同为非公文性书证。

还有就是与违法事实书证相对应的程序性文书。行政处罚中不仅要证明相对人违法还要证明执法主体的合法，程序性文书就是这方面最重要的证据，例如，相对人的营业执照、生产许可证、认证证书、委托书等；相对人提供的检验报告、账册、合同、标签、生产规章制度、价格表等，照片、传真件等。

按书证的来源分为原本、正本、副本、节录本、影印（复印）本、译本。书证来源分类的意义在于原始书证，即书证原件与书证复印件证明效力不同，例如未经查证核实的复印件不能作为案件证据使用。故此，原始书证可以作为直接证据使用，而书证的复印件则属于间接证据，不能单独作为证据使用。

除上述执法机关依职权调取的书证外，主要的书证收集方法为行政主体的制作。制作书证的内容和形式有：执法证件的亮明，执法人员的人数、来由、目的等的记载，通知书和告知书等的送达，调查笔录的制作等。其必须真实，涂改处有签章或押手印。送达文书如果拒签，则须有证人证明等方式证明送达。这里需要注意的是，内部的程序性要求，有些相对人虽然不清楚，也不影响案件的实体，但执法主体如果没有按要求去做，则在诉讼中依然可能败诉，也可能在申请强制执行中被裁决掉。如听政权利的告知尤其是较大数额的告知，告知书到处罚决定书的期间，处罚决定书宣告后送达的期间，登记保存的期间，查封扣押期间与产品保质期间的冲突问题，复检期间与作出行政处罚决定的冲突问题，送被检样品的方式和途径问题，等等。这些问题如果没有认识到，或者没有做到，就会影响到书证的证明力问题，或者说程序违法问题。另外，执法中执法人员拍的照片，使用此证据材料时要附有文字说明材料。传真件可以直接作为书证使用；相对人提供的书证应由其注明提供时间并与原件核对无误。在实际执法过程中，有许多是相对人不愿意提供的推说没有，甚至提供假材料的，常常增加执法的难度，对此《最高人民法院关于行政诉讼证据关于问题的规定》本着公平的原则有如下规定：被告在行政程序中依照法定程序要求原告提供证据，原告依法提供而拒不提供，在诉讼程序中提供的证据，人民法院一般不予采纳。那么行政主体则需要证明“依法定程序要求过”，由此行政主体则需要在调查笔录或者通知书中有明确的告知行为，并体现在相关书证中；复制。行政主体在现场检查时，法律赋予对有关书证复制的权利，甚至有的可以查封、扣押；查询。对有关专业技术资料，科技文献可以查询取得。但对此应当在案卷中附有说明材料。

要求：书证须真实，制作须合法。包括：复制的和行政相对人提供的需与原件核对无误并签字予以确认，并注明时间和出处；行政主体制作的每一页书证应当有执法人员、相对人、制作者的签名或盖章，并且表明是不是真实意思的表示；涂改处押有手印。

水行政执法机构调取书证的注意事项

①尽量提取书证的原件（原本、正本和副本均属于书证的原件），提取原件确有困难的，可以提取与原件核对无误的复印件、照片、节录本

②提取由有关部门保管的书证原件的复制件、影印件或者抄录件的，应当注明出处，经该部门核对无异后加盖其印章；

③提取报表、图纸、会计帐册、专业技术资料、科技文献等书证的，应当附有说明材料。

2. 物证

物证指以其存在形式、外部特征、内在属性证明案件待证事实的实体物和痕迹。例如：质量存在问题的食品、钢材等。物证具有客观性、不可替代性、关联性、间接性等特征。主要包括：违法行为使用的工具。比如造假用的印版模具，生产地条钢用的中频炉等；违法行为的结果。如成品、标签、破坏计量器具准确度的计量器具等。

物证的收集方法：检查。水法等法律法规都赋予了执法主体的现场检查权，检查相关场所是否存在违法行为，如果有则可以对有关物证实施行政强制措施，其主要形成于现场检查笔录和有关行政强制措施文书，在这种证据形式中要对物证进行详细的描写，以便与实物相互对应。物证的数量、型号、规格出处以及状态和特征等都要准确详备如实地记录；封存、查封和扣押。这是法律赋予执法主体为了制止违法行为的继续发生和可能在证据灭失的情况下采取的行政强制措施。需要注意的是这种获取物证的方式须有前置条件，因为行政强制措施本身就可以成为复议和诉讼的内容，法律在设置这种权利是都有一定的限制，即有一定的证据证明这种必要性，这个前提证据要求的比较宽松，达到采取措施比不采取措施的必要性大这样一个证明标准就行，至于案件到底应如何处理，案件的事实真相如何，只有等到查清案件全部事实时才能最终认定；登记保存。这是行政处罚法赋予执法主体在证据可能灭失情况下采取的一种措施；抽样取证。这是行政处罚法规定的一种取证方法。

要求：根据《最高人民法院关于行政诉讼证据若干问题的规定》第 11 条规定，执法主体应保持物证的原物，原物保存确有困难的，可以制作原物的复制件（但需证明与原物无误）或者照片、录象等，是种类物时保存其中的一部分。同时为了质证需要，物证上能签名的则须相对人签名，不能签名的则须有其他佐证证。这种措施是为了证明物证是真实的，获取是合法的，物证是在相对人的违法行为中产生的。通常单一物证不起证明案件事实的作用，必须与其他证据综合证明、互为依存条件、互为证明关系，才能体现物证的证明力。

水行政执法机关调取物证的注意事项：

①提取物证应注意保存物证的原始存在状态，物证性质不稳定的应及时采取保全措施，如易挥发、腐烂等鲜活物品。

② 尽量提取原物，提供原物确有困难的，可以提供与原物核对无误的复制件或者证明该物证的照片、录像等其他证据；

③原物为数量较多的种类物的，提供其中的一部分。

④对于执法过程中封存的物证，应在执法卷宗中记载物证的处置，如返还物主、拍卖或销毁。

3. 视听资料

视听资料是指运用现代技术手段，以录音、录像所反映的声音、形象、电子计算机所储存的资料、其他科技设备所提供的资料来证明案件真实情况的证据。视听资料具有物质依赖性、综合性、形象性、直接性、便利高效性等特征。

按表现形式分为录音资料、录像资料、计算机数据资料、其他科技设备所提供的资料。主要包括：录音资料；录像资料；电子计算机储存资料如电子邮件加油机电路板等。要求：保存有关资料的原始载体，注明制作方法、时间、制作人和证明对象等,声音资料应当附有该声音内容的文字记录。《最高人民法院行政诉讼证据关于问题的规定》第五十七条第二项规定:以偷拍、偷录、窃听等手段获取的侵害他人合法权益的证据材料不能作为定案依据。其有两层含义：一是以秘密手段获取的侵害他人合法权益的证据应排除掉；二是以秘密手段获取的不侵害他人合法权益的证据应作为定案依据。

执法机关制作和调取视听资料（含电子证据）的注意事项

①在进行录音录像时，一般应当公开进行。若因查处违法行为，需要进行秘密录音录像的，应当不违反法律规定，且不得侵害当事人的合法权益。

②提取有关资料的原始载体。提取原始载体确有困难的，可以提取复制件。

③注明制作方法、制作时间、制作人和证明对象等。

④声音资料应当附有该声音内容的文字记录。

随着计算机的广泛应用，电子信息证据也越来越频繁地出现在执法过程中，这里着重指出电子信息证据的提取方式：

第一，观察主机和显示器的状态（开关待机）。记录所执行的操作，必要时要拍摄固定，还可录像记录。

第二，确定主机的外接数据通道，如网线、宽带接入电缆等，将软盘和光盘取出单独包装。正常关机可能导致磁盘上的交换文件被删除，甚至触发其他机关，建议直接切断电源。将所有原外接数据线断开，重新开机，对相关信息加以分析、提取。现场至少有两人，作为见证，最好一个人操作，一个人记录，敏感现场在调查过程中应该摄像。

第三，如果调查取证人员计算机操作能力有限，可以直接关机后将计算机主机装箱贴封条封存，由行政相对人签字后将计算机主机带走交专业计算机信息鉴定机构出具鉴定报告。

4. 证人证言

证人证言是指了解案件有关情况的人向行政执法机关所作的用来证明案件待证事实的陈述。这是行政执法经常使用的证据形式之一。

证人证言只能是自然人，因为单位是组织，它不能去感知任何事实。当然，证人证言受证人本人对客观事物认识能力的限制。证人必须是了解案件事实，能向执法机关如实陈述案件事实，且一般为与执法案件无利害关系的自然人。

执法机关获取证人证言的注意事项：

当事人向行政机关提供证人证言的，行政机关应当要求其所提供的证人证言亲自书写，且内容符合下列要求：

①写明证人的姓名、年龄、性别、职业、住址、联系方式等基本情况；

②有证人的签名，不能签名的，应当以摁手印等方式证明；

③注明出具日期；

④附有居民身份证复印件等证明证人身份的文件。

5. 当事人陈述

当事人陈述是指当事人就有关案件的事实情况向行政机关所作出的陈述。它包括当事人自己说明的案件事实以及对案件事实的承认两个方面的内容。

当事人陈述的特征在于真实性较强，但往往其只作利己性陈述。

当事人自认是指在行政审查过程中，一方当事人就对方当事人所主张不利于自己的事实作出明确的承认，从而产生相应法律后果的行为。这一般仅存在于有举报人或违法行为利益受害人的情况下。自认的效力在于免除对方当事人举证的义务，且具有不可撤销性。但行政相对人的自认不能完全替代执法部门的调查取证活动，因为行政相对人往往自认较轻的违法行为，而回避对自己不利且行政机关尚未掌握的违法事实。

水行政执法机关收集当事人陈述的注意事项：

①当事人提供书面陈述的，行政机关应当收取原件，并要求当事人明确注明时间等内容。

②当事人口头向行政机关陈述的，行政执法人员应当如实记录，并交当事人核对签字。

③当事人为法人代表或负责人员的，执法机关应当要求被单位出具该当事人的身份证明文件。

④当涉及案件事实的书证、物证时，应及时提取，以便核实陈述的真伪。

如果水行政执法机关以执法人员谈话笔录形式收集当事人陈述应注意以下事项：

水行政机关在制作询问、陈述、谈话类笔录时，应当告知当事人执法人员的身份并出示证件、核对当事人人身份、告知当事人享有的权利及承担的义务、如实记录当事人反映的情况、应交当事人核对、并应由行政执法人员、被询问人、陈述人、谈话人签名或者盖章。对当事人拒绝签字的，应由执法人员注明情况，并由在场证人签字证明。

6. 鉴定结论

鉴定结论是指鉴定人接受委托或聘请，运用自己专门知识或技能，对某些专门性问题进行分析、判断后所作出的结论意见。鉴定结论具有以下作用：

①具有补充行政执法人员认识能力的作用；

②对认定案件事实具有重要的证明作用。

鉴定结论的特征如下：

①鉴定结论是鉴定人对鉴定资料分析研究所作的判断；

②鉴定结论解决的是事实问题，而非法律问题；

③鉴定结论裁定的事实是拟制事实；

④鉴定结论具有主客观双重性。

水行政机关在提取的鉴定结论或委托鉴定的结论应符合下列条件：

①应当载明委托人和委托鉴定的事项、向鉴定部门提交的相关材料、鉴定的依据和使用的科学技术手段、鉴定部门和鉴定人鉴定资格的说明，并应有鉴定人的签名和鉴定部门的盖章。

②通过分析获得的鉴定结论，应当说明分析过程。

③封样检测鉴定的，应要求当事人在封样上签名，对可以备份的鉴定材料，应当备份。

④鉴定结论下达后应依法向行政相对人送达，如果相对人对鉴定结论不服，有权提起再次鉴定。

7. 勘验笔录、现场笔录

现场笔录是行政执法人员在执行职务过程中当场进行调查、处理、处罚而制作的文字记载材料。勘验笔录与现场笔录近似，只是制作主体、时间略有区别。是行政主体的执法人员在执法过程中当对与案件有关的场所、物品进行检查是所做的文字记载，并由检查人员和现场见证人员签名的一种证据形式。就此证据的实质而言，它是一种固定保全证据的方法和手段，其证据作用在于它固定和保全的内容同案件事实所产生的关联性。并且它最主要的作用还在于其记录的是正在发生的事情，因此对这种证据的基本要求，就是要客观、全面、准确地加以固定，不能有任何疏漏。

水行政执法机关制作勘验笔录、现场笔录的注意事项：

①笔录应当载明时间、地点和事件等内容，并由水行政执法人员和当事人签名。现场笔录应当现场制作，不得事后补作。

②当事人拒绝签名或者不能签名的，应当注明原因，并邀请见证人签名。

③建议现场笔录结合摄像资料一起作为证据组合使用，以驳斥有关人员对现场笔录真实性的质疑。

以上七种证据中，在水行政执法中基本上都会涉及，不过是使用的频率不同而已。在大多数执法案件中使用频率最高的一般来讲就是现场检查笔录，这一证据是由执法人员对现场检查情况的如实记录，在执法文书中也有专门的文书格式。其次使用较多的证据是调查笔录，这在七种证据中应归于证人证言和当事人的陈述这两种，如对涉嫌行政违法的当事人（公民、法人代表、其他经济组织负责人）进行调查归于当事人陈述。但对法人机构的非法定代表人和经济组织的非负责人进行的调查应归于证人证言还是当事人的陈述呢？作者认为应归于当事人的陈述，理由是这些人同法人代表、负责人是上下级关系，同涉嫌案件有利害关系，不具有证人资格，当然就不能成为证人证言了，应认定为当事人的陈述。再次使用较多的是检验报告，在这七种证据中应归于第六种鉴定结论。书证也是常用的证据，如在执法中提取、复制的账目、合同、发票等都是书证。但是当事人提供的自行委托检验的检验报告是属于鉴定结论还是书证人们观点不同。作者认为是书证并非鉴定结论，理由是要审查其真实性，而非确定的结论性文件。由于多年的执法习惯不注意物证的收集和运用，因而反映了搜集物证在执法工作中还不够完善，《行政处罚法》第三十七条第二款明确规定“行政机关在收集证据时，可以采取抽样取证的方法”。抽样取证并非抽样检验，因此，在执法过程中，应注意收集已确定的实物证据，这是最有效和最有证明力的证据。

在执法手段不断完善的今天，对视听资料的应用逐渐增多，如执法中的照片、录音录像等，但电子扫描的材料既不是视听资料也不是书证，只有它同原件一起使用时才能是证据。而录音录像、照片在行政诉讼中是不能作为独立证据使用的，应与其他证据一起使用，并有一定的关联性才能作为完全的证据。因此，执法中制作这类证据材料一定要同时收集其他种类的证据，以相互应证，万不可只凭这种单一证据就给予定性与处罚。

二、水行政执法证据的审查判断

水行政违法行为侵犯的客体是水行政管理秩序，需要水行政执法主体运用行政手段去查清违法行为，然后用准确的法律依据进行处罚。违法行为在法律层面上讲是证据证明了的，没有证据证明的，即使事实上有，也不能惩处；证据证明的违法可能只是冰山一角，证明违法行为只能是等于或小于事实，而大于事实则是错误的。违法必受惩处。《行政处罚法》第三条规定，没有法定依据的处罚无效。证据必须证明违法行为达到水行政处罚的要件。此可称为水行政执法的最终目标。

以上可以概括为：水行政执法或行政处罚就是水行政执法主体在合法动机下，去收集审查证据，判断相对人是否违法，违法行为是否达到处罚条件的案件。证据运用的核心就是：证明相对人是否违法，违法行为是否达到行政处罚证明要件，执法合法。

（一）证据收集的方式

从执法的实践看，水行政部门行政执法收集证据主要有以下几种方式：1、进行现场检查，制作笔录。2、进行调查，其中包括对当事人、证人的调查、登记保存、调取书证等。3、听取陈述、申辩。4、举行听证等。但是查封、扣押并非是调查取证的方式，只是保全措施，封存也并非全是调查取证的方式。因此在未作出相应的处理结果之前，整个行政执法过程都属于调查取证阶段，包括陈述、申辩和举行听证也应归于证据收集的范围或过程，在此过程中均应注意收集充分的证据证明行政相对人的违法行为。

1、现场检查笔录证据。从现场检查笔录的证据来看，只要是在水行政部门职权范围内，不论是接到举报，还是主动监督检查或依据线索都可派两人以上执法人员去进行收集，也就是“只要是职权范围内的事就可管。但是有一个困扰执法部门的问题，现场检查制作笔录后，当事人拒绝签字怎么办的问题？作者认为证据是否有效，最终是要在行政诉讼中得到法院认可，即现场检查笔录的有效性要依据《行政诉讼法》的有关规定确认，但《行政诉讼法》中又没有明确的规定，为此2002年最高人民法院出台了《关于行政诉讼证据若干问题的规定》的司法解释（以下简称解释），该《解释》第十五条规定“被告（指行政诉讼中的被告）向人民法院提供的现场笔录，应当载明时间、地点、事件等内容，并由执法人员和当事人签名。当事人拒绝签名或者不能签名的，应当注明原因。有其他人在现场的，可由其他人签名（这里的其他人，最好是非本单位人员，这样可以提高证据的证明力）。法律、法规和规章对现场笔录的制作形式另有规定的，从其规定。”依此规定看，当事人拒绝签名或不能签名时，应注明原因，常见的文书中只有执法人员签的“拒绝签字”是不规范的，必须注明拒绝签名的原因，如“不是法人不能签”等。有“其他人”在场的，“其他人”是指执法检查的执法人员以外的其他人员，包括被邀参加的人员。因此，这些其他人签名后，均是有法律效力的，但必须注明当事人拒签的原因。作者查阅了水行政执法所涉及的所有法律、法规和规章，对现场检查笔录制作仅有《行政处罚法》第三十七条第一款规定有“询问或者检查应当制作笔录”，除这一项规定，其他法律、法规、规章对水行政案件制作现场笔录尚未发现有其他规定。规定“行政相对人应当签署意见，签名或者押印。”但这也只是对相对人设定的义务，并非是笔录生效的要件，即并非规定“ 笔录应当有相对人的签署意见，签名或者押印。”所以，这就说明当事人拒绝签署意见，签名或押印完全可以依据解释的规定进行，但应注明原因或其他在现场的人的签名，这样的笔录是完全有法律效力的。

2、其他种类的证据。调查笔录也是执法中常用的文书。作为证据使用时，法律规定“调查笔录应当有行政执法人员、被询问人、陈述人、谈话人签名或者盖章”。这说明如果无签名或盖章是不能作为证据使用的。那么被调查人拒绝签名怎么办？作者认为只能收集其他证据，包括对其他相关人员的调查，这里一定要同现场检查笔录能作为证据的要求区分开来。有时可能涉及对证人的调查，要有证人的签名，不能签名的，应当盖章，应记明证人的姓名、年龄、性别、职业、住址等基本情况，同时应附有居民身份证复印件等。进行调查时一定要围绕案件进行，对重大复杂的案件，笔者认为调查前要归纳调查内容，作调查提纲，做到有目的有重点地去调查。

对于物证的收集，一般应取原物，应妥善保管。物证的保存应同案卷保存时间相一致。对于会计账册的证据在案卷中应附有说明材料。对影像资料应保存原始载体，应说明制作方法、制作时间、制作人和证明对象等，声音资料应当附有声音内容的文字记录。

另外，收集证据应当注意以下几个问题。收集证据必须依法进行。首先，收集证据必须由水行政部门的办案人员依法进行。水行政部门为查办违法案件而收集证据是行政机关的具体行政行为。其次，收集证据必须依照规定程序进行。水行政部门执行的各项法律法规及水利部的相关规章，是办案人员收集证据的法定依据。最后，收集的证据应当由水行政部门合法使用。水行政部门在职权范围内，有权行使行政权力，调查取证并用于查处违法案件等职能工作范围。水行政部门作为行政执法工作的主体，必须把握好自身在调查取证工作中的行为规范，以保障取证工作及所取得的证据的合法性和有效性。

收集证据必须周密计划，事先安排。调查取证工作必须有计划有目的地进行。尤其对于较大的案件，办案单位应当根据个案的具体情况仔细研究，针对需要证明的问题，确定调查取证的方法、步骤、力量安排和要达到的目的等，制订出切实可行的调查取证计划方案。实践证明，调查取证工作计划安排得当，不仅可以避免工作中的盲目性，同时还能收到事半功倍的效果。

收集证据必须积极主动，抓住战机。行政执法的主要优势在于快捷有效。水行政部门在查办案件中，往往将收集证据与制止违法融为一体。抓住战机，反应迅速是办案人员应当具备的基本素质之一。一个案件查处结果如何，往往与能否抓住战机十分有关。兵贵神速，对于已掌握的案件线索或已进入立案调查阶段的案件，水行政部门应当积极主动地抓住战机，运用法律赋予的手段和职权；否则，面对机会反应迟钝，行动缓慢，只会给办案工作造成更大的困难。

（二）证据的判断和识别

证据运用的核心就是证明相对的人违法和执法的合法。结合水行政部门的执法实际，从以下几个方面去审查判断，看证据能否达到“事实清楚，证据确凿，程序合法”这样的证明标准。

（1）证据的客观性、合法性、关联性的审查判断

合法证据所必须具备的三性上述已经讲过，在此不再赘述，但需要强调的是，对证据三性的审查、识别和运用贯穿于行政执法全过程，所以它不仅仅具有理论研究的意义。

（2）确定相对人身份的证据审查判断

在行政执法中，确定违法行为人身份是至关重要的，也是首要的。相对人为躲避行政处罚，会报虚假名字或在现场检查笔录中以及其他证据中书写虚假名字，更有的会对以前书证中出现的人称没有此人或不是本单位人员，所以这方面的证据的审查判断是很重要的。

需有以下要件：公民需有其身份证，法人或其他组织，需有公章；受委托人需有委托书；发票、合同、许可证等证明的相对人高于其他证据证明的相对人，当证据中的相对人确定有冲突时，需有其他证据排除冲突；各证据中的相对人能互相印证为同一主体。

（3）执法理由或现场检查笔录中及其他证据中发现的违法行为是否作到全面的证明并予以处理的证据的审查判断。

在水行政执法中可能发现相对人多个违法行为，那么这已证明的多个违法行为必须据其情节受到相应的惩处，不能只取一个违法行为予以制裁，其审查判断的主要作用是执法的合法性、全面性和证据的完备性。

（4）证据之间的逻辑关联性的审查判断

对已发生的案情予以求证，证据之间的逻辑关联性即证据链一定要强要完备，对于证明对象而言，任何证明环节都不能缺少，一环扣一环，将法律事实，讲述得清楚而严谨，不容置疑。

证据链的审查判断更多内容是确定执法程序及取证程序的内容。此审查判断的作用是考查证据之间是否能互为因果，互相证明，排除合理的怀疑，证据之间证明内容的传递是否是必然的并且是唯一的。作用还在于能否清晰、准确、完备地告诉案件审委会和法官，证据证明的案情和适用的水行政处罚的情况。

（5）执法行为本身合法性证据的审查判断

执法者，必先守法。执法合法性的内容主要有：第一，执法主体执法权利合法，执法主体在执法之前首先要审查自己有没有执法的权限，是否有超越执法权限、范围的可能；第二，执法程序合法，包括案件来源，立案审批，调查取证，执法人员执法资格，对被执法对象权利义务的告知，法定期限内送达法律文书结案等，水行政法律、法规要求的执法规范，这些内容都需有证据予以证明。

（6）一个违法行为违反多个法律的证据审查判断。

同一个违法行为同时违背了一个法律的多个条款。按照“一事不能两罚”的原则，可以择其重处罚，那么此审查判断就是看证据证明的哪一种违法行为为重，处罚重，并得到处罚的要件。

（7）证据是否能证明处罚要件的审查判断

每个行政处罚的条款要件是不一样的，要按照某一条款予以行政处罚时，必须证明处罚要件。水行政部门办案中的调查取证，包括收集证据和审查判断证据两个方面。它是查明案件事实，完成证明任务的前提。办案人员在查处案件时，只有通过调查，收集证据，鉴别印证每个证据的真实性，并掌握了足够的证据量之后，才能对案件事实做出结论。水行政案件集中审理制度的确立，为执法证据的审查提供了最终的保障，通过集中审理，对执法人员审查的执法证据进行再审查，保证了执法办案证据的质量。

（一）证据审查的概念。所谓证据审查，是指办理案件的执法人员对依法收集到的现有证据进行分析、研究和判断，以鉴别其真伪，确定其与案件事实有无关联性，有无证明力及证明力大小的活动。

（二）证据审查的内容。证据审查的内容是指办理案件的执法人员审查判断证据时必须注意的相关事项。办理案件的执法人员在办理过程中，必须对依法调查收集到的证据的内容进行审查，以决定证据与案件事实是否相关联，是否具有可采性。由于我国现行的三大诉讼法对审查判断证据的内容为何无明确一致的规定，因此必须借助于相关诉讼理论、证据理论、有关法律规定和案件的具体情况来确定其内容。

1. 证据的来源。证据的来源是指证据的形成、发现和取得过程，包括提供证据者、调查收集证据者以及制作或者调查收集证据的时间、地点和方法等。具体说主要有以下几方面。（1）提供证据者的个人情况。提供证据者的个人生理、心理、年龄、精神状态、知识水平、专业技能等方面的情况直接影响并决定着证据的真实性。生理上、精神上没有缺陷，达到一定年龄的人，具有正常的观察能力、记忆能力和表达能力，他们所作的供述或者提供的证言可能清楚、准确、容易理解。生理上、精神上有缺陷或者年幼，由于缺乏正常的观察能力、记忆能力和表达能力，不能辨别是非和正确表达的人所作的陈述和提供的证言，一般来说也可作为证据使用。由于提供证据者的个人情况不同，办理案件的执法人员在审查判断证据来源时，必须审查提供证据者的生理、心理、精神状况、年龄，以及提供证据者是否具有相关的知识、技能等。（2）发现证据的客观环境。客观环境直接影响发现证据的效果。客观环境包括发现证据时的距离、光线、天气、地形、温度、湿度，等等。它们是形成证据的客观条件，也是影响证据发现的因素。例如，距离近、光线好，当事人或者证人对案件事实的感觉就会真实、准确和全面；距离远，光线暗，就会影响当事人或者证人对案件事实感知的准确性和全面性。因此，对上述发现证据的客观环境，必须进行审查。

2、证据自身的要素。证据自身的要素是指事物能成为证据必须满足的条件。在英美法系国家，只要事物具备相关性、可采性，即可成为证据，而不管这种证据是以何种形式表现出来的。同样，在大陆法系国家，只要证据具备证据能力和证明力，也可以作为证据使用。但在我国，人们判断事物是否成为证据，主要看该事物是否符合“三性”，即客观性、关联性和合法性。从英美法系国家证据的相关性和可采性条件的角度讲，客观性和合法性应属于可采性的范畴。从大陆法系国家证据的证据能力和证明力的角度讲，客观性、关联性和合法性就属于证据能力的范畴，而不涉及证明力问题。因此，对证据自身要素的审查判断必须从证据能力、证明力等方面入手。（1）证据能力。证据能力是指证明依法能够成为证据的资格，又称“证据力”、“证据的适格性”。证据能力是大陆法系国家的概念，在英美法系国家，与之对应的概念是证据的可采性。在我国的诉讼实践中，就某一具体的案件而言，某一证据材料反映的事实可能与案件的事实真相相符合，但该证据材料不具备法律规定的证据表现形式，没有合法性，不能采纳。有的证据材料虽然具备法律规定的证据形式，但其所反映的事实与案件本身无关，也不能作为证据使用。原因是这些证据材料没有证据能力，即证据资格。因此，办理案件的执法人员必须对调查收集到的证据材料进行审查判断，以查明其是否具备证据资格，具备证据资格的，准入法庭使用；不具备证据资格的，排除在法庭之外。（2）证明力。证明力又称证据的证明能力，是指证据对案件事实是否具有证明作用和作用的程度。在诉讼实践中，有证据能力的证据未必就有证明作用；即使有证明作用，其作用的程度也不一样。在具有证据资格的证据中，有的是直接证据，本身能够证明主要的案件事实，证明作用较强；有的是间接证据，必须与其他证据结合起来才能证明主要案件事实，才具有证明作用。在证据中，原始证据和传来证据都可能有证据资格，但在证明作用和作用的程度上，原始证据大于传来证据。因此，办理案件的执法人员在审查判断证据时，应当在明确证据具有证据能力的前提下，进一步明确其是否有证明作用及证明作用的程度，从而正确地认识每一个证据在诉讼中的作用和地位。

3、证据与案件事实的关系。证据与案件事实的关系是指证据与案件事实之间的证明关系。证据是用来证明案件事实的，但每一证据与案件事实之间的证明关系常常不尽相同。这就要求办理案件的执法人员在认定证据与案件事实之间的关系时，应着重审查下述两个问题。（1）明确本案已经和应当查明的案件事实。案件事实是指案件的证明对象。办理案件的执法人员在审查判断证据时，必须明确已初步查明了哪些案件事实，还有哪些案件事实需要查清，从而为审查判断证据指明目标和方向。（2）分析证据与案件事实的关系。证据与案件事实之间的关系相当复杂，包括因果关系、时间顺序关系、空间关系、条件关系，等等。办理案件的执法人员在对证据审查判断时，必须分析并查明案件涉及对象的各种关系，必要时，可以借助科学技术手段。

审查证据的合法性，主要审查收集证据的主体、程序和手段是否符合法律规定，证据本身是否具备法定形式。具体来说，审查判断证据的合法性主要从以下三个方面入手：

（1）收集证据的主体、程序和方法是否合法。我国三大诉讼法对各种证据的收集主体、程序和方法都作了具体规定。证据的收集主体、程序和方法是否合法，直接影响着证据内容的真实性和证据的可采性，因而在审查证据的合法性时，应着重审查证据的收集主体、程序和方法是否合法。如果在证据的收集过程中，主体、程序和方法有一项不合法，即使该证据是真实的，也不具有可采性，不能被法院采信。

（2）证据是否具备法定的形式和完备的手续。我国民事诉讼法规定的证据有书证、物证、视听资料、证人证言、当事人陈述、鉴定结论、勘验笔录等七种；我国行政诉讼法规定的证据除与民事诉讼法规定的证据相同外，还有现场笔录。任何证据都必须具备上述形式之一，否则就不能作为诉讼证据。同时，各种形式的证据的取得还必须具备完备的手续，手续不完备的证据不具有合法性，不能作为定案证据使用。

总之，证据审查确定证据的合法性对于案件办理的成功和有效实施行政处罚起到至关重要的作用。另外，证据的审查还需要注意一定的方法和步骤，由于篇幅原因不再赘述。由于我国行政法学、行政诉讼法学的研究起步晚，目前行政法立法体系还不完善等原因，关于行政执法证据方面还有许多问题值得进一步商榷。

三、水行政执法卷宗的规范和完善

作者查阅了我局及区县局已经结案的执法卷宗二十余本。在诸位执法人员看似完美的执法卷宗里，我还是多多少少地发现了一些问题。诸位可以认为这是鸡蛋里挑骨头，因为在水行政执法法治进程中，就是永远不断的从鸡蛋里挑骨头的过程。水行政执法卷宗的完善与否，不仅仅是体现一种责任心，更是一种超越的进取精神。水行政执法卷宗涵盖了水行政执法案件的全部证据材料，卷宗材料的整理过程，事实上就是对水行政执法案件证据的审查，并按照法定的执法流程进行科学的编排。水行政执法卷宗的制作排序有其固有的规律，即按照水行政执法的流程进行有次序的排列。希望我局水行政执法人员制作的水行政执法卷宗，让人看来不仅仅是反映个案，而且一本说理性行政执法的教科书。为了加深印象，我不在一一指出问题所在，而是以下按照水行政执法流程分阶段为介绍执法卷宗的证据材料要求和编排顺序。

第一阶段　立案阶段

（一）案件来源，分为五种情形。

1. 检查工作中发现。属此来源的案件应作好现场笔录和有关人员（证人和当事人）的询问笔录，从而要对此案件来由情况有一个详细的交代。2. 根据举报。应作好举报人的笔录、填写举报记录表。3. 受害人申诉、投诉、控告。应作好有关人员的笔录并收好其所提交的有关材料。 4. 上级机关交办和有关部门移送。应办理交接手续并收好转交的材料附卷。5. 违法行为人投案自述。（要求同 2.3）

在整理上述材料的同时或之先应当如实填写《案件来源登记表》，对于不愿意留下姓名或者要求保密的应当在《案件来源登记表》中注明。并由受理案件来源线索的单位负责人决定是否需要进一步核查。

（二）《立案审批表》的规范填写。

对于核查后应当进行行政处罚的，需要立即填写《立案审批表》。

1. 当事人姓名（或单位名称）应当与身份证、《营业执照》或者其他有效证件上的一致，其他情况尽量写清楚，特别是电话、邮政编码和住所一栏。

2. 案发地是指违法行为发生地（包括行为开始地、经过地、实施地和危害发生地）——《行政处罚法》规定违法行为由违法行为发生地的行政机关管辖，所以此点应明确看出办案机构是否有管辖权。

3. 案件来源分五种情形。

4. 核查情况及立案的理由。简要写明对案件来源线索经过核查发现（掌握）的当事人有关行为以及涉嫌违反的相关法律、法规和规章（以看出其行为可能要给予行政处罚）——此段不要求详细，但基本要写清立案的侧重点。一般情况下可以表述为“×年×月×日，我单位（局、支队、大队）收到举报（或检查中发现）……（说明线索来源）。经核查，当事人存在的……行为，涉嫌违反了《中华人民共和国……法》第……条等相关规定，构成了……行为，应当进行行政处罚，为进一步查清事实，建议予以立案调查。”

5. 办案人员应填写两个以上，并将执法人员执法证复印件附卷备查。

6. 办案机构负责人意见由案件的承办机构的负责人签署。如“建议立案，并由×××、×××负责调查办理此案。请局领导批示！”的意见，并加盖办案机构的公章。

（三）报请立案。

办案人员填写好《立案审批表》并经办案机构负责人签字同意后，将《立案审批表》报分管局领导审批同意。此时应附案件来源的材料和有关的证据在后面。对特殊情况的案件在局长审批后还要报请上级水利部门审批同意。

（四）、立案阶段注意事项

1. 时效性。发现线索需及时登记，并搜集整理有关材料，核查后应在最短的时间内上报审批。因《行政处罚法》规定了违法行为行政机关“谁先立案谁查处”的原则，加上有些违法行为存在时间很短等种种原因，如果不及时立案将不利于开展进一步的调查取证，甚至可能会造成最后劳而无功的结果。

2. 管辖权。没有管辖权就不能立案这是基本原则。首先要分析案件线索（基本的违法事实）是不是属于水行政主管部门查处的职权范围；其次分析该违法行为发生地是不是在本单位管辖区域范围；接着要分析该行为发生大致时间或者该行为有无继续连续状态，是不是过了《行政处罚法》规定的两年追责期限。另外，还要根据有关法律特别规定以及上下级水利部门就某些类型违法行为的职责分工，分析所在水利部门能否查处该类型案件；

最后要分析该行为是不是情节显著轻微或者没有社会危害后果，不需要进行行政处罚采取其他方式也可达到纠正违法的目的，即分析有没有不需要立案调查的必要性。还有一点需要注意，对多个行政机关均有管辖权的同一案件，立案时遇到其他行政机关已经在我们之先进行立案查处，应当核查清楚具体情况再做处理。避免违反《行政处罚法》规定的“一事不再罚”的原则。

3. 立案事项不准确的处理。

立案阶段因为对发现的违法线索并没有做进一步核实调查，也没有太多的证据证明，故一般情况下，当事人是谁及其基本情况不是十分准确、客观存在的违法事实及可能违反的法律规定都不一定完全就是我们开始看到的和分析的那样。所以，如果在调查过程当中，发现违法主体（当事人）与立案时不一样，或者有所遗漏的需要重新立案或者补充立案。对于立案时初始认为其涉嫌违反的法律规定与最后处罚定性不一致的情况——即常说的“立案时的初始定性与结案后的最终定性不一致”情况，个人认为没有必要重新立案。因为在立案之初，没有太多的证据证明当事人的违法事实，我们无法预料或者推断当事人的一些具体情况，所以立案与结案时的定性不一致是很正常的现象。

4. 突发群体性事件先行处置。

执法人员在立案过程中，发现违法事项影响重大，应依法迅速向本机关、同级政府或上级机关汇报，并视情况先行要求行政相对人停止水事违法活动。

第二阶段 调查取证阶段

在水行政处罚案件一般程序中，这是一个最主要的阶段也是一个很难以把握要点的阶段。这一阶段是基于对立案时的案件来源线索情况所作的进一步了解，在这一阶段，应充分搜集证据材料以证明当事人有（或者无）违法行为。一般而言，应当查明的案件事实包括：1. 当事人的身份；2. .立案调查的违法事实是否存在；3. 立案调查的违法事实是否为当事人实施，是否还有其他当事人参与；4. 实施违法行为的手段、方式、社会危害后果以及其他情节；5. 当事人是否还有其他违法行为；6. 当事人的责任。比如当事人是否履行了相关义务、主观上有无违法故意或者属于疏忽大意等；7. 当事人有无法定应当从重、从轻、减轻或者免除处罚的情节；8. 与违法行为相关的其他事实。

简单总结可以用“五何”要素来概括要证明的违法事实。即何人、何时、何地、何事、何果。——是谁在什么时间什么地点从事了什么行为，该行为是如何实施的，并造成了什么危害后果。当然有时还需要证明当事人的主观目的和动机。

调查取证活动必须是有针对性且及时有效的，否则由于现实中，违法行为千变万化，证据有时难以固定，当事人出于对自身非法利益的保护而串供、隐瞒、销毁、伪造证据或者指使他人作伪证的现象屡见不鲜，所以及时取证显得尤为重要，不能由于调查取证迟缓给违法嫌疑人逃避制裁的可乘之机。否则，执法人员或执法机关有涉嫌渎职之嫌。

3. 全面取证的原则。全面包括两层意义，一是对当事人的违法事实相关的情况需要全面调查取证，包括能够证明当事人有无从重、减轻、从轻、免除处罚情节的证据，以及证明当事人没有违法行为的证据。这里需要特别提醒大家注意，在调查取证的过程中往往偏重调查相对人存在违法行为的证据，而忽略相对人没有违法证据或申辩，这是错误的。因为证据的收集必须是全面反映案件事实的活动，至于判定相对人有无违法行为则是在证据的审查阶段，而收集证据必须是全面的。二是对能够证明当事人有或者无违法行为的证据需要全面收集，而不能单凭口供结案。这也是目前作者所发现的执法卷宗调查取证的通病，关于相对人的违法事实的细节，完全凭当事人的陈述，而没有其他物证、书证相佐证。这明显存在“孤证定案”甚至是放纵违法行为之嫌。故此，无论是从惩治违法犯罪还是规避执法风险的角度考虑，都要尽量全面收集现场检查笔录、物证、书证、证人证言、鉴定结论等其他证据。

4. 顺查和逆查相结合灵活运用的原则。调查取证的顺序没有一个固定的模式，往往需要因人因事而为。有时是查找证据证明已经发现的线索，有时则需要根据案件在调查过程中出现的新证据、新线索去证明新的违法行为，有时需要根据推断（违法当事人可能存在什么行为、可能会在哪些方面留下什么证据材料或者可能下步会采取什么举动）而有针对性、有重点地开展调查取证。作为一个经验成熟的办案人员，在认真分析已有线索和证据情况下，应当对一个案件的违法行为可能存在的实施手段、表现形式具有很强的洞察力和预见性，更需要随时根据案件调查的开展情况适时调整调查取证的重点和顺序。经常听到有人抱怨“当事人不配合拒绝提供证据，案件无法调查下去”，其实很多情况下不一定当事人配合调查是执法人员能够顺利将案件调查终结的唯一方式。

5. 合理运用举证责任倒置原则。行政诉讼实行“被告（行政机关）承担举证责任”的原则，但对于某些案件，水行政机关可以依法告知当事人有提交相关证据的义务，并要求其在一定期限内进行举证。当事人无正当理由拒绝提交的，将承担举证不能的不利后果。《最高人民法院〈关于行政诉讼证据若干问题的规定〉》第五十九条规定被告在行政程序中依照法定程序要求原告提供证据，原告依法应当提供而拒不提供，在诉讼程序中提供的证据，人民法院一般不予采纳。

6. 办案人员应该表明身份出示证件。这一点相当重要！应当在询问之前向被询问人表明身份出示有关证件，而且必须在笔录开头应当将此情况如实记载并告知被询问人的权利和义务。

7. 询问技巧。关于制作调查笔录的询问技巧是一个长期实践不断提高的过程，不是三两天就能够一蹴而就的事。这与律师调查取证颇为相似，因为在实践中调查取证的一方在询问问题的时候往往存在思维定势，都是朝着利于调查者一方的内容询问记录。但从法理上讲，无论是执法人员的调查取证，还是律师调查取证都应该是客观、真实、全面的。询问技巧需要执法人员在实践中摸索，但我这儿有个简便易行的技巧给大家介绍一下。执法人员在做调查询问笔录之前，在向被询问人出示证件说明来意之后，不要马上拿出纸笔记录，一副公事公办的架势。而是先与之以唠家常的方式由浅入深地了解案情，等全面了解案情以后再行记录，在记录的过程中则省去了与本案无关的内容，记录完毕之后被询问人核实笔录之时保准是跟他说的一模一样，他也不会要求将他说的话全部写上。

在制作《询问笔录》的同时，对于被询问人的身份证明应当一并收集，比如身份证件、工作证等。对于当事人或者证人是单位的，除收集被询问人个人身份证明外，还应当收集单位的《营业执照》或者能够证明单位性质的其他有效证件（如《组织机构代码证》、《事业单位证书》等）、对被询问人开具的《介绍信》、《授权委托书》等。如果被询问人没有单位授权委托书，还应该在笔录上加盖单位公章和骑缝章。（这一点在收集其他证据时也应如此）

8. 鉴定结论。在水行政执法过程中不常用，总的要求就是要通过鉴定结论能够依法给当事人的违法行为准确定性！1. 抽样取证的真实合法。抽样的主体是否合法、抽样时是否当事人（或见证人）在场并签字盖章、抽样的方法是否科学准确、符合规定(比如样品的密封、当事人在封签上是否签字，抽取的样品是否有代表性，是否能够反映整体情况)。2. 鉴定单位是否是国家规定的权威机构，出具的鉴定结论是否真实可靠、能够依法作为证据使用。3. 样品应有三份，一份送检、一份办案单位留存备查、一份交被抽样人保管。

抽样取证后将样品委托有关机构检验鉴定时，一般应当完整填写《委托鉴定书》交有关机构，同时应当填写《送达回证》。在取回《鉴定结论》(《检验报告》) 时，还应当向鉴定（检验）机构调取该单位《资质证书》等材料——以证明该机构出具的《鉴定结论》(《检验报告》) 合法有效。

9. 勘验笔录和现场笔录

我们主要说的是怎样进行现场检查和如何制作《现场笔录》。现场检查也是水行政部门常见的一种执法活动，也是一种重要的调查取证方式。是执法人员依法对当事人涉嫌违法水事活动有关的财物及场所所进行的检查、清理活动。现场检查具有时间性强、客观性强、干预性强几个特点，应当做到及时快捷、全面客观、突出重点、有条不紊进行。也正因为客观性强的特点,《最高人民法院〈关于行政诉讼证据若干问题的规定〉》第六十三条关于“证据证明效力”规定“……现场笔录、勘验笔录、档案资料 以及经过公证或者登记的书证优于其他书证、视听资料和证人证言……”——即说明，现场笔录作为证据，在行政处罚中属于证明效力（对案件违法事实的证明力）较高的证据。

①检查前先分析现场情况，进行人员分工。先要明确指挥员，让每一个参加检查的人员在出发前熟悉案件情况以及检查重点目标，明确每个人在现场检查中的位置和职责。(谁负责检查水表、谁负责查看证照、谁负责制作《现场检查笔录》、谁负责法律文书、谁负责摄像和拍照、谁负责找被检查人谈话……)

②检查中临场互相配合，找准检查重点。进入现场后，检查人员要做到既分工又协作，齐心协力在现场指挥员的组织下，在控制现场人、财、物不走失的情况下抓紧时间、分头定位检查。根据现场变化情况，所有人员要灵活机动、互相配合“速战速决”结束检查。因现场检查对被检查人经营活动存在一定的影响性和干预性，所以检查人员应当严格约束自身的言行，稍有不慎将给被检查人合法经营活动带来负面影响，甚至会对正在进行的现场检查和以后的调查取证造成困难和被动。值得注意的是，在一般情况下，对于现场检查中一并采取了查封扣押等行政强制措施的，检查结束后，检查人员和所扣留财物应当尽快撤离现场。

《现场笔录》就是客观进行的现场检查活动用文字所作的书面记录。总的原则是客观真实，应让每一个没有参与现场检查的人看过后有如临其境的感觉。既要全面描述现场情况，又要抓住检查重点，但不要明白地用肯定语气表述被检查人违反了什么规定。有以下几个方面要求：

①《现场笔录》应当有出示执法证件，说明检查来意的记录。有两个以上人员参加了检查的记录。有告知被检查人相关权利和义务的记录。这点和制作《询问笔录》的要求一样。

②《现场笔录》应有条理，先看到什么再是什么——记录(可以用列 1.2.3.的形式表述)。

对于检查重点部位应当详细记录，被检查人和见证人有相关的意见也应当在笔录上予以记录。

③对于不好取得实物作为物证的可以拍摄照片和用其他方式固定。

④现场检查有时是配合录像、拍照、录音等方式一并进行的，这点在笔录上应有所体现。

⑤对于在实施现场检查时进行了抽样取证或者采取了行政强制措施的，在《现场笔录》上也要如实记录。

《现场笔录》上需要填写的“当事人”一般是指接受检查的个人和单位，即行政机关实施现场检查的相对方，而不一定就是立案查处的违法行为当事人！这一点在实际办案过程中许多人很容易混淆。

10. 视听资料是指以内载的图像、声音来证明案件情况的证据材料，比如摄影胶片、录音、录像、光盘、计算机数据等。行政执法人员调查收集计算机数据或者录音、录像等视听资料的，应当要求被调查人员提供有关资料的原始载体。提供原始载体确有困难的，可以提供复制件。提供复制件的，行政执法人员应当在调查笔录中说明来源和制作过程。声音文件应当附有该声音内容的文字记录。调查取证过程当中就视听资料产生的胶片、底片、光盘以及其他原始载体应当和案卷一并归档，并要注明制作方法、时间、制作人以及证明对象。

一般认为在调查中拍照、摄像应当尽量包含以下内容：1. 拍照摄像所在位置的门牌、店名、招牌、参照物等能证明违法地址的内容；2. 执法人员着制服实施检查、调查的镜头；3. 当事人以及在场人的镜头；4. 经营场所整体的镜头；5. 对于当事人的身份证件、有关合同协议、账单、凭据等重要资料而又不方便提取的证据，也可一并拍摄取证。

无论是照片、光盘还是声音文件的文字记录…都应当由提供人或者相关当事人签字确认。对于在互联网上下载打印的资料，作者认为需要找公证机关公证取证过程，才为妥当。

对于视听资料，需要特别强调的是，原始录音不得删减、剪辑，一旦原始录音、录像经鉴定被剪辑过，即丧失了证据的真实性。

11. 听证程序。

责令停产停业、吊销生产许可证，以及较大数额罚款处罚需要事先告知听证权利。申请听证是受处罚人的权利，而水行政执法部门则是保障该项权利的义务机关。所有拟高于听证数额的罚款处罚作出之前，都必须告知受处罚人申请听证的权利，受处罚人接到听证告知三日内不申请的，视为放弃听证权利。如果受处罚人申请听证的，执法人员如何去组织。实际上听证程序类似于准司法程序，一般组织听证的主持人由行政机关法制部门负责人担任，听证申请人、执法人员、听证主持人的座次基本与法庭座次相同，即主持人居中，听证申请人在主持人对面右侧，执法人员在左侧，听证过程与法庭庭审也类似，即主持人开场白说明听证的案件内容，当事人及代理人身份情况，宣布听证纪律，然后是执法人员宣读违法事实，调查证据，以及拟作出的处罚和适用的法律、法规。然而是听证申请人就是否存在违法事实、行政处罚作出的程序、适用的法律是否合法准确进行辩解。现行法律法规没有禁止听证申请人在听证过程中，进行举证和提交与处罚相关的证据材料。所以，在听证过程中，听证申请人的辩解意见应记录在案，提交的材料也应一并入听证卷宗。听证结束后，由听证主持人制作听证案件报告，其中包括听证过程，听证申请人申辩是否成立，以及对拟作出的行政处罚提出建议，供行政主管评议案件时予以参考。目前的听证程序不是独立的行政程序，组织听证的权利告知/通知，送达回执，听证记录一并入处罚卷宗即可。但同时建议行政机关法制部门留存听证卷中，以总结听证程序的经验。

12. 案件定性论证及处罚决定结论

卷宗应附执法人员整理的案件违法事实认定情况、证据证明情况，根据法律拟作出的行政处罚或不予处罚结论，报请局长签字。

第三阶段　结案阶段

1、法律文书的送达

符合法律规定的送达程序，是保证行政程序合法的程序性保障。行政机关的所有告知/通知义务的内容，需要以格式性法律文书来反映，而这些告知/通知义务的实际履行与否，都要靠合法的送达程序来保证。质量技术监督行政处罚送达方式如下：

（1）直接送达，即直接由受送达人签收法律文书，其中包括委托代理人，但委托代理人代收法律文书的，应持有委托人签发的授权委托书，且授权委托书明确授权签收法律文书。

（2）留置送达，留置送达是直接送达的辅助方式，如受送达人拒绝签收的，执法人员可由受送达所在的村委会、居委会或单位人员在场，说明情况后将受送达人拒绝签收的原因在送达回执上记录，并有在场人签字，并将法律文书送达到受送达人住所。

（3）委托送达，直接送达有困难的可以委托受送达人的所在单位等机关代为送达，实践中操作性不强，风险较高。

（4）邮寄送达，以挂号信或特快专递的形式向受送达人邮寄法律文书。事实上，邮寄送达往往是最常用的送达方式，方便快捷，且签收回执直接可以作为送达回执用。

（5）公告送达，公告送达的适用条件虽然是找不到受处罚人或受处罚人下落不明的情况下，但在实践中往往是直接送达拒绝签字，留置送达无人在场，邮寄送达又不明地址或拒绝签收的情况下就适用公告送达。

送达的注意事项：

直接送达情况下，受送达人签字必须与身份证名称一致，送达回执应由执法人员签字、受送达人本人签字、送达的法律文书副本应留存，最后注明送达日期。

留置送达应留存在场人的身份证复印件和联系方式，以备核实。

邮寄送达应向邮局索取签收回执，并在邮寄材料名称一览注明邮寄法律文书的标题或内容。

公告送达可在报纸上刊登公告送达通知，简短记载法律文书的内容，告知权利或处罚决定内容。公告送达的缴费凭证和刊登公告内容的报纸，可以作为公告送达的回执使用。自公告刊登六十日内，视为已经送达。

公告送达应谨慎使用，一般情况下应首先采取邮寄送达，邮件被退回后，才启动公告送达程序。因为公告送达程序适用存在“受送达人下落不明或者用其他方式无法送达”的事实前提，所以执法人员在保存公告送达缴费凭证、公告报纸的基础上，应将邮寄回退的信件或回执，作为辅助证据，作为采取公告送达方式合法性证据使用。

2、行政处罚决定的执行

被处罚人不能自觉履行，应提请执法机关所在地的法院执行部门依法对被处罚人进行强制执行。

3、行政处罚后的跟踪检查

在以往的执法实践中，作者发现大部分执法案件都是罚款了事，水行政执法机关应该关注后续是否办理了取水许可证，安装了取水计量设施等，而不仅仅是罚款。

浅谈水行政处罚法律文书的送达

水行政处罚实施过程中的送达是指水行政机关依照法定方式将法律文书送交当事人的一种行政执法活动，是查处水行政处罚案件中的一个重要程序。法律文书一经送达即发生法律效力。

送达，不仅关系到水行政执法机关与行政相对人双方的程序权利和实体权利的实现，也直接制约和影响着水行政执法的质量和效率。水行政执法机关作出的行政处罚法律文书，只有依照法定程序和方式送达当事人，才能发生法律效力。但是在具体办案过程中，时常会遇到个别当事人拒绝签收法律文书的情形。为此，笔者就如何有效送达水行政处罚（理）法律文书谈几点个人看法。

1 送达实践中遇到的问题

《行政处罚法》第四十条规定：行政处罚决定书应当在宣告后当场交付当事人；当事人不在场的，行政机关应当在七日内依照民事诉讼法的有关规定，将行政处罚决定书送达当事人。民事诉讼法规定的法律文书送达方式主要有：直接送达、留置送达、委托送达、邮寄送达和公告送达五种。在行政处罚送达实践中，行政机关在直接送达或采用民事诉讼法规定的送达方式送达法律文书时，通常会遇到以下一些问题。

1.1 直接送达存在的问题。

在办理水行政处罚案件实践中，时常会发生送达法律文书时当事人拒绝接收，有的虽然勉强接收，但拒绝在送达回证上签字或盖章；交与其同住的成年家属代收，家属往往也拒绝签收，导致直接送达困难。造成此种状况的原因:一是当事人或与当事人同住的成年家属法律观念不强，他们普遍存有抵触心理，认为在送达回证上签字就意味着要负法律责任，而拒收则可能减轻或逃脱责任，只要不收就不会有事；二是以拒收来表示对案件的不满，力求避免自己及家属成员到时承担法律责任。

1.2 留置送达存在的问题。

在直接送达无法完成时，执法人员通常采取留置送达，留置送达需要邀请当事人邻居或者其单位有关人员到场，但一般情况下，其邻居、有关基层组织或单位代表往往不愿惹麻烦，或者害怕当事人无理责难，影响关系而拒绝见证，不愿意配合执法机关的送达工作，借故推辞；或者即使到场，也不愿意在送达回证上签字。往往遇见邻居或有关人员以“不愿得罪人”为由推辞见证，许多见证人都有多一事不如少一事的心理，不愿到场，或者即便到场也不愿签名，导致留置送达困难。

1.3 委托送达存在的问题。

委托送达一般是在当事人不住在承办案件的行政机关所在地，而且直接送达有困难的情况下所采用的送达方式。其程序是，委托送达的行政机关将委托函、送达的法律文书及送达回证，寄送受送达人所在地的行政机关，受委托的行政机关收到委托送达的法律文书，由专人及时送交受送达人，然后将送达回证及时退回委托送达的行政机关。受委托的行政机关无法送达时，应当将不能送达的原因及时告知委托的行政机关，并将诉讼文书及送达回证退回。由于委托送达时同样会遇到直接送达和留置送达相同的问题，实践中水行政机关很少采用。

1.4 邮寄送达存在的问题。

实践中行政机关常采用邮寄送达的方式，邮寄送达存在以下问题：一是法律没有明确邮件中所含法律文书的种类；二是挂号邮寄送达未注明挂号邮寄的内容，遇到故意耍赖的当事人会抵赖说收到的不是法律文书；三是作为已经送达重要依据的是邮局回执，根据邮政部门惯例，邮寄挂号信件并不需要在信件递交收件人后向寄件人出具回执，办案机关只能通过邮件收据向邮局查询。以至于办案机关习惯于将挂号邮件收据作为送达凭证附卷。而挂号邮件收据并不等同于邮件回执，显然不能作为送达法律文书的凭证。此外，有些当事人因知道邮件内容而拒绝签收。

1.5　公告送达存在的问题。

根据《民事诉讼法》第八十四条规定，公告送达是在受送达人下落不明，或者其他方式无法送达的情况下才使用的送达方式。由于公告送达的公告期一般为六十日，时间太长，势必影响执法效能，破坏行政处罚案件的连贯性。此外，公告送达毕竟是一种推定送达，因此行政执法机关在行政处罚实践中很少采用。

2　对策和建议

现实执法过程中存在的“送达难”问题，直接影响了行政机关法律文书的生效和执行。对于上述水行政执法机关在法律文书送达中存在的问题，作者认为可以从以下几个方面予以完善。

2.1　运用技巧达到直接送达的目的。

直接送达时遇到当事人、其成年家属拒绝接收法律文书，或不愿意在送达回执上签名或者盖章，单凭送达人自己在送达回执上说明情况，显然不足以证明法律文书已经送达。遇到这种情况时，送达人可以对送达文书过程进行拍照、摄像、录音，将文书留置当事人住所，同时送达人在送达回执上注明送达情况并签名。这种以拍照、摄像、录音的方法将送达过程予以固定的送达方式便于操作，也可以有效防范恶意逃避法律责任，拒绝签收直接送达的法律文书。

当然在办案中最好是直接将法律文书送交当事人，这就要求办案人员有强烈的工作责任心和良好的业务素养，要善于做当事人的思想工作，讲究说话的艺术和方法，学会恰当地运用工作技巧，将法律文书送达给当事人。

2.2　邮寄送达宜采用特快专递寄送。

通常由于邮寄送达的邮件未注明邮寄的内容，在送达过程中会出现签收不规范现象，也会出现当事人接收了邮件却拒不承认签收的是何法律文书，从而造成行政法律文书无法生效。如果送达的是《水行政处罚听证告知书》，当事人就会以行政机关未告知其听证事项，剥夺了其应有的听证权利，违反了行政处罚程序规定而申请复议或提起行政诉讼。鉴于此，在邮寄送达时最好采用特快专递送达，在封面注明送达法律文书的内容，这方面可以参照人民法院快寄送达的邮寄范本。

2.3　引入公证送达取得良好效果。

所谓公证送达，是指在执法人员送达行政法律文书时邀请公证处的公证人员一同前往，一旦发生受送达人拒绝在送达回证上签收或有意回避签收的情况，由公证人员对受送达人拒签拒收的情况和送达事实作出公证书，以证明受送达人拒签拒收的行为，由公证人员现场在送达回证上签字作证，执法人员记明情况并将处罚决定留置在现场进而完成送达程序的方式。

公证送达其核心内容是由公证人员现场作证以证明送达程序完成的事实。公证送达具有快速有效且容易实施的特点，只要现场有两名以上公证人员签字作证，就可以完成送达程序而无需担心相对人拒收或有意回避，这样也就较好地解决了留置送达时因无人作证而使法律文书不能生效的难题。公证在我国诉讼中的效力问题，法律有明确规定，公证过的证据人民法院不需要审查，可以直接采用。

近年来，我局在查处水事违法案件和行政规费征缴过程中，时常采用公证送达法律文书的送达方式。如 2009 年在查处某公司未批先建一案时，我局在多次直接送达、邮寄送达法律文书当事人拒收、拒签的情况下，采用公证送达的方式先后向当事人送达《行政处罚事先告知书》和《行政处罚决定书》。公证送达时，由两名公证人员及两名办案人员一同到被处罚当事人单位，现场将法律文书交给该单位相关工作人员，相关工作人员接收了文书，但拒绝在送达回证上签字，公证人员对接收法律文书及拒签情况作出公证书，证明上述送达过程在公证员监督下进行，从而完成了送达程序。近年来，凡是遇到当事人拒收法律文书的情形，我局多次采用公证送达的方式，收到良好的送达效果。有的当事人收到法律文书后自觉履行了义务；少数当事人拒不履行，处罚（理）决定生效后我局申请人民法院强制执行时，公证送达程序均得到法院的认可。

浅谈水政人员在水行政执法中应掌握的几个基本要素

加强水政水资源工作管理，不但要正确掌握执法程序，宣传学习基础法律，而且对新颁布的每一项水法规都要进行认真研究，全面掌握，只有这样才能达到敢于执法，善于执法，正确执法，以确保水法规的顺利实施，为水利事业改革与发展保驾护航。依法行政，依法治水，执法是关键，水政监察员的良好素质和较高的业务水平更是有效执法的有力保障。虽然水政监察员都经过了上岗培训，执法能力有了一定提高，但不可否认，在当前水行政执法的实际工作中，部分水政监察员的业务功底与时代的要求还有一定差距，执法能力仍不能适应水行政执法工作的需要。为进一步提高水行政执法水平，水政监察员在水行政执法中还应掌握以下几方面内容。

一、水行政执法要力求规范性

水政监察员必须注重自身形象，做到言行规范。首先水政监察员要做到用语规范，文明用语诸如“你好”、“请”、“谢谢”等的使用，既能让行政管理相对人和被调查人感受到人格的尊重，又能体现水政监察队伍的良好素质；同时水政监察员要做到行为规范，包括政治行为规范、廉政行为规范、职业道德规范、业务行为规范和行政行为规范。在执行公务和参加重大集会等有关活动时，应按规定着装并佩戴标志，调查案件时，要有两名以上人员参加，出示执法证件，表明身份，如果与违法当事人有直接利害关系的应自觉请求回避。水政监察员的一言一行，一举一动，代表着水行政机关的形象，如果水政监察员不以规范的言行约束自己，会既损害水政监察队伍自身的形象，又影响与群众的关系，水行政执法也难以取得最佳的社会法律效果。

二、水行政执法应确保公正性

所谓公正，就其词义是指公平正义，不偏不倚，它要求对同一类型、轻重的水事违法行为，不论行为人是谁，应作出同样的处理，不同情况不同处罚，不能畸轻畸重。水政监察员应将水事违法行为性质、影响、危害后果的考虑放在首位，把外部环境对执法的干扰降到最低程度，依法独立行使水行政执法权，秉公办事，公正裁决，既要维护正常的水事秩序，打击水事违法行为，又要切实维护公民、法人和其他组织的合法权益，赢得水行政执法相对人的信赖与支持，树立水政监察队伍的良好形象，充分体现我国社会主义民主法制的神圣与尊严。

打铁还需自身硬，要做到公正执法，水政监察员首先要不徇私情，破除牟利思想，不为利所缚，不吃拿卡要，不接受违法当事人及其亲属的财物和馈赠，不接受案件相关人员的宴请，把好“人情关”，杜绝“人情案”。同时，要克服执法心理障碍，正确对待行政复议、行政诉讼和行政赔偿等制度，不能因为怕自己的执法决定被复议，怕本机关当行政诉讼被告，怕自己的执法行为后果遭到行政赔偿而出现执法疲软现象，必须客观公正地适用法律法规，充分体现水行政处罚与水事违法行为“过罚相当”的处罚原则，避免滥用职权，摒弃执法畏难心理。

其次，水政监察员要坚决抵制权大于法的“人治”现象，树立法大于权的“法治”观念，不畏权势，对有关部门的行政干预和地方保护主义的干涉要迎难而上，敢于叫真碰硬，不怕打击报复，不为权所动，在法律所赋予的职权范围内充分履行职能，切实打击水事违法行为，有效维护正常的水事秩序。

三、水行政执法必须准确性

受理立案准是前提。受理案件时，水政监察员要通过初步调查对案件的性质予以认定，对非本职权管辖范围的案件应及时移交有管辖权部门调查处理，对触犯刑律的案件应及时移交公安、司法机关查处，对于有法定免责情节的不予追究法律责任。对于认为有违反水法律法规的事实，需要追究法律责任，符合法律追究时效，且在职权管辖权限内的水事违法案件要及时立案调查。

事实证据准是根本。违法事实必须具备七个要素：即何时、何地、何人、何因、何果、何种目的，各要素内容的调查要全面、真实、准确，对违法当事人要分清主次，划清责任，以便查明违法事实，查清违法当事人。违法事实要以相应的证据佐证，证据必须符合四个基本特征：即客观实在性、合法性、关联性和目的性，水政监察员要准确的地收集、审查和有效地运用证据，收集证据时要符合法律法规的要求，取证必须履行必要的法律手续，收集的证据要形成证据链，环环相扣，为防止伪证假证的出现，应尽量取原证；审查证据时要进行分析判断，鉴别真伪，分析证据之间有无矛盾，不同人之间的证据是否一致；运用证据时要确认其与水事违法案件事实之间的关联，以确定其证明效力。

执法程序准是保证。《水行政处罚实施办法》对简易程序、一般程序和听证程序都作了明确规定，但因为水事违法案件存在着不确定性复杂性，有时水政监察员会忽视案件程序，造成处理案件程序上的疏漏，使案件无法圆满解决，甚至引起水行政机关在行政诉讼中败诉的严重法律后果，因此，水政监察员依法办案时，从受理立案到结案必须按照法定方式和步骤办事，所有必经的法定程序都不可忽视。

行政处罚准是关键。首先要对水事违法案件定性准，水政监察员要全面分析违法当事人的违法动机、违法手段和违法后果，正确确定案件性质，为实施水行政处罚创造条件；其次要做到适用法律准，适用的法律既包括违法当事人违反的法律规定，也应包括实施处罚的制裁条款，适用法律依据要正确标注条、款、项、目，防止适用已失效或未生效的法律法规，对规章的适用要特别慎重，要审查该规章本身是否和法律法规冲突，要注意水行政处罚必须与违法事实之间有必然性和关联性。

四、水行政执法应当合法性

合法与否是衡量水行政执法行为是否有效的主要标准，主要包括四个方面的基本内容：一是水行政执法机关及其水政监察员自身应当合法，即水行政执法机关应当是依法成立并享有法律法规赋予执法权的水行政机关，其对水事违法案件的受理应当有管辖权，水政监察员的执法权利不得超越法律的授权或在没有法律授权的情况下实施具体行政行为；二是程序应当合法，水政监察员要特别注意实体与程序的平衡问题，转化 “重实体、轻程序”不按法定程序办事的观念，水行政执法过程中的各个环节，都应严格按照法律规定的程序和期限办理；三是法律依据应当合法，应以现行有效的法律法规为依据，凡是与上位法相抵触的下位法都不得作为行政处罚的依据；四是程序应当合法，防止因程序不合法导致水行政处罚失去法律效力。总之，合法性要求水政监察员必须认真履行好法律法规赋予的职责，按照法律规定，依照法定程序，在法定权限内对水事违法行为进行处理，真正做到有法必依、违法必究、执法必严。

准确、合法、公正、规范是水政监察员执法办案中不可或缺的四大基本要件，很好的把握这四个方面基本要求，对提高水政监察员执法水平和执法效果必将起到积极的促进作用。同时，法律文书的制作和运行也必须规范。从立案、调查、取证，到作出处罚决定，每一个环节都有相应的法律文书，都必须实施跟踪制作和运行。规范制作和运行法律文书，直接关系到水行政执法的准确性和严肃性，体现水政监察队伍的综合素质和执法水平，但在水行政执法实践中，部分水政监察员却往往在思想上不够重视，以致文书内容和文书格式各种各样，有的填写不规范，有的归档不统一，有的不按程序要求和有关规定送达文书，凡此种种都会最终影响水行政处罚决定的有效实施。水政监察是掌握和行使依法行政执法的权力、权利就是责任，管理就是服务。为人民服务，是监察队伍的第一职责，是水政人员精神的第一要义。要坚持以让人民满意为根本标准，树立与科学发展观相适应的正确政绩观，增强贯彻执行党的基本路线、方针、政策的自觉性和坚定性，为了推进依法行政，弘扬和具有时代特征的水政监察队伍，才能有效推动基层水行政执法工作，促进基层水行政管理工作健康有序发展。

水行政执法文书制作易出现的问题与文书规范

摘要：一是个别案卷认定主要事实无证据佐证或证据不充分。如对事实的认定仅有执法人员的主观评价，而没有现场勘验、检查笔录、现场照片或其他证据的佐证。二是证据种类相对单一。三是证据收集有瑕疵。

关键词：水行政执法；文书规范；证据

这两年，河南省水政监察总队每年组织几期水行政执法案卷评查，其中优秀案卷占案卷评查总数的25%；合格案卷占案卷评查总数的61%；不合格案卷占案卷评查总数的14%。

一、主要存在着问题：

（一）事实、证据方面。一是个别案卷认定主要事实无证据佐证或证据不充分。如对事实的认定仅有执法人员的主观评价，而没有现场勘验、检查笔录、现场照片或其他证据的佐证。二是证据种类相对单一。一些行政处罚案卷偏重采用调查（询问）笔录作为定案证据，对其他种类证据收集不够全面。三是证据收集有瑕疵。个别案卷照片复印件来源不清，即未注明出处、取证日期。

以下重点介绍证据无效或不当和证据相互矛盾的问题：

证据无效或不当：

（1）定性处罚依据是已废止的法规和规章。

（2）将县级政府的规范性文件作为定性处罚的依据。

（3）复制件上无提取人、提供人签名，或提取人只有一人签名。

（4）照片证据未注明拍摄时间、地点、拍摄人。

（5）同一书面证据上的证据提供人名称不一。如证件复制单说明栏内容为"该复制件由举报人王明提供"，但该复制件提供人签名却是“张三”。

（6）书证复印件未按要求，让提供人写“经核对，与原件无误”。

（7）传真复印件无来源和取证时间。如未保留传真件上的“From……”等字样及传真日期、时间等内容，很难看清传真件的来源和取证时间；

（8）身份证编号错误。如某当事人身份证编号为34012278014743，可其出生日期是1978年10月14日。

（9）以与案件有利害关系当事人作见证人。

（10）向接受调查的被委托人调查取证时，未提取其身份证复印件。

（11）《询问笔录》中涂改处未按规定让当事人摁上手印或盖章确认，而是由办案机构加盖校对章确认。根据《行政处罚文书使用手册》的规定：“笔录中有漏记、错记，应允许被询问调查人员补充或更正，并应让其在补充或更改处盖章或摁上手印。” 而办案中，有的办案人员未执行该规范。

证据相互矛盾：

（1）作案时间矛盾。

（2）执法人员名称矛盾。如某案抽样记录称执法人员甲、乙和当事人一道随机抽样，而在该记录上签字的执法人员却是丙和丁。

（3）当事人住址矛盾。《处罚决定书》称当事人“现住河南省安阳县陆集镇”。可调查报告却称当事人现住安阳市北关区天阳供销社大院内。

（4）物主证据矛盾。如某《询问笔录》第 1 页当事人称自己收购了 3 辆报废汽车，其中有 1 辆是三轮车。而该询问笔录的第 2 页在询问结束后又另加了一段话说明：“三轮车为别人停放的，不是我收购的。”到底三轮车的物主是谁？未作进一步调查确认。

（5）企业名称矛盾。如某书面证据左边的中国代理为世纪国际皮具有限公司，右边为新世纪国际皮具有限公司，二者名称不一，究竟是何关系没有说明。又如《处罚决定书》上的当事人是“县天麒农业科技发展有限公司”，而检验报告、立案审批表、现场检查笔录、抽样取证记录和罚款收据上的当事人则是“县植物医院”。

（6）证据名称矛盾。证据说明栏称：提取的是营业执照，但实际复制的却是当事人的身份证。

（7）处罚项目矛盾。《行政处罚决定审批表》对当事人的处罚决定是责令立即停止取用地下水；罚款 20000 元。而《处罚决定书》中的处罚决定却变成了仅罚款 20000 元。

调查取证方面存在的主要问题：调查取证能力需进一步加强，个别案卷复印件来源不清，既未注明出处、取证日期，也未在复印件上面注明与原件核对无异；行政处罚所收集的证据材料基本是证明违法行为发生的证据，对反映当事人违法行为的具体情节、主客观原因、社会危害程度等证据材料收集较少。部分案卷的询问笔录中，执法人员的询问不够全面、具体，内容表述不够规范、准确，逻辑关系不强。

主要问题有：

（1）缺当事人基本情况的证据

当事人基本情况的证据十分重要。如其组织形式，究竟是法人还是其他组织，是公司法人还是非公司法人，是合伙企业还是独资企业，关系到能否独立承担法律责任；又如当事人的住所和现居所，关系到如何送达法律文书方为有效；再如，自然人违法时的年龄和精神状况，关系到该行为人是否具备行政法律责任能力，是否应当处罚或从轻、减轻处罚。自然人是否文盲，关系到制作询问笔录或送达法律文书时是否应向其宣读并记录在案。

目前，这方面的调查取证问题不少。如当事人是自然人的，未查清其年龄、住所或现居所和文化程度，是否是个体工商户以及登记注册事项等基本情况；当事人是法人或其他组织的，未查清其注册时间、注册号、法定代表人或负责人、住所或经营场所、组织形式等注册事项。有的则未查清当事人是否具有经营主体资格。如某无照经营案件，只在《现场检查笔录》中记明“未发现营业执照”，案卷内询问笔录等证据材料均未调查当事人是否有营业执照。又如《处罚决定书》认定违法主体是由集体性质变为个人独资性质的企业，但卷内企业登记资料中无个人独资性质的成立时间记载，当事人询问笔录中也无这方面的记录。

（2）缺违法行为是当事人所为的证据。

如《处罚决定书》认定某建筑安装工程有限公司为违法主体，但《现场检查笔录》记载的当事人以及现场拍摄的户外广告照片显示的都是某房地产开发公司，被询问人也是受该公司全权委托处理此事的该公司项目经理，卷宗内没有任何证据证明违法行为由建筑安装工程有限公司所为的证据，也无该公司可以替代房地产开发公司承担行政违法责任的证据；又如《处罚决定书》认定的违法主体是某自然人，但案卷中收集的证据只能认定违法主体是某镇卫生院门诊部；再如余某以供销分社的营业执照从事违法行为，办案机构认定供销分社为违法主体，但办案人员未向余某提取承包经营协议书等相关手续。

（3）缺案件来源证据。

如《处罚决定书》称，根据群众举报查处该案，可案卷中无举报记录。

（4）缺作案时间、地点的证据。

发案时间、发案地点与违法行为的发生时间、发生地并不一定相同。根据《行政处罚法》的规定，除法律另有规定外，行政处罚由违法行为发生地的县级以上行政机关管辖；自违法行为发生之日起两年内未被发现的，不再给予行政处罚。另外，法律、法规和规章都有生效日期、修改日期和失效日期的问题，直接关系到个案的选择适用。因此，违法行为的发生时间和发生地是必须查清的案件事实。目前，这方面的问题在调查取证中没有引起足够的重视。如有的案卷中只有案发时间和案发地点，而无违法行为的发生时间和发生地。

（5）《处罚决定书》的定性依据和《行政处罚决定审批表》的不一致。

《处罚决定书》与《行政处罚决定审批表》上的定性依据，应按适用法律的一致性原则，无条件一致,可有的办案人员却擅自更改，如《处罚决定书》的定性依据是《水法》，而《行政处罚决定审批表》上的定性依据则是《防洪法》。

（6）缺罚款数字依据。

《处罚决定书》上罚款数额的依据应是案件审批表上的相关数字。案件互审中，却发现有的案件并非如此，如《处罚决定书》的罚款额是25000元，而《行政处罚审批表》的罚款额则是30000元。

（二）法律适用方面。

一是案卷中没有注明法律、法规、规章依据。二是有些法律文书书写简单，适用法律条款不完整。

1. 适用法律不完整。如《立（销）案审批表》中的立案理由部分，只适用实体法，即某行为违反了哪项法律、法规或规章的规定，未适用程序法，正确的适用规范应为既适用实体法，又适用程序法。

2. 定性依据和处罚依据不衔接。

3. 规避法律或法定依据。如定性依据是《水法》，而处罚依据除《水法》，还适用了《防洪法》。

4. 适用法条不具体、不明确。如《处罚决定书》没有明确指明适用哪一款。

5. 擅自改变法条内容。

6. 擅自不执行并处条款。如《产品质量法》第五十条规定："没收违法生产销售的产品，并处违法生产销售产品货值金额百分之五十以上三倍以下的罚款；有违法所得的并处没收违法所得。"可有的案件在适用该条款时却只"罚"不"没"。

7. 擅自添加法律内容。如告知当事人有权陈述、申辩的法定依据是《行政处罚法》第三十二条，有权要求听证的是《行政处罚法》第四十二条。而有的《行政处罚告知书》或《听证告知书》却将"有相关法律规定"等实体法作为告知的法定依据。

8. 依据无明确授权的法规采取强制措施。

9. 有的法条明确规定，"如果其他法律、法规有规定的，从其规定。"但具体适用中，却出现其他法律、法规有规定的，执法人员不适用。

10. 对违法竞合行为，转致处罚依据不规范。如某案将定性处罚条款表述为"构成了

《消费者权益保护法》第五十条第二项行为，违反了《产品质量法》第三十九条规定，属销售不合格商品违法行为，依据《产品质量法》某条特作如下处罚：……”就不妥，不妥在引用了《产品质量法》第三十九条属于多余。本案属于违法行为竞合，正确的表述应为：“构成了《消费者权益保护法》第五十条第（二）项规定，属于……行为，依据《消费者权益保护法》第五十条规定，转致适用《产品质量法》第五十条规定……”。另外，也可直接适用《产品质量法》的相关条款定性处罚。

（三）程序方面。

一是有些决定书的作出超出了法定期限。二是案件未依法履行告知义务，或者履行告知义务有瑕疵。三是案件没有当事人的申辩、陈述内容的完整记载，也没有放弃陈述、申辩的记载，不能反映当事人的陈述、申辩权是否得到保障。四是案卷中普遍没有注明执法人员的执法证件号码或是缺少证件复印件；五是处罚案卷的调查询问笔录中无向当事人出示执法证件记载。

当前程序执法上主要有以下问题：

1. 未亮证执法。执法人员现场检查时没有出示证件，表明执法身份。

2. 乱填询问时间。如某擅自取水案由于主观随意乱填办案时间，致使同样办案人员在同一时间出现在两个询问现场。

3. 同时询问两个当事人。根据《工商行政管理机关行政处罚程序暂行规定》(以下简称《规定》)第十九条的规定，“询问应当个别进行”，而有的同一份《询问笔录》中有两个当事人签字。

4. 询问笔录未逐页让当事人签名。《询问笔录》“经核对无误后，由被询问人逐页在笔录上签名或者盖章”，而有的笔录未逐页让被询问人签名。

5. 就地封存的违法物品让当事人保管，未让其出据保证书。就地封存物品由当事人自己保管的，应当由当事人出具保证书，而有的执法人员未照此办理。

6. 未依法履行审批手续。其表现：

①已结案件的《立案审批表》中的“局领导意见栏”为空白，表明该案件未经局领导批准立案。

②采取登记保存等强制措施未按规定报局长、分管局长审批。

③《处罚决定书》决定罚没 3700 元，而罚没收据只有 2500 元，尚有 1200 元没有执行，卷宗内无缓缴的相关手续。

④“解除行政强制措施，应当经局长批准”；在行政强制措施解除后，将由办案机关或第三人保管的物品交与当事人时，水行政机关应制作对依法查扣物品进行处理情况的书面记录。现实办案中，有的执法人员未依法履行上述手续，如打井设备返还未办理审批手续，未下达返还通知。

7. 文书应盖公章而未盖。如《立案审批表》中，承办机构意见栏没有加盖办案机构公章。

8. 程序倒置。其表现：

①根据相关规定，“行政处罚决定审批表是已经调查终结，由承办人员写出主要案情及处理意见并由核审机构进行核审……的内部性文书。”这表明行政处罚决定审批表的日期不能在调查终结报告的日期之前。然而，有的案件在这方面却反其道而行之。如某案的《调

查终结报告》的落款日期是7月6日，而行政处罚核审日期却是7月5日。

②应先制作处罚决定书而后送达，而案件互审中发现有的案件并非如此。如《处罚决定书》制作时间是9月23日，而《送达回证》的送达时间和当事人签收时间是9月22日。

9、剥夺当事人的陈述、申辩权。如某案6月22日送达行政处罚告知书，当事人未声明放弃陈述、申辩，且三日期限未满，就于6月24日下达处罚决定书，并于6月25日送达当事人。

10、下达《行政处罚告知书》，未制作送达回证。

11、《送达回证》未注明收件人和当事人的关系。《送达回证》的“受送达人”一栏，填写该文书所指的当事人的姓名或名称；“备注”一栏主要是记载送达过程中出现的情况，如文书是由当事人以外的其他人签收的，其中的缘由；当事人拒收的情况等内容。而有的执法人员对当事人以外的人签收送达回证，未注明收件人与当事人的关系。

12、告知的罚款数额与案件处理审批表上罚款数额不一致。如告知罚款100元，而案件处理审批表中批准的罚款是1000元。

13、未交待申请复议权限。

14、超前罚没。如《处罚决定书》的送达日期是2012年8月16日，而代收罚款收据的开票日期是2012年8月15日。

15、同意当事人分期缴纳罚款时，没有使用《分（延）期缴纳罚（没）款通知书》。

16、违章处理物品。其表现：

①根据《行政处罚法》第五十三条第一款的规定，没收的物品应当依法拍卖或按有关规定处理，然而有的执法人员却自行处理。

②没收物品和处理物品无物品没收单和物品处理记录。

（四）文书制作方面。一是勘验、检查笔录制作不规范，没有客观、准确、完整地记录，而是加入了主观评价或是仅记录了存在的主要问题。二是案卷中缺少送达回证，或送达回证上无单位印章、无送达时间、执法人员备注不规范等。三是表述错误。①符号或字体使用不当。如：处罚决定书年份括号应当使用六角号“〔 〕”，而不少单位却使用方括号“［ ］”；《处罚决定书》的字体未按《国家行政机关公文格式》（GB/T 9704—1999）的规定使用3号仿宋字。②名称前后不一。如《现场检查笔录》“检查人”栏注明的检查人员姓名和尾部检查人员签名的人不一致；

调查终结报告中，当事人名称前后不一致。按照证据统一性的原则，当事人的称谓必须前后一致，不得前面用企业字号名称，后面用企业负责人姓名。而有的文书前后矛盾，如首部当事人是某有限公司，尾部当事人又变为汤某。

③定性或告知违法事实的表述错误。

如《行政处罚告知书》告知当事人的均是已经确认的违法事实，可有的告知书却使用了“涉嫌”一词。

④证据形态表述错误。如某《处罚决定书》称：“有违法事实的物证在卷”，但翻遍案卷既无实物，又无照片，无物证可言。

⑤期限表述错误。如：误将复议期限60日写为15日。

《处罚决定书》中申请强制执行期限表述有误。《中华人民共和国行政诉讼法》第六十六条规定：“公民、法人或者其他组织对具体行政行为在法定期限内不提起诉讼又不履行的，行政机关可以申请人民法院强制执行。”由此可见，申请人民法院强制执行，应在当事人接到处罚决定书之日起三个月后。然而，有的执法人员对此理解片面，在《处罚决定书》尾部交待诉权时称：“当事人应自收到本决定书之日起十五日内到……缴纳罚款。逾期我局将依据……申请人民法院强制执行；”有的《处罚决定书》则称：“当事人应自收到本处罚决定书之日起，十五日内……缴纳罚款，逾期……加处罚款，同时申请人民法院强制执行。”这里的“逾期”和“同时”表述不妥，容易使人误认为是当事人自收到处罚决定书之日起第十六天就可以申请人民法院强制执行。实际上，如当事人既不申请复议、诉讼，又不履行处罚决定的，强制执行的时间应在当事人的三个月诉讼期届满后，方可申请人民法院强制执行。

⑥处罚告知的用语不当。如：《行政处罚告知书》的告知内容是准备对当事人作何处罚的意见，可有的办案人员却将“拟”作出写成“决定”作出。

（五）归档装订方面。行政执法案卷制作、归档需进一步规范，个别案卷存在材料大小不一、新旧文书混用等问题。有的单位卷宗编号、卷皮制作、目录填写、文书排列、页码编序不规范，甚至有些卷宗无页码。

（六）结案标准方面。由于大多数案件水利部门都无强制执行权，所以对当事人不能按期履行处罚决定书内容的案件，在复议、诉讼和催告履行期届满后，均及时向有管辖权的法院申请强制执行，但由于法院担心案件执行率问题，常常不出具案件受理通知书，致使水行政处罚案卷中缺少法院受理的书面凭证，行政权向司法权移交的书证缺失。办案人员对结案标准的认识存在分歧，一种意见认为，只有法院将行政处罚（处理）决定书载明的内容全部执行完，该案件才能结案；另一种意见认为，只要行政机关按期向法院申请强制执行，法院受理，行政权向司法权移交就认为可以结案。

二、办案过程中常见问题

1. 进行检查和调查不出示检查证件或者少于两人。

2. 如何按证据互相证明（证据链）的原则开展调查取证心中没有底、分不清调查取证的先后顺序。

3. 什么时期、什么案件、什么情况下对什么人员需要了解什么、可以且应当采取什么行政强制措施不清楚。

4. 不及时报请立案、采取行政强制措施事先不报请局长同意。

5. 制作笔录时，不如实记录被询问人的陈述。

6. 证据材料和文书签名盖章不齐全。

7. 不及时将有关法律文书送达，甚至不告知当事人依法享有的权利和义务（如：不将行政处罚告知书和听证告知书送达当事人，从而剥夺当事人的陈述申辩权、听证权）。

8. 对告知文书送达后当事人没有在期限内提出陈述申辩和听证的不及时制作《行政处罚决定书》；

9. 对案卷材料特别是对证据不按先形式后内容进行全面的审查，在事实不清、证据不足、适用错误、程序违法、定性不准、存在逻辑错误的情况下仍然报送结案。

10. 作出处罚决定时，在自由裁量权内随意性较大，不能充分体现公平、公正的原则，处罚结果与违法情节脱节，有时在相同案件对比时明显显失公正。

11、字迹潦草、卷面不整齐、不及时开具罚没收据、不及时掌握处罚决定的执行情。

办案的根本就是办证据。在理论上，所有的案件都有可能受到司法审查，也就是行政诉讼。我们常常说要办铁案，经得起诉讼的才是铁案。而打官司就是打证据。根据法律规定，行政机关进入诉讼程序一般情况下是不能再去收集证据，所以所有的证据都必须在办案过程中加以取得。当前行政机关在办案中收集证据主要在现场检查和制作询问笔录中完成。现在有一句话很流行，就是“细节决定成败”，而在办案过程中执法人员应争取做到“四清”“五会”，即“依据清、程序清、事实清、思路清”；“会发现案源，会询问，会固定证据，会做思想工作，会协调内外关系”。

关于水行政执法规范与技巧的探讨

虽然水利执法取得了显著成效，出现了良好的发展势头。但是，应当看到存在的问题和与依法行政要求相差的距离。一是执法人员的素质和能力问题。二是没有水利执法的实践和经验。有的长期从事水利管理业务，有水利管理经验而没有执法经验，能发现违法行为，但不知道如何去处理；还有既没有水利管理经验，又没有执法经验，既不能发现违法行为，也不知道怎样处理。三是审理程序、送达、调查取证不规范。法律法规和规章对案件的审理、送达和文书签发，从全国范围来看，无统一的规范，在形式、程序和内容方面存在混乱现象。四是在法律、法规与规章的适用上，有适用不准确，甚至错误现象。五是调查取证工作有时找不到切入点，方法简单，缺乏驾驭局面的能力。六是水利执法用语不规范，有时态度粗暴蛮横，缺乏亲和力等。

为了解决水利执法工作中存在的问题，纠正执法不规范现象，笔者借鉴了其他先进地市水利执法的经验和教训，对照法律法规的规定和依法行政的有关规定，试图探讨解决立案与受理、法律文书签发与法律效率、法律文书送达和语言技巧、身份表明和执法文明用语、调查取证的切入点与艺术、法律的适用性和准确性、执法人员的素质和能力问题。

一、规范立案与受理程序问题

水事违法案件的处理程序，有简易程序和一般程序之分。一般程序要经过立案、审理、合议、决定、送达等环节。简易程序则为执法人员当场处罚的程序。然而，在水事案件发生时，对立案和审理的先后顺序，却有不同的做法。有的案件一发生，先行立案，再进行调查，即先立后审。有的案件一发生，先调查后立案，即先审后立。

在实际执法中，当接到举报案、移交或检查发现案件后，组织两名以上执法人员，赶赴现场，对违法案件危害程度、行为造成的影响进行现场认定。当违法行为的危害较轻，执法人员根据《行政处罚法》的规定，按照简易程序，当场对当事人进行处罚。认定违法行为危害程度较重和影响较大时，并符合水事案件立案要件，则进入一般处罚程序。调查取证，填写“水事违法案件立案审批表”，执法机构负责人签署意见，报主管领导批准立案。既克服人为的盲目性，正确地认定违法行为准确性，坚持以事实为依据的客观性，减少案件诉讼败诉的可能性。如果说先立后审，则在对违法行为没有做正确的客观判定，或危害程度不能准确确定时进入处罚程序，缺乏客观性，存在随意性和主观性。因此，在实际执法中应当坚持先审后立。

二、签发资格和法律效力问题

行政处罚法对行政执法的主体和程序有明确的规定。但对立案审批、处罚告知、听证告知、处罚告知和处罚决定的签发资格，没有明确的规定。

一是执法文书的签发资格。一般的执法文书是指立案审批、听证告知、处罚告知及有关送达等文书，由水行政机关的法定代表人，或依法委托的执法机构的负责人签发。二是文书签发的法律效力。只有行政机关的首长签发的法律文书才具有法律效力。水行政处罚决定书只有行政机关的法定代表人签发，才具有法律效力，其他人签发无效。三是对于具有重大影响，危害程度重大的违法案件，执法机构负责人审理，提出立案建议，局长（或局长委托的主管局长）签署意见。对于一般违法案件，由执法机构副职或办案人员，提出立案建议，执法机构负责人签署意见。

三、送达方式与技巧问题

水行政违法案件经过立案、调查，要做出处理之前，按照《行政处罚法》的规定，应当告知当事人听证、处罚内容。送达程序是领导签字、送交当事人、填写送达回执。送达方式有直接送达、留置送达、邮寄送达、公告送达等。水行政执法中常常根据当事人的收受态度，决定送达方式。1、态度较好的，当事人同意签字的，直接送达；2、对于当事人态度蛮横，有暴力倾向的，采用留置方式送达避免意处事故发生。3、邮寄送达。对于大型企业或门卫难以逾越的单位，最好采用邮寄方式。邮寄又有普通邮寄、挂号邮寄、特快专递。采用挂号或特快专递对执法送达比较有利。一是有时间保证；二是保证有签收。4、公告送达。向法院发布公告一样，利用新闻媒介为载体，登载告知的内容和权力，限定时间，逾期视为放弃听证、申辩或复议、诉讼权力。

特别应当强调的是，在送达回执上要记录当事人所说的内容，执法人员现场签字。

四、执法语言规范问题。

语言表达方式有肢体语言和口头语言之分，水利执法人员也不例外。

语言的规范和优美是影响水利执法过程和结果的重要因素。

一是要规范肢体语言。肢体语言也是传达信息的方式之一。一个动作、手势、表情都会帮你表达信息，帮执法人员沟通，甚至给人留下更好的印象，达到其他表达方式无法达到的效果。作为执法人员，当与当事人第一次接触时，你的仪容、仪表、表情、动作和庄重程度，能传达给当事人一种威严的信息，起到语言无法达到的效果。动作应落落大方，表情和善，目视当事人。让对方理解并调动合作和配合的积极性。避免目光游移，给当事人一种缺乏谈话兴趣的感觉，产生障碍。

二是要规范执法语言。向当事人表明身份时，应当说："我们是××市（县）水利局的执法人员"，不要说是"××水政监察支（大）队或水土保持站、河道处等的执法人员"。如果是法律授权的执法单位，则直说其名。向当事人进行调查时应当说："我们是××市（县）水利局的执法人员，受领导的指派（接到群众举报、××部门移送），对您（或单位）的××"事项"进行调查，请您给予支持和配合。"向当事人送达法律文书时，应当说："我们是×× 市（县）水利局的执法人员，向您（或单位）送达听证（或处罚）告知书，请签收，并按照告知书的要求行使您的权力。"签收的应当说："谢谢!"。拒签的，要做耐心的工作，做好宣传和解释，应当说："请您理解我们的工作，向您送下达告知书，是对您负责，进一步核定事实，倾听您的意见，保护您的权利。"向当事人送达处罚决定书时，应当说："我们是××市（县）水利局的执法人员，向您（单位）送达对××违法行为的行政处罚决定，请签收。请您（单位）认真阅读处罚决定书的内容，认真履行。"对于签收的，应当说："谢谢!"。对于拒签的，应当作宣传工作或采取其他方式送达。

三是要规范标志。执法车辆、执法人员配戴标志、胸牌、臂章等。

四是要规范身份表明。首先由一名执法人员（与当事人熟悉者为好）向当事人介绍职务高的执法人员，再一一介绍其他执法人员。介绍的内容有单位、职务、姓名。由职位高的或其中一名执法人员，向当事人出示执法证件。出示的方法应当是用右手持证件，将张贴相片、注明职务的页面，递向当事人面前，请当事人认证。

五、调查取证的切入点与艺术

如何寻找和把握案件查处的切入点，是检查执法人员素质和办案水平的标尺，是一个案件能否顺利开展的关键。

一是把握案情，分析对象。接到案件，作为执法人员首先要了解案件基本情况。通过案件来源的途径，最大可能地了解违法行为的发生原因，对当事人和违法行为做有针对性的分析，准确把握案情，为查处案件打好基础。

二是研究对策，确定人选。水政机构应当认真研究案情，根据当事人的情况，选择案件调查的方式，确定采取的对策，打有把握之仗。指定有经验和能力的执法人员主持查处工作。做好法律、文书、政策、设施的准备，战之能胜。

三是宣传法律，晓之以情。刚一接触，执法人员和当事人之间有时尴尬。可利用时间，宣传水法，打破僵局，从当事人的具体情况，深入浅出，入情入理，拉开调查取证的序幕。还可以从当事人的困难和执法的困难，水利执法对当事人的保护方面等的交汇点，拉开话题，开始调查。

四是循序渐进，婉转入题。执法人员在向当事人调查、交谈和询问中，应当讲究一些方法，采用一定的交流艺术，安稳当事人情绪，使调查顺利展开。循序渐进，进入主题，可根据当事人的情绪和态度，采用以下形式：第一是情理式。围绕当事人的情况，结合法律规定开展剖析，以情理打动当事人。第二是问答式。可直截了当地，以对话的方式与当事人进行交流。第三是间接式。可采用一名执法人员与当事人谈话，另一名执法人员记录的方式进行，最后请当事人核对、签字。

六、 法律适用性和准确性问题

适用法律是水行政机关执法的关键环节，而在实战中往往出现法律适用不准确、不规范，甚至错误。一旦诉讼就会败诉，影响水利执法形象和水法权威，给水利执法带来无法弥补的损失。把握适用法律的准确性，就会使水利执法在诉讼中保持较高的胜率。在适用时，首先是准确地分析案情。弄清案件的类别、性质、危害程度及造成的社会影响。换言之，正确判断违法行为的情节轻重；二是全面地了解、掌握水法和相关法律、法规的义务性和禁止性条款及相应的法律责任。三是将案件与法律法规、法律责任相对应起来，也就是说把违法行为和法律规定对号入座。

在实际适用法律法规过程中，往往凭经验和印象，轻率或不加思考地在法律、法规或规章中找一个就用，不考虑适用法律是否会出现错误，是否会公平，会败诉等。在实际执法时，应当注意以下几点，以达到正确适用法律的目的。一是在法律、法规、规章，对同一违法行为有相同的规定，适用时应选择法律；二是专门法和普通法有相同规定时，选择专门法；三是注意适用的条、款、项、目，不要混淆，更不要错把A条当作B条。四是自由裁量的适用与违法行为相当。不能相同情况处罚数量不同，你3万他5万，出现适用法律不公正、不公平现象。

七、执法意识和责任意识问题

在十几年的水行政执法实践中，作者体会最深的就是，水利执法发展取决于执法人员的法律意识。一个单位的执法人员法律意识强，执法工作就会开展得有声有色，水利执法工作就会得到完善和提高。作为水利执法者应当树立以下执法意识。

首先是义务意识。既然选择了水利执法工作作为你的职业，就要承担起法律赋予的义务。就要时刻牢记自己的职责和义务，站在维护党和人民的利益的高度，维护水法的尊严和权威，并且这个意识要贯穿执法工作的始终。

第二是权利意识。既然是水利执法人员，依法维护和监督检查是法律赋予的神圣不可侵犯的权利。要权为民所系，权为民所用，勿用权于己、以权谋私。

第三是责任意识。责任是以义务为前提的。作为执法者，如果违反了法律义务，就要对违反义务的行为承担制裁和补偿的法律责任。作为水利执法者，切不可得到法律和人民赋予的一点权利就忘乎所以，为所欲为。要知道有权就有责任，用权受监督，专权必受罚。

第四是形象意识。既然是执法人员，在义务、权利、责任方面就区别于普通行政管理人员，你的言行不仅仅是自己的，而是关乎执法单位、执法群体的形象，代表的是法律的尊严，表现的不仅是个人的素质和修养，也是执法队伍的素质和修养。因此，作为执法者要时刻不忘自己与单位、执法群体、国家利益、法律尊严和公众形象的关系，遵纪守法，依法办事，为水利执法树立良好形象，决不能辜负党和人民的重托。

八、业务素质和综合能力问题

水利执法从字面上理解是很简单的。经常有人说，就是执法嘛，查查案子，罚罚人，谁都能干。但是，实际上水利执法却十分复杂。从工作的性质看，水行政执法具有水利和法律的双重性；从内容上看，水利执法涉及行政许可、行政审批、行政管理、监督检查、行政复议、案件查处和与行政执法相关的水利专业知识。还应有文字、语言表达、综合协调等，工作范畴几乎涵盖了行政执法和水利工作的全部。

水利执法工作的内容决定了执法人员应把握的知识。一是水利专业知识。应当掌握水利专业基础知识，做到了解水利、懂得水利、熟悉水利、把握水利，为水利执法服务。二是行政管理知识。行政学、水利管理、水利专业技术规范等。三是水行政执法方面的知识。行政法学、执法程序等。四是行政诉讼和行政复议有关知识。五是文字综合和语言表达能力。六是行政协调能力。

对法制宣传教育和依法治水工作的几点思考

摘要：随着社会主义法制的不断完善，全民法制意识的不断提高，我局将进一步解放思想，开拓进取，坚持依法治水、科学管水，强化政府职能，大力弘扬“献身、负责、求实”的水利行业精神，抢抓机遇，迎难而上，努力开创安阳市普法和依法治水工作新局面，为安阳市建设豫北区域性中心强市提供水利支撑和保障。

关键词：法制宣传；依法治水；思考

五年来，在省水利厅的有力指导下，安阳市水利工作以建设“民生水利、法制水利和和谐水利”作为工作的出发点和落脚点，广大水利系统干部职工求真务实，开拓创新，扎实有效地开展了“五五”普法和依法治水各项工作，圆满地完成了“五五”普法和依法治理各项任务。安阳市水利局先后被省水利厅确定为河南省首家水利综合执法试点单位，被水利部确定为全国水利综合执法联系点，被中央综治委和水利部联合表彰为全国调处水事纠纷创建平安边界先进集体；安阳市水政监察支队先后被省水利厅评为全省水利系统水政监察执法工作先进集体和水政监察队伍文明执法示范窗口，被共青团河南省委命名为河南省青年文明号；2010 年 10 月，作为安阳市唯一的行政机关代表，我局接受了河南省“五五”普法和依法治省领导小组检查验收，并得到检查验收组领导的高度评价和赞扬。下面重点谈一下我局开展“五五”法制宣传教育和依法治水工作情况及思考。

一、加强领导，科学规划，切实把依法治水工作摆上重要议事日程

为认真贯彻落实《河南省水利厅关于在全省水利系统开展法制宣传教育的第五个五年规划》精神，我局党委高度重视，成立了以江子蔚局长为组长，局班子成员为副组长的依法治水领导小组，明确任务，细化措施，为依法治水工作提供了组织保障。多次召开专题会议，研究部署此项工作，切实把普法和依法治水工作摆上了重要议事日程。

（一）科学制订规划和计划，为普法和依法治水工作开展提供依据

借鉴省、市普法和依法治理相关文件，科学制定了《安阳市水利局 2006—2010 年法制宣传教育和依法治理规划》，并印发全市水利系统贯彻落实。每年根据全市普法和依法治市工作要点，结合水利工作实际，印发我局依法治水工作要点，明确依法治水工作的指导思想、工作目标、主要任务、主要措施和实施步骤，使我局的依法治水工作有章可循。同时，对照年度依法治水工作要点，适时开展普法和依法治水工作检查，并对全年依法治水工作进行认真总结，做到了五年有规划、年度有计划、平时有检查、年终有总结，保证了依法治水工作有条不紊地开展。

（二）扎实搞好普法基础工作，将依法治水工作落到实处

及时购置了“五五”普法专用书籍《干部法律知识读本》和《公务员依法行政读本》，并发放到干部职工手中。完整地记录了水利系统普法和依法治水大事记。采取邀请市委党校教授、市纪检委领导、市政府法制办领导和市检察院检察官集中授课的形式，组织全体公务员、科级以上干部和水政执法人员集中学习普法规划中确定的《宪法》、《物权法》、《行政许可法》、《安全生产法》等各项法律法规。先后安排 400 余人次参加了水利部、省水利厅和市政府法制办公室举办的水行政许可、水资源管理、水行政执法、水事纠纷调处和依法行政等专题培训班。同时，还组织了水行政执法能力建设、水土保持监督执法、水利工程质量监督执法和防汛抢险等四方面专题培训班 12 期，培训 1500 余人。在日常工作中，

要求广大干部职工自觉学习公共法律和专门法律知识，真正做到知法、懂法、守法，并认真组织市直水利系统干部职工参加了"五五"普法考试。向市政府法制办报送了各类依法行政情况统计表，完成了水行政执法人员登记、年审和执法身份公示，广泛接受社会监督，保证了水行政复议和诉讼无被撤销和败诉案件，将普法和依法治水工作落实到了日常工作中。

二、充分发动，广泛宣传，营造依法治水的良好氛围

水利发展要靠法治。依法治水关键在于领导重视、社会支持、群众理解，只有普及水法律法规知识，提高全民水危机意识，才能推动依法治水工作的开展。五年来，我局每年都成立专门的宣传领导小组，拨出专项经费16万元，制订宣传方案，统筹安排，周密部署，始终坚持做到了平时宣传与集中宣传相结合，宣传群众与宣传领导相结合，对内宣传与对外宣传相结合，一般宣传与重点宣传相结合，既突出广度又注重深度，面向社会，面向群众，有声有色地开展了形式多样、内容丰富的水法规宣传活动。

一是坚持以"世界水日"、"中国水周"集中宣传活动为抓手，围绕主题，结合安阳水利实际，每年都举办丰富多彩的集中宣传活动，吸引社会公众广泛参与。2006年以市人大和市政府名义联合召开了纪念"世界水日"暨"中国水周"座谈会、2007年在市政广场举办了水利风光摄影图片展、2008年在市人民公园举行了有奖猜谜游园活动、2009年在市政广场举行了全国节水型社会试点市建设启动仪式、2010年在市东区"两馆"举办了水利书画作品展。每次宣传活动，我们都选择人口相对集中且流动人口大的公共场合作为活动举办地，邀请市领导、司法系统和市直有关委局负责人及取水单位代表一起参加集中宣传活动，做到宣传领导与宣传群众的有机结合。二是每年"世界水日"当天，都在《安阳日报》发表市长署名文章，结合我市水资源现况，提出水资源优化配置和提高水资源利用效率及效益的政策和措施要求，引导全社会珍惜水、节约水和保护水。同时，还刊登新颁布的水法律法规，发布计划用水单位年度计划用水指标以及局长答记者问等相关宣传内容。三是在"中国水周"期间，先后在安阳电视台组织播放了四部《人·水·法》电视系列宣传片和全国水利法制宣传优秀文艺节目专辑《水的呼唤》，以真实的水事案件为基础，通过主持人讲案件、说道理，挖掘案例背后的故事，寓法理于事件之中，宣传了水资源紧缺的现状，剖析了行业内发生的违反水法规的典型事件，教育广大群众充分认识水事违法行为的危害性和违法行为应当承担的法律后果，提高了电视宣传的可视性。四是逐年制作水利宣传网页，在安阳信息港和安阳水利外网等网站进行宣传，广大网友点击率逐年上升；组织张贴水利普法宣传画、发放水利风光扑克和节水宣传纸杯；在公交车电子屏滚动播出水法规宣传标语和节水公益广告，利用公交车身喷绘"世界水日"和"中国水周"主题宣传画，进行流动宣传；每年都组织十余辆水政执法标志车，在市区主干道和市政广场进行巡回宣传；截至目前，我市纪念"世界水日"活动已累计群发手机短信十余万条，有效地扩大了宣传面。五是指导各县（市、区）和市直水利工程管理单位，采取召开取水户座谈会、悬挂宣传横幅、刷写和张贴标语、发放普法宣传单、竖立法律责任警示牌等形式，深入河道、灌区和水库周边乡镇、村庄开展了集中宣传活动，增强了全社会水资源危机意识和节约水保护水意识。六是在日常执法工作中，重点进行了综合执法目的、方法、效果的宣传和欠缴水资源费、违法凿井取水，河道、渠道管理范围内违章建筑及应负法律责任的宣传，不但促进了水资源费征收、取水许可规范和水工程保护，而且提高了水利行业运用法律管理经济社会和公共服务的能力和水平；实行水行政处罚案件回访制度，通过走访行政处罚相对人，倾听当事人对水行政主管部门和水政执法人员文明执法、公正执法的意见和建议，消除当事人的抵触情绪，促进了当事人自觉履行行政处罚决定；同时，对回访中发现的问题，及时进行处理和整改，有效避免了类似情况的发生，提高了执法效率，维护了良好的水事秩序。七是加强对市直相关部门的宣传，取得理解和支持。通过市人大督办的水资源保护议案的办理，市纪委、市监察局和市电视台播出的《阳光对话》，市纪委、市监察局和市广播电台开播的效能监督热线，市财政局监管的南水北调工程基金征收和市审计局开展的水资源费绩效审计，重点做好了市人大、市政府、市监察局、市财政局、市审计局和市广电局等部门对水资源统一管理的认识。

通过五年来坚持不懈、广泛深入地开展宣传活动，大大增强了社会各界对我市防汛抗旱形势的严峻性、水土保持工作重要性、水资源日益紧缺的危机性、计划用水节约用水的必要性和水事违法行为的危害性的认识，提高了全社会的水法制观念，营造了依法治水的良好氛围。

三、依法决策，科学管理，扎实推进依法治水工作开展

(一)以贯彻落实《依法行政实施纲要》为契机，积极稳妥地开展了水利综合执法工作

国务院《依法行政实施纲要》明确提出深化行政执法体制改革、探索相对集中行政处罚权的要求。2006年，我局新一届领导班子上任后，高度重视执法工作，研究确定了走“综合执法保障水利可持续发展”的工作思路，总体目标是全面推进高效、规范、有力的水利综合执法工作，理顺执法体制，明确执法责任，建立起办事高效、运转协调、行为规范的水利综合执法体系，造就一支廉洁公正、作风优良、业务精通、素质过硬的水利执法队伍，保证水法律法规的全面实施和水利可持续发展，促进人水和谐。根据水利部和省水利厅的工作部署，结合我市实际，在全省没有先例、全国综合执法模式不一的情况下，我市采取了“边学习、边制订方案、边组建队伍、边申报试点、边开展工作”的“五边原则”，大力开展水利综合执法工作。局党委在人员选拔、经费保障、车辆调配和办公场所协调等方面给予了大力倾斜。2006 年 11 月，河南省水利厅批复我市为全省第一个水利综合执法试点市，并举行了隆重的揭牌仪式。经过2007年水资源、水工程和水生态三个专项执法活动的开展，有力地促进了我市“一申四创”工作的进展，取得了良好的社会效益和经济效益。2008 年 3 月，水利部正式确定我市为全国唯一一家地市级水利综合执法联系点，并受到各级领导的充分肯定和高度评价。省政府副省长刘满仓、安阳市委书记张广智、市长张笑东等领导先后对水利综合执法工作做了重要批示和指导。江子蔚局长、尉江华副局长分别代表我市在全国水利综合执法联系点工作座谈会和全省水利工作会上做了经验介绍。水利综合执法工作卓有成效地开展，为可持续发展水利事业提供了重要保障。

（二）全面推行行政执法责任制，搭建了行政执法责任平台

推行行政执法责任制是政府法制工作的重点，也是我局综合执法的现实需要。为切实做好这项工作，我局成立了专门的领导机构，及时组织人员进行执法依据梳理，经市政府法制办确认保留并公布行政执法职权 98 项，其中，水行政许可 18 项，水行政处罚 66 项，水行政征收 8 项，水行政强制 5 项，其他具体行政行为 1 项。印发《安阳市水利局推行行政执法责任制材料汇编》至每个执法科室（单位）和执法人员，做到了执法依据准确充分，执法程序公开规范，执法流程科学合理，执法责任明确具体，将水行政许可、行政处罚、

行政征收和行政强制等行政职能具体分解到了业务科室和单位，搭建了水行政执法责任平台，有力地促进了我局行政执法责任制的落实。同时，还根据国务院《关于加强市县政府依法行政的决定》要求，积极配合省水利厅对水行政处罚裁量权进行了量化和细化，在执法实践中坚持做到同案同罚、异案异罚，保护行政管理相对人合法的水事权益，维护了社会用水的公平正义。定期向市政府法制办报送行政执法案卷，自觉接收监督，切实整改案卷评查中发现的问题，保证具体行政行为合法有效。2008 年，市政府法制办确定我局为全市第一批依法行政示范单位，并在历年依法行政责任目标考核工作中名列前茅。

（三）出台规范性文件和制度，为依法治水提供政策依据

一是安阳市人民政府印发了全省第一个规范泉域水资源保护管理的规范性文件——《安阳市南海泉域水资源保护管理办法》，为保护安阳市的用水安全提供了政策保障。二是针对近年来城市规划区内地温空调、地热井建设过热现象，提请市政府印发了《安阳市地温空调和地热井取水管理办法》，为规范地温空调、地热井取水管理提供了依据。三是根据水利工程管理范围内违章建筑屡禁不止的状况，出台了水行政执法巡查制度，采取定期和不定期巡查想结合的办法，及时发现和制止违法施工行为，有效地遏制水利工程管理范围内违章建筑行为的发生，保证了水工程的安全运行。四是按照“实事求是、科学合理划定南水北调工程保护区范围，确保总干渠水质保护与地方经济发展两不误”的原则，积极开展了南水北调总干渠两侧水源保护区范围划定工作。经过争取，安阳段 24 千米长总干渠两侧二级保护区划定范围，由 2500 米缩小到 1700 米或 1200 米，缩小面积 30 平方千米，为保护区周边项目建设提供了科学依据。

（四）规范行政许可，强化水政执法，建设服务型机关

进一步规范了行政许可行为。一是与安阳市便民中心结合，增加了行政许可便民中心受理项目，使我局由 3 项增加为 9 项，为群众办理许可提供了方便。二是规范了取水许可审批程序。出台了取水许可办证、单位名称变更、有效期届满延续以及对封闭自备井的注销、吊销取水许可证的办理程序和衔接规定，没有发生违法设定和违法实施行政许可行为，五年来未接到申请人对我局行政许可行为的投诉。三是严查违法凿井行为，规范凿井取水管理。坚持建设单位和凿井队伍两手抓，建立了许可前的水资源论证、凿井过程中的监督管理、竣工后的现场验收等制度，未经审批擅自凿井的现象得到彻底扭转。大力开展了水资源、水工程、水生态专项执法活动，先后出动水政执法人员 15000 余人次，执法车辆 4900 余台次，查处各类水事违法案件 420 余起，移交法院行政处罚案件 29 起，行政征收案件 48 起。封井 35 眼，强制执行水资源费 1000 余万元，追缴涉水规费 60 余万元，罚款 63 万元，集中拆除违章建筑 2800 多平方米、网箱养鱼 80 平方米，清理河道违章植树 2000 余棵，封堵排污口 115 个，有力地促进了水资源、水域和水工程的保护，维护了良好的水事秩序。按照信息公开要求，及时公开各类政务信息，方便企业和群众查阅和咨询。对市长信箱、市长便民公开电话、效能监督热线和《阳光对话》等群众反映的问题，在规定的时间内及时调查处理，按时反馈，做到了事事有回音，件件有落实，将服务型机关建设落到了实处。

（五）科学实施防汛抗旱调度和移民安置与扶持，全力保民生，促和谐

近年来，我市降雨量相对偏少，未形成大面积的洪涝灾害，但局部强降雨导致的洪涝灾害仍较突出。2007 年，我局先后编制了《安阳市防洪应急预案》和《安阳市抗旱应急预案》，并经市政府批准实施。在防汛抗洪工作中，坚持“安全第一，常备不懈，以防为主，

全力抢险”的方针，保证了我市安全度汛。2008 年秋至 2009 年夏，安阳市遭遇了五十年一遇的旱情，根据旱情发展情况，我局依法及时提请市政府同意，启动了抗旱应急响应，调动全社会力量，动用各种水源，全力保夏粮生产安全。经过全力抗旱，2009 年我市粮食在大灾之年夺取夏粮丰收，为全省乃至全国粮食安全做出了贡献。在大中型水利水电工程建设征地补偿和移民安置工作中，我局紧紧抓住全省南水北调工程安阳段率先开工的大好机遇，依法有效地开展了征地补偿和拆迁工作，及时向项目单位提供建设用地，保证了南水北调安阳段工程的顺利开展，被国务院南水北调办公室领导称颂为“安阳速度”。在我市大中型水库移民后期扶持工作中，我局积极认真地落实水库移民后期扶持政策，使 3.5 万名受扶持移民按期及时领取了后期扶持资金，并科学规划和实施移民安置区基础设施项目建设，加大资金投入，有效地改善了移民生产和生活，对促进库区经济发展，共建和谐社会做出了积极贡献。

（六）加强沟通联系，取得市直相关部门的支持和帮助

一是加强与法院的沟通和联系，加大强制执行力度。我局积极与法院联系，加大强制执行力度，促使大部分欠费户主动缴纳了水资源费，有效地改善了部分用水户长期拖欠水资源费的局面，水资源费征收率逐年提高，促进了水法律法规的贯彻落实。二是与检察院联合成立了行政执法与刑事司法联系工作办公室，规范行政执法行为，强化监督制约机制，加大了水事违法犯罪案件的查处力度，有效地预防了水资源领域违法犯罪行为的发生。三是积极与公安部门联系，成立了水利警务室，解决水行政执法中存在的缺乏强制手段问题，维护了良好的水事秩序。四是进一步密切与发改、环保、国土等部门的联系，召开了安阳市开发建设项目水土保持工作座谈会，交流通报建设项目水土保持工作进展情况，强化在建项目水保执法工作的协作配合，联合印发了《关于加强开发建设项目水土保持工作的通知》。

（七）全面落实岗位责任制，激发了干部职工干事创业的积极性

开展水利综合执法相对集中行政处罚权和行政强制权后，使水利工程管理单位的工作人员从原来既执法又管理，既执不好法又管理不到位的被动局面中解脱出来，有力地推动了岗位责任制在市直水利系统的全面落实。各水管单位按照职工人数，将各自管理的河道、渠道和水库等水工程进行分段、分片，将水工程的日常管理和维护落实到位，责任到人，有力地维护了水工程的管理秩序，保证了水工程的干净整洁。广大水管单位干部职工纷纷走出办公室，到各自的责任区巡查，不但改变了原来水利工程管理范围内的脏、乱、差现象，而且还能及时发现各类水事违法行为苗头，配合水利综合执法有效制止水事违法行为的发生，保护了水工程和水域的安全，在市直水利系统形成了“千斤重担大家挑，人人肩上有指标”的干事创业的良好工作氛围。

通过依法治水、科学管水，我市水利工作取得了显著成绩：连续第十七年夺得省政府颁发的全省农田水利基本建设“红旗渠精神”杯，安阳市人民政府被省政府授予红旗渠精神杯竞赛活动开展 20 年“先进省辖市”；2006~2010 年，我局直接征收水资源费 1.6764 亿元，连续五年在全省名列前茅，为我市南水北调等重点水利工程建设提供了资金保障；开展了节水型社会建设，实现了水资源可持续利用；先后解决了饮水不安全人口 53.9 万人的饮水问题，落实移民扶持政策 3.5 万人，投资 4.5 亿元，完成了 14 座水库除险加固和 4 个大型灌区节水技术改造工程，有力地保障和改善了民生；积极预防和调处漳河和淇河水事

纠纷，维护了社会稳定。

随着社会主义法制的不断完善，全民法制意识的不断提高，我局将进一步解放思想，开拓进取，坚持依法治水、科学管水，强化政府职能，大力弘扬“献身、负责、求实”的水利行业精神，抢抓机遇，迎难而上，努力开创安阳市普法和依法治水工作新局面，为安阳市建设豫北区域性中心强市提供水利支撑和保障。

浅谈基层水行政执法工作

摘要：基层水行政执法队伍是水利建设行业的生力军，他们在推进依法行政、依法治水中发挥了重要作用，较好地维护了水法律法规的尊严和良好的水事秩序，树立了水行政主管部门依法行政的良好形象。但在实际工作中还存在如公众水法律意识淡薄、规章制度不健全、执行难度大等问题。加强水行政执法工作，是建立社会主义法治国家的根本要求和必然趋势，是实现水资源可持续利用，促进水利事业发展的根本保障。

关键词：基层；水行政；执法

水行政执法是指各级水行政主管机关，按照有关水法律法规的规定，在水事管理领域里，依法对水行政管理相对人采取的直接影响其权利义务，或者对相对人的权利义务的行使和履行情况直接进行监督检查的具体行政行为，是国家赋予各级水行政主管机关的执法权利。其依据是我国现行有效的所有水法律法规及相关规章和规范性文件作补充的水法规体系。

基层水行政执法队伍是水利建设行业的生力军，是水利事业发展的护航者。他们在推进依法行政、依法治水、依法管水中发挥着重要作用，较好地维护了水法律法规的尊严和良好的水事秩序。在查处水事案件的过程中，基层水政执法队员发扬不怕困难、敢于碰硬、乐于奉献的精神，在执法装备简单落后、执法环境恶劣的情况下，仍然忠实履行职责；面对少数群众对水政执法人员的执法活动不理解，谩骂、围攻甚至威胁人身安全的情况，水政监察人员仍然无怨无悔，为水法规的贯彻实施做出了自己的积极贡献，树立和维护了水行政主管部门依法行政的威信和良好的形象。

近年来，各基层水行政执法队伍在上级部门的正确领导和大力支持下，从“立党为公，执法为民”的高度出发，按照“内强素质、外树形象、热情服务、争创一流”的目标，切实加强领导班子建设、队伍素质建设、业务能力建设和后勤装备建设，使基层水行政执法逐步向规范化建设迈进，有力地促进了各项工作的有序进行。随着水利事业的改革和发展，水行政规范化建设的日益完善，给水行政执法工作的开展带来了契机。同时，在基层水行政执法人员的日常工作中还存在着许多束缚水行政执法工作顺利开展的问题。现结合工作实践谈谈自己的一些看法。

一、存在的问题

1. 宣传不力，水法律意识淡薄

基层水行政执法的相对人大多是文化水平相对低的农民群众，传统的“水是天上下的，地下流的，吃用自由”的思想占主导地位，水法律意识淡薄，不能很好地配合水行政主管部门的执法。水法律法规知识的宣传不力，直接影响了公民对水资源可持续利用的认识问题，导致水行政执法困难。

2. 执法人员素质参差不齐，执法程序不规范

基层水行政执法人员大部分都不是专业院校毕业，缺乏法律和水政水资源管理方面的人才。很多是转业军人或从其他部门调入水行政执法岗位的。其水法律法规知识相对欠缺，在工作中常出现执法态度不认真、执法程序不规范等问题。如执法时不按规定出示执法证件、法律文书填写不规范、无统一的格式和编号等；或出现运用法律条文不准确现象。如对水工程建成且已取水的，不知该用擅自修建水工程还是用擅自取水来定性，实施处罚时

自由裁量权时重时轻，破坏了水行政执法的严肃性。

3. 水行政行为相对人的不稳定性

首先，基层水行政执法部门相对的执法主体多数为不成规模的小型厂矿企业，甚至是家庭式小作坊，我们暂且称之为散户。就安阳县来说，西半部还有一些上规模的大型企业，东半部几乎全是一些农村工业，连乡镇企业都很少有，这些散户不像大企业那么正规，企业名称、法人代表、企业性质等都不太明确，有的连厂名都没有，有的是几个朋友共同开办的企业，没有共同合伙人的合作协议，也没有合伙人的委托申请书，很难确定谁是法定代表人，给法律文书的下达和执行带来了不便。

其次，这些散户因为规模小，其生产、停产随意性很大，按执法程序走下来，还没到执行时间，该厂因效益不好或者别的原因停产了，安阳县好多大型企业都先后关、停、限产，更何况这些散户，都是老板一个人说了算，效益不好就停产关门，感觉市场行情不错就开工生产一段时间，说干就干、说停就停。相对人的这些不稳定性给基层水行政执法带来了很大难度。

4. 领导干预执行难问题

水是生命之源，是人类和一切生物赖以生存的物资基础。用水涉及面广泛，涉及千家万户、各行各业。水行政执法的相对人也遍布各行业、各阶层，且管理相对人的人员结构、文化素质、历史背景也比较复杂。一些经济效益好的企业或某些行业的"龙头"企业，极易引起地方保护，加之极少数领导干部法律意识淡薄，受短期效益和本位主义的影响，不按法律规章办事，违反法律法规的权限和程序，擅自主张，进行行政干预，致使水行政执法人员在执行公务中事难做，案难办，大大增加了执法工作的难度。

5. 配套水法规衔接不严密

目前，我们安阳县水行政执法工作的主要依据有《中华人民共和国水法》《中华人民共和国防洪法》《取水许可和水资源费征收管理条例》《河南省节约用水管理条例》等。因这些法律会随经济和社会的发展作一些修改或调整。国家的法律、法规修改实施后，配套的地方性法规实施得比较慢，中间有时间差，衔接不严密。有时会出现大的法律用的是修改后的新版本，而地方性法规用的还是跟原来未修改的法律相配套的法规，大大削弱了水行政执法的力度。

6. 规章制度不健全

水行政执法是一项严肃认真的工作，没有铁的纪律来保证、约束水行政执法人员的行为，将很难完成历史赋予我们的使命。但目前很多地方没有或者只是建立起部分监督机制及行政执法责任制等规章制度，影响了水事违法案件的查处质量。

二、对策和措施

1、创新水法宣传形式，增强全民水法律意识

水法宣传是最有效的预防违法行为的方式，只有使水法律法规观念深入人心，才能有效地预防和减少水事违法行为的发生，才能增强群众同水事违法行为作斗争的勇气，才能更好地保障水利部门的合法权益不受侵犯。水法宣传的形式要按照"集中宣传与长期宣传相结合、多样化与精细化相结合"的原则，重点利用"世界水日"、"中国水周"、"法制宣传日"，采取散发宣传资料、制作宣传版面、出动宣传车等形式，大张旗鼓地对水法规进行宣传教育，让人民群众认识到水法律法规的重要性和严肃性，增强全民水法律意识和水法

制观念，营造良好的依法治水和水行政执法环境。

2、提高人员素质，规范执法程序

水行政执法人员要不断学习马列主义、毛泽东思想、邓小平理论、“三个代表”重要思想和科学发展观，掌握国家的方针政策和路线。上岗前要进行统一的培训和考试，坚持持证上岗，培训或考试不合格人员禁止上岗，并每年进行考核审定。在岗的水行政执法人员要定期举办学习班，对现行相关的水法律法规进行学习和培训。不定期进行考试，养成勤奋好学的风气，增加竞争上岗的危机感，促进其自身素质和业务水平的提高，努力造就一支政治过硬、思想进步、业务熟练、快捷高效的基层水行政执法队伍。

水行政执法队伍的整体素质提高了，每位执法人员都能注重自身形象、规范自己的言行，严格按照水法律法规赋予的权利行使，依据物价部门核定的标准收费，遵循“有法必依、执法必严、违法必究”的原则，保证执法主体合法、执法程序合法和引用法律条文适当，提高水行政执法的办案质量，真正做到依法执法。

3、完善水行政执法制度

水行政执法要以推行行政执法责任制和评议考核制为重点，加强制度建设，规定水行政执法机构和执法人员相应的责、权、利，把法定的权利和义务进行分解、量化、细化，明确执法范围、权限、程序、标准和责任，制定配套考核标准和奖惩办法。要健全和落实错案责任追究和行政赔偿等制度，促进水政监察队伍和人员树立严格执法、文明执法的责任心。我们安阳县自水政监察大队成立以来，先后制定了各种规章制度来规范和约束水行政执法人员的执法行为。主要制度有《水政监察大队服务承诺标准》、《水政监察人员工作守则》、《水政监察人员考核和奖惩办法》、《水政监察人员岗位责任制》、《水行政执法统计工作制度》、《水行政处罚听证程序》等，依靠制度来规范行政执法行为，实现秉公执法。

4、建立健全监督机制，提高执法透明度

权利和义务相对应，权力和监督也是相互对应的，不受约束的权力必然导致专制和腐败。同样，水行政执法活动理应接受全社会方方面面的监督。加强水行政执法监督，建立有效的监督制约机制，做好对水行政执法队伍和人员的监督管理工作，才能保证水行政执法的公平、公正和公开，保障依法行政，防止以权谋私、徇私枉法、执法犯法等不良行为，也防止了某些领导的行政干预行为。水行政执法机关除接受同级政府和上级主管部门的监督外，还应主动接受司法机关监督、社会舆论监督和行政相对人监督，以不断提高执法水平、完善执法工作。我们安阳县很早就建有行业新风监督台，聘请部分大型用水户的主管人员做行业新风监督员，公开监督举报电话，自觉接受全社会各阶层的监督，增加依法行政透明度，树立良好的水行政执法形象。

5、加强部门协作，加大执法力度

水行政执法工作不能仅仅依靠水政监察大队自身的力量来执法，还需要多方面的配合形成合力，来推动水利法制化进程。不仅水利部门要上下联动，而且要联合公安、环保、国土等有关部门，集中时间、集中力量，联合执法，形成合力。特别是要密切与法院的联系，使各种司法程序都能及时、顺利进行。我县法院大力支持水行政执法工作，专门派出两位同志常驻水务局协助水行政执法工作，确保了案件的及时受理和执行。

依法治国，依法行政，建立社会主义法治国家是社会发展的根本要求和必然趋势。加强水行政执法工作，实现依法治水，是水利工作的根本方向。新时期，水行政执法工作面临着许多问题与挑战，更面临着机遇与发展，水行政执法人员要充满信心，鼓足干劲，努力改变工作现状，使水行政执法工作充满生机与活力，为保障水利事业又好又快发展，建设节水防污型社会，促进水资源的可持续利用做出更大的贡献。

关于加强水政监察队伍建设的意见和建议

摘要：进一步加强水政执法规范化建设，强化责任意识，落实执法工作责任制，从而形成上下一致、运转协调、统一高效、执法有力的水政执法体系，为水政执法提供有力的机构保障。

关键词：综合执法；水行政处罚；权责明确、行为规范

水行政执法是水行政主管部门贯彻实施水法律法规的重要方式，是加强水利社会管理和保障水利可持续发展的重要手段。统筹规划、全面提升水政监察队伍执法能力建设是水行政执法工作有序开展的重要保障。《中共中央、国务院关于加快水利改革发展的决定》（中发〔2011〕1 号）将依法治水作为加快水利发展的指导思想之一，对依法治水做出了全面部署，明确提出了要全面推进水利综合执法，加快建立健全权责明确、行为规范、监督有效、保障有力的水行政执法体系。

新形势、新任务对水行政执法提出了更高的要求，水政监察队伍面临的执法任务将更加繁重。但是，水政监察队伍的执法能力和水平不能适应新时期水行政执法工作的需要，存在基本执法装备不足、水上执法装备缺失、执法监管手段落后等诸多方面的问题，迫切需要立足大局，准确把握水政监察工作面临的新形势，全面规划，加强水政监察队伍整体执法能力建设，扭转与工作要求不相适应的局面。编者结合安阳市水政监察工作实际，对于进一步加强水政监察工作，有以下几点建议。

（一）应进一步明确水政监察队伍综合执法的地位和职责

各级水政监察队伍所承担的执法职责各不相同，除水政监察队伍建设管理和受委托承担水行政处罚、水行政强制执行等执法工作外，水行政征收、水行政许可、水行政执法、监督等行政执法工作基本不涉及，而是由水行政主管部门各职能处（科）室及机构分别承担，目前的这种现状，无法从源头上解决多头执法、重复执法、执法缺位的问题，也无法发挥水政监察队伍综合执法的效能。要从根本上实现水利执法体制改革，全面推进水利综合执法，一是应当把水利综合执法推行工作纳入整个水利改革发展的重要内容，制定严格的考核制度，使各级水行政主管部门提高认识，统一思想，加强组织领导，制定目标任务，狠抓工作落实。二是从立法上解决水政监察队伍综合执法的法定职责和法律地位，使行政执法职能相对集中，贯穿于水行政执法的全过程，全面提高行政执法效能，切实保障水法规的全面贯彻实施，为水利改革发展提供重要支撑和保障。三是建立上下协调一致的水政执法体系，按照水利部关于加强水政监察队伍建设的要求，结合本地实际，进一步加快专职水政监察机构建设，积极推动专职水政监察队伍参照公务员管理或转为行政序列。理顺工作职能，合理核定人员编制。进一步加强全省水政执法规范化建设，强化责任意识，落实执法工作责任制，从而形成上下一致、运转协调、统一高效、执法有力的水政执法体系，为水政执法提供有力的机构保障。

（二）带动执法方式和手段上的创新

目前，以建立行政处罚裁量基准、适用柔性执法方式以及说理式执法文书等为主要内容的新型执法方式和手段日渐成为行政法理论界和实务界关注的焦点，也成为进一步提高行政执法工作水平的新的增长点。从全国水利系统看，部分省市和地区的水行政主管部门也做了许多有益的尝试，建议省厅围绕改进执法方式、提升执法水平这一主题，通过召开

现场会、座谈会以及案例评析会等形式，进一步加强各地水政监察工作的交流。同时，适时出台相关指导性文件，部署开展相关工作，丰富执法工作内涵，提升执法工作效能。

（三）应逐步提高水政监察综合执法的科技含量

开展水政监察综合执法工作，一方面，要立足执法工作实际，建立健全职责清晰、分工明确、高效协调的综合执法工作机制；另一方面，要勇于开拓创新，不拘泥于传统执法模式，与时俱进，提高执法工作的科技含量，加强“数字水政”建设，即通过建立各级水政监察综合执法队伍网上交流平台，开发水政移动信息化平台、实现各级水政监察信息传输数字化，日常执法、案件办理、违章监督等监控网络化，常规咨询即时化，这样既节省了时间，减少了成本，又提高了工作效率，体现水政监察综合执法改革精简、统一、高效的原则。

（四）水利部应加强对各地水政监察队伍建设的指导

目前，各级水行政执法网络基本建成，但水政监察队伍存在的突出问题是机构性质不明确、编制不明确、人员素质参差不齐。机构编制问题是水政监察队伍的主要问题，建议省厅积极沟通省编办等部门，争取以两家名义制定下发水政监察队伍建设的指导性意见。尤其是要明确机构性质、编制数量。同时，加强对各地水政监察队伍的指导，使各级水行政主管部门的主要负责同志高度重视水行政执法工作，将具有一定水利、法律专业知识人员充实到水政监察队伍中来，提高水政监察队伍的执法水平。

（五）进一步加强基层水政监察队伍执法能力建设

目前，基层水政监察队伍有很大一部分是自收自支事业单位，人员、办案经费难以保障，执法装备与现行执法要求也难以匹配。建议省厅继续加大水政监察基础设施建设的投入，坚持中央资金引导，地方配套为主的执法装备机制，并从制度上保障要落到实处，支持和调动地方加强执法装备等能力建设。争取相关政策，明确一线执法人员应享有执法津贴，并加大督查督办力度。

（六）继续加大基层水政监察人员的培训

一是建议加大以刑事司法手段打击水事违法行为的研究推进力度。争取最高法等出台相关法律解释或文件，对水事领域中侵占水域、破坏水资源、水工程、水土保持生态环境和非法采砂等违法行为适用刑罚处罚的条款规定作出解释，对水事违法行为加大刑事打击力度，为水利改革与发展提供坚强的法制保障。二是要有计划、有目的地加强岗位及相关法律知识的培训，提高水政监察人员执法办案能力和驾驭复杂局势的能力。建立健全对执法人员的激励、约束与考核机制，让水政监察人员有能力、有积极性，并在制度的约束下依法依规办事。

（七）进一步加快对水法律法规的修改

现行的水法律法规中《水法》与《水政监察工作章程》对水政监察工作表述不一致，理解不一样，机构与职责比较混乱。另外，对违法行为的处罚偏低，对违法人员的处罚威慑力不够，特别是违反水法律法规的行为没有入刑法的罪名。建议加强这一方面的工作。

（八）建议将水政监察人员明确为执法类公务员

目前，水政监察机构存在执法主体的编制不合理、执法人员地位不高的问题。水行政执法机构多为事业编制，编制少，人员不足，在部门地位不高，执法职能没有完全理顺，难以形成执法合力。建议水利部能以文件的形式明确要求各级水政监察人员为执法类公务员，提升水政监察机构和水政监察人员的地位。

（九）强制手段缺乏

《中华人民共和国行政强制法》正式实施后，虽然为行政机关实施行政强制提供了有力的法律依据，但同时也提出了十分严格明确的要求，由于最高院等权威法制部门对有关条款的适用及具体程序、操作等问题尚未出台解释，在执法实际中难以实施。

行政处罚若干问题及相关法律文书研究

《行政处罚法》从法律层面上对行政处罚的设定和实施，行政执法的程序，都有了更加明确的规定。下面作者从行政处罚的概念和种类、基本原则、适用、程序等四个方面，介绍行政处罚工作中需要把握的要点，不当之处，请批评指正。

一、行政处罚的概念和种类

1. 概念

行政处罚是特定的行政主体依法对违反行政管理秩序但尚未构成犯罪的行政相对人适用的一种惩戒措施。

理解这一概念要把握以下四点：

一是实施行政处罚的主体必须是特定的行政机关或法律、法规授权的组织。由于行政处罚是一种公权力，有权作出行政处罚的只能是法律、法规明文规定的拥有行政处罚权的国家行政机关或法律、法规授权的组织，其他任何主体均无权作出行政处罚。（如水利系统中，水利局和水政执法队伍的关系问题，执法主体是水利局，执法队伍自身不是执法主体）

二是行政处罚的对象是违反行政管理秩序的行政管理相对人。所谓行政管理相对人，是指行政管理相对一方当事人，他们是行政权力作用的对象，包括各种社会组织和个人，一般称作：公民、法人和其他组织。行政管理相对人与行政机关之间存在着管理和被管理的关系，有义务遵守国家法律、法规、规章，如果违反，有处罚权的机关就可以给予处罚，以示惩戒。违法主体的认定是实施行政处罚首先需要解决的问题，也是行政处罚合法有效的必备要件之一。如果不能查明和确定违法主体，违法行为就没有相应的行政法律责任承担者，行政处罚的准确性便无从谈起。

案例1：某市卫生局在一次执法中，发现某鞋业公司设立的食堂，在未办理卫生许可证的情况下，擅自经营快餐3个月，违反了《食品卫生法》的有关规定，遂对该公司食堂作出了“予以取缔、罚款2000元”的处罚决定。事后，当事人以认定被处罚对象错误为由提出行政复议。调查证实，该食堂是公司为方便职工就餐而设立的后勤服务机构，没有进行工商登记。复议机关支持当事人的申请理由。

简析：最高人民法院《关于适用〈中华人民共和国民事诉讼法〉若干问题的意见》，法人非依法设立的分支机构，或者虽依法设立，但没有领取营业执照的分支机构，以设立该分支机构的法人为当事人。该食堂不具备主体条件，应由公司承担责任。把食堂作为被处罚人是错误的，鞋业公司才是真正的被处罚人。

案例2：连锁店。根据《连锁店经营管理规范意见》，中国的连锁店包括三种方式：直营连锁，即连锁店的门店均由总部全资或控股开设，在总部的直接领导下统一经营。自愿连锁，即连锁店的门店均为独立法人，各自的资产所有权关系不变，在总部的指导下共同经营。特许连锁(或称加盟连锁)，即连锁店的门店同总部签订合同，取得使用总部商标、商号、经营技术及销售总部开发商品的特许权，经营权集中于总部。目前对于加盟连锁店和自愿连锁店来说，其作为独立主体，当然对自己的违法行为独立承担行政法律责任。而对于直营连锁，依据《最高人民法院关于适用〈民事诉讼法〉若干问题的意见》第四十条规定，通常认为当其合法地取得相应的资质证件（如营业执照）时，并有一定的组织和资产，则可以认定其为行政违法主体。

此外，在商场租用柜台，如果有售假、商标侵权等情形，究竟应当以商场为违法主体，还是以租用柜台的厂商为违法主体，需要研究。

三是行政处罚的客体是违反行政管理法规的行为。行政管理相对人有违反行政管理法律、法规的行为存在是行政处罚的前提，只有违法行为存在，才能给予行政处罚。因此，只有法律、法规规定必须处罚的行为才可以处罚，法律、法规没有规定就不能处罚。（法无禁止则可行）

四是行政处罚是行政制裁，而不是刑事制裁或民事制裁，也就是说，行政处罚是指对违反法律、法规但尚未构成犯罪的行为的处罚。一旦违法行为超出行政制裁的范围，构成刑事犯罪，就要给予刑事制裁。在办理行政处罚案件时，发现当事人涉嫌刑事犯罪，是否马上中止案件，移交公安机关？《行政执法机关移送涉嫌犯罪案件的规定》第三条规定："行政执法机关在依法查处违法行为过程中，发现违法事实涉及的金额、违法事实的情节、违法事实造成的后果等，根据刑法关于破坏社会主义市场经济秩序罪、妨害社会管理秩序罪等罪的规定和最高人民法院、最高人民检察院关于破坏社会主义市场经济秩序罪、妨害社会管理秩序罪等罪的司法解释以及最高人民检察院、公安部关于经济犯罪案件的追诉标准等规定，涉嫌构成犯罪，依法需要追究刑事责任的，必须依照本规定向公安机关移送。"（有部门问，移送公安机关后，还需要吊销当事人的相关证照，能否由原处罚机关继续作出相应处罚？我们认为，移送后行政案件进入刑事程序，不宜再继续处罚。）

以上是行政处罚的四个要点，下面谈一下行政处罚的种类：

弄清楚行政处罚的种类是非常有意义的，它不仅可以帮助人们更好地理解行政处罚，同时科学、合理地分类对规范立法和执法都能提供帮助。行政处罚法对处罚的种类作出了明确规定，各级立法机关在立法设定行政处罚时就应当按照法定的种类去设定；在执法中，行政机关就可以以法定行政处罚种类为基础，对常用处罚种类如何实施加强研究，达到进一步规范各种行政处罚的目的。

《行政处罚法》颁布之前，我国法律、法规关于行政处罚的规定比较多，罚则名称百种有余。《行政处罚法》按照罚则名称对行政处罚进行分类，简洁明了，运用方便，非常有特色。《行政处罚法》规定的处罚种类共有七种，即警告；罚款；没收违法所得、没收非法财物；责令停产停业；暂扣或者吊销许可证、暂扣或者吊销执照；行政拘留；法律、行政法规规定的其他行政处罚。"法律、行政法规规定的其他行政处罚"，应用最多的就是责令改正了，很多执法人员在制作处罚告知书和决定书的时候，不管法律依据中有没有责令改正，都将责令改正作为处罚种类之一写上，这种作法很不妥当。如果所依据的法律、行政法规把责令改正作为处罚种类的一种，那么可以适用；如果没有规定，不得无法律、行政法规依据自行创设行政处罚种类。如：畜牧系统行政处罚时，有一个对非法经营假冒伪劣兽药的行政处罚种类出现了"召回产品"的处罚，这属于适用处罚种类错误。（如果法律、法规对已经销售出去的违法产品没有作出如何处理的规定，可以适用《行政处罚法》第二十三条，即行政机关实施行政处罚时，应当责令当事人改正或者限期改正违法行为。以行政命令的方式，要求当事人改正违法行为。）

二、行政处罚的原则

行政处罚的原则是指实施行政处罚时所必须遵循的准则。明确行政处罚的原则对于指导和规范行政执法机关实施行政处罚具有很强的现实意义。

（一）处罚法定原则

这一原则包含以下要求：

一是主体法定。行政处罚权是一种特定的行政权力，能够实施行政处罚的主体只能是法律、法规规定的拥有行政处罚权的行政机关和法定的组织。此外，根据法律、法规、规章的规定，行政机关可以委托有关事业组织实施处罚。任何行政处罚行为都是一定的行政处罚主体的行为，行为的合法与否首先表现在主体资格上。只有具备行政处罚主体资格的机关作出的行政处罚行为才是有效的，没有行政处罚主体资格的机关所作的行政处罚行为则是无效的。

例：商丘市某县安监局查处网吧案。《大河报》2008年9月18日刊登《安监局给网吧开罚单被诉“越权”》的文章，反映商丘市柘城县安监局对该县45家有证网吧进行拉网式排查后，针对有关“安全生产”和“消防隐患”等内容，对其中的40家网吧分别给予1万~3万元行政处罚的问题。河南省法制办发现后，立即向商丘市政府发出了行政执法监督检查意见书，要求其予以立案调查。处理结果是：对该县安监局予以通报批评；暂扣县安监局副局长和县安监局执法队队长的行政执法证；免去安监局执法队队长张某职务。为进一步提高干部管理水平和执法人员整体素质，该县委、县政府还决定，在全县范围内开展一次以“提升服务质量，维护某某形象”为主题的解放思想大讨论活动。这是一起典型的无处罚主体资格擅自开展行政处罚活动的案件，充分说明，无主体资格就无处罚权力（处罚无效）。

未取得行政执法资格的人员执法，也是执法主体资格不合法的一种表现。比如媒体经常曝光一些“临时工”执法的事件，无一例外，其作出的行政处罚均被撤销，宣告无效。

二是依据法定。行政处罚涉及行政权的合法行使，关系到公民、法人和其他组织合法权益的保护，因此处罚的依据必须法定。根据《行政处罚法》的规定，法律、法规、规章可以设定行政处罚，因而它们都是行政处罚的依据。需要指出的是，法规、规章在设定行政处罚时，必须按照《行政处罚法》的规定依法设定，否则不能作为行政处罚的依据。比如，地方性法规设定了吊销企业营业执照，规章设定了高额罚款，这都是违法的，都不能作为处罚的依据。（国务院关于贯彻实施《中华人民共和国行政处罚法》的通知：国务院各部门制定的规章对非经营活动中的违法行为设定罚款不得超过1000元；对经营活动中的违法行为，有违法所得的，设定罚款不得超过违法所得的3倍，但是最高不得超过30000元，没有违法所得的，设定罚款不得超过10000元；超过上述限额的，应当报国务院批准。地方政府规章设定罚款的限额，由省、自治区、直辖市人大常委会规定，可以不受上述规定的限制。我省人大规定限额与此相同。）

又比如，某县刘家庄村村民李某，为建造房屋于2013年11月20日，未经水行政主管机关批准，在村旁河道内用拖拉机采砂石。11月29日，某县水利局发现后，责令李某停止采砂，并处以罚款800元，同时没收采砂用的拖拉机。李某不服，于12月2日向市河道主管机关申请复议，复议机关作出了维持县水利局处罚决定的复议决定。李某仍不服，于12月15日向人民法院提起行政诉讼,县法院受理了此案。在审理过程中,被告县水利局辩称：“对李某的处罚既有事实根据也有法律依据。”并申明：某省政府《关于河道管理的若干规定》第11条规定：“未经批准或不按照河道主管机关的规定在河道管理范围内采砂、取土、淘金、弃置砂石淤泥、爆破、钻探、挖筑鱼塘等，由河道主管机关除责令其纠正违法行为、采取补救措施外，可以并处警告、罚款、没收非法所得和用于违法行为的工具……”。根据此规定，给予李某罚款和没收其拖拉机的处罚是完全正确的。县法院经审理认为，政府《关于河道管理的若干规定》所设定的行政处罚种类超出了国务院《河道管理条例》的规定，因此判决撤销“没收拖拉机”的处罚决定、维持“罚款”的处罚决定。

【问题】

1. 省政府的行政处罚设定权是什么?

2. 该案中省政府《关于河道管理的若干规定》可否作为行政处罚的法律依据?

【简析】

1. 根据《行政处罚法》的规定,省政府的行政处罚设定权有两项：第一，细化权。根据《行政处罚法》第十三条第一款的规定，省级人民政府的规定“可以在法律、法规、规定的给予行政处罚的行为、种类和幅度的范围内作出具体规定”，以保证行政法律体系内部的和谐统一。第二，创设权。根据《行政处罚法》第十三条第一款的规定，省级人民政府的规章在尚未制定法律、法规的情况下，对违反行政管理秩序的行为，可以设置警告或者一定数量罚款的行政处罚。罚款的限额由省、自治区、直辖市人民代表大会常务委员会决定。根据此款的规定，省级人民政府的规章在尚未制定法律、法规的情况下，只能设定两种处罚：警告 和一定数量的罚款,且罚款数额由省级人大常委会规定。

2. 该案中省政府的《关于河道管理的若干规定》不能作为对李某进行行政处罚的法律依据。因为该规定与国务院的《河道管理条例》相抵触。《河道管理条例》第四十四条规定：“未经批准或者不按照河道主管机关的规定在河道管理范围内采砂、取土、淘金、弃置砂石或者淤泥、爆破、钻探、挖筑鱼塘的，由河道主管机关除责令纠正违法行为、采取补救措施外，可以并处警告、罚款、没收非法所得”。该条例并未规定“没收用于违法行为的工具”的处罚。可见某省《关于河道管理的若干规定》设定的处罚种类，超过了《河道管理条例》规定的处罚种类。《河道管理条例》是国务院的行政法规，《关于河道管理的若干规定》是地方政府规章，行政规章必须与行政法规相一致,不能创制新的行政处罚种类。因此，本案中某省政府《关于河道管理的若干规定》不能作为行政处罚的法律依据,县人民法院判决撤销县水利局对李某的“没收拖拉机”的处罚决定是正确的。

规章的行政处罚设定权是有限的:法律、法规已有规定的,只能在法律、法规规定 的范围内作出具体规定：法律、法规尚未规定的,只能设定警告或一定数量的罚款。

还有一种情形，就是行政处罚裁量标准的适用，近年来在行政执法检查中经常发现有执法人员制作行政处罚决定书时，将行政处罚裁量标准和有关法律法规规章并列作为依据的情形。大家要注意的是，行政处罚裁量标准不能作为处罚依据。

大致格式：根据你（单位）的违法事实、性质、情节、社会危害程度和相关证据，你（单位）的违法行为为轻微（属于一般的认定为一般、属于严重的认定为严重，属于特别严重的认定为特别严重）。根据××法、××法规、××规章的第×条，决定对你（单位）作出如下行政处罚：……。

三是程序法定。在行政处罚过程中不仅要求实体合法，而且要求程序合法。行政机关在实施行政处罚时，如果不严格履行法定程序，如立案、调查取证、告知受处罚人权利、送达处罚决定书等程序，就会损害受处罚人的合法权益，这样做出的行政处罚决定是无效的、违法的。程序违法的直接后果就是该行政处罚行为被认定无效。

行政处罚是一种公权力，其设定只能由国家有权机关根据行政处罚法的规定来设定，也只能由有处罚权的机关按照法定程序行使。

（二）公正、公开原则

公开原则包含以下要求：一是作为处罚依据的法律、法规、规章要公开，未经公布的不得作为处罚的依据。二是处罚的程序要公开。除涉及国家秘密、商业秘密和个人隐私的案件外，其他案件的处罚程序一律公开。其基本要求是：行政机关如何进行调查、获取证据要公开；行政机关进行检查要公开；行政机关如何做出处罚决定要公开。三是处罚决定要公开。处罚决定作出后，要向社会公开，接受社会监督。

公正原则的要求：行政主体在作出行政处罚时，处罚结果要与违法的事实、性质、情节以及社会危害程度相适应，做到过罚相当。行政主体在行使自由裁量权时，不得偏私；对受处罚者要平等对待，一视同仁，不能厚此薄彼，更不能以情代法。

（三）教育与处罚相结合的原则

教育与处罚相结合的原则要求行政主体及其执法人员在实施行政处罚时要加强对受罚人的法制教育，使其知道自己行为的社会危害性、违反了什么法、依法应受到什么样的处罚，促使当事人自己也警示其他人要自觉守法，这样才能达到处罚的真正目的。从理论上讲，法律是人民意志的体现，但作为普通的社会大众，许多人并不了解法律，因此行政主体及其执法人员应利用一切机会向群众宣传法律，把法律还给群众。只有人民群众掌握了法律并切实遵守，整个社会才能和谐安定，秩序井然。因此，切实贯彻教育与处罚相结合的原则，利用各种机会宣传法律，武装群众，意义重大。一定要明白，处罚的目的是震慑和遏制违法行为，而不是为了要威风和敛财。

例：《焦点访谈》报道南阳市新野县新甸铺工商所和汉城工商所乱处罚案。《焦点访谈》栏目报道：新野县老街和新甸铺镇的市场上，当地工商所的执法人员挨家挨户向商户们收罚款，工商人员罚款没有任何检查笔录，也没有处罚通知书，只是收钱。报道称，新野县新甸铺工商所和汉城工商所存在乱处罚、以罚代管、罚而不管的问题。省政府法制办对这个案件进行了督办。省工商局对相关单位和责任人员进行了责任追究：责令南阳市工商局写出深刻检讨，取消南阳市工商局年度评先资格。南阳市工商局给予新野县工商局党组书记、局长行政记过处分，免去党组书记、局长职务；给予新野县工商局党组成员、副局长兼纪检组长，党组成员、副主任科员行政记过处分；给予新甸铺工商所所长、汉城工商所所长行政记大过处分，免去所长职务；给予工商所相关责任人员黄某等五人行政记大过处分。以上追究决定在全省工商系统进行了通报。

（四）保障当事人权利的原则

保障当事人的权利是现代行政法制所追求的原则，这一原则在《行政处罚法》中体现得非常清楚。保障当事人权利具体体现在以下几个方面。一是保障当事人的知情权、陈述权和申辩权。知情权又称了解权，就是当事人有权了解行政处罚的事实、理由和依据。陈述权就是指被处罚人有权对自己的行为或有关情况加以说明的权利，包括实施特定行为的过程、原因、结果、条件以及相关情况等，均有权说明。行政机关应当允许陈述，不得阻拦。申辩权指被处罚人对行政机关或行政执法人员指控的违法事实、处罚的理由和证据等情况，有辩解、质证、要求对质等权利。二是保障当事人申请行政复议或提起行政诉讼的权利。行政处罚是行政机关在行政管理中经常使用的一种具体行政行为，应当受到广泛的监督。三是保障行政赔偿请求权。公民、法人或者其他组织因行政机关违法给予处罚受到损害的，有权依法提出赔偿要求。行政机关应当保障当事人的这种权利并使之能够实现。

工商、税务系统都出现过因未告知当事人听证权而导致行政处罚被法院撤销的案例。

（五）监督制约原则

行政处罚是一种被广泛使用的权力，是行政机关常用的管理手段，为防止这种权力被滥用，必须加强对行政处罚行为的监督。为此，《行政处罚法》设定了一套较为严格的对行政处罚的监督制约机制。

一是从源头上进行规范，即规定、规章以上的规范性文件才能依法设定行政处罚，其他任何形式的规范性文件不得设定行政处罚。

二是实行办案人员与处罚决定人员相分开的制度。除依法实施当场处罚外，执法人员对案件调查取证结束后，由行政机关内部的专门机构对调查结果进行审查，行政机关负责人根据不同情况分别做出决定。

三是实行罚款决定机关与罚款收缴机构相分离的制度，解决行政机关因利益驱动出现乱罚款和以罚代管的现象。

四是要求行政机关应当建立健全对行政处罚的监督制度，进行自我约束。同时要求县级以上人民政府加强对行政处罚的监督。各级行政执法机关开展的行政执法责任制工作，很重要的一项内容就是对违法的行政处罚进行监督和追责。

三、行政处罚的适用

行政处罚的适用就是法定的行政机关或组织在依法认定行政管理相对人违法的基础上，决定对相对人是否给予行政处罚和如何给予行政处罚的活动。简单的说，行政处罚的适用就是行政主体如何依法具体实施行政处罚。因此，了解行政处罚的适用对做好行政处罚工作关系重大。

（一）应受行政处罚的情形

应受行政处罚行为的构成要件：一是处罚对象有违反行政法规范、破坏行政管理秩序的行为；二是该行为应当受到行政处罚；三是被处罚对象达到法定年龄、具备责任能力。

（二）不予处罚的情形

按照《行政处罚法》的规定，对以下三种情形不予行政处罚。

第一，对无责任能力的人不予行政处罚，包括不满14周岁的人和精神病人在不能控制和辨认自己行为时的违法行为。

第二，违法行为轻微的不予行政处罚。违法行为轻微并能够及时纠正，没有造成危害后果的，不予处罚。

第三，违法行为已经超过追诉时效的，不予行政处罚。按照《行政处罚法》的规定，违法行为在两年内未被发现的，不再给予行政处罚，法律另有规定的除外。在实践中，这个期限的计算方法是从违法行为发生之日起计算的。如果违法行为有连续或者持续状态的，从行为终了之日计算。

（三）从轻或者减轻行政处罚的情形

从轻处罚是指在法定处罚的幅度内，对被处罚者适用相对较轻的处罚。减轻处罚是指可以在法定的处罚方式和处罚幅度的底线以下对违法行为人适用行政处罚。按照《行政处罚法》规定，被处罚人符合下列条件的，应当从轻或者减轻处罚。（只要符合法定条件，必须从轻或者减轻处罚）

第一，已满14周岁不满18周岁的人有违法行为的，从轻或者减轻处罚。

满14周岁不满18周岁的人，对自己的行为有一定的控制能力，因此应对自己的违法行为承担法律责任。但他们毕竟是未成年人，思想认识尚未定型，控制能力不强，所以对他们的违法行为应从轻或者减轻处罚。

第二，主动消除或减轻违法行为危害后果的，应从轻或者减轻处罚。

行政处罚的目的是教育行为人自觉守法，保证以后不再发生违法行为。行为人主动消除或减轻违法行为后果，说明其已意识到自己的错误并修正了自己的行为。对于这种主动改正错误的行为应当鼓励，所以应当从轻或者减轻处罚。

第三，受他人胁迫、诱骗、教唆实施违法行为的，应当从轻或者减轻处罚。

受他人胁迫、诱骗、教唆实施违法行为是指被处罚人的违法行为非本人意愿，而是受人强制施行，或对实际情况不了解，误受谣言蒙骗的情况下施行的。对于这类情况，经调查属实的，应当从轻或者减轻处罚。

第四，配合行政机关查处违法行为有立功表现的，应依法从轻或者减轻处罚。

行为人实施违法行为被行政机关查处后，能主动承认错误，配合行政机关查清事实，主动接受处罚，这说明行为人已经认识到自己的错误，有悔过表现。有些行为人积极向行政机关提供线索，揭发检举其他违法行为人，这是校正错误的最好表现，应加以鼓励。对这些行为应当从轻或者减轻处罚。

第五，其他依法从轻或者减轻处罚的情形。

法律法规规定有其他从轻或者减轻处罚情形的，从其规定。

（四）在具体适用行政处罚时还应当注意的其他一些问题。

1. 行政机关在实施行政处罚时，应当责令当事人改正或者限期改正违法行为。

《行政处罚法》第二十三条规定："行政机关实施行政处罚时，应当责令当事人改正或者限期改正违法行为。"这是对行政执法机关的一个普遍性要求，也就是说，行政执法机关对每一个行政违法行为，都要履行责令改正或限期改正违法行为的义务。行政机关一旦发现当事人的行为违反行政法律规范、破坏行政管理秩序时，首要的任务就是要求当事人纠正违法行为，恢复正常的行政管理秩序。在此基础上，再依法让违法行为人承担责任。这是从事行政处罚工作最基本的要求。但在执法实践中，有不少行政机关不从纠正违法行为、维护行政管理秩序出发，而是从本部门的利益出发，对行政违法行为往往是只罚不管，以罚代管，使一些违法活动得不到及时制止。比如，有些道路管理部门在公路上设卡，对那些超载运输车辆只罚款、不纠正，致使有些车辆一路超载，一路多次受到罚款，但超载违法行为一直没有得到纠正，危险隐患始终存在。这与国家建立行政处罚制度的初衷是格格不入的。当然，行政违法行为千差万别，有一部分违法行为立即纠正有困难，应当要求其限期纠正。如一些企业没有污水处理设备，违法排污，而建设污水处理设备需要一定的时间，有关行政机关可以给企业一定的时间，要求其限期治理。但无论是立即改正还是限期改正，对于违法行为都必须依法纠正。

2. 对当事人的同一个违法行为不得给予两次以上罚款的行政处罚，也就是通常所说的一事不再罚原则。

从实际情况来看，对违法当事人的同一个违法行为不得给予两次以上的处罚规则，主要适用以下情况：一是同一个违法行为违反了一个法律规范，由一个行政机关实施处罚的，行政机关不得以任何理由比如当事人态度不好等给予违法当事人两次以上的处罚。二是同一个违法行为违反了一个法律规范，由两个以上行政机关实施处罚的，应由一个部门处罚，另一个部门不得以同一事实和理由再次予以处罚。过去，由于对执法管辖划分不清，一个处罚规定由两个或两个以上部门去共同实施的情况较多，随着政府机构改革深入和部门职能调整，国家对执法权的划分逐步科学化，管辖重叠的情况越来越少。三是一个违法行为违反了两个以上法律规范，依法分别由两个以上行政机关给予处罚的，为了保护当事人的利益，一个行政机关已经给予罚款处罚的，另一个机关就不得给予罚款的行政处罚。如制作淫秽书籍，既违反了《出版管理条例》，也违反了《治安管理处罚法》的规定，新闻出版部门和公安机关都可以查处并处以罚款，如一个部门已经给予罚款，另一个部门就不再予以罚款。

3. 行政处罚和刑法合并适用问题。

合并适用是指违法当事人既受到行政处罚又受到刑法制裁时，对同类处罚事项可以合并适用。在考虑行政处罚与刑法合并适用问题时，既要维护社会的整体利益，又要维护个人的合法权益；既要注意二者在目的、种类和适用范围等方面的不同点，又不能忽视二者的共同点，有可以代替和自然吸收的一面。根据《行政处罚法》的规定，行政处罚与刑法合并适用的主要内容：一是违法行为构成犯罪，人民法院判处拘役或有期徒刑时，行政机关已经给予当事人行政拘留的，应当依法折抵相应刑期；二是违法行为构成犯罪，人民法院判处罚金时，行政机关已经给予当事人罚款的，应当折抵罚金。

四、行政处罚的程序

人类的一切社会活动，无不发生在特定的过程之中。如果将这个过程称为程序，那么一切活动都有程序。如同国家只对那些重要的社会关系和行为进行法律调整和规范一样，立法也只对那些重要的程序加以确定。行政处罚程序，是指行政处罚所必须遵循或者履行的法定步骤和方式，是对行政主体实施行政处罚的规范，是实施行政处罚的合法操作规程。相对于行政主体享有的实体处罚权力而言，行政处罚程序是行政主体在实施处罚时必须履行的义务。

1. 行政处罚程序是一项重要的法律制度，属于行政程序法的范畴。法律制度因法律的规定而产生、确立，并因为它的科学设计而成为规范人们行为及有效影响社会环境的因素。我国统一的行政程序法已在讨论和研究中。

目前，与行政程序联系最为密切的两部法律《中华人民共和国行政处罚法》与《中华人民共和国行政许可法》均已施行。《行政处罚法》所作的一系列规定，不仅成为我国行政处罚程序的制度基础，也为行政主体实施行政处罚提供了必要的操作规程。政府机关所实施的行政处罚必须遵守法律规定的程序，违背法律规定的程序的行政处罚行为是违法行为，行政处罚行为的效力因行政处罚行为不符合程序规定受到影响，甚至无效。

2. 行政处罚程序以规范行政主体行政处罚行为和保障公民、法人和其他组织的合法权益为目的。行政处罚的实施，既关系到社会、经济和生活秩序的维护，又必然会对行政相对人的人身、财产及其名誉造成一定的影响。客观、科学的行政处罚可以有效地惩戒违法行为、维护社会秩序，而有失公允的行政处罚不仅达不到这一目的，而且会损害公民、法人和其他组织的合法权益。

行政处罚程序正是通过对行政机关的行政处罚行为设置必要的时间、空间和步骤的限制，来实现行政处罚行为的程序化操作。同时，行政处罚程序还通过必要的程序安排吸收公民、法人和其他组织参与到行政执法的过程中，一方面，让他们监督行政机关依规程操作；另一方面，也便于他们及时合理地主张权利。最终，恰当的制度设计使得行政处罚程序既可以规范行政机关的行政权，保障公民、法人和其他组织的合法权益，更可以增强行政处罚行为的科学性，真正实现其目的。

3. 行政处罚程序作为行政程序的重要内容，彰显了法治的精神和要求。例如，没有法定依据或者不遵守法定程序实施行政处罚的，行政处罚无效。行政处罚遵循公正、公开的原则。公民、法人和其他组织对行政机关所给予的行政处罚，享有陈述、申辩的权利。公民、法人和其他组织对行政处罚不服的，有权依法申请复议、提起行政诉讼以寻求法律救济。公民、法人和其他组织认为办案人员与当事人有直接利害关系的，有权申请办案人员回避。

这些行政处罚程序制度中的原则和规定，也被概括为程序正义。依法行政必须要强调程序正义，因为依法行政本质上是要规范行政行为并保障公民、法人和其他组织的合法权益。所以说，遵循行政处罚程序实施行政处罚，是法治理念和价值的体现，更是依法行政的具体行动。

按照《行政处罚法》的规定，行政处罚的程序可分为简易程序和普通程序两种。

（一）简易程序

简易程序是与普通程序相对而言的，它是指对违法事实确凿、情节简单的违法行为，由执法人员当场给予处罚的程序。简易程序也称当场处罚。设定当场处罚程序的法律意义在于，基于实现行政管理效率的要求，对一些不需要立案调查且影响不大，认定事实比较简单的违法行为直接给予处罚，既不会对受罚人的合法权益产生巨大影响，也有利于行政机关节约行政管理成本，保证行政机关集中精力查处大案、要案；对当事人来讲，既受到惩处，接受了教育，但又不会陷于应付烦琐的行政程序的过程之中，也是一个较好的选择。

1、适用简易程序的条件

一是违法事实确凿。所谓违法事实确凿是指案情简单，违法事实清楚，证据确凿，没有必要进一步调查取证的违法行为。

二是有法定依据。使用简易程序必须有法律、法规或者规章的明确规定。没有法定依据的案件即使很简单，也不得适用简易程序。

三是处罚比较轻。只有轻微处罚可以适用简易程序，处罚较重的只能适用一般程序。

2、简易程序的适用范围

一是对公民处50元以下的罚款。也许有人会问，简易程序的标准为什么是50元？可不可以抬高或降低标准？设置罚款标准主要根据社会经济发展水平来确定，既要考虑当事人的承受能力，又要对当事人有所触动。罚款标准过高，当事人无法承受，在执法中既会造成执行困难，更有可能引起当事人的对立情绪，达不到借助处罚来教育当事人、维护行政管理秩序的目的。罚款标准过低，对当事人没有触动，就会失去行政处罚的警示功能，也不会收到好的效果。总体来看，目前我国人均收入不算太高，公民个人承受能力有限，对公民处50元以下的罚款，公民个人还是能够承受的，同时在执法实践中这样的案件也比较多，适用简易程序有利于执法，对当事人权益的影响也不大。随着我国经济的逐步发展，老百姓收入的渐渐提高，适用简易程序进行处罚的标准也会提高。

二是对法人或者其他组织处以1000元以下的罚款。对单位处以1000元以下的罚款在财产罚中也是比较低的，可以适用简易程序。

此外，对公民、法人或其他组织处以警告的也可以使用简易程序。因为警告是行政处罚中性质最轻的一种，不必要走普通程序。

3、适用简易程序的步骤

第一，出示证件，表明身份。行政执法人员适用简易程序对公民、法人或者其他组织进行行政处罚时，应当向被处罚人出示由省政府统一制作的河南省行政执法证或法律、法规规定的有效证件，表明身份；否则，被处罚人有权拒绝。

第二，查明违法事实，必要时进行现场调查取证。《行政处罚法》第三十条规定："公民、法人或者其他组织违反行政管理秩序的行为，依法应当给予行政处罚的，行政机关必须查明事实；违法事实不清的，不得给予行政处罚。"这一规定既适用于普通程序，也适用于简易程序。调查违法事实主要包括时间、地点、违法行为人姓名、年龄、工作单位、实施违法行为的过程、造成的违法后果等。

第三，向被处罚人告知有关事由和权利。在当场处罚时，应告知当事人有关情况。告知的情况主要有：当事人实施了何种违法行为；给予处罚的理由；给予处罚的法律依据；当事人享有的权利，如陈述权和申辩权、申请行政复议和提起行政诉讼的权利等。

第四，听取当事人的意见。当场作出处罚决定。行政执法人员应当听取当事人的意见。如果当事人提出的事实和执法人员了解的事实不同，执法人员应当场复核。当事人意见正确的，执法人员应当采纳。当事人提出的事实和申辩理由不能成立时，执法人员应进行说服教育，使其正确认识自己的违法行为。执法人员不得因当事人的申辩而加重处罚。

第五，决定并填写行政处罚决定书。执法人员在彻底查清违法事实后，可依法作出行政处罚决定，当场填写预定格式和编有号码的行政处罚决定书，最后由执法人员签名或者盖章，将处罚决定书当场交付当事人。

第六，执法人员当场作出行政处罚决定后，必须向所属行政机关备案，目的是加强对当场处罚的监督。

（二）一般程序

一般程序是行政机关在实施行政处罚时应遵循的基本程序。普通程序是行政处罚程序的精髓。作为一个行政执法人员，对行政处罚的基本程序，应当熟练运用，正确把握。以下按照立案、调查取证、陈述申辩听证权利的告知、领导审批依法决定、履行、结案的办案时间顺序，结合行政处罚案卷评查、行政执法检查中发现的问题，重点介绍一般程序行政处罚中需要把握的要点。

行政处罚案卷样式

<table>
<tr><td colspan="4">× ×行政案件卷宗</td></tr>
<tr><td colspan="4">（　　）　字第　　号</td></tr>
<tr><td>案 由</td><td colspan="3"></td></tr>
<tr><td>案件来源</td><td colspan="3"></td></tr>
<tr><td>当事人</td><td colspan="3"></td></tr>
<tr><td>办案机关</td><td colspan="3"></td></tr>
<tr><td>办案人</td><td colspan="3">主办人：</td></tr>
<tr><td>处理结果</td><td colspan="3"></td></tr>
<tr><td>立案日期</td><td>年　月　日</td><td rowspan="2">归档日期</td><td rowspan="2">年　月　日</td></tr>
<tr><td>结案日期</td><td>年　月　日</td></tr>
<tr><td colspan="2">本卷共　件　页</td><td>保存期限</td><td></td></tr>
</table>

卷宗目录

序号	材料名称	页数	卷内页数

1. 行政处罚委托书

______委字〔　〕第　号

根据____

________________________________的规定，经××局与××（单位）研究，现由××局委托××(单位)实施：________________________________
____________________。委托期限自______年______月______日至______年______月
日止。

委托期间，××(单位)必须以××局的名义，在委托权限范围内实施行政处罚，并接受××局的监督；由此产生的法律后果，由××局承担。××(单位)不得将委托事项再委托。

委托机关（印章）　　　　　　　　受委托单位（印章）

年　月　日　　　　　　　　　　　年　月　日

第一阶段：立案

立案是行政机关发现行政管理相对人有违法行为或有违法嫌疑时，决定进行调查核实的程序。应当强调，行政处罚是国家行为，是法律赋予行政机关的职权，不是赋予行政执法人员的职权。如果不经过立案这一程序而由行政执法人员自行决定是否查处，就可能导致乱立案、乱处罚。

【案例】某市交通局因程序违法败诉。2008年5月19日，颜某一行准备驾车到南阳。行至许昌市区延安路时，许昌市交通规费征稽处执法人员韩某、李某以颜某未按规定缴纳2008年1至5月份的养路费为由，用规费征稽处名义将其轿车暂扣，并当场以许昌市交通局名义向颜某送达交通违法行为通知书。颜某拒绝签收该通知书后，执法人员又当场向颜某送达了交通行政罚款处罚决定书，以颜某未缴纳养路费为由给予其560元罚款，并告知颜某如不服处罚决定，可在收到处罚决定书之日起60日内向许昌市交通局申请复议或在3个月内直接向人民法院起诉。无奈之下，颜某于第二天缴纳养路费及滞纳金并向许昌市交通规费征稽处执法人员李某缴纳560元罚款后，对方才将所扣车辆退还。颜某将许昌市交通局起诉至许昌市魏都区人民法院。法院审理后认为，被告适用一般程序对原告进行行政处罚，但未提供其立案呈批表的立案材料，缺失立案审批环节；被告作出对原告的行政处罚，在履行告知救济途径方面，错误地告知了复议机关（根据法律规定，对被告作出的罚款决定有权进行复议的行政主体是许昌市人民政府或者河南省交通厅，而不是被告所告知的许昌市交通局）；被告系对原告进行行政处罚的决定机关，却在作出行政处罚决定后又自行收缴原告缴纳的罚款款项，违反了罚款决定机关与罚款款项收缴机关相分离的规定。因此，被告作出的被诉具体行政行为在程序方面严重违法，原告请求予以撤销，理由正当，应予支持。据此，法院判决撤销许昌市交通局作出的交通行政罚款处罚决定书，并返还原告罚款人民币560元，驳回原告其他诉讼请求。

那么紧急情况下，能否先取证后立案？我认为可以，但事后应当及时补办立案手续，并记明原因。

关于立案的问题，我从以下几个方面做简要介绍：

第一个方面：谁有权立案？如何界定委托执法？

立案权是行政机关的权力，绝非执法人员个人的权力。《中华人民共和国行政处罚法》第十五条规定："行政处罚由具有行政处罚权的行政机关在法定职权范围内实施。"立案必须经过相应程序由行政机关负责人批准。

那么，水利厅、国土厅、住建厅、畜牧局下设的执法总队应该以谁的名义执法（立案审批由谁进行？）？答案显而易见。

《行政处罚法》第十八条规定：行政机关依照法律、法规或者规章的规定，可以在其法定权限内委托符合本法第十九条规定条件的组织实施行政处罚。行政机关不得委托其他组织或者个人实施行政处罚。

委托行政机关对受委托的组织实施行政处罚的行为应当负责监督，并对该行为的后果承担法律责任。

受委托组织在委托范围内，以委托行政机关名义实施行政处罚；不得再委托其他任何组织或者个人实施行政处罚。

例如，根据《社会保险费征缴暂行条例》的规定，对于社会保险费的征缴管理工作由国务院劳动保障行政部门及县级以上地方各级人民政府劳动保障行政部门负责，是社会保险费的征缴方面行政执法的主体。但是，为了便于管理，该条例第二十条又规定了委托执法的机构，即："社会保险经办机构受劳动保障行政部门的委托，可以进行与社会保险费征缴有关的检查、调查工作。"由此可以得出这样的结论，社会保险经办机构可以行使检查权、调查权，但向管理相对人出具的各种文书应当以劳动保障行政部门的名义作出。

第二个方面：行政处罚案的来源、确定相对人、履行审批程序。

案件的来源主要是：举报、投诉、日常执法检查、上级批办等。如果是举报、投诉的案件，要填写举报（投诉）案件登记表，要对举报（投诉）人、举报的事件等情况有详细的记录。前面已经介绍过确定相对人的重要性，这里不再赘述。

对于涉嫌违法决定立案，要履行立案审批程序，要有《行政处罚案件立案审批表》。同时，在立案审批阶段要体现以下几方面内容：案件的简要情况、案件承办人的意见、案件主办人制度、行政机关领导审批意见。

1. 案件主办人在办案中的职责是：

（一）担任案件调查组组长；

（二）组织拟定案件调查方案和方法；

（三）根据调查工作进展临时采取合法、有效的调查取证措施；

（四）依照本机关的法定权限并根据法定程序，带领协办人依法进行检查，收集相关证据；

（五）案件查证终结，负责组织撰写案件调查终结报告，提出具体处罚建议。

2. 案件主办人在查处案件时应当履行的义务是：

（一）负责办理立案报批手续；

（二）负责办理依法采取强制措施、证据登记保存报批手续；

（三）草拟行政处罚决定书，连同案件材料按规定送核审机构核审；

（四）对本机关领导、核审机构提出的意见及时组织实施；

（五）负责依法向当事人办理告知事项；

（六）听取并如实记录当事人的陈述、申辩；

（七）符合听证条件的案件，负责依法向当事人送达听证告知书；

（八）当事人要求听证的，参加听证，经本机关或者听证主持人允许，向当事人提出违法的事实、证据、依据、情节以及社会危害程度，并进行质证、辩论；

（九）负责组织向当事人依法送达行政处罚决定书；

（十）督促、教育当事人履行行政处罚决定；

（十一）对当事人拒不履行行政处罚决定的，负责在法定期限内办理申请人民法院强制执行事项；

（十二）负责所办案件执法文书的立卷。

这一阶段容易出现的问题是：水行政执法机关没有执行案件主办人制度、没有履行水行政首长审批程序就自行立案（如水行政机关下设的无独立执法权的执法总队立案审批由总队长审批）、领导审批意见不明确等。

2. 举报（投诉）案件登记表

<table>
<tr><td>案由</td><td colspan="2"></td><td>案件来源</td><td></td></tr>
<tr><td rowspan="3">举报人</td><td>姓名</td><td></td><td>性别</td><td></td></tr>
<tr><td>所在单位</td><td></td><td>电话</td><td></td></tr>
<tr><td>住址</td><td></td><td>邮编</td><td></td></tr>
<tr><td rowspan="4">被举报人</td><td>名称</td><td></td><td>法定代表人</td><td></td></tr>
<tr><td>住址</td><td></td><td>电话</td><td></td></tr>
<tr><td>姓名</td><td></td><td>住址</td><td></td></tr>
<tr><td>所在单位</td><td></td><td>电话</td><td></td></tr>
<tr><td>记录人</td><td colspan="2"></td><td>记录时间</td><td>年 月 日 时 分</td></tr>
<tr><td>案情记录</td><td colspan="4"></td></tr>
</table>

3. 行政处罚案件立案审批表

<table>
<tr><td rowspan="4">当事人</td><td>名称</td><td></td><td>法定代表人</td><td></td></tr>
<tr><td>住址</td><td></td><td>电话</td><td></td></tr>
<tr><td>姓名</td><td></td><td>年龄</td><td></td></tr>
<tr><td>所在单位</td><td></td><td>电话</td><td></td></tr>
<tr><td>案由</td><td colspan="2"></td><td>案件来源</td><td></td></tr>
<tr><td>案件简要情况</td><td colspan="4"></td></tr>
<tr><td>承办人意见</td><td colspan="4">承办人签名： 年 月 日</td></tr>
<tr><td>承办机构审核意见</td><td colspan="4">要体现案件主办人制度。由行政执法机关进行个案指定。
经审核，建议立案。建议该案件主办人是×××，协办人是×××。
负责人签名： 年 月 日</td></tr>
<tr><td>领导审批意见</td><td colspan="4">同意立案
领导签名： 年 月 日</td></tr>
</table>

第二阶段：调查取证

调查取证是指行政机关对于立案处理的案件，为查明案情、收集证据而依法定程序进行的专门活动。调查取证是实施行政处罚的前提和步骤。通过调查取证工作，行政机关可以可以了解违法行为事实，掌握大量的证据，并在此基础上，对违法行为的性质进行确定，依据不同情况依法对当事人进行处理。调查取证工作的好坏，质量的高低，直接影响到行政机关办案的质量，关系到行政执法工作能否顺利进行，因此调查取证工作在行政处罚工作中占有十分重要的地位。

对立案的案件，执法部门必须全面、客观、公正地进行调查或者检查，收集有关证据。

（一）调查取证阶段要求

1. 要有能反映出行政执法人员向当事人亮证执法、表明身份的记录。体现方式：询问笔录有执法人员的姓名、执法证件号或者卷中有执法人员执法证的复印件。要有2名以上行政执法人员。

2. 进行执法检查时，要告知管理相对人进行执法检查的目的、内容、要求、方法；现场检查应当作记录，并由管理相对人阅核、签字；检查中需要对物品进行抽样检测、检验的，应登记、出具收据，确定留样期；留样期满应退还样品，并将抽样检测结果告知被检查者。

3. 现场检查和制作现场检查笔录要有详细记录：

（1）对当事人的资格、身份（如是否有法定的许可证、营业执照）要进行记录。

（2）对正在现场进行作业的人数或者涉及的人员（如使用的未成年人）要进行清点，并询问、记录有关情况。

（3）对违法的规模（如制假的设备数量）进行记录并拍照。

（4）对违法涉及的证据（违法使用或者制作的假种子、光盘、书刊、信件、假烟、假酒等），要清点数量，记明名称、规格、包装、标识、质量、数量、形状、颜色、质地等，并进行拍照。

（5）对执法人员制止后的情况（是否不听、是否仍在转移物品、是否对抗以及其他异常表现等）要加以记录。

（6）依法采取的查封、扣押情况，也要记录（按照《行政强制法》的规定，查封、扣押要履行行政机关的审批程序）。

（7）涉嫌违法物品要询问来源并记录。

4. 调查取证时，证据要确凿。证据分类：书证；物证；视听资料、电子数据；证人证言；当事人的陈述；鉴定结论；勘验笔录、现场笔录。在取证时，要重视对能证明管理相对人违法事实方面物证的收集，需要采取现场技术勘验等手段进行取证的，一定要到现场取证据，避免反映案件情况的关键证据没有收集，无关紧要的材料收集较多，使证据缺乏证明力。比如，有的行政处罚案卷中认定的管理相对人的违法事实是“该批农药属于擅自修改标签内容的农药产品”，但没有对该违法事实认定的检验报告或图片等能证明管理相对人擅自修改农药标签内容的相关证据。特别是对于有违法所得的，一定要收集相关证据，进行认定；否则，造成证据不足，对下一步的处罚产生不利影响。因为不少的法条中罚则部分的规定，对于有无违法所得，处罚的标准是不同的。同时，是否有违法所得，对于认定该案件是否属于较大数额罚款的案件，是否需要履行听证程序，是否需要集体讨论，都有关联关系。

5. 询问时，要查清违法主体是谁（自然人、法人或者组织）及其基本情况；要查明违法行为发生的时间、持续进行的时间以及查处的时间（2年实效问题）；查明违法行为发生的地点、位置；查明构成何种违法行为；查明违法行为涉及的物品、违法所得和销售情况；查明违法的原因、动机、目的、过程、手段、造成的危害后果等。为下阶段的认定违反的相应法条及合理裁量提供依据。

调查取证环节容易出现的问题：证据不确凿、事实认定不清、违反法定程序取证（如没有履行审批程序就对涉嫌违法的物品进行查封扣押或者登记保存）。

4. 询问笔录

（首 页）

询问时间：________年_____月_____日_____时_____分至_____时_____分

询问地点：____

被询问单位名称：______________法定代表人（负责人）：__________

被询问人姓名：__________性别：________年龄：________职务：__________

电话：____

被询问自然人姓名：__________性别：________电话：______________

所在单位：________________________________住址：______________

与本案关系：____

询问人：____________执法证件名称：__________执法证件号：__________

记录人：____________执法证件名称：__________执法证件号：__________

询问内容：

我们是__________的执法人员______________，这是我们的执法证件，请你确认。现依法向你询问，请如实回答所问问题，执法人员与你有直接利害关系的，你可以申请回避。

问：____

答：____

被询问人阅核后签注“询问笔录上述内容，记录属实。”

被询问人签字：　　　　年　　月　　日

拒绝签字的理由：

询问人签字：　　　　年　　月　　日

记录人签字：　　　　年　　月　　日

第　页共　页

5. 勘验笔录

（首 页）

案由____

勘验时间________年______月______日______时______分至______时______分

勘验地点____

勘验对象____

应邀参加人或见证人________________________________

勘验人______________________记录人______________________

勘验情况记录：____________________________________

____

（可续页）

附图：　　　　　　　　比例尺：　　　　　　北

↑

被勘验单位（个人）签名或盖章：　　　　　　勘验人（签名或盖章）：

应邀参加人或见证人签名或盖章：

年　　月　　日

第　页共　页

6. 现场（检查）笔录

（首 页）

被调（检）查人姓名：____________年龄：__________职业：__________

住址：______________________________________

被调（检）查单位名称：______________________________

地址：______________________________________

被询问人姓名：______性别：______年龄：______职务：______

调（检）查时间：______年______月______日______时______分至______时______分

调（检）查地点：______________________________

调（检）查人员姓名：________执法证件名称：________执法证件号：________

记录人：____________执法证件名称：________执法证件号：________

调（检）查记录：______________________________

____

____

（可续页）

被调（检）查人签名或盖章：

被调查人拒签事由：

调（检）查人签名或盖章：______________________________

____

见证人签名或盖章并注明其身份。

年　月　日

第　页共　页

7. 鉴定委托书

____鉴委字〔　　〕第　　号

____________：

本机关受理的________________一案，需要进行______________________________

____________鉴定，根据有关规定，现委托你单位进行鉴定，请于______年____月_____日前提出书面鉴定结论。

（委托机关印章）

年　月　日

8. 鉴定结论

______鉴字〔　　〕第　号

委托单位______________________________

鉴定对象______________________________

鉴定项目______________________________

____

鉴定结论：

____

____

鉴定的依据、鉴定的科学方法说明：______________________________

鉴定机构或鉴定人的资格证明：______________________________

（可续页）

____

鉴定人员签名或盖章：

（鉴定单位印章）

年　月　日

____

注：本鉴定适用于对人体伤情鉴定和对物品的检验、检测结论等。

9. 查封、扣押物品清单

编号：

物品名称	特 征	数（重）量

当事人签字	年 月 日		
见证人			
查封扣押地点			
保管单位		保管人	
执行单位		执行人	
执行日期			
备注	1. 本清单一式三联，交当事人、保管单位（或保管人）及存卷备案各一联。 2. 在当事人签字栏中，当事人应写明："以上物品核对无误"。 3. 要履行行政机关的审批程序。		

注：无查封、扣押权的机关不得制作该清单

解除查封、扣押通知书(存根)

___解除字〔 〕第 号

当事人姓名______性别______职业______

住址______________________________

当事人（单位）名称________________

住址______________________________

你（单位）被查封（扣押）的__________

____

____

____

现决定解除查封（扣押）。

（行政机关印章）

年 月 日

骑 缝 章

10. 解除查封、扣押通知书

___解除字〔 〕第 号

当事人（个人）姓名______性别____职业________

住址______________________________

当事人（单位）名称________________

住址______________________________

你（单位）被查封（扣押）的__________

____

____

____

现决定解除查封（扣押）。

（行政机关印章）

年 月 日

11. 抽样取证审批表

被取证人名称（姓名）		法定代表人	
拟抽样取证日期	年 月 日	拟抽样取证地点	
案由			
抽样取证理由			
承办人意见	承办人签名： 年 月 日		
承办机构审核意见	负责人签名： 年 月 日		
领导审批意见	领导签名： 年 月 日		

12. 抽样取证通知书

____罚抽证通字〔 〕第 号

________________：

你（单位）因____行为，违反了《……法》________________的规定。依照《行政处罚法》第三十七条第二款的规定，本机关决定对抽样取证物品清单所列物品进行抽样。

附：抽样取证物品清单

被抽样取证人：______ 年 月 日

（行政机关印章）
年 月 日

13. 抽样取证物品清单

单位（印章）：

名称	数量	品级	规格	型号	形态	备注

被抽样取证人签名：________________ 年 月 日

拒绝签字情况及理由：________________

抽样取证人员签名：________、________ 年 月 日

14. 抽样取证物品处理通知书

______罚抽处证通字〔　〕第　号

____________：

你（单位）因____行为，违反了《……法》____________的规定。本机关于____年___月___日对抽样取证物品所列物品进行了抽样取证，经抽样取证________。

依照《…………法》__________________的规定，对抽样取证物品清单所列物品予以____________。

附：抽样取证物品清单

被抽样取证人：____________　　年　月　日

（行政机关印章）

年　月　日

15. 抽样取证物品处理清单

单位（印章）：

名称	数量	品级	规格	型号	形态	备注

被抽样取证人签名：________________ 年 月 日

拒绝签字情况及理由：________________________________

抽样物品处理人签名：__________、__________ 年 月 日

16. 先行登记保存证据审批表

<table>
<tr><td>被先行登记保存
证据人名称（姓名）</td><td colspan="2"></td><td>法定代表人</td><td></td></tr>
<tr><td>保存时间</td><td>年　月　日至　年　月　日</td><td>先行登记
保存地点</td><td colspan="2"></td></tr>
<tr><td>案　由</td><td colspan="4"></td></tr>
<tr><td>先
行
登
记
保
存
证
据
理
由</td><td colspan="4"></td></tr>
<tr><td>承办人
意　见</td><td colspan="4">承办人签名：　　　　年　　月　　日</td></tr>
<tr><td>承办机构
审核意见</td><td colspan="4">负责人签名：　　　　年　　月　　日</td></tr>
<tr><td>领导审批
意　见</td><td colspan="4">领导签名：　　　　年　　月　　日</td></tr>
</table>

17. 先行登记保存证据通知书

________罚登存通字〔　　〕第　号

________：

你（单位）因____行为，违反了《……法》____的规定。依照《行政处罚法》第三十七条第二款的规定，本机关决定对先行登记保存证据物品清单所列物品予以先行登记保存。先行登记保存证据物品自______年______月______日至______年______月______日，以方式，存放于__________。

附：先行登记保存证据清单

被先行登记保存证据人：____________　　　　年　月　日

（行政机关印章）

年　月　日

18. 先行登记保存证据物品清单

单位（印章）:

名称	数量	品级	规格	型号	形态	备注

被先行登记保存证据人签名：__________________ 年　月　日

拒绝签字情况及理由：____

取证人员签名：__________、__________ 年　月　日

19. 先行登记保存证据物品处理通知书

________罚登处通字〔　　〕第　　号

________：

你（单位）因____行为，违反了《……法》________________________的规定。本机关于________年________月________日至________年________月________日，对先行登记保存证据物品清单所列物品以____保存方式，存放于________。

依照《……法》__________的规定，对被先行登记保存证据物品处理清单所列物品予以________。

附：先行登记保存证据物品处理清单

被先行登记保存证据人：____________________　　　　年　　月　　日

（行政机关印章）

年　月　日

20. 先行登记保存证据物品处理清单

单位（印章）：

名 称	数 量	品 级	规 格	型 号	形 态	备注

被先行登记保存证据人签名：______________________ 年 月 日

拒绝签字情况及理由：____

取证人员签名：__________、________ 年 月 日

第三阶段：采取行政措施、拟实施行政处罚、告知权利

经调查取证确认管理相对人有违法事实存在，依据相关法律、法规、规章的规定，有的需要下发《责令改正通知书》，先制止其违法行为。然后依据相关法律、法规、规章的规定，给予行政处罚。有的法律直接规定给予行政处罚。这阶段需要注意以下几点：

1. 适用法律、法规和规章要正确。卷中对管理相对人违法事实的认定及给予的行政处罚必须紧扣法条，凡是法律、法规和规章没有明确规定的，不能作为处罚的依据，特别是规范性文件不能作为行政处罚的依据。

容易出现的问题：一是，把规范性文件作为行政处罚的依据。二是，适用法律错误。例如，某地农业局查到一个体工商户经营过期农药，该局依据《中华人民共和国农药管理条例》第四十条第二款规定实施处罚，即："有下列行为之一的……；尚不够刑事处罚的，由农业行政主管部门按照以下规定给予处罚：……（二）农药登记证或者农药临时登记证有效期限届满未办理续展登记，擅自继续生产该农药的，责令限期补办续展手续，没收违法所得，可以并处违法所得5倍以下的罚款；没有违法所得的，可以并处5万元以下的罚款；逾期不补办的，由原发证机关责令停止生产、经营，吊销农药登记证或者农药临时登记证；……"。该条罚则是针对农药登记证或者农药临时登记证有效期限届满未办理续展登记，擅自继续生产该农药的违法行为，本案中管理相对人是个体工商户，经营过期农药，而不是生产农药的企业，认定的违法行为与行政处罚适用的法规不一致。因此，该案为错案。三是，实施的行政处罚没有依据法律规定。如农业方面的一个违法案件，卷中显示实施行政处罚的依据是《中华人民共和国种子法》第五十九条的规定，即："违反本法规定，生产、经营假、劣种子的，由县级以上人民政府农业、林业行政主管部门或者工商行政管理机关责令停止生产、经营，没收种子和违法所得，吊销种子生产许可证、种子经营许可证或者营业执照，并处以罚款；有违法所得的，处以违法所得五倍以上十倍以下罚款；没收违法所得的，处以二千元以上五万元以下罚款；构成犯罪的，依法追究刑事责任。"而本案行政处罚决定书显示给予的行政处罚是：责令停止经营，没收种子14790斤；没收违法所得13893元；对当事人处以壹万元罚款。二者对比，明显是不一致的，比如许可证等没有吊销，有违法所得的要处以违法所得五倍以上十倍以下罚款，而不该是壹万元。四是，不依法告知当事人实施行政处罚所依据的法律、法规、规章的具体内容。对管理相对人违法行为违反的法律、法规、规章的具体条款及内容，以及法律、法规、规章（俗称法定依据）规定的进行行政处罚的相关法条和具体内容，都应该在调查终结报告、行政处罚事先告知书、行政处罚决定书等执法文书中体现出来。一方面，方便行政机关的法律审核、行政首长审批；另一方面，方便当事人了解情况，起到说理、教育的目的。五是，不依照《行政处罚法》第八条规定的行政处罚的种类实施处罚。即：警告；罚款；没收违法所得、没收非法财物；责令停产停业；暂扣或者吊销许可证、暂扣或者吊销执照；行政拘留；法律、行政法规规定的其他行政处罚。如某行政处罚决定书显示给予的行政处罚是：召回产品、罚款。但其处罚依据规定的处罚种类是警告和罚款，但没有召回产品这一行政处罚（召回产品可以作为一种行政命令纳入责令改正违法行为的范畴）。

2. 行政处罚文书中要体现行政处罚裁量标准。执法人员在起草调查终结报告、行政处罚事先告知书、行政处罚决定书等执法文书时，都要体现行政处罚裁量标准的适用，避免处罚不适当，重过轻罚，轻过重罚，失去了公正、公平，出现权利滥用的问题。

容易出现的错误：一是，行政处罚时，不体现裁量标准。二是，错误地体现裁量标准。有的执法部门把省直部门制定的某法的行政处罚裁量标准作为行政处罚的依据进行引用。比如，有的行政处罚决定书是这样写的：根据《动物防疫法》及《动物防疫法裁量标准》的规定，给予以下行政处罚：……。

3. 要保护管理相对人的陈述申辩权、听证权。在作出行政处罚决定之前，应当告知当事人作出行政处罚决定的事实、理由及依据，要依法履行告知当事人陈述、申辩的权利。对于行政机关作出责令停产停业、吊销许可证或者执照、较大数额罚款等行政处罚决定之前，应当依据《行政处罚法》第四十二条的规定，告知管理相对人有要求举行听证的权利，这里需要注意的是：要通过听证告知书来体现行政机关的听证告知程序，使管理相对人更加明确自己的权利，便于更好地保护其利益。但对于不符合听证规定的，不能滥用听证告知的权利。

在执法实践中，有的水行政机关对于非较大数额罚款的行政处罚，向管理相对人告知了听证权利，违反了《行政处罚法》关于听证的相关规定。因为，听证权的滥用只能给管理相对人及行政机关带来负担，不利于保护管理相对人的权益，并且增加行政机关的行政成本。

行政执法人员必须掌握：《河南省行政机关执法条例实施办法》第二十条规定："有下列情形之一的罚款为较大数额罚款：

（一）对非经营活动中的违法行为实施罚款一次达到或者超过1000元的；

（二）对无违法所得的经营性违法行为实施罚款一次达到或者超过10000元的；

（三）对有违法所得的经营性违法行为实施罚款一次达到或者超过30000元的。"

对于需要听证的行政执法案件，都要按照《行政处罚法》第四十二条规定的程序组织实施：

（一）当事人要求听证的，应当在行政机关告知后三日内提出；

（二）行政机关应当在听证的七日前，通知当事人举行听证的时间、地点（需要下达《行政处罚听证通知书》进行告知）；

（三）除涉及国家秘密、商业秘密或者个人隐私外，听证公开举行；

（四）听证由行政机关制定的非本案调查人员主持；当事人认为主持人与本案有直接利害关系的，有权申请回避；

（五）当事人可以亲自参加听证，也可以委托一至二人代理；

（六）举行听证时，调查人员提出当事人违法的事实、证据和行政处罚建议；当事人进行申辩和质证；

（七）听证应当制作笔录；笔录应当交当事人审核无误后签字或者盖章。当事人对限制人身自由的行政处罚有异议的，依照治安管理处罚条例有关规定执行。"

4. 对于需要采取查封扣押等行政强制措施的，要依照《行政强制法》的有关规定，履行相应程序后，方可实施。

5. 重大、复杂案件要通过案审会集体决定。

总之，这一阶段是行政执法中出现问题最多的阶段。最容易出现的问题是：适用法律错误（法条引用错误、法条规定给予五倍罚款而实际只给予不到一倍的罚款、错误增加处罚种类）、适用裁量标准不当、违反法定程序实施处罚、没有依法告知当事人陈述申辩权利、没有依法告知当事人听证权利、错误告知听证权利、采取行政强制措施不履行审批程序、没有履行重大行政处罚进行集体讨论程序。

21. 责令改正通知书

______责改（　）__号

______________：

经调查，你（单位）存在下列违法事实：

1 ____

2 ____

根据________________的规定，现责令你（单位）对上述第_______项问题立即改正；对_____项问题于_____年_____月___日前整改完毕。

改正内容和要求如下：

1. ____

2. ____

被责令改正人签名：　　　　　　　　　　　日期：　年　月　日

执法人员签名：　　　　　　　　　　　　　执法证件号：

行政执法机关印章

年　月　日

22. 案件调查终结报告

（首页）

当事人的基本情况：______________________________

调查时间：______年_____月______日至______年______月______日

调查人员签名：_________、_________。

当事人违法的证据：

1. ______________________________
2. ______________________________
3. ______________________________

……

违法行为等次：（根据违法事实、性质、情节和社会危害程度，将违法行为确定为轻微、一般、严重或者特别严重）

应受行政处罚的依据和种类：（×法的某条要全文引出）：____________________

____

____

行政处罚建议：

1. ______________________________
2. ______________________________
3. ______________________________

注：本格式只提供样式，具体制作时因案情不同可长可短。

23. 重大复杂案件集体讨论笔录

时　　间：＿＿＿＿＿年＿＿＿月＿＿＿日＿＿＿时＿＿＿分至＿＿＿时＿＿分

地　　点：＿＿＿＿＿＿＿＿＿＿＿＿＿＿＿＿＿＿＿＿＿＿＿＿＿＿＿＿＿＿

集体讨论案由：＿＿＿＿＿＿＿＿＿＿＿＿＿＿＿＿＿＿＿＿＿＿＿＿＿＿＿

主持人：＿＿＿＿＿＿职务：＿＿＿＿＿＿记录人：＿＿＿＿＿＿职务：＿＿＿＿＿＿

参加人：＿＿＿＿＿＿＿＿＿＿＿＿＿＿＿＿＿＿＿＿＿＿＿＿＿＿＿＿＿＿

列席人：＿＿＿＿＿＿＿＿＿＿＿＿＿＿＿＿＿＿＿＿＿＿＿＿＿＿＿＿＿＿

案件承办人汇报案件情况：＿＿＿＿＿＿＿＿＿＿＿＿＿＿＿＿＿＿＿＿＿＿

听证主持人汇报听证情况：＿＿＿＿＿＿＿＿＿＿＿＿＿＿＿＿＿＿＿＿＿＿

参加讨论人员意见和理由：＿＿＿＿＿＿＿＿＿＿＿＿＿＿＿＿＿＿＿＿＿＿

结论性意见：＿＿＿＿＿＿＿＿＿＿＿＿＿＿＿＿＿＿＿＿＿＿＿＿＿＿＿＿

行政机关负责人签名：＿＿＿＿＿＿＿＿＿＿

年　　月　　日

第　　页共　　页

行政处罚事先告知书（存根）

_____罚先告字〔 〕第 号

__________：

你（单位）因___________________的行为，违反了____________________________的规定。

从你（单位）违法行为的事实、性质、情节、社会危害程度和证据看，你（单位）的违法行为属于轻微（属于一般的认定为一般，属于严重的认定为严重，属于特别严重的认定为特别严重）。

根据____________的规定，本机关拟对你（单位）做出___________的处罚。

根据《行政处罚法》第三十二条的规定，你（单位）可以自收到本告知书之日起三日内到×××（地点）进行陈述、申辩，逾期不陈述、申辩的视为放弃陈述申辩权利。

行政机关印章

年 月 日

骑缝章

24. 行政处罚事先告知书

_____罚先告字〔 〕第 号

__________：

你（单位）因_________________________的行为，违反了__________________________的规定。

从你（单位）违法行为的事实、性质、情节、社会危害程度和证据看，你（单位）的违法行为属于轻微（属于一般的认定为一般，属于严重的认定为严重，属于特别严重的认定为特别严重）。

根据____________________的规定，本机关拟对你（单位）做出________________的处罚。

根据《行政处罚法》第三十二条的规定，你（单位）可以自收到本告知书之日起三日内到×××（地点）进行陈述、申辩，逾期不陈述、申辩的视为放弃陈述申辩权利。

行政机关印章

年 月 日

25. 陈述（申辩）笔录

陈述（申辩）时间：______年______月______日______时______分至______时______分

陈述（申辩）地点：______

陈述（申辩）人：______性别：______

工作单位：______电话：______

住址：______邮编：______

与本案关系：______

记录人：______工作单位：______

陈述（申辩）请求：______

事实和理由：______

______

______

______

______

______

应经当事人核阅后签注“陈述（申辩）笔录上述内容，记录属实。”

陈述（申辩）人签字：　　年　　月　　日

记录人签字：　　年　　月　　日

第　　页共　　页

26. 行政处罚听证告知书

____罚听告字〔 〕第 号

__________：

你（单位）于________年________月________日至________年________月________日，因______________行为，违反了《……法》________________________的规定。

违法行为等次：根据你（单位）违法行为的事实、性质、情节、社会危害程度和相关证据，你（单位）的违法行为为轻微（属于一般的认定为一般、属于严重的认定为严重，属于特别严重的认定为特别严重）。

拟给予处罚的依据和种类：本机关依照《……法》____的规定，拟对你（单位）作出下列行政处罚：

1. ××（适用轻微、一般、严重或者特别严重的处罚标准）
2. ××（适用轻微、一般、严重或者特别严重的处罚标准）

……

申请听证的期限：如你（单位）要求听证，应当自收到本告知书之日起三日内向我厅（局）提出申请。逾期视为放弃听证权利。

联系人： 电 话： 地 址：

被告知人：____________ 年 月 日

（行政机关印章）

年 月 日

第 页 共 页

行政处罚听证通知书（存根）

_____听通字[ ]第 号

被通知人__________________

住　所__________________　　骑

案　由__________________

听证方式__________________　　缝

听证主持人________________

听 证 员__________________　　章

书 记 员__________________

通知内容__________________

____

____

年　月　日

27. 行政处罚听证通知书

_____听通字〔　〕第　号

被通知人（个人）姓名____________________ 性别__________

所在单位______________地址____________________________

被通知人（单位）名称________地址______________________

法定代表人或负责人_________职务________________________

本机关定于_____年_____月_____日____时__分在_________公开（不公开）举行____一案听证会，请准时参加。当事人无正当理由不参加听证会,视为放弃听证权利。

（行政机关盖章）

年　月　日

联系人：　　　　联系电话：　　　　邮政编码：

注：当事人的听证权利、义务见下页

当事人的听证权利、义务

一、权利

1. 要求或者放弃听证；

2. 申请听证主持人、听证员、书记员、鉴定人员、翻译人员回避；

3. 委托律师或者其他人员代为参加听证；

4. 在听证会上对案件涉及的事实、适用法律及有关情况进行陈述和申辩；

5. 在听证会上对案件调查人员提出的证据进行质证或者提出新的证据；

6. 在听证会结束前，有权陈述最后意见。

二、义务

1. 遵守听证会纪律；

2. 如实回答听证主持人的询问；

3. 申请有关人员回避，必须说明申请回避的理由；

4. 当事人委托他人代理参加听证的，必须在听证会举行前向听证机关提交委托代理人的身份证明和由当事人签名或者盖章的委托代理书。

28. 行政处罚听证会笔录

案由×××

时间：　　　　　　　　　　　　　地点：

听证主持人：　　　　　　　　听证员：　　　　　记录员：

案件调查人员：

案件当事人：　　　　　　　　法定（委托）代理人：

第三人：　　　　　　　　　　法定（委托）代理人：

听证记录：

一、听证主持人核对、介绍参加人员并告知权利

听证主持人宣布：听证会现在开始。核对听证参加人身份（略）。关于________一案，本机关受理当事人×××要求听证的申请后，依法指定×××为听证主持人，×××为听证员，×××为记录员，根据有关法律规定，现决定公开（不公开）举行听证。

当事人在听证中享有下列权利：1. 有权要求放弃听证；2. 有权申请听证主持人、听证员、记录员、翻译人员、鉴定人员回避，但必须说明理由；3. 有权对本案涉及的事实、适用法律和有关情况进行陈述和申辩；4. 有权对本案调查人员提出的证据进行质证或者提出新的证据；5. 在听证会结束前，有权陈述最后意见。请问，你（你们）听清了没有？

当事人：听清了（有时可能未听清楚）。

听证主持人问：当事人是否申请回避？

当事人答：不申请回避（有的可能申请回避）。

二、案件调查人员提出当事人的违法事实

听证主持人：现在由调查人员××提出当事人的违法事实。

调查人员：　　年　　月　　日，我们在检查中发现（也可以由举报发现等），当事人××于　　年　　月　　日在×××地点实施了×××违法行为，有充分的证据证实（可记录证据①、②……），根据××法（或××条例或××规章）××条的规定，拟作出如下行政处罚（如罚款、吊销许可证等）。

三、当事人申辩和质证

听证主持人：现在由当事人进行申辩和质证。

当事人：（针对调查人员提出的违法事实、证据提出相反意见，可能举出相反证据证明他未实施违法行为，也可能要求从轻处罚，记录时要逐项记录清楚。）

四、听证参加人审核听证笔录

听证主持人：现在请当事人××作最后陈述。

最后陈述完毕，听证主持人：现在，听证笔录已形成，请各位听证参加人审核后签名。

（随即由听证主持人、调查人员、记录员、当事人签名，有的案件还应由翻译人员、鉴定人员等签名。）

第四阶段：法律审核，领导审批，依法下达行政处罚决定书

1. 法律审核。行政处罚案件预先法律审核制度要求行政机关按照一般程序实施的行政处罚案件，在作出决定之前，由该机关的法制机构(未设法制机构的为负责法制工作的机构)对其合法性、适当性进行审核，提出书面处理意见，未经法律审核或者审核未通过，不得作出行政处罚决定。这是行政机关内部的监督制约制度。一般是在下发行政处罚决定书之前进行法核。法核完，报行政机关首长审批。

行政机关按照一般程序办理的行政处罚案件，应当在调查终结之日，将案件材料和相关情况向本机关法制机构提交。

依照简易程序实施的行政处罚，可不经法核，而是由案件主办人负责审核，但在送达处罚决定书后，应抄送本机关法制机构备案或者向法制机构提交存根复印件。

行政机关法制机构在收到行政处罚案件和相关材料后，一般应当在7个工作日内审查完毕。因特殊情况需要延长期限的，应当经本机关分管领导批准后延长日期。

法制机构对行政处罚案件进行审核的内容是：

（一）当事人的基本情况是否查清。

（二）违法行为是否超过追责时效（行政处罚法第二十九条规定：违法行为在二年内未被发现的，不再给予行政处罚。法律另有规定的除外。期限是从违法行为发生之日起计算;违法行为有连续或者继续状态的，从行为终了之日起计算。）

（三）本机关对该案是否具有管辖权。

（四）事实是否清楚，证据是否确凿、充分，材料是否齐全。

（五）定性是否准确，适用法律、法规、规章是否正确。

（六）行政处罚是否适当。

（七）程序是否合法。

法制机构对案件进行审核后，要提出书面意见或建议：

（一）对事实清楚、证据确凿充分、定性准确、处罚适当、程序合法的，提出同意的意见。

（二）对违法行为不能成立的，提出不予行政处罚的建议，或者建议办案机构撤销案件。

（三）对事实不清、证据不足的，建议补充调查，并将案卷材料退回。

（四）对定性不准、适用法律不当的，提出修正意见。

（五）对程序违法的，提出纠正意见。

（六）对超出本机关管辖范围的，提出移送意见。

（七）对违法行为轻微，依法可以不予行政处罚的，提出不予处罚意见。

（八）对重大、复杂案件，责令停产停业、吊销许可证或者执照的案件，较大数额罚款的案件，建议本机关负责人集体研究决定。

（九）对违法行为涉嫌犯罪的，提出移送司法机关的建议。

法制机构审核完毕，应当制作《行政处罚案件法律审核意见书》一式二份，一份留存归档，一份连同案卷材料退回办案机构。

2. 行政机关负责人批准，下发行政处罚决定书。行政机关负责人在批准前，应当对经过

法核的有关材料进行审查：案件调查报告、当事人的陈述和申辩意见或者听证情况等，根据不同情况，分别作出以下处理决定：

（一）确有应受行政处罚的违法行为的，根据情节轻重及具体情况，作出行政处罚决定。

（二）违法行为依法不予行政处罚或者违法行为轻微，依法可以不予行政处罚的，不予行政处罚。

（三）违法事实不能成立的，不得给予行政处罚。

（四）违法行为在二年内未被发现的，不再给予行政处罚。

（五）不属于本部门管辖的，移送有权行政机关处理。

（六）违法行为已构成犯罪的，移送司法机关。

对于不构成行政处罚的，执法部门要及时销案。

行政处罚决定书应当载明的事项：当事人的姓名或者名称、地址；违反法律、法规或规章的事实和依据；行政处罚的种类和依据；行政处罚的履行方式和期限；不服行政处罚决定，申请行政复议或提起行政诉讼的途径和期限；作出行政处罚决定的行政机关名称和作出决定的日期。

3、行政处罚决定书必须加盖行政机关的印章。这是《行政处罚法》第三十九条规定的，即：行政处罚决定书必须盖有作出行政处罚决定的行政机关的印章。价格行政执法中存在只盖行政处罚专用章，不盖价格主管部门印章的问题。2014年3月，国家发改委下发了部门规章，对原先违反《行政处罚法》规定的做法进行了纠正，取消了可以在行政处罚决定书上加盖执法专用章的规定，要求：行政处罚事先告知书、行政处罚决定书、催告书等执法文书上，必须加盖价格主管部门的印章。

容易出现的问题：未经法核实施处罚、行政处罚事先告知书拟给予行政处罚的金额与行政处罚决定书给予行政处罚的金额不一致且卷中没有显示较少罚款金额的依据（容易被检察机关认定为渎职犯罪）、不告知当事人实施行政处罚依据法条的具体内容、行政处罚决定书不加盖行政机关的印章、不告知或错误告知当事人应享有的行政复议和提前行政诉讼的权利（价格部门有个别法规定了复议前置、环境保护方面规定的复议期与复议法规定的不一致，从环保单行法的规定）。

这里需要强调一下执法文书送达的问题。送达是行政处罚决定发生法律效力的前提条件，因此送达是行政处罚普通程序不可或缺的环节。行政处罚决定书送达的方式有直接送达、留置送达、委托送达、邮寄送达、转交送达、公告送达等。目前在行政处罚送达环节存在不少问题，主要是存在送达难的情况。对此，各级行政机关要参照最高人民法院《关于适用<中华人民共和国民事诉讼法>若干问题的意见》中关于送达的规定，根据实际情况，按照文书送达的基本要求，选择可靠方式送达行政处罚决定书。

行政执法机关要依法送达行政处罚事先告知书、听证告知书、行政处罚决定书等行政执法文书，送达时要有相关的送达文书，要有当事人的签字。有的行政机关在执法文书送达中存在：送达记录不完整，送达人和收件人身份不明确，难以证明收件人身份的合法性的问题。下面简单介绍一下行政诉讼法规定的送达方式：

直接送达也称交付送达，是指送达机关派专人将应送达的文书直接交付给受送达人。送达机关，在民事诉讼中是人民法院，而在行政处罚时是行政机关。送达机关直接送达时，如遇受送达人不在，可以交付给和他同住的成年家属签收。如果受送达人已向送达机关指定代收人的，交代收人签收，同样视为直接送达。　留置送达是指受送达人无正当理由而拒绝接受送达文书的，送达机关可以依照民事诉讼法规定，邀请有关基层组织或者所在单位的代表到场，说明情况，在送达回证上记明拒收事由和日期，由送达人。见证人签名或者盖章，把送达文书留在受送达人的住所，即视为已经送达。

委托送达是指直接送达确有困难的，如受送达人不居住在送达机关的辖区内，送达机关可以委托受送达人居住地的机关代为送达。

转交送达是指如果受送达人是军人，可以通过其部队的政治机关转交；如果受送达人是被监禁的，可以通过其所在的监狱或者劳动教养单位转交。代为转交的机关、单位收到送达文书后，必须立即交受送达人签收，以在送达回证上的签收日期，为送达日期。

邮寄送达即通过邮寄方式将送达文书送达受送达人的一种方式。依照《民事诉讼法》的规定，直接送达确有困难的，可以邮寄送达。送达机关如通过邮寄送达，应当将送达文书交邮局以挂号信寄出，挂号的回执为送达凭证，回执上收件人的签收日期，即为送达日期。

公告送达是将送达文书公诸于世的一种送达方式。此种送达方式适用于受送达人下落不明或者用其他方式无法送达的。其方法有张贴广告、登报、广播等。《民事诉讼法》规定，自发出公告之日起，经过60日，即视为送达。公告送达，还应当在案卷中记明原因和经过。）

29、行政处罚审批表

当事人 基本情况	当事人（个人）姓名：　　　　性别：　　　　年龄： 所在单位：　　　　　　　　住址： 当事人（单位）名称：　　　地址： 法定代表人姓名：　　　　　职务：
当事人违法 的主要事实	
承办人员 建　议	承办人签名　　年　月　日
承办机构 意　见	负责人签名　　年　月　日
法制机构 审核意见 （或法律审核意见）	负责人签名：　　年　月　日
领导审批 意　见	领导签名　　年　月　日

30. 案件移送函

______罚移送字〔　　〕第　号

__________________：

本机关于______年____月__________日对______________________________________一案立案调查，在调查中发现：____,故此案超出本机关管辖范围。

依照______________________________规定,现将该案移送你单位处理。

附：

1、案件简介及有关材料　件

2、移送案件涉案物品清单

（移送机关印章）

年　　月　　日

31. 移送案件涉案物品清单

单位（印章）:

名称	数量	品级	规格	型号	形态	备注

移送案件接收人：________________________　　　　年　　月　　日

拒绝签字情况及理由：____

移送案件移送人：__________、__________　　　　年　　月　　日

32. 行政处罚决定书

______罚决字〔　〕第　号

被处罚人（自然人）姓名：____________性别：________年龄：_______
所在单位：___________________________住址：_________________________________
被处罚人（单位）名称：____________地址：___________________________________
法定代表人或负责人：_______________职务：__________________________________

本机关于____年________月_______日对_________________一案立案调查。经查，你（单位）于______年______月______日至______年______月______日实施了____违法行为。

违法的证据：1、……2、……3、……

违法行为等次：根据你（单位）的违法事实、性质、情节、社会危害程度和相关证据，你（单位）的违法行为为轻微（属于一般的认定为一般、属于严重的认定为严重，属于特别严重的认定为特别严重）。

应受行政处罚的依据和种类：上述违法行为事实清楚,证据确凿充分。根据________________________之规定（××法、××法规、××规章的×条、应将×条的内容写上），决定对你（单位）作出如下行政处罚：

1. ×××（适用轻微、一般、严重或者特别严重的处罚标准）
2. ×××（适用轻微、一般、严重或者特别严重的处罚标准）……

行政处罚履行方式和期限：你（单位）应当自接到本决定书之日起15日内将罚款缴至_____银行（账号：___________）。到期不缴纳的，每日按罚款数额的3%加处罚款。

不服行政处罚决定申请行政复议或者提起行政诉讼的途径和期限：如不服本决定，可以自收到本决定书之日起六十日内向××人民政府或者××厅（局）申请行政复议，或者在六个月内直接向人民法院起诉。逾期不申请行政复议、不向人民法院起诉又不履行本处罚决定的，我厅（局）将申请人民法院强制执行（有法定权限的行政机关依法强制执行）。

行政机关印章

年　月　日

33、送达回证

______罚回证字〔　　〕第　　号

案　由	
送达文书名称、文号	
受送达人	
送达地点	
受送达人（签字或盖章）	
代收人	
送达日期	年　　月　　日
送达方式	
邮寄日期	年　　月　　日
挂号信号码	
拒收理由	
见证人（签字）	年　　月　　日
送达人（签字）	年　　月　　日
备　注	

注：委托或邮寄送达的，请签收后将送达回证速退本机关。

34. 催告书

35. 强制执行决定书

（仅适用于依照法律、法规具有行政强制执行权的行政机关）

36. 强制执行申请书

（适用于申请法院强制执行）

当场处罚决定书（存根）

____当罚决字〔　　〕第　　号

被处罚人姓名__________性别____年龄__________

所在单位______________住址____________________

被处罚（单位）名称____________地址__________

法定代表人____________________职务____________

处罚地点______________________________________

你（单位）于______年______月_____日在______

____________（地点），实施______行为，违反了

___________规定，依据____________________

___________规定，决定对你（单位）处罚如下：

1. 处以警告；

2. 罚款____千____百____拾___元。

收款形式：1. 当场收缴；

2. 于_____年_____月____日

前将款交至______________________银行（信用社）

储蓄网点。

执法人员（姓名及执法证号）：

年　　月　　日

（此存根报所属行政机关备案）

骑　　缝　　章

No：××××

37. 当场处罚决定书

____当罚决字〔　　〕第　　号

被处罚人姓名__________性别__________年龄__________

所在单位____________住址____________________

被处罚(单位)名称________________地址____________

法定代表人______________________职务____________

处罚地点____

你（单位）于____年____月____日在____（地点），因____

______________________________________行为，违反了

____规定，依据

__________规定，本机关决定对你（单位）处罚如下：

1. 处以警告；

2. 罚款____千____百____拾____元。

收款形式：1. 当场收缴（20元以下罚款及不当场收缴事后难以执行的）；2、于______年_____月_____日前将款交至__________________银行（信用社）储蓄网点。

执法人员（姓名及执法证号）：

（行政机关盖章）

年　　月　　日

注：告知事项见下页

告 知 事 项

1. 被处罚人必须立即停止违法行为，自行纠正错误。
2. 到期不缴纳罚款的，每日按罚款数额的3%加处罚款（也可以不加处罚款）。
3. 如不服本处罚决定，可依法申请行政复议，也可以依法向人民法院提起行政诉讼。

第五阶段：履行

1. 行政执法机关要执行“罚缴分离”制度，不允许行政机关坐收坐支，罚款要全部上缴财政专户。按照《行政处罚法》第四十六条规定“作出罚款决定的行政机关应当与收缴罚款的机关分离”，因此，案卷中要有当事人将罚款缴到财政专户的票据，除《行政处罚法》规定的特殊情况外，不允许行政执法机关及其执法人员自行收缴罚款。

2. 行政处罚要依法实施，要执行到位，不能随意改变罚款数额。如有些案件，办案人员建议对违法行为人罚款3万元，到主管领导签字时变成2万元，下行政处罚决定书时又变成1万元，实际执行回来只有5000元，中间为何发生变化，不得而知。

有的案卷只说明当事人生活困难，就减或免了罚款。行吗？行政机关的首长有减免权利吗？没有。

这样做违反《行政处罚法》第五十二条规定“当事人确有经济困难，需要延期或者分期缴纳罚款的，经当事人申请和行政机关批准，可以暂缓或者分期缴纳。”

容易出现的问题：执法机关自行收取罚款、坐收坐支；行政执法机关滥用减免罚款的权利。

第六阶段：结案

分两种情形：

一、当事人自觉履行行政处罚决定。当事人依据行政处罚决定书的规定，自觉履行了义务。行政案子办结后，要由办案人员写出结案报告、制作结案审批表，报领导批准后结案。

这里需要注意的是，对于需要进行整改的违法行为，不能以罚代管，不能只收到了罚款或没收了违法所得或非法财物就算办结，应该检查其违法行为的整改是否到位。

二、当事人不履行行政处罚决定，需要强制执行的，对有强制执行权的行政机关，要依法履行催告程序，然后实施行政强制。对没有强制执行权的行政机关，在申请法院强制执行前，要依法履行催告程序，并申请法院强制执行。具体的做法是：

有行政强制执行权的行政机关，要依据《行政强制法》第三十五条的规定，先履行催告程序，向当事人下发催告书，督促当事人自觉履行义务。催告期届满，再依照强制执行程序，进行强制执行。强制执行的相关执法文书（包括执行到位情况的有关票据）要入卷，并写出结案报告经审批程序，最后结案。对于没有行政强制执行权的行政机关，要依据《行政强制法》第五十四条的规定，先催告当事人履行义务，再申请法院强制执行（可以自期限届满之日起三个月内提出申请）。行政机关向法院申请强制执行，应当提供的材料：强制执行申请书；行政决定书（含行政处罚决定书等）及作出决定的事实、理由和依据；当事人的意见及行政机关催告情况；申请强制执行标的情况；法律、行政法规规定的其他材料。

该申请书必须由行政机关负责人签名，加盖行政机关印章，并注明日期。

除了罚款的执行外，对其他行政处罚种类的执行，《行政处罚法》没有作出太多的规定，因此对其他处罚种类如何执行的问题，也应当加强研究。

39. 行政处罚案件结案报告

<table>
<tr><td rowspan="4">当事人</td><td>名称</td><td></td><td>法定代表人</td><td></td></tr>
<tr><td>地址</td><td></td><td>电话</td><td></td></tr>
<tr><td>姓名</td><td></td><td>年龄</td><td></td></tr>
<tr><td>所在单位</td><td></td><td>电话</td><td></td></tr>
<tr><td>案由</td><td colspan="2"></td><td>案件来源</td><td></td></tr>
<tr><td>办案时间</td><td colspan="4">年 月 日至 年 月 日</td></tr>
<tr><td>行政处罚
文书文号</td><td colspan="2"></td><td>结案日期</td><td>年 月 日</td></tr>
<tr><td>案件简要情况</td><td colspan="4"></td></tr>
<tr><td>行政处罚
内容</td><td colspan="4"></td></tr>
<tr><td>执行方式</td><td colspan="4">□按程序执行 □复议结案 □诉讼结案 □强制执行</td></tr>
<tr><td>执行结果</td><td colspan="4"></td></tr>
</table>

填表人: 年 月 日

40. 行政处罚案件结案审批表

<table>
<tr><td>行政处罚文书文号</td><td></td><td>发文日期</td><td>年 月 日</td></tr>
<tr><td>案 由</td><td></td><td>案件来源</td><td></td></tr>
<tr><td>发案时间</td><td colspan="3">年 月 日 时 分至 年 月 日 时 分</td></tr>
<tr><td>案件简要情况</td><td colspan="3"></td></tr>
<tr><td>行政处罚内容</td><td colspan="3"></td></tr>
<tr><td>行政处罚执行情况</td><td colspan="3"></td></tr>
<tr><td>承办人
意 见</td><td colspan="3">承办人签名: 年 月 日</td></tr>
<tr><td>承办机构
审核意见</td><td colspan="3">负责人签名: 年 月 日</td></tr>
<tr><td>领导审批
意 见</td><td colspan="3">领导签名: 年 月 日</td></tr>
</table>

浅析水行政处罚中“加处罚款”的执行

摘要：本文试从一个具体案例引发对行政处罚决定中“加处罚款”如何执行的分析，探讨其中带有分歧观点的问题，以期引发各位同仁对水行政强制执行的关注。

关键词：水行政处罚；强制执行；当事人

“在当前法律、法规没有赋予水行政主管部门强制执行权的情形下，相对人拒不履行生效的行政处罚决定，水行政主管部门申请人民法院强制执行是最重要的强制手段，保证了行政处罚决定的严肃性和权威性。”

“法律、法规没有赋予行政机关强制执行权，行政机关申请人民法院强制执行的，人民法院应当依法受理。由此，本案申请人民法院强制执行其行政处罚决定是有明确的法律依据的。”从一起水事违法案件来谈加处罚款问题。2010年11月25日，河南省安阳市水政监察支队接到了一起举报案件。经现场勘查发现，被举报的大观电器有限公司院内北侧有一眼水井，装有取水设施，取水管径50毫米，未安装计量设施，现场检查时正在抽水。调查该单位工作人员得知抽取地下水主要用于宾馆餐饮。根据调查结果，认定该单位的行为属擅自取水，违反了《中华人民共和国水法》第四十八条第一款之规定，水行政执法人员按法定程序先后下达了《水行政处罚听证告知书》、《水行政处罚事先告知书》，该单位没有要求听证，也没有对行政处罚提出陈述、申辩。随后，我局发出了《水行政处罚决定书》，告知了违法事实、主要证据、处罚依据和处罚内容。其中还包括告知行政处罚的履行方式和期限：该电器有限公司应于某年某月某日前，携带本决定书，将罚款8万元交至具体代收机构（指定的某银行）；逾期未缴纳罚款的，依据《行政处罚法》第五十一条第（一）项的规定，每日按罚款数额的3%加处罚款。加处的罚款由代收机构直接收缴。逾期不履行行政处罚决定的，由作出处罚决定的机关申请人民法院强制执行或按有关规定执行。行政处罚决定书最后还告知相对人提起行政复议和诉讼的权利。

《水行政处罚决定书》送达后，该电器有限公司没有在法定期限内缴清罚款。水利局随之发出了《罚款催缴通知书》，要求该电器有限公司向指定银行代收机构缴纳罚款和依法加处的罚款。若逾期仍不能履行，水利局将申请人民法院强制执行。在《罚款催缴通知书》规定的时间内，该电器有限公司依然没有履行。水利局向人民法院提交了《强制执行申请书》，申请法院强制执行生效的行政处罚决定书的内容，包括罚款、加处罚款。法院审查后，在作出准予强制执行行政处罚罚款的同时，对加处罚款是否执行不置可否，实际执行中也不予执行加处罚款。我国《行政处罚法》第五十一条规定“当事人逾期不履行行政处罚决定的，作出行政处罚决定的行政机关可以采取下列措施：（一）到期不缴纳罚款的，每日按罚款数额的百分之三加处罚款。（二）根据法律规定将查封、扣押的财物拍卖或将冻结的存款划拨抵缴罚款。（三）申请人民法院执行。”行政机关因行政相对人的违法行为对其科处罚款，行政相对人在法定期限内未申请复议，又未提起诉讼，到期又未自觉履行，行政机关根据《行政处罚法》第五十一条第一项的规定加处罚款。该加处罚款在非诉行政执行程序中争议颇多，如加处罚款应否与行政处罚罚款一并执行？加处罚款从何时开始计算等？各地法院做法各异，现行法律、司法解释也没有作出明确的规定。笔者认为，结合《行政处罚法》第五十一条的内容，从立法本意上看，加处罚款与申请法院执行这两种强制执行措施行政机关可以选择适用，这种选择是单一选择，还是可重复选择？法律、司法解释都没有规定，但从选择的本意上来说，选择了其中一项强制执行措施，就不应再选择另外一种。况且加处罚款并不是执行内容，而是一种强制执行措施。另外，从执行主体上看，加处罚款是《行政处罚法》普遍授权行政机关的一种行政强制执行权，执行主体应当是行政机关，而非法院。法律法规并没有授权法院可以行使这一权利，因此人民法院无权行使。但由于我国行政机关强制执行措施的单一性，在行政相对人逾期不履行行政决定时，行政机关依法对相对人每日按罚款数额的百分之三加处罚款，在没有其他强制措施相辅助的情况下，仅凭此种加处罚款是无法迫使相对人履行义务的。目前不赋予行政机关的重复选择权则势必难以保障行政决定的最终实现，行政管理将难以为继。鉴于维护行政管理执法的需要，目前各地大多数法院对行政机关申请执行加处罚款一般都采取了一并执行的权宜做法，但这一做法实际上是一种"中国特色"的执行方式，综观世界两大法系相关行政执行法，并没有行政机关实施的执行罚是通过司法强制执行来保障实现的。许多学者对我国 "以申请人民法院执行为原则，以行政机关自行强制执行为例外"的二元制行政执行权力分配模式都提出了批评，二元制行政强制执行模式凸显的弊端本文不再赘述。因此，笔者认为应当制定统一的《行政强制执行法》，将行政强制执行权赋予行政机关统一行使，同时规范行政强制执行程序、措施，完善行政强制执行的法律责任和救济制度。《行政诉讼法》第六十六条规定，公民、法人或者其他组织对具体行政行为在法定期间不提起诉讼又不履行的，行政机关可以申请人民法院强制执行，或者依法强制执行，这就是所谓"非诉行政案件的执行"。对此，《最高人民法院关于执行〈中华人民共和国行政诉讼法〉若干问题的解释》第八十七条规定，法律、法规没有赋予行政机关强制执行权，行政机关申请人民法院强制执行的，人民法院应当依法受理。由此，本案该电器有限公司申请人民法院强制执行其行政处罚决定是有明确的法律依据的。

但是，对于《行政处罚决定书》中的"加处罚款"是否能够由法院强制执行，却产生了不同意见。这些不同的理解导致在实务中，各地法院在对执行"加处罚款"采取不同做法，有的地方法院在执行罚款的同时执行了"加处罚款"，有的法院裁定准予执行行政处罚罚款，但对加处的罚款不予执行。

第一种意见认为，"加处罚款"是滞纳金性质，应由法院强制执行。加处罚款与滞纳金有许多相同之处，目的都是促使相对人履行行政处罚决定，而且同属行政强制执行措施中的间接强制措施，同属执行罚范畴。然而，二者的适用依据不同，加处罚款一般针对不履行缴纳罚款的行为，滞纳金则适用于不履行行政征收决定的行为；二者的比例不同，加处罚款按照《行政处罚法》的规定为每日3%，滞纳金比例多为每日万分之五。因此，笔者认为不应该将二者混为一谈。"加处罚款"不能比照"滞纳金"由法院强制执行。

第二种意见认为，"加处罚款"是新的附加的"行政处罚"，法院应将其与原处罚一并执行。行政处罚中的罚款与加处罚款形式上都是要求被处罚人以金钱上的给付，都是对相对人的惩罚。罚款是行政相对人违法行为的直接后果，加处罚款是相对人不履行行政处罚决定的法律后果。但是，如果将"加处罚款"视为新的行政处罚，那么不应该只是在《行政处罚决定书》中直接告知相对人，而是应该按照法定的处罚程序进行立案、调查和案审等；否则，就是程序违法。因而，将"加处罚款"直接视为行政处罚是不妥的。

第三种意见认为，"加处罚款"是一种行政强制执行措施，属于执行罚，应由行政机关自己执行，依据《行政处罚法》相关规定，法院并没有执行的法律依据。从《行政处罚法》第五十一条的规定看，第（一）项"到期不缴纳罚款的，每日按罚款数额的百分之三加处罚款”与第（二）项“根据法律规定，将查封、扣押的财物拍卖或者将冻结的存款划拨抵缴罚款”、第（三）项“申请人民法院强制执行”是并列的几项执行措施，只能选择使用，不能重复使用。从法条本身的逻辑分析，作为第（三）项“申请人民法院强制执行”不能涵盖第（一）项的“加处罚款”。换句话说，“加处罚款”是行政机关自己采取的执行措施，法院执行没有依据。此时，为弥补逾期缴纳罚款没有惩罚的缺陷，个别观点认为，可以根据《最高人民法院关于贯彻执行〈中华人民共和国行政诉讼法〉若干问题（试行）》第一百一十四条的规定：“人民法院审理行政案件，除依照行政诉讼法的规定外，对本规定没有规定的，可以参照民事诉讼的有关规定”。故根据《民事诉讼法》第二百二十九条的规定：“被执行人未按判决、裁定和其他法律文书指定的期间履行给付金钱义务的，应当加倍支付迟延履行期间的债务利息”。即行政机关如申请人民法院执行罚款，则不应执行“加处罚款”，而应由被执行人加倍支付迟延履行期间的罚款利息。

评 析

笔者认为，上述意见有其合理之处，然而却与目前实践并不一致。首先，“加处罚款”是符合法律规定的具体行政行为。《行政处罚法》第五十一条第（一）项规定：当事人逾期不履行行政处罚决定的，作出行政处罚决定的行政机关可以采取下列措施：到期不缴纳罚款的，每日按罚款数额的3%加处罚款。为此，行政机关有权在行政处罚决定书中对相对人确定“加处罚款”的义务。显而易见，像水利局这样没有强制执行权的部门，在没有其他强制措施相辅助的情况下，仅凭在行政处罚决定书上说明加处罚款是无法迫使相对人履行义务的。考虑到我国“以申请人民法院执行为原则，以行政机关的行政执行为例外”的二元制行政执行权力分配模式，法院有义务对“加处罚款”这样的合法措施进行执行。从法律依据上讲，法院并非毫无执行的法律依据。《行政诉讼法》第六十六条规定“非诉行政案件的执行”，其落脚点并非“行政处罚”，而是“具体行政行为”。也就是说，“加处罚款”作为一项合法生效的“具体行政行为”，是有可执行的内容的。本案中，水利局在行政处罚决定书中告知相对人“加处罚款”的事项，而且还进行了催缴，此后在申请执行书中除了申请执行行政处罚外还明确了申请执行加处罚款的内容，根据《行政处罚法》第五十一条的立法本意及立法宗旨，法院应该对“加处罚款”进行审核，对符合法律规定的，应予执行，以维护行政行为的权威性。

附：作者认为可以执行和解的法律、法规及政策依据。仅供参考。

1. 法律或政策依据：应当允许执行和解。理由一是《行政诉讼法》及其司法解释中没有对这个问题作出规定，因此在执行中只能适用《民事诉讼法》的有关规定执行。二是最高人民法院关于印发《进一步贯彻“调解优先、调判结合工作”原则的若干意见》的通知（2010年6月7日最高人民法院文件法发〔2010〕16号公布，自公布之日起施行）要求：1. 着力做好行政案件协调工作。在依法维护和监督行政机关依法行使行政职权的同时，要针对不同案件特点，通过积极有效的协调、和解，妥善化解行政争议。在不违背法律规定的前提下，除了对行政赔偿案件依法开展调解外，在受理行政机关对平等主体之间的民事争议所作的行政裁决、行政确权等行政案件，行政机关自由裁量权范围内的行政处罚、行政征收、行政补偿和行政合同等行政案件，以及具体行政行为违法或者合法但不具有合理性的行政案件时，应当重点做好案件协调工作。2. 努力做好执行案件和解工作。要进一步改进执行方式，充分运用调解手段和执行措施，积极促成执行和解，有效化解执行难题。对一些重大疑难、影响较大的案件，要积极争取党委、人大支持和上级行政机关配合，邀请有关部门共同参与协调。对具体行政行为违法或者合法但不具有合理性的行政案件，要通过协调尽可能促使行政机关在诉讼中自行撤销违法行为，或者自行确认具体行政行为无效，或者重新作出处理决定。

2. 实践中行政非诉执行案件适用执行和解的必要性和可行性。

一是行政机关申请人民法院执行具体行政行为的最终目的是实现行政管理的社会效果，至于如何实现其目的并不重要。人民法院每年都要面临着大量的行政非诉执行案件，这类案件的被执行人往往怀着严重的抵触情绪，甚至出现极端举动，容易引起社会大众的关注，如果单纯以“强制”作为唯一的执行方式，就难以取得好的社会效果。

二是人民法院执行非诉行政处罚案件的目的不在于对相对人的经济制裁，更主要的是体现对相对人的教育管理目的。既要维护行政机关的权威性，又要为经济发展、社会稳定发挥人民法院保驾护航的作用。

三是非诉行政执行和解是和谐社会对公正司法的必然要求。构建社会主义和谐社会是全党的任务、全国人民的任务。作为人民法院，必须充分发挥行政审判的职能作用，对于妥善处理人民内部矛盾，维护行政管理秩序和社会和谐稳定，都具有极其重要的意义。特别是在当前我国正在进行的结构调整、体制转型、社会转型、社会矛盾和利益冲突凸显的特定的历史时期，如果简单地将非诉行政执行一律强制化，往往还不能达到案结事了，还有可能使矛盾更加复杂化。因此，人民法院在对待非诉行政执行的案件上，既要坚持法律面前一律平等的原则，又要创建性地探索和实践妥善处理行政争议的新方法，以更好地促进行政相对人与行政机关之间的谅解与和谐。促成社会矛盾的合理消化，达到法律效果和社会效果的统一。

四是引入执行和解，在听取双方当事人的陈述和意见后，确定只要不违反法律、法规的强制性规定，为平衡国家利益、社会利益、第三人利益与被执行人的合法利益，本着化解矛盾，促进和谐的原则，执行人员可对双方当事人作一些积极的工作，促使双方达成协议，迅速执结案件。退一步说，即使法律不规定执行和解，司法实务中，依然会有大量的非诉行政执行案件出现庭外和解的现象，甚至可能出现越演越烈之势。如果在法律的指引下，对此予以规范，取其利，避其害，相信执行和解这一制度的优越性在非诉行政执行工作中一定能得到充分的发挥。

五是法院自身的原因。由于行政机关申请法院执行的非诉执行案件每年的数量都在不断上升，而这些案件往往涉及被执行人的根本利益，当事人双方对抗性极强，自动履行的可能性较小，并且这些案件往往是行政机关自身多次执行无果的案件，执行难度极大。

六是被执行人的原因。某些案件在执行过程中由于被执行人的特殊情况或者在执行过程中被执行人发生了一些不可预知的变故，行政机关在自由裁量权的范围内做出一定的让步从而使双方达成执行和解。比如某些行政处罚相对人，其本身经济条件不好，并且有家人突然患重病等其他客观因素，主观上本人也认识到自己行为的错误，因此行政机关往往也愿意在执行过程中给予一定的宽大处理，故双方往往能根据被执行人的实际情况在行政机关的自由裁量权范围内达成执行和解。

七是社会原因。近年来党和国家提倡建设和谐社会，而和谐社会的构建不仅是在公民、单位之间，行政机关（政府）与行政相对人之间的和谐也是重要的一方面。建设和谐社会的要求反映在非诉案件的执行上就是要法院尽量避免采取强制执行措施，在行政机关与行政相对人之间进行调解、沟通，尽量消除两者的对立情绪，避免矛盾的激化。比如某些城管行政处罚案件，被执行人往往是一些小商小贩，其违法行为比较轻而处罚相对较重。在执行过程中，如果被执行人不主动全部履行的，法院就强制执行，采取拘留、扣押、搜查等强制手段的话，往往容易造成被执行人与执行申请人之间的对立情绪，非但案件难以执行到位，而且导致官民之间的长期不和谐从而影响社会的和谐。因此，行政机关、法院从维护社会的和谐稳定大局出发都倾向于最大限度地减少强制执行而将案件执行和解。

3. 行政非诉执行案件和解的现实意义。

一是提高行政机关的结案率和法院的执行效率。在行政非诉执行案件中，如果排斥执行和解的适用，造成在行政非诉执行案件中，执行手段机械单一，不能灵活处置，影响法院的执行效率和结案率。如果对某些行政处罚相对人主观认识态度较好，又没有给社会造成不良后果，在考虑处罚相对人的经济条件情况下，给予一定的宽大处理，使案件可以完结，对三方都有利。如果明知当事人没有履行能力，坚持继续执行，而实际上又无法执行，导致该案最后可能不了了之，直接影响了行政机关的结案率，有损行政机关的威信，不利于今后工作的开展。

二是落实合理行政、便民高效的行政管理原则。行政机关的任何决定都应具有理性，属于实质行政法治的范畴。不管是对合法的管理对象，还是对违法的处罚相对人都应该公平、公正，考虑各种因素，最大限度保护好行政管理相对人（包括行政处罚相对人）的合法权益。

三是构建“和谐社会”贯彻以人为本法治理念的需要。

构建和谐社会，贯彻“以人为本”的法治理念是当前的发展趋势，在行政非诉执行案件中，不适用执行和解，法院只能采取强制执行措施，无需对行政管理相对人进行调解、沟通，容易造成对立情绪，导致矛盾的激化，从而影响社会的和谐，这与政府努力营造执政为民的理念思想是背道而驰的。通过执行和解这一平台，可以贯彻以人为本的人文主义价值观，从整体上，维护人的价值和尊严，关怀行政管理相对人的现实命运，理解行政管理相对人的现实感受，宽容善待行政管理相对人，引导广大人民群众共同参与对国家和社会的管理，努力打造法治政府、服务政府的良好形象，这是以德治国、以人为本之精髓。行政非诉案件的执行和解有利于推动和谐社会进程，树立“以人为本”的新法治理念，能起到非常积极的作用。

浅析“一事不再罚”原则在水行政处罚中的运用

摘要：“一事不再罚”原则的规定主要是为了防止处罚机关滥用职权对相对人同一违法行为以同一事实理由处以几次行政处罚，以获得不当利益，同时也是为了保障处于被管理地位的相对人法定的合法权益不受违法的行政侵犯，使一定的违反行政管理法律法规的行为与一定的法律责任相互确定挂钩，进而体现法律制度与行政管理的可预见性与稳定性价值。

关键词：行政处罚；一事不再罚；运用

水行政处罚中“一事不再罚”原则，根据我国《行政处罚法》第二十四条规定：“对当事人的同一个违法行为，不得给予两次以上罚款的行政处罚。”这条规定只禁止对同一违法行为实施两次或两次以上的罚款，但对于同一违法行为处以两次或两次以上的警告、拘留、责令、停产、停业等并没有予以否定。由此可见，《行政处罚法》规定“一事不再罚”的范围是有限的，只为水行政处罚提供了具体的操作规程，却未在法律上真正确立“一事不再罚”原则，或者说它只是在罚款的范围内体现了“一事不再罚”原则。在此“处罚”仅作“罚款”理解，该条款可以理解为“对同一水事违法行为，无论有多少法律规范对这一水事违法行为都规定予以处罚，但是罚款只能一次”。该条款是“一事不再罚”原则在立法中的体现，虽然它仅仅限定于“罚款”这唯一的行政处罚种类，但罚款处罚在行政处罚中是运用得最多的一种处罚方式。

这一原则可以从两方面理解：一方面，水行政处罚的必须是同一事实，即同一违法行为。也就是说，构成要件上只符合一个水事违法行为的特征。实践中，有的水事违法行为人连续实施数个性质相同的水事违法行为；有的水事违法行为人在实施水事违法行为的过程中，其行为的方法和结果又往往侵害了法律所保护的其他社会关系；有的水事违法行为中还包含了不作为违法行为。在这些情况下，如何对水事违法行为进行认定，是正确施行水行政处罚的关键。

那么如何理解同一个水事违法行为呢？一般来说，“同一个水事违法行为”是指当事人实施了一个违反水行政法规范的行为。在这里需要注意的是：第一，同一个水事违法行为是指一个独立的水事违法行为而不是一类水事违法行为。如公民王某凿井多眼，虽然是同一类违反水行政管理规范的行为，但多次违反，构成多个独立的水事违法行为。第二，同一个水事违法行为由同一个行为人实施。如果水事违法行为是由两个违法行为人实施，那么水行政机关有权对两人都进行水行政处罚。另一方面，还必须是同一证据，即同一个法律、法规规定。根据处罚法定原则，对水事违法行为实施行政处罚必须有法律依据。但实践中，由于社会关系的错综复杂及技术方面的原因，常常会出现不同的法律规范对同一社会领域进行交叉调整的情况，这时就要具体分析。对于表面是多个法律规范，但实际上是调整同一种社会关系，对同一类行为进行处罚的要注意适用一事不再罚的原则，以免重复处罚。

只有同时满足上述两个条件，即对同一水事违法事实，依据同一水事法律规范时，才能适用不得再罚的原则，即对同一水事违法行为可以依据不同法律规范进行处罚，依据同一法律规范也可对不同水事违法行为进行处罚。

一事不再罚原则不是在所有的情况下都适用，有些特别情况是允许再罚的。实践中一事不再罚原则的例外情况主要有以下几种：

1. 水法律法规规定可以并处水行政处罚的情形。行为人的一个行为，违反了一个水法律法规规定，该水法律法规规定对某种水事违法行为可以并处两种处罚，如水法律规定可以罚款并吊销取水许可证等，水行政机关对一个水事违法行为做出罚款，同时吊销取水许可证的处罚是合法的。

2. 水行政主体需要重新做出水行政处罚的情形。如水行政机关认为原水行政处罚不正确，撤销了原水行政处罚决定，行政主体重新做出了水行政处罚决定。

3. 执行罚与水行政处罚并处的情况。执行罚是对拒不履行法定义务的人，由水行政机关采取连续罚款的方式促使其履行义务的一种强制执行手段。这种情况下的罚款是一种强制执行的方式，可以连续多次适用，直到义务人履行义务为止。

综合上述分析，一事不再罚原则在水行政处罚中仅规定为罚款，在实践中被扩大理解为水行政机关对人的同一个违反行政规范的行为，不得给予两次以上的水行政处罚。即只要当事人客观上只有一个水事违法事实，只能给予一次水行政处罚，不能两次或多次，而且如果其中一个行政机关处罚了，一般情况下其他行政主体就不能再实施处罚，已实行行政处罚的主体也不能再处罚。一事不再罚并不排除一些特殊情况下的两次处罚，同时也不排除水行政处罚和刑罚等其他不同性质的法律责任的同时适用。

一起水行政处罚案件如何撤销的操作实务

摘要：本文试从一个具体案例引发对水行政处罚决定书撤销如何具体操作的分析，以便引发各位同仁对具体行政行为的概念和特征、具体行政行为的成立和生效、具体行政行为的无效、撤销与废止的关注。

关键词：水行政处罚；行政许可；撤销

2010年3月29日对某实业有限责任公司某分公司擅自取用地下水一案立案调查。经查，你单位从2009年10月以来未经水行政主管部门批准，擅自在安阳市某区工业园本公司院内取用地下水用于公司的建设。该行为违反了《中华人民共和国水法》第四十八条第一款"直接从江河、湖泊或者地下取用水资源的单位和个人，应当按照国家取水许可制度和水资源有偿使用制度的规定，向水行政主管部门或者流域管理机构申请领取取水许可证，并缴纳水资源费，取得取水权。……"之规定。根据《中华人民共和国水法》第六十九条"有下列行为之一的，由县级以上人民政府水行政主管部门或者流域管理机构依据职权，责令停止违法行为，限期采取补救措施，处二万元以上十万元以下的罚款；情节严重的，吊销其取水许可证：（一）未经批准擅自取水的；（二）未依照批准的取水许可规定条件取水的"之规定，决定对该单位作出：1、停止取用地下水；2、罚款人民币柒万元的行政处罚。我局依法定程序下达了《水行政处罚决定书》后，该企业提供了已办理的某区水务局颁发的取水（某）字〔2009〕第2号取水许可证。那么做为水行政执法人员该如何处理该案？

附：水行政处罚决定书

附：

水行政处罚决定书

安水罚决字〔2010〕第7号

被处罚人（单位）名称：实业有限责任公司某分公司

地址：安阳市某区工业园天意大道9号

法定代表人或负责人：建国　　　　职务：

本机关于2010年3月29日对你单位擅自取用地下水一案立案调查。经查，你单位从2009年10月以来未经水行政主管部门批准，擅自在安阳市某区工业园天意大道本公司院内取用地下水用于公司的建设。该行为违反了《中华人民共和国水法》第四十八条第一款“直接从江河、湖泊或者地下取用水资源的单位和个人，应当按照国家取水许可制度和水资源有偿使用制度的规定，向水行政主管部门或者流域管理机构申请领取取水许可证，并缴纳水资源费，取得取水权。……”之规定。

违法的证据：1. 调查笔录；2. 现场勘验笔录；3. 视听资料。

违法行为等次：根据你单位的违法事实、性质、情节、社会危害程度和相关证据，你单位的违法行为等次属于特别严重。

应受行政处罚的依据和种类：上述违法行为事实清楚，证据确凿充分。根据《中华人民共和国水法》第六十九条“有下列行为之一的，由县级以上人民政府水行政主管部门或者流域管理机构依据职权，责令停止违法行为，限期采取补救措施，处二万元以上十万元以下的罚款；情节严重的，吊销其取水许可证：（一）未经批准擅自取水的；（二）未依照批准的取水许可规定条件取水的”之规定，决定对你单位作出下列行政处罚：

1. 停止取用地下水。
2. 罚款人民币柒万元。

行政处罚履行方式和期限：你单位应当自接到本决定书之日起15日内将罚款缴至中国工商银行安阳市分行任一储蓄网点（银行罚款代码：43500021）。到期不缴纳的，每日按罚款数额的百分之三加处罚款。

不服行政处罚决定申请行政复议或提起行政诉讼的途径和期限：如不服本决定，可以自收到本决定书之日起六十日内向安阳市人民政府或河南省水利厅申请行政复议，或者在接到本决定书后三个月内直接向安阳市殷都区人民法院提起行政诉讼。逾期不申请行政复议、不向人民法院起诉又不履行本处罚决定的，我局将申请人民法院强制执行。

安阳市水利局

2010年6月3日

本案涉及安阳市某区水务局颁发的取水（某）字〔2009〕第2号取水许可证和《水行政处罚决定书》安水罚决字〔2010〕第7号如何处理的问题。那么就安阳市某区水务局颁发的取水（某）字〔2009〕第2号取水许可证、《水行政处罚决定书》安水罚决字〔2010〕第7号具体行政行为是否有效力问题，以下面从具体行政行为的概念和特征、具体行政行为的成立和生效、具体行政行为的无效、撤销与废止方面进行浅析，以便水行政执法人员有一点粗浅的认识。

一、具体行政行为的概念和特征

把握具体行政行为的关键在于理解并掌握它的主要特征。这些特征将具体行政行为区别于非行政行为（法律行为）、抽象行政行为、内部行政行为等，从而揭示并划定具体行政行为的边界，把握这些特征对于后面了解行政诉讼和行政复议的受案范围，具有决定性的意义。

（一）处分性

所谓处分性，即产生处分效力的意思，即一个行为只有在做出之后，能够根据行政主体的意思表示引起行政法律关系的变动（具体表现为建立、变更或者消灭了某种行政法上的权利义务关系），它才可能属于具体行政行为。这一特征包含两个方面的含义，一方面，具体行政行为做出之后必将引起行政法律关系的变动；另一方面，这种法律关系的变动必须出于行政主体的意思表示。这两个方面缺一不可，一个行为如果缺少了其中的任何一方面，都不能被称为具体行政行为。因此，处分性是具体行政行为的首要特征，这一特征将具体行政行为区别于行政事实行为，以及行政主体实施的其他行为。

（二）特定性

所谓特定性，指的是具体行政行为必须是针对特定对象做出的行为。特定性这一特征主要将具体行政行为区别于抽象行政行为与其他属于立法范畴的行为，如制定法律、制定地方性法规等，后者均是针对不特定对象做出的。

（三）单方性

所谓单方性，指的是具体行政行为是由行政主体的单方意志所决定的行为。也就是说，单凭行政主体一方的意思表示，就足以使这个行为产生效力，而不需要行政相对人的合意。对于具体行政行为单方性的理解，必须注意以下两个方面的问题：

第一个方面，注意对行政合同行为的理解。行政合同是行政主体为实现一定的行政管理目标，在意思表示一致的前提下，与公民、法人或其他组织通过合同方式，使双方在行政法上的权利义务关系产生、变更或者消灭的行为。

第二个方面，注意对行政行为中公众意见的理解。公众参与是行政法上程序正当原则的要求之一，指的是行政主体必须在实施行政活动的过程中，听取有关公民、法人或其他组织的申辩和陈述，适当吸收公众意见。

（四）外部性

所谓外部性，即具体行政行为是行政主体针对外部对象、外部事务而做出的行为。外部性的特征使具体行政行为区别于内部行政行为。所谓内部行政行为，指的是行政主体对其内部组织或个人实施的行为，说到底，就是行政主体对其内部事务的管理。按照实施对象的不同，内部行政行为可以被区分为针对内部组织的行为和针对内部个人的行为。针对内部组织的行为，如决定行政主体自身下属机构的设立、增加、减少、合并，或者如对行政组织系统内部权力进行的划定、调整等，例如，某市政府决定将城建局的某项收费权划归城管局的行为，就属于内部行政行为。而针对内部个人的行为，主要表现为对人事关系的处理，如对国家公务员的奖惩、任免、培训，等等。

二、具体行政行为的成立和生效

具体行政行为的成立和生效，解决的是不同层面的问题。所谓成立，实际上指的是一个具体行政行为的基本构成要件，即只有具备了那些条件，才可以说一个具体行政行为产生了，或者存在了的问题。而效力指的是一个具体行政行为产生之后，它将在法律上产生何种效果，对权利义务关系产生哪些影响的问题。

（一）具体行政行为的成立

一个具体行政行为之所以能够产生、存在，至少应当具备这样几个方面的必要条件：

1. 主体要件。

在主体上，具体行政行为必须是行政主体做出的行为。也就是说，做出这个行为的主体应当是具备行政职权的，如果是不具备行政职权的主体实施的行为，就不能被称为具体行政行为，也不可能通过行政法上的救济方式来追究有关的法律责任。

2. 意思要件。

意思要件，指的是行政主体必须向相对人做出有效的意思表示，一个具体行政行为才能成立。因为行政主体做出具体行政行为的目的，必然在于建立、变更或者消灭某种行政法上的权利义务关系，即引起行政法律关系的变动。

3. 送达要件。

送达要件，指的是行政主体必须将具体行政行为的内容送达相对人以使其知晓。如果一个行为做出之后，并未向当事人告知，则该行为也不能成立。

（二）具体行政行为的生效和失效

1. 具体行政行为的生效。

一般来说，具体行政行为成立之后，如果同时具备以下两个条件，该行为便应生效：（1）该行为不存在明显重大的违法情节，即不属于自始无效的行为；（2）该行为没有附款（附条件或附期限），或者附款的条件成就（或时间届至）。

行政行为生效的起始时间决定着行政行为何时开始产生法律效力并发生法律后果。因此，研究并明确行政行为生效的起始时间具有重要的法律意义。

（1）行政行为生效起始时间的确定，原则上应当以当事人知晓或理应知晓该行政行为为前提，因为不能要求当事人去服从和遵守一个他不知道的行政行为。

（2）行政行为的生效起始时间可以分为即时生效和延时生效两种。即时生效，即行政行为在相对人受领该行政行为之时生效。受领有本人直接受领、他人代为受领以及推定受领等多种方式。

（3）推定受领只能运用于两种情况：第一，行政行为所针对的特定的相对人下落不明或无法与其联系，行政行为采用了公告送达的方式；第二，行政行为的对象为不特定多数人，只能采用发布的形式广为告知。

（4）有的行政行为规定了生效日期或生效的特定条件。该行政行为虽然也须相对人受领，但生效起始时间从行政行为的生效日期到来之时或特定条件成就之时起算。

（5）还有一些学者提出，行政行为效力的开始，需对相对方和行政机关加以区别。因为行政行为并非只对行政相对一方具有拘束力，对行政机关也同样具有拘束力。

2. 具体行政行为的失效。

行政行为效力的丧失有四种原因：（1）行政行为违法；（2）行政行为不合理，有失公正；（3）行政行为不再适应变化了的情势；（4）附条件的行政行为条件消失或附期限的行政行为期限届满。

除自动失效的情形外，行政行为效力的丧失须以有权机关作出明确的处置为前提。有权机关使行政行为丧失效力的方式一般有三种：一是确认无效；二是决定撤销；二是决定废止。

（三）具体行政行为的效力内容

具体行政行为的效力内容，就是具体行政行为生效之后，在法律上所能够产生的影响或者效果。具体行政行为的效力，主要被分解为拘束力、确定力与执行力三个方面。

第一，具体行政行为的确定力，又称公定力，也有人称之为不可变更力。行政行为确定力的作用在于保证行政行为的严肃性和稳定性。对于行政行为确定力的内容，一般认为是指行政行为一经作出，不论（不知）是否合法，便推定为合法有效，任何组织和个人都应服从；而且一经生效，非依法定原因和非经法律程序不得随意更改和撤销。

第二，行政行为的拘束力，是指行政行为一经作出，其内容对相关人员或组织产生法律上的约束效力，有关组织或人员必须遵守和服从。行政行为的拘束力既针对行政主体，又针对相对方。

第三，行政行为的执行力，是指行政行为的强制执行力。当行政相对人不自觉履行行政行为所确定的义务时，行政主体可自行采取或请求人民法院采取强制措施，使义务得到履行。

具体行政行为效力的内容

效力	含义	后果
确定力	不可变更的效力	行为一经做出，应当推定有效，不得随意更改
拘束力	必须服从的效力	当事人应遵守，做出者应履行，不得做出矛盾行为
执行力	必须实现的效力	使用国家强制力实现具体行政行为确定的权利义务安排

三、具体行政行为的无效、撤销与废止

（一）具体行政行为的无效

明显重大违法，或者说存在严重合法性缺陷的具体行政行为，构成无效。所谓明显重大违法，指的是该行为的违法性，严重到了一个理智正常的普通人都足以识别、断定的程度。

具体而言，常见的无效行政行为主要包括这样几种情况：（1）要求当事人从事犯罪的行政行为，即行政行为的内容表现为要求当事人从事某种已经构成犯罪的违法活动，注意这里要求当事人从事的行为必须是足以构成犯罪的，如果它要求当事人从事的行为虽然违法，但尚未达到足以构成犯罪的严重程度，则一般认为，这只是一种可撤销的行政行为。（2）该具体行政行为没有任何事实根据，即该行为的做出没有任何事实基础，或者根本不以任何事实作为其根据，或者是其作为根据的事实纯粹出于主观臆想，则该行为也构成无效。如果该行为的做出是有事实根据的，只不过事实根据存在错误而已，则仍不构成无效，也只是一种可撤销的行政行为。（3）该具体行政行为没有任何法律依据，即该行为的做出在法律上找不到任何有效依据，则该行为也构成无效。

具体行政行为无效的后果，是使得该行为自始至终不存在任何法律效力，其效力的丧失并不是从有权机关宣布其无效时开始，而是自其做出之日起就从来没有产生过任何效力。

（二）具体行政行为的撤销

构成一般违法，或者明显不当的行政行为，是可撤销的行政行为。所谓一般违法，指的就是除了足以构成无效的明显重大违法之外的其他违法情形；而所谓明显不当，则指的是行政行为虽然合法，但存在明显的不合理因素；这两种情况下的具体行政行为，都是可以被撤销的。

具体行政行为被撤销的后果，是使得该行为溯及地从其做出之日起丧失效力。尽管行为的撤销与行为的无效一样，最终都使得它完全丧失效力，但必须注意的是，两者在行为效力丧失的时间上是不同的。无效的行政行为自其做出之日起便完全无效，而可撤销的行为必须等到它被明确撤销之日起才完全丧失效力，而在这一时间之前，其效力仍然存在。

（三）具体行政行为的废止

某些合法且适当的具体行政行为，由于特定的原因，必须被废止。构成具体行政行为废止的原因主要包括：（1）法律变更，即行为在做出的当时所依据的法律规范后来被修改、废止或者撤销了，则该行为也就失去了其继续合法存在的基础，因此必须被废止。（2）情事变更，即具体行政行为做出时所依据的客观事实已经不复存在，或者虽然存在但已经发生了重大变化，则该行为也就丧失了其继续存在下去的事实根据，因此也必须被废止。（3）目的实现，即该具体行政行为所期望的目的已经达到了，因此没有必要继续存在下去。（4）公共利益，有的具体行政行为在做出之后，如果得以落实的话反而会损害公共利益，则有权机关也可以将其废止，这在行政许可中较为常见。

具体行政行为被废止的效果，是使得该行为自废止之日起丧失效力，但其在废止之日前的效力仍然存在，它在废止之前所产生的法律关系或者法律利益，仍然得到承认。如果公民、法人或其他组织的合法权益，因为具体行政行为的废止而蒙受了损失，则受损人可以要求的是行政补偿，而非行政赔偿。

行政赔偿——行政机关及其公务员违法行使职权侵犯公民、法人和其他组织的合法权益造成损害的，由国家给予受害人的赔偿。

行政补偿——在行政主体及其工作人员合法行使职权侵犯公民、法人和其他组织的合法权益并造成损失的情况下，由国家承担损失补救责任的制度。

具体行政行为的无效、撤销和废止

	条件	效力	后果
无效	行为明显重大违法；如要求相对人去犯罪、行为毫无法律依据、毫无事实根据	自始不发生任何效力	可随时主张无效；随时宣告无效；可获行政赔偿
撤销	行为一般违法或明显不当	被撤销前推定为有效，撤销后溯及为自始无效	需依法定程序撤销；撤销后可获行政赔偿
废止	原有法律依据已改变；客观情况发生重大变化；行为目的已实现，无须继续存在	废止前有效；废止后无效	因信赖保护可获行政补偿

具体行政行为的无效、撤销与废止

①无效	×	随时可被宣告无效，自始没有任何效力
②撤销	×	被撤销前有效，被撤销后溯及推定无效
③废止	×	被废止前有效，被废止后失去效力

以下介绍实践中如何撤销安阳市某区水务局颁发的取水（某）字〔2009〕第2号取水许可证、《水行政处罚决定书》安水罚决字〔2010〕第7号的问题，希望水行政执法人员能举一反三。

水行政许可撤销审批表

<table>
<tr><td>拟撤销行政许可项目</td><td colspan="2">××实业有限责任公司某分公司</td><td>行政许可编　号</td><td>取水（某）字〔2009〕第2号</td></tr>
<tr><td>行政许可类别</td><td colspan="2">取水许可证</td><td>有效期限</td><td>3年</td></tr>
<tr><td rowspan="4">被撤销人</td><td>名　称</td><td>××实业有限责任公司某分公司</td><td>法　定
代表人</td><td>建国</td></tr>
<tr><td>住　址</td><td>安阳市某区工业园天意大道9号</td><td>电　话</td><td>13933333333</td></tr>
<tr><td>姓　名</td><td></td><td>身份证号码</td><td></td></tr>
<tr><td>所在单位</td><td></td><td>电　话</td><td></td></tr>
<tr><td>审查情况及撤销理由</td><td colspan="4">经调查核实：2010年3月29日我局对该单位擅自取水进行立案调查，该取水许可证的颁发违反了《河南省水利厅关于换发新版取水许可证有关工作的通知》、2003年安阳市人民政府常务会议纪要（第123次）“关于由市水行政主管部门统一负责市辖四个城区的取水许可审批、水资源费征收、节约用水等水资源工作”的规定。根据《中华人民共和国行政许可法》第六十九条第一款第（二）项　“超越法定职权作出行政许可决定的”规定，决定撤销由安阳市某区水务局颁发的取水（某）字〔2009〕第2号取水许可证。</td></tr>
<tr><td>承办人
意　见</td><td colspan="4">承办人签名：张扬（主办人）李三（协办人）
2010年7月8日</td></tr>
<tr><td>承办机构
审核意见</td><td colspan="4">负责人签字：刘力　　2010年7月8日</td></tr>
<tr><td>领导审批
意　见</td><td colspan="4">领导签字：张三　　2010年7月8日</td></tr>
</table>

行政许可撤销决定书

安水许撤销字〔2010〕第01号

安阳市某区水务局：

你单位于2009年5月8日颁发的取水（某）字〔2009〕第2号《取水许可证》，经调查核实，该《取水许可证》的颁发违反了《河南省水利厅关于换发新版取水许可证有关工作的通知》、2003年安阳市人民政府常务会议纪要（第123次）“关于由市水行政主管部门统一负责市辖四个城区的取水许可审批、水资源费征收、节约用水等水资源工作”的规定。

根据《中华人民共和国行政许可法》第六十九条第一款第（二）项“超越法定职权作出行政许可决定的”规定，决定撤销你单位颁发的取水（某）字〔2009〕第2号《取水许可证》。

如你单位不服本决定的，可于收到本决定书之日起六十日内向安阳市人民政府行政复议受理中心或河南省水利厅申请行政复议，或者三个月内向安阳市中级人民法院提起诉讼。

安阳市水利局（盖章）

2010年7月1日

安阳市水利局

安水撤罚字〔2010〕第02号

撤销水行政处罚决定书

当事人： 实业有限责任公司北关某分公司

地 址： 安阳市某区工业园天意大道9号

本机关于2010 年6 月 3 日依法向你单位送达了安水罚决字〔2010〕第7号《水行政处罚决定书》，对你单位作出了：1. 停止取用地下水；2. 罚款人民币柒万元的行政处罚。

2010 年6 月 10 日你单位认为该处罚决定有误，向本机关提出申诉，经本机关对上述行政处罚决定进行审查，认为我局依法定程序下达了《水行政处罚决定书》后，该企业提供了已办理的安阳市某区水务局颁发的取水（某）字〔2009〕第2号取水许可证。根据具体行政行为信赖保护原则，和《行政处罚法》第五十四条第二款的规定，作出如下决定：

撤销2010年6月3日本机关作出的安水罚决字〔2010〕第7号《水行政处罚决定书》。

安阳市水利局（盖章）

2010年6月22日

本文书一式两份：一份由安阳市水利局备案，一份交当事人。

拆除违章建筑须准确认定
违法行为人并保障相对人陈述、申辩权

【案情】

上诉人（原审原告）：孙某某、谢某某

被上诉人（原审被告）：A区规划和土地管理局（以下简称：A区规土局）

2011年11月1日，A区规土局根据案外人的举报，立案调查孙某某、谢某某在××路300号北侧搭建违章建筑一案。2012年2月16日，A区规土局向孙某某、谢某某作出第2120120002号《行政处罚决定书》具体行政行为（以下简称：被诉行政处罚行为）。载明："经查，你们在××路300号北侧擅自搭建建筑物的行为，违反《中华人民共和国城乡规划法》第四十条、《上海市城乡规划条例》第三十四条的规定。根据《中华人民共和国城乡规划法》第六十四条、《上海市城乡规划条例》第五十八条等有关规定，本机关决定对你们作出以下行政处罚：限你们于2012年4月30日前自行拆除××路300号北侧违法建筑物"。孙某某、谢某某对此不服，向原审法院提起诉讼。

【审判】

原审法院认为，根据《上海市拆除违法建筑若干规定》第三条规定，A区规土局有依法拆除违法建筑的职权。同时，依据该规定第八条、第九条、第十条规定，拆违实施部门依照有关法律、法规对违法建筑进行调查取证后，拟作出责令限期拆除决定的，应当使用统一的事先告知书；当事人未在规定期限内提出陈述、申辩，或者当事人提出的事实、理由不成立的，拆违实施部门应当作出责令限期拆除的书面决定。A区规土局认定本市××路300号北侧建筑物系擅自搭建的违法建筑，事实清楚、证据确凿。其后作出限期拆除的行政处罚决定，符合《中华人民共和国行政处罚法》（以下简称《行政处罚法》）及《上海市拆除违法建筑若干规定》的相关规定，适用法律正确，程序合法。本市××路300号北侧建筑物在孙某某、谢某某购买房屋时已存在，孙某某、谢某某作为占有并使用该违法建筑的受益方，对其作出行政处罚决定亦无不当。原审法院依据最高人民法院《关于执行〈中华人民共和国行政诉讼法〉若干问题的解释》第五十六条第（四）项之规定，判决驳回孙某某、谢某某的诉讼请求。判决后，孙某某、谢某某不服，提起上诉。

二审经审理认为：

1. 违法事实不清，行政机关不得给予行政处罚。本案中，被上诉人向原审法院提交的认定上诉人具有擅自违章搭建的主要证据为2011年11月7日对B公司工作人员朱某以及2011年3月1日对××路296号居民陈某某等五人所作出的询问笔录。上述两份询问笔录对于涉案违章建筑搭建的具体时间存在矛盾，被上诉人对两份笔录中出现的矛盾之处，以及违章搭建行为人、搭建时间、违章建筑的使用情况等未做进一步调查核实。故仅凭上述两份笔录，被上诉人认定两上诉人具有违章搭建行为事实不清，主要证据不足。

2.《行政处罚法》第三十一、第三十二条第一款规定了行政机关作出行政处罚必须遵循法定程序，并保障行政相对人陈述申辩的权利。本案中，被上诉人虽辩称，行政处罚事先告知通知书以邮寄方式被退回后，采用现场留置方式对上诉人予以送达，但根据《中华人民共和国民事诉讼法》（以下简称《民事诉讼法》）第七十九条规定，留置送达必须同时满足"拒收”和“留置”两项条件并应有见证人见证。本案中，被上诉人并未提交上诉人拒收行政处罚事先告知书的证据，亦并无见证人见证的有关证据，不符合上述留置送达的法定适用条件。被上诉人辩称行政处罚事先告知书依法送达的依据不足，无证据证明被上诉人在作出被诉行政处罚决定前，听取过上诉人陈述申辩，故被上诉人执法程序不当。二审法院据此判决撤销原审判决以及A区规土局作出的被诉行政处罚决定。

【评析】

本案反映出拆除违章建筑行政处罚中的两个重要的共性问题，值得分析探讨。第一，认定违法搭建行为人证据是否充分；第二，行政机关在作出拆违行政处罚决定前，如何充分保障相对人陈述、申辩的权利。

一、拆违行政处罚相对人的认定

违章建筑系“违反了《土地管理法》、《城乡规划法》等相关法律、法规的规定而建造的建筑物和其他构筑物”。违章建筑一旦发现，相关行政机关应当及时进行处理。根据《行政处罚法》第三十条规定，公民、法人或者其他组织违反行政管理秩序的行为，依法应当给予行政处罚的，行政机关必须查明事实；违法事实不清的，不得给予行政处罚。具体到拆除违章建筑物行政处罚案件中，若要准确作出拆违行政处罚决定，首要的前提就是准确认定违章建筑行为人。若所涉房屋经过二手房交易或是房屋本身经过装修、改建的，因涉及多个产权人或行为人，确定违章建筑违法行为人应当通过以下方法：对违章建筑物的实际情况进行勘验，对违章建筑的相邻人、实际使用人以及所有权人进行调查询问，而后分析违章建筑物的实际物理状况、建筑物演变情况并结合调查询问笔录，排除上述证据中的冲突之处，才可以准确确定违法搭建行为人。

本案中，A区规土局认定孙某某、谢某某具有擅自违章搭建行为的主要证据有两份。第一份系2011年11月7日对B餐饮公司工作人员朱某所作的询问笔录，第二份系2011年3月1日对××路296号居民陈某某等五人所作的询问笔录。第一份询问笔录中朱某向执法人员答复：“××路300号北侧的搭建在我公司租赁时已存在，是业主孙某某所为”。第二份询问笔录中陈某某等五人则称：“××路296号与300号之间有块空地，1990年我们兄弟陈某在此搭建了一个简易棚，开设饮食店，后来租借给他人。2009年8、9月，××路300号业主拆除了简易棚，重新搭建房屋，并在上面搭建了一个阳光房”。经仔细分析上述两份询问笔录可以发现，两份笔录对于涉案违章建筑搭建的具体时间存在明显矛盾：一份证明2009年7月违章建筑已经存在，另一份则证明违章搭建在2009年8、9月间搭建。除上述表述存在矛盾外，行政机关对于涉案违章建筑的演变情况也并未查清，陈某某等五人的询问笔录对1990年至2009年××路300号北侧建筑的变化、使用情况并未说明。A区规土局在对于两份笔录中出现的矛盾，以及违章搭建行为人、搭建时间、违章建筑的使用情况等未做进一步调查核实的情况下，认定孙某某、谢某某具有违章搭建行为，事实不清，不符合认定违法行为人的证明标准。

二、拆违行政处罚相对人陈述申辩权的保障

《行政处罚法》第三十一条规定，行政机关在作出行政处罚决定之前，应当告知当事人作出行政处罚决定的事实、理由及依据，并告知当事人依法享有的权利。《行政处罚法》第三十二条第一款规定，当事人有权进行陈述和申辩。行政机关必须充分听取当事人的意见，对当事人提出的事实、理由和证据，应当进行复核；当事人提出的事实、理由或者证据成立的，行政机关应当采纳。上述法律规定在具体执法程序应当如何落实存在不同理解。本案中，A区规土局认为，行政处罚事先告知通知书以邮寄方式被退回后，采用现场留置方式对上诉人予以送达，已经保障了上诉人的陈述、申辩权利。对此应分别加以分析。

其一，行政机关的送达是否满足了留置送达的法定条件。《民事诉讼法》第七十九条规定："受送达人或者他的同住成年家属拒绝接收诉讼文书的，送达人应当邀请有关基层组织或者所在单位的代表到场，说明情况，在送达回证上记明拒收事由和日期，由送达人、见证人签名或者盖章，把诉讼文书留在受送达人的住所，即视为送达"。该条对留置送达方式进行了明确的规定，即留置送达必须同时满足"拒收"和"留置"两项条件并应有见证人见证。但本案中，被上诉人并未提交上诉人拒收行政处罚事先告知书的证据，亦并无见证人见证的有关证据，不符合上述留置送达的法定适用条件，被上诉人辩称行政处罚事先告知书依法送达的依据不足。

其二，行政机关是否充分保障了相对人陈述申辩的法定权利。本案中行政机关认定的处罚相对人为违章建筑的所有人孙某某、谢某某，而进行送达的地点是违章建筑的承租人B餐饮公司。在并无证据证明B公司系违章搭建行为人的前提下，将事先告知书送达至承租人处,不能认定满足了《行政处罚法》所要求的保障相对人陈述、申辩法定权利的要求。在其他省市如北京市的拆除违章建筑执法实践中，对《权利告知书》等事先告知的文件送达到承租人所在的场所，是否可认定为保障了相对人陈述、申辩的权利，也有类似的认定。

综上，本案无证据证明被上诉人在作出行政处罚决定前，听取过上诉人的陈述、申辩，故被上诉人并未履行《行政处罚法》所规定的法定程序。

三、确定违章搭建行为人难题的思考——对物行政行为理念的引入

在对违章搭建行为进行处罚的行政执法实践中，一个难以认定和操作的问题是难以确定违章搭建行为人。其一，违法行为往往发生在较为隐蔽的空间内，难以被注意和发现。其二，经过多次转手的房地产中存在违章搭建，行为人难以确定。其三，相对人有时对于行政机关的调查不予理睬或是"避而不见"，导致违章搭建行为人难以确定。

鉴于上述难点，行政执法实践中倾向于认为，房屋所有权人享有对房屋的占有使用处分收益的各项权能，也享有对物业使用状况进行实际监管的权利。因此，房屋所有权人可以作为房屋管理的第一责任人，成为拆违行政处罚决定的行政相对人。实践中，除了将房屋所有权人作为拆违行政处罚的相对人之外，还有以下确定违法行为人的方式：首先，以建设人作为违法建设的行为主体；如果找不到建设人，将实际受益人作为违法建设的行为主体；找不到建设人又无法辨认受益人的情况下，将违法建设的实际占有人作为违法建设的行为主体；如果通过上述三点仍无法确认主体，应该采用公告方式，向房屋的建设人、所有人或对房屋主张权利的人发出公告，告知违法事实、理由、依据及其享有的权利、应履行的义务及需要承担的法律后果。但是上述做法仅是权宜之计，行政处罚认定违章搭建行为人必须准确，将并未违法者作为行政处罚相对人，在事实的精确性上有所欠缺。在违章搭建行为人难以确定的情况下，作出拆违行政处罚决定需要新的思路。

虽然传统行政法理论构架存在行政主体和相对人的对应关系，但随着理论的发展，在德国行政法发展中已经出现了"对物行政行为"的理念。根据学者的归纳，所谓对物行政行为，指行政主体运用行政职权，对非属行政主体自有而且可以作为物法上财产进行支配的物的各项权能进行规制，以产生、变更或消灭行政法律关系为目的的行政行为。此类行政行为"旨在通过确定物的公法性质，达到产生、变更或消灭行政法律关系的目的，调整的不是个

人的权利义务，而是物的法律状态，至于所有权人是谁，则在所不问。”与“对物行政行为”概念相对应的，则是“状态责任”的概念。状态责任这一概念所强调的是一种违法的状态，而非具体违法行为的相对人。违法状态责任是因物带来的危险责任，以物为中心，与物的所有人或占有人为谁关系不大。基于状态违法行为的思路，可以将因违反法定义务而引起的行政法上责任划分为行为责任与状态责任。行为责任与行为人密切关联，具有很强的人身性，而状态违法责任则不与具体的行为人相联系，有违法事实存在则构成违法责任。

“对物行政行为”以及“状态行为”概念的提出，对于解决当前行政机关拆除违章建筑时难以确定违反行为人的难题有所助益。在违法行为人难以确定的情况下，可通过对物作出行政行为的方式，直接作出行政处罚决定，而不涉及确定具体相对人的难题。鉴于“对物行政行为”理论有解决实际问题的价值，可以考虑通过对行政处罚理论进行拓宽和修正等途径予以明确。

水行政机关申请法院
强制执行水行政具体行政行为的几点新规定

摘要：没有行政强制执行权的行政机关应当申请人民法院强制执行。当事人在法定期限内不申请行政复议或者提起行政诉讼，又不履行行政决定的，没有行政强制执行权的行政机关可以自期限届满之日起三个月内，依照本章规定申请人民法院强制执行。

关键词：具体行政行为；行政强制；当事人

法律、行政法规给水行政主管部门赋予了加处罚款的权力，但是在当事人经催告仍不缴纳等情况下，仍需申请法院强制执行。另外，在水行政征收等其他方面，也需要申请法院强制执行。因此有必要了解相关规定。

一、有关法律规定

《行政诉讼法》第六十六条："公民、法人或者其他组织对具体行政行为在法定期限内不提起诉讼又不履行的，行政机关可以申请人民法院强制执行，或者依法强制执行。"

《行政强制法》第四十六条规定："没有行政强制执行权的行政机关应当申请人民法院强制执行。"第五十三条规定:"当事人在法定期限内不申请行政复议或者提起行政诉讼，又不履行行政决定的，没有行政强制执行权的行政机关可以自期限届满之日起三个月内，依照本章规定申请人民法院强制执行。" 据此，水行政机关申请人民法院强制执行，有两个基本的前提条件。一是当事人对水行政机关作出的行政决定，不申请行政复议或者提起行政诉讼，又不自觉履行。二是向人民法院提出强制执行申请的，必须是没有行政强制执行权的行政机关。

二、《行政强制法》对有关规定的修改

（一）申请执行期限缩短，由180日改为3个月。原先，《最高人民法院〈关于执行行政诉讼法若干问题〉的解释》第八十八条规定："行政机关申请人民法院强制执行其具体行政行为，应当自被执行人的法定起诉期限届满之日起180日内提出。逾期申请的，除有正当理由外，人民法院不予受理。"而《行政强制法》第五十三条规定："当事人在法定期限内不申请行政复议或者提起行政诉讼，又不履行行政决定的，没有行政强制执行权的行政机关可以自期限届满之日起三个月内，依照本章规定申请人民法院强制执行。"可见，申请强制执行期限的起算点没有修改，但申请执行期限由180日改为3个月，缩短一半，这就要求水行政机关及时提出执行申请，提高行政强制执行效率。

（二）申请强制执行的条件中增加一项书面催告程序。根据《行政强制执行法》第54条和第55条的规定，行政机关申请人民法院强制执行前，应当催告当事人履行义务，催告书送达十日后当事人仍未履行义务的，行政机关可以向所在地有管辖权的人民法院申请强制执行，应当提交的材料包括"当事人的意见和行政机关催告情况" 无强制执行权的行政机关申请法院强制执行前和有强制执行权的行政机关自己依法强制执行前，都应当进行催告程序，这是一项新程序性要求，目的是再一次对当事人进行说服教育，让当事人知道强制执行的可能性，督促其自觉履行义务。这一新规定，既是贯彻《行政强制法》规定的教育和强制相结合的原则，也是法院应当掌握的非诉行政执行案件的审查实质条件之一。

（三）法院对非诉行政执行案件改为以书面审查为主。《行政强制法》第五十七条规定："人民法院对行政机关强制执行的申请进行书面审查，对符合本法第五十五条规定，且行政决定具备法定执行效力的，除本法第五十八条规定的情形外，人民法院应当自受理之日起七日内作出执行裁定。”第五十八条规定：“人民法院发现有下列情形之一的，在作出裁定前可以听取被执行人和行政机关的意见：（一）明显缺乏事实根据的；（二）明显缺乏法律、法规依据的；（三）其他明显违法并损害被执行人合法权益的。”也就是说，法院在这三种特殊情形下，应当进行实质审查。书面审查的方式有别于开庭审查或召开听证会的审查方式，《行政强制法》规定书面审查为主实质审查为辅，目的是简化审查程序，提高行政强制执行效率。

（四）法院办理非诉执行案件审查期限缩短，由原来30日变成一般情形下7日、特殊情形下30日。《行政强制法》 第五十七条规定：“人民法院对行政机关强制执行的申请进行书面审查，对符合本法第五十五条规定，且行政决定具备法定执行效力的，除本法第五十八条规定的情形外，人民法院应当自受理之日起七日内作出执行裁定。”第五十八条第二款规定：“ 人民法院应当自受理之日起三十日内作出是否执行的裁定。裁定不予执行的，应当说明理由，并在五日内将不予执行的裁定送达行政机关。

（五）《行政强制法》对法院不予受理强制执行申请规定了救济程序。第五十六条第二款规定：“行政机关对人民法院不予受理的裁定有异议的，可以在十五日内向上一级人民法院申请复议，上一级人民法院应当自收到复议申请之日起十五日内作出是否受理的裁定。”第58条第二款规定：“人民法院应当自受理之日起三十日内作出是否执行的裁定。裁定不予执行的，应当说明理由，并在五日内将不予执行的裁定送达行政机关。”第三款规定：“行政机关对人民法院不予执行的裁定有异议的，可以自收到裁定之日起十五日内向上一级人民法院申请复议，上一级人民法院应当自收到复议申请之日起三十日内作出是否执行的裁定。”《行政强制法》创设非诉行政执行案件复议程序，赋予行政机关对不予受理裁定和不予执行裁定的救济权，增加行政决定等具体行政行为获得司法认可支持的可能性，充分发挥行政强制执行的作用。

（六）依法、及时申请人民法院强制执行

1. 没有行政强制执行权的行政机关可以自期限届满之日起三个月内申请人民法院强制执行。

2. 申请人民法院强制执行前，应当催告当事人履行义务。催告书送达十日后当事人仍未履行义务的，行政机关可以向所在地有管辖权的人民法院申请强制执行；执行对象是不动产的，向不动产所在地有管辖权的人民法院申请强制执行。

3. 行政机关向人民法院申请强制执行，应当提供下列材料：（1）强制执行申请书；（2）行政决定书及作出决定的事实、理由和依据；（3）当事人的意见及行政机关催告情况；（4）申请强制执行标的情况；（5）法律、行政法规规定的其他材料。 强制执行申请书应当由行政机关负责人签名，加盖行政机关的印章，并注明日期。

4. 紧急情况下申请强制执行。《行政强制法》五十九条规定：“因情况紧急，为保障公共安全（是指多数人的生命、健康和公私财产的安全。包括公共食品安全，公共卫生安全、公众出行规律安全、避难者行为安全、人员疏散场地安全、建筑安全、城市生命线安全等。），行政机关可以申请人民法院立即执行。经人民法院院长批准，人民法院应当自作出执行裁定之日起五日内执行。”

论水法规中加处罚款和滞纳金的程序

摘要：在水行政处罚决定书中,往往会告之当事人“到期不缴纳罚款的,每日按罚款数额的百分之三加处罚款。”如果当事人在接到处罚决定书之日起十五日内没有履行缴纳罚款义务的,水行政管理机关将会每日按罚款数额的百分之三加处罚款。

关键词：水行政处罚；滞纳金；加处罚款

在水行政处罚决定书中,往往会告之当事人“到期不缴纳罚款的,每日按罚款数额的百分之三加处罚款。”如果当事人在接到处罚决定书之日起十五日内没有履行缴纳罚款义务的,水行政管理机关将会每日按罚款数额的百分之三加处罚款。对此，我国《行政处罚法》第五十一条第（一）项作了明确规定。但是，适用加处罚款在水行政执法中甚至在整个行政执法中引起的争议颇多，主要集中在加处罚款的程序等问题上，在现行法律还不明确的情况下，笔者试就加处罚款和滞纳金的程序作一论述，以期对水行政执法工作有所帮助。

一、加处罚款和滞纳金的程序要求

（一）加处罚款、加处滞纳金的依据。

1、加处罚款的依据。《行政处罚法》第五十一条规定：“当事人逾期不履行行政处罚决定的，作出行政处罚决定的行政机关可以采取下列措施：（一）到期不缴纳罚款的，每日按罚款数额的百分之三加处罚款；……。”这一条，对行政机关作了普遍性授权，因此水行政机关在作出行政处罚决定时，可以直接适用。

2、加处滞纳金的依据。（1）实体法依据。《水法》第七十条规定：“拒不缴纳、拖延缴纳或者拖欠水资源费的，由县级以上人民政府水行政主管部门或者流域管理机构依据职权，责令限期缴纳；逾期不缴纳的，从滞纳之日起按日加收滞纳部分千分之二的滞纳金，并处应缴或者补缴水资源费一倍以上五倍以下的罚款。”《中华人民共和国水土保持法》第五十七条规定：“违反本法规定，拒不缴纳水土保持补偿费的，由县级以上人民政府水行政主管部门责令限期缴纳；逾期不缴纳的，自滞纳之日起按日加收滞纳部分万分之五的滞纳金，可以处应缴水土保持补偿费三倍以下的罚款。”

总的要求是，实体法律规定加处滞纳金的，可以加处；国务院法规规定的，也可以加处。规章、文件规定的不能执行。（2）程序法依据。《行政强制法》第四十五条第一款规定：“行政机关依法作出金钱给付义务的行政决定，当事人逾期不履行的，行政机关可以依法加处罚款或者滞纳金。加处罚款或者滞纳金的标准应当告知当事人。”

（二）加处罚款、加处滞纳金的前提条件。当事人在行政决定规定期限履行了，则不得加处罚款或者滞纳金。如果在规定的期限内不履行，经催告仍不履行的，就可以加处罚款或者加处滞纳金。

（三）加处罚款、加处滞纳金是否以单独的文书作出。国务院法制办袁曙宏、李岳德认为，不宜。理由：一是《罚款决定与罚款收缴分离实施办法》第九条规定：“当事人逾期缴纳罚款，行政处罚决定书明确需要加处罚款的，代收机构应当按照行政处罚决定书加收罚款。”“当事人对加收罚款有异议的，应当先缴纳罚款和加收的罚款，再依法向作出行政处罚决定的行政机关申请复议。”二是保证行政效率。

（四）加处罚款、加处滞纳金的上限及计算。《行政处罚法》只讲每日加处3%，没有讲上限，故容易出现“天价罚款”。其他法律、法规对加处滞纳金，也没有规定上限，故出现“天价滞纳金”。因此，计算上限很重要。

如何计算加处罚款或者滞纳金？（1）起止日期。就是行政机关作出缴纳罚款、滞纳金之日的次日。例如，2012年10月8日送达行政决定书，要求当事人自收到行政决定书之日起15日内到某市农业银行任一网点缴纳人民币10000元罚款，到了10月23日不缴纳，那就从10月24日起，每日加处罚款3%（加处滞纳金的比例，每个法规规定不同）。（2）这时如果当事人申请行政复议或者提起行政诉讼，则在行政复议、行政诉讼期间不能加处罚款或者滞纳金。最高院在征求全国人大法工委和国法办的意见后，于2007年4月27日作出〔2005〕行他字第29号《关于行政处罚的加处罚款在诉讼期间应否计算的答复》指出：根据《中华人民共和国行政诉讼法》的有关规定，对于不履行行政处罚决定所加处的罚款属于执行罚，在诉讼期间不应计算。（3）《行政强制法》第四十五条第二款规定：“加处罚款或者滞纳金的数额不得超出金钱给付义务的数额。”也就是说，决定罚款（或者征收滞纳金）10000元，加处罚款（或者滞纳金）最多就是10000元，不能多一分钱。

（五）加处罚款和滞纳金的步骤。

1. 要告知。《行政强制法》第四十五条第一款规定：“行政机关依法作出金钱给付义务的行政决定，当事人逾期不履行的，行政机关可以依法加处罚款或者滞纳金。加处罚款或者滞纳金的标准应当告知当事人。”告知的内容：一是要告知原因，包括何时发出行政处罚决定书并送达，要求自收到之日起15日缴纳罚款，现在已经超过15日，但当事人仍未缴纳。二是要告知加处罚款的标准。加处罚款的标准是每日加处3%,但总量不超过罚款的本数，如前例罚款1万元，加处罚款最多也是1万元，合计20000元。三是以什么形式告知？就是在行政处罚决定书中告知。

在水行政处罚决定书中告知加处罚款的原因、依据、标准：

参考件：

水行政处罚决定书

安水罚决字〔2013〕1号

被处罚单位：安阳市某某饮食文化有限责任公司

地址：安阳市龙安区文明大道东段

法定代表人或负责人：刘某

本机关于2013年2月28日对安阳市某某饮食文化有限责任公司擅自取水一案立案调查。经查，你单位于2012年3月以来实施了未经水行政主管部门批准，擅自在安阳市龙安区文峰大道与商都路交叉口东北角的本单位院内取用地下水的违法行为。

违法的证据：1、调查询问笔录一份 2、勘验笔录一份 3、视听资料一份

违法行为等次：从你单位违法行为的事实、性质、情节、社会危害程度和证据看，你单位的行为属于轻微违法行为。

应受行政处罚的依据和种类：上述违法行为事实清楚,证据确凿充分。根据《中华人民共和国水法》第六十九条“有下列行为之一的，由县级以上人民政府水行政主管部门或者流域管理机构依据职权，责令停止违法行为，限期采取补救措施，处二万元以上十万元以下的罚款；情节严重的，吊销其取水许可证：（一）未经批准擅自取水的；(二)未依照批准的取水许可规定条件取水的” 和《河南省水行政处罚裁量标准》“……（1）日最大取水能力为取地表

水2千立方米以下或者地下水200立方米以下的，责令停止违法行为，限期采取补救措施，处2万元以上3万元以下罚款;……”之规定，决定对你单位作出如下行政处罚：

1、责令停止取用地下水；2、罚款人民币二万元。

行政处罚履行方式和期限：根据《行政处罚法》第五十一条的规定：当事人逾期不缴纳罚款的，本机关每日按罚款数额的3%加处罚款。按照《行政强制法》第四十五条的规定，加处罚款的数额不超出罚款的数额。你单位应当自接到本决定书之日起15日内将罚款缴至中国工商银行安阳市分行任一储蓄网点（账号：43500021 ）。到期不缴纳的，每日按罚款数额的3%加处罚款。

不服行政处罚决定申请行政复议或者提起行政诉讼的途径和期限：如不服本决定，可以自收到本决定书之日起六十日内向安阳市人民政府或河南省水利厅申请行政复议，也可自收到本决定书之日起三个月内向安阳市殷都区人民法院提起行政诉讼。逾期不申请行政复议、不向人民法院起诉又不履行本处罚决定的，我局将申请人民法院强制执行。

2013年3月2日

2. 要催告。

参考件：

履行水行政处罚催告书

安水强催字〔2013〕第2号

被处罚单位：安阳市某某有限责任公司

地 址：安阳市殷都区鞍钢大道东段

法定代表人或负责人：刘某

本机关于2013年3月5日向你单位送达《水行政处罚决定书》（安水罚决字〔2013〕第2号），你单位在法定规定期限内未申请行政复议或者提出行政诉讼，又不履行本机关作出的行政决定。根据《中华人民共和国行政强制法》第四十五条“行政机关依法作出金钱给付义务的行政决定，当事人逾期不履行的，行政机关可以依法加处罚款或者滞纳金。加处罚款或者滞纳金的标准应当告知当事人。加处罚款或者滞纳金的数额不得超出金钱给付义务的数额”和第五十四条“行政机关申请人民法院强制执行前，应当催告当事人履行义务。催告书送达十日后当事人仍未履行义务的，行政机关可以向所在地有管辖权的人民法院申请强制执行；执行对象不动产的，向不动产所在地有管辖权的人民法院申请强制执行”之规定，现依法向你单位催告，请你单位自收到催告书之日起十日内履行下列义务：

1. 限五日内拆除决定书上载明的违章建筑并恢复渠道原状；

2. 缴纳罚款伍千元和加处的罚款伍千元（自2013年3月21日至2013年6月6日）。

逾期仍未履行义务的，本机关将依法申请人民法院强制执行。

你单位在收到催告书后有权进行陈述和申辩。请你单位在收到本催告书之日起三日内提出陈述和申辩，逾期不陈述、申辩的将视为放弃陈述和申辩的权利。

联系人：刘某某 张某某　　联系电话：3696353

联系地址：安钢大道东段路南

2013年6月6日

3. 有权机关强制执行，无权机关申请法院强制执行。

▲有权机关强制执行。《行政强制法》第四十六条第一款规定："行政机关依照本法第四十五条规定实施加处罚款或者滞纳金超过三十日，经催告当事人仍不履行的，具有行政强制执行权的行政机关可以强制执行。"有权机关在当事人逾期履行情况下，经告知、催告仍不履行的，再过30日，可以依法采取拍卖物品抵缴罚款、划拨存款汇款等措施。

▲没有强制执行权的行政机关应当申请法院强制执行。《行政强制法》第46条第3款："没有行政强制执行权的行政机关应当申请人民法院强制执行。但是，当事人在法定期限内不申请行政复议或者提起行政诉讼，经催告仍不履行的，在实施行政管理过程中已经采取查封、扣押措施的行政机关，可以将查封、扣押的财物依法拍卖抵缴罚款。"

二、加处罚款、滞纳金的相关问题

1、中止执行。有下列情形之一的中止执行：（1）当事人履行行政决定确有困难或者暂无履行能力的；（2）执行可能造成难以弥补的损失，且中止执行不损害公共利益的。中止执行的情形消失后，行政机关应当恢复执行。对没有明显社会危害，当事人确无能力履行，中止执行满三年未恢复执行的，行政机关不再执行。(《行政强制法》第三十九条)。假设案例：张某2012年1月30日被罚款、加处罚款共计2万元，这笔钱他一直没缴纳。2012年10月20日起中止执行，但到2015年10月20日，中止执行满三年未恢复执行，行政机关不再执行。

2、终结执行。有下列情形之一的终结执行：（1）公民死亡，无遗产可供执行，又无义务承受人的；（2）法人或者其他组织终止，无财产可供执行，又无义务承受人的；（3）据以执行的行政决定被撤销的。(《行政强制法》第四十条)

3、执行和解。实施行政强制执行（加处罚款或者滞纳金），行政机关可以在不损害公共利益和他人合法权益的情况下，与当事人达成执行协议。执行协议可以约定分阶段履行；当事人采取补救措施的，可以减免加处的罚款或者滞纳金。当事人不履行执行协议的，行政机关应当恢复强制执行。(《行政强制法》第四十二条)。----对于计划生育来说，孩子已经生了，补救措施可能办不到。

注意：罚款、社会抚养费不能减免，但加处的罚款、加处的滞纳金可以依法减免。

4、文明执行。行政机关不得对居民生活采取停止供水、供电、供热、供燃气等方式迫使当事人履行相关行政决定。(《行政强制法》第四十三条)

四、对违法建筑物、构筑物、设施的强制拆除

《强制法》第四十四条规定："对违法的建筑物、构筑物、设施等需要强制拆除的，应当由行政机关予以公告，限期当事人自行拆除。当事人在法定期限内不申请行政复议或者提起行政诉讼，又不拆除的，行政机关可以依法强制拆除。"

例3,《水法》第六十五条规定："在河道管理范围内建设妨碍行洪的建筑物、构筑物，或者从事影响河势稳定、危害河岸堤防安全和其他妨碍河道行洪的活动的，由县级以上人民政府水行政主管部门或者流域管理机构依据职权，责令停止违法行为，限期拆除违法建筑物、构筑物，恢复原状；逾期不拆除、不恢复原状的，强行拆除，所需费用由违法单位或者个人负担，并处一万元以上十万元以下的罚款。""未经水行政主管部门或者流域管理机构同意，擅自修建水工程，或者建设桥梁、码头和其他拦河、跨河、临河建筑物、构筑物，铺设跨河管道、电缆，且防洪法未作规定的，由县级以上人民政府水行政主管部门或者流域管理机构依据职权，责令停止违法行为，限期补办有关手续；逾期不补办或者补办未被批准的，责令

限期拆除违法建筑物、构筑物；逾期不拆除的，强行拆除，所需费用由违法单位或者个人负担，并处一万元以上十万元以下的罚款。”《水法》第六十七条规定：“在饮用水水源保护区内设置排污口的，由县级以上地方人民政府责令限期拆除、恢复原状；逾期不拆除、不恢复原状的，强行拆除、恢复原状，并处五万元以上十万元以下的罚款。”

分析：本条规定先责令限期拆除违法建筑物、构筑物，恢复原状，逾期不拆除的才能代履行、处罚。

实施程序：1责令限期拆除违法建筑物、构筑物，恢复原状→2逾期不拆除、不恢复原状的，准备代履行→3确定代履行费用（委托第三人履行的费用=合理成本+一定利润）→4拟委托第三人履行的要签订委托书（行政机关自身代履行的不签）→5代履行三日前催告→6听取意见→7制作和送达代履行决定书→8代为履行（强制拆除）→9委托第三人履行的要派员到场监督→10到场监督的工作人员、代履行人和当事人或者见证人在执行文书上签名→11违法单位交付费用——→12进入罚款程序：

13立案→14调查取证→15告知陈述申辩或者听

↓

七种证据

证权利（并送达）→15听取陈述申辩或者举行听证会→16法律审核→17领导审批→18作出决定→19送达处罚决定书

↓

加处罚款：

告知→催告→无权的申请法院执行、

有权的强制执行

行政许可法中两个疑难问题的解析

摘要：行政许可是指行政机关根据公民、法人或者其他组织的申请，经依法审查，准予其从事特定活动的行为。”其中，要区分行政许可和行政确认，行政许可和行政审批。

关键词：行政许可；许可监督；一般程序

行政许可，是指行政机关根据公民、法人或者其他组织的申请，经依法审查，准予其从事特定活动的行为。”其中，区分行政许可和行政确认，行政许可和行政审批。那么下面我们重点探讨行政许可的一般程序和行政机关不依法履行监督职责的法律责任和行政相对人的责任。

行政许可的实施程序可以分为普通程序和特别程序两个部分。

普通程序：申请→受理→审查、核查、听取陈述申辩、听证→决定→颁发和送达证件。

（一）申请阶段的要求

1、申请书应当有申请内容，不得空白。

2、接收申请材料应当制作书面收件清单，有收件日期、收件人、申请人或代理人签字确认。以下为清单样式：

申报材料清单

序号	材料名称	份数	备注
1			
2			
3			
4			
5			
6			
7			
8			
9			
10			

申请人确认以上材料与提交的一致，并保证材料真实、合法。

申请人签字________________

日期：_____年_____月_____日

3、收件为复印件的，应当由申请人签字说明出处并加盖“与原件核对无误”印章。特别是涉及国家安全、公共安全、人民生命财产安全的，更应如此。

（二）受理阶段的要求

受理、不受理都要出具凭证。受理或者不予受理申请，应当出具加盖本行政机关专用印章和注明日期的书面凭证或者通知书。

（三）审查阶段的要求

1、要履行审慎、勤勉义务。注意义务，也称勤勉义务或审慎义务。注意义务就是指义务主体谨慎、小心地行为而不使自己的行为给他人造成损害的义务。在罗马法中，就曾以“善良家父”行为来判定行为人有无过失的标准。

> 细节决定成败
>
> 某省质监局对某装饰材料厂的仿实木地板大批予以扣押，然后送木材监督检查站进行检测，结果为不合格。但检测报告将程达装饰材料厂打印成丽达装饰材料厂，厂家不认，导致先前的调查材料无效。好在这个局成立了案件审理委员会，会上形成意见：如果这个案件构成违法，从数量上就涉嫌犯罪，应当移送司法机关。又请示国家有关部门，答复是这个企业没有违法生产。于是撤销案件。实际上，某局已经构成违法扣押，应当承担赔偿责任。有关领导、执法人员作了深刻检查。

2、形式审查。也称书面审查。主要审查其申请材料是否齐全，是否符合法定形式。如《公司登记管理条例》第二十条规定：“申请设立有限责任公司，应当向公司登记机关提交下列文件：（一）公司法定代表人签署的设立登记申请书；（二）全体股东指定代表或者共同委托代理人的证明；（三）公司章程；（四）依法设立的验资机构出具的验资证明，法律、行政法规另有规定的除外；（五）股东首次出资是非货币财产的，应当在公司设立登记时提交已办理其财产权转移手续的证明文件；（六）股东的主体资格证明或者自然人身份证明；（七）载明公司董事、监事、经理的姓名、住所的文件以及有关委派、选举或者聘用的证明；（八）公司法定代表人任职文件和身份证明；（九）企业名称预先核准通知书；（十）公司住所证明；（十一）国家工商行政管理总局规定要求提交的其他文件。”这里规定的11种文件，如果申请人只提交了部分文件，未提交全部11种文件，则属申请材料不齐全；如果申请人提交了全部11种文件，但是其提供的公司设立登记申请书没有公司董事长签名，则属申请材料不符合法定形式。

3、实质审查。（1）必要时对申请人进行询问，制作询问笔录。（2）不能确定其真实性、全面性时，应当派两名以上正式执法人员进行实地核查。

进行实地核查，实际上是调查取证，因此核查（勘验、检查、检测等）应当制作核查笔录、询问笔录、视听资料等。制作核查(检查、勘验)笔录的要求：一是要有两名以上执法人员出示证件、表明身份的记录；二是要有被核查人的基本情况；三是要有现场核查的起止时间、场所记载；四是现场核查的内容要清楚；五是现场核查情况记录要准确、客观、全面；六是要有被核查人对笔录的意见及签名。

注：核查完毕，由申请人、核查人员、记录人员在该笔录上签名（盖章）。

核查的总体要求：做到事实清楚、证据确实充分。

4、下级初审。依法应当由下级机关初审的，下级机关应当在法定期限内（一般20日）提出初审意见。应当有下级部门的审查报告。

5、许可告知。审查申请时，发现许可事项直接关系他人重大利益的，应当告知利害关系人。

因此，对申请进行审查后，发现行政许可事项直接关系申请人以外的第三人重大利益以及重大公共利益的，必须告知。(1)如有关规划许可、建筑许可、消防许可等，可能影响相邻权人采光权的；(2)如有关排污许可可能直接影响排污地周围群众的环境权的；(3)如申请娱乐场所可能影响周边居民休息权的；(4)在有数量限制的行政许可中，多人同时提出行政许可申请的，行政机关拟对其中一部分申请人作出准予行政许可的决定前，应当告知其他申请人，并听取其意见。利害关系人可以提出反对准予行政许可的意见及理由，申请人也可以就利害人提出的意见加以反驳。行政机关应当兼听双方意见，确保申请人和利害关系人都有陈述、申辩的机会和权利，并对他们提出的理由和依据进行复核，在此基础上作出相应的行政许可决定。

6、许可听证

第一，应当听证的事项。

一是法定听证，法律、法规、规章规定应当听证的行政许可，应当向社会公告，并举行听证。目前在我国的法律、法规、规章中作规定的还为数较少，只有个别的作了规定。如，《公共文化体育设施条例》规定："因城乡建设确需拆除公共文化体育设施或者改变其功能、用途的，有关地方人民政府在作出决定前，应当组织专家论证，并征得上一级人民政府文化行政主管部门、体育行政主管部门同意，报上一级人民政府批准。""涉及大型公共文化体育设施的，上一级人民政府在批准前，应当举行听证会，听取公众意见。"《外国投资者并购境内企业暂行规定》规定："外国投资者并购境内企业涉及本规定第十九条所述情形之一，外经贸部和国家工商行政管理总局认为可能造成过度集中，妨害正当竞争、损害消费者利益的，应自收到规定报送的全部文件之日起90日内，共同或经协商单独召集有关部门、机构、企业以及其他利害关系方举行听证会。并依法决定批准或不批准。"《利用外资改组国有企业暂行规定》规定："利用外资改组国有企业，改组方应当向同级经济贸易主管部门提出改组申请。接受申请的经济贸易主管部门应当依照《指导外商投资方向规定》的权限和有关法律法规进行审核。中央企业及其全资或具有控制权的企业进行改组的、被改组企业直接或间接持有上市公司股权的、改组后的企业资产总额不低于3000万美元的，由国务院经济贸易主管部门审核；对可能导致市场垄断、妨碍公平竞争的，在审核前组织听证。"

二是主动听证，行政机关认为需要听证的涉及公共利益的重大行政许可，应当向社会公告，并举行听证。《环境保护行政许可听证暂行办法》第六条规定：除国家规定需要保密的建设项目外，建设本条所列项目的单位，在报批环境影响报告书前，未依法征求有关单位、专家和公众的意见，或者虽然依法征求了有关单位、专家和公众的意见，但存在重大意见分歧的，环境保护行政主管部门在审查或者重新审核建设项目环境影响评价文件之前，可以举行听证会，征求项目所在地有关单位和居民的意见：(一)对环境可能造成重大影响、应当编制环境影响报告书的建设项目；(二)可能产生油烟、恶臭、噪声或者其他污染，严重影响项目所在地居民生活环境质量的建设项目。水利部基于"涉及重大公共利益"不易掌握的情况，在《水行政许可听证规定》第四条中规定："法律、法规、规章规定实施水行政许可应当听证的事项，水行政许可实施机关在作出水行政许可决定前，应当举行听证。下列水行政许可事项，水行政许可实施机关在作出水行政许可决定前，认为涉及公共利益需要听证的，应当举行听证：（一）涉及江河、湖泊和地下水资源配置的重大水行政许可事项；（二）涉及水域水生态系统保护的重大水行政许可事项；（三）涉及水工程安全的重大水行政许可事项；（四）涉及防洪安全的重大水行政许可事项；（五）涉及水土流失防治的重大水行政许可事项；（六）涉及不同行政区域边界河段或者跨界河段的重大水行政许可事项；（七）需要听证的其他涉及公共利益的重大水行政许可事项。”

三是依申请听证。直接涉及申请人与他人之间重大利益关系的，行政机关在作出决定前，应当告知申请人、利害关系人有要求听证的权利。要求听证的，应当在20日内组织听证。“他人”的范围，是指行政机关和申请人以外的同行政许可的实施有直接利益关系的个人或组织。

（四）决定阶段的要求

1、当场决定。申请人提交的申请材料齐全、符合法定形式，行政机关能够当场决定的，应当当场作出书面许可决定。（1）办理《客运出租汽车驾驶员服务资格证》有的地方规定：有市区常住户口，暂住证明，《就业登记证》，身份证明，年龄18周岁以上60周岁以下，身体健康，具有初中以上文化程度，机动车驾驶证，安全驾驶车辆2年以上，无固定职业证明，培训考试合格证书等。即为齐全、规范、有效。当场办理。（2）机动车维修企业停业、歇业手续办理：有的地方规定：一、二类维修企业申请停业的，提交停业申请，交回许可证正副本、车辆出厂合格证、送检证和企业代码章，经审核后，当场办理；三类专项维修业户申请停业的，应提交停业申请，交回许可证正、副本，经审核后，当场办理；一、二类维修企业申请歇业的，应提交歇业申请，提供工商注销证明，交回许可证正副本、车辆竣工出厂合格证、送检证和企业代码章，经审核后，当场办理；三类专项维修企业申请歇业的，应提交歇业申请，提供工商注销证明，交回许可证正、副本，经审核后，当场办理。

2、在法定期限内决定。《行政许可法》规定，经行政机关审查、核查，对符合法定条件、标准的应当在法定期限内作出准予行政许可的书面决定。决定的期限：（1）申请符合法定条件、标准的，应当自受理申请之日起20日内作出决定；20日内不能作出决定的，经本行政机关负责人批准，可以延长10日，并应当有延长期限的理由的书面告知书。（2）实行集中办理的，办理的时间不得超过45日；45日内不能办结的，经本级人民政府负责人批准，可以延长15日，并有延长期限的理由书面告知书。

（五）颁证和送达阶段的要求

1、认真填写。例如宅基证填写不当导致纠纷。睢县农民闫玉民办理了集体土地建设用地使用证，即宅基证。邻居施德胜认为闫玉民的院墙和厨房占用了自己的土地，其家人将闫玉民的院墙和厨房扒掉。后虽经村委、乡政府等部门多方调解，但双方分歧较大，一直未得到解决，积怨越来越深。双方冲突不断，轻则吵架，重则掂着铁锹大打出手。2007年闫玉民作为原告诉至法院，请求法院判令被告施德胜停止侵权，赔偿损失3000元。一审法院判决施德胜停止侵权，案件受理费50元由施德胜负担。

施德胜不服一审判决，认为闫玉民的宅基证有问题，同时闫玉民的院墙和厨房是他自己的父母所扒，闫玉民告他属错列当事人，遂向商丘市中级人民法院提起上诉。后来闫玉民一家三口背乡离井前往浙江打工，已有3年没有回家。

据法庭依法调查的证据显示，闫玉民办理的集体土地建设用地使用证存根上图号一栏填有“16.67乘13.50”，也没有注明哪个是南北长度，哪个是东西宽度，并且在填发机关、领证人两栏均没有签字盖章。正是这张不规范的存根为两家争端埋下了隐患。施家认为，闫家的宅基地东西宽度是13.50米，闫家所建院墙和厨房占了自家的地；闫家认为13.50米是自家宅基地的南北长度，东西宽度是16.67米，施家扒了院墙和厨房就是侵犯了自己的合法权益。

省法院和商丘市的有关领导前来观摩旁听这次诉讼。法庭经过调解，宣布了双方自愿达成的协议：闫玉民的宅基地自西向东宽为15米，施德胜对此不再提出异议；闫玉民放弃索赔因院墙和厨房被扒掉造成的损失；案件受理费一审50元由闫玉民承担，二审50元由施德胜承担。此协议符合法律规定，法院予以确认。庭审结束后，双方代理人的手握在了一起，施德胜和闫玉福的手也握在了一起。

2、颁发证件期限。自做出许可决定之日起10日内向申请人颁发、送达行政许可证件（或者加贴标签、加盖检验、检测、检疫印章）。

3、证件送达。应当有送达回证或者领取登记表。表中记名证件名称、送达人姓名、领取人姓名及单位委托书、领取时间等。开封一个公司办理国有土地出让审批，派公司的一个人负责具体办理。国土资源厅已经办完，几个月过去了，公司很着急，于是向省政府申请复议。经查，原因是国土厅将决定书交行政审批窗口，但窗口的人员未及时送达。

二、特别程序

（一）特别程序的主要内容

1. 特许。主要适用于有限自然资源和公共资源的配置。资源包括：自然资源和公共资源。自然资源包括土地、矿产、地热和地下水、树木、水力、风力、鱼类、野生动物等。公共资源，主要包括航空运输路线、汽车运输路线及执照、无线电频率的使用、出租车牌照等。对资源的配置，主要有两种方式，一是计划配置，二是市场配置（更加重要）。《行政许可法》规定的许可配置，是否为法律配置与市场配置的结合？单靠市场，不但导致不公，还会引发市场失灵；都由政府配置，易导致腐败和政府失灵《行政许可法》引入竞争机制又坚持了政府调控。可见，对有限自然资源的开发利用、公共资源的配置、特定行业的市场准入等，应当通过招标、拍卖等公平竞争方式作出决定，具体程序执行有关法律、行政法规的规定（法律、法规另有规定的从其规定）。这类许可的文书比较复杂，例如国有土地的出让，就属于有限自然资源的开发利用，国务院和省人大制定了相关程序和文书。

2. 认可。包括赋予公民特定资格和赋予组织特定资格资质的许可。根据《行政许可法》第十五条规定，只能由法律和行政法规规定，地方性法规和规章不得作出规定。因此，资格、资质的行政许可，必须执行法律和行政法规规定的程序。

（1）赋予公民特定资格，考试依法由行政机关或者行业组织实施，公开举行。行政机关或者行业组织应当事先公布资格考试的报名条件、报考办法、考试科目以及考试大纲，不得组织强制性的考前培训，不得指定教材或者其他助考材料。如律师资格、会计师资格、执业医师资格、建筑师执业资格、监理工程师执业资格、造价工程师执业资格、城市规划师执业资格、护士执业资格、执业药师资格等。

（2）赋予企业组织特定资格资质。应当根据申请人的专业人员构成、技术条件、经营业绩和管理水平等的考核结果作出行政许可决定。有关的事项、依据和条件应当公开。例如房地产开发商资质，根据《城市房地产开发经营管理条例》和建设部《房地产开发企业资质管理规定》房地产开发企业按照企业条件分为一、二、三、四四个资质等级。其中一级资质：1. 注册资本不低于5000万元；2. 从事房地产开发经营5年以上；3. 近3年房屋建筑面积累计竣工30万平方米以上，或者累计完成与此相当的房地产开发投资额；4. 连续5年建筑工程质量合格率达100%；5. 上一年房屋建筑施工面积15万平方米以上，或者完成与此相当的房地产开发投资额；6. 有职称的建筑、结构、财务、房地产及有关经济类的专业管理人员不少于40人，其中具有中级以上职称的管理人员不少于20人，持有资格证书的专职会计人员不少于4人；7. 工程技术、财务、统计等业务负责人具有相应专业中级以上职称；8. 具有完善的质量保证体系，商品住宅销售中实行了《住宅质量保证书》和《住宅使用说明书》制度；9. 未发生过重大工程质量事故。一级资质的房地产开发企业承担房地产项目的建设规模不受限制，可以在全国范围承揽房地产开发项目。

3、核准。直接关系公共安全、人身健康、生命财产安全的重要许可，必须根据技术标准、技术规范，依法进行检验、检测、检疫并根据检验、检测、检疫结果依法作出许可决定。案卷中应当体现：（1）时限。应当自受理之日起5日内指派两名以上持证执法人员，按照技术标准、技术规范进行检验、检测、检疫。（2）检验、检测、检疫应当有检验报告和相关证据。（3）当场决定。经检验、检测、检疫，对结果不需要作进一步技术分析就可以认定设备、设施、产品、物品是否合格的，应当有当场许可决定书。（4）根据检验、检测、检疫结果，作出不予许可决定的，应当书面说明依据的技术标准、技术规范。

4、登记。企业或者其他组织设立等，需要确定主体资格的事项，提交的申请材料齐全、符合法定形式的，行政机关应当当场予以登记。需要对申请材料的实质内容进行核实的，应当指派两名以上持证人员进行核查。

5、数量限制许可。有数量限制的许可事项，两个或者两个以上申请均符合法定条件、法定标准的，应当根据申请的先后顺序作出决定。

汇总表：行政许可实施的一般程序（表–1）

	申请与受理，审查与决定	变更与延续	听证
重要制度	①委托申请：可委托他人代为申请，但人身性许可除外 ②电子政务：行政机关有推行电子政务的义务，当事人可通过多种灵活方式（主要是电信电子方式）申请许可 ③正当程序：需核实申请材料实质内容，应有2人以上进行 ④跨级上报：须跨级上报的许可，下级机关应将有关材料直接上报，上级机关不得要求申请人重复提供材料 ⑤陈述申辩：许可事项直接关系他人重大利益的，申请人、利害关系人有权陈述申辩 ⑥政务公开：准予许可的决定应公开，公众有权查阅	当事人要求变更或延续的应当申请，符合法定条件的，行政机关应当依法准予变更或者延续	①启动方式：行政机关对法定事项或其认为涉及公共利益的事项可决定听证（依职权启动）；对直接涉及申请人与他人重大利益的事项应告知听证权（依申请启动） ②公务回避：申请人、利害关系人有权申请听证主持人回避（实体回避）；行政机关应指定审查工作人员以外的人员主持听证（程序回避） ③案卷排它：行政机关应当根据听证笔录作出决定

重要期限	①补正告知期限：补正告知应在 5 日内 1 次做出，否则视为受理申请 ②决定期限：一机关决定（20 日内决定，经本机关负责人批准可延长 10 日）；平级多机关决定（统一、联合、集中办理的 45 日内决定，经本级政府负责人批准可延长 15 日）；跨级多机关决定（下级机关应在 20 日内审查完毕） ③颁证期限：准予许可的，应当自决定之日起 10 日内颁发送达许可证或加贴、加盖标志物 ④听证、招标、拍卖、检验、检测、检疫等时间另计	①需延续的应在许可有效期届满 30 日前申请 ②行政机关应在许可有效期届满前决定，逾期视为准予延续	①申请期限：权利人应在被告知听证权利之日起 5 日内申请听证 ②组织期限：行政机关应当在 20 日内组织听证 ③告知期限：行政机关应于举行听证 7 日前告知听证时间与地点，必要时予以公告

行政许可实施的特殊程序（表–2）

特许事项的决定	应通过招标、拍卖等竞争性方式作出决定
资格资质的许可	对公民根据考试成绩等决定，对组织根据考核结果决定
有数量限制的许可	多人符合条件的，应当根据受理申请的顺序决定

《行政许可法》第十条规定："县级以上人民政府应当建立健全对行政机关实施行政许可的监督制度，加强对行政机关实施行政许可的监督检查。"第六十条规定："上级行政机关应当加强对下级行政机关实施行政许可的监督检查，及时纠正行政许可实施中的违法行为。"

（一）政府对部门的监督检查

当前政府对部门的监督检查，主要有下列形式：

（1）规章、规范性文件备案审查。

（2）行政许可清理。经审查，有的予以取消，有的进行下放，有的变为备案。

（3）依法行政考核。包括行政许可案卷评查。

（4）受理举报投诉，查处违法事实行政许可的行为。

（二）许可机关对被许可人的监督检查

1. 必要性。

（1）对被许可人进行监督检查是《行政许可法》的重要内容。《行政许可法》第十条规定："行政机关应当对公民、法人或者其他组织从事行政许可事项的活动实施有效监督。"以前的行政许可，重事前许可、轻事后监管，只许可、不监管，或者为了收费而许可。这使行政许可失去了应有意义，并且增加了市场的混乱和无序。《行政许可法》把监督检查放在重要地位，其目的在于将事故、混乱消除在发生之前。

（2）取得行政许可不按照法定条件和标准生产经营的情况时有发生。有的被许可人取得许可后，降低了原有标准。比如，被许可人在取得餐饮服务许可证后，如果没有行政执法部门事后经常性的检查、监督和管理，被许可人就可能降低标准。根据《食品安全法》第二十七条的规定，食品生产经营应当符合食品安全标准，并具有与生产经营的食品品种、数量相适应的生产经营设备或者设施，有相应的消毒、更衣、采光、照明、通风、防腐、防尘、防蝇、防鼠、防虫、洗涤以及处理废水、存放垃圾和废弃物的设备或者设施。如果没有监督检查，这样的要求就可能降低。有的企业经消防验收合格，但后来把消防通道堵塞等等。所以，《国务院关于加强食品等产品安全监督管理的特别规定》第十三条规定："生产经营者有下列情形之一的，农业、卫生、质检、商务、工商、药品等监督管理部门应当依据各自职责采取措施，纠正违法行为，防止或者减少危害发生，并依照本规定予以处罚：（一）依法应当取得许可证照而未取得许可证照从事生产经营活动的；（二）取得许可证照或者经过认证后，不按照法定条件、要求从事生产经营活动或者生产、销售不符合法定要求产品的；（三）生产经营者不再符合法定条件、要求继续从事生产经营活动的；（四）生产者生产产品不按照法律、行政法规的规定和国家强制性标准使用原料、辅料、添加剂、农业投入品的；（五）销售者没有建立并执行进货检查验收制度，并建立产品进货台账的；（六）生产企业和销售者发现其生产、销售的产品存在安全隐患，可能对人体健康和生命安全造成损害，不履行本规定的义务的；（七）生产经营者违反法律、行政法规和本规定的其他有关规定的。"

（3）有的被许可人在申请行政许可时，其设备、设施是借用他人的，一旦取得许可，便将设备、设施退还。在这种情况下，很有必要进行及时检查。

（4）有的行政相对人伪造、变造、出租、出借、转让许可证件。

（5）超越行政许可范围进行活动的情况也有存在。比如，林业行政主管部门依据《森林法》的规定，所发放的采伐许可证对采伐的范围有明确的要求，但有关个人或者单位却超越森林采伐证许可的范围采伐林木。再比如，根据建筑法的规定，建筑施工企业、勘察单位、设计单位和工种监理单位，按照其拥有的注册资本、专业技术人员和建筑业绩等，划分为不同的资质等级，经行政机关审查合格后，发给不同的资质证书。不同资质等级的建筑企业只能在其资质等级许可的范围内从事建筑活动，如果没有检查，超过其资质许可范围从事建筑活动就会发生，就可能形成建筑工程质量安全隐患。

2、监督检查的内容和方式

（1）核查。《行政许可法》第六十一条规定："行政机关应当建立健全监督制度，通过核查反映被许可人从事行政许可事项活动情况的有关材料，履行监督责任。""行政机关依法对被许可人从事行政许可事项的活动进行监督检查时，应当将监督检查的情况和处理结果予以记录，由监督检查人员签字后归档。公众有权查阅行政机关监督检查记录。""行政机关应当创造条件，实现与被许可人、其他有关行政机关的计算机档案系统互联，核查被许可人从事行政许可事项活动情况。"核查原因：被许可人取得许可后，原先审查合格的条件、标准可能变化，也可能被擅自改变。核查程序：两名以上执法人员进行；出示执法证件；进行核查；将监督检查的情况和处理结果予以记录，由监督检查人员签字后归档。通过部门网站公开监督检查记录，使公众能够查阅。

（2）抽样检查。《行政许可法》第六十二条第一款规定："行政机关可以对被许可人生产经营的产品依法进行抽样检查、检验、检测，对其生产经营场所依法进行实地检查。检查时，行政机关可以依法查阅或者要求被许可人报送有关材料；被许可人应当如实提供有关情况和材料。"

（3）实地检查。《行政许可法》第六十二条规定："行政机关可以对被许可人生产经营的产品依法进行抽样检查、检验、检测，对其生产经营场所依法进行实地检查。检查时，行政机关可以依法查阅或者要求被许可人报送有关材料；被许可人应当如实提供有关情况和材料。"《水土保持法实施条例》第二十五条规定："县级以上地方人民政府水行政主管部门及其所属的水土保持监督管理机构，应当对《水土保持法》和本条例的执行情况实施监督检查。"

（4）定期检查。《行政许可法》第六十二条第二款："行政机关根据法律、行政法规的规定，对直接关系公共安全、人身健康、生命财产安全的重要设备、设施进行定期检验。对检验合格的，行政机关应当发给相应的证明文件。"

定期检查，主要指年检、年审等。以前行政机关一方面忽视日常执法监督管理；另一方面，年底大搞年检、年审等活动，有的还利用年检乱收费。有的部门和地方以年检为名，变相地搞每年一次甚至半年一次的重新审批，有的年检甚至比登记还难，把年检转为或者变相转为行政许可，即名为"年检"实为许可（比如规定，未申请年检或者未通过年检，当事人就不能从事相关活动），费用也高，因此不仅搞年检，还想搞月检。《行政许可法》对此要作限制：一是，规定只有法律、行政法规中有规定的，才能进行年检。法律没有规定年检的，不能搞年检。二是，限制了定期检验的范围，即只能对直接关系公共安全、人身健康、生命财产安全的重要设备、设施进行定期检验。对机动车船、电梯、锅炉等，不能通过一次检验就万事大吉。三是，对于检验合格的，行政机关应当发给相应的证明文件，避免重复检验。

（5）异地检查。《许可法》第六十四条规定："被许可人在作出行政许可决定的行政机关管辖区域外违法从事行政许可事项活动的，违法行为发生地的行政机关应当依法将被许可人的违法事实、处理结果抄告作出行政许可决定的行政机关。"主要适用于律师、驾驶员等，流动性大，经常跨地区、跨省市开展业务，在从事被许可事项的活动时，作出行政许可的机关难以对其实施有效监督。

（6）投诉举报查处。《行政许可法》第六十五条规定："个人和组织发现违法从事行政许可事项的活动，有权向行政机关举报，行政机关应当及时核实、处理。"山西疫苗事件，是被陈涛安举报的。该事件使百名儿童受害。安徽毒奶粉事件，阜阳农村的一百多名儿童陆续患上了一种怪病。本来健康的孩子在喂养期间开始出现四肢短小，身体瘦弱，尤其是这些婴儿的脑部显得偏大，当地人称这些婴儿为"大头娃娃"。该事件是被举报发现的。因此，有必要充分发挥舆论监督的作用。大河报专门有一个有奖新闻，提供一个有价值的新闻奖励100元，实际上，郑州市周边的一些制假窝点，就是被举报的。各部门应当建立健全行政许可举报查处制度，可以设立奖金。行政机关不可能全省每个角落都能进行检查，因此举报制度很有意义。

（7）对利用有限自然资源的监督检查。《行政许可法》第六十六条规定："被许可人未依法履行开发利用自然资源义务或者未依法履行利用公共资源义务的，行政机关应当责令限期改正；被许可人在规定期限内不改正的，行政机关应当依照有关法律、行政法规的规定予以处理。"

对于有限自然资源的开发利用及公共资源的配置，都是有数量限制的，行政机关只能授予有限的申请人。比如，海域使用许可、无线电频率许可、排污许可等。对于这些事项的许可，其主要功能是分配稀缺资源，以提高资源利用的效益。被许可人取得行政许可往往负有依法开展有关活动，以充分利用自然资源或者公共资源的义务。获得了这类行政许可的被许可人如果不依法履行义务，其他希望利用这些资源的人却因没有取得行政许可无法介入，将造成社会资源的严重闲置与浪费，严重悖离设定这类行政许可的目的。为此，法律、法规往往规定了被许可人开发利用资源的义务。如《基本农田保护条例》规定，禁止任何单位和个人闲置荒芜基本农田，占用基本农田满1年不使用的，应当组织耕种；1年以上未动工建设的，应当按照规定缴纳土地闲置费；连续2年未使用的经国务院批准，无偿收回用地单位土地使用权。《矿产资源勘查区块登记管理办法》第十八条规定，探矿权人应当自领取勘查许可证之日起6个月内开始施工。

根据本条规定，行政机关应当加强监督检查，重点是监督被许可人履行开发利用资源的义务。被许可人未履行义务的，行政机关应当督促其在规定的期限内履行义务；如果被许可人在规定期限内不改正的，行政机关应当依照有关法律、行政法规的规定予以处理。根据法律、行政法规的规定，依法需要收回行政许可的需要收回行政许可；依法不能收回的，行政机关应当依法采取其他有效措施确保被许可人履行义务。

（8）对公用企业的监督检查。《行政许可法》第六十七条："取得直接关系公共利益的特定行业的市场准入行政许可的被许可人，应当按照国家规定的服务标准、资费标准和行政机关依法规定的条件，向用户提供安全、方便、稳定和价格合理的服务，并履行普遍服务的义务；未经作出行政许可决定的行政机关批准，不得擅自停业、歇业。""被许可人不履行前款规定的义务的，行政机关应当责令限期改正，或者依法采取有效措施督促其履行义务。"直接关系公共利益的特定行业，就是通常所称的自然垄断行业，如铁路交通、民航、电信、邮政、电力以及城市供水、供气、供暖等行业。这些行业都是关系国计民生的基础行业，直接影响到经济发展和生产、生活。授予被许可人行政许可权，就是因为根据其申请材料及实际条件，该申请人比其他申请人条件更优，能够提供更为便捷、安全、稳定的服务。但是，由于被许可人取得行政许可后，在该行业要么居于寡头垄断地位，要么居于多头寡头地位，如果不对其加强管理，被许可人可能会滥用其垄断地位，降低服务质量，损害消费者的利益和社会公共利益，如以不合理的高价格提供服务或者擅自停业、影响社会经济活动的正常进行，或者欺压百姓、不提供普遍服务等。因此，对于这类行业，国家一般都对其服务标准、价格、服务质量及普遍服务的义务等作出了相应的规定；这些行业的被许可人不得擅自停业、歇业，因特殊原因需要停业、歇业的，也必须报经原作出许可决定的行政机关批准，并有相应的替代其履行公共服务职能的方案。

多年来，老百姓对这些行业的反应很大、意见很多。主要问题是：有的偷工减料，私自降低服务质量；有的利用垄断地位，非法收取名目繁多的各种费用；有的擅自中断服务，对消费者实行区别对待，厚此薄彼，不依法履行普遍服务的义务。根据本条规定，行政机关应当加强对取得直接关系公共利益的市场准入行政许可的被许可人履行义务情况的监督检查。对于在监督检查中发现的被许可人不按要求履行义务的情形，应当及时作出处理，责令其履行义务或者采取必要的措施，迫使其履行义务。

为什么被许可人未依法履行义务，本条未规定可以收回行政许可？主要考虑是，这类行政许可中，被许可人多是垄断企业，一旦收回行政许可，至少在短期内将没有其他企业能够替代其履行公共服务义务，这样可能影响自然人、法人或者其他组织的生活。因此，不能简单地规定收回行政许可或者撤销行政许可。所以，对有违法行为的企业，行政机关应当采取积极措施确保被许可人履行义务，如采取接管措施等。同时，对于这些行业也要适度地引入竞争机制，促使其改善服务态度和质量。

（9）行政机关检查加相对人自检。《行政许可法》第六十八条规定："对直接关系公共安全、人身健康、生命财产安全的重要设备、设施，行政机关应当督促设计、建造、安装和使用单位建立相应的自检制度。行政机关在监督检查时，发现直接关系公共安全、人身健康、生命财产安全的重要设备、设施存在安全隐患的，应当责令停止建造、安装和使用，并责令设计、建造、安装和使用单位立即改正。"

本条涉及的设备、设施包括两类：直接关系公共安全、人身健康、生命财产安全的重要设备、设施，如锅炉、机动车船等，往往需要经常性地进行检查，才能保其正常安全运行；有些设备、设施如船舶、建筑物等，在其设计、建造阶段就需要实施监督检查，否则等待建成后再去改正错误往往会造成难以恢复的财产损害，甚至会严重影响个人的生命与健康。然而，行政机关限于人力、物力和财力，不可能经常去亲自监督检查，也不可能对所有的这些设备都派专人监督其设计、建造、安装或者使用。对此，一方面，行政机关要加大监督检查力度和次数，另一方面，要督促设计、建造、安装和使用单位建立起自检制度，筑起第一道安全防线。

（10）《行政许可法》第六十三条规定："行政机关实施监督检查，不得妨碍被许可人正常的生产经营活动，不得索取或者收受被许可人的财物，不得谋取其他利益。"第五十八条规定："行政机关实施行政许可和对行政许可事项进行监督检查，不得收取任何费用。但是，法律、行政法规另有规定的，依照其规定。""行政机关实施行政许可所需经费应当列入本行政机关的预算，由本级财政予以保障，按照批准的预算予以核拨。"

《行政许可法》第六十九条规定：有下列情形之一的，作出行政许可决定的行政机关或者其上级行政机关，根据利害关系人的请求或者依据职权，可以撤销行政许可：

（一）行政机关工作人员滥用职权、玩忽职守作出准予行政许可决定的；

（二）超越法定职权作出准予行政许可决定的；

（三）违反法定程序作出准予行政许可决定的；

（四）对不具备申请资格或者不符合法定条件的申请人准予行政许可的；

（五）依法可以撤销行政许可的其他情形。

被许可人以欺骗、贿赂等不正当手段取得行政许可的，应当予以撤销。

依照前两款的规定撤销行政许可，可能对公共利益造成重大损害的，不予撤销。

依照本条第一款的规定撤销行政许可，被许可人的合法权益受到损害的，行政机关应当依法给予赔偿。依照本条第二款的规定撤销行政许可的，被许可人基于行政许可取得的利益不受保护。

1、区分"可以撤销"和"应当撤销"。是否撤销要考虑：①要考虑是否撤销行政许可决定对相关各方利益的影响。②要考虑引起行政许可决定违法的原因。③要考虑行政许可决定违法的性质及程度。

行使撤销权的赔偿责任规定主要是为了保护自然人、法人或者其他组织对行政行为合法性的信赖。

《行政许可法》第七十条规定：有下列情形之一的，行政机关应当依法办理有关行政许可的注销手续：

（一）行政许可有效期届满未延续的；

（二）赋予公民特定资格的行政许可，该公民死亡或者丧失行为能力的；

（三）法人或者其他组织依法终止的；

（四）行政许可依法被撤销、撤回，或者行政许可证件依法被吊销的；

（五）因不可抗力导致行政许可事项无法实施的；

（六）法律、法规规定的应当注销行政许可的其他情形。

《行政许可法》第七十六条规定："行政机关违法实施行政许可，给当事人的合法权益造成损害的，应当依照国家赔偿法的规定给予赔偿。"行政机关违法实施行政许可，当事人的合法权益造成损失，例如，申请人不符合排污许可所应当具备的法定条件，行政机关却违法向其发放排污许可证，导致申请人周围的利害关系人受到严重污染损害。在这些情况下，行政机关都应当对其违法实施行政许可的行为承担赔偿责任。

下面重点谈一下行政机关不依法履行监督职责的法律责任和行政相对人的责任。

（一）行政机关不依法履行监督职责的法律责任。

《行政许可法》第七十七条规定："行政机关不依法履行监督职责或者监督不力，造成严重后果的，由其上级行政机关或者监察机关责令改正，对直接负责的主管人员和其他直接责任人员依法给予行政处分；构成犯罪的，依法追究刑事责任。"当前，最突出的是不履行监督责任或者监督检查不力。这在许多部门都有表现。根据刑法的有关规定，行政机关的有关主管人员和其他直接责任人员不依法实施监督检查或者监督检查不力，构成犯罪的罪名主要包括滥用职权罪、玩忽职守罪、环境监管失职罪、放纵制售伪劣商品罪、商检徇私舞弊罪、商检失职罪等。比如，根据刑法第408条的规定，负有环境保护监督管理职责的国家机关工作人员严重不负责任，导致发生重大环境污染事故，致使公私财产遭受重大损失或者造成人身伤亡的严重后果的，处3年以下有期徒刑或者拘役。根据刑法第414条的规定，对生产、销售伪劣商品犯罪行为负有追究责任的国家机关工作人员，徇私舞弊，不履行法律规定的追究职责，情节严重的，处5年以下有期徒刑或者拘役。

（二）行政相对人的法律责任

1、申请人隐瞒情况或者故意提供虚假材料的法律后果。《行政许可法》第七十八条规定："行政许可申请人隐瞒有关情况或者提供虚假材料申请行政许可的，行政机关不予受理或者不予行政许可，并给予警告；行政许可申请于直接关系公共安全、人身健康、生命财产安全事项的，申请人在一年内不得再次申请该行政许可。"隐瞒，指掩盖真相不让人知道。故意提供虚假材料，是指本身不具备法定条件，却采取伪造、借用的材料骗取许可。《取水许可条例》第五十条规定："申请人隐瞒有关情况或者提供虚假材料骗取取水申请批准文件或者取水许可证的，取水申请批准文件或者取水许可证无效，对申请人给予警告，责令其限期补缴应当缴纳的水资源费，处2万元以上10万元以下罚款；构成犯罪的，依法追究刑事责任。"

2、以欺骗、贿赂等手段取得许可的法律责任。《行政许可法》第七十九条规定："被许可人以欺骗、贿赂等不正当手段取得行政许可的，行政机关应当依法给予行政处罚；取得的行政许可属于直接关系公共安全、人身健康、生命财产安全事项的，申请人在三年内不得再次申请该行政许可；构成犯罪的，依法追究刑事责任。"

3、取得许可后从事违法活动的法律责任。《行政许可法》第八十条规定："被许可人有下列行为之一的，行政机关应当依法给予行政处罚；构成犯罪的，依法追究刑事责任：（一）涂改、倒卖、出租、出借行政许可证件，或者以其他形式非法转让行政许可的；（二）超越行政许可范围进行活动的；（三）向负责监督检查的行政机关隐瞒有关情况、提供虚假材料或者拒绝提供反映其活动情况的真实材料的；（四）法律、法规、规章规定的其他违法行为。”涂改是指故意涂去许可证原有的文字、图形或者其他标志，并加上新的标志。倒卖是指以营利为目的，将许可证卖给不具备条件或者资格或者虽然具备条件或者资格但没有向行政机关提出许可申请的个人或者组织。出租是指以非法手段以许可证的使用权来换取他人租金的行为。出借是指将行政许可证件借给他人使用的行为。向监督检查机关隐瞒有关情况、提供虚假材料或者拒绝提供反映其活动情况的真实材料的，是逃避监督检查的行为，在实践中经常发生。比如，根据《药品管理法》的规定，药品监督管理机构有权要求药品生产单位提供相关的文件和资料，而药品生产单位却提供虚假材料或者拒绝提供反映其生产活动情况的真实材料。

4、擅自从事应当取得许可的活动的法律责任。《行政许可法》第八十一条规定：“公民、法人或者其他组织未经行政许可，擅自从事依法应当取得行政许可的活动的，行政机关应当依法采取措施予以制止，并依法给予行政处罚；构成犯罪的，依法追究刑事责任。”

南京大件起重运输集团有限公司规费征收案

案情简介：南京大件起重运输集团有限公司，经水利部长江水利委员会长许可〔2007〕39号行政许可决定批准，在南京市江宁区长江新济州河段新生洲汊道右岸铜井河口和牧龙河口之间，占用长江南京河段河道管理范围投资建设南京港铜井港区二期大件集团重件泊位工程。该公司于2007年4月在上述地点占用长江南京河段河道管理范围开工建设上述工程，并由该公司下属的南京大件起重运输集团有限公司港口分公司负责经营，但一直未按《江苏省河道管理实施办法》第二十一条和《江苏省河道堤防工程占用补偿费征收使用管理办法》第二条的规定，缴纳河道堤防工程占用补偿费。为此，我局组织水政监察人员进行了调查。经我局勘测核定码头、栈桥、堆场等，自2007年11月6日起，共实际占用河道管理范围内滩地及相应水域面积为65042.1平方米，该公司重件泊位工程自实际开工建设至2010年11月实际占用期间，未按规定缴纳河道堤防工程占用补偿费。

依据《江苏省河道管理实施办法》第二十二条、《江苏省河道堤防工程占用补偿费征收使用管理办法》第六条和南京市水利局、南京市财政局、南京市物价局《关于进一步加强河道堤防工程占用补偿费征收管理的通知》第二条的有关规定，受我局委托的下属管理单位南京市长江河道管理处（简称长管处）多次派员与该公司联系、沟通，同时宣传有关《江苏省河道工程占用证》领取及缴纳河道堤防工程占用补偿费的有关规定，其后我局与长管处又分别先后向该公司送达了《缴费通知单》宁长缴字第001号、《限期缴费通知书》宁水缴长字〔2010〕第002号、《征收决定书》宁水征字〔2010〕第003号，向该公司征缴重件泊位工程自2007年11月6日至2010年11月5日实际占用河道管理范围内的河道堤防工程占用补偿费共计人民币：2009028.04元整。但该公司在征缴决定书规定的期限内，即未履行行政征收决定，也未申请行政复议和提起行政诉讼。

为维护行政征收决定的严肃性和使河道堤防工程占用补偿费做到“应收尽收”，我局依据《中华人民共和国行政诉讼法》第六十六条以及《最高人民法院关于执行中华人民共和国行政诉讼法若干问题的解释》中的第八十六条、第八十七条、第八十八条、第八十九条之规定，于2011年5月18日向南京市玄武区人民法院递交了《强制执行申请书》。申请该法院执行《南京市水利局河道堤防工程占用补偿费征收决定书》宁水征字〔2010〕第003号。对被执行人南京大件起重运输集团有限公司重件泊位工程，自2007年11月6日至2010年11月5日期间，实际占用河道管理范围，未缴纳的河道堤防工程占用补偿费共计人民币2009028.04元整，及自逾期之日起至2011年5月18日止，按每逾期壹天加收1‰的滞纳金共计人民币296663.92元整，予以强制执行。

2011年9月1日，南京市玄武区人民法院（2011）玄非诉行审字第34号行政裁定书，裁定如下：申请执行人南京市水利局作出的宁水征字〔2010〕第003号《南京市水利局河道堤防工程占用补偿费征收决定书》，本院准予强制执行。南京市玄武区人民法院考虑到被执行人的实际困难，于2012年2月12日，在玄武法院的主持和调解下，被执行人与我局下属的南京市长江河道管理处达成了“执行和解协议”：1、被执行人于2012年10月30日前，分期向我局支付自2007年11月6日至2010年11月5日期间，实际占用河道管理范围未缴纳的河道堤防工程占用补偿费；2、自2011年11月6日开始，被执行人按“先缴费，后占用”的原则，逐年向我局缴纳河道堤防工程占用补偿费；3、本案执行费13050元，由被执行人承担。至2011年11月底被执行人已按南京市玄武区人民法院（2011）玄非诉行审字第34号行政裁定书及与我局下属的南京市长江河道管理处达成的“执行和解协议”的内容履行了义务，至此该行政征收案也执行完毕。

法理分析：本案是一起典型的行政征收案件。当事人建设项目虽获得了水行政许可，但自该项目开工建设实际占用河道管理范围以来，一直未按规定履行缴纳江苏省河道堤防工程占用补偿费的义务。为提高效率，本案的征收决定书是直接走的行政征收程序，而非处罚程序。

行政征收是指行政机关或者法定授权的组织根据法律、法规的规定，向公民、法人或者其他组织无偿收取一定财物的行政行为。而行政处罚是行政机关依据法律规定的程序、措施对行政管理相对人的违法行为采取相应处罚措施的具体行政行为。

行政征收须以公民、法人或者其他组织负有行政法上的缴纳义务为前提，其实质是国家以强制方式无偿取得管理相对人一定财产所有权。《宪法》第十三条条第三款规定：“国家为了公共利益的需要，可以依照法律规定对公民的私有财产实行征收或者征用并给予补偿。”所以，行政征收是指当国家基于公益要求，以对公民财产加以特别限制为必要时，就需要对该公民个人的特别牺牲给予补偿的行为。传统征收的特点是：（1）征收对象主要是土地等不动产；（2）征收的形式是行政行为；（3）征收目的是公用事业，特别是公路、铁路等基础设施建设工程；（4）传统征收以完全补偿要件，而且大多是事先补偿。它主要有以下几种：1.税收征收。它是行政征收中最主要的方面。2.资源费征收。在我国，城市土地、矿藏、水流、山岭、草地、荒地、滩涂等自然资源属于国家所有。单位和个人在开采、使用国有资源时必须依法向国家缴纳资源费。如水资源费的征收、矿产资源补偿费的征收等。3.建设资金征收。这是为确保国家的重点建设，解决重点建设资金不足问题面向公民、法人或其他组织实施的征收。如，公路养路费的征收、港口建设费的征收、国家能源交通重点建设基金的征收等。4.排污费征收。5.滞纳金征收。6.其他法律、法规规定的征收内容。

行政征收特征是具有强制性、无偿性和法定性。行政征收机关实施行政征收行为，实质上是履行国家赋予的征收权，这种权利具有强制他人服从的效力，行政相对人必须服从行政征收命令；否则，应承担一定的法律后果；行政相对人的财产一经国家征收，其所有权就转移为国家所有，成为国家财产的一部分，由国家负责分配和使用，从而保证国家财产开支的需要；行政征收必然是无偿的，是财产的单向流转，无需向被征收主体偿付报酬。行政征收直接指向的是行政相对人的经济利益，由于其强制性和无偿性，决定了其对相对人的权益始终都具有侵害性。

根据有关法律规定，国有企业、集体所有制企业、中外合资企业、外资企业和外国企业、行政机关和事业单位、个体工商户、专业户和一般公民个人，在符合一定条件时均可能成为缴纳主体。行政征收主体与缴纳主体之间的关系是管理与被管理的关系。缴纳主体作为被管理者，并不意味着在行政征收过程中完全处于被动的地位，而是有权依法向征收主体主张自己的权利。

中国行政征收制度的建立和实施，也具有法律上的依据。《宪法》第五十六条规定：中华人民共和国公民有依照法律纳税的义务，在宪法上规定了公民纳税的义务。为实施宪法，中国又制定了《税收征收管理法》《 个人所得税法》《消费税法》等法律，对宪法进行细化、具体化，规定了哪些人需要纳税，根据什么标准纳税等。行政收费存在的理由是国有资源有偿使用理论。为保护资源，对资源进行合理开发利用，减少破坏和浪费，对受益人进行收费也是合理的。

行政收费之所以存在，也有其理论上的依据。法治是行政征收的基础；公益是行政征收的目的；人权是行政征收行为的界限；程序是对行政征收的法律控制。

行政征收遵循公平公正、效率、费用抵偿、对等给付的原则。（1）行为主体本身要合法。就是说，行为主体是行政主体，是合法的行政机关，并且还要有法定的职权。（2）行政机关要依法行政，不得法外行政。一是指税收征收过程本身的效率，一是税收作用于社会政治经济的效率。主要是确定收费总额的问题，目的是费用逾越禁止。即作出的开支应用行政收费来抵消，而不应该使其成为公众整体承担的开支。这一原则主要是在确定相对人具体交费额时应坚持的原则。一般情况下，对于因对公共设施、自然资源的使用权引起的收费，必须根据实际对等给付价值予以确定。

结合本案从水利费用征收主体、职责权限、义务范围、执法程序等方面全面分析，确定行政机关行政行为是否具有合法性。

执行人依法履行职权的依据：《江苏省河道堤防工程占用补偿费征收使用管理办法》第五条“占用补偿费由县级以上地方人民政府河道主管机关负责征收”，《南京市防洪堤保护管理条例》第六条规定，原告经营的宁淮桥、宁蚌桥所占用马汊河河道管理范围属于被告监督管理范围；依法领取的《收费许可证》，载明河道堤防工程占用补偿费为水利行政主管部门征收是行政事业性规费。

行政征收主体、缴费义务人、征收程序：南京市长江河道管理处是南京市水利局下属的具有长江南京段河道管理及河道堤防工程占用补偿费征收的法定职权，同时该处领取了南京市物价局颁发的《收费许可证》，其征收人员也持有《收费员证》，所以该处是合法的行政征收主体。当事人提供的营业执照复印件、行政许可批复文件及所做的调查笔录和现场勘验笔录，证明当事人是适格的缴费义务人。

被执行人现场签字确认的执行人所做的现场调查及勘验笔录、勘验图，明确了被执行人实际占用河道管理范围的地点、时间、实际占用面积。

南京市水利局、南京市长江河道管理处分别向被执行人发出的《南京市长江河道管理处缴费通知单》宁长缴字第001号、《南京市水利局限期缴费通知书》宁水缴长字〔2010〕第002号。履行了催告义务。

执行人向被执行人下达的宁水征字〔2010〕第003号《南京市水利局河道堤防工程占用补偿费征收决定书》。履行了法定职责。

法律依据：《江苏省河道堤防管理实施办法》第二十一条，第二十二条第一款、第三款。

执行人占用面积的计算方法、行政征收的标准的依据：苏水政〔1999〕265号、苏价费〔1999〕461号《关于核定河道堤防工程占用补偿费征收标准的通知》第六条、宁水政〔2007〕248号、宁财农〔2007〕420号、宁价费〔2007〕199号《关于进一步加强河道堤防工程占用补偿费征收管理的通知》第二项的规定。

本案存在问题：虽然该案最终法院裁定执行人胜诉，并执行到位。但被执行人于2007年起即开始实际占用河道管理范围，而执行人2010年才启动行政征收程序，时间长达三年，与行政征收的效率原则不符。

关于《行政强制法》中几个疑难问题的解读

摘要:《行政强制法》是我国继《行政处罚法》、《行政许可法》、《行政复议法》、《行政诉讼法》和《国家赔偿法》之后的又一部规范行政法关系的行政基本法。

关键词:行政强制;行政强制法;行政处罚

十一届全国人大常委会第二十一次会议于2011年6月30日通过了《行政强制法》,并于2012年1月1日实施。该法与已经通过的《行政许可法》、《行政处罚法》并称行政“法典三部曲”。行政强制法从开始酝酿制定到表决通过,前后历时12年,是一部规范行政强制的设定和实施,保护公民、法人和其他组织的合法权益,促进和监督行政机关依法履行职责的重要法律。目前中国行政强制制度存在两个方面的问题:一方面是“乱”,包括“乱”设行政强制和“滥”用行政强制,侵害了公民、法人或者其他织的合法权益;另一方面是“软”,就是行政机关的强制手段不足,执法不力,对有些违法行为不能有效制止,有些行政决定不能得到及时执行。因此,制定行政强制法,既要治“乱”、治“滥”,也要治“软”。

《行政处罚法》、《行政许可法》法律早已实施多年,学界已经进入修改的调研中,《行政强制法》的颁布实施,标志着我国对行政权力的限制、公民权利的保障构成了更为完整的法律体系。

行政强制是一个较为常见的行政行为,在行政处罚法中略有涉及,法院的司法解释有涉及,但长期以来并没有形成一个法律。因为,行政强制种类多,不同种类间差别大,法律层面的共性比较少。下面就从十二个方面进行具体阐述。

一、《行政强制法》的法律属性

1、《行政强制法》是一部行政性法律,非民商法、刑法

《行政强制法》是我国继《行政处罚法》、《行政许可法》、《行政复议法》、《行政诉讼法》和《国家赔偿法》之后的又一部规范行政法关系的行政基本法。2011年,全国人大会上,中国特色社会主义法律体系已经形成是一个重要议题。行政法是中国特色社会主义法律体系的重要组成部分,又主要由行政基本法和部门行政法构成。《行政强制法》的制定在前几部行政基本法的基础上,对行政强制(权)行为作了进一步规范,应当说,是在新的起点上,对中国特色社会主义法律体系的进一步完善,具有深远的历史意义。

在行政法体系中属于行政行为法,调整的是两种具体行政行为,一种为行政强制措施,往往是服务于行政处罚的前置阶段和程序;另一种为行政强制执行,往往是将行政处罚所确立的义务满足与实现的最后一道行政执法程序。当然,行政强制执行也常常将行政征收、行政裁决等行政法上确立实体义务的具体行政行为得以实现。

2、《行政强制法》是一部行政程序法

程序法是与实体法相对应而存在的一个概念。应当说,《行政强制法》中既有实体规范,也有程序规范,其更主要的还是一部行政程序法。行政实体法是规范行政法当事人实体职权、权利、义务的法律规范的总和。而行政程序法则是规范行政主体行使职权的方式、步骤、顺序、时限的程序及行政相对人如何实现实体权利、义务的程序法律规范的总和。应当说,《行政强制法》最主要的贡献是将行政主体实施行政强制措施、行政强制执行的程序法制化程度、系统化程度大大提高了一步,体现在第十八条集中规范实施行政强制措施的程序,第四章规范行政机关强制执行程序,尤其是代履行的程序,第五章申请法院执行的程序,等

等。

在行政法中，实体规范与程序规范常常交织在一起，同时存在于一个法律文件之中。目前，在主权国家范围内鲜有从实体上制定一部完整、统一、系统的成文实体法法典的成功先例，但在程序上规范行政行为、制定统一的行政程序法典的已有成功的立法先例，而且我国湖南省也已制定地方行政程序规定的规章。

3、法律位阶上,《行政强制法》为非基本法律，因为其制定主体是全国人大常委会

基本法律与非基本法律的效力在《宪法》、《立法法》中虽然没有等级差别的明确规定，但是根据《宪法》第六十二条第（十一）项的规定，全国人大有权改变或撤销全国人大常委会不适当的决定，因而可以认为基本法律高于非基本法律。在六大行政基本法中,《行政处罚法》、《行政诉讼法》属于基本法律,《行政许可法》、《行政强制法》、《行政复议法》和《国家赔偿法》属于非基本法律的位阶。根据《立法法》第七十九条规定："法律的效力高于行政法规、地方性法规、规章"。

4、《行政强制法》是调整行政强制的基本法、一般法（龙头法）

基本法与特别法、单行法相对应!《行政强制法》中涉及与已经立法的单行法律、行政法规、地方性法规、部门规章、地方规章关于行政强制规定的关系，在某些制度设计上是将其全部废止予以统一，还是部分废止而保留一部分继续生效，抑或是全部保留其效力呢？这需要作大量的立法基础性工作。如《行政强制法》第二十五条第一款规定："查封、扣押的期限不得超过三十日；情况复杂的，经行政机关负责人批准，可以延长，但是延长期限不得超过三十日。法律、行政法规另有规定的除外。"《行政强制法》给单行法留有继续生效的空间只能是中央一级的两类法律规范：法律和行政法规，其他的规范性文件如果与《行政强制法》的上述规定不一致将被废止。该款的规定与本法第九条、第十条的规定保持一致。

5、在功能、性质上,《行政强制法》更多地表现为权力制约法与权利保护法

《行政强制法》既规范、约束作为公权力的行政强制权，又保护行政相对人的合法权益，兼顾了行政权力和公民权利，既有对行政强制权的规范、约束，又保护相对人的合法权益。

《行政强制法》的一大立法特色即规范与监督行政机关已经享有的行政强制措施权和行政强制执行权，除强制程度较弱的代履行这种强制执行方式外，没有再普遍地赋予行政机关新的行政强制权，而主要通过一系列的程序规范约束行政强制权。如本法中设定的行政机关实施行政强制措施与行政强制执行作为义务的"应当"就有75处之多；设定行政机关禁止义务的"不得"有28处之多，使得行政机关的法定义务在《行政强制法》共71个条文中就达103个之多。

现将《行政强制法》中较为重要的"不得"的规定归纳如下：（1）第十条第四款："法律、法规以外的其他规范性文件不得设定行政强制措施。"（2）第十七条："行政强制措施由法律、法规规定的行政机关在法定职权范围内实施。行政强制措施权不得委托。依据《行政处罚法》的规定行使相对集中行政处罚权的行政机关，可以实施法律、法规规定的与行政处罚权有关的行政强制措施。行政强制措施应当由行政机关具备资格的行政执法人员实施，其他人员不得实施。"（3）第二十三条："查封、扣押限于涉案的场所、设施或者财物，不得查封、扣押与违法行为无关的场所、设施或者财物；不得查封、扣押公民个人及其所扶养家属的生活必需品。当事人的场所、设施或者财物已被其他国家机关依法查封的，不得重复查

封。”（4）第二十九条：“冻结存款、汇款应当由法律规定的行政机关实施，不得委托给其他行政机关或者组织；其他任何行政机关或者组织不得冻结存款、汇款。冻结存款、汇款的数额应当与违法行为涉及的金额相当；已被其他国家机关依法冻结的，不得重复冻结。”（5）第四十三条：“行政机关不得在夜间或者法定节假日实施行政强制执行。但是，情况紧急的除外。行政机关不得对居民生活采取停止供水、供电、供热、供燃气等方式迫使当事人履行相关行政决定。”（6）第四十五条第二款：“加处罚款或者滞纳金的数额不得超出金钱给付义务的数额。”（7）第四十九条：“划拨的存款、汇款以及拍卖和依法处理所得的款项应当上缴国库或者划入财政专户。任何行政机关或者个人不得以任何形式截留、私分或者变相私分。”（8）第五十一条第三款：“代履行不得采用暴力、胁迫以及其他非法方式。”

同时，《行政强制法》的另外一个立法价值取向即突出保护了行政强制措施和行政强制执行相对人的合法权益，体现了以人为本、执法为民的理念。如①在总则部分既确立了行政强制的比例（适当）原则，又确立了行政强制中贯穿教育与强制相结合的原则。第十六条第二款还明确违法行为情节显著轻微或没有明显社会危害的可以不采取行政强制措施。规定强制执行前应当事先催告当事人自行履行义务，同时明确了执行和解制度。②全面确立的受行政强制权侵害的公民、法人或者其他组织享有救济的法定途径。公民、法人或者其他组织不仅享有陈述事实、申辩理由的权利，申请行政复议、提起诉讼、要求赔偿的权利，同时确立公民、法人或者其他组织因人民法院在强制执行中有违法行为或者扩大强制执行范围受到损害的，也有权依法要求赔偿。③上述“不得”中体现的以人为本、关注民生的人文精神和人文关怀，如不得查封、扣押与违法行为无关的场所、设施或者财物；不得查封、扣押公民个人及其所扶养家属的生活必需品。除情况紧急外，行政机关不得在夜间或者法定节假日实施行政强制执行。行政机关不得对居民生活采取停止供水、供电、供热、供燃气等方式迫使当事人履行相关行政决定。明确规定执行错误的应当恢复原状或返还财物，不能恢复原状或返还财物的，应当依法予以赔偿。

二、关于强拆问题。

（一）对行政机关的行政强制执行有哪些禁止性规定？

答：1、行政机关不得在夜间或者法定节假日实施行政强制执行。但是，情况紧急的除外。2、行政机关不得对居民生活采取停止供水、供电、供热、供燃气等方式迫使当事人履行相关行政决定。

（二）对违法的建筑物、构筑物、设施等应当如何处理？

答：对违法的建筑物、构筑物、设施等需要强制拆除的，应当由行政机关予以公告，限期当事人自行拆除。当事人在法定期限内不申请行政复议或者提起行政诉讼，又不拆除的，行政机关可以依法强制拆除。

解析及观点：根据《中华人民共和国噪污染防治法》的规定，“夜间”是指北京时间22:00至次日凌晨6:00之间的期间。根据《国务院关于修改〈全国年节及纪念日放假办法〉的决定（第二次修订）》“法定节假日”共三类，分别是全体公民放假、部分公民放假、少数民族习惯节日。过去，个别部门和单位为了迫使当事人履行相关行政决定对当事人采取停止供水、供电、供热、供燃气等粗暴方式，本法明令禁止。

这次《行政强制法》的出台，跟房地产强拆出现的问题有重要关系。强拆出现了许多问题，但是自杀自焚者毕竟少数，而且并不当然有理，在征地拆迁中，业主阻挠拆迁贪得无厌才是常态。真正地讲，房地产强拆出现的问题是行政机关执行力不足，而不是行政机关乱作为。但是，官方公开层面是不能讲老百姓不对的。

这次立法，媒体宣传重点之一是“行政机关不得对居民生活采取停止供水、供电、供热、供燃气等方式迫使当事人履行相关行政决定。”很不解。如果拆迁决定是合法的话，采取停水停电等方式，避免了直接冲突，更避免了肢体冲突。行政机关不得停水停电，那么对违章建筑和拆迁区域还得保障供水供电了。而禁止采用这种间接的和平的强迫方式，是要鼓励采用肢体冲突的方式来强迁吗？十分不解。

《行政强制法》第四十四条规定，“对违法的建筑物、构筑物、设施等需要强制拆除的，应当由行政机关予以公告，限期当事人自行拆除。当事人在法定期限内不申请行政复议或者提起行政诉讼，又不拆除的，行政机关可以依法强制拆除。”最后是可以“依法强制拆除”。那么，得依什么法？

但是《行政强制法》第十一条规定：“法律对行政强制措施的对象、条件、种类作了规定的，行政法规、地方性法规不得作出扩大规定。法律中未设定行政强制措施的，行政法规、地方性法规不得设定行政强制措施。”也就是说，只有全国人大才有权对怎么强拆作出规定。

而全国人大在行政强制法里面不规定怎么强制拆除，还有哪个法会规定怎么强制拆除。强制法不规定怎么强制拆除，可谓一个笑话。

三、行政强制的体系

（一）行政强制的分类？

答：行政强制可分为行政强制措施和行政强制执行。

行政强制措施是指行政机关在行政管理过程中，为制止违法行为、防止证据损毁、避免危害发生、控制危险扩大等情形，依法对公民的人身自由实施暂时性限制，或者对公民、法人或者其他组织的财产实施暂时性控制的行为。

行政强制执行是指行政机关或者行政机关申请人民法院，对不履行行政决定的公民、法人或者其他组织，依法强制履行义务的行为。

表 行政强制措施与行政强制执行（主要掌握两者的区别）

	适用目的	主要方式	基本特征	救济途径
强制措施	①为调查而强制 ②为预防而强制 ③为征用而强制	对人强制扣留、隔离、疏散；对物强制检验、查封、扣押、冻结；对场所强制隔离、查封	临时性；非惩罚性　法律教育网	对其不服可以起诉
强制执行	为实现另一行为确定的义务而强制	间接强制如代履行、执行罚；直接强制如划拨、收缴、拍卖	替代性；有时带惩罚性	执行有错的诉执行行为；执行内容有错诉执行内容

表 行政强制执行的种类

种类	代履行	执行罚	直接强制
含义	他人代履行，义务人承担费用	收取强制金，促使义务人履行	间接强制难达目的时方可采用
注意	人身性义务不可适用代履行	主要适用于原义务不可替代或属于不作为义务的情况	涉及人身自由或使用武器的，应由执行警察职能的机关实施

目前我国行政强制制度主要存在两个方面问题：一方面是“乱”，包括“乱”设行政强制和“滥”用行政强制，侵害了公民、法人或者其他组织的合法权益；另一方面是“软”，就是行政机关的强制手段不足，对有些违法行为不能有效制止，有些行政决定不能得到及时执行。

行政强制措施与行政强制执行异同：

《行政强制法》将行政强制措施与行政强制执行作为调整对象，合并规范在一部法典之中，该法共七章，71条，2012年1月1日起施行。

行政强制措施是指行政机关在行政活动中，为制止违法行为、防止证据损毁、避免危害发生、控制危险扩大等情形，依法对公民的人身自由或者对公民、法人或者其他组织的财产实施暂时性控制的具体行政行为。行政强制执行则指行政机关作为执行主体对相对人不履行行政法上的义务时，实施的强迫其履行该义务的活动，这是对行政强制执行的狭义理解，而广义上的理解在执行主体上还包括人民法院。《行政强制法》所采用的是广义理解。在我国的国情下，以采用广义的理解更为适宜，因为我国的大部分行政机关没有强制执行权而需要通过申请人民法院予以执行。目前单行法律中主要赋予了涉及外部紧急公共利益的少数行政机关享有执行权，如公安、工商、税务、审计、财政、外汇、海关等。行政强制执行是由有权机关将具体行政行为设定的义务运用国家强制力予以满足与实现的活动，主要有直接强制与采取加处罚款或滞纳金、代履行的间接强制两类，而具体的强制执行措施又包括强制拘留、提取、划存款、扣缴、抵缴、迁出与退出、拆除、收兑、变卖等等，在对财产的执行措施时常常与查封、扣押、变卖一起表述，但这里只有变卖才是执行措施而查封、扣押是行政强制措施，极易混淆。在实现一定的义务状态这一点上，行政强制执行与行政强制措施相近，但是两者实现的由行政行为所确立的义务的性质不同，前者往往是一个经过争讼的、作为实体结论的义务，往往还主要是行政处罚确立的义务；而后者则是一个仅具有程序法意义上的义务。两者在主体的范围、采取的法定理由、实施的程序、方法及方式上均存在重大差异。晚近以来，行政法学界有将两者合称行政强制并一起研究的趋势，这也正是立法机关采取将两者一起规范而制定《行政强制法》的主要理由。

具体来说，行政强制措施与行政强制执行的差异表现如下：

第一，实施的法定理由不同。行政强制措施实施的法定理由是为制止违法行为、防止证据损毁、避免危害发生、控制危险扩大等情形；而行政强制执行的实施是基于行政相对人拒绝履行行政决定设定的义务。

第二，在范围上，前者远比后者要宽得多。行政强制措施远比行政强制执行的范围要宽得多，凡有行政处罚权的行政机关均有事前采取行政强制措施的法定职权；而行政强制执行权则需要单行法律的明确授权。目前，行政机关享有自行强制执行权的仅限于履行紧急外部行政职能的十几个行政部门，如公安、工商、税务、海关、审计、财政、外汇、专利、质监及作出强制拆除决定的规划部门所属的县级人民政府等。其他行政机关则需向人民法院申请强制执行相对人不履行义务的行政决定。

第三，两者对公民权益影响程度不同，行政强制执行比行政强制措施重得多、危害大得多。行政强制执行的滥用将是一种行政暴力，会直接导致对公民权益的损害；而行政强制措施则相对较弱，往往只是对相对人权益的某种程度的限制，而不是剥夺。从学理上说，行政拘留这种行政处罚是对公民人身自由的一种实体上的剥夺，而之前的传唤、留置盘问则只是对该公民人身自由的一种限制。

第四，法定种类、方式上不同。行政强制措施主要有限制人身自由的行政强制措施和限制财产流通的行政强制措施两大类。限制人身自由的行政强制措施主要有盘问、留置盘查、传唤、扣留、管束或约束醉酒者的身体、强制收治、强制医学留观、强制隔离、强制戒毒、禁闭、“两指”以及没有上述法律依据的、事实上的强制措施，如“办学习班”、“隔离审查”、“谈话”等。限制财产流通的行政强制措施主要有查封场所、设施或者财物，扣押财物以及冻结存款或汇款等。行政强制执行的方式主要有强制划拨存款或汇款、强制拍卖或变卖财产、代履行、加处罚款或滞纳金等。如《行政处罚法》第五十一条规定：“当事人逾期不履行行政处罚决定的，作出行政处罚决定的行政机关可以采取下列措施：（二）根据法律规定，将查封、扣押的财物拍卖或者将冻结的存款划拨抵缴罚款。”此项中的查封、扣押、冻结属于行政强制措施，拍卖和划拨才是行政强制执行（措施）!

第五，对证据掌握的程度不同。行政强制措施只要有初步证据就可以采取，只要主管行政机关发现行政相对人有违法的端倪、嫌疑就可以采取；但行政强制执行的实施则必须建立在充分、确凿的证据基础之上，如强制执行的行政决定合法有效、当事人拒不履行法定义务等。

第六，所处的行政阶段不同，尤其是与核心追究责任的具体行政行为——行政处罚的关联上。行政强制措施往往是行政处罚的前置阶段和前置程序；而行政强制执行则强调的是行政处罚或其他实体上的为行政相对人设定权利义务的决定作出后将其动态实现其义务的过程。行政强制措施具有中间性、程序性、临时性的特点，它往往处在行政程序的中间环节；行政强制执行则通常是行政程序的最后一个阶段，是其终点。如《质量技术监督行政处罚程序规定》（质检总局第137号令）第二十三条规定：“质量技术监督部门在办理行政处罚案件中，可以依据法律、法规、规章的规定采取查封、扣押、封存等行政强制措施。经调查，不需要继续采取行政强制措施的，应当及时解除行政强制措施。采取或者解除行政强制措施，应当经质量技术监督部门负责人批准。”

但行政强制执行却往往与之前的行政处罚相脱节，享有行政处罚权的行政机关不一定有强制执行权，原因是：一为作为行政相对人的被处罚人自觉、自愿地履行了行政决定确定的义务，无需强制执行；二是有行政机关申请人民法院强制执行的管道是畅通的，无需“事必躬亲”的自行执行。

将行政强制措施与行政强制执行两者合并规范在一部法律中，世界上尚无先例。日本和我国台湾地区都有独立的《行政（强制）执行法》，但也仅调整行政强制执行一种行政行为。我国将上述具有六点差异、独立的两种具体行政行为统一规定在一部法典中，大大增加了立法的难度。而作为立法的前提工作，首先是要科学概括两者的共性，这样才具有在一部法典中对两者进行统一规范的基础。同时，许多人对这两种具体行政行为持有模糊，甚至错误的观点。

行政强制的体系，与一直以来的理论一样，没有变化。分为强制措施和强制执行两类，共同规范之后对常见的几种具体行为进行规定。

但是，通过立法，许多行之多年的做法，总算有了法律依据。

四、事后补办领导审批

（一）情况紧急需要当场实施行政强制措施的，行政执法人员应当怎么办？

答：情况紧急，需要当场实施行政强制措施的，行政执法人员应当在24小时内向行政机关负责人报告，并补办批准手续。行政机关负责人认为不应当采取行政强制措施的，应当立即解除。

违法行为涉嫌犯罪应当移送司法机关的，行政机关应当将查封、扣押、冻结的财物一并移送，并书面告知当事人。

原来各专门法律对行政强制措施都有规定必需先经领导审批，但是不现实，实际操作中都是事后补批的。现在该法将这个问题明确了。

第十九条　情况紧急，需要当场实施行政强制措施的，行政执法人员应当在二十四小时内向行政机关负责人报告，并补办批准手续。

五、关于法律法规授权组织

《行政强制法》第二十三条没有与第七十条结合起来看，就会误解现在大量的事业单位或法定的内设机构如交警大队、工商所之类没有查封扣押权。但是，何不把第条写成查封、扣押应当由法律、法规规定的行政机关或法律、行政法规授权的具有管理公共事务职能的组织实施。

第二十二条　查封、扣押应当由法律、法规规定的行政机关实施，其他任何行政机关或者组织不得实施。

第七十条　法律、行政法规授权的具有管理公共事务职能的组织在法定授权范围内，以自己的名义实施行政强制，适用本法有关行政机关的规定。

六、关于无主物品

《行政强制法》第二十二～二十八条规定了查封扣押的程序，对当事人的保护相当全面细致。

无主物品，也就是物主逃避的，如何查封扣押，这是实践中一个常见的长期困扰的问题。另外，物主拒不签字，也是常见问题。

七、关于查封扣押期限与办案期限

查处一个违法行为，如果其中有采取查封扣押措施的，那么这个案件的办案的期限就将由查封扣押期限所决定，比较荒唐。

但是荒唐也要执行。因此，今后有查封扣押措施的案件，办案期限是30日，领导可以延长30日。如果有检测检验什么的，那么就另行计算。

第二十七条　对查封扣押期满后的处理情形，是列举不尽。在期限内，违法事实还不清楚，那该怎么办?

第二十七条 行政机关采取查封、扣押措施后，应当及时查清事实，在本法第二十五条规定的期限内作出处理决定。对违法事实清楚，依法应当没收的非法财物予以没收；法律、行政法规规定应当销毁的，依法销毁；应当解除查封、扣押的，作出解除查封、扣押的决定。

第二十五条查封、扣押的期限不得超过三十日；情况复杂的，经行政机关负责人批准，可以延长，但是延长期限不得超过三十日。法律、行政法规另有规定的除外。

延长查封、扣押的决定应当及时书面告知当事人，并说明理由。

对物品需要进行检测、检验、检疫或者技术鉴定的，查封、扣押的期间不包括检测、检验、检疫或者技术鉴定的期间。检测、检验、检疫或者技术鉴定的期间应当明确，并书面告知当事人。检测、检验、检疫或者技术鉴定的费用由行政机关承担。

《行政强制法》第二十五条规定，期限不超过30个工作日，延长期限不超过30个工作日。也就是说，行政机关从采取查封、扣押措施到作出最后处理决定累计不得超过60个工作日。

八、强制执行期限将是二年以上。

（一）、没有行政强制执行权的行政机关在什么情况下可以申请人民法院强制执行？

答：当事人在法定期限内不申请行政复议或者提起行政诉讼，又不履行行政决定的，没有行政强制执行权的行政机关可以自期限届满之日起三个月内，依法向人民法院申请强制执行。

行政机关申请人民法院强制执行前，应当催告当事人履行义务。催告书送达十日后当事人仍未履行义务的，行政机关可以向所在地有管辖权的人民法院申请强制执行；执行对象是不动产的，向不动产所在地有管辖权的人民法院申请强制执行。

行政强制法把强制执行作为一个完整的行政程序来处理，而不是行政处罚或其他行政行为的一部分。它设计了 事先催告——送达催告书（公告60天送达）——陈述申辩——复核——制作强制执行决定书——送达（公告60天送达）——达成执行协议——不履行——申请法院强制执行……………………的无穷无尽的流程。当前，强制执行是另一个行政处罚之类行政行为的后续。如果算上行政处罚决定书送达生效，那么还有另外二年：

行政处罚事先告知——陈述申辩、听证——复核——作出决定——送达（公告60天送达）——行政复议——行政诉讼（一审、二审）。

第三十五条 行政机关作出强制执行决定前，应当事先催告当事人履行义务。

第三十六条　当事人收到催告书后有权进行陈述和申辩。行政机关应当充分听取当事人的意见，对当事人提出的事实、理由和证据，应当进行记录、复核。当事人提出的事实、理由或者证据成立的，行政机关应当采纳。

第三十七条 经催告，当事人逾期仍不履行行政决定，且无正当理由的，行政机关可以作出强制执行决定。

第三十八条　催告书、行政强制执行决定书应当直接送达当事人。当事人拒绝接收或者无法直接送达当事人的，应当依照《中华人民共和国民事诉讼法》的有关规定送达。

第四十六条　行政机关依照本法第四十五条规定实施加处罚款或者滞纳金超过三十日，经催告当事人仍不履行的，具有行政强制执行权的行政机关可以强制执行。

没有行政强制执行权的行政机关应当申请人民法院强制执行。

第五十四条　行政机关申请人民法院强制执行前，应当催告当事人履行义务。催告书送达十日后当事人仍未履行义务的，行政机关可以向所在地有管辖权的人民法院申请强制执行；执行对象是不动产的，向不动产所在地有管辖权的人民法院申请强制执行。

在现行有效的水法律、法规中，授予水行政机关一般水行政强制执行权的法律法规有：1、《中华人民共和国水法》第六十五条第一款（水行政机关强制拆除）；《中华人民共和国水法》第六十五条第二款（水行政机关强制拆除）；2、《中华人民共和国防洪法》第五十七条；3、《中华人民共和国河道管理条例》第三十六条（防汛指挥部、强制清障）、第四十四条（没收非法所得）；《取水许可和水资源费征收管理条例》第四十九条（组织拆除或者封闭）。在这些规定中，分别授予了水行政机关强制拆除、强制清障、没收违法所得等行政强制执行权。下面我就结合水法律法规梳理一下水行政强制措施和水行政强制执行。

（一）、水行政强制措施

（1）查封、扣押被检查单位或者个人拒不停止违法行为，造成严重水土流失实施违法行为的工具及施工机械、设备等。

法律依据：

《中华人民共和国水土保持法》第四十四条第二款："被检查单位或者个人拒不停止违法行为，造成严重水土流失的，报经水行政主管部门批准，可以查封、扣押实施违法行为的工具及施工机械、设备等。"

（2）其他行政强制措施

责令停止生产或者使用

法律依据：

《中华人民共和国水法》第七十一条："建设项目的节水设施没有建成或者没有达到国家规定的要求，擅自投入使用的，由县级以上人民政府有关部门或者流域管理机构依据职权，责令停止使用，限期改正，处五万元以上十万元以下的罚款。"

《中华人民共和国防洪法》第五十九条第二款："违反本法第三十三条第二款规定，防洪工程设施未经验收，即将建设项目投入生产或者使用的，责令停止生产或者使用，限期验收防洪工程设施，可以处五万元以下的罚款。"

《中华人民共和国水土保持法》第五十四条："违反本法规定，水土保持设施未经验收或者验收不合格将生产建设项目投产使用的，由县级以上人民政府水行政主管部门责令停止生产或者使用，直至验收合格，并处五万元以上五十万元以下的罚款。"

（二）、水行政强制执行

（1）加处罚款或者滞纳金

法律依据：

《中华人民共和国行政处罚法》第五十二条："当事人逾期不履行行政处罚决定的，作出行政处罚决定的行政机关可以采取下列措施：（一）到期不缴纳罚款的，每日按罚款数额的百分之三加处罚款；……。"

《中华人民共和国水法》第七十条："拒不缴纳、拖延缴纳或者拖欠水资源费的，由县级以上人民政府水行政主管部门或者流域管理机构依据职权，责令限期缴纳；逾期不缴纳的，从滞纳之日起按日加收滞纳部分千分之二的滞纳金，并处应缴或者补缴水资源费一倍以上五倍以下的罚款。"

《中华人民共和国水土保持法》第五十七条："违反本法规定，拒不缴纳水土保持补偿费的，由县级以上人民政府水行政主管部门责令限期缴纳；逾期不缴纳的，自滞纳之日起按日加收滞纳部分万分之五的滞纳金，可以处应缴水土保持补偿费三倍以下的罚款。"

（2）限期恢复原状

法律依据：

《中华人民共和国水法》第六十七条第二款："未经水行政主管部门或者流域管理机构审查同意，擅自在江河、湖泊新建、改建或者扩大排污口的，由县级以上人民政府水行政主管部门或者流域管理机构依据职权，责令停止违法行为，限期恢复原状，处五万元以上十万元以下的罚款。"

（3）代履行

1、强行拆除阻碍行洪的障碍物

法律依据：

《中华人民共和国水法》第六十五条第一款规定：“在河道管理范围内建设妨碍行洪的建筑物、构筑物，或者从事影响河势稳定、危害河岸堤防安全和其他妨碍河道行洪的活动的，由县级以上人民政府水行政主管部门或者流域管理机构依据职权，责令停止违法行为，限期拆除违法建筑物、构筑物，恢复原状；逾期不拆除、不恢复原状的，强行拆除，所需费用由违法单位或者个人负担，并处一万元以上十万元以下的罚款。”

2、强行拆除违法建筑物、构筑物

法律依据：

《中华人民共和国水法》第六十五条第二款规定：“未经水行政主管部门或者流域管理机构同意，擅自修建水工程，或者建设桥梁、码头和其他拦河、跨河、临河建筑物、构筑物，铺设跨河管道、电缆，且防洪法未作规定的，由县级以上人民政府水行政主管部门或者流域管理机构依据职权，责令停止违法行为，限期补办有关手续；逾期不补办或者补办未被批准的，责令限期拆除违法建筑物、构筑物；逾期不拆除的，强行拆除，所需费用由违法单位或者个人负担，并处一万元以上十万元以下的罚款。”

3、拆除或者封闭未取得取水申请批准文件而擅自建设的取水工程或者设施

法律依据：

《取水许可和水资源费征收管理条例》第四十九条规定：“未取得取水申请批准文件擅自建设取水工程或者设施的，责令停止违法行为，限期补办有关手续；逾期不补办或者补办未被批准的，责令限期拆除或者封闭其取水工程或者设施；逾期不拆除或者不封闭其取水工程或者设施的，由县级以上地方人民政府水行政主管部门或者流域管理机构组织拆除或者封闭，所需费用由违法行为人承担，可以处五万元以下罚款。”

4、强行拆除未经批准擅自设立水文测站或者未经同意擅自在国家基本水文测站上下游建设影响水文监测的工程以及在水文测验河段保护范围内修建的构筑物、建筑物或者未经批准擅自修建的工程设施

法律依据：

（1）《中华人民共和国水文条例》第三十七条规定规定：“未经批准擅自设立水文测站或者未经同意擅自在国家基本水文测站上下游建设影响水文监测的工程的，责令停止违法行为，限期采取补救措施，补办有关手续；无法采取补救措施、逾期不补办或者补办未被批准的，责令限期拆除违法建筑物；逾期不拆除的，强行拆除，所需费用由违法单位或者个人承担。”

（2）《河南省水文条例》第三十条规定：“违反本条例规定，在水文测验河段保护范围内修建构筑物、建筑物或者未经批准擅自修建工程设施的，由县级以上人民政府水行政主管部门责令停止违法行为，限期拆除违法建筑物、构筑物、工程设施，逾期不拆除的，强行拆除，处一万元以上五万元以下罚款；确因国家或者地方重要工程建设需要而修建的工程设施，限期补办手续，逾期未补办手续的，处一万元以上五万元以下罚款。”

5、违法围海造地、围湖造地、围垦河道，既不恢复原状也不采取其他补救措施的，代为恢复原状或者采取其他补救措施，所需费用由违法者承担。

法律依据：

《中华人民共和国防洪法》第五十七条规定：“违反本法第十五条第二款、第二十三条规

定，围海造地、围湖造地、围垦河道的，责令停止违法行为，恢复原状或者采取其他补救措施，可以处五万元以下的罚款；既不恢复原状也不采取其他补救措施的，代为恢复原状或者采取其他补救措施，所需费用由违法者承担。

6、违法在河道、湖泊管理范围内从事工程设施建设活动，严重影响防洪的，责令限期拆除，逾期不拆除的，强行拆除，所需费用由建设单位承担。

法律依据：

《中华人民共和国防洪法》第五十八条规定："违反本法第二十七条规定，未经水行政主管部门对其工程建设方案审查同意或者未按照有关水行政主管部门审查批准的位置、界限，在河道、湖泊管理范围内从事工程设施建设活动的，责令停止违法行为，补办审查同意或者审查批准手续；工程设施建设严重影响防洪的，责令限期拆除，逾期不拆除的，强行拆除，所需费用由建设单位承担；影响行洪但尚可采取补救措施的，责令限期采取补救措施，可以处一万元以上十万元以下的罚款。"

7、逾期不清理在水土保持方案确定的专门存放地以外的区域倾倒砂、石、土、矸石、尾矿、废渣等，代为治理，所需费用由违法行为人承担。

法律依据：

《中华人民共和国水土保持法》第五十五条规定："违反本法规定，在水土保持方案确定的专门存放地以外的区域倾倒砂、石、土、矸石、尾矿、废渣等的，由县级以上地方人民政府水行政主管部门责令停止违法行为，限期清理，按照倾倒数量处每立方米十元以上二十元以下的罚款；逾期仍不清理的，县级以上地方人民政府水行政主管部门可以指定有清理能力的单位代为清理，所需费用由违法行为人承担。"

8、逾期不治理开办生产建设项目或者从事其他生产建设活动造成水土流失的，代为治理，所需费用由违法行为人承担。

法律依据：

《中华人民共和国水土保持法》 第五十六条规定："违反本法规定，开办生产建设项目或者从事其他生产建设活动造成水土流失，不进行治理的，由县级以上人民政府水行政主管部门责令限期治理；逾期仍不治理的，县级以上人民政府水行政主管部门可以指定有治理能力的单位代为治理，所需费用由违法行为人承担。

（四）其他强制执行方式

强制执行拒不服从统一调度和指挥的水库、水电站、拦河闸坝等工程的管理单位以及其他经营工程设施的经营者

法律依据：

《中华人民共和国抗旱条例》第六十条规定："违反本条例规定，水库、水电站、拦河闸坝等工程的管理单位以及其他经营工程设施的经营者拒不服从统一调度和指挥的，由县级以上人民政府水行政主管部门或者流域管理机构责令改正，给予警告；拒不改正的，强制执行，处1万元以上5万元以下的罚款。"

在这些规定中，分别授予了水行政机关强制拆除、强制清障、没收违法所得等行政强制执行权。

九、执行协议不弄白不弄

（一）、在什么情况下行政机关可以与当事人达成执行协议？

答：实施行政强制执行，行政机关可以在不损害公共利益和他人合法权益的情况下，与当事人达成执行协议。执行协议可以约定分阶段履行；当事人采取补救措施的，可以减免加处的罚款或者滞纳金。

执行协议应当履行。当事人不履行执行协议的，行政机关应当恢复强制执行。学习汇报：在执行中行政机关与当事人达成协议,既保证了行政决定的执行,又减少了社会冲突,符合构建社会主义和谐社会的要求。当事人确有经济困难，需要延期或者分期缴纳罚款的，应当提出书面申请，并提交证明材料，填写《延（分）期缴纳罚没款审批表》、《延（分）期缴纳罚没款保证书》。作出延分期缴纳罚没款决定，其期限应当明确，不能含糊不清，一般以不超过三个月为宜。

《行政强制法》设计了执行协议制度，即“在不损害公共利益和他人合法权益的情况下”，行政机关必须应你要求达成执行协议（法律规定是“可以”，但是如你符合条件，行政机关有什么理由说不可以？）。而这个理由，也不是通常的“一次性履行确有困难的”，也就是说即使被处罚人很有钱，符合条件的也要分期。因此，今后，大部分罚款类的执行都要分期了。

而分期还有更大的好处是，如果到时不履行，也不过“恢复执行”（白白拖过几个月），也没有多收滞纳金或违约金什么的，有利无害。

第四十二条实施行政强制执行，行政机关可以在不损害公共利益和他人合法权益的情况下，与当事人达成执行协议。执行协议可以约定分阶段履行；当事人采取补救措施的，可以减免加处的罚款或者滞纳金。

执行协议应当履行。当事人不履行执行协议的，行政机关应当恢复强制执行。

十、关于加处罚款或滞纳金

按行政处罚法，到期不履行加处罚款每日3%，一年是11倍，当然极为可怕。

《行政强制法》第四十五条规定：“行政机关依法作出金钱给付义务的行政决定，当事人逾期不履行的，行政机关可以依法加处罚款或者滞纳金。加处罚款或者滞纳金的标准应当告知当事人。加处罚款或者滞纳金的数额不得超出金钱给付义务的数额。”

而一般人如果未按期履行，总是有个不能在几天内解决的原因，一般都是超过一个月以上。但是，33天就已经翻一倍了，34天之后何时交就无所谓了。那就一年后再交吧，没区别。

十一、怎么加处罚款

目前一般的做法是直接在行政处罚决定书中告知逾期不缴纳加处每日3%罚款。但是也有法院为了不执行加处罚款，理解为应当在逾期后再行做出一个加处罚款的决定。

而行政强制法显然没有解决这个问题。第四十五条把加处罚款变成一种行政机关的“可以”的裁量行为。而第四十六条则明显把加处罚款作为一个单独的强制执行行为了。

《行政强制法》 第四十五条行政机关依法作出金钱给付义务的行政决定，当事人逾期不履行的，行政机关可以依法加处罚款或者滞纳金。加处罚款或者滞纳金的标准应当告知当事人。

第四十六条行政机关依照本法第四十五条规定实施加处罚款或者滞纳金超过三十日，经催告当事人仍不履行的，具有行政强制执行权的行政机关可以强制执行。

第五十三条规定，当事人在法定期限内不申请行政复议或者提起行政诉讼，又不履行行政决定的，没有行政强制执行权的行政机关可以自期限届满之日起三个月内，依照本章规定申请人民法院强制执行。本条规定的申请执行期限，与《最高人民法院关于执行〈中华人民共和国行政诉讼法〉若干问题的解释》第八十八条规定“行政机关申请人民法院强制执行其具体行政行为，应当自被执行人的法定起诉期限届满之日起180日内提出”为短，《行政强制法》规定的申请执行期限仅为三个月。关于可申请执行的人民法院，行政强制法第五十四条规定，行政机关申请人民法院强制执行前，应当催告当事人履行义务。催告书送达十日后当事人仍未履行义务的，行政机关可以向所在地有管辖权的人民法院申请强制执行；执行对象是不动产的，向不动产所在地有管辖权的人民法院申请强制执行。”，根据此规定，具体向什么人民法院申请强制执行，应看人民法院对申请执行的案件有无管辖权。比如专利行政处罚案件，一般就只能由省会城市的中级人民法院管辖，在特定情况下，才能由最高人民法院指定的其他人民法院管辖。

原来按法院司法解释是180天内，现在改为三个月内。逾期不履行的要行政机关先催告然后再申请法院。

第五十三条 当事人在法定期限内不申请行政复议或者提起行政诉讼，又不履行行政决定的，没有行政强制执行权的行政机关可以自期限届满之日起三个月内，依照本章规定申请人民法院强制执行。

第五十四 条行政机关申请人民法院强制执行前，应当催告当事人履行义务。催告书送达十日后当事人仍未履行义务的，行政机关可以向所在地有管辖权的人民法院申请强制执行；执行对象是不动产的，向不动产所在地有管辖权的人民法院申请强制执行。

十二、执行申请费

执行费和执行申请费，按规定都是被执行人承担的，但是法院为创收一直要求行政机关先预交：先免费使用一段时间，到时执行完毕的退还，执行不结的就一直占用，直到行政机关忘记。

行政强制法把这点写明了，算好事。只是不知法院还会有其他招照样收不?

《行政强制法》第六十条 行政机关申请人民法院强制执行，不缴纳申请费。强制执行的费用由被执行人承担。

本人认为《行政强制法》，可谓名不符实，总体上比较失望。除了把法理学上的分类规定一下，把法院关于执行的司法解释抄一下外，就是重点突出了几点民意，而对于具体可以怎么强拆，却一直在回避。也就是只说怎么不行，没有说怎么行。因此，它不是一部规定行政强制的法典，而是一部规定如何强制不行的法律，它只是半部法，不如叫《禁止非法强制法》更合适些。

政府有许多职能，有赋益的，有加害的；政府有许多角色，有好人，有恶人。行政强制法就是加害性质的，做恶人的。而行政强制法却不对如何做恶人进行规范，而是规定不能做恶人。

一方面当事人程序权利的过度保护，另一方面没有规定行政机关进行强制的合法手段。整个行政强制效率将大大降低，行政成本大大提高，当事人程序上的投入更多，精神上的对抗态度延续时间更久，因此，官民冲突将更多、更激烈。 行政强制是行政机关的基本职能之一，密切相关，不可忽略。行政强制法必须精读，必须深刻理解，学以致用。

孟子说：“只有善德不足以处理国家的政务，只有法令不能够自己发生效力（徒善不足以为政，徒法不能以自行）。”有了一部良好的法律还需要有良好的实施和执行，才能产生理想的效果。因此需要我们执法人员不断加强学习，提高执法水平，更好的依法履行职责。这就好比孙悟空本领高强，但却滥用本领偷仙桃、盗金丹、大闹天宫，所以观音菩萨要给他带上一个紧箍咒来加以约束。《行政强制法》就是国家为防止行政强制权被滥用而给各级行政机关戴上的一道紧箍咒。从而达到既可以依法实施强制行为又可以避免滥用强制权侵犯公民合法权益的目的。

行政诉讼中被告举证六大注意事项

行政诉讼是“民告官”的制度，它解决的是行政机关在行政管理过程中侵犯公民合法权益的问题，是为公民合法权益提供司法救济的制度。随着公民法律意识、维权意识的不断增强，行政机关作为被告的行政诉讼案件将会越来越多。

打官司就是打证据，行政诉讼亦是如此。不同的是，在举证责任的分配上，民事诉讼和刑事诉讼主要是由原告（刑事诉讼中的公诉人身份类似于原告）承担举证责任，即“谁主张、谁举证”，而行政诉讼证据规则与这两类诉讼不同，为“原告主张、被告举证”，即原告提出诉讼请求，被告证明被诉行政行为合法，同时籍此证明原告的诉讼请求不成立。

笔者根据司法实务经验和相关规定，总结出如下六大举证注意事项。

一、被告应在法定期限内积极举证

《行政诉讼法》第三十四条规定，被告对作出的行政行为负有举证责任，应当提供作出该行政行为的证据和所依据的规范性文件。被告不提供或者无正当理由逾期提供证据，视为没有相应证据。但是，被诉行政行为涉及第三人合法权益，第三人提供证据的除外。《最高人民法院关于执行〈中华人民共和国行政诉讼法〉若干问题的解释》第二十六条规定，行政机关应当在收到起诉状副本之日起10日内提交答辩状，并提供作出具体行政行为时的证据、依据；如不提供或者无正当理由逾期提供的，应当认定该行政行为没有证据、依据。

在江苏省丹阳市（2015）丹行初字第00061号束建荣与江苏省丹阳经济开发区管理委员会行政处罚行政诉讼一案中，原告束建荣不服被告江苏省丹阳经济开发区管理委员会城乡建设行政处罚决定提起行政诉讼，法院经审理后认为，根据《中华人民共和国行政诉讼法》第三十四条第一款规定，被告对作出的行政行为负有举证责任，应当提供作出该行政行为的证据和所依据的规范性文件。本案中，被告没有向本院提供其作出关于限期拆除违章建筑的通知的相关证据和法律依据，被告认定原告的养鸡场为违法建筑缺乏证据证明，在该通知书上认定其为违法建筑事实不清，属主要证据不足。被告作出该通知时未向原告告知陈述和申辩权，也未告知行政复议权或诉权，不符合法定程序。被告在该通知中也未适用法律规定，属适用法律错误。综上，被告作出的关于限期拆除违章建筑的通知违法，依法应予撤销。

二、被告应提供全部证据和规范性文件

被告应在法定期间内提供与被诉行政行为合法性相关的所有证据。一般而言，被告若要证明行政行为的合法性，应从以下五个方面来提供证据：

1. 有关主体的证据材料，原告对行政主体的职权存在争议的，应该提出有关其职权依据的证据。

2. 有关行政程序的证据材料。行政行为合法性的一个重要方面就是程序合法。同时，程序合法也是法庭审理的重要内容。行政程序应包括作出行政行为的方式、步骤、顺序和时限等，对此被告也要提供。

3. 有关被诉行政行为认定所认定事实的证据材料。主要提供书面决定中已经记载的事实或列入行政案件卷宗被行政主体采纳的事实。

4. 自由裁量合理性的证据材料。行政机关对案件的处理往往存在一定的自由裁量空间，没有事实根据的自由裁量往往存在滥用职权问题，因此被告应提供自由裁量合理性的证据材料。

5. 有关被诉行政行为所依据的规范性文件。被告向法庭提供规范性文件，除法律、法规外，还包括规章和规章以下的规范性文件。

三、如有特殊情形不能按期提供证据，应及时提出延期提交申请

《最高人民法院关于行政诉讼证据若干问题的规定》（法释〔2002〕21号）第一条第二款规定，被告因不可抗力或者客观上不能控制的其他正当事由，不能在前款规定的期限内提供证据的，应当在收到起诉状副本之日起十日内向人民法院提出延期提供证据的书面申请。人民法院准许延期提供的，被告应当在正当事由消除后十日内提供证据。逾期提供的，视为被诉具体行政行为没有相应的证据。

四、在诉讼过程中，被告及其诉讼代理人不得自行向原告、第三人和证人收集证据

《行政诉讼法》第三十五条规定，在诉讼过程中，被告及其诉讼代理人不得自行向原告、第三人和证人收集证据。理由是：行政机关应当依法行政，以证据证明其行政行为认定的事实，以法律为依据作出行政行为，是对行政机关的基本要求。因此，行政机关应当“先取证，后裁决”，行政决定一旦送达生效，行政机关则不应再自行收集证据。如果行政机关先作出行政行为，等行政行为被诉到法院后，再向原告、第三人和证人收集证据，就意味着行政机关可以“先裁决，后取证”，这就等于纵容行政机关在程序上违法，是与依法行政的原则相悖的。被告违反本条规定自行收集证据的，该证据不能作为认定被诉行政行为合法的根据。

在南京秋丰建材厂诉连云港市城乡建设局政府信息公开行政诉讼议案中，被告提供了证据3和证据4，法院经审理后认为，被告所举证据3、证据4系在诉讼中收集的证据，违反了《中华人民共和国行政诉讼法》第三十五条“在诉讼过程中，被告及其诉讼代理人不得自行向原告、第三人和证人收集证据”的规定，法院最终对这两个证据不予采纳。

当然并非在诉讼期间一定不能搜集证据，被告只有在人民法院准许的特殊情况下，才可以收集证据。如原告或者第三人提出了其在行政处理程序中没有提出的理由或者证据的，经人民法院准许，被告可以补充证据。

五、行政不作为案件中，被告应如何举证?

在行政不作为案件中，除由原告提供其在行政程序中曾经提出申请的证据材料外，被告应当在收到起诉状副本之日起10日内，提供已履行法定职责、不符合履行法定职责的法定条件或者不能履行法定职责或不具有法定职责的证据和依据。

在行政不作为案件中，原告仅仅需要提供其在行政程序中曾经提出申请的证据材料，而材料是否齐全，是否符合法律规定的条件，并非原告应负的举证责任。被告则应根据案件不同情形向法院提供举证材料。

1. 对于原告认为被告履行职责或者义务不符合要求的案件，被告应提供其已经履行法定职责或义务的证明材料，同时被告也应当原告的要求不属于其法定职责或义务的材料。

2. 因不属于被告管辖范围而未作出答复的案件，被告应提供有关职权方面的法律规范、原告请求事项不属于其管辖范围的证据材料，以及有关申请和答复程序的证据材料。

3. 被告因履行职责条件未成就而不作为的案件。因原告未按要求补正材料而未作出决定的案件，被告应当提供原告材料欠缺的证据材料、有关补正通知、送达回执等证据材料。

4. 因履行期限尚未届满而未作答复的案件，被告应当提供有关案件办理期限、受理时间、延期理由及核准程序等证据材料。

5. 被告拒绝履行法定职责或作出否定性答复的案件，被告应当根据拒绝或否定的理由提供证据，如有关管辖、申请人资格、申请材料、法定许可条件等证据。

六、一定情况下，请求法院将某些案件事实的举证责任转移给原告

一般性的举证责任规则是必要的，但在复杂的司法实践面前，在形形色色的疑难复杂案件面前，一般性的举证责任规则会面临问题。此时，法官会基于一些因素对当事人举证能力进行考量，从而弥补举证分配的不足。因此，在出现证据由原告方掌握或控制，或原告举证更便捷、更便于诉讼效率，或原告举证更符合案件事实认定的情势需要、更公平合理时，被告可请求法院行使举证责任分配裁量权，将某些事实的举证责任转移给原告。

沛县水利局被行政强制执行异议胜诉案

【案情简介】

2001年8月初，沛县城区西关翻水站根据工作需要向沛县建设管理委员会提交建设综合楼的申请。沛县建设管理委员会为其办理了规划定点，并绘制了图纸。后双方因缴纳相关费用产生争议，西关翻水站未办理完相关手续即开始施工。为此，沛县建设管理委员会于2001年8月13日对沛县水利局作出罚款3.9万元和补办建设手续的行政处罚（沛建违行罚字〔2001〕第179号）。

在法定期限内，沛县水利局既没有申请行政复议，也未提起行政诉讼，更没有自动履行处罚决定。于是，沛县建设管理委员会依法向沛县人民法院申请强制执行，沛县人民法院于2001年11月7日向沛县水利局发出了《执行通知书》(〔2001〕行执字第298号)。沛县水利局在接到《执行通知书》后，及时向沛县人民法院递交了《行政强制执行异议书》。因沛县水利局提交的异议书事实清楚、依据充分，致使沛县人民法院终止了该案的强制执行。沛县水利局的合法权益得到了有效保护。

2001年8月13日沛县建设管理委员会对沛县水利局作出《行政处罚决定书》(沛建违行罚字〔2001〕第179号):

违法事实：沛县水利局在未取得《建设工程规划许可证》和《建设工程施工许可证》的情况下，擅自在沛屯中心大道东侧的闸北三角地建设综合楼，建筑面积700平方米，土建造价26万元，现主体工程已竣工。

以上事实违反《中华人民共和国城市规划法》第三十二条、《江苏省实施(城市规划法)办法》第二十六条之规定。

根据《中华人民共和国城市规划法》第四十条、《江苏省实施〈中华人民共和国城市规划法〉办法》第三十八条第一款第（一）项给予下列行政处罚：1. 罚款3.9万元；2. 补办建设手续。

上述行政处罚决定的履行期限为3天。履行地点和方式：沛县建委，城建中队。

如不服本决定，可以在接到本决定之日起60日内，向徐州市规划局或沛县人民政府申请复议，也可以在15日内依法直接向沛县人民法院起诉。逾期不申请复议，也不向人民法院起诉，又不履行本决定的，本机关将申请人民法院强制执行。被处罚人必须支付强制执行的一切费用。

复议或诉讼期间，本决定不停止执行。

2001年11月7日沛县人民法院向沛县水利局发出《执行通知书》([2001]行执字第298号):

本院已立案受理沛县建委对你单位行政处罚一案。根据《中华人民共和国行政诉讼法》第六十六条规定，限你单位于2001年11月10日前按照处罚决定所确定的义务履行完毕。逾期不履行，则强制执行。

注：交罚款3.9万元，执行费2000元。

2001年11月9日沛县水利局向沛县人民法院递交《行政强制执行异议书》:

沛县建设管理委员会2001年11月7日申请沛县人民法院强制执行我局行政处罚一案，因强制执行依据不符合法律规定，特提出执行并议如下：

一、被执行的主体错误

沛县城区西关翻水站于2001年8月根据工作需要向县建设管理委员会提出了建设综合楼申请，县建设管理委员会为其办理了规划定点，并绘制了图纸，后因缴纳费用产生争议，西关翻水站未办理完相关手续即行施工。为此，沛县建设管理委员会于2001年8月13日以沛建违行罚字〔2001〕第179号《行政处罚决定书》对沛县水利局作出罚款3.9万元和补办建设手续的行政处罚。我们认为，沛县建设管理委员会的行为是错误的。根据沛县人民政府批准，西关翻水站系独立的事业法人单位，并经沛县机构编制委员会依法登记注册，具备承担行政法律责任的主体资格。因此，其行为即便违法，也应以该单位作为处罚主体，不应以沛县水利局作为被处罚主体和被执行主体。

二、沛县建设管理委员会实施行政处罚的程序违法

按照《中华人民共和国行政处罚法》规定："行政机关在作出行政处罚决定之前，应当告知当事人作出行政处罚决定的事实、理由及依据，并告知当事人依法享有的权利。""没有法定依据或者不遵守法定程序的，行政处罚无效。"沛县建设管理委员会在作出行政处罚决定之前没有依法履行告知义务，属程序违法。

三、沛建违行罚字〔2001〕第179号《行政处罚决定书》存在诸多违法问题

（一）行政处罚决定书没有载明能够反映事实的证据内容。《中华人民共和国行政处罚法》规定，行政处罚决定书除应当载明当事人基本情况，违反法律、法规、规章的事实等内容以外，还应当载明证据。但是，沛县建设管理委员会作出的行政处罚决定没有载明法定的证据内容。

（二）行政处罚决定违反罚缴分离规定。《中华人民共和国行政处罚法》规定，作出罚款决定的行政机关应当与收缴罚款的机构分离。国务院颁发的《罚款决定与罚款收缴分离实施办法》规定，行政机关作出罚款决定的行政处罚决定书应当载明代收机构的名称、地址和当事人应当缴纳罚款的数额、期限等，并明确对当事人逾期缴纳罚款是否加处罚款。沛建违行罚字〔2001〕第179号《行政处罚决定书》要求当事人到沛县建设管理委员会缴纳罚款的做法是违反法律、法规规定的。

另据国务院关于执行《罚款决定与罚款收缴分离实施办法》有关问题的规定，行政处罚决定书没有载明法定内容的，不得使用；若使用，该行政处罚决定书无效。

（三）擅自缩短行政处罚的履行期限。《中华人民共和国行政处罚法》规定，当事人应当自收到行政处罚决定书之日起15日内，到指定的银行缴纳罚款。据此，可以看出行政处罚决定的履行期限应为15日。但是，沛县建设管理委员会却擅自将行政处罚决定的履行期限缩短为3日，这对当事人行使法定权利造成了限制。

（四）适用法律错误。沛县建设管理委员会在《行政处罚决定书》中称："沛县水利局在未取得《建设工程规划许可证》和《建设工程施工许可证》的情况下，擅自在沛屯中心大道东侧的闸北三角地建设综合楼。""以上事实违反《中华人民共和国城市规划法》第三十二条、《江苏省实施〈城市规划法〉办法》第二十三条。"据查，上述法律、法规均未规定施工许可证问题。沛县建设管理委员会作出的处罚决定在适用法律方面存在严重问题。

综上所述，我们认为申请执行人沛县建设管理委员会作出的行政处罚从被处罚主体到实施程序、处罚决定内容及依据等都存在严重违法问题。因此，其作出的行政处罚决定当然无效，不能作为强制执行的依据。敬请沛县人民法院依法对上述异议进行审查，并裁定终止强制执行程序。

【案例评析】

本案给我们以下几点启示。

一是沛县水利局在法定期限内未申请行政复议，显然不利于保护自身的合法权益。沛县城区西关翻水站在未办理规划许可手续即行施工，在收到沛县建设管理委员会下达的行政处罚决定之后，应当首先在法定的60日内向徐州市规划局或沛县人民政府提出行政复议，对沛县建设管理委员会的行政处罚在认定事实、适用法律及处罚程序上的违法或不当之处，请求处罚机关的上一级主管部门或同级人民政府对沛县建设管理委员会的具体行政行为予以撤销。作为受理行政复议的有关部门则必然要依照相关法律、法规和规章等规定，对其具体行政行为的合法性、适当性进行严格审查。如确有违法和不当之处，自然撤销或变更沛县建设管理委员会作出的具体行政行为。那么，沛县水利局的合法权益将及时得到保护。这是沛县水利局应当建立的第一道保护屏障，也是法律赋予沛县水利局的重要权利之一。沛县水利局没有做到这一点，随意地放弃法律赋予的权利，显然是不利于保护自身合法权益的。

二是沛县水利局在法定期限内没有提起行政诉讼，又错失一次自我保护的良好机会。《中华人民共和国行政诉讼法》明确规定，任何公民、法人或其他组织只要认为行政处罚机关的具体行政行为侵犯其自身合法权益，即有权向处罚机关的上一级主管部门或同级人民政府提出行政复议，对行政复议机关作出的行政复议决定不服的，还应在法定期限内向人民法院提起行政诉讼，或者在法定期限内直接向人民法院提起行政诉讼。本案中，沛县水利局已经放弃了行政复议的权利，更应珍惜行政诉讼的权利。因为行政诉讼权利的行使，将意味着不当、违法的具体行为要被撤销，从而可避免违法的具体行政行为的执行。很显然，沛县水利局又错失一次自我保护的良好机会。

三是沛县水利局在沛县人民法院对其强制执行时，仍能穷尽法律之救济手段，及时挽回经济损失和社会影响，无疑是值得称赞和借鉴的。由于沛县水利局随意放弃法律赋予的权利，错失两次自我保护的机会，致使沛县建设管理委员会违法的行政处罚决定没有得以及时纠正，并向沛县人民法院提出行政强制执行申请。沛县人民法院依法受理并向沛县水利局发出了强制执行通知，致使沛县水利局完全陷入被动的受强制执行状态。但是，此时的沛县水利局却能积极认真对待沛县人民法院的强制执行问题，运用法律赋予的其他救济手段，及时向沛县人民法院递交了行政强制执行异议书，从被执行的主体、实施处罚的程序及法律的适用等各个方面，指出处罚决定的错误所在，据理力争，阐述了自己的观点，使该《行政强制执行异议书》经沛县人民法院审查认为合法有效，终止了本案的强制执行，从而有效地维护了沛县水利局的合法权益。本案尽管在最后终止了强制执行措施，但是，城区西关翻水站毕竟是沛县水利局的下属单位，该站建综合楼因费用问题未得到批准即施工，显属违法行为。沛县水利局应当教育该站采取措施依法进行建设。如果不是沛县建设管理委员会执法工作中的失误，西关翻水站就会发生行政法律上的被动和经济上的重大损失，沛县水利局也有不可推卸的责任。

另外，沛县建设管理委员会制作的《行政处罚决定书》存在诸如沛县水利局在《行政强制执行异议书》中所列出的从被处罚主体到实施程序、处罚内容及法律依据等严重问题，各级水行政机关可将此作为一个反面教材并从中吸取深刻教训。

秦咀水库“坝中坝”被爆破拆除案

【案情介绍】

秦咀水库是一座具有灌溉、养殖、供水和防洪的多功能水利工程，保护、保障着下游3万多人民生命财产安全和人畜饮水安全。水库建于1978年，设计灌溉面积5万亩,实际灌溉面积3万亩。流域面积100平方千米，总库容4020万立方米，流域人口0.63万人。现状水质Ⅲ类。秦咀水库的自来水厂目前供水人口约5.5万人。

2011年7月5日，襄州区水利局接到举报反映有人在秦咀水库筑坝拦汊。襄州区水政监察大队执法人员立即赶到现场进行调查。随后向水库承包人裴正荣、张教华下达了《责令停止违法行为通知书》要求其停止违法行为，限期拆除。2011年7月15日，裴正荣不但没有停止违法行为，反而加大力量继续筑坝拦汊行为，增加十几台车辆正在抢建，在后来的半个月时间内，违法筑坝拦汊分割水面约1500多亩。

2011年8月2日，襄州区防汛抗旱指挥部分别对裴正荣、张教华下达了《襄州区防汛抗旱指挥部清障令》，清障令要求裴正荣于8月9日前自行拆除违法建筑物，逾期不清除的，由防汛指挥部组织强行清除。但由于种种原因，该令未执行到位。2012年，襄阳市在原襄州所属的东津成立经济开发区（简称经开区），秦咀水库的管辖权由襄州区转移到经开区，襄州区停止执法行动，而经开区也以没有执法权为由，同样没有将清障令执行到位。

2013年7月，由于连年干旱，秦咀水库下游农田旱情严重，因水库承包合同注明水库在74米水位（该水库死水位为72米）以下不能抽水，引发“市民问政”。之后，襄阳市水利局立即出动抗旱服务站，抽水抗旱，全力以赴解决农民抗旱问题，并承诺在汛期结束后立即清除坝中坝，还水库原貌。襄阳市纪委对管理、执法不力的襄州区水利局有关人员进行了纪律处分。此事在襄阳市引起社会高度关注，8月7日，襄阳市在秦咀水库召开全市水政执法现场会，开展了对水行政执法疑难问题的大讨论及反思。

一、轻视日常管理

秦咀水库事情发展到今天这种地步，水政执法不到位并非最根本的原因，水库管理失职才是其中最根本的原因。《湖北省水库管理办法》规定：水库管理单位和管理人员必须落实水库管理责任制，确保水库安全。但秦咀水库管理显然在管理方面大大缺位。

一是有令不行，政令不畅。早在1999年，原襄阳县（襄州区前身）水利局《关于对水库水面承包实行统一管理的决定》（襄县水组〔1999〕07号）规定，合同承包期一般定为三年。而秦咀水库管理处与相对当时人签订的承包期长达15年。按照襄阳县水利局《关于严格大水面水产承包管理的规定》（襄县水〔2001〕18号）规定：“凡未经局许可，任何单位不得自行签订或续签大水面水产承包合同。”但在所有合同中，均未发现襄阳县水利局批准意见或公章。襄州区水利局对该区管辖水库大水面承包养殖虽然制定了规范性文件，但形同虚设，导致秦咀水库管理处对外签订合同随意性较大，对重大合同的签订不够审慎，对原有合同的转让和变更没有尽到监管的职责。二是合同期内违反法律规定。2011年1月17日，秦咀水库管理处与承包人签订《襄阳市襄州区秦咀水库大水面水产承包合同》（延）第五条、第七条、第十条明确约定，承包期间不得在正常水位下修建永久性建筑物（如房屋、鱼池等），不得改变水面整体性，必须严格执行《湖北省实施水法办法》，否则将按有关规定进行严肃处理，并终止合同。承包人在秦咀水库内筑坝拦汊的行为，已经违反了《湖北省实施水法办法》的规定。但秦咀水库管理处根本未按合同条款要求及法律法规的规定与承包人终止合同。三是在发现违法筑坝拦汊行为后阻止不力。认真管好水利工程是管理人员义不容辞的责任。水库管理人员责任意识淡薄，使水库管理单位的合法权益得不到保障。当水库管理处发现秦咀水库筑坝拦汊行为后，第一时间应进行有效的阻止，而不能仅仅停留在向水政监察大队报案的层面。在工作中发现，好多棘手的违建清除问题的积压是由于管理不到位造成的，往往是管理者在违建出现后，将工作移交到水政监察部门，便心安理得了，很多管理者在工作中不恪守职责，监管缺失，产生以后的事都由执法来解决的消极思想，从一定程度上使扩大了违法行为、积累了矛盾，也加大了水行政执法工作的难度。

二、执法效能低下

襄州区水利局对秦咀水库违法筑坝拦汊从2011年就开始立案调查，并下达最终行政强制执行命令，却最终未执行到位。其中最重要的原因是执法效能低下。一是具有管辖权的水行政机关缺乏高度的责任心。襄州区防汛抗旱指挥部作出了强制清除的命令，但相关部门却将清障令停留在文件的层面，对当事人下达后，没有制订完善的清除方案、没有采取强有力的清除措施，致使当年的违法行为在大旱之年造成水库无水可用，而违建的“坝中坝”中却碧波荡漾、缺水的农田喊渴，农民频频上访的严重后果，极大地影响了水利部门的形象，影响人民政府的形象。二是因暴力抗法产生的畏难情绪。襄州区水利局，曾经组织过执法行动，当时违法当事人组织的“示威人员”数量大大多于水行政执法队员的数量，违法者表面服从，但绝不实施清除违建的行动，执法人员强行清除，就被违法者召集的人围住，并加以污辱、谩骂，甚至人身威胁。此时，参加执法的公安干警对其进行的口头警告，已经不具有实际效果，水行政执法的严肃性已成为作秀，行政执法机关的威严无从谈起。就执法队员本身来说，在遇到人身安全遭到侵害或暴力抗法突发事件时，只能退却而保自身安全。这一事实，造成了执法人员到秦咀水库违法现场查处案件的时候局限在应付工作，产生“只要我到场了，我就没有责任了，我就完成任务了”的思想。这一退缩，使违法者的气焰更加嚣张，也使执法人员陷入不敢碰硬，遇难绕道的境地，助长了违法者的歪风，对政府的公众形象产生极大的伤害。三是执法经费问题。县一级水行政执法部门很少有执法经费，有的甚至工资都不能保障，也是执法效能低下的因素之一。

认真总结秦咀水库违法筑坝拦汊案件的经验教训，应认识到，做好水行政执法工作，要在水工程日常监管上下功夫，要在如何提高水行政执法执行力，加强对水事案件的日常监管及提高执法能力和水平上下功夫，要贯穿于水行政执法工作始终。对于当前执法重点工作，一是要进一步统一思想，加大对水行政执法的组织领导；二是要坚决依法行政，从源头上杜绝水事案件的发生；三是要切实加强能力建设，加大水行政执法力度，切实加强部门配合，切实增强水行政执法的执行力。

关于开展水利与公安联动执法工作的思考

关键词：联动执法；长效机制；调查取证；水政执法行为

摘要：随着水利与公安联动执法机制的不断建立与完善，不但改变了水行政执法难的被动局面，而且提高了水行政执法效率，收到了事半功倍的效果，有力地维护了良好的社会水事秩序。

我市积极探索水利与公安联动执法长效机制，于 2012 年 10 月 15 日正式挂牌成立了安阳市水利与公安联动执法办公室，截至目前，全市所辖各县（市）区全部成立了水利与公安联动执法办公室。近年来，随着水利与公安联动执法机制的不断建立与完善，不但改变了水行政执法难的被动局面，而且提高了水行政执法效率，收到了事半功倍的效果，有力地维护了良好的社会水事秩序。现将我市水利与公安联动执法情况进行总结以便引起同仁的思考。

一、我市积极探索水利与公安联动执法长效机制的主要做法

（一）组织健全，保障有力

为了做好水利与公安联动执法工作，市水利局、公安局领导多次召开会议、认真研究，成立了市水利局水政监察支队及市公安局治安管理支队主要负责人为成员的联动执法办公室。市治安支队明确 2 名干警常驻市水利局，市水利局专门抽调一名同志配合做好联动执法工作。建立了日常联勤检查、联席会议、联络员和执法信息交流制度，并做到了制度上墙。按照明确的职责任务，认真抓好全市联动执法的日常管理工作。我局还为联动执法办公室配备了专门办公室和专职执法车辆，办公自动化设备两套（电脑、打印机等），同时也配备了警棍、袖标等警务用具。联动执法经费年初列入财政预算，有力地保障了水利与公安联动执法工作的开展。

（二）加强宣传，营造氛围

联动执法办公室成立后，我们充分利用电视、报纸、网络等媒体，积极宣传水利与公安部门建立联勤联动执法工作机制、联合打击水事违法行为工作情况，组织人员深入企业、社区大力宣传水法律法规。对于案情复杂、社会关注度高的案件，注重宣传引导，积极配合当地宣传部门做好信息发布，确保社会稳定。在今年开展的河湖坑塘专项整治及河道采砂专项行动中，我们在《安阳日报》等新闻媒体以市水利局、市公安局的名义联合发布通告，加大了宣传力度。同时，我们还编发了水利与公安联合执法专项行动工作简报，除向省厅报送外，还抄送市人大、市政府、检察院、公安局、法制办等单位，切实将水利与公安联动执法保护水资源、水域和水工程的目的、意义宣传到政府和人民群众中去，做到家喻户晓，人人皆知，赢得了领导、群众和社会对水行政执法工作的理解、信任和支持。

（三）发挥优势，形成合力

在未建立联动执法机制前，由于水行政主管部门缺少必要的强制手段，在执法过程中经常会遭遇企业或个人妨碍执行公务或暴力抗法等违法行为，造成“调查难、取证难、执法难”。水利与公安联动执法工作机制的建立，很大程度上解决了水行政执法领域的“三难”问题。如擅自取水案件，当事人为逃避处罚，经常在水政监察员进行现场监督检查时，以不开门、请示领导、拒绝进入现场检查、放狼狗护院等方式拖延时间，等执法人员进入现场，早已落闸停电，不再取水，证据固定难度极大。实行联合执法后，在公安干警采取控制当事人、控制电话，防止通风报信，防止烈犬袭人等措施的大力支持下，水政执法人员能够第一

时间到达现场进行勘验，固定违法擅自取水证据，为水行政处罚和追缴水资源费提供了扎实的证据，收到了良好的执法效果。同时，与检察院联合成立了刑事司法与行政执法联系办公室，与法院成立了强制执行小组，实行联动执法，减少了行政干预，有力地打击了水事违法行为，形成了执法合力。

（四）公开拆违，提高效能

对在水工程管理保护范围内新建的违章建筑，我们在加强巡查的基础上，及时向当事人送达《责令停止违法行为通知书》，当事人拒不停止的，我们适时送达《责令改正决定书》，明确告知当事人限期恢复水工程原状。在当事人拒不恢复原状的情况下，市水利局与公安联动执法办公室及时召开会议在充分调查研究的基础上制定了强制拆除水工程管理和保护范围内违章建筑预案，并组织市公安局治安支队、水政监察支队和水利工程管理单位人员，明确警戒、拆除、后勤保障等小组的职责和人员，按照预定方案，先后成功拆除了万金灌区六六渠管理范围内未经批准擅自棚渠案、擅自侵占万金南干渠渠道管理范围案和擅自侵占水库库容案，有力地打击了明目张胆侵占水工程的水事违法行为，震慑了违法行为相对人，保证了渠道输水和泄洪安全，沿渠群众拍手称快。水利与公安联合开展公开拆除水工程管理范围内违章建筑在社会上引起了很大反响，使违法行为当事人认识到得不偿失，消除了建设违章建筑的苗头，保证了水域和水工程的安全。

（五）敢于碰硬，树立威信

水利与公安联动执法难就难在行政干预下案件的办理。我市一知名房地产开发商，借助社会关系广泛，未经许可擅自在城市排洪渠道上建桥，进行小区出入口改造。水政执法人员现场制止时，开发商不仅不停止施工，而且还组织施工人员谩骂、围攻执法人员，进而发展到肢体冲突，两名执法队员受轻微伤。事件发生后，水利与公安紧急行动，公安连夜传唤违法当事人进行调查讯问，水利局连夜起草了向市四大班子领导报送的《要情快报》，决定在向政府主要领导汇报后，第二天组织市直水利系统150余名水政监察员强拆违章工程。迫于种种压力，第二天一上班，开发企业负责人在公安人员的带领下，主动到我局找到局领导公开赔礼道歉，主动承认错误，到医院看望了受伤住院队员，自觉交纳了全部住院费用，并及时向我局提出了办理水工程管理范围内建设项目申请。最后，该项目在我局的监督下，按批准的方案进行了施工，既保证了城市防洪安全，又方便了小区居民出入。该案件的查处，影响和规范了城市建设中一大批涉河、涉渠建设项目的申请和许可，维护了水法律法规的权威，营造了良好的水事秩序。

二、取得的成效

水利与公安联动执法两年来，共联动执法 676 人次，查处水事违法案件 18 起，制止违法施工 9 起，强制拆除违章建筑 4 起，封填地下水源井 5 口，清理水库养鱼网箱 1200 平方米，整改采砂企业 3 家，查除河道非法采砂影响行洪安全隐患 23 起。建立水利与公安联动执法机制取得了三个成效：一是提高了执法效率。立案查处时，水政执法人员人身威胁减小了，调查取证容易了，水事违法犯罪分子碍于公安机关强大的威慑力，都能主动履行处罚。二是规范了水行政执法行为。水行政执法工作由于受多方面因素的制约，办案时调查难，取证难，执行更难，而且基层单位执法中还存在调查方式、执法文书不规范，着装不统一等很多薄弱环节，但是通过与公安机关联动执法办案，在调查取证、法律文书送达、法律文书制作、具体案件查办技巧、违法现场、人员的控制上正逐步走向规范。与公安人员一起办案对提高水行政执法人员的办案水平，规范水政人员的执法行为，促进依法行政、文明执法，起到积极推动作用。三是树立了水行政执法的良好形象。水政监察队伍，是水利部门的窗口，它处在水行政执法的最前沿，与其他行业、部门接触较多。水行政执法人员的一言一行、业务素质的优劣、执法水平的高低等都会直接影响到水利行业的形象。开展与公安联动执法以来，各类水事违法案件得到了有效遏制，水行政执法队伍在群众心目中逐步由“雷声大，雨点小”的“软执法”转变为敢碰硬的“严执法”。严厉打击了各类水事违法分子的嚣张气焰，提升了水行政执法的良好形象。

三、存在问题

水利与公安联动执法平台的建立，较好地解决了水行政执法调查取证难、强制执行力少等执法难题，但就公安职责而言，在维护社会治安的前提下，侦查犯罪，打击违法犯罪行为也是其重要职责。目前，就水利行业而言，水资源案件、水工程案件、河道采砂案件大多未列入刑法规定的罪名，而在擅自取水行政处罚案件与盗窃水资源偷逃水资源费之间、擅自拆除水工程与防汛抗旱设施及破坏防汛抗旱设施之间、未经批准擅自采砂与矿产资源开采违法犯罪之间是否构成犯罪、如何界定都存在着盲区，亟待在水利与公安联动执法的平台上进行探索与实践。

水利部门与公安机关在两法衔接工作中的情况和问题探讨

摘要：通过公安机关与行政执法机关联合执法，既能有效整合执法办案力量，增强打击合力，又能有效解决行政执法机关在日常执法中经常遇到的“进不了门、找不到人、取不了证、办不了案”的问题。同时，通过联合执法，公安机关对行政执法机关移送的案件，能及时了解掌握案件相关情况，有利于为案件侦查取证、移送起诉赢得时间、提高效率、争取主动。

关键词：水行政执法；监督检查；当事人

执法力量不足是公安机关和行政执法机关共同面临的难题。通过公安机关与行政执法机关联合执法，既能有效整合执法办案力量，增强打击合力，又能有效解决行政执法机关在日常执法中经常遇到的“进不了门、找不到人、取不了证、办不了案的问题。同时，通过联合执法，公安机关对行政执法机关移送的案件，能及时了解掌握案件相关情况，有利于为案件侦查取证、移送起诉赢得时间、提高效率、争取主动。

《刑事诉讼法》第五十二条第二款规定，行政机关在行政执法和查办案件过程中收集的物证、书证、视听资料、电子数据等证据材料，在刑事诉讼中可以作为证据使用。这一规定有力地推进行了政执法与刑事司法相衔接工作。那么水行政机关向司法机关移送案件的一般程序性规定的要求如下：

第一，水行政机关在行政执法和查办案件过程中，有充分证据认为违法行为涉嫌犯罪的，可以将有关案件和证据材料移交公安机关。

移交的材料包括：（1）涉嫌犯罪案件移送书；（2）涉嫌犯罪案件情况的调查报告；（3）涉案物品清单；（4）有关检验报告或者鉴定结论；（5）其他有关涉嫌犯罪的材料。

依据国务院《行政执法机关移送涉嫌犯罪案件的规定》移交的证据种类包括：行政机关在行政执法和查办案件过程中收集的物证、书证、视听资料、电子数据、检验报告、鉴定意见、勘验笔录、检查笔录等证据材料。

第二，对水行政执法机关移送的案件，公安机关应当自接受案件之日起三日以内进行审查（非调查）。

认为有犯罪事实，需要追究刑事责任，依法决定立案的，应当书面通知移送案件的行政执法机关；认为没有犯罪事实，或者犯罪事实显著轻微，不需要追究刑事责任，依法不予立案的，应当说明理由，并将不予立案通知书送达移送案件的行政执法机关，相应退回案件材料。对不属于本机关管辖的，应当及时转送有管辖权的机关，并书面通知移送案件的行政执法机关。

第三，移送案件的行政执法机关对不予立案决定不服的。可以在收到不予立案通知书后三日以内向作出决定的公安机关申请复议；公安机关应当在收到行政执法机关的复议申请后三日以内作出决定，并书面通知移送案件的行政执法机关。

可以建议人民检察院依法进行立案监督，或者报告本级或者上级人民政府责令改正。

第四，行政执法机关对公安机关决定不予立案的案件，应当依法作出处理。

其中，依照有关法律、法规或者规章的规定应当给予行政处罚的，应当依法予以行政处罚。

第五，非法证据排除。

《刑事诉讼法》确立了非法证据排除制度。非法证据排除制度，是无罪推定、疑罪从无原则的必然制度安排。刑事诉讼中，对证据合法性的审查将越来越严格。

公安机关审查行政机关移送案件立案工作时，关键是考量移送的证据材料是否达到立案标准，也涉及非法证据审查排除工作。

非法证据排除主要是审查证据的合法性：证据来龙去脉的合法性。即所有证据都应当能够证明其来龙去脉是清楚的、合法的。

收集证据程序的合法性。即所有证据的发现、收集、查证、使用、保存、管理都应当能够证明是完全依法履行了法定程序。

因此，要求获取证据时必须严格按照法定程序进行证据的发现、收集、查证、使用、保存、管理工作，并清楚、完整、准确记录在案。

非法证据排除应当坚持三项排除规则：

一是所有非法取得的言词证据一律绝对排除，移送起诉后不可补证。即使是非法取得的如实供述也必须排除。

二是非法取得的书证物证只对可能严重影响司法公正的进行排除，可以补正。因为书证物证具有客观性，其程序性瑕疵不影响证据实际的证明力，可以通过补正的方法补足。

例如，通过刑讯逼供取得口供从而找到真实的杀人凶器，则这个真实的杀人凶器不属于“可能严重影响司法公正”，不能排除，但必须对刑讯逼供者依法追究法律责任。

三是瑕疵证据如笔录字迹潦草、签字不全等，不作排除，并应当补证。

以上是水行政机关向司法机关移送案件的一般程序性规定，水利部门与公安机关协作常涉及以下两种罪名需要广大水行政执法人员掌握。

一、非法采矿罪

《刑法》第三百四十三条第一款规定，未取得采矿许可证擅自采矿，擅自进入国家规划矿区、对国民经济具有重要价值的矿区和他人矿区范围采矿，或者擅自开采国家规定实行保护性开采的特定矿种，情节严重的，处三年以下有期徒刑、拘役或者管制，并处或者单处罚金；情节特别严重的，处三年以上七年以下有期徒刑，并处罚金。

《刑法修正案（八）》（2011 年 5 月 1 日起实施），对非法采矿罪作出修改，删除了“责令停止开采后拒不停止开采，造成矿产资源破坏”的条件要求。降低了入罪标准，以更有力地惩治非法采矿犯罪。

河道非法采砂构成犯罪的，以非法采矿罪立案侦查。以前实践中多数以非法经营罪立案侦查。以非法采矿罪定罪量刑，一是定性更为准确，二是犯罪金额认定时除了以非法获取河砂的销售金额计算外，还可以通过认定非法开采河砂的数量，计算得出造成矿产资源破坏价值来认定。而非法经营罪的数额认定仅限于非法采砂的销售金额，实践中因为大量证据灭失，难以准确认定犯罪金额。

非法采矿罪的构成特征：

1. 犯罪客体。本罪侵犯的客体是国家对矿产资源和矿业生产的管理制度以及国家对矿产资源的所有权。

2. 犯罪客观方面。本罪客观上表现为违反矿产资源保护法的规定，非法采矿，破坏矿产资源的行为。

3. 犯罪主体，一般主体。即未取得采矿许可证，擅自在河道管理范围内从事非法采砂行为的单位或个人。如果非法采矿罪的犯罪主体是自然人，应达到《刑法》所规定的刑事责任年龄和具备刑事责任能力。

4. 犯罪主观方面。本罪主观上出于故意。其主观目的是为获取矿产品以牟利。

立案追诉标准：违反矿产资源法的规定，未取得采矿许可证采矿的，或者擅自进入国家规划矿区、对国民经济具有重要价值的矿区和他人矿区范围采矿的，或者擅自开采国家规定实行保护性开采的特定矿种，造成矿产资源破坏的价值数额在五万元至十万元以上的，应予立案追诉。数额在三十万元以上的，属于刑法规定的“造成矿产资源严重破坏”的情形。

未取得采矿许可证擅自采矿的，在河道非法采砂中的具体表现：（1）未依法取得《河道采砂许可证》实施采砂作业的；（2）不按照《河道采砂许可证》规定实施采砂作业的；（3）《河道采砂许可证》被注销、吊销后继续进行采砂作业的；（4）《河道采砂许可证》被依法暂扣期间擅自开采的，视为本条规定的“未取得采矿许可证擅自采矿”。

立案追诉数额标准：

我省非法采矿罪的立案数额标准为 5 万元。破坏性的开采方法以及造成矿产资源破坏或者严重破坏的数额，由省级以上地质矿产主管部门出具鉴定结论，经受理人民法院查证属实后予以认定。

多次非法采矿或者破坏性采矿构成犯罪，依法应当追诉的，或者一年内多次非法采矿或破坏性采矿未经处理的，造成矿产资源破坏的数额累计计算。

造成矿产资源破坏的价值数额认定：

总原则：由省级以上地质矿产主管部门出具鉴定结论，经查证属实后予以认定。（依据：最高人民法院法释（2003）9 号《关于审理非法采矿、破坏性采矿刑事案件具体应用法律若干问题的解释》）

造成矿产资源破坏的价值数额认定具体方法：

（1）非法采砂的河砂销售价值数额；

（2）由有资质的价格认证机构评估认定的非法采砂量的市场价值；

（3）由省级以上地质矿产主管部门出具的鉴定结论。

2005 年 8 月 31 日国土资源部对非法采矿、破坏性采矿造成矿产资源破坏价值鉴定程序作了规定。明确指出，由省级以上人民政府国土资源主管部门设立非法采矿、破坏性采矿造成矿产资源破坏价值鉴定委员会，负责审查有关鉴定报告并提出审查意见。涉及对非法采矿、破坏性采矿造成矿产资源破坏的价值进行鉴定的，须向省级人民政府国土资源主管部门提出书面申请，同时附对该违法行为的调查报告及有关材料，由省级人民政府国土资源主管部门按照有关规定出具鉴定结论。

实践中取证的困境：

作案手段的隐蔽性，参与人员的流动性，随采随卖即时交易以转移赃物等作案手段让侦查取证非常困难，对非法获利的统计通常仅能以现场缴获赃物认定。具体说：一方面，非法采矿犯罪因其损失具有隐蔽性、长期性、间接性等特点，因此难以准确评估其经济损失，对犯罪的查处、相关责任人的责任追究带来诸多不利。另一方面，不法分子盗采河砂时边采边卖。行政、司法人员查获的往往只有刚刚采挖上船的部分,这与整个犯罪行为涉及的数额相去甚远。因没有具体犯罪数额,或犯罪数额小,犯罪分子有的得以逃脱处罚,有的则罚难当其责。刑罚难起震慑作用。

实践中取证的解决思路：

1、执法机关在查处河道管理范围内采砂违法行为过程中，必须注意执法程序，妥善保存与违法行为有关的证据。采砂类水事违法案件违法的现场调查工作是整个调查环节的工作重点。

水利部门在查处过程中应收集并妥善保存下列有关证据资料：（1）违法行为调查报告；（2）调查记录或询问笔录；（3）有关鉴定结论；（4）现场调查时的勘测和音像资料；（5）其他可以保存的实物证据和资料。

2、有关部门对非法矿点所做的测量说明、造成价值损失的鉴定结论等证据材料，对查处非法采矿案件，无论是追究行政责任还是追究刑事责任，都非常重要。

3、对破坏性开采方法、造成矿产资源破坏数额等专业结论，应及时提交省级地质矿产主管部门进行检验、鉴定，并出具检验报告或者鉴定结论。

实践中取证的解决思路：

4、调查取证的重点

（1）确认违法采砂主体的基本情况。

（2）违法事实的认定：包括采砂行为的起始时间；采砂行为的目的；采砂行为的地点；已筛选出成品砂的种类及方量；采砂方式、所用设备以及设备的归属等情况。

（3）采砂行为的合法性认定，水利部门出具非法采矿的认定意见。

二、妨害公务罪

《刑法》第二百七十七条第一款规定，以暴力、威胁方法阻碍国家机关工作人员依法执行职务的，处三年以下有期徒刑、拘役、管制或者罚金。

构成要件

1、客体要件：

本罪侵犯的是复杂客体，其中，国家的正常管理活动是其主要客体，国家机关工作人员的人身权利是其随机客体。

妨害公务罪侵犯了国家的正常管理活动，这是本罪社会危害性的重心所在，也是本罪区别于单纯侵害公务人员人身、财产的犯罪行为的关键所在。

本罪侵害的对象，是依法正在执行职务的国家机关工作人员。阻碍非国家机关工作人员从事某种活动的，或者虽是国家机关工作人员，但其执行的不是职务活动，或者其活动不是依法正在进行的职务范围的活动，均不构成本罪。这就是说，成为本罪侵害对象的：

第一，必须是在国家机关工作人员已经着手执行职务、尚未结束之前；

第二，必须是依法进行的而不是超越职权范围的活动。

“执行职务”，既包括在国家机关工作时间和场所内的公务活动，也包括根据特定的命令在其他场所的公务活动。但是，超越职权范围的活动，或者滥用职权侵犯国家和群众利益的活动，受到他人阻止的，不构成妨害公务罪。根据《最高人民检察院关于以暴力威胁方法阻碍事业编制人员依法执行行政执法职务是否可对侵害人以妨害公务罪论处的批复》的规定，对于以暴力、威胁方法阻碍国家机关中受委托从事行政执法活动的事业编制人员执行行政执法职务的，可以对侵害人以妨害公务罪追究刑事责任。

2、客观要件：

以暴力或者威胁的方法阻碍国家机关工作人员依法执行职务的行为。

本条所称暴力，是指行为人对正在依法执行职务的国家机关工作人员的身体实施了暴力打击或者人身强制，如殴打行为、捆绑行为等。

如果行为人的暴力行为造成国家机关工作人员重伤结果或因重伤导致死亡结果，甚至故意杀害国家机关工作人员的，应按处理牵连犯的原则，以重罪吸收轻罪，按故意伤害（重伤）罪或者故意杀人罪定罪，从重处罚。

本条所称威胁，是指行为人以杀害、伤害、毁坏财产、破坏名誉、扣押人质等方式对正在依法执行职务的国家机关工作人员进行威逼、胁迫，企图迫使国家机关工作人员放弃执行职务。

3、主体要件：

本罪的主体为一般主体。凡达到刑事责任年龄，且具备刑事责任能力的自然人均能构成本罪。

4、主观要件：

本罪在主观方面表现为故意，即明知对方是正依法执行职务的国家机关工作人员，而故意对其实施暴力或者威胁，使其不能执行职务。行为人的动机，往往多种多样。比如，事关行为人的利益；为了维护他人；与该工作人员有私怨，乘机发泄，进行报复；等等。但动机不影响本罪的成立，可作为情节在量刑时考虑。但是，如果行为人不知对方是正在依法执行职务的国家机关工作人员，而加以阻挠的，不构成犯罪。

立案标准：

以暴力、威胁的方法阻碍国家机关工作人员依法执行职务的

属于行为犯，行为人只要以暴力、威胁方法实施了上述妨害公务的行为，原则上就构成犯罪，应当予以立案追究。但是，对于情节显著轻微危害不大的可以按照《刑法》第十三条的规定，不以犯罪论处。（一般构成妨害公务罪的情形是致使国家机关工作人员轻微伤以上才构成犯罪）

在情节显著轻微危害不大不以犯罪论处的情况下，可以按照《治安管理处罚法》第五十条规定予以处罚：阻碍国家机关工作人员依法执行职务的，处警告或者二百元以下罚款；情节严重的，处五日以上十日以下拘留，可以并处五百元以下罚款。

取证要点：

1、认定行政执法人员的“国家工作人员”的执法身份；

2、认定行政执法人员正在实施的是依法正在进行的职务范围的活动；

3、嫌疑人实施了以暴力或者威胁的方法阻碍国家机关工作人员依法执行职务的行为；

4、注重客观证据的取证，第一是伤者验伤、鉴定、伤势拍照。第二是现场勘验配合现场照片。第三是视听资料的保存。包括现场拍摄的视听资料，行政相对人自行拍摄的视听资料、群众拍摄的视听资料及街面监控资料。第四是工具提取。第五是受损物品的证据固定，比如执法车辆受损的，办公场所和办公用品受损的，应固定好相关的证据，以便为估价作准备。

为加强对重大个案和疑难复杂个案的协调、交流，水行政执法机关可随时邀请相关部门参与案件分析研究，着重做好涉案物品分类、抽样，拍照、固定证据，尽快出具检验及估价鉴定。行政执法部门对刑事立案标准有分歧的，可及时与公安机关沟通，由公安机关提供指导意见，提高“两法衔接”效率，规范案件移送工作。

关于水行政处罚中违章建筑查处难点问题的探讨

一、涉水违章建筑行政处罚相对人的认定

对我们水利部门来说违章建筑系”违反了《水法》、《防洪法》等相关法律、法规的规定而建设的临河建筑物和构筑物”（这里附带说明一下，根据水利水电工程中就江河、渠道上的所有建造物都可以称为建筑物，比如水工建筑物）。违章建筑一旦发现，行政机关应当及时进行处理。根据《行政处罚法》第三十条规定，公民、法人或者其他组织违反行政管理秩序的行为，依法应当给予行政处罚的，行政机关必须查明事实；违法事实不清的，不得给予行政处罚。具体到拆除违章建筑物行政处罚案件中，若要准确作出拆违行政处罚决定，首要的前提就是准确认定违章建筑行为人。若所涉违章建筑经过装修、改建或交易的，因涉及多个产权人或行为人，确定违章建筑违法行为人应当通过以下方法：对违章建筑物的实际情况进行勘验，对违章建筑的相邻人、实际使用人以及所有权人进行调查询问，而后分析违章建筑物的实际物理状况、建筑物演变情况并结合调查询问笔录，排除上述证据中的冲突之处，才可以准确确定违法搭建行为人。

二、涉水违章建筑行政处罚相对人陈述申辩权的保障

《行政处罚法》第三十一条规定，行政机关在作出行政处罚决定之前，应当告知当事人作出行政处罚决定的事实、理由及依据，并告知当事人依法享有的权利。《行政处罚法》第三十二条第一款规定，当事人有权进行陈述和申辩。行政机关必须充分听取当事人的意见，对当事人提出的事实、理由和证据，应当进行复核；当事人提出的事实、理由或者证据成立的，行政机关应当采纳。上述法律规定在具体执法过程中比须要保障相对人陈述申辩的权利，或者将视为程序违法。有的地方发 现涉水违章建筑后，当事人采取回避、躲闪的方式，这种情况下如何充分保障相对人陈述申辩的法定权利。根据《行政强制法》第四十四条对行政机关强制拆除违法的建筑物、构筑物、设施等所作的规定，其中规定了一个专门程序行政机关公告程序，这里的公告是针对行政机关强制拆除违法的建筑物、构筑物、设施等而提出的特殊程序要求。就是由负有查处职责的行政主管部门，在违法建筑现场和公共媒体发布公告，要求当事人限期依法接受处理，公告时间不少于 10 日；公告期届满了，还应当根据《行政强制法》第三十五条的规定以书面形式予以催告，不能因为发布了公告就不再履行催告程序。对违法建筑实施强制拆除或者回填同时，对违法建筑内的财物，乡镇人民政府、街道办事处应当登记造册、妥善保管，并公告行政相对人认领。自公告之日起 60 日内无人认领的，可以视为当事人自愿放弃有关财物。临时保管费用、强制拆除或者回填所需费用由违法建筑当事人自行承担。

在查处涉水违章建筑过程中，我们会经常碰到当事人的抵触或不予理睬，这种情况下，行政机关对法律文书送达一般会采取留置送达方式进行送达。在此对留置送达方式对行政处罚相对人陈述申辩权的保障 存在不同理解加以说明。其一，行政机关的送达是否满足了留置送达的法定条件 。《民事诉讼法》第七十九条规定：“受送达人或者他的同住成年家属拒绝接收诉讼文书的，送达人应当邀请有关基层组织或者所在单位的代表到场，说明情况，在送达回证上记明拒收事由和日期，由送达人、见证人签名或者盖章，把诉讼文书留在受送达人的住所，即视为送达”。该条对留置送达方式进行了明确的规定，即留置 送达必须同时满足“拒收”和“留置”两项条件并应有见证人见证。在行政执法中，行政机关也可以通过将行政执

法文书张贴在当事人住所或者违法建筑现场，由有关基层组织或者当事人所在单位的代表到场见证，或采用拍照、录像等方式记录送达过程，解决留置送达问题。

三、确定违章搭建行为人难题的思考

在对违章搭建行为进行处罚的行政执法实践中，一个难以认定和操作的问题是难以确定违章搭建行为人。其一，违法行为往往发生在较为隐蔽的空间内，难以被注意和发现。其二，经过多次转手或转让的涉水违章建筑，行为人难以确定。其三，相对人有时对于行政机关的调查不予理睬或是“避而不见”，导致违章搭建行为人难以确定。鉴于上述难点，行政执法实践中倾向于认为，建筑物所有权人享有对该建筑物的占有使用处分收益的各项权能，也享有对建筑物使用状况进行实际监管的权利。因此，建筑物所有权人可以作为建筑物管理的第一责任人，成为拆违行政处罚决定的行政相对人。实践中，除了将建筑物所有权人作为拆违行政处罚的相对人之外，还有以下确定违法行为人的方式：首先，以建设人作为违法建设的行为主体；如果找不到建设人，将实际受益人作为违法建设的行为主体；找不到建设人又无法辨认受益人的情况下，将违法建设的实际占有人作为违法建设的行为主体；如果通过上述三点仍无法确认主体，应该采用公告方式，向该建筑物的建设人、所有人或对建筑 物主张权利的人发出公告，告知违法事实、理由、依据及其享有的权利、应履行的义务及需要承担的法律后果。但是上述做法仅是权宜之计，行政处罚认定违章搭建行为人必须准确，将并未违法者作为行政处罚相对人，在事实的精确性上有所欠缺。在违章搭建行为人难以确定的情况下，作出拆违行政处罚决定需要新的思路。比如也可通过对物（障碍物）作出行政行为的方式，直接作出行政强制措施，而不涉及确定具体相对人的难题。

四、水行政机关对违法行为人的违法行为实施行政处罚时应当注意的几个有关法律适用问题

第一个问题：在新《水法》第六十五条第二款、第六十六条和第七十二条均作了“且防洪法未作规定的”提示。这以上三个提示，有以下涵义：一、这些违法行为属于《防洪法》调整范围，应归并到《防洪法》，也就是说在查处违法行为人实施行政处罚时，首先应在《防洪法》中找依据；二、凡是《防洪法》巳作出规定的，应从其防洪法的规定办理；三、因《防洪法》未作规定的而由《水法》作出补充规定。为此，凡对条款中所列的违法行为需依据上述三条款实施行政处罚时，只有防洪法对此未作规定的方可适用，否则均为适用法律错误。

第二个问题：在我们查处违章建筑过程中，经常会遇到房地产公司或当地企业在河道管理范围内砌石驳岸占用 河道的行为，我们的执法人员经常会依据《防洪法》第二十七条进行查处，事实与《防洪法》第二十七条所讲的“建设跨河、穿河、穿堤、临河的桥梁、码头、道路、渡口、管道、缆线、取水、排水等工程设施“不是一码 事。如果依据该法第五十八条对其实施行政处罚将会造成法律适用错误，因为上述这种行为不属于该条所列的工程设施，无法补办审查同意或者审查批准手续；针对上述的违法情节，应认定其行为是一种侵占河道的违法行为，依据《防洪法》第二十二条第二款关于禁止在河道、湖泊管理范围内建设妨碍行洪的建筑物、构筑物，从事影响 河势稳定、危害河岸堤防安全和其他妨碍河道行洪的活动的行为进 行查处。其中“影响河势稳定、危害河岸堤防安全和其他妨碍河道行洪的活动”的内容相当的丰富。它的内容巳基本包括了《中华人民共和国河道管理条例》第四十四条（一）至（五）项的违法行为。

第三个问题：在我们现有的水法律法规中，经常会遇到采取补救措施、限期改正等行政处罚决定的内容。作为执法人员就不能依壶画瓢，照抄照搬，死板套用。这里就要发挥我们执法人员的灵动性，加深对法律条文理解。对上述的处罚内容要进一步详细说明，比如补办相关手续、改正其违法行为、拆除违章建筑 物或者弥补因其违法行为所造成的损害，采取修补被 破坏的河道或堤防等补救措施。限期改正我们也要进一步说明，如责令当事人在几日内改正其违法行为。